Fundamentals of Materials Science and Engineering

SI Version

Sixth Edition

INTERNATIONAL ADAPTATION

William D. Callister Jr.
Department of Metallurgical Engineering
The University of Utah, United States

David G. Rethwisch
Department of Chemical and Biochemical Engineering
The University of Iowa, United States

Fundamentals of Materials Science and Engineering SI Version
Sixth Edition

INTERNATIONAL ADAPTATION

William D. Callister Jr.
David G. Rethwisch

SI Version

6th Edition

재료과학

Fundamentals of Materials Science and Engineering

문영훈 · 고태조 · 박원일 · 양승화 · 윤성민 · 이원희
전태성 · 조영래 · 조원승 · 최덕현 · 홍기하 공역

WILEY

(주)한티에듀

저자 서문

제6판에서는 재료과학 및 재료공학 교육을 위한 목표와 접근방식을 이전 5판의 경우를 그대로 따르고 있다. 제6판의 교육 목표는 다음과 같다.

- 대학 1학년 과정에서 다루고 있는 미적분학, 화학, 물리 과목을 이수한 학생들에게 적합한 수준의 기본적인 내용을 제시한다.
- 단순한 내용에서 시작하여 더 심화된 내용으로 논리적 순서에 따라 주제를 다룬다. 각 장은 앞 장의 내용을 바탕으로 한다.
- 중요한 주제나 개념에 대해서는 학생들이 다른 교재를 참고할 필요 없이 그 내용을 충분히 이해할 수 있는 수준까지 자세하게 다루고, 이를 위해 대부분의 경우 실제적 관련 예를 제시하였다.
- 이 책은 효과적인 학습을 위해 풍부한 사진/그림(일부는 컬러판), '왜 … 공부하는가?', 학습 목표, 중요 재료(실사례), 개념 확인(개념에 대한 이해도 점검), 각 장 끝의 문제(개념 이해도 및 문제해결 능력 증진), 본문에 나온 주요 식과 기호, 용어가 곁들여진 각 장 말미의 요약, 그리고 용어해설 등의 장치를 가지고 있다.
- 교육과 학습 기능의 강화를 위해 최신 교육기술들을 적용하였다.

새롭게 개정된 내용

전체적으로 SI 단위를 사용하도록 업데이트된 것 외에도 6판에는 새로운 장들이 추가되었고 일부 장들은 수정 보완하였다. 상세한 내용은 다음과 같다.

- 재료에 대한 패러다임과 재료 선정에 대한 새로운 고찰(1장)
- 핸드 레이업(hand lay-up)과 스프레이업(spray-up) 공법에 대한 새로운 고찰(5장)
- 고온에서의 경도 거동에 대한 새로운 절 추가(8장)
- 그리피스(Griffith) 취성파괴이론, 굿맨(Goodman) 다이어그램, 피로균열 전파속도에 대한 새로운 절 추가(10장)
- 포석반응과 편정반응, 스피노달 분해에 대한 새로운 절 추가(11장)
- 마르템퍼링, 오스템퍼링, 표면경화, 진공 및 플라즈마 경화 공정에 대한 새로운 절 추가(12장)
- 홀 효과에 대한 내용 개정(13장)
- 전기변형(electrostriction)에 대한 새로운 절 추가(13장)

- 금속, 세라믹, 고분자 기반 생체재료(biomaterial)에 대한 새로운 고찰(14장)
- 다결정 다이아몬드에 대한 새로운 절 추가(14장)
- 금속, 세라믹, 고분자의 3D 프린팅(적층제조)에 대한 새로운 고찰(15장)
- 자기 투자율에 대한 내용 및 '중요 재료' 부분에서 변압기 코어에 쓰이는 철-실리콘 합금과 관련한 내용 개정(18장)
- 계산을 요하는 대부분의 숙제 문제의 재조정

강사와 학생 자료

이번 판에서는 *www.wiley.com* 사이트 접속을 통해 아래의 학습 참고자료를 제공한다(*는 학생들에게도 제공되는 자료). 목록은 다음과 같다.

- 모범 답안
- 보유 문제 및 그 모범 답안
- 강의용 파워포인트 슬라이드
- 강의 노트
- 이미지 갤러리
- 동영상 그래프*
- 개별지도용 비디오
- VMSE(Virtual Materials Science & Engineering) 애니메이션*
- 플래시 카드*
- 온라인에서 제공되는 시뮬레이션, 애니메이션, 비디오와 교재에 제시된 구조 및 그림들의 매핑(mapping)을 나열해 놓은 연관성 가이드*
- 학생 강의 노트*
- 개념 확인 문제에 대한 답안*
- 확장된 학습 목표*
- 기계공학 온라인 모듈*
- 사례 연구 모음*
- 기계공학 온라인 모듈의 문제에 대한 모범 답안
- 사례 연구 모음에 대한 모범 답안

피드백

저자는 재료과학과 재료공학 분야의 강사와 학생들이 무엇을 필요로 하는지에 대해서 관심이 많으므로 제6판에 대한 피드백을 받고자 한다. 의견, 제안, 비판 등을 이메일 주소 billcallister2419@gmail.com으로 보내주기 바란다.

감사의 글

이번 판과 전판을 집필하는 동안, 이 책이 보다 효율적인 교육 및 강의 도구가 될 수 있도록 많은 강사 및 학생들이 정보를 제공해 줌은 물론 많은 도움을 준 것에 대해 진심으로 감사드린다.

6판의 집필에 대해 직접적으로 기여해 주신 분들에게도 깊이 감사드리며, 많은 수고를 해 주신 다음 분들에게 특히 감사드린다.

- Dr. C. D. Graham, University of Pennsylvania
- Dr. Eric Hellstrom, Florida State University
- 이종숙 박사, 전남대학교, 광주, 대한민국
- Paul H. Miller, United Stated Coast Guard Academy
- Dr. Tristan J. Tayag, Texas Christian University
- Roy Wiemann, Roy Wiemann Studios

Wiley 출판사에서 근무하는 다음 분들의 지도와 배려에도 감사를 드린다.

- Linda Ratts, Executive Editor
- Molly Geisinger, Editorial Assistant
- Melissa Whelan, Senior Course Developer
- Ashley Patterson, Senior Course Production Operations Specialist
- Tom Nery, Senior Creative Product Designer

끝으로 변함없는 격려와 지지를 아끼지 않은 가족과 친구들에게도 깊은 감사의 마음을 전한다.

William D. Callister, Jr.

David G. Rethwisch

차례

4 고분자 구조 141

5 복합재료 179

6 고체 내의 결함 237

7 확산 281

8 기계적 성질 317

11 상태도 509

12 상변태 583

19 광학적 성질 969

20 경제, 환경, 그리고 사회적 논제들 1003

부록 1021

기호

A number in parenthesis following a symbol name represents the section in which that symbol is introduced or explained. This feature is not included for generic symbols in the list.

A = area
Å = angstrom unit
A_i = atomic weight of element i (2.2)
APF = atomic packing factor (3.4)
a = lattice parameter: unit cell x-axial length (3.4)
a = crack length of a surface crack (10.5)
at% = atom percent (6.6)
B = magnetic flux density (induction) (18.2)
B_r = magnetic remanence (18.7)
BCC = body-centered cubic crystal structure (3.4)
b = lattice parameter: unit cell y-axial length (3.11)
b = Burgers vector (6.7)
C = capacitance (13.18)
C_i = concentration (composition) of component i in wt% (6.6)
C_i' = concentration (composition) of component i in at% (6.6)
C_v, C_p = heat capacity at constant volume, pressure (17.2)
CPR = corrosion penetration rate (16.3)
CVN = Charpy V-notch (10.9)
%CW = percent cold work (9.11)
c = lattice parameter: unit cell z-axial length (3.11)
c_v, c_p = specific heat at constant volume, pressure (17.2)
D = diffusion coefficient (7.3)
D = dielectric displacement (13.19)
DP = degree of polymerization (4.5)
d = diameter
d = average grain diameter (9.9)
d_{hkl} = interplanar spacing for planes of Miller indices h, k, and l (3.20)
E = energy (2.5)
E = modulus of elasticity or Young's modulus (8.3)
$\mathscr{E}$ = electric field intensity (13.3)
E_f = Fermi energy (13.5)
E_g = band gap energy (13.6)
$E_r(t)$ = relaxation modulus (8.15)
%EL = ductility, in percent elongation (8.6)
e = electric charge per electron (13.7)
e^- = electron (16.2)
erf = Gaussian error function (7.4)
exp = e, the base for natural logarithms
F = force, interatomic or mechanical (2.5, 8.2)
$\mathscr{F}$ = Faraday constant (16.2)
FCC = face-centered cubic crystal structure (3.4)
G = shear modulus (8.3)
H = magnetic field strength (18.2)
H_c = magnetic coercivity (18.7)
HB = Brinell hardness (8.16)
HCP = hexagonal close-packed crystal structure (3.4)
HK = Knoop hardness (8.16)
HRB, HRF = Rockwell hardness: B and F scales (8.16)
HR15N, HR45W = superficial Rockwell hardness: 15N and 45W scales (8.16)
HV = Vickers hardness (8.16)
h = Planck's constant (19.2)
(hkl) = Miller indices for a crystallographic plane (3.14)
I = electric current (13.2)
I = intensity of electromagnetic radiation (19.3)
i = current density (16.3)
i_C = corrosion current density (16.4)
J = diffusion flux (7.3)
J = electric current density (13.3)
K_c = fracture toughness (10.5)
K_{Ic} = plane strain fracture toughness for mode I crack surface displacement (10.5)
k = Boltzmann's constant (6.2)
k = thermal conductivity (17.4)
l = length
l_c = critical fiber length (5.4)
ln = natural logarithm
log = logarithm taken to base 10
M = magnetization (18.2)
$\overline{M}_n$ = polymer number–average molecular weight (4.5)

$\overline{M}_w$ = polymer weight–average molecular weight (4.5)
mol% = mole percent
N = number of fatigue cycles (10.11)
N_A = Avogadro's number (3.5)
N_f = fatigue life (10.11)
n = principal quantum number (2.3)
n = number of atoms per unit cell (3.5)
n = strain-hardening exponent (8.7)
n = number of electrons in an electrochemical reaction (16.2)
n = number of conducting electrons per cubic meter (13.7)
n = index of refraction (19.5)
n' = for ceramics, the number of formula units per unit cell (3.7)
n_i = intrinsic carrier (electron and hole) concentration (13.10)
P = dielectric polarization (13.19)
P–B ratio = Pilling–Bedworth ratio (16.10)
p = number of holes per cubic meter (13.10)
Q = activation energy
Q = magnitude of charge stored (13.18)
R = atomic radius (3.4)
R = gas constant
%RA = ductility, in percent reduction in area (8.6)
r = interatomic distance (2.5)
r = reaction rate (16.3)
r_A, r_C = anion and cation ionic radii (3.6)
S = fatigue stress amplitude (10.11)
SEM = scanning electron microscopy or microscope
T = temperature
T_c = Curie temperature (18.6)
T_C = superconducting critical temperature (18.12)
T_g = glass transition temperature (12.17)
T_m = melting temperature
TEM = transmission electron microscopy or microscope
TS = tensile strength (8.6)
t = time
t_r = rupture lifetime (10.16)
U_r = modulus of resilience (8.6)
[uvw] = indices for a crystallographic direction (3.13)
V = electrical potential difference (voltage) (13.2)
V_C = unit cell volume (3.4)
V_C = corrosion potential (16.4)
V_H = Hall voltage (13.14)
V_i = volume fraction of phase i (11.8)
v = velocity
vol% = volume percent
W_i = mass fraction of phase i (11.8)
wt% = weight percent (6.6)
x = length
x = space coordinate
Y = dimensionless parameter or function in fracture toughness expression (10.5)
y = space coordinate
z = space coordinate
α = lattice parameter: unit cell y–z interaxial angle (3.11)
α, β, γ = phase designations
α_l = linear coefficient of thermal expansion (17.3)
β = lattice parameter: unit cell x–z interaxial angle (3.11)
γ = lattice parameter: unit cell x–y interaxial angle (3.11)
γ = shear strain (8.2)
Δ = precedes the symbol of a parameter to denote finite change
ε = engineering strain (8.2)
ε = dielectric permittivity (13.18)
ε_r = dielectric constant or relative permittivity (13.18)
$\dot{\varepsilon}_s$ = steady-state creep rate (10.19)
ε_T = true strain (8.7)
η = viscosity (9.16)
η = overvoltage (16.4)
θ = Bragg diffraction angle (3.20)
θ_D = Debye temperature (17.2)
λ = wavelength of electromagnetic radiation (3.20)
μ = magnetic permeability (18.2)
μ_B = Bohr magneton (18.2)
μ_r = relative magnetic permeability (18.2)
μ_e = electron mobility (13.7)
μ_h = hole mobility (13.10)
ν = Poisson's ratio (8.5)
ν = frequency of electromagnetic radiation (19.2)
ρ = density (3.5)
ρ = electrical resistivity (13.2)
ρ_t = radius of curvature at the tip of a crack (10.5)
σ = engineering stress, tensile or compressive (8.2)
σ = electrical conductivity (13.3)
σ^* = longitudinal strength (composite) (5.5)
σ_c = critical stress for crack propagation (10.5)
σ_{fs} = flexural strength (8.10)
σ_m = maximum stress (10.5)
σ_m = mean stress (10.10)
σ'_m = stress in matrix at composite failure (5.5)
σ_T = true stress (8.7)

σ_w = safe or working stress (8.21)
σ_y = yield strength (8.6)
τ = shear stress (8.2)
τ_c = fiber–matrix bond strength/matrix shear yield strength (5.4)
τ_{crss} = critical resolved shear stress (9.6)
χ_m = magnetic susceptibility (18.2)

Subscripts

c = composite
cd = discontinuous fibrous composite
cl = longitudinal direction (aligned fibrous composite)
ct = transverse direction (aligned fibrous composite)
f = final
f = at fracture
f = fiber
i = instantaneous
m = matrix
m, max = maximum
min = minimum
0 = original
0 = at equilibrium
0 = in a vacuum

1 재료과학과 재료공학 소개

scanrail/Getty Images

blickwinkel/Alamy

Bomshtein/Shutterstock.com

세 가지 다른 종류의 재료로 만들어진 우리에게 익숙한 음료수 용기. 음료수는 알루미늄(금속) 캔(위), 유리(세라믹) 병(가운데), 그리고 플라스틱(고분자) 병(아래)에 담겨 판매된다.

scanrail/Getty Images

blickwinkel/Alamy

학습 목표

이 장을 학습한 후에는 아래 과제를 수행할 수 있어야 한다.

1. 재료 활용을 결정하는 재료의 여섯 가지 다른 특성을 나열한다.
2. 설계, 생산, 그리고 재료 활용에 포함되는 네 가지 요소를 언급하고, 그러한 요소들의 상관관계에 대하여 간단히 설명한다.
3. 재료선택 과정에서 중요한 세 가지 기준을 설명한다.
4. (a) 고체 재료의 세 가지 기본적 부류를 나열하고 각각의 분명한 화학적 특징을 설명한다.
   (b) 첨단재료의 두 가지 종류와 각각에 대한 명백한 특징을 설명한다.
5. (a) '스마트(지능) 재료 시스템'에 대해 간단히 설명한다.
   (b) 재료에 적용되는 '나노 기술'의 개념에 대해 간단히 설명한다.

1.1 | 역사적 전망

현대 세계에 존재하는 모든 재료가 없다면 당신의 삶이 어떨지 잠시 생각해 보자. 믿거나 말거나이지만, 그 어떤 재료도 없다면, 우리에게 자동차, 휴대폰, 인터넷, 비행기, 멋진 집과 가구, 세련된 옷, 영양가 있는(또는 '정크') 식품, 냉장고, 텔레비전, 컴퓨터 등(수많은 제품들)은 없을 것이다. 우리 일상의 거의 모든 부분은 상당한 정도로 물질에 의해 영향 받는다. 그것들이 없는 우리의 생활은 석기 시대 조상과 매우 비슷할 것이다.

역사적으로 사회의 발전과 진보는 구성원들이 필요로 하는 것을 충족시키기 위한 재료의 취급 및 생산과 병행하여 왔다. 실제로 초기 문명은 재료의 개발 수준에 따라 구분되었다(즉, 석기, 청동기, 철기 시대).[1)]

최초의 인간은 자연적으로 발생된 돌, 나무, 진흙, 가죽 등 극히 제한된 수의 재료들만 사용하였다. 시간이 흐르면서 인류는 자연적인 재료에 비하여 성질이 우수한 재료, 예를 들면 도자기와 다른 금속 등을 포함하는 재료 틀을 만드는 기술을 발견하게 되었다. 더욱이 한 재료의 성질을 열처리나 다른 물질의 첨가에 의해 바꿀 수 있다는 것을 발견하게 되었다. 이 시기에 재료의 활용은 그 특성에 근거하여 적절히 사용되는 한정된 재료들 중에서 가장 적절한 재료를 결정하는 선택 과정이라고 할 수 있다. 최근에 이르러서야 과학자들은 재료의 구조 요소와 특성 간의 관계를 이해하게 되었고, 지난 100년 동안 얻어진 이러한 지식을 이용하여 재료의 특성을 현저하게 변화시킬 수 있게 되었다. 따라서 현대화되고 복잡한 사회에서 요구되는 특성에 맞는 수많은 재료들이 개발되었다. 이러한 재료들에는 금속, 플라스틱, 유리, 섬유 등이 포함된다.

인류의 활동을 편리하게 해 주는 다양한 기술의 발전은 적절한 재료의 취급과 긴밀하게 연관되어 있다. 어떤 재료 형태를 이해하는 데 있어서의 진전은 종종 한 기술의 발전에 점진

1) 석기, 청동기 및 철기 시대의 시작은 기원전 250만년, 기원전 3500년, 그리고 기원전 1000년으로 각각 추정된다.

적으로 앞서가는 징후와 같다고 할 수 있다. 예를 들면 자동차는 저렴한 강재나 이에 비교되는 대체 재료의 개발이 없었다면 불가능하였을 것이다. 더욱이 근래에 사용되는 복잡한 전자 소자는 **반도체**라고 불리는 재료로부터 만들어진 요소 기술에 의존한다고 하겠다.

1.2 | 재료과학과 재료공학

재료에 대한 학문 영역은 **재료과학**(*materials science*)과 **재료공학**(*materials engineering*)의 세부 영역으로 구분하는 것이 때때로 유용하다. 엄밀히 '재료과학'은 재료의 구조와 물성 사이에 존재하는 상관관계를 탐구하는 것이다. 반면에 '재료공학'은 이러한 구조-물성 상관관계를 토대로 하여 예견된 물성 조합을 얻을 수 있도록 재료 구조를 설계하고 조작하는 것이다. 기능적 관점에서 볼 때, 재료과학자들의 역할은 새로운 재료를 합성 또는 개발하는 것임에 반해, 재료공학자들은 기존 재료로 새로운 생산물 혹은 시스템을 창조하거나, 재료 처리 기술을 개발하는 것이다. 재료를 공부하는 대부분의 학생들은 이 두 영역 모두에 대해 교육받는다.

여기서 **구조**(*structure*)라는 용어는 분명하지 않으므로 약간의 설명이 필요하다. 간단히 말하면 어떤 재료의 구조는 일반적으로 내부 구성요소의 배열과 관련이 있다. 구조 요소는 크기를 기준으로 분류될 수 있으며 이와 관련하여 다음과 같은 수준이 있다.

- 아원자 구조 — 개별 원자 내의 전자, 이들의 에너지 및 핵과의 상호 작용을 포함한다.
- 원자 구조 — 분자 또는 결정을 생성하기 위한 원자의 구성과 관련됨.
- 나노 구조 — 나노 크기(약 100 nm 미만)를 갖는 입자(나노입자)를 형성하는 원자 집합체를 다룬다.
- 미세 구조 — 현미경을 사용하여 직접 관찰할 수 있는 구조적 요소(100 nm에서 수 밀리미터 사이의 크기를 갖는 구조적 특징)
- 거시적 구조 — 육안으로 볼 수 있는 구조적 요소(수 밀리미터에서 미터 수준의 크기)

재료의 원자 구조, 나노 구조 및 미세 구조는 6.12절에서 논의되는 현미경 기술을 이용하여 분석된다.

물성에 대한 개념을 상술해 볼 필요가 있다. 모든 재료는 사용되는 동안 외부의 자극에 노출되면 어떤 형태의 반응을 한다. 예를 들어 어떤 시편이 힘을 받게 되면 변형을 일으킨다. 또한 연마된 금속 표면은 빛을 반사할 것이다. 물성이란 재료에 특별히 부과된 자극에 대해 반응하는 크기와 종류에 따른 재료의 특색이다. 일반적으로 물성의 정의는 재료의 모양 및 크기와는 무관하다.

고체 재료의 모든 중요한 물성은 기계적, 전기적, 열적, 자기적, 광학적, 그리고 열화적(deteriorative)인 여섯 가지 종류의 것으로 분류될 수 있다.

- 기계적 성질 — 적용된 하중이나 힘에 대한 변형과 관련된다. 예를 들면 탄성계수(강성), 강도, 인성이 여기에 포함된다.
- 전기적 성질 — 인가된 전기장에 대한 자극. 대표적인 특성은 전기전도도나 유전상수가 있다.
- 열적 성질 — 재료의 온도나 온도구배 변화와 관련이 있다. 열용량과 열팽창과 관련된 거동이 여기에 포함된다.
- 자기적 성질 — 자기장이 재료에 인가될 때 재료의 반응. 자화 및 자화율과 관련된 거동이 여기에 포함된다.
- 광학적 성질 — 전자기적 또는 빛 방사에 대한 자극. 굴절률과 반사도가 대표적인 광학적 성질이다.
- 열화적 특성 — 재료의 화학적 반응성과 관련이 있다. 예를 들면 금속의 부식 저항 특성.

다음 장들에서 이와 같은 여섯 가지 특성에 대해 논의할 것이다.

구조 및 물성과 더불어 재료과학과 재료공학에 포함되어야 할 두 가지 중요한 요소는 **공정**과 **성능**이다. 이러한 네 가지 구성요소의 상관관계를 고려하자면, 재료의 구조는 그것이 어떤 공정을 거쳤는가에 따라 달라지며, 재료의 성능은 물성의 함수이다.

그림 1.1은 인쇄된 물체 위에 놓여진 3개의 얇은 원판형 시편을 나타낸 사진으로 공정-구조-물성-성능의 상호 관련성을 확인할 수 있는 한 예이다. 세 시편 각각의 광학적 특성(투과성)이 각기 다르다는 것을 명백하게 확인할 수 있다. 왼쪽의 것은 투명(실제적으로 반사된 빛이 투과)하고, 중앙에 있는 것과 오른쪽의 것은 각각 반투명하고 불투명하다. 이 시편들은 모두 산화 알루미늄으로 동일한 재료이지만, 왼쪽의 것은 **단결정**이라 불리는 것으로 매우 완벽하며 투과성을 갖는다. 중앙의 것은 무수히 많은 수의 매우 작은 단결정들이 연결되어 있는 상태로 구성되어 있다. 이러한 작은 결정들 사이의 경계는 인쇄된 페이지로부터 반사되는 빛의 일부를 산란하게 되고, 이것이 이 재료를 반투명하게 한다. 마지막으로 오른쪽 시편은

William D. Callister, Jr./ Specimen preparation, P.A. Lessing

그림 1.1 3개의 알루미늄 산화물 시편의 빛의 투과성을 보여주는 사진. 왼쪽 시편은 투명(인쇄된 종이로부터 반사되는 빛을 거의 모두 통과시키는)한 반면, 중앙의 시편은 반투명(반사된 빛의 일부만이 시편을 통과하는)하며, 오른쪽의 것은 불투명(어떤 빛도 통과하지 못하는)하다. 광학 특성에서의 이러한 차이는 이들 재료의 구조적 차이에서 비롯된 결과이며, 이는 소재가 처리된 공정 방법에서 비롯되었다.

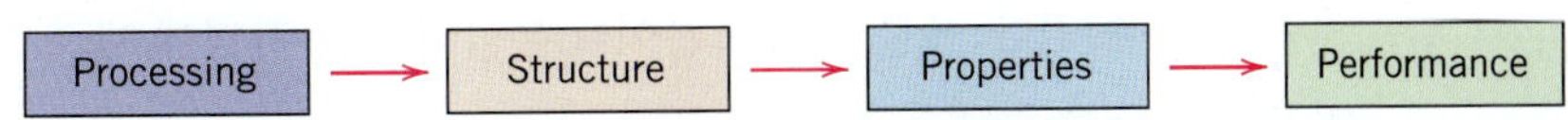

그림 1.2 재료과학 및 재료공학의 4개 요소와 그 상호 상관관계

수많은 미세 결정립을 갖고 있을 뿐만 아니라, 아주 많은 수의 작은 기공이나 빈 공간을 갖고 있다. 이러한 기공이 반사되는 빛을 효과적으로 분산시켜 재료를 불투명하게 하는 것이다.

공정, 구조, 물성과 성능이 이루는 상호 관계는 그림 1.2의 개략도와 같이 묘사된다. 이 다이어그램으로 표현된 모델은 일부 **재료 과학 및 공학의 중심 패러다임** 또는 **재료 패러다임**으로 불리어 왔다('패러다임'이라는 용어는 모델 또는 일련의 아이디어를 의미한다). 1990년대에 공식화된 이 패러다임은 본질적으로 재료 과학 및 공학 분야의 핵심이다. 구체적이고 잘 정의된 응용 분야를 위한 재료를 선택하고 설계하기 위한 프로토콜을 설명하며 재료 분야에 큰 영향을 끼쳤다.[2] 이전에 재료의 과학적/공학적 접근 방식은 기존 재료 팔레트를 사용하여 구성 요소 및 시스템을 설계하는 것이었다. 이 새로운 패러다임의 중요성은 다음 인용문에서 반영된다. "… 재료가 생성, 개발 또는 생산될 때마다 재료가 나타내는 속성 또는 현상이 핵심 관심사이다. 경험에 따르면 재료와 관련된 특성 및 현상은 어떤 원자가 존재하고 원자가 재료에 어떻게 배열되어 있는지를 포함하여 모든 수준에서 구성 및 구조와 밀접하게 관련되어 있으며 이러한 구조는 합성 및 공정의 결과이다."[3]

이 책에서 우리는 이들 네 가지 요소 사이의 상호 관계를 재료의 설계, 생산 및 활용을 통해 주의 깊게 관찰하게 될 것이다.

왜 우리는 재료를 탐구할까? 기계, 토목, 화공, 전기 등의 분야에 종사하는 많은 응용 과학자나 기술자는 적어도 한 번 이상 재료와 관련된 문제에 접하게 된다. 예를 들면 이런 범주에는 변속 기어, 건축물 골조, 오일 정제 부품, 또는 집적회로 등이 포함된다. 물론 재료과학자와 기술자는 재료 조사와 설계에 관한 전문가들이다.

많은 경우에, 재료에 관련된 문제는 사용 가능한 수천 종의 재료 가운데 어떤 적절한 재료를 선택하느냐 하는 것이다. 이를 위해 몇 가지 판단 기준이 있는데, 우선적으로 재료에 요구되는 성질을 파악하기 위하여 재료의 사용 조건이 어떠한가를 조사해야 한다. 아주 특별한 경우를 제외하고는 하나의 재료가 이상적으로 복합적이면서 최상의 성질을 보유하기는 매우 어렵다. 따라서 재료의 성질은 적절한 절충이 필요하다. 재료 강도와 연성을 예로 들 수 있다. 일반적으로 높은 강도를 갖는 재료는 낮은 연성을 갖는다. 이러한 경우 2개 또는 그 이상의 성질 간에는 적절한 절충이 요구된다.

두 번째로 재료 선정 시 고려해야 할 사항은 재료가 사용되는 환경에서 발생하는 성질의

---

2) 이 패러다임은 '재료 과학 및 공학의 수정된 패러다임'에서 재료 지속가능성의 구성요소를 포함하도록 '공정 → 구조 → 물성 → 성능 → 재사용/재활용가능성'이라는 다이어그램으로 최근 업데이트되었다.

3) "*Materials Science and Engineering for the 1990s*," p. 27, National Academies Press, Washington, DC, 1998.

열화라 할 수 있다. 예를 들어 고온이나 부식이 쉬운 환경에 재료가 노출된 경우 강도가 심각하게 감소될 수 있다.

마지막으로 경제성에 대한 고려가 요구된다. 즉, 최종 생산 비용은 얼마나 될까? 어떤 재료는 이상적인 성질의 조합으로 되어 있으나 엄두도 내지 못할 정도의 비용이 요구되기도 한다. 따라서 다시 적당한 타협이 불가피하다고 할 수 있다. 최종 제품의 생산비에는 필요한 형상으로 가공하는 비용도 포함된다.

재료의 다양한 특성, 구조-성질 간의 관계, 그리고 재료 공정 기술에 관하여 친숙한 공학자나 과학자일수록 판단 지식 수준에 의해 더 능숙하고 자신감 있게 재료 선택을 할 수 있을 것이다.

사례 연구 1.1

리버티 선박의 결함

이 사례 연구는 재료 성능 분야에서 재료과학자와 기술자에게 요구하는 한 가지 역할을 설명한다. 즉, 이들은 기계적 결함을 분석하고 그 원인을 결정한 다음 향후 사고에 대비하기 위해 적절한 조치를 제안해야 한다.

제2차 세계대전 당시, 리버티 선박[4]의 수많은 고장은 연성이 높다고 생각된 강철의 취성파괴가 그 원인이었다는 것은 잘 알려져 있다.[5] 초기 선박 중 일부는 갑판과 선체에서 균열이 발생했을 때 구조적 손상을 입었는데, 그중 3개는 균열이 발생하고, 임계 길이로 자라자 배의 둘레까지 완벽하고 빠르게 전파된 후, 갑작스럽게 절반으로 분리되었다. 그림 1.3은 진수 직후 파손된 선박 중 하나를 보여준다.

후속 조사에 따르면 하나 이상의 요소가 이 파손의 원인인 것으로 결론이 내려졌다.[6]

- 일부 연성 금속 합금은 상대적으로 낮은 온도로 냉각되면 취성파괴로 인해 부서지기 쉬운 상태가 된다. 즉, 임계 온도 범위의 냉각을 통해 연성에서 취성으로 변하게 되는데, 리버티 선박들은 연성에서 취성으로 전환되는 강철로 제작되었다. 일부 선박들은 전이 온도 이하로 떨어지면 연성 금속이 취성파괴가 가능한 극한의 북대서양에 배치되었다.[7]
- 각 해치(즉, 문)의 모서리가 정사각형이었다. 이

4) 1941~1946년에 미국은 유럽의 전투원들에게 식량과 자재를 공급하기 위해 화물선을 대량 생산했다. 이들 함선은 리버티호(2580대가 제조됨), T2 탱커(530대), 빅토리호(414대)의 세 가지 유형이었다.

5) 연성 금속은 상대적으로 큰 영구변형 후에 파괴된다. 그러나 영구변형이 취성 재료의 파단을 수반하는 경우는 거의 없다. 취성파괴는 균열이 급속하게 퍼지면서 갑자기 발생할 수 있다. 균열 전파는 일반적으로 연성 재료에서 훨씬 느리며, 최종 파단에는 더 오래 걸린다. 이러한 이유로 연성 모드의 파괴가 일반적으로 선호된다. 연성파괴와 취성파괴는 10.3절과 10.4절에서 논의된다.

6) 10.2~10.5절에서 파괴의 다양한 측면을 논의한다.

7) 임계 온도 범위를 측정하고 높이는 데 사용되는 기술뿐만 아니라 연성-취성 전이 현상은 10.8절에서 논의된다.

그림 1.3 1943년 1월, T2 유조선 '스케넥터디(Schenectady)'는 해상 시험을 마친 후 미국 오리건 주 포틀랜드의 부두에 정박해 있는 동안 함선 중앙부에서 양쪽으로 파손되었다. 파손 당시 해수온도는 4°C, 바람은 약했다. 이 사건은 갑작스럽게 발생했고 1마일 밖에서도 들릴 정도로 매우 시끄러웠다. 파손은 데크, 선체 측면, 세로 격벽, 바닥 대들보를 통해 확장되었다. 결과적으로 배의 중앙 부분이 물 밖으로 완전히 떠오르면서 배는 잭나이프처럼 되었다. (Reprinted with permission of Earl R. Parker, *Brittle Behavior of Engineering Structures,* National Academy of Sciences, National Research Council, John Wiley & Sons, New York, 1957.)

러한 모서리는 균열이 형성될 수 있는 응력집중점으로 작용한다.

- 독일 U-보트는 기존의 건조 기술을 사용하여 대체하지 못하고 화물선의 품질을 오히려 떨어지게 했다. 따라서 더 빠르고 더 많은 화물선을 건조하는 방법에 혁명을 일으킬 필요가 있었다. 이러한 목적은 기존의 시간 소모적인 리베팅 방법을 사용하지 않고 용접으로 조립된 조립식 강철 시트를 사용하여 이루어졌다. 불행하게도, 용접 구조물의 균열은 멀리까지 방해받지 않고 전파될 수 있으며, 이는 결국 갑작스러운 파손을 야기한다. 그러나 리벳 구조에서는 균열이 강판의 가장자리에 도달하면 더 이상 전파되지 않는다.
- 용접 결함 및 **불균일**(즉, 균열이 발생할 수 있는 사이트)이 경험이 없는 운영자에 의해 도입되었다.

이러한 문제를 해결하기 위해 취한 조치는 다음과 같다.

- 강의 품질을 향상시킴으로써(예: 황 및 인 불순물 함량을 줄임으로써) 강철의 연성-취성 변환 온도를 허용 가능한 수준으로 낮춘다.
- 각 모서리에 곡선 보강 스트립을 용접하여 해치 모서리를 둥글게 한다.[8)]
- 균열 전파를 막기 위해 리벳을 박은 스트랩 및 강화된 용접 이음매와 같은 균열 구속 장치를 설치

---

8) 독자는 오늘날의 모든 해양 구조물과 항공기 구조물의 창문과 문 코너가 둥글다는 것을 알 것이다.

한다.

- 용접 관행 개선 및 용접 코드를 설정한다.

이러한 실패에도 불구하고 리버티 선박 프로그램은 여러 가지 이유로 성공으로 여겨졌는데, 파손되지 않은 선박이 연합 작전 지역에서 연합군을 공급할 수 있었고, 전쟁을 단축시킬 수 있는 가능성을 제공한 것이 큰 이유였다. 또한 파괴적인 취성 균열에 대한 내성이 크게 개선된 구조강이 개발되었다. 이러한 파괴에 대한 상세한 분석은 균열 형성 및 성장에 대한 이해를 증진시켰으며, 궁극적으로 파괴 역학 분야로 진화했다.

1.3 | 재료의 분류

고체 재료는 기본적으로 세 가지 종류, 즉 금속, 세라믹, 고분자로 구분된다. 이러한 구분은 화학조성과 원자구조에 근거하고, 대부분의 재료는 분명하게 한 부류에 속하지만 중간적인 것도 있다. 또한 위의 세 가지 기본 재료 중 둘 이상을 조합하여 만들어지는 복합재료가 있다. 이러한 재료의 형태와 그 대표적 특성에 대한 간단한 설명을 아래 제시한다. 또 다른 것으로는 반도체, 생체 재료, 스마트(지능) 재료, 그리고 나노 재료 등에 사용되는 첨단 재료가 있으며, 이들은 1.4절에서 논의한다.

금속

이 그룹의 재료는 하나 이상의 **금속원소**들(예: 철, 알루미늄, 구리, 티타늄, 금, 니켈 등)로 이루어져 있으며, 간혹 상대적으로 적은 양의 비금속원소들(예: 탄소, 질소, 산소와 같은)을 포함하기도 한다.[9] 금속과 그 합금 내의 원자들은 세라믹이나 고분자 재료에 비해 매우 규칙적으로 배열(3장에서 설명)되어 있으며, 상대적으로 조밀하다(그림 1.4). 기계적 특성의 측면에서 이러한 재료는 어느 정도 연성(즉, 파괴 없이 많은 양의 변형을 감당할 수 있는)이 있지만 상대적으로 높은 강성(그림 1.5)과 강도(그림 1.6)를 가지며, 파괴에 대한 저항(그림 1.7)이 크기 때문에 구조용 소재로 널리 사용된다. 금속 재료들은 많은 수의 고정되지 않은 전자를 가진다. 즉, 이 전자들은 특정 원자에 구속되지 않는다. 금속의 여러 성질은 직접적으로 이와 같은 전자에 기인한다. 금속은 전기적, 열적으로 좋은 도체이지만(그림 1.8) 가시광선을 투과하지 않는다. 연마된 금속 표면은 광택을 띤다. 또한 어떤 금속들(철, 코발트, 니켈 등)은 우수한 자기적 특성을 가진다.

9) 둘 이상의 요소들로 구성된 금속 요소에 대해 **금속 합금**이라는 표현이 사용된다.

그림 1.4
여러 가지 금속, 세라믹, 고분자 및 복합재료의 상온에서의 밀도

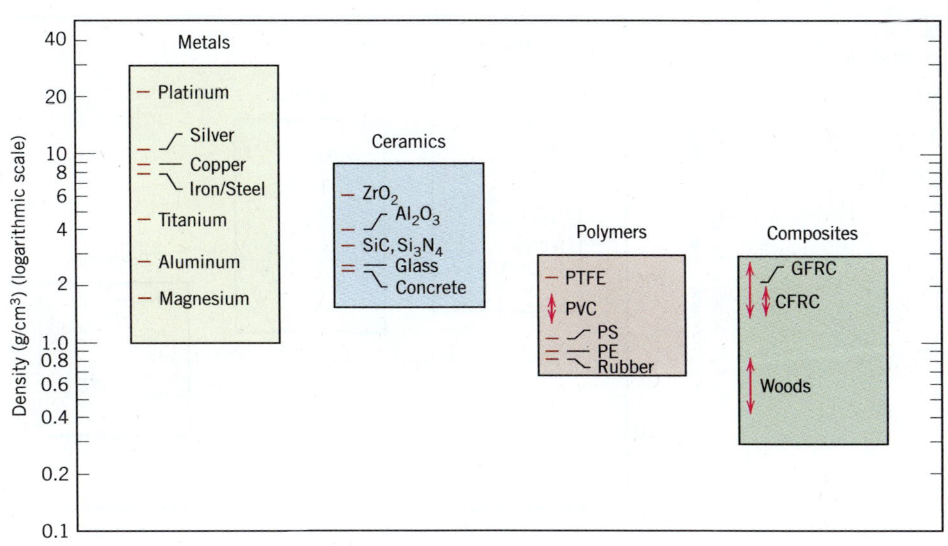

그림 1.9는 금속 재료로 만들어진 몇 가지 일상적이고 친숙한 도구를 보여준다. 더불어, 금속 및 그 합금의 종류와 응용품은 14장에서 논의된다.

세라믹

세라믹은 금속과 비금속원소로 된 화합물이다. 대부분이 산화물, 질화물, 그리고 탄화물 형태이다. 예를 들어 몇몇 익숙한 세라믹 재료로는 알루미늄 산화물(또는 **알루미늄**, Al_2O_3), 이산화규소(또는 **실리카**, SiO_2), 탄화규소(SiC), 질화규소(Si_3N_4), 그리고 추가적으로 시멘트나 유리뿐 아니라 **전통적 세라믹 재료**로 일컬어지는 점토 광물[자기(porcelain)]이 있다. 기계적 거동

그림 1.5
여러 가지 금속, 세라믹, 고분자 및 복합재료의 상온에서의 강성(탄성계수)

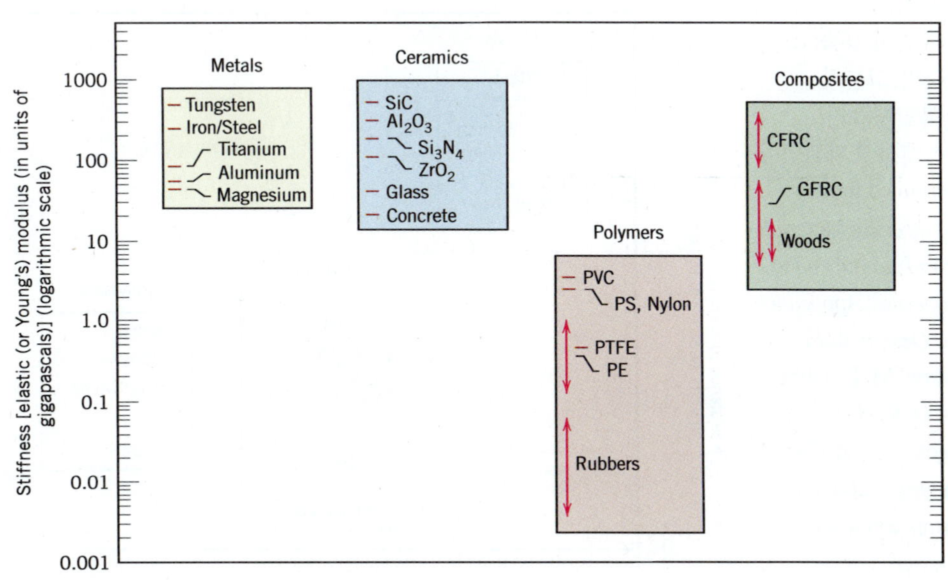

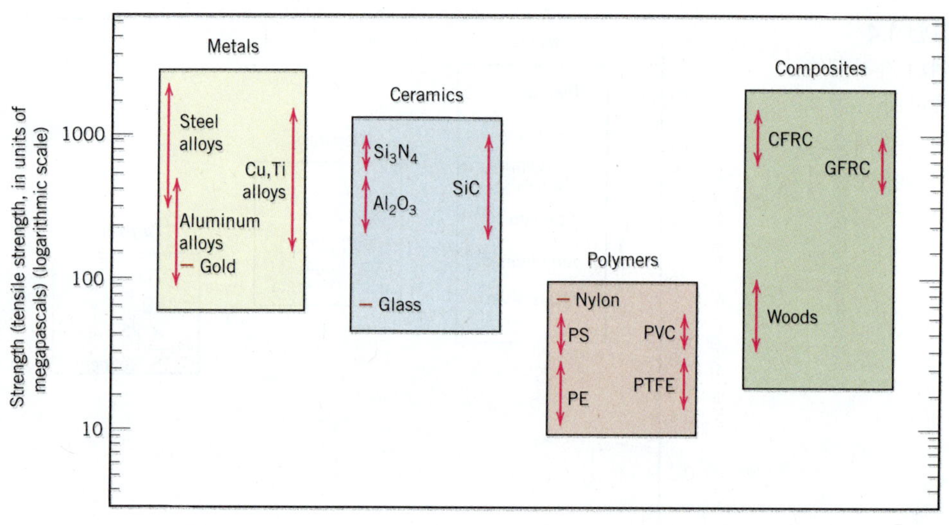

그림 1.6 여러 가지 금속, 세라믹, 고분자 및 복합재료의 상온에서의 강도(인장강도)

의 측면에서 세라믹 재료들의 상대적 강성과 강도는 금속의 그것에 비견될 만하다(그림 1.5와 1.6). 또한 세라믹은 전형적으로 매우 단단하지만 극단적인 취성을 띠고 있으므로(연성의 결여) 파괴에 매우 민감하다(그림 1.7). 그러나 새로 개발된 세라믹 재료들은 파괴에 대한 인성이 향상되어 조리기구, 식기도구 및 심지어 차량용 엔진 부품으로도 사용되고 있다. 뿐만 아니라 세라믹 재료들은 열 및 전기의 흐름을 억제하며(낮은 전기전도도를 보임; 그림 1.8), 금속 및 고분자 재료에 비해 고온 및 가혹 환경에서 더 많은 내성을 가지고 있다. 광학적 특성에 대해서 세라믹은 투명, 반투명, 또는 불투명하며(그림 1.1), 몇몇 세라믹(Fe_3O_4) 재료는 자기적 특성을 나타낸다.

몇몇 세라믹 일상 도구들의 사진을 그림 1.10에 나타내었다. 이들 재료의 특성, 종류, 응용

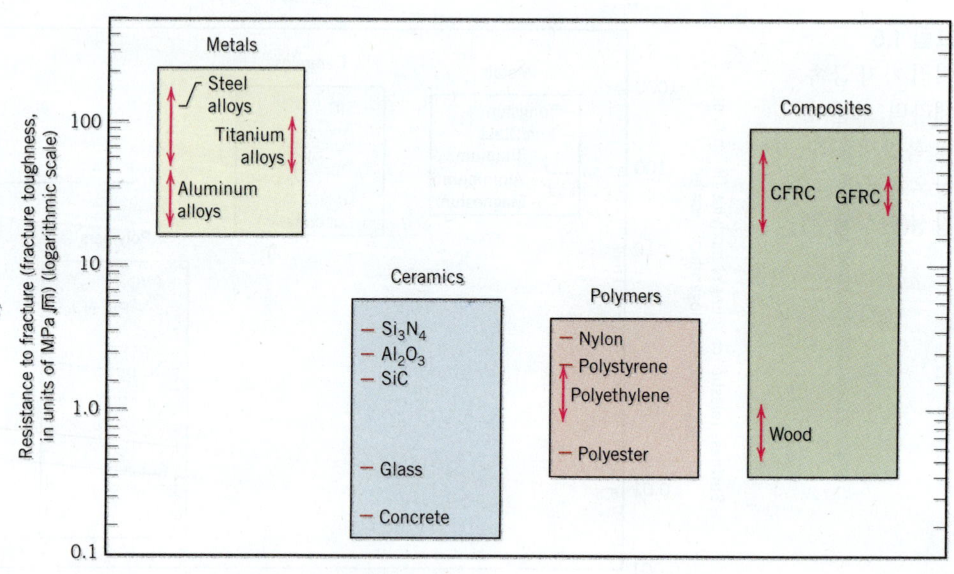

그림 1.7 여러 가지 금속, 세라믹, 고분자 및 복합재료의 상온에서의 파괴인성 (Reprinted from *Engineering Materials 1: An Introduction to Properties, Applications and Design*, third edition, M. F. Ashby and D. R. H. Jones, pages 177 and 178. Copyright 2005, with permission from Elsevier.)

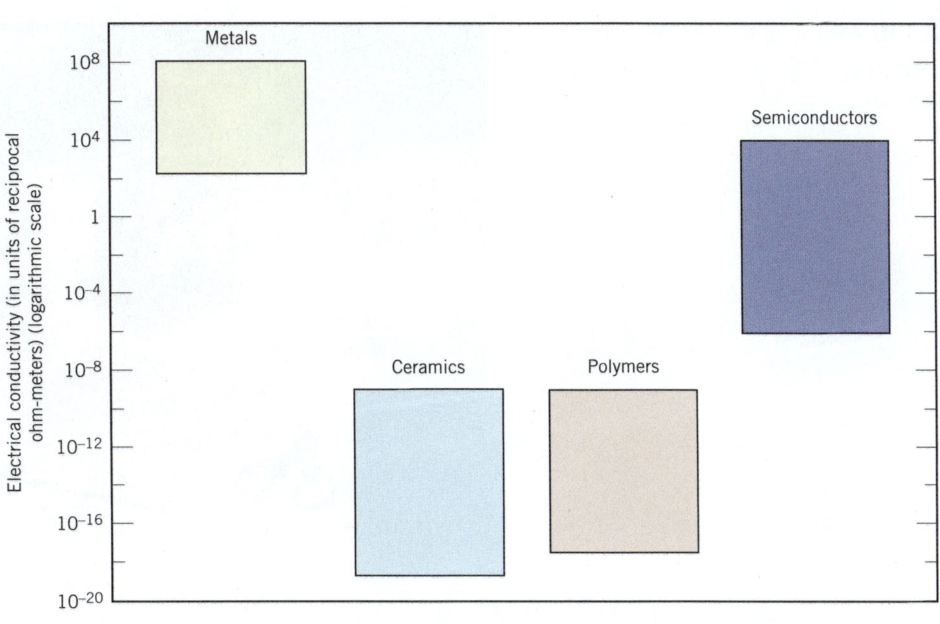

그림 1.8 여러 가지 금속, 세라믹, 고분자 및 반도체의 상온에서의 전기전도도 범위

에 대해 14장에서 논의한다.

고분자

고분자에는 고무 재료와 플라스틱이 포함된다. 고분자는 화학적으로 탄소, 수소, 그리고 다른 비금속원소(O, N, Si 등)를 기본으로 하는 유기 화합물이다. 또한 자연 상태에서 종종 탄소 원자 근간으로 이루어진 사슬과 같이 매우 큰 분자구조를 가진다. 흔하고 친숙한 고분자 재료에는 폴리에틸렌(PE), 나일론, 폴리(비닐 클로라이드)(PVC), 폴리카보네이트(PC), 폴리스티렌(PS), 실리콘 고무 등이 있다. 이러한 재료들은 밀도가 낮고(그림 1.4), 그 기계적 특성은 일반적으로 금속 및 세라믹 재료처럼 강성 및 강도가 크지 않다(그림 1.5와 1.6). 그러나 낮은 밀도

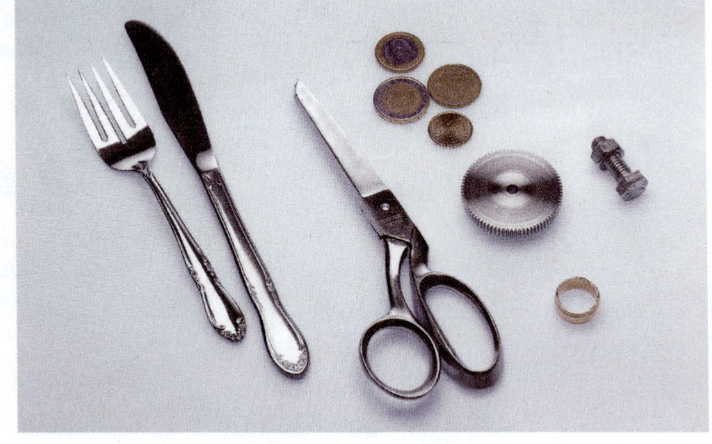

그림 1.9 금속 및 금속 합금으로 만들어진 익숙한 도구들: 왼쪽부터 은식기(포크와 칼), 가위, 동전, 기어, 결혼 반지, 그리고 볼트와 너트

그림 1.10 세라믹 재료로 만들어진 일상 도구들: 가위, 찻잔, 건축용 벽돌, 바닥 타일 및 유리 꽃병

William D. Callister, Jr.

에서 비롯되는 단위 질량당 강성 및 강도는 금속 및 세라믹에 견줄 만하다. 또한 많은 고분자들이 매우 연성이 높으며 유연한데(즉, 플라스틱), 이는 쉽게 복잡한 형태로 성형될 수 있음을 뜻한다. 일반적으로 이러한 재료는 여러 환경적 요소에 대해 화학적으로 불활성이며 반응성이 작다. 또한 이들 재료는 전기전도도가 낮으며(그림 1.8) 자성을 띠지 않는다. 고분자의 주요 약점 중 하나는 높지 않은 온도에서 연화 혹은 분해되는 경향이 있다는 점이므로, 몇몇 경우 그 활용에 제한을 받는다.

그림 1.11의 사진은 독자들에게 친숙한 고분자들로 만들어진 몇 가지 도구들을 보여준다.

그림 1.11 고분자 재료로 만들어진 일상 용품들: 플라스틱 식기류(숟가락, 포크, 칼), 당구공, 자전거 헬멧, 주사위 2개, 잔디 깎는 기계의 바퀴(플라스틱 바퀴살, 고무 타이어), 그리고 플라스틱 우유통

William D. Callister, Jr.

사례 연구 1.2

탄산음료 용기

일상적으로 사용하는 것 중 흥미로운 재료 물성이 요구되는 한 예로 탄산음료 용기가 있다. 여기에 사용되는 재료는 다음 여섯 가지 사항을 만족시켜야 한다. (1) 용기 내부의 압력에 대해 이산화탄소의 투과를 차단해야 한다. (2) 무독성이며, 음료와 반응하지 않아야 한다. 되도록 재활용될 수 있어야 한다. (3) 상대적으로 강하며, 음료가 들어 있을 때 수십 센티미터 높이에서의 낙하를 견딜 수 있어야 한다. (4) 최종 형상을 제조하는 데 드는 비용을 포함하여 가격이 상대적으로 저렴해야 한다. (5) 만약 투명한 재질이라면 그 투명도를 지속적으로 유지해야 한다. (6) 여러 색을 가진 제품으로 가공될 수 있어야 하며, 장식 라벨 등으로 꾸며질 수 있는 것이어야 한다.

세 가지 기본 재료 모두 — 금속(알루미늄), 세라믹(유리), 고분자(폴리에스테르) — 가 탄산음료 용기에 사용된다(이 장 첫 페이지의 사진 참조). 이 재료들은 모두 무독성이며 음료와 반응하지 않는다. 또한 각각의 재료는 각자 장단점을 가지고 있다. 예를 들어 상대적으로 강한(그러나 쉽게 파이는) 알루미늄 합금은 이산화탄소의 확산을 확실하게 차단하며 재활용이 용이하다. 음료가 쉽게 냉각되며 라벨을 그 표면에 직접 인쇄할 수 있다. 그러나 알루미늄 캔은 광학적으로 불투명하며 상대적으로 제작비가 많이 든다. 유리는 이산화탄소가 침투하지 못하며, 상대적으로 저렴하고 재활용이 가능하지만, 쉽게 깨지며 다른 것에 비해 무겁다. 이에 반해, 플라스틱 용기는 상대적으로 강하고, 투명하며, 저렴하면서 가볍고 재활용이 가능하다. 그러나 알루미늄이나 유리만큼 이산화탄소의 투과를 차단하지는 못한다. 예를 들어 알루미늄 및 유리 용기에 담은 탄산음료는 몇 년 후에도 탄산이 잘 유지된다('쉬익' 하는 소리로 확인할 수 있다). 이에 비해 2리터 플라스틱 용기에 담은 음료는 수개월 이내에 김이 빠지고 만다.

4장, 14장 및 15장에서 고분자 재료들의 구조, 물성, 응용 및 처리 공정에 대한 내용을 다룬다.

복합재료

복합재료는 위에서 설명된 재료(금속, 세라믹, 고분자) 중 둘 이상의 재료들로 이루어진 것이다. 복합재료의 설계 목적은 어떤 단일 재료에 의해서는 나타나지 않는 물성의 조합을 이루어 내는 것이며, 또한 구성 재료 각각이 가지는 최상의 특성을 통합하여 얻어 내는 것이다. 금속, 세라믹, 고분자의 각기 다른 조합에 의해 나타나는 많은 종류의 복합재료가 존재한다. 또한, 나무와 뼈와 같이 자연적으로 발생한 복합재료도 있다. 그러나 이 책에서는 주로 합성된(혹은 인공적인) 복합재료를 논하게 된다.

복합재료 중 익숙한 한 예로 파이버글라스가 있는데 이것은 작은 유리섬유들을 고분자 재료(보통 에폭시 또는 폴리에스테르)에 넣어 만든 것을 말한다.[10] 유리섬유들은 고분자 재료가 연성을 가진 것에 비해 상대적으로 강한 강도와 강성을 띠고 있다. 따라서 파이버글라스는 상대적으로 딱딱하고 강하면서도(그림 1.5와 1.6) 유연하다. 또한 이러한 복합재료는 낮은 밀도를 가진다(그림 1.4).

기술적으로 중요한 또 다른 복합재료에는 탄소섬유를 고분자 재료와 함께 사용한 '탄소섬유-강화 고분자 복합재료(CFRP)'가 있다. 이 복합재료는 유리섬유-강화 복합재료보다 비싸지만 강도 및 강성이 더 강하다(그림 1.5와 1.6). CFRP 복합재료는 하이테크 스포츠 장비(자전거, 골프채, 테니스채, 스키/스노보드 등)뿐 아니라 항공기나 우주 용품에 사용된다. 최근에는 자동차용 범퍼에도 사용된다. 새 보잉 787 동체는 주로 CFRP 복합재료로 만들어진다.

이러한 흥미로운 복합재료들에 대해서는 5장에서 논의한다.

그림 1.4에서 1.8까지 묘사된 것과는 다르게 재료의 종류별로 특성값을 가시적으로 표시하는 또 다른 방법이 있다. 즉, 다른 유형의 여러 재료에 대해 이러한 특성값을 다른 특성값으로 플롯하는 것이다. 두 축 모두 로그값으로 크기가 조정되며 일반적으로 거의 모든 재료의 특성을 포함하도록 몇 자릿수(최소 세 자릿수)에 걸쳐 있다. 예를 들면, 그림 1.12는 그러한 다이어그램 중 하나로, 여기서는 재료의 강성(탄성 계수 또는 영률)을 밀도에 대해 로그값으로 플롯한다. 여기에서 재료(예: 금속, 세라믹, 고분자)의 특정 유형(또는 '계열')에 대한 데이터값이 함께 모여 굵은 선으로 표시된 둥근 선(또는 '거품') 내에 포함되는 것을 볼 수 있다. 따라서 이들 둥근 선 각각은 해당 재료 계열의 속성 범위를 정의한다.

이것은 다양한 종류의 재료 중에서 밀도와 강성이 어떻게 서로 상관관계가 있는지를 보여주는 그림 1.4와 1.5에 포함된 종류의 정보를 간단하고 종합적이며 간결하게 표시한 것이다. 그림 1.12와 같은 차트는 두 가지 재료 특성(예: 열전도도 대 전기전도도)에 대해 구성할 수 있다. 따라서 다양한 재료 특성 쌍의 가능한 조합을 고려할 때 이러한 유형의 비교적 많은 수의 플롯을 사용할 수 있다. 이것을 종종 '재료 속성 차트', '재료 선택 차트', '거품 차트', 또는 '애슈비 차트'(이를 개발한 Michael F. Ashby의 이름에서 따옴)라고 한다.[11)]

그림 1.12에는 이 절에서 논의되지 않은 세 가지 중요한 엔지니어링 재료 제품군에 대한 둥근 선들이 다음과 같이 포함되어 있다.

- 엘라스토머 — 고무와 같은 거동(높은 정도의 탄성변형)을 나타내는 고분자 재료
- 천연 재료 — 자연에서 발생하는 것; 예를 들면 목재, 가죽, 코르크
- 발포체 — 일반적으로 쿠션과 포장에 자주 사용되는 다공성이 높은 고분자 재료(작은 기공의 부피가 큰 부분 포함)

10) 파이버글라스는 때때로 유리섬유-강화 고분자(*glass fiber-reinforced polymer*) 복합재료, 약어로 'GFRP'로 표기된다.

11) 이들 차트 모음은 웹 주소 https://grantadesign.com/education에서 찾을 수 있다.

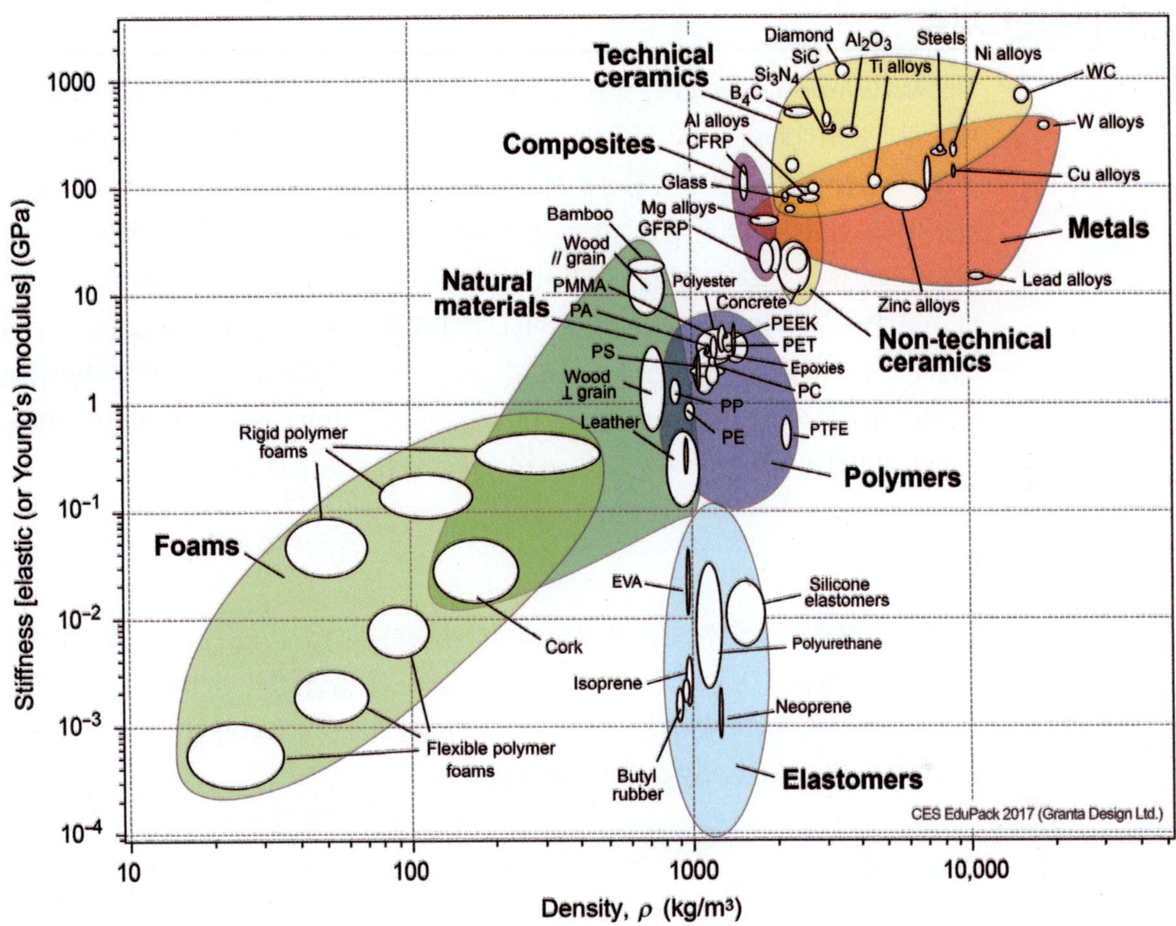

그림 1.12 탄성계수(강성)와 밀도별 재료 선택 차트
(Based on CES EduPack 2017, Granta Design Ltd.)

이러한 거품형 차트는 엔지니어링 설계에 매우 유용한 도구이며, 학계와 산업계의 재료 선택 프로세스에서 광범위하게 사용된다.[12] 제품 재료를 고려할 때 엔지니어는 종종 상충되는 목표(예: 경량 및 강성)에 직면하게 되는데, 경쟁 요구 사항 사이에서 가능한 절충점을 평가할 수 있는 위치에 있어야 한다. 트레이드오프 선택의 결과에 대한 통찰력은 적절한 거품형 차트를 사용하여 수집할 수 있다. 이 절차는 *www.wiley.com*의 제품 페이지에 있는 'Library of Case Studies' 및 'Mechanical Engineering Online Support Module'에 들어가면 '비틀림 응력을 받는 원통형 샤프트에 대한 재료 선택' 사례 연구에 설명되어 있다.

12) Granta Design의 CES EduPack은 이러한 거품형 차트를 사용하여 디자인에서 재료 선택의 원리를 가르치는 탁월한 소프트웨어 패키지이다.

1.4 | 첨단 재료

첨단 재료(*advanced materials*)란 첨단 기술에 적용되는 재료를 말한다. **첨단 기술**은 복잡하고 매우 정교한 원리로 기능하고 작동하는 소자나 제품을 의미한다. 예를 들면 전자 장비(휴대폰, DVD 플레이어 등), 컴퓨터, 광섬유 시스템, 고에너지 밀도 배터리, 에너지 변환 시스템 및 항공기를 포함한다. 이러한 첨단 재료는 전형적으로 기존에 갖고 있는 성질이 개선되었거나 새롭게 고성능을 갖도록 개발된 재료들이다. 이러한 재료들은 모든 종류의 재료(금속, 세라믹, 고분자)로 구성되며, 일반적으로 고가이다. 첨단 재료는 반도체, 생체 재료, 그리고 우리가 **미래의 재료**로 언급하는 것들(스마트 재료 및 나노 재료)을 포함하며, 다음에서 논의된다. 또한, 첨단 재료의 여러 응용 분야와 성질에 대해서도 논의할 것이다. 예를 들면, 이러한 재료는 레이저, 집적회로, 자기 정보 저장 장치, 액정, 그리고 광섬유 등에 사용된다.

반도체

반도체는 전도체(금속, 금속 합금)와 부도체(세라믹, 고분자)의 중간적인 전기적 특성을 갖는다(그림 1.8). 또한 이 재료들의 전기적 특성은 소량의 불순물 원소의 첨가와 그들이 분산된 지역의 분포 등에 매우 민감하다. 반도체는 지난 40년간 전자와 컴퓨터 산업에서 완전히 혁명적인 역할을 한 집적회로의 출현을 가능하게 했다.

생체 재료

우리의 수명과 삶의 질은 질병에 걸리고 다친 신체 부위를 부분적으로 대체하는 기술의 발전으로 인해 연장되고 개선되고 있다. 대체 임플란트는 생체 조직과 상호작용하면서 신뢰할 수 있고 안전하며 생리학적으로 만족스러운 방식으로 기능하도록 신체에 이식되는 **생체**(즉, 살아 있지 않은) **재료**로 구성된다. 즉, 생체 재료는 허용 가능한 기간 동안 접촉하는 신체 조직 및 체액과 **생체적합성**이어야 한다. 생체적합성 재료는 거부 또는 생리학적으로 허용되지 않는 반응을 유발하거나 독성 물질을 방출하지 않아야 한다. 결과적으로 생체적합성을 유지하기 위해 재료에 다소 엄격한 제약이 가해진다.

적절한 생체 재료는 이 장의 앞부분에서 논의한 여러 종류의 재료, 즉 금속 합금, 세라믹, 고분자 및 복합재료 중에서 찾을 수 있다. 이 책의 나머지 부분에 걸쳐 우리는 생명공학 응용 분야에 사용되는 재료들에 대해 독자의 관심을 끌기를 원한다.

지난 몇 년 동안 새롭고 더 나은 생체 재료의 개발이 급속히 가속화되었다. 오늘날 이것은 새롭고 흥미진진하며 높은 급여를 받을 수 있는 직업 기회가 풍부한 '뜨거운' 재료 분야 중 하나이다. 생체 재료 적용의 예에는 관절(예: 고관절, 무릎) 및 심장 판막 교체, 혈관 이식편, 골절 고정 장치, 치아 복원 및 새로운 장기 조직 생성이 포함된다.

스마트 재료

스마트(또는 **지능**) **재료**(*smart material*)는 최근에 개발된 새로우며 고도의 기술이 집적된 재료 그룹으로 우리 주위의 많은 기술에 중요한 영향을 미칠 것이다. '스마트'란 어떤 재료들이 그들 환경의 변화에 따라 그 변화를 인지하고 이미 예정되어 있던(결정되어 있던) 방식 — 살아 있는 유기체들에서 발견되는 특성 — 에 반응한다는 것을 암시한다. 더욱이 이 '스마트'란 개념은 스마트 재료와 동시에 전통적인 재료로 구성되어 있는 복잡한 시스템까지도 확대되고 있다.

스마트 재료(또는 시스템)의 요소는 일종의 센서(입력 신호를 감지하는)와 액추에이터(적응하고 응답하는 기능을 수행하는)를 포함한다. 액추에이터는 온도, 전기장, 그리고 자기장 등의 변화에 반응해 모양, 위치, 고유진동수가 변하는 것을 뜻한다.

네 가지 종류의 재료가 주로 액추에이터로 사용되는데, 그것은 형상기억합금, 압전세라믹, 자기변형 재료, 그리고 전기유동적/자기유동적 유체이다. **형상기억합금**이란 변형된 후 온도가 변화할 때 본래의 형상으로 되돌아가는 금속이다(12.9절 참조). **압전세라믹**은 가해 주는 전기장(또는 전압)에 따라 팽창과 수축을 한다. 또한 역으로 그들의 외형이 변하면 전기장을 발생시킨다(13.25절). **자기변형 재료**는 단지 그들이 자기장에 대하여 반응한다는 것을 제외하고는 압전 재료와 유사하다. 또한 **전기유동적 유체**와 **자기유동적 유체**는 각각 전기장과 자기장이 가해졌을 때 점성도에 있어 극적인 변화를 경험하는 유체이다.

센서로 사용되는 재료/소자에는 광섬유(19.14절), 압전 재료(고분자를 포함), 그리고 마이크로전자기계시스템을 포함한다(MEMS; 14.12절).

예를 들면 어떤 스마트 시스템은 헬리콥터에서, 회전하는 로터 블레이드에 의해 발생하는 공기역학적 조정실 소음을 줄이기 위하여 사용된다. 블레이드에 삽입된 압전 센서는 블레이드의 응력과 변형을 모니터한다. 이러한 센서들로부터 얻어지는 신호들은 컴퓨터를 제어하는 응답 소자에 전달되고, 소음 제거용 반 소음 장치를 작동시킨다.

나노 재료

흥미로운 특성과 엄청난 기술적 전망을 가진 새로운 재료는 **나노 재료**이며, 이는 금속, 세라믹, 고분자 및 복합재료의 네 가지 기본 재료 중 하나일 것이다. 그러나 다른 재료들과 달리 나노 재료는 화학적 성질에 따라 구분되는 것이 아니라 그 크기에 따라 구별된다. **나노**라는 접두사는 이러한 구조의 크기가 나노미터(10^{-9} m) 수준임을 의미하며, 원칙적으로 100 나노미터(nm) 이하이다(이는 약 500개 원자에 해당한다).

나노 재료가 출현하기 전에, 재료의 화학 및 물리적 특성을 이해하기 위해 과학자들이 사용한 일반적인 절차로는 먼저 크고 복잡한 구조를 연구하고 이러한 구조의 더 작고 단순한 기본적인 빌딩 블록을 조사하는 것이었다. 이러한 접근 방식은 **하향식 과학**이라고 할 수 있다. 그러나 개별 원자와 분자의 관찰을 가능하게 하는 주사탐침현미경(원자현미경, 6.12절)의 개발을 통해 한번에 원자 수준의 성분, 즉 하나의 원자 또는 분자에서 새로운 구조를 설계하고 구축할 수 있게 되었다(즉, '설계된 재료'). 원자를 배치하는 이 능력은 다른 불가능한 기계적, 전기적, 자기적 및 기타 특성을 개발할 수 있는 기회를 제공한다. 우리는 이것을 **상향식 접근**이라 하며, 이러한 재료의 특성 연구를 **나노 기술**이라고 부르고 있다.[13]

물질에서 나타나는 물리적 및 화학적 특성의 일부는 입자 크기가 원자 크기에 가까워지면서 극적인 변화를 경험하게 된다. 예를 들어, 거시적 도메인에서 불투명한 재료는 나노 스케일에서 투명하게 될 수 있다. 또한, 일부 고체는 액체가 되고, 화학적으로 안정한 물질은 가연성이 되며, 전기 부도체는 도체가 되기도 한다. 여러 가지 특성 역시 나노 스케일 영역에서 크기에 따라 변하게 된다. 이러한 영향의 일부는 양자역학에서 기원하며, 일부는 표면 현상 — 입자의 표면에 위치하는 원자의 비율이 크기의 감소에 따라 극적으로 증가하는 현상 — 과 관련이 있다.

이러한 독특하고 특이한 특성 때문에 나노 재료는 전자, 생물 의학, 스포츠, 에너지 생산 및 기타 산업 용도에서 틈새 시장을 찾고 있으며, 이 책에서는 다음과 같은 것들을 소개한다.

- 나노카본(풀러렌, 탄소 나노튜브, 그래핀)(3.9절)
- 자동차 타이어 강화재로 카본블랙 입자(5.2절)
- 나노 복합재료(5.16절)
- 자동차 촉매 변환기(중요 재료 6.1, 6장)
- 하드 디스크 드라이브에 사용되는 자성 나노 입자(18.11절)
- 테이프에 데이터를 저장하는 자기 입자(18.11절)

새로운 물질이 개발될 때마다, 인간과 동물에게 유해하고 독성학적 상호작용의 가능성이 고려되어야 한다. 작은 나노 입자는 표면적/부피 비율이 매우 크고, 높은 화학적 반응을 일으킬 수 있다. 나노 재료의 안전성은 상대적으로 미비하지만, 피부, 폐, 소화 기관을 통해 체내에 비교적 높은 비율로 흡수되어 높은 농도로 존재할 경우 DNA 손상, 폐암 촉진 등 건강을 위협할 우려가 있다.

1.5 | 현재 요구되는 재료들

지난 수년 동안 재료공학과 재료과학의 원리에 있어서 엄청난 발전이 있었음에도 불구하고 여전히 좀 더 복잡하고 특수한 재료의 발전 그리고 재료 생산에 있어 환경적 요인을 고려하는 등의 기술적 도전이 요구된다. 이러한 관점에서 그런 문제들에 대하여 고려해 볼 필요가 있다.

오늘날의 많은 중요한 기술 분야는 에너지와 관련이 있다. 새롭고 경제적인 에너지원, 특

13) 나노 재료의 가능성에 관한 전설적이고 예언적인 제안은 1959년 미국물리학회에서 '바닥에 충분한 공간이 있다'라는 제목으로 강연한 리처드 파인먼(Richard Feynman)에 의해서였다.

히 재생가능 에너지원을 찾고 현재 자원을 보다 효율적으로 사용할 필요성이 인식되고 있다. 재료는 의심할 여지 없이 이러한 개발—예를 들면, 태양에너지를 전기에너지로 직접 변환하는 등—에서 중요한 역할을 할 것이다. 태양전지는 다소 복잡하고 값비싼 재료를 사용한다. 실행 가능한 기술을 보장하려면 이 변환 프로세스에서 매우 효율적이면서도 비용이 적게 드는 재료를 개발해야 한다.

개선된 태양전지 재료와 함께, 현재 이용 가능한 것보다 더 저렴한 비용으로 더 높은 전기에너지 저장 밀도를 제공하는 배터리를 위한 새로운 재료에 대한 현저한 요구가 있다. 현재 최첨단 기술은 리튬 이온 배터리를 사용한다. 이들은 상대적으로 높은 저장 밀도를 제공하지만 몇 가지 기술적 과제도 남아 있다.

운송에 있어서도 막대한 에너지가 소요된다. 운송 수단(자동차, 항공기, 철도 등)의 무게를 줄이고 엔진의 작동 온도를 증가시킴으로써 연료 효율을 높일 수 있다. 엔진 부품에 사용할 목적으로 저밀도이면서 고강도를 갖고, 또한 좀 더 고온에서 구동될 수 있는 구조 재료를 개발하는 문제는 여전히 남아 있다.

수소 연료 전지는 무공해의 이점을 가진 매우 매력적이고 실현 가능한 또 다른 에너지 변환 기술이다. 이것은 전자 장비의 배터리에 적용할 수 있을 뿐 아니라 자동차의 발전용으로도 가능성을 가지고 있다. 보다 효율적인 연료 전지를 위해서는 여전히 새로운 재료의 개발 및 수소 생산에 사용될 보다 나은 촉매의 개발이 필요한 상태이다.

원자력에너지는 유망한 에너지이지만, 연료를 밀봉하기 위한 구조물들 및 방사능 폐기물 처리를 위한 시설들에 관련된 재료들에 대하여 해결해야 할 많은 문제점을 가지고 있다.

한편 환경의 질은 공기와 물의 오염을 조절하는 우리의 능력에 의존하는데, 오염 조절 기술은 다양한 재료를 사용한다. 또한 광산 개발로 인한 경치 훼손이나 오염과 같은 환경적 열화를 줄이기 위하여 재료 공정과 정제 방법을 개선해야 한다. 어떤 재료는 생산 공정에서 독극물이 만들어지고 그것들의 폐기에 대하여 고려해야 하는 등 불가피하게 파생되는 문제점들도 있다.

우리가 사용하는 많은 재료들은 다시 새롭게 할 수 없는 원료, 즉 재생할 수 없는 것들로부터 만들어졌다. 이러한 재료들에는 원료가 원유로부터 오는 고분자 재료나 약간의 금속이 있다. 이렇게 재활용할 수 없는 원료는 점차적으로 고갈될 것이고, 이러한 사실로 인해 (1) 추가적인 보존법의 개발, (2) 환경 오염을 줄이면서 동등한 성질을 갖는 재료의 개발, 그리고/또는 (3) 재활용 노력을 확대하고, 새로운 재활용 기술을 개발해야 할 필요성이 대두된다. 결과적으로 생산과 환경적 충격 그리고 불가피하게 파생되는 요인들로부터 야기되는 경제학적인 면은 전반적인 생산 공정에 관련된 '요람에서 무덤까지(cradle-to-grave)'인 재료의 수명 주기를 고려하는 것이 매우 중요하다고 할 수 있다.

이러한 것들에 관련된 재료과학자나 공학자의 역할 및 다른 환경적, 사회적 문제점에 대해서는 20장에서 좀 더 자세히 논의될 것이다.

요약

재료과학과 공학

- 기계적, 전기적, 열적, 자기적, 광학적 및 열화의 여섯 가지 특성 분류가 재료의 적용성을 결정한다.
- 재료과학의 하나의 측면은 재료의 구조와 성질 사이에 존재하는 관계의 학문이다. **구조는** 재료의 내부 구성요소가 어떻게 배치되어 있는지를 의미한다. 치수의 측면에서 (그리고 증가함에 따라), 구조 요소는 아원자, 원자, 미시적, 거시적인 것이 포함된다.
- 재료의 설계, 제조 및 활용에 관해서는 공정, 구조, 물성, 성능의 네 가지 요소가 고려된다. 재료의 성능은 그 특성에 따라 그 특성은 그 구조의 함수이다. 또한 구조는 그 재료가 어떤 공정을 거쳤는지에 따라 결정된다. 이 네 가지 요소 간의 상호 관계는 때때로 재료 과학 및 공학의 중심 패러다임이라고 한다.
- 재료의 선택에서 3개의 중요한 기준은, 재료가 실제 사용되는 조건들, 사용되는 동안 재료 특성의 열화, 그리고 가공된 부품의 경제성 또는 비용이다.

재료의 분류

- 화학 및 원자 구조를 바탕으로 재료는 금속(금속원소), 세라믹(금속과 비금속의 화합물), 고분자(탄소, 수소, 기타 비금속원소로 이루어지는 화합물)의 세 가지 범주로 분류된다. 또한 복합재료는 적어도 두 가지 재료로 구성된다.

첨단 재료

- 또 다른 재료 카테고리는 첨단기술 응용분야에서 사용되는 첨단 재료이다. 여기에는 반도체(전도체와 부도체의 중간 전도성을 갖는), 생체 재료(신체 조직과 거부 반응이 없어야 함), 스마트 재료(이미 결정된 방법으로 환경의 변화를 감지하고 응답하는) 및 나노 재료(나노미터 수준의 구조적 특징을 가지며, 그중 일부는 원자/분자 수준에서 설계됨)가 포함된다.

참고문헌

Ashby, M. F., and D. R. H. Jones, *Engineering Materials 1: An Introduction to Their Properties, Applications, and Design*, 5th edition, Butterworth-Heinemann, Oxford, England, 2019.

Ashby, M. F., and D. R. H. Jones, *Engineering Materials 2: An Introduction to Microstructures and Processing*, 4th edition, Butterworth-Heinemann, Oxford, England, 2012.

Ashby, M. F., H. Shercliff, and D. Cebon, *Materials: Engineering, Science, Processing, and Design*, 4th edition, Butterworth-Heinemann, Oxford, England, 2019.

Askeland, D. R., and W. J. Wright, *Essentials of Materials Science and Engineering*, 4th edition, Cengage Learning, Stamford, CT, 2019.

Askeland, D. R., and W. J. Wright, *The Science and Engineering of Materials*, 7th edition, Cengage Learning, Stamford, CT, 2016.

Baillie, C., and L. Vanasupa, *Navigating the Materials World*, Academic Press, San Diego, CA, 2003.

Douglas, E. P., *Introduction to Materials Science and Engineering: A Guided Inquiry*, Pearson Education, Upper Saddle River, NJ, 2014.

Fischer, T., *Materials Science for Engineering Students*, Academic Press, San Diego, CA, 2009.

Jacobs, J. A., and T. F. Kilduff, *Engineering Materials Technology*, 5th edition, Prentice Hall PTR, Paramus, NJ, 2005.

McMahon, C. J., Jr., *Structural Materials*, Merion Books, Philadelphia, PA, 2006.

Murray, G. T., C. V. White, and W. Weise, *Introduction to Engineering Materials*, 2nd edition, CRC Press, Boca Raton, FL, 2007.

Schaffer, J. P., A. Saxena, S. D. Antolovich, T. H. Sanders, Jr., and S. B. Warner, *The Science and Design of Engineering Materials*, 2nd edition, McGraw-Hill, New York, NY, 1999.

Shackelford, J. F., *Introduction to Materials Science for Engineers*, 8th edition, Prentice Hall PTR, Paramus, NJ, 2014.

Smith, W. F., and J. Hashemi, *Foundations of Materials Science and Engineering*, 6th edition, McGraw-Hill, New York, NY, 2019.

Van Vlack, L. H., *Elements of Materials Science and Engineering*, 6th edition, Addison-Wesley Longman, Boston, MA, 1989.

White, M. A., *Physical Properties of Materials*, 3rd edition, CRC Press, Boca Raton, FL, 2019.

문제

1.1 다음의 최신 품목 또는 장치 중 하나 이상을 선택하고 인터넷 검색을 수행하여 장치/품목이 제대로 작동하기 위해 어떤 재료가 사용되었으며 이 재료가 어떤 특성을 가지고 있는지 확인하라. 마지막으로, 조사 결과에 대한 짧은 에세이를 작성하라.

- Cell phone/digital camera batteries
- Cell phone displays
- Solar cells
- Wind turbine blades
- Fuel cells
- Automobile engine blocks (other than cast iron)
- Automobile bodies (other than steel alloys)
- Space telescope mirrors
- Military body armor
- Sports equipment
    - Soccer balls
    - Basketballs
    - Ski poles
    - Ski boots
    - Snowboards
    - Surfboards
    - Golf clubs
    - Golf balls
    - Kayaks
    - Lightweight bicycle frames

1.2 네 가지 금속과 각 금속을 기반으로 하는 합금을 나열하라. 이러한 각 금속과 그 합금에 대한 구체적인 특성과 용도를 간략하게 설명하라.

1.3 네 가지 세라믹 재료를 나열하라. 이러한 각 세라믹 재료에 대한 구체적인 특성과 용도를 간략하게 설명하라.

1.4 복합재료란 무엇인가? 기지와 강화재는 복합재료에서 어떤 역할을 하는가? 복합재료를 고르고 이에 대한 특성 및 응용 분야에 대하여 논의하라.

1.5 다음 각 재료를 금속, 세라믹 또는 고분자로 분류하고, 그 이유를 설명하라. (a) 황동, (b) 산화마그네슘(MgO), (c) 플렉시글라스(Plexiglas)®, (d) 폴리클로로프렌, (e) 탄화붕소(B_4C), (f) 주철

2 원자의 구조와 원자간 결합

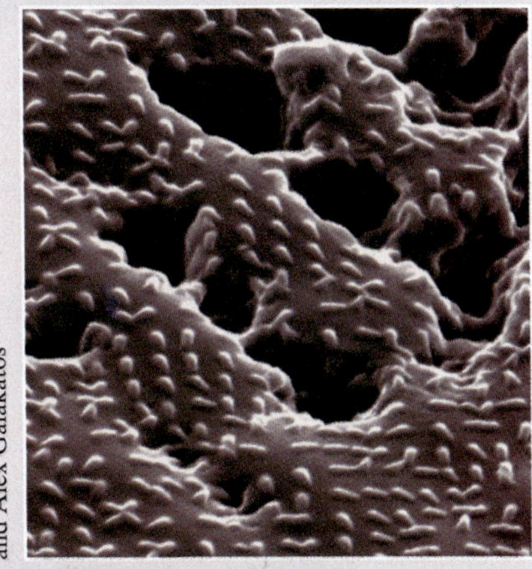

Courtesy of Jeffrey Karp, Robert Langer and Alex Galakatos

Courtesy of Jeffrey Karp, Robert Langer and Alex Galakatos

Paul D. Stewart/Science Source

이 페이지의 맨 아래는 도마뱀붙이(gecko)의 사진이다.

도마뱀붙이는 독이 없는 열대 도마뱀으로 아주 매력적이고 특이한 동물이다. 이 도마뱀은 어떤 표면에나 아주 잘 달라붙는 (세 번째 사진과 같은) 발을 갖고 있다. 이 때문에 수평면의 아래쪽이나 수직벽을 빠르게 달릴 수 있다. 실제로 도마뱀붙이는 한 발가락으로 매달려 전체 몸 무게를 지탱할 수 있다. 이 놀라운 능력의 비밀은 발가락에 있는 수없이 많은 극히 미세한 작은 털에 있다. 이 털이 물체 표면과 접촉할 때 털 분자들과 물체 표면의 분자들 간의 약한 인력(즉, 반데르발스 힘)이 형성된다.

이 털들이 아주 작고 수없이 많다는 점이 어떻게 도마뱀붙이가 표면을 강하게 잘 잡을 수 있는지를 설명한다. 도마뱀붙이는 잡았다 놓을 때 발가락을 구부려서 쉽게 털들을 표면에서 떼어 놓는다.

이 접착 메커니즘을 이용하여 과학자들이 극도로 강한 합성 접착제를 개발했는데, 이 중 하나가 접착 테이프(두 번째 사진)로 상처나 수술 절개선의 봉합에 쓰이는 실이나 스테이플의 대용품으로 특히 유망하다. 이 재료는 젖은 상태에서도 접착성을 유지하고, 자연분해되며, 치유 시 인체 내에서 독성 물질을 배출하지 않는다. 이 접착 테이프의 미세구조를 맨 위 사진에서 보여준다.

Barbara Peacock/Getty Images

왜 원자의 구조와 원자간 결합을 공부하는가?

고체 재료에서 원자간 결합에 대한 이해가 중요한 이유는 결합의 형태에 의해 재료의 물성을 설명할 수 있기 때문이다. 예를 들어 흑연 또는 다이아몬드 형태로 존재하는 탄소의 경우를 생각해 보자. 흑연은 비교적 연하고 '매끄러운' 느낌을 주지만, 다이아몬드는 가장 경도가 높은 재료이다. 게다가 다이아몬드와 흑연은 전기적 성질들이 다르다. 다이아몬드는 전기전도도가 나쁜 반면, 흑연은 비교적 좋은 전도체이다. 이 물성들의 차이는 다이아몬드에서는 없는 결합이 흑연에서 존재하는 것과 직접 관련되어 있다(3.9절 참조).

학습 목표

이 장을 학습한 후에는 아래 과제를 수행할 수 있어야 한다.

1. 거론된 두 가지 원자결합 모델과, 이들 사이의 차이를 설명한다.
2. 전자에너지와 관련되어 있는 중요한 양자역학적 원리를 설명한다.
3. (a) 2개의 원자 또는 이온 사이의 거리에 따른 인력과 척력, 에너지 총량의 변화를 그래프로 설명한다.
   (b) 도시된 그림에서 평형거리와 결합에너지를 표시한다.
4. (a) 이온, 공유, 금속, 수소 및 반데르발스 결합에 대해 간단히 설명한다.
   (b) 이들 각각의 결합형태를 보이는 재료의 예를 든다.

2.1 | 서론

고체 재료의 중요한 물성들 중 몇 가지는 원자배열의 구조와 구성 원자들과 분자들 사이에 존재하는 상호작용에 의존한다. 이 장에서는 이후의 논의를 위한 준비의 일환으로 몇 가지 근본적이고 중요한 개념, 즉 원자의 구조, 원자와 주기율표에서의 전자배치, 고체를 형성하는 원자들을 서로 묶어 주는 다양한 형태의 1차, 2차 원자간 결합에 대해 고찰한다. 독자에게 일부 재료는 익숙하다는 전제하에 이들 논제들을 간단히 복습한다.

원자의 구조

2.2 | 기본 개념

각각의 원자는 양성자들과 중성자들로 이루어진 아주 작은 원자핵과 이를 중심으로 궤도운동을 하는 전자들로 이루어져 있다.[1)] 전자와 양성자는 각각 음과 양으로 하전되어 있고, 하전

1) 양성자, 중성자 및 전자들은 쿼크, 중성미자, 보손과 같은 미립자들로 이루어져 있다. 그러나 논의는 양성자, 중성자, 전자들에 국한한다.

량은 1.602×10^{-19} C이며, 중성자는 전기적으로 중성이다. 이들 원자 구성 입자(아원자 입사) 들의 질량은 극히 작다. 양성자와 중성자는 거의 같은 질량인 1.67×10^{-27} kg으로 전자의 질량 9.11×10^{-31} kg보다 훨씬 크다.

원자번호(Z)

각각의 화학적 원소는 원자핵 속의 양성자의 수 또는 **원자번호(Z)**에 의해 특정된다.[2] 전기적으로 중성 또는 완전한 원자에 있어서 원자번호는 전자의 수와 같다. 이 원자번호는 합성 원소가 아닌 자연에서 관찰되는 원자에 한해 수소 원자의 1부터 우라늄 원자의 92 사이의 정수를 갖는다.

특정 원자의 원자질량(A)은 그 원자가 원자핵 내부에 가지는 양성자들과 중성자들의 질량의 합이다. 특정 원소의 양성자의 수는 모두 같지만, 중성자수(N)는 바뀔 수 있다. 따라서 두 가지 이상의 원자질량을 가질 수 있는데, 이들 원소들을 **동위원소(isotope)**라 한다. 한 원소의 **원자량(atomic weight)**은 자연에서 존재하는 동위원소들의 질량의 가중평균이다.[3] **원자질량 단위(atomic mass unit, amu)**는 원자량을 계산하는 데 쓸 수 있다. 1 원자질량단위(1 amu)는 가장 흔히 존재하는 탄소의 동위원소인 ^{12}C(A = 12.00000)의 1/12로 정의되었다. 이 체계에서 양성자와 중성자의 질량은 1보다 약간 크고, 다음의 관계가 성립한다.

동위원소
원자량
원자질량단위

$$A \cong Z + N \tag{2.1}$$

원소의 원자량이나 화합물의 분자량은 원자당(분자당) amu 또는 재료의 몰당 질량에 기초하여 나타낼 수 있다. 물질 1**몰**에는 6.022×10^{23} (아보가드로 수)의 원자 또는 분자들이 있다. 이들 두 원자량 개념의 관계는 다음 식과 같다.

몰

$$1 \text{ amu/atom(또는 molecule)} = 1 \text{ g/mol}$$

예를 들어, 철의 원자량은 55.85 amu/atom, 또는 55.85 g/mol이다. 원자당 또는 분자당 amu를 쓰는 것이 편할 때도 있지만, g(kg)/mol이 편할 때도 있다. 이 책에서는 g(kg)/mol을 쓴다.

예제 2.1

세륨의 평균 원자량 계산

세륨은 자연에서 네 가지 동위원소로 존재한다: ^{136}Ce, 분량 0.185%, 원자량 135.907 amu; ^{138}Ce, 분량 0.251%, 원자량 137.906 amu; ^{140}Ce, 분량 88.450%, 원자량 139.905 amu; ^{142}Ce, 분량 11.114%, 원자량 141.909 amu. Ce의 평균 원자량을 구하라.

---

2) **진한 활자체(boldface)**로 나타낸 용어는 부록 H 다음에 위치한 '용어해설'에 정의되어 있다.

3) 우리가 질량, 무게가 아니라 질량을 다루는 것이라는 점에서 볼 때, 용어로 원자질량이 원자량보다 더 정확하다. 그러나 원자량이 관례적으로 많이 사용되며, 이 책 전반에서 사용하기로 한다. 독자는 분자량을 중력가속도 상수로 나눌 필요가 없음을 기억하기 바란다.

풀이

가상의 원소 M의 평균 원자량 $\overline{A}_M$은 모든 동위원소의 존재분량과 원자량의 곱을 합하여 계산한다. 즉,

$$\overline{A}_M = \sum_i f_{i_M} A_{i_M} \tag{2.2}$$

이 식에서, f_{i_M}은 원소 M에 대한 동위원소 i의 존재분율(즉, 존재 퍼센트를 100으로 나눈 값)이고, A_{i_M}은 동위원소의 원자량이다.

세륨에 대해서, 식 (2.2)는 다음의 형태가 된다.

$$\overline{A}_{Ce} = f_{^{136}Ce}A_{^{136}Ce} + f_{^{138}Ce}A_{^{138}Ce} + f_{^{140}Ce}A_{^{140}Ce} + f_{^{142}Ce}A_{^{142}Ce}$$

문제에서 주어진 변숫값들을 대입하면 된다.

$$\begin{aligned}\overline{A}_{Ce} &= \left(\frac{0.185\%}{100}\right)(135.907\ \text{amu}) + \left(\frac{0.251\%}{100}\right)(137.906\ \text{amu}) + \left(\frac{88.450\%}{100}\right)(139.905\ \text{amu}) \\ &\quad + \left(\frac{11.114\%}{100}\right)(141.909\ \text{amu}) \\ &= (0.00185)(135.907\ \text{amu}) + (0.00251)(137.906\ \text{amu}) + (0.8845)(139.905\ \text{amu}) \\ &\quad + (0.11114)(141.909\ \text{amu}) \\ &= 140.115\ \text{amu}\end{aligned}$$

예제 2.2

은(Ag)의 평균 원자량 계산

은은 자연계에서 2개의 안정적인 동위원소를 가지며, 그 상세한 내용은 그림 2.1과 같다. 즉, 동위원소 ^{107}Ag은 106.905 amu의 원자질량을 가지며 자연계 전체 원소의 51.86%를 차지한다. 한편, 동위원소 ^{109}Ag는 108.905 amu의 원자질량을 가지며 자연계에서 차지하는 원소의 비율은 48.14%이다. 은의 평균 원자질량을 amu 단위로 구하라.

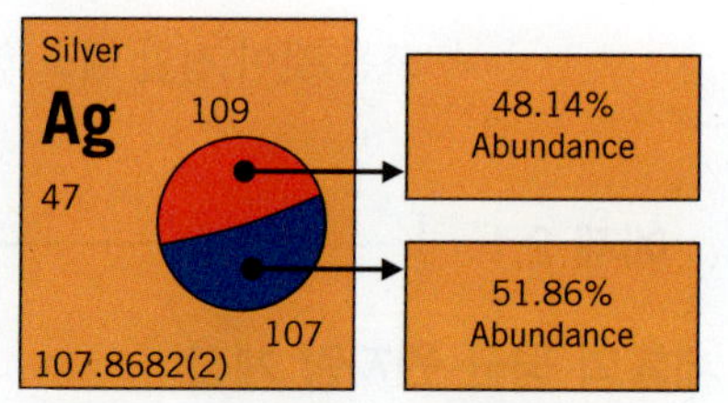

그림 2.1 자연계에서 존재하는 은의 동위원소

풀이

앞서 살펴본 것과 같이, 양성자의 수는 같지만 중성자의 수가 다른 원소 집합의 각 구성체들을 동위원소라고 한다. 즉, 간단히 말해 동위원소는 원자핵 안에 서로 다른 수의 중성자를 가지는 원소들이라고 할 수 있다. 따라서 원자핵 내부의 양성자의 수로 결정되는 원자번호는 특정 원소의 모든 동위원소에 대해 동일하다. 하지만 중성자의 수가 다르기 때문에 각 동위원소의 원자량은 달라진다.

원소 M의 평균 원자질량은 식 (2.2)로 결정된다.

$$\bar{A}_{\mathrm{M}} = \sum_i f_{i_{\mathrm{M}}} A_{i_{\mathrm{M}}}$$

이 식에서 $f_{i_{\mathrm{M}}}$과 $\bar{A}_{i_{\mathrm{M}}}$은 각각 원소 M에 대한 동위원소 i의 존재분율, 즉 존재 퍼센트를 100으로 나눈 값과 동위원소 i의 평균 원자량에 해당한다. 원소 M의 평균 원자량은 $\bar{A}_{\mathrm{M}}$으로 주어진다.

은의 경우, 식 (2.2)는 다음과 같은 형태로 나타낼 수 있다.

$$\begin{aligned} A_{\mathrm{Ag}} &= f_{107_{\mathrm{Ag}}} A_{107_{\mathrm{Ag}}} + f_{109_{\mathrm{Ag}}} A_{109_{\mathrm{Ag}}} \\ &= \left(\frac{51.86\%}{100}\right)(106.905\ \mathrm{amu}) + \left(\frac{48.14\%}{100}\right)(108.905\ \mathrm{amu}) \\ &= (0.5186)\ (106.905\ \mathrm{amu}) + (0.4814)\ (108.905\ \mathrm{amu}) = 107.868\ \mathrm{amu} \end{aligned}$$

수소 역시 자연계에서 3개의 동위원소를 가지며, 그림 2.2에서 나타낸 것과 같이 ^{1}H, ^{2}H, ^{3}H로 명명한다. 이들은 각각 경수소 또는 수소, 중수소, 삼중수소라 부른다. ^{1}H과 ^{2}H는 안정적이지만 ^{3}H는 방사성이며 12.32 ± 0.02년의 반감기를 가진다. 이들은 모두 하나의 양성자와 다른 수의 중성자를 가지는데, 경수소(수소)가 전체 존재량의 99.98% 이상을 차지하며, 중수소는 0.0026~0.0184%의 상대적인 존재량을 가진다. 삼중수소는 겨우 검출될 정도의 비율로만 존재한다.

개념 확인 2.1

왜 원소들의 원자량이 정수가 아닌가? 두 가지 이유를 말하라.

(정답은 *www.wiley.com*의 제품 페이지에서 확인할 수 있음)

그림 2.2 수소 동위원소의 핵 구성

2.3 | 원자 내부의 전자들

원자 모델들

19세기 후반에 걸쳐 고체 내의 전자들과 관련된 많은 현상들이 고전역학으로는 설명될 수 없다는 것이 알려졌다. 이어서 원자와 원자 구성 입자들의 시스템을 지배하는 일련의 원리들과 법칙들이 확립되었으며, 이를 **양자역학(quantum mechanics)**이라고 한다. 원자들과 결정질 고체에서의 전자들의 거동에 관한 설명은 양자역학적 개념을 바탕으로 하여 논의된다. 그러나 이들 원리에 대한 상세한 탐구는 이 교재의 범위를 벗어나기 때문에, 피상적으로 간단히만 논의하기로 한다.

양자역학

보어 원자 모델

양자역학의 초기 결과물 중 하나는 간단한 **보어 원자 모델(Bohr atomic model)**로, 이 모델에 따르면 전자는 원자핵을 중심으로 각각의 전자궤도(orbital)를 가지고 도는 것으로 간주되며, 특정 전자의 위치는 그 전자궤도로 상당히 잘 정의된다. 그림 2.3은 이 원자 모델을 모식적으로 나타낸 것이다.

또 다른 중요한 양자역학적 원리는 전자의 에너지가 양자화되어 있음을 명시하고 있다. 즉, 전자는 단지 특정 에너지 값들만 가질 수 있다. 전자는 자신의 에너지를 바꿀 수 있지만, 그 과정에서 (에너지를 흡수하여) 더 높은 에너지 준위로 또는 (에너지를 방출하여) 더 낮은 에너지 준위로 양자도약한다. 보통, 전자가 가질 수 있도록 허용된 에너지의 값들을 에너지 준위(*energy levels*) 또는 에너지 상태(*energy states*)와 연관되어 있다고 생각하면 이해하기 쉽다. 이들 에너지 준위들은 인접 준위와 연속되어 있지 않고, 일정한 에너지 값의 차이를 가지고 서로 떨어져 있다. 예를 들어, 그림 2.4*a*에서는 보어 수소 원자에 허용된 에너지 준위들을 도식화하고 있다. 이들 에너지는 음의 값을 가지며, 속박되지 않은 전자, 즉 자유전자의 에너지가 기준점 0이 된다. 물론, 수소 원자가 가지고 있는 하나의 전자는 이들 에너지 준위들 중 하나만 채운다.

그림 2.3 보어 원자의 모식도

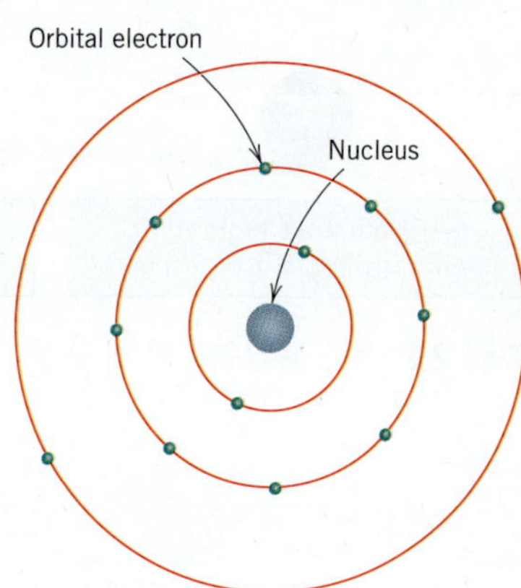

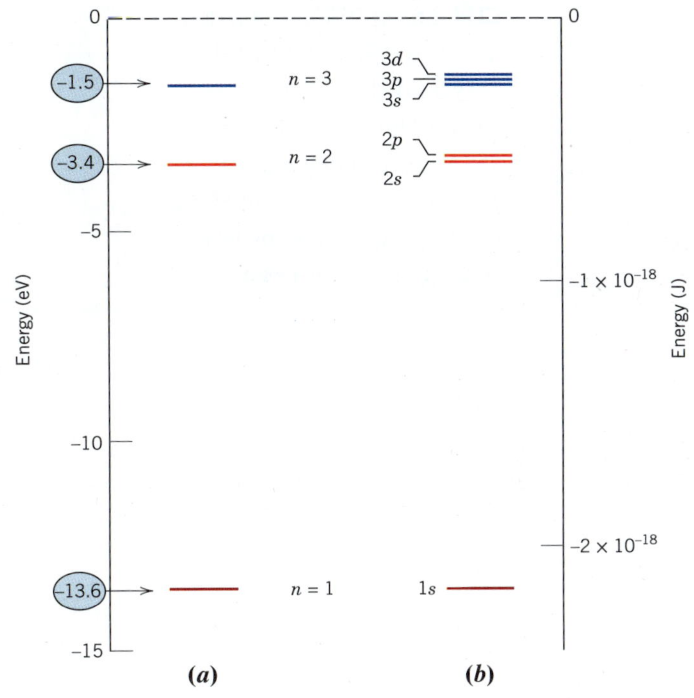

그림 2.4 (*a*) 보어 수소 원자의 첫 3개 전자에너지 준위들, (*b*) 파동역학 수소 모델의 첫 3개 각들의 에너지 준위들 (Adapted from W. G. Moffatt, G. W. Pearsall, and J. Wulff, *The Structure and Properties of Materials*, Vol. I, *Structure*, John Wiley & Sons, 1964.)

따라서 보어 모델은 원자 내부에 존재하는 전자들을 위치(전자궤도)와 에너지(양자화된 에너지 준위)의 두 가지 관점으로 서술하고자 하는 초기의 시도라 할 수 있다.

파동역학 모델

이 보어 모델은 전자와 관계된 몇 가지 현상들을 잘 설명하지 못하는 심각한 한계점을 가지고 있는 것으로 밝혀지게 된다. 한편, 전자는 파동성과 입자성을 모두 가진다는 사실에 기반한 **파동역학 모델(wave-mechanical model)**이 그 해결책으로 제시되었다. 이 모델에서, 전자는 특정 궤도에서 운동하는 입자이기보다, 전자의 존재 위치는 원자핵 주변의 여러 장소에서 전자가 존재할 수 있는 확률로서 간주된다. 다시 말해서 전자의 위치는 확률분포 또는 전자구름으로 묘사된다. 그림 2.5는 수소 원자에 관한 보어 모델과 파동역학 모델을 비교하고 있다. 이 교재 전체를 통해 두 가지 모델을 모두 사용하며, 각 부분에서 해당 현상을 더 쉽게 설명할 수 있는 모델을 선택할 예정이다.

양자수

양자수

양자역학에서 모든 전자는 **양자수(quantum number)**라고 불리는 4개의 변수로 표현할 수 있다. 전자 확률밀도(전자궤도, orbital)의 크기, 모양, 공간에서의 방향(역주: 전자궤도는 단순 궤도가 아니라 전자의 3차원적 존재, 분포확률을 포함한 파동함수 표현을 포함하며, 이후 오비탈과 혼용하여 사용함)은 이 양자수들 중 3개로 명시된다. 또, 보어에너지 준위들은 전자 부각들로 나누어지고, 각 부각 내의 준위수는 양자수에 의해 지배된다. 원자의 주각은 **주양자수**로 명시되며, 주양자수 n은 1에서 시작하는 정수로, 때로 K, L, M, N, O 등으로 불리기도 하는데,

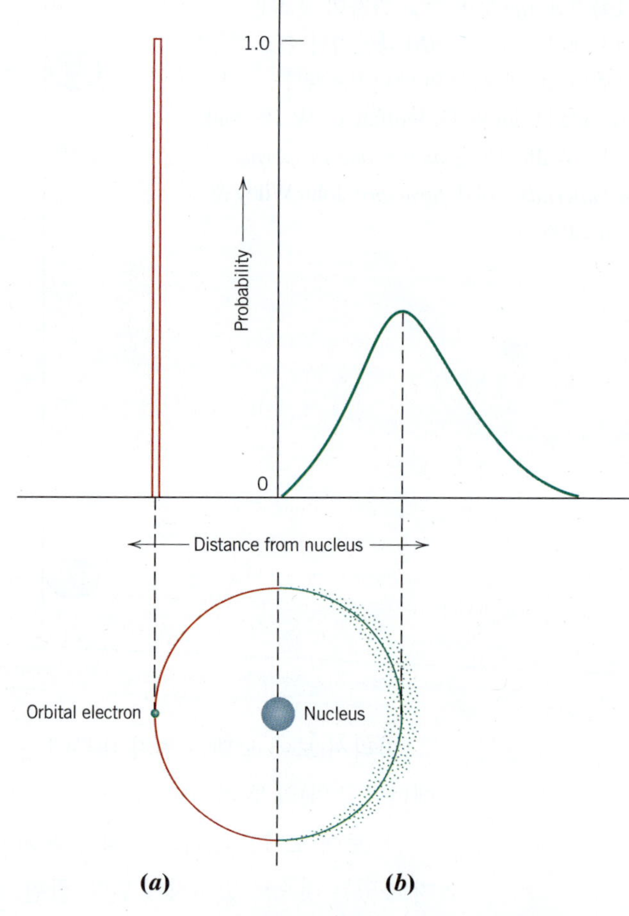

그림 2.5 전자배치의 관점에서 원자 모델들의 비교. (*a*) 보어 모델과 (*b*) 파동역학 모델 (Adapted from Z. D. Jastrzebski, *The Nature and Properties of Engineering Materials*, 3rd edition, p. 4. Copyright © 1987 by John Wiley & Sons, New York.)

각각은 표 2.1에서 나타낸 것과 같이 $n = 1, 2, 3, 4, 5, \cdots$에 해당한다. 단지 주양자수만이 보어 모델과 관련이 있다는 것을 기억하자. 이 양자수는 오비탈의 크기(또는 해당 원자핵으로부터의 평균거리)와 관계가 있다.

두 번째(또는 **방위**) 양자수 l은 부각을 지칭한다. l의 값들은 n의 크기에 의해 제한되며 $l = 0$에서 $l = (n - 1)$ 사이의 정수값들을 갖는다. 각 부각은 소문자 s, p, d, f로 지칭되며 l과의 관계는 다음과 같다.

Value of *l*	Letter Designation
0	*s*
1	*p*
2	*d*
3	*f*

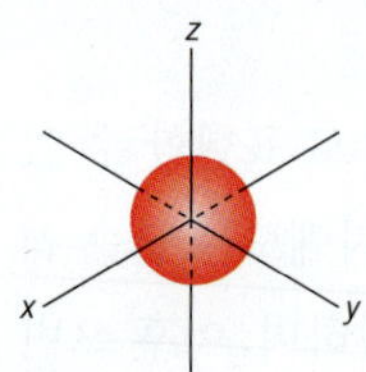

그림 2.6 원 모양의 s 오비탈

게다가, 오비탈의 모양은 l에 의존한다. 예를 들어 s 궤도는 구형으로 원자핵을 중심으로 한다(그림 2.6). p 부각에는 3개의 궤도들이 있으며, 각각은 아령 모양의 마디면을 갖고 있다(그림

표 2.1 양자수 n, l, m_l 간의 관계와 오비탈 및 전자의 수에 관한 요약

Value of n	Value of l	Values of m_l	Subshell	Number of Orbitals	Number of Electrons
1	0	0	1*s*	1	2
2	0	0	2*s*	1	2
	1	−1, 0, +1	2*p*	3	6
3	0	0	3*s*	1	2
	1	−1, 0, +1	3*p*	3	6
	2	−2, −1, 0, +1, +2	3*d*	5	10
4	0	0	4*s*	1	2
	1	−1, 0, +1	4*p*	3	6
	2	−2, −1, 0, +1, +2	4*d*	5	10
	3	−3, −2, −1, 0, +1, +2, +3	4*f*	7	14

Source: From J. E. Brady and F. Senese, *Chemistry: Matter and Its Changes*, 4th edition, 2004. Reprinted with permission of John Wiley & Sons, Inc.

2.7). 이 궤도들의 3개 축들은 x-y-z 축계와 같이 상호 직각이다. 따라서 이 궤도를 p_x, p_y, p_z로 편리하게 지칭할 수 있다(그림 2.7). d 부각의 궤도 구조는 보다 더 복잡한데, 여기서는 논의하지 않는다.

각각의 부각에 대한 오비탈의 수는 세 번째(또는 자기) 양자수 m_l에 의해 결정되며, m_l은 0을 포함하여 $-l$ 과 $+l$ 사이의 정수값을 갖는다. 따라서 $l = 0$일 때 +0과 −0은 동일하므로 m_l은 0 하나의 값을 가진다. 이는 s 부각에 해당하며 단 하나의 **오비탈**을 가질 수 있음을 의미한다. 또, $l = 1$일 때, m_l은 $-1, 0, +1$의 값을 가질 수 있으며, 3개의 p 궤도가 가능하다. 마찬가지로, d 부각이 5개의 궤도를 가질 수 있고 f 부각이 7개의 부각을 가지는 것을 알 수 있다. 외부 자기장이 없을 때 각각의 부각 내의 모든 궤도는 같은 에너지를 갖는다. 그러나 자기장이 가해지면 이 부각들은 분리되어 각각의 궤도는 약간 다른 에너지를 갖게 된다. 표 2.1은 이들 값들의 정리와 양자수 n, l, m_l 사이의 관계를 나타낸다.

각각의 전자는 **스핀 각운동량**(*spin moment*)이 있으며, 이는 반드시 위(up) 또는 아래(down)

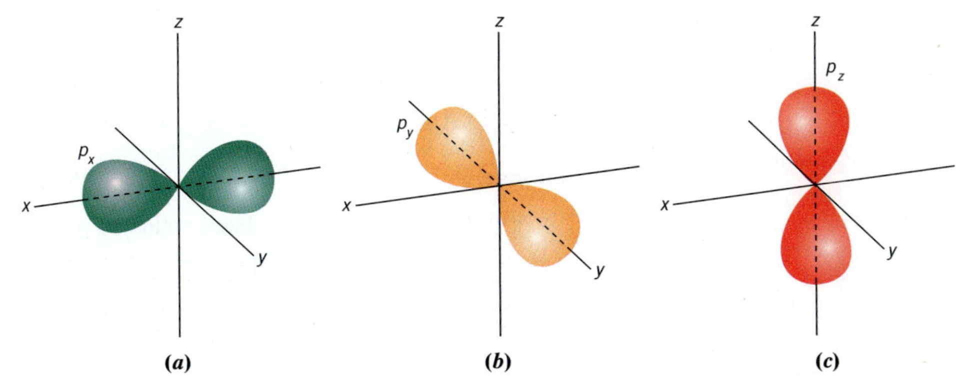

그림 2.7 오비탈의 방향과 모양들: (*a*) p_x, (*b*) p_y, (*c*) p_z

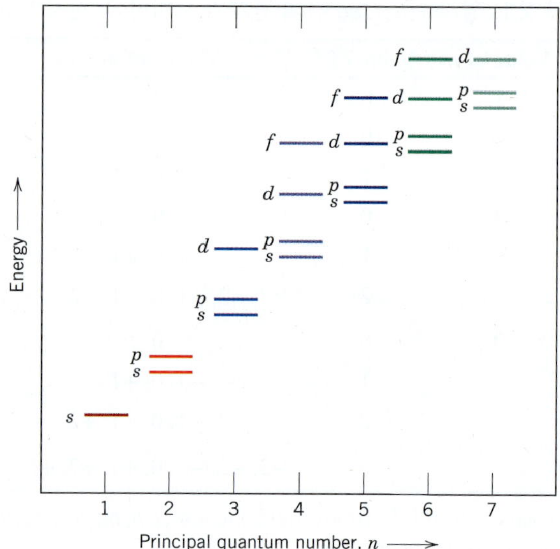

그림 2.8 여러 종류의 주각과 부각 내 전자들이 가지는 상대적 에너지 차이에 대한 도식적 표현 (From K. M. Ralls, T. H. Courtney, and J. Wulff, *Introduction to Materials Science and Engineering*, p. 22. Copyright © 1976 by John Wiley & Sons, New York. Reprinted by permission of John Wiley & Sons, Inc.)

방향으로 정렬되어야 한다. 이 스핀 각운동량에 관련된 것이 네 번째 양자수 m_s이며, 두 가지의 값이 가능하다. 즉, +1/2(spin up)과 −1/2 (spin down)이다.

따라서 보어 모델은 파동역학에 의해 더 다듬어져, 3개의 새로운 양자수가 도입되어 각 각 내에 전자부각이 더해졌다. 이 사실에 기초한 수소 원자에 대한 두 모델의 비교를 그림 2.4*a*와 2.4*b*에 나타내었다.

파동역학 모델을 사용한 여러 각과 부각에 대한 전체 에너지 준위 다이어그램을 그림 2.8에 나타내었다. 몇 가지 특징을 언급할 필요가 있는데, 첫째, 주양자수(n)가 작을수록 에너지 준위는 낮다. 예를 들어, 1*s* 상태의 에너지는 2*s* 상태의 에너지보다 작고, 이는 3*s*의 에너지보다 작다. 두 번째, 각 주각 내의 부각 준위의 에너지는 l 양자수 값의 증가에 따라 증가한다. 예를 들어, 3*d* 상태의 에너지는 3*p* 상태의 에너지보다 크고, 이는 3*s*의 값보다 크다. 끝으로, 한 각의 에너지는 인접 각의 에너지와 겹쳐질 수 있으며, 특히 *d*와 *f* 상태의 경우가 그렇다. 예를 들어, 3*d* 상태의 에너지는 보통 4*s*의 상태의 에너지보다 크다.

전자배치

지금까지의 논의에서는 주로 전자상태들(즉, 전자들에 허용된 에너지 값)에 대해서 다루었다. 전자들로 에너지 준위가 채워지는 방법을 결정하기 위해서, 우리는 각각의 전자가 2개를 초과한 **전자상태(electron state)**를 가질 수 없고, 전자 2개는 반드시 반대의 스핀을 가져야 한다는 또 다른 양자역학적 개념, **파울리의 배타 원리(Pauli exclusion principle)**를 사용한다. 따라서 *s*, *p*, *d*, *f* 부각은 각각 총 2개, 6개, 10개, 14개의 전자들을 보유할 수 있다. 표 2.1의 오른쪽 열은 첫 4개 주각의 각각의 오비탈이 점유할 수 있는 최대 전자의 수를 나타낸다.

전자상태

파울리의 배타 원리

그림 2.9 나트륨 원자의 채워진 그리고 채워지지 않은 가장 낮은 에너지 상태의 모식적 표현

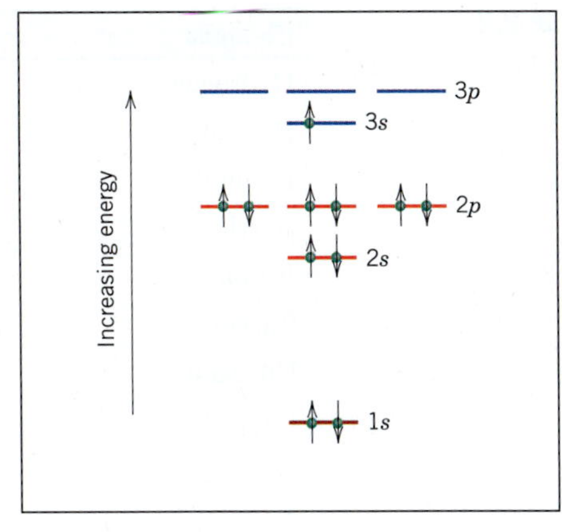

물론, 원자의 가능한 에너지 상태들이 모두 전자로 채워지는 것은 아니다. 대부분의 원자들에서 전자들은 각 전자각(electron shell)과 전자부각(electron subshell)의 상태 하나당 반대의 스핀을 갖는 전자를 2개씩, 가능한 가장 작은 에너지 상태부터 채운다. 나트륨 원자의 에너지 구조를 그림 2.9에 모식적으로 나타내었다. 전술한 규칙에 의해 모든 전자들이 가능한 가장 낮은 에너지들을 가질 때 원자는 **기저상태(ground state)**에 있다고 한다. 한편 13장과 19장에서 논의되겠지만, 높은 에너지 상태로의 전자전이 역시 가능하다. **전자배치(electron configuration)** 또는 원자의 구조는 이들 준위/상태가 채워진 방법을 나타낸다. 관습적 표현에서는 각각의 부각에 있는 전자의 수는 주각-부각의 표시 다음에 위첨자로 나타낸다. 예를 들어 H, He 및 Na의 전자배치들은 각각 $1s^1$, $1s^2$ 및 $1s^22s^22p^63s^1$이다. 그 이외의 대표적 원소들의 전자배치를 표 2.2에 나타내었다.

기저상태

전자배치

원자가전자

여기서, 전자배치에 관한 몇 가지 사항을 언급한다. 첫째, **원자가전자(valence electron)**들은 최외각의 전자들이다. 이들 전자들은 매우 중요하다. 앞으로 논의되겠지만, 이들은 원자 또는 분자의 집합체를 형성하는 결합에 참여한다. 또, 고체의 많은 물리적 화학적 물성은 이들 최외각 전자들에 기반하여 결정된다.

또, 어떤 원자들은 안정된 전자배치라고 불리는 상태를 갖는다. 즉, 최외각에 있는 상태들 또는 최외각 전자각이 완전히 채워져 있는 것을 뜻한다. 보통 이는 Ne, Ar, Kr에서와 같이 최외각의 s 및 p 상태에 총 8개의 전자들이 채워진 것을 말한다. 하나의 예외는 He으로, 단지 2개의 1s 전자만 갖는다. 이들 원소들(Ne, Ar, Kr 및 He)은 불활성 가스이며 실제로 화학적인 반응성이 없다. 채워지지 않은 최외각 전자각을 가진 몇몇 원자들은 전자를 받거나 잃음으로써 하전 이온을 형성하거나, 전자를 다른 원자와 공유함으로써 안정된 전자배치를 갖는다. 이는 몇몇 화학적 반응들과 고체 간의 결합의 기원이 되며, 자세한 내용은 2.6절에서 다룰 예정이다.

표 2.2
대표적 원소들의 예상 전자배치[a]

Element	Symbol	Atomic Number	Electron Configuration
Hydrogen	H	1	$1s^1$
Helium	He	2	$1s^2$
Lithium	Li	3	$1s^2 2s^1$
Beryllium	Be	4	$1s^2 2s^2$
Boron	B	5	$1s^2 2s^2 2p^1$
Carbon	C	6	$1s^2 2s^2 2p^2$
Nitrogen	N	7	$1s^2 2s^2 2p^3$
Oxygen	O	8	$1s^2 2s^2 2p^4$
Fluorine	F	9	$1s^2 2s^2 2p^5$
Neon	Ne	10	$1s^2 2s^2 2p^6$
Sodium	Na	11	$1s^2 2s^2 2p^6 3s^1$
Magnesium	Mg	12	$1s^2 2s^2 2p^6 3s^2$
Aluminum	Al	13	$1s^2 2s^2 2p^6 3s^2 3p^1$
Silicon	Si	14	$1s^2 2s^2 2p^6 3s^2 3p^2$
Phosphorus	P	15	$1s^2 2s^2 2p^6 3s^2 3p^3$
Sulfur	S	16	$1s^2 2s^2 2p^6 3s^2 3p^4$
Chlorine	Cl	17	$1s^2 2s^2 2p^6 3s^2 3p^5$
Argon	Ar	18	$1s^2 2s^2 2p^6 3s^2 3p^6$
Potassium	K	19	$1s^2 2s^2 2p^6 3s^2 3p^6 4s^1$
Calcium	Ca	20	$1s^2 2s^2 2p^6 3s^2 3p^6 4s^2$
Scandium	Sc	21	$1s^2 2s^2 2p^6 3s^2 3p^6 3d^1 4s^2$
Titanium	Ti	22	$1s^2 2s^2 2p^6 3s^2 3p^6 3d^2 4s^2$
Vanadium	V	23	$1s^2 2s^2 2p^6 3s^2 3p^6 3d^3 4s^2$
Chromium	Cr	24	$1s^2 2s^2 2p^6 3s^2 3p^6 3d^5 4s^1$
Manganese	Mn	25	$1s^2 2s^2 2p^6 3s^2 3p^6 3d^5 4s^2$
Iron	Fe	26	$1s^2 2s^2 2p^6 3s^2 3p^6 3d^6 4s^2$
Cobalt	Co	27	$1s^2 2s^2 2p^6 3s^2 3p^6 3d^7 4s^2$
Nickel	Ni	28	$1s^2 2s^2 2p^6 3s^2 3p^6 3d^8 4s^2$
Copper	Cu	29	$1s^2 2s^2 2p^6 3s^2 3p^6 3d^{10} 4s^1$
Zinc	Zn	30	$1s^2 2s^2 2p^6 3s^2 3p^6 3d^{10} 4s^2$
Gallium	Ga	31	$1s^2 2s^2 2p^6 3s^2 3p^6 3d^{10} 4s^2 4p^1$
Germanium	Ge	32	$1s^2 2s^2 2p^6 3s^2 3p^6 3d^{10} 4s^2 4p^2$
Arsenic	As	33	$1s^2 2s^2 2p^6 3s^2 3p^6 3d^{10} 4s^2 4p^3$
Selenium	Se	34	$1s^2 2s^2 2p^6 3s^2 3p^6 3d^{10} 4s^2 4p^4$
Bromine	Br	35	$1s^2 2s^2 2p^6 3s^2 3p^6 3d^{10} 4s^2 4p^5$
Krypton	Kr	36	$1s^2 2s^2 2p^6 3s^2 3p^6 3d^{10} 4s^2 4p^6$

[a]When some elements covalently bond, they form *sp* hybrid bonds. This is especially true for C, Si, and Ge.

개념 확인 2.2

불소(fluorine)의 전자배치를 기술하라. 불소 분자(F_2)가 공유결합을 형성하는 것을 모식적으로 나타내라.

개념 확인 2.3

Fe^{3+} 과 S^{2-} 이온들에 대한 전자배치를 써라.

(정답은 *www.wiley.com*의 제품 페이지에서 확인할 수 있음)

2.4 | 주기율표

주기율표

주기율표(periodic table)에서 모든 원소들은 전자의 배치에 의해 분류된다(그림 2.10). 여기서 원소들은 원자번호가 증가하는 순서로, 주기라고 하는 7개의 수평열로 배치되어 있다. 이 정열에서, 주어진 칼럼 또는 그룹에 배열된 모든 원소들이 비슷한 화학적, 물리적 물성들뿐만 아니라, 비슷한 가전자(valence electron) 구조를 갖는다. 이들 특성들은 각각의 주기를 따라 가로방향으로, 그리고 각각의 열을 따라 세로방향으로 점차 변화하게 된다.

Metal

Nonmetal

Intermediate

Key: 29 Cu 63.55 — Atomic number, Symbol, Atomic weight

IA (1)	IIA (2)	IIIB (3)	IVB (4)	VB (5)	VIB (6)	VIIB (7)	VIII (8)	VIII (9)	VIII (10)	IB (11)	IIB (12)	IIIA (13)	IVA (14)	VA (15)	VIA (16)	VIIA (17)	0 (18)
1 H 1.0080																	2 He 4.0026
3 Li 6.941	4 Be 9.0122											5 B 10.811	6 C 12.011	7 N 14.007	8 O 15.999	9 F 18.998	10 Ne 20.180
11 Na 22.990	12 Mg 24.305											13 Al 26.982	14 Si 28.085	15 P 30.974	16 S 32.064	17 Cl 35.453	18 Ar 39.948
19 K 39.098	20 Ca 40.078	21 Sc 44.956	22 Ti 47.867	23 V 50.942	24 Cr 51.996	25 Mn 54.938	26 Fe 55.845	27 Co 58.933	28 Ni 58.69	29 Cu 63.55	30 Zn 65.38	31 Ga 69.72	32 Ge 72.63	33 As 74.922	34 Se 78.97	35 Br 79.904	36 Kr 83.80
37 Rb 85.47	38 Sr 87.62	39 Y 88.91	40 Zr 91.22	41 Nb 92.91	42 Mo 95.95	43 Tc (98)	44 Ru 101.07	45 Rh 102.91	46 Pd 106.42	47 Ag 107.87	48 Cd 112.41	49 In 114.82	50 Sn 118.71	51 Sb 121.76	52 Te 127.60	53 I 126.90	54 Xe 131.29
55 Cs 132.91	56 Ba 137.33	Rare earth series	72 Hf 178.49	73 Ta 180.95	74 W 183.84	75 Re 186.21	76 Os 190.23	77 Ir 192.22	78 Pt 195.08	79 Au 196.97	80 Hg 200.59	81 Tl 204.38	82 Pb 207.2	83 Bi 208.98	84 Po (209)	85 At (210)	86 Rn (222)
87 Fr (223)	88 Ra (226)	Acti-nide series	104 Rf (267)	105 Db (268)	106 Sg (269)	107 Bh (270)	108 Hs (269)	109 Mt (278)	110 Ds (281)	111 Rg (280)	112 Cn (285)	113 Uut (286)	114 Fl (289)	115 UUp (289)	116 Lv (293)	117 Uus (294)	118 Uuo (294)

Rare earth series	57 La 138.91	58 Ce 140.12	59 Pr 140.91	60 Nd 144.24	61 Pm (145)	62 Sm 150.36	63 Eu 151.96	64 Gd 157.25	65 Tb 158.92	66 Dy 162.50	67 Ho 164.93	68 Er 167.26	69 Tm 168.93	70 Yb 173.04	71 Lu 174.97
Actinide series	89 Ac (227)	90 Th 232.04	91 Pa 231.04	92 U 238.03	93 Np (237)	94 Pu (244)	95 Am (243)	96 Cm (247)	97 Bk (247)	98 Cf (251)	99 Es (252)	100 Fm (257)	101 Md (258)	102 No (259)	103 Lr (262)

그림 2.10 원소의 주기율표. 괄호 안의 숫자들은 가장 안정된 또는 가장 일반적인 동위원소들의 원자량이다.

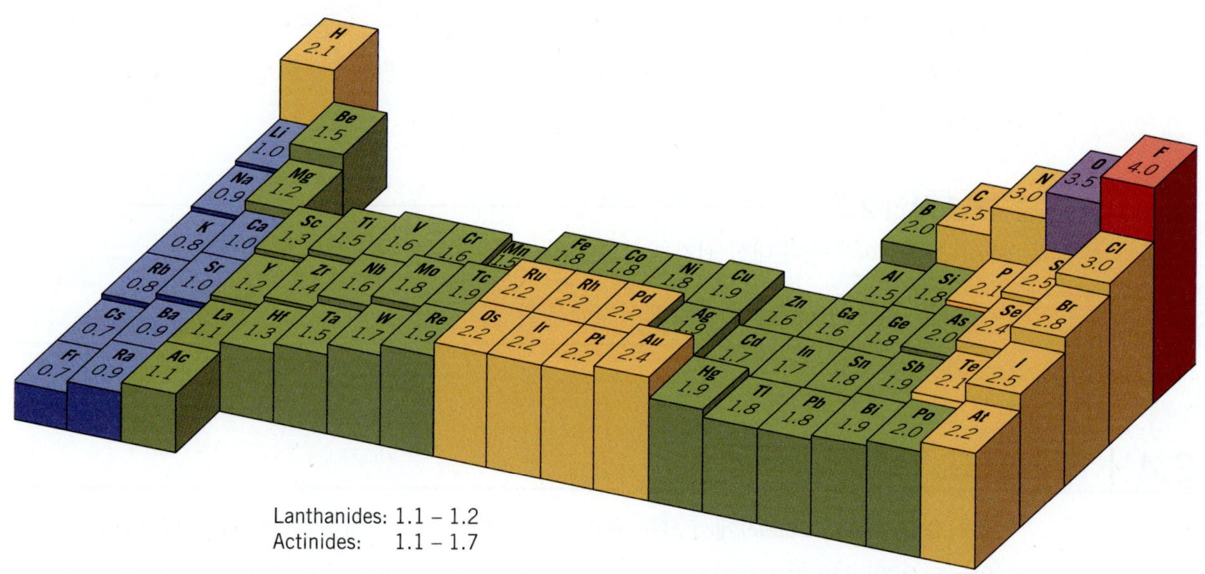

그림 2.11 원소에 대한 전기음성도 값
(Adapted from J. E. Brady and F. Senese, *Chemistry: Matter and Its Changes*, 4th edition, 2004.)

맨 오른쪽 그룹인 그룹 0에 위치한 원소들은 **불활성 기체**(*inert gas*)들로, 이들은 전자각이 모두 채워져 있어 안정된 전자배치를 갖는다.[4] 그룹 VIIA와 VIA의 원소들은 안정된 구조를 갖기에는 각각 1개와 2개의 전자가 모자란다. 그룹 VIIA 원소들(F, Cl, Br, I, At)은 때로 **할로겐 원소**(*halogens*)라 불린다. 알칼리 및 알칼리 토금속들(Li, Na, K, Be, Mg, Ca 등)은 IA 및 IIA 그룹으로 명명되고, 안정 구조에서 각각 1개와 2개의 전자들을 더 갖고 있다. 그룹 IIIB에서 IIB까지 3개의 긴 주기들의 원소들은 **전이금속**(*transition metals*)으로 불리며, 다 채워지지 않은 *d* 전자상태들을 갖고 있으며, 가끔씩 1개 또는 2개의 전자들이 차상위 에너지 각에 존재할 수 있다. 그룹 IIIA, IVA, 및 VA(B, Si, Ge, As 등)는 최외각 전자의 구조 때문에 금속과 비금속의 중간적인 특성을 나타낸다.

전기양전성

전기음전성

주기율표에서 알 수 있듯이 대부분의 원소들은 실제로 금속의 범주에 속한다. 이들은 **전기양전성(electropositive)** 원소들이라 불리기도 하는데, 이는 이들 원소들이 몇 개의 최외각의 전자들을 잃고 양이온이 될 수 있음을 의미한다. 또, 주기율표의 오른쪽 면에 위치한 원소들은 **전기음전성(electronegative)**이다. 즉, 이들은 쉽게 전자를 받아들여 음이온이 되며, 또 때로 다른 원소들과 전자를 공유한다. 그림 2.11은 주기율표에서 배열된 여러 원소들에 부여된 전

4) 그림 2.10에서는 2개의 서로 다른 그룹 명명 방법이 사용되며, 이는 각 열의 맨 위쪽에 표시된다. 1988년 이전에 사용하던 관례에서는 대부분의 경우 'A' 또는 'B'로 시작하는 로마자 수로 각 그룹을 지칭하였다. 국제 명명위원회의 개정안에 따라 현재의 시스템에서는, 각 그룹을 가장 왼쪽 열(알칼리 금속)부터 가장 오른쪽 열(불활성 기체)의 순서로 1부터 18까지의 숫자 배열로 표시한다. 그림 2.10에서는 괄호 안 숫자로 표시하였다.

기음성도 값을 나타낸다. 일반 법칙으로, 주기율표의 왼쪽에서 오른쪽으로, 아래에서 위로 갈수록 전기음성도는 증가한다. 원자들은 외각들이 거의 채워지고 원자핵들로부터 덜 '가려져' 있으면(또는 가까우면) 전자를 받을 가능성이 더 높다.

화학적 거동은 물론 원소의 물리적 특성들도 주기율표의 위치에 따라 체계적으로 바뀐다. 예를 들어 대부분의 주기율표의 중심에 있는 금속들은(그룹 IIIB에서 IIB까지) 전기 및 열의 비교적 좋은 전도체이다. 비금속은 전형적으로 전기 및 열의 부도체이다. 기계적으로 금속 원소들은 각각 다른 정도의 **연성**(*ductility*, 파단되지 않고 소성변형되는 정도, 예를 들면 압연을 통해 판재로 만들 수 있는)을 나타낸다. 대부분의 비금속들은 가스나 액체, 또는 본질적으로 잘 깨지는 특성을 가진(brittle) 고체상태이다. 또, 그룹 IVA 원소들[C(다이아몬드), Si, Ge, Sn, Pb]은 이 열의 아래쪽으로 갈수록 전기전도도가 증가한다. 그룹 VB 금속들(V, Nb, Ta)은 높은 용융점을 가지며, 열 아래쪽으로 내려갈수록 용융점이 증가한다.

또, 주기율표에서 물성의 변화는 전술한 것과 같이 언제나 일관되게 나타나는 것만은 아니다. 물리적 물성들은 어느 정도 규칙적인 방법으로 변화한다. 그러나 어떤 주기 또는 그룹을 따라 옆으로 또는 아래로 이동할 때 가끔씩 상당히 급격하게 변화할 수도 있다.

고체의 원자결합

2.5 | 결합력과 결합에너지

원자들을 결합하는 원자간의 힘에 대한 정보를 통해 재료의 많은 물리적 특성들을 더 잘 이해할 수 있다. 원자간 결합의 원리들은 별개의 두 원자들이 무한 거리로부터 서로 근접할 때 어떻게 상호작용하는가를 생각하면 가장 잘 설명될 수 있을 것 같다. 먼 거리의 원자들은 서로에게 힘을 미치기에는 너무 멀리 떨어져 있어서 상호작용은 무시할 수 있다. 그러나 가까운 거리의 원자들은 서로에게 힘을 미친다. 이 힘들은 인력(F_A)과 척력(F_R) 두 종류로 각 힘의 크기는 떨어진 거리, 즉 원자간 거리(r)에 의존한다. 그림 2.12*a*는 r의 크기에 따른 F_A와 F_R의 변화를 모식적으로 나타낸 것이다. 인력 F_A의 근원은 이제 곧 논의될 두 원자간에 존재하는 결합의 형태에 의존한다. 척력은 두 원자들의 음으로 하전된 전자구름 간의 상호작용에 기인하며, 각 원자들의 외각 전자각이 겹쳐지기 시작하는 작은 r 값에서만 중요하다(그림 2.12*a*).

두 원자 사이의 알짜힘 F_N은 인력과 척력 성분의 합이다. 즉,

$$F_N = F_A + F_R \tag{2.3}$$

이 또한 그림 2.12*a*에 나타낸 것처럼, 원자간 거리의 함수이다. F_A와 F_R이 같은 크기이고 부호가 반대일 때 알짜힘은 상쇄되며, 평형상태를 이룬다. 즉,

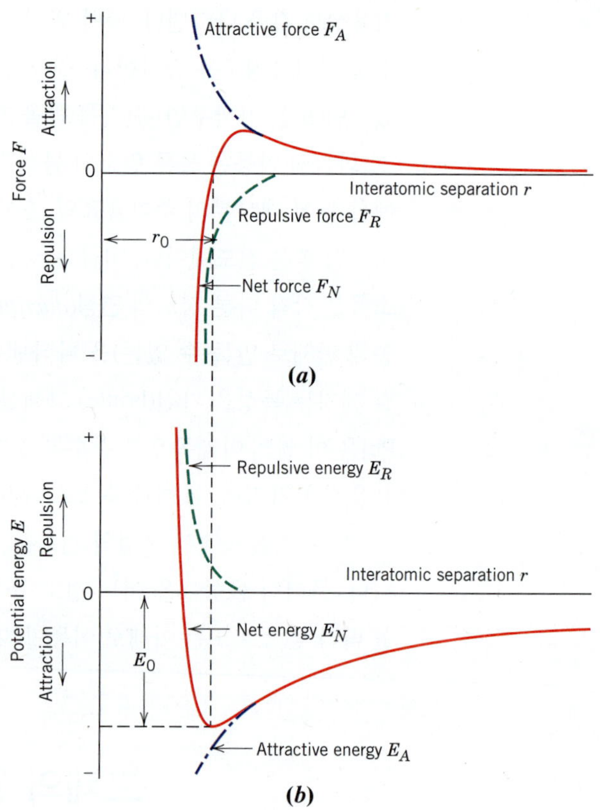

그림 2.12 (*a*) 별개의 두 원자 사이의 원자간 거리에 따른 척력, 인력 및 알짜힘의 변화, (*b*) 별개의 두 원자 사이의 원자간 거리에 따른 반발에너지, 끌림에너지, 알짜포텐셜에너지

$$F_A + F_R = 0 \tag{2.4}$$

이 두 원자들의 중심은 그림 2.12*a*에 나타낸 것과 같이 평형거리 r_0만큼 떨어져 있는 상태이다. 많은 원자들에서 r_0는 대략 0.3 nm이다. 일단 이 위치에서 두 원자를 떼어 놓으려면 인력이 작용하고, 더 가까이 접근시키려면 반발력이 증가하여 힘이 든다.

경우에 따라서는 두 원자 사이의 힘 대신에 포텐셜에너지로 다루는 것이 더 편리하다. 수학적으로 에너지(E)와 힘(F) 사이의 관계는 다음과 같다.

두 원자 사이의 힘과 포텐셜에너지의 관계

$$E = \int F\,dr \tag{2.5a}$$

그리고 원자시스템에 대해

$$E_N = \int_r^\infty F_N\,dr \tag{2.6}$$

$$= \int_r^\infty F_A\,dr + \int_r^\infty F_R\,dr \tag{2.7}$$

$$= E_A + E_R \tag{2.8a}$$

위 식에서 E_N, E_A, E_R은 각각 고립되고 인접한 두 원자 사이의 알짜, 끌림, 반발 에너지이다.[5)]

그림 2.12*b*는 끌림, 반발, 알짜포텐셜 에너지를 2개 원자의 상호 거리의 함수로 나타낸 것이다. 식 (2.8a)로부터, 알짜곡선은 끌림과 반발 곡선의 합이다. 평형거리 r_0에서 알짜에너지 곡선은 최솟값을 가진다. 또, 두 원자의 **결합에너지(bonding energy)** E_0는 이 최저점에서의 에너지에 해당한다(그림 2.12*b*에 나타냄). 이는 두 원자를 무한거리로 떼어 놓는 데 필요한 에너지를 나타낸다.

결합에너지

비록 지금까지 두 원자와 관계된 이상적인 상황을 다루었지만, 고체 재료에서는 다수의 원자들 사이의 힘과 에너지의 상호작용을 모두 고려해야 하기 때문에, 비슷하지만 보다 더 복잡한 상황이 존재한다. 그럼에도 불구하고 E_0와 유사한 결합에너지가 각각의 원자들과 관련된다. 결합에너지의 크기와 에너지-원자간 거리 곡선의 모양이 재료마다 다를 수 있고, 이들은 모두 결합의 형태에 의존한다. 또, 재료의 많은 물성들이 E_0, 곡선의 모양, 결합의 형태에 의존한다. 예를 들면, 큰 결합에너지를 갖는 재료들이 높은 용융점을 갖는다. 상온에서 결합에너지가 크면 고체가 형성되고, 결합에너지가 작으면 기체, 중간 크기일 때는 액체가 주로 형성된다. 또한 8.3절에서 논의되겠지만, 재료의 강성(탄성계수)은 힘-원자간 거리 곡선의 모양에 의존한다(그림 8.7). 비교적 강성이 높은 재료의 $r = r_0$에서의 기울기는 아주 가파르다. 반면, 유연한 재료의 기울기는 비교적 완만하다. 또, 재료를 가열하고 냉각할 때 각각 얼마나 팽창하고 수축하는지에 대한 정도(즉, 선팽창계수)는 E-r 곡선의 모양에 관계된다(17.3절 참조). 좁고 깊은 '도랑'의 형태는 전형적으로 큰 결합에너지를 갖는 재료에서 관찰되는데, 보통 낮은 열팽창계수와 온도의 변화에 대한 비교적 작은 길이의 변화 현상과 관련되어 있다.

1차 결합
화학적 결합

3개의 다른 형태의 **1차 결합(primary bond)** 또는 **화학적 결합(chemical bond)**들이 고체에서 관찰된다(즉, 이온, 공유, 금속 결합). 각각의 형태에 대해 결합은 필수적으로 최외각 전자들과 관련된다. 또, 결합의 성질은 구성 원자들의 전자구조에 의존한다. 일반적으로 결합의 세 가지 형태 각각은 불활성 기체처럼 원자가 최외각의 전자각을 완전히 채워서 안정된 전자구조를 갖고자 하는 경향에 기인한다.

---

5) 식 (2.5a)의 힘은 다음과 같이 표현될 수 있다.

$$F = \frac{dE}{dr} \tag{2.5b}$$

마찬가지로, 식 (2.8a)의 힘의 등식은 다음과 같다.

$$F_N = F_A + F_R \tag{2.3}$$

$$= \frac{dE_A}{dr} + \frac{dE_R}{dr} \tag{2.8b}$$

2차 결합력, 즉 물리적 힘과 에너지 역시 많은 고체에서 관찰된다. 이들은 1차 결합에 비해 약하지만, 일부 재료의 물리적 특성에 영향을 미친다. 이어지는 절들에서 몇몇 종류의 1차 및 2차 원자결합에 대해 설명한다.

2.6 | 1차 원자결합

이온결합

이온결합

이온결합(ionic bonding)은 가시적으로 설명하기에 가장 쉬운 구조이다. 이는 주기율표의 수평라인의 양쪽 끝에 존재하는 금속원소들과 비금속원소들로 구성되는 대부분의 화합물들에서 언제나 발견된다. 금속원소의 원자들은 최외각 전자를 쉽게 비금속 원자들에 내놓는다. 이 과정에서 모든 원자들이 안정적인 불활성 가스의 전자배치(즉, 완전히 채워진 궤도각)를 가지며, 전하를 띠어 이온이 된다. NaCl은 전형적인 이온결합 재료이다. Na 원자는 하나의 3*s* 최외각 전자를 Cl 원자에 제공하고(그림 2.13*a*) Ne의 전자배치를 갖게 된다(크기는 작아지며 하나의 알짜 양전하를 갖게 된다). 이처럼 전자의 이동에 따라 Cl 이온은 음전하를 띠게 되며 전자의 배치는 Ar과 같아진다. 이는 Cl 원자보다 크다. 이온결합은 그림 2.13*b*에 모식도로 나타내었다.

쿨롱힘

인력결합력은 양이온과 음이온이 각각 서로의 알짜전하에 의해 끌어당기는 **쿨롱힘(coulombic force)**에 기인한다. 떨어져 있는 2개의 두 이온에 대해 끌림에너지 E_A는 다음 식과 같이 두 원자간 거리의 함수이다.

끌림에너지와 원자간 거리 관계식

$$E_A = -\frac{A}{r} \tag{2.9}$$

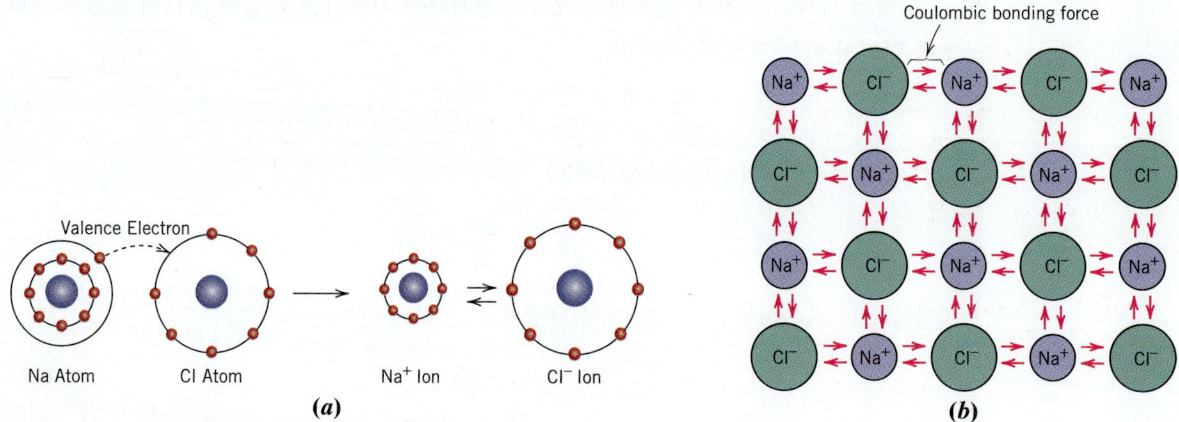

그림 2.13 모식도: (*a*) Na^+과 Cl^- 이온의 형성, (*b*) NaCl의 이온결합

이론적으로 상수 A는 다음과 같다.

$$A = \frac{1}{4\pi\varepsilon_0}(|Z_1|e)(|Z_2|e) \tag{2.10}$$

여기서 ε_0는 진공 유전율(8.85×10^{-12} F/m), $|Z_1|$, $|Z_2|$는 두 종류 이온의 가수의 절댓값, e는 단위 전하량(1.602×10^{-19} C)이다. 식 (2.9)의 A 값은 이온 1과 이온 2 사이의 결합이 완전히 이온결합성을 가진다는 것을 가정한다[식 (2.16) 참조]. 이러한 재료군에서의 결합이 100% 이온결합이 아니라는 것을 고려하면, A의 값은 식 (2.10)이 아니라, 보통 실험적으로 결정된다.

반발에너지에 대한 근사 방정식은[6)]

반발에너지와 원자간 거리 관계식

$$E_R = \frac{B}{r^n} \tag{2.11}$$

이 식에서 B와 n은 주어진 각각의 이온계에 의존하는 값이다. n은 대략 8 정도이다.

이온결합은 비방향성(*nondirectional*)이다. 즉, 결합의 크기는 이온의 모든 방향에서 같다. 이온결합을 가지는 재료들이 안정하려면 3차원 공간에서 모든 양이온들이 최인접 이웃으로 음이온을 가져야 하며, 음이온의 경우도 마찬가지이다. 3장에서 몇 가지 재료들의 이온배열에 대해 논의한다.

보통 600~1500 kJ/mol에 이르는 결합에너지들은 이온결합 재료들의 높은 용융점 특성으로부터 알 수 있는 것처럼 비교적 크다.[7)] 표 2.3에 일부 이온결합 재료들의 결합에너지와 용융점을 나타내었다. 원자간 결합은 전형적으로 경도와 취성이 높고 전기적, 열적으로 부도체에 해당하는 세라믹 재료들로 대표된다. 다음 장들에서 논의되는 것과 같이 이 특성들은 전자배치와 이온결합 특성의 직접적인 결과이다.

예제 2.3

두 이온 사이의 인력과 척력의 계산

K^+과 Br^- 이온들의 원자반지름은 각각 0.138 nm와 0.196 nm이다.

(a) 식 (2.9)와 (2.10)을 사용하여 평형이온거리에 있는 두 이온 사이의 인력을 계산하라(이온들이 서로 정확히 접촉하고 있을 때를 가정).

6) 식 (2.11)에서 상수 B는 실험 데이터를 이용한 맞춤 값이다.

7) 때때로 결합에너지를 단위 원자당, 단위 이온당으로 나타낸다. 이때 전자볼트(eV)는 편리하게 사용할 수 있는 작은 에너지 단위이다. 정의에 따르면 eV는 1 V의 전위차를 통과할 때 전자에 부여되는 에너지이다. 줄(joule) 단위와 비교하면, 1.602×10^{-19} J = 1 eV의 관계이다.

(b) 같은 거리에 있는 이 이온들 사이의 반발력은 얼마인가?

풀이

(a) 식 (2.5b)로부터 두 이온 사이의 인력은 다음과 같다.

$$F_A = \frac{dE_A}{dr}$$

여기서 식 (2.9)에 따라

$$E_A = -\frac{A}{r}$$

표 2.3 여러 가지 물질에 대한 결합에너지와 용융점

Substance	Bonding Energy (kJ/mol)	Melting Temperature (°C)
	Ionic	
NaCl	640	801
LiF	850	848
MgO	1000	2800
CaF_2	1548	1418
	Covalent	
Cl_2	121	−102
Si	450	1410
InSb	523	942
C (diamond)	713	>3550
SiC	1230	2830
	Metallic	
Hg	62	−39
Al	330	660
Ag	285	962
W	850	3414
	van der Waals[a]	
Ar	7.7	−189 (@ 69 kPa)
Kr	11.7	−158 (@ 73.2 kPa)
CH_4	18	−182
Cl_2	31	−101
	Hydrogen[a]	
HF	29	−83
NH_3	35	−78
H_2O	51	0

[a]Values for van der Waals and hydrogen bonds are energies *between* molecules or atoms (*inter*molecular), not between atoms within a molecule (*intra*molecular).

이제 E_A를 r에 관하여 미분하면 인력 F_A에 대한 식을 얻게 된다.

$$F_A = \frac{dE_A}{dr} = \frac{d\left(-\frac{A}{r}\right)}{dr} = -\left(\frac{-A}{r^2}\right) = \frac{A}{r^2} \tag{2.12}$$

이제 이 식에 A[식 (2.10)]를 입력하면 다음과 같다.

$$F_A = \frac{1}{4\pi\varepsilon_0 r^2}(|Z_1|e)(|Z_2|e) \tag{2.13}$$

이 식에 e와 ε_0 값을 넣으면 된다.

$$\begin{aligned} F_A &= \frac{1}{4\pi(8.85 \times 10^{-12}\ \text{F/m})(r^2)}[|Z_1|(1.602 \times 10^{-19}\ \text{C})][|Z_2|(1.602 \times 10^{-19}\ \text{C})] \\ &= \frac{(2.31 \times 10^{-28}\ \text{N} \cdot \text{m}^2)(|Z_1|)(|Z_2|)}{r^2} \end{aligned} \tag{2.14}$$

이 문제에서 r은 KBr 이온간 거리 r_0이고, 이온들이 서로 접촉하고 있으므로 r_0는 K^+ 이온 반지름과 Br^- 이온 반지름의 합이다. 즉,

$$\begin{aligned} r_0 &= r_{K^+} + r_{Br^-} \\ &= 0.138\ \text{nm} + 0.196\ \text{nm} \\ &= 0.334\ \text{nm} \\ &= 0.334 \times 10^{-9}\ \text{m} \end{aligned} \tag{2.15}$$

이 r 값을 식 (2.14)에 대입하고, K^+을 이온 1, Br^-을 이온 2(즉, $Z_1 = +1, Z_2 = -1$)로 하면, 인력은 다음과 같다.

$$F_A = \frac{(2.31 \times 10^{-28}\ \text{N} \cdot \text{m}^2)(|+1|)(|-1|)}{(0.334 \times 10^{-9}\ \text{m})^2} = 2.07 \times 10^{-9}\ \text{N}$$

(b) 식 (2.4)에 의하면, 평형거리에서 인력과 척력의 합은 0이다. 즉,

$$F_R = -F_A = -(2.07 \times 10^{-9}\ \text{N}) = -2.07 \times 10^{-9}\ \text{N}$$

공유결합

공유결합

두 번째 결합형태인 **공유결합(covalent bonding)**은 전기음성도의 차이가 작은, 즉 주기율표에서 서로 가까운 위치에 있는 원자들로 이루어진 재료에서 관찰된다. 이 재료들에서, 안정한 전자배치는 인접 원자 사이에 전자들을 공유함으로써 얻어진다. 2개의 공유결합 원자들은 각각 적어도 하나의 전자를 결합에 기여하고, 공유된 전자들은 양쪽의 원자 모두에 속하는 것으로 간주된다. 그림 2.14는 수소(H_2) 분자의 공유결합을 모식적으로 나타내고 있다. 수소 원자

그림 2.14 수소(H_2) 분자의 공유결합 모식도

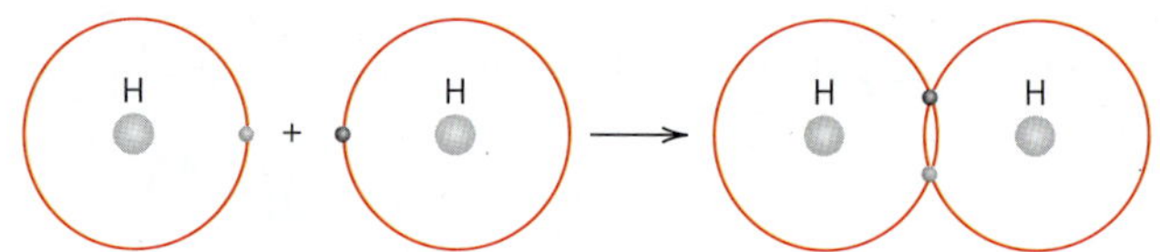

는 1개의 1*s* 전자를 갖고 있다. 각각의 원자는 각각이 가진 1개의 전자들을 공유하여 헬륨의 전자배치를 이룰 수 있다(그림 2.14의 오른쪽). 또, 이 2개 결합원자 사이의 영역에서는 오비탈의 겹침이 일어난다. 그리고 공유결합은 결합에 참여하는 원자들 사이에서 **방향성**을 가지며, 따라서 전자 공유에 참여하는 원자들 사이에서만 이루어진다.

다른 종류의 원자들로 구성되는 분자들(CH_4, H_2O, HNO_3, HF)뿐만 아니라, 많은 비금속 단원소 분자들(예: Cl_2, F_2)도 공유결합을 한다.[8] 또, 이 형태의 결합은 다이아몬드(C), Si, 및 Ge을 비롯한 단원소 고체와 주기율표의 오른쪽 편에 위치한 원소들로 구성된 GaAs, InSb과 SiC와 같은 고체화합물에서 관찰된다.

공유결합은 다이아몬드처럼 경도와 용융점(3550°C 이상)이 아주 높을 수도 있고, Bi처럼 경도가 아주 약하고 용융점(약 270°C)이 낮을 수도 있다. 표 2.3에 몇몇 공유결합 재료들의 결합에너지와 용융점을 나타내었다. 공유결합에 참여하는 전자들은 결합원자들에 강하게 결합되어 있으므로, 대부분의 공유결합 재료들은 부도체이며, 몇몇 경우 반도체이다. 이 재료들의 기계적 성질들은 광범위하게 변화한다. 어떤 것들은 비교적 강하고, 어떤 것들은 약하다. 어떤 것들은 취성파괴 특성을 나타내며, 또 어떤 것들은 파단 전에 상당한 소성변형을 나타낸다. 공유결합 재료들의 기계적 성질을 결합 특성을 바탕으로 예측하기는 어렵다.

탄소에서의 혼성결합

다른 비금속 재료뿐만 아니라 탄소의 공유결합에서도 혼성결합이 번번이 발생한다. 즉, 2개 이상의 원자 오비탈들의 **혼합**(결합)이 일어나고, 그 결과 보다 많은 오비탈들이 결합 시 중첩된다. 예를 들어 탄소의 전자배치($1s^22s^22p^2$)를 생각해 보자. 상황에 따라, 2*s* 궤도의 한 전자가 비어 있는 2*p* 궤도로 올라가고(그림 2.15*a*), 결과적으로 $1s^22s^12p^3$ 전자배치(그림 2.15*b*)가 된다. 또, 2*s*와 2*p* 오비탈들이 혼합되어 4개의 서로 동등한 sp^3 오비탈의 전자들을 만들며, 이들은 평행한 스핀을 갖고, 다른 원자들과 공유결합을 형성할 수 있다. 이렇게 오비탈이 혼합된 것을 **혼성**(*hybridization*) 오비탈이라 하며, 이는 그림 2.15*c*의 전자배치를 만든다. 이때 각각의 sp^3 오비탈은 1개의 전자를 가지며, 따라서 반만 채워져 있다.

혼성 오비탈들의 결합은 본질적으로 방향성을 갖는다. 즉, 각각은 인접 결합원자들의 오

8) 이러한 물질들의 경우, 분자내결합(*intra*molecular bonds: 분자내 원자간의 결합)들은 공유결합이다. 다음 절에서 언급하겠지만, 분자들 간에는 분자간결합(*inter*molecular bonds)이라는 다른 종류의 결합들이 기능할 수 있다.

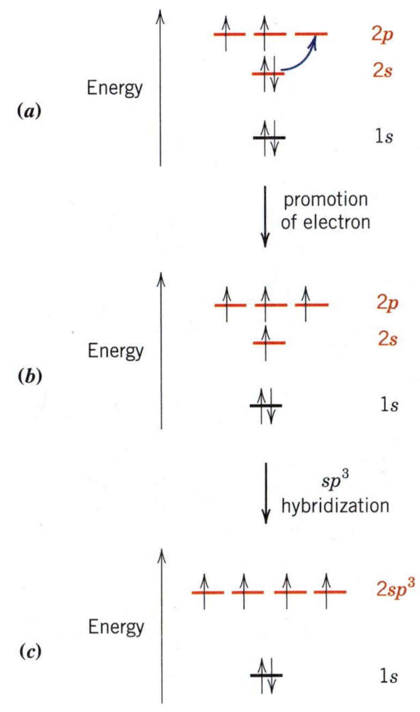

그림 2.15 탄소에서 sp^3 혼성 오비탈의 형성을 보여주는 모식도. (*a*) 2*s* 전자의 2*p* 상태로의 여기, (*b*) 이 여기된 2*p* 상태의 전자, (*c*) 1개의 2*s* 오비탈과 3개의 2*p* 오비탈의 혼합으로 형성된 4개의 $2sp^3$ 오비탈

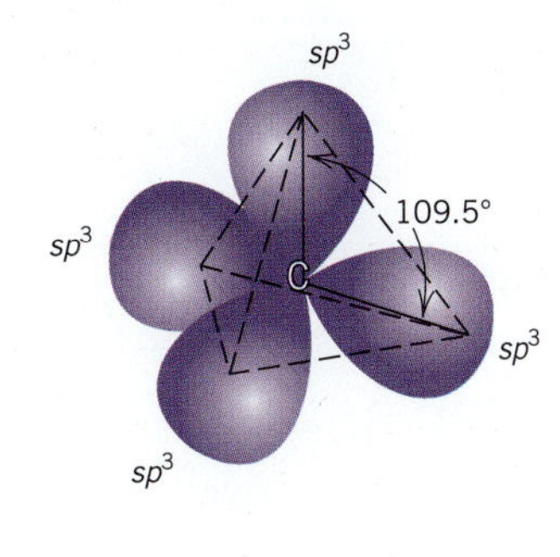

그림 2.16 정사면체 꼭짓점 방향을 향한 4개의 sp^3 혼성 오비탈을 나타내는 모식도. 오비탈 간의 각도는 109.5°이다.
(From J. E. Brady and F. Senese, *Chemistry: Matter and Its Changes*, 4th edition, 2004. Reprinted with permission of John Wiley & Sons, Inc.)

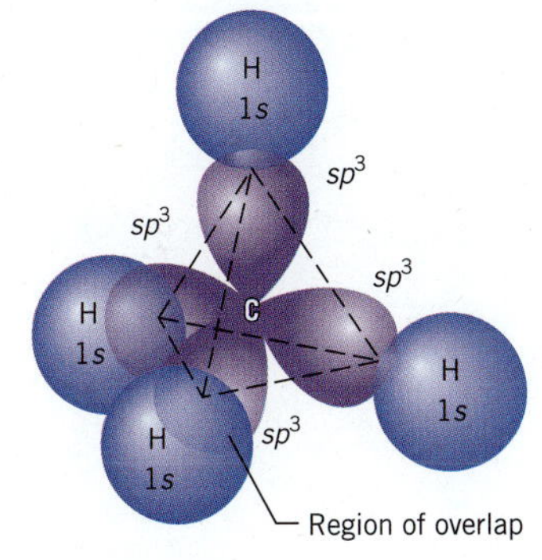

그림 2.17 메탄(CH_4) 분자에서 탄소의 sp^3 혼성 오비탈과 수소 원자 4개의 1*s* 오비탈과의 결합을 나타내는 모식도
(From J. E. Brady and F. Senese, *Chemistry: Matter and Its Changes*, 4th edition, 2004. Reprinted with permission of John Wiley & Sons, Inc.)

비탈로 확장되어 중첩된다. 또, 탄소의 4개의 sp^3 혼성 오비탈은 각각 대칭적으로 탄소 원자의 정사면체 꼭짓점 방향을 향한다(그림 2.16의 배치 모식도 참조). 인접결합 간의 각도는 109.5°이다.[9)] sp^3 혼성 오비탈과 수소 원자의 4개의 1*s* 오비탈과의 결합을 메탄(CH_4) 분자의 예로 그림 2.17 에 나타내었다.

다이아몬드의 경우, 탄소 원자들이 서로 sp^3 공유혼성결합으로 결합되어 있다. 즉, 각각의 원자가 4개의 다른 탄소 원자들에 결합되어 있다. 다이아몬드의 결정구조는 그림 3.17에 나타내었다. 다이아몬드의 탄소-탄소 결합들은 매우 강한데, 이는 다이아몬드의 고용융점과 (재료 중 가장 경도가 높은) 초고경도의 기원이 된다. 많은 고분자 재료들은 sp^3 사면체 결합으로 연결된 탄소 원자들의 긴 사슬로 이루어져 있다. 이러한 사슬들은 결합간 각도가 109.5°이기 때

9) 이 형태의 결합(다른 4개 원자들로의)을 사면체 결합(*tetrahedral bonding*)이라고도 한다.

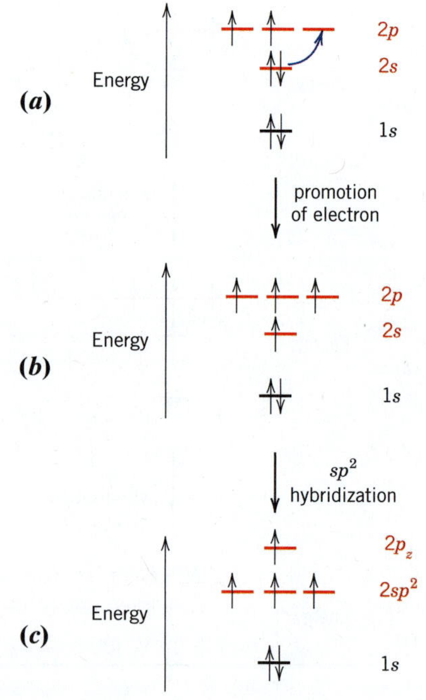

그림 2.18 탄소에서 sp^2 혼성 오비탈의 형성을 나타내는 모식도. (*a*) 2*s* 전자가 2*p* 상태로 여기, (*b*) 여기된 전자의 2*p* 상태, (*c*) 하나의 2*s* 오비탈과 2개의 2*p* 오비탈의 혼합으로 형성하는 3개의 $2sp^2$ 오비탈. $2p_z$ 오피탈은 비혼성으로 남는다.

문에 지그재그 구조(그림 4.1*b*)를 형성한다.

다른 물질들에서는 물론이고, 탄소에서도 다른 형태의 혼성결합들이 가능하다. 이것들 중 하나가 하나의 *s* 오비탈과 2개의 *p* 오비탈이 혼성된 sp^2이다. 이 전자배치를 이루기 위해서 하나의 2*s* 오비탈이 3개의 2*p* 오비탈 중 2개와 혼성한다. 세 번째 *p* 오비탈은 비혼성으로 남는다(그림 2.18). 여기서 $2p_z$는 비혼성 *p* 오비탈을 지칭한다.[10)] 각각의 탄소 원자에는 3개의 sp^2 혼성 오비탈이 있고, 이들은 같은 평면에 있으며, 인접 오비탈과 120°의 각도를 이루고 있다(그림 2.19). 한 오비탈에서 다른 오비탈로 그은 선들은 삼각형을 이룬다. 또, 비혼성 $2p_z$ 오비탈은 sp^2 혼성 오비탈을 포함하는 면에 대해 수직으로 향해 있다.

이들 sp^2 결합들은 탄소의 또 다른 형태인 흑연에서 관찰되는데, 흑연은 다이아몬드의 구조 및 물성과는 (3.9절에서 논의된 것과 같이) 뚜렷한 차이를 나타낸다. 흑연은 상호연결된 육각형(interconnecting hexagons)의 평행 층들로 이루어져 있다. 육각형들은 그림 2.20에 나타낸 방법으로 판상 sp^2 삼각형들이 서로 결합되어 이루어지며, 탄소 원자들은 각 꼭짓점에 존재한다. 이들 평면 내 sp^2 결합들은 강하다. 이와는 대조적으로 면간의 결합력은 약하며, 이는 비혼성 $2p_z$ 오비탈의 전자들과 관련한 반데르발스 힘에 기인한다. 흑연의 구조는 그림 3.18에 나타내었다.

---

10) $2p_z$ 오비탈은 그림 2.7*c*와 같은 p_z 모양과 방향을 갖는다. sp^2 혼성 오비탈에서 발견된 2개의 *p* 오비탈은 같은 그림에서의 p_x 및 p_y 오비탈과 일치한다. 또, p_x, p_y, p_z는 sp^3 혼성 오비탈의 세 오비탈이다.

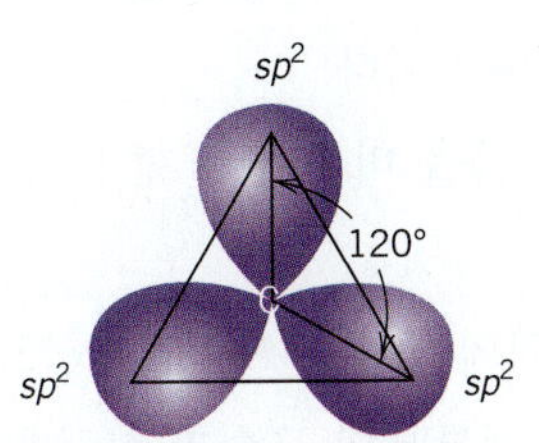

그림 2.19 같은 면에 있고 삼각형의 꼭짓점을 향하며, 인접 오비탈과 120°를 이루는 세 sp^2 오비탈의 모식도 (From J. E. Brady and F. Senese, *Chemistry: Matter and Its Changes*, 4th edition, 2004. Reprinted with permission of John Wiley & Sons, Inc.)

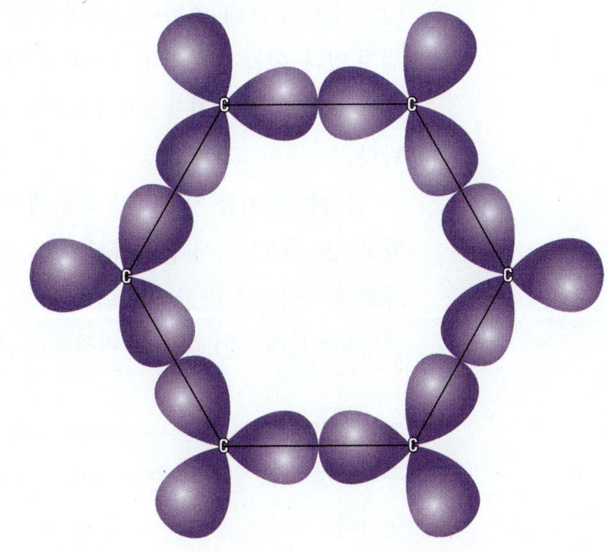

그림 2.20 6개의 sp^2 삼각형들이 서로 연결되어 육각형을 형성한 모습

금속결합

금속결합

마지막 1차 결합의 형태인 **금속결합(metallic bonding)**은 금속과 합금에서 관찰된다. 이 결합 체계를 매우 적절하게 표현할 수 있는 비교적 간단한 모델이 제안되었다. 이 모델에서 가전자들은 고체의 특정 원자에 속하는 것이 아니라 전체 금속 안을 자유롭게 이동한다. 이들은 전체 금속에 속하는 것으로 간주되는데, 이는 다시 말해서 '전자구름' 또는 '전자바다'를 형성한다는 것이다. 나머지 비원자가전자(원자가전자를 제외한 전자)들과 원자핵은 이온핵(*ion core*)들을 형성하며, 이들은 전체의 원자당 원자가전자와 같은 크기의 알짜 양전하를 갖는다. 그림 2.21에 금속결합을 예시하였다. 자유전자가 없을 경우 양으로 하전된 코어들 간에 작용할 상호반발적인 정전기력으로부터 자유전자들이 이온 중심을 가려서 금속결합이 방향성을 갖지 않도록 한다. 그리고 이 자유전자들은 이온 중심을 서로 잡아 주는 마치 '접착제'와 같은 역할을 한다. 몇몇 금속의 결합에너지와 용융온도를 표 2.3에 나타내었다. 결합은 약할 수도

그림 2.21 금속결합의 모식도

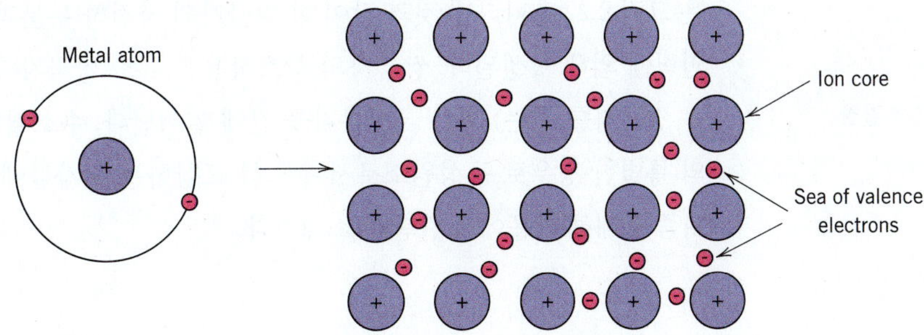

강할 수도 있는데, 결합에너지의 범위는 수은의 62 kJ/mol에서 텅스텐의 850 kJ/mol의 영역에 걸쳐 있다. 이들 각각의 용융점은 −39°C와 3414°C이다.

금속결합은 주기율표의 IA, IIA 그룹 원소들을 비롯한 실제 모든 금속원소들에서 나타난다.

금속들은 이들 자유전자 때문에 전기 및 열의 좋은 전도체이다(13.5절, 13.6절 및 17.4절 참조). 또, 9.5절에서 언급하겠지만, 상온에서 대부분의 금속과 합금은 연성파괴를 한다. 즉, 재료의 파단은 상당한 정도의 영구적 소성변형 이후에 일어난다. 이 거동은 변형 기구를 통해 설명되는데(9.3절), 이는 근원적으로 금속결합의 특성과 연계된다.

개념 확인 2.4

공유결합 재료들은 왜 일반적으로 이온결합이나 금속결합 재료에 비해 밀도가 낮은지를 설명하라.

개념 확인 2.5

sp^2 혼성 오비탈의 형성방법에 대해 설명하라.

(정답은 *www.wiley.com*의 제품 페이지에서 확인할 수 있음)

2.7 | 2차 결합 또는 반데르발스 결합

2차 결합
반데르발스 결합

2차 결합(secondary bond) 또는 **반데르발스 결합(van der Waals bond)**(물리적)은 1차 결합, 즉 화학적 결합에 비해 약하다. 결합에너지는 4~30 kJ/mol이다. 2차 결합은 거의 모든 원자들과 분자들에서 존재하나, 만일 세 종류의 1차 결합 중 어느 하나라도 존재하면 2차 결합의 존재는 모호해진다. 2차 결합은 안정된 전자배치를 갖는 불활성 가스들에서 관찰된다. 또, 2차(또는 분자간) 결합은 원자 사이에, 또는 원자들 그룹 사이에 가능한데, 이들 자체는 1차(또는 분자내) 이온결합 또는 공유결합으로 연결되어 있다.

쌍극자

2차 결합력은 원자 또는 분자 **쌍극자(dipole)**에 기인한다. 근본적으로 전기 쌍극자는 원자 또는 분자의 양전하 부분과 음전하 부분 간의 거리가 생길 때는 항상 존재한다. 이러한 결합은 그림 2.22에 나타낸 것과 같이 한 쌍극자의 양전하 부분과 인접 쌍극자의 음전하 부분 간의 인력에 의해 형성된다. 쌍극자의 상호작용은 유도 쌍극자 간, 유도 쌍극자와 극성분자 간(영구 쌍극자를 갖는) 또는 극성분자들 간에 일어난다. **수소결합(hydrogen bonding)**은 2차 결합의 특별한 경우로 구성원소로서 수소를 포함하는 분자들에서 관찰되는데, 이들 결합의 메커니즘에 대해 다음에서 간단히 소개한다.

수소결합

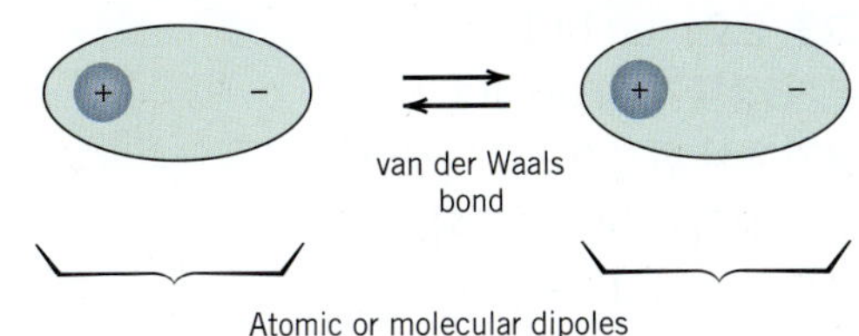

그림 2.22 두 쌍극자 사이의 반데르발스 결합의 모식도

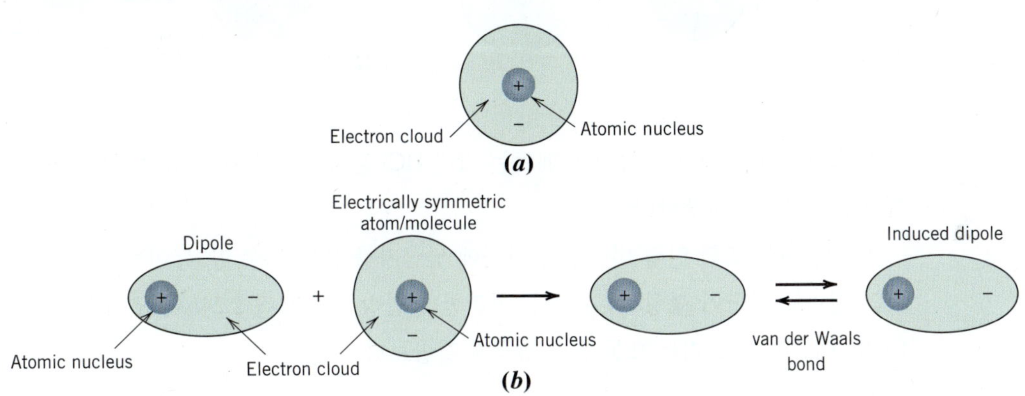

그림 2.23 (*a*) 전기적으로 대칭인 원자와 (*b*) 전기 쌍극자가 전기적으로 대칭인 원자/분자가 쌍극자가 되도록 유도하는 과정—또한 이들 쌍극자 사이의 반데르발스 결합을 보여주는 모식도

요동 유도 쌍극자 결합

쌍극자는 평상시에는 전기적으로 대칭인 원자나 분자에서 만들어지거나 유도된다. 즉, 전자의 전체 공간적 분포는 그림 2.23*a*에서와 같이 양으로 하전된 핵에 대하여 대칭적이다. 모든 원자들은 몇몇 원자들 또는 분자들이 가지는 전기적 대칭을 짧고 순간적으로 왜곡시켜 작은 쌍극자를 만들 수 있는 지속적인 진동운동을 한다. 이들 쌍극자 중 하나가 다시 인접 분자나 원자의 전자를 이탈시켜, 다시 두 번째 것을 쌍극자가 되도록 하여 처음 것에 약하게 결합되도록 한다(그림 2.23*b*). 이것이 반데르발스 결합의 한 형태이다. 일시적이고 시간에 따라 요동치는 정전기적 인력이 많은 수의 원자들과 분자들 사이에 존재할 수 있다.

불활성 기체를 비롯한 H_2나 Cl_2와 같은 전기적으로 중성이고 대칭인 분자들의 액화, 또는 응고가 이러한 형태의 결합에 의해 일어난다. 유도 쌍극자 결합이 주도적인 재료의 용융점과 비등점은 극히 낮다. 모든 가능한 분자간 결합 중에서 이 결합이 가장 약하다. Ar, Kr, CH_4, Cl_2의 결합에너지와 용융점을 표 2.3에 나타내었다.

극성분자-유도 쌍극자 결합

어떤 분자들에서는 양 또는 음으로 하전된 영역들의 비대칭적 배열로 인하여 영구 쌍극자 모멘트가 존재한다. 그러한 분자들을 **극성분자(polar molecules)**라고 한다. 그림 2.24*a*는 HCl 분

극성분자

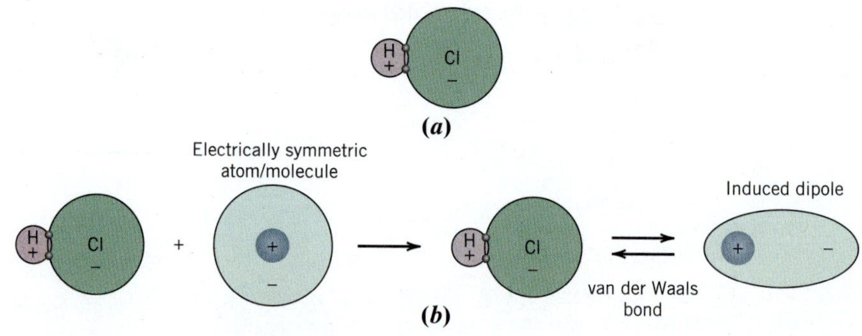

그림 2.24 (*a*) HCl 분자(쌍극자)와 (*b*) HCl 분자에서 전기적으로 대칭인 원자/분자가 쌍극자가 되도록 유도하는 과정—또한 이들 쌍극자 사이의 반데르발스 결합을 보여주는 모식도

자의 모식도이다. 영구 쌍극자 모멘트는 각각 HCl 분자의 수소와 염소의 끝단들의 알짜 양전하와 음전하에서 발생한다.

극성분자들 또한 인접 비극성 분자들에 쌍극자를 유도할 수 있고, 이들 두 분자 사이에 인력의 결과로 결합이 형성될 수 있다. 이러한 결합방식을 그림 2.24*b*에 모식적으로 나타내었다. 또, 이 결합의 크기는 요동 유도 쌍극자 결합보다 크다.

영구 쌍극자 결합

그림 2.22에 예시한 것과 같이 인접한 극성분자 사이에는 쿨롱힘이 존재한다. 관련된 결합에너지들은 유도 쌍극자 결합의 결합에너지보다 훨씬 크다.

가장 강한 2차 결합 형태인 수소결합은 극성분자 결합의 특별한 경우이다. 수소가 불소에(예를 들어 HF 같은), 산소에(예를 들어 H_2O처럼), 또는 질소에(예를 들어 NH_3처럼) 공유결합된 분자들에서 일어난다. H−F, H−O, H−N 각각의 결합에서, 하나의 수소 전자가 다른 원소와 공유된다. 따라서 결합의 수소 쪽 끝은 전자들에 의해 차폐되지 않은 기본적으로 온전하게 양전하를 띤 양성자이다. 이렇게 높은 양전하를 띤 분자의 끝은 그림 2.25에서 예시한 것과 같이 인접 분자의 음극단에 강한 인력을 작용할 수 있다. 본질적으로 이 하나의 양전자는 2개의 음전하로 하전된 원자들 사이의 다리를 만든다. 수소결합의 크기는 보통 다른 2차 결합의 크기보다 크고 표 2.3에 나타낸 것과 같이 51 kJ/mol까지 이를 수 있다. HF, CH_4, H_2O의 낮은 분자량을 생각할 때 이들의 용융점과 비등점은 상당히 높은데 이는 수소결합 때문이다.

2차 결합은 작은 에너지를 가짐에도 불구하고, 많은 자연적 현상과 우리가 나날이 쓰는 많은 생산품들과 관련이 있다. 물리적 현상들에 대한 예로 한 물질의 다른 물질에서의 용해도, 표면장력과 모세관 현상, 증기압, 휘발성 및 점성 등이 있다. 이러한 현상들을 이용한 응용품

그림 2.25 HF에서의 수소결합의 모식도

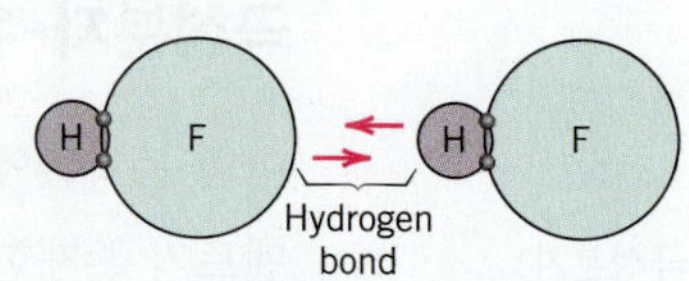

들로 다음과 같은 것들이 있다. **접착제**(*adhesives*) — 두 면이 서로 접착될 수 있도록, 두 면 사이에서 반데르발스 결합이 형성된다(이 장의 시작부분에서 논의된 것처럼). **계면활성제**(*surfactants*) — 액상의 표면장력을 낮추는 화합물로 비누, 세제 및 거품 제제 등에 들어 있다. **유화제**(*emulsifiers*) — 혼합되지 않는 두 재료(일반적으로 액체)에 첨가되었을 때 한 재료의 입자들이 다른 재료에 부유할 수 있게 하는 재료(통상적인 유화제로는 자외선차단 피부보호제, 샐러드 드레싱, 우유, 마요네즈 등이 있다). **건조제**(*desiccants*) — 물 분자와 수소결합을 하는 재료들(그 결과 밀폐된 용기 내에서 수분을 제거한다. 예를 들면, 포장된 상품 안에 들어 있는 작은 봉지들). 마지막으로 덧붙일 내용은 고분자 재료의 강도, 강성, 연화온도 등은 사슬분자들 사이에 형성된 2차 결합에 어느 정도 의존한다는 점이다.

중요 재료 2.1

물(결빙에 따른 부피의 팽창)

응고할 때(즉, 냉각 시 액체에서 고체로의 변태), 대부분의 재료는 밀도가 증가한다(또는, 부피가 감소한다). 한 가지 예외가 물인데, 물은 얼 때 비정상적이지만 익숙한 부피의 증가를 보인다(9% 정도의 부피 증가). 이 거동은 수소결합을 바탕으로 설명이 가능하다. 각각의 H_2O 분자는 산소와 결합할 수 있는 2개의 수소 원자들을 갖고 있다. 또, 물의 하나의 O 원자가 다른 물 분자들의 2개의 수소 원자들과 결합할 수 있다. 따라서 고체 얼음에 대하여 그림 2.26*a*의 3차원 모식도에서 예시된 것과 같이, 각각의 물 분자는 4개의 수소결합에 참여한다. 여기서 수소결합들은 점선으로 표시되었고, 각 물 분자는 4개의 최인접 이웃 분자들을 갖고 있다. 이는 비교적 열린 구조이다. 즉, 분자들이 조밀하게 밀집되어 있지 않다. 결과적으로 밀도는 비교적 낮다. 용융 시 이 구조는 부분적으로 파괴되어, 물 분자가 보다 조밀하게 밀집된다(그림 2.26*b*). 상온에서 평균 최인접 물 원자 수는 4.5로 증가하였다. 이 때문에 밀도는 증가한다.

William D. Callister, Jr.

물뿌리개의 바닥 옆모서리(바닥패널과 옆패널의 이음부)가 터진 모양. 물뿌리개 속에 남은 물이 얼어서 팽창하여 물뿌리개가 터졌다.

이렇게 비정상적인 거동을 보이면서 물이 어는 현상의 결과는 익숙하다. 이것은 왜 빙산이 물에 뜨는지, 추운 날씨에 왜 자동차 냉각시스템에 (엔진 본체의 균열 방지를 위해) 부동액을 첨가할 필요가 있는지, 왜 얼고 녹는 반복과정 때문에 도로포장이 파손되고, 도로의 파인 곳들이 생기는지 설명한다.

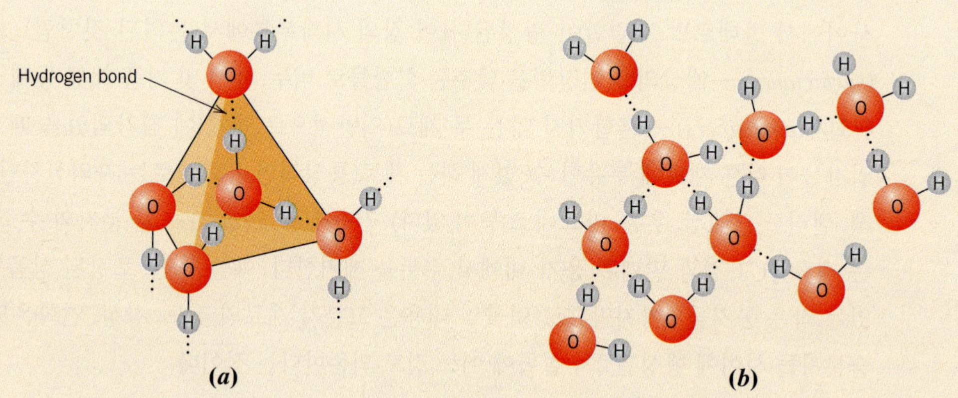

그림 2.26 (*a*) 고체 얼음과 (*b*) 액체 물에서의 물(H_2O) 분자들의 배열

2.8 | 혼성결합

때때로 네 가지의 결합형태들(이온, 공유, 금속, 반데르발스)을, 그림 2.27*a*에 나타낸 것처럼 **결합사면체**(*bonding tetrahedron*)라고 불리는 3차원 사면체 도형의 각 꼭짓점에 '순수한' 결합형태로 배치함으로써 이들 네 가지 결합의 관계를 도식화할 수 있다. 또, 많은 실제 재료에서 원자결합들은 2개 이상의 이들 순수한 결합들의 혼합체(즉, **혼성결합들**, *mixed bonds*)라는 것을 기억하자. 3개의 혼성결합 형태(공유-이온, 공유-금속, 금속-이온 결합)들은 사면체의 모서리 부분에 해당하는 셈이다. 이제 이들 각각에 대해 논의하고자 한다.

공유-이온 혼성결합에 대해 말하자면, 대부분의 공유결합들에는 이온결합의 특성이 있으며, 이온결합들에도 어느 정도 공유결합의 특성이 있다. 따라서 이들 두 가지의 순수한 결합형태 사이는 연속적인 변화로 연결되어 있다. 그림 2.27*a*에서 이온 및 공유 결합의 두 꼭짓점들 사이에 이 형태의 결합을 나타내었다. 각각의 결합의 정도는 주기율표(그림 2.10 참조)에서 구성 원자들의 상대적 위치 또는 전기음성도의 차이에 의존한다(그림 2.11 참조). IVA 그룹에 비해 수평과 수직 방향 모두 좌측하단에서 우측상단 꼭지까지의 거리가 멀수록(즉, 전기음성도 차이가 클수록) 이온결합성이 더 크다. 역으로 원자들이 서로 가까울수록(즉, 전기음성도의 차이가 작을수록), 공유결합성은 더 크다. 원소 A와 원소 B(A의 전기음성도가 더 크다고 가정함)의 이온결합성 백분율(%IC)은 다음 식으로 근사하여 나타낼 수 있으며,

$$\%\mathrm{IC} = \{1 - \exp[-(0.25)(X_\mathrm{A} - X_\mathrm{B})^2]\} \times 100 \tag{2.16}$$

여기서 X_A와 X_B는 각각의 원소의 전기음성도이다.

또 다른 형태의 혼성결합이 주기율표의 IIIA, IVA 및 VA 그룹의 몇몇 원소들에서 나타난

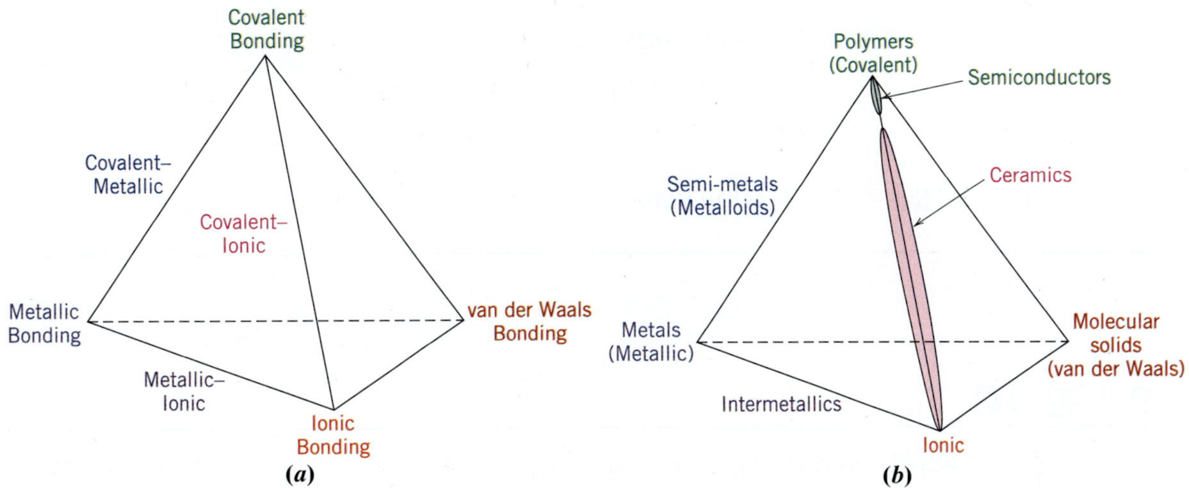

그림 2.27 (*a*) 결합사면체: 네 가지의 극단(순수) 결합형태 각각은 사면체의 꼭지에 위치한다. 3개의 혼성결합은 사면체 모서리를 따라 놓인다. (*b*) 재료의 종류의 사면체: 각각의 재료의 종류(금속, 세라믹, 고분자 등)와 각각의 결합형태의 연관성

다(즉, B, Si, Ge, As, Sb, Te, Po, At). 이러한 원소들의 원자간 결합은 그림 2.27*a*에서 언급된 것처럼 금속결합과 공유결합의 혼합체이다. 이러한 재료들은 **준금속**(*metalloids*) 또는 **반금속**(*semi-metals*)이라고 불리며, 물성은 금속과 비금속의 중간이다. 또, 그룹 IV의 원소들은 주기율표의 수직열을 내려갈수록 점차적으로 공유결합에서 금속결합으로 변화한다. 예를 들어 탄소(다이아몬드)에서의 결합은 순수 공유결합이고, 주석과 납은 거의 금속결합이다.

금속-이온 혼성결합들은 전기음성도의 차이가 상당히 큰 두 금속의 화합물에서 관찰된다. 즉, 몇몇 전자의 전이는 이온결합성 성분을 갖고 있으므로 이 결합에서도 관여된다. 그러므로 전기음성도가 클수록 이온결합성도 크다. 예를 들어 금속간 화합물인 $TiAl_3$에 대한 Ti-Al 결합에서 Al과 Ti의 전기음성도는 같기 때문에(1.5; 그림 2.11 참조) 이온결합성은 거의 없다. 그러나 $AuCu_3$의 경우 훨씬 큰 이온결합성이 존재한다. Cu와 Au의 전기음성도 차이는 0.5이다.

예제 2.4

C–H 결합에 대한 이온결합성 계산

C와 H 사이에 형성되는 원자간 결합의 이온결합성 백분율(%IC)을 계산하라.

풀이

두 원자/이온 A와 B 사이의 결합의 %IC(A가 전기음전성이 더 높음)는 식 (2.16)에 의한 전기음성도 X_A와 X_B의 함수이다. C와 H의 전기음성도(그림 2.11 참조)는 각각 $X_C = 2.5$와 $X_H = 2.1$이다. 따라서 %IC는

$$\begin{aligned}\%\mathrm{IC} &= \{1 - \exp[-(0.25)(X_\mathrm{C} - X_\mathrm{H})^2]\} \times 100\\ &= \{1 - \exp[-(0.25)(2.5 - 2.1)^2]\} \times 100\\ &= 3.9\%\end{aligned}$$

따라서 C−H 원자결합은 주로 공유결합이다(96.1%).

2.9 | 분자들

다수의 화합물(H_2O, CO_2, HNO_3, C_6H_6, CH_4 등)뿐만 아니라, 단원소 2원자 분자(F_2, O_2, H_2 등)들을 포함한 많은 일반 분자들은 강한 공유결합들에 의해 묶인 원자 그룹으로 이루어져 있다. 응축된 액체와 고체에서의 분자들 간의 결합은 약한 2차 결합들이다. 결과적으로 분자 재료들은 비교적 낮은 융점과 비점을 갖는다. 몇몇 원자들로 이루어진 작은 분자들을 가진 대부분의 재료들은 보통 상온, 상압에서 기체이다. 반면에 상당히 큰 분자들로 이루어진 분자 재료에 해당하는 많은 현대의 고분자들은 고체로 존재한다. 이들의 물성 중 몇 가지는 반데르발스 결합 또는 수소 2차 결합의 존재에 크게 의존한다.

2.10 | 결합형태와 재료의 종류 간의 상관성

이 장에서 지금까지 결합형태—즉, 이온결합(세라믹), 공유결합(고분자), 금속결합(금속), 그리고 반데르발스 결합(분자고체들)—와 재료의 종류 간의 상관성을 논의하였다. 재료 종류 사면체에 이 상관성을 요약하였다(그림 2.27*b*)—그림 2.27*a*의 결합사면체에, 재료의 네 가지 종류별 전형적인 결합의 위치/영역을 넣어 그린 것이다.[11] 또한 혼성결합을 갖는 재료들, 즉 금속간 화합물과 반금속들도 함께 포함시켰다. 세라믹 재료의 이온-공유결합의 혼성결합도 함께 나타내었다. 또, 반도체에서는 이온결합의 존재가능성이 있긴 하지만 공유결합이 압도적이다.

11) 비록 고분자 분자들의 대부분의 원자들은 공유결합을 하지만, 보통 약간의 반데르발스 결합이 존재한다. 이들 반데르발스 결합은 분자내(*intra*molecular) 결합이 아니라 분자간(*inter*molecular) 결합이므로 주 결합형태가 아니어서, 고분자에 대해서 반데르발스 결합을 포함시키지 않기로 한다.

요약

원자 내부의 전자들

- 2개의 원자 모델은 보어 모델과 파동역학 모델이다. 보어 모델에서는 전자를 원자핵 주변을 일정한 궤도로 운동하는 입자로 간주하는 데 반해, 파동역학에서는 전자들을 파동과 같이 간주하며, 전자의 위치를 확률분포로 취급한다.
- 전자들의 에너지는 **양자화**(*quantized*)되어 있다—즉, 특정 에너지 값만 허용된다.
- 4개 전자의 양자수는 n, l, m_l, m_s이다. 이들 각각은 전자궤도 크기, 오비탈 모양, 전자궤도의 수 및 스핀 모멘트를 명시한다.
- 파울리의 배타 원리에 의하면, 각각의 전자상태는 2개의 전자만을 가질 수 있으며, 이들은 반대 스핀을 갖는다.

주기율표

- 주기율표의 각각의 열(또는 그룹)에 있는 원소들은 특징적인 전자배치를 갖는다. 예를 들면,
  - 그룹 0 원소들(불활성 기체들)은 가득 채워진 전자각을 갖는다.
  - 그룹 IA 원소들(알칼리 금속들)은 가득 채워진 전자각보다 전자 하나가 더 많다.

결합력과 결합에너지

- **결합력**(*bonding force*)과 **결합에너지**(*bonding energy*)는 식 (2.5a)와 (2.5b)의 관계에 따라 서로 관련되어 있다.
- 두 원자 또는 이온 사이의 끌림, 반발 및 알짜 에너지들은 그림 2.12*b*의 모식도에서처럼 원자간 거리에 의존한다.
- 두 원자/이온 사이의 거리에 따른 힘의 크기 변화에 대한 그래프에서 평형거리는 힘의 크기가 0인 지점에 해당한다.
- 두 원자/이온 사이의 거리에 따른 포텐셜에너지 크기 변화에 대한 그래프에서 결합에너지는 곡선의 최소치에 해당하는 에너지 값이다.

1차 원자결합

- 이온결합에서는 가전자들이 한 종류의 원자에서 다른 종류의 원자로 전이될 때 전기적으로 하전된 이온이 형성된다.
- 반대 전하들을 갖는 2개의 고립된 이온 사이의 인력은 식 (2.13)을 이용해서 계산할 수 있다.
- 결합이 공유결합일 때 인접 원자들 사이에 가전자들이 공유된다.
- 탄소에서 s와 p 오비탈의 혼성(hybridization)으로 sp^3와 sp^2 오비탈을 형성하는 것을 논의하였다. 이들 혼성 오비탈들(hybrid orbitals)의 전자배치 또한 논의하였다.
- 금속결합에서 가전자들은 금속이온핵 주위에 균일하게 분산된 일종의 결합성분으로 작용하는 '전자구름'을 형성한다.

2차 결합 또는 반데르발스 결합

- 비교적 약한 반데르발스 결합은 전기 쌍극자들 사이의 인력에 기인하며, 전기 쌍극자는 유도되거나 영구적인 쌍극자이다.

왜 금속과 세라믹의 구조를 공부하는가?

재료의 특성은 이들 재료의 결정구조와 직결된다. 예를 들어, 순수하고 변형되지 않은 Mg과 Be은 같은 결정구조를 가지는데, 마찬가지로 순수하고 변형되지 않은 그러나 다른 결정구조를 가지는 Au이나 Ag과 같은 재료보다 훨씬 더 취성(작은 변형에서 파단됨)이 크다(9.5절 참조).

또, 같은 성분의 결정질 재료와 비결정질 재료 사이에는 큰 물성의 차이가 있다. 예를 들어, 비결정질 세라믹과 고분자 재료는 보통 투명하지만, 이들 재료가 결정질(반결정질)일 때는 불투명하며, 잘해도 반투명이다.

학습 목표

이 장을 학습한 후에는 아래 과제를 수행할 수 있어야 한다.

1. 결정질 및 비결정질 재료들의 원자/분자구조의 차이를 서술한다.
2. FCC, BCC, HCP 구조의 단위격자들을 그린다.
3. FCC, BCC 결정구조에서 원자반지름과 격자상수와의 관계를 유도한다.
4. 격자상수가 주어질 때, FCC, BCC 결정격자를 갖는 금속들의 밀도를 구한다.
5. NaCl, CsCl, ZnS, 다이아몬드형 입방정, 형석, 페로브스카이트(티탄산 칼슘, $CaTiO_3$의 광물명) 결정구조들의 단위격자들을 그린다/설명한다. 마찬가지로 흑연, 나노카본, 실리카유리의 결정구조를 설명한다.
6. 세라믹 화합물의 화학식과 구성 이온들의 반지름이 주어질 때, 결정구조를 예측한다.
7. 세 방향 지수들이 주어지면, 단위격자 내에서 이들 방향 지수의 방향을 그린다.
8. 단위격자 내에 그려진 면에 대한 밀러지수를 결정한다.
9. 원자들을 조밀면으로 쌓아서 어떻게 FCC, HCP 결정구조들이 만들어질 수 있는지 설명한다. 조밀 음이온면의 관점에서 NaCl 결정구조가 어떻게 만들어질 수 있는지 설명한다.
10. 단결정과 다결정 재료들을 구별한다.
11. 재료 물성의 관점에서 등방성과 이방성을 정의한다.

3.1 서론

2장에서는 주로 여러 종류의 원자결합에 관해 설명하였고, 이 원자결합은 개별 원자들의 전자구조에 의해서 결정된다. 3장에서는 다음 단계의 논의로서 재료의 구조와 관련하여 고체상태에서의 원자들이 갖는 몇 가지 배열에 대해 설명한다. 이 범위에서 결정성과 비결정성의 개념들이 소개된다. 결정상태의 고체 재료의 경우, 단위격자를 특정함으로써 결정구조가 명명된다. 이어서 금속과 세라믹에서 관찰되는 결정구조들을 결정학적 점, 방향, 면들을 나타내는 체계로 설명한다. 단결정, 다결정, 비결정 재료들에 대해서도 고찰한다. 또한 이 장에서는 결정구조들이 X선 회절실험을 통해 어떻게 정해지는지 간단히 설명한다.

결정구조

3.2 | 기본 개념

고체 재료들은 원자 또는 이온들이 서로 상대적으로 어떻게 배열되었는가 하는 규칙성에 의해 분류될 수 있다. **결정질(crystalline)** 재료는 넓은 범위의 원자 거리에 걸쳐서 원자들이 반복적인 또는 주기적인 원자간격으로 놓여 있는—즉, 장범위 규칙성(long-range order)이 존재하여, 응고 시 각각의 원자들이 최인접 원자들과 결합된, 반복적 3차원 패턴으로 놓인—것이다. 모든 금속과 많은 세라믹 재료, 몇몇 고분자 재료들은 통상적 응고조건에서 결정을 형성한다. 결정을 형성하지 않은 재료에서는 이 장범위 원자 규칙성이 없다. 이런 비결정질(*noncrystalline*) 또는 비정질(*amorphous*) 재료들은 이 장의 마지막에 간단히 논의된다.

결정질

결정질 고체들의 몇몇 물성은 재료의 **결정구조(crystal structure)** — 원자, 이온, 분자들이 공간적으로 배열된 방법—에 의존한다. 장범위 원자 규칙성을 갖는 결정구조의 종류는 상당히 많고, 금속 재료의 비교적 간단한 구조들로부터 몇몇 세라믹과 고분자 재료들에서 나타나는 극히 복잡한 것들까지 다양하다. 이 장에서는 몇몇 일반적인 금속과 세라믹의 결정구조에 대해 다룰 것이며, 다음 장에서는 고분자 재료의 결정구조를 살펴볼 예정이다.

결정구조

결정구조들을 서술할 때, 원자들(이온들)은 명확한 지름을 가진 고체 공으로 간주된다. 이를 원자 강체구 모델(*atomic hard-sphere model*)이라 하며, 인접 원자들을 나타내는 강체구들이 서로 접촉한다. 통상적인 금속원소 중 몇몇에서 관찰되는 원자의 배열에 대한 강체구 모델의 한 가지 예를 그림 3.1*c*에 나타내었다. 이 경우, 모든 원자들이 동일하다. 가끔씩 결정구조의 맥락에서 **격자(lattice)**라는 말이 사용된다. 이러한 점에서 격자는 원자의 위치(구들의 중심)와 일치하는 점들의 3차원 배열을 의미한다.

격자

3.3 | 단위격자

결정질 고체에서 원자배열은 원자의 작은 그룹이 반복적인 패턴을 형성함을 말한다. 따라서 결정구조를 묘사할 때 **단위격자(unit cell)**라고 불리는 작은 반복적인 독립체로 나누는 것이 편리하다. 대부분의 결정구조의 단위격자는 3개의 평행면을 가진 평행육면체(parallelepiped) 또는 각기둥(prism)의 형태를 가진다. 그림 3.1*c*에서 구의 집합체 안에 단위격자 하나를 그렸는데, 여기서 보인 것은 입방체(정육면체)이다. 단위격자는 결정 안의 모든 원자의 위치가 결정격자를 각각의 모서리를 따라 격자상수의 정수배의 거리를 옮겨서 재생되는 결정구조의 대칭을 대표하도록 선택된다. 따라서 단위격자는 기본 구조 단위 또는 결정구조를 만드는 기본 구성체로서 그 구조와 내부의 원자의 위치를 통해서 결정구조를 정의한다. 편의에 의해 보

단위격자

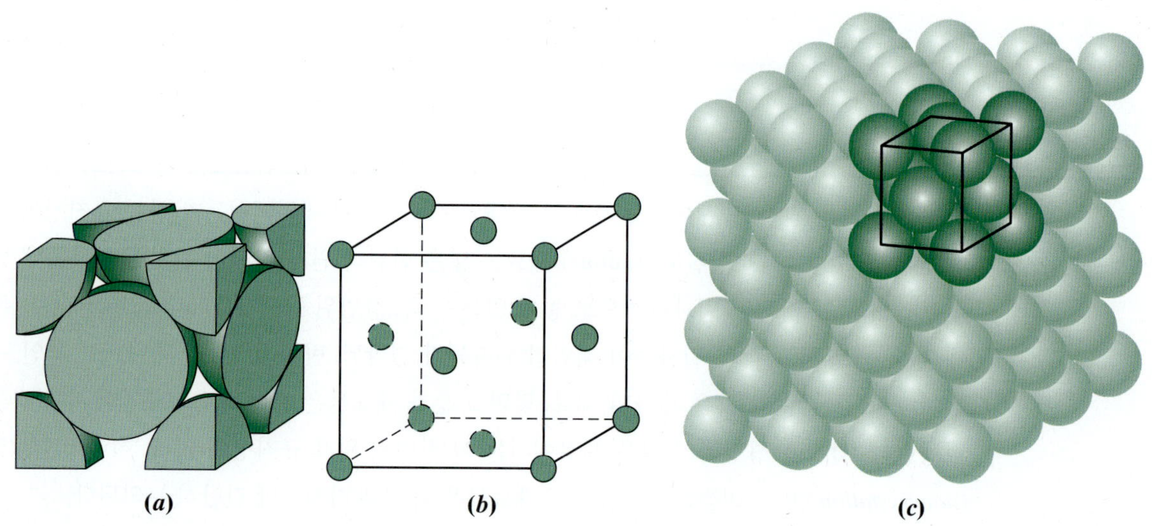

그림 3.1 FCC 결정구조에서 (*a*) 강체구 단위격자 모식도, (*b*) 축소구 단위격자, (*c*) 전체 결정 내부 복수 원자들의 집합체
[Figure (*c*) adapted from W. G. Moffatt, G. W. Pearsall, and J. Wulff, *The Structure and Properties of Materials*, Vol. I, *Structure*, John Wiley & Sons, 1964.]

통 평행육면체의 모서리들이 강체구 원자들의 중심과 일치하도록 한다. 또, 주어진 결정구조에 대하여 한가지 이상의 단위격자를 선택할 수 있다. 그러나 보통 기하학적 대칭성이 가장 큰 단위격자를 해당 결정구조에서 사용하게 된다.

3.4 | 금속 결정구조

이 그룹의 재료들의 원자결합은 금속결합이고, 따라서 방향성이 없다. 결과적으로, 최인접 원자들의 수와 위치에 관한 제한은 아주 적다. 이로 인하여 대부분의 금속 결정구조들의 최인접 원자의 수는 비교적 많고 원자충진율이 크다. 마찬가지로, 금속 재료들의 결정구조에 대한 강체구 모델을 사용할 때, 각각의 구는 이온 중심을 나타낸다. 표 3.1에 여러 금속들의 원자반지름을 나타내었다. 대부분의 금속 재료의 경우 일반적으로 FCC, BCC, HCP 세 가지의 비교적 간단한 결정구조들이 관찰된다.

면심입방(face-centered cubic, FCC) 결정구조

면심입방(FCC)

대부분의 금속 재료의 결정구조는 각각의 모서리와 면중심에 원자들이 놓인 입방구조의 단위격자를 가지며 이를 **면심입방(FCC)** 결정구조라 한다. 우리가 잘 알고 있는 금속인 Cu, Al, Ag, Au 등이 이 FCC 구조이다(표 3.1 참조). 그림 3.1*a*는 FCC 단위격자의 강체구 모델을 나타

표 3.1
16개 금속원소들의 원자반지름과 결정구조

Metal	Crystal Structure[a]	Atomic Radius[b] (nm)	Metal	Crystal Structure	Atomic Radius (nm)
Aluminum	FCC	0.1431	Molybdenum	BCC	0.1363
Cadmium	HCP	0.1490	Nickel	FCC	0.1246
Chromium	BCC	0.1249	Platinum	FCC	0.1387
Cobalt	HCP	0.1253	Silver	FCC	0.1445
Copper	FCC	0.1278	Tantalum	BCC	0.1430
Gold	FCC	0.1442	Titanium (α)	HCP	0.1445
Iron (α)	BCC	0.1241	Tungsten	BCC	0.1371
Lead	FCC	0.1750	Zinc	HCP	0.1332

[a]FCC = face-centered cubic; HCP = hexagonal close-packed; BCC = body-centered cubic.
[b]A nanometer (nm) equals 10^{-9} m; to convert from nanometers to angstrom units (Å), multiply the nanometer value by 10.

내며, 그림 3.1*b*는 원자의 위치들을 보다 잘 볼 수 있도록 원자의 중심들을 작은 원들로 나타내었다. 그림 3.1*c*의 원자들 집합체는 많은 FCC 단위격자로 이루어진 결정의 일부를 나타낸다. 이 구들 또는 이온 중심들이 면 대각선을 가로질러서 서로 접촉하고 있다. 정육면체 모서리 길이 a와 원자의 반지름 R은 다음 식의 관계를 갖는다.

면심입방의 단위격자 모서리 길이

$$a = 2R\sqrt{2} \tag{3.1}$$

이 관계의 유도과정은 예제 3.1을 통해 알 수 있다.

경우에 따라 단위격자 각각의 원자 수를 결정해야 한다. 위치에 따라 원자를 인접 단위격자와 공유한다고 간주한다. 즉, 원자의 일부분만 주어진 단위격자에 포함되는 셈이다. 예를 들어 입방 단위격자의 경우, 완전히 내부에 존재하는 원자는 해당 단위격자에 속하며, 단위격자 면 위의 원자들은 다른 1개의 단위격자와 원자를 나누어 가지게 되고, 모서리에 있는 원자는 8개의 단위격자와 나누어 가지게 된다. 단위격자당 원자의 수 N은 다음 식을 사용하여 계산할 수 있다.

$$N = N_i + \frac{N_f}{2} + \frac{N_c}{8} \tag{3.2}$$

여기서,

N_i = 내부 원자 수
N_f = 면 원자 수
N_c = 모서리 원자 수

FCC 결정구조는 8개의 모서리 원자들($N_c = 8$), 6개의 면 원자들($N_f = 6$)이 있고, 내부 원자는 없다($N_i = 0$). 따라서 식 (3.2)에 따라 다음 계산이 된다.

$$N = 0 + \frac{6}{2} + \frac{8}{8} = 4$$

즉, 주어진 하나의 단위격자 내부에는 4개 분량의 원자가 할당된다. 이는 그림 3.1*a*에서 알 수 있는데, 입방정 안에 담긴 구의 부분들만 나타내었다. 단위격자는 그림에서 보듯이 모서리 원자들의 중심으로 형성된 입방정의 부피로 이루어져 있다.

모서리와 면 위치는 실제로 동등하다. 즉, 격자의 모서리를 원래의 모서리 원자들에서 면심 원자들의 중심으로 이동하여도 단위격자의 구조는 바뀌지 않는다.

배위수

원자충진율(APF)

결정구조의 두 가지 또 다른 주요한 특징은 **배위수(coordination number)**와 **원자충진율(atomic packing factor, APF)**이다. 금속은 각각의 원자의 최인접 원자 수 또는 맞닿은 원자들의 수가 같고, 이를 배위수라 한다. FCC의 경우 배위수는 12이다. 이는 그림 3.1*a*를 검토해 보면 알 수 있다. 맨 앞쪽에 보이는 면원자는 이를 둘러싼 4개의 모서리 최인접 원자들을 가지며, 뒤쪽에서 면원자 4개와 닿아 있고, 앞의 단위격자에 있는 4개의 또 다른 등가의 면원자들(그림에 나타내지 않음)과 닿아 있다.

APF는 (강체구 모델을 갖는다고 가정하고) 단위격자 안의 구의 부피를 가지는 모든 원자들의 구 부피의 합을 단위격자의 부피로 나눈 것이다. 즉,

원자충진율의 정의

$$\text{APF} = \frac{\text{volume of atoms in a unit cell}}{\text{total unit cell volume}} \tag{3.3}$$

FCC 구조에서 원자충진율은 0.74인데 이는 지름이 같은 구들이 이룰 수 있는 최대 충진율이다. 이 APF의 계산도 예제에 포함되어 있다. 금속들은 전형적으로 자유전자구름에 의한 차폐를 최대화하기 위해 비교적 큰 원자충진율을 갖고 있다.

체심입방(body-centered cubic, BCC) 결정구조

체심입방(BCC)

또 하나의 매우 일반적인 금속의 결정구조는 8개의 원자들이 모서리에 놓여 있고, 중심에 하나의 원자가 놓여 있는 입방정이다. 이를 **체심입방(BCC)** 결정구조라 한다. 그림 3.2*c*는 이 결정구조를 묘사하는 구의 집합체를 보여주고 있으며, 그림 3.2*a*와 3.2*b*는 BCC 단위격자로 각각 강체구 모델과 작은 축소구 모델들을 나타낸다. 중심과 모서리 원자들이 입방정의 대각선 방향을 따라 서로 접해 있고, 단위길이 a와 원자반지름 R 사이에 다음의 관계가 있다.

체심입방의 단위격자 모서리 길이

$$a = \frac{4R}{\sqrt{3}} \tag{3.4}$$

BCC 구조를 나타내는 Cr, Fe, W 및 몇몇 다른 금속들을 표 3.1에 나타내었다.

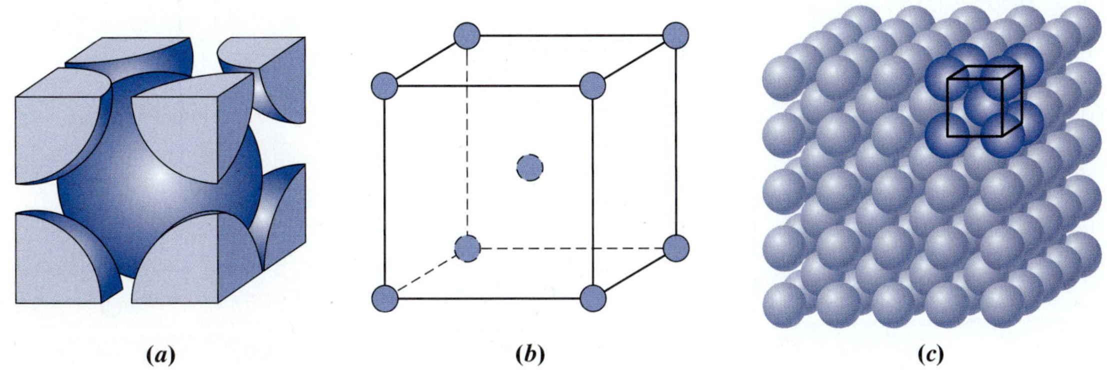

그림 3.2 BCC 결정구조에서 (*a*) 강체구 단위격자 모식도, (*b*) 축소구 단위격자, (*c*) 전체 결정 내부 복수 원자들의 집합체
[Figure (*c*) adapted from W. G. Moffatt, G. W. Pearsall, and J. Wulff, *The Structure and Properties of Materials*, Vol. I, *Structure*, John Wiley & Sons, 1964.]

BCC 단위격자는 8개 모서리 원자들과 격자에 완전히 포함된 하나의 중심원자가 있다. 따라서 식 (3.2)에 따라 BCC 단위격자의 원자 수를 계산하면 다음과 같다.

$$N = N_i + \frac{N_f}{2} + \frac{N_c}{8}$$
$$= 1 + 0 + \frac{8}{8} = 2$$

BCC 결정구조의 배위수는 8이다. 중심원자들마다 8개의 모서리 원자들을 최인접 원자들로 갖는다. BCC의 배위수가 FCC의 경우보다 작으므로 원자충진율도 낮다(0.68 대 0.74).

입방체의 모서리에만 원자가 놓인 원자들로 구성된 단위격자도 가능하다. 이를 **단순입방**(*simple cubic, SC*) 결정구조라 한다. 그림 3.3*a*와 3.3*b*에 각각 강체구 모델과 축소구 모델을 나타내었다. 원자충진율이 비교적 낮기 때문에 이 결정구조를 가지는 금속원소는 거의 없다(개념확인 3.1 참조). 유일한 단순입방 원소는 폴로늄(Po)으로, 이는 준금속(반금속)으로 간주된다.

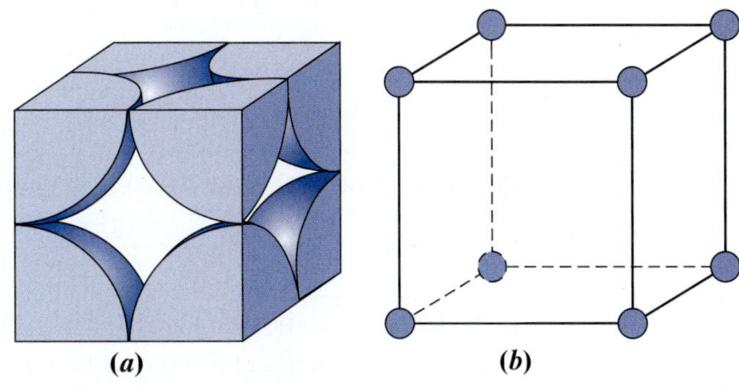

그림 3.3 단순입방 결정구조에서 (*a*) 강체구 단위격자, (*b*) 축소구 단위격자

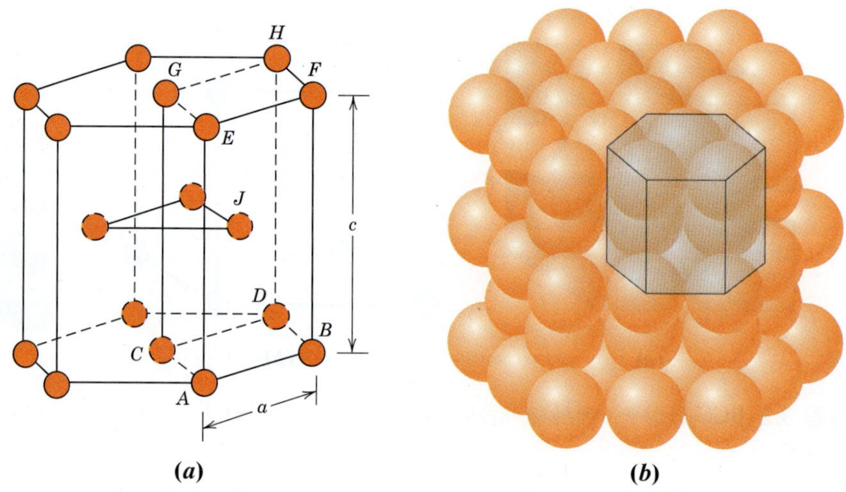

그림 3.4 HCP 결정구조에서 (*a*) 축소구 단위격자(*a*와 *c*는 각각 짧고 긴 변의 길이를 나타낸다), (*b*) 전체 결정 내부 복수 원자들의 집합체

조밀육방(hexagonal close-packed, HCP) 결정구조

조밀육방(HCP)

모든 금속이 입방대칭을 갖는 단위격자를 갖는 것은 아니다. 일반적인 금속 결정구조 중 마지막으로 논의할 단위격자가 육방정이다. 그림 3.4*a*는 이 결정구조의 축소구 단위격자를 나타내는데, 이를 **조밀육방(HCP)** 결정구조라고 한다. 그림 3.4*b*는 여러 개의 HCP의 배열이다.[1] 단위격자의 평행한 맨 윗면과 맨 아랫면은 각각 6개의 원자들이 정육각형을 형성하고 그 중심에 원자 하나를 둘러싸고 있다. 가운데 면은 3개의 추가적인 원자들로 맨 윗면과 맨 아랫면 사이에 놓인다. 이 중간면에서 원자들은 인접 두 면 모두에 최인접 원자들을 갖는다.

HCP 결정구조에 대한 단위격자당 원자의 수를 계산하기 위해 식 (3.2)는 다음과 같이 된다.

$$N = N_i + \frac{N_f}{2} + \frac{N_c}{6} \tag{3.5}$$

즉, 모서리 원자들의 (입방구조와 같은 1/8이 아니라) 1/6을 단위격자에 포함한다. HCP의 경우, 맨 윗면과 맨 아랫면들에 각각 6개의 모서리 원자(총 12개 모서리 원자), 2개의 면심원자(윗면과 바닥면에 각각 하나씩), 그리고 3개의 가운데 면 내부 원자들이 있으므로, HCP의 N 값은 식 (3.5)에 의해 다음과 같이 계산된다.

$$N = 3 + \frac{2}{2} + \frac{12}{6} = 6$$

따라서 6개 원자들이 각 단위격자에 할당된다.

---

1) 또 다른 방법으로, HCP의 단위격자는 그림 3.4*a*에서 *A*-*H* 원자들로 결정되는 평행육면체로 명시될 수 있다. 따라서 *J* 원자는 단위격자 안에 놓인다.

a와 c가 각각 그림 3.4a의 단위격자에 단축과 장축 격자상수라고 하면, c/a비는 1.633이 된다. 그러나 일부 HCP 금속의 경우, 이 이상적인 비율에서 벗어난다.

HCP 결정구조의 배위수와 원자충진율은 FCC의 값과 같고, 각각 12와 0.74이다. HCP 금속들은 Cd, Mg, Ti, Zn 등을 포함한다. 표 3.1에 HCP 금속 중 일부를 나타내었다.

예제 3.1

FCC와 BCC 단위격자의 부피 계산

(a) FCC와 (b) BCC 단위격자의 부피를 원자반지름 R로 나타내라.

풀이

(a) 도시한 FCC 단위격자의 경우, 원자들은 면대각선상에서 서로 접하고 있으며, 길이는 $4R$이다. 단위격자는 정육면체이므로 부피는 a가 모서리 길이일 때 a^3이다.

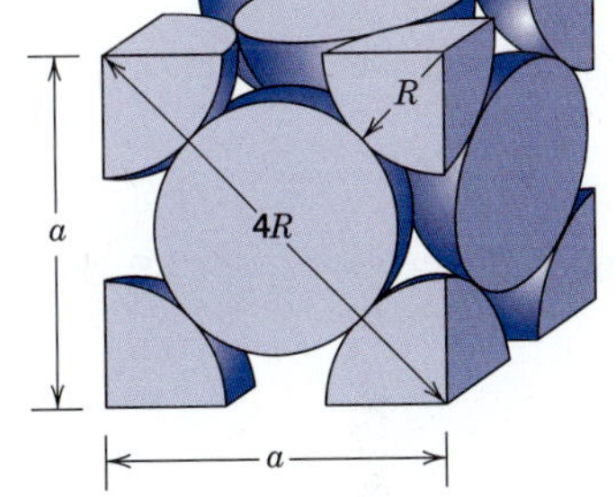

$$a^2 + a^2 = (4R)^2$$

또는 a에 대해서 풀면,

$$a = 2R\sqrt{2} \tag{3.1}$$

FCC 단위격자의 부피 V_C를 다음 식으로 구할 수 있다.

$$V_C = a^3 = (2R\sqrt{2})^3 = 16R^3\sqrt{2} \tag{3.6}$$

(b) 도시한 BCC 단위격자의 경우, 원자들이 육면체 대각선을 따라 서로 접하고 있으므로, 대각선의 길이는 $4R$이다. 단위격자는 정육면체이므로 a가 모서리 길이일 때 부피는 a^3이다.

단위격자의 면대각선의 길이는 다음 식을 만족하며, 따라서 길이는 $\sqrt{2}a$이다.

$$AB^2 = a^2 + a^2 = 2a^2$$

육면체 면대각선의 길이는 다음 식을 만족하며, 따라서 길이는 $\sqrt{3}a$이다.

$$AC^2 = AB^2 + BC^2 = (\sqrt{2}a)^2 + (a)^2 = 3a^2$$

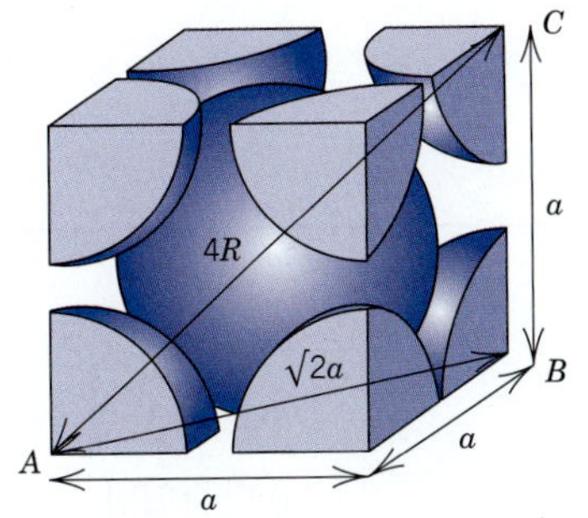

단위격자 대각선의 길이는 $4R$이고, 격자상수 a와 원자반지름 R 사이에는 다음 관계를 갖는다.

$$\sqrt{3}a = 4R$$

$$a = \frac{4R}{\sqrt{3}} \tag{3.4}$$

따라서 BCC 단위격자의 부피 V_C는 다음 식으로 구할 수 있다.

$$V_C = a^3 = \frac{4^3R^3}{(\sqrt{3})^3} = \frac{64R^3}{3\sqrt{3}} \tag{3.7}$$

예제 3.2

FCC와 BCC의 원자충진율 계산

FCC와 BCC 결정구조의 원자충진율이 각각 0.74와 0.68임을 보여라.

풀이

APF는 단위격자 부피 중 강체구들의 부피분율이다. 즉,

$$\text{APF} = \frac{\text{total sphere volume}}{\text{total unit cell volume}} = \frac{V_S}{V_C} \tag{3.3a}$$

원자의 부피와 단위격자의 부피는 모두 원자반지름 R로 나타낼 수 있다. 1개 구의 부피는 $4/3\ \pi R^3$이고, FCC 단위격자 안에는 4개의 원자들이 있으므로, 전체 부피는

$$V_S = (4)\frac{4}{3}\pi R^3 = \frac{16}{3}\pi R^3$$

예제 3.1로부터, 단위격자의 부피는

$$V_C = 16R^3\sqrt{2}$$

따라서 원자충진율은 다음과 같다.

$$\text{APF} = \frac{V_S}{V_C} = \frac{\left(\frac{16}{3}\right)\pi R^3}{16R^3\sqrt{2}} = 0.74$$

한편, BCC 단위격자의 경우 원자들은 조밀충진 방향으로 육면체 대각선상에서 접하고 있다. 모서리 원자들은 8개의 단위격자와 나누어 가지게 되고, 체심의 원자는 다른 단위격자와는 나누어 가지지 않는다. 따라서 BCC 단위격자 내부의 원자 수는 2이다.

따라서 BCC 결정구조의 원자충진율은 다음과 같다.

$$\text{APF} = \frac{V_S}{V_C} = \frac{2 \times \frac{4}{3}\pi R^3}{\frac{64R^3}{3\sqrt{3}}} = 0.68$$

개념 확인 3.1

(a) 단순입방 결정구조의 배위수는 얼마인가?

(b) 단순입방 구조의 원자충진율을 계산하라.

(정답은 *www.wiley.com*의 제품 페이지에서 확인할 수 있음)

예제 3.3

HCP 단위격자 부피 계산

(a) HCP 단위격자의 부피를 격자상수를 a와 c로 나타내라.

(b) 이 부피를 원자반지름 R과 격자상수 c를 써서 나타내라.

풀이

(a) 이 문제를 풀기 위해 인접 축소구 HCP 단위격자를 이용한다.

이 경우 단위격자의 부피는 바닥면의 면적과 높이 c의 곱이다. 바닥면의 면적은 아래에서 보인 평행사변형 $ACDE$의 3배이다(이 $ACDE$ 평행사변형은 단위격자 그림에도 표시되어 있다).

$ACDE$의 면적은 길이 $\overline{CD}$ 곱하기 높이 $\overline{BC}$이다. 이때 $\overline{CD}$는 a이고, $\overline{BC}$는 다음과 같다.

$$\overline{BC} = a\cos(30°) = \frac{a\sqrt{3}}{2}$$

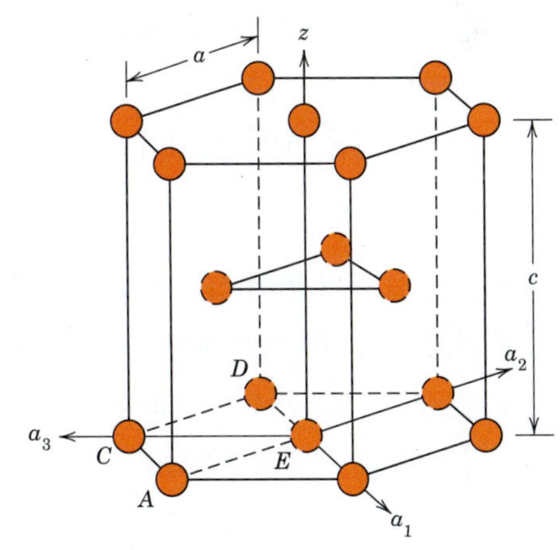

따라서 바닥면의 면적은

$$\text{AREA} = (3)(\overline{CD})(\overline{BC}) = (3)(a)\left(\frac{a\sqrt{3}}{2}\right) = \frac{3a^2\sqrt{3}}{2}$$

다시, 단위격자의 부피 V_C는 바닥면 면적과 높이 c의 곱이다. 따라서

$$V_C = \text{AREA}(c) = \left(\frac{3a^2\sqrt{3}}{2}\right)(c) = \frac{3a^2c\sqrt{3}}{2} \tag{3.8a}$$

(b) 이 문제에서는 격자상수 a와 원자반지름 R이 다음과 같은 관계가 있다는 것만 기억하면 된다.

$$a = 2R$$

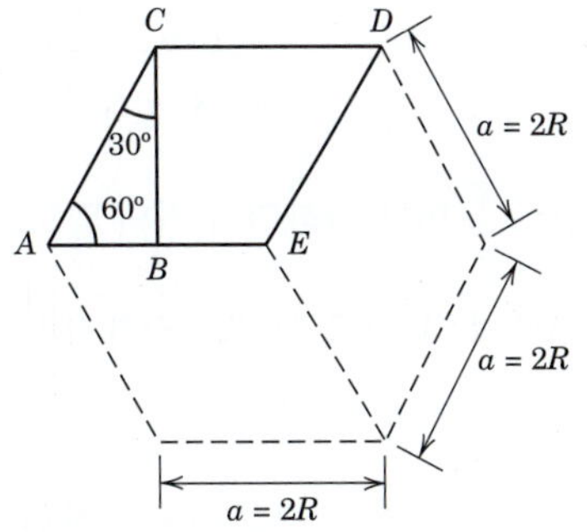

이제 이를 식 (3.8a)에 대입해 넣으면 된다.

$$V_C = \frac{3(2R)^2c\sqrt{3}}{2} = 6R^2c\sqrt{3} \tag{3.8b}$$

3.5 | 밀도 계산—금속

금속고체의 결정구조에 관한 지식으로 이론밀도 ρ를 다음 식을 이용하여 구할 수 있다.

금속의 이론밀도

$$\rho = \frac{nA}{V_C N_A} \tag{3.9}$$

여기서, n = 각각의 단위격자 안에 포함된 원자 수

A = 원자량

V_C = 단위격자 부피

N_A = 아보가드로 수(6.022×10^{23} atoms/mol)

예제 3.4

Cu와 Al에 대한 이론밀도 계산

(a) Cu는 FCC 결정구조로 원자반지름이 0.128 nm이며, 원자량이 63.5 g/mol이다. 이론밀도를 계산하고, 측정밀도와 비교하라.

(b) Al의 원자량은 26.98 g/mol이고, 원자반지름은 0.143 nm이다. Al의 이론밀도를 계산하라.

풀이

(a) 이 문제를 풀기 위해 식 (3.9)를 이용한다. 결정구조가 FCC이므로 단위격자당 원자 수 n은 4이다. 또, 원자량 A_{Cu}는 63.5 g/mol로 주어졌다. FCC의 부피 V_C는 예제 3.1에서 $16R^3\sqrt{2}$로 구하였다. 여기서 R은 원자반지름으로 0.128 nm이다.

식 (3.9)에 각각의 변수들을 대입해 넣으면 다음과 같다.

$$\begin{aligned}\rho_{Cu} &= \frac{nA_{Cu}}{V_C N_A} = \frac{nA_{Cu}}{(16R^3\sqrt{2})N_A} \\ &= \frac{(4 \text{ atoms/unit cell})(63.5 \text{ g/mol})}{[16\sqrt{2}(1.28 \times 10^{-8} \text{ cm})^3/\text{unit cell}](6.022 \times 10^{23} \text{ atoms/mol})} \\ &= 8.89 \text{ g/cm}^3\end{aligned}$$

참고문헌에 의하면 구리의 밀도는 8.94 g/cm^{3}이고, 이는 앞의 결과와 잘 일치한다.

(b) Al은 FCC의 결정구조를 가지며, 단위격자 안의 원자 수는 4이다. Al의 원자량, A_{Al}은 26.98 g/mol이고, 원자반지름 R은 0.143 nm이다.

이들 변수를 식 (3.9)에 대입하면 다음과 같이 계산된다.

$$\begin{aligned}\rho_{Al} &= \frac{nA_{Al}}{V_C N_A} = \frac{nA_{Al}}{(16R^3\sqrt{2})N_A} \\ &= \frac{(4 \text{ atoms/unit cell})(26.98 \text{ g/mol})}{[16\sqrt{2}(1.43 \times 10^{-8} \text{ cm})^3/\text{unit cell}](6.022 \times 10^{23} \text{ atoms/mol})} \\ &= 2.71 \text{ g/cm}^3\end{aligned}$$

3.6 | 세라믹 결정구조

세라믹 재료들은 최소 두 원소 이상의 화합물이며, 더 많은 원소들로 구성되어 있기 때문에, 금속원소보다 일반적으로 복잡한 결정구조를 갖는다. 이 재료들의 원자결합은 순수 이온결합에서 완전 공유결합까지 다양하다. 많은 세라믹 재료의 결정구조는 이 두 가지 결합형태의 조합으로 나타낸다. 이온결합성의 정도는 구성 원자의 전기음성도에 의존한다. 표 3.2는 대표적인 세라믹 재료들의 이온결합성의 정도를 보여준다. 이 값들은 식 (2.16)과 그림 2.11의 전기음성도 값들에 의하여 결정된다.

양이온

음이온

원자결합이 압도적으로 이온결합성인 세라믹 재료들의 경우, 결정구조는 원자들이 아니라 전기적으로 하전된 이온들로 이루어져 있다고 간주할 수 있다. 금속이온(즉 **양이온, cation**)들은 비금속이온 즉 **음이온(anion**, 음으로 하전된)들에 가전자들을 주었으므로, 양으로 하전된다. 결정질 세라믹 재료들에서 구성 이온들의 두 가지 특성이 결정구조에 영향을 미친다. 첫 번째는 구성 이온 각각의 전하량 크기이고, 두 번째는 양이온과 음이온들의 상대적 크기이다. 첫 번째 특성과 관련하여, 결정은 전기적으로 중성이어야 한다. 즉, 모든 양이온의 양전하는 같은 수의 음이온의 음전하에 의해 균형을 맞추어야 한다. 화합물의 화학식은 음이온에 대한 양이온의 비율 또는 이 전하균형(charge balance)을 이루는 조성을 나타낸다. 예를 들어, CaF에서 Ca 이온은 +2 전하(Ca^{2+})를 갖고 F 이온은 각각 1가 음전하(F^-)를 갖는다. 따라서 Ca^{2+} 이온 하나당 2개의 F^- 이온이 있어야 하며, 이는 화학식 CaF_2으로 표현된다.

두 번째 기준은 양이온과 음이온의 크기, 즉 각각의 이온반지름 r_C와 r_A에 해당한다. 금속원소들이 이온화할 때 전자들을 내놓으므로, 양이온은 보통 음이온에 비해 작으며, 결과적으로 r_C/r_A는 1보다 작다. 각각의 양이온은 가능한 한 많은 인접 음이온을 가지려 한다. 음이온들도 마찬가지로 최대의 인접 양이온들을 가지려 한다.

그림 3.5에 나타낸 것과 같이, 양이온을 둘러싸고 있는 음이온들이 모두 양이온과 접촉하고 있을 때 안정된 세라믹 결정구조가 형성된다. 배위수(즉, 양이온의 최인접 음이온 수)는 양이온-음이온 반지름비와 관계된다. 주어진 특정 배위수에 대하여, 이 양이온-음이온 접촉이 형성되는 최소 r_C/r_A 비율이 있다(그림 3.5). 이 비율은 단순한 기하학적 고려에서 결정될 수

표 3.2
몇몇 세라믹 재료에서의 원자간 결합들의 이온결합 특성 백분율

Material	Percent Ionic Character
CaF_2	89
MgO	73
NaCl	67
Al_2O_3	63
SiO_2	51
Si_3N_4	30
ZnS	18
SiC	12

그림 3.5 안정 및 불안정 음이온-양이온 배위배치들. 붉은 원들은 음이온을, 파란색 원들은 양이온을 나타낸다.

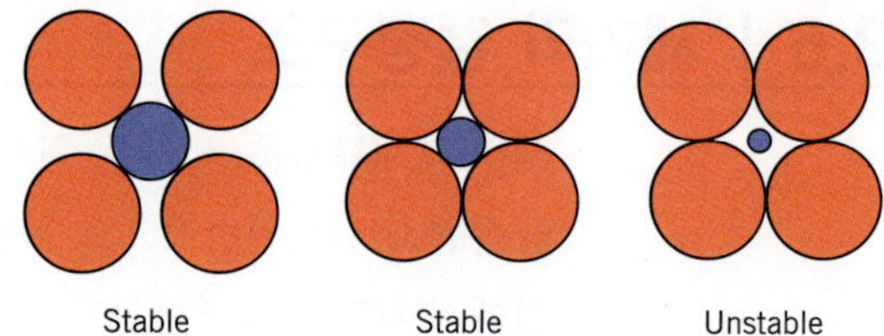

있다(예제 3.5 참조).

표 3.3에 여러 가지 r_C/r_A 비율들에 대한 배위수와 최인접 원자들의 기하학적 모양을 나타내었다. r_C/r_A의 값이 0.155 미만일 때, 아주 작은 양이온과 2개의 음이온들이 직선의 형태로

표 3.3 양이온-음이온 반지름비(r_C/r_A)에 대한 배위수와 기하 구조

Coordination Number	Cation–Anion Radius Ratio	Coordination Geometry
2	<0.155	
3	0.155–0.225	
4	0.225–0.414	
6	0.414–0.732	
8	>0.732	

Source: W. D. Kingery, H. K. Bowen, and D. R. Uhlmann, *Introduction to Ceramics*, 2nd edition. Copyright © 1976 by John Wiley & Sons, New York. Reprinted by permission of John Wiley & Sons, Inc.

표 3.4
배위수가 6인 일부 양이온과 음이온의 이온반지름

Cation	Ionic Radius (nm)	Anion	Ionic Radius (nm)
Al^{3+}	0.053	Br^-	0.196
Ba^{2+}	0.136	Cl^-	0.181
Ca^{2+}	0.100	F^-	0.133
Cs^+	0.170	I^-	0.220
Fe^{2+}	0.077	O^{2-}	0.140
Fe^{3+}	0.069	S^{2-}	0.184
K^+	0.138		
Mg^{2+}	0.072		
Mn^{2+}	0.067		
Na^+	0.102		
Ni^{2+}	0.069		
Si^{4+}	0.040		
Ti^{4+}	0.061		

결합되어 있다. 만일 r_C/r_A의 값이 0.155와 0.225 사이일 때, 양이온의 배위수는 3이다. 이는 중앙에 놓인 하나의 양이온을 한 평면 위에서 정삼각형으로 놓인 3개의 음이온들이 둘러싸고 있음을 의미한다. r_C/r_A의 값이 0.225와 0.414 사이일 때 배위수는 4이다. 양이온은 사면체의 중심에 놓이고, 음이온들은 네 모서리에 놓인다. r_C/r_A의 값이 0.414와 0.732 사이일 때, 표에서 나타낸 것처럼 양이온은 팔면체의 중심에, 6개의 음이온들이 각각의 모서리에 놓인 것으로 간주할 수 있다. r_C/r_A가 0.732에서 1.0일 때 배위수는 8이며, 양이온이 중심에 놓이고 음이온들이 입방체의 모든 모서리에 놓인다. 반지름 사이의 비율이 1보다 클 때 배위수는 12이다. 세라믹 재료들의 배위수로 가장 흔한 값은 4, 6, 8이다. 표 3.4에 세라믹 재료들에서 자주 관찰되는 양이온과 음이온의 이온반지름들을 나열하였다.

배위수와 양이온-음이온 반지름비(표 3.3에 나타낸 것 같은)는 '강체구' 이온으로 간주하고 기하학적 고려를 바탕으로 결정된다. 즉, 이러한 관계는 단지 근삿값이며, 예외가 있을 수 있다. 예를 들어, r_C/r_A의 값들이 0.414를 넘는 공유결합성이 높은 (그리고 방향성을 갖는) 몇몇 세라믹 화합물들은 배위수가 (6이 아니라) 4이다.

이온의 크기는 여러 가지 요인에 의존한다. 이들 중 하나가 배위수이다. 반대 전하의 최인접 이온 수들이 증가하면 이온반지름이 증가한다. 표 3.4에 주어진 이온반지름들은 배위수 6에 대한 것들이다. 따라서 이온반지름은 배위수 8일 때 더 크고, 배위수가 4일 때는 더 작다.

또, 한 이온의 전하는 반지름에 영향을 미친다. 예를 들어 표 3.4의 Fe^{2+}과 Fe^{3+}의 반지름은 각각 0.077과 0.069 nm인데, 이들은 철 원자의 반지름 0.124 nm와 대조된다. 원자나 이온에서 전자를 제거했을 때 남은 원자가전자들은 원자핵에 보다 더 강하게 결합되어 이온반지름이 줄어든다. 반대로 전자들이 원자나 이온에 더해지면 이온 크기는 증가한다.

예제 3.5

배위수가 3 또는 6일 때 최소 양이온 대 음이온 반지름비 계산

배위수가 3일 때 양이온 대 음이온의 반지름비가 0.155인 것을 보여라. 또한 배위수가 6일 때의 양이온 대 음이온의 반지름비를 구하라.

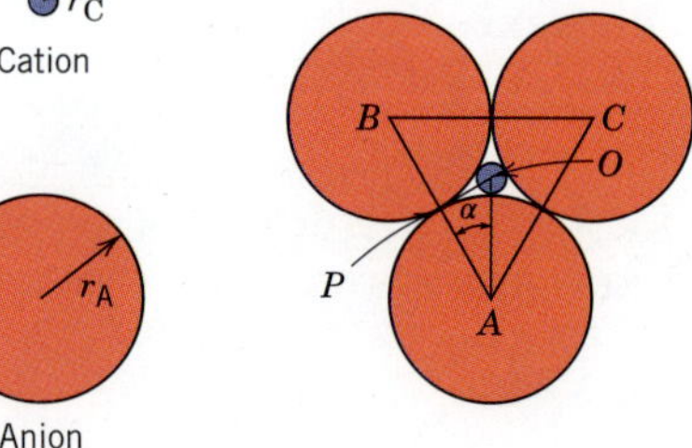

풀이

이 배위수에서 작은 양이온이 3개의 음이온에 의해 싸여 정삼각형 ABC를 형성하며 4개의 이온 중심 모두 동일 평면상에 있다.

따라서 이는 결국 비교적 간단한 평면 삼각함수 문제가 된다. 직각삼각형 APO의 각 변의 길이는 음이온과 양이온의 반지름 r_A와 r_C와 다음과 같은 관계를 가진다.

$$\overline{AP} = r_A$$

그리고

$$\overline{AO} = r_A + r_C$$

또, 두 변의 길이 비율 $\overline{AP}/\overline{AO}$는 각도 α의 함수로,

$$\frac{\overline{AP}}{\overline{AO}} = \cos\alpha$$

선분 $\overline{AO}$가 60°인 각 BAC를 이등분하므로 α는 30°이다. 따라서

$$\frac{\overline{AP}}{\overline{AO}} = \frac{r_A}{r_A + r_C} = \cos 30° = \frac{\sqrt{3}}{2}$$

음이온-양이온 반지름비를 구하면,

$$\frac{r_C}{r_A} = \frac{1 - \sqrt{3}/2}{\sqrt{3}/2} = 0.155$$

다음으로 배위수가 6인 경우를 생각해 보자. 이때 작은 양이온은 그림에서 나타낸 것처럼 6배위를 가지는 빈 공간에 위치하게 된다. 단위격자의 격자상수를 a로 하면 다음의 관계식들을 유도하여 음이온-양이온 반지름비(r_C/r_A)를 구할 수 있다.

$$\overline{AB} = \sqrt{a^2 + a^2} = \sqrt{2}a$$

$$\overline{AB} = 2(r_A + r_C)$$

그리고 $$2(r_A + r_C) = \sqrt{2}a$$

따라서 $\overline{AC} = a = 2r_A$

$$2(r_A + r_C) = 2\sqrt{2}\,r_A$$

$$\frac{r_C}{r_A} = (\sqrt{2} - 1) = 0.414$$

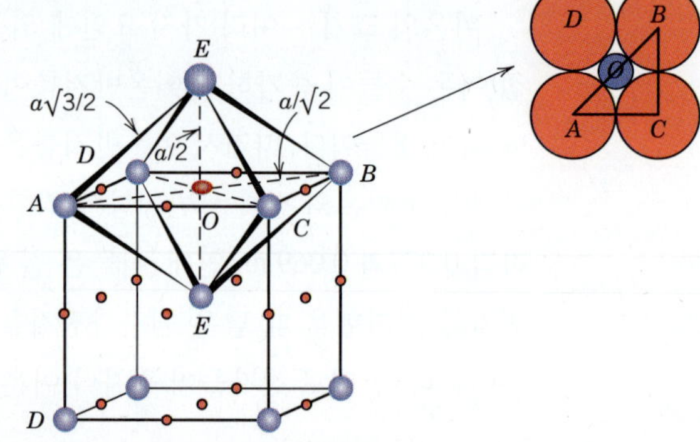

AX형 결정구조

일반적인 세라믹 재료들의 일부는 같은 수의 양이온과 음이온을 갖는다. 이들은 흔히 AX형 화합물이라고 불리는데, A는 양이온을, X는 음이온을 지칭한다. AX 화합물에는 몇 가지 다른 결정구조들이 있다. 이 구조들 각각은 해당 구조를 갖는 특정 재료의 이름을 따서 명명되는 것이 보통이다.

암염 구조

가장 흔한 AX 결정구조는 아마도 NaCl, 또는 **암염**(*rock salt*)일 것이다. 양이온과 음이온 모두 배위수가 6이며, 따라서 양이온-음이온 반지름비는 0.414와 0.732 사이이다. 이 결정구조의 단위격자(그림 3.6)는 음이온들이 FCC 배열로 놓이고, 하나의 양이온이 입방정 중심에, 또 다른 양이온이 12개의 입방정 모서리 중심에 각각 1개씩 놓여서 형성된다. 양이온들이 FCC 배열을 하도록 양이온과 음이온의 자리가 바뀌어도 동등한 결정구조가 된다. 따라서 암염 결정구조는 서로 포개지는 두 FCC 격자들로 간주될 수 있다—즉, 양이온들로 구성된 하나와 음이온으로 구성된 다른 하나이다. NaCl, MgO, MnS, LiF, FeO이 이 구조를 갖는 일반적인 세라믹 재료들이다.

CsCl 구조

그림 3.7은 CsCl 결정구조의 단위격자를 보여준다. 두 이온 모두 배위수가 8이다. 음이온들은 입방정의 각각의 모서리에 놓이고, 하나의 양이온이 입방정의 중앙에 놓인다. 음이온들과 양이온들을 서로 바꾸거나, 그 반대도 같은 결정구조를 만든다. 이는 다른 두 종류의 이온들이 포함되므로 BCC 결정구조라고 할 수는 없다.

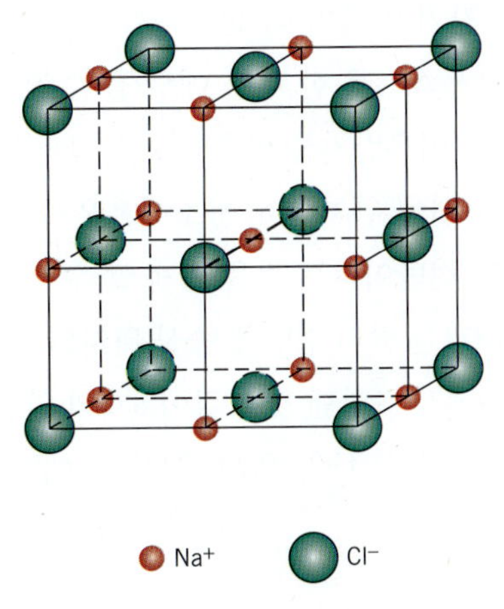

그림 3.6 암염 또는 염화나트륨(NaCl) 결정구조의 단위격자

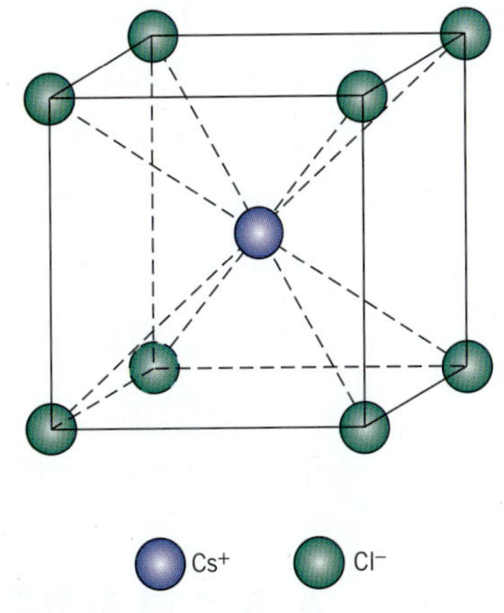

그림 3.7 염화세슘(CsCl) 결정구조의 단위격자

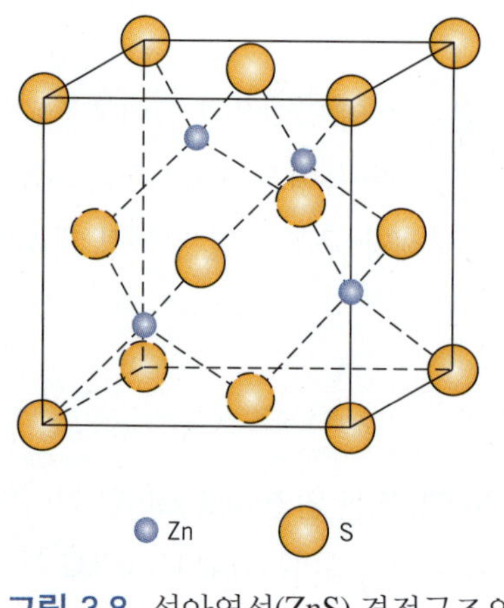

그림 3.8 섬아연석(ZnS) 결정구조의 단위격자

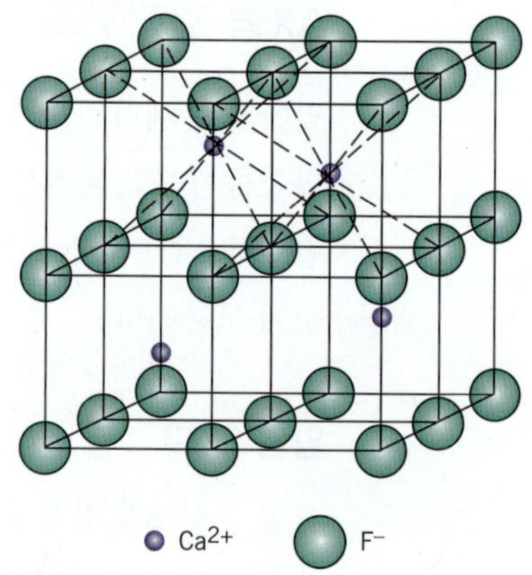

그림 3.9 형석(CaF_2) 결정구조의 단위격자

ZnS 구조

세 번째 AX 구조는 배위수가 4인 경우이다. 즉, 모든 이온들이 사면체로 배위되어 있다. 이를 황화아연(ZnS)의 광물용어를 따서 **섬아연광**(*zinc blende*) 또는 **섬아연석**(*sphalerite*) 구조라 한다. 그림 3.8에 ZnS 단위격자를 나타내었다. 입방정의 모든 모서리와 면중심에는 S 원자가 놓이고, Zn은 내부의 사면체 자리를 채운다. Zn과 S의 위치를 맞바꾸어도 같은 결정구조가 얻어진다. 따라서 각각의 Zn 원자는 4개의 S 원자에 결합되어 있으며, 반대의 경우도 가능하다. 이 결정구조(그림 3.8)를 갖는 화합물들의 원자결합들은 대부분 높은 공유결합성을 가지는데, ZnS, ZnTe, SiC 등이 이 구조에 속한다.

A_mX_p형 결정구조

만일 양이온과 음이온의 전하들이 같지 않다면 이 화합물들은 A_mX_p와 같은 화학식을 가지며, 여기서 m과 p는 모두 1이 아니다. AX_2를 한 가지 예로 들 수 있는데, 이는 형석(CaF_2)에서 흔히 볼 수 있는 구조이다. CaF_2의 이온반지름 비율 r_C/r_A는 0.8이며, 표 3.3에 따르면 배위수 8이다. 칼슘이온들은 입방정의 중심에 위치하며, 불소이온은 모서리에 있다. 화학식을 보면 F^+ 이온의 수는 Ca^{2+} 이온의 수의 절반이라는 것을 쉽게 알 수 있으며, 따라서 결정구조는 CsCl(그림 3.7)과 비슷하다. 즉, CsCl과는 달리 입방체 중심 위치의 절반에만 Ca^{2+}이 위치하는 셈이다. 하나의 단위격자는 그림 3.9에서 나타낸 것과 같이 8개의 입방체로 형성된다. 이 결정구조를 갖는 다른 화합물들에는 ZrO_2(입방), UO_2, PuO_2, ThO_2 등이 있다.

$A_mB_nX_p$형 결정구조

세라믹 화합물이 한 가지 이상의 양이온을 갖는 것이 가능하다. 두 가지의 양이온(A, B로 나타낸)에 대해, 이들의 화학식은 $A_mB_nX_p$로 나타낼 수 있다. Ba^{2+}와 Ti^{4+} 양이온을 갖는 티탄산바륨($BaTiO_3$)의 경우가 이 범주에 속한다. 이 재료는 **페로브스카이트 결정구조**를 가지며, 나중에 논의되는 상당히 재미있는 전기화학적 물성을 가진다. 120°C 이상의 온도에서 결정구조는 입방이다. 이 구조의 단위격자를 그림 3.10에 나타내었다. Ba^{2+} 이온들이 입방체의 모든 8개의 모서리에 놓이고, 하나의 Ti^{4+}가 입방체의 중심에, O^{2-}이온들이 6개의 면 중심에 놓여 있다.

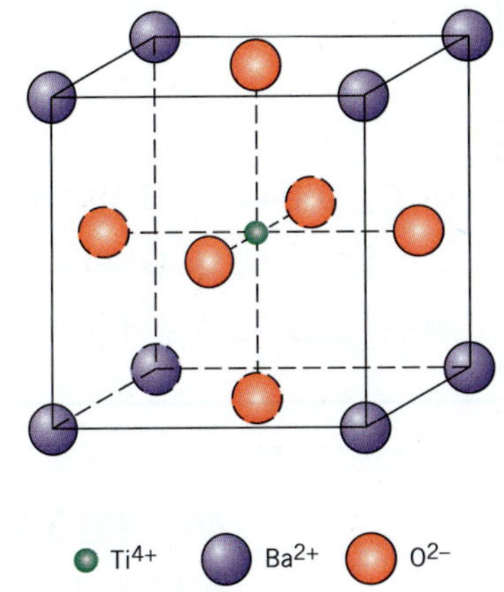

그림 3.10 페로브스카이트 결정구조의 단위격자

표 3.5에 암염, 염화세슘(CsCl), 섬아연석(ZnS), 형석(CaF_2), 페로브스카이트($CaTiO_3$) 결정구조를 양이온-음이온 비율과 배위수의 관점에서 요약하였고, 몇 가지 예를 정리하였다. 물론 이는 세라믹 재료의 결정구조 중 극히 일부이며, 많은 다른 세라믹 결정구조가 가능하다.

표 3.5 몇몇 세라믹 결정구조의 요약

Structure Name	Structure Type	Anion Packing	Coordination Number: Cation	Coordination Number: Anion	Examples
Rock salt (sodium chloride)	AX	FCC	6	6	NaCl, MgO, FeO
Cesium chloride	AX	Simple cubic	8	8	CsCl
Zinc blende (sphalerite)	AX	FCC	4	4	ZnS, SiC
Fluorite	AX_2	Simple cubic	8	4	CaF_2, UO_2, ThO_2
Perovskite	ABX_3	FCC	12 (A) 6 (B)	6	$BaTiO_3$, $SrZrO_3$, $SrSnO_3$
Spinel	AB_2X_4	FCC	4 (A) 6 (B)	4	$MgAl_2O_4$, $FeAl_2O_4$

Source: W. D. Kingery, H. K. Bowen, and D. R. Uhlmann, *Introduction to Ceramics*, 2nd edition. Copyright © 1976 by John Wiley & Sons, New York. Reprinted by permission of John Wiley & Sons, Inc.

예제 3.6

세라믹 결정구조 예측

이온반지름들에 기초하여(표 3.4) FeO의 결정구조를 예측하라.

풀이

먼저, FeO이 AX형 화합물임을 감안하라. 다음으로, 양이온-음이온 반지름비를 결정하라. 표 3.4에 따르면,

$$\frac{r_{Fe^{2+}}}{r_{O^{2-}}} = \frac{0.077 \text{ nm}}{0.140 \text{ nm}} = 0.550$$

이 값은 0.414와 0.732 사이이고, 따라서 표 3.3에 의하면 Fe^{2+} 이온의 배위수는 6이다. 같은 수의 양이온과 음이온이 있으므로 O^{2-}의 배위수도 마찬가지로 6이다. 예측되는 결정구조는 암염 구조인데, 이는 AX 결정구조로 표 3.5에 주어진 것과 같이 배위수 6을 갖는다.

개념 확인 3.2

표 3.4에 의하면, K^+과 O^{2-}의 이온반지름은 각각 0.138과 0.140 nm이다.

(a) 각각의 O^{2-} 이온의 배위수는 얼마인가?

(b) 결과적으로 나타나는 K_2O의 결정구조를 간단히 서술하라.

(c) 이것이 왜 반형석 구조(*antifluorite structure*)라 불리는지 설명하라.

(정답은 *www.wiley.com*의 제품 페이지에서 확인할 수 있음)

3.7 | 밀도 계산—세라믹 재료

금속에 대해, 3.5절에서 설명한 것과 비슷한 방법으로 세라믹 재료의 단위격자 데이터를 이용하여 결정질 세라믹 재료의 이론밀도를 계산할 수 있다. 이 경우 밀도는 식 (3.9)를 변형한 다음과 같은 식을 이용하여 결정할 수 있다.

세라믹 재료의 이론 밀도

$$\rho = \frac{n'(\sum A_C + \sum A_A)}{V_C N_A} \tag{3.10}$$

여기서,

n' = 단위격자 내의 화학식 단위의 수[2)]

ΣA_C = 화학식 단위에 있는 모든 양이온의 원자량의 합

ΣA_A = 화학식 단위에 있는 모든 음이온의 분자량의 합

V_C = 단위격자의 부피

N_A = 아보가드로 수, 6.022×10^{23} 화학식 단위/몰(formula units/mol)

2) 화학식 단위라 함은 하나의 화학식 안에 포함된 모든 이온들을 의미한다. 예를 들어 $BaTiO_3$의 경우 화학식 단위는 하나의 Ba 이온, 하나의 Ti 이온과 3개의 산소 이온으로 구성된다.

예제 3.7

NaCl의 이론밀도 계산

결정구조를 바탕으로 NaCl의 이론밀도를 계산하라. 이 값을 측정값과 비교하라.

풀이

이론밀도는 식 (3.10)을 이용하여 계산할 수 있는데, n'은 단위격자당 NaCl 단위수로 Na와 Cl 이온 모두 FCC를 형성하므로 4이다. 또,

$$\sum A_C = A_{Na} = 22.99 \text{ g/mol}$$
$$\sum A_A = A_{Cl} = 35.45 \text{ g/mol}$$

단위격자는 입방이므로 단위격자 모서리 길이 a에 대하여, $V_C = a^3$이다. 아래의 그림에서 나타낸 것과 같은 입방정의 면에 대하여 다음 관계가 성립한다.

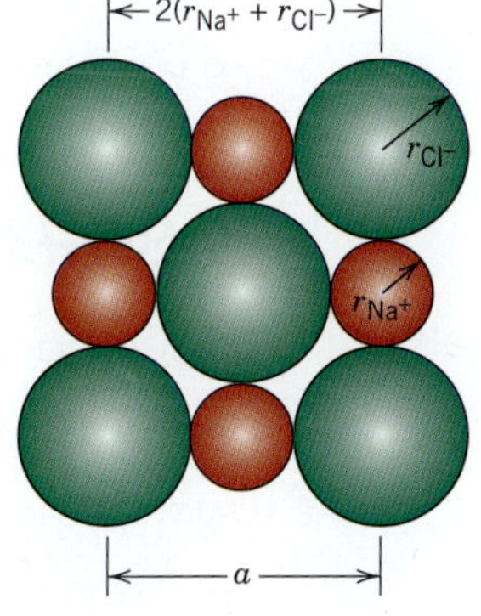

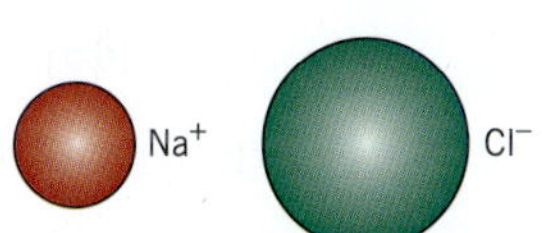

$$a = 2r_{Na^+} + 2r_{Cl^-}$$

표 3.4에 주어진 것과 같이 Na 이온과 Cl 이온의 반지름, 즉 r_{Na^+}와 r_{Cl^-}는 각각 0.102와 0.181 nm이다. 따라서

$$V_C = a^3 = (2r_{Na^+} + 2r_{Cl^-})^3$$

끝으로,

$$\rho = \frac{n'(A_{Na} + A_{Cl})}{(2r_{Na^+} + 2r_{Cl^-})^3 N_A}$$
$$= \frac{4(22.99 + 35.45)}{[2(0.102 \times 10^{-7}) + 2(0.181 \times 10^{-7})]^3(6.022 \times 10^{23})}$$
$$= 2.14 \text{ g/cm}^3$$

이 결과는 실험적으로 얻은 값 2.16 g/cm^{3}와 잘 일치한다.

3.8 | 규산염 세라믹

규산염들은 지각에 존재하는 가장 풍부한 원소들인 규소와 산소가 주성분인 재료이다. 따라서 흙덩어리, 암석, 점토 및 모래가 이 규산염에 속한다. 이들 재료를 규정하기 위해서는 단위격자의 결정구조보다 SiO_4^{4-} 사면체(그림 3.11)의 여러 가지 배열을 이용하는 것이 보다 편리하다. Si 원자 각각은 4개의 산소 원자에 결합되어 있는데, 산소 원자들은 사면체의 모서리들에 놓여 있다. Si 원자는 중심에 놓여 있다. 이것이 규산염의 기본 단위이기 때문에 이를 흔히 음으로 하전된 독립체로 간주한다.

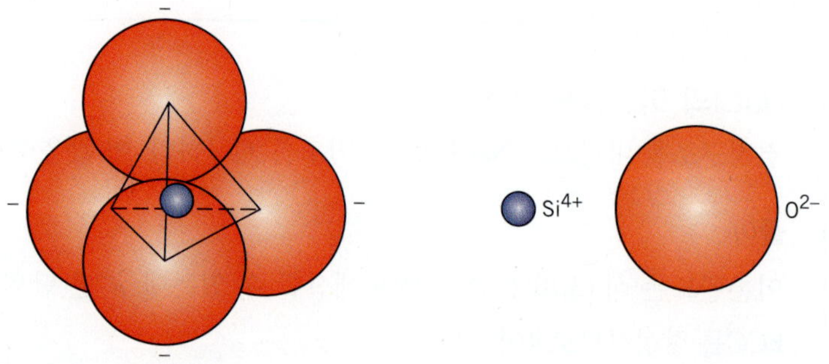

그림 3.11 Si-O(SiO_4^{4-}) 사면체

Si-O 원자간 결합들은 상당한 공유결합 특성을 가지므로(표 3.2), 규산염은 보통 이온성으로 간주되지 않으며, 방향성이 있고, 결합이 비교적 강하다. 4개의 산소 원자 각각이 안정된 전자구조를 이루기 위해서 하나의 추가 전자를 필요로 하므로, Si-O 결합의 특성과 상관없이 SiO_4^{4-} 사면체마다 −4가의 전하를 띤다. SiO_4^{4-} 단위들이 1, 2, 및 3차원의 배열로 결합할 수 있으므로 여러 가지 규산염 구조들이 나타난다.

이산화규소

화학적으로 가장 간단한 규산염 재료가 이산화규소, 즉 실리카(silica, SiO_2)이다. 구조적으로 각각의 사면체의 모서리 산소 원자들이 인접 사면체들과 공유될 때 3차원의 네트워크가 형성된다. 따라서 이 재료는 전기적으로 중성이며 모든 원자들이 안정한 전자구조를 갖고 있다. 이러한 환경에서 Si 대 O 원자들의 비율은 화학식에 나타난 것처럼 1:2이다.

만일 이러한 사면체들이 규칙적이고 정렬된 방법으로 배열된다면, 결정구조가 형성된다. 실리카의 동질이상 결정형태는 석영(quartz), 홍연석(cristobalite, 그림 3.12) 및 인규석(tridymite) 세 가지가 있다. 이 구조들은 비교적 복잡하며 상대적으로 열린 구조로서, 원자들이 서로 조밀하게 충진되어 있지 않다. 결과적으로 이들 결정질 실리카들은 비교적 낮은 밀도를 가지며 예를 들어 상온에서 석영의 밀도는 2.65 g/cm^{3}이다. Si-O 원자간 결합의 강도는 이들 재료의 비교적 높은 용융점(1710°C)을 통해 알 수 있다.

실리카는 비결정질 고체로 또는 유리로 만들어질 수 있으며 그 구조는 3.21절에서 논의된다.

규산염

여러 가지 규산염 광물에 있어서 SiO_4^{4-} 사면체 모서리의 산소 원자들 중 1개, 2개, 혹은 3개가 다른 사면체와 공유되는 형태로 상당히 복잡한 구조들을 형성한다. 그림 3.13에 나타낸 것과 같이, 이들 중 몇몇은 SiO_4^{4-}, $Si_2O_7^{6-}$, $Si_3O_9^{6-}$ 등의 화학식을 갖고 있다. 그림 3.13*e*에 보인 것 같은 단사슬구조 또한 가능하다. 양으로 하전된 Ca^{2+}, Mg^{2+}, Al^{3+} 같은 양이온은 두 가지 역할을

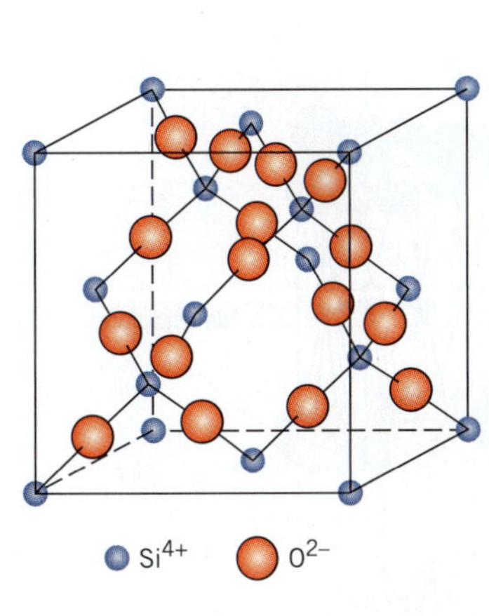

그림 3.12 SiO_2 동질이상인 홍연석 단위격자에서의 Si와 O 원자들의 배열

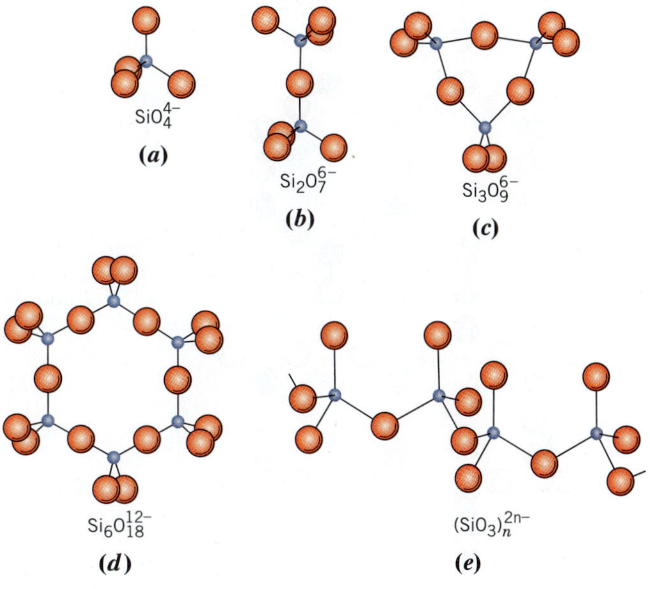

그림 3.13 SiO_4^{4-} 사면체로 형성된 5개 규산염 이온구조들

한다. 첫째, SiO_4^{4-} 단위들의 음전하들을 상쇄하여 전하적 중성을 이룬다. 둘째, 이들 양이온 4개는 SiO_4^{4-}와 함께 이온결합을 형성한다.

단순 규산염

이 규산염들 중 구조적으로 가장 간단한 것들은 고립된 사면체를 포함한다(그림 3.13*a*). 예를 들어 고토감람석(Mg_2SiO_4)은 모든 Mg^{2+} 이온들이 6개의 산소 최인접 이웃들을 갖는 방법으로 각각의 사면체 안에 포함되는 2개의 Mg^{2+} 이온들을 갖고 있다.

2개의 사면체들이 하나의 산소 원자를 공유할 때 $Si_2O_7^{6-}$ 이온이 형성된다(그림 3.13*b*). 고토황장석($Ca_2MgSi_2O_7$)은 2개의 Ca^{2+} 이온들과 하나의 Mg^{2+} 이온이 $Si_2O_7^{6-}$에 결합된 광물이다.

적층 규산염

2차원적 판상 또는 층상 구조가 사면체 각각의 3개의 산소 이온들을 공유하여 만들어질 수 있다(그림 3.14). 이 구조에서 반복되는 단위식은 $(Si_2O_5)^{2-}$으로 대표된다. 알짜 음전하는 판상면에서 돌출한 비결합 산소 원자들에 의한 것이다. 전기적 중성은 보통 과도한 양이온들을 갖는 두 번째 판상 구조에 의한 것으로 이들은 Si_2O_5 판상의 비결합 산소 원자들과 결합한다. 이러한 재료들은 판상 또는 층상 규산염들로 불리며, 기본 구조는 점토류 광물들의 특징을 갖는다.

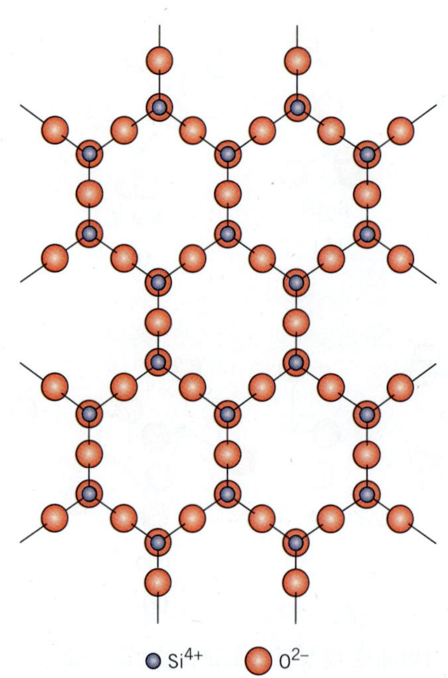

그림 3.14 반복되는 단위 화학식 $(Si_2O_5)^{2-}$를 갖는 2차원적 규산염 판상 구조의 모식적 표현

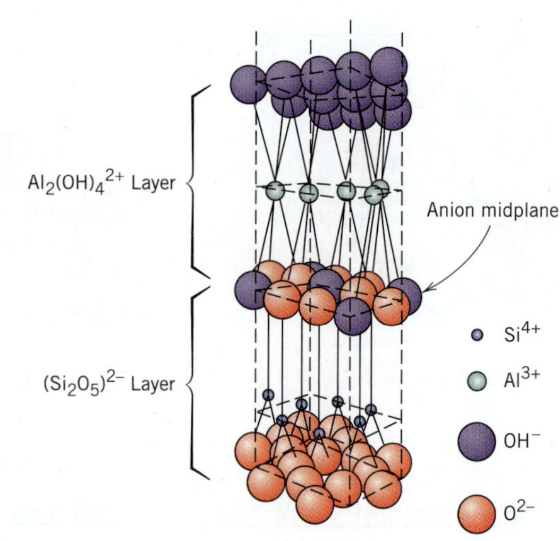

그림 3.15 카올리나이트 점토의 구조
(Adapted from W. E. Hauth, "Crystal Chemistry of Ceramics," *American Ceramic Society Bulletin*, Vol. 30, No. 4, 1951, p. 140.)

점토 광물들 중 가장 흔한 카올리나이트는 비교적 간단한 2층의 규산염 판상 구조를 갖고 있다. 카올리나이트 점토는 $Al_2(Si_2O_5)(OH)_4$ 화학식을 가지며, $(Si_2O_5)^{2-}$로 대표되는 내부 규산염 사면체 층이 인접 $Al_2(OH)_4^{2+}$ 층에 의해 전기적으로 중성을 이룬다. 이 구조는 그림 3.15와 같은 단층 판상으로 그림에서는 수직방향으로 대폭 확대하여 이온의 위치들을 더 잘 볼 수 있게 하였고, 두 층을 표시하였다. 음이온 중간층은 $Al_2(OH)_4^{2+}$ 층의 일부분인 OH^- 이온들뿐만 아니라 $(Si_2O_5)^{2-}$ 층의 O^{2-} 이온들로 이루어져 있다. 이 2층 판상 내부의 결합은 강하고 이온결합성과 공유결합성 중간 정도의 성격을 가지는 반면, 인접한 판상들 사이에서는 약한 반데르발스 힘에 의해 단지 서로 느슨하게 결합되어 있다.

카올리나이트의 결정은 이들 두 층의 연속적 적층, 즉 각 판상이 서로 평행하게 적층되어 작은 판형을 형성하며 대체로 지름이 1 μm 미만이고 거의 육방 구조를 가진다. 그림 3.16은 카올리나이트 결정들의 고배율 전자현미경 사진으로 육각형 결정판상들을 보이는데, 몇몇은 다른 판상 위에 적층된 형태를 보인다.

이들 규산염 판상 구조는 점토에 국한된 것이 아니다. 이 그룹에 속하는 다른 광물들은 활석$[Mg_3(Si_2O_5)_2(OH)_2]$과 운모류[예: 백운모 $KAl_3Si_3O_{10}(OH)_2$]로, 이들은 자연계에 존재하는 중요한 세라믹 재료들이다. 화학식에서 알 수 있듯이 일부 규산염 구조는 무기질 재료 중 가장 복잡한 것에 속한다.

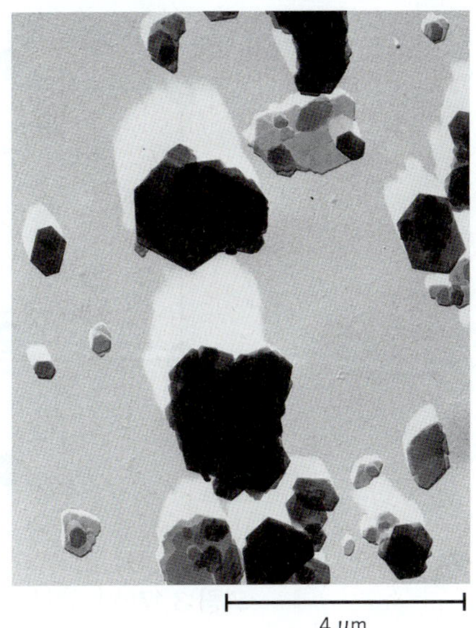

그림 3.16 카올리나이트 결정들의 전자현미경 사진(7,500배율). 이들은 육각형 판상으로, 몇몇은 다른 것들 위에 적층되어 있다. (Photograph courtesy of Georgia Kaolin Co., Inc.)

3.9 | 탄소

탄소는 지구상에 가장 많이 존재하는 원소 중 하나에 해당하지는 않지만, 다양하고 재미있는 방식으로 우리 삶에 영향을 주고 있다. 자연에서 원소의 형태로 존재하며, 고체 탄소는 선사시대부터 모든 문명에서 사용되어 왔다. 오늘날 여러 형태의 탄소가 갖는 독특한 물성들(또 이들의 조합들)로 인하여 첨단기술분야를 포함한 많은 산업분야에서 탄소는 매우 중요한 위치를 차지하고 있다.

탄소는 비정질 상태뿐만 아니라, 두 가지의 동질이형(다이아몬드와 흑연)을 갖는다. 탄소 그룹의 재료들은 금속, 세라믹, 고분자 등의 전통적 분류체계의 어디에도 속하지 않는다. 그럼에도 불구하고 흑연이 가끔씩 세라믹으로 분류되므로 이 장에서 논의하기로 한다. 탄소는 주로 다이아몬드, 흑연, 나노카본 구조에 초점을 맞추어 설명된다. 다이아몬드와 흑연의 물성과 응용(사용 중인 것과 잠재적인 것)에 관한 논의는 14.11절에서 진행된다.

다이아몬드

다이아몬드는 상온, 상압에서 준안정상태를 갖는 탄소의 동질이상(polymorph)이다. 결정구조는 섬아연석(ZnS) 구조(그림 3.8)의 변종으로 탄소가 모든 위치, 즉 Zn 위치와 S의 위치를 차지한다. 다이아몬드의 단위격자를 그림 3.17에 나타내었다. 각각의 탄소 원자는 sp^3 혼성(hybridization) 작용을 통해 다른 4개의 탄소와 (사면체로) 결합한다. 이들의 매우 강한 공유결합은 2.6절에서 논의하였다(그림 2.16 참조). 다이아몬드의 결정구조는 그 이름을 따서 다이아몬드 입방(*diamond cubic*) 구조라고 명명되었고, 이 구조는 주기율표의 다른 그룹 IVA 원소들

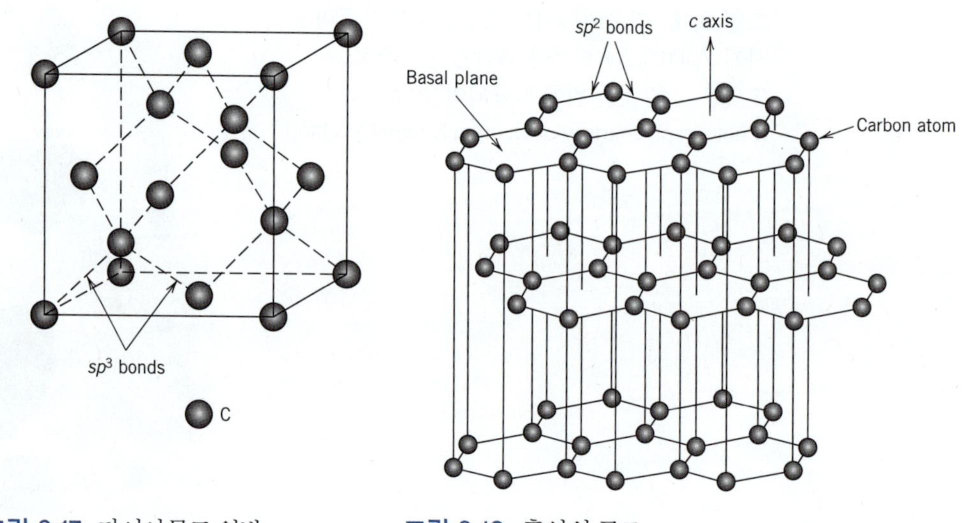

그림 3.17 다이아몬드 입방 결정구조의 단위격자

그림 3.18 흑연의 구조

에서도 관찰된다(예: Ge, Si, 13°C 이하에서 회주석).

흑연

또 다른 형태의 탄소(탄소 다형체)인 흑연은 다이아몬드와 뚜렷이 다른 결정구조(그림 3.18)를 갖고 있으며, 상온, 상압에서 안정한 다형체이다. 흑연 구조에 있어서 탄소 원자들은 평행(기저)면들에 서로 맞물려 있는(interlocking) 정육각형(regular hexagons)의 모서리에 놓여 있다. 이 면들(층상 또는 판상) 내의 sp^2 혼성궤도를 가지는 각각의 탄소들은 다른 3개의 인접 동일면의 탄소 원자들과 결합하며, 강한 공유결합을 이룬다.[3)] sp^2 결합원자들이 갖는 육각형 배치(hexagonal configuration)를 그림 2.20에 나타내었다. 또, 각각의 원자들의 네 번째 결합 전자들은 비국재화(*delocalized*, 즉, 이는 하나의 특정 원자나 결합에 속하지 않는다)된다. 오히려 각 오비탈은 이웃 원자들을 넘어서 층간에 존재하는 오비탈의 일부가 된다. 또, 층간결합들은 이 면들에 대한 수직으로(그림 3.18에 나타낸 c 방향) 약한 반데르발스 결합의 형태를 가진다.

나노카본

나노카본

비교적 최근에 발견된 탄소 소재인 **나노카본**은 새롭고 뛰어난 특성을 가지고 있으며, 현재 일부 최첨단분야에 사용되고 있고, 아마 미래의 고난이도 기술 응용분야에서도 매우 중요한 역

3) 이 sp^2 결합의 흑연의 단층을 '그래핀(graphene)'이라 한다. 그래핀은 나노카본 재료 중 하나로, 3.9절에서 논의한다.

그림 3.19 C_{60} 풀러렌 분자구조 모식도

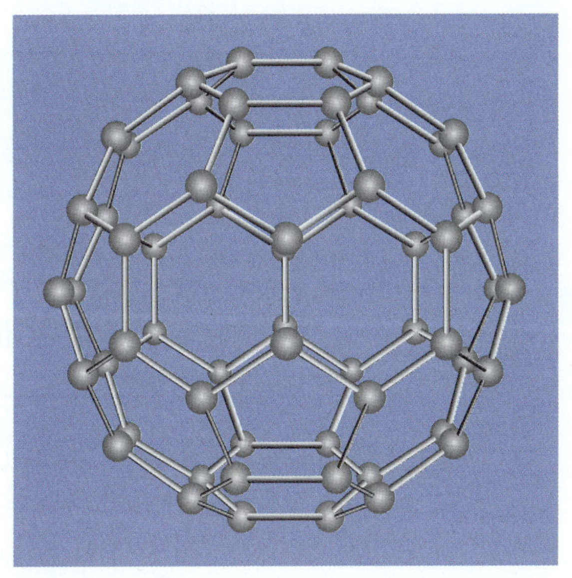

할을 담당할 것으로 기대된다. 이 부류의 재료군에 포함되는 나노카본은 풀러렌(fullerene), 탄소 나노튜브(carbon nanotube), 그래핀(graphene)이 있다. 여기서 '나노'라는 접두어는 입자의 크기가 약 100 nm 이하라는 것을 의미한다. 또한 나노입자 내부의 탄소 원자는 sp^2 혼성오비탈을 통해 서로 결합되어 있다.[4)]

풀러렌

1985년에 발견된 풀러렌은 60개의 탄소 원자로 구성된 속이 텅 빈 구형 클러스터 형태를 가진다. 풀러렌 단일 분자는 C_{60}으로 명명되었다. 탄소 원자들은 육각형(6개의 탄소 원자)이나 오각형(5개의 탄소 원자)의 기하배치를 구성하는 형태로 결합한다. 그림 3.19와 같이, 이 분자 하나는 20개의 육각형과 12개의 오각형으로 구성되어 있으며, 2개의 오각형이 공통변을 갖지 않도록 배열되어 있다. 따라서 분자 표면은 마치 축구공과 같은 대칭 형태를 보여준다. C_{60} 분자로 구성된 물질은 지오데식 돔(geodesic dome)을 발명한 리처드 버크민스터 풀러(R. Buckminster Fuller)의 이름을 따서 **버크민스터풀러렌**(*buckminsterfullerene*, 또는 버키볼)으로 명명되었다. 각각의 C_{60}은 이런 돔의 분자형태 복제품이라 할 만하다. **풀러렌**은 이러한 유형의 분자로 구성된 재료군을 지칭한다.[5)]

고체상태에서 C_{60} 분자 단위들은 결정구조를 이루고 서로 면심입방체의 배열로 충진되어 있다. 이 재료를 **풀러라이트**(*fullerite*)라 부르며, 표 3.6에 이들 재료의 특성 일부를 정리하였다.

이제까지 아주 특이한 화학적, 물리적, 생물학적 특성을 갖는 다수의 풀러렌 화합물들이

---

4) 흑연에서처럼, 비국재화된 전자가 sp^2 결합에 관여하며, 이 결합은 분자 내부에 한정된다.

5) C_{60} 이외에도 속이 빈 구형 클러스터를 가지는 풀러렌 분자들(예: C_{50}, C_{70}, C_{76}, C_{84})이 존재한다. 이들 각각은 12개의 오각형으로 구성되어 있으며, 반면 육각형의 수는 서로 다르다.

표 3.6 탄소 나노소재의 특성

Property	Material		
	C_{60} (Fullerite)	Carbon Nanotubes (Single-Walled)	Graphene (In-Plane)
Density (g/cm^3)	1.69	1.33–1.40	—
Modulus of Elasticity (GPa)	—	1000	1000
Strength (MPa)	—	13,000–53,000	130,000
Thermal Conductivity (W/m·K)	0.4	~2000	3000–5000
Coefficient, Thermal Expansion (10^{-6} K^{-1})	—	—	~ −6
Electrical Resistivity (Ω·m)	10^{14}	10^{-6}	10^{-8}

개발되어 그중 일부가 이용되고 있거나 혹은 새로운 응용분야에 적용할 수 있는 가능성을 보여주고 있다. 이 화합물 중 일부는 탄소 원자로 둘러싸인 공간 내에 원자들 또는 원자 그룹들을 포함하고 있다(내면체성 풀러렌). 다른 화합물들의 경우 원자들, 이온들 또는 원자들의 클러스터가 풀러렌 껍질의 외부에 부착하기도 한다(외면체성 풀러렌).

풀러렌의 용도와 잠재적 응용분야로 개인 미용용품 중 항산화제, 바이오약품, 촉매, 유기 태양전지, 장수명 배터리, 고온 초전도체, 분자 자성재료 등이 있다.

탄소 나노튜브

최근 독특하고 기술적으로 매우 유망한 특성을 가진 탄소의 또 다른 분자형태 재료가 발견되었다. 이 재료는 흑연의 단일층(즉, 그래핀)이 튜브형태로 말려 있는 구조를 가지며, 그림 3.20에 그 모식도를 나타내었다. 이와 같은 구조를 **단일벽 탄소 나노튜브**(*single-walled carbon nanotube*, 약자로 SWCNT)라고 부른다. 각 나노튜브는 수백만 개의 탄소 원자로 구성된 단일 분자이며, 이 분자의 길이는 지름보다 훨씬 크다(수천 배 이상). 복수의 탄소 나노튜브가 동심원 형태로 배열된 다중벽 탄소 나노튜브(MWCNT)도 존재한다.

나노튜브는 매우 강하고 단단하면서도 상대적으로 연성이 좋다. 단일벽 나노튜브의 경우 인장강도 측정값이 13~53 GPa(2~6 Gpa 정도인 탄소섬유보다 약 10배 정도 큼)이며 이 값은 가장 강하다고 알려진 물질에 해당하는 값이다. 탄성계수 값은 1 TPa(테라파스칼, 1 TPa = 10^3 GPa) 정도이며, 파괴변형률은 약 5~20% 사이이다. 또한 나노튜브는 비교적 낮은 밀도를 갖는다. 단일벽 나노튜브의 몇 가지 특성을 표 3.6에 나타내었다.

엄청나게 높은 강도 때문에 탄소 나노튜브는 구조물 응용이 기대되고 있다. 그러나 현재 대부분의 응용분야는 벌크형태의 나노튜브, 즉 조직 제어가 되지 않은 튜브 파편들의 집합체로서의 사용에 국한되어 있다. 따라서 벌크 나노튜브 재료는 개별 튜브의 강도까지 도달하지 못할 가능성이 높다. 현재 벌크 나노튜브는 기계적 강도뿐만 아니라 열적 및 전기적 특성을 향상시키기 위해 고분자 기지 나노 복합재료(5.16절)의 강화재로 사용되고 있다.

탄소 나노튜브는 또한 독특하고 구조에 민감한 전기적 특성을 가지고 있다. 튜브 축과 그

그림 3.20 단일벽 탄소 나노튜브의 구조 모식도

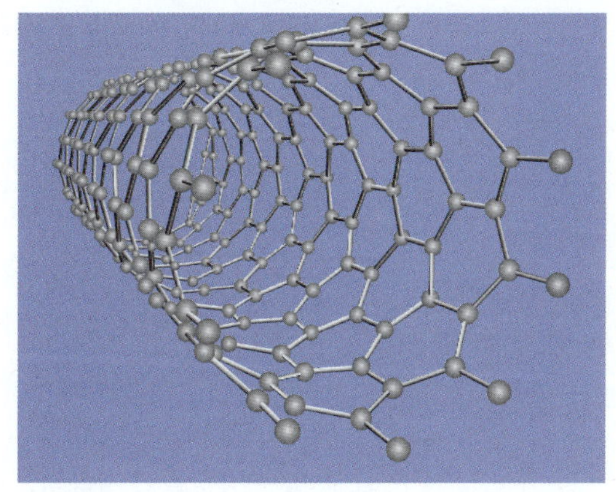

래핀 평면(즉, 튜브 벽)의 육각형 단위가 이루는 방향에 따라 나노튜브의 전기적 특성은 금속 또는 반도체의 거동을 보일 수 있다. 금속 상태의 나노튜브는 미세 회로를 위한 배선 재료로 사용할 수 있다. 반도체 상태의 특성을 활용하면 트랜지스터 및 다이오드에 사용될 수 있다. 또한 나노튜브는 우수한 전계방출물질이다. 따라서 평면 스크린 디스플레이(예: 텔레비전 및 컴퓨터 모니터)에 사용될 수 있다.

또한 그 이외에도 다양한 응용분야가 존재하며, 그 예는 다음과 같다.

- 고효율 태양전지
- 전지를 대체할 수 있는 고성능 커패시터
- 열 제거 관련 응용분야
- 암치료(암세포 추적 및 파괴)
- 생체재료 응용분야(인공 피부, 인공 조직의 모니터링과 평가)
- 방탄복
- 도시물처리 설비(효과적인 오염물질의 제거)

그래핀

나노카본의 가장 새로운 형태인 그래핀(graphene)은 육각형으로 sp^2 결합을 하고 있는 탄소 원자들로 구성되어 있으며, 흑연의 단일 원자층에 해당한다(그림 3.21). 이들 결합은 매우 강력하면서도 유연성이 좋아서 기계적 구부림이 가능한 판 형태의 구조를 가질 수 있다. 초기의 그래핀 재료는 흑연 조각을 단층의 탄소가 남을 때까지 플라스틱 점착 테이프를 사용하여 한 장씩 벗겨 내는 방법으로 얻을 수 있었다.[6] 이 기술을 사용하여 자연적으로 얻을 수 있는 순수 그래핀이 아직 생산되고는 있지만(매우 비싸다) 훨씬 낮은 비용으로 고품질의 그래핀을 생산

---

6) 이 공정 방법은 기계적 박리법(*micromechanical exfoliation*) 혹은 접착 테이프법(*adhesive tape method*)으로 알려져 있다.

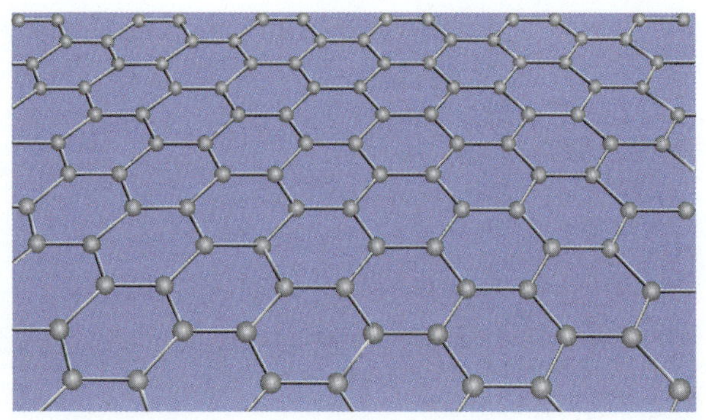

그림 3.21 그래핀의 구조 모식도

할 수 있는 공정들이 지속적으로 개발되어 왔다.

그래핀의 재료적인 탁월함은 그래핀이 가지고 있는 두 가지 특성에 기인한다. 첫 번째 특성은, 그래핀층 내의 탄소가 완벽하게 배열되어 있어 공공(vacancy)과 같은 원자 결함이 존재하지 않으며, 탄소 원자로만 구성되어 있어 매우 순도가 높다는 점이다. 두 번째 특성은 결합되지 않은 전자의 특성과 관련이 있는데, 이 전자들은 상온에서 일반 금속 및 반도체 재료의 전도성 전자에 비해 훨씬 빠르게 이동한다.[7)]

우수한 특성(일부 특성은 표 3.6에 나열) 덕분에 그래핀은 극한의 재료로 불리고 있다. 이 재료는 알려진 재료 중 가장 강하고(약 130 GPa), 최고의 열전도체(약 5000 W/m·K)이며, 가장 낮은 비저항(10^{-8} Ω·m)을 갖는, 즉 최상의 전기전도체이다. 또한 광학적으로 투명하고 화학적으로 불활성이며 다른 나노카본(약 1 TPa)과 유사한 탄성계수를 가지고 있다.

이러한 특성들을 볼 때, 그래핀 재료의 기술적 잠재력은 무궁무진하며, 따라서 전자, 에너지, 수송기기, 제약/바이오 기술, 항공 산업 등과 같은 많은 산업분야를 혁신할 것으로 기대되고 있다. 그러나 이러한 혁신이 실현되기 위해서는 그래핀 재료를 경제적이고 안정적으로 양산할 수 있는 공정 개발이 반드시 필요하다.

다음은 그래핀에 대한 잠재적 응용분야의 일부이다. 전자 분야로는 터치스크린, 전자 인쇄용 전도성 잉크, 투명 도체, 트랜지스터, 히트싱크 등이 있고, 에너지 분야로는 고분자 태양전지, 연료전지의 촉매, 배터리 전극, 수퍼커패시터 등이 있으며, 제약/바이오기술 분야에서는 인공 근육, 효소 및 DNA 바이오센서, 사진 이미징 등이 있고, 항공기 분야로는 화학 센서(폭발물용) 및 항공기 구조 부품용 나노 복합재료 등이 있다.

3.10 | 동질이상과 동소체

동질이상

동소체

비금속뿐만 아니라 몇몇 금속은 **동질이상(polymorphism)**으로 알려진 한 가지 이상의 결정구조를 가질 수 있다. 단일 원소로 이루어진 고체일 경우는 이를 **동소체(allotropy)**라 한다. 우세

7) 이러한 현상을 탄도성 전도(*ballistic conduction*)라 한다.

그림 3.22 x, y, z 좌표축과 격자 축길이(a, b, c), 축간각 (α, β, γ)을 나타낸 단위격자

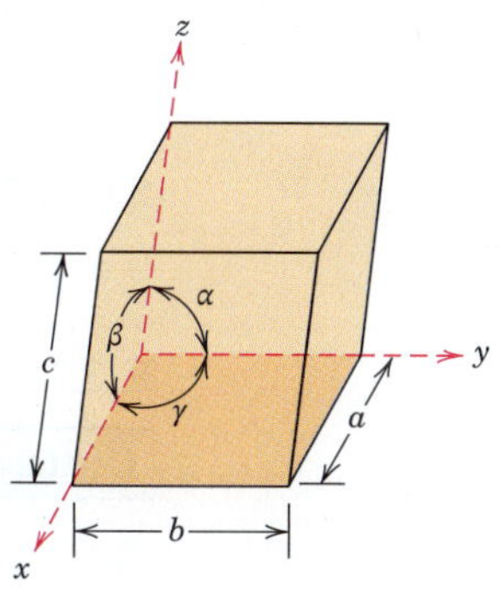

한 결정구조는 온도와 외부 압력에 모두 의존한다. 앞 절에서 논의한 것처럼 한 가지 익숙한 예가 탄소에서 관찰된다. 흑연은 주위 조건(ambient conditions)에서 안정한 다형체이며, 다이아몬드는 매우 높은 압력에서 형성된다. 또, 순철은 상온에서 BCC 결정구조를 갖는데, 912°C에서 FCC 철로 변화한다. 대부분의 경우 밀도를 포함한 물성의 변화는 동질이상 변태를 동반한다.

3.11 | 결정계

존재 가능한 다양한 결정구조를 설명하기 위해서 단위격자 배치/원자 배열에 의해 결정구조를 몇 가지 그룹으로 나누면 편리하다. 이 방법은 단위격자의 기하학적 모양(즉, 단위격자 안에서 원자의 위치에 무관한 적절한 단위격자의 육면체 모양)에 기반한다. 이러한 설명의 체계에서는 단위격자의 한 모서리에 원점을 둔 x-y-z축계를 설정한다. 그림 3.22에서 나타낸 것과 같이 x, y, z축 각각은 모서리에서 연장한 평행육면체의 세 변들과 일치한다. 단위격자의 기하학적 구조는 여섯 가지 변수(모서리 길이들 a, b, c, 3개의 축간각들 α, β, γ)에 의해 완전하게 정의된다. 이를 그림 3.22에 나타내었고, 이러한 변수들을 결정구조의 **격자상수(lattice parameters)**라 한다.

격자상수

결정계

a, b, c와 α, β, γ는 7개의 조합이 가능하다는 점에 기반하여, 이 각각은 특징적인 **결정계(crystal system)**를 구성한다. 이 일곱 가지 결정계는 입방(cubic), 정방(tetragonal), 육방(hexagonal), 사방(orthorhombic), 능면(rhombohedral, 또는 삼방, trigonal), 단사(monoclinic) 및 삼사(triclinic) 정계이다. 표 3.7에 격자상수의 관계와 단위격자의 그림들을 나타내었다. $a = b = c$이고 $\alpha = \beta = \gamma = 90°$를 갖는 입방정계는 가장 큰 대칭성을 가진다. $a \neq b \neq c$ 그리고 $\alpha \neq \beta \neq \gamma$인 삼사정계가 가장 낮은 대칭성을 갖는다.[8)]

---

8) 간단히 말하자면, 결정 대칭의 정도는 독립적인 단위격자 상수의 수로 판단 가능하다. 즉, 대칭성이 높다는 것은 변수의 수가 적다는 것이다. 예를 들어 입방정계는 가장 대칭성이 높은데, 이는 격자상수가 a 하나만 존재하기 때문이기도 하다. 반면 단사정계의 경우, 가장 대칭성이 낮으나 이는 6개의 변수(3개의 격자 변 상수와 3개의 축간 각도 상수)가 모두 필요하다는 사실과 관련된다.

금속 결정구조들의 논의로부터, FCC와 BCC 구조들은 입방정계, HCP는 육방정계에 속한다는 것을 명백히 알 수 있다. 관습적으로 육방정계는 표 3.7에 나타낸 것과 같이 3개의 평행 육면체로 이루어져 있다.

표 3.7 7개 결정계에 대한 격자상수들의 관계와 단위격자들의 기하학적 구조

Crystal System	Axial Relationships	Interaxial Angles	Unit Cell Geometry
Cubic	$a = b = c$	$\alpha = \beta = \gamma = 90°$	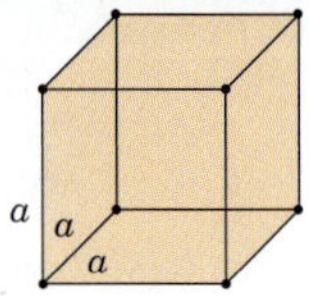
Hexagonal	$a = b \neq c$	$\alpha = \beta = 90°, \gamma = 120°$	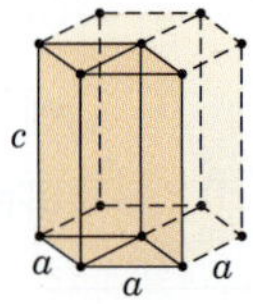
Tetragonal	$a = b \neq c$	$\alpha = \beta = \gamma = 90°$	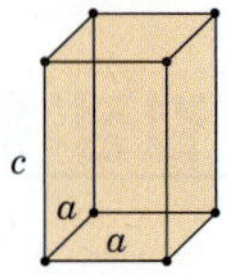
Rhombohedral (Trigonal)	$a = b = c$	$\alpha = \beta = \gamma \neq 90°$	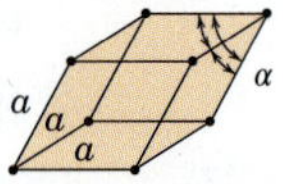
Orthorhombic	$a \neq b \neq c$	$\alpha = \beta = \gamma = 90°$	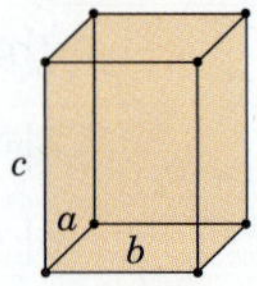
Monoclinic	$a \neq b \neq c$	$\alpha = \gamma = 90° \neq \beta$	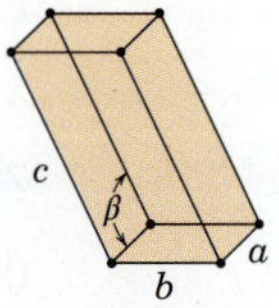
Triclinic	$a \neq b \neq c$	$\alpha \neq \beta \neq \gamma \neq 90°$	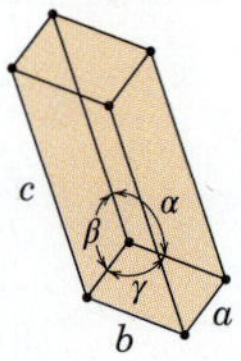

중요 재료 3.1

Sn(주석의 동소변태)

Sn은 동질이형 변화를 하는 또 하나의 재료이다. 상온에서 BCT(체심정방) 결정구조를 갖는 백주석(또는 β주석)은 13.2°C에서 회주석(α주석)으로 변태하는데, 회주석은 다이아몬드 결정구조(즉, 다이아몬드 입방 결정구조)와 비슷한 결정구조를 가진다. 이 변태는 다음과 같이 모식적으로 나타낼 수 있다.

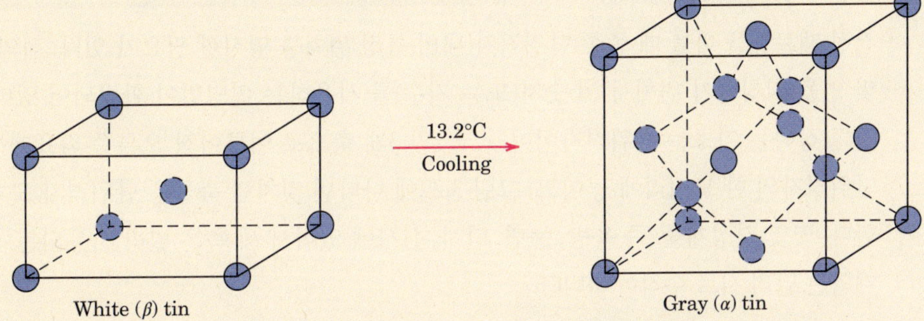

이 변화가 일어나는 속도는 극히 느린데, 그러나 온도가 낮을수록(13.2°C 아래에서), 변태속도가 더 빠르다. 이 백주석에서 회주석으로의 변태 시 27%의 부피 증가가 있으며, 이에 따른 밀도의 감소(7.30 g/cm^{3}에서 5.77 g/cm^{3}로)를 수반한다. 결과적으로, 이러한 부피 팽창으로 백주석은 분열되어 동질이형의 거친 회주석 분말이 된다. 일상적인 상온 이하 정도의 낮은 온도에서는 변태속도가 아주 느리기 때문에 주석제품의 분열을 걱정할 필요는 없다.

이 백주석에서 회주석으로의 천이는 1850년 러시아에서 아주 극적인 결과를 가져왔다. 이 해 겨울은 이례적으로 추웠고, 기록적으로 추운 날들이 아주 장기간 지속되었다. 일부 러시아 군인들의 군복에 주석단추를 썼는데, 이 중 다수가 이 기록적 추위로 부스러졌고, 마찬가지로 교회의 주석 오르간 파이프들도 산산조각 났다. 이 문제를 **주석 페스트**(*tin disease, tin pest*)라 한다.

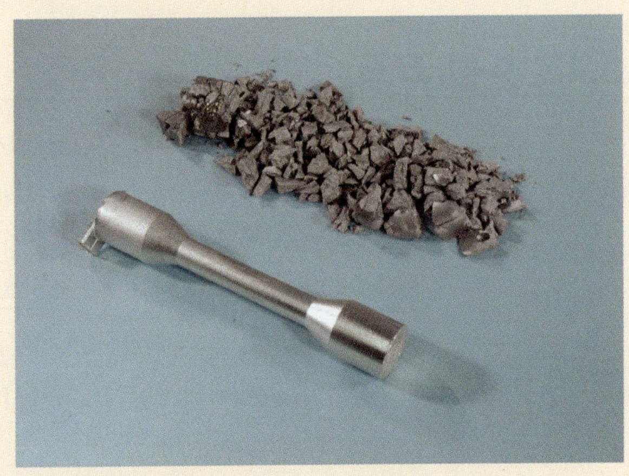

(왼쪽) 백주석 시편, (오른쪽) 13.2°C 아래의 온도에서 장시간 유지되어 백주석에서 회주석으로의 변태에 따라 분열된 시편
(Photograph courtesy of Professor Bill Plumbridge, Department of Materials Engineering, The Open University, Milton Keynes, England.)

개념 확인 3.3

결정구조와 결정계의 차이는 무엇인가?

(정답은 *www.wiley.com*의 제품 페이지에서 확인할 수 있음)

결정학적 점, 방향, 면

결정 재료들을 다룰 때 종종 단위격자 내의 특정 위치를 명시할 필요가 있다. 점의 위치, 방향 및 면을 지칭하기 위해서 세 숫자(또는 지수)를 사용하는 명명법이 확립되어 있다. 지수값들을 결정하는 기초는 단위격자이며, x, y, z의 3개 축으로 이루어진 오른쪽 좌표계에서 원점이 단위격자의 한 모서리에 놓이고, 그림 3.22에 나타낸 것처럼 축들은 단위격자 모서리와 일치한다. 몇몇 결정계들, 즉 육방, 능면, 단사, 삼사에 있어서 세 축은 널리 사용되는 직교 좌표축계와는 달리 서로 수직이 아니다.

3.12 | 점 좌표

단위격자 내의 격자점의 위치를 명시할 필요가 있으며, 격자의 위치는 x, y, z축과 관련된 격자 위치 좌표계(*lattice position coordinates*)로 정의할 수 있다. 여기서 각 좌표를 P_x, P_y, P_z로 이름 붙이기로 하자. 이때 좌표의 지정은 3개의 **점 좌표 지수**(*point coordinate indices*) q, r, s를 사용하여 나타낼 수 있다. 이 지수들은 단위격자 모서리 길이 a, b, c의 분수의 배수이다. 즉, q는 x축을 따라 a의 분수배 길이 q이고, r은 y축을 따른 b의 분수 길이이고, s도 마찬가지이다. 즉, 격자 위치 좌표(가령, P)들은 격자상수와 각 축에 해당하는 격자 위치 지수의 곱과 같고, 다음 식으로 표현할 수 있다.

$$P_x = qa \tag{3.11a}$$

$$P_y = rb \tag{3.11b}$$

$$P_z = sc \tag{3.11c}$$

예시를 위해, 원점이 단위격자의 모서리에 놓인 x-y-z 좌표계와 격자점 P를 가지는 그림 3.23의 단위격자를 고려하자. P의 위치가 어떻게 좌표 지수인 q, r, s와 단위격자의 모서리 길이들과의 곱으로 표현되는지 유의하라.[9)]

9) 통상적으로 q, r, s의 지수 사이는 콤마나 다른 문장부호로 구분하지 않는다.

그림 3.23 단위격자 내 점 P의 좌표 q, r, s 좌표가 결정되는 방법. 분수인 q좌표는 길이 x축을 따른 길이 qa에 해당하며, 이때 a는 단위격자의 모서리 길이이다. y축과 z축에 대한 각각의 좌표인 r과 s도 같은 방법으로 정해진다.

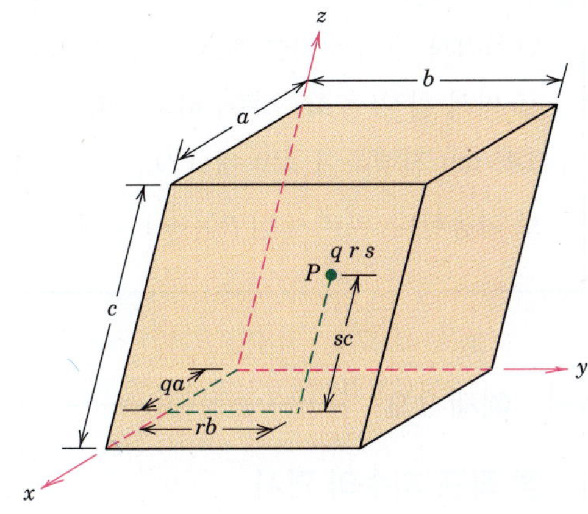

예제 3.8

특정 좌표를 갖는 점의 위치

아래 그림 (*a*)의 단위격자에서 좌표 $\frac{1}{4}\,1\,\frac{1}{2}$의 점을 표시하라.

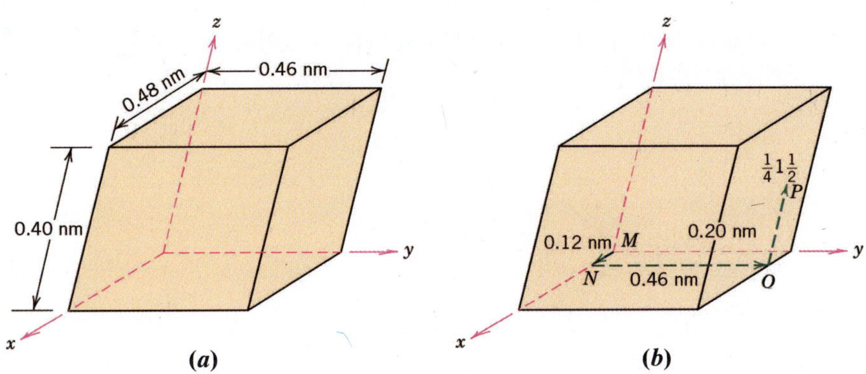

풀이

그림 (*a*)로부터 이 단위격자의 변들의 길이는 다음과 같다: $a = 0.48$ nm, $b = 0.46$ nm, $c = 0.40$ nm. 또, 앞의 논의에 따라 세 좌표 지수는 $q = \frac{1}{4}, r = 1, s = \frac{1}{2}$이다. 이 점에 관하여 격자점들의 위치를 구하기 위하여 식 (3.11a)~(3.11c)를 다음과 같이 쓴다.

$$P_x = qa$$
$$= \left(\frac{1}{4}\right)a = \frac{1}{4}(0.48\text{ nm}) = 0.12\text{ nm}$$
$$P_y = rb$$
$$= (1)b = 1(0.46\text{ nm}) = 0.46\text{ nm}$$
$$P_z = sc$$
$$= \left(\frac{1}{2}\right)c = \frac{1}{2}(0.40\text{ nm}) = 0.20\text{ nm}$$

단위격자 내에서 이들 좌표를 갖는 점의 위치를 찾기 위해 먼저 그림 (*b*)에 나타낸 것과 같이 x 격자 위치를 써서 원점(점 M)으로부터 x를 따라 0.12 nm 이동(점 N)한다. 마찬가지로, y 격자 위치만큼 y축을 따라 0.46 nm 진행하여, N점에서 O점으로 이동한다. 끝으로 이 위치로부터 0.20 nm를 z축과 평행하게 P점으로 이동한다. 따라서 점 P는 $\frac{1}{4}\,1\,\frac{1}{2}$ 점 좌표와 일치한다.

예제 3.9

점 좌표 지수의 명시

아래 단위격자 그림의 숫자가 매겨진 점들에 대한 좌표 지수들을 명시하라.

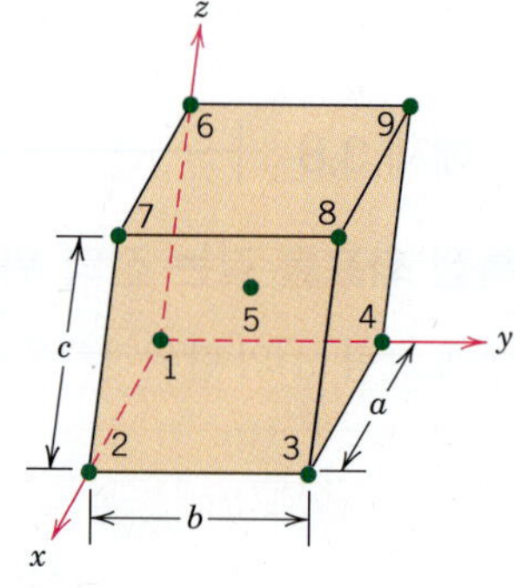

풀이

이 단위격자에 대하여 좌표점들은 중앙에 하나의 점과 함께 8개 모서리에 놓여 있다.

점 1은 이 좌표계의 원점에 놓여 있고, 따라서 x, y, z축을 기준으로 한 이 격자점의 지수는 각각 $0a, 0b, 0c$이다. 그리고 식 (3.11a)~(3.11c)에 있어서,

$$P_x = qa = 0a$$

$$P_y = rb = 0b$$

$$P_z = sc = 0c$$

위 3개 표현식들을 q, r, s의 지수들에 대해 풀면 다음과 같다.

$$q = \frac{0a}{a} = 0$$

$$r = \frac{0b}{b} = 0$$

$$s = \frac{0c}{c} = 0$$

따라서 이 점의 좌표 지수는 0 0 0이다.

점 2는 x축을 따라 1변 길이 단위에 놓여 있으므로, 이 점의 격자점 지수는 x, y, z축을 기준으로 $a, 0b, 0c$이고,

$$P_x = qa = a$$

$$P_y = rb = 0b$$

$$P_z = sc = 0c$$

따라서 q, r, s 지수들을 다음과 같이 결정한다.

$$q = 1 \qquad r = 0 \qquad s = 0$$

그러므로 점 2는 1 0 0이다.

같은 절차로 남은 단위격자 내의 7개 점들의 지수를 구한다. 9개 전체의 점 좌표는 다음 표와 같다.

Point Number	q	r	s
1	0	0	0
2	1	0	0
3	1	1	0
4	0	1	0
5	$\frac{1}{2}$	$\frac{1}{2}$	$\frac{1}{2}$
6	0	0	1
7	1	0	1
8	1	1	1
9	0	1	1

3.13 | 결정방향

결정방향(*crystallographic direction*)은 두 점들 사이의 직선, 즉 벡터로 정의된다. 결정방향의 세 가지 지수는 다음 절차에 따라 결정할 수 있다.

1. 오른쪽 x-y-z 좌표계를 먼저 설정한다. 편의를 위해서 단위격자의 모서리를 원점으로 한다.
2. 이 방향벡터상의 두 점들의 좌표(이 좌표계를 기준으로)를 결정한다. 예를 들어, 벡터꼬리 점 1: x_1, y_1, z_1; 벡터머리 점 2: x_2, y_2, z_2.[10)]
3. 각각의 머리점 좌표 성분에서 꼬리점 좌표를 뺀다. 즉, $x_2 - x_1, y_2 - y_1, z_2 - z_1$.
4. 이 좌표 성분의 차이를 각각 격자상수 a, b, c로 나누어 세 숫자들로 이루어진 한 세트의 수를 얻는다. 즉,

$$\frac{x_2 - x_1}{a} \quad \frac{y_2 - y_1}{b} \quad \frac{z_2 - z_1}{c}$$

5. 필요하면, 이 세 숫자들을 공배수를 곱하거나 나누어 가장 작은 정수값들로 약분한다.
6. 결과로 얻은 세 지수들은 콤마를 사이에 넣지 않고 대괄호 안에 넣는다[uvw]. u, v, w는 x, y, z축들을 기준으로 좌표들의 차이들을 평균화한 것과 같다.

정리하면, u, v, w 지수들은 다음 식들을 이용하여 구할 수 있다.

10) 이들 머리와 꼬리 좌표는 사실 격자의 위치좌표들이며, 이 값들은 3.12절에서 설명한 과정을 통해 결정할 수 있다.

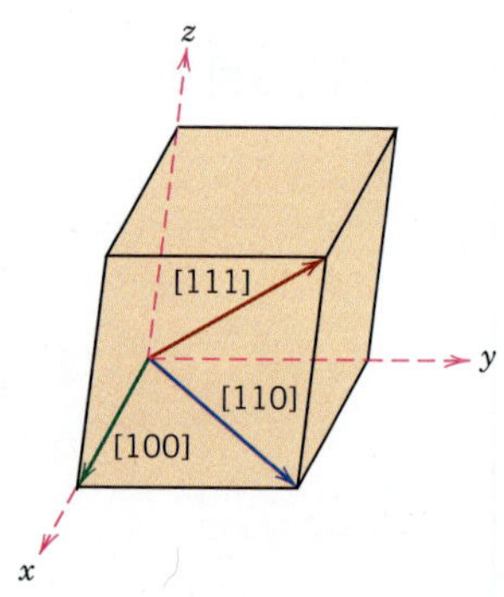

그림 3.24 단위격자 안에 표시한 [100], [110], [111] 결정방향

$$u = n\left(\frac{x_2 - x_1}{a}\right) \tag{3.12a}$$

$$v = n\left(\frac{y_2 - y_1}{b}\right) \tag{3.12b}$$

$$w = n\left(\frac{z_2 - z_1}{c}\right) \tag{3.12c}$$

이 표현에서 n은 u, v, w를 정수들로 만들기 위한 인자이다.

이 세 축 각각에 대해 양과 음의 좌표가 모두 있다. 따라서 음의 지수들 또한 가능하며, 이들은 해당 지수 숫자 위에 '–'를 표시한다. 예를 들어 $[1\bar{1}1]$ 방향은 $-y$방향으로의 성분을 가지고 있다. 마찬가지로 지수의 부호를 모두 바꾸면 정반대 방향이 된다. 즉, $[\bar{1}1\bar{1}]$은 $[1\bar{1}1]$의 정반대 방향이다. 특정 결정구조에서 한 방향(또는 면) 이상을 명시하려면 반드시 설정한 '양'과 '음'의 방향의 규칙을 일관되게 잘 지켜야 한다.

[100], [110], [111] 방향들은 일반적이며, 그림 3.24의 단위격자에 나타내었다.

예제 3.10

방향지수의 결정

다음 그림에 나타낸 방향지수를 결정하라.

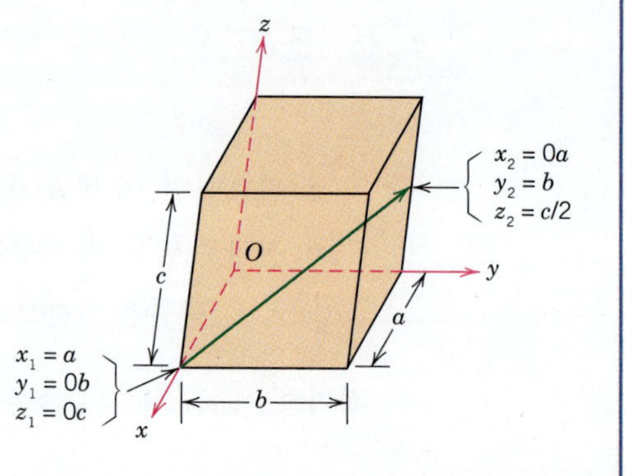

풀이

먼저 벡터의 꼬리와 머리의 좌표를 구해야 한다. 그림에서 꼬리의 좌표는 다음과 같다.

$$x_1 = a \qquad y_1 = 0b \qquad z_1 = 0c$$

머리의 좌표는

$$x_2 = 0a \qquad y_2 = b \qquad z_2 = c/2$$

이제 두 좌표의 차이를 구하면

$$x_2 - x_1 = 0a - a = -a$$

$$y_2 - y_1 = b - 0b = b$$

$$z_2 - z_1 = c/2 - 0c = c/2$$

이제 식 (3.12a)~(3.12c)를 써서 u, v, w를 구할 수 있다. 그러나 $z_2 - z_1$이 분수(즉, $c/2$)이므로 세 지수가 정수가 되려면 n의 값을 2로 해야 함을 알 수 있다. 그러므로

$$u = n\left(\frac{x_2 - x_1}{a}\right) = 2\left(\frac{-a}{a}\right) = -2$$

$$v = n\left(\frac{y_2 - y_1}{b}\right) = 2\left(\frac{b}{b}\right) = 2$$

$$w = n\left(\frac{z_2 - z_1}{c}\right) = 2\left(\frac{c/2}{c}\right) = 1$$

끝으로 지수 −2, 2, 1을 대괄호 속에 넣어서 $[\bar{2}21]$로 방향을 지칭하면 된다.[11] 이 절차를 요약하면 다음과 같다.

	x	y	z
Head coordinates (x_2, y_2, z_2,)	$0a$	b	$c/2$
Tail coordinates (x_1, y_1, z_1,)	a	$0b$	$0c$
Coordinate differences	$-a$	b	$c/2$
Calculated values of u, v, and w	$u = -2$	$v = 2$	$w = 1$
Enclosure		$[\bar{2}21]$	

예제 3.11

특정 결정방향의 도시

다음의 단위격자에서 꼬리를 좌표계의 원점 O로 하여 $[1\bar{1}0]$ 결정방향을 도시하라.

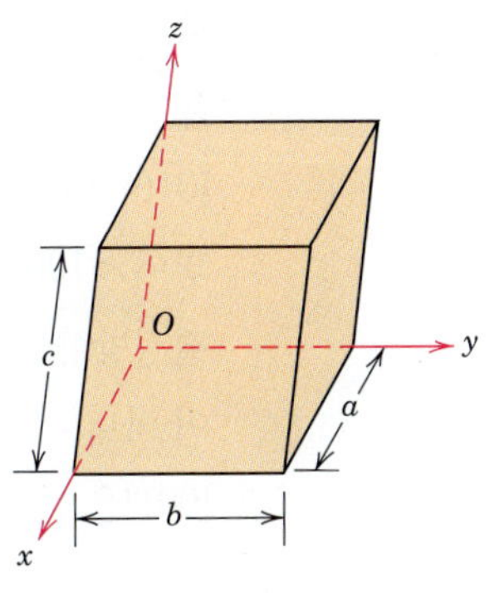

풀이

이 문제는 앞 예제의 절차를 반대로 하여 푼다. 이 $[1\bar{1}0]$에

$$u = 1$$

$$v = -1$$

$$w = 0$$

11) 만일 이 u, v, w 값이 정수가 아니면, n 값을 바꿔야 한다.

방향벡터의 꼬리는 원점에 놓여 있기 때문에 좌표는 다음과 같다.

$$x_1 = 0a$$
$$y_1 = 0b$$
$$z_1 = 0c$$

이제 우리는 벡터머리의 좌표를 구한다(즉, x_2, y_2, z_2). 이제 식 (3.12a)~(3.12c)를 재배치한 식들을 위에서 구한 세 방향 지수들(u, v, w)과 벡터꼬리의 좌표를 연계하여 구할 수 있다. 세 방향 지수들이 모두 정수이므로 n 값으로 1을 택하면 다음과 같이 된다.

$$x_2 = ua + x_1 = (1)(a) + 0a = a$$
$$y_2 = vb + y_1 = (-1)(b) + 0b = -b$$
$$z_2 = wc + z_1 = (0)(c) + 0c = 0c$$

이 방향벡터를 그리는 순서를 다음 그림에 나타내었다.

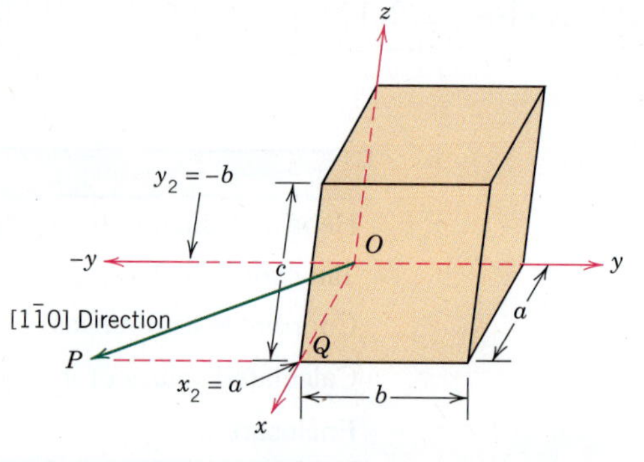

벡터의 꼬리는 원점에 놓이므로 O점에서 시작하여 단계적으로 벡터머리를 찾아간다. 벡터머리의 x좌표(x_2)는 a이므로 O점에서 a단위만큼 x축을 따라 움직여서 Q점으로 간다. y의 머리 좌표(y_2)가 $-b$이므로 Q점에서 $-y$축에 평행하게 b단위만큼 이동하여 P점으로 간다. 벡터의 z성분은 없으므로 z의 머리 좌표 z_2는 $0c$이다. 끝으로, [1$\bar{1}$0] 방향과 일치하는 이 벡터는 모식도에 나타낸 것처럼 원점 O에서 점 P로 직선을 그으면 완성된다.

몇몇 결정구조들에 대하여, 지수가 다른 서로 평행하지 않은 몇몇 방향들이 결정학적으로 등가(*crystallographically equivalent*)인데, 이는 각각의 방향에 대한 원자들의 간격이 같다는 의미이다. 예를 들어 입방결정에서 다음 지수의 모든 방향은 동등하다: [100], [$\bar{1}$00], [010], [0$\bar{1}$0], [001], [00$\bar{1}$]. 편의를 위해서 등가방향들은 묶어서 족(*family*)이라 하고, 꺾쇠괄호 안에 넣어 <100>처럼 나타낸다. 또, 입방결정들에서의 순서나 부호와 관계없이 같은 지수를 갖는 결정방향들, 예를 들어 [123]과 [$\bar{2}$1$\bar{3}$]은 등가이다. 일반적으로 이는 다른 결정계에서는 사실이 아니다. 예를 들어 정방정계 대칭을 가지는 결정의 경우 [100]과 [010]은 등가이나, [100]과 [001]은 등가가 아니다.

육방결정에서의 방향

육방정계의 결정에서 등가 결정방향들이 같은 지수 세트를 갖지 않는 문제가 발생한다. 이 문

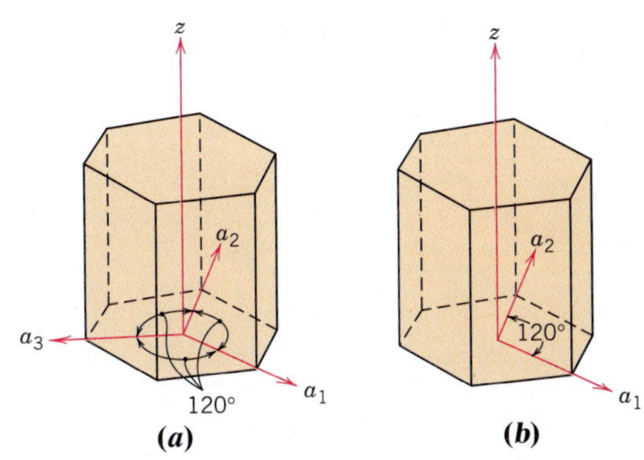

그림 3.25 육방정의 좌표축계. (*a*) 밀러-브라베 4축계, (*b*) 3축계

제는 그림 3.25*a*에 나타낸 4축계 또는 **밀러-브라베**(*Miller-Bravais*) 좌표계로 해결된다. a_1, a_2, a_3축은 서로 120°를 이루며, **바탕면**(*basal plane*) 하나에 모두 포함되어 있다. z축은 바탕면에 수직이다. 전술한 것과 같이 얻어지는 방향지수들은 4개 지수들 [*uvtw*]로 지칭된다. 관습적으로 u, v, t는 각각 바탕면의 a_1, a_2, a_3축에 기준한 벡터좌표의 차이이고, 네 번째 지수는 z축에 속한다.

그림 3.25*b*의 a_1-a_2-z의 3축계를 4축계로 변환(즉, $[UVW] \rightarrow [uvtw]$)하기 위해서, 다음 식들을 쓰면 된다.[12)]

$$u = \frac{1}{3}(2U - V) \tag{3.13a}$$

$$v = \frac{1}{3}(2V - U) \tag{3.13b}$$

$$t = -(u + v) \tag{3.13c}$$

$$w = W \tag{3.13d}$$

여기서 대문자 U, V, W로 나타낸 지수들은 3개 지수체계와 연관되고(앞에서의 u, v, w 대신), 소문자 u, v, t, w는 밀러-브라베 4개 지수체계와 연관된다. 예를 들어 이 관계식을 이용하면 [010] 방향은 $[\bar{1}2\bar{1}0]$ 방향이 된다. 또, $[\bar{1}2\bar{1}0]$ 방향은 다음의 방향들과 동등하다: [1210], $[1\bar{2}10]$, $[\overline{1210}]$.

그림 3.26에 육방정에서의 여러 방향들을 나타내었다.

방향지수들의 결정은 앞에서 제시한 다른 결정계에서와 비슷한 절차를 거쳐 결정된다(벡터머리의 좌표에서 꼬리의 좌표를 빼는 방법). 예시 절차를 간단히 하기 위해서 먼저 그림 3.25*b*의 a_1-a_2-z축계를 이용하여 U, V, W 지수를 구하고, 식 (3.13a)~(3.13d)를 이용하여 지수 u, v, t, w를 구한다.

3개의 지수로 벡터의 머리와 꼬리의 좌표를 명명하는 체계는 다음과 같다.

---

12) 앞에서 논의된 것처럼, 가장 작은 정수들로의 축약이 필요할 수 있다.

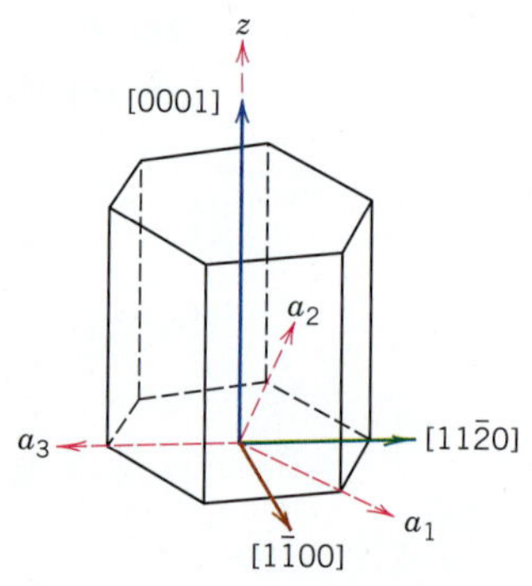

그림 3.26 육방정계에서 [0001], [1$\bar{1}$00], [11$\bar{2}$0] 방향들

Axis	Head Coordinate	Tail Coordinate
a_1	a_1''	a_1'
a_2	a_2''	a_2'
z	z''	z'

이 체계를 써서, 식 (3.12a)~(3.12c) 의 육방정계 등가지수 U, V, W를 다음과 같이 구한다.

$$U = n\left(\frac{a_1'' - a_1'}{a}\right) \tag{3.14a}$$

$$V = n\left(\frac{a_2'' - a_2'}{a}\right) \tag{3.14b}$$

$$W = n\left(\frac{z'' - z'}{c}\right) \tag{3.14c}$$

이 표현들에서 매개변수 n은 U, V, W를 간단한 정수값으로 만들기 위해서 필요하다면 사용한다.

예제 3.12

육방정에 대한 방향지수의 결정

아래 그림에서 나타낸 결정방향에 대해 다음을 수행하라.

(a) 그림 3.25*b*의 3축 좌표계를 기준으로 하여 방향지수를 구하라.

(b) 이 세 지수들을 그림 3.25*a*의 4축 체계에 기준한 네 지수들로 변환하라.

풀이

(a) 먼저 벡터의 U, V, W 지수를 그림에서 나타낸 3축 체계를 기준으로 구한다. 이는 식 (3.14a)~(3.14c)를 이용하여 가능하다. 이 벡터가 원점을 통과하므로 $a_1' = a_2' = 0a,\ z' = 0c$이다. 또, 그림으로부터 벡터 머리의 좌표는 다음과 같다.

$$a_1'' = 0a$$
$$a_2'' = -a$$
$$z'' = \frac{c}{2}$$

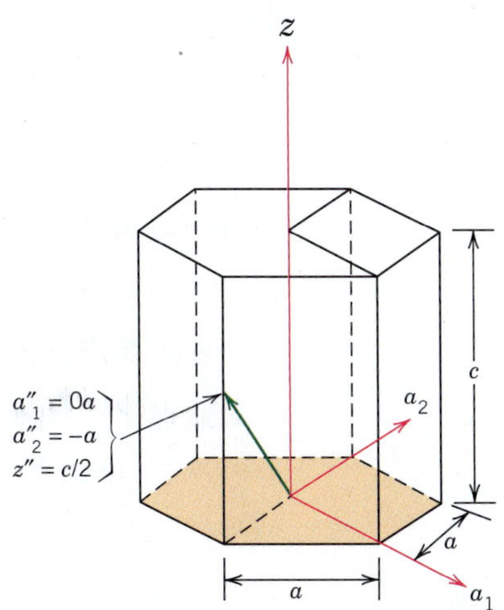

z''의 분모가 2이므로 $n = 2$로 한다. 따라서

$$U = n\left(\frac{a_1'' - a_1'}{a}\right) = 2\left(\frac{0a - 0a}{a}\right) = 0$$

$$V = n\left(\frac{a_2'' - a_2'}{a}\right) = 2\left(\frac{-a - 0a}{a}\right) = -2$$

$$W = n\left(\frac{z'' - z'}{c}\right) = 2\left(\frac{c/2 - 0c}{c}\right) = 1$$

이 방향은 위의 지수를 대괄호 안에 써서 나타낸다. 즉, $[0\bar{2}1]$.

(b) 이 지수들을 4축계로 바꾸려면 식 (3.13a)~(3.13d)를 사용한다. 이 $[0\bar{2}1]$ 방향에 대하여,

$$U = 0 \qquad V = -2 \qquad W = 1$$

그리고

$$u = \frac{1}{3}(2U - V) = \frac{1}{3}[(2)(0) - (-2)] = \frac{2}{3}$$

$$v = \frac{1}{3}(2V - U) = \frac{1}{3}[(2)(-2) - 0] = -\frac{4}{3}$$

$$t = -(u + v) = -\left(\frac{2}{3} - \frac{4}{3}\right) = \frac{2}{3}$$

$$w = W = 1$$

위의 지수들에 3을 곱하면 가장 간단한 정수 지수 세트가 되어서 u, v, t, w는 각각 2, −4, 2, 3이 된다. 따라서 그림의 방향벡터는 $[2\bar{4}23]$이다.

육방정계의 결정에서 방향벡터를 그리는 절차는 비교적 복잡하다. 따라서 여기서는 이 절차에 대한 설명을 생략하기로 한다.

3.14 | 결정면

결정구조에 대한 면들의 방향은 비슷한 방법으로 나타낸다. 앞에서와 마찬가지로, 그림 3.22에 나타낸 3축 좌표계의 단위격자가 기본이 된다. 육방 결정계를 제외한 모든 결정면은 3축

밀러지수

밀러지수로(hkl) 나타낸다. 서로 평행한 두 면들은 등가이며 같은 지수들을 갖는다. 지수 h,k,l을 결정하는 절차는 다음과 같다.

1. 만일 어떤 면이 선택된 원점을 통과하면, 적절히 이동된 다른 평행한 면을 같은 단위격자 안에 설정하거나 다른 단위격자의 모서리에 새로운 원점을 설정해야 한다.[13)]
2. 이때 결정면은 이 3축 각각과 교차하거나 평행하다. 이 결정면이 각각의 축과 교차하는 좌표를 결정한다(결정계의 원점을 기준으로). x, y, z축과의 교점들은 각각 A, B, C로 명명한다.[14)]
3. 이 수들의 역수를 취한다. 한 축에 평행한 면은 무한대에서 교차한다고 간주하고, 따라서 (역수를 취하면) 지수 0을 갖는다.
4. 이 교점들의 역수와 각각의 격자상수 a, b, c를 곱한다(이를 표준화라 함). 즉,

$$\frac{a}{A} \quad \frac{b}{B} \quad \frac{c}{C}$$

5. 필요에 따라 이 세 숫자를 공통인수를 곱하거나 나누어서 가장 작은 정수들로 바꾼다.[15)]
6. 끝으로, 정수지수들 사이에 콤마를 넣지 않고, (hkl)과 같이 괄호 속에 넣는다. 따라서 h, k, l 정수들은 x, y, z축을 기준으로 표준화한(normalized) 교점의 역수들과 일치한다.

요약하면 h, k, l 지수들은 다음의 식을 이용하여 결정할 수 있다.

$$h = \frac{na}{A} \tag{3.15a}$$

$$k = \frac{nb}{B} \tag{3.15b}$$

$$l = \frac{nc}{C} \tag{3.15c}$$

이 표현식에서 n은 h, k, l을 정수로 만드는 데 필요한 인수이다.

원점의 음수쪽 교점은 해당 지수 위에 바(bar) 혹은 –로 나타낸다. 또, 모든 지수의 방향을 역수로 하면 원점에서 등거리에 있는 반대면에 다른 평행면을 지칭한다. 그림 3.27에 몇몇 지

13) 새로운 원점을 선택할 때 제안된 절차는 다음과 같다: 원점과 교차하는 결정면이 단위격자의 면 중 하나에 놓여 있다면, 원점을 단위격자 하나의 길이만큼 이 면과 교차하는 축과 평행하게 이동한다. 만일 원점과 교차하는 결정면이 단위격자의 축들 중 하나를 통과한다면, 원점을 다른 두 축들 중 하나에 평행하게 단위격자 하나의 길이만큼 이동한다. 다른 모든 경우에는 원점을 단위격자의 3축 중 하나에 평행하게 단위격자 하나의 길이만큼 이동한다.

14) 이들 교차점들은 사실 격자의 위치좌표들이며, 이 값들은 3.12절에서 설명한 과정을 통해 결정할 수 있다.

15) 가끔씩 지수의 축약은 행해지지 않는다(예: 3.20절에서 설명할 X선 회절 연구의 경우). 예를 들어, (002)는 (001)로 간단히 하지 않는다. 또, 세라믹 재료들에서 간단히 한 지수면에 대한 이온배열과 간단히 하지 않은 면의 이온배열이 다를 수 있다.

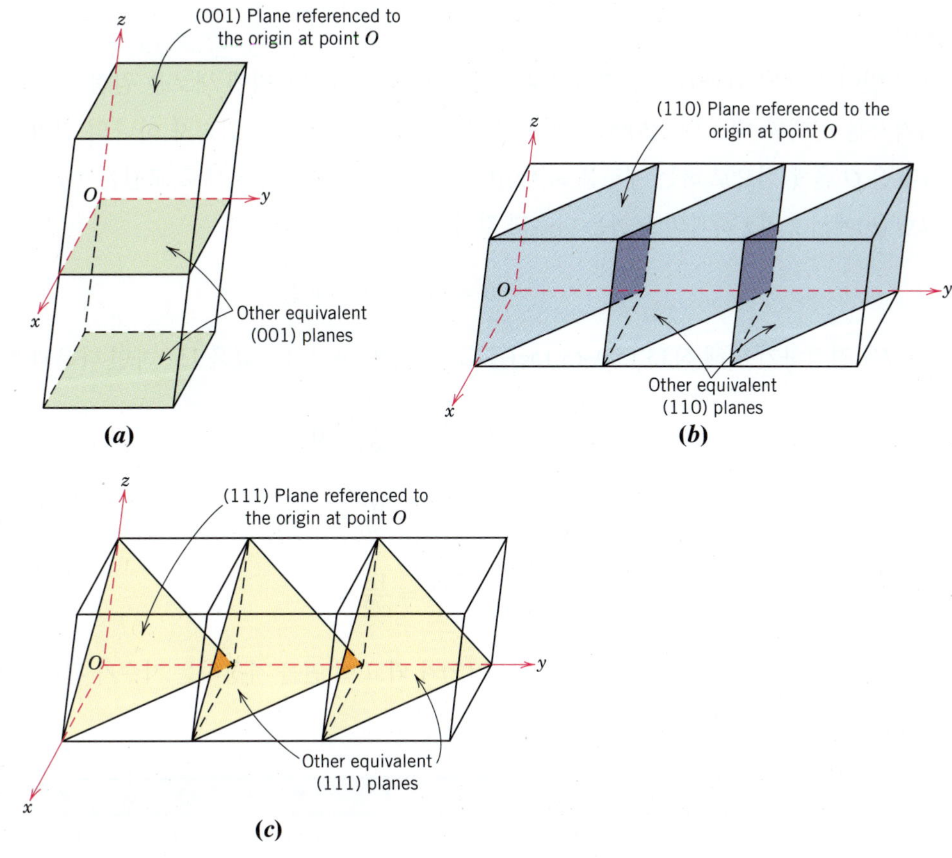

그림 3.27 각각의 면지수에 속하는 일련의 면들을 나타내었다. (*a*) (001), (*b*) (110), (*c*) (111) 결정면들

수가 작은 면을 나타내었다.

입방정계의 한 가지 재미있고 독특한 특성은 같은 지수를 가진 면과 방향이 서로 수직관계에 있다는 점이다. 그러나 다른 결정계에 대해서는 같은 지수를 갖는 면과 방향들 사이에서 간단한 기하적 관계가 존재하지 않는다.

예제 3.13

면지수(밀러지수)의 결정

다음 그림 (*a*)에 나타낸 면에 대한 밀러지수를 정하라.

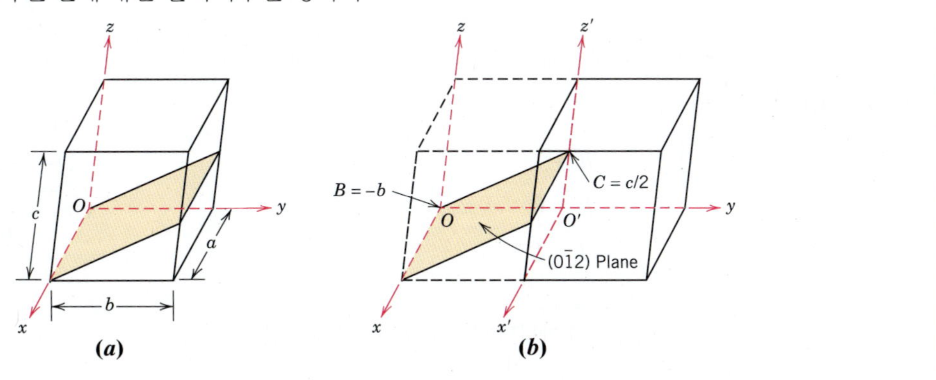

풀이

해당 면이 선택된 원점 O를 통과하므로, 인접 단위격자의 모서리에 새로운 원점을 선택해야 한다. 이 단위격자를 선택할 때, 그림 (b)에 나타낸 것과 같이 y축을 따라 단위격자 하나의 길이만큼 이동한다. x'-y-z'은 O'을 원점으로 하는 새로운 축계이다. 이 면이 x'축에 평행하므로 교점은 ∞a, 즉 $A = \infty a$이다. 또, 그림 (b)에서 y 및 z'축과의 교점은 다음과 같다.

$$B = -b \qquad C = c/2$$

h, k, l을 결정하기 위해 식 (3.15a)~(3.15c)를 쓸 수 있다. 여기서 n 값을 1로 하면 다음과 같이 된다.

$$h = \frac{na}{A} = \frac{1a}{\infty a} = 0$$

$$k = \frac{nb}{B} = \frac{1b}{-b} = -1$$

$$l = \frac{nc}{C} = \frac{1c}{c/2} = 2$$

끝으로, 지수 $0, -1, 2$를 괄호 속에 넣으면, $(0\bar{1}2)$가 되고 이 면을 지칭하는 지수가 된다.[16)]

이 절차를 요약하면 다음과 같다.

	x	y	z
Intercepts (A, B, C)	∞a	$-b$	$c/2$
Calculated values of h, k, and l (Equations 3.15a–3.15c)	$h = 0$	$k = -1$	$l = 2$
Enclosure		$(0\bar{1}2)$	

예제 3.14

명시된 결정면 그리기

다음 단위격자 안에 (101)면을 그려라.

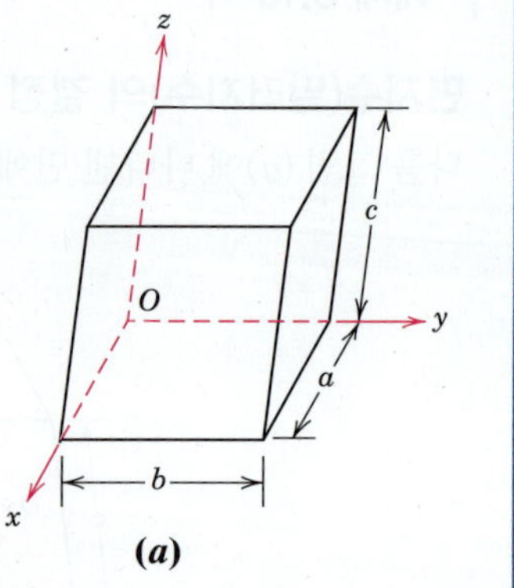

(a)

풀이

이 문제를 풀기 위해서는 앞 예제에서의 절차를 역순으로 따라하면 된다. 이 (101)면에 대해서,

$$h = 1$$

$$k = 0$$

$$l = 1$$

16) h, k, l이 정수가 아니면 다른 n 값을 선택해야 한다.

이 h, k, l 지수와 조정된 식 (3.15a)~(3.15c)를 이용하여 A, B, C의 값을 구할 수 있다. n을 1로 잡으면 밀러지수가 모두 정수이므로 다음과 같다.

$$A = \frac{na}{h} = \frac{(1)(a)}{1} = a$$

$$B = \frac{nb}{k} = \frac{(1)(b)}{0} = \infty b$$

$$C = \frac{nc}{l} = \frac{(1)(c)}{1} = c$$

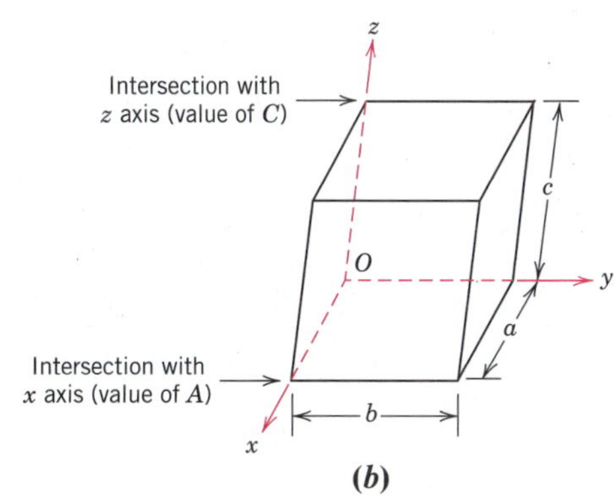

(b)

따라서 이 (101)면은 x축과 a($A = a$이므로)에서 만나고, y축과 평행하며($B = \infty b$이므로), z축과는 c에서 만난다. 그림 (b)의 단위격자에 이 면의 교차점의 위치를 표시하였다.

y축과 평행하고 x축과 z축을 a와 c 좌표에서 교차하는 단 하나의 면을 그림 (c)에 나타내었다.

단위격자를 기준으로 한 이 결정면의 표시를 위해 해당 면이 단위격자의 면들과 교차하는 곳을 선들로 나타내었다. 다음 사항은 결정면을 표현하는 데 도움이 된다.

- 만일 h, k, l 지수 중 2개가 0이면[(100)처럼], 이 면은 단위격자의 면 중 하나와 평행하다(그림 3.27a).
- 만일 지수 중 하나가 0이면[(110)처럼], 이 면은 2개의 변이 마주보는 단위격자의 변(또는 인접 단위격자의 변들)과 일치하는 평행사변형이 된다(그림 3.27b).
- 만일 지수 중 어떤 것도 0이 아니면[(111)에서처럼], 모든 교차점이 단위격자의 면을 지난다(그림 3.27c).

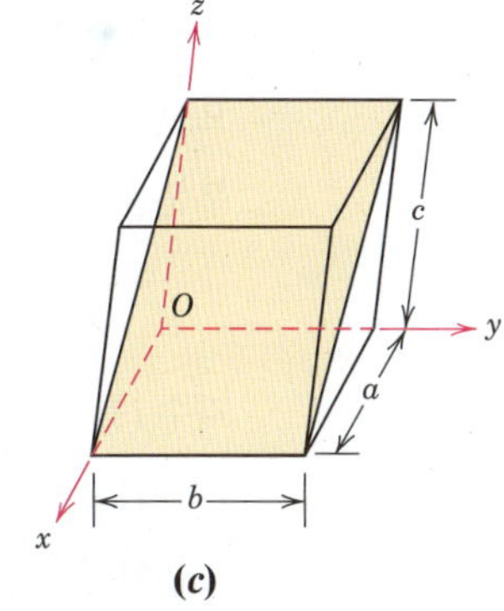

(c)

원자배열

자주 관심의 대상이 되는 결정면에서의 원자배열은 결정구조에 달려 있다. FCC와 BCC 결정구조에서의 (110) 원자면을 축소구 단위격자를 포함하여 각각 그림 3.28과 3.29에 나타내었다. 각각의 원자충진율이 다름을 유의하라. 원들은 결정면에 놓인 원자들을 나타내며, 이는 실제크기의 강구체들의 중앙을 자를 때 얻어지는 것이다.

'면족'은 결정학적으로 등가(*crystallographically equivalent*)인 모든 면들을 포함한다(즉, 같은 원자적층을 가진). 면족은 중괄호 안에 지수를 넣어 나타낸다(예: {100}). 예를 들어 입방정계 결정에서 (111), $(\bar{1}\bar{1}\bar{1})$, $(\bar{1}11)$, $(1\bar{1}\bar{1})$, $(11\bar{1})$, $(\bar{1}\bar{1}1)$, $(\bar{1}1\bar{1})$, $(1\bar{1}1)$ 들은 모두 {111}족에 속한다.

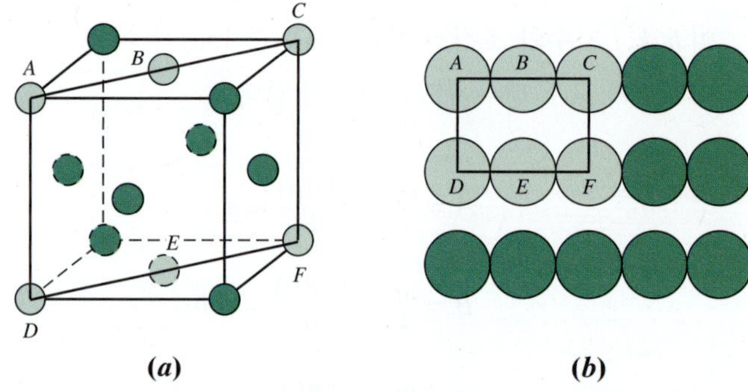

그림 3.28 (*a*) 축소구 FCC 단위격자의 (110)면, (*b*) FCC (110)면의 원자배열. 그림 (*a*)에 해당 원자의 위치를 나타내었다.

그러나 정방정계 결정구조의 경우, {100} 면족은 (001)과 (00$\bar{1}$) 면이 결정학적으로 등가가 아니므로 (100), ($\bar{1}$00), (010), (0$\bar{1}$0)만 포함한다. 또, 단지 입방정계에서만 순서와 부호에 상관없이 같은 지수를 갖는 면들은 등가이다. 예를 들어 (1$\bar{2}$3)면과 (3$\bar{1}$2)면은 {123} 면족에 속한다.

육방정계 결정

육방대칭을 갖는 결정들에 대해서도 등가면들이 같은 지수를 갖는 것이 바람직하다. 결정방향에서 설명한 것처럼, 이는 그림 3.25*a*에 표시한 밀러-브라베 지수계로 가능하다. 이 관습은 4개 지수(*hkil*) 체계로 연결되며, 이는 육방정계 결정에서의 면들의 방향을 분명히 찾을 수 있으므로 대부분의 경우에 선호된다. 다만, i의 값이 h와 k의 합에 해당하므로, 정보가 중복되는 부분은 있다.

$$i = -(h + k) \tag{3.16}$$

지수 i를 제외하면, 그 외 h, k, l 지수는 두 지수계에서 동일하다.

이들 지수의 결정을 위해서 앞에서 설명한 다른 결정에 대해 사용한 것과 유사한 방법을 사용한다. 즉, 다음 예제에서 설명되는 것과 같이, 축과 교차점의 표준화된 역수들이다.

그림 3.30은 육방대칭을 갖는 결정에서 관찰되는 일반적인 몇 개의 면들을 나타낸다.

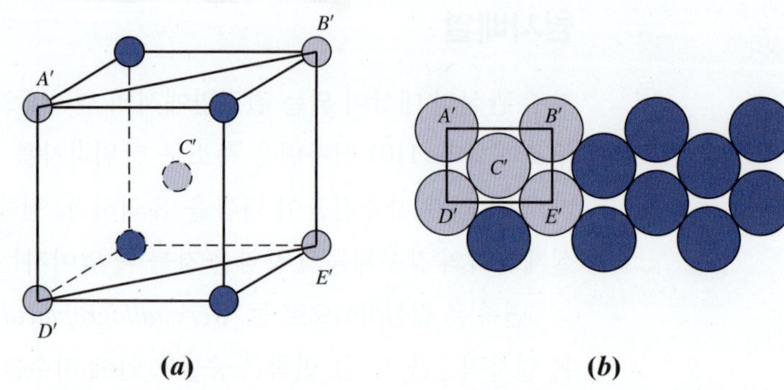

그림 3.29 (*a*) 축소구 BCC 단위격자의 (110)면. (*b*) BCC (110)면의 원자배열. 그림 (*a*)에 해당 원자의 위치를 나타내었다.

그림 3.30 육방결정계에 대한 (0001), $(10\bar{1}1)$, $(\bar{1}010)$면

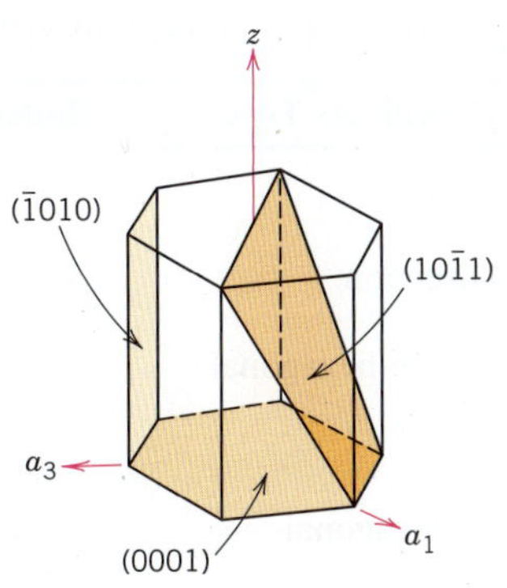

예제 3.15

육방정계 단위격자에서의 밀러-브라베 지수의 결정

아래 그림의 육방정계에 나타낸 면들의 밀러-브라베 지수를 결정하라.

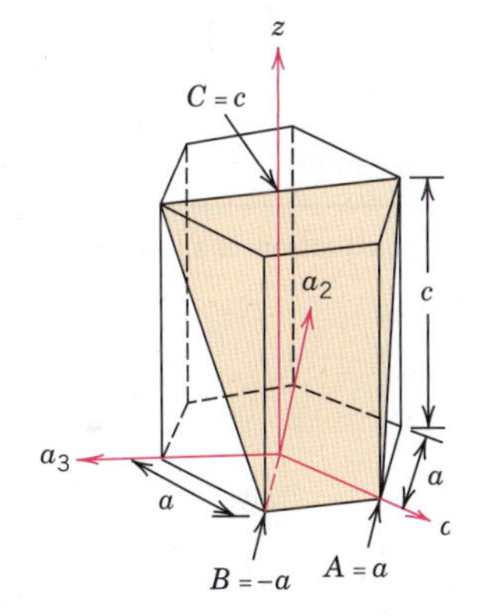

풀이

이 지수들은 예제 3.13에서 사용한 x-y-z 좌표계에서 설명한 것과 같은 방법으로 결정될 수 있다. 그러나 이 경우 a_1, a_2, z축은 각각 앞의 논의에서의 x, y, z축과 연관된다. 만일 A, B, C를 각각 a_1, a_2, z축과의 교점이라고 하면, 이 교점의 표준화된 역수는 다음과 같이 쓸 수 있다.

$$\frac{a}{A} \quad \frac{a}{B} \quad \frac{c}{C}$$

이제 위의 단위격자에 표시한 교점들이

$$A = a \qquad B = -a \qquad C = c$$

이므로 h, k, l의 값들은 식 (3.15a)~(3.15c)를 이용하여 다음과 같이 결정할 수 있다($n = 1$로 가정).

$$h = \frac{na}{A} = \frac{(1)(a)}{a} = 1$$

$$k = \frac{na}{B} = \frac{(1)(a)}{-a} = -1$$

$$l = \frac{nc}{C} = \frac{(1)(c)}{c} = 1$$

끝으로 i는 식 (3.16)을 써서 다음과 같이 구해진다.

$$i = -(h + k) = -[1 + (-1)] = 0$$

따라서 $(hkil)$ 지수는 $(1\bar{1}01)$이다.

세 번째 지수가 0(따라서 이의 역수는 = ∞)임을 눈여겨보라. 이는 이 면이 a_3축과 평행함을 의미한다. 그림을 보면 이 사실을 확인할 수 있다.

표 3.8 결정의 점, 방향, 면 지수를 결정하기 위해 사용하는 수식

Coordinate Type	Index Symbols	Representative Equation[a]	Equation Symbols
Point	$q\ r\ s$	$q = \frac{a}{P_x}$	P_x = lattice position coordinate
Direction			
Non-hexagonal	$[uvw]$	$u = n\left(\frac{x_2 - x_1}{a}\right)$	x_1 = tail coordinate—x axis x_2 = head coordinate—x axis
Hexagonal	$[UVW]$	$U = n\left(\frac{a_1'' - a_1'}{a}\right)$	a_1' = tail coordinate—a_1 axis a_1'' = head coordinate—a_1 axis
	$[uvtw]$	$u = \frac{1}{3}(2U - V)$	—
Plane			
Non-hexagonal	(hkl)	$h = \frac{na}{A}$	A = plane intercept—x axis
Hexagonal	$(hkil)$	$i = -(h + k)$	—

[a]In these equations a and n denote, respectively, the x-axis lattice parameter, and a reduction-to-integer parameter.

이로써 결정에 대한 점, 방향, 면에 대한 논의를 마무리한다. 이 주제에 대한 정리 내용을 표 3.8에 요약하였다.

3.15 | 선밀도와 면밀도

앞의 두 절에서 비평행 결정방향과 면들의 등가성에 대해서 논의하였다. 특정 재료에서 등가 방향들은 같은 선밀도를 갖는다는 점에서 방향적 등가성은 **선밀도**(*linear density*)와 관계가 있다. 결정면들에 대한 이에 해당하는 변수는 **면밀도**(*planar density*)이고, 면밀도가 같은 면들은 마찬가지로 등가적이라 할 수 있다.

선밀도(*linear density, LD*)는 해당 결정방향을 나타내는 벡터 위에서 중심을 가지는 단위길이당 원자의 수로 정의된다. 즉,

$$\text{LD} = \frac{\text{number of atoms centered on direction vector}}{\text{length of direction vector}} \tag{3.17}$$

선밀도의 단위는 길이의 역수 단위(예: nm^{-1}, m^{-1})이다.

예를 들어, FCC 결정의 [110] 방향의 선밀도를 구해 보자. FCC 축소구 단위격자와 [110] 방향을 그림 3.31*a*에 나타내었다. 그림 3.31*b*에 이 단위격자의 밑면에 놓인 5개의 원자를 나타내었다. 여기서 [110] 방향벡터는 *X*원자, *Y*원자, 끝으로 *Z*원자의 중심을 통과한다. 선밀도

그림 3.31 (*a*) FCC 축소구 단위격자와 [110] 방향, (*b*) 그림 (*a*)의 FCC 단위격자의 밑면, [110] 방향의 *X*, *Y*, *Z* 원자들과 이들 사이의 간격

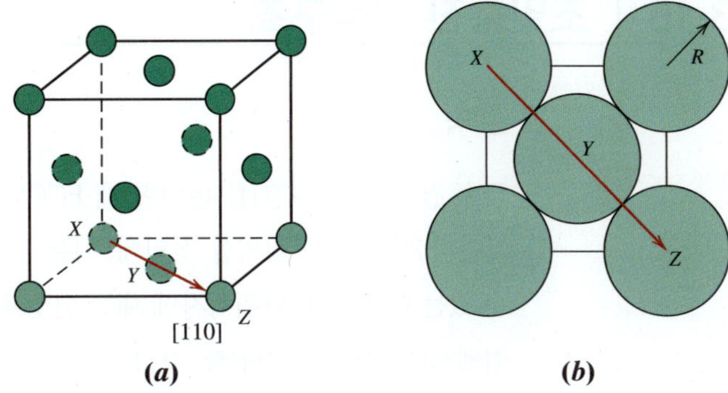

를 계산하기 위한 원자의 수를 셀 때는, 인접하는 단위격자와 나누어 가지는 원자의 수를 고려하여야 한다(3.4절에서 원자충진율을 계산할 때 논의하였듯이). *X*와 *Z* 모서리 원자들 각각은 이 [110] 방향을 따라 다른 인접 단위격자 하나와 공유되어 있으며(즉, 이 원자들 각각의 반이 해당 단위격자에 속한다), 한편 원자 *Y*는 완전히 이 단위격자 안에 놓여 있다. 따라서 이 단위격자의 [110] 방향벡터를 따라 등가적으로 2개의 원자가 있는 셈이다. 한편, 방향벡터의 길이는 4*R*과 같다(그림 3.31*b*). 따라서 식 (3.17)로부터 FCC [110]의 선밀도는 다음과 같다.

$$\mathrm{LD}_{110} = \frac{2\ \text{atoms}}{4R} = \frac{1}{2R} \tag{3.18}$$

비슷한 방법으로, **면밀도**(*planar density, PD*)는 해당 결정면 위에서 중심을 가지는 단위면적당 원자들의 수로 구한다. 즉,

$$\mathrm{PD} = \frac{\text{number of atoms centered on a plane}}{\text{area of plane}} \tag{3.19}$$

면밀도의 단위는 면적의 역수 단위(예: nm^{-2}, m^{-2})이다.

예를 들어, 그림 3.28*a*와 3.28*b*에 나타낸 것과 같은 FCC 단위격자의 (110) 결정면을 생각해 보자. 비록 6개 원자들의 중심이 이 원자면에 놓이지만(그림 3.28*b*), *A*, *C*, *D*, *F* 원자의 1/4, *B*, *E*원자의 1/2이 이 면에 속하므로, 이 면에는 등가적으로 2개의 원자가 놓여 있는 셈이다. 또, 이 정사면체의 단면적은 길이와 폭의 곱이다. 그림 3.28*b*에서 길이(수평길이)는 4*R*과 같고, 폭(수직길이)은 FCC 단위격자의 모서리의 길이와 같으므로 $2R\sqrt{2}$이다[식 (3.1)]. 따라서 면의 면적은 $(4R)(2R\sqrt{2}) = 8R^2\sqrt{2}$이고, 면밀도는 다음과 같이 구할 수 있다.

$$\mathrm{PD}_{110} = \frac{2\ \text{atoms}}{8R^2\sqrt{2}} = \frac{1}{4R^2\sqrt{2}} \tag{3.20}$$

선밀도와 면밀도는 슬립(금속이 소성변형을 일으키는 메커니즘)의 과정에서 중요한 고려사항이다(9.5절). 슬립은 가장 조밀하게 충진된 결정면들에서 일어나며, 이 면들은 원자충진율이 가장 높은 면에 해당한다.

3.16 | 조밀충진 결정구조

금속

금속 결정구조(3.4절)를 논의할 때 FCC와 HCP 결정구조는 모두 0.74의 같은 원자충진율을 갖는다고 한 것을 기억할 것인데, 이는 같은 크기의 구 또는 원자들을 가장 조밀하게 충진할 수 있는 방법이다. 단위격자에 대한 설명과 더불어 이 두 결정구조는 원자의 조밀충진면의 관점에서 설명될 수 있다(즉, 가장 많은 수의 원자를 갖거나 강체구 충진도가 가장 높은 면들을 뜻함). 그런 한 면의 일부를 그림 3.32*a*에 나타내었다. 두 결정구조 모두 이러한 조밀충진면을 하나씩 적층하여 만들 수 있다. 2개의 구조 사이의 차이는 적층의 순서이다.

한 종류의 조밀충진면의 모든 원자들의 중심을 *A*라 하자. 이 면에는 두 종류의 동등한 삼각형으로 파인, 3개의 인접 원자 사이에 형성된, 움푹하게 꺼진 부분이 있고, 이 위에 다음 면의 원자들이 안치될 수 있다. 그림 3.32*a*에서 이들 삼각형의 꼭짓점이 위로 향한 경우를 임의로 *B* 위치로 지칭하였고, 꼭짓점이 아래로 향한 남은 부분들은 *C*로 표시하였다.

두 번째 조밀충진면은 원자들의 중심점이 *B* 또는 *C* 위치 위에 놓일 수 있다. 아직까지는 둘 다 동등하다. 임의로 *B* 위치를 선택하였다고 하자. 이 적층순서를 *AB*라고 하고 그림 3.32*b*에 나타내었다. FCC와 HCP의 실질적 차이는 세 번째 조밀충진면이 놓이는 위치이다. HCP에서는 이 면의 중심들이 원래의 *A* 위치 바로 위에 놓인다. 이 *ABABAB* ··· 적층순서가 계속 반복된다. 물론, *ACACAC* ··· 배열도 동등하다. 이러한 HCP의 조밀충진면들은 (0001)면들로 이들과 단위격자와의 상관성을 그림 3.33에 나타내었다.

FCC 결정구조에서는 세 번째 면 원자들의 중심이 첫 번째 면의 *C* 위치에 놓인다(그림 3.34*a*). 이렇게 하면 *ABCABCABC* ··· 적층순서가 된다. 즉, 이 원자배열은 3층마다 반복된다. FCC 단위격자의 조밀충진면들이 좀 더 복잡하다. 한편, 그림 3.34*b*에 이 관계를 나타내었다. 이들 면들은 (111)면이다. 시각적 이해를 위해서 그림 3.34*b*의 위쪽 왼편 앞쪽에 FCC 단위

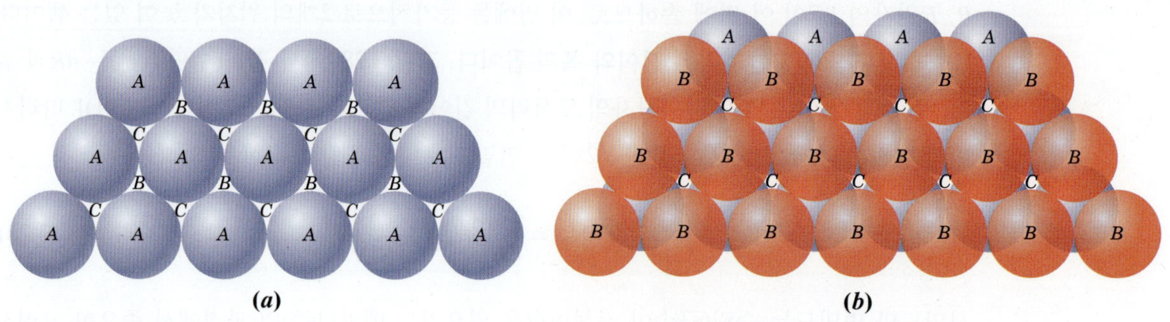

그림 3.32 (*a*) 조밀충진 원자면의 일부. *A*, *B*, *C*의 위치들을 나타내었다. (*b*) 조밀충진 원자면의 *AB* 적층순서 (Adapted from W. G. Moffatt, G. W. Pearsall, and J. Wulff, *The Structure and Properties of Materials*, Vol. I, *Structure*, John Wiley & Sons, 1964.)

그림 3.33 HCP 구조에 대한 조밀충진면들의 적층순서
(Adapted from W. G. Moffatt, G. W. Pearsall, and J. Wulff, *The Structure and Properties of Materials*, Vol. I, *Structure*, John Wiley & Sons, 1964.)

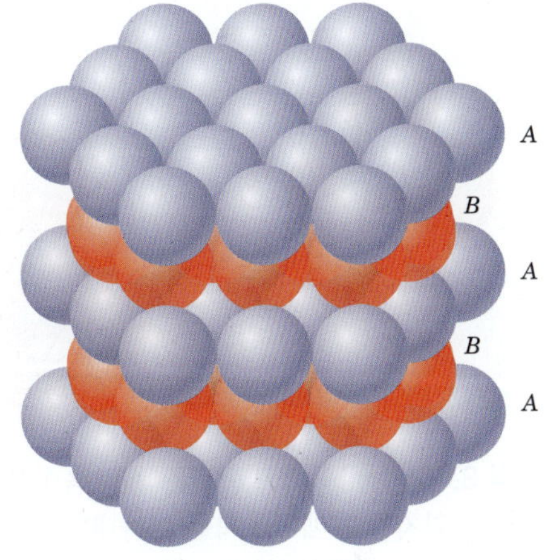

격자 하나를 그려 놓았다. 이러한 FCC와 HCP 조밀충진 구조의 차이는 9장에서 자세히 설명될 것이다.

세라믹

세라믹 결정구조를 갖는 많은 재료들은 이온(금속 재료에서의 **원자**에 반하여)의 조밀충진면들의 관점에서 고려될 수 있다. 보편적으로 조밀충진면들은 크기가 큰 음이온으로 구성된다. 이 면들이 차곡차곡 쌓이게 되므로 양이온들이 놓일 수 있는 작은 침입형(interstitial) 위치들이 이들 사이에 만들어진다.

이 침입형 위치들은 그림 3.35에서 예시한 것과 같이 두 가지 형태로 존재한다. 4개의 원

그림 3.34 (*a*) FCC 구조에 대한 조밀충진 순서. (*b*) 원자의 조밀충진면과 FCC 결정구조 사이의 관계를 보이기 위해 FCC 결정구조의 모서리를 제거하였다(배열된 구들의 상위 왼쪽 모서리 앞쪽에, 단위격자의 경계선을 그렸다).
[Figure (*b*) adapted from W. G. Moffatt, G. W. Pearsall, and J. Wulff, *The Structure and Properties of Materials*, Vol. I, *Structure*, John Wiley & Sons, 1964.]

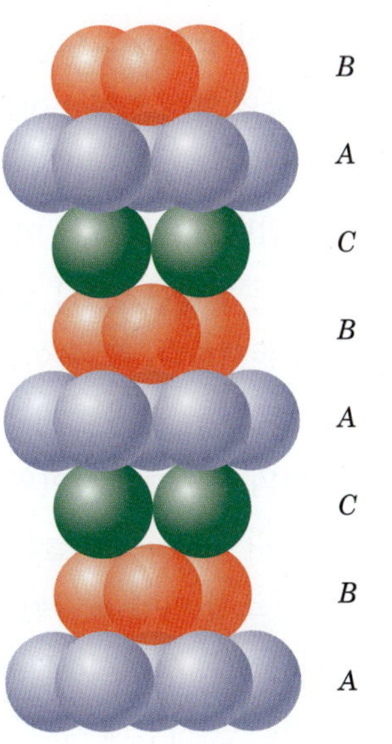

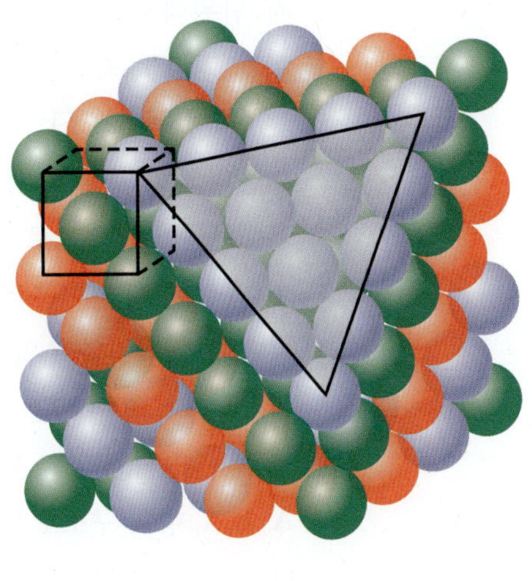

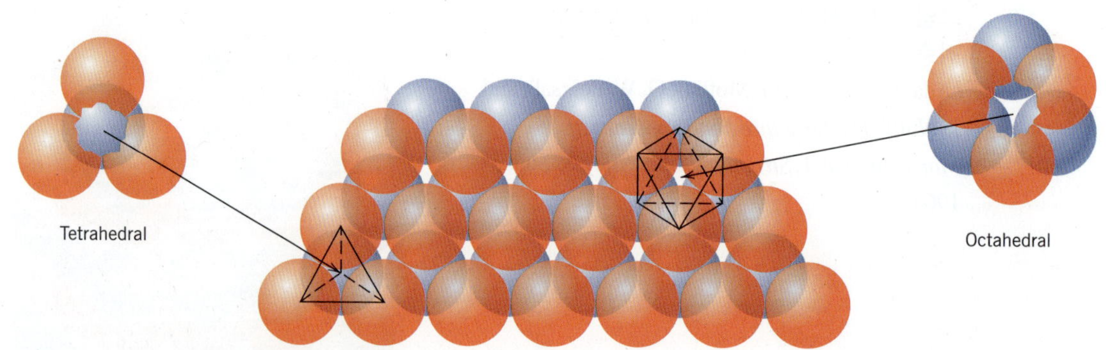

그림 3.35 하나의 조밀(주황색) 구(음이온) 면이 다른(파란색 구) 면 위에 적층되었다. 이들 면 사이의 사면체와 팔면체 위치들의 배치형태를 나타내었다.
(Adapted from W. G. Moffatt, G. W. Pearsall, and J. Wulff, *The Structure and Properties of Materials*, Vol. I, *Structure*, John Wiley & Sons, 1964.)

사면체 자리

팔면체 자리

자(3개는 한 면에, 다른 하나는 인접 면에)가 하나의 침입형 위치를 둘러싸는 경우를 **사면체 자리(tetrahedral position)**라고 하는데, 이는 둘러싸고 있는 원자들의 중심을 연결하는 직선이 사면체를 형성하기 때문이다. 그림 3.35에 표시하고 있는 다른 형태의 자리는 6개 이온구들을 포함하는데, 두 면에 각각 3개씩 존재한다. 이들 6개 구의 중심을 연결하면 팔면체가 형성되어, 이를 **팔면체 자리(octahedral position)**라 한다. 따라서 사면체 자리와 팔면체 자리를 채우는 양이온들의 배위수는 각각 4와 6이다. 또, 이들 음이온 구 각각에 대해 하나의 팔면체 자리와 2개의 사면체 자리가 존재한다.

이 형태의 세라믹 결정구조는 두 가지 인자에 의존한다: (1) 조밀충진된 음이온층(FCC 및 HCP 배열 모두 가능한데, 각각 *ABCABC* ··· 및 *ABABAB* ··· 배열을 갖는다), (2) 침입형 위치들에 양이온들이 채워지는 방법. 예를 들어 앞에서 논의한 암염 결정구조에 대해서 생각해 보자. 단위격자는 입방대칭을 가지며, 각각의 양이온(Na^+ 이온)은 그림 3.6에서 확인할 수 있듯이 6개의 Cl^- 최인접 이웃들을 가지고 있다. 즉, 중심의 Na^+ 이온은 입방체 면 중심에 존재하는 6개의 최인접 Cl^- 이온들을 가진다. 입방대칭을 갖는 이 결정구조는 음이온들의 조밀충진 면들의 FCC 배열로 생각할 수 있고, 모든 면들은 {111} 형태이다. 양이온들은 6개의 최인접 음이온들을 가지므로 팔면체 위치들에 존재한다. 또, 음이온마다 하나의 팔면체 자리가 있으며, 음이온 대 양이온의 비율은 1:1이므로 모든 팔면체 자리들이 채워진다. 이 결정구조에 대하여, 단위격자와 조밀충진된 음이온 면의 적층방식 사이의 관계를 그림 3.36에 나타내었다.

모두가 그런 것은 아니지만, 다른 세라믹 결정구조들도 비슷한 방법으로 다뤄질 수 있는데, 섬아연석 구조와 페로브스카이트 구조가 이에 포함된다. **스피넬 구조(*spinel structure*)**는 $A_mB_nX_p$형의 구조로 마그네슘 알루민산 또는 첨정석($MgAl_2O_4$)에서 관찰된다. 이 구조에서, O^{2-} 이온들은 FCC 격자를 형성하며, Mg^{2+}는 사면체 자리들에, Al^{3+} 이온들은 팔면체 자리들에 위치한다. 자성 세라믹 또는 페라이트는 스피넬 구조가 약간 변형된 형태로 존재하며, 이

그림 3.36 모서리를 제거한 암염 결정구조의 단면. 노출된 음이온(삼각형 내의 초록색 구)은 {111}형 면에 있다. 양이온(빨간색 구)은 침입형 팔면체 자리들을 차지한다.

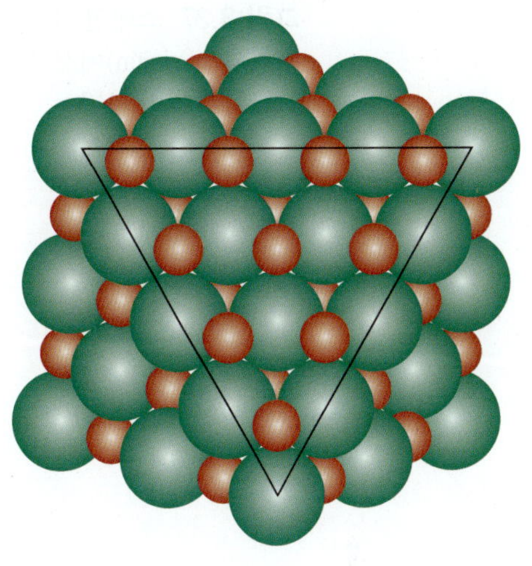

들 재료의 자기 특성은 사면체 및 팔면체 자리의 점유 방식에 따라 결정된다(18.5절 참조).

결정질 및 비결정질 재료

3.17 | 단결정

단결정

결정질 고체에 있어서, 원자의 주기적이고 반복적인 배열이 완전하게, 또는 끊임없이 시편 전체에 걸쳐 있을 때 **단결정(single crystal)**이 된다. 모든 단위격자는 같은 방법으로 서로 얽혀 있으며, 같은 방향성을 갖는다. 단결정들은 자연에서 관찰되기도 하지만, 인공적으로 제조될 수도 있다. 이들은 보통 환경이 아주 잘 제어되어야 하므로 성장시키기 어렵다.

만일 하나의 단결정의 선단들이 외부적 제한 없이 성장될 수 있다고 하면, 몇몇 보석에서 관찰되듯이 이 결정들은 평면으로 이루어진 규칙적인 기하학적 모양을 갖게 되며, 이 모양은 결정구조를 암시한다. 황철석(iron pyrite)의 단결정 구조를 그림 3.37에 나타내었다. 많은 현대 기술, 특히 Si와 다른 반도체들의 단결정을 이용하는 미세 전자회로 응용분야에 있어서 단결정 재료는 매우 중요하다.

3.18 | 다결정질 재료

결정립

다결정질

대부분의 결정질 고체들은 많은 작은 결정의 모임들, 즉 **결정립(grain)**으로 이루어져 있다. 이런 재료들을 **다결정질(polycrystalline)**이라 한다. 다결정질 시편들의 여러 응고단계를 그림 3.38에 나타내었다. 초기단계에서 작은 결정들, 즉 핵이 여러 위치에서 형성된다. 이들은 사각형 그리드로 나타낸 것과 같이 무질서한 결정학적 방향들을 갖는다. 이 작은 결정립들은 주변

그림 3.37 스페인 라 리오하(La Rioja)의 나바훈(Navajún)에서 발견된 황철석(iron pyrite) 단결정 사진

William D. Callister, Jr.

의 액상 원자들이 연속적으로 각각의 구조에 더해져서 성장한다. 응고과정이 완료에 가까워지면서 인접 결정립들의 선단들은 서로 충돌한다. 그림 3.38에 나타낸 것처럼 결정방향은 결정립마다 다르다. 또, 2개의 결정립이 만나는 곳에서 두 영역 간의 원자배열의 불일치가 존재

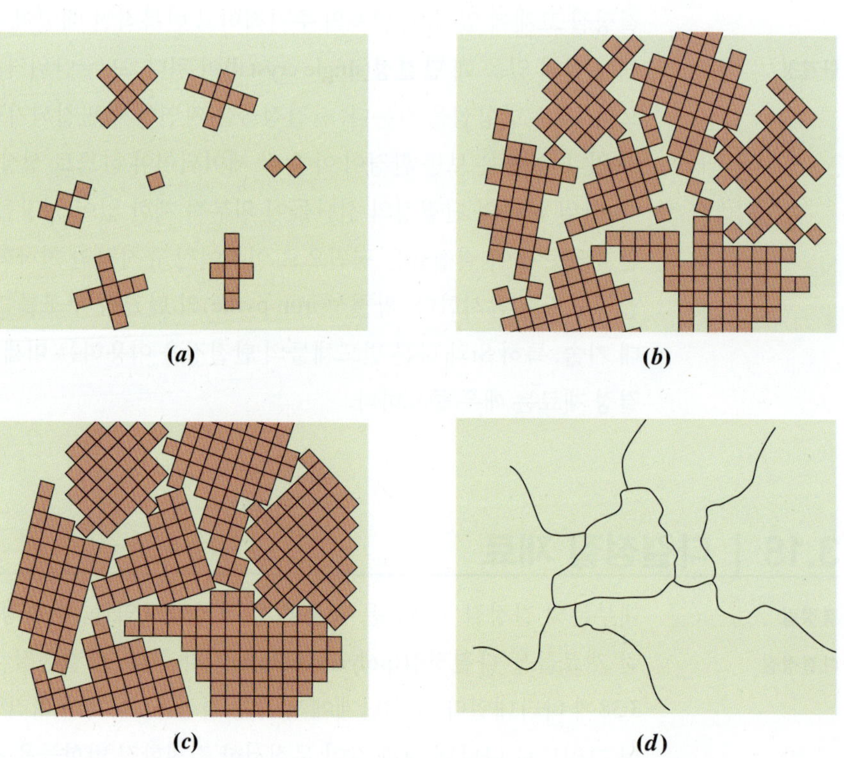

그림 3.38 다결정질 재료의 응고의 여러 단계들의 모식도. 정사각형 격자들은 단위격자들을 나타낸다. (*a*) 작은 결정핵, (*b*) 결정들의 성장. 서로 인접한 결정 간의 방해를 예시하였다. (*c*) 응고 완료 시 불규칙 모양의 결정들이 형성된다. (*d*) 현미경으로 관찰한 결정립 구조. 검은 선들은 결정립계이다. (Adapted from W. Rosenhain, *An Introduction to the Study of Physical Metallurgy*, 2nd edition, Constable & Company Ltd., London, 1915.)

표 3.9 결정면의 차이에 따른 금속들의 탄성계수 값 비교

	Modulus of Elasticity (GPa)		
Metal	**[100]**	**[110]**	**[111]**
Aluminum	63.7	72.6	76.1
Copper	66.7	130.3	191.1
Iron	125.0	210.5	272.7
Tungsten	384.6	384.6	384.6

결정립계

한다. 이 영역을 **결정립계(grain boundary)**라고 하며, 6.8절에서 상세히 논의한다.

3.19 | 이방성

이방성

등방성

일부 단결정 재료들의 물성은 측정을 진행한 결정학적 방향에 의존한다. 예를 들어 탄성계수, 전기전도도, 굴절률 등은 [100] 및 [111] 방향에서 다른 값을 가질 수 있다. 이 물성의 방향성을 **이방성(anisotropy)**이라고 하며, 결정학적 방향에 따른 원자 및 이온 간격의 변화와 관련이 있다. 재료의 측정 물성들이 측정 방향에 무관할 때 **등방성(isotropic)**이라 한다. 결정질 재료들의 이방성 효과의 범위와 정도는 결정구조의 대칭성의 함수이다. 이방성의 정도는 구조의 대칭성이 감소할수록 증가한다. 따라서 삼사정계 구조는 보통 높은 이방성을 보인다. 몇몇 금속들의 [100], [110], [111] 방향의 탄성계수 값을 표 3.9에 나타내었다.

여러 다결정질 재료에 대하여, 개개의 결정립들의 결정학적 방향은 완전히 무질서하다. 이러한 상황하에서 개별 결정립들이 이방성을 가지고 있다 하더라도, 결정립 덩어리로 구성된 시편은 등방성 거동을 나타낼 수 있다. 또한 측정 물성의 크기는 방향성 값들의 평균을 나타낸다. 가끔씩 다결정질 재료의 결정립들은 선호하는 결정 방위를 가지며, 이를 집합조직(texture)이라 한다.

변압기 코어에 사용되는 몇몇 철 합금들의 자기 특성들은 이방성이다. 즉, 결정립들(또는 단결정들)은 다른 결정방향에 비해 <100> 방향으로 보다 쉽게 자화한다. 변압기 코어에서의 에너지 손실은 이 합금의 다결정질 판상으로 구성된 **자기집합조직**(*magnetic texture*)을 이용하여 최소화한다. 각각의 판상에서 대부분의 결정립들은 같은 방향으로 (거의) 정렬된 <100> 방향을 가지며, 자기장의 인가 방향과 평행한 방향으로 정렬한다. 철 합금의 자기집합조직들은 18장의 18.9절 끝에 있는 '중요 재료'에서 상세히 논의한다.

3.20 | X선 회절: 결정구조의 판정

역사적으로 고체 원자와 분자의 배열에 관한 이해의 대부분은 X선 회절 연구로부터 얻은 것

이다. 또, X선은 여전히 새로운 재료의 개발에 아주 중요하다. 이 절에서는 회절 현상과 X선을 이용한 원자면간 거리와 결정구조의 판정방법에 대해 간단히 소개한다.

회절 현상

회절은 파동이, (1) 파동을 분산시킬 수 있고, (2) 배열의 간격이 파동의 파장과 비슷한 크기인 일련의 규칙배열을 갖는 장애물들을 만날 때 일어난다. 또, 회절은 장애물들에 의해서 분산된 2개 이상의 파동 사이에 형성되는 특정한 위상관계(phase relationship)의 (간섭의) 결과이다.

파장(λ)이 동일하고, 점 $O-O'$에서 위상이 같은 그림 3.39*a*의 파동 1과 2를 생각하자. 이제 두 파동들이 각기 다른 경로로 분산된다고 가정하자. 이 두 분산파 간의 위상관계가 중요한데, 이들은 경로차에 의존한다. 이 경로 차이가 파장의 정수배일 때 한 가지 가능성이 생긴다. 그림 3.39*a*에서 나타낸 것과 같이 산란된 파동(1′과 2′으로 지칭함)들의 위상이 여전히 일치한다. 이들은 서로 보강되고(혹은 보강간섭), 진폭이 더해질 때 파동은 그림의 오른쪽에 나타낸 파동이 된다. 이 현상을 **회절(diffraction)** 현상 또는 상호 보강한 많은 수의 산란파들로 이루어진 회절빔(*diffracted beam*)이라 한다.

회절

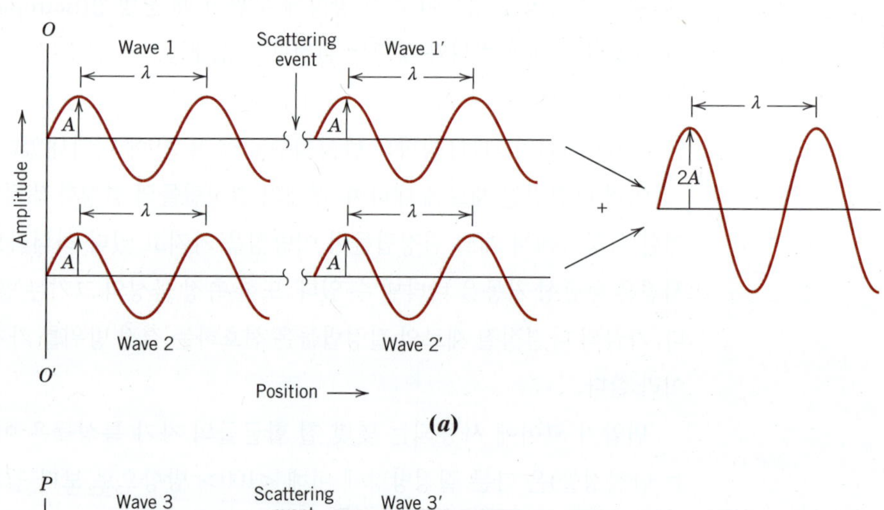

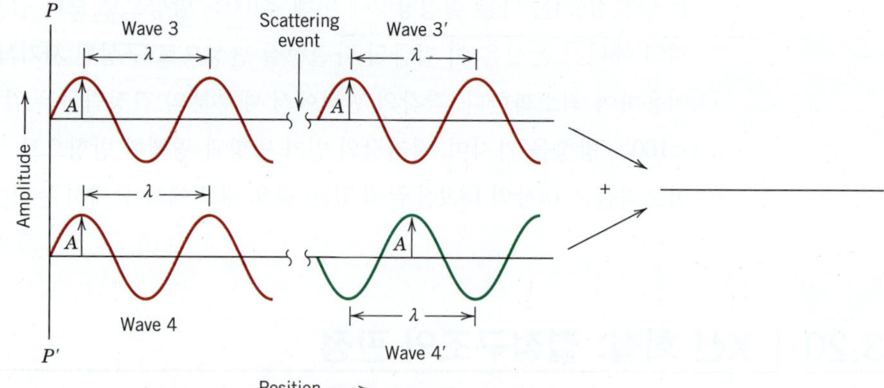

그림 3.39 (*a*) 같은 파장 λ의 파동(파동 1, 2)이 어떻게 산란 후 동일 위상(파동 1′, 2′)으로 남아 상호 보강간섭하는가를 보인다. 산란된 파동의 진폭이 결과로서 나타내는 파동에 합산된다. (*b*) 파장이 같고 산란 후 위상이 달라지는 두 파동(파동 3′과 4′)이 어떻게 서로 소멸간섭하는지를 예시하였다. 두 산란파의 진폭은 서로 상쇄된다.

상호 보강에 이르지 않는 산란된 파동들 간에 가능한 위상관계가 있다. 그림 3.39*b*에 나타낸 또 다른 극단은 산란 후 경로차가 반파장의 정수배일 때이다. 산란된 파들은 위상이 다르며(즉, 해당 진폭이 서로 상쇄되며), 그림에서 나타낸 것처럼 소멸간섭한다(즉, 결과적으로 파동의 진폭은 0이 된다). 물론 이 두 가지 양극단 사이의 위상을 갖는 파동도 존재하며, 부분적 보강을 일으킨다.

X선 회절과 브래그 법칙

X선은 고에너지와 짧은 파장(고체 재료의 원자간 거리에 상당하는 파장)을 갖는 전자기파를 형성한다. X선 빔이 고체 재료에 충돌할 때, 이 빔의 일부는 빔의 경로 안에 놓인 원자와 이온들과 관련된 전자들에 의해 모든 방향으로 산란된다. 이제 원자의 규칙적 배열 구조에서 X선이 회절하기 위해 필요한 조건들에 대해 검토해 보자.

같은 h, k, l 밀러지수를 갖는 두 면이 d_{hkl}만큼 떨어져 있는 그림 3.40에서 원자들의 두 평행한 면들 *A*-*A*′과 *B*-*B*′을 생각하자. 이제 이 두 면에 평행하고 단파장이며 위상이 같은 파장 λ의 입사빔이 θ의 각도로 입사한다고 하자. 각각 1, 2로 명명된 이 빔의 두 광선들이 *P*와 *Q* 원자들에 의해서 산란된다. 산란된 광선들 1′과 2′의 보강간섭은 이들 면들에 θ로 입사한 빔의 두 경로 1-*P*-1′과 2-*Q*-2′ 사이의 경로차(즉, $\overline{SQ} + \overline{QT}$)가 파장의 정수배일 때 발생한다. 즉, 회절 조건은

$$n\lambda = \overline{SQ} + \overline{QT} \tag{3.21}$$

즉,

브래그 법칙—보강간섭에 대한 X선 파장과 원자간 거리와 회절각 사이의 관계

$$\begin{aligned} n\lambda &= d_{hkl}\sin\theta + d_{hkl}\sin\theta \\ &= 2d_{hkl}\sin\theta \end{aligned} \tag{3.22}$$

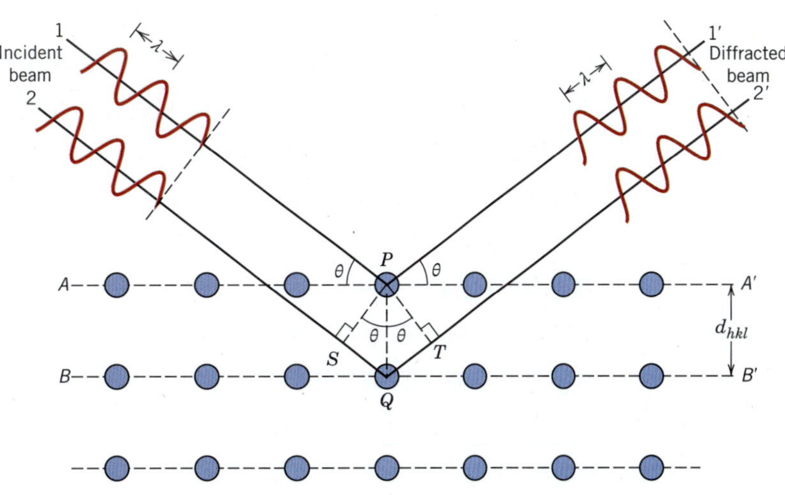

그림 3.40 원자들의 면에 의한 (*A*–*A*′과 *B*–*B*′) X선 회절

표 3.10 BCC, FCC, SC(단순입방) 결정구조의 X선 회절 반사규칙과 반사면 지수

Crystal Structure	Reflections Present	Reflection Indices for First Six Planes
BCC	$(h + k + l)$ even	110, 200, 211, 220, 310, 222
FCC	h, k, and l either all odd or all even	111, 200, 220, 311, 222, 400
Simple cubic	All	100, 110, 111, 200, 210, 211

브래그 법칙

식 (3.22)는 **브래그 법칙(Bragg's law)**으로 알려져 있다. n은 반사차수로 1 이하의 $\sin\theta$에 상당하는 정수(1, 2, 3, ⋯) 값을 갖는다. 따라서 X선 파장과 원자간 거리를 회절빔의 각도와 관련짓는 간단한 표현식을 도출할 수 있다. 만일 브래그 법칙이 만족되지 않으면 간섭은 비보강적이어서 아주 낮은 강도의 회절빔을 형성한다.

2개의 인접하고 평행한 원자면들 사이의 거리의 크기(즉, 면간 거리 d_{hkl})는 격자상수와 면간 거리의 함수이다. 예를 들어 입방대칭을 갖는 결정구조들의 경우

지수 h, k, l을 갖는 면에 대한 면간 거리

$$d_{hkl} = \frac{a}{\sqrt{h^2 + k^2 + l^2}} \tag{3.23}$$

이고, 이때 a는 격자상수(단위격자의 모서리의 길이)이다. 식 (3.23)과 비슷하지만, 표 3.7에서 나타낸 다른 6개의 결정계에서는 좀 더 복잡한 관계를 갖는다.

식 (3.22)의 브래그 법칙은 실제 결정들의 회절을 위한 필요조건이지만, 충분조건은 아니다. 이 식은 각각의 모서리에 원자를 갖는 단위격자에서 회절이 언제 일어나는지를 명시한다. 그러나 다른 위치들에 놓여 있는 원자들(예: FCC와 BCC에서처럼 면과 내부에 포함된 원자들)은 특정 브래그 각도들에서의 위상이 맞지 않는 추가적인 산란 중심으로 작용한다. 즉, 최종 결과에서는 식 (3.22)에 따라 존재해야 하는 회절빔의 일부가 보이지 않게 된다. 또한, 회절빔을 형성하지 않는 특정한 결정면들의 집합은 해당 결정구조에 의존한다. BCC 결정구조의 경우, 면지수 $h + k + l$이 짝수여야 회절이 일어난다. FCC의 경우는, 면지수 h, k, l이 모두 짝수이거나 모두 홀수일 때만 회절이 일어난다. 단순입방 결정구조의 경우(그림 3.3), 모든 결정면으로부터의 회절빔이 관찰된다. 이러한 제한들을 **반사규칙**(*reflection rules*)이라고 하며, 표 3.10에 요약하였다.[17)]

개념 확인 3.4

입방결정에 대하여, 면지수 h, k, l이 증가할수록 이웃 평행면들과의 거리(면간 거리)가 증가하는가 감소하는가? 왜 그런가?

17) 0은 짝수로 간주된다.

개념 확인 3.5

알루미늄(Al)의 X선 회절실험 결과, FCC 구조를 가지는 Al(111) 면의 회절 피크의 위치는 $2\theta = 38.37°$에서 결정되었다. 또한 X선 회절 스펙트럼은 1.54 Å의 파장을 가지는 Cu K_α 특정 X선을 이용하였다. 이들 정보로부터 Al의 격자상수를 계산하라.

(정답은 *www.wiley.com*의 제품 페이지에서 확인할 수 있음)

회절기술

가장 일반적인 회절기술의 하나는 미세하고 무질서하게 배향되어 다수의 입자로 구성된 분말형태 혹은 다결정질 구조의 시편에 단파장 X선을 입사하는 방법이다. 각각의 분말입자(결정립)는 결정이고, 완전히 무질서한 결정 배향성을 가질 수 있도록 충분히 많은 수의 분말입자를 사용하면, 언제나 일부 분말들은 적절한 회절각으로 배향되어 회절을 일으키게 되고, 결국 해당 결정에서 회절 가능한 모든 결정면들의 회절 정보를 얻을 수 있다.

회절분석기(*diffractometer*)는 분말화한 시편들에 대한 회절각들을 결정하는 데 쓰는 장비이다. 이 회절분석기의 특징을 그림 3.41에 모식적으로 나타내었다. 편평한 형태의 시편 S는 O로 표시된 축을 중심으로 회전되도록 지지되어 있다. 이 축은 이 페이지면에 수직이다. 그림에서, 단파장의 X선 빔이 T에서 만들어지고, 회절빔의 강도는 C로 표시된 계수기로 검출된다. 시편과 X선원 및 계수기는 동일 평면에 있다.

계수기는 O축을 중심으로 회전할 수 있는 이동가능 운반체에 장착되어 있다. 이 계수기의 위치는 2θ의 각도값(회절각)으로 나타낸 가로 눈금선 위에 기록된다.[18] 운반체와 시편은 기계적으로 체결되어 시편이 θ만큼, 계수기는 2θ만큼의 회전을 하게 된다. 이로써 입사각 및 반사각

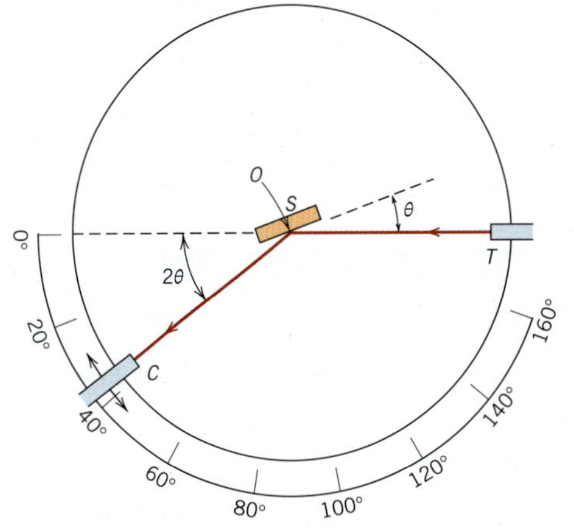

그림 3.41 X선 회절분석기의 모식도. T = X선원, S = 시편, C = 검출기, O = 시편과 검출기가 회전하는 중심축

18) 이 논의에서 θ는 두 가지 맥락에서 사용되었음을 유의하라. 여기서 θ는 시편 표면에 대한 X선원과 계수기의 각도를 나타낸다. 한편, 앞에서는[예: 식 (3.22)] 브래그 회절 기준을 만족하는 각도를 지칭하였다.

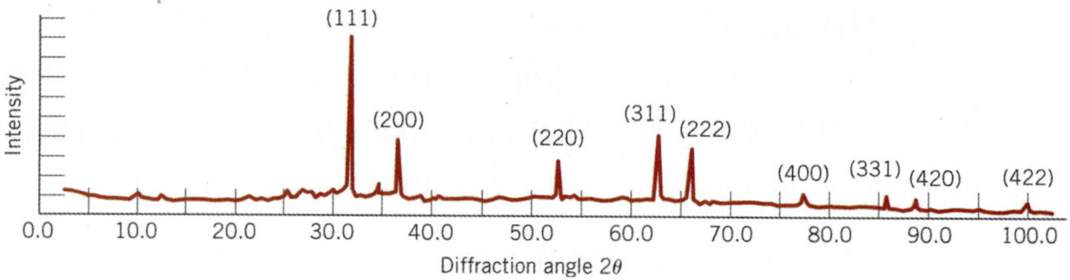

그림 3.42 Pb(납, lead) 분말의 회절 패턴

이 서로 동일하도록 유지된다(그림 3.41). 시준기(평행광형성장치, collimator)는 초점이 잘 맞고 확정된 파장의 빔을 만들기 위해 빔 라인 안에서 사용된다. 여과기(filter)를 사용하여 거의 단파장 빔을 만들 수 있다.

계수기가 일정한 각속도로 움직일 때, 기록계는 자동으로 (계수기로 검출한) 회절빔의 강도를 2θ의 함수로 기록한다. 2θ는 **회절각**(*diffraction angle*)이라 하며, 실험적으로 측정된다. 그림 3.42는 납 분말 시편의 회절 패턴을 나타낸다. 결정학적 면들의 몇몇 세트가 브래그 회절조건에 만족되면 높은 강도의 피크들이 나타난다. 그림에서 이 피크들의 면지수를 기록하였다.

회절빔 강도와 위치를 계수기로 측정하는 것이 아니라 사진필름 위에 기록하는 다른 분말 기술들이 고안되었다.

X선 회절분석의 주요 활용성 중 하나가 결정구조의 판정이다. 단위격자의 크기와 형태를 회절 피크들의 위치로부터 해석할 수 있고, 단위격자 내의 원자의 배열은 이들 피크의 상대적 강도들과 관련이 있다.

전자빔 및 중성자빔과 더불어 X선도 다양한 형태의 재료분석 연구에 사용할 수 있다. 예를 들어 단결정의 결정학적 방향들을 X선 회절(또는 라우에) 사진들을 이용하여 결정할 수 있다. 이 장 첫 페이지의 사진 (*a*)는 Mg 결정에 입사된 X선 빔을 이용하여 얻은 것이다(중앙부의 가장 검은 점을 제외한). 각 점들은 결정학적 면들에 의한 것이다. X선의 다른 이용방법은 화학성분의 정량적, 정성적 판정, 잔류 응력, 결정 크기의 판정 등이다.

예제 3.16

면간 거리 및 회절각 계산

BCC 철의 (220)면들에 대하여, (a) 면간 거리와 (b) 회절각을 계산하라. 철의 격자상수는 0.2866 nm이다. 사용한 단파장 X선의 파장은 0.1790 nm이고 반사차수는 1로 간주하라.

풀이

(a) 면간 거리 값 d_{hkl}은 식 (3.23)을 이용하여 계산한다. (220)면을 고려하므로, $h = 2, k = 2, l = 0$이고, $a = 0.2866$ nm이다. 따라서

$$d_{hkl} = \frac{a}{\sqrt{h^2 + k^2 + l^2}}$$

$$= \frac{0.2866 \text{ nm}}{\sqrt{(2)^2 + (2)^2 + (0)^2}} = 0.1013 \text{ nm}$$

(b) 이제 식 (3.22)를 이용하여 θ 값을 계산할 수 있다. 첫 번째 반사이므로 n은 1에 해당한다.

$$\sin\theta = \frac{n\lambda}{2d_{hkl}} = \frac{(1)\,(0.1790 \text{ nm})}{(2)\,(0.1013 \text{ nm})} = 0.884$$

$$\theta = \sin^{-1}(0.884) = 62.13°$$

회절각은 2θ, 즉,

$$2\theta = (2)\,(62.13°) = 124.26°$$

예제 3.17

Pb의 면간 거리와 격자상수의 계산

그림 3.42는 0.1542 nm의 단파장 X선을 써서 회절분석기로 얻은 Pb의 X선 회절 패턴이다. 각 회절 피크의 지수를 패턴과 함께 표시하였다. 각각의 지수면에 대한 면간 거리를 구하라. 또, 각 피크에 대하여 Pb의 격자상수를 결정하라. 모든 피크에 대해 회절차수는 1로 간주하라.

풀이

각 피크에 대한 면간 거리와 격자상수를 구하기 위해서 식 (3.22)와 (3.23)을 각각 사용해야 한다. 그림 3.42의 첫 번째 피크는 (111)면들에 의한 회절의 결과이며, $2\theta = 31.3°$에서 일어난다. 이 면들의 면간 거리는 식 (3.22)에 의해 계산하면 다음과 같다.

$$d_{111} = \frac{n\lambda}{2\sin\theta} = \frac{(1)\,(0.1542 \text{ nm})}{(2)\left[\sin\left(\frac{31.3°}{2}\right)\right]} = 0.2858 \text{ nm}$$

그리고 식 (3.23)으로부터 격자상수 a는 다음과 같이 결정된다.

$$\begin{aligned} a &= d_{hkl}\sqrt{h^2 + k^2 + l^2} \\ &= d_{111}\sqrt{(1)^2 + (1)^2 + (1)^2} \\ &= (0.2858 \text{ nm})\sqrt{3} = 0.4950 \text{ nm} \end{aligned}$$

다음 4개의 피크에 대해 비슷한 계산을 한다. 그 결과가 아래 표에 정리되어 있다.

Peak Index	2θ	d_{hkl}(nm)	a(nm)
200	36.6	0.2455	0.4910
220	52.6	0.1740	0.4921
311	62.5	0.1486	0.4929
222	65.5	0.1425	0.4936

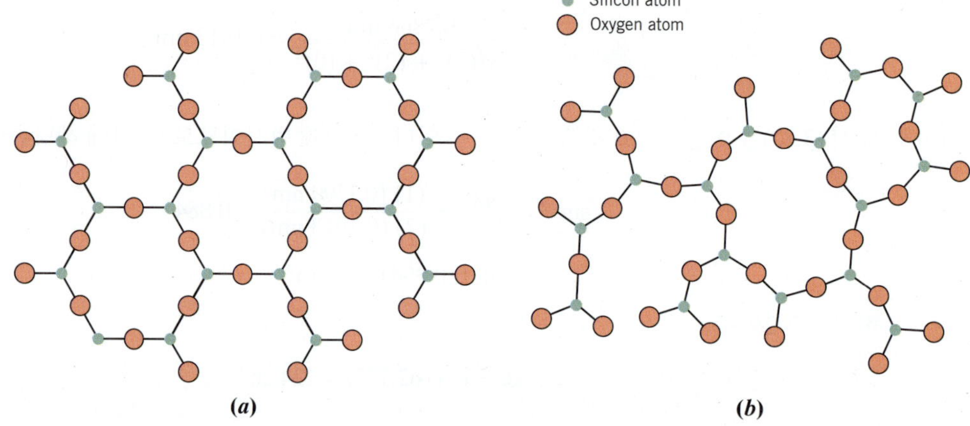

그림 3.43
(*a*) 결정질 SiO_2, (*b*) 비결정질 Si 산화물의 2차원 구조 체계

3.21 | 비결정질 고체

비결정질

비정질

비결정질(noncrystalline) 고체들은 큰 원자 거리에 걸친 체계적이고 규칙적인 원자의 배열이 부족하다고 이야기된다. 때때로 이러한 재료를 **비정질(amorphous**, 문자 그대로 '형태가 없음'을 의미) 또는 과냉각된(supercooled) 액체라 하는데, 이들의 원자배열이 액체의 배열과 비슷하기 때문이다.

비정질 상태는 두 상태로 존재가 가능한 세라믹 화합물 이산화규소(SiO_2)의 결정질 및 비결정질 구조의 비교를 통해 예시할 수 있다. 그림 3.43*a*와 3.43*b*는 SiO_2가 가지는 두 구조의 2차원 상태의 모식도로, 그림에서 SiO_4^{4-} 사면체가 기본 단위이다(그림 3.11). 비록 양쪽 상태의 Si 이온이 3개의 산소 이온들과 결합하는 것은 동일하지만, 비결정질 구조에서 훨씬 더 무질서하고 불규칙하다.

결정질 또는 비정질 고체가 형성되는 것은 응고하는 동안 액상의 무질서한 원자구조가 고상의 정렬된 상태로 얼마나 쉽게 변화할 수 있는가에 달려 있다. 따라서 비정질 재료들은 원자 또는 분자의 구조가 비교적 복잡하고 결정화하기 어려운 특징이 있다. 또, 응고온도를 통과하는 급랭 과정을 거치면, 결정화 과정에 허용된 시간이 부족하여 비결정질이 더 우세하게 형성된다.

금속들은 보통 결정질 고체를 형성하지만, 일부 세라믹 재료들은 결정질이고, 무기물 유리와 같은 재료들은 비정질이다. 고분자들은 완전히 비결정질이거나, 또는 다양한 결정도(degree of crystallinity)를 가지는 반결정질이다. 비정질 재료들의 구조와 특성에 관해서는 이 장의 뒷부분과 이후의 장들에서 계속 논의한다.

개념 확인 3.6

비결정질 재료들이 동소체(또는 동질이상) 현상을 나타내는가? 나타내는 혹은 나타내지 않는 이유를 설명하라.

개념 확인 3.7

비결정질 재료들이 결정립계를 갖고 있는가? 갖고 있는 혹은 가지고 있지 않은 이유를 설명하라.

(정답은 *www.wiley.com*의 제품 페이지에서 확인할 수 있음)

실리카 유리

비결정질 상태의 이산화규소(즉, 실리카, SiO_2)는 **용융 실리카**(*fused silica*), 또는 **유리질 실리카**(*vitreous silica*)라고 한다. 그림 3.43*b*에 이의 구조적 모식도를 나타내었다. 다른 산화물들(예: B_2O_3와 GeO_2) 또한 유리 구조들(그림 3.13에 나타낸 것과 같은 다면체 산화물 구조체)을 형성할 수 있다. SiO_2뿐만 아니라 이러한 재료들을 **네트워크 형성체**(*network formers*)라 한다.

용기, 창문 유리 등으로 사용되는 흔한 무기질 유리들은 실리카 유리인데, 이에는 CaO과 Na_2O 같은 다른 산화물들이 포함되어 있다. 이들 산화물은 다면체 네트워크를 형성하지 않는다. 오히려 이들의 양이온들은 SiO_4^{4-}에 합체되어 이들의 네트워크를 변형시키는데, 이들 산화물 첨가제들은 **네트워크 개량제**(*network modifiers*)라고 한다. 예를 들어 그림 3.44는 나트륨-규산염 유리(sodium-silicate glass)의 구조의 모식도를 나타낸다. 비록 네트워크 형성체는 아니지만, TiO_2과 Al_2O_3 같은 또 다른 산화물들이 실리콘을 대신하여 네트워크의 일부가 되고 네트워크를 안정화하며, 이들을 **중간제**(*intermediates*)라고 한다. 실질적인 관점에서, 이러한 개량제와 중간제들의 첨가는 용융점과 유리의 점도를 낮추고 더 낮은 온도에서의 조형을 용이하게 한다(15.8절).

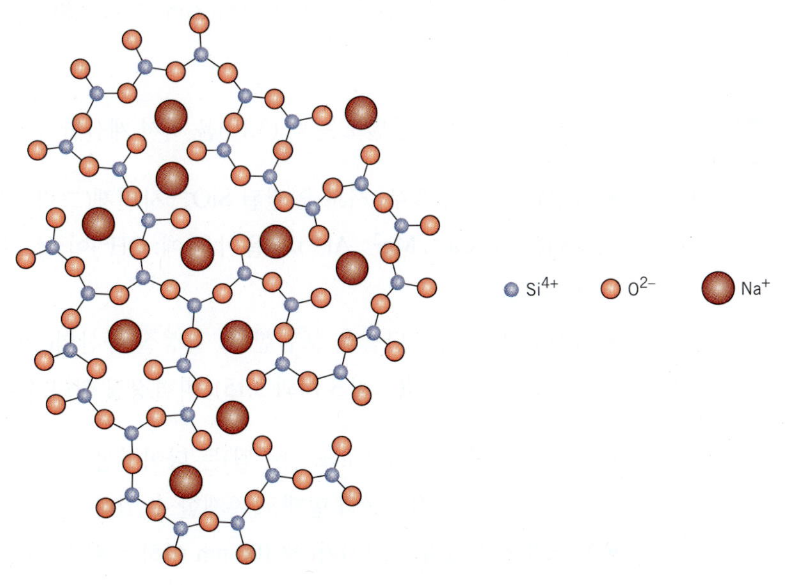

그림 3.44 나트륨규산염 유리에서 이온의 위치들을 나타내는 모식도

요약

기본 개념
- 비결정질 또는 비정질 재료에서 관찰되는 무작위성과 무질서한 원자의 분포와는 대조적으로 결정질 고체에서 원자들은 정렬되고 반복적인 형태로 위치한다.

단위격자
- 결정구조들은 평행육면체의 단위격자로 명시되는데, 이는 기하학적 구조와 내부 원자의 위치로 특정된다.

금속 결정구조
- 대부분의 일반 금속들은 최소 3개의 비교적 간단한 결정구조로 존재한다. 즉, 입방정을 갖는 면심입방(FCC, 그림 3.1), 마찬가지로 입방정을 갖는 체심입방(BCC, 그림 3.2), 육방대칭의 단위격자를 갖는 조밀육방이다(HCP, 그림 3.4*a*).
- 격자상수(a)와 원자반지름(R)은 FCC의 경우 식 (3.1), BCC의 경우 식 (3.4)와 같은 관계가 있다.
- 결정구조의 두 가지 특징은, 배위수(최인접 원자들의 수)와 원자충진율(단위격자 안에서 강체구의 부피의 분율)이다.

밀도 계산—금속
- 금속의 이론밀도(ρ)는 단위격자 안에 존재하는 등가 원자의 수, 원자량, 단위격자의 부피와 아보가드로 수의 함수이다[식 (3.9)].

세라믹 결정구조
- 세라믹 재료에서의 원자간 결합은 순수 이온결합과 완전 공유결합 사이의 영역 안에 있다.
- 이온결합이 지배적인 경우, 금속 양이온들은 양으로 하전되고, 비금속은 음으로 하전된다. 결정구조는 (1) 각각의 이온의 전하 크기와 (2) 이온반지름으로 결정된다.
- 간단한 결정구조를 가지는 다수의 재료들은 다음의 단위격자로 표현된다: 암염(그림 3.6), 염화세슘(CsCl, 그림 3.7), 섬아연석(ZnS, 그림 3.8), 형석(CaF_2, 그림 3.9), 페로브스카이트(그림 3.10).

밀도 계산—세라믹 재료
- 세라믹 재료의 이론밀도는 식 (3.10)을 써서 계산할 수 있다.

규산염 세라믹
- 규산염 재료의 경우, 서로 연결된 SiO_4^{4-} 사면체(그림 3.11)로 간편히 나타낼 수 있다. 다른 양이온(예: Ca^{2+}, Mg^{2+}, Al^{3+})과 음이온(예: OH^-)이 첨가될 때 비교적 복잡한 구조가 만들어질 수 있다.
- 규산염 세라믹은 다음을 포함한다: 결정질 규산염(SiO_2; 크리스토발라이트 형태로, 그림 3.12), 층상 규산염(그림 3.14와 3.15), 비결정질 실리카 유리(그림 3.44).

탄소
- 탄소(때때로 세라믹으로도 간주됨)는 다이아몬드(그림 3.17)와 흑연(그림 3.18) 등을 포함한 여러 가지 동질이상의 형태로 존재할 수 있다.
- 나노카본은 입자의 크기가 약 100 nm 이하인 탄소 재료를 말한다. 풀러렌(C_{60}, 그림 3.19), 탄소 나노튜브(그림 3.20), 그래핀(그림 3.21) 등 세 가지 형태의 나노카본이 존재한다.

동질이상과 동소체

- 특정 재료가 한 가지 이상의 결정구조를 가질 때 **동질이상**(*polymorphism*)이 형성된다. **동소체**(*allotropy*)는 단일 원소 구성 재료의 동질이상을 뜻한다.

결정계

- 결정계의 개념은 결정구조들을 단위격자의 기하적 모양, 즉 격자상수(단위격자의 변 길이)와 축간각에 기초하여 분류하는 데 이용한다.

점 좌표
결정방향
결정면

- 결정학적 점, 방향과 면은 지수체계에 의해 명시된다. 각각의 지수를 결정하는 기본사항은 각각의 결정구조에서 단위격자에 의해 정의된 좌표축계이다.
  - 단위격자 내에서의 점의 위치는 격자상수의 분수배인 좌표를 사용하여 나타낸다[식 (3.11a)~(3.11c)].
  - 방향지수들은 벡터머리에서 벡터꼬리의 좌표를 빼서 계산된다[식 (3.12a)~(3.12c)].
  - 면지수(밀러지수)들은 축과의 교점의 역수들로 결정된다[식 (3.15a)~(3.15c)].
- 육방정계의 경우, 결정방향과 결정면의 표현 모두 4지수 체계가 보다 편리하다. 결정방향은 식 (3.13a)~(3.13d)와 (3.14a)~(3.14c)를 써서 결정할 수 있다.

선밀도와 면밀도

- 결정방향과 결정면의 등가적인 특성은 각각 원자의 선밀도 및 면밀도와 관계된다.
  - (특정한 결정학적 방향에 대한) **선밀도**(*linear density*)는 단위길이당 원자의 중심이 이 방향의 벡터에 놓여 있는 원자의 수로 정의된다[식 (3.17)].
  - (특정한 결정학적 면에 대한) **면밀도**(*planar density*)는 단위면적당 해당 면 위에 원자의 중심이 놓인 원자의 수이다[식 (3.19)].
- 주어진 결정구조에 대하여, 같은 면밀도를 갖지만 다른 밀러지수를 갖는 면들은 같은 면족에 속한다.

조밀충진 결정구조

- FCC와 HCP 결정구조는 원자들의 조밀면들을 하나씩 하나씩 쌓아서 만들어진다. 이 체계에서 *A*, *B*, *C*는 조밀충진면상에 가능한 원자의 위치를 지칭한다. HCP의 적층순서는 *ABABAB* ⋯이다. FCC의 적층순서는 *ABCABCABC* ⋯이다.
- FCC와 HCP의 조밀충진면들은 각각 {111}과 {0001}이다.
- 일부 세라믹 결정구조들은 음이온들의 조밀면들의 적층으로 만들어질 수 있다. 양이온들은 인접 면들 간에 존재하는 사면체 및/또는 팔면체의 침입형 위치들을 채운다.

단결정
다결정질 재료

- **단결정**(*single crystal*)은 원자의 규칙적인 배열이 전체 시편에 걸쳐 끊어지지 않고 펼쳐져 있는 재료들이다. 어떤 환경하에서는 단결정은 평탄한 면들과 규칙적인 기하형태를 갖는다.
- 그러나 결정질 고체의 대부분은 다결정질로, 이들은 다른 결정방향을 갖는 많은 작은 결정들, 즉 결정립을 갖는다.
- **결정립계**(*grain boundary*)는 2개의 결정립 사이의 경계 영역을 말하며, 원자배열의 비정합이 발생한다.

이방성 • 이방성(*anisotropy*)은 물성의 방향 의존성이다. 등방성 재료의 물성은 측정의 방향과 관계가 없다.

X선 회절: 결정구조의 판정 • X선 회절분석(*x-ray diffractometry*)은 결정구조와 면간 거리를 결정하는 데 사용된다. 결정질 재료에 입사된 X선은 일련의 평행 원자면들과 상호작용의 결과로 회절(보강간섭)을 일으킬 수 있다.

• 브래그 법칙은 X선 회절조건을 명시한다[식 (3.22)].

비결정질 고체 • 비결정질 고체 재료들은 (원자 규모에서) 비교적 넓은 범위에 걸쳐 체계적이고 규칙적인 원자 또는 이온 배열이 존재하지 않는다. 때때로 **비정질**(*amorphous*)이란 용어를 이러한 재료들을 지칭하기 위해 사용한다.

식 요약

Equation Number	Equation	Solving for
3.1	$a = 2R\sqrt{2}$	Unit cell edge length, FCC
3.3	$\text{APF} = \dfrac{\text{volume of atoms in a unit cell}}{\text{total unit cell volume}} = \dfrac{V_S}{V_C}$	Atomic packing factor
3.4	$a = \dfrac{4R}{\sqrt{3}}$	Unit cell edge length, BCC
3.9	$\rho = \dfrac{nA}{V_C N_\text{A}}$	Theoretical density of a metal
3.10	$\rho = \dfrac{n'(\sum A_\text{C} + \sum A_\text{A})}{V_C N_\text{A}}$	Theoretical density of a ceramic material
3.11a	$q = \dfrac{a}{P_x}$	Point index referenced to x axis
3.12a	$u = n\left(\dfrac{x_2 - x_1}{a}\right)$	Direction index referenced to x axis
3.13a	$u = \frac{1}{3}(2U - V)$	Direction index conversion to hexagonal
3.14a	$U = n\left(\dfrac{a_1'' - a_1'}{a}\right)$	Hexagonal direction index referenced to a_1 axis (three-axis scheme)
3.15a	$h = \dfrac{na}{A}$	Planar (Miller) index referenced to x axis
3.17	$\text{LD} = \dfrac{\text{number of atoms centered on direction vector}}{\text{length of direction vector}}$	Linear density
3.19	$\text{PD} = \dfrac{\text{number of atoms centered on a plane}}{\text{area of plane}}$	Planar density

(계속)

Equation Number	Equation	Solving for
3.22	$n\lambda = 2d_{hkl} \sin\theta$	Bragg's law; wavelength–interplanar spacing–angle of diffracted beam
3.23	$d_{hkl} = \dfrac{a}{\sqrt{h^2 + k^2 + l^2}}$	Interplanar spacing for crystals having cubic symmetry

기호 목록

Symbol	Meaning
a	Unit cell edge length for cubic structures; unit cell x-axial length
a_1'	Vector tail coordinate, hexagonal
a_1''	Vector head coordinate, hexagonal
A	Atomic weight
A	Planar intercept on x axis
$\sum A_A$	Sum of the atomic weights of all anions in formula unit
$\sum A_C$	Sum of the atomic weights of all cations in formula unit
d_{hkl}	Interplanar spacing for crystallographic planes having indices h, k, and l
n	Order of reflection for x-ray diffraction
n	Number of atoms associated with a unit cell
n	Normalization factor—reduction of directional/planar indices to integers
n'	Number of formula units in a unit cell
N_A	Avogadro's number (6.022×10^{23} atoms/mol)
P_x	Lattice position coordinate
R	Atomic radius
V_C	Unit cell volume
x_1	Vector tail coordinate
x_2	Vector head coordinate
λ	X-ray wavelength
ρ	Density; theoretical density

중요한 용어와 개념

격자
격자상수
결정계
결정립
결정립계
결정질
다결정질
단결정
단위격자
동소체
동질이상
등방성
면심입방
밀러지수
배위수
브래그 법칙
비결정질
비정질
사면체 자리
양이온
원자충진율
음이온
이방성
조밀육방
체심입방
판상형태
팔면체 자리

참고문헌

Buerger, M. J., *Elementary Crystallography*, John Wiley & Sons, New York, NY, 1956.

Chiang, Y. M., D. P. Birnie, III, and W. D. Kingery, *Physical Ceramics: Principles for Ceramic Science and Engineering*, John Wiley & Sons, New York, NY, 1997.

Cullity, B. D., and S. R. Stock, *Elements of X-Ray Diffraction*, 3rd edition, Pearson Education, Upper Saddle River, NJ, 2014.

DeGraef, M., and M. E. McHenry, *Structure of Materials: An Introduction to Crystallography, Diffraction, and Symmetry*, 2nd edition, Cambridge University Press, New York, NY, 2012.

Hammond, C., *The Basics of Crystallography and Diffraction*, 4th edition, Oxford University Press, New York, NY, 2014.

Hauth, W. E., "Crystal Chemistry in Ceramics," *American Ceramic Society Bulletin*, Vol. 30, 1951: No. 1, pp. 5–7; No. 2, pp. 47–49; No. 3, pp. 76–77; No. 4, pp. 137–142; No. 5, pp. 165–167; No. 6, pp. 203–205. A good overview of silicate structures.

Julian, M. M., *Foundations of Crystallography with Computer Applications*, 2nd edition, CRC Press, Boca Raton FL, 2014.

Kingery, W. D., H. K. Bowen, and D. R. Uhlmann, *Introduction to Ceramics*, 2nd edition, John Wiley & Sons, New York, NY, 1976. Chapters 1–4.

Massa, W., *Crystal Structure Determination*, 2nd edition, Springer, New York, NY, 2010.

Richerson, D.W., *The Magic of Ceramics*, 2nd edition, American Ceramic Society, Westerville, OH, 2012.

Richerson, D. W., and W. E. Lee, *Modern Ceramic Engineering: Properties, Processing, and Use in Design*, 4th edition, CRC Press, Boca Raton, FL, 2018.

Sands, D. E., *Introduction to Crystallography*, Dover, Mineola, NY, 1994.

문제

기본 개념

3.1 **(a)** 원자구조와 결정구조의 차이에 대해 간단히 설명하라.

(b) 결정계와 브라베 격자(Bravais lattice)는 어떻게 다른지 설명하라.

단위격자

금속 결정구조

3.2 철과 알루미늄의 원자반지름은 각각 0.126 nm와 0.143 nm이다. 이때 철과 알루미늄의 단위격자의 부피를 m^3 단위로 계산하라.

3.3 구리의 원자반지름은 0.128 nm이다. 구리의 단위격자의 부피를 m^3 단위로 계산하라.

3.4 체심입방(BCC) 결정구조의 격자상수 a와 원자반지름 R 사이의 관계가 $a = 4R/\sqrt{3}$임을 보여라. 또한 면심입방(FCC) 결정구조의 격자상수 a와 원자반지름 R 사이의 관계가 $a = 4R/\sqrt{2}$임을 보여라.

3.5 조밀육방(HCP) 결정구조를 도시하고 [0001] 방향과 $[1\bar{1}00]$ 방향을 표시하라. 조밀육방 결정구조에서 이상적인 c/a 비율이 1.633임을 보여라.

3.6 조밀육방 구조의 원자충진율이 0.74임을 보여라.

밀도 계산

3.7 철은 체심입방 결정구조를 가지고, 원자반지름과 원자량은 각각 0.124 nm와 55.85 g/mol이다. 철의 밀도를 계산하고, 부록 F를 참고하여 실험값과 계산된 이론값을 비교하라.

3.8 니오븀(Nb)은 체심입방 결정구조를 가지고, 원자반지름과 원자량은 각각 0.143 nm와 92.91 g/mol이다. Nb의 이론밀도를 계산하라.

3.9 이리듐(Ir)은 면심입방 결정구조를 가지고, 밀도와 원자량은 각각 22.4 g/cm^3와 192.2 g/mol이다. Ir의 원자반지름을 계산하라.

3.10 구리(Cu)는 면심입방 결정구조를 가지고, 밀도와 원자량은 각각 8.96 g/cm^3와 63.54 g/mol이다. Cu의 원자반지름을 계산하라.

3.11 가상의 어떤 금속이 그림 3.3의 단순입방 결정구조를 가진다. 이 금속의 원자량과 원자반지름이 각각 70.4 g/mol과 0.126 nm일 때 이 금속의 밀도를 계산하라.

3.12 지르코늄(Zr)과 티타늄(Ti)은 조밀육방 구조를

가진다. Zr과 Ti의 밀도는 각각 6.51 g/cm^{3}와 4.5 g/cm^{3}이다.

(a) 지르코늄과 티타늄 단위격자의 부피를 m^3 단위로 계산하라.

(b) Zr과 Ti 단위격자의 c/a비가 각각 1.593과 1.587일 때, 격자상수 c와 a의 값을 계산하라.

3.13 코발트(Co)는 조밀육방 구조를 가지며, 밀도는 8.86 g/cm^{3}이다.

(a) 단위격자의 부피를 m^3 단위로 계산하라.

(b) c/a비가 1.623일 때, 격자상수 c와 a의 값을 계산하라.

3.14 부록 F에 제시된 원자량, 결정구조, 원자반지름 정보를 이용하여 납(Pb), 크롬(Cr), 구리(Cu), 코발트(Co)의 이론밀도를 계산하고, 같은 표에 정리되어 있는 측정밀도와 비교하라. Co의 c/a비는 1.623이다.

3.15 로듐(Rh)은 0.1345 nm의 원자반지름과 12.41 g/cm^{3}의 밀도를 가진다. 철(Fe)은 0.126 nm의 원자반지름과 7.874 g/cm^{3}의 밀도를 가진다. Rh과 Fe이 각각 면심입방결정인지 체심입방결정인지를 판단하라.

3.16 세 가지 종류의 가상 합금에 대한 원자량, 밀도, 원자반지름 값이 아래 표에 정리되어 있다. 각 합금에 대해 이들이 면심입방, 체심입방, 혹은 단순입방 중 어떤 결정구조를 가지는지 판단하라.

Alloy	Atomic Weight (g/mol)	Density (g/cm^3)	Atomic Radius (nm)
A	77.4	8.22	0.125
B	107.6	13.42	0.133
C	127.3	9.23	0.142

3.17 주석(Sn)의 단위격자는 정방정계(tetragonal) 대칭을 가지고 있고, 격자상수 a와 b는 각각 0.583, 0.318 nm이다. Sn의 밀도, 원자량, 원자반지름이 각각 7.30 g/cm^3, 118.69 g/mol, 0.151 nm일 때, Sn의 원자충진율을 계산하라.

3.18 아이오딘(I)의 단위격자는 사방정계(orthorhombic) 대칭을 가지고 있고, 격자상수 a, b, c는 각각 0.479, 0.725, 0.978 nm이다.

(a) I의 원자충진율과 원자반지름이 각각 0.547과 0.177 nm일 때, 단위격자 내부에 존재하는 원자의 수를 계산하라.

(b) I의 원자량이 126.91 g/mol일 때 이론밀도를 계산하라.

(c) (001)면과 (010)면의 면밀도를 계산하라.

3.19 티타늄(Ti)의 단위격자는 조밀육방 구조를 가지고 있고, 단위격자의 c/a비는 1.58이다. Ti의 원자반지름은 0.1445 nm이다. 만약 아연(Zn)의 단위격자 c/a비와 원자반지름이 각각 1.856과 0.139 nm라면,

(a) Ti과 Zn의 단위격자 부피를 계산하라.

(b) Ti과 Zn의 밀도를 계산하고 문헌값과 비교하라.

3.20 **(a)** 아연(Zn)은 조밀육방 결정구조를 가지고 있고, 단위격자의 c/a비와 밀도는 각각 1.856과 7.13 g/cm^{3}이다. Zn의 원자반지름을 계산하라.

(b) 티타늄(Ti)은 조밀육방 결정구조를 가지고 있고, 단위격자의 c/a비와 밀도는 각각 1.857과 4.5 g/cm^{3}이다. Ti의 원자반지름을 계산하라.

3.21 카드뮴(Cd)은 조밀육방 결정구조를 가지고 있고, 원자반지름과 단위격자의 c/a비가 각각 0.158 nm와 1.886이다. 레늄(Re) 역시 조밀육방 결정구조를 가지고 있고, 원자반지름과 단위격자의 c/a비가 각각 0.137 nm와 1.615이다. Cd과 Re의 단위격자 부피를 계산하라.

세라믹 결정구조

3.22 **(a)** 세라믹 화합물의 결정구조가 정해지기 위해 구성 이온이 가지는 두 가지 특징은 무엇인

지 설명하라.

(b) 세라믹이 가지는 두 가지 종류의 결정구조를 도시하라.

3.23 **(a)** 배위수가 4일 때, 양이온과 음이온의 최소 반지름비가 0.225임을 보여라.

(b) 면심입방 단위격자에서 배위수 4를 가지는 사면체 공간을 표시하라(역주: 원문의 tetragonal은 tetrahedral의 오류).

3.24 **(a)** 배위수가 6일 때, 양이온과 음이온의 최소 반지름비가 0.414임을 보여라. **힌트**: 그림 3.6의 NaCl 구조를 참고하고, 음이온과 양이온이 육면체의 변과 면 대각선을 따라 맞닿아 있음을 생각하라.

(b) 체심입방과 면심입방 단위격자에서 배위수 6을 가지는 육면체 공간을 표시하라.

3.25 배위수가 8일 때, 양이온과 음이온의 최소 반지름비가 0.732임을 보여라.

3.26 표 3.4에 주어진 이온의 반지름과 가수를 기반으로, 다음 재료의 결정구조를 예측하라. 또한 그 이유를 설명하라.

(a) CsI　　**(b)** NiO

(c) KI　　**(d)** NiS

(e) $MgCl_2$　　**(f)** $FeCl_3$

3.27 CsCl 구조를 도시하고 다음 사항에 대해 설명하라. 표 3.4에 제시한 어떤 양이온이 CsCl 결정구조를 가지는 아이오딘 화합물(iodides)을 형성할지 예측하고 그 이유를 설명하라.

밀도 계산—세라믹 재료

3.28 NaCl의 암염(rock salt) 구조를 도시하고 양이온과 음이온 반지름비(r_C/r_A)가 0.414인 암염 구조의 원자충진율을 계산하라.

3.29 $MgFe_2O_4$(MgO-Fe_2O_3)의 단위격자는 입방대칭을 가지며 단위격자의 격자상수는 0.836 nm이다. 이 재료의 밀도가 4.52 g/cm^{3}일 때 원자충진율을 계산하라. 이 계산을 위해 필요한 이온반지름 값은 표 3.4를 참고하라.

3.30 표 3.4의 이온반지름 값을 이용하고 각 이온들은 육면체 대각선을 따라 맞닿아 있다는 전제하에, NaCl과 CsCl의 원자충진율을 계산하라.

3.31 FeO이 암염 구조를 가지는 경우, 밀도를 계산하라.

3.32 MgO은 암염 구조를 가지며 밀도는 3.58 g/cm^{3}이다.

(a) 단위격자의 격자상수를 계산하라.

(b) 이 계산결과를 Mg^{2+} 이온과 O^{2-} 이온이 단위격자의 육면체 변을 따라 서로 맞닿아 있다는 가정하에 표 3.4에 제시된 이온반지름으로 계산되는 격자상수의 값과 비교하라.

3.33 CdS은 입방 단위격자를 가지며, X선 회절실험의 결과 단위격자의 격자상수가 0.582 nm이다. CdS의 밀도가 4.82 g/cm^{3}일 때, 단위격자 안에 몇 개의 Cd^{2+}와 S^{2-}가 포함되는지 계산하라.

3.34 **(a)** 표 3.4의 이온반지름 값을 이용하여 CsCl의 이론밀도를 계산하라. **힌트**: 식 (3.4)의 변형식을 사용하라.

(b) 이 재료의 측정밀도는 3.99 g/cm^{3}이다. 그렇다면 계산된 이론밀도와 측정값 사이에 발생한 작은 차이가 발생하는 이유에 대해 설명하라.

3.35 표 3.4의 데이터를 사용하여 형석(fluorite) 구조를 가지는 CaF_2의 이론밀도를 계산하라.

3.36 일반 화학식 AX를 가지는 가상의 세라믹 재료의 밀도가 2.65 g/cm^{3}이고 단위격자는 입방대칭을 가지며 격자상수는 0.43 nm이다. A와 X 원소의 원자량은 각각 86.6, 40.3 g/mol이다. 이 정보를 활용하여, 이 재료가 다음의 결정구조 중 어떤 구조를 가질 수 있을지 예측하고 그 이유를 설명하라: 암염 구조, CsCl 구조, 섬아연석(zinc blende) 구조.

3.37 Cr_2O_3의 단위격자는 육방정계 대칭을 가지며 격자상수는 각각 a = 0.4961 nm와 c = 1.360

nm이다. 재료의 밀도가 5.22 g/cm^{3}일 때 원자 충진율을 계산하라. 이 계산을 위해 Cr^{3+} 이온과 O^{2-} 이온의 이온반지름은 각각 0.062 nm와 0.140 nm로 가정하라.

규산염 세라믹

3.38 원자결합의 관점에서 규산염 세라믹 재료들이 상대적으로 낮은 밀도를 가지는 이유에 대해 설명하라.

3.39 SiO_4^{4-} 사면체에서 공유결합 간의 각도를 계산하라.

탄소

3.40 탄소 원자간 거리와 결합각도가 각각 0.154 nm와 109.5°일 때 다이아몬드의 밀도를 계산하라. 계산값을 측정값과 비교하라.

3.41 Zn과 S의 거리와 결합각도가 각각 0.234 nm와 109.5°일 때 ZnS의 이론밀도를 계산하라. 계산값을 측정값과 비교하라.

3.42 그림 3.17에 도시한 다이아몬드의 입방 결정구조에 대한 원자충진율을 계산하라. 이때 서로 맞닿아 있는 결합 원자의 결합각도는 109.5°이고, 각 원자들은 단위격자 내부에서 각 원자들과 가장 가까운 단위격자 면으로부터 a/4만큼 떨어진 위치에 존재함을 가정한다(a는 단위격자의 격자상수).

동질이상과 동소체

3.43 **(a)** 동질이상을 보이는 세 종류의 금속 재료를 예시하고, 이들 재료가 동질이상 변태 전후에 보이는 결정구조와 해당 변태 온도를 열거하라.

(b) 철(iron)은 912°C에서 동소변태를 경험한다. 즉, α상의 BCC 구조에서 γ상의 FCC 구조로 변태한다. 이러한 상변태는 Fe 이온의 이온반지름 변화를 수반하는데, BCC 구조의 경우 0.12584 nm의 이온반지름이 FCC 구조에서는 0.12894 nm로 변화한다. 또한 단위격자의 부피와 밀도도 변한다. 그렇다면 철의 동소변태에 따른 부피 변화를 백분율로 계산하라. 그 결과, 단위격자의 부피는 증가하는가 아니면 감소하는가?

결정계

3.44 아래 그림은 가상의 금속 재료의 단위격자를 표시한 것이다.

(a) 이 단위격자는 어떤 결정계에 속하는가?

(b) 이 결정구조를 어떻게 명명하는가?

(c) 이 금속의 원자량이 141 g/mol일 때 밀도를 계산하라.

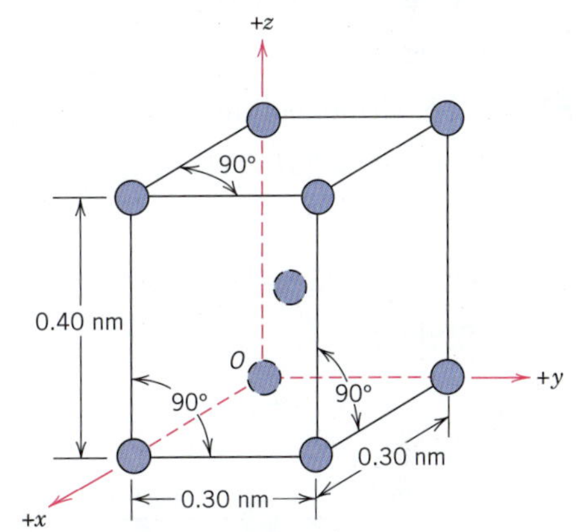

3.45 **(a)** 면심 사방정계(face-centered orthorhombic) 결정구조의 단위격자를 도시하라.

(b) 단순 및 체심 단사정계(body-centered monoclinic) 결정구조의 단위격자를 도시하라.

점 좌표

3.46 그림 3.2에 도시한 체심입방(BCC), 면심입방(FCC) 단위격자 내부의 모든 원자들에 대해 점 좌표를 열거하라.

3.47 페로브스카이트(perovskite) 결정구조에 대해 설명하라. 그림 3.10에 도시한 페로브스카이트

구조를 가지는 티탄산바륨($BaTiO_3$)의 단위격자에서 티타늄, 바륨, 산소 이온의 점 좌표를 열거하라.

3.48 다이아몬드 입방 단위격자 내부의 모든 원자들에 대해 점 좌표를 열거하라.

3.49 정방정계(tetragonal) 단위격자를 도시하고, 격자 내부의 다음 각 점 좌표의 위치를 표시하라: $\frac{1}{2}\,1\,\frac{1}{2}$, $\frac{1}{4}\,\frac{1}{2}\,\frac{3}{4}$, $0\,0\,\frac{1}{2}$, $\frac{1}{2}\,\frac{1}{2}\,0$.

3.50 사방정계(orthorhombic) 단위격자를 도시하고, 격자 내부의 다음 각 점 좌표의 위치를 표시하라: $1\,\frac{1}{2}\,0$, $\frac{1}{4}\,\frac{1}{3}\,\frac{1}{4}$, $0\,0\,\frac{1}{2}$, $\frac{1}{2}\,\frac{1}{2}\,0$.

결정방향

3.51 사방정계(orthorhombic) 단위격자를 도시하고, $[12\bar{1}]$ 결정방향과 (001) 결정면을 격자 안에 표시하라.

3.52 단사정계(monoclinic) 단위격자를 도시하고, $[0\bar{1}1]$ 결정방향과 (111) 결정면을 격자 안에 표시하라.

3.53 아래 그림에 도시된 두 방향의 결정방향 지수는 무엇인가?

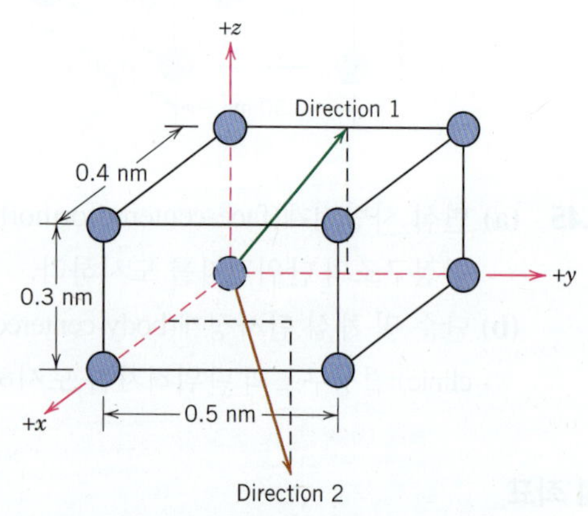

3.54 입방 단위격자 안에 다음 결정방향과 결정면을 도시하라.

(a) $[\bar{1}10]$ **(b)** [010]
(c) $[1\bar{1}0]$ **(d)** [123]
(e) $(\bar{1}10)$ **(f)** (010)
(g) $(1\bar{1}0)$ **(h)** (123)

3.55 아래 그림의 입방 단위격자에 표시된 각 결정방향의 지수를 판정하라.

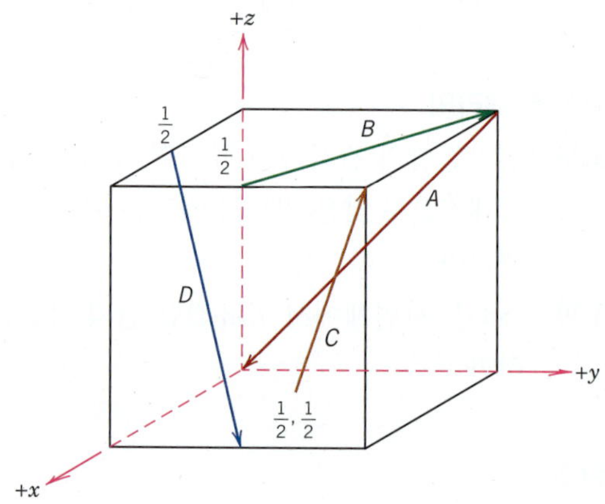

3.56 아래 그림의 입방 단위격자에 표시된 각 결정방향의 지수를 판정하라.

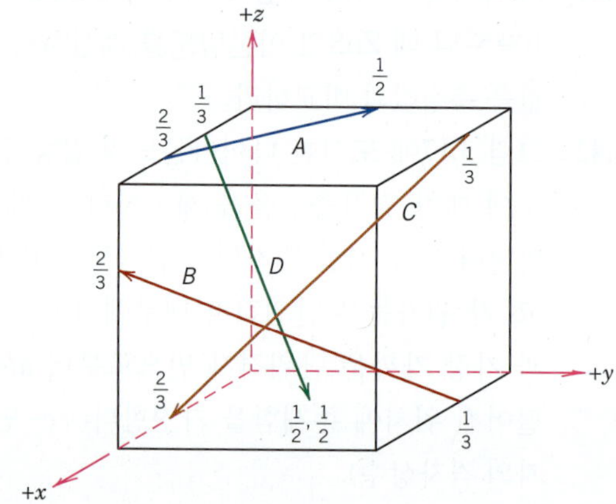

3.57 **(a)** 입방 단위격자에서 점 $\frac{2}{3}\,1\,1$에서 점 $0\,1\,\frac{1}{2}$을 연결하는 벡터가 나타내는 결정방향 지수는 무엇인가?

(b) (a)조건을 단사정계(monoclinic) 단위격자에 적용하라.

3.58 **(a)** 정방 단위격자에서 점 $1\,0\,\frac{1}{3}$에서 점 $\frac{1}{2}\,1\,\frac{1}{2}$을 연결하는 벡터가 나타내는 결정방향 지수는 무엇인가?

(b) (a)조건을 능면정계(rhombohedral) 단위격

자에 적용하라.

3.59 정방정계 결정에서 다음의 결정방향과 등가의 방향을 가지는 지수를 표시하라.
(a) [001] **(b)** [110] **(c)** [010]

3.60 육방정계 단위격자에서 [100]과 [111] 3축 결정방향 지수를 밀러-브라베 4축 지수로 변환하라.

3.61 아래 그림의 육방 단위격자에 표시된 각 결정방향의 지수를 판정하라.

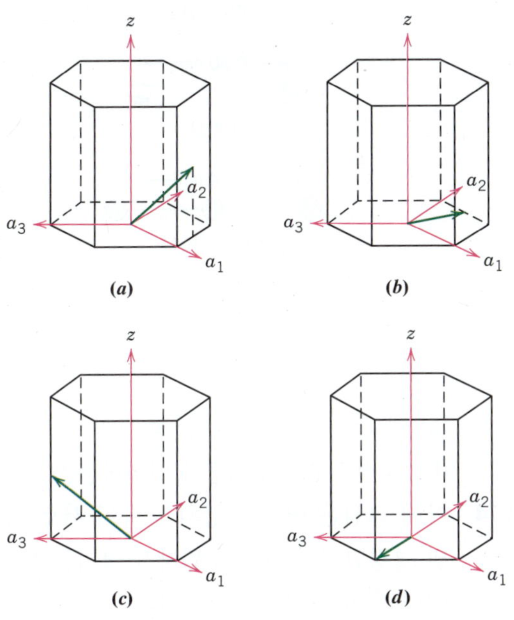

3.62 식 (3.13a), (3.13b), (3.13c), (3.13d)를 적용하여 3축 지수계의 각 지수 U, V, W를 4축 지수계의 u, v, t, w 지수로 변환하는 표현식을 유도하라.

결정면

3.63 **(a)** 사방정계(orthorhombic) 단위격자를 도시하고, (001), (210), (101) 결정면을 표시하라.
(b) 단사정계(monoclinic) 단위격자를 도시하고, (001), (002), (010) 결정면을 표시하라.

3.64 아래 그림에 도시된 두 면의 결정면 지수는 무엇인가?

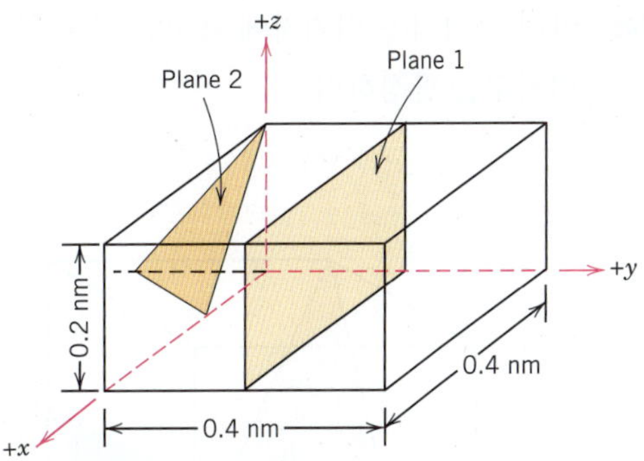

3.65 육방 단위격자 안에 다음의 결정면을 도시하라.
(a) (0001) **(b)** $(\bar{1}010)$
(c) $(0\bar{1}10)$ **(d)** $(10\bar{1}0)$

3.66 아래 그림의 단위격자에 표시된 각 결정면의 밀러지수를 판정하라.

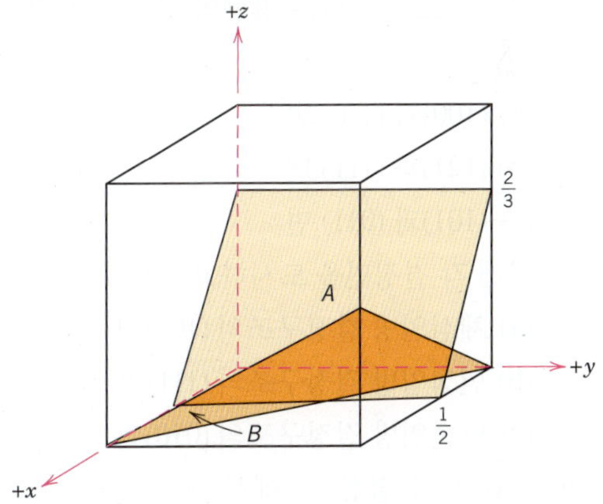

3.67 아래 그림의 단위격자에 표시된 각 결정면의 밀러지수를 판정하라.

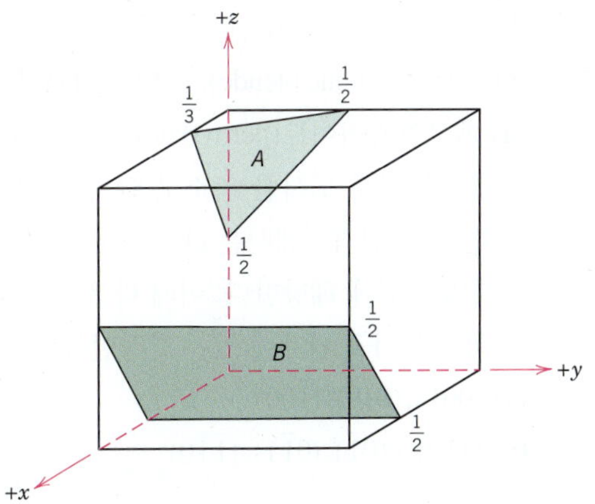

3.68 아래 그림의 단위격자에 표시된 각 결정면의 밀러지수를 판정하라.

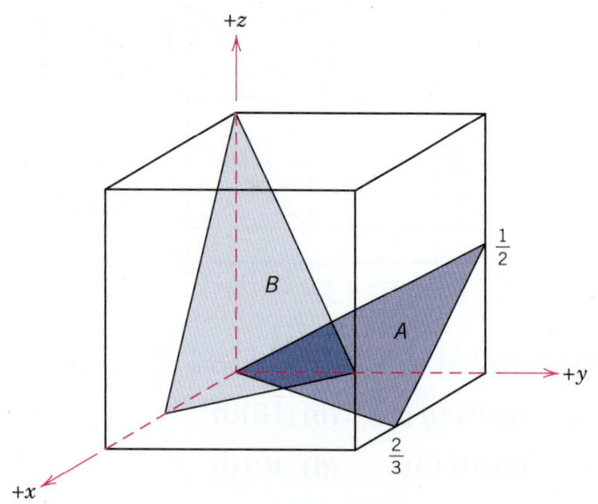

3.69 입방정계 결정 안에서 다음 2개의 결정면의 교차선으로 표시되는 방향의 결정방향 지수를 판정하라.

(a) (100)과 (110) 면

(b) (121)과 $(11\bar{1})$ 면

(c) (101)과 (011) 면

3.70 아래 각 결정면을 도시하고 면밀도를 계산하라.

(a) 체심입방 결정구조의 (100)면

(b) 면심입방 결정구조의 (111)면

(c) 단순입방 결정구조의 (010)면

3.71 아래의 각 결정구조에서 지정된 결정면을 그림 3.28과 3.29에서 표시한 것과 같이 음이온과 양이온이 모두 보이도록 도시하라.

(a) 암염(rock salt) 구조의 (100)면

(b) CsCl 구조의 (110)면

(c) 섬아연석(zinc blende) 구조의 (111)면

(d) 페로브스카이트(perovskite) 구조의 (110)면

3.72 문제 3.44에서 도시한 축소구 단위격자를 생각하자. 이 단위격자에서는 *O*로 표시된 원자가 좌표계의 원점에 해당한다. 이때 다음의 결정면들 중 서로 등가적 관계에 있는 결정면을 판정하라.

(a) $(00\bar{1})$, (010), $(\bar{1}00)$

(b) $(1\bar{1}0)$, $(10\bar{1})$, $(0\bar{1}1)$, $(\bar{1}\bar{1}0)$

(c) $(\bar{1}\bar{1}\bar{1})$, $(\bar{1}1\bar{1})$, $(\bar{1}\bar{1}1)$, $(1\bar{1}1)$

3.73 아래 그림은 어떤 가상의 금속이 서로 다른 몇몇 결정방향에서 가지는 원자간 거리를 보여주고 있다. 각 방향을 표시하는 그림의 원들은 단위격자 안에 존재하는 원자만을 나타내며, 원들은 실제 크기에서 축소된 것이다.

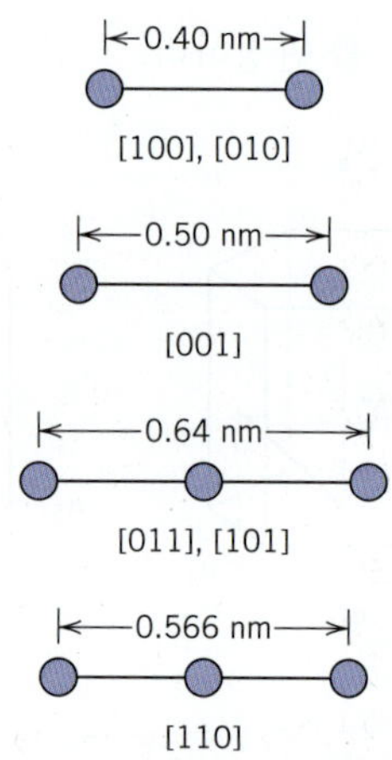

(a) 이 단위격자는 어떤 결정계에 속하는가?

(b) 이 결정구조를 어떻게 명명하는가?

3.74 아래 그림은 어떤 가상의 금속이 서로 다른 몇몇 결정면에서 가지는 원자간 거리를 보여주고 있다. 원들은 원자를 표시한다.

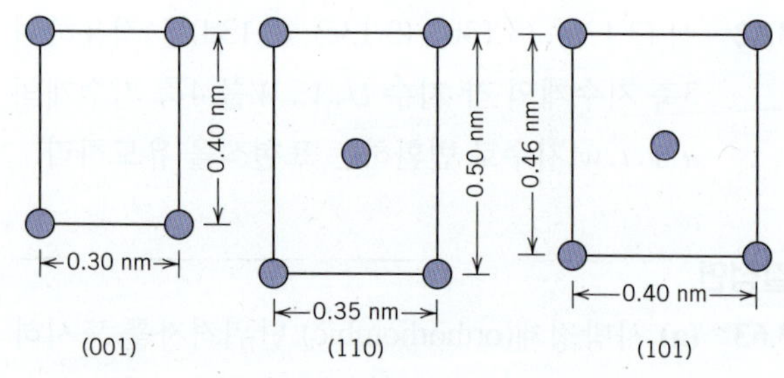

(a) 이 단위격자는 어떤 결정계에 속하는가?

(b) 이 결정구조를 어떻게 명명하는가?

(c) 이 금속의 밀도가 8.95 g/cm^{3}일 때 원자량을 계산하라.

3.75 육방정계 단위격자에서 (111), (011), (010), (101) 결정면 지수를 밀러-브라베 4축 지수로 변

환하라.

3.76 아래 그림의 육방 단위격자에 표시된 각 결정면의 지수를 판정하라.

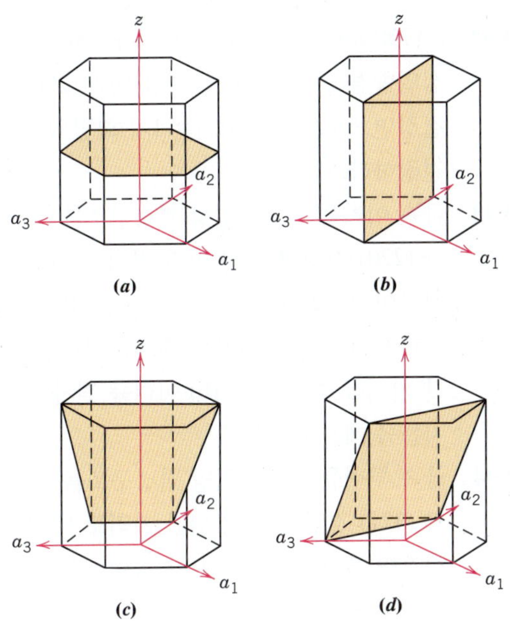

3.77 **(a)** 육방 단위격자 안에 $(1\bar{1}01)$과 $(11\bar{2}0)$ 결정면을 도시하라.

(b) 조밀육방(HCP) 격자의 원자충진율을 계산하라.

선밀도와 면밀도

3.78 **(a)** 면심입방 단위격자에 [100], [110], [111] 결정방향을 도시하고, 각 결정방향에 대한 선밀도를 원자반지름 R로 표현하라.

(b) 니켈의 경우, 위의 세 가지 결정방향에 대한 선밀도를 계산하고 그 값을 비교하라.

3.79 **(a)** 체심입방 단위격자에 [100], [110], [111] 결정방향을 도시하고, 각 결정방향에 대한 선밀도를 원자반지름 R로 표현하라.

(b) 철의 경우, 위의 세 가지 결정방향에 대한 선밀도를 계산하고 그 값을 비교하라.

3.80 **(a)** 면심입방 단위격자에서 (100)과 (111) 결정면의 면밀도를 원자반지름 R로 표현하라.

(b) 니켈의 경우, 위의 두 가지 결정방향에 대한 면밀도를 계산하고 그 값을 비교하라.

3.81 **(a)** 면심입방 단위격자에서 (110), (011), (101) 결정면의 면밀도를 원자반지름 R로 표현하라.

(b) 바나듐과 철의 경우, 위의 세 가지 결정방향에 대한 면밀도를 계산하고 그 값을 비교하라.

3.82 **(a)** 조밀육방 단위격자에서 (0001) 결정면의 면밀도를 원자반지름 R로 표현하라.

(b) 마그네슘, 티타늄, 아연의 경우, 위의 결정방향에 대한 면밀도를 계산하라.

조밀충진 결정구조

3.83 섬아연석(zinc blende) 구조를 도시하라. 섬아연석 구조는 음이온의 조밀충진면으로 구성되는 결정구조의 하나이다.

(a) 이 구조의 적층순서는 FCC와 HCP 중 어떤 방식을 따르며 그 이유는 무엇인가?

(b) 이 구조에서 양이온은 사면체 중심 위치와 육면체 중심 위치 중 어느 위치에 들어가는가?

(c) 전체 자리 중 양이온이 들어가는 자리 수의 비율은 얼마인가?

3.84 알루미나(Al_2O_3)에서 보이는 코런덤(corundum) 구조는 O^{2-} 이온이 HCP 배열을 가지며 Al^{3+} 이온은 육면체 자리에 들어간다.

(a) 양이온이 들어갈 수 있는 전체 육면체 자리 중에서 Al^{3+} 이온이 위치하는 자리 수의 비율은 얼마인가?

(b) AB 순서로 적층되는 두 층의 O^{2-} 조밀충진면을 도시하고, Al^{3+} 이온이 들어가는 육면체 자리가 어디에 있는지 표시하라.

3.85 황화철(FeS)은 S^{2-} 이온의 조밀육방 배열로 구성되는 결정구조이다.

(a) FeS의 결정구조를 도시하라.

(b) Fe^{2+} 이온은 어떤 종류의 침입형(interstitial)

위치에 들어가는가?

(c) 전체 침입형 자리 중에서 Fe^{2+} 이온이 위치하는 자리 수의 비율은 얼마인가?

3.86 마그네슘 규산염 Mg_2SiO_4는 O^{2-} 이온이 조밀육방 배열을 형성하는 올리빈 구조를 가진다.

(a) Mg^{2+} 이온은 어떤 종류의 침입형 위치에 들어가는가?

(b) Si^{4+} 이온은 어떤 종류의 침입형 위치에 들어가는가?

(c) 전체 사면체 위치 중 양이온이 위치하는 자리 수의 비율은 얼마인가?

(d) 전체 육면체 위치 중 양이온이 위치하는 자리 수의 비율은 얼마인가?

다결정질 재료

3.87 다결정질(polycrystalline) 재료란 무엇인가? 다결정질 재료가 대체로 등방성 특성을 가지는 이유에 대해 설명하라.

X선 회절: 결정구조의 판정

3.88 사방정계(orthorhombic) 대칭을 가지는 단위격자에서 면간 거리 d_{hkl}은 다음 식과 같이 주어진다.

$$\frac{1}{d_{hkl}^2} = \frac{h^2}{a^2} + \frac{k^2}{b^2} + \frac{l^2}{c^2}$$

여기서 a, b, c는 격자상수이다.

(a) 입방대칭을 가지는 결정에서는 이 식이 어떤 식으로 간략히 정리되는가?

(b) 정방대칭을 가지는 결정에서는 이 식이 어떤 식으로 간략히 정리되는가?

(c) 육방대칭을 가지는 결정에서는 이 식이 어떤 식으로 간략히 정리되는가?

3.89 표 3.1에 제시된 철과 몰리브데넘(molybdenum)의 정보를 이용하여, 이 두 재료의 (111) 결정면 간의 면간 거리를 계산하라.

3.90 표 3.1에 제시된 니켈과 알루미늄의 정보를 이용하여, 이 두 재료의 (110)과 (221) 결정면 간의 면간 거리를 계산하라.

3.91 0.1542 nm의 단파장 X선을 사용하는 경우, 면심입방결정 백금의 (113) 결정면으로부터 얻어지는 1차 회절의 회절각을 결정하라.

3.92 0.1790 nm의 단파장 X선을 사용하는 경우, 체심입방결정 몰리브데넘의 (110)과 (200) 각각의 결정면으로부터 얻어지는 1차 회절의 회절각을 결정하라.

3.93 금속 이리듐은 면심입방 결정구조를 가진다. 만약 (220) 결정면 간의 면간 거리로 얻어지는 회절각이 69.22°(1차 회절)이고, 이때 0.1542 nm의 단파장 X선을 사용했을 때, (a) 결정면 간의 면간 거리를 계산하고, (b) 이리듐 원자의 원자반지름을 계산하라.

3.94 금속 루비듐은 체심입방 결정구조를 가진다. 만약 (321) 결정면 간의 면간 거리로 얻어지는 회절각이 27.00°(1차 회절)이고, 이때 0.0711 nm의 단파장 X선을 사용했을 때, (a) 결정면 간의 면간 거리를 계산하고, (b) 루비듐 원자의 원자반지름을 계산하라.

3.95 면심입방 구조를 가지는 알루미늄에서 0.0711 nm의 단파장 X선을 사용하여 회절 패턴을 얻었을 때 1차 회절각이 33.88°를 나타내는 결정면은 어떤 결정면인가? 또한, Al의 격자상수를 계산하라.

3.96 체심입방 구조를 가지는 철에서 0.0711 nm의 단파장 X선을 사용하여 회절 패턴을 얻었을 때 1차 회절각이 46.21°를 나타내는 결정면은 어떤 결정면인가? 또한, Fe의 격자상수를 계산하라.

3.97 그림 3.45는 면심입방 결정구조를 가지는 구리의 X선 회절 패턴 중 4개의 피크를 보여준다. 이 측정에서는 0.1542 nm의 단파장 X선을 사용하였다.

(a) 각 피크의 면지수(밀러지수, *hkl*)를 표시하라.

(b) 각 피크를 나타내는 결정면의 면간 거리를 계산하라.

그림 3.45 다결정질 구리의 X선 회절 패턴

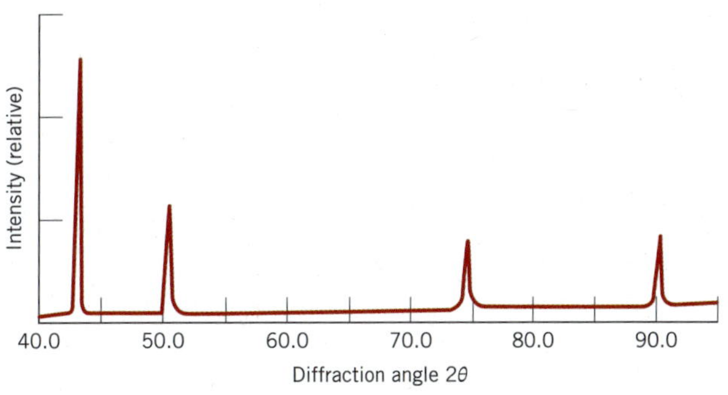

(c) 각 피크에서 Cu의 원자반지름을 계산하고, 이 계산값을 표 3.1에 제시된 값과 비교하라.

3.98 아래 제시된 표는 체심입방 구조를 가지는 크롬의 1차 회절 패턴 중 최초 4개 피크의 정보를 나타낸다. 이때 측정에는 0.0711 nm의 단파장 X선을 사용하였다.

Plane Indices	Diffraction Angle (2θ)
(110)	20.1°
(200)	28.5°
(211)	35.1°
(220)	40.8°

(a) 각 피크를 나타내는 결정면의 면간 거리를 계산하라.

(b) 각 피크에서 Cr의 원자반지름을 계산하고, 이 계산값을 표 3.1에 제시된 값과 비교하라.

(c) 각 피크에서 Cr의 격자상수를 계산하라.

3.99 아래 제시된 표는 어떤 가상의 금속의 1차 회절 패턴 중 최초 3개 피크의 정보를 나타낸다. 이때 측정에는 0.1254 nm의 단파장 X선을 사용하였다.

(a) 이 금속이 면심입방과 체심입방 중 어떤 구조를 가질지, 아니면 두 구조 모두 가지지 않을지 판정하고, 그렇게 판정한 이유를 설명하라.

(b) 만약 이 금속이 면심입방과 체심입방 중 하나의 결정구조를 가진다면, 이러한 회절 패턴을 보이는 금속을 표 3.1에서 선택하고, 선택의 이유를 설명하라.

Peak Number	Diffraction Angle (2θ)
1	31.2°
2	44.6°
3	55.4°

비결정질 고체

3.100 원자결합에 있어서 이온결합이 지배적인 어떤 재료가 공유결합이 지배적인 재료에 비해 고화 과정에서 비결정질 상태를 형성할 가능성이 좀 더 높을 것으로 예상하는가? 그렇다면 그 이유는 무엇인가?(2.6절 참조)

4 고분자 구조

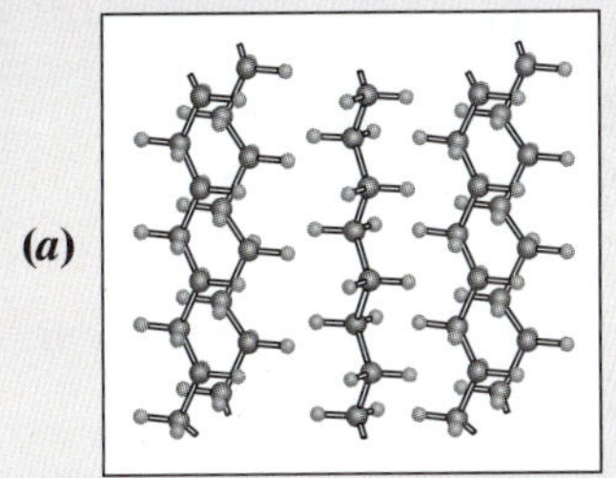

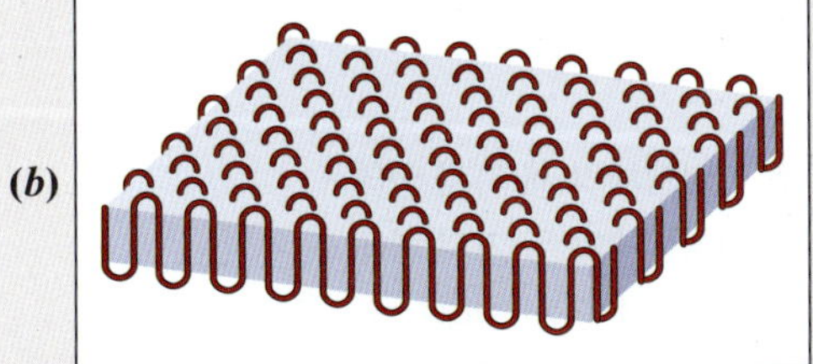

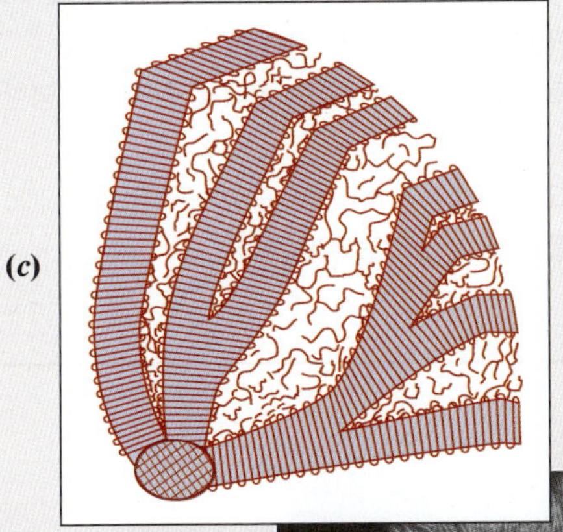

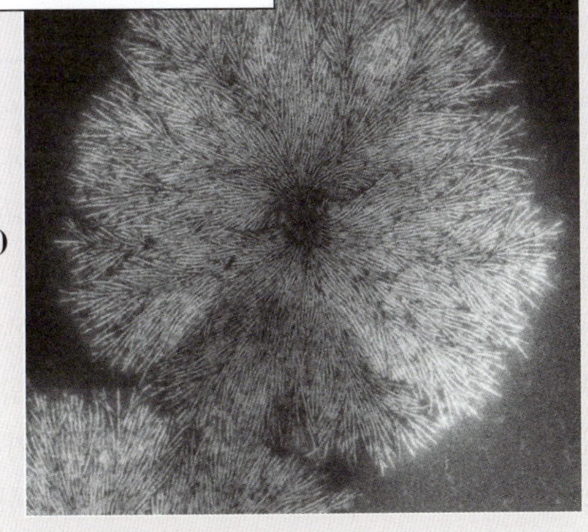

(*a*) 결정화된 폴리에틸렌 내부 분자사슬 배열을 구-막대 형태로 도식화한 그림. 회색 구는 주사슬(backbone)을 구성하는 탄소 원자를, 흰색 구는 수소 원자를 의미한다.

(*b*) 고분자 사슬이 주기적으로 접혀 있는 결정구조 모식도. 고분자를 구성하는 사슬(붉은색 곡선)이 앞뒤로 접혀 있는 구조가 판형을 이루고 있으며, 이러한 주기적 접힘구조는 결정질 고분자 표면에서 나타나게 된다.

(*c*) 반결정질 고분자에서 나타나게 되는 스페룰라이트(spherulite, 구정) 구조의 모식도. 고분자 사슬이 주기적인 접힘구조를 가지며 배열된 띠 형태의 보라색 결정체가 중심에서부터 방사형으로 뻗어 나가는 구조를 형성한다. 이러한 결정구조 사이를 채우면서 각각의 결정을 구분하는 흰색 영역은 비정질 구조를 가지고 있으며, 붉은색으로 표시된 분자사슬들이 결정성 없이 무작위적인 배열을 하고 있다.

(*d*) 스페룰라이트 구조에 대한 실제 투과전자현미경 사진(12,000배율). 고분자 사슬이 주기적 접힘구조를 가지는 10 nm 두께의 라멜라(lamellar) 구조가 중심에서부터 방사상으로 펼쳐진 구조를 보인다(흰색 영역).

(*e*) 폴리에틸렌은 과일을 담을 수 있는 포장비닐 생산에 사용된다.

[Photograph of Figure (*d*) supplied by P. J. Phillips. First published in R. Bartnikas and R. M. Eichhorn, *Engineering Dielectrics*, Vol. IIA, *Electrical Properties of Solid Insulating Materials: Molecular Structure and Electrical Behavior*, 1983. Copyright ASTM, Philadelphia, PA. Reprinted with permission.]

왜 고분자 구조를 공부하는가?

고분자 재료의 물성과 거동은 다음과 같은 다양한 화학적/구조적 인자들에 의해 영향을 받는다.

1. 반결정질(semicrystalline) 고분자의 결정도—밀도, 강성, 강도, 연성(4.11절, 9.18절)
2. 가교도—고무 같은 물질의 강성(9.19절)
3. 고분자 화학—용융점 및 유리전이온도(12.19절)

학습 목표

이 장을 학습한 후에는 아래 과제를 수행할 수 있어야 한다.

1. 단량체들이 어떻게 고분자화되어 사슬을 구성하는지를 이해하고, 이러한 사슬구조를 이용하여 전형적인 고분자 재료에 대해 설명할 수 있다.
2. 폴리에틸렌, 폴리(비닐 클로라이드), 폴리테트라플루오로에틸렌, 폴리프로필렌, 폴리스티렌의 반복기(단량체) 구조를 도시한다.
3. 특정한 고분자의 수평균 분자량과 무게평균 분자량, 그리고 중합도를 계산한다.
4. 다음에 대하여 간단히 설명한다.
   (a) 고분자 분자구조의 일반적인 네 가지 형태
   (b) 구조 이성질체의 세 가지 형태
   (c) 기하 이성질체의 두 가지 형태
   (d) 공중합체의 네 가지 형태
5. 열가소성 고분자와 열경화성 고분자의 분자구조 및 거동이 어떻게 다른지에 대해서 기술한다.
6. 고분자 재료가 결정화되어 있는 상태를 간략히 설명한다.
7. 반결정질 고분자에서 나타나는 구정 구조(spherulitic structure)를 간략히 그리고 설명한다.

4.1 | 서론

식물과 동물에서 유래된 천연 고분자는 많은 세기에 걸쳐 사용되어 왔다. 이러한 물질로는 나무, 고무, 목화, 털, 가죽, 명주 등이 있다. 단백질, 효소, 전분, 셀룰로오스와 같은 종류의 천연 고분자는 동식물의 생물학적, 생리학적 대사에 중요하다. 현대의 연구장비들을 이용하여 이러한 종류의 재료들이 가진 분자구조가 어떠한지를 결정할 수 있게 되었으며, 또한 아주 작은 유기 분자들의 합성을 통해 매우 다양한 종류의 고분자들을 개발할 수 있게 되었다. 우리가 사용하는 많은 플라스틱, 고무, 섬유 재료들은 합성 고분자이다. 실제로 합성 고분자들의 발전은 2차 세계대전 종료를 기점으로 하여 재료 분야에 혁명적인 변화를 가져왔다. 합성 고분자는 값싸게 생산할 수 있으면서도, 여러 측면에서 천연 고분자보다 우수한 물성을 가지도록 하는 것이 가능하다. 일부 응용분야에서는 금속과 나무로 제조되던 부품들이 생산단가가 낮으면서도 만족스러운 품질을 나타내는 플라스틱으로 대체되어 오고 있다.

금속 및 세라믹의 경우에서와 같이 고분자 재료의 물성 역시 이를 구성하고 있는 성분에 따라 좌우된다. 이 장에서는 고분자의 분자구조와 결정구조에 대하여 공부하고, 이후 9장에서 이러한 분자구조 및 결정구조와 고분자의 기계적 성질 간 상관관계에 대하여 논의할 것이다.

4.2 | 탄화수소 분자

대부분의 고분자의 근원은 유기물이므로 유기물의 분자구조와 관련된 기초적인 개념을 간단히 복습해 보자. 많은 유기물질은 수소와 탄소로 구성되어 있는 **탄화수소**(*hydrocarbon*)이다. 분자를 이루고 있는 원자 사이의 결합은 공유결합이며 각각의 탄소는 공유결합에 참여할 수 있는 4개의 전자를 가진 반면, 수소는 이러한 전자를 1개만 가지고 있다. 1개의 공유결합은 그림 2.14의 수소(H_2) 분자에서와 같이, 공유결합을 형성하는 2개의 원자가 서로 전자를 1개씩 공유함으로써 완성된다. 2개의 탄소 간 형성되는 이중결합과 삼중결합의 경우에는 전자쌍을 각각 2개와 3개씩 공유함으로써 공유결합이 형성된다.[1)] 예를 들어 아래의 그림에서 보는 것과 같이 C_2H_4의 화학식을 가진 에틸렌의 두 탄소는 이중결합으로 연결되어 있으며, 각각의 탄소는 또한 2개의 수소와 단일결합을 통해 공유결합을 형성하고 있다.

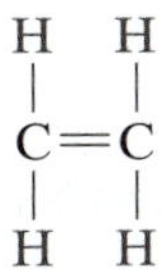

위의 그림에서 —와 =는 각각 단일 공유결합과 이중 공유결합을 의미한다. 삼중결합의 예로는 아래와 같이 C_2H_2 가지를 가지는 아세틸렌 내 탄소-탄소 간 결합을 들 수 있다.

$$H-C\equiv C-H$$

불포화

분자가 이중결합이나 삼중결합을 가지고 있을 경우에는 **불포화(unsaturated)**되었다고 표현을 하는데, 이는 각각의 탄소가 이들이 최대로 형성할 수 있는 4개의 공유결합보다 작은 수의 공유결합을 형성하고 있음을 의미한다. 따라서 불포화된 분자에는 다른 원자들 혹은 원자들로 구성된 작용기들이 추가적으로 결합될 수 있다. 반면, **포화된(saturated)** 분자는 모든 공유결합이 단일결합이기 때문에, 새로운 원자들이 포화된 분자와 결합하기 위해서는 이미 결합되어 있는 다른 원자들을 떼어 내야만 한다.

포화된

일부 단순한 구조의 탄화수소를 파라핀 계열이라고 하는데, 사슬 형태의 파라핀 분자에는 메탄(CH_4), 에탄(C_2H_6), 프로판(C_3H_8)과 부탄(C_4H_{10}) 등이 포함된다. 파라핀 분자의 조성과

1) 2.6절에 소개된 탄소 간 혼성결합(hybrid bonding)과 관련, 모든 공유결합이 단일결합일 경우 탄소 원자는 sp^3 혼성 오비탈을 형성하게 되며, 공유결합이 이중결합일 경우에는 sp^2, 그리고 삼중결합일 경우에는 sp 혼성화를 가지게 된다.

분자구조가 표 4.1에 실려 있다. 각 분자 내의 공유결합은 강하지만 분자 사이에는 약한 반데르발스 결합만이 존재하므로 이 분자들은 비교적 낮은 용융점과 비등점을 가진다. 그러나 비등점은 분자량이 증가함에 따라 증가한다(표 4.1).

이성질

동일한 조성을 가지는 탄화수소의 경우에도 서로 다른 원자배열을 가지는 경우가 가능한데, 이를 **이성질(isomerism)**이라고 한다. 예를 들어 부탄은 2개의 이성질체를 가지고 있는데, 일반적인 형태의 부탄은 다음과 같은 형태를 가지고 있으며,

$$\begin{array}{ccccccccccc} & & H & & H & & H & & H & & \\ & & | & & | & & | & & | & & \\ H & - & C & - & C & - & C & - & C & - & H \\ & & | & & | & & | & & | & & \\ & & H & & H & & H & & H & & \end{array}$$

또 다른 형태인 이소부탄의 경우에는 아래와 같은 구조를 가진다.

$$\begin{array}{ccccccccc} & & & & H & & & & \\ & & & & | & & & & \\ & & H & - & C & - & H & & \\ & & H & & | & & H & & \\ & & | & & | & & | & & \\ H & - & C & - & C & - & C & - & H \\ & & | & & | & & | & & \\ & & H & & H & & H & & \end{array}$$

탄화수소의 일부 물리적 특성은 그 탄화수소가 어떤 이성질 상태에 있는지에 따라 결정되는데, 일반적인 부탄과 이소부탄의 비등점은 각각 −0.5°C와 −12.3°C이다.

이외에도 고분자를 형성하는 매우 다양한 유기화학기들이 있으며, 일반적인 몇 가지 종류

표 4.1 일부 파라핀 화합물(C_nH_{2n+2})의 조성과 분자구조

Name	Composition	Structure	Boiling Point (°C)
Methane	CH_4	$\begin{array}{ccccc} & & H & & \\ & & \vert & & \\ H & - & C & - & H \\ & & \vert & & \\ & & H & & \end{array}$	−164
Ethane	C_2H_6	$\begin{array}{ccccccc} & & H & & H & & \\ & & \vert & & \vert & & \\ H & - & C & - & C & - & H \\ & & \vert & & \vert & & \\ & & H & & H & & \end{array}$	−88.6
Propane	C_3H_8	$\begin{array}{ccccccccc} & & H & & H & & H & & \\ & & \vert & & \vert & & \vert & & \\ H & - & C & - & C & - & C & - & H \\ & & \vert & & \vert & & \vert & & \\ & & H & & H & & H & & \end{array}$	−42.1
Butane	C_4H_{10}		−0.5
Pentane	C_5H_{12}		36.1
Hexane	C_6H_{14}		69.0

표 4.2 일부 일반적인 탄화수소기

Family	Characteristic Unit	Representative Compound Structure	Representative Compound
Alcohols	R—OH	H—C(H)(H)—OH	Methyl alcohol
Ethers	R—O—R′	H—C(H)(H)—O—C(H)(H)—H	Dimethyl ether
Acids	R—C(=O)—OH	H—C(H)(H)—C(=O)—OH	Acetic acid
Aldehydes	R(H)C=O	H(H)C=O	Formaldehyde
Aromatic hydrocarbons[a]	R—(benzene ring)	OH—(benzene ring)	Phenol

[a]The simplified structure (benzene ring) denotes a phenyl group, H—C=C(—)—C(—H)=C(—H)—C(—H)=C(—H)— (ring of six C atoms, each bonded to H except the attachment point)

의 탄화수소기들이 표 4.2에 정리되어 있다. 표에서 R과 R′은 CH_3, C_2H_5, C_6H_5(각각 메틸, 에틸, 페닐) 등과 같은 유기화학기를 의미한다.

개념 확인 4.1

동질이상(3장 참조)과 이성질을 구별하라.

(정답은 *www.wiley.com*의 제품 페이지에서 확인할 수 있음)

4.3 | 고분자 재료를 구성하는 분자

거대분자

고분자 재료를 구성하고 있는 분자들은 탄화수소 분자들에 비해 매우 거대하며, 이에 따라 **거대분자(macromolecule)**라고 불리기도 한다. 각각의 분자 내에서 원자들은 공유결합으로 연결되어 있다. 탄소 원자들이 사슬을 형성하는 고분자들의 경우 연속된 탄소 원자들로 구성된 구조를 주사슬(*backbone*)이라고 부르며, 많은 경우 탄소 원자들은 아래 그림과 같이 이웃한 2개의 탄소 원자들과 단일결합을 통해 연결되어 있다.

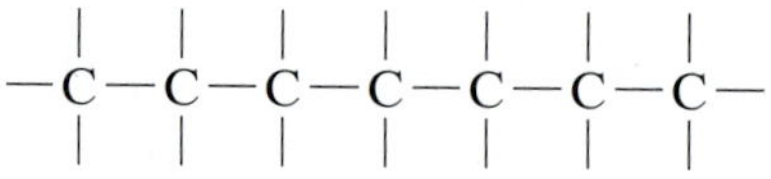

$$-\overset{|}{\underset{|}{C}}-\overset{|}{\underset{|}{C}}-\overset{|}{\underset{|}{C}}-\overset{|}{\underset{|}{C}}-\overset{|}{\underset{|}{C}}-\overset{|}{\underset{|}{C}}-\overset{|}{\underset{|}{C}}-$$

각 탄소에 남아 있는 2개의 공유전자는 사슬의 바로 옆에 위치한 원자나 유기화학기와 곁결합을 할 수 있으며, 이때 주쇄를 형성하는 결합이나 곁결합은 이중결합으로 되어 있을 수도 있다.

반복기
단량체

이러한 긴 분자들은 사슬 방향으로 연속적으로 반복되는 구조적 개체인 **반복기(repeat unit)**로 구성이 되어 있다.[2] **단량체(monomer)**는 합성된 고분자를 구성하는 작은 분자들을 의미한다. 따라서 단량체와 반복기는 엄연하게는 다른 의미이다. 그러나 많은 고분자들이 단량체가 반복되어 중합된 구조를 가지기 때문에, 때로는 단량체가 반복기를 대신해서 사용되기도 한다.

4.4 | 고분자를 구성하는 분자의 화학

다음과 같은 구조를 가지고 상온, 상압에서 기체인 탄화수소 에틸렌(C_2H_4)을 다시 살펴보자.

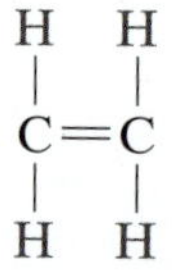

$$\begin{array}{ccc} H & & H \\ | & & | \\ C & = & C \\ | & & | \\ H & & H \end{array}$$

기체상태인 에틸렌을 적절한 조건에서 반응시킬 경우, 고체상태의 고분자 재료인 폴리에틸렌(PE)으로 변환된다. 이러한 중합과정은 개시제(혹은 촉매에 존재하는 반응기, 아래 그림의 R·)와 에틸렌 단량체 간의 반응에 의해서 에폭시 내부에 반응기를 가진 탄소가 형성되면서 시작된다.

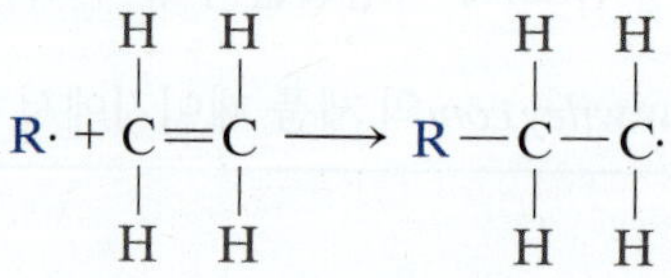

$$R\cdot + \begin{array}{ccc} H & & H \\ | & & | \\ C & = & C \\ | & & | \\ H & & H \end{array} \longrightarrow R - \begin{array}{ccc} H & & H \\ | & & | \\ C & - & C\cdot \\ | & & | \\ H & & H \end{array} \tag{4.1}$$

이후, 식 (4.1)에 도시된 것처럼 반응기를 가지고 있는 탄소에 또 다른 기체상태의 에틸렌 단

고분자

2) 반복기는 또한 '머(*mer*)'라고도 불린다. '머'는 부분이라는 뜻을 가진 그리스어 메로스(*meros*)에서 따온 말이며 **고분자(polymer)**는 '많은 머'를 나타내기 위하여 만든 용어이다.

량체가 결합되면서 새로운 반응기를 형성하는 반응이 연쇄적으로 일어나게 되면 긴 고분자 사슬이 형성된다. 여기서 반응기 혹은 전자쌍을 이루지 않은 전자(·로 표시됨)는 중합이 진행되는 과정에서 기체상태인 에틸렌 단량체 내 탄소 간 이중결합이 단일결합으로 바뀌게 되면서 형성되는데, 에틸렌이 중합되는 과정에서 반응에 참여하지 않은 탄소에는 이러한 반응기가 하나 남아 있게 된다. 따라서 이러한 반응기는 중합이 진행되는 매 단계마다 가장 끝부분에 있는 탄소에 남아 있게 되어 추가적인 중합반응 시 에틸렌 기체와 결합할 수 있게 되며, 이러한 연쇄반응은 식 (4.2)와 같은 형태로 요약될 수 있다.

$$\mathrm{R}-\underset{\underset{\mathrm{H}}{|}}{\overset{\overset{\mathrm{H}}{|}}{\mathrm{C}}}-\underset{\underset{\mathrm{H}}{|}}{\overset{\overset{\mathrm{H}}{|}}{\mathrm{C}}}\cdot + \underset{\underset{\mathrm{H}}{|}}{\overset{\overset{\mathrm{H}}{|}}{\mathrm{C}}}=\underset{\underset{\mathrm{H}}{|}}{\overset{\overset{\mathrm{H}}{|}}{\mathrm{C}}} \longrightarrow \mathrm{R}-\underset{\underset{\mathrm{H}}{|}}{\overset{\overset{\mathrm{H}}{|}}{\mathrm{C}}}-\underset{\underset{\mathrm{H}}{|}}{\overset{\overset{\mathrm{H}}{|}}{\mathrm{C}}}-\underset{\underset{\mathrm{H}}{|}}{\overset{\overset{\mathrm{H}}{|}}{\mathrm{C}}}-\underset{\underset{\mathrm{H}}{|}}{\overset{\overset{\mathrm{H}}{|}}{\mathrm{C}}}\cdot \tag{4.2}$$

많은 에틸렌 단량체가 첨가되고 나면 폴리에틸렌이 최종적으로 형성된다.[3] 그림 4.1*a*에 긴 폴리에틸렌 사슬구조의 일부와, 여기서 정의될 수 있는 반복기가 도시되어 있으며, 이로부터 폴리에틸렌 사슬의 구조는 반복기의 구조를 사용하여 다음과 같은 형태

$$\left(\underset{\underset{\mathrm{H}}{|}}{\overset{\overset{\mathrm{H}}{|}}{\mathrm{C}}}-\underset{\underset{\mathrm{H}}{|}}{\overset{\overset{\mathrm{H}}{|}}{\mathrm{C}}}\right)_n$$

또는

$$\left(\mathrm{CH_2}-\mathrm{CH_2}\right)_n$$

으로 표현될 수 있다. 이 그림에서 반복기는 괄호로 표시하였으며, 아래첨자 n은 고분자 사슬 내에 포함된 반복기의 수를 나타낸다.[4]

그림 4.1*a*에는 뼈대를 구성하는 탄소 간 결합각이 180°로 되어 있으나, 실제로 폴리에틸렌을 구성하는 탄소 간의 결합각은 109°에 가깝기 때문에 정확한 것은 아니다. 보다 정확하게는 그림 4.1*b*에서와 같이 탄소 원자들이 결합된 구조는 지그재그 형태이며, C—C 결합 길이는 0.154 nm이다. 편의상 고분자의 구조는 그림 4.1*a*처럼 단순화한 모델을 사용하는 경우가 많다.

폴리에틸렌 외에도 다른 화학구조를 가진 고분자 구조들이 얼마든지 가능하다. 예를 들어 테트라플루우오로에틸렌 $CF_2=CF_2$는 폴리에틸렌의 경우와 유사한 과정을 통해 다음과 같이 **폴리테트라플루우오로에틸렌**(*PTFE*)을 형성할 수 있게 된다.

---

3) 첨가와 중합 기구를 포함하는 고분자 반응의 자세한 논의는 15.13절에 나와 있다.

4) 사슬 말단/말단기[즉, 식 (4.2)의 R들]는 보통 사슬구조에 표시하지 않는다.

그림 4.1
폴리에틸렌의 (*a*) 반복기와 사슬구조, (*b*) 지그재그 구조의 주사슬을 보여주는 투시도

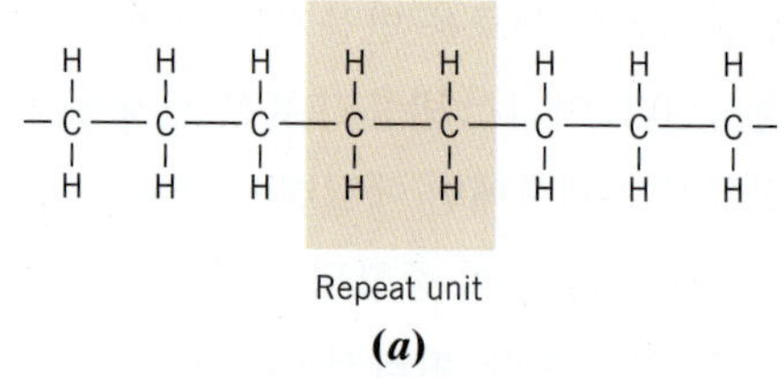

(*a*)

C H

(*b*)

$$n\left[\begin{array}{cc} F & F \\ | & | \\ C = & C \\ | & | \\ F & F \end{array}\right] \longrightarrow \left(\begin{array}{cc} F & F \\ | & | \\ C - & C \\ | & | \\ F & F \end{array}\right)_n \tag{4.3}$$

흔히 상품명인 테프론으로도 불리는 폴리테트라플루오로에틸렌은 **플루오로카본**이라고 분류하는 고분자에 속한다.

4개 중 1개의 수소가 염소로 치환된 구조를 가지며, 비닐 클로라이드가 중합된 **폴리(비닐 클로라이드)**(PVC)는 아래와 같이 표시한다.

$$n\left[\begin{array}{cc} H & H \\ | & | \\ C = & C \\ | & | \\ H & Cl \end{array}\right] \longrightarrow \left(\begin{array}{cc} H & H \\ | & | \\ C - & C \\ | & | \\ H & Cl \end{array}\right)_n \tag{4.4}$$

폴리에틸렌 내 수소는 염소로 치환되어 PVC가 될 수도 있으나, 다른 형태의 원자나 유기화학기들로 치환될 수도 있다. 따라서 보다 일반적인 구조를 나타내기 위해서는 다음과 같이 표기하기도 한다.

$$\left(\begin{array}{cc} H & H \\ | & | \\ C - & C \\ | & | \\ H & R \end{array}\right)_n$$

여기서 R은 폴리에틸렌이나 폴리(비닐 클로라이드)에서와 같이 수소 또는 염소를 의미할 수도 있으며, 이외에도 CH_3(메틸), C_2H_5(에틸), C_6H_5(페닐)와 같은 유기화학기를 의미할 수도 있다. 예를 들면 R이 CH_3를 의미할 경우 이 고분자는 **폴리프로필렌**(*PP*)이 된다. 폴리(비닐 클로라이드)와

그림 4.2 (*a*) 폴리테트라플루오로에틸렌, (*b*) 폴리(비닐 클로라이드), (*c*) 폴리프로필렌의 반복기 및 사슬구조

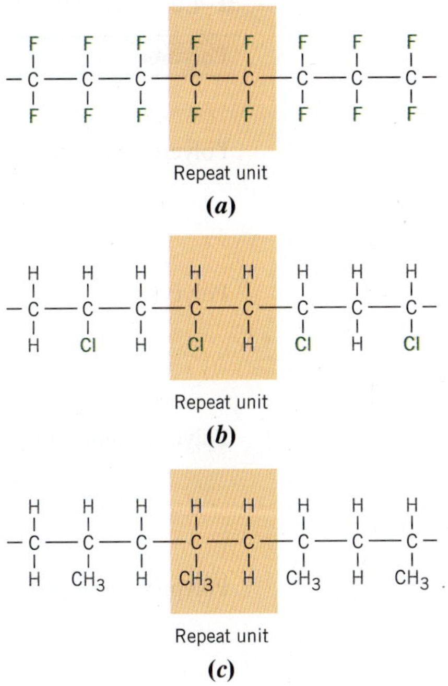

Repeat unit

(*a*)

Repeat unit

(*b*)

Repeat unit

(*c*)

폴리프로필렌 사슬구조가 그림 4.2에 그려져 있다. 표 4.3은 나일론, 폴리에스테르, 폴리카보네이트와 같은 다소 복잡하지만 널리 사용되는 고분자의 반복기를 보여준다.

단일고분자

공중합체

사슬을 따라 반복되는 반복 단위가 모두 동일하면 **단일고분자(homopolymer)**라고 한다. 고분자 합성에 있어 단일고분자 외에 다른 종류를 합성하면 안 된다는 제한은 없으며 실제 고분자 사슬은 2개 혹은 그 이상의 서로 다른 반복기 단위로 제조될 수 있다. 이들을 **공중합체(copolymer)**라고 부른다(4.10절 참조).

이중활성

활성도

삼중활성

4장에서 지금까지 소개된 단량체들은 앞서 예를 든 폴리에틸렌의 경우와 같이 다른 단량체들과 반응 시 2개의 공유결합을 형성하면서 2차원의 사슬형태를 가진 고분자를 형성하게 된다. 이처럼 2개의 공유결합을 형성하는 단량체들을 **이중활성(bifunctional)** 단량체라고 부른다. 일반적으로 **활성도(functionality)**란 주어진 단량체가 형성할 수 있는 공유결합의 수를 의미한다. 예를 들어 표 4.3에 주어진 페놀-포름알데히드와 같은 단량체는 가운데에 있는 탄소고리 구조가 3개의 공유결합을 형성하면서 3차원 구조를 형성할 수 있다. 이러한 단량체는 **삼중활성(trifunctional)** 단량체라고 할 수 있다.

개념 확인 4.2

이전 절에서 보인 구조에 바탕을 두어 폴리(비닐 플루오라이드)의 반복기 구조를 그려라.

(정답은 *www.wiley.com*의 제품 페이지에서 확인할 수 있음)

표 4.3 일반적인 고분자 재료의 반복기 구조

Polymer	Repeat Unit
Polyethylene (PE)	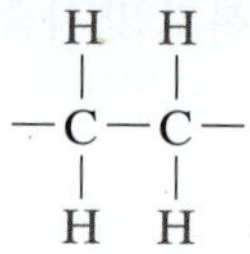 H H —C—C— H H
Poly(vinyl chloride) (PVC)	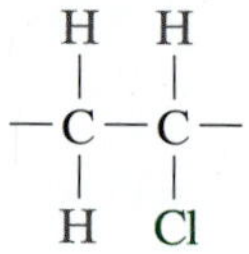 H H —C—C— H Cl
Polytetrafluoroethylene (PTFE)	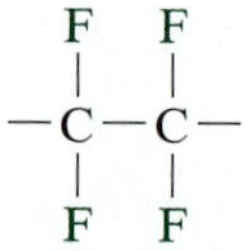 F F —C—C— F F
Polypropylene (PP)	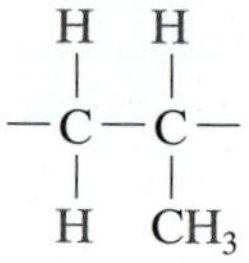 H H —C—C— H CH_3
Polystyrene (PS)	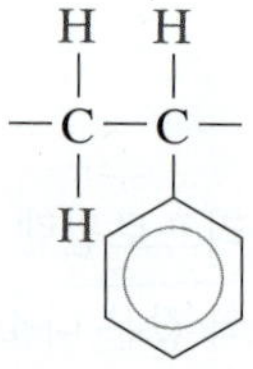 H H —C—C— H
Poly(methyl methacrylate) (PMMA)	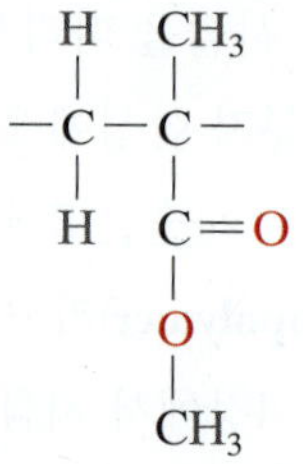 H CH_3 —C—C— H C=O O CH_3
Phenol-formaldehyde (Bakelite)	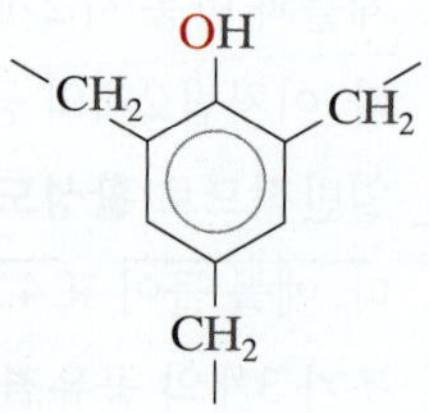 OH CH_2 CH_2 CH_2
Poly(hexamethylene adipamide) (nylon 6,6)	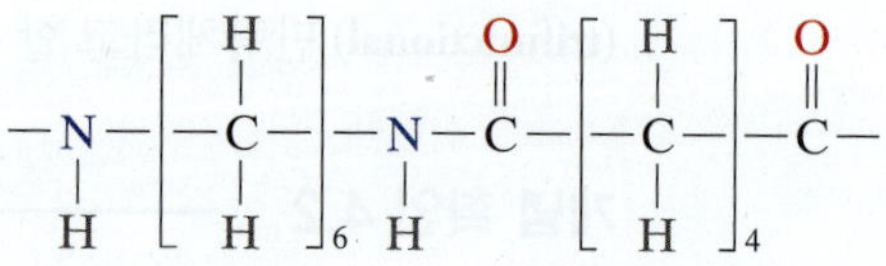 H O H O —N—[—C—]$_6$—N—C—[—C—]$_4$—C— H H H H
Poly(ethylene terephthalate) (PET, a polyester)	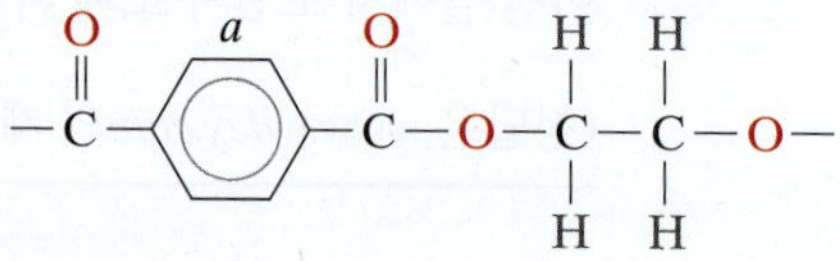 O *a* O H H —C—⟨ring⟩—C—O—C—C—O— H H

표 4.3 일반적인 고분자 재료의 반복기 구조 (계속)

Polymer	Repeat Unit
Polycarbonate (PC)	$-O-C_6H_4{}^{a}-C(CH_3)_2-C_6H_4-O-C(=O)-$

[a] The —⟨benzene ring⟩— symbol in the backbone chain denotes an aromatic ring as $-C\langle C(H)=C(H)\rangle\langle C(H)=C(H)\rangle C-$ (a six-membered ring of C atoms with alternating double bonds, four H atoms, and bonds to the chain at opposite carbons)

4.5 | 분자량

매우 긴 사슬들로 구성된 고분자의 분자량[5]은 매우 크다. 작은 분자들로부터 거대한 분자가 합성되는 중합과정에서는, 모든 사슬들이 동일한 길이를 가지도록 성장하지는 않게 된다. 따라서 고분자를 구성하는 사슬들의 길이 혹은 분자량은 어떠한 분포를 보이게 된다. 따라서 점도나 삼투압과 같은 고분자의 다양한 물성들로부터 측정이 될 수 있는 평균적인 분자량을 정의해서 사용하게 된다.

평균 분자량을 정의하는 방법은 몇 가지가 있다. 먼저 수평균 분자량 $\overline{M}_n$은 고분자 내 각각의 사슬들을 구분하기 위해 일련의 분자량 범위를 정의한다. 이후 각 분자량 범위에 속하는 사슬들의 개수를 파악한 뒤 이들의 개수분율(number fraction)로부터 분자량을 결정한다(그림 4.3*a*). 수평균 분자량은 다음과 같이 정의되며,

수평균 분자량

$$\overline{M}_n = \sum x_i M_i \tag{4.5a}$$

여기서 M_i는 i번째 분자량 범위에서의 평균값이며, x_i는 해당 분자량 범위에 포함된 사슬들의 개수가 전체 사슬 개수 대비 얼마만큼인지를 나타내는 개수분율이다.

무게평균 분자량 $\overline{M}_w$는 여러 가지 범위의 크기를 가지는 분자의 무게분율을 사용하여 계산한 분자량이며 식 (4.5b)로 표현된다(그림 4.3*b*).

무게평균 분자량

$$\overline{M}_w = \sum w_i M_i \tag{4.5b}$$

5) 이 논의에서 우리가 실제로 다루는 것은 무게가 아닌 질량이므로 '분자무게(분자량)'라는 용어보다 '분자질량', '몰질량' 혹은 '상대분자질량'이라는 용어가 더 적절하다. 그러나 실제 고분자 문헌들에는 분자무게(분자량)가 더 일반적으로 사용되고 있으므로 우리도 이 교재 전체에서 분자량이라는 용어를 사용할 것이다.

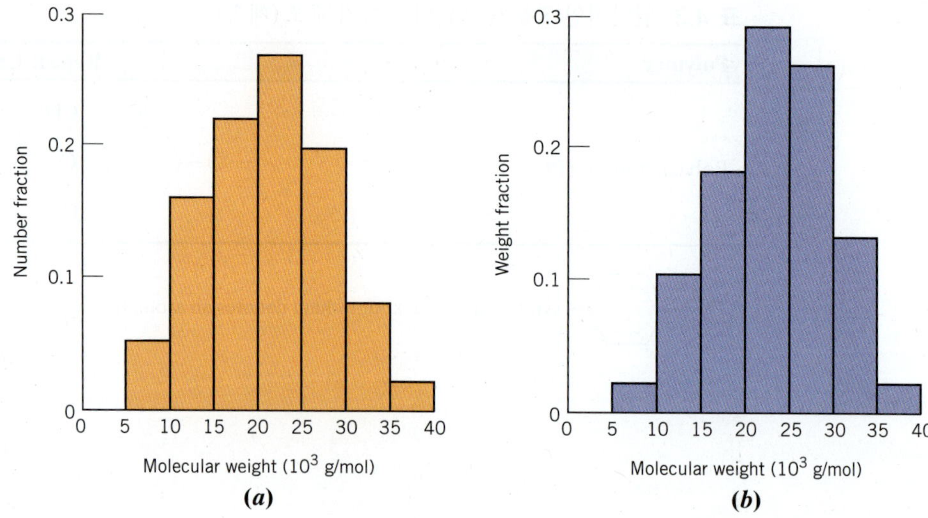

그림 4.3 (*a*) 수 및 (*b*) 무게분율에 대한 고분자 분자의 이론적 분포

여기서 M_i는 분자 크기 범위 i의 평균 분자량이며 w_i는 그 범위의 분자량을 가진 분자의 무게 분율이다. 예제 4.1에 수평균 분자량과 무게평균 분자량을 계산하는 연습문제가 주어져 있다. 그림 4.4에는 수평균 분자량과 무게평균 분자량을 포함하여 일반적인 고분자의 분자량 분포가 제시되어 있다.

중합도

고분자의 평균 사슬 크기를 나타내는 또 다른 방법으로는, 사슬에 들어 있는 반복기의 개수를 나타내는 **중합도(degree of polymerization)** *DP*가 있다. *DP*는 수평균 분자량 $\overline{M}_n$과 다음과 같은 관계가 있다.

중합도—수평균과 반복기 분자량에 대한 의존성

$$DP = \frac{\overline{M}_n}{m} \tag{4.6}$$

여기서 m은 반복기의 분자량을 나타낸다.

그림 4.4 전형적인 고분자의 분자량 분포

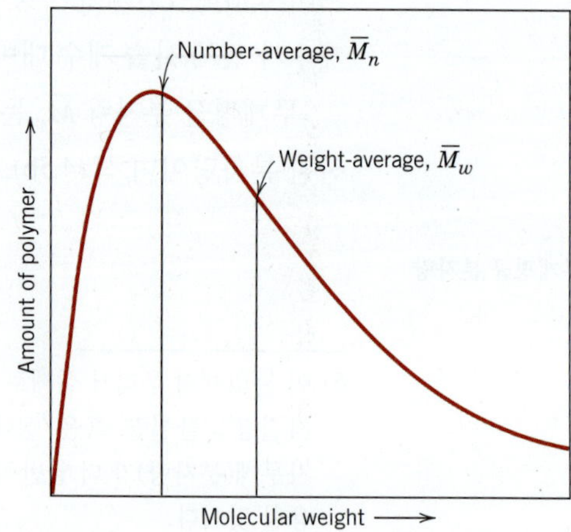

예제 4.1

평균 분자량과 평균 중합도 계산

그림 4.3에 나타낸 분자량 분포가 폴리(비닐 클로라이드)에 대한 것이라고 하자. 이 물질에 대하여 (a) 수평균 분자량, (b) 중합도, (c) 무게평균 분자량을 계산하라.

풀이

(a) 그림 4.3*a*에서 얻은 데이터가 표 4.4a에 정리되어 있다. 식 (4.5a)에 따라 x_iM_i(가장 오른쪽 열)를 모두 더하면 수평균 분자량이 되며 이 경우 그 값은 21,150 g/mol이다.

(b) 중합도[식 (4.6)]를 구하기 위해서는 먼저 반복기의 분자량을 구해야 한다. PVC의 경우 각각의 반복기들은 2개의 탄소, 3개의 수소, 그리고 1개의 염소 원자를 가지고 있다(표 4.3). C, H와 Cl의 원자량은 각각 12.01, 1.01과 35.45 g/mol이므로 PVC의 m과 DP는 다음과 같이 계산된다.

$$m = 2(12.01 \text{ g/mol}) + 3(1.01 \text{ g/mol}) + 35.45 \text{ g/mol}$$
$$= 62.50 \text{ g/mol}$$

$$DP = \frac{\overline{M}_n}{m} = \frac{21{,}150 \text{ g/mol}}{62.50 \text{ g/mol}} = 338$$

표 4.4a 예제 4.1에서 수평균 분자량 계산에 필요한 데이터

Molecular Weight Range (g/mol)	Mean M_i (g/mol)	x_i	x_iM_i
5,000–10,000	7,500	0.05	375
10,000–15,000	12,500	0.16	2000
15,000–20,000	17,500	0.22	3850
20,000–25,000	22,500	0.27	6075
25,000–30,000	27,500	0.20	5500
30,000–35,000	32,500	0.08	2600
35,000–40,000	37,500	0.02	750
			$\overline{M}_n = 21{,}150$

(c) 표 4.4b는 그림 4.3*b*에 주어진 데이터로부터 무게평균 분자량을 계산하기 위해 필요한 값들을 정리한 결과이다. 각각의 크기 분포에 대해 계산된 w_iM_i의 값은 표의 가장 오른쪽 열에 나열되어 있다. 이들의 합[식 (4.5b)]이 $\overline{M}_w$이며 23,200 g/mol이다.

표 4.4b 예제 4.1에서 무게평균 분자량 계산에 필요한 데이터

Molecular Weight Range (g/mol)	Mean M_i (g/mol)	w_i	$w_i M_i$
5,000–10,000	7,500	0.02	150
10,000–15,000	12,500	0.10	1250
15,000–20,000	17,500	0.18	3150
20,000–25,000	22,500	0.29	6525
25,000–30,000	27,500	0.26	7150
30,000–35,000	32,500	0.13	4225
35,000–40,000	37,500	0.02	750
			$\overline{M}_w = \overline{23{,}200}$

예제 4.2

수평균 분자량과 중합도 계산

폴리스티렌은 화학식이 $(C_8H_8)_n$이며 구조는 표 4.3에 주어져 있다. 분자량 분포는 아래 표 4.5a에 주어져 있다. 수평균 분자량과 중합도를 계산하라.

표 4.5a 폴리스티렌의 분자량 분포

Molecular Weight Range (g/mol)	x_i
0–10,000	0.24
10,000–20,000	0.285
20,000–30,000	0.38
30,000–40,000	0.095
Total	1.00

풀이

분자량과 중합도를 계산하기 위해 필요한 데이터는 표 4.5b에 주어져 있다. 식 (4.5a)에 따라, 표 4.5b의 가장 오른쪽 열에 주어진 x_iM_i의 값들을 모두 더하면 수평균 분자량이 얻어지며, 이 경우 18,300 g/mol이 된다.

C와 H의 원자량은 각각 12.01 g/mol과 1.01 g/mol이다. 중합도[식 (4.6)]를 구하기 위해서는 먼저 반복기의 분자량을 구해야 한다. 따라서 폴리스티렌의 분자량은 다음과 같으며,

$$m = 8(12.01\text{ g/mol}) + 8(1.01\text{ g/mol}) = 104.16\text{ g/mol}$$

따라서 다음과 같이 중합도가 구해진다.

$$DP = \frac{\overline{M}_n}{m} = \frac{18{,}300}{104.16} = 175.69$$

표 4.5b 예제 4.2에서 수평균 분자량 계산에 필요한 데이터

Molecular Weight Range (g/mol)	Mean M_i (g/mol)	x_i	x_iM_i
0–10,000	5,000	0.24	1200
10,000–20,000	15,000	0.285	4275
20,000–30,000	25,000	0.38	9500
30,000–40,000	35,000	0.095	3325
		$\sum x_i = 1.00$	$\overline{M}_n = 18{,}300$

여러 가지 고분자의 특성은 고분자 내 사슬들의 길이에 영향을 받는다. 예를 들어 녹는점의 경우, 분자량이 100,000 g/mol이 될 때까지는 분자량 증가에 비례하여 고분자의 녹는점도 증가하게 된다. 사슬이 매우 짧은 고분자들은(분자량이 100 g/mol 수준) 일반적으로 상온에서 액체상태로 존재하게 되며, 분자량이 1000 g/mol인 분자는 파라핀 왁스와 같은 왁스상태의 고체 혹은 부드러운 수지이다. 우리가 공부하려는 고체 고분자(거대 고분자라고도 함)는 분자량이 10,000~수백만 g/mol이다. 따라서 같은 고분자 재료라도 다른 분자량을 갖는다면 매우 다른 성질을 나타낼 수 있다. 분자량에 의존하는 다른 성질로는 탄성계수와 강도가 있다(9장 참조).

4.6 | 분자 모양

여태까지는 고분자의 주사슬이 가질 수 있는 지그재그 형태의 배열(그림 4.1*b*)은 무시한 채 고분자의 모양을 선형이라고 간주했었다. 단일 사슬 결합은 3차원적으로 회전하거나 구부러질 수 있다. 그림 4.5*a*의 사슬 원자를 보면, 세 번째의 탄소는 다른 두 탄소의 결합과 109°의 각을 유지하면서 원뿔 형태의 회전 범위 내의 어느 곳에든 위치할 수 있다. 만약 사슬을 구성하는 원자들이 그림 4.5*b*와 같은 형태로 배치된다면, 고분자 사슬은 직선 형태를 유지할 수 있을 것이다. 그러나 그림 4.5*c*에 나타난 것과 같이 사슬을 구성하고 있는 원자가 회전을 하게 된다면 고분자 사슬은 구부러진 형태 혹은 비틀어진 형태를 유지하게 될 수도 있다.[6] 따라서 많은 사슬 원자로 형성된 단일 사슬 분자는 그림 4.6과 같이 많은 부분이 구부러지고 비틀린 모양을 하고 있을 것이다.[7] 그림 4.6에 표시된 *r*은 말단간 거리(end-to-end distance)라고 하는데 이

---

6) 여러 사슬들이 얽혀 있는 일부 고분자의 경우, 인접한 다른 사슬에 존재하는 큰 곁가지 구조가 다른 사슬을 구성하고 있는 주사슬 탄소 원자의 회전을 방해하는 경우도 생길 수 있다.

7) 배치(*conformation*)라는 용어는 분자의 형태를 나타내는 데 있어 단일결합구조의 회전만으로도 분자 모양의 변화가 가능한 경우를 의미한다. 그림 4.5의 *b*와 *c*는 단일결합의 회전을 통해 서로 달라진 형태이기 때문에 서로 다른 배치를 가진다고 표현한다.

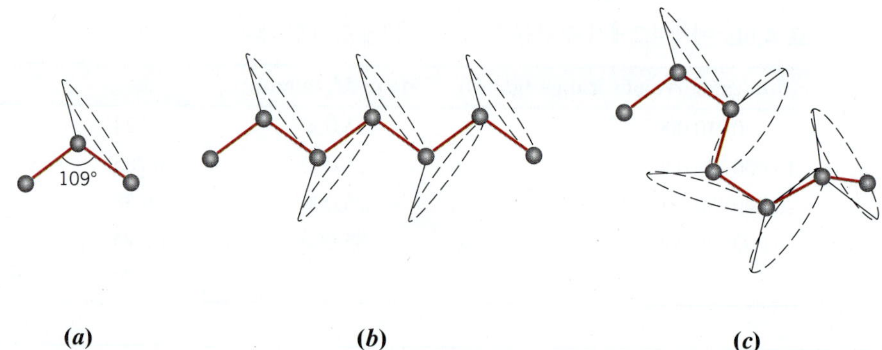

그림 4.5 고분자 사슬 모양이 주사슬 탄소 원자(회색 원)의 위치에 따라 어떻게 영향을 받는지를 보여주는 그림. (*a*)의 경우 가장 오른쪽의 원자는 다른 두 원자 사이의 결합과 109°를 유지하면서 점선으로 표시한 원상의 어느 위치에든지 올 수 있다. 직선 및 꼬인 사슬 조각들은 각각 주사슬 원자들이 (*b*)와 (*c*)에서처럼 놓일 때 생성된다.

거리는 사슬의 총 길이에 비하여 훨씬 짧다.

고분자는 그림 4.6과 같은 형태로 휘고 꼬인 많은 개별적인 분자사슬로 되어 있다. 따라서 고분자 내 여러 사슬들은 마치 심하게 꼬여 버린 낚싯줄의 형태와 같이 복잡하게 서로 얽히고 꼬여 있는 구조를 유지하게 된다. 이러한 무작위적인 얽힘 및 꼬임 구조는 고무와 같은 재료에서 나타나는 넓은 범위의 탄성변형등을 비롯해 고분자의 여러 중요한 특징들을 결정짓게 된다.

고분자의 일부 기계적 거동과 열적 특성들은 사슬을 구성하는 분절들이 고분자에 가해진 응력이나 열적 진동에 의해 어떻게 회전을 하게 되는지에 따라 결정된다. 회전의 용이성은 반복기의 구조와 결합 상태에 따라 결정된다. 예를 들어 사슬 분절에 이중결합(C=C)이 있으면

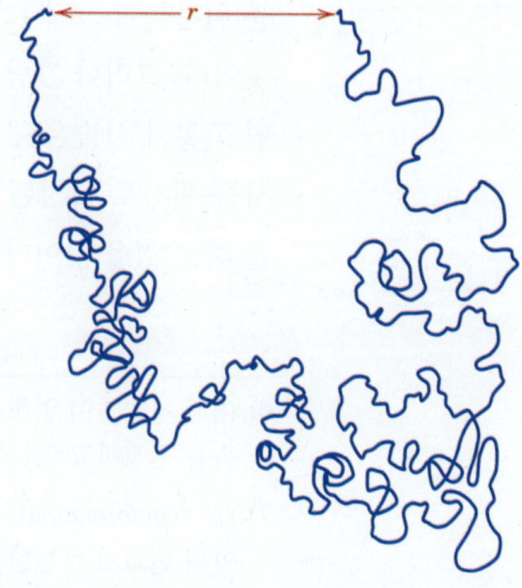

그림 4.6 사슬을 구성하고 있는 원자간 결합의 회전에 의해 수없이 많은 꼬임과 꺾임 구조를 가지고 있는 단일고분자 사슬의 형태에 대한 모식도

회전하지 못한다. 또한 덩치가 큰 화학기가 곁가지에 있으면 회전운동을 하기 어렵다. 예를 들어 폴리스티렌(표 4.3)은 페닐기를 곁가지로 가지고 있어 폴리에틸렌 사슬에 비하여 회전하기 어렵다.

4.7 | 분자구조

고분자의 물리적 특성은 분자량, 모양뿐만 아니라 분자사슬 구조의 차이에 따라 변화한다. 현대의 고분자 합성기술은 사슬의 형태를 여러 가지 다양한 형태로 조절할 수 있는 수준에 이르렀다. 이성질체 구조와 더불어 선형 고분자, 가지형 고분자, 가교된 고분자, 그물망 형태 고분자들에 대해 논의한다.

선형 고분자

선형 고분자

선형 고분자(linear polymer)는 반복기가 말단끼리 서로 연결되어 이루어진 단일 사슬이다. 이러한 긴 사슬들은 유연하며, 그림 4.7*a*에 나타난 것처럼 스파게티 덩어리 같은 형태라고 보면 된다. 그림 4.7에 있는 각각의 원들은 하나의 반복기를 의미한다. 선형 고분자의 경우, 사슬 사이에 반데르발스 결합과 수소 결합이 있을 수 있다. 선형 구조를 가지는 범용 고분자에는 폴리에틸렌, 폴리(비닐 클로라이드), 폴리스티렌, 폴리(메틸 메타크릴레이트), 나일론, 플루오로카본 등이 있다.

가지형 고분자

가지형 고분자

그림 4.7*b*에서 보는 것과 같이 고분자는 주사슬에 곁사슬이 결합되어 있는 형태로도 합성될 수 있다. 이들을 **가지형 고분자(branched polymer)**라고 부른다. 주사슬 분자의 일부로 볼 수 있는 가지는 고분자 합성 중에 발생하는 부반응으로 인해 생성된다. 곁사슬들이 형성되는 경우, 고분자 사슬들을 서로 밀접한 상태가 되도록 만들 수 없기 때문에 고분자의 밀도가 낮아지게 된다. 선형 사슬구조를 가지는 고분자들은 가지형 고분자로 제조될 수 있다. 예를 들어 고밀도 폴리에틸렌(HDPE)은 주로 선형 고분자인 데 반해 저밀도 폴리에틸렌(LDPE)은 짧은 사슬 가지들을 갖고 있다.

가교된 고분자

가교된 고분자

가교된 고분자(crosslinked polymer)는 그림 4.7*c*에 도시된 것처럼 인접한 선형 사슬들이 여러 위치에서 공유결합을 통해 연결된 구조를 가진다. 고분자를 합성하는 과정에 가교되도록 하거나 고온에서 비가역적인 화학반응을 일으켜 가교되도록 한다. 또한 이러한 가교 구조는 고

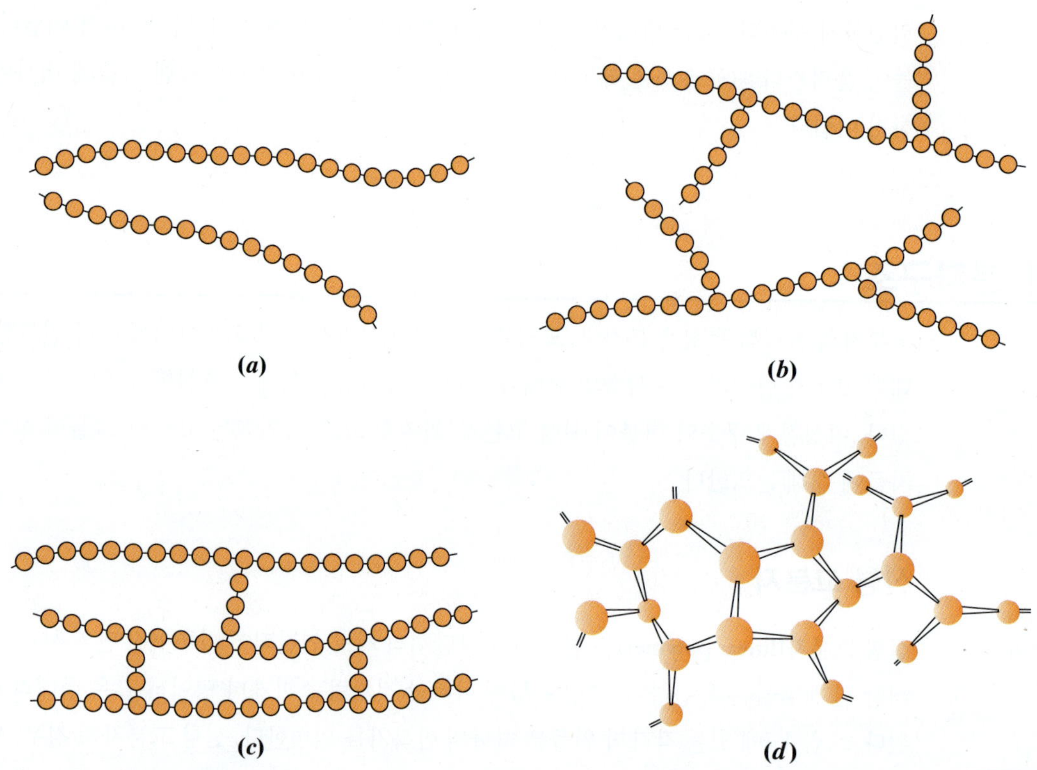

그림 4.7 (*a*) 선형 분자, (*b*) 가지형 분자, (*c*) 가교된 분자, (*d*) 그물망(3차원) 분자의 구조. 원은 각각의 반복기를 나타낸다.

분자 사슬들을 서로 연결시켜 주는 또 다른 원자나 분자들을 가교제로 첨가한 이후, 가교제들이 고분자 사슬들을 공유결합을 형성하는 가교반응을 통해 형성될 수도 있다. 많은 고무 탄성체는 가교되어 있는데, 고무 분야에서는 가교를 가황(vulcanization)이라고 하며 이 과정은 9.19절에 설명되어 있다.

그물망 고분자

그물망 고분자

셋 또는 그보다 많은 공유결합을 형성할 수 있는 삼기능적 혹은 다기능적 반복기들은 3차원의 그물망과 같은 형태를 형성할 수 있으며(그림 4.7*d*), 따라서 **그물망 고분자(network polymer)**라고 한다. 가교결합이 많이 형성되어 있는 가교된 고분자는 이러한 그물망 고분자의 한 형태라고도 볼 수 있다. 이들은 매우 독특한 기계적 및 물리적 성질을 가지고 있으며 에폭시와 페놀-포름알데히드 수지가 그물망 고분자에 속한다.

고분자는 한 가지 형태의 구조만으로 되어 있지 않은 경우가 일반적이다. 예를 들어 주로 선형 고분자로 된 고분자도 일부는 곁사슬을 가지고 있거나 가교가 된 구조를 형성할 수도 있다.

4.8 | 분자배열

주사슬에 1개 이상의 원자 또는 원자단들이 곁가지 형태로 붙어 있는 경우, 이러한 곁가지 구조의 규칙성이나 대칭성에 의해 고분자의 물성이 크게 달라지게 된다. 다음과 같은 반복기를 보자.

```
   H   H
   |   |
 — C — C —
   |   |
   H  (R)
```

R이 수소가 아닌 원자나 원자단(예: Cl, CH_3)이라면 R기가 아래 그림처럼 탄소 원자가 하나씩 지나치면서 규칙적으로 붙어 있는 경우를 머리-꼬리 배열(head-to-tail configuration)[8]이라고 한다.

```
   H   H   H   H
   |   |   |   |
 — C — C — C — C —
   |   |   |   |
   H  (R)  H  (R)
```

이와 달리, 아래와 같이 R기가 연이어 붙어 있는 구조를 가질 경우에는 이를 머리-머리 배열(head-to-head configuration)이라고 한다.

```
   H   H   H   H
   |   |   |   |
 — C — C — C — C —
   |   |   |   |
   H  (R) (R)  H
```

대부분의 고분자에서 머리-꼬리 배열이 형성되며 머리-머리 배열에서는 R기 사이에 극성 반발이 일어날 수 있다.

고분자를 구성하는 분자들은 동일한 조성을 가지면서도 서로 다른 구조를 형성할 수도 있는데 이를 이성질(isomerism)이라고 한다. 아래에서는 입체이성질과 기하이성질에 대해서 논의한다.

입체이성질

입체이성질

입체이성질(stereoisomerism)은 원자가 동일한 순서(머리-꼬리)로 결합되어 있지만 공간적인 배열이 다른 경우이다. 그중 한 가지 입체이성질체는 다음과 같이 R기가 모두 같은 변에 위치한다.

---

8) 배열(*configuration*)이라는 용어는 사슬의 축을 따라 단위체들 혹은 원자의 위치가 어떻게 정렬되어 있는가를 말하며 주결합을 끊었다가 다시 다른 형태로 결합시켜야만 변화될 수 있다.

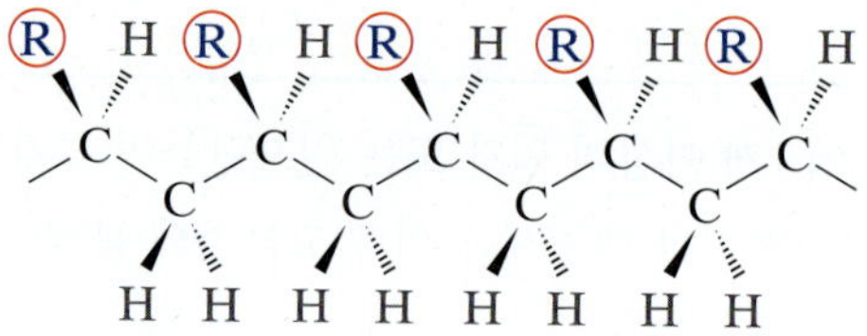

```
(R) H (R) H (R) H (R) H (R) H
  C   C   C   C   C
    C   C   C   C
   H H H H H H H H
```

아이소택틱 배열 이러한 경우를 **아이소택틱 배열(isotactic configuration)**이라고 한다. 위 그림의 경우 탄소 원자들이 지그재그 형태로 배열되어 있다. 이 구조를 3차원으로 나타내는 것이 중요하다. 위의 그림에서 결합을 삼각형 형태의 선으로 표시하였는데, 삼각형의 검은 선은 책의 변에서 독자 방향으로 튀어나오는 결합을 의미하고, 점선은 독자의 반대방향으로 들어간 결합, 일반 선은 책의 면과 같은 위치를 나타낸다.[9)]

신디오택틱 배열 **신디오택틱 배열(syndiotactic configuration)**에서는 아래 그림에서와 같이 R기가 앞뒤로 한 번씩 번갈아 위치한다.[10)]

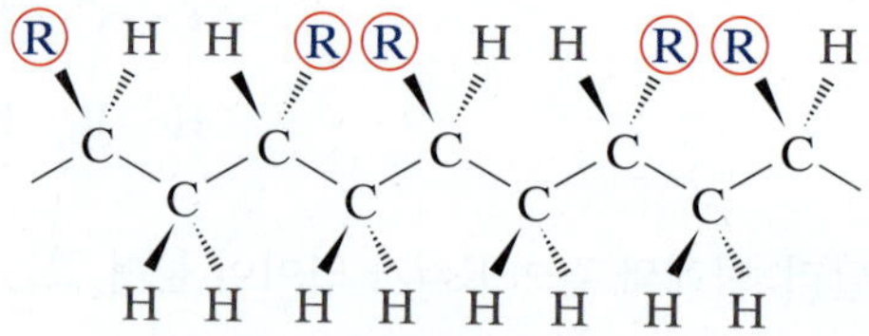

```
(R) H H (R)(R) H H (R)(R) H
  C   C   C   C   C
    C   C   C   C
   H H H H H H H H
```

어택틱 배열 일정한 규칙이 없는 경우에는 **어택틱 배열(atactic configuration)**을 하고 있다고 말한다.[11)]

---

9) 아이소택틱 배열은 아래의 2차원 선형(따라서 지그재그가 아님) 그림으로 나타낸다.

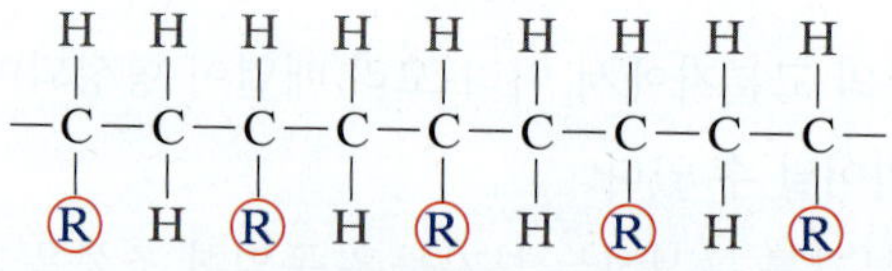

```
 H   H   H   H   H   H   H   H   H
 |   |   |   |   |   |   |   |   |
-C - C - C - C - C - C - C - C - C-
 |   |   |   |   |   |   |   |   |
(R)  H  (R)  H  (R)  H  (R)  H  (R)
```

10) 신디오택틱 배열의 2차원 선형 구조는 다음과 같이 나타낸다.

```
 H   H  (R)  H   H   H  (R)  H   H
 |   |   |   |   |   |   |   |   |
-C - C - C - C - C - C - C - C - C-
 |   |   |   |   |   |   |   |   |
(R)  H   H   H  (R)  H   H   H  (R)
```

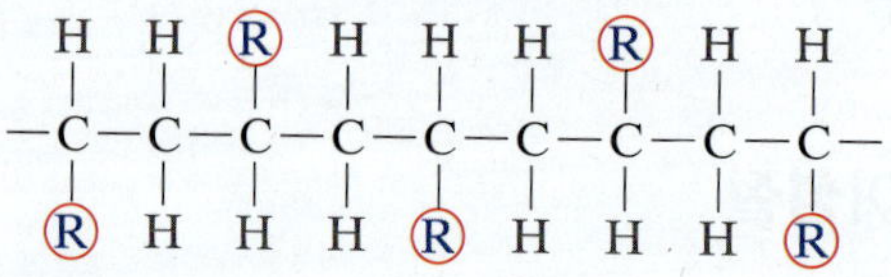

11) 어택틱 배열의 2차원 선형 구조는 다음과 같이 나타낸다.

```
 H   H   H   H  (R)  H   H   H  (R)
 |   |   |   |   |   |   |   |   |
-C - C - C - C - C - C - C - C - C-
 |   |   |   |   |   |   |   |   |
(R)  H  (R)  H   H   H  (R)  H   H
```

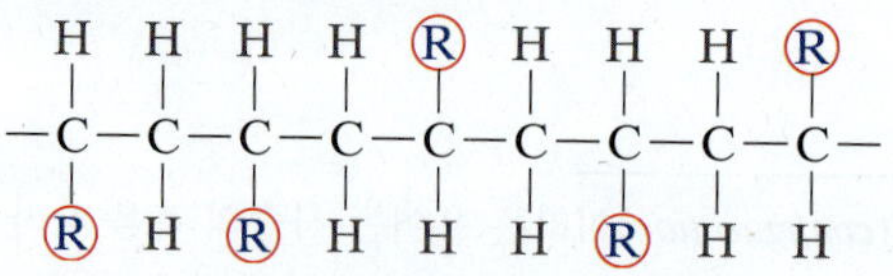

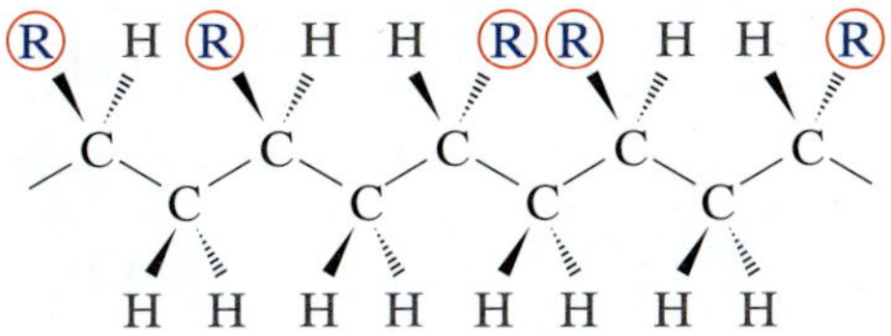

한 가지의 입체이성질체가 다른 형태의 입체이성질체로 변환되려면(예: 아이소택틱이 신디오택틱으로 변환) 결합을 회전시키는 것으로는 불가능하다. 이러한 변환을 위해서는 결합을 끊고 회전시킨 후 다시 결합을 형성시켜야 한다.

위에서 소개된 세 가지 배열 중 하나의 형태만을 가지고 있는 고분자는 없으며, 어떤 배열이 더 많은 비중을 가지고 형성되느냐는 합성방법에 따라서 결정된다.

기하이성질

또 다른 중요한 배열인 기하이성질은 사슬에 탄소-탄소 이중결합을 가진 반복기가 있을 때 발생한다. 이들 이중결합을 이루고 있는 각 탄소에는 단일결합을 통하여 원자나 라디칼이 결합되어 있으며, 이들은 탄소 사슬과 같은 쪽 또는 반대쪽에 결합되어 있을 수 있다. 다음과 같은 이소프렌 반복기의 구조를 살펴보면 CH_3와 H가 사슬의 같은 쪽에 위치하고 있다.

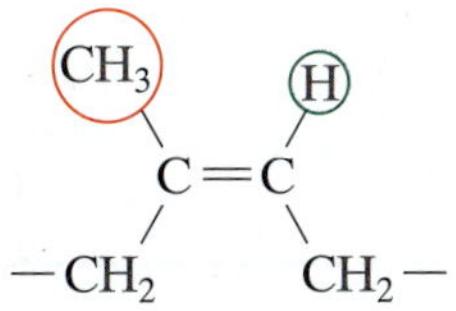

시스

이를 **시스(cis)**라고 하며 이 반복기로부터 얻어지는 고분자인 시스-폴리이소프렌은 천연고무이다. 또 다른 배열은 다음과 같이 CH_3와 H가 서로 반대방향에 결합되어 있는 경우이며 이를 **트랜스(trans)**라고 한다.[12)]

트랜스

12) 시스-이소프렌의 선형 사슬은 다음과 같이 나타내며

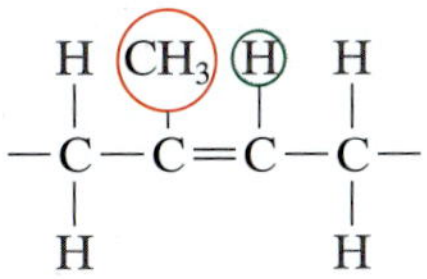

트랜스 구조는 다음과 같이 나타낸다.

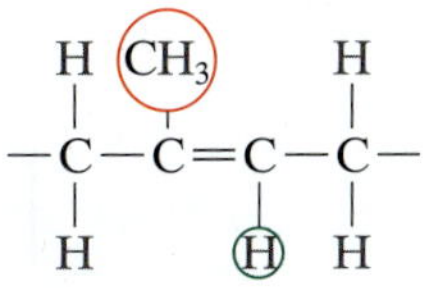

$$\begin{array}{ccc} \text{CH}_3 & & \text{CH}_2- \\ & \text{C}=\text{C} & \\ -\text{CH}_2 & & \text{H} \end{array}$$

트랜스-폴리이소프렌은 구타페르카(gutta percha)라고도 불리며 배열이 천연고무와 다르기 때문에 천연고무와 현저히 다른 성질을 가지고 있다. 단일결합과 달리 이중결합은 매우 견고하기 때문에 결합의 회전이 불가능하다. 따라서 탄소간 이중결합이 존재하는 위 두 이성질체의 경우, 트랜스에서 시스로 혹은 그 반대로 배열을 변화시키는 것은 결합의 회전을 통해서 일어나기는 어렵고, 이중결합 중 하나가 반드시 끊어져야만 가능하다.

분자구조

정리하자면 고분자 분자는 크기, 모양, 구조에 따라 특성이 결정된다. 분자 크기는 분자량(또는 중합도)으로 특징지어지며 분자 모양은 사슬의 비틀림, 꼬임, 구부러짐 등과 관련되어 있다. **분자구조(molecular structure)**는 구조 단위가 어떻게 결합되어 있는가에 따라 결정된다. 선형 고분자, 가지형 고분자, 가교된 고분자, 그물망 구조가 모두 가능하며 여러 가지 이성질 배열(아이소택틱, 신디오택틱, 어택틱, 시스, 트랜스)도 가능하다. 이러한 분자의 특징을 그림 4.8에 분류하였다. 이들 구조 요소 중 여러 가지가 동일한 분자에 적용될 수 있다. 예를 들어 선형 고분자는 동시에 아이소택틱일 수도 있고, 신디오택틱일 수도 있다. 즉, 선형 아이소택

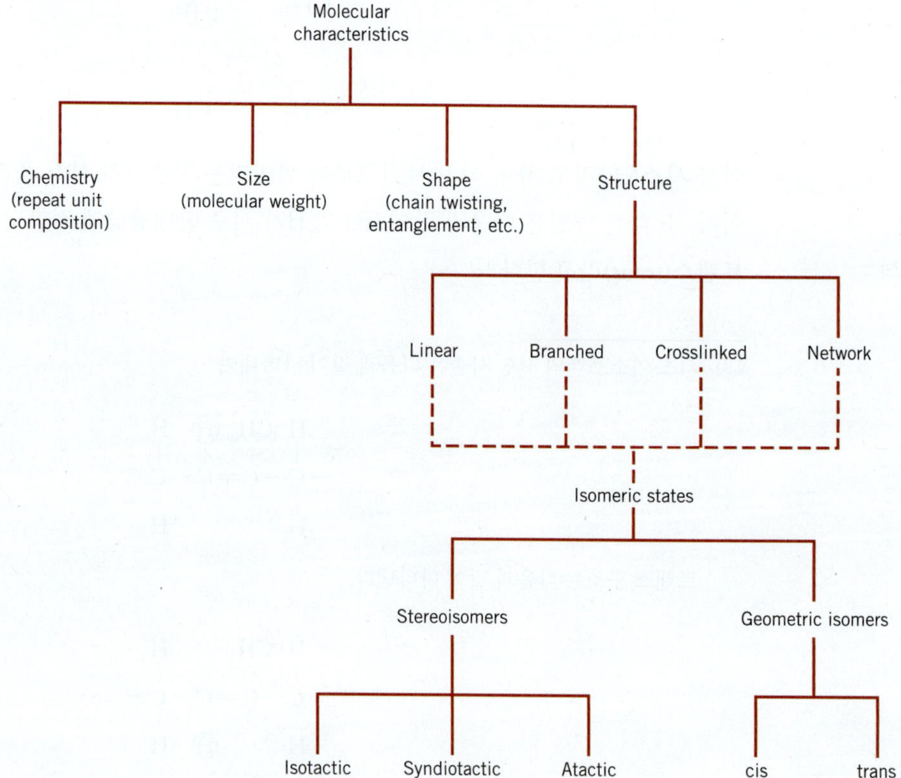

그림 4.8 고분자 분자의 특징에 따른 분류

틱 고분자 혹은 선형 신디오택틱 고분자 등이 존재한다.

개념 확인 4.3

고분자 사슬에 있어 배열(*configuration*)과 배치(*conformation*)의 차이는 무엇인가?

개념 확인 4.4

고분자 사슬의 배열에 있어 머리-머리, 머리-꼬리, 꼬리-꼬리 배열은 각각 무엇인가?

(정답은 *www.wiley.com*의 제품 페이지에서 확인할 수 있음)

4.9 | 열가소성 고분자와 열경화성 고분자

열가소성 고분자

열경화성 고분자

높은 온도에서 고분자가 외부에서 가해진 기계적인 힘에 어떻게 반응하는가는 주된 분자 구조가 어떠한 것인가에 달려 있다. 이들 물질을 구분하는 하나의 기준은 온도가 올라감에 따라 어떠한 거동을 보이는가이다. 고분자 재료는 일반적으로 열가소체(*thermoplastic*)[또는 **열가소성 고분자(thermoplastic polymer)**]와 열경화체(*thermoset*)[또는 **열경화성 고분자(thermosetting polymer)**]의 두 가지 고분자로 구분되는데, 열가소성 고분자는 가열하면 부드러워지면서 궁극적으로 액체로 변했다가 냉각하면 다시 단단해지는 변화를 가역적으로 일으킨다. 분자 수준에서 보면 온도가 올라감에 따라 분자의 운동이 심해지고 2차 결합력이 분자의 운동을 이기지 못하게 되므로 고분자에 응력이 가해지면 인접한 사슬들 간의 움직임이 잘 일어날 수 있게 된다. 한편 온도가 너무 올라 분자의 운동이 사슬의 공유결합을 끊어 버리기에 충분한 정도가 되면 비가역적인 열분해가 일어난다. 열가소성 고분자는 비교적 부드러우며, 대부분의 선형 고분자와 유연한 사슬을 가진 가지형 고분자는 열가소성 고분자이다. 이러한 열가소성 수지들은 온도와 압력을 동시에 가하는 공정들을 통해서 제조된다(15.15절 참조). 열가소성 고분자의 예로는 폴리에틸렌, 폴리스티렌, 폴리(에틸렌 테레프탈레이트), 폴리(비닐 클로라이드)가 있다.

열경화성 고분자는 그물망 고분자이다. 열경화성 고분자는 열을 가하면 영구적으로 딱딱해지며 다시 가열해도 부드러워지지 않는다. 그물망 고분자는 인접한 분자사슬 사이에 공유결합을 가지고 있다. 이러한 공유결합들은 열경화성 수지에 열이 가해지는 경우에도 사슬들을 단단히 붙잡아 주기 때문에, 고온 조건에서 분자의 진동이나 회전운동이 일어나지 못하도록 한다. 일반적으로 경화성 고분자 내 반복기 중 10%에서 50% 정도가 가교결합을 형성하게 된다. 열경화성 고분자는 상당한 온도로 가열해야 가교결합이 끊어지고 고분자 분해가 일어나며 대개 열가소성 고분자에 비하여 더 단단하고 더 딱딱하며 구조적인 안정성이 더 높다. 가황고무와 페놀 수지, 폴리에스테르 수지 등을 포함한 대부분의 가교된 고분자와 그물망 고분자는 열경화성 고분자이다.

개념 확인 4.5

폴리에스테르와 같은 어떤 고분자들은 열가소성일 수도 있고 열경화성일 수도 있다. 이에 대해 한 가지 이유를 제시하여 설명하라.

(정답은 *www.wiley.com*의 제품 페이지에서 확인할 수 있음)

4.10 | 공중합체

고분자 화학자들은 지금까지 논의한 단일고분자보다도 향상된 특성과 물성을 가지면서도 보다 쉽고 경제성 있게 합성하고 가공할 수 있는 물질들을 탐구해 오고 있다. 이러한 물질로는 공중합체를 들 수 있다.

그림 4.9에 파란 점과 붉은 점으로 표시한 두 가지 반복기로 제조된 공중합체를 생각해 보자. 고분자 사슬을 형성함에 있어 이 두 가지 반복기의 배열은 중합 공정과 이들 반복기의 상대적인 양에 따라 달라진다. 그림 4.9*a*에 그려진 바와 같이 두 가지 다른 단위가 사슬을 따라 불규칙하게 결합되어 있을 수 있으며, 이를 **불규칙 공중합체(random copolymer)**라고 부른다. **교차 공중합체(alternating copolymer)**는 이름이 의미하는 것과 같이 두 반복기가 그림 4.9*b*에서 보는 바와 같이 한 번씩 번갈아 나타나는 형태로 합성되어 있다. **블록 공중합체(block copolymer)**는 동일한 반복기가 블록을 형성하면서 서로 결합되어 있는 경우이다(그림 4.9*c*). 마지막으로 단일고분자 사슬에 다른 단일고분자가 가지와 같이 결합되어 있을 수 있는데, 이를 **그래프트 공중합체(graft copolymer)**(그림 4.9*d*)라고 한다.

불규칙 공중합체

교차 공중합체

블록 공중합체

그래프트 공중합체

공중합체에 대하여 중합도를 계산할 경우, 식 (4.6)의 m은 다음 식으로 결정되는 평균값 $\overline{m}$으로 교체된다.

공중합체에 대한 평균 반복기 분자량

$$\overline{m} = \sum f_j m_j \tag{4.7}$$

이 식에서 f_j와 m_j는 고분자 사슬 내의 반복기 j에 대한 몰분율과 분자량을 각각 나타낸다.

14.14절에서 논의할 합성고무는 공중합체인 경우가 많다. 합성고무를 이루고 있는 반복기의 구조가 표 4.6에 나열되어 있다. 스티렌-부타디엔 고무(SBR)는 자동차 타이어를 제조하는 범용 불규칙 공중합체이며 니트릴 고무(NBR)는 아크릴로나이트릴과 부타디엔으로 제조한 또 다른 불규칙 공중합체이다. NBR은 탄성이 매우 높고 유기용매에 팽윤(swelling)되지 않아 휘발유 호스에 사용되기도 한다. 충격 변조 폴리스티렌은 스티렌과 부타디엔의 블록이 교대로 존재하는 블록 공중합체이다. 고무 성질의 이소프렌 블록은 재료 내의 균열 진전을 느리게 하는 역할을 한다.

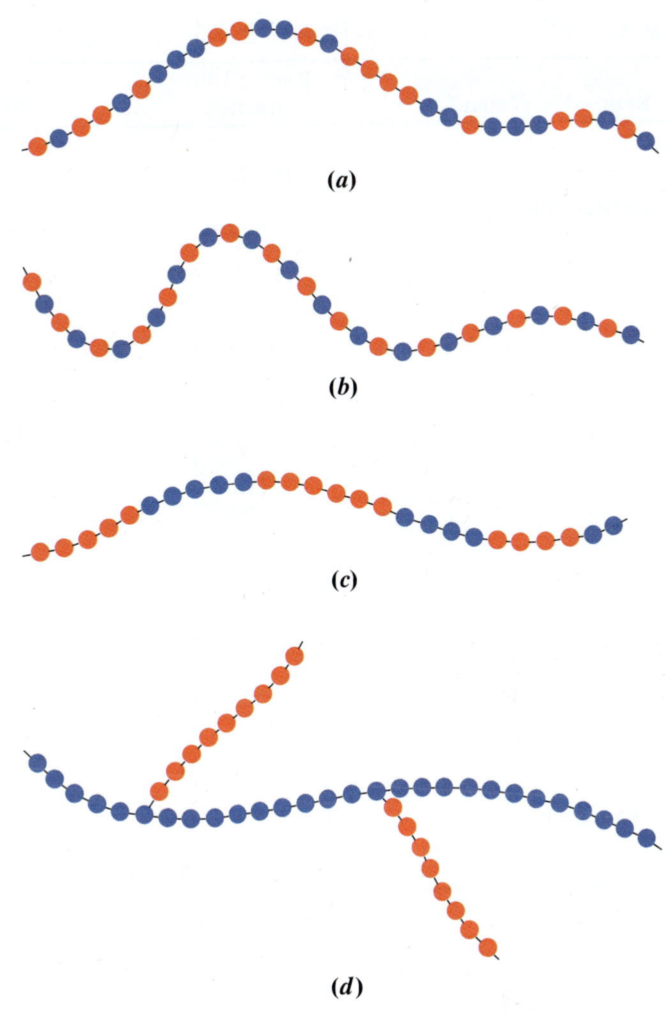

그림 4.9 불규칙 공중합체, (*b*) 교차 공중합체, (*c*) 블록 공중합체, (*d*) 그래프트 공중합체를 보여주는 그림. 두 가지의 반복기는 각각 붉은 원과 파란 원으로 표시하였다.

4.11 | 고분자 결정성

고분자 재료에도 결정상태가 존재한다. 그러나 고분자의 경우에는 금속이나 세라믹에서와 같이 하나의 원자나 이온이 관여하는 것이 아니라 큰 분자가 관여하는 것이므로 훨씬 복잡하다. **고분자 결정성(polymer crystallinity)**은 분자사슬이 서로 쌓여 정돈된 원자배열을 형성하는 것이다. 고분자의 결정구조는 단위격자로 특징지어지며 단위격자는 복잡한 경우가 많다. 예를 들어 그림 4.10은 폴리에틸렌의 단위격자 구조, 그리고 분자사슬 구조와 단위격자의 관계를 보여준다. 단위격자는 직육면체 구조(orthorhombic geometry)를 하고 있다(표 3.7). 물론 실제 고분자 사슬은 그림에 보이는 단위격자를 벗어난 위치로 연속적으로 뻗어 있는 구조를 가지는데, 단위격자는 이러한 긴 선형 고분자에서 반복되는 가장 작은 단위만으로 정의된다. 따라서 그림 4.10은 무한히 긴 결정성 폴리에틸렌을 나타낸다고 볼 수 있다.

고분자 결정성

물이나 메탄과 같이 작은 분자를 가진 분자 물질은 완전히 결정성인 고체이거나 전혀 결

표 4.6 공중합체 고무에 사용되는 화학 반복기

Repeat Unit Name	Repeat Unit Structure	Repeat Unit Name	Repeat Unit Structure
Acrylonitrile	H H │ │ —C—C— │ │ H C≡N	Isoprene	H CH_3 H H │ │ │ │ —C—C=C—C— │ │ H H
Styrene	H H │ │ —C—C— │ │ H (benzene ring)	Isobutylene	H CH_3 │ │ —C——C— │ │ H CH_3
Butadiene	H H H H │ │ │ │ —C—C=C—C— │ │ H H	Dimethylsiloxane	CH_3 │ —Si—O— │ CH_3
Chloroprene	H Cl H H │ │ │ │ —C—C=C—C— │ │ H H		

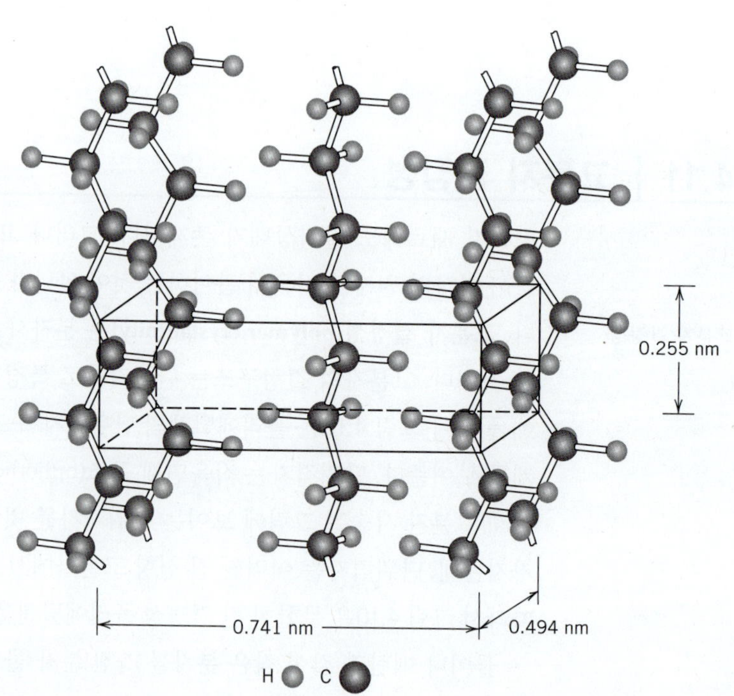

그림 4.10 폴리에틸렌 단위격자에 들어 있는 분자사슬의 배열

정이 없는 액체상태로 존재한다. 결정성을 가진 영역이 비정질 구조를 가지는 영역 내부에 분포되어 있는 형태, 즉 부분결정(혹은 반결정질, semicrystalline)인 경우가 대부분이다. 고분자 사슬이 결정성을 유지하지 못하게 되면 사슬 내부에 비틀림이나 꼬임, 구부러짐과 같은 다양한 국부적 변형이 발생하게 되어, 고분자는 비정질 구조를 가지게 된다. 이외에도 다른 구조적 영향에 의해 고분자의 결정화 정도는 얼마든지 바뀌게 된다.

결정도는 전혀 결정성이 없는 정도에서 약 95%까지의 거의 완전한 결정도에까지 이를 수 있다. 금속은 거의 항상 완전히 결정성인 반면, 세라믹은 완전히 결정성이거나 전혀 결정성이 없다. 반결정질 고분자는 두 종류의 서로 다른 상(phase)을 가진 일종의 합금구조와 유사하다고 볼 수 있다.

결정성을 가지는 고분자 사슬은 비정질 구조에 비해 더욱 조밀하게 충진될 수 있기 때문에, 동일한 분자로 구성되어 있을지라도 결정질 고분자가 비정질 고분자에 비해 더 높은 밀도를 나타낸다. 결정도는 정확한 밀도 측정을 통해 다음으로부터 계산된다.

백분율 결정도(반결정질 고분자)—시편 밀도, 완전히 결정질인 재료, 완전히 비정질인 재료의 밀도에 대한 의존성

$$\%\ \text{crystallinity} = \frac{\rho_c(\rho_s - \rho_a)}{\rho_s(\rho_c - \rho_a)} \times 100 \tag{4.8}$$

ρ_s는 결정도를 모르는 시편의 밀도, ρ_a는 전혀 결정성이 없는 고분자의 밀도, ρ_c는 완전히 결정질인 고분자의 밀도이다. ρ_a와 ρ_c는 별도의 실험을 통해 측정해야 한다.

고분자의 결정도는 제조과정에서 겪게 되는 고온에서 저온으로의 냉각속도 그리고 고분자 사슬의 배열에 따라 결정된다. 결정구조가 형성되기 위해서는 고온-고점도 상태인 고분자 내부에 무작위적으로 배열되어 있었던 사슬들이 냉각과정을 거치면서 점차 규칙적인 배열을 가질 수 있어야 한다. 이를 위해서는 냉각과정에서 고분자 사슬들이 에너지적으로 안정한 상태를 찾아갈 수 있는 충분한 시간이 주어져야 한다.

분자구조 및 결합상태와 사슬의 배열은 모두 고분자의 결정화에 영향을 미친다. 폴리이소프렌과 같이 화학적으로 복잡한 반복기 구조를 가진 고분자는 잘 결정화되지 않는다. 한편, 폴리에틸렌과 폴리테트라플루우오로에틸렌과 같이 화학적으로 단순한 고분자는 빠른 속도로 냉각되는 경우에도 결정화가 쉽게 일어나게 된다.

선형 고분자의 경우에는 사슬의 결정화를 방해하는 요소가 별로 없기 때문에 쉽게 결정구조가 형성될 수 있다. 반면, 가지형 고분자의 경우 곁사슬이 결정화를 방해하는 요소로 작용하기 때문에 높은 결정도를 가지기 어려우며, 곁가지가 아주 많은 경우에는 결정화가 전혀 일어나지 않기도 한다. 대부분의 그물망 고분자와 가교된 고분자는 결정성이 거의 없으며, 몇 가지 가교 고분자만이 부분적으로 결정성을 가지는 경우가 있다. 입체이성질체들의 경우에 어택틱 고분자는 결정화되기 어렵지만 아이소택틱 고분자와 신디오택틱 고분자는 곁사슬기의 구조가 규칙적이어서 이웃하는 사슬이 서로 배열하는 것을 도와 결정화가 훨씬 쉽게 일어난다. 곁사슬기의 크기가 커질수록 고분자의 결정화도는 낮아지게 된다.

공중합체의 경우, 일반적으로 반복기의 배열이 불규칙하고 무작위적일수록 결정성이 낮아지게 된다. 교차 공중합체와 블록 공중합체의 경우에는 약간의 결정화가 가능한 반면, 불규칙 공중합체와 그래프트 공중합체는 대부분 비정질 구조를 유지한다.

고분자 재료의 물리적 성질은 고분자의 결정도에 의하여 상당히 영향을 받는다. 일반적으로 결정성 고분자는 더 강하고, 덜 용해되며, 열에 의하여 연화되는 정도가 낮다. 뒤의 다른 장에서 이들의 성질에 대하여 논의할 것이다.

개념 확인 4.6

(a) 금속과 고분자의 결정성을 비교하라. (b) 고분자와 세라믹유리의 비결정성을 비교하라.

(정답은 *www.wiley.com*의 제품 페이지에서 확인할 수 있음)

예제 4.3

폴리에틸렌의 밀도와 백분율 결정도 계산

(a) 완전한 결정형태의 폴리에틸렌의 밀도를 계산하라. 폴리에틸렌 직육면체 단위격자는 그림 4.10에 주어져 있다. 또한 두 에틸렌 반복기의 등가 구조가 각 단위격자 내부에 포함되어 있다.

(b) (a)의 답을 이용하여 밀도가 0.925 g/cm^{3}인 폴리에틸렌의 백분율 결정도를 구하라. 완전한 비정질체의 밀도는 0.870 g/cm^{3}이다.

풀이

(a) 3장에서 금속의 밀도를 계산하기 위해 사용한 식 (3.9)가 이 문제의 고분자 밀도를 구하기 위해 사용될 수 있다.

$$\rho = \frac{nA}{V_C N_\mathrm{A}}$$

n은 단위격자 안의 반복기의 개수(폴리에틸렌의 경우 $n = 2$)이고 A는 반복기 분자량이다. 폴리에틸렌에 대하여 A는 다음과 같다.

$$\begin{aligned} A &= 2(A_\mathrm{C}) + 4(A_\mathrm{H}) \\ &= (2)\,(12.01\ \mathrm{g/mol}) + (4)\,(1.008\ \mathrm{g/mol}) = 28.05\ \mathrm{g/mol} \end{aligned}$$

또한 V_C는 단위격자의 부피이며, 단위격자 세 변의 길이의 곱이다.

$$\begin{aligned} V_C &= (0.741\ \mathrm{nm})\,(0.494\ \mathrm{nm})\,(0.255\ \mathrm{nm}) \\ &= (7.41 \times 10^{-8}\ \mathrm{cm})\,(4.94 \times 10^{-8}\ \mathrm{cm})\,(2.55 \times 10^{-8}\ \mathrm{cm}) \\ &= 9.33 \times 10^{-23}\ \mathrm{cm^3/unit\ cell} \end{aligned}$$

이제 식 (3.9)에 값을 대입하면 다음과 같이 된다.

$$\rho = \frac{nA}{V_C N_A}$$

$$= \frac{(2\ \text{repeat units/unit cell})(28.05\ \text{g/mol})}{(9.33 \times 10^{-23}\ \text{cm}^3/\text{unit cell})(6.022 \times 10^{23}\ \text{repeat units/mol})}$$

$$= 0.998\ \text{g/cm}^3$$

(b) 가지형 폴리에틸렌의 백분율 결정도를 구하기 위하여 식 (4.8)을 이용한다. $\rho_c = 0.998$ g/cm^3, $\rho_a = 0.870$ g/cm^3, $\rho_s = 0.925$ g/cm^{3}이다. 따라서 다음 결과를 얻을 수 있다.

$$\%\ \text{crystallinity} = \frac{\rho_c(\rho_s - \rho_a)}{\rho_s(\rho_c - \rho_a)} \times 100$$

$$= \frac{0.998\ \text{g/cm}^3(0.925\ \text{g/cm}^3 - 0.870\ \text{g/cm}^3)}{0.925\ \text{g/cm}^3(0.998\ \text{g/cm}^3 - 0.870\ \text{g/cm}^3)} \times 100$$

$$= 46.4\%$$

4.12 | 고분자 결정

미결정

앞서 반결정질 고분자는 비정질 구조를 가지는 영역 내부에 고분자 사슬들이 매우 규칙적으로 배열되어 있는 작은 결정질 구조[**미결정(crystallite)**]들이 분포되어 있는 형태로 간주할 수 있다고 했다. 결정성을 가진 영역의 구조는 농도가 묽은 용액으로부터 성장한 고분자 단결정을 조사함으로써 구조에 대한 추측이 가능하다. 이 결정들은 일정한 모양을 가진 얇은 판(**라멜라**)으로, 약 10~20 nm의 두께와 10 μm의 길이를 가지고 있다. 이 판들은 여러 겹으로 쌓여 있는 경우가 많은데 그림 4.11에 폴리에틸렌 단결정이 쌓여 있는 전자현미경 사진이 실려 있다.

그림 4.11 폴리에틸렌 단결정의 전자현미경 사진(20,000배율)
[From A. Keller, R. H. Doremus, B. W. Roberts, and D. Turnbull (Editors), *Growth and Perfection of Crystals*. General Electric Company and John Wiley & Sons, Inc., 1958, p. 498. Reprinted with permission of John Wiley & Sons, Inc.]

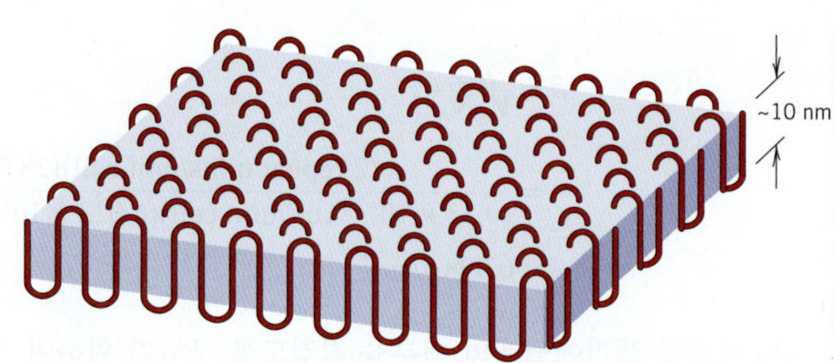

그림 4.12 판상 고분자 결정의 사슬접힘 구조

사슬접힘 구조

이러한 판상 구조의 내부에는 고분자 사슬들이 앞뒤로 규칙적으로 접혀 있는 **사슬접힘 구조(chain-folded structure)** 형태를 가지게 되는데, 여기서 고분자가 접혀 있는 부분은 표면에 위치한다. 그림 4.12는 이러한 라멜라 구조를 개략적으로 보여준다. 각각의 판상 구조는 여러 개의 분자들로 구성되어 있으며, 사슬들의 길이는 이러한 판상 구조의 두께에 비해 훨씬 길다.

스페룰라이트

용융상태에서 결정화된 고분자는 많은 경우 구정[**스페룰라이트(spherulite)**]을 형성한다. 그 이름이 뜻하는 것처럼, 각각의 구정은 구의 형태로 형성되며 그 예로 천연고무에 들어 있는 구정의 투과전자현미경 사진을 이 장 첫 페이지의 사진 (*d*)에 실어 놓았다. 구정은 중심으로부터 뻗어 나오는 리본과 같이 생긴 두께가 약 10 nm인 사슬접힘 결정(라멜라)의 응집체이다. 라멜라는 현미경에서 하얀 선으로 보인다. 그림 4.13에 구정의 세부적인 모양을 나타내었

그림 4.13 구정의 상세한 구조

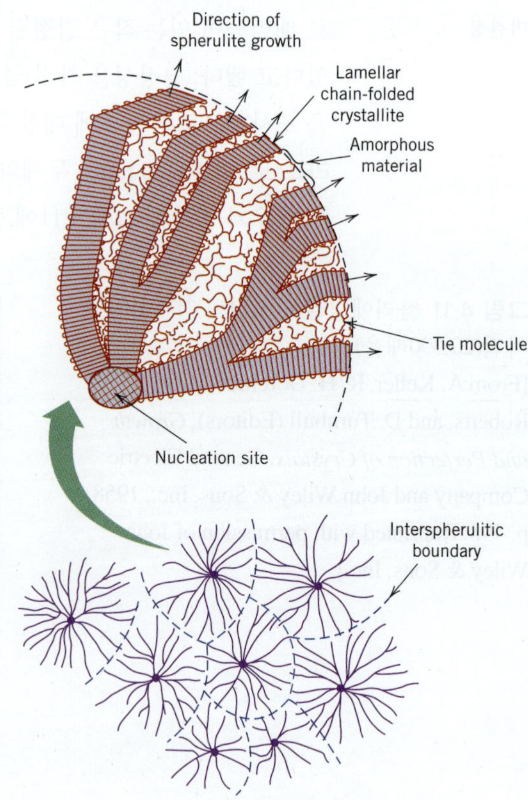

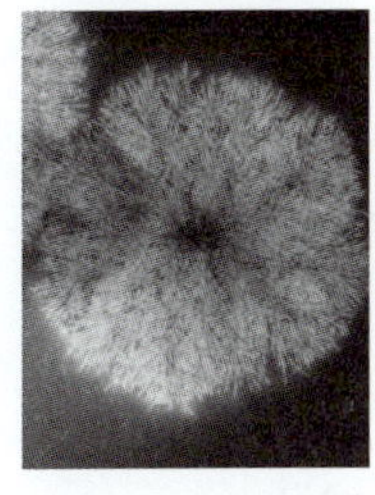
천연고무 시편 내 구정 구조를 보여주는 투과전자현미경 사진 (Photograph supplied by P. J. Phillips. First published in R. Bartnikas and R. M. Eichhorn, *Engineering Dielectrics*, Vol. IIA, *Electrical Properties of Solid Insulating Materials: Molecular Structure and Electrical Behavior*, 1983. Copyright ASTM, Philadelphia, PA. Reprinted with permission.)

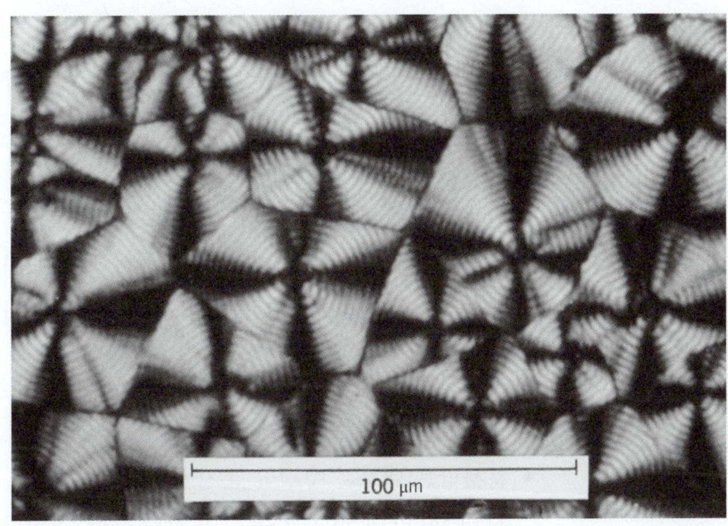

그림 4.14 폴리에틸렌 구정을 보여주는 교차된 편광을 사용하여 얻은 투과현미경 사진(525배율). 인접한 구정들 사이의 경계면에는 선형 경계가 형성되며 각 구정의 내부에는 몰타교차패턴이 있다.

Courtesy F. P. Price, General Electric Company

다. 또, 이 그림에는 사슬접힘 라멜라 구조 사이를 채우고 있는 비정질 구조도 나타나 있다. 이웃한 라멜라 구조들을 연결하는 분자들은 이 비정질 영역 내부에 걸쳐 라멜라 구조를 이어주게 된다.

구정의 결정이 점차 크게 성장해 감에 따라 이웃한 구정끼리 서로 만나게 되는데, 구정이 만나는 영역에서는 평면에 가까운 형태의 경계가 생기게 된다. 이러한 경계가 생성되기 이전까지 구정은 구형을 유지하면서 성장하게 된다. 편광현미경을 사용하여 관찰한 폴리에틸렌의 현미경 사진인 그림 4.14를 보면 구정 간의 경계면이 뚜렷이 관찰된다. 또한 구정 내부에는 몰타교차패턴(Maltese cross pattern)이라고 하는 독특한 구조가 관찰된다. 구정의 이미지에서 관찰되는 띠 구조나 링 형태의 구조는 라멜라 구조들의 비틀림에 의해서 나타나는데, 이는 구정의 중심에서 뻗어 나온 라멜라 구조가 마치 리본과 같은 형태를 가지고 있기 때문이다.

고분자의 구정은 다결정 금속이나 다결정 세라믹 내부에 포함된 일종의 결정립과 유사하다고 볼 수 있다. 그러나 이미 설명한 것과 같이 각 구정은 많은 라멜라 결정과 약간의 비정질 구조로 구성되어 있다. 폴리에틸렌, 폴리프로필렌, 폴리(비닐 클로라이드), 폴리테트라플루오로에틸렌, 나일론은 용융상태에서 결정화되면 구정을 형성한다.

요약

고분자 재료를 구성하는 분자

- 대부분의 고분자 재료는 매우 큰 분자사슬로 구성되어 있고, 다양한 원자들(O, Cl 등)이나 메틸, 에틸, 페닐과 같은 유기물 그룹을 측면 그룹으로 가지고 있다.
- 이런 거대분자들은 반복기, 즉 사슬을 따라 반복되는 소규모의 구조체로 되어 있다.

고분자를 구성하는 분자의 화학

- 화학적으로 간단한 고분자[폴리에틸렌, 폴리테트라플루오로에틸렌(상품명: 테프론), 폴리(비닐 클로라이드), 폴리프로필렌 등]의 반복기를 표 4.3에 나타내었다.
- 단일고분자는 모든 반복기가 동일한 재료이다. 공중합체는 적어도 두 가지 이상의 반복기로 구성된 분자사슬이다.
- 반복기는 활성도(활성결합)의 수로 분류한다.
  - 이중활성 단량체는 2개의 활성결합을 갖게 되어 2차원 사슬모양 구조로 된다.
  - 삼중활성 단량체는 3개의 활성결합을 갖게 되어 3차원 그물망 구조를 갖는다.

분자량

- 고분자의 분자량은 백만 이상이 될 수도 있다. 모든 분자가 같은 크기를 갖지 않기 때문에 분자량은 분포를 가지게 된다.
- 분자량은 대부분 수평균 분자량 또는 무게평균 분자량으로 나타내며, 이런 매개변수 값은 식 (4.5a) 및 (4.5b)를 사용하여 각각 구할 수 있다.
- 사슬의 길이는 중합도, 즉 평균 분자당 반복기의 수로 나타낼 수 있다[식 (4.6)].

분자 모양

- 분자들의 얽히게 되는 현상은 각각의 사슬 내부를 구성하고 있는 원자들 간의 결합이 회전을 하게 되면서 나타나는 사슬의 비틀림, 꼬임, 꺾임과 같은 국부적 변형에 의해 발생하게 된다.
- 이중 사슬결합을 갖거나 반복기에 붙어 있는 측면기의 크기가 커지게 되면 고분자 사슬 내 결합이 회전하는 현상이 일어나기 어렵게 된다.

분자구조

- 선형(그림 4.7*a*), 가지형(그림 4.7*b*), 가교형(그림 4.7*c*), 그물망형(그림 4.7*d*)의 네 가지 고분자 분자사슬 구조를 형성할 수 있다.

분자배열

- 주사슬에 1개 이상의 원자 또는 원자단들이 곁가지 형태로 붙어 있는 경우
  - 머리-머리 배열, 머리-꼬리 배열이 가능하다.
  - 이들 측면 원자나 그룹의 공간 배열의 차이에 따라 아이소택틱, 신디오택틱, 어택틱으로 구분되는 이성질체가 얻어진다.
- 반복기가 이중 사슬결합을 가지면 시스(cis) 또는 트랜스(trans) 구조의 기하이성질체 배열이 가능하다.

열가소성 고분자와 열경화성 고분자

- 고분자의 고온 거동에 따라 고분자는 열가소성 및 열경화성으로 분류한다.
  - 열가소성 고분자는 선형 또는 가지형 구조를 가진다. 가열하면 연화되고 냉각하면 경화된다.
  - 열경화성 고분자는 일단 경화되면 가열해도 연화되지 않는다. 가교형 및 그물망형 구조를 가진다.

공중합체

- 공중합체에는 불규칙형(그림 4.9*a*), 교차형(그림 4.9*b*), 블록형(그림 4.9*c*), 그래프트형(그

림 4.9*d*)이 있다.

- 공중합체 고무 재료에 사용되는 반복기를 표 4.6에 나타내었다.

고분자 결정성

- 고분자 사슬이 규칙적인 원자로 배열되어 채워지면 결정성을 가지게 된다.
- 사슬들이 배열되지 못하고 무작위적으로 배열될 경우 비정질 구조가 형성된다.
- 고분자는 완전한 비정질을 가질 수 있지만 결정도(degree of crystallinity)가 다르게 될 수 있다. 즉, 결정질 영역이 비정질 내부에 분산되는 형태이다.
- 화학적으로 간단하고 규칙적인 대칭성을 갖는 사슬구조를 가질 때 고분자의 결정성은 향상된다.
- 반결정질 고분자의 백분율 결정도는 식 (4.8)에서와 같이 밀도는 물론 완전한 결정질 영역의 밀도 및 비정질 영역의 밀도에 따라 달라진다.

고분자 결정

- 결정질 영역(미결정)은 판상이며 사슬접힘 구조(그림 4.12)를 가진다. 판상 구조 내부의 사슬은 앞뒤로 접혀 있는 규칙적인 형상을 가지고 있으며, 사슬의 접힘에 의한 주름 구조가 판상 구조의 표면에 나타난다.
- 많은 반결정질 고분자는 구정을 형성한다. 각 구정은 그들의 중심으로부터 방사상으로 퍼지는 사슬접힘 구조를 가지는 리본 모양의 라멜라 구조가 집합된 형태를 가지고 있다.

식 요약

Equation Number	Equation	Solving for
4.5a	$\overline{M}_n = \sum x_i M_i$	Number-average molecular weight
4.5b	$\overline{M}_w = \sum w_i M_i$	Weight-average molecular weight
4.6	$DP = \dfrac{\overline{M}_n}{m}$	Degree of polymerization
4.7	$\overline{m} = \sum f_j m_j$	For a copolymer, average repeat unit molecular weight
4.8	$\% \text{ crystallinity} = \dfrac{\rho_c(\rho_s - \rho_a)}{\rho_s(\rho_c - \rho_a)} \times 100$	Percent crystallinity, by weight

기호 목록

Symbol	Meaning
f_j	Mole fraction of repeat unit j in a copolymer chain
m	Repeat unit molecular weight

(계속)

Symbol	Meaning
M_i	Mean molecular weight within the size range i
m_j	Molecular weight of repeat unit j in a copolymer chain
x_i	Fraction of the total number of molecular chains that lie within the size range i
w_i	Weight fraction of molecules that lie within the size range i
ρ_a	Density of a totally amorphous polymer
ρ_c	Density of a completely crystalline polymer
ρ_s	Density of polymer specimen for which percent crystallinity is to be determined

중요한 용어와 개념

가교된 고분자
가지형 고분자
거대분자
결정
고분자
고분자 결정성
공중합체
교차 공중합체
구정
그래프트 공중합체
그물망 고분자
기하이성질
단량체
단일고분자
반복기
분자구조
분자량
불규칙 공중합체
불포화
블록 공중합체
사슬접힘 구조
삼중활성
선형 고분자
스페룰라이트
시스(구조)
신디오택틱 배열
아이소택틱 배열
어택틱 배열
열가소성 고분자
열경화성 고분자
이성질
이중활성
입체이성질
중합도
트랜스(구조)
포화
활성도

참고문헌

Brazel, C. S., and S. L. Rosen, *Fundamental Principles of Polymeric Materials*, 3rd edition, John Wiley & Sons, Hoboken, NJ, 2012.

Carraher, C. E., Jr., *Carraher's Polymer Chemistry*, 10th edition, CRC Press, Boca Raton, FL, 2018.

Cowie, J. M. G., and V. Arrighi, *Polymers: Chemistry and Physics of Modern Materials*, 3rd edition, CRC Press, Boca Raton, FL, 2007.

Engineered Materials Handbook, Vol. 2, *Engineering Plastics*, ASM International, Materials Park, OH, 1988.

McCrum, N. G., C. P. Buckley, and C. B. Bucknall, *Principles of Polymer Engineering*, 2nd edition, Oxford University Press, Oxford, UK, 1997. Chapters 0–6.

Painter, P. C., and M. M. Coleman, *Fundamentals of Polymer Science: An Introductory Text*, 2nd edition, CRC Press, Boca Raton, FL, 1997.

Rodriguez, F., C. Cohen, C. K. Ober, and L. A. Archer, *Principles of Polymer Systems*, 6th edition, CRC Press, Boca Raton, FL, 2015.

Sperling, L. H., *Introduction to Physical Polymer Science*, 4th edition, John Wiley & Sons, Hoboken, NJ, 2006.

Young, R. J., and P. Lovell, *Introduction to Polymers*, 3rd edition, CRC Press, Boca Raton, FL, 2011.

문제

탄화수소 분자

고분자 재료를 구성하는 분자

고분자를 구성하는 분자의 화학

4.1 이 장에서 제시된 구조들을 바탕으로 하여 다음 고분자들의 반복기들을 그려라.

(a) polyethylene

(b) polystyrene

분자량

4.2 다음 반복기들의 분자량을 구하라.

(a) polypropylene

(b) poly(vinyl chloride)

(c) poly(methyl methacrylate)

(d) polystyrene

4.3 폴리프로필렌의 수평균 분자량을 두 번의 실험으로부터 얻었으며, 각각 850,000 g/mol과 1,000,000 g/mol이었다. 두 경우 각각에 대해 중합도를 계산하라.

4.4 **(a)** 폴리(메틸 메타크릴레이트) 반복기의 분자량을 구하라.

(b) 폴리(메틸 메타크릴레이트)의 중합도가 15,000이라고 할 때, 수평균 분자량을 구하라.

4.5 다음 표는 폴리프로필렌의 분자량에 대한 데이터이다. 다음을 구하라.

(a) 수평균 분자량

(b) 무게평균 분자량

(c) 중합도

Molecular Weight Range (g/mol)	x_i	w_i
8000–16,000	0.05	0.02
16,000–24,000	0.16	0.10
24,000–32,000	0.24	0.20
32,000–40,000	0.28	0.30
40,000–48,000	0.20	0.27
48,000–56,000	0.07	0.11

4.6 어떤 고분자의 분자량 데이터가 표와 같이 주어졌을 때 다음을 구하라.

(a) 수평균 분자량

(b) 무게평균 분자량

(c) 만약 이 고분자의 중합도가 710이라면, 표 4.3에 제시된 고분자 중에서 어떤 고분자로 추정되는지를 이유와 함께 제시하라.

Molecular Weight Range (g/mol)	x_i	w_i
15,000–30,000	0.04	0.01
30,000–45,000	0.07	0.04
45,000–60,000	0.16	0.11
60,000–75,000	0.26	0.24
75,000–90,000	0.24	0.27
90,000–105,000	0.12	0.16
105,000–120,000	0.08	0.12
120,000–135,000	0.03	0.05

4.7 **(a)** 단일고분자란 무엇인가?

(b) 폴리(메틸 메타크릴레이트) 단일고분자가 다음과 같은 분자량 데이터를 가진다고 할 때, 중합도가 527이 될 수 있는가? 답에 대한 이유를 설명하라.

Molecular Weight Range (g/mol)	x_i	w_i
8000–20,000	0.02	0.05
20,000–32,000	0.08	0.15
32,000–44,000	0.17	0.21
44,000–56,000	0.29	0.28
56,000–68,000	0.23	0.18
68,000–80,000	0.16	0.10
80,000–92,000	0.05	0.03

4.8 고밀도 폴리에틸렌은 수소 원자를 염소 원자로 치환하여 염소화(chlorinated)될 수 있다.

(a) 만약 프로판에 있는 2개의 수소 원자를 2개

의 염소 원자로 치환한다면, 어떠한 이성체(isomer)가 가능하겠는가?

(b) 기존에 있던 수소의 5%를 치환하기 위해서 첨가해야 하는 Cl의 농도(무게분율 wt%)를 계산하라.

(c) 이렇게 염소화된 폴리에틸렌과 폴리(비닐 클로라이드)는 어떤 점에서 서로 다른지 논하라.

분자 모양

4.9 하나의 선형 고분자에서, 사슬의 전체 길이 L은 사슬을 구성하는 원자들 간의 거리 d, 분자 내에 포함된 전체 결합의 수 N, 주사슬 내에서 연속적으로 배열되어 있는 3개의 원자로 인해 정의되는 각도 θ에 따라 아래와 같이 결정된다.

$$L = Nd \sin\left(\frac{\theta}{2}\right) \tag{4.9}$$

또한 그림 4.6과 같이 임의의 형태로 꼬여 있는 사슬에서 끝단과 끝단 간 거리 r은 다음과 같이 결정된다.

$$r = d\sqrt{N} \tag{4.10}$$

선형 폴리테트라플루오로에틸렌의 수평균 분자량이 500,000 g/mol이라고 할 때, 이 고분자의 평균적인 L과 r 값을 구하라.

4.10 식 (4.9)에서 정의된 전체 사슬 길이 L과 식 전체 사슬에 대한 사슬 끝단과 끝단 간 거리[식 (4.10)]의 평균값을 이용하여 다음을 구하라.

(a) L = 1000 nm, 2500 nm, 4000 nm인 각각의 경우에 대한 수평균 분자량

(b) r = 10 nm, 20 nm, 30 nm인 각각의 경우에 대한 수평균 분자량

분자배열

4.11 **(a)** 신디오택틱, 어택틱, 아이소택틱 고분자의 주된 차이는 무엇인가?

(b) 선형 폴리스티렌 분자의 (i) 신디오택틱 구조, (ii) 어택틱 구조, (iii) 아이소택택 구조를 그려라(4.8절에 있는 각주 9, 10, 11 참조).

4.12 **(a)** 시스(*cis*)와 트랜스(*trans*)의 차이는 무엇인가?

(b) (i) 폴리부타디엔과 (ii) 폴리클로로프렌의 시스 구조와 트랜스 구조를 그려라(4.8절에 있는 각주 12 참조).

열가소성 고분자와 열경화성 고분자

4.13 열가소성 고분자와 열경화성 고분자를 **(a)** 가열 시의 기계적인 물성 변화의 관점에서, 그리고 **(b)** 이들이 가질 수 있는 분자구조의 측면에서 비교하라. 열가소성 고분자와 열경화성 고분자의 예를 제시하라.

4.14 **(a)** 한 번 사용한 페놀-포름알데히드는 분쇄한 후 재활용을 할 수 있는가? 답에 대한 이유를 설명하라.

(b) 한 번 사용한 폴리프로필렌은 분쇄한 후 재활용을 할 수 있는가? 답에 대한 이유를 설명하라.

공중합체

4.15 **(a)** 교차 공중합체란 무엇인가?

(b) 다음의 교차 공중합체들 (i) poly(ethylene-vinyl acetate), (ii) poly(butadiene-chloroprene), (iii) poly(styrene-methyl methacrylate), (iv) poly(acrylonitrile-vinyl chloride), (v) poly(acrylonitrile butadiene styrene)의 반복기 구조를 그려라.

4.16 폴리(스티렌-부타디엔) 교차 공중합체의 수평균 분자량이 1,350,000 g/mol이다. 공중합체 하나의 사슬당 평균적으로 몇 개의 스티렌과 부타디엔이 포함되어 있는지 구하라.

4.17 니트릴 고무[폴리(아크릴로나이트릴-부타디엔) 공중합체]에서 부타디엔 반복기의 비율이 0.3이다. 이 공중합체의 수평균 분자량을 구하라. 이

러한 비율에서의 중합도는 2000이라고 가정하라.

4.18 어떤 교차 공중합체의 수평균 분자량이 250,000 g/mol이고 중합도는 3420이다. 이 중 하나의 반복기는 스티렌이라고 할 때 에틸렌, 프로필렌, 테트라플루오로에틸렌, 비닐 클로라이드 중 어떤 것이 또 다른 반복기로 사용되었을까? 그 이유는 무엇인가?

4.19 **(a)** 스티렌과 부타디엔으로 구성된 공중합체의 수평균 분자량이 350,000 g/mol이고 중합도가 4425일 때, 이들의 배합비를 구하라.

(b) 불규칙 공중합체, 교차 공중합체, 블록 공중합체, 그래프트 공중합체 각각에 대해서 설명하고, (a)에서 제시된 공중합체는 이들 중 어떤 형태를 가질지에 대해 이유와 함께 설명하라.

4.20 가교된 공중합체가 60 wt%의 에틸렌과 40 wt%의 프로필렌으로 구성되어 있으며, 기계적 물성은 천연고무와 유사한 값을 가진다. 이러한 조성을 가지는 공중합체에 대해서 각각의 반복기의 비율을 결정하라.

4.21 불규칙 공중합체인 폴리(이소부틸렌-이소프렌)의 수평균 분자량이 200,000 g/mol이고 중합도는 3000이다. 이소부틸렌과 이소프렌 반복기 각각의 비율을 구하라.

고분자 결정성

4.22 고분자의 결정화 현상에 대해 설명하라. 또, 일반적으로 고분자의 분자량이 증가할수록 결정성이 낮아지는 이유에 대해 간략히 설명하라.

4.23 아래 고분자 짝들에 대해서, (1) 둘 중 하나의 고분자가 다른 고분자에 비해 결정화가 더 잘 일어나는 상황인가? (2) 만약 그렇다면, 어떤 고분자가 더 쉽게 결정화되는지에 대해서 이유와 함께 설명하라. (3) 만약 그렇지 않다면, 그 이유를 설명하라.

(a) Linear and syndiotactic poly(vinyl chloride); linear and isotactic polystyrene

(b) Network phenol-formaldehyde; linear and heavily crosslinked cis-isoprene

(c) Linear polyethylene; lightly branched isotactic polypropylene

(d) Alternating poly(styrene-ethylene) copolymer; random poly(vinyl chloride-tetrafluoroethylene) copolymer

4.24 완전히 결정질인 폴리프로필렌의 상온상태 밀도는 0.946 g/cm^{3}이다. 또한 상온에서 이 고분자의 결정은 단사정(monoclinic)이고, 다음의 격자상수를 가진다.

$a = 0.666$ nm　　$\alpha = 90°$
$b = 2.078$ nm　　$\beta = 99.62°$
$c = 0.650$ nm　　$\gamma = 90°$

만약 단사정 단위격자의 부피 V_{mono}가 격자상수에 대한 식으로 $V_{mono} = abc \sin \beta$와 같이 정의된다면, 단위격자 내부에 포함된 프로필렌 반복기의 개수는 몇 개인지 계산하라.

4.25 두 종류의 폴리테트라플루오로에틸렌의 밀도와 백분율 결정도가 아래 표에 주어져 있다.

ρ (g/cm^3)	Crystallinity (%)
2.144	51.3
2.215	74.2

(a) 폴리테트라플루오로에틸렌이 완전히 결정질인 경우와 완전히 비정질인 경우 각각에 대한 밀도를 구하라.

(b) 만약 밀도가 2.26 g/cm^{3}라면 백분율 결정도는 얼마인가?

4.26 두 종류의 나일론 6,6의 밀도와 백분율 결정도가 아래 표에 주어져 있다.

ρ (g/cm^3)	Crystallinity (%)
1.188	67.3
1.152	43.7

(a) 나일론 6,6이 완전히 결정질인 경우와 완전히 비정질인 경우 각각에 대한 밀도를 구하라.
(b) 백분율 결정도가 55.4%라면 밀도는 얼마인가?

5 복합재료

Top sheet. Polyamide polymer that has a relatively low glass transition temperature and resists chipping.

Courtesy of Black Diamond Equipment, Ltd.

Torsion box wrap. Fiber-reinforced composites that use glass, aramid, or carbon fibers. A variety of weaves and weights of reinforcement are possible that are utilized to "tune" the flexural characteristics of the ski.

Core. Foam, vertical laminates of wood, wood-foam laminates, honeycomb, and other materials. Commonly used woods include poplar, spruce, bamboo, balsa, and birch.

Vibration-absorbing material. Rubber is normally used.

Base. Ultra-high-molecular-weight polyethylene is used because of its low coefficient of friction and abrasion resistance.

Reinforcement layers. Fiber-reinforced composites that normally use glass fibers. A variety of weaves and weights of reinforcement are possible to provide longitudinal stiffness.

Edges. Carbon steel that has been treated to have a hardness of 48 HRC. Facilitates turning by "cutting" into the snow.

(*a*)

(*a*) 비교적 복잡한 복합재료 구조의 한 예인 스키. 이 그림에서는 고성능 스키의 단면이 여러 가지 부품으로 구성되어 있음을 보여준다. 각 부품의 기능과 사용된 재료를 표시하였다.

(*b*) 산뜻한 가루눈에서 스키 타는 사진.

Doug Berry/iStockphoto

(*b*)

왜 복합재료를 공부하는가?

복합재료를 구성하는 상의 특성, 상대적인 양, 형상 및 분포, 특성을 이해하고 여러 가지 형태의 복합재료에 대하여 지식을 쌓음으로써 한 종류로 이루어진 금속 합금, 세라믹 또는 고분자보다 더 우수한 특성의 조합을 가진 재료를 설계할 수 있다. 예를 들어 설계 예제 5.1에서는 특정한 강성을 가진 관 형태의 샤프트를 어떻게 제조하는지 논의할 것이다.

학습 목표

이 장을 학습한 후에는 아래 과제를 수행할 수 있어야 한다.

1. 세 가지 중요한 복합재료의 종류를 대고 각각의 특징을 기술한다.
2. 과립 복합재료와 분산-강화 복합재료의 강화 기구 차이를 설명한다.
3. 섬유의 길이와 배향에 따른 세 가지 종류의 섬유-강화 복합재료를 구별하고, 각각의 특징적인 기계적 특성을 설명한다.
4. 정렬되고 연속적인 섬유-강화 복합재료에서 길이방향의 탄성계수와 강도를 계산한다.
5. 불연속적이고 정렬된 섬유-강화 복합재료에서 길이방향의 강도를 계산한다.
6. 고분자-기지 복합재료에서 사용되는 다섯 가지의 일반적인 섬유 강화재의 이름과 각각에서 요구되는 특성과 한계를 기술한다.
7. 금속-기지 복합재료의 요구되는 특성을 기술한다.
8. 세라믹-기지 복합재료를 개발하는 가장 중요한 이유를 기술한다.
9. 구조 복합재료의 두 가지 세부 분류를 대고 간단히 설명한다.

5.1 | 서론

재료의 뚜렷한 분류 중 한 가지로 복합재료가 출현한 것은 20세기 중반에 유리섬유-강화 고분자와 같이 의도적으로 설계되고 조작된 다상 복합재료의 제조와 함께 시작되었다. 나무, 밀짚으로 강화된 점토로부터 만들어진 벽돌 및 조개껍데기 같은 다상 재료나 강철과 같은 합금은 수천 년 동안 알려져 왔지만, 제조과정에서 서로 다른 재료를 결합하는 이 새로운 개념에 대한 인식은 친숙한 금속, 세라믹 및 고분자와는 별개로 새로운 종류의 복합재료라고 인정되었다. 다상 복합재료의 개념은 한 종류(모놀리식)로 이루어진 일반 금속 합금, 세라믹 및 고분자 재료로는 충족시킬 수 없는 여러 가지 특성 조합을 가지고 있는 매우 다양한 재료를 설계할 수 있는 흥미로운 기회를 제공한다.[1)]

1) 모놀리식(*monolithic*)이란 균일하고 연속적이면서 단일 재료로 형성된 미세 구조를 의미한다. 또한, 하나보다 많은 미소 구성 성분이 존재할 수 있다. 반면, 복합재료의 미세 구조는 2개 이상의 서로 다른 재료가 혼합되어 있다는 점에서 불균일하며, 불연속적이고, 다상이다.

항공우주, 수중, 생물공학 및 운송산업에서 발견되는 것과 같은 첨단기술 응용분야에서는 특수하고 특이한 특성을 가진 재료가 필요하다. 예를 들어, 항공기 기술자는 강하고 단단하며 충격과 마모에 대한 저항이 클 뿐만 아니라 쉽게 부식되지 않으면서 밀도가 낮은 구조재료를 끊임없이 찾고 있다. 이것은 다소 만만치 않은 특성들의 조합이다. 한 종류로 이루어진 재료 중에서 강한 재료는 상대적으로 밀도가 높고 강도 또는 강성을 증가시키면 대체로 인성이 감소하게 된다.

복합재료를 개발함으로써 재료의 특성의 조합과 그 범위가 계속 확대되고 있다. 일반적으로 복합재료는 더 나은 특성의 조합이 얻어지도록 각 구성상의 특성을 조화시킨 다상 재료로 간주한다. **복합 작용 원리(principle of combined action)**에 따르면, 더 나은 특성의 조합은 둘 또는 그 이상의 별개의 재료를 적절하게 조합하여 얻어진다. 많은 경우에 재료를 혼합함으로써 어떤 특성을 얻을 수 있지만, 동시에 다른 특성을 잃기도 한다.

복합 작용 원리

복합재료에는 여러 상을 가진 금속 합금, 세라믹, 고분자가 포함된다(11장에서 논의). 예를 들어 펄라이트강(11.21절)은 α페라이트와 시멘타이트 층이 교대로 존재하는 미세조직(그림 11.34)을 가지고 있다. 페라이트 상은 연하고 연성이 있는 반면, 시멘타이트는 단단하고 매우 잘 깨어진다. 펄라이트의 기계적 특성의 조합(상당히 큰 연성과 강도)은 이들을 구성하고 있는 각 상(페라이트, 시멘타이트)의 특성의 조합에 비하여 우수하다. 또한 많은 복합재료가 자연상태에서 발견된다. 예를 들면 나무가 여기에 속하는데, 나무는 강하지만 유연한 셀룰로오

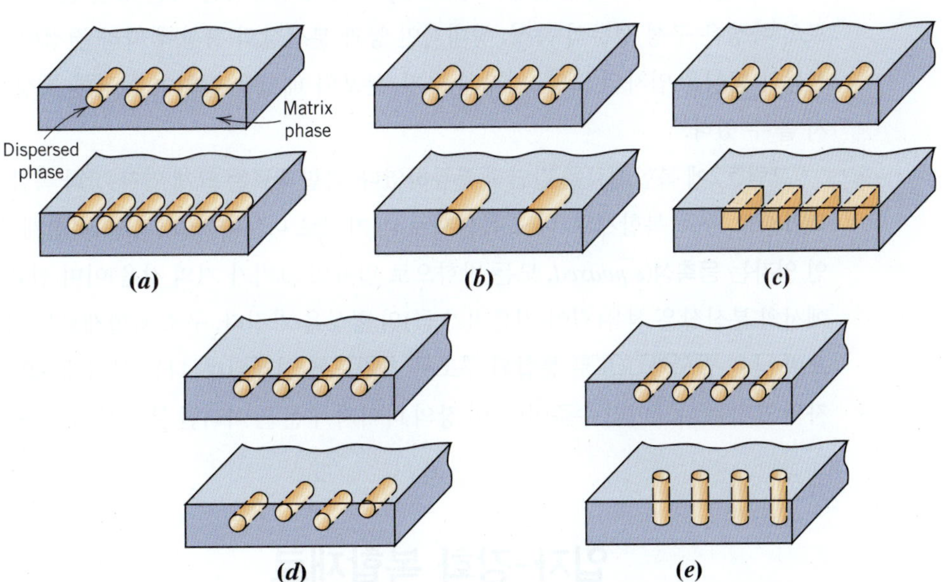

그림 5.1 복합재료의 특성에 영향을 미칠 수 있는 분산상의 기하학적, 공간적 분산 형태를 개략적으로 보여주는 그림: (*a*) 농도, (*b*) 크기, (*c*) 모양, (*d*) 분산, (*e*) 배향
(From Richard A. Flinn and Paul K. Trojan, *Engineering Materials and Their Applications*, 4th edition. Copyright © 1990 by John Wiley & Sons, Inc. Reprinted with permissions of John Wiley & Sons, Inc.)

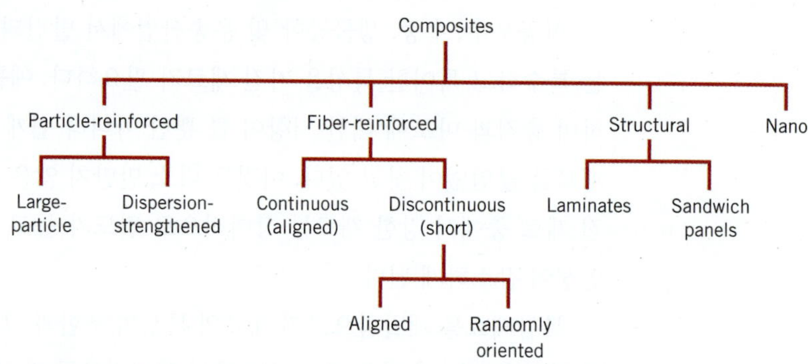

그림 5.2 이 장에서 논의될 여러 가지 형태의 복합재료의 분류

스 섬유와 이를 둘러싸고 있는 리그닌이라는 더 딱딱한 재료로 구성되어 있다. 뼈는 강하지만 보드라운 단백질인 콜라겐과 단단하고 깨지기 쉬운 인회석으로 구성되어 있다.

우리는 이 책에서 복합재료를 자연적으로 나타나거나 형성되는 것이 아니라 인공적으로 만든 다상의 재료로 한정하고자 한다. 또한 복합재료를 이루는 각각의 상은 화학적으로 달라야 하며 뚜렷한 계면으로 분리되어야 한다.

복합재료를 설계함에 있어 과학자와 기술자들은 여러 가지 금속, 세라믹, 고분자를 잘 조합하여 새로운 세대의 특별한 재료들을 제조하였다. 대부분의 복합재료는 강성, 인성, 상온 및 고온에서의 강도와 같은 기계적 특성의 조합을 개선하고자 제조되었다.

기지

분산상

많은 복합재료는 단지 두 가지 상으로 구성되어 있는데, 그중 하나는 **기지(matrix)**라고 하며, 이 상은 연속적이며 **분산상(dispersed phase)**이라고 하는 다른 상을 둘러싸고 있다. 복합재료의 특성은 구성 성분의 특성, 상대적인 양과 분산상의 형상에 따라 결정된다. 이 책에서 분산상의 형상은 입자의 모양, 입자의 크기, 분포와 배향을 말하여 이러한 특성들은 그림 5.1에서 볼 수 있다.

그림 5.2에 복합재료를 간단히 분류하였다. 복합재료는 크게 입자-강화 복합재료, 섬유-강화 복합재료, 구조 복합재료, 나노 복합재료 네 가지로 나눈다. 입자-강화 복합재료에서의 분산상인 입자는 등축성(*equiaxed*, 모든 방향으로 입자의 크기가 거의 같음)이며 섬유-강화 복합재료에서의 분산상은 섬유(길이-지름비가 큼)의 형상을 가진다. 구조 복합재료는 다층으로 되어 있으며 낮은 밀도와 고도로 통합된 구조를 가지도록 설계된다. 나노 복합재료의 경우 분산상 입자의 크기는 나노미터 수준이다. 이 장의 나머지 부분은 이러한 분류에 따라 구성되어 있다.

입자-강화 복합재료

과립 복합재료

분산-강화 복합재료

그림 5.2에서 알 수 있듯이 **과립 복합재료(large-particle composite)**와 **분산-강화 복합재료(dispersion-strengthened composite)**가 입자-강화 복합재료의 세부 분류에 속한다. 강화 기구에 따라 이 둘을 구별한다. 과립이란 용어는 입자와 기지 사이의 상호작용을 분자 혹은 원자

수준에서 다룰 수 없고 연속 역학으로 다룬다는 것을 의미한다. 이런 복합재료에서 입자상은 대부분 기지에 비하여 단단하고 딱딱하다. 이들 강화 입자들은 각 입자의 주변에 있는 기지상이 움직이는 것을 방해하는 경향을 가지고 있다. 본질적으로 기지는 자신에게 가해진 응력의 일부를 입자에 전달하며 입자도 가해진 힘의 일부를 지탱하게 된다. 기계적 강도의 향상 정도는 기지와 입자 계면이 얼마나 강하게 결합되는가에 따라 결정된다.

분산-강화 복합재료에서는 입자들이 일반적으로 훨씬 작아 그 지름이 0.01~0.1 μm (10~100 nm)이다. 강화를 일으키는 입자-기지 상호작용은 원자 혹은 분자 수준에서 일어난다. 강화 기구는 12.11절에서 논의되는 석출경화와 유사하다. 가해진 힘의 대부분을 기지가 지탱하며 작은 분산 입자는 전위의 이동을 방해한다. 따라서 소성변형이 제한되므로 경도는 물론 항복강도, 인장강도를 향상시킬 수 있다.

5.2 | 과립 복합재료

충전재가 첨가된 일부 고분자 재료(15.14절)는 대표적인 과립 복합재료이다. 다시 말하면 충전재는 재료의 특성을 변화시키거나 향상시키며 가격이 더 싼 재료인 충전재로 고분자의 일부분을 대체하기도 한다.

또 다른 흔한 과립 복합재료로 콘크리트를 들 수 있다. 콘크리트는 시멘트(기지), 모래와 자갈(입자)로 구성되어 있으며 콘크리트에 대해서는 다음 절에서 논할 것이다.

입자는 매우 다양한 형상을 가질 수 있으나 이들은 모든 방향으로 거의 같은 크기를 가져야 한다(등축성). 효과적으로 강화되기 위해서는 입자가 작고 기지에 균일하게 분산되어야 한다. 또한 두 상의 부피분율이 거동에 영향을 미치는데, 입자의 함량이 증가하면 기계적 특성이 향상된다. 2상 복합재료를 구성하는 상의 부피분율과 탄성계수의 관계를 나타내는 두 가지 식이 유도되었다. 이 **혼합법칙(rule of mixture)** 식을 보면 복합재료의 탄성계수가 식 (5.1)의 상한값과 식 (5.2)의 하한값 사이의 값을 가질 것으로 예측한다.

혼합법칙

2상 복합재료에서 탄성계수 상한값

$$E_c(u) = E_m V_m + E_p V_p \tag{5.1}$$

하한값은

2상 복합재료에서 탄성계수 하한값

$$E_c(l) = \frac{E_m E_p}{V_m E_p + V_p E_m} \tag{5.2}$$

위의 식에서 E와 V는 각각 탄성계수와 부피분율을 나타내며 c, m, p는 각각 복합재료, 기지, 입자상을 나타낸다. 그림 5.3에 텅스텐이 입자상인 구리-텅스텐 복합재료에서 V_p에 따른 E_c의 상한값과 하한값을 나타내었다. 실험에서 얻어진 값들은 두 곡선 사이에 존재하는 것을 알

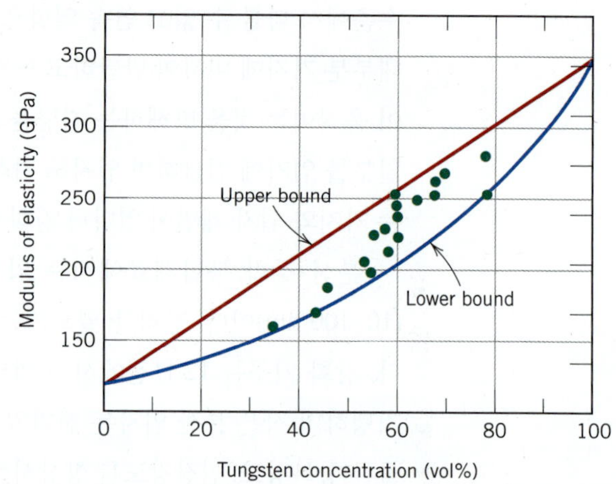

그림 5.3 구리 기지 내에 분산된 텅스텐 입자로 구성된 복합재료에서 텅스텐의 부피분율에 대한 복합재료의 탄성계수 관계. 상한 및 하한 값은 각각 식 (5.1), (5.2)에 따른 것이다. 실험 데이터가 포함되어 있다. (From R. H. Krock, *ASTM Proceedings*, Vol. 63, 1963. Copyright ASTM International, West Conshohocken, PA. Reprinted with permissions of ASTM International.)

수 있다. 섬유-강화 복합재료의 경우 식 (5.1)과 (5.2)에 해당하는 식은 5.5절에 유도되어 있다.

서멧

과립 복합재료는 금속, 고분자, 세라믹 모두에서 이용된다. **서멧(cermet)**은 세라믹과 금속 복합재료의 예이다. 가장 일반적인 서멧은 초경합금인데, 이것은 텅스텐 탄화물(WC)이나 티타늄 탄화물(TiC)과 같이 매우 단단한 내화 탄화물 세라믹이 코발트나 니켈과 같은 금속 기지 속에 들어 있는 것이다. 이들 복합재료는 경화된 강을 자르는 공구에 광범위하게 사용된다. 단단한 탄화물 입자는 절단하는 역할을 하지만 극도로 부서지기 쉬우므로 그 자체만으로는 절단 응력을 견디지 못한다. 이들을 연성이 있는 금속 기지에 넣음으로써 인성이 향상되는데, 금속 기지가 탄화물 입자들을 서로 분리시켜 입자에서 입자로 균열이 전파되는 것을 방지한다. 기지상과 입자상 모두 내열성이 높아 매우 단단한 재료를 절단할 때 온도가 높이 올라가더라도 견딜 수 있다. 어떠한 단일상 재료도 서멧의 특성 조합을 가지는 것은 불가능하다. 때때로 90 vol%를 넘을 정도로 입자상의 분율을 높임으로써 복합재료의 내마모 기능을 극대화한다. 그림 5.4는 WC-Co 초경합금의 사진을 보여준다.

탄성체와 플라스틱 모두 흔히 여러 종류의 입자로 강화된다. 카본블랙과 같은 강화 재료가 없었다면 현재와 같이 다양한 용도로 고무를 사용할 수 없었을 것이다. 카본블랙은 매우 미세하고 본질적으로 구형인 탄소 입자로, 공기가 제한적으로 공급되는 분위기에서 천연가스나 기름을 태워 제조한다. 매우 값싼 이 카본블랙을 가황고무에 첨가하면, 고무의 인장강도, 인성, 인열 저항과 내마멸성이 향상된다. 자동차 바퀴에는 카본블랙이 15~30 vol% 들어 있다. 카본블랙이 큰 강화 효과를 가지기 위해서는 입자 크기가 20~50 nm 정도로 매우 작아야 하며 입자가 고무에 골고루 퍼져 있음은 물론 고무 기지와 강한 결합을 이루고 있어야 한다. 다른 재료(예: 실리카)를 사용하면 입자강화 효과가 훨씬 적은데 이는 입자 표면과 고무 분자 사이에 특별한 상호작용이 없기 때문이다. 그림 5.5는 카본블랙으로 강화된 고무의 전자현미경 사진이다.

그림 5.4 WC-Co 초경합금의 현미경 사진(100배율). 밝은 부분은 코발트 연속상, 어두운 부분은 텅스텐 탄화물 입자이다. (Courtesy of Carboloy Systems Department, General Electric Company.)

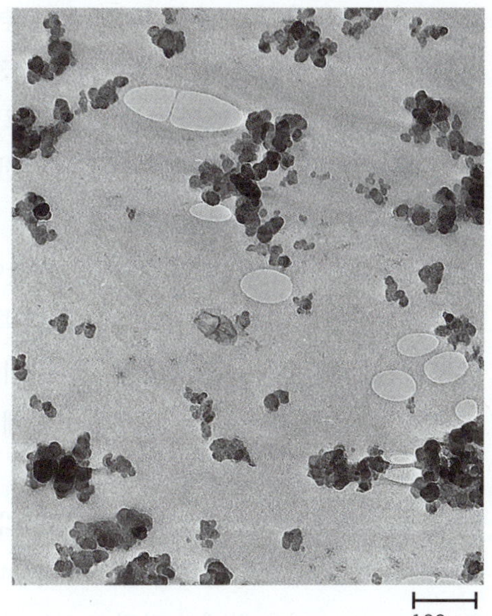

그림 5.5 합성 고무 타이어 접지면 화합물에 들어 있는 구형의 강화 카본블랙을 보여주는 전자현미경 사진(80,000배율). 물 흔적처럼 보이는 부분은 고무에 들어 있는 작은 기포이다. (Courtesy of Goodyear Tire & Rubber Company.)

콘크리트

콘크리트

콘크리트(concrete)는 기지와 분산상이 모두 세라믹인 과립 복합재료이다. 콘크리트와 시멘트라는 용어가 부정확하게 서로 혼용하여 사용되는 것을 방지하기 위하여 이 둘의 차이를 먼저 설명하고자 한다. 넓은 의미에서 콘크리트는 골재 입자가 어떤 종류의 결합 매질, 즉 시멘트에 의하여 결합되어 하나의 고체 덩어리로 된 복합재료를 의미한다. 가장 자주 보는 두 종류의 콘크리트는 포틀랜드 시멘트와 아스팔트 시멘트인데 여기서 골재는 자갈과 모래이다. 아스팔트 콘크리트는 도로용으로 주로 사용되며 포틀랜드 시멘트로 만든 콘크리트는 구조용 건물 재료에 광범위하게 사용된다. 우리는 여기에서 포틀랜드 시멘트에 대해서만 다룰 것이다.

포틀랜드 시멘트 콘크리트

이 콘크리트의 성분은 포틀랜드 시멘트, 미세한 골재(모래), 큰 골재(자갈)와 물이다. 포틀랜드 시멘트가 만들어지는 과정과 응결되고 경화되는 과정은 14.9절에서 간단히 언급할 것이다. 이 시멘트의 값이 비교적 비싸기 때문에 값이 싼 골재 입자를 충전 재료로 사용함으로써 콘크리트의 전체 가격을 낮추게 된다. 콘크리트 혼합물이 최적의 강도와 작업성을 갖기 위해서는 각 성분을 정확한 양으로 혼합하여야 한다. 2개의 서로 다른 크기의 입자가 들어감으로써 충전이 잘 되고 경계면의 접촉이 좋아진다. 즉, 자갈 사이의 공간을 미세한 모래 입자가 채운다. 일반적으로 이 두 가지 골재가 전체 부피의 60~80%를 차지한다. 시멘트-물 반죽의 양이 충분해야 모든 모래와 자갈 입자를 코팅할 수 있다. 그 양이 불충분하면 시멘트의 결합이 불완전하게 된다. 또한 모든 성분들이 완전히 혼합되어 있어야 한다. 시멘트와 골재 입자들의 완전한 결합은 물의 양을 얼마나 정확하게 첨가하는가에 달려 있다. 물이 적으면 결합이 완전하지 못하고 물이 많으면 과도하게 빈 공간이 형성된다. 두 경우 모두 최고의 강도를 얻지 못한다.

첨가된 골재 입자들의 특성도 중요한 고려사항이다. 특히 골재 입자의 크기 분포에 따라 시멘트-물 반죽의 사용량이 달라지게 된다. 또한 충전 입자 표면에 진흙이나 침적토가 묻어 있지 않아야 하는데, 표면에 묻어 있는 진흙이나 침적토는 입자의 표면과 시멘트 사이의 견고한 결합을 방해한다.

포틀랜드 시멘트 콘크리트는 주요 건축자재인데 그 이유는 주로 현장에서 부어 넣을 수 있고 상온에서 굳으며 더구나 물속에서도 사용할 수 있기 때문이다. 그러나 구조 재료로서 이것은 한계와 단점이 있는데 그것은 다른 세라믹과 마찬가지로 포틀랜드 시멘트 콘크리트도 비교적 약하고 취성이 극도로 크다는 점이다. 포틀랜드 시멘트 콘크리트의 인장강도는 압축강도에 비하여 1/10~1/15 정도이다. 또한 대형 콘크리트 구조물은 온도 변화에 따라 열팽창이나 수축이 상당히 발생한다. 또한 물이 외부 기공으로 침투하여 날씨가 추울 때 동결-해빙 과정이 반복되면 심각한 균열이 발생할 수 있다. 이러한 문제의 대부분은 강화재 및/혹은 첨가제를 사용하여 해결하거나 최소한 개선할 수는 있다.

강화 콘크리트

포틀랜드 시멘트 콘크리트의 강도는 강화재를 첨가하여 높일 수 있다. 이는 대개 강봉, 철사, 막대기(철근), 혹은 망 같은 것을 경화되지 않은 콘크리트에 첨가하여 이룰 수 있다. 따라서 이러한 강화 방법을 통해, 경화된 구조물이 더 높은 인장, 압축, 전단 응력에 견딜 수 있다. 콘크리트에 균열이 생기더라도 어느 정도의 강화 효과가 유지된다.

강은 열팽창계수가 콘크리트와 거의 같으므로 강화 재료로 적당하다. 또한 철강은 시멘트 내에서 빨리 부식되지 않으며 경화된 콘크리트와 철 사이에 비교적 강한 접착 결합이 형성된다. 철의 표면에 굴곡을 만들어 놓음으로써 이러한 접착이 향상될 수 있으며, 기계적으로 맞물리게 되어 서로 더욱 강하게 결합될 수 있다.

포틀랜드 시멘트 콘크리트는 유리, 강, 나일론, 폴리에틸렌과 같은 고탄성 재료인 섬유와 혼합하여 강화할 수 있다. 이러한 재료를 사용할 때에는 일부 섬유 재료가 시멘트 환경에 노출되면 빨리 퇴화되는 점에 주의해야 한다.

프리스트레스트 콘크리트

시멘트의 강도를 증가시키는 또 다른 강화 기술은 잔류 압축응력을 구조물에 도입하는 것이다. 이런 재료를 **프리스트레스트 콘크리트(prestressed concrete)**라고 한다. 이 방법은 취성이 큰 세라믹의 특징을 이용하는 것이다. 즉, 세라믹은 압축되었을 때가 인장되었을 때에 비하여 더 강하다. 따라서 프리스트레스트 콘크리트 구조를 파괴시키기 위해서는 이미 가해져 있는 압축응력보다 더 큰 인장응력을 가해야 한다.

이러한 기술을 적용하는 한 가지 기술은 다음과 같다. 속이 빈 주형에 고강도 철근을 두고 이 철근에 높은 인장력을 가하여 그 상태를 유지한다. 콘크리트를 주형에 넣고 이를 굳힌 후 인장력을 제거한다. 철근이 수축하면서 그 응력이 이미 형성된 콘크리트-철근 사이의 결합을 통하여 전달되므로 구조물은 압축된 상태가 된다.

또 다른 기술은 콘크리트가 경화된 후 응력을 가하는 것인데 이를 **후인장**(*posttensioning*)이라고 한다. 금속판재 또는 고무 관을 콘크리트 내부에 넣고 그 주위에 콘크리트를 붓는다. 콘크리트가 굳은 후 이미 형성된 구멍으로 철사를 넣고 구조물 면에 부착되고 접촉된 잭을 사용하여 인장한다. 이때는 잭에 의해 콘크리트에는 압축응력이 가해지게 된다. 최종적으로 관 내부의 비어 있는 공간을 그라우트로 채워 철사가 부식되지 않도록 한다.

프리스트레스트 콘크리트로는 낮은 수축률과 낮은 크리프 속도를 가진 우수한 품질의 콘크리트를 사용해야 한다. 대개 미리 공장에서 제조한 조립식 프리스트레스트 콘크리트는 고속도로와 철도 교량 건설에 사용된다.

5.3 | 분산-강화 복합재료

금속과 금속 합금은 매우 단단하며 반응성이 없는 미세 입자를 부피비로 몇 %만큼 균일하게 분산시킴으로써 강화되고 경화될 수 있다. 분산상은 금속이거나 비금속일 수 있는데, 산화물이 자주 사용된다. 여기에서도 강화 기구는 석출경화에서와 마찬가지로 기지 내 전위와 입자 사이의 상호작용에 관련되어 있다. 분산-강화 효과는 석출경화에서만큼 크지는 않지만 분산 입자로 기지상과 반응성이 없는 재료를 선택하기 때문에 높은 온도에서, 또는 오랜 시간 동안 그 강도를 유지할 수 있다. 석출경화 합금의 경우 열처리하면 석출물이 성장하거나 용해되므로 경화 현상이 사라질 수 있다.

니켈 합금은 3 vol%의 토리아(ThO_2)를 미세하게 분산시켜 고온 강도를 상당히 향상시킬 수 있다. 이 재료는 **토리아-분산**(*TD*) **니켈**이라고 알려져 있다. 알루미늄-알루미나계에서도 동일한 효과가 나타난다. 매우 얇고 잘 부착되는 알루미나를 매우 작은 크기(0.1~0.2 μm 두께)의 알루미늄 판상 표면에 형성시키고, 이를 알루미늄 기지에 분산시켜 만드는데 이런 재료를 **소결 알루미늄 분말**(*sintered aluminum powder*, *SAP*)이라고 한다.

개념 확인 5.1

과립-강화 복합재료와 분산-강화 복합재료의 강화 기구의 일반적인 차이점을 설명하라.

(정답은 *www.wiley.com*의 제품 페이지에서 확인할 수 있음)

섬유-강화 복합재료

섬유-강화 복합재료

비강도

비계수

기술적으로 가장 중요한 복합재료는 분산상이 섬유 형태인 것들이다. **섬유-강화 복합재료(fiber-reinforced composite)**는 무게를 기준으로 높은 강도와 강성을 가지도록 설계하는 경우가 많다. 이런 특성은 **비강도(specific strength)** 혹은 **비계수(specific modulus)**로 표현되는데 이들은 각각 인장강도 대 비중, 탄성계수 대 비중의 비를 말한다. 밀도가 낮은 섬유와 기지 재료를 사용하여 예외적으로 높은 비강도와 비계수를 가진 섬유-강화 복합재료를 제조하여 왔다.

그림 5.2에서 보는 것과 같이 섬유-강화 복합재료는 섬유의 길이에 따라 세분된다. 단섬유의 경우 섬유 길이가 짧아 강도를 크게 향상시킬 수 없다.

5.4 | 섬유 길이의 영향

섬유-강화 복합재료의 기계적인 특성은 섬유의 특성뿐만 아니라 가해진 하중이 기지상으로부터 얼마나 효과 있게 섬유로 전달되는가에도 달려 있다. 이러한 하중의 전달 정도에서 중요한 것은 섬유와 기지상 사이의 계면 결합력 크기이다. 응력이 주어지면 섬유와 기지 사이의 결합은 섬유의 끝에서 끝나므로 그림 5.6에서 보는 것과 같이 기지상의 변형이 일어나는데, 즉 섬유의 끝에서는 기지로부터 섬유로 전달되는 하중이 없다.

복합재료의 강도와 강성을 효과적으로 증가시키기 위해서는 섬유의 길이가 특정한 임계 길이가 필요하다. 임계 길이 l_c는 섬유의 지름 d와 섬유의 극한강도(*ultimate strength*, 또는 인장강도) σ_f^* 및 섬유와 기지 사이의 결합강도 τ_c(혹은 기지의 전단 항복강도, 둘 중 더 작은 것)에 따라 달라지며 다음과 같이 표시된다.

임계 섬유길이—섬유 강도, 지름 및 섬유와 기지 사이의 결합강도(혹은 기지의 전단 항복강도)에 대한 의존성

$$l_c = \frac{\sigma_f^* d}{2\tau_c} \tag{5.3}$$

많은 유리섬유 및 탄소섬유와 기지 조합에서 임계 길이는 1 mm 정도이며 이는 섬유 지름의 20~150배 정도이다.

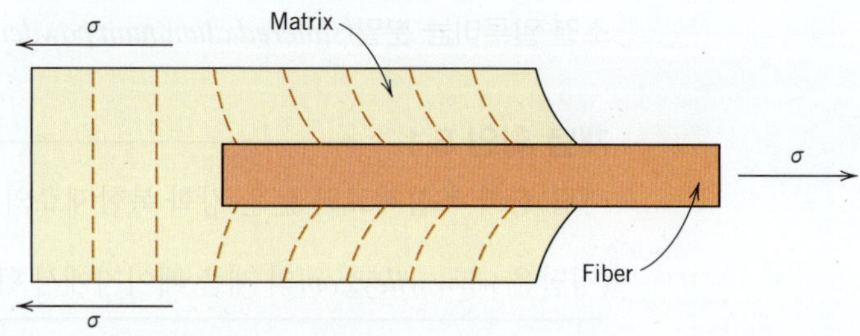

그림 5.6 인장력이 가해졌을 때 섬유를 둘러싸고 있는 기지에서의 변형 형태

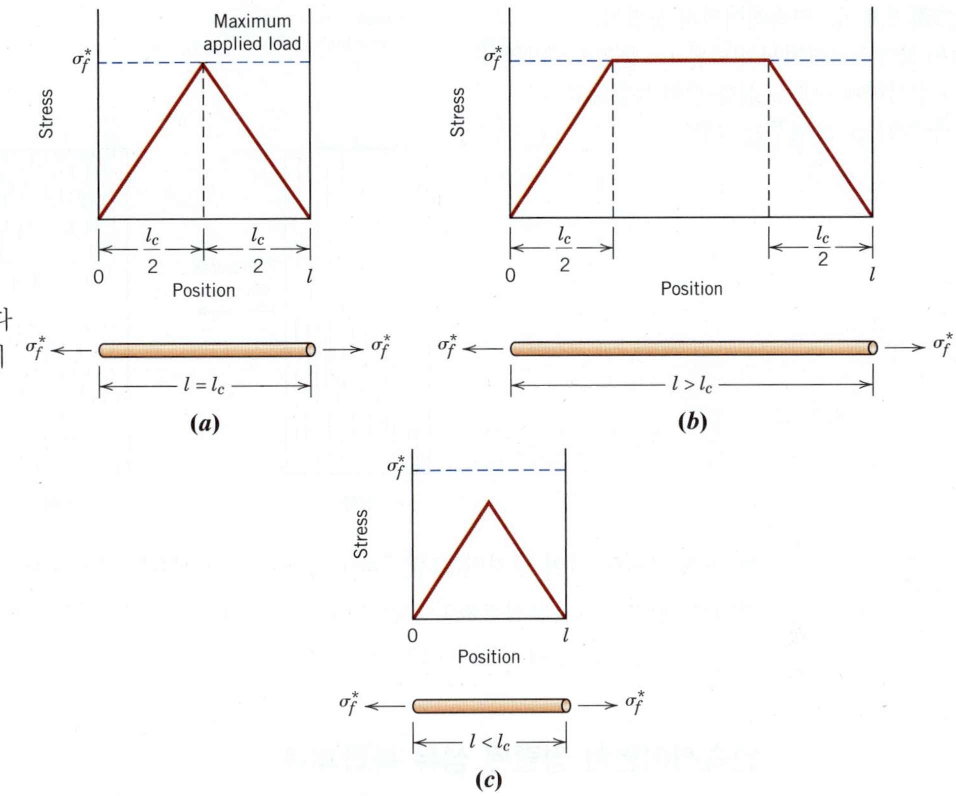

그림 5.7 섬유 인장강도 σ_f^*와 같은 인장응력을 가했을 때 섬유-강화 복합재료에서 섬유의 길이(l)에 따른 응력-위치 분포. (a) l이 임계 길이 l_c와 같을 때, (b) l이 임계 길이 l_c보다 클 때, (c) l이 임계 길이 l_c보다 작을 때

정확히 이 임계 길이를 가지고 있는 섬유에 σ_f^*의 응력이 가해지면 그림 5.7a와 같은 위치에 따른 응력 분포 그림이 얻어진다. 즉, 섬유에 가해지는 최대 하중은 섬유 축의 중심에서 얻어진다. 섬유 길이 l이 길어짐에 따라 섬유강화 효과가 커지게 된다. 이것은 가해진 응력이 섬유 강도와 같을 때 $l > l_c$인 경우에 대한 축방향 위치에 따른 응력 분포가 그림 5.7b에 잘 나와 있다. 그림 5.7c는 $l < l_c$인 경우에 대한 위치에 따른 응력 분포를 보여준다.

섬유 길이가 $l \gg l_c$(대개 $l > 15l_c$)인 경우를 **연속적**이라고 하며, **불연속 섬유**(*discontinuous fibers*) 혹은 **단섬유**(*short fibers*)라는 말은 이보다 짧은 섬유를 사용하는 경우를 말한다. l이 l_c보다 상당히 짧은 불연속 섬유의 경우에는 섬유에 전달되는 응력이 거의 없이 기지가 변형되어 섬유에 의한 강화는 거의 일어나지 않는다. 이러한 경우는 앞서 설명한 미립자 복합재료와 다를 바 없다. 복합재료의 강도를 현저하게 향상시키려면 섬유가 연속적이어야 한다.

5.5 | 섬유 배향과 농도의 영향

섬유들의 상대적인 정렬 또는 배향, 섬유의 농도, 섬유의 분포 모두가 섬유-강화 복합재료의 강도 및 다른 특성에 큰 영향을 미친다. 배향에 관해서는 (1) 섬유의 길이축 방향으로 모두 나란히 정렬과 (2) 완전히 무질서한 정렬이라는 두가지 극한상황이 있을 수 있다. 연속적인 섬유

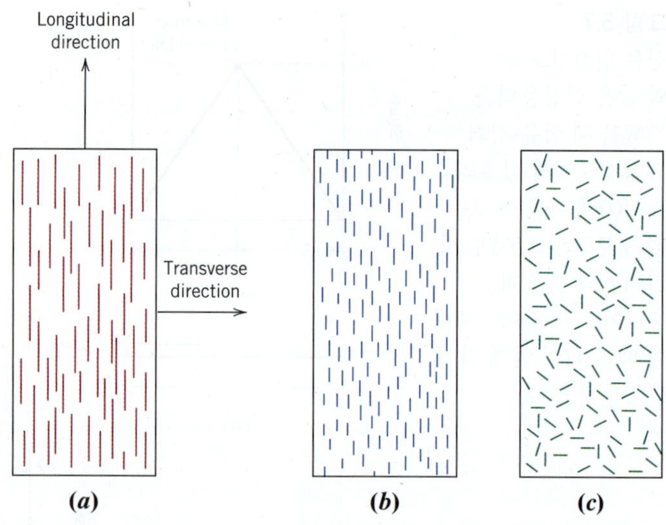

그림 5.8 (*a*) 연속적이면서 정렬된, (*b*) 불연속적이면서 정렬된, (*c*) 불연속적이면서 무질서하게 배향된 섬유-강화 복합재료를 개략적으로 보여주는 그림

는 대개 정렬이 되어 있지만(그림 5.8*a*), 불연속적인 섬유는 정렬되어 있거나(그림 5.8*b*), 무작위로 배향되거나(그림 5.8*c*), 또는 부분적으로 배향되어 있을 수 있다. 섬유의 분포가 균일하면 전반적으로 더 나은 특성의 복합재료가 얻어진다.

연속적이면서 정렬된 섬유 복합재료

인장응력-변형률 거동—길이방향의 하중

이러한 종류의 복합재료에서 기계적 거동은 섬유 및 기지의 응력-변형률 거동, 각 상의 부피분율과 응력 및 하중이 가해진 방향 등 여러 가지 인자에 의해 좌우된다. 더욱이 정렬된 섬유를 가지고 있는 복합재료의 특성은 이방성이 매우 커서 측정하는 방향에 따라 성질이 달라진다. 먼저 그림 5.8*a*에 표시한 것과 같이 응력이 정렬방향과 같은 방향, 즉 **길이방향(longitudinal direction)**으로 가해졌을 경우에 대한 응력-변형률 거동을 살펴보자.

길이방향

우선 그림 5.9*a*에 개략적으로 나타낸 응력 대 변형률의 거동을 가진 섬유와 기지상이 있다고 가정하자. 섬유는 극단적으로 높은 취성을 가지고 있고, 기지상은 어느 정도 연성을 가지고 있다고 한다. 이 그림에 섬유와 기지의 인장 파괴 강도를 각각 σ_f^*와 σ_m^*, 그리고 각 상의 파괴변형률을 ε_f^*와 ε_m^*로 나타내었다. 또한 $\varepsilon_m^* > \varepsilon_f^*$인 것으로 가정하였는데 이는 일반적으로 맞는 가정이다.

이들 섬유와 기지 재료로 구성된 섬유-강화 복합재료는 그림 5.9*b*에 그려진 것과 같은 일축 응력-변형률 거동을 보여준다. 그림 5.9*a*의 섬유와 기지의 거동을 이 그림에서 동시에 볼 수 있게 점선으로 같이 그려 놓았다. 초기 단계 I에서는 섬유와 기지가 모두 탄성적으로 변형된다. 이 곡선의 이 부분은 일반적으로 선형구간이다. 전형적으로 이러한 형태의 복합재료의 경우 기지는 항복(yield)을 일으키면서 소성변형을 하는 반면(그림 5.9*b*의 ε_{ym}에서), 섬유는 그 인장강도가 기지의 항복강도에 비하여 상당히 높아 탄성적으로 더 늘어난다. 그림에 표시

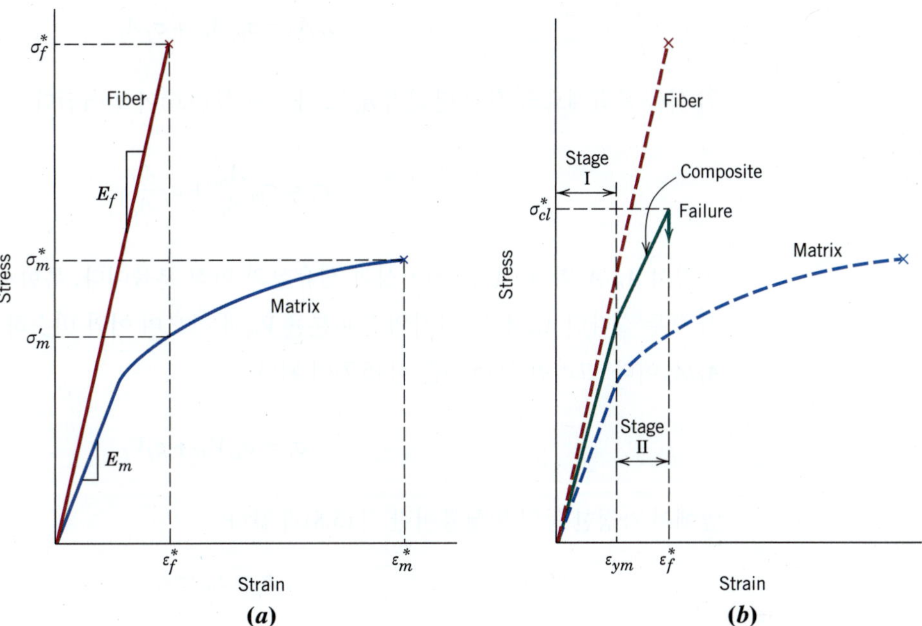

그림 5.9 (*a*) 취성이 큰 섬유와 연성을 가진 기지 재료의 응력-변형률 곡선. 각 재료의 파괴응력과 변형률이 표시되어 있다. (*b*) 정렬된 방향으로 일축 응력이 가해진 정렬된 섬유-강화 복합재료의 응력-변형률 곡선. (*a*)에 나와 있는 각각의 분산상과 기지상의 응력-변형률 곡선을 중첩하여 그렸다.

한 것과 같이 이 과정은 단계 II가 된다. 이 단계에서도 대개 거의 선형 관계를 가지지만 기울기는 단계 I에 비하여 감소한다. 단계 I에서 단계 II로 가면서 섬유에 의하여 지탱되는 하중의 비율이 증가한다.

섬유가 파괴되기 시작하면서 복합재료의 파손이 시작되며 이는 그림 5.9*b*에 표시한 것과 같이 변형률이 대략 ε_f^*에 해당되는 점이다. 몇 가지 이유로 인하여 복합재료의 파손은 급작스럽게 일어나지 않는다. 우선 취성이 높은 섬유 재료는 파괴강도가 섬유마다 상당한 차이가 있어서 모든 섬유가 동시에 파괴되지 않으며(10.7절), $\varepsilon_f^* < \varepsilon_m^*$인(그림 5.9*a*) 것처럼 섬유가 파괴되더라도 기지는 아직 파괴되지 않기 때문이다. 따라서 이렇게 파괴된 섬유는 그 크기가 원래보다 작아졌지만, 아직 손상되지 않은 기지에 남아서 기지가 소성변형을 하는 동안 하중을 일부 지탱한다.

탄성 거동—길이방향의 하중

섬유의 정렬방향과 같은 방향으로 하중이 걸린 연속적이고 정렬된 섬유 복합재료의 탄성 거동에 대하여 살펴보자. 우선 섬유-기지 계면의 결합이 매우 잘 이루어져 있어 기지와 섬유 모두 변형이 동일하다(**동일 변형률** 상태)고 가정하자. 이 조건에서 복합재료에 의하여 지탱되고 있는 전체 하중 F_c는 기지상에 가해진 하중 F_m과 섬유상에 가해진 하중 F_f의 합과 같다.

$$F_c = F_m + F_f \tag{5.4}$$

식 (8.1)의 응력의 정의로부터 $F = \sigma A$가 얻어지며, F_c, F_m, F_f는 각각의 응력($\sigma_c, \sigma_m, \sigma_f$)과 단면적($A_c, A_m, A_f$)으로 표시할 수 있다. 이를 식 (5.4)에 대입하면 식 (5.5)가 얻어진다.

$$\sigma_c A_c = \sigma_m A_m + \sigma_f A_f \tag{5.5}$$

위 식을 복합재료의 전체 단면적 A_c로 나누면 식 (5.6)이 얻어진다.

$$\sigma_c = \sigma_m \frac{A_m}{A_c} + \sigma_f \frac{A_f}{A_c} \tag{5.6}$$

여기서 A_m/A_c와 A_f/A_c는 기지상과 섬유상의 면적 분율이다. 복합재료, 기지, 섬유상의 길이가 모두 같다면 A_m/A_c는 기지의 부피분율 V_m과 같으며 이와 비슷하게 섬유에 대해서도 $V_f = A_f/A_c$이다. 그러면 식 (5.6)은 식 (5.7)이 된다.

$$\sigma_c = \sigma_m V_m + \sigma_f V_f \tag{5.7}$$

앞에서 가정한 동일 변형률이란 식 (5.8)과 같다.

$$\varepsilon_c = \varepsilon_m = \varepsilon_f \tag{5.8}$$

식 (5.7)의 각 항을 각각의 변형률로 나누면

$$\frac{\sigma_c}{\varepsilon_c} = \frac{\sigma_m}{\varepsilon_m} V_m + \frac{\sigma_f}{\varepsilon_f} V_f \tag{5.9}$$

또한 만약 복합재료, 기지, 섬유가 모두 탄성변형된다면 $\sigma_c/\varepsilon_c = E_c, \sigma_m/\varepsilon_m = E_m, \sigma_f/\varepsilon_f = E_f$이다. 여기서 E는 각 상의 탄성계수를 의미한다. 이들을 식 (5.9)에 대입하면 연속적이면서 정렬된 복합재료의 정렬방향으로(즉, 길이방향으로)의 탄성계수 E_{cl}이 다음과 같이 얻어진다.

연속적이면서 정렬된 섬유-강화 복합재료에서 길이방향으로의 탄성계수

$$E_{cl} = E_m V_m + E_f V_f \tag{5.10a}$$

$$E_{cl} = E_m(1 - V_f) + E_f V_f \tag{5.10b}$$

왜냐하면 복합재료는 기지상과 섬유상으로만 이루어져 있어 $V_m + V_f = 1$이기 때문이다.

따라서 E_{cl}은 부피분율을 고려한 섬유상과 기지상의 탄성계수 평균값과 같다. 밀도를 포함한 다른 특성도 부피분율에 대하여 동일한 의존성이 있다. 식 (5.10a)는 식 (5.1)과 비슷한 섬유에 대한 식이며 입자-강화 복합재료의 상한값과 같다.

길이방향의 하중에 대하여 섬유에 의하여 지탱되는 하중과 기지에 의하여 지탱되는 하중의 비율은 식 (5.11)과 같다.

길이방향의 하중에 대하여 섬유에 의하여 지탱되는 하중과 기지에 의하여 지탱되는 하중의 비율

$$\frac{F_f}{F_m} = \frac{E_f V_f}{E_m V_m} \tag{5.11}$$

이에 대한 증명은 숙제 문제로 남겨 둔다.

예제 5.1

복합재료의 임계 섬유길이 결정

정렬된 탄소섬유-강화 에폭시 기지 복합재료를 개발하기 위해 평균 지름이 0.1 mm인 탄소섬유가 사용되었다. 섬유의 극한 또는 인장 강도는 2 GPa이고 섬유-기지 결합강도는 100 MPa일 때 복합재료의 효과적인 강화와 보강을 위한 임계 섬유길이를 구하라.

풀이

섬유-강화 에폭시 기지 복합재료에 사용된 탄소섬유의 지름 d는 0.1 mm이다. 인장강도 σ_f^*는 2 GPa이고, 섬유-기지 결합강도 τ_c는 100 MPa이다.

임계 섬유길이는 식 (5.3)을 이용하여 계산한다.

$$l_c = \frac{(0.1\text{ mm})(2 \times 10^3\text{ MPa})}{2(100\text{ MPa})} = 1\text{ mm}$$

예제 5.2

유리섬유-강화 복합재료의 특성 구하기—길이방향

연속적이면서 정렬된 유리섬유-강화 복합재료가, 탄성계수가 69 GPa인 유리섬유 40 vol%와, 경화되었을 때 탄성계수가 3.4 GPa인 폴리에스테르 60 vol%로 이루어져 있다.

(a) 길이방향으로의 탄성계수를 계산하라.

(b) 단면적이 250 mm²이고 50 MPa의 응력이 길이방향으로 가해졌을 때, 섬유상과 기지상에 가해지는 하중의 크기를 각각 계산하라.

(c) (b)의 응력을 가했을 때 각 상에 걸리는 변형률을 계산하라.

풀이

(a) 복합재료의 탄성계수는 식 (5.10a)를 사용하여 계산한다.

$$\begin{aligned} E_{cl} &= (3.4\text{ GPa})(0.6) + (69\text{ GPa})(0.4) \\ &= 30\text{ GPa} \end{aligned}$$

(b) 문제의 이 부분을 풀기 위해서는 우선 식 (5.11)을 사용하여 섬유와 기지에 가해진 하중의 비율을 계산한다. 그러면

$$\frac{F_f}{F_m} = \frac{(69\text{ GPa})(0.4)}{(3.4\text{ GPa})(0.6)} = 13.5$$

또는 $F_f = 13.5\,F_m$이다.

복합재료에 가해진 전체 하중 F_c는 가해진 응력 σ와 복합재료의 단면적 A_c로부터 다음과 같이 계산할 수 있다.

$$F_c = A_c\sigma = (250\ \text{mm}^2)(50\ \text{MPa}) = 12{,}500\ \text{N}$$

전체 하중은 섬유상에 가해진 하중과 기지상에 가해진 하중의 합과 같다.

$$F_c = F_f + F_m = 12{,}500\ \text{N}$$

F_f를 위의 식에 대입하면

$$13.5\,F_m + F_m = 12{,}500\ \text{N}$$

또는

$$F_m = 860\ \text{N}$$

이며

$$F_f = F_c - F_m = 12{,}500\ \text{N} - 860\ \text{N} = 11{,}640\ \text{N}$$

따라서 섬유상이 가해진 하중의 대부분을 감당하고 있다.

(c) 섬유상과 기지상의 응력을 먼저 계산해야 한다. 그다음 각각의 탄성계수를 사용하여[위의 (a)에서 계산한] 변형률 값을 구할 수 있다.

응력을 계산하기 위하여 상의 단면적을 알아야 한다.

$$A_m = V_m A_c = (0.6)(250\ \text{mm}^2) = 150\ \text{mm}^2$$

$$A_f = V_f A_c = (0.4)(250\ \text{mm}^2) = 100\ \text{mm}^2$$

따라서

$$\sigma_m = \frac{F_m}{A_m} = \frac{860\ \text{N}}{150\ \text{mm}^2} = 5.73\ \text{MPa}$$

$$\sigma_f = \frac{F_f}{A_f} = \frac{11{,}640\ \text{N}}{100\ \text{mm}^2} = 116.4\ \text{MPa}$$

끝으로 변형률은 다음과 같이 계산한다.

$$\varepsilon_m = \frac{\sigma_m}{E_m} = \frac{5.73\ \text{MPa}}{3.4\times10^3\ \text{MPa}} = 1.69\times10^{-3}$$

$$\varepsilon_f = \frac{\sigma_f}{E_f} = \frac{116.4\ \text{MPa}}{69\times10^3\ \text{MPa}} = 1.69\times10^{-3}$$

따라서 기지상과 섬유상의 변형률은 동일하며, 앞에서 구한 식 (5.8)에 의하면 그렇게 되어야 한다.

탄성 거동—횡단방향의 하중

횡단방향

연속적이고 배향된 섬유 복합재료에 그림 5.8*a*와 같이 **횡단방향(transverse direction)**, 즉 섬유 정렬 방향에 대해 90° 방향으로 하중이 가해질 수 있다. 이 경우에 복합재료나 섬유상 및 기지상에 가해지는 응력은 모두 같다. 즉,

$$\sigma_c = \sigma_m = \sigma_f = \sigma \tag{5.12}$$

이러한 상황을 동일 응력 상태라고 한다. 복합재료 전체에 가해지는 변형률 ε_c는 식 (5.13)과 같다.

$$\varepsilon_c = \varepsilon_m V_m + \varepsilon_f V_f \tag{5.13}$$

이때 $\varepsilon = \sigma / E$이므로

$$\frac{\sigma}{E_{ct}} = \frac{\sigma}{E_m} V_m + \frac{\sigma}{E_f} V_f \tag{5.14}$$

여기에서 E_{ct}는 횡단방향으로의 탄성계수이다. 모든 항을 σ로 나누면 다음 식이 얻어지며

$$\frac{1}{E_{ct}} = \frac{V_m}{E_m} + \frac{V_f}{E_f} \tag{5.15}$$

이는 다음과 같이 정리될 수 있다.

연속적이면서 정렬된 섬유-강화 복합재료에서 횡단방향으로의 탄성계수

$$E_{ct} = \frac{E_m E_f}{V_m E_f + V_f E_m} = \frac{E_m E_f}{(1 - V_f) E_f + V_f E_m} \tag{5.16}$$

식 (5.16)은 미립자 복합재료의 하한값, 식 (5.2)와 같다.

예제 5.3

유리섬유-강화 복합재료의 탄성계수 구하기 — 횡단방향

예제 5.2에 설명된 복합재료의 탄성계수를 계산하라. 단, 응력이 섬유 정렬 방향과 수직으로 가해진다고 가정하라.

풀이

식 (5.16)에 의하면 다음과 같다.

$$\begin{aligned} E_{ct} &= \frac{(3.4 \text{ GPa})(69 \text{ GPa})}{(0.6)(69 \text{ GPa}) + (0.4)(3.4 \text{ GPa})} \\ &= 5.5 \text{ GPa} \end{aligned}$$

이 값 E_{ct}는 기지상의 값보다 약간 크지만 예제 5.1(a)에서 계산한 섬유 축방향의 탄성계수 E_{cl}에 비하면 약 5분의 1에 불과한데, 이 결과는 연속적이고 배향된 섬유 복합재료의 이방성 정도를 나타낸다.

길이방향의 인장강도

이제 연속적이면서 정렬된 섬유-강화 복합재료에 길이방향으로 하중이 가해졌을 경우에 대한 강도 특성을 고려해 보자. 이런 경우에, 강도는 일반적으로 그림 5.9*b*의 응력-변형률 곡선의 최대응력으로 간주한다. 이 점은 섬유가 파괴되는 점과 동일하며 복합재료가 파손되기 시작하는 점이다. 표 5.1에 세 가지 일반적인 섬유 복합재료의 전형적인 길이방향 인장강도 값을 나열하였다. 이러한 종류의 복합재료의 파손은 비교적 복잡한 과정을 거쳐 발생되며 여러 가지의 파손 방식이 가능하다. 특정한 복합재료의 파손 방식은 섬유와 기지의 특성 및 섬유와 기지 사이의 결합의 특성과 강도에 따라 달라진다.

일반적인 경우인 $\varepsilon_f^* < \varepsilon_m^*$라고 가정하면(그림 5.9*a*) 섬유가 기지보다 먼저 파손된다. 섬유가 파괴되고 나면 섬유가 지탱하고 있던 하중의 대부분은 기지로 옮겨진다. 그렇게 되면 길이방향의 복합재료의 강도 σ_{cl}^*는 이런 형태의 복합재료에 대한 응력 식인 식 (5.7)을 적용하여 다음 식처럼 표현된다.

연속적이면서 정렬된 섬유-강화 복합재료에서 길이방향의 인장강도

$$\sigma_{cl}^* = \sigma'_m(1 - V_f) + \sigma_f^* V_f \tag{5.17}$$

여기서 σ'_m은 섬유가 파손될 때의 기지에 작용하는 응력(그림 5.9*a*에 나타낸 것과 같음)이며 앞에서 설명한 것과 같이 σ_f^*는 섬유의 인장강도이다.

횡단방향의 인장강도

연속적이면서 일축 방향 섬유-강화 복합재료의 강도는 이방성이 매우 커서 이런 복합재료는 일반적으로 고강도 방향, 즉 길이방향으로 하중이 걸리도록 설계한다. 그러나 실제 사용 중에는 횡단방향으로 하중이 걸릴 수도 있다. 이런 경우 횡단방향의 강도가 매우 낮으므로(때로는 기지의 인장강도보다 낮다) 너무 일찍 파괴가 일어난다. 따라서 이런 경우에 섬유의 강화 효과는 부정적이다. 표 5.1에 일축 방향 복합재료의 전형적인 횡단방향 인장강도를 나열하였다.

표 5.1 세 가지 일축 방향 섬유-강화 복합재료에 대한 전형적인 길이방향 및 횡단방향으로의 인장강도 [a]

Material	Longitudinal Tensile Strength (MPa)	Transverse Tensile Strength (MPa)
Glass–polyester	700	47–57
Carbon (high modulus)–epoxy	1000–1900	40–55
Kevlar–epoxy	1200	20

[a]The fiber content for each is approximately 50 vol%.

길이방향의 강도가 섬유의 강도에 의하여 결정되는 만큼 섬유와 기지의 특성, 섬유-기지의 결합강도와 기공의 존재 등 여러 가지 요소가 횡단방향의 강도에 영향을 준다. 횡단방향의 강도를 증가시키기 위하여 사용되는 일반적인 방법은 기지의 특성을 개선하는 것이다.

개념 확인 5.2

아래의 표에 4개의 가상의 정렬된 섬유-강화 복합재료(A, B, C, D)가 그들의 특징과 함께 나열되어 있다. 이 표로부터 길이방향의 강도가 가장 높은 것에서 가장 낮은 순으로 배열하고 그 이유를 설명하라.

Composite	Fiber Type	Volume Fraction Fibers	Fiber Strength (MPa)	Average Fiber Length (mm)	Critical Length (mm)
A	Glass	0.20	3.5×10^3	8	0.70
B	Glass	0.35	3.5×10^3	12	0.75
C	Carbon	0.40	5.5×10^3	8	0.40
D	Carbon	0.30	5.5×10^3	8	0.50

(정답은 *www.wiley.com*의 제품 페이지에서 확인할 수 있음)

불연속적이면서 정렬된 섬유 복합재료

연속적인 섬유를 사용하는 것보다 불연속적인 섬유를 사용하는 것이 강화 효과는 낮지만 불연속적이고 정렬된 섬유 복합재료(그림 5.8*b*)는 시장에서 점점 더 중요성이 증가하고 있다. 잘게 절단된 유리섬유를 가장 널리 사용하고 있으며 탄소와 아라미드 불연속 섬유도 사용된다. 이들 단섬유 복합재료의 탄성계수와 인장강도는 각각 그들의 연속적인 섬유 복합재료의 90%와 50% 정도에 이른다.

불연속적이고 정렬된 섬유 복합재료에서 섬유가 균일한 분포를 가지고 있고 $l > l_c$인 경우, 길이방향의 강도(σ^*_{cd})는 식 (5.18)로 주어진다.

불연속적이면서 ($l > l_c$) 정렬된 섬유-강화 복합재료에서 길이방향의 인장강도

$$\sigma^*_{cd} = \sigma^*_f V_f\left(1 - \frac{l_c}{2l}\right) + \sigma'_m(1 - V_f) \tag{5.18}$$

여기서 σ^*_f와 σ'_m은 각각 섬유의 파괴강도와 복합재료가 파손될 때 기지에 가해지는 응력이다(그림 5.9*a*).

섬유의 길이가 임계 길이보다 짧으면($l < l_c$), 길이방향의 강도($\sigma^*_{cd'}$)는 다음 식으로 주어진다.

불연속적이면서 ($l < l_c$) 정렬된 섬유-강화 복합재료에서 길이방향의 인장강도

$$\sigma^*_{cd'} = \frac{l\tau_c}{d}V_f + \sigma'_m(1 - V_f) \tag{5.19}$$

여기서 d는 섬유의 지름, τ_c는 섬유-기지 결합강도와 기지 전단 항복강도 중 더 작은 것이다.

불연속적이면서 무질서하게 배향된 섬유 복합재료

일반적으로 섬유 배향이 무질서할 때 짧은 불연속 섬유가 사용된다. 이러한 종류의 강화를 그림 5.8*c*에서 도식적으로 볼 수 있다. 이러한 조건에서, 식 (5.10a)와 유사한 탄성계수에 대한 혼합법칙을 다음과 같이 활용할 수 있다.

불연속적이면서 무질서하게 배향된 섬유-강화 복합재료의 탄성계수

$$E_{cd} = KE_f V_f + E_m V_m \tag{5.20}$$

이 식에서 K는 섬유 효율 지수로 V_f와 E_f/E_m비에 따라 달라진다. 이 값은 1보다 작으며 보통 0.1과 0.6 사이의 값을 가진다. 따라서 무질서한 섬유 강화에서도 (배향된 섬유 강화에서와 마찬가지로) 탄성계수는 섬유의 부피분율이 증가함에 따라 증가한다. 표 5.2는 강화되지 않은 폴리카보네이트와 불연속적이면서 무질서한 유리섬유로 강화된 폴리카보네이트의 몇 가지 기계적 특성을 보여주는데 이 표로부터 폴리카보네이트를 얼마나 강화시킬 수 있는지 짐작할 수 있을 것이다.

정리하자면 정렬된 섬유 복합재료는 본질적으로 이방성이므로 최대 강도가 정렬된 방향(길이방향)에서 얻어진다. 횡단방향에서는 섬유강화가 거의 없으며 비교적 낮은 인장응력에서 파괴가 일어난다. 다른 응력방향의 경우, 복합재료의 강도가 이들 두 극한값 사이에서 얻어진다. 표 5.3에 여러 가지 상황에서의 섬유강화 효율값이 나열되어 있다. 이 효율은 배향된 섬유 복합재료의 정렬방향에서 1, 그리고 그 정렬방향과 수직인 경우 0으로 하였다.

한 면에 여러 방향으로 응력이 가해지는 경우에는 정렬된 층을 서로 다른 방향으로 한 층씩 쌓아 가는 방법을 주로 사용한다. 이러한 것들을 **층상 복합재료**(*laminar composites*)라고 하며 5.14절에 설명되어 있다.

여러 방향으로 응력이 가해지는 응용분야에서는 기지 재료 내에 무질서하게 배향된 불연속 섬유를 일반적으로 사용한다. 표 5.3을 보면 이런 경우 강화 효율이 정렬된 복합재료의 길

표 5.2 강화되지 않은 폴리카보네이트와 무질서하게 배열된 유리섬유로 강화된 폴리카보네이트의 특성

Property	Unreinforced	Value for Given Amount of Reinforcement (vol%) 20	30	40
Specific gravity	1.19–1.22	1.35	1.43	1.52
Tensile strength (MPa)	59–62	110	131	159
Modulus of elasticity (GPa)	2.24–2.345	5.93	8.62	11.6
Elongation (%)	90–115	4–6	3–5	3–5
Impact strength, notched Izod (kN/m)	2.10–2.80	0.351	0.351	0.438

Adapted from Materials Engineering's *Materials Selector*, copyright © Penton/IPC.

표 5.3 섬유-강화 복합재료에서 섬유의 배향과 응력의 방향에 따른 강화 효율

Fiber Orientation	Stress Direction	Reinforcement Efficiency
All fibers parallel	Parallel to fibers	1
	Perpendicular to fibers	0
Fibers randomly and uniformly distributed within a specific plane	Any direction in the plane of the fibers	$\frac{3}{8}$
Fibers randomly and uniformly distributed within three dimensions in space	Any direction	$\frac{1}{5}$

From H. Krenchel, *Fibre Reinforcement*, Copenhagen: Akademisk Forlag, 1964 [33].

이방향에서 얻는 것의 1/5밖에 되지 않지만 기계적 특성은 등방성이다.

특정 복합재료에 사용할 정렬 정도와 섬유의 길이는 제조비용은 물론 가해지는 응력의 크기와 응력의 종류에 따라 달라진다. 단섬유 복합재료(정렬되거나 무질서하게 배향되거나 모두)의 생산속도는 빠르며 연속적인 섬유-강화 복합재료로는 제조할 수 없는 복잡한 모양도 제조할 수 있다. 또한 제조비용도 연속적이고 정렬된 복합재료에 비하여 훨씬 저렴하다. 단섬유 복합재료의 제조에 사용되는 기술은 압축, 사출, 압출 성형 등이며 이것들은 강화되지 않은 고분자에 대하여 설명한 15.15절에 있다.

개념 확인 5.3

(1) 불연속적이면서 배향된 섬유-강화 복합재료와 (2) 불연속적이면서 무질서하게 배향된 섬유-강화 복합재료 각각에 대하여 장점과 단점을 한 가지씩 들어라.

(정답은 *www.wiley.com*의 제품 페이지에서 확인할 수 있음)

5.6 | 섬유상

대부분의 재료, 특히 취성이 큰 재료의 중요한 특징 중 하나는 작은 지름을 가진 섬유가 큰 재료에 비하여 더 강하다는 것이다. 10.7절에서 논의한 것과 같이, 파괴를 유발할 수 있는 임계 표면 결함이 존재할 가능성은 시편의 부피가 감소함에 따라 낮아지며 이러한 특징이 섬유-강화 복합재료에 유리하게 작용한다. 또한 강화섬유에 사용되는 재료는 높은 인장강도를 가지고 있다.

휘스커

지름과 특성을 기준으로 섬유는 휘스커, 섬유, 와이어의 세 가지 부류로 나눌 수 있다. **휘스커(whisker)**는 매우 큰 길이-지름비를 가지고 있는 매우 가는 단결정이다. 이들은 크기가 작아서 고도로 완벽한 결정성을 가지고 있으며 거의 결함이 없는데 이런 특징은 이것이 예외적으로 매우 큰 강도를 가지는 것을 설명해 준다. 알려진 재료 중 가장 강한 재료 중 하나이다. 휘스커는 뛰어난 높은 강도를 가지고 있음에도 불구하고 매우 비싸 강화재로 널리 사용되지 못

2. 쉽게 구할 수 있으며 여러 가지 복합재료 제조기술을 사용하여 경제성 있게 유리-강화 플라스틱으로 제조될 수 있다.
3. 섬유로는 비교적 높은 강도를 가지며, 섬유가 플라스틱 기지와 결합되었을 때 매우 높은 비강도를 가진 복합재료가 제조된다.
4. 여러 가지 플라스틱과 같이 사용할 때 섬유가 화학적으로 안정한 성질을 가져야 여러 부식 환경에서도 사용할 수 있다.

10.7절에서 설명되겠지만, 매우 작은 표면 결함도 인장 특성에 악영향을 줄 수 있으므로 유리섬유의 표면 특성은 매우 중요하다. 표면의 결함은 다른 딱딱한 재료로 표면을 문지르거나 마모될 때 쉽게 생성된다. 유리의 경우, 정상적인 조건에서 매우 짧은 시간 동안 노출되어도 기지와의 결합을 방해할 수 있을 정도로 약해진 표면 층을 형성할 수 있다. 새로 인발한 섬유는 섬유 표면의 손상과 복합적인 환경인자와의 상호작용으로부터 보호되도록 (일반적으로 인발 도중) 얇은 층으로 된 **아교물**(*size*)로 코팅한다. 이 아교물은 일반적으로 복합재료 제조 이전에 제거되고 섬유와 기지 사이에 더 좋은 화학결합을 형성하는 **결합제**(*coupling agent*)나 다른 마감재로 대체된다.

이러한 종류의 재료에는 몇 가지 제약이 있다. 이들은 강도는 높으나 딱딱하지 않고 특정 용도(예: 비행기나 교량의 구조 재료)에 사용될 수 있는 정도의 강성을 가지고 있지 않다. 대부분의 유리섬유 재료는 사용 온도가 200°C 이하로 제한된다. 더 높은 온도에서는 대부분의 고분자가 유동성이 커지거나 열화된다. 고순도 용융 실리카를 섬유로 사용하고 폴리이미드 수지와 같은 내열성 고분자와 함께 섬유로서 고순도 용융 실리카를 사용하면 사용 온도를 약 300°C까지 높일 수 있다.

많은 유리섬유의 용도는 우리에게 친숙하다. 자동차 차체와 선박의 선체, 플라스틱 관, 저장용기, 공장의 바닥재에 쓰인다. 차의 무게를 줄이고 연비를 높이기 위하여 운송업계에서 점점 더 많은 유리섬유-강화 플라스틱을 사용하고 있다. 특히 자동차 산업계에서 새로운 용도로 사용되고 있거나 새로운 용도에 대한 연구가 수행되고 있다.

탄소섬유-강화 고분자(CFRP) 복합재료

탄소는 첨단 고분자-기지 복합재료의 강화재(즉, 유리섬유가 아님)로 가장 널리 사용되는 고기능 섬유 재료이다. 이에 대한 이유는 다음과 같다.

1. 탄소섬유는 높은 비계수와 비강도를 가지고 있다.
2. 이들은 높은 온도에서도 높은 인장계수와 강도를 가지고 있다. 그러나 높은 온도에서 산화되는 것이 문제가 될 수 있다.
3. 상온에서 탄소섬유는 수분이나 여러 가지 용매, 산, 염기 등에 영향을 받지 않는다.

4. 이 섬유들은 다양한 물리적, 기계적 특성을 가지고 있으므로 특정한 공학적 특성을 가질 수 있게 이런 섬유를 넣어 복합재료를 제조할 수 있다.
5. 비교적 저렴하고 가격경쟁력 있는 섬유 제조 공정과 복합재료 제조 공정이 개발되었다.

대표적인 탄소섬유의 구조 개략도가 그림 14.14에 도시되어 있는데 이 그림에서 탄소섬유는 흑연(결정질) 구조와 터보스트래틱(turbostratic, 비정질) 구조로 구성되어 있음을 알 수 있다.

탄소섬유의 제조기술은 비교적 복잡하여 여기서 설명하지 않을 것이다. 그렇지만 세 종류의 고분자 전구체 재료가 사용되는데 이들은 레이온, 폴리아크릴로나이트릴(PAN), 그리고 피치(pitch)이다. 공정 기술은 전구체마다 다르며 따라서 얻어지는 섬유의 특징도 다르다.

탄소섬유를 분류하는 하나의 방법은 인장계수에 따른 것으로, 이런 분류에서는 인장계수를 표준, 중간, 높음, 매우 높음의 네 가지로 구분한다. 섬유의 지름은 대개 4~10 μm이며 연속적이거나 잘게 썬 형태로 제조된다. 또한 탄소섬유는 대개 보호용 에폭시 아교물로 코팅되는데 이것은 고분자 기지와의 결합력을 높이기도 한다.

탄소-강화 고분자 복합재료는 스포츠 용품과 여가 장비(낚싯대, 골프채), 필라멘트가 감긴 로켓 모터 피복, 압력 용기, 비행기의 구조 부품(군용 및 민간용), 고정익 항공기 및 헬리콥터(날개, 동체, 안정체, 방향타 부품) 등에 사용된다.

아라미드섬유-강화 고분자 복합재료

아라미드섬유는 높은 강도와 높은 인장계수를 가진 재료로 1970년대 초기에 소개되었으며, 금속 재료 대비 우수한 비강도를 갖는다. 이 부류의 재료는 화학적으로 폴리(파라페닐렌 테레프탈아마이드)로 알려져 있다. 수많은 아라미드 재료가 있으며 가장 잘 알려진 두 가지 상품명은 케블러(Kevlar™)와 노멕스(Nomex™)이다. 케블러는 몇 가지 등급(케블러 29, 49, 149)이 있으며 이들은 서로 다른 기계적 특성을 가진다. 합성 과정에서 액정 도메인처럼 단단한 분자들이 섬유의 축방향으로 정렬한다(14.18절). 이들을 이루고 있는 반복기와 사슬의 정렬 형태를 그림 5.10에 나타내었다. 기계적으로 이들은 다른 고분자 섬유 재료보다 길이방향의 강도와 인장계수가 더 크다(표 5.4). 반면 압축에는 상대적으로 약하다. 또한 이 재료는 인성과 충격 저항, 크리프 저항 및 피로파손에 강하다. 아라미드는 열가소성이지만 연소에 대한 저항이 크며 비교적 높은 온도에서 안정하다. 이들이 높은 기계적 강도를 유지하는 온도 범위는 −200~200°C이다. 화학적으로 이들은 강산과 강염기에 취약하지만 다른 용매 및 화학물질에는 비교적 반응하지 않는다.

아라미드섬유는 고분자 기지를 가지고 있는 복합재료에 가장 자주 사용된다. 고분자 기지 재료로 에폭시와 폴리에스테르가 널리 사용된다. 섬유는 비교적 유연하고 연성을 가지고 있어 가장 흔하게 사용되는 섬유 제조 공정으로 가공될 수 있다. 이들 아라미드 복합재료의 전형적인 응용분야는 탄환과 관련된 제품(방탄 조끼 및 갑옷), 스포츠 용품, 타이어, 로프, 미

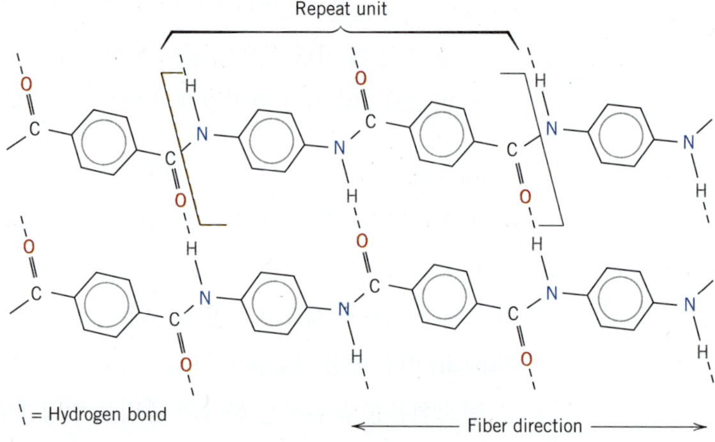

그림 5.10 아라미드(케블러) 섬유의 반복기 및 사슬구조 그림. 섬유 방향으로 정렬된 사슬과 인접 사슬 사이의 수소결합도 그려져 있다.

표 5.5 연속적이고 정렬된 유리, 탄소 및 아라미드 섬유-강화 에폭시-기지 복합재료의 길이방향과 횡단방향으로의 특성[a]

Property	Glass (E-Glass)	Carbon (Standard Modulus)	Aramid (Kevlar 49)
Specific gravity	2.1	1.6	1.4
Tensile modulus			
Longitudinal (GPa)	45	145	76
Transverse (GPa)	12	10	5.5
Tensile strength			
Longitudinal (MPa)	1020	1520	1240
Transverse (MPa)	40	41	30
Ultimate tensile strain			
Longitudinal	2.3	0.9	1.8
Transverse	0.4	0.4	0.5

[a]In all cases the fiber volume fraction is 0.60.

사일 케이스, 압력 용기, 석면을 대체한 자동차 브레이크, 클러치 라이닝 및 개스킷 등이 있다.

표 5.5에 연속적이고 정렬된 유리, 탄소 및 아라미드 섬유-강화 에폭시 복합재료의 물성을 나타내었다. 이들 세 가지 재료에서 길이방향 및 횡단방향의 기계적 특성을 비교할 수 있다.

기타 섬유강화 재료

유리, 탄소 및 아라미드 섬유는 고분자 기지에 가장 널리 첨가되는 섬유 강화재이다. 이보다 사용량은 적지만 또 다른 섬유 재료로 붕소, 탄화규소, 알루미늄 산화물 등이 사용된다. 표 5.4에 이 재료들이 섬유 형태일 때 얻어지는 인장계수, 인장강도, 비강도, 비계수가 주어져 있다. 붕소섬유-강화 고분자 복합재료는 군용 비행기 부품, 헬리콥터 회전 날개와 스포츠 용품 등에 사용되어 왔다. 탄화규소와 알루미나 섬유는 테니스 라켓, 회로기판, 군사용 갑옷, 로켓 탄두 등에 사용된다.

고분자-기지 재료

고분자 기지의 역할은 5.7절에 간략히 설명하였다. 고분자 기지가 강화 섬유보다 훨씬 낮은 온도에서 연해지고 녹거나 손상되기 때문에 기지에 따라 사용할 수 있는 최고 온도가 정해진다.

가장 널리 사용되며 가장 저렴한 고분자 수지는 폴리에스테르와 비닐에스테르이다.[3] 이 기지 재료는 주로 유리섬유-강화 복합재료에 사용된다. 수많은 수지 제조 방법으로 매우 다양한 특성을 얻을 수 있다. 에폭시는 더 비싸고 상업적인 응용 외에 우주항공분야에 고분자-기지 복합재료로 많이 사용되는데 이들은 폴리에스테르와 비닐수지에 비하여 더 우수한 기계적 특성과 내습성을 가지고 있다. 고온용 응용분야에서는 폴리이미드 수지가 사용되며 이것을 지속적으로 사용할 수 있는 최고 온도는 약 230°C이다. 끝으로 고온 열가소성 수지는 미래 우주항공분야에 사용될 가능성이 있으며 이런 재료로는 폴리에테르에테르케톤(PEEK), 폴리(페닐렌 설파이드)(PPS)와 폴리에테르이미드(PEI) 등이 있다.

설계 예제 5.1

관 형태의 복합재료 샤프트의 설계

바깥지름이 70 mm, 안지름이 50 mm이며 길이가 1.0 m인 관형 복합재료 샤프트를 설계하고자 하며, 이런 샤프트를 그림 5.11에 모식적으로 나타내었다. 가장 중요한 기계적 특성은 길이방향의 탄성계수로 표시되는 굽힘 강성이다. 강도와 피로 저항은 필라멘트 복합재료를 사용할 경우 중요한 고려사항이 아니다. 강성은 굽힘 하중을 받을 때 최대로 허용되는 휨 양으로 규정된다. 그림 8.18에서처럼 3점 굽힘 하중이 가해질 때(양쪽 끝이 고정되고 길이의 중간지점에 하중이 가해짐) 1000 N의 하중에 의한 중간지점에서의 탄성 휨이 0.35 mm 이하가 되어야 한다.

관의 축과 평행하게 정렬된 연속적인 섬유를 사용하는데, 사용할 수 있는 섬유로는 유리와 표준 등급, 중간 등급 및 높은 등급 계수의 탄소가 있다. 기지 재료는 에폭시 수지이며 최대로 허용할 수 있는 섬유의 부피분율은 0.60이다.

이 문제를 해결하기 위해서는 다음과 같은 것들을 수행하여야 한다.

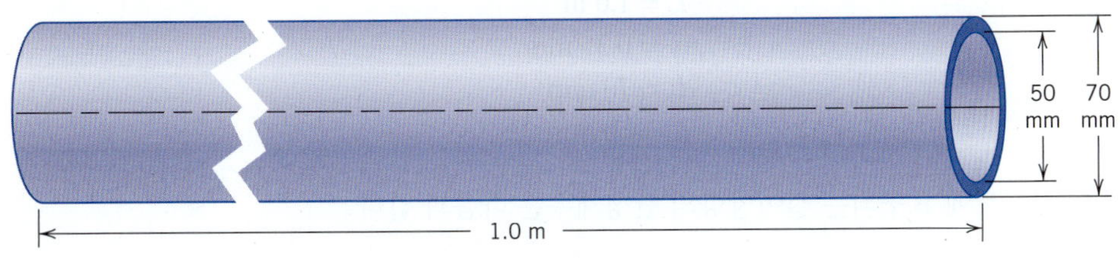

그림 5.11 설계 예제 5.1에서 다룬 관 형태의 복합 샤프트 그림

3) 이 절에서 논의된 기지 재료의 화학 조성과 전형적인 특성은 부록 B, D, E에 실려 있다.

(a) 네 가지 섬유 재료가 에폭시 기지와 결합되었을 때 어느 것이 규정된 기준을 만족시킬 것인지 결정

(b) 가능성 있는 것 중에서 가장 저렴한 가격으로 제조할 수 있는 복합재료를 1개 선택(모든 섬유에 대하여 제조비용이 동일하다고 가정)

섬유와 기지 재료의 탄성계수, 밀도, 가격에 대한 정보는 표 5.6에 주어져 있다.

표 5.6 유리섬유 및 여러 가지 탄소섬유 및 에폭시 수지의 탄성계수, 밀도, 가격 자료

Material	Elastic Modulus (GPa)	Density (g/cm^3)	Cost (\$US/kg)
Glass fibers	72.5	2.58	1.70
Carbon fibers (standard modulus)	230	1.80	45.00
Carbon fibers (intermediate modulus)	285	1.80	90.00
Carbon fibers (high modulus)	400	1.80	150.00
Epoxy resin	2.4	1.14	3.50

풀이

(a) 우선 규정된 기준에 부합하는 복합재료에 대하여 요구되는 길이방향의 탄성계수를 계산할 필요가 있다. 이 계산에는 3점 휨에 대한 다음 식을 사용해야 한다.

$$\Delta y = \frac{FL^3}{48EI} \tag{5.21}$$

위 식에서 Δy는 중간지점에서의 변형, F는 가해진 힘, L은 지지점 사이의 거리, E는 탄성계수, I는 단면 관성 모멘트이다. 안지름과 바깥지름이 각각 d_i와 d_o인 관의 경우,

$$I = \frac{\pi}{64}(d_o^4 - d_i^4) \tag{5.22}$$

그리고

$$E = \frac{4FL^3}{3\pi\Delta y(d_o^4 - d_i^4)} \tag{5.23}$$

이 샤프트 설계에 필요한 수치는 다음과 같다.

$$F = 1000\text{ N}$$
$$L = 1.0\text{ m}$$
$$\Delta y = 0.35\text{ mm}$$
$$d_o = 70\text{ mm}$$
$$d_i = 50\text{ mm}$$

따라서 이 샤프트에 요구되는 길이방향의 탄성계수는 다음과 같다.

$$E = \frac{4(1000\text{ N})(1.0\text{ m})^3}{3\pi(0.35\times10^{-3}\text{ m})[(70\times10^{-3}\text{ m})^4 - (50\times10^{-3}\text{ m})^4]}$$
$$= 69.3\text{ GPa}$$

다음 단계는 섬유와 기지 부피분율을 네 가지 후보 섬유 재료 각각에 대하여 계산하는 것이다. 이는 식 (5.10b)의 혼합법칙으로부터 구할 수 있다.

$$E_{cs} = E_m V_m + E_f V_f = E_m(1 - V_f) + E_f V_f$$

E_{cs} = 69.3 GPa일 때 V_m과 V_f 값을 표 5.7에 나타내었다. 이 계산에 식 (5.10b)와 표 5.6의 탄성계수 자료를 사용하였다. V_f 값은 0.6 미만이어야 하므로 세 종류의 탄소섬유만이 사용 가능한 후보이다.

표 5.7 복합재료의 탄성계수 69.3 GPa을 만족시킬 수 있는 유리 및 세 가지 탄소섬유를 사용한 복합재료의 섬유 및 기지상 부피분율

Fiber Type	V_f	V_m
Glass	0.954	0.046
Carbon (standard modulus)	0.293	0.707
Carbon (intermediate modulus)	0.237	0.763
Carbon (high modulus)	0.168	0.832

(b) 이제 세 가지 탄소 형태의 섬유에 대하여 섬유와 기지의 부피를 계산해야 한다. 센티미터 단위로 계산한 탄소 관의 전체 부피는 다음과 같다.

$$V_c = \frac{\pi L}{4}(d_o^2 - d_i^2) \tag{5.24}$$

$$= \frac{\pi(100\text{ cm})}{4}[(7.0\text{ cm})^2 - (5.0\text{ cm})^2]$$

$$= 1885\text{ cm}^3$$

따라서 위 값에 표 5.7의 V_f 및 V_m 값을 곱하면 섬유와 기지의 부피가 얻어진다. 이 부피 값들을 표 5.8에 나타내었는데, 밀도(표 5.6)를 이용하여 무게를 구하고 단위 무게당 가격으로부터 최종적으로 제조 비용을 구하였다(이 값도 표 5.6에 표시).

표 5.8에서 알 수 있듯이 선택할 재료(즉, 최저가격)는 표준등급계수 탄소섬유 복합재료이다. 이 섬유 재료는 단위무게당 상대적으로 낮은 가격이, 탄성계수가 비교적 낮아 더 많은 양이 필요하다는 점을 상쇄하였다.

표 5.8 세 가지 탄소섬유 에폭시 기지 복합재료의 섬유 및 기지의 부피, 무게, 가격

Fiber Type	Fiber Volume (cm^3)	Fiber Mass (kg)	Fiber Cost ($US)	Matrix Volume (cm^3)	Matrix Mass (kg)	Matrix Cost ($US)	Total Cost ($US)
Carbon (standard modulus)	552	0.994	44.70	1333	1.520	5.30	50.00
Carbon (intermediate modulus)	447	0.805	72.50	1438	1.639	5.70	78.20
Carbon (high modulus)	317	0.571	85.70	1568	1.788	6.30	92.00

5.9 | 금속-기지 복합재료

금속-기지 복합재료

금속-기지 복합재료(metal-matrix composite, MMC)는 이름이 뜻하는 것과 같이 기지가 연성이 있는 금속이다. 이 재료는 모재보다 높은 온도에서 사용할 수 있을 뿐 아니라, 강화함으로써 비강성, 비강도, 내마멸성, 크리프 저항, 열전도도 및 치수 안정성이 향상된다. 이 재료가 고분자-기지 복합재료에 비하여 더 우수한 점은 더 높은 온도에서 사용할 수 있고, 난연성과 유기 액체에 의하여 손상되는 것에 대한 내성이 크다는 것이다. MMC는 PMC에 비하여 훨씬 비싸므로 MMC의 사용은 다소 제한적이다.

알루미늄, 마그네슘, 티타늄, 구리의 합금뿐만 아니라 초합금은 기지 재료로 사용된다. 강화재는 입자나 연속적이거나 불연속적인 섬유 및 휘스커의 형태일 수 있다. 분율은 보통 10~60 vol%이다. 연속적인 섬유 재료로는 탄소, 탄화규소, 붕소, 알루미늄 산화물과 내화금속이 포함된다. 반면 불연속적인 강화재로는 주로 탄화규소 휘스커, 잘게 절단한 알루미늄 산화물과 탄소의 섬유, 탄화규소와 알루미늄 산화물의 입자를 사용한다. 어떤 의미에서는 서멧(5.2절)이 MMC의 범주에 속한다. 표 5.9에 금속 기지를 연속적이면서 정렬된 섬유로 강화시킨 대표적인 복합재료의 특성을 나타내었다.

일부 기지-강화재 조합은 높은 온도에서 반응성이 매우 크다. 이러한 경우, 고온에서 가공하거나, 사용 도중 고온에 노출되면 복합재료가 손상될 수 있다. 이러한 문제는 보통 강화재에 표면 보호 코팅을 하거나 기지 합금의 조성을 변화시켜 해결할 수 있다.

보통 MMC의 제조 공정은 최소 두 단계, 즉 합병(consolidation) 혹은 합성(즉, 강화재를 기지에 첨가)과 그다음의 성형 작업을 거친다. 많은 합병 기술이 있으며 이들 중 일부는 비교적 복잡하다. 불연속적인 섬유 MMC는 표준 금속 성형 공정(단조, 압출, 압연)을 사용하여 성형할 수 있다.

최근 자동차 제조업체에서도 제품에 MMC를 사용하기 시작하였는데 예를 들면 알루미늄 산화물과 탄소섬유로 강화된 알루미늄 합금 기지로 되어 있는 일부 엔진 부품을 도입하였다.

표 5.9 연속적이면서 정렬된 섬유로 강화된 몇 가지 금속-기지 복합재료의 특성

Fiber	Matrix	Fiber Content (vol%)	Density (g/cm^3)	Longitudinal Tensile Modulus (GPa)	Longitudinal Tensile Strength (MPa)
Carbon	6061 Al	41	2.44	320	620
Boron	6061 Al	48	—	207	1515
SiC	6061 Al	50	2.93	230	1480
Alumina	380.0 Al	24	—	120	340
Carbon	AZ31 Mg	38	1.83	300	510
Borsic	Ti	45	3.68	220	1270

Adapted from J. W. Weeton, D. M. Peters, and K. L. Thomas, *Engineers' Guide to Composite Materials*, ASM International, Materials Park, OH, 1987.

이 MMC는 무게가 가볍고 마모와 열에 의한 뒤틀림에 대한 저항이 크다. MMC는 구동축(더 높은 회전속도와 더 낮은 진동 잡음을 가지고 있음), 압출 안정 봉, 단조 서스펜션과 변속기 부품에도 사용된다.

항공우주산업계에서도 첨단 알루미늄 합금 기지 복합재료 형태로 MMC를 사용하기 시작하였다. 이러한 재료는 낮은 밀도를 가지며 그 특성(기계적 및 열적 특성)을 제어하는 것이 가능해야 한다. 연속적인 흑연섬유는 허블 우주 망원경의 안테나 걸침대에 대한 강화재로 사용된다. 이 걸침대는 우주 조작 중에 안테나 위치를 안정시킨다. 또한 GPS(위성 위치 확인 시스템) 위성은 전자 패키징 및 열관리 시스템에 실리콘카바이드-알루미늄 및 흑연-알루미늄 MMC를 사용한다. 이러한 MMC는 높은 열전도율을 가지며, GPS 부품의 다른 전자 재료의 열팽창계수와 일치시킬 수 있다.

일부 초합금(Ni 및 Co계 합금)의 고온 크리프와 파열 특성은 텅스텐과 같은 내화금속을 사용한 섬유 강화재에 의하여 향상될 수 있다. 매우 우수한 고온 내산화성과 충격 강도도 유지된다. 이러한 복합재료를 사용하면 터빈 엔진을 더 높은 온도에서 사용할 수 있으며 효율성을 향상시킬 수 있다.

5.10 | 세라믹-기지 복합재료

14장에서 논의되겠지만, 세라믹 재료는 본질적으로 높은 온도에서 산화와 열화에 강하다. 취성파괴 특성만 가지고 있지 않았더라면, 높은 온도에서 가혹한 응력을 받는 용도, 특히 자동차와 항공기의 가스 터빈 엔진 등의 부품으로 사용될 수 있는 가장 이상적인 재료가 되었을 것이다. 세라믹 재료의 파괴인성은 낮은 편으로 대개 1~5 MPa $\sqrt{m}$의 값을 갖는다. 표 10.1과 부록 B의 표 B.5를 참조하라. 반면에 대부분의 금속은 훨씬 높은 K_{Ic} 값을 가지고 있다(15~150 MPa $\sqrt{m}$).

세라믹-기지 복합재료

세라믹의 파괴인성은 입자, 섬유, 혹은 휘스커 세라믹이 또 다른 세라믹 기지에 들어간 차세대 **세라믹-기지 복합재료(ceramic-matrix composite, CMC)**의 개발로 현저하게 향상되었다. 세라믹-기지 복합재료는 파괴인성이 6~20 MPa $\sqrt{m}$ 으로 증가하였다.

근본적으로 이러한 파괴 특성의 개선은 전파되는 균열과 분산된 입자 사이의 상호작용으로 인한 결과이다. 균열은 기지상에서 시작되는 경우가 일반적이며 균열의 전파는 입자, 섬유, 휘스커 등에 의하여 정지되거나 방해된다. 아래에 균열의 전파를 지연시키는 여러 가지 방법이 기술되어 있다.

특별히 흥미롭고 유망한 강인화 방법 중 하나는 균열의 전파를 정지시키기 위하여 상변태를 이용하는 것인데 이를 변태 강인화(*transformation toughening*)라고 부른다. 부분 안정화된 지르코니아(11.17절) 미세 입자를 Al_2O_3 또는 자체 ZrO_2과 같은 기지 재료에 분산시킨다. 이

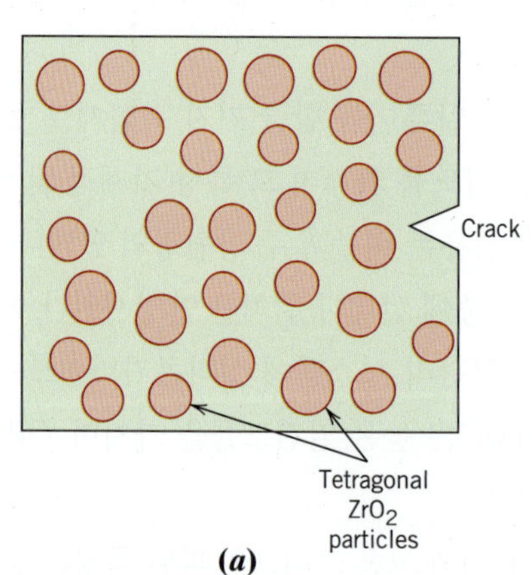

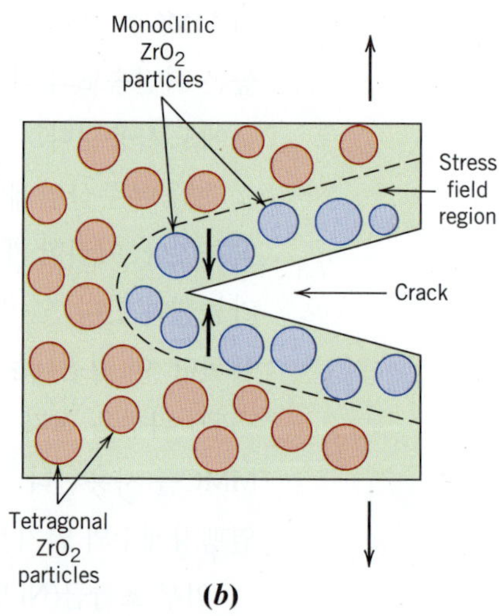

그림 5.12 변태 강인화를 보여주는 개략도. (*a*) ZrO_2 입자가 상변태를 일으키기 이전의 균열, (*b*) 응력 유기 상변태에 의하여 균열이 억제된 상태

때 안정제로 CaO, MgO, Y_2O_3, CeO를 일반적으로 사용한다. 부분 안정화되면 대기 조건에서 안정한 단사정(monoclinic) 상 대신 준안정성인 정방정상으로 남아 있게 된다. 이 두 상들은 그림 11.28의 ZrO_2-$ZrCaO_3$의 상태도에서 볼 수 있다. 전파하는 균열 앞의 응력장은 남아 있던 준안정상인 정방정 입자를 안정상인 단사정상으로 변태시킨다. 이러한 상변태로 인하여 입자의 부피가 약간 증가하며, 결과적으로 균열 선단 근처의 균열 표면에 압축응력이 형성되어 균열을 압박하며 따라서 균열의 성장을 억제시킨다. 이러한 과정이 그림 5.12에 도식적으로 그려져 있다.

최근에 개발된 인성을 증가시키는 다른 기술은 SiC 또는 Si_3N_4와 같은 세라믹 휘스커를 이용하는 것이다. 이 휘스커들은 (1) 균열의 선단을 빗나가게 하거나, (2) 균열면 사이에 다리를 형성하거나, (3) 기지로부터 휘스커가 박리되어 빠져나올 때 에너지를 흡수하거나, (4) 균열 선단 주위에 응력을 재분배하는 등의 방법으로 균열의 전파를 방해한다.

일반적으로 섬유의 양을 증가시키면 강도와 파괴인성이 향상된다; 이는 SiC 휘스커-강화 알루미나에 대해서 표 5.10에 나와 있다. 또한 강화되지 않은 세라믹에 비하여 휘스커-강화 세라믹은 파괴강도의 편차가 작다. 추가로 이들 CMC는 높은 온도에서의 크리프 특성과 열충격(즉, 급격한 온도 변화에 따른 파손) 저항이 크다.

세라믹-기지 복합재료는 열간 압축, 열간 등방향 압축, 액상 소결 같은 방법으로 제조할

표 5.10 여러 가지 함량의 SiC 휘스커를 함유하는 Al_2O_3의 상온에서의 파괴강도 및 파괴인성

Whisker Content (vol%)	Fracture Strength (MPa)	Fracture Toughness (MPa$\sqrt{m}$)
0	—	4.5
10	455 ± 55	7.1
20	655 ± 135	7.5–9.0
40	850 ± 130	6.0

Adapted from *Engineered Materials Handbook*, Vol. 1, *Composites*, C. A. Dostal (Senior Editor), ASM International, Materials Park, OH, 1987.

수 있다. 응용분야와 관련하여 SiC 휘스커 강화 알루미나는 단단한 금속 합금의 선반 작업에 사용하는 절단 공구의 첨가제로 사용한다. 이들 공구의 수명은 초경합금(5.2절)보다 길다.

5.11 | 탄소-탄소 복합재료

탄소-탄소 복합재료

가장 발전되고 유망한 공업용 재료 중 하나는 탄소섬유-강화 탄소-기지 복합재료인데 종종 **탄소-탄소 복합재료(carbon-carbon composite)**라고 불린다. 그 이름에서 알 수 있는 것과 같이 강화재와 기지가 모두 탄소이다. 이 재료들은 비교적 새로운 것이며 가격이 비싸서 아직 널리 사용되고 있지는 않다. 이들의 바람직한 특성으로는 2000°C가 넘는 고온에서도 유지되는 높은 인장계수와 인장강도, 크리프 저항성, 비교적 큰 파괴인성 값을 들 수 있다. 또한 탄소-탄소 복합재료는 낮은 열팽창계수와 높은 열전도도를 가지고 있다. 이런 특성은 높은 강도와 결합하여 열충격에 대한 민감도를 상대적으로 낮춘다. 이들의 주요 단점은 고온에서 산화되는 경향이 있다는 것이다.

탄소-탄소 복합재료는 로켓의 모터, 항공기와 고성능 자동차의 마찰 재료, 열간 압축용 주형, 첨단 터빈 엔진의 부품, 우주선이 대기권에 재진입할 때 녹는 현상을 방지하는 삭마제(削磨劑) 등으로 사용된다.

이 복합재료가 비싼 주요 원인은 상대적으로 복잡한 공정 때문이다. 예비 제조 공정은 탄소섬유, 고분자-기지 복합재료를 제조하는 방법과 유사하다. 즉, 연속적인 탄소섬유를 원하는 2차원, 3차원의 형태로 깔아 놓는다. 이런 섬유에 페놀 수지 같은 액상 고분자 수지가 스며들게 한다. 최종 제품 형태로 성형한 후 수지를 경화시킨다. 이때 기지 수지는 열분해, 즉 불활성 분위기에서 가열되어 탄소로 변화된다. 열분해 도중 산소, 수소, 질소로 구성된 분자는 빠져나오며 거대한 탄소 사슬 분자들이 남게 된다. 더 높은 온도에서 후속 열처리하면 탄소 기지가 더 조밀해지고 강도가 증가하게 된다. 최종적으로 얻어진 복합재료는 변화하지 않고 원래 남아 있던 탄소섬유와 열분해되어 생성된 탄소 기지로 구성된다.

5.12 | 혼성 복합재료

혼성 복합재료

혼성 복합재료(hybrid composite)라고 하는 비교적 새로운 섬유-강화 복합재료는 한 가지의 기지에 두 가지 이상의 서로 다른 섬유를 사용한 복합재료이다. 이것들은 한 가지 섬유를 첨가한 복합재료에 비하여 여러 면으로 더 우수한 특성의 조합을 가지고 있다. 여러 가지 섬유 조합과 기지 재료가 사용되지만 가장 흔한 시스템은 탄소섬유와 유리섬유가 고분자 수지에 들어 있는 것이다. 탄소섬유는 강하고 비교적 딱딱하여 저밀도의 강화재이지만 비싸다. 유리섬유는 값이 싸지만 탄소섬유와 같은 강성을 가지고 있지 않다. 유리-탄소 혼성 복합재료는 비슷한 종류의 탄소나 유리만으로 강화된 플라스틱보다 더 강하고 인성이 크고 충격 저항이 크며, 더 저렴한 가격으로 제조할 수 있다.

두 가지 다른 종류의 섬유를 혼합하는 방법은 다양하며 그 방법에 따라 전체 특성이 결정된다. 예를 들어 두 섬유를 정렬하고 서로 치밀하게 혼합하거나 둘 중 하나의 섬유로만 이루어진 층을 번갈아 여러 층으로 쌓을 수 있다. 실제로 모든 혼성 복합재료는 그 성질이 이방성이다.

혼성 복합재료에 인장응력이 가해지면 보통 **파국적으로 파손되지 않는다**(즉, 갑자기 파괴가 발생되지 않음). 탄소섬유가 가장 먼저 파손되고 그에 따라 하중이 유리섬유로 전달된다. 유리섬유가 끊어지면 기지가 가해진 하중을 지탱해야 한다. 궁극적으로 복합재료의 파손은 기지의 파손과 동시에 일어난다.

혼성 복합재료의 주요 용도는 경량의 육상, 해상, 항공 수송 장비의 구조 부품과 스포츠 용품, 경량 정형외과 부품 등이다.

5.13 | 섬유-강화 복합재료의 가공

설계 규격에 맞게 연속적인 섬유-강화 플라스틱을 제조하기 위해서는 섬유가 플라스틱 기지 내에 균일하게 분포되어야 하며 대부분의 경우 모든 섬유가 거의 동일한 방향으로 배향되어야 한다. 이 절에서는 이러한 유용한 제품을 제조하는 몇 가지 기술(핸드 레이업 공법, 스프레이업 기법, 인발압축법, 필라멘트 감기, 프리프레그 생산 공정)에 대하여 다룬다.

핸드 레이업 공법

핸드 레이업 공법(*hand lay-up technique*)은 직조 복합재료를 제조하는 기술로, 가장 간단하고 가장 오래된 개방형 성형 방법이다. 사전 함침 직조 재료의 핸드 레이업은 여전히 인력의 기술과 경험을 필요로 하는 복합 제조 산업의 큰 부분이다. 이 기술을 이용하면 복잡한 형상의 고성능 부품을 제조할 수 있지만, 비용이 많이 들고 가변적인 공정이 될 수 있다. 이 기술은 금형 준비(mold preparation), 겔 코팅(gel coating), 레이업(lay-up), 경화(curing)의 4단계로 구성된다. 먼저, 표면에 고분자가 달라붙는 것을 방지하기 위하여 금형 표면을 접착 방지제로 처리한다. 그다음에 직조, 편직, 스티치 또는 본드 직물 형태의 건식 섬유를 금형 내에 수작업으로 배치하고, 브러시를 사용하여 강화재에 수지 기지를 도포한다. 직조된 강화재 층은 원하는 모양에 따라 절단되어 금형 표면에 배치된다. 수지는 다른 성분과 혼합된 후 금형에 이미 배치된 강화재의 표면에 주입되어 보조 브러시를 이용해 균일하게 퍼진다. 이후에는 핸드 롤러를 사용하여 습식 합성물을 압착하여 강화재와 기지 사이의 상호작용을 강화하며, 수지의 균일한 분포와 원하는 두께를 얻기 위해서도 핸드 롤링이 수행된다. 끝으로, 라미네이트는 표준 대기 조건에서 경화된다. 경화는 섬유-강화 수지 복합재료를 외부 열 없이 경화시키는 공정이

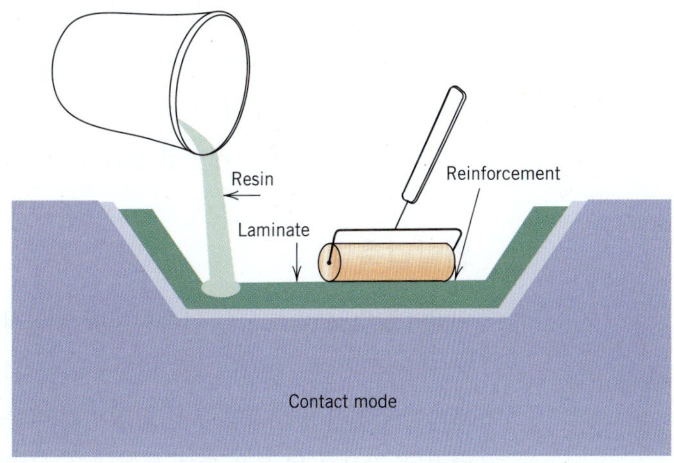

그림 5.13 핸드 레이업 공정의 개략도

다. 이 방법으로 낮은 초기 투자를 필요로 하는 광범위한 용도와 형상의 제품을 제조할 수 있다. 그림 5.13에 핸드 레이업 공법을 도식적으로 나타내었다.

스프레이업 공법

스프레이업(*spray-up*)은 수지와 강화재를 재사용 가능한 금형에 분사하는 개방형 성형 복합재료 제조 공정이다(그림 5.14 참조). 촉매 수지와 분쇄된 유리섬유인 강화재는 각각 따로 또는 동시에 수지와 분쇄된 유리섬유를 분사하는 초퍼건(chopper gun)을 이용하여 복합 스트림으로 도포될 수 있다. 멀티엔드 로빙(multi-end roving)은 수백 미터의 총기 로빙(roving)을 포함하는 크릴(creel)에서 초퍼건으로 공급된다. 이 멀티엔드 로빙은 절단되거나 스프레이건의 작용에 의해 원하는 길이의 가닥으로 잘게 다져진 후 건 노즐 바로 앞에서 수지 스프레이와 결합된다. 수지와 유리의 혼합물이 그 후 금형 표면에 증착된다. 여러 번의 패스를 통해 라미네

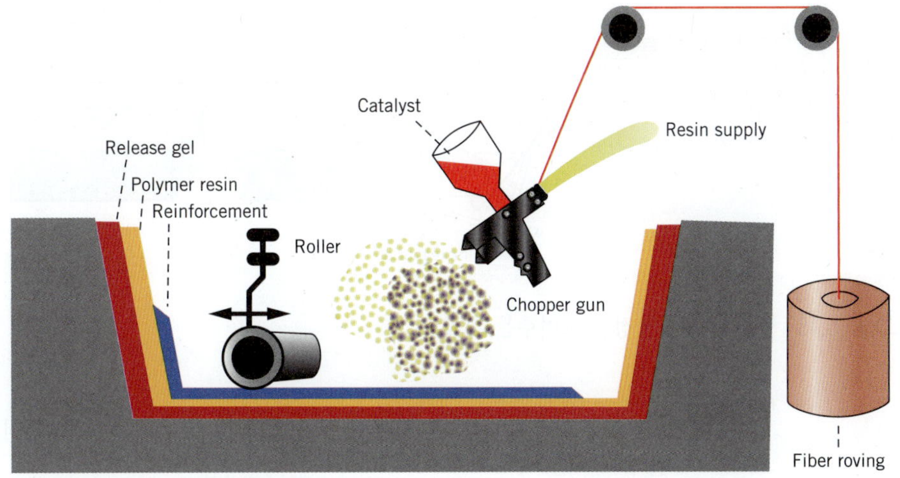

그림 5.14 스프레이업 공정의 개략도

이트는 지정된 두께로 만들어지며, 핸드 레이업 공법과 마찬가지로 라미네이트를 압착하고 기포를 제거하기 위하여 핸드 롤링에 의한 강화가 필요하다. 스프레이업은 라미네이트를 압축하기 위하여 압연된다.

스프레이업과 핸드 레이업 공법 모두 유리섬유와 수지의 비율은 매우 중요하다.

인발압축법

인발압축법(*pultrusion*)은 연속적이면서 일정한 단면을 가진 형태(봉, 관, 빔 등)의 부품 제조에 사용된다. 이 기술을 그림 5.15에 도식적으로 나타내었는데, 연속적인 섬유 타래(로빙이나 토)[4)]에 열경화성 수지를 우선 함침시킨 다음 이들을 원하는 형태를 가지고 수지/섬유 비율이 결정된, 강으로 된 틀을 통해 뽑아낸다. 그런 다음 정밀하게 가공되어 있어 최종 형상을 얻을 수 있는 경화 틀로 통과시킨다. 최종 형태를 갖추면서 수지 기지의 경화를 시작하기 위해 틀은 가열된다. 인장 장치가 틀을 통해 다발을 뽑아내며 이것이 생산속도를 결정한다. 관과 속이 빈 부분은 중앙 굴대를 사용하거나 속이 빈 코어를 삽입하여 제조한다. 주요 강화재는 유리, 탄소, 아라미드 섬유이며 대개 40~70 vol%를 첨가한다. 일반적으로 사용되는 기지 재료에는 폴리에스테르, 비닐에스테르, 에폭시 수지 등이 있다.

인발압축법은 쉽게 자동화할 수 있는 연속 공정이다. 생산속도가 비교적 빨라 비용면에서 매우 효과적이다. 또한 여러 가지 형태를 제조할 수 있고, 제조할 수 있는 제품의 길이에 실제적인 제한이 없다.

프리프레그 생산 공정

프리프레그

프리프레그(prepreg)는 부분적으로 경화되어 있고 고분자 수지가 미리 함침된 연속적인 섬유 강화재를 말하는 복합재료 산업계 용어이다. 이 재료는 테이프 형태로 제조회사에 공급되며

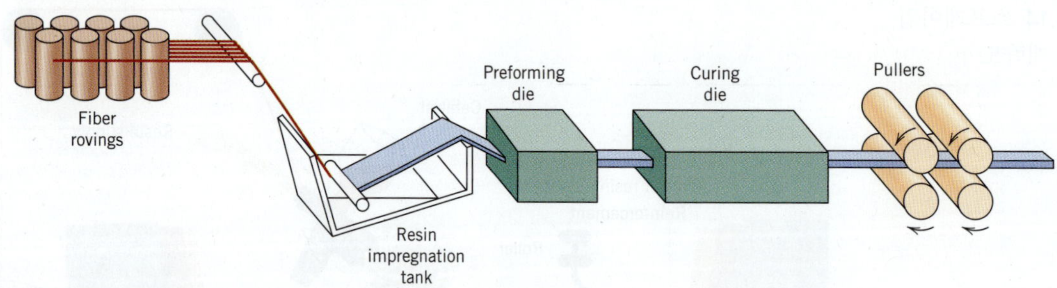

그림 5.15 인발압축법 공정을 보여주는 개략도

---

4) 로빙(*roving*) 혹은 토(*tow*)는 서로 나란히 인발되어 느슨한 상태로 엉키지 않은 연속적인 섬유 다발을 말한다.

제조회사는 다른 수지를 더 첨가하지 않고 그대로 성형하고 완전히 경화시켜 만든다. 이것은 구조용으로 가장 널리 사용되는 복합재료 형태일 것이다.

열경화성 고분자의 프리프레그를 제조하는 공정이 그림 5.16에 개략적으로 그려져 있는데, 실패에 감긴 여러 개의 연속적인 섬유 토를 풀어 나란히 하는 것부터 시작한다. 가열된 압연기를 사용하여 섬유 토를 운반용 종이 판과 분리용 종이 판 사이에 끼워 압착시키는데 이 과정을 **캘린더링**(*calendering*)이라고 한다. 분리용 종이 판은 섬유를 완전히 함침시키기 위하여 비교적 낮은 점성을 가진 가열된 수지 용액의 얇은 막을 코팅해 둔다. **닥터 블레이드**를 이용하여 수지를 일정한 두께와 폭을 가진 필름으로 퍼뜨린다. 최종 프리프레그 제품 — 부분적으로 경화된 수지에 연속적이고 정렬된 섬유가 내장된 얇은 테이프 — 을 마분지 심에 감아 포장한다. 그림 5.16에서 보는 것과 같이 분리용 종이 판은 예비 함침된 테이프가 감길 때 제거된다. 일반적으로 테이프의 두께는 0.08~0.25 mm, 테이프의 폭은 25~1525 mm이며 수지의 함량은 대개 35~45 vol%이다.

열경화성 기지는 상온에서도 계속 경화된다. 따라서 프리프레그는 0°C 이하에서 보관하여야 한다. 또한 상온에서의 방치시간(또는 **정지시간**)을 최소화해야 한다. 적절히 다루면 열경화성 프리프레그는 최소 6개월, 보통은 그 이상의 수명을 가진다.

열가소성 수지와 열경화성 수지를 모두 사용할 수 있다. 유리, 탄소 및 아라미드 섬유가 흔한 강화재이다.

실제 가공은 프리프레그 테이프를 공구 표면에 쌓는 **적층**으로 시작된다. 일반적으로 여러 층의 플라이를 쌓아(운반용 받침종이를 제거한 후) 원하는 두께를 얻는다. 적층할 때 섬유를 한 방향으로 정렬하기도 하지만 방향을 수직으로 번갈아 쌓거나 특정한 각을 가지고 쌓은 판의 형태로 제조하는 것이 더 일반적이다(5.14절). 열과 압력을 동시에 가하여 최종 경화시킨다.

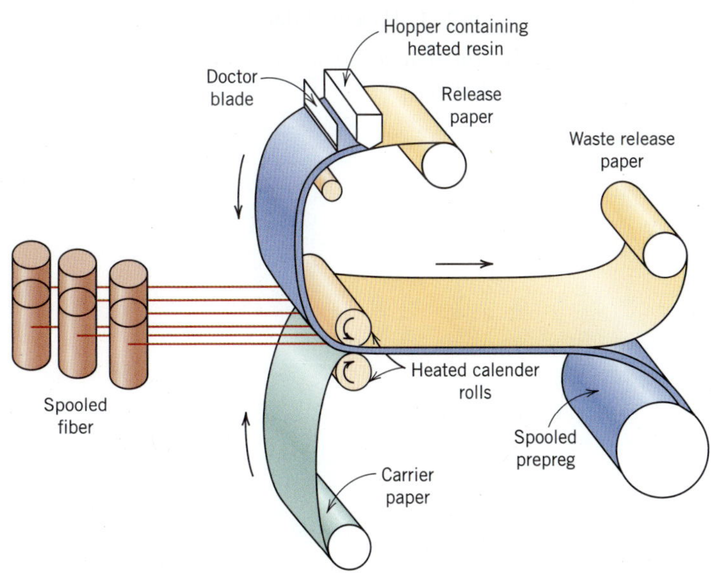

그림 5.16 열경화성 고분자를 사용하여 프리프레그 테이프를 제조하는 개략도

적층 과정은 전적으로 수작업으로 할 수 있는데 작업자가 원하는 길이로 테이프를 자르고 원하는 방향으로 도구의 표면에 쌓아 가는 식이다. 다른 방법으로는 테이프를 기계로 자르고 사람이 쌓는 방법을 사용하기도 한다. 프리프레그 쌓기와 다른 생산 공정(예: 아래에 설명할 필라멘트 감기)을 자동화하여 사람의 수작업을 거의 제거함으로써 제조비용을 낮출 수 있다. 이러한 자동화된 방법은 복합재료의 수많은 응용분야에서 가격을 낮추는 데 필수적이다.

필라멘트 감기

필라멘트 감기(*filament winding*)는 연속적인 강화 섬유를 미리 정해진 형태로 정확히 자리잡게 하여 속이 빈(일반적으로 원통형) 모양을 제조하는 공정이다. 섬유는 각각의 가닥 혹은 여러 가닥으로 수지 통에 담근 후 일반적으로 자동화되어 있는 감는 장치를 사용하여 연속적으로 굴대에 감는다(그림 5.17). 적절한 수의 층을 만든 다음 오븐이나 상온에서 경화시킨 후, 굴대를 제거한다. 대안으로 폭이 10 mm 이하인 좁고 얇은 프리프레그(토 프레그)를 필라멘트로 감는 방법도 있다.

여러 가지 형태(즉, 나선형, 원주형, 극형)로 감아 원하는 기계적 특성을 얻을 수 있다. 필라멘트 감기로 제조된 부품은 매우 높은 강도-중량비를 가지고 있다. 또한 이 방법을 사용하면 균일성과 배향성을 고도로 정밀하게 조절하면서 감을 수 있다. 더욱이 자동화하면 이 공정은 경제적으로 가장 매력적이다. 필라멘트 감기로 제조된 구조물로는 로켓 모터 피복, 저장 탱크 및 파이프, 압력 용기 등이 있다.

이 생산 기술은 이제 둥근 표면 형상에 국한되지 않고 여러 가지 형상을 가진 구조물 제조

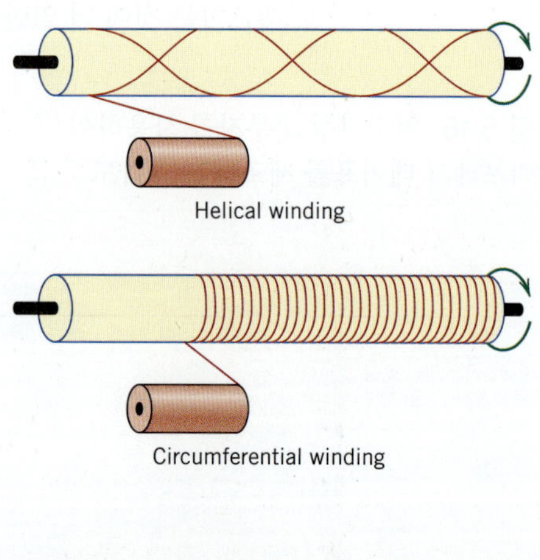

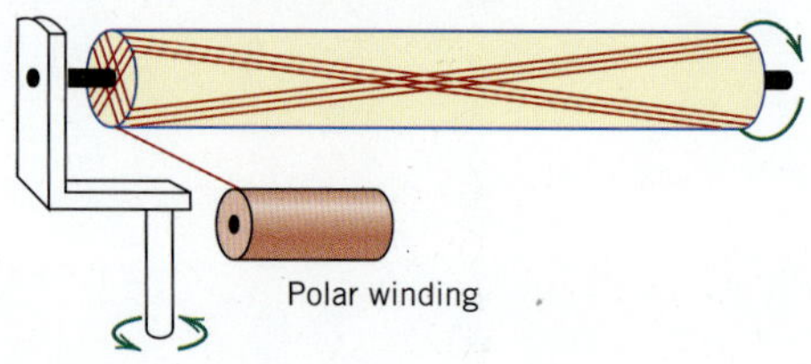

그림 5.17 나선형, 원주형, 극형으로 필라멘트를 감는 기술을 보여주는 개략도
[From N. L. Hancox (Editor), *Fibre Composite Hybrid Materials*, The Macmillan Company, New York, 1981.]

에도 사용되고 있다(예: I 빔). 이 기술은 비용 효율이 뛰어나 매우 빠르게 발전하고 있다.

구조 복합재료

구조 복합재료

구조 복합재료(structural composite)는 구조적 안정성, 일반적으로 높은 인장강도, 압축 강도 및 비틀림강도와 강성이 필요한 분야에 사용되는 다층이고 일반적으로 저밀도인 복합재료이다. 이러한 복합재료의 특성은 구성 재료의 특성뿐만 아니라 구조 요소의 기하학적 설계에 따라 달라진다. 층상 복합재료와 샌드위치 패널은 가장 일반적인 구조 복합재료 중 두 가지이다.

5.14 | 층상 복합재료

층상 복합재료

층상 복합재료(laminar composite)는 2차원 판이나 패널(플라이나 얇은 층)이 서로 접합되어 있는 형태로 구성되어 있다. 각각의 플라이에는 연속적이고 정렬된 섬유-강화 고분자에서 발견되는 것과 같은 바람직한 고강도 방향이 있다. 이와 같은 다층 구조물을 **적층판(라미네이트)**이라고 한다. 라미네이트 특성은 고강도 방향이 층마다 어떻게 달라지는지를 포함하여 몇 가지 인자에 따라 달라진다. 이와 관련하여 네 종류의 층상 복합재료가 있는데 **일축 방향**, **십자형 플라이**, **각형 플라이** 및 **다방향** 복합재료가 여기에 해당된다. 일축 방향의 경우, 모든 얇은 층에 대한 고강도 방향이 같은 배향으로 되어 있다(그림 5.18*a*). 십자형 플라이 라미네이트는 고강도 층 배향이 0°와 90°로 서로 반복된다(그림 5.18*b*). 각형 플라이의 경우, 고강도 방향이 $+\theta$ 및 $-\theta$(예: ±45°) 사이에서 번갈아 나타난다(그림 5.18*c*). 다방향 라미네이트는 몇 가지 고강도 방향을 가지고 있다(그림 5.18*d*). 거의 모든 라미네이트에서, 일반적으로 섬유 배향이 라미네이트 중간면에 대해 대칭이 되도록 적층된다. 이런 배열은 면외 방향으로의 비틀림이나 구부러짐을 방지한다.

일축 방향 라미네이트의 면내 특성(예: 탄성계수 및 강도)은 이방성이 크다. 십자형, 각형 및 다방향 라미네이트는 면내 등방성의 정도를 증가시키도록 설계되었다. 다방향 라미네이트는 가장 큰 등방성을 가지도록 제조될 수 있다. 등방성의 정도는 각형과 십자형 재료에서 감소한다.

라미네이트에 대한 응력 및 변형률 관계는 연속적이며 정렬된 섬유-강화 복합재료에 대한 식 (5.10) 및 (5.16)과 비슷한 형태로 개발되었다. 그러나 이 표현식은 텐서 대수를 사용하는데 이는 이 책의 범위를 벗어난다.

가장 일반적인 라미네이트 재료 중 하나는 경화되지 않은 기지 수지에 들어 있는 일축 방향 프리프레그 테이프이다. 많은 테이프가 미리 결정된 다양한 고강도 방향으로 서로 겹쳐지

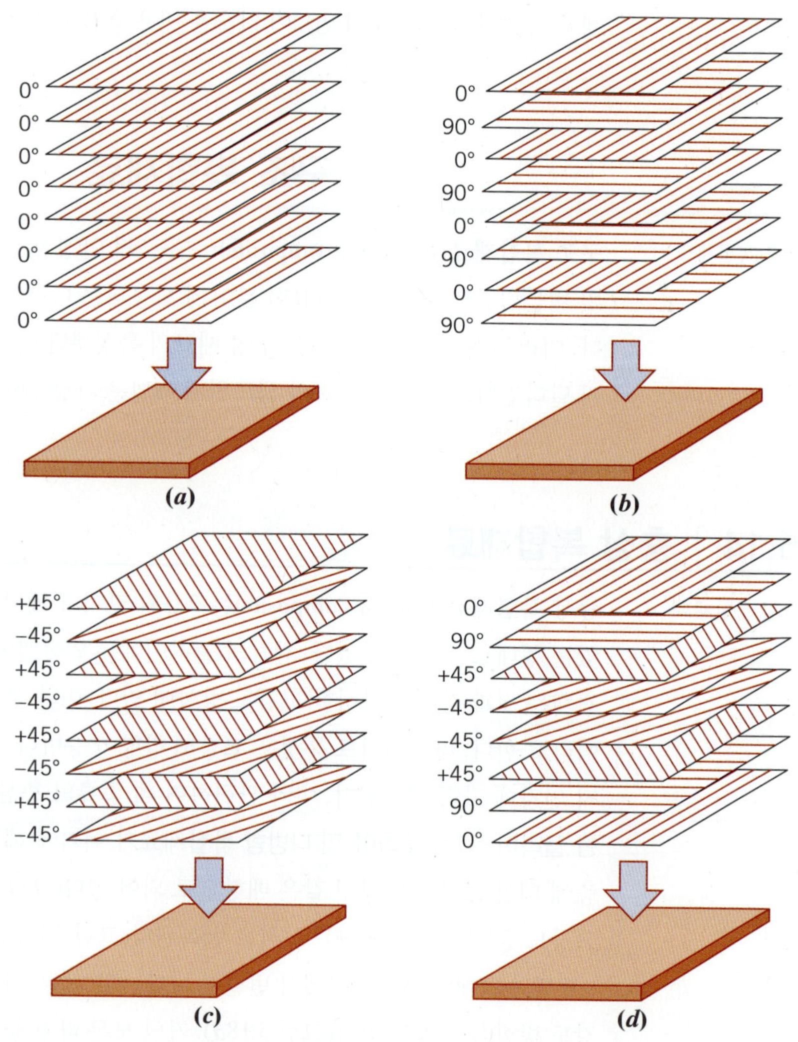

그림 5.18 층상 복합재료에서 배향된 섬유강화층을 차례로 쌓아가는 모습: (*a*) 일축 방향, (*b*) 십자형 플라이, (*c*) 각형 플라이, (*d*) 다방향 (Adapted from *ASM Handbook*, Vol. 21, Composites, 2001.)

는 적층 공정 중에 원하는 구성을 갖는 다층 구조가 제조된다. 전반적인 강도와 등방성의 정도는, 배향 순서는 물론 섬유 재료와 층수에 달려 있다. 대부분의 라미네이트 섬유 재료는 유리, 탄소 및 아라미드이다. 적층 공정 후에, 수지는 경화되고 층들은 함께 결합되어야 한다. 이것은 압력을 가하면서 부품을 가열하여 완성된다. 후적층(post-lay-up) 공정에 사용되는 기술로는 오토클레이브 성형, 압력 통 성형 및 진공 통 성형이 있다.

라미네이션은 또한 플라스틱 기지에 내장된 면, 종이 또는 직조 유리섬유와 같은 직물 재료를 사용하여 만들 수 있다. 이 재료군의 면내 등방성 정도는 비교적 높다.

라미네이트 복합재료를 사용하는 응용분야는 항공기, 자동차, 선박, 건축/토목기반시설 부문에 적용된다. 특정 응용분야는 다음과 같다: 항공기 — 동체, 수직 및 수평 안정 장치, 랜딩 기어 해치, 바닥, 유선형 덮개, 헬리콥터용 로터 블레이드, 자동차 — 자동차 패널, 스포츠카 차체 및 구동축, 선박 — 선박 선체, 해치 덮개, 갑판실, 격벽 및 프로펠러, 건축/토목기반시설 — 교량 부품, 장지간 지붕 구조물, 보, 구조 패널, 지붕 패널 및 수조.

라미네이트는 또한 스포츠 및 오락 장비에서 광범위하게 사용된다. 예를 들어, 현대 스키(이 장 첫 페이지의 그림 참조)는 비교적 복잡한 적층 구조물이다.

5.15 | 샌드위치 패널

샌드위치 패널

구조 복합재료의 일종인 **샌드위치 패널(sandwich panel)**은 비교적 높은 강성과 강도를 가지는 가벼운 빔이나 패널로 만들어진다. 샌드위치 패널은 2개의 외부 판 또는 외피로 구성되어 있는데, 외부 판은 서로 분리되어 있으며 더 두꺼운 코어(그림 5.19)와 접착제로 결합되어 있다. 외부 판은 비교적 강성과 강도가 큰 재료로 만드는데 주로 알루미늄 합금, 강과 스테인리스강, 섬유-강화 플라스틱, 또는 합판이 사용된다. 외부 판은 패널에 가해지는 굽힘 하중을 지탱한다. 샌드위치 패널이 구부러질 때, 한 면에는 압축응력이, 다른 면에는 인장응력이 걸린다.

코어 재질은 가볍고 일반적으로 탄성계수가 낮다. 구조적으로 코어 구조는 여러 가지 역할을 한다. 첫째, 외피를 지탱하고 잡아 준다. 부가적으로 코어 구조는 횡단 전단응력을 견딜 수 있을 정도의 충분한 전단 강도를 가지고 있어야 하며, (패널이 휘는 것을 방지하기 위해) 높은 전단 강성을 가질 수 있을 정도로 두꺼워야 한다. 코어에 가해지는 인장 및 압축 응력은 외피에 가해지는 응력보다 매우 작다. 패널 강성은 주로 코어 재료의 특성 및 코어 두께에 의존한다. 굽힘 강성은 코어 두께가 증가함에 따라 크게 증가한다. 또한, 외피와 코어가 강하게 결합되는 것이 필수적이다. 샌드위치 패널은 코어 재료가 외피에 사용되는 재료보다 저렴하기 때문에 비용효율적인 복합재료이다.

코어 재료는 일반적으로 경질 고분자 발포체, 목재 및 벌집의 세 가지 범주에 속한다.

- 열가소성 및 열경화성 고분자 모두 경질 발포체 재료로 사용된다. (가장 싼 것부터 비싼 순으로) 폴리스티렌, 페놀-포름알데히드(페놀), 폴리우레탄, 폴리(비닐 클로라이드), 폴리프로필렌, 폴리에테르이미드, 폴리메타크릴이미드.
- 발사(balsa) 목재는 다음과 같은 여러 가지 이유로 공통적으로 코어 재료로 사용된다:

그림 5.19 샌드위치 패널의 단면을 보여주는 개략도

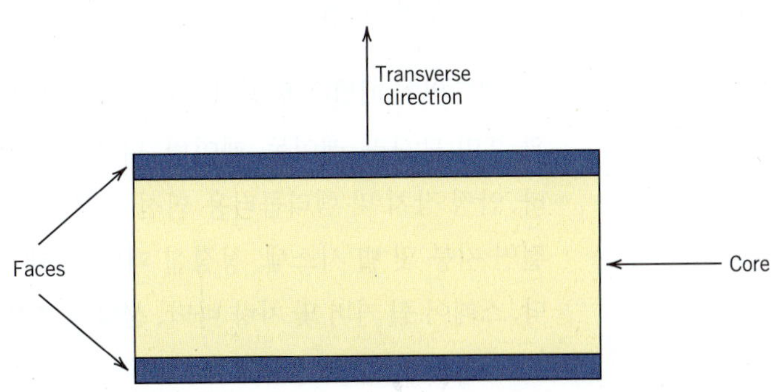

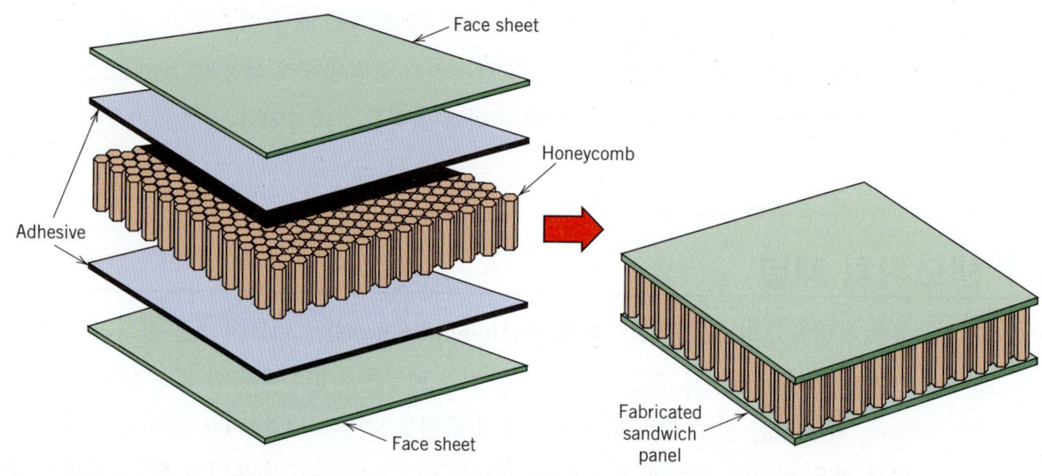

그림 5.20 육각형 벌집모양 내부 구조를 가지는 샌드위치 패널을 제작하는 개략도
(From J. V. Connolly, Engineered Materials Handbook; Vol. 1 Composites. Edited by C. A. Dostal et al. ASM International, Metals Park, OH. 1987. Distributed by American Technical Publishers Ltd., 68A Wilbury Way, Hitch in, Herts SG4 OTP. 983 pp. © Cambridge University Press: 04 July 2016. Reprinted with permissions of Cambridge University Press.)

(1) 밀도가 매우 낮지만(0.10~0.25 g/cm^3), 다른 코어 재료보다는 높다; (2) 비교적 저렴하다; (3) 압축강도와 전단강도가 비교적 크다.

- 또 다른 인기 있는 코어는 '벌집모양' 구조로 이루어져 있다. 서로 맞물려 있는 셀(육각형뿐만 아니라 다른 형상도 가짐)로 형성된 얇은 판이며, 축이 외피 면에 수직으로 배향되어 있다. 그림 5.20은 육각형 벌집 코어 샌드위치 패널의 바깥쪽의 일부를 자른 단면도를 보여주고 있다. 벌집의 기계적 특성은 이방성이다. 인장강도 및 압축 강도는 셀 축에 평행한 방향에서 가장 크다. 전단 강도는 패널 면에서 가장 크다. 벌집 구조의 강도와 강성은 셀 크기, 셀 벽 두께 및 벌집 구조를 만드는 재료에 따라 달라진다. 또한 벌집 구조는 각 셀 내의 공간의 부피분율이 높기 때문에 우수한 소음 및 진동 감쇠 특성을 갖는다. 벌집은 얇은 판으로부터 제작된다. 이러한 코어 구조에 사용되는 재료로는 알루미늄, 티타늄, 니켈계 및 스테인리스강과 같은 금속 합금, 폴리프로필렌, 폴리우레탄, 크라프트지(견고한 쇼핑백 및 골판지에 사용되는 거친 갈색 종이) 및 아라미드섬유와 같은 고분자가 있다.

샌드위치 패널은 항공기, 건설, 자동차 및 해양 분야에 다양하게 사용된다: **항공기** — 선단과 후미 모서리, 레이돔, 페어링, 나셀(터빈 엔진 주변의 카울링 및 팬 덕트 섹션), 날개, 방향타, 안정 장치 및 헬리콥터용 회전 날개 깃, **건설** — 건물용 건축 외장재, 장식용 외장 및 내면, 절연 지붕 및 벽 시스템, 청정실 패널 및 내장형 캐비닛, **자동차** — 헤드 라이너, 트렁크 룸 바닥, 스페어 휠 커버 및 차량 바닥, **선박** — 격벽, 가구 및 벽, 천장 및 칸막이 패널.

사례 연구 5.1

보잉 787 드림라이너의 복합재료 사용

상업용 항공기용 복합재료의 사용에 대한 혁신은 최근 보잉 787 드림라이너(Dreamliner)의 출현으로 시작되었다(그림 5.21). 이 항공기는 장거리 중형(좌석수 210~290)의 쌍발 엔진 제트 여객기로 기체 대부분에 복합재료를 사용한 최초의 항공기이다. 따라서 이전 기종보다 무게가 가벼워 연료 효율성이 향상되고 (약 20% 감소) 배출가스가 적고 비행거리가 길어진다. 또, 이런 복합재료 사용은 보다 편안한 비행 경험 — 기내 압력과 습도 수준이 이전 기종보다 높고 소음 수준은 감소하는 등 — 을 가능하게 한다. 더불어 객석 위 저장공간이 넓어지고 창문도 더 커졌다.

그림 5.21 보잉 787 드림라이너

표 5.11 보잉 787 및 777 항공기에 사용된 재료의 종류와 함량

	Material Content (Weight Percent)				
Aircraft	Composites	Al Alloys	Ti Alloys	Steel	Other
787	50	20	15	10	5
777	11	70	7	11	1

복합재료는 드림라이너의 50%(중량 기준)를, 알루미늄 합금은 20%를 차지한다. 그에 반해 보잉 777은 복합재료 11%와 알루미늄 합금 70%로 구성된다. 보잉 777 및 787 항공기에 사용된 이러한 복합재료 및 알

그림 5.22 보잉 787 드림라이너에 사용된 다양한 재료의 위치
[Adapted from Ghabchi, Arash, "Thermal Spray at Boeing: Past, Present, and Future." *International Thermal Spray & Surface Engineering (iTSSe)*, Vol. 8, No, 1, February 2013, ASM International, Materials Park, OH.]

루미늄 함량뿐만 아니라 다른 재료(티타늄 합금, 강 및 기타)의 함량에 대해서도 표 5.11에 열거되어 있다.

가장 보편적인 복합재료 구조는 연속적인 탄소섬유 에폭시 라미네이트이며, 대부분이 동체에 사용된다(그림 5.22). 이들 라미네이트는 연속 테이프 적층 기계를 사용하여 미리 정해진 방향으로 적층된 프리프레그 테이프로 구성된다. 동체(또는 배럴)의 단일 조각 부분품은 이러한 방식으로 형성되며, 이어서 대형 오토클레이브에서 압력을 가하면서 경화시킨다. 이런 6개의 배럴 부품이 서로 연결되어 완전한 동체를 형성한다. 이전의 상업용 항공기의 경우, 동체 구조의 주요 구성요소는 리벳을 사용하여 고정된 알루미늄 판재였다. 알루미늄 합금을 사용한 이전의 디자인에 비해 복합재료 배럴 구조물의 장점은 다음과 같다.

- 조립비용 절감 — 대략 50,000개의 리벳으로 고정되는 약 1500개의 알루미늄 판이 절감된다.
- 정기 유지보수 및 부식과 피로 균열 검사 비용 절감
- 공기저항 감소 — 표면에서 돌출된 리벳은 바람의 저항을 증가시키고 연료 효율을 감소시킨다.

드림라이너의 동체는 열경화성 고분자(즉, 에폭시)에 내장된 탄소섬유로 구성된 매우 큰 복합재료 구조체의 대량생산을 최초로 시도한 것이었다. 따라서 보잉(및 하청업체)은 새롭고 혁신적인 제조기술을 개발하고 구현하는 것이 필요했다.

그림 5.22에서 보듯이 탄소 라미네이트는 날개 및 꼬리 구조에도 사용된다. 이 그림에 표시된 다른 복합재료는 유리섬유와 탄소섬유로 구성된 유리섬유-강화 에폭시 및 혼성 복합재료이다. 이러한 다른 복합재료는 주로 꼬리 및 꼬리날개 구조에 사용된다.

샌드위치 패널은 후행 꼬리 부품(그림 5.22)뿐만 아니라 나셀(*nacelle*, 엔진을 감싸는 하우징 구조)에서도 사용된다. 이러한 패널의 대부분의 외피 면은 탄소섬유 에폭시 라미네이트이며 코어는 일반적으로 알루미늄 합금 판으로 만든 벌집 구조이다. 벌집 구조 셀 내에 비금속성 물질(또는 '캡' 물질)을 내장하면 일부 나셀 부품의 소음이 감소된다.

5.16 | 나노 복합재료

나노 복합재료

재료의 세계는 새로운 복합재료인 **나노 복합재료(nanocomposite)**의 개발과 함께 큰 변화를 겪고 있다. 나노 복합재료는 기지 재료 안에 들어 있는 나노 크기의 입자(또는 나노입자)[5]로 구성된다. 이들은 종래의 충전재보다 우수한 기계적, 전기적, 자기적, 광학적, 열적, 생물학적 및 이동 특성을 갖도록 설계될 수 있다. 또한 이러한 특성은 특정 응용분야에서 사용하도록 맞춤 설정할 수 있다. 이러한 이유로 나노 복합재료는 수많은 최신 기술에 스며들고 있다.[6]

나노입자 크기가 감소함에 따라 흥미롭고 참신한 현상이 수반되는데, 그 물리적 특성 및

5) 나노입자로서의 자격을 갖추려면 가장 큰 입자 크기가 최대 100 nm 정도여야 한다.

6) 카본블랙 강화 고무(5.2절)는 나노 복합재료의 한 예이다. 입자 크기는 보통 20~50 nm 정도이다. 카본블랙 입자의 존재로 인하여 인열 저항 및 내마멸성뿐만 아니라 강도와 인성이 향상된다.

화학적 특성에 극적인 변화가 생기며, 변화의 정도는 입자 크기(즉, 원자의 수)에 의존한다. 예를 들어 일부 재료[예: 철, 코발트, 산화철(Fe_3O_4)]의 영구자기 거동은 입자의 지름이 약 50 nm 미만이 되면 사라진다.[7]

나노입자의 이러한 크기에 의한 특성 변화를 설명하는 두 가지 인자는 (1) 입자 표면적 대 부피의 비율 증가 및 (2) 입자 크기이다. 6.8절에서 보듯이, 표면 원자는 물질 내부에 위치한 원자와 다르게 행동한다. 결과적으로, 입자의 크기가 감소함에 따라, 표면 원자 대 벌크 원자의 상대적 비율이 증가한다. 이것은 표면 현상이 두드러지기 시작한다는 것을 의미한다. 또한 매우 작은 입자의 경우 양자 효과가 나타나기 시작한다.

나노 복합재료 기지 재료는 금속과 세라믹일 수도 있지만 가장 일반적인 기지는 고분자이다. 이러한 **고분자 나노 복합재료**에는 다수의 열가소성, 열경화성 및 탄성중합체 기지가 사용되는데 여기에는 에폭시 수지, 폴리우레탄, 폴리프로필렌, 폴리카보네이트, 폴리(에틸렌 테레프탈레이트), 실리콘 수지, 폴리(메틸메타크릴레이트), 폴리아미드(나일론), 폴리(비닐리덴클로라이드), 에틸렌 비닐 알콜, 부틸 고무 및 천연 고무가 있다.

나노 복합재료의 특성은 기지와 나노입자의 특성뿐만 아니라 나노입자의 형태와 함량, 그리고 기지-나노입자의 계면 특성에 달려 있다. 오늘날 상업용 나노 복합재료의 대부분은 **나노카본**, **나노점토**, **미립자 나노결정**과 같은 세 가지 일반적인 나노입자 유형을 사용한다.

- 나노카본 그룹에는 단일 또는 다중벽 탄소 나노튜브, 그래핀 시트(3.9절) 및 탄소 나노섬유가 포함된다.
- 나노점토는 층상 규산염이다(3.8절). 가장 일반적인 유형은 몬모릴로나이트 점토이다.
- 대부분의 미립자 나노결정은 실리카, 산화알루미늄, 산화지르코늄, 산화하프늄, 산화티타늄과 같은 무기 산화물이다.

나노입자 적재량(즉, 함유량)은 상당히 다양하고 응용분야에 따라 달라진다. 예를 들어, 탄소 나노튜브는 농도가 5 wt% 정도라도 강도와 강성을 크게 증가시킬 수 있다. 그러나 일부 응용분야(예를 들어, 정전기 방전을 겪지 않도록 나노 복합재료 구조를 보호하기 위해)에 필요한 전기전도도를 얻기 위해서는 탄소 나노튜브 15~20 wt%가 필요하다.

나노 복합재료 제조에서 주요 과제 중 하나는 가공이다. 대부분의 응용분야에서 나노 크기 입자는 기지 내에서 균일하고 균질하게 분산되어야 한다. 원하는 특성을 갖는 나노 복합재료를 제조하기 위해 새로운 분산 및 제조 기술이 끊임없이 개발되어 왔으며, 계속 개발되고 있다.

이런 나노 복합재료는 다음과 같은 다양한 기술 및 산업 분야에서 틈새시장을 개척했다.

---

7) 이 현상은 **초상자성**(*superparamagnetism*)이라고 불린다. 기지에 포함된 초상자성 입자는 자기저장을 위해 사용되며, 이는 18.11절에서 논의될 것이다.

- **기체 차단 코팅** — 식품 및 음료의 신선도와 유효기간은 나노 복합재료 필름 봉지/용기로 포장할 때 증가될 수 있다. 통상적으로, 이들 필름은 **박리된**(즉, 서로 분리된) 몬모릴로나이트 나노점토 입자로 구성되며 고분자 기지 내로 혼입되는 동안 그들의 횡축이 코팅 면에 평행하도록 정렬된다. 또한, 코팅은 투명할 수 있다. 나노점토 입자의 존재는 필름이 포장 식품 안에 H_2O 분자(신선도 유지)와 탄산음료의 CO_2 분자를 효과적으로 함유('거품'을 유지)하게 하고 외부의 공기로부터 O_2 분자를 들어가지 못하게(포장 식품의 산화 방지)하는 능력을 설명한다. 이 작은 판상 입자는 기체 분자의 확산에 대한 다층 장벽 역할을 한다. 즉, 기체 분자가 코팅 층을 통해 확산될 때 기체 분자가 입자를 우회해야 하기 때문에 확산속도를 늦춘다. 이러한 코팅의 또 다른 장점은 재활용가능성이다.

  나노 복합재료 코팅은 자동차 타이어 및 운동경기용(예: 테니스, 축구) 공의 공기압을 장시간 유지시키는 데도 사용된다. 이 코팅은 타이어/운동경기용 공의 고무에 내장되어 있는 작고 서로 분리된 질석[8] 판으로 구성되어 있다. 또한, 작은 판상 입자는 고무 벽을 통한 가압된 공기 분자의 확산이 억제되도록 앞에서 설명한 식품/음료 코팅과 동일한 방식으로 정렬된다.
- **에너지 저장** — 그래핀 나노 복합재료는 리튬이온 충전식 배터리(하이브리드 전기자동차에 전기에너지를 저장하는 배터리)의 음극에 사용된다. 리튬 전해질과 접촉하고 있는 나노 복합재료 전극의 표면적은 기존 전극보다 크다. 그래핀 나노 복합재료 음극을 사용할 경우 배터리 용량은 더 커지고 수명 주기가 더 길며 높은 충전/방전율에서 전력을 2배로 사용할 수 있다.
- **화염 차단 코팅** — 실리콘 기지에 분산된 다중벽 탄소 나노튜브로 구성된 얇은 코팅은 뛰어난 화염 차단 특성(즉, 연소 및 분해로부터 보호)을 가지고 있다. 또한 이런 코팅은 마모 및 긁힘 방지 기능을 제공하고 독성 가스를 생성하지 않으며 대부분의 유리, 금속, 목재, 플라스틱 및 복합재료 표면과 매우 잘 접착되어 있다. 화염 차단 코팅은 우주항공, 항공, 전자 및 산업 분야에 사용되며 일반적으로 와이어 및 케이블, 발포제, 연료 탱크 및 강화 복합재료에 적용된다.
- **치과 보철물** — 새로 개발된 치과 보철물(즉, 봉)은 고분자 나노 복합재료이다. 나노-충전 세라믹 재료로 실리카 나노입자(지름 약 20 nm) 및 실리카와 지르코니아의 나노 크기 입자로 이루어지고 느슨하게 결합된 응집체로 구성된 나노 클러스터가 사용된다. 대부분의 고분자 기지 재료는 디메타크릴레이트 계열에 속한다. 이러한 나노 복합재료 보철 재료는 파괴인성이 높고 내마모성이며 경화시간이 짧고 경화 수축이 적으며 자연 치아의 색과 외관을 갖도록 만들 수 있다.

---

8) 질석(vermiculite)은 3.8절에서 설명한 층상 규산염의 한 종류이다.

- **기계적 강도 향상** — 고강도 및 경량 고분자 나노 복합재료는 다중벽 탄소 나노튜브를 에폭시 수지에 첨가하여 제조되는데 일반적으로 20~30 wt%의 나노튜브 함량이 요구된다. 이러한 나노 복합재료는 풍력 터빈 블레이드뿐만 아니라 일부 스포츠 장비(즉, 테니스 라켓, 야구 방망이, 골프채, 스키, 자전거 프레임 및 보트의 선체와 돛대)에도 사용된다.
- **정전 분산** — 자동차 및 항공기 고분자 연료관에서 고도로 인화성이 높은 연료의 유동은 정전기를 발생시킬 수 있다. 만일 제거되지 않으면 이런 정전기로 인해 스파크 발생 위험 및 폭발 가능성이 있다. 그러나 연료관을 전기적으로 도전성으로 만들면 이런 전하가 쌓이는 것을 분산시킬 수 있다. 고분자에 다중벽 탄소 나노튜브를 혼합함으로써 적절한 전도도를 얻을 수 있다. 함류량은 중량비로 15~20 wt% 정도가 필요한데 이는 일반적으로 다른 고분자 특성을 손상시키지 않는다.

나노 복합재료의 상업적 응용분야는 빠르게 증가하고 있으며, 우리는 미래의 나노 복합재료의 수와 다양성에 대한 폭발적인 전망을 기대할 수 있다. 생산기술이 향상될 뿐만 아니라, 고분자 이외에도 금속 및 세라믹 기지 나노 복합재료가 틀림없이 개발될 것이다. 나노 복합재료 제품은 연료전지, 태양전지, 약물전달, 생물의학, 전지, 광전자, 그리고 자동차(윤활유, 차체 및 엔진룸 구조, 스크래치 없는 페인트) 등 많은 상업분야로 진출할 것이다.

요약

서론

- 복합재료는 인공적으로 제조한 다상 재료로 각 구성상의 최적 특성이 원하는 조합으로 되도록 만들어 사용한다.
- 대부분 하나의 상(기지)이 연속적이면서 다른 상(분산상)을 완전히 둘러싸고 있다.
- 여기에서는 복합재료를 입자-강화, 섬유-강화, 구조 및 나노 복합재료로 분류하였다.

과립 복합재료

- 과립-강화 및 분산-강화 복합재료는 모두 입자강화의 부류에 속한다.

분산-강화 복합재료

- 분산강화에서는 분산상인 매우 미세한 입자에 의하여 강도를 향상시킬 수 있는데 분산상은 전위의 이동을 방해하기 때문이다.
- 입자 크기는 일반적으로 과립 복합재료가 더 큰데 이것의 기계적 특성은 강화 작용에 의해 향상된다.
- 과립 복합재료의 경우, 상한 및 하한 탄성계수 값은 식 (5.1) 및 (5.2)의 혼합법칙 표현대로 기지 및 미립자상의 탄성계수 및 부피분율에 의존한다.
- 과립 복합재료의 한 종류인 콘크리트는 시멘트에 의하여 결합되어 있는 골재 입자로 이루어져 있다. 포틀랜드 시멘트 콘크리트의 경우 골재는 모래와 자갈로 이루어져 있다. 포틀랜드 시멘트와 물의 화학반응으로 시멘트 결합이 생긴다.

- 콘크리트의 기계적 강도는 여러 가지 강화 방법(굳지 않은 콘크리트 안에 철봉이나 철사 등을 첨가)에 의해 향상될 수 있다.

섬유 길이의 영향

- 여러 가지 복합재료의 종류 중에서 섬유-강화 복합재료가 강화 효율성이 가장 크다.
- 섬유-강화 복합재료에서, 가해진 하중은 기지상을 통해 섬유로 전달되고 분배되는데, 대부분의 기지상은 적어도 어느 정도의 연성을 가지고 있다.
- 상당한 수준의 강화는 기지와 섬유 사이의 결합이 강해야만 얻어진다. 강화 효과는 섬유의 끝에서 끊어지므로 강화 효율은 섬유의 길이에 따라 좌우된다.
- 각 섬유-기지 조합에 대해, 임계 길이(l_c)가 존재하는데, 식 (5.3)에 의하면 이 임계 길이는 섬유 지름과 강도 및 섬유-기지 결합강도에 의존한다.
- 연속적인 섬유의 길이는 이 임곗값(즉, $l > 15l_c$)을 크게 초과하는 반면, 단섬유는 불연속적이다.

섬유 배향과 농도의 영향

- 섬유의 길이와 배향을 기준으로 세 가지 다른 종류의 섬유-강화 복합재료가 있을 수 있다.
  - 연속적이면서 정렬된(그림 5.8*a*) — 기계적 특성은 큰 이방성을 가진다. 정렬방향으로 강화도 및 강도가 최대이며 그 수직방향으로는 최소이다.
  - 불연속적이면서 정렬된(그림 5.8*b*) — 길이방향으로 상당한 강도와 강성이 얻어질 수 있다.
  - 불연속적이면서 무질서하게 배향된(그림 5.8*c*) — 강화 효율에 다소 한계가 있지만 등방성이다.
- 연속적이면서 정렬된 복합재료의 경우, 길이방향 및 횡단방향의 탄성계수에 대한 혼합법칙 식을 유도하였다[식 (5.10) 및 (5.16)]. 또한 길이방향의 강도를 나타내는 식[식 (5.17)]도 언급되었다.
- 불연속적이면서 정렬된 복합재료의 경우 복합재료의 강도 방정식이 두 가지 다른 조건에 대해 제시되었다.
  - $l > l_c$일 때, 식 (5.18)이 유효하다.
  - $l < l_c$일 때, 식 (5.19)를 사용하는 것이 적절하다.
- 불연속적이면서 무질서하게 배향된 섬유상 복합재료의 탄성계수는 식 (5.20)을 사용하여 구할 수 있다.

섬유상

- 섬유 강화재는 지름과 재료 종류에 따라 다음과 같이 분류된다.
  - 휘스커: 아주 작은 지름을 가진 매우 강한 단결정
  - 섬유: 일반적으로 비정질 또는 다결정질일 수 있는 고분자 또는 세라믹
  - 와이어: 비교적 큰 지름을 갖는 금속/합금

기지상

- 세 가지 기본 재료 종류 모두가 기지로 사용되지만 가장 일반적인 것은 고분자 및 금속이다.

- 기지상은 일반적으로 세 가지 역할을 수행한다.
  – 기지상은 섬유를 함께 결합되어 있도록 하며 외부에서 가해지는 하중을 섬유에 전달한다.
  – 표면 손상으로부터 개별 섬유를 보호한다.
  – 섬유에서 섬유로 균열이 전파되는 것을 방지한다.
- 섬유-강화 복합재료는 때로는 기지 종류에 따라 분류된다. 여기에는 고분자, 금속 및 세라믹 기지 복합재료의 세 가지 종류가 있다.

고분자-기지 복합재료

- 고분자-기지 복합재료가 가장 일반적이며 이들은 유리, 탄소, 아라미드 섬유 등으로 강화될 수 있다.

금속-기지 복합재료

- 사용 온도는 고분자-기지 복합재료(PMC)보다 금속-기지 복합재료(MMC)가 더 높다. MMC도 여러 종류의 섬유나 휘스커를 사용한다.

세라믹-기지 복합재료

- 세라믹-기지 복합재료(CMC)의 경우에는 파괴인성을 향상시키는 것이 목적이다. 이런 목적은 진행하는 균열과 분산상 입자 사이의 상호작용으로 달성할 수 있다.
- 변태 강인화는 K_{Ic}를 높이는 방법 중 하나이다.

탄소-탄소 복합재료

- 탄소-탄소 복합재료는 열분해하여 얻은 탄소 기지 내에 내장되어 있는 탄소섬유로 구성된다.
- 이 재료는 고가이며 고강도 및 고강성(고온에서 유지된다), 크리프 내성 및 우수한 파괴인성을 요구하는 분야에 사용된다.

혼성 복합재료

- 혼성 복합재료에는 최소 2개의 다른 형태의 섬유가 들어 있다. 혼성 재료를 사용하면 더 나은 모든 특성 집합을 가진 복합재료를 설계할 수 있다.

섬유-강화 복합재료의 가공

- 섬유가 균일하게 분산되고 고도로 정렬된 복합재료를 제조하는 여러 가지 방법이 개발되었다.
- 핸드 레이업 공법은 직조 복합재료를 제조하는 기술로, 가장 간단하고 오래된 성형 방법이다. 고성능이고 복잡한 형상이 가능하나 가격이 비싸고 변수가 많은 공정이다.
- 스프레이업은 수지와 강화재를 재사용 가능한 금형에 분사하는 오픈 몰딩 복합재료 제조 공정이다. 스프레이업 공정은 라미네이트를 촘촘히 하기 위하여 압연되는 반면에, 핸드 레이업 공정에서는 라미네이트를 촘촘히 하고 갇힌 공기를 제거하기 위하여 수동 압연에 의한 강화가 요구된다.
- 인발압축법의 경우 수지로 함침된 섬유 토를 틀을 통해 뽑아냄으로써 연속적이면서 일정한 단면을 가진 부품을 얻을 수 있다.
- 구조물 용도로 많이 사용되는 복합재료는 일반적으로 적층 작업(수동 혹은 자동화된)을 통하여 제조하는데, 프리프레그 테이프를 공구의 표면에 쌓고 열과 압력을 동시에 가하여 완

전히 경화시킨다.

- 속이 빈 구조물은 자동화된 필라멘트 감기 공정을 사용하여 제조되며 여기서는 수지가 코팅된 선가닥이나 토 혹은 프리프레그 테이프를 굴대에 연속적으로 감은 후 경화시킨다.

구조 복합재료

- 두 가지 종류의 구조 복합재료, 즉 층상 복합재료와 샌드위치 패널에 대하여 설명하였다.
- 층상 복합재료는 서로 결합되어 있는 2차원 판재 세트로 구성된다. 각 판재는 고강도 방향을 갖는다.
  - 면내 라미네이트 특성은 층마다 고강도 방향이 어떻게 적층되느냐에 따라 달라진다. 이와 관련하여 네 종류의 층상 복합재료가 있는데 일축 방향, 십자형 플라이, 각형 플라이 및 다방향 복합재료가 여기에 해당된다. 다방향 라미네이트가 가장 등방성인 반면, 일축 방향 라미네이트는 가장 큰 이방성을 갖는다.
  - 흔한 라미네이트 재료 중 하나는 일축 방향 프리프레그 테이프이며, 이것은 편리하게 사전에 정해진 고강도 배향으로 적층될 수 있다.
- 샌드위치 패널은 내부코어 재료 또는 내부 구조에 의해 서로 분리되어 있는 2개의 강하고 딱딱한 외피로 구성되어 있다. 이들 구조물은 밀도가 낮지만 비교적 높은 강도와 강성을 가진다.
  - 흔히 쓰는 코어 종류로 경질 고분자 발포체, 저밀도 목재 및 벌집모양 구조가 있다.
  - 벌집모양 구조는 얇은 판으로 만들어진 서로 맞물려 있는 셀(종종 육각형 모양)로 이루어져 있다. 셀 축이 외피 면에 수직으로 배향되어 있다.
- 보잉 787 드림라이너의 대부분의 구조에 저밀도 복합재료(즉, 벌집 구조 및 연속적인 탄소 섬유 에폭시 수지 라미네이트)를 사용한다.

나노 복합재료

- 나노 복합재료 — 기지(대부분 고분자)에 내장된 나노 재료 — 나노 크기 입자의 특이한 특성을 이용한다.
- 나노입자 종류에는 나노카본, 나노점토 및 미립자 나노결정이 있다.
- 기지 내의 나노입자가 균일하고 균질한 분포를 가지도록 하는 것이 나노 복합재료 생산에서 주된 과제이다.

식 요약

Equation Number	Equation	Solving for
5.1	$E_c(u) = E_m V_m + E_p V_p$	Rule-of-mixtures expression—upper bound
5.2	$E_c(l) = \dfrac{E_m E_p}{V_m E_p + V_p E_m}$	Rule-of-mixtures expression—lower bound

(계속)

Equation Number	Equation	Solving for
5.3	$l_c = \dfrac{\sigma_f^* d}{2\tau_c}$	Critical fiber length
5.10a	$E_{cl} = E_m V_m + E_f V_f$	Modulus of elasticity for continuous and aligned fibrous composite in the longitudinal direction
5.16	$E_{ct} = \dfrac{E_m E_f}{V_m E_f + V_f E_m}$	Modulus of elasticity for continuous and aligned fibrous composite in the transverse direction
5.17	$\sigma_{cl}^* = \sigma_m'(1 - V_f) + \sigma_f^* V_f$	Longitudinal tensile strength for continuous and aligned fibrous composite
5.18	$\sigma_{cd}^* = \sigma_f^* V_f\left(1 - \dfrac{l_c}{2l}\right) + \sigma_m'(1 - V_f)$	Longitudinal tensile strength for discontinuous and aligned fibrous composite and $l > l_c$
5.19	$\sigma_{cd'}^* = \dfrac{l\tau_c}{d} V_f + \sigma_m'(1 - V_f)$	Longitudinal tensile strength for discontinuous and aligned fibrous composite and $l < l_c$

기호 목록

Symbol	Meaning
d	Fiber diameter
E_f	Modulus of elasticity of fiber phase
E_m	Modulus of elasticity of matrix phase
E_p	Modulus of elasticity of particulate phase
l	Fiber length
l_c	Critical fiber length
V_f	Volume fraction of fiber phase
V_m	Volume fraction of matrix phase
V_p	Volume fraction of particulate phase
σ_f^*	Fiber tensile strength
σ_m'	Stress in matrix at fiber failure
τ_c	Fiber-matrix bond strength or matrix shear yield strength

중요한 용어와 개념

강화 콘크리트
고분자-기지 복합재료
과립 복합재료
구조 복합재료
금속-기지 복합재료
기지
길이방향
나노 복합재료
복합 작용 원리
분산-강화 복합재료
분산상
비강도
비계수
샌드위치 패널
서멧
섬유
섬유-강화 복합재료
세라믹-기지 복합재료
콘크리트
탄소-탄소 복합재료
혼성 복합재료

프리스트레스트 콘크리트
프리프레그
층상 복합재료
혼합법칙
횡단방향
휘스커

참고문헌

Agarwal, B. D., L. J. Broutman, and K. Chandrashekhara, *Analysis and Performance of Fiber Composites*, 4th edition, John Wiley & Sons, Hoboken, NJ, 2018.

Ashbee, K. H., *Fundamental Principles of Fiber Reinforced Composites*, 2nd edition, CRC Press, Boca Raton, FL, 1993.

ASM *Handbook*, Vol. 21, *Composites*, ASM International, Materials Park, OH, 2001.

Bansal, N. P., and J. Lamon, *Ceramic Matrix Composites: Materials, Modeling and Technology*, John Wiley & Sons, Hoboken, NJ, 2015.

Barbero, E. J., *Introduction to Composite Materials Design*, 3rd edition, CRC Press, Boca Raton, FL, 2017.

Cantor, B., F. P. E. Dunne, and I. C. Stone (Editors), *Metal and Ceramic Matrix Composites*, CRC Press, Boca Raton, FL, 2003.

Chawla, K. K., *Composite Materials Science and Engineering*, 3rd edition, Springer, New York, NY, 2013.

Chawla, N., and K. K. Chawla, *Metal Matrix Composites*, 2nd edition, Springer, New York, NY, 2013.

Chung, D. D. L., *Composite Materials: Science and Applications*, 2nd edition, Springer, New York, NY, 2010.

Clyne, T. W., and D. Hull, *An Introduction to Composite Materials*, 3rd edition, Cambridge University Press, Cambridge, UK, 2019.

Gay, D., *Composite Materials: Design and Applications*, 3rd edition, CRC Press, Boca Raton, FL, 2015.

Gerdeen, J. C., H. W. Lord, and R. A. L. Rorrer, *Engineering Design with Polymers and Composites*, 2nd edition, CRC Press, Boca Raton, FL, 2011.

Loos, M., *Carbon Nanotube Reinforced Composites*, Elsevier, Oxford, UK, 2015.

Mallick, P. K., *Composites Engineering Handbook*, CRC Press, Boca Raton, FL, 1997.

Mallick, P. K., *Fiber-Reinforced Composites: Materials, Manufacturing, and Design*, 3rd edition, CRC Press, Boca Raton, FL, 2008.

Strong, A. B., *Fundamentals of Composites: Materials, Methods, and Applications*, 2nd edition, Society of Manufacturing Engineers, Dearborn, MI, 2008.

문제

과립 복합재료

5.1 알루미늄과 구리의 기계적 성질은 미세한 알루미늄 산화물(Al_2O_3) 입자를 첨가함으로써 개선할 수 있다. 이 재료들의 탄성계수가 각각 69, 121, 393 GPa로 주어졌을 때 알루미늄 산화물의 부피분율(0~100 vol%)에 따른 탄성계수의 변화를 상한과 하한 관계식을 이용하여 알루미늄과 구리에 대하여 그래프로 나타내라.

5.2 코발트 기지 내 85 vol%의 티타늄 탄화물(TiC) 입자를 포함한 서멧의 최대 및 최소 열전도도를 계산하라. 여기서 티타늄 산화물과 코발트의 열전도도는 각각 27과 69 W/m·K로 가정한다. 코발트 기지와 TiC의 탄성계수가 각각 211, 400 Gpa이라고 할 때 길이방향과 횡단방향으로의 서멧의 탄성계수를 구하라.

5.3 어떤 과립 복합재료가 구리 기지 내 텅스텐 입자로 구성되어 있다. 텅스텐과 구리의 부피분율이 각각 0.60, 0.40일 때, 다음 데이터를 참조하여 이 복합재료의 비강성의 상한을 계산하라.

	Specific Gravity	Modulus of Elasticity (GPa)
Copper	8.9	110
Tungsten	19.3	407

텅스텐-구리 복합재료의 밀도는 11 g/cm^{3}이다. 복합재료의 이론밀도가 혼합법칙을 따르는 것을 고려할 때, 텅스텐-구리 복합재료에서 구리의 부피분율은 얼마이어야 하는가? 또한 구리의 부피분율이 이러할 때의 텅스텐-구리 복합재료의 탄성계수는 얼마인가?

5.4 널리 사용되는 금속 기지 두 가지를 열거하고, 그들의 특성을 비교하라.

5.5 **(a)** 시멘트와 콘크리트의 차이점은 무엇인가?
(b) 콘크리트를 구조 재료로 사용할 때의 한계점 세 가지를 나열하라.
(c) 콘크리트를 강화하는 방법 세 가지를 열거하라.

분산-강화 복합재료

5.6 예시와 함께 석출경화와 분산강화를 설명하라. 석출경화와 분산강화의 공통점 한 가지와 차이점 두 가지를 열거하라.

섬유 길이의 영향

5.7 **(a)** 어떤 유리섬유-에폭시 기지 결합에 대해 임계 섬유길이에 대한 섬유 지름의 비가 50이다. 표 5.4의 데이터를 이용하여, 섬유 기지 결합강도를 계산하라.
(b) 표 5.4에 주어진 데이터를 이용하여, 탄소섬유-에폭시 기지 복합재료에 대한 섬유-기지 결합강도를 계산하라. 임계 섬유길이에 대한 섬유 지름의 비는 50으로 가정한다.
(c) 유리섬유와 탄소섬유의 지름이 모두 10 μm일 때, 두 섬유의 임계 길이를 구하라.

5.8 **(a)** 섬유-강화 복합재료에 대하여 강화 효율 η는 다음 식에 따라 섬유 길이 l에 의존한다.

$$\eta = \frac{l - 2x}{l}$$

여기서 x는 하중 전달에 기여하지 않는 섬유의 각 끝의 길이를 나타낸다. $x = 0.75$ mm, $l = 40$ mm라고 했을 때, η에 대한 l의 그래프를 구하라.
(b) 강화 효율 0.80에 대한 필요 길이는 얼마인가?

섬유 배향과 농도의 영향

5.9 연속적이면서 정렬된 섬유-강화 복합재료를 제조하고자 한다. 이때 강화재로는 아라미드섬유를 30 vol% 사용하고, 기지로는 70 vol% 폴리카보네이트를 사용하고자 한다. 이들 두 재료의 기계적 특성은 다음과 같다.

	Modulus of Elasticity (GPa)	Tensile Strength (MPa)
Aramid fiber	131	3600
Polycarbonate	2.4	65

아라미드섬유가 파단될 때 폴리카보네이트 기지에 가해지는 응력은 45 MPa이었다. 이 복합재료에 대하여
(a) 길이방향의 인장강도를 계산하라.
(b) 길이방향의 탄성계수를 계산하라.

5.10 길이방향 및 횡단방향의 탄성계수가 각각 57.1, 4.12 GPa인 연속적이면서 정렬된 아라미드섬유-에폭시 기지 복합재료의 제조가 가능한가? 가능 또는 불가능하다면 그 이유는 무엇인가? 여기서 에폭시의 탄성계수는 2.4 GPa로 가정한다.

5.11 연속적이면서 배향된 섬유-강화 복합재료의 길이방향으로의 탄성계수는 20 GPa, 횡단방향으로의 탄성계수는 5 GPa이다. 만약 섬유의 부피 분율이 0.25라면 이때의 섬유 및 기지상의 탄성계수를 계산하고, 섬유가 부담하는 하중과 기지가 부담하는 하중의 비를 계산하라.

5.12 **(a)** 섬유와 기지에 가해진 하중의 비율(F_f/F_m)을 표현한 식 (5.11)이 타당하다는 것을 증명하라.
(b) F_f/F_c 비를 E_f, E_m, V_f로 환산하면 어떻게 나타낼 수 있는가?
(c) 길이방향으로 하중을 받는 연속적이면서 정렬된 섬유-강화 복합재료의 길이방향 강도에 관한 식은 무엇인가?
(d) 불연속적이고 정렬된 섬유 복합재료에서 섬유가 균일한 분포를 가지고 있고 $l > l_c$인 경우, 길이방향의 강도에 관한 식을 유도하라.

5.13 연속적이고 정렬된 유리섬유-강화 나일론 6,6 복합재료에서 섬유가 길이방향 하중의 94%를 부담한다.

(a) 다음 데이터를 이용하여 필요한 섬유 부피분율을 구하라.

(b) 이 복합재료의 인장강도는 얼마가 될 것인지를 계산하라. 섬유가 파단될 때의 기지에 가해진 응력은 30 MPa로 가정하라.

(c) 섬유가 더 적은 80%의 중량을 부담한다면, 필요한 섬유 부피분율은 얼마인지 계산하라.

	Modulus of Elasticity (GPa)	Tensile Strength (MPa)
Glass fiber	72.5	3400
Nylon 6,6	3.0	76

5.14 문제 5.9에서 복합재료의 단위면적이 320 mm^2이고, 길이방향으로 44,500 N의 하중이 걸려 있다고 가정하라.

(a) 섬유-기지 하중비를 계산하라.

(b) 섬유상과 기지상에 걸려 있는 실제 하중을 계산하라.

(c) 섬유상과 기지상에 각각 걸려 있는 응력을 계산하라.

(d) 복합재료의 변형률은 얼마인가?

(e) 복합재료의 단위면적이 200 mm^2라면, 섬유-기지 하중비, 섬유상과 기지상에 걸려 있는 실제 하중, 섬유상과 기지상에 각각 걸려 있는 응력과 복합재료의 변형률은 어떻게 달라지는가?

5.15 단위면적이 1130 mm^2인 연속적이고 정렬된 섬유-강화 복합재료가 외부의 인장하중을 받을 때, 섬유와 기지상에 의해 지속되는 응력이 각각 156과 2.75 MPa이라면, 섬유상에 의해 지속되는 하중은 74,000 N이고 전체 길이방향의 변형률은 1.25×10^{-3}이다. 다음을 구하라.

(a) 기지상에 의해 지속되는 하중

(b) 복합재료의 길이방향의 탄성계수

(c) 섬유와 기지상의 탄성계수

5.16 섬유의 부피분율이 0.30인 정렬된 탄소섬유-에폭시 기지 복합재료의 길이방향 강도를 계산하라. 이 계산에서 (1) 섬유의 평균 지름은 10×10^{-3} mm, (2) 섬유의 평균 길이는 5 mm, (3) 섬유의 파괴강도는 2.5 GPa, (4) 섬유-기지의 결합강도는 80 MPa, (5) 복합재료가 파괴될 때 기지의 응력은 10.0 MPa, (6) 기지의 인장강도는 75 MPa이라고 가정한다.

5.17 길이방향의 인장강도가 745 MPa인 복합재료를 정렬된 탄소섬유-에폭시 기지 복합재료로 제조하고자 한다. 필요한 섬유의 부피분율을 계산하라. 단, (1) 섬유의 평균 지름은 1.2×10^{-2} mm, 평균 길이는 1 mm이고, (2) 섬유의 파괴강도는 5000 MPa, (3) 섬유-기지의 결합강도는 25 MPa, (4) 복합재료가 파괴될 때 기지에 걸리는 응력은 10 MPa이다.

5.18 평균 섬유 지름이 0.010 mm, 평균 길이가 2.5 mm이고, 섬유의 부피분율이 0.40인 정렬된 유리섬유-에폭시 기지 복합재료의 길이방향 인장강도를 계산하라. 단, (1) 섬유-기지 결합강도는 75 MPa, (2) 섬유의 파괴강도는 3500 MPa, (3) 복합재료가 파괴될 때 기지에 걸리는 응력은 10.0 MPa이다.

5.19 **(a)** 유리섬유-강화 폴리카보네이트 복합재료에 대한 표 5.2의 탄성계수 정보를 참고하여, 20, 30, 40 vol% 섬유에 대한 섬유 효율 지수를 각각 계산하라.

(b) 50 vol% 유리섬유에 대한 탄성계수를 계산하라.

섬유상

기지상

5.20 복합재료의 다른 유형은 무엇인가?

5.21 고분자-기지 섬유-강화 복합재료에 대하여 다

음에 답하라.

(a) 기지상의 역할 세 가지를 열거하라.

(b) 기지상과 섬유상에 요구되는 기계적 특성을 비교하라.

(c) 섬유와 기지 계면에서 강한 접합이 이루어져야 하는 이유 두 가지를 열거하라.

5.22 취성이 높은 섬유로 강화된 연성 기지 소재로 만들어진 섬유-강화 복합재료가 있다. 섬유의 정렬방향으로 가해지는 일축 응력에 노출된 정렬된 섬유-강화 복합재료의 응력-변형률 그래프를 보여라.

고분자-기지 복합재료

5.23 (a) 표 5.5의 유리섬유, 탄소섬유, 아라미드섬유 강화 에폭시 복합재료의 길이방향 비강도를 계산하고 다음의 합금들과 비교하라: 템퍼링된(315°C) 440A 마텐자이트 스테인리스강, 소둔된 1020 일반탄소강, 2024-T3 알루미늄 합금, 냉간 압연된(HO2 템퍼) C36000 쾌삭 황동, 압출된 AZ31B 마그네슘 합금, 소둔된 Ti-6Al-4V 티타늄 합금.

(b) 위의 세 가지 에폭시 복합재료의 비탄성계수를 동일한 금속 합금의 값과 비교하라. 이들 금속 합금의 밀도, 인장강도, 탄성계수는 부록 B의 표 B.1, B.4, B.2에 각각 주어져 있다.

5.24 (a) 유리섬유가 강화에 가장 흔히 사용되는 이유 네 가지를 열거하라.

(b) 유리섬유의 표면 마무리가 왜 중요한지에 대하여 설명하라.

(c) 유리섬유의 표면을 보호하기 위한 조치는 무엇이 있는가?

5.25 E-유리섬유와 고탄성 탄소섬유의 특성을 비교하라.

5.26 (a) 유리섬유-강화 복합재료가 광범위하게 사용되는 이유를 설명하라.

(b) 이러한 유형의 복합재료의 한계에 대하여 설명하라.

5.27 복합재료의 효과적인 강화와 경화를 위해 임계 섬유길이가 필요한 이유에 대하여 간략히 설명하라.

5.28 균일한 섬유 분포를 가진 불연속적이면서 정렬된 섬유 복합재료에 대하여 복합재료의 길이방향 강도를 결정짓는 요소는 무엇인가? l_c가 섬유의 임계 길이일 때, $l > l_c$와 $l < l_c$인 복합재료의 길이방향 강도에 관한 관계는 무엇인가?

혼성 복합재료

5.29 (a) 혼성 복합재료란 무엇인가?

(b) 일반적인 섬유 복합재료를 넘어서는 혼성 복합재료의 중요한 장점 두 가지를 열거하라.

5.30 (a) 두 종류의 섬유가 같은 방향으로 정렬된 혼성 복합재료에서 탄성계수에 관한 관계식을 유도하라.

(b) 이 식을 이용하여 아라미드섬유와 유리섬유를 각각 0.30과 0.40의 부피분율만큼 함유한 혼합 폴리에스터수지 기지 복합재료의 길이방향 탄성계수를 계산하라(E_m = 4.0 GPa).

5.31 두 종류의 연속적인 섬유로 구성된 정렬 혼성 복합재료의 횡탄성계수에 대해 식 (5.16)과 유사한 일반화된 표현식을 유도하라.

섬유-강화 복합재료의 가공

5.32 인발압축법, 필라멘트 감기, 프리프레그 생산 공정에 대해 간략히 설명하고, 각각의 장점과 단점에 대해 서술하라.

층상 복합재료

샌드위치 패널

5.33 층상 복합재료에 대하여 간략히 설명하라. 이러한 재료를 제조하는 주된 이유는 무엇인가?

5.34 (a) 샌드위치 패널에 대하여 간략히 설명하라.

(b) 구조용 복합재료를 제조하는 주된 이유는 무엇인가?

(c) 표면층과 코어의 역할은 무엇인가?

설계 문제

5.D1 복합재료가 최근 스포츠 용품에 광범위하게 활용되고 있다.

(a) 복합재료로 제조되었거나 복합재료를 포함하고 있는 스포츠 용품을 4개 이상 열거하라.

(b) 그중 하나에 대하여 (1) 기지 및 분산상에 사용되는 재료와 가능하다면 이들의 분율을 인용하고, (2) 분산상(즉, 연속 섬유)의 특징에 주목하여, (3) 용품이 제조되는 공정에 관한 내용이 포함된 에세이를 작성하라.

섬유 배향과 농도의 영향

5.D2 연속적이고 정렬된 섬유-강화 에폭시 복합재료에서 섬유가 최대 50 vol%를 함유한 복합재료를 제조하고자 한다. 또한 길이방향의 최소 탄성계수와 인장강도는 50 GPa과 1310 MPa이 되어야 한다. E-유리, 탄소(PAN, 표준계수), 아라미드 섬유 중 어떤 재료가 가능하겠는가? 그 이유는 무엇인가? 에폭시 기지의 탄성계수는 3.1 GPa, 인장강도는 75 MPa로 가정한다. 또한 각 섬유가 파단될 때 에폭시 기지에 걸리는 응력은 E-유리섬유 — 70 MPa, 탄소섬유(PAN, 표준계수) — 30 MPa, 아라미드섬유 — 50 MPa로 가정한다. 섬유에 관한 데이터는 부록 B의 표 B.2와 B.4를 참고하라. 아라미드와 탄소 섬유의 경우에는 강도값 중에서 최솟값과 최댓값의 평균값을 사용하라.

5.D3 연속적이고 정렬된 탄소섬유-강화 에폭시 기지 복합재료의 길이방향의 탄성계수가 최소 83 GPa이 되도록 하고자 한다. 가능한 최대 비중이 1.40일 때, 아래 데이터를 이용하여 이러한 복합재료의 제조 가능 여부를 결정하라. 복합재료의 비중은 식 (5.10a)와 유사한 관계식을 이용하여 결정하라.

	Specific Gravity	Modulus of Elasticity (GPa)
Carbon fiber	1.80	260
Epoxy	1.25	2.4

5.D4 연속적이고 정렬된 유리섬유-강화 폴리에스테르 기지 복합재료의 길이방향의 인장강도가 최소 1410 MPa이 되도록 하고자 한다. 가능한 최대 비중은 1.65일 때, 아래 데이터를 이용하여 이러한 복합재료의 제조 가능 여부를 결정하라. 섬유가 파단될 때 기지에 가해지는 응력은 15 MPa로 가정한다.

	Specific Gravity	Tensile Strength (MPa)
Glass fiber	2.50	3500
Polyester	1.35	50

5.D5 불연속적이고 정렬된 탄소섬유 에폭시 기지 복합재료에서 섬유를 0.45 부피분율로 첨가하여 길이방향의 인장강도가 1900 MPa인 복합재료를 제조하고자 한다. 섬유의 평균 지름을 8×10^{-3} mm, 평균 길이를 3.5 mm라고 가정할 때, 요구되는 섬유의 파괴강도를 계산하라. 섬유-기지의 결합강도는 40 MPa이고 섬유가 파단될 때 기지에 가해지는 응력은 12 MPa이다.

5.D6 그림 5.11에 나타낸 것과 같은 필라멘트로 감은 관 형태의 샤프트를 외경 80 mm, 길이 0.75 m로 설계하고자 한다. 이 부품의 가장 중요한 기계적 특성은 길이방향의 탄성계수에 의한 굽힘 강성이다. 강성은 그림 8.18과 같이 3점 하중에 의한 굽힘 시 최대로 허용되는 휨 양으로 규정되며, 하중이 1000 N일 때 하중이 가해지는 점에서의 탄성 휨은 0.40 mm 이하이어야 한다.

관의 축과 평행하게 정렬된 연속적인 섬유

를 사용하는데, 사용할 수 있는 섬유로는 유리와 표준 등급, 중간 등급, 그리고 높은 등급 계수의 탄소가 있다. 기지 재료는 에폭시 수지이며, 섬유의 부피분율은 0.35이다.

(a) 이들 네 가지 섬유 재료 중에서 에폭시 기지 복합재료를 첨가하였을 때 규정된 요구조건을 만족시키는 것은 무엇인가? 그리고 상기 평가조건을 만족시키는 관 내경을 각 재료에 대하여 계산하라.

(b) 이들 섬유 재료에 대한 제조비용을 계산하고, 가장 제조비용이 낮은 섬유 재료를 선택하라.

섬유 및 기지 재료의 탄성계수, 밀도, 가격에 관한 정보는 표 5.6의 값을 이용하라.

6 고체 내의 결함

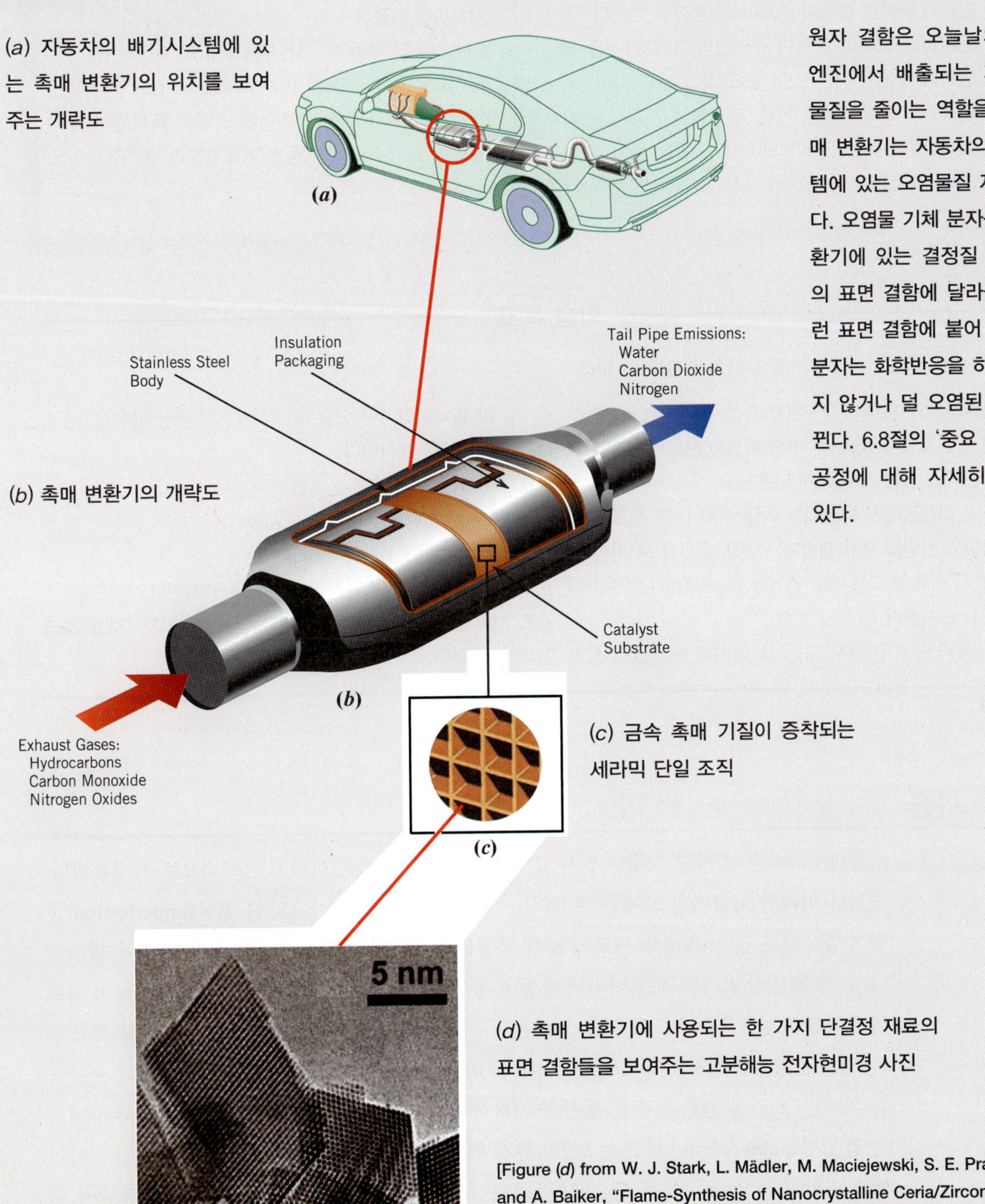

(*a*) 자동차의 배기시스템에 있는 촉매 변환기의 위치를 보여주는 개략도

(*b*) 촉매 변환기의 개략도

(*c*) 금속 촉매 기질이 증착되는 세라믹 단일 조직

(*d*) 촉매 변환기에 사용되는 한 가지 단결정 재료의 표면 결함들을 보여주는 고분해능 전자현미경 사진

[Figure (*d*) from W. J. Stark, L. Mädler, M. Maciejewski, S. E. Pratsinis, and A. Baiker, "Flame-Synthesis of Nanocrystalline Ceria/Zirconia: Effect of Carrier Liquid," *Chem. Comm.*, 588–589 (2003). Reproduced by permission of The Royal Society of Chemistry.]

원자 결함은 오늘날의 자동차 엔진에서 배출되는 가스 오염 물질을 줄이는 역할을 한다. 촉매 변환기는 자동차의 배기시스템에 있는 오염물질 저감장치이다. 오염물 기체 분자는 촉매 변환기에 있는 결정질 금속 재료의 표면 결함에 달라붙는다. 이런 표면 결함에 붙어 있는 동안 분자는 화학반응을 하여 오염되지 않거나 덜 오염된 물질로 바뀐다. 6.8절의 '중요 재료'에 이 공정에 대해 자세히 설명되어 있다.

왜 고체 내의 결함을 공부하는가?

일부 재료의 특성은 결함의 존재에 큰 영향을 받는다. 결과적으로 어떤 형태의 결함이 존재하며, 재료의 거동에 어떤 영향을 주는지 아는 것이 중요하다. 예를 들어, 순수한 금속을 합금화하였을 때(즉, 불순물 원자가 첨가되었을 때) 기계적 특성이 크게 달라진다. 예를 들어, 황동(구리 70%, 아연 30%)은 순수한 구리보다 훨씬 더 단단하고 강하다(9.10절).

또한 컴퓨터, 계산기, 가전제품에서 볼 수 있는 집적 회로 마이크로전자 소자도 반도체 재료 내 작고 국부적인 영역에 농도가 정밀하게 제어된 소량의 특정 불순물이 함유되어 있기 때문에 작동된다(13.11절과 13.15절).

학습 목표

이 장을 학습한 후에는 아래 과제를 수행할 수 있어야 한다.

1. 원자빈자리와 자체격자간 원자 결정 결함을 설명한다.
2. 관련 상수가 주어졌을 때, 어떤 특정한 온도에서 재료의 원자빈자리 평형 개수를 계산한다.
3. 세라믹 화합물에서 발견되는 여덟 가지 이온 점 결함을 열거하고 설명(쇼트키 결함과 프렌켈 결함을 포함)한다.
4. 두 가지 종류의 고용체를 열거한 후, 각각을 간단히 정의하고 도시한다.
5. 금속 합금에서 두 가지 또는 그 이상의 원소들의 질량과 원자량이 주어졌을 때, 각 원소의 중량백분율과 원자백분율을 계산한다.
6. 칼날전위, 나선전위, 혼합전위에서
   (a) 각 전위를 설명하고 도시한다.
   (b) 각 전위선의 위치를 표시한다.
   (c) 각 전위선이 연장되는 방향을 표시한다.
7. (a) 결정립계와 (b) 쌍정 경계 근처의 원자구조를 설명한다.

6.1 | 서론

지금까지 우리는 결정질 고체는 원자 규모에서 완벽한 정렬을 한다고 암묵적으로 가정하였다. 그러나 이러한 이상적인 고체는 존재하지 않는다. 모든 고체는 다양한 **결함(imperfection)**을 많이 함유하고 있다. 실제로 재료의 많은 특성들은 이러한 결정학적 결함에 의해 크게 달라진다. 그 영향이 항상 나쁜 것은 아니며 종종 특정 결함을 조절된 양이나 개수만큼 집어넣어 재료의 특정한 특성을 의도적으로 얻을 수 있는데, 이는 다음 장과 그 이후에 자세히 설명할 것이다.

결함

결정 결함이란 원자 지름 크기 정도에서 1차원 또는 그 이상의 차원을 갖는 격자의 불규칙을 의미한다. 결정 결함은 주로 결함의 기하학적 모양이나 차원에 따라 분류된다. 이 장에서는 **점 결함(point defect**, 1개 또는 2개의 원자 위치와 관련), 선(또는 1차원) 결함, 2차원 결함인 계면 결함 또는 입계 결함 등 몇 가지 다른 종류의 결함에 대해서 설명하고자 한다. 불순물 원자는 점 결함으로 존재할 수 있으므로 고체 내 불순물에 대해서도 다룰 것이다. 끝으로 재료의 결함과 구조를 현미경으로 관찰하는 기술에 대해서 간략히 언급할 것이다.

점 결함

점 결함

6.2 | 금속에서의 점 결함

원자빈자리

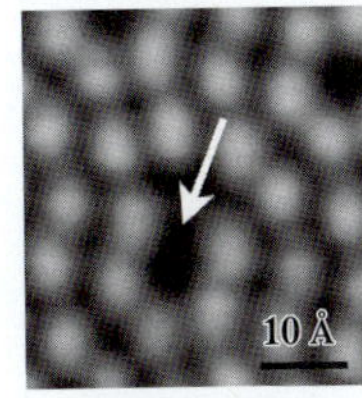

실리콘에서 (111) 형태의 표면에 있는 원자빈자리를 보여주는 주사 탐침현미경 사진(7,000,000배율) (Micrograph courtesy of D. Huang, Stanford University.)

점 결함 중 가장 간단한 것이 **원자빈자리(vacancy)**, 즉 빈 격자자리로, 일반적으로 원자가 있어야 될 자리에 원자가 없어져서 형성된다(그림 6.1). 모든 결정질 고체는 원자빈자리를 포함하고 있으며, 실제로 이런 결함이 없는 재료를 만드는 것은 가능하지 않다. 원자빈자리의 존재는 열역학 원리로 설명할 수 있다. 본질적으로 원자빈자리가 있으면 결정의 엔트로피(즉, 무질서도)가 증가한다.

원자빈자리 평형 개수의 온도 의존성

일정량의 재료에 대한 원자빈자리의 평형 개수 N_v(보통 입방미터당)는 다음 식과 같이 온도에 의존하며 온도가 올라가면 증가한다.

$$N_v = N \exp\left(-\frac{Q_v}{kT}\right) \tag{6.1}$$

볼츠만상수

이 식에서 N은 총 원자자리 수(가장 흔하게 입방미터당으로 표시), Q_v는 원자빈자리 형성에 필요한 에너지, T는 켈빈으로 표시되는 절대온도[1], k는 기체상수 또는 **볼츠만상수(Boltzmann's constant)**이다. k 값은 Q_v의 단위에 따라 1.38×10^{-23} J/atom·K이거나 8.62×10^{-5} eV/atom·K이다.[2] 따라서 원자빈자리의 수는 온도가 증가함에 따라 기하급수적으로 증가한다. 즉, 식 (6.1)에서 T가 증가함에 따라 $\exp(-Q_v/kT)$의 값이 증가한다. 대부분의 금속의 경우, 용융점 바로 아래의 온도에서 원자빈자리의 분율 N_v/N은 거의 10^{-4} 정도이다. 즉, 10,000개의 격자자리 중에서 1개의 격자자리가 비어 있다. 이후의 설명에서 보듯이 재료의 수많은 변수들이 식 (6.1)과 유사하게 온도에 대해 지수적인 의존성을 가진다.

자체격자간 원자

자체격자간 원자(self-interstitial atom)는 일반적인 상황에서는 원자가 들어 있지 않은 조그만 빈 공간인 격자간 자리에 끼어 있는 원자를 말한다. 이런 종류의 결함이 그림 6.1에도 표

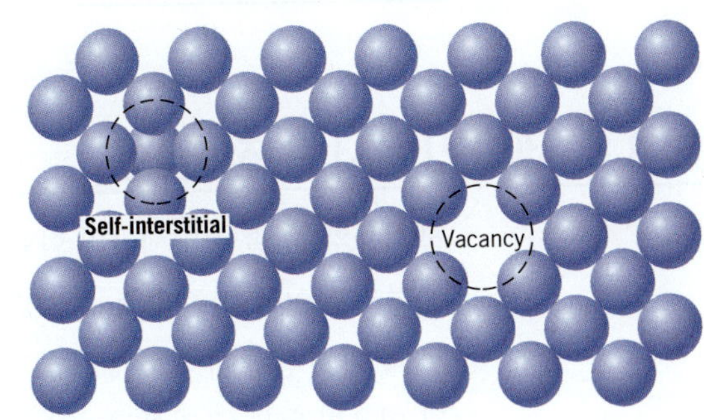

그림 6.1 원자빈자리와 자체격자간 원자의 2차원 개략도
(Adapted from W. G. Moffatt, G. W. Pearsall, and J. Wulff, *The Structure and Properties of Materials*, Vol. I, *Structure*, John Wiley & Sons, 1964.)

1) 켈빈으로 표시되는 절대온도는 °C + 273과 같다.

2) 원자 몰당 볼츠만상수는 기체상수 R이 된다. 이 경우 R = 8.31 J/mol·K.

시되어 있다. 금속의 경우 격자간 자리의 공간들보다 원자가 상당히 크기 때문에, 자체격자간 원자는 주위의 격자에 상당히 큰 비틀림이 일어나도록 한다. 따라서 이러한 결함이 형성될 가능성은 크지 않아 원자빈자리의 농도보다 굉장히 낮은, 매우 낮은 농도로 존재한다.

예제 6.1

특정 온도에서 원자빈자리 개수 계산

1000°C의 구리에서 입방미터당 원자빈자리의 평형 개수를 계산하라. 원자빈자리 형성에 필요한 활성화에너지는 0.9 eV/atom, (1000°C에서) 원자량과 밀도는 각각 63.5 g/mol, 8.40 g/cm^{3}이다.

풀이

이 문제는 식 (6.1)을 이용하여 풀 수 있다. 그렇지만 먼저 원자량 A_{Cu}, 밀도 ρ, 아보가드로 수 N_A로부터 구리 입방미터당 원자자리의 수 N 값을 구해야 한다.

금속에서 단위 부피당 원자의 수

$$N = \frac{N_A \rho}{A_{Cu}} \tag{6.2}$$

$$= \frac{(6.022 \times 10^{23} \text{ atoms/mol})(8.4 \text{ g/cm}^3)(10^6 \text{ cm}^3/\text{m}^3)}{63.5 \text{ g/mol}}$$

$$= 8.0 \times 10^{28} \text{ atoms/m}^3$$

따라서 1000°C(1273 K)에서 원자빈자리의 개수는 다음과 같다.

$$N_v = N \exp\left(-\frac{Q_v}{kT}\right)$$

$$= (8.0 \times 10^{28} \text{ atoms/m}^3) \exp\left[-\frac{(0.9 \text{ eV})}{(8.62 \times 10^{-5} \text{ eV/K})(1273 \text{ K})}\right]$$

$$= 2.2 \times 10^{25} \text{ vacancies/m}^3$$

6.3 | 세라믹에서의 점 결함

모원자의 점 결함이 세라믹 화합물에서도 존재할 수 있다. 금속에서와 같이 이온빈자리와 자체격자간 이온이 존재할 수 있다. 세라믹 재료는 적어도 두 가지 다른 이온을 가지고 있으므로 각 이온 종류에 대하여 다른 결함이 생길 수 있다. 예를 들면 NaCl에는 Na 자체격자간 이온과 이온빈자리, Cl 자체격자간 이온과 이온빈자리가 존재할 수 있다. 자체격자간 음이온의 농도가 높을 확률은 크지 않다. 음이온은 상대적으로 크므로 작은 격자간 자리에 들어가기 위해서는 상당한 변형이 주변 이온에 가해져야 하기 때문이다. 음이온 및 양이온 빈자리와 자체격

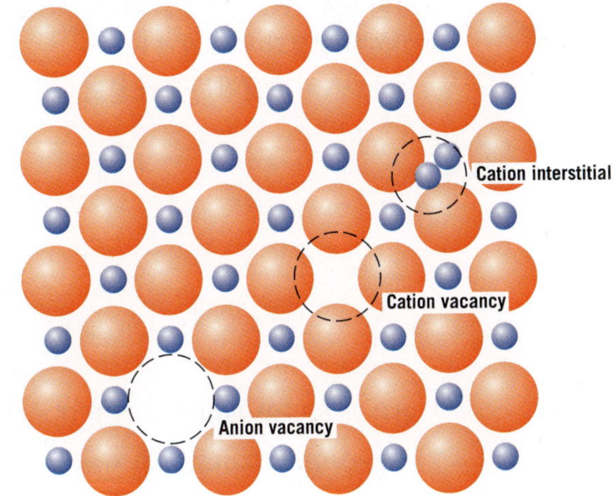

그림 6.2 양이온과 음이온의 이온빈자리, 양이온의 격자간 이온의 개략도
(From W. G. Moffatt, G. W. Pearsall, and J. Wulff, *The Structure and Properties of Materials*, Vol. I, *Structure*, John Wiley & Sons, 1964.)

자간 양이온을 그림 6.2에 나타내었다.

결함구조

세라믹에서는 원자 결함의 종류와 농도를 나타내기 위해 **결함구조(defect structure)**라는 표현을 쓴다. 원자들이 하전된 이온 형태로 세라믹 내에 존재하기 때문에, 결함구조를 고려할 때는 전기중성도 조건을 만족시켜야 한다. **전기중성도(electroneutrality)**는 양전하와 음전하의 수가 동일한 상태를 나타낸다. 따라서 세라믹 내의 결함은 한 가지만 생성되지 않는다. 이런 결함의 한 종류는 양이온빈자리와 자체격자간 양이온의 쌍이다. 이것을 **프렌켈 결함(Frenkel defect)**이라 한다(그림 6.3). 이것은 양이온이 원래의 위치를 벗어나 자체격자간 자리로 움직인 것으로 생각할 수 있다. 이 경우 양이온이 같은 양전하를 자체격자간 이온으로 그대로 유지하고 있기 때문에 전하의 변화는 없다.

전기중성도

프렌켈 결함

쇼트키 결함

AX 재료에서 발견되는 다른 종류의 결함은 **쇼트키 결함(Schottky defect)**이라고 알려진 양이온빈자리-음이온빈자리의 쌍인데, 그림 6.3에 개략적으로 나타내었다. 이 결함은 하나의 양

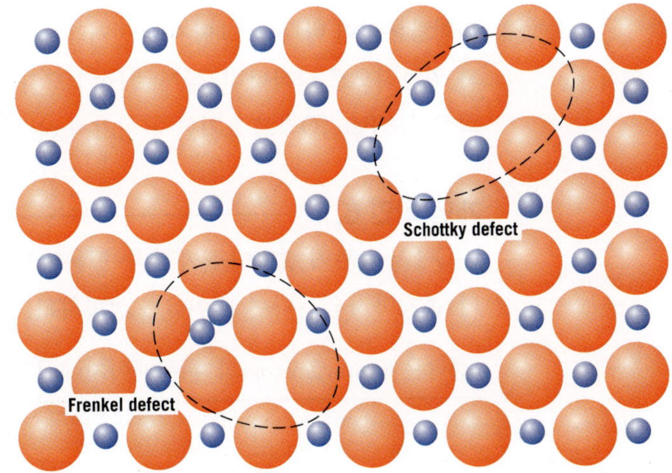

그림 6.3 이온 고체 내의 프렌켈 결함과 쇼트키 결함을 보여주는 개략도
(From W. G. Moffatt, G. W. Pearsall, and J. Wulff, *The Structure and Properties of Materials*, Vol. I, *Structure*, John Wiley & Sons, 1964.)

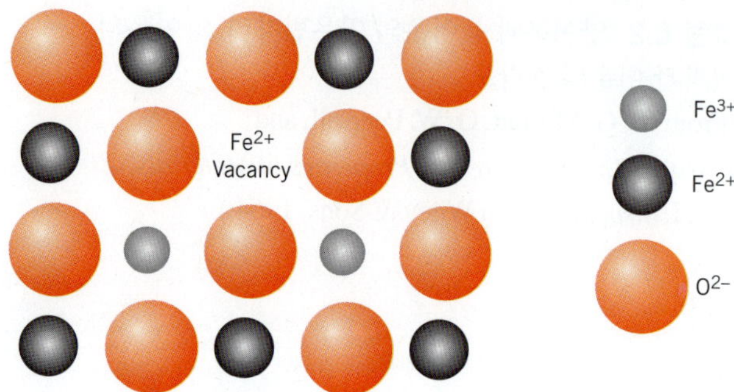

그림 6.4 FeO 내에 2개의 Fe^{3+} 이온이 생성되어 그 결과 Fe^{2+} 이온빈자리가 생기는 것을 보여 주는 개략도

이온과 하나의 음이온을 결정 내부에서 재료의 표면 바깥으로 빼내어 만들어진 결함으로 생각될 수 있다. 음이온의 음전하 크기와 양이온의 양전하 크기가 같고 각 양이온빈자리마다 음이온빈자리가 존재하기 때문에 결정의 전하 중성도가 유지된다.

화학량론

양이온과 음이온의 비율은 프렌켈 결함이나 쇼트키 결함의 형성에 의하여 바뀌지 않는다. 만약 다른 결함이 존재하지 않는다면 이 재료는 화학량론적이라고 일컬어진다. **화학량론(stoichiometry)**은 화학식에서 예상되는 양이온과 음이온 비를 정확하게 가지는 이온 화합물의 상태로 정의될 수 있다. 예를 들면 NaCl은 Na^+ 이온과 Cl^- 이온의 비율이 정확하게 1:1일 때 화학량론적이라고 한다. 어떤 세라믹 화합물이 이러한 정확한 비율로부터 벗어날 때, 비화학량론적(*nonstoichiometric*)이라고 한다.

비화학량론은 최소한 하나의 이온 종류에 대하여 2개의 원자가(또는 이온) 상태가 존재하는 세라믹 재료에서 관찰될 수 있다. 산화철(뷔스타이트, FeO)은 철이 Fe^{2+} 또는 Fe^{3+}의 상태로 존재할 수 있기 때문에 이러한 범주에 들어간다. 이런 이온 형태에서 각 이온의 수는 온도 및 주위 산소 압력에 따라 달라진다. Fe^{3+} 이온이 생성되면 잉여의 +1가 전하가 생기므로 결정의 전기중성도가 깨지는데, 이것은 적당한 형태의 결함에 의하여 보완되어야 한다. 즉, 2개의 Fe^{3+}이 생성될 경우 하나의 Fe^{2+} 이온빈자리(또는 두 양전하의 제거) 결함이 생성되어 보상된다(그림 6.4). 이 경우 Fe 이온보다 O 이온의 수가 하나 더 많기 때문에, 결정은 이제 더 이상 화학량론적이 아니다. 그렇지만 전기적으로 중성을 유지한다. 이러한 현상은 철 산화물에서 꽤 일반적으로 나타나며, 실제로 Fe이 모자라는 비화학량론적이라는 것을 나타내기 위하여 화학식도 $Fe_{1-x}O$라고 표기한다(여기서 x는 1보다는 매우 작고, 그 값이 변화한다).

개념 확인 6.1

K_2O에서 쇼트키 결함이 존재할 수 있는가? 존재한다면 어떤 종류의 결함인지 간단히 설명하라. 존재하지 않는다면 그 이유를 설명하라.

(정답은 *www.wiley.com*의 제품 페이지에서 확인할 수 있음)

프렌켈 결함과 쇼트키 결함의 평형 개수는 온도 증가에 따라 증가하며 금속에서의 원자빈자리 수가 온도에 의존하는 경향[식 (6.1)]과 비슷하다. 프렌켈 결함의 경우 양이온빈자리/양이온 자체격자간 결함 쌍의 수(N_{fr})는 온도에 따라 달라지며 다음 식과 같이 쓸 수 있다.

$$N_{fr} = N \exp\left(-\frac{Q_{fr}}{2kT}\right) \tag{6.3}$$

여기서 Q_{fr}은 프렌켈 결함 하나를 형성하는 데 필요한 에너지이며 N은 전체 격자 수이다(앞에서 설명한 대로 k와 T는 각각 볼츠만상수와 절대온도를 나타낸다). 프렌켈 결함 1개는 2개의 결함(없어진 양이온과 자체격자간 양이온)과 관련되어 있으므로 인자 2가 지수의 분모에 있다.

이와 유사하게 AX 형태의 화합물에서 쇼트키 결함의 경우 평형 개수(N_s)는 다음과 같이 온도의 함수이다.

$$N_s = N \exp\left(-\frac{Q_s}{2kT}\right) \tag{6.4}$$

여기서 Q_s는 쇼트키 결함 형성 에너지를 나타낸다.

예제 6.2

KCl에서 쇼트키 결함 개수 계산

500°C에서 염화칼륨의 입방미터당 쇼트키 결함 개수를 계산하라. 쇼트키 결함 1개를 형성하는 데 필요한 에너지는 2.6 eV이고 KCl의 밀도는 500°C에서 1.955 g/cm³이다.

풀이

이 문제를 풀기 위해 식 (6.4)를 이용할 필요가 있다. 그렇지만 그 전에 N 값(입방미터당 격자 수)을 계산해야 한다. 아래와 같이 식 (6.2)의 변형 식을 이용하면 가능하다.

$$N = \frac{N_A \rho}{A_K + A_{Cl}} \tag{6.5}$$

여기서 N_A는 아보가드로 수(6.022×10^{23} atoms/mol), ρ는 밀도, A_K와 A_{Cl}은 각각 칼륨과 염소의 원자량(즉, 각각 39.10 g/mol, 35.45 g/mol)이다. 그러므로

$$N = \frac{(6.022 \times 10^{23}\ \text{atoms/mol})(1.955\ \text{g/cm}^3)(10^6\ \text{cm}^3/\text{m}^3)}{39.10\ \text{g/mol} + 35.45\ \text{g/mol}}$$
$$= 1.58 \times 10^{28}\ \text{lattice sites/m}^3$$

위 값을 식 (6.4)에 대입하면 N_s에 대해 다음 값을 얻을 수 있다.

$$N_s = N \exp\left(-\frac{Q_s}{2kT}\right)$$

$$= (1.58 \times 10^{28} \text{ lattice sites/m}^3) \exp\left[-\frac{2.6 \text{ eV}}{(2)\,(8.62 \times 10^{-5} \text{ eV/K})\,(500 + 273 \text{ K})}\right]$$

$$= 5.31 \times 10^{19} \text{ defects/m}^3$$

6.4 | 고체 내에서의 불순물

금속 내에서의 불순물

오직 한 종류의 원자만으로 구성된 순수한 금속이 존재하는 것은 가능하지 않다. 금속 내에는 불순물 또는 외부 원자들이 항상 포함되어 있으며 이런 것들 일부는 결정질 점 결함으로 존재할 수 있다. 실제 비교적 정교한 기술에 의해서도 금속을 99.9999% 이상의 순도로 정련하기란 어렵다. 이런 순도에서도 재료의 1 m^3에 거의 10^{22}~10^{23}개 정도의 불순물 원자가 들어 있다. 우리에게 익숙한 대부분의 금속들은 고순도가 아니다. 오히려 재료에 특정한 성질을 부여하기 위해 불순물이 의도적으로 첨가된 **합금(alloy)**이다. 일반적으로 금속의 기계적 강도와 내식성을 향상시키기 위해 합금이 사용된다. 예를 들어 영국의 법정 화폐인 스털링(또는 파운드)은 92.5%의 은과 7.5%의 구리로 구성된 합금이다. 일반적인 주변환경에서 순은은 우수한 내식성을 가지고 있으나 또한 매우 연하다. 구리를 첨가하여 합금으로 만들면 내식성은 거의 변화시키지 않고 기계적 강도를 크게 향상시킨다.

합금

금속에 불순물 원자를 첨가하면 불순물의 종류, 농도 및 합금의 온도에 따라 **고용체(solid solution)** 그리고/또는 새로운 제2의 상이 형성된다. 여기에서는 고용체에 관하여 설명한다. 새로운 상의 형성에 관해서는 11장에서 다루기로 한다.

고용체

불순물과 고용체에 관련된 몇 가지 용어를 언급할 가치가 있다. 합금에 대해서 **용질(solute)**과 **용매(solvent)**라는 용어가 많이 사용된다. 용매는 가장 많은 양이 존재하는 원소 또는 화합물이다. 때때로 용매 원자를 모원자라고도 한다. 용질은 낮은 농도로 존재하는 원소 또는 화합물을 말한다.

용질

용매

고용체

용질 원자를 모재료에 첨가할 때 새로운 결정구조를 형성시키지 않고 기존의 결정구조를 유지하면 고용체가 형성된다. 아마도 이것은 액체 용액과 유사하게 생각할 수 있을 것이다. 만약 서로 잘 녹는 2개의 액체(물과 알코올처럼)가 혼합되어 있다면, 액체 용액은 분자 상호간

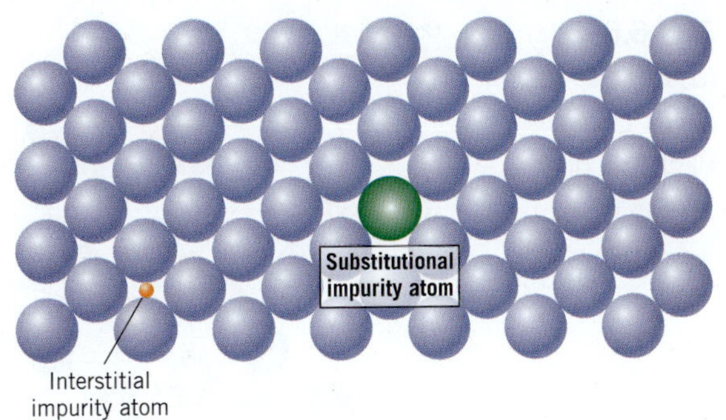

그림 6.5 치환형 불순물과 침입형 불순물 원자의 2차원 개략도
(Adapted from W. G. Moffatt, G. W. Pearsall, and J. Wulff, *The Structure and Properties of Materials*, Vol. I, *Structure*, John Wiley & Sons, 1964.)

혼합된 상태로 만들어지며 전체적으로 이것의 조성은 균일하다. 고용체도 조성이 균일하다. 불순물 원자는 고체 내에 무질서하지만 균일하게 분포되어 있다.

치환형 고용체
침입형 고용체

불순물 점 결함은 고용체 내에서 발견되며 이것은 **치환형 고용체(substitutional solid solution)**와 **침입형 고용체(interstitial solid solution)**의 두 종류가 있다. 치환형인 경우, 용질 또는 불순물 원자가 모원자를 대체한다(그림 6.5). 용질 원자가 용매 원자에 고용되는 정도는 몇 가지 인자에 의해 결정되는데 이것을 아래에 설명한 것처럼 네 가지 흄-로더리(*Hume-Rothery*) 법칙이라고 한다.

1. 원자 크기. 두 원자의 반지름 차이가 대략 ±15% 미만일 경우에만 상당한 양의 용질 원자가 치환형 고용체로 수용될 수 있다. 이 이상의 차이가 있는 경우에 용질 원자는 상당한 격자변형을 일으키고 새로운 상이 형성될 것이다.
2. 결정구조. 높은 고용도를 갖기 위해서는 각 원자로 이루어진 두 금속이 같은 결정구조를 가지고 있어야 한다.
3. 전기음성도 인자. 두 원소 간의 전기음성도 차가 크면 클수록 치환형 고용체보다는 금속간 화합물을 형성하기가 쉽다.
4. 원자가. 다른 인자가 동일하다면 한 금속에 낮은 원자가를 가지고 있는 금속보다 높은 원자가를 가지는 다른 금속이 더 많이 용해되는 경향이 있다.

치환형 고용체의 한 예는 구리와 니켈에서 볼 수 있다. 이들 두 원소는 어떤 비율에서도 서로 잘 고용된다. 앞에서 언급한 고용도를 결정하는 규칙을 살펴보면, 구리와 니켈의 원자반지름은 각각 0.128과 0.125 nm이며, 모두 FCC 결정구조를 가지고 있고, 전기음성도는 각각 1.9와 1.8이다(그림 2.11). 원자가는 구리의 경우에는 +1가(때로는 +2가가 될 수 있다), 니켈의 경우 +2가이다.

침입형 고용체의 경우, 불순물 원자는 모원자들 사이의 빈 곳 또는 침입형 자리에 채워진다(그림 6.5). FCC와 BCC 결정구조에서는 사면체 자리와 팔면체 자리로 표시되는 두 종류의 침입형 자리가 있다. 이 둘의 차이는 최인접 모원자 수, 즉 배위수가 다른 점이다. 사면체 자리는 배위수가 4이다. 주위에 둘러싸고 있는 모원자의 중심을 잇는 직선을 그리면 4면을 가진

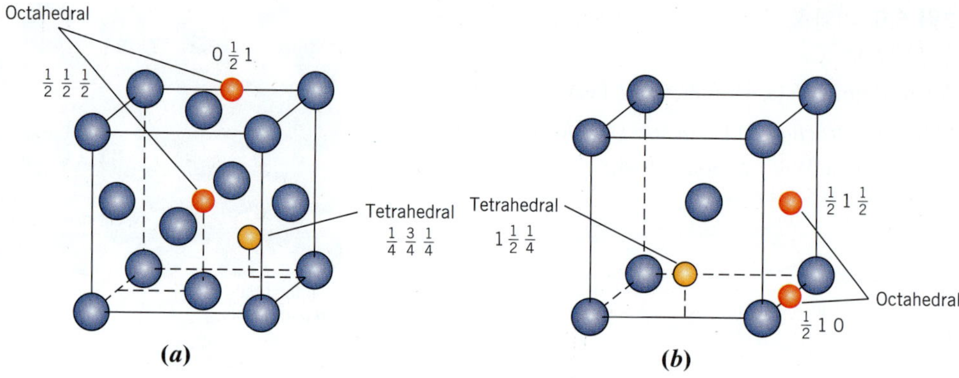

그림 6.6 (*a*) FCC 및 (*b*) BCC 단위격자 내의 사면체 및 팔면체 침입형 자리 위치

사면체가 형성된다. 반면 팔면체 자리는 배위수가 6이다. 6개 구의 중심을 이으면 팔면체가 형성된다.[3] FCC의 경우 점 좌표계로 표시할 때 $0\,\frac{1}{2}\,1$과 $\frac{1}{2}\,\frac{1}{2}\,\frac{1}{2}$로 대표되는 두 종류의 팔면체 자리가 있다. 하나의 사면체 자리를 나타내는 대표적인 좌표계는 $\frac{1}{4}\,\frac{3}{4}\,\frac{1}{4}$이다. FCC 단위격자 내 이런 자리는 그림 6.6*a*에 표시되어 있다. BCC의 경우 팔면체 침입형 자리와 사면체 침입형 자리는 각각 한 종류만 발견된다. 대표적인 좌표계는 다음과 같다: 팔면체 자리는 $\frac{1}{2}\,1\,0$이며 사면체 자리는 $1\,\frac{1}{2}\,\frac{1}{4}$ 이다. 그림 6.6*b*는 BCC 단위격자 내에서 이런 자리의 위치를 보여준다.[4]

비교적 높은 원자충진율을 가지고 있는 금속 재료의 경우에는 이들 침입형 자리의 크기가 비교적 작다. 따라서 침입형 불순물의 원자 지름이 모원자의 지름보다 상당히 작아야 한다. 일반적으로 침입형 불순물 원자의 최대 허용 농도는 낮다(10% 미만). 매우 작은 불순물 원자라도 대개는 그 크기가 침입형 자리보다 크며, 따라서 침입형 불순물 원자는 주변 모원자들이 약간의 격자변형이 일어나게 만든다. 문제 6.14와 6.15에 FCC와 BCC 구조에서 격자변형 없이 사면체와 팔면체 침입형 자리에 꽉 채울 수 있는 불순물 원자의 반지름 r을 구하는(모원자의 반지름 R의 함수로) 문제를 수록하였다.

탄소가 철에 첨가될 때 탄소는 침입형 고용체를 형성한다. 탄소의 최대 농도는 약 2%이다. 탄소 원자와 철의 원자반지름은 0.071 대 0.124 nm로 탄소 원자의 반지름이 철보다 매우 작다.

예제 6.3

BCC에서 침입형 자리 반지름 계산

(격자변형을 일으키지 않으면서) BCC 팔면체 자리에 들어갈 수 있는 불순물 원자의 반지름 r을 모원자 원자반지름 R의 함수로 계산하라.

---

3) 그림 3.35에서 이러한 자리 유형의 기하학적 구조를 볼 수 있다.

4) 다른 팔면체 및 사면체 침입형 자리는 단위격자 내의 이들 대표적인 위치와 동등한 위치에 있다.

풀이

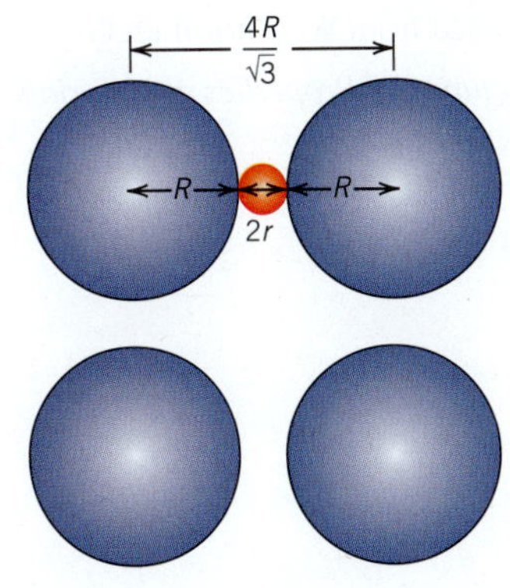

BCC의 경우 그림 6.6*b*에 나타낸 것처럼 $\frac{1}{2}$10 팔면체 침입형 자리는 단위격자 모서리의 중심에 위치한다. 격자변형을 일으키지 않으면서 이런 위치에 침입형 원자가 들어가기 위해서는 단위격자 모서리에 있는 두 인접 모원자와 서로 단지 접하고만 있어야 한다. 옆 그림은 BCC 단위격자의 (100)면을 보여준다. 큰 원은 모원자를 나타내고 작은 원은 정육면체 모서리 팔면체 자리에 위치하는 침입형 원자를 나타낸다.

이 그림에서 단위격자 모서리의 길이—모서리 원자 중심 사이의 거리—는 식 (3.4)로부터 다음과 같이 표시된다.

$$\text{Unit cell edge length} = \frac{4R}{\sqrt{3}}$$

또한 단위격자 모서리 길이는 모원자 반지름의 2배인 $2R$과 침입형 원자 반지름의 2배인 $2r$을 더한 것과 같다.

$$\text{Unit cell edge length} = 2R + 2r$$

두 단위격자 길이 표현식을 같게 하면

$$2R + 2r = \frac{4R}{\sqrt{3}}$$

을 얻는다. R의 함수로 r을 풀면

$$2r = \frac{4R}{\sqrt{3}} - 2R = \left(\frac{2}{\sqrt{3}} - 1\right)(2R)$$

따라서

$$r = \left(\frac{2}{\sqrt{3}} - 1\right)R = 0.155R$$

개념 확인 6.2

3개 또는 그 이상의 원소가 고용체를 형성하는 것이 가능한가? 그 이유는?

개념 확인 6.3

치환형 고용체의 경우 완전 고용도가 가능하지만 침입형 고용체의 경우 그렇지 않은 이유를 설명하라.

(정답은 *www.wiley.com*의 제품 페이지에서 확인할 수 있음)

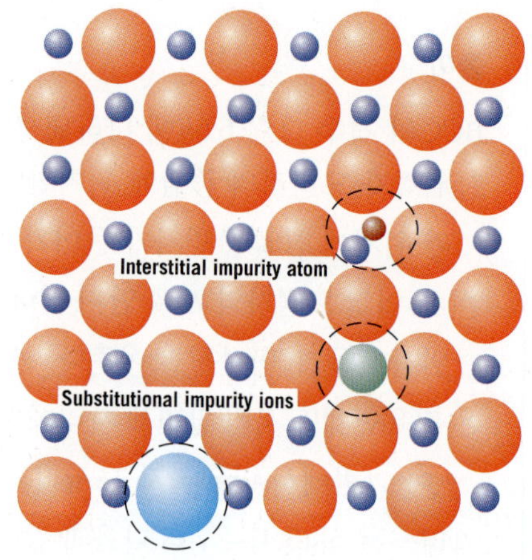

그림 6.7 이온 화합물에서 침입형 이온 불순물과 양이온 및 음이온 치환형 불순물 원자들을 보여주는 개략도
(Adapted from W. G. Moffatt, G. W. Pearsall, and J. Wulff, *The Structure and Properties of Materials*, Vol. I, *Structure*, John Wiley & Sons, 1964.)

세라믹에서의 불순물

금속과 마찬가지로 세라믹에서 불순물 원자가 고용체를 형성할 수 있다. 치환형 고용체와 침입형 고용체 모두 가능하다. 침입형의 경우 불순물의 이온반지름이 음이온과 비교하여 상대적으로 작아야 한다. 음이온과 양이온이 모두 존재하기 때문에, 치환형 불순물은 전기적으로 가장 비슷한 모이온을 치환할 것이다. 만약 불순물 원자가 세라믹 재료에서 양이온을 형성한다면 이런 원자는 모 양이온을 치환할 수 있다. 예를 들면 염화나트륨의 경우 Ca^{2+}과 O^{2-} 불순물 이온은 각각 Na^{+}과 Cl^{-} 이온을 치환할 가능성이 크다. 침입형 이온 불순물뿐만 아니라 양이온 및 음이온 치환형 불순물을 그림 6.7에 개략적으로 나타내었다. 치환형 불순물이 상당한 고용도를 갖기 위해서는 이온의 크기 및 전하가 모이온 중의 하나와 거의 같아야 한다. 치환되는 모이온과 다른 전하를 가진 불순물 이온의 경우는 결정의 전기중성도가 유지되도록 전하 차이를 보상하여야 한다. 보상할 수 있는 한 가지 방법은 앞에서 논의한 바와 같이 각 이온 형태의 빈자리 또는 자체격자간 이온 등의 격자 결함을 형성하는 것이다.

예제 6.4

Ca^{2+} 이온이 NaCl에 존재할 때 가능한 점 결함 종류 구하기

NaCl 내에서 Ca^{2+}이 Na^{+} 이온을 치환할 경우, 전기중성도가 유지되려면 어떤 종류의 점 결함이 생길 수 있는가? Ca^{2+} 이온 1개당 몇 개의 결함이 있어야 하는가?

풀이

Ca^{2+}이 Na^{+} 이온을 치환할 경우 여분의 양전하 1개가 더 들어간다. 전기중성도는 1개의 양전하를 제거하든지 하나의 음전하를 첨가하면 유지될 수 있다. 양전하는 Na^{+} 이온빈자리를 형성함으로써 제거할 수 있다. 다른 방법으로 1개의 Cl^{-} 자체격자간 이온이 생기면, 추가로 음전하 1개가 공급되므로 Ca^{2+} 이온 1개의 효과를 상쇄하게 된다. 그러나 앞에서 언급하였듯이 이런 결함이 형성될 가능성은 매우 낮다.

그림 6.8 고분자 결정의 결함을 보여주는 개략도

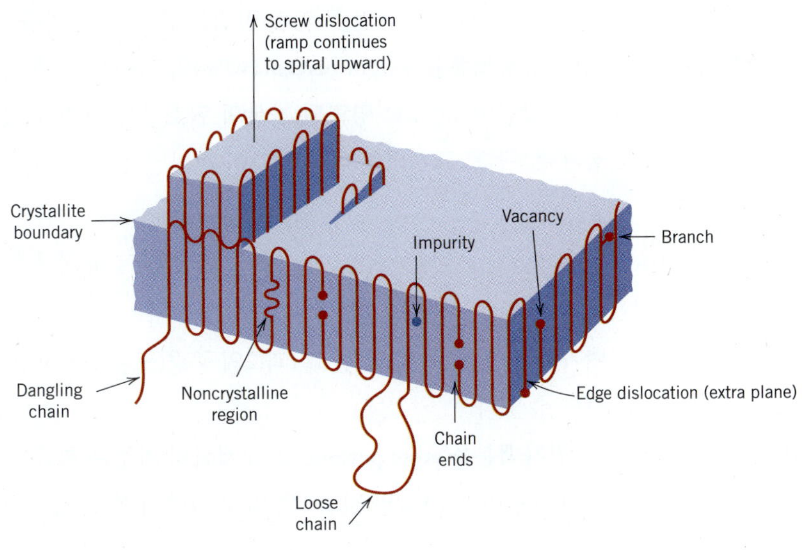

개념 확인 6.4

Al_2O_3에 불순물로 MgO이 첨가되었을 때 어떤 점 결함이 생길 수 있는가? 이런 점 결함 하나에 대해 몇 개의 Mg^{2+} 이온이 첨가되어야 하는가?

(정답은 *www.wiley.com*의 제품 페이지에서 확인할 수 있음)

6.5 | 고분자에서의 점 결함

고분자 재료가 가지고 있는 사슬형 거대분자 및 결정 상태의 본질 때문에, 고분자 재료에서 점 결함의 개념은 금속이나 세라믹과는 다르다. 금속에서 관찰되는 점 결함과 유사한 점 결함이 고분자 재료의 결정질 영역에서도 관찰된다. 이것은 원자빈자리 및 침입형 원자와 이온이다. 사슬의 맨 끝부분의 구조는 사슬 내의 구조와 화학적으로 다르므로 결함으로 간주하게 된다. 원자빈자리는 사슬 끝부분과 관련이 있다(그림 6.8). 또한 고분자 사슬의 가지, 결정에서 나온 사슬 분절로 인해 추가 결함이 생길 수 있다. 사슬 부분은 고분자 결정을 벗어날 수 있으며 루프를 형성하면서 다른 곳에 다시 들어갈 수도 있고 다른 결정에 들어가서 연결 분자의 역할을 할 수도 있다(그림 4.13 참조). 불순물 원자/이온 또는 원자/이온의 집단이 침입형으로 분자구조 내에 들어갈 수 있다. 이들은 주 사슬 또는 짧은 옆가지로 연결될 수도 있다.

6.6 | 조성의 표시

조성

합금의 **조성**(**composition**, 혹은 농도)[5)]을 구성 원소로 표현하는 것이 종종 필요하다. 조성을

5) 이 책에서는 용어 조성과 농도를 같은 의미(즉, 합금에서의 특정 원소 또는 성분의 상대적인 양)로 가정하고 서로 바꾸어 사용할 수 있다.

표시하는 가장 일반적인 두 가지 방법은 중량(또는 질량) 백분율과 원자백분율로 표시하는 것이다. **중량백분율(weight percent, wt%)**의 기준은 전체 합금 무게에 대한 특정 원소의 무게비이다. 합금이 1과 2로 명명된 가상의 원소만을 가지고 있는 경우 가상의 원소 1의 농도 C_1을 중량백분율로 표시하면 다음과 같이 정의된다.

중량백분율

(두 원소 합금에서) 중량백분율의 계산

$$C_1 = \frac{m_1}{m_1 + m_2} \times 100 \tag{6.6a}$$

여기서 m_1과 m_2는 각각 원소 1과 2의 중량(또는 질량)이다. 원소 2의 농도도 같은 방법으로 계산할 수 있다.[6)]

원자백분율

원자백분율(atom percent, at%) 계산의 기준은 합금의 전체 원소의 총 몰수에 대한 특정 원소의 몰수이다. 가상의 원소 1의 일정 질량의 몰수 n_{m1}은 다음과 같이 계산할 수 있다.

$$n_{m1} = \frac{m_1'}{A_1} \tag{6.7}$$

여기서 m_1'과 A_1은 각각 원소 1의 질량(g 단위)과 원자량을 나타낸다.

원소 1과 2를 포함하고 있는 합금에서 원소 1의 농도를 원자백분율로 표시한 C_1'은 다음과 같이 정의된다.[7)]

(두 원소 합금에서) 원자백분율의 계산

$$C_1' = \frac{n_{m1}}{n_{m1} + n_{m2}} \times 100 \tag{6.8a}$$

같은 방법으로 원소 2의 원자백분율도 구할 수 있다.[8)]

모든 물질의 1몰은 같은 원자 수를 포함하기 때문에 원자백분율은 몰수 대신에 원자 수를 기준으로 계산할 수도 있다.

조성의 변환

때때로 조성의 표기를 변환(예를 들면 중량백분율에서 원자백분율로)할 필요가 있다. 지금부터 우리는 가상의 원소 1과 2에 대해 이러한 변환을 위한 관계식을 설명하고자 한다. 앞 절의

---

6) 합금이 2개 이상(예: n개)의 원소를 포함할 때, 식 (6.6a)는 다음과 같이 표시된다.

$$C_1 = \frac{m_1}{m_1 + m_2 + m_3 + \cdots + m_n} \times 100 \tag{6.6b}$$

7) 이 절에서 사용된 표기와 기호의 혼동을 피하기 위하여 프라임 부호(C_1'과 m_1' 같은)를 원자백분율로 나타낸 조성과 그램(g)으로 나타낸 질량을 표시하는 데 사용하였다.

8) 합금이 2개 이상(예: n개)의 원소를 포함할 때, 식 (6.8a)는 다음과 같이 표시된다.

$$C_1' = \frac{n_{m1}}{n_{m1} + n_{m2} + n_{m3} + \cdots + n_{mn}} \times 100 \tag{6.8b}$$

표기(즉, C_1과 C_2로 표기된 중량백분율, C'_1과 C'_2으로 표기된 원자백분율, 그리고 원자량 A_1, A_2)를 이용하면 변환식은 다음과 같다.

(두 원소 합금에서) 중량백분율에서 원자백분율로의 변환

$$C'_1 = \frac{C_1 A_2}{C_1 A_2 + C_2 A_1} \times 100 \qquad (6.9a)$$

$$C'_2 = \frac{C_2 A_1}{C_1 A_2 + C_2 A_1} \times 100 \qquad (6.9b)$$

(두 원소 합금에서) 원자백분율에서 중량백분율로의 변환

$$C_1 = \frac{C'_1 A_1}{C'_1 A_1 + C'_2 A_2} \times 100 \qquad (6.10a)$$

$$C_2 = \frac{C'_2 A_2}{C'_1 A_1 + C'_2 A_2} \times 100 \qquad (6.10b)$$

여기서 우리는 단지 두 원소만을 고려했으므로 위의 수식은 다음의 관계를 이용하여 간단히 정리된다.

$$C_1 + C_2 = 100 \qquad (6.11a)$$

$$C'_1 + C'_2 = 100 \qquad (6.11b)$$

또한 중량백분율로 표시한 농도를 재료의 단위부피당 한 성분의 질량으로 변환할 필요가 있다(즉, wt% 단위를 kg/m^3 단위로 변환). 이러한 조성 표기는 확산의 계산에서 자주 사용된다(7.3절). 이를 기준으로 농도를 C''_1, C''_2으로 표시하면 식은 다음과 같다.

(두 원소 합금에서) 중량백분율에서 단위부피당 질량으로의 변환

$$C''_1 = \left(\frac{C_1}{\frac{C_1}{\rho_1} + \frac{C_2}{\rho_2}} \right) \times 10^3 \qquad (6.12a)$$

$$C''_2 = \left(\frac{C_2}{\frac{C_1}{\rho_1} + \frac{C_2}{\rho_2}} \right) \times 10^3 \qquad (6.12b)$$

여기서 밀도 ρ의 단위가 g/cm^{3}이면 위 식의 C''_1, C''_2은 kg/m^{3}의 단위로 표시된다.

또한 때때로 중량백분율이나 원자백분율로 조성이 주어졌을 때 2원계 합금의 밀도와 원자량을 구할 필요가 있다. 합금의 밀도와 원자량을 각각 ρ_{ave}와 A_{ave}로 표시하면 다음과 같이 된다.

(두 원소 합금에서) 밀도의 계산

$$\rho_{ave} = \frac{100}{\frac{C_1}{\rho_1} + \frac{C_2}{\rho_2}} \qquad (6.13a)$$

$$\rho_{\text{ave}} = \frac{C_1'A_1 + C_2'A_2}{\frac{C_1'A_1}{\rho_1} + \frac{C_2'A_2}{\rho_2}} \tag{6.13b}$$

$$A_{\text{ave}} = \frac{100}{\frac{C_1}{A_1} + \frac{C_2}{A_2}} \tag{6.14a}$$

(두 원소 합금에서) 원자백분율의 계산

$$A_{\text{ave}} = \frac{C_1'A_1 + C_2'A_2}{100} \tag{6.14b}$$

여기서 식 (6.12)와 (6.14)는 늘 정확하지는 않다는 것을 염두에 두어야 한다. 이들 식의 유도 과정에서 합금의 전체 부피는 정확히 개별 원소의 부피의 합과 같다고 가정하였다. 이 가정은 대부분의 합금에서 그렇지 않다. 그러나 희석 합금이나 고용체가 존재하는 조성 범위에서는 비교적 적절한 가정이며 심각한 오류를 유발하지 않는다.

예제 6.5

조성변환식 유도

식 (6.9a)를 유도하라.

풀이

유도 과정을 간단히 하기 위하여 질량은 g 단위로 하고 m_1'으로 표기하자. 또 합금의 전체 질량(g 단위) M'은 다음과 같다.

$$M' = m_1' + m_2' \tag{6.15}$$

C_1'의 정의[식 (6.8a)]와 n_{m1}의 수식 표현인 식 (6.7)과 n_{m2}에 대한 이와 유사한 수식을 이용하면 다음과 같이 된다.

$$C_1' = \frac{n_{m1}}{n_{m1} + n_{m2}} \times 100$$
$$= \frac{\frac{m_1'}{A_1}}{\frac{m_1'}{A_1} + \frac{m_2'}{A_2}} \times 100 \tag{6.16}$$

식 (6.6a)를 g 단위의 질량으로 다시 정리하면

$$m_1' = \frac{C_1 M'}{100} \tag{6.17}$$

이고, 이 식과 m_2'을 식 (6.16)에 대입하면 다음과 같다.

$$C_1' = \frac{\dfrac{C_1 M'}{100 A_1}}{\dfrac{C_1 M'}{100 A_1} + \dfrac{C_2 M'}{100 A_2}} \times 100 \tag{6.18}$$

이를 간단히 정리하면 다음과 같다.

$$C_1' = \frac{C_1 A_2}{C_1 A_2 + C_2 A_1} \times 100$$

즉, 식 (6.9a)가 된다.

예제 6.6

조성 변환—중량백분율에서 원자백분율로

95 wt%의 알루미늄과 5 wt%의 구리로 구성된 합금의 조성을 원자백분율로 계산하라.

풀이

중량백분율로 표시한 조성은 $C_{\text{Al}} = 95$, $C_{\text{Cu}} = 5$이므로 이를 식 (6.9a)와 (6.9b)에 대입하면 다음과 같다.

$$\begin{aligned} C'_{\text{Al}} &= \frac{C_{\text{Al}} A_{\text{Cu}}}{C_{\text{Al}} A_{\text{Cu}} + C_{\text{Cu}} A_{\text{Al}}} \times 100 \\ &= \frac{(95)(63.55 \text{ g/mol})}{(95)(63.55 \text{ g/mol}) + (5)(26.98 \text{ g/mol})} \times 100 \\ &= 97.8 \text{ at\%} \end{aligned}$$

그리고

$$\begin{aligned} C'_{\text{Cu}} &= \frac{C_{\text{Cu}} A_{\text{Al}}}{C_{\text{Cu}} A_{\text{Al}} + C_{\text{Al}} A_{\text{Cu}}} \times 100 \\ &= \frac{(5)(26.98 \text{ g/mol})}{(5)(26.98 \text{ g/mol}) + (95)(63.55 \text{ g/mol})} \times 100 \\ &= 2.18 \text{ at\%} \end{aligned}$$

이다.

기타 결함

6.7 | 전위—선 결함

전위는 일부 원자들의 정렬이 어긋난 선 결함 또는 1차원 결함이다. 전위의 한 종류를 그림 6.9에 나타내었다. 원자 면의 잉여 부분 또는 반결정면이 존재하며, 그 가장자리가 결정 내에서

그림 6.9 칼날전위 주위의 원자 위치. 잉여 반평면 원자들을 볼 수 있다.

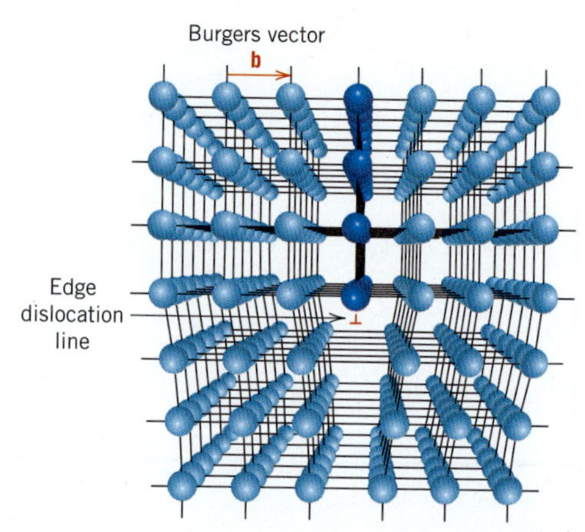

칼날전위

전위선

끝난다. 이러한 전위를 **칼날전위(edge dislocation)**라고 한다. 이것은 원자의 여분의 반결정면(extra half-plane) 끝을 따라 정의되는 선을 중심으로 하는 선 결함이다. 이러한 선을 **전위선(dislocation line)**이라고 하며, 그림 6.9에 나타낸 칼날전위의 경우 전위선은 이 책 면과 직각이다. 전위선 부근에서 국부적으로 격자변형이 일어난다. 그림 6.9에서 전위선의 윗부분에 위치한 원자들은 서로 압착되어 있고, 아랫부분에 있는 원자들은 서로 벌어져 있다. 이로 인해 이 여분의 반결정면 부근에서 원자 면이 구부러져 수직방향의 원자 면에 대해 약간의 곡률을 가지고 있다. 이 변형의 크기는 전위선에서 멀어질수록 감소한다. 아주 멀어지면 사라지며, 결정격자는 실질적으로 완벽해진다. 때때로 그림 6.9에 나타낸 칼날전위는 기호 ⊥와 같이 표시되고 전위선의 위치를 나타낸다. 결정의 밑부분에도 원자의 여분의 반결정면에 의해 칼날전위가 형성될 수 있다. 이런 경우 기호 ⊤로 표시된다.

나선전위

나선전위(screw dislocation)라는 또 다른 종류의 전위가 존재하는데 이것은 그림 6.10*a*에서 보는 것처럼, 변형을 일으키기 위해 가해진 전단응력에 의해서 생성된다고 생각할 수 있다. 결정의 앞쪽 윗부분이 아랫부분에 비해 오른쪽으로 1개의 원자 거리만큼 이동되어 있다. 나선전위에 수반되는 원자 변형도 선형적이고, 그림 6.10*b*의 선 *AB*인 전위선을 따라 생긴다. 나선전위라는 이름은 전위선 주위를 따라가면서 원자 면이 나선형 경로를 보이는 데서 유래한다. 때때로 기호 ↻를 나선전위를 나타내는 데 사용한다.

혼합전위

결정질 재료 내에서 발견되는 대부분의 전위들은 순수한 칼날전위 또는 순수한 나선전위로 존재하지 않고 두 전위의 성분을 모두 가지고 있는데 이것을 **혼합전위(mixed dislocation)**라고 한다. 이 세 종류의 전위를 그림 6.11에 도식적으로 나타내었다. 그림의 두 면으로부터 내부로 들어갈수록 나선과 칼날 성분이 혼합되어 있는 정도가 달라지면서 격자변형이 일어난다.

버거스 벡터

전위에 관련된 격자변형의 크기와 방향은 **b**로 표시되는 **버거스 벡터(Burgers vector)**로 나타낸다. 그림 6.9와 6.10에 칼날과 나선 전위의 버거스 벡터를 각각 나타내었다. 전위(칼날, 나선, 또는 혼합)의 본질은 전위선과 버거스 벡터의 상대적인 방향에 의해 정의될 수 있다. 칼

그림 6.10
(*a*) 결정 내의 나선전위.
(*b*) (*a*)를 위에서 본 나선전위. 전위선은 선 *AB*를 따라 퍼져나간다. 슬립면 위의 원자 위치는 열린 원으로, 슬립면 밑의 원자 위치는 채워진 원으로 표시하였다.
[Figure (*b*) from W. T. Read, Jr., *Dislocations in Crystals*, McGraw-Hill Book Company, New York, NY, 1953.]

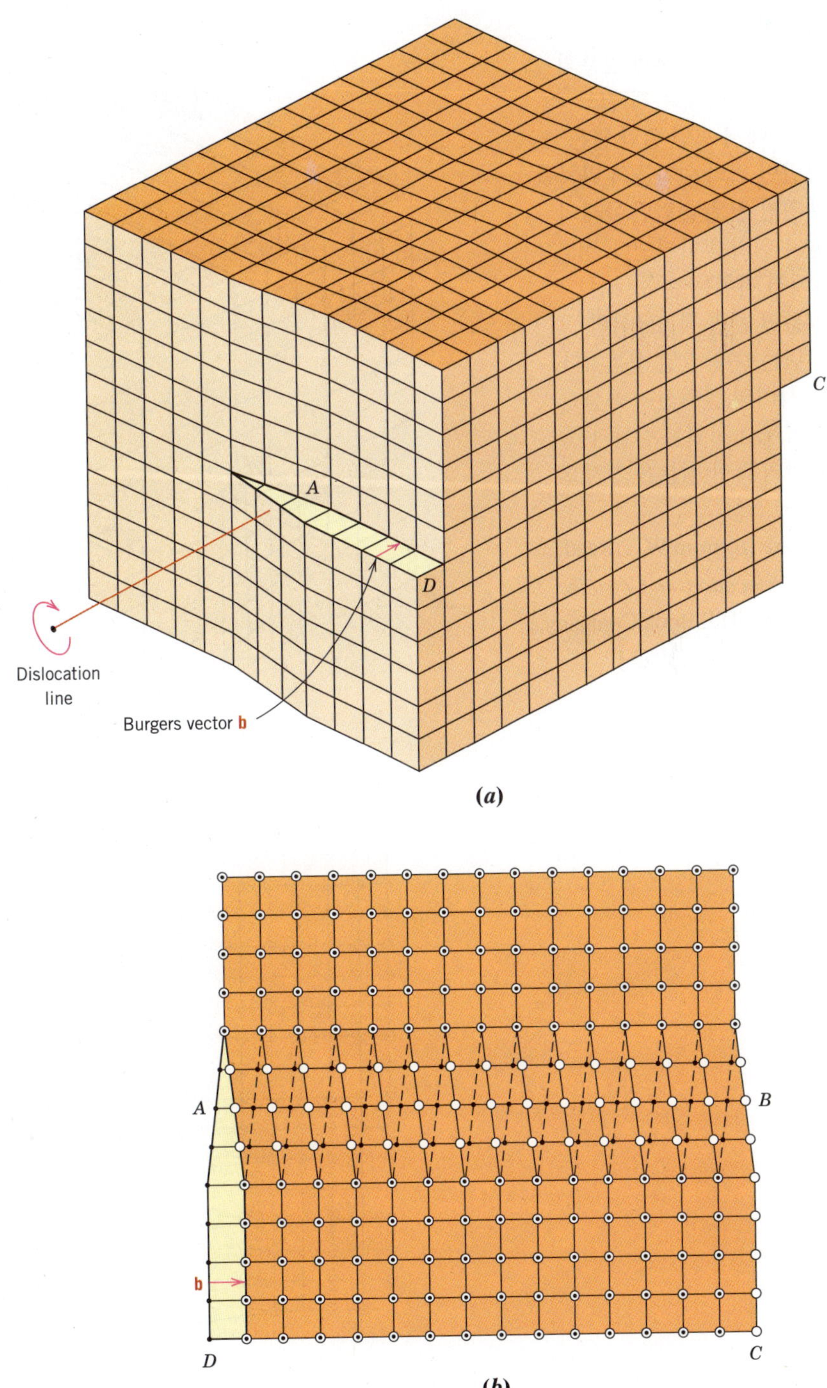

날전위의 경우(그림 6.9), 전위선과 버거스 벡터는 서로 수직인 반면, 나선전위의 경우(그림 6.10), 서로 평행하다. 혼합전위의 경우에는 서로 수직도 평행도 아니다. 또한 전위가 결정 내에서 방향과 본질이 변한다 할지라도(예: 칼날에서 혼합 또는 나선으로 변화) 버거스 벡터는

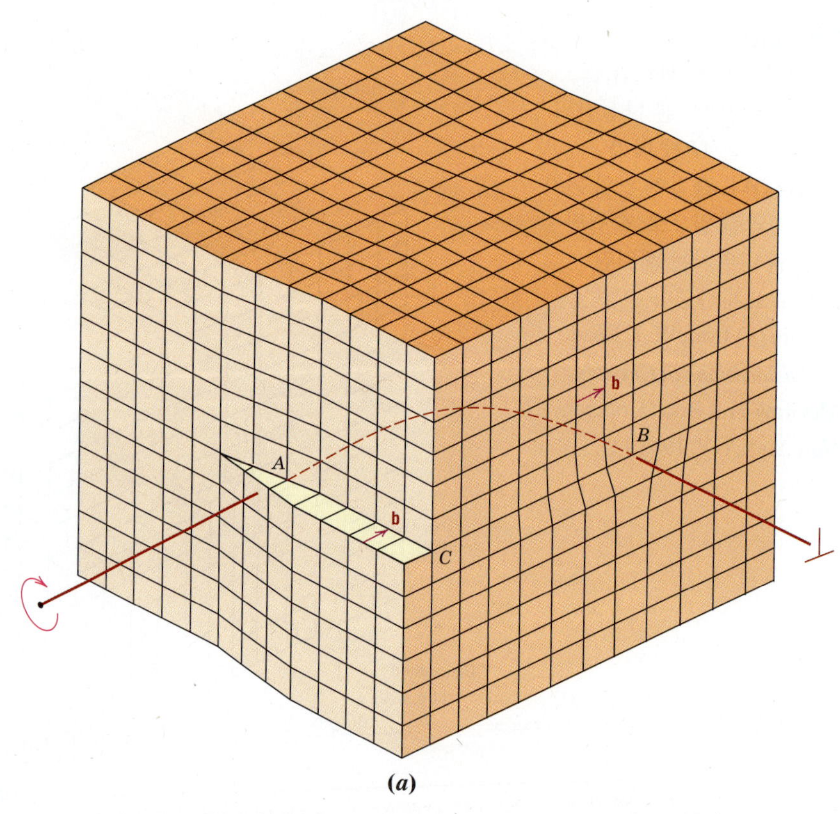

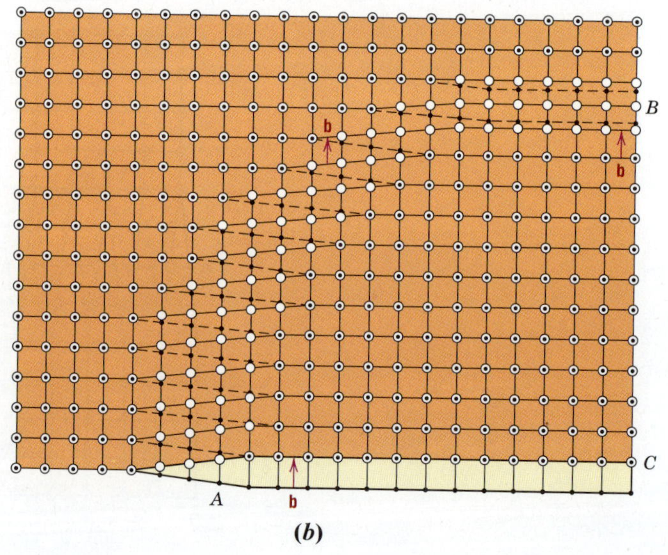

그림 6.11
(*a*) 칼날, 나선, 혼합 성분의 전위를 나타내는 개략도. (*b*) 위에서 보면 열린 원은 슬립면 위의 원자들의 위치를, 채워진 원은 슬립면 아래의 원자 위치를 나타낸다. 점 *A*에서 전위는 순수 나선 성분인 반면 점 *B*에서의 전위는 순수 칼날 성분이다. 그 사이의 전위선이 곡선인 영역에서 전위는 칼날과 나선의 혼합 성분을 가지고 있다.
[Figure (*b*) from W. T. Read, Jr., *Dislocations in Crystals*, McGraw-Hill Book Company, New York, NY, 1953.]

전위선을 따라 모든 지점에서 동일하다. 예를 들어 그림 6.11에 나타낸 곡선 전위는 모든 위치에서 동일한 버거스 벡터를 가지고 있다. 금속 재료의 경우, 전위에서의 버거스 벡터의 방향은 원자가 조밀하게 배열된 결정방향이고, 그 크기는 원자간 거리와 같다.

9.3절에서 언급하겠지만, 대부분 결정질 재료의 영구변형은 전위의 이동에 의해 일어난

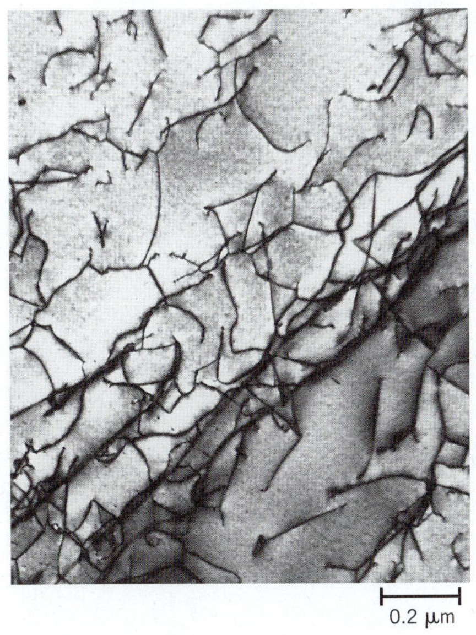

그림 6.12 티타늄 합금의 투과전자현미경 사진으로 검은 선은 전위를 나타내고 있다(51,450배율).
(Courtesy of M. R. Plichta, Michigan Technological University.)

다. 또한 버거스 벡터는 이런 형태의 변형을 설명하기 위하여 개발된 이론의 한 요소이다.

결정질 재료 내의 전위는 전자현미경 기술을 이용하여 관찰할 수 있다. 그림 6.12는 고배율 투과전자현미경 사진으로, 검은 선이 전위를 나타낸다.

실제로 모든 결정질 재료는 응고 및 소성변형 도중, 또는 급랭할 때 생기는 열응력에 의해 생성된 전위를 가지고 있다. 전위는 금속 및 세라믹 결정 재료의 소성변형과 관련이 있으며, 이는 9장에서 다루기로 한다. 전위는 고분자 재료에서도 관찰되었다. 그림 6.8에 나선전위를 도식적으로 나타내었다.

6.8 | 계면 결함

계면 결함은 일반적으로 다른 결정구조 그리고/또는 다른 결정방향을 가진 재료의 두 부분을 분리하는 2차원 경계를 말한다. 이러한 결함에는 외부 표면, 결정립계, 상 경계, 쌍정 경계, 적층 결함 등이 있다.

외부 표면

가장 명확한 경계 중 하나는 결정구조가 끝나는 외부 표면이다. 표면 원자들은 최인접 원자끼리 결합할 수 있는 최대수로 결합되어 있지 않으며, 따라서 내부에 있는 원자보다 높은 에너지 상태에 있다. 이러한 표면 원자의 만족스럽지 못한 결합 상태 때문에 표면에너지가 생기는데, 이것은 단위면적당 에너지의 단위로 표현된다(J/m^2 또는 erg/cm^2). 이러한 표면에너지를 줄이기 위하여 재료는 가능하면 표면적을 최소화하려고 한다. 예를 들어 액체의 경우 최소 면

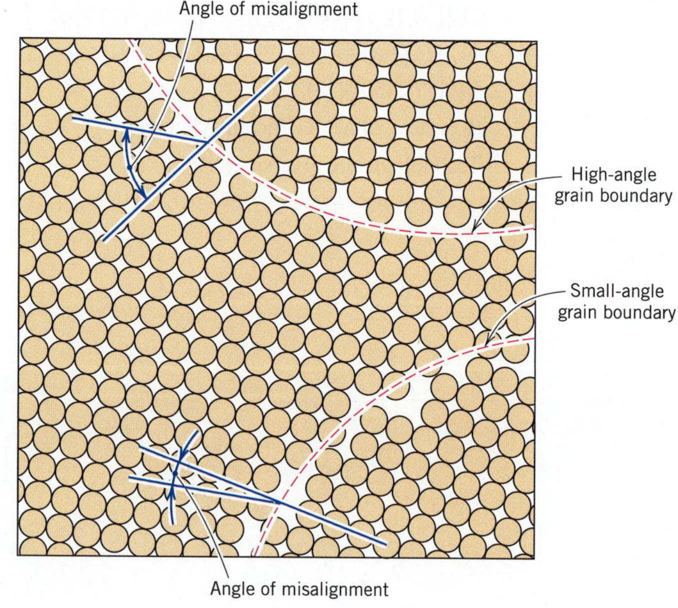

그림 6.13 소각과 고각 결정립계와 주변 원자 위치를 나타내는 개략도

적을 가지는 형상을 가지려 하기 때문에 액체 방울은 구형이 된다. 물론 고체상태일 때는 기계적으로 견고하므로 불가능하다.

결정립계

3.18절에 소개된 바와 같이, 또 다른 계면 결함인 결정립계는 다결정질 재료 내에서 2개의 작은 결정립 또는 서로 다른 결정방향을 갖는 결정을 분리하는 계면을 의미한다. 결정립계를 원자적 관점에서 그림 6.13에 개략적으로 나타내었다. 폭이 몇 개의 원자 거리 정도인 경계 부분에서, 한 결정립의 결정방향에서 이웃하는 결정립의 결정방향으로 전이될 때 약간의 원자 불일치가 존재한다.

인접한 결정립 사이에 결정학적 정렬이 어긋난 정도는 다양하다(그림 6.13). 이러한 방향의 어긋남이 몇 도 정도로 매우 작을 때 **소각 결정립계**(*small-angle grain boundary*)라는 용어를 사용한다. 이러한 입계는 전위의 배열로 설명할 수 있다. 칼날전위들이 그림 6.14와 같이 정렬되어 있을 때 단순한 소각 결정립계가 형성된다. 이것을 **경각 입계**(*tilt boundary*)라고 한다. 또한 방향 어긋남 각도 θ도 그림에 표시하였다. 방향이 어긋난 각도가 입계와 평행할 때 **비틀림 입계**(*twist boundary*)가 생기는데 이는 나선전위들의 배열로 설명된다.

원자들은 결정립계를 따라 (결합 각도가 더 클수록) 덜 규칙적으로 결합되어 있으며, 따라서 앞에서 언급한 표면에너지와 유사한 계면 혹은 결정립계 에너지가 존재한다. 이 에너지의 크기는 방향 어긋남 각도의 함수이며, 고각 입계의 경우에 에너지가 크다. 이러한 계면에너지 때문에 결정립계는 결정립 그 자체보다 화학적으로 반응성이 크다. 더욱이 이런 높은 에너지 상태 때문에 불순물 원자가 주로 이런 입계를 따라 편석된다. 크거나 조대한 결정립을 갖는 재료는 미세한 결정립을 갖는 재료보다 전체 입계 면적이 작으므로 계면에너지가 더 작다. 높은 온도에서는 이러한 전체 계면에너지를 낮추기 위해 결정립이 성장하는데 이러한 현상은 9.14절에서 설명하기로 한다.

결정립계를 따라서 원자의 배열이 불규칙하고 원자의 규칙적인 결합이 부족함에도 불구하고 다결정질 재료의 강도는 여전히 매우 크다; 입계 안팎으로 응집력이 존재한다. 그리고 다결정질 시편의 밀도는 동일 재료의 단결정 재료의 밀도와 실질적으로 같다.

상 경계

상 경계(*phase boundary*)는 서로 다른 상이 경계면의 양쪽에 있는 다상 재료(11.3절)에 존재한다. 각 상은 각각의 물리적, 화학적 특성을 가지고 있다. 다음 장과 그 이후에서 보겠지만, 상 경계는 일부 다상 금속 합금의 기계적 특성을 결정하는 데 중요한 역할을 한다.

쌍정 경계

쌍정 경계(*twin boundary*)는 두 격자가 거울처럼 정확한 대칭을 이루고 있는 결정립계의 특별한 형태이다. 입계 한쪽 면의 원자는 반대편 원자와 거울 면과 같은 대칭을 이루는 위치에 존재한다(그림 6.15). 이들 입계 양쪽의 결정 부분을 쌍정이라 한다. 쌍정은 기계적인 전단력에 의해 발생하는 원자 이동에 의해 만들어지기도 하며(변형 쌍정), 변형 후 열풀림 열처리 도중에 만들어지기도 한다(열풀림 쌍정). 쌍정은 특정한 결정학적 면상에서 특정 방향으로 생기며, 이러한 면과 방향은 결정구조에 따라 다르다. 열풀림 쌍정은 FCC 결정구조를 갖는 금속에서 주로 발견되며, 변형 쌍정은 BCC와 HCP 금속에서 관찰된다. 소성변형에서 변형 쌍정의 역할은 9.8절에서 설명할 것이다. 열풀림

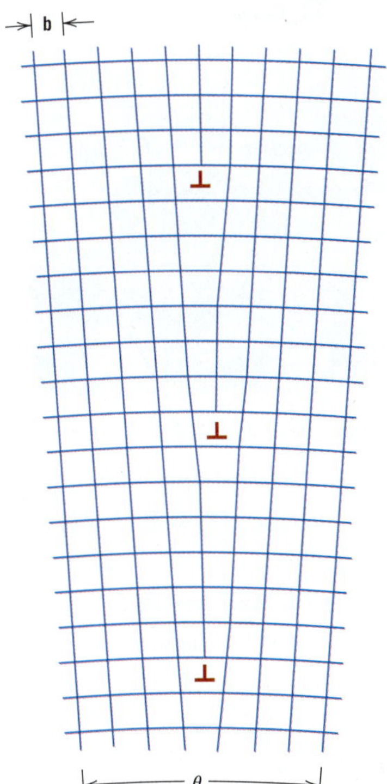

그림 6.14 칼날전위가 어떻게 배열되어, 방향 어긋남 각도 θ를 가지는 경각 입계가 생기는지를 보여주는 그림

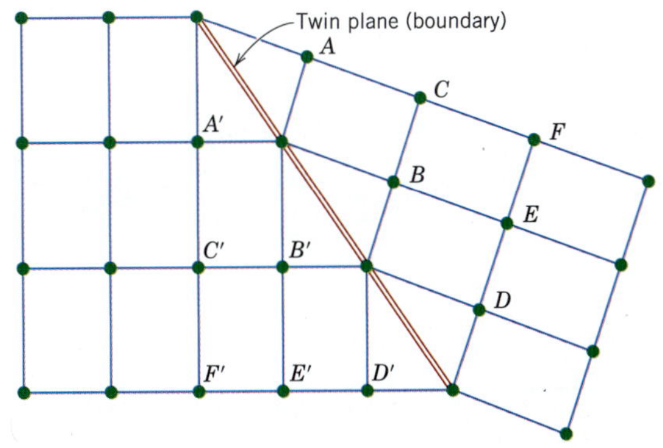

그림 6.15 쌍정면 또는 쌍정 경계와 주변 원자 위치(점으로 표시)를 보여주는 개략도

중요 재료 6.1

촉매(그리고 표면 결함)

촉매(*catalyst*)는 직접적으로 반응에 참여하지는 않지만(즉, 소모되지 않는다), 화학반응의 속도를 증가시키는 물질을 말한다. 촉매는 고체로 존재할 수 있으며, 고체 촉매는 기상 혹은 액상의 반응 분자가 촉매의 표면에 흡착[9]되고 그곳에서 일종의 상호작용을 일으키며 결과적으로 화학반응 속도를 촉진시키게 된다.

촉매에 흡착되는 위치는 보통 원자 표면의 결함이다. 표면 결함과 흡착 분자 물질 간에는 원자간/분자간 결합이 존재한다. 몇 가지 표면 결함을 그림 6.16에 나타내었는데, 주로 수평돌기, 킹크, 테라스, 원자빈자리, 개개 흡착원자(즉, 흡착된 원자) 등이다.

촉매의 중요한 응용분야는 자동차의 촉매변환장치인데, 이는 일산화탄소(CO), 질소산화물(NO_x, x는 변한다), 불연소 탄화수소 등 배기가스 오염물질의 배출을 줄이는 역할을 한다(이 장 첫 페이지의 도형과 그림). 자동차 엔진으로부터 나오는 배기가스에 공기가 유입된다. 이 혼합 기체는 촉매를 통과하는데, 이때 CO, NO_x, O_2의 분자들이 촉매 표면에 흡착된다. NO_x는 N과 O 원자로 분해되고, O_2는 원자로 분해된다. 질소 원자 쌍은 N_2 분자를 형성하고, 일산화탄소는 산화되어 이산화탄소(CO_2)를 형성한다. 또한 불연소 탄화수소는 산화되어 CO_2와 H_2O로 바뀐다.

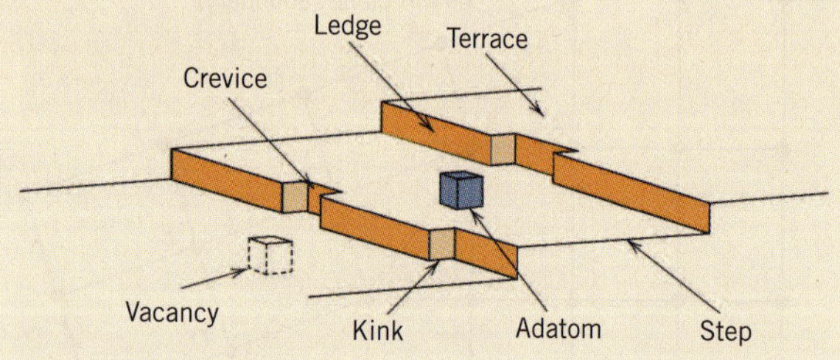

그림 6.16 촉매가 흡착되는 위치를 보여주는 표면 결함의 개략도. 개별 원자를 입방체로 표시하였다.

이러한 응용에 사용되는 촉매 재료 중 하나는 $(Ce_{0.5}Zr_{0.5})O_2$이다. 그림 6.17은 이 재료의 단결정 여러 개를 보여주는 고해상도 전자현미경 사진이다. 그림 6.16에 나타낸 몇 가지 결함은 물론 각각의 원자를 이 현미경 사진에서 볼 수 있다. 이러한 표면 결함은 앞에서 설명했듯이 원자와 분자 종이 흡착하는 위치가 된다. 따라서 이런 종의 분해, 결합, 산화반응이 촉진되어, 배기가스에 함유된 공해물질(CO, NO_x, 불연소 탄화수소)의 양은 현저히 감소한다.

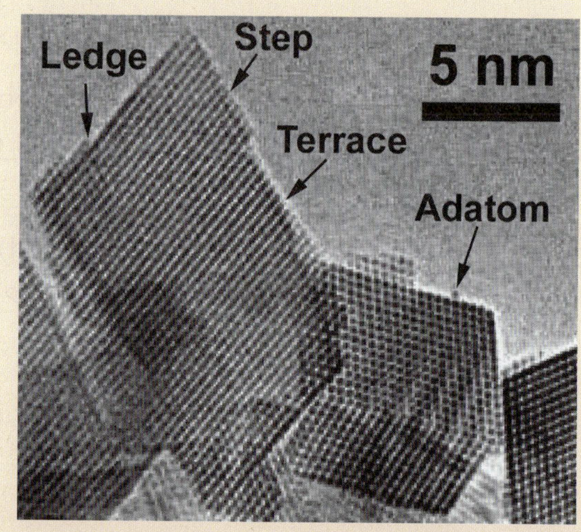

그림 6.17 $(Ce_{0.5}Zr_{0.5})O_2$의 단결정을 보여주는 고해상도 전자현미경 사진. 이 재료는 자동차의 촉매 변환기에 사용된다. 그림 6.16에 개략적으로 나타낸 표면 결함을 볼 수 있다.
[From W. J. Stark, L. Mädler, M. Maciejewski, S. E. Pratsinis, and A. Baiker, "Flame-Synthesis of Nanocrystalline Ceria/Zirconia: Effect of Carrier Liquid," *Chem. Comm.*, 588–589 (2003). Reproduced by permission of The Royal Society of Chemistry.]

9) 흡착(*adsorption*)은 기체 또는 액체의 분자가 고체 표면에 붙는 것을 말한다. 이 용어를 분자가 고체 또는 액체에 동화되는 것을 말하는 흡수(*absorption*)와 혼동해서는 안 된다.

쌍정은 그림 6.19*c*에서 보듯이 다결정질 황동 시편의 현미경 사진에서 관찰할 수 있다. 쌍정은 비교적 곧고 평행한 측면을 가진 부분을 말하며 결정립 내 쌍정이 아닌 부분과 다른 시각적 콘트라스트가 있다. 이러한 사진에서 관찰되는 조직의 다양한 콘트라스트에 대한 설명은 6.12절에 있다.

기타 계면 결함

그 밖의 계면 결함에는 적층 결함과 강자성 자벽이 있다. 적층 결함은 FCC 금속에서 조밀면의 *ABCABCABC*⋯와 같은 적층의 순서에 불연속성이 있을 때 발견된다(3.16절). 강자성체와 페리자성체의 경우에 자화 방향의 서로 다른 영역을 분리하는 계면을 **자벽**이라고 하며, 이는 19.7절에서 다룬다.

고분자 재료에서 사슬접힘층의 표면(그림 4.13)은 2개의 인접한 결정 사이의 경계이므로 계면 결함이라고 할 수 있다.

이 절에서 논의된 각 결함의 계면에너지의 크기는 계면의 종류에 따라 다르고, 재료에 따라서도 다르다. 일반적으로 계면에너지는 외부 표면의 경우가 가장 크고, 자벽의 경우가 가장 작다.

개념 확인 6.5

단결정의 표면에너지는 결정방향에 따라 다르다. 면밀도가 증가하면 표면에너지가 증가하는가? 아니면 감소하는가? 왜 그런가?

(정답은 *www.wiley.com*의 제품 페이지에서 확인할 수 있음)

6.9 | 부피 또는 부피 결함

지금까지 배운 결함보다 훨씬 큰 또 다른 종류의 결함이 모든 고체 재료에 존재한다. 이러한 결함에는 기공, 균열, 외부 개재물과 다른 상 등이 있다. 일반적으로 이러한 결함은 공정 또는 제조 단계에서 생긴다. 이들 결함과 그 결함이 재료의 특성에 미치는 영향 등은 뒤의 장들에서 다루기로 한다.

6.10 | 원자 진동

원자 진동

고체 재료 내 모든 원자들은 결정 내의 격자 위치에서 매우 빠르게 진동하고 있다. 어떤 관점으로는 **원자 진동(atomic vibration)**도 결함 또는 불완전성으로 생각할 수 있다. 어느 순간이

든 모든 원자가 동일한 주파수와 진폭으로, 혹은 동일한 에너지를 가지고 진동하는 것은 아니다. 주어진 온도에서 원자들은 평균 에너지를 중심으로 에너지의 분포를 가지고 있다. 시간에 따라서도 특정 원자의 진동에너지는 불규칙적으로 변할 수 있다. 온도가 증가함에 따라, 원자 진동의 평균 에너지는 증가하며, 실질적으로 고체의 온도는 원자와 분자의 평균 진동 활동도를 나타내는 수치이다. 상온에서 전형적인 진동 주파수는 초당 10^{13} 정도이고, 진폭은 나노미터의 천분의 몇 정도이다.

고체 내의 많은 특성과 현상은 원자의 진동에 의한 징후이다. 예를 들면 용융은 원자 진동이 수많은 원자결합을 끊을 수 있을 정도로 활발할 때 일어난다. 더 자세한 원자 진동과 이들이 재료의 특성에 미치는 영향에 관해서는 17장에서 다루기로 한다.

현미경 관찰

6.11 | 현미경의 기본 개념

때때로 재료의 특성에 영향을 주는 구조 요소와 결함을 관찰할 필요가 있다. 어떤 구조 요소는 **거시적**이다. 다시 말해 육안으로 관찰될 수 있을 정도로 충분히 크다. 예를 들면 다결정질 시편에서 결정립 모양과 평균 크기 또는 지름은 구조의 중요한 특징이 된다. 거시적인 결정립은 주로 알루미늄으로 만든 가로등 기둥이나 고속도로 가드레일에서 명확히 관찰할 수 있다. 그림 6.18에서 보는 바와 같이 서로 다른 방향을 가지고 있는 비교적 큰 결정립들을 구리 주괴의 절단면 표면에서 명확히 볼 수 있다. 그렇지만 대부분의 재료에서 결정립들은 수 미크론[10)]

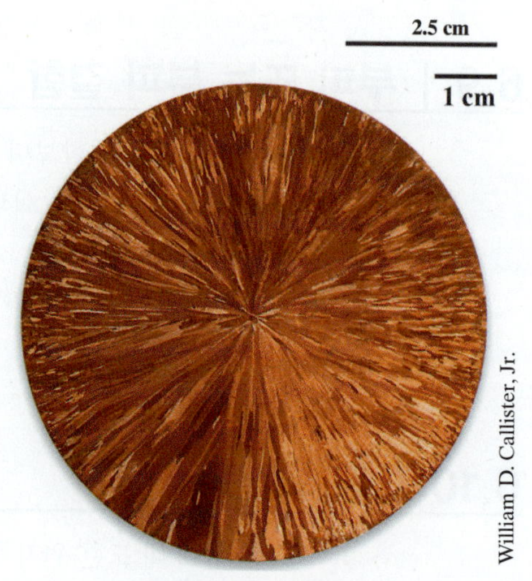

그림 6.18 원통형 구리 주괴의 단면. 작은 바늘 모양의 결정립이 관찰될 수 있으며, 이는 중심에서 반지름방향 바깥쪽으로 퍼져 있다.

10) 미크론(μm)은 마이크로미터라고도 하며 1 μm는 10^{-6} m이다.

정도의 지름을 가지고 있어 **미시적** 크기이며, 따라서 결정립의 자세한 구조는 적당한 현미경을 이용하여 관찰해야 한다. 결정립의 크기와 모양은 **미세조직(microstructure)**의 두 가지 특징에 불과하다. 이것들과 그 밖의 미세조직의 특징에 대해서는 뒤의 장들에서 다룰 것이다.

미세조직

현미경 관찰법

현미경 사진

광학, 전자, 그리고 주사탐침현미경들이 **현미경 관찰법(microscopy)**에 주로 사용된다. 이런 장비는 모든 종류의 재료에서 미세조직의 특징을 조사하는 데 도움을 준다. 이들 기술 중 일부는 현미경과 연결된 사진 장비를 적용하여 상을 사진으로 저장하는데 이것을 **현미경 사진(photomicrograph)**이라고 한다. 추가로 많은 미세조직 상은 컴퓨터를 이용하여 만들기도 하며 컴퓨터 작업을 통해 더 향상된 상을 얻기도 한다.

현미경 관찰은 재료를 연구하고 분석하는 데 대단히 유용한 수단이다. 미세조직 관찰의 몇 가지 중요한 응용은 다음과 같다: 특성과 구조(그리고 결함) 사이의 관계를 올바로 이해, 이들 관계가 일단 정립되면 재료의 특성을 예측, 새로운 특성이 조합된 합금을 설계, 재료에 대한 열처리가 바르게 되었는지 판단, 기계적 파괴 모드를 확인. 이러한 연구에 주로 사용되는 몇 가지 기술을 다음에 소개하고자 한다.

6.12 | 현미경 이용 기술

광학현미경 관찰법

광학현미경 관찰법(*optical microscopy*)의 경우, 미세조직을 연구하기 위해 광학현미경이 사용된다. 광학과 조명 장치는 광학현미경의 기본 구성요소이다. 가시광선에 불투명한 재료(모든 금속, 많은 세라믹과 고분자)의 경우에는 오직 표면만이 관찰되므로 광학현미경은 반사 모드로 사용되어야 한다. 형성된 상의 콘트라스트는 미세조직의 다양한 부분에서의 다른 반사도에 의한 결과이다. 이러한 기술을 이용하여 금속을 최초로 관찰하였기 때문에, 이런 종류의 연구 분야를 금속조직학이라고 한다.

일반적으로 미세조직의 중요한 세부적인 것을 관찰하기 위해서는 시편의 표면을 신중하고 꼼꼼하게 준비하여야 한다. 우선 시편의 표면을 갈아 내고 연마하여 매끄럽고 거울면같이 만들어야 한다. 이는 연마지와 연마용 분말을 거친 것부터 미세한 것까지 단계적으로 사용하여 얻을 수 있다. 미세조직은 식각이라고 하는 적당한 화학약품을 이용한 표면처리를 통해 얻어진다. 단일상 재료에서도 결정립의 화학 반응성은 결정방향에 따라 다르다. 따라서 다결정질 시편에서 식각 특성은 결정립마다 다르다. 그림 6.19*b*에서는 결정방향이 다른 세 종류의 식각된 결정립 표면에 수직으로 입사된 빛이 각각 어떻게 반사되는지를 보여준다. 그림 6.19*a*는 현미경으로 관찰할 때 표면이 어떻게 보이는지를 보여준다. 각 결정립의 광택 또는 결은 결정의 반사 특징에 따라 달라진다. 이러한 특성을 볼 수 있는 다결정질 시편의 현미경 사진을 그림 6.19*c*에 나타내었다.

또한 식각에 의해 결정립계를 따라 작은 홈들이 형성된다. 결정립계 근처의 원자들은 화학적으로 더 반응성이 크므로, 결정 내부의 원자보다 더 빠른 속도로 녹는다. 현미경으로 관찰할 때, 이들 홈은 빛을 결정립 내에서와 다른 각도로 반사시키므로 구별된다. 이러한 효과가 그림 6.20*a*에 나타나 있다. 그림 6.20*b*는 결정립계의 홈이 검은 선으로 명백히 나타난 다결정질 시편의 현미경 사진이다.

2상 합금의 미세조직을 관찰할 때는 각 상이 다른 질감을 나타내도록 식각될 수 있는 용액을 선택하여야 다른 상들이 서로 구별될 수 있다.

전자현미경 관찰법

광학현미경으로 볼 수 있는 최대 배율 한계는 약 2000배이다. 따라서 어떤 구조 요소들은 너무 미세하거나 작아서 광학현미경으로 관찰할 수 없다. 이러한 경우에 더 높은 배율이 가능한 전자현미경을 사용할 수 있다.

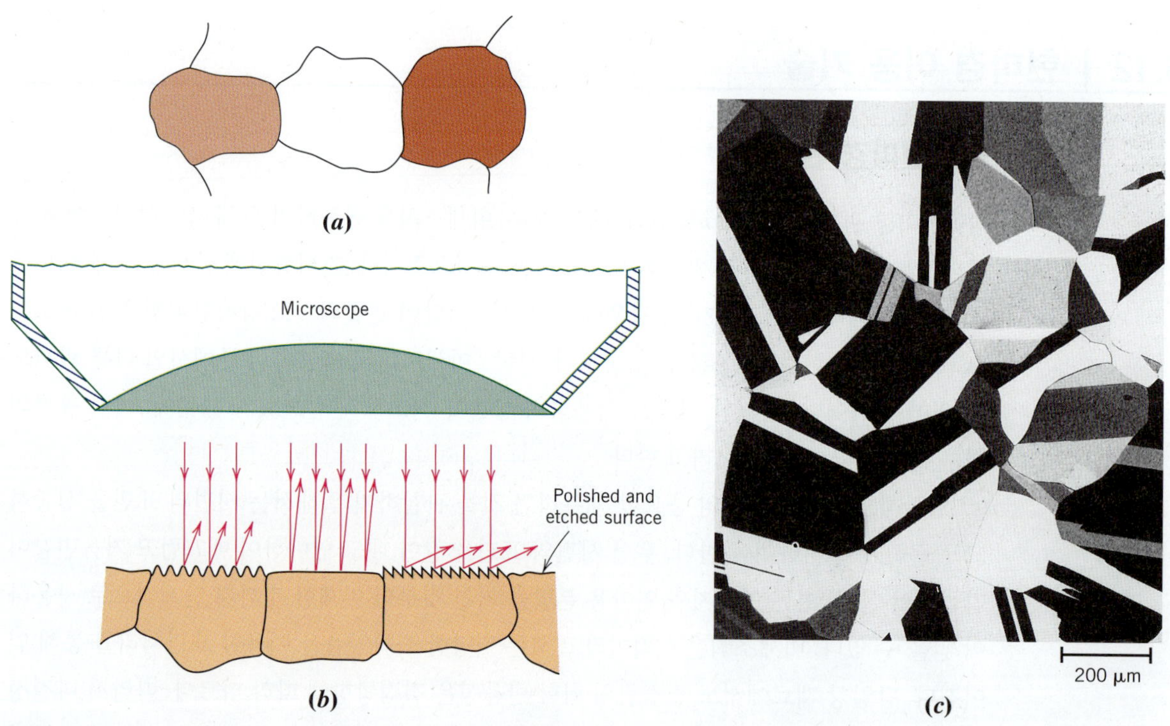

그림 6.19 (*a*) 연마되고 식각되었을 때 광학현미경에 보일 수 있는 결정립. (*b*) 결정방향 차이에 의해 결정립마다 식각 특성이 다르고 따라서 표면 결이 어떻게 차이 나는지 보여주는 단면 그림. (*c*) 다결정질 황동 시편의 현미경 사진(60배율). [Figure (*c*) from J. E. Burke, *Grain Control in Industrial Metallurgy*, in "The Fundamentals of Recrystallization and Grain Growth," Thirtieth National Metal Congress and Exposition, American Society for Metals, 1948. By permission of ASM International, Materials Park, OH. www.asmInternational.org.]

관찰하고자 하는 구조의 상은 빛 대신에 전자빔을 이용하여 만들어진다. 양자역학에 따르면, 고속으로 움직이는 전자들은 파동의 성질을 가지며, 그 파장은 속도에 반비례한다. 전자들이 높은 전압에 의해 가속되면, 대략 0.003 nm(3 pm) 정도의 파장을 가질 수 있다. 짧은 파장을 가진 전자빔에 의해 현미경의 고배율과 고해상도가 얻어진다. 전자빔의 집속과 상 형성은 자기 렌즈에 의해 이루어진다. 그 밖의 현미경 부품의 구조는 기본적으로 광학현미경과 같다. 전자현미경에서는 작동 빔이 투과와 반사의 두 가지 모드가 모두 가능하다.

투과전자현미경 관찰법

투과전자현미경 (TEM)

투과전자현미경(transmission electron microscope, TEM)에 보이는 상은 시편을 통과하는 전자빔에 의해서 형성된다. 미세조직 내 특징은 콘트라스트를 통해 관찰되는데 콘트라스트는 미세조직 또는 결함의 다양한 기본 요소 사이에서 생기는 빔의 산란 혹은 회절 특성의 차이에 의해 만들어진다. 고체 재료는 전자빔을 대단히 잘 흡수하므로, 관찰하고자 하는 시편은 매우 얇은 박막 형태로 만들어야 한다. 이런 경우 입사된 전자빔의 충분한 양이 시편을 투과할 수 있다. 투과된 전자빔을 형광 스크린 또는 사진 필름 위에 투영되게 하여 상을 볼 수 있다. 투과전자현미경으로 배율을 거의 1,000,000배까지 올릴 수 있는데, 이런 현미경은 전위를 연구하는 데 유용하게 사용된다.

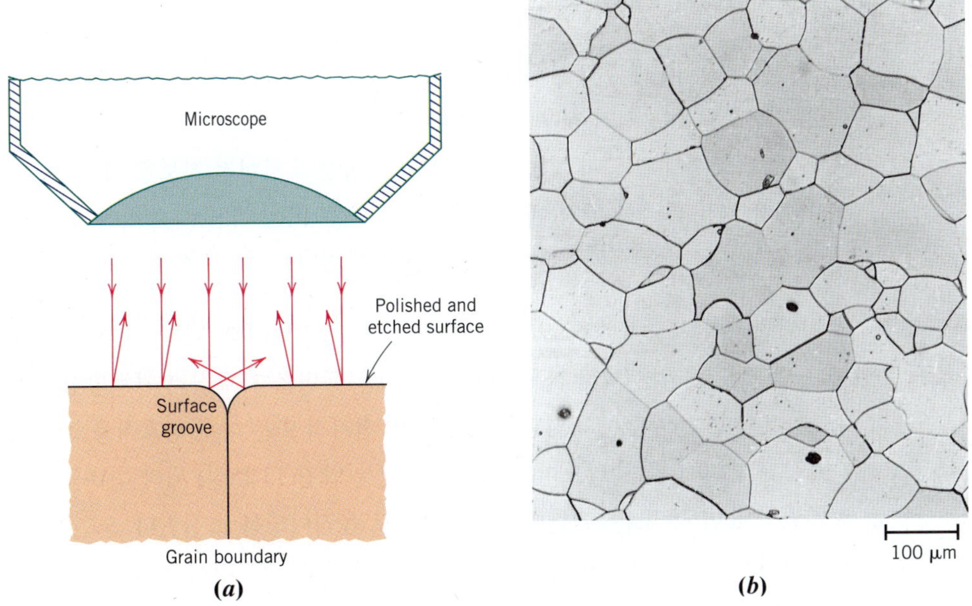

그림 6.20 (*a*) 결정립계 단면과 식각에 의해 결정립계 표면에 생긴 홈 모양. 홈 근처에서 빛이 산란되는 특성을 보여준다. (*b*) 연마되고 식각된 다결정질 철-크롬 합금 시편 표면의 현미경 사진으로 결정립계가 검게 나타난다(100배율).
[Photomicrograph courtesy of L. C. Smith and C. Brady, the National Bureau of Standards, Washington, DC (now the National Institute of Standards and Technology, Gaithersburg, MD).]

주사전자현미경 관찰법

주사전자현미경 (SEM)

보다 최근에 매우 유용하게 사용되는 연구 장비는 **주사전자현미경(scanning electron microscope, SEM)**이다. 관찰하고자 하는 시편을 전자빔으로 주사하고 시편에서 반사된(혹은 후방 산란된) 전자빔을 수집하여 똑같은 주사속도로 음극선관(CRT TV 스크린과 유사) 위에 나타낸다. 스크린 위에 나타난 상은 시편의 표면 특징을 나타내며 사진을 찍을 수 있다. 시편의 표면을 연마하거나 식각할 수도 있고 안 할 수도 있으나 전기적으로 전도성이 있어야만 한다. 비전도성 재료에 적용하기 위해서는 표면을 매우 얇은 금속 박막으로 코팅하여야 한다. 배율은 10배에서 50,000배 이상까지 가능하며, 매우 큰 초점 심도를 갖는다. 여기에 부수 장비를 부착하여 시편 표면의 매우 국부적인 영역의 원소 조성에 대한 정성 분석이나 준정량 분석을 할 수 있다.

주사탐침현미경 관찰법

주사탐침현미경 (SPM)

지난 20년 동안 현미경학 분야는 주사탐침현미경의 새로운 제품군의 개발과 함께 혁신적인 발전을 하였다. 몇 가지 다양한 **주사탐침현미경(scanning probe microscope, SPM)**은 광학 및 전자 현미경과 달리 상을 형성하기 위해 빛이나 전자를 이용하지 않는다. 반면 이 현미경(SPM)은 표면의 지형 지도를 원자 크기로 보여주는데 이는 관찰하고자 하는 시편의 표면 특징과 특성을 나타낸다. 다른 현미경 기술과 차이 나는 SPM의 몇 가지 특징은 다음과 같다.

- 배율을 최대 10^9배까지 올릴 수 있으므로 나노미터 크기의 관찰이 가능하다. 다른 현미경 기술보다 해상도가 매우 우수하다.
- 3차원으로 확대된 상이 형성되어 관심있는 형상의 지형적 정보를 제공한다.
- 어떤 SPM은 다양한 환경(예: 진공상태, 공기 중, 또는 액상)에서 작동될 수 있다. 따라서 특정 시편을 가장 적합한 환경에서 관찰할 수 있다.

주사탐침현미경은 매우 작고 날카로운 팁을 사용하며 이를 시편 표면으로부터 매우 가까이(나노 범위 내로) 위치시켜 사용한다. 이 탐침은 표면을 가로질러 가로방향으로 주사된다. 주사되는 동안 탐침은 탐침과 시편 표면 사이의 전기적 또는 다른 상호작용으로 인해 면에 수직인 방향으로 휘게 된다. 나노미터 해상도를 갖는 압전(13.25절) 세라믹 부품을 이용하여 탐침을 재료의 표면 쪽 또는 그 반대인 바깥쪽으로 움직이도록 조절한다. 또한 이런 탐침의 움직임을 전기적으로 측정하여 컴퓨터로 전송하고 컴퓨터에 저장하며 컴퓨터는 3차원 표면 이미지를 만들어 낸다.

이런 새로운 SPM은 원자, 분자 수준에서 재료의 표면을 관찰할 수 있으므로 집적회로 칩부터 생체 분자까지 재료에 관한 많은 정보를 제공하여 왔다. 실제로 SPM의 출현은 나노 재료(원자나 분자 구조 단계에서 가공하여 특성이 설계된 재료)의 시대가 도래되는 데 도움을 주어 왔다.

그림 6.21*a*는 재료에서 관찰되는 여러 가지 구조의 크기 범위를 막대 도표로 보여주는 그림이다(수평축은 로그 스케일인 점을 주목하라). 이와 비슷하게 이 장에서 설명한 여러 가지 현미경 분석 기술(맨눈을 포함)이 가지고 있는 분해능 범위를 그림 6.21*b*에 막대 도표로 나타내었다. 이런 분석 기술 중 SPM, TEM, SEM의 경우 분해능의 최댓값은 현미경의 특성에 의해 결정되지 않으므로 다소 모호하며 정확히 정의되지 않는다. 그림 6.21*a*와 6.21*b*를 비교하면 특정 구조 형태를 조사하는 데 어떤 현미경 관찰 기술이 가장 적합한지 판단할 수 있다.

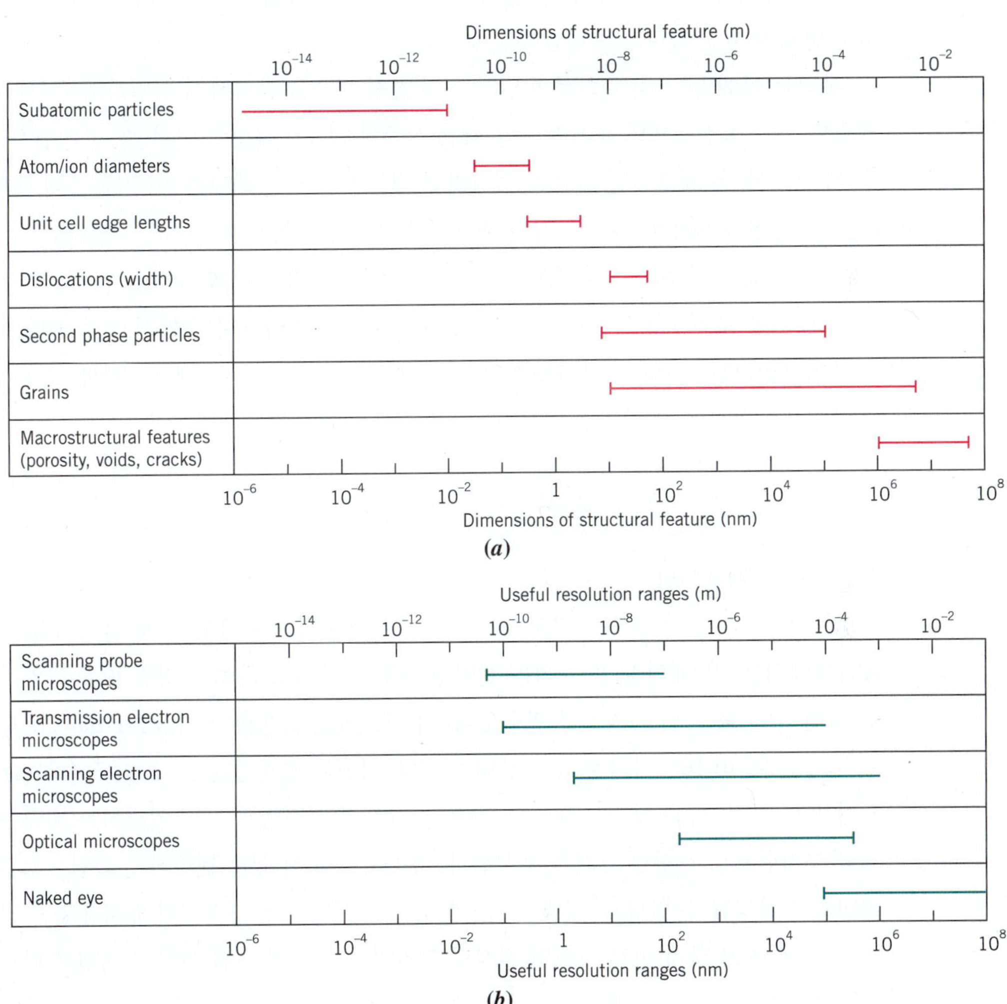

그림 6.21 (*a*) 재료에서 발견되는 여러 가지 구조들의 크기 범위를 보여주는 막대 도표, (*b*) 맨눈을 포함하여, 이 장에서 설명한 네 가지 현미경 분석 기술의 유용한 분해능 범위를 보여주는 막대 도표
(Courtesy of Prof. Sidnei Paciornik, DCMM PUC-Rio, Rio de Janeiro, Brazil, and Prof. Carlos Pérez Bergmann, Federal University of Rio Grande do Sul, Porto Alegre, Brazil.)

6.13 | 결정립 크기 결정

결정립 크기

결정립 크기(grain size)는 다결정질이며 단상의 재료의 특성이 고려 대상일 때 종종 측정된다. 이와 관련하여, 각 재료에서 결정립은 다양한 모양과 크기의 분포를 가지고 있다는 것을 아는 것이 중요하다. 결정립 크기는 결정립 지름의 평균값으로 특정될 수 있고, 이 변수를 측정하기 위한 많은 기술이 개발되었다.

디지털 시대가 도래하기 전에는 결정립 크기를 현미경 사진을 이용하여 수동으로 측정되었다. 그러나 오늘날 대부분의 기술은 자동화되어 있으며 디지털 이미지 및 이미지 분석기를 사용하여 결정립 조직의 특징(즉, 결정립 절편 수, 결정립계 길이, 결정립 면적)을 정확히 기록하고 탐지할 뿐만 아니라 측정한다.

우리는 이제 두 가지 일반적인 입자 크기 결정 기술을 간략하게 설명하고자 한다: (1) 직선 테스트 선과 결정립계의 교차점 수를 세는 **선 절편법**, (2) 결정립 면적(즉, 단위면적당 결정립 수)에 근거를 둔 표준화된 차트와 결정립 조직을 비교하는 **비교법**. 이 기술들에 대한 논의는 (현미경 사진을 사용하는) 수동적인 관점에서 이루어진다.

선 절편법의 경우, 우선 결정립 조직을 보여주는 여러 현미경 사진(모두 동일한 배율로 촬영된)에 선을 무작위로 그린다. 그다음 모든 선분과 교차하는 결정립계 수를 센다. 총 교차점 수의 합을 P, 모든 선의 총 길이를 L_T라 하면 평균 절편 길이 $\bar{\ell}$ [실제 공간(1배, 즉 확대되지 않은 경우)]은 결정립 지름의 측정값이며 다음 식으로 표시할 수 있다.

$$\bar{\ell} = \frac{L_T}{PM} \tag{6.19}$$

여기서 M은 배율이다.

결정립 크기를 측정하는 비교법은 미국재료시험협회(ASTM)[11]에 의해 고안된 것이다. ASTM에서는 100배의 배율로 찍은 현미경 사진을 참고로 하여 결정립 평균 크기가 서로 다른 여러 개의 표준 비교 차트를 만들었다. 각 차트에는 **결정립 크기번호**(*grain-size number*)라고 부르는 1부터 10까지의 수가 지정되어 있다. 시편은 결정립을 볼 수 있도록 적절하게 준비해야 하며, 그런 다음 사진을 찍는다. 현미경 사진의 결정립과 거의 일치하는 비교 차트의 결정립 크기번호로 결정립 크기가 표시된다. 따라서 비교적 쉽고 편리하게 육안으로 결정립 크기번호를 결정할 수 있다. 결정립 크기번호는 강의 사양서에 광범위하게 사용되고 있다.

이러한 여러 가지 비교 차트의 결정립 크기번호 지정에 대한 이론적 배경은 다음과 같다: G를 결정립 크기번호, n을 100배의 배율에서 제곱인치당 평균 결정립 수라고 하면 이들 두 변수는 다음과 같은 관계를 가지고 있다.[12]

---

11) ASTM Standard E112, "Standard Test Methods for Determining Average Grain Size."

12) 이 판에서 기호 n은 이전 판의 N을 대체한다. 또한 이전 n 대신에 식 (5.20)의 G가 사용된다. 식 (6.20)은 현재 문헌에서 사용되는 표준 표기법이다.

ASTM 결정립 크기번호와 제곱 인치당 평균 결정립 수 사이의 관계(100배 배율에서)

$$n = 2^{G-1} \tag{6.20}$$

100배 이외의 배율에서 찍은 현미경 사진의 경우 식 (6.20)을 수정한 아래 식을 사용해야 한다.

$$n_M \left(\frac{M}{100}\right)^2 = 2^{G-1} \tag{6.21}$$

이 식에서 n_M은 배율 M에서 제곱인치당 결정립 수이다. 또한, $(\frac{M}{100})^2$ 항을 포함하는 것은 배율은 길이 변수이지만 면적은 길이의 제곱의 단위로 표시된다는 사실을 반영한 것이다. 결과적으로 단위면적당 결정립의 수는 배율 증가의 제곱에 비례하여 증가한다.

평균 절편 길이와 ASTM의 결정립 크기번호 사이에 관계식이 개발되었는데 다음과 같이 표시된다.

$$G = -6.6457 \ \log \bar{\ell} - 3.298 \quad (\text{for } \bar{\ell} \text{ in mm}) \tag{6.22}$$

이 시점에서 현미경 사진에서 배율(즉, 선형 배율)을 표시하는 방법에 대해 논의하는 것이 바람직하다. 때때로 배율은 현미경 사진 범례에 명시되어 있다(예: 그림 6.19*b*의 경우 '60×'). 이는 현미경 사진은 실제 공간에서 시편을 60배 확대한 것을 의미한다. 크기 막대도 배율을 표시하기 위해 사용된다. 크기 막대는 직선(일반적으로 수평)이며, 현미경 사진상에 겹쳐 표시되거나 현미경 사진 바로 옆에 표시된다. 막대와 연관되어 있는 것이 길이이며 일반적으로 미크론으로 표시된다. 이 값은 크기 선 길이에 해당되는 확대된 공간에서의 길이를 의미한다. 예를 들어 그림 6.20*b*에서 크기 막대는 현미경 사진의 오른쪽 하단 구석 아래에 위치하고 있다. '100 μm'란 표식은 크기 막대 길이가 100 μm이라는 의미이다.

크기 막대로부터 배율을 계산하려면 다음 과정을 이용할 수 있다.

1. 자를 사용하여 크기 막대의 길이를 밀리미터 단위로 측정한다.
2. 이 길이를 미크론으로 변환한다(즉, 1밀리미터가 1000미크론이기 때문에 단계 1에서 구한 값에 1000을 곱한다).
3. 배율 M은 다음과 같다.

$$M = \frac{\text{measured scale length (converted to microns)}}{\text{the number appearing by the scale bar (in microns)}} \tag{6.23}$$

예를 들어 그림 6.20*b*의 경우 측정된 크기 막대 길이는 약 10 mm이며, 이는 (10 mm) × (1000 μm/mm) = 10,000 μm에 해당한다. 크기 막대 길이가 100 μm를 나타내므로 배율은 다음과 같다.

$$M = \frac{10{,}000\ \mu\text{m}}{100\ \mu\text{m}} = 100\times$$

이것은 그림의 범례에 주어진 값이다.

개념 확인 6.6

결정립 크기가 감소함에 따라 결정립 크기번호[식 (6.20)의 G]는 증가하는가? 아니면 감소하는가? 왜 그런가?

(정답은 *www.wiley.com*의 제품 페이지에서 확인할 수 있음)

예제 6.7

ASTM 방법과 절편법을 이용한 결정립 크기 계산

다음은 어떤 가상의 금속의 미세조직을 나타내는 개략적인 현미경 사진이다.

(a) 평균 절편 길이를 구하라.

(b) 식 (6.22)를 이용하여 ASTM 결정립 크기번호 G를 구하라.

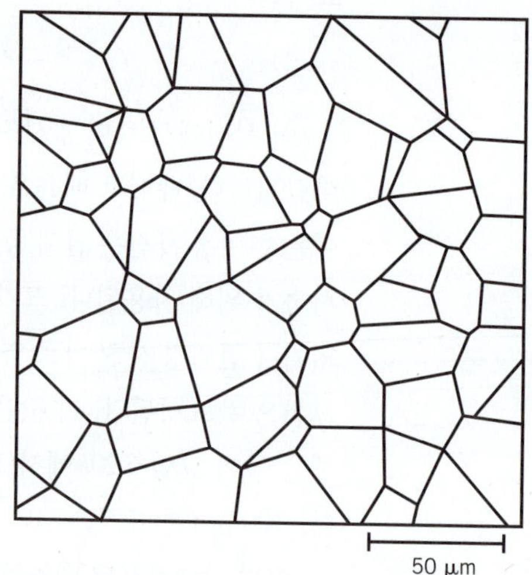

풀이

(a) 우선 식 (6.23)을 사용하여 현미경 사진의 배율을 결정한다. 크기 막대 길이를 측정한 결과 16 mm였고, 이는 16,000 μm와 같다. 척도막대의 숫자가 50 μm이기 때문에 배율은

$$M = \frac{16{,}000\ \mu\text{m}}{50\ \mu\text{m}} = 320\times$$

다음 개략도는 번호가 매겨진 7개의 직선(빨간색)이 그려진 동일한 현미경 사진이다.

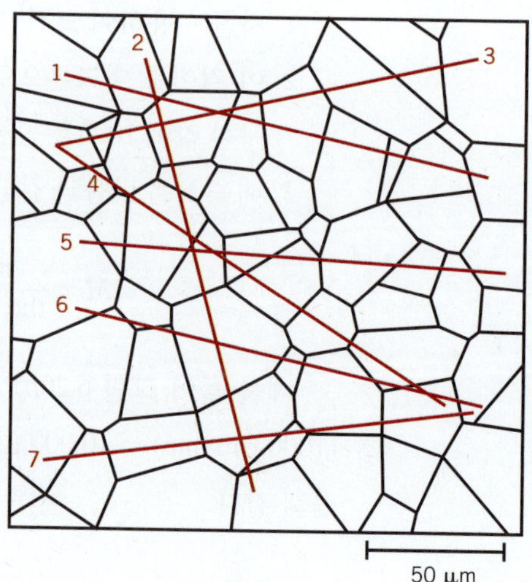

각 선의 길이는 50 mm이며, 따라서 모든 선의 총 길이[식 (6.19)의 L_T]는

$$(7\ \text{lines})\ (50\ \text{mm/line}) = 350\ \text{mm}$$

다음 표는 각 선에 대해 결정립계와의 교차점 수를 나타낸 것이다.

Line Number	Number of Grain-Boundary Intersections
1	8
2	8
3	8
4	9
5	9
6	9
7	7
Total	58

따라서 $L_T = 350$ mm, $P = 58$ 결정립계 교차점 수, 배율 $M = 320\times$이므로 평균 절편 길이 $\bar{\ell}$ (실제 공간에서 밀리미터 단위), 식 (6.19)는

$$\bar{\ell} = \frac{L_T}{PM}$$
$$= \frac{350 \text{ mm}}{(58 \text{ grain-boundary intersections})(320\times)} = 0.0188 \text{ mm}$$

(b) 이 값을 식 (6.22)의 $\bar{\ell}$ 에 대입하면 G의 값이 구해진다.

$$G = -6.6457 \log \bar{\ell} - 3.298$$
$$= (-6.6457) \log(0.0188) - 3.298$$
$$= 8.17$$

요약

금속에서의 점 결함

- 점 결함은 1개 또는 2개의 원자 위치와 관련되어 있다. 원자빈자리(또는 빈 격자자리), 자체격자간 원자(모원자가 격자간 자리를 점유한 것)가 이에 속한다.
- 원자빈자리의 평형 개수는 식 (6.1)처럼 온도에 의존한다.

세라믹에서의 점 결함

- 세라믹에서의 원자 결함은 각 양이온, 음이온마다 자체격자간 이온과 이온빈자리가 가능하다(그림 6.2).
- 세라믹 재료에서 전하가 원자 점 결함과 관련이 있으므로 전기중성도를 유지하기 위해 종종 쌍(프렌켈 결함과 쇼트키 결함)으로 존재한다.
- 화학량론적인 세라믹은 화학식에서 예상되는 양이온과 음이온 비를 정확하게 가지는 것이다.

- 비화학량론적 재료는 이온 중 하나가 하나의 이온 상태보다 더 많이 있을 때(예: Fe^{2+}과 Fe^{3+}이 존재하는 $Fe_{(1-x)}O$) 가능하다.
- 불순물 원자가 첨가되면 치환형 고용체나 침입형 고용체를 형성할 수 있다. 치환형 고용체의 경우 불순물 원자는 전기적으로 가장 비슷한 모원자를 치환한다.

고체 내에서의 불순물

- **합금**은 둘 또는 그 이상의 원소로 구성된 금속 재료이다.
- 불순물 원자가 고체에 첨가될 때 원래의 결정구조가 유지되고 새로운 상이 생기지 않는 경우 고용체가 형성될 수 있다.
- 치환형 고용체의 경우, 불순물 원자가 모원자를 치환한다.
- 침입형 고용체는 비교적 작은 원자가 모원자 사이의 격자간 자리를 점유할 때 형성된다.
- 흄-로더리 법칙을 따를 때 한 원자 유형이 다른 원자 유형으로 높은 수준의 치환 고용이 가능하다.

고분자에서의 점 결함

- 고분자에서의 점 결함 개념은 금속이나 고분자와 다르지만 원자빈자리, 격자간 원자, 침입형의 불순물 원자/이온 또는 원자/이온 군이 결정질 영역에 존재한다는 것이 발견되었다.
- 다른 결함으로 사슬 끝부분과 늘어지고 느슨한 사슬 및 전위가 있다(그림 6.8).

조성의 표시

- 합금의 성분은 중량백분율[질량비를 기준, 식 (6.6a)와 (6.6b)] 또는 원자백분율[몰 또는 원자비를 기준, 식 (6.8a)와 (6.8b)]로 나타낼 수 있다.
- 중량백분율을 원자백분율로 변환시키는 방정식[식 (6.9a)]과 그 반대로 변환시키는 방정식[식 (6.10a)]이 주어졌다.
- 이 장에서 인용된 다른 방정식[식 (6.13a), (6.13b), (6.14a), (6.14b)]을 사용하면 2상 합금의 평균 밀도 및 평균 원자량의 계산이 가능하다.

전위—선 결함

- 전위는 1차원의 결정 결함으로, 순수한 전위는 칼날과 나선의 두 종류가 있다.
  - **칼날전위**는 원자의 여분의 반결정면 끝을 따라 생기는 격자변형의 관점에서 설명될 수 있다.
  - **나선전위**는 나선형 평면의 경사로이다.
  - **혼합전위**는 순수한 칼날과 순수한 나선 전위 성분이 모두 발견된다.
- 전위에 동반되는 격자변형의 크기와 방향은 버거스 벡터에 의해 특정지어진다.
- 버거스 벡터와 전위선 사이에는 상대적인 방향 관계가 있는데 (1) 칼날전위의 경우에는 버거스 벡터와 전위선이 수직을 이루고, (2) 나선전위의 경우에는 서로 평행하고, (3) 혼합전위의 경우에는 수직도 평행도 아니다.

계면 결함

- 결정립계 근처(몇 개의 원자간 거리)에서는 서로 다른 결정학적 방향을 가지는 두 인접 결정립 사이에 약간의 원자 불일치가 존재한다.

- 쌍정 경계에서 한쪽의 원자는 다른 쪽의 원자와 거울면과 같은 대칭을 이루는 위치에 존재한다.

현미경 이용 기술

- 재료의 미세조직은 미시적인 결함과 구조 요소들로 구성되어 있다. **현미경학**은 적당한 현미경을 이용하여 미세조직을 관찰하는 것이다.
- 보통 광학 및 전자 현미경이 사진 장비와 함께 사용된다.
- 각 현미경 종류에 따라 반사와 투과 모드가 가능하다. 적절한 모드는 관찰하고자 하는 구조 또는 결함의 종류는 물론, 시편의 본질에 의해 선택된다.
- 전자현미경에는 투과전자현미경(TEM)과 주사전자현미경(SEM)의 두 종류가 있다.
  - TEM의 경우 시편을 투과할 때 산란되거나 회절되는 전자빔에 의해 영상이 형성된다.
  - SEM의 경우 시편 표면을 전자빔으로 주사하고 영상은 후방 산란되거나 반사되는 전자로부터 형성된다.
- 주사탐침현미경에서는 작고 날카로운 팁을 가지는 탐침을 사용하여 재료 표면을 주사한다. 시편 표면과의 상호작용에 의해 탐침은 표면의 바깥방향으로 휘게 된다. 컴퓨터에 의해 만들어진 3차원 표면 영상은 나노미터 분해능을 가지고 있다.

결정립 크기 결정

- 결정립 크기를 측정하는 절편법의 경우 현미경 사진에 여러 개의 직선을 그린다. 이런 선과 교차하는 결정립계의 수를 세고 **평균 절편 길이**(결정립 지름의 측정)는 식 (6.19)를 이용하여 계산한다.
- 현미경 사진(100배의 배율로 찍은)을 ASTM 표준 비교 차트와 비교하면 결정립 크기를 결정립 크기번호로 표시할 수 있다.
- 배율 100배에서 제곱인치당 평균 결정립 수는 식 (6.20)에 따른 결정립 크기번호와 관련이 있다. 100배와 다른 배율인 경우 식 (6.21)이 사용된다.
- 결정립 크기번호와 평균 절편 길이는 식 (6.22)와 관련이 있다.

식 요약

Equation Number	Equation	Solving for
6.1	$N_\upsilon = N \exp\left(-\frac{Q_\upsilon}{kT}\right)$	Number of vacancies per unit volume
6.2	$N = \frac{N_A \rho}{A}$	Number of atomic sites per unit volume
6.6a	$C_1 = \frac{m_1}{m_1 + m_2} \times 100$	Composition in weight percent

(계속)

Equation Number	Equation	Solving for
6.8a	$C'_1 = \frac{n_{m1}}{n_{m1} + n_{m2}} \times 100$	Composition in atom percent
6.9a	$C'_1 = \frac{C_1 A_2}{C_1 A_2 + C_2 A_1} \times 100$	Conversion from weight percent to atom percent
6.10a	$C_1 = \frac{C'_1 A_1}{C'_1 A_1 + C'_2 A_2} \times 100$	Conversion from atom percent to weight percent
6.12a	$C''_1 = \left(\frac{C_1}{\frac{C_1}{\rho_1} + \frac{C_2}{\rho_2}}\right) \times 10^3$	Conversion from weight percent to mass per unit volume
6.13a	$\rho_{\text{ave}} = \frac{100}{\frac{C_1}{\rho_1} + \frac{C_2}{\rho_2}}$	Average density of a two-component alloy
6.14a	$A_{\text{ave}} = \frac{100}{\frac{C_1}{A_1} + \frac{C_2}{A_2}}$	Average atomic weight of a two-component alloy
6.19	$\bar{\ell} = \frac{L_T}{PM}$	Mean intercept length (measure of average grain diameter)
6.20	$n = 2^{G-1}$	Number of grains per square inch at a magnification of 100×
6.21	$n_M = (2^{G-1})\left(\frac{100}{M}\right)^2$	Number of grains per square inch at a magnification other than 100×

기호 목록

Symbol	Meaning
A	Atomic weight
G	ASTM grain-size number
k	Boltzmann's constant (1.38×10^{-23} J/atom·K, 8.62×10^{-5} eV/atom·K)
L_T	Total line length (intercept technique)
M	Magnification
m_1, m_2	Masses of elements 1 and 2 in an alloy
N_A	Avogadro's number (6.022×10^{23} atoms/mol)
n_{m1}, n_{m2}	Number of moles of elements 1 and 2 in an alloy
P	Number of grain boundary intersections
Q_v	Energy required for the formation of a vacancy
ρ	Density

중요한 용어와 개념

결정립 크기
결함
결함구조
고용체
나선전위
미세조직
버거스 벡터
볼츠만상수
쇼트키 결함
용매
용질
원자백분율
원자빈자리
원자 진동
자체격자간 원자
전기중성도
전위선
점 결함
조성
주사전자현미경(SEM)
주사탐침현미경(SPM)
중량백분율
치환형 고용체
침입형 고용체
칼날전위
투과전자현미경(TEM)
프렌켈 결함
합금
현미경 관찰법
현미경 사진
혼합전위
화학량론

참고문헌

ASM Handbook, Vol. 9, *Metallography and Microstructures*, ASM International, Materials Park, OH, 2004.

Brandon, D., and W. D. Kaplan, *Microstructural Characterization of Materials*, 2nd edition, John Wiley & Sons, Hoboken, NJ, 2008.

Cai, W., and W. D. Nix, *Imperfections in Crystalline Solids*, Cambridge University Press, Cambridge, UK, 2016.

Chiang, Y. M., D. P. Birnie III, and W. D. Kingery, *Physical Ceramics: Principles for Ceramic Science and Engineering*, John Wiley & Sons, New York, NY, 1997.

Clarke, A. R., and C. N. Eberhardt, *Microscopy Techniques for Materials Science*, Woodhead Publishing, Cambridge, UK, 2002.

Kingery, W. D., H. K. Bowen, and D. R. Uhlmann, *Introduction to Ceramics*, 2nd edition, John Wiley & Sons, New York, NY, 1976. Chapters 4 and 5.

Tilley, R. J. D., *Defects in Solids*, John Wiley & Sons, Hoboken, NJ, 2008.

Van Bueren, H. G., *Imperfections in Crystals*, North-Holland, Amsterdam, 1960.

Vander Voort, G. F., *Metallography, Principles and Practice*, ASM International, Materials Park, OH, 1999.

문제

원자빈자리와 자체격자간 원자

6.1 800°C에서 금의 원자빈자리 분율은 2×10^{-5}이다. 800°C에서금의 밀도를 18.45 g/cm^{3}라고 가정할 때 입방미터당 원자빈자리의 개수를 계산하라.

6.2 어떤 가상의 금속의 원자빈자리의 개수가 750°C에서 1.4×10^{24} m^{-3}이다. 이때 이 금속의 밀도와 원자량이 각각 5.60 g/cm^{3}와 65.6 g/mol일 때, 원자빈자리 분율을 구하라.

6.3 **(a)** 납의 녹는점 327°C(600 K)의 온도에서 원자빈자리 분율은 얼마인가? 이때 원자빈자리 형성에 필요한 활성화에너지는 0.50 eV/atom로 가정한다.

(b) 이때 상온(298 K)에서의 원자빈자리 분율을 계산하라.

(c) N_v/N(600 K)과 N_v/N(298 K)의 비를 계산하라.

6.4 900°C에서 철의 입방미터당 원자빈자리 개수는 얼마인가? 원자빈자리 형성 시 필요한 활성화에너지는 1.08 eV/atom이고, 철(Fe)의 밀도와 원자량은 900°C에서 각각 7.65 g/cm^{3}와 55.85 g/mol이다.

6.5 500°C(773 K)에서 알루미늄의 원자빈자리의 평형 개수는 7.57×10^{23} m^{-3}이다. 원자빈자리 형성에 필요한 활성화에너지는 얼마인가? 500°C에서의 알루미늄의 원자량과 밀도는 각각 26.98 g/mol과 2.62 g/cm^3이다.

세라믹에서의 결함

6.6 이온결합 세라믹에서 음이온의 프렌켈 결함이 상대적으로 더 많이 관찰되겠는가 아니면 더 적게 관찰되겠는가? 답에 대한 이유를 설명하라.

6.7 암염의 용융점(801°C)에서 쇼트키 결함이 존재하는 격자의 분율을 계산하라. 이때 쇼트키 결함을 형성하기 위하여 필요한 에너지는 2.2 eV로 가정하라.

6.8 1000°C에서 산화아연의 입방미터당 프렌켈 결함의 개수를 계산하라. 프렌켈 결함을 형성하는데 필요한 에너지는 2.5 eV이고, 1000°C에서의 밀도는 5.55 g/cm^3이다.

6.9 화학식이 MO인 어떤 산화물 세라믹에 대해 쇼트키 결함의 형성에 관한 아래 표를 이용하여 다음에 답하라.

(a) 결함 형성에 필요한 에너지(eV)

(b) 1100°C에서 입방미터당 쇼트키 결함의 평형 개수

(c) 산화물 MO는 무엇인가?

T (°C)	ρ (g/cm³)	N_s (m^{-3})
750	5.50	9.21×10^{19}
1100	5.40	?
1250	5.37	5.0×10^{22}

6.10 '화학량론적'이라는 용어를 간략히 설명하라.

6.11 산화구리(CuO)가 높은 온도에서 환원 분위기에서 노출될 때 일부 Cu^{2+} 이온은 Cu^{+} 이온이 된다.

(a) 이러한 조건에서 전하의 중성도를 유지하기 위해 형성될 것으로 예상되는 결정 선 결함 한 가지를 말하라.

(b) 1개의 결함을 만들기 위해서는 몇 개의 Cu^{+} 이온이 필요한가?

(c) 이러한 비화학량론적 물질의 화학식을 어떻게 표현하는가?

고체 내에서의 불순물

6.12 다음 표에 몇 가지 원소의 원자반지름, 결정구조, 전기음성도, 원자가가 나열되어 있다. 비금속의 경우에는 원자반지름만 나열되어 있다.

Element	Atomic Radius (nm)	Crystal Structure	Electro-negativity	Valence
Cu	0.1278	FCC	1.9	+2
C	0.071			
H	0.046			
O	0.060			
Ag	0.1445	FCC	1.9	+1
Al	0.1431	FCC	1.5	+3
Co	0.1253	HCP	1.8	+2
Cr	0.1249	BCC	1.6	+3
Fe	0.1241	BCC	1.8	+2
Ni	0.1246	FCC	1.8	+2
Pd	0.1376	FCC	2.2	+2
Pt	0.1387	FCC	2.2	+2
Zn	0.1332	HCP	1.6	+2

이들 원소 중 구리와 함께 다음과 같은 고용체를 형성할 것으로 예상되는 원소를 구하라.

(a) 완전 용해되는 치환형 고용체

(b) 불완전 용해되는 치환형 고용체

(c) 침입형 고용체

6.13 다음의 시스템(한 쌍의 금속) 중 어떤 시스템이 완전 용해되는 치환형 고용체를 보일 것으로 예상되는가? 그 이유는 무엇인가?

(a) Cr-V

(b) Mg-Zn

(c) Al-Zr

(d) Ag-Au

6.14 **(a)** (격자변형을 일으키지 않으면서) FCC 팔면체 자리에 들어갈 수 있는 불순물 원자의 반지름 r을 모원자의 원자반지름 R의 함수로 계산하라.

(b) (a)와 동일 조건에서 FCC 사면체 자리에 들어갈 수 있는 불순물 원자의 반지름 r을 모원자의 원자반지름 R의 함수로 계산하라(그림 6.6*a* 참조).

6.15 (격자변형을 일으키지 않으면서) BCC 사면체 자리에 들어갈 수 있는 불순물 원자의 반지름 r을 모원자의 원자반지름 R의 함수로 계산하라(그림 6.6*b* 참조).

6.16 **(a)** 탄소는 철의 FCC와 BCC 구조 모두에서 고용체를 형성한다. 문제 6.14의 결과를 참고한다면, FCC의 팔면체와 사면체 자리의 어느 위치에 탄소가 침입할 것으로 예상하는가? 그 이유는 무엇인가?

(b) 문제 6.15와 예제 6.3의 결과를 참고할 때, BCC의 팔면체 자리와 사면체 자리 중 탄소가 어느 위치에 침입할 것으로 예상하는가? 그 이유는 무엇인가?

(c) (a)와 (b)의 결과를 참고하여 FCC와 BCC에 대하여 탄소가 선호하는 침입형 자리의 반지름을 구하라.

(d) (c)를 바탕으로 철의 경우 BCC 구조보다 FCC 구조에서 더 높은 농도의 탄소가 용해되는 이유를 설명하라.

6.17 **(a)** BCC 구조 철의 사면체 침입형 자리 반지름을 계산하라(문제 6.15 참조).

(b) 탄소 원자가 격자에 침입하면 주변 공간에 격자변형이 발생한다. 탄소 원자의 반지름과 격자 공간 반지름의 차이로 인한 격자변형의 크기를 구하라.

6.18 흄-로더리 법칙(6.4절)이 세라믹 시스템에도 적용될 수 있는가? 답에 대한 이유를 설명하라.

6.19 다음 산화물 중 MnO와 함께 완전(즉, 100%) 용해되는 치환 고용체를 형성할 것으로 예상되는 산화물은 무엇인지 고르고 그 이유를 설명하라.

(a) MgO

(b) CaO

(c) BeO

6.20 **(a)** Li_2O에 CaO이 불순물로 첨가되었다고 가정할 때 Ca^{2+}이 Li^+을 치환한다면 어떤 종류의 빈자리(vacancy)가 형성되는가? Li^+ 이온이 첨가될 때마다 이러한 빈자리가 얼마나 형성되는가?

(b) $CaCl_2$에 CaO이 불순물로 첨가되었다고 가정할 때 O^{2-}이 Cl^- 이온을 치환한다면 어떤 종류의 빈자리(vacancy)가 형성되는가? Cl^- 이온이 첨가될 때마다 이러한 빈자리가 얼마나 형성되는가?

조성의 표시

6.21 다음 방정식을 유도하라.

(a) 식 (6.10a)

(b) 식 (6.12a)

(c) 식 (6.13a)

(d) 식 (6.14b)

6.22 40 wt% Zn과 60 wt% Cu의 합금 조성을 원자백분율로 구하라.

6.23 5 at% Pb과 95 at% Sn의 합금 조성을 중량백분율로 구하라.

6.24 109.0 kg의 티타늄과 7.3 kg의 알루미늄, 4.7 kg의 바나듐이 함유된 합금의 조성을 중량백분율로 계산하라.

6.25 주석 98 g과 납 65 g을 포함하는 합금의 조성은 원자백분율로 얼마인가?

6.26 구리의 입방미터당 원자 수를 계산하라.

6.27 철-탄소 합금의 탄소 농도가 0.20 wt%이다. 입방미터당 탄소는 몇 kg인가?

6.28 실리콘 안의 갈륨 농도가 3.0×10^{-7} at%이다. 입방미터당 갈륨은 몇 kg인가?

6.29 64.5 wt% Cu, 33.5 wt% Zn, 2 wt% Pb으로 구성된 고함연 황동의 밀도를 계산하라.

6.30 85 wt% Fe과 15 wt% V 합금의 단위격자 모서리 길이를 구하라. 모든 바나듐은 고용체로 존재하며, 이 합금의 결정구조는 상온에서 BCC이다.

6.31 12.5 wt% 금속 A와 87.5 wt% 금속 B로 구성된 어떤 합금이 있다고 하자. 금속 A와 B의 밀도가 각각 4.27과 6.35 g/cm^{3}이고, 원자량이 61.4와 125.7 g/mol이라면, 이 합금은 단순입방 구조, 면심입방 구조, 체심입방 구조 중 어떤 결정구조를 가지는지 구하라. 단위격자 모서리 길이는 0.395 nm로 가정한다.

6.32 두 원소 1과 2를 함유한 고용체에서, 고용체 안의 한 원소의 입방센티미터당 원자 수 N_1을 주어진 원소의 중량백분율 농도 C_1으로부터 구하는 것이 필요하다. 이러한 과정은 다음 식을 통해 계산된다.

$$N_1 = \frac{N_A C_1}{\dfrac{C_1 A_1}{\rho_1} + \dfrac{A_1}{\rho_2}(100 - C_1)} \tag{6.24}$$

여기서, N_A = 아보가드로 수

ρ_1, ρ_2 = 두 원소의 밀도

A_1 = 원소 1의 원자량

식 (6.2)와 6.6절의 관계식을 사용하여 식 (6.24)를 유도하라.

6.33 금은 은과 치환형 고용체를 이룬다. 10 wt% Au과 90 wt% Ag이 함유된 합금의 입방센티미터당 금 원자의 수를 계산하라. 이때 순수한 금과 은의 밀도는 각각 19.32와 10.49 g/cm^{3}이다.

6.34 0.40 wt% C를 포함하는 BCC 구조 철-탄소 합금에서 모든 탄소 원자는 사면체 침입형 자리에 위치해 있다. 탄소 원자가 차지하는 공간을 계산하라.

6.35 0.20 wt% C를 포함하는 BCC 구조 철-탄소 합금에 대하여 탄소 원자를 포함하는 단위격자 분율을 계산하라.

6.36 1.5×10^{-6} at%의 비소가 첨가된 Si에 대하여 입방미터당 비소(As) 원자 수를 계산하라.

6.37 때때로 두 유형의 원자로 구성된 합금에 대하여 원소 1의 조성이 입방센티미터당 원자 수(N_1)로 주어졌을 때 중량백분율 농도 C_1으로 나타낼 필요가 있다. 이 계산은 다음 식을 이용하여 가능하다.

$$C_1 = \frac{100}{1 + \dfrac{N_A \rho_2}{N_1 A_1} - \dfrac{\rho_2}{\rho_1}} \tag{6.25}$$

여기서, N_A = 아보가드로 수

ρ_1, ρ_2 = 두 원소의 밀도

A_1 = 원소 1의 원자량

식 (6.2)와 6.6절의 관계식을 사용하여 식 (6.25)를 유도하라.

6.38 몰리브덴은 텅스텐과 치환형 고용체를 이룬다. 입방센티미터당 1.0×10^{22}개의 몰리브덴 원자를 함유하는 합금을 생산하기 위해 텅스텐에 첨가되는 몰리브덴의 중량백분율을 구하라. 순수한 Mo과 W의 밀도는 각각 10.22와 19.30 g/cm^{3}이다.

6.39 집적회로에서 발견되는 전자장치는 주기율표의 IIIA족과 VA족에서 발견되는 소량의 매우 제어된 농도의 원소가 첨가된 초고순도 실리콘으로 구성된다. 입방미터당 8.3×10^{21} 원자 수의 안티모니를 첨가한 Si에 대하여 안티모니(Sb)의 (a) 중량백분율과 (b) 원자백분율을 계산하라.

6.40 은과 팔라듐은 FCC 결정구조를 갖고, Pd은 상온에서 모든 조성에 대하여 치환형 고용체이다. 75 wt% Ag과 25 wt% Pd 합금의 단위격자 모서리 길이를 계산하라. Pd의 상온 밀도는 12.02 g/cm^3, 원자량과 원자반지름은 각각 106.42 g/mol과 0.138 nm이다.

전위—선 결함

6.41 칼날, 나선, 혼합 전위에 대하여 전위선과 버거스 벡터의 상대적인 방향을 설명하라.

계면 결함

6.42 FCC 단결정의 경우, 표면에너지가 (100)면에 대한 표면에너지가 (111)면의 표면에너지보다 클 것으로 예상하는가 아니면 작을 것으로 예상하는가? 답에 대한 이유를 설명하라(3장의 문제 3.82 참조).

6.43 BCC 단결정의 경우, 표면에너지가 (100)면에 대한 표면에너지가 (110)면의 표면에너지보다 클 것으로 예상하는가 아니면 작을 것으로 예상하는가? 답에 대한 이유를 설명하라(3장의 문제 3.83 참조).

6.44 단순입방 결정구조를 가진 어떤 가상의 금속의 단결정(그림 3.3)에 대하여, (100)면의 표면에너지가 (110)면보다 크거나, 같거나, 또는 작을 것이라고 예상하는가? 그 이유는 무엇인가?

6.45 **(a)** 주어진 재료에 대하여, 표면에너지가 결정립계 에너지보다 큰지, 같은지, 또는 작은지를 말하고 그 이유에 대하여 설명하라.

(b) 소각 결정립계 에너지가 고각 결정립계 에너지보다 작은 이유를 설명하라.

6.46 **(a)** 쌍정과 쌍정 경계에 대하여 간략히 설명하라.

(b) 기계적 쌍정과 열풀림 쌍정의 차이점에 대하여 열거하라.

6.47 FCC 금속에서 발견되는 다음과 같은 각각의 적층 순서에 대하여 존재하는 평면 결함의 유형을 설명하라.

(a) ···*ABCABCBACBA*···

(b) ···*ABCABCBCABC*···

상기의 적층 순서에서 평면 결함의 위치를 수직 점선으로 나타내라.

결정립 크기 결정

6.48 **(a)** 선 절편법을 사용하여 그림 6.20*b*와 같은 미세조직을 가진 시편의 평균 결정립 크기를 mm 단위로 구하라. 최소 7개의 직선을 사용하라.

(b) 이 재료에 대한 ASTM 결정립 크기번호를 구하라.

6.49 ASTM 결정립 크기가 6인 경우, 다음 조건에서 제곱인치당 대략 몇 개의 결정립이 있는가?

(a) 100배율

(b) 배율 없음

6.50 500배율에서 제곱인치당 25개의 입자가 측정되는 경우 ASTM 결정립 크기번호를 구하라.

6.51 50배율에서 제곱인치당 40개의 입자가 측정되는 경우 ASTM 결정립 크기번호를 구하라.

6.52 다음 그림은 어떤 가상의 금속의 미세조직을 나타낸 개략적인 현미경 사진이다.

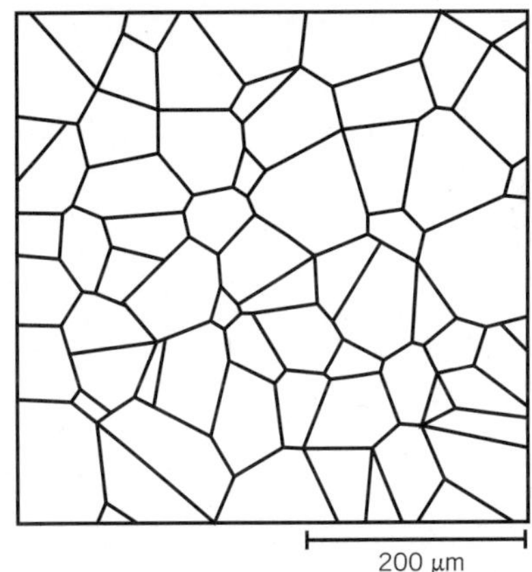

(a) 평균 절편 길이를 구하라.

(b) ASTM 결정립 크기번호 *G*를 구하라.

6.53 다음 그림은 어떤 가상의 금속의 미세조직을 나타낸 개략적인 현미경 사진이다.

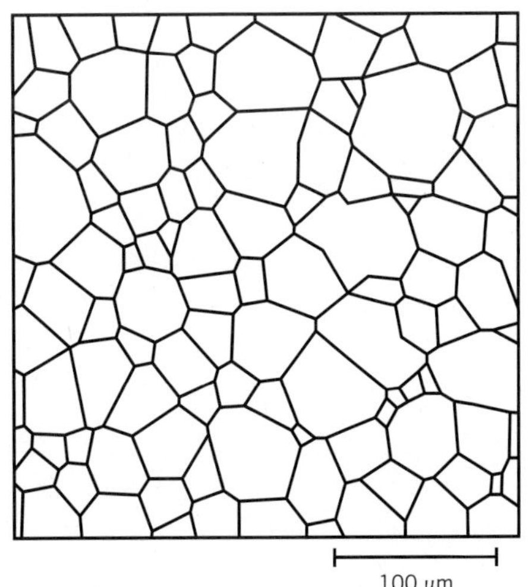

(a) 평균 절편 길이를 구하라.

(b) ASTM 결정립 크기번호 G를 구하라.

설계 문제

조성의 표시

6.D1 알루미늄-리튬 합금은 항공기의 무게를 줄이고 성능을 향상시키기 위해 항공기산업에서 개발된 재료로, 2.55 g/cm^{3}의 밀도를 가지며 상업용 항공기 외피 재료로 쓰인다. 이때 필요한 Li의 조성을 중량백분율(wt%)로 계산하라.

6.D2 철과 바나듐은 둘 다 BCC 결정구조를 가지며, V은 상온에서 20 wt% V 조성까지 치환형 고용체를 형성한다. 단위격자 모서리 길이를 0.289 nm로 하기 위해 Fe에 첨가되는 V의 중량백분율 조성을 계산하라.

7 확산

Courtesy of Surface Division Midland-Ross

이 페이지의 첫 번째 사진은 표면경화된 강철 기어 사진으로, 외부 표면층은 열처리 도중 주위의 분위기로부터 탄소가 표면으로 확산되어 들어가는 고온 열처리 과정에 의해 선택적으로 경화되었다. 경화된 곳은 기어의 절단된 단면 가장 자리의 어두운 부분이다. 이러한 탄소 농도의 증가는 표면 경도를 증가시키고(12.7절 참조) 기어의 내마모성을 향상시킨다. 또한 표면에 잔류 압축응력이 도입되어 사용 중 기어의 피로파손에 대한 저항성을 향상시킨다(10장).

표면경화된 강철 기어들은 아래 사진에 나타낸 것과 유사한 자동차 동력 변속장치에 사용된다.

Courtesy of Ford Motor Company

AlexandrMakedonskiy/Shutterstock.com

Brian Kersey/UPI/Alamy Stock Photo

왜 확산을 공부하는가?

모든 종류의 재료는 종종 특성을 개선시키기 위해 열처리된다. 열처리 동안 생기는 현상은 거의 언제나 원자 확산을 포함한다. 종종 확산속도의 향상이 요구된다. 때로는 확산속도를 감소시키기 위해 조치를 취하기도 한다. 열처리 온도와 시간 및/또는 냉각속도는 확산식과 확산상수를 이용하여 예측할 수 있다. 이 장 첫 페이지의 맨 위 사진 속 강철 기어는 표면경화되었다(10.14절). 이 부품의 경도와 피로파손에 대한 저항성은 표면층에 과다한 양의 탄소나 질소를 확산시킴으로써 향상될 수 있다.

학습 목표

이 장을 학습한 후에는 아래 과제를 수행할 수 있어야 한다.

1. 두 가지 원자 확산의 기구를 열거하고 설명한다.
2. 정상상태와 비정상상태의 확산을 구별한다.
3. (a) 픽의 제1법칙과 제2법칙의 식에 있는 모든 변수를 정의한다.
   (b) 각 식이 통상적으로 적용될 수 있는 확산의 종류를 요약한다.
4. 표면에서 확산 종의 농도가 일정하게 유지될 때 반무한 한 고체로의 확산에 대한 픽의 제2법칙의 풀이 작성 및 이 식에서 모든 변수를 정의한다.
5. 확산상수가 주어졌을 때, 특정한 온도에서 임의의 재료의 확산계수를 계산한다.
6. 금속과 이온 고체에서 확산 기구의 한 가지 차이점을 요약한다.

7.1 | 서론

확산

재료를 다루는 데 있어서 중요한 많은 반응이나 공정들은 특정 고체(보통 미세구조 수준에서) 내에서, 또는 액상과 기상이나 다른 고상으로부터의 질량의 이동에 따라 달라진다. 이것은 반드시 원자 이동에 의한 물질의 이동 현상인 **확산(diffusion)**에 의해 이루어진다. 이 장에서는 확산에서 일어나는 원자적인 기구와 확산의 수학적 해석, 그리고 온도 및 확산 종이 확산속도에 미치는 영향에 대하여 다룰 것이다.

확산현상은 서로 다른 종류의 금속막대가 서로 접합되어 두 면이 완전하게 접촉되어 있는 확산쌍(*diffusion couple*)에 의해 설명될 수 있다. 이런 확산쌍을 그림 7.1*a*에 구리와 니켈의 경우에 대해 나타내었는데 그림에서는 계면을 통한 원자 위치와 농도분포를 개략적으로 보여주고 있다. 이 확산쌍은 고온에서(그러나 두 금속의 용융온도 이하에서) 장시간 가열하였다가 상온으로 냉각하였다. 화학 분석 결과는 그림 7.1*b*와 같이 나타낼 수 있을 것이다. 즉, 확산쌍의 두 끝 부위의 고순도 구리와 고순도 니켈 사이에는 합금된 영역이 존재한다. 그림 7.1*b*(아래)에서 두 금속의 농도는 위치에 따라 다르다. 이 결과는 구리 원자가 니켈로, 니켈 원자는 구리로 이동하였거나 확산되었음을 나타낸다. 한 종류의 금속 원자가 다른 종류의 금속으로 확

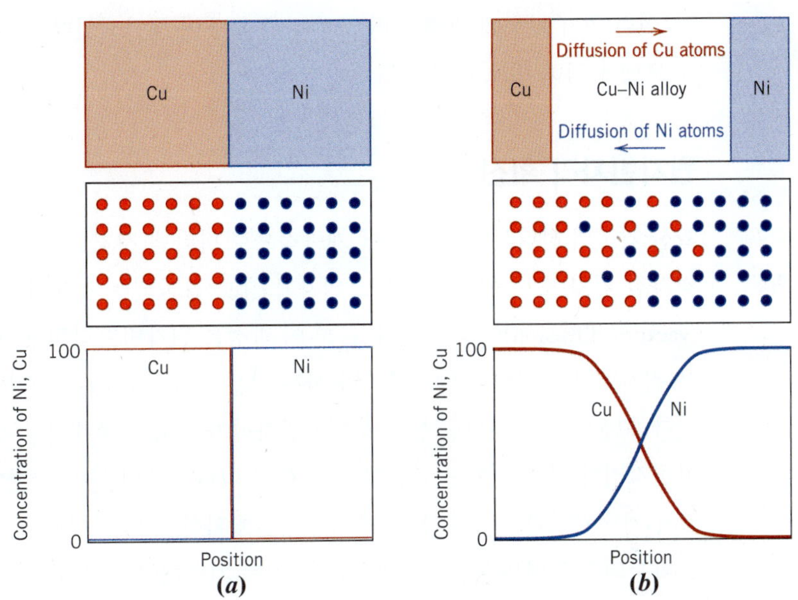

그림 7.1 고온 열처리 전(*a*)과 후(*b*)의 구리-니켈 확산쌍 비교. (*a*)와 (*b*)에 대한 세 가지 모식도는 다음을 나타낸다: 위—확산쌍의 특성; 가운데—확산쌍 내에서의 구리(빨간색 원)와 니켈(파란색 원) 원자 위치 분포의 도식적 표현; 아래—확산쌍을 가로지르는 위치의 함수로서 구리와 니켈의 농도

상호확산
불순물확산

산되는 과정을 **상호확산(interdiffusion)** 또는 **불순물확산(impurity diffusion)**이라고 한다.

상호확산은 Cu-Ni 확산쌍의 예에서 본 것처럼 시간에 따라 농도 변화가 생기므로 거시적 관점과 구별된다. 원자들의 순 흐름 또는 순 이동이 고농도 영역에서부터 저농도 영역으로 일어난다. 확산은 순수 금속에서도 일어나지만 이때의 위치를 교환하는 모든 원자는 같은 종류의 원자이다. 이런 종류의 확산을 **자체확산(self-diffusion)**이라고 한다. 물론 자체확산은 조성의 변화가 없으므로 일반적으로 관찰되기 힘들다.

자체확산

7.2 | 확산 기구

원자적 관점에서 볼 때, 확산은 격자점에서 격자점으로의 단계적 이동이다. 실제로 고체 재료 내의 원자는 매우 빨리 위치를 바꾸면서 끊임없이 운동을 한다. 원자가 이러한 이동을 하기 위해서는 다음 두 가지 조건이 충족되어야 한다. (1) 인접한 자리가 비어야 하고, (2) 원자는 주위 원자와의 결합을 끊을 수 있고 이동 시 격자변형을 일으킬 정도의 충분한 에너지를 가지고 있어야만 한다. 이러한 에너지는 실제로 진동에너지이다(6.10절). 진동에너지의 크기 때문에 어느 특정온도에서 전체 원자 중 극히 일부분만이 확산 이동을 할 수 있다. 그 비율은 온도가 상승함에 따라 증가한다.

이런 원자 이동에 대해 여러 가지 다른 모델이 제안되었다. 그중 금속의 확산은 다음 두 가지 모델에 의해 주로 일어난다.

원자빈자리 확산

원자빈자리 확산

확산 기구의 하나는 그림 7.2*a*에 개략적으로 나타낸 것처럼 본래의 격자 위치에서 인접한 빈 격자점 위치 또는 원자빈자리로 원자가 상호 교환되는 것이다. 이 기구를 **원자빈자리 확산(vacancy diffusion)**이라고 한다. 물론 이 과정은 원자빈자리의 존재를 필요로 하며, 얼마나 많은 원자빈자리 확산이 일어나느냐 하는 것은 존재하고 있는 원자빈자리의 개수에 따라 달라진다. 고온에서는 상당한 농도의 원자빈자리가 금속에 존재할 수 있다(6.2절). 확산 원자와 원자빈자리가 서로 위치를 교환하므로, 한쪽 방향으로의 원자 확산이 일어나면 그 반대방향으로 원자빈자리가 이동된다. 자체확산과 상호확산은 모두 이러한 기구에 의해서 일어난다. 상호확산의 경우에는 불순물 원자가 모원자를 치환해야만 한다.

격자간 원자 확산

확산의 두 번째 형태는 원자가 하나의 격자간 위치로부터 이웃에 비어 있는 격자간 위치로 이동하는 것이다. 이러한 기구는 수소, 탄소, 질소, 산소와 같이 격자간 위치에 들어갈 정도로 충분히 작은 불순물 원자의 상호확산에서 발견된다. 모원자 또는 치환형 불순물 원자는 좀처럼

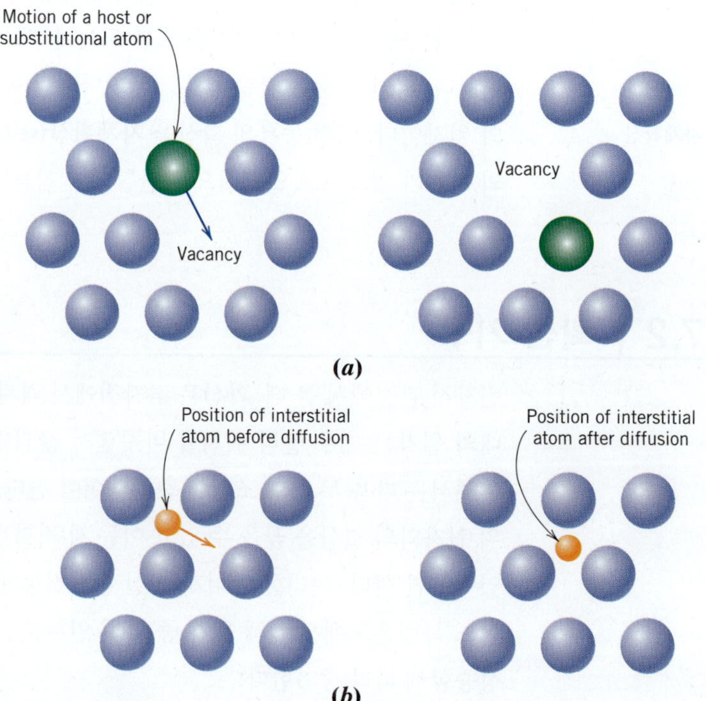

그림 7.2 (*a*) 원자빈자리 확산과 (*b*) 격자간 원자 확산에 대한 개략도

격자간 원자를 형성하지 않으며, 일반적으로 이러한 기구를 통해 확산되지 않는다. 이런 확산 현상을 **격자간 원자 확산(interstitial diffusion)**이라 한다(그림 7.2*b*).

격자간 원자 확산

대부분의 금속 합금에서, 격자간 원자가 더 작고 움직이기 쉽기 때문에 격자간 원자 확산이 원자빈자리 확산보다 더 빨리 일어난다. 더욱이 원자간 빈자리보다 비어 있는 격자간 위치가 더욱 많다. 따라서 격자간 원자가 이동할 확률은 원자빈자리 확산의 경우보다 크다.

7.3 | 픽의 제1법칙

확산은 시간에 의존하는 과정이다. 즉, 거시적 관점에서 볼 때, 한 원소가 다른 원소 내로 이동하는 양은 시간의 함수이다. 종종 확산이 얼마나 빨리 일어나는지 또는 질량 이동 속도가 어느 정도인지를 알 필요가 있다. 이러한 속도는 주로 단위시간당 고체의 단위면적을 통과하는 질량(또는 이에 상당한 원자의 개수) M으로 정의되는 **확산 선속(diffusion flux)** J로 표현된다. 수학적으로는 다음과 같이 표기할 수 있다.

확산 선속

확산 선속의 정의

$$J = \frac{M}{At} \tag{7.1}$$

여기서 A는 확산이 일어나는 단면적, t는 경과시간이다. J의 단위는 초당 제곱미터당 킬로그램 또는 원자 수이다(kg/m^2 · s 또는 atoms/m^2 · s).

한쪽 방향(x)으로의 정상상태 확산식은 비교적 간단하며, 다음과 같이 선속이 농도구배에 비례한다.

픽의 제1법칙—정상상태 확산에서의 확산 선속(한쪽 방향)

$$J = -D\frac{dC}{dx} \tag{7.2}$$

픽의 제1법칙

확산계수

이 식을 **픽의 제1법칙(Fick's first law)**이라고 한다. 비례상수 D는 **확산계수(diffusion coefficient)**라 하며 초당 제곱미터로 표기된다. 위의 식에서 음의 부호는 확산방향이 농도구배가 감소되는 방향임을, 다시 말해 농도가 높은 쪽에서 낮은 쪽으로 진행됨을 의미한다.

픽의 제1법칙은 판의 양쪽 표면에 확산 종의 농도(또는 압력)가 일정하게 유지되면서 금속 판을 통과하는 기체 원자의 확산에 적용된다. 이것을 그림 7.3*a*에 개략적으로 나타내었다. 이러한 확산과정은 결국 확산 선속이 시간에 따라 변하지 않는 상태에 도달한다. 즉, 고압면에서 판으로 들어가는 확산 종의 질량은 저압면에서 나오는 질량과 같다. 따라서 판 내에 확산 종의 순 축적은 없다. 이는 **정상상태 확산(steady-state diffusion)**의 한 예이다.

정상상태 확산

농도분포

농도구배

농도 C를 고체 내의 위치(또는 거리) x에 대해 그림으로 나타낼 때 얻어지는 곡선을 **농도분포(concentration profile)**라고 한다. 이 곡선의 특정 점에서의 기울기를 **농도구배**

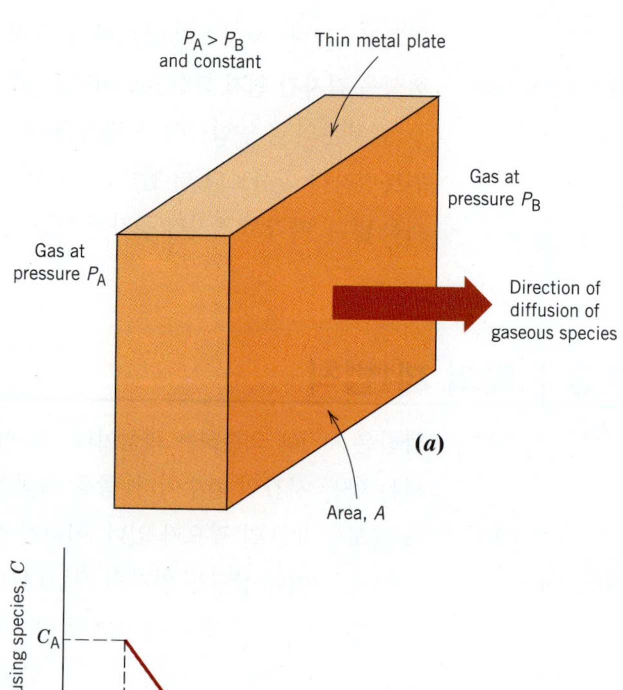

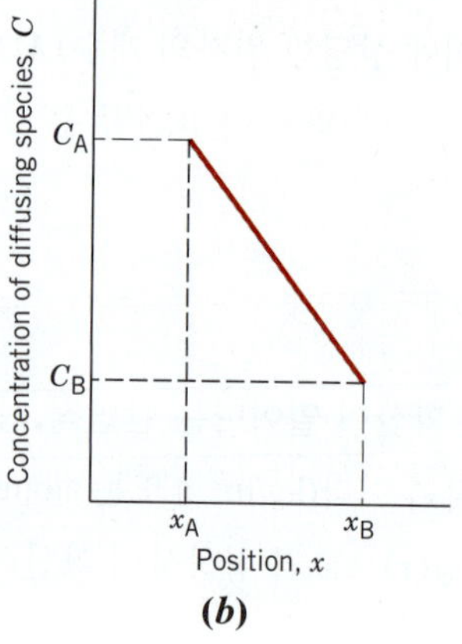

그림 7.3 (*a*) 얇은 판을 통한 정상상태 확산, (*b*) (*a*)에서의 확산 상태에 대한 선형 농도분포도

(concentration gradient)라고 한다. 여기에서 농도분포를 그림 7.3*b*에 나타난 것처럼 선형적이라고 가정하면 다음과 같이 된다.

$$\text{concentration gradient} = \frac{dC}{dx} = \frac{\Delta C}{\Delta x} = \frac{C_A - C_B}{x_A - x_B} \tag{7.3}$$

확산 문제에 있어서, 때때로 농도를 고체의 단위부피당 확산 종의 질량으로 표현하는 것이 편리하다(kg/m³ 또는 g/m³).[1)]

구동력

종종 **구동력(driving force)**이라는 용어가 이 책에서 사용되는데 이는 반응을 일으키려는 힘을 의미한다. 확산반응에 있어 몇 개의 이런 힘이 가능하다. 그러나 확산이 식 (7.2)를 따르고 있을 경우 확산의 구동력은 농도구배이다.[2)]

1) 농도를 중량백분율로부터 부피당 질량(kg/m³의 단위)으로 변환하는 것은 식 (6.12)를 이용하면 가능하다.

2) 또 다른 구동력은 상변태 때문이다. 상변태는 11장과 12장에서 논의될 주제이다.

정상상태 확산의 실제적인 예는 수소 기체의 정제에서 볼 수 있다. 얇은 팔라듐 금속 박판의 한쪽 면이 수소와 질소, 산소, 수증기 같은 다른 기체가 혼합된 불순물 기체에 노출되어 있다. 수소만이 박판의 반대편으로 선택적으로 확산되며, 이곳은 낮은 압력의 수소가 일정한 압력으로 유지된다.

예제 7.1

확산 선속 계산

700°C에서 철 판재의 한쪽 면은 침탄 분위기(탄소가 농후한 분위기)하에 있고, 다른 한쪽 면은 탈탄 분위기(탄소가 고갈된 분위기)하에 노출되어 있다. 정상상태에 도달했고 침탄 표면으로부터 5 mm(5×10^{-3} m), 10 mm(10^{-2} m) 떨어진 곳의 탄소 농도가 각각 1.2 와 0.8 kg/m^{3}일 때, 판재를 통과하는 탄소의 확산 선속을 계산하라. 확산계수는 이 온도에서 3×10^{-11} m^2/s라고 가정하라.

풀이

확산 선속을 계산하기 위해 픽의 제1법칙[식 (7.2)]을 이용한다. 위의 값을 식에 대입하면 다음과 같다.

$$J = -D\frac{C_A - C_B}{x_A - x_B} = -(3 \times 10^{-11}\ \text{m}^2/\text{s})\frac{(1.2 - 0.8)\ \text{kg/m}^3}{(5 \times 10^{-3} - 10^{-2})\ \text{m}}$$

$$= 2.4 \times 10^{-9}\ \text{kg/m}^2\text{·s}$$

7.4 | 픽의 제2법칙—비정상상태 확산

비정상상태 확산

실제로 대부분의 확산은 **비정상상태 확산(nonsteady-state diffusion)**이다. 즉, 고체 내의 특정 위치에서 확산 선속과 농도구배는 시간에 따라 변하며, 확산 종이 축적되거나 고갈된다. 이것을 그림 7.4에 나타내었는데 이 그림은 3개의 다른 확산시간에서의 농도분포를 보여준다.

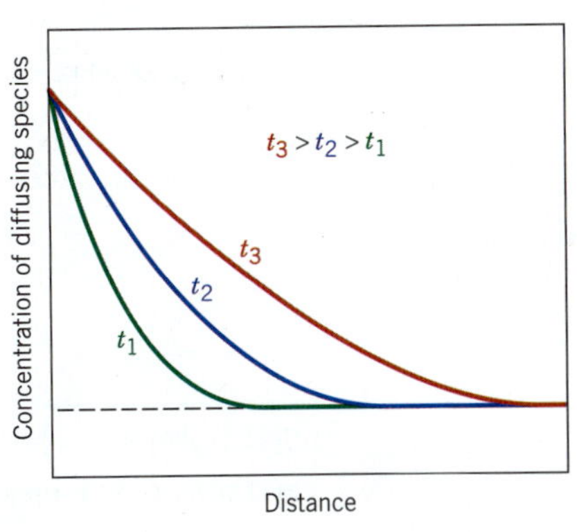

그림 7.4 세 가지의 다른 시간 t_1, t_2, t_3에서의 비정상상태의 농도분포도

픽의 제2법칙

이러한 비정상 확산 조건에서는 식 (7.2)를 사용할 수는 있지만 불편하다. 대신 **픽의 제2법칙 (Fick's second law)**이라고 알려진 편미분방정식을 이용한다.

$$\frac{\partial C}{\partial t} = \frac{\partial}{\partial x}\left(D\frac{\partial C}{\partial x}\right) \tag{7.4a}$$

만약 확산계수가 조성에 무관하다면(이는 각 특정 확산 조건에서 반드시 확인해야 한다), 식 (7.4a)는 다음과 같이 간략하게 된다.

픽의 제2법칙—비정상상태 확산에서의 확산 방정식(한쪽 방향)

$$\frac{\partial C}{\partial t} = D\frac{\partial^2 C}{\partial x^2} \tag{7.4b}$$

물리적으로 의미 있는 경계 조건이 주어졌을 때, 이런 방정식의 해(위치와 시간에 관한 농도)를 구할 수 있다. 이러한 해들이 Crank, Carslaw와 Jaeger(장 말미의 '문제' 앞에 있는 '참고문헌' 목록을 참조)에 의해 포괄적으로 수집되었다.

실제적으로 중요한 하나의 해는 표면 농도가 일정하게 유지되는 반무한대의 고체[3]의 경우이다. 흔히 확산 종의 공급원은 기상이며, 일정한 상태의 분압이 유지되고 있다. 그 외에는 다음과 같은 가정을 세운다.

1. 확산 전, 확산하는 용질 원자는 기상이며, 농도 C_0로 고체 내에 균일하게 분포되어 있다.
2. x의 값은 표면에서 0이며, 고체 속으로 들어감에 따라 증가한다.
3. 확산이 시작되기 직전의 시간은 0으로 놓는다.

이런 조건들은 다음과 같다.

초기조건

$$\text{For } t = 0,\ C = C_0 \text{ at } 0 \le x \le \infty$$

경계조건

$$\text{For } t > 0,\ C = C_s \text{ (the constant surface concentration) at } x = 0$$
$$\text{For } t > 0,\ C = C_0 \text{ at } x = \infty$$

식 (7.4b)에 이들 경계 조건을 적용하면 다음과 같은 해를 구할 수 있다.

표면 농도가 일정한 조건에서의 픽의 제2법칙 해(반무한 고체)

$$\frac{C_x - C_0}{C_s - C_0} = 1 - \text{erf}\left(\frac{x}{2\sqrt{Dt}}\right) \tag{7.5}$$

3) 만일 확산이 일어나는 시간 동안 어떤 확산 원자라도 막대 끝에 도달하지 않는다면 고체 막대는 반무한하다고 할 수 있다. 막대의 길이가 $l > 10\sqrt{Dt}$ 일 때 반무한하다고 한다.

표 7.1 오차함수 값

z	erf(z)	z	erf(z)	z	erf(z)
0	0	0.55	0.5633	1.3	0.9340
0.025	0.0282	0.60	0.6039	1.4	0.9523
0.05	0.0564	0.65	0.6420	1.5	0.9661
0.10	0.1125	0.70	0.6778	1.6	0.9763
0.15	0.1680	0.75	0.7112	1.7	0.9838
0.20	0.2227	0.80	0.7421	1.8	0.9891
0.25	0.2763	0.85	0.7707	1.9	0.9928
0.30	0.3286	0.90	0.7970	2.0	0.9953
0.35	0.3794	0.95	0.8209	2.2	0.9981
0.40	0.4284	1.0	0.8427	2.4	0.9993
0.45	0.4755	1.1	0.8802	2.6	0.9998
0.50	0.5205	1.2	0.9103	2.8	0.9999

여기서 C_x는 t시간 후 깊이 x에서의 농도를 나타낸다. erf($x/2\sqrt{Dt}$)는 가우시안 오차함수(Gaussian error function)[4)]이며, 여러 가지 $x/2\sqrt{Dt}$ 값에 대한 수학적인 표가 제공된다. 표 7.1에 오차함수의 값 일부가 제공되어 있다. 식 (7.5)에 나타난 농도 변수들을 특정시간에서 구한 농도분포를 그림 7.5에 표시하였다. 그러므로 식 (7.5)는 농도, 위치, 시간 사이의 상관관계를 나타내는 식이다. 즉, 변수 C_0, C_s와 D가 주어진다면 어떤 시간, 어떤 위치에서도 무차원 변수 $x/\sqrt{Dt}$의 함수인 C_x를 구할 수 있다.

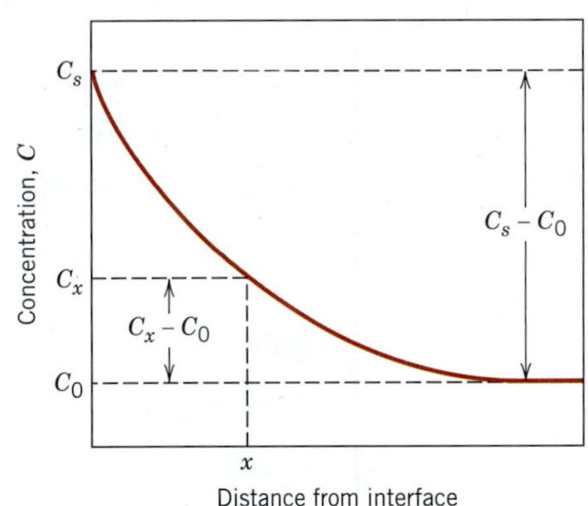

그림 7.5 비정상상태 확산에 대한 농도분포도. 농도 변수는 식 (7.5)와 관련이 있다.

4) 이런 가우시안 오차함수는 다음과 같이 정의된다.

$$\text{erf}(z) = \frac{2}{\sqrt{\pi}} \int_0^z e^{-y^2} dy$$

여기서 $x/2\sqrt{Dt}$는 변수 z로 치환되었다.

합금 내에서 용질의 임의의 농도 C_1을 얻기 원한다고 가정하자. 식 (7.5)의 좌변 항은 다음과 같이 된다.

$$\frac{C_1 - C_0}{C_s - C_0} = \text{constant}$$

이러한 경우 식 (7.5)의 우변 항 또한 상수이므로

$$\frac{x}{2\sqrt{Dt}} = \text{constant} \tag{7.6a}$$

또는

$$\frac{x^2}{Dt} = \text{constant} \tag{7.6b}$$

따라서 이러한 관계를 근거로 확산 계산을 할 수 있는데, 예제 7.3에서 이런 계산을 보여준다.

예제 7.2

비정상상태에서의 확산시간 계산 I

어떤 응용에서는 강(또는 철-탄소 합금)의 표면을 내부보다 경화시키는 것이 필요하다. 이를 위한 한 가지 방법은 **침탄(carburizing)**이라는 공정을 통해 탄소의 표면 농도를 증가시키는 것이다. 고온에서 메탄(CH_4)과 같은 탄화수소가 농후한 분위기에 강 시편을 노출시키는 것이다.

침탄

초기에 0.25 wt%의 균일한 탄소 농도를 가지고 있는 탄소강을 950°C에서 침탄 처리한다고 가정하자. 만일 표면에서 탄소의 농도가 순식간에 증가하여 1.20 wt%를 유지한다면 표면으로부터 0.5 mm 되는 위치에서 0.80 wt% 탄소 농도를 갖기 위해서는 얼마나 오랫동안 침탄 처리를 하여야 하는가? 이 온도에서 철 내의 탄소의 확산계수는 1.6×10^{-11} m²/s이고, 강 시편은 반무한하다고 가정한다.

풀이

표면 조성이 일정하게 유지되는 비정상상태 확산이므로 식 (7.5)를 이용한다. 이 문제에서 시간 t를 제외한 모든 변숫값은 다음과 같이 주어졌다.

$$C_0 = 0.25 \text{ wt\% C}$$
$$C_s = 1.20 \text{ wt\% C}$$
$$C_x = 0.80 \text{ wt\% C}$$
$$x = 0.50 \text{ mm} = 5 \times 10^{-4} \text{ m}$$
$$D = 1.6 \times 10^{-11} \text{ m}^2/\text{s}$$

따라서

$$\frac{C_x - C_0}{C_s - C_0} = \frac{0.80 - 0.25}{1.20 - 0.25} = 1 - \text{erf}\left[\frac{(5 \times 10^{-4}\ \text{m})}{2\sqrt{(1.6 \times 10^{-11}\ \text{m}^2/\text{s})\ (t)}}\right]$$

$$0.4210 = \text{erf}\left(\frac{62.5\ \text{s}^{1/2}}{\sqrt{t}}\right)$$

이 된다. 표 7.1로부터 오차함수 0.4210에 해당하는 z 값을 구해야 한다. 이때 보간법이 필요하다. 즉,

z	**erf(z)**
0.35	0.3794
z	0.4210
0.40	0.4284

$$\frac{z - 0.35}{0.40 - 0.35} = \frac{0.4210 - 0.3794}{0.4284 - 0.3794}$$

즉

$$z = 0.392$$

이다. 그러므로

$$\frac{62.5\ \text{s}^{1/2}}{\sqrt{t}} = 0.392$$

이고, t에 대해 풀면 다음과 같다.

$$t = \left(\frac{62.5\ \text{s}^{1/2}}{0.392}\right)^2 = 25{,}400\ \text{s} = 7.1\ \text{h}$$

예제 7.3

비정상상태에서의 확산시간 계산 II

500°C와 600°C에서 알루미늄 내의 구리의 확산계수는 각각 4.8×10^{-14}와 $5.3 \times 10^{-13}\ \text{m}^2/\text{s}$이다. 600°C에서 5시간 열처리한 것과 같은 확산 결과(Al 내의 임의의 위치에 대한 Cu의 농도에 관한)를 500°C에서 얻기 위한 확산시간을 구하라.

풀이

이 문제는 식 (7.6b)를 적용할 수 있다. 500°C와 600°C에서 위치 x_0에서 조성이 같게 유지되기 때문에 식

(7.6b)는 다음과 같이 쓸 수 있다.

$$\frac{x_0^2}{D_{500}t_{500}} = \frac{x_0^2}{D_{600}t_{600}}$$

그 결과[5)]

$$D_{500}t_{500} = D_{600}t_{600}$$

또는

$$t_{500} = \frac{D_{600}t_{600}}{D_{500}} = \frac{(5.3 \times 10^{-13}\ \mathrm{m^2/s})\,(5\ \mathrm{h})}{4.8 \times 10^{-14}\ \mathrm{m^2/s}} = 55.2\ \mathrm{h}$$

이다.

7.5 | 확산에 영향을 미치는 인자들

확산 종

확산계수(D)는 원자가 확산하는 속도를 나타내는 수치이다. 몇 가지 금속계에 대한 자체확산과 상호확산에 대한 확산계수가 표 7.2에 나타나 있다. 확산 종과 모재료는 확산계수에 영향을 미친다. 예를 들어 500°C α철 내에서 자체확산과 탄소의 상호확산의 확산계수의 크기는 눈에 띌 정도로 큰 차이가 나며, 탄소의 상호확산의 경우 더 큰 D 값을 갖는다(3.0×10^{-21} 대 $1.4 \times 10^{-12}\ \mathrm{m^2/s}$). 앞에서 다루었듯이 이 비교에서 볼 때 원자빈자리를 통한 확산과 격자간 원자를 통한 확산에서 속도 차이가 있음을 알 수 있다. 자체확산은 원자빈자리 기구에 의해 일어나는 반면, 철 속의 탄소의 확산은 침입형이다.

온도

온도는 확산계수와 확산속도에 가장 큰 영향을 미친다. 예를 들어 철에서 철이 자체확산을 하는 경우 온도가 500°C에서 900°C로 증가하면 확산계수는 대략 10^6배(3.0×10^{-21} 대 $1.8 \times$

---

5) 시간과 온도가 변수이고 어떤 값 x에서 조성이 일정하게 유지되는 확산의 경우, 식 (7.6b)는 다음과 같이 된다.

$$Dt = \text{constant} \tag{7.7}$$

10^{-15} m²/s)가 증가한다(표 7.2). 확산계수의 온도 의존성은 다음과 같은 관계가 있다.

확산계수의 온도 의존성

$$D = D_0 \exp\left(-\frac{Q_d}{RT}\right) \tag{7.8}$$

표 7.2 확산 자료 표

Diffusing Species	Host Metal	D_0 (m²/s)	Q_d (J/mol)
	Interstitial Diffusion		
C[b]	Fe (α or BCC)[a]	1.1×10^{-6}	87,400
C[c]	Fe (γ or FCC)[a]	2.3×10^{-5}	148,000
N[b]	Fe (α or BCC)[a]	5.0×10^{-7}	77,000
N[c]	Fe (γ or FCC)[a]	9.1×10^{-5}	168,000
	Self-Diffusion		
Fe[c]	Fe (α or BCC)[a]	2.8×10^{-4}	251,000
Fe[c]	Fe (γ or FCC)[a]	5.0×10^{-5}	284,000
Cu[d]	Cu (FCC)	2.5×10^{-5}	200,000
Al[c]	Al (FCC)	2.3×10^{-4}	144,000
Mg[c]	Mg (HCP)	1.5×10^{-4}	136,000
Zn[c]	Zn (HCP)	1.5×10^{-5}	94,000
Mo[d]	Mo (BCC)	1.8×10^{-4}	461,000
Ni[d]	Ni (FCC)	1.9×10^{-4}	285,000
	Interdiffusion (Vacancy)		
Zn[c]	Cu (FCC)	2.4×10^{-5}	189,000
Cu[c]	Zn (HCP)	2.1×10^{-4}	124,000
Cu[c]	Al (FCC)	6.5×10^{-5}	136,000
Mg[c]	Al (FCC)	1.2×10^{-4}	130,000
Cu[c]	Ni (FCC)	2.7×10^{-5}	256,000
Ni[d]	Cu (FCC)	1.9×10^{-4}	230,000

[a] There are two sets of diffusion coefficients for iron because iron experiences a phase transformation at 912°C; at temperatures less than 912°C, BCC α-iron exists; at temperatures higher than 912°C, FCC γ-iron is the stable phase.

[b] Y. Adda and J. Philibert, *Diffusion dans les Solides*, Universitaires de France, Paris, 1966.

[c] E. A. Brandes and G. B. Brook (Editors), *Smithells Metals Reference Book*, 7th edition, Butterworth-Heinemann, Oxford, UK, 1992.

[d] J. Askill, *Tracer Diffusion Data for Metals, Alloys, and Simple Oxides*, IFI/Plenum, New York, NY, 1970.

여기서

활성화에너지

D_0 = 온도에 무관한 선지수(m^2/s)
Q_d = 확산의 **활성화에너지(activation energy)**(J/mol 또는 eV/atom)
R = 기체상수(8.31 J/mol·K 또는 8.62×10^{-5} eV/atom·K)
T = 절대온도(K)

이다.

활성화에너지는 원자 1몰을 확산 이동하는 데 필요한 에너지로 생각될 수 있다. 활성화에너지가 크면 확산계수가 비교적 작다. 표 7.2에 몇몇 확산 계에 대한 D_0 값과 Q_d 값을 나열하였다.

식 (7.8)의 양변에 자연로그를 취하면 다음과 같이 된다.

$$\ln D = \ln D_0 - \frac{Q_d}{R}\left(\frac{1}{T}\right) \tag{7.9a}$$

이를 10을 기준으로 하는 상용로그로 표현하면 다음과 같다.[6)]

$$\log D = \log D_0 - \frac{Q_d}{2.3R}\left(\frac{1}{T}\right) \tag{7.9b}$$

D_0, Q_d, R은 모두 상수이므로, 식 (7.9b)는 직선 식 형태를 취하고 있다. 즉,

$$y = b + mx$$

인데, 여기서 y와 x는 각각 변수 $\log D$ 및 $1/T$과 유사하다. 따라서 만일 $\log D$를 절대온도의 역수에 대해 나타내면, $-Q_d/2.3R$의 기울기와 $\log D_0$의 절편을 가지는 직선이 그려진다. 실제로 이런 방법은 실험에 의해 D_0, Q_d의 값을 구할 수 있는 방법이다. 몇몇 합금계에 대해 그려진 그림 7.6으로부터, 모든 경우에서 이러한 직선적인 관계가 있음을 알 수 있다.

---

6) 식 (7.9a)의 양변을 10을 기준으로 하는 상용로그를 취하면 다음과 같은 일련의 식들이 된다.

$$\begin{aligned}\log D &= \log D_0 - (\log e)\left(\frac{Q_d}{RT}\right)\\ &= \log D_0 - (0.434)\left(\frac{Q_d}{RT}\right)\\ &= \log D_0 - \left(\frac{1}{2.30}\right)\left(\frac{Q_d}{RT}\right)\\ &= \log D_0 - \left(\frac{Q_d}{2.3R}\right)\left(\frac{1}{T}\right)\end{aligned}$$

마지막 식은 식 (7.9b)와 같다.

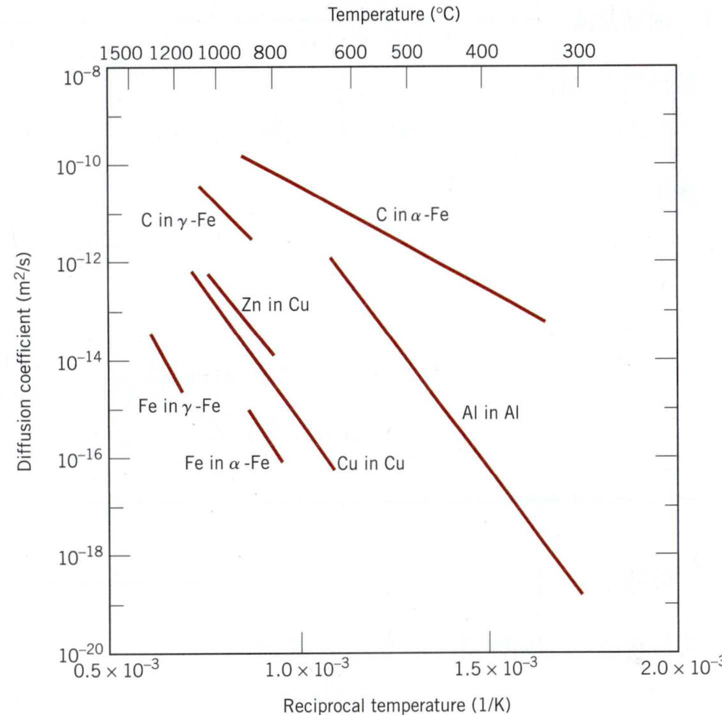

그림 7.6 여러 금속에서의 절대온도의 역수에 대한 확산계수의 로그값을 나타낸 도표
[Data from E. A. Brandes and G. B. Brook (Editors), *Smithells Metals Reference Book*, 7th edition, Butterworth-Heinemann, Oxford, UK, 1992.]

개념 확인 7.1

다음 시스템에서 확산계수가 가장 큰 것부터 순서대로 나열하고, 왜 그런지 설명하라.

700°C에서 Fe 내의 N
700°C에서 Fe 내의 Cr
900°C에서 Fe 내의 N
900°C에서 Fe 내의 Cr

참고: Fe과 Cr은 모두 BCC 결정구조를 가지고 있으며 Fe, Cr, N의 원자반지름은 각각 0.124, 0.125, 0.065 nm이다. 6.4절을 참고할 수도 있다.

개념 확인 7.2

가상의 금속 A, B의 자체확산을 고려하라. $D_0(A) > D_0(B)$이고 $Q_d(A) > Q_d(B)$일 때 ln D와 $1/T$에 대한 그림에 두 금속에 대한 선을 긋고 각각을 표시하라.

(정답은 *www.wiley.com*의 제품 페이지에서 확인할 수 있음)

예제 7.4

확산계수 계산

표 7.2의 자료를 이용하여 650°C에서 알루미늄 내에 있는 마그네슘의 확산계수를 계산하라.

풀이

확산계수는 식 (7.8)을 이용하여 풀 수 있다. 표 7.2로부터 D_0와 Q_d의 값은 각각 1.2×10^{-4} m²/s와 130 kJ/mol이다. 그러므로 결과는 다음과 같다.

$$D = (1.2 \times 10^{-4}\ \text{m}^2/\text{s})\exp\left[-\frac{(130{,}000\ \text{J/mol})}{(8.31\ \text{J/mol}\cdot\text{K})(650 + 273\ \text{K})}\right]$$
$$= 5.23 \times 10^{-12}\ \text{m}^2/\text{s}$$

예제 7.5

확산계수 활성화에너지와 선지수 계산

금 내에서의 구리 확산에 대해, 절대온도의 역수에 대한 확산계수의 상용로그 값을 그림 7.7에 나타내었다. 활성화에너지와 선지수 값을 구하라.

풀이

식 (7.9b)로부터 그림 7.7의 선 구간에서의 기울기는 $-Q_d/2.3R$와 같고 $1/T = 0$일 때의 절편은 $\log D_0$의 값이다. 따라서 활성화에너지는

$$Q_d = -2.3\,R(\text{slope}) = -2.3R\left[\frac{\Delta(\log D)}{\Delta\left(\frac{1}{T}\right)}\right]$$
$$= -2.3R\left[\frac{\log D_1 - \log D_2}{\frac{1}{T_1} - \frac{1}{T_2}}\right]$$

이고, 여기서 D_1과 D_2는 각각 $1/T_1$과 $1/T_2$에서의 확산계수 값이다. 임의로 $1/T_1 = 0.8 \times 10^{-3}\ (\text{K})^{-1}$이고 $1/T_2 = 1.1 \times 10^{-3}\ (\text{K})^{-1}$라 하자. 그러면 그림 7.7에서 $\log D_1$과 $\log D_2$의 값을 알 수 있다.

[문제를 풀기 전에 주의해야 할 점은 그림 7.7의 수직축은 (10을 기준으로 한) 상용로그의 크기로 나타나 있으나 실제의 확산계수 값이 이 축에 표시되어 있다는 점이다. 예를 들면 $D = 10^{-14}$ m²/s라면 D의 로그값은 -14.0이지 10^{-14}가 아니다. 또한 로그 스케일로 표시되어 있으므로 10배 단위 사이의 값을 읽는 데 주의를 기울여야 한다. 예를 들면 10^{-14}와 10^{-15} 사이의 중간점에서의 값은 5×10^{-15}가 아니라 $10^{-14.5} = 3.2 \times 10^{-15}$가 된다.]

그림 7.7에서 $1/T_1 = 0.8 \times 10^{-3}\ (\text{K})^{-1}$에서 $\log D_1 = -12.40$, 또한 $1/T_2 = 1.1 \times 10^{-3}\ (\text{K})^{-1}$에서 $\log D_2$

그림 7.7 금 내부의 구리 확산계수의 로그값 대 절대온도의 역수

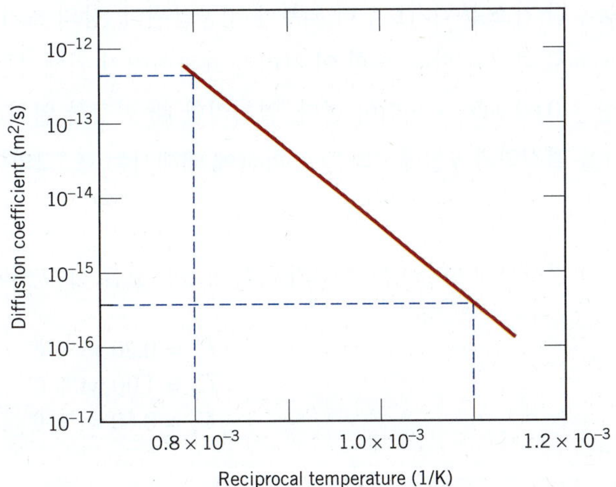

$= -15.45$이다. 따라서 선 구간의 기울기로부터 구한 활성화에너지는 다음과 같다.

$$Q_d = -2.3R\left[\frac{\log D_1 - \log D_2}{\frac{1}{T_1} - \frac{1}{T_2}}\right]$$

$$= -2.3\,(8.31\ \text{J/mol·K})\left[\frac{-12.40 - (-15.45)}{0.8 \times 10^{-3}\,(\text{K})^{-1} - 1.1 \times 10^{-3}\,(\text{K})^{-1}}\right]$$

$$= 194{,}000\ \text{J/mol} = 194\ \text{kJ/mol}$$

D_0를 구하기 위해 그래프의 외삽을 이용하는 것보다는 식 (7.9b)를 이용하고, 그림 7.7에서 특정한 D 값(또는 $\log D$)과 이에 해당하는 T 값(또는 $1/T$)으로부터 D_0를 좀 더 정확하게 구할 수 있다. $1/T = 1.1 \times 10^{-3}\,(\text{K})^{-1}$에서 $\log D = -15.45$라는 것을 알고 있으므로

$$\log D_0 = \log D + \frac{Q_d}{2.3R}\left(\frac{1}{T}\right)$$

$$= -15.45 + \frac{(194{,}000\ \text{J/mol})\,(1.1 \times 10^{-3}\,[\text{K}]^{-1})}{(2.3)\,(8.31\ \text{J/mol·K})}$$

$$= -4.28$$

이 되며, 따라서 $D_0 = 10^{-4.28}\ \text{m}^2/\text{s} = 5.2 \times 10^{-5}\ \text{m}^2/\text{s}$이다.

설계 예제 7.1

열처리에서 확산 온도-시간 결정

강으로 된 기어의 내마모성은 표면을 경화시킴으로써 향상될 수 있다. 이는 강 안으로 탄소를 확산시켜 강의 표면층의 탄소 양을 증가시킴으로써 달성될 수 있다. 여기서 탄소는 고온의 일정한 온도로 유지한

탄소가 농후한 가스 분위기로부터 외부에서 공급된다. 강의 초기 탄소 함량은 0.20 wt%이고 표면의 농도를 1.00 wt%로 하고자 한다. 또한 이 처리가 효과적이기 위해서는 표면에서 0.75 mm 떨어진 내부에서 탄소의 함량은 0.60 wt%가 되어야 한다. 열처리할 때 적정한 열처리 온도와 900~1050°C에서 열처리할 때 확산시간을 결정하라. γ철에서의 탄소 확산에 대해서는 표 7.2의 자료를 이용하라.

풀이

여기서는 비정상상태 확산이므로 먼저 다음의 농도값을 식 (7.5)에 적용한다.

$$C_0 = 0.20 \text{ wt\% C}$$
$$C_s = 1.00 \text{ wt\% C}$$
$$C_x = 0.60 \text{ wt\% C}$$

따라서

$$\frac{C_x - C_0}{C_s - C_0} = \frac{0.60 - 0.20}{1.00 - 0.20} = 1 - \text{erf}\left(\frac{x}{2\sqrt{Dt}}\right)$$

이고, 정리하면

$$0.50 = \text{erf}\left(\frac{x}{2\sqrt{Dt}}\right)$$

이다. 예제 7.2에서 푼 보간법과 표 7.1의 자료를 이용하면

$$\frac{x}{2\sqrt{Dt}} = 0.4747 \tag{7.10}$$

인데, 문제에서 $x = 0.75 \text{ mm} = 7.5 \times 10^{-4} \text{ m}$라고 했으므로

$$\frac{7.5 \times 10^{-4} \text{ m}}{2\sqrt{Dt}} = 0.4747$$

따라서

$$Dt = 6.24 \times 10^{-7} \text{ m}^2$$

가 된다. 또한 확산계수는 식 (7.8)처럼 온도에 따라 달라진다. 표 7.2로부터 철의 탄소 확산에서 $D_0 = 2.3 \times 10^{-5} \text{ m}^2/\text{s}$, $Q_d = 148{,}000$ J/mol이므로

$$Dt = D_0 \exp\left(-\frac{Q_d}{RT}\right)(t) = 6.24 \times 10^{-7} \text{ m}^2$$
$$(2.3 \times 10^{-5} \text{ m}^2/\text{s}) \exp\left[-\frac{148{,}000 \text{ J/mol}}{(8.31 \text{ J/mol·K})(T)}\right](t) = 6.24 \times 10^{-7} \text{ m}^2$$

이고, 시간 t에 대해 풀면 다음과 같다.

$$t \text{ (in s)} = \frac{0.0271}{\exp\left(-\frac{17{,}810}{T}\right)}$$

따라서 여러 특정온도에 대해서 필요한 확산시간을 계산할 수 있다. 문제에서 제시된 온도 구간 내에서 네 가지 온도에 대한 t 값을 다음에 수록하였다.

Temperature (°C)	Time	
	s	h
900	106,400	29.6
950	57,200	15.9
1000	32,300	9.0
1050	19,000	5.3

7.6 | 반도성 재료 내에서의 확산[7)]

고체상태 확산 기술은 반도체 집적회로(IC)의 제조에 응용된다(13.15절). 각 집적회로 칩은 6 mm × 6 mm × 0.4 mm 크기를 갖는 얇은 정사각형 웨이퍼이다. 게다가, 칩의 한 면에는 수백만 개의 내부결선된 전자 디바이스와 회로가 들어가 있다. 단결정 실리콘은 대부분의 IC의 모재료이다. 이러한 IC 디바이스가 원활하게 작동하기 위해서는 아주 정교한 농도의 불순물(혹은 불순물들)이 실리콘 칩 위의 협소한 공간 내에 아주 복잡하고 정교한 패턴으로 첨가되어야 한다. 이를 달성하기 위한 방법 중 하나는 원자 확산을 이용하는 것이다.

전형적으로 두 가지 열처리가 이 공정에 사용된다. 첫 번째 혹은 **선증착**(*predeposition*) 단계에서 종종 일정 분압으로 유지시킨 기체상으로부터 불순물 원자들이 실리콘으로 확산된다. 따라서 불순물의 표면 농도는 시간에 대해 일정하게 유지되어, 실리콘 내의 불순물 농도는 식 (7.5)에 따라 위치와 시간의 함수가 된다. 즉,

$$\frac{C_x - C_0}{C_s - C_0} = 1 - \operatorname{erf}\left(\frac{x}{2\sqrt{Dt}}\right)$$

선증착 처리는 900°C와 1000°C 온도 범위 내에서 통상 1시간 내에 행해진다.

두 번째 처리는 **후확산**(*drive-in diffusion*)이라 하며, 전체 불순물의 농도를 증가시키지 않

7) 오늘날의 고밀도 집적회로 칩의 경우 이온 빔 주입에 의해 불순물이 추가되어 더 미세한 분해능을 제공하고, 확산 처리보다 절차가 덜 복잡하다. 그러나 확산은 여전히 저밀도 칩 및 태양광 패널에서 발견되는 것과 같은 장치에 사용된다.

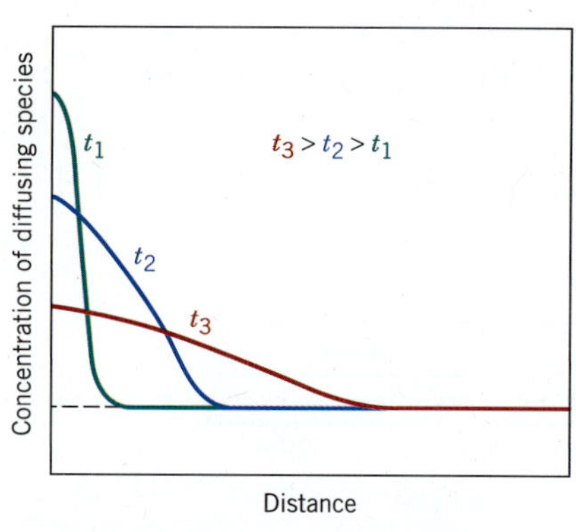

그림 7.8 반도체 후확산 처리를 세 가지 다른 시간 t_1, t_2, t_3에서 행한 후의 농도분포를 도식적으로 나타낸다.

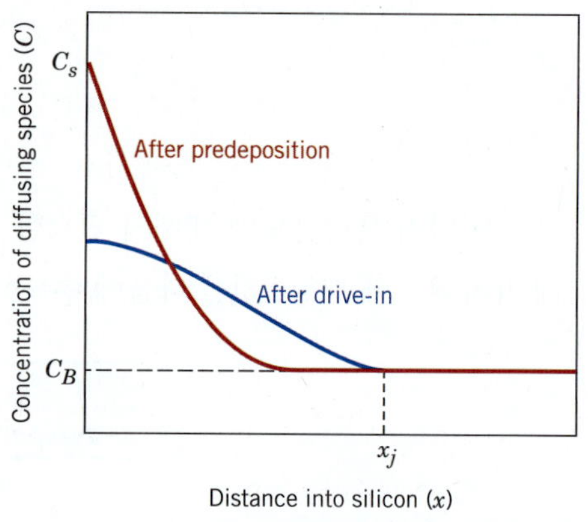

그림 7.9 반도체 (1) 선증착과 (2) 후확산 처리 후에 얻은 도식적인 농도분포. 접합깊이 x_j도 함께 나타내었다.

고 더 적절한 농도분포를 얻기 위해 불순물 원자들을 실리콘 내에 깊숙이 침투시킨다. 이 처리는 표면에 산화물 층을 형성하기 위해 선증착 온도보다 더 높은 온도(약 1200°C까지)와 산화 분위기에서 수행된다. 이 SiO_2 층을 통과하는 확산속도는 상대적으로 느려서 매우 적은 불순물 원자들이 실리콘으로부터 빠져나간다. 이러한 확산 상황에 대하여 세 가지 다른 시점에서 취한 농도분포를 그림 7.8에 도식적으로 나타냈다. 이 분포들은 확산 종의 표면 농도가 일정하게 유지되는 그림 7.4의 경우와 비교, 대비될 수 있다. 또한 그림 7.9는 선증착과 후확산 처리에 대한 농도분포를 도식적으로 비교한다.

선증착 처리 동안 불순물 원자들이 실리콘의 표면의 매우 얇은 층에 한정되어 도입된다고 가정하면(물론, 단지 근사임), 후확산에 대한 픽의 제2법칙[식 (7.4b)]의 해는 다음과 같다.

$$C(x, t) = \frac{Q_0}{\sqrt{\pi D t}} \exp\left(-\frac{x^2}{4Dt}\right) \tag{7.11}$$

여기서 Q_0는 선증착 처리 동안에 도입된 고체 중에 존재하는 불순물의 총량을 나타낸다(단위 면적당 불순물 원자 수). 이 식의 모두 다른 매개변수들은 이전과 같은 의미를 갖는다. 또한 다음과 같이 나타낼 수 있다.

$$Q_0 = 2C_s\sqrt{\frac{D_p t_p}{\pi}} \tag{7.12}$$

여기서 C_s는 선증착 단계의 표면 농도이며(그림 7.9), 일정하게 유지된다. D_p는 확산계수이고, t_p는 선증착 처리 시간이다.

또 다른 중요한 확산 매개변수는 **접합깊이**(*junction depth*) x_j이다. 이것은 확산하는 불순물 농도가 실리콘 내에 존재하는 불순물의 배경 농도(C_B)와 같아질 때의 깊이(x의 값)를 나타낸다(그림 7.9). 후확산에 대해 x_j는 다음 식으로 계산할 수 있다.

$$x_j = \left[(4D_d t_d)\ln\left(\frac{Q_0}{C_B\sqrt{\pi D_d t_d}}\right)\right]^{1/2} \tag{7.13}$$

여기서 D_d와 t_d는 각각 후확산 처리에 대한 확산계수와 시간을 나타낸다.

예제 7.6

실리콘 내 보론의 확산

보론 원자는 선증착 공정과 후확산 열처리를 사용하여 실리콘 웨이퍼로 확산된다. 실리콘 재료 내 보론의 배경 농도는 1.5×10^{20} atoms/m^{3}로 알려져 있다. 이 선증착 처리는 900°C에서 30분 동안 수행된다. 보론의 표면 농도는 3×10^{26} atoms/m^{3}의 일정한 수준으로 유지된다. 후확산은 1100°C에서 2시간 동안 진행될 것이다. 실리콘 내 보론의 확산 농도에 대한 Q_d와 D_0의 값은 각각 3.87 eV/atom, 2.4×10^{-3} m^2/s이다.

(a) Q_0의 값을 계산하라.

(b) 후확산 처리에서 x_j의 값을 결정하라.

(c) 또한 후확산 처리에 대해 실리콘 웨이퍼의 표면으로부터 1 μm 아래 위치에서의 보론 원자의 농도를 계산하라.

풀이

(a) 식 (7.12)를 이용하여 Q_0의 값을 계산한다. 그러나 이 계산을 위해서는 선증착 처리에서 D의 값[$T = T_p$ = 900°C(1173 K)에서 D_p]을 먼저 식 (7.8)을 이용하여 결정해야 한다[참고: 식 (7.8)의 기체상수 R 대신에 8.62×10^{-5} eV/atom·K의 값을 가진 볼츠만상수 k를 사용한다]. 따라서

$$\begin{aligned} D_p &= D_0 \exp\left(-\frac{Q_d}{kT_p}\right) \\ &= (2.4 \times 10^{-3}\ \text{m}^2/\text{s}) \exp\left[-\frac{3.87\ \text{eV/atom}}{(8.62 \times 10^{-5}\ \text{eV/atom·K})(1173\ \text{K})}\right] \\ &= 5.73 \times 10^{-20}\ \text{m}^2/\text{s} \end{aligned}$$

이고, Q_0의 값은 다음과 같이 결정된다.

$$\begin{aligned} Q_0 &= 2C_s\sqrt{\frac{D_p t_p}{\pi}} \\ &= (2)(3 \times 10^{26}\ \text{atoms/m}^3)\sqrt{\frac{(5.73 \times 10^{-20}\ \text{m}^2/\text{s})(30\ \text{min})(60\ \text{s/min})}{\pi}} \\ &= 3.44 \times 10^{18}\ \text{atoms/m}^2 \end{aligned}$$

(b) 접합깊이의 계산은 식 (7.13)을 사용한다. 그러나 이 계산을 위해서는 먼저 후확산 처리 온도에서의

D[1100°C(1173 K)에서 D_d]를 계산해야 한다. 따라서

$$D_d = (2.4 \times 10^{-3}\ \text{m}^2/\text{s}) \exp\left[-\frac{3.87\ \text{eV/atom}}{(8.62 \times 10^{-5}\ \text{eV/atom·K})(1373\ \text{K})}\right]$$
$$= 1.51 \times 10^{-17}\ \text{m}^2/\text{s}$$

이고, 식 (7.13)으로부터

$$x_j = \left[(4D_d t_d)\ln\left(\frac{Q_0}{C_B\sqrt{\pi D_d t_d}}\right)\right]^{1/2}$$
$$= \left\{(4)(1.51 \times 10^{-17}\ \text{m}^2/\text{s})(7200\ \text{s}) \times \ln\left[\frac{3.44 \times 10^{18}\ \text{atoms/m}^2}{(1.5 \times 10^{20}\ \text{atoms/m}^3)\sqrt{(\pi)(1.51 \times 10^{-17}\ \text{m}^2/\text{s})(7200\ \text{s})}}\right]\right\}^{1/2}$$
$$= 2.14 \times 10^{-6}\ \text{m} = 2.14\ \mu\text{m}$$

이다.

(c) 후확산 처리에 대하여 $x = 1\ \mu$m에서, 식 (7.11)과 위에서 계산된 Q_0와 D_d의 값을 이용하여 B 원자의 농도를 다음과 같이 계산할 수 있다.

$$C(x, t) = \frac{Q_0}{\sqrt{\pi D_d t}} \exp\left(-\frac{x^2}{4D_d t}\right)$$
$$= \frac{3.44 \times 10^{18}\ \text{atoms/m}^2}{\sqrt{(\pi)(1.51 \times 10^{-17}\ \text{m}^2/\text{s})(7200\ \text{s})}} \exp\left[-\frac{(1 \times 10^{-6}\ \text{m})^2}{(4)(1.51 \times 10^{-17}\ \text{m}^2/\text{s})(7200\ \text{s})}\right]$$
$$= 5.90 \times 10^{23}\ \text{atoms/m}^3$$

중요 재료 7.1

집적회로 내부결선을 위한 알루미늄

앞에서 기술한 선증착과 후확산 열처리 공정에 뒤이어 IC 제조공정에 있어서 또 다른 중요한 단계는 하나의 디바이스에서 다른 디바이스로의 전류의 흐름을 용이하게 하기 위하여 매우 얇고 좁은 도전성 회로 경로를 증착하는 것이다. 이러한 경로를 내부결선(*interconnect*)이라 하며, 몇몇 내부결선을 집적회로 칩의 주사전자현미경 사진에 나타내었다(그림 7.10). 내부결선에 사용되는 재료는 당연히 높은 전기전도도를 가져야 하므로 금속을 사용한다. 금속은 모든 재료 중에서 가장 높은 전기전도도를 나타내기 때문이다. 표 7.3은 가장 전도성이 높은 금속인 은, 구리, 금, 알루미늄의 전기전도도를 나타내고 있다. 전기전

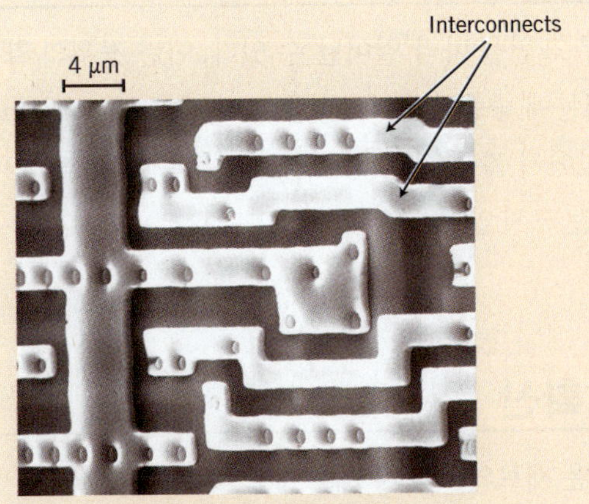

그림 7.10 집적회로 칩의 주사전자현미경 사진(약 2000배). Al 내부결선 영역을 볼 수 있다.
(Photograph courtesy of National Semiconductor Corporation.)

표 7.3 은, 구리, 금, 알루미늄(네 가지 대표적 전도성 금속)의 상온 전기전도도 값

Metal	Electrical Conductivity $[(\text{ohm-m})^{-1}]$
Silver	6.8×10^7
Copper	6.0×10^7
Gold	4.3×10^7
Aluminum	3.8×10^7

도도와 재료의 단가 측면에서 볼 때 은이 가장 선호되며, 그다음으로 구리, 금, 알루미늄 순서이다.

이들 내부결선이 IC 칩에 증착되면, 500°C와 같은 높은 온도에서의 다른 열처리가 요구된다. 만약 열처리 중에 내부결선 금속이 실리콘 영역으로 활발히 확산 이동하면, IC의 전기적 기능은 파괴될 것이다. 따라서 확산되는 정도는 확산계수의 크기에 의존하므로, 실리콘 내에서 작은 D 값을 갖는 내부결선 금속을 선택하여야 한다. 그림 7.11에는 실리콘으로의 구리, 금, 은, 알루미늄의 확산에 있어서 확산계수의 로그값을 절대온도의 역수($1/T$)로 나타내었다. 또한 수직 점선은 500°C에서 그려져 있으며, 이 온도에서의 네 가지 금속의 D 값이 표시되어 있다. 여기서 실리콘 내의 알루미늄의 확산계수(3.6×10^{-26} m²/s)가 다른 세 가지 금속보다 최소한 10^8 이상 낮은 값을 나타냄을 알 수 있다.

알루미늄은 실제로 일부 집적회로의 내부결선에 사용되고 있다. 알루미늄의 전기전도도는 은, 구리, 금에 비해 약간 낮지만, 확산계수가 매우 낮기 때문에 내부결선용으로 응용되고 있다. Al-Cu-Si(94.5 wt% Al–4 wt% Cu–1.5 wt% Si) 합금은 칩의 표면과 잘 결합될 뿐만 아니라 순수한 알루미늄에 비해 높은 부식 저항성이 있기 때문에 때때로 내부결선에 이용된다.

얼마 전부터는 구리도 내부결선에 이용되고 있다. 그러나 구리가 실리콘 내부로의 확산을 방해하는 장벽으로 작용하는 Ta 또는 TaN 층을 먼저 구리의 아래쪽에 매우 얇게 증착할 필요가 있다.

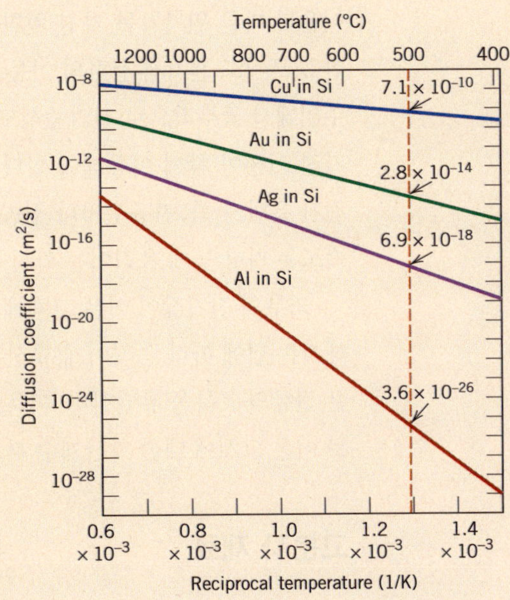

그림 7.11 실리콘 내에서의 구리, 금, 은, 알루미늄의 확산계수(D)의 로그값 대 절대온도의 역수($1/T$)의 그래프. 500°C에서의 D 값 또한 표시되어 있다.

7.7 | 기타 확산 경로

원자의 이동은 또한 전위, 결정립계, 외부 표면을 따라 일어날 수 있다. 이런 경우의 확산속도는 부피 확산의 경우보다 훨씬 빠르기 때문에 종종 **짧은 확산 경로**(*short-circuit diffusion path*)라고도 한다. 그러나 대부분의 경우에 있어서 짧은 확산 경로의 단면적은 매우 작기 때문에, 짧은 확산이 전체 확산에 기여하는 정도는 크지 않다.

7.8 | 이온 재료와 고분자 재료에서의 확산

우리는 위에서 다룬 확산 원리 일부를 이온 재료와 고분자 재료에도 적용한다.

이온 재료

이온 화합물에서 확산현상은 반대 전하를 가진 두 이온의 확산을 고려해야 한다는 점에서 금속에 비해 좀 더 복잡하다. 이들 재료에 있어서의 확산은 보통 빈자리 확산 기구(그림 7.2*a*)에 의하여 일어난다. 6.3절에서 언급한 것처럼, 이온성 재료에서 전기중성도를 유지하기 위해서 빈자리에 대해 다음과 같은 현상이 일어난다. (1) 이온빈자리는 짝으로 생긴다[쇼트키 결함처럼(그림 6.3)], (2) 이온빈자리는 비화학량론 조성을 가진 화합물을 형성한다(그림 6.4), (3) 모이온과 다른 원자가를 가진 치환형 불순물에 의하여 이온빈자리가 생성된다(예제 6.4). 어떠한 경우에도 전기적 전하의 이동은 이온의 확산 이동과 관련이 있다. 그리고 이동하는 이온의 주위에서 국부적으로 전기중성도를 유지하기 위해서는 크기는 같으면서 반대 부호의 전하를 가진 이온이 함께 이동해야 한다. 이러한 역할을 할 수 있는 것은 다른 빈자리, 불순물 원자, 전자 운반자[즉, 자유전자나 정공(13.6절)]이다. 서로 같이 움직여야 하는 경우에 있어서 확산속도는 가장 늦게 움직이는 확산 종에 의해 좌우된다.

외부의 전기장이 이온 고체에 가해지면, 전기적으로 하전된 이온들은 전기장에 의하여 가해지는 힘에 따라 움직이게(확산하게) 된다. 13.16절에서 다룬 것과 같이 이러한 이온의 이동은 전류의 흐름을 유발한다. 더욱이 전기전도도는 확산계수의 함수이다[식 (13.23)]. 결과적으로 이온 고체에 대한 확산계수 자료 대부분은 전기전도도의 측정으로부터 얻어진다.

고분자 재료

고분자 재료에서는 사슬구조 내의 원자의 확산 이동보다 분자사슬 사이의 외래 분자(예: O_2, H_2O, CO_2, CH_4)의 확산 이동이 더 중요하다. 고분자의 통기성 및 흡수 특성은 외래 물질이 재료에 얼마나 확산해 들어가느냐에 따라 달라진다. 이들 외래 물질의 침투는 팽윤(swelling) 또는 고분자 분자와의 화학반응의 형태로 나타나며, 종종 재료의 기계적 특성과 물리적 특성의 열화를 유발하기도 한다(16.11절).

확산속도는 결정질 부분보다는 비정질 부분에서 더 빠르다. 비정질 재료가 좀 더 '열린' 구조를 하고 있기 때문이다. 이러한 확산 기구는 금속에서의 침입형 확산 기구와 비슷하게 생각할 수 있는데, 고분자의 경우 고분자 사슬 간의 작은 공극, 즉 열린 구조의 비정질 부분으로부터 이웃하는 열린 구조의 비정질 부분으로 확산 이동한다.

외래 분자의 크기도 확산속도에 영향을 미친다. 작은 분자일수록 큰 분자보다 더 빨리 확산한다. 또한 화학적으로 불활성인 외래 분자는 고분자와 반응하는 분자보다 확산속도가 더 빠르다.

고분자 막(membrane)을 통한 확산의 한 단계는 막 재료 내에서 분자 종의 용해이다. 이 용해는 시간에 의존하는 과정이며, 만일 확산 이동보다 더 느릴 경우 전체의 확산속도를 제한할 것이다. 그 결과로 고분자의 확산 성질은 종종 **투과계수**(*permeability coefficient*, P_M)에 대해서 나타낼 수 있다. 고분자 막을 통한 정상상태 확산의 경우 픽의 제1법칙[식 (7.2)]은 다음과 같이 수정되어 나타낼 수 있다.

$$J = -P_M \frac{\Delta P}{\Delta x} \tag{7.14}$$

여기서 J[(cm^3 STP)/(cm$^2 \cdot$s)]는 막을 통한 기체의 확산 선속이며, P_M은 투과계수, Δx는 막의 두께, ΔP는 막 양단의 기체의 압력차이다. 결정질 고분자 내의 작은 분자의 경우 투과계수는 확산계수(D)와 고분자 내 확산 종의 용해도(S)의 곱으로 나타낼 수 있다.

$$P_M = DS \tag{7.15}$$

표 7.4는 여러 가지 일반적인 고분자의 산소, 질소, 이산화탄소, 수증기에 대한 투과계수(P_M)

표 7.4 다양한 고분자의 25°C에서의 산소, 질소, 이산화탄소, 수증기에 대한 투과계수 P_M

		P_M [$\times 10^{-13}$ (cm^3 STP)(cm)/(cm^2-s-Pa)]			
Polymer	**Acronym**	**O_2**	**N_2**	**CO_2**	**H_2O**
Polyethylene (low density)	LDPE	2.2	0.73	9.5	68
Polyethylene (high density)	HDPE	0.30	0.11	0.27	9.0
Polypropylene	PP	1.2	0.22	5.4	38
Poly(vinyl chloride)	PVC	0.034	0.0089	0.012	206
Polystyrene	PS	2.0	0.59	7.9	840
Poly(vinylidene chloride)	PVDC	0.0025	0.00044	0.015	7.0
Poly(ethylene terephthalate)	PET	0.044	0.011	0.23	—
Poly(ethyl methacrylate)	PEMA	0.89	0.17	3.8	2380

Adapted from J. Brandrup, E. H. Immergut, E. A. Grulke, A. Abe, and D. R. Bloch (Editors), *Polymer Handbook*, 4th edition. Copyright © 1999 by John Wiley & Sons, New York. NY.

를 나타내었다.[8)]

음식과 음료 포장, 자동차 타이어 및 내부 튜브와 같은 응용분야에서는 고분자 재료 내의 확산속도가 낮을수록 좋다. 고분자 막은 종종 선택적으로 화학물질을 걸러 내는 필터로 사용되기도 한다(예: 바닷물의 담수화). 그러한 예에서는 여과되는 물질의 투과속도가 다른 물질에 비하여 상당히 빨라야 하는 것이 일반적이다.

예제 7.7

플라스틱 청량음료 보관용기를 통한 이산화탄소의 확산 선속 계산 및 청량음료의 저장수명 계산

탄산음료(soda, pop, soda pop)에 이용되는 투명 플라스틱 병은 폴리(에틸렌 테레프탈레이트)(PET)로 만든다. 탄산음료의 '쉬익' 하는 소리는 용해되었던 이산화탄소(CO_2)가 빠져나올 때 발생하며, 이산화탄소는 PET를 투과할 수 있기 때문에 PET 내에 저장된 탄산음료는 결국 김이 빠질 것이다(즉, '쉬익' 하는 소리가 나지 않을 것이다). 0.6리터의 탄산음료 병 내 CO_2의 내부압력은 약 400 kPa이며, 병 외부의 CO_2 압력은 0.4 kPa이다.

(a) 정상상태 조건을 가정하여, 병의 벽을 통한 이산화탄소의 확산 선속을 계산하라.

(b) 병으로부터 750 (cm^3 STP)의 CO_2가 빠져나가면 김빠진 탄산음료가 된다고 가정하자. 탄산음료 병의 저장수명은 얼마인가?

주의 : 각 병의 표면적은 500 cm^2, 벽두께는 0.05 cm로 가정한다.

풀이

(a) 이 문제는 식 (7.14)에 나타낸 투과도 문제이다. PET를 통한 이산화탄소의 투과계수는 0.23×10^{-13} (cm^3 STP)(cm)/($cm^2 \cdot s \cdot Pa$)이다(표 7.4 참조). 따라서 확산 선속은 다음과 같다.

$$J = -P_M \frac{\Delta P}{\Delta x} = -P_M \frac{P_2 - P_1}{\Delta x}$$

$$= -0.23 \times 10^{-13} \frac{(\text{cm}^3\ \text{STP})(\text{cm})}{(\text{cm}^2)(\text{s})(\text{Pa})} \left[\frac{(400\ \text{Pa} - 400{,}000\ \text{Pa})}{0.05\ \text{cm}}\right]$$

$$= 1.8 \times 10^{-7} (\text{cm}^3\ \text{STP})/(\text{cm}^2 \cdot \text{s})$$

8) 표 7.4에 있는 투과계수의 단위는 특이하며 다음과 같이 설명된다. 즉, 확산 분자 종이 기체 내에 있을 때 용해도는

$$S = \frac{C}{P}$$

이다. 여기서 C는 고분자 내 확산 종의 농도[단위: (cm^3 STP)/cm^3 기체], P는 분압(단위: Pa)이다. STP는 표준 온도와 압력[273 K(0°C)과 101.3 kPa(1 atm)]에서 기체 부피를 나타낸다. 따라서 S에 대한 단위들은 (cm^3 STP)/Pa·cm^3이다. D는 cm^2/s로 표현되기 때문에 투과계수의 단위들은 (cm^3 STP)(cm)/(cm^2·s·Pa)이다.

(b) 병의 벽을 통한 이산화탄소의 유속 $\dot{V}_{CO_2}$은 다음과 같다.

$$\dot{V}_{CO_2} = JA$$

여기서 A는 병의 표면적, 즉 500 cm²이다. 따라서

$$\dot{V}_{CO_2} = [1.8 \times 10^{-7}\ (\text{cm}^3\ \text{STP})/(\text{cm}^2\text{·s})](500\ \text{cm}^2) = 9.0 \times 10^{-5}\ (\text{cm}^3\ \text{STP})/\text{s}$$

가 되고, 750 (cm^3 STP)의 이산화탄소가 빠져나오는 데 걸리는 시간은 다음과 같이 계산한다.

$$\text{time} = \frac{V}{\dot{V}_{CO_2}} = \frac{750\ (\text{cm}^3\ \text{STP})}{9.0 \times 10^{-5}\ (\text{cm}^3\ \text{STP})/\text{s}} = 8.3 \times 10^6\ \text{s}$$
$$= 97\ \text{days (or about 3 months)}$$

요약

서론

- 고체상태 확산은 단계적인 원자 운동에 의해 일어나는 고체 재료 내의 물질 이동수단이다.
- **상호확산**은 불순물 원자의 이동을 말하며, **자체확산**은 모원자의 이동을 말한다.

확산 기구

- 확산 기구에는 원자빈자리 확산과 격자간 원자 확산의 두 가지가 있다.
  - **원자빈자리 확산**은 정규 격자점에 있는 원자가 이웃하는 격자 빈자리로 이동하여 일어난다.
  - **격자간 원자 확산**에서는 원자가 하나의 격자 빈자리에서 비어 있는 이웃 격자 빈자리로 이동한다.
- 모 금속에서 격자간 원자가 일반적으로 더 빠르게 확산된다.

픽의 제1법칙

- **확산 선속**은 확산 종의 질량, 단면적, 시간으로 정의된다[식 (7.1)].
- 확산 선속은 농도구배의 음수에 비례한다[픽의 제1법칙, 식 (7.2)].
- **농도분포**는 고체 내부로의 거리에 따른 농도변화로 나타낸다.
- **농도구배**는 농도분포 곡선의 특정 점에서의 구배이다.
- 확산 선속이 시간에 무관한 확산 조건을 정상상태라고 한다.
- 정상상태 확산의 구동력은 농도구배(dC/dx)이다.

픽의 제2법칙—비정상상태 확산

- 비정상상태 확산의 경우, 확산 종의 순 축적이나 고갈이 일어나고, 확산 선속은 시간에 의존한다.
- 한쪽(x) 방향(그리고 확산계수가 농도와 무관할 때)에서의 비정상상태 식은 픽의 제2법칙으로 나타낸다[식 (7.4b)].

- 표면 조성이 일정한 경계 조건일 때 픽의 제2법칙[식 (7.4b)]의 해는 가우시안 오차함수(erf)로 나타낸다[식 (7.5)].

확산에 영향을 미치는 인자들

- 확산계수의 크기는 원자 이동 속도를 나타내며, 온도뿐만 아니라 모상 원자와 확산 종에 의존한다.
- 확산계수는 온도의 함수이다[식 (7.8)].

반도성 재료 내에서의 확산

- 반도체 집적회로의 제조 시 실리콘 내에 불순물을 확산시키기 위해 선증착과 후확산의 두 가지 열처리가 사용된다.
  - 선증착 과정 동안, 종종 분압이 일정하게 유지된 기체상으로부터 불순물 원자들이 실리콘 내로 확산된다.
  - 후확산 단계에서는 전체 불순물 농도를 증가시키지 않고 더 적절한 농도분포를 갖도록 불순물 원자들을 실리콘 내에 깊숙이 침투시킨다.
- 집적회로 내부결선들은 확산문제를 고려하여 더 높은 전기전도도를 갖는 구리, 은, 금과 같은 금속 대신에 알루미늄으로 만들어져 있다. 고온 열처리 동안에 내부결선 금속 원자들은 실리콘 내로 확산된다. 칩 성능을 고려하여 금속 원자의 확산 허용 농도가 적절하게 절충될 것이다.

이온 재료에서의 확산

- 이온 재료에서의 확산은 빈자리 기구에 의해 일어난다. 전하를 가진 이온빈자리와 반대 부호의 전하를 가진 것이 짝을 이루어 확산 이동을 함으로써 국부적으로 전하의 전기중성도가 유지된다.

고분자 재료에서의 확산

- 고분자에서는 한 비정질 부분에서 인접부의 비정질 부분으로의 격자간 이동 형태 기구에 의해 외래의 작은 분자들이 분자사슬 사이를 이동한다.
- 기체 종의 확산(투과)은 종종 고분자 내에서의 확산계수와 용해도의 곱인 투과계수로 나타낸다[식 (7.15)].
- 투과 유속은 픽의 제1법칙의 수정된 형태로 표현된다[식 (7.14)].

식 요약

Equation Number	Equation	Solving for
7.1	$J = \frac{M}{At}$	Diffusion flux
7.2	$J = -D\frac{dC}{dx}$	Fick's first law
7.4b	$\frac{\partial C}{\partial t} = D\frac{\partial^2 C}{\partial x^2}$	Fick's second law

(계속)

Equation Number	Equation	Solving for
7.5	$\frac{C_x - C_0}{C_s - C_0} = 1 - \text{erf}\left(\frac{x}{2\sqrt{Dt}}\right)$	Solution to Fick's second law—for constant surface composition
7.8	$D = D_0 \exp\left(-\frac{Q_d}{RT}\right)$	Temperature dependence of diffusion coefficient
7.14	$J = -P_M \frac{\Delta P}{\Delta x}$	Diffusion flux for steady-state diffusion through a polymer membrane

기호 목록

Symbol	Meaning
A	Cross-sectional area perpendicular to direction of diffusion
C	Concentration of diffusing species
C_0	Initial concentration of diffusing species prior to the onset of the diffusion process
C_s	Surface concentration of diffusing species
C_x	Concentration at position x after diffusion time t
D	Diffusion coefficient
D_0	Temperature-independent constant
M	Mass of material diffusing
ΔP	Difference in gas pressure between the two sides of a polymer membrane
P_M	Permeability coefficient for steady-state diffusion through a polymer membrane
Q_d	Activation energy for diffusion
R	Gas constant (8.31 J/mol·K)
t	Elapsed diffusion time
x	Position coordinate (or distance) measured in the direction of diffusion, normally from a solid surface
Δx	Thickness of polymer membrane across which diffusion is occurring

중요한 용어와 개념

격자간 원자 확산
구동력
농도구배
농도분포
비정상상태 확산
상호확산(불순물확산)
원자빈자리 확산
자체확산
정상상태 확산
침탄
픽의 제1법칙
픽의 제2법칙
확산
확산 선속
확산계수
활성화에너지

참고문헌

Carslaw, H. S., and J. C. Jaeger, *Conduction of Heat in Solids*, 2nd edition, Oxford University Press, Oxford, UK, 1986.

Crank, J., *The Mathematics of Diffusion*, Oxford University Press, Oxford, UK, 1980.

Gale, W. F., and T. C. Totemeier (Editors), *Smithells Metals Reference Book*, 8th edition, Butterworth-Heinemann, Oxford, UK, 2003.

Glicksman, M., *Diffusion in Solids,* John Wiley & Sons, New York, NY, 2000.

Mehrer, H., *Diffusion in Solids: Fundamentals, Methods, Materials, Diffusion-Controlled Processes*, Springer, Berlin, 2007.

Shewmon, P. G., *Diffusion in Solids*, 2nd edition, The Minerals, Metals and Materials Society, Warrendale, PA, 1989.

문제

서론

7.1 자체확산과 상호확산의 차이점에 대해 간략히 설명하라.

7.2 자체확산은 모두 같은 종류의 원자의 운동을 포함한다. 따라서 상호확산과 같이 조성 변화로 관찰할 수가 없다. 자체확산을 모니터링할 수 있는 방법 한 가지를 제시하라.

확산 기구

7.3 **(a)** 침입형 확산 메커니즘과 원자빈자리 확산 메커니즘을 비교하라.

(b) 일반적으로 침입형 확산이 원자빈자리 확산보다 더 빠른 두 가지 이유를 기술하라.

7.4 철에서 탄소는 침입형 기구에 의해 확산한다. FCC 철에서는 하나의 팔면체 위치에서 근접한 팔면체 위치로 확산한다. 6.4절(그림 6.6*a*)에서 이 위치는 $0 \frac{1}{2} 1$과 $\frac{1}{2} \frac{1}{2} \frac{1}{2}$로 표시된다. FCC 철에서 탄소의 확산이 일어나는 결정학적인 방향족을 규명하라.

픽의 제1법칙

7.5 확산에서 적용되는 정상상태의 개념을 간단히 설명하라.

7.6 **(a)** 구동력의 개념을 간단히 설명하라.

(b) 정상상태 확산의 구동력은 무엇인가?

7.7 팔라듐(Pd) 박막을 통한 확산에 의한 수소 기체의 정화(purification)를 7.3절에서 다루었다. 500°C에서 면적 0.40 m^2, 두께 5 mm인 Pd 박막에 시간당 통과하는 수소를 kg 단위로 계산하라. 확산계수를 1.0×10^{-8} m^2/s라고 가정하고, 판재의 고압력면과 저압력면에서의 수소 농도가 팔라듐 m^{3}당 각각 2.4와 0.6 kg이다. 단, 정상상태가 유지된다고 가정한다.

7.8 1.5 mm 두께의 강철 시트가 1000°C에서 양쪽이 질소 분위기에 놓였을 때 정상상태 확산조건이 달성된다. 이 온도에서 강철의 질소에 대한 확산계수는 6×10^{-11} m^2/s이고, 확산 선속은 1.2×10^{-7} kg/m^2·s이다. 또한 고압 표면에서의 강철의 질소 농도는 4 kg/m^{3}이다. 이 고압면에서 시트로 얼마나 들어가야 농도가 2.0 kg/m^{3}가 되는가? 선형 농도분포를 가정한다.

7.9 2 mm 두께의 BCC 철 시트를 725°C에서 한쪽 면은 침탄 가스 분위기, 다른 한쪽 면은 탈탄 분위기에 노출시켰다. 정상상태에 도달한 후 철은 실온에서 빠르게 냉각되었다. 시트의 두 표면에서의 탄소 농도는 0.012 wt%와 0.0075 wt%이다. 확산 선속이 1.4×10^{-8} kg/m^2·s인 경우 확산계수를 구하라. 힌트: 식 (6.12)를 이용하여 철의 무게백분율에서 세제곱미터당 탄소의 킬로그램으로 농도를 변환하라.

7.10 α철이 수소 기체 분위기에 놓였을 때 철의 수소 농도 C_H(wt%)는 수소 압력 P_{H_2}(MPa)와 절대온도(T)의 함수이다.

$$C_H = 1.34 \times 10^{-2} \sqrt{p_{H_2}} \exp\left(-\frac{27{,}200 \text{ J/mol}}{RT}\right) \quad (7.16)$$

이 확산 계에서 D_0와 Q_d의 값은 각각 1.4×10^{-7} m^2/s와 13,400 J/mol이다. 250°C에서 1 mm 두께의 철 박판을 통한 확산 선속을 계산하라. 박판의 한쪽 면에 걸리는 질소 압력이 0.15 MPa(1.48

atm)이고, 다른 측면은 7.5 MPa(74 atm)이라고 가정한다.

픽의 제2법칙—비정상상태 확산

7.11 다음 식이 식 (7.4b)의 또 다른 해임을 보여라.

$$C_x = \frac{B}{\sqrt{Dt}}\exp\left(-\frac{x^2}{4Dt}\right)$$

B는 상수이며, x와 t에 독립적이다. 힌트: 식 (7.4b)는 다음 식이

$$\frac{\partial\left[\frac{B}{\sqrt{Dt}}\exp\left(-\frac{x^2}{4Dt}\right)\right]}{\partial t}$$

아래의 식과 같다는 것을 보여준다.

$$D\left\{\frac{\partial^2\left[\frac{B}{\sqrt{Dt}}\exp\left(-\frac{x^2}{4Dt}\right)\right]}{\partial x^2}\right\}$$

7.12 초기에 0.20 wt% C를 포함한 철-탄소 합금에서 2.5 mm 되는 깊이(위치)에서 0.45 wt%의 탄소 농도에 도달하는 데 필요한 침탄시간을 결정하라. 표면 농도는 1.30 wt% C로 유지되고, 온도는 1000°C에서 행해진다. 표 7.2의 γ철의 확산 데이터를 이용하라.

7.13 초기에 0.35 wt% C를 포함하는 FCC 철-탄소 합금이 1400 K(1127°C)에서 산소가 풍부하고 사실상 탄소가 없는 대기에 노출된다. 이러한 상황에서 탄소는 합금에서 확산되어 표면에서 대기 중의 산소와 반응한다. 즉, 표면에서 탄소 농도는 기본적으로 0 wt%로 유지된다(이런 탄소 고갈 과정을 탈탄이라고 한다). 10시간 후 탄소의 농도는 어느 위치에서 0.10 wt%가 되는가? 1400 K에서 D의 값은 6.9×10^{-11} m²/s이다.

7.14 700°C에서 기상의 질소가 순수한 철로 확산되어 들어간다. 만약 그 표면의 농도가 0.1 wt% 질소로 유지된다면, 10시간 후에 표면으로부터 2 mm 떨어진 곳의 농도는 얼마나 되는가? 700°C에서 철 내의 질소 확산계수는 2.5×10^{-11} m²/s이다.

7.15 확산쌍이 동일한 금속이고 2개의 반무한대 고체로 구성되어 있다고 하자. 각각의 확산쌍은 동일한 불순물 원소를 갖지만 그 농도는 다르다. 또한 확산쌍의 양 끝에서 농도는 동일하게 유지된다. 이 상황에서 픽의 제2법칙의 해는 다음과 같다(불순물의 확산계수는 농도와 무관하다고 가정한다).

$$C_x = C_2 + \left(\frac{C_1 - C_2}{2}\right)\left[1 - \operatorname{erf}\left(\frac{x}{2\sqrt{Dt}}\right)\right] \quad (7.17)$$

그림 7.12의 개략적 농도분포는 $t = 0$과 $t > 0$에서의 농도분포뿐만 아니라 이러한 농도 매개변수를 보여준다. $t = 0$에서 $x = 0$ 위치를 초기 확산쌍 계면으로 잡고, C_1은 $x < 0$에 대한 불순물 농도이며, C_2는 $x > 0$에 대한 불순물 양이다.

이 확산쌍은 2개의 은-금 합금으로 구성되어 있다. 이 합금들은 98 wt% Ag–2 wt% Au과95 wt% Ag–5 wt% Au으로 구성되어 있다. 확산쌍의 2 wt% Au 쪽으로 50 μm 거리에서 조성이 2.5 wt% Au 농도를 가지려면 750°C(1023 K)에서 얼마 동안 가열해야 하는가를 결정하라. 여기서

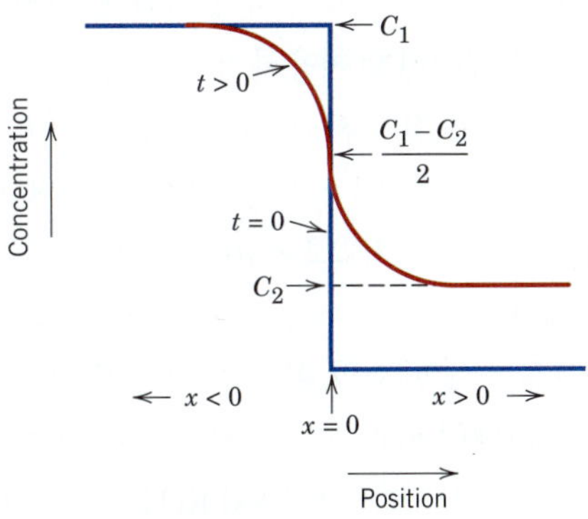

그림 7.12 2개의 반무한 금속 합금 사이의 계면($x = 0$) 근처의 열처리 전($t = 0$)과 열처리 후($t > 0$)에 대한 개략적 농도분포도. 각 합금에 대한 기본 금속은 같으며, 불순물의 농도는 다르다. C_1과 C_2는 $t = 0$에서의 농도값이다.

선지수 값은 8.5×10^{-5} m^2/s이며, 활성화에너지는 202,100 J/mol이다.

7.16 가상의 금속 A와 15 wt%의 금속 A를 포함하는 금속 B의 합금 사이의 확산쌍이 있다고 하자. 이 확산쌍을 고온에서 650초 가열한 후 계면에서 B-A 합금 쪽으로 12 μm 거리에서 금속 A의 농도가 16.5 wt%로 증가했다. 선지수 값은 4.0×10^{-6} m^2/s이며, 활성화에너지는 150,000 J/mol로 가정하고 열처리 온도를 계산하라. 그림 7.12와 식 (7.17)을 참조하라.

7.17 강철 합금의 경우 10시간 동안 침탄 열처리하면 표면으로부터 2.5 mm 떨어진 지점에서 탄소 농도가 0.45 wt% 증가하는 것이 확인되었다. 동일한 강철과 동일한 침탄 온도에서 10 mm 위치에서 같은 농도가 될 때까지의 시간을 구하라.

확산에 영향을 미치는 인자들

7.18 850°C에서 α철(BCC)과 γ철(FCC)이 탄소를 서로 확산시키는 경우에 각각의 확산계수를 정하라. 그리고 어느 것이 더 큰지 판단하고 그 이유를 설명하라.

7.19 표 7.2의 데이터를 이용하여 620°C에서 구리에서 아연의 확산계수 D 값을 구하라.

7.20 니켈 내 구리의 확산에서 확산계수는 6.0×10^{-17} m^2/s이다. 어느 온도에서 성립되겠는가? 표 7.2의 확산 데이터를 이용하라.

7.21 코발트에서 철의 확산에 대한 선지수와 활성화에너지는 각각 1.1×10^{-5} m^2/s와 253,300 J/mol이다. 확산계수가 2.2×10^{-14} m^2/s가 되는 온도를 계산하라.

7.22 크로뮴에서 탄소의 확산을 위한 활성화에너지는 111,000 J/mol이다. 1000 K(727°C)에서 확산계수를 계산하라. 단, 1400 K(1127°C)에서의 D 값은 6.25×10^{-11} m^2/s이다.

7.23 니켈에서 철의 확산계수는 두 가지 온도에서 다음과 같이 주어진다.

T(K)	*D*(m^2/s)
1273	9.4×10^{-16}
1273	2.4×10^{-14}

(a) D_0와 활성화에너지 Q_d 값을 구하라.

(b) 1100°C(1373 K)에서 D의 값을 구하라.

7.24 구리에서 은의 확산계수는 두 가지 온도에서 다음과 같이 주어진다.

T(°C)	*D*(m^2/s)
650	5.5×10^{-16}
900	1.3×10^{-13}

(a) D_0와 활성화에너지 Q_d 값을 구하라.

(b) 775°C에서 D의 값을 구하라.

7.25 다음 그림은 크로뮴 내의 철 확산에 대해 절대 온도의 역수 대 확산계수의 상용로그로 나타낸 것이다. 활성화에너지와 선지수 값을 구하라.

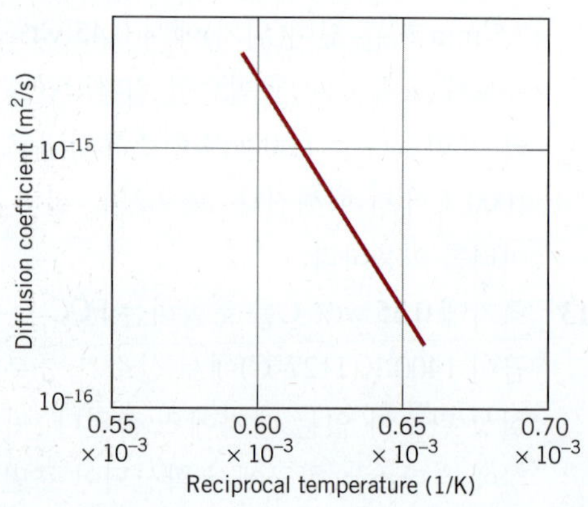

7.26 농도구배가 -350 kg/m^4일 때 금속 판재를 통한 정상상태의 확산 선속이 727°C(1000 K)의 온도에서 5.4×10^{-10} $kg/m^2 \cdot s$이다. 같은 농도구배일 경우 927°C(1200 K)에서 확산 선속을 계산하라. 확산의 활성화에너지는 125,000 J/mol이라고 가정한다.

7.27 γ철 시편을 2시간 동안 침탄할 경우 10시간 동

안 900°C에서 일어나는 확산과 동일한 결과를 만들기 위하여 약 몇 도의 온도에서 해야 하는가?

7.28 **(a)** 427°C에서 알루미늄 내부에서의 구리의 확산계수를 구하라.

(b) 427°C에서 10시간과 동일한 확산결과(특정 지점에서의 농도)를 생성하려면 600°C에서는 얼마나 걸리는가?

7.29 그림 7.1*a*에서처럼 구리와 니켈의 확산쌍이 만들어져 있다. 1100°C에서 700시간 동안 열처리된 후 니켈 내의 2.5 mm 위치에서 Cu의 농도는 2.5 wt%이다. 700시간 후에 2.0 mm 위치에서 같은 농도(2.5 wt% Cu)를 만들기 위해서는 몇 도의 온도로 가열해야 하는가? 구리에서 니켈의 확산에 대한 선지수와 활성화에너지는 표 7.2에 주어져 있다.

7.30 그림 7.1*a*와 유사한 확산쌍인 2개의 가상 금속 A와 B가 있다. 30시간 동안 1000 K에서 열처리된 후(이후 실온에서 냉각) 금속 B 안의 15.5 mm 되는 위치에서 금속 A의 농도는 3.2 wt%이다. 만약 이러한 확산쌍에 다른 열처리, 즉 900 K에서 30시간 동안 열처리를 한다면 3.2 wt% A가 되는 곳은 어디인가? 확산계수에 대한 선지수와 활성화에너지는 각각 1.8×10^{-5} m^2/s와 152,000 J/mol이라고 가정한다.

7.31 강철 기어의 외부 표면은 탄소 함량을 증가함으로써 강화시킬 수 있다. 즉, 고온의 풍부한 탄소 분위기하에서 탄소를 기어 표면에 공급한다. 850°C(1123 K)에서 10분의 확산 열처리는 기어 표면 아래 1.0 mm 되는 위치에서 탄소의 농도를 0.90 wt%로 증가시킨다. 600°C(873 K)에서 1.0 mm 되는 위치에 같은 농도에 도달하도록 하기 위해서 요구되는 확산시간을 구하라. 2개의 열처리에서 표면의 탄소 함량은 같다고 가정하며, α철에서 탄소의 확산은 표 7.2 C의 확산 데이터를 참조하라.

7.32 먼저 0.20 wt%의 C를 함유하는 FCC 철-탄소 합금을 표면 탄소 농도가 1.0 wt%로 유지되는 분위기와 고온에서 침탄한다. 50시간 후, 표면으로부터 4.0 mm 위치에서 탄소의 농도가 0.35 wt%인 경우, 열처리한 온도를 구하라.

반도성 재료 내에서의 확산

7.33 실리콘 웨이퍼에 인 원자를 선증착과 후확산 처리로 주입하며, 실리콘 내의 P의 바탕 농도는 5×10^{19} atoms/m^{3}이다. 선증착은 950°C에서 45분간 진행하였고, P의 표면 농도를 1.5×10^{26} atoms/m^{3}로 유지했다. 후확산은 1200°C에서 2.5시간 진행할 것이다. Si 내 P의 확산계수 Q_d와 D_0는 각각 3.40 eV/atom과 1.1×10^{-4} m^2/s이다.

(a) Q_0 값을 구하라.

(b) 후확산에서 접합깊이 x_j를 구하라.

(c) 후확산에서 P 원자의 농도가 10^{24} m^{-3}인 위치 x를 구하라.

7.34 실리콘 웨이퍼에 알루미늄 원자를 선증착과 후확산으로 주입하며, 실리콘 내 Al의 바탕 농도는 3×10^{19} atoms/m^{3}이다. 후확산은 1050°C에서 4시간 진행하였고, 이때 접합깊이 x_j는 3.0 μm이다. 만약 선증착 처리 시 표면 농도가 2×10^{25} atoms/m^{3}로 유지하고, 950°C에서 진행하였다면, 선증착 확산의 열처리 시간을 계산하라. Si 내 Al의 확산계수 Q_d와 D_0는 각각 3.41 eV/atom과 1.38×10^{-4} m^2/s이다.

고분자 재료에서의 확산

7.35 1 mm 두께의 얇은 폴리프로필렌(PP) 판재의 수증기 확산을 생각해 보자. 양면 H_2O의 분압은 각각 1 kPa과 10 kPa로 일정하게 유지된다. 정상상태를 가정할 때 298 K에서 확산 선속[단위: (cm^3 STP)/cm^2·s]을 계산하라.

7.36 아르곤은 20 mm 두께의 고밀도 폴리에틸렌

(HDPE) 시트를 325 K에서 4.0×10^{-7} (cm^3 STP)/cm$^2 \cdot$s의 비율로 확산한다. 두 면에서 아르곤의 압력은 5000 kPa과 1500 kPa로 일정하게 유지된다. 정상상태라고 가정하면 325 K에서 투과계수는 얼마인가?

7.37 크기가 작은 가스 분자의 투과계수는 절대온도의 변화에 따라 다음 식으로 주어진다.

$$P_M = P_{M_0} \exp\left(-\frac{Q_P}{RT}\right)$$

여기서 P_{M_0}와 Q_p는 주어진 가스-고분자 쌍에 대해서 상수이다. 두께가 20 mm인 폴리(디메틸실록산)(PDMS) 판재를 통해 수소가 확산을 일으키는 경우를 고려하자. 판재의 양 표면에서 수소 분압은 각각 10 kPa과 1 kPa이고, 일정하게 유지된다. 350 K에서 확산 선속[단위: (cm^3 STP)/cm$^2 \cdot$s]을 구하라. 이 확산 계에서 P_{M_0}와 Q_p는 다음과 같다.

$$P_{M_0} = 1.45 \times 10^{-8}\ (\text{cm}^3\ \text{STP})/\text{cm}^2 \cdot \text{s} \cdot \text{Pa}$$

$$Q_p = 13{,}700\ \text{J/mol}$$

또한 정상상태를 가정하라.

설계 문제

픽의 제1법칙

7.D1 두 기체의 분압이 0.1013 MPa(1 atm)인 수소-질소 혼합 기체에서 수소의 분압을 높이고자 한다. 이를 위해 고온에서 얇은 금속 판재를 통해 두 가스를 통과시키는 방법이 제안되었다. 수소는 질소보다 판재를 통한 확산속도가 빠를 것이고, 따라서 판재의 출구부에서는 수소의 분압이 높아질 것이다. 수소와 질소의 분압은 각각 0.0709 MPa(0.7 atm)과 0.02026 MPa(0.2 atm)이다. 이 금속에서 수소와 질소 농도(C_H와 C_N, mol/m^3)는 기체 부분압(p_{H_2}와 p_{N_2}, MPa)과 절대온도의 함수이고 다음 식으로 표현된다.

$$C_H = 2.5 \times 10^3 \sqrt{p_{H_2}} \exp\left(-\frac{27{,}800\ \text{J/mol}}{RT}\right) \quad (7.18a)$$

$$C_N = 2.75 \times 10^3 \sqrt{p_{N_2}} \exp\left(-\frac{37{,}600\ \text{J/mol}}{RT}\right) \quad (7.18b)$$

또한 이 금속에서 기체의 확산계수는 다음과 같은 절대온도의 함수이다.

$$D_H(\text{m}^2/\text{s}) = 1.4 \times 10^{-7} \exp\left(-\frac{13{,}400\ \text{J/mol}}{RT}\right) \quad (7.19a)$$

$$D_N(\text{m}^2/\text{s}) = 3.0 \times 10^{-7} \exp\left(-\frac{76{,}150\ \text{J/mol}}{RT}\right) \quad (7.19b)$$

이 방법으로 수소를 정제하는 것이 가능한가? 가능하다면 이 방법의 실현을 위한 적절한 온도와 금속 판의 두께를 구하라. 불가능하다면 그 이유를 설명하라.

7.D2 가스 혼합물이 2개의 이원자 A와 B 종을 포함하고 이 두 종의 분압은 0.05065 MPa(0.5 atm)이다. 이 혼합물은 고온에서 얇은 금속 판재를 통해 두 가스를 통과시켜 A의 분압을 높아지게 한다. 높아진 혼합물의 분압은 기체 A는 0.02026 MPa(0.2 atm)이고 기체 B는 0.01013 MPa(0.1 atm)이다. 기체 A와 B의 농도(C_A와 C_B, mol/m^3)는 기체 부분압(p_{A_2}와 p_{B_2}, MPa)과 절대온도의 함수이고 다음 식으로 표현된다.

$$C_A = 200 \sqrt{p_{A_2}} \exp\left(-\frac{25{,}000\ \text{J/mol}}{RT}\right) \quad (7.20a)$$

$$C_B = 1.0 \times 10^3 \sqrt{p_{B_2}} \exp\left(-\frac{30{,}000\ \text{J/mol}}{RT}\right) \quad (7.20b)$$

또한 이 금속에서 기체의 확산계수는 다음과 같은 절대온도의 함수이다.

$$D_A(\text{m}^2/\text{s}) = 4.0 \times 10^{-7} \exp\left(-\frac{15{,}000\ \text{J/mol}}{RT}\right) \quad (7.21a)$$

$$D_B(\text{m}^2/\text{s}) = 2.5 \times 10^{-6} \exp\left(-\frac{24{,}000\ \text{J/mol}}{RT}\right) \quad (7.21b)$$

이 방법으로 기체 A를 정제하는 것이 가능한가? 가능하다면 이 방법의 실현을 위한 적절한 온도와 금속 판의 두께를 구하라. 불가능하다면 그 이유를 설명하라.

픽의 제2법칙—비정상상태 확산

7.D3 샤프트용 강의 내마모성은 표면을 경화시킴으로써 증가될 수 있다. 강 내부로 질소를 확산시켜 강 표면층의 질소 농도를 증가시킴으로써 가능하다. 질소는 고온의 일정한 온도하에서 풍부한 질소 분위기의 기체로부터 공급된다. 강의 처음 질소 함량은 0.002 wt%이고, 반면에 표면 농도는 0.50 wt%로 유지된다. 효과적인 처리를 위해 표면 아래 0.40 mm 되는 위치의 질소 함량은 0.10 wt%가 되어야 한다. 475~625°C의 온도 구간에서 적정한 온도와 시간을 설계하라. 이 온도 범위에서 철 안의 질소 확산에 대한 선지수와 활성화에너지는 각각 3×10^{-7} m²/s, 76,150 J/mol이다.

반도성 재료 내에서의 확산

7.D4 집적회로의 설계를 위해 규소 웨이퍼에 비소를 확산시킨다. Si 내 As의 바탕 농도는 2.5×10^{20} atoms/m³이다. 선증착 열처리는 1000°C에서 45분 동안 실시하며, 표면 농도는 8×10^{26} As atoms/m³로 일정하게 유지한다. 1000°C의 후확산 열처리 공정으로 접합깊이가 1.2 μm가 되는 데 필요한 확산시간을 계산하라. 확산계수를 위한 Q_d와 D_0 값은 각각 4.10 eV/atom과 2.29×10^{-3} m²/s이다.

8 기계적 성질

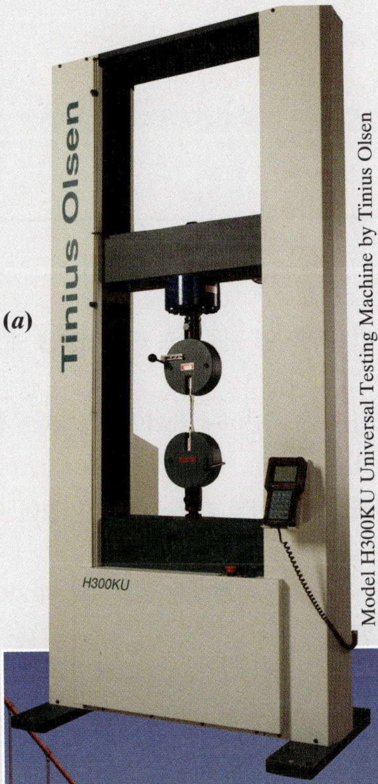

(a)

Model H300KU Universal Testing Machine by Tinius Olsen

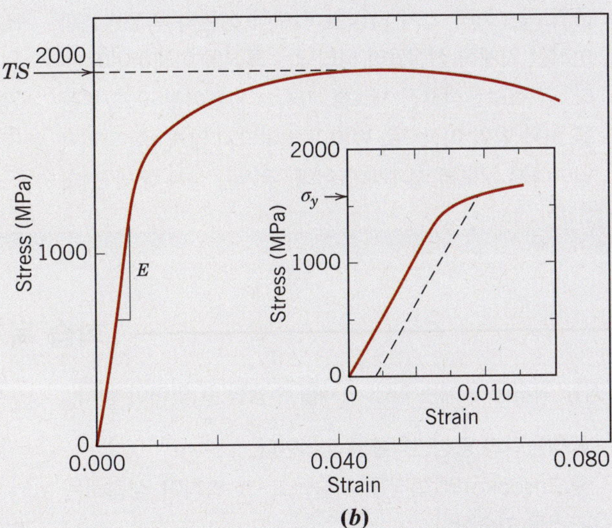

(b)

그림 (a)는 인장력을 인가하여 금속의 기계적 성질을 측정하는 장비를 보여준다(8.3절, 8.5절, 8.6절). 그림 (b)는 금속 시편을 사용하여 그 장비로부터 얻은 인장시험 데이터이다. 그래프로 그려진 데이터는 응력(종축—인가력으로부터 측정)과 변형률(횡축—시편의 연신율에 관련된) 관계이다. 탄성계수(강성계수, E), 항복강도(σ_y), 인장강도(TS) 등은 이 그래프로 결정된다.

그림 (c)는 현수교를 보여준다. 교량판과 차량의 무게가 수직으로 늘어진 케이블에 인장력을 부과한다. 이 힘들이 대략 포물선 형상으로 늘어진 위쪽의 주 케이블에 전달된다. 금속 합금으로 만들어진 케이블은 강성과 강도에 대한 특정한 조건을 만족해야 한다. 합금의 강도와 강성은 그림에 보여진 것과 비슷한 인장시험 장비를 이용하여 수행한 시험(응력-변형률 곡선)으로 평가된다.

mr_focus/Getty Images

(c)

왜 기계적 성질을 공부하는가?

공학도는 여러 가지 다양한 기계적 성질의 측정방법과 이러한 기계적 성질들이 나타내는 특성을 이해하여야 한다. 공학도는 정해진 재료를 가지고 만들어진 구조/부품을 허용 범위 이상으로 변형이 일어나지 않게, 즉 파괴가 일어나지 않도록 설계해야 한다. 우리는 설계 예제 8.1과 8.2에서 전형적인 두 가지 종류의 설계 프로토콜에 대해 보게 된다. 즉, 인장시험 장치의 설계에 관한 절차와 가압된 원통형 튜브용 재료의 요구사항 등에 대해 공부할 것이다.

학습 목표

이 장을 학습한 후에는 아래 과제를 수행할 수 있어야 한다.

1. 공칭응력과 공칭변형률을 정의한다.
2. 후크(Hooke)의 법칙을 서술하고 그 법칙이 성립하는 조건을 기술한다.
3. 포아송비를 정의한다.
4. 공칭응력-공칭변형률 선도로부터 (a) 탄성계수, (b) 항복강도(0.002 변형률), (c) 인장강도, (d) 연신백분율 등을 결정한다.
5. 연성 원통형 금속 시편의 인장변형에 대하여 파괴점까지 각 변형 단계마다 시편의 윤곽의 변화를 서술한다.
6. 인장력이 가해진 재료에 대한 연성을 파단이 일어날 때까지의 연신백분율과 단면감소율로 계산한다.
7. 인장하중이 가해진 시편에 대해서 초기길이, 순간길이, 순간단면크기 등이 주어지면 진응력과 진변형률을 계산한다.
8. 3점 하중으로 굽힘 파단이 일어난 세라믹 봉 시편의 굽힘강도를 계산한다.
9. 고분자 재료에 대한 세 유형의 응력-변형률 거동을 도식화한다.
10. 가장 일반적인 두 가지 경도시험법을 들고 그들의 차이를 두 가지 기술한다.
11. (a) 두 가지의 미세경도시험법을 들고, 측정 원리를 간단히 서술한다. (b) 이 기법들이 일반적으로 쓰이는 곳의 예를 제시한다.
12. 연성 재료에 대해서 사용 응력을 계산한다.

8.1 | 서론

비행기 날개에 쓰이는 알루미늄 합금이나 자동차의 차축(axle)으로 사용되는 강철(steel)과 같은 다수의 재료들은 사용될 때 힘 또는 하중을 받게 된다. 이런 각 상황에서 재료들의 특성을 파악하여, 과도한 변형이 일어나 파괴되지 않도록 각 부분을 설계하는 것이 필요하다. 재료의 기계적 거동은 부과된 하중 또는 힘과 이에 대한 응답, 즉 변형 사이의 관계를 반영한다. 설계에 중요한 기계적 성질로는 강도(strength), 경도(hardness), 연성(ductility), 강성(stiffness) 등이 있다.

재료의 기계적 성질은 가능한 한 사용되는 환경과 매우 유사하게 설정된 실험을 수행함으로써 정확하게 얻어진다. 즉, 부과 하중의 형태, 하중 유지시간, 주위의 조건 등의 요인들을 고려한다. 하중도 인장, 압축, 전단의 형태로 가할 수 있고, 크기는 시간에 따라 일정하거나 또는 계속적으로 변동할 수도 있다. 부과되는 시간은 단지 1초도 안 되게 짧거나 때로는 여러 해 동안이 될 수도 있다. 사용 온도도 중요한 인자이다.

재료의 생산자와 소비자, 연구단체, 정부기관 등의 여러 종사자들은 각기 다른 각도로 기계적 성질에 관심을 가지고 있다. 따라서 재료에 대한 시험이 행해지는 방법과 결과의 해석에 있어 일관성이 있어야 한다. 일관성 있는 시험과 해석을 위하여 표준화된 시험 방법을 따라야 한다. 여러 전문 학회에 의해서 표준의 정립과 출판이 이루어지고 있으며 미국에서는 가장 활발한 단체로 ASTM(American Society for Testing and Materials; http://www.astm.org)이 있다. 여러 권으로 구성되는 「ASTM 연감」은 매년 발행되며 갱신되는데, 많은 양의 표준이 기계적인 시험법에 관련된다. 이들 중 몇 개가 이 장과 이후의 장들에 주석으로 인용되어 있다.

구조물 설계 엔지니어의 역할은 잘 정의된 하중이 가해진 구조 내의 응력과 응력 분포를 결정하는 것이다. 응력 및 응력 분포는 실험적인 시험법과 이론적이고 수학적인 응력 해석으로 구할 수 있다. 이 주제들은 일반적인 응력 해석과 재료역학 교재에서 다루어진다.

재료와 금속 엔지니어는 응력 분석에 의해 예상된 사용 필수 요건에 맞는 재료를 생산하고 제조하는 일을 한다. 이를 위해서는 재료 내부의 특징인 미세조직과 재료의 기계적 성질 사이의 관계를 이해하여야 한다.

재료는 적합한 기계적인 특성들의 조합을 통해 구조물에 적용된다. 이 장에서는 금속, 세라믹, 고분자의 응력-변형률 거동과 관계되는 기계적인 성질을 다루며 또한 중요한 기계적인 특성을 고찰한다. 변형 메커니즘의 미시적인 면과 기계적인 거동을 강화하고 조절하는 방법은 9장에서 다룬다.

8.2 | 응력과 변형률의 개념

하중이 정적으로, 또는 시간에 따라 상대적으로 느리게 변하고 구조물의 단면 또는 표면에 균일하게 작용한다면 기계적인 거동은 간단한 응력-변형률 시험으로 얻어진다. 이 시험은 대부분 상온에서 금속에 대해 이루어진다. 하중이 부과되는 세 가지 주된 방법이 있는데 그림 8.1a, b, c에 나타낸 것처럼 인장, 압축, 전단이다. 실제로는 많은 하중이 순수한 전단보다는 비틀림으로 부과되는데 이런 형태의 하중을 그림 8.1d에 나타내었다.

인장시험[1)]

가장 일반적으로 쓰이는 기계적인 응력-변형률 시험은 인장 상태에서 수행한다. 인장시험을

1) ASTM Standards E8 and E8M, "Standard Test Methods for Tension Testing of Metallic Materials."

통해 설계에서 중요한 여러 가지 기계적 성질을 측정한다. 시편의 장축을 따라 부과되는 인장하중을 점진적으로 증가시키면 시편이 변형되어 결국에는 파괴된다. 표준 인장 시편이 그림 8.2에 있다. 일반적으로 원형 단면의 시편을 사용하지만, 사각형 단면도 사용된다. 시험하는 동안 변형은 길이를 따라 균일한 단면을 가진 좁은 중앙 부분에 집중되고 또한 시편의 끝에서 파단이 안 되도록 '개뼈다귀(dogbone)' 모양의 시편이 선택되었다. 시편의 표준 지름은

그림 8.1
(*a*) 인장하중에 따른 연신과 양의 선형 변형률에 대한 도식적 그림, (*b*) 압축하중에 따른 압축과 음의 선형 변형률에 따른 도식적 그림, (*c*) 전단변형률 γ(여기서 $\gamma = \tan\theta$)에 대한 도식적 그림, (*d*) 작용 토크 T에 의한 비틀림 변형(즉, 비틀림각 ϕ)에 대한 도식적 그림

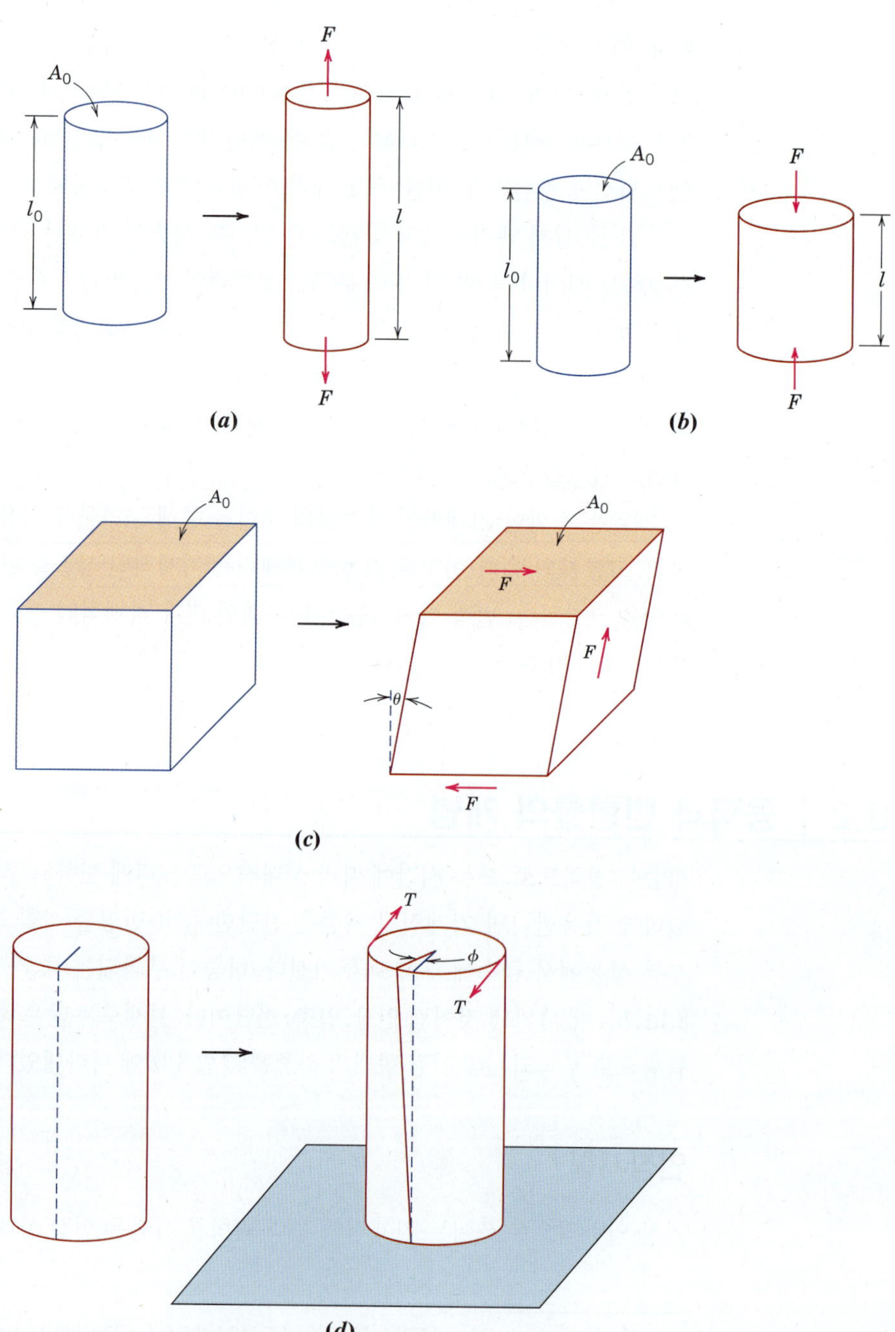

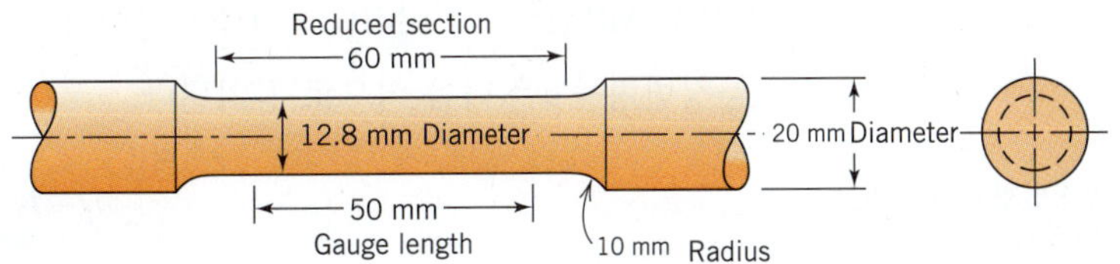

그림 8.2 원형 단면의 표준 인장 시편

약 12.8 mm이고, 줄어드는 부분의 길이(시편의 표점길이)는 최소한 지름의 4배가 되어야 하며 보통 60 mm이다. 게이지(gauge) 길이는 연성 계산을 위해 필요하고 표준값은 50 mm이며 8.6절에서 설명할 것이다. 그림 8.3과 같이 인장시험 기계는 시편을 양 끝으로 일정한 속도로 잡아 늘이는 순간적인 부과 하중과 이에 따른 변형률을 각각 로드셀(load cell)과 신장계(extensometer)를 통하여 연속적으로 측정하도록 설계되었다. 응력-변형률 시험은 보통 2~3분 정도 걸리며 파괴적이다. 즉, 시험 시편은 영구변형되고 보통 파단된다[이 장 첫 페이지의 사진 (*a*)가 최근의 인장시험기를 보여준다].

인장시험의 결과는 하중 또는 힘과 연신율 곡선으로 (보통 컴퓨터에) 기록된다. 이러한 하중-변형 특성은 시편의 크기에 의존한다. 만약 시편의 단면적이 2배가 되면 같은 연신율을 내기 위해서는 2배의 하중이 필요하다. 이와 같은 기하학적인 요인을 최소화하기 위해서는 하중과 연신율이 **공칭응력(engineering stress)**과 **공칭변형률(engineering strain)**의 각 파라미터에 대해서 정상화(normalize)되도록 한다. 공칭응력 σ는 다음 관계식으로 정의된다.

공칭응력
공칭변형률

공칭응력의 정의(인장과 압축에 대한)

$$\sigma = \frac{F}{A_0} \tag{8.1}$$

여기서 F는 시편의 단면에 수직으로 작용하는 순간 하중으로 단위는 N을 쓴다. A_0는 하중이 작용하기 전의 초기의 단면적이고 단위는 m^2이다. 공칭응력(다음부터는 응력으로 표시한다)

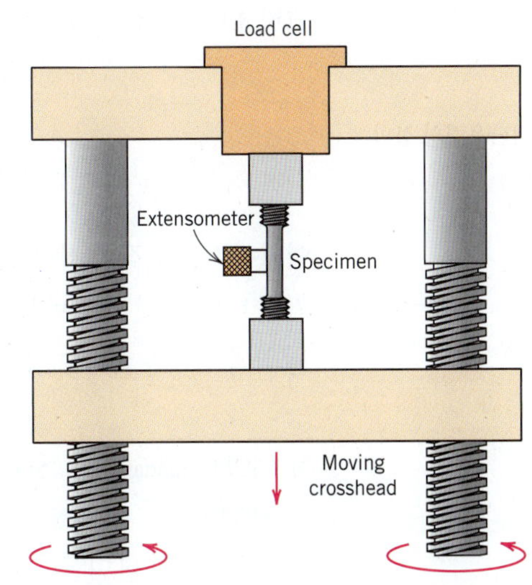

그림 8.3 인장응력-변형률 시험을 위한 장치의 도식적 그림. 시편은 크로스헤드(crosshead)의 움직임에 따라 늘어나며, 로드셀(load cell)은 작용 하중을, 신장계는 연신율을 각각 측정한다. (Adapted from H. W. Hayden, W. G. Moffatt, and J. Wulff, *The Structure and Properties of Materials*, Vol. III, *Mechanical Behavior*, John Wiley & Sons, 1965. Reproduced by permission of Kathy Hayden.)

의 단위는 MPa(여기서 1 MPa = 10^6 N/m^2)이다.

공칭변형률 ε은 다음 식으로 정의된다.

공칭변형률의 정의 (인장과 압축에 대한)

$$\varepsilon = \frac{l_i - l_0}{l_0} = \frac{\Delta l}{l_0} \tag{8.2}$$

여기서 l_0는 하중이 부과되기 전의 초기의 길이이고 l_i는 하중에 의해 변화된 후의 길이이다. $l_i - l_0$를 Δl로 나타내기도 하며 이는 변형량, 즉 처음의 길이를 기준으로 했을 때 어느 한 순간의 길이의 변화량이다. 공칭변형률(이하 **변형률**)은 단위가 없으나 m/m로 쓰기도 한다. 따라서 변형률의 값은 단위 체계에 따라 변하지 않는다. 때때로 변형률의 값에 100을 곱해 백분율로 표시하기도 한다.

압축시험[2)]

압축응력-압축변형률 시험은 받는 하중이 압축일 때 수행된다. 압축시험은 힘이 압축이고 시편이 응력 방향으로 수축된다는 것만 제외하면 인장시험과 비슷한 방식으로 행해진다. 식 (8.1)과 (8.2)는 각각 압축응력과 압축변형률을 계산하기 위해 사용된다. 관습적으로 압축력은 음의 수로 나타내고 따라서 압축응력도 음이다. 더욱이 초기의 길이 l_0가 l_i보다 크기 때문에 식 (8.2)로부터 계산된 압축변형률도 역시 음이다. 인장시험이 손쉽게 수행할 수 있어 더 보편적이므로 대부분의 구조용 재료에 대해서는 압축시험으로부터 얻은 부가적인 정보가 별로 없다. 압축시험은 어떤 재료의 거동이 성형 제작 공정에서와 같이 큰 변형률과 영구변형(즉, 소성변형)이 예상될 때 또는 인장 조건에서 재료의 취성이 클 때 시행된다.

전단과 비틀림 시험[3)]

그림 8.1*c*와 같이 순수 전단력을 이용하는 시험에 대해서 전단응력 τ는 다음과 같이 계산된다.

전단응력의 정의

$$\tau = \frac{F}{A_0} \tag{8.3}$$

여기서 F는 면적이 각각 A_0인 윗면과 아랫면에 평행하게 부과된 하중이다. 전단변형률 γ는 그림에 나타낸 것처럼 변형률각 θ의 탄젠트(tan θ)로 정의된다. 전단응력과 전단변형률의 단위는 각각 인장응력과 인장변형률의 단위와 같다.

---

2) ASTM Standard E9, "Standard Test Methods of Compression Testing of Metallic Materials at Room Temperature."

3) ASTM Standard E143, "Standard Test for Shear Modulus at Room Temperature."

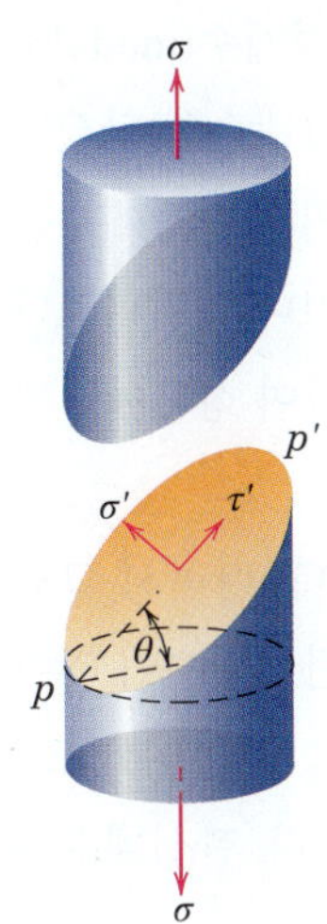

그림 8.4
순수 인장응력 σ가 가해지는 방향에 수직인 면에 대하여 각도 θ를 유지하고 있는 면에 가해지는 축응력(σ′) 및 전단응력(τ′)을 보여주는 모식도

비틀림은 순수 전단의 한 변종이다. 그림 8.1*d*에서처럼 구조의 한 부분이 비틀릴 때 회전력에 의하여 한쪽 끝은 다른 쪽 끝에 대해 길이방향의 축을 중심으로 회전하게 된다. 비틀림의 예는 기계의 축(axle)과 구동 샤프트(drive shaft) 및 천공 드릴(twist drill)에서 볼 수 있다. 비틀림시험은 보통 원통형의 샤프트나 튜브에 대해 수행한다. 전단응력 τ는 부과된 토크 T의 함수이며 전단변형률 γ는 그림 8.1*d*의 비틀림각 ϕ와 관계된다.

응력 상태의 기하학적 고려

그림 8.1에서 보았던 인장, 압축, 전단, 비틀림 하에서 계산된 응력은 물체의 평면에 평행하거나 수직으로 작용한다. 응력 상태는 응력이 작용하는 면 방향의 함수임을 주목하라. 예를 들어 원통형의 인장 시편이 그림 8.4에서처럼 인장응력 σ가 축에 평행하게 작용하는 경우를 생각해 보자. 그리고 시편 끝 단면에 대해 임의의 각 θ로 기울어진 평면 p-p'을 생각해 보자. 이 p-p' 면에 작용하는 응력은 더 이상 순수 인장응력이 아니다. 오히려 그림에 나타난 것처럼 p-p' 면에 수직으로 작용하는 인장(수직) 응력 σ'과 그 면에 평행하게 작용하는 전단응력 τ'으로 구성되어 있는 복잡한 응력 상태이다. 재료역학의 원리[4]를 이용하여 다음과 같이 σ'과 τ'을 σ와 θ의 항으로 전개할 수 있다.

$$\sigma' = \sigma\cos^2\theta = \sigma\left(\frac{1+\cos 2\theta}{2}\right) \tag{8.4a}$$

$$\tau' = \sigma\sin\theta\cos\theta = \sigma\left(\frac{\sin 2\theta}{2}\right) \tag{8.4b}$$

이 같은 역학의 원리가 한 좌표계로부터 다른 방향으로 기울어진 좌표계로 응력 성분을 변환시킬 수 있게 한다. 이러한 변환은 현재 다루는 영역을 벗어난다.

탄성변형

8.3 | 응력-변형률 거동

구조물이 변형되는 정도는 부과된 응력의 크기에 따라 변한다. 상대적으로 작은 인장력을 받는 대부분의 금속에 대해서 응력과 변형률은 다음 관계식에 따라 서로 비례한다.

후크의 법칙—탄성변형의 공칭응력과 공칭변형률 사이의 관계(인장과 압축)

$$\sigma = E\varepsilon \tag{8.5}$$

4) 예를 들어 다음의 책을 참고하라: W. F. Riley, L. D. Sturges, and D. H. Morris, *Mechanics of Materials*, 6th edition, John Wiley & Sons, Hoboken, NJ, 2006.

탄성계수

이 식은 후크의 법칙(*Hooke's law*)으로 알려져 있고 비례상수 E(GPa)[5]는 **탄성계수(modulus of elasticity)** 또는 영률(*Young's modulus*)이다. 대부분 금속의 탄성계수는 마그네슘의 탄성계수인 45 GPa과 텅스텐의 탄성계수인 407 GPa 범위 내의 값을 가진다. 세라믹의 탄성계수는 일반 금속보다 약간 커서 70~500 GPa 사이이고, 고분자의 탄성계수는 금속이나 세라믹보다 작은 0.007~4 GPa 사이이다. 표 8.1에 여러 가지 금속, 세라믹, 고분자에 대하여 상온에서의 탄성계수를 나타내었다.

탄성변형

응력과 변형률이 비례하는 변형을 **탄성변형(elastic deformation)**이라 한다. 따라서 그림 8.5에서처럼 응력과 변형률 선도는 직선적인 관계이다. 이 직선의 기울기가 탄성계수이고 이 계수는 재료의 강성 또는 탄성변형에 대응하는 재료의 저항으로 여길 수 있다. 탄성계수가 크면 클수록 재료는 더 강하며 주어진 응력으로부터 더 작은 탄성변형을 하게 된다. 탄성계수는 **탄성굴절(elastic deflection)**을 계산하는 데 쓰이는 중요한 설계 변수이다.

탄성굴절

탄성변형은 영구적이 아니어서 부과된 하중을 제거하면 재료는 다시 원래의 모양으로 돌아간다. 응력-변형률 선도(그림 8.5)에서 보듯이, 하중이 가해지면 원점에서 위로 직선을 따라 움직인다. 하중을 제거하면 직선에 따라 반대방향으로 움직여 원점으로 돌아온다.

회주철, 콘크리트, 대부분의 고분자 같은 재료들의 응력-변형률 선도에서 보면 탄성변형 부분이 비선형이어서 앞에서 서술한 것처럼 탄성계수를 결정할 수 없다. 이 비선형 거동에 대해서는 탄젠트 계수(*tangent modulus*) 또는 시컨트 계수(*secant modulus*)가 일반적으로 쓰인다. 그림 8.6과 같이 탄젠트 계수는 어느 주어진 응력 수준에서 응력-변형률 곡선의 기울기로 나

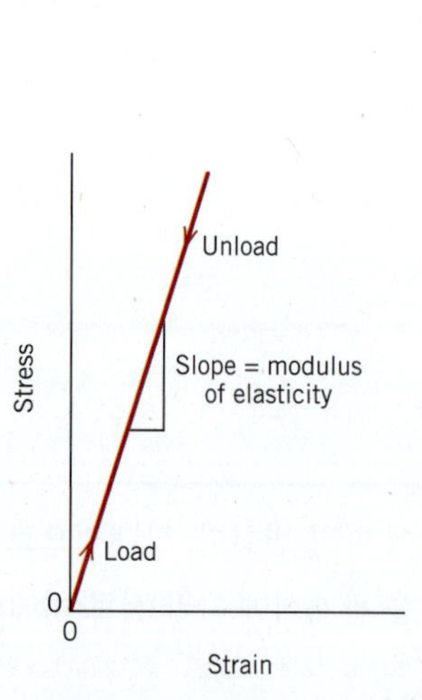

그림 8.5 하중 인가 및 제거에 따른 선형 탄성변형을 나타내는 응력-변형률 선도

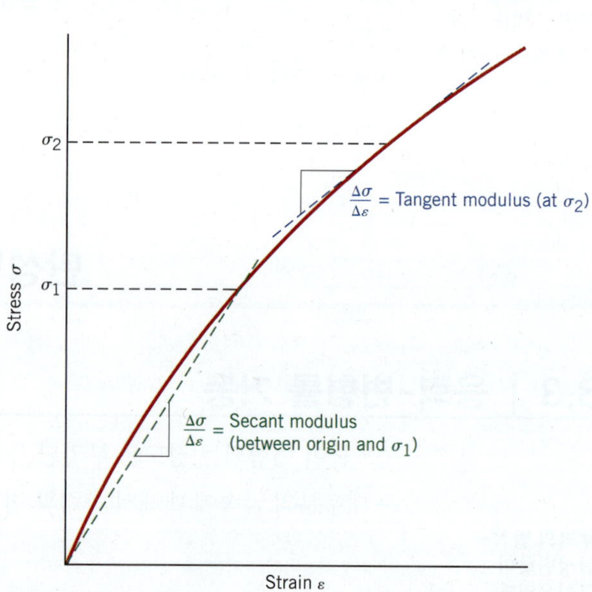

그림 8.6 비선형 탄성거동을 나타내는 응력-변형률 선도와 시컨트 계수 및 탄젠트 계수의 결정법

5) 탄성계수의 SI 단위, 1 GPa = 10^9 N/m^2 = 10^3 MPa.

타내며, 시컨트 계수는 원점에서 어느 주어진 점까지의 기울기로 나타낸다.

원자 규모에서 거시적인 탄성변형률은 원자간 거리의 작은 변화와 원자간 결합의 늘어남으로 볼 수 있다. 결과적으로 탄성계수의 크기는 인접한 원자 사이에서 떨어지지 않으려는 저

표 8.1 상온에서 여러 가지 재료의 탄성계수, 전단계수, 포아송비

Material	Modulus of Elasticity (GPa)	Shear Modulus (GPa)	Poisson's Ratio
	Metal Alloys		
Tungsten	407	160	0.28
Steel	207	83	0.30
Nickel	207	76	0.31
Titanium	107	45	0.34
Copper	110	46	0.34
Brass	97	37	0.34
Aluminum	69	25	0.33
Magnesium	45	17	0.35
	Ceramic Materials		
Aluminum oxide (Al_2O_3)	393	—	0.22
Silicon carbide (SiC)	345	—	0.17
Silicon nitride (Si_3N_4)	304	—	0.30
Spinel ($MgAl_2O_4$)	260	—	—
Magnesium oxide (MgO)	225	—	0.18
Zirconia (ZrO_2)[a]	205	—	0.31
Mullite ($3Al_2O_3$-$2SiO_2$)	145	—	0.24
Glass–ceramic (Pyroceram)	120	—	0.25
Fused silica (SiO_2)	73	—	0.17
Soda–lime glass	69	—	0.23
	Polymers[b]		
Phenol-formaldehyde	2.76–4.83	—	—
Poly(vinyl chloride) (PVC)	2.41–4.14	—	0.38
Poly(ethylene terephthalate) (PET)	2.76–4.14	—	0.33
Polystyrene (PS)	2.28–3.28	—	0.33
Poly(methyl methacrylate) (PMMA)	2.24–3.24	—	0.37–0.44
Polycarbonate (PC)	2.38	—	0.36
Nylon 6,6	1.59–3.79	—	0.39
Polypropylene (PP)	1.14–1.55	—	0.40
Polyethylene—high density (HDPE)	1.08	—	0.46
Polytetrafluoroethylene (PTFE)	0.40–0.55	—	0.46
Polyethylene—low density (LDPE)	0.17–0.28	—	0.33–0.40

[a]Partially stabilized with 3 mol% Y_2O_3.

[b]Based on *Modern Plastics Encyclopedia '96*, McGraw-Hill, New York, NY, 1995.

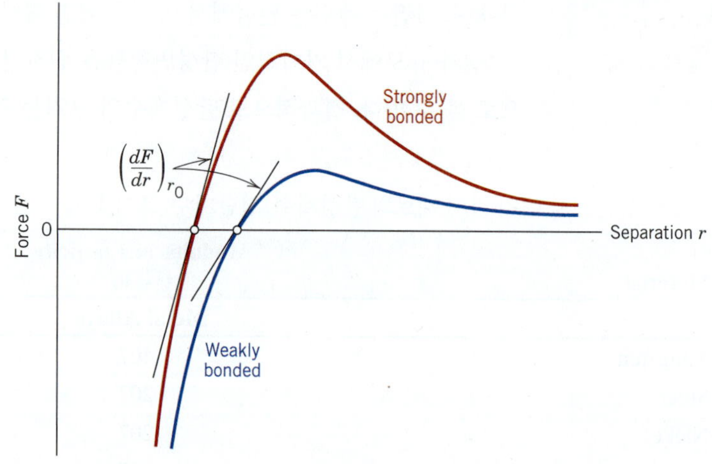

그림 8.7 강한 원자결합과 약한 원자결합에 따른 힘과 원자간 거리의 관계. 탄성계수의 크기는 평형 원자간 거리 r_0에서 각 곡선의 기울기에 비례한다.

항력, 즉 원자간의 결합력을 나타낸다. 이 탄성계수는 원자간 거리가 평형을 이룰 때 힘-원자간 거리 곡선(그림 2.12a)의 기울기에 비례한다.

$$E \propto \left(\frac{dF}{dr}\right)_{r_0} \tag{8.6}$$

그림 8.7은 강한 원자결합과 약한 원자결합을 가지는 재료의 힘-원자간 거리 곡선을 나타낸다. 원자간 거리 r_0에서의 기울기가 각각 표시되어 있다.

금속, 세라믹, 고분자 사이의 탄성계수의 차이는 각 재료 유형에 따라 원자결합이 다르기 때문이다. 그리고 온도가 올라감에 따라 탄성계수는 몇 가지 고무 재료만 제외하고 모두 감소한다. 이 효과를 그림 8.8에 몇 개의 금속에 대하여 나타내었다.

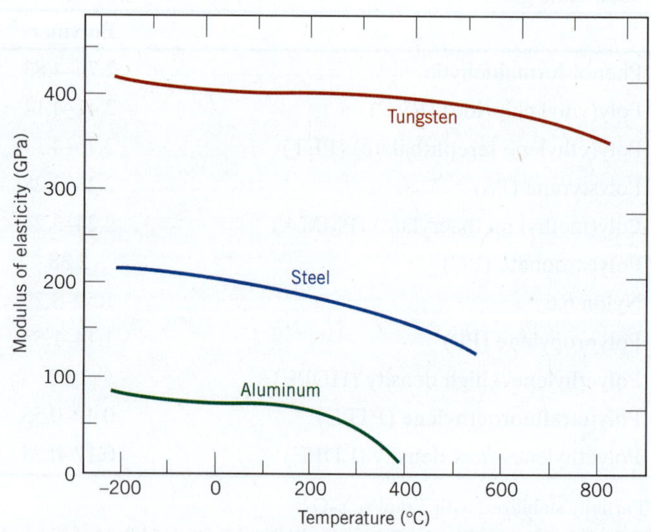

그림 8.8 텅스텐, 강 및 알루미늄의 온도에 따른 탄성계수의 변화
(Adapted from K. M. Ralls, T. H. Courtney, and J. Wulff, *Introduction to Materials Science and Engineering*. Copyright © 1976 by John Wiley & Sons, New York. Reprinted by permission of John Wiley & Sons, Inc.)

탄성 거동은 압축, 전단, 또는 비틀림에서도 역시 일어난다. 낮은 응력 수준에서 탄성계수를 포함한 응력-변형률 특성은 인장과 압축 상황에 대해 실질적으로 같다. 즉, 탄성계수는 인장과 압축 시험에 대해 같은 값을 가진다. 전단응력과 전단변형률은 다음 식과 같이 서로 비례한다.

탄성변형의 전단응력과 전단변형률 사이의 관계

$$\tau = G\gamma \tag{8.7}$$

여기서 G는 **전단계수**(*shear modulus*)이고 전단응력-전단변형률 곡선에서 선형 탄성 영역의 기울기이다. 표 8.1에 널리 쓰이는 금속에 대한 전단계수를 실었다.

8.4 | 비탄성

지금까지는 탄성변형이 시간에 의존하지 않는다고 가정하였다. 즉, 부과된 하중에 의한 순간적인 탄성변형은 하중이 유지되는 동안에는 일정하다고 가정하였다. 또한 하중을 제거하는 순간에 모든 변형은 회복되어 순간적으로 변형률이 0이 된다고 가정하였다. 그러나 대부분의 공학 재료에 있어서 시간에 따라 천천히 변하는 탄성변형 성분이 또한 존재한다. 즉, 탄성변형은 하중을 가한 후에도 계속되고 하중을 제거한 후에도 완전하게 회복되기 위해서는 어느 정도의 시간이 필요하다. 이 시간에 의존하는 탄성 거동을 **비탄성(anelasticity)**이라 하고 이는 시간에 의존하는 미시적인 원자 규모의 변형과정으로부터 기인한다. 금속의 비탄성 성분은 보통 작아서 가끔 무시되나 어떤 고분자 재료는 매우 커 **점탄성 거동**(*viscoelastic behavior*)이라 부르며 8.15절에서 다루기로 한다.

비탄성

예제 8.1

연신량(탄성) 계산

처음의 길이가 300 mm인 구리를 280 MPa의 인장응력으로 당길 때, 완전 탄성변형이라면 늘어난 길이는 얼마인가?

풀이

완전 탄성변형이기 때문에 변형률은 식 (8.5)로 구할 수 있고, 늘어난 양 Δl은 식 (8.2)를 이용하면 l_0와 관계되어 있다. 두 식을 이용하여 Δl을 구하면 다음과 같다.

$$\sigma = \varepsilon E = \left(\frac{\Delta l}{l_0}\right)E$$

$$\Delta l = \frac{\sigma l_0}{E}$$

여기에서 지름이 줄어들었기 때문에 음이다.

다음에 식 (8.8)을 이용하여 z방향의 변형률을 계산해야 한다. 황동의 포아송비는 0.34(표 8.1)이므로 z 방향 변형률은

$$\varepsilon_z = -\frac{\varepsilon_x}{\nu} = -\frac{(-2.5 \times 10^{-4})}{0.34} = 7.35 \times 10^{-4}$$

이제 식 (8.5)와 표 8.1에 주어진 탄성계수 97 GPa을 이용하여 작용 응력을 계산하면

$$\sigma = \varepsilon_z E = (7.35 \times 10^{-4})(97 \times 10^3 \text{ MPa}) = 71.3 \text{ MPa}$$

마지막으로 식 (8.1)에서 작용 하중은 다음과 같다.

$$F = \sigma A_0 = \sigma \left(\frac{d_0}{2}\right)^2 \pi$$
$$= (71.3 \times 10^6 \text{ N/m}^2)\left(\frac{10 \times 10^{-3} \text{ m}}{2}\right)^2 \pi = 5600 \text{ N}$$

기계적 거동—금속

대부분의 금속 재료에 대해서 탄성변형은 약 0.005의 변형률까지만 지속된다. 금속 재료가 그 이상 더 변형되면 응력은 변형률에 비례하지 않고[후크의 법칙인 식 (8.5)는 더 이상 쓸모없다] 영구적으로 회복될 수 없는 **소성변형(plastic deformation)**이 일어난다. 그림 8.10*a*는 도식적으로 전형적인 금속에 대해서 소성 영역에서의 인장응력-변형률 거동을 나타낸다. 대부분의 금속은 탄성에서 소성으로의 전이가 점진적으로 일어난다. 응력이 더욱 빠르게 증가하는 소성변형의 초기에는 약간의 곡률을 보인다.

소성변형

미시적 관점에서 보면 소성변형은 많은 수의 원자나 분자가 서로 상대적으로 움직이면서 원래부터 이웃하는 원자와의 결합을 깨고 다른 새로운 원자와 결합하는 것이며 응력이 제거되면 다시 원래의 자리로 돌아오지 못한다. 금속의 이러한 영구변형은 소위 슬립(*slip*)이라 일컫는 과정에 의해 진행되며 전위(dislocation)의 움직임을 포함한다(9.3절 참조).

8.6 | 인장 성질

항복과 항복강도

대부분의 구조물은 하중이 가해질 때 확실하게 탄성변형만 일어나도록 설계된다. 소성변형,

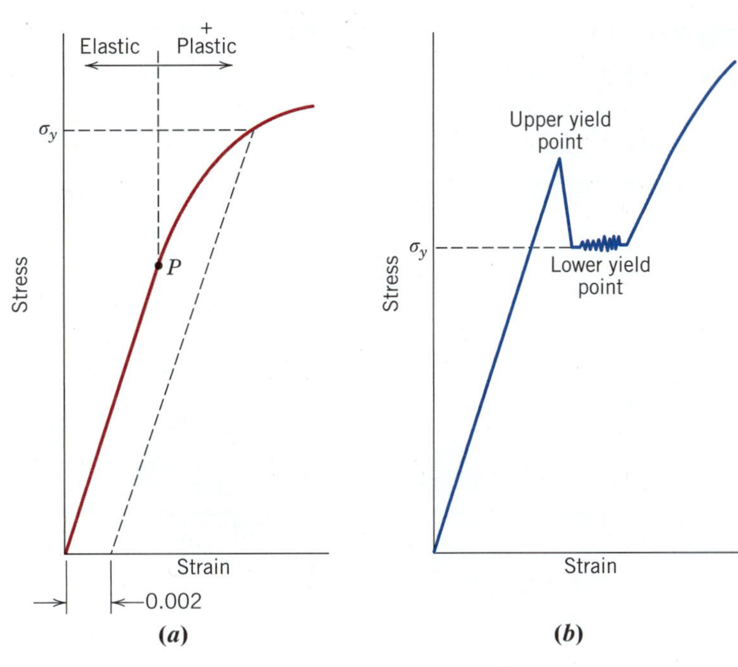

그림 8.10 (*a*) 탄성 및 소성 변형, 비례한도 *P*, 0.002 변형률 수평이동방법에 따른 항복강도 σ_y 결정법 등을 나타내는 금속의 전형적인 응력-변형률 거동, (*b*) 항복점 현상이 나타나는 강(steel) 재료의 응력-변형률 거동

즉 형상의 영구변형이 일어나는 구조물 또는 구성요소는 목표한 기능을 하지 못한다. 그러므로 소성변형이 시작되는, 즉 **항복(yielding)** 현상이 일어나는 응력 수준을 알아야 한다. 탄성-소성의 전이가 점진적으로 일어나는 금속에 대해서 항복점은 응력-변형률 선도의 **비례한도(proportional limit)**라 일컫는 직선으로부터 처음 이탈되는 곳으로 정하면 된다. 그 점은 그림 8.10*a*에서 *P*점으로 표시되고 미시적 수준의 소성변형의 시초를 나타낸다. 이 *P*점의 위치는 정밀하게 측정하기 어렵다. 따라서 관습적으로 보통 변형률이 0.002인 지점에서 응력-변형률 곡선의 탄성 부분에 평행한 직선을 긋는다. 그림 8.10*a*에서처럼 그 선과 소성 영역으로 가면서 굽어지는 응력-변형률 곡선과 만나는 점의 응력을 **항복강도(yield strength)**[7] σ_y로 정의한다. 항복강도의 단위는 MPa이다.

항복

비례한도

항복강도

그림 8.6과 같이 비선형 탄성 영역을 갖는 재료에 대해서는 변형률 수평이동방법(strain offset method)이 쓰이지 않고 보통 정해진 변형률(예: $\varepsilon = 0.005$)을 일으키는 데 필요한 응력으로 항복강도를 정의한다.

몇 종류의 강철과 다른 재료들에 대한 인장응력-변형률 거동을 그림 8.10*b*에 나타내었다. 탄성-소성 전이가 아주 잘 정의되다가 갑자기 항복점 현상(*yield point phenomenon*)이 일어난다. 상항복점에서는 소성변형이 공칭응력의 명백한 감소와 더불어 시작된다. 계속되는 변형은 어느 일정한 응력값을 중심으로 약간 변동하는데 이 점을 하항복점이라 일컫는다. 이후에는 변형률이 증가하면서 응력도 증가한다. 이 효과를 보이는 금속들에 대해서 항복강도는 하항복점과 관계되는 평균응력으로 정한다. 왜냐하면 하항복점이 잘 정의되고 시험 절차에 상

7) 응력은 작용 하중의 크기에 관계되나 강도는 금속의 성질이기 때문에 응력 대신에 강도가 쓰인다.

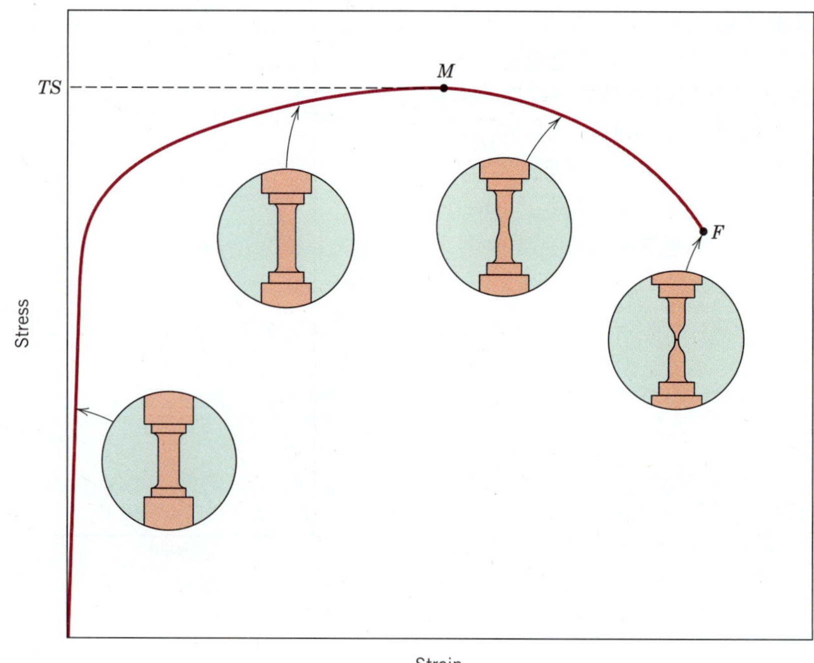

그림 8.11 파괴점 *F*까지의 전형적인 응력-변형률 거동. 인장강도 *TS*는 점 *M*으로 표시되어 있다. 삽입된 원형 안의 그림은 그 순간 시편의 변형 상태를 나타낸다.

대적으로 민감하지 않기 때문이다.[8] 따라서 이런 재료들에 대해서는 변형률 수평이동방법을 적용하지 않는다.

금속의 항복강도의 크기는 소성변형에 대한 저항의 척도이다. 항복강도의 범위는 저강도 알루미늄의 경우 35 MPa에서부터 고강도 강철의 경우 1400 MPa 이상까지 분포한다.

인장강도

인장강도

항복점 이후에 금속의 소성변형을 계속 일으키기 위한 응력은 그림 8.11에서와 같이 증가하여 점 *M*으로 표시된 최댓값에 도달한 후 파괴점 *F*까지 감소한다. **인장강도(tensile strength)** *TS*(MPa)는 공칭응력-공칭변형률 곡선(그림 8.11)에서의 최대응력점이다. 이 점은 인장 상태의 구조물이 받을 수 있는 최대응력에 해당된다. 이 응력이 부과되고 지속되면 결과적으로 파괴가 일어난다. 인장강도까지의 모든 변형은 인장 시편의 표점길이 부분의 단면에 대해 균일하다. 그러나 이 최대응력에서 시편의 어느 부분이 수축되기 시작하고 그 후의 변형은 그림 8.11의 원형 안의 시편에서 보는 것처럼 수축이 한 부분에 집중된다. 이 현상을 네킹(*necking*)이라 하며 궁극적으로 파단은 이 부분에서 일어난다.[9] 파괴강도는 파괴 시의 응력을

8) 항복점 현상을 관찰하기 위해서는 '강성이 큰' 인장시험기를 사용해야 한다. '강성이 크다'는 것은 하중이 가해지는 동안 시험기의 탄성변형은 거의 일어나지 않는다는 의미이다.

9) 그림 8.11에서 최대점을 지나 계속되는 변형에서 공칭응력의 명백한 감소는 네킹 현상에 기인한다. 8.7절에서 설명되는 것처럼 실제로 네킹 중에 진응력은 증가한다.

나타낸다.

금속의 인장강도는 알루미늄의 인장강도인 50 MPa과 고강도 강의 인장강도인 3000 MPa의 범위에 있다. 일반적으로 설계 목적으로 인용되는 금속의 강도는 항복강도이다. 이것은 구조물에 인장강도에 해당하는 응력이 가해졌을 때는 이미 많은 소성변형이 일어나 구조물이 쓸모없기 때문이다. 더구나 파괴강도는 공학적 설계 목적으로는 잘 사용하지 않는다.

예제 8.3

응력-변형률 선도로부터 기계적 성질의 결정

그림 8.12에 나타낸 황동 인장 시편의 인장응력-변형률 곡선으로부터 다음을 결정하라.

(a) 탄성계수

(b) 0.002의 변형률 수평이동방법에 의한 항복강도

(c) 초기의 지름이 12.8 mm일 때 원통형 시편이 지지할 수 있는 최대 하중

(d) 345 MPa의 인장응력이 가해질 때 초기의 길이가 250 mm인 시편의 길이의 변화

풀이

(a) 탄성계수는 응력-변형률 곡선에서 탄성 영역, 즉 초기의 직선의 기울기이다. 계산을 편하게 하기 위하여 변형률 축을 확대한 선도를 그림 8.12에 삽입하였다. 이 직선부분의 기울기는 다음과 같이 응력의 변화량을 변형률의 변화량으로 나눈 값이다.

$$E = \text{slope} = \frac{\Delta\sigma}{\Delta\varepsilon} = \frac{\sigma_2 - \sigma_1}{\varepsilon_2 - \varepsilon_1} \qquad (8.10)$$

직선이 원점을 통과하기 때문에 σ_1과 ε_1을 0으로 잡는 것이 편리하다. 만약 임의로 σ_2를 150 MPa로 잡으면 ε_2의 값은 0.0016이 된다. 그러므로 탄성계수 값은 다음과 같다.

$$E = \frac{(150 - 0)\ \text{MPa}}{0.0016 - 0} = 93.8\ \text{GPa}$$

이 값은 표 8.1에 주어진 황동의 탄성계수 값, 즉 97 GPa과 거의 일치한다.

(b) 황동의 항복강도는 0.002 변형률 수평이동 직선과 응력-변형률 곡선이 만나는 점의 응력, 즉 250 MPa이다.

(c) 시편이 지지할 수 있는 최대 하중은 식 (8.1)을 사용하여 구할 수 있으며, 이 식에서 응력은 그림 8.12로부터 인장강도 값, 즉 450 MPa을 대입한다. 최대 하중 F는 다음과 같이 계산한다.

$$F = \sigma A_0 = \sigma\left(\frac{d_0}{2}\right)^2 \pi$$

$$= (450 \times 10^6\ \text{N/m}^2)\left(\frac{12.8 \times 10^{-3}\ \text{m}}{2}\right)^2 \pi = 57{,}900\ \text{N}$$

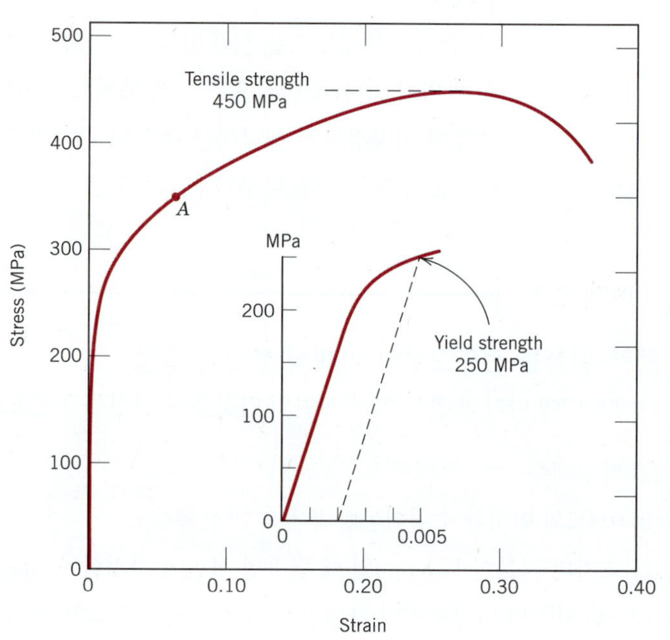

그림 8.12 예제 8.3에 제시된 황동 시편의 응력-변형률 거동

(d) 식 (8.2)에 있는 길이 변화량 Δl을 구하기 위하여 먼저 345 MPa의 응력에 의한 변형률을 결정해야 한다. 이는 응력-변형률 곡선의 점 A에 해당하는 변형률 값을 변형률 축으로부터 읽어야 하며 약 0.06이다. l_0 = 250 mm이므로 Δl은 다음과 같이 구한다.

$$\Delta l = \varepsilon l_0 = (0.06)(250\text{ mm}) = 15\text{ mm}$$

연성

연성

연성(ductility)은 재료의 또 다른 중요한 기계적 성질로서 파괴가 일어날 때까지의 소성변형의 정도를 나타낸다. 파괴 시 소성변형이 거의 수반되지 않는 재료를 **취성**(*brittle*) 재료라 한다. 연성 재료 및 취성 재료의 인장응력-변형률 거동을 그림 8.13에 도식적으로 나타내었다.

연성을 정량적으로 표시하기 위하여 **연신백분율**(*percent elongation*) 또는 **단면감소율**(*percent reduction in area*)을 사용한다. 연신백분율, 즉 %EL은 식 (8.11)과 같이 파괴 시 소성변형률을 백분율로 나타낸 것이다.

연신백분율로 표시되는 연성

$$\%\text{EL} = \left(\frac{l_f - l_0}{l_0}\right) \times 100 \tag{8.11}$$

그림 8.13 취성 및 연성 금속에 대한 변형 시작부터 파괴까지의 인장응력-변형률 거동

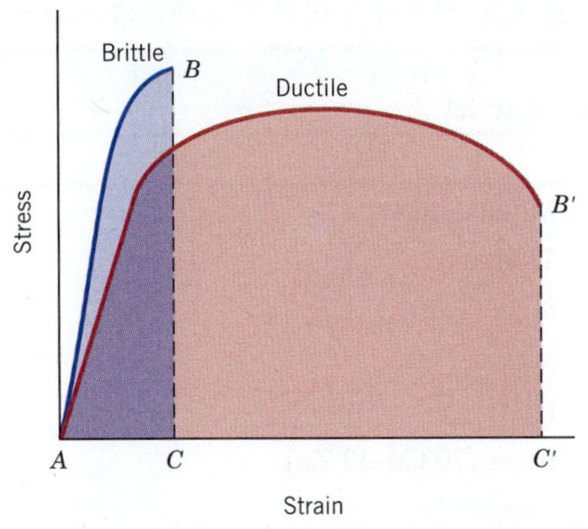

여기서 l_f는 파괴 시의 길이[10]이고 l_0는 초기의 길이이다. 파괴 시의 소성변형은 목부분에 집중되므로 %EL의 양은 시편의 표점길이에 따라 다르다. l_0가 짧으면 목부분에서 일어나는 연신량이 차지하는 비율은 더 커지므로, 결과적으로 연신백분율의 값도 커진다. 연신백분율을 나타낼 때에는 l_0의 값(통상 50 mm)을 명시해 주어야 한다.

단면감소율 %RA는 다음과 같이 정의된다.

단면감소율로 표시되는 연성

$$\%\mathrm{RA} = \left(\frac{A_0 - A_f}{A_0}\right) \times 100 \tag{8.12}$$

여기서 A_0는 초기 단면적이고 A_f는 파괴 시의 단면적이다(각주 10 참조). 단면감소율(%)은 l_0 및 A_0에 무관하고, 일반적으로 어느 한 재료의 %EL 값과 %RA 값은 다르다. 대부분의 금속은 상온에서는 최소한 어느 정도의 연성을 나타내지만 몇몇 금속은 온도가 낮아짐에 따라 취성으로 변한다(10.9절 참조).

재료의 연성에 대한 지식은 적어도 두 가지 이유로 중요하다. 첫 번째는 설계자에게 구조물이 파괴되기 전 어느 정도까지 소성변형이 발생하는지를 알려 주고, 두 번째는 성형공정 시 허용되는 변형의 정도를 나타내기 때문이다. 상대적으로 연성인 재료는 때때로 설계 시 응력 계산에서 오류가 있더라도 파괴되지 않고 국부적인 변형을 '허용'할 수 있다.

파괴변형률이 약 5% 이하로 작은 경우 취성 재료로 간주한다.

그리하여 여러 가지 중요한 기계적 성질은 인장응력-변형률 시험을 통해 구할 수 있다. 표 8.2에는 여러 가지 일반적인 금속(또한 다수의 고분자와 세라믹)에 대한 전형적인 상온에서의 항복강도, 인장강도, 연성 값이 주어져 있다. 이러한 성질들은 시험 이전의 변형량과 불순물 및 열처리에 대해 민감하게 영향을 받는다. 탄성계수는 이러한 것들에 거의 영향을 받지 않는다. 온도가 증가함에 따라 탄성계수, 항복강도 및 인장강도는 감소하지만 연성은 반대로

10) l_f와 A_f는 모두 파괴 후에 측정하며, 특히 l_f는 파괴된 시편의 두 끝을 정렬한 후 측정한다.

표 8.2 상온에서 여러 가지 재료의 기계적 성질(인장)

Material	Yield Strength (MPa)	Tensile Strength (MPa)	Ductility, %EL (in 50 mm)[a]
Metal Alloys[b]			
Molybdenum	565	655	35
Titanium	450	520	25
Steel (1020)	180	380	25
Nickel	138	480	40
Iron	130	262	45
Brass (70 Cu–30 Zn)	75	300	68
Copper	69	200	45
Aluminum	35	90	40
Ceramic Materials[c]			
Zirconia (ZrO_2)[d]	—	800–1500	—
Silicon nitride (Si_3N_4)	—	250–1000	—
Aluminum oxide (Al_2O_3)	—	275–700	—
Silicon carbide (SiC)	—	100–820	—
Glass–ceramic (Pyroceram)	—	247	—
Mullite ($3Al_2O_3$–$2SiO_2$)	—	185	—
Spinel ($MgAl_2O_4$)	—	110–245	—
Fused silica (SiO_2)	—	110	—
Magnesium oxide (MgO)[e]	—	105	—
Soda–lime glass	—	69	—
Polymers			
Nylon 6,6	44.8–82.8	75.9–94.5	15–300
Polycarbonate (PC)	62.1	62.8–72.4	110–150
Poly(ethylene terephthalate) (PET)	59.3	48.3–72.4	30–300
Poly(methyl methacrylate) (PMMA)	53.8–73.1	48.3–72.4	2.0–5.5
Poly(vinyl chloride) (PVC)	40.7–44.8	40.7–51.7	40–80
Phenol-formaldehyde	—	34.5–62.1	1.5–2.0
Polystyrene (PS)	25.0–69.0	35.9–51.7	1.2–2.5
Polypropylene (PP)	31.0–37.2	31.0–41.4	100–600
Polyethylene—high density (HDPE)	26.2–33.1	22.1–31.0	10–1200
Polytetrafluoroethylene (PTFE)	13.8–15.2	20.7–34.5	200–400
Polyethylene—low density (LDPE)	9.0–14.5	8.3–31.4	100–650

[a]For polymers, percent elongation at break.
[b]Property values are for metal alloys in an annealed state.
[c]The tensile strength of ceramic materials is taken as flexural strength (Section 8.10).
[d]Partially stabilized with 3 mol% Y_2O_3.
[e]Sintered and containing approximately 5% porosity.

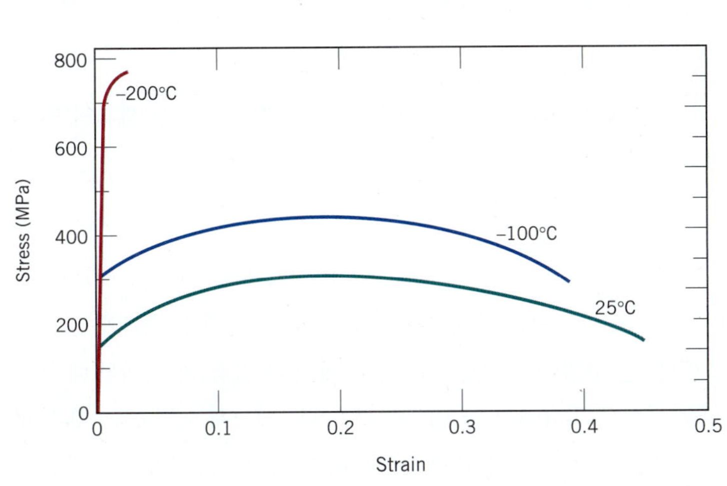

그림 8.14 온도에 따른 철의 공칭응력-공칭변형률 거동

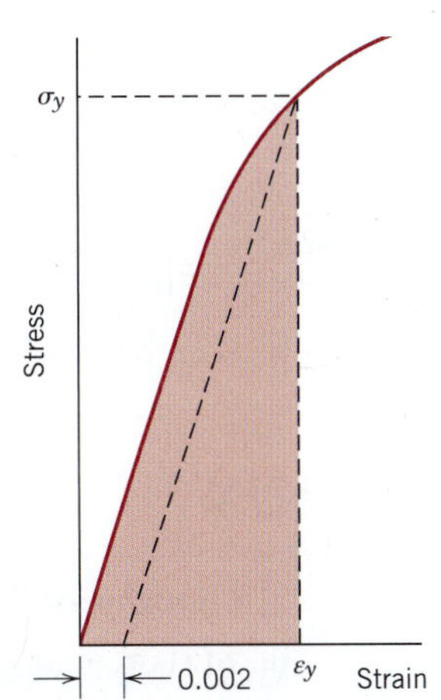

그림 8.15 재료의 인장응력-변형률 거동으로부터 리질리언스 계수 결정방법(음영부분)을 나타낸 그림

증가한다. 그림 8.14에 철의 응력-변형률 거동이 온도에 따라 어떻게 변하는지를 나타내었다.

리질리언스

리질리언스

리질리언스(resilience)는 재료가 탄성변형 시 에너지를 흡수하는 능력과 하중제거 시 이 에너지를 회복하는 능력을 뜻한다. 리질리언스 계수(*modulus of resilience*) U_r은 하중을 제거한 상태에서 항복점까지 응력을 상승시키는 데 요구되는 단위부피당 변형률에너지로 나타낸다.

계산적으로 말하면, 일축인장시험 시편에 대한 리질리언스 계수는 그림 8.15와 같이 공칭응력-공칭변형률 곡선상에서 항복점까지의 밑면적을 나타낸다. 즉, 다음 식으로 주어진다.

리질리언스 계수의 정의

$$U_r = \int_0^{\varepsilon_y} \sigma \, d\varepsilon \tag{8.13a}$$

탄성 영역에서는 다음 식으로 주어진다.

선형 탄성거동에 대한 리질리언스 계수

$$U_r = \frac{1}{2}\sigma_y \varepsilon_y \tag{8.13b}$$

여기서 ε_y는 항복점에서의 변형률이다.

리질리언스의 단위는 응력과 변형률 각각의 단위의 곱이며, SI 단위로는 J/m^3(Pa과 동일). J은 에너지의 단위이므로 응력-변형률 곡선의 밑면적은 재료의 단위부피(m^3)당 흡수에너지를 나타낸다.

식 (8.5)를 식 (8.13b)에 대입하면 다음의 식을 얻는다.

선형 탄성거동에서 후크의 법칙을 대입한 리질리언스 계수

$$U_r = \frac{1}{2}\sigma_y\epsilon_y = \frac{1}{2}\sigma_y\left(\frac{\sigma_y}{E}\right) = \frac{\sigma_y^2}{2E} \quad (8.14)$$

그러므로 리질리언스가 높은 재료는 높은 항복강도와 낮은 탄성계수를 가진 재료이며, 그와 같은 합금은 스프링 등에 쓰인다.

인성

인성

인성(toughness)은 여러 가지 의미로 사용되는 기계 전문 용어이다. 그중에 한 가지를 말하자면, 인성(좀 더 세분해서 **파괴인성**)은 균열(또는 다른 응력집중에 의한 결점)이 존재할 때 재료가 갖는 파괴에 대한 저항성을 나타낸다(10.5절 참조). 결점이 없는 재료를 제조하는 것은(또는 사용기간 동안 손상에 의한 균열을 막는 것은) 거의 불가능하므로(가능하더라도 매우 비싸므로) 파괴인성은 모든 구조재료에 대한 가장 중요한 고려사항이다.

인성을 다른 방법으로 정의하면, 파괴가 일어나기까지 재료가 에너지를 흡수해서 소성변형을 하는 능력을 뜻한다. 노치(notch, 응력집중점)가 있는 경우 동적(dynamic, 높은 변형률 속도) 하중 조건에서는 충격시험을 통하여 **노치인성**(*notch toughness*)을 평가한다(10.9절 참조).

정적(static, 낮은 변형률 속도) 하중 조건의 경우에(소성변형으로부터 유도되는) 금속의 인성 크기는 인장응력-변형률 시험의 결과로부터 구할 수 있으며, σ-ε 곡선에서 파괴점까지의 밑면적으로 나타낸다. 인성의 단위는 리질리언스의 단위와 같은 단위부피당 에너지이다. 인성이 큰 금속은 강도와 연성이 모두 커야 한다. 그림 8.13에 연성 재료와 취성 재료에 대한 응력-변형률 곡선을 나타내었다. 즉, 그림 8.13에서 면적 ABC와 $AB'C'$을 비교해 보면 알 수 있는 것처럼, 취성 재료는 높은 항복강도와 인장강도를 갖지만 연성 재료보다 작은 인성값을 갖게 된다.

개념 확인 8.1

표 8.3에 열거한 금속들 중

(a) 어떤 금속이 가장 큰 % 단면감소율을 보이는가? 그 이유는 무엇인가?

(b) 어떤 금속이 가장 강한가? 그 이유는 무엇인가?

(c) 어떤 금속이 가장 강성이 큰가? 그 이유는 무엇인가?

(정답은 *www.wiley.com*의 제품 페이지에서 확인할 수 있음)

표 8.3 개념 확인 8.1과 8.6에서 사용되는 가상의 금속에 대한 인장응력-변형률 데이터

Material	Yield Strength (MPa)	Tensile Strength (MPa)	Strain at Fracture	Fracture Strength (MPa)	Elastic Modulus (GPa)
A	310	340	0.23	265	210
B	100	120	0.40	105	150
C	415	550	0.15	500	310
D	700	850	0.14	720	210
E		Fractures before yielding		650	350

8.7 | 진응력과 진변형률

그림 8.11에서 보는 바와 같이 최대점 M을 지나면 변형을 계속 일으키기 위해 필요한 응력이 감소해 재료가 약해지는 것처럼 보이나 강도는 증가한다. 이는 변형이 집중되는 목(neck) 부분의 단면적이 감소되고 이것이 시편의 하중 지지력의 감소를 초래하기 때문이다. 식 (8.1)로부터 산출한 응력은 변형 전의 초기 단면적을 기준으로 하고 있으며, 목부분의 단면적 감소는 고려하지 않는다.

진응력

때때로 진응력-진변형률이 더 중요한 의미를 가진다. **진응력(true stress)** σ_T는 하중 F를 변형이 일어난 순간의 단면적 A_i(최대점 M을 통과한 후에는 목부분의 면적)로 나누어 준 값으로 정의된다.

진응력의 정의

$$\sigma_T = \frac{F}{A_i} \tag{8.15}$$

진변형률

변형률을 다음 식과 같이 **진변형률(true strain)** ε_T로 나타내는 것이 편리할 때가 있다.

진변형률의 정의

$$\varepsilon_T = \ln\frac{l_i}{l_0} \tag{8.16}$$

변형 중에 부피 변화가 없으면, 즉

$$A_i l_i = A_0 l_0 \tag{8.17}$$

진응력, 공칭응력, 진변형률, 공칭변형률 사이에는 다음과 같은 관계가 성립한다.

공칭응력과 진응력 사이의 관계

$$\sigma_T = \sigma(1 + \varepsilon) \tag{8.18a}$$

공칭변형률과 진변형률 사이의 관계

$$\varepsilon_T = \ln(1 + \varepsilon) \tag{8.18b}$$

식 (8.18a)와 (8.18b)는 네킹 현상이 일어나기 전까지는 유효하다. 그러나 이 점을 지나면 실제

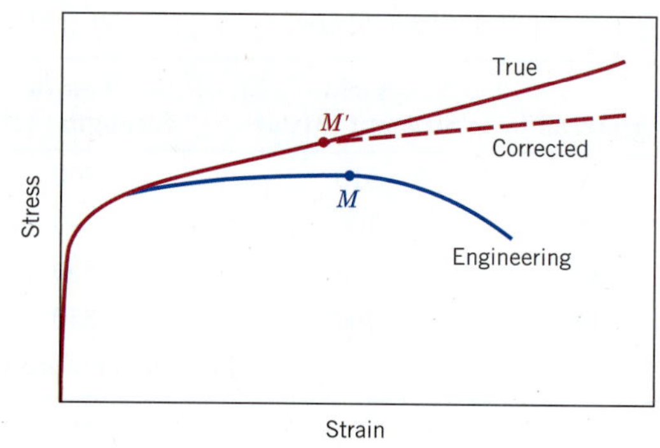

그림 8.16 공칭응력-공칭변형률 거동과 진응력-진변형률 거동의 비교. 네킹 현상은 각각 M 및 M' 에서 시작한다. 네킹부분의 복잡한 응력 상태를 고려하여 '보정한' 진응력-진변형률 곡선도 나타내었다.

하중, 실제 단면적 및 실제 표점길이를 측정하여 진응력과 진변형률을 구해야 한다.

그림 8.16에 공칭응력-공칭변형률 곡선과 진응력-진변형률 곡선을 도식적으로 비교하였다. 진응력-진변형률 곡선에서는 최대 인장하중점 M'을 지나서 진응력이 지속적으로 증가하는 것을 주목해야 한다.

목부분의 네킹 현상과 함께 목부분에 복잡한 응력 상태를 유발한다(즉, 축방향으로의 응력뿐 아니라 다른 응력 성분도 나타나게 된다). 결과적으로 수정된 목부분의 (축방향) 응력은 작용 응력과 목부분의 실제 단면적으로부터 산출한 응력보다 약간 작다. 이를 그림 8.16의 '보정(corrected)' 곡선으로 보여준다.

몇몇 금속과 합금에 대해서 소성의 시작부터 네킹 현상이 시작될 때까지의 진응력-진변형률 곡선은 다음 식으로 나타낼 수 있다.

소성변형 영역(에서 네킹 현상이 시작되는 점까지)의 진응력-진변형률 관계

$$\sigma_T = K\varepsilon_T^n \tag{8.19}$$

이 식에서 K와 n은 상수이며, 이 값은 합금에 따라 다르다. 즉, 소성변형 이력과 열처리 등의 재료 상태에 따라 값이 변한다. 매개변수 n은 **변형경화지수**(*strain-hardening exponent*)라 하며, 1보다 작은 값을 갖는다. 몇몇 합금에 대한 n 값과 K 값을 표 8.4에 실었다.

표 8.4 몇몇 합금에 대한 n 및 K값[식 (8.19)]

Material	n	K (MPa)
Low-carbon steel (annealed)	0.21	600
4340 steel alloy (tempered at 315°C)	0.12	2650
304 stainless steel (annealed)	0.44	1400
Copper (annealed)	0.44	530
Naval brass (annealed)	0.21	585
2024 aluminum alloy (heat-treated—T3)	0.17	780
AZ-31B magnesium alloy (annealed)	0.16	450

예제 8.4

연성과 파괴 시의 진응력 계산

초기의 지름이 12.8 mm인 원통형 강철 시편의 인장시험으로 공학적 파괴강도 σ_f가 460 MPa임을 알았다. 파괴 시 단면의 지름이 10.7 mm이었을 때 다음을 구하라.

(a) 단면감소율(%)에 근거한 연성

(b) 파괴 시의 진응력

풀이

(a) 단면감소율(%)은 식 (8.12)를 사용하여 다음과 같이 구한다.

$$\%\mathrm{RA} = \frac{\left(\dfrac{12.8\ \mathrm{mm}}{2}\right)^2 \pi - \left(\dfrac{10.7\ \mathrm{mm}}{2}\right)^2 \pi}{\left(\dfrac{12.8\ \mathrm{mm}}{2}\right)^2 \pi} \times 100$$

$$= \frac{128.7\ \mathrm{mm}^2 - 89.9\ \mathrm{mm}^2}{128.7\ \mathrm{mm}^2} \times 100 = 30\%$$

(b) 진응력은 식 (8.15)로 정의되며, 여기서 면적은 파괴 시의 면적 A_f를 대입하여 구한다. 먼저 파괴강도로부터 파괴 시의 하중을 구하면 다음과 같다.

$$F = \sigma_f A_0 = (460 \times 10^6\ \mathrm{N/m^2})(128.7\ \mathrm{mm}^2)\left(\frac{1\ \mathrm{m}^2}{10^6\ \mathrm{mm}^2}\right) = 59{,}200\ \mathrm{N}$$

그러므로 진응력은 다음과 같다.

$$\sigma_T = \frac{F}{A_f} = \frac{59{,}200\ \mathrm{N}}{(89.9\ \mathrm{mm}^2)\left(\dfrac{1\ \mathrm{m}^2}{10^6\ \mathrm{mm}^2}\right)}$$

$$= 6.6 \times 10^8\ \mathrm{N/m^2} = 660\ \mathrm{MPa}$$

예제 8.5

변형경화지수의 계산

어느 합금에 415 MPa의 진응력을 가했더니 0.15의 진변형률을 보였다. K 값이 1035 MPa일 때 식 (8.19)를 이용하여 변형경화지수 n을 구하라.

풀이

이 문제는 식 (8.19)를 활용해서 풀어야 하며, 여기서는 변형경화지수 n에 대해 관심을 가져야 한다. 우선, 식 (8.19)의 양변에 로그를 취한 다음 정리하면 다음과 같다.

$$\log \sigma_T = \log(K\varepsilon_T^n) = \log K + \log(\varepsilon_T^n)$$

이것은 다음과 같이 표시할 수 있으며

$$\log \sigma_T = \log K + n \log \varepsilon_T$$

n항에 대해 이항정리하면 다음과 같고

$$n \log \varepsilon_T = \log \sigma_T - \log K$$

다시 n에 대해 풀면 다음과 같은 결과를 얻는다.

$$n = \frac{\log \sigma_T - \log K}{\log \varepsilon_T}$$

주어진 조건들인 σ_T(415 MPa), K(1035 MPa), ε_T(0.15)를 대입하면 n이 구해진다.

$$n = \frac{\log(415\text{ MPa}) - \log(1035\text{ MPa})}{\log(0.15)} = 0.48$$

8.8 | 소성변형 후의 탄성 회복

인장시험 도중에 하중을 제거하면 총 변형 중의 일부는 탄성변형률로서 회복된다. 이러한 거동은 그림 8.17과 같이 공칭응력-공칭변형률 선도에 나타내었다. 하중을 제거하면 곡선은 하중을 제거한 점 D로부터 거의 직선으로 되돌아간다. 이때의 기울기는 실질적으로 탄성계수와 같으므로 초기 곡선의 탄성 부분에 평행하게 되돌아간다. 이러한 하중을 제거하는 동안의 탄성변형률의 양은 변형률 회복에 해당된다(그림 8.17 참조). 하중을 다시 가하면 곡선은 하중을 제거하기 전과 반대방향으로 동일한 직선을 따라 움직인다. 하중을 제거한 응력점에서 다시 항복이 일어난다. 파괴가 일어날 때도 역시 탄성변형률의 회복이 일어난다.

8.9 | 압축, 전단, 비틀림 변형

금속은 압축, 전단 및 비틀림 하중하에서도 소성변형을 일으킨다. 소성 영역에서의 결과적인 응력-변형률 거동은 인장시험에서의 거동과 유사하다(그림 8.10a 참조, 항복과 이에 관련된 곡률). 그러나 압축의 경우에는 네킹 현상이 일어나지 않기 때문에 최대점도 나타나지 않고 게다가 파괴 양상도 인장의 경우와는 다르다.

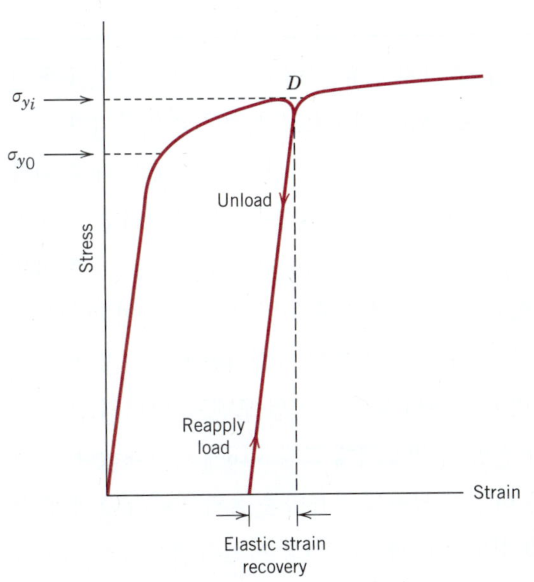

그림 8.17 탄성응력의 회복 및 가공경화 현상을 나타내는 인장응력-변형률의 도식적 그림. σ_{y_0}는 초기 항복강도이고, 점 D에서 하중을 제거한 후 다시 하중을 가했을 때의 항복강도는 σ_{y_i}로 표시되어 있다.

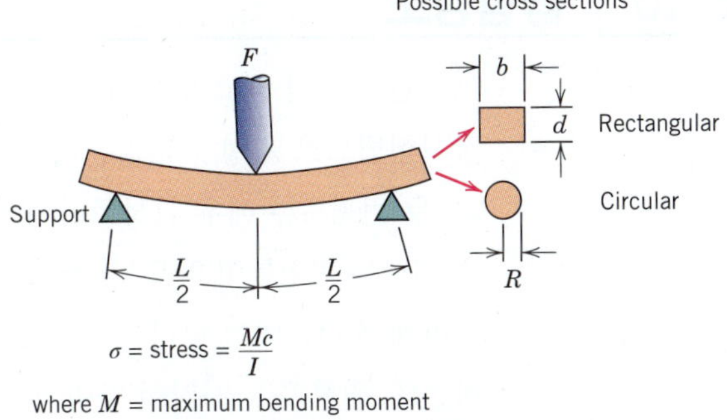

$$\sigma = \text{stress} = \frac{Mc}{I}$$

where M = maximum bending moment
c = distance from center of specimen to outer surface
I = moment of inertia of cross section
F = applied load

	M	c	I	σ
Rectangular	$\frac{FL}{4}$	$\frac{d}{2}$	$\frac{bd^3}{12}$	$\frac{3FL}{2bd^2}$
Circular	$\frac{FL}{4}$	R	$\frac{\pi R^4}{4}$	$\frac{FL}{\pi R^3}$

그림 8.18 응력-변형률 측정을 위한 3점 하중법과 사각 단면과 원형 단면을 갖는 취성 세라믹의 굽힘응력 계산식

개념 확인 8.2

전형적인 금속 합금의 공학적 인장응력-변형률 거동을 보이는 선도를 파괴점까지 도식화하라. 그런 다음 그 위에 같은 합금에 대한 압축응력-변형률 선도를 중첩하라. 두 선도 사이의 차이점을 설명하라.

(정답은 *www.wiley.com*의 제품 페이지에서 확인할 수 있음)

기계적 거동—세라믹

세라믹 재료는 기계적 성질의 많은 부분이 금속에 비하여 열등하기 때문에 제한적으로 사용되고 있다. 주요 결점은 세라믹 재료의 파괴 시 에너지 흡수가 거의 없이 갑작스럽게 취성파괴되는 경향이다. 이 절에서는 이러한 세라믹의 현저한 기계적 특성과 이들 성질의 측정 방법에 대하여 고찰할 것이다.

8.10 | 굽힘강도

취약한 세라믹 재료의 응력-변형률 거동은 다음 세 가지 이유로 인하여 8.2절에서 언급한 인장시험법으로 측정하지 않는다. 첫째로 시험에 요구되는 형상으로 시편을 준비하기가 어렵고, 두 번째로는 매우 취성적인 재료를 파괴 없이 시험기에 장착하기 어렵고, 세 번째로 세라믹 재료는 변형률이 약 0.1% 정도에서 바로 파괴로 이어지므로 굽힘응력이 생기지 않도록 완벽하게 정렬되어야 한다. 그러므로 좀 더 적당한 시험 방법인 횡방향 굽힘시험을 자주 이용하는데, 원형 또는 사각형 단면의 봉재 시편으로 3점 또는 4점 하중법[11)]을 이용하여 파괴까지 시험을 수행한다. 그림 8.18은 3점 하중 시험을 나타 낸다. 하중이 가해지면 시편의 윗면 부분은 압축 상태이고 밑면은 인장 상태이다. 응력은 시편의 두께와 굽힘 모멘트, 단면의 관성 모멘트로 산출된다. 이들 매개변수는 사각형과 원형 단면에 대해 그림 8.18에 나타내었다. 이러한 응력 계산식에서 계산된 최대 인장응력은 하중이 시편에 작용하는 점의 반대 밑면에 존재한다. 세라믹의 인장강도는 압축강도의 1/10 정도이고 파괴는 인장 시편의 표면에서 일어나므로 인장시험보다는 굽힘시험이 적합하다.

굽힘강도

굽힘시험에서 사용되는 파괴 시의 응력을 **굽힘강도(flexural strength**, *modulus of rupture*, *fracture strength*, 또는 *bend strength*)라 하며 취성 세라믹의 중요한 기계적 매개변수이다. 사각형 단면의 굽힘강도 σ_{f_s}는 다음과 같다.

사각형 단면을 갖는 시편의 굽힘강도

$$\sigma_{fs} = \frac{3F_f L}{2bd^2} \tag{8.20a}$$

여기서 F_f는 파단 하중, L은 지지점 간의 거리이며, 다른 매개변수는 그림 8.18에 나와 있다. 원형 단면의 경우에는 다음과 같다.

원형 단면을 갖는 시편의 굽힘강도

$$\sigma_{fs} = \frac{F_f L}{\pi R^3} \tag{8.20b}$$

여기서 R은 시편의 반지름이다.

몇 개의 세라믹 재료에 대한 굽힘강도 값이 표 8.2에 나와 있다. σ_{f_s}는 시편의 크기에 영향을 받으며(10.7절 참조) 시편의 부피(즉, 인장응력을 받는 시편의 부피)가 증가할수록 균열을 생성하는 결함이 존재할 가능성이 증가하므로 결과적으로 굽힘강도가 저하된다. 또한 어떤 특정한 세라믹 재료에 대한 굽힘강도의 크기는 인장시험으로 측정된 파괴강도보다 크다. 이 현상은 인장응력을 받는 시편의 부피의 차이로 설명된다. 즉, 인장 시편은 전체적으로 인장응력하에 있으나 굽힘 시편은 오직 부피의 일정부분(그림 8.18에서 보듯이 응력이 가해지는 점의 반대 표면 근처의 지역)만 인장응력을 받는다.

---

11) ASTM Standard C1161, "Standard Test Method for Flexural Strength of Advanced Ceramics at Ambient Temperature."

그림 8.19 알루미나와 유리의 전형적인 응력-변형률 거동

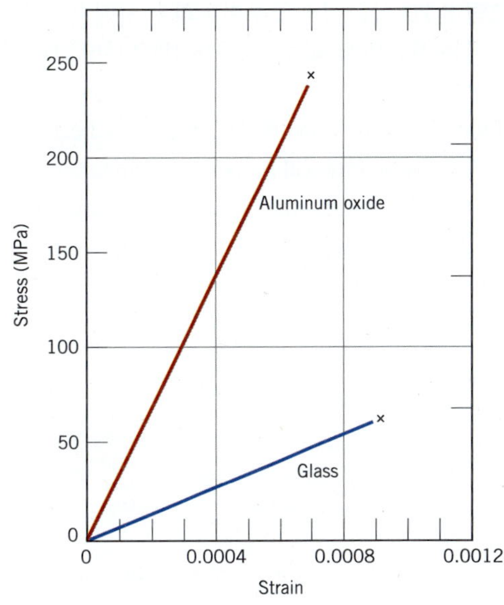

8.11 | 탄성 거동

굽힘시험을 수행하여 얻은 세라믹 재료의 탄성 응력-변형률 거동은 금속의 인장시험 결과와 유사하다. 즉, 응력과 변형률 사이에 선형적인 관계가 성립한다. 그림 8.19에 알루미나(aluminum oxide)와 유리에 대한 응력-변형률 거동을 파괴점까지 비교하였다. 탄성 영역에서의 기울기는 탄성계수이고 세라믹 재료의 탄성계수가 금속의 탄성계수보다 약간 크다(표 8.1). 그림 8.19에서 유리나 알루미나 중 어떤 것도 파괴될 때까지 소성변형을 보이지 않는다는 점을 주목하자.

8.12 | 세라믹의 기계적 성질에 미치는 기공의 영향

세라믹의 몇 가지 제조기술(15.9절과 15.10절 참조)에 흔히 쓰이는 재료는 분말(powder) 형태이다. 이런 분말 입자를 원하는 형상으로 성형한 후에는 분말 입자 사이에 빈 공간이 생긴다. 열처리 과정에서 이 기공은 많이 제거되지만, 기공 제거 공정이 불완전하여 약간의 기공이 남아 있는 경우가 종종 있다(그림 15.31 참조). 잔류하는 기공이 탄성적 성질과 탄성 강도에 해로운 영향을 미친다. 예를 들어 기공 P의 부피분율이 증가하면 몇몇 세라믹 재료의 탄성계수 E의 크기는 다음 식에 따라 감소한다.

탄성계수의 기공 부피분율에의 의존도

$$E = E_0(1 - 1.9P + 0.9P^2) \tag{8.21}$$

여기서 E_0는 기공(void)이 없는 재료의 탄성계수이다. 그림 8.20은 기공의 부피분율이 산화 알

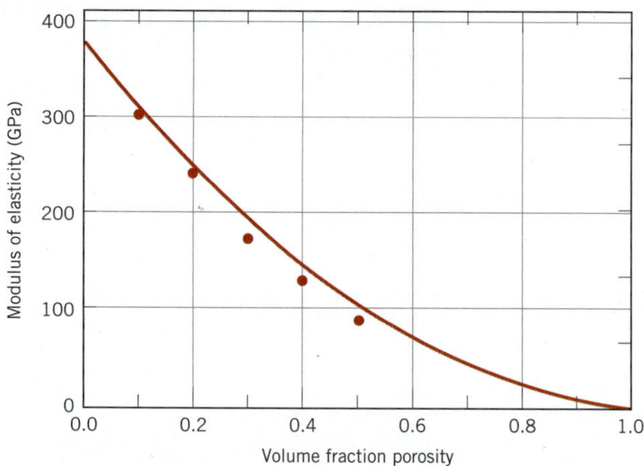

그림 8.20 상온에서 알루미나의 탄성계수에 미치는 기공의 영향. 이는 식 (8.21)로부터 그려진 곡선이다.
(From R. L. Coble and W. D. Kingery, "Effect of Porosity on Physical Properties of Sintered Alumina," *J. Am. Ceram. Soc.*, Vol. 39, Nov. 1956: No. 11, p. 381. Reprinted by permission of the American Ceramic Society.)

루미늄의 탄성계수에 미치는 영향을 보이며 그 곡선은 식 (8.21)을 따른다.

기공은 다음 두 가지 이유로 굽힘강도에 해롭다: (1) 기공은 하중이 작용하는 단면적을 줄이고 (2) 응력집중(고립된 구형 기공에 대해 인장응력은 2배로 증폭된다)이 일어난다. 기공 부피분율이 10%인 재료의 강도가 기공이 없는 재료의 측정값의 50%일 정도로 강도에 미치는 기공의 영향은 꽤 크다. 그림 8.21에 산화 알루미늄 재료에 대하여 기공이 강도에 미치는 영향을 나타내었다. 다음의 실험식으로 굽힘강도는 기공(P)의 부피분율에 대해 지수적으로 감소한다는 것을 알 수 있다.

굽힘강도의 기공 부피분율에의 의존도

$$\sigma_{fs} = \sigma_0 \exp(-nP) \tag{8.22}$$

여기서 σ_0와 n은 실험 상수이다.

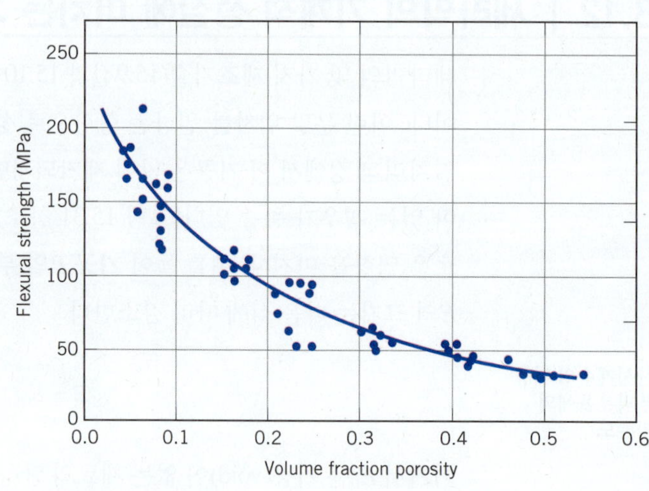

그림 8.21 상온에서 알루미나의 굽힘강도에 미치는 기공의 영향
(From R. L. Coble and W. D. Kingery, "Effect of Porosity on Physical Properties of Sintered Alumina," *J. Am. Ceram. Soc.*, Vol. 39, Nov. 1956: No. 11, p. 382. Reprinted by permission of the American Ceramic Society.)

기계적 거동—고분자

8.13 | 응력-변형률 거동

고분자의 기계적 성질은 탄성계수, 항복강도, 인장강도 등 금속에서 사용되는 동일한 변수로 나타낸다. 다수의 고분자 재료는 간단한 응력-변형률 시험을 통해 이러한 기계적 변수들이 결정된다.[12] 대부분의 경우 고분자의 기계적 특성은 변형률, 온도, 주위의 화학 조건(물, 산소, 유기용매 등)에 매우 민감하다. 고무와 같이 탄성률이 매우 큰 고분자의 경우에는 금속 재료에서 사용된 시험방법과 시편의 형상을 약간 수정하여 적용한다.

그림 8.22와 같이 고분자는 세 가지 유형의 응력-변형률이 있다. 곡선 *A*는 탄성적으로 변형되는 과정에서 파괴되는 취성의 성질을 가진 고분자의 응력-변형률 특성이다. 소성(plastic) 재료의 거동인 곡선 *B*는 많은 금속 재료의 거동과 유사하다. 즉, 초기에는 탄성적으로 변형되고, 항복 이후 소성변형을 하게 된다. 마지막으로 곡선 *C*의 경우에는 완전하게 탄성적인 거동을 나타내며, 고무와 같은 재료의 탄성변형(낮은 응력 수준에서 발생하는 회복이 가능한 매우 큰 변형)이 이와 같은 예에 해당한다. 이러한 특성을 가진 고분자를 **탄성중합체(elastomer)**라고 한다.

탄성중합체

고분자 재료의 탄성계수와 연신백분율로 나타내는 연성 등은 금속의 경우와 동일한 방법으로 결정된다(8.6절 참조). 그림 8.22의 곡선 *B*와 같은 소성 고분자 재료의 경우, 곡선의 선형-탄성 영역이 끝나는 점에서의 최대점을 항복점으로 취하며 이때의 응력이 항복강도(σ_y)이다. 인장강도(*TS*)는 파괴가 발생하는 시점의 응력(그림 8.23 참조)이며 σ_y보다 다소 높거나

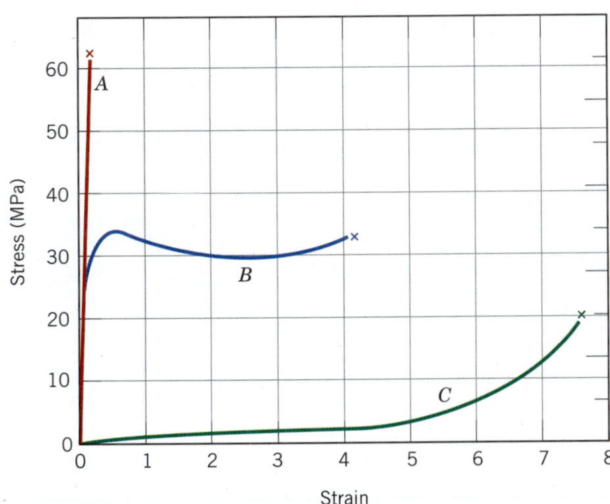

그림 8.22 취성(곡선 *A*), 소성(곡선 *B*), 탄성(곡선 *C*) 고분자의 응력-변형률 거동

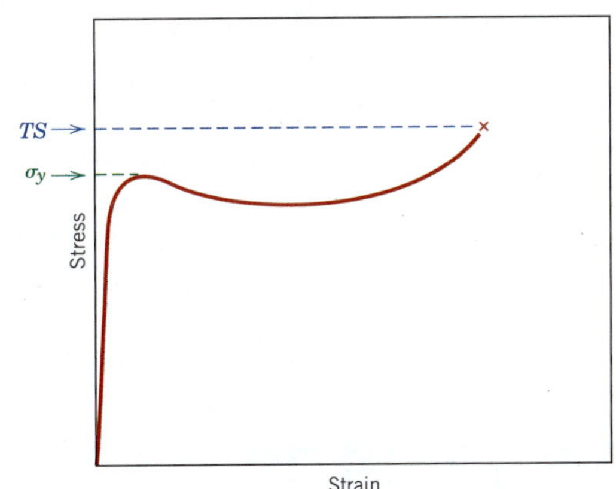

그림 8.23 항복강도와 인장강도를 나타내는 가소성 고분자의 응력-변형률 곡선

12) ASTM Standard D638, "Standard Test Method for Tensile Properties of Plastics."

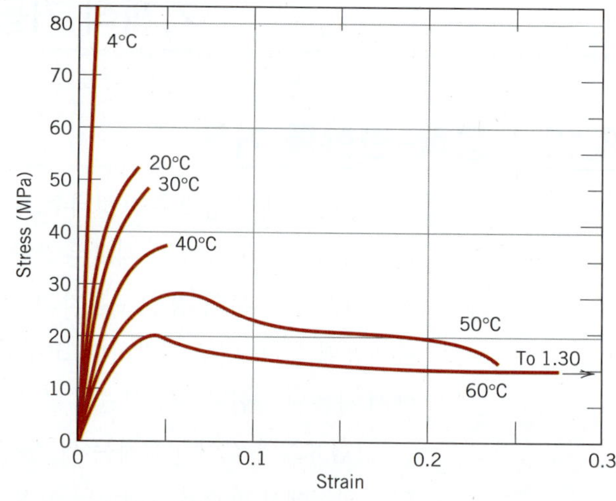

그림 8.24 폴리(메틸메타크릴레이트)의 응력-변형률 특성에 미치는 온도의 영향
(Reprinted by permission from T. S. Carswell and H. K. Nason, "Effect of Environmental Conditions on the Mechanical Properties of Organic Plastics," in *Symposium on Plastics*. Copyright ASTM International, West Conshohocken, PA.)

낮다. 가소성 고분자의 강도는 일반적으로 인장강도이다. 다수의 고분자 재료의 기계적 성질을 표 8.2에 실었다.

고분자는 여러 가지 측면에서 금속과 세라믹과는 기계적으로 상이한 특성을 갖는다(그림 1.5~1.7). 예를 들어 고탄성 고분자 재질의 탄성계수는 7 MPa의 낮은 값을 갖지만, 강성이 높은 고분자는 약 4 GPa 값을 갖는다. 금속의 경우 탄성계수의 값은 이보다 훨씬 크다(표 8.1 참조). 고분자의 최대 인장강도는 약 100 MPa인 데 비하여, 금속 합금의 경우에는 약 4100 MPa까지 올라간다. 그리고 금속은 대략 100% 이상 소성변형을 하지 못하는 데 비하여, 탄성이 강한 몇몇 고분자는 1000% 이상 늘어난다.

그리고 고분자의 기계적 특성은 상온 부근의 온도 변화에 매우 민감한 영향을 받는다. 폴리(메틸메타크릴레이트)에 대한 4~60°C 온도에서의 응력-변형률 거동을 보자(그림 8.24). 온도를 높이면 다음과 같이 주목해야 할 몇 가지 특징이 있다: (1) 탄성률의 감소, (2) 인장강도의 감소, (3) 연성의 증가, 즉 4°C에서 이 재질은 완전한 취성인데, 50°C와 60°C에서는 상당한 소성변형이 일어난다.

기계적 거동에 미치는 변형률 속도의 영향도 또한 중요하다. 일반적으로 변형 속도의 감소는 응력-변형률 특성에 온도를 상승시키는 것과 동일한 영향을 미치게 된다. 즉, 재료는 더 무르고 연성이 된다.

8.14 | 거시적 변형

반결정질 고분자(semicrystalline polymer)의 거시 변형에 대한 몇 가지 양상을 그림 8.25를 통해 관찰해 보자. 그림 8.25는 시험 초기에 변형이 없었던 반결정질 재료의 인장응력-변형률 곡선이며, 여러 변형 단계에서의 시편 형상을 도식적으로 나타내고 있다. 상항복점과 하항복점

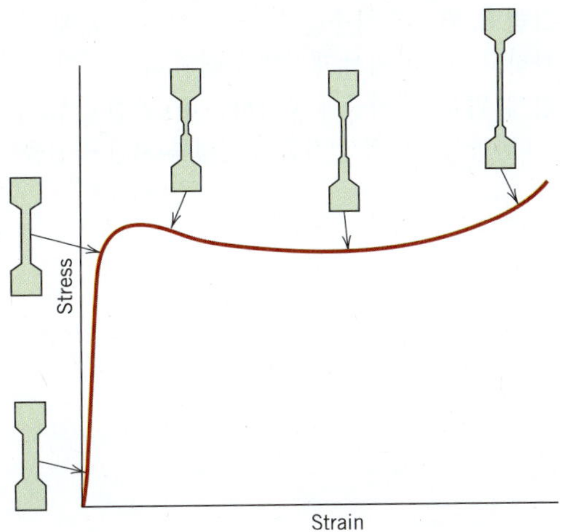

그림 8.25 반결정질 고분자의 인장응력-변형률 곡선. 변형 단계에 따른 시편의 형상이 나타나 있다.

이 곡선에 뚜렷이 나타나며, 상항복점에서 시편의 표점 영역 내에 국부적인 네킹이 형성된다. 이 네킹이 일어나는 목부분에서 사슬들이 정렬되고(즉, 그림 9.28*d*에 도식적으로 나타낸 것과 같이 사슬축이 연신되는 방향과 평행하게 정렬되는 것), 이에 따라서 국부적으로 강화된다. 결과적으로 이 점에서 연속적인 변형을 방해하는 저항이 생기게 되어, 목부분이 시편의 표점길이를 따라 전파되면서 변형된다. 즉, 사슬의 정렬 현상(그림 9.28*d* 참조)이 시편의 목부분을 확장시키는 것이다. 이러한 인장 거동은 네킹 이후 모든 변형이 목부분에서 수반되는 연성 금속의 경우(8.6절 참조)와는 대조된다.

개념 확인 8.3

반결정질 고분자의 연신백분율로 연성을 나타낼 때 금속의 경우에서처럼 시편의 표점거리를 언급할 필요가 없다. 왜 그런가?

(정답은 *www.wiley.com*의 제품 페이지에서 확인할 수 있음)

8.15 | 점탄성변형

비정질의 고분자는 낮은 온도에서는 유리처럼, 중간 온도(유리전이온도 이상; 12.17절 참조)에서는 고무 성질의 고체처럼, 그 이상의 온도에서는 점성을 가진 액체처럼 거동한다. 상대적으로 작은 변형에 대해서 낮은 온도에서의 기계적 거동은 탄성적, 즉 후크(Hooke)의 법칙 $\sigma = E\varepsilon$을 따른다. 매우 높은 온도에서는 점성의 액체 거동이 우세하고 중간 온도에서는 위의 두 성질의 복합적인 기계적 특성을 보이는 고무 성질을 가진 고체로 거동한다. 이런 조건을 소위 **점탄성(viscoelasticity)**이라 한다.

점탄성

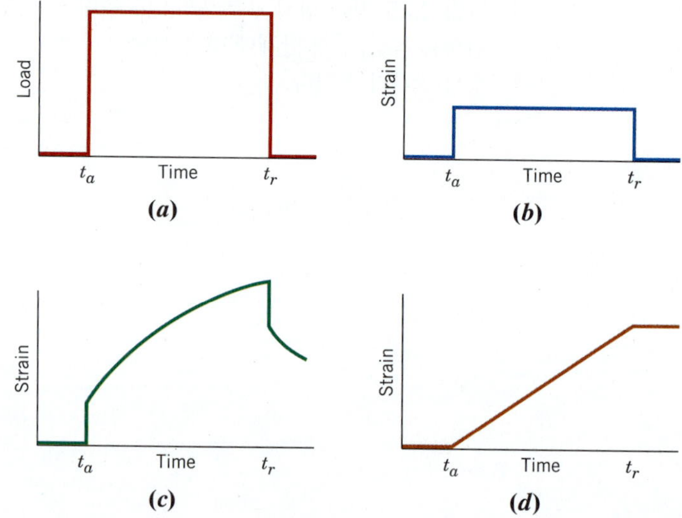

그림 8.26 (*a*) 하중을 순간적으로 시각 t_a에 가하고 시각 t_r에서 제거했을 때의 하중-시간 관계, 위 (*a*)의 하중에 응답하는 (*b*) 완전 탄성, (*c*) 점탄성, (*d*) 점성 거동의 변형률-시간 곡선들

탄성변형은 순간적이다. 다시 말하면, 총 변형(변형률)은 하중이 가해지거나 제거되는 순간에 일어난다(즉, 변형률은 시간에 따라 변하지 않는다). 그리고 외력이 제거되면 변형은 완전하게 회복되어 그 시편을 초기의 사양과 같이 취급한다. 이 거동을 그림 8.26*a*에 순간적인 하중-시간의 관계로 나타냈으며, 이에 대응하는 변형률-시간의 관계를 그림 8.26*b*에 나타냈다.

이와는 대조적으로 완전한 점성 거동일 때 변형 또는 변형률은 순간적이지 않다. 즉, 부과한 하중에 대해서 변형은 나중에 일어난다(시간에 따라 변한다). 또한 이 변형은 비가역적이어서 하중을 제거하더라도 완전히 회복되지 않는다. 이 현상이 그림 8.26*d*에 나타나 있다.

중간 정도 점탄성 거동일 경우는, 그림 8.26*a*의 방식으로 응력을 가하면 순간적인 탄성변형을 한 후에 시간에 따르는 점성변형(즉, 비탄성 형태; 8.4절 참조)을 하는데 이것이 그림 8.26*c*에 나타나 있다.

점탄성의 예는 새로운 접합제(Silly Putty)로 많이 쓰이는 실리콘 고분자에서 찾아볼 수 있으며 그것을 공으로 만들어 수평 표면에 떨어뜨리면 탄성적으로 튄다(튀는 동안의 변형 속도는 매우 빠르다). 그러나 실리콘에 점진적으로 인장하중을 증가시키면 늘어나거나 고점성 액체처럼 늘어진다. 실리콘이나 다른 점탄성 재료에 대한 변형은 그 변형이 탄성적인지 또는 점성적인지에에 따라 변형률 속도가 정해진다.

점탄성 이완계수

고분자 재질의 점탄성 거동은 시간과 온도에 따라 변하며 이 거동을 측정하여 정량화하는 몇 가지의 실험방법이 사용된다. 한 가지 방법으로 응력이완(*stress relaxation*) 측정법이 이용되는데, 우선 미리 결정한 비교적 작은 변형 수준이 되도록 초기에 빠르게 인장력을 시편에 가한다. 이 변형률을 유지하기 위해 필요한 응력을 시간의 함수로 측정하되 온도는 고정한다.

이 응력은 고분자 내에서 발생하는 분자의 이완 과정 때문에 시간이 지남에 따라 감소한다. **이완계수(relaxation modulus)** $E_r(t)$, 즉 점탄성 고분자의 시간의존적인 탄성계수는 다음과 같이 정의된다.

이완계수

이완계수—시간에 따라 변하는 응력과 일정한 변형률의 비율

$$E_r(t) = \frac{\sigma(t)}{\varepsilon_0} \tag{8.23}$$

여기서 $\sigma(t)$는 시간에 따라 변하는 측정된 응력이고 ε_0는 일정하게 유지되는 변형률이다.

이완계수의 크기는 온도의 함수이므로 고분자의 점탄성 거동을 확실하게 특성화하기 위해서는 항온의 응력이완 측정을 넓은 온도 범위에 대해 수행하여야 한다. 그림 8.27은 점탄성 거동을 보이는 어떤 고분자에 대해서 나타낸 다양한 온도에서의 로그 $E_r(t)$-로그 시간 선도이다. 다양한 온도에서 생성된 곡선을 포함한다. 이 선도의 주요 특징은 (1) 시간에 따라서 줄어드는 $E_r(t)$[식 (8.23)에서 응력의 감소에 해당하는]와 (2) 온도가 증가함에 따라 감소하는 $E_r(t)$이다.

온도의 영향을 보이기 위해 로그 $E_r(t)$-로그 시간 선도상의 어느 특정한 시간, 예를 들어 그림 8.27에서의 t_1을 잡아 점선을 그어 로그 $E_r(t_1)$-온도 선도로 하였다. 그림 8.28은 비정질[어택틱(atactic)] 폴리스티렌에 대한 그와 같은 선도인데 이 경우에는 임의로 t_1을 하중이 가해진 후의 10초로 잡았다. 이 선도에서 몇 군데 주목할 부분이 있다. 가장 낮은 온도에서는 유리질 영역에서의 재료는 단단하고 취성이 강하며 $E_r(10)$이 탄성계수의 값인데 초기에는 실질적으로 온도에 무관하다. 이 온도 범위에 걸쳐 변형률-시간 특성은 그림 8.26*b*에 나타낸 것과 같다. 분자 수준에서 보면 긴 분자사슬이 이 온도들에서 본질적으로 위치에 동결되어 움직이지 않는다.

온도가 올라감에 따라 $E_r(10)$은 감소하는데 20°C의 온도 범위에서 갑자기 1000분의 1로 떨어진다. 이 영역을 **가죽**(*leathery*), 또는 **유리전이 영역**이라 부르기도 하며 유리전이온도(T_g, 12.18절 참조)는 끝쪽의 높은 온도 부근에 있다. 폴리스티렌(그림 8.28 참조)의 경우, T_g = 100°C이다. 이 온도 영역에서는 고분자 시편이 가죽 같은 성질을 나타낸다. 즉, 변형은 시간에 의존하고 가한 하중을 제거해도 그림 8.26*c*에서와 같이 완전히 회복하지 않는다.

고무의 평평한 온도 영역(그림 8.28 참조)에서 고무는 가죽같이 변형한다. 즉, 탄성과 점성의 성질이 함께 있으며 이완계수가 상대적으로 낮기 때문에 변형이 일어나기 쉽다.

끝으로 높은 온도의 두 영역에서는 고무 같은 유동과 점성유동이 나타난다. 이 온도로 가열되면 재료는 점차 부드러운 고무 같은 상태로 변이되며 결국은 점성 액체로 된다. 고무유동 영역에서 고분자는 탄성과 점성유동의 성분을 모두 보이는 매우 점성이 강한 액체이다. 점성유동 영역에서는 계수가 온도가 올라감에 따라 급격히 감소하며 변형률-시간 거동은 그림 8.26*d*에 나타낸 것과 같다. 분자 규모의 관점에서 보면 사슬운동이 매우 집중되어 점성유동의 경우 사슬 조각이 서로 대부분 독립적으로 진동과 회전 운동을 한다. 이 온도에서는 어떠한

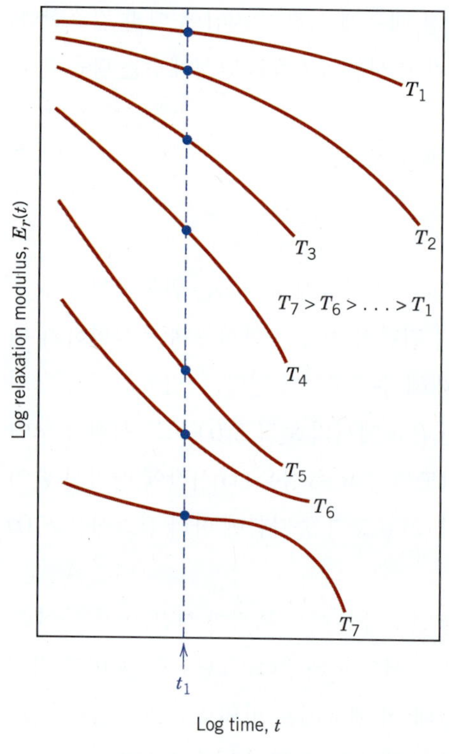

그림 8.27 점탄성 고분자의 로그시간에 대한 로그 이완계수의 도식적 그림. 항온 곡선이 T_1부터 T_7의 온도에 대해 생성되었다. 이완계수의 온도 의존성을 로그 $E_r(t_1)$으로 나타내었다.

그림 8.28 비정질 폴리스티렌의 온도에 따라 변하는 로그 이완계수의 도식적 그림. 다섯 가지의 다른 점탄성 거동을 나타낸다. (From A. V. Tobolsky, *Properties and Structures of Polymers*. Copyright © 1960 by John Wiley & Sons, New York. Reprinted by permission of John Wiley & Sons, Inc.)

변형도 완전히 점성적이고 본질적으로 어떤 탄성 거동도 일어나지 않는다.

보통, 점성 고분자의 변형 거동은 점성, 즉 전단력에 의한 유동에 재료가 저항하는 크기로 표시한다. 무기질 유리에 대한 점성은 9.16절에서 다룬다.

하중을 가하는 속도도 역시 점탄성 특성에 영향을 준다. 하중 속도를 빠르게 하면 온도를 낮추는 것과 같은 영향을 미친다.

몇 가지 분자 구성을 가지는 폴리스티렌 재료의 로그 $E_r(10)$-온도 거동을 그림 8.29에 나타내었다. 비정질 재료의 곡선(곡선 C)은 그림 8.28과 같다. 약간 교차결합(crosslink)된 어택틱 폴리스티렌(곡선 B)의 경우 고무 영역은 고분자가 분해되는 온도까지 확장되는 평평한 모양을 형성한다. 교차결합이 증가됨에 따라 평평한 부분의 $E_r(10)$ 값의 크기도 역시 증가한다. 고무 또는 탄성중합체(elastomeric) 재료는 이런 형태의 거동을 보이고 일반적으로 이 평평한 영역의 온도에서 사용된다.

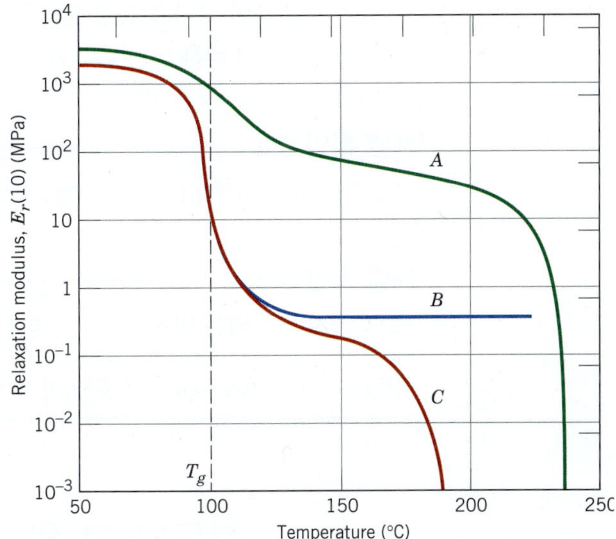

그림 8.29 결정질 아이소택틱(곡선 *A*), 약간 교차결합된 어택틱(곡선 *B*), 비정질 폴리스티렌(곡선 *C*)의 온도에 따라 변하는 로그 이완계수의 도식적 그림
(From A. V. Tobolsky, *Properties and Structures of Polymers*. Copyright © 1960 by John Wiley & Sons, New York. Reprinted by permission of John Wiley & Sons, Inc.)

그림 8.29는 거의 완전한 결정질 아이소택틱(isotactic) 폴리스티렌(곡선 *A*)에 대한 온도 의존성을 나타낸다. 유리전이온도 T_g에서의 $E_r(10)$의 감소는 다른 폴리스티렌 재료에 비해 현저하지 않은데 그 이유는 이 재료가 비정질인 부분의 부피분율이 낮고 유리로의 전이를 하기 때문이다. 그리고 이완계수는 온도가 올라감에 따라 용융온도 T_m에 접근할 때까지 비교적 높은 값을 유지한다. 그림 8.29에서 이 아이소택틱 폴리스티렌의 용융온도는 약 240°C임을 알 수 있다.

점탄성 크리프

다수의 고분자 재료는 응력 수준이 일정할 때 시간에 따라 민감하게 변형하는데 이 변형을 **점탄성 크리프**(*viscoelastic creep*)라고 일컫는다. 이런 형태의 변형은 상온과 재료의 항복강도 이하의 응력에서조차 중요하다. 예를 들면 자동차가 오랜 시간 동안 주차되었을 때 자동차의 타이어 접촉 표면은 평평하게 된다. 고분자의 크리프 시험은 금속과 같은 방법으로 행해진다(10장 참조). 즉, 응력(보통 인장)을 순간적으로 가하고 일정한 수준으로 유지하며 시간에 따른 변형률을 측정한다. 이 시험은 항온 조건에서 행한다. 크리프 결과는 시간의존적인 **크리프 계수**(*creep modulus*) $E_c(t)$로 나타내며 다음과 같이 정의된다.[13)]

$$E_c(t) = \frac{\sigma_0}{\varepsilon(t)} \tag{8.24}$$

여기서 σ_0는 일정하게 가한 응력이고 $\varepsilon(t)$는 시간에 따라 변하는 변형률이다. 크리프 계수도 역시 온도에 민감하고 온도가 증가함에 따라 감소한다.

13) 크리프 계수의 역수인 크리프 컴플라이언스 $J_c(t)$도 때때로 사용된다.

분자 구조물이 크리프 특성에 미치는 영향에 대해 말하자면, 일반적으로 결정도가 증가함에 따라 크리프에 대한 민감도는 감소한다[즉, $E_c(t)$는 증가한다].

개념 확인 8.4

탄성변형, 비탄성변형, 점탄성변형, 소성변형 등의 거동에 대한 주된 차이점을 열거하라.

개념 확인 8.5

120°C에서 변형되는 비정질 폴리스티렌은 그림 8.26에 나타낸 거동 중 어떤 것을 따를까?

(정답은 *www.wiley.com*의 제품 페이지에서 확인할 수 있음)

경도와 그 외 기계적 성질

8.16 | 경도

경도

또 하나의 중요한 기계적 성질은 **경도(hardness)**인데 이는 국부적인 소성변형(예: 조그만 흠집이나 스크래치)에 대한 재료의 저항 크기를 나타낸다. 초창기의 경도시험은 자연 광석에 대하여, 어떤 재료가 좀 더 무른 다른 재료에 흠을 낼 수 있는 능력이 눈금으로 실행되었다. 모스(Mohs) 스케일이라는 정성적이며 임의의 정량적 경도 식별법이 고안되었는데 이는 연한 석회를 1로 하고 다이아몬드를 10으로 한다. 정량적 경도시험은 하중 및 부과 속도를 조절할 수 있는 조건에서 시험할 재료의 표면을 조그만 누름자(indenter)로 압입하는 방법으로 수년간 개발되었다. 눌린 자국의 깊이 또는 크기는 경도 지수와 관련이 있는데 물질이 무를수록 눌린 자국이 크고 깊으며 경도 지수는 더 작게 된다. 측정한 경도는 절대적인 값이 아니고 상대적인 값이므로 다른 방법으로 정한 값과 비교할 경우에는 유의해야 한다.

경도시험이 다른 기계적 시험보다 자주 행해지는 이유는 다음과 같다.

1. 간단하고 비용이 저렴하다 — 별도로 시편을 준비할 필요가 없고 시험 장치도 상대적으로 싸다.
2. 비파괴적인 시험 방법이다 — 시편이 파괴되거나 과도한 변형이 일어나지 않는다. 작은 눌린 자국만이 변형이 진행된 부분이다.
3. 인장강도와 같이 다른 기계적 성질도 경도시험을 통하여 유추가 가능하다(그림 8.31 참조).

로크웰 경도시험[14)]

로크웰(Rockwell) 시험법은 시험이 간단하고 특별한 기술이 필요하지 않으므로 가장 널리 쓰인다. 이 시험법에는 여러 가지 누름자와 하중을 조합함으로써 사실상 모든 금속 합금(과 몇 종류의 고분자들)을 시험할 수 있는 스케일(scale)이 이용된다. 누름자로는 지름이 1.588, 3.175, 6.350, 12.70 mm인 초경구(tungsten carbide ball)가 있으며 아주 단단한 재료의 시험을 위한 누름자로는 원추형 다이아몬드(브레일, Brale) 누름자가 있다.

이 장치를 이용하여 초기의 부하중(minor load)과 그다음에 가한 주하중(major load)으로부터 생긴 침투 깊이의 차이로 경도 지수를 결정한다. 초기의 부하중을 이용함으로써 시험의 정확도를 향상시킨다. 주하중과 부하중을 토대로 로크웰과 피상(superficial) 로크웰의 두 가지 형태가 있다. 로크웰의 경우에는 부하중이 10 kg이며, 주하중은 60, 100, 150 kg이다. 각각의 스케일은 알파벳으로 표시되며, 해당되는 누름자와 하중이 표 8.5와 8.6a에 나와 있다. 피상 로크웰의 경우 부하중은 3 kg, 주하중은 15, 30, 45 kg이다. 이 스케일은 각각 하중에 따라 15, 30, 45로 표시하고, 누름자의 종류에 따라 N, T, W, X, Y로 표시한다. 피상 시험은 주로 얇은 시편에 대해 행한다. 표 8.6b에 몇 개의 피상 스케일을 나타내었다.

로크웰과 피상 로크웰 경도를 나타낼 때는 경도 지수와 스케일의 기호를 모두 표시해야 한다. 스케일의 기호인 HR 뒤에 적절한 스케일 표지를 붙여서 나타낸다.[15)] 예를 들면 80 HRB는 B 스케일로 로크웰 경도 80을 나타내며, 60 HR30W는 30W 스케일로 피상 로크웰 경도 60을 나타낸다.

각각의 스케일에서 경도는 130까지 측정할 수 있으나, 어떠한 스케일로도 100 이상이거나 20 이하의 값으로 가면 부정확해진다. 스케일들의 범위가 약간 서로 중복되므로 이러한 경우에는 좀 더 강하거나 좀 더 약한 스케일을 사용하는 것이 좋다.

시편이 너무 얇은 경우, 누름 위치가 시편 가장자리 끝에 있는 경우, 또는 2개의 누름 위치가 너무 가까이 있을 경우에는 부정확한 결과가 나온다. 시편의 두께는 최소한 누름 깊이의 10배가 되어야 한다. 누름 위치의 중심으로부터 시편 가장자리까지의 간격 또는 다음번 누름 위치까지의 간격은 최소한 3개의 누름자의 지름이 들어설 정도의 여유를 가져야 한다. 그리고 시편 위에 다른 시편을 올려놓고 시험하는 것은 바람직하지 않다. 또한 부드럽고 평평한 표면 위에 누름 자국을 내야 정확한 결과를 얻을 수 있다.

최신의 로크웰 경도 측정을 위한 시험기는 자동화되어 사용법이 매우 간단하다. 경도를 직접 읽을 수 있으며 한 번 측정하는 데 불과 몇 초밖에 안 걸린다. 또한 최신의 시험기는 하중이 부과되는 시간을 다양하게 조절할 수 있기 때문에 경도 데이터를 해석하는 데 있어서 이

---

14) ASTM Standard E18, "Standard Test Methods for Rockwell Hardness of Metallic Materials."

15) 로크웰 스케일은 *R*에 스케일을 표시하는 아래첨자를 붙여 나타내기도 한다. 예로서 R_C는 로크웰 C 스케일을 나타낸다.

표 8.5 경도 측정 방법

Test	Indenter	Shape of Indentation: Side View	Shape of Indentation: Top View	Load	Formula for Hardness Number[a]
Brinell	10-mm sphere of steel or tungsten carbide	D, d	d	P	$HB = \dfrac{2P}{\pi D\left[D - \sqrt{D^2 - d^2}\right]}$
Vickers microhardness	Diamond pyramid	136°	d_1, d_1	P	$HV = 1.854P/d_1^2$
Knoop microhardness	Diamond pyramid	t; $l/b = 7.11$; $b/t = 4.00$	b, l	P	$HK = 14.2P/l^2$
Rockwell and superficial Rockwell	Diamond cone; 1.588, 3.175, 6.350, 12.70-mm diameter steel or tungsten carbide spheres	120°		60 kg, 100 kg, 150 kg } Rockwell; 15 kg, 30 kg, 45 kg } Superficial Rockwell	

[a]For the hardness formulas given, P (the applied load) is in kg and D, d, d_1, and l are all in mm.

Source: Adapted from H. W. Hayden, W. G. Moffatt, and J. Wulff, *The Structure and Properties of Materials*, Vol. III, *Mechanical Behavior*, John Wiley & Sons, 1965. Reproduced by permission of Kathy Hayden.

표 8.6a 로크웰 경도 스케일

Scale Symbol	Indenter	Major Load (kg)
A	Diamond	60
B	1.588 mm ball	100
C	Diamond	150
D	Diamond	100
E	3.175 mm ball	100
F	1.588 mm ball	60
G	1.588 mm ball	150
H	3.175 mm ball	60
K	3.175 mm ball	150

표 8.6b 피상 로크웰 경도 스케일

Scale Symbol	Indenter	Major Load (kg)
15N	Diamond	15
30N	Diamond	30
45N	Diamond	45
15T	1.588 mm ball	15
30T	1.588 mm ball	30
45T	1.588 mm ball	45
15W	3.175 mm ball	15
30W	3.175 mm ball	30
45W	3.175 mm ball	45

하중 시간도 역시 변수로 고려되어야 한다.

브리넬 경도시험[16)]

브리넬(Brinell) 경도시험에서는 로크웰 경도시험과 마찬가지로 금속의 표면을 딱딱한 구형 누름자로 누른다. 경화된 강(또는 텅스텐 탄화물)으로 만든 누름자의 지름은 10.00 mm이다. 표준 하중은 500 kg과 3000 kg의 범위 내에서 500 kg씩 증가시킨다. 시험 중에 하중은 정해진 시간(10~30초) 동안 일정하게 유지된다. 단단한 재료일수록 더 큰 부과 하중이 요구된다. 브리넬 경도 지수 HB는 눌린 자국(압흔)의 지름과 하중 크기의 함수이다(표 8.5 참조).[17)] 이 지름은 특수 저전력 현미경의 접안렌즈에 새겨진 눈금을 이용하여 측정한다. 측정된 지름은 도표를 통하여 적절한 HB 지수로 변환되며 이 방식에는 단지 하나의 스케일만이 사용된다.

브리넬 경도 측정을 위해 반자동 기술을 사용할 수도 있다. 이들은 유연한 프로브에 장착된 디지털 카메라로 구성된 광학 스캐닝 시스템을 사용하여 오목한 압입 자국 부분 위에 카메라를 배치할 수 있다. 카메라의 데이터는 압입을 분석하고 크기를 결정한 다음 브리넬 경도를 계산하는 컴퓨터로 전송된다. 이 기술의 경우 시편의 표면 마감 요구사항인 표면가공 상태는 일반적으로 수동 측정 방법에 비해 더 엄격해야 한다.

누름 위치(시편의 가장자리로부터의 상대적인), 최소 시편 두께, 최소 누름 위치의 간격 등의 요구 조건은 로크웰 경도시험의 경우와 같다. 또한 잘 정의된 누름 자국이 요구되는데 부드럽고 평평한 면 위에서 만든 누름 자국이 필요하다.

16) ASTM Standard E10, "Standard Test Method for Brinell Hardness of Metallic Materials."

17) 브리넬 경도 지수는 BHN으로 나타내기도 한다.

누프 및 빅커스 미세경도시험[18)]

다른 경도시험 방법으로는 누프(Knoop) 경도시험과 빅커스(Vickers, 다이아몬드 피라미드라고도 한다) 경도시험이 있다. 매 시험마다 작은 다이아몬드 누름자를 시편의 표면에 압입한다. 작용 하중의 크기는 로크웰이나 브리넬보다 아주 작아서 1~1000 g 범위이다. 눌린 자국은 현미경으로 관찰하여 측정한 다음 경도 지수로 변환한다(표 8.5 참조). 정확한 측정을 위해서는 잘 정의된 자국을 얻어야 하기 때문에 시편의 표면처리(연삭 및 연마)를 주의 깊게 하여야 한다. 누프 경도 지수와 빅커스 경도 지수는 각각 HK와 HV[19)]로 나타내는데, 경도 스케일은 대략 서로 동등하다. 누프 경도시험과 빅커스 경도시험은 작용 하중과 누름자의 크기 때문에 미세경도(microhardness) 시험이라고 일컫는다. 이 두 방법은 선택된 작은 부위의 경도를 측정하는 데 적합하고 더욱이 누프 경도시험은 세라믹 같은 취성 재료의 경도를 측정하는 데 사용된다.

최신 마이크로인덴테이션 경도 테스트 장비는 누름자(인덴터) 장치를 컴퓨터와 소프트웨어 패키지를 통합하는 이미지 분석기에 연결하여 자동화되어 있다. 이 소프트웨어는 누름자 위치, 누름자 간격, 경도값 계산 및 하중의 인가와 제거 동안의 하중-깊이 데이터의 궤적(plotting)을 포함한 중요한 시스템 기능을 제어한다.

그 외에도 자주 쓰이지만 여기에서는 다루지 않는 경도시험법이 있는데 초음파 미세경도법, 동적 경도시험법(scleroscope), 듀로미터(소성과 탄성 재료를 위한), 긁기경도시험 등이다. 이 장 끝부분에 제공된 참고문헌 목록을 참고하기 바란다.

경도 변환

한 스케일로 측정한 경도를 다른 스케일로 변환하는 도구가 반드시 필요하다. 그러나 경도는 정확히 정의되는 기계적 성질도 아니고 다양한 실험방법 사이의 불일치 때문에 포괄적인 변환법이 고안되지 못하였다. 실험을 통하여 경도의 변환을 시도하였으나 재료 형태와 특성에 따라 다르다는 것이 밝혀졌다. 가장 신뢰할 수 있는 변환 데이터는 강에 대한 것인데 그림 8.30에 누프, 빅커스, 브리넬 및 두 가지 타입의 로크웰 스케일에 대해서 나타내었다(모스 스케일도 포함). 여러 가지의 다른 금속과 합금에 대한 상세한 변환표는 ASTM Standard E140 ‘표준 경도 변환표’에 포함되어 있다. 앞선 논의에 비추어 볼 때 하나의 합금에서 다른 합금으로의 외삽법(extrapolation) 변환 실행 시 주의해야 한다.

경도와 인장강도의 관계

인장강도와 경도는 모두 재료의 소성변형에 대한 저항을 나타내는 표시기이다. 결과적으로 두

---

18) ASTM Standard E92, “Standard Test Method for Vickers Hardness of Metallic Materials,” and ASTM Standard E384, “Standard Test for Microindentation Hardness of Materials.”

19) 누프 경도 지수와 빅커스 경도 지수는 각각 KHN과 VHN으로 표시한다.

그림 8.30 경도 스케일의 비교 (Adapted with permission from ASM International, *ASM Handbook: Mechanical Testing and Evaluation*, Vol. 8, 2000, p. 936.)

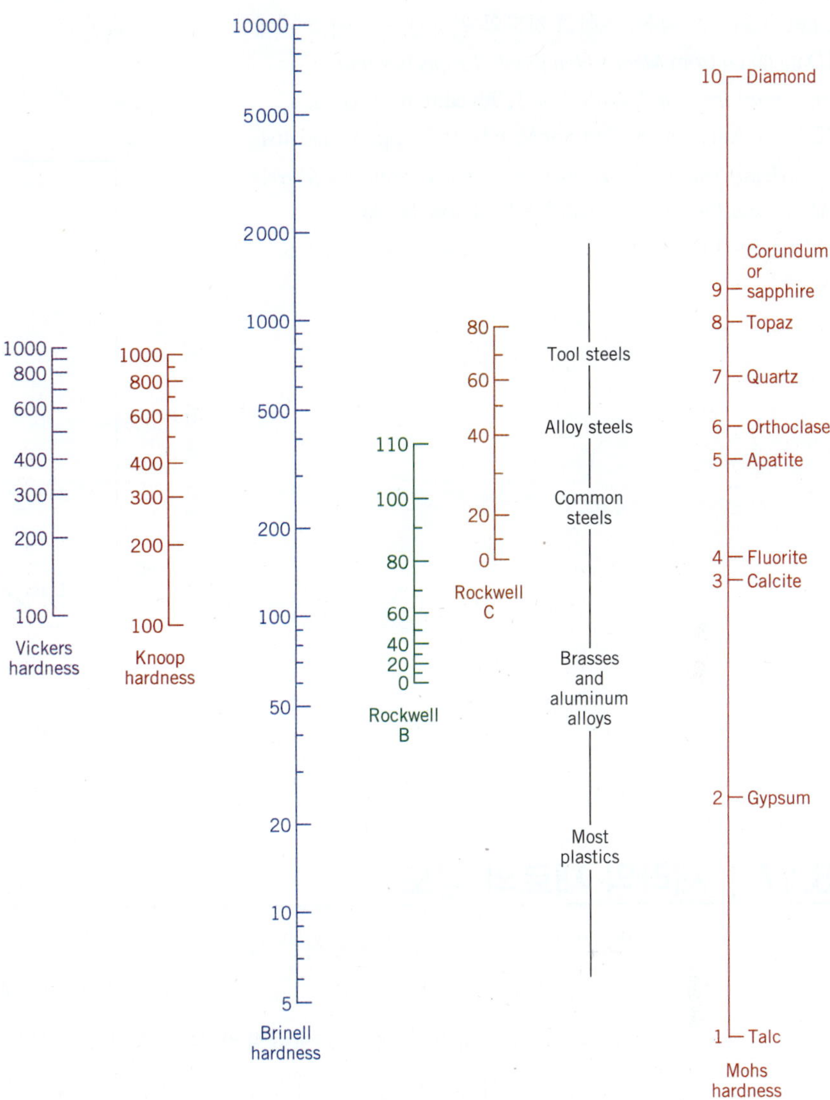

성질 사이에는 그림 8.31에 나타낸 것처럼 대략적인 비례 관계가 있다. 그림 8.31은 주철, 강, 황동의 인장강도를 HB 함수로 나타낸 것이다. 다른 모든 금속에서도 이와 같은 비례 관계가 성립하는 것은 아니다. 대부분의 강은 HB와 인장강도 사이에 다음과 같은 관계가 있다.

강 합금에 대한 브리넬 경도와 인장강도와의 관계

$$TS\ (\text{MPa}) = 3.45 \times \text{HB} \tag{8.25}$$

개념 확인 8.6

표 8.3에 열거한 금속들 중 어떤 것이 가장 단단한가? 이유는?

(정답은 *www.wiley.com*의 제품 페이지에서 확인할 수 있음)

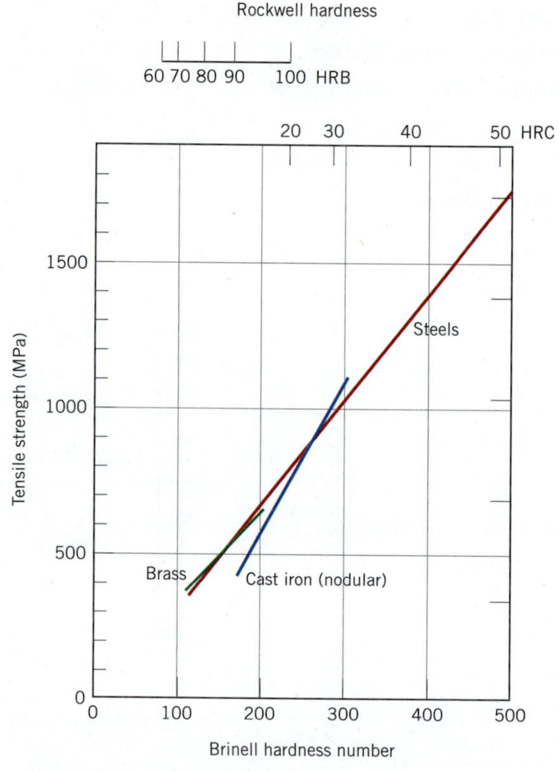

그림 8.31 강, 황동, 주철의 경도와 인장강도 사이의 관계 [Data taken from *Metals Handbook: Properties and Selection: Irons and Steels*, Vol. 1, 9th edition, B. Bardes (Editor), American Society for Metals, 1978, pp. 36 and 461; and *Metals Handbook: Properties and Selection: Nonferrous Alloys and Pure Metals*, Vol. 2, 9th edition, H. Baker (Managing Editor), American Society for Metals, 1979, p. 327.]

8.17 | 세라믹 재료의 경도

세라믹은 취성이 강해서 누름자가 표면을 누를 때 균열에 매우 민감하므로 세라믹 재료의 경도는 정확하게 측정하기 어렵다. 포괄적인 균열 형성 때문에 부정확하게 표시된다. 세라믹에 심각한 균열이 생기기 때문에 세라믹의 경도 측정에는 보통 구형 누름자(로크웰이나 브리넬 시험처럼)는 사용되지 않고 빅커스나 누프 시험으로 측정된다.[20] 빅커스 시험이 세라믹의 경도를 측정하는 데 널리 이용되지만 매우 취성이 강한 세라믹 재료에 대해서는 누프 시험이 선호되기도 한다. 두 시험법으로 측정하면 하중(또는 자국의 크기)이 증가함에 따라 경도는 감소하지만 궁극적으로 하중에 영향을 받지 않는 어떤 일정한 값에 도달하는데 이 값은 세라믹에 따라 다르다. 이상적인 경도시험은 이 일정한 값 근처의 충분히 큰(그러나 과도한 균열을 초래하지 않는 크기의) 하중을 사용한다.

세라믹의 가장 유용한 기계적 성질은 경도이며 사실상 가장 단단한 재료로 알려져 있다. 표 8.7에 여러 가지 세라믹 재료에 대한 빅커스 경도를 나타내었다.[21] 이 재료들은 가끔 연마

20) ASTM Standard C1326, "Standard Test Method for Knoop Indentation Hardness of Advanced Ceramics," and Standard C1327, "Standard Test Method for Vickers Indentation Hardness of Advanced Ceramics."

21) 빅커스 경도의 단위가 과거에는 kg/mm^2이었다. 표 8.7에서는 SI 단위인 GPa을 사용하였다.

표 8.7 여덟 가지 세라믹 재료에 대한 빅커스와 누프 경도

Material	Vickers Hardness (GPa)	Knoop Hardness (GPa)	Comments
Diamond (carbon)	130	103	Single crystal, (100) face
Boron carbide (B_4C)	44.2	—	Polycrystalline, sintered
Aluminum oxide (Al_2O_3)	26.5	—	Polycrystalline, sintered, 99.7% pure
Silicon carbide (SiC)	25.4	19.8	Polycrystalline, reaction bonded, sintered
Tungsten carbide (WC)	22.1	—	Fused
Silicon nitride (Si_3N_4)	16.0	17.2	Polycrystalline, hot pressed
Zirconia (ZrO_2) (partially stabilized)	11.7	—	Polycrystalline, 9 mol% Y_2O_3
Soda–lime glass	6.1	—	

재 또는 마모재로 사용된다(14.8절 참조).

8.18 | 고분자의 파열강도와 경도

고분자가 어떤 특별한 용도로 이용되는 경우, 때때로 영향을 주는 기계적인 성질로는 파열저항(tear resistance)과 경도가 있다. 파열에 견디는 저항은 일부 플라스틱 특히 포장용 얇은 필름에서 중요한 성질이다. 측정되는 기계적인 변수로서의 **파열강도**(*tear strength*)는 표준 치수를 가진 시편을 파열시키는 데 필요한 에너지이며 인장강도와 관련이 있다.

고분자는 금속과 세라믹보다 연하고 대부분의 경도시험은 8.16절에서 언급하였던 금속의 경우와 마찬가지로 압입시험이 사용된다. 로크웰 시험[22)]이 자주 고분자에 사용되며 듀로미터와 바콜(Barcol) 시험법[23)]이 사용되기도 한다.

표 8.8은 금속, 세라믹, 고분자의 기계적 성질에 대한 요약이다.

8.19 | 고온에서의 경도 거동

일반적으로 고온에서의 경도(고온경도)는 합금이 고온 응용분야에 사용될 수 있는지 여부를 판단하는 척도로 사용된다. 고온경도를 결정하는 것은 고온인장시험 또는 실제 사용조건

22) ASTM Standard D785, "Standard Testing Method for Rockwell Hardness of Plastics and Electrical Insulating Materials."

23) ASTM Standard D2240, "Standard Test Method for Rubber Property—Durometer Hardness," and ASTM Standard D2583, "Standard Test Method for Indentation Hardness of Rigid Plastics by Means of a Barcol Impressor."

표 8.8
기계적 성질 요약

Property	Symbol	Measure of
Modulus of elasticity	E	Stiffness—resistance to elastic deformation
Yield strength	σ_y	Resistance to plastic deformation
Tensile strength	TS	Maximum load-bearing capacity
Ductility	%EL, %RA	Degree of plastic deformation at fracture
Modulus of resilience	U_r	Energy absorption—elastic deformation
Toughness (static)	—	Energy absorption—plastic deformation
Hardness	e.g., HB, HRC, HV, HK	Resistance to localized surface deformation
Flexural strength	σ_{fs}	Stress at fracture (ceramics)
Relaxation modulus	$E_r(t)$	Time-dependent elastic modulus (polymers)

에서 재료시험과 같은 다른 시험과 비교할 때 여러 재료를 동시에 비교하고 특성화할 수 있는 저렴하고 효율적인 방법이다. 한번의 실행으로 다양한 온도와 노출 시간에서 여러 시편을 시험할 수 있기 때문에 고온경도시험을 수행하는 데 필요한 시간도 다른 시험보다 덜 소모된다.

고온경도시험은 진공 또는 불활성 기체 분위기의 사파이어 압자(indenter)를 이용한 빅커스 경도시험을 이용한다. 연마된 시편은 진공 챔버 또는 불활성 기체 분위기의 챔버에 배치된다. 이러한 챔버에는 원하는 온도에서 원하는 시간 동안 경도시험을 수행할 수 있는 기능과 함께 온도제어 기능이 있다. 챔버 내부에는 고온에서 재료의 산화를 방지하기 위해 진공 또는 불활성 기체가 사용된다. 결과의 재현성을 확인하기 위해 각 원하는 온도에서 각 시편에 대해 여러 번 판독한다. 이 시험은 고온에서 사용되는 재료 또는 합금의 적합성을 결정하는 데 도움이 된다.

온도변화에 대하여 동소변태(allotropic transformation)가 일어날 때, 각각의 경도 측정은 급격한 변화를 보인다. 연구에 따르면 동소변태가 포함된 경우 BCC 구조는 항상 더 연한 구조이다. FCC와 조밀육방(hexagonal closed-packed) 격자는 거의 같은 강도를 가지지만, 더 복잡한 결정구조는 훨씬 더 높은 경도를 보인다.

재료 성질의 변이성과 설계/안전계수

8.20 | 재료 성질의 변이성

이 시점에서 많은 공학도들에게 다루기 힘든 문제를 제기하고자 한다. 측정된 재료의 기계적 성질은 정확한 값이 아니다. 즉, 매우 정확한 측정 장치를 사용하고 시험 절차를 매우 정교하게 제어하더라도 같은 재료의 시편들로부터 구한 데이터 값은 언제나 변이가 있다. 예를 들면 같은 금속 합금으로부터 만든 동일한 인장 시편을 가지고 같은 시험 장치를 통해 응력-변형률 시험을 수행하였다고 하자. 이때 우리는 각각의 응력-변형률 곡선이 서로 조금씩 다르다는 것을 쉽게 관찰하게 될 것이다. 즉, 다양한 값의 탄성계수, 항복강도, 인장강도를 보게 될 것이다. 이러한 측정 결과의 불확실성을 초래하는 요인으로는 시험 방법, 시편 제작 절차에 따른 변이, 작업자의 편견 및 측정 장비의 초기화 설정 등의 차이를 들 수 있다. 그리고 동일한 재료 내에 불균질성이 존재하거나 동일한 각각의 재료 사이에 조성비 또한 차이가 있을 수 있다. 물론 측정 오차의 가능성을 최소화하고 데이터의 분산을 초래하는 요인들을 감소시키기 위해 적절한 조치를 취해야 한다.

밀도, 전기전도도, 열팽창계수 등 다른 재료 성질에도 이러한 데이터의 분산이 나타난다는 것을 주목해야 한다.

설계 엔지니어는 이러한 재료 성질의 분산과 변이를 피할 수 없으므로 이를 적당하게 다루어야 한다. 때때로 데이터는 통계적 처리를 거쳐 확률적으로 결정해야 한다. 예를 들면 엔지니어는 '이 합금의 파괴강도는 얼마인가?'라는 질문 대신에 '이와 같이 주어진 조건에서 이 합금이 파손될 확률은 얼마인가?'라는 질문에 더 익숙해져야 한다.

종종 일부 측정된 재료의 성질에 대해 나타내는 대푯값과 분산 정도를 각각 평균값과 표준편차로 표시하는 것이 바람직하다.

평균과 표준편차의 계산

평균값은 모든 측정값의 합을 측정 횟수로 나눔으로써 얻어진다. 어떤 변수 x의 평균을 $\bar{x}$라고 하면 수식으로 다음과 같이 표현된다.

평균값의 계산

$$\bar{x} = \frac{\sum_{i=1}^{n} x_i}{n} \tag{8.26}$$

여기서 n은 측정 횟수이고 x_i는 각 측정 시 얻은 값이다.

또한 표준편차 s는 다음 식으로 표현된다.

표준편차의 계산

$$s = \left[\frac{\sum_{i=1}^{n} (x_i - \bar{x})^2}{n-1}\right]^{1/2} \tag{8.27}$$

위 식에서 x_i, $\bar{x}$, n은 위에서 정의되었다. 표준편차가 크면 분산 정도가 높다는 의미이다.

$$\sigma_d = N'\sigma_c \tag{8.28}$$

여기서 N'은 1보다 크다. 따라서 특정한 용도의 재료가 구조물로 사용되기 위해서는 최소 σ_d 이상에서 항복이 일어나야 한다.

안전응력

또 다른 방법으로는, 설계응력 대신에 **안전응력(safe stress)** 또는 작업응력(*working stress*) σ_w를 사용한다. 안전응력은 재료의 항복강도를 기초로 하는데, 항복강도 σ_y를 안전계수(*factor of safety*) N으로 나누어 다음과 같이 정의한다.

안전(또는 작업) 응력의 계산

$$\sigma_w = \frac{\sigma_y}{N} \tag{8.29}$$

일반적으로 재료의 항복강도보다는 인가시킬 수 있는 최대 하중을 예측하는 설계응력[식 (8.28) 참조]이 유용하게 사용된다. 보통 항복강도보다 최대 하중에 의한 응력값을 결정하는 것이 더 불확실하다. 그러나 이 책에서 우리는 인가시킬 수 있는 하중의 결정보다는 재료의 항복강도에 영향을 주는 요인에 관심이 있으므로 지금부터는 작업응력과 안전계수에 관하여 다룰 것이다.

적당한 N 값을 선정하여야 한다. N 값을 너무 크게 취하면 과도한 설계가 되어 재료가 너무 많이 소비되거나 불필요하게 강도가 큰 재료를 사용하게 된다. 일반적으로 N 값은 1.2~4.0 범위이다. N 값을 선정할 때는 몇 가지 요인, 즉 경제성과 과거의 경험, 하중의 정확성 및 재료 성질의 정확성 등을 고려해야 한다. 특히 인명과 재산 손실의 관점에서 볼 때 파괴의 결과가 가장 중요한 고려사항이다. 큰 N 값은 재료의 가격과 무게를 증가시키므로 구조 설계자들은 대체로 경제적으로 실행이 가능하게 적당히 단단한 재료로 잉여(그리고 검사가 가능한) 설계를 한다.

설계 예제 8.1

원형 단면 지지대의 지름 계산

최대 하중 220,000 N까지 견딜 수 있는 인장시험기를 제작하고자 한다. 설계 요건으로 최대 하중의 절반을 각각 지지할 수 있는 2개의 원통형 기둥을 사용해야 하고, 연삭 및 연마하여 제작한 일반 탄소강(1045)을 사용하며, 최소 항복강도와 인장강도는 각각 310 MPa과 565 MPa이다. 적절한 원통형 기둥의 지름을 결정하라.

풀이

먼저 안전계수 N을 결정한 후 식 (8.29)를 이용하여 작업응력 σ_w를 구해야 한다. 그리고 시험 장비를 안전하게 작동시키려면 시험 중 탄성변형을 최소화해야 한다. 따라서 비교적 안전성이 높은 $N = 5$의 안전계수를 사용하고자 한다. 작업응력 σ_w는 다음과 같다.

$$\sigma_w = \frac{\sigma_y}{N}$$
$$= \frac{310 \text{ MPa}}{5} = 62 \text{ MPa}$$

식 (8.1)의 응력의 정의로부터

$$A_0 = \left(\frac{d}{2}\right)^2 \pi = \frac{F}{\sigma_w}$$

여기서 d는 지름이고 F는 인가된 하중이다. 각 기둥은 전체 하중의 절반이 되는 110,000 N을 지지해야 하므로 이를 이용하여 d를 풀면

$$d = 2\sqrt{\frac{F}{\pi \sigma_w}}$$
$$= 2\sqrt{\frac{110{,}000 \text{ N}}{\pi(62 \times 10^6 \text{ N/m}^2)}}$$
$$= 4.75 \times 10^{-2} \text{ m} = 47.5 \text{ mm}$$

따라서 각 기둥의 지름은 47.5 mm이다.

설계 예제 8.2

가압 원통형 튜브의 재료 선정

(a) 가압 가스 이송에 이용되는 반지름 50 mm, 두께 2 mm의 얇은 원통형 튜브가 있다. 내부와 외부에 각각 20기압과 0.5기압(2.027 MPa과 0.057 MPa)의 압력이 가해질 때, 표 8.9에 나열된 금속과 합금 중 적절한 재료는 무엇인가?(안전계수는 4.0이라 가정한다.)

얇은 두께의 원통에서 원주응력[또는 후프응력(hoop stress) σ]은 압력차(Δp), 원통의 반지름(r_i), 튜브의 두께(t)에 의해 다음과 같이 결정된다.

$$\sigma = \frac{r_i \Delta p}{t} \tag{8.30}$$

위 매개변수는 원통형 튜브를 개략적으로 그린 그림 8.33에 나타내었다.

(b) (a)의 기준을 충족하는 합금 중에서 가장 저렴하게 튜브를 생산할 수 있는 재료를 결정하라.

풀이

(a) 이 튜브가 가스를 안전하고 만족스러운 방법으로 이송하기 위해서는 소성변형을 최소화해야 한다. 따라서 식 (8.30)의 원주응력 대신 항복응력을 안전계수로 나눈 값으로 대체하면 다음과 같다.

표 8.9 설계 예제 8.2에 사용되는 금속 합금의 항복강도, 밀도, kg당 비용

Alloy	Yield Strength, σ_y (MPa)	Density, ρ (g/cm^3)	Unit Mass Cost, $\bar{c}$ ($US/kg)
Steel	325	7.8	1.25
Aluminum	125	2.7	3.50
Copper	225	8.9	6.25
Brass	275	8.5	7.50
Magnesium	175	1.8	14.00
Titanium	700	4.5	40.00

$$\frac{\sigma_y}{N} = \frac{r_i \Delta p}{t}$$

그리고 이를 항복응력에 대해 정리하면 다음과 같다.

$$\sigma_y = \frac{N r_i \Delta p}{t} \tag{8.31}$$

표 8.9를 참고해서, 문제에서 주어진 $N, r_i, \Delta p, t$ 값을 식 (8.31)에 대입하면 다음과 같다.

$$\sigma_y = \frac{(4.0)(50 \times 10^{-3}\ \text{m})(2.027\ \text{MPa} - 0.057\ \text{MPa})}{(2 \times 10^{-3}\ \text{m})} = 197\ \text{MPa}$$

표 8.9에 나열된 재료 중 항복응력이 위 값보다 높은 재료가 튜브를 제작하기에 적합하다. 따라서 나열된 6개의 재료 중 강철(steel), 구리(copper), 놋쇠(brass), 티타늄(titanium)이 적합하다.

(b) 합금별 비용을 계산하려면 먼저 튜브의 부피(V)를 계산해야 한다. 튜브의 단면적을 A, 길이를 L이라 할 때 부피는 다음과 같다.

$$\begin{aligned} V &= AL \\ &= \pi(r_o^2 - r_i^2)L \end{aligned} \tag{8.32}$$

여기서 r_o와 r_i는 각각 튜브의 바깥쪽 반지름과 안쪽 반지름이다. 그림 8.33에서 $r_o = r_i + t$임을 확인

그림 8.33 설계 예제 8.2의 원통형 튜브

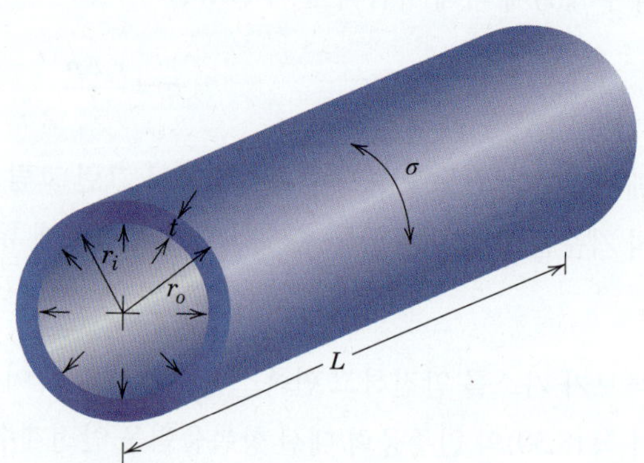

할 수 있고, 이를 식 (8.32)에 대입하면 다음과 같이 된다.

$$\begin{aligned} V &= \pi(r_o^2 - r_i^2)L = \pi[(r_i + t)^2 - r_i^2]L \\ &= \pi(r_i^2 + 2r_i t + t^2 - r_i^2)L \\ &= \pi(2r_i t + t^2)L \end{aligned} \tag{8.33}$$

계산상 편의를 위해 튜브의 길이를 1 m라 하고, 문제에서 주어진 r_i와 t를 이용하여 부피를 구하면

$$\begin{aligned} V &= \pi[(2)(50 \times 10^{-3}\ \text{m})(2 \times 10^{-3}\ \text{m}) + (2 \times 10^{-3}\ \text{m})^2](1\ \text{m}) \\ &= 6.28 \times 10^{-4}\ \text{m}^3 = 628\ \text{cm}^3 \end{aligned}$$

이제 앞서 구한 부피에 합금의 밀도를 곱하고, 1000 mm = 1 m이므로 단위 환산을 위해 1000으로 나눈 뒤 단위질량당 비용($\bar{c}$)을 곱하면 비용은 다음과 같다.

$$\text{Cost} = \left(\frac{V\rho}{1000}\right)(\bar{c}) \tag{8.34}$$

일례로 강철을 이용했을 때의 비용을 구해 보면

$$\text{Cost (steel)} = \left[\frac{(628\ \text{cm}^3)(7.8\ \text{g/cm}^3)}{(1000\ \text{g/kg})}\right](1.25\ \$\text{US/kg}) = \$6.10$$

같은 방식으로 계산하면 재료별 비용은 아래와 같다.

Alloy	Cost ($US)
Steel	6.10
Copper	35.00
Brass	40.00
Titanium	113.00

따라서 강철을 사용하여 생산하면 가장 저렴하다.

요약

서론

- 사용되는 재료의 기계적 특성을 측정하기 위해서 실험실에서의 시험을 설계하는 데 고려해야 하는 세 가지 요소는 작용 하중(즉, 인장, 압축, 전단), 하중 시간, 주위의 조건이다.

응력과 변형률의 개념

- 인장과 압축에 대하여:
  – 공칭응력 σ는 순간의 하중을 시편의 초기 단면적으로 나눈 값으로 정의된다[식 (8.1)].

– 공칭변형률 ε은 길이의 변화(하중방향으로의)를 초기의 길이로 나눈 값으로 나타낸다 [식 (8.2)].

응력-변형률 거동

- 재료가 하중을 받게 되면 초기에는 탄성(즉, 영구적이지 않은) 변형을 한다.
- 대부분의 재료가 탄성변형을 할 때, 응력과 변형률은 비례한다. 즉, 응력-변형률 선도는 선형이다.
- 인장과 압축 하중이 가해질 때, 응력-변형률 곡선에서 선형 탄성변형의 기울기가 탄성계수(E)이며 식 (8.5)의 후크의 법칙이 성립한다.
- 비선형 탄성거동을 보이는 재료에 대해서는 탄젠트 계수 또는 시컨트 계수가 쓰인다.
- 원자 규모에서 재료의 탄성변형은 원자간 결합의 늘어남과 이에 따른 원자간 거리의 작은 변화이다.
- 전단 탄성변형에서는 전단응력(τ)과 전단변형률(γ)이 비례한다[식 (8.7)]. 비례상수가 전단계수(G)이다.
- 시간에 의존하는 탄성변형은 비탄성이라 한다.

재료의 탄성 성질

- 다른 탄성 인자인 포아송비(ν)는 하중방향 변형률(ε_z)과 하중의 수직방향 변형률(ε_x)의 음수비를 나타낸다[식 (8.8)]. 금속의 전형적인 포아송비는 0.25와 0.35 사이의 값을 보인다.
- 등방성 재료에 대해서 전단계수, 탄성계수, 포아송비의 관계는 식 (8.9)와 같다.

인장 성질(금속)

- 항복 현상은 소성(영구) 변형의 초기에 일어난다.
- 항복강도는 소성변형이 시작되는 응력을 나타낸다. 대부분 재료의 항복강도는 응력-변형률 선도에서 0.002의 변형률을 이용해 구한다.
- 인장강도는 공칭응력-공칭변형률 곡선에서의 최대응력점이다. 이 점은 시편이 받을 수 있는 최대 인장응력을 나타낸다.
- 대부분의 금속은 응력-변형률 곡선상의 최대점으로부터 변형 시편의 한 점에 작은 수축, 즉 네킹이 형성되기 시작한다. 이후의 모든 변형은 시편에서 수축된 목(neck) 부분에 집중되고 궁극적으로 파단이 일어난다.
- 연성은 재료에 파괴가 일어날 때까지의 소성변형의 정도이다.
- 정량적으로 연성은 연신백분율(percent elongation)과 단면감소율(percent reduction in area)로 나타낸다.
  - 연신백분율(%EL)은 파괴 시 소성변형률을 백분율로 나타낸다[식 (8.11)].
  - 단면감소율(%RA)은 식 (8.12)로 계산된다.
- 항복강도, 인장강도, 연성은 과거의 변형, 불순물의 유무, 열처리에 민감하다. 탄성계수는 비교적 이런 조건에 덜 민감하다.
- 온도가 증가하면 탄성계수, 인장강도, 항복강도의 값은 감소하며 연성은 증가한다.
- 리질리언스 계수는 재료를 항복점에 이르게 하는 데 필요한 단위부피당 변형률에너지 또는

공칭응력-공칭변형률 곡선에서 탄성 부분의 밑면적으로 구한다. 선형 탄성거동을 보이는 금속에 대한 값은 식 (8.14)로 구할 수 있다.

- 인성은 재료가 파괴될 때까지 흡수한 에너지, 즉 응력-변형률 곡선의 전체 밑면적에 의해 구해진다. 연성의 금속이 보통 취성의 금속보다 크다.

진응력과 진변형률

- 진응력(σ_T)은 순간에 작용하는 하중을 그 순간의 단면적으로 나눈 값이다[식 (8.15)].
- 진변형률(ε_T)은 순간의 길이와 초기 시편 길이의 비를 자연대수로 취한 값이다[식 (8.16)].
- 몇몇 금속은 소성변형의 초기에서 네킹의 초기까지의 진응력과 진변형률의 관계를 식 (8.19)로 나타낼 수 있다.

소성변형 후의 탄성 회복

- 소성변형을 한 시편은 하중을 제거하면 탄성변형률은 회복된다. 이 현상은 그림 8.17의 응력-변형률 곡선에 의해 보여진다.

굽힘강도(세라믹)

- 세라믹 재료의 응력-변형률 거동과 파괴강도는 횡방향 굽힘시험으로 결정된다.
- 굽힘강도는 사각형[식 (8.20a)] 또는 원형[식 (8.20b)] 단면의 시편으로 3점 횡방향 굽힘시험을 이용하여 정한다.

기공의 영향(세라믹)

- 많은 세라믹 구조물은 잔류 기공을 함유하고 있는데 이것이 그들의 탄성계수 및 파괴강도에 악영향을 미친다.
  - 식 (8.21)과 같이 탄성계수는 기공의 부피분율이 증가함에 따라 감소한다.
  - 식 (8.22)와 같이 굽힘강도는 기공의 부피분율이 증가함에 따라 감소한다.

응력-변형률 거동(고분자)

- 응력-변형률 거동을 토대로 하여 고분자는 일반적으로 3개의 범주(그림 8.22), 즉 취성(곡선 *A*), 소성(곡선 *B*), 고탄성(곡선 *C*)으로 나눌 수 있다.
- 고분자는 금속에 비하여 강하거나 강성이 높지 않지만 높은 유연성, 낮은 밀도, 부식 저항성 때문에 많이 사용되고 있다.
- 고분자의 기계적 성질은 온도의 변화와 변형률 속도에 민감하다. 온도가 올라가거나 또는 변형률 속도가 감소함에 따라 탄성계수와 인장강도는 감소하고 연성은 증가한다.

점탄성변형(고분자)

- 완전 탄성과 완전 점성의 중간 단계인 점탄성의 기계적 거동은 여러 가지 고분자 재료에서 관찰된다.
- 이 거동은 시간에 따라 변화하는 탄성계수인 이완계수로 특징된다.
- 이완계수의 크기는 온도에 매우 민감하다. 온도에 따른 이완계수의 관계(그림 8.28)에서 유리질, 가죽, 고무, 점성의 성질을 가진 구역으로 나누어짐을 알 수 있다.
- 온도에 따른 이완계수의 거동은 분자구조, 즉 결정도, 가교의 유무 등에 의존한다(그림 8.29).

경도

- 경도는 국부적인 소성변형에 대한 재료의 저항 크기를 나타낸다.
- 가장 많이 사용되는 두 가지 방식은 로크웰과 브리넬 시험법이다.

- 로크웰 시험은 몇 가지 스케일이 사용되고 있으나 브리넬 시험은 하나의 스케일만 있다.
- 브리넬 경도는 눌린 자국의 크기에 의해 결정되고, 로크웰 시험은 부하중과 주하중으로부터 생긴 침투 깊이의 차이로 경도 지수를 결정한다.

- 두 가지 미세경도시험법에는 누프 경도시험과 빅커스 경도시험이 있는데 작은 누름자와 비교적 작은 하중을 이용한다. 이들은 세라믹 같은 취성 재료와 시편의 매우 작은 부분의 경도를 측정하는 데 사용된다.
- 다수의 금속은 경도와 인장강도의 선도가 선형 관계를 보인다. 즉, 서로 비례한다.

세라믹의 경도

- 취성이 강하고 누름자로 누를 때 쉽게 깨져서 세라믹 재료의 경도는 측정하기 어렵다.
- 미세경도시험법인 누프와 빅커스 시험이 보통 사용된다.
- 세라믹은 매우 단단하여 특히 연마재로 잘 사용된다(14.8절).

고온에서의 경도 거동

- 고온에서의 경도는 고온 응용분야에 사용되는 합금 또는 금속의 적합성을 나타낸다.
- 고온경도는 동시에 여러 종류의 재료를 비교하고 특성화할 수 있어서 저렴하고 효율적인 방법이다.
- 고온경도시험은 진공 또는 불활성 기체 분위기에서 사파이어 압자를 이용한 빅커스 경도시험을 이용한다.

재료 성질의 변이성

- 재료의 성질을 측정할 때 다섯 가지의 요인에 의해 측정값이 일정하지 않고 흩어진다. 즉, 시험 방법, 시편 제작 절차에 따른 변이, 작업자의 편견, 측정 장비의 초기화 설정, 동일한 재료 내에 불균질성이 존재하거나 동일한 각각의 재료 사이에 조성의 차이가 그것이다.
- 재료의 대표적인 성질은 평균값($\bar{x}$)으로 주어지며, 분산 정도는 표준편차(s)로 표현한다. 식 (8.26)과 (8.27)은 각각 평균값과 표준편차를 계산하는 데 사용한다.

설계/안전계수

- 측정한 기계적 성질 및 실제 사용 시의 작용 응력의 불확실성 때문에 설계 시에는 설계/안전응력을 사용한다. 연성 재료의 안전응력(작업응력) σ_w는 식 (8.29)에서와 같이 항복강도와 안전계수에 따라 달라진다.

식 요약

Equation Number	Equation	Solving for
8.1	$\sigma = \dfrac{F}{A_0}$	Engineering stress
8.2	$\varepsilon = \dfrac{l_i - l_0}{l_0} = \dfrac{\Delta l}{l_0}$	Engineering strain
8.5	$\sigma = E\varepsilon$	Modulus of elasticity (Hooke's law)

(계속)

Equation Number	Equation	Solving for
8.8	$\nu = -\frac{\varepsilon_x}{\varepsilon_z} = -\frac{\varepsilon_y}{\varepsilon_z}$	Poisson's ratio
8.11	$\%EL = \left(\frac{l_f - l_0}{l_0}\right) \times 100$	Ductility, percent elongation
8.12	$\%RA = \left(\frac{A_0 - A_f}{A_0}\right) \times 100$	Ductility, percent reduction in area
8.15	$\sigma_T = \frac{F}{A_i}$	True stress
8.16	$\varepsilon_T = \ln \frac{l_i}{l_0}$	True strain
8.19	$\sigma_T = K\varepsilon_T^n$	True stress and true strain (plastic region to point of necking)
8.20a	$\sigma_{fs} = \frac{3F_fL}{2bd^2}$	Flexural strength for a bar specimen having a rectangular cross section
8.20b	$\sigma_{fs} = \frac{F_fL}{\pi R^3}$	Flexural strength for a bar specimen having a circular cross section
8.21	$E = E_0(1 - 1.9P + 0.9P^2)$	Elastic modulus of a porous ceramic
8.22	$\sigma_{fs} = \sigma_0 \exp(-nP)$	Flexural strength of a porous ceramic
8.23	$E_r(t) = \frac{\sigma(t)}{\varepsilon_0}$	Relaxation modulus
8.25	$TS(\text{MPa}) = 3.45 \times \text{HB}$	Tensile strength from Brinell hardness
8.29	$\sigma_w = \frac{\sigma_y}{N}$	Safe (working) stress

기호 목록

Symbol	Meaning
A_0	Specimen cross-sectional area prior to load application
A_f	Specimen cross-sectional area at the point of fracture
A_i	Instantaneous specimen cross-sectional area during load application
b, d	Width and height of flexural specimen having a rectangular cross section
E	Modulus of elasticity (tension and compression)
E_0	Modulus of elasticity of a nonporous ceramic
F	Applied force
F_f	Applied load at fracture
HB	Brinell hardness
K	Material constant

(계속)

Symbol	Meaning
L	Distance between support points for flexural specimen
l_0	Specimen length prior to load application
l_f	Specimen fracture length
l_i	Instantaneous specimen length during load application
N	Factor of safety
n	Strain-hardening exponent
n	Experimental constant
P	Volume fraction porosity
TS	Tensile strength
ε_0	Strain level—maintained constant during viscoelastic relaxation modulus tests
$\varepsilon_x, \varepsilon_y$	Strain values perpendicular to the direction of load application (i.e., the transverse direction)
ε_z	Strain value in the direction of load application (i.e., the longitudinal direction)
σ_0	Flexural strength of a nonporous ceramic
$\sigma(t)$	Time-dependent stress—measured during viscoelastic relaxation modulus tests
σ_y	Yield strength

중요한 용어와 개념

경도
공칭변형률
공칭응력
굽힘강도
리질리언스
비례한도
비탄성
설계응력
소성변형
안전응력
연성
이완계수
인성
인장강도
전단
점탄성
진변형률
진응력
탄성계수
탄성변형
탄성중합체
탄성 회복
포아송비
항복
항복강도

참고문헌

ASM Handbook, Vol. 8, Mechanical Testing and Evaluation, ASM International, Materials Park, OH, 2000.

Billmeyer, F. W., Jr., *Textbook of Polymer Science*, 3rd edition, John Wiley & Sons, New York, NY, 1984.

Bowman, K., *Mechanical Behavior of Materials*, John Wiley & Sons, Hoboken, NJ, 2004.

Boyer, H. E. (Editor), *Atlas of Stress-Strain Curves*, 2nd edition, ASM International, Materials Park, OH, 2002.

Brazel, C. S., and S. L. Rosen, *Fundamental Principles of Polymeric Materials*, 3rd edition, John Wiley & Sons, Hoboken, NJ, 2012.

Chandler, H. (Editor), *Hardness Testing*, 2nd edition, ASM International, Materials Park, OH, 2000.

Chubb, W. *Trans. AIME*, Vol. 203, pp. 189–192, 1955.

Courtney, T. H., *Mechanical Behavior of Materials*, 2nd edition, Waveland Press, Long Grove, IL, 2005.

Davis, J. R. (Editor), *Tensile Testing*, 2nd edition, ASM International, Materials Park, OH, 2004.

Dowling, N. E., S. L. Kampe, and Kral, M. V., *Mechanical Behavior of Materials*, 5th edition, Pearson Education, Hoboken, NJ, 2019.

Engineered Materials Handbook, Vol. 2, *Engineering Plastics*, ASM International, Metals Park, OH, 1988.

Engineered Materials Handbook, Vol. 4, *Ceramics and Glasses*,

ASM International, Materials Park, OH, 1991.

Garofalo, F., P.R. Malerock, and G.V. Smith. *Trans. Am. Soc. Met.*, Vol. 45, pp. 377–396, 1953.

Green, D. J., *An Introduction to the Mechanical Properties of Ceramics*, Cambridge University Press, Cambridge, UK, 1998.

Herrman, K., *Hardness Testing: Principles and Applications*, ASM International, Materials Park, OH, 2011.

Hosford, W. F., *Mechanical Behavior of Materials*, 2nd edition, Cambridge University Press, New York, NY, 2010.

Kingery, W. D., H. K. Bowen, and D. R. Uhlmann, *Introduction to Ceramics*, 2nd edition, John Wiley & Sons, New York, NY, 1976. Chapter 15.

Lakes, R., *Viscoelastic Materials*, Cambridge University Press, New York, NY, 2009.

Meyers, M. A., and K. K. Chawla, *Mechanical Behavior of Materials*, 2nd edition, Cambridge University Press, Cambridge, UK, 2009.

Richerson, D. W., and W. E. Lee, *Modern Ceramic Engineering: Properties, Processing, and Use in Design*, 4th edition, CRC Press, Boca Raton, FL, 2018.

Wachtman, J. B., W. R. Cannon, and M. J. Matthewson, *Mechanical Properties of Ceramics*, 2nd edition, John Wiley & Sons, Hoboken, NJ, 2009.

Ward, I. M., and J. Sweeney, *Mechanical Properties of Solid Polymers*, 3rd edition, John Wiley & Sons, Chichester, UK, 2013.

문제

응력과 변형률의 개념

8.1 재료역학 원리(즉, 자유물체도에 적용하는 기계적 평형 관련식)를 이용하여 식 (8.4a)와 (8.4b)를 유도하라.

8.2 **(a)** 식 (8.4a)와 (8.4b)는 그림 8.4에 나타난 작용 인장응력 σ와 기울어진 각도 θ의 함수로 수직응력 σ'과 전단응력 τ'을 구하는 식이다. θ와 방향 매개변수(예: $\cos^2\theta$와 $\sin\theta\cos\theta$) 사이의 관계를 나타내는 선도를 작성하라.

(b) 이 선도에서 수직응력이 최대가 되는 θ는 얼마인가?

(c) 전단응력이 최대가 되는 θ는 얼마인가?

응력-변형률 거동

8.3 사각형 단면적이 5 mm × 12.7 mm인 알루미늄 시편에 35,500 N의 인장력을 가하여 탄성변형을 일으켰다. 이에 따른 변형률을 계산하라.

8.4 원통형 티타늄 합금 시편에 2000 N의 인장력을 가하여 탄성변형을 일으켰다. 탄성계수는 107 GPa, 초기 지름은 3.8 mm이다. 최대 늘어난 길이가 0.45 mm이었다면, 시편의 변형 전 최대 길이는 얼마인가?

8.5 사각형 강철 막대에 89,000 N의 인장력을 가하여 탄성변형을 일으켰다. 초기 길이는 200 mm, 초기 사각형 단면의 한 변은 20 mm, 늘어난 길이는 0.10 mm이다. 강철의 탄성계수를 구하라.

8.6 지름이 3.0 mm이고 길이가 2.5×10^4 mm인 원통형 티타늄 선(wire)에 1000 N의 인장력을 가하여 탄성변형을 일으켰다. 이때 늘어난 길이를 구하라.

8.7 청동 합금이 소성변형을 일으키는 데 필요한 응력은 275 MPa이며, 탄성계수는 125 GPa이다.

(a) 단면적이 325 mm^2인 시편이 소성변형을 일으키지 않을 최대 하중은 얼마인가?

(b) 시편의 초기 길이가 125 mm인 경우에 소성변형을 일으키지 않고 연신시킬 수 있는 최대 길이는 얼마인가?

8.8 원통형 구리(E = 110 GPa)의 항복강도는 240 MPa이다. 봉의 초기 길이가 380 mm이고 인장력이 6660 N일 때, 늘어난 길이가 0.50 mm이면 지름은 얼마인가?

8.9 다음 금속 합금들, **(a)** 티타늄, **(b)** 템퍼링된 강, **(c)** 알루미늄, **(d)** 탄소강의 탄성계수를 계산하라. 이들의 응력-변형률 거동은 'VMSE(Virtual Materials Science and Engineering)'의 '인장시험' 편에 나와 있다(VMSE 모듈은 *www.wiley.com*의 제품 페이지에서 이용할 수 있다). 산출한 값과 표 8.1에 주어진 값을 비교해 보라.

Material	Modulus of Elasticity (GPa)	Yield Strength (MPa)	Tensile Strength (MPa)
Aluminum alloy	70	255	420
Brass alloy	100	345	420
Copper	110	250	290
Steel alloy	207	450	550

인장 성질(금속)

8.24 그림 8.34는 강 합금의 공학적 인장응력-변형률 곡선이다.

(a) 탄성계수는 얼마인가?

(b) 비례한도는 얼마인가?

(c) 0.002 변형률 수평이동방법에 따른 항복강도는 얼마인가?

(d) 인장강도는 얼마인가?

8.25 길이가 50 mm인 원통형 황동 합금에 50,000 N의 인장력을 가하면 단지 10.8 mm가 늘어난다. 이 경우 시편의 반지름은 얼마인가? 황동 합금의 응력-변형률 거동은 그림 8.12에 나타나 있다.

8.26 단면의 지름이 15 mm인 원통형 강 합금 시편에 80,000 N의 하중을 가하였다. 응력-변형률 거동은 그림 8.34에 나타나 있다.

(a) 탄성변형이 일어날지 혹은 소성변형이 일어날지를 설명하라.

(b) 초기 시편 길이가 250 mm라면, 늘어난 길이는 얼마인가?

8.27 강 합금 막대가 인장하중을 받을 때 나타나는 응력-변형률 거동이 그림 8.34에 나타나 있다. 시편의 길이는 150 mm, 막대의 한 변의 길이는 4.5 mm이다.

(a) 0.45 mm를 연신시키는 데 필요한 하중은 얼마인가?

(b) 하중을 제거한 후의 변형량은 얼마인가?

8.28 원통형 알루미늄 시편의 지름은 12.8 mm, 게이지 길이는 50.800 mm이다. 표에 주어진 하중-연신 데이터를 이용하여 다음 (a)~(f) 문제를 완성하라.

Load (N)	Length (mm)
0	50.800
7330	50.851
15,100	50.902
23,100	50.952
30,400	51.003
34,400	51.054
38,400	51.308
41,300	51.816
44,800	52.832
46,200	53.848
47,300	54.864
47,500	55.880
46,100	56.896
44,800	57.658
42,600	58.420
36,400	59.182
Fracture	

(a) 공칭응력-공칭변형률 곡선을 그려라.

(b) 탄성계수는 얼마인가?

(c) 0.002 변형률 수평이동방법에 따른 항복강도는 얼마인가?

(d) 이 합금의 인장강도는 얼마인가?

(e) 대략적인 연성을 연신백분율로 나타내라.

(f) 리질리언스 계수는 얼마인가?

8.29 사각형의 단면이 4.8 mm × 15.9 mm인 주철 시편에 인장력을 가하였다. 표에 주어진 하중-연신 데이터를 이용하여 다음 물음에 답하라.

(a) 공칭응력-공칭변형률 곡선을 그려라.

(b) 탄성계수는 얼마인가?

(c) 0.002 변형률 수평이동방법에 따른 항복강도는 얼마인가?

(d) 이 합금의 인장강도는 얼마인가?

(e) 리질리언스 계수는 얼마인가?

(f) 연성을 연신백분율로 나타내라.

Load (N)	Length (mm)
0	75.000
4740	75.025
9140	75.050
12,920	75.075
16,540	75.113
18,300	75.150
20,170	75.225
22,900	75.375
25,070	75.525
26,800	75.750
28,640	76.500
30,240	78.000
31,100	79.500
31,280	81.000
30,820	82.500
29,180	84.000
27,190	85.500
24,140	87.000
18,970	88.725
Fracture	

8.30 원통형 금속 시편의 지름은 5 mm, 게이지 길이는 50 mm이다. 파괴가 일어날 때까지 이 시편에 인장력을 가하였다. 파괴 시의 지름은 6.60 mm, 게이지 길이는 72.14 mm이었다. 단면감소율 및 연신백분율로 연성값을 나타내라.

8.31 그림 8.12 및 8.34에 나타낸 응력-변형률 거동을 갖는 재료의 리질리언스 계수를 구하라.

8.32 다음 합금에 대한 리질리언스 계수를 구하라. 표 8.1의 탄성계수 값을 사용하라.

Material	Yield Strength (MPa)
Steel alloy	550
Brass alloy	350
Aluminum alloy	250
Titanium alloy	800

8.33 스프링 재료로 쓰이는 황동 합금은 리질리언스 계수가 적어도 0.75 MPa이다. 이 재료의 최저 항복강도는 얼마인가?

진응력과 진변형률

8.34 변형이 일어나는 동안에 부피의 변화가 없을 때, 식 (8.18a)와 (8.18b)가 유효함을 보여라.

8.35 변형이 일어나는 동안에 부피의 변화가 없을 때 진변형률을 나타내는 식 (8.16)은 다음과 같이 나타낼 수 있음을 보여라.

$$\varepsilon_T = \ln\left(\frac{A_0}{A_i}\right)$$

또한 네킹 현상이 일어날 때, 두 식 중에서 어느 식이 더 적합한지를 밝히고 그 이유를 설명하라.

8.36 식 (8.15), (8.16), (8.18a)와 문제 8.28에 주어진 데이터를 이용하여 알루미늄의 진응력-진변형률 곡선을 그려라. 네킹 현상이 일어난 후에는 식 (8.18a)를 적용할 수 없으므로 진응력 계산에 사용할 마지막 4개의 데이터는 다음과 같다.

Load (N)	Length (mm)	Diameter (mm)
46,100	56.896	11.71
44,800	57.658	10.95
42,600	58.420	10.62
36,400	59.182	9.40

8.37 금속 시편의 인장시험 결과는 다음과 같다. 진응력이 575 MPa일 때 진소성변형률은 0.20이고, 식 (8.19)의 K 값은 860 MPa이었다. 진응력이 650 MPa일 때의 진변형률을 구하라.

8.38 금속 합금에서 진응력이 400 MPa일 때 진소성변형률은 0.475이었다. 초기 길이가 300 mm라면, 진응력이 325 MPa일 때의 늘어난 길이를 구하라. 변형경화지수 n은 0.25로 가정한다.

8.39 황동 합금의 진응력에 따른 진소성변형률은 다음과 같다.

True Stress (MPa)	True Strain
345	0.10
414	0.20

진소성변형률 0.35에 대응하는 진응력은 얼마인가?

8.40 황동 합금은 네킹 현상이 일어나기 전까지 다음과 같은 공칭응력에 대응하는 공칭 소성변형을 나타낸다. 0.20의 공칭변형률을 일으키는 데 필요한 공칭응력은 얼마인가?

Engineering Stress (MPa)	Engineering Strain
235	0.194
250	0.296

8.41 탄성변형 및 소성변형을 일으킨 재료에 대한 인성값(파괴에 필요한 에너지)을 구하라. 탄성변형에 대해서는 식 (8.5)를 적용하라. 탄성계수는 172 GPa이고, 탄성변형률 한계는 0.01이다. 소성변형에는 식 (8.19)를 적용하고, 여기서 K는 6900 MPa, n은 0.30이다. 변형률이 0.01과 0.75 사이에서는 소성변형이 일어나며, 파괴 시의 변형률은 0.75이다.

8.42 시험에서 네킹 현상은 다음 조건이 만족될 때 시작된다.

$$\frac{d\sigma_T}{d\varepsilon_T} = \sigma_T \qquad (8.36)$$

식 (8.19)를 이용하여, 네킹 현상이 일어나는 시점에서의 진변형률을 구하라.

8.43 식 (8.19)의 양변에 로그를 취하면 다음과 같다.

$$\log \sigma_T = \log K + n \log \varepsilon_T \qquad (8.37)$$

그러므로 네킹 현상이 일어나기 전까지의 $\log \sigma_T$ 대 $\log \varepsilon_T$ 곡선의 직선 기울기는 n이며, 절편($\log \sigma_T = 0$)은 $\log K$이다.

소성 영역에 문제 8.28에 주어진 데이터를 적절히 이용하여, $\log \sigma_T$ 대 $\log \varepsilon_T$ 곡선과 n 및 K 값을 구하라. 식 (8.18a)와 (8.18b)를 이용하여 공칭응력-공칭변형률을 진응력-진변형률로 변환시키는 것이 필요하다.

소성변형 후의 탄성 회복

8.44 길이 100 mm, 지름 7.5 mm인 원통형 황동 합금의 시편에 6000 N의 인장력을 가한 후에 하중을 제거하였다.

(a) 황동 합금이 인장하중을 받을 때 나타나는 응력-변형률 거동이 그림 8.12에 나타나 있다. 이때 시편의 최종 길이는 얼마인가?

(b) 하중을 16,500 N까지 가한 후에 제거하였을 때 시편의 최종 길이는 얼마인가?

8.45 사각형 단면이 12.7 mm × 6.4 mm인 강 합금 시편의 응력-변형률 거동이 그림 8.34에 나타나 있다. 이 시편에 40,000 N의 인장력을 가하였다.

(a) 탄성변형량과 소성변형량을 구하라.

(b) 초기 길이가 460 mm이고, (a)에 주어진 하중을 가한 후에 하중을 제거했다면 시편의 최종 길이는 얼마인가?

굽힘강도(세라믹)

8.46 높이 d = 5 mm, 너비 b = 10 mm인 사각형 단면을 갖는 유리 시편에 대해 지지점 사이의 거리가 45 mm인 3점 굽힘시험을 수행하였다.

(a) 파괴 시의 하중이 300 N인 경우 굽힘강도는 얼마인가?

(b) 최대 변위 Δy는 시편 중앙에서 발생하며 다음 식으로 표현된다.

$$\Delta y = \frac{FL^3}{48EI} \qquad (8.38)$$

여기서 E는 탄성계수이고 I는 단면 관성 모멘트이다. 하중이 266 N인 경우 Δy는 얼마인가?

8.47 원형의 산화마그네슘 시편은 3점 굽힘 모드를 사용하여 하중을 받는다. 가해진 하중이 425 N, 굽힘강도가 105 MPa, 하중점 사이의 간격이 50

mm인 경우 파괴되지 않는 시편의 가능한 최소 반지름은 얼마인가?

8.48 반지름이 3.5 mm인 원형 단면을 갖는 산화알루미늄 시편에 대하여 3점 굽힘시험을 수행하였다. 지지점 사이의 거리가 50 mm일 때 950 N의 하중에서 시편이 파괴되었다. 또 다른 시험은 길이가 12 mm인 정사각형 단면을 갖는 동일한 재료의 시편에 대하여 수행되었다. 지지점 간격이 40 mm인 경우 파괴 시의 하중은 얼마인가?

8.49 **(a)** 굽힘강도가 390 MPa인 원통형 산화알루미늄의 시편에 대하여 3점 횡방향 굽힘시험을 수행하였다. 반지름이 2.5 mm, 지지점 간의 거리가 30 mm인 경우 620 N의 하중이 가해질 때 파괴될 것인지 여부를 예측하라.

(b) (a)의 예측을 100% 확신하는가? 답에 대한 이유를 설명하라.

기계적 성질에 미치는 기공의 영향(세라믹)

8.50 기공 부피분율이 5%인 산화베릴륨의 탄성계수는 350 GPa이다.

(a) 기공이 없는 재료의 탄성계수를 구하라.

(b) 기공 부피분율이 10%일 때 탄성계수를 구하라.

8.51 기공 부피분율이 5%인 탄화붕소의 탄성계수는 300 GPa이다.

(a) 기공이 없는 재료의 탄성계수를 구하라.

(b) 탄성계수가 235 GPa이 되는 기공 부피분율은 얼마인가?

8.52 표 8.2의 데이터를 사용하여 다음 (a), (b) 문제를 완성하라.

(a) 식 (8.22)에서 n 값이 3.75일 때 기공이 없는 산화마그네슘의 굽힘강도를 구하라.

(b) 산화마그네슘의 굽힘강도가 62 MPa일 때 기공 부피분율을 구하라.

8.53 동일한 세라믹 재료의 두 시편에 대한 굽힘강도 및 기공 부피분율은 다음과 같다.

σ_{fs} (MPa)	P
100	0.05
50	0.20

(a) 이 재료에서 기공이 완전히 없는 시편에 대한 굽힘강도를 구하라.

(b) 기공 부피분율이 0.10일 때 굽힘강도를 구하라.

응력-변형률 거동(고분자)

8.54 그림 8.24에 나타낸 폴리(메틸메타크릴레이트)에 대한 응력-변형률 데이터에서 실온(20°C)에서 탄성계수 및 인장강도를 구하고 이 값을 표 8.1과 8.2에 주어진 값과 비교하라.

점탄성변형(고분자)

8.55 점탄성 현상을 간략하게 설명하라.

8.56 응력 이완 측정에서 점탄성 고분자의 경우 응력은 다음과 같이 시간에 따라 감소한다.

$$\sigma(t) = \sigma(0)\exp\left(-\frac{t}{\tau}\right) \qquad (8.39)$$

여기서 $\sigma(t)$와 $\sigma(0)$은 각각 시간에 따라 변하는 측정된 응력이고 초기 응력이다. t와 τ는 각각 경과 시간과 이완 시간을 나타낸다. τ는 재료의 시간독립적인 상수 특성이다. 식 (8.39)를 따르는 응력 이완이 있는 점탄성 고분자 시편이 갑자기 0.6의 변형률로 인장력이 가해졌다. 일정한 변형을 유지하는 데 필요한 응력을 시간의 함수로 측정하였다. 초기 응력은 2.76 MPa이고 60초 후에 1.72 MPa로 떨어진 경우 이 재료에 대한 $E_r(10)$을 구하라.

8.57 그림 8.36은 로그 시간에 대한 로그 $E_r(t)$의 다양한 온도에 따른 폴리이소부틸렌에 대하여 보여준다. $E_r(10)$ 대 온도의 그래프를 그리고 T_g를 추정하라.

8.58 그림 8.26의 곡선을 바탕으로 해당 온도에서 아

래의 폴리스티렌 재료에 대한 개략적인 변형률-시간 그래프를 그려라.

(a) 120°C에서 비정질 폴리스티렌

(b) 150°C에서 교차결합된 폴리스티렌

(c) 230°C에서 결정질 폴리스티렌

(d) 50°C에서 교차결합된 폴리스티렌

8.59 **(a)** 응력 이완 측정과 점탄성 크리프 시험이 수행되는 방식을 대조하라.

(b) 각 시험에 대하여, 관심 있는 실험 매개변수와 결정되는 방법을 서술하라.

8.60 비정질 고분자에 대하여 온도에 따라 변하는 로그 이완계수의 그래프 두 가지를 그려라(그림 8.29의 곡선 *C*).

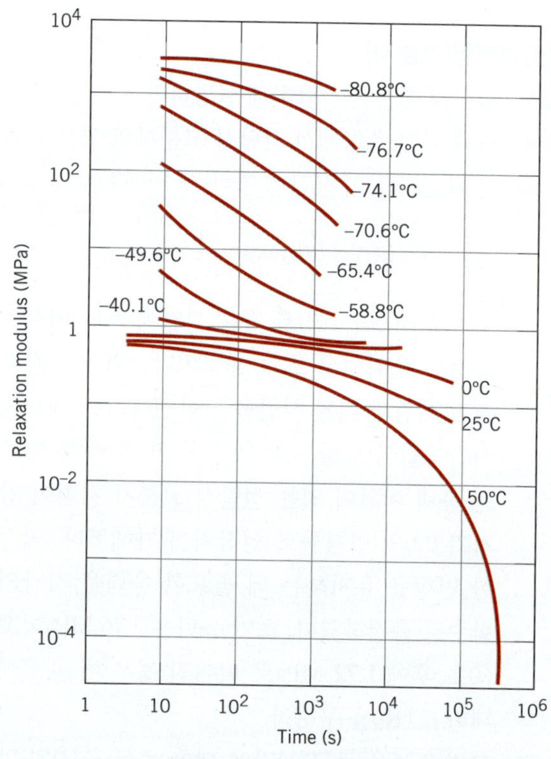

그림 8.36 −80°C부터 50°C까지 폴리이소부틸렌의 로그 시간에 따라 변하는 로그 이완계수의 도식적 그림 (Adapted from E. Catsiff and A. V. Tobolsky, "Stress-Relaxation of Polyisobutylene in the Transition Region [1,2]," *J. Colloid Sci.*, 10, 1955, p. 377. Reprinted by permission of Academic Press, Inc.)

(a) 분자량이 증가함에 따라 거동이 어떻게 변하는지 나타내라.

(b) 교차결합이 증가함에 따라 거동이 어떻게 변하는지 나타내라.

경도

8.61 **(a)** 강 합금을 지름이 10 mm인 브리넬 경도시험기로 500 kg의 하중을 사용하여 시험한 결과, 지름이 1.5 mm인 압입 자국이 생겼다. 이 재료의 HB를 계산하라.

(b) 500 kg의 하중을 사용할 때, 경도 450 HB에 해당하는 압입 자국의 지름은 얼마인가?

8.62 **(a)** 200 g의 하중으로 150 μm의 압입 자국의 대각선 길이를 생성할 때 누프 경도를 계산하라.

(b) 재료의 측정된 HK는 300이다. 압입 자국의 대각선 길이가 0.20 mm일 때 가해지는 하중을 계산하라.

8.63 **(a)** 0.800 kg의 하중으로 비커스 650 HV가 되면 압입 자국의 대각선 길이는 얼마인가?

(b) 500 g의 하중으로 0.085 mm의 압입 자국의 대각선 길이를 생성할 때 비커스 경도는 얼마인가?

8.64 다음 재료에 대한 브리넬 경도값 및 로크웰 경도값을 구하라.

(a) 그림 8.12의 응력-변형률 거동을 보이는 네이벌 황동(naval brass)

(b) 그림 8.34에 주어진 응력-변형률 거동을 보이는 강 합금

8.65 그림 8.31에 주어진 데이터를 이용하여, 황동과 구상주철에 대한 인장강도와 브리넬 경도 사이의 관계식을 유도하라. 강에 대한 식 (8.25a)와 (8.25b)를 참조하라.

재료 성질의 변이성

8.66 재료 성질 측정값의 분산을 일으키는 다섯 가지

요인을 서술하라.

8.67 하나의 강 시편에서 구한 로크웰 B 경도값은 다음과 같다. 평균 경도값과 표준편차를 구하라.

83.3	80.7	86.4
88.3	84.7	85.2
82.8	87.8	86.9
86.2	83.5	84.4
87.2	85.5	86.3

설계/안전계수

8.68 안전계수의 바탕을 이루는 조건을 기술하라.

8.69 그림 8.12와 8.34의 응력-변형률 거동을 보이는 두 합금의 작업응력을 구하라.

설계 문제

8.D1 큰 탑을 여러 개의 강선(steel wire)으로 지탱하고 있다. 각 강선에 걸리는 하중은 11,100 N이다. 강의 항복강도는 1030 MPa, 안전계수는 2.0을 적용할 때, 강선의 최소 지름은 얼마인가?

8.D2 **(a)** 압력가스 운송에 반지름 65 mm의 원통형 튜브를 사용한다. 튜브의 내부압력은 100 atm(10.13 MPa), 외부압력은 1.0 atm(0.1013 MPa)이다. 다음 금속 합금 각각에 대한 최소 두께를 계산하라. 안전계수는 3.5로 가정한다.

(b) 가장 저렴한 튜브 합금은 무엇인가?

Alloy	Yield Strength, σ_y (MPa)	Density, ρ (g/cm^3)	Unit Mass Cost, $\bar{c}$ ($US/kg)
Steel (plain)	375	7.8	1.65
Steel (alloy)	1000	7.8	4.00
Cast iron	225	7.1	2.50
Aluminum	275	2.7	7.50
Magnesium	175	1.8	15.00

8.D3 **(a)** 반지름이 0.1 m인 원통형 니켈 세관에 일정압력이 0.5065 MPa(5 atm)인 기체 수소가 흐르고 있다. 세관의 온도는 300°C, 세관 외부의 압력은 0.01013 MPa(0.1 atm)을 유지하도록 되어 있다. 확산 유량이 1×10^{-7} mol m^2·s를 넘지 않도록 하기 위하여 세관의 최소 두께를 계산하라. 니켈 내의 수소 농도 C_H(Ni의 m^{3}당 수소 몰수)는 수소 압력 p_{H_2}(MPa)와 절대온도 T의 함수로서 다음 식과 같이 주어진다.

$$C_H = 30.8\sqrt{p_{H_2}}\exp\left(-\frac{12{,}300\ \text{J/mol}}{RT}\right) \quad (8.40)$$

또, Ni 내의 H의 확산계수는 온도의 함수로서 식 (8.41)에 주어져 있다.

$$D_H(\text{m}^2/\text{s}) = 4.76 \times 10^{-7}\exp\left(-\frac{39{,}560\ \text{J/mol}}{RT}\right) \quad (8.41)$$

(b) 원통형 가압 세관의 원주방향 응력은 세관 벽 사이의 압력차(Δp), 실린더 반지름(r), 세관의 벽두께(Δx)의 함수로서 다음 식과 같이 표현된다.

$$\sigma = \frac{r\Delta p}{\Delta x} \quad (8.30a)$$

가압 세관에 대한 원주방향 응력을 계산하라. 참고: 설계 예제 8.2의 식 (8.30)에서 t는 실린더 벽두께를 나타내지만, 식 (8.30a)에서 벽두께는 Δx이다.

(c) Ni의 상온 항복강도는 100 MPa이며, 온도가 50°C 증가할 때마다 σ_y는 5 MPa씩 감소한다. (b)에서 산출한 세관 벽두께는 300°C에서도 적합한가? 적합 여부의 이유는 무엇인가?

(d) 이 벽두께가 적합하다면, 이 세관에 변형을 일으키지 않을 최소 벽두께는 얼마인가? 벽두께 감소에 따른 확산 유량의 증가량은 얼마인가? 반면에 (c)에서 계산한 벽두께가 적합하지 않다면, 최소 벽두께는 얼마인가? 이

경우 확산 유량의 감소량은 얼마인가?

8.D4 문제 8.D3에 주어진 Ni 세관의 벽을 통한 수소의 정상상태 확산을 생각해 보자. 설계 규격은 (i) 확산 유량 5×10^{-8} mol/m$^2 \cdot$s, (ii) 세관의 반지름 0.125 m, (iii) 내압 0.5065 MPa(5 atm), (iv) 외압 0.0203 MPa(0.2 atm), (v) 최대 허용온도 450°C이다. 이와 같은 확산 유량을 만족하고 소성변형이 일어나지 않을 최적 온도와 벽두께를 계산하라.

8.D5 3점 하중법을 사용하여 응력을 받을 세라믹 재료를 선택하라(그림 8.18). 시편은 단면이 원형이고 반지름이 2.5 mm이어야 하며, 275 N의 하중을 가했을 때 중심에서 6.2×10^{-2} mm 이상의 파단 또는 변위가 없어야 한다. 지지점 사이의 거리가 45 mm인 경우 표 8.1 및 8.2의 재료 중 후보는 무엇인가? 중심점 변위의 크기는 식 (8.38)을 사용하여 계산할 수 있다.

9 전위, 변형, 강화 메커니즘

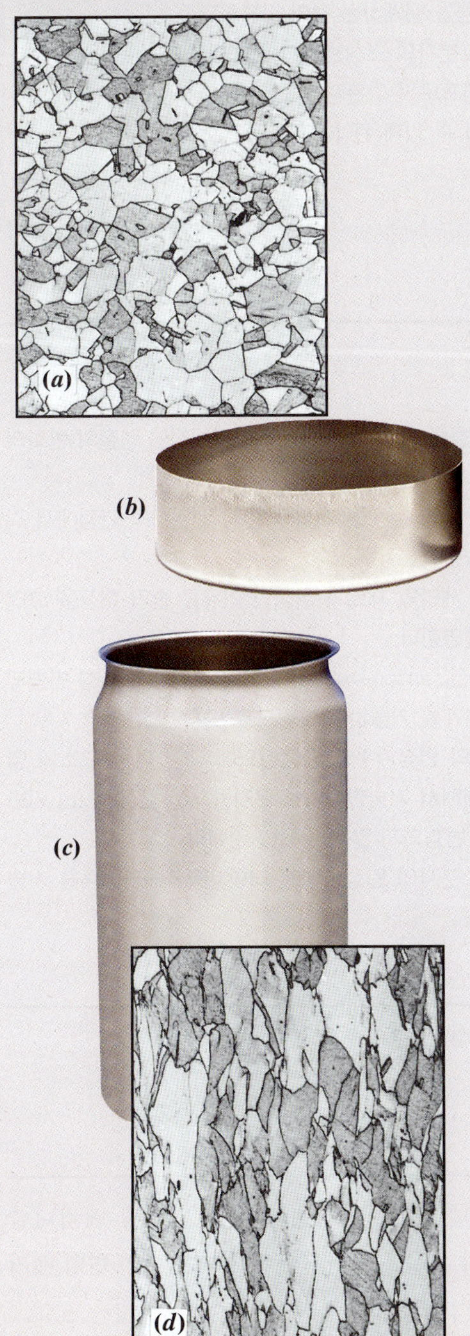

그림 (*b*)는 알루미늄 음료수 캔의 성형가공 시 중간단계의 사진이다. 이와 관련된 그림 (*a*)의 현미경 사진은 알루미늄의 결정립 구조를 나타낸다. 즉, 결정립은 대략 모든 방향으로 크기가 같다(equiaxed). 그림 (*c*)는 캔의 내외면을 소성변형시키는 (즉, 늘리는) 일련의 딥드로잉 공정으로 제조한 음료수 캔을 보여준다. 그 면을 구성하는 알루미늄 결정립들의 형태가 변한다. 즉, 면이 늘어나는 방향으로 결정립도 늘어난다. 결과적으로 그림 (*d*)의 현미경 사진과 같은 결정립 구조를 보인다. 그림 (*a*)와 (*d*)의 확대 배율은 150이다.

[The photomicrographs in figures (*a*) and (*d*) are taken from W. G. Moffatt, G. W. Pearsall, and J. Wulff, *The Structure and Properties of Materials*, Vol. I, *Structure*, John Wiley & Sons, 1964. Reproduced by permission of Janet M. Moffatt. Figures (*b*) and (*c*) © William D. Callister, Jr.]

왜 전위, 변형, 강화 메커니즘을 공부하는가?

전위의 성질과 전위가 소성변형 과정에서 담당하는 역할을 알면, 금속과 합금을 단단하게 하고 강하게 하는 기술의 바탕에 깔려 있는 메커니즘을 이해할 수 있다. 따라서 재료의 기계적 성질을 맞춤형 설계할 수 있게 된다. 예를 들어 금속-기지 복합재료(metal-matrix composite)의 강도 또는 인성을 설계하는 것이 가능하다.

또한 고분자의 소성변형과 탄성변형에 대한 메커니즘을 이해함으로써 고분자의 탄성계수와 강도를 변화시키고 조절할 수 있게 된다(9.17절과 9.18절).

학습 목표

이 장을 학습한 후에는 아래 과제를 수행할 수 있어야 한다.

1. 원자적 관점으로 칼날전위와 나선(나사, screw) 전위를 설명한다.
2. 전단 하중이 가해질 때 소성변형이 어떻게 일어나는지 칼날전위와 나선전위의 이동에 의해 기술한다.
3. 슬립계를 정의하고 한 가지 예를 제시한다.
4. 소성변형이 일어날 때 다결정질 금속의 결정립이 어떻게 변하는지 설명한다.
5. 결정립계가 전위 이동을 어떻게 방해하는지, 그리고 왜 소결정립 금속이 대결정립 금속보다 강한 구조를 가지는지에 대해 설명한다.
6. 치환된 불순물 원자가 고용체를 어떻게 강화시키는지 전위의 상호작용과 격자변형률로 기술하고 설명한다.
7. 가공경화(혹은 냉간가공) 현상을 전위와 변형률장(strain field)의 상호작용에 의해 서술하고 설명한다.
8. 재결정화를 물질의 미세조직과 기계적인 성질의 변화의 견지에서 기술한다.
9. 결정립 성장 현상을 거시적 관점과 원자적 관점에서 각각 기술한다.
10. 결정질 세라믹 재료가 취성인 이유를 슬립 현상을 고려하여 설명한다.
11. 반결정질(semicrystalline) 고분자의 탄성과 소성 변형의 여러 단계를 기술하고 그림으로 도시한다.
12. 고분자의 인장계수와 인장강도에 대한 다음 요소의 영향에 대해서 기술한다: (a) 분자량, (b) 결정도, (c) 기변형, (d) 변형되지 않은 물질의 열처리.
13. 탄성 고분자의 탄성변형에 대한 분자 메커니즘을 기술한다.

9.1 | 서론

이 장에서는 금속, 세라믹, 고분자의 변형 형태를 설명하기 위한 다양한 변형 메커니즘(deformation mechanism)을 학습한다. 여러 종류의 물질을 강화시키기 위한 기술이 변형 메커니즘의 관점에서 설명될 것이다.

금속의 변형 메커니즘

8장에서 금속 재료는 두 종류의 변형, 즉 소성변형과 탄성변형이 일어난다고 설명하였다. 소성변형은 영구적인 것이고, 강도와 경도는 소성변형에 대한 재료의 저항을 나타내는 척도이다. 미시적인 규모에서 보면 소성변형은 부과된 하중에 대응하는 많은 원자의 최종적인 움직임이다. 이 과정에서 내부 원자의 결합은 파괴되었다가 다시 형성된다. 그리고 소성변형은 6.7절에서 소개된 전위, 즉 선형 결함의 움직임을 포함한다. 이 절에서는 전위의 특성과 전위가 소성변형에 어떤 연관이 있는지를 공부할 것이다. 9.9, 9.10, 9.11절에서는 단상(single-phase) 금속을 강화하기 위한 몇 가지 기술, 즉 전위의 관점에서 본 강화 메커니즘을 서술할 것이다.

9.2 | 역사

재료에 대한 초기의 연구에서 이루어진 완전결정체의 이론적 강도는 실제로 측정된 값보다 훨씬 큰 값으로 계산되었다. 1930년대에는 **전위**(*dislocation*)로 알려진 선형 결함으로 이러한 기계적 강도의 불일치를 이론적으로 설명하였다. 1950년대가 되어서야 그러한 전위 결함을 전자현미경을 통해 직접적으로 관찰하여 확인할 수 있었다. 그 이후로 전위 이론은 금속[및 결정질 세라믹(9.15절 참조)]에 대해서 물리적이고 역학적인 여러 가지 현상의 설명을 가능하게 하였다.

9.3 | 전위의 기본 개념

칼날전위와 나선전위는 기본적인 전위의 두 가지 형태이다. 칼날전위에서는 전위선으로 정의한 여분의 반결정면(extra half-plane)의 끝단을 따라 격자가 국부적으로 찌그러져 있다(그림 6.9). 나선전위는 전단 비틀림의 산물로 생각할 수 있는데 전위선은 나사로 된 원자 평면의 경사의 중심을 지난다(그림 6.10). 결정질 물질에서 많은 전위는 칼날 성분과 나선 성분을 모두 가지고 있는데 이것을 혼합전위라 한다(그림 6.11).

소성변형은 무수히 많은 전위의 이동에 해당한다. 칼날전위는 전위선에 수직으로 작용하는 전단력을 따라 움직이며, 전위 움직임에 대한 역학을 그림 9.1에 나타내었다. 초기의 원자들로 구성된 여분의 반결정면을 A면이라 하면, 전단력이 그림 9.1a에 표시된 방향으로 작용할 때 A면은 오른쪽으로 힘을 받는다. 그리고 A면은 차례로 B, C, D 등의 반결정면들을 같은 방향으로 밀게 된다. 만약 전단력의 크기가 충분하다면, B면의 원자결합은 전단 평면을 따라 끊어지게 되고, B면의 위쪽은 여분의 반결정면이 되면서 B면의 아래쪽은 A면과 붙게 된다(그

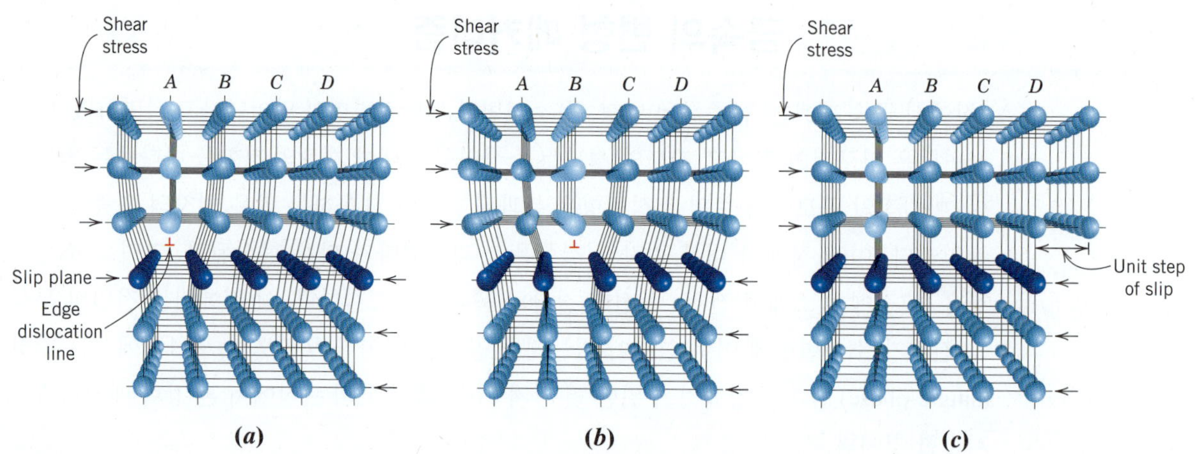

그림 9.1 원자 재배열은 칼날전위가 전단력의 작용에 따라 움직이듯이 칼날전위의 움직임에 의한 결과이다. (*a*) 원자들의 반결정면을 *A*라고 표시하자. (*b*) 전위가 오른쪽으로 한 원자 거리만큼 움직이면 *B*면의 아래쪽에 *A*가 연결된다. 이 과정에서 *B*면의 위쪽 부분은 반결정면이 된다. (*c*) 반결정면이 맨 끝으로 나갈 때 1개의 단이 형성된다.

림 9.1*b*). 이 과정은 다른 평면에도 계속해서 반복되면서, 즉 여분의 반결정면이 결합을 끊고 원자간 거리만큼씩 따로따로 이동하는 과정을 통해 왼쪽에서 오른쪽으로 연속적으로 이동하게 된다. 어느 특정 구역에서 전위가 움직이기 전이나 후에는 원자배열이 완전하게 정돈되어 있으며, 격자 구조가 깨지는 경우는 오직 여분의 반결정면이 통과할 때뿐이다. 결과적으로 이 여분의 반결정면은 그림 9.1*c*에서 보는 것처럼, 원자 거리만큼 떨어진 칼날 형태로 결정의 오른쪽에 나타난다.

슬립

전위 이동에 의한 소성변형 과정을 **슬립(slip)**이라고 한다. 그림 9.1에서와 같이 전위선이 이동하는 결정학적인 면을 슬립면(*slip plane*)이라 부른다. 거시적인 소성변형은 그림 9.2*a*에서처럼 전단력의 작용에 의한 전위의 이동, 즉 슬립으로 인해 생기는 영원한 변형이다.

전위의 이동은 송충이의 이동 형태와 유사하다(그림 9.3). 송충이는 끝에 위치한 한 쌍의 다리를 다리 폭만큼 끌어당김으로써 몸통 끝부분에 불룩한 부분을 만든다. 각 쌍의 다리를 들어올리고 이동하는 것을 반복해 불룩한 부분을 앞쪽으로 이동하게 하고, 이것이 맨 앞에 이르게 되면 송충이는 한 발자국 움직인 것이 된다. 송충이의 굽어진 부분과 그것의 움직임은 소성변형의 전위 모델 내에서 여분의 원자 반결정면에 해당한다.

부과된 전단응력에 대응하는 나선전위 운동을 그림 9.2*b*에 나타내었고 그림에서 운동 방향은 응력 방향과 수직이다. 칼날전위에서의 운동은 전단응력과 평행하다. 그러나 두 가지 형태의 전위 모두 최종적으로는 같은 소성변형을 한다(그림 9.2). 혼합전위(mixed dislocation)의 운동 방향은 인가 응력의 방향과 수직도 평행도 아닌 그 사이의 각이다.

전위밀도

모든 금속과 합금에는 응고 과정과 소성변형 과정에서, 그리고 급속 냉각으로부터 발생한 열응력의 결과로서 생긴 전위가 있다. 전위의 수, 즉 재료의 **전위밀도(dislocation density)**는 단위부피당 총 전위길이, 또는 임의 구간의 단위면적을 교차하는 전위의 수로 나타낸다. 전위

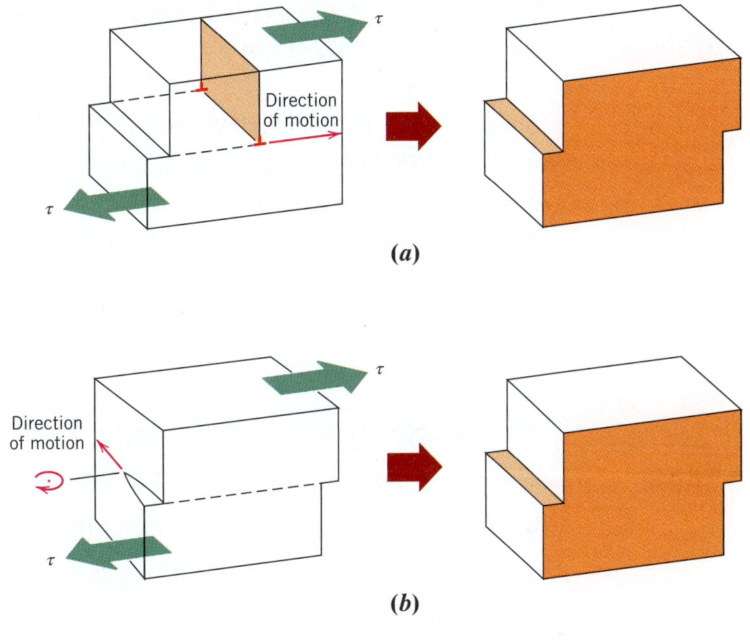

그림 9.2 (*a*) 칼날전위, (*b*) 나선전위의 이동에 의한 결정질 표면에서의 단의 형성. 칼날전위에서 전위선은 전단응력 τ의 방향으로 이동한다. 나선전위의 경우 전위선은 전단응력에 수직방향으로 움직인다. (Adapted from H. W. Hayden, W. G. Moffatt, and J. Wulff, *The Structure and Properties of Materials*, Vol. III, *Mechanical Behavior*, John Wiley & Sons, 1965. Reproduced by permission of Kathy Hayden.)

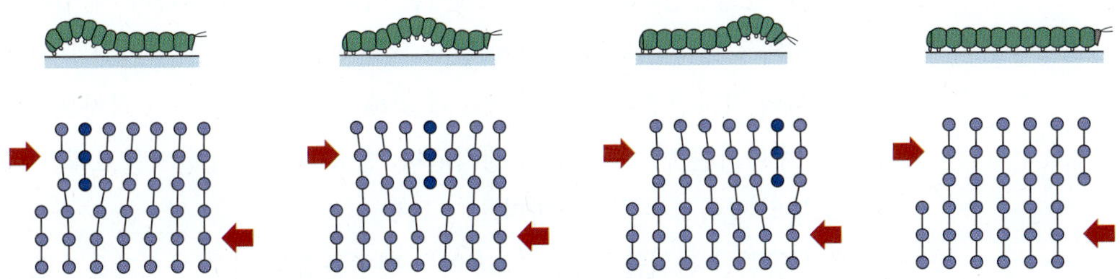

그림 9.3 전위 운동과 송충이의 움직임 사이의 유사성

밀도의 단위는 mm^3당 전위의 밀리미터, 즉 mm^{-2}이다. 천천히 응고된 금속 결정의 전형적인 전위밀도는 10^3 mm^{-2} 정도로 낮다. 심하게 변형된 금속의 전위밀도는 10^9~10^{10} mm^{-2} 정도로 높다. 변형된 금속 시편을 열처리하면 10^5~10^6 mm^{-2} 정도로 줄일 수 있다. 이와는 대조적으로, 세라믹 재료의 전형적인 전위밀도는 10^2~10^4 mm^{-2}의 값을 갖는다. 집적회로에 사용되는 실리콘 단결정(single crystal)은 보통 0.1~1 mm^{-2} 범위의 값을 가진다.

9.4 | 전위의 특징

몇몇 전위의 특징은 금속의 기계적 성질에 중요한 역할을 한다. 전위 주위에 존재하는 변형률장(strain field)이 그중의 하나인데, 이것은 전위의 움직임과 전위가 증가하는 능력을 결정하는 데 영향을 미친다.

금속이 소성변형될 때, 변형에너지의 일부(약 5%)는 내부에 남고 나머지 에너지는 열로 소모된다. 내부에 축적된 이 에너지의 대부분은 전위와 관련된 변형에너지이다. 그림 9.4의

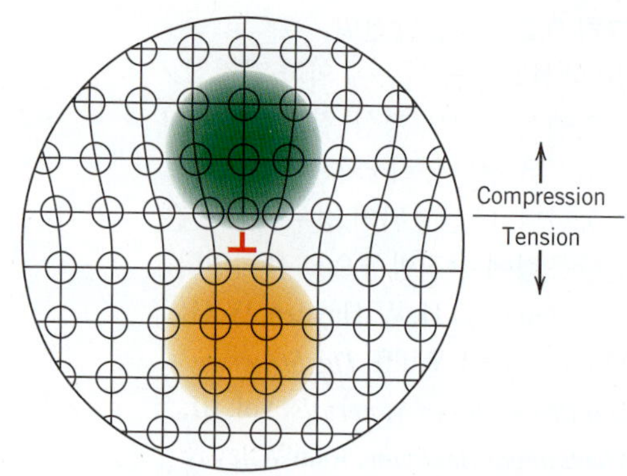

그림 9.4 칼날전위 주위에서 압축변형을 받는 지역(녹색 부분)과 인장변형을 받는 지역(노란색 부분)
(Adapted from W. G. Moffatt, G. W. Pearsall, and J. Wulff, *The Structure and Properties of Materials*, Vol. I, *Structure*, John Wiley & Sons, 1964. Reproduced by permission of Janet M. Moffatt.)

격자변형률

칼날전위 그림에서 보면, 앞 절에서 언급한 것처럼 여분의 원자 반결정면 때문에 원자의 격자는 전위선 주위에서 약간 찌그러지게 된다. 따라서 인장, 압축, 전단력에 의한 **격자변형률(lattice strain)**이 이웃한 원자들에 생기게 된다. 예를 들어 전위의 바로 위쪽에 있거나 근처에 인접해 있는 원자들은 함께 압착된다. 결과적으로 그림 9.4에서 보는 바와 같이 이 원자들은 완전한 결정체에 속한 원자나 전위선에서 멀리 있는 원자에 비하면 압축변형을 받고 있다고 여겨진다. 반결정면의 바로 아래쪽에서는 이와는 반대의 효과가 일어나는데, 즉 격자 원자는 그림에서와 같이 인장변형을 받게 된다. 전단변형도 역시 칼날전위 근처에서 일어난다. 나선전위에서의 격자변형은 순수 전단력에 의해서만 일어난다. 이 격자의 비틀림은 전위선으로부터 퍼져 나가는 변형률장이라 생각된다. 변형은 주위의 원자들로 확장되고, 그들의 크기는 전위로부터 멀어질수록 감소한다.

서로 근접한 전위들을 둘러싸고 있는 변형률장은 서로 상호작용으로 연결되는데 모든 이웃하는 전위들에 의한 합성작용으로 힘이 각각의 전위에 부과된다. 예를 들어 그림 9.5*a*에서

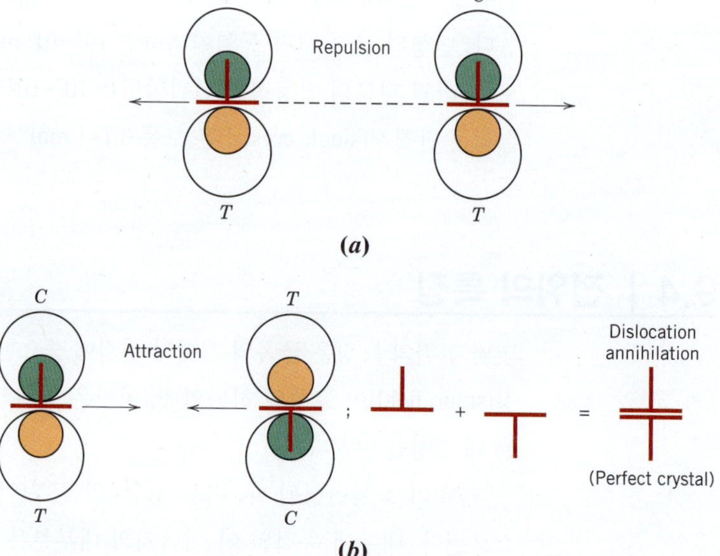

그림 9.5 (*a*) 같은 기호, 같은 슬립면에 놓여 있는 2개의 칼날전위는 서로 반발하는 힘이 작용한다. *C*와 *T*는 각각 압축과 인장을 받는 지역을 표시한다.
(*b*) 서로 반대의 기호와 같은 슬립면에 놓여 있는 칼날전위는 서로 끌어당기는 힘이 작용한다. 두 전위가 만나면 각각 소멸되고 완전한 결정이 남는다.
(Adapted from H. W. Hayden, W. G. Moffatt, and J. Wulff, *The Structure and Properties of Materials*, Vol. III, *Mechanical Behavior*, John Wiley & Sons, 1965. Reproduced by permission of Kathy Hayden.)

처럼 2개의 동일한 부호(sign)와 동일한 슬립면을 갖는 칼날전위를 생각해 보자. 양쪽 전위의 동일한 슬립면에 있는 압축과 인장 변형률장에서의 상호작용은 2개의 격리된 전위들 사이에서 서로 분리시키는 반발력처럼 작용한다. 반면, 반대 부호와 동일한 슬립면을 가진 2개의 전위는 그림 9.5*b*에서처럼 서로 끌어당겨 만나게 되면 전위가 소멸된다. 즉, 2개의 여분의 원자 반결정면이 정렬되어 완전한 면이 되는 것이다. 전위의 상호작용은 칼날전위, 나선전위, 혼합 전위들 사이에서 일어날 수 있고, 다양한 격자의 방향으로 가능하다. 이런 변형률장과 그와 관련된 힘이 금속을 강하게 하는 메커니즘에 중요하다.

소성변형이 진행되는 동안, 전위의 수는 상당히 많이 증가한다. 매우 심하게 변형된 금속의 전위밀도는 10^{10} mm^{-2} 정도이다. 이 새롭게 생기는 전위들의 중요한 원천은 현존하는 전위들인 셈인데, 즉 현존하는 전위가 증가하여 새 전위가 생기는 것이다. 더욱이 결정립계와 응력이 집중될 수 있는 내부의 결함, 긁힌 자국이나 흠집 같은 표면의 불규칙한 부분은 변형되는 동안 전위가 형성되는 장소 역할을 한다.

9.5 | 슬립계

전위는 원자의 모든 결정학적인 면(crystallographic plane)과 결정학적인 방향(crystallographic direction)으로 똑같이 쉽게 움직이지 않는다. 보통, 우선적인 면이 있고, 그 면에서 전위의 이동이 특정한 방향을 따라 일어나는데 이 면을 슬립면(*slip plane*)이라 부르고 이 이동방향을 슬립방향이라 한다. 슬립면과 슬립방향의 조합을 **슬립계(slip system)**라고 일컫는다. 슬립계는 금속의 결정구조에 따라 다르고, 전위의 이동과 함께 일어나는 원자의 일그러짐이 최소이다. 어느 특정한 결정구조에서 슬립면은 가장 밀집된 원자의 충진(packing)으로 되어 있어 가장 큰 평면 밀도를 가지는 면이다. 슬립방향은 슬립면에서 원자와 가장 가깝게 충진되어 있어 선밀도가 가장 높은 방향에 해당된다(평면 원자 밀도와 선형 원자 밀도는 3.15절 참조).

슬립계

예를 들어 그림 9.6*a*에서 보는 바와 같이 면심입방(FCC) 결정구조에서의 단위격자(unit cell)를 고려해 보자. {111}면들이 있고 이들 평면에서 원자가 가장 조밀하게 붙어 있다. {111}형의 면이 그림 9.6*b*의 단위격자 내에 표시되어 있고 이 면은 지면과 동일한 평면에 있으며 원

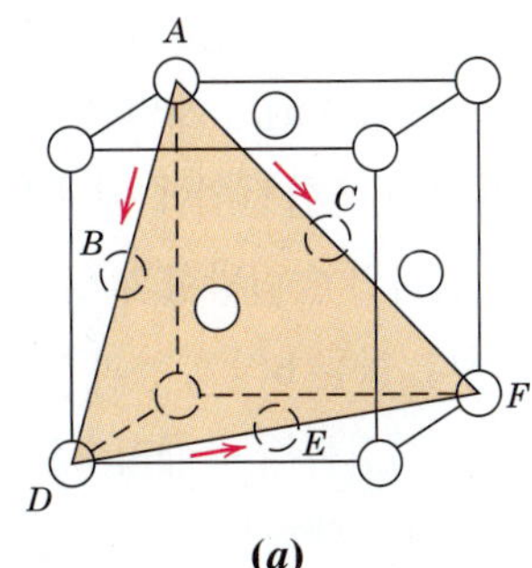

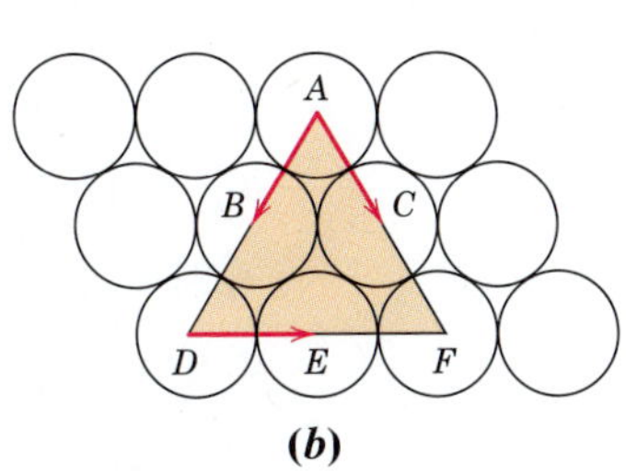

그림 9.6 (*a*) 면심입방 단위격자에서 볼 수 있는 {111}<110> 슬립계. (*b*) (*a*)의 (111)면과 그 평면 내에 존재하는 3개의 <110> 슬립 방향(화살표가 가리키는 것처럼)으로 가능한 슬립계를 구성할 수 있다.

표 9.1 면심입방, 체심입방, 조밀육방 구조 금속들의 슬립계

Metals	Slip Plane	Slip Direction	Number of Slip Systems
	Face-Centered Cubic		
Cu, Al, Ni, Ag, Au	{111}	⟨110⟩	12
	Body-Centered Cubic		
α-Fe, W, Mo	{110}	⟨111⟩	12
α-Fe, W	{211}	⟨111⟩	12
α-Fe, K	{321}	⟨111⟩	24
	Hexagonal Close-Packed		
Cd, Zn, Mg, Ti, Be	{0001}	$\langle 11\bar{2}0\rangle$	3
Ti, Mg, Zr	$\{10\bar{1}0\}$	$\langle 11\bar{2}0\rangle$	3
Ti, Mg	$\{10\bar{1}1\}$	$\langle 11\bar{2}0\rangle$	6

자끼리는 가장 가깝게 이웃하여 붙어 있는 것으로 나타난다.

슬립은 {111} 평면 위에서 화살표가 가리키는 방향으로(그림 9.6) <110>형의 방향을 따라 일어난다. 그러므로 {111}<110>은 슬립면과 슬립방향의 조합, 즉 면심입방결정의 슬립계를 나타낸다. 그림 9.6*b*는 주어진 슬립면이 1개 이상의 슬립방향을 포함한다는 것을 보여준다. 그러므로 어느 특정 결정구조에 대해서 몇 개의 슬립계가 존재할 것이다. 독립적인 슬립계의 개수는 슬립면과 슬립방향의 가능한 모든 조합으로 표현된다. 예를 들어 면심입방 결정구조에서 12개의 슬립계가 있는데 이것은 4개의 고유한 {111} 평면과 각각의 면에 포함되어 있는 3개의 독립된 <110> 방향으로 만들어진다.

체심입방(BCC) 결정구조와 조밀육방(HCP) 결정구조에서의 가능한 슬립계를 표 9.1에 실었다. 이들 각각의 구조에서, 슬립은 1개의 면족(family of plane) 이상 가능하다(예: 체심입방 결정구조에서 {110}, {211}, {321}). 이 2개의 결정구조(BCC, HCP)를 갖는 금속에서 일부 슬립계는 높은 온도에서만 동작이 가능하다.

체심입방 결정구조의 금속이나 면심입방 결정구조의 금속은 상대적으로 많은 수(적어도 12개)의 슬립계를 갖고 있다. 이 금속들은 일반적으로 다양한 슬립계를 통해 광범위한 소성변형을 가능하게 하기 때문에 연성(ductility)이 매우 강하다. 반면, 조밀육방 결정구조의 금속들은 활동적인 슬립계가 몇 개 안 되기 때문에 일반적으로 취성이 매우 강하다.

버거스 벡터(Burgers vector)의 개념은 6.7절에 소개되었고 그림 6.9의 칼날전위, 그림 6.10의 나선전위, 그림 6.11의 혼합전위에 대해 **b**로 표시된다. 슬립의 과정에 관해서 말하자면 버거스 벡터의 방향은 전위의 슬립방향과 일치하고 크기는 한 슬립 거리(또는 그 방향으로의 원자 사이의 거리)와 같다. 물론 **b**의 방향과 크기는 결정구조에 따라 다르며 버거스 벡터를 단위 격자의 모서리 길이와 결정학적 방향지수로 표시하는 것이 편리하다. 면심입방, 체심입방, 조밀육방 결정구조의 버거스 벡터는 다음과 같다.

$$\mathbf{b}(\text{FCC}) = \frac{a}{2}\langle 110 \rangle \tag{9.1a}$$

$$\mathbf{b}(\text{BCC}) = \frac{a}{2}\langle 111 \rangle \tag{9.1b}$$

$$\mathbf{b}(\text{HCP}) = \frac{a}{3}\langle 11\bar{2}0 \rangle \tag{9.1c}$$

개념 확인 9.1

다음 중 어느 것이 단순입방 결정구조에 대한 슬립계인가? 이유는? **참고:** 단순입방 결정구조에 관한 단위격자는 그림 3.3에 나타내었다.

{100}⟨110⟩
{110}⟨110⟩
{100}⟨010⟩
{110}⟨111⟩

(정답은 *www.wiley.com*의 제품 페이지에서 확인할 수 있음)

9.6 | 단결정에서의 슬립

단결정에서의 과정을 다루면서 슬립을 좀 더 간단히 설명한 다음, 다결정질 재료에 대해 확장해 나갈 것이다. 앞에서 언급했듯이, 칼날전위, 나선전위, 혼합전위들은 슬립면과 슬립방향을 따라 작용하는 전단응력에 의해 이동한다. 8.2절에서 주목했던 것처럼, 부과된 응력이 순수 인장(또는 압축)이라도 전단응력 성분이 작용 응력에 수직 또는 수평 방향으로 존재한다[식 (8.4b) 참조]. 이 전단응력을 **분해전단응력(resolved shear stress)**이라 하며 그 크기는 작용 응력뿐만 아니라 슬립면과 슬립방향에 따라서도 변한다. 그림 9.7에 표시된 바와 같이 슬립면의 수직방향과 작용된 응력방향 사이의 각을 ϕ라 하고 슬립방향과 작용 응력 사이의 각을 λ라 하면, 분해전단응력 τ_R은 다음과 같다.

분해전단응력

분해전단응력—슬립면의 수직방향, 슬립방향에 대한 응력이 작용하는 상대적인 방향과 작용 응력 크기의 함수

$$\tau_R = \sigma \cos\phi \cos\lambda \tag{9.2}$$

여기서 σ는 작용 응력이다. 일반적으로 인장이 작용하는 축, 슬립면의 수직방향, 슬립방향이 모두 동일한 평면에 있지 않기 때문에 $\phi + \lambda \neq 90°$이다.

금속의 단결정은 다수의 다른 슬립계를 갖는다. 분해전단응력은 보통 응력축(ϕ와 λ의 각)에 대한 각각의 방향이 또 다르기 때문에 서로 다르다. 그러나 1개의 슬립계가 일반적으로 가장 알맞게 방향을 잡고 있으며 다음과 같이 가장 큰 분해전단응력 τ_R을 갖는다.

$$\tau_R(\max) = \sigma(\cos\phi \cos\lambda)_{\max} \tag{9.3}$$

부과한 인장 또는 압축 응력에 의해 생기는 단결정의 슬립은 가장 알맞은 방향의 슬립계로부터 시작하여 분해전단응력이 어느 임곗값에 도달할 때까지 진행되는데 이 임곗값의 응력을 **임계분해전단응력(critical resolved shear stress)** τ_{crss}라 일컫는다. 이 값이 슬립을 시작하게 하는 최소 전단응력이며 항복의 시기를 결정하는 재료의 성질이다. 실험에 의하면 어떤 슬립면에서 분해전단응력이 임곗값에 도달하면 단결정이 미끄러진다. 이 거동은 슈미트의 법칙(Schmid's law)으로 알려져 있으며, 식 (9.3)에서 곱($\cos\phi\cos\lambda$)은 슈미트의 인자(m)로 알려져 있다. 단결정은 $\tau_R(\max) = \tau_{crss}$일 때 소성변형 즉 항복이 시작되고, 항복을 시작하는 데 필요한 부과 응력의 크기(즉, 항복강도 σ_y)는 다음과 같다.

임계분해전단응력

단결정의 항복강도—임계분해전단응력과 가장 알맞은 방향의 슬립계의 함수

$$\sigma_y = \frac{\tau_{crss}}{(\cos\phi\cos\lambda)_{max}} \tag{9.4}$$

항복이 시작하는 데 필요한 최소응력은 단결정이 $\phi = \lambda = 45°$의 방향일 때 일어난다. 이 조건에서는 다음의 관계가 성립한다.

$$\sigma_y = 2\tau_{crss} \tag{9.5}$$

인장응력을 받는 단결정 시편의 변형을 그림 9.8에 나타내었는데 슬립은 몇 개의 매우 유리한 방향으로 동등하게 시편의 길이를 따라 여러 점에서 일어난다. 이 슬립변형이 그림 9.8과 같이 단결정의 표면에 서로 평행하고 시편의 주위로 고리 형상을 한 작은 단을 형성한다. 각각의 단은 동일한 슬립면을 따라 많은 수의 전위가 움직임으로 인해 생긴다. 광택이 나는

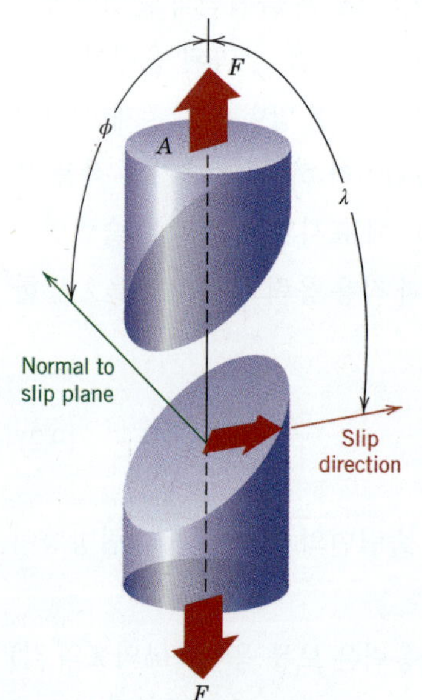

그림 9.7 단결정의 분해전단응력을 계산하기 위한 인장축, 슬립면, 슬립방향 사이의 기하학적인 관계

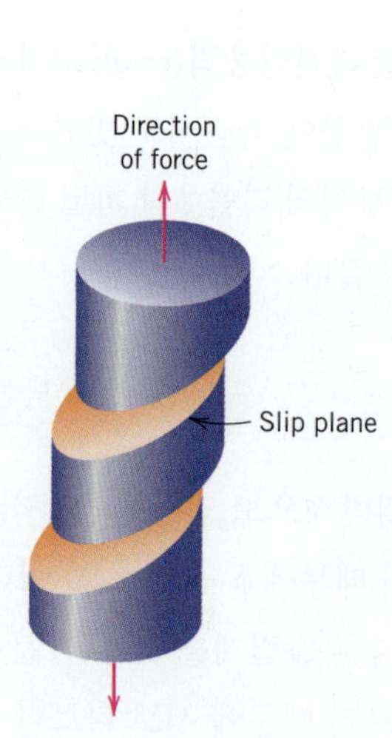

그림 9.8 단결정에서의 거시적 슬립

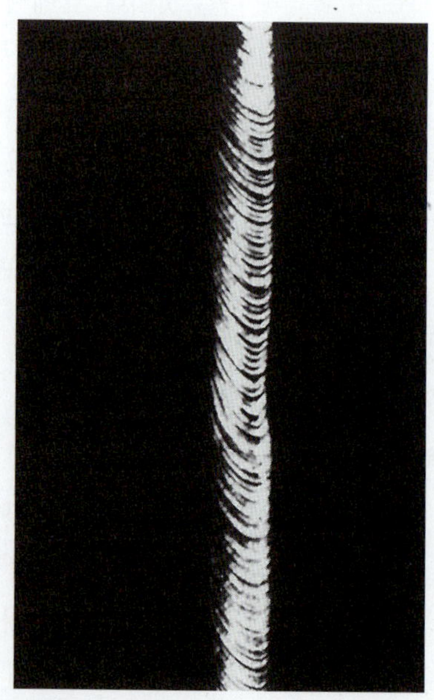

그림 9.9 아연의 단결정에서의 슬립 (From C. F. Elam, *The Distortion of Metal Crystals*, Oxford University Press, London, 1935.)

(polished) 단결정의 표면에서 이런 단들은 **슬립선**(*slip line*)이라 일컫는 선으로 나타난다. 그림 9.9는 소성변형에 의해 변형된 아연 단결정의 표면에 나타나는 슬립의 흔적을 보여준다.

단결정을 계속 확장해 나가면 슬립선의 수와 슬립단의 폭이 증가할 것이다. 면심입방결정 금속과 체심입방결정 금속에서 슬립은 결국 인장축과 두 번째로 유리한 방향을 갖는 슬립계에서 시작될 수도 있다. 더구나 슬립계의 수가 별로 없는 조밀육방 결정의 경우에 가장 유리한 슬립계의 응력축이 슬립방향에 수직($\lambda = 90°$)이거나 슬립면에 평행($\phi = 90°$)이면 임계분해전단응력은 영(zero)이 된다. 이런 극단적인 방향에서 결정은 일반적으로 소성변형을 하지 않고 파괴된다.

개념 확인 9.2

슬립이 진행됨에 따라 결정의 기하학을 제한하는 조건은 무엇인가?

(정답은 *www.wiley.com*의 제품 페이지에서 확인할 수 있음)

예제 9.1

분해전단응력과 항복을 일으키는 응력 계산

BCC 구조의 철의 단결정이 [010]방향의 인장응력을 받을 경우, 다음의 물음에 답하라.

(a) 52 MPa의 인장응력을 받을 때 (110)면의 $[\bar{1}11]$방향으로의 분해전단응력을 계산하라.

(b) 슬립이 (110)면과 $[\bar{1}11]$방향으로 일어나고 임계전단응력이 30 MPa일 때 항복을 시작하기 위해 필요한 작용 인장응력의 크기를 계산하라.

풀이

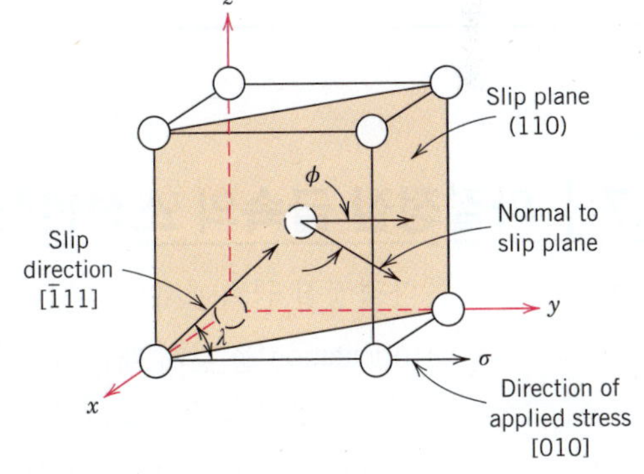

(a) BCC 단위격자에 슬립방향과 슬립면, 하중이 작용하는 방향을 오른쪽 그림에 나타내었다. 이 문제를 풀기 위해서는 식 (9.2)를 이용해야 한다. 그러나 먼저 ϕ와 λ의 값을 결정해야 한다. ϕ는 (110) 슬립면(즉, [110]방향)과 [010]방향이 이루는 각이고 λ는 $[\bar{1}11]$과 [010]이 이루는 각이다. 일반적으로 입방 단위격자에서 각각 $[u_1v_1w_1]$과 $[u_2v_2w_2]$로 나타내는 방향 1과 방향 2 사이의 각 θ는 다음과 같다.

$$\theta = \cos^{-1}\left[\frac{u_1u_2 + v_1v_2 + w_1w_2}{\sqrt{(u_1^2 + v_1^2 + w_1^2)(u_2^2 + v_2^2 + w_2^2)}}\right] \tag{9.6}$$

ϕ의 값을 결정하기 위해 $[u_1v_1w_1] = [110]$, $[u_2v_2w_2] = [010]$이라 놓으면 다음과 같다.

$$\phi = \cos^{-1}\left\{\frac{(1)(0)+(1)(1)+(0)(0)}{\sqrt{[(1)^2+(1)^2+(0)^2][(0)^2+(1)^2+(0)^2]}}\right\}$$

$$= \cos^{-1}\left(\frac{1}{\sqrt{2}}\right) = 45°$$

그러나 λ에 대해서는 $[u_1v_1w_1] = [\bar{1}11]$, $[u_2v_2w_2] = [010]$이고 다음과 같다.

$$\lambda = \cos^{-1}\left[\frac{(-1)(0)+(1)(1)+(1)(0)}{\sqrt{[(-1)^2+(1)^2+(1)^2][(0)^2+(1)^2+(0)^2]}}\right]$$

$$= \cos^{-1}\left(\frac{1}{\sqrt{3}}\right) = 54.7°$$

따라서 식 (9.2)에서 임계분해전단응력은 다음과 같다.

$$\tau_R = \sigma\cos\phi\cos\lambda = (52\text{ MPa})(\cos 45°)(\cos 54.7°)$$

$$= (52\text{ MPa})\left(\frac{1}{\sqrt{2}}\right)\left(\frac{1}{\sqrt{3}}\right)$$

$$= 21.3\text{ MPa}$$

(b) 항복강도 σ_y는 식 (9.4)로부터 계산되고 ϕ와 λ는 (a)에서와 같다.

$$\sigma_y = \frac{30\text{ MPa}}{(\cos 45°)(\cos 54.7°)} = 73.4\text{ MPa}$$

9.7 | 다결정질 금속의 소성변형

다결정질 금속에서는 수많은 결정립(grain)이 결정학적(crystallographic)으로 임의의 방향(orientation)을 갖기 때문에 한 결정립에서 다른 결정립으로 가면서 슬립의 방향은 변한다. 전위의 움직임은 가장 유리한 방향을 가진 슬립계에서 일어난다(즉, 가장 높은 전단력이 작용하는 방향). 이것은 다결정질 구리 시편의 매끄러웠던 표면이 소성변형을 일으킨 후의 현미경 사진에서 입증되었다(그림 9.10). 슬립선(slip line)[1)]은 볼 수 있고, 평행하지만 교차하는 일련의 선들이 증명해 주듯이 두 슬립계는 대부분의 결정립에 영향을 주는 것처럼 여겨진다. 더욱

1) 슬립선은 결정립으로부터 빠져나간 전위들(그림 9.1*c*)에 의해 생성된 미세 돌출 부분으로, 현미경으로 관찰하면 선으로 보인다. 변형된 단결정들(그림 9.8과 9.9)의 표면에서 보이는 거시적인 계단과 유사하다.

그림 9.10 연마되고, 이어서 변형된 구리의 다결정질 시편 표면의 슬립선 현미경 사진(173배율) [Photomicrograph courtesy of C. Brady, National Bureau of Standards (now the National Institute of Standards and Technology, Gaithersburg, MD).]

이 결정립 방향의 변화는 여러 결정립에 대한 슬립선의 정렬이 차이가 남으로 인해 나타난다.

다결정질 시편의 전체적인 소성변형은 각각의 결정립들이 슬립에 의해 각각의 결정립들에서 발생한 왜곡(distortion)을 반영한다. 변형이 진행되는 동안 기계적인 완전함과 정합성은 결정립계를 따라 유지된다. 즉, 결정립계는 보통 떨어지거나 벌어지지 않는다. 결과적으로 각각의 결정립의 모양은 인접한 결정립에 의해 어느 정도 구속된다. 전체적인 소성변형의 결과로 결정립이 비틀리는 방식을 그림 9.11에 나타내었다. 변형 전에는 결정립들이 모든 방향으로 대략 같은 크기를 갖는다. 이 특유한 변형에서 결정립들은 시편이 확장되는 방향으로 늘어

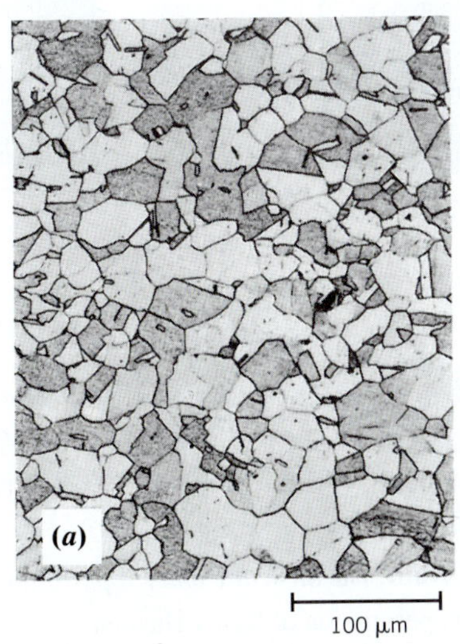

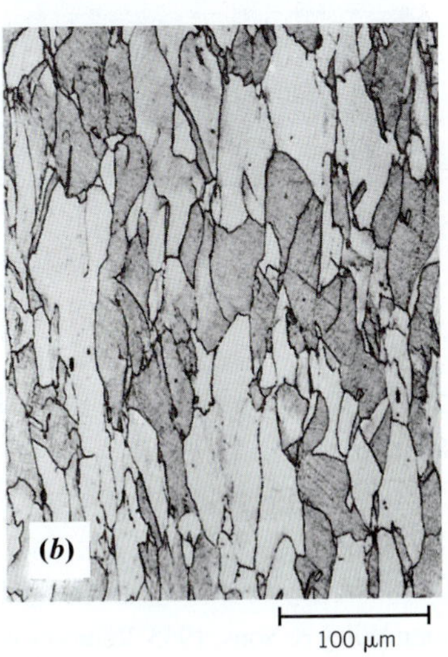

그림 9.11 소성변형의 결과로 생긴 다결정질 금속에서 결정립 구조의 변화(170배율). (*a*) 변형 전 결정립들은 거의 모든 방향으로 크기가 같다. (*b*) 변형은 연신된 결정립들을 생산했다. (Adapted from W. G. Moffatt, G. W. Pearsall, and J. Wulff, *The Structure and Properties of Materials*, Vol. I, *Structure*, John Wiley & Sons, 1964. Reproduced by permission of Janet M. Moffatt.)

나게 되는 것이다.

다결정질 금속들은 동일한 금속의 단결정보다 더 강하다. 이것은 슬립을 일으키고 항복에 이르게 하기 위해서는 더 큰 응력이 필요하다는 의미이다. 또한 이것은 상당부분 소성변형 과정에서 결정립에 부과된 기하학적인 구속의 결과이기도 하다. 비록 한 결정립이 슬립을 일으키는 응력에 유리한 방향으로 있다고 하더라도, 약간 덜 적절한 방향으로 놓여 있는 인접한 다른 결정립들이 함께 슬립을 일으키기 전까지는 변형을 하지 못한다. 따라서 더 강한 수준의 응력이 필요하게 된다.

9.8 | 쌍정에 의한 변형

몇몇의 금속 재료에 있어서 슬립뿐 아니라 소성변형까지도 기계적인 **쌍정 형성**(*twinning*)에 의해 일어날 수 있다. 쌍정의 개념은 6.8절에서 설명하였다. 즉 전단력이 원자의 변위를 생기게 하면 어느 한 면(쌍정 경계)에 원자가 있고 다른 쪽 거울상의 위치에 다른 원자가 놓이게 된다. 그림 9.12는 이런 방식을 보여주고 있다. 그림 9.12*b*의 파란색 원은 움직이지 않은 원자를 나타내고, 빨간색 원은 쌍정을 형성하는 동안에 움직인 원자, 빨간색 화살표는 움직인 변위의 크기를 나타낸다. 더욱이 쌍정은 명백한 결정학적 평면에서 결정구조에 따라 정해진 방향으로 일어난다. 예를 들면 BCC 구조의 금속의 쌍정면과 방향은 각각 (112)와 [111]이다.

전단응력 τ를 받는 단결정에 대한 슬립과 쌍정 변형은 그림 9.13에 비교되어 있다. 슬립에 의해 돌출된 모양을 그림 9.13*a*에 나타내었으며, 이것이 형성되는 과정은 9.6절에서 설명하였

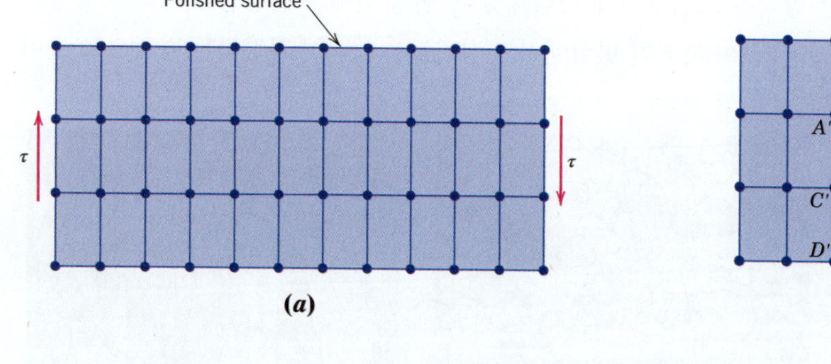

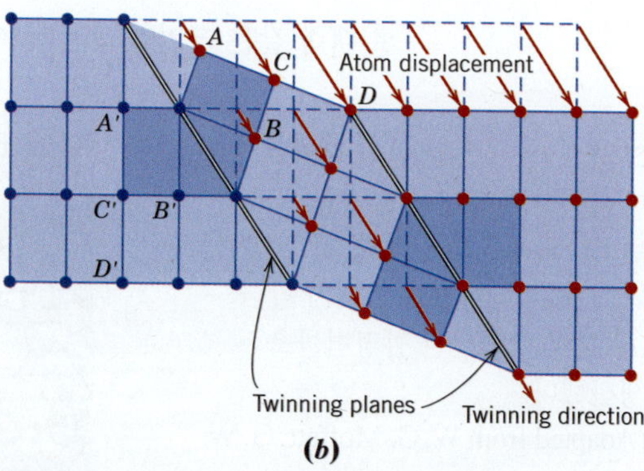

그림 9.12 부과된 전단응력 τ로부터 쌍정이 생기는 방법을 나타내는 도식적 그림. (*a*)는 쌍정 발생 이전의 원자들의 위치, (*b*)는 쌍정 발생 이후의 원자들의 위치로, 푸른색 원은 위치를 바꾸지 않은 원자를 나타내고, 붉은색 원은 변위가 생긴 후의 원자들의 위치이다. 여기서 *A*와 *A'* 원자, *B*와 *B'* 원자는 쌍정 경계를 기준으로 거울에 비친 이미지 관계를 유지한다.

(From W. Hayden, W. G. Moffatt, and J. Wulff, *The Structure and Properties of Materials*, Vol. III, *Mechanical Behavior*, John Wiley & Sons, 1965. Reproduced by permission of Kathy Hayden.)

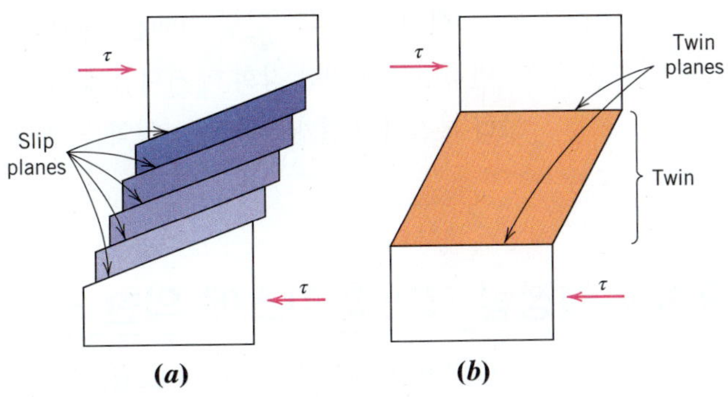

그림 9.13 단결정에 전단응력 τ가 인가되었을 때의 (*a*) 슬립에 의한 변형, (*b*) 쌍정에 의한 변형

다. 쌍정에서 전단변형은 균일하다(그림 9.13*b*). 슬립과 쌍정 변형은 몇 가지 면에서 서로 다르다. 우선 슬립에 있어서 슬립면의 위와 아래의 결정학적 방향은 변형 전과 후가 동일한 반면 쌍정 변형의 경우에는 쌍정면을 가로질러 방향이 변한다. 게다가 슬립은 원자 거리의 정수배로 변형이 생기는 반면 쌍정의 원자 변위는 원자 거리보다 작다.

BCC나 HCP 결정구조를 갖는 금속에서 기계적인 쌍정은 낮은 온도에서 높은 속도의 하중(충격 하중)이 작용하거나, 슬립 과정이 제한되는 조건, 즉 작동할 수 있는 슬립계가 몇 개 안 될 때 일어난다. 쌍정으로부터 일어나는 총(bulk) 소성변형의 양은 보통 슬립으로부터 야기되는 양에 비하면 작다. 그러나 쌍정이 정말 중요한 것은 결정학적 방향의 변화가 수반되기 때문이다. 즉, 쌍정은 새로운 슬립계를 응력축에 대해서 유리한 방향으로 놓아 슬립 과정이 비로소 다시 일어날 수 있도록 한다.

금속의 강화 메커니즘

야금학과 재료 엔지니어들은 종종 강도가 높으면서 적당한 연성(ductility)과 인성(toughness)을 보유하는 합금을 설계해야 한다. 보통 합금의 강도를 높이면 연성은 떨어진다. 엔지니어는 여러 가지 경화(hardening) 기술을 재량껏 이용하지만, 합금을 선택하는 문제는 많은 경우 특정 응용분야에 요구되는 기계적 특성을 그 재료가 얼마나 수용할 수 있는가에 달려 있다.

금속의 전위 운동과 기계적인 거동 사이의 관계가 강화 메커니즘을 이해하는 데 중요하다. 왜냐하면 거시적인 소성변형은 많은 수의 전위 운동과 관계되기 때문이다. 즉, **금속의 소성변형 능력은 전위의 이동 능력에 달려 있다.** 경도와 강도(항복강도와 인장강도)는 소성변형이 얼마나 쉽게 일어날 수 있느냐와 연관되기 때문에 전위의 이동도를 줄여 기계적인 강도를 향상시킬 수 있다. 즉, 소성변형을 일으키려면 더 큰 기계적인 응력이 가해져야 한다. 이와는 반대로, 전위의 이동이 더 자유로우면 금속이 쉽게 변형되어 더 부드럽고 약해진다. 사실 모든 강화 기술은 다음의 간단한 원리 — **전위 운동을 제한하거나 방해하면 금속은 딱딱해지고 강해진다** — 에 의존한다.

현재의 논의는 단일상(single phase) 금속에 대해서 결정립 크기를 줄이고, 고용체 합금과 변형경화에 의한 강화 메커니즘에 국한되어 있다. 다상(multiphase) 합금의 변형과 강화는 보다 복잡하여 현재 논의하는 영역을 넘기 때문에 뒤의 장들에서 다룬다.

9.9 | 결정립 크기의 감소에 의한 강화

다결정질 금속의 결정립의 크기, 즉 평균 결정립 지름이 기계적 성질에 영향을 미친다. 인접한 결정립은 그림 9.14에 보이는 것처럼 보통 다른 결정학적인 방향과 공통의 결정립계를 갖는다. 소성변형이 진행되는 동안 슬립(전위의 운동)은 이러한 공통의 경계를 가로질러, 즉 그림 9.14에서 결정립 A로부터 결정립 B까지 일어나야만 한다. 결정립계는 다음 두 가지 이유에서 전위의 움직임에 장애물로 작용한다.

1. 2개의 결정립이 다른 방향으로 놓여 있으므로, 전위가 결정립 B로 진행하기 위해서는 운동 방향을 바꿔야 한다. 이것은 결정학적인 방향이 불규칙해질수록 더 어렵게 된다.
2. 결정립계 지역 내에서의 원자의 무질서는 한 결정립에서 다른 결정립으로 가는 슬립면의 불연속을 초래하게 된다.

고각 결정립계(high-angle grain boundary)에서는 변형이 진행되는 동안 전위가 결정립계를 가로지르지 않고 오히려 전위들이 결정립계에 쌓인다(정체한다). 이것 때문에 슬립면의 전방에 응력집중(stress concentration)이 되어 인접한 결정립에서 새로운 전위들이 생성된다.

작은 결정립을 가진 재료는 결이 굵은 결정립으로 된 재료보다 더 강하고 단단한데, 이는 작은 결정립의 재료가 전위의 움직임을 방해하는 총 결정립 면적이 더 크기 때문이다. 많은 재료의 항복강도(yield strength) σ_y는 다음 식에서 보는 것처럼 결정립 크기에 따라 변한다.

홀-페치 방정식—결정립 크기의 함수인 항복강도

$$\sigma_y = \sigma_0 + k_y d^{-1/2} \tag{9.7}$$

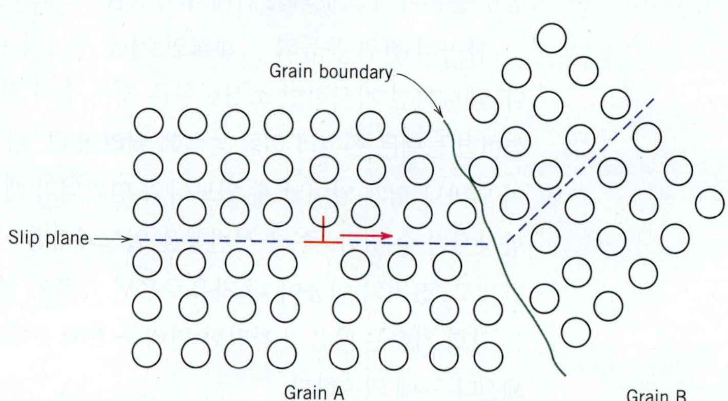

그림 9.14 결정립계에 충돌함으로써 생기는 전위의 거동은 경계가 어떻게 연속된 슬립에 장애물로서 작용하는가를 보여준다. 슬립면은 연속하지 않고 경계를 가로지르는 방향을 변화시킨다. (From L. H. Van Vlack, *A Textbook of Materials Technology*, Addison-Wesley, 1973. Reproduced by permission of the estate of Lawrence H. Van Vlack.)

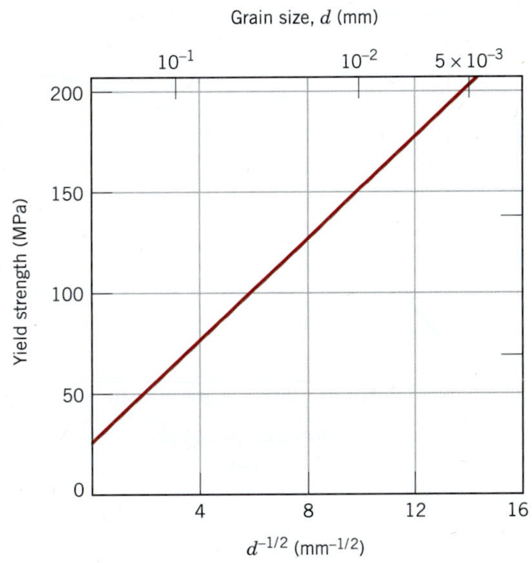

그림 9.15 결정립의 크기가 70 Cu-30 Zn 황동 합금의 항복강도에 미치는 영향. 결정립 지름이 오른쪽에서 왼쪽으로 가면서 증가하고 선형적이 아니라는 것에 주의하라. (Adapted from H. Suzuki, "The Relation between the Structure and Mechanical Properties of Metals," Vol. II, *National Physical Laboratory, Symposium No. 15*, 1963, p. 524.)

홀-페치 방정식(*Hall-Petch equation*)으로 불리는 이 식에서 d는 평균 결정립 지름이고, σ_0와 k_y는 재료에 따라 정해지는 상수이다. 매우 큰(즉, 결이 거친) 결정립과 극단적으로 작은 결정립 다결정질 재료에서 식 (9.7)은 유효하지 않다는 것을 주목하라. 그림 9.15에서는 결정립 크기에 따라서 변하는 황동 합금의 항복강도를 보여준다. 결정립 크기는 액체가 식을 때 응고되는 속도로 규정할 수도 있고, 9.14절에서 설명하는 바와 같이 적당한 열처리에 따른 소성변형으로 규정할 수도 있다.

또한 결정립의 크기를 작게 하면 합금의 강도도 커지고 인성도 향상된다.

소각 결정립계(small-angle grain boundary, 6.8절 참조)는 경계면을 따라 결정학적으로 약간 불규칙하게 정렬되어 있기 때문에 슬립이 이루어지는 과정에서 별다른 영향을 미치지 못한다. 이에 반해, 쌍정 경계(twin boundary, 6.8절 참조)는 효과적으로 슬립을 막아서 재료의 강도를 증가시킨다. 또한 2개의 다른 상(phase) 사이의 경계는 전위의 이동을 방해하는데 이것은 더 복잡한 합금을 강하게 하는 경우에 중요한 역할을 한다. 구성 물질의 상의 모양과 크기는 다상 합금(multiphase alloy)의 기계적인 성질에 상당한 영향을 미친다. 이는 5.1절, 12.7절, 12.8절에서 논의할 주제이다.

9.10 | 고용체 강화

고용체 강화

금속을 강화하고 단단하게 하는 또 다른 기술은 치환형 고용체나 침입형 고용체에 들어가는 불순물 원소로 합금화시키는 것이다. 따라서 이것을 **고용체 강화(solid-solution strengthening)**라 한다. 높은 순도의 금속들은 거의 항상 그것들의 합금보다 부드럽고 약하다. 구리에 니켈

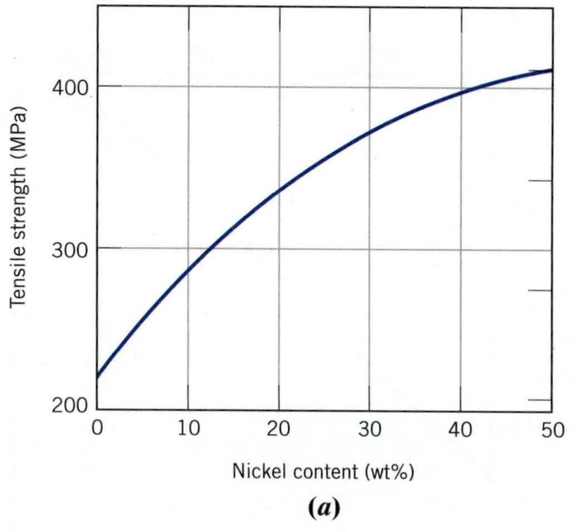

(*a*)

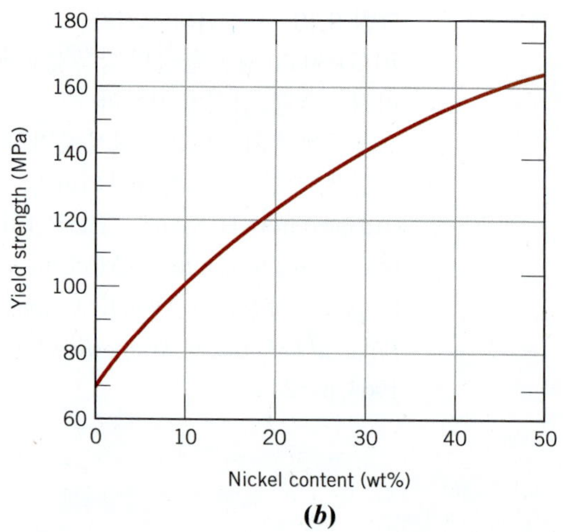

(*b*)

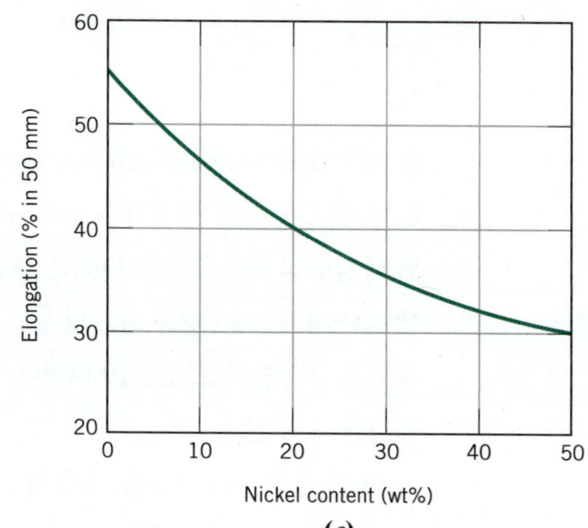

(*c*)

그림 9.16 니켈 함유량에 따른 구리-니켈 합금의 (*a*) 인장강도, (*b*) 항복강도, (*c*) 연성(%EL)의 변화량

이 섞인 합금에서 불순물인 니켈의 농도가 증가하면 그림 9.16*a*와 9.16*b*에서와 같이 각각 인장강도와 항복강도는 증가한다. 니켈의 농도에 대한 연성의 변화를 그림 9.16*c*에 나타내었다.

합금은 순수 금속보다 강하다. 그 이유는 고용체에 포함되어 있는 불순물 원자는 대개 주변을 둘러싸고 있는 주원자에 격자변형률(lattice strain)을 주기 때문이다. 격자변형률장(lattice strain field)은 전위와 불순물 원자 사이에 상호작용하게 되고, 결과적으로 전위의 움직임이 제한된다. 예를 들면 주원자보다 작은 불순물 원자는 그림 9.17*a*에 나타낸 것처럼 주변의 결정격자에 인장변형률을 준다. 반대로 더 큰 치환형 원자는 그 주변에 압축변형률을 부과한다(그림 9.18*a*). 이런 용질 원자는 전위로 확산되고 전위 부근으로 편석되어 전체 변형에너지를 줄이게 된다. 즉, 전위 주변의 격자에 작용하는 응력을 어느 정도 상쇄시킨다. 이렇게 되기 위해서 전위의 압축변형률의 일부를 부분적으로 없애는 곳에 더 작은 불순물 원자가 위치해야 한다. 그림 9.17*b*의 칼날전위에서 이것은 전위선 바로 옆, 슬립면 위에 위치하고, 더 큰 불순물

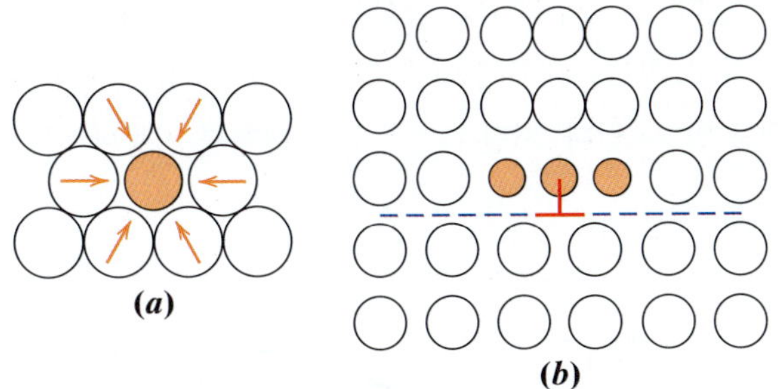

그림 9.17 (*a*) 더 작은 대체 불순물 원소에 의해 주원소에 부과되는 인장의 격자변형률, (*b*) 칼날전위에서, 전위에 의한 격자변형률과 불순물 사이의 부분적인 상쇄가 일어날 가능성이 있는 작은 불순물 원자의 위치

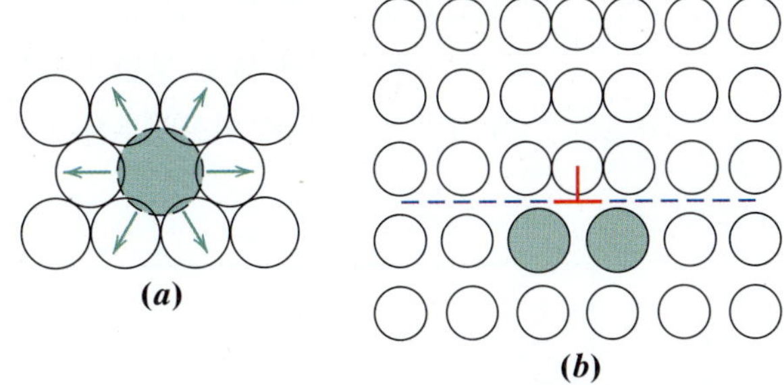

그림 9.18 (*a*) 더 큰 대체 불순물 원소에 의해 주원소에 부과되는 압축의 격자변형률, (*b*) 칼날전위에서, 전위에 의한 격자변형률과 불순물 사이의 부분적인 상쇄가 일어날 가능성이 있는 큰 불순물 원자의 위치

원자는 그림 9.18*b*에서처럼 슬립면 아래에 위치한다.

슬립에 대한 저항은 불순물 원자가 나타날 때 더 크다. 왜냐하면 전체 격자변형률은 전위를 그 원자들로부터 떼어 낼 때 증가하기 때문이다. 더욱이 이런 종류의 격자변형률 상호작용(그림 9.17*b*와 9.18*b*)이 소성변형 동안 운동하는 불순물 원자와 전위 사이에 존재하게 된다. 따라서 고용체 합금에서 소성변형이 시작되어 계속 진행되려면 순수한 금속과는 반대로 더 큰 응력이 필요하며 이것은 강도와 경도가 증가하는 것으로 증명할 수 있다.

9.11 | 변형경화

변형경화

변형경화(strain hardening)란 연성 금속이 변형을 일으킴에 따라 점점 더 단단해지고 강해지는 현상이다. 이것은 또 가공경화(*work hardening*)라고도 하고, 변형이 일어나는 온도가 금속의 용융점보다 상대적으로 '낮기' 때문에 **냉간가공(cold working)**이라고도 한다. 대부분의 금속은 상온에서 변형경화를 한다.

냉간가공

소성변형의 정도는 변형률보다는 냉간가공백분율(*percent cold work*)(%CW)로 나타내는 것이 때때로 편리하여 다음과 같이 정의한다.

냉간가공백분율—변형 전의 초기 단면적과 변형 후 단면적의 함수

$$\%\mathrm{CW} = \left(\frac{A_0 - A_d}{A_0}\right) \times 100 \tag{9.8}$$

여기서 A_0는 변형 전의 초기 단면적, A_d는 변형 후의 단면적이다.

그림 9.19*a*와 9.19*b*는 강철, 황동, 구리에 대해서 냉간가공이 증가함에 따라서 항복강도

와 인장강도가 어떻게 증가하는가를 보여준다. 경도와 강도의 향상은 금속의 연성의 감소를 초래한다. 그림 9.19*c*를 보면 3개의 합금(강철, 황동, 구리)에 대해서 냉간가공이 증가하면 이에 따라서 연성, 즉 연신백분율이 감소됨을 알 수 있다. 저탄소강의 응력-변형률 거동에 미치

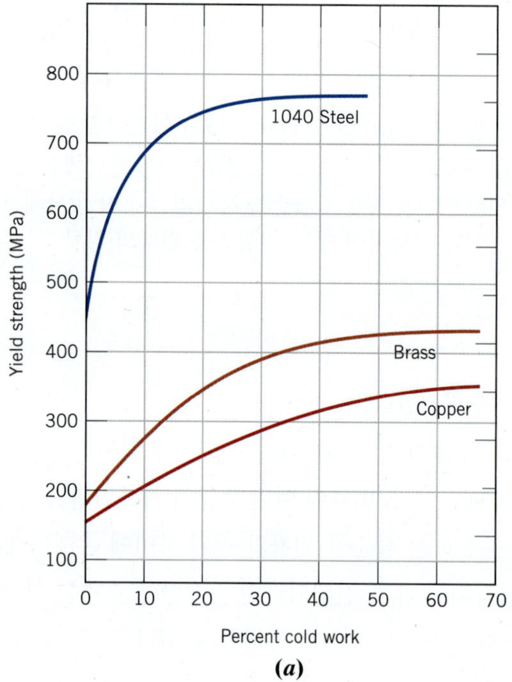

(*a*)

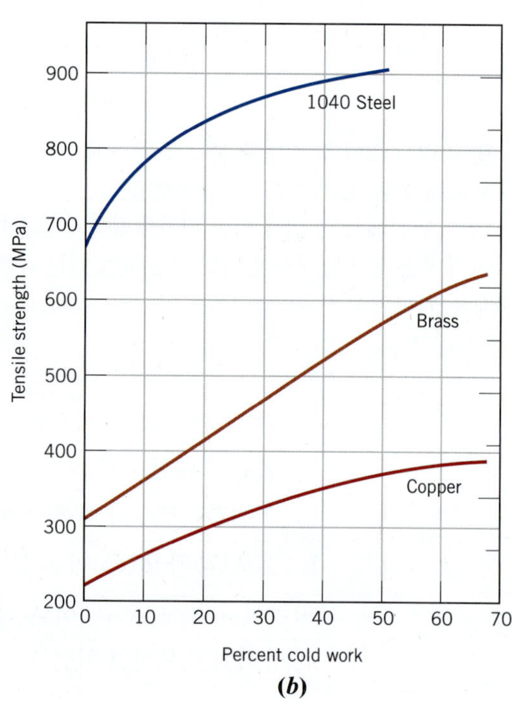

(*b*)

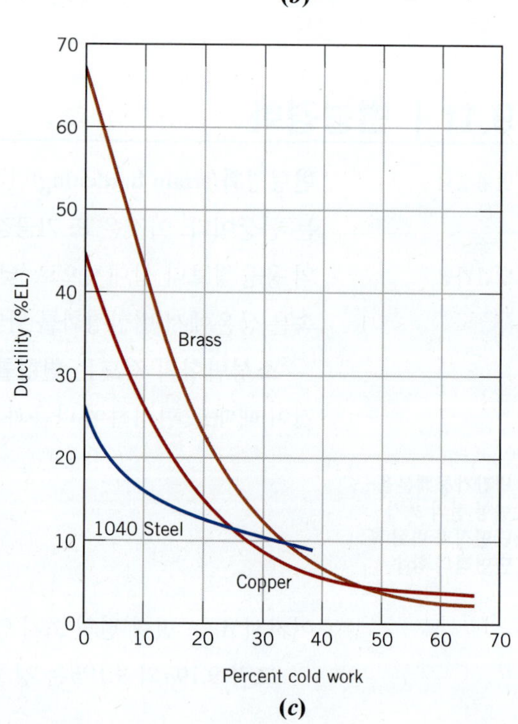

(*c*)

그림 9.19 1040 강, 황동, 구리의 냉간가공량(%CW)에 따른 (*a*) 항복강도의 증가, (*b*) 인장강도의 증가, (*c*) 연성(%EL)의 감소 [Adapted from *Metals Handbook: Properties and Selection: Irons and Steels*, Vol. 1, 9th edition, B. Bardes (Editor), 1978; and *Metals Handbook: Properties and Selection: Nonferrous Alloys and Pure Metals*, Vol. 2, 9th edition, H. Baker (Managing Editor), 1979. Reproduced by permission of ASM International, Materials Park, OH.]

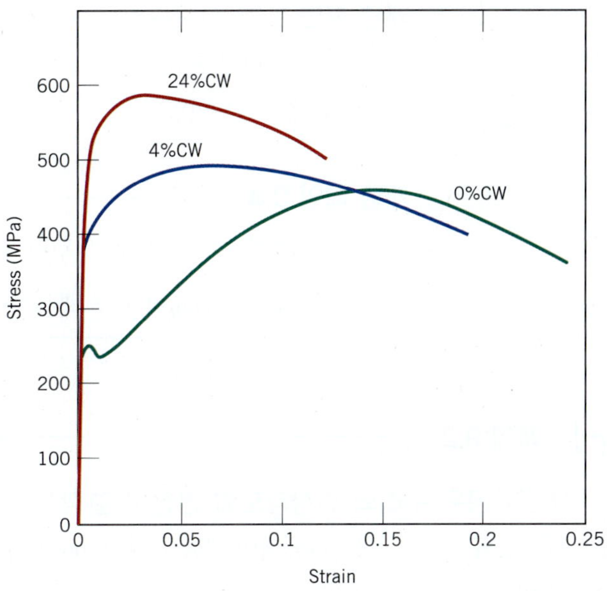

그림 9.20 저탄소강의 응력-변형률 거동에 대한 냉간가공의 영향. 곡선은 0%CW, 4%CW, 24%CW를 보여준다.

는 냉간가공의 영향을 그림 9.20에 나타내었다. 여기에 응력-변형률 곡선을 0%CW, 4%CW, 24%CW에 대해 그렸다.

가공경화 현상은 앞의 그림 8.17의 응력-변형률 선도에 나타나 있다. 초기에 항복강도가 σ_{y_0}인 금속을 점 *D*까지 소성변형시킨다. 그런 다음 응력을 제거하고 응력을 다시 부과하면, 새로운 항복강도 σ_{y_i}가 된다. σ_{y_i}가 σ_{y_0}보다 크기 때문에 이 과정을 거치면서 재료가 더 강해졌다고 말할 수 있다.

가공경화 현상은 9.4절에서 설명한 바와 같이 전위들 사이에 나타나는 변형률장의 상호작용을 토대로 설명할 수 있다. 금속의 전위밀도는 앞에서 설명한 것처럼 새로운 전위가 생겨나며 증식하기 때문에 가공경화의 양에 따라 증가하게 된다. 결과적으로 전위들 사이의 평균 간격은 좁아지게 되어 점점 더 가까운 위치에 놓이게 된다. 평균적으로 보면 전위와 전위 사이의 변형률장의 상호작용은 서로 밀어내는 결과를 발생시키므로 한 전위의 움직임은 다른 전위에 의해 방해를 받게 된다. 전위밀도가 증가할수록 다른 전위에 의한 방해가 심각하게 된다. 따라서 금속을 변형시키는 데 필요한 응력은 냉간가공의 양에 따라 증가한다.

가공경화는 제작 과정 중에 금속의 기계적 성질을 향상시키기 위해 가끔 상업적으로 이용되기도 한다. 가공경화의 효과는 15.6절에서 설명되겠지만 어닐링 열처리를 통해 제거할 수 있다.

한편, 진응력과 진변형률에 관한 식 (8.19)에서 매개변수 *n*은 **가공경화지수**(*strain-hardening exponent*)라 부르며, 금속이 가공경화되는 정도를 나타낸다. *n* 값이 클수록 주어진 소성변형률에서의 가공경화 정도는 커진다.

개념 확인 9.3

경도 측정 시 이미 존재하는 누름 자국에 아주 가까이 누름 자국을 만들면 어떤 영향을 미치는가? 그 이유는 무엇인가?

개념 확인 9.4

가공경화지수의 크기 변화는 재료의 소성변형 거동에 어떤 영향을 주는가?

(정답은 *www.wiley.com*의 제품 페이지에서 확인할 수 있음)

예제 9.2

냉간가공된 구리의 인장강도와 연성의 결정

원통형 구리 봉이 냉간가공되어 지름이 16.4 mm에서 13.2 mm로 감소되었다면 이때 구리봉의 인장강도와 연성(%EL)은 얼마인가?

풀이

우선 변형에서 기인한 냉간가공량(%CW)을 결정하는 것이 필요하며, 식 (9.8)에서 다음과 같이 구할 수 있다.

$$\%\text{CW} = \frac{\left(\dfrac{16.4\ \text{mm}}{2}\right)^2\pi - \left(\dfrac{13.2\ \text{mm}}{2}\right)^2\pi}{\left(\dfrac{16.4\ \text{mm}}{2}\right)^2\pi} \times 100 = 35.2\%$$

그러므로 그림 9.19*b*로부터 읽으면 인장강도는 340 MPa이다. 또한 그림 9.19*c*로부터 35.2%CW에서의 연성값은 약 7%EL이다.

요약하면, 단상의 금속 합금을 강화, 경화시키는 세 가지 메커니즘 — 결정립 크기의 감소에 의한 강화, 고용체 강화, 변형경화 — 에 대해 설명하였다. 이것들은 물론 서로 연관되어 사용되기도 하는데, 예를 들면 고용체 강화된 합금도 변형경화될 수 있다.

결정립 크기의 감소에 의한 강화와 변형경화의 효과는 높은 온도의 열처리에 의해 제거하거나 적어도 줄일 수 있다(9.13절과 9.14절 참조). 반대로 고용체 강화는 열처리에 의해 영향을 안 받는다.

12장에서 보게 되겠지만, 지금 거론했던 것들 이외의 기술이 다수 금속 합금의 기계적 성질을 향상시키기 위해 사용될 수도 있다. 이 합금들은 다상(multiphase)이고 명확하게 설계된 열처리로부터 상변태를 유도해 성질을 변화시킨다.

회복, 재결정 및 결정립 성장

이 장의 앞부분에서 설명한 바와 같이, 절대 용융점보다 상대적으로 많이 낮은 온도에서 다결정질 금속 시편에 소성변형을 가하면 (1) 결정립 모양의 변화(9.7절 참조), (2) 변형경화(9.11절 참조), (3) 전위밀도의 증가(9.4절 참조) 등과 같은 미세조직의 변화 및 재료 성질의 변화를 일으킨다. 변형에 사용된 에너지의 한 부분은 새로 생성된 전위의 주위에 인장, 압축, 전단 등과 관련된 변형률에너지로 금속 내부에 저장된다(9.4절 참조). 또한 소성변형의 결과로 전기전도도(13.8절 참조)와 부식 저항과 같은 성질들도 변한다.

이와 같이 변화된 미세조직 및 성질은 적절한 열처리[어닐링 열처리(*annealing treatment*) 라고도 한다]에 의해 가공 전의 상태로 복귀시킬 수 있다. 그 복귀 과정은 높은 온도에서 일어나는 회복(*recovery*)과 재결정(*recrystallization*)이며 그다음에는 결정립 성장(*grain growth*)으로 이어진다.

9.12 | 회복

회복

회복(recovery) 과정에서는 높은 온도에서 원자의 활발한 확산 결과로 인한 전위의 움직임(외부의 부과 응력은 없는 상태에서)에 의해 내부에 저장된 변형률에너지의 일부가 제거된다. 전위의 개수는 감소하고, 전위의 배열상태(그림 6.14에 보인 것과 유사한)도 낮은 변형률에너지를 갖는 배열로 바뀐다. 또한 전기전도도나 열전도도 같은 재료의 물리적 성질은 가공 전의 상태로 회복된다.

9.13 | 재결정

재결정

회복이 완료된 후에도 결정립들은 아직 대체적으로 높은 변형률에너지 상태에 있다. **재결정(recrystallization)**이란 변형률이 없는 새로운 등축형(equiaxed, 모든 방향으로 거의 같은 치수를 갖는) 결정립을 형성하는 것인데 이 결정립은 가공 전 상태의 특성을 나타내며 낮은 전위밀도를 갖는다. 이러한 새로운 결정립 구조를 형성하게 하는 구동력은 변형된 재료와 변형되지 않은 재료 사이의 내부에너지 차이이다. 새로운 결정립은 매우 작은 핵으로 생기고, 근거리 확산 과정을 통해 기존 재료를 완전히 바꿀 때까지 성장을 계속한다. 재결정의 단계는 그림 9.21*a*에서 9.21*d*까지에 나타나 있는데 이 사진에서 작은 반점들이 있는 결정립은 재결정된 것이다. 그러므로 냉간가공된 금속의 재결정 과정을 통해 결정립 구조를 작게 만들 수 있다.

또한 재결정 과정 중에 냉간가공으로 변화된 기계적 성질은 가공 전의 값으로 돌아온다.

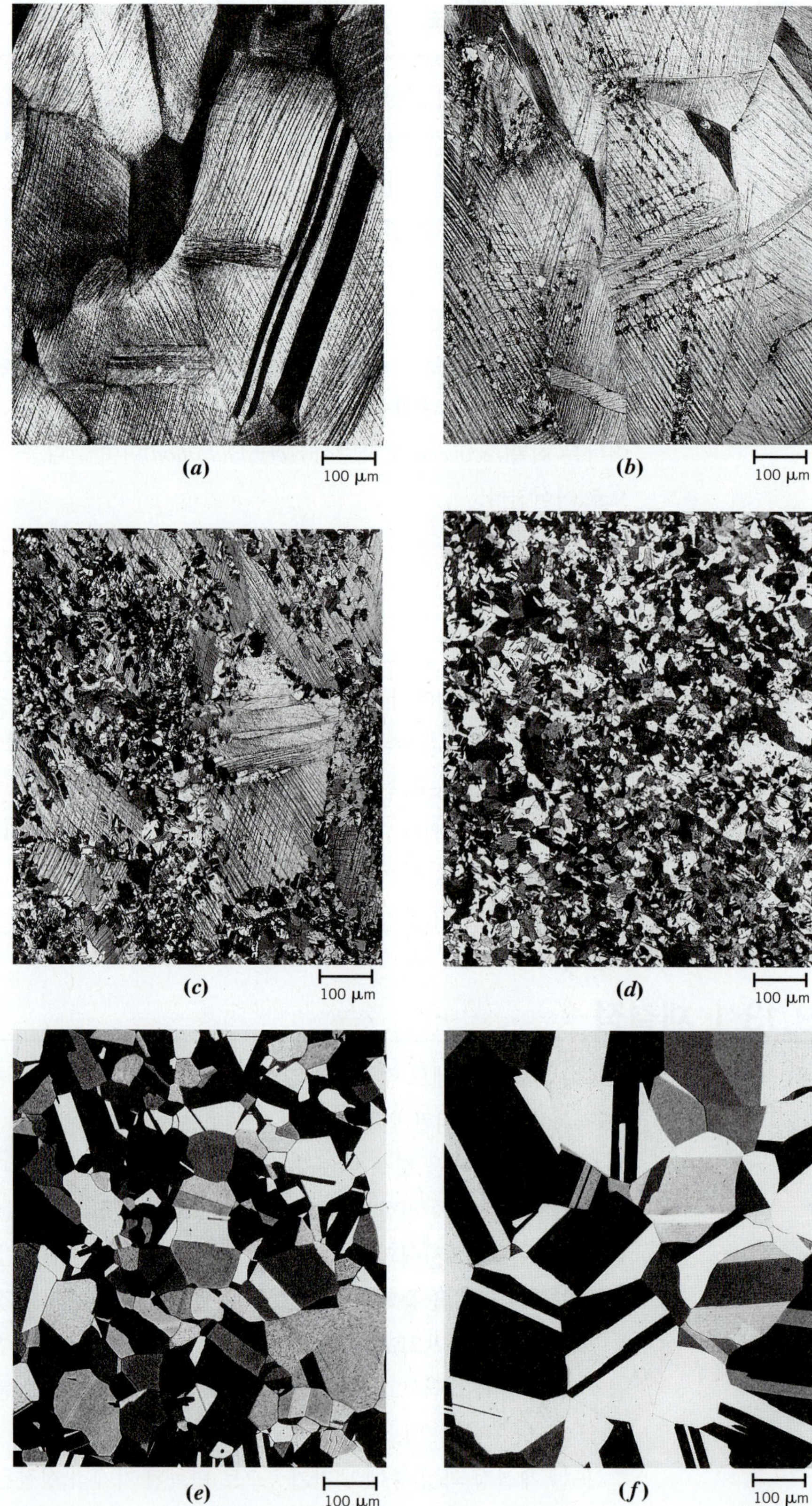

그림 9.21 황동 조직의 성장과 재결정의 몇 가지 단계의 현미경 사진(모두 70배율).
(*a*) 냉간가공(33%CW) 시 결정립 구조. (*b*) 580°C에서 3초간 가열 후 재결정의 초기 단계. 매우 작은 입자들이 재결정되었다. (*c*) 냉간가공에 의해 조직의 일부가 재결정 조직으로 대체(580°C에서 4초간). (*d*) 완전한 재결정(580°C에서 8초간).
(*e*) 580°C에서 15분 후의 결정립 성장 모습.
(*f*) 700°C에서 10분 후의 결정립 성장 모습.
(All photomicrographs from J. E. Burke, *Grain Control in Industrial Metallurgy*, in "The Fundamentals of Recrystallization and Grain Growth," Thirtieth National Metal Congress and Exposition, American Society for Metals, 1948. By permission of ASM International, Materials Park, OH. www.asmInternational.org.)

즉, 재료는 더 무르고, 약하고, 연하게 된다. 재결정을 하는 과정에서 기계적 특성의 변화가 일어나도록 열처리를 하기도 한다(15.6절 참조).

재결정은 시간과 온도에 의존하는 과정이다. 그림 9.21*a*에서 9.21*d*까지의 사진에 나타난 바와 같이, 재결정의 정도(또는 비율)는 시간에 따라 증가한다. 시간에 의존하는 재결정 과정은 12.3절의 끝부분에 상세히 설명되어 있다.

온도의 영향을 그림 9.22에 나타내었는데 일정하게 1시간 동안 열처리를 한 후의 황동 합금에 대한 상온에서 인장강도와 연성이 온도의 함수로 도시되어 있다. 또한 재결정 과정 중의 여러 단계별로 결정립의 구조를 개략적으로 나타내었다.

재결정온도

어느 특정한 금속 합금에 대한 재결정의 거동은 때때로 **재결정온도(recrystallization temperature)**로 표시하는데, 재결정온도란 재결정이 대략 1시간 내에 완료되는 온도를 의미한다. 따라서 그림 9.22의 황동 합금의 재결정온도는 약 450°C이다. 일반적으로 재결정온도는 금속과 합금의 절대용융온도의 1/3~1/2 범위이며, 과거의 냉간가공의 양과 합금의 순도가 재결정온도에 영향을 주는 요소이다. 냉간가공의 비율이 증가함에 따라 재결정의 속도도 향상되는데, 이는 그림 9.23에 나타나 있는 것처럼 재결정온도가 낮아지고 큰 변형에서의 상숫값 또는 한곗값에 접근하기 때문이다. 그리고 이 한계 재결정온도, 즉 최소 재결정온도는 일반적으로 문헌에 나와 있다. 어느 정도 이하의 냉간가공에서는 아무리 해도 재결정이 생기지 않는 임계

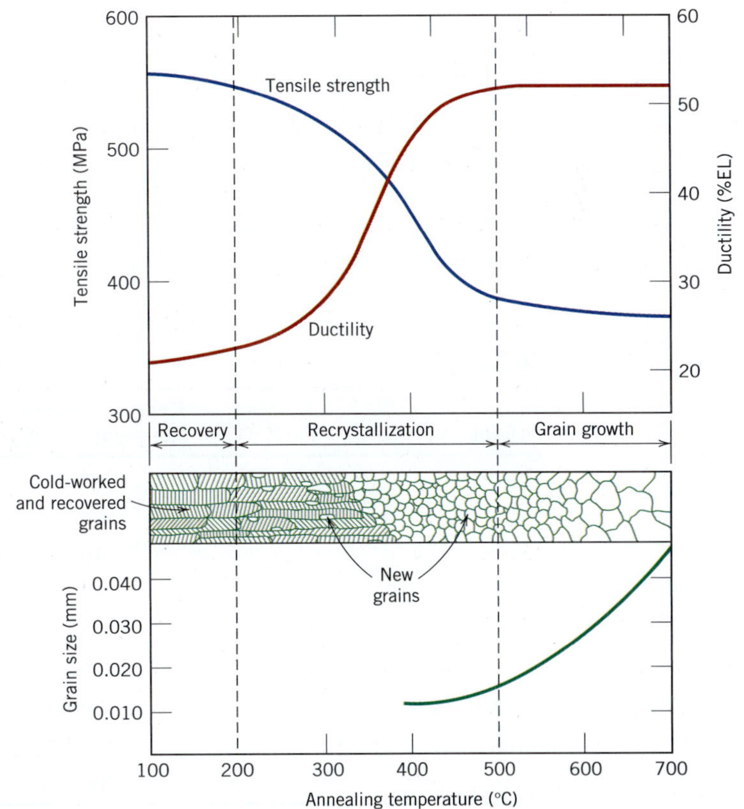

그림 9.22 소둔온도(1시간의 소둔 동안)가 황동 합금의 인장강도와 연성에 미치는 영향. 소둔온도의 변화에 따른 결정립의 크기를 보여주고 있다. 회복, 재결정, 결정립의 성장 등의 단계 동안 결정립의 구조를 대략적으로 보여주고 있다.
(Adapted from G. Sachs and K. R. Van Horn, *Practical Metallurgy, Applied Metallurgy and the Industrial Processing of Ferrous and Nonferrous Metals and Alloys*, 1940. Reproduced by permission of ASM International, Materials Park, OH.)

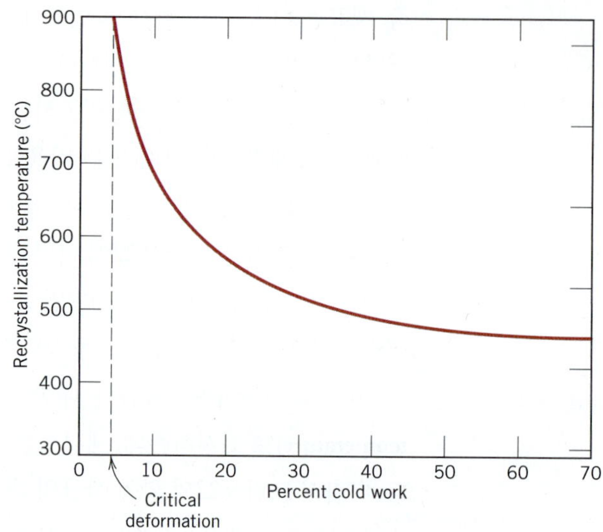

그림 9.23 철의 냉간가공 비율에 따른 재결정온도의 변화. 임계(약 5%CW)보다 낮은 변형에서 재결정은 일어나지 않는다.

점이 존재하는데, 그림에서 표시한 바와 같이 대개 2~20% 냉간가공 범위에 있다.

재결정 과정은 합금보다 순수 금속에서 더 빠르게 진행된다. 재결정 중에 새 결정립 핵이 생성되고 성장함에 따라 결정립계가 움직인다. 결정립계의 움직임을 줄이기 위해 불순물(impurity) 원자는 우선적으로 분리되어 재결정된 결정립계와 상호작용을 한다고 여겨진다. 이것이 재결정 속도의 감소를 초래하며 재결정온도를 때때로 꽤 많이 올리게 한다. 순수 금속의 재결정온도는 대개 0.4 T_m(T_m은 절대 용융점)이고 일부 상업용 합금의 재결정온도는 0.7 T_m까지 올라간다. 표 9.2는 몇몇 금속과 합금의 재결정온도와 용융온도를 보여준다.

재결정 속도는 앞에서 언급했던 몇 가지 변수에 의존하므로 문헌에서 인용된 재결정온도에 약간의 변화가 있을 수 있다는 것을 주목해야 한다. 더구나, 어떤 금속의 재결정온도보다 낮은 온도에서의 열처리를 통해서도 어느 정도의 재결정은 일어날 수 있다.

표 9.2 여러 가지 금속과 합금의 재결정온도와 용융온도

Metal	Recrystallization Temperature (°C)	Melting Temperature (°C)
Lead	−4	327
Tin	−4	232
Zinc	10	420
Aluminum (99.999 wt%)	80	660
Copper (99.999 wt%)	120	1085
Brass (60 Cu–40 Zn)	475	900
Nickel (99.99 wt%)	370	1455
Iron	450	1538
Tungsten	1200	3410

소성변형은 가끔 15.2절에서 언급될 **열간가공**(*hot working*), 즉 재결정온도보다 높은 온도에서도 일어난다. 열간가공의 경우 재료들은 소성변형 동안에 변형경화를 하지 않기 때문에 비교적 부드럽고 연하게 남아 있는데, 따라서 큰 변형도 가능하다.

개념 확인 9.5

인장시험을 할 때 반드시 필요한 조건은 무엇인가?

개념 확인 9.6

세라믹 재료를 재결정화할 수 있는가? 그 이유는 무엇인가?

(정답은 *www.wiley.com*의 제품 페이지에서 확인할 수 있음)

설계 예제 9.1

지름을 줄이는 과정의 서술

한 번도 냉간가공을 하지 않은 초기의 지름이 6.4 mm인 원통형 황동 봉을 냉간가공(인발)하였더니 단면적이 줄어들었다. 냉간가공을 실행하기 위해서는 항복강도가 적어도 345 MPa, 연성은 20%EL 이상이어야 한다. 또한 최종 지름은 5.1 mm로 요구된다. 이 과정이 실행되는 방식을 서술하라.

풀이

먼저 냉간가공의 결과를 항복강도와 연성에 관해 따져 보면, 황동 시편의 지름이 6.4 mm(d_0)에서 5.1 mm(d_i)로 줄었으므로 식 (9.8)에서 %CW를 다음과 같이 계산할 수 있다.

$$\%\text{CW} = \frac{\left(\frac{d_0}{2}\right)^2 \pi - \left(\frac{d_i}{2}\right)^2 \pi}{\left(\frac{d_0}{2}\right)^2 \pi} \times 100$$

$$= \frac{\left(\frac{6.4 \text{ mm}}{2}\right)^2 \pi - \left(\frac{5.1 \text{ mm}}{2}\right)^2 \pi}{\left(\frac{6.4 \text{ mm}}{2}\right)^2 \pi} \times 100 = 36.5\%\text{CW}$$

그림 9.19*a*, 9.19*c*에서 변형에 따른 항복강도는 410 MPa, 연성은 8%EL임을 알 수 있다. 항복강도는 요구조건을 만족시키나, 연성은 너무 낮다.

또 다른 방법은 냉간가공 효과가 없어진 재결정 열처리에 의해서 부분적으로 지름이 감소했다는 것을 이용한다. 두 번째 인발 단계에서 요구되는 항복강도, 연성, 지름을 구할 수 있다.

다시 그림 9.19*a*에 의하면, 20%CW에서 항복강도 345 MPa을 얻을 수 있다. 반면 그림 9.19*c*에서

20%EL 이상의 연성값은 23%CW 이하의 변형에서만 얻을 수 있다. 그러므로 최종 인발 과정에서의 변형량은 20~23%CW 범위이어야 한다. 중간값 21.5%CW를 취하고, 이에 따른 1차 인발 후의 지름 d_0'을 구하면 이는 2차 인발의 초기 지름이 된다. 식 (9.8)을 이용하면 다음과 같다.

$$21.5\%\text{CW} = \frac{\left(\frac{d_0'}{2}\right)^2\pi - \left(\frac{5.1\text{ mm}}{2}\right)^2\pi}{\left(\frac{d_0'}{2}\right)^2\pi} \times 100$$

위 식을 d_0'에 대하여 풀면 다음과 같다.

$$d_0' = 5.8\text{ mm}$$

9.14 | 결정립 성장

결정립 성장

재결정이 완료된 후에도 금속 시편을 높은 온도에 놓아 두면 변형률이 없는 결정립은 성장을 계속하는데(그림 9.21d~f 참조) 이 현상을 **결정립 성장(grain growth)**이라고 한다. 회복이나 재결정 과정 없이도 결정립은 성장한다. 결정립 성장은 금속 및 세라믹과 같이 모든 다결정질 재료에서 일어난다.

6.8절에서 설명한 바와 같이, 에너지는 결정립계와 관계가 있다. 결정립 크기가 증가함에 따라 총 결정립계 면적은 감소하게 되므로 총 에너지는 감소하게 되고, 이것이 결정립 성장의 구동력이 된다.

결정립 성장은 결정립계의 이동으로 일어난다. 모든 결정립이 성장하는 것이 아니라 작은 결정립은 수축되고 큰 결정립이 성장한다. 그러므로 평균 결정립 크기는 시간에 따라 증가하며, 어느 특정 순간에는 여러 가지 크기의 결정립이 존재하게 된다. 결정립계의 이동은 단지 원자가 경계의 한쪽에서 다른 쪽으로 근거리 확산 하는 것이다. 그림 9.24에서 보는 것처럼, 결정립계 이동방향과 원자의 이동방향은 서로 반대이다.

다수의 다결정질 재료에서 결정립 지름 d는 시간 t에 따라 변하는데 다음의 관계를 갖는다.

시간에 따른 결정립 성장

$$d^n - d_0^n = Kt \tag{9.9}$$

여기서 d_0는 t_0에서의 결정립 지름이고, K와 n은 시간에 무관한 상수이며, n은 결정립 지름 지수로 값은 일반적으로 2 이상이다.

시간과 온도에 따라 변하는 결정립의 크기를 그림 9.25에 나타내었다. 이것은 몇 가지 온도에 대해서 황동 합금의 결정립 크기와 시간과의 함수인데 결정립 크기와 시간에 로그를 취

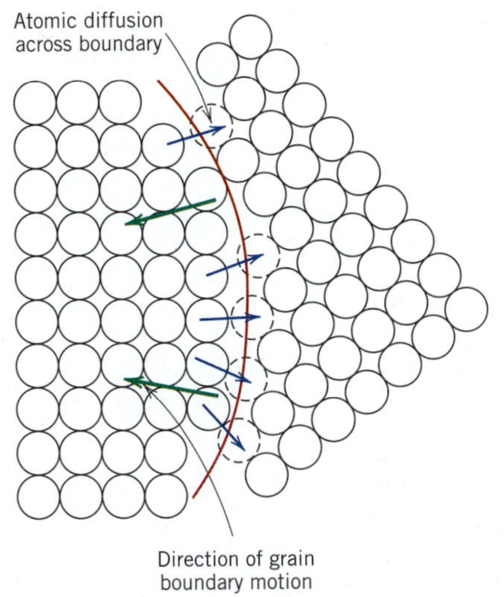

그림 9.24 원자 확산에 의한 결정립 성장을 나타낸 도식적 그림
(From L. H. Van Vlack, *A Textbook of Materials Technology*, Addison-Wesley, 1973. Reproduced by permission of the estate of Lawrence H. Van Vlack.)

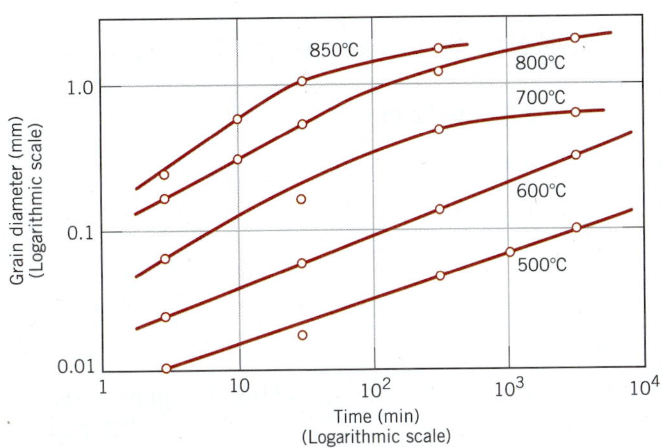

그림 9.25 황동의 온도별 결정립 성장(결정립 지름의 로그값 대 시간의 로그값)
(From J. E. Burke, "Some Factors Affecting the Rate of Grain Growth in Metals." Reprinted with permission from *Metallurgical Transactions*, Vol. 180, 1949, a publication of The Metallurgical Society of AIME, Warrendale, Pennsylvania.)

해 도시한 것이다. 낮은 온도에서는 선형적인 시간 의존성을 나타내다가 온도가 증가함에 따라 결정립 성장은 더 급속히 진행된다. 즉, 이에 따른 곡선은 더 큰 결정립 쪽에 위치한다. 이 현상은 온도 증가에 따른 확산속도의 증가로 설명할 수 있다.

미세한 결정립을 갖는 금속의 경우 상온에서의 기계적 성질(예: 강도와 인성)은 일반적으로 굵은 결정립보다 우수하다. 단상 합금의 결정립 크기가 원하는 것보다 크다면, 앞에서 서술한 바와 같이 소성가공을 한 후 재결정 열처리를 통해 결정립을 미세하게 만들 수 있다.

예제 9.3

열처리 후 결정립의 크기 계산

결정립 지름이 9.0×10^{-3} mm인 어떤 가상의 금속을 10.0분 동안에 650°C까지 가열했을 때 결정립 지름이 3.0×10^{-2} mm까지 증가했다. 초기 재료의 시편을 90분 동안 650°C까지 가열했을 때 결정립의 지름을 계산하라. 단, 결정립 지름 지수 n의 값은 2로 가정한다.

풀이

이 문제에 대해서 식 (9.9)는 다음과 같이 된다.

$$d^2 - d_0^2 = Kt \qquad (9.10)$$

먼저, 문제로부터 기술된 데이터를 위 식에 대입하여 K 값을 구해야 한다. 즉,

$d_0 = 9.0 \times 10^{-3}$ mm,
$d = 3.0 \times 10^{-2}$ mm,
$t = 10.0$분을 대입하면

$$K = \frac{d^2 - d_0^2}{t}$$

즉,

$$K = \frac{(3.0 \times 10^{-2}\ \text{mm})^2 - (9.0 \times 10^{-3}\ \text{mm})^2}{10.0\ \text{min}}$$
$$= 8.19 \times 10^{-5}\ \text{mm}^2/\text{min}$$

90분 동안 650°C에서 열처리한 후의 결정립 지름을 결정하기 위하여 식 (9.10)을 이용하면

$$d = \sqrt{d_0^2 + Kt}$$

d_0 값과 K 값, $t = 90$분을 위 식에 대입하면 다음과 같다.

$$d = \sqrt{(9.0 \times 10^{-3}\ \text{mm})^2 + (8.19 \times 10^{-5}\ \text{mm}^2/\text{min})(90\ \text{min})}$$
$$= 0.0909\ \text{mm}$$

세라믹 재료의 변형 메커니즘

비록 세라믹 재료는 상온에서 소성변형되기 전에 파괴되지만, 가능한 소성변형 메커니즘을 간략히 연구할 가치가 있다. 결정질 세라믹과 비결정질 세라믹에 따라 소성변형이 상이하며, 이들 각각에 대해 다루기로 한다.

9.15 | 결정질 세라믹

결정질 세라믹의 소성변형은 금속의 경우와 같이 전위의 이동에 의하여 발생한다. 이들 재료가 단단하고 취성이 높은 이유는 슬립(전위 운동)이 일어나기 어렵기 때문이다. 이온 결합이 매우 우세한 결정질 세라믹 재료의 경우, 전위가 이동할 수 있는 슬립계(결정면과 결정면 내부에서의 방향)의 수가 매우 적다. 이것은 전기적으로 하전된 이온의 성질에 의한 결과이다.

몇몇 방향으로 발생하는 슬립의 경우, 같은 전하의 이온들이 서로 가깝게 접근하게 되는데 이때 정전기적 척력이 작용하게 되어 전위의 슬립이 제한된다. 금속의 경우에는 모든 원자가 전기적으로 중성이기 때문에 이런 문제가 생기지 않는다.

한편, 공유결합이 강한 세라믹에서도 역시 슬립이 일어나기는 어렵고, 다음과 같은 이유들로 인해 취성이 강하다: (1) 공유결합이 상대적으로 강하다, (2) 슬립계의 개수가 역시 한정되어 있다, (3) 전위 구조가 복잡하다.

9.16 | 비결정질 세라믹

비결정질 세라믹의 소성변형은 재료 내에 규칙적인 원자구조가 없기 때문에 전위의 이동으로 인해 발생하지 않는다. 오히려 이런 재료는 액체가 변형하는 것과 같은 방식으로 **점성유동** (*viscous flow*)에 의하여 변형되는데 이때 변형 속도는 가해진 응력에 비례한다. 부과된 전단응력 때문에 원자간 결합이 깨지고 다시 재형성되면서 원자 또는 이온이 서로 미끄러져 지나친다. 그러나 이것은 전위의 이동과는 달리 변형이 어떤 정해진 방식으로 또는 어떤 정해진 방향으로 발생하지 않는다. 그림 9.26에 거시적인 점성유동을 나타내었다.

점성

점성유동의 특성을 나타내는 **점성(viscosity)**은 비결정질 재료의 변형에 대한 저항의 크기를 나타낸다. 액체의 점성유동은 2개의 평행판 사이에 전단응력을 가하면 발생하는데, 여기서 점성 η는 가해진 전단응력 τ와 평판으로부터의 수직거리 dy에 대한 속도변화 dv의 비율로 정해진다.

$$\eta = \frac{\tau}{dv/dy} = \frac{F/A}{dv/dy} \tag{9.11}$$

이것을 그림 9.26에 나타내었다.

점성의 단위는 푸아즈(P)와 파스칼-초(Pa·s)인데, 1 P = 1 dyne·s/cm^{2}이고, 1 Pa·s = 1 N·s/m^{2}이다. 두 단위 간의 관계는 다음과 같다.

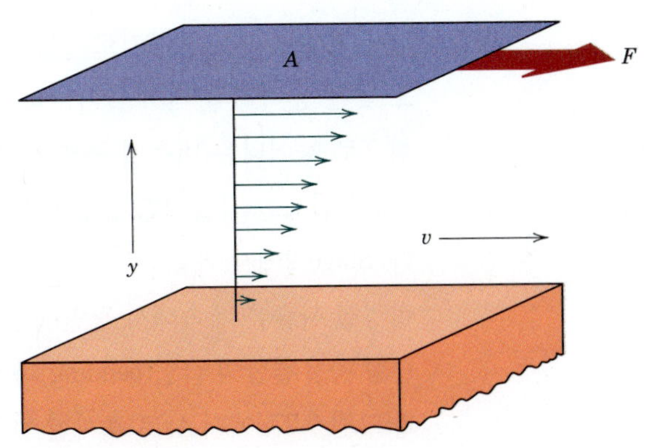

그림 9.26 부과된 전단력에 의한 액체 또는 유체 유리의 점성유동

$$10\ \text{P} = 1\ \text{Pa·s}$$

액체는 상대적으로 낮은 점성을 갖는다. 예를 들면 상온에서 물의 점성은 10^{-3} Pa · s이다. 한편 유리는 원자간 결합이 매우 강하기 때문에 상온에서 점성이 매우 높다. 온도가 상승함에 따라 결합의 크기가 감소하게 되고, 이온 또는 원자 간의 미끄러짐, 즉 유동이 쉬워지며, 결과적으로 점성이 감소하게 된다. 온도에 따라 변하는 유리의 점성은 15.8절에서 다룬다.

고분자의 변형과 강화 메커니즘

고분자의 기계적 특성을 조절하기 위해서는 이 재료의 변형 메커니즘을 이해하는 것이 매우 중요하다. 이러한 관점에서 2개의 다른 고분자의 변형 모델, 즉 반결정질(semicrystalline)과 탄성중합체(elastomer)에 주목해야 한다. 반결정질 재료의 강성과 강도는 종종 중요한 고려사항이다. 탄성변형과 소성변형 메커니즘은 다음 절에서 다루며 이 물질을 단단하고 강하게 하는 방법은 9.18절에서 다루기로 한다. 한편, 탄성중합체는 특이한 탄성 성질 때문에 이용되는데, 탄성중합체의 변형 메커니즘도 다룰 것이다.

9.17 | 반결정질 고분자의 변형

다수의 큰 부피 형태의 반결정질 고분자는 4.12절에서 설명한 구정 구조(spherulitic structure)를 갖는다. 다시 반복하자면, 구정은 여러 개의 사슬접힘 리본(층상, lamellar)이 중심으로부터 방사형으로 뻗어 나가는 구조로 구성되어 있다. 이러한 층상을 분리하는 것은 비정질 재료(그림 4.13)로 구성된 구역인데, 인접한 층상들은 이러한 비정질 구역을 통과하는 고분자의 사슬로 연결되어 있다.

탄성변형의 메커니즘

다른 재료들과 마찬가지로, 고분자의 탄성변형은 응력-변형률 곡선(그림 8.22)에서 상대적으로 낮은 응력 수준에서 일어난다. 반결정질 고분자의 탄성변형의 시작은 부과한 인장응력 방향으로 늘어나는 비정질 구역의 분자사슬로부터 생긴다. 이 과정은 그림 9.27의 Stage 1처럼 2개의 인접한 사슬접힘 층상(라멜라)과 층상 사이의 비정질 재료로 도식적으로 나타낼 수 있다. Stage 2에서 계속되는 변형은 비정질과 층상의 결정질 영역 모두의 변화 때문에 생긴다. 비정질 사슬은 계속해서 정렬해 늘어난다(그림 9.27*b*). 또한, 층상형 결정질 내부에서 강한 사슬형 공유결합의 굽힘(bending)과 늘어남(stretching)이 생긴다. 이로 인해 층상형 결정질 두께가 그림 9.27*c*에서 Δt로 표시한 것처럼 가역적으로 약간 증가한다.

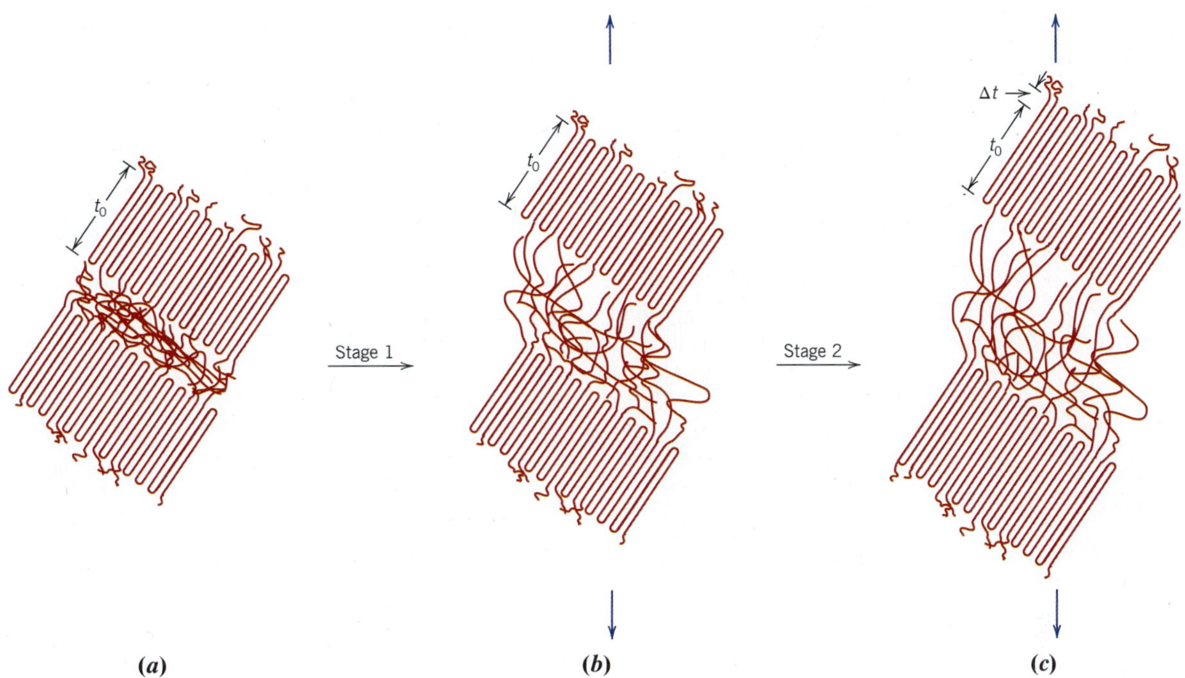

그림 9.27 반결정질 고분자의 탄성변형 단계. (*a*) 변형 전의 두 인접한 사슬접힘 층상과 층상 사이의 비정질 재료, (*b*) 첫 번째 변형 단계에서 비정질 연결 사슬의 연신율, (*c*) 층상형 결정질 내에서 사슬의 굽힘(bending)과 늘어남(stretching)으로 인한 층상형 결정질 두께의 가역적인 증가

반결정질 고분자는 결정질과 비정질을 모두 가지고 있어 복합재료로 여겨진다. 마찬가지로 탄성계수도 결정질과 비정질 상(phase)의 탄성계수의 조합으로 결정된다.

소성변형의 메커니즘

탄성변형에서 소성변형으로의 전이는 그림 9.28의 Stage 3에서 일어난다(그림 9.27*c*가 그림 9.28*a*와 동일하다는 것을 주목하라). Stage 3에서 층상 내부에서 인접한 사슬들이 서로 미끄러져 지나간다(그림 9.28*b*). 이 결과는 계속해서 층상이 기울어져 사슬접힘이 인장축에 나란하게 정렬하게 된다. 모든 사슬 변위는 상대적으로 약한 2차 결합 혹은 반데르발스 결합에 의해서 저항을 받는다.

Stage 4에서 결정질 블록 조각들은 층상으로부터 분리되는데, 이 조각들은 연결 사슬들에 의해 서로 붙어 있게 된다(그림 9.28*c*). 마지막 단계인 Stage 5에서는 블록들과 연결 사슬들이 인장축의 방향으로 정렬하게 된다(그림 9.28*d*). 그리하여 반결정질 고분자에서 나타나는 뚜렷한 인장변형은 높은 방향성을 갖는 구조를 만들어 낸다. 이 방향성을 갖는 구조를 만드는

인발

과정이 **인발(drawing)**로 알려져 있고, 고분자 섬유와 박막의 기계적 성질을 향상시키는 데 자주 이용된다. 이에 대해서는 15.7절에서 더 자세히 논의한다.

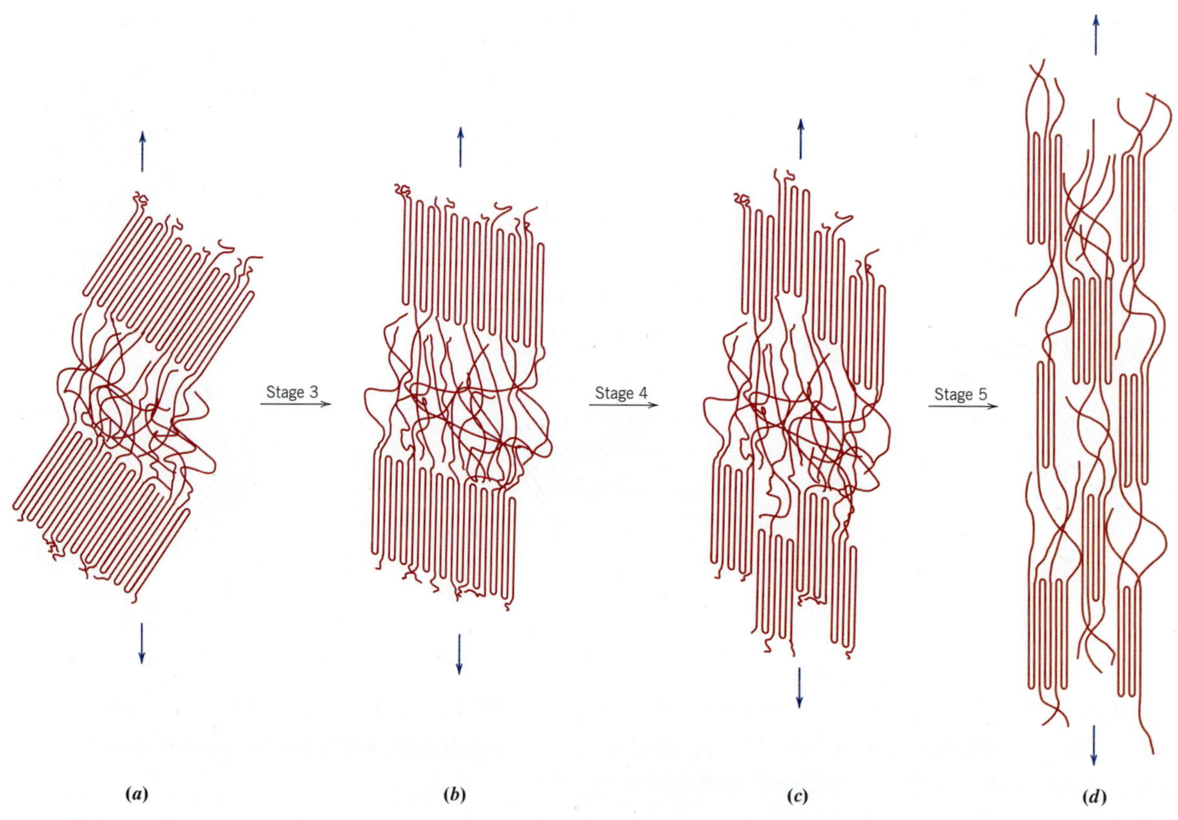

그림 9.28 반결정질 고분자의 소성변형 단계. (*a*) 탄성변형 후 2개의 인접한 사슬접힘 층상(라멜라)과 층상 사이의 비정질 재료(그림 9.27*c*도 참조), (*b*) 층상 사슬접힘의 기울어짐, (*c*) 결정질 블록 조각들의 분리화, (*d*) 소성변형의 마지막 단계에서 블록 조각들과 연결 사슬들이 인장응력축 방향으로 정렬화

변형이 일어나는 동안 구정 구조는 어느 정도까지 연신되어 모양만 바뀐다. 그러나 변형이 심할 때에는, 구정 구조는 사실상 파괴된다. 또한 그림 9.28에 나타낸 진행과정은 다소 가역적이다. 즉, 변형을 어떤 임의의 단계에서 끝내고 시편을 용융점 근처로 가열하면(어닐링하면), 재료는 다시 구정 구조를 만들기 위해 재결정화할 것이다. 게다가 시편은 부분적으로 변형 전의 크기로 줄어드는 경향이 있다. 이런 형상과 구조적 복원의 정도는 어닐링 온도와 연신된 정도에 의존한다.

9.18 | 반결정질 고분자의 기계적 성질에 영향을 주는 요인

다수의 요인들이 고분자의 기계적 성질에 영향을 준다. 예를 들어 응력-변형률(8.13절의 그림 8.24 참조) 거동에 미치는 온도와 변형률 속도의 효과에 대해 다루었다. 반복하면, 온도를 증가시키거나 변형률 속도를 줄이면 인장계수와 인장강도는 감소하고 연성은 향상된다.

게다가 여러 구조적/공정적 요인들은 고분자의 기계적 거동(강도 및 계수)에 미치는 영향을 결정한다. 그림 9.28에 나타낸 과정에 어떠한 억제 조건이 생기면 강도는 높아지게 된다. 예를 들면 광범위한 사슬의 얽힘이나 상당한 정도의 분자간 결합은 상대적으로 사슬의 움직임을 억제한다. 비록 분자간의 2차(예: 반데르발스) 결합이 공유결합과 같은 1차 결합보다 약하다 하더라도 사슬 사이에 많은 수의 반데르발스 결합이 형성되면 강한 분자간 힘이 발생할 수 있다는 것에 유념해야 한다. 게다가 2차 결합이 강해질수록 사슬이 잘 정렬할수록 계수는 증가한다. 결과적으로, 극성의 기를 보유한 고분자는 더 강한 2차 결합과 더 큰 탄성계수를 갖는다. 이제부터 고분자의 기계적 거동에 이러한 구조적/공정적 요인들[분자량, 결정도, 기변형(인발), 열처리]이 어떻게 영향을 미치는지 설명할 것이다.

분자량

탄성계수의 크기는 분자량에 의해 직접적으로 영향을 받지 않는 것처럼 보인다. 반면에, 많은 고분자의 인장강도는 분자량에 따라 증가하는 것으로 관찰되었다. 수학적으로 *TS*는 평균 분자량 수(number-average molecular weight, $\overline{M}_n$)의 함수이며 다음과 같이 주어진다.

고분자에서 평균 분자량 수의 함수인 인장강도

$$TS = TS_{\infty} - \frac{A}{\overline{M}_n} \tag{9.12}$$

여기서 TS_{∞}는 무한대의 분자량에서의 인장강도이고 *A*는 상수이다. 이 식에 의한 거동은 ($\overline{M}_n$)이 증가하면 사슬 얽힘이 증가하는 것으로 설명된다.

결정도

어느 특정한 고분자에서 결정도(degree of crystallinity)는 기계적 특성에 다소 중대한 영향을 미친다. 왜냐하면 그것은 분자 상호간의 2차 결합의 크기에 영향을 주기 때문이다. 분자사슬이 규칙적이며 평행한 정렬로 조밀하게 차 있는 결정질 영역에서는 광범위한 2차 결합이 보통 인접한 사슬 조각들 사이에 존재한다. 이 2차 결합은 비정질 영역에서는 정렬이 안 되어 있으므로 우세하지 못하다. 결과적으로 반결정질 고분자에서, 결정도가 증가함에 따라 인장계수는 상당히 증가한다. 예를 들면 폴리에틸렌의 인장계수는 결정도 비율이 0.3에서 0.6으로 증가함에 따라 대략 10배가 증가한다.

게다가 고분자의 결정도를 증가시키면 보통 강도는 증가하며 또한 취성이 더 강해진다. 결정도에 미치는 사슬의 화학성과 구조의 영향(가지치기, 입체이성질 등)에 대해서는 4장에서 설명하였다.

폴리에틸렌의 물리적 상태에 백분율 결정도와 분자량이 미치는 영향은 그림 9.29에 나타내었다.

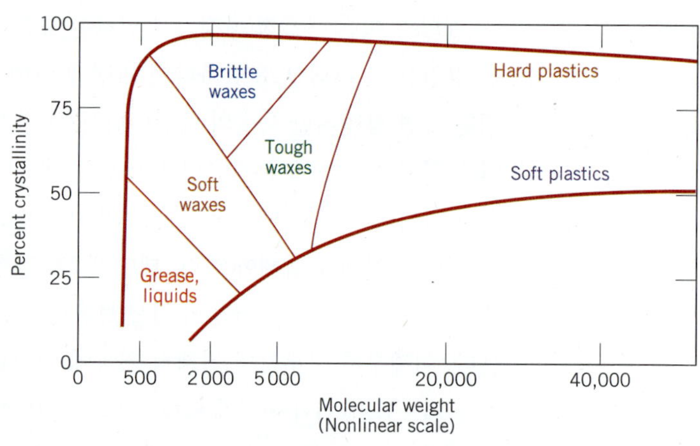

그림 9.29 폴리에틸렌의 물리적 특성에 영향을 미치는 결정도 및 분자량 (From R. B. Richards, "Polyethylene–Structure, Crystallinity and Properties," *Journal of Applied Chemistry*, Vol. 1, 1951: p. 370.)

인발에 의한 기변형

상업적으로 기계적인 강도와 인장계수를 개선하는 데 사용하는 중요한 기술은 인장력으로 고분자를 영구적으로 변형시키는 것이다. 인발(*drawing*; 9.17절에서도 설명됨)이라고도 하는 이 방식은 그림 8.25에 도식적으로 또한 이와 일치되는 정렬 구조가 그림 9.28*d*에 나타낸 목 부분 확장과정(neck extension process)에 해당한다. 기계적 성질의 변화 관점에서 보면 고분자의 인발 과정은 금속의 변형경화 과정과 유사하다. 인발은 섬유와 필름의 생산에 사용되는 중요한 강화 기술이다. 인발하는 동안에 분자사슬들은 서로 미끄러져 높은 방향성을 가지게 된다. 반결정질 재료에서 사슬들은 그림 9.28*d*에 도식적으로 나타낸 것과 비슷한 형상을 가진다.

강화되는 정도는 재료의 변형된 크기에 달려 있다. 더구나 인발된 고분자의 기계적 특성은 매우 균일하지 않다. 일축 인장으로 인발된 고분자의 인장계수와 인장강도의 값은 다른 방향보다 변형 방향으로 훨씬 더 크다. 인발 방향의 인장계수가 다른 방향에 비해서 3배 정도 향상된다. 인장축의 45° 방향으로의 계수가 최소이고 이 값은 인발하지 않은 고분자 계수의 1/5 정도이다.

인장축 방향의 인장강도는 다른 방향에 비해 최소 2~5배 증가된다. 한편, 인장축에 수직인 방향의 인장강도는 약 1/3에서 1/2 정도로 줄어든다.

높은 온도에서 인발한 비정질 고분자의 경우, 그 재료가 상온으로 급히 냉각될 때만 정렬된 분자구조를 유지한다. 이 과정이 앞에서 설명한 단단하고 강하게 하는 효과를 낳는다. 한편, 늘어난 후에 고분자가 인발 온도에서 유지되면 분자사슬이 누그러져 변형 전의 상태로 불규칙한 형태의 특성을 나타내기 때문에 결과적으로 인발이 그 재료의 기계적 성질에 아무 효과도 미치지 못한다.

열처리

반결정질 고분자의 열처리(어닐링)는 구정 구조의 변화뿐만 아니라 백분율 결정도, 결정의 크기와 결정의 완전성의 증가를 초래한다. 인발을 하지 않고 일정한 시간 동안 열처리를 한 재료의 경우에 어닐링 온도를 올리면 다음의 결과가 초래된다: (1) 인장계수의 증가, (2) 항복강도의 증가, (3) 연성의 감소. 이 어닐링 효과가 금속 재료에서 전형적으로 관찰되는 효과(9.13절 참조), 즉 약함, 부드러움, 연성의 증가와는 반대임을 주목하라.

인발된 몇몇 고분자 섬유의 인장계수에 미치는 어닐링의 영향은 인발하지 않은 재료에의 영향과는 반대이다. 즉, 탄성계수는 사슬의 방위와 변형률 유도 결정성의 감소로 인해 어닐링 온도가 증가함에 따라 감소한다.

개념 확인 9.7

다음의 한 쌍의 고분자에 대해서 (1) 한 고분자의 탄성계수가 다른 것에 비해 높은가에 대한 판단이 가능한지를 기술하라. (2) 만약 가능하다면 어느 것의 탄성계수가 높은지를 주목하고 그 선택에 대한 이유를 열거하라. (3) 불가능하다면 왜 그런지 기술하라.

- 평균 분자량 수가 400,000 g/mol인 신디오택틱 폴리스티렌
- 평균 분자량 수가 650,000 g/mol인 아이소택틱 폴리스티렌

(정답은 *www.wiley.com*의 제품 페이지에서 확인할 수 있음)

중요 재료 9.1

수축-포장재 고분자 필름

고분자 열처리의 흥미로운 응용은 패키징에 사용되는 수축-포장재(shrink-wrap)이다. 수축-포장재는 보통 폴리(비닐 클로라이드), 폴리에틸렌, 또는 폴리올레핀(폴리에틸렌과 폴리프로필렌을 번갈아 가며 쌓은 여러 겹의 시트)으로 만드는 고분자 필름이다. 미리 늘려진(정렬된) 필름을 제공하기 위하여 그것을 처음에 약 20~300% (냉간 인발된) 소성변형을 시킨다. 이 필름으로 패키징될 물체를 감싼 후 가장자리를 밀봉한다. 약 100~150°C로 가열하면, 미리 늘려졌던 재료가 초기 변형의 80~90%를 회복하기 위하여 수축되는데, 이렇게 해서 팽팽하게 신장된 주름 없는 투명한 고분자 필름이 만들어진다. 많은 소비자 제품들이 수축-포장재를 사용해서 포장된다.

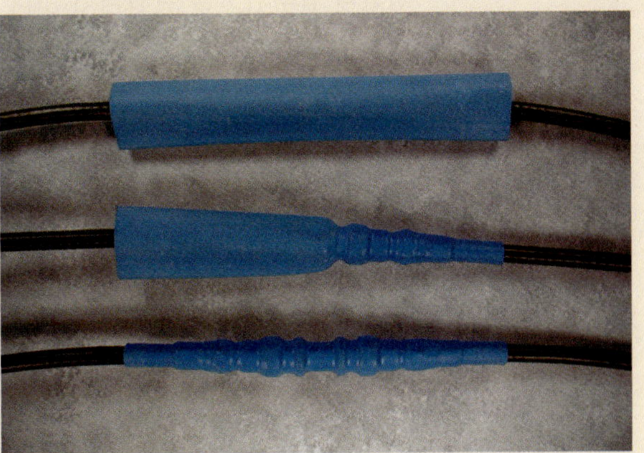

맨 위: 고분자 수축-튜브 부분 안에 위치한 전기연결장치. 가운데, 맨 아래: 튜브에 열을 가하면 지름이 수축한다. 수축된 형태로 고분자 튜브가 연결장치를 안정시키고 전기적 절연을 제공한다.
(Photograph courtesy of Insulation Products Corporation.)

개념 확인 9.8

다음의 한 쌍의 고분자에 대해서 (1) 한 고분자의 탄성계수가 다른 것에 비해 높은가에 대한 판단이 가능한지를 기술하라. (2) 만약 가능하다면 어느 것의 탄성계수가 높은지를 주목하고 그 선택에 대한 이유를 열거하라. (3) 불가능하다면 왜 그런지 기술하라.

- 평균 분자량 수가 600,000 g/mol인 신디오택틱 폴리스티렌
- 평균 분자량 수가 500,000 g/mol인 아이소택틱 폴리스티렌

(정답은 *www.wiley.com*의 제품 페이지에서 확인할 수 있음)

9.19 | 탄성중합체의 변형

탄성중합체 재료의 매우 좋은 성질 중의 하나는 고무와 같은 탄성이다. 즉, 탄성중합체는 상당히 크게 변형되었다가 초기의 형태로 다시 돌아오는 성질이 있다. 이는 고분자의 사슬들을 변형 전의 형태로 복원하는 힘을 제공하는 교차결합으로부터 온다. 탄성중합체 거동은 먼저 천연고무에서 관찰되었으나 지난 수년간 다양한 특성을 지닌 많은 종류의 탄성중합체가 합성되었다. 탄성중합체 재료의 전형적인 응력-변형률 특성은 그림 8.22의 곡선 *C*에 나타나 있다. 탄성계수는 매우 작고, 응력-변형률 곡선이 비선형적이기 때문에 변형률에 따라서 그 값이 변한다.

응력이 없는 상태에서의 탄성중합체는 비정질이고, 많이 비틀리고 꼅치고 감겨진 교차결합된 분자사슬로 구성되어 있다. 인장하중이 가해지면 탄성변형이 일어나는데 이때 감긴 것, 비틀린 것의 일부분이 풀려서 결과적으로 응력 방향으로 늘어나는 것이고 이 현상을 그림 9.30에 나타내었다. 응력을 제거하면, 사슬은 원래의 구조로 되돌아오고, 재료의 거시적인 형태는 초기의 형상을 회복한다.

탄성변형의 구동력의 일부는 **엔트로피**(*entropy*)라고 일컬어지는 열역학적 인자인데 이는 계의 무질서도이고 무질서할수록 증가한다. 탄성중합체가 당겨지고 사슬들이 곧바로 펴지고 좀 더 잘 정렬되면, 계의 질서도가 증가한다. 이러한 상태로부터, 사슬이 원래의 꼬이고 감겨진 상태로 되돌아오면 엔트로피가 증가하게 된다. 이 엔트로피 효과로부터 복잡한 두 가지 현상이 발생한다. 첫째로, 늘어나면 탄성중합체의 온도는 증가한다. 둘째로, 탄성계수는 온도의 증가에 따라 증가하는데, 이는 다른 재료의 거동과는 반대이다(그림 8.8 참조).

고분자가 탄성중합체가 되기 위해서는 몇 가지 요구조건을 만족시켜야 한다: (1) 쉽게 결정화되지 않아야 한다. 탄성중합체 재료는 비정질이고, 응력이 없는 상태에서는 자연적으로 비틀리고 구부러져 있는 분자사슬을 가진다. (2) 감겨진 사슬이 가해진 응력에 대하여 쉽게 반응하기 위해서는 사슬 결합의 회전이 비교적 쉬워야 한다. (3) 탄성중합체가 비교적 큰 탄성

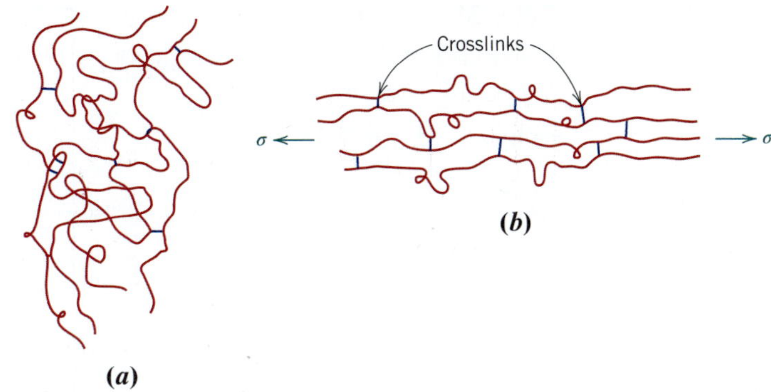

그림 9.30 교차결합된 고분자 사슬 분자의 도식적 그림. (*a*) 하중을 받지 않은 상태, (*b*) 부과된 인장하중에 의한 탄성변형 상태
(Adapted from Z. D. Jastrzebski, *The Nature and Properties of Engineering Materials*, 3rd edition. Copyright © 1987 by John Wiley & Sons, New York. Reprinted by permission of John Wiley & Sons, Inc.)

변형을 일으키기 위해서는 소성변형의 시작이 늦어야 한다. 교차결합(crosslinking)에 의해 사슬이 서로 미끄러지는 운동을 제한함으로써 소성변형을 늦춘다. 교차결합은 사슬 간의 고정점의 역할을 하여 사슬들의 미끄러짐을 막는다. 변형 과정에서 교차결합의 역할은 그림 9.30에서 볼 수 있다. 곧 논의되겠지만, 많은 탄성중합체에서 교차결합은 가황(vulcanization)이라 부르는 과정을 통해 얻어진다. (4) 마지막으로 탄성중합체는 유리전이온도(glass transition temperature) 이상에 있어야 한다(12.18절 참조). 다수의 일반 탄성중합체가 고무처럼 거동할 수 있는 가장 낮은 온도는 −50°C에서 −90°C 사이이다. 유리전이온도보다 낮은 온도에서는 탄성중합체가 취성이 되어 응력-변형률 거동이 그림 8.22의 곡선 *A*와 같아진다.

가황

가황

탄성중합체에서의 교차결합 과정을 **가황(vulcanization)**이라 부르는데 이는 비가역적인 화학 반응이며, 일반적으로 높은 온도에서 실행된다. 대부분의 가황반응에서 유황 화합물은 가열된 탄성중합체에 첨가된다. 황(S)의 원자 사슬은 인접한 고분자의 주사슬과 결합하고 그들과 다음 반응과 같이 교차결합하게 만든다.

$$
\begin{array}{c}
\begin{array}{ccccccc} & H & CH_3 & H & H & \\ & | & | & | & | & \\ - & C - & C = & C - & C & - \\ & | & & & | & \\ & H & & & H & \end{array} \\[1em]
\begin{array}{ccccccc} & H & & & H & \\ & | & & & | & \\ - & C - & C = & C - & C & - \\ & | & | & | & | & \\ & H & CH_3 & H & H & \end{array}
\end{array}
+ (m+n)\,S \longrightarrow
\begin{array}{c}
\begin{array}{ccccccc} & H & CH_3 & H & H & \\ & | & | & | & | & \\ - & C - & C - & C - & C & - \\ & | & | & | & | & \\ & H & & & H & \end{array} \\
(S)_m \; (S)_n \\
\begin{array}{ccccccc} & H & | & | & H & \\ & | & | & | & | & \\ - & C - & C - & C - & C & - \\ & | & | & | & | & \\ & H & CH_3 & H & H & \end{array}
\end{array}
\qquad (9.13)
$$

여기에서 보는 2개의 교차결합은 *m*과 *n*개의 황 원자로 이루어진다. 교차결합에서의 주요 사슬 위치는 가황 전에 이중결합을 이루고 있던 탄소 원자들이다. 그러나 가황 후에는 단일결합

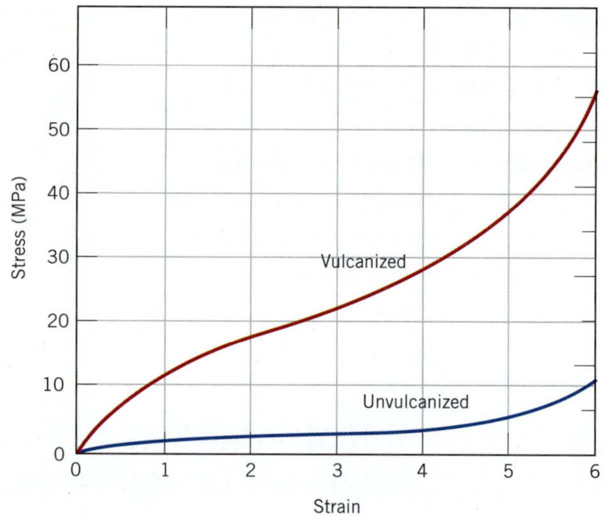

그림 9.31 가황 처리 된 고무와 가황 처리 되지 않은 고무에 대한 응력-변형률 곡선(600% 연신까지)

을 하게 된다.

매우 적은 교차결합을 포함하는, 가황 처리 되지 않은 고무는 부드럽고 끈적끈적하며 마모에 약하다. 탄성계수, 인장강도, 그리고 산화 부식에 저항하는 정도는 가황에 의해 모두 향상된다. 탄성계수의 크기는 교차결합의 밀도와 직접적으로 비례한다. 가황을 거친 천연고무와 거치지 않은 천연고무의 응력-변형률 곡선은 그림 9.31과 같다. 주사슬 결합이 끊어지지 않고 신축성이 큰 고무를 생산하기 위해서는 비교적 적은 교차결합을 이루게 하고 이를 넓게 흩어 놓아야 한다. 고무의 무게 100에 대해 대략 1~5 정도의 황을 가할 때 유용한 고무가 생긴다. 이는 10에서 20개의 반복기마다 1개의 교차결합에 해당한다. 황의 양이 증가함에 따라 고무는 딱딱해지고 신축성도 감소한다. 또한 교차결합을 했기 때문에 탄성중합체 재료는 열경화성을 가지게 된다.

개념 확인 9.9

다음의 한 쌍의 고분자에 대해서 동일한 선도에 응력-변형률 곡선을 도시하고 라벨을 이용하여 분류하라.

- 평균 분자량 수가 100,000 g/mol이고 교차결합이 가능한 구역이 10%이며 20°C에서 측정된 폴리(스티렌-부타디엔) 불규칙 공중합체
- 평균 분자량 수가 120,000 g/mol이고 교차결합이 가능한 구역이 15%이며 −85°C에서 측정된 폴리(스티렌-부타디엔) 불규칙 공중합체

힌트: 폴리(스티렌-부타디엔) 공중합체는 탄성중합체 거동을 보인다.

개념 확인 9.10

페놀-포름알데히드 분자를 생성하기 위해 2개의 페놀 분자와 포름알데히드 분자의 단계적 중

합에 대한 반응을 기술하라.

(정답은 *www.wiley.com*의 제품 페이지에서 확인할 수 있음)

요약

기본 개념

- 미시적인 규모에서 보면 소성변형은 외부에 부과된 전단 하중에 대응하는 전위의 움직임에 해당한다. 칼날전위는 반결정면이 결합을 끊고 원자간 거리만큼씩 따로따로 이동하는 과정을 통해 연속적으로 이동하게 된다.
- 칼날전위에서는 전위선 이동과 작용한 전단응력의 방향이 평행하고 나선(나사) 전위에서는 두 방향이 수직이다.
- **전위밀도**는 재료의 단위부피당 총 전위의 길이이고 단위는 mm^2이다.
- 칼날전위에서는 인장, 압축, 전단 변형률장이 전위선 근처에 존재한다. 나선전위에서의 격자변형은 순수 전단력에 의해서만 일어난다.

슬립계

- 외부에서 가해 준 전단력에 반응하는 전위의 이동을 **슬립**이라 한다.
- 슬립은 특정한 결정학적인 면과 그 결정면 안에서 정해진 방향으로만 일어난다. 한 슬립계는 슬립면과 슬립방향의 조합으로 나타낸다.
- 사용 가능한 슬립계는 그 물질의 결정구조에 영향을 받는다. **슬립면**은 가장 밀집된 원자의 묶음으로 되어 있고 **슬립방향**은 슬립면에서 원자들이 가장 가깝게 묶여 있는 방향에 해당된다.
- 슬립계는 면심입방(FCC) 결정구조에서는 {111}<110>이 있고 체심입방(BCC) 결정구조에서는 {110}<111>, {211}<111>, {321}<111>과 같은 것들이 있다.

단결정에서의 슬립

- **분해전단응력**은 부과된 인장응력의 방향에 평행도 수직도 아닌 평면에 분해된 전단응력이다. 그 크기는 식 (9.2)에 의해서 작용 응력뿐만 아니라 슬립면과 슬립방향에 따라서도 변한다.
- **임계분해전단응력**은 전위의 움직임(즉, 슬립)이 시작되게 하는 최소한의 전단력이고 식 (9.4)에 의해 항복강도와 슬립 성분의 각도에 영향을 받는다.
- 인장응력을 받는 단결정은 표면에 서로 평행하고 시편의 주위로 고리 형상을 한 작은 단(step)을 형성한다.

다결정질 금속의 소성변형

- 다결정질 금속에서, 슬립은 부과된 응력에 매우 유리한 방향을 가진 슬립계를 따라 놓여 있는 개개의 결정립 사이에서 일어난다. 게다가 변형이 일어나는 동안 결정립은 형상이 바뀌고 큰 소성변형이 있는 방향으로 늘어난다.

쌍정에 의한 변형

- 어떤 상황에서는 BCC 구조나 HCP 구조의 금속에서 기계적인 쌍정에 의해 제한된 소성변형이 일어난다. 전단력을 가하면 작은 원자의 이동이 생기는데 계면 한쪽 면의 원자는 반대편 원자와 거울면과 같은 대칭을 이루는 위치에 존재한다.

금속의 강화 메커니즘

- 금속의 소성변형 능력은 전위의 이동 능력에 달려 있다. 즉, 전위의 이동도를 줄여 경도와 강도를 향상시킬 수 있다.

결정립 크기의 감소에 의한 강화

- 결정립계는 다음 두 가지 이유에서 전위의 움직임에 장애물로 작용한다.
  - 결정립계를 넘어 진행할 때 전위의 운동 방향을 바꿔야 한다.
  - 결정립계 주변지역 내에서 슬립면의 불연속이 존재한다.
- 작은 결정립을 가진 금속은 결이 굵은 결정립으로 된 금속보다 더 강한데, 이는 결정립 면적이 더 커서 전위의 움직임을 방해하기 때문이다.
- 대부분 금속의 항복강도는 홀-페치(Hall-Petch) 식[식 (9.7)]과 같이 결정립의 평균 지름에 따라 변한다.

고용체 강화

- 치환형 고용체나 침입형 고용체를 형성하는 불순물의 농도가 증가하면 금속의 강도와 경도도 증가한다.
- 고용체 강화는 불순물 원자와 전위 사이에서 격자변형의 상호작용으로부터 생기며 이 상호작용이 전위의 움직임을 제한한다.

변형경화

- 변형경화는 금속이 소성변형을 하며 강도가 증가하는(연성이 감소하는) 현상이다.
- 소성변형의 정도는 냉간가공백분율(%CW)로 나타내며 식 (9.8)과 같이 초기 단면적과 변형된 단면적에 의존한다.
- 금속의 항복강도, 인장강도, 경도는 냉간가공백분율이 증가함에 따라 증가하며(그림 9.19*a*와 9.19*b*) 연성은 감소한다(그림 9.19*c*).
- 소성변형을 하는 동안 전위밀도는 증가하며 이웃하는 전위들 사이의 평균 간격은 좁아지게 되어 평균적으로 보면 전위와 전위 사이의 변형률장의 상호작용은 서로 밀어내는 결과를 발생시키므로 한 전위의 움직임은 다른 전위에 의해 방해를 받게 된다. 그리하여 금속은 단단하고 강하게 된다.

회복

- 회복하는 동안
  - 전위의 이동에 의해 내부에 저장된 변형률에너지의 일부가 제거된다.
  - 전위의 개수는 감소하고 낮은 변형률에너지를 갖는 배열로 바뀐다.
  - 재료의 물리적 성질은 가공 전의 상태로 돌아온다.

재결정

- 재결정하는 동안
  - 변형률이 없는 새로운 등축형 결정립을 형성하며 비교적 낮은 전위밀도를 갖는다.

– 금속은 무르고, 약하고, 연하게 된다.

- 재결정의 구동력은 변형된 재료와 변형되지 않은 재료 사이의 내부에너지 차이이다.
- 냉간가공된 금속의 온도를 증가시키면(일정한 열처리 시간 동안에) 인장강도는 감소하고 연성은 증가한다(그림 9.22).
- 금속 합금의 재결정온도는 재결정이 1시간에 완료되는 온도를 의미한다.
- 재결정온도에 영향을 주는 두 가지 요소는 냉간가공의 양과 불순물의 양이다.

– 재결정의 온도는 냉간가공의 비율이 증가함에 따라 감소한다.

– 재결정의 온도는 불순물의 농도가 증가함에 따라 올라간다.

- 재결정온도보다 높은 온도에서의 금속의 소성변형을 열간가공이라 하며 재결정온도보다 낮은 온도에서의 변형을 냉간가공이라 한다.

결정립 성장

- 결정립 성장은 다결정질 재료의 평균 결정립 크기가 증가하는 것인데 이는 결정립계의 이동에 의해 진행된다.
- 결정립 성장의 구동력은 총 결정립계 에너지의 감소이다.
- 결정립 크기는 식 (9.9)에서와 같이 시간에 따라 변한다.

세라믹 재료의 변형 메커니즘

- 결정질 세라믹의 소성변형은 전위의 이동에 의하여 발생한다. 이들 재료가 단단하고 취성이 높은 이유는 이동할 수 있는 슬립의 수가 제한되어 있다는 것으로 부분적인 설명을 할 수 있다.
- 비결정질 재료의 소성변형의 형태는 점성유동에 의한 것이다. 비결정질 재료의 변형에 대한 저항의 크기는 점성(단위는 Pa·s)으로 나타낸다. 상온에서 많은 비결정질 세라믹의 점성은 매우 높다.

반결정질 고분자의 변형

- 구정 구조를 갖는 반결정질 고분자가 인장응력을 받아 탄성변형되는 동안 비정질 구역의 분자들은 응력의 방향을 따라 늘어난다(그림 9.27).
- 구정 구조를 갖는 고분자의 인장 소성 변형은 두 가지 인자, 즉 비정질의 연결 사슬과 (리본처럼 생긴 층상조직에 의해 분리된) 사슬접힘 구역 조각이 인장축의 방향으로 정렬되어지는 정도에 따라 몇 단계로 나타난다(그림 9.28).
- 또한, 변형하는 동안 구정 구조의 모양은 변한다(심하지 않은 변형의 경우). 상대적으로 심한 변형은 매우 잘 정렬된 구조를 형성하는 구정 구조의 완전한 파괴를 초래한다.

반결정질 고분자의 기계적 성질에 영향을 주는 요인

- 고분자의 기계적인 거동은 사용 현장과 구조적/공정적 요인에 의해 영향을 받는다.
- 온도가 상승하거나 변형률 속도가 감소하면 인장계수와 인장강도는 감소하고 연성은 증가하게 된다.
- 기계적 성질에 영향을 주는 다른 요인들

– 분자량: 탄성계수의 크기는 분자량에 의해 비교적 영향을 받지 않는다. 반면에, 인장강도

는 분자량($\overline{M}_n$)이 증가함에 따라 증가한다[식 (9.12)].
- 결정도: 인장계수와 인장강도는 백분율 결정도가 증가함에 따라 증가한다.
- 인발에 의한 기변형: 강성과 강도는 인장으로 영구변형된 고분자에 의해 향상된다.
- 열처리: 반결정질 고분자를 인발하지 않고 열처리하면 강성과 강도의 증가와 연성의 감소를 초래한다.

탄성중합체의 변형

- 약간의 교차결합이 있고 비정질인 탄성중합체는 큰 탄성변형이 가능하다.
- 탄성중합체의 변형은 부과한 인장응력으로 인하여 비틀어지고 감긴 사슬들이 풀어지는 것에 해당한다.
- 교차결합은 종종 가황 과정 동안에 이루어진다. 교차결합이 증가하면 탄성중합체의 탄성계수와 인장강도가 증가한다.

식 요약

Equation Number	Equation	Solving for
9.2	$\tau_R = \sigma \cos \phi \cos \lambda$	Resolved shear stress
9.4	$\sigma_y = \dfrac{\tau_{crss}}{(\cos \phi \cos \lambda)_{max}}$	Yield strength of a single crystal
9.7	$\sigma_y = \sigma_0 + k_y d^{-1/2}$	Yield strength (as a function of average grain size)—Hall–Petch equation
9.8	$\%CW = \left(\dfrac{A_0 - A_d}{A_0}\right) \times 100$	Percent cold work
9.9	$d^n - d_0^n = Kt$	Average grain size (during grain growth)
9.12	$TS = TS_\infty - \dfrac{A}{\overline{M}_n}$	Polymer tensile strength

기호 목록

Symbol	Meaning
A_0	Specimen cross-sectional area prior to deformation
A_d	Specimen cross-sectional area after deformation
d	Average grain size; average grain size during grain growth
d_0	Average grain size prior to grain growth
K, k_y	Material constants
$\overline{M}_n$	Number-average molecular weight
TS_∞, A	Material constants
t	Time over which grain growth occurred

(계속)

Symbol	Meaning
n	Grain size exponent—for some materials has a value of approximately 2
λ	Angle between the tensile axis and the slip direction for a single crystal stressed in tension (Figure 9.7)
ϕ	Angle between the tensile axis and the normal to the slip plane for a single crystal stressed in tension (Figure 9.7)
σ_0	Material constant
σ_y	Yield strength

중요한 용어와 개념

가황
격자변형률
결정립 성장
고용체 강화
냉간가공
변형경화
분해전단응력
슬립
슬립계
인발
임계분해전단응력
재결정
재결정온도
전위밀도
점성
회복

참고문헌

Anderson, P. M., J. P. Hirth, and J. Lothe, *Theory of Dislocations*, 3rd edition, Cambridge University Press, New York, NY, 2017.

Argon, A. S., *Strengthening Mechanisms in Crystal Plasticity*, Oxford University Press, Oxford, UK, 2008.

Hull, D., and D. J. Bacon, *Introduction to Dislocations*, 5th edition, Butterworth-Heinemann, Oxford, UK, 2011.

Kingery, W. D., H. K. Bowen, and D. R. Uhlmann, *Introduction to Ceramics*, 2nd edition, John Wiley & Sons, New York, NY, 1976. Chapter 14.

Read, W. T., Jr., *Dislocations in Crystals*, McGraw-Hill, New York, NY, 1953.

Richerson, D. W., and W. E. Lee, *Modern Ceramic Engineering: Properties, Processing, and Use in Design*, 4th edition, CRC Press, Boca Raton, FL, 2018.

Schultz, J., *Polymer Materials Science*, Prentice Hall (Pearson Education), Upper Saddle River, NJ, 1974.

Weertman, J., and J. R. Weertman, *Elementary Dislocation Theory*, Macmillan, New York, 1964. Reprinted by Oxford University Press, New York, NY, 1992.

문제

전위의 기본 개념

전위의 특징

9.1 칼날전위와 나선전위의 차이점을 설명하라. 어느 것이 교차 슬립할 수 있는가?

9.2 중심의 에너지를 무시한다고 가정할 때, 나선전위 대비 칼날전위에 저장된 탄성에너지의 비율은 얼마인가?

9.3 전위가 입방격자에 3차원으로 배열되어 있다고 가정한다. 평면과 교차하는 전위의 평균 개수가 ρ/단위면적이라면 두 전위 사이의 평균 거리가 $\surd(1/\rho)$에 비례함을 보여라.

9.4 칼날전위, 나선전위, 혼합전위 각각에 대하여 작용 전단응력의 방향과 전위선의 이동방향 사이의 관계를 설명하라.

슬립계

9.5 **(a)** 슬립계를 정의하라.

(b) FCC 격자에는 몇 개의 슬립계가 있는가?

9.6 **(a)** BCC 격자에는 몇 개의 슬립계가 있는가?

(b) 변형이 발생하기 위해 슬립이 중요한가?

9.7 {110}<111>은 BCC 결정구조의 슬립계의 하나이다. 그림 9.6*b*와 같이 BCC 구조의 {110}면을 그려라. 원자 위치는 원으로 표시하고, 이 면 안의 2개의 다른 <111> 슬립방향을 화살표로 표시하라.

9.8 {0001}$<11\bar{2}0>$은 HCP 결정구조의 슬립계의 하나이다. 그림 9.6*b*와 같이 HCP 구조의 {0001}면을 그려라. 이 면 안의 3개의 다른 $<11\bar{2}0>$ 슬립방향을 화살표로 표시하라(그림 3.26 참조).

9.9 식 (9.1a)와 (9.1b)에 나타낸 바와 같이, FCC와 BCC 결정구조에 대한 버거스 벡터는 다음의 형태로 표현된다.

$$\mathbf{b} = \frac{a}{2}\langle uvw \rangle$$

여기서 a는 단위격자의 모서리 길이이다. 또한 버거스 벡터의 크기는 식 (9.14)로 결정된다.

$$|\mathbf{b}| = \frac{a}{2}(u^2 + v^2 + w^2)^{1/2} \qquad (9.14)$$

표 3.1을 참조하여 알루미늄과 크로뮴의 $|\mathbf{b}|$ 값을 구하라.

9.10 FCC 결정구조에서 $[\bar{1}01]$을 따라 놓여진 전위가 있다. 버거스 벡터는 $\frac{a}{2}[0\bar{1}\bar{1}]$이다. 어떤 유형의 전위인가? 슬립면을 결정하라.

9.11 FCC 결정구조는 BCC 결정구조보다 충진 밀도가 더 크다. FCC 구조의 철에서 탄소의 용해도가 BCC 구조보다 더 높은 이유는 무엇인가?

9.12 **(a)** 식 (9.1a)~(9.1c)의 형태로 단순입방 결정구조의 버거스 벡터를 나타내라(그림 3.3 참조). 칼날전위를 나타낸 그림 6.9와 칼날전위의 움직임을 나타낸 그림 9.1은 단순입방체이다. 개념 확인 9.1의 해답을 참조하라.

(b) 식 (9.14)를 기초로 하여 단순입방 결정구조의 버거스 벡터의 크기 $|\mathbf{b}|$를 표현하라.

9.13 슬립과 교차 슬립은 무엇인가?

9.14 버거스 벡터 $\frac{a}{2}[111]$을 갖는 나선전위는 BCC 결정 내의 어떤 평면에서 움직일 수 있는가? 칼날전위의 경우 슬립면을 구하라.

단결정에서의 슬립

9.15 FCC 단결정의 하중축과 평행한 [100]방향으로의 슈미트(Schmid) 인자를 구하라.

9.16 금속 단결정에서 인장축에 대하여 슬립면의 수직방향 및 슬립방향이 각각 43.1°와 47.9°의 각도를 이루고 있다. 임계분해전단응력이 17.5 MPa이라면, 40 MPa의 작용 응력을 가하면 단결정의 항복이 일어나겠는가? 일어날 수 없다면 얼마의 응력이 필요하겠는가?

9.17 알루미늄 단결정에서 슬립면의 수직방향이 인장축과 28.1°의 각도를 이루고 있다. 3개의 가능한 슬립방향은 인장축에 대하여 각각 62.4°, 72.0°, 81.1°이다.

(a) 세 가지 슬립방향 중 어느 방향으로 슬립이 일어나겠는가?

(b) 1.75 MPa의 인장응력에서 소성변형이 시작된다면, 알루미늄의 임계분해전단응력은 얼마인가?

9.18 은 단결정의 슬립방향인 [001]이 인장축에 따라 놓여 있다. 슬립이 1.5 MPa의 인장응력하에서 (111)면의 $[\bar{1}01]$방향으로 일어난다면, 은의 임계분해전단응력은 얼마인가?

9.19 FCC 결정은 [123]을 따라 당겨진다. 슬립면과 방향의 가능한 조합은 무엇인가? 적용된 인장응력이 200 MPa이고 격자상수가 0.5 nm인 경우 모바일 전위에 대한 힘을 추정하라.

9.20 FCC 결정구조를 갖는 금속의 단결정에 [110]방향으로 인장응력이 작용하고 있다. 이 재료의

임계분해전단응력이 1.50 MPa이라면, (111)면에서 $[1\bar{1}0]$, $[10\bar{1}]$, $[01\bar{1}]$ 방향으로 슬립이 일어나는 데 필요한 작용 응력의 크기를 각각 계산하라.

9.21 **(a)** BCC 결정구조를 갖는 금속의 단결정에 [010]방향으로 2.25 MPa의 인장응력이 작용하고 있다. (110)과 (101) 면에서 $[\bar{1}11]$방향으로의 분해전단응력을 각각 산출하라.

(b) 이러한 분해전단응력의 크기를 근간으로 가장 우호적인 슬립계를 결정하라.

9.22 FCC 결정구조를 갖는 어떤 가상의 금속의 단결정에 $[\bar{1}02]$방향을 따라 인장응력이 가해지고 있다고 가정한다. 슬립면이 (111)이고, 슬립방향은 $[\bar{1}01]$이며, 임계분해전단응력이 2.75 MPa이라면, 항복응력은 얼마인가?

9.23 구리의 임계분해전단응력은 0.48 MPa이다. 구리의 단결정에 인장력을 가할 때 나타날 수 있는 최대 항복강도를 계산하라.

쌍정에 의한 변형

9.24 쌍정과 슬립의 변형 기구, 발생 조건 및 최종 결과에 대한 네 가지 주요 차이점을 기술하라.

9.25 쌍정에 대한 온도의 영향은 무엇인가?

결정립 크기의 감소에 의한 강화

9.26 소각 결정립계가 고각 결정립계에 비해 슬립 과정을 방해하는 데 효율적이지 못한 이유를 간략하게 설명하라.

9.27 HCP 금속이 FCC와 BCC 금속보다 취성이 더 강한 이유를 간략하게 설명하라.

9.28 이 장에서 서술한 세 가지 강화 기구(결정립 크기의 감소, 고용체 강화, 변형경화)에 대하여 설명하라. 각각의 강화 기구와 전위 사이의 관계를 고려하라.

9.29 **(a)** 그림 9.15에 나타난 70 Cu–30 Zn 황동에 대한 (결정립 지름)$^{-1/2}$ 대 항복강도의 선도로부터 식 (9.7)의 σ_0와 k_y의 값을 구하라.

(b) 평균 결정립 지름이 1.0×10^{-3} mm일 때, 이 합금의 항복강도는 얼마인가?

9.30 평균 결정립 지름이 5×10^{-2} mm인 철의 하항복점이 135 MPa이다. 결정립 지름이 8×10^{-3} mm일 때 항복점은 260 MPa로 증가하였다. 결정립 지름이 얼마일 때 하항복점이 225 MPa이 되는가?

9.31 그림 9.15가 냉간가공하지 않은 황동에 대한 선도라고 가정하고, 그림 9.19에 나타난 황동 합금의 결정립 크기를 결정하라. 단, 합금의 조성은 그림 9.15의 합금과 같다고 가정한다.

고용체 강화

9.32 그림 9.17*b*와 9.18*b*는 칼날전위 근접부위에 작은 침입형 이종 원자가 위치하는 현상을 나타낸다. 이 현상을 격자변형률장 관점에서 간략하게 설명하라.

변형경화

9.33 **(a)** 인장시험에서 변형 과정 중에 부피의 변화가 없다($A_0 l_0 = A_d l_d$)고 가정하면 다음 관계식이 성립함을 보여라.

$$\%\mathrm{CW} = \left(\frac{\varepsilon}{\varepsilon + 1}\right) \times 100$$

(b) (a)의 결과를 이용하여, 400 MPa의 하중이 작용할 때 그림 8.12의 네이벌 황동의 냉간가공률을 산출하라.

9.34 이전에 변형되지 않은 2개의 원통형 시편인 합금은 단면적을 줄임으로써 (원형의 단면을 유지하면서) 변형경화 된다. 한 시편의 경우 초기 반지름과 변형 후 반지름은 각각 16 mm와 11 mm이다. 초기 반지름이 15 mm인 두 번째 시편은 첫 번째 시편과 동일한 변형 경도를 가져야 한다. 변형 후 두 번째 시편의 반지름을 계산하라.

9.35 2개의 같은 종류의 금속에 소성변형을 가하여

단면을 감소시켰다. 소성변형 동안에 원형 시편은 원형으로, 사각형 시편은 사각형의 형태를 그대로 유지하였다. 원형 시편과 사각형 시편의 초기 치수와 변형 후 치수는 다음 표와 같다. 어느 시편이 소성변형 후에 더 단단하게 되는가?

	Circular (diameter, mm)	Rectangular (mm)
Original dimensions	15.2	125 × 175
Deformed dimensions	12.2	75 × 200

9.36 냉간가공한 원통형 구리 시편의 연성값은 25% EL이다. 냉간가공 후의 반지름이 20 mm라면 가공 전의 반지름은 얼마인가?

9.37 **(a)** 항복강도가 275 MPa인 황동의 대략적 연성값(%EL)은 얼마인가?

(b) 항복강도가 690 MPa인 1040 강의 브리넬 경도는 대략 얼마인가?

9.38 많은 단결정 금속의 실험결과에 따르면 임계분해전단응력 τ_{crss}는 전위밀도의 함수 ρ_D로 다음과 같이 나타낼 수 있다.

$$\tau_{crss} = \tau_0 + A\sqrt{\rho_D}$$

여기서 τ_0와 A는 상수이다. 구리에서 전위밀도가 10^5 mm^{-2}일 때 임계분해전단응력은 2.10 MPa이다. 구리의 A 값이 6.35×10^{-3} MPa mm라면, 전위밀도가 10^6 mm^{-2}일 때의 τ_{crss}를 구하라.

회복
재결정
결정립 성장

9.39 회복 과정과 재결정 과정의 차이를 요약 기술하라.

9.40 그림 9.21c의 현미경 사진으로부터 재결정된 비율을 추정하라.

9.41 냉간가공된 금속의 결정립 구조와 냉간가공 후 재결정 처리한 금속의 결정립 구조 사이의 차이점을 설명하라.

9.42 재결정과 결정립 성장 이면에 생기는 물리적 현상에 대해 설명하라.

9.43 **(a)** 냉간가공된 강의 연성을 어떻게 개선할 수 있는가?

(b) 냉간가공과 재결정은 강의 결정립 구조에 어떤 영향을 주는가?

9.44 **(a)** 그림 9.25의 황동 재료를 500°C에서 평균 결정립 크기 0.01 mm에서 0.1 mm로 성장시키는 데 필요한 시간은 얼마인가?

(b) 600°C에서는 얼마의 시간이 걸리는가?

9.45 결정립 지름이 6.3×10^{-2} mm인 어떤 가상의 재료를 500°C에서 4시간 열처리하자 1.10×10^{-1} mm로 증가하였다. 이 재료를 500°C에서 6.5시간 가열할 경우 결정립 지름을 계산하라. 결정립 지름 지수는 2로 가정한다.

9.46 어떤 가상의 금속 합금의 결정립 지름이 2.4×10^{-2} mm이다. 575°C에서 500분 동안 열처리한 후 결정립 지름이 7.3×10^{-2} mm로 증가하였다. 575°C에서 가열되는 동안 결정립 지름이 4.4×10^{-2} mm가 되려면 동일한 재료(즉, $d_0 = 2.4 \times 10^{-2}$ mm)의 시편에 대해 필요한 시간은 얼마인가? 결정립 지름 지수는 2.2로 가정한다.

9.47 650°C에서 황동의 열처리 시간에 따른 평균 결정립 지름은 다음과 같다.

Time (min)	Grain Diameter (mm)
30	3.9×10^{-2}
90	6.6×10^{-2}

(a) 최초의 결정립 지름은 얼마였는가?

(b) 650°C에서 150분간 열처리한 후의 결정립 지름을 구하라.

9.48 변형이 일어나지 않은 합금의 평균 결정립 지름이 0.045 mm이다. 결정립 지름을 0.015 mm로 감소시키려 한다. 이와 같은 결정립 크기의 감

소가 가능하다면 이를 위한 전 과정을 설명하라. 가능하지 않다면 그 이유를 설명하라.

9.49 결정립 성장은 온도에 크게 영향을 받는다. 온도가 높아질수록 결정립의 성장속도가 빨라진다. 그러나 식 (9.9)에는 온도 관련 매개변수가 명시적으로 나타나 있지 않다.

(a) 이 식의 어느 매개변수에 온도가 포함되어야 한다고 생각하는가?

(b) 독창적인 온도 의존 함수식을 나타내라.

9.50 냉간가공을 받지 않은 황동 시편의 평균 결정립 크기가 0.008 mm일 때 160 MPa의 항복강도를 갖는다. 이 합금을 600°C에서 1000초간 열처리한 후의 항복강도를 추정하라. k_y는 12.0 MPa mm$^{1/2}$로 가정하라.

9.51 다음 표는 750°C에서 열처리한 철 시편에 대한 항복강도, 결정립 지름, 열처리 시간(결정립 성장에 대한) 데이터이다. 이 데이터를 사용하여 750°C에서 1시간 열처리한 시편의 항복강도를 계산하라. 결정립 지름 지수는 2로 가정한다.

Grain Diameter (mm)	Yield Strength (MPa)	Heat Treating Time (h)
0.025	340	7.5
0.014	390	2

결정질 세라믹(세라믹 재료의 변형 메커니즘)

9.52 일반적으로 세라믹 재료가 금속보다 단단하면서도 부서지기 쉬운 이유 한 가지를 기술하라.

반결정질 고분자의 변형(탄성중합체의 변형)

9.53 다음 각 항목에 대한 메커니즘을 설명하라.

(a) 반결정질 고분자의 탄성변형

(b) 반결정질 고분자의 소성변형

(c) 탄성중합체의 탄성변형

반결정질 고분자의 기계적 성질에 영향을 주는 요인 탄성중합체의 변형

9.54 다음 각 항목이 반결정질 고분자의 인장계수에 미치는 영향과 그 이유를 설명하라.

(a) 분자량

(b) 결정도

(c) 인발에 의한 기변형

(d) 변형되지 않은 재료에 어닐링

(e) 인발된 재료에 어닐링

9.55 다음 각 항목이 반결정질 고분자의 인장강도와 항복강도에 어떤 영향을 미치는지 그 이유를 간략하게 설명하라.

(a) 분자량

(b) 결정도

(c) 인발에 의한 기변형

(d) 변형되지 않은 재료에 어닐링

9.56 일반 뷰테인(butane)과 이소뷰테인(isobutane)은 각각 −0.5°C와 −12.3°C의 끓는점을 가진다. 4.2절에 제시된 분자구조를 기반으로 이 거동을 간략하게 설명하라.

9.57 두 가지 폴리(메틸메타크릴레이트) 재료의 인장강도 및 평균 분자량 수가 다음과 같다.

Tensile Strength (MPa)	Number-Average Molecular Weight (g/mol)
44	30,000
170	60,000

40,000 g/mol의 평균 분자량 수에서 인장강도를 추정하라.

9.58 두 가지 폴리에틸렌 재료의 인장강도 및 평균 분자량 수가 다음과 같다.

Tensile Strength (MPa)	Number-Average Molecular Weight (g/mol)
85	12,700
150	28,500

190 MPa의 인장강도를 가지기 위해 필요한 평

균 분자량 수를 추정하라.

9.59 다음 고분자쌍 각각에 대해 다음을 수행하라. (1) 한 고분자가 다른 고분자보다 인장계수가 더 높은지 여부를 결정할 수 있는지 기술하라. (2) 가능하다면, 어느 쪽이 더 높은 인장계수를 갖는지 적고 선택한 이유를 기술하라. (3) 결정할 수 없다면 그 이유를 기술하라.

(a) 교차결합이 가능한 부위가 10%인 불규칙 아크릴로나이트릴 부타디엔 공중합체; 교차결합이 가능한 부위가 5%인 교차 아크릴로나이트릴 부타디엔 공중합체

(b) 중합도가 5000인 가지형 및 신디오택틱 폴리프로필렌; 중합도가 3000인 선형 및 아이소택틱 폴리프로필렌

(c) 평균 분자량 수가 250,000 g/mol인 가지형 폴리에틸렌; 평균 분자량 수가 200,000 g/mol인 선형 및 아이소택틱 폴리(비닐 클로라이드)

9.60 다음 고분자쌍 각각에 대해 다음을 수행하라. (1) 한 고분자가 다른 고분자보다 인장강도가 더 높은지 여부를 결정할 수 있는지 기술하라. (2) 가능하다면, 어느 쪽이 더 높은 인장강도를 갖는지 적고 선택한 이유를 기술하라. (3) 결정할 수 없다면 그 이유를 기술하라.

(a) 평균 분자량 수가 600,000 g/mol인 신디오택틱 폴리스티렌; 수평균 분자량이 500,000 g/mol인 어택틱 폴리스티렌

(b) 교차결합이 가능한 부위가 10%인 불규칙 아크릴로나이트릴 부타디엔 공중합체; 교차결합이 가능한 부위가 5%인 블록 아크릴로나이트릴 부타디엔 공중합체

(c) 지방족 가교 폴리에스테르; 약간 가지형 폴리프로필렌

9.61 폴리클로로트리플루오로에틸렌의 인장강도가 동일한 분자량과 결정도를 가진 폴리테트라플루오로에틸렌 시편의 인장강도보다 크거나 같거나 낮을 것으로 예상하는가? 그 이유는 무엇인가?

9.62 다음 고분자쌍 각각에 대해 동일한 그래프에 개략적인 응력-변형률 곡선을 그리고 라벨을 지정하라[즉, (a), (b), (c) 부분에 대해 별도의 그래프를 그려라].

(a) 120,000 g/mol의 무게평균 분자량을 갖는 아이소택틱 및 선형 폴리프로필렌; 100,000 g/mol의 무게평균 분자량을 갖는 어택틱 및 선형 폴리프로필렌

(b) 중합도가 2000인 가지형 폴리(비닐 클로라이드); 중합도가 2000인 심하게 교차결합된 폴리(비닐 클로라이드)

(c) 평균 분자량 수가 100,000 g/mol이고 교차결합이 가능한 부위가 10%이고 20°C에서 시험된 폴리(스티렌-부타디엔) 불규칙 공중합체; 평균 분자량 수가 120,000 g/mol이고 교차결합이 가능한 부위가 15%이고 −85°C에서 시험된 폴리(스티렌-부타디엔) 불규칙 공중합체. **힌트**: 폴리(스티렌-부타디엔) 공중합체는 탄성중합체 거동을 한다.

9.63 탄성중합체에 필수적인 두 가지 분자 특성을 나열하라.

9.64 다음 중 상온에서 탄성중합체와 열경화성 고분자로 예상되는 것은 무엇인가? 각 선택에 대한 이유를 설명하라.

(a) 그물 구조를 갖는 에폭시

(b) −50°C의 유리전이온도를 갖는 약간 교차결합된 폴리(스티렌-부타디엔) 불규칙 공중합체

(c) −100°C의 유리전이온도를 갖는 약간 가지형 및 반결정질 폴리테트라플루오로에틸렌

(d) 0°C의 유리전이온도를 갖는 심하게 교차결합된 폴리(에틸렌-프로필렌) 불규칙 공중합체

(e) 75°C의 유리전이온도를 갖는 열가소성 공중합체

9.65 5 kg의 폴리부타디엔이 2.4 kg의 황으로 가황 처리된다. 평균적으로 4.5개의 황 원자가 각 교차결합에 참여한다고 가정할 때, 교차결합이 가능한 부위의 몇 % 정도가 황과 교차결합에 결합되어 있는가?

9.66 5개의 황 원자가 각각의 교차결합에 참여한다고 가정하고 교차 클로로프렌-아크릴로나이트릴 공중합체를 완전히 교차결합하기 위해 첨가되어야 하는 황의 무게백분율을 계산하라.

9.67 폴리이소프렌의 가황은 식 (9.13)에 따라 황 원자를 동반한다. 57 wt%의 황이 폴리이소프렌과 결합된 경우, 각 가교에 평균 6개의 황 원자가 참여한다고 가정하면 각 이소프렌 반복기에 결합되는 가교는 몇 개인가?

9.68 폴리이소프렌의 가황을 위해 가능한 부위의 8%가 교차결합될 수 있도록 추가되어야 하는 황의 무게백분율을 계산하라. 평균적으로 3개의 황 원자가 각 교차결합과 연관되어 있다고 가정한다.

9.69 식 (9.13)과 유사한 방식으로 부타디엔 고무에서 가황이 어떻게 발생할 수 있는지 보여라.

설계 문제

변형경화

재결정

9.D1 브리넬 경도가 최소 225이고, 최소 12%EL의 연성을 갖도록 강을 냉간가공할 수 있는지를 입증하라.

9.D2 냉간가공한 원통형 강 시편의 브리넬 경도는 250이다.

(a) 연성(%EL)은 얼마인가?

(b) 가공 전의 반지름이 10 mm라면, 가공 후의 반지름은 얼마인가?

9.D3 최소 항복강도가 345 MPa이고, 최소 연성이 20%EL인 금속 합금을 선정하려고 한다. 냉간가공이 가능하다면 구리, 황동, 1040 강 중에서 어느 금속이 가장 적절한지를 밝혀라(그림 9.19 참조).

9.D4 초기 지름이 16.0 mm인 원통형 구리봉을 냉간가공(인발)하여 최소 인장강도가 250 MPa이고, 최소 연성이 12%EL이 되도록 가공하는 절차를 기술하라. 구리봉의 최종 지름은 11.3 mm이어야 한다.

9.D5 현재 20% 냉간가공한 지름이 7.94 mm의 1040 강 봉을 사용하여 최소 인장강도는 865 MPa, 최소 연성은 10%EL, 최종 지름은 6.0 mm인 1040 강 봉으로 가공하는 절차를 기술하라. 1040 강 봉은 40%CW에서 균열이 발생한다.

9.D6 문제 9.47의 황동 합금 시편 2개에 대한 항복강도는 다음 표와 같다. 100 MPa의 항복강도를 갖기 위해서 650°C에서의 가열시간을 계산하라. 결정립 지름 지수는 2로 가정한다.

Time (min)	Yield Strength (MPa)
30	90
90	75

10 파손

William D. Callister, Jr.

(*a*)

Neal Boenzi. Reprinted with permission from *The New York Times*.

(*b*)

견과류나 사탕, 당과 등이 담겨 있는 작은 비닐 포장을 뜯기 위해 적잖이 애써 본 적인 있는가? 사진 (*a*)처럼 모서리 쪽에 만들어진 작은 절개 부위를 이용하면 힘들이지 않고 그 부분을 찢어 개봉할 수 있다는 것을 알아차렸을 것이다. 이 현상은 파괴역학의 기본 원리(인가된 인장응력이 작은 절개 부위나 노치의 끝에 집중이 된다) 중 하나와 연관되어 있다.

사진 (*b*)는 유조선의 둘레를 따라 균열이 완전히 전파되어 취성파괴를 일으킨 것을 보여준다. 파괴는 유조선이 추운 날씨에 도크에 정박되어 있을 때 일어났다. 배에 바닥짐을 선적하여 용골의 중심이 위로 굽혀진 결과 큰 인장응력이 배의 중심에 있는 갑판에 부과되었다. 파괴를 야기한 균열은 작은 노치나 날카로운 결함 같은 것에서 시작되었다. 응력은 그 노치나 결함의 선단에서 증폭되어 균열이 빠르게 늘어났고, 궁극적으로 유조선의 완전파괴를 초래하였다.

사진 (*c*)는 1988년 4월 28일에 폭발적인 감압과 동체 파손이 일어난 보잉 737-200 상업용 비행기(알로하항공 243편)이다. 사고 원인 조사 결과, 비행기는 습하고 소금기 많은 해안 환경에서 운항되었기 때문에 틈새부식(16.7절)에 의해 악화된 금속피로로 판명되었다. 동체가 수많은 단거리 비행을 할 동안 객실은 압축-감압이라는 주기적인 응력을 받는다. 항공사에 의해 적절히 유지보수 계획이 이행되었다면 사전에 피로 손상을 찾고 사고를 피할 수 있었을 것이다.

Star Bulletin/Dennis Oda/AP Images

(*c*)

왜 파손을 공부하는가?

엔지니어가 부품이나 구조물을 설계할 때는 되도록 파손이 일어날 확률을 최소화하여야 한다. 그러므로 파괴, 피로, 크리프 등의 여러 가지 파괴 형태의 기구를 이해하는 것이 중요하다. 또한 사용 중 파손을 방지하기 위한 적절한 설계 원리도 알아야 한다. 예를 들면 우리는 기계공학 온라인 모듈 M.7절과 M.8절에서 자동차 밸브 스프링의 피로와 관련된 재료 선정 및 제조상의 문제점에 대해 검토할 것이다.

학습 목표

이 장을 학습한 후에는 아래 과제를 수행할 수 있어야 한다.

1. 연성파괴와 취성파괴의 균열 전파 기구에 대해 설명한다.
2. 취성 재료의 강도가 이론적으로 계산한 예측값보다 매우 낮은 이유를 설명한다.
3. 파괴인성의 (a) 정의와 (b) 관련 매개변수 및 식을 정의한다.
4. 동일한 세라믹 재료의 시편에서 파괴강도 값이 큰 편차를 보이는 이유를 간단히 설명한다.
5. 고분자에서의 잔금(crazing) 현상을 간단히 설명한다.
6. 충격파괴 시험법의 종류 및 방법을 열거하고 설명한다.
7. **피로**의 정의와 피로 발생 조건을 기술한다.
8. 재료의 피로 선도로부터 (a) 특정 응력하에서의 피로수명과 (b) 특정 사이클 수에서의 피로강도를 산출한다.
9. **크리프**의 정의와 크리프 발생 조건을 기술한다.
10. 재료의 크리프 선도로부터 (a) 정상상태 크리프 속도와 (b) 파단수명을 산출한다.

10.1 | 서론

공학 재료의 파손은 인명 피해, 경제적 손실, 생산성 및 운전 실적의 저하를 초래한다. 파손의 원인과 재료의 거동 상태를 잘 알고 있어도 파손을 완전히 방지하는 것은 어렵다. 파손의 일반적인 원인으로는 부적절한 재료의 선정 및 제작, 부적합한 기기 설계, 잘못된 사용 등을 들 수 있다. 또한 사용 중 구조 부품에 손상이 일어날 수 있으며, 정기적인 조사, 수리 또는 교체는 안전설계를 위해서 중요하다. 기술자는 파손의 가능성을 타진하고, 파손이 일어난 경우에는 파손의 원인을 분석하여 차후의 파손 방지를 위한 적절한 조치를 취하여야 한다.

이 장에서는 연성 및 취성 파괴, 파괴역학의 기초, 세라믹의 취성파괴, 충격파괴시험, 연성-취성 전이, 피로, 크리프 등을 다룬다. 또한 파손 기구, 시험 방법 및 파손 방지 방안에 대해서도 언급하고 있다.

개념 확인 10.1

파손 가능성이 부품이나 제품 설계의 부분에 있는 두 가지 상황을 열거하라.

(정답은 *www.wiley.com*의 제품 페이지에서 확인할 수 있음)

파괴

10.2 | 파괴의 기초

단순한 파괴(*simple fracture*)란 재료의 융점보다 낮은 온도에서 정적 응력(즉, 일정한 응력 또는 시간에 따라 매우 천천히 변하는 응력 상태)을 가함으로써 물체가 두 조각 이상으로 나누어지는 것을 뜻한다. 파괴는 또한 피로(주기적인 응력이 부과되었을 때)와 크리프(통상 고온에서 발생하는 시간 의존성 변형)에 의해 일어날 수 있다. 피로와 크리프는 나중에 이 장의 10.10~10.22절에서 다루어 질 것이다. 작용응력은 인장, 압축, 전단, 뒤틀림 혹은 이들 응력의 조합 등이 있으나, 이 절에서는 일축 인장하중에 따라 나타나는 파괴현상만을 다루고 있다.

연성파괴
취성파괴

금속의 경우 파괴 형태는 재료의 소성변형 능력에 따라 **연성파괴(ductile fracture)**와 **취성파괴(brittle fracture)**로 나눌 수 있다. 연성의 금속은 소성변형이 상당히 일어난 후에 파괴가 일어나므로, 이 과정 중에 많은 에너지를 흡수한다. 반면에 취성 재료는 소성변형이 거의 일어나지 않은 상태에서 파괴가 일어나므로 흡수 에너지의 양은 매우 적다. 이러한 두 가지 파괴 형태에 대한 인장응력-변형률 거동은 그림 8.13에 나타나 있다.

연성과 취성은 주어진 상황에 따른 상대적 개념이다. 연성은 연신백분율[식 (8.11)]이나 단면감소율[식 (8.12)]로 나타내며, 온도, 변형률 속도 및 응력 상태의 함수이다. 연성 재료의 취성파괴에 대한 내용은 10.9절에서 다룬다.

모든 파괴 과정은 균열 생성과 균열 전파의 두 단계로 나누어진다. 파괴 형태는 주로 균열 전파 기구에 따라 결정된다. 연성파괴에서는 진전하는 균열 주위에 상당한 소성변형이 나타난다. 또한 균열은 대체적으로 천천히 진전한다. 이러한 균열을 안정된(*stable*) 균열이라고 한다. 즉, 작용응력이 증가하지 않으면 균열은 더 이상 진전되지 않는다. 상당한 소성변형이 일어난 흔적은 파괴면에도 나타난다. 반면에 취성파괴에 있어서는 균열이 매우 빠르게 진전되며, 소성변형도 거의 일어나지 않는다. 이러한 균열을 불안정한(*unstable*) 균열이라고 하며, 작용응력이 증가하지 않아도 일단 진전하기 시작한 균열은 매우 빠르게 전파해 나간다.

연성파괴는 취성파괴에 비해 다음의 두 가지 이유 때문에 대부분 유익하다고 볼 수 있다. 첫째, 취성파괴는 어떠한 징후도 없이 급작스럽게 일어난다. 이는 빠르고 연속적으로 균열이 진행하기 때문이다. 그러나 연성파괴는 파괴되기 전에 상당한 소성변형이 일어나므로 파괴가 일어나기 전에 방지 조치를 취할 수 있다. 둘째, 연성 재료는 일반적으로 인성이 크므로 연성파괴가 일어나는 데는 더 많은 변형에너지가 요구된다. 그러므로 연성파괴는 취성파괴에 비해 덜 위험하다. 대부분의 금속 합금은 인장응력이 작용할 경우 연성파괴를 일으키지만, 세라믹은 일반적으로 취성파괴를 일으킨다. 고분자의 경우에는 두 가지 파괴 형태가 모두 일어난다.

10.3 | 연성파괴

연성파괴의 표면은 거시적으로나 미시적으로 독특한 형상을 나타낸다. 그림 10.1은 거시적 파괴 형태를 개략적으로 나타낸 것이다. 그림 10.1*a*와 같은 파괴 형상은 순금이나 납과 같이 매우 연한 금속이 상온에서 파괴될 때 나타나며, 서로 다른 종류의 금속이나 고분자 및 무기 유리 같은 재료도 높은 온도에서는 이와 비슷한 파괴 양상을 나타낸다. 이와 같이 연성이 매우 큰 재료는 끊어지는 부분이 점으로 되어 완전한 100%의 단면적 감소를 나타내게 된다.

가장 일반적인 연성 금속의 인장파괴는 그림 10.1*b*에 나타낸 바와 같이 파괴가 일어나기 전에 어느 정도의 네킹(necking) 현상이 나타난다. 연성파괴의 단계는 그림 10.2에 나타나 있다. 첫째, 그림 10.2*b*처럼 네킹 현상이 시작된 후에 조그만 공동과 미세기공(*microvoid*)이 단면 내부에 형성된다. 그 후 변형이 계속됨에 따라 미세기공들도 성장을 계속하게 된다. 성장한 미세기공들은 서로 연결되어 하나의 타원형 균열을 형성하게 된다. 타원형 균열의 장축은 응력 방향에 수직이다. 이러한 균열들은 미세기공들과의 연결 과정을 통하여 균열의 장축 방향으로 점차적으로 진전한다(그림 10.2*c*). 그 후 네킹(그림 10.2*d*) 부분의 바깥 주위를 따라 매

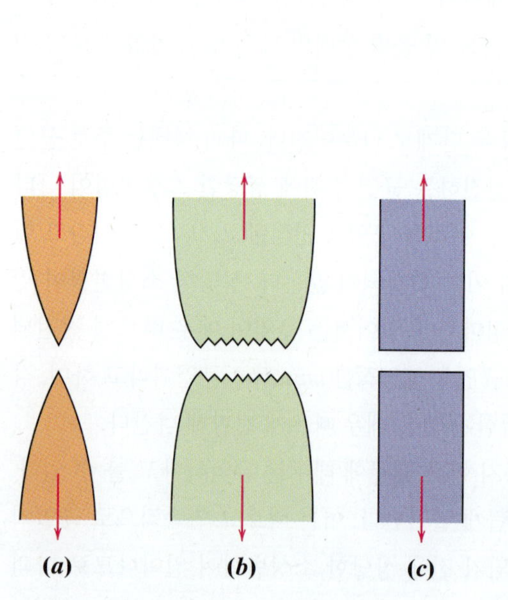

그림 10.1 (*a*) 시편의 파괴 끝단이 점으로 나타나는 높은 연성파괴, (*b*) 약간의 네킹이 일어난 후에 나타나는 중간 연성파괴, (*c*) 소성변형 없이 일어나는 취성파괴

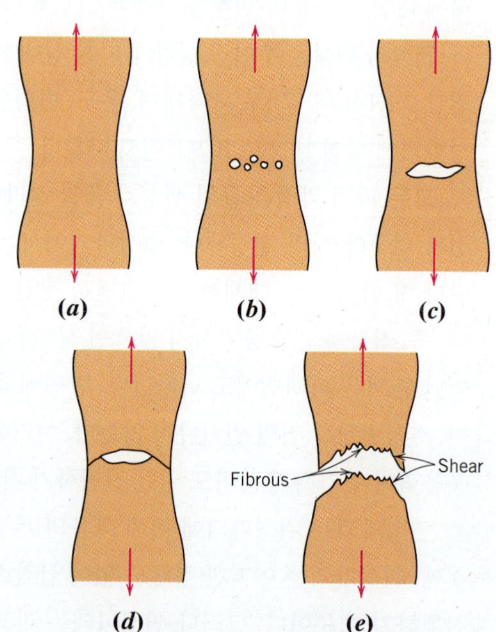

그림 10.2 컵-원뿔 파괴의 단계: (*a*) 초기 네킹, (*b*) 조그만 공동 형성, (*c*) 공동의 합체에 의한 균열 형성, (*d*) 균열 전파, (*e*) 인장 방향에 대하여 45°로 일어나는 최종 전단 파괴
(From K. M. Ralls, T. H. Courtney, and J. Wulff, *Introduction to Materials Science and Engineering*, p. 468. Copyright © 1976 by John Wiley & Sons, New York. Reprinted by permission of John Wiley & Sons, Inc.)

그림 10.3
(*a*) 알루미늄의 '컵-원뿔' 파괴,
(*b*) 회주철에서의 취성파괴

우 빠른 균열 전파가 일어남으로써 마침내 파괴가 일어나게 된다. 최종 파단은 전단응력이 최대가 되는 인장축과 45°의 각도로 전단변형에 의해 일어난다. 파괴된 한쪽은 컵과 같은 모양이고, 다른 쪽은 볼록한 원뿔의 모양이므로, 이와 같은 파괴 형상을 가리켜 **컵-원뿔 파괴**(*cup-and-cone fracture*)라고 한다. 그림 10.3*a*의 파괴 시편에서 가운데 내부면이 불규칙한 섬유질 모습을 띠고 있는데 이것은 파괴 전에 상당한 소성변형이 일어났음을 시사한다.

파단면 사진학

파단면을 주사전자현미경(scanning electron microscope, SEM)으로 조사함으로써 파괴 기구에 관한 상세한 정보를 얻을 수 있다. 이를 가리켜 **파단면 사진학**(*fractographic*)이라고 한다. 전자현미경은 광학현미경에 비해 해상력(resolution)과 초점심도가 월등하므로, 파괴면의 울퉁불퉁한 모양을 관찰하기에 적합하다.

시편의 중앙 부위를 고배율로 관찰하면, 섬유질이 수많은 구형의 '딤플(dimple)'로 구성되어 있음을 알 수 있다(그림 10.4*a*). 이러한 표면 구조가 일축 인장파괴의 특징이다. '컵-원뿔' 파괴의 45° 전단 입술(shear lip) 지역에서도 딤플이 나타난다. 그러나 이들은 구형이 아니라, 그림 10.4*b*에 나타낸 바와 같이 C자 모양이나 한쪽으로 늘어난 모습을 갖고 있다. 이러한 포물선 모양은 전단 파괴에 의해 일어났을 가능성을 나타낸다. 이와 같은 모양 외에 다른 파괴 모양들도 나타난다. 그림 10.4*a*와 10.4*b* 같은 파괴면 사진으로부터 파괴 형태, 응력 상태 및 균열의 시작 위치 등과 같은 유용한 정보를 얻을 수 있다.

10.4 | 취성파괴

취성파괴는 연성파괴와는 달리 소성변형이 거의 없이 균열이 매우 빠르게 진전하여 일어난다. 균열의 진행 방향은 작용 인장응력 방향에 거의 수직이며, 파괴 단면은 그림 10.1*c*에 나타낸 것처럼 대체적으로 편평하다.

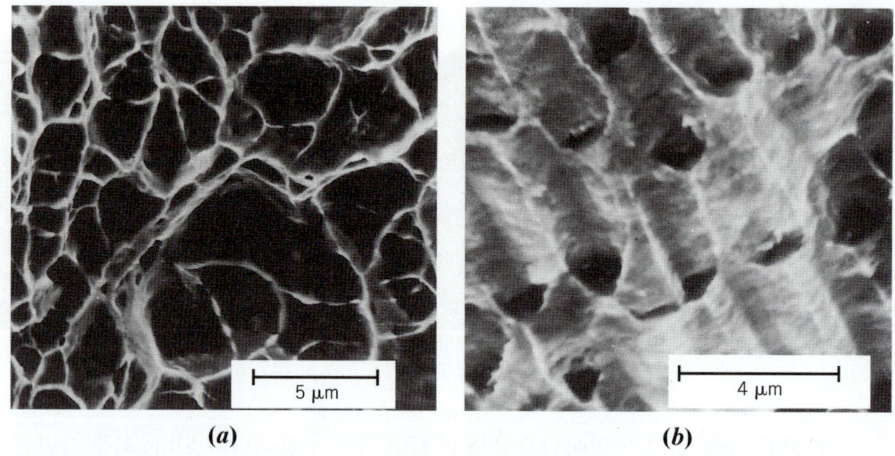

그림 10.4 (*a*) 일축 인장하중 하에서 연성파괴의 특징인 구형 딤플을 나타내는 주사전자현미경 파면 사진(3300배율), (*b*) 전단하중하에서 연성파괴의 특징인 포물선형 딤플을 나타내는 주사전자현미경 파면 사진(5000배율)
(From R. W. Hertzberg, *Deformation and Fracture Mechanics of Engineering Materials*, 3rd edition. Copyright © 1989 by John Wiley & Sons, New York. Reprinted by permission of John Wiley & Sons, Inc.)

취성파괴면의 특징은 소성변형이 일어난 흔적이 거의 없다는 것이다. 그림 10.5*a*에 나타나 있는 강 시편의 파괴면에서와 같이, V자 모양의 '갈매기(chevron)' 표시가 균열 시작점으로부터 시편의 중앙 부위를 따라 연속적으로 퍼져 나간 것을 볼 수 있다. 또는 그림 10.5*b*와 같이 선이나 등선 모양이 균열 시작점에서부터 부채꼴로 퍼져 나간 모습을 나타내기도 한다. 이러한 모습들은 육안으로 쉽게 식별할 수 있는 경우도 간혹 있지만, 매우 단단하고 미세한 결정립을 갖는 금속의 파괴면에서는 식별할 수 있을 만큼의 파괴 양상이 나타나지 않는다. 세라믹 유리와 같은 비정질 재료의 취성파괴면은 대체적으로 고른 표면을 가지므로 광택이 난다.

대부분의 취성 결정질 재료의 균열 전파는 어떤 특정 결정면을 따라 원자간의 결합이 연속적으로 끊어짐으로써 진행된다(그림 10.6*a*). 이를 벽개(*cleavage*) 파괴라고 하며, 결정립을 가로질러 균열이 전파하므로 **입내(transgranular** 또는 *transcrystalline*) 파괴라고 부른다. 이러한 파괴면을 저배율로 관찰하면 그림 10.3*b*와 같이 결정립들의 형상(grainy 또는 faceted texture)이 육안으로 관찰된다. 이러한 형상은 벽개면의 방향이 결정립마다 다르기 때문에 나타나는 결과이며, 이러한 벽개 파괴는 그림 10.6*b*의 고배율 주사전자현미경 사진에서 관찰할 수 있다.

입내 파괴

입계 파괴

한편, 일부 합금에서는 균열 전파가 입계를 따라 일어나며(그림 10.7*a*), 이를 가리켜 **입계 (intergranular)** 파괴라고 한다. 그림 10.7*b*의 주사현미경 사진과 같이 결정립의 3차원 형태가 명확히 드러난다. 이러한 입계 파괴는 입계가 취약한 경우에 일어난다.

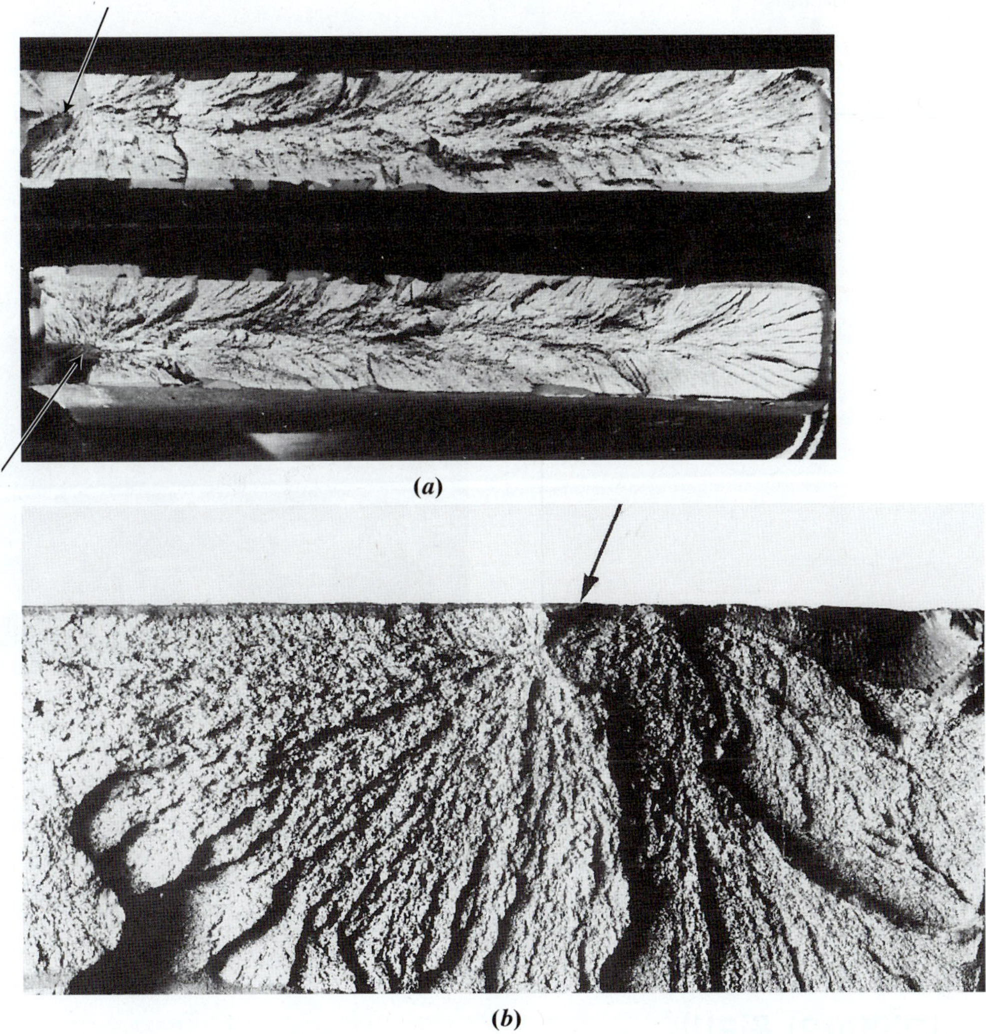

그림 10.5 (*a*) 취성파괴의 특징인 V자 모양의 '갈매기' 표시를 나타내는 사진. 화살표는 균열 생성 위치를 나타낸다. 실제 크기에 가깝다. (*b*) 방사상으로 퍼져 나간 골짜기 형태를 나타내는 사진. 화살표는 균열 생성 위치를 나타낸다(약 2배율).
[(*a*) From R. W. Hertzberg, *Deformation and Fracture Mechanics of Engineering Materials*, 3rd edition. Copyright © 1989 by John Wiley & Sons, New York. Reprinted by permission of John Wiley & Sons, Inc. Photograph courtesy of Roger Slutter, Lehigh University. (*b*) From D. J. Wulpi, *Understanding How Components Fail*, 1985. Reproduced by permission of ASM International, Materials Park, OH.]

개념 확인 10.2

연성파괴와 취성파괴를 구분하라.

(정답은 *www.wiley.com*의 제품 페이지에서 확인할 수 있음)

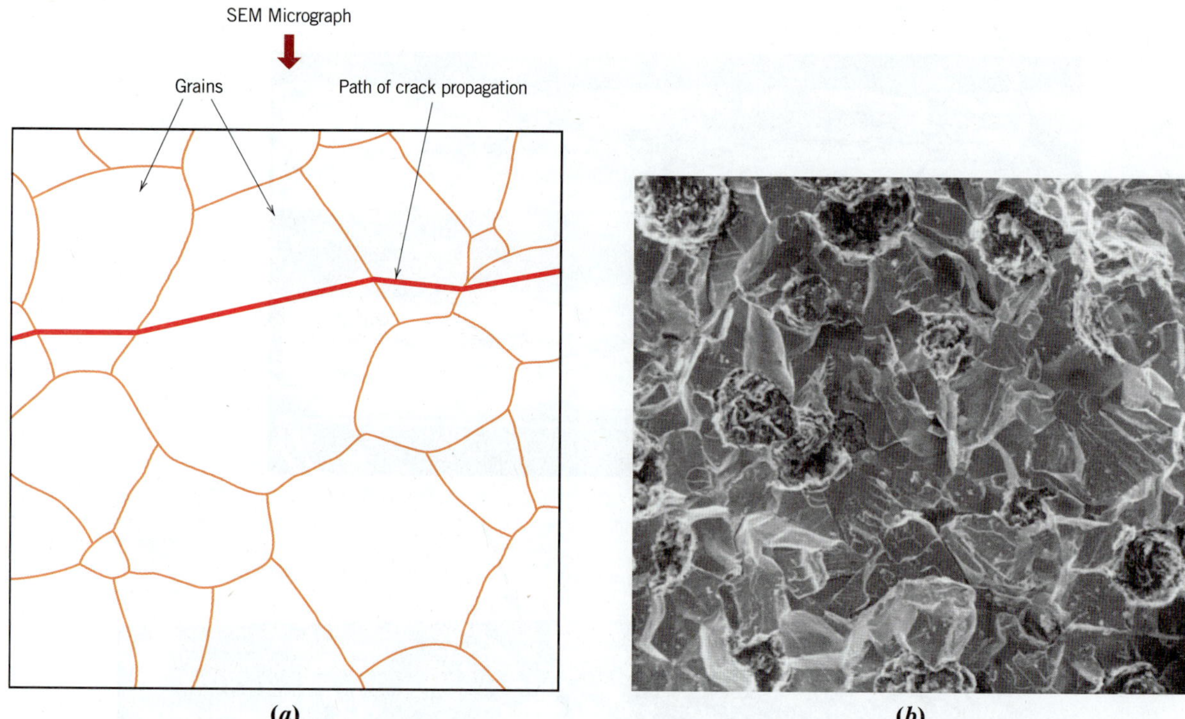

그림 10.6 (*a*) 입내 파괴에서 입자 내부를 관통하는 균열 전파를 보여주는 단면 모식도, (*b*) 연성 주철의 입내 파괴면을 보여주는 주사전자현미경 사진(배율은 모름)
[Figure (*b*) from V. J. Colangelo and F. A. Heiser, *Analysis of Metallurgical Failures*, 2nd edition. Copyright © 1987 by John Wiley & Sons, New York. Reprinted by permission of John Wiley & Sons, Inc.]

10.5 | 파괴역학의 원리[1)]

파괴역학

이 장의 첫 페이지에 있는 그림 (*b*)의 유조선 사진에 나타낸 바와 같이, 연성 재료의 취성파괴로 말미암아 파괴 기구에 대해 좀 더 깊은 이해가 필요하게 되었다. 그리하여 지난 세기에 걸친 연구 끝에 **파괴역학(fracture mechanics)**이라는 학문 분야가 등장하게 되었다. 파괴역학이란 재료의 성질, 응력의 크기, 균열을 초래할 수 있는 결함의 존재 및 균열 전파 기구 사이의 관계를 정량화한 것이다. 이 분야에 대한 지식을 습득함으로써 설계 기술자는 구조물의 파괴를 예상하고 이에 대비할 능력을 갖추게 된다. 이 절에서는 파괴역학의 몇 가지 기본 원리들에 대하여 논의한다.

1) 파괴역학의 기본이론은 *www.wiley.com*의 제품 페이지에 있는 Mechanical Engineering (ME) Online Module의 M.2절에서 더 자세히 논의된다.

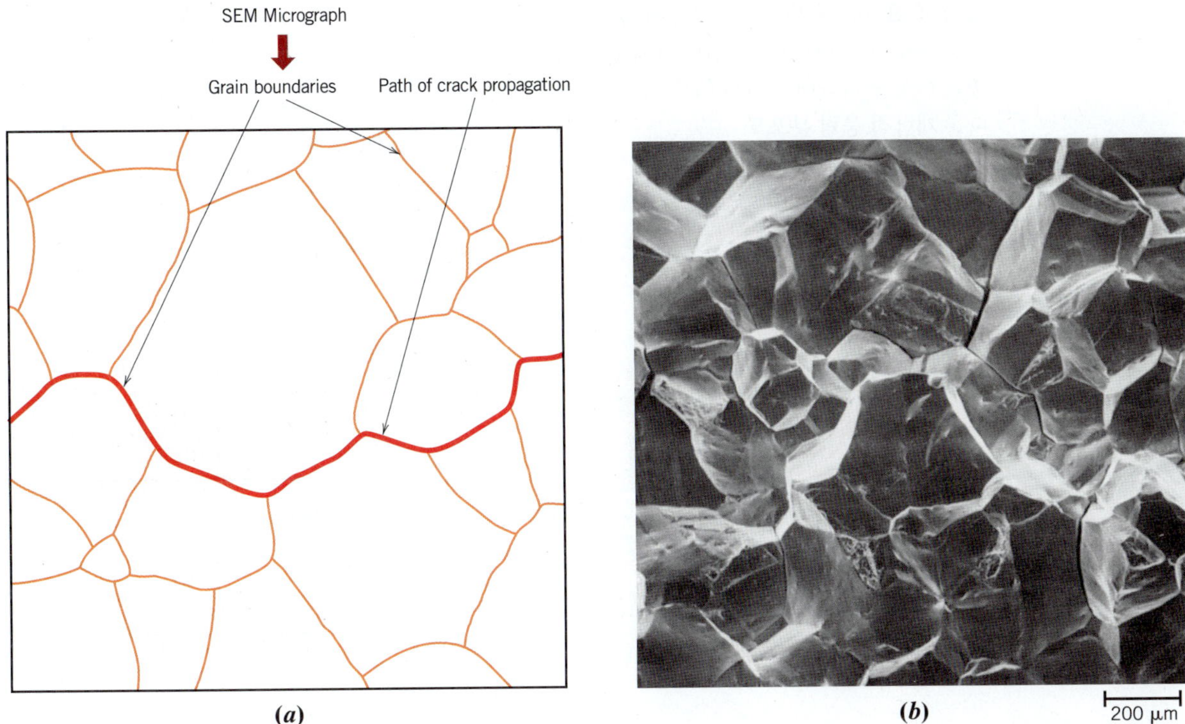

그림 10.7 (*a*) 입계 파괴에서 입계를 따라 진행하는 균열 전파를 보여주는 단면 모식도, (*b*) 입계 파단면을 나타내는 주사전자현미경 사진(50배율)
[Figure (*b*) reproduced with permission from *ASM Handbook*, Vol. 12, *Fractography*, ASM International, Materials Park, OH, 1987.]

응력집중

대부분의 취성 재료의 파괴강도를 측정하면 원자의 결합에너지에 근거하여 이론적으로 계산된 파괴강도보다 매우 낮다. 이러한 강도의 불일치는 일반적인 조건에서 재료의 내부와 표면에 항상 존재하는 매우 작고 미시적인 결함이나 균열의 존재로 설명이 가능하다. 작용응력은 결함의 첨단 부분에 집중되어 파괴강도를 낮추게 한다. 응력이 집중되는 정도는 균열의 방향과 기하학적 형상에 따라 다르다. 그림 10.8에는 내부균열이 존재하는 단면의 응력 상태가 나타나 있다. 이 그림에서와 같이 균열의 끝에서 멀어질수록 국부응력은 감소한다. 아주 멀리 떨어진 거리에서의 응력은 하중을 단면적으로 나눈 값인 공칭응력 σ_0 값을 갖는다. 이러한 결함은 결함 주위에서의 응력을 증폭시키므로 **응력집중자(stress raiser)**라고도 한다.

응력집중자

균열의 형상이 판을 관통하는 타원형 구멍과 유사하며, 균열이 작용응력에 대하여 수직으로 배향되었다면, 이때 균열 첨단에서의 최대응력 σ_m은 근사적으로 다음과 같이 표현된다.

인장하중의 경우, 균열 첨단에서의 최대응력 계산

$$\sigma_m = 2\sigma_0 \left(\frac{a}{\rho_t} \right)^{1/2} \tag{10.1}$$

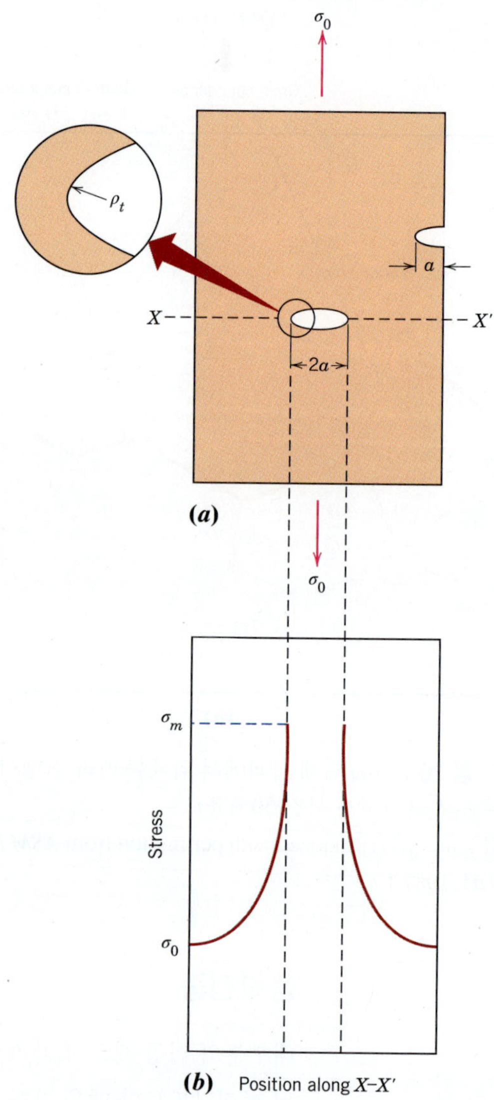

그림 10.8 (a) 표면균열 및 내부균열의 기하학적 형상, (b) 균열 첨단에서의 응력 증폭 현상을 나타내는 그림 (a)의 선 X-X'을 따른 개략적 응력 분포도

여기서 σ_0는 공칭 인장응력, ρ_t는 균열 첨단 부분의 곡률반지름(그림 10.8a 참조), a는 표면균열의 길이(즉, 내부균열 길이의 1/2)를 나타낸다. 곡률반지름이 작고 길이가 대체적으로 긴 균열에 대한 $(a/\rho_t)^{1/2}$의 인자값은 매우 커질 것이며, σ_m은 σ_0 값의 몇 배로 커질 것이다.

때때로 σ_m/σ_0의 비를 **응력집중계수**(*stress concentration factor*) K_t로 표현하기도 한다. 즉,

$$K_t = \frac{\sigma_m}{\sigma_0} = 2\left(\frac{a}{\rho_t}\right)^{1/2} \tag{10.2}$$

이 값은 외부 응력이 균열의 첨단 부분에서 증폭되는 정도를 나타낸다. 이러한 응력의 증폭현상은 미시적인 결함뿐만 아니라 내부 구멍이나 급격히 각이 진 부분, 긁힌 자국, 노치와 같은 대형 구조물의 불연속 부위에서도 나타난다.

이와 같은 응력집중 효과는 연성 재료보다 취성 재료에 있어 더 심각한 문제를 야기한다. 연성 재료의 경우에는 최대응력이 항복응력보다 커지면 소성변형이 일어나므로 응력집중 부위는 좀 더 균일한 응력 분포 상태로 변하고, 최대 응력집중계수 값도 이론값보다 작아지게 된다. 그러나 취성 재료에 있어서는 결함 주위에 항복이나 응력 재분포와 같은 현상이 나타나지 않으므로, 이론적인 응력집중계수 값이 그대로 나타난다.

파괴역학의 기본 원리를 적용하면, 취성 재료의 균열 전파에 필요한 임계응력의 크기 σ_c는 다음과 같이 산출된다.

취성 재료의 균열 전파에 대한 임계응력

$$\sigma_c = \left(\frac{2E\gamma_s}{\pi a}\right)^{1/2} \tag{10.3}$$

여기서

E = 탄성계수
γ_s = 비표면 에너지
a = 내부균열 길이의 1/2

이다.

모든 취성 재료는 다양한 크기, 기하학적 형상 및 배향을 갖는 작은 균열들이나 결함들을 가지고 있다. 이러한 결함들 중 하나의 결함 첨단 부분에서의 인장응력이 임계응력 값을 초과하였을 때 균열이 생성, 전파하여 최종적으로 파괴에 이르게 된다. 결함이 매우 작거나 실질적으로 거의 없어서 이론값에 근접하는 파괴강도를 갖는 금속 및 세라믹 휘스커 등이 성장되어 왔다.

예제 10.1

최대 허용 결함 크기 계산

상당히 큰 유리판이 50 MPa의 인장응력을 받고 있다. 이 유리의 비표면 에너지는 0.2 J/m^{2}이고, 탄성계수는 72 GPa이다. 파괴가 일어나지 않을 최대 표면결함 길이는 얼마인가?

풀이

이 문제를 풀기 위해서 식 (10.3)을 적용한다. 종속변수인 a로 재정리하고, σ = 50 MPa, γ_s = 0.2 J/m^2, E = 72 GPa을 대입하면 다음과 같다.

$$a = \frac{2E\gamma_s}{\pi\sigma^2}$$

$$= \frac{(2)(72 \times 10^9 \text{ N/m}^2)(0.2 \text{ N/m})}{\pi(50 \times 10^6 \text{ N/m}^2)^2}$$

$$= 3.67 \times 10^{-6} \text{ m} = 0.00367 \text{ mm} = 3.67\ \mu\text{m}$$

파괴인성

파괴역학 원리를 적용하면, 균열 전파에 대한 임계응력(σ_c)과 균열 길이(a)의 관계는 다음과 같이 표현된다.

파괴인성—균열 전파 및 균열 길이에 대한 임계응력에 의존

$$K_c = Y\sigma_c\sqrt{\pi a} \tag{10.4}$$

파괴인성

여기서 K_c는 **파괴인성(fracture toughness)**으로, 균열이 존재할 때 취성파괴에 대한 재료의 저항을 나타내는 성질이다. K_c가 MPa $\sqrt{\text{m}}$의 매우 독특한 단위를 가지고 있다는 것은 주목할 만하다. 여기서 Y는 무차원 매개변수 또는 함수로서, 균열과 시편의 크기 및 기하학적 형상과 하중 작용 방식에 의존한다.

시편의 폭보다 매우 짧은 균열을 갖는 평면 시편의 경우에 Y는 거의 근사적으로 1의 값을 갖는다. 예를 들면, 두께를 관통하는 균열을 갖는 무한 평판의 경우에는(그림 10.9*a*) $Y = 1.0$이지만, 균열 길이가 a인 가장자리 균열을 포함하는 반무한 평판의 경우에는(그림 10.9*b*) $Y \cong 1.1$이다. Y의 수학적 표현은 균열-시편의 기하학적 형상에 따라 다르며, 대체적으로 복잡하다.

평면변형률

대체적으로 얇은 시편들의 경우 K_c 값은 시편 두께에 의존할 것이다. 그러나 시편의 두께가 균열 크기보다 훨씬 크게 되면 K_c 값은 시편 두께의 영향을 받지 않게 되며 **평면변형률(plane strain)** 상태가 된다. 평면변형률이란 그림 10.9*a*에 나타낸 방식으로 하중이 균열에 가해지는 것을 의미하며, 앞면과 뒷면에 수직한 변형률 성분이 존재하지 않는다. 이러한 두꺼운 시편에서의 K_c 값을 **평면변형률 파괴인성(plane strain fracture toughness)** K_{Ic}라 하며, 다음과 같이 정의한다.

평면변형률 파괴인성

균열 표면 변위 모드 I에 대한 평면변형률 파괴인성

$$K_{Ic} = Y\sigma\sqrt{\pi a} \tag{10.5}$$

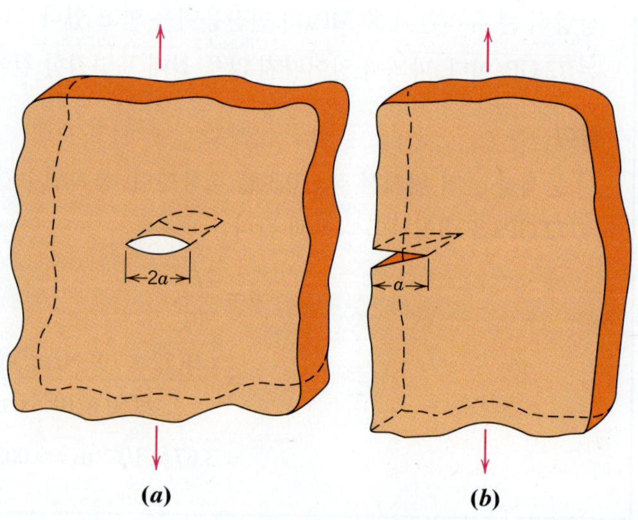

그림 10.9 (*a*) 무한 평판의 내부균열을 나타낸 모식도, (*b*) 반무한 평판의 가장자리

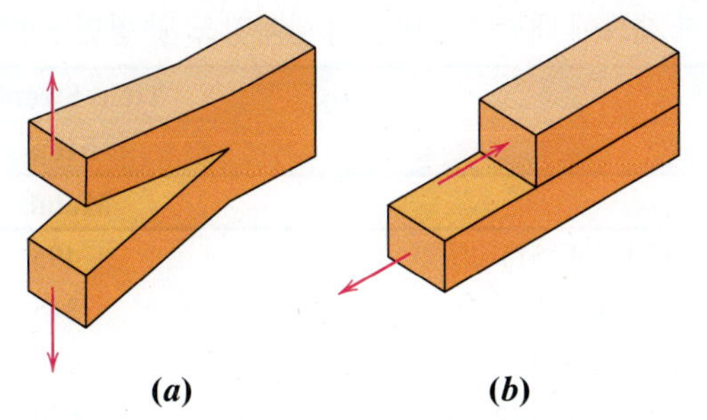
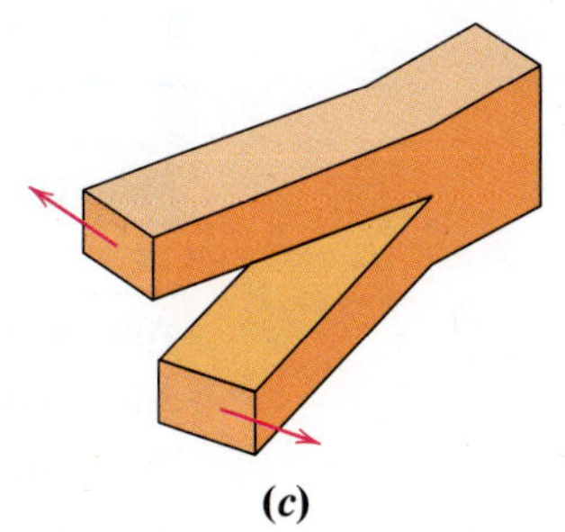

그림 10.10 균열면의 변위 형태에 따른 세 가지 모드: (*a*) 모드 I(개구 또는 인장 모드), (*b*) 모드 II(미끄러짐 모드), (*c*) 모드 III(찢김 모드)

K_{Ic} 값은 대부분의 경우에 파괴인성 값을 나타낸다. 여기서 K_{Ic}의 아래첨자 *I*(로마숫자 1)는 *K*의 임곗값이 그림 10.10*a*에 나타낸 바와 같이 균열 변위 모드 I에 대한 것을 나타낸다.[2)]

균열이 진전할 때 소성변형이 거의 수반되지 않는 취성 재료의 K_{Ic} 값은 매우 낮으며, 갑작스러운 파손에 취약하다. 한편, 연성 재료의 K_{Ic} 값은 대체적으로 크다. 파괴역학은 특히 중간 정도의 연성을 갖는 재료의 급격한 파손을 예측하는 데 유용하다. 표 10.1(그림 1.7)에 여러 재료들에 대한 평면변형률 파괴인성 값을 나타내었다.

평면변형률 파괴인성 K_{Ic}는 기본적인 재료 성질로 많은 인자에 영향을 받는다. 가장 큰 영향을 주는 인자로는 온도, 변형률 속도 및 미세조직이 있다. K_{Ic} 값은 온도가 감소할수록 또한 변형률 속도가 증가할수록 감소한다. 더욱이 고용체 강화와 분산(dispersion) 강화 또는 변형 강화에 의해 항복강도를 증가시키면, 이에 따라 K_{Ic} 값은 감소한다. 결정립을 미세화할수록 조성의 변화나 다른 미세조직의 변화가 없는 한 K_{Ic} 값은 통상적으로 증가한다. 몇몇 금속에 대한 항복강도를 표 10.1에 나타내었다.

K_{Ic}를 측정하기 위한 여러 가지 다른 시험방법이 있다(10.9절 참조). 실제적으로 모드 I 균열 변위를 나타내는 어떠한 크기나 형상을 갖는 시편도 사용할 수가 있다. 그러나 식 (10.5)의 Y값을 적절히 정해 주어야만 정확한 K_{Ic} 값을 구할 수 있다.

파괴역학을 이용한 설계

구조물의 파괴 가능성을 타진하기 위해서는 식 (10.4)와 (10.5)에서 3개의 매개변수를 알아야 한다. 즉, Y 값을 이미 알고 있다면, 파괴인성(K_c) 또는 평면변형률 파괴인성(K_{Ic}), 작용응력(σ), 결함 크기(a)가 정해져야 한다. 기기를 설계할 때는 우선 이 3개의 매개변수 중에서 어느 매개변수가 실제 적용에 제약을 받는지와 설계 통제를 받는지를 결정하는 것이 중요하다. 예를 들면 재료를 선정할 경우(K_c 또는 K_{Ic})에는 주위 환경에 따른 부식 특성이나 밀도(경량 적용 시) 등을 고려하여야 한다. 허용 결함 크기는 결함 검출법에 의해 측정이 가능할 수도 있지

2) 다른 두 가지 균열 변위 모드인 II와 III는 그림 10.10*b*와 10.10*c*에 나타난 바와 같이 가능한 경우이지만, 모드 I의 문제를 가장 많이 접하게 된다.

표 10.1 일부 공학 재료에 대한 상온에서의 항복강도 및 평면변형률 파괴인성 데이터

Material	Yield Strength MPa	K_{Ic} MPa $\sqrt{m}$
	Metals	
Aluminum alloy[a] (7075-T651)	495	24
Aluminum alloy[a] (2024-T3)	345	44
Titanium alloy[a] (Ti-6Al-4V)	910	55
Alloy steel[a] (4340 tempered @ 260°C)	1640	50.0
Alloy steel[a] (4340 tempered @ 425°C)	1420	87.4
	Ceramics	
Concrete	—	0.2–1.4
Soda–lime glass	—	0.7–0.8
Aluminum oxide	—	2.7–5.0
	Polymers	
Polystyrene (PS)	25.0–69.0	0.7–1.1
Poly(methyl methacrylate) (PMMA)	53.8–73.1	0.7–1.6
Polycarbonate (PC)	62.1	2.2

[a]**Source:** Reprinted with permission, *Advanced Materials and Processes*, ASM International, © 1990.

만, 검출 한계를 벗어나는 경우에는 별도로 규정된다. 일단 3개의 매개변수 중 2개가 정해지면, 다른 하나의 매개변수는 따라서 정해진다[식 (10.4) 및 (10.5)]. K_{Ic} 값과 a의 크기가 규정되면 설계(임계) 응력 σ_c는 다음과 같이 주어진다.

설계응력의 계산

$$\sigma_c = \frac{K_{Ic}}{Y\sqrt{\pi a}} \tag{10.6}$$

응력의 크기와 평면변형률 파괴인성이 설계 조건에 명시되어 있다면, 이에 따른 최대 허용 결함 크기 a_c는 다음과 같이 주어진다.

최대 허용 결함 크기의 계산

$$a_c = \frac{1}{\pi}\left(\frac{K_{Ic}}{\sigma Y}\right)^2 \tag{10.7}$$

내부 결함이나 표면 결함을 검출하기 위하여 여러 가지 비파괴시험(nondestructive test, NDT)을 사용한다.[3] 이와 같은 비파괴시험은 조기 파괴를 일으킬 수 있는 결함이 있는 구조적 부품들을 조사하는 데 사용된다. 비파괴시험은 제조공정에서 품질관리의 수단으로도 사용된다. 비파괴시험이라는 명칭이 의미하는 바와 같이, 이러한 기술들은 조사되는 동안 재료/구조의 파손이 없어야 한다. 게다가 일부 시험방법은 실험실에서 수행되어야 하며 나머지는 현장

3) 종종 비파괴평가(NDE) 및 비파괴검사(NDI)라는 용어들도 이러한 기술들에 대하여 사용된다.

표 10.2 여러 가지 일반적인 비파괴시험 목록

Technique	Defect Location	Defect Size Sensitivity (mm)	Testing Location
Scanning electron microscopy	Surface	>0.001	Laboratory
Dye penetrant	Surface	0.025–0.25	Laboratory/in-field
Ultrasonics	Subsurface	>0.050	Laboratory/in-field
Optical microscopy	Surface	0.1–0.5	Laboratory
Visual inspection	Surface	>0.1	Laboratory/in-field
Acoustic emission	Surface/subsurface	>0.1	Laboratory/in-field
Radiography (x-ray/gamma ray)	Subsurface	>2% of specimen thickness	Laboratory/in-field

에서 사용 중에 수행된다. 일반적으로 사용되는 비파괴시험의 종류와 특성 등을 표 10.2에 정리하였다.[4)]

비파괴시험의 중요한 예는 알래스카와 같이 멀리 떨어진 지역의 송유관벽 내 균열이나 누설 검사에 대한 것이다. 초음파 분석이 송유관 내에서 비교적 먼 거리를 이동할 수 있는 '로봇 분석기'와 함께 사용되고 있다.

설계 예제 10.1

가압 원통형 탱크 설계를 위한 재료의 사양

2.0 MPa 압력의 유체를 보관하는 얇은 벽의 원통형 가압용기 탱크[벽두께 8.0 mm, 반지름 0.5 m(500 mm)]를 고려해 보자. 탱크 벽 내에 그림 10.11에 나타낸 바와 같이 내부에서 바깥쪽으로 전파되는 균열이 존재한다고 가정하자.[5)] 이 가압용기의 파괴에 대하여 두 가지 시나리오가 가능하다.

1. **파단 전 누설.** 파괴역학의 원리를 적용하여, 빠른 균열 전파가 일어나기 전에 용기의 벽두께를 통한 균열 성장이 되도록 한다. 따라서 갑작스러운 파괴를 일으키기 전에 균열이 용기 벽을 완전히 관통하여, 가압 유체가 누설되고 균열을 감지할 수 있다.
2. **취성파괴.** 진행하는 균열이 파단 전 누설이 가능한 균열 길이보다 짧은 임계 길이에 도달할 때, 벽 전체를 관통하는 균열의 빠른 전파에 의해 파괴가 일어난다. 이러한 상황은 일반적으로 용기 내 유체의 급격한 팽창에 의해 일어난다.

당연히 두 시나리오 중 파단 전 누설이 거의 항상 선호된다.

---

4) 결함과 균열의 탐지에 비파괴시험이 어떻게 이용되는가에 대해서는 *www.wiley.com*의 제품 페이지에 있는 Mechanical Engineering (ME) Online Module의 M.3절에서 더 자세히 논의된다.

5) 균열의 전파는 압력 변동과 관련한 주기적인 하중이나 벽 재료의 화학적 침식에 의해 일어날 수 있다.

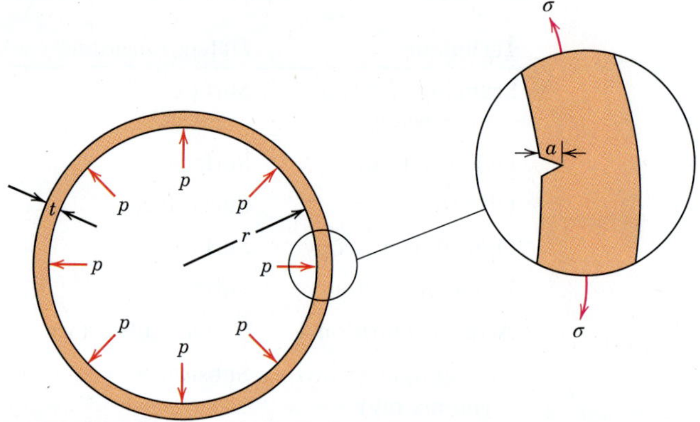

그림 10.11 내압 p에 의해 내벽에 길이 a의 방사상 균열이 존재하는 원통형 가압용기의 단면을 나타낸 모식도

원통형 가압용기에 대해 벽에 작용하는 원주응력(후프응력) σ_h는 용기 내 압력 p와 벽두께 t의 함수로 다음 식과 같이 나타낸다.

$$\sigma_h = \frac{pr}{t} \tag{10.8}$$

앞에서 주어진 p, r, t 값을 이용하여, 용기에 대한 후프응력은 다음과 같이 계산한다.

$$\sigma_h = \frac{(2.0\ \text{MPa})(0.5\ \text{m})}{8 \times 10^{-3}\ \text{m}}$$
$$= 125\ \text{MPa}$$

부록 B의 표 B.5에 나타낸 합금에 대해 고려하여, 다음 기준을 충족시키는 것을 결정하라.

(a) 파단 전 누설

(b) 취성파괴

표 B.5에서 명시된 범위에서의 최소 파괴인성 값을 이용하라. 이 문제에서 안전계수는 3.0으로 가정한다.

풀이

(a) 전파하는 표면균열의 형태를 그림 10.12에 도식적으로 나타내었다. 그림에서 균열은 $2c$의 길이(a의 깊이로, 여기서 $a = c$)와 응력 방향에 수직인 면 내에 반원 모양을 갖는다. 균열은 $2c = 2t$(즉, $c = t$)인 바깥벽으로 관통할 수 있다.[6] 이와 같이 균열의 길이가 용기벽의 두께와 같거나 길 때, 파단 전 누설 조건을 충족시킨다. 즉, 파단 전 누설에 대한 임계 균열 길이 c_c는 다음과 같이 정의된다.

---

6) *Materials for Missiles and Spacecraft*, E. R. Parker (Editor), "Fracture of Pressure Vessels," G. R. Irwin, McGraw-Hill, 1963, pp. 204-209.

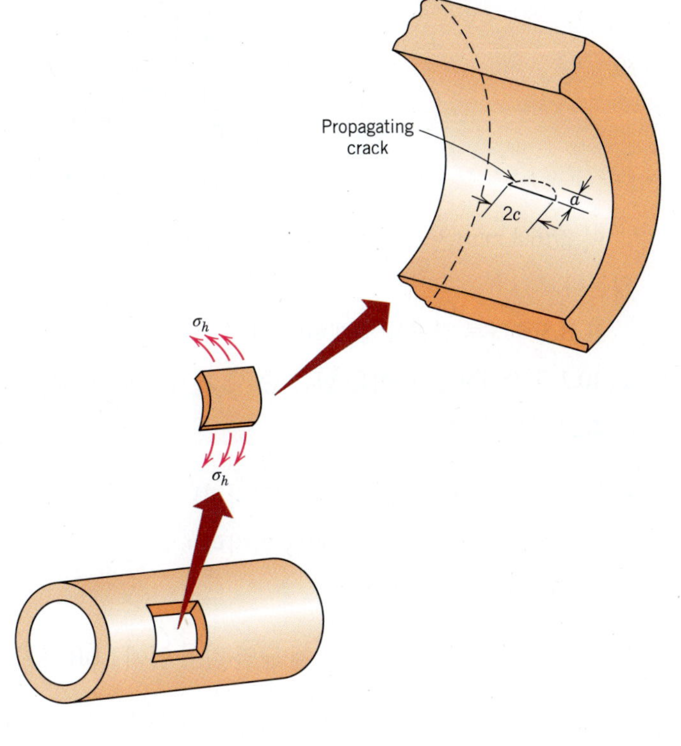

그림 10.12 원통형 가압용기의 벽 부위에 형성된 원주응력 및 벽의 안쪽에서 바깥으로 전파된 길이 $2c$와 깊이 a의 균열 형상을 보여주는 모식도

$$c_c \geq t \tag{10.9}$$

임계 균열 길이 c_c는 식 (10.7)을 이용하여 계산할 수 있다. 게다가 그림 10.9a에 나타낸 조건과 유사하게, 균열의 길이는 용기벽의 폭보다 훨씬 작기 때문에 $Y = 1$로 가정한다. 안전계수 N을 포함하고 응력을 후프응력으로 바꿔 주면 식 (10.7)은 다음과 같이 나타낼 수 있다.

$$c_c = \frac{1}{\pi}\left(\frac{\frac{K_{Ic}}{N}}{\sigma_h}\right)^2$$

$$= \frac{1}{\pi N^2}\left(\frac{K_{Ic}}{\sigma_h}\right)^2 \tag{10.10}$$

그러므로 특정 벽 재료에 대하여, 임계 균열 길이[식 (10.10)에 해당]의 값이 가압용기의 벽두께와 같거나 클 때 파단 전 누설이 가능하다.

예를 들어 370°C에서 템퍼링 열처리한 4140 합금강을 고려해 보자. 이 합금에 대한 K_{Ic} 값이 55와 65 MPa $\sqrt{\text{m}}$ 내 범위이므로, 최솟값(55 MPa $\sqrt{\text{m}}$)을 사용한다. 식 (10.10)에 N(3.0)과 σ_h(이전에 결정된 값, 125 MPa)을 대입하여 c_c를 다음과 같이 계산한다.

$$c_c = \frac{1}{\pi N^2}\left(\frac{K_{Ic}}{\sigma_h}\right)^2$$

$$= \frac{1}{\pi(3)^2}\left(\frac{55\ \text{MPa}\ \sqrt{\text{m}}}{125\ \text{MPa}}\right)^2$$

$$= 6.8 \times 10^{-3}\ \text{m} = 6.8\ \text{mm}$$

이 값(6.8 mm)은 용기의 벽두께(8.0 mm)보다 작으므로 이 합금강에서는 파단 전 누설이 발생하지 않는다.

표 B.5에 다른 합금들에 대하여 파단 전 누설 임계 균열 길이를 같은 방법으로 결정하였다. 그 값은 표 10.3에 작성하였다. 이들 합금 중 세 가지는 파단 전 누설(LBB) 기준[$c_c > t$(8.0 mm)]를 만족하는 c_c 값을 갖는다. 즉,

- 4140 합금강(482°C에서 템퍼링 열처리)
- 4340 합금강(425°C에서 템퍼링 열처리)
- 티타늄 합금 Ti-5Al-2.5Sn

이 세 가지 합금에 대하여 임계 균열 길이 옆에 LBB 표기를 하였다.

(b) 파단 전 누설 조건을 충족하지 않는 합금의 경우, 균열 성장 동안 c가 임계 균열 길이 c_c에 도달할 때 취성파괴가 일어날 수 있다. 그러므로 취성파괴는 표 10.3에서 위 세 가지 합금을 제외한 나머지 여덟 가지 합금에서 일어날 수 있다.

표 10.3 원통형 가압용기를 위한 열 가지 합금에 대한 파단 전 누설 임계 균열 길이*

Alloy	c_c (Leak-before-Break) (mm)
Steel alloy 1040	6.6
Steel alloy 4140	
(tempered at 370°C)	6.8
(tempered at 482°C)	12.7 (LBB)
Steel alloy 4340	
(tempered at 260°C)	5.7
(tempered at 425°C)	17.3 (LBB)
Stainless steel 17-4PH	6.4
Aluminum alloy 2024-T3	4.4
Aluminum alloy 7075-T651	1.3
Magnesium alloy AZ31B	1.8
Titanium alloy Ti-5Al-2.5Sn	11.5 (LBB)
Titanium alloy Ti-6Al-4V	4.4

*The "LBB" notation identifies those alloys that meet the leak-before-break criterion for this problem.

10.6 | 그리피스 취성파괴이론

이론적 파괴강도와 얻어진 파괴강도 사이의 불일치는 1921년 영국의 항공공학자인 그리피스(A. A. Griffith)에 의해 처음 관찰되었다. 그는 이론 응집강도가 얻어진 파괴강도보다 크다고 제시하였다. 실험과 분석을 통해 그리피스는 탄성변형에너지의 감소가 새로운 균열 표면을 형성하는 데 필요한 표면에너지와 같거나 클 때 균열이 전파되기 시작한다는 취성파괴에 적합한 기준을 작성했다.

요약하면, 이 이론은 새로 형성된 균열 표면으로 인한 표면에너지의 증가가 균열 성장 중 포텐셜에너지 감소와 균형을 이룬다.[7] 새로운 균열 표면이 형성되는 동안 균열 선단으로 흐르는 에너지 방출률(G)로 묘사되는 포텐셜에너지의 손실은 다음과 같이 주어진다.

$$G = -\frac{\partial P_e}{\partial S} \tag{10.11}$$

여기서 S는 균열 표면을 나타내고 포텐셜에너지 P_e는 다음과 같다.

$$P_e = \int_V W dV - \int_{S_t} t \cdot u dS - \int_V b \cdot u dV \tag{10.12}$$

여기서 W는 변형률에너지 밀도를 나타내고, V는 수축 t가 제시된 균열 표면 영역 S_t를 나타내며, 변위 장과 탄성체 힘은 각각 u와 b이다.[8)9)]

힘이 작용하지 않는 두께 B의 선형 탄성체를 고려하자. δ의 변위는 그림 10.13*a*와 같이 반력 P와 함께 적용된다. 초기 균열 길이 a_0를 갖는 탄성체에 하중을 가하는 동안 P-δ 곡선은 그림 10.13*b*에 나타낸 바와 같이 선형적이다. P-δ 곡선 아래의 면적은 탄성체의 총 변형에너지로 $\iint_V W dV$로 나타낸다. Δa의 일정한 변위만큼 균열 길이가 증가한다고 가정하자. 이 하중은 균열 성장이 증가함에 따라 감소하기 시작할 것이다. 균열 진전 후 탄성체에 부과된 하중이 제거될 때 균열 성장에 의해 방출된 에너지는 그림 10.13*b*와 같이 음영 영역 $-\Delta P$로 표시된다. 새로운 균열 표면이 형성되는 동안 탄성체에 의해 소실된 에너지는 다음과 같다.

$$G = -\lim_{\Delta a \to 0} \frac{1}{B} \frac{\Delta P}{\Delta a}$$

---

7) Griffith, A. A., "VI. The Phenomena of Rupture and Flow in Solids," *Philosophical Transactions of the Royal Society of London. Series A, Containing Papers of a Mathematical or Physical Character*, Vol. 221, No. 582-593, 1921: pp. 163-198.

8) Rice, J. R., "Mathematical Analysis in the Mechanics of Fracture," *Fracture: An Advanced Treatise*, Vol. 2, 1968: pp. 191-311.

9) Wang, Q. J., and Y. W. Chung, *Encyclopedia of Tribology*, Springer, 2013.

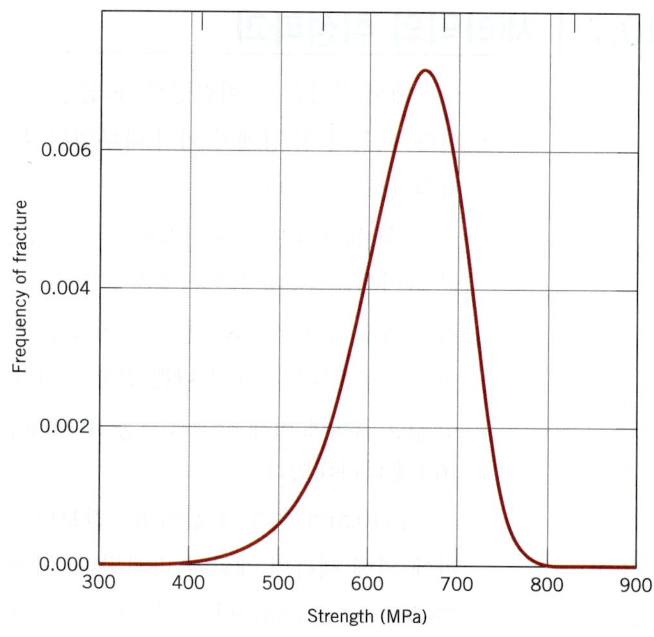

그림 10.15 질화규소 재료에서 관찰된 파괴강도의 분포

세라믹의 파단면

때때로 세라믹 파괴의 원인에 대한 정보를 얻는 것이 필요하다. 그렇게 함으로써 미래의 사고 가능성을 줄이기 위한 조치를 취할 수 있다. 파괴 분석은 일반적으로 균열을 발생시키는 결함의 위치, 형태, 근원을 조사하는 것에 초점을 맞춘다. 파단면 연구(10.3절)에서는 일반적으로 파단면의 현미경적 특징뿐만 아니라 균열 전파 경로를 조사한다. 종종 간단하고 값싼 장비, 예를 들어 확대경과 광원을 사용한 저배율의 입체 쌍안 광학현미경을 통해서 조사하는 것이 가능하다. 고배율의 확대가 요구될 때는 주사전자현미경을 사용한다.

균열 핵생성 이후 전파되는 동안 균열은 임계 (또는 최종) 속도에 도달될 때까지 가속된다. 유리의 경우 이러한 임계속도는 대략 음속의 1/2이다. 임계속도에 도달하면 균열은 갈라지고 (또는 두 갈래로 나누어짐) 균열군이 생성될 때까지 그러한 과정을 연속적으로 반복한다. 일반적인 네 가지 하중하에서의 전형적인 균열 형태를 그림 10.16에 나타내었다. 이 핵생성 자리는 종종 한 세트의 균열이 수렴하는 한 점으로 귀결된다. 더욱이 균열 가속도는 응력 레벨이 증가할수록 증가한다. 유사하게 균열의 갈라짐도 응력이 커질수록 증가한다. 예를 들어 우리는 큰 바위로 창문을 가격할 때 작은 조각돌에 의한 충격보다 더 많은 균열 가지들[더 조그맣고 많은 균열(또는 더 많은 파편 조각들)]이 생성되는 것을 경험으로부터 알고 있다.

전파되는 동안 균열은 재료의 미세조직, 응력, 생성된 탄성파와 상호작용한다. 이러한 상호작용들은 파단면에 뚜렷한 특징을 나타낸다. 게다가 이러한 특징은 균열이 생성된 장소와 균열을 발생시키는 결함의 근원에 대한 중요한 정보를 제공한다. 이 외에도 근사적인 파괴강

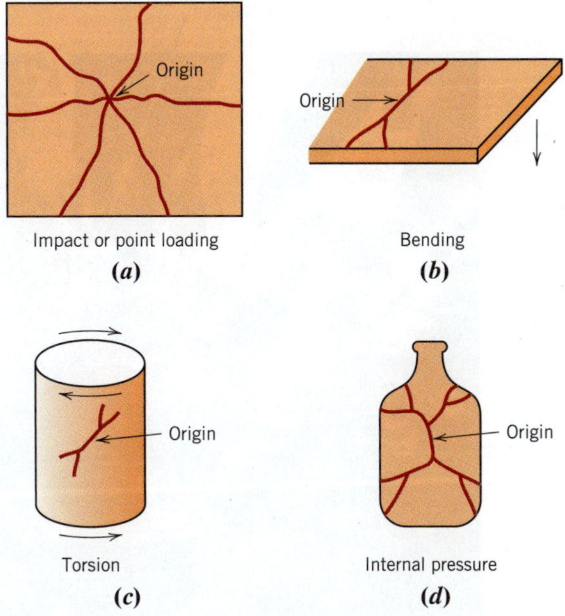

그림 10.16 취성 세라믹 재료에 대해 (*a*) 충격 하중, (*b*) 굽힘 하중, (*c*) 비틀림 하중, (*d*) 내부압력에 따른 균열의 시작과 형태를 나타낸 모식도
(From D. W. Richerson, *Modern Ceramic Engineering*, 2nd edition, Marcel Dekker, Inc., New York, 1992. Reprinted from *Modern Ceramic Engineering*, 2nd edition, p. 681, by courtesy of Marcel Dekker, Inc.)

도의 측정에 유용할 것이다. 파괴응력의 크기로부터 세라믹이 특별히 약했는지 또는 작용응력이 예상한 것보다 더 컸었는지 어떤지를 알 수 있다.

몇 가지 현미경적인 특징은 그림 10.17의 모식도와 그림 10.18의 현미경 사진에 나타난 바와 같이 깨진 세라믹 조각의 표면에서 찾아볼 수 있다. 초기 균열 전파의 가속 단계에서 형성된 균열의 표면은 평평하고 매끄러우므로 이를 **거울 영역**(*mirror region*)이라 한다(그림 10.17). 유리 파편에서는 이 거울 영역이 아주 평평하고 빛을 잘 반사한다. 반면에 다결정질 세라믹에서는 이러한 거울 표면이 더욱 거칠고 결정립으로 구성된 조직을 나타낸다. 거울 영역의 바깥 둘레는 거칠고 원형이며, 거울 영역의 중심에 균열 발생원이 존재한다.

임계속도에 도달하면 균열은 여러 갈래로 갈라지기 시작한다. 즉, 균열 표면은 전파 방향을 바꾼다. 이 시점에서 균열의 계면은 미세하게 거칠어진다. 그리고 두 가지의 표면 특징, 즉

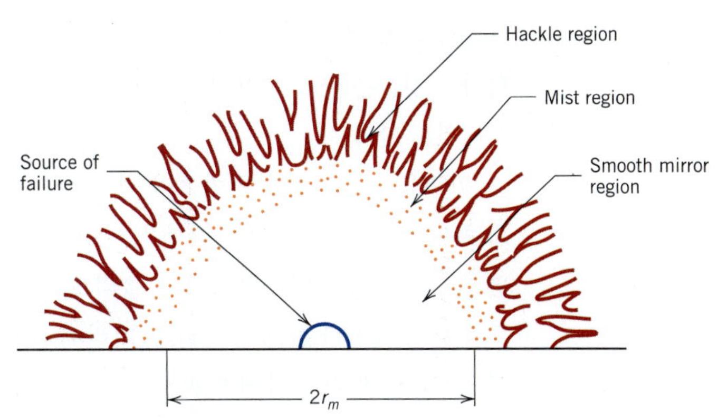

그림 10.17 취성 세라믹의 파단면에서 나타나는 전형적인 특징을 보여주는 모식도
(Adapted from J. J. Mecholsky, R. W. Rice, and S.W. Freiman, "Prediction of Fracture Energy and Flaw Size in Glasses from Measurements of Mirror Size," *Journal of the American Ceramics Society*, Vol. 57, No. 10, 1974: p. 440. Reprinted by permission of The American Ceramic Society, *www.ceramics.org*. Copyright 1974. All rights reserved.)

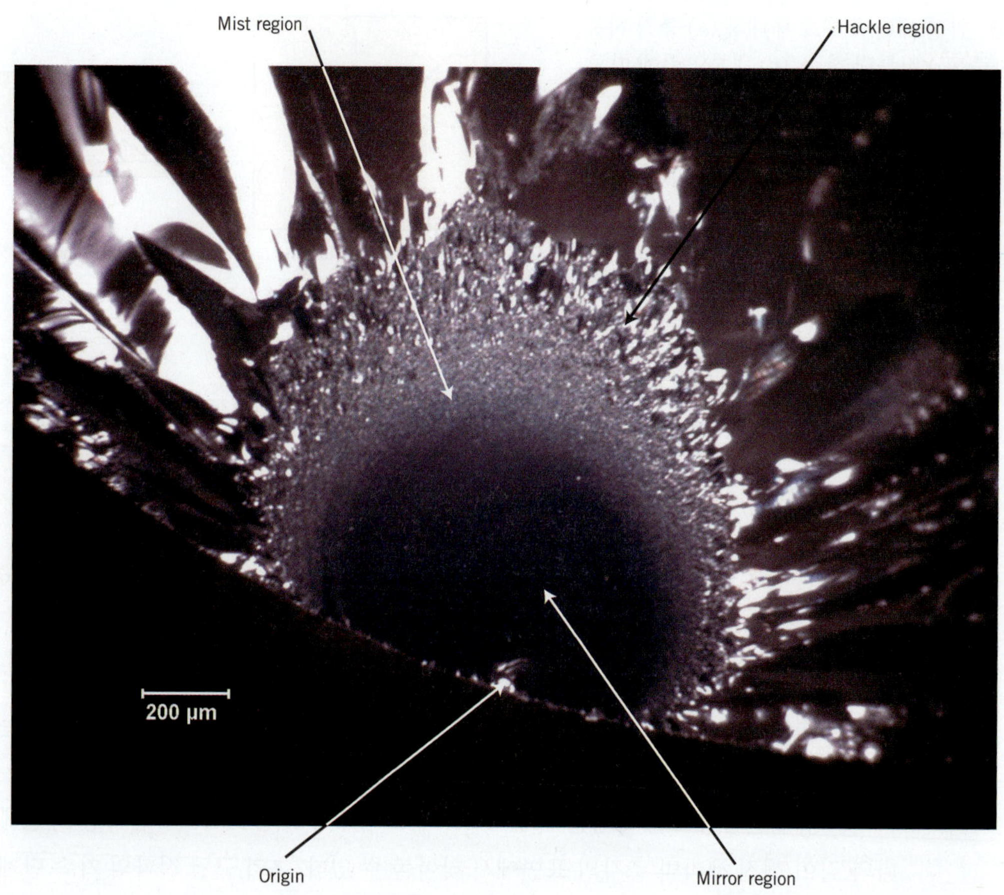

그림 10.18 4점 굽힘에 의해 파괴된 용융 실리카 봉(지름 6 mm)의 파단면 사진(60배율). 이러한 파괴의 전형적인 특징들(시작점, 거울 영역, 안개 영역, 깃털 영역)이 나타나 있다.
(Courtesy of George Quinn, National Institute of Standards and Technology, Gaithersburg, MD.)

그림 10.17과 10.18에 표시된 안개(*mist*)와 깃털(*hackle*)이 나타난다. 안개 영역은 거울 영역의 바깥쪽에 인접한 희미한 고리 모양의 영역이다. 이것은 종종 다결정질 세라믹에서는 구별되지 않는다. 그리고 안개 영역 바깥쪽은 깃털 영역으로 더욱 거친 조직을 나타낸다. 깃털 영역은 균열의 발생원으로부터 방사상으로 퍼져 나가는 일련의 줄무늬 혹은 선으로 구성된다. 게다가 그것들은 균열 시작점 근처에서 상호작용을 하고 그것의 위치를 정확히 나타내는 데 사용되기도 한다.

파괴응력의 크기에 관한 정량적인 정보는 거울의 반지름(그림 10.17에서의 r_m)을 측정함으로써 얻을 수 있다. 이 반지름은 새로이 형성된 균열의 가속도의 함수이다. 즉, 가속도가 크면 클수록 균열은 임계속도에 더 빨리 도달하며 거울의 반지름이 더욱 작아진다. 더욱이 가속도는 응력 레벨과 함께 증가한다. 따라서 파괴응력이 증가하면 거울 반지름은 감소하며 실험적으로 다음과 같은 관계가 관찰된다.

$$\sigma_f \propto \frac{1}{r_m^{0.5}} \tag{10.16}$$

여기서 σ_f는 파괴가 발생했을 때의 응력 레벨이다.

탄성(음)파는 파괴가 일어나고 있는 동안 방출된다. 그리고 이들 탄성파와 전파 균열의 전면과의 상호 교차는 **월너선**(*Wallner line*)이라고 알려져 있는 다른 형태의 표면 특징을 나타낸다. 월너선들은 원호 모양을 가지며, 응력의 분포와 균열 전파 방향과 관련된 정보를 제공한다.

10.8 | 고분자의 파괴

고분자 재료의 파괴강도는 금속 또는 세라믹 재료의 것보다 작다. 일반적으로 열경화성 고분자(심하게 가교결합된 망상 구조)는 취성으로 파괴된다. 이러한 파괴 과정은 응력이 집중되는 구역[긁힌 자국, 노치(notch), 예리한 결함]에서 균열이 발생하는 것으로 시작한다. 금속들(10.5절)처럼, 이들 균열의 첨단에서 응력이 증폭되어 균열 전파, 파괴에 이르게 된다. 망상 또는 가교결합형 구조 내의 공유결합은 파단 도중에 절단된다.

열가소성 고분자의 경우 연성 또는 취성 형태가 모두 가능하여, 많은 종류의 이들 재질은 연성-취성파괴의 전이가 발생한다. 취성파괴를 조장하는 요인으로는 온도 감소, 변형률 속도의 증가, 예리한 노치의 존재, 시편 두께의 증가, 그리고 유리전이온도(T_g)를 높이는 고분자 구조의 변경 등이 있다(12.17절 참조). 비정질 열가소성 고분자는 유리전이온도 이하에서 취성파괴를 일으킨다. 그러나 유리전이온도 부근에서 인성을 나타내기 시작하여 파괴 이전에 소성변형을 일으킨다. 이러한 거동은 그림 8.24의 폴리(메틸 메타크릴레이트)(PMMA)의 응력-변형률 곡선에 나타내었다. 4°C에서 PMMA는 완전하게 취성파괴를 나타내지만, 60°C에서는 연성이 매우 풍부한 파괴를 일으킨다.

유리질 열가소성 고분자의 파단 시에 발생하는 하나의 현상은 **잔금**(*crazing*)이다. 잔금 부근에서는 매우 국부적인 항복이 발생하고, 이것은 피브릴(fibril, 분자사슬이 정렬되어 있는 구역)을 형성하게 하고, 미세기공이 서로 연결되게 한다(그림 10.19*a*). 이러한 미세기공들 사이에는 피브릴 가교(fibrillar bridge)가 형성되고, 이 내부의 분자들은 일정방향으로 배열된다. 가해지는 인장하중이 충분히 크면 이들 가교는 연신되고 파단되어 미세기공이 서로 합체된다. 결국 그림 10.19*b*에 나타낸 것과 같이 재료 내에 균열이 형성된다. 잔금은 균열과 달리 그것의 표면 간에 하중을 지탱할 수 있다. 균열이 발생하는 잔금의 형성 과정은 파괴에너지를 흡수하게 되어 고분자 재료의 파괴인성을 향상시키는 효과를 발생하게 한다. 잔금은 긁힌 자국, 결함 및 분자적 불균일성이 있는 부분이 높은 하중을 받을 때 발생하고, 부과된 인장하중 축에 수직방향으로 전파한다. 대부분의 잔금의 두께는 5 μm 또는 그 이하이다. 그림 10.20의 현미

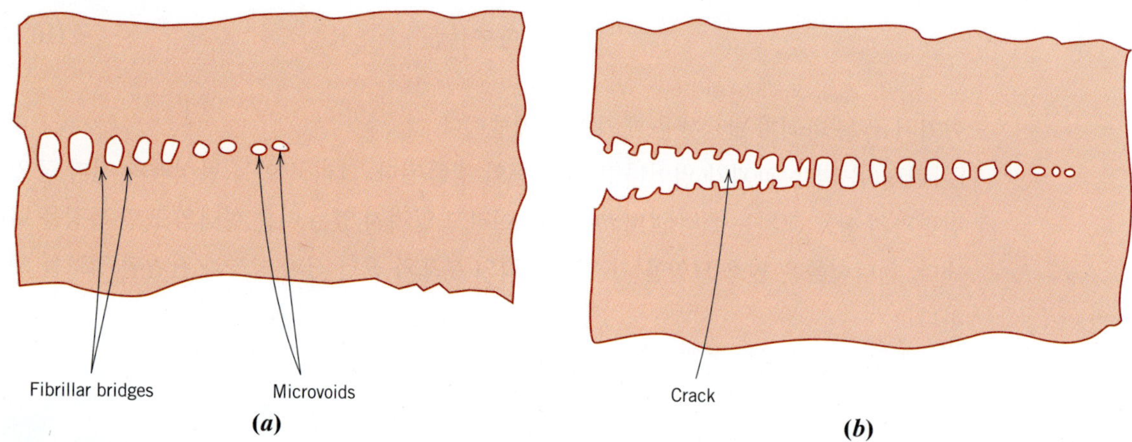

그림 10.19 (*a*) 미세기공과 피브릴 가교를 보여주는 잔금과 (*b*) 이로 인해 발생한 균열의 모식도
(From J. W. S. Hearle, *Polymers and Their Properties*, Vol. 1, *Fundamentals of Structure and Mechanics*, Ellis Horwood, Chichester, West Sussex, England, 1982.)

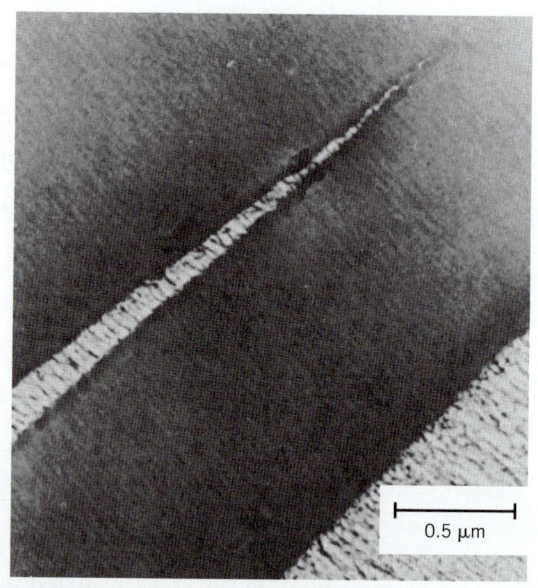

그림 10.20 폴리(페닐렌 옥시드) 내의 잔금 사진(32,000배율)
[From R. P. Kambour and R. E. Robertson, "The Mechanical Properties of Plastics," in *Polymer Science, A Materials Science Handbook*, A. D. Jenkins, (Editor), 1972. Reprinted with permission of Elsevier Science Publishers.]

경 사진은 잔금을 보여주고 있다.

10.5절의 파괴 기구의 원리는 취성과 준취성(quasi-brittle) 고분자에도 적용된다. 균열이 있을 때 이들 재료의 파괴에 대한 감수성은 평면변형률 파괴인성으로 나타낼 수 있을 것이다. K_{Ic} 값의 크기는 고분자의 특성(분자량, 백분율 결정도 등) 및 온도, 변형률 속도, 그리고 외부의 환경에 영향을 받는다. 여러 가지 고분자의 K_{Ic} 값을 표 10.1에 나타내었다.

10.9 | 파괴인성시험

구조 재료의 파괴인성 값을 측정하기 위해 많은 표준 시험법들이 고안되어 왔다.[10] 미국에서는 이런 기준 시험법을 ASTM을 통해 개발하였다. 대부분의 시험법들에 대한 절차와 시편의 형상이 다소 복잡하여 상세한 설명은 하지 않겠다. 간단히 말하면 각각의 시험에서 시편(특정한 형상과 크기)들은 통상 예리한 균열을 도입시킨 미리 내재된 결함을 갖고 있다. 시험 장치는 규정속도로 시편에 하중을 주고, 하중과 균열 변위 값을 측정한다. 파괴인성 값이 합리적인 수준이라고 판단하기 전에 얻어진 데이터가 설정된 기준을 만족하는지를 확인하기 위해 분석한다. 대부분의 시험법은 금속시험용으로 개발되었다. 그러나 세라믹, 고분자, 복합재료 시험용에 대해서도 몇 가지 시험법이 개발되었다.

충격시험법

충격시험 기술은 과학 학문 분야에서 파괴역학의 출현에 앞서 높은 하중속도에서 물질의 파괴 특성을 조사하기 위하여 확립되었다. 그동안의 연구 결과 인장시험(낮은 하중속도)으로는 파괴반응의 거동을 예측할 수 없었다. 예를 들면 몇 가지 상황에서는 높은 하중속도 조건하에서 통상 연성의 금속이 갑작스럽게 파괴되고 소성변형이 거의 일어나지 않는다. 충격시험 조건은 가장 가혹한 파괴 조건을 나타내기 위해 선택된다. 즉, (1) 상대적으로 낮은 온도에서의 변형, (2) 높은 변형률 속도, (3) 3축 응력 상태(노치의 존재에 의해 도입된다).

샤르피 충격시험법
아이조드 충격시험법
충격에너지

두 가지 표준 방법[11]인 **샤르피(Charpy) 충격시험법**과 **아이조드(Izod) 충격시험법**은 노치인성(*notch toughness*)이라고도 부르는 **충격에너지(impact energy)** 측정을 위해 설계되었다. 미국에서는 샤르피 V-노치(CVN) 기술이 일반적으로 사용되고 있다. 샤르피 시험법과 아이조드 시험법 모두 규격화된 단면에 V-노치를 가진 사각 막대 모양의 시편을 사용한다(그림 10.21*a*). V-노치 충격시험을 하기 위한 장치를 그림 10.21*b*에 개략적으로 나타내었다. 시편은 이 추가 고정된 높이 h로부터 떨어져 충격을 받는다. 시편은 보이는 바와 같이 아래쪽에 위치한다. 추의 잠김이 풀리고 이 추가 낙하하면 추에 설치된 날 가장자리가 시편을 때리게 되고 노치에 응력이 집중되어 시편은 파괴된다. 그 후, 추는 계속 진동하고 어떤 높이 h보다 낮은 h'까지 회전한다. 에너지 흡수량은 높이 h와 h'의 차이로부터 알 수 있고, 이 흡수량이 충격

---

10) 참고: ASTM Standard E399 "Standard Test Method for Linear-Elastic Plane-Strain Fracture Toughness K_{Ic} of Metallic Materials." 이 시험법은 *www.wiley.com*의 제품 페이지에 있는 Mechanical Engineering (ME) Online Module의 M.4절에 기술되어 있다. 두 가지 다른 파괴인성시험법으로는 ASTM Standard E561-05E1, "Standard Test Method for *K-R* Curve Determination"과 ASTM Standard E1290-08, "Standard Test Method for Crack-Tip Opening Displacement (CTOD) Fracture Toughness Measurement"가 있다.

11) ASTM Standard E23, "Standard Test Methods for Notched Bar Impact Testing of Metallic Materials."

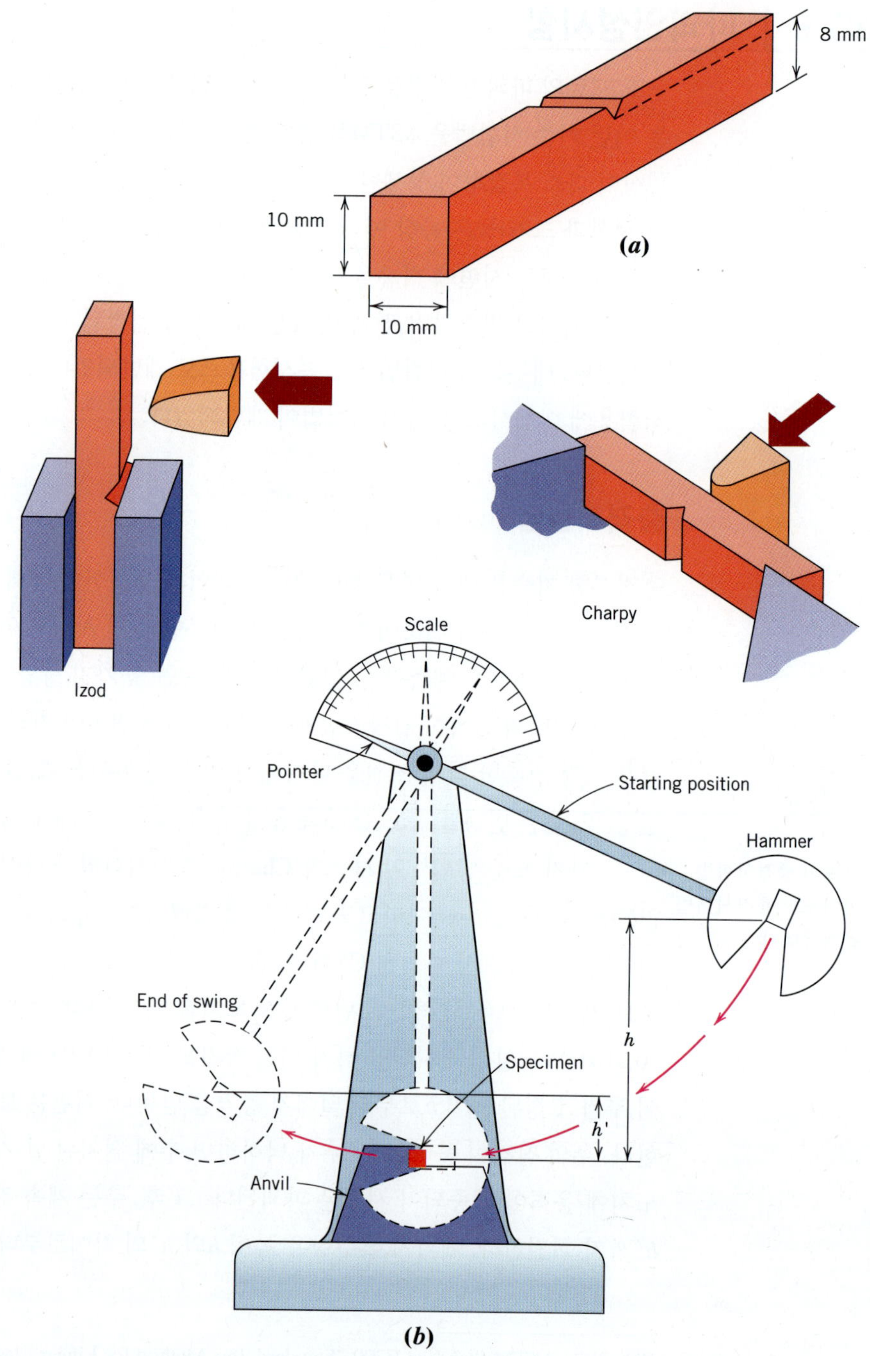

그림 10.21 (*a*) 샤르피 및 아이조드 충격시험 시편, (*b*) 충격시험기의 모양. 고정된 높이 *h*에서 낙하한 진자가 시편을 때리고, 파괴에 소모된 에너지는 *h*와 *h*′의 차이로 측정된다. 샤르피와 아이조드 시험에서 시편을 놓는 위치도 나타나 있다. [Figure (*b*) adapted from H. W. Hayden, W. G. Moffatt, and J. Wulff, *The Structure and Properties of Materials*, Vol. III, *Mechanical Behavior*, John Wiley & Sons, 1965. Reproduced by permission of Kathy Hayden.]

에너지이다. 샤르피 시험법과 아이조드 시험법의 가장 큰 차이는 시편을 고정시키는 방법이다(그림 10.21*b*). 하중을 적용하는 방법 때문에 **충격시험**이라 칭한다. 시험의 결과값은 시편의 크기와 형상뿐만 아니라 노치의 형상, 깊이 등의 여러 변수들에 의해 영향을 받는다.

평면변형률 파괴인성시험과 이런 충격시험은 재료의 파괴 특성을 결정하기 위해 사용되어 왔다. 평면변형률 파괴인성시험은 재료의 특정한 성질을 결정한다는 점에서 정량적이다. 그러나 충격시험 결과는 정성적이므로 설계 용도로는 사용할 수 없다. 충격에너지 값은 상대적인 파괴 성질을 나타낼 뿐이므로 절댓값은 의미가 없다. 평면변형률 파괴인성과 CVN 값 사이의 상호 관계를 유도하기 위해 시도되었으나 적용 범위는 한정되어 있다. 평면변형률 파괴인성시험은 충격시험처럼 간단하지가 않을 뿐만 아니라 장비와 시편이 매우 비싸다.

연성-취성 전이

연성-취성 전이

샤르피 시험법과 아이조드 시험법의 주요 기능 중의 하나는 온도 감소에 따른 물질의 **연성-취성 전이(ductile-to-brittle transition)** 상태와 전이가 발생하는 온도 범위를 알 수 있다는 것이다. 이 장의 첫 페이지에 나타낸 파괴된 유조선 사진(또한 그림 1.3에 나타낸 수송선)에서 알 수 있듯이, 폭넓게 쓰이는 강들도 처참한 결과를 초래하는 연성-취성 전이를 보일 수 있다. 연성-취성 전이는 온도에 따른 충격에너지 흡수량의 변화와 연관해서 생각할 수 있다. 그림 10.22의 곡선 *A*는 강에서 일어나는 연성-취성 전이 곡선이다. 높은 온도에서 CVN 에너지는 일반적으로 크며, 연성파괴와 서로 관련지을 수 있다. 온도가 낮아지면 충격에너지는 어떤 제한된 온도 범위를 지나면 충격에너지가 작은 수치로 떨어진다. 이 온도 범위 아래의 온도에서 충격에너지는 일정하지만 작은 값을 가지고, 취성파괴를 나타낸다.

또한 파괴면의 외관은 파괴 특성을 알려 주고, 전이온도를 결정하는 데 사용될 수 있다. 연성파괴에 의한 표면은 그림 10.23의 79°C에서 시험된 강 시편에서처럼 섬유질같이 거칠고 흐린 색을 나타낸다. 반면에 취성 파단면은 전반적으로 결정립 모양의 조직이 보이고 광택이 난

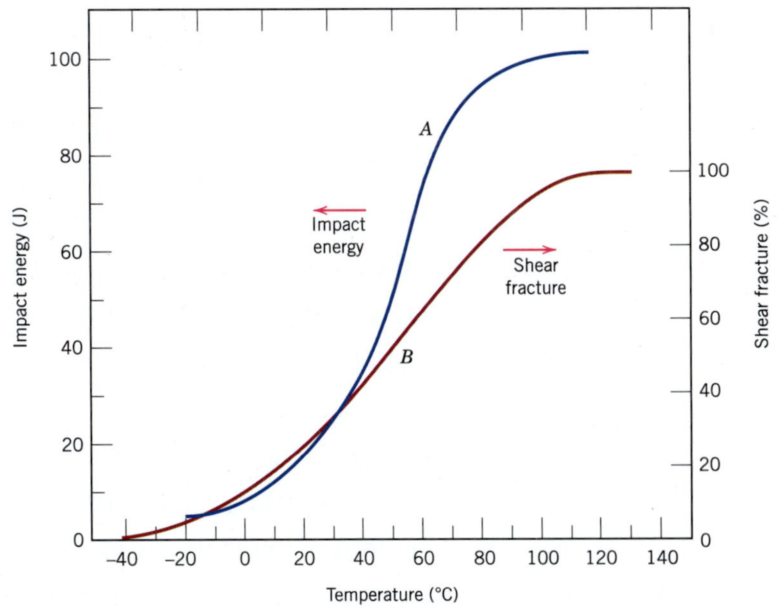

그림 10.22 A283 강의 샤르피 V-노치 충격에너지(곡선 *A*) 및 전단 파괴율(곡선 *B*)의 온도 의존성 (From R. C. McNicol, "Correlation of Charpy Test Results for Standard and Nonstandard Size Specimens," *Welding Research a Supplement to the Welding Journal*, Vol. 44, No. 9, 1965. Courtesy of the *Welding Journal*, American Welding Society, Miami, FL.)

그림 10.23 A36 강의 샤르피 V-노치 시편의 파단면 사진. 상단의 숫자는 시험온도(°C)를 나타낸다.
(From R. W. Hertzberg, *Deformation and Fracture Mechanics of Engineering Materials*, 3rd edition, Fig. 9.6, p. 329. Copyright © 1989 by John Wiley & Sons, Inc., New York. Reprinted by permission of John Wiley & Sons, Inc.)

다(그림 10.23, −59°C 시편). 연성에서 취성으로 변화하는 부분 외에서 두 가지 모두의 표면 특징이 존재한다(그림 10.23에 −12°C, 4°C, 16°C, 24°C에서 시험한 시편들을 나타내었다). 그림 10.22의 곡선 *B*는 전단 파괴의 백분율과 온도와의 관계를 보여준다.

많은 합금들은 연성-취성 전이가 일어나는 온도 범위가 있다(그림 10.22). 이것은 단일 연성-취성 전이온도를 규정함에 있어 어려움이 따른다는 것을 나타낸다. 어떤 명백한 기준도 정립된 것이 없으므로 전이온도는 CVN 에너지가 어떤 특정값(예: 20 J)을 갖는 온도로 정의되거나, 어떤 주어진 파괴현상(50% 섬유상 파괴)이 나타나는 온도로 정의된다. 이런 각각의 기준에 대해 다양한 전이온도가 나타날 수 있기 때문에 문제가 복잡해진다. 아마도 가장 오래된 전이온도에 대한 정의는 파단면이 100% 섬유상 파괴가 되는 온도일 것이고, 이를 기초로 하여 그림 10.22에 나타낸 합금강에서의 전이온도는 110°C이다.

이런 연성-취성 전이 거동을 보이는 합금으로 만든 구조물들은 취성파괴를 막기 위해서 전이온도보다 높은 온도에서 사용되어야 한다. 이 같은 파단 형태에 대한 고전적인 예를 1장의 사례 연구에서 논의했었다. 제2차 세계대전 중 비전투 상황에 있던 수많은 용접된 수송선들이 갑자기 반으로 두 동강이 났었다. 그 배들은 상온의 인장시험을 거쳐 적당한 인성을 가진 합금강으로 제조되었다. 취성파괴는 4°C의 비교적 낮은 주위온도나 합금의 전이온도 부근에서 일어나고, 파괴 균열은 응력집중 부위, 주로 모서리 부분이나 제조 결함에서 발생하여 배 전체로 전파되었다.

그림 10.22에 나타낸 연성-취성 전이 외에도 두 가지 다른 일반적인 형태의 충격에너지 대 온도 거동이 관찰되었다. 이것을 그림 10.24의 상단과 하단 곡선으로 모식적으로 나타내었다. 저강도의 FCC 금속(일부 Al과 Cu 합금)과 대부분의 HCP 금속은 연성-취성 전이현상을 나타내지 않으며(그림 10.24의 상단 곡선), 온도가 감소함에 따라 높은 충격에너지를 유지(즉, 인성을 유지)한다. 고강도 재료(예: 고강도 강과 Ti 합금)의 경우에도 충격에너지는 상대적으로

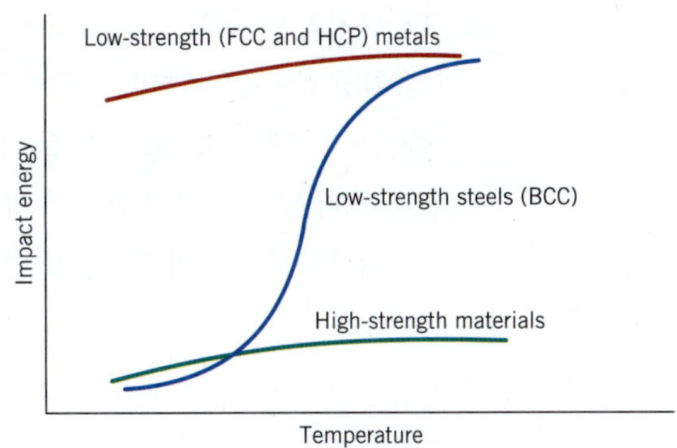

그림 10.24 세 가지 일반적인 타입의 충격에너지 대 온도 거동 곡선

온도에 민감하지 않다(그림 10.24의 하단 곡선). 그러나 이들 재료는 낮은 충격에너지 값에서 알 수 있듯이 매우 취성을 나타낸다. 그리고 물론, 특징적인 연성-취성 전이 거동을 그림 10.24의 중간 곡선으로 나타내었다. 이러한 거동은 BCC 결정구조를 갖는 저강도 강에서 전형적으로 나타난다.

강도가 낮은 강에서 전이온도는 합금 조성과 미세조직에 큰 영향을 받는다. 예를 들면 평균 결정립 크기 감소는 전이온도의 저하를 가져온다. 그러므로 결정립 크기가 감소할수록 강의 강도(9.9절)와 인성이 증가한다. 또한 탄소 함량이 증가하면 강의 강도는 증가하지만 그림 10.25에서 보는 바와 같이 강의 CVN 전이온도도 올라간다.

아이조드 시험법이나 샤르피 시험법이 고분자 재료의 충격강도를 평가하기 위해 도입되었다. 금속, 고분자는 앞 절에서 논의한 바와 같이 온도, 시편 크기, 변형률 속도 그리고 하중 형태에 의존하는 연성 또는 취성파괴 충격 하중 조건에서 나타날 수 있다. 반결정질뿐 아니라 비정질 고분자도 저온에서 취성을 보이고, 양쪽 모두 비교적 낮은 충격강도를 가지고 있

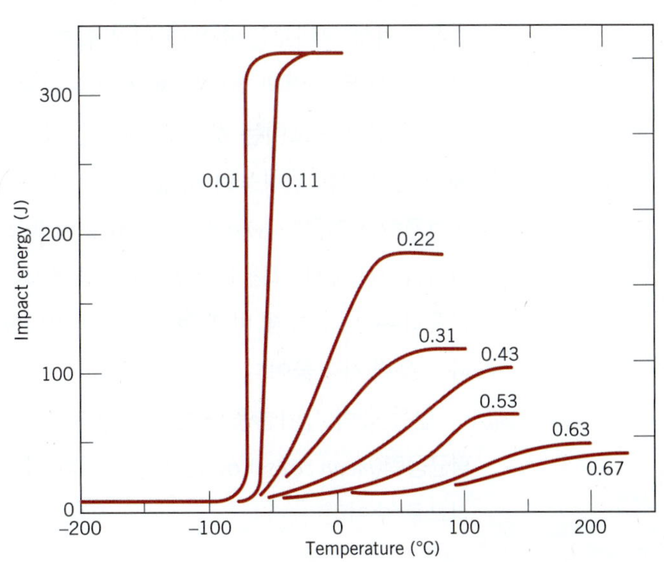

그림 10.25 온도에 따른 강의 샤르피 V-노치 충격에너지에 대한 탄소강의 영향 (Reprinted with permission from ASM International, Materials Park, OH 44073-9989, USA; J. A. Reinbolt and W. J. Harris, Jr., "Effect of Alloying Elements on Notch Toughness of Pearlitic Steels," *Transactions of ASM*, Vol. 43, 1951.)

다. 하지만 이들은 그림 10.22에서 강에 대해 나타낸 바와 같이 비교적 좁은 온도 범위에서 연성-취성 전이를 나타낸다. 물론, 충격강도는 고분자의 인성이 낮아지는 높은 온도에서 서서히 줄어든다. 대체적으로 가장 잘 알려진 두 가지 충격 특성은 주위 온도에서의 높은 충격강도와 실온보다 낮은 상태의 연성-취성 전이온도이다.

대부분의 세라믹 재료들도 보통 1000°C 이상의 온도에서 연성-취성 전이를 나타낸다.

피로

피로

피로(fatigue)란 다리, 비행기, 기계 부품 등과 같이 동적인 변동 응력을 받는 구조물에서 나타나는 파손의 일종으로, 항복강도나 인장강도(정적 하중에 대한)보다 매우 낮은 응력 상태에서 일어나는 파손이다. 이와 같은 파손 형태는 오랜 시간 동안 응력 및 변형률 사이클이 반복된 후에 일어나므로 **피로**라고 부른다. 모든 금속 파손의 약 90%가 피로에 의해 일어나므로, 피로는 금속 파손의 가장 큰 파손 원인이며 아주 중요한 파손 형태이다. 고분자나 세라믹(유리는 제외)에서도 피로 파손이 일어난다. 피로 파손은 어떠한 파손 징후도 나타내지 않고 갑자기 일어나므로 아주 위험한 대형 사고를 일으킨다.

피로 파손에서는 소성변형이 거의 수반되지 않으므로 연성 금속의 피로 파손도 취성파괴와 같은 양상을 나타낸다. 피로 파손의 과정은 균열 생성 및 균열 전파로 구성되며, 파단면은 일반적으로 작용 인장응력 방향에 수직이다.

10.10 | 응력 사이클

작용응력의 형태로는 축응력(인장-압축), 굽힘응력, 비틀림응력 등이 있다. 일반적으로 시간에 따른 변동 응력의 형태는 세 가지로 나눌 수 있다. 첫 번째 형태는 시간에 따라 규칙적인 사인곡선 형태를 보이는 것으로, 진폭은 평균 제로 응력 레벨에 대해서 대칭이다(그림 10.26*a*). 예를 들어 최대 인장응력(σ_{max})으로부터 같은 크기의 최소 압축응력(σ_{min})을 번갈아 받으므로 **교번응력 사이클**(*reversed stress cycle*)이라고 한다. 두 번째 형태는 **반복응력 사이클** (*repeated stress cycle*)로서(그림 10.26*b*), 최대응력 및 최소응력이 제로 응력 레벨에 대해서 비대칭으로 작용하는 것이다. 세 번째 형태는 그림 10.26*c*와 같이 응력의 진폭 및 주파수가 무질서하게 변하는 응력 사이클이다.

변동 응력 사이클을 표현하기 위하여 여러 가지 매개변수들을 그림 10.26*b*에 나타내었다. **평균응력**(*mean stress*) σ_m은 최대응력과 최소응력의 평균값으로, 응력의 진폭은 이 응력을 중심으로 주어진다.

반복 하중에 대한 평균응력—최대 및 최소응력 레벨에 의존

$$\sigma_m = \frac{\sigma_{max} + \sigma_{min}}{2} \tag{10.17}$$

응력범위 σ_r은 σ_{max}와 σ_{min}의 차이다.

반복 하중에 대한 응력범위의 계산

$$\sigma_r = \sigma_{max} - \sigma_{min} \tag{10.18}$$

응력진폭 σ_a는 응력범위 σ_r의 1/2이다.

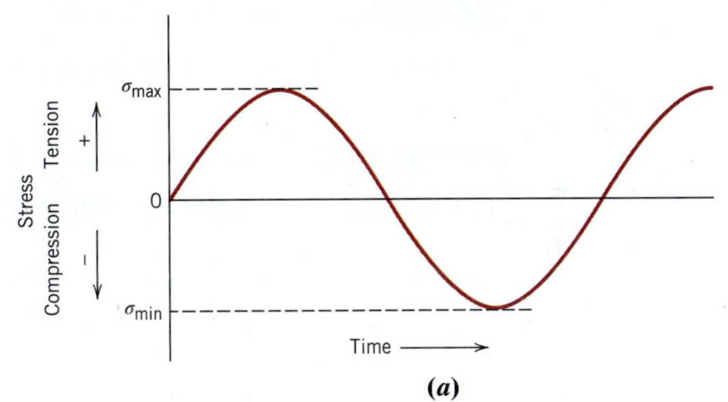

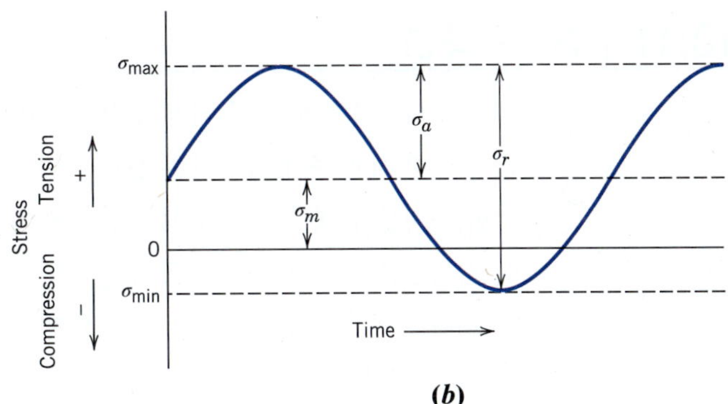

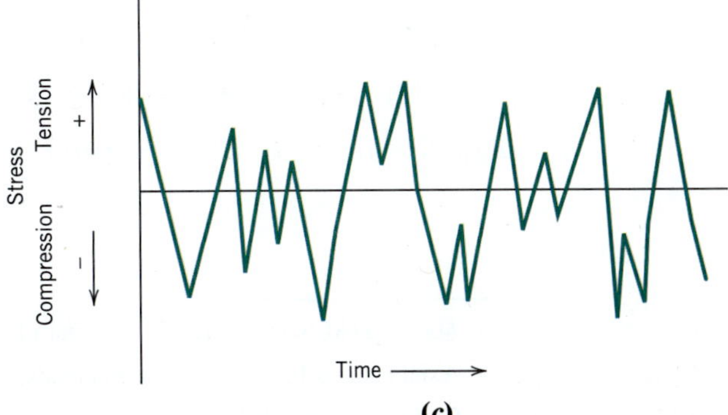

그림 10.26 피로 파손에서의 시간에 따른 응력의 변화. (*a*) 최대 인장응력(+)과 최대 압축응력(−)의 절댓값이 같은 교번응력 사이클. (*b*) 응력 크기 0에 대해서 최대응력과 최소응력이 비대칭인 반복응력 사이클. 평균응력 σ_m, 응력범위 σ_r, 응력진폭 σ_a가 표시되어 있다. (*c*) 불규칙 응력 사이클.

반복 하중에 대한 응력진폭의 계산

$$\sigma_a = \frac{\sigma_r}{2} = \frac{\sigma_{max} - \sigma_{min}}{2} \quad (10.19)$$

마지막으로 응력비 R은 최대응력에 대한 최소응력의 비로 다음과 같이 정의된다.

응력비의 계산

$$R = \frac{\sigma_{min}}{\sigma_{max}} \quad (10.20)$$

인장응력은 (+)로, 압축응력은 (−)로 표시한다. 그러므로 교번응력 사이클의 R 값은 −1이다.

개념 확인 10.3

응력비가 $R = +1$일 때, 응력 대 시간 곡선에 대한 개략도를 그려라.

개념 확인 10.4

식 (10.19)와 (10.20)을 이용하여 응력비 R이 증가함에 따라 응력진폭 σ_a가 감소함을 증명하라.

(정답은 *www.wiley.com*의 제품 페이지에서 확인할 수 있음)

10.11 | *S-N* 곡선

재료의 피로 성질도 다른 기계적 성질과 마찬가지로 실험실 모사시험으로 결정할 수 있다.[12)]가능한 한 사용 중에 나타나는 실제 응력 상태(응력 크기, 시간 주기, 응력 패턴 등)와 같도록 실험 설비를 설계하여야 한다. 실험실에서 주로 많이 이용하는 시험법은 회전굽힘시험이다. 이 시험법은 굽힘과 회전을 동시에 가함으로써 시편에 동일한 크기의 압축응력과 인장응력을 교대로 인가할 수 있다. 이 경우 응력 사이클은 역전되며 $R = -1$이다. 이러한 형태의 피로시험에 사용되는 장치와 시편을 각각 그림 10.27*a*와 10.27*b*에 모식도로 나타내었다. 그림 10.27*a*에서 회전하는 동안 시편의 아래 표면에 인장응력(+)이 가해지는 반면 위쪽 표면에는 압축응력(−)이 가해진다.

게다가 실제 사용 조건을 예상한 실험실 피로 모사시험에는 회전굽힘시험 이외에도 일축 교대 인장-압축 응력 사이클 시험이나 비틀림 응력 사이클 시험도 있다.

12) 참고: ASTM Standard E466, "Standard Practice for Conducting Force Controlled Constant Amplitude Axial Fatigue Tests of Metallic Materials," ASTM Standard E468, "Standard Practice for Presentation of Constant Amplitude Fatigue Test Results for Metallic Materials."

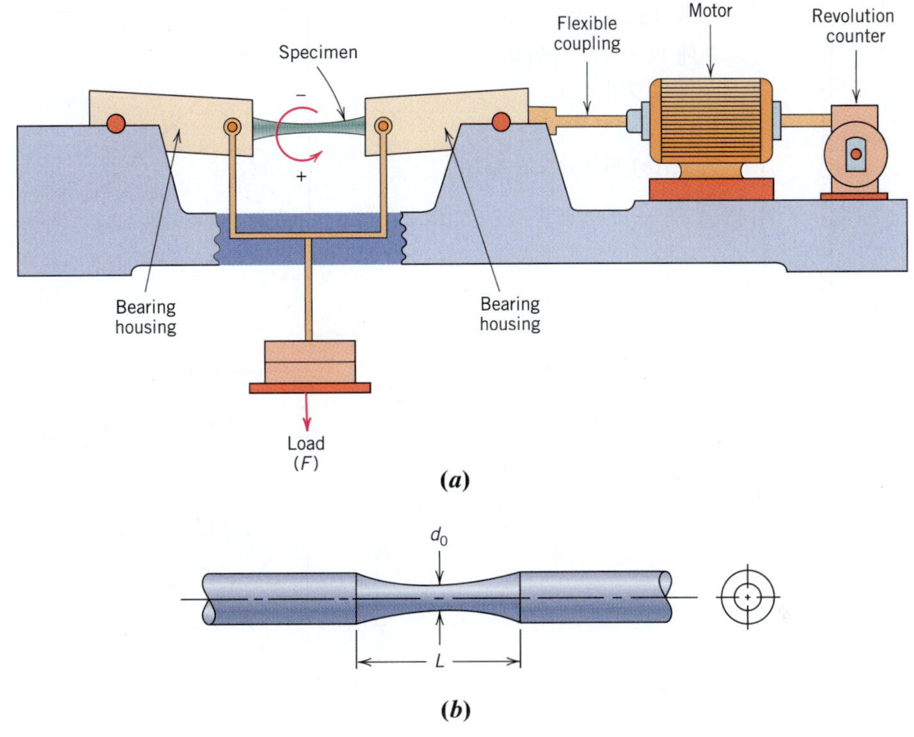

그림 10.27
회전굽힘피로시험에 대한 (*a*) 시험기, (*b*) 시편의 도식적 그림

S-N 곡선은 일련의 시편 시험을 통하여 얻어진다. 첫 번째 시편은 보통 정적 인장강도의 2/3 정도 되는 대체적으로 큰 σ_{max}에서 시험하며, 이 응력에서 시편이 파손될 때까지의 사이클 수를 측정하고 기록한다. 그 후 점차적으로 σ_{max} 값을 낮춰 가면서 시험을 계속한다. 각각의 시편에서 구한 데이터를 응력 *S* 대 사이클 수 *N*의 로그값의 형태로 나타냄으로써 *S-N* 곡선이 얻어지게 된다. *S* 값은 보통 최대응력(σ_{max}) 값이나 응력진폭(σ_a)을 사용한다(그림 10.26*a*와 *b*).

두 가지 형태의 *S-N* 곡선이 관찰되었으며 그림 10.28에 개략적으로 나타내었다. 이 선도에 나타낸 바와 같이, 응력의 크기가 클수록 파손까지의 사이클 수는 적어진다. 일부 철 합금이나 티타늄 합금의 *S-N* 곡선은(그림 10.28*a*) 응력이 어느 정도 이하로 낮아지면(즉, 사이클 수가 많게 되면) 수평으로 변하며, 피로 파손이 일어나지 않는다. 이때의 한계응력 크기를 **피로한도(fatigue limit)** 또는 내구한도(*endurance limit*)라고 한다. 피로한도는 사이클 수가 무한대가 되어도 피로 파손이 일어나지 않는 최대 교번응력을 나타낸다. 강의 피로한도는 인장강도의 35~60% 범위 내에 있다.

피로한도

알루미늄, 구리 등의 비철금속 합금에서는 피로한도가 나타나지 않으며, 그림 10.28*b*와 같이 *S-N* 곡선은 사이클 수의 증가에 따라 계속 하강하는 모습을 나타낸다. 즉, 응력 크기에 관계없이 피로 파손이 일어난다는 것을 뜻한다. 이러한 재료의 **피로강도(fatigue strength)**는 어느 주어진 사이클 수(10^7 사이클)에서의 응력 크기로 나타낸다. 피로강도의 결정법은 그림

피로강도

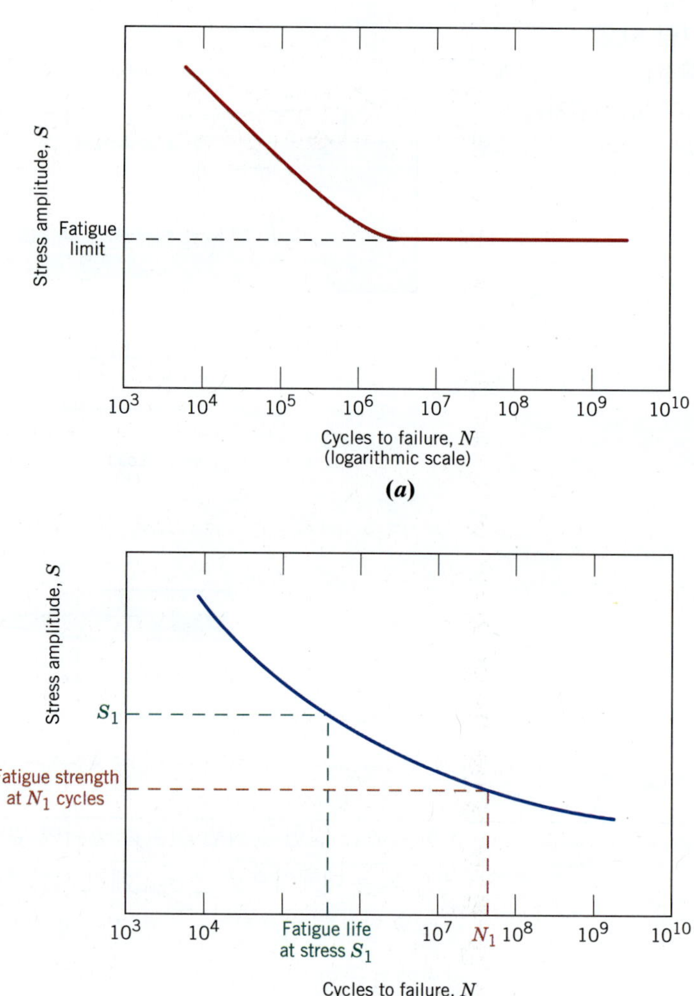

그림 10.28 응력진폭 S 대 피로파손 사이클 수 N의 로그값 선도: (*a*) 피로한도를 나타내는 재료, (*b*) 피로한도가 없는 재료

10.28*b*에 나타나 있다.

피로수명

재료의 피로 거동을 나타내는 또 하나의 매개변수로는 사이클 수인 **피로수명(fatigue life)** N_f가 있다. 어느 특정 응력에서 파손을 일으키는 데 요구되는 사이클의 수로 *S-N* 그래프로부터 얻을 수 있다(그림 10.28*b*).

그림 10.29에 몇몇 합금에 대한 *S-N* 피로 곡선을 나타냈다. 교번응력 사이클($R = -1$)에서 회전굽힘시험을 하여 데이터를 얻었다. 주철뿐만 아니라 티타늄, 마그네슘, 합금강에 대한 곡선은 피로한도를 나타낸다. 그러나 황동과 알루미늄 합금에서는 그와 같은 피로한도가 존재하지 않는다.

안타깝게도 피로 데이터의 분산 정도는 매우 크다. 즉, 같은 응력 크기에서 시험한 시편에서 얻어진 N 값이 각기 다르다. 피로수명이나 피로한도(강도)를 설계에 고려해야 할 경우에는 이에 따른 불확실성이 커진다. 각 시편에 대한 피로시험마다 시편 제작, 시편 표면 상태, 금속

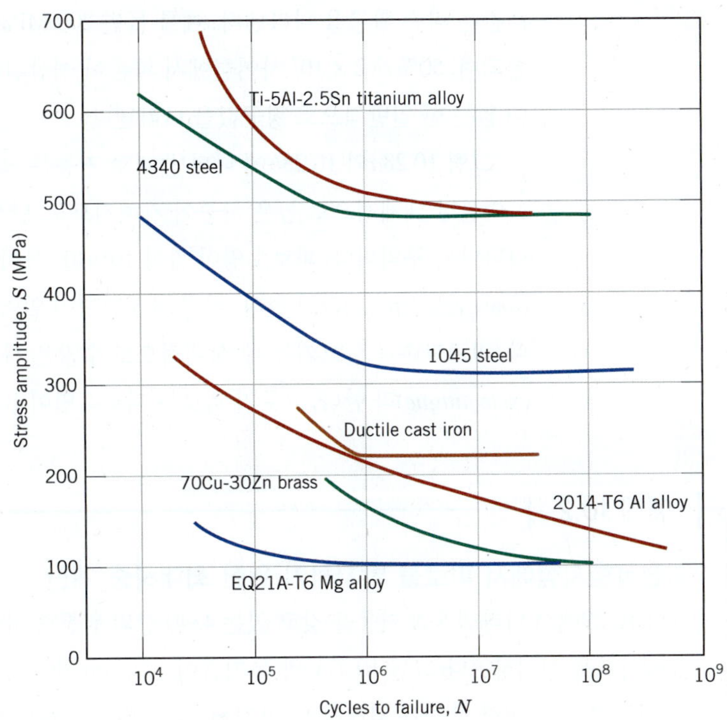

그림 10.29 일곱 가지 합금에 대한 최대응력(S) 대 로그 스케일의 피로파손 주기(N). 교번 회전굽힘 사이클 시험을 이용하여 곡선을 작성하였다. (Reproduced by permission of ASM International, Materials Park, OH: *ASM Handbook*, Vol. 1, *Properties and Selection: Irons, Steels, and High-Performance Alloys*, 1990; *ASM Handbook*, Vol. 2, *Properties and Selection; Nonferrous Alloys and Special-Purpose Materials*, 1990; G. M. Sinclair and W. J. Craig, "Influence of Grain Size on Work Hardening and Fatigue Characteristics of Alpha Brass," *Transactions of ASM*, Vol. 44, 1952.)

학적 변수, 시편 정렬, 평균응력 및 주파수 등의 재료 및 시험 관련 매개변수를 정확하게 통제하는 것이 거의 불가능하기 때문에 이러한 데이터의 분산이 나타나게 된다.

그림 10.29의 *S*-*N* 곡선은 데이터의 평균값에 따른 '최적' 곡선이다. 시편 수의 반 정도가 실제 파손 응력보다 약 25% 정도 낮은 응력에서 파손된다는 통계학적 분석 결과는 약간 충격적이다.

확률로써 피로수명과 피로한도를 규정하기 위한 통계적 방법에는 여러 종류가 있다. 편리한 방법 중 하나는 그림 10.30에 나타낸 바와 같이 확률 곡선으로 표현하는 것이다. 각 곡선의

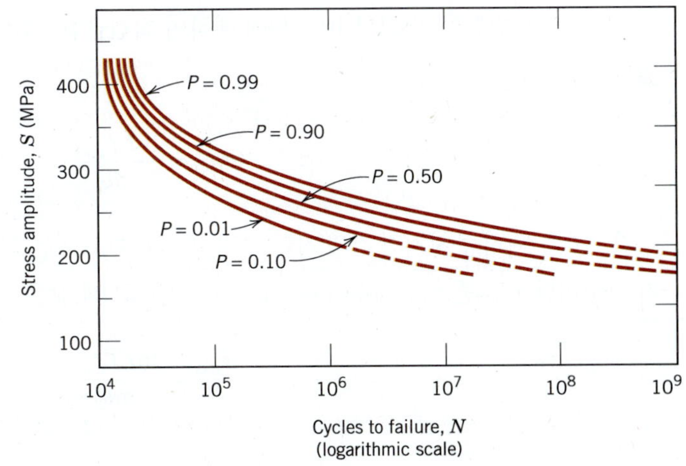

그림 10.30 7075-T6 알루미늄 합금에 대한 피로 파손(S–N) 확률 곡선. P는 파손 확률을 나타낸다. (From G. M. Sinclair and T. J. Dolan, *Transactions of the ASME*, Vol. 75, 1953: p. 867. Reprinted with permission of the American Society of Mechanical Engineers.)

P 값은 파손 확률을 나타낸다. 예를 들면 200 MPa에서는 시편의 1%가 약 10^6 사이클에서 파손되며, 50%가 2×10^7 사이클에서 파손이 예상된다. 문헌에 나타낸 *S-N* 곡선은 별도의 사항이 없는 한 일반적으로 평균값을 나타낸다.

그림 10.28*a*와 10.28*b*에 나타낸 피로 거동은 크게 두 구역으로 나눌 수 있다. 한 구역은 각 사이클당 대체적으로 높은 하중이 가해지므로, 탄성변형률뿐만 아니라 약간의 소성변형률이 나타나는 구역이다. 피로수명이 짧아 10^4~10^5 사이클에서 파손이 일어나며, 이를 **저주기 피로**(*low-cycle fatigue*)라고 한다. 완전 탄성변형이 일어나는 낮은 응력에서는 수명이 길게 나타난다. 피로파손을 일으키는 데 상대적으로 수많은 사이클이 요구되므로 이를 **고주기 피로**(*high-cycle fatigue*)라 한다, 고주기 피로는 피로수명이 10^4~10^5 사이클 이상이다.

예제 10.2

회전굽힘시험에서 피로를 방지하기 위한 최대하중 계산

그림 10.29에서 나타낸 *S-N* 거동을 갖고 있는 4340 강의 원통형 바에 대하여 교번응력 사이클하에서 회전굽힘시험을 실시하였다(그림 10.27). 바의 지름이 12.0 mm라고 할 때, 피로파손이 일어나지 않도록 가할 수 있는 최대 사이클 하중을 결정하라. 안전계수는 2.0이고 하중 지지점 간의 거리는 50.0 mm(0.0500 m)라고 가정하라.

풀이

그림 10.29에서 4340 강은 480 MPa의 피로한도(응력진폭)를 갖는다. 피로 시편은 교번응력 사이클을 사용하여 테스트되기 때문에 그림 10.26에서 $\sigma_{max} = -\sigma_{min}$이다. 식 (10.19)를 사용하면

$$\sigma_a = \frac{\sigma_{max} - \sigma_{min}}{2} = \frac{\sigma_{max} + \sigma_{max}}{2} = \frac{2\sigma_{max}}{2}$$
$$= \sigma_{max}$$

즉, 최대응력은 응력진폭(480 MPa)과 동일하다.

지름 d_0의 원통형 바(그림 10.27*b*)에 대하여 회전굽힘시험에 대한 최대응력은 다음 식으로 결정할 수 있다.

$$\sigma_{max} = \frac{16LF_{max}}{\pi d_0^3} \tag{10.21}$$

여기서 L은 두 하중 지지점 간의 거리(그림 10.27*b*)이고, σ는 최대응력(이 경우 피로한도), F_{max}는 최대 인가 하중이다. σ_{max}를 안전계수(N)로 나누면 식 (10.21)과 같은 형태가 된다.

$$\frac{\sigma_{max}}{N} = \frac{16LF_{max}}{\pi d_0^3} \tag{10.22}$$

그리고 F_{max}에 대하여 풀면

$$F_{max} = \frac{\pi d_0^3 \sigma_{max}}{16NL} \tag{10.23}$$

가 된다. 그림 10.29로부터 얻은 피로한도(480 MPa 또는 480×10^6 N/m^2)와 문제에서 주어진 d_0, L, N 값을 대입하면 다음과 같다.

$$\begin{aligned} F_{max} &= \frac{(\pi)(12 \times 10^{-3}\text{ m})^3(480 \times 10^6\text{ N/m}^2)}{(16)(2)(0.0500\text{ m})} \\ &= 1627.78 \end{aligned}$$

따라서 주기적으로 교번된 회전굽힘에 대하여, 피로에 의한 파단이 발생하지 않도록 4340 강에 가할 수 있는 최대하중은 1627.78 N이다.

예제 10.3

인장압축시험에서 특정 피로수명 산출을 위한 최소 시편 지름의 계산

원통형 2014-T6 Al 합금 바/70Cu-30Zr 황동 바(그림 10.29)에 교번 사이클을 주어 축방향 인장-압축 응력 시험을 실시하였다. 만약 하중 진폭이 11,000 N이라면, 10^7 사이클에서도 피로파손이 일어나지 않는 최소 허용 가능한 바의 지름을 계산하라. 안전계수는 2.0으로 가정한다.

풀이

그림 10.29로부터, 10^7 사이클에서 이 합금에 대한 피로강도는 175 MPa(175×10^6 N/m^2)이다. 인장과 압축 응력은 식 (8.1)로 정의된다.

$$\sigma = \frac{F}{A_0} \tag{8.1}$$

여기서 F는 인가된 하중, A_0는 단면적이다. 지름 d_0인 원통형 바의 단면적은 다음과 같다.

$$A_0 = \pi\left(\frac{d_0}{2}\right)^2$$

식 (8.1)에 A_0에 대해 정리한 것을 대입하면

$$\sigma = \frac{F}{A_0} = \frac{F}{\pi\left(\frac{d_0}{2}\right)^2} = \frac{4F}{\pi d_0^2} \tag{10.24a}$$

응력을 안전계수로 나눈 피로강도(즉, σ/N)로 대체하고 d_0에 대해서 풀면 다음과 같이 된다.

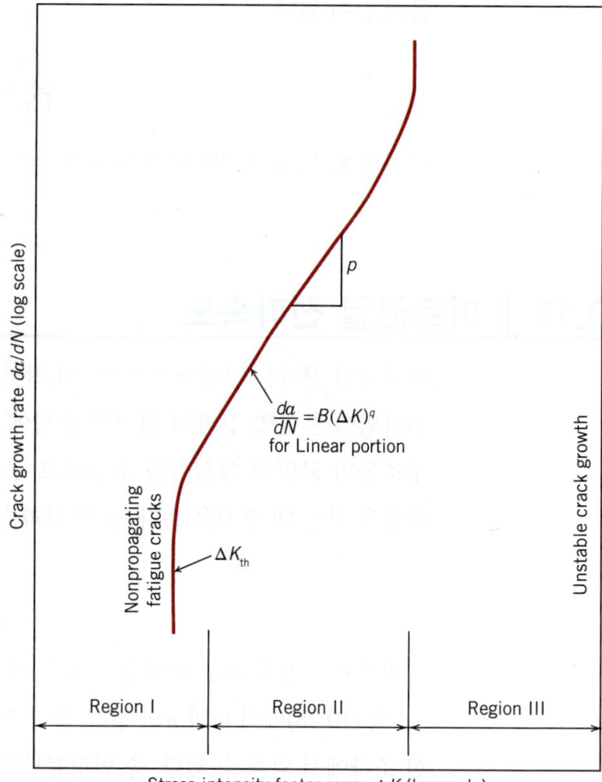

그림 10.40 비침식적인 환경에서의 피로균열 성장거동의 도해

값 이하에서는 피로균열 성장이 관찰되지 않는다.[20] 균열은 응력값 ΔK_{th} 미만에서 전파되지 않는 균열로 거동하고 균열 전파속도(0.25 nm/주기) 이하에서 발생한다.

영역 II는 $\log \Delta K$와 $\log da/dN$ 사이의 선형 관계를 나타낸다.

$$\frac{da}{dN} = B(\Delta K)^q \tag{10.31}$$

식 (10.31)은 패리스(Paris)의 법칙[21]으로 알려져 있는데, 여기서 q는 곡선의 기울기를 나타내고, B 값은 선을 $\Delta K = 1 \text{ MPa}\sqrt{\text{m}}$까지 확장하여 얻는다. q의 값은 알루미늄의 경우 3에서 4까지이고 강의 경우 약 3이다.

균열 성장의 가속은 K_{max}가 재료의 파괴인성인 K_c에 도달하는 영역 III에서 나타난다. 피로 주기($R = \sigma_{max}/\sigma_{min} = K_{min}/K_{max}$)는 피로 주기에서 평균응력이 증가할 때 S자형 곡선의 모든 섹션에서 균열 성장속도를 전파하는 경향이 있다. 영역 II는 각각 영역 I 및 III보다

20) R. O. Ritchie, "Near Threshold Fatigue Crack Propagation in Steels," *Int. Met. Rev.*, Vol. 24, 1979: pp. 205-230.

21) P. C. Paris and F. Erdogan, *Trans. ASME J. Basic Eng.*, Vol. 85, 1963: pp. 528-534.

R의 증가 효과가 적다. 패리스의 법칙에 대한 R의 증가하는 효과는 다음과 같이 제시된다.[22]

$$\frac{da}{dN} = \frac{B(\Delta K)^q}{(1-R)K_c - \Delta K} \tag{10.32}$$

식 (10.32)에서 적용할 수 있는 재료의 파괴인성과 두께는 각각 K_c 및 B이다. 응력비율은 R로 표시되며, 이는 $\sigma_{\max}/\sigma_{\min} = K_{\min}/K_{\max}$이다.

완전히 반전된 변형 또는 응력($R = -1$)은 재료의 피로수명을 테스트하는 데 사용된다. 그러나 맥동 인장($R = 0$) 조건은 피로균열 성장값을 이용하여 결정해야 한다. 압축하중 부하 동안 균열이 닫히고 응력 확대계수가 0이 되기 때문에 부하 주기의 압축 특성이 적용되지 않는다. 반면에 압축하중 부하는 응력확대계수가 낮은 균열 시작에 대해 고려된다. 그러나 가변 크기하에서는 압축하중 부하 주기가 지배적일 수 있다.

피로와 파괴역학 사이의 중요한 관계는 패리스의 법칙[식 (10.31)]으로부터 관찰할 수 있다. 피로균열 성장은 고연성 저강도 재료에서도 탄성응력확대계수에 의존한다. 왜냐하면 K 값이 매우 낮은 피로균열 성장에 영향을 미치고, 작은 소성영역 크기는 선형탄성 파괴역학(LEFM)을 적용해도 좋을 만큼 충분하기 때문이다. K 값은 적절한 하중 조건에 대해 알려져 있으므로 재료의 피로균열 성장수명은 초기 균열 길이 한계와 최종 균열 길이 한계 사이에서 패리스 식을 적분하여 결정할 수 있다.

$$\Delta K = \alpha \Delta K \sigma \sqrt{\pi a} = \alpha \sigma_r \sqrt{\pi a} \tag{10.33}$$

$$\frac{da}{dN} = B(\Delta K)^q = B(\alpha \sigma_r \sqrt{\pi a})^q = B \times (\alpha)^q \times (\sigma_r)^q \times (\pi a)^{q/2} \tag{10.34}$$

$$a_f = \frac{1}{\pi}\left(\frac{K_c}{\sigma_{\max}\alpha}\right)^2 \tag{10.35}$$

$$N_f = \int_0^{N_f} dN = \int_{a_i}^{a_f} \frac{da}{B \times (\alpha)^q \times (\sigma_r)^q \times (\pi a)^{q/2}} = \frac{1}{B \times (\alpha)^q \times (\sigma_r)^q \times (\pi)^{q/2}} \int_{a_i}^{a_f} \frac{da}{(a)^{q/2}} \tag{10.36}$$

$q \neq 2$이면

$$\int_{a_i}^{a_f} \frac{da}{(a)^{q/2}} = \left. \frac{(a)^{-\left(\frac{q}{2}\right)+1}}{-\left(\frac{q}{2}\right)+1} \right|_{a_i}^{a_f} = \frac{a_f^{-\left(\frac{q}{2}\right)+1} - a_i^{-\left(\frac{q}{2}\right)+1}}{-\left(\frac{q}{2}\right)+1}$$

$$N_f = \frac{a_f^{-\left(\frac{q}{2}\right)+1} - a_i^{-\left(\frac{q}{2}\right)+1}}{\left(-\left(\frac{q}{2}\right)+1\right) \times B \times (\sigma_r)^q \times (\pi)^{q/2} \times \alpha^q} \tag{10.37}$$

22) R. G. Forman, V. E. Kearney, and R. M. Engle, *Trans. ASME J. Basic Eng.*, Vol. 89, 1967: p. 459.

식 (10.37)은 α 값이 균열 길이에 무관하고 $q \neq 2$이므로 패리스 식의 적절한 적분이다. 그러나 일반적인 경우는 아니며 위 식은 $\alpha = f(a)$로 일반화할 수 있으며 식 (10.36)은 다음과 같이 수정될 수 있다.

$$N_f = \frac{1}{B \times (\sigma_r)^q \times (\pi)^{q/2}} \int_{a_i}^{a_f} \alpha(a)^{-q} \times (a)^{-q/2} da \tag{10.38}$$

식 (10.38)은 연속적으로 증가하는 균열 성장에 대해 ΔN과 ΔK가 계산되는 반복 과정을 사용하여 풀 수 있다.

크리프

크리프

실제 사용 재료는 고온에서 정적인 기계적 하중을 받게 되는 경우가 종종 있다. 예를 들면 증기발생기나 제트엔진의 터빈로터에는 원주응력이 가해지고 고압증기가 흐른다. 이러한 주위 환경에서 나타나는 변형을 **크리프(creep)**라고 하며, 일정한 하중이나 응력을 받는 재료의 시간 의존성 영구변형으로 정의한다. 크리프는 구조물의 수명을 제한하는 요인이므로 바람직한 현상이 아니다. 크리프 현상은 모든 재료에서 나타나며, 금속의 경우에는 단지 $0.4T_m$ 이상(T_m은 절대 융점)에서 나타난다.

10.18 | 기계적 거동의 시간 의존성

전형적인 크리프 시험[23)]에서 시편은 일정한 온도에서 일정한 하중이나 응력을 받는다. 이에 따른 변형이나 변형률은 경과시간의 함수로 나타나게 된다. 일반적인 공학적 정보를 취득하기 위한 대부분의 시험은 일정한 하중에서 행해진다. 그러나 크리프 기구를 좀 더 잘 이해하기 위해서는 일정한 응력하에서 시험을 한다.

그림 10.41은 일정한 하중 아래서의 전형적인 크리프 거동을 나타내고 있다. 그림에 나타낸 바와 같이 하중을 가하는 순간에 변형이 일어나며, 이 변형은 전적으로 탄성변형이다. 크리프 곡선은 세 구역으로 나누어지는데 각각의 구역은 각기 독특한 변형률-시간 양상을 나타낸다. 1차 크리프(*primary creep*) 또는 전이 크리프(*transient creep*) 구역에서는 크리프 속도가 연속적으로 감소하며, 곡선의 기울기는 시간에 따라 감소한다. 즉, 이 구역에서는 재료에 변형경화(재료의 변형이 일어남에 따라 변형이 점점 어려워지는 현상)가 일어나 크리프에 대

23) ASTM Standard E139, "Standard Test Methods for Conducting Creep, Creep-Rupture, and Stress-Rupture Tests of Metallic Materials."

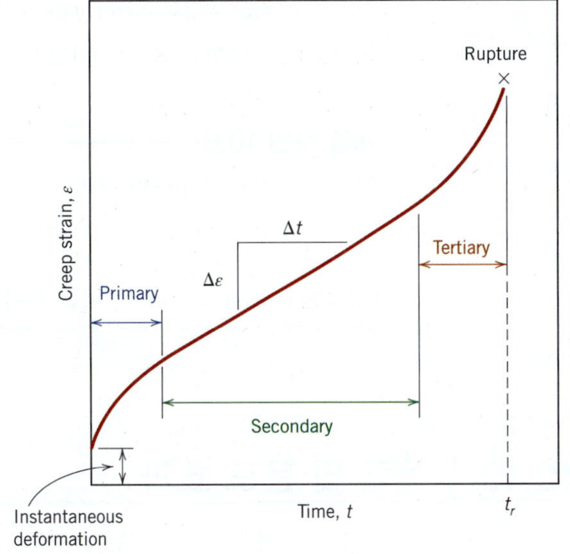

그림 10.41 일정한 응력과 온도(고온)에서 나타나는 전형적인 크리프 곡선(변형률 대 시간). 최소 크리프 속도 $\Delta\varepsilon/\Delta t$는 2차 크리프 구역의 선형 부분의 기울기이다. 파열 수명 시간 t_r은 파열까지의 총 시간이다.

한 저항성이 증가하고 있다는 것을 뜻한다. **정상상태 크리프**(*steady-state creep*)라 일컫는 **2차 크리프**(*secondary creep*) 구역에서는 속도가 일정하며, 직선영역에 해당한다. 이 구역은 크리프 단계 중 가장 길다. 변형경화 과정과 회복 과정 간의 균형에 의하여 크리프 속도는 일정하게 유지된다. 회복(9.12절 참조)이란 재료가 점점 연해져서 변형이 계속 일어날 수 있게 되는 현상이다. 마지막으로 **3차 크리프**(*tertiary creep*)에서는 크리프 속도가 가속되어 최종 파괴가 일어나게 된다. 이러한 파손을 파열(rupture)이라고 하며, 입계 분열과 재료 내부의 균열, 공동(cavity) 및 기공의 형성과 같은 미세조직의 변화와 금속학적 변화로부터 나타나게 된다. 인장하중이 가해지면, 변형 구역의 어느 부분에서인가 네킹이 일어난다. 이에 따라 실제 단면적이 감소하고 변형률 속도가 증가하게 된다.

금속 재료에 대한 크리프 시험은 인장시험 시편(그림 8.2 참조)과 동일한 형상의 시편에 대하여 일축인장하에서 행한다. 취성 재료에 대해서는 일축압축시험을 행하며, 인장하중에 따라 나타나는 응력 증폭이나 균열 전파가 일어나지 않으므로 고유한 크리프 성질을 알아보기 위해서는 압축시험을 행한다. 압축시험용 시편은 길이-지름비가 약 2~4인 원통형을 사용한다.

크리프 시험으로부터 구한 가장 중요한 매개변수는 2차 크리프 구역의 기울기(그림 10.41에서 $\Delta\varepsilon/\Delta t$)이며, 이를 최소 또는 **정상상태 크리프 속도**(*steady-state creep rate*) $\dot{\varepsilon}_s$라고 부른다. 이 값은 장기간 사용을 목표로 하는 구조물의 공학적 설계용 매개변수이다. 예를 들면 원자력 발전소는 수십 년간 가동되며, 파손이나 지나친 변형이 일어나서는 안 된다. 반면에 군용기의 터빈 날개나 로켓 모터 노즐과 같이 대체적으로 크리프 수명이 짧은 경우에 **파열 수명**(*rupture lifetime*) t_r을 측정하기 위해서는 파손이 일어날 때까지 크리프 시험을 해야 하며, 이 시험을 크리프 파열(*creep rupture*) 시험이라고 한다. 그러므로 설계 기술자는 재료의 크리프 특성을 파악하여 적용상의 적합성을 판단할 수 있어야 한다.

개념 확인 10.6

일정한 인장응력에서의 크리프 곡선과 일정한 하중에서의 크리프 곡선을 하나의 변형률 대 시간 선도 위에 그리고 그 차이점을 설명하라.

(정답은 *www.wiley.com*의 제품 페이지에서 확인할 수 있음)

10.19 | 응력 및 온도 효과

온도와 작용응력의 크기는 크리프 특성에 영향을 미친다(그림 10.42). 변형률은 $0.4T_m$보다 아주 낮은 온도에서 초기 변형이 일어난 후에는 실질적으로 시간에 무관하게 된다. 응력을 증가시키거나 온도를 높이면, (1) 응력을 가한 시점에서의 순간 변형이 증가하고, (2) 정상 크리프 속도도 증가하여 (3) 파열 수명은 단축된다.

크리프 파열시험의 결과는 일반적으로 응력의 로그값에 대한 파열시간의 로그값으로 나타낸다. 그림 10.43은 S-590 합금의 크리프 선도이며, 각 온도별로 선형 관계가 있음을 나타내고 있다. 반면에 몇몇 합금 재료는 비선형 관계를 나타내기도 하며, 대체적으로 응력범위가 큰 경우에는 비선형 관계가 관찰된다.

정상상태 크리프 속도를 응력과 온도의 함수로 표현하는 실험식이 있다. 다음 식 (10.39)는 정상상태 크리프 속도의 응력에 대한 의존성을 나타낸다.

크리프 변형률의 응력 의존성

$$\dot{\varepsilon}_s = K_1\sigma^n \tag{10.39}$$

그림 10.42 크리프 거동에 대한 응력 σ와 온도 T의 영향

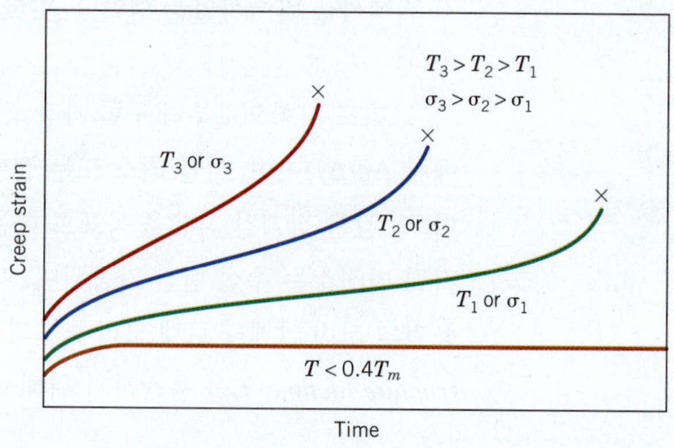

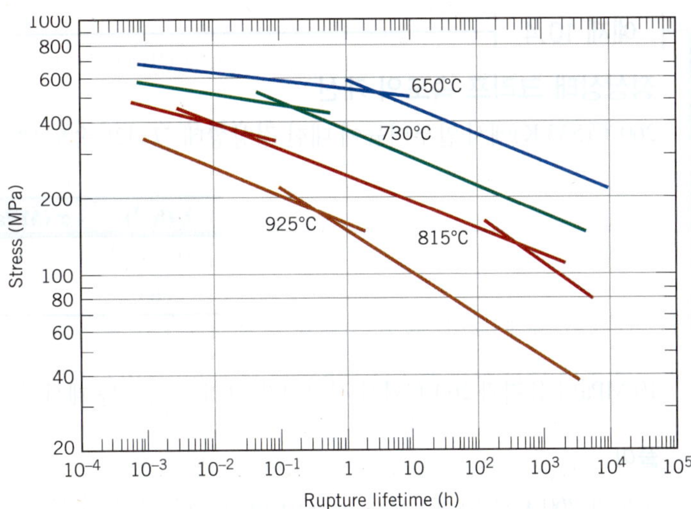

그림 10.43 네 가지 온도에서 시험한 S-590 합금에 대한 응력(로그값) 대 파열 수명(로그값) 선도[S-590의 조성(wt%)은 다음과 같다: 20.0 Cr, 19.4 Ni, 19.3 Co, 4.0 W, 4.0 Nb, 3.8 Mo, 1.35 Mn, 0.43 C, 나머지는 Fe]

여기서 K_1과 n은 재료상수이다. $\dot{\varepsilon}_s$의 로그값에 대한 σ의 로그값 선도는 기울기 n을 갖는 직선으로 나타낸다. 이러한 직선 관계는 네 가지 온도에서 S-590 합금에 대해 시험한 그림 10.44에서 볼 수 있다. 의심할 여지 없이, 각각의 온도에서 하나 또는 두 개의 직선으로 그려져 있다.

식 (10.39)에 온도 항을 포함시키면 다음과 같이 표현된다.

크리프 변형률의 응력 및 온도(절대온도) 의존성

$$\dot{\varepsilon}_s = K_2\sigma^n \exp\left(-\frac{Q_c}{RT}\right) \tag{10.40}$$

여기서 K_2와 Q_c는 상수이며, Q_c는 크리프에 대한 활성화에너지이다. 그리고 R은 기체상수로 8.31 J/mol·K 값을 갖는다.

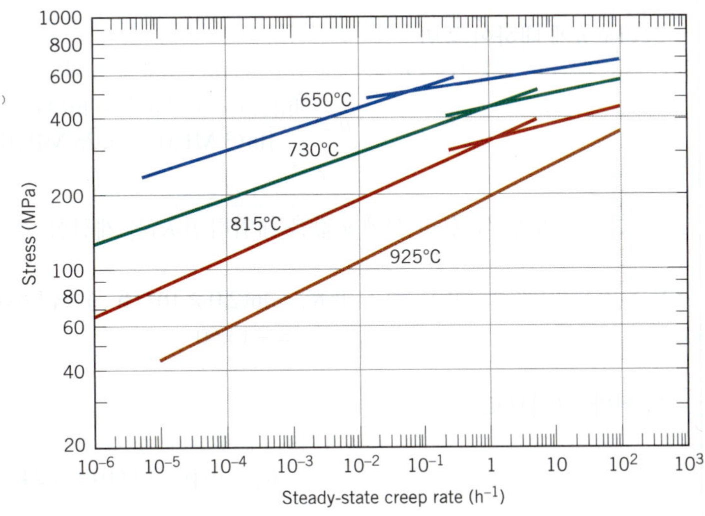

그림 10.44 네 가지 온도에서 시험한 S-590 합금에 대한 응력(로그값) 대 정상상태 크리프 속도(로그값) 선도

대부분의 HCP 금속, 고강도 재료에서는 이러한 연성-취성 전이가 나타나지 않는다.

- 저강도 강 합금의 연성-취성 전이온도는 카본의 함량을 낮추거나 결정립 크기를 작게 하여 감소시킬 수 있다.

피로

- 피로는 작용응력의 크기가 시간에 따라 교번될 때 나타나는 대형 파손의 일반적인 형태이다. 이는 최대응력이 정적 인장이나 항복 강도보다 현저히 낮을 때도 일어난다.

응력 사이클

- 변동 응력은 일반적으로 응력 대 시간 주기 형태에 따라 교번, 반복, 불규칙의 세 가지 형태로 나누어진다(그림 10.26). 교번과 반복 모드는 평균응력, 응력범위, 응력진폭에 의해 특징지을 수 있다.

***S-N* 곡선**

- 시험 데이터는 응력(일반적으로 응력진폭) 대 파손까지의 사이클 수의 로그값으로 나타낸다.
- 두 가지 뚜렷한 형태의 *S-N* 피로 거동이 금속 합금에서 나타난다.
  - 대부분의 합금의 경우에 파손까지의 사이클 수가 증가할수록 응력은 연속적으로 감소한다. 피로강도 및 피로수명은 이들 재료의 피로 거동을 특징짓는 데 사용되는 변수이다(그림 10.28*b*).
  - 일부 금속(철강 재료와 티타늄 합금)은 어느 응력 이하에서는 사이클 수에 관계없이 파손이 일어나지 않는 현상을 나타낸다. 이러한 재료들의 피로 거동은 피로한도로 나타난다(그림 10.28*a*).

균열 생성과 균열 전파

- 피로균열은 응력집중이 일어나는 표면의 어느 한 부분에서 생성된다.
- 피로파괴면의 두 가지 특징은 해변무늬와 줄무늬이다.
  - 해변무늬는 작용응력이 중단된 경우에 나타나며, 육안으로도 식별이 가능하다.
  - 피로 줄무늬는 매우 미세하며, 각 줄무늬는 한번의 하중 사이클 동안 균열 첨단이 진전한 거리를 나타낸다고 생각된다.

피로수명에 영향을 주는 인자

- 피로수명을 향상시키는 방법은 다음과 같다.
  - 평균응력 크기의 감소
  - 표면의 날카로운 불연속점 제거
  - 연마를 통한 표면 마무리 향상
  - 숏피닝에 의한 표면 잔류 압축응력 부과
  - 침탄법이나 질화법을 이용한 표면경화

열피로와 부식피로

- 열응력은 고온에서의 주기적 온도변화와 열적 팽창 및 수축이 제한을 받음으로써 발생하며, 이에 따른 피로 현상을 열피로라고 한다.
- 화학적인 공격성 분위기는 부식피로 현상을 일으켜 피로수명을 감소시킨다. 이러한 형태의 피로를 방지하기 위해서는 다음과 같은 방안이 있다.

– 표면 보호막의 형성
– 부식 저항성이 더 큰 재료의 선정
– 부식성 환경을 감소
– 작용 인장응력 크기 감소
– 시편 표면에 잔류 압축응력을 부과

굿맨 다이어그램 • 부품은 극한응력이 설계 시 고려될 때 안전하다.

피로균열 전파속도 • 구조물을 보호하기 위해 균열 길이와 안전 하중을 결정할 수 있는 이중안전설계 철학이다.

기계적 거동의 시간 의존성 • 온도가 $0.4T_m$ 이상이고 일정한 하중(또는 응력)을 받는 재료의 시간 의존성 소성변형을 크리프라고 한다.

• 전형적인 크리프 곡선(변형률 대 시간)은 전이(또는 1차), 정상상태(또는 2차), 3차 크리프의 세 구역으로 명확하게 나누어진다(그림 10.41).

• 크리프에 관한 주요 설계 변수는 정상상태 크리프 속도(선형 지역의 기울기)와 파단수명이다(그림 10.41).

응력 및 온도 효과 • 온도와 작용 응력의 크기는 크리프 거동에 영향을 주며, 이 2개의 매개변수 중 하나를 증가시키면 다음과 같은 효과가 나타난다.
– 초기 순간 변형량의 증가
– 정상상태 크리프 속도의 증가
– 파열 수명 기간의 감소

• $\dot{\varepsilon}_s$를 온도와 응력의 함수로 표현하는 실험식이 있다[식 (10.40) 참조].

데이터 외삽법 • 특정 합금에 대한 응력의 로그값 대 라슨-밀러 매개변수 곡선을 이용하여 크리프 데이터를 더 낮은 온도와 더 긴 시간 영역으로 외삽할 수 있다.

고온용 합금 • 크리프 저항성이 큰 금속 합금은 탄성계수가 크고 융점이 높다. 초경합금, 스테인리스강 및 내화금속이 이에 속한다. 이러한 재료의 크리프 성질을 향상시키기 위하여 여러 가지 제조 방법이 사용되고 있다.

식 요약

Equation Number	Equation	Solving for
10.1	$\sigma_m = 2\sigma_0\left(\frac{a}{\rho_t}\right)^{1/2}$	Maximum stress at tip of elliptically shaped crack
10.4	$K_c = Y\sigma_c\sqrt{\pi a}$	Fracture toughness
10.5	$K_{Ic} = Y\sigma\sqrt{\pi a}$	Plane strain fracture toughness

(계속)

Equation Number	Equation	Solving for
10.6	$\sigma_c = \dfrac{K_{Ic}}{Y\sqrt{\pi a}}$	Design (or critical) stress
10.7	$a_c = \dfrac{1}{\pi}\left(\dfrac{K_{Ic}}{\sigma Y}\right)^2$	Maximum allowable flaw size
10.17	$\sigma_m = \dfrac{\sigma_{\max} + \sigma_{\min}}{2}$	Mean stress (fatigue tests)
10.18	$\sigma_r = \sigma_{\max} - \sigma_{\min}$	Range of stress (fatigue tests)
10.19	$\sigma_a = \dfrac{\sigma_{\max} - \sigma_{\min}}{2}$	Stress amplitude (fatigue tests)
10.20	$R = \dfrac{\sigma_{\min}}{\sigma_{\max}}$	Stress ratio (fatigue tests)
10.21	$\sigma = \dfrac{16FL}{\pi d_0^3}$	Maximum stress for fatigue rotating-bending tests
10.25	$\sigma = \alpha_l E \Delta T$	Thermal stress
10.27	$\dfrac{1}{\text{FS}} = \dfrac{\sigma_m}{\sigma_u} + \dfrac{\sigma_v \times K_f}{\sigma_e \times K_{sur} \times K_{sz}}$	Goodman criterion equation
10.31	$\dfrac{da}{dN} = B(\Delta K)^q$	Paris' law
10.39	$\dot{\varepsilon}_s = K_1 \sigma^n$	Steady-state creep rate (constant temperature)
10.40	$\dot{\varepsilon}_s = K_2 \sigma^n \exp\left(-\dfrac{Q_c}{RT}\right)$	Steady-state creep rate
10.42	$m = T(C + \log t_r)$	Larson–Miller parameter

기호 목록

Symbol	Meaning
a	Length of a surface crack
C	Creep constant; normally has a value of about 20 (for T in K and t_r in h)
d_0	Diameter of a cylindrical specimen
E	Modulus of elasticity
F	Maximum applied load (fatigue testing)
K_1, K_2, n	Creep constants that are independent of stress and temperature
L	Distance between load-bearing points (rotating-bending fatigue test)
Q_c	Activation energy for creep

(계속)

Symbol	Meaning
R	Gas constant (8.31 J/mol·K)
T	Absolute temperature
ΔT	Temperature difference or change
t_r	Rupture lifetime
Y	Dimensionless parameter or function
α_l	Linear coefficient of thermal expansion
ρ_t	Crack tip radius
σ	Applied stress; maximum stress (rotating-bending fatigue test)
σ_0	Applied tensile stress
σ_{max}	Maximum stress (cyclic)
σ_{min}	Minimum stress (cyclic)

중요한 용어와 개념

부식피로
샤르피 충격시험법
아이조드 충격시험법
연성-취성 전이
연성파괴
열피로
응력집중자
입계 파괴
입내 파괴
충격에너지
취성파괴
크리프
파괴역학
파괴인성
평면변형률
평면변형률 파괴인성
표면경화
피로
피로강도
피로수명
피로한도

참고문헌

Anderson, T. L., *Fracture Mechanics: Fundamentals and Applications*, 4th edition, CRC Press, Boca Raton, FL, 2017.

ASM Handbook, Vol. 11, *Failure Analysis and Prevention*, ASM International, Materials Park, OH, 2002.

ASM Handbook, Vol. 12, *Fractography*, ASM International, Materials Park, OH, 1987.

ASM Handbook, Vol. 19, *Fatigue and Fracture*, ASM International, Materials Park, OH, 1996.

Bathias, C., and A. Pineau (Editors), *Fatigue of Materials and Structures: Fundamentals*, John Wiley & Sons, Hoboken, NJ, 2010.

Boyer, H. E. (Editor), *Atlas of Creep and Stress -Rupture Curves*, ASM International, Materials Park, OH, 1988.

Boyer, H. E. (Editor), *Atlas of Fatigue Curves*, ASM International, Materials Park, OH, 1986.

Brooks, C. R., and A. Choudhury, *Failure Analysis of Engineering Materials*, McGraw-Hill, New York, NY, 2002.

Collins, J. A., *Failure of Materials in Mechanical Design*, 2nd edition, John Wiley & Sons, New York, NY, 1993.

Dennies, D. P., *How to Organize and Run a Failure Investigation*, ASM International, Materials Park, OH, 2005.

Fatigue Data Book: Light Structural Alloys, ASM International, Materials Park, OH, 1995.

Handbook of Case Histories in Failure Analysis, ASM International, Materials Park, OH, 1992, 1993, and 2019. In three volumes.

Hertzberg, R. W., R. P. Vinci, and J. L. Hertzberg, *Deformation and Fracture Mechanics of Engineering Materials*, 5th edition, John Wiley & Sons, Hoboken, NJ, 2013.

Liu, A. F., *Mechanics and Mechanisms of Fracture: An Introduction*, ASM International, Materials Park, OH, 2005.

McEvily, A. J., *Metal Failures: Mechanisms, Analysis, Prevention*, 2nd edition, John Wiley & Sons, Hoboken, NJ, 2013.

Sanford, R. J., *Principles of Fracture Mechanics*, Pearson Education, Upper Saddle River, NJ, 2002.

Stevens, R. I., A. Fatemi, R. R. Stevens, and H. O. Fuchs, *Metal Fatigue in Engineering*, 2nd edition, John Wiley & Sons, New York, NY, 2001.

Wachtman, J. B., W. R. Cannon, and M. J. Matthewson, *Mechanical Properties of Ceramics*, 2nd edition, John Wiley & Sons, Hoboken, NJ, 2009.

Ward, I. M., and J. Sweeney, *Mechanical Properties of Solid*

Polymers, 3rd edition, John Wiley & Sons, Chichester, UK, 2013.
Wulpi, D. J., and B. Miller, *Understanding How Components Fail*, 3rd edition, ASM International, Materials Park, OH, 2013.

문제

파괴역학의 원리

10.1 곡률반지름 3.7×10^{-4} mm, 균열 길이 3.7×10^{-2} mm의 내부균열에 190 MPa의 인장응력을 가했을 때, 그 선단에 존재하는 최대응력의 크기는 얼마인가?

10.2 어떤 취성 재료에 1400 MPa의 응력이 가해졌을 때 타원형 표면 균열의 전파로 파괴가 일어났다면, 이 재료의 이론적 파괴강도는 얼마인가? 균열 첨단의 곡률반지름은 2.7×10^{-3} mm, 균열 길이는 0.35 mm이다.

10.3 어떤 물질의 비표면 에너지는 0.37 J/m^{2}이다. 탄성률을 61 GPa로 가정하여 길이 0.07 mm의 표면균열이 전파하는 데 요구되는 임계응력을 계산하라.

10.4 플라스틱 부품은 1.75 MPa의 인장응력이 가해져도 손상되지 않는다. 플라스틱의 표면에너지가 0.70 J/m^{2}일 때 최대 표면균열의 길이를 구하라. 탄성계수는 3.5 GPa로 가정한다.

10.5 평면변형률 파괴인성이 51 MPa $\sqrt{m}$인 강철 합금에 1350 MPa의 인장응력을 가했다. 가장 큰 표면균열의 길이는 0.65 mm이다. 파괴 여부에 대하여 논하라. 매개변수 Y의 값은 0.90으로 가정한다.

10.6 알루미늄 합금으로 제조한 비행기 날개 부품의 평면변형률 파괴인성이 35 MPa $\sqrt{m}$이다. 내부균열의 최대(임계) 길이가 2.0 mm일 때 250 MPa의 응력을 가하자 파괴가 일어났다. 같은 부품에 내부균열의 최대(임계) 길이가 1.0 mm일 때 325 MPa의 응력을 가하면 파괴가 일어나는지 아닌지에 대해 설명하라.

10.7 합금으로 제조한 비행기 날개 부품의 평면변형률 파괴인성이 45 MPa $\sqrt{m}$이다. 내부균열의 최대(임계) 길이가 1.75 mm일 때 375 MPa의 응력을 가하자 파괴가 일어났다. 같은 부품에 내부균열의 최대(임계) 길이가 5.0 mm라면 파괴를 일으키는 데 필요한 응력은 얼마인가?

10.8 구조 부품의 평면변형률 파괴인성이 45 MPa $\sqrt{m}$이다. 표면균열의 최대(임계) 길이가 0.95 mm인 경우 이 부품은 300 MPa의 응력을 가하자 손상되었다. 평면변형률 파괴인성이 57.5 MPa $\sqrt{m}$인 다른 합금으로 만들어진 동일한 구조 부품에 300 MPa의 응력을 가했을 때, 파괴되지 않는 표면균열의 최대 허용 길이(mm)는 얼마인가?

10.9 강판의 평면변형률 파괴인성이 62 MPa $\sqrt{m}$이다. 이 판에 215 MPa의 응력이 가해지고 있다. 파괴를 일으키는 표면균열의 최소 길이는 얼마인가? 매개변수 Y의 값은 0.9로 가정한다.

10.10 항복강도의 1/2 응력이 가해진 알루미늄 합금 부품에 대하여 내부균열의 최대 길이를 계산하라. 매개변수 Y, K_{Ic}, $\sigma = \sigma_Y/2$는 각각 1.15, 29 MPa $\sqrt{m}$, 240 MPa이다.

10.11 강 합금으로 제조한 구조물 부품의 평면변형률 파괴인성이 71.0 MPa $\sqrt{m}$이고, 항복강도는 1575 MPa이다. 결함 검출기의 한계는 3.75 mm이다. 설계응력이 항복강도의 1/2이고 매개변수 Y의 값이 0.9라면 이 강판의 임계 결함 크기를 검출할 수 있는가?

10.12 다른 참고문헌을 참조하여 금속 합금의 내부 결함 및/또는 표면 결함을 감지하고 측정하는 데

사용되는 하나 또는 두 개의 비파괴검사 기술에 대한 간단한 보고서를 작성하라.

10.13 두 가지 취성 재료 X와 Y의 균열 길이의 비율은 5:1이다. 두 재료의 균열에 수직으로 측정된 인장강도의 비율은 얼마인가?

10.14 세라믹 TiN 박막은 표면 결함이 없다. 그러나 2~5 μm의 긴 균열을 가지고 있다. 이 박막의 파괴인성은 100 MPa이고 영률은 70 GPa이다. TiN 박막의 표면에너지를 구하라.

세라믹의 파괴

고분자의 파괴

10.15 다음을 간단히 설명하라.

(a) 세라믹 재료의 파괴강도의 산포가 매우 큰 이유

(b) 시편 크기가 감소할수록 파괴강도가 증가하는 이유

10.16 취성 재료의 인장강도는 식 (10.1)을 이용해서 결정할 수 있다. 275 MPa의 인장응력하에서 Al_2O_3 시편을 파단시킬 수 있는 임계 균열 선단 반지름을 계산하라. 임계 표면균열 길이는 2×10^{-3} mm, 이론적 파괴강도는 $E/10$(E는 탄성계수)로 가정한다.

10.17 유리의 파괴강도는 얇은 표면층을 에칭하여 높일 수 있다. 에칭은 표면균열 기하학을 바꿀 수 있다(즉, 균열 길이를 줄이고 선단 반지름을 증가시킨다). 균열 길이의 3분의 2가 제거되면 파괴강도가 8배가 되는 원래 균열 선단 반지름과 에칭된 균열 선단 반지름의 비율을 계산하라.

10.18 열가소성 고분자의 경우 취성파괴를 촉진하는 다섯 가지 요인을 서술하라.

파괴인성시험

10.19 다음 표는 연성 주철에 대한 샤르피 충격시험의 결과이다.

Temperature (°C)	Impact Energy (J)
−25	121
−50	120
−75	113
−85	97
−100	71
−110	49
−125	23
−160	7
−180	4

(a) 충격에너지 대 온도로 데이터를 도시하라.

(b) 연성-취성 전이온도를 충격에너지의 최댓값과 최솟값의 평균값에 대응하는 온도로 결정하라.

(c) 연성-취성 전이온도를 충격에너지가 85 J이 되는 온도로 결정하라.

10.20 다음 표는 템퍼링한 강 합금에 대한 샤르피 충격시험의 결과이다.

Temperature (°C)	Impact Energy (J)
105	90.3
75	87.6
55	85.6
30	84.4
0	81.9
−25	77.9
−45	74.1
−60	68.0
−80	57.3
−90	45.9
−110	33.3
−130	27.3
−160	24.1
−180	22.0

(a) 충격에너지 대 온도로 데이터를 도시하라.

(b) 연성-취성 전이온도를 충격에너지의 최댓

자유에너지의 고찰과 그림 11.1과 유사한 상태도는 어떤 특정한 계의 평형 특성에 관한 많은 정보를 제공하며, 이는 매우 중요하지만 이들은 새로운 평형상태에 도달하는 데 필요한 시간을 나타내지는 않는다. 고체 계에서는 평형에 도달하는 속도가 매우 느리기 때문에 완전한 평형상태는 이루어지지 않는다. 이러한 계를 비평형(nonequilibrium) 또는 **준안정(metastable)** 상태에 있다고 한다. 준안정상태의 미세조직은 시간에 따라 극히 적은 그리고 거의 감지할 수 없을 정도의 변화만 일어나므로 지속적으로 유지될 것이다. 흔히 준평형 구조는 평형 구조보다 실질적으로 더 중요하다. 예를 들면 일부 강철이나 알루미늄 합금은 신중을 기해 설계된 열처리를 통해 준안정 미세조직의 발달로 인한 높은 강도를 나타낸다(12.5절 및 12.10절).

준안정

결국 평형상태에서의 구조를 이해하는 것은 중요할 뿐만 아니라 평형상태에 이르는 속도, 또한 그 속도에 영향을 미치는 인자들도 중요하게 고려해야 한다. 이 장에서는 오로지 평형 구조만을 다루고, 반응속도와 비평형 구조는 12장에서 다룰 것이다.

개념 확인 11.1

상평형 및 준안정 상태의 차이점은 무엇인가?

(정답은 *www.wiley.com*의 제품 페이지에서 확인할 수 있음)

11.6 | 단일성분계 상태도

상태도

특정 계의 상 구조 제어에 관한 많은 정보는 흔히 **상태도(phase diagram)** 또는 평형도(*equilibrium diagram*)에 편리하게 함축되어 있다. 상 구조에 영향을 주는 세 가지 외적으로 제어될 수 있는 요소들은 온도, 압력, 조성이며, 이러한 요소들을 다양하게 조합하여 서로 다른 한 요소에 대해 그래프로 나타내면 이것이 상태도이다.

아마도, 이해하는 데 가장 간단하면서 쉬운 상태도의 형태는 단일성분계이며, 조성은 일정하고(즉, 순수한 물질에 대한 상태도), 압력과 온도가 변수들이다. 단일성분계 상태도[때로는 압력 대 온도 도표(*pressure-temperature diagram*)]는 2차원적 도표로서 압력(세로축) 대 온도(가로축)로 나타낸다. 압력을 나타내는 축은 종종 로그 수치로 표시한다.

이러한 유형의 상태도를 설명하고 그림 11.2에 나타낸 H_2O의 경우를 들어 해석을 보이고자 한다. 3개의 서로 다른 상인 고체, 액체, 기체에 대한 영역은 도표에 표기되어 있다. 각각의 상들은 해당되는 영역에서 온도-압력 범위에 걸쳐 평형상태로 존재한다. 도표에 나타내진 3개의 곡선(aO, bO, cO)은 상 경계선이며, 이러한 경계선상의 한 점에서는 2개의 상들이 공존하고 평형상태에 있다. 즉, 고상과 기상 사이의 평형은 곡선 aO를 따라 나타나고, 고상-액상 사이의 평형과 액상-기상 사이의 평형은 각각 곡선 bO와 cO에서도 나타난다. 또한 그 경계를

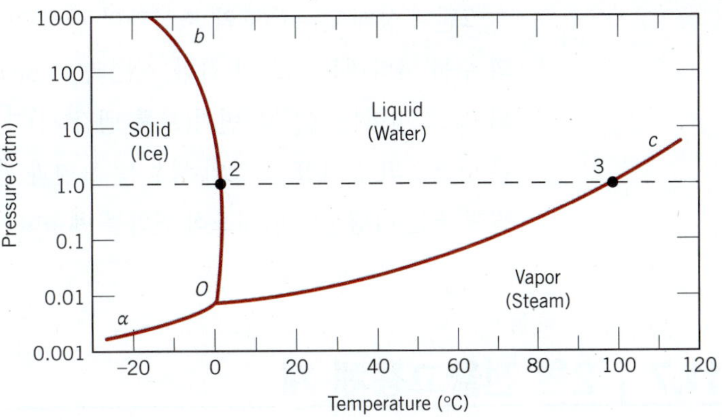

그림 11.2 H_2O의 압력-온도 상태도. 1기압에서 점선의 수평선과 고상-액상 경계와의 교차점(점 2)은 같은 압력(T = 0°C)에서 용융점을 나타낸다. 또한 액상-기상 경계와 만나는 점 3은 비등점을 나타낸다(T = 100°C).

지나치게 되면(온도 그리고/또는 압력을 달리하면) 하나의 상이 서로 다른 상으로 변화된다. 예를 들어 1기압에서 가열하는 동안 고상은 액상(즉, 용융이 시작된다)으로 그림 11.2의 점 2(고상-액상 경계와 점선의 수평선과의 교차점, 0°C)에서 변화된다. 물론 같은 점에서 냉각 시 역변화(액상에서 고상, 또는 응고)가 발생한다. 같은 방법으로 액상-기상 경계와 점선과의 교차점(그림 11.2의 100°C에서 점 3)에서 액상은 가열 시 기상으로 변화(기화)하며, 냉각 시에는 응축이 일어난다. 결국, 곡선 aO를 지나게 되면 고체 얼음이 승화 또는 기화된다.

그림 11.2에서 보는 바와 같이 3개의 상 경계를 나타내는 모든 곡선들은 하나의 점 O(온도 273.16 K, 압력 612 Pa)에서 교차한다 . 이로부터 고상, 액상, 기상이 동시에 평형상태로 존재함을 알 수 있다. 압력-온도 상태도상에서 3개의 상이 평형상태로 존재하는 점을 **삼중점**(*triple point*)이라 하며, 그 점은 고정된 압력과 온도 값을 가지고 있기 때문에 **불변점**(*invariant point*)이라고도 한다. 온도 그리고/또는 압력을 변화시켜 그 점으로부터 이탈하게 되면 최소 하나 이상의 상이 사라지게 된다.

수많은 물질들의 압력-온도 상태도는 실험적으로 결정되며, 고상, 액상, 기상 영역들을 갖는다. 그중 여러 개의 고상(즉, 동소체; 3.10절 참조)이 존재하게 되면 상태도상에 각각의 고상 구역들뿐만 아니라 다른 삼중점도 나타난다.

2원계 상태도

가장 흔히 볼 수 있는 상태도 중에 하나는 일정한 1기압하에 온도와 조성을 변수로 한 것이다. 여러 변수들이 있겠지만 여기서는 두 가지 성분을 갖는 2원계 합금에 대해 설명하고자 한다. 성분이 두 가지보다 많게 되면 상태도는 매우 복잡해지고 나타내기가 어려워진다. 대부분의 합금들은 두 가지보다 많은 성분들로 구성되어 있지만 상태도에 대한 이론 및 해석은 2원계를 가지고도 설명될 수 있다.

2원계 상태도는 온도와 조성과의 관계 및 합금의 미세조직에 영향을 주는 평형상태의 상의 수를 나타내는 지도와 같다. **상변태**(*phase transformation*)를 통해 많은 미세조직들이 발달되고, 그 변화는 온도의 변화(보통 냉각 시)가 있을 때 나타난다. 이는 하나의 상에서 서로 다른 상으로의 전이 또는 상의 생성 및 소멸과 관계가 있다. 2원계 상태도는 상변태와 그로 인한 평형 또는 비평형의 미세조직 변화를 예측하는 데 널리 사용된다.

11.7 | 2원 전율고용체 계

이해하고 해석하기가 가장 쉬운 2원계 상태도는 구리-니켈 계이다(그림 11.3*a*). 온도는 종축에, 합금의 조성은 니켈의 무게백분율(아래쪽)과 원자백분율(위쪽)로 횡축에 나타낸다. 조성의 범위는 왼쪽 끝이 0 wt% Ni(100 wt% Cu)이고, 오른쪽 끝이 100 wt% Ni(0 wt% Cu)이다. 이 상태도에는 3개의 서로 다른 상 구역, 즉 알파(α) 구역, 액상(L) 구역, 2상($\alpha + L$) 구역이 나타나 있다. 각 구역은 상 경계선에 의해 나누어지며 주어진 온도 및 조성의 범위에서 존재하는 상으로 구분된다.

액상 L은 구리와 니켈로 이루어진 균일한 액체 용액이다. α상은 FCC 결정구조를 갖는 구리와 니켈 원자로 이루어진 치환형 고용체이다. 약 1080°C 이하의 온도에서 모든 조성에 걸쳐 구리와 니켈은 고체상태에서 서로 고용된다. 이와 같은 완전한 용해도는 6.4절에서 다룬 바와 같이 구리와 니켈이 같은 결정구조(FCC)를 가지며, 원자반지름 및 전기음성도가 거의 동일하고, 비슷한 가전자(valence)를 갖고 있는 사실로 설명될 수 있다. 구리-니켈 계는 두 성분이 액체 및 고체에서 완전한 용해도를 보이기 때문에 **전율고용체(isomorphous)**라고 부른다.

전율고용체

명명법에는 몇 가지 규칙이 있다. 금속 합금의 경우, 고용체는 일반적으로 그리스 문자(α, β, γ 등)로 표기한다. 또한 그림 11.3*a*에 나타낸 것처럼 고상과 $\alpha + L$상 영역을 분리하는 상 경계를 **액상선**(*liquidus line*)이라 하며, 액상선 위의 모든 온도와 조성에서는 액상만이 존재한다. **고상선**(*solidus line*)은 α상과 $\alpha + L$상 사이에 위치하며, 고상선 아래는 고상 α만이 존재한다.

그림 11.3*a*에서, 액상선과 고상선은 조성의 양 끝단에서 서로 만나고 이들은 순수 성분의 융점이 된다. 예를 들면 순수한 구리와 니켈의 융점은 각각 1085°C와 1455°C이다. 순수한 구리를 가열하면 왼쪽의 온도축을 따라 수직으로 변화가 나타난다. 구리는 융점에 도달하기까지 고상으로 남는다. 고상에서 액상으로의 변태는 융점에서 일어나며, 이 변태가 완결되기까지 더 이상의 가열은 불필요하다.

순수한 성분 이외의 다른 조성에서는 이러한 용융현상이 고상선과 액상선 사이의 온도 범위에서 나타나고, 이 온도 범위에서 고상 α와 액상은 평형상태에 있다. 예를 들면 조성이 50 wt% Ni–50 wt% Cu인 합금(그림 11.3*a*)을 가열하면 약 1280°C에서 용융이 시작되며, 액상의 양은 이 합금이 완전히 액체로 되는 약 1320°C까지 온도 증가와 더불어 증가한다.

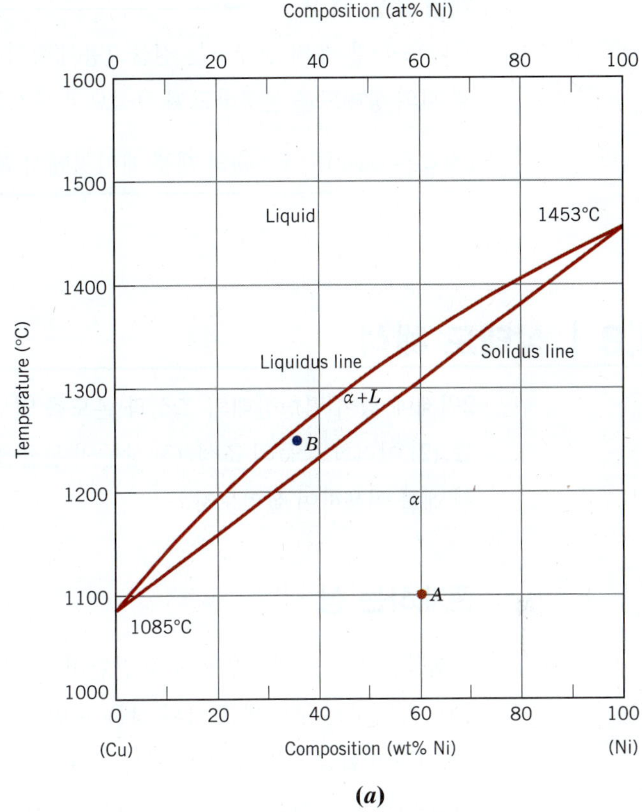

(a)

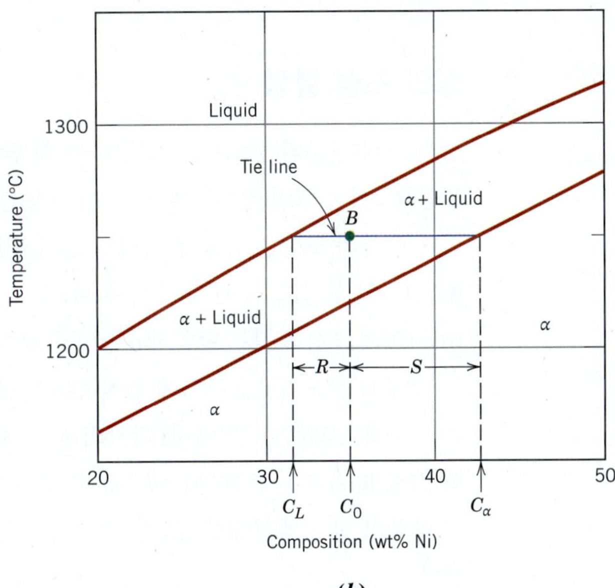

(b)

그림 11.3 (*a*) 구리-니켈 상태도, (*b*) 점 *B*에서의 조성과 상의 양을 결정하는 방법을 보여주는 구리-니켈 상태도의 일부분 (Adapted from *Phase Diagrams of Binary Nickel Alloys*, P. Nash, Editor, 1991. Reprinted by permission of ASM International, MaterialsPark, OH.)

개념 확인 11.2

코발트-니켈 계의 상태도는 전율고용체형이다. 이들 금속의 용융온도에 근거하여 코발트-니켈 계의 상태도를 설명하고 대략적으로 도시하라.

(정답은 *www.wiley.com*의 제품 페이지에서 확인할 수 있음)

11.8 | 상태도 해석

2원계에 있어 평형상태의 조성과 온도를 알면 적어도 다음 세 가지 정보, 즉 (1) 존재하는 상들, (2) 이러한 상들의 조성, (3) 상들의 분율을 얻을 수 있다. 이들을 확인하는 절차를 구리-니켈 계를 이용하여 살펴보자.

존재하는 상

존재하는 상들의 확인은 비교적 간단하다. 상태도에서 온도와 조성이 만나는 점을 정하고, 이 점에 해당하는 구역에 표기된 상을 보면 된다. 예를 들면 1100°C에서 조성이 60 wt% Ni–40 wt% Cu인 합금은 그림 11.3*a*에서 점 *A*에 위치하고, 이 점은 α 구역 안에 있기 때문에 단일상인 α만이 존재한다. 반면에 1250°C에서 조성이 35 wt% Ni–65 wt% Cu인 합금(점 *B*)은 평형상태에서 α상과 액상으로 구성되어 있다.

상의 조성 결정

상의 조성(성분의 농도로)을 결정하는 첫 단계는 상태도에서 온도-조성 점을 찾는 것이다. 단일상과 2상 구역인 경우 다른 방법이 사용된다. 단지 하나의 상만이 존재한다면 그 절차는 간단하여 상의 조성은 합금 전체의 조성이 된다. 예를 들어 1100°C에서 조성이 60 wt% Ni–40 wt% Cu인 합금(그림 11.3*a*에서 점 *A*)을 고려해 보자. 이 조성과 온도에서는 60 wt% Ni–40 wt% Cu의 조성을 갖는 단일상 α만이 존재한다.

공액선

조성과 온도가 2상 구역에 위치하는 합금의 경우는 좀 더 복잡하다. 모든 2상 구역에서(그리고 오직 2상만의 구역에서) 각각의 온도에 대해 수평선을 그을 수 있으며, 이러한 선들을 **공액선(tie line)** 또는 등온선(*isotherm*)이라 한다. 이러한 공액선은 2상 구역을 가로질러 연속하여 양쪽의 상 경계선에서 끝난다. 2상의 평형 농도를 산출하기 위해서 다음과 같은 절차를 따른다.

1. 합금의 온도에서 2상 구역을 가로지르는 공액선을 긋는다.
2. 공액선과 양쪽의 상 경계와의 교차점을 표시한다.

3. 이 교차점에서 수평의 조성축으로 수직선을 긋고, 만나는 점으로부터 각 상의 조성을 읽는다.

예를 들어 그림 11.3*b*의 점 *B*에서 $\alpha + L$ 구역에 위치한 35 wt% Ni–65 wt% Cu 합금을 다시 고려해 보자. 그러므로 문제는 α상 및 액상 모두의 조성(Ni과 Cu의 wt%)을 결정하는 것이다. 그림 11.3*b*와 같이 $\alpha + L$ 구역을 가로질러 공액선을 긋는다. 공액선과 액상선 경계의 교차점에서의 수직선은 31.5 wt% Ni–68.5 wt% Cu의 조성축과 만나며, 이 값이 액상의 조성(C_L)이 되며, 같은 방법으로 공액선과 고상선의 교차점에서 α 고용체 상의 조성(C_α)인 42.5 wt% Ni–57.5 wt% Cu를 구할 수 있다.

상의 양 결정

상태도를 이용하여 평형상태에 있는 상들의 상대적인 양(분율 또는 백분율)을 계산할 수 있다. 단일상과 2상의 경우는 구분해서 다루어야 한다. 단일상 구역에서의 답은 명확하며, 단지 하나의 상만이 존재하므로 합금은 전적으로 그 상만으로 구성이 되어, 상의 분율은 1.0이 되고 백분율로는 100%가 된다. 1100°C에서 조성이 60 wt% Ni–40 wt% Cu인 합금(그림 11.3*a*의 점 *A*)은 단일상인 α만 존재하므로 이 합금은 100% α이다.

지렛대 법칙

조성과 온도가 2상 구역에 위치하면 좀 더 복잡해진다. 공액선은 흔히 **지렛대 법칙(lever rule)**[또는 역지렛대 법칙(*inverse lever rule*)]이라고 불리는 절차와 병행해서 사용하며, 그 방법은 다음과 같다.

1. 합금의 온도에서 2상 구역을 가로지르는 공액선을 긋는다.
2. 전체 합금의 조성을 공액선상에 표시한다.
3. 한 상의 분율은 전체 합금 조성으로부터 다른 상의 상 경계까지의 공액선 길이를 전체 공액선 길이로 나누어 계산한다.
4. 다른 상의 분율도 같은 방법으로 결정한다.
5. 상의 백분율이 필요하면 각 상의 분율에 100을 곱한다. 조성축이 무게%로 눈금이 매겨진 경우, 지렛대 법칙을 이용하여 산출한 상의 분율은 무게분율(*mass fraction*)이 된다. 즉, 어떤 특정 상의 질량(또는 무게)은 합금 전체의 질량(또는 무게)으로 나눈 값이다. 각 상의 질량은 각 상의 분율에 합금 전체의 질량을 곱하여 산출한다.

지렛대 법칙의 적용에 있어 공액선의 길이는 mm로 눈금을 매긴 자를 이용하여 상태도에서 직접 측정하거나 또는 조성축으로부터 얻은 조성을 공제하여 구할 수 있다.

그림 11.3*b*의 예를 다시 살펴보면, 1250°C에서 35 wt% Ni–65 wt% Cu 합금은 α상과 액상이 존재한다. 문제는 α상 및 액상의 각 분율을 계산하는 것이다. 공액선을 만들고 α상과 액상의 조성을 결정한다. 전체 합금의 조성은 공액선상에 놓이고 이를 C_0로 표시하고, 무게분율은

각각 W_L과 W_α로 표시하자. 지렛대 법칙으로부터 W_L은 다음 식에 의해 산출한다.

$$W_L = \frac{S}{R+S} \tag{11.1a}$$

또는 조성을 이용하여 산출하려면 다음 식을 사용한다.

액상의 무게비를 산출하는 지렛대 법칙

$$W_L = \frac{C_\alpha - C_0}{C_\alpha - C_L} \tag{11.1b}$$

2원계 합금에 있어 조성은 구성성분 중 오직 하나만으로 명기할 필요성이 있는데, 위의 계산에서 니켈의 무게백분율을 사용하고(즉, C_0 = 35 wt% Ni, C_α = 42.5 wt% Ni, C_L = 31.5 wt% Ni), 그러면

$$W_L = \frac{42.5 - 35}{42.5 - 31.5} = 0.68$$

같은 방법으로 α상에 대해서

α상의 무게비를 산출하는 지렛대 법칙

$$W_\alpha = \frac{R}{R+S} \tag{11.2a}$$

$$= \frac{C_0 - C_L}{C_\alpha - C_L} \tag{11.2b}$$

$$= \frac{35 - 31.5}{42.5 - 31.5} = 0.32$$

물론, 니켈 대신 조성을 구리의 무게백분율로 표현해도 동일한 답을 얻는다.

그러므로 온도와 조성을 알고 평형이 유지된다면 지렛대 법칙은 2원계 합금의 어느 2상의 구역에서도 상의 분율과 상대량을 결정하는 데 사용된다. 그것의 유도과정을 예제 11.1에서 확인할 수 있다.

상의 조성과 상의 분율을 결정하는 데 있어 앞의 절차는 혼동되기 쉬우므로 간략한 요약이 필요하다. 상의 **조성**(*composition*)은 성분들의 무게백분율로 나타낸다(예: wt% Cu, wt% Ni). 단일상으로 구성된 어떤 합금에서 그 상의 조성은 합금 전체의 조성과 같다. 2상이 존재하는 경우 공액선을 적용해 보면 그 선의 양쪽 끝단이 각 상의 조성을 결정하게 된다. 상의 **상대량**(*fractional phase amount*)(예: α 또는 액상의 무게분율)에 대해서는, 단일상의 경우 그 합금은 완전히 그 상이 된다. 반면에 2상의 합금의 경우는 지렛대 법칙이 적용되고, 여기서 공액선의 선분 길이의 비를 취한다.

개념 확인 11.3

60 wt% Ni–40 wt% Cu의 조성을 갖는 합금이 1250°C로부터 서서히 가열되고 있다.

(a) 어느 온도에서 액상이 처음으로 형성되는가?

(b) 그 액상의 조성은?

(c) 어느 온도에서 이 합금의 용융이 완전히 끝나는가?

(d) 완전히 용융되기 전 남아 있는 마지막 고상의 조성은?

개념 확인 11.4

구리-니켈 합금이 평형상태에서 40 wt% Ni–60 wt% Cu의 조성을 갖는 α상과 17 wt% Ni–83 wt% Cu의 조성을 갖는 액상으로 구성될 가능성이 있는가? 가능성이 있다면 그 합금의 대략적인 온도는 몇 도인가? 그렇지 않다면 그 이유를 설명하라.

(정답은 *www.wiley.com*의 제품 페이지에서 확인할 수 있음)

예제 11.1

지렛대 법칙 유도

지렛대 법칙을 유도하라.

풀이

구리와 니켈에 대한 상태도(그림 11.3*b*)와 1250°C에서 조성 C_0를 갖는 합금을 고려하고, C_α, C_L, W_α, W_L을 위에서 언급한 동일한 매개변수로 놓자. 이 유도는 두 가지의 질량보존식의 표현을 통해 완성될 수 있다. 첫째, 2상만이 존재하므로 무게분율의 합은 1이 되어야 한다. 즉,

$$W_\alpha + W_L = 1 \tag{11.3}$$

둘째, 2개의 상 모두에 존재하는 성분들(구리 또는 니켈) 중 하나의 무게는 전체 합금에서 그 성분의 무게와 같아야 한다. 즉,

$$W_\alpha C_\alpha + W_L C_L = C_0 \tag{11.4}$$

위의 두 식을 연립으로 풀면, 이 경우에 대한 지렛대 법칙의 결과인 식 (11.1b)와 (11.2b)가 된다.

$$W_L = \frac{C_\alpha - C_0}{C_\alpha - C_L} \tag{11.1b}$$

$$W_\alpha = \frac{C_0 - C_L}{C_\alpha - C_L} \tag{11.2b}$$

다상 합금의 경우에는, 질량분율보다 부피분율로 상의 상대적 양을 나타내는 것이 더 편리한 경우가 있다. 상의 부피분율은 (질량분율보다) 미세조직의 관찰로부터 결정될 수 있기 때문에 더 선호되며, 더욱이 다상 합금의 특성은 부피분율에 근거하여 평가될 수 있다.

α와 β상으로 구성된 합금의 경우, α상의 부피분율 V_α는 다음과 같이 정의된다.

α와 β상의 부피에 따른 α상의 부피분율

$$V_\alpha = \frac{v_\alpha}{v_\alpha + v_\beta} \tag{11.5}$$

여기서 v_α와 v_β는 합금에서의 각 상의 부피를 나타낸다. 물론 V_β도 유사하게 표현할 수 있는데 2상만으로 구성된 합금의 경우, $V_\alpha + V_\beta = 1$이다.

경우에 따라 무게분율에서 부피분율로 전환(또는 그 반대)이 필요할 때가 있다. 이러한 전환을 쉽게 해 줄 수 있는 식은 다음과 같다.

α와 β상의 무게비에서 부피비로의 전환

$$V_\alpha = \frac{\dfrac{W_\alpha}{\rho_\alpha}}{\dfrac{W_\alpha}{\rho_\alpha} + \dfrac{W_\beta}{\rho_\beta}} \tag{11.6a}$$

$$V_\beta = \frac{\dfrac{W_\beta}{\rho_\beta}}{\dfrac{W_\alpha}{\rho_\alpha} + \dfrac{W_\beta}{\rho_\beta}} \tag{11.6b}$$

그리고

α와 β상의 부피비에서 무게비로의 전환

$$W_\alpha = \frac{V_\alpha \rho_\alpha}{V_\alpha \rho_\alpha + V_\beta \rho_\beta} \tag{11.7a}$$

$$W_\beta = \frac{V_\beta \rho_\beta}{V_\alpha \rho_\alpha + V_\beta \rho_\beta} \tag{11.7b}$$

여기서 ρ_α와 ρ_β는 각 상의 밀도이며 이들은 식 (6.13a)와 (6.13b)를 이용하여 구한다.

2상 합금에서 상의 밀도 차이가 클 경우는 무게분율과 부피분율 사이의 차는 크게 되겠지만, 밀도가 같다면 무게분율과 부피분율은 동일하다.

11.9 | 전율고용체 합금에서 미세조직의 발달

평형 냉각

이 시점에서 전율고용체 합금이 응고되는 중에 일어나는 미세조직의 발달을 살펴보면 도움이 된다. 냉각이 매우 느리게 일어나는 경우에 상평형은 계속해서 유지된다.

구리-니켈 계(그림 11.3*a*)에서 35 wt% Ni–65 wt% Cu의 조성을 갖는 합금을 1300°C로부터 냉각시키는 경우를 고려해 보자. 이 조성의 근방에 있는 Cu-Ni의 상태도는 그림 11.4에 나타나 있다. 위와 같은 조성에 있는 합금의 냉각은 수직 점선을 따라 일어난다. 1300°C, 점 *a*의 합금은 완전한 액상(35 wt% Ni–65 wt% Cu의 조성)이며 그림의 삽입그림에 나타낸 미세조직을 가지고 있다. 냉각이 시작되어 액상선(점 *b*, 약 1260°C)에 도달하기까지는 미세조직이나 조성의 변화는 나타나지 않는다. 이 점에서는 그 온도에서 그은 공액선이 나타내는 조성[즉, α(46 Ni)로 명기된 46 wt% Ni–54 wt% Cu의 조성]을 갖는 최초의 고상 α가 형성되기 시작하고, 액상의 조성은 고상 α의 조성과 달리 약 35 wt% Ni–65 wt% Cu[*L*(35 Ni)]가 된다. 냉각이

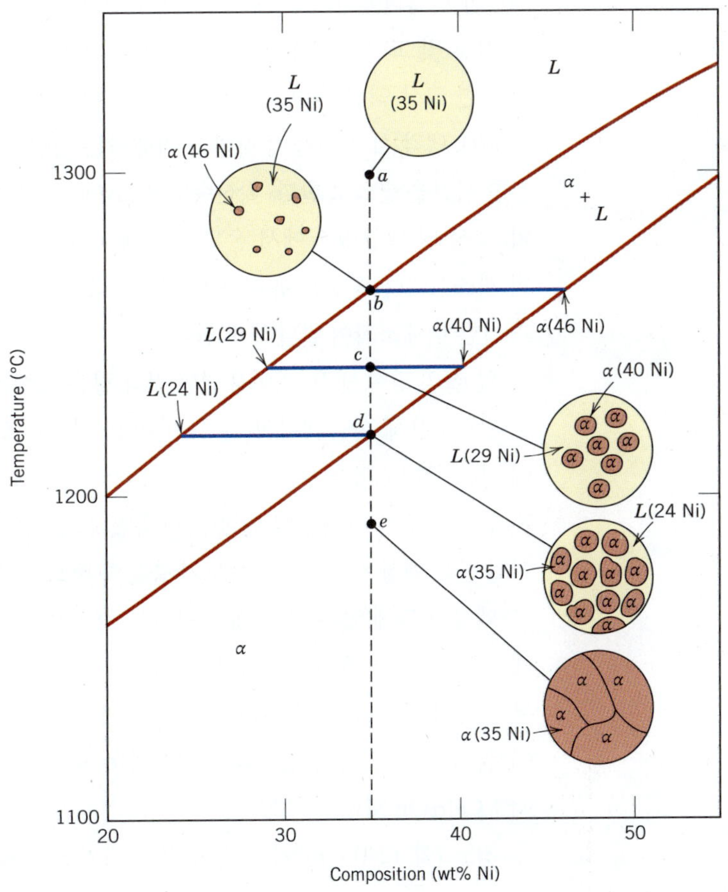

그림 11.4 35 wt% Ni–65 wt% Cu 합금의 평형 응고 동안에 나타나는 미세조직의 발달을 보여주는 모식도

계속됨에 따라 액상과 각 상의 상대적 양은 변하게 된다. 액상과 α상의 조성은 각각 액상선과 고상선을 따라 변한다. 또한 냉각이 계속됨에 따라 α상의 분율은 증가한다. 비록 구리와 니켈은 상들 사이에서 재분포되지만, 냉각 동안에는 합금 전체의 조성(35 wt% Ni–65 wt% Cu)은 불변이다.

그림 11.4에서 1240°C, 점 c에서의 액상 및 α상의 조성은 각각 29 wt% Ni–71 wt% Cu[L(29 Ni)]와 40 wt% Ni–60 wt% Cu[α(40 Ni)]이다.

응고과정은 결국 1220°C, 점 d에서 완료되며, 고상 α의 조성은 약 35 wt% Ni–65 wt% Cu(합금 전체의 조성)가 되고, 나머지 액상의 조성은 24 wt% Ni–76 wt% Cu가 된다. 고상선을 가로지르게 되면 잔여 액상은 응고되어 최종적으로는 균일한 35 wt% Ni–65 wt% Cu의 조성(그림 11.4에서 점 e)을 갖는 다결정질의 α상 고용체가 된다. 계속해서 냉각이 일어나도 미세조직 및 조성의 변화는 일어나지 않는다.

비평형 냉각

앞에서 설명한 바와 같이, 평형 응고의 조건 및 미세조직의 발달은 오직 매우 느린 냉각속도에서만 현실화된다. 그 이유는 온도가 변함에 따라 상태도(즉, 공액선 및 고상선을 갖는)상에서 액상 및 고상의 조성이 재조정되기 때문이다. 이러한 재조정은 고상 및 액상에서의 확산과 또한 고상-액상 계면을 통한 확산과정에 의해 이루어진다. 확산은 시간 의존성 현상이므로 (7.3절), 냉각 시 평형을 유지하기 위해서는 적절한 조성의 재조정을 위한 각각의 온도에서 충분한 시간을 필요로 한다. **확산속도**(*diffusion rate*)(즉, 확산계수의 크기)는 고상에서 특히 작으며, 고상 및 액상 모두에서 온도 감소에 따라 감소한다. 실질적인 모든 응고 상황에서는 조성의 재조정이나 평형을 유지하기에는 응고속도가 너무 빠르게 되어 앞에서 서술한 미세조직과 다른 미세조직이 발달하게 된다.

앞 절의 평형 냉각 시 이용했던 것과 같은 조성을 갖는 35 wt% Ni–65 wt% Cu 합금을 가지고 전율고용체 합금에서의 몇 가지 비평형 응고 결과에 대해 설명하고자 한다. 이 조성 근방에 있는 상태도의 일부를 그림 11.5에 나타내었고, 냉각 시 여러 온도에서의 미세조직과 관련된 상의 조성을 삽입그림 안에 나타내었다. 설명을 간단히 하기 위해, 액체 내에서 평형이 유지될 만큼 액상에서의 확산속도가 충분히 빠르다고 가정해 보자.

액상 구역에 있는 점 a'에 해당하는 약 1300°C의 온도에서 냉각시키는 경우를 보자. 이 액체는 35 wt% Ni–65 wt% Cu의 조성[그림에서 L(35 Ni)로 표시]을 가지고 액상 구역(점 a'으로부터 수직으로 내려오는)에서 냉각되는 동안 어떤 변화도 일어나지 않는다. 점 b'(약 1260°C)에서는 α상의 입자가 형성되기 시작하며, 이 상의 조성은 공액선을 그어 보면 46 wt% Ni–54 wt% Cu[α(46 Ni)]가 된다.

점 c'(약 1240°C)까지 후속 냉각을 시키면 액체의 조성은 29 wt% Ni–71 wt% Cu로 변하

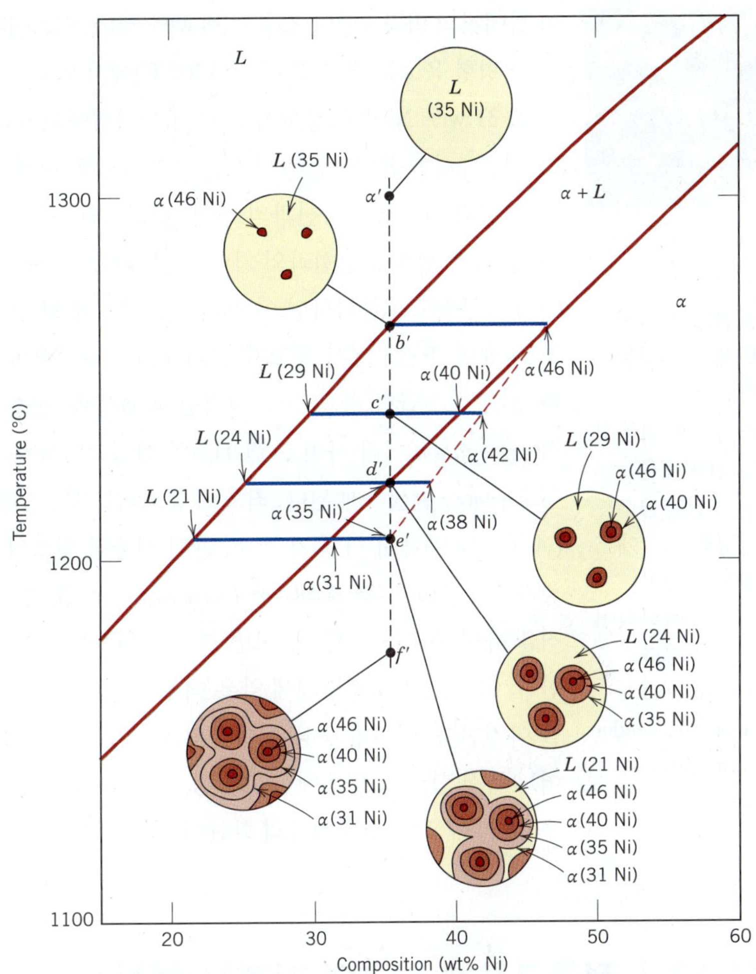

그림 11.5 35 wt% Ni–65 wt% Cu 합금의 비평형 응고 동안에 나타나는 미세조직의 발달을 보여주는 모식도

고, 이 온도에서 응고된 α상의 조성은 40 wt% Ni–60 wt% Cu[α(40 Ni)]가 된다. 그러나 고체인 α상에서의 확산은 비교적 느려서, 점 *b′*에서 형성된 α상의 조성은 변화가 거의 없는 46 wt% Ni이며, α 결정립의 조성은 결정립 중심에서 46 wt% Ni로부터 결정립 외곽에서는 40 wt% Ni로 방사선 방향에 따라 계속해서 변한다. 따라서 점 *c′*에서 고상 α 결정립의 **평균 조성**은 부피-무게의 평균 조성으로서 40~46 wt% Ni 범위에 있게 되고, 편의상 42 wt% Ni–58 wt% Cu[α(42 Ni)]로 생각해 보자. 지렛대 법칙에 의한 계산에 근거하면 평형 냉각보다 이러한 비평형 조건에 대해서 훨씬 많은 액상이 존재한다. 이런 비평형 응고 현상은 상태도에서의 고상선이 Ni 이 더 많은 쪽인 α상의 평균 조성(예: 1240°C에서 42 wt% Ni) 쪽으로 움직이는 것을 의미하며, 그림 11.5에 점선으로 표시되어 있다. 충분한 확산속도로 인해 냉각 시 액상 내에 평형이 유지된다고 보기 때문에 액상선의 변화는 거의 없다.

점 *d′*(약 1220°C)에서 평형 냉각 속도하에 응고가 완료된다. 그러나 비평형 조건에서는 아직도 상당량의 액상이 남아 있으며, 형성되는 α상은 35 wt% Ni[α(35 Ni)]의 조성을 갖게 되고

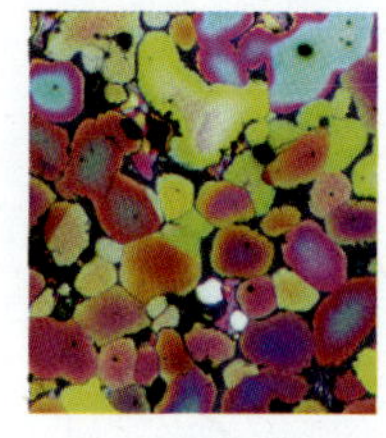

이 현미경 사진은 시리아에서 발견된 기원전 19세기의 청동 합금 주조 조직을 보여주고 있다(30배율). 부식 절차 후 결정립 전반에 걸쳐 다양한 색상의 핵편석이 나타나 있다. (Courtesy of George F. Vander Voort, Struers, Inc.)

이 점에서의 **평균** α상의 조성은 38 wt% Ni[α(38 Ni)]이 된다.

비평형 응고는 결국 점 e'(약 1205°C)에서 완료된다. 이 점에서 응고되는 최종 α상의 조성은 약 31 wt% Ni이며, 응고가 완료되는 시점에서의 α상에 대한 **평균** 조성은 35 wt% Ni이 된다. 점 f'에서의 삽입그림은 완전한 고상 재료의 미세조직을 보여주고 있다.

평형과 비평형 고상선과의 전이 정도는 냉각속도에 따라 다르다. 냉각속도가 느릴수록 전이 정도, 즉 평형 고상선과의 차이는 작아지고 평균 고상의 조성도 작게 된다. 또한 고상 내에서의 확산속도가 증가하면 이 차이는 없어지게 될 것이다.

비평형 조건하에서 응고가 일어나는 전율고용체 합금에 있어 몇 가지 중요한 사항이 있다. 위에서 언급한 바와 같이 결정립 내에서 두 원소의 분포는 불균일한데 이러한 현상을 편석(*segregation*)이라 하며 그림 11.5의 삽입그림에서 보이는 바와 같이 결정립을 가로지르는 농도구배가 발생하게 된다. 최초로 응고되는 부분인 각 결정립의 중심 부분에는 고융점 원소(예: Cu-Ni 계에서 니켈)가 많고, 반면 저융점 원소의 농도는 이 지점에서 결정립계로 갈수록 증가한다. 이를 **유핵 조직**(*cored structure*)이라 하며, 바람직한 성질을 갖지는 못한다. 유핵 조직을 가진 주조품을 재가열하면 저융점 원소들이 많이 모여 있는 결정립계가 먼저 녹기 시작한다. 이로 인해 결정립계에 얇은 액체막이 형성되어 기계적 결합력이 갑자기 감소되는 현상을 야기한다. 이러한 용융은 합금의 평형 고상선 온도 이하에서 시작된다. 핵편석(coring)은 어느 특정 합금 조성에 대한 고상점 아래의 온도에서 실시하는 균질화 열처리에 의해 제거될 수 있다. 이 과정 동안 원자의 확산이 일어나 조성적으로 균질한 결정립이 형성된다.

11.10 | 전율고용체 합금의 기계적 성질

다른 구조적 변수들(예: 결정립 크기)이 고정될 때, 전율고용체 합금의 기계적 성질이 조성에 의해 어떤 영향을 받는지 알아보자. 가장 낮은 융점을 갖는 성분의 융점 아래의 온도 및 조성 범위에서는 단지 하나의 고상만이 존재한다. 그러므로 각 성분은 고용체 강화를 경험하거나(9.10절) 또는 다른 성분을 첨가함으로써 강도 및 경도가 증가하게 된다. 이러한 현상은 구리-니켈 계에 있어 조성에 따른 상온에서의 인장강도 변화를 나타낸 그림 11.6*a*에 나타나 있으며, 중간의 한 조성에서 최댓값을 나타낸다. 조성에 따른 연성(%EL)의 변화는 그림 11.6*b*에 나타나 있으며 인장강도와는 반대 거동을 보이고 있으며, 연성은 2차 성분을 첨가함에 따라 감소하여 최젓값을 나타낸다.

11.11 | 2원 공정계

2원계 합금의 비교적 단순하고 일반적인 상태도는 구리-은 계에 대한 그림 11.7에 나타나 있

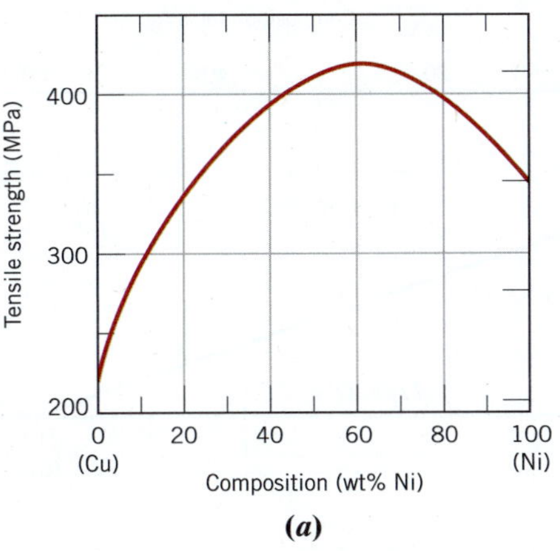

(*a*)

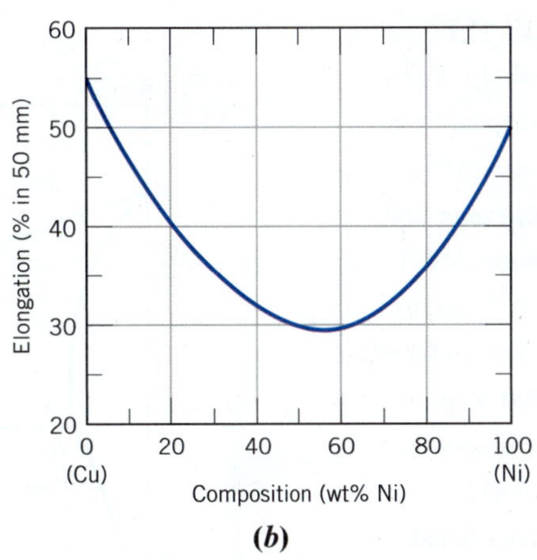

(*b*)

그림 11.6 구리-니켈 계에서 (*a*) 조성에 따른 인장강도의 변화 및 (*b*) 조성에 따른 연성(%EL)의 변화. 이 계에서는 모든 조성에 걸쳐 고용체가 존재한다.

으며 이를 2원 공정형 상태도(*binary eutectic phase diagram*)라 한다. 이 상태도의 여러 기능은 중요하고 주목할 가치가 있다. 첫째, 이 상태도에는 3개의 단일상 구역인 α, β 및 액체가 존재한다. α상은 구리가 많이 함유된 고용체이고, 은이 용질 성분이며 FCC 결정구조를 갖는다. β 고용체도 FCC 결정구조를 갖지만 구리가 용질 성분이다. α 및 β상은 각각 순수한 구리 및 은을 함유하고 있다.

그러므로 각각의 고상에서의 용해도는 제한되어 있으며, 선 *BEG* 아래의 온도에서는 단지 한정된 농도의 은이 구리(α상에 대해)에 고용되고, 마찬가지로 은(β상에 대해)에 고용되는 구리의 농도도 제한되어 있다. α상의 용해 한도는 $\alpha/(\alpha + \beta)$와 $\alpha/(\alpha + L)$상 영역 사이에 *CBA*로 표기된 경계선에 해당되며, 이는 온도와 함께 증가하여 점 *B*에서 최대(8.0 wt% Ag, 779°C)가 된 후 다시 감소하고 점 *A* (1085°C)의 순수 구리의 용융온도에서 0까지 감소한다. 그림 11.7에 나타낸 바와 같이, 779°C 아래의 온도에서, α와 $\alpha + \beta$상 구역을 나누는 고체 용해 한도선을 **고용한계선(solvus line)**이라 하고, α 및 $\alpha + L$ 지역의 경계인 *AB*를 **고상선(solidus line)**이라 한다. 보는 바와 같이 β상에도 고용한계선과 고상선인 *HG*와 *GF*가 각각 존재한다. β상 속의 구리의 최대 용해도인 점 *G*(8.8 wt% Cu)는 779°C에서 일어난다. 조성축과 평행하고 최대 용해도 지점들을 연장한 수평선 *BEG*도 역시 고상선으로 볼 수 있으며, 이는 평형상태에 있는 어떠한 구리-은 합금에 대하여 액상이 존재할 수 있는 최저 온도를 나타낸다.

고용한계선
고상선

또한, 구리-은 계(그림 11.7)에는 3개의 2상 구역인 $\alpha + L$, $\beta + L$, $\alpha + \beta$가 존재한다. α 및 β상의 고용체는 $\alpha + \beta$상 영역 내의 모든 조성 및 온도에 걸쳐 공존하며, $\alpha + L$ 및 $\beta + L$과 같은 상들도 그들의 상 구역 내에서 공존한다. 또한, 각 상들의 조성과 상대적인 양은 앞에서 정리한 지렛대 법칙과 공액선을 이용하여 결정할 수 있다.

액상선

은을 구리에 첨가함에 따라, 합금이 전부 액체로 되는 온도는 **액상선(liquidus line)**인 선 *AE*를 따라 감소하므로, 구리의 융점은 은의 첨가로 인해 점점 작아진다. 은의 경우도 마찬가지로 구리의 첨가로 인해 또 다른 액상선 *FE*를 따라 융점이 감소한다. 이러한 액상선들은 상태도상

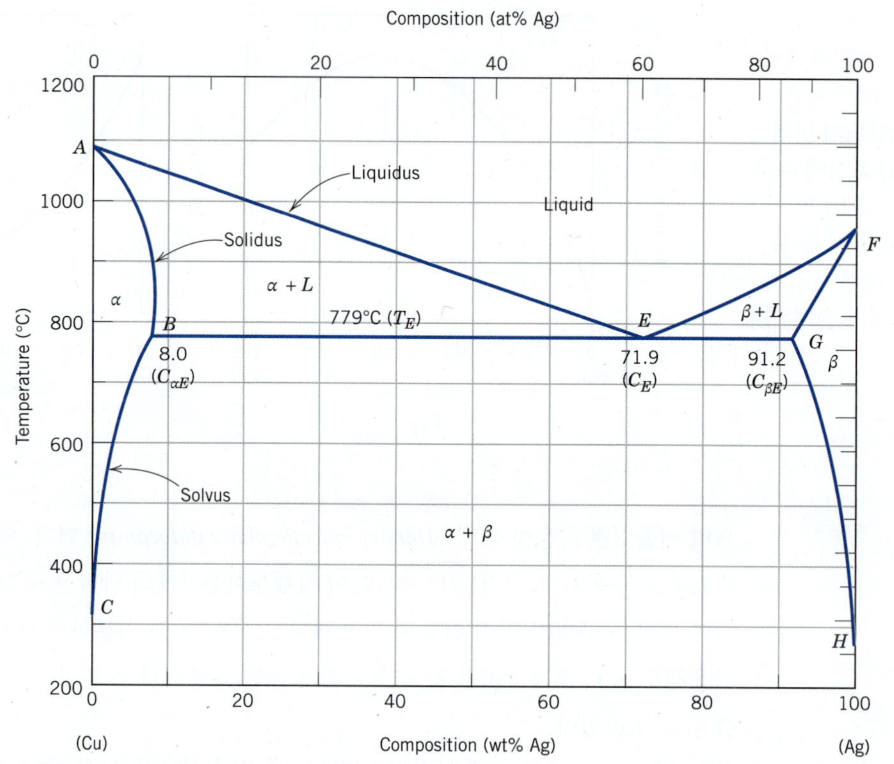

그림 11.7
구리-은 상태도
[Adapted from *Binary Alloy Phase Diagrams*, 2nd edition, Vol. 1, T. B. Massalski (Editor-in-Chief), 1990. Reprinted by permission of ASM International, Materials Park, OH.]

의 점 E에서 만나는데 이 점은 조성 C_E와 온도 T_E로 표시되며, 구리-은 계에서 C_E와 T_E는 각각 71.9 wt% Ag과 779°C이다. 또한 779°C에 수평 등온선이 있고 선 BEG가 점 E를 통과하게 된다.

조성 C_E를 갖는 합금에서 온도가 T_E를 경유하게 되면 중요한 반응이 일어나게 되는데 그 반응은 다음과 같이 표기할 수 있다.

공정반응(그림 11.7)

$$L(C_E) \underset{\text{heating}}{\overset{\text{cooling}}{\rightleftharpoons}} \alpha(C_{\alpha E}) + \beta(C_{\beta E}) \tag{11.8}$$

공정반응

또한 냉각 시 액상은 온도 T_E에서 2개의 고상인 α와 β로 변환되며, 가열 시에는 역반응이 일어난다. 이러한 것을 **공정반응(eutectic reaction)**(eutectic은 '쉽게 녹는다'는 뜻)이라고 하고, C_E 및 T_E를 각각 공정조성 및 공정온도라고 하며, $C_{\alpha E}$와 $C_{\beta E}$는 T_E에서 각각 α와 β상의 조성을 나타낸다. 그러므로 구리-은 계에 대해서 공정반응인 식 (11.8)은 다음과 같이 나타낼 수 있다.

$$L(71.9 \text{ wt\% Ag}) \underset{\text{heating}}{\overset{\text{cooling}}{\rightleftharpoons}} \alpha(8.0 \text{ wt\% Ag}) + \beta(91.2 \text{ wt\% Ag})$$

이 공정반응은 특정 2원계 합금계[1]에서 평형 조건하에 특정한 온도(T_E) 및 조성(C_E, $C_{\alpha E}$, $C_{\beta E}$)에서 일어나므로 불변반응이라고 불린다. 종종 T_E에서의 수평 고상선은 **공정 등온선**(*eutectic isotherm*)이라고도 한다.

순수 성분들의 응고처럼, 냉각 시 공정반응은 어느 일정 온도에서, 또는 T_E에서 등온적으로 그 반응이 종료된다. 그러나 공정 응고 후 고체는 항상 2개의 고상을 갖지만 순수 성분은 단 하나의 상만이 형성된다. 그림 11.7과 유사한 상태도를 공정반응 때문에 **공정형 상태도**(*eutectic phase diagram*)라고 하며, 이러한 거동을 보이는 성분들은 **공정계**(*eutectic system*)에 포함된다.

2원계 상태도 작성에서, 하나 또는 최대 2개의 상들이 하나의 상 구역에서 평형상태에 있다는 것을 이해한다는 것은 중요하다. 이는 그림 11.3*a*와 11.7과 같은 상태도에서 사실로 나타난다. 공정계에서 3개의 상(α, β, L)이 평형상태에 있을 수 있지만, 공정 등온선을 따라 단지 점

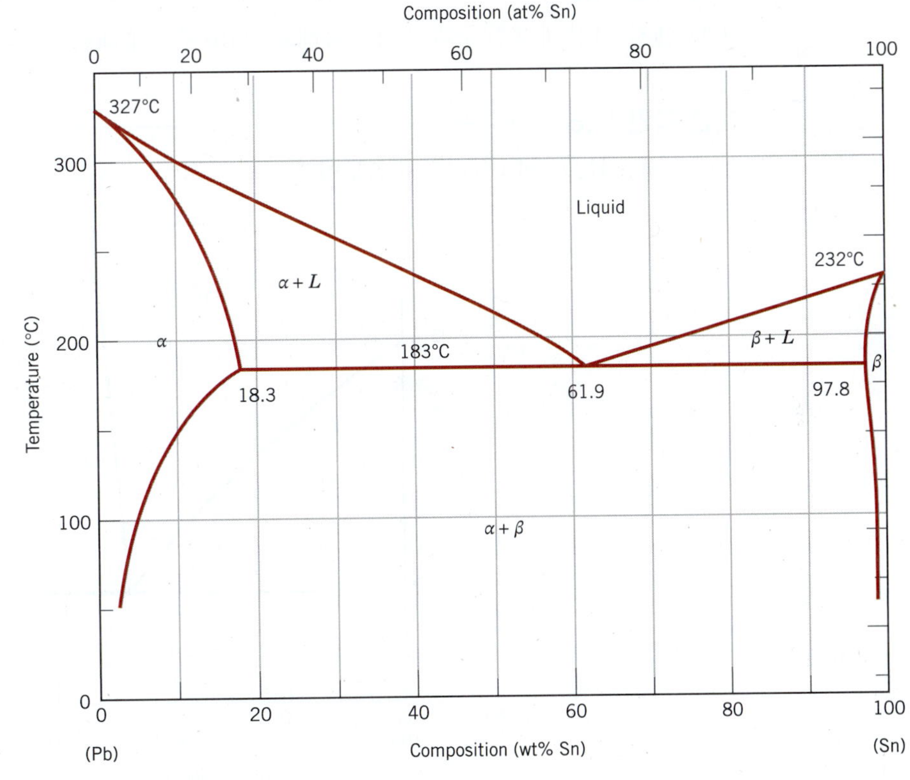

그림 11.8
납-주석 상태도
[Adapted from *Binary Alloy Phase Diagrams*, 2nd edition, Vol. 3, T. B. Massalski (Editor-in-Chief), 1990. Reprinted by permission of ASM International, Materials Park, OH.]

1) 2원계 상태도인 그림 11.7에서 수평선 *BEG*는 불변반응과 관련이 있다. 후반부에서는 공석반응 및 포정반응과 같은 또 다른 종류의 불변반응들과 관련 상태도들에 대해서 논의할 예정이다. 한편, 모든 불변반응들이 수평선을 가지는 것은 아니다. 예를 들면, 납과 주석과 같은 순금속의 용융이 불변반응이다.

들로 나타난다. 단일상 구역들은 항상 2개의 단일상으로 구성된 2상 구역에 의해 서로 구분된다는 규칙이 있다. 예를 들면, $\alpha + \beta$ 구역은 α 및 β 단일상 사이에 위치해 있다.

또 다른 일반적인 공정계는 납-주석으로, 그 상태도(그림 11.8)는 구리-은 계와 유사한 모양을 하고 있다. 납-주석 계에서도 고용체 상은 α 및 β로 표시하며, 이 경우 α는 납 속의 주석 고용체이고, β에서는 주석이 용매이고 납이 용질이 된다. 공정 불변점은 61.9 wt% Sn과 183°C에 위치한다. 성분들의 융점뿐만 아니라 최대 고체 용해도는 구리-은 계 및 납-주석 계에서 상태도를 비교해 보면 서로 다르다는 것을 알 수 있다.

경우에 따라 공정 근방의 조성을 갖는 저융점 합금들이 만들어지기도 한다. 잘 알려진 예는 60 wt% Sn과 40 wt% Pb으로 구성된 60-40 땜납이다. 그림 11.8은 이 조성을 갖는 합금이 약 185°C에서 완전히 용융되는 것을 보여주며, 이러한 재료가 쉽게 녹기 때문에 저온 납땜재로 특히 각광을 받고 있다.

개념 확인 11.5

500°C에서 (a) 은에 대한 구리의 최대 용해도 및 (b) 구리에 대한 은의 최대 용해도는?

개념 확인 11.6

아래 그림은 H_2O-NaCl 상태도의 일부이다.

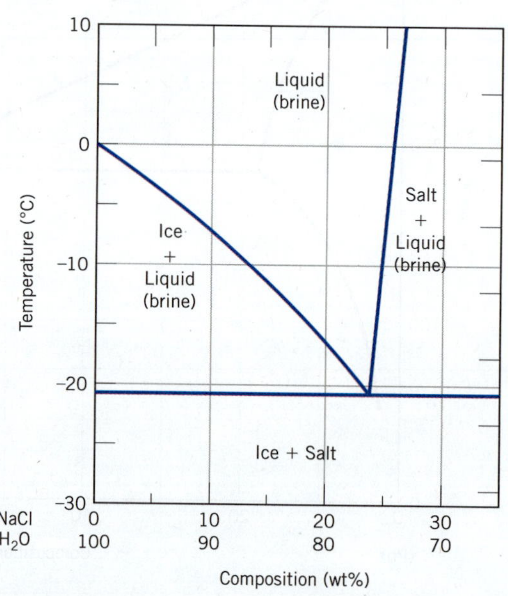

(a) 이 상태도를 이용하여 0°C보다 낮은 온도에 있는 얼음에 뿌려진 소금이 어떻게 그 얼음을 녹일 수 있는지 간단히 설명하라.

(b) 어느 온도에서 소금은 얼음을 녹이는 데 더 이상 필요가 없는가?

(정답은 *www.wiley.com*의 제품 페이지에서 확인할 수 있음)

예제 11.2

상의 종류 결정 및 상의 조성 계산

175°C, 60 wt% Sn−40 wt% Pb 합금에서는 (a) 무슨 상(들)이 존재하는가? (b) 그 상(들)의 조성은 얼마인가?

풀이

(a) 175°C, Sn 60 wt% 조성에 해당하는 점 A를 그림 11.9에서 확인한다. 이 점이 $\alpha + \beta$ 구역에 위치하므로 α 및 β상이 공존한다.

(b) $\alpha + \beta$상 모두 존재하므로 60 wt%에 해당하는 x축에서 수직선을 긋는다. 그림 11.9에 나타낸 바와 같이 175°C에 해당하는 y축에서 수평선을 긋는다. 교차점 A'에 해당하는 α상의 조성(C_α)은 약 16 wt% Sn−84 wt% Pb이다. 또한 교차점 A''에 해당하는 β상의 조성(C_β)은 약 99 wt% Sn−1 wt% Pb이다.

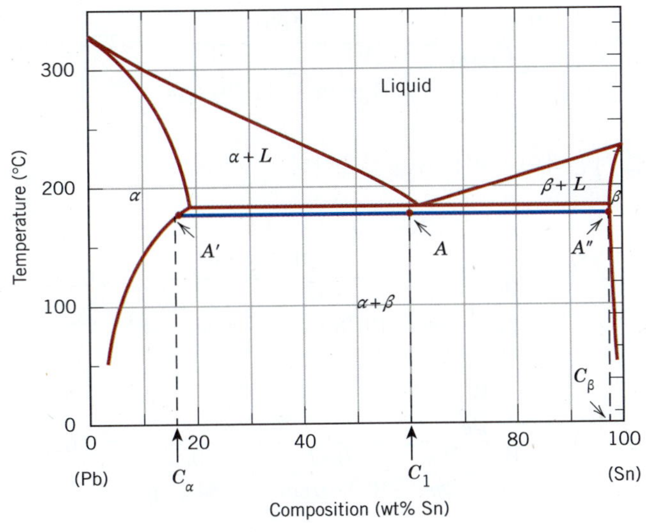

그림 11.9 175°C에서 60 wt% Sn–40 wt% Pb 조성을 갖는 납-주석 상태도

예제 11.3

주어진 상의 무게 및 부피 분율 계산

그림 11.9에 표기된 175°C에서의 납-주석 합금에 대해 존재하는 각 상의 상대적 양을 (a) 무게분율과 (b) 부피분율로 나타내라. 납 및 주석의 밀도는 각각 11.29, 7.31 g/cm^{3}이다.

풀이

(a) 납-주석 상태도(그림 11.9)에서 2개의 상이 존재하므로 지렛대 법칙을 적용할 필요가 있다. C_1이 전체 합금의 조성이라면, 무게분율은 주석의 무게백분율로 다음과 같이 조성을 공제하여 계산한다.[2)]

$$W_\alpha = \frac{C_\beta - C_1}{C_\beta - C_\alpha} = \frac{99 - 60}{99 - 16} = 0.47$$

$$W_\beta = \frac{C_1 - C_\alpha}{C_\beta - C_\alpha} = \frac{60 - 16}{99 - 16} = 0.53$$

(b) 부피분율을 계산하기 위해서는 식 (6.13a)를 이용하여, 먼저 각 상의 밀도를 결정할 필요가 있다. 즉,

$$\rho_\alpha = \frac{100}{\dfrac{C_{\text{Sn}(\alpha)}}{\rho_{\text{Sn}}} + \dfrac{C_{\text{Pb}(\alpha)}}{\rho_{\text{Pb}}}} = \frac{100}{\dfrac{16}{7.31\,\text{g/cm}^3} + \dfrac{84}{11.29\,\text{g/cm}^3}} = 10.38\ \text{g/cm}^3$$

같은 방법으로 β상에 대해서

$$\rho_\beta = \frac{100}{\dfrac{C_{\text{Sn}(\beta)}}{\rho_{\text{Sn}}} + \dfrac{C_{\text{Pb}(\beta)}}{\rho_{\text{Pb}}}} = \frac{100}{\dfrac{99}{7.31\,\text{g/cm}^3} + \dfrac{1}{11.29\,\text{g/cm}^3}} = 7.34\ \text{g/cm}^3$$

식 (11.6a)와 (11.6b)를 사용하여 부피분율을 산출한다.

$$V_\alpha = \frac{\dfrac{W_\alpha}{\rho_\alpha}}{\dfrac{W_\alpha}{\rho_\alpha} + \dfrac{W_\beta}{\rho_\beta}} = \frac{\dfrac{0.47}{10.38\,\text{g/cm}^3}}{\dfrac{0.47}{10.38\,\text{g/cm}^3} + \dfrac{0.53}{7.34\,\text{g/cm}^3}} = 0.385$$

$$V_\beta = \frac{\dfrac{W_\beta}{\rho_\beta}}{\dfrac{W_\alpha}{\rho_\alpha} + \dfrac{W_\beta}{\rho_\beta}} = \frac{\dfrac{0.53}{7.34\,\text{g/cm}^3}}{\dfrac{0.47}{10.38\,\text{g/cm}^3} + \dfrac{0.53}{7.34\,\text{g/cm}^3}} = 0.617$$

11.12 | 공정형 합금에서 미세조직의 발달

2원 공정계에 속하는 합금을 서서히 냉각시키면 조성에 따라 여러 가지 서로 다른 미세조직을 얻을 수 있다. 이러한 현상들을 그림 11.8의 납-주석 상태도를 통해 알아보고자 한다.

2) 주의: 조성 $C_{\alpha E}$와 $C_{\beta E}$ 사이의 공정 등온 온도 T_E에서는 3개의 상들이 평형을 이루기 때문에 지렛대 법칙을 사용할 수 없다(그림 11.7). 그러나 T_E보다 낮거나 또는 높은 온도에서 존재하는 2개의 상 구역에 해당하는 조성을 갖는 샘플에 대해서는 분율에 의해 지렛대 법칙을 사용할 수 있다. 일반적으로 지렛대 법칙은 2원계 상태도에서 불변반응의 수평선 어느 점에서도 사용할 수 없다.

중요 재료 11.1

무납 납땜재

납땜재는 두 가지 이상의 성분을 접착 또는 접합시키는 금속 합금으로, 특히 부속품들을 물리적으로 결합시키는 전자산업에 널리 사용되고 있는데, 다양한 성분들의 팽창 및 수축에 견디고, 전기가 통하며, 아울러 발생되는 열을 방출해야 한다. 납땜재를 녹여 접합시킬 성분(녹지 않음)에 접촉 후 응고시키게 되면 서로 다른 성분들이 물리적으로 접합되게 된다.

과거 납땜재의 대부분은 납-주석 합금들이었다. 이러한 재료들은 신뢰성이 좋고 저가이며 낮은 용융온도를 가지고 있다. 가장 널리 사용되는 납-주석 납땜재는 63 wt% Sn–37 wt% Pb의 조성으로 되어 있다. 그림 11.8의 납-주석 상태도를 보면 이 조성은 거의 공정조직이며, 용융온도는 약 183°C로 액상과 평형으로 공존할 수 있는 가장 낮은 온도이다. 이러한 이유로 이 합금을 **공정형 납-주석 납땜재**라고도 한다.

안타깝게도 납은 독성이 있으며, 납이 들어 있는 폐제품들은 물속에서는 수질오염을, 소각 시에는 공기오염을 유발하여 환경적으로 큰 문제가 되고 있다.[3)] 이로 인해 몇몇 국가에서는 납이 함유된 납땜재를 사용하지 못하도록 법적으로 제한하고 있다. 무엇보다 용융온도가 낮고 납을 함유하지 않은 납땜재의 개발이 진행되어 왔는데 그중 3원계 합금인 Sn-Ag-Cu와 Sn-Ag-Bi를 예로 들 수 있다. 납이 없는 몇몇 무납 납땜재의 조성을 표 11.1에 나타내었다. 납이 함유된 납땜재 두 가지도 이 표에 포함시켰다.

새로운 납땜재의 개발에 있어 용융온도는 중요하며 이에 대한 정보는 상태도를 통해 얻을 수 있다. 예를 들어 그림 11.10은 주석이 많이 함유된 부분의 Ag-Sn 상태도이다. 공정반응은 221°C, 96.5 wt% Sn 조성에서 나타나므로 표 11.1에서의 96.5 Sn–3.5 Ag 납땜재의 조성 및 용융온도에 해당된다.

표 11.1 납을 함유한 2개의 납땜재 및 5개의 무납 납땜재의 조성, 고상 온도, 액상 온도

Composition (wt%)	Solidus Temperature (°C)	Liquidus Temperature (°C)
Solders Containing Lead		
63 Sn–37 Pb[a]	183	183
50 Sn–50 Pb	183	214
Lead-Free Solders		
99.3 Sn–0.7 Cu[a]	227	227
96.5 Sn–3.5 Ag[a]	221	221
95.5 Sn–3.8 Ag–0.7 Cu	217	220
91.8 Sn–3.4 Ag–4.8 Bi	211	213
97.0 Sn–2.0 Cu–0.85 Sb–0.2 Ag	219	235

[a]The compositions of these alloys are eutectic compositions; therefore, their solidus and liquidus temperatures are identical.

3) 납-주석 납땜의 납은 종종 전자 폐기물에서 발견되는 독성 금속 중 하나이며, 20.5절 '재료과학과 재료공학에서의 재활용문제'에서 다루고 있다.

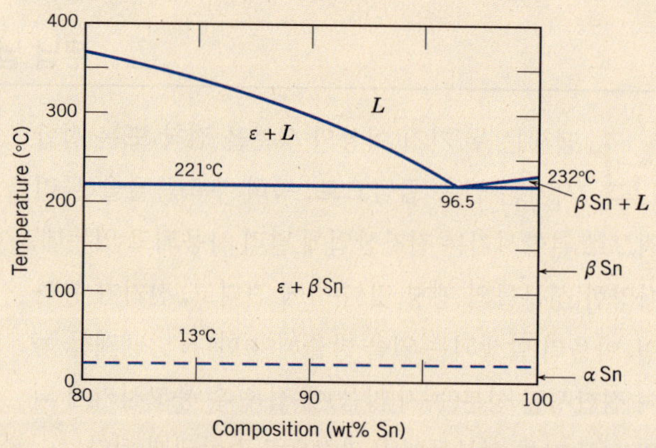

그림 11.10 Ag-Sn 상태도에서 Sn의 함량이 많은 구역 [Adapted from *ASM Handbook*, Vol. 3, *Alloy Phase Diagrams*, H. Baker (Editor), ASM International, 1992. Reprinted by permission of ASM International, Materials Park, OH.]

첫째로, 순수 성분과 실온(20°C)에서 그 성분의 최대 고체 용해도 사이에 있는 조성들을 살펴보자. 납-주석 계에서 0과 약 2 wt% 사이의 주석을 함유하는 납이 풍부한 합금(α상 고용체)과 약 99 wt%의 주석에서 순수 주석을 함유하는 합금(β상 고용체)들이 여기에 해당된다. 예를 들어 액상 구역 내의 온도인 350°C에서부터 천천히 냉각되는, 즉 그림에서 수직 점선 ww'을 따라 움직이는 C_1의 조성을 갖는 합금(그림 11.11)을 고려하자. 이 합금은 액상선을 가로 지르기 전 약 330°C까지는 C_1의 조성을 갖는 액상을 그대로 유지하고 있으며, 이 온도에서 고상 α가 형성되기 시작한다. 좁은 $\alpha + L$상 구역을 지나게 되면 11.9절에서 언급한 구리-니켈 합금의 경우와 같은 방식으로 응고는 계속 진행되고, 냉각이 계속됨에 따라 더 많은 고체 α가 형성된다. 또한 액상 및 고상의 조성은 서로 다르며 각각 액상선과 고상선의 경계를 따라 변한다. ww'이 고상선과 만나는 점에서 응고는 완료된다. 결국 균일한 조성 C_1을 갖는 다결정질이 되고 상온까지 냉각되는 동안 어떠한 변화도 일어나지 않는다. 이에 따른 미세조직은 그림 11.11의 점 c의 삽입그림에 개략적으로 나타나 있다.

둘째로, 상온에서의 용해 한도와 공정 온도에서의 최대 고체 용해도 사이에 있는 조성들에 대해 살펴보자. 여기에는 납-주석 계(그림 11.8)에 있어, 2~18.3 wt% Sn(납이 많이 함유된 합금)의 조성과 97.8~약 99 wt% Sn(주석이 많이 함유된 합금)까지의 범위를 갖는 조성들이 해당된다. 그림 11.12에서 수직선 xx'을 따라 냉각되는 조성인 C_2를 갖는 합금을 살펴보자. xx'과 고용한계선의 교차점까지 해당되는 상 구역을 따라가 보면 전의 경우와 같이 일어나는 변화는 유사하다(점 d, e, f에 대한 삽입그림에 나타낸 바와 같이). 용해한 교차점 f 바로 위에서의 미세조직은 조성이 C_2인 α 결정립으로 구성되어 있다. 고용한계선을 넘게 되면 α의 고체 용해도를 넘어서 조그만 β상 입자가 형성되기 시작하며, 점 g에 대한 미세조직은 삽입그림에 나타나 있다. 냉각이 계속 진행됨에 따라 β상의 무게분율이 온도 감소에 따라 조금씩 증가하

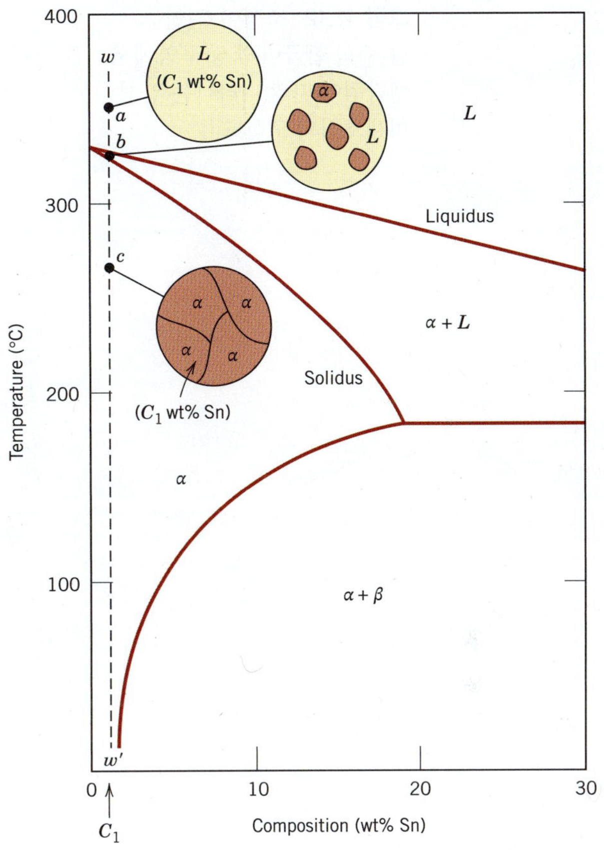

그림 11.11 조성이 C_1인 납-주석 합금이 액상 구역에서 냉각됨에 따라 나타나는 평형 미세조직의 모식도

기 때문에 이러한 입자들의 크기는 점점 커진다.

셋째로, 61.9 wt% Sn의 공정 조성(그림 11.13의 C_3)에 대한 응고를 살펴보자. 액상 구역의 온도(예: 250°C)로부터 그림 11.13의 수직선 yy'을 따라 냉각되는 조성을 갖는 합금을 고려해 보자. 온도가 내려가 공정 183°C에 이르기까지는 아무런 변화도 일어나지 않는다. 공정 등온선을 가로지르면서 액상은 2개의 α 및 β상으로 변태한다. 이 변태는 다음 반응에 의해 나타낼 수 있다.

$$L(61.9 \text{ wt\% Sn}) \underset{\text{heating}}{\overset{\text{cooling}}{\rightleftharpoons}} \alpha(18.3 \text{ wt\% Sn}) + \beta(97.8 \text{ wt\% Sn}) \tag{11.9}$$

여기서 α상 및 β상의 조성은 공정 등온선의 끝단 점의 조성에 해당된다.

이러한 변태과정 중에는 α상 및 β상의 조성이 서로 다를 뿐 아니라 액상의 조성과도 같지 않으므로, 납과 주석 성분의 재배열이 반드시 일어나게 된다[식 (11.9)에 나타낸 바와 같이]. 이러한 재배열은 원자 확산에 의해 이루어진다. 이런 변태를 겪은 고체의 미세조직은 변태 동안에 동시에 생성된 α상 및 β상이 교대로 쌓인 층[층상(*lamella*)]들로 구성되어 있다. 점 i에 대해 개략적으로 나타낸 그림 11.13에서의 미세조직을 **공정조직(eutectic structure)**이라고 하며,

공정조직

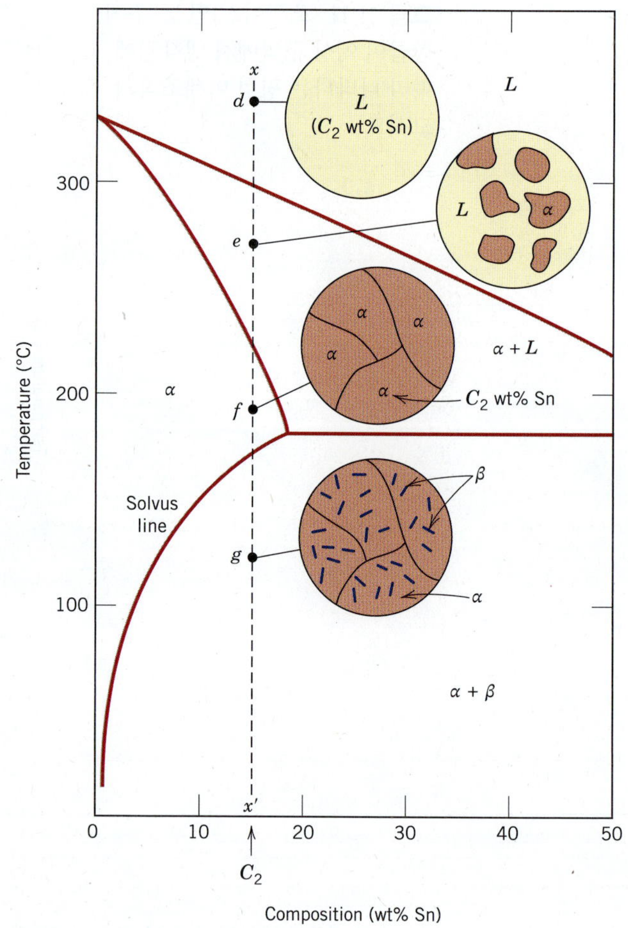

그림 11.12 조성이 C_2인 납-주석 합금이 액상 구역에서 냉각됨에 따라 나타나는 평형 미세조직의 모식도

이것이 공정반응의 특징이다. 그림 11.14는 납-주석 공정조직의 현미경 사진을 나타낸 것이다. 공정 온도 바로 아래에서 상온까지 후속 냉각을 해도 아주 미미한 미세조직의 변화만 일어난다.

이런 공정 변태에 의한 미세조직의 변화는 그림 11.15에 개략적으로 나타나 있으며, α-β 층의 공정이 성장하여 액상 내로 성장해 가는 것을 보여준다. 납과 주석의 재배열 과정은 공정-액상 계면이 나타나기에 앞서 액상 내에서 확산에 의해 일어난다. 화살표는 납과 주석 원자들의 확산 방향을 나타내며, 납 원자는 납이 많은 α상(18.3 wt% Sn–81.7 wt% Pb)으로, 주석 원자는 주석이 많은 β상(97.8 wt% Sn–2.2 wt% Pb)으로 확산해 간다. 층상구조에서는 납과 주석의 원자 확산이 단지 비교적 짧은 거리에서 일어나기만 하면 되므로, 공정조직은 이와 같이 층이 교대로 반복되는 구조를 갖는다.

넷째이자 마지막으로 냉각 시 공정 등온선을 가로지르는 공정 조성을 제외한 모든 조성에 대해 살펴보자. 공정 조성의 왼쪽에 위치한 그림 11.16에서의 조성 C_4에서 온도 하강에 따른 점 j에서 시작하는 선 zz'을 따라가 보자. 점 j와 l 사이에서의 미세조직의 발달은 두 번째 경

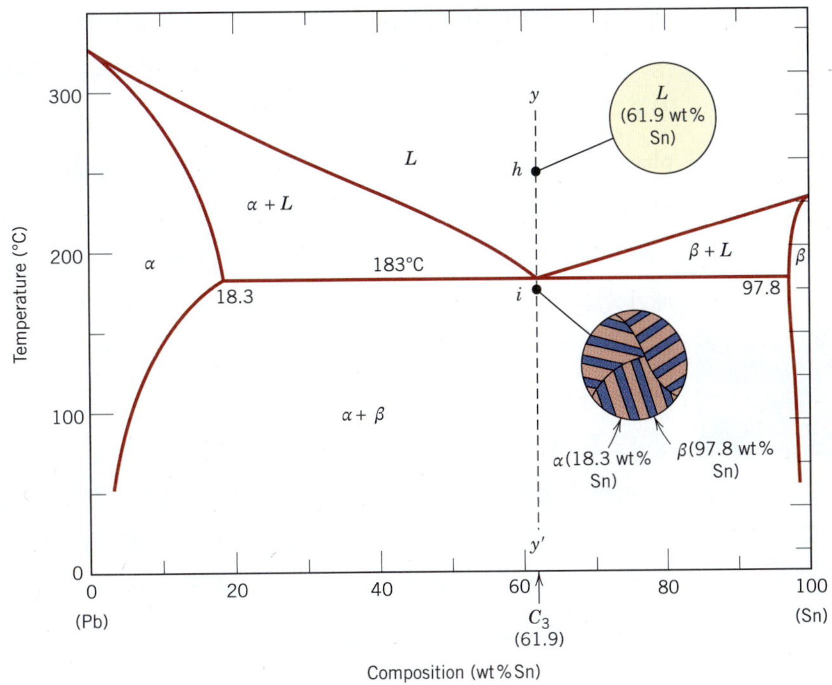

그림 11.13 공정 조성 C_3를 갖는 납-주석 합금이 공정 온도 위와 아래에서 나타나는 평형 미세조직의 모식도

우와 흡사하며, 공정 등온선(점 l)을 지나기 바로 전에서는 공액선을 적절히 이용하여 산출한 값인 약 18.3 wt% Sn과 61.9 wt% Sn의 조성을 갖는 α 및 액상이 존재한다. 온도가 공정선 바로 아래까지 낮아지면, 공정 조성을 갖는 액상은 공정조직(즉, α와 β의 층상구조)으로 변환되며, $\alpha + L$ 구역에서 냉각 시 형성된 α상에는 특이한 변화가 일어나지 않는다. 이에 대한 미

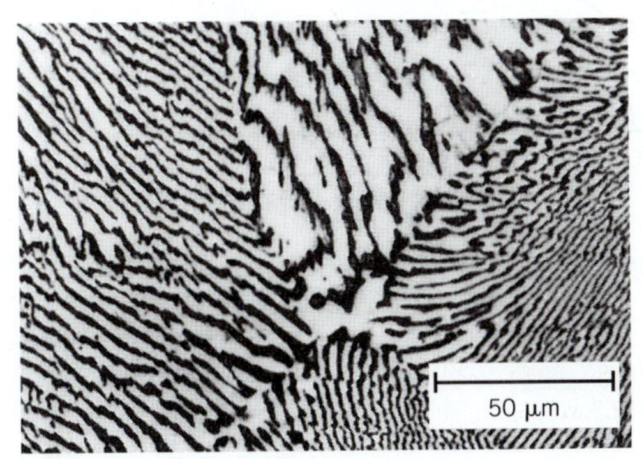

그림 11.14 공정 조성을 갖는 납-주석 합금의 미세조직을 보여주는 현미경 사진(375배율). 이 미세조직은 납이 많이 함유된 α상 고용체(검은 층)와 주석이 많이 함유된 β상 고용체(밝은 층)가 교대로 쌓인 층으로 구성되어 있다. (From *Metals Handbook*, 9th edition, Vol. 9, *Metallography and Microstructures*, 1985. Reproduced by permission of ASM International, Materials Park, OH.)

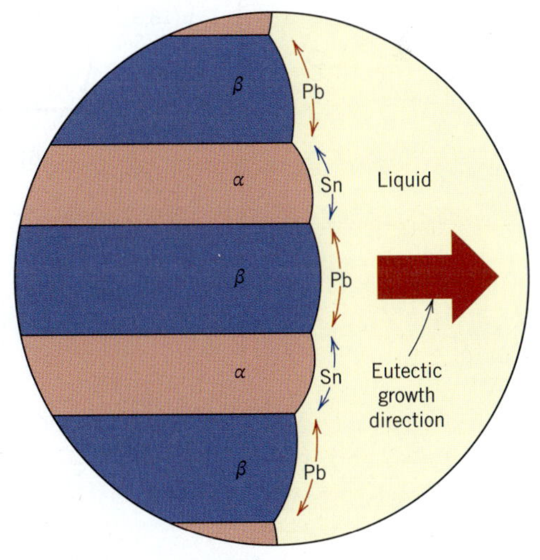

그림 11.15 납-주석 계에서 공정조직의 형성을 보여주는 모식도. 주석과 납 원자들의 확산 방향은 각각 파란색과 빨간색의 화살표로 표기되어 있다.

세조직은 그림 11.16의 점 m에 대한 삽입그림에 개략적으로 나타나 있다. 그러므로 α상은 공정조직에도 존재하고 $\alpha + L$ 구역에서 냉각 시 형성되는 α상도 존재하게 된다. 이와 같은 α상을 구별하기 위해, 그림 11.16에 표기된 바와 같이 공정조직 내에 있는 α를 **공정상(eutectic phase)**, 공정 등온선에 도달하기 전 형성된 α상을 **초정상(primary phase)**이라고 부른다. 그림 11.17의 미세조직 사진은 초정 α와 공정조직을 보이는 납-주석 합금의 조직 사진이다.

공정상

초정상

미세 구성인자

미세조직을 다루는 데 있어 **미세 구성인자(microconstituent)**라는 용어를 사용하면 편리할 때가 있는데, 이는 식별이 가능하고 특징적인 구조를 갖는 미세조직의 한 요소를 뜻한다. 예를 들면, 그림 11.16의 점 m에 대한 삽입그림에는 초정 α와 공정조직이라 불리는 2개의 미세 구성인자가 있다. 공정조직은 비록 2상의 혼합체이지만, 2상의 비율이 정해져 있는 뚜렷한 층상구조를 가지므로 미세 구성인자가 된다.

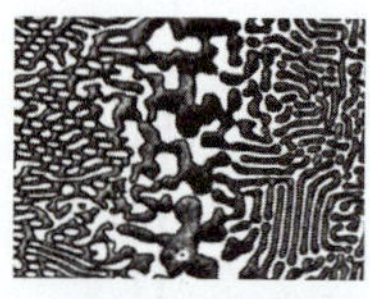

공정형 알루미늄-구리 합금의 상 계면을 보여주는 현미경 사진(배율은 알 수 없음)
(From *Metals Handbook*, 9th edition, Vol. 9, *Metallography and Microstructures*, 1985. Reproduced by permission of ASM International, Materials Park, OH.)

미세 구성인자인 공정 및 초정 α의 상대적 양은 계산할 수 있다. 공정 미세 구성인자는 항상 공정 조성을 갖는 액상으로부터 형성되기 때문에 이 미세 구성인자의 조성은 61.9 wt% Sn으로 생각할 수 있다. 따라서 $\alpha - (\alpha + \beta)$상 경계(18.3 wt% Sn)와 공정 조성 사이의 공액선을 이용하여 지렛대 법칙을 사용한다. 예를 들어 그림 11.18에서 조성 C_4'을 갖는 합금을 고려해

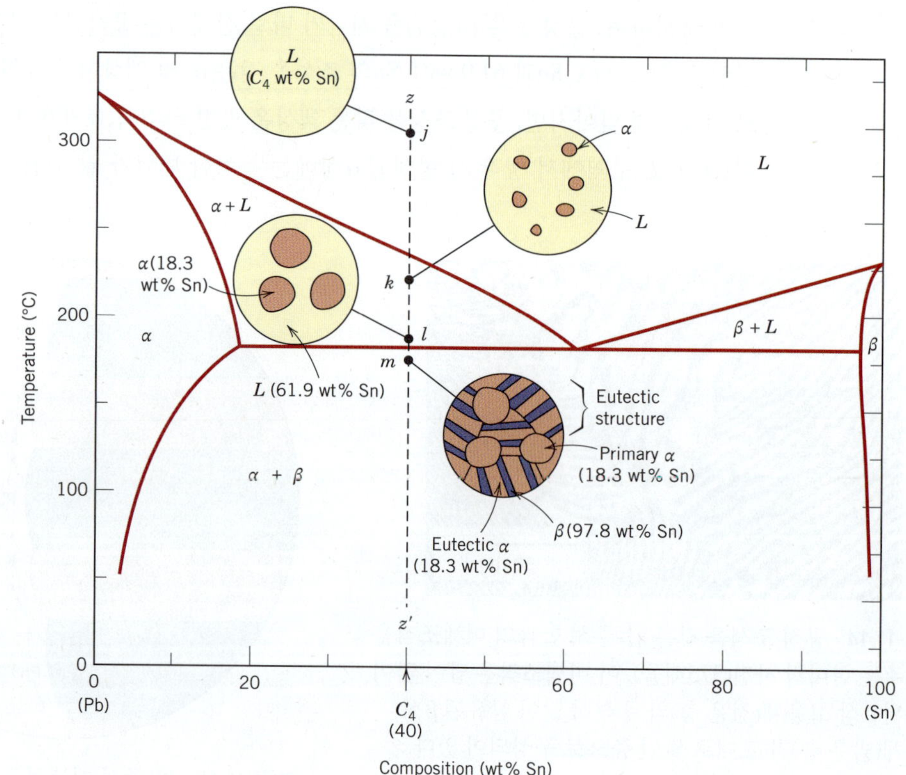

그림 11.16 조성이 C_4인 납-주석 합금이 액상 구역에서 냉각됨에 따라 나타나는 평형 미세조직의 모식도

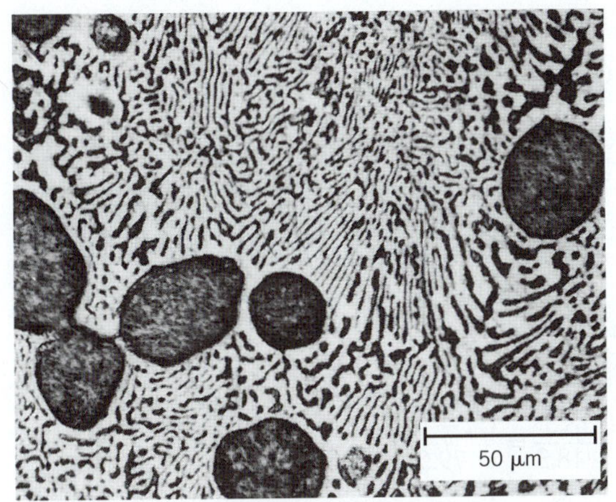

그림 11.17 50 wt% Sn–50 wt% Pb의 조성을 갖는 납-주석 합금의 미세조직을 보여주는 현미경 사진(400배율). 이 미세조직은 주석이 많이 함유된 β상(밝은 층)과 납이 많이 함유된 α상(검은 층)으로 구성된 층상의 공정조직 내에 납이 많이 함유된 초정 α상(넓고 검은 부분)으로 구성되어 있다. (From *Metals Handbook*, 9th edition, Vol. 9, *Metallography and Microstructures*, 1985. Reproduced by permission of ASM International, Materials Park, OH.)

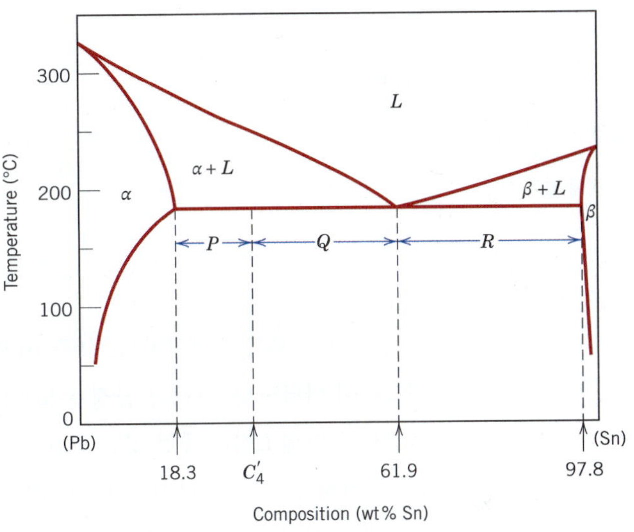

그림 11.18 조성이 C_4'인 합금에서 초정 α와 공정 미세 구성인자의 상대적인 양을 산출하는 데 사용되는 납-주석 상태도

보자. 공정 미세 구성인자의 분율 W_e는 원래 변태하는 액상의 분율 W_L과 같고, 또는

공정 미세 구성인자 및 액상 무게분율을 계산하는 데 있어 지렛대 법칙에 관한 설명(조성 C_4', 그림 11.18)

$$W_e = W_L = \frac{P}{P+Q}$$

$$= \frac{C_4' - 18.3}{61.9 - 18.3} = \frac{C_4' - 18.3}{43.6} \tag{11.10}$$

또한 초정 α의 분율 $W_{\alpha'}$은 공정 변태 전에 존재한 α상의 분율과 같으며, 그림 11.18로부터

초정 α상 무게분율 계산을 위한 지렛대 법칙 설명

$$W_{\alpha'} = \frac{Q}{P+Q}$$

$$= \frac{61.9 - C_4'}{61.9 - 18.3} = \frac{61.9 - C_4'}{43.6} \tag{11.11}$$

총 α의 분율 W_α(공정 및 초정 모두)와 총 β의 분율 W_β는 α + β상 구역을 전부 가로지르는 공액선과 지렛대 법칙을 사용하면 구할 수 있다. 조성이 C_4'인 합금에 대해

총 α상 무게분율 계산을 위한 지렛대 법칙 설명

$$W_\alpha = \frac{Q+R}{P+Q+R}$$

$$= \frac{97.8 - C_4'}{97.8 - 18.3} = \frac{97.8 - C_4'}{79.5} \tag{11.12}$$

그리고

총 β상 무게분율 계산을 위한 지렛대 법칙 설명

$$W_\beta = \frac{P}{P+Q+R}$$

$$= \frac{C_4' - 18.3}{97.8 - 18.3} = \frac{C_4' - 18.3}{79.5} \tag{11.13}$$

공정의 오른쪽에 위치한 조성(즉, 61.9~97.8 wt% Sn)을 갖는 합금에서도 유사한 변태와 미세조직이 나타난다. 그러나 공정 온도 아래에서는 액상으로부터 냉각 시 $\beta + L$상 구역을 통과하므로 미세조직은 공정 및 초정 β의 미세 구성인자로 구성된다.

네 번째 경우(그림 11.16에 나타낸)에 있어 α(또는 β) + L상 구역을 가로지르는 동안 평형상태가 유지되지 않을 때는 공정 등온선을 지나면서 미세조직에 다음과 같은 문제점들이 야기될 수 있다: (1) 초정 미세 구성인자의 결정립에 핵편석이 발생하게 되어, 즉 결정립 내에 용질의 분포가 불균일하게 되어 (2) 형성된 공정 미세 구성인자의 분율이 평형상태에서보다 더 크게 될 것이다.

11.13 | 중간상 또는 중간 화합물을 갖는 평형상태도

지금까지 설명한 전율고용체 및 공정형 상태도는 비교적 간단하지만, 많은 2원 합금계의 경우 훨씬 더 복잡하다. 구리-은 및 납-주석 공정형 상태도(그림 11.7과 11.8)는 단지 2개의 고상인 α와 β만 존재하며, 이들을 종종 **최종 고용체(terminal solid solution)**라고 부르는데, 이들이 상태도에서 양쪽 끝단 부근의 농도를 갖고 있기 때문이다. 다른 합금계에 있어서는 **중간 고용체(intermediate solid solution)** 또는 중간상(*intermediate phase*)이 두 조성의 끝난 부근이 아닌 다른 곳에 나타나기도 한다. 구리-아연 계가 한 예이다. 이 상태도(그림 11.19)는 아직 다루지 않은 공정과 유사한 반응들과 많은 불변점이 있기 때문에 처음에는 복잡하게 나타난다. 게다가 이 상태도에는 6개의 서로 다른 고용체, 즉 2개의 최종 고용체(α, η)와 4개의 중간 고용체($\beta, \gamma, \delta, \varepsilon$)가 있다[$\beta'$상은 규칙 고용체(*ordered solid solution*)라고 하며, 구리와 아연 원자가 각각의 단위격자 내에 특정한 규칙 배열로 위치하고 있다]. 그림 11.19의 하부 근처에 있는 상 경계선은 아직 그들의 위치가 정확하게 결정되지 못했음을 나타내기 위해 점선으로 표시되어 있다. 이와 같은 이유는 낮은 온도에서는 확산속도가 매우 느리므로 평형에 도달하기 위

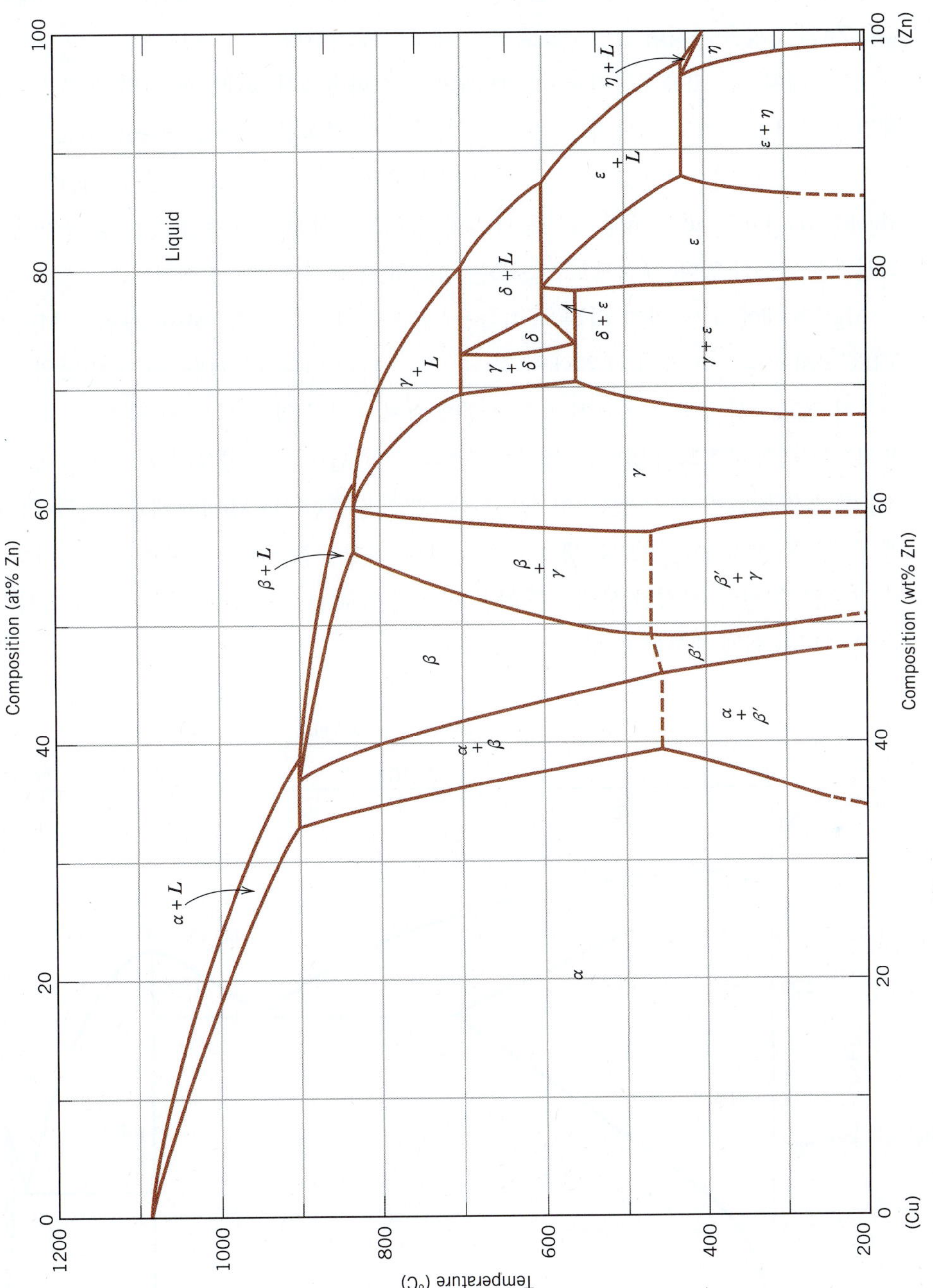

그림 11.19 구리-아연 상태도
[Adapted from *Binary Alloy Phase Diagrams*, 2nd edition, Vol. 2, T. B. Massalski (Editor-in-Chief), 1990. Reprinted by permission of ASM International, Materials Park, OH.]

해서는 너무 긴 시간이 필요하기 때문이다. 단지 단일상과 2상 구역만이 상태도에서 볼 수 있으며, 11.8절에서 요약한 규칙에 의해 상의 조성과 상대적 양을 계산할 수 있다. 상업용 황동은 구리가 많이 함유된 구리-아연 합금으로, 예컨대 카트리지(cartridge) 황동은 70 wt% Cu–30 wt% Zn의 조성을 가지며 단일상 α로 된 미세조직을 가진다.

금속간 화합물

일부 계에서는 고용체라기보다는 별개의 중간 화합물이 상태도에 나타나는데, 이들은 정해진 화학식을 가지고 있으며, 금속-금속 계의 경우 **금속간 화합물(intermetallic compound)**이라고 부른다. 예로서 마그네슘-납 계(그림 11.20)를 고려해 보자. 화합물 Mg_2Pb는 19 wt% Mg–81 wt% Pb(33 at% Pb)의 조성을 가지며, 상태도에서 제한된 폭을 갖는 상 구역이 아닌 수직선으로 나타나 있다. 그러므로 Mg_2Pb는 정확히 이 조성에서만 존재한다.

Mg-Pb 계에서 몇 가지 다른 특성들을 살펴볼 필요가 있다. 첫째, 화합물 Mg_2Pb는 약 550°C에서 용융되고 그림 11.20에서 점 *M*으로 나타나 있다. 마그네슘에 대한 납의 용해도는 충분히 크고, α상 구역에 비교적 넓은 조성에 걸쳐 나타나 있다. 반면에 납에 대한 마그네슘의 용해도는 극히 한정되어 있다. 상태도의 오른편 또는 납이 많이 함유된 쪽의 매우 좁은 β 최종 고용체 구역을 보면 알 수 있다. 이 상태도는 2개의 단순한 Mg-Mg_2Pb 계와 Mg_2Pb-Pb 계의 공정 상태도를 합쳐 놓은 것으로 생각할 수 있으며, 화합물 Mg_2Pb는 실제적으로 하나의 성분으로 간주될 수 있다. 복잡한 상태도를 작은 성분 단위로 분해해 보면 이들을 단순화시킬 수 있을 뿐 아니라 쉽게 해석할 수 있다.

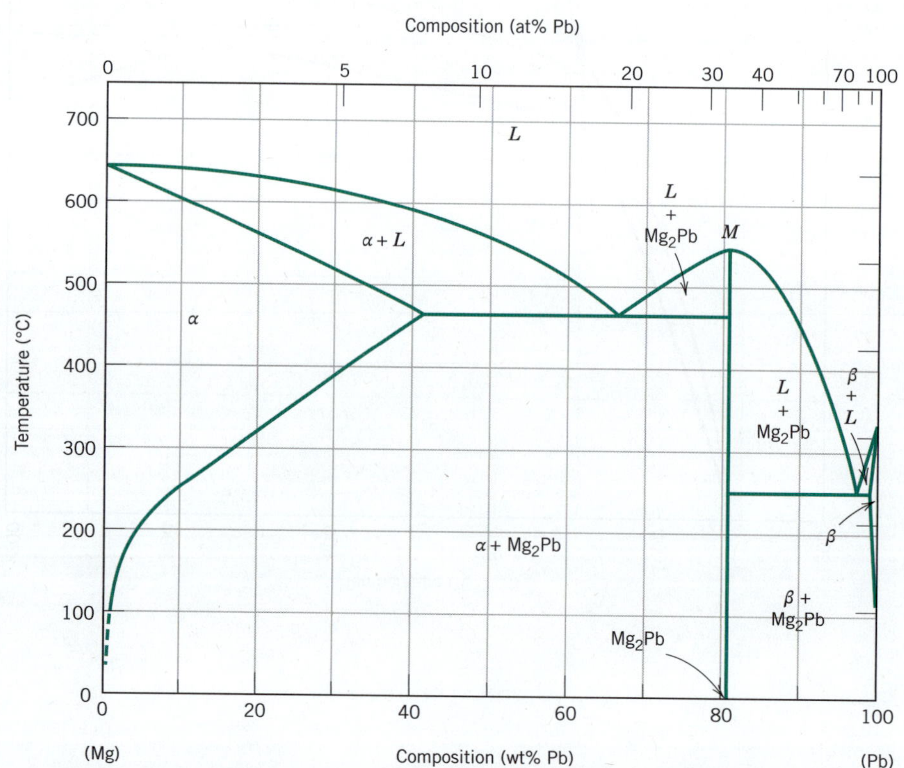

그림 11.20 마그네슘-납 상태도 [Adapted from *Phase Diagrams of Binary Magnesium Alloys*, A. A. Nayeb-Hashemi and J. B. Clark (Editors), 1988. Reprinted by permission of ASM International, Materials Park, OH.]

11.14 | 공석반응과 포정반응

공정 이외에 3개의 다른 상을 포함하고 있는 또 다른 불변점을 몇몇 합금계에서 발견할 수 있다. 560°C에서 74 wt% Zn–26 wt% Cu의 구리-아연 계(그림 11.19)의 경우가 그 한 예이다. 이 조성 근방의 상태도를 확대하여 그림 11.21에 나타내었다. 냉각 시 고상 δ는 다음 반응에 의해 2개의 서로 다른 고상(γ, ε)으로 변태한다.

공석반응(점 *E*, 그림 11.21)

$$\delta \underset{\text{heating}}{\overset{\text{cooling}}{\rightleftharpoons}} \gamma + \varepsilon \tag{11.14}$$

공석반응

가열 시 역반응이 일어난다. 이를 **공석반응(eutectoid reaction 또는 eutectic-like reaction)**이라고 하고, 불변점(그림 11.21의 점 *E*)과 560°C의 수평 공액선을 각각 공석점(*eutectoid point*) 및 공석 등온선(*eutectoid isotherm*)이라고 한다. 공석(*eutectoid*)을 공정(*eutectic*)과 구별할 수 있는 특징은 액상 대신 고상이 한 온도에서 2개의 서로 다른 고상으로 변태한다는 것이다. 공석반응은 철-탄소 계(11.20절)에서 볼 수 있으며, 강의 열처리에 있어 매우 중요하다.

포정반응

포정반응(peritectic reaction)은 평형상태에 있는 3개의 상을 포함하는 또 다른 불변반응이다. 이 반응에서는 가열 시 하나의 고상이 하나의 액상과 다른 하나의 고상으로 변태한다. 포정은 구리-아연 계(그림 11.21의 점 *P*)에서 598°C, 78.6 wt% Zn–21.4 wt% Cu의 조성에서 일어나며, 반응식은 다음과 같다.

포정반응(점 *P*, 그림 11.21)

$$\delta + L \underset{\text{heating}}{\overset{\text{cooling}}{\rightleftharpoons}} \varepsilon \tag{11.15}$$

낮은 온도에서의 고상은 중간 고용체(예: 위의 반응에서 ε)이거나 최종 고용체일 수 있다. 후

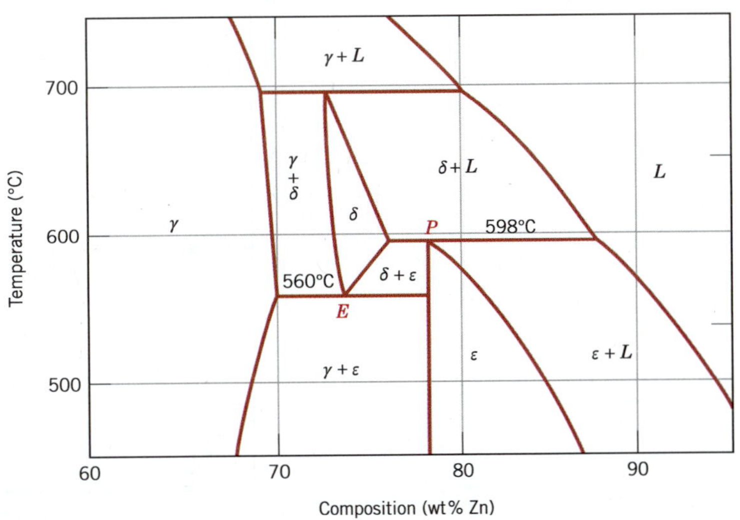

그림 11.21 공석 불변점 *E*(560°C, 74 wt% Zn)와 포정 불변점 *P*(598°C, 78.6 wt% Zn)를 보여주기 위해 확대한 구리-아연 상태도의 일부분 [Adapted from *Binary Alloy Phase Diagrams*, Vol. 2, 2nd edition, T. B. Massalski (Editor-in-Chief), 1990. Reprinted by permission of ASM International, Materials Park, OH.]

자의 포정은 435°C, 97 wt% Zn의 조성에서 존재하고, η상은 가열 시 ε상과 액상으로 변태한다. 이 밖에 세 가지의 다른 포정들은 구리-아연 계에서 볼 수 있으며, 이 반응들은 가열 시 변태를 일으키는 β, δ, γ 중간 고용체를 포함한다.

11.15 | 포석반응과 편정반응

또 다른 반응은 계의 새로운 미세조직을 야기할 수 있는 고상변태인 고상에서 흔히 있는 반응인 포석반응(peritectoid reaction)이다. 그 반응은 다음과 같이 나타낼 수 있다.

$$\alpha + \beta \underset{\text{heating}}{\overset{\text{cooling}}{\rightleftharpoons}} \gamma \tag{11.16}$$

2개의 상, α 및 β상은 중간상 또는 고용체인 γ상으로 변할 수 있다. 구리-아연(황동) 2원계가 그 예이다. 포석반응에서의 상변화는 고체상태의 확산을 수반하므로 이러한 공정들은 액상 변태 공정보다 느리다. 그러한 공정이 나타나려면 냉각속도를 준정적 열역학 과정에 가깝게 반드시 낮추어야 한다. 그림 11.22에 나타낸 상태도에서 선분 HP는 포석반응온도선이며, 이 선 아래에서 중간상인 γ상이 형성되는 포석반응이 일어난다.

그림 11.23에서와 같이 냉각 시 액상이 서로 다른 액상과 고상으로 변할 수 있는데 이러한 반응을 편정반응(monotectic reaction)이라 한다.

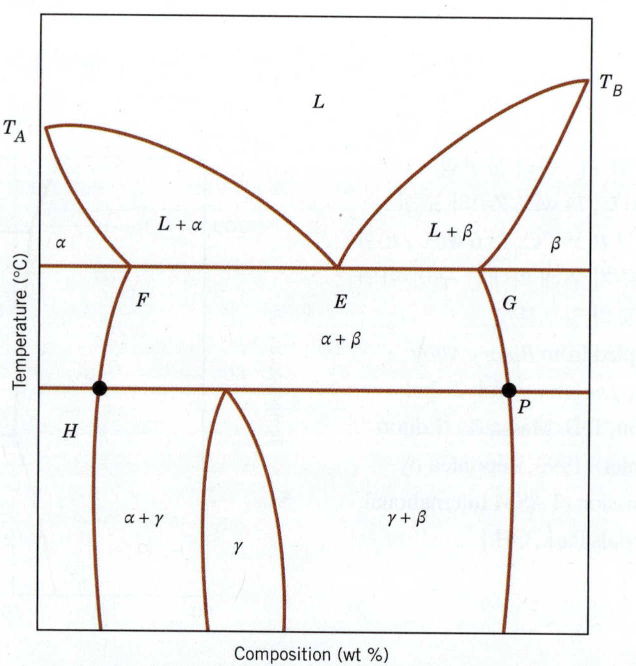

그림 11.22 포석반응을 보이는 상태도

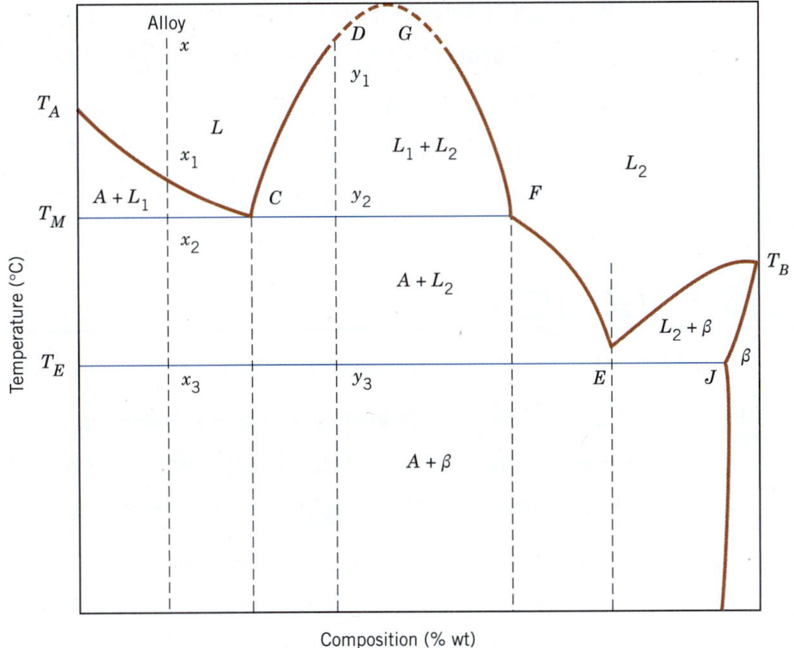

그림 11.23 편정반응을 보이는 상태도

$$\text{Liquid 1} \underset{\text{heating}}{\overset{\text{cooling}}{\rightleftharpoons}} \text{Liquid 2} + \text{Solid} \tag{11.17}$$

그림 11.23에서 $A + L_2$상이 형성되는 선분 CF 아래가 편정반응이다. 이 반응은 일정한 온도(954°C)에서 액상(L_1 = 36% Pb)이 또 다른 액상(L_2 = 87% Pb)과 고상 Cu로 상변태되는 Cu-

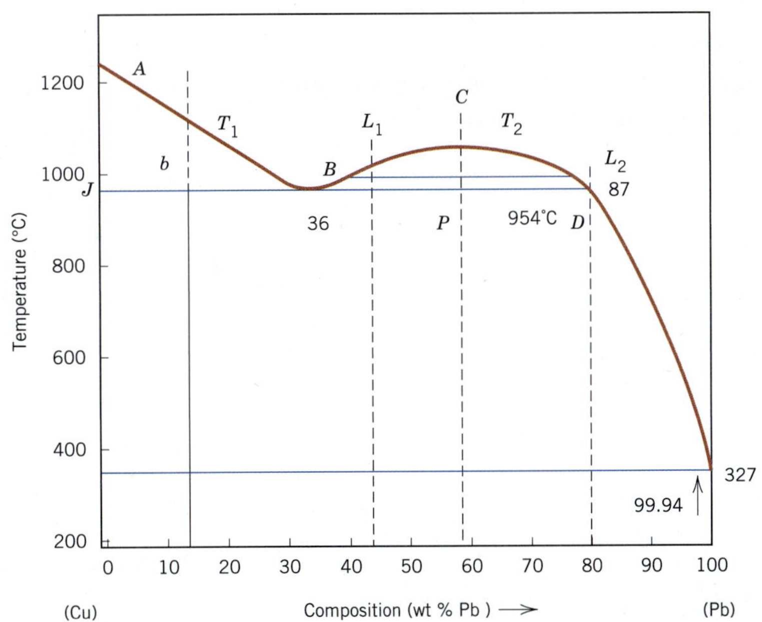

그림 11.24 Cu-Pb 상태도

Pb 합금에서 나타난다. 그림 11.24는 Cu-Pb 상태도이다. 최종 고용체는 순수한 Pb과 Cu로서 상대 원소 함량은 무시할 정도로 극히 적다. 냉각 시 이 합금은 액상선 온도 T_1에 도달할 때까지 액체상태로 존재하다 순수 구리가 고상화된다. 액상의 조성은 T_1에서 B까지 액상선을 따라 변한다.

11.16 | 정융 상변태

상변태는 수반된 상의 조성이 변화하는지 아닌지에 따라 분류될 수 있다. 조성의 변화가 없는 상변태를 **정융 변태(congruent transformation)**라고 한다. 반대로 비정융 변태(*incongruent transformation*)에서는 적어도 하나의 상에 조성 변화가 나타난다. 정융 상변태의 예에는 동소변태(3.10절)와 순물질의 용융 등이 있다. 전율고용체 계에 속하는 합금의 용융뿐만 아니라 공정 및 공석 반응들도 비정융 변태를 나타낸다.

정융 변태

중간상들은 때때로 정융적으로 용융되는지 비정융적으로 용융되는지에 따라 분류된다. 금속간 화합물 Mg_2Pb는 그림 11.20의 마그네슘-납 상태도에서 점 M으로 표기된 곳에서 정융적으로 용융된다. 또한 그림 11.25의 니켈-티타늄 계에서는 1310°C, 44.9 wt% Ti 조성에서 두 쌍의 액상선과 고상선이 만나는 점에 해당하는 γ 고용체에 대한 정융점(congruent melting point)이 나타난다. 포정반응은 중간상에 대한 비정융 용융의 한 예이다.

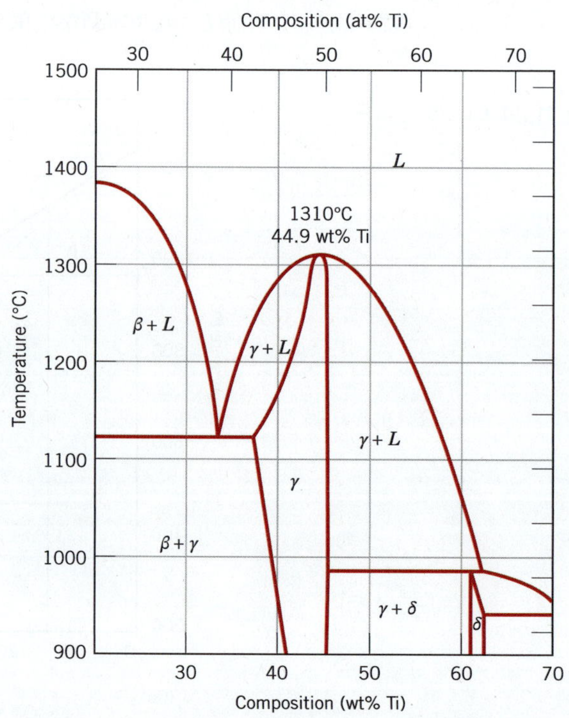

그림 11.25 1310°C, 44.9 wt% Ti에서 γ상 고용체에 대한 정융점을 보여주는 니켈-티타늄 상태도의 일부분

[Adapted from *Phase Diagrams of Binary Nickel Alloys*, P. Nash (Editor), 1991. Reprinted by permission of ASM International, Materials Park, OH.]

개념 확인 11.7

아래 그림은 하프늄-바나듐 상태도이며 단일상 구역만 표기되어 있다. 공정, 공석, 포정, 정융 상변태가 일어나는 온도 및 조성 지점을 명시하라. 또한 각각의 상변태에 대해 냉각 시 일어나는 반응을 적어라. [Phase diagram from *ASM Handbook*, Vol. 3, *Alloy Phase Diagrams*, H. Baker (Editor), 1992, p. 2.244. Reprinted by permission of ASM International, Materials Park, OH.]

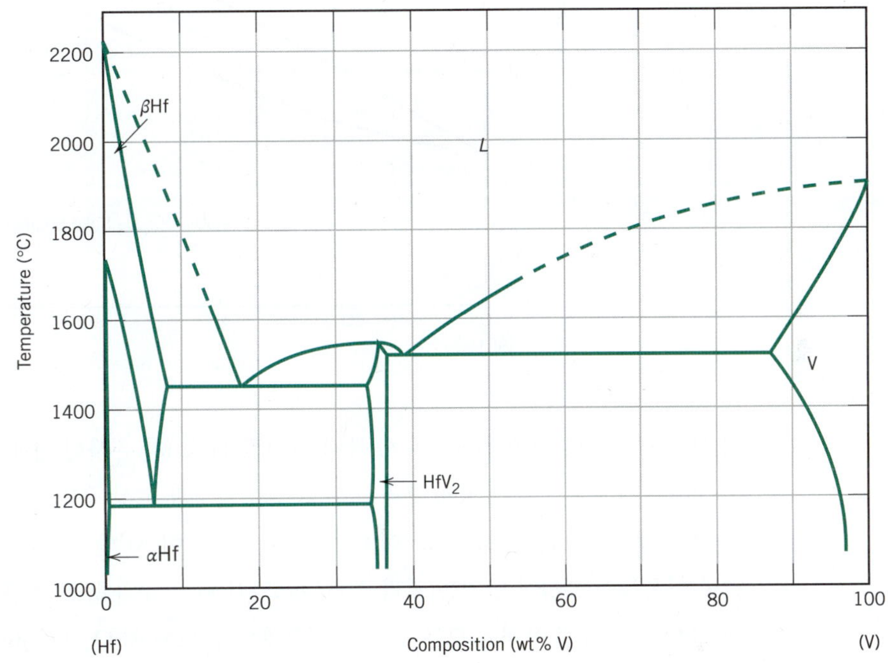

(정답은 *www.wiley.com*의 제품 페이지에서 확인할 수 있음)

11.17 | 세라믹 상태도

상태도가 단지 금속-금속 계에서만 존재하는 것은 아니다. 실질적으로 세라믹 계의 설계 및 제조에 매우 유용하게 사용되는 상태도들은 대다수 실험적으로 얻게 된다. 2원계 또는 2성분계 상태도에 있어 2개의 성분은 산소와 같은 흔한 원소를 포함하는 화합물인 경우가 많다. 이에 속하는 상태도들은 금속-금속 계와 흡사하며 같은 방법으로 해석할 수 있다.

Al_2O_3-Cr_2O_3 계

비교적 단순한 세라믹 상태도 중 하나는 그림 11.26에 있는 산화 알루미늄-산화 크롬 계이다.

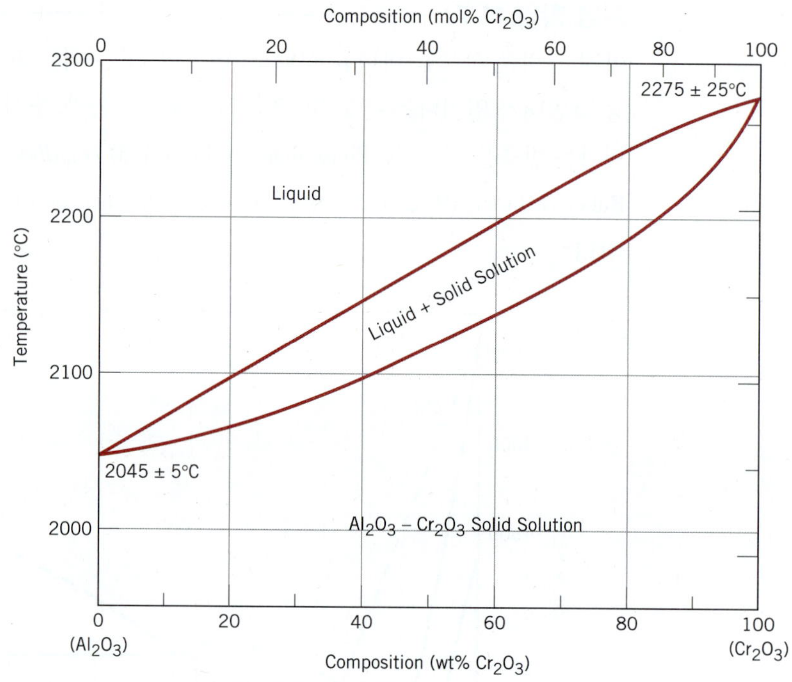

그림 11.26 산화 알루미늄-산화 크롬 상태도 (Adapted from E. N. Bunting, "Phase Equilibria in the System Cr_2O_3–Al_2O_3," *Bureau of Standards Journal*, Vol. 6, 1931: p. 948.)

이 상태도는 구리-니켈 전율고용체 상태도(그림 11.3*a*)와 유사한 형태이며, 칼날 모양을 갖는 2상의 고상-액상 구역에 의해 분리된 단일상의 액상과 고상 구역으로 구성되어 있다. Al_2O_3-Cr_2O_3 고용체는 치환형으로 Al^{3+}이 Cr^{3+}을, 또한 Cr^{3+}이 Al^{3+}을 치환한다. 이것은 알루미늄과 크롬 이온들이 유사한 반지름(각각 0.053 nm와 0.062 nm)과 동일한 전하를 가지고 있기 때문에 Al_2O_3의 용융점 아래의 모든 조성에서 존재한다. 또한 Al_2O_3와 Cr_2O_3는 동일한 결정구조를 가지고 있다.

MgO-Al_2O_3 계

그림 11.27의 산화 마그네슘-산화 알루미늄 계 상태도는 그림 11.20의 납-마그네슘 상태도와 유사한 점들이 많다. 중간상, 또는 좀 더 잘 표현한다면 $MgAl_2O_4$(또는 MgO-Al_2O_3)의 화학식을 갖는 스피넬(*spinel*)이라 불리는 화합물이 존재한다. 비록 스피넬은 일정한 조성을 갖는 화합물[50 mol% Al_2O_3–50 mol% MgO(72 wt% Al_2O_3–28 wt% MgO)의 조성을 갖는]이지만, Mg_2Pb(그림 11.20)의 경우와 같이 상태도상에는 수직선보다는 단일상 영역으로 나타나 있으며, 스피넬은 50 mol% Al_2O_3–50 mol% MgO 이외의 조성에 대해서는 비화학량론적(6.3절) 특성을 갖는다. 또한 그림 11.27의 왼쪽 끝단의 약 1400°C 이하에서는 MgO에 대한 Al_2O_3의 용해도가 작은데, 이것은 전하 및 Mg^{2+}와 Al^{3+} 이온들의 반지름(0.072 nm 대 0.053 nm)의 차이 때문이다. 같은 이유로 상태도의 오른쪽에는 최종 고용체가 거의 없듯이 MgO에 대한 Al_2O_3의 용해도는 매우 작다. 또한 스피넬 상 영역의 양쪽에 2개의 공정이 존재하며, 화학량론적 스

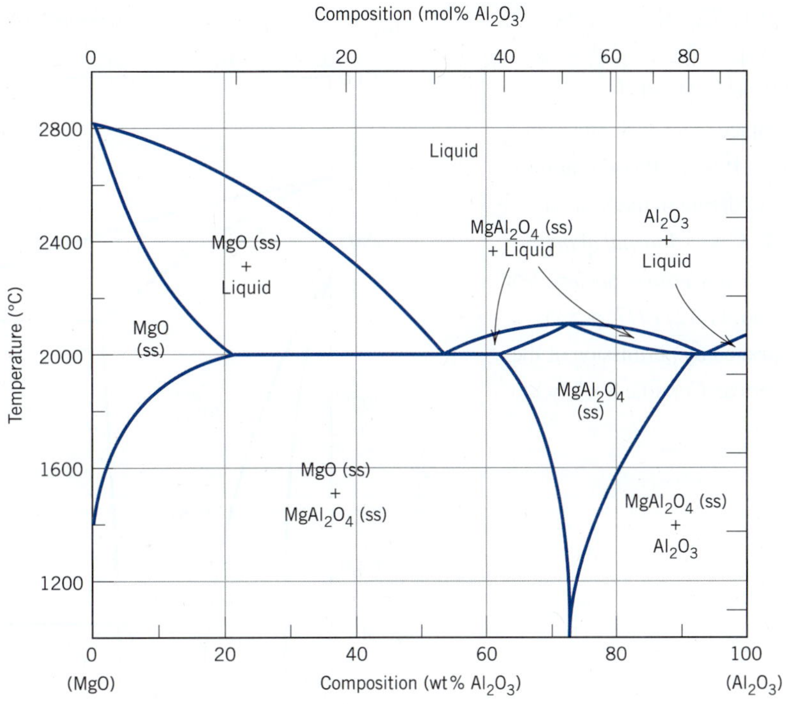

그림 11.27 산화 마그네슘-산화 알루미늄 상태도. ss는 고용체를 나타낸다. (Adapted from B. Hallstedt, "Thermodynamic Assessment of the System MgO–Al_2O_3," *Journal of the American Ceramic Society*, Vol. 75, No. 6, 1992: p. 1502. Reprinted by permission of the American Ceramic Society.)

피넬이 약 2100°C에서 정융적으로 용융된다.

ZrO_2-CaO 계

또 다른 중요한 2원계 세라믹 계는 산화 지르코늄(지르코니아)과 산화 칼슘(칼시아) 계이며 이 상태도의 일부를 그림 11.28에 나타내었다. 수평선은 단지 31 wt% CaO(50 mol% CaO)까지 연결되어 있고, 그때의 조성은 $CaZrO_3$ 화합물에 해당한다. 이 계에서는 하나의 공정(2250°C, 23 wt% CaO)과 2개의 공석(1000°C, 2.5 wt% CaO과 850°C, 7.5 wt% CaO) 반응이 나타난다.

그림 11.28로부터 3개의 서로 다른 사방정계, 단사정계, 입방정계의 결정구조를 갖는 ZrO_2 상들이 이 계에 존재함을 알 수 있다. 순수한 ZrO_2은 1150°C에서 사방정계에서 단사정계로의 상변태가 일어난다. 비교적 많은 부피 변화가 이 변태과정에서 일어나며, 균열 생성을 야기하여 세라믹 재료를 쓸모없게 만든다. 이러한 문제는 3~7 wt% CaO을 첨가하여 지르코니아를 '안정화'함으로써 해결된다. 이 조성의 범위와 1000°C 이상의 온도에서는 입방정 및 사방정 상이 공존하게 된다. 정상적인 냉각조건하에서 상온까지 냉각 시 단사정과 $CaZr_4O_9$ 상은 형성되지 않으며(상태도로부터 예견할 수 있듯이), 이에 따라 입방정 및 사방정 상들은 계속 유지되고, 균열 생성을 피할 수 있게 된다. 위에 언급한 범위 내의 칼시아 함량을 갖는 지르코니아 재료를 **부분 안정화 지르코니아**(*partially stabilized zirconia, PSZ*)라고 한다. 산화 이트륨

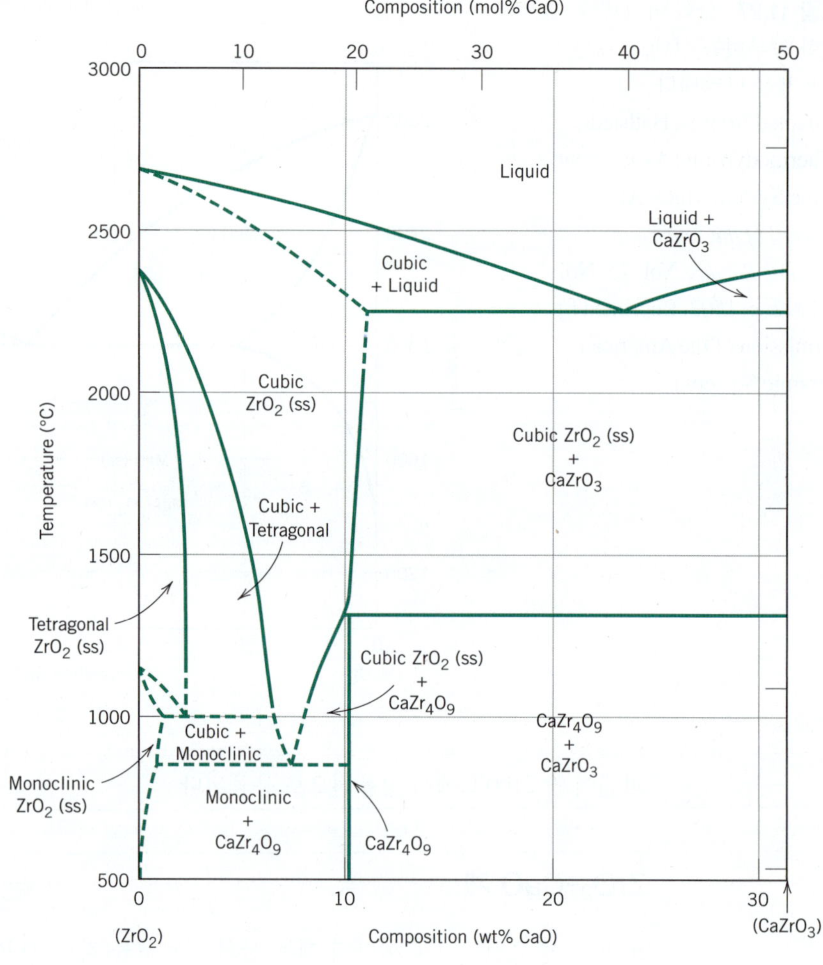

그림 11.28 지르코니아-칼시아 상태도의 일부분. ss는 고용체를 나타낸다. (Adapted from V. S. Stubican and S. P. Ray, "Phase Equilibria and Ordering in the System ZrO_2–CaO," *Journal of the American Ceramic Society*, Vol. 60, No. 11-12, 1977: p. 535. Reprinted by permission of the American Ceramic Society.)

(Y_2O_3) 및 산화 마그네슘 또한 안정화 재료로 사용된다. 또한 더 많은 함량의 안정화제를 첨가하면 입방정 상만이 상온에 존재하게 되어 그 재료는 완전히 안정화된다.

SiO_2-Al_2O_3 계

상업적으로 실리카-알루미나 계는 중요하며, 이들은 많은 내화 세라믹 재료의 주요 성분들이다. 그림 11.29는 SiO_2-Al_2O_3 계 상태도를 보여주고 있다. 이 온도 범위에서 안정한 실리카의 동질이상 형태를 크리스토발라이트(*cristobalite*)라고 하며, 그것의 단위격자는 그림 3.12에 나타나 있다. 실리카와 알루미나는 서로 고용하지 않으며, 이는 상태도의 양 끝단에 최종 고용체가 없는 것으로부터 알 수 있다. 또한 중간 화합물 멀라이트(*mullite*)인 $3Al_2O_3$-$2SiO_2$가 존재하는데, 이는 그림 11.29의 좁은 상 구역에 나타나며, 1890°C에서 비정융적으로 용융된다. 하나의 단일 공정은 1587°C, 7.7 wt% Al_2O_3 조성에서 나타난다. 실리카와 알루미나가 주성분인 내화 세라믹은 14.7절에서 설명한다.

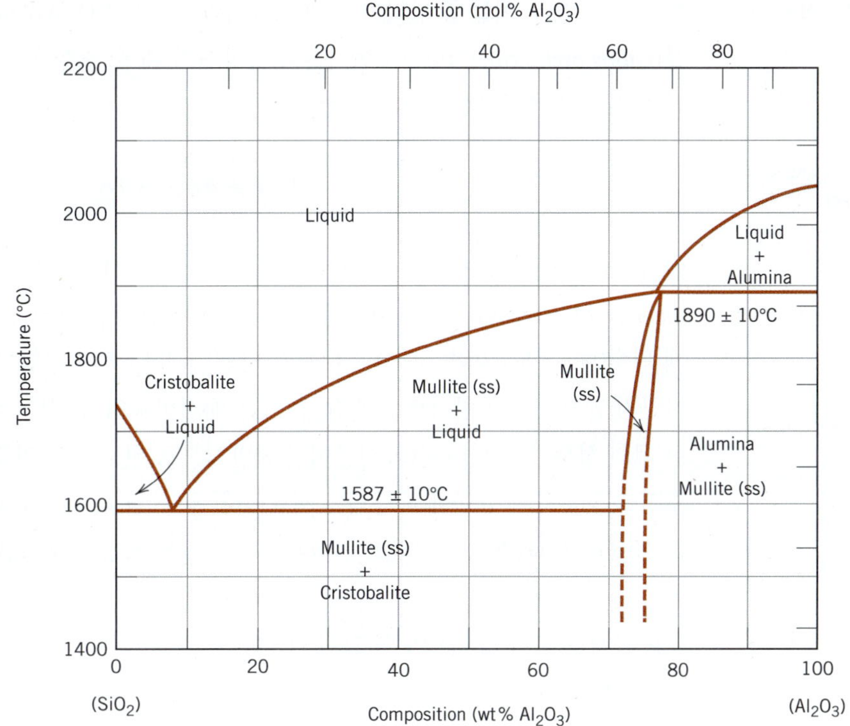

그림 11.29 실리카-알루미나 상태도. ss는 고용체를 나타낸다. (Adapted from F. J. Klug, S. Prochazka, and R. H. Doremus, "Alumina–Silica Phase Diagram in the Mullite Region," *Journal of the American Ceramic Society*, Vol. 70, No. 10, 1987: p. 758. Reprinted by permission of the American Ceramic Society.)

개념 확인 11.8

(a) ZrO_2-$CaZrO_3$ 계에서 액상이 형성될 수 있는 최대 온도는 얼마인가? (b) 어떤 조성 또는 어떤 조성 범위에서 이런 최대 온도를 얻을 수 있는가?

(정답은 *www.wiley.com*의 제품 페이지에서 확인할 수 있음)

11.18 | 3원계 상태도

2성분보다 많은 금속계(세라믹 계뿐만 아니라)에 대해서도 상태도를 작성할 수 있겠지만, 그들의 표기 및 해석은 매우 복잡하다. 예를 들어 3개의 성분을 갖는 3원계에서 모두가 포함된 조성-온도의 상태도를 3차원으로 나타내야만 한다. 2차원으로 상태도의 모든 것을 나타낼 수도 있지만 매우 어렵다.

11.19 | 기브스 상률

상평형에 관한 조건들을 제어하는 몇몇 원리뿐만 아니라 상태도의 구성은 열역학 법칙에 기

기브스 상률

반을 두고 있다. 이들 중 하나가 19세기 물리학자 기브스(J. Willard Gibbs)가 제안한 **기브스 상률(Gibbs phase rule)**이다. 이 법칙은 평형상태의 계에 공존하는 상들의 수에 대한 기준을 나타내며, 다음의 간단한 식으로 표현된다.

기브스 상률의 일반식

$$P + F = C + N \tag{11.18}$$

여기서 P는 존재하는 상의 수이다(상에 대한 개념은 11.3절 참조). 매개변수 F는 자유도의 수(*number of degrees of freedom*) 또는 계의 상태를 완전히 정의하는 데 명시되어야 할 외적 통제 변수(예: 온도, 압력, 조성)의 수를 나타낸다. 또한 F는 평형상태에서 공존하는 상의 수를 바꾸지 않으면서 독립적으로 변할 수 있는 매개변수의 수이다. 식 (11.18)에서의 매개변수 C는 계의 성분 수를 나타낸다. 성분이란 일반적으로 원소 또는 안정된 화합물이고, 상태도상의 수평 조성축의 맨 끝단에 해당되는 재료이다(예: 그림 11.1과 11.3a의 상태도에서 각각 H_2O와 $C_{12}H_{22}O_{11}$, Cu와 Ni). 마지막으로 식 (11.18)의 N은 조성과 무관한 변수(예: 온도와 압력)의 수이다.

2원계 온도-조성 상태도인 그림 11.7의 구리-은 계에 상률을 적용하여 살펴보자. 압력은 1기압이므로, 매개변수 N은 1이고, 온도만이 조성과 무관한 변수이다. 식 (11.18)은 다음과 같이 된다.

$$P + F = C + 1 \tag{11.19}$$

또한 성분의 수 C는 2(구리, 은)가 되고, 그리고

$$P + F = 2 + 1 = 3$$

또는

$$F = 3 - P$$

상태도상에서 단일상 구역(예: α, β, 그리고 액상 구역)을 살펴보자. 단지 하나의 상이 존재하므로 P는 1이 된다.

$$\begin{aligned} F &= 3 - P \\ &= 3 - 1 = 2 \end{aligned}$$

이러한 상 구역 중 한 곳에 존재하는 어떤 합금의 특성을 완전히 나타내기 위해서는 2개의 변수, 즉 상태도에서 각각 합금의 횡적 및 종적 위치를 나타내는 조성과 온도를 규정해야 한다. 상태도에서 조성과 온도는 각각 합금의 횡적 위치와 종적 위치를 나타낸다.

2상이 공존하는 경우, 예를 들면 그림 11.7의 $\alpha + L, \beta + L$, 그리고 $\alpha + \beta$상 구역에 있어서는 다음과 같이 상률에 의해 단지 하나의 자유도만 가진다.

$$\begin{aligned} F &= 3 - P \\ &= 3 - 2 = 1 \end{aligned}$$

그러므로 계를 완전히 정의하기 위해서 어느 한 상의 온도나 조성을 규정할 필요가 있다. 예를 들면 그림 11.30의 T_1에서 $\alpha + L$상 구역의 온도를 규정해 보자. α 및 액상의 조성(C_α 및 C_L)은 T_1에서 $\alpha + L$ 구역을 가로지르는 공액선의 끝단에 해당한다. 여기서는 단지 상의 본질이 중요하고 상의 상대적인 양은 중요하지 않다. 즉, 합금 전 조성은 온도 T_1에서 공액선을 따라 놓이게 되며, α 및 액상의 조성은 각각 C_α와 C_L이 된다.

두 번째 방법으로서 2개의 상을 갖는 경우, 한 상의 조성을 규정함으로써 계의 상태를 완전히 결정할 수 있다. 예를 들어 액상과 평형상태에 있는 α상의 조성을 C_α라고 하면(그림 11.30), $\alpha + L$상 구역을 가로질러 그은 공액선에 의해 합금의 온도(T_1)와 액상의 조성(C_L)이 결정되는데, 이것이 조성 C_α가 된다.

2원계에서, 3상이 존재할 때 자유도는 0이 된다.

$$
\begin{aligned}
F &= 3 - P \\
&= 3 - 3 = 0
\end{aligned}
$$

이는 온도뿐만 아니라 모든 3상의 조성이 고정되어 있음을 의미한다. Cu-Ag 계(그림 11.7)의 공정계에서 공정 등온선은 이와 같은 조건을 만족시키며, 이는 점 B와 G 사이의 수평선에 해당한다. 779°C의 온도에서 각각의 α, L, 그리고 β상 구역이 등온선과 만나는 점이 각 상의 조성에 해당된다. 즉, α, L 및 β상의 조성은 각각 8.0, 71.9, 91.2 wt% Ag이 된다. 그러므로 3상의 평형은 상 구역으로 나타나지 않고, 하나의 수평 등온선에 나타난다. 또한 모든 3상은 공정 등

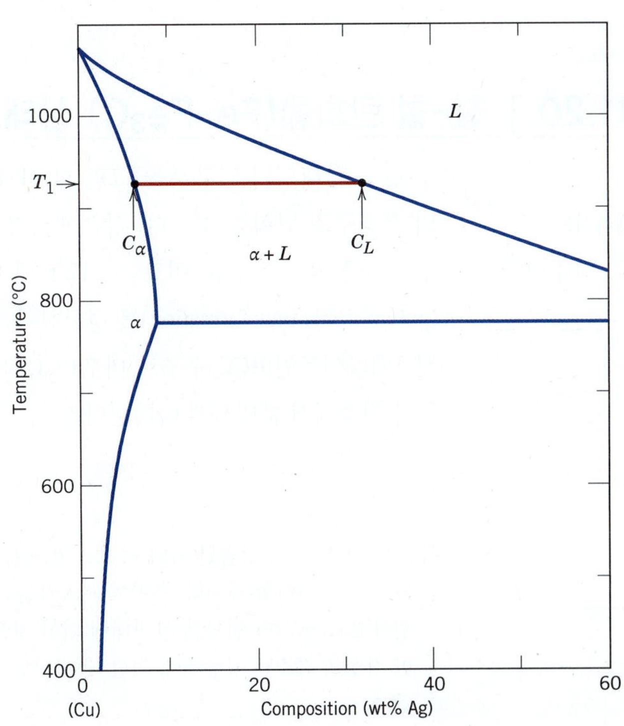

그림 11.30 구리의 함량이 많은 부분을 확대한 구리-은 상태도. 2개의 상(예: α와 L)이 공존하는 경우의 기브스 상률을 보여주고 있다. 상의 조성 중 하나(예: C_α 또는 C_L) 또는 온도(예: T_1)가 정해지면 나머지 2개의 매개변수는 적절한 공액선을 이용하여 결정할 수 있다.

온선의 전 길이에 걸쳐 놓인 어떠한 합금 조성에 있어서 평형상태에 있을 것이다(예: 779°C, 8.0에서 91.2 wt% Ag까지의 조성을 갖는 Cu-Ag 계).

비평형 조건에 대한 분석에도 기브스 상률이 사용된다. 예를 들면 모든 온도 범위에서 3상으로 구성된 2원계 합금의 미세조직은 비평형이며, 이러한 조건에서는 3상이 단지 어느 한 온도에서만 존재할 것이다.

개념 확인 11.9

3원계에서 3개의 성분이 존재하고 온도도 변수이다. 압력이 일정하게 작용한다면 3원계에서 나타나는 상의 최대 수는?

(정답은 *www.wiley.com*의 제품 페이지에서 확인할 수 있음)

철-탄소 계

모든 2원계 합금 중에서 가장 중요한 것 중 하나가 철과 탄소 합금이다. 모든 기술적 선진 문화에서 중요한 구조용 재료인 강과 주철은 근본적으로 철-탄소 합금이다. 이 절에서는 철-탄소 계의 상태도와 여러 가지 가능한 미세조직의 성장에 대해 서술하고자 한다. 열처리, 미세조직, 그리고 기계적 성질 사이의 상호 관계는 12장에서 다룬다.

11.20 | 철-철 탄화물($Fe-Fe_3C$) 상태도

페라이트

오스테나이트

철-탄소 상태도의 일부분을 그림 11.31에 나타내었다. 순철을 가열하면 용융 전까지 두 번의 결정구조 변화를 겪는다. 상온에서 안정된 형태인 **페라이트(ferrite)**인 α철은 BCC의 결정구조를 갖는다. 페라이트는 912°C에서 FCC **오스테나이트(austenite)**로 동질이상 변태(polymorphic transformation)를 경험한다. 이 오스테나이트는 1394°C까지 지속되어 그 온도에서 δ페라이트인 BCC 구조로 바뀌며 1538°C에서 용융된다. 이러한 모든 변화는 상태도의 왼쪽 수직축에서 분명하게 나타난다.[4)]

---

4) 그림 11.31(이미 서술한 바와 같이 α, β, γ 등으로 표기되는 성분을 가진)의 $Fe-Fe_3C$ 상태도에는 β상이 왜 없는지 의아할 것이다. 초창기 과학자들은 철의 강자성 거동이 768°C에서 갑자기 사라지는 것을 발견하였고, 이러한 현상은 상변태에 의한 것으로 생각하여 'β'를 고온 상으로 표기하였다. 나중에 이러한 자성의 감소는 상변태에 의한 것이 아님이 밝혀졌고(18.6절 참조), 결국 추정된 β상은 존재하지 않았다.

그림 11.31의 조성축은 단지 6.70 wt% C까지만 나타나 있는데, 이 농도에서 중간 화합물인 철 탄화물, 즉 **시멘타이트(cementite**, Fe_3C)가 형성되며, 상태도에는 수직선으로 나타나 있다. 그러므로 철-탄소 계는 두 부분으로 나눌 수 있는데, 그림 11.31에서처럼 철이 많이 함유된 부분과 (나타나 있지는 않지만) 6.70 wt% C와 100 wt% C(순수 흑연) 사이의 부분으로 나눌 수 있다. 실제적으로 모든 강과 주철은 6.70 wt% C보다 적은 탄소 함량을 가지므로 단지 철-철 탄화물 계만을 다루고자 한다. Fe_3C는 지금부터 하나의 성분으로 간주되므로 그림 11.31은 Fe-Fe_3C 상태도로 명명하는 것이 더 적합하다. 조성을 표시할 때에는 관례상 'wt% Fe_3C'보다 오히려 'wt% C'로 표기하며, 6.70 wt% C는 100 wt% Fe_3C에 해당한다.

시멘타이트

탄소는 철에서 침입형 불순물이고 그림 11.31에 나타낸 α, δ, γ 등의 단일상 구역으로 표기된 α 페라이트, δ 페라이트, 오스테나이트 등의 고용체를 형성한다. BCC α 페라이트에는 단지 낮은 농도의 탄소만 고용되는데, 최대 용해도는 727°C에서 0.022 wt% C이다. 이와 같은 용해도의 한계는 탄소 원자의 수용을 어렵게 하는 BCC 구조의 침입형 위치의 모양과 크기로 설명할 수 있다. 비교적 적은 양의 탄소가 존재하지만 페라이트의 기계적 성질에 많은 영향을 미친다. 이 같은 고유한 성질의 철-탄소 상은 비교적 연하고, 낮은 온도에서 자성을 나타내며

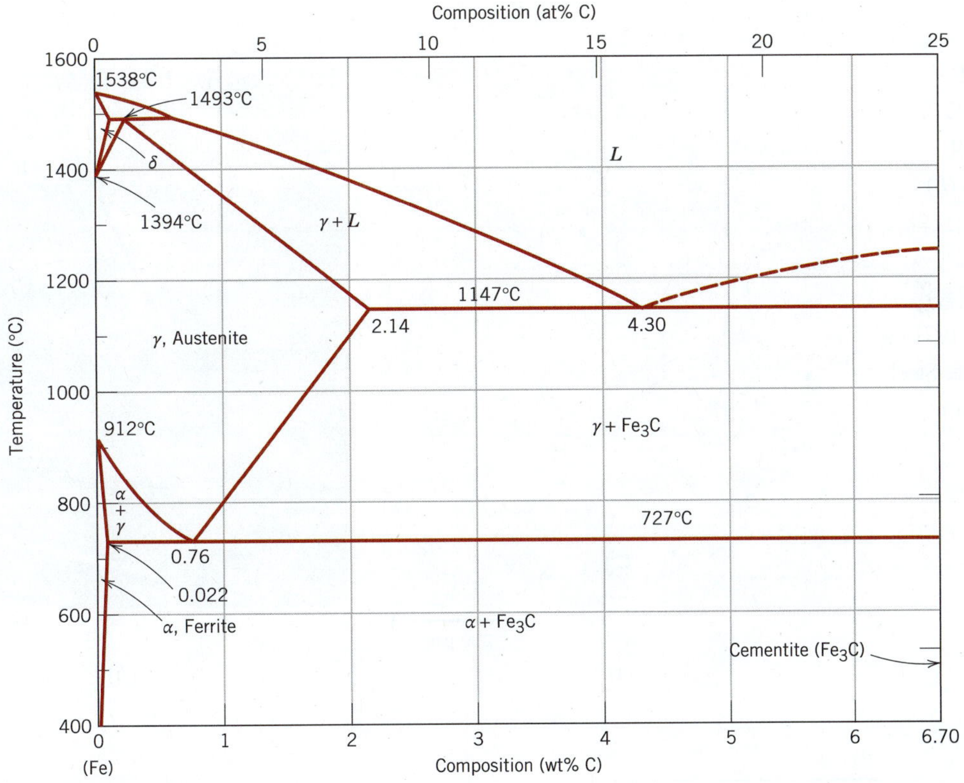

그림 11.31 철-철 탄화물 상태도

[Adapted from *Binary Alloy Phase Diagrams*, Vol. 1, 2nd edition, T. B. Massalski (Editor-in-Chief), 1990. Reprinted by permission of ASM International, Materials Park, OH.]

7.88 g/cm^{3}의 밀도를 갖는다. 그림 11.32*a*는 α 페라이트의 현미경 사진이다.

오스테나이트인 철의 γ상은 그림 11.31에 나타낸 바와 같이 탄소와 합금되면 727°C보다 낮은 온도에서는 안정적이지 않다. 오스테나이트에서 최대 탄소 용해도는 1147°C에서 2.14 wt%이다. 이 용해도는 BCC 페라이트보다 약 100배 정도 크며, 이는 FCC의 침입형 위치가 보다 크고(문제 6.14와 6.15의 결과와 비교), 결국 철 원자에 부과되는 변형률이 보다 더 낮기 때문이다. 앞으로 설명하겠지만 오스테나이트를 수반하는 상변태는 강의 열처리에서 매우 중요하다. 이미 지나쳤지만 오스테나이트는 비자성의 성질을 갖는다고 언급했어야 했다. 그림 11.32*b*는 이런 오스테나이트 상의 현미경 사진이다.[5)]

δ페라이트는 존재하는 온도의 범위가 다를 뿐 실질적으로 α페라이트와 같다. δ페라이트는 단지 비교적 고온에서만 안정하기 때문에 기술적 중요성은 없으므로 더 이상 기술하지 않겠다.

시멘타이트(Fe_3C)는 α 페라이트 내에 탄소의 용해 한도가 727°C 아래의 온도에서 초과되면 형성된다(α + Fe_3C상 구역 내의 조성에 있어). 그림 11.31에 나타낸 바와 같이 Fe_3C는 727°C와 1147°C 사이에서 γ상과 공존하고 있다. 기계적 성질로 시멘타이트는 매우 단단하고 취성을 가지며 일부 강의 강도는 시멘타이트에 의해 크게 향상된다.

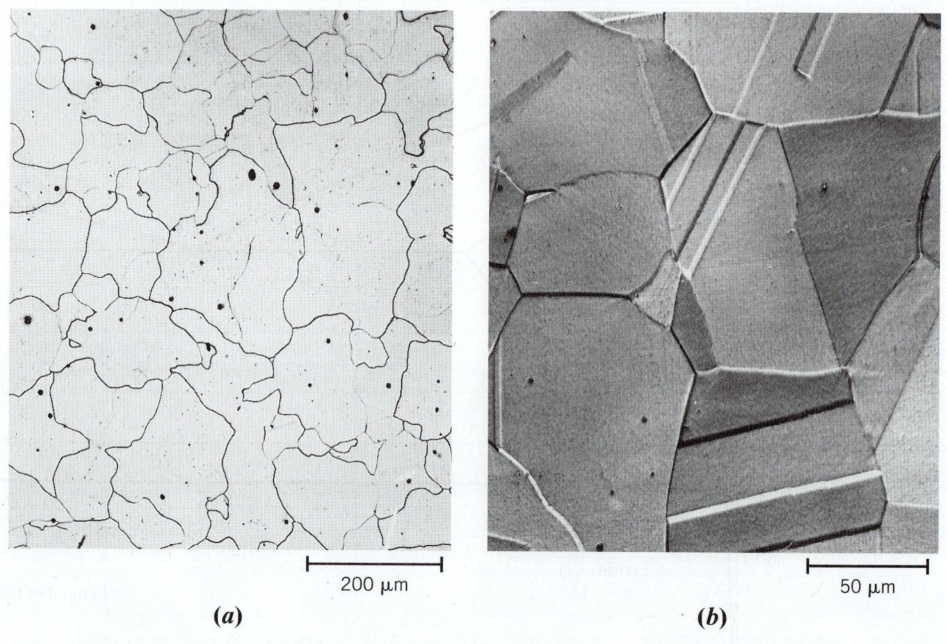

그림 11.32
(*a*) 페라이트의 현미경 사진 (90배율)과 (*b*) 오스테나이트의 현미경 사진(325배율) (Copyright 1971 by United States Steel Corporation.)

5) FCC 결정구조를 갖는 합금에서 발견되는 어닐링 쌍정(6.8절)은 오스테나이트의 미세조직 사진에서 관찰이 된다. 이러한 현상은 BCC 합금에서는 나타나지 않으며, 이는 그림 11.32*a*의 페라이트 조직 사진에서 잘 알 수 있다.

엄밀하게 말해서 시멘타이트는 단지 준안정적(metastable)이다. 다시 말하면, 상온에서는 화합물로 유지되지만, 650~700°C의 온도에서 수년간 가열한다면, 시멘타이트는 점차적으로 α철과 흑연 형태의 탄소로 변환될 것이며, 상온까지 계속 냉각해도 지속될 것이다. 따라서 그림 11.31의 상태도는 시멘타이트가 평형 화합물이 아니기 때문에 진정한 상태도는 아니다. 그러나 시멘타이트의 분해속도가 매우 느리기 때문에, 실질적으로 강 속의 모든 탄소는 흑연이 아닌 Fe_3C이며, 그로 인해 철-철 탄화물 상태도는 실제 용도에 있어 유효하게 사용된다. 14.2절에서 보게 되겠지만, 주철에 실리콘을 첨가하면 흑연을 형성하기 위한 시멘타이트의 분해반응을 크게 가속화할 수 있다.

2상 구역들이 그림 11.31에 표기되어 있다. 1147°C에서 4.30 wt% C의 철-철 탄화물 계에는 단 하나의 공정이 존재하는데, 이 공정반응은 다음과 같으며

철-철 탄화물 계의 공정반응

$$L \underset{\text{heating}}{\overset{\text{cooling}}{\rightleftharpoons}} \gamma + Fe_3C \tag{11.20}$$

액상은 응고하여 오스테나이트와 시멘타이트 상을 형성한다. 물론 계속해서 상온까지 냉각시키면 추가적인 상변화가 나타난다.

공석 불변점은 727°C, 0.76 wt% C의 조성에서 나타난다. 이 공석반응은 다음과 같으며

철-철 탄화물 계의 공석반응

$$\gamma(0.76 \text{ wt\% C}) \underset{\text{heating}}{\overset{\text{cooling}}{\rightleftharpoons}} \alpha(0.022 \text{ wt\% C}) + Fe_3C(6.70 \text{ wt\% C}) \tag{11.21}$$

냉각 시 γ상은 α철과 시멘타이트로 변태한다(공석 상변태는 11.14절 참조). 이후 논의에서 다루겠지만, 식 (11.21)의 공석 상변태는 매우 중요하며 강 열처리의 기본이 된다.

철 합금은 철이 주성분인 합금이지만 다른 합금 원소와 마찬가지로 탄소가 존재한다. 탄소의 함량에 따라 철 합금은 철, 강, 주철의 세 종류로 분류할 수 있다. 상업용 순철은 0.008 wt% C 미만의 탄소 함량을 가지며 상태도상에서 거의 페라이트 상으로 구성되어 있다. 0.008~2.14 wt% C를 함유하고 있는 철-탄소 합금은 강으로 분류된다. 대부분의 강의 미세조직은 α상과 Fe_3C로 이루어져 있다. 상온까지 냉각 시 이 범위 안의 조성을 갖는 합금은 γ상 영역의 한 부분을 통과하며, 아래에 설명되는 바와 같이 독특한 미세조직이 계속적으로 나타난다. 비록 강 합금은 2.14 wt% C까지 함유하지만 탄소의 농도는 실질적으로 1.0 wt% C를 거의 초과하지 않는다. 강의 성질과 분류에 관한 내용은 14.2절에서 다룬다. 주철은 2.14~6.70 wt% C를 함유하고 있는 철 합금(ferrous alloy)으로 분류한다. 그러나 상업용 주철은 일반적으로 4.5 wt% C 미만의 탄소를 함유한다. 이들 합금도 또한 14.2절에서 설명한다.

11.21 | 철-탄소 합금에서 미세조직의 발달

강 합금에 나타나는 여러 다양한 미세조직과 철-철 탄소 상태도와의 연관성은 지금부터 기술하고자 하며, 성장한 미세조직은 탄소량과 열처리에 의존함을 보일 것이다. 이 설명은 강 합금을 매우 느리게 냉각시키는 경우에 한정되는데, 이때 평형은 계속적으로 유지된다. 강의 미세조직과 기계적 성질에 대한 열처리의 영향에 관한 내용은 12장에서 상세히 기술한다.

γ 영역에서 α + Fe_3C상 영역을 통과하면서 나타나는 상의 변화(그림 11.31)는 약간 복잡하고, 11.12절에서 설명한 공정계의 상변태와 비슷하다. 예를 들어 γ상 영역 내의 온도인 800°C에서 냉각되는, 즉 그림 11.33에서 점 a에서 시작하여 수직선 xx'을 따라 내려가는 공석 조성(0.76 wt% C)을 갖는 합금을 살펴보자. 초기의 합금은 0.76 wt% C의 조성을 갖는 오스테나이트 상으로 완전히 구성되어 있으며, 그것의 미세조직은 그림 11.33에 나타나 있다. 합금이 냉각됨에 따라, 공석 온도(727°C)에 이르기까지는 어떠한 변화도 일어나지 않는다. 이 온도를 지나 점 b에 이르게 되면 오스테나이트는 식 (11.21)에 따라 변태한다.

공석 온도로부터 서서히 냉각된 공석강의 미세조직은 변태 시 동시에 형성되는 2개의 상(α와 Fe_3C)이 교대로 적층된 층, 즉 라멜라(lamella)로 구성되어 있다. 이 경우 층 두께의 상대적 비는 약 8 대 1이다. 그림 11.33에 개략적으로 나타낸 점 b의 미세조직을 **펄라이트(pearlite)**라고 부르는데, 이는 저배율의 현미경을 통해 보면 진주조개(mother of pearl)처럼 보이기 때문

펄라이트

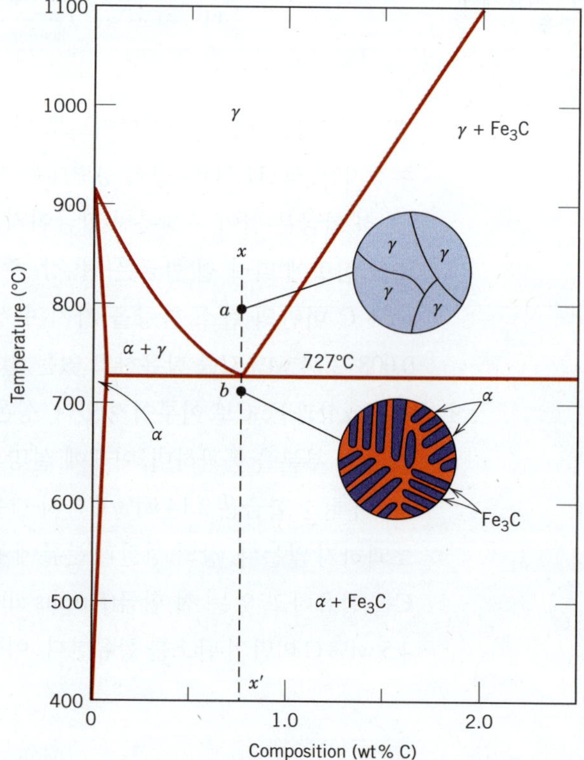

그림 11.33 공석 조성(0.76 wt% C)을 갖는 철-탄소 합금의 공석 온도 위와 아래에서의 미세조직을 보여주는 모식도

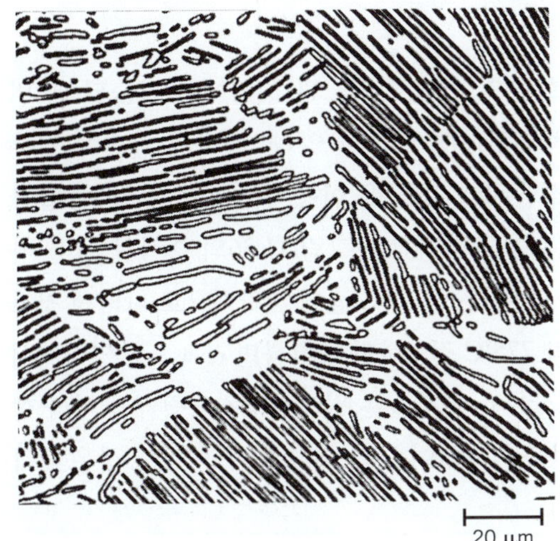

그림 11.34 α페라이트(밝게 보이는 상)와 Fe_3C(검게 보이는 얇은 층)가 교대로 쌓인 층으로 구성된 펄라이트 미세조직을 보여주는 공석강의 현미경 사진(500배율)
(From *Metals Handbook*, Vol. 9, 9th edition, *Metallography and Microstructures*, 1985. Reproduced by permission of ASM International, Materials Park, OH.)

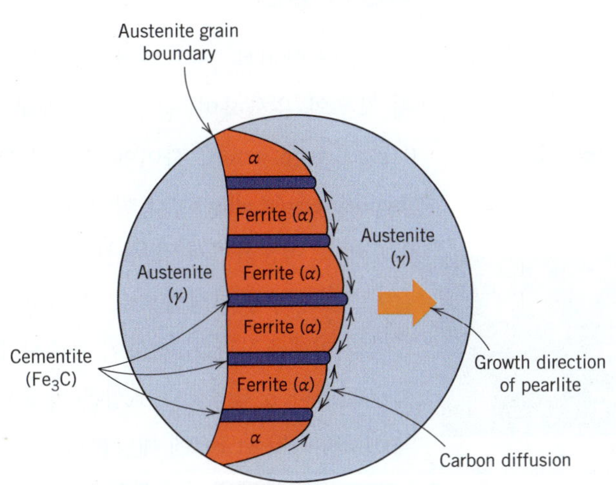

그림 11.35 오스테나이트로부터 펄라이트의 형성을 보여주는 모식도. 화살표는 탄소의 확산 방향을 나타낸다.

이다. 그림 11.34는 펄라이트를 보여주는 공석강의 현미경 사진이다. 펄라이트는 '군(colony)'이라고 부르는 결정립으로 존재하는데, 각 군의 층들은 같은 방향으로 배열되어 있으며, 배열은 군별로 서로 다르다. 두껍고 밝은 층은 페라이트 상이며, 시멘타이트 상은 주로 어둡게 보이는 얇은 라멜라처럼 나타난다. 많은 시멘타이트 층은 너무 얇아서 근접한 상 경계가 잘 구별되지 않으며, 그 층은 이 같은 배율에서는 어둡게 나타난다. 기계적으로 펄라이트는 무르고 연성인 페라이트와 단단하고 취성인 시멘타이트의 중간 정도의 성질을 갖는다.

공정조직(그림 11.13과 11.14)이 형성되는 것과 같은 원리로 펄라이트에서 α 및 Fe_3C 층은 교대로 형성되는데, 이는 모상[이 경우 오스테나이트(0.76 wt% C)]의 조성이 생성된 상들[페라이트(0.022 wt% C)와 시멘타이트(6.70 wt% C)]과 다르고 상변태 시 확산에 의한 탄소의 재분포를 요구하기 때문이다. 그림 11.35는 공석반응에 따른 미세조직의 변화를 개략적으로 보여주고 있으며, 여기서 탄소의 확산방향은 화살표로 표시되어 있다. 펄라이트가 결정립계에서 반응하지 않은 오스테나이트 결정립으로 퍼져 감에 따라 탄소 원자는 0.022 wt% 페라이트 영역에서 빠져나와 6.70 wt% 시멘타이트 층으로 확산된다. 이 같은 구조를 형성하는 데 있어 탄소 원자는 단지 짧은 거리를 확산함으로써 층상의 펄라이트가 형성된다.

또한 그림 11.33의 점 *b*에서 펄라이트를 연속해서 냉각해도 미세조직의 변화는 거의 없다.

아공석 합금

지금부터 살펴볼 공석 조성 이외의 철-철 탄화물의 미세조직은 11.12절에서 기술된 네 번째 경우와 유사하며, 공정계에 대해서는 그림 11.16에 나타나 있다. 공석의 왼편에 있는 0.022와 0.76 wt% C 사이에 위치한 C_0의 조성을 갖는 합금을 **아공석**(공석보다 적은) **합금(hypoeutectoid alloy)**이라 한다. 이 조성을 갖는 합금의 냉각은 그림 11.36의 수직선 yy'을 따라 아래로 이동하면서 일어난다. 약 875°C 점 c의 미세조직은 그림에 개략적으로 나타낸 것과 같이 오로지 γ상 결정립으로 구성되어 있다. 약 775°C 점 d까지 냉각하면 $\alpha + \gamma$상 영역에서 그림의 미세조직과 이들 상이 공존하게 된다. 작은 α 입자들은 원래의 γ 결정립계를 따라 형성될 것이다. α 및 γ상의 조성은 적절한 공액선을 이용하여 구할 수 있으며, 이들 조성은 각각 약 0.02와 0.40 wt% C에 해당한다.

아공석 합금

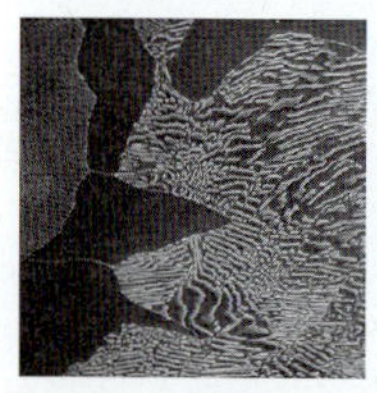

0.44 wt%의 탄소를 함유한 강철의 미세조직을 보여주는 주사전자현미경 사진(700배율). 크고 어두운 영역은 초석 페라이트이고 밝고 어두운 층상 구조가 번갈아 나타나는 영역은 펄라이트이다. 펄라이트 안의 밝고 어두운 층은 각각 페라이트와 시멘타이트 상에 해당한다. (Micrograph courtesy of Republic Steel Corporation.)

$\alpha + \gamma$상 영역을 지나 합금을 냉각시킬 때 페라이트 상의 조성은 $\alpha - (\alpha + \gamma)$상 경계인 선 MN을 따라 온도와 함께 변하면서 탄소의 양은 조금씩 많아지게 된다. 반면, 온도 감소에 따른 오스테나이트의 조성은 $(\alpha + \gamma) - \gamma$ 경계인 선 MO를 따라 더욱 급격히 변화하게 된다.

점 d에서 공석 바로 위이며 $\alpha + \gamma$ 영역 내에 있는 점 e까지 냉각하게 되면, α상의 분율은 증가하여 그림과 비슷한 미세조직을 얻으며 α 입자들은 더욱 크게 성장한다. 이 지점에서의

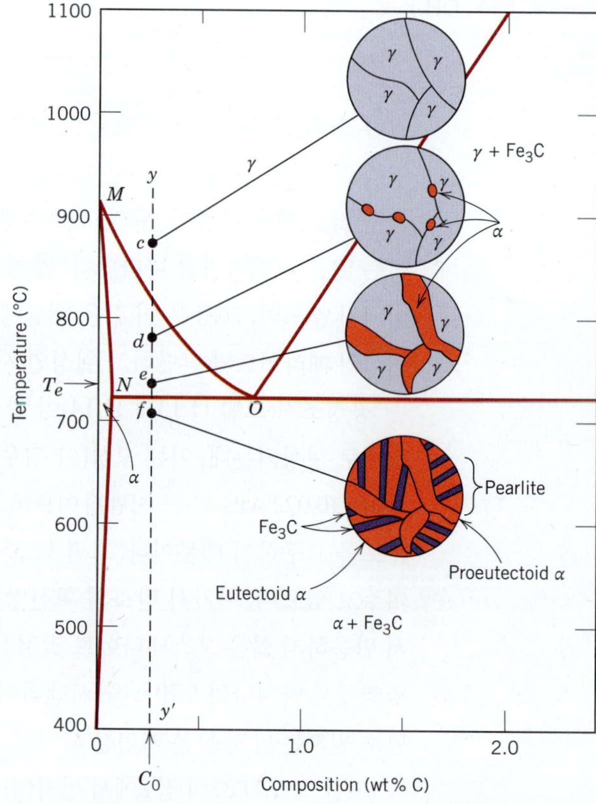

그림 11.36 아공석 조성 C_0(0.76 wt% C 미만)를 갖는 철-탄소 합금이 오스테나이트 상 영역에서 공석 온도 아래까지 냉각됨에 따라 나타나는 미세조직의 모식도

α와 γ상의 조성은 온도 T_e에서 그은 공액선으로부터 결정할 수 있으며, α상은 0.022 wt% C를 함유하는 반면 γ상은 0.76 wt% C의 조성을 함유한다.

온도를 공석 바로 밑의 점 f까지 낮추면 온도 T_e에서 존재하던 모든 γ상(공석 조성을 가지고 있는)은 식 (11.21)의 반응에 의해 펄라이트로 변하게 될 것이다. 실제로 공석 온도를 지나 점 e에 존재하는 α상에는 전혀 변화가 없으며 고립된 펄라이트 군을 둘러싼 연속된 기지상(matrix phase)으로 존재한다. 점 f의 미세조직은 그림 11.36의 삽입그림에 나타나 있다. 따라서 페라이트 상은 펄라이트 안에서 $\alpha + \gamma$상 영역을 지나는 냉각 시 형성된 상으로서 존재할 것이다. 펄라이트에 존재하는 페라이트를 **공석 페라이트**(*eutectoid ferrite*)라 하고, T_e 이상에서 형성된 페라이트를 **초석**(공석 이전의) **페라이트(proeutectoid ferrite)**라고 하며 그림 11.36에 나타나 있다. 그림 11.37은 0.38 wt% C 강의 현미경 사진으로, 넓고 흰 부분이 초석 페라이트에 해당된다. 펄라이트에서 α와 Fe_3C의 층 간격은 결정립마다 다르며, 일부 펄라이트는 층 간격이 매우 좁아서 현미경 사진의 배율에서는 영상분해가 쉽지 않아 검게 나타난다. 이 현미경 사진에서 두 가지의 미세 구성인자인 초석 페라이트와 펄라이트를 볼 수 있는데, 공석 아래의 온도까지 서랭되는 모든 아공석 철-탄소 합금에서 관찰할 수 있다.

초석 페라이트

초석 α와 펄라이트의 상대적 양은 초정 및 공정 미세 구성인자에 대해 11.12절에서 다룬 유사한 방법으로 구할 수 있다. 펄라이트는 공석 조성을 갖는 오스테나이트부터 변태된 산물이므로, $\alpha - (\alpha + Fe_3C)$상 경계(0.022 wt% C)로부터 공석 조성(0.76 wt% C)까지를 잇는 공

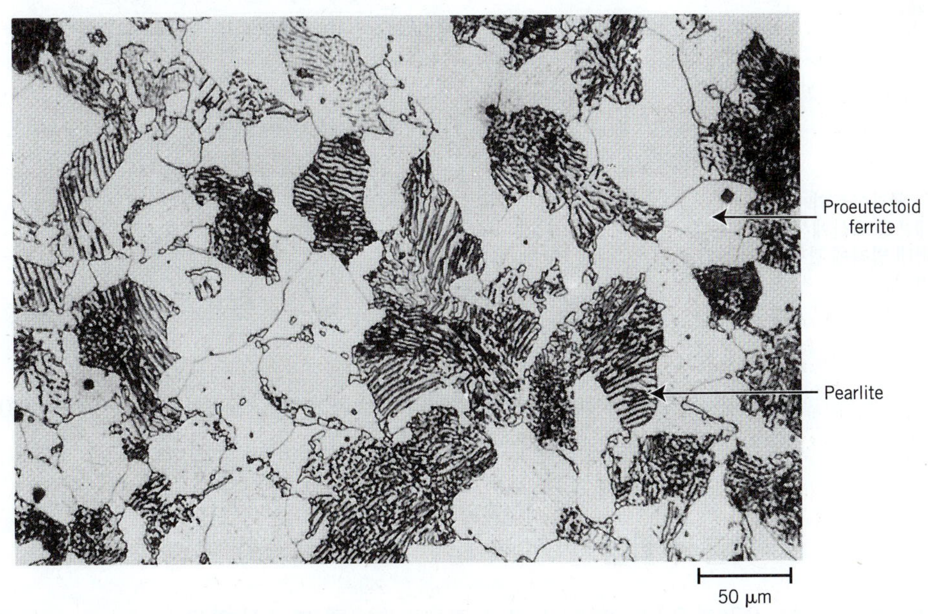

그림 11.37 펄라이트와 초석 페라이트로 구성된 미세조직을 갖는 0.38 wt% C 강의 현미경 사진(635배율)
(Photomicrograph courtesy of Republic Steel Corporation.)

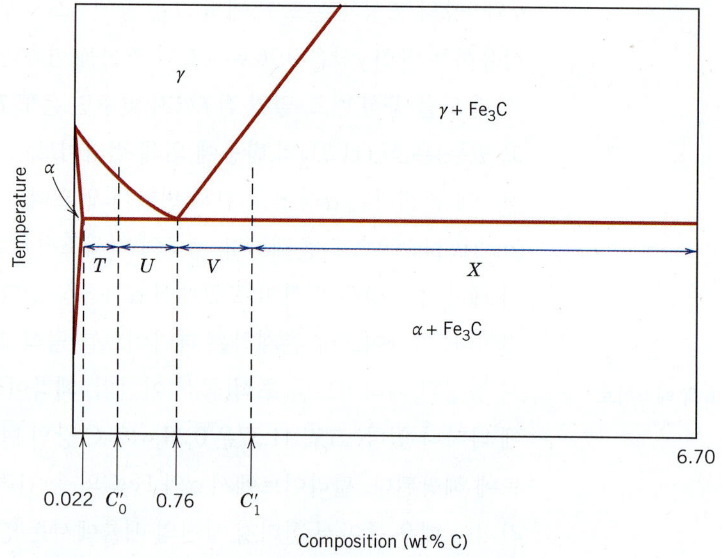

그림 11.38 아공석 조성(C_0')과 과공석 조성(C_1')에 대한 초석 및 펄라이트 미세 구성인자들의 상대적인 양을 산출하는 데 사용되는 Fe-Fe_3C 상태도의 일부분

액선과 더불어 지렛대 법칙을 사용하여 얻을 수 있다. 예를 들어, 그림 11.38에서 C_0'의 조성을 갖는 합금을 고려해 보자. 즉, 펄라이트의 분율 W_p는 다음과 같이 산출할 수 있다.

펄라이트의 무게분율 계산에서 지렛대 법칙에 관한 설명(조성 C_0', 그림 11.38)

$$W_p = \frac{T}{T+U} = \frac{C_0' - 0.022}{0.76 - 0.022} = \frac{C_0' - 0.022}{0.74} \tag{11.22}$$

또한 초석 α의 분율 $W_{\alpha'}$은 다음과 같이 계산할 수 있다.

초석 페라이트의 무게분율 계산에서 지렛대 법칙에 관한 설명

$$W_{\alpha'} = \frac{T}{T+U} = \frac{0.76 - C_0'}{0.76 - 0.022} = \frac{0.76 - C_0'}{0.74} \tag{11.23}$$

물론, 총 α(공석과 초석)와 시멘타이트의 분율도 α + Fe_3C상 영역인 0.022에서 6.70 wt% C까지 가로지르는 공액선과 지렛대 법칙을 이용하여 결정한다.

과공석 합금

과공석 합금

0.76과 2.14 wt% C 사이의 조성을 함유한 **과공석 합금(hypereutectoid alloy)**을 γ상 영역 내의 온도에서 냉각시킬 때도 유사한 상변태와 미세조직이 나타난다. 그림 11.39에서 선 zz'을 따라 냉각 시 조성 C_1을 갖는 합금에 대해 생각해 보자. 점 g에서는 조성이 C_1인 γ상만이 존재하

며, 미세조직은 단지 γ 결정립들로 구성되어 있다. $\gamma + Fe_3C$상 구역인 점 h까지 냉각시키면, 그림 11.36 점 d에서의 α상과 유사하게 초기의 γ 결정립계를 따라 시멘타이트 상이 나타나기 시작한다. 이러한 시멘타이트를 **초석 시멘타이트(proeutectoid cementite)**라고 하며, 이것은 공석반응 전에 형성된다. 물론, 온도가 변해도 시멘타이트의 조성(6.70 wt% C)은 일정하다. 그러나 오스테나이트 상의 조성은 선 PO를 따라 공석 조성으로 변한다. 온도가 공석을 지나 점 i까지 낮아지면 남아 있는 모든 공석 조성의 오스테나이트는 모두 펄라이트로 변하게 되어 그것의 미세조직은 미세 구성인자인 펄라이트와 초석 시멘타이트로 구성되어 있다(그림 11.39). 1.4 wt% C 강의 현미경 사진(그림 11.40)에서 초석 시멘타이트는 밝게 나타난다. 그것은 초석 페라이트와 같은 모습을 하고 있기 때문에(그림 11.37) 미세조직만을 근거로 해서 아공석 및 과공석 강을 구별하기란 어렵다.

초석 시멘타이트

펄라이트 및 초석 Fe_3C의 미세 구성인자들의 상대적 양은 과공석강 합금의 경우 아공석 재료에서 사용한 것과 유사한 방법에 의해 산출한다. 즉, 그림 11.38에서 C_1'의 조성을 갖는 합금의 경우, 펄라이트의 분율 W_p와 초석 시멘타이트의 분율 $W_{Fe_3C'}$은 다음과 같이 지렛대 법칙을 이용하여 산출한다.

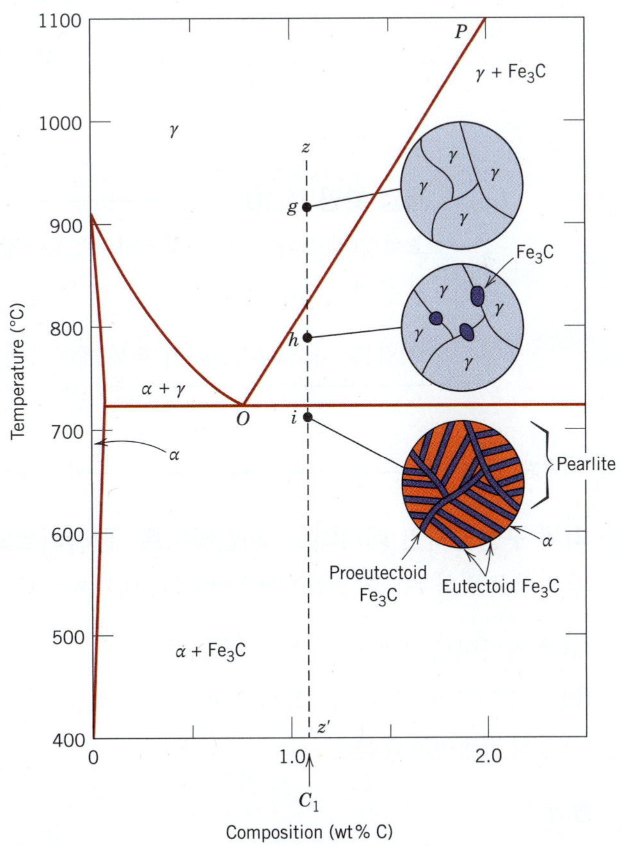

그림 11.39 과공석 조성 C_1(0.76과 2.14 wt% C 사이의 조성)을 갖는 철-탄소 합금이 오스테나이트 상 영역에서 공석 온도 아래까지 냉각됨에 따라 나타나는 미세조직의 모식도

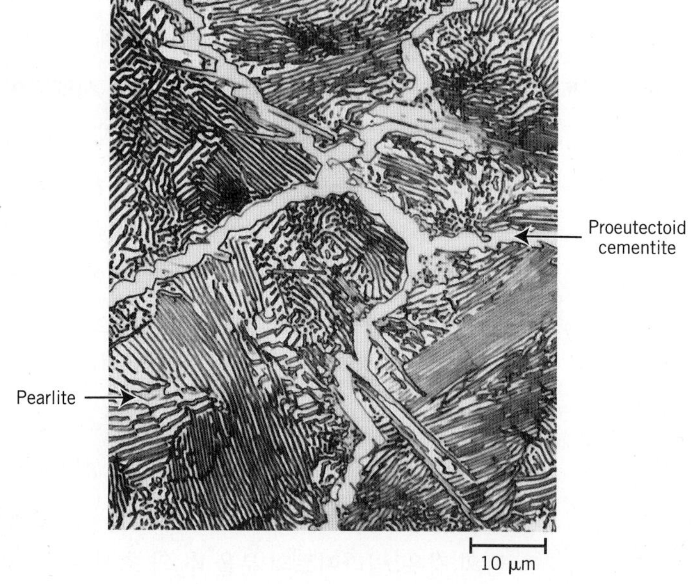

그림 11.40 흰색의 초석 시멘타이트가 펄라이트 군을 둘러싸고 있는 망상의 미세조직을 보여주는 1.4 wt% C 강의 현미경 사진(1000배율)
(Copyright 1971 by United States Steel Corporation.)

$$W_p = \frac{X}{V+X} = \frac{6.70 - C_1'}{6.70 - 0.76} = \frac{6.70 - C_1'}{5.94} \tag{11.24}$$

$$W_{Fe_3C'} = \frac{V}{V+X} = \frac{C_1' - 0.76}{6.70 - 0.76} = \frac{C_1' - 0.76}{5.94} \tag{11.25}$$

개념 확인 11.10

초석상(페라이트 또는 시멘타이트)은 왜 오스테나이트의 결정립계를 따라 형성되는지 간단히 설명하라(6.8절 참조).

(정답은 *www.wiley.com*의 제품 페이지에서 확인할 수 있음)

예제 11.4

미세 구성인자인 페라이트, 시멘타이트, 펄라이트의 상대적 양 구하기

공석 바로 밑의 온도에 있는 99.65 wt% Fe–0.35 wt% C 합금에 대해 다음을 구하라.

(a) 총 페라이트 및 시멘타이트 상의 분율

(b) 초석 페라이트와 펄라이트의 분율

(c) 공석 페라이트의 분율

풀이

(a) 이 문제의 일부는 α + Fe_3C상 영역을 가로지르는 전 구역에 대한 공액선과 지렛대 법칙을 적용해서

해결할 수 있다. 즉, C_0'은 0.35 wt% C이고 α 및 Fe_3C의 무게분율은 각각 다음과 같다.

$$W_\alpha = \frac{6.70 - 0.35}{6.70 - 0.022} = 0.95$$

$$W_{Fe_3C} = \frac{0.35 - 0.022}{6.70 - 0.022} = 0.05$$

(b) 초석 페라이트와 펄라이트의 무게분율은 단지 공액 조성까지 잇는 공액선과 지렛대 법칙[즉, 식 (10.20)과 (10.21)]을 이용하여 계산하면 각각 다음과 같다.

$$W_p = \frac{0.35 - 0.022}{0.76 - 0.022} = 0.44$$

$$W_{\alpha'} = \frac{0.76 - 0.35}{0.76 - 0.022} = 0.56$$

(c) 모든 페라이트는 초석 또는 공석(펄라이트 속의)의 형태이다. 그러므로 이런 두 가지 페라이트 무게분율의 합은 다음 식과 같이 총 페라이트 무게분율과 같게 된다.

$$W_{\alpha'} + W_{\alpha e} = W_\alpha$$

여기서 $W_{\alpha e}$는 그 합금의 공석 페라이트의 무게분율을 나타낸다. W_α와 $W_{\alpha'}$의 값은 문제 (a)와 (b)에서 구한 것과 같이[즉, 식 (10.20)과 (10.21)] 각각 0.95와 0.56이므로 $W_{\alpha e}$는 다음과 같이 0.39가 된다.

$$W_{\alpha e} = W_\alpha - W_{\alpha'} = 0.95 - 0.56 = 0.39$$

비평형 냉각

철-탄소 합금의 미세조직 발달에 관한 설명에서는 냉각 시 준안정 평형상태[6]가 연속적으로 유지된다는 가정이 있었으며, 다시 말해 Fe-Fe_3C 상태도로부터 예측되는 상의 조성 및 상대적 양을 조절하는 데 필요한 각각의 새로운 온도에서 충분한 시간이 주어졌다는 것을 의미한다. 대부분의 경우에 있어서, 이와 같이 냉각속도는 비현실적으로 느리고 실제로 불필요하지만, 실은 많은 경우에 비평형상태가 바람직하기도 하다. 실제적으로 중요한 두 가지의 비평형 효과는 (1) 상태도에서 상 경계선에 의해 예측되는 그 이외의 온도에서의 상변화 및 상변태와 (2) 상태도에는 나타나 있지 않은 상온에서의 비평형 상의 존재이다. 이 두 가지 경우에 대한 내용은 12장에서 다룬다.

6) 준안정 평형(*metastable equilibrium*)이라는 용어는 Fe_3C가 유일한 준안정 화합물이므로 이 설명에서 사용된다.

11.22 | 기타 합금 원소의 영향

다른 합금 원소(Cr, Ni, Ti 등)들을 첨가하면 그림 11.31의 철-철 탄화물 상태도에서 급격한 변화가 나타난다. 상 경계의 위치 및 상 영역의 모양은 특정한 원소 및 그것의 농도에 따라 바뀌게 된다. 한 가지 중요한 변화는 온도와 탄소 농도에 따라 공석 지점이 이동하는 것이다. 이러한 효과는 몇몇 합금 원소의 농도에 따른, 공석 온도와 공석 조성(wt% C)을 도표화한 그림 11.41과 11.42에 나타나 있다. 그러므로 다른 합금 원소를 첨가하면 공석반응의 온도뿐만 아니라 형성되는 펄라이트와 초석상의 상대적 양을 변화시키게 된다. 일반적으로 강은 내식성을 향상시키거나 열처리가 가능하도록 만들기 위해 합금화한다(15.7절 참조).

11.23 | 스피노달 분해

스피노달 분해는 하나의 열역학적 상에서 고상과 액상의 혼합물이 빠르게 혼합되지 않아 2개의 공존하는 상들이 형성되는 것을 말한다. 고온에서 열역학적 단일상을 형성하는 오일과 물의 고온 혼합물을 고려해 보자. 물이 많은 상과 오일이 많은 상이 공존할 수 있는 온도보다 더 낮은 온도로 냉각되면 스피노달 분해는 오일이 많은 새로운 상과 물이 많은 새로운 상의 형성은 필연적으로 핵생성 장벽이 없는 곳에서 나타난다. 즉, 오일과 물 분자는 즉시 클러스터를 형성하여 미세 응집체로 변하기 시작한다. 이 클러스터들은 오일이 많은 거시적인 단일 클러스터, 즉 오일이 많은 상과 물이 많은 단일 클러스터, 즉 물이 많은 거시적인 상이 될 때까지

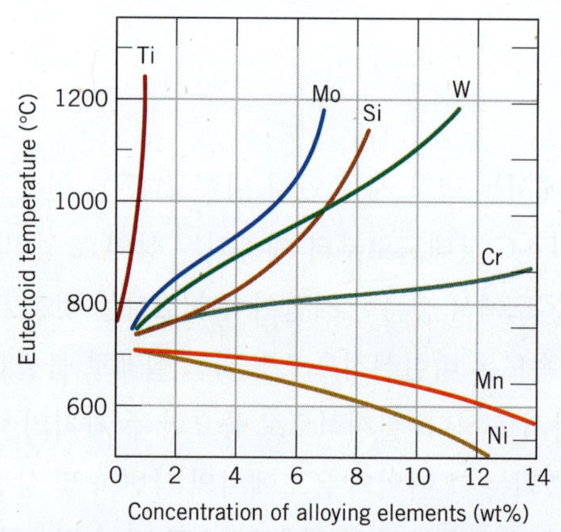

그림 11.41 몇 가지 합금 원소들의 농도에 따른 강의 공석 온도 변화
(From Edgar C. Bain, *Functions of the Alloying Elements in Steel*, 1939. Reproduced by permission of ASM International, Materials Park, OH.)

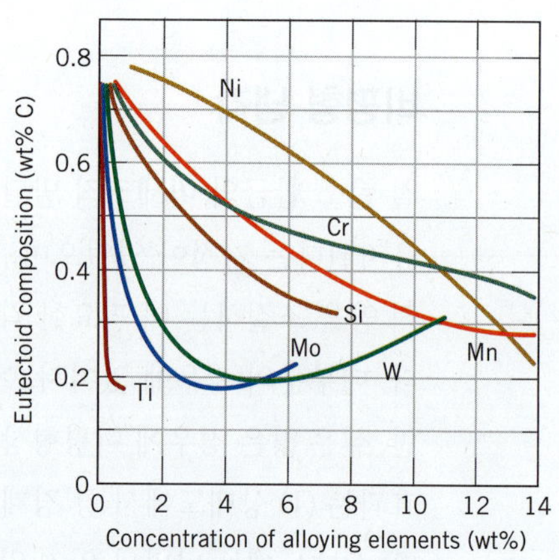

그림 11.42 몇 가지 합금 원소들의 농도에 따른 강의 공석 조성(wt% C) 변화
(From Edgar C. Bain, *Functions of the Alloying Elements in Steel*, 1939. Reproduced by permission of ASM International, Materials Park, OH.)

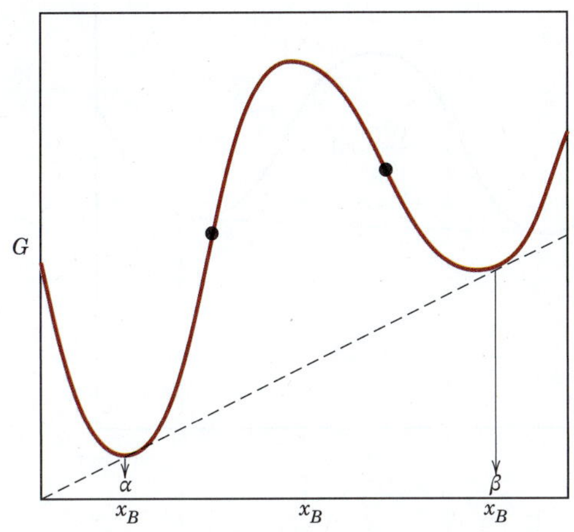

그림 11.43 A가 많은 α상과 B가 많은 β상으로 구성된 기계적 혼합체에 대한 조성에 따른 자유에너지 변화 곡선

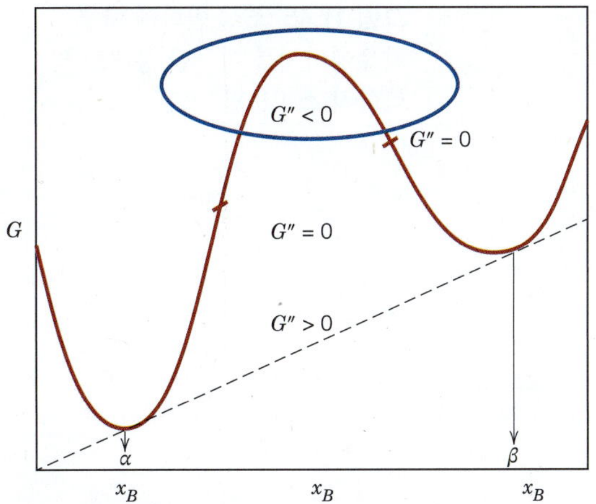

그림 11.44 조성에 따른 자유에너지 변화 곡선에서 양의 곡률(핵생성)과 음의 곡률(스피노달) 영역

빠르게 성장하고 합쳐지게 된다. 스피노달 분해는 핵생성 및 핵성장과 대조될 수 있다. 이러한 과정에서 미세한 클러스터의 초기 형성은 큰 자유에너지 장벽을 포함하므로 매우 느리게 나타날 수 있으며 스피노달 분해에서 발생하는 것처럼 상 전반에 걸치지 않고 초기의 상에서 가능한 한 적게 발생한다.

저온에서 상이 분리되는 계는 오목한 곡률 영역으로 구성된 기브스 자유에너지(G)를 가지며, 여기서 2원계 합금은 그림 11.43과 같이 고용체 대신 A와 B가 많은 영역의 기계적인 혼합체로 남게 된다. 이는 계의 자유에너지를 감소시킨다.

자유에너지 곡선이 이렇게 오목하게 되면 상변화 메커니즘은 핵생성 및 성장에서 스피노달 분해로 변화하는 경향이 있다. 이러한 변화는 그림 11.44와 같은 자유에너지 곡선의 곡률에 기인한다. 그림 11.45는 상분리 영역에 있는 모든 점의 궤적인 화학적 스피노달을 보여주고 있다. 여기서 자유에너지 곡률 대 조성 도표의 부호가 바뀌게 된다.

스피노달 상 분리에서 조성의 증가는 A와 B가 많은 영역에서 각각 A와 B의 양을 증가시키는데 이는 자유에너지 감소를 야기한다(그림 11.46). 따라서 스피노달 분해는 양의 곡률 영역이 시간에 따라 증가하는 반면 음의 곡률 영역은 시간에 따라 감소하여 그림 11.47과 같이 균질화를 초래할 것으로 예상되는 고전적인 확산과 구별된다.

상호확산계수 D를 갖는 스피노달 분해가 일어나는 계를 고려해 보자. 그림 11.46에서와 같이 시간이 일정한 $\tau = -\lambda^2/4\pi^2 D$ 특성을 갖는 조성의 변동이 나타나는 경향이 있다. 여기서 λ는 변조된 조성의 파장을 나타낸다. λ가 작을수록 변태속도는 빠르지만, A와 B가 많은 영역이 형성되기 때문에 최소 λ 이하에서는 스피노달 분해가 일어나지 않는다. 또한 계면에는 높은 자유에너지를 갖는 AB 결합영역이 존재한다. 이러한 고에너지 AB 영역은 아래의 설명처

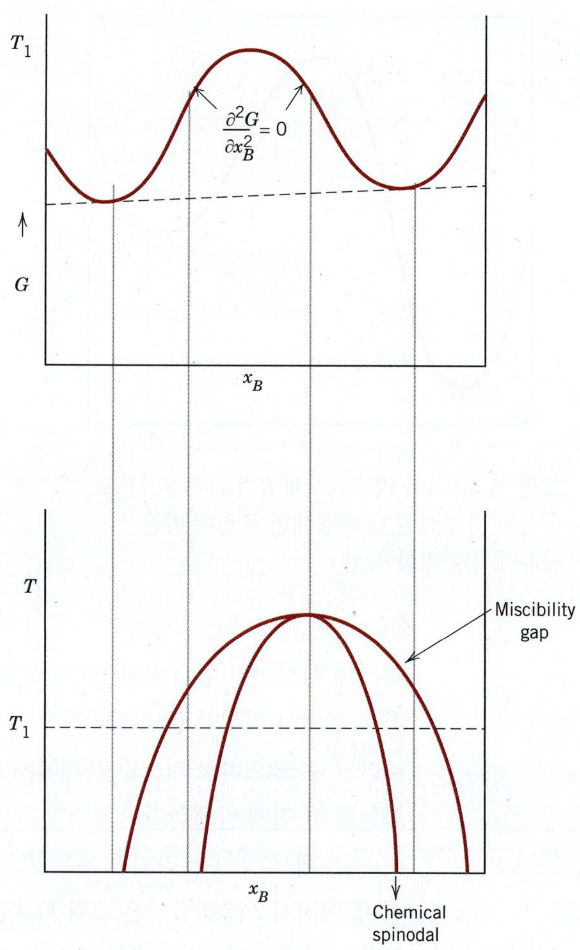

그림 11.45 조성 변화에 따른 자유에너지를 이용한 상태도 및 화학적 스피노달

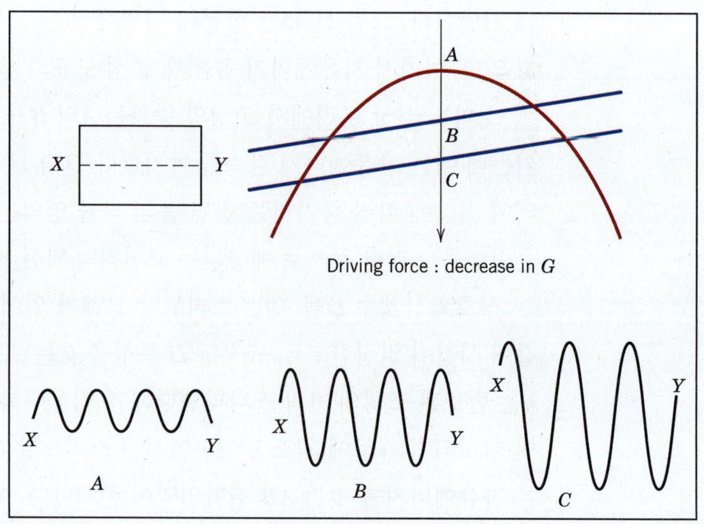

그림 11.46 자유에너지 감소에 의한 α와 β가 많아지는 영역

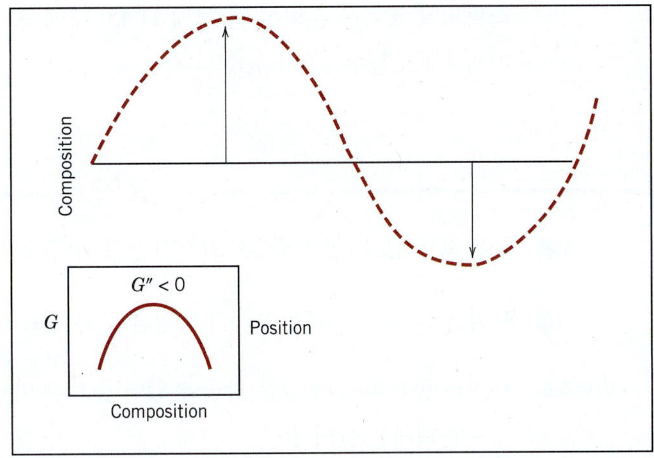

그림 11.47 균질화 및 상분리 동안의 조성 변화

럼 더 낮은 파장 한계를 초래한다.

$x_B^0 + \Delta x$와 $x_B^0 - \Delta x$로 분해되는 균질한 합금이 있다면, 자유에너지는 다음과 같다.

$$\Delta G_{\text{chem}} = \frac{1}{2}\frac{d^2G}{dx_B^2}(\Delta x)^2 \tag{11.26}$$

AB 결합영역은 자유에너지에 기여하므로 구조적 구성에서의 기울기로 인한 것이다. 사인 조성의 진폭 Δx와 파장 λ의 변화에 따라 구배 에너지와 최대 구배의 관계는 다음과 같다.

$$\Delta G_{\text{grad}} = k\left(\frac{\Delta x}{\lambda}\right)^2 \tag{11.27}$$

ΔG_{grad}는 비례상수이며 *AA*, *BB* 및 *AB* 결합에너지의 에너지 차에 따라 달라진다.

총 자유에너지의 파장 λ의 조성 변동은 구배 및 화학식의 합으로 나타낼 수 있다[식 (11.26) 및 (11.27)].

$$\Delta G = \Delta G_{\text{chem}} + \Delta G_{\text{grad}} = \left(\frac{d^2G}{dx_B^2} + \frac{2k}{\lambda^2}\right)\frac{(\Delta x)^2}{2} \tag{11.28}$$

스피노달 분해에 있어

$$-\frac{d^2G}{dx_B^2} > \frac{2k}{\lambda^2} \tag{11.29}$$

또는

$$\lambda^2 > -\frac{2k}{\dfrac{d^2G}{dx_B^2}} \tag{11.30}$$

스피노달 영역은 혼화성 갭(그림 11.45) 내에 표시되어 있으며, 여기서 조성에 대한 자유에너지의 2차 도함수는 0이다($G'' = 0$).

요약

서론 • 평형상태도는 합금계에서 안정된 상들 사이의 관계를 잘 나타내는 간편하고 간결한 수단이다.

상 • 상은 균질한 물리적 화학적 특징을 갖는 재료의 일부분이다.

미세조직 • 여러 종류의 상을 갖는 합금에 있어 중요한 미세조직적 특징은 다음과 같다.

– 존재하는 상의 수

– 상의 상대적인 분율

– 상이 형성되는 방법

• 합금의 미세조직에 영향을 미치는 세 가지 인자는 다음과 같다.

– 존재하는 합금 원소

– 합금 원소의 양

– 합금의 열처리

상평형 • 평형상태의 계는 가장 안정한 상태이며, 상의 특성은 변하지 않는다. 열역학적으로 상평형의 조건은 계의 자유에너지가 온도, 압력, 조성의 어떠한 조합에서도 최소일 때이다.

• 준안정상태의 계는 시간에 따라 영구히 지속되고 거의 변하지 않는 비평형상태이다.

단일성분계 상태도 • 단일성분계 상태도는 로그값을 갖는 압력과 온도로 도시되며, 고상, 액상, 기상의 구역이 존재한다.

2원 전율고용체 계 • 2원계에서는 일정한 압력하에서 온도 및 조성이 변수이다. 상태도상의 영역에는 1개 혹은 2개 상들이 존재한다.

2원 전율계 상태도 • 전율계 상태도는 고상에 완전히 고용될 수 있는 고용체에 대한 상태도이다. 구리-니켈 계(그림 11.3*a*)가 여기에 해당된다.

상태도 해석 • 평형상태에 있는 온도에서 특정 조성을 갖는 합금의 다음 사항을 결정할 수 있다.

– 상태도상의 특정 조성-온도에 해당하는 점으로부터 존재하는 상의 종류

– 2상 구역 내에서 수평의 공액선으로부터 상의 조성

– 2상 구역 내에서 지렛대 법칙을 이용한 상의 무게분율[식 (11.1)과 (11.2)]

2원 공정계 • 몇몇 합금에서 나타나는 공정반응에서 액상은 냉각 시 2개의 서로 다른 고상으로 변태한다(예: $L \rightarrow \alpha + \beta$). 이와 같은 반응은 구리-은과 납-주석의 상태도에서 볼 수 있다(그림 11.7

과 11.8).

- 어느 온도에서의 용해한도는 특정 상의 용매에 고용될 수 있는 용질 성분의 최대 양을 나타낸다. 2원 공정형에서 용해한도는 고상선 및 고용한계선을 따라가면 찾을 수 있다.

공정형 합금에서 미세조직의 발달

- 공정 조성을 갖는 합금은 응고 후 2개의 고상이 층층이 겹쳐져 있는 미세조직이 나타난다.
- 공정선을 따라 놓여 있는 모든 조성에 대한 합금은 응고 후 초정상과 층상의 공정조직이 나타난다.
- 초정상과 공정조직을 구성하는 상들의 무게분율은 공정 조성까지 연장한 공액선과 지렛대 법칙을 이용하여 계산할 수 있다[식 (11.10)과 (11.11)].

중간상 또는 중간 화합물을 갖는 평형상태도

- 좀 더 복잡한 상태도에서는 상태도 양 끝단에 놓여 있지 않는 상, 고용체, 화합물이 나타날 수 있다. 중간 고용체 및 금속간 화합물이 그 예이다.
- 공정반응 외에 3개의 상을 포함하는 다른 반응이 상태도상의 불변점에 나타나기도 한다.
  – 냉각 시 하나의 고상이 서로 다른 2개의 고상으로 변태하는 공석반응(예: $\alpha \rightarrow \beta + \gamma$)
  – 냉각 시 하나의 액상과 고상이 서로 다른 고상으로 변태하는 포정반응(예: $L + \alpha \rightarrow \beta$)
- 상들의 조성이 변하지 않는 변태가 해당된다.

세라믹 상태도

- 세라믹 상태도는 일반적으로 금속계와 비슷하다.
- Al_2O_3-Cr_2O_3(그림 11.26), MgO-Al_2O_3(그림 11.27), ZrO_2-CaO(그림 11.28), SiO_2-Al_2O_3(그림 11.29) 계에 대한 상태도를 다루었다.
- 이들 상태도는 특히 세라믹 재료의 고온 성능을 평가하는 데 유용하다.

기브스 상률

- 기브스의 상률[식 (11.18)]은 평형상태의 계에 공존하는 상의 수, 자유도의 수, 성분의 수, 조성과 무관한 변수 사이의 관계를 나타낸 간단한 식이다.

철-철 탄화물(Fe-Fe_3C) 상태도

- 철-철 탄화물 상태도(그림 11.31)에서 중요한 상은 α페라이트(BCC), γ오스테나이트(FCC), 금속간 화합물인 철 탄화물[또는 시멘타이트(Fe_3C)]이다.
- 조성에 따라 철 합금은 다음과 같이 세 가지로 분류된다.
  – 철(< 0.008 wt% C)
  – 강(0.008~2.14 wt% C)
  – 주철(> 2.14 wt% C)

철-탄소 합금에서 미세조직의 발달

- 많은 철-탄소 합금 및 강의 미세조직 발달은 조성이 0.76 wt% C인 FCC 오스테나이트 상이 BCC α페라이트 상(0.022 wt% C)과 시멘타이트로 등온 변태가 일어나는 공석반응에 의해 좌우된다(즉, $\gamma \rightarrow \alpha + Fe_3C$).
- 공석 조성을 갖는 철-탄소 합금의 미세조직은 펄라이트이며 미세 구성인자로 페라이트와 시멘타이트가 번갈아 쌓인 층으로 되어 있다.

- 공석 조성(예: 공석강)보다 적은 탄소 함량을 갖는 아공석강의 미세조직은 펄라이트와 초석 페라이트로 구성되어 있다 .
- 공석 조성보다 많은 함량의 탄소를 함유한 과공석강은 펄라이트와 초석 시멘타이트로 구성되어 있다.
- 초석상(페라이트 또는 시멘타이트)과 펄라이트의 무게분율은 공석 조성(0.76 wt% C)까지 연장한 공액선과 지렛대 법칙을 이용하여 계산할 수 있다.

스피노달 분해
- 열역학적 단일상이 핵생성 없이 자연적으로 2개의 상으로 분해되는 메커니즘을 말한다.

식 요약

Equation Number	Equation	Solving for
11.1b	$W_L = \frac{C_\alpha - C_0}{C_\alpha - C_L}$	Mass fraction of liquid phase, binary isomorphous system
11.2b	$W_\alpha = \frac{C_0 - C_L}{C_\alpha - C_L}$	Mass fraction of α solid-solution phase, binary isomorphous system
11.5	$V_\alpha = \frac{v_\alpha}{v_\alpha + v_\beta}$	Volume fraction of α phase
11.6a	$V_\alpha = \frac{\frac{W_\alpha}{\rho_\alpha}}{\frac{W_\alpha}{\rho_\alpha} + \frac{W_\beta}{\rho_\beta}}$	For α phase, conversion of mass fraction to volume fraction
11.7a	$W_\alpha = \frac{V_\alpha \rho_\alpha}{V_\alpha \rho_\alpha + V_\beta \rho_\beta}$	For α phase, conversion of volume fraction to mass fraction
11.10	$W_e = \frac{P}{P + Q}$	Mass fraction of eutectic microconstituent for binary eutectic system (per Figure 11.18)
11.11	$W_{\alpha'} = \frac{Q}{P + Q}$	Mass fraction of primary α microconstituent for binary eutectic system (per Figure 11.18)
11.12	$W_\alpha = \frac{Q + R}{P + Q + R}$	Mass fraction of total α phase for a binary eutectic system (per Figure 11.18)
11.13	$W_\beta = \frac{P}{P + Q + R}$	Mass fraction of β phase for a binary eutectic system (per Figure 11.18)
11.18	$P + F = C + N$	Gibbs phase rule (general form)
11.22	$W_p = \frac{C_0' - 0.022}{0.74}$	For a *hypo*eutectoid Fe–C alloy, the mass fraction of pearlite (per Figure 11.38)

(계속)

Equation Number	Equation	Solving for
11.23	$W_{\alpha'} = \dfrac{0.76 - C_0'}{0.74}$	For a *hypo*eutectoid Fe–C alloy, the mass fraction of proeutectoid α ferrite phase (per Figure 11.38)
11.24	$W_p = \dfrac{6.70 - C_1'}{5.94}$	For a *hyper*eutectoid Fe–C alloy, the mass fraction of pearlite (per Figure 11.38)
11.25	$W_{Fe_3C'} = \dfrac{C_1' - 0.76}{5.94}$	For a *hyper*eutectoid Fe–C alloy, the mass fraction of proeutectoid Fe_3C (per Figure 11.38)

기호 목록

Symbol	Meaning
C (Gibbs phase rule)	Number of components in a system
C_0	Composition of an alloy (in terms of one of the components)
C_0'	Composition of a hypoeutectoid alloy (in weight percent carbon)
C_1'	Composition of a hypereutectoid alloy (in weight percent carbon)
F	Number of externally controlled variables that must be specified to completely define the state of a system
N	Number of noncompositional variables for a system
P, Q, R	Lengths of tie-line segments
P (Gibbs phase rule)	Number of phases present in a given system
v_α, v_β	Volumes of α and β phases
ρ_α, ρ_β	Densities of α and β phases

중요한 용어와 개념

계
고상선
고용한계선
공석반응
공액선
공정상
공정반응
공정조직
과공석 합금
금속간 화합물
기브스 상률
미세 구성인자
상
상태도
상평형
성분
시멘타이트
아공석 합금
액상선
오스테나이트
용해 한도
자유에너지
전율고용체
정융 변태
준안정
중간 고용체
지렛대 법칙
초석 시멘타이트
초석 페라이트
초정상
최종 고용체
펄라이트
페라이트
평형
포정반응

참고문헌

ACerS-NIST Phase Equilibrium Diagram Products. A very large number of ceramic phase diagrams and associated information compiled by the American Ceramic Society and the National Institute of Standards and Technology. May be accessed at https://ceramics.org/publications-resources/phase-equilibrium-diagrams. Accessed August 2020.

ASM Handbook, Vol. 3, Alloy Phase Diagrams, ASM International, Materials Park, OH, 2016.

ASM Handbook, Vol. 9, *Metallography and Microstructures*, ASM International, Materials Park, OH, 2004.

ASM International Monograph Series on Alloy Phase Diagrams. A large number of volumes that contain phase diagrams for specific alloy systems. May be accessed at https://www.asminternational.org/search?p_p_id=webcontentfilters_WAR_webcontentsearchportlet&p_p_lifecycle=1&p_p_state=normal&p_p_mode=view. Accessed August 2020.

Bergeron, C. G., and S. H. Risbud, *Introduction to Phase Equilibria in Ceramics*, John Wiley & Sons, Hoboken, NJ, 1984.

Campbell, F. C., *Phase Diagrams: Understanding the Basics*, ASM International, Materials Park, OH, 2012.

Kingery, W. D., H. K. Bowen, and D. R. Uhlmann, *Introduction to Ceramics*, 2nd edition, John Wiley & Sons, New York, NY, 1976. Chapter 7.

Liu, X. J., I. Ohnuma, R. Kainuma, and K. Ishida, "Phase Equilibria in the Cu-Rich Portion of the Cu-Al Binary System," *Journal of Alloys and Compounds*, Vol. 264(1–2), 1998: pp. 201–208.

Soffa, W. A., and D. E. Laughlin, "Diffusional Phase Transformations in the Solid State," *Physical Metallurgy*, Elsevier, 2014, pp. 851–1020.

Spanos, G., and W. T. Reynolds, "Microstructure of Metals and Alloys," *Physical Metallurgy*, Elsevier, 2014, pp. 1073–1112.

Okamoto, H., *Desk Handbook: Phase Diagrams for Binary Alloys*, 2nd edition, ASM International, Materials Park, OH, 2010.

Villars, P., A. Prince, and H. Okamoto (Editors), *Handbook of Ternary Alloy Phase Diagrams*, ASM International, Materials Park, OH, 1995. Ten volumes.

Verhoeven, J. D., and E. D. Gibson, "The Monotectic Reaction in Cu-Nb Alloys," *Journal of Materials Science*, Vol. 13(7), 1978: pp. 1576–1582.

문제

용해 한도

11.1 그림 11.1의 설탕-물 상태도에 대한 문제이다.

(a) 90°C, 1500 g의 물에 용해되는 설탕의 양은?

(b) (a)에서 포화용액이 20°C까지 냉각되면 일부 설탕이 고체로 석출된다. 20°C에서 포화용액의 조성은 무엇인가? 설탕의 무게비로 답하라.

(c) 20°C까지 냉각되면서 용액으로부터 고체상태의 설탕은 얼마나 나오는가?

11.2 600°C에서 다음의 경우 최대 고용도는 얼마인가?

(a) Cu in Ag

(b) Ag in Cu

미세조직

11.3 합금의 미세조직에 영향을 주는 열처리 공정 변수를 나열하라.

상평형

11.4 용융 금속의 자유에너지에 영향을 주는 변수는?

단일성분계 상태도

11.5 −5°C, 0.1 atm에서의 얼음 시편이 있다. 그림 11.2의 H_2O에 대한 압력-온도 상태도를 사용하여 시편의 (a) 용융과 (b) 승화를 위해 압력을 얼마까지 올리거나 낮추어야 하는지 결정하라.

11.6 압력이 0.05 atm일 때 물과 얼음의 (a) 비등온도 및 (b) 용융온도는 각각 얼마인가? −5°C에서 얼음의 (c) 비등온도 및 (d) 승화온도는 얼마인가?

2원 전율고용체 계

11.7 아래 표는 Ge-Si 계의 액상선 및 고상선 온도를 나타내고 있다. 이 계의 상태도를 도시하고 각각의 구역에 해당하는 상을 표시하라.

Composition (wt% Si)	Solidus Temperature (°C)	Liquidus Temperature (°C)
0	935	935
10	1008	1145
20	1067	1220
30	1125	1274
40	1173	1312
50	1236	1349
60	1292	1371
70	1329	1385
80	1364	1393
90	1387	1410
100	1418	1418

11.8 액상선 온도가 1200°C가 되기 위해서 몇 kg의 니켈이 5.65 kg의 구리에 들어가야 하는가?

11.9 고상선 온도가 1300°C가 되기 위해서 몇 kg의 니켈이 2.45 kg의 구리에 들어가야 하는가?

상태도 해석

11.10 다음 조건의 합금들에 대한 상의 종류 및 조성을 나타내라.

(a) 400°C와 90 wt% Zn–10 wt% Cu

(b) 175°C와 75 wt% Sn–25 wt% Pb

(c) 900°C와 55 wt% Ag–45 wt% Cu

(d) 425°C와 30 wt% Pb–70 wt% Mg

(e) 500°C에서 2.12 kg Zn과 1.88 kg Cu

(f) 1250°C에서 8.2 mol Ni과 4.3 mol Cu

(g) 200°C에서 4.5 mol Sn과 0.45 mol Pb

11.11 평형상태에서 조성이 15 wt% Ni–85 wt% Cu인 액상과 조성이 37 wt% Ni–63 wt% Cu인 α상을 갖는 Cu-Ni 합금이 가능한가? 만약 가능하다면 이 합금의 대략적인 온도 구간은 얼마인가? 가능하지 않다면 이유를 설명하라.

11.12 평형상태에서 조성이 70 wt% Zn–30 wt% Cu인 ε상과 조성이 90 wt% Zn–10 wt% Cu인 액상을 갖는 Cu-Zn 합금이 가능한가? 만약 가능하다면 이 합금의 대략적인 온도 구간은 얼마인가? 가능하지 않다면 이유를 설명하라.

11.13 조성이 80 wt% Ni–20 wt% Cu인 Cu-Ni 합금이 1450°C에서 1050°C로 서랭되고 있다.

(a) 액상이 처음으로 형성되는 온도는 얼마인가?

(b) 액상의 조성은 무엇인가?

(c) 이 합금이 완전히 용융되는 온도는 얼마인가?

(d) 완전히 용융되기 바로 전 마지막으로 남아 있는 고상의 조성은 무엇인가?

11.14 400°C에서 650°C로 가열되고 있는 35 wt% Pb–65 wt% Mg 합금이 있다.

(a) 액상이 처음으로 형성되는 온도는 얼마인가?

(b) 이 액상의 조성은 무엇인가?

(c) 이 합금이 완전히 용융되는 온도는 얼마인가?

(d) 완전히 용융되기 바로 전 마지막으로 남아 있는 고상의 조성은 무엇인가?

11.15 조성이 75 wt% Zn–25 wt% Cu인 합금이 있다. 765, 720, 675, 625, 580, 530°C에서 존재하는 상의 종류와 그 상에 대한 조성을 나타내라.

11.16 문제 11.10에서 주어진 합금과 온도에 있어 존재하는 상들의 무게분율을 구하라.

11.17 조성이 85 wt% Pb–15 wt% Sn인 2 kg의 합금을 220°C까지 가열하고 있는데, 이 온도에서는 완전한 α상 고용체이다. 이 합금을 50%의 액상이 존재하도록 온도를 더 가열하면 나머지 상은 α상이 된다. 이러한 조건은 합금을 가열하든지 아니면 일정한 온도에서 유지하면서 조성을 변화시키면 가능하다.

(a) 어떤 온도까지 가열하면 되는가?

(b) 이 조건을 만족시키기 위해 220°C에서는 얼마만큼의 주석을 2 kg의 합금에 넣어야 하는가?

11.18 용해 한도 바로 아래인 500°C에서 고상인 α상으로 구성된 3.5 kg의 Mg-Pb 합금이 있다.

(a) 이 합금에서 납의 질량은 얼마인가?

(b) 이 합금을 550°C로 가열할 경우 α상의 용해 한도를 넘지 않기 위해 납이 얼마나 더 α상

에 고용되어야 하는가?

11.19 조성이 95 wt% Ag–5 wt% Cu인 합금이 액상과 β상이 공존하는 온도 구간까지 가열되고 있다. 액상의 조성이 85 wt% Ag이라고 할 때 다음을 구하라.

(a) 합금의 온도

(b) β상의 조성

(c) 액상과 β상의 무게분율

11.20 조성이 90 wt% Sn–10 wt% Pb인 합금이 액상과 β상이 공존하는 온도 구간까지 가열되고 있다. 각 상의 무게비가 0.5라고 할 때 다음을 구하라.

(a) 합금의 온도

(b) 액상과 β상의 조성

11.21 금속 A가 많은 α상과 금속 B가 많은 β상으로 구성된 가상의 A-B 합금이 있다고 가정하자. 같은 온도에서 두 가지 합금 조성에서의 상의 무게분율이 아래 표에 나와 있다. 이 온도에서 α상과 β상의 용해 한도는 얼마인가?

Alloy Composition	Fraction α Phase	Fraction β Phase
55 wt% A–45 wt% B	0.57	0.43
35 wt% A–65 wt% B	0.14	0.86

11.22 조성이 60 wt% B–40 wt% A인 가상의 A-B 합금이 특정 온도에서 α상과 β상이 존재하고, 각 상의 무게비가 0.5이다. 만약 β상의 조성이 85 wt% B–15 wt% A이라면 α상의 조성은 얼마인가?

11.23 조성이 55 wt% Ag–45 wt% Cu인 Cu-Ag 합금이 평형상태에서 무게비가 각각 0.4와 0.6으로 이루어진 α상과 β상이 존재한다고 가정하면 이 합금의 온도는 얼마인가? 만약 이러한 합금이 존재할 수 없다면 그 이유를 설명하라.

11.24 조성이 40 wt% Pb–60 wt% Mg인 9.20 kg의 Mg-Pb 합금이 있다고 가정하면, 평형상태에서 무게가 각각 6.39 kg과 2.81 kg인 α상과 Mg_2Pb상이 존재할 수 있는가? 만약 그렇다면 이 합금의 온도는 얼마인가? 만약 이러한 합금이 존재할 수 없다면 그 이유를 설명하라.

11.25 무게비를 부피비로, 그리고 부피비를 무게비로 전환하는 데 사용되는 식 (11.6a)와 (11.7a)를 유도하라.

11.26 문제 11.10의 (a), (b), (c)에 주어진 합금과 온도에서 상들의 부피분율을 구하라. 특정 온도에서 몇 가지 금속들에 대한 밀도값은 아래 표에 나와 있다.

Metal	Temperature (°C)	Density (g/cm^3)
Ag	900	9.97
Cu	400	8.77
Cu	900	8.56
Pb	175	11.20
Sn	175	7.22
Zn	400	6.83

전율고용체 합금에서 미세조직의 발달

11.27 **(a)** 유핵조직(cored structure)을 정의하고 유핵조직이 나타나는 방법론에 대해 설명하라.

(b) 유핵조직으로 인한 바람직하지 않은 물성의 예를 나타내라.

전율고용체 합금의 기계적 성질

11.28 350 MPa의 인장강도와 최소 48%EL의 연성을 갖는 냉간가공되지 않은 Cu-Ni 합금을 만들고자 한다. 이러한 합금이 가능한가? 가능하다면 합금 조성이 얼마가 되어야 하는가? 만약 불가능하다면 그 이유를 설명하라.

2원 공정계

11.29 40 wt% Pb–60 wt% Mg 합금이 고온 조직을 유지하기 위해 고온에서 상온으로 급속냉각 되고 있다. 이 고온 조직은 무게비가 각각 0.55와 0.45

인 α상과 Mg_2Pb상으로 구성되어 있다면 어느 정도의 온도에서 급속냉각이 되어야 하는가?

공정형 합금에서 미세조직의 발달

11.30 응고 시 공정 조성을 갖는 합금이 두 가지 고상이 각각 겹겹이 쌓여 있는 미세조직이 형성되는 이유를 간단히 설명하라.

11.31 **(a)** 상과 미세 구성인자의 차이는 무엇인가?
(b) 상태도의 한계는 무엇인가?

11.32 775°C에서 초정 β와 총 β의 무게비가 각각 0.68과 0.925인 Cu-Ag 합금이 가능한가? 그 이유는 무엇이고, 불가능하다면 그 이유를 설명하라.

11.33 460°C에서 초정 α와 총 α의 질량이 각각 3.23 kg과 5.00 kg인 Mg-Pb 합금이 가능한가? 그 이유는 무엇이고, 불가능하다면 그 이유를 설명하라.

11.34 779°C에서 조성이 30 wt% Ag–70 wt% Cu인 Cu-Ag 합금에 대하여 다음 질문에 답하라.
(a) α상과 β상의 무게비를 구하라.
(b) 초정 α와 공정 미세 구성인자들의 무게비를 구하라.
(c) 공정 α의 무게비를 구하라.

11.35 180°C에서 Pb-Sn 합금의 미세조직은 초정 β와 공정상들로 이루어져 있다. 이들의 무게비가 각각 0.63과 0.37인 경우 이 합금의 조성은 무엇인가?

11.36 Pb-Sn 합금 상태도와 비슷한 금속 A와 B로 된 합금에 대한 가상의 공정형 상태도를 가정해 보자. (1) α상과 β상이 각각 A금속 및 B금속이 많은 상태도 끝단에 존재하고, (2) 공정 조성이 44 wt% B–56 wt% A이고, (3) 공정온도에서 β상의 조성은 91.4 wt% B–8.9 wt% A이다. 초정 α와 총 α의 무게비가 각각 0.256과 0.793인 합금의 조성은 무엇인가?

11.37 90 wt% Pb–10 wt% Mg 합금이 650, 450, 250, 180°C에서 서랭될 때 미세조직을 그려라. 모든 상들의 명칭과 그들의 조성을 나타내라.

11.38 70 wt% Zn–30 wt% Cu 합금이 950, 750, 580, 380°C에서 서랭될 때 미세조직을 그려라. 모든 상들의 명칭과 그들의 조성을 나타내라.

11.39 35 wt% Zn–65 wt% Cu 합금이 1000, 920, 750, 550°C에서 서랭될 때 미세조직을 그려라. 모든 상들의 명칭과 그들의 조성을 나타내라.

11.40 Pb-Sn 합금의 미세 구성인자들의 양을 상대적으로 나타낸 현미경 사진(그림 11.17)과 그림 11.8의 상태도, 그리고 아래 조건을 참조하여 이 합금의 조성을 추정하고 그림 11.17에 주어진 조성과 비교하라. 조건은 다음과 같다: (1) 현미경 사진에서 보이는 각각의 상들과 미세 구성인자들이 차지하는 면적 및 부피 분율은 동일하다; (2) α상, β상, 공정상들의 밀도는 각각 11.2, 7.3, 8.7 g/cm^{3}이다; (3) 이 현미경 사진은 180°C에서 평형상태의 미세조직을 나타낸다.

11.41 순수 납과 순수 주석의 상온 인장강도는 각각 16.8과 14.5 MPa이다.
(a) 상온에서 모든 범위의 조성에 따른 인장강도의 변화를 나타내는 그래프를 만들어라. 힌트: 11.10절과 11.11절, 그리고 문제 11.73의 식 (11.31)을 참조할 수 있다.
(b) 이 그래프에 150°C에서의 인장강도 대 조성을 개략적으로 표시하라.
(c) 두 온도에서의 그래프 모양과 차이점들에 대하여 설명하라.

중간상 또는 중간 화합물을 갖는 평형상태도

11.42 원소 A와 원소 B로 구성된 합금에는 두 가지 금속간 화합물 AB와 AB_2가 존재한다. AB와 AB_2의 조성이 각각 34.3 wt% A–65.7 wt% B와 20.7 wt% A–79.3 wt% B이고 금속 A가 칼륨(K)이라면, B는 무슨 원소인가?

11.43 Mg-Ga 합금에서 조성이 41.1 wt% Mg–58.9 wt% Ga인 금속간 화합물이 존재하는데 이 화합

물의 원자식을 기술하라.

11.44 다음 합금들에 대한 액상선, 고상선, 고용한계선 상의 온도를 나타내라.

(a) 50 wt% Ni–50 wt% Cu

(b) 10 wt% Sn–90 wt% Pb

(c) 55 wt% Zn–45 wt% Cu

(d) 50 wt% Pb–50 wt% Mg

(e) 1.5 wt% C–8.5 wt% Fe

공석반응과 포정반응
정융 상변태

11.45 정융 및 비정융 상변태의 주요 차이점은 무엇인가?

11.46 Al-Nd 합금 상태도인 그림 11.48에는 단일상 구역들이 표시되어 있다. 공정, 공석, 포정, 정융 상변태가 일어나는 곳의 온도와 조성을 표시하라. 또한 냉각에 따른 각각의 반응식을 기술하라.

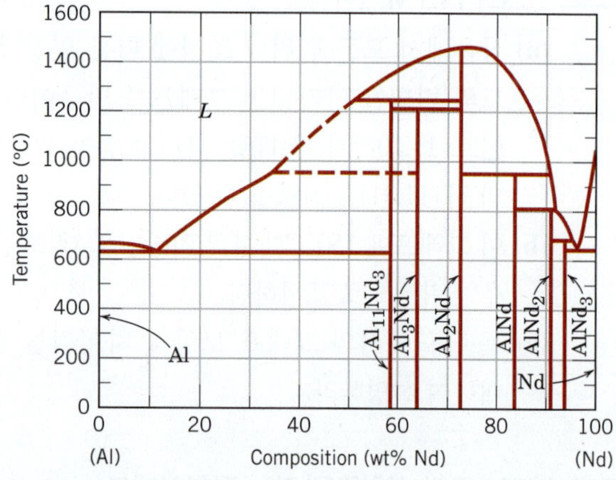

그림 11.48 알루미늄-네오디뮴 상태도
(Adapted from *ASM Handbook*, Vol. 3, *Alloy Phase Diagrams*, H. Baker (Editor), 1992. Reprinted by permission of ASM International, Materials Park, OH.)

11.47 Ti-Cu 합금의 일부 상태도인 그림 11.49에는 단일상 구역들이 표시되어 있다. 공정, 공석, 포정, 정융 상변태가 일어나는 곳의 온도와 조성을 표시하라. 또한 냉각에 따른 각각의 반응식을 기술하라.

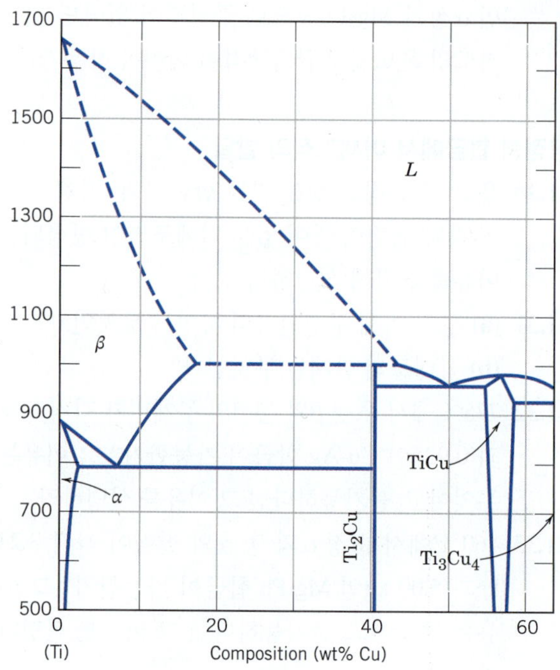

그림 11.49 티타늄-구리 상태도
(Adapted from *Phase Diagrams of Binary Titanium Alloys*, J. L. Murray (Editor), 1987. Reprinted by permission of ASM International, Materials Park, OH.)

11.48 다음과 같은 조건에서 600~1000°C 구간에서의 금속 A와 금속 B로 구성된 합금에 대한 가상의 상태도를 만들어라.

- 금속 A의 용융온도는 940°C이다.
- 모든 온도 구간에 있어 금속 A에 대한 B의 고용도는 무시한다.
- 금속 B의 용융온도는 830°C이다.
- 700°C에서 금속 B에 대한 A의 최대 고용도는 12 wt%이다.
- 600°C에서 금속 B에 대한 A의 고용도는 8 wt%이다.
- 700°C와 75 wt% B–25 wt% A 조성에서 첫 번째 공정반응이 일어난다.

- 730°C와 60 wt% B–40 wt% A 조성에서 두 번째 공정반응이 일어난다.
- 755°C와 40 wt% B–60 wt% A 조성에서 세 번째 공정반응이 일어난다.
- 780°C와 51 wt% B–49 wt% A 조성에서 첫 번째 정융반응이 일어난다.
- 755°C와 67 wt% B–33 wt% A 조성에서 두 번째 정융반응이 일어난다.
- 금속간 화합물 AB는 51 wt% B–49 wt% A 조성에서 형성된다.
- 금속간 화합물 AB_2는 67 wt% B–33 wt% A 조성에서 형성된다.

세라믹 상태도

11.49 ZrO_2-CaO 계(그림 11.28)에서 냉각 시 일어나는 모든 공정 및 공석 반응을 나열하라.

11.50 MgO-Al_2O_3 계 상태도(그림 11.27)에서 50 mol% MgO–50 mol% Al_2O_3 조성 외에 비화학량론적인 스피넬 고용체가 존재할 수도 있다.

(a) 스피넬 상 영역 중 Al_2O_3 고농도 지역에서 최대 비화학량론인 약 82 mol%(92 wt%) Al_2O_3가 약 2000°C에서 존재한다. 이 조성에서 존재하는 공공 결함의 형태와 공공의 함량(%)을 구하라.

(b) 스피넬 상 영역 중 MgO 고농도 지역에서 최대 비화학량론인 약 39 mol%(62 wt%) Al_2O_3가 약 2000°C에서 존재한다. 이 조성에서 존재하는 공공 결함의 형태와 공공의 함량(%)을 구하라.

11.51 고령토[$Al_2(Si_2O_5)(OH)_4$]는 충분히 높은 온도로 가열되면 물의 성분이 날아간다.

(a) 이 경우 남아 있는 성분의 조성은 Al_2O_3 무게비로 얼마인가?

(b) 이 재료의 액상선 및 고상선에 해당하는 온도는 얼마인가?

기브스 상률

11.52 그림 11.50은 압력 및 온도 변화에 따른 물의 상태도이다. 상률을 적용하여 점 A, B, C에서의 자유도는 얼마인가? 즉, 해당되는 계를 정의할 수 있는 외부 제어 변수를 말한다.

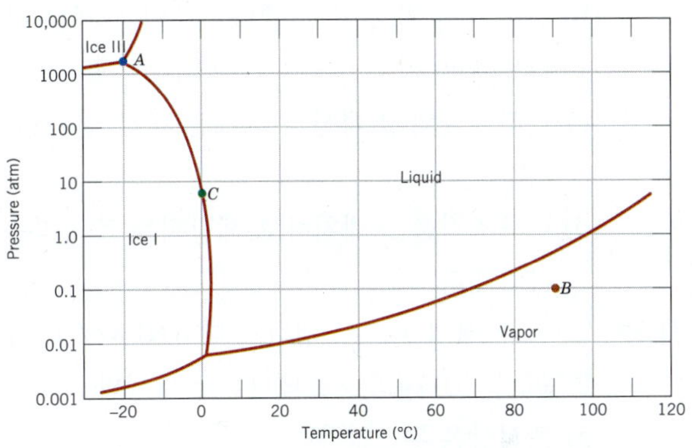

그림 11.50 물의 상태도에 대한 압력(로그 스케일) 대 온도 변화

11.53 다음과 같은 조건에 해당되는 합금들에 대한 자유도는 얼마인가?

(a) 780°C와 95 wt% Ag–5 wt% Cu

(b) 1400°C와 80 wt% Ni–20 wt% Cu

(c) 1310°C와 44.9 wt% Ti–55.1 wt% Ni

(d) 183°C와 61.9 wt% Sn–38.1 wt% Pb

(e) 1000°C와 2.5 wt% C–97.5 wt% Fe

철-철 탄화물(Fe-Fe_3C) 상태도

철-탄소 합금에서 미세조직의 발달

11.54 펄라이트의 α철과 시멘타이트의 무게비를 산출하라.

11.55 **(a)** 아공석 및 과공석 강의 구분은 무엇인가?

(b) 아공석강은 공석 및 초석 α철이 존재한다. 이들의 차이점을 설명하라. 각각의 탄소 함량은 얼마인가?

11.56 전체 α철의 무게비가 0.94인 철-탄소 합금의 탄소 농도는 얼마인가?

11.57 전체 α철 및 전체 시멘타이트의 무게비가 각각 0.92와 0.08인 철-탄소 합금의 경우 초석상은 무엇인가?

11.58 727°C 아래의 온도로 냉각될 때 1.15 wt% C 함량을 갖는 1.0 kg의 오스테나이트가 있다.

(a) 초석상은 무엇인가?

(b) 전체 α철 및 전체 시멘타이트의 무게는 각각 몇 kg인가?

(c) 펄라이트와 초석상의 무게는 각각 몇 kg인가?

(d) 미세조직을 스케치하고 해당되는 조직명을 나타내라.

11.59 725°C 아래의 온도로 냉각될 때 0.60 wt% C 함량을 갖는 3.0 kg의 오스테나이트가 있다.

(a) 초석상은 무엇인가?

(b) 전체 α철 및 전체 시멘타이트의 무게는 각각 몇 kg인가?

(c) 펄라이트와 초석상의 무게는 각각 몇 kg인가?

(d) 미세조직을 스케치하고 해당되는 조직명을 나타내라.

11.60 철-탄소 합금의 미세 구성인자들의 양을 상대적으로 나타낸 현미경 사진(그림 11.37)과 Fe-Fe_3C 상태도(그림 11.31), 그리고 아래 조건을 참조하여 이 합금의 조성을 추정하고 그림 11.37에 주어진 조성과 비교하라. 조건은 다음과 같다: (1) 현미경 사진에서 보이는 각각의 상들과 미세 구성인자들이 차지하는 면적 및 부피 분율은 동일하다; (2) 초석 α철과 펄라이트의 밀도는 각각 7.87, 8.84 g/cm^{3}이다; (3) 이 현미경 사진은 725°C에서 평형상태의 미세조직을 나타낸다.

11.61 0.22 wt% C를 함유한 철-탄소 합금에서 초석 α철과 펄라이트의 무게비는 얼마인가?

11.62 초석 α철과 펄라이트의 무게비가 각각 0.276과 0.694인 철-탄소 합금의 경우 탄소 함량은 얼마인가?

11.63 전체 α철과 전체 시멘타이트의 무게비가 각각 0.86과 0.14인 철-탄소 합금은 아공석강인가 과공석강인가? 그 이유는 무엇인가?

11.64 초석 α철과 펄라이트의 무게비가 각각 0.25와 0.75인 철-탄소 합금의 경우 탄소 함량은 얼마인가?

11.65 공석 온도 바로 밑으로 냉각되는 99.6 wt% Fe–0.4 wt% C 조성의 철-탄소 합금의 경우에 대하여 다음 질문에 답하라.

(a) 초석 α철은 몇 kg인가?

(b) 공석 α철은 몇 kg인가?

(c) 시멘타이트는 몇 kg인가?

11.66 과공석강의 경우 초석 시멘타이트의 최대 무게비는 얼마인가?

11.67 전체 α철과 초석 시멘타이트의 무게비가 각각 0.835와 0.042인 철-탄소 합금이 존재 가능한가? 그 이유는 무엇인가?

11.68 전체 시멘타이트와 펄라이트의 무게비가 각각 0.039와 0.417인 철-탄소 합금이 존재 가능한가? 그 이유는 무엇인가?

11.69 0.45 wt% C를 함유한 철-탄소 합금에서 공석 α철의 무게비는 얼마인가?

11.70 공석 시멘타이트의 무게비가 0.104인 철-탄소 합금이 있다. 이 합금의 조성을 알 수 있는가? 알 수 있다면 조성은 얼마인가? 알 수 없다면 그 이유는 무엇인가?

11.71 공석 페라이트의 무게비가 0.82인 철-탄소 합금이 있다. 이 합금의 조성을 알 수 있을까? 알 수 있다면 조성은 얼마인가? 알 수 없다면 그 이유는 무엇인가?

11.72 5 wt% C–95 wt% Fe 조성의 철-탄소 합금이 1175, 1145, 700°C에서 냉각될 때 형성되는 미세조직을 스케치하고 상의 종류 및 상들의 조성을 표시하라.

11.73 다상을 갖는 합금의 특성은 다음 식으로 나타낼 수 있다.

$$E\ (\text{alloy}) = E_\alpha V_\alpha + E_\beta V_\beta \qquad (11.31)$$

여기서 E는 탄성계수, 경도 등과 같은 물성이고, V는 부피분율이다. 아래첨자 α와 β는 존재하는 상의 종류 또는 미세 구성인자를 나타낸다. 조성이 99.80 wt% Fe–0.20 wt% C인 합금의 경우 브리넬 경도값을 산출하라. 이때 α철과 펄라이트의 브리넬 경도값은 각각 80과 280이며 이들의 부피비와 무게비는 거의 동일하다고 가정한다.

기타 합금 원소의 영향

11.74 97.5 wt% Fe, 2.0 wt% Mo, 0.5 wt% C를 함유한 합금강이 있다.

(a) 이 합금의 공석 온도는 얼마인가?

(b) 공석 조성은 얼마인가?

(c) 초석상은 무엇인가?

이때 Mo을 첨가하더라도 다른 상들의 경계선은 변화가 없다고 가정한다.

11.75 93.8 wt% Fe, 6.0 wt% Ni, 0.2 wt% C를 함유한 합금강이 있다.

(a) 이 합금의 공석 온도는 얼마인가?

(b) 공석 온도 바로 밑으로 냉각될 때 초석상은 무엇인가?

(c) 초석상과 펄라이트의 무게비는 얼마인가?

이때 Ni을 첨가하더라도 다른 상들의 경계선은 변화가 없다고 가정한다.

12 상변태

2개의 압력-온도 상태도: H_2O(위) 그리고 CO_2(아래). 두 그래프에서 온도 그리고/또는 압력이 변함에 따라 상의 경계(빨간색 곡선)를 넘게 되면 상변태가 일어난다. 예를 들어, H_2O 상태도에 화살표로 표시한 바와 같이 고상-액상의 상 경계를 넘게 되면 가열 시 얼음이 녹게 된다(액체의 물로 변태). 마찬가지로 CO_2 상태도에서 화살표가 상변태를 나타내는 것과 같이 고상-기상의 상 경계를 넘게 되면 드라이아이스(고상의 CO_2)가 승화된다(기상의 CO_2로 변태).

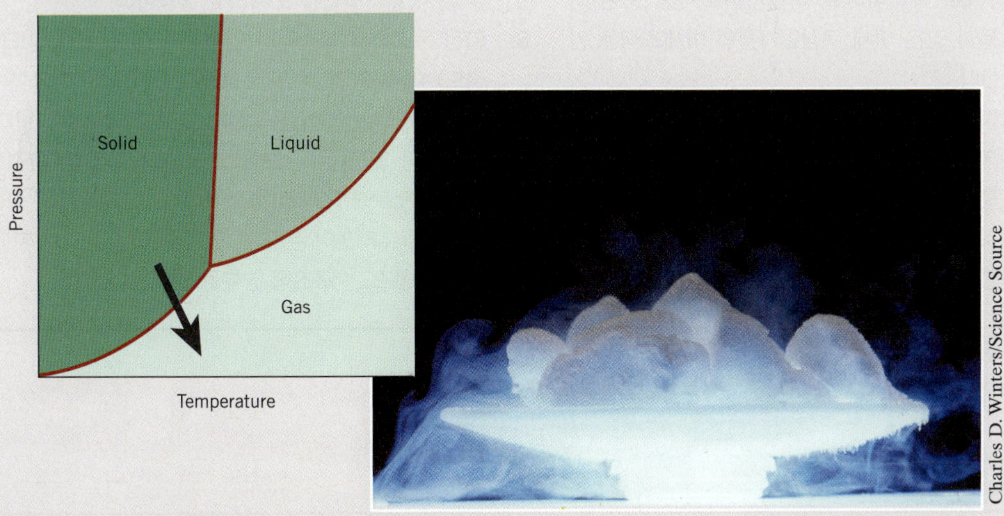

왜 상변태를 공부하는가?

재료의 경우, 희망하는 기계적 성질의 개발은 대부분 열처리에 따라 얻어진 상변태에 의해 이루어진다. 몇몇 상변태에서 시간 및 온도 의존성은 개선된 상태도(phase diagram)를 제시하는 것이 편리하다. 원하는 상온 기계적 성질을 갖는 합금을 얻기 위한 열처리 공정을 설계하려면 이 상태도들의 이용 방법을 아는 것이 중요하다. 예를 들면, 공석 조성의 Fe-C 합금(0.76 wt% C)은 적용하는 열처리 조건에 따라 기계적 성질이 700 MPa에서 2000 MPa까지 변화한다.

학습 목표

이 장을 학습한 후에는 아래 과제를 수행할 수 있어야 한다.

1. 전형적인 고상-고상 변태에 대한 상변태 분율 대 로그 시간의 그래프를 작성하고, 이러한 거동을 나타내는 식을 예증한다.
2. 강 합금에서 볼 수 있는 미세 펄라이트, 조대 펄라이트, 스페로이다이트, 베이나이트, 마텐자이트, 템퍼링된 마텐자이트 등과 같은 미세 구성인자들의 미세조직을 간단히 설명한다.
3. 미세 펄라이트, 조대 펄라이트, 스페로이다이트, 베이나이트, 마텐자이트, 템퍼링된 마텐자이트 등과 같은 각각의 미세 구성인자에 대한 일반적인 기계적 특성을 예증하고 미세조직(또는 결정구조) 관점에서 이들의 거동을 간단히 설명한다.
4. 몇몇 철-탄소 합금에 대한 등온변태도(또는 연속냉각변태도)가 주어질 경우 특정 미세조직을 얻기 위한 열처리법을 설계한다.
5. 상태도를 이용하여 석출경화되는 금속 합금에 사용되는 두 가지 열처리법을 도시하고 설명한다.
6. 일정 온도에서 석출경화 열처리에 대한 실온 강도(또는 경도) 대 시간의 로그값 그래프를 작성하고, 석출경화 기구의 관점에서 이런 곡선의 모양에 대해 설명한다.
7. 유리전이 및 용융 온도를 고려하여 결정질, 반결정질, 비정질 재료에 대한 비체적 대 온도 그래프를 작성한다.
8. 용융 및 유리전이 온도에 영향을 미치는 고분자의 네 가지 특성 또는 구조적 성분을 열거한다.

12.1 | 서론

여러 재료들의 기계적 성질 및 기타 특성들은 종종 상변태의 결과로서 얻어지는 미세조직에 따라 변한다. 이 장의 초반부에서는 상변태의 기본 원리들을 논의하고자 한다. 그런 다음 다른 합금들뿐만 아니라 철-탄소 합금에 있어 이러한 변태가 미세조직 발달에서 담당하는 역할과 이러한 미세조직의 변화가 어떻게 기계적 특성에 영향을 주는지에 관해 기술하고자 한다. 마지막으로 고분자에서의 결정화, 용융, 그리고 유리전이 변태들을 다루고자 한다.

금속에서의 상변태

금속 재료가 널리 사용되고 있는 이유 중 하나는 이들 재료가 지니고 있는 기계적 특성의 범위가 넓고, 여러 방법에 의해 쉽게 조절할 수 있기 때문이다. 결정립 미세화, 고용체 강화, 그리고 변형경화와 같은 세 가지 강화 기구는 9장에서 논의되었다. 미세조직의 특성에 의해 기계적 성질을 변화시키는 또 다른 기술들이 사용되고 있다.

단일상과 2상 모두에서의 미세조직 발달은 상의 수나 상의 특성을 변화시킬 수 있는, 일반적으로 몇 가지 형태의 상변태가 수반된다. 이 장의 초반부에서는 고상을 포함하는 변태에 관련되는 몇 가지 기본 원리를 간단하게 설명하는 데 역점을 두었다. 대부분의 상변태는 즉각적으로 일어나지 않으므로 반응시간의 의존성 또는 **변태속도(transformation rate)**를 고려해야 한다. 이어서 철-탄소 합금의 2상 미세조직의 발달을 설명한다. 특정 열처리로부터 얻어지는 미세조직을 결정하게 하는 수정된 상태도를 소개한다. 마지막으로 펄라이트 이외의 다른 미세 구성인자들과 각각에 대한 기계적 특성을 논의한다.

변태속도

12.2 | 기본 개념

상변태

다양한 **상변태(phase transformation)**는 재료 공정에 있어 중요하며, 보통 어느 정도의 미세조직 변화를 수반한다. 이에 대한 설명을 위해 변태의 종류를 다음과 같이 세 가지로 분류하였다. 첫 번째는 상의 수나 조성이 변하지 않는 단순 확산 변태이다. 순금속의 응고, 동소변태, 그리고 재결정 및 결정립 성장 등이 여기에 포함된다(9.13절 및 9.14절 참조).

또 다른 형태의 확산 변태에는 상의 조성과 수에 어느 정도의 변화가 있고, 최종 미세조직은 일반적으로 2개의 상으로 구성이 된다. 식 (11.21)에 나타낸 공석반응이 이와 같은 형태이며 12.5절에서 보다 자세하게 다루었다.

변태의 세 번째 종류는 무확산 변태이며, 준안정 상이 얻어진다. 12.5절에서 설명되겠지만, 몇몇 강 합금에 나타나는 마텐자이트 변태가 이 범주에 속한다.

12.3 | 열역학 및 상변태의 반응속도

상태변가 일어나면, 일반적으로 적어도 1개의 새로운 상이 형성되며, 서로 다른 물리적/화학적 특성을 갖거나 모상과 다른 구조를 가지게 된다. 또한 대부분의 상변태는 즉각적으로 일어나지 않는다. 그들은 새로운 상(들)의 수많은 작은 입자들이 형성되어 시작되며, 변태가 완료될 때까지 그 크기는 증가한다. 상변태의 진행은 2개의 뚜렷한 단계인 **핵생성(nucleation)**과 **성장(growth)**으로 구분할 수 있다. 핵생성에는 성장할 수 있는 매우 작은 입자들 또는 새로운

핵생성

성장

상의 핵(보통 단지 수백 개 정도의 원자들로 이루어진)이 나타난다. 성장 단계에서는 이러한 핵들의 크기는 증가하고, 모상의 일부(또는 전부)가 사라지게 된다. 평형이 어느 정도 유지될 때까지 이러한 새로운 상의 입자들의 성장이 계속되면 변태는 완료된다. 지금부터 이러한 두 가지 과정의 역학과 고상 변태가 어떻게 연관되어 있는지를 설명하고자 한다.

핵생성

핵생성에는 균일 및 불균일 핵생성이 있다. 이들의 차이는 핵생성이 일어나는 자리에 있다. **균일 핵생성**(*homogeneous nucleation*)의 경우, 새로운 상의 핵은 모상 전반에 걸쳐 균일하게 생성되는 반면, **불균일 핵생성**(*heterogeneous nucleation*)에서는 용기 표면, 불용성 불순물, 결정립계, 전위 등과 같은 구조적으로 불균질한 곳에 우선적으로 생성된다. 균일 핵생성의 설명 및 이론은 다루기 쉽기 때문에 먼저 기술하고자 한다. 그런 다음 이 이론들을 연장하여 불균일 핵생성에 대해서도 설명하고자 한다.

균일 핵생성

자유에너지

핵생성 이론에 대한 설명은 열역학적 변수로 불리는 **자유에너지(free energy)**[또는 기브스 자유에너지(*Gibbs free energy*)] G를 포함한다. 간단히 표현하면, 자유에너지는 다른 열역학적 변수들과의 함수이며, 하나는 계의 내부에너지(즉, 엔탈피 H)이고, 다른 하나는 원자 또는 분자들의 무질서도(즉, 엔트로피 S)이다. 재료 계에 응용되는 자세한 열역학 이론에 대한 설명은 여기서의 목적은 아니다. 하지만 상변태에 관련된 중요한 열역학적 변수는 자유에너지의 차 ΔG이고 변태는 오직 ΔG가 음의 값을 가질 때 일어난다.

우선, 간단하게 고상과 유사하게 뭉쳐져 있는 배열과 같은 원자 군집체(cluster)처럼 생긴 고상의 핵이 액상 내에 형성되는 것을 가정한 순수한 재료의 응고에 대해 고려해 보자. 또한 각각의 핵들은 구형이고 반지름 r을 갖는다고 가정해 보자. 이러한 상황이 그림 12.1에 개략적으로 나타나 있다.

응고 변태를 일으키는 총 자유에너지의 차에 기여하는 두 가지 사항이 있다. 첫째는 고상 및 액상 사이의 자유에너지 차 또는 부피 자유에너지 ΔG_v이다. 그 값은 평형 응고 온도 이하

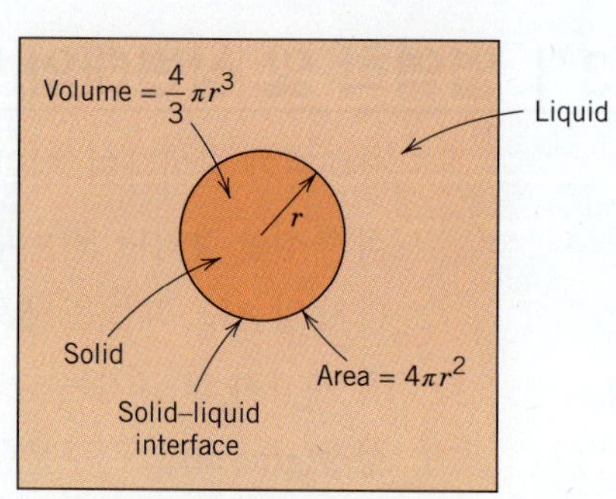

그림 12.1 액체 내에서 구형의 고상 입자의 핵생성을 보여주는 개략도

에서는 음이 되고, 그 크기는 ΔG_v와 구형 핵의 부피(즉, $\frac{4}{3}\pi r^3$)에 영향을 준다. 두 번째는 응고 변태 동안 고상-액상 경계의 형성으로 나타나는 에너지이다. 이러한 계면에 관련된 에너지는 표면 자유에너지 γ이고 양의 값을 가지며 그 크기는 γ와 핵의 표면적(즉, $4\pi r^2$)에 영향을 준다. 마지막으로 총 자유에너지 변화는 이러한 에너지 기여도의 합이 되며 다음과 같다.

응고 변태의 총 자유에너지 변화

$$\Delta G = \frac{4}{3}\pi r^3 \Delta G_v + 4\pi r^2 \gamma \tag{12.1}$$

여기에 있는 부피, 표면, 그리고 총 자유에너지의 기여도를 핵의 반지름에 대한 함수로 그림 12.2*a*와 12.2*b*에 도시하였다. 여기서(그림 12.2*a*) 식 (12.1)의 오른쪽 첫 번째 항에 해당되는 곡선을 살펴보면, 자유에너지(음의 값)는 반지름 r이 증가할수록 감소한다. 또한 식 (12.1)의 두 번째 항에 해당되는 곡선을 보면, 에너지 값은 양수이고 반지름의 제곱에 비례한다. 결국, 양쪽 항의 합에 해당하는 곡선(그림 12.2*b*)은 최고치에 도달한 후 감소하게 된다. 물리적 관점에서 이것은 고상의 입자가 액상 군집체 속의 원자들과 함께 형성됨에 따라, 그것의 자유에너지가 처음에 증가한다는 것을 의미한다. 이러한 군집체가 임계 반지름 r^*에 해당되는 크기에 도달하면, 성장은 자유에너지 감소와 함께 계속 진행될 것이다. 반면, 임계 크기보다 작은 반지름의 군집체는 줄어들고 다시 용해될 것이다. 이러한 준임계(subcritical) 입자가 **엠브리오**(*embryo*)이고, r^*보다 반지름이 큰 입자를 **핵**(*nucleus*)이라고 한다. 임계 자유에너지 G^*는 임계 반지름과 그림 12.2*b*에서 곡선의 최고점에서 나타난다. 이러한 ΔG^*는 안정한 핵이 생성되는 데 필요한 자유에너지인 **활성화 자유에너지**(*activation free energy*)에 해당한다. 아울러 이것은 핵생성 과정에 있어 에너지 장벽으로 간주된다.

r^*과 ΔG^*는 그림 12.2*b*의 자유에너지 대 반지름을 도시한 곡선의 최고점에서 나타나므로, 이러한 두 변수에 대한 유도는 쉽다. r^*의 경우, ΔG 식[식 (12.1)]을 반지름 r에 대해 미분

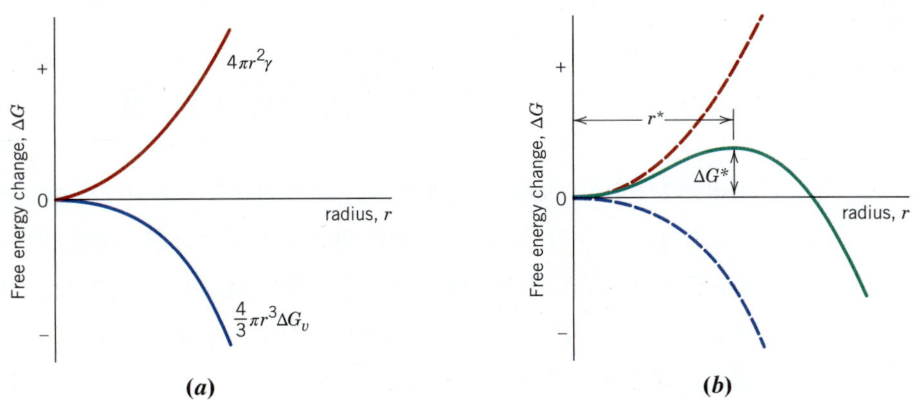

그림 12.2 (*a*) 응고 중 구형의 엠브리오/핵 형성을 수반하며 총 자유에너지 변화에 기여하는 부피 자유에너지 및 표면 자유에너지 곡선. (*b*) 엠브리오/핵의 반지름에 따른 자유에너지의 변화. 임계 자유에너지 변화(ΔG^*)와 임계 핵 반지름(r^*)이 표기되어 있다.

하고, 그 값을 0으로 놓고 $r(= r^*)$에 대해 풀면 된다. 즉,

$$\frac{d(\Delta G)}{dr} = \tfrac{4}{3}\pi\Delta G_v(3r^2) + 4\pi\gamma(2r) = 0 \tag{12.2}$$

이 식으로부터 다음과 같은 결과를 얻는다.

균일 핵생성에 있어 안정한 고체 입자의 임계 핵 반지름

$$r^* = -\frac{2\gamma}{\Delta G_v} \tag{12.3}$$

이제 r^*을 식 (12.1)에 대입하면 ΔG^*는 다음과 같이 된다.

균일 핵생성에 있어 안정한 핵을 형성하는 데 필요한 활성화 자유에너지

$$\Delta G^* = \frac{16\pi\gamma^3}{3(\Delta G_v)^2} \tag{12.4}$$

여기서 부피 자유에너지 변화 ΔG_v는 응고 변태에 대한 구동력이며, 그것의 크기는 온도와의 함수이다. 평형 응고 온도 T_m에서 ΔG_v의 값은 0이고, 온도가 감소함에 따라 그 값은 음으로 더 커지게 된다.

ΔG_v는 다음과 같이 온도의 함수임을 알 수 있으며

$$\Delta G_v = \frac{\Delta H_f(T_m - T)}{T_m} \tag{12.5}$$

여기서 ΔH_f는 용융 잠열(즉, 응고 시 나오는 열)이고, T_m과 온도 T의 단위는 절대온도이다. ΔG_v에 대한 식을 식 (12.3)과 (12.4)에 대입하면 다음과 같으며

표면 자유에너지, 용융 잠열, 용융온도 및 변태온도에 의존하는 임계 반지름

$$r^* = \left(-\frac{2\gamma T_m}{\Delta H_f}\right)\left(\frac{1}{T_m - T}\right) \tag{12.6}$$

활성화 자유에너지 식

$$\Delta G^* = \left(\frac{16\pi\gamma^3 T_m^2}{3\Delta H_f^2}\right)\frac{1}{(T_m - T)^2} \tag{12.7}$$

이러한 2개의 식으로부터, 임계 반지름 r^*과 활성화 자유에너지 ΔG^*는 온도의 감소에 따라 감소한다는 것을 알 수 있다(여기서 γ와 ΔH_f는 비교적 온도변화에 민감하지 않은 변수들이다). 두 가지 서로 다른 온도에 대한 곡선을 갖는 ΔG 대 r을 개략적으로 도시한 그림 12.3은 이러한 관계들을 보여주고 있다. 물리적으로 이것은 평형 응고 온도(T_m) 이하에서 온도가 낮아질수록 핵생성은 더 빨리 이루어진다는 것을 의미한다. 또한 안정한 핵의 수 n^*(반지름이 r^*보다 더 큰)은 다음과 같이 온도와의 함수이다.

$$n^* = K_1 \exp\left(-\frac{\Delta G^*}{kT}\right) \tag{12.8}$$

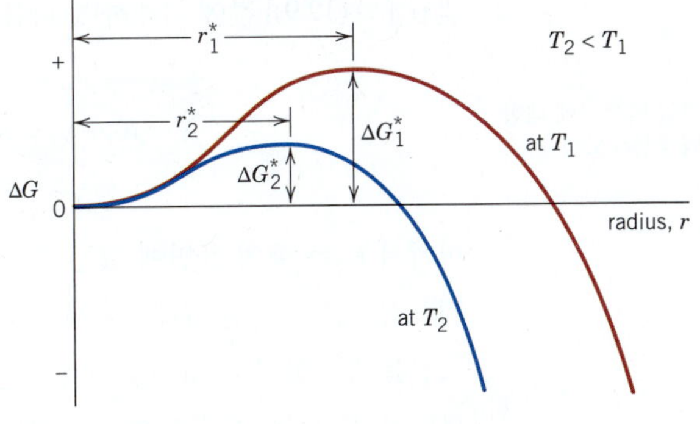

그림 12.3 두 가지 서로 다른 온도에서 자유에너지 변화에 따른 엠브리오/핵의 반지름을 나타내는 곡선. 임계 자유에너지 변화(ΔG^*)와 임계 핵 반지름(r^*)이 각각의 온도에 대해 표기되어 있다.

여기서 상수 K_1은 총 고상 핵의 수이다. 이 식의 지수항의 경우 온도변화는 분모 T보다 분자 ΔG^*의 크기에 영향을 받는다. 따라서 온도가 T_m 이하로 낮아질수록 식 (12.8)의 지수항도 감소하여 n^*의 크기가 증가하게 된다. 온도 의존성(n^* 대 T)을 그림 12.4a에 나타내었다.

핵생성에 영향을 주는 온도에 의존하는 또 다른 중요한 과정이 있는데, 이는 핵이 생성되는 동안 단범위 확산에 의한 원자들의 군집화이다. 확산속도(즉, 확산계수의 크기 D)에 대한 온도의 영향은 식 (7.8)에 주어져 있다. 또한 이러한 확산 효과는 액상으로부터 원자들이 고상 핵으로 달라붙는 진동수 υ_d에 관련이 있다. 또는 υ_d의 온도에 대한 의존성은 확산계수의 경우처럼 다음과 같으며

$$\upsilon_d = K_2 \exp\left(-\frac{Q_d}{kT}\right) \tag{12.9}$$

여기서 Q_d는 확산에 대한 활성화에너지로서, 온도와 무관한 변수이며, K_2는 온도와 무관한 상수이다. 따라서 식 (12.9)로부터 온도가 감소하면 υ_d가 감소한다는 것을 알 수 있다. 그림 12.4b의 곡선이 보여주는 이러한 효과는 위에서 기술한 바와 같이 n^*의 경우와 정반대이다.

지금까지 살펴본 원리 및 개념을 연장해서, 또 다른 중요한 핵생성 변수인 핵생성속도(단위시간당 단위부피 속의 핵의 개수)에 대해 기술하고자 한다. 이 속도는 단순히 n^*[식 (12.8)]

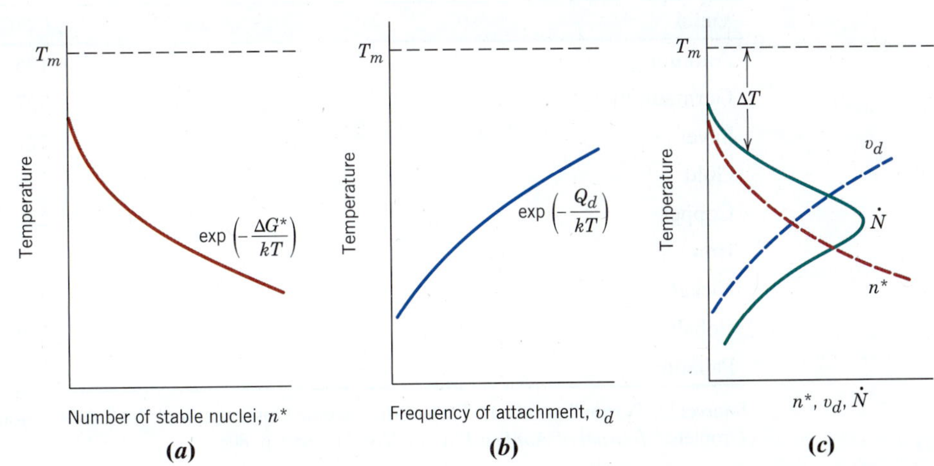

그림 12.4 (a) 응고에 있어 안정한 핵의 수 대 온도의 도표. (b) 부착하는 원자의 진동수 대 온도의 도표. (c) 핵생성속도 대 온도의 도표(a와 b에 나타난 곡선도 포함되어 있다).

및 υ_d[식 (12.9)] 값에 비례하며, 다음과 같이 표현된다.

균일 핵생성에 대한 핵생성속도식

$$\dot{N} = K_3 n^* \upsilon_d = K_1 K_2 K_3 \left[\exp\left(-\frac{\Delta G^*}{kT}\right) \exp\left(-\frac{Q_d}{kT}\right)\right] \tag{12.10}$$

여기서 K_3는 핵의 표면에 있는 원자들의 수이다. 그림 12.4*c*는 핵생성속도를 온도의 함수로 개략적으로 나타낸 그래프이며, 그림 12.4*a*와 12.4*b*의 곡선들로부터 핵생성속도($\dot{N}$)에 대한 곡선을 유도할 수 있다. T_m 이하의 온도에서는 온도가 작아질수록 핵생성속도는 처음에 증가하다가 최고치에 도달한 후 감소한다.

이러한 $\dot{N}$ 곡선의 모양은 다음과 같이 설명할 수 있다. 곡선의 윗부분(온도 T의 감소에 따라 핵생성속도 $\dot{N}$의 갑작스럽고 큰 증가)에서는 ΔG^*가 Q_d보다 크고, 이는 식 (12.10)에서의 $\exp(-\Delta G^*/kT)$ 항이 $\exp(-Q_d/kT)$보다 더 작다는 것을 의미한다. 다르게 표현한다면, 고온에서 핵생성은 작은 활성화 구동력으로 인해 그 속도는 제한을 받게 된다. 온도가 계속 감소함에 따라 $\exp(-Q_d/kT)$가 $\exp(-\Delta G^*/kT)$보다 더 작아지기 때문에, ΔG^*가 온도와 무관한 Q_d보다 더 작게 되고, 더 낮은 온도에서는 원자의 이동도가 작으므로 핵생성이 제한을 받게 된다. 이것은 더 낮은 곡선의 선분 모양으로 설명된다(계속되는 온도 감소에 따라 $\dot{N}$의 갑작스러운 감소). 또한 그림 12.4*c*의 $\dot{N}$ 곡선은 반드시 중간의 온도 범위에서 최고점을 지나야 하며, 여기서 ΔG^*와 Q_d에 대한 값은 대략 비슷하다.

위의 설명에 대해 차례로 몇 가지 적절한 언급을 하고자 한다. 첫째로, 비록 핵의 모양을 구로 가정했지만 이 방법은 어느 모양의 핵에도 적용이 되며 같은 결과를 얻게 된다. 또한 이 방법은 응고 이외에도 고상-액상 그리고 고상-고상 변태와 같은 종류에 대해서도 활용이 된다. 하지만 서로 다른 원자에 대한 확산속도 외에도 ΔG_v와 γ의 크기는 변태의 종류에 따라 분명히 달라질 것이다. 또한 고상-고상 변태에 있어서는 새로운 상들이 형성됨에 따라 부피 변

표 12.1 균일 핵생성 시 몇 가지 금속들의 과냉각(ΔT)도

Metal	ΔT (°C)
Antimony	135
Germanium	227
Silver	227
Gold	230
Copper	236
Iron	295
Nickel	319
Cobalt	330
Palladium	332

Source: D. Turnbull and R. E. Cech, "Microscopic Observation of the Solidification of Small Metal Droplets," *Journal of Applied Physics*, Vol. 21, 1950: p. 808.

화가 있게 된다. 이러한 변화들은 미세한(microscopic) 변형을 유발하여, 식 (12.1)의 ΔG를 표기하는 데 고려되어야 하며, 결국 r^*과 ΔG^*의 크기에 영향을 줄 것이다.

액체가 냉각되는 동안에, 온도가 평형 응고(또는 용융) 온도 이하로 낮아진 후에야 어느 정도 핵생성(즉, 응고)이 시작된다는 것을 그림 12.4*c*로부터 알 수 있다. 이러한 현상을 **과랭**(*supercooling* 또는 *undercooling*)이라 하며, 균일 핵생성에 있어 과랭의 정도는 몇몇 계의 경우 매우 크다(수백 K 정도). 균일 핵생성에 있어 여러 재료들에 대한 전형적인 과랭을 표 12.1에 나타내었다.

예제 12.1

임계 핵 반지름 및 활성화 자유에너지 계산

(a) 순동의 응고에 있어 균일 핵생성이 일어날 경우, 임계 핵의 반지름 r^*과 활성화 자유에너지 ΔG^*를 계산하라. 용융 잠열 및 표면 자유에너지 값은 각각 -1.16×10^9 J/m^{3}와 0.132 J/m^{2}이다. 표 12.1에 나타낸 과랭 값을 사용하라.

(b) 임계 크기를 갖는 핵 속의 원자 수를 계산하라. 용융온도에서 고상 구리의 격자상수를 0.362 nm로 가정하라.

풀이

(a) 임계 반지름을 계산하기 위해, 구리의 용융온도인 1085°C를 사용하여 식 (12.6)을 풀고, 이때 과랭을 236°C(표 12.1)로 하면, ΔH_f는 음의 값이 된다. 따라서

$$
\begin{aligned}
r^* &= \left(-\frac{2\gamma T_m}{\Delta H_f}\right)\left(\frac{1}{T_m - T}\right) \\
&= \left[-\frac{(2)(0.132\ \text{J/m}^2)(1085 + 273\ \text{K})}{-1.16 \times 10^9\ \text{J/m}^3}\right]\left(\frac{1}{236\ \text{K}}\right) \\
&= 1.309 \times 10^{-9}\ \text{m} = 1.309\ \text{nm}
\end{aligned}
$$

활성화 자유에너지 계산에 식 (12.7)을 이용한다. 즉,

$$
\begin{aligned}
\Delta G^* &= \left(\frac{16\pi\gamma^3 T_m^2}{3\Delta H_f^2}\right)\frac{1}{(T_m - T)^2} \\
&= \left[\frac{(16)(\pi)(0.132\ \text{J/m}^2)^3(1085 + 273\ \text{K})^2}{(3)(-1.16 \times 10^9\ \text{J/m}^3)^2}\right]\left[\frac{1}{(236\ \text{K})^2}\right] \\
&= 9.48 \times 10^{-19}\ \text{J}
\end{aligned}
$$

(b) 임계 크기의 핵 속에 들어 있는 원자의 수를 계산하기 위해(반지름 r^*을 갖는 구형의 핵을 가정), 우선 단위격자의 수를 결정하고, 단위격자당 원자의 수를 곱한다. 임계 핵 속에 들어 있는 단위격자의 수는 임계 핵과 단위격자와의 부피비이다. 구리는 FCC 결정구조(입방 단위격자)를 가지므로, 그것의 단위

격자 부피는 a^3이고, 여기서 a는 격자상수(단위격자 한 변의 길이)이며, 그 값은 문제에 나와 있는 것과 같이 0.362 nm이다. 그러므로 임계 반지름을 갖는 핵 안에 들어 있는 단위격자의 수는 다음과 같다.

$$\#\text{unit cells/particle} = \frac{\text{critical nucleus volume}}{\text{unit cell volume}} = \frac{\frac{4}{3}\pi r^{*3}}{a^3} \tag{12.11}$$

$$= \frac{\left(\frac{4}{3}\right)(\pi)(1.309 \text{ nm})^3}{(0.362 \text{ nm})^3} = 198 \text{ unit cells}$$

FCC 단위격자(3.4절)에는 4개의 원자가 들어가 있으므로, 임계 핵 속의 총 원자 수는(임계 핵당 198개의 단위격자)와 (단위격자당 4개의 원자)를 곱하면 임계 핵당 총 792개의 원자가 있는 것을 알 수 있다.

불균일 핵생성

균일 핵생성에 있어 과랭은 매우 크지만(종종 수백°C), 실제 상황에서는 단지 수십°C 정도가 되는 경우가 있다. 이에 대한 이유는 핵생성[식 (12.4)의 ΔG^*]에 대한 활성화에너지(즉, 에너지 장벽)가 이미 존재하는 표면 또는 계면에 핵이 생성될 때 표면 자유에너지[식 (12.4)의 γ]가 감소하여 더 작아지기 때문이다. 다시 말하면, 핵생성은 다른 곳보다 표면 및 계면에 더 쉽게 일어난다. 이러한 핵생성 유형을 **불균일(*heterogeneous*) 핵생성**이라 한다.

이러한 현상을 이해하기 위해, 액상으로부터 고상 입자의 평평한 표면에 핵생성이 일어나는 상황을 고려해 보자. 액상 및 고상 모두가 이러한 평평한 표면에 '접촉(wet)'하고 있는 상황, 즉 액상 및 고상 모두 퍼져서 그 표면을 덮고 있다고 가정해 보자. 이에 대한 개략적인 표현을 그림 12.5에 나타내었다. 그림에 나타낸 바와 같이, 접촉각 θ(γ_{SI}와 γ_{SL} 벡터 사이의 각)뿐만 아니라 2상의 계면에 존재하는 3개의 계면에너지(벡터로 표기된) $\gamma_{SL}, \gamma_{SI}, \gamma_{IL}$이 존재한다. 평평한 표면의 면에 작용하는 표면 인장응력의 평형을 취하게 되면 다음과 같이 나타낼 수 있다.

고체 입자의 불균일 핵생성에 있어 고체-표면, 고체-액체, 액체-표면 계면에너지와 접촉각의 관계

$$\gamma_{IL} = \gamma_{SI} + \gamma_{SL}\cos\theta \tag{12.12}$$

균일 핵생성의 경우와 유사한 과정을 이용하면 r^*과 ΔG^*에 대한 식을 유도할 수 있으며, 이들은 다음과 같다.

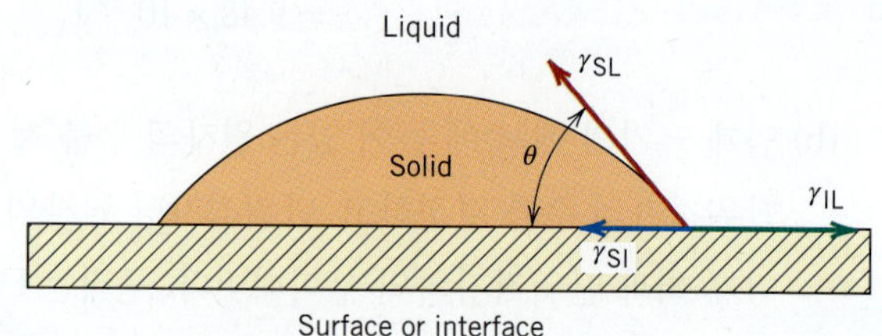

그림 12.5 액체로부터 고체의 불균일 핵생성. 고체-표면 계면에너지(γ_{SI}), 고체-액체 계면에너지(γ_{SL}), 액체-표면 계면에너지(γ_{IL})는 벡터로 표기되어 있고 접촉각은 θ로 표기되어 있다.

불균일 핵생성에 있어 안정한 고체 입자의 임계 핵 반지름

$$r^* = -\frac{2\gamma_{SL}}{\Delta G_v} \tag{12.13}$$

불균일 핵생성에 있어 안정한 핵의 형성에 필요한 활성화 자유에너지

$$\Delta G^* = \left(\frac{16\pi\gamma_{SL}^3}{3\Delta G_v^2}\right)S(\theta) \tag{12.14}$$

마지막 식의 $S(\theta)$ 항은 0과 1 사이의 값을 가지며, 단지 θ(즉, 핵의 모양)와의 함수이다.[1)]

식 (12.13)에서, 불균일 핵생성에서의 임계 반지름 r^*은 균일 핵생성의 경우와 같은데, 이는 γ_{SL}이 식 (12.3)의 γ와 같은 표면에너지이기 때문이다. 불균일 핵생성에 대한 활성화 에너지 장벽[식 (12.14)]은 $S(\theta)$ 함숫값에 해당하는 양만큼 균일 핵생성보다 작다. 또는

$$\Delta G^*_{het} = \Delta G^*_{hom} S(\theta) \tag{12.15}$$

ΔG 대 핵의 반지름을 개략적으로 도시한 그림 12.6은 균일 및 불균일 핵생성에 대한 곡선들을 포함하고 있으며, r^* 이외에도 ΔG^*_{het}와 ΔG^*_{hom}의 차이를 보여주고 있다. 불균일 핵생성에 있어 ΔG^*가 더 작은 이유는 핵생성 과정 동안 더 작은 에너지(균일 핵생성에 비해)가 소요되기 때문이며, 따라서 불균일 핵생성이 더 쉽게 일어난다[식 (12.10)]. 핵생성속도에 관한 $\dot{N}$ 대 T를 도시한 곡선(그림 12.4*c*)은 불균일 핵생성의 경우 더 높은 온도로 이동이 된다. 그림 12.7에 이러한 효과가 나타나 있는데, 훨씬 더 적은 과랭 ΔT가 불균일 핵생성에 소요된다는 것을 보여주고 있다.

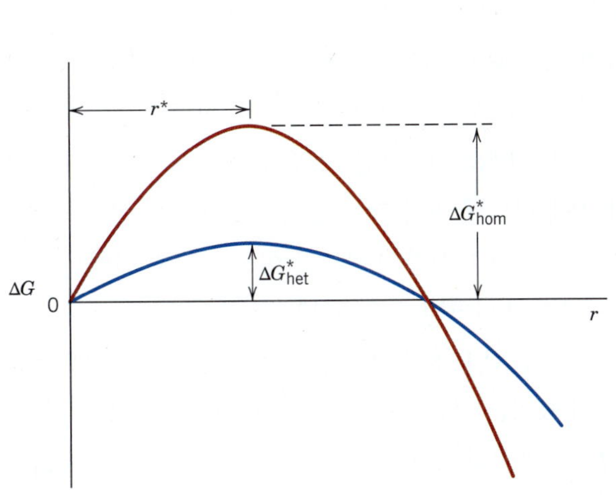

그림 12.6 균일 및 불균일 핵생성에 있어 자유에너지 대 엠브리오/핵의 반지름 도표. 임계 자유에너지 및 임계 반지름이 표기되어 있다.

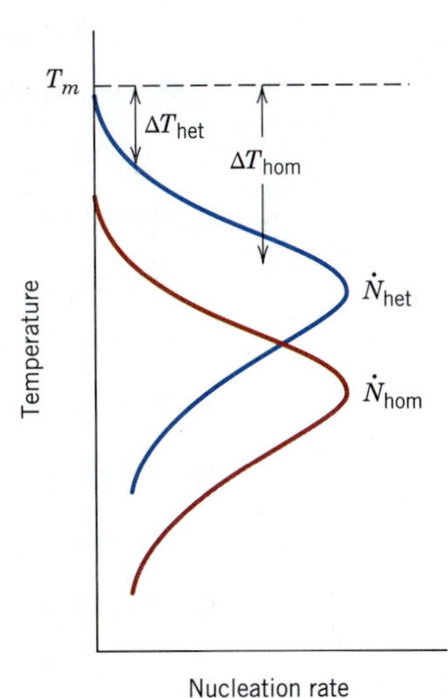

그림 12.7 균일 및 불균일 핵생성에 있어 핵생성속도 대 온도의 도표. 각각에 해당되는 과냉각(ΔT)이 표시됨.

1) 예를 들어 θ가 30° 및 90°인 경우 $S(\theta)$ 값은 각각 약 0.01과 0.5가 된다.

성장

상변태에 있어 성장 단계는 엠브리오가 임계 크기 r^*을 초과하면 시작되어 안정한 핵이 되는 단계이다. 핵생성은 새로운 상 입자들의 성장과 함께 동시에 계속해서 발생하며, 이미 새로운 상으로 변태한 구역에서는 핵생성이 일어날 수 없다. 또한 성장 과정은 새로운 상의 입자들이 만나는 어느 구역에서 중단되는데, 여기서 변태가 완료되기 때문이다.

입자 성장은 장범위의 원자 확산에 의해 일어나는데, 정상적으로 여러 단계, 예를 들면 모상을 통한 확산, 상 경계를 통한 확산, 그리고 핵으로의 확산 등을 수반한다. 따라서 성장속도 $\dot{G}$는 확산속도에 의해 결정되며, 온도 의존성은 확산계수[식 (7.8)]의 경우와 같다. 즉,

확산 및 온도에 대한 활성화에너지에 의존하는 입자의 성장속도

$$\dot{G} = C \exp\left(-\frac{Q}{kT}\right) \tag{12.16}$$

여기서 Q(활성화에너지)와 C(선지수, preexponential)는 온도와 무관하다.[2] $\dot{G}$에 대한 온도의 의존성은 그림 12.8에 나타낸 곡선 하나에 의해 나타나며, 이 그림에는 핵생성속도 $\dot{N}$(불균일 핵생성 속도)에 대한 곡선도 포함되어 있다. 이제 어떠한 온도에서의 전체 변태속도는 $\dot{N}$과 $\dot{G}$의 합과 같다. 총 변태속도를 나타내는 그림 12.8의 세 번째 곡선은 이러한 조합된 효과를 보여주고 있다. 이러한 곡선의 일반적인 모양은 핵생성속도의 경우와 같으며, $\dot{N}$ 곡선에 비해 상대적으로 위로 이동한 최곳값을 가지고 있다.

변태에 관한 이러한 방법은 응고에 적용되지만, 이와 같은 일반적인 원리가 고체-고체 및 고체-기체 변태에도 응용될 수 있다.

나중에 살펴보겠지만, 변태속도와 어느 정도의 변태가 완료되는 데 필요한 시간(예: 50%의 반응이 완료되는 시간, $t_{0.5}$)은 서로 반비례한다. 즉, 이러한 변태시간의 로그값(예: $\log t_{0.5}$)을 온도에 대해 도시하면 일반적으로 그림 12.9*b*에 보이는 모양의 곡선으로 된다. 이러한 '*C* 자형' 곡선은 그림 12.9에 나타낸 바와 같이 실제로 변태속도 곡선의 거울상(수직면을 통한)이 된다. 상변태 반응속도는 보통 시간의 로그값(어느 정도의 변태까지) 대 온도 사이의 관계를 도시한 그래프를 이용하여 나타낼 수 있다(12.5절 참조).

몇 가지 물리적 현상은 그림 12.8의 변태속도 대 온도 곡선을 이용하여 설명할 수 있다. 첫째, 생성되는 상 입자의 크기는 변태온도에 의존한다. 예를 들면 낮은 핵생성속도와 높은 성장속도에 해당하는 T_m 근방의 온도에서 변태가 일어나는 경우, 생성되는 핵은 거의 없고 빠르게 성장한다. 그러므로 최종 미세조직은 적고 비교적 큰 상의 입자들(예: 조대 결정립)로 구성된다. 반대로, 낮은 온도에서의 핵생성인 경우, 핵생성속도는 크고 성장속도는 느려 많은

열적 활성화 변태

2) 속도가 식 (12.16)의 $\dot{G}$와 같이 온도에 의존하는 과정을 보통 **열적 활성화 변태(thermally activated transformation)**라고 한다. 또한 이 형태의 속도 방정식은 아르헤니어스 속도식(*Arrhenius rate equation*)이라고 한다.

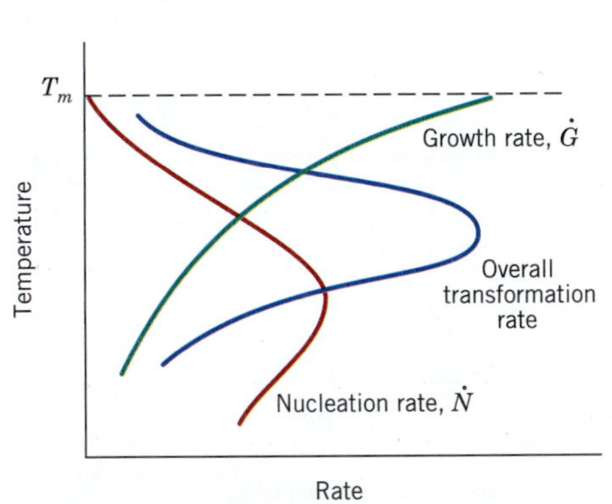

그림 12.8 핵생성속도($\dot{N}$), 성장속도($\dot{G}$), 총 변태속도 대 온도의 도표

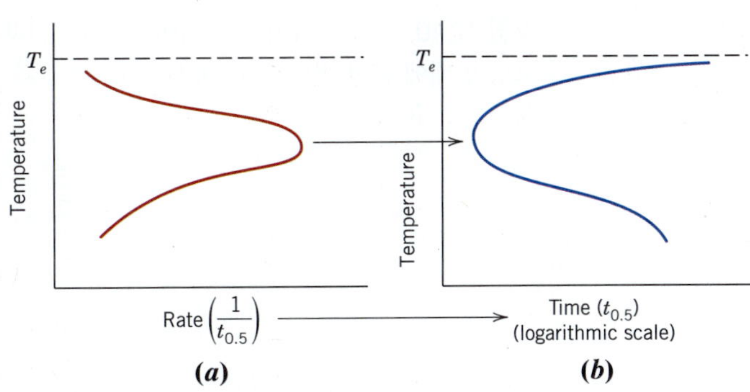

그림 12.9 (*a*) 변태속도 대 온도의 도표. (*b*) 로그 시간[어느 정도의 변태가 진행될 때까지(예: 50%)] 대 온도의 도표. (*a*)와 (*b*)에 나타난 곡선들은 같은 조의 데이터들로부터 만들어진다. 예를 들면 수평축의 시간[(*b*)도표에서 로그값으로 환산된]은 (*a*)곡선으로부터 변태속도를 역수로 취한 값이다.

수의 작은 입자들(예: 미세 결정립)로 구성된 미세조직을 얻게 된다.

또한 그림 12.8에서 재료가 매우 빠른 속도로 변태속도 곡선상의 온도 범위에서, 변태속도가 매우 느린 비교적 낮은 온도로 냉각되면 비평형구조의 상이 생성될 수 있다(예: 12.5절과 12.11절 참조).

고상 변태의 반응속도론

앞의 설명에서는 핵생성, 성장, 변태 속도의 시간에 대한 의존성에 역점을 두었다. 속도의 시간 의존성[보통 변태의 **반응속도론(kinetics)**이라고 불리는] 또한 재료의 열처리에 있어 중요한 관심 대상이다. 재료 과학자와 공학도가 관심을 가지는 많은 변태들은 단지 고상만을 포함하므로, 고상 변태에 대한 반응속도에 역점을 두고자 한다.

반응속도론

많은 반응속도론적 조사를 통해, 일어나고 있는 반응의 분율은 온도가 일정하게 유지되는 동안 시간의 함수로 측정할 수 있다. 변태 과정은 보통 새로운 상을 구분할 수 있을 정도의 현미경적 관찰 또는 몇몇 물리적 특성(전기전도도와 같은)을 측정함으로써 확인할 수 있다. 변태된 재료의 분율 대 시간의 로그값을 도시하면 그림 12.10과 유사한 S자형의 곡선이 나타나는데, 이는 대부분의 고상반응들에 대한 전형적인 반응속도 거동을 보여주고 있다. 핵생성과 성장 단계도 그림에 표기되어 있다.

그림 12.10에서 반응속도의 유형을 보여주는 고상 변태의 경우, 변태 분율 y는 다음과 같이 시간 t의 함수이다.

시간에 따른 변태 분율에 의존하는 아브라미 방정식

$$y = 1 - \exp(-kt^n) \tag{12.17}$$

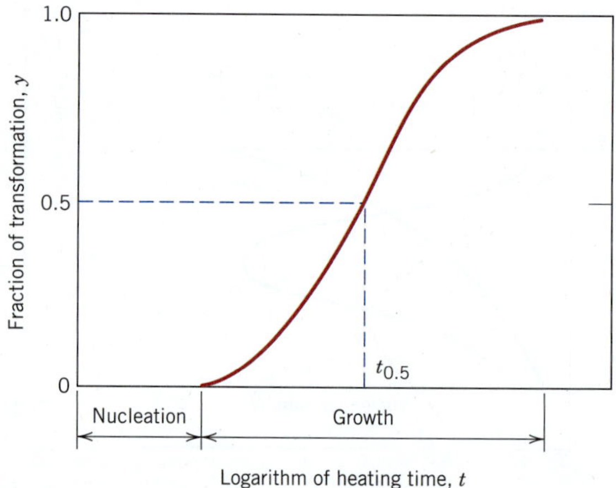

그림 12.10 등온에서의 전형적인 고상 변태에 관한 변태 분율 대 로그 시간의 도표

여기서 k와 n은 각 반응에 있어 시간과 무관한 상수이다. 위의 식을 보통 아브라미 방정식(*Avrami equation*)이라 한다.

관례적으로 변태속도는 변태가 진행되어 반 정도 완료되는 데 필요한 시간 $t_{0.5}$의 역수로 다음과 같이 표현된다.

변태속도—변태가 50% 완료되는 데 걸린 시간의 역수

$$\text{rate} = \frac{1}{t_{0.5}} \tag{12.18}$$

온도는 반응속도 및 변태속도에 많은 영향을 준다. 이것은 구리의 재결정과 같이 여러 온도에서의 y 대 $\log t$를 도시한 그림 12.11의 S자형 곡선에서 볼 수 있다.

상변태에 미치는 온도와 시간의 영향에 대해서는 12.5절에서 자세히 다룬다.

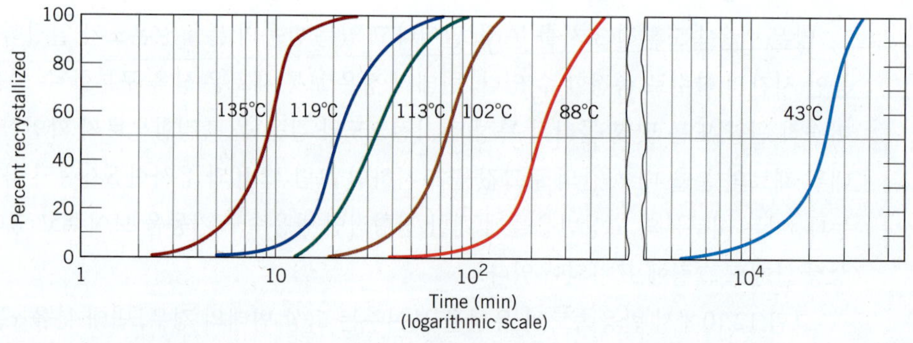

그림 12.11 등온에서의 시간에 따른 순수한 구리의 재결정 분율
(Reprinted with permission from *Metallurgical Transactions*, Vol. 188, 1950, a publication of The Metallurgical Society of AIME, Warrendale, PA. Adapted from B. F. Decker and D. Harker, "Recrystallization in Rolled Copper," *Transactions of the AIME*, Vol. 188, 1950: p. 888.)

예제 12.2

재결정 속도 계산

몇몇 합금의 재결정 속도식은 아브라미 식을 따르고 n의 값은 3.1인 것으로 알려져 있다. 25분 후 재결정화 분율이 0.40일 경우 재결정 속도를 계산하라.

풀이

반응속도는 다음과 같이 식 (12.18)로 나타낼 수 있다.

$$\text{rate} = \frac{1}{t_{0.5}}$$

그러므로 이 문제를 풀기 위하여 반응이 50% 진행될 때의 시간 혹은 반응 분율인 y가 0.50가 되는 $t_{0.5}$ 값을 구하는 것이 필요하다. 또한 식 (12.17)의 아브라미 식을 이용하여 $t_{0.5}$ 값을 구할 수 있다.

$$y = 1 - \exp(-kt^n)$$

문제 지문에 시간 t = 25분에서 y 값 0.40과 n 값 3.1을 제시하였기 때문에 상수 k 값을 구할 수 있다. 계산을 위하여 식 (12.17)의 대수학적인 변형이 필요하다. 우선, 다음과 같이 식을 변경한다.

$$\exp(-kt^n) = 1 - y$$

양변에 일반 로그를 취해 준다.

$$-kt^n = \ln(1 - y) \tag{12.17a}$$

그리고 k 값을 구하기 위해 다음 식으로 변경한다.

$$k = -\frac{\ln(1 - y)}{t^n}$$

위 식에 주어진 y, n, t 값을 입력하면 k 값은 다음과 같이 된다.

$$k = -\frac{\ln(1 - 0.40)}{(25 \text{ min})^{3.1}} = 2.36 \times 10^{-5} \text{ min}^{-3.1}$$

여기서 y = 0.5에 대한 t 값인 $t_{0.5}$를 계산하려면 t가 변수인 식 (12.17)을 이용한다. 식 (12.17)을 변형하면 다음과 같이 식 (12.17a)가 된다.

$$t^n = -\frac{\ln(1 - y)}{k}$$

이 식을 이용하여 t 값을 구한다.

$$t = \left[-\frac{\ln(1 - y)}{k}\right]^{1/n}$$

그리고 $t = t_{0.5}$에 대하여 이 식은 다음과 같이 된다.

$$t_{0.5} = \left[-\frac{\ln(1-0.5)}{k}\right]^{1/n}$$

위에서 구한 t 값과 문제 지문에 있는 n 값인 3.1을 대입하면 다음과 같이 $t_{0.5}$를 구할 수 있다.

$$t_{0.5} = \left[-\frac{\ln(1-0.5)}{2.36\times10^{-5}\ \text{min}^{-3.1}}\right]^{1/3.1} = 27.6\ \text{min}$$

마지막으로 식 (12.18)로부터 속도는 다음과 같다.

$$\text{rate} = \frac{1}{t_{0.5}} = \frac{1}{27.6\ \text{min}} = 3.6\times10^{-2}\ (\text{min})^{-1}$$

12.4 | 준안정 대 평형 상태

금속합금계에서 상변태는 온도, 조성, 그리고 외부 압력의 변화에 의해 나타나지만, 열처리에 의해 상변태를 일으키는 데는 온도변화가 가장 보편적으로 사용된다. 상변태는 주어진 조성의 합금이 가열 또는 냉각됨으로써 조성-온도 상태도상에서 상의 경계를 지나는 것에 해당한다.

상변태가 일어나는 동안 합금은 생성물의 상, 그들의 조성, 그리고 상대적 양의 관점에서 상태도에 의해 결정되는 평형상태를 향해 변화한다. 12.3절에서 기술한 바와 같이, 대부분의 상변태는 상변태가 완료되기까지 어느 정도의 시간이 필요하며, 그 속도는 열처리와 미세조직 발달 사이의 관계에 있어 중요하다. 상태도의 한 가지 제약은 평형을 얻는 데 필요한 시간을 나타낼 수 없다는 것이다.

과랭

과열

고상 계의 경우 평형에 도달하는 속도는 매우 느려서 진정한 평형구조를 얻기란 힘들다. 상변태가 온도변화에 의해 일어날 때, 가열과 냉각이 극도로 느리고 비현실적인 속도로 진행될 경우에만 평형은 유지된다. 평형 냉각 이외의 경우, 변태는 상태도에 나타낸 온도 이하에서 일어나고, 가열의 경우 그 이상의 온도에서 일어난다. 이러한 현상을 각각 **과랭(supercooling)**과 **과열(superheating)**이라고 한다. 그들의 정도는 온도변화의 속도에 따라 다르며, 냉각 또는 가열이 빠르면 빠를수록 과랭과 과열은 더 커지게 된다. 예를 들면 정상적인 냉각속도의 경우 철-탄소 합금의 공석반응은 평형 변태 온도보다 10~20°C 낮은 온도에서 일어난다.[3)]

3) 12.3절에 기술한 상변태의 반응속도와 관련된 열처리들은 일정한 온도 조건에 한정되어 있음을 명심하라. 반면, 이 절에서는 온도변화에 따른 상변태를 다루고자 한다. 이들의 특징은 12.5절(등온변태도)과 12.6절(연속냉각변태도)에 기술되어 있다.

기술적으로 중요한 많은 합금의 경우, 선호하는 상태 또는 미세조직이 초기와 평형의 중간인 준안정상태에 있고, 종종 평형상태로부터 멀리 벗어난 구조가 바람직할 때가 있다. 따라서 상변태에 미치는 시간에 대한 영향을 조사하는 것은 중요하다. 이러한 반응속도에 관한 정보는 많은 경우에 있어 최종 평형상태에 대한 지식보다 더 큰 의미를 갖는다.

철-탄소 합금에서의 미세조직 및 성질 변화

몇 가지 고상 변태에 대한 기본적인 반응속도 원리를 더 살펴보고, 열처리와 미세조직의 발달, 이에 따른 기계적 성질과의 관계를 위해 특히 철-탄소 합금들을 예로 들었다. 이러한 합금계는 이제 익숙해져 있고, 다양한 미세조직과 기계적 특성을 보이므로 철- 탄소(또는 강) 합금을 선택하게 되었다.

12.5 | 등온변태도

펄라이트

다음과 같은 철-철 탄화물의 공석반응을 다시 고려해 보자.

철-철 탄화물의 공석반응

$$\gamma(0.76 \text{ wt\% C}) \underset{\text{heating}}{\overset{\text{cooling}}{\rightleftharpoons}} \alpha(0.022 \text{ wt\% C}) + Fe_3C(6.70 \text{ wt\% C}) \qquad (12.19)$$

이 반응은 강 합금의 미세조직 발달에서 기본이 된다. 냉각 시 중간 정도의 탄소 농도를 갖는 오스테나이트(austenite)는 훨씬 낮은 탄소 농도를 갖는 페라이트(ferrite)와 훨씬 높은 탄소 농도를 갖는 시멘타이트(cementite)로 변태한다. 펄라이트는 이러한 변태에 의해 생기는 미세조직이고(그림 11.34), 펄라이트의 형성 기구는 이미 논의하였으며(11.21절) 그림 11.35에 나타나 있다.

오스테나이트에서 펄라이트로의 변태속도에 있어 온도는 중요한 역할을 한다. 공석 조성을 갖는 철-탄소 합금의 온도 의존성은 그림 12.12에 나타나 있으며, 이 그림은 3개의 서로 다른 온도에서 시간의 로그값 대 변태 분율을 도시한 S자형 곡선을 보여준다. 각 곡선에서의 데이터는 100% 오스테나이트로 구성된 시편을 표기된 온도까지 급랭시킨 후 얻은 것이며 반응 동안의 온도는 일정하게 유지하였다.

이러한 변태에 대한 시간 및 온도의 의존성을 나타내는 좀 더 편리한 방법을 그림 12.13의 하단 그림에 나타내었다. 여기서 수직축과 수평축은 온도와 시간의 로그값을 각각 나타낸다. 보이는 2개의 실선 중 하나는 각각의 온도에서 변태의 초기 또는 시작에 필요한 시간을 나타

른쪽으로 증가한다. 오스테나이트에서 펄라이트로의 변태는 교차점 *C*(약 3.5초 후)에서 시작되고, 점 *D*에 해당하는 약 15초 후에 완료된다. 또한 그림 12.14는 반응이 진행되는 여러 시간에서의 미세조직을 보여주고 있다.

펄라이트에서 페라이트와 시멘타이트의 두께 비율은 약 8:1 정도이다. 하지만 층상의 절대적인 두께는 등온 변태가 일어나는 온도의 영향을 받는다. 공석 온도 바로 아래에서는 비교적 두꺼운 α 페라이트와 Fe_3C의 층이 나타나며, 이러한 미세조직을 **조대 펄라이트(coarse pearlite)**라 하며, 이러한 상이 형성되는 구역은 그림 12.14의 변태 완료 곡선 오른쪽에 나타나 있다. 이 온도에서의 확산속도는 비교적 빠르며 그림 11.35에 나타낸 변태 동안에 탄소 원자는 비교적 먼 거리까지 확산할 수 있어 두꺼운 층상구조인 라멜라가 형성된다. 온도가 감소함에 따라, 탄소의 확산속도는 감소하고 층의 두께들은 점진적으로 얇아지게 된다. 540°C 부근에서 형성된 얇은 층상구조를 **미세 펄라이트(fine pearlite)**라고 하며, 이것은 그림 12.14에 나타나 있다. 기계적 특성이 라멜라 두께에 의존한다는 내용은 12.7절에서 논의할 것이다. 공석 조성에 대한 조대 및 미세 펄라이트의 사진은 그림 12.15에 나타나 있다.

조대 펄라이트

미세 펄라이트

다른 조성의 철-탄소 합금의 경우, 11.21절에서 언급한 바와 같이 아공석상(페라이트 또는 시멘타이트)이 펄라이트와 공존한다. 따라서 아공석 변태에 해당하는 추가적인 곡선이 등온변태도상에 포함되어 있어야 한다. 1.13 wt% C 합금에 대한 등온변태도의 한 부분을 그림 12.16에 나타내었다.

(*a*)

(*b*)

그림 12.15
(*a*) 조대 펄라이트와 (*b*) 미세 펄라이트의 현미경 사진(3000배율) (From K. M. Ralls, et al., *An Introduction to Materials Science and Engineering*, p. 361. Copyright © 1976 by John Wiley & Sons, New York. Reprinted by permission of John Wiley & Sons, Inc.)

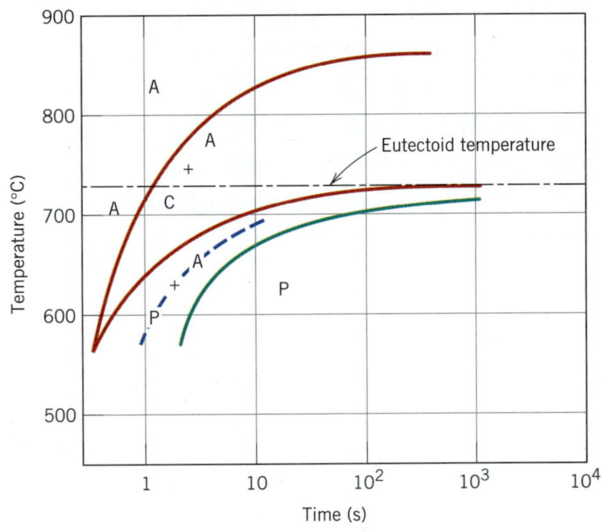

그림 12.16 1.13 wt% C 철-탄소 합금의 등온변태도. A는 오스테나이트, C는 과공석 시멘타이트, P는 펄라이트를 나타낸다. [Adapted from H. Boyer (Editor), *Atlas of Isothermal Transformation and Cooling Transformation Diagrams*, 1977. Reproduced by permission of ASM International, Materials Park, OH.]

베이나이트

베이나이트

펄라이트 이외에 오스테나이트 변태의 생성물인 다른 미세 구성인자가 있는데, 이 중 하나를 **베이나이트(bainite)**라 부른다. 베이나이트 미세조직은 페라이트와 시멘타이트 상으로 구성되며 이들의 형성에 있어 확산 과정이 수반된다. 베이나이트는 변태온도에 따라 침상 또는 판상으로 형성되며, 베이나이트의 세부 미세조직은 매우 미세하여 오직 전자현미경으로만 식별이 가능하다. 그림 12.17은 베이나이트의 결정립을 보여주는 전자현미경 사진으로(왼쪽 아래에서 오른쪽 위까지의 대각선), 길쭉한 Fe_3C 입자들과 페라이트 기지로 구성되어

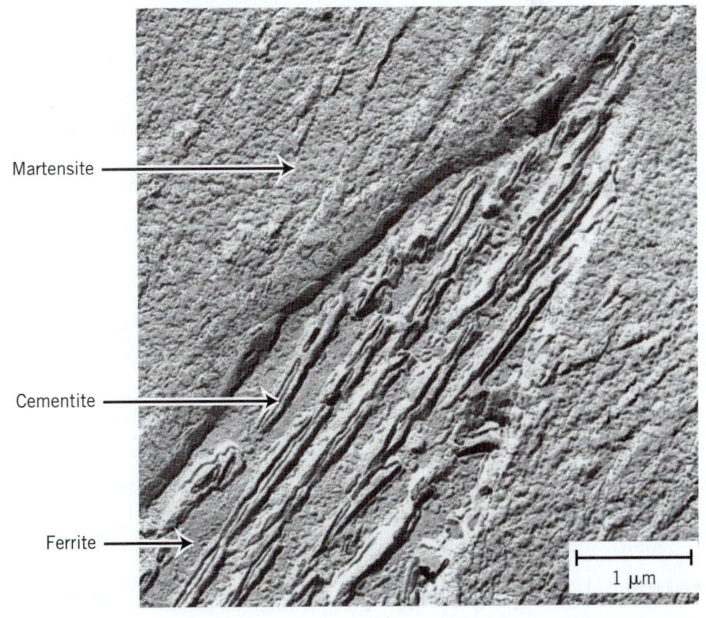

그림 12.17 베이나이트 조직을 보여주는 투과전자현미경 사진(15,000배율). 페라이트 기지에 길쭉하고 바늘 모양의 Fe_3C 입자로 구성된 베이나이트 결정립이 왼쪽 아래에서 오른쪽 위로 향하고 있다. 베이나이트를 둘러싸고 있는 상은 마텐자이트이다. (From *Metals Handbook*, Vol. 8, 8th edition, *Metallography, Structures and Phase Diagrams*, 1973. Reproduced by permission of ASM International, Materials Park, OH.)

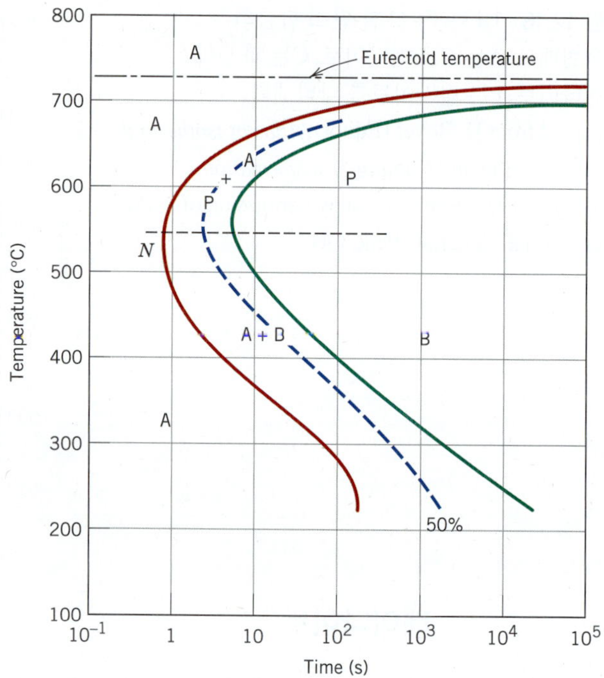

그림 12.18 오스테나이트-펄라이트(A-P) 변태와 오스테나이트-베이나이트(A-B) 변태를 포함한 공석 조성을 갖는 철-탄소 합금의 등온변태도 [Adapted from H. Boyer (Editor), *Atlas of Isothermal Transformation and Cooling Transformation Diagrams*, 1977. Reproduced by permission of ASM International, Materials Park, OH.]

있으며, 사진 안에 이러한 상들을 명기하였다. 또한 침상을 둘러싸고 있는 상은 마텐자이트(martensite)이며, 이것에 대해서는 다음 절에서 설명한다. 아울러 초석상은 베이나이트와 함께 형성되지 않는다.

베이나이트 변태의 시간-온도 의존성도 등온변태도에 나타나 있다. 이것은 펄라이트가 형성되는 온도 아래에서 일어나며, 낮은 온도까지 이어지는 공석 조성을 갖는 철-탄소 합금의 등온변태도인 그림 12.18에서 나타낸 것처럼 시작, 끝, 중간의 반응 곡선은 펄라이트 변태 곡선을 연장한 것이다. 이 3개의 곡선은 C자형을 띠며, 변태속도가 최대인 점 *N*에서 '코(nose)'를 갖는다. 그림에서 보는 바와 같이, 펄라이트는 코 온도 이상(약 540~727°C의 온도 범위)에서 펄라이트가 생성되며, 215~540°C의 온도 범위에서는 베이나이트가 변태 생성물이 된다.

펄라이트와 베이나이트 변태는 서로 경쟁적으로 일어나며, 합금의 어느 부위가 펄라이트 또는 베이나이트로 일단 변태하게 되면 오스테나이트 형성을 위한 재가열을 하지 않는 한 다른 미세 구성인자들로의 변태는 불가능하다.

스페로이다이트

만약 펄라이트 또는 베이나이트 미세조직을 갖는 강 합금이 공석 온도 이하에서 충분히 긴 시간 동안, 예를 들면 약 700°C에서 18~24시간 동안 가열된 채로 남게 된다면 또 다른 미세조직이 생성된다. 이것을 **스페로이다이트(spheroidite)**라고 한다(그림 12.19). 페라이트와 시멘타

스페로이다이트

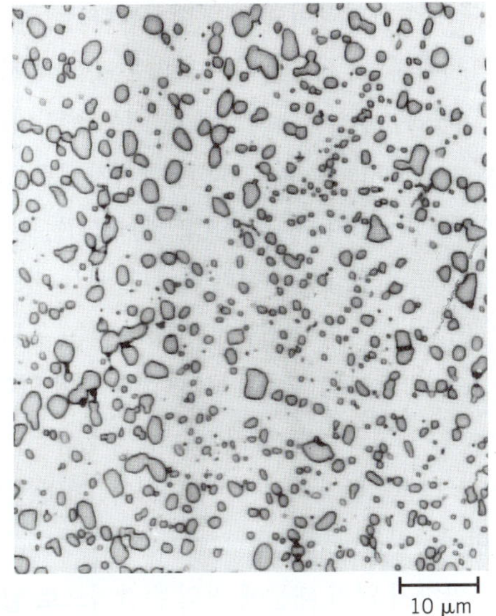

그림 12.19 스페로이다이트 미세조직을 갖는 강의 현미경 사진(1000배율). 작은 입자들은 시멘타이트이고 연속적인 상은 α 페라이트이다. (Copyright 1971 by United States Steel Corporation.)

그림 12.20 부분적으로 스페로이다이트로 변태한 펄라이트강의 현미경 사진(1000배율) (Courtesy of United States Steel Corporation.)

이트의 라멜라(펄라이트) 조직 또는 베이나이트의 미세조직이 바뀌는 대신, Fe_3C상은 연속적인 α상 기지에 박혀 있는 구형의 입자로 나타난다. 그림 12.20은 부분적으로 스페로이다이트로 변태한 펄라이트강의 현미경 사진이다. 이 변태의 구동력은 α-Fe_3C의 상 계면 면적의 감소이다. 스페로이다이트 형성에 대한 반응속도는 등온변태도에 포함되어 있지 않다.

개념 확인 12.1

펄라이트 또는 스페로이다이트의 미세조직 중 어느 것이 더 안정한가? 그 이유는?

(정답은 *www.wiley.com*의 제품 페이지에서 확인할 수 있음)

마텐자이트

마텐자이트

마텐자이트(martensite)라고 하는 또 다른 미세 구성인자 또는 상은 오스테나이트화된 철-탄소 합금이 비교적 낮은 온도까지(상온 근방) 빠르게 냉각[또는 급랭(quenching)]될 때 형성된다. 마텐자이트는 오스테나이트의 무확산 변태로부터 생성되는 비평형의 단일상 구조이다. 이것은 펄라이트 및 베이나이트와 경쟁적으로 생성되는 변태 생성물로 생각할 수 있다. 급랭되는 속도가 탄소 확산을 방해할 정도로 충분히 빠를 때 마텐자이트 변태가 일어난다. 어떤 식의 확산이라도 일어나면 페라이트와 시멘타이트 상은 형성된다.

마텐자이트 변태는 명확히 이해되지는 않는다. 하지만 많은 수의 원자가 협동적으로 이동을 하는데, 이때 각각의 원자는 이웃 원자들에 대해 미소한 이동으로 나타낸다. 이것은 FCC 오스테나이트가 체심정방(body-centered tetragonal, BCT) 마텐자이트로 동질이상 변태하는 것과 같은 방식으로 발생한다. 이 결정구조의 단위격자(그림 12.21)는 한 방향으로 늘어선 단순한 BCC 구조이지만, BCC 페라이트의 구조와는 전혀 다르다. 모든 탄소 원자는 마텐자이트 속에 침입형 불순물로 남아 있으며, 적절한 확산속도에 이르게 되는 온도까지 가열하게 되면 다른 구조로 신속히 변환할 수 있는 과포화된 고용체로 구성이 되어 있다. 하지만 많은 강들은 상온에서 거의 영구적으로 마텐자이트 구조를 유지한다.

마텐자이트 변태는 철-탄소 합금에만 존재하는 것은 아니다. 이것은 다른 계에서도 관찰되며, 일부 무확산 변태에 의해 형성된다.

마텐자이트 변태는 확산을 수반하지 않기 때문에 거의 순간적으로 일어나며, 마텐자이트의 결정립은 오스테나이트 기지 내에서 음속과 같은 매우 빠른 속도로 핵이 생성되고 성장한다. 따라서 마텐자이트 변태는 실제적으로 시간과 무관하다.

마텐자이트의 결정립들은 그림 12.22에 나타낸 바와 같이 판상 혹은 바늘과 같은 형상을 하고 있다. 이 그림에서 하얀 상은 급랭 동안에 변태하지 않은 오스테나이트(잔류 오스테나이트)이다. 이미 언급한 바와 같이 마텐자이트는 다른 미세 구성인자(예: 펄라이트)들과 함께 공존할 수 있다.

마텐자이트는 비평형 상이므로 철-철 탄화물 상태도(그림 11.31)에는 나타나지 않는다. 반면, 오스테나이트에서 마텐자이트로의 변태는 등온변태도 위에 나타난다. 마텐자이트 변태

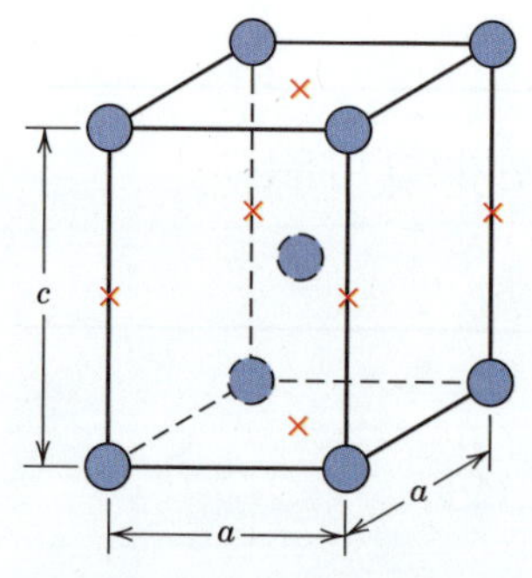

그림 12.21 철 원자(O 표시)와 탄소 원자(X 표시)의 위치를 보여주는 마텐자이트강의 체심정방 단위격자. 이 구조의 단위격자에서 $c > a$이다.

그림 12.22 마텐자이트 미세조직을 보여주는 현미경 사진(1220배율). 바늘 모양의 결정립은 마텐자이트 상이며, 흰 영역은 급랭 시 변태하지 못한 오스테나이트이다. (Photomicrograph courtesy of United States Steel Corporation.)

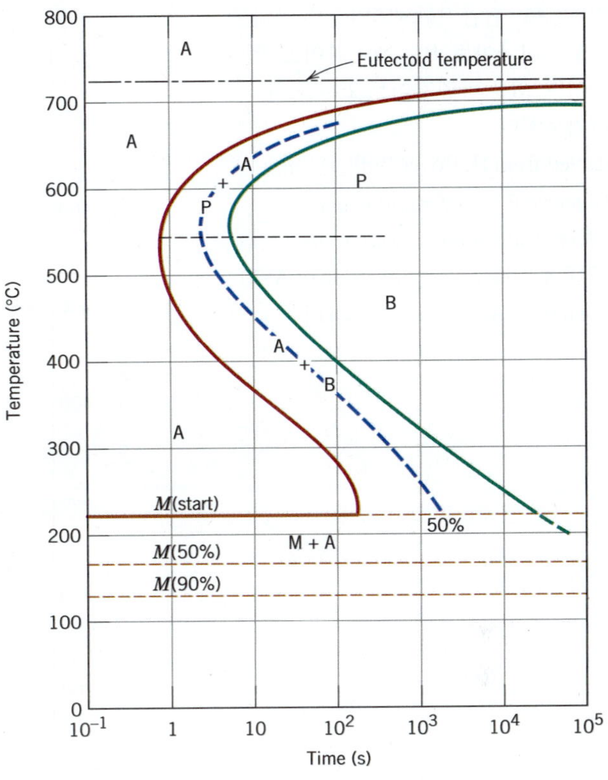

그림 12.23 공석 조성을 갖는 철-탄소 합금의 완전한 등온변태도. A는 오스테나이트, B는 베이나이트, M은 마텐자이트, P는 펄라이트이다.

는 무확산이고 순간적으로 일어나므로, 이 변태도상에 펄라이트와 베이나이트 반응과 같은 모양으로는 나타나지 않는다. 이 변태의 시작은 *M*(start)로 표기된 수평선으로 나타나 있다(그림 12.23). *M*(50%)와 *M*(90%)로 표기된 다른 2개의 수평 점선들은 오스테나이트에서 마텐자이트로 변태한 분율을 나타낸다. 이 선이 위치한 온도는 합금 조성에 따라 변하지만, 탄소의 확산이 최종적으로 수반되지 않으므로 비교적 낮다.[4] 수평이고 직선의 특성을 갖는 이러한 선들은 마텐자이트 변태가 시간과 무관함을 보여주며, 합금이 오직 급랭되는 온도만의 함수이다. 이런 종류의 변태를 **비열 변태(athermal transformation)**라고 한다.

비열 변태

727°C보다 높은 온도에서 165°C까지 급랭되는 공석 조성을 갖는 합금을 고려해 보자. 등온변태도(그림 12.23)로부터 50%의 오스테나이트가 즉시 마텐자이트로 변태되는 것을 알 수 있으며, 이 온도가 계속 유지되는 한 더 이상의 변태는 일어나지 않는다.

탄소 이외의 다른 합금 원소(예: Cr, Ni, Mo, W)가 존재하게 되면 등온변태도상의 곡선의 위치와 모습에 상당한 변화가 생긴다. (1) 오스테나이트-펄라이트 변태의 코(nose)를 더 긴 시간으로 이동(만약 이런 것이 존재하면 초석상의 코도 동일)하고, (2) 베이나이트 코가 분리되

4) 그림 12.22에 나타낸 합금은 공석 조성을 갖는 철-탄소 합금이 아니며, 100% 마텐자이트 변태온도는 그 분위기보다 낮다. 상온에서 찍은 미세조직 사진이므로 약간의 오스테나이트가 존재하며(잔류 오스테나이트) 완전 마텐자이트로 변태되지 않았다.

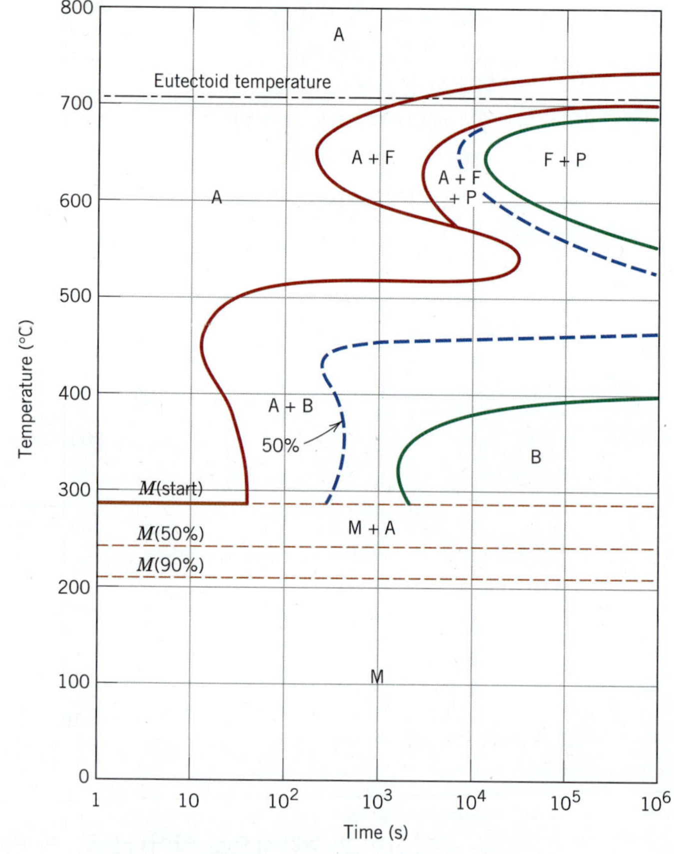

그림 12.24 합금강(4340)의 등온변태도. A는 오스테나이트, B는 베이나이트, P는 펄라이트, M은 마텐자이트, F는 초석 페라이트이다.
[Adapted from H. Boyer (Editor), *Atlas of Isothermal Transformation and Cooling Transformation Diagrams*, 1977. Reproduced by permission of ASM International, Materials Park, OH.]

어 형성된다. 이러한 변화는 각각 탄소강과 합금강에 대한 등온변태도인 그림 12.23과 12.24를 비교함으로써 관찰할 수 있다.

일반탄소강
합금강

탄소가 주된 합금 원소인 강을 **일반탄소강(plain carbon steel)**이라 하며, **합금강(alloy steel)**에는 앞 문단에서 언급한 원소를 포함하여 다른 원소들이 상당량 첨가되어 있다. 14장에서 철합금(ferrous alloy)의 분류와 성질에 대해 좀 더 자세히 언급한다.

개념 확인 12.2

마텐자이트 및 펄라이트 변태의 주요 차이점에 대해 기술하라.

(정답은 *www.wiley.com*의 제품 페이지에서 확인할 수 있음)

예제 12.3

세 가지 등온 열처리에 대한 미세조직 결정

공석 조성을 갖는 철-탄소 합금의 등온변태도(그림 12.23)를 이용하여 다음과 같은 시간-온도 처리를 한 작은 시편의 최종 미세조직의 성질에 관해 기술하라(존재하는 미세 구성인자와 대략적인 분율 등). 각 경우에 있어 시편은 760°C에서 시작되고, 완전히 균일한 오스테나이트 구조를 가질 수 있도록 이 온도에서 충분한 시간 동안 유지된다고 가정하라.

(a) 350°C로 급랭한 후 10^4초 동안 유지하고 상온으로 급랭
(b) 250°C로 급랭한 후 100초 동안 유지하고 상온으로 급랭
(c) 650°C로 급랭한 후 20초 동안 유지하고 다시 400°C로 급랭하고 10^3초 동안 유지한 후 상온으로 급랭

풀이

모든 세 가지 처리에 대한 시간-온도의 경로는 그림 12.25에 나타나 있다. 각 경우에 있어 최초의 냉각은 어떠한 변태도 일어나지 않을 정도로 충분히 빠른 속도로 이루어진다.

(a) 350°C에서 오스테나이트는 베이나이트로 등온 변태하며, 이 반응은 약 10초 후에 시작되어 약 500초 경과 후 끝난다. 그러므로 문제에 명시된 것처럼 10^4초 안에 시편의 100%가 베이나이트로 되며, 비록 최종 급랭선이 변태도의 마텐자이트 구역을 지남에도 불구하고 더 이상의 변태는 불가능하다.

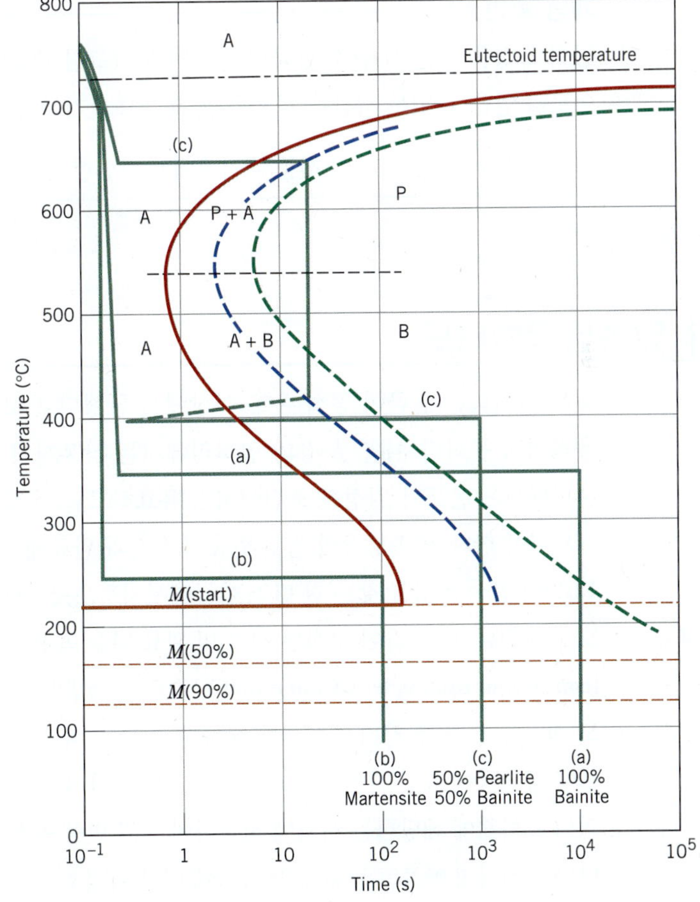

그림 12.25 공석 조성을 갖는 철-탄소 합금의 등온변태도와 예제 12.3의 (a), (b), (c)에 대한 등온 열처리 곡선

(b) 이 경우에 베이나이트 변태가 시작되는 데는 250°C에서 약 150초 정도가 소요되므로 100 초에서의 시편은 여전히 100% 오스테나이트이다. 시편이 마텐자이트 영역을 지나 냉각됨에 따라, 약 215°C에서 시작하여 점점 더 많은 오스테나이트가 순간적으로 마텐자이트로 변태한다. 이 변태는 온도가 상온에 이르는 시점에서 완료되므로 최종 미세조직은 100% 마텐자이트이다.

(c) 650°C의 등온선의 경우, 약 7초 후 펄라이트가 형성되기 시작하며, 약 20초 경과 후 시편의 약 50%가 펄라이트로 변태된다. 400°C로의 급랭은 수직선으로 나타나 있으며, 이러한 냉각 동안 비록 냉각선이 변태도의 펄라이트와 베이나이트 구역을 지난다 해도 잔류 오스테나이트가 펄라이드 또는 베이나이트로 변태되는 양은 매우 적다. 400°C에서 실질적으로 0시간에서 시작하면(그림 12.25에 나타낸 것처럼), 10^3초 경과된 후 남아 있던 모든 50%의 잔류 오스테나이트는 베이나이트로 완전히 변태한다. 상온으로 급랭할 경우 남아 있는 오스테나이트가 없으므로 더 이상의 변태는 불가능하여, 상온에서의 최종 미세조직은 50% 펄라이트와 50% 베이나이트가 된다.

개념 확인 12.3

공석 조성을 갖는 철-탄소 합금의 등온변태도(그림 12.23)를 복사하고 여기에 80% 미세 펄라이트를 얻을 수 있는 시간-온도 경로를 그리고 표기하라.

(정답은 *www.wiley.com*의 제품 페이지에서 확인할 수 있음)

12.6 | 연속냉각변태도

등온 열처리는 합금이 공석 온도 이상에서 급랭되고 고온에서 유지되기 때문에 대부분 실용적이지 못하다. 대부분 강의 열처리에서는 상온까지 시편을 연속적으로 냉각시킨다. 등온변태도는 온도가 일정한 조건에서만 유효하므로, 온도가 끊임없이 변하는 변태의 경우 개선되어야 한다. 연속냉각의 경우 반응의 시작과 완료에 필요한 시간은 지연된다. 따라서 그림 12.26의 공석 조성을 갖는 철-탄소 합금에서처럼, 등온 곡선은 더 긴 시간과 더 낮은 온도 쪽으로 이동된다. 이와 같이 수정된 시작 및 완료 반응 곡선을 포함하는 그래프를 **연속냉각변태도** [**continuous cooling transformation(CCT) diagram**]라고 한다. 냉각 환경에 따라 온도변화의 속도 전반에 걸쳐 몇 가지 제어가 가능하다. 적당히 빠르고 느린 속도에 해당하는 2개의 냉각 곡선이 공석강에 대한 그림 12.27에 첨부 및 명기되어 있다. 변태는 냉각 곡선과 시작 반응 곡선과의 교차점에 해당하는 시기에 시작하여 완료 반응 곡선을 지나면서 끝이 난다. 그림 12.27에 나타낸 적당히 빠르고 느린 냉각 곡선에 대한 미세조직은 각각 미세 및 조대 펄라이트이다.

연속냉각변태도

일반적으로 공석 조성의 합금 또는 어느 일반탄소강이 상온까지 연속적으로 냉각될 때 베

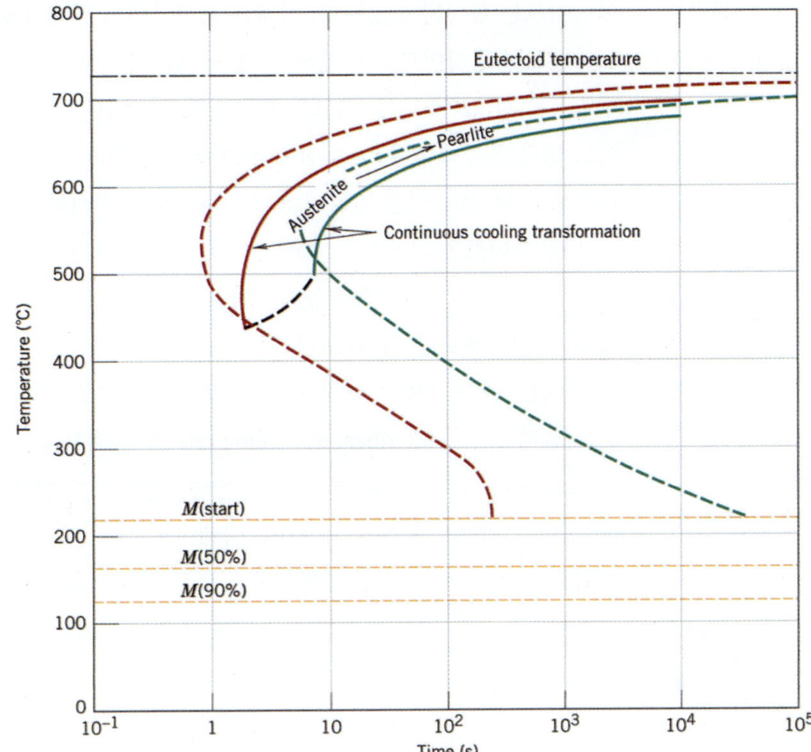

그림 12.26 철-탄소 공석 합금의 등온 및 연속냉각변태도 (Adapted from R. A. Grange and J. M. Kiefer, "Transformations of Austenite on Continuous Cooling and Its Relation to Transformation at Constant Temperature," *Transactions of the ASM*, March 1941: pp. 85-116. Reproduced by permission of ASM International, Materials Park, OH.)

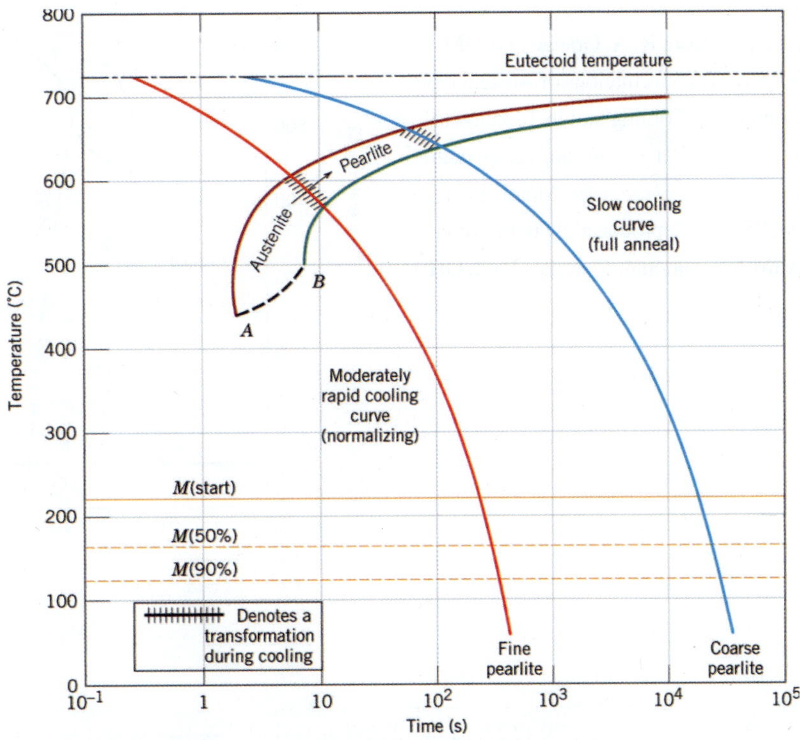

그림 12.27 철-탄소 공석 합금의 연속냉각변태도에 나타난 약간의 급랭 및 서랭 곡선

이나이트는 형성되지 않는다. 이것은 베이나이트 변태가 일어날 수 있는 시간 안에 모든 오스테나이트가 펄라이트로 변태하기 때문이다. 따라서 오스테나이트-펄라이트 변태를 나타내는 구역은 곡선 *AB*에 의해 코(그림 12.27) 바로 아래에서 종결된다. 그림 12.27의 *AB*를 통과하는 어느 냉각 곡선의 경우, 교차점에서 그 변태는 멈추고 연속냉각을 하면 반응하지 않은 오스테나이트는 *M*(start) 선을 지나면서 마텐자이트로 변태하기 시작한다.

마텐자이트 변태에서 *M*(start), *M*(50%), *M*(90%) 등과 같은 선들은 등온 및 연속냉각 변태에서 모두 동일한 온도에서 일어난다. 이것은 공석 조성의 철-탄소 합금에 대한 그림 12.23과 12.26을 비교해 보면 알 수 있다.

강 합금을 연속냉각 하게 되면, 마텐자이트 구조로 만들 수 있는 최소의 급랭속도를 나타내는 임계 급랭속도(critical quenching rate)가 존재한다. 이 임계 냉각속도가 연속냉각변태도에 포함될 때, 그림 12.28[5]에 나타낸 것처럼 펄라이트 변태가 시작하는 코를 거의 스쳐 지나간다. 또한 그림에서 보는 바와 같이, 임계속도보다 큰 냉각속도의 경우 오직 마텐자이트만 형성되고, 또한 펄라이트 및 마텐자이트 모두가 형성되는 속도의 범위가 나타난다. 마지막으로, 느린 냉각속도의 경우 완전한 펄라이트 구조가 형성된다.

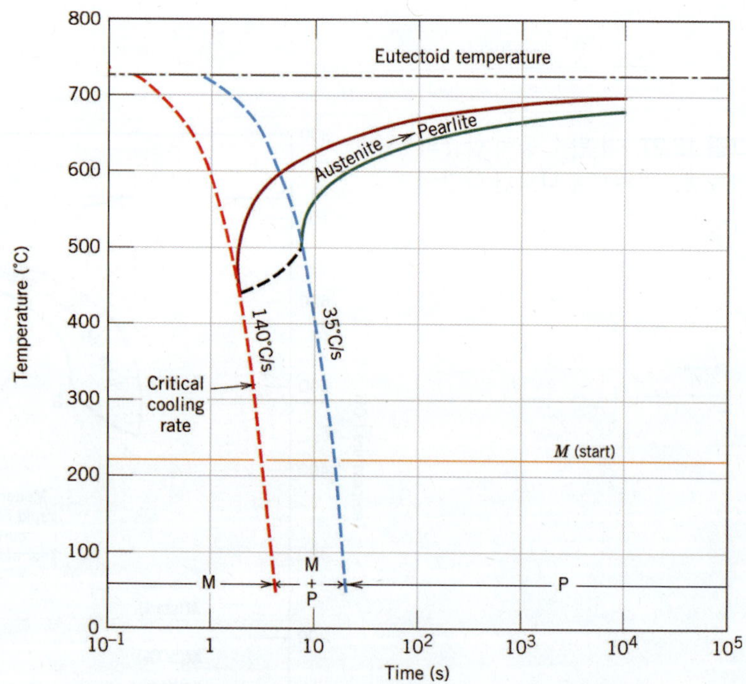

그림 12.28 냉각 중 일어나는 변태에 의한 최종 미세조직을 보여주는 철-탄소 공석 합금의 연속냉각변태도 및 냉각 곡선
(Adapted from R. A. Grange and J. M. Kiefer, "Transformations of Austenite on Continuous Cooling and Its Relation to Transformation at Constant Temperature," *Transactions of the ASM*, March 1941: pp. 85-116. Reproduced by permission of ASM International, Materials Park, OH.)

5) 그림 12.27, 12.28, 12.29에 표시된 냉각 곡선은 일정한 냉각속도임을 유의하라.

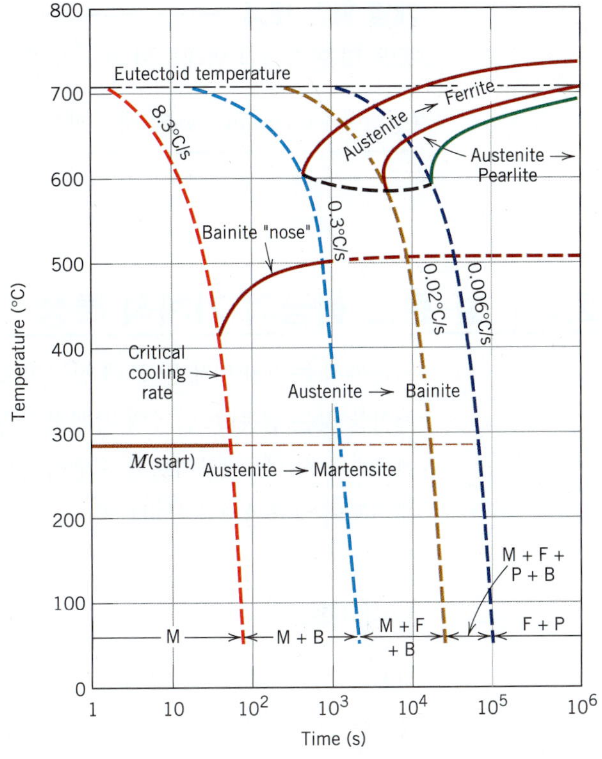

그림 12.29 냉각 중 일어나는 변태에 의한 최종 미세조직을 보여주는 합금강(4340)의 연속냉각변태도 및 냉각 곡선
(Adapted from R. A. Grange and J. M. Kiefer, "Transformations of Austenite on Continuous Cooling and Its Relation to Transformation at Constant Temperature," *Transactions of the ASM*, March 1941: pp. 85-116. Reproduced by permission of ASM International, Materials Park, OH.)

탄소와 다른 합금 원소들도 펄라이트(초석상뿐만 아니라)와 베이나이트의 코를 더 긴 시간 쪽으로 이동시키게 되어 임계 냉각속도를 감소시킨다. 사실 합금강의 경우 이러한 이유 중 하나는 마텐자이트의 형성을 촉진시키기 때문이며, 모든 마텐자이트 구조가 비교적 두꺼운 단면 전체에 발달하게 된다. 그림 12.29는 그림 12.24에 나타낸 등온변태도의 동일한 합금강에 대한 연속냉각변태도이다. 베이나이트의 코는 연속냉각 열처리에 있어 베이나이트의 생성 가능성을 보여준다. 그림 12.29에 첨부된 몇 개의 냉각 곡선은 임계 냉각속도와 변태 거동 및 최종 미세조직이 어떻게 냉각속도에 영향을 받는지 보여준다.

흥미롭게도 임계 냉각속도는 탄소에 의해서도 감소한다. 사실, 약 0.25 wt%보다 적은 탄소 함량을 갖는 철-탄소 합금은 실제적으로 너무 빠른 냉각속도를 필요로 하기 때문에 마텐자이트의 형성을 위해서 일반적으로 열처리하지 않는다. 강을 열처리할 수 있도록 하는 데 특히 효과적인 다른 합금 원소들은 크롬, 니켈, 몰리브덴, 망간, 실리콘, 텅스텐 등인데 이러한 원소들은 냉각 시 오스테나이트를 갖는 고용체 내에 있어야 한다.

요약해 보면, 등온 및 연속 변태도는 시간의 변수로 나타낸 상태도이다. 각각의 변태도는 특정 조성의 합금에 대해 온도와 시간의 변화에 따라 실험적으로 결정된다. 이러한 변태도로부터 등온 및 연속냉각 열처리에 대한 일정시간 후의 미세조직을 예측할 수 있다.

개념 확인 12.4

등온 및 연속냉각 변태도의 차이점에 대하여 기술하라.

(정답은 *www.wiley.com*의 제품 페이지에서 확인할 수 있음)

12.7 | 철-탄소 합금의 기계적 특성

지금까지 논의된 미세 및 조대 펄라이트, 스페로이다이트, 베이나이트, 마텐자이트 등의 미세조직을 갖는 철-탄소 합금의 기계적 특성을 논의하고자 한다. 마텐자이트를 제외한 모든 경우에 2개의 상(예: 페라이트와 시멘타이트)이 존재하는데, 이러한 합금이 갖는 기계적 성질-미세조직의 상관관계를 살펴보자.

펄라이트

시멘타이트는 페라이트보다 훨씬 더 단단하지만 취성이 더 강하다. 따라서 다른 미세조직적 요소를 일정하게 유지한 상태에서 강 합금의 Fe_3C 분율을 증가시키면 재료는 더 단단하고 더 강해진다. 이것은 그림 12.30*a*에 나타나 있으며, 여기에는 미세 펄라이트로 구성된 강의 탄소 함량(또는 Fe_3C 함량)에 따른 브리넬 경도(Brinell hardness)뿐만 아니라 인장 및 항복 강도가 표시되어 있다. 이 값들은 모두 탄소 농도의 증가에 따라 증가한다. 시멘타이트는 더 취성이므로, 그것의 양을 증가시키게 되면 연성과 인성(또는 충격에너지) 모두 감소하게 된다. 이러한 효과는 동일한 미세 펄라이트를 갖는 강에 대한 그림 12.30*b*에 나타나 있다.

미세조직에 있어 페라이트와 시멘타이트 상의 층 두께도 재료의 기계적 특성에 영향을 준다. 경도 대 탄소 농도를 나타낸 그림 12.31*a*에서처럼, 조대 펄라이트보다 미세 펄라이트가 훨씬 단단하고 강하다.

이러한 거동을 보이는 이유는 α-Fe_3C의 상 경계에서 일어나는 현상과 관련이 있다. 첫째, 두 상 사이의 계면에는 강한 결합력이 있다. 그러므로 강하고 단단한 시멘타이트 상은 계면 주위의 영역에서 더 연한 페라이트 상의 변형을 저지하며, 결국 시멘타이트가 페라이트를 강화시킨다고 말할 수 있다. 이러한 강화의 정도는 미세 펄라이트에서 재료의 단위부피당 상 계면의 면적이 더 크기 때문에 더욱 커지게 된다. 또한 상 경계는 결정립계의 경우와 마찬가지로 전위의 이동에 대한 장벽 역할을 한다(9.9절). 미세 펄라이트의 경우, 소성변형이 일어나는 동안, 전위들이 반드시 통과해야 할 더 많은 계면들이 존재한다. 결국, 미세 펄라이트에서 더 큰 강화 효과와 전위 이동의 방해로 인해 훨씬 큰 경도 및 강도를 보이게 된다.

조대 펄라이트는 미세 펄라이트보다 연성이 더 크며, 이는 탄소 농도 대 면적 감소율을 이들 조직에 대해 나타낸 그림 12.31*b*에 잘 나타나 있다. 이러한 거동은 미세 펄라이트가 소성변

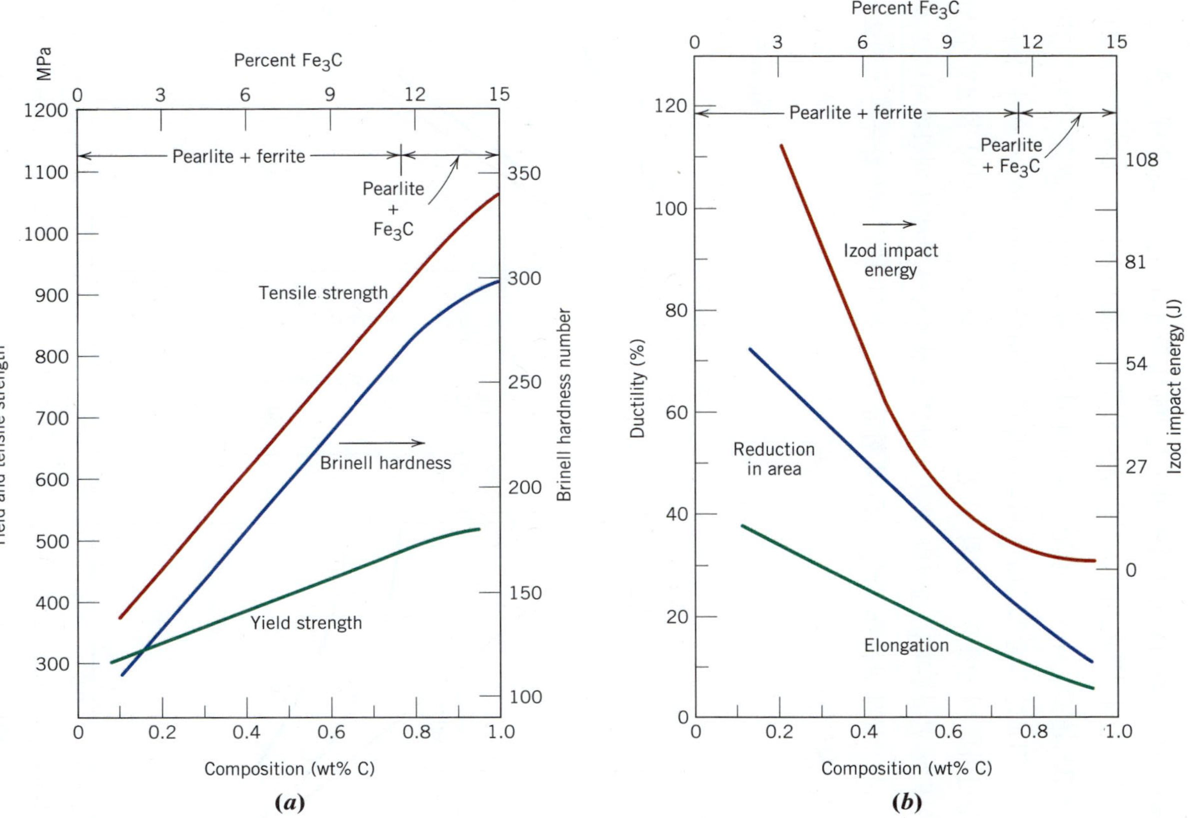

그림 12.30 (*a*) 미세 펄라이트로 구성된 일반탄소강의 항복강도, 인장강도, 브리넬 경도 대 탄소 농도의 도표, (*b*) 미세 펄라이트로 구성된 일반탄소강의 연성(%EL 및 %RA), 아이조드 충격에너지 대 탄소 농도의 도표

[Data taken from *Metals Handbook: Heat Treating*, Vol. 4, 9th edition, V. Masseria (Managing Editor), 1981. Reproduced by permission of ASM International, Materials Park, OH.]

형에 대한 더 큰 저항성을 갖고 있기 때문이다.

스페로이다이트

미세조직의 또 다른 요소는 상의 형태와 분포에 관련이 있다. 이런 관점에서 시멘타이트 상은 펄라이트와 스페로이다이트 미세조직에서 확연히 다른 형태와 배열을 갖는다(그림 12.15와 12.19). 펄라이트의 미세조직을 갖는 합금은 스페로이다이트 조직의 합금보다 훨씬 높은 강도와 경도를 갖는다. 이것은 탄소 농도에 대한 스페로이다이트와 두 종류의 펄라이트에 대한 경도를 비교한 그림 12.31*a*에 나타나 있다. 이러한 거동은 위에 기술한 바와 같이 페라이트-시멘타이트 계면에 의한 강화 및 전위의 이동 방해 현상으로 다시 설명될 수 있다. 스페로이다이트는 단위부피당 계면의 면적이 작고 소성변형의 방해가 제한적이므로 재료를 비교적 연하고 약하게 만든다. 사실 모든 강 합금 중 가장 연하고 약한 합금은 스페로이다이트 미세조직을 갖는다.

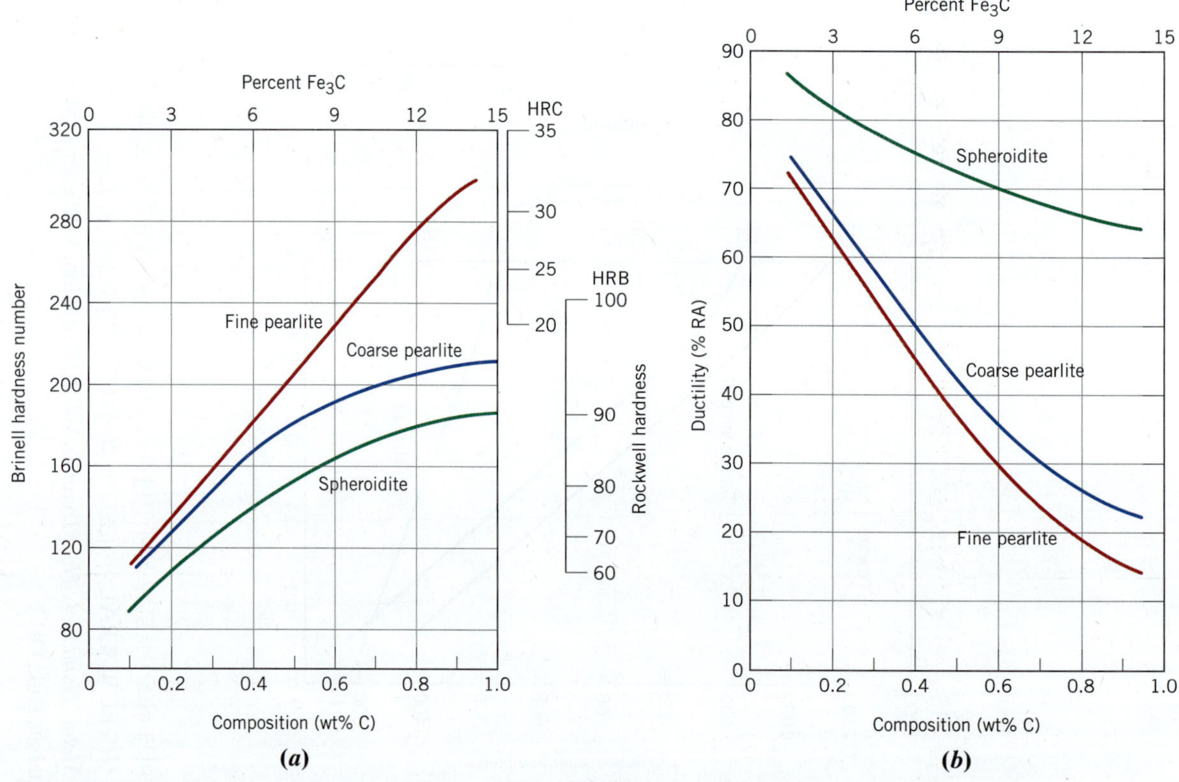

그림 12.31 (*a*) 미세 펄라이트, 조대 펄라이트, 스페로이다이트 등의 미세조직을 갖는 일반탄소강에 있어 탄소 농도에 따른 브리넬 경도 및 로크웰 경도 변화, (*b*) 미세 펄라이트, 조대 펄라이트, 스페로이다이트 등의 미세조직을 갖는 일반탄소강에 있어 탄소 농도에 따른 연성(%RA) 변화

[Data taken from *Metals Handbook: Heat Treating*, Vol. 4, 9th edition, V. Masseria (Managing Editor), 1981. Reproduced by permission of ASM International, Materials Park, OH.]

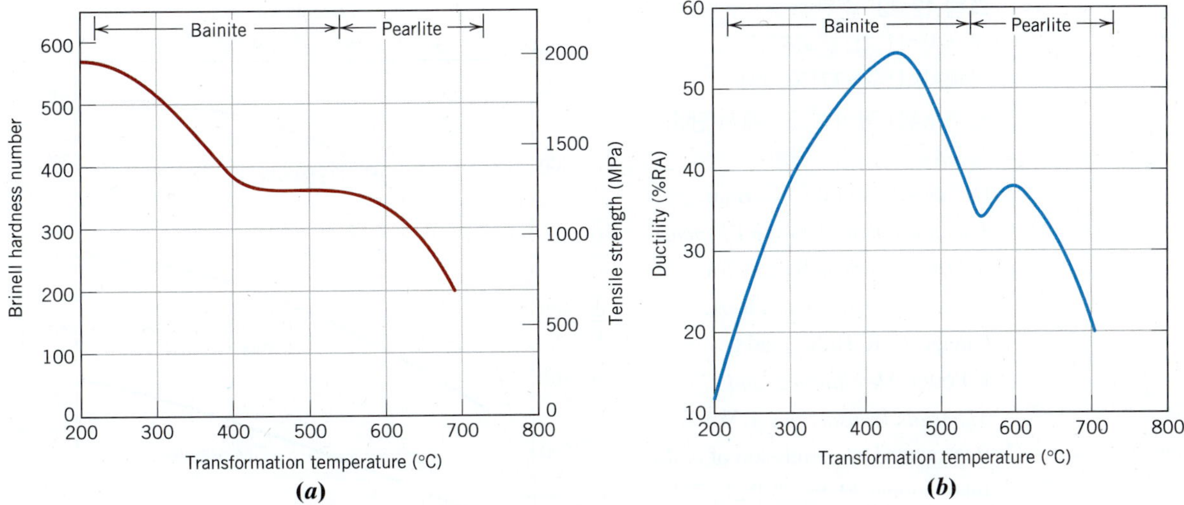

그림 12.32 공석 조성을 갖는 철-탄소 합금에서 베이나이트, 펄라이트 등의 미세조직이 형성되는 온도 전반에 걸친 등온 변태 온도에 따른 (*a*) 브리넬 경도 및 인장강도와 (*b*) 연성(%RA)(상온에서)
[Figure (*a*) Adapted from E. S. Davenport, "Isothermal Transformation in Steels," *Transactions of the ASM*, Vol. 27, 1939: p. 847. Reprinted by permission of ASM International, Materials Park, OH.]

예측되는 바와 같이, 스페로이다이트강은 극도로 연성이며 미세 또는 조대 펄라이트보다도 더 연성이다(그림 12.31*b*). 또한 이것은 두드러지게 인성을 갖는데, 이는 연성의 페라이트 기지를 통해 균열이 전파될 때, 균열이 오직 매우 적은 양의 취성인 시멘타이트 입자를 만나기 때문이다.

베이나이트

베이나이트강은 더 미세한 조직을 갖기 때문에(예: 더 작은 α페라이트와 Fe_3C 입자), 일반적으로 펄라이트강보다 강하고 단단하며, 적당한 강도와 연성을 가지고 있다. 그림 12.32*a*와 12.32*b*는 각각 공석 조성을 갖는 철-탄소 합금에서의 변태온도가 인장강도 및 경도에 미치는 영향을 보여주고 있으며, 펄라이트와 베이나이트가 형성되는 온도 범위(이 합금에 대한 그림 12.18의 등온변태도와 일치)는 그림 12.32*a*와 12.32*b*의 윗부분에 나타나 있다.

마텐자이트

주어진 강 합금에서 생성되는 여러 미세조직 중 마텐자이트가 가장 단단하고 강하며 또한 가장 취성이 크고 연성은 거의 없다. 마텐자이트와 미세 펄라이트의 경도를 탄소 농도(위와 아래 곡선)의 함수로 나타낸 그림 12.33에서 보는 것처럼, 마텐자이트의 경도는 약 0.6 wt%까지 탄소 농도에 의존한다. 펄라이트강과 대조적으로, 마텐자이트의 강도와 경도는 미세조직과

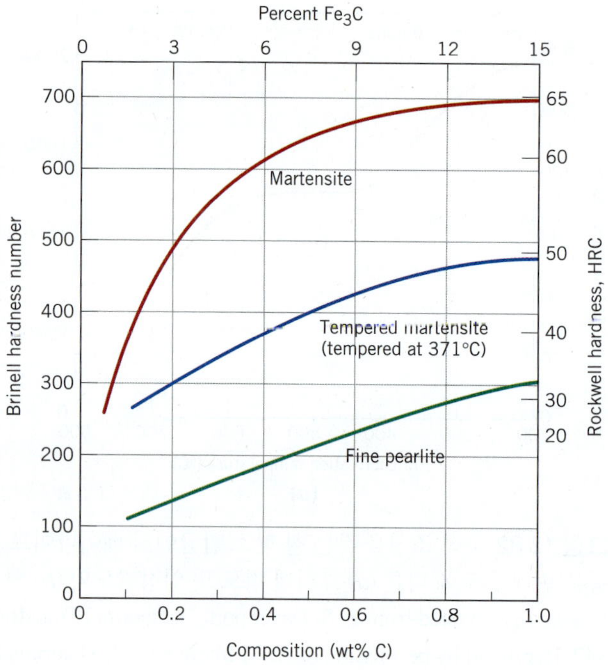

그림 12.33 순탄소 마텐자이트강, 템퍼링된 마텐자이트강(371°C에서 템퍼링된), 펄라이트강에서 탄소 농도에 따른 경도 변화 (Adapted from Edgar C. Bain, *Functions of the Alloying Elements in Steel*, American Society for Metals, 1939, p. 36; and R. A. Grange, C. R. Hribal, and L. F. Porter, *Metallurgical and Materials Transactions A*, Vol. 8A. Reproduced by permission of ASM International, Materials Park, OH.)

관계가 없는 것으로 생각된다. 이러한 특성은 오히려 전위의 이동을 효율적으로 방해하는(고용체 효과, 9.10절) 침입형 탄소 원자와 BCT 구조의 비교적 적은 수의 슬립계(이곳을 따라 전위가 움직임)에 기인한다.

오스테나이트는 마텐자이트보다 약간 밀도가 높으므로 급랭에 의한 상변태 시 순수 부피(net volume)는 증가한다. 따라서 큰 부피를 갖는 부품을 급랭하게 되면 내부응력 때문에 균열이 발생하게 되며, 특히 탄소의 농도가 약 0.5 wt%보다 높은 경우 심각한 문제가 된다.

개념 확인 12.5

가장 높은 인장강도에서 가장 낮은 인장강도를 갖는 순으로 다음과 같은 철-탄소 합금 및 미세조직의 순위를 정하라.

0.25 wt% C를 함유한 스페로이다이트
0.25 wt% C를 함유한 조대 펄라이트
0.60 wt% C를 함유한 미세 펄라이트
0.60 wt% C를 함유한 조대 펄라이트

그 순위에 대한 이유를 설명하라.

개념 확인 12.6

공석강에 있어 HRB 85의 경도를 갖도록 시편 제작에 필요한 등온 열처리에 대해 설명하라.

(정답은 *www.wiley.com*의 제품 페이지에서 확인할 수 있음)

12.8 | 템퍼링된 마텐자이트

급랭된 상태의 마텐자이트는 매우 단단한 성질 외에도 취성이 너무 커서 대부분 활용하는 데 부적합하고, 또한 급랭 시 발생하는 내부응력들은 재료를 취약하게 만드는 효과를 준다. 마텐자이트의 연성과 인성은 향상될 수 있으며 이러한 내부응력은 **템퍼링**(뜨임, *tempering*)이라고 하는 열처리에 의해 제거될 수 있다.

템퍼링은 마텐자이트강을 특정시간 동안 공석 온도 이하에서 가열해 주는 조작이다. 일반적으로 템퍼링은 250~650°C에서 수행하나, 내부응력은 200°C의 낮은 온도에서 제거된다.

템퍼링된 마텐자이트

템퍼링 열처리는 확산 과정에 의해 아래와 같은 반응에 따라 **템퍼링된 마텐자이트(tempered martensite)**를 형성하게 한다. 여기서 탄소 원자가 과포화된 단일상의 BCT 마텐자이트는 템퍼링된 마텐자이트로 변태하며, 철-철 탄화물 상태도에 나타낸 것처럼 안정한 페라이트와 시멘타이트 상들로 구성된다.

마텐자이트에서 템퍼링된 마텐자이트로의 변태 반응

$$\text{martensite (BCT, single phase)} \rightarrow \text{tempered martensite } (\alpha + \text{Fe}_3\text{C phases}) \qquad (12.20)$$

템퍼링된 마텐자이트의 미세조직은 연속적인 페라이트 기지 내에 극히 작고 균일하게 분포된 시멘타이트 입자로 되어 있다. 이것은 시멘타이트 입자가 훨씬 더 작다는 것 외에는 스페로이다이트의 미세조직과 유사하다. 템퍼링된 마텐자이트를 보여주는 고배율의 전자현미경 사진을 그림 12.34에 나타내었다.

템퍼링된 마텐자이트는 마텐자이트 정도로 거의 단단하고 강하지만, 실제로 연성과 인

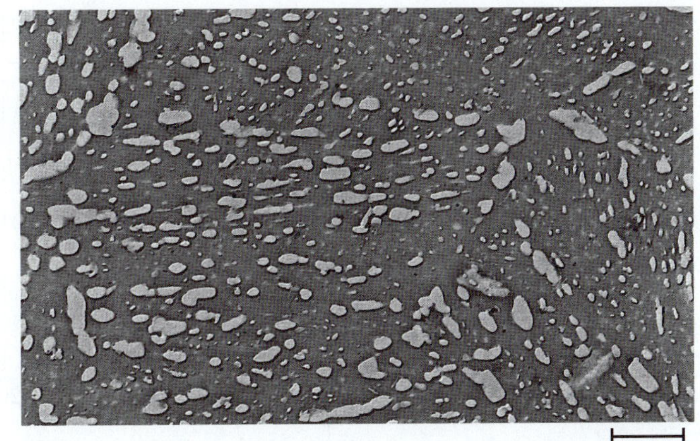

그림 12.34 594°C에서 템퍼링된 마텐자이트의 전자현미경 사진(9300배율). 작은 입자들은 시멘타이트이고 기지상은 페라이트이다. (Copyright 1971 by United States Steel Corporation.)

성은 향상되어 있다. 예를 들어 경도 대 탄소 함량 관계를 그래프로 나타낸 그림 12.33에 템퍼링된 마텐자이트에 대한 곡선이 포함되어 있다. 경도와 강도는 매우 미세하고 많은 시멘타이트 입자들이 존재하는 단위부피당 많은 페라이트-시멘타이트의 상 계면에 의해 설명될 수 있다. 단단한 시멘타이트상은 상 계면을 따라 페라이트 기지를 강화시키고, 이러한 계면은 소성변형 시 전위의 이동을 방해하는 장벽 역할도 한다. 연속적인 페라이트 상은 연성이 매우 좋고 비교적 인성도 좋으며, 템퍼링된 마텐자이트의 이 두 가지 성질의 향상을 대변해 준다.

시멘타이트 입사의 크기는 템퍼링된 마텐자이트의 기계적 성질에 영향을 주는데, 입자 크기가 증가할수록 페라이트-시멘타이트 상 계면 면적은 감소하고, 결국 고인성 및 고연성이 되기 전 재료를 연하고 약하게 만든다. 또한 템퍼링 열처리는 시멘타이트 입자의 크기를 결정한다. 열처리 변수는 온도와 시간이며, 대부분의 열처리는 등온 공정이다. 탄소의 확산이 마텐자이트-템퍼링된 마텐자이트 변태에 수반되므로 온도의 증가는 확산, 시멘타이트 입자 성장 속도, 그리고 결과적으로 연화속도를 촉진시킨다. 합금강의 인장 및 항복 강도, 그리고 연성에 대한 템퍼링 온도의 의존성은 그림 12.35에 나타나 있다. 템퍼링하기 전 마텐자이트 구조를 얻기 위해 재료를 기름 속에서 급랭하였으며, 각 온도에서의 템퍼링 시간은 1시간이었다. 이러한 유형의 템퍼링에 대한 데이터는 일반적으로 강 제조업체에서 제공된다.

서로 다른 몇 개의 온도에서 경도에 대한 시간 의존성은 공석 조성의 강을 수랭한 경우의

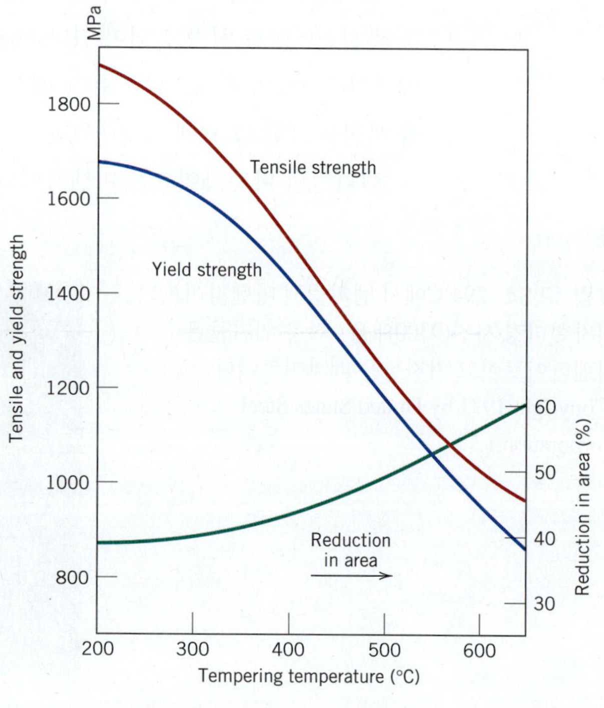

그림 12.35 유랭한 합금강(4340)의 인장 및 항복 강도, 연성(%RA)(상온에서) 대 템퍼링 온도의 도표 (Adapted from figure furnished courtesy Republic Steel Corporation.)

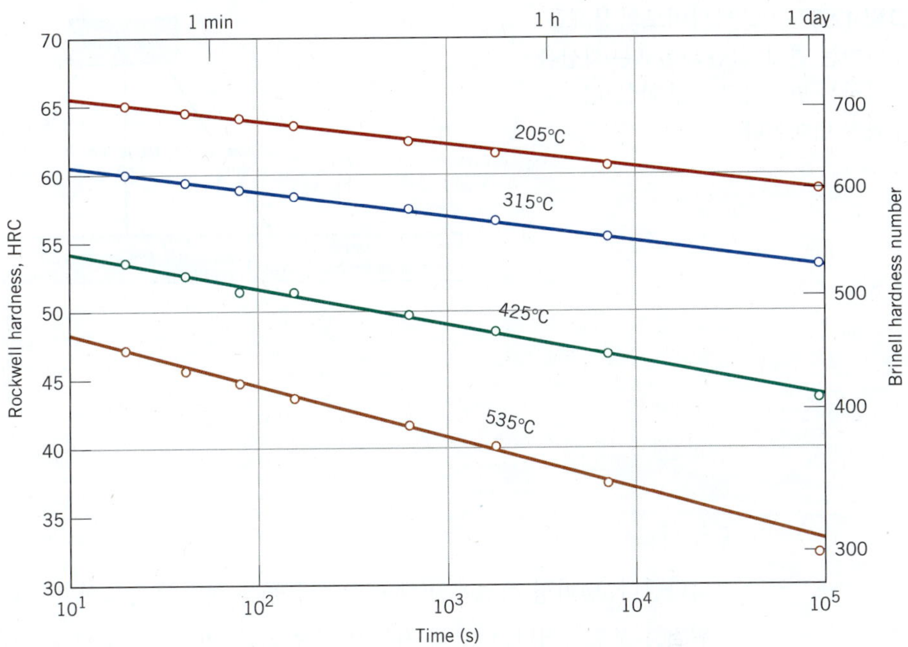

그림 12.36 수랭한 공석 일반탄소강(1080)의 경도(상온에서) 대 템퍼링 시간의 도표 (Adapted from Edgar C. Bain, *Functions of the Alloying Elements in Steel*, American Society for Metals, 1939, p. 233.)

그림 12.36에 나타나 있으며, 시간은 로그값이다. 시간이 지남에 따라 경도는 감소하는데 이는 시멘타이트 입자의 성장과 합체를 의미한다. 공석 온도(700°C) 근방에서 여러 시간이 경과하게 되면, 미세조직은 연속적인 페라이트 상에 구형의 시멘타이트가 들어 있는 스페로이다이트로 된다(그림 12.19). 그러므로 과템퍼링된(overtempered) 마텐자이트는 비교적 부드럽고 연하다.

개념 확인 12.7

마텐자이트 형성을 위해 오스테나이트 상 구역의 온도에서 상온의 물속으로 급랭시킨 강 합금이 있다. 연속해서 그 합금을 고온에서 템퍼링하고 등온을 유지하였다.

(a) 실온에서의 연성이 고온에서 템퍼링 시간의 로그값에 따라 어떻게 변하는지 개략적인 그래프를 그려라(각 축을 반드시 명기할 것).

(b) 고온에서 템퍼링에 의한 실온 특성을 이 그래프상에 첨가하고 명기하라. 그리고 이러한 두 온도 사이에서의 특성 변화의 차이점을 간단히 설명하라.

(정답은 *www.wiley.com*의 제품 페이지에서 확인할 수 있음)

일부 강의 템퍼링은 충격시험(10.9절)에 의해 측정된 바와 같이 인성(toughness) 감소의 결과를 낳는데, 이를 **템퍼링 취성**(*temper embrittlement*)이라 한다. 이런 현상은 강을 약 575°C보다 높은 온도에서 템퍼링하고 상온까지 서랭시키거나 약 375~575°C 온도에서 템퍼링할 때

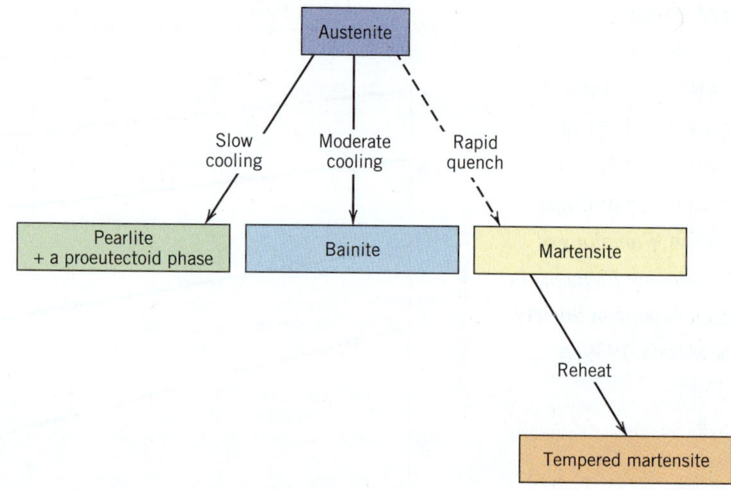

그림 12.37 오스테나이트의 분해를 수반하는 변태. 실선 화살표는 확산을 동반하는 변태이고 점선 화살표는 무확산 변태이다.

나타난다. 템퍼링 취성에 민감한 강 합금들은 적당한 농도의 마그네슘, 니켈, 크롬 등의 합금 원소를 포함하거나, 비교적 적은 양의 안티몬, 인, 비소, 주석 중 하나 또는 그 이상을 포함하고 있는 것으로 알려져 있다. 이러한 합금 원소 및 불순물들은 연성-취성 전이온도를 상당히 높은 온도로 이동시켜, 결국 상온도 그러한 전이온도 이하에서 취성 구역에 놓이게 된다. 이들 취성 재료에서의 균열 전파는 결정립계(*intergranular*)를 따라 일어나고(그림 10.7), 결국 파단 경로는 오스테나이트 상의 결정립계를 따라 발생한다. 또한 합금 및 불순물 원소들은 이러한 구역에 우선적으로 편석된다.

템퍼링 취성은 (1) 조성 조절 및/또는 (2) 575°C보다 높거나 375°C보다 낮은 온도에서 템퍼링한 후 상온까지 급랭하여 피할 수 있다. 또한 취성화된 강의 인성은 약 600°C까지 가열한 후 300°C 밑으로 급랭함으로써 현저히 향상시킬 수 있다.

12.9 | 철-탄소 합금의 상변태 및 기계적 성질 평가

이 장에서 우리는 열처리에 따른 철-탄소 합금 내에서 생성되는 여러 가지의 서로 다른 미세조직에 대해 다루었다. 그림 12.37은 이러한 다양한 미세조직을 야기하는 변태 경로들을 요약한 것이다. 여기서 펄라이트, 베이나이트, 마텐자이트는 연속냉각 처리의 결과이고 베이나이트 형성은 앞에서 기술한 바와 같이 오직 합금강에서만(일반 탄소강이 아닌) 가능하다.

철-탄소 합금의 여러 미세 구성인자들의 조직적 특성 및 기계적 성질을 요약하여 표 12.2에 나타내었다.

표 12.2 철-탄소 합금의 미세조직적 특성 및 기계적 성질

Microconstituent	Phases Present	Arrangement of Phases	Mechanical Properties (Relative)
Spheroidite	α-Ferrite + Fe_3C	Relatively small Fe_3C spherelike particles in an α-ferrite matrix	Soft and ductile
Coarse pearlite	α-Ferrite + Fe_3C	Alternating layers of α-ferrite and Fe_3C that are relatively thick	Harder and stronger than spheroidite, but not as ductile as spheroidite
Fine pearlite	α-Ferrite + Fe_3C	Alternating layers of α-ferrite and Fe_3C that are relatively thin	Harder and stronger than coarse pearlite, but not as ductile as coarse pearlite
Bainite	α-Ferrite + Fe_3C	Very fine and elongated particles of Fe_3C in an α-ferrite matrix	Harder and stronger than fine pearlite; less hard than martensite; more ductile than martensite
Tempered martensite	α-Ferrite + Fe_3C	Very small Fe_3C spherelike particles in an α-ferrite matrix	Strong; not as hard as martensite, but much more ductile than martensite
Martensite	Body-centered tetragonal, single phase	Needle-shaped grains	Very hard and very brittle

예제 12.4

등온 열처리에 따른 Fe-Fe_3C 공석강의 특성은 어떻게 되는가?

예제 12.3에서 (c)의 열처리를 거친 Fe-Fe_3C 공석강의 인장강도와 연성(%RA)을 구하라.

풀이

그림 12.25에서 (c)의 열처리 후 마지막 미세조직은 650°C 등온 열처리 과정에서 형성된 약 50%의 펄라이트로 되어 있으며, 나머지 50%의 오스테나이트는 400°C에서 베이나이트로 상변태된다. 즉, 마지막 미세조직은 50%의 펄라이트와 50%의 베이나이트이다. 인장강도는 그림 12.32*a*에서 구할 수 있다. 650°C 등

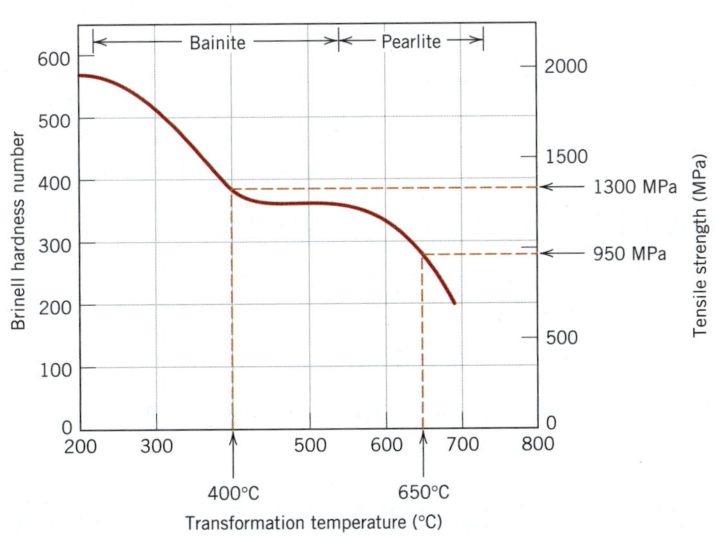

온 열처리 과정에서 형성된 펄라이트의 인장강도는 약 950 MPa이고, 같은 도면을 사용해서 400°C에서 형성된 베이나이트의 인장강도는 약 1300 MPa이다. 이 두 인장강도 값을 구하는 방법은 위의 그림에 설명되어 있다.

이러한 두 가지 미세 구성인자를 갖는 합금의 인장강도는 혼합법칙 관계식을 이용해서 구한다. 즉, 인장강도는 두 미세 구성인자의 평균 무게분율과 같으며 다음과 같은 식으로 표현할 수 있다.

$$\overline{TS} = W_p(TS)_p + W_b(TS)_b \tag{12.21}$$

여기서 $\overline{TS}$는 합금의 인장강도, W_p와 W_b는 각각 펄라이트와 베이나이트의 무게분율, $(TS)_p$와 $(TS)_b$는 각각의 미세 구성인자에 대한 인장강도이다. 이 네 가지 값을 식 (12.21)에 대입하면 다음과 같이 인장강도 값을 구할 수 있다.

$$\begin{aligned}\overline{TS} &= (0.50)(950\ \text{MPa}) + (0.50)(1300\ \text{MPa})\\ &= 1125\ \text{MPa}\end{aligned}$$

같은 방법을 이용하여 연성도 구할 수 있다. 여기서 650°C 펄라이트와 400°C 베이나이트 두 미세 구성인자에 대한 연성은 그림 12.32*b*를 이용하면 각각 32%RA와 52%RA가 된다.

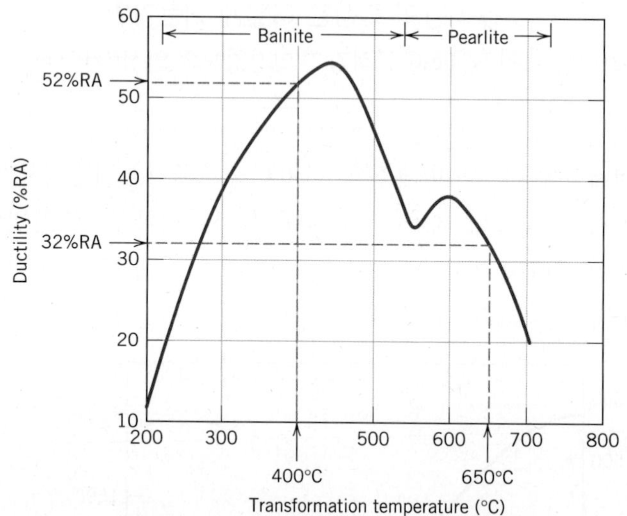

이 경우 식 (12.21)의 혼합법칙을 이용하면 다음과 같은 식을 얻을 수 있다.

$$\%\overline{\text{RA}} = W_p(\%\text{RA})_p + W_b(\%\text{RA})_b$$

*W*와 %RA 값을 대입하면 연성은 다음과 같이 계산된다.

$$\begin{aligned}\%\overline{\text{RA}} &= (0.50)(32\%\text{RA}) + (0.50)(52\%\text{RA})\\ &= 42\%\text{RA}\end{aligned}$$

요약하면, 위와 같은 등온 열처리 시 공석강의 인장강도와 연성은 각각 1125 MPa과 42%RA가 된다.

중요 재료 12.1

형상기억합금

흥미로운 현상을 보이는 비교적 새로운 금속체는 **형상기억합금**(*shape memory alloy*, *SMA*)이다. 이러한 재료 중 하나는 변형 후 적절한 열처리를 받으면 변형 전의 크기 및 형상으로 돌아올 수 있다. 즉, 그 재료는 변형 전의 크기 및 형상을 '기억'한다. 변형은 보통 비교적 낮은 온도에서 행해지는 반면 형상기억은 가열 시 일어난다.[6] 상당히 많은 양의 변형을 회복할 수 있는 것으로 밝혀진 재료는 Ni-Ti 합금(상표이름은 Nitinol[7])과 일부 Cu 합금들(예: Cu-Zn-Al, Cu-Al-Ni)이다.

형상기억합금은 동질이상(3.10절 참조)이다. 즉, 두 가지 결정구조(또는 상)를 가지고 상변태에 의해 형상기억 효과가 나타난다. 하나의 상인 오스테나이트는 고온에서 존재하는 체심입방 구조를 가지고, 그 구조는 그림 12.38의 1단계에 표시된 원 안에 잘 나타나 있다. 냉각을 하게 되면 오스테나이트는 자발적으로 마텐자이트로 변태하며, 이는 철-탄소 합금에서의 마텐자이트 변태와 유사하다. 이는 큰 규모의 원자 집단이 매우 빠르게 규칙적으로 이동하는 무확산 변태이며, 변태의 정도는 온도에 의존하고, 변태가 시작하고 종료되는 온도는 그림 12.38의 왼쪽 수직축에 M_s와 M_f로 각각 표기되어 있다. 또한 마텐자이트는 그림 12.38의 2단계 원 안에 나타난 바와 같이 쌍정구조이다.[8] 가해지는 응력의 영향으로 마텐자이트 변형(그림 12.38의 2단계에서 3단계로의 전환)은 쌍정계면의 이동에 의해 일어난다. 몇몇 쌍정구역은 다른 구역이 수축하는 동안 성장하며, 변형된 마텐자이트 구조는 3단계 원 안에 나타나 있다. 또한 응력이 제거되어도 변형된 형상은 이 온도에서 계속 유지된다. 결국, 최초의 온도로 가열함으로써 그 재료는 원래의 크기 및 형상(4단계)으로 되돌아간다(즉, 기억한다). 3단계에서 4단계

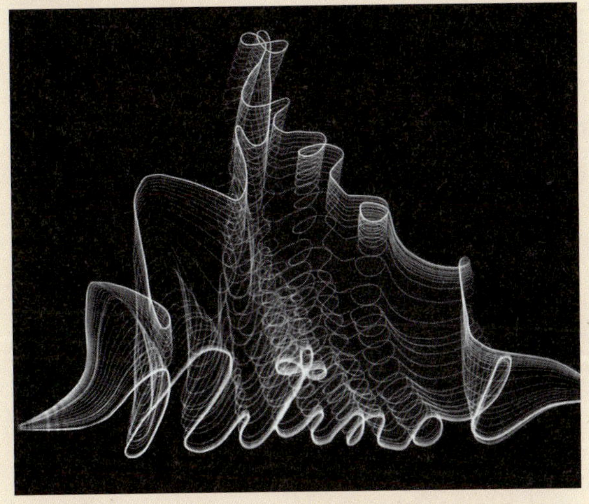

형상기억 효과를 보여주는 시간-경과 사진. 형상기억합금(니티놀)으로 된 철사를 구부려 기억된 형상이 'Nitinol'이란 글자를 나타내도록 처리를 하였다. 이 철사는 변형시킨 후 열처리(전류를 흘려주어)를 하게 되면 변형 전의 형상으로 되돌아가는데 이러한 형상기억 과정이 사진에 기록되어 있다.
[Photograph courtesy the Naval Surface Warfare Center (previously the Naval Ordnance Laboratory).]

6) 단지 가열만으로 이러한 현상이 나타나는 합금들을 1방향 형상기억합금이라 한다. 일부 형상기억재료들은 가열과 냉각 둘 다에서 형상이 바뀌게 되는데 이러한 재료를 2방향 형상기억합금이라 한다. 여기서는 1방향 형상기억합금에 대한 메커니즘을 다룬다.

7) 니티놀(*Nitinol*)은 *ni*ckel-*ti*tanium *N*aval *O*rdnance *L*aboratory의 약자이다.

8) 쌍정현상은 9.8절에 기술되어 있다.

로의 과정은 변형된 마텐자이트가 최초의 고온상인 오스테나이트로의 상변태가 수반된다. 이러한 형상기억합금들의 경우 마텐자이트-오스테나이트 변태가 그림 12.38의 오른쪽 수직축에 표기된 A_s(오스테나이트 시작)와 A_f(오스테나이트 종료) 사이의 모든 온도 범위에서 일어난다. 물론 이러한 변형-변태 주기는 형상기억재료에 대해 반복될 수 있다.

기억될 최초의 형상은 A_f 온도(오스테나이트로의 변태가 완료) 이상에서 적절히 가열함에 따라 얻을 수 있으며, 충분한 시간 동안 재료의 원하는 형상기억을 유지시킬 수 있다. 예를 들면, 니티놀 합금은 500°C에서 1시간 동안 열처리하면 충분하다.

형상기억합금이 갖는 변형은 반영구적이지만 8.6절에서 설명한 소성변형도 아니며 8.3절에서 설명

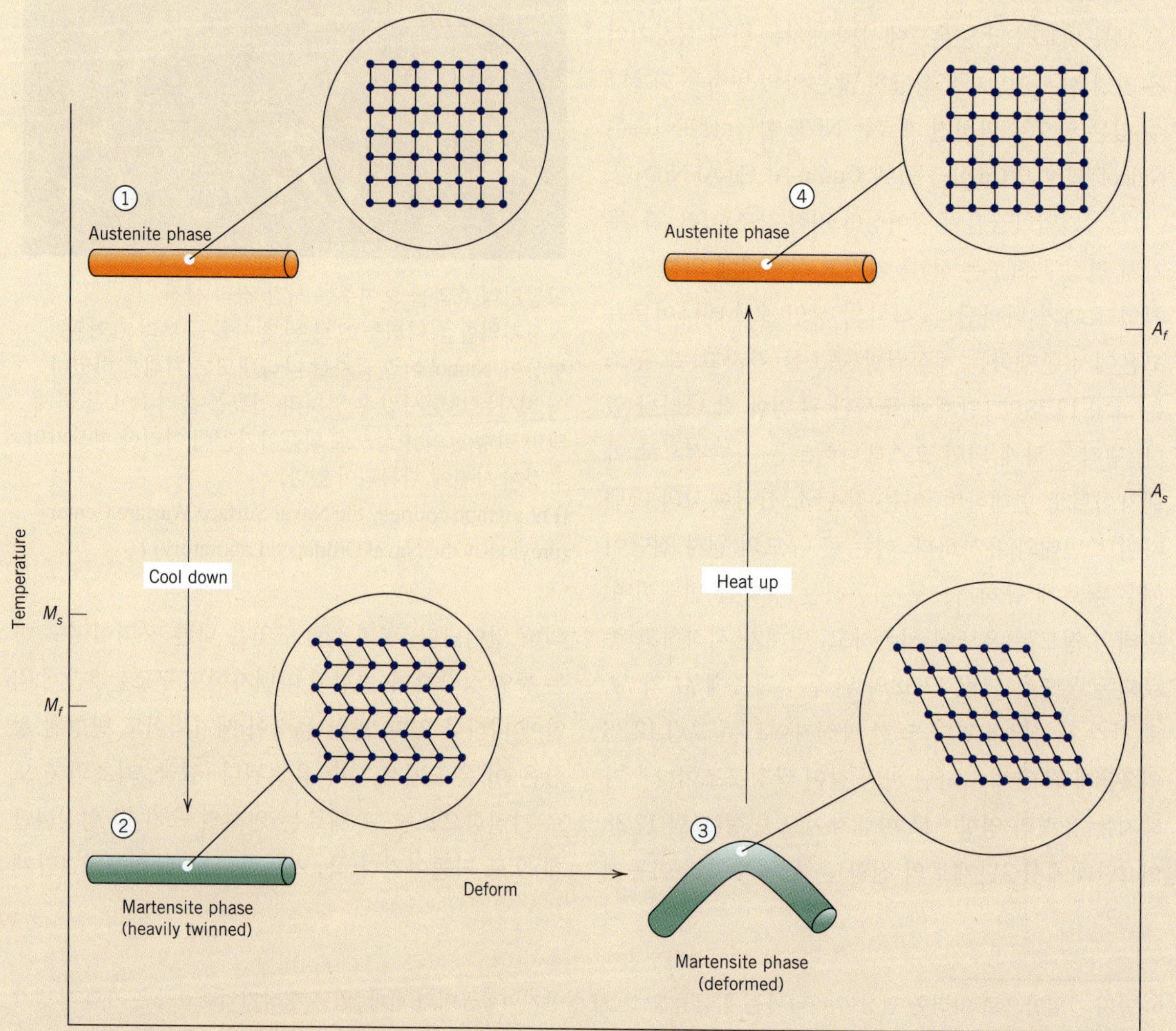

그림 12.38 형상기억 효과를 나타내는 도표. 원들은 네 가지 단계에 해당하는 재료의 결정구조를 나타낸다. M_s와 M_f는 각각 마텐자이트 변태가 시작되고 종료되는 온도를 나타내며, A_s와 A_f는 오스테나이트 변태가 시작되고 종료되는 온도를 나타낸다.

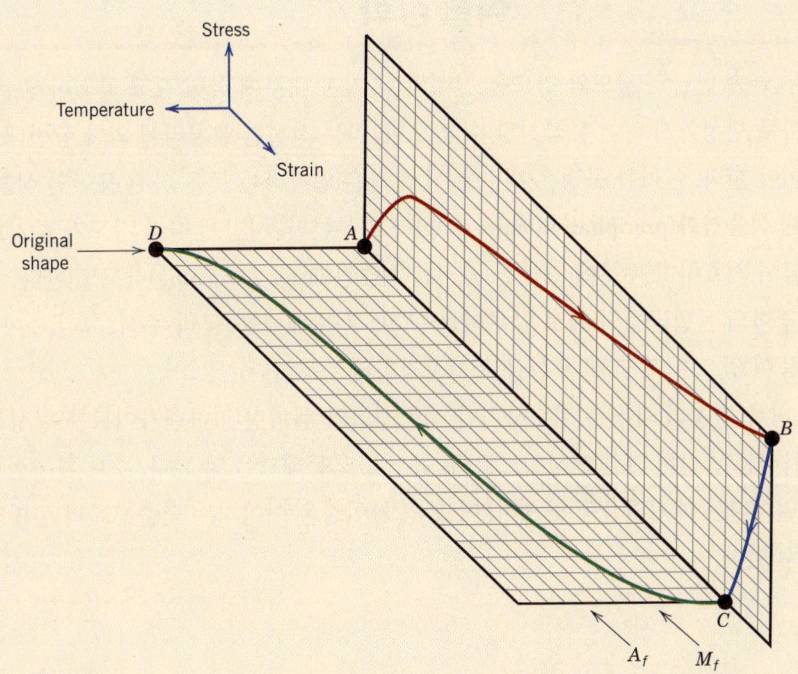

그림 12.39 열탄성 거동을 나타내는 형상기억합금의 전형적인 응력-변형-온도 거동. A에서 B까지 곡선에 해당 시편의 변형은 마텐자이트 변태가 완료되는 온도(예: 그림 12.38의 M_f) 아래에서 실시한다. 곡선 BC는 응력의 제거를 나타낸다. 오스테나이트 변태가 완료되는 온도(그림 12.38의 A_f) 이상에서 계속 가열하게 되면 변형된 재료가 원래의 형상으로 되돌아간다(점 C에서 점 D로의 곡선을 따라).
[From Helsen, J. A., and H. J. Breme (Editors), *Metals as Biomaterials*, John Wiley & Sons, Chichester, UK, 1998. Reprinted by permission of John Wiley & Sons, Inc.]

한 탄성변형도 아니다. 변형된 재료를 가열할 때 변형은 비영구적이기 때문에 오히려 그것을 **열탄성**(*thermoelastic*)이라고 한다. 열탄성 재료의 응력-변형-온도 거동을 그림 12.39에 나타내었다. 이 재료들의 경우 최대로 회복될 수 있는 변형량은 약 8% 정도이다.

니티놀계 합금들의 경우 Ni-Ti 비율을 조정하고 다른 원소를 첨가함으로써 변태온도가 광범위해질 수 있다(−200°C에서 110°C).

SMA의 중요한 응용분야 중 하나는 용접이 필요 없고 수축함에 따라 고정되는 파이프 결합기(pipe coupler)(항공기의 유압라인, 해저 파이프라인의 이음부, 선박과 잠수함의 배관 등에 사용)이다. 원통형 슬리브관 모양의 결합기는 결합될 파이프의 외경보다 약간 작은 내경을 갖도록 제작된다. 그 후 결합기는 주변 온도보다 훨씬 낮은 온도에서 원통 모양으로 늘려진다. 그런 다음 결합기를 파이프 이음부에 고정시키고 상온으로 가열하면 결합기는 원래의 지름으로 수축하게 되며 두 파이프 사이에 단단한 밀봉상태를 형성한다.

SMA를 사용하는 다른 응용분야로는 안경테, 치아 교정기, 접이식안테나, 온실창문개폐기, 샤워기의 화상 방지 조절밸브, 여성속옷, 소화용 스프링클러 밸브, 그리고 생물의학 분야(혈전필터, 자가확장 스텐트, 뼈 고정체)가 있다. SMA는 환경(즉, 온도) 변화를 감지하고 반응하기 때문에 스마트 재료(1.4절)로 분류되기도 한다.

석출경화

일부 금속 합금의 강도와 경도는 원래의 상 기지 내부에 극히 작고 균일하게 분포된 2차 상의 입자를 형성하게 하여 향상시킬 수 있으며, 이는 적절한 열처리에 의한 상변태가 반드시 수반되어야 한다. 이러한 공정은 새로운 상의 작은 입자라는 뜻을 가진 용어인 석출(*precipitate*)로

석출경화

인해 **석출경화(precipitation hardening)**라고 부른다. 시간에 따라 강도가 증가하거나 또는 그 합금이 시효하기 때문에 그러한 공정을 시효경화(*age hardening*)라고도 한다. 석출 처리에 의해 경화되는 합금들의 예로 알루미늄-구리, 구리-베릴륨, 구리-주석, 그리고 마그네슘-알루미늄 등이 있으며, 몇몇 철계 합금도 석출경화가 가능하다.

비록 열처리 과정은 비슷하지만 석출경화와 템퍼링된 마텐자이트를 형성하기 위한 강의 열처리는 완전히 다른 현상이므로 두 공정을 혼동해서는 안 된다. 주요 차이점은 경화와 강화가 일어나는 메커니즘에 있으며, 이 둘의 차이점은 이어지는 석출경화의 설명을 통해 명확해질 수 있다.

12.10 | 열처리

석출경화는 새로운 상의 입자들이 발달하여 생기므로, 열처리 과정에 대한 설명은 상태도를 이용하는 것이 편리하다. 실제로 석출경화될 수 있는 많은 합금들은 2개 또는 그 이상의 합금 원소를 포함하며 이러한 설명은 2원계를 참고로 하면 쉬워진다. 상태도는 그림 12.40의 가상적인 A-B계에 대한 상태도와 같은 유형이 되어야 한다.

두 가지의 필수적 특징이 석출경화를 위한 합금계의 상태도에 나타나야만 하는데, 이는 한 성분에 대한 다른 성분의 수 % 정도의 적당한 최대 용해도와 온도 감소에 따른 주성분의 농도가 급격히 감소하는 용해한도이다. 이러한 가상의 상태도(그림 12.40)가 이들 두 조건을 모두 만족시키고 있다. 최대 용해도는 점 M에서의 조성에 해당한다. 또한 α 및 $\alpha + \beta$상 영역 사이의 용해한도 경계는 이러한 최대 농도로부터 점 N에서 A 속의 매우 작은 B의 농도까지 감소한다. 또한 석출경화가 가능한 합금의 조성은 최대 용해도가 낮아야 한다. 이러한 조건은 합금계에서 석출경화가 일어나기 위한 필요조건이지만 충분조건은 아니다. 이외의 요구 조건은 아래에 설명하였다.

용체화 열처리

석출경화는 두 가지 서로 다른 열처리에 의해 수행된다. 첫째는 모든 용질 원자들이 고용되어

용체화 열처리

단일상의 고용체를 형성하게 하는 **용체화 열처리(solution heat treatment)**이다. 그림 12.40에서 조성 C_0를 갖는 합금을 고려해 보자. 이 열처리는 α상 영역 내의 온도, 즉 T_0까지 합금을 가

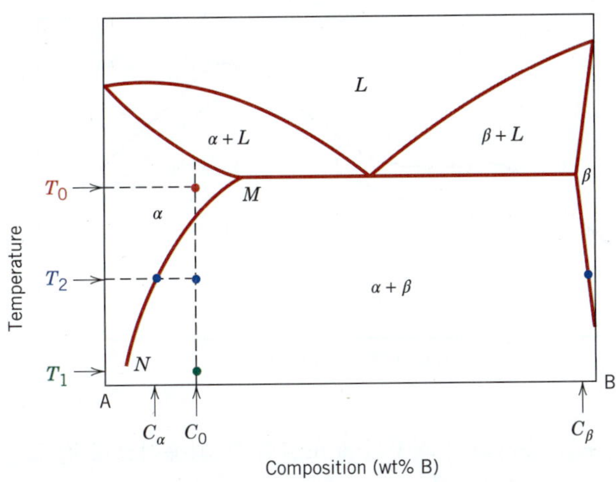

그림 12.40 조성 C_0를 갖는 석출경화 합금의 가상적인 상태도

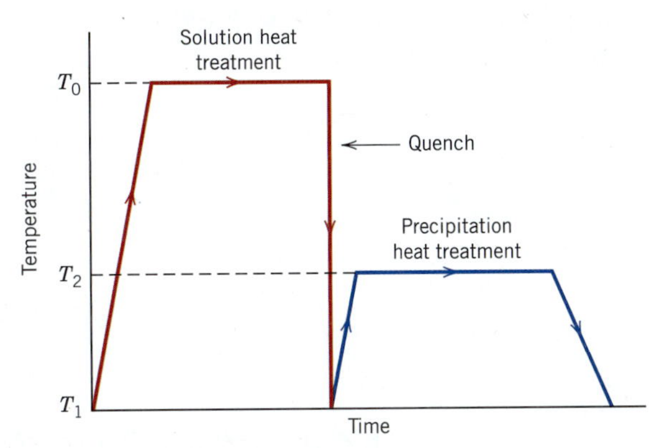

그림 12.41 석출경화를 위한 용체화 열처리 및 석출 열처리를 나타내는 온도 대 시간의 도표

열하고, β상이 완전히 용해될 때까지 유지하는 것으로 이루어져 있다. 이때 합금은 조성 C_0를 갖는 α상만으로 구성되어 있다. 이러한 과정 후 온도 T_1(많은 합금의 경우 상온)까지 급랭시켜, 확산과 이에 수반되는 α상의 형성을 어느 정도 방지할 수 있다. 결국 비평형상태가 되어 B 원자가 과포화된 비평형의 α상만이 T_1에서 존재하게 되며, 이 상태에 있는 합금은 상대적으로 연하고 약하게 된다. 또한, 대부분의 합금에서 T_1에서의 확산속도는 극히 느려서 단일상 α가 이 온도에서 비교적 오랜 기간 동안 남게 된다.

석출 열처리

석출 열처리

2차 또는 **석출 열처리(precipitation heat treatment)**의 경우, 과포화된 α 고용체를 $\alpha + \beta$의 2상 구역 내의 중간온도 T_2(그림 12.40)까지 가열해 주며, 이 온도에서는 확산이 적당히 일어난다. β 석출상은 C_β의 조성을 갖는 미세하게 분산된 입자로 형성되기 시작하며, 이러한 과정을 종종 시효(*aging*)라고 한다. T_2 온도에서 적당히 시효시킨 후 합금은 상온으로 냉각되는데 일반적으로 냉각속도는 중요한 고려사항은 아니다. 용체화 및 석출 열처리는 온도 대 시간을 그래프화한 그림 12.41에 모두 나타나 있다. 이러한 β 입자들의 특성과 그에 따른 합금의 강도 및 경도는 석출온도 T_2와 이 온도에서의 시효시간 둘 다에 의존한다. 몇몇 합금의 경우 시효는 상온에서 오랜 시간에 걸쳐 자발적으로 일어난다.

등온 열처리 조건하에서 석출 β 입자 성장의 온도 및 시간에 대한 의존성은 강의 공석 변태에 대한 그림 12.18과 유사한 C자형 곡선으로 나타낸다. 그러나 데이터를 일정한 온도 T_2에서 시효시간의 로그값에 대한 함수인 인장강도, 항복강도, 또는 경도값으로 나타내는 것이 더욱 유용하고 편리하다. 전형적인 석출경화용 합금의 거동을 그림 12.42에 개략적으로 나타내

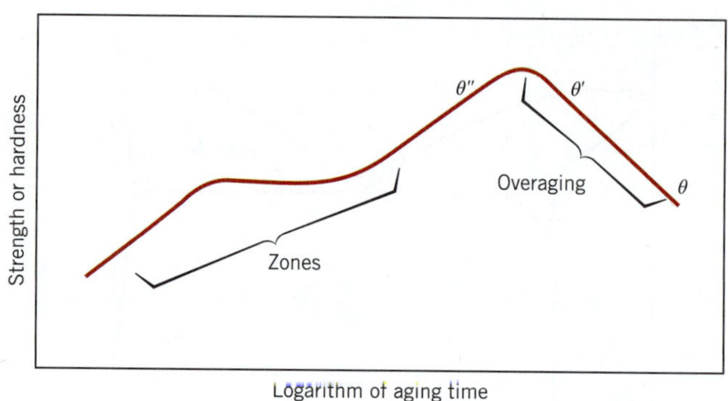

그림 12.42 등온에서 석출경화 열처리 동안 시효시간의 로그값에 따른 강도 및 경도의 변화를 보여주는 개략도

과시효

었다. 시간이 증가함에 따라 강도와 경도는 증가하여 최곳값에 도달한 후 최종적으로 감소한다. 장시간 후 이러한 강도 및 경도의 감소가 발생하는데 이를 **과시효(overaging)**라고 한다. 온도의 영향은 여러 온도에서의 곡선들을 1개의 그래프에 겹쳐 그리면 알 수 있다.

12.11 | 경화 기구

석출경화는 고강도 알루미늄 합금에 흔히 이용된다. 비록 수많은 합금들은 서로 다른 성질과 합금 원소들의 조합을 가지고 있지만, 경화 기구는 알루미늄-구리 합금들에서 가장 자세히 연구되었다. 그림 12.43은 고농도 알루미늄 부근의 알루미늄-구리 상태도를 보여주고 있다. α상은 알루미늄에 대한 구리의 치환형 고용체이며, 여기서 금속간 화합물 $CuAl_2$는 θ상으로 표시된다. 96 wt% Al–4 wt% Cu의 조성을 갖는 알루미늄-구리 합금에 있어, 석출 열처리 중에 평형 θ상이 발달하고 몇 개의 천이 상(transition phase)들이 특정한 순서로 우선 형성된다. 기계

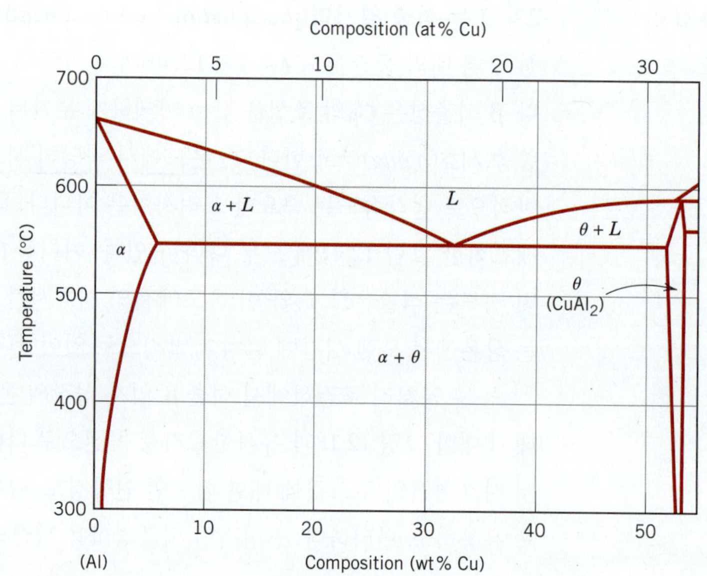

그림 12.43 알루미늄 함량이 많은 부분의 알루미늄-구리 상태도 (Adapted from J. L. Murray, *International Metals Review*, Vol. 30, 1985: p.5. Reprinted by permission of ASM International.)

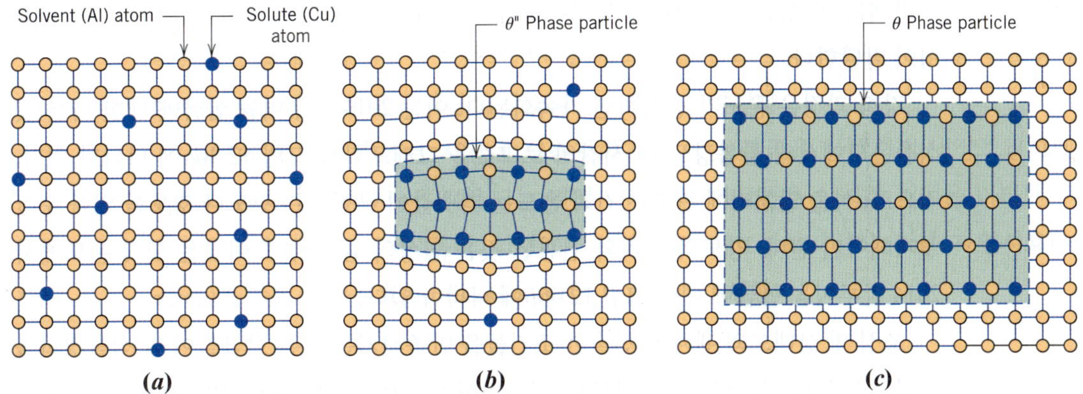

그림 12.44 평형 석출(θ) 상이 형성되는 몇 가지 단계를 보여주는 개략도. (*a*) 과포화된 α 고용체, (*b*) 천이 석출(θ'') 상, (*c*) α 기지상 내의 평형상. 실제 석출상의 크기는 그림에서보다 훨씬 크다.

적 성질은 이러한 천이 상들의 입자 특성에 의해 영향을 받는다. 초기의 경화 단계(그림 12.42의 짧은 시간에)에서 구리 원자들은 서로 응집하여 1~2개의 원자층 및 약 25개 원자 정도의 지름을 갖는 매우 작고 얇은 원판(disk)형으로 되며, 이들은 α상 내에 무수히 많이 형성된다. 종종 **지대**(*zone*)라고 부르는 이러한 응집체들은 너무 작아서 실질적으로 명확한 석출 입자로 실질적으로 간주하지 않는다. 그러나 시간의 경과와 구리 원자들의 계속적인 확산으로, 지대는 크기가 증가함에 따라 입자들로 변한다. 이러한 석출 입자들은 평형 θ상(그림 12.44*c*)이 생성되기 전 2개의 천이 상(θ'', θ'으로 표기되는)을 거치게 된다. 석출경화된 7150 알루미늄 합금의 천이 상 입자들을 그림 12.45의 전자현미경 사진에서 볼 수 있다.

그림 12.42에서 보여주는 강화 및 경화 효과는 이러한 수많은 천이 또는 준안정 상들의 입자들에 의해 이루어진 결과이다. 그림에서 보는 바와 같이, 최대 강도는 θ''상의 형성 시 나타

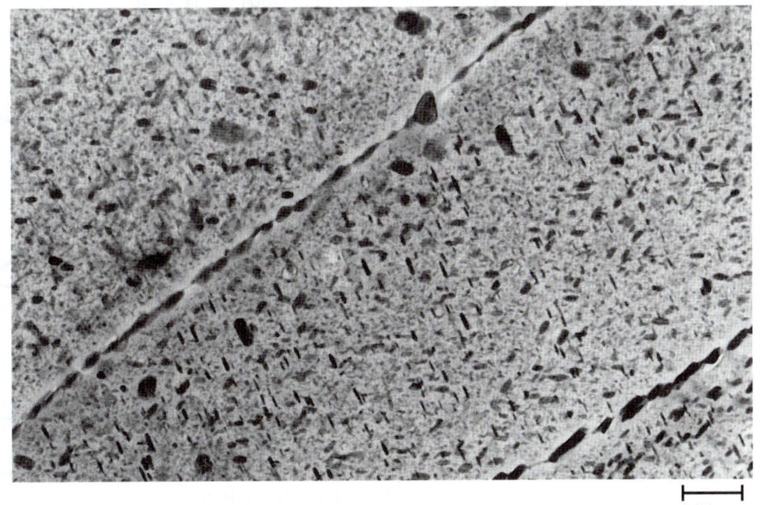

그림 12.45 석출경화된 7150-T651 알루미늄 합금(6.2 wt% Zn, 2.3 wt% Cu, 2.3 wt% Mg, 0.12 wt% Zr, 잔량 Al)의 투과전자현미경 사진(90,000배율). 밝은 기지상은 알루미늄 고용체의 조직. 작은 판모양의 검은 석출 입자들은 대부분 천이 상 η'이고 나머지는 평형상 η($MgZn_2$)이다. 이러한 입자들이 결정립계에 석출되어 보인다. (Courtesy of G. H. Narayanan and A. G. Miller, Boeing Commercial Airplane Company.)

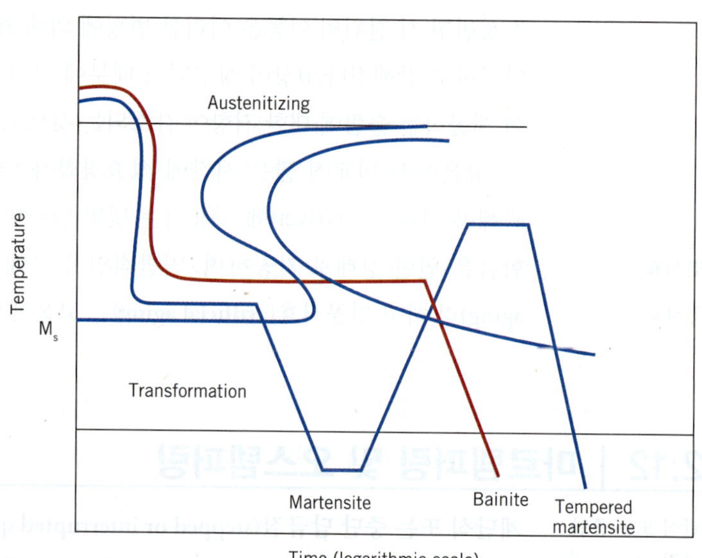

그림 12.47 마르템퍼링과 오스템퍼링 비교

확산 공정

이 방법은 시편 표면의 화학적 조성을 변경할 수 있다. 질소, 탄소, 붕소(N, C, B) 같은 원소는 침탄, 질화, 탄질화, 보라이딩, 열확산과 같은 열화학적 확산 방법을 사용하여 시편의 표면으로 확산되게 된다.

1. 침탄: 이 공정에서 탄소(C)는 850~950°C 범위의 온도에서 시편(저탄소강)의 표면에 첨가된다. 이 온도에서 오스테나이트는 안정한 조직이다. 그런 다음 시편을 공기 중에서 급랭 또는 냉각시킨 다음 오스테나이트 온도로 재가열한다. 이로 인해 시편의 표면에 고탄소 마텐자이트 막이 형성되게 된다. 침탄 공정의 예로는 가스 침탄(탄소 함유 가스를 담체로 사용하는 경우), 플라즈마(이온) 침탄(플라즈마가 담체 역할을 함), 진공 침탄, 액체(소금욕) 침탄, 고체 화합물(팩) 침탄 등이 있다.
2. 질화: 이 공정은 질소(N)를 철계 시편의 표면에 500~550°C의 온도로 확산시켜 표면을 경하게 만든다. 이 공정에서는 담금질이 수행되지 않으므로 변형이 최소화된다. 질화 공정의 예로 가스, 플라즈마, 액체 질화 공정이 있다.
3. 탄질화: 이 공정에서 탄소와 질소가 모두 오스테나이트에 확산된다. 이 과정은 오스테나이트의 비율이 증가하고 담금질에 의해 표면경화가 이루어지는 침탄과 유사하다. 암모니아는 **가스 침탄(gas carburizing)** 과정에 첨가되어 탄소와 함께 시편의 표면으로 확산되는 질소를 형성한다. 온도는 가스 침탄보다는 낮다.

가스 침탄

4. 질침탄: 이 공정에서 탄소와 질소는 액체/플라즈마 가스 기술이 포함되는 아임계 열처리 공정에 의해 페라이트 상으로 확산된다. 분해된 질소가 표면에 확산됨에 따라 시편

표면에 백색층이 형성된다. 이 백색층은 시편의 내마모성을 향상시킨다.

보로나이징

5. 보로나이징: 이 공정에서는 붕소 함유 화합물(예: 페로보론)을 사용하여 시편의 표면이 경화된다. 불소 및 염소 화합물과 같은 활성제를 사용하여 공정을 가속화한다. 시편의 표면에 붕소 화합물의 얇은 층(12~15 μm)이 형성되어 경도가 높아지고 내마모성이 향상된다.
6. 열확산 공정: 이 공정에서 강철은 일반적으로 질화물, 탄화물, 탄질화물 층으로 코팅이 된다. 강철에 존재하는 탄소와 질소는 원소 V, Nb, Ta, Cr, Mo, W을 포함하는 증착된 층으로 확산된다. 탄소와 질소는 이들 원소와 반응하여 시편의 표면에 치밀한 탄화물/질화물 코팅층을 형성한다. 온도는 일반적으로 800~1250°C 범위이고, 4.7 μm 두께의 코팅층이 형성된다.

인가 에너지 방법

이 방법은 표면의 화학적 변화 없이 열처리를 사용한다. 인가 에너지 방법에 해당하는 기술은 다음과 같다.

1. 화염경화: 이 공정은 옥시 아세틸렌 토치를 사용하여 강철 표면을 오스테나이트 온도로 가열한 다음 물로 담금질하는 것을 포함한다. 페라이트/펄라이트 코어 위에 마텐자이트 경화층이 형성된다.
2. 인덕션 가열: 이 과정에서 시편은 수랭식 구리 코일을 통해 흐르는 고주파 교류에 의해 생성되는 자기장을 사용하여 가열된다. 가열 깊이는 교류의 주파수에 반비례한다.
3. 레이저 가열: 레이저 흡수에 의해 발생된 열은 시편의 국부적인 영역을 선택적으로 오스테나이트화하는 데 사용된다. 열은 시편으로 빠르게 전도되어 오스테나이트에서 마텐자이트 상으로 상변화가 일어난다. 시편은 0.75~1.3 mm 깊이로 경화된다.
4. 전자빔 가열: 흐트러진 전자빔은 강철 시편을 오스테나이트화하는 온도로 가열하는 데 사용된다. 시편의 크기로 인해 열은 경화될 영역으로부터 빠르게 전도되어 표면경화가 일어난다.

코팅/표면 개질

이 방법에서는 완전히 다른 층(화학, 특성, 조직이 다른)이 아래에 설명된 다양한 기술을 사용하여 강 표면에 증착된다.

1. 경질 크롬도금: 크롬산(H_2CrO_4)과 촉매 음이온을 포함하는 용액을 사용하여 전착공정을 통해 강 표면에 경질 크롬도금을 증착한다. 이 공정은 피스톤 링, 브레이크 피스톤, 실린더 라이너, 항공기 착륙 기어, 충격 흡수 장치를 코팅하는 데 사용된다. 이 방법으로

62~66 HRC의 경도를 갖는 매우 경질의 재료를 만들 수 있고, 코팅 두께는 2.5~500 μm 범위이다.

2. 무전해 니켈 코팅: 이 과정에서 니켈 이온의 자기 촉매 환원은 차아인산 화합물을 사용하여 이루어지는데 그 결과 강 표면에 니켈이 증착되어 62~66 HRC의 경도를 갖게 된다. 이 공정은 인쇄, 항공우주, 핵, 전자, 식품 등의 산업에 사용되는 장비를 보호하는 데 쓰인다.
3. 열 분사 공정: 이 과정에서는 세라믹, 금속, 고분자 재료(분말 형태)가 토치 또는 건에 공급되고 재료가 용융점 이상으로 가열된다. 용융된 액적은 가스 흐름을 이용해 경화될 표면에 고속으로 분사된다. 일반적으로 사용되는 기술에는 와이어 화염 스프레이, 플라즈마 스프레이, 고속 산소 연료(HVOF) 스프레이 등이 있다.
4. 화학기상증착(CVD): 기판 위에 증착될 재료는 기화되고 캐리어 가스를 사용하여 가열된 기판으로 운반된다. 이 공정은 일반적으로 밀폐된 튜브에서 수행되며 온도 범위는 800~1000°C이다. CVD 공정을 사용하여 얻을 수 있는 최대 두께는 10 μm 정도이다.
5. 물리기상증착: 코팅은 코팅재료의 원자/분자를 기판상에 물리적으로 증착함으로써 이루어진다. 일반적으로 사용되는 기술로는 열 증발 증착, 이온 도금, 스퍼터링 등이 있다. 열 증발 증착에서 코팅될 재료는 기화될 때까지 가열된 다음 기판 위에 응축된다. 스퍼터링 시 플라즈마는 코팅재와 기판 사이에서 전기적으로 생성된다. 이온 도금은 열 증발 증착과 스퍼터링의 조합이다.

12.14 | 진공 및 플라즈마 경화

진공 경화는 압력을 제어하여 합금이 경화되는 공정으로, 온도가 약 1000°C에 도달한다. 이 방법은 산소가 없는 시편을 진공로에서 약 1300°C의 온도로 가열한 후 질소 가스를 사용하여 급랭하는 것으로 이루어진다. 이 공정으로 광채가 나는 금속 표면 마감을 얻을 수 있으며, 스프링 강, 담금질 및 템퍼링 강, 공구 강 등에 사용된다.

플라즈마 경화 공정에서는 아르곤과 질소를 플라즈마 형성 가스로 만들어 사용한다. 시편 표면에서 약 0.1~0.2 mm의 깊이로 열전달이 되도록 냉각이 수행된다. 시편의 표면은 공정 후 오스테나이트 상이 많은 조직이 된다. 오스테나이트 함량이 급격히 감소함에 따라 경도는 증가한다. 플라즈마 경화 공정은 일반적으로 부품의 국부적인 표면경화에 사용된다.

고분자의 결정화, 용융, 유리전이 현상

상변태 현상은 고분자 재료의 설계 및 가공의 관점에서 중요하다. 계속해서 결정화, 용융, 유리전이의 세 가지 현상에 대해 설명하고자 한다.

결정화는 냉각 시 매우 무질서한 분자구조를 가진 용융된 액체로부터 규칙적인(즉, 결정질의) 고상이 형성되는 과정이다. 용융 변태는 고분자가 가열되었을 때 일어나는 역과정이다. 유리전이 현상은 비정질 또는 비결정질의 고분자에서 일어나는데, 용융 액체로부터 냉각될 때 강한 고체가 되며 액체상태의 특성인 불규칙한 분자구조가 유지된다. 물론 결정화, 용융, 그리고 유리전이 등에 따라 물리적, 기계적 특성의 변화가 일어난다. 또한 반결정질 고분자에 있어 결정질 영역은 용융(그리고 결정화)을 경험하고, 비결정질 영역은 유리전이를 거치게 된다.

12.15 | 결정화

결정도(degree of crystallinity)가 고분자의 기계적 및 열적 특성에 영향을 주기 때문에, 결정화 기구 및 반응속도를 이해하는 것은 중요하다. 용융된 고분자의 결정화는 금속의 상변태에 대해 12.3절에서 설명한 주제와 같은 핵생성과 핵성장 과정에 의해 나타낸다. 고분자가 용융온도를 거쳐 냉각되면 핵이 생성되고 무질서하게 엉켜 있는 작은 영역의 분자들은 그림 4.12에 나타낸 사슬접힘층(chain-folded layer)의 구조처럼 규칙적으로 배열한다. 용융온도보다 높은 온도에서는 이러한 핵들은 규칙적인 분자배열을 분열시키려는 원자의 열적 진동에 의해 불안정해진다. 핵생성과 더불어 결정화 성장 단계에서는, 핵은 부가적인 분자사슬 조각들의 연속적인 규칙화와 배열에 의해 성장하여, 사슬접힘층들이 측면으로 증가하거나 또는 구정 구조(spherulitic structure)(그림 4.13)의 경우에는 구정의 반지름이 증가한다.

결정화의 시간 의존성은 그림 12.10에서 많은 고상 변태와 유사하며, 변태 분율(즉, 결정화된 분율)을 시간의 로그값(일정온도에서)으로 그래프화하면 S자 모양의 곡선을 나타낸다. 3개의 온도에서 폴리프로필렌의 결정화에 대한 도표가 그림 12.48에 나타나 있다. 수학적으로, 결정화된 분율 y는 아브라미 방정식인 다음과 같은 식 (12.17)에 따라 시간의 함수이다.

$$y = 1 - \exp(-kt^n) \tag{12.17}$$

여기서 k와 n은 시간과 무관한 상수이며, 결정화 계에 따라 변한다. 일반적으로 결정화 정도는 액상과 결정화된 상의 부피가 서로 다르기 때문에 시편의 부피 변화에 의해 측정한다. 결정화 속도는 12.3절에서 기술한 변태에 관한 것과 동일한 방식으로 식 (12.18)에 따라 결정되며, 속도는 결정화가 50%가 되는 데 필요한 시간의 역수와 같다. 이 속도는 결정화 온도(그림 12.48)와 고분자의 분자량에 의해 좌우되며, 분자량이 증가함에 따라 그 속도는 감소한다.

어느 고분자와 같이 폴리프로필렌은 100%의 결정체를 얻는 것은 불가능하다. 따라서 그

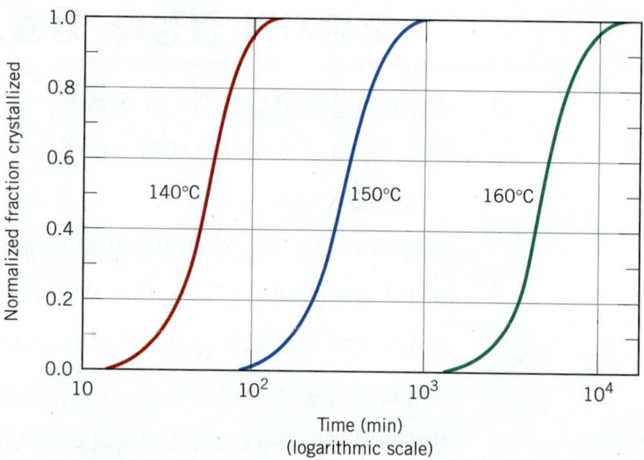

그림 12.48 140°C, 150°C, 160°C의 등온에서 폴리프로필렌이 결정화되는 분율 대 로그 시간의 도표
(Adapted from P. Parrinin and G. Corrieri, "The Influence of Molecular Weight Distribution on the Primary Recrystallization Kinetics of Isotactic Polypropylene," *Die Makromolekulare Chemie*, Vol. 62, 1963: p. 89. Copyright Wiley-VCH Verlag GmbH & Co. KGaA. Reproduced with permission.)

림 12.48에서 수직축을 표준화된 결정화 분율(*normalized fraction crystallized*)로 정하게 된다. 이 변수에 대한 값 1.0은 실험 과정을 통해 얻을 수 있는 결정화의 최고치에 해당되며, 실제로 완전 결정화보다는 낮다.

12.16 | 용융

용융온도

고분자 결정의 용융은 정렬된 분자사슬의 규칙적인 구조를 갖는 고체 재료가 매우 불규칙적인 구조를 갖는 점성의 액체로 변태되는 것이며, 이러한 현상은 **용융온도(melting temperature)**인 T_m에서 가열하였을 때 발생한다. 고분자의 용융에서는 금속과 세라믹에서 일반적으로 발견되지 않는 몇 가지 특이한 현상들이 있으며, 이들은 고분자의 분자구조와 결정질 층상구조인 라멜라 형상의 결과이다. 우선 고분자의 용융은 넓은 온도 범위에 걸쳐 일어나하며, 이러한 현상은 아래에 더 자세히 기술하였다. 또한 용융의 거동은 시편의 이력, 특히 결정화되는 온도에 따라 달라진다. 특히 라멜라형 사슬접힘층의 두께는 결정화 온도에 따라 변화하며, 라멜라의 두께가 두꺼울수록 용융온도는 높아지게 된다. 마지막으로 겉보기(apparent) 용융 거동은 가열속도의 함수이며, 이 속도가 증가하면 용융온도도 증가한다.

9.18절에서 주시한 바와 같이, 고분자 재료들은 구조 및 물성을 변화시키는 열처리에 민감하다. 용융온도 이하에서 어닐링을 하게 되면 라멜라의 두께는 증가하게 된다. 또한 어닐링은 고분자 결정의 공공 및 다른 결함들을 감소시키고 결정체의 두께를 증가시켜 고분자의 융점을 상승시킨다.

12.17 | 유리전이

유리전이는 비정질 및 반결정질 고분자에서 발생하며, 이는 온도 감소에 따라 분자사슬의 큰 조각들의 움직임이 감소하기 때문이다. 냉각 시 유리전이는 액체에서 고무질 재료로 서서히 변태하는 것을 의미하며, 결국 단단한 고체로 전환된다. 고분자가 고무질에서 단단한 고체로 전이하는 온도를 **유리전이온도(glass transition temperature)** T_g라고 한다. 물론 이러한 현상은 T_g 이하의 온도에 있는 단단한 유리를 가열하면 역순으로 일어난다. 또한 강성(그림 8.28), 열용량, 열팽창계수 등과 같은 다른 물리적 특성들의 갑작스러운 변화도 유리전이에 의해 수반된다.

유리전이온도

12.18 | 용융 및 유리전이 온도

고분자의 실제 응용에서 용융 및 유리전이 온도는 상대적으로 중요한 변수이다. 그들은 각각 다양한 응용에 있어, 특히 반결정질 고분자의 경우, 상한 및 하한 온도를 나타낸다. 유리전이 온도는 또한 유리질 비정질 재료의 상한 사용 온도를 의미한다. 또한 T_m과 T_g는 고분자 및 고분자-기지 복합재료의 제조 및 가공 공정에 영향을 준다. 이러한 내용은 다른 장들에서 논의된다.

고분자의 용융 및/또는 유리전이가 일어나는 온도는 세라믹 재료와 같이 비체적(밀도의 역수) 대 온도의 그래프로부터 결정된다. 그림 12.49가 그러한 도표이며, 여기서 곡선 A와 C는 세라믹과 같은 양상을 갖는 비정질과 결정질 고분자에 대한 곡선이다(그림 15.20).[9] 결정질 재료인 경우 용융온도 T_m에서 비체적의 변화가 불연속적으로 일어나게 된다. 100% 비정

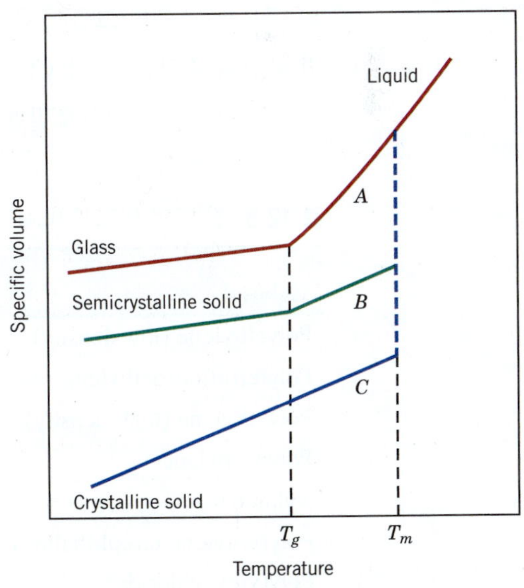

그림 12.49 완전한 비정질(곡선 A), 반결정질(곡선 B), 결정질(곡선 C) 고분자 재료에서 용융된 액체로부터 냉각 시 온도변화에 따른 부피변화

9) 100% 결정질의 공업용 고분자는 없으며, 그림 12.49에 나타낸 곡선 C는 100% 결정질 재료에서나 볼 수 있는 극단의 경우이다.

질 재료의 경우, 그 곡선은 연속적이지만 유리전이온도 T_g에서 약간의 기울기 감소가 나타난다. 반결정질 고분자(곡선 B)의 경우 100% 결정질과 100% 비정질 사이의 중간적인 거동을 보이며, 용융 및 유리전이 현상 모두가 나타나고, 이때 T_m과 T_g는 반결정질 재료에서 각각의 결정질 및 비정질인 상들의 특성 값이다. 위에서 언급한 바와 같이 그림 12.49에 나타낸 거동들은 가열 또는 냉각 속도에 따라 다르게 된다. 여러 고분자들의 대표적인 용융 및 유리전이 온도를 표 12.3 및 부록 E에 수록하였다.

12.19 | 용융 및 유리전이 온도에 영향을 미치는 인자

용융온도

고분자가 용융되는 동안 규칙에서 불규칙 분자 상태로 변하기 위해서는 반드시 분자들의 재배열이 있어야만 한다. 분자 화학 및 구조는 이러한 재배열을 하기 위한 고분자 사슬 분자들의 능력에 영향을 주고 결국 용융온도에도 영향을 줄 것이다.

사슬의 강성은 사슬을 따라 화학적 결합의 회전 용이도에 따라 달라지며, 이는 현저한 영향을 주게 된다. 이중사슬결합과 방향족 그룹은 사슬의 유연성을 감소시키며 T_m의 증가를 초래한다. 또한 측면 그룹의 크기 및 형태도 사슬 회전의 자유도 및 유연성에 영향을 주며, 부피 또는 크기가 큰 측면 그룹은 분자의 회전을 제한하고 T_m을 증가시킨다. 예를 들면 폴리프로필렌은 폴리에틸렌보다 더 높은 용융온도를 갖는데(175°C 대 115°C, 표 12.3), 폴리프로필렌의 CH_3 메틸 측면 그룹이 폴리에틸렌에 있는 수소 원자보다 더 크다. 비록 매우 크지는 않지만 극성의 측면 그룹(예: Cl, OH, CN)은 현저한 분자간 결합력과 비교적 높은 T_m을 야기한다. 이러한 현상은 폴리프로필렌(175°C)과 폴리(비닐 클로라이드)(212°C)의 용융온도를 비교해

표 12.3 잘 알려진 고분자 재료들의 용융 및 유리전이 온도

Material	Glass Transition Temperature (°C)	Melting Temperature (°C)
Polyethylene (low density)	−110	115
Polytetrafluoroethylene	−97	327
Polyethylene (high density)	−90	137
Polypropylene	−18	175
Nylon 6,6	57	265
Poly(ethylene terephthalate) (PET)	69	265
Poly(vinyl chloride)	87	212
Polystyrene	100	240
Polycarbonate	150	265

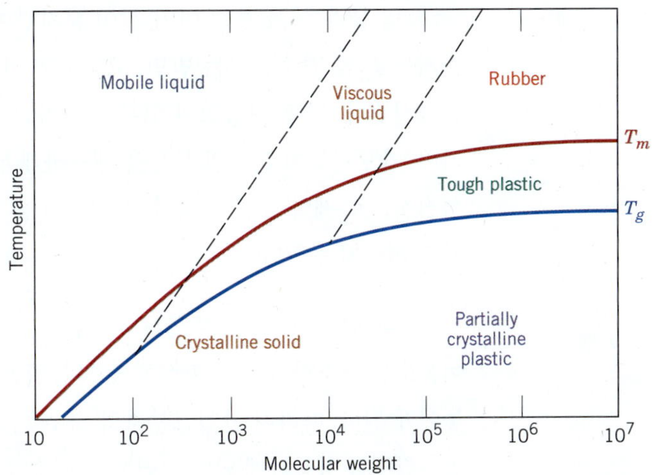

그림 12.50 분자량에 따른 용융 및 유리전이 온도를 포함한 고분자 특성
(From F. W. Billmeyer, Jr., *Textbook of Polymer Science*, 3rd edition. Copyright © 1984 by John Wiley & Sons, New York. Reprinted by permission of John Wiley & Sons, Inc.)

보면 입증된다.

특정 고분자의 용융온도도 분자량에 의존한다. 비교적 작은 분자량을 갖는 고분자에 있어 $\overline{M}$(또는 사슬 길이)이 증가하면 T_m이 증가한다(그림 12.50). 또한 고분자의 용융은 일정온도 범위에서 일어나므로 하나의 용융온도보다는 다양한 T_m의 범위가 나타난다. 이는 모든 고분자가 다양한 분자량을 가진 분자들로 구성되어 있고(4.5절), T_m이 분자량에 의존하기 때문이다. 대부분의 고분자에 있어 이러한 용융온도 범위는 일반적으로 수 °C 정도이다. 표 12.3에 나타낸 용융온도들은 이러한 온도 범위 중 높은 온도를 나타낸다.

사슬의 가지화(branching) 정도도 고분자의 용융온도에 영향을 미친다. 측면 가지가 생성되면 결정질 재료에 결함을 유발하고 용융온도를 낮춘다. 대부분 선형 고분자인 고밀도 폴리에틸렌(137°C, 표 12.3)은 약간의 가지를 갖는 저밀도 폴리에틸렌(115°C)보다 더 높은 용융온도를 갖는다.

유리전이온도

유리전이온도 이상으로 가열하게 되면 비정질의 고체 고분자는 단단한 상태에서 고무질 상태로 변한다. 따라서 T_g 이하에서 한 지점에 실질적으로 고정되어 있는 분자들이 T_g 이상에서는 회전 및 이동 운동을 하게 된다. 따라서 유리전이온도 값은 사슬의 강성에 영향을 주는 분자 특성에 좌우되는데, 이 인자들의 영향은 위에서 기술한 바와 같이 용융점에 미치는 인자들의 영향과 유사하다. 사슬의 유연성은 사라지게 되고 T_g는 다음 요인들에 의해 증가한다.

1. **큰 측면 그룹**: 표 12.3에서 폴리프로필렌과 폴리스티렌의 유리전이온도는 각각 −18°C와 100°C이다.
2. **극성 그룹**: 예를 들면, PVC와 폴리프로필렌의 T_g 값은 각각 87°C와 −18°C이다.
3. 분자구조의 강성을 증가시키는 이중사슬결합 및 방향성 사슬 그룹

그림 12.50에서 보는 바와 같이 분자량이 증가하면 유리전이온도도 증가한다. 적은 양의 가지는 T_g를 감소시키는 반면, 고농도의 가지들은 사슬 이동도를 감소시켜 유리전이온도를 증가시킨다. 몇몇 비정질의 고분자는 가교결합되어 있는데 이는 유리전이온도 T_g를 증가시키며, 가교결합이 분자의 운동을 제약하게 된다. 고농도의 가교결합을 하게 되면 분자 운동은 실질적으로 제약을 받게 되며, 장범위의 분자 운동이 방해를 받아 유리전이로 수반되는 연화가 일어나지 못한다.

앞의 설명으로부터, 본질적으로 같은 분자 특성을 갖게 되면 용융온도는 증가하고 유리전이온도는 감소한다는 게 확실해졌으며, 일반적으로 T_g 값은 $0.5T_m$과 $0.8T_m$(절대온도) 사이에 놓이게 된다. 따라서 단일고분자의 경우 T_m과 T_g를 독립적으로 변화시키는 것은 불가능하다. 공중합체를 사용하게 되면 이러한 두 변수를 독립적으로 변화시키는 것은 가능해진다.

개념 확인 12.8

다음 두 가지 고분자에 대해 비체적 대 온도 곡선을 그리고 명기하라(같은 선도에 양 곡선을 포함하여).

- 무게평균 분자량이 75,000 g/mol이고 25%의 결정체를 갖는 구정의 폴리프로필렌
- 무게평균 분자량이 100,000 g/mol이고 25%의 결정체를 갖는 구정의 폴리스티렌

개념 확인 12.9

아래의 두 가지 고분자에 대해 다음 물음에 답하라. (1) 하나의 고분자가 다른 고분자보다 더 높은 용융온도를 갖는지를 결정하는 것이 가능한지 불가능한지를 말하라. (2) 가능하다면 어느 고분자가 더 높은 용융온도를 갖는지 말하고 그 이유를 설명하라. (3) 결정하기가 불가능하다면 그 이유를 설명하라.

- 밀도가 1.12 g/cm^{3}이고 무게평균 분자량이 150,000 g/mol인 아이소택틱 폴리스티렌
- 밀도가 1.10 g/cm^{3}이고 무게평균 분자량이 125,000 g/mol인 신디오택틱 폴리스티렌

(정답은 *www.wiley.com*의 제품 페이지에서 확인할 수 있음)

요약

열역학 및 상변태의 반응속도

- 새로운 상이 형성되는 데 있어 핵생성과 핵성장과 같은 두 가지 과정이 수반된다.
- 두 가지의 핵생성에는 균일 핵생성과 불균일 핵생성이 있다.
  - 균일 핵생성에는 새로운 상의 핵들이 모상 전반에 걸쳐 균일하게 형성된다.
  - 불균일 핵생성에는 새로운 상의 핵들이 구조적으로 불균질한 표면(예: 용기 벽, 불용의

불순물)에 우선적으로 형성된다.

- 핵생성 이론에 있어 활성화 자유에너지(ΔG^*)는 핵생성이 일어나기 위해 반드시 극복해야 할 에너지 장벽이다.
- 원자들의 클러스터가 임계 반지름(r^*)보다 크게 되면 핵성장이 자발적으로 일어난다.
- 불균일 핵생성에 대한 활성화 자유에너지는 균일 핵생성에 대한 활성화 자유에너지보다 적다.
- 평형상태가 유지되지 않는 온도변화에 따른 상변태에서 상변태 온도는 높아질 수도(가열 시) 낮아질 수도(냉각 시) 있다.
- 균일 핵생성보다 불균일 핵생성에서 보다 적은 과랭(또는 과열)이 필요하다. 즉, $\Delta T_{\text{het}} < \Delta T_{\text{hom}}$.
- 고상 변태 과정에서 시간(로그 스케일)에 따른 상변태 분율 곡선은 그림 12.10에 나타난 바와 같이 S자형을 갖는다.
- 상변태 분율에 영향을 미치는 시간은 식 (12.17)의 아브라미(Avrami) 식으로 나타낼 수 있다.
- 상변태 속도는 50%의 상변태가 진행될 때 필요한 시간의 역수로 나타낸다[식 (12.18)].

등온변태도

- 등온변태도 또는 시간-온도-변태(*T-T-T*) 곡선은 일정한 온도가 유지될 때 시간에 따른 상변태를 나타낸다. 특정 합금에 대해 온도 대 시간 도표로 나타낼 수 있고 상변태 시작, 50% 상변태, 그리고 상변태 완료 곡선들이 포함된다.

연속냉각변태도

- 등온변태도는 상변태 시작 및 완료 곡선을 더 긴 시간과 더 낮은 온도로 이동시켜 변경할 수 있는데 이러한 도표를 연속냉각변태도(CCT)라고 한다.
- 연속냉각 변태 시작 및 완료 시간은 상변태 시작 및 완료 곡선과 냉각 곡선의 교차점에서 결정된다.
- 등온 및 연속냉각 변태도를 활용하면 특정 열처리 후의 미세조직을 예측할 수 있다. 철-탄소 합금을 예로 설명하였다.
- 철-탄소 합금의 미세조직은 다음과 같다.
  - 조대하고 미세한 펄라이트: α 페라이트와 시멘타이트가 겹겹이 쌓여 있는 층의 두께는 미세한 펄라이트의 경우 얇고 조대한 경우는 두껍다. 조대한 펄라이트는 더 높은 등온에서 형성되고 연속냉각 시 더 느린 냉각속도로 형성된다.
  - 베이나이트: α 페라이트 기지와 길쭉한 시멘타이트 입자로 구성된 미세한 조직을 가지고 있다. 미세한 펄라이트보다 더 낮은 온도와 더 높은 냉각속도에서 형성된다.
  - 스페로이다이트: 이것은 α 페라이트 기지에 내재된 구형의 시멘타이트 입자로 구성되어 있다. 미세/조대한 펄라이트 또는 베이나이트를 약 700°C에서 수 시간 동안 가열하면 스페로이다이트가 된다.

- 마텐자이트: BCT 결정구조를 갖는 철-탄소 고용체로서 판상 혹은 침상의 결정립을 갖는다. 마텐자이트는 탄소의 확산 및 펄라이트 그리고/또는 베이나이트의 형성 없이 충분히 낮은 온도까지 오스테나이트를 급랭 시 형성된다.
- 템퍼링된 마텐자이트: 페라이트 기지 내에 매우 작은 크기의 시멘타이트 입자들로 구성되어 있다. 250~650°C의 온도 범위에서 마텐자이트를 가열하게 되면 템퍼링된 마텐자이트로 상변태하게 된다.

• 탄소 외의 합금 원소를 첨가하면 연속냉각변태도상의 펄라이트와 베이나이트 곡선의 코(nose) 부분이 더 긴 시간 쪽으로 이동하게 되어 마텐자이트 변태가 더 수월해진다(합금을 더 쉽게 열처리할 수 있음).

철-탄소 합금의 기계적 특성

• 마텐자이트강은 경도 및 강도가 가장 높으나 취성 또한 가장 높다.
• 템퍼링된 마텐자이트는 매우 강하고 적당한 연성을 가지고 있다.
• 베이나이트는 이상적인 강도-연성의 조화를 보이나 템퍼링된 마텐자이트보다는 강하지 않다.
• 미세한 펄라이트는 조대한 펄라이트보다 경도가 높고 강하며 취성이 높다.
• 스페로이다이트는 기술한 바와 같이 가장 경도가 낮고 연성이 높다.
• 특정 합금 원소 및 불순물 원소가 존재하거나 특정온도에서 템퍼링 열처리를 하게 되면 취성인 성질이 나타난다.

형상기억합금

• 형상기억합금은 변형 후 열처리를 통해 원래의 크기 및 형상으로 되돌아온다.
• 변형은 쌍정계의 이동에 의해 일어난다. 마텐자이트에서 오스테나이트로 상변태가 일어나면 원래의 크기 및 형상으로 되돌아온다.

석출경화

• 일부 합금은 **석출경화**된다 — 즉, 매우 미세한 입자를 2차 혹은 석출 상으로 형성시켜 강화한다.
• 입자의 크기를 제어하여 강도를 향상시키며 두 가지 열처리가 수반된다.
  - 첫 번째는 **용체화 열처리**이며 용질 원자를 단일상의 고용체로 만들기 위해 고용시킨 후 적당히 낮은 온도까지 급랭을 하면 이러한 상태가 유지된다.
  - 두 번째는 일정한 온도에서 실시하는 **석출 열처리**이며 이때 석출 입자가 형성되고 성장을 하며 강도, 경도, 연성은 열처리 시간, 입자의 크기에 의존한다.
• 강도 및 경도는 시간에 따라 최대치에 도달하고 과시효하는 동안 감소하게 된다(그림 12.42). 이러한 과정은 온도를 높일수록 가속화된다(그림 12.46*a*).
• 강화 현상은 미세한 석출 입자 주위에서 발생하는 격자변형에 의한 전위 이동에 대한 저항성 증가로 설명할 수 있다.
• 계단식 또는 중단 담금질이라고도 하는 마르템퍼링은 강철 합금이 150~300°C의 온도에서 소금물, 오일 또는 납 수조에서 담금질한 후 상부임계온도 이상의 온도로 가열되는 공

정이다.

- 오스템퍼링에서는 마르템퍼링과 달리 시편을 마르템퍼링보다 더 높은 온도로 유지한다. 이 공정은 시편의 향상된 연성, 강도, 인성, 감소된 변형, 더 높은 충격 저항을 제공한다.
- 표면경화는 금속 합금의 내마모성을 향상시키는 데 사용되는 기술이다. 이 공정은 저탄소 및 중탄소 강 합금의 표면을 경화시킬 수 있으며 일반적으로 두꺼운 시편의 경화와 관련된 균열 및 변형되는 문제를 피할 수 있다. 다른 유형의 방법으로 확산 공정, 인가 에너지 방법, 코팅/표면 개질 등이 있다.
- 진공경화는 압력을 제어하여 합금이 경화되는 공정이다. 시편을 진공로에서 약 1300°C의 온도로 산소 없이 가열한 다음 질소 가스를 사용하여 담금질한다. 플라즈마 경화 공정에서는 아르곤과 질소가 플라즈마 형성 가스로 사용된다.

결정화(고분자)

- 고분자 재료는 결정화가 일어나는 동안 액상에 존재했던 무질서한 방위를 갖던 분자가 규칙적으로 잘 배열된 분자구조의 사슬이 겹겹이 쌓여 있는 결정체로 변하게 된다.

용융

- 고분자 재료의 결정질 영역이 용융되면 규칙적으로 잘 배열된 분자사슬 구조를 갖는 고상이 매우 무질서한 구조의 점성을 갖는 액상으로 변한다.

유리전이

- 유리전이는 고분자 재료의 비정질 영역에서 일어난다.
- 냉각 시 유리전이가 발생하는데 액상이 고무질로, 그리고 딱딱한 고상으로 점진적인 변태가 진행된다. 온도를 낮추게 되면 분자사슬 대부분의 이동이 감소된다.

용융 및 유리전이 온도

- 용융 및 유리전이 온도는 온도변화에 따른 부피변화 그래프로부터 구할 수 있다(그림 12.49).
- 이러한 물성은 고분자 재료의 활용 및 공정 온도에 비하여 상대적으로 중요하다.

용융 및 유리전이 온도에 영향을 미치는 인자

- T_m 및 T_g 값은 사슬의 강성에 비례하여 증가한다. 강성은 사슬의 이중결합과 밀도가 높고 극성을 갖는 측면 그룹이 존재하면 증가하게 된다.
- 낮은 분자량을 가질 때 T_m 및 T_g 값은 $\overline{M}$에 비례하여 증가한다.

식 요약

Equation Number	Equation	Solving for
12.3	$r^* = -\dfrac{2\gamma}{\Delta G_v}$	Critical radius for stable solid particle (homogeneous nucleation)
12.4	$\Delta G^* = \dfrac{16\pi\gamma^3}{3(\Delta G_v)^2}$	Activation free energy for formation of stable solid particle (homogeneous nucleation)

(계속)

Equation Number	Equation	Solving for
12.6	$r^* = \left(-\frac{2\gamma T_m}{\Delta H_f}\right)\left(\frac{1}{T_m - T}\right)$	Critical radius—in terms of latent heat of fusion and melting temperature
12.7	$\Delta G^* = \left(\frac{16\pi\gamma^3 T_m^2}{3\Delta H_f^2}\right)\frac{1}{(T_m - T)^2}$	Activation free energy—in terms of latent heat of fusion and melting temperature
12.12	$\gamma_{IL} = \gamma_{SI} + \gamma_{SL}\cos\theta$	Relationship among interfacial energies for heterogeneous nucleation
12.13	$r^* = -\frac{2\gamma_{SL}}{\Delta G_v}$	Critical radius for stable solid particle (heterogeneous nucleation)
12.14	$\Delta G^* = \left(\frac{16\pi\gamma_{SL}^3}{3\Delta G_v^2}\right)S(\theta)$	Activation free energy for formation of stable solid particle (heterogeneous nucleation)
12.17	$y = 1 - \exp(-kt^n)$	Fraction of transformation (Avrami equation)
12.18	$\text{rate} = \frac{1}{t_{0.5}}$	Transformation rate

기호 목록

Symbol	Meaning
ΔG_v	Volume free energy
ΔH_f	Latent heat of fusion
k, n	Time-independent constants
$S(\theta)$	Nucleus shape function
T	Temperature (K)
T_m	Equilibrium solidification temperature (K)
$t_{0.5}$	Time required for a transformation to proceed to 50% completion
γ	Surface free energy
γ_{IL}	Liquid–surface interfacial energy (Figure 12.5)
γ_{SI}	Solid–surface interfacial energy
θ	Wetting angle (angle between γ_{SI} and γ_{SL} vectors) (Figure 12.5)

중요한 용어와 개념

과랭
과시효
과열
등온변태도
마텐자이트
미세 펄라이트
반응속도론
베이나이트
변태속도
비열 변태
상변태
석출경화
석출 열처리
성장(상 입자)
스페로이다이트
연속냉각변태도
열적 활성화 변태
용융온도(고분자)
용체화 열처리
유리전이온도
인공시효
일반탄소강
자연시효
자유에너지
조대 펄라이트
템퍼링된 마텐자이트
합금강
핵생성

참고문헌

Atkins, M., *Atlas of Continuous Cooling Transformation Diagrams for Engineering Steels*, British Steel Corporation, Sheffield, England, 1980.

Atlas of Isothermal Transformation and Cooling Transformation Diagrams, ASM International, Materials Park, OH, 1977.

Billmeyer, F. W., Jr., *Textbook of Polymer Science*, 3rd edition, John Wiley & Sons, New York, NY, 1984. Chapter 10.

Brooks, C. R., *Principles of the Heat Treatment of Plain Carbon and Low Alloy Steels*, ASM International, Materials Park, OH, 1996.

Porter, D. A., K. E. Easterling, and M. Y. Sherif, *Phase Transformations in Metals and Alloys*, 3rd edition, CRC Press, Boca Raton, FL, 2009.

Shewmon, P. G., *Transformations in Metals*, Indo American Books, Abbotsford, B.C., Canada, 2007.

Vander Voort, G. (Editor), *Atlas of Time-Temperature Diagrams for Irons and Steels*, ASM International, Materials Park, OH, 1991.

Vander Voort, G. (Editor), *Atlas of Time-Temperature Diagrams for Nonferrous Alloys*, ASM International, Materials Park, OH, 1991.

Young, R. J., and P. Lovell, *Introduction to Polymers*, 3rd edition, CRC Press, Boca Raton, FL, 2011.

문제

열역학 및 상변태의 반응속도

12.1 균일 핵생성과 불균일 핵생성의 차이점에 대해 기술하라.

12.2 **(a)** 한 변의 길이가 a인 육방정 모양의 핵(구 모양의 핵의 반지름 r 대신)의 경우 식 (12.1)을 적용하여 총 자유에너지 변화를 다시 써라. 즉, r 대신 a의 변화에 따른 에너지 변화의 차이점은 무엇이고 육방정 핵의 임계 길이 a^*와 ΔG^* 값을 구하라.

(b) 구 또는 육방정 모양의 핵의 경우 ΔG^* 값은 어느 모양의 핵일 때 더 큰가? 그 이유는 무엇인가?

12.3 얼음은 $-40°$C에서 핵생성이 일어나고 용융 잠열과 표면 자유에너지 값이 각각 -3.1×10^8 J/m^{3}와 25×10^{-3} J/m^{2}라면 임계 핵의 반지름은 얼마인가?

12.4 **(a)** 니켈이 응고될 때 균일 핵생성이 일어난다면 임계 핵의 반지름 r^*과 활성화 자유에너지 ΔG^*를 계산하라. 이때 용융 잠열과 표면 자유에너지 값은 각각 -2.53×10^9 J/m^{3}와 0.255 J/m^{2}이다. 표 12.1에 있는 과냉각 값을 활용하라.

(b) 임계 핵 속에 들어 있는 원자의 개수를 계산하라. 고상인 니켈의 경우 용융온도에서는 격자상수가 0.360 nm라고 가정한다.

12.5 **(a)** 니켈이 응고될 때(문제 12.4) 균일 핵생성이 일어나고 1 m^{3}의 부피 속에 안정한 핵의 개수가 10^6개라고 가정할 때 임계 핵의 반지름을 구하고 과랭도가 각각 200과 300 K일 때 존재하는 안정한 핵의 개수를 계산하라.

(b) 이러한 임계 핵의 반지름 수치와 안정한 핵의 개수 규모는 얼마의 차이를 보이는가?

12.6 **(a)** 순금이 응고될 때 균일 핵생성이 일어난다면 임계 핵의 반지름 r^*과 활성화 자유에너지 ΔG^*를 계산하라. 이때 용융 잠열과 표면 자유에너지 값은 각각 -1.16×10^9 J/m^{3}와 0.132 J/m^{2}이다. 표 12.1에 있는 과냉각 값을 활용하라.

(b) 임계 핵 속에 들어 있는 원자의 개수를 계산하라. 고상인 금의 경우 용융온도에서는 격자상수가 0.413 nm라고 가정한다.

12.7 아브라미(Avrami) 식[식 (12.17)]에서 변수 n의 값이 1.5인 상변태의 경우 125초 후 25%의 상변태 반응이 일어났다면 90% 상변태 반응이 일어나는 데 걸리는 시간은 얼마인가?

12.8 상수 n과 k 값이 각각 2.0과 5×10^{-4}초인 경우 아브라미 속도식을 만족하는 반응속도를 계산하라.

12.9 어느 금속의 재결정 속도가 아브라미 식을 만족하고 지수 n의 값이 5일 때 특정온도에서 재결정화 분율이 100분 후 0.30이라면 이 온도에서 재결정 속도는 얼마인가?

12.10 상변태 속도가 아브라미 식을 만족하고 k 값이 2.6×10^{-6}분일 때 상변태 분율이 120분 후 0.65라면 상변태 속도는 얼마인가?

12.11 어느 금속의 재결정 속도가 아브라미 시을 만족하고 지수 n의 값이 3.1일 때 재결정화 분율이 20분 후 0.30이라면 재결정 속도는 얼마인가?

12.12 오스테나이트에서 펄라이트로 상변태가 일어날 때 아브라미 식을 만족하고 아래 표의 데이터를 이용하여 95%의 오스테나이트-펄라이트 상변태가 일어나는 데 필요한 시간을 구하라.

Fraction Transformed	Time (s)
0.2	280
0.6	425

12.13 변형 받은 철강의 350°C에서의 재결정화 분율 및 시간을 아래 표에 나타내었다. 재결정화 속도가 아브라미 식을 만족한다고 하면 116.8분 후의 재결정화 분율은 얼마인가?

Fraction Recrystallized	Time (min)
0.30	95.2
0.80	126.6

12.14 **(a)** 그림 12.11에 나타난 곡선과 식 (12.18)을 이용하여 여러 온도 구간에서 순수 구리의 재결정 속도를 구하라.

(b) 온도의 역수(K^{-1}) 값에 따른 재결정 속도 로그값(ln 속도)을 그래프로 나타내고, 이러한 재결정 과정에 대한 활성화에너지 값을 구하라.

(c) 20°C(293 K) 상온에서 50% 재결정화가 일어나는 데 걸리는 시간은 얼마인가?

12.15 119°C에서 구리의 재결정화(그림 12.11)가 일어나는 경우 식 (12.17)에서의 상수 n과 k 값을 구하라.

준안정 대 평형 상태

12.16 열처리 및 미세조직 발달 관점에서 철-철 탄화물 상태도의 두 가지 주요 한계점은 무엇인가?

12.17 **(a)** 과열 및 과랭에 대하여 간단히 설명하라.

(b) 이러한 현상은 왜 일어나는가?

등온변태도

12.18 공석 조성을 갖는 강이 760°C에서 675°C까지 0.5초 만에 냉각이 되고 항온 유지가 된다고 가정하고 다음 질문에 답하라.

(a) 오스테나이트에서 펄라이트로 50% 및 100% 상변태가 일어나는 데 걸리는 시간은 각각 얼마인가?

(b) 펄라이트로 완전히 상변태가 일어날 때 이 합금의 경도값을 산출하라.

12.19 미세조직 및 기계적 성질 관점에서 펄라이트, 베이나이트, 스페로이다이트의 차이점에 대해 설명하라.

12.20 스페로이다이트 형성에 필요한 구동력은 무엇인가?

12.21 공석 조성을 갖는 철-탄소 합금의 등온변태도(그림 12.23)를 이용하여 다음과 같이 시간 및 온도변화가 있는 열처리를 실시할 때 얻을 수 있는 미세조직(최종 미세 구성인자 및 대략적인 구성비)에 대해 설명하라. 각각의 경우 완전하고 균질한 오스테나이트 조직을 얻기 위해 760°C에서 장시간 충분히 유지되어 있었다는 조건을 가정한다.

(a) 350°C까지 급랭하고 10^3초간 항온 유지 후 상온으로 급랭

(b) 625°C까지 급랭하고 10초간 항온 유지 후 상온으로 급랭

(c) 600°C까지 급랭하고 4초간 유지 후 다시 450°C까지 급랭 후 10초간 유지 후 상온으로 급랭

(d) (c)의 조건에서 다시 700°C까지 20시간 동안 재가열

(e) 300°C까지 급랭하고 20초간 유지 후 상온의 물속에서 급랭, 다시 425°C까지 10^3초간 재가열하고 상온으로 서랭

(f) 665°C까지 급랭하고 10^3초간 유지 후 상온으로 급랭

(g) 575°C까지 급랭하고 20초간 유지 후 다시 350°C까지 급랭 후 100초간 유지한 후 상온으로 급랭

(h) 350°C까지 급랭하고 150초간 유지 후 상온으로 급랭

12.22 공석 조성을 갖는 철-탄소 합금의 등온변태도(그림 12.23)를 복사하고 이 복사본에 100%의 미세 펄라이트를 얻기 위한 시간-온도 경로가 나타나도록 스케치하라.

12.23 공석 조성을 갖는 철-탄소 합금의 등온변태도(그림 12.23)를 복사하고 이 복사본에 다음과 같은 미세조직을 얻기 위한 시간-온도 경로가 나타나도록 스케치하라.

(a) 100%의 조대 펄라이트

(b) 50%의 마텐자이트와 50%의 오스테나이트

(c) 50%의 조대 펄라이트, 25%의 베이나이트, 25%의 마텐자이트

12.24 0.45 wt% C를 함유한 철 합금의 등온변태도(그림 12.51)를 이용하여 다음과 같이 시간 및 온도 변화가 있는 열처리를 실시할 때 얻을 수 있는 미세조직(최종 미세 구성인자 및 대략적인 구성비)에 대해 설명하라. 각각의 경우 완전하고 균질한 오스테나이트 조직을 얻기 위해 845°C에서 장시간 충분히 유지되어 있었다는 조건을 가정한다.

(a) 250°C까지 급랭하고 10^3초간 항온 유지 후 상온으로 급랭

(b) 700°C까지 급랭하고 30초간 항온 유지 후 상온으로 급랭

(c) 400°C까지 급랭하고 500초간 유지 후 상온

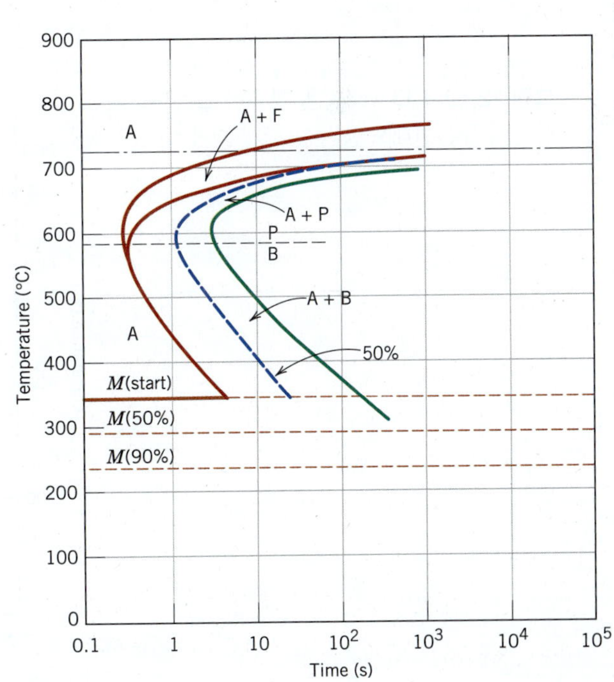

그림 12.51 0.45 wt% C를 함유한 철 합금의 등온변태도: A, 오스테나이트; B, 베이나이트; F, 초석 페라이트; M, 마르텐자이트; P, 펄라이트 [Adapted from *Atlas of Time-Temperature Diagrams for Irons and Steels*, G. F. Vander Voort (Editor), 1991. Reprinted by permission of ASM International, Materials Park, OH.]

으로 급랭

(d) 700°C까지 급랭하고 10^5초간 유지 후 상온으로 급랭

(e) 650°C까지 급랭하고 3초간 유지 후 다시 400°C까지 10초간 유지 후 상온으로 급랭

(f) 450°C까지 급랭하고 10초간 유지 후 상온으로 급랭

(g) 625°C까지 급랭하고 1초간 유지 후 상온으로 급랭

(h) 625°C까지 급랭하고 10초간 유지 후 다시 400°C까지 급랭하고 5초간 유지 후 상온으로 급랭

12.25 문제 12.24 (a), (c), (d), (f), (h)의 경우 형성되는 미세 구성인자의 함량은 대략 얼마나 되는가?

12.26 0.45 wt% C를 함유한 철-탄소 합금의 등온변태도(그림 12.51)를 복사하고 이 복사본에 다음과 같은 미세조직을 얻기 위한 시간-온도 경로가 나타나도록 스케치하라.

(a) 42%의 초석 α철과 58%의 조대 펄라이트

(b) 50%의 미세 펄라이트와 50%의 베이나이트

(c) 100%의 마텐자이트

(d) 50% 마텐자이트와 50% 오스테나이트

연속냉각변태도

12.27 공석강(0.76 wt% C)을 우선 오스테나이트로 완전히 상변태시킨 후 다음과 같은 냉각속도로 상온으로 냉각 시 처음으로 생성되는 미세조직은 무엇인가?

(a) 1°C/s

(b) 20°C/s

(c) 50°C/s

(d) 175°C/s

12.28 그림 12.52는 1.13 wt% C를 함유한 철-탄소 합금의 등온변태도이다. 이 등온변태도를 복사하고 다음과 같은 미세조직을 얻기 위한 연속냉각 곡선을 표시하라.

(a) 미세 펄라이트와 초석 시멘타이트

(b) 마텐자이트

(c) 마텐자이트와 초석 시멘타이트

(d) 조대 펄라이트와 초석 시멘타이트

(e) 마텐자이트, 미세 펄라이트, 초석 시멘타이트

12.29 일반탄소강과 합금강의 연속냉각변태도 간의

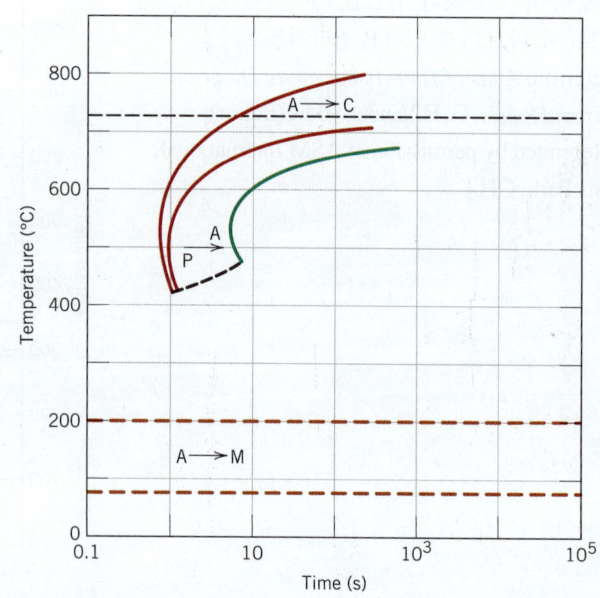

그림 12.52 1.13 wt% C를 함유한 철-탄소 합금의 등온변태도

중요한 두 가지 차이점은 무엇인가?

12.30 공석 조성을 갖는 철-탄소 합금의 연속냉각변태도에는 베이나이트 상변태 영역이 없는 이유에 대하여 설명하라.

12.31 4340 합금강을 우선 오스테나이트로 완전히 상변태시킨 후 다음과 같은 냉각속도로 상온으로 냉각 시 생성되는 미세조직은 무엇인가?

(a) 0.005°C/s

(b) 0.05°C/s

(c) 0.5°C/s

(d) 5°C/s

12.32 4340 합금강의 경우 (마텐자이트+베이나이트) 조직에서 (페라이트+펄라이트) 조직으로 상변태시키는 데 사용되는 가장 간단한 연속냉각 열처리 절차에 대하여 간략히 설명하라.

12.33 4340 합금강의 경우 다음과 같은 미세조직에서 다른 미세조직으로 상변태시키는 데 사용되는 가장 간단한 연속냉각 열처리 절차에 대하여 간단히 설명하라.

(a) (마텐자이트+페라이트+베이나이트) 조직에서 (마텐자이트+페라이트+펄라이트+베이나이트) 조직으로 상변태

(b) (마텐자이트+페라이트+베이나이트) 조직에서 스페로이다이트 조직으로 상변태

(c) (마텐자이트+베이나이트+페라이트) 조직에서 템퍼링된 마텐자이트 조직으로 상변태

12.34 조대 펄라이트는 비교적 서랭 시 나타나는 조직인 반면에 미세 펄라이트는 오스테나이트가 공석 온도를 거쳐 중간 정도의 속도로 냉각 시 형성되는 이유를 확산론을 기초로 설명하라.

철-탄소 합금의 기계적 특성

12.35 미세 펄라이트가 조대 펄라이트보다 더 높은 경도와 강도를 갖고 또한 스페로이다이트보다도 강한 이유를 설명하라.

12.36 마텐자이트가 경도가 매우 높고 취성이 큰 두 가지 이유를 설명하라.

12.37 다음 철-탄소 합금들을 경도가 높은 순서대로 나열하고 그 이유를 설명하라.

(a) 조대 펄라이트 조직을 갖는 0.25 wt% C 철 합금

(b) 스페로이다이트 조직을 갖는 0.80 wt% C 철 합금

(c) 스페로이다이트 조직을 갖는 0.25 wt% C 철 합금

(d) 미세 펄라이트 조직을 갖는 0.80 wt% C 철 합금

12.38 템퍼링된 마텐자이트는 템퍼링 시간이 길어지고(일정한 온도에서) 온도가 증가할수록(일정한 템퍼링 시간에서) 경도가 감소하는 이유를 간단히 설명하라.

12.39 0.76 wt% C 철 합금에서 다음과 같은 조직 변화를 일으키기 위한 가장 간단한 열처리 공정에 대하여 간단히 기술하라.

(a) 마텐자이트 조직에서 스페로이다이트 조직으로

(b) 스페로이다이트 조직에서 마텐자이트 조직으로

(c) 베이나이트 조직에서 펄라이트 조직으로

(d) 펄라이트 조직에서 베이나이트 조직으로

(e) 스페로이다이트 조직에서 펄라이트 조직으로

(f) 펄라이트 조직에서 스페로이다이트 조직으로

(g) 템퍼링된 마텐자이트 조직에서 마텐자이트 조직으로

(h) 베이나이트 조직에서 스페로이다이트 조직으로

12.40 **(a)** 스페로이다이트와 템퍼링된 마텐자이트의 미세조직 차이를 간단히 기술하라.

(b) 템퍼링된 마텐자이트가 더 높은 경도와 강도를 갖는 이유를 설명하라.

12.41 공석 조성을 갖는 철-탄소 합금 시편이 문제 12.21의 (a)~(h)에 기술된 열처리를 받게 된다고

(b) (a)에서 명시한 조성을 갖는 합금을 석출경화시키는 데 필요한 온도별 열처리 과정에 대해 기술하라.

12.D12 최소 450 MPa의 인장강도와 최소 15%EL의 연성을 얻기 위해 용체화 열처리된 2014 알루미늄 합금은 석출경화 처리를 거친다. 이와 같은 기계적 물성을 얻기 위한 실질적인 석출경화 열처리 방법에서의 온도와 시간을 명시하고, 답에 대한 이유를 설명하라.

12.D13 최소 425 MPa의 인장강도와 최소 12%EL의 연성을 갖는 석출경화된 2014 알루미늄 합금의 제조가 가능한가? 가능하다면 이 석출경화 열처리 방법에 대하여 기술하라. 만약 불가능하다면 그 이유를 설명하라.

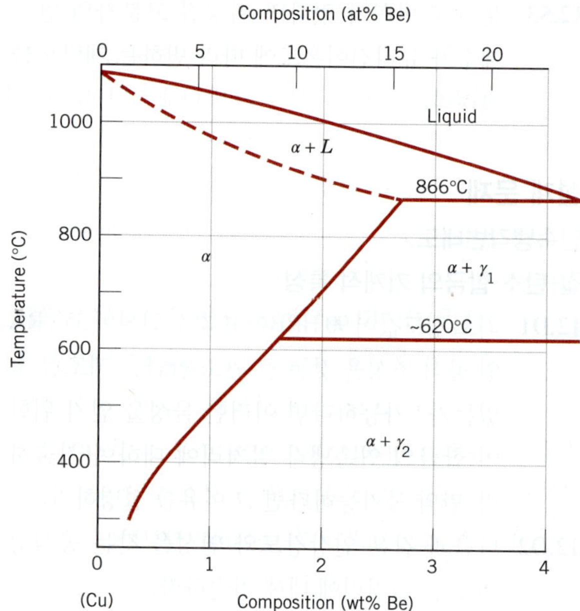

그림 12.53 구리-베릴륨 상태도의 구리가 많은 부분 [Adapted from *Binary Alloy Phase Diagrams*, 2nd edition, Vol. 2, T. B. Massalski (Editor-in-Chief), 1990. Reprinted by permission of ASM International, Materials Park, OH.]

13 재료의 전기적 성질

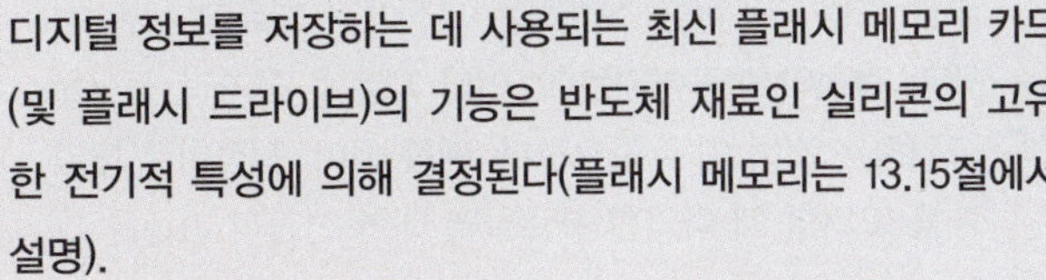

디지털 정보를 저장하는 데 사용되는 최신 플래시 메모리 카드(및 플래시 드라이브)의 기능은 반도체 재료인 실리콘의 고유한 전기적 특성에 의해 결정된다(플래시 메모리는 13.15절에서 설명).

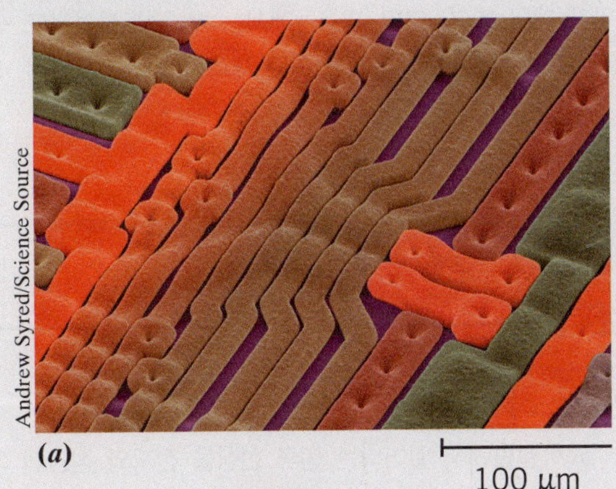

Andrew Syred/Science Source

(*a*)

Courtesy SanDisk Corporation

(*b*)

Nicolas_/Getty Images

(*c*)

(*a*) 실리콘과 금속배선물질로 구성된 집적회로의 주사전자 현미경 사진. 집적회로 내의 소자들은 정보를 디지털 형식으로 저장하는 데 사용된다.

(*b*) 세 가지 다른 플래시 메모리 카드 유형

(*c*) 디지털 카메라에 사용 중인 플래시 메모리 카드. 이 메모리 카드는 (GPS를 포함한) 사진 이미지를 저장하는 데 사용된다.

왜 재료의 전기적 성질을 공부하는가?

부품 또는 구조물을 설계하는 과정에서 재료에 대한 선택과 결정이 이루어지는데, 이때 재료의 전기적 성질을 고려하는 것이 매우 중요하다. 예를 들어, 집적회로 패키지를 고려할 때 다양한 재료들에 대한 전기적 거동은 그 범위가 매우 넓다. 어떤 재료들에서는 우수한 전기전도도(예: 전기 배선)가 요구되고 어떤 재료들에서는 전기적인 절연성(예: 표면 보호용 포장)이 요구된다.

학습 목표

이 장을 학습한 후에는 아래 과제를 수행할 수 있어야 한다.

1. 고체 재료들에 대한 네 가지 가능한 전자 밴드 구조를 설명한다.
2. (a) 금속, (b) 반도체(진성, 외인성), (c) 부도체에서 자유전자/정공을 생성하는 전자여기 현상을 간단한 설명한다.
3. 전하 운반자 밀도와 이동도가 주어졌을 때 금속, 반도체(진성, 외인성), 부도체에서의 전기전도도를 계산한다.
4. 진성 반도체와 외인성 반도체를 구별한다.
5. (a) 절대온도에 따른 진성 및 외인성 반도체의 전하 운반자(전자와 정공)의 농도를 로그값으로 도시한다.
   (b) 외인성 그래프는 동결, 외인성, 진성 구간을 보여주고 있음을 설명한다.
6. *p*-*n* 접합에서 일어나는 정류 현상을 전자와 정공의 거동관점에서 설명한다.
7. 평행판 커패시터의 커패시턴스를 계산한다.
8. 유전율 관점에서 유전상수를 설명한다.
9. 커패시터의 두 판 사이에 유전체를 끼워 넣고 분극을 유도함에 따라 커패시터의 전하 저장 능력이 증가하는 이유를 설명한다.
10. 세 가지 형태의 분극을 명명하고 기술한다.
11. 강유전성, 압전성, 전기변형 현상에 대하여 간단히 설명한다.

13.1 | 서론

이 장의 주요 목적은 재료의 전기적 성질, 즉 외부 전기장(electric field)에 대한 반응을 설명하는 것이다. 설명은 전기 전도의 현상부터 시작한다. 즉, 전기 전도를 표현하는 인자들, 전자에 의한 전도 기구, 재료의 전자 에너지 밴드(energy band)가 어떻게 전도 능력에 영향을 미치는지에 대한 설명으로부터 시작한다. 이러한 원리들은 금속, 반도체, 부도체(절연체)에 확장 적용된다. 특히 반도체의 특성 및 반도체 소자들에 대하여 관심을 가지고 논의한다. 이와 함께 절연물의 유전 특성을 다룬다. 마지막 한두 절에서는 강유전성(ferroelectricity), 압전성(piezoelectricity), 전기변형(electrostriction) 현상에 대하여 설명한다.

전기 전도

13.2 | 옴의 법칙

고체 재료의 가장 중요한 전기적 특성 중 하나는 이 고체가 얼마나 전류를 잘 통하게 하는가이다. **옴의 법칙(Ohm's law)**은 전류 I, 즉 단위시간에 통과하는 전하량과 인가 전압 V의 관계를 나타내며, 그 관계식은 다음과 같다.

옴의 법칙

옴의 법칙의 식

$$V = IR \tag{13.1}$$

여기서 R은 전류가 흘러가는 재료의 저항이다. V, I, R의 단위는 각각 볼트(J/C), 암페어(C/s), 옴(V/A)이다. R의 값은 시편의 형상에 따라 달라지며, 많은 재료의 경우 전류에 무관하다. **전기 비저항(electric resistivity)** ρ는 시편 형상에 무관하며 재료 고유의 값을 나타내는데, R과의 관계는 다음과 같다.

전기 비저항

저항값과 시편의 단면적, 측정점 간의 거리로 표현된 전기 비저항

$$\rho = \frac{RA}{l} \tag{13.2}$$

여기서 l은 전압을 측정하는 두 지점 사이의 거리이고, A는 전류가 흐르는 방향에 수직인 단면적이다. ρ에 대한 단위는 옴-미터($\Omega \cdot$m)이다. 옴의 법칙과 식 (13.2)에서 다음과 같은 관계식이 나온다.

인가 전압과 전류, 시편의 단면적, 측정점 간의 거리로 표현된 전기 비저항

$$\rho = \frac{RA}{l} \tag{13.3}$$

그림 13.1은 전기 비저항을 측정하는 실험적 배열에 대한 모식도이다.

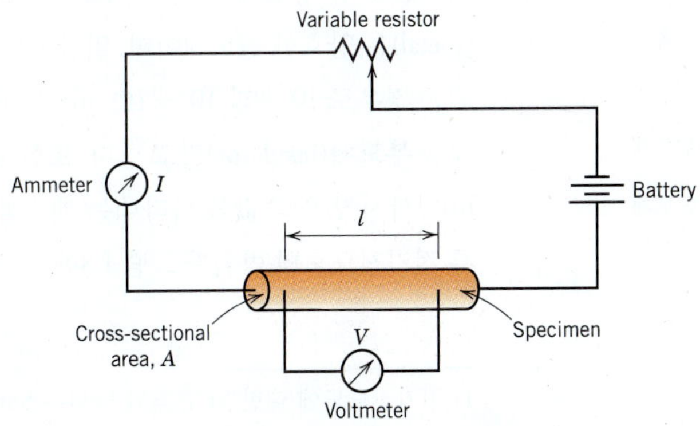

그림 13.1 전기 비저항을 측정하는 데 사용되는 기구의 모식도

13.3 | 전기전도도

전기전도도

때로 **전기전도도(electrical conductivity)** σ는 재료의 전기적 특성을 명시하기 위하여 사용된다. 전도도는 단순히 비저항의 역수로서 다음과 같이 표현된다.

전기전도도와 비저항의 역수 관계

$$\sigma = \frac{1}{\rho} \tag{13.4}$$

또한 전도도는 재료가 전류를 얼마나 잘 흐르게 할 수 있는가를 나타내는 척도이다. σ의 단위는 옴-미터의 역수[$(\Omega \cdot \text{m})^{-1}$]로 표시한다.[1)] 지금부터 전기적 특성에 대한 설명에서는 비저항과 전도도를 혼용하기도 한다.

식 (13.1) 이외에도, 옴의 법칙은 다음과 같이 표현될 수 있다.

전류밀도, 전기전도도, 인가된 전기장으로 표현된 옴의 법칙

$$J = \sigma \mathscr{E} \tag{13.5}$$

여기서 J는 전류밀도, 즉 시편의 단위면적당 흐르는 전류 I/A이고, $\mathscr{E}$는 전기장 세기(electric field intensity)로서, 두 점 사이의 전압을 그 사이의 거리로 나눈 값이며, 다음 식으로 주어진다.

전기장 세기

$$\mathscr{E} = \frac{V}{l} \tag{13.6}$$

두 가지 형태의 옴의 법칙[식 (13.1)과 (13.5)]이 동일한 표현임을 증명하는 것은 숙제로 남긴다.

고체 재료는 10^{27} 이상에 걸친 광범위한 범위의 전기전도도를 나타내고 있는데, 아마도 어느 물리적 특성도 이와 같이 넓은 범위에 걸친 변화를 보이는 것은 없을 것이다. 실제로 고체 재료를 분류하는 한 가지 방법은 재료가 전류를 얼마나 잘 흐르게 할 수 있느냐에 의한다. 이러한 분류 방법에 따르면 재료는 **전도체, 반도체, 부도체**의 세 가지로 구분할 수 있다. **금속(metal)**은 양호한 전도체이며, 일반적으로 10^7 $(\Omega \cdot \text{m})^{-1}$ 정도의 전도도를 나타낸다. 이에 대응되는 경우로 10^{-10}과 10^{-20} $(\Omega \cdot \text{m})^{-1}$ 사이의 극히 낮은 전도도를 나타내는 재료가 있는데, 이것을 **부도체(insulator)**라고 한다. 또한 두 재료의 중간 정도 되는 전도도, 즉 10^{-6}에서 10^4 $(\Omega \cdot \text{m})^{-1}$까지 범위의 값을 나타내는 재료를 **반도체(semiconductor)**라고 한다. 각 재료 유형에 따른 전기전도도의 범위가 그림 1.8에 막대그래프로 비교되어 있다.

금속

부도체

반도체

1) 전기전도도에 대한 SI 규격의 단위는 S/m(siemens per meter)이다. 지멘스는 전기전도도를 나타내기 위한 SI 규격의 단위이다. 옴에서 지멘스로의 변환은 1 S = 1 Ω^{-1}을 따른다. 우리는 관례에 따라 $(\Omega \cdot \text{m})^{-1}$을 사용하기로 하였으며 이 단위는 재료과학 및 재료공학에서 오랫동안 사용되어 왔다.

13.4 | 전자 및 이온 전도

전류는 전하가 외부 전기장에 의해 받는 힘에 따라 움직이는 결과이다. 양전하는 전기장의 방향으로 가속되며, 음전하는 반대방향으로 가속된다. 대부분의 고체 재료에서 전류는 전자의 흐름에 의하여 일어나는데, 그래서 이와 같은 전도를 **전자 전도**(*electronic conduction*)라고 한다. 한편 이온 재료에서는 전하를 띤 이온이 이동함으로써 전류를 흐르게 할 수 있다. 이와 같은 전도를 **이온 전도(ionic conduction)**라고 한다. 지금은 먼저 전자 전도를 설명하고, 이온 전도에 대해서는 13.16절에서 간단히 설명하고자 한다.

이온 전도

13.5 | 고체의 에너지 밴드 구조

모든 전도체, 반도체, 그리고 많은 부도체(절연체)에서는 오직 전자 전도만이 존재하며, 전기 전도도의 값은 전도 과정에 참여하는 전자 수에 밀접한 영향을 받고 있다. 그러나 전기장이 가해졌을 경우에 원자 안에 있는 모든 전자가 가속되는 것은 아니다. 어떤 재료에서 전기 전도에 직접 참여하는 전자 수는 에너지에 대한 전자 준위들의 배열과 이 전자 준위들이 전자에 의하여 채워지는 방법에 따라 크게 달라진다. 이러한 주제는 양자역학 원리를 포함하는 복잡한 것이어서 이 교재에서 다루고자 하는 범위를 넘어서므로 앞으로의 설명에서는 몇 가지 개념을 제외하거나 단순화하고자 한다.

고립된 원자들에 대한 전자 에너지 준위, 전자에 의한 에너지 준위의 점유, 그리고 이에 따른 전자 형상들에 대한 개념은 2.3절에서 논의되었다. 즉, 개개 원자는 명확히 분리된 에너지 준위를 가지고 있고, 각 에너지 준위는 각(shell), 그리고 부각(subshell)으로 다시 배열된다. 각은 정수(1, 2, 3 등)로 명명하고, 부각은 문자(s, p, d, f)로 나타낸다. 부각 s, p, d, f에는 각각 1, 3, 5, 7개의 에너지 준위가 존재한다. 대부분의 원자에 있어 전자들은 가장 낮은 에너지를 가진 준위부터 채우며, 파울리의 배타 원리(Pauli exclusion principle)에 따라 하나의 에너지 준위에는 서로 방향이 반대인 스핀을 가진 2개의 전자까지 들어갈 수 있다. 고립된 원자에서의 전자배열은 허용될 수 있는 전자 준위들에 전자들이 어떻게 배열되어 있는가를 나타낸다.

이와 같은 고립된 원자에서의 개념을 고체 재료에 확장하여 보자. 고체는 초기에는 서로 멀리 떨어져 분리(고립)되어 존재해 있던 N개의 원자들을 서로 접근시켜 결정질 재료에서 볼 수 있듯이 규칙적인 원자배열 상태로 결합시킨 것으로 생각할 수 있다. 원자들이 비교적 멀리 떨어진 상태에서는 각 원자는 서로 아무런 영향을 줄 수 없기 때문에 각 원자의 에너지 준위나 원자배열은 고립된 원자와 같은 형태를 유지할 것이다. 하지만 원자들이 점차 근접해 옴에 따라, 전자들은 주변 원자들의 핵 또는 전자에 의하여 영향을 받아 동요되는 현상이 발견된다. 결과적으로 각 원자에 명확하게 구분되었던 전자 에너지 상태는 고체에서는 미세한 간격을 갖는 전자 에너지 준위들로 갈라지게 되어 소위 **전자 에너지 밴드(electron energy band)**라

전자 에너지 밴드

는 것을 형성하게 된다. 갈라지는 정도는 원자간 거리에 따라 달라지며(그림 13.2), 또한 원자들이 서로 접근하여 합쳐질 때 최외각의 전자각이 먼저 간섭을 받기 때문에 분리는 최외각 전자각으로부터 시작된다. 각 밴드 내에서 에너지 준위들은 분리되어 있으나 근접한 준위 사이의 차이는 매우 미세하다. 원자간 평형거리에서는 핵에 가까운 전자부각에 대하여 에너지 밴드가 형성되지 않을 수 있다(그림 13.3*b* 참조). 더구나 이웃한 에너지 밴드 사이에는 갭(gap)이 존재할 수 있는데, 보통 이 에너지 밴드 갭(energy band gap)에는 전자가 들어갈 수 있는 자리가 없다. 고체 전자 밴드 구조의 일반적인 표현은 그림 13.3*a*에 나타나 있다.

각 밴드 내의 에너지 준위 수는 고체를 구성하고 있는 *N*개의 원자에 의하여 제공된 모든 에너지 준위의 합과 같다. 예를 들면 *s* 밴드는 *N*개의 에너지 준위로 구성되어 있고, *p* 밴드는 3*N*개의 에너지 준위를 가지고 있다. 각 에너지 준위에는 2개의 전자까지 들어갈 수 있으며, 이때 두 전자는 방향이 반대인 스핀을 가져야만 한다. 또한 에너지 밴드는 멀리 떨어져 존재하는 원자들에 속해 있던 동일 에너지 준위에 해당하는 전자들을 점유한다. 예를 들면 고체 내의 4*s* 에너지 밴드는 멀리 떨어져 있는 원자의 4*s* 에너지 준위에 존재해 있는 전자에 의하여 점유된다. 물론 에너지 밴드 중에는 전자가 부분적으로 채워져 있거나 비어 있는 경우도 있다.

고체 재료의 전기적 특성은 전자 밴드 구조에 의하여 달라진다. 즉, 최외각 전자 밴드의 배열과 그 밴드들이 전자로 어떻게 채워져 있는가에 의하여 전기적 특성은 크게 변한다.

0 K에서는 네 가지 다른 유형의 밴드 구조가 있다. 첫 번째 밴드 구조(그림 13.4*a*)는 가전자대에 전자가 부분적으로 채워진 것이다. 0 K에서 전자가 채워지는 가장 높은 에너지 준위에 해당하는 에너지를 **페르미에너지(Fermi energy)** E_f라고 한다. 일부 금속들, 특히 *s* 가전자대가 하나의 전자로 채워진 금속[예: 구리(Cu)]에서 전형적으로 이와 같은 에너지 밴드 구조를 나타낸다. 구리 원자는 4*s* 각이 1개의 전자로 채워져 있어, *N*개의 구리 원자로 구성된 고

페르미에너지

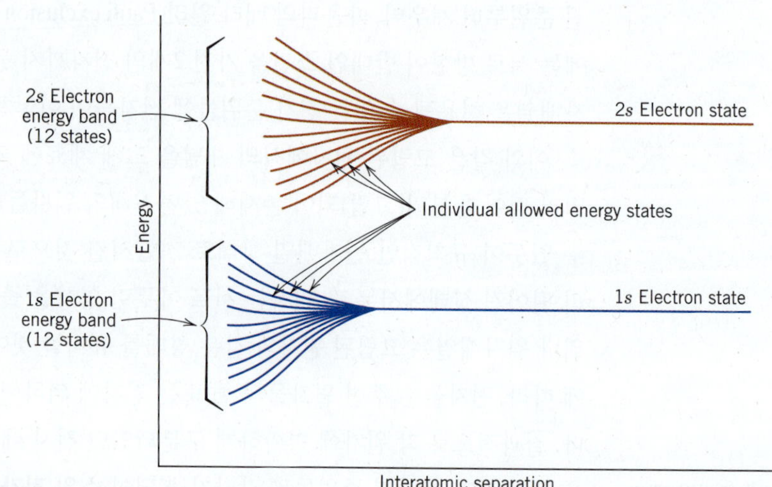

그림 13.2 12개의 원자(N = 12)들로 구성된 집합체에 대하여 원자간 거리 대 전자 에너지를 나타낸 모식도. 서로 접근함에 따라 1*s*, 2*s* 원자 준위들은 분리되어 12개의 준위로 형성된 하나의 전자 에너지 밴드를 형성한다.

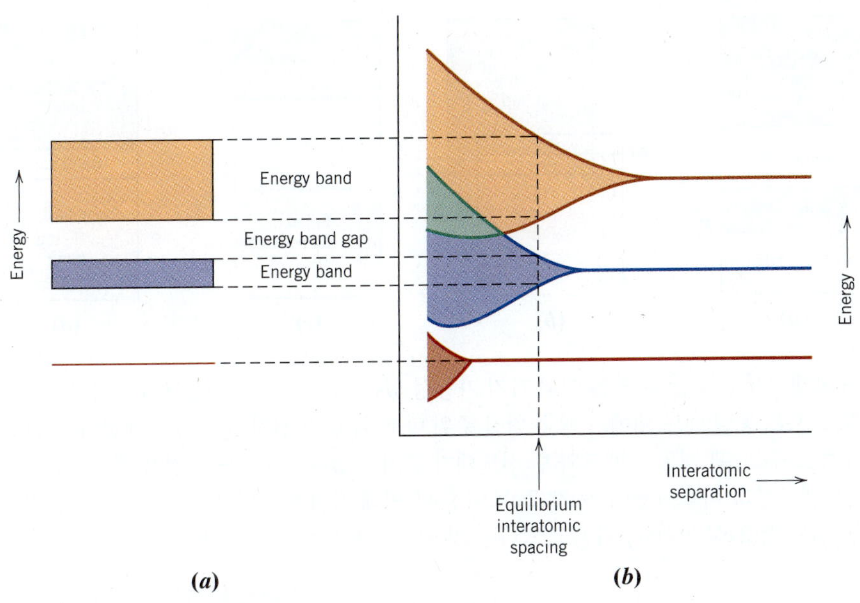

그림 13.3 (*a*) 평형 원자간 거리를 유지하고 있는 고체 재료에 대한 원자 에너지 밴드 구조의 전형적인 표현. (*b*) 원자들이 모여 이루어진 하나의 집합체에 대한 원자간 거리 대 전자 에너지. 이 그림은 (*a*)에서 나타나는 바와 같은 평형 원자간 거리에서 에너지 밴드 구조가 어떻게 생성되는가를 보여주고 있다.
(From Z. D. Jastrzebski, *The Nature and Properties of Engineering Materials*, 3rd edition. Copyright © 1987 by John Wiley & Sons, Inc. Reprinted by permission of John Wiley & Sons, Inc.)

체의 경우는 4*s* 밴드를 2*N*개의 전자가 점유하고 있다. 즉, 4*s* 가전자대 내에 전자가 점유할 수 있는 위치의 절반만 채워져 있다.

두 번째 밴드 구조(그림 13.4*b*) 역시 금속에서 발견되는 구조로서, 가득 채워져 있는 가전자대와 비어 있는 전도대가 겹쳐 있는 경우이다. 마그네슘(Mg)은 이런 밴드 구조를 가지고 있다. 홀로 떨어져 있는 마그네슘 원자는 3*s* 부각에 2개의 전자가 채워져 있다. 그러나 마그네슘 고체에서는 3*s*와 3*p* 밴드가 서로 겹친 에너지 밴드 구조를 나타낸다. 이와 같은 경우에 0 K에서 페르미에너지는 *N*개의 원자로부터 형성된 *N*개의 에너지 준위를 하나의 준위에 2개의 전자를 채워서 이루어지는 가장 높은 에너지로 결정된다.

가전자대
전도대
에너지 밴드 갭

마지막 두 밴드 구조는 서로 유사하다. 즉, 전자에 의하여 모든 에너지 준위가 완전히 채워진 **가전자대(valence band)**와 비어 있는 **전도대(conduction band)** 사이에 **에너지 밴드 갭(energy band gap)**이 형성되어 있다. 순수한 재료인 경우에, 전자들은 이 에너지 밴드 갭 내에 있는 에너지를 가질 수 없다. 두 가지 밴드 구조는 에너지 갭 차이에 의하여 구분되는데 밴드 갭이 비교적 넓은 경우는(그림 13.4*c*) 부도체에 해당하며, 밴드 갭이 좁은 경우는 반도체에 해당한다(그림 13.4*d*). 이 두 밴드 구조에서 페르미에너지는 밴드 갭의 중앙 가까이에 위치한다.

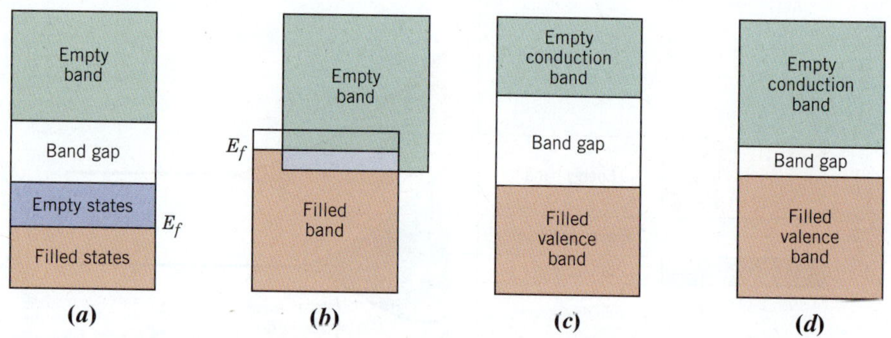

그림 13.4 0 K의 고체에서 존재할 수 있는 여러 가지 가능성 있는 전자 밴드 구조들. (*a*) 구리와 같은 금속에서 발견되는 전자 밴드 구조. 동일 밴드 내에서 꽉 채워진 준위 바로 위에 빈 전자 준위가 존재한다. (*b*) 마그네슘과 같은 금속의 전자 밴드 구조. 꽉 채워진 밴드와 빈 전도대가 겹쳐져 있다. (*c*) 부도체 전자 밴드 구조의 특징. 채워진 가전자대가 빈 전도대로부터 비교적 큰 밴드 갭(2 eV 이상)에 의해 떨어져 있다. (*d*) 반도체에서 발견된 전자 밴드 구조. 비교적 좁은 밴드 갭(2 eV 이하)을 가지고 있다는 것 외에는 부도체와 차이가 없다.

13.6 | 에너지 밴드와 원자결합 모델로 설명하는 전기 전도

자유전자

정공

이 절을 설명하기 위해서는 또 다른 개념의 전기 전도에 대한 이해가 필요하다. 즉, 전기장이 가해질 때 움직이면서 가속되는 전자는 오직 페르미에너지보다 높은 에너지 준위에 있는 것들이다. 이들 전자만이 전기 전도에 기여하는데, 이 전자들을 **자유전자(free electron)**라고 한다. 반도체 또는 부도체에서는 **정공(hole)**이라 하는 또 다른 전하 실체가 존재한다. 정공인 경우에는 페르미에너지(E_f)보다 낮은 에너지를 가진 정공이 전기 전도에 기여한다. 이런 결과로서, 전기전도도는 자유전자와 정공의 수와 직접적인 함수 관계가 있다. 또한 도체와 부도체(부도체와 반도체)의 차이점은 자유전자와 정공 운반자 수의 차이에 있다.

금속

전자가 자유롭게 움직이기 위해서는 페르미에너지(E_f)보다 높은 준위 중 비어 있는 준위로 여기되어야 한다. 그림 13.4*a*나 13.4*b*에서 보여주는 두 가지 밴드 구조 중 어느 한 가지 밴드 구조를 가진 금속들은 페르미에너지 근처에 비어 있는 에너지 준위들이 있다. 그러므로 그림 13.5에서처럼 빈 에너지 준위로 전자가 도약하는 데는 아주 적은 에너지가 필요하다. 일반적으로 외부 전기장에 의한 에너지는 많은 수의 전자를 전도 상태의 준위로 들뜨게 하는 데 충분하다.

2.6절에서 설명했던 금속결합 모델에서 모든 가전자는 자유롭게 움직일 수 있으며, 전자가스(*electron gas*)를 형성하면서 이온으로 구성된 격자 전반에 걸쳐 고르게 분포된다고 가정하였다. 비록 이 전자들이 어느 한 원자에 국부적으로 결합되어 있지는 않지만, 이 전자들이 확

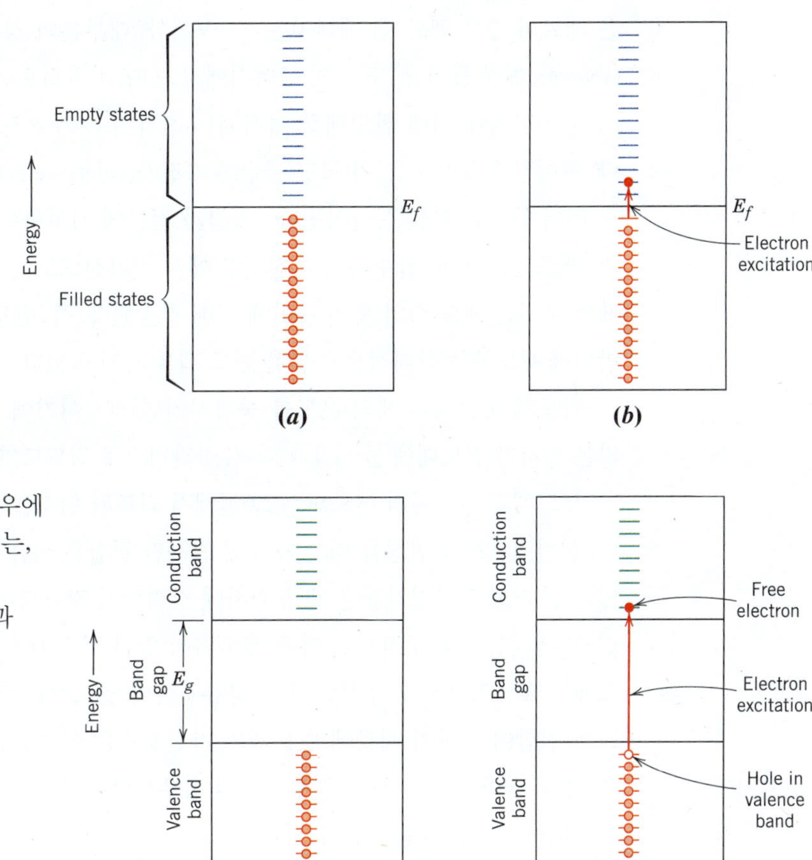

그림 13.5 금속의 경우, 전자여기가 일어나기 (*a*) 전과 (*b*) 후 전자 준위들이 전자들에 의하여 채워진 상태

그림 13.6 부도체 또는 반도체의 경우에 하나의 자유전자와 정공을 생성시키는, 가전자대로부터 전도대로 전자를 여기시키는 현상이 일어나기 (*a*) 전과 (*b*) 후 전자 준위의 점유 상태

실히 자유로운 전도성 전자로 바뀌기 위해서는 약간의 여기(들뜸, excitation)가 일어나야 한다. 그러므로 금속에서는 비록 일부의 전자가 여기되지만, 그래도 다른 재료에 비하여 상당히 많은 자유전자가 생성되어 높은 전도도를 나타낸다.

부도체와 반도체

부도체와 반도체에서는 전자로 꽉 채워진 가전자대의 맨 위쪽에 근접해 있는 빈 준위들이 없다. 그러므로 가전자대에 있는 전자가 자유전자가 되기 위해서는 전자가 에너지 밴드 갭을 뛰어넘어 전도대의 바닥에 있는 빈 에너지 준위로 뛰어 올라가야 한다. 이와 같은 전자의 천이는 두 에너지 준위의 차만큼의 에너지가 전자에 공급될 때 가능하며, 두 에너지 준위 차는 대략 에너지 밴드 갭의 에너지(E_g)와 같다. 이와 같은 여기 과정이 그림 13.6에 나타나 있다.[2] 많

2) 그림 13.6의 밴드 갭 에너지와 가전자대 및 전도대 내의 근접한 에너지 준위 간의 에너지 차의 크기는 실제 크기와는 다르다. 밴드 갭 에너지가 약 1 eV 정도인 데 비하여 에너지 준위 간의 에너지 차이는 약 10^{-10} eV 정도이다.

은 재료의 경우 밴드 갭 에너지는 수 eV이다. 대부분의 경우 여기에너지는 비전기적인 소스(source), 예를 들면 열 또는 빛 에너지에서 오며, 일반적으로 열의 경우가 많다.

열에너지에 의해 전도대로 여기되는 전자의 수는 온도와 에너지 밴드 갭에 의해 결정된다. 주어진 온도에서 E_g가 크면 클수록 가전자(valence electron)가 전도대에 있는 에너지 준위로 뛰어 들어갈 확률은 작아진다. 그 결과 전도에 기여하는 전자의 수는 적어진다. 다시 말하면, 밴드 갭이 크면 클수록 주어진 온도에서 전기전도도는 낮아진다. 그러므로 반도체와 부도체의 구별은 밴드 갭의 폭의 차이에 의해 결정된다. 즉, 반도체는 좁은 밴드 갭을 가지고 있는 반면에 부도체는 상대적으로 넓은 밴드 갭을 가지고 있다.

반도체 또는 부도체의 온도를 증가시키면 전자여기에 필요한 열에너지가 증가되어 보다 많은 전자가 전도대에 들어가게 되며, 결과적으로 전도도가 증가한다.

부도체와 반도체의 전도도는 2.6절에서 검토된 원자결합 모델의 관점에서 이해할 수도 있다. 전기적으로 절연성을 띠는 재료의 원자간 결합은 이온결합 또는 강한 공유결합으로 되어 있다. 그러므로 가전자들은 개개 원자에 강력하게 결합되어 있거나 공유되어 있다. 다시 말하면 이 전자들은 국부적으로 아주 제한되어 있어 결정 내를 자유롭게 돌아다닐 수가 없다. 반도체는 일반적으로 공유결합(또는 공유결합이 압도적)으로 되어 있고 이온결합에 비하여 비교적 결합이 약하기 때문에 반도체의 가전자들은 이온결합만큼 원자에 강하게 결합되어 있지 않다. 따라서 이 전자들은 부도체의 경우보다는 열적 여기(thermal excitation)에 의해 쉽게 유리되어 자유롭게 움직일 수 있다.

13.7 | 전자 이동도

전기장이 외부에서 가해지면, 자유전자들은 힘을 받게 된다. 즉, 전자는 음전하를 띠므로 전기장 방향의 반대방향으로 가속된다. 양자역학에 의하면, 완전한 결정격자 내에서는 원자와 가속되는 전자 사이에 아무런 상호작용이 일어나지 않는다. 이와 같은 상황에서 모든 자유전자는 외부 전기장이 존재하는 한 계속 가속되어, 시간에 따라 전류가 계속 증가될 것이다. 그러나 우리가 알고 있기로는 전기장이 가해지면 곧 전류는 일정한 값에 도달하며, 이 값은 계속 유지된다. 이와 같은 사실은 전자의 흐름에 어떤 **마찰력**(*frictional force*)이 작용하고 있어, 외부 전기장에 의하여 가속되는 것을 상쇄시키고 있음을 뜻한다. 이러한 마찰력은 전자들이 불순물, 공공, 침입형 원자, 전위, 심지어 원자 자체의 열진동을 포함하는 결정격자 내의 결함들과 충돌하는 데 기인한다. 이와 같은 충돌들은 그림 13.7에서 보여주는 것과 같이 전자의 운동에너지를 잃게 하고 운동의 방향을 바꾼다. 그러나 전체적으로 보았을 때 전기장의 반대방향으로 전자의 순수한 흐름이 있고, 이러한 전하의 흐름이 전류가 된다.

산란(충돌) 현상은 전류의 흐름에 대한 저항으로 확실히 알 수 있다. 산란의 정도를 나타내

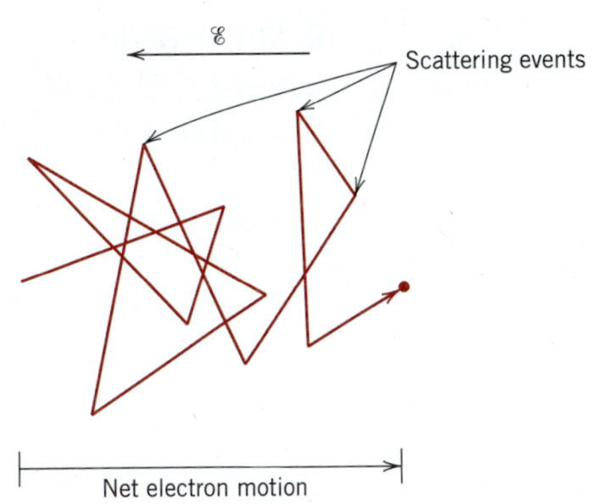

그림 13.7 산란 현상에 의하여 하나의 전자 행로가 굴절되는 것을 보여주는 모식도

이동도

는 데는 여러 가지 변수들, 즉 전자의 유동속도(*drift velocity*)와 **이동도(mobility)** 등이 있다. 유동속도 v_d는 전기장에 의해 가해지는 힘의 방향에 대한 평균 전자 속도이다. 유동속도는 전기장에 대하여 다음과 같은 비례 관계식을 갖는다.

전자 이동도와 전기장 세기로 표현된 전자 유동속도

$$v_d = \mu_e \mathscr{E} \tag{13.7}$$

비례상수 μ_e는 전자 이동도(*electron mobility*)로서 충돌 주기를 나타내며 단위는 $m^2/V \cdot s$이다.

대부분의 재료에 대한 전도도 σ는 다음 식으로 표현된다.

전자의 농도와 전하량, 이동도로 표현된 전기전도도

$$\sigma = n|e|\mu_e \tag{13.8}$$

여기서 n은 단위부피(예: m^3)당 자유전자 수 또는 전도되는 전자 수이며, $|e|$는 하나의 전자가 보유하는 절대 전하량(1.6×10^{-19} C)이다. 그러므로 전기전도도는 자유전자의 수와 전자 이동도에 비례한다.

개념 확인 13.1

용융된 금속 재료가 급속히 냉각되면 비결정질 고체(즉, 금속 유리)가 될 것이다. 비결정질 금속의 전기전도도는 결정질 금속에 비해 크겠는가 혹은 작겠는가? 왜 그런가?

(정답은 *www.wiley.com*의 제품 페이지에서 확인할 수 있음)

13.8 | 금속의 전기 비저항

앞에서 언급한 것처럼 대부분의 금속은 매우 우수한 전기전도체이다. 상온에서 몇 가지 일반적인 금속의 전기전도도가 표 13.1에 나타나 있다(부록 B의 표 B.9에 다수의 금속과 합금의

표 13.1 아홉 가지 상용 금속과 합금들의 상온에서의 전기전도도

Metal	Electrical Conductivity $[(\Omega \cdot m)^{-1}]$
Silver	6.8×10^7
Copper	6.0×10^7
Gold	4.3×10^7
Aluminum	3.8×10^7
Brass (70 Cu–30 Zn)	1.6×10^7
Iron	1.0×10^7
Platinum	0.94×10^7
Plain carbon steel	0.6×10^7
Stainless steel	0.2×10^7

전기 비저항 값을 수록하였다). 금속이 이와 같이 높은 전도도를 갖는 것은 페르미에너지(E_f)보다 높은 빈 에너지 준위로 많은 자유전자가 여기되기 때문이다. 즉, 식 (13.8)에서의 n의 값이 크기 때문이다.

이 시점에서는 금속의 전도를 비저항(전도도의 역수)의 관점에서 설명하는 것이 편리하다. 전기 전도의 현상을 전도도 대신 비저항으로 표현하는 이유는 다음 설명을 보면 명백해진다.

결정 결함이 금속에서의 전기 전도에 대하여 산란 중심체(scattering center)의 역할을 하므로, 결정 결함의 증가는 비저항을 증가(또는 전도도를 감소)시킨다. 결함의 농도는 금속 시편의 온도, 조성 및 냉간가공의 정도에 따라 달라진다. 실제로 금속의 비저항 값은 열진동, 불순물, 냉간가공량 등이 미치는 영향의 총합임이 실험적으로 밝혀졌다. 즉, 산란 기구(scattering mechanism)들은 서로 독립적으로 작용하고 있다. 그러므로 이와 같은 개념을 수학적 형태로 표현하면 다음과 같다.

매티슨의 법칙—금속의 경우 전체 전기 비저항의 값은 열진동, 불순물 및 가공의 영향의 합과 같다.

$$\rho_{\text{total}} = \rho_t + \rho_i + \rho_d \tag{13.9}$$

매티슨의 법칙

여기서 ρ_t, ρ_i, 그리고 ρ_d는 각각 열진동, 불순물, 냉간가공 정도가 기여하는 비저항 값이다. 식 (13.9)는 **매티슨의 법칙(Matthiessen's rule)**으로 알려져 있다. 각각의 비저항 값이 전체 비저항에 미치는 영향도 그림 13.8에 나타나 있다. 그림 13.8은 열처리 또는 냉간가공 처리된 구리와 여러 가지 구리-니켈 합금 재료에 대하여 온도와 비저항 값의 관계를 나타낸 결과이다. 각각의 기구(열진동, 불순물, 냉간가공)에 의하여 증가되는 비저항 값을 −100°C에서 설명하고 있다.

온도의 영향

그림 13.8에 나타난 바와 같이, 순수한 금속과 모든 구리-니켈 합금의 비저항 값이 −200°C 이상에서 온도 증가에 따라 선형적으로 증가하는 것을 알 수 있다. 총 저항에 대한 열적 기여[식

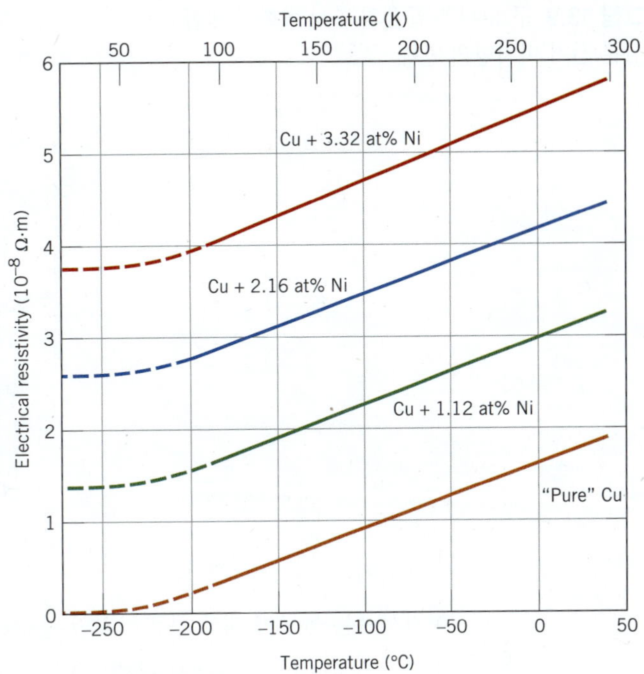

그림 13.8 순수 구리 및 세 가지 구리-니켈 합금들의 온도에 대한 전기전도도 (Based on data taken from J. O. Linde, *Annalen der Physik*, Vol. 5, 1932: p. 219.)

(13.9)의 ρ_t는 아래 식과 같이 온도에 의존하는 것으로 밝혀졌다.

온도에 따른 비저항의 열진동 영향

$$\rho_t = \rho_0[1 + \alpha_t(T - T_{RT})] \tag{13.10}$$

여기서

ρ_0 = 실온에서 금속의 전기 비저항

α_t = 저항의 온도계수로 재료의 고유상수이며 단위는 $(^\circ C)^{-1}$

T_{RT} = 실온(20°C)

α_t 값은 순수 금속의 경우 0.004/°C 정도의 값을 가지며, 합금의 경우 값이 일반적으로 이보다 더 낮은 값을 가진다.

이 ρ_t의 증가는 온도가 상승함에 따라 열진동과 격자 불규칙성(예: 공공)이 증가하고, 이들이 전자산란의 중심체 역할을 하기 때문이다.

불순물의 영향

고용체를 형성하는 한 가지 불순물을 첨가하는 경우, 불순물 농도 c_i가 비저항 ρ_i에 미치는 영향을 원자분율(atom fraction, at%/100)로 표현하면 다음과 같다.

불순물 농도(원자분율)에 따른 비저항의 불순물 영향(고용체의 경우)

$$\rho_t = \rho_0[1 + \alpha_t(T - T_{RT})] \tag{13.11}$$

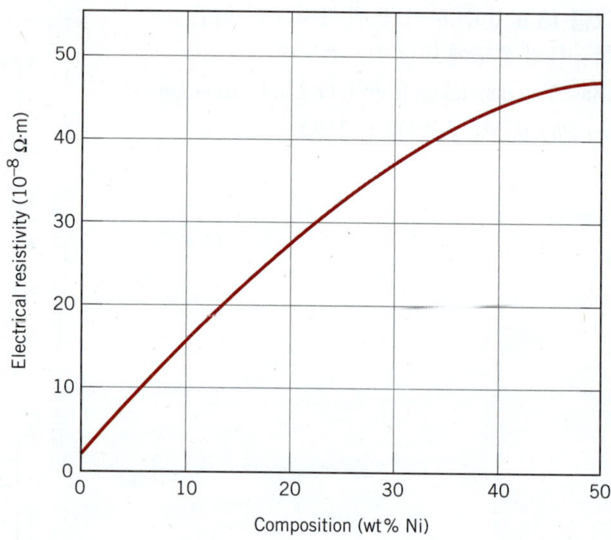

그림 13.9 구리-니켈 합금의 조성 변화에 대한 상온 전기 비저항의 변화

여기서 A는 농도에 대해 무관하지만 불순물과 모금속(host metal)에 대해서는 함수 관계를 유지하는 상수이다. 상온에서 구리의 비저항에 미치는 니켈 불순물의 영향을 50 wt% 니켈까지 그림 13.9에 나타내었다. 이 이상의 니켈 조성에서는 니켈이 구리에 완전하게 용해된다(그림 11.3*a* 참조). 구리 내의 니켈 원자들 역시 전자 흐름에 대한 산란 중심체 역할을 하므로, 니켈 원자 농도의 증가는 비저항 값을 증가시킨다.

α상과 β상으로 이루어진 2상 합금의 경우, 대략의 비저항 값은 혼합법칙(rule of mixture)을 이용하여 다음과 같이 구할 수 있다.

부피분율과 두 상의 비저항에 따른 비저항의 불순물 영향(2상 합금의 경우)

$$\rho_i = \rho_\alpha V_\alpha + \rho_\beta V_\beta \tag{13.12}$$

여기서 V와 ρ들은 각각 상에 대한 부피분율과 각 상들의 비저항 값들이다.

소성변형의 영향

소성변형은 재료 내에 전자산란 전위(electron-scattering dislocation)를 증가시켜 비저항 값을 증가시킨다. 그 영향은 온도 증가나 불순물의 존재에 비해 훨씬 약한 편이다.

개념 확인 13.2

순수한 납과 주석의 상온에서의 비저항은 각각 2.06×10^{-7}과 1.11×10^{-7} Ω·m이다.

(a) 순수한 납과 주석을 섞어 가능한 모든 조성의 변화에 대한 상온에서의 비저항의 변화를 모식도로 그려라.

(b) 위의 그래프상에 150°C에서의 조성 변화에 따른 비저항 그래프의 모식도를 그려라.

(c) 이 두 곡선의 모양을 설명하고 둘 사이의 차이점이 있으면 설명하라.

힌트: 그림 11.8에 나와 있는 납-주석 상평형도를 참고하라.

(정답은 *www.wiley.com*의 제품 페이지에서 확인할 수 있음)

13.9 | 상용 합금의 전기적 특성

구리는 전기적 성질과 함께 여러 가지 다른 좋은 특성 때문에 금속 전도체로 가장 많이 이용되고 있다. 산소 및 다른 불순물 농도가 아주 낮은, 무산소고전도(oxygen-free high-conductivity, OFHC) 구리는 다양한 전기적 응용을 위해 생산되고 있다. 또한 구리 전도도의 반밖에 안 되는 전도도를 가진 알루미늄도 전도체로 많이 사용된다. 은은 구리나 알루미늄보다 높은 전도도를 갖지만 가격이 비싸기 때문에 제한적으로 사용된다.

가끔 전기전도도 측면에서 심각한 저하가 발생하지 않는 범위에서 금속 합금의 기계적 강도를 증진시킬 필요가 있다. 고용체 합금 처리(9.10절)나 냉간가공 처리(9.11절)는 전도도를 감소시키지만 기계적 강도를 높여 주므로, 두 가지 성질(전도도, 기계적 강도)을 적당히 만족시키는 범위에서 처리되어야 한다. 대개의 경우 강도는 전기전도도에 크게 역효과를 내지 않는 제2의 상을 첨가함으로써 증가된다. 예를 들면 구리-베릴륨(CuBe) 합금은 침전 강화가 되는데(12.10절과 12.11절), 그렇게 해도 전도도는 고순도 구리의 약 1/5 정도밖에 감소하지 않는다.

노 발열체(furnace heating element)와 같은 또 다른 응용을 위해서는 높은 전기 비저항이 요구되는 경우도 있다. 전자충돌 시 발생하는 에너지 손실은 열에너지로 방출된다. 이와 같은 재료는 높은 전기 비저항뿐만 아니라 높은 온도에서 산화에 대한 저항도 커야 하며, 당연히 높은 용융점을 가져야 한다. 니켈-크롬 합금인 니크롬은 발열체로 흔히 사용되고 있다.

반도체

반도체의 전도도는 금속만큼 높지 않으나, 재료의 특이한 전기적 특성 때문에 여러 면에서 유용하게 이용되고 있다. 이 재료의 전기적 성질은 아주 적은 양의 불순물에도 매우 민감하게

진성 반도체

변한다. **진성 반도체(intrinsic semiconductor)**는 순수한 재료의 고유한 전자구조에 의한 전기적 특성을 나타내는 재료이다. 그러나 전기적 특성이 불순물에 의하여 좌우될 때에는 그 반도

외인성 반도체

체를 **외인성(불순물) 반도체(extrinsic semiconductor)**라고 한다.

표 13.2 반도체 재료들의 상온에서의 밴드 갭 에너지, 전자와 정공의 이동도, 진성 전기전도도

Material	Band Gap (eV)	Electron Mobility (m^2/V·s)	Hole Mobility (m^2/V·s)	Electrical Conductivity (Intrinsic) $(\Omega \cdot m)^{-1}$
Elemental				
Ge	0.67	0.39	0.19	2.2
Si	1.11	0.145	0.050	3.4×10^{-4}
III–V Compounds				
AlP	2.42	0.006	0.045	—
AlSb	1.58	0.02	0.042	—
GaAs	1.42	0.80	0.04	3×10^{-7}
GaP	2.26	0.011	0.0075	—
InP	1.35	0.460	0.015	2.5×10^{-6}
InSb	0.17	8.00	0.125	2×10^{4}
II–VI Compounds				
CdS	2.40	0.040	0.005	—
CdTe	1.56	0.105	0.010	—
ZnS	3.66	0.060	—	—
ZnTe	2.40	0.053	0.010	—

13.10 | 진성 반도체

진성 반도체는 그림 13.4*d*에 나타낸 바와 같이 0 K에서 전자로 꽉 채워진 가전자대와 비어 있는 전자대가 보통 2 eV 이내의 작은 에너지 밴드 갭으로 분리된 구조에 의하여 특징지어진다. 2개의 원소 반도체로 실리콘(Si)과 게르마늄(Ge)이 있으며, 각각의 밴드 갭 에너지는 1.1 eV와 0.7 eV이다. 두 원소 모두 주기율표(그림 2.10)상에서 IVA족에 속하며 공유결합을 하고 있다.[3] 두 원소 반도체 이외에 화합물 반도체들 또한 진성(intrinsic behavior)을 나타낸다. 이들 중 한 무리는 주기율표상에서 IIIA족과 VA족에 있는 원소들로 만들어진 화합물들, 예를 들면 GaAs, InSb 등으로서 이들은 흔히 III-V 화합물이라 한다. 또한 IIB족과 VIA족의 원소들로 구성된 화합물도 반도체 특성을 나타내는데 이런 화합물에는 CdS, ZnTe이 있다. 이와 같은 화합물 반도체에서 두 원소가 주기율표상에서 멀리 떨어져 있을수록(즉, 그림 2.11에서 알 수 있듯이 전기음성도의 차가 큼) 원자결합이 보다 강한 이온결합성을 띠게 되며, 밴드 갭 에너지가 증가한다. 즉, 그 재료는 더욱 강한 절연 특성을 나타낸다. 몇 가지 화합물 반도체에 대한 밴드 갭 에너지를 표 13.2에 나타내었다.

---

3) 실리콘과 게르마늄에 있어서 가전자대는 고립된 원자의 sp^3 혼성 에너지 준위와 일치한다. 이 혼성 가전자대는 0 K에서 전자로 완전히 채워져 있다.

개념 확인 13.3

ZnS과 CdSe 중 어느 것의 밴드 갭 에너지 E_g가 더 크겠는가? 그 이유는 무엇인가?

(정답은 *www.wiley.com*의 제품 페이지에서 확인할 수 있음)

정공의 개념

진성 반도체에서 1개의 전자가 전도대로 여기될 때마다 공유결합을 하고 있던 전자 하나를 잃어버린다. 에너지 밴드 구조로 보면, 그림 13.6*b*와 같이[4] 하나의 정공은 가전자대에서 비어 있는 하나의 전자 준위에 해당된다. 전기장이 가해지면 결정격자 내에서 전자를 잃어버린 자리는 이 빈 자리를 채우려고 계속해서 움직이는 다른 가전자에 의해 상대적으로 마치 전기장에 의해 움직이는 것처럼 여겨지게 된다(그림 13.10). 그러므로 이 과정은 가전자대에서 전자

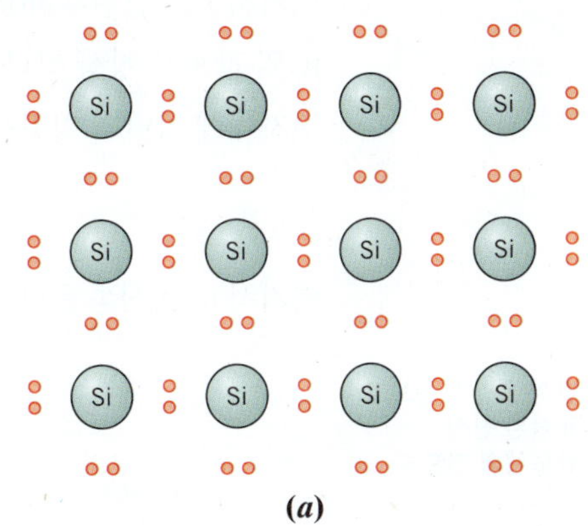

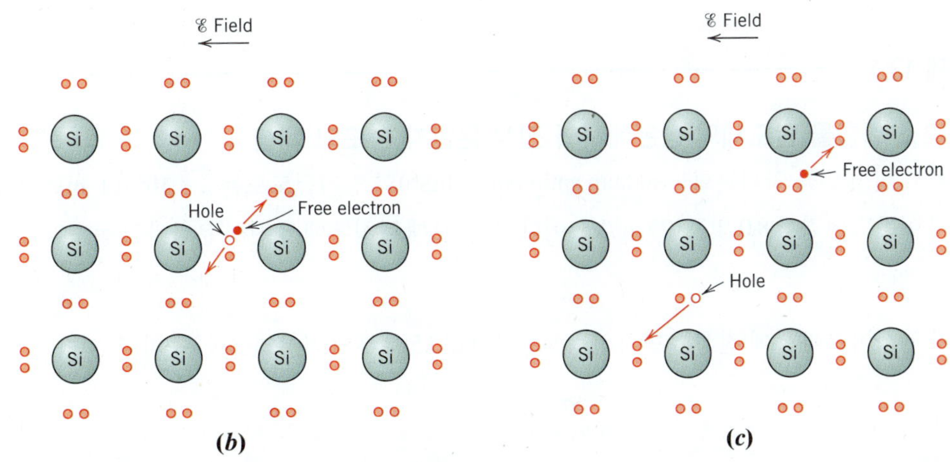

그림 13.10 진성 실리콘에서 일어나는 전기 전도에 대한 전자결합 모델.
(*a*) 여기 전, (*b*)와 (*c*) 여기 후(외부 전기장에 대응하여 일어나는 자유전자와 정공의 움직임)

4) 정공(전자와 더불어)은 전자가 가전자대의 차 있는 준위에서 전도대의 비어 있는 준위로 전이될 때 생성된다(그림 13.6). 금속에서는 차 있는 준위에서 비어 있는 준위로의 전이가 주로 같은 밴드 내에서 일어나(그림 13.5) 정공이 생성되지 않는다.

가 빠진 자리를 양이온 입자, 즉 **정공**(*hole*)으로 취급함으로써 간편하게 처리할 수 있다. 정공의 전하는 1개의 전자와 같은 양을 가지며 부호는 전자와 반대이다($+1.6 \times 10^{-19}$ C). 그러므로 전기장하에서 여기된 전자와 정공은 서로 반대방향으로 움직이게 된다. 또한 반도체에서 전자와 정공은 격자 결함에 의하여 산란된다.

진성 전도도

진성 반도체에는 두 가지 형태의 전하 운반자(전자와 정공)가 있으므로 전기 전도를 나타내는 표현식 13.8은 정공에 의한 영향을 첨가하여 다음과 같이 바뀌어야 한다.

전자와 정공의 농도와 이동도에 따른 진성 반도체의 전기전도도

$$\sigma = n|e|\mu_e + p|e|\mu_h \tag{13.13}$$

여기서 p는 단위부피(m^3)당 정공의 수이고, μ_h는 정공의 이동도이다. 반도체에서 μ_h의 값은 μ_e의 값보다 항상 작다. 또한 진성 반도체에서 밴드 갭을 뛰어넘는 하나의 전자는 언제나 가전자대에 하나의 정공을 남긴다. 그러므로 다음 관계식을 얻을 수 있다.

$$n = p = n_i \tag{13.14}$$

여기서 n_i는 **진성 운반자 농도**(*intrinsic carrier concentration*)라고 한다.

진성 운반자 농도로 표현된 진성 반도체의 전도도

$$\begin{aligned}\sigma &= n|e|(\mu_e + \mu_h) = p|e|(\mu_e + \mu_h) \\ &= n_i|e|(\mu_e + \mu_h)\end{aligned} \tag{13.15}$$

몇 가지 반도체에 대한 상온에서의 진성 전도도, 전자와 정공의 이동도를 표 13.2에 나타내었다.

예제 13.1

갈륨비소 화합물 반도체의 상온에서의 진성 운반자 농도의 계산

상온에서 진성 인듐 안티몬화물(indium antimonide, InSb)의 전기전도도는 $2 \times 10^4\ (\Omega \cdot \text{m})^{-1}$이고, 전자 및 정공의 이동도는 각각 8.0 및 0.125 $m^2/V \cdot s$이다. 이를 토대로 상온에서 진성 운반자의 농도(n_i)를 계산하라.

풀이

재료가 진성이기 때문에 진성 운반자의 농도는 식 (13.15)로부터 다음과 같이 구할 수 있다.

$$\begin{aligned}n_i &= \frac{\sigma}{|e|(\mu_e + \mu_h)} \\ &= \frac{2 \times 10^4\,(\Omega\cdot\text{m})^{-1}}{(1.6 \times 10^{-19}\ \text{C})[(8.0 + 0.125)\ \text{m}^2/\text{V}\cdot\text{s}]} \\ &= 1.5 \times 10^{22}\ \text{m}^{-3}\end{aligned}$$

13.11 | 외인성 반도체

실제적으로 모든 상용 반도체는 **외인성**(*extrinsic*)이다. 즉, 전기적 특성이 비록 낮은 농도이긴 하지만 과잉의 전자 또는 정공을 형성시키는 불순불에 의하여 결정된다. 예를 들어 불순물의 농도가 10^{12}개 중 한 원자 정도가 되면 상온에서 실리콘을 외인성으로 만들기에 충분하다.

*n*형 외인성 반도체

외인성 반도체의 전도가 어떻게 이루어지는가를 알아보기 위하여 다시 원소 반도체인 실리콘을 고려해 보자. 1개의 실리콘 원자는 4개의 전자를 가지고 있으며, 각 전자들은 주위의 4개의 실리콘 원자에서 공급되는 1개의 전자와 공유결합을 형성한다. 이제 가전자가 5개인 1개의 불순물 원자가 치환형 불순물로서 첨가되었다고 하자(즉, 5개의 가전자를 가질 수 있는 불순물은 VA족에 속하는 원소들로 P, As, Sb 등이 있다). 그런데 이 불순물에 속해 있는 5개의 가전자 중 오직 4개만이 주위의 원자들과 결합된다. 나머지 결합되지 않은 1개의 전자는 약한 정전기적 인력에 의하여 그 불순물 주위에 느슨하게 결합된다(그림 13.11*a* 참조). 이 전자의 결합에너지는 매우 작아서(0.01 eV 정도) 불순물 원자로부터 쉽게 떨어져 나가 자유전자 또는 전도전자가 된다(그림 13.11*b*와 13.11*c*).

그림 13.11 외인성 *n*형 반도체 모델(전자 결합). (*a*) 인과 같이 5개의 가전자를 갖는 하나의 불순물 원자는 하나의 실리콘 원자를 대체할 수 있다. 대체 결과로 불순물 원자에 결합되어 있으면서 궤도를 따라 움직이는 과잉의 결합 전자 하나를 생성한다. (*b*) 하나의 자유전자를 생성시키는 여기. (*c*) 외부 전기장에 대응하여 움직이는 자유전자.

(*a*)

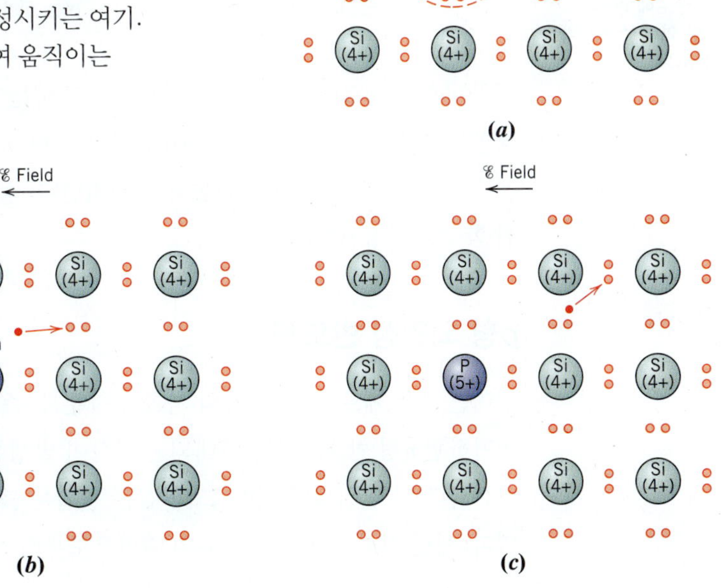

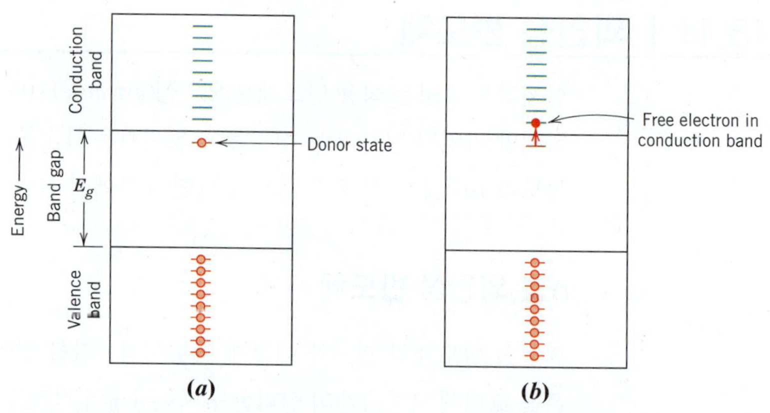

그림 13.12 (*a*) 밴드 갭 내에서, 전도 밴드 하단 바로 아래에 위치하고 있는 도너 불순물 에너지 준위에 대한 전자 에너지 밴드 그림, (*b*) 전도대 내에 하나의 자유전자를 생성시키는 도너 에너지 준위로부터의 전자여기

결합되지 않은 전자의 에너지 준위는 전자 밴드 모델로 나타낼 수 있다. 느슨하게 결합된 각 전자들은 전도대의 하단(E_c) 바로 아래 에너지 밴드 갭(E_g) 내에 있는 하나의 에너지 준위를 점유하고 있디(그림 13.12*a* 참조). 그 전자의 결합에너지는 불순물 에너지 준위에 있는 전자를 전도대(E_c) 에너지 준위로 여기시키는 데 필요한 에너지에 해당된다. 각 여기 때마다(그림 13.12*b*) 전도대에 전자를 하나씩 기여하게 되는데 이와 같이 하나의 전자를 전도대로 공급하는 불순물의 유형을 도너(*donor*)라고 명명한다. 도너 전자는 불순물 에너지 준위로부터 공급되므로, 도너 자유전자의 형성은 가전자대에 정공을 만들지 않는다.

도너 준위

상온에서 열에너지는 **도너 준위(donor state)**로부터 수많은 전자를 전도대로 여기시키기에 충분하다. 이때 약간의 진성 천이(가전자대에서 전도대로의 전자의 들뜸)도 일어나나 그 양은 무시할 수 있는 정도이다(그림 13.6*b* 참조). 그러므로 전도대의 전자 수는 가전자대에 있는 정공 수보다 훨씬 많으며($n \gg p$), 식 (13.13) 우변의 첫째 항이 두 번째 항보다 훨씬 크게 된다.

전자의 농도와 이동도에 따른 *n*형 외인성 반도체 전도도

$$\sigma \cong n|e|\mu_e \tag{13.16}$$

이런 유형의 재료를 n형 외인성 반도체라고 하는데 이때 전자를 다수 운반자(*majority carrier*), 정공을 소수 운반자(*minority carrier*)라고 한다. n형 반도체에서 페르미 준위는 밴드 갭 내에서 도너 준위 가까이 위로 이동하여 위치한다. 정확한 위치는 온도와 도너 불순물 농도에 대한 함수로 결정된다.

*p*형 외인성 반도체

실리콘 또는 게르마늄에 3가의 치환형 불순물, 즉 Al, B, Ga과 같이 IIIA족에 속하는 원소들을 첨가하면 n형 반도체와는 반대되는 현상이 발생한다. 각 불순물 원자 주위의 공유결합 중 하나는 전자가 결핍되어 있다. 그와 같은 결핍은 불순물 원자에 약하게 결합된 정공으로 볼 수 있다. 이런 정공은 근접한 주위의 결합으로부터 하나의 전자가 이동해 옴으로써 불순물 원자

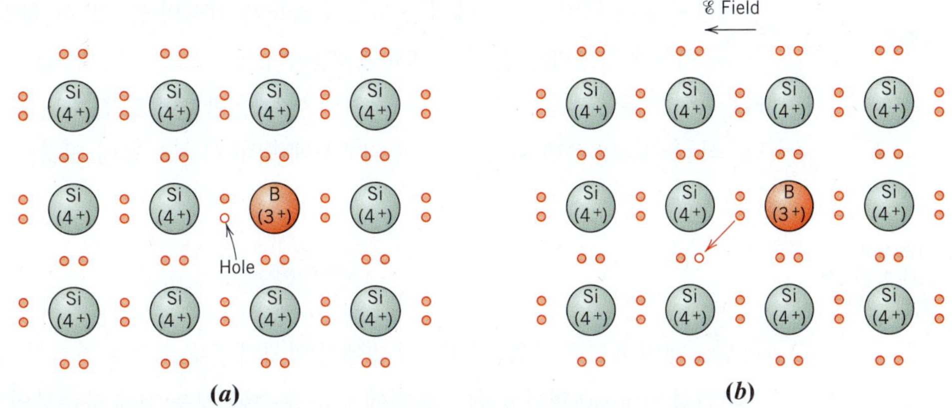

그림 13.13 외인성 p형 반도체 모델(전자결합). (a) 3개의 가전자를 가진 붕소와 같은 불순물 원자 하나는 하나의 실리콘 원자를 대체할 수 있다. 대체 결과로 불순물 원자에 하나의 결핍된 전자 혹은 하나의 정공이 생성된다. (b) 전기장에 대응하여 일어나는 정공의 움직임.

로부터 떨어져서 자유롭게 움직일 수 있게 된다(그림 13.13 참조). 본질적으로 전자와 정공은 서로 위치를 바꾸는 것이다. 움직이는 정공은 앞에서 설명한 들뜬 도너 전자와 유사하게 여기 상태에 위치해 있으며 전도 과정에 참여한다.

정공이 형성되는 외인성 여기는 에너지 밴드 모델을 이용하여 나타낼 수 있다. 각 p형 불순물 원자들은 밴드 갭 내에서 가전자대 위 아주 가까이에 위치하는 에너지 준위를 갖는다(그림 13.14a 참조). 정공은 가전자대에 있는 전자가 열적 여기 현상에 의하여 p형 불순물 전자 준위로 뛰어 올라감으로써 가전자대에 형성되는 것으로 상상할 수 있다(그림 13.14b 참조). 이와 같이 천이는 오직 하나의 운반자, 즉 가전자대 내에 정공을 생성시키고, 불순물 원자의 에너지 준위 또는 전도대에 자유전자를 형성시키지는 않는다. 이런 유형의 불순물을 **억셉터**(*acceptor*)라고 하는데, 이는 p형 불순물들이 가전자대로부터 전자를 받아들여 정공을 가전자대에 남겨 놓기 때문이다. 그러므로 p형 불순물에 의하여 밴드 갭 내에 형성되는 에너지 준위를 **억셉터 준위(acceptor state)**라고 한다.

억셉터 준위

그림 13.14 (a) 밴드 갭 내에, 가전자대 바로 위에 위치해 있는 억셉터 불순물 에너지 준위에 대한 에너지 밴드 그림. (b) 하나의 전자가 억셉터 준위로 여기하면서 가전자대 내에 하나의 정공을 생성시킨다.

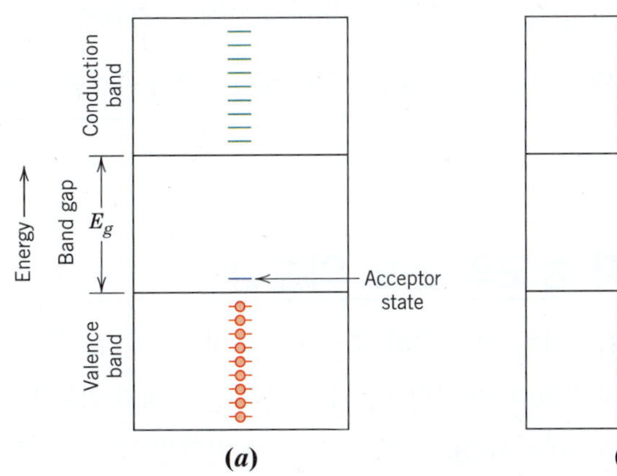

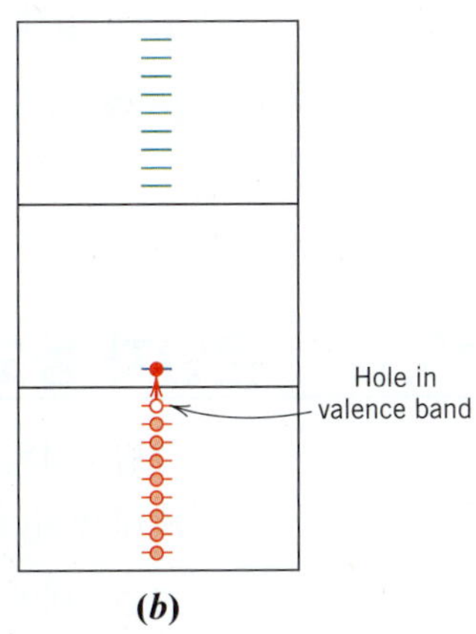

이런 유형의 외인성 전도에서는 정공의 농도가 전자의 농도보다 훨씬 높다(즉, $p \gg n$). 그리고 이렇게 정공이 훨씬 많은 재료를 p형이라 하는데, 그 이유는 전기 전도가 양전하에 의하여 주로 이루어지기 때문이다. 즉, 정공이 다수 운반자이고, 전자가 소수 운반자이다. 그러므로 식 (13.13)의 우변 두 번째 항이 지배하게 되어 다음과 같이 정공에 의한 식으로 변화시킬 수 있다.

정공의 농도와 이동도에 따른 p형 외인성 반도체의 선도도

$$\sigma \cong p|e|\mu_h \tag{13.17}$$

p형 반도체의 페르미 준위는 밴드 갭 내에서 억셉터 준위 쪽으로 가까이 위치해 있다.

외인성 반도체(n형과 p형)는 초기에 극히 순수한, 보통 전체 불순물의 양이 10^{-7} at% 정도 함유된 재료로 만든다. 여기에 여러 가지 방법을 이용하여 특정한 도너 또는 억셉터 불순물을 원하는 양만큼 의도적으로 첨가시킨다. 반도체에서 이와 같은 합금 과정을 **도핑(doping)**이라고 한다.

도핑

외인성 반도체에서, 상온에서 공급되는 열에너지에 의하여 많은 전하 운반자(불순물 유형에 따라 전자 또는 정공)가 생긴다. 결국 외인성 반도체는 상온에서 상당히 높은 전기전도도를 가지며, 이러한 대부분의 재료는 여건에 맞게 동작하는 전자 소자에 이용할 수 있게 설계된다.

개념 확인 13.4

비교적 고온에서 억셉터 혹은 도너가 주입된 반도체는 모두 진성을 보인다(13.12절 참조). 13.5절과 앞 절에서 논의된 내용에 근거하여 n형 반도체에 대하여 진성이 나타나는 온도까지 온도에 대한 페르미에너지의 변화를 그려라. 이 그림에 가전자대의 맨 윗부분과 전도대의 맨 아랫부분의 위치를 그려라.

개념 확인 13.5

갈륨비소 화합물 반도체(GaAs)에 아연(Zn)을 첨가하면 도너가 되는가? 아니면 억셉터가 되는가? 답에 대한 이유를 설명하라. 아연은 치환형 불순물로 가정한다.

(정답은 *www.wiley.com*의 제품 페이지에서 확인할 수 있음)

13.12 | 운반자 농도의 온도 의존성

그림 13.15는 실리콘과 게르마늄에 대한 진성 운반자 농도의 로그값을 절대온도의 함수로 나타낸 것이다. 이 그림에는 주목할 만한 가치가 있는 두 가지 특징이 있다. 첫째, 온도의 증가는 가전자대에서 전도대로 전자를 여기(그림 13.6b 참조)시키는 데 소요되는 열에너지를 보다

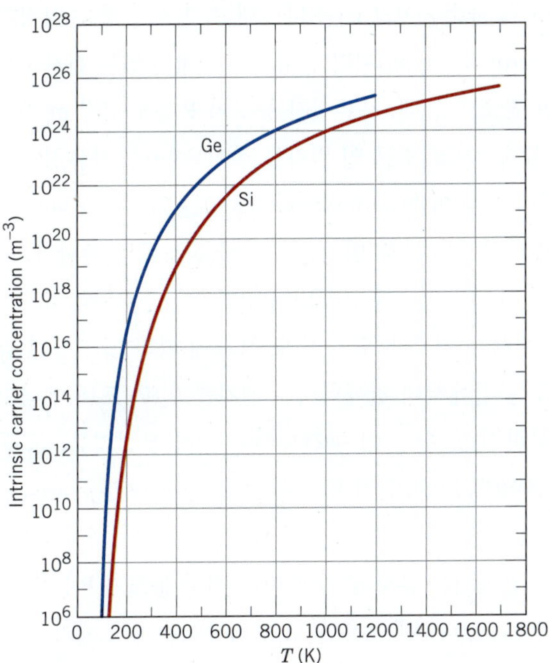

그림 13.15 게르마늄과 실리콘에 대한 온도의 함수로 나타낸 진성 운반자 농도(상용로그 눈금으로 표시) (From C. D. Thurmond, "The Standard Thermodynamic Functions for the Formation of Electrons and Holes in Ge, Si, GaAs, and GaP," *Journal of the Electrochemical Society*, Vol. 122, No. 8, 1975: p. 1139. Reprinted by permission of The Electrochemical Society, Inc.)

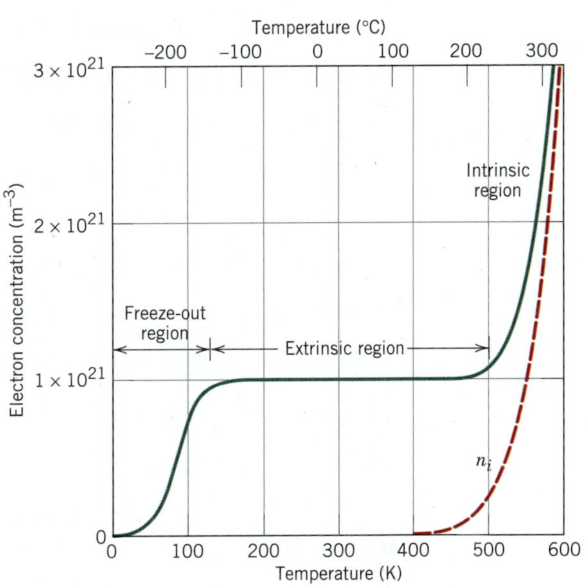

그림 13.16 도너 불순물이 10^{21} m^{-3}으로 도핑된 *n*형 실리콘과 진성 실리콘(점선)에 대한 전자 농도 대 온도. 동결, 외인성, 진성 온도 구간이 곡선에 표시되어 있다. (From S. M. Sze, *Semiconductor Devices, Physics and Technology*. Copyright © 1985 by Bell Telephone Laboratories, Inc. Reprinted by permission of John Wiley & Sons, Inc.)

많이 공급하게 되어 결과적으로 온도 증가에 따라 전자와 정공의 농도가 증가하게 된다. 또한 전 온도에 걸쳐 게르마늄의 운반자 농도는 실리콘보다 높다. 이와 같은 결과는 게르마늄의 밴드 갭 에너지 값이 실리콘보다 작은 데 기인하고 있다[0.67 eV(게르마늄) 대 1.11 eV(실리콘), 표 13.2 참조]. 즉, 게르마늄은 어떤 온도에서도 실리콘보다 더 많은 전자가 밴드 갭을 뛰어넘어 여기된다.

반면에 **외인성** 반도체에서의 온도 변화에 대한 운반자 농도 변화는 크게 다른 모습을 보이고 있다. 그 예로서 10^{21} m^{-3} 농도의 인(phosphorus)으로 도핑된 실리콘에 대한 전자 농도-온도 그림이 그림 13.16에 나타나 있다[비교를 위하여, 진성 실리콘에 대하여 점선 곡선으로 표시하였다(그림 13.15 참조)].[5] 외인성 곡선은 세 가지 구간으로 구분된다. 중간 온도(약 150 K

5) 그림 13.15의 'Si' 곡선과 그림 13.16의 'n_i' 곡선의 모양은 비록 두 경우 모두 동일한 매개변수로 그려져 있지만 서로 같지 않음을 주목하라. 이 차이는 그림 축의 눈금이 다르기 때문인데, 온도(수평)축은 선형 눈금으로 표기되어 있으나 그림 13.15의 운반자 농도축은 상용로그로, 또한 그림 13.16의 운반자 농도축은 선형 눈금으로 그려져 있다.

과 475 K 사이)에서 재료는 *n*형[인(P)이 도너 불순물이므로]을 나타내고, 전자 농도는 일정한데 이것을 **외인성 온도 구간**(*extrinsic temperature region*)이라 한다.[6] 전도대에 있는 전자들은 인(P) 도너 준위로부터 여기(그림 13.12*b* 참조)되는데, 자유전자 농도가 P 농도(10^{21} m^{-3})와 대략적으로 유사한 값을 보이기 때문에 실제적으로 모든 인 원자들은 이온화(즉, 자유전자를 생성함)된 것이다. 또한 밴드 갭을 뛰어넘는 진성 여기(intrinsic excitation)는 외인성 도너 여기에 비하여 무시할 만하다. 외인성 구간이 나타나는 온도 범위는 불순물 농도에 의존한다. 더욱이 대부분의 고체 소자는 이 온도 구간에서 작동되도록 설계되어 있다.

100 K 이하(그림 13.16)의 낮은 온도에서는 전자 농도가 온도 감소에 따라 급격하게 감소하여, 0 K에서는 0에 접근한다. 이 온도 구간에서의 열에너지는 전자를 인(P) 도너 에너지 준위로부터 전도대로 여기시키기에 충분하지 못하다. 이 구간에서는 전하 운반자들(즉, 전자들)이 도펀트(dopant) 원자들에 '얼어붙어(frozen)' 있기 때문에 **동결 온도 구간**(*freeze-out temperature region*)이라고 부른다.

마지막으로 그림 13.16의 높은 온도 구간에서는 온도 증가에 따라 전자 농도가 P 농도 이상으로 진성 곡선을 따라 급격하게 증가하고 있다. 이 높은 온도 영역에서는 반도체가 진성 거동을 하므로 **진성 온도 구간**(*intrinsic temperature region*)이라고 부른다. 즉, 밴드 갭을 뛰어넘는 전자여기로부터 생성되는 전하 운반자 농도가 처음에는 도너 운반자 농도와 같아지고, 계속적인 온도 증가에 따라서 도너 운반자 농도를 훨씬 능가하게 된다.

개념 확인 13.6

그림 13.16을 근거로, 도핑 농도가 증가함에 따라 반도체가 진성으로 바뀌는 온도가 증가하겠는가? 그대로이겠는가? 혹은 감소하겠는가? 그 이유는 무엇인가?

(정답은 *www.wiley.com*의 제품 페이지에서 확인할 수 있음)

13.13 | 운반자 이동도에 영향을 미치는 요소

반도체의 전기전도도(또는 비저항)는 전자 혹은 정공의 농도 이외에도 전하 운반자의 이동도, 즉 전자와 정공들이 결정 내부를 얼마나 쉽게 이동하는가의 함수로 나타난다[식 (13.13)]. 나아가서 전자와 정공의 이동도는 금속에서 전자의 산란을 일으키는 것과 같은 종류의 결정 결함들의 존재, 즉 열진동(온도)과 불순물 원자들 등에도 영향을 받는다. 지금부터 전자와 정공의 이동도에 불순물 농도와 온도가 어떻게 영향을 미치는지에 대하여 조사하고자 한다.

6) 도너가 주입된 반도체에서 이 구간은 보통 **포화**(*saturation*) 영역이라 말하며, 억셉터가 주입된 재료에서는 **고갈**(*exhaustion*) 영역이라 말한다.

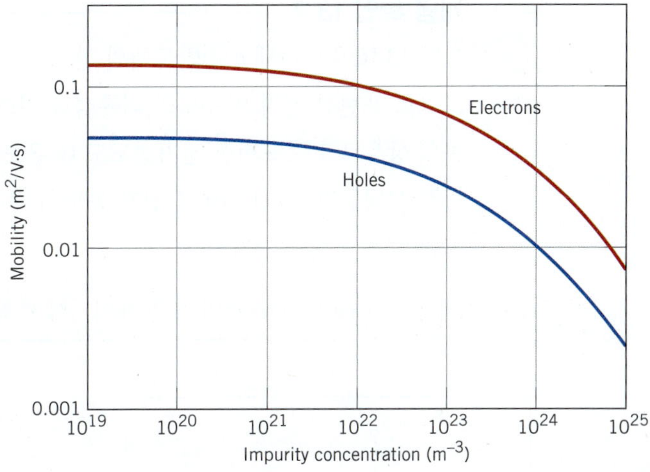

그림 13.17 실리콘에 대한 상온에서 측정된 전자와 정공 이동도(상용로그 눈금)에 미치는 도펀트 농도(상용로그 눈금)의 영향
(Adapted from W. W. Gärtner, "Temperature Dependence of Junction Transistor Parameters," *Proc. of the IRE*, Vol. 45, 1957: p. 667. Copyright © 1957 IRE now IEEE.)

도펀트 농도의 영향

그림 13.17은 상온에서 실리콘의 전자와 정공 이동도가 도펀트의 농도에 대해 어떠한 의존성을 갖는지를 보여주고 있다. 그림에서 양 축은 상용로그 눈금임을 주의하라. 도펀트 농도가 약 10^{20} m^{-3} 이하인 경우, 두 운반자(전자와 정공)의 이동도는 최곳값을 보이면서 도핑 농도에 영향을 받지 않음을 보여주고 있다. 그리고 도핑 농도가 증가함에 따라 이동도는 두 운반자(전자와 정공) 모두 감소하고 있다. 또한 전자의 이동도가 정공의 이동도보다 항상 큰 값을 갖는다는 사실은 주목할 만하다.

온도의 영향

그림 13.18*a*와 13.18*b*는 각각 실리콘에서 전자와 정공 이동도의 온도 의존성을 보여주는 그림들이다. 두 가지 운반자 형태에 대하여 여러 가지 불순물 농도에 대한 곡선들을 보여주고있다. 두 그림의 축은 상용로그 눈금으로 표시되어 있다. 이 결과로부터 10^{24} m^{-3} 이하의 농도에서는 전자와 정공 이동도들이 온도의 증가에 따라 감소함을 알 수 있다. 이와 같은 효과는 운반자들의 열적인 충돌(thermal scattering)이 증가하는 데 기인한다. 도펀트의 농도가 10^{20} m^{-3} 이하인 경우, 전자와 정공에 있어 이동도의 온도 의존성은 억셉터/도너 농도와 무관하다(즉, 단일 곡선으로 나타남). 또한 농도가 10^{20} m^{-3}보다 큰 경우, 양쪽 그림의 곡선들이 도펀트 농도가 증가함에 따라 점진적으로 낮은 이동도 값으로 이동하는 것을 볼 수 있다. 이 두 가지 효과는 그림 13.17에서 보여주는 결과와 일치하고 있다.

이와 같이 온도와 도펀트 농도가 운반자 농도와 운반자 이동도에 미치는 영향에 대하여 앞에서 설명하였다. 그러므로 특정한 도너/억셉터 농도와 특정한 온도에서의 n, p, μ_e, μ_h의 값이 결정되면(그림 13.15~13.18을 이용), 식 (13.15), (13.16), 또는 (13.17)을 이용하여 σ의 값을 계산할 수 있다.

개념 확인 13.7

그림 13.16에 나타낸 n형 반도체의 전자 농도 대 온도 곡선과 그림 13.18a의 온도에 대한 상용로그로 표현한 전자 이동도의 의존성을 기초로 하여 10^{21} m^{-3}의 도너 불순물을 주입한 실리콘의 상용로그로 표현한 전기전도도 대 온도의 그래프를 그려라. 그리고 그 곡선의 형태를 간략히 설명하라. 식 (13.16)은 전자 농도의 전자 이동도에 대한 전기전도도의 의존성을 표현하고 있다는 사실을 주지하라.

(정답은 *www.wiley.com*의 제품 페이지에서 확인할 수 있음)

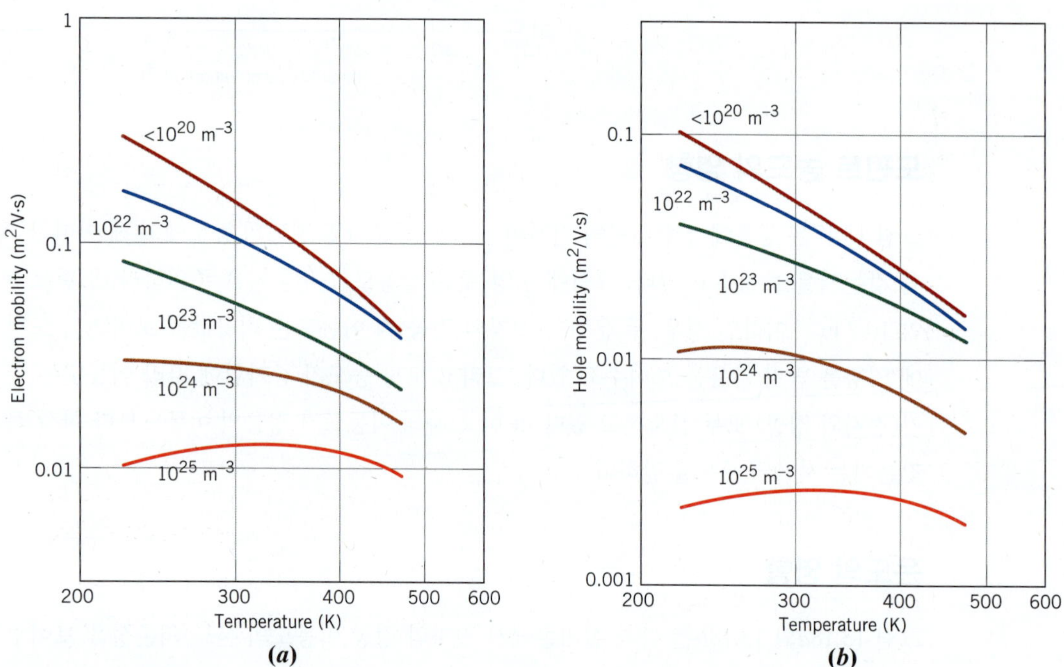

그림 13.18 도너와 억셉터를 다양한 농도로 도핑시킨 실리콘에 대한 (a) 전자와 (b) 정공 이동도의 온도 의존성. 양 수직축들은 상용로그로 나타내었다.
(From W. W. Gärtner, "Temperature Dependence of Junction Transistor Parameters," *Proc. of the IRE*, Vol. 45, 1957. p. 667. Copyright © 1957 IRE now IEEE.)

예제 13.2

150℃에서 진성 실리콘의 전기전도도 계산

150°C(423 K)에서 진성 실리콘의 전기전도도를 계산하라.

풀이

이 문제는 식 (13.15)를 이용하여 풀 수 있다. 식 (13.15)를 이용하기 위하여 n_i, μ_e, μ_h의 값을 알아야 한다. 그림 13.15로부터 423 K의 실리콘에 대한 n_i는 4×10^{19} m^{-3}이다. 또한 그림 13.18a와 13.18b의 $<10^{20}$

m^{-3} 곡선으로부터 진성 전자와 정공 이동도의 값을 취할 수 있다. 423 K에서 μ_e는 0.06 $m^2/V \cdot s$이고 μ_h는 0.022 $m^2/V \cdot s$이다(이동도와 온도축은 상용로그 눈금으로 표시됨). 식 (13.15)로부터 얻은 전기전도도는 다음과 같다.

$$\begin{aligned}\sigma &= n_i|e|(\mu_e + \mu_h) \\ &= (4 \times 10^{19}\ \text{m}^{-3})(1.6 \times 10^{-19}\ \text{C})(0.06\ \text{m}^2/\text{V}\cdot\text{s} + 0.022\ \text{m}^2/\text{V}\cdot\text{s}) \\ &= 0.52\ (\Omega\cdot\text{m})^{-1}\end{aligned}$$

예제 13.3

외인성 실리콘의 상온과 고온에서의 전기전도도 계산

고순도 실리콘에 10^{23} m^{-3}의 비소(As) 원자들이 첨가되었다.

(a) 이 재료는 n형인가, p형인가?

(b) 이 재료의 상온에서의 전기전도도를 계산하라.

(c) 100°C(373 K)에서의 전기전도도를 계산하라.

풀이

(a) 비소(As)는 VA족 원소(그림 2.10)이므로, 실리콘 내에서 도너 불순물로 작용하고, 이 재료를 n형으로 만들어 준다.

(b) 상온(298 K)은 그림 13.16의 외인성 온도 구간 내에 들어가 있음을 알 수 있다. 이와 같은 사실은 실제적으로 모든 비소 원자들이 자유전자를 기여하였다는 것을 의미한다(즉, $n = 10^{23}$ m^{-3}). 또한 이 재료가 외인성 n형이므로 전도도는 식 (13.16)을 이용하여 계산될 수 있다. 결과적으로 우리는 10^{23} m^{-3}의 도너 농도에 대하여 전자 이동도를 결정할 필요가 있다. 그림 13.17을 이용하여 계산된 전자 이동도는 10^{23} m^{-3} 도너 농도에서 $\mu_e = 0.07$ $m^2/V \cdot s$이다(그림 13.17의 축들은 상용로그 눈금임을 기억하라). 그러므로 전기전도도는 다음과 같다.

$$\begin{aligned}\sigma &= n|e|\mu_e \\ &= (10^{23}\ \text{m}^{-3})(1.6 \times 10^{-19}\ \text{C})(0.07\ \text{m}^2/\text{V}\cdot\text{s}) \\ &= 1120\ (\Omega\cdot\text{m})^{-1}\end{aligned}$$

(c) 373 K에서 이 재료의 전도도를 구하기 위하여, 다시 이 온도에서의 전자 이동도를 가지고 식 (13.16)을 이용한다. 그림 13.18a의 10^{23} m^{-3} 곡선으로부터 373 K에서 $\mu_e = 0.04$ $m^2/V \cdot s$이고, 이 결과로부터 전도도는 다음과 같이 구할 수 있다.

$$\begin{aligned}\sigma &= n|e|\mu_e \\ &= (10^{23}\ \text{m}^{-3})(1.6 \times 10^{-19}\ \text{C})(0.04\ \text{m}^2/\text{V}\cdot\text{s}) \\ &= 640\ (\Omega\cdot\text{m})^{-1}\end{aligned}$$

설계 예제 13.1

실리콘의 억셉터 불순물 도핑

외인성 p형 실리콘 재료의 상온에서의 전기전도도가 50 $(\Omega \cdot m)^{-1}$이기를 원한다. 이러한 전기적 특성을 부여하기 위한 불순물 원자의 종류와 농도를 원자백분율(atom percent)로 구하라.

풀이

먼저 실리콘에 첨가하여 p형을 만들기 위해서는 주기율표에서 실리콘보다 한 줄 왼편에 있는 원소들이어야 한다. 이들은 IIIA족에 속하는 원소들로서(그림 2.10 참조) 붕소, 알루미늄, 갈륨, 그리고 인듐이 있다.

이 재료는 외인성이고 p형이므로($p \gg n$), 식 (13.17)에 따라 전기전도도는 정공의 농도와 정공의 이동도의 함수이다. 나아가서 상온에서 모든 억셉터 불순물 원자는 전자를 받아들여서 정공을 생성한다고 가정한다(즉, 그림 13.16에서 외인성 구간에 해당된다). 다시 말하면, 정공의 수는 억셉터 불순물의 수 N_a와 거의 같은 값을 갖는다.

이 문제는 그림 13.17에 나타난 바와 같이 μ_h가 불순물 양에 영향을 받는다는 사실 때문에 복잡해진다. 결과적으로 이 문제는 반복적으로 시행하고 보정해서 점차 답에 근접해 가는 방식으로 풀어야 한다. 즉, 불순물의 농도를 가정해서 이 값과 그림 13.17로부터 이 값에 해당하는 곡선에서 얻은 정공의 이동도를 이용해서 전도도를 구한다. 그리고 이 결과를 토대로 좀 더 가능성 있는 불순물 농도를 예측해서 계산을 반복한다.

예를 들면 N_a 값(즉, p 값)을 10^{22} m^{-3}으로 잡고 시작하자. 이 농도에서 정공의 이동도는 약 0.04 $m^2/V \cdot s$이다(그림 13.17). 이 값을 넣어 계산하면 전기전도도는

$$\begin{aligned}\sigma &= p|e|\mu_h = (10^{22}\ m^{-3})(1.6 \times 10^{-19}\ C)(0.04\ m^2/V{\cdot}s)\\ &= 64\ (\Omega{\cdot}m)^{-1}\end{aligned}$$

인데 이 값은 조금 큰 편에 속한다. 불순물 농도를 약 1/10인 10^{21} m^{-3}으로 줄이면 μ_h는 약간 증가하여 0.045 $m^2/V \cdot s$(그림 13.17)가 된다. 그러므로 전기전도도는

$$\begin{aligned}\sigma &= (10^{21}\ m^{-3})(1.6 \times 10^{-19}\ C)(0.045\ m^2/V{\cdot}s)\\ &= 7.2\ (\Omega{\cdot}m)^{-1}\end{aligned}$$

가 된다. 이 숫자들을 좀 더 잘 조정하면 $N_a = p \cong 8 \times 10^{21}$ m^{-3}이고 이 N_a 값에서 μ_h는 약 0.04 $m^2/V \cdot s$로 유지될 때 전기전도도가 50 $(\Omega \cdot m)^{-1}$이 된다.

다음으로 억셉터 불순물의 농도를 원자백분율로 환산해야 한다. 이 계산은 먼저 m^3당 실리콘 원자의 수 N_{Si}를 필요로 한다. 식 (6.2)를 이용하여 다음과 같이 계산한다.

$$\begin{aligned}N_{Si} &= \frac{N_A \rho_{Si}}{A_{Si}}\\ &= \frac{(6.022 \times 10^{23}\ \text{atoms/mol})(2.33\ g/cm^3)(10^6\ cm^3/m^3)}{28.09\ g/mol}\end{aligned}$$

$$= 5 \times 10^{28}\ \text{m}^{-3}$$

억셉터 불순물 원자 농도의 원자백분율(C'_a)은 단순히 $N_a + N_{\text{Si}}$ 중 N_a의 비에 100을 곱하면 된다.

$$C'_a = \frac{N_a}{N_a + N_{\text{Si}}} \times 100$$
$$= \frac{8 \times 10^{21}\ \text{m}^{-3}}{(8 \times 10^{21}\ \text{m}^{-3}) + (5 \times 10^{28}\ \text{m}^{-3})} \times 100 = 1.60 \times 10^{-5}$$

그러므로 상온에서 p형 전기전도도 50 $(\Omega \cdot \text{m})^{-1}$을 갖는 실리콘 재료는 1.60×10^{-5} at%의 붕소, 알루미늄, 갈륨, 또는 인듐을 가져야 한다.

13.14 | 홀 효과

어떤 재료에 대해 다수 전하 운반자의 유형, 농도, 이동도 등을 알고 싶은 경우가 있다. 그러나 이와 같은 값들을 간단한 전도도 측정방법으로 알아내기는 힘들며, **홀 효과(Hall effect)** 실험이 수반되어야 한다. 전하 입자가 움직이는 방향에 수직으로 자기장(magnetic field)이 가해질 때 자기장과 입자의 진행 방향에 수직으로 작용하는 힘이 생성되는데, 이 힘이 움직이는 전하 입자에 가해지는 현상을 홀 효과라고 한다.

홀 효과

먼저 전자의 움직임으로 인해 전기 전도가 발생하는 물질(즉, $n \gg p$인 대부분의 금속 및 n형 반도체)에 대해 고려해 보자. 그림 13.19*a*에 도시된 바와 같이, 육면체 시편이 x-y-z 직교 좌표계를 기준으로 평행하게 놓여 있다고 가정하자. 여기에 그림과 같이 $+x$방향으로 흐르는 전류(I_x)를 발생시키도록 외부 전압(V_x)이 인가되면, 음의 전하를 띠는 전자는 점선 화살표로 표시된 바와 같이 $-x$방향으로 움직인다. 이러한 상황에서 $+z$방향으로 자기장(B_z)을 가하면 로렌츠 힘 $F(-y)$가 $-y$방향으로 전자에 작용하게 되어, 전자는 시편의 왼쪽(뒷)면을 향한 곡선 궤적을 그리게 된다(그림 13.19*a*의 붉은 실선 참조). 이에 따라 전자는 시편의 왼쪽 면에 계속 쌓이는 반면 오른쪽(앞)면은 전자가 고갈된 결과로 양전하를 띠게 된다(이 조건은 그림 13.19*b*에 도시되어 있다). 이러한 상황은 이렇게 대전된 시편의 오른쪽 면과 왼쪽 면 사이에 전압(V_{H})의 생성으로 이어지고, 이는 I_x 전류의 반대방향으로 움직이는 전자에 대해 로렌츠 힘 $F(-y)$의 방향과 정반대 방향의 힘 $F(+y)$를 생성시킨다(그림 13.19*b*). 궁극적으로 그림 13.19*b*의 화살표로 표시된 것처럼 $F(+y) = F(-y)$이고 전자운동이 $-x$방향으로 재개되는 정상(평형)상태 조건이 달성된다.

홀 전압의 크기와 부호를 통해 전하 운반자(캐리어)의 유형(전자 또는 정공)과 전하 캐리어 농도 및 이동도를 결정할 수 있다. 음의 V_{H}의 경우 전자는 전하 운반자이다. 또한 정상(평형)상태에서 $F(+y)$와 $F(-y)$가 같다고 놓음으로써 V_{H}의 크기에 대한 식을 다음과 같이 유도

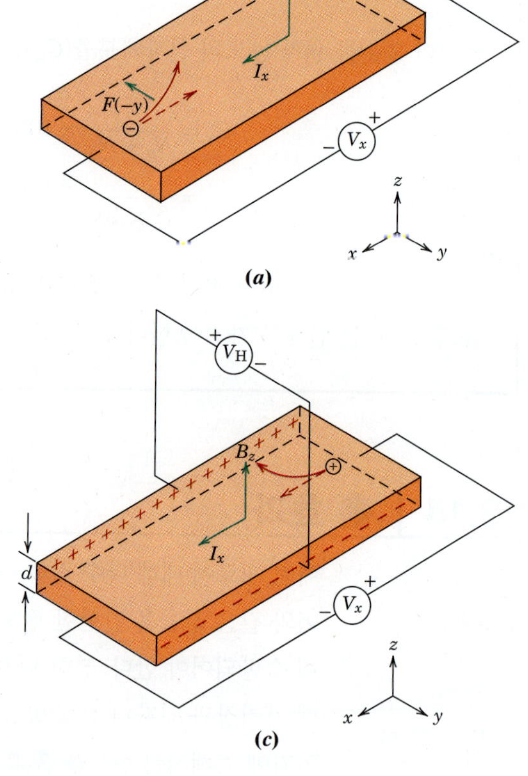

그림 13.19 홀 효과에 대한 개요도. 대부분의 금속 및 n형 반도체의 경우: (a) 자기장 B_z가 인가되기 전에는 전자는 $-x$방향(점선 화살표)으로 선형적으로 운동한다. B_z가 인가되면, 운동하는 전자는 로렌츠 힘 $F(-y$방향)을 받아서 시편의 후면으로 편향되어 곡선의 화살표의 궤적을 그리게 된다. (b) 여기에 음으로 하전된 시편 후면과 양으로 하전된 전면 사이에 형성되는 전압(홀 전압, V_H)에 의한 정상상태 상황. (c) p형 반도체에 대한 홀 효과 개요도.

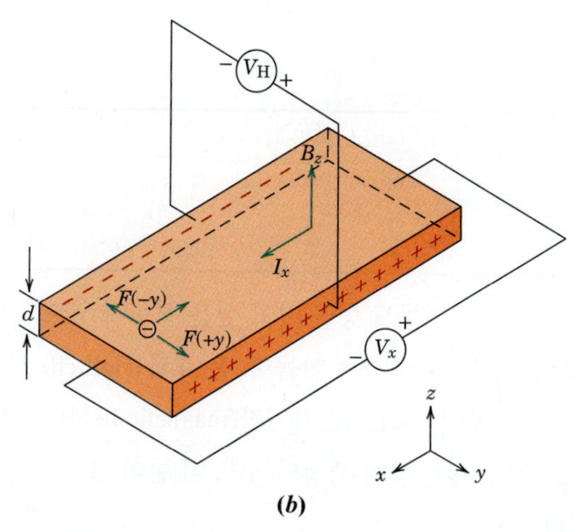

할 수 있다.

그림 13.19에 나타낸 홀 계수와 시편 두께, 그리고 전류와 자기장 인자에 대한 홀 전압의 의존성

$$V_H = \frac{R_H I_x B_z}{d} \tag{13.18}$$

여기서 d는 시편 두께이다(그림 13.19b). 식 (13.18)에서 R_H를 홀 계수(*Hall coefficient*)라고 하며 특성 재료에 따라 고유한 값을 가진다. 전자에 의한 전도가 일어나는 금속 및 n형 반도체의 경우 R_H는 음이고 다음과 같이 주어진다.

금속의 홀 계수

$$R_H = \frac{1}{n|e|} \tag{13.19}$$

따라서 R_H는 식 (13.18)을 사용해서 구할 수 있고, 전자의 전하인 e의 크기는 알려져 있기 때문에 n을 결정할 수 있다.

또, 식 (13.8)을 이용해서 전자 이동도 μ_e는 다음과 같이 구할 수 있다.

$$\mu_e = \frac{\sigma}{n|e|} \tag{13.20a}$$

또는 식 (13.19)를 이용하면 다음과 같이 표현된다.

금속의 전자이동도와 홀 계수에 따른 전기전도도

$$\mu_e = |R_H|\sigma \tag{13.20b}$$

따라서 μ_e의 크기는 다른 독립적인 실험에서 측정된 전도도 σ를 이용하여 구할 수 있다.

p형 반도체의 경우 그림 13.19c에 표시된 것처럼 정공의 운동에서 전도가 발생한다. 각 정공의 전하량은 양의 값을 가지며, 운동방향은 $+x$방향(전자 운동방향의 정반대 방향)이다. 결과적으로 정공에 가해지는 로렌츠 힘은 전자의 경우와 같은 방향, 즉 시편 왼쪽(뒷)면을 향한다. 그러나 이는 양전하를 띤 왼쪽(뒷)면과 음으로 대전된 오른쪽(앞)면을 형성시키고, 이는 앞에서 설명한 전자가 전하 운반자인 경우와 반대의 상황이다. 따라서 V_H의 부호는 금속 및 n형 반도체의 부호와 반대로 양의 값을 갖는다.

진성 반도체 및 유사한 크기의 n 및 p 값을 갖는 외인성 반도체에 대한 측정에는 다른 실험 구성이 필요하다. 또한 전자 및 정공 이동도뿐만 아니라 n 및 p에 대한 값을 계산하기 위해서는 다른 식들이 사용된다.

예제 13.4

홀 전압 계산

알루미늄의 전기전도도와 이동도는 각각 $3.8 \times 10^7\ (\Omega \cdot m)^{-1}$와 $0.0012\ m^2/V \cdot s$이다. 10 mm 두께의 알루미늄 시편에 20 A의 전류와 이 전류 방향에 대하여 수직으로 0.5 tesla의 자기장이 가해지고 있다. 이 경우 알루미늄 시편에 형성되는 홀 전압을 계산하라.

풀이

홀 전압(V_H)은 식 (13.18)을 이용하여 계산할 수 있다. 그러나 식 (13.20b)를 이용하여 먼저 홀 계수(R_H)를 아래와 같이 계산하여야 한다.

$$\begin{aligned} R_H &= -\frac{\mu_e}{\sigma} \\ &= -\frac{0.0012\ m^2/V{\cdot}s}{3.8 \times 10^7\ (\Omega{\cdot}m)^{-1}} = -3.16 \times 10^{-11}\ V{\cdot}m/A{\cdot}tesla \end{aligned}$$

이제 식 (13.18)을 이용하여 홀 전압을 다음과 같이 구할 수 있다.

$$\begin{aligned} V_H &= \frac{R_H I_x B_z}{d} \\ &= \frac{(-3.16 \times 10^{-11}\ V{\cdot}m/A{\cdot}tesla)(20\ A)(0.5\ tesla)}{10 \times 10^{-3}\ m} \\ &= -3.16 \times 10^{-8}\ V \end{aligned}$$

13.15 | 반도체 소자

반도체 재료는 독특한 전기적 성질 때문에 특수한 전자적 기능을 수행하는 소자로 제작된다. 두 가지 대표적인 소자로, 구식 진공관을 대체하여 사용되고 있는 다이오드와 트랜지스터가 있다. 반도체 소자(때로는 **고체 소자**라고 불림)의 장점은 소형, 저전력 소비, 예열시간의 불필요 등이다. 전자 소자들로 구성되는 수많은 아주 작은 회로들은 조그만 크기의 실리콘 칩(chip)에 집적될 수 있다. 이러한 소형 회로망을 구성하는 반도체 소자의 발명은 새로운 공업 분야를 탄생시켰고 지난 수십 년 동안 새로운 산업 발전의 주역이 되었다.

p-n 정류 접합

다이오드

정류 접합

정류기(rectifier)[또는 **다이오드(diode)**]는 전류를 한쪽 방향으로만 흐르게 하는 전자 소자이다. 예를 들어 정류기를 이용하여 교류를 직류로 변환시킨다. *p-n* 접합 반도체 정류기가 만들어지기 전에는 진공관 다이오드를 사용하였다. *p-n* **정류 접합(rectifying junction)**은 하나로 이루어진 반도체를 이용하여 한쪽은 *n*형으로 도핑하고, 다른 한쪽은 *p*형으로 도핑함으로써 만들어진다(그림 13.20*a*). 만약에 분리된 2개의 *n*형과 *p*형 재료를 서로 접합시키면 매우 불량한 정류기가 만들어지는데, 이것은 두 접합면 사이에 존재하는 계면이 소자 성능을 크게 저하시키기 때문이다. 또한 단결정 반도체 재료를 사용해야 하는데, 이것은 다결정 재료에 존재해 있는 입자 계면들이 전자의 흐름을 방해하여 전자 특성을 저해하기 때문이다.

p-n 접합에 전압을 가하기 전에는 *p*형 반도체 쪽은 정공이 주 운반자가 되고, *n*형 반도체 쪽은 전자가 주 운반자가 된다(그림 13.20*a* 참조). *p-n* 접합에 걸리는 외부 전압은 두 가지의 극성을 나타낼 수 있다. 건전지를 사용할 때, 양극 단자를 *p*형에, 음극 단자를 *n*형 반도체 쪽에 연결할 경우, 이와 같은 배열을 **순방향 바이어스(forward bias)**라고 한다. 극성을 반대로(음극을 *p*형에, 양극을 *n*형에) 연결시킬 때, 이 배열을 **역방향 바이어스(reverse bias)**라고 한다.

순방향 바이어스

역방향 바이어스

p-n 정류 접합에 가해지는 순방향 바이어스에 대한 전하 운반자의 반응을 그림 13.20*b*에 나타내었다. *p*형 쪽에 존재하는 정공과 *n*형 쪽에 있는 전자는 접합부로 끌리게 된다. 전자와 정공은 접합 지역에서 만남에 따라 서로 결합되어 다음 식에 의해 상쇄된다.

$$\text{electron} + \text{hole} \rightarrow \text{energy} \tag{13.21}$$

그러므로 순방향 바이어스가 가해지면, 많은 수의 전하 운반자가 반도체를 지나 접합부로 흐르게 된다. 이와 같은 사실은 상당한 양의 전류가 흐르고 낮은 비저항을 갖는 것에 의하여 증명된다. 순방향 바이어스가 가해질 때의 전류-전압 특성 곡선은 그림 13.21의 오른쪽에 나타나 있다.

반면에 역방향 바이어스(그림 13.20*c*)가 *p-n* 정류기 양단에 가해지면, 다수 운반자인 정공과 전자들이 접합부로부터 빠르게 멀어진다. 이와 같은 양전하와 음전하의 분리(또는 분극)

는 접합부 부근에서 움직일 수 있는 전하 운반자들이 존재하지 못하게 만든다. 그러므로 재결합이 매우 적게 일어나 전류가 접합부를 통해 흐르지 못하므로, 결과적으로 접합부는 강한 부도체 성격을 띤다. 역방향 바이어스에 대한 전류-전압 특성은 그림 13.21의 왼쪽에 나타나 있다.

입력 전압과 출력 전압의 관점에서 본 정류 과정을 그림 13.22에 나타내었다. 전압이 시간에 따라 사인곡선을 그리며 변할 때(그림 13.22*a*), 순방향 바이어스 경우의 최대 전류 I_F 에 비하여 역방향 바이어스 경우의 최대 전류 I_R은 지극히 작은 값이다(그림 13.22*b*). 최대 전압(±V_0)이 부과되었을 경우에 대응되는 전류 I_F와 I_R은 그림 13.21에 나타나 있다.

경우에 따라 약 수백 볼트 정도의 높은 값의 바이어스를 역방향으로 가하면 다수의 전하 운반자(전자와 정공)가 생성되어 갑작스러운 전류 증가를 야기한다. 이와 같은 현상을 **절연파괴**(*breakdown*)라고 하며, 그림 13.21에 나타내었다. 보다 자세한 내용은 13.22절에서 논의될 것이다.

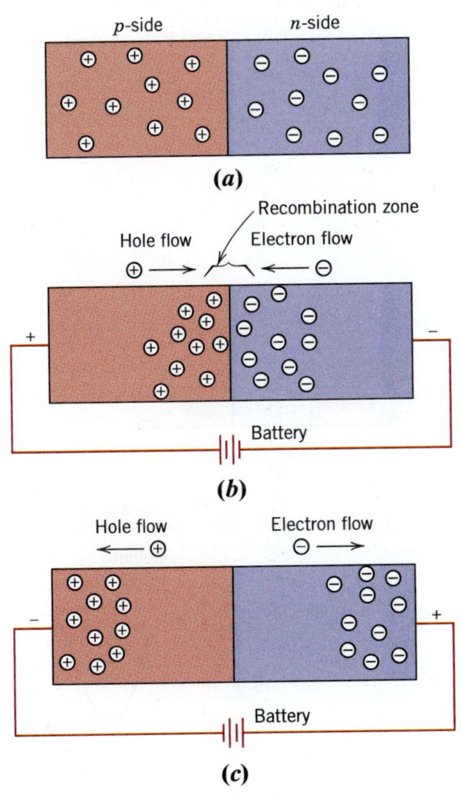

그림 13.20 *p-n* 정류 접합체에서 (*a*) 전압이 걸리지 않은 경우, (*b*) 순방향 바이어스, (*c*) 역방향 바이어스가 걸린 경우 전자와 정공의 분포를 나타낸다.

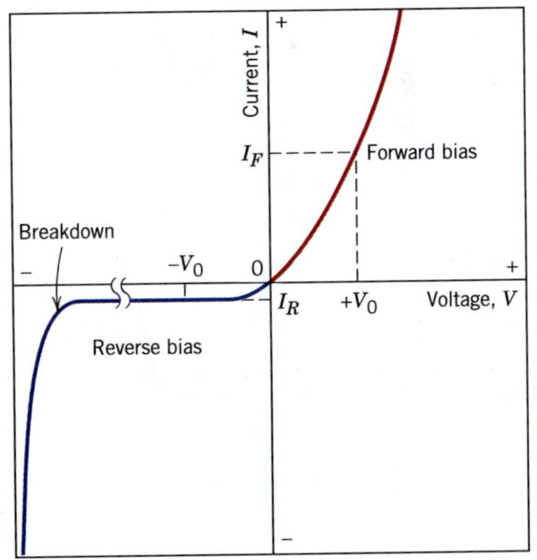

그림 13.21 순방향과 역방향에 대한 *p-n* 접합체의 전류-전압 특성. 절연파괴현상 또한 보여주고 있다.

트랜지스터

트랜지스터(transistor)는 현대 초소형 전자회로(microelectronic circuitry)를 구성하는 아주 중요한 반도체 소자로서 두 가지 중요한 기능을 가지고 있다. 첫째, 트랜지스터는 진공관의 전신인 3극 진공관과 똑같은 작동을 한다. 다시 말하면, 전기 신호를 증폭시킬 수 있다. 둘째, 트랜지스터는 컴퓨터 내에서 정보를 처리하거나 저장하는 데 있어 스위칭 소자(switching device)로 사용되고 있다. 트랜지스터의 두 가지 주요 유형은 **접합 트랜지스터[junction(bimodal) transistor]**와 **MOSFET**(*metal-oxide-semiconductor field-effect transistor*)이다.

접합 트랜지스터

MOSFET

접합 트랜지스터

접합 트랜지스터는 2개의 *p-n* 접합이 서로 대칭적으로, 즉 *n-p-n* 또는 *p-n-p* 형태로 배열되어 있다. 여기서는 *p-n-p* 트랜지스터에 대하여 설명하기로 한다. 그림 13.23은 부대적인 회로와 함께 그려진 *p-n-p* 트랜지스터의 개략도이다. 매우 얇은 *n*형 베이스(*base*) 지역이 *p*형 이미터(*emitter*)와 *p*형 컬렉터(*collector*) 사이에 샌드위치처럼 형성되어 있는데 이미터-베이스 접합(접합 1)을 포함한 회로는 순방향 바이어스가 걸려 있는 반면에, 베이스-컬렉터 접합(접합 2)은 역방향 바이어스 전압이 걸려 있다.

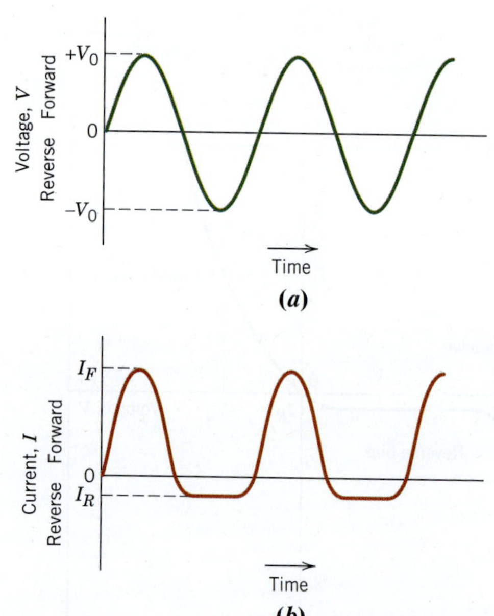

그림 13.22 (*a*) *p-n* 정류 접합체에 입력을 가할 때 시간에 대한 전압의 변화, (*b*) 그림 13.21과 같은 전압-전류의 특성을 갖는 *p-n* 정류 접합체에서 (*a*)와 같은 전압에 대하여 정류의 특성을 보여주는 시간-전류 그림

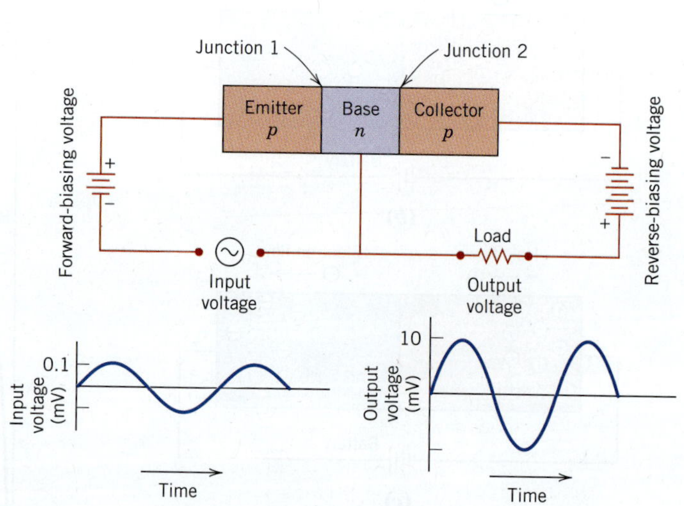

그림 13.23 *p-n-p* 접합 트랜지스터와 관련된 회로에 대한 모식도. 하단에는 전압 증폭을 보여주는 입력과 출력 전압-시간 특성이 나와 있다.

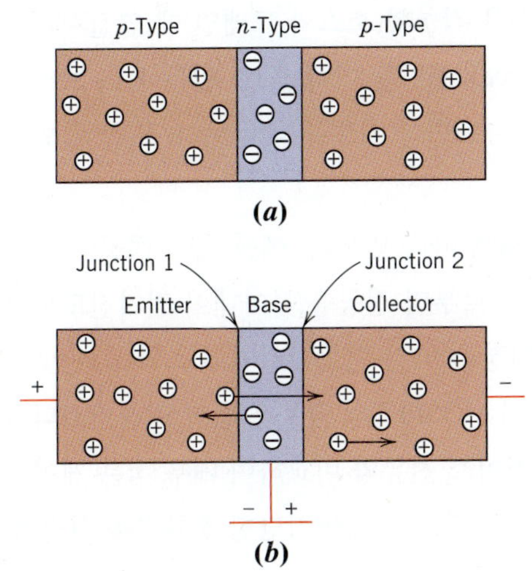

그림 13.24 *p-n-p*형 접합 트랜지스터에서 (*a*) 전압이 가해지지 않은 경우와 (*b*) 전압 증폭을 위하여 적당한 바이어스가 가해진 경우에 전자와 정공의 움직임 방향과 분포들

그림 13.25 MOSFET 트랜지스터의 단면도

그림 13.24는 전하 운반자의 움직임 관점에서 동작 기구를 보여주고 있다. 이미터가 *p*형이고 접합 1이 순방향 바이어스이므로, 많은 수의 정공이 베이스 지역으로 흘러 들어간다. 이와 같이 흘러 들어간 정공은 *n*형 베이스 지역에서 소수 운반자가 되어 다수 운반자인 전자와 결합될 것이다. 그러나 베이스 지역의 두께가 매우 얇고 반도성 재료들을 적당히 조절한다면, 대부분의 정공은 베이스 지역에서 재결합을 일으키지 않고 베이스를 통과한 후 계속적으로 접합 2를 지나 *p*형 컬렉터 지역으로 흘러 들어갈 것이다. 그러므로 컬렉터 지역으로 흘러 들어간 정공은 이미터-컬렉터 회로를 연결시키게 된다. 이미터-베이스 회로의 입력 전압을 조금만 증가시켜도 접합 2를 거쳐 흐르는 전류는 크게 증가한다. 컬렉터 전류의 큰 증가는 부하저항에 걸리는 전압을 크게 증가시켜(그림 13.23), 접합 트랜지스터가 전압 신호를 증폭시키는 결과를 가져온다. 그림 13.23은 입력 전압과 출력 전압(부하저항에 걸리는 전압)이 시간에 따라 변하는 결과를 보여주고 있다.

비슷한 논리가 *n-p-n* 트랜지스터 작동 원리에 적용된다. 단지 다른 것은 베이스를 지나 컬렉터로 흘러 들어가는 운반자는 정공 대신 전자라는 사실이다.

MOSFET

그림 13.25에 나타낸 단면도는 MOSFET의[7] 한 가지 형태를 보여주고 있는 개략도로서 *n*형 실리콘의 기판 내에 조그만 2개의 *p*형(섬과 같은 형태)이 형성되어 있고 이 두 *p*형 섬들은 좁

7) 여기에 소개된 MOSFET는 소진 모드(depletion mode) *p*형이다. 소진 모드 *n*형 역시 가능한데 그때는 그림 13.25의 *n*영역과 *p*영역을 서로 바꾸면 된다.

은 p형 채널(channel)로 연결되어 있다. 적당한 금속을 각 p형(소스와 드레인)에 연결시키는데 실리콘 기판 또는 접지시킨 쪽의 p형을 소스(source), 전압을 가해 줄 수 있는 쪽을 드레인(drain)이라 한다. 이산화규소(SiO_2) 절연막은 실리콘 표면을 산화시켜 만든다. 또한 절연막 표면 위에 연결시키는 것을 게이트(gate)라고 한다.

채널 전도도는 게이트에 가해지는 전기장의 존재에 따라 변한다. 예를 들어 정공이 채널을 형성할 경우 게이트에 양의 전기장을 가하면, 채널로부터 정공을 몰아내어 전기전도도를 크게 떨어뜨린다. 그러므로 게이트에 가해지는 전기장을 약간 변화시키면 소스와 드레인 사이에 흐르는 전류량이 크게 변하게 된다. 어떤 면에서 MOSFET의 작동은 접합 트랜지스터와 매우 유사하다. 주요 차이점은 접합 트랜지스터의 베이스 전류와 비교하여 매우 적은 게이트 전류가 흐른다는 점이다. 그러므로 MOSFET는 증폭될 신호 소스가 상당한 전류량을 견딜 수 없는 곳에 사용된다.

접합 트랜지스터와 MOSFET의 중요한 또 하나의 차이점은 다수 운반자가 MOSFET의 기능을 좌우하는 반면(예를 들면 그림 13.25의 소진 모드 p형 MOSFET에서의 정공들), 소수 운반자가 접합 트랜지스터의 기능 결정에 중요한 역할을 담당한다는 점이다(예를 들면 그림 13.24의 n형 베이스 지역에 주사되는 정공들).

개념 확인 13.8

온도의 상승이 p-n 접합 정류기와 트랜지스터의 동작에 영향을 준다고 생각하는가? 설명하라.

(정답은 *www.wiley.com*의 제품 페이지에서 확인할 수 있음)

컴퓨터에서의 반도체들

가해지는 전기적 신호를 증폭시키는 능력 이외에도 트랜지스터와 다이오드는 스위칭 소자로서 산술 및 논리적 작동용으로, 또는 컴퓨터 내에서 정보 저장을 위하여 이용되고 있다. 컴퓨터 숫자와 함수들은 이원적 코드(0, 1로 쓰여지는 숫자)로 표현되고 있다. 이런 체계에서 숫자는 일련의 두 가지 상태(0과 1로 표시)로 표현된다. 디지털 회로에서 트랜지스터와 다이오드들은 온(on)과 오프(off), 다시 말하면 전류가 흐르는 상태 또는 흐르지 않는 상태의 두 가지 상태를 표현하는 스위치로서 작동하고 있다. 여기에서 '오프'는 이원적 숫자 중 하나에 대응되고, '온'은 다른 하나에 대응된다. 그러므로 하나의 숫자는 스위칭 기능을 가진 트랜지스터로 구성된 회로 요소들의 일련의 묶음으로 나타낼 수 있다.

플래시 메모리

플래시 메모리는 새롭고 빠르게 발전하고 있는 반도체 디바이스를 활용한 정보 저장 기술 중 하나이다. 플래시 메모리(*flash memory*)는 전자적으로 프로그래밍되고 지워지는 기능을 가지고 있다. 또한 이 플래시 기술은 비휘발성(*nonvolatile*) 성질을 지니고 있다. 즉, 저장된 정보를 유지하기 위해 전력이 필요하지 않다. 자기 하드 드라이브나 자기 테이프와 달리(18.11절 참조) 플래시 메모리는 움직이는 부분이 없기 때문에 디지털 카메라, 랩톱 컴퓨터, 휴대전화, 디지털 오디오 플레이어, 게임 콘솔과 같은 휴대용 장치 간의 저장 및 데이터 전송에 유용하다. 또한 플래시 기술은 메모리 카드[이 장 첫 페이지의 그림 (*b*)와 (*c*) 참조], SSD(solid state drive), USB 플래시 드라이브의 형태로 패키징된다. 자기기억장치(magnetic memory)와는 달리 플래시 패키지는 내구성이 좋아서 비교적 넓고 극단적인 온도 환경뿐만 아니라 수중에서도 견딜 수 있다. 또한 앞으로도 꽤 오랫동안 플래시 메모리 기술이 발전함에 따라 저장용량은 계속 증가할 것이고 칩의 물리적인 크기는 줄어들 것이며, 칩 가격은 떨어질 것이다.

플래시 메모리 작동 메커니즘은 상당히 복잡해 여기에서 논할 만한 수준을 넘어선다. 본질적으로, 정보는 매우 많은 수의 메모리 셀로 구성된 칩에 저장된다. 각 셀은 이 장의 앞부분에서 설명한 MOSFET와 유사한 트랜지스터들의 배열로 구성되어 있는데 가장 큰 차이점은 플래시 메모리 트랜지스터는 하나의 게이트를 사용하는 MOSFET와 달리 2개의 게이트를 갖는다는 점이다(그림 13.25). 플래시 메모리는 전기적으로 지울 수 있고 프로그래밍 가능한 읽기 전용 메모리(EEPROM) 중 특수한 종류이다. 데이터 소거는 셀의 블록 전체에서 매우 빠르게 진행되며 이 유형의 메모리는 대용량 데이터를 자주 업데이트해야 하는 응용분야에 적합하다(앞 단락에서 설명한 응용분야와 유사). 삭제는 셀 내용을 지워서 다시 쓸 수 있게 해 준다. 이것은 게이트 중 하나에서 전자의 전하량이 변하면서 발생하는데 이 과정이 매우 빠르게 진행된다. 이런 이유로 이를 '플래시'라고 부른다.

초소형 전자회로

과거 몇 년 동안에 수천 개의 전자 요소와 회로가 매우 작은 공간에 집적되어 있는 초소형 전자회로의 등장은 전자 부문에 하나의 혁명과도 같은 것이었다. 이와 같은 변혁은 부분적으로 항공산업에 의하여 가속되고 있다. 항공산업은 낮은 전력을 소모하면서 크기가 작은 컴퓨터와 전자 소자의 사용을 필요로 하기 때문이다. 또한 공정과 제조기술의 발전에 따라 집적회로의 가격이 놀라울 정도로 인하되고 있다. 결과적으로 이 책을 쓰고 있는 시점에도, 많은 나라의 사람들이 대부분 개인용 컴퓨터를 가질 수 있게 되었다. 또한 **집적회로(integrated circuit)**는 많은 다른 생활용품, 즉 계산기, 통신수단, 시계, 산업 생산품과 제어기기, 그리고 모든 분야의 전자산업에서 이용되고 있다.

집적회로

저가의 초소형 전자회로가 몇 가지 정교한 제조기술을 이용하여 대량 생산되고 있다. 이 공정은 얇고 원형인 실리콘 웨이퍼(wafer)를 만들기 위하여 고순도 실리콘으로 만들어진 커다란 원통형의 단결정을 성장시키는 것으로부터 출발한다. 하나의 웨이퍼 위에는 수많은 집

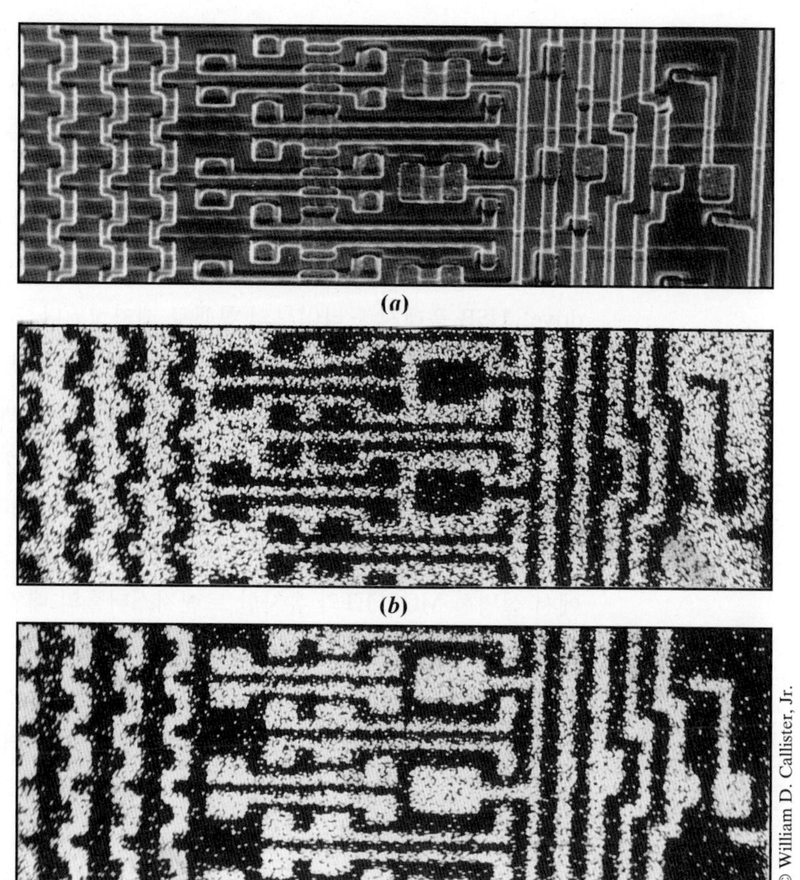

그림 13.26
(*a*) 집적회로의 주사전자현미경 사진(약 200배율). (*b*) 위의 집적회로의 실리콘 도트맵으로 실리콘 원자들이 모여 있는 영역을 보여준다. 도핑된 실리콘은 집적회로의 구성성분을 만드는 반도체 재료이다. (*c*) 알루미늄 도트맵. 금속 알루미늄은 전기 전도체로서 회로의 구성 성분들을 연결해 주는 배선이다.
주의: 6.12절의 설명에서, 이미지가 전자빔이 샘플의 표면을 주사할 때 주사전자현미경 영상이 생긴다고 하였다. 이 빔의 전자들은 샘플의 일부 표면 원자들에서 X선을 방출한다. X선 양자의 에너지는 그 X선을 방출하는 특정 원자에 의해 결정된다. 또한 한 종류의 원자에서 방출되는 X선을 선택적으로 걸러 내는 것이 가능하다. 음극선관에 투영되면 특정한 원자 종류의 위치를 나타내는 작은 하얀 점들이 생성되면서 도트맵의 이미지가 만들어진다.

적회로들[하나의 집적회로를 칩(*chip*)이라 함]을 형성시킨다. 하나의 칩은 사각형으로 되어 있고, 한쪽 변의 길이가 약 6 mm이며, 수백만 개의 회로 요소(다이오드, 트랜지스터, 저항, 커패시터)들을 포함하고 있다. 그림 13.26은 다른 배율로 확대된 마이크로프로세서 칩들의 사진으로서 접적 회로의 정교함을 보여주고 있다. 요즘은 수십억 개의 트랜지스터들로 구성된 마이크로프로세서 칩들이 생산되고 있으며 이 수는 약 18개월마다 2배씩 증가하고 있다.

초소형 전자회로는 정교한 패턴에 의한 여러 층으로 구성되어 있다. 사진석판(photolithographic) 기술을 이용하여, 각각의 층에 있는 매우 작은 요소들이 극소형 패턴에 따라 마스크(mask)된다. 회로 요소들은 확산(7.6절) 또는 이온주입 등의 방법으로 마스크되지 않은 부분에 선택적으로 불순물을 주입시켜 구성되는데 국부적으로 n형, p형, 높은 비저항이나 전도 지역을 형성시킨다. 이러한 과정은 그림 13.25에 나타난 MOSFET 개략도에서 볼 수 있는 바와 같이 전체 집적회로가 제조될 때까지 각 층에 대하여 반복된다. 하나의 집적회로를 구성하는 여러 가지 요소들을 이 장 첫 페이지의 사진 (*a*) 및 그림 13.26에 나타내었다.

이온결합 세라믹과 고분자에서의 전기 전도

대부분의 고분자와 이온결합 세라믹은 상온에서 부도체이므로 전자 에너지 밴드 구조는 그림 13.4*c*에 나와 있는 것과 유사하며, 전자가 가득 채워진 가전자대가 비어 있는 전도대로부터 보통 2 eV 이상 되는 비교적 넓은 밴드 갭으로 분리되어 있다. 그러므로 상온에서는 전자가 가질 수 있는 열에너지로 밴드 갭을 뛰어넘을 수 있는 전자의 수가 매우 적어서 매우 작은 전도도 값을 보인다. 표 13.3은 몇 가지 부도체에 대한 상온에서의 전기전도도를 보여준다(여러 가지 세라믹과 고분자 재료들의 전기 비저항은 부록 B의 표 B.9에 제공된다). 물론 많은 부도체는 그들의 절연 특성에 맞게 사용되고 있으며, 높은 전기 비저항이 요구되고 있다. 그러나 부도체도 온도 증가에 따라 전기전도도가 증가하고 있어, 경우에 따라서는 반도체보다도 높은 전도도를 나타낼 수 있다.

13.16 | 이온 재료에서의 전도

이온 재료를 구성하고 있는 양이온과 음이온은 전기 전하를 띠고 있으므로, 외부에서 전기장이 가해지면 이온들이 확산 또는 이동할 수 있다. 따라서 전자들의 움직임과 함께 이와 같은 전하 이온들의 순수 움직임(net movement)도 전류에 기여하게 된다. 물론 양전하와 음전하는 서로 반대방향으로 이동한다. 그러므로 이온 재료의 전체 전도도 σ_{total}은 전자와 이온에 의한 전도도의 합으로 표시된다.

표 13.3 13가지 비금속 재료들의 상온에서의 전형적인 전기전도도

Material	Electrical Conductivity $[(\Omega\cdot m)^{-1}]$
Graphite	3×10^4–2×10^5
Ceramics	
Concrete (dry)	10^{-9}
Soda–lime glass	10^{-10}–10^{-11}
Porcelain	10^{-10}–10^{-12}
Borosilicate glass	$\sim 10^{-13}$
Aluminum oxide	$<10^{-13}$
Fused silica	$<10^{-18}$
Polymers	
Phenol-formaldehyde	10^{-9}–10^{-10}
Poly(methyl methacrylate)	$<10^{-12}$
Nylon 6,6	10^{-12}–10^{-13}
Polystyrene	$<10^{-14}$
Polyethylene	10^{-15}–10^{-17}
Polytetrafluoroethylene	$<10^{-17}$

이온 재료들의 전도도는 전자 및 이온에 의한 전도도의 합과 같음

$$\sigma_{total} = \sigma_{electronic} + \sigma_{ionic} \tag{13.22}$$

어느 성분에 의한 전도가 우세한가의 여부는 재료(material), 순도(purity), 온도에 의하여 결정된다.

이동도 μ_I는 각 이온 종과 다음과 같은 관계를 가진다.

하나의 이온 종에 대한 이동도의 계산시

$$\mu_I = \frac{n_I e D_I}{kT} \tag{13.23}$$

여기서 n_I와 D_I는 각각 I라는 이온의 가전자 수와 확산계수이다. e, k, T는 이 장의 앞부분에서 설명되었던 것과 같은 매개변수이다. 그러므로 온도 증가에 따라 전자 전도 부분이 증가하는 것과 같이, 이온 전도가 전체 전도도에 미치는 영향도 증가한다. 온도가 증가함에 따라 두 가지 성분에 의하여 전도도는 증가하지만, 대부분의 이온 재료는 높은 온도에서 절연 특성을 유지한다.

13.17 | 고분자의 전기적 성질

대부분의 고분자 재료는 빈약한 전기전도성을 띠고 있는데(표 13.3), 이는 전도 과정에 참여할 수 있는 자유전자들이 적기 때문이다. 이러한 재료에서의 전기전도 기구는 잘 알려져 있지는 않지만, 고순도 고분자 재료의 전도도는 전자에 의해 나타나는 것으로 여겨진다.

전도성 고분자

지난 몇 년 동안 금속 전도체와 비슷한 수준의 전기전도도를 가진 고분자 재료가 합성되었다. 이와 같은 고분자를 **전도성 고분자**(*conducting polymer*)라고 하며, 전도도는 1.5×10^7 $(\Omega \cdot m)^{-1}$ 정도까지 나타내고 있다. 이 값은 부피를 기준으로 비교하였을 경우 구리 전도도의 1/4에 해당되며, 무게를 기준으로 비교하면 구리 전도도의 2배에 해당된다.

이러한 현상은 약 12개 정도의 고분자 재료에서 발견되고 있으며, 전도성 고분자로는 폴리아세틸렌(polyacetylene), 폴리파라페닐렌(polyparaphenylene), 폴리피롤(polypyrrole), 폴리아닐린(polyaniline) 등이 있다. 이 고분자들은 단일결합과 이중결합이 교대로 있거나 고분자 사슬에 방향족 단위들이 있는 체계를 가지고 있다. 예를 들면 폴리아세틸렌의 사슬구조는 다음과 같다.

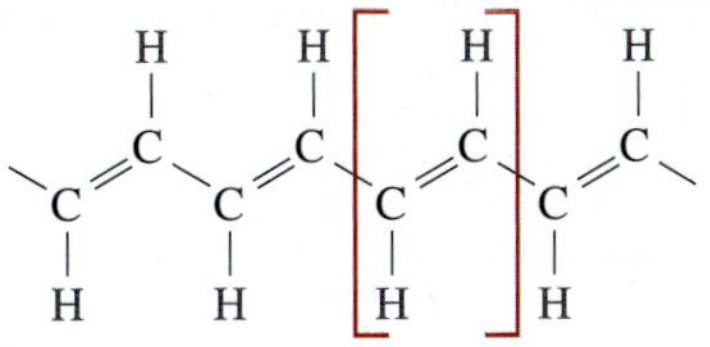

Repeat unit

교대로 위치하는 단일결합과 이중사슬결합에 속한 가전자들은 한 원자에 종속되어 있지 않다. 즉, 고분자 사슬을 구성하는 주사슬 원자들과 공유된다. 마치 금속에서 부분적으로 채워져 있는 전도대의 전자들이 중심 이온들에 공유되는 것과 비슷하다. 게다가 전도성 고분자의 전자 밴드 구조는 전기적 부도체 특성을 가지고 있다(그림 13.4*c*). 즉, 0 K에서 꽉 채워진 가전자대는 에너지 밴드 갭에 의해 빈 전도대로부터 분리되어 있다. 이 고분자들은 AsF_5, SbF_5, 또는 *I*(요오드)와 같은 적절한 불순물로 도핑해 주면 전도성을 띠게 된다. 반도체의 경우와 같이 이 고분자들은 불순물의 종류에 따라 *n*형(즉, 자유전자 우세) 또는 *p*형(즉, 정공 우세)으로 만들어진다. 그러나 반도체와는 달리 이런 불순물은 고분자 원자와 격자 위치를 바꾸거나 치환형으로 존재하지는 않는다.

이러한 재료가 전도성 고분자로 바뀌면서 수많은 전자와 정공이 생성되는 기구는 복잡하고 잘 이해되지 않는다. 간단하게 말하면, 불순물 원자들이 진성 고분자의 가전자대와 전도대를 겹쳐서 메우는 새로운 에너지 밴드를 만들기 때문인 것처럼 보인다. 겹쳐진 새로운 에너지 밴드는 부분적으로 채워져 있어서 상온에서 상당한 농도의 자유전자와 정공을 생성시키게 된다. 또한 합성 시 기계적(9.17절 참조) 또는 자기적으로 고분자의 사슬들에 방향성을 줌으로써 방향성을 따라 최대 전도도를 보이는 이방성을 갖는 재료를 얻을 수 있다.

이와 같은 전도성 고분자는 낮은 밀도, 유연성, 쉽게 제조할 수 있는 특성 때문에 넓은 범위에 걸쳐 적용할 수 있다. 고분자 전극을 사용하는 재충전 건전지와 연료전지가 현재 제조되고 있는데 금속 전극에 비해 여러 면에서 우수한 특성을 보이고 있다. 다른 작용 가능한 품목으로는 항공기와 우주선 요소들의 연결선, 의류의 정전기 방지 코팅, 전자기 차폐 재료, 그리고 전자 소자(예: 트랜지스터, 다이오드) 등이 있다. 몇몇 전도성 고분자는 전류 자극에 의해 빛을 방출하는 **전기장 발광**(*electroluminescence*) 현상을 보인다. 전기장 발광 고분자들은 태양전지판이나 평판 디스플레이와 같은 분야에 사용된다(19장 '중요 재료'의 발광 다이오드 참조).

유전체 거동

유전체
전기 쌍극자

유전체(dielectric)란 전기적으로 절연 특성(비금속)을 가지면서 동시에 **전기 쌍극자(electric dipole)** 구조를 보이거나 또는 보이도록 만들어진 재료이다. 즉, 양성체와 음성체가 분자 또는 원자 단위에서 서로 떨어져 있는 쌍극자 구조를 말한다. 이와 같은 전기 쌍극자의 개념은 2.7절에서 설명하였다. 전기장이 일으키는 쌍극자의 반응 때문에 유전체 재료를 커패시터로 이용할 수 있다.

13.18 | 커패시턴스

커패시턴스

커패시터(축전기, capacitor)의 양단에 걸쳐 전압이 가해질 때 외부에서 가해지는 전기장의 방향, 즉 양에서 음으로 향하는 방향에 대응하여 한쪽 면은 양전하, 다른 쪽 면은 음전하로 대전된다. **커패시턴스(capacitance)** C는 각 면에 저장된 전하량 Q와 다음과 같은 관계를 가지고 있다.

저장된 전하량과 가해진 전압으로 표현된 커패시턴스

$$C = \frac{Q}{V} \tag{13.24}$$

여기서 V는 커패시터 양단에 가해진 전압이다. 커패시턴스의 단위는 쿨롱/볼트(C/V) 또는 패럿(farad, F)이다.

그림 13.27a에 나타낸 것과 같이, 평행한 2개의 판(plate) 사이가 진공인 커패시터를 고려하자. 커패시턴스는 다음 관계식으로 계산된다.

진공에 놓여진 평행판으로 이루어진 커패시터의 커패시턴스

$$C = \varepsilon_0 \frac{A}{l} \tag{13.25}$$

유전율

여기서 A는 평행판의 면적이고, l은 두 판 사이의 거리이다. 매개변수 ε_0는 진공에서의 **유전율(permittivity)**로, 8.85×10^{-12} F/m의 값을 갖는다.

만일 유전체가 두 판 사이에 끼워지면(그림 13.27b), 위의 식은 다음과 같이 바뀌게 된다.

평행판 사이에 유전체가 삽입된 커패시터의 커패시턴스

$$C = \varepsilon \frac{A}{l} \tag{13.26}$$

유전상수

여기서 ε은 유전체의 유전율이고, ε_0보다는 큰 값을 갖는다 상대 유전율 ε_r은 **유전상수(dielectric constant)**라고 하며, 다음 비율과 같다.

유전상수의 정의

$$\varepsilon_r = \frac{\varepsilon}{\varepsilon_0} \tag{13.27}$$

상대 유전율 ε_r은 1보다 큰 값을 나타내며, 이는 두 판 사이에 유전체 재료가 끼워짐으로써 전하의 저장 능력이 커진다는 것을 의미한다. 유전상수는 커패시터 설계를 위하여 가장 중요하게 고려되는 재료 성질이다. 유전체 재료들의 유전상수 값을 표 13.4에 나타내었다.

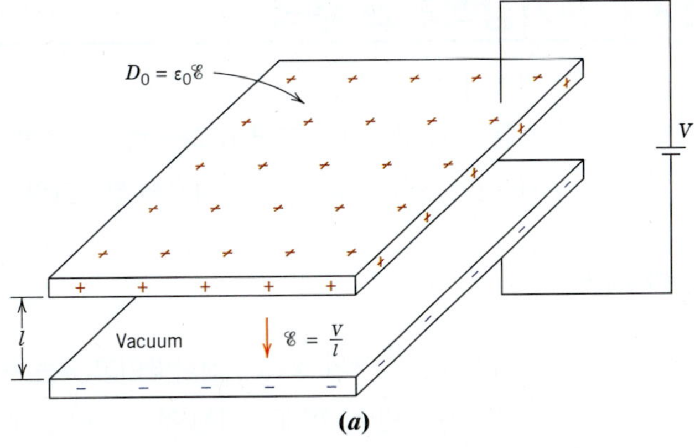

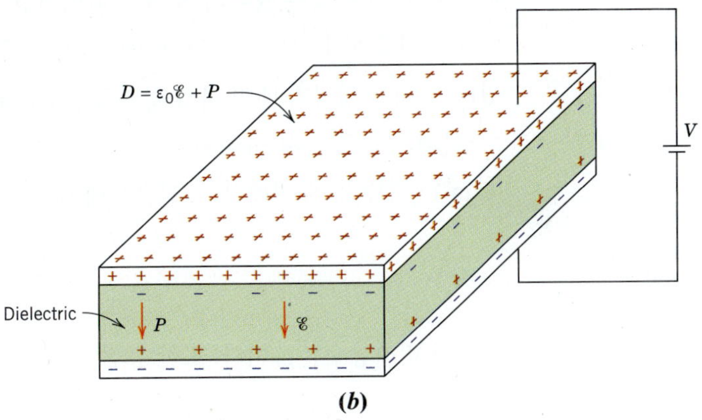

그림 13.27 평행판 사이가 (*a*) 진공인 경우와 (*b*) 유전체로 채워져 있는 경우에 대한 평행판 커패시터
(From K. M. Ralls, T. H. Courtney, and J. Wulff, *Introduction to Materials Science and Engineering*. Copyright © 1976 by John Wiley & Sons, Inc. Reprinted by permission of John Wiley & Sons, Inc.)

표 13.4 유전체 재료들에 대한 유전상수와 절연내력

Material	Dielectric Constant 60 Hz	Dielectric Constant 1 MHz	Dielectric Strength (kV/m)[a]
Ceramics			
Titanate ceramics	—	15–10,000	1968.5–11,811
Mica	—	5.4–8.7	39,370–78,740
Steatite ($MgO–SiO_2$)	—	5.5–7.5	7874–13,780
Soda–lime glass	6.9	6.9	9842.5
Porcelain	6.0	6.0	1574.8–15,748
Fused silica	4.0	3.8	9842.5
Polymers			
Phenol-formaldehyde	5.3	4.8	11,811–15,748
Nylon 6,6	4.0	3.6	15,748
Polystyrene	2.6	2.6	19,685–27,559
Polyethylene	2.3	2.3	17,716.5–19,685
Polytetrafluoroethylene	2.1	2.1	15,748–19,685

[a]These values of dielectric strength are average ones, the magnitude being dependent on specimen thickness and geometry, as well as the rate of application and duration of the applied electric field.

13.19 | 전기장벡터와 분극

커패시턴스 현상을 설명하는 가장 좋은 방법은 전기장벡터(field vector)를 이용하는 것이다. 모든 전기 쌍극자는 그림 13.28처럼 양전하와 음전하가 분리되어 있다는 사실로부터 시작하자. 전기 쌍극자 모멘트 p는 각각의 쌍극자와 다음의 관계를 유지하고 있다.

전기 쌍극자 모멘트

$$p = qd \tag{13.28}$$

여기서 q는 각각의 쌍극자 전하량이고, d는 두 전하 사이의 거리이다. 실제로 하나의 쌍극자 모멘트는 그림 13.28에 표시된 것과 같이 음전하에서 양전하로 향하는 방향성을 가진 하나의 벡터이다. 이와 같은 쌍극자에 전기장(벡터량)이 가해지면, 힘[토크(torque)]이 전기 쌍극자에 가해져 쌍극자가 외부 전기장과 방향을 맞춰 정렬하게 되는데 이 현상은 그림 13.29에 나타나 있다. 이러한 쌍극자 배열 과정을 **분극(polarization)**이라 한다.

분극

커패시터로 다시 돌아가서, 표면전하밀도 D, 또는 커패시터 판의 단위면적당 전하량 (C/m^2)은 전기장에 비례한다. 진공상태에서는 다음과 같이 된다.

진공에서의 유전변위 (표면전하밀도)

$$D_0 = \varepsilon_0 \mathscr{E} \tag{13.29}$$

여기서 비례상수는 ε_0이다. 또한 유전체 재료의 경우에는 다음과 같이 비슷한 표현을 얻을 수 있다.

유전체가 있을 때의 유전변위

$$D = \varepsilon \mathscr{E} \tag{13.30}$$

유전변위

간혹 D는 **유전변위(dielectric displacement)**라고도 한다.

유전체 재료 내에서 커패시턴스 또는 유전상수가 증가하는 것은 단순화한 분극 모델을 이용하여 설명할 수 있다. 그림 13.30a의 커패시터를 생각해 보자. 커패시터는 진공상태에 있으며, 상단의 판(plate)에 $+Q_0$의 전하가, 하단의 판에는 $-Q_0$의 전하가 저장되어 있다. 이와 같

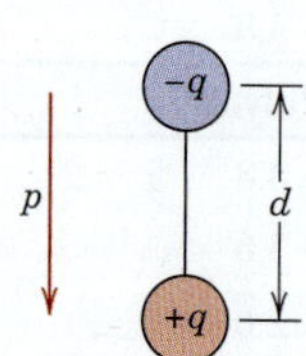

그림 13.28 d만큼의 거리로 분리되어 있는 2개의 전하량(q)에 의해서 생성되는 하나의 전기 쌍극자에 대한 모식도. 이에 해당하는 분극벡터 p 또한 보여주고 있다.

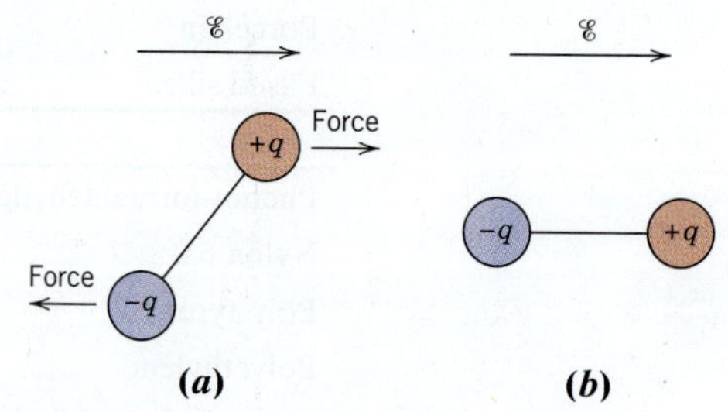

그림 13.29 (a) 전기장에 의하여 하나의 쌍극자에 부과되는 힘(토크), (b) 전기장에 따른 최종적인 쌍극자 정렬

그림 13.30 (*a*) 진공상태에서 커패시터 판 위에 저장된 전하, (*b*) 분극이 일어나지 않은 유전체 내에서의 쌍극자 정렬, (*c*) 유전체의 분극에 의하여 증가되는 전하 저장 능력들을 보여주는 모식도

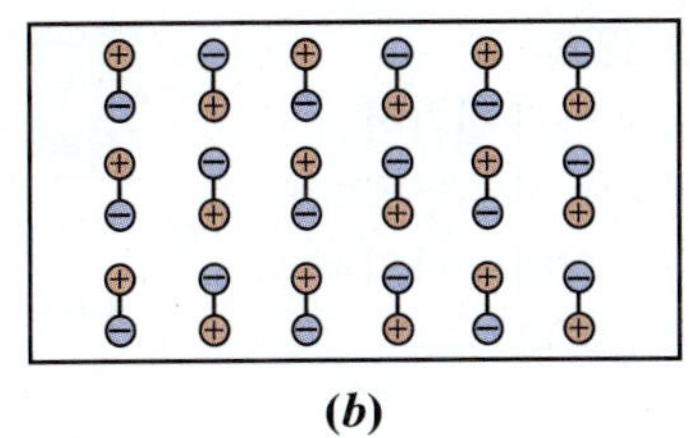

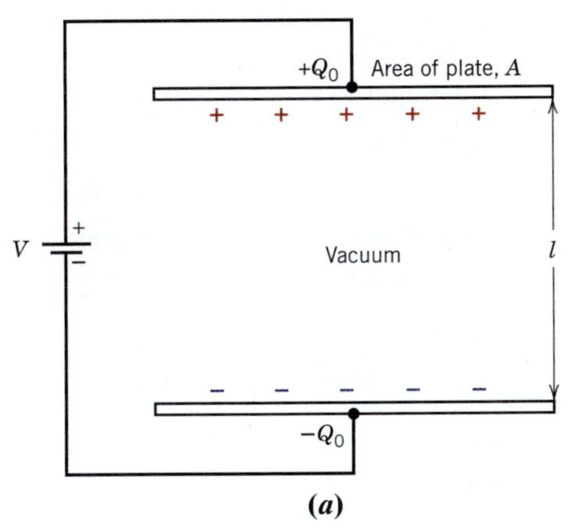

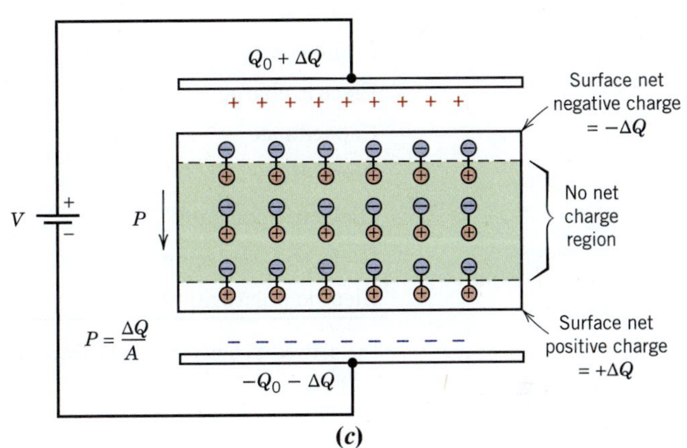

은 커패시터의 양쪽 판 사이에 유전체 물질을 끼워 넣고 전기장을 외부에서 가해 주면, 판 내부의 유전체는 전체가 다 분극화된다(그림 13.30*c*). 이러한 분극에 의하여 양극 가까이 위치한 유전체 표면에는 과잉의 음전하량 $-\Delta Q$가 축적되고, 마찬가지로 음극 가까이 있는 유전체 표면에는 과잉의 $+\Delta Q$ 전하량이 축적된다. 양쪽 표면에서 떨어진 부분(유전체의 내부 쪽)의 유전체는 분극에 중요한 영향을 미치지 않는다. 그러므로 각 판과 각 판에 근접한 부분의 유전체 표면을 하나의 덩어리로 보면, 유전체에 유도되는 전하($+\Delta Q$ 또는 $-\Delta Q$)는 진공상태에서 판에 축적된 전하($-Q_0$ 또는 $+Q_0$)의 일부를 상쇄시켰다고 생각할 수 있다. 결과적으로 양쪽 판에 가해지는 전압은 진공상태에서 가해진 전압과 같이 일정하게 유지되며, 양쪽 판에 음극단의 전하량은 $-\Delta Q$만큼 증가하고, 양극단의 전하량은 $+\Delta Q$만큼 증가하게 된다. 전자는 외부 전압에 의하여 양극에서 음극으로 흘러 들어가게 되어 내부에 이에 해당하는 전압이 형성되게 한다. 그러므로 각 판의 전하량은 $Q_0 + \Delta Q$를 나타내어 ΔQ만큼의 전하량이 증가된다.

유전체에서, 판(전극) 사이의 전하밀도, 즉 커패시터 판 위의 표면전하밀도는 다음과 같이 표현될 수 있다.

유전변위—전기장의 세기와 유전체의 분극에 영향을 받음

$$D = \varepsilon_0 \mathscr{E} + P \tag{13.31}$$

여기서 P는 **분극**(*polarization*) 또는 유전체가 존재하기 때문에 진공의 경우보다 증가된 전하밀도를 말한다. 혹은 그림 13.30*c*처럼 $P = \Delta Q/A$로 표현되는데 여기서 A는 각 판의 면적이다.

표 13.5
여러 가지 전기적 변수와 전기장 벡터에 대한 원래의 단위 및 변형된 단위들

Quantity	Symbol	SI Units Derived	SI Units Primary
Electric potential	V	volt	kg·m^2/s^2·C
Electric current	I	ampere	C/s
Electric field strength	$\mathscr{E}$	volt/meter	kg·m/s^2·C
Resistance	R	ohm	kg·m^2/s·C^2
Resistivity	ρ	ohm-meter	kg·m^3/s·C^2
Conductivity[a]	σ	(ohm-meter)$^{-1}$	s·C^2/kg·m^3
Electric charge	Q	coulomb	C
Capacitance	C	farad	s^2·C^2/kg·m^2
Permittivity	ε	farad/meter	s^2·C^2/kg·m^3
Dielectric constant	ε_r	dimensionless	dimensionless
Dielectric displacement	D	farad-volt/m^2	C/m^2
Electric polarization	P	farad-volt/m^2	C/m^2

[a]The derived SI units for conductivity are siemens per meter (S/m).

P의 단위는 D의 경우와 똑같이 C/m^{2}이다.

분극 P는 유전체의 단위부피당 전체 쌍극자 모멘트라고 여길 수 있다. 또는 분극을 유전체 내의 원자 또는 분자 쌍극자들이 외부 전기장에 의하여 정렬됨에 따라 유전체 내부에 형성되는 분극 전기장이라고 생각할 수 있다. 많은 유전체에 대하여 P와 $\mathscr{E}$의 관계식은 다음과 같다.

유전체의 분극—유전상수와 전기장의 세기에 영향을 받음

$$P = \varepsilon_0(\varepsilon_r - 1)\mathscr{E} \tag{13.32}$$

여기서 ε_r은 전기장의 크기와 무관하다.

여러 가지 유전 계수와 단위를 표 13.5에 나타내었다.

예제 13.5

커패시터의 성질 계산

평행판의 면적이 6.45×10^{-4} m^{2}이고, 판 사이의 거리가 2×10^{-3} m 떨어져 있는 평행판 커패시터에 10 V의 전압이 걸려 있다. 이와 같은 커패시터 판 사이에 유전체상수가 4.0인 재료를 삽입하였다. 이 경우에 다음의 값을 구하라.

(a) 커패시턴스

(b) 각 판에 축적된 전하량

(c) 유전변위 D

(d) 분극

풀이

(a) 커패시턴스는 식 (13.26)을 이용하여 계산한다. 그러기 위해서는 식 (13.27)을 이용하여 먼저 유전체 매개물의 유전율 ε을 다음과 같이 구해야 한다.

$$\begin{aligned}\varepsilon = \varepsilon_r \varepsilon_0 &= (4.0)(8.85 \times 10^{-12}\ \mathrm{F/m})\\ &= 3.54 \times 10^{-11}\ \mathrm{F/m}\end{aligned}$$

그러므로 커패시턴스는 다음과 같다.

$$\begin{aligned}C = \varepsilon \frac{A}{l} &= (3.54 \times 10^{-11}\ \mathrm{F/m}) \left(\frac{6.45 \times 10^{-4}\ \mathrm{m}^2}{2 \times 10^{-3}\ \mathrm{m}}\right)\\ &= 1.14 \times 10^{-11}\ \mathrm{F}\end{aligned}$$

(b) 커패시턴스가 결정되었으므로, 축적된 전하량은 식 (13.24)를 이용하여 다음과 같이 계산한다.

$$Q = CV = (1.14 \times 10^{-11}\ \mathrm{F})(10\ \mathrm{V}) = 1.14 \times 10^{-10}\ \mathrm{C}$$

(c) 유전변위 D는 식 (13.30)을 이용하여 계산한다.

$$\begin{aligned}D = \varepsilon \mathscr{E} = \varepsilon \frac{V}{l} &= \frac{(3.54 \times 10^{-11}\ \mathrm{F/m})(10\ \mathrm{V})}{2 \times 10^{-3}\ \mathrm{m}}\\ &= 1.77 \times 10^{-7}\ \mathrm{C/m^2}\end{aligned}$$

(d) 식 (13.31)을 이용하면 분극은 다음과 같이 결정된다.

$$\begin{aligned}P &= D - \varepsilon_0 \mathscr{E} = D - \varepsilon_0 \frac{V}{l}\\ &= 1.77 \times 10^{-7}\ \mathrm{C/m^2} - \frac{(8.85 \times 10^{-12}\ \mathrm{F/m})(10\ \mathrm{V})}{2 \times 10^{-3}\ \mathrm{m}}\\ &= 1.33 \times 10^{-7}\ \mathrm{C/m^2}\end{aligned}$$

13.20 | 분극의 유형

앞에서 설명한 바와 같이 분극은 외부 전기장에 의하여 유도되는 원자 또는 분자 쌍극자 모멘트 또는 영구 쌍극자 모멘트들의 정렬이다. 분극에는 세 가지 유형 또는 원인이 있는데 전자(electronic), 이온(ionic), 배향(orientation)이 이에 해당된다. 유전체 재료는 보통 재료의 특성에 따라서 또한 전기장을 외부에서 가해 주는 방법에 따라 이와 같은 세 가지 분극 중 적어도 하나 이상의 분극 유형을 보인다.

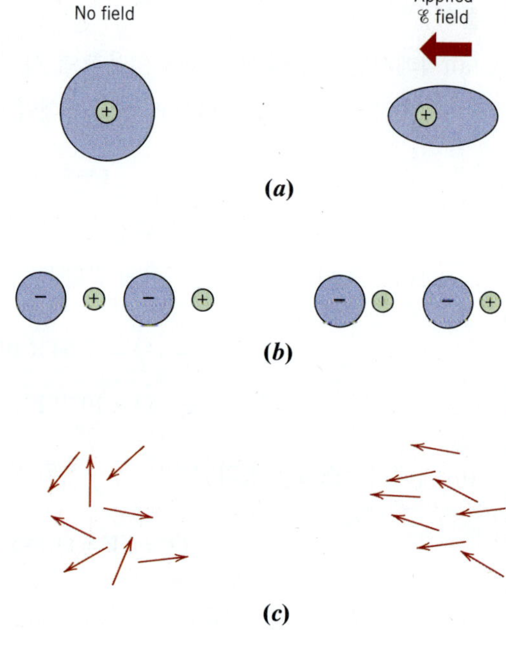

그림 13.31 (*a*) 전기장에 의하여 원자 내의 전자군이 변형되어 형성되는 전자 분극, (*b*) 전기장에 대응하여 일어나는 이온들의 상대적 거리 이동에 의하여 형성되는 이온 분극, (*c*) 외부 전기장에 대응하여 영구 전기 쌍극자들이 반응하여(화살표) 배향 분극을 야기한다.

전자 분극

전자 분극

전자 분극(electronic polarization)은 모든 원자에서 어느 정도는 유도되고 있다. 이 분극은 전기장에 의해 원자의 양전하를 띤 핵에 대한 음전하의 전자구름의 중심이 이동된 결과이다(그림 13.31*a*). 이와 같은 분극은 모든 유전체 재료에서 발견되며, 물론 전기장이 가해지는 동안에만 형성된다.

이온 분극

이온 분극

이온 분극(ionic polarization)은 이온 재료에서만 일어난다. 외부에서 전기장이 가해짐에 따라 양이온을 한쪽 방향으로 움직이게 하고, 음이온을 반대방향으로 움직이게 하여 순수한 쌍극자 모멘트를 형성시킨다. 그림 13.31*b*는 이 현상을 개략적으로 보여준다. 각 이온쌍에 대한 쌍극자 모멘트 p_i는 상대적인 위치 이동 d_i와 각 이온의 전하량을 곱해 준 값과 같다.

이온쌍에 대한 쌍극자 모멘트

$$p_i = qd_i \tag{13.33}$$

배향 분극

배향 분극

분극의 세 번째 유형인 **배향 분극(orientation polarization)**은 영구 쌍극자 모멘트를 소유하고 있는 물질에서만 발견된다. 이 분극은 그림 13.31*c*에 나타난 것과 같이 외부 전기장 방향으로 영구 쌍극자 모멘트가 회전하기 때문에 형성된다. 이와 같은 정렬 경향은 원자들의 열적 진동에 의하여 상쇄되는 효과가 있어 온도가 증가함에 따라 이러한 분극은 감소된다.

어떤 물질의 전체 분극 P는 전자 분극, 이온 분극, 배향 분극(각각 P_e, P_i, P_o)의 합으로 다음과 같다.

물질의 전체 분극은 전자, 배향 분극의 합과 같음

$$P = P_e + P_i + P_o \tag{13.34}$$

세 가지 유형의 분극 중 어떤 분극은 다른 분극에 비하여 무시할 정도로 작아서, 그 분극이 전체 분극에 영향을 미치지 못하는 경우가 있다. 예를 들면 이온 분극은 이온이 존재하지 않는 공유결합에서는 존재하지 않는다.

개념 확인 13.9

납 티타네이트($PbTiO_3$)에서는 어떤 유형의 분극이 가능한가? 그 이유는 무엇인가? **주의:** 납 티타네이트는 티탄산바륨(그림 13.34)과 동일한 결정구조를 가진다.

(정답은 *www.wiley.com*의 제품 페이지에서 확인할 수 있음)

13.21 | 유전상수에 미치는 주파수의 영향

실제 상황에서는 그림 13.22*a*처럼 시간에 따라 전압 혹은 전기장 방향이 바뀌는 교류전류(ac)를 많이 사용한다. 외부에서 가해 주는 교류에 의하여 분극이 바뀌는 유전체를 생각해 보자. 그림 13.32에서 볼 수 있는 것과 같이, 전기장의 방향이 바뀜에 따라 쌍극자는 전기장에 따라 방향을 바꾸어 재배열하고 있으며, 이와 같은 과정이 일어나는 데는 어느 정도 시간이 소요된다. 앞에서 설명한 여러 가지 분극은 그 유형에 따라 재배열되는 데 소요되는 최소한의 시간이 각각 다르며, 각각의 시간은 쌍극자들이 얼마나 쉽게 재배열될 수 있느냐에 따라 결정된다. **이완 주파수(relaxation frequency)**는 최소 재배열 시간에 역수를 취한 값으로 나타낸다.

이완 주파수

쌍극자는 가해 준 교류 주파수가 이완 주파수보다 클 때는 배열 방향이 바뀌는 것을 따라갈 수가 없다. 따라서 이러한 경우의 쌍극자는 유전상수에 아무런 변화를 주지 못한다. 세 가지 유형의 분극을 소유하고 있는 유전체 매개물에 대하여 교류를 가해 주었을 경우, 주파수의 변화가 유전상수 ε_r에 미치는 영향을 그림 13.33에 개략적으로 나타내었다(그림 13.33의 주파수축은 상용로그를 취한 값임을 주의하라). 그림 13.33에 나타낸 것과 같이, 한 가지 분극 기구가 높은 주파수 때문에 나타나지 않게 되면, 유전상수 값이 급격히 감소한다. 만약에 주파수 변화에 분극 기구가 변하지 않으면, 사실 유전상수는 주파수 변화에 무관하다. 표 13.4는 60 Hz와 1 MHz 두 가지 주파수에서 측정된 유전상수를 보여주고 있는데, 이것으로부터 낮은 주파수 영역 쪽에서의 주파수가 유전상수에 미치는 영향을 알 수 있다.

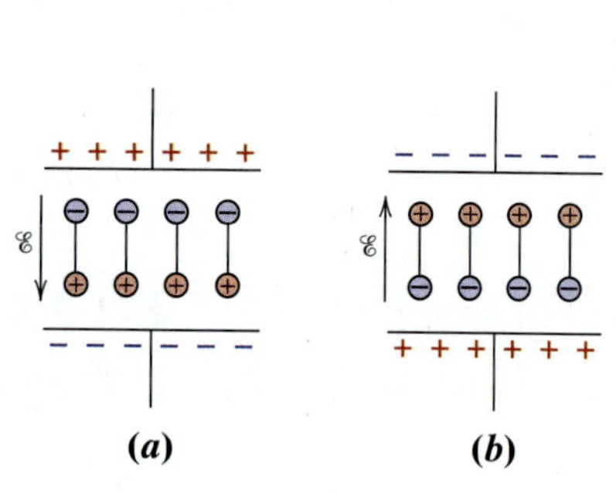

그림 13.32 교류전기장의 (*a*) 하나의 극성과 (*b*) 역극성에 대한 쌍극자들의 배향
(Adapted from Richard A. Flinn and Paul K. Trojan, *Engineering Materials and Their Applications*, 4th edition. Copyright © 1990 by John Wiley & Sons, Inc.)

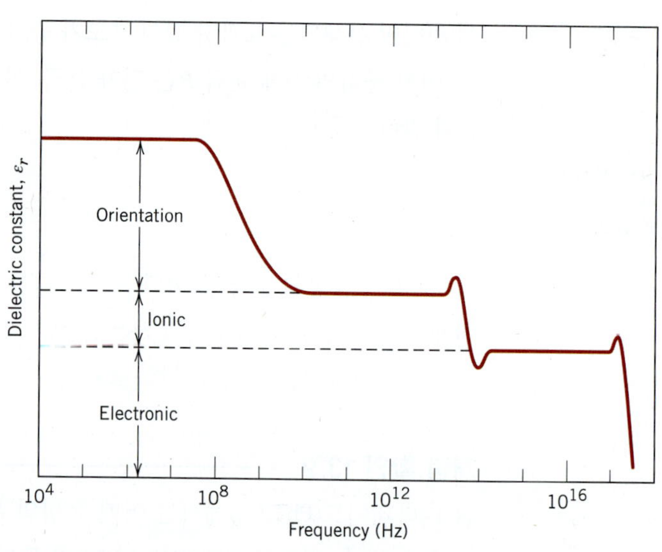

그림 13.33 교류장의 주파수에 따라 변하는 유전상수. 유전상수에 기여하는 전자 분극, 이온 분극, 배향 분극을 보여주고 있다.

교류전압이 가해지는 유전체 재료에 의하여 전기에너지가 흡수되는 것을 **유전손실**(*dielectric loss*)이라고 한다. 이러한 손실은 어떤 재료에서 각각의 쌍극자를 유발하는 유형에 대한 이완 주파수 부근에서 크게 일어나며, 실제 사용하는 주파수 범위에서 낮은 유전손실을 나타내는 것이 바람직하다.

개념 확인 13.10

분극이란 무엇을 의미하는가? 일부 유전체가 다른 유전체보다 마이크로파를 더 많이 흡수하는 이유는 무엇인가?

(정답은 *www.wiley.com*의 제품 페이지에서 확인할 수 있음)

13.22 | 절연내력

유전체 재료에서 아주 높은 전기장이 인가될 때 수많은 전자가 갑자기 전도대 안으로 여기될 수 있다. 결과적으로 이들 자유전자에 의하여 유전체를 통한 전류의 흐름이 급격히 증가하게 되며, 급격히 증가된 전류는 가끔 국부적으로 녹임, 태움, 휘발을 유발시켜 재료의 손상 또는 파괴를 일으킨다. 이러한 현상을 유전파괴(*dielectric breakdown*)라고 한다. **절연내력(dielectric strength)**은 때때로 절연파괴강도(*breakdown strength*)라고도 하며, 절연파괴를 일으키는 데 필요한 전기장의 세기로 나타낸다. 표 13.4는 여러 가지 재료에 대한 절연내력을 보여주고 있다.

절연내력

13.23 | 유전체 재료

수많은 세라믹과 고분자가 부도체 또는 커패시터에 이용되고 있다. 유리, 자기(porcelain), 스테아타이트(steatite), 운모(mica) 등을 포함한 많은 세라믹의 유전상수는 6~10의 값을 보이고 있다(표 13.4). 이러한 재료들은 형태의 안정성 및 높은 기계적 강도를 나타내고 있다. 이들은 주로 전력선과 전기적 절연, 스위치 베이스(switch base), 빛 리셉터클(light receptacle) 등에 사용된다. 티타니아(TiO_2)와 티탄산바륨($BaTiO_3$)과 같은 티타네이트 세라믹(titanate ceramic)은 매우 높은 유전상수 값을 가지도록 만들 수 있어 커패시터 제조에 아주 유용하게 적용할 수 있다.

대부분의 고분자에 대한 유전상수 값은 세라믹보다 작다. 이는 세라믹이 보다 높은 쌍극자 모멘트를 보이기 때문이며, 일반적으로 고분자의 유전상수는 2~5이다. 이와 같은 고분자는 보통 도선, 케이블, 모터, 발전기(generator) 등에서 부도체로 사용되며, 커패시터로도 일부 사용되고 있다.

재료의 다른 전기적 특성

일부 재료에서 나타나는 중요하고 진기한 두 가지 다른 전기적 특성인 강유전성(ferroelectricity)과 압전성(piezoelectricity)에 대하여 간단히 설명하기로 한다.

13.24 | 강유전성

강유전체

유전체 중의 한 부류인 **강유전체(ferroelectric)**는 전기장이 없는 경우에도 자발적 분극(*spontaneous polarization*)이 나타나는 것을 말한다. 강유전체라는 말은 영구자석 특성을 보이는 강자성체와 유사한 용어이다. 강유전체에는 영구적 전기 쌍극자가 존재해야만 하는데 영구 쌍극자의 원천은 가장 보편적인 강유전체 중 하나인 티탄산바륨을 이용하여 설명할 수 있다. 자발적 분극은 그림 13.34에 나타낸 것과 같이 단위격자 안에 놓여 있는 Ba^{2+}, Ti^{4+}, O^{2-} 이온들의 위치로 인해 형성된다. Ba^{2+} 이온은 정방구조(*tetragonal*) 대칭을 보유하고 있는(정육면체가 한쪽 방향으로 조금 늘어나 있음) 단위격자의 구석에 위치해 있다. 쌍극자 모멘트는 단위격자의 측면 그림에 나와 있는 것과 같이 O^{2-}과 Ti^{4+} 이온들이 자신의 대칭되는 위치로부터 상대적으로 이동된 결과에 의해 형성된다. O^{2-} 이온은 6개 각 면 중심의 약간 아래에 위치해 있고, Ti^{4+} 이온은 단위격자 중심에서 약간 위쪽 방향으로 이동되어 있다. 그러므로 각 단위격자마다 영구 이온 쌍극자 모멘트(permanent ionic dipole moment)가 형성된다(그림 13.34*b*). 그러나 티탄산바륨이 강유전체 퀴리온도(*ferroelectric Curie temperature*, 120°C) 이상으로 가열되면 단위격

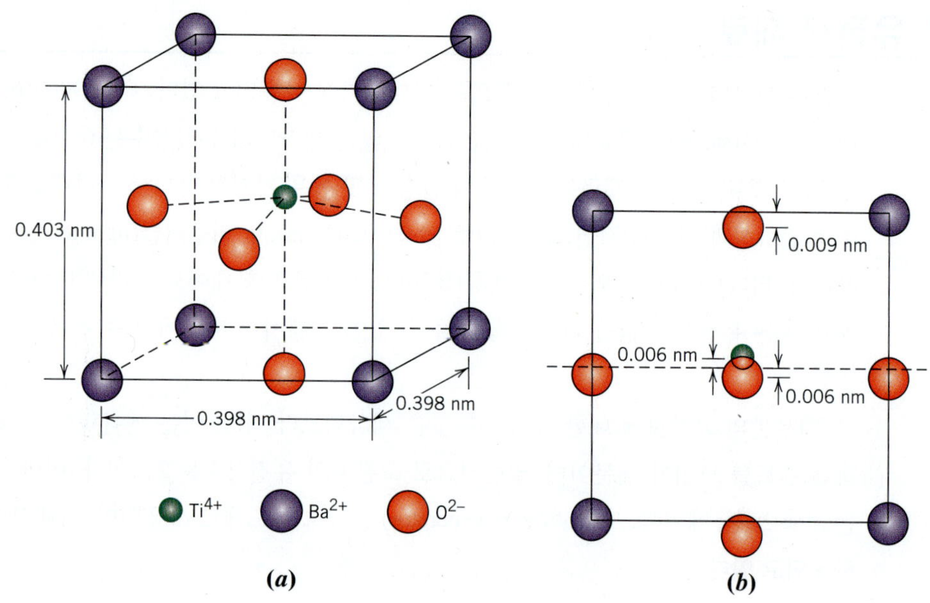

그림 13.34 티탄산바륨($BaTiO_3$) 단위격자의 (*a*) 등축 투영도, (*b*) 면의 중심으로부터 Ti^{4+}와 O^{2-}들이 벗어나 있음을 보여주는 면

자는 등축정계(cubic)의 구조로 바뀌게 되어 단위격자 내의 모든 이온들은 대칭의 위치에 있게 된다. 그러므로 이 재료는 페로브스카이트(perovskite) 결정구조(그림 3.10)를 갖게 되어 더 이상 강유전체 특성을 보이지 않는다.

이러한 그룹에 속하는 재료의 자발적 분극은 이웃한 영구 쌍극자들 사이에서 서로 같은 방향으로 정렬하려고 하는 상호작용의 결과로 나타난다. 티탄산바륨을 예로 들면, 시편 내 어느 부분의 모든 단위격자에 대하여 O^{2-}과 Ti^{4+} 이온의 상대적인 변위가 모두 같은 방향으로 이루어져 있다. 다른 재료들도 강유전성을 보이는데 이러한 재료로는 로첼염(Rochelle salt, $NaKC_4H_4O_6 \cdot 4H_2O$), 칼륨 중수소 인산(potassium dihydrogen phosphate, KH_2PO_4), 칼륨 니오브산염(potassium niobate, $KNbO_3$), 납 지르코네이트-티타네이트(lead zirconate-titanate, $Pb[ZrO_3, TiO_3]$) 등이 있다. 강유전체는 비교적 낮은 주파수의 전기장이 가해지는 경우 매우 높은 유전상수를 보이는데 티탄산바륨의 경우는 상온에서 5000 정도의 높은 유전상수 값을 갖는다. 그 결과, 이러한 재료로 만들어진 커패시터는 다른 재료로 만들어진 커패시터에 비하여 훨씬 작게 만들어도 같은 용량의 커패시턴스를 얻을 수 있다.

13.25 | 압전성

일부 세라믹 재료(일부 고분자도 포함)에서 나타나는 특이한 현상을 **압전성**(*piezoelectricity*, 문자 그대로는 압력 전기성)이라고 한다. 외력을 가함으로써 생기는 기계적 변형(치수 변화)

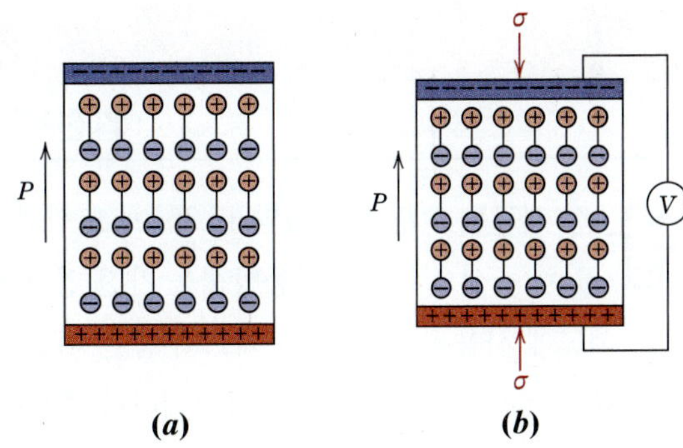

그림 13.35 (*a*) 압전 재료 내의 쌍극자. (*b*) 재료가 압축응력을 받을 때 전압이 발생한다.
(From L. H. Van Vlack, *A Textbook of Materials Technology*, Addison-Wesley, 1973. Reproduced by permission of the estate of Lawrence H. Van Vlack.)

의 결과로서 전기 분극(즉, 전기장 또는 전압)이 압전 결정체 안에서 발생된다(그림 13.35). 힘의 부호를 반대로(예: 인장에서 압축으로) 하면, 전기장의 방향이 반전된다. 이러한 종류의 재료들은 또한 역압전성 효과를 보이는데, 다시 말해서 전기장을 걸어 주면 기계적 변형이 발생한다.

압전 재료

압전 재료(piezoelectric material)는 전기적 에너지와 기계적 에너지 사이의 변환기로 사용될 수 있다. 초기의 압전세라믹 재료는 수중 물체(예: 잠수함)를 감지하고 초음파 방출 및 수신 시스템을 사용하여 위치를 탐지하는 수중 음파 탐지기 시스템 등에 응용되어 왔다. 압전체(*piezoelectric*) 결정은 전기 신호로 진동을 일으켜 물을 통해 전달되는 고주파 기계적 진동을 발생시킨다. 진동이 물체에 마주치면 신호가 반사되고 다른 압전 재료가 반사된 진동에너지를 받아 전기 신호로 다시 변환된다. 초음파 소스와 반사체 간의 거리는 송신 및 수신 사이의 경과시간에 의해 결정된다.

최근에 자동화와 현대적인 복잡한 도구에 대한 소비자의 관심 증가로 인하여 압전 소자의 사용이 급격히 증가하였다. 압전 소자는 자동차(휠 밸런스, 안전벨트 버저, 마모 표시기, 무선 도어 잠금 장치, 에어백 센서), 컴퓨터 및 전자제품(마이크, 스피커, 하드 디스크 및 노트북 변압기용 마이크로액추에이터), 상업 및 소비 용품(잉크젯 프린터 헤드, 스트레인 게이지, 초음파 용접기, 매연 감지기), 의료 분야(인슐린 펌프, 초음파 치료법, 초음파 백내장 제거 장치) 등에 사용된다.

압전세라믹 재료로는 산화 티탄계인 티탄산바륨과 티탄산납($BaTiO_3$와 $PbTiO_3$), 지르코늄산납($PbZrO_3$), 지르코늄티탄산납[PZT, $Pb(Zr,Ti)O_3$], 그리고 칼륨니오브산염($KNbO_3$) 등이 있다. 압전성은 대칭성이 낮은 복잡한 결정구조를 갖는 물질에서 특징적으로 나타난다. 다결정질 시편의 압전성은 강력한 전자장 안에서 퀴리온도 이상으로 가열한 후 상온으로 냉각함으로써 향상될 수 있다.

중요 재료 13.1

압전세라믹 잉크젯 프린터 헤드

압전 재료는 그림 13.36*a*와 13.36*c*에 도식화되어 있는 구성요소들과 작동방식을 가진 잉크젯 프린터 헤드에 사용된다. 하나의 헤드 부품은 비압전 변형 재료(초록색 영역)와 접합한 압전세라믹(주황색 영역)으로 구성된 유연한 이중층 디스크로 이루어져 있다. 액체잉크와 저장소는 그림에서 파란색 영역으로 표시되어 있다. 압전체 내의 짧은 수평 화살표는 영구 쌍극자 모멘트 방향을 나타낸다.

프린터 헤드는 역압전효과로 작동(노즐로부터 잉크방울 분사)시킬 수 있다. 즉, 이중층 디스크는 인가 전압의 바이어스의 변화에 따라 압전층의 팽창 및 수축에 의해 전후로 꺾이게 된다. 예를 들어 그림 13.36*a*는 순방향 바이어스 전압의 부과가 이중층 디스크가 잉크를 저장소에서 노즐 챔버로 끌어들이는(혹은 당기는) 방법을 보여주고 있다. 전압 바이어스를 반대로 걸어 주면 이중층 디스크가 잉크방울을 분출하도록 반대방향, 즉 노즐 방향으로 구부러진다(그림 13.36*b*). 마지막으로, 전압을 제거하면 다음 방출신호에 대비하여 디스크가 구부러지지 않은 상태로 돌아간다(그림 13.36*c*).

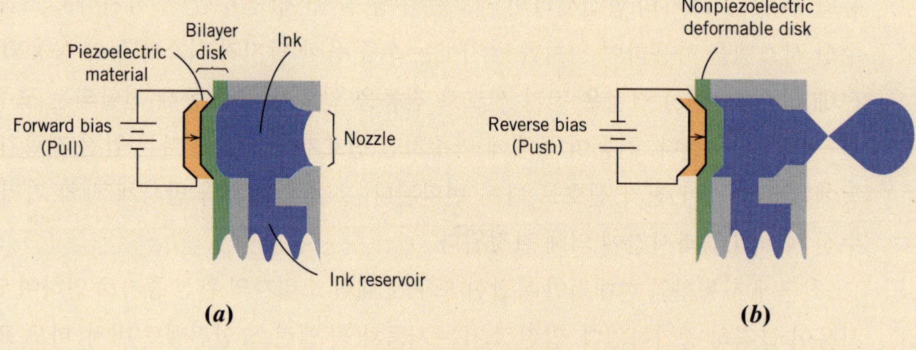

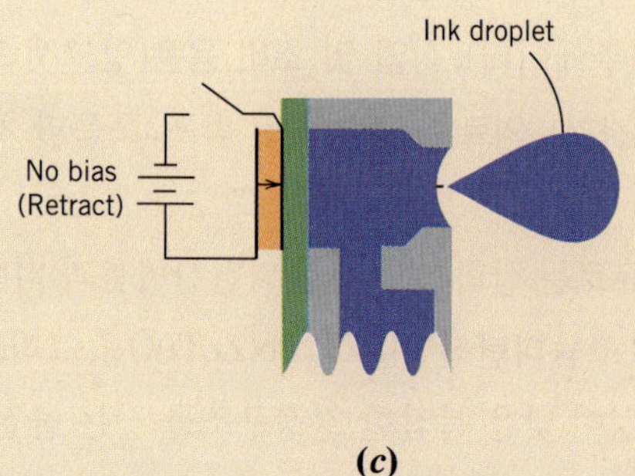

그림 13.36 압전세라믹 잉크젯 프린터 헤드의 작동 순서(모식도). (*a*) 순방향 바이어스 전압을 인가하면 이중층 디스크가 한 방향으로 휘어지면서 잉크를 노즐 챔버로 끌어당긴다. (*b*) 전압 바이어스를 반전시켜 디스크를 반대방향으로 휘어지게 하면 잉크방울이 분사된다. (*c*) 전압을 제거하면 다음 신호에 대비하여 이중층 디스크가 구부러지지 않은 초기상태로 돌아간다. (Images provided courtesy of Epson America, Inc.)

13.26 | 전기변형

전기변형

재료가 외부 전기장을 받으면 **전기변형(electrostriction)**이라고 하는 재료의 크기의 변화가 발생한다. 이러한 변위는 인가된 전기장으로 인해 이온의 상대 위치가 재배열되는 이온쌍 전위 부조화에 기인한다고 알려져 있다. 비전도성 물질은 무작위로 정렬된 분극된 전기 영역(도메인)을 가지고 있다. 양전하를 띤 이온은 전계방향으로 변위가 일어나고 음전하를 띤 이온은 전계방향과 반대방향으로 변위가 일어난다. 푸아송 효과(Poisson's effect)로 인해 그림 13.37과 같이 직교방향의 두께가 감소하게 된다.

전기변형의 크기는 이온의 유형과 결정구조에 따라 다르다. 분극은 전기변형과 직접적인 관련이 있다. 인가된 전기장으로 인해 전기변형 재료는 그 크기가 변하게 된다. 편광 밀도는 변형률의 제곱근에 비례한다. 전기장을 반대로 인가한 경우에도 전기변형 방향에는 변화가 없다. 전기변형계수는 2차 텐서(x_{ij})와 1차 편광밀도(P_m)와 관련된 4차 텐서(Q_{ijkl})로 정의된다.

$$x_{ij} = Q_{ijkl} P_k P_l \tag{13.35}$$

전기변형 특성은 모든 결정 대칭에 적용할 수 있는 반면 압전 특성은 32개의 결정계 중 20개의 결정계에서만 적용 가능하다. 또한 선형적인 변화를 가지는 압전의 효과와 비교하여 전기변형은 2차원적인 변형이 나타나는 특징이 있다. 그림 13.38은 전기변형 액추에이터와 압전 액추에이터를 비교한 것이다.

적용된 전기장이 클수록 전기변형 효과가 커진다. 상당한 전기변형 효과를 나타내는 물질에는 PMN(납 마그네슘 니오베이트), PLZT(납 란탄 지르콘산 티타네이트), PMN-PT(납 마그네슘 니오브산-납 티타네이트) 등이 있다. 이러한 물질들은 유전체보다 더 높은 변형률을 보이며 '이완 강유전체(relaxor ferroelectrics)'라고 불린다.

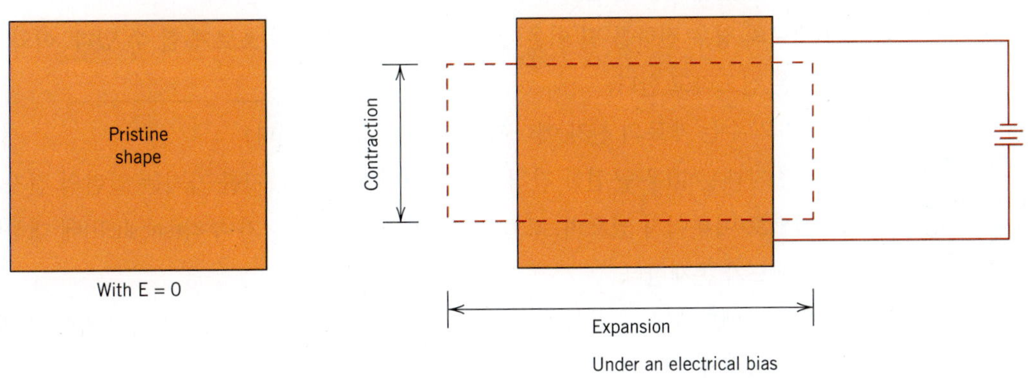

그림 13.37 인가된 전기장에 의한 재료의 크기의 변화

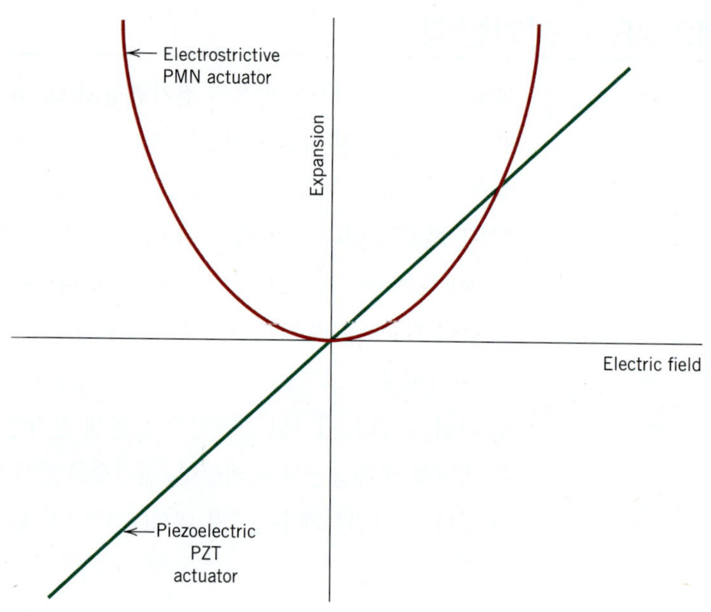

그림 13.38 전기변형 및 압전 액추에이터의 전압 거동에 대한 변위의 일반적인 경향을 비교한 그래프

요약

옴의 법칙

전기전도도

- 어떤 재료가 전류를 얼마나 잘 흘릴 수 있는가 하는 척도는 전기전도도 또는 이의 역수인 비저항으로 표현된다[식 (13.2), (13.3)].
- 전압, 전류, 저항 사이의 관계식을 옴의 법칙이라고 한다[식 (13.1)]. 같은 식으로 식 (13.5)는 전류밀도, 전도도, 전기장 세기와 관련이 있다.
- 전도도 관점에서 고체 재료는 금속, 반도체, 부도체로 구분된다.

전자 및 이온 전도

- 대부분의 재료에 대하여 전류는 자유전자의 움직임에 의해 흐르게 되며, 자유전자는 외부에서 가해지는 전기장에 대응하여 가속된다.
- 이온 재료의 경우 전하를 띤 이온이 이동함으로써 전류를 흐르게 할 수 있다. 이와 같은 전도를 이온 전도라고 한다.

고체의 에너지 밴드 구조

에너지 밴드와 원자결합 모델로 설명하는 전기 전도

- 자유전자의 수는 재료의 전자 에너지 밴드 구조에 좌우된다.
- 하나의 전자대는 매우 근접한 간격으로 떨어져 있는 에너지를 가지는 일련의 전자 준위들의 모임으로 이루어져 있으며, 고립된 원자에 존재하는 전자 부각(subshell)에 대하여 각각 하나의 밴드가 존재한다.
- **전자 에너지 밴드 구조**는 최외각 밴드들이 상대적으로 서로 배열되면서 전자들이 채워지는 방법을 보여준다.
  - 금속은 두 가지 밴드 구조 형태가 가능하다(그림 13.4*a*와 13.4*b*). 빈 에너지 준위들은 전자가 채워진 에너지 준위에 인접해 있다.

- 반도체와 부도체의 밴드 구조는 유사하다. 두 재료 모두 0 K에서 채워진 가전자대와 비어 있는 전도대 사이에 위치하는 에너지 밴드 갭을 가지고 있다. 이 밴드 갭의 크기는 부도체의 경우 상대적으로 넓고(2 eV 이상)(그림 13.4*c*), 반도체의 경우 상대적으로 좁다(2 eV 이하)(그림 13.4*d*).

- 하나의 전자는 한 밴드 내의 채워진 준위로부터 페르미에너지보다 높은 빈 에너지 준위로 여기됨으로써 자유롭게 된다.
  - 금속에서는 비교적 적은 에너지들이 전자여기에 요구되어 많은 수의 자유전자가 생성된다(그림 13.5).
  - 반도체나 부도체에서는 전자여기에 큰 에너지가 요구되어 보다 낮은 농도의 자유전자를 생성하고, 결과적으로 낮은 전도도를 나타낸다(그림 13.6).

전자 이동도

- 전기장에 의하여 움직이는 자유전자는 결정격자 내의 결함들과 충돌한다. 전자 이동도의 값은 이와 같은 충돌 빈도와 관련된 값이다.
- 많은 재료에 있어서 전기전도도는 전자 농도와 이동도의 곱에 비례한다[식 (13.8)].

금속의 전기 비저항

- 금속 재료에 대하여 전기 비저항은 온도, 불순물 농도, 소성변형량들이 증가함에 따라 증가한다. 전체 비저항은 각 인자들에 의해 기여되는 값들을 합한 것과 같다[매티슨의 법칙, 식 (13.9)].
- 열과 불순물의 영향(고용체와 2상 합금 모두에 대한)은 식 (13.10), (13.11), (13.12)로 설명할 수 있다.

진성 반도체
외인성 반도체

- 반도체는 원소(Si 또는 Ge) 또는 공유결합 화합물로 된 재료이다.
- 이와 같은 재료에서는 자유전자 이외에도 정공(가전자대에서 전자를 잃음)들이 전도 과정에 참여한다.
- 전기적 거동에 근거하여, 반도체들은 진성 또는 외인성(불순물)으로 구분한다.
  - 진성 반도체에서 전기적 성질은 순수한 재료에 고유한 값들이고, 전자와 정공 농도는 서로 같다. 전기전도도는 식 (13.13) 또는 (13.15)를 이용하여 계산한다.
  - 반면에 외인성 반도체의 전기적 거동은 불순물에 의하여 결정된다. 외인성 반도체는 전자가 주요 전하 운반자인지 정공이 주요 운반자인지에 따라 각각 *n*형 또는 *p*형이 될 수 있다.
- 도너 불순물은 과잉의 전자를 생성하고(그림 13.11, 13.12), 억셉터 불순물은 과잉의 정공을 생성한다(그림 13.13, 13.14).
- *n*형 반도체의 전기전도도는 식 (13.16)을 사용하여 계산하고, *p*형 반도체의 경우 식 (13.17)을 사용하여 계산한다.

운반자 농도의 온도 의존성

- 온도 상승에 따라 진성 운반자 농도가 급격히 증가한다(그림 13.15).
- 외인성 반도체의 경우, 다수 운반자 농도와 온도 간의 그래프에서 운반자 농도는 외인성 반

도체 구간에서는 온도와는 무관하다(그림 13.16). 이 구간에서의 다수 운반자 농도는 불순물 농도와 거의 같다.

운반자 이동도에 영향을 미치는 요소

- 외인성 반도체의 경우, 전자와 정공의 이동도는 (1) 불순물 함량이 증가함에 따라 감소하고(그림 13.17), (2) 일반적으로 온도가 상승함에 따라 감소한다(그림 13.18*a*와 13.18*b*).

홀 효과

- 홀 효과 실험을 이용하여 운반자 전하의 형태(즉, 전자 또는 정공)뿐만 아니라 운반자의 농도 및 이동도를 결정할 수 있다.

반도체 소자

- 수많은 반도체 소자는 특수한 전기적 기능을 실행하기 위해 반도체 재료의 특정한 전기적 특성을 이용하고 있다.
- *p-n* 정류 접합(그림 13.20)은 교류를 직류로 변환하는 데 사용된다.
- 또 다른 반도체 소자로는 트랜지스터가 있는데 전기적 신호를 증폭하는 것뿐만 아니라 컴퓨터 회로 내에서 스위칭 소자로 사용되고 있다. 접합 트랜지스터 및 MOSFET 트랜지스터(그림 13.23, 13.24, 13.25)가 이와 같은 기능이 가능하다.

이온결합 세라믹과 고분자에서의 전기 전도

- 대부분의 이온 세라믹과 고분자는 상온에서 부도체이다. 전기전도도의 범위는 약 10^{-9}~10^{-18} $(\Omega \cdot m)^{-1}$ 정도 된다. 이에 비해 대부분의 금속의 전기전도도 σ는 10^{7} $(\Omega \cdot m)^{-1}$ 정도이다.

유전체 거동

- 양전하와 음전하 물체가 원자 또는 분자 수준으로 일정한 거리로 분리되어 있을 때 **쌍극자**가 존재하고 있다고 말한다.

커패시턴스

- **분극**은 전기장에 의해 전기적 쌍극자가 정렬되는 것이다.

전기장벡터와 분극

- **유전 재료**는 전기장이 존재할 때 분극이 일어나는 전기적 부도체이다.
- 이 분극 현상은 유전체가 커패시터로서 전하를 저장할 수 있는 능력이 증가되는 이유를 설명하고 있다.
- 정전용량은 가해진 전압과 식 (13.24)에 따라 저장된 전하량에 따라 달라진다.
- 커패시터의 전하 저장 효율은 유전상수 또는 상대 유전율로 표현된다[식 (13.27)].
- 평행판 커패시터의 정전용량은 판 사이에 삽입된 재료의 유전율 값과 판의 면적 및 판 사이의 거리의 함수로 표현된다[식 (13.26)].
- 유전체 매개물 내의 유전변위는 식 (13.31)에 의해 가해진 전기장과 유도된 분극에 의존한다.
- 일부 유전 재료의 경우, 가해진 전기장에 의해 유도되는 분극은 식 (13.32)로 표현된다.

분극의 유형

- 분극 유형에는 전자(그림 13.31*a*), 이온(그림 13.31*b*), 배향(그림 13.31*c*) 분극이 있는데 모든 형태의 분극이 특정한 유전체에 반드시 존재할 필요는 없다.

유전상수에 미치는 주파수의 영향

- 교류전기장에서는 주파수에 따라 특수한 분극 형태가 전체 분극에 영향을 미치고 있어, 유

전상수는 주파수에 의해 좌우된다. 각각의 분극 기구는 외부에서 가해 주는 주파수가 그 분극 기구의 이완 주파수보다 클 때 그 기능이 멈추게 된다.

재료의 다른 전기적 특성

- 강유전체는 외부 전기장이 없을 경우에 자발적으로 분극을 나타낼 수 있는 재료이다.
- 압전 재료에 기계적 응력이 가해지면 전기장이 생성된다.
- 결정이 전기장에 노출될 때마다 격자에 있는 모든 이온의 변위가 발생한다. 이 현상을 전기변형이라고 한다.

식 요약

Equation Number	Equation	Solving for
13.1	$V = IR$	Voltage (Ohm's law)
13.2	$\rho = \frac{RA}{l}$	Electrical resistivity
13.4	$\sigma = \frac{1}{\rho}$	Electrical conductivity
13.5	$J = \sigma\mathscr{E}$	Current density
13.6	$\mathscr{E} = \frac{V}{l}$	Electric field intensity
13.8, 13.16	$\sigma = n\|e\|\mu_e$	Electrical conductivity (metal); conductivity for *n*-type extrinsic semiconductor
13.9	$\rho_{\text{total}} = \rho_t + \rho_i + \rho_d$	For metals, total resistivity (Matthiessen's rule)
13.10	$\rho_t = \rho_0[1 + \alpha_t(T - T_{\text{RT}})]$	Thermal resistivity contribution
13.11	$\rho_i = Ac_i(1 - c_i)$	Impurity resistivity contribution—single-phase alloy
13.12	$\rho_i = \rho_\alpha V_\alpha + \rho_\beta V_\beta$	Impurity resistivity contribution—two-phase alloy
13.13 13.15	$\sigma = n\|e\|\mu_e + p\|e\|\mu_h$ $= n_i\|e\|(\mu_e + \mu_h)$	Conductivity for intrinsic semiconductor
13.17	$\sigma \cong p\|e\|\mu_h$	Conductivity for *p*-type extrinsic semiconductor
13.24	$C = \frac{Q}{V}$	Capacitance
13.25	$C = \varepsilon_0\frac{A}{l}$	Capacitance for a parallel-plate capacitor in a vacuum
13.26	$C = \varepsilon\frac{A}{l}$	Capacitance for a parallel-plate capacitor with a dielectric medium between plates
13.27	$\varepsilon_r = \frac{\varepsilon}{\varepsilon_0}$	Dielectric constant
13.29	$D_0 = \varepsilon_0\mathscr{E}$	Dielectric displacement in a vacuum
13.30	$D = \varepsilon\mathscr{E}$	Dielectric displacement in a dielectric material
13.31	$D = \varepsilon_0\mathscr{E} + P$	Dielectric displacement
13.32	$P = \varepsilon_0(\varepsilon_r - 1)\mathscr{E}$	Polarization

기호 목록

Symbol	Meaning
A	Plate area for a parallel-plate capacitor; concentration-independent constant
a	Temperature-independent constant
c_i	Concentration in terms of atom fraction
$\|e\|$	Absolute magnitude of charge on an electron (1.6×10^{-19} C)
I	Electric current
l	Distance between contact points that are used to measure voltage (Figure 13.1); plate separation distance for a parallel-plate capacitor (Figure 13.27*a*)
n	Number of free electrons per unit volume
n_i	Intrinsic carrier concentration
p	Number of holes per unit volume
Q	Quantity of charge stored on a capacitor plate
R	Resistance
T	Temperature
V_α, V_β	Volume fractions of α and β phases
ε	Permittivity of a dielectric material
ε_0	Permittivity of a vacuum (8.85×10^{-12} F/m)
μ_e, μ_h	Electron, hole mobilities
ρ_α, ρ_β	Electrical resistivities of α and β phases
ρ_0	Concentration-independent constant

중요한 용어와 개념

MOSFET
가전자대
강유전체
금속
다이오드
도너 준위
도핑
매티슨의 법칙
반도체
배향 분극
부도체
분극
비저항
순방향 바이어스
압전 재료
억셉터 준위
에너지 밴드 갭
역방향 바이어스
옴의 법칙
외인성 반도체
유전변위
유전상수
유전율
유전체
이동도
이온 분극
이온 전도
이완 주파수
자유전자
전기 비저항
전기 쌍극자
전기전도도
전도대
전자 분극
전자 에너지 밴드
절연내력
접합 트랜지스터
정공
정류 접합
진성 반도체
집적회로
커패시턴스
페르미에너지
홀 효과

참고문헌

Anderson, B. L., and R. L. Anderson, *Fundamentals of Semiconductor Devices*, 2nd edition, McGraw-Hill Education, New York, NY, 2018.

Hofmann, P., *Solid State Physics: An Introduction*, 2nd edition, Wiley-VCH, Weinheim, Germany, 2015.

Hummel, R. E., *Electronic Properties of Materials*, 4th edition, Springer-Verlag, New York, NY, 2011.

Irene, E. A., *Electronic Materials Science*, John Wiley & Sons, Hoboken, NJ, 2005.

Jiles, D. C., *Introduction to the Electronic Properties of Materials*, 2nd edition, CRC Press, Boca Raton, FL, 2001.

Kingery, W. D., H. K. Bowen, and D. R. Uhlmann, *Introduction to Ceramics*, 2nd edition, John Wiley & Sons, New York, NY, 1976. Chapters 17 and 18.

Kittel, C., *Introduction to Solid State Physics*, 8th edition, John Wiley & Sons, Hoboken, NJ, 2005. An advanced treatment.

Livingston, J., *Electronic Properties of Engineering Materials*, John Wiley & Sons, New York, NY, 1999.

Rockett, A., *The Materials Science of Semiconductors*, Springer, New York, NY, 2008.

Solymar, L., D. Walsh, and R. R. A. Syms, *Electrical Properties of Materials*, 10th edition, Oxford University Press, New York, NY, 2019.

문제

옴의 법칙

전기전도도

13.1 **(a)** 0.3 A의 전류가 축방향으로 흐르는 지름 10 mm, 길이 57 mm의 원통형 실리콘 시편의 전기전도도를 계산하라. 단, 이 시편의 축방향으로 50 mm 거리에 놓인 2개의 프로브에서 30 V의 전압이 측정되었다.

(b) 시편의 전체 57 mm에 대한 저항값을 계산하라.

13.2 20 m 길이의 구리선에 10 A의 전류가 통과할 때 2.0 V 미만의 전압강하가 측정되었다. 표 13.1의 데이터를 사용하여 구리선의 최소 지름을 계산하라.

13.3 지름 6 mm의 알루미늄 와이어는 3.0 Ω 이하의 저항을 가져야 한다. 표 13.1의 데이터를 사용하여 와이어의 최대 길이를 계산하라.

13.4 2개의 옴의 법칙 식인 식 (13.1)과 (13.5)가 동일함을 증명하라.

13.5 **(a)** 표 13.1의 데이터를 사용하여 지름 10 mm, 길이 10 m인 구리선의 저항을 계산하라.

(b) 도선 양단의 전압강하가 0.08 V라면 얼마의 전류가 흐를까?

(c) 전류 밀도는 얼마인가?

(d) 도선 양단의 전기장의 크기는 얼마인가?

전자 및 이온 전도

13.6 전자 전도와 이온 전도의 차이점은 무엇인가?

고체의 에너지 밴드 구조

13.7 고립된 하나의 원자와 고체 재료의 전자구조는 어떻게 다른가?

에너지 밴드와 원자결합 모델로 설명하는 전기 전도

13.8 전자 에너지 밴드 구조의 관점에서 금속, 반도체, 부도체 간의 전기전도도 차이에 대한 이유를 논하라.

전자 이동도

13.9 자유전자의 유동속도와 이동도가 의미하는 바를 간단히 기술하라.

13.10 **(a)** 실온에서 전기장의 크기가 400 V/m일 때 실리콘에서 전자의 유동속도를 계산하라.

(b) 이러한 상황에서 전자가 30 mm 길이의 결정을 가로질러 가는 데 얼마의 시간이 걸리는가?

13.11 실온에서 알루미늄의 전기전도도와 전자 이동도는 각각 $3.8 \times 10^7\ (\Omega \cdot m)^{-1}$과 $0.0012\ m^2/V \cdot s$이다.

(a) 실온에서 알루미늄의 m^3당 자유전자의 개

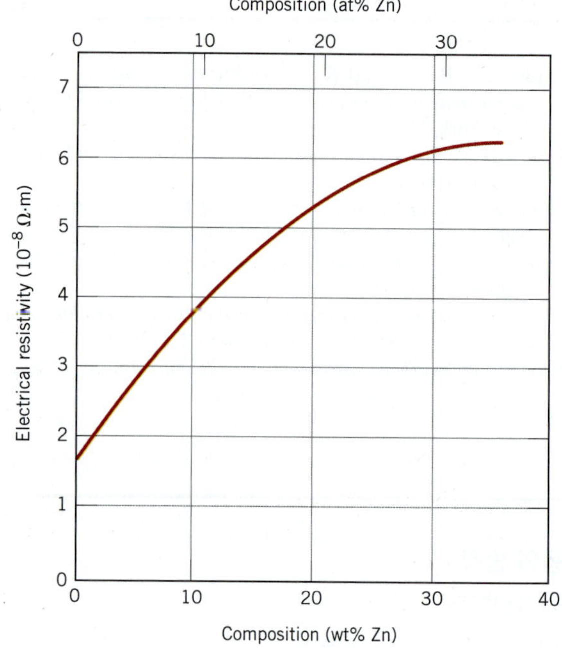

그림 13.39 구리-아연 합금의 상온 전기 비저항 대 조성 [Adapted from *Metals Handbook: Properties and Selection: Nonferrous Alloys and Pure Metals*, Vol. 2, 9th edition, H. Baker (Managing Editor), 1979. Reproduced by permission of ASM International, Materials Park, OH.]

수를 계산하라.

(b) 알루미늄 원자당 자유전자의 수는 몇 개인가? 밀도는 2.7 g/cm^{3}로 가정한다.

13.12 **(a)** 은 원자당 2.0개의 자유전자가 있다고 가정하고 은의 m^{3}당 자유전자의 개수를 계산하라. 은의 전기전도도와 밀도는 각각 6.8×10^7 $(\Omega \cdot \text{m})^{-1}$과 10.5 g/cm^{3}이다.

(b) 이제 Ag의 전자 이동도를 계산하라.

금속의 전기 비저항

13.13 그림 13.39에서 불순물 아연을 포함하고 있는 구리-아연 합금에 대한 식 (13.11)의 *A* 값을 추정하라.

13.14 **(a)** 그림 13.8의 데이터를 사용하여 순수한 구리의 대한 α_t 값을 구하라.

(b) 그림 13.8에 제시된 데이터를 사용하여 니켈 불순물을 함유한 구리에 대한 식 (13.11)의 *A* 값을 구하라.

(c) (a)와 (b)의 결과를 사용하여 100°C에서 1.75 at% Ni을 함유한 구리의 전기 비저항을 추정하라.

13.15 항복강도가 300 MPa인 Cu-Ni 합금의 전기전도도를 구하라. 힌트: 그림 9.16을 참조하라.

13.16 주석 청동은 89 wt% Cu와 11 wt% Sn의 조성을 가지며, 실온에서 고용체에 매우 소량의 주석을 포함하는 구리인 α상과 약 37 wt%의 Sn으로 구성된 ε상의 2개의 상으로 구성된다. 다음에 주어진 데이터를 이용해서 이 합금의 실온 전도도를 계산하라.

Phase	Electrical Resistivity (Ω·m)	Density (g/cm^3)
α	1.88×10^{-8}	8.94
ε	5.32×10^{-7}	8.25

13.17 지름 6 mm의 원통형 금속 와이어는 14 A의 전류를 전달하는 데 와이어 300 mm당 최소 0.02 V 전압강하가 필요하다. 표 13.1에 나열된 금속 및 합금 중 어떤 것들이 가능한 후보인가?

진성 반도체

13.18 **(a)** 그림 13.15에 제시된 데이터를 사용하여 실온(298 K)에서 진성 게르마늄과 실리콘의 원자당 자유전자의 수를 구하라. Ge 및 Si의 밀도는 각각 5.32와 2.33 g/cm^{3}이다.

(b) 이제 이들 원자당 자유전자의 개수의 차이에 대하여 설명하라.

13.19 진성 반도체의 경우 진성 운반자 농도 n_i는 다음과 같이 온도에 따라 달라진다.

$$n_i \propto \exp\left(-\frac{E_g}{2kT}\right) \qquad (13.36a)$$

또는 자연로그를 취하면

$$\ln n_i \propto -\frac{E_g}{2kT} \qquad (13.36b)$$

따라서 $\ln n_i$ 대 $1/T$ (K)$^{-1}$의 그래프를 그리면, 기울기가 $-E_g/2k$인 선형 곡선을 가지게 된다. 이 정보와 그림 13.15에 제시된 데이터를 사용하여 실리콘과 게르마늄에 대한 밴드 갭 에너지를 결정하고 이 값을 표 13.2에 주어진 값과 비교하라.

13.20 식 (13.36a)의 분모에서 인수 2가 존재하는 이유를 간략하게 설명하라.

13.21 실온에서 PbS의 전기전도도는 25 $(\Omega\cdot m)^{-1}$이고, 전자 및 정공 이동도는 각각 0.06 및 0.02 m^2/V·s이다. 실온에서 PbS에 대한 진성 운반자 농도를 계산하라.

13.22 화합물 반도체가 진성 반도체 거동을 나타낼 수 있을까? 답에 대한 이유를 설명하라.

13.23 다음의 각 반도체 쌍에 대하여 더 작은 밴드 갭 에너지를 가질 것인지 결정하고 이유를 설명하라.

(a) C(다이아몬드) 및 Ge

(b) AlP 및 InAs

(c) GaAs 및 ZnSe

(d) ZnSe 및 CdTe

(e) CdS 및 NaCl

외인성 반도체

13.24 반도체 재료와 관련하여 다음 용어를 정의하라: **진성 반도체, 외인성 반도체, 화합물 반도체, 원소 반도체**. 그리고 각각의 예를 제시하라.

13.25 전자 농도가 2.5 × 10^{18} m^{-3}인 n형 반도체가 있다. 500 V/m의 전기장에서 전자 유동속도가 300 m/s를 가진다고 할 때 이 물질의 전도도를 계산하라.

13.26 **(a)** 어떻게 반도체의 도너 불순물이 가전자대에서 전도대로 여기(진성 천이)로 생성된 것보다 많은 수의 자유전자를 발생시킬 수 있는지 설명하라.

(b) 또한 억셉터 불순물이 어떻게 가전자대에서 전도대로 여기로 생성된 것보다 많은 수의 정공을 발생시킬 수 있는지에 대해서도 설명하라.

13.27 **(a)** 도너 불순물 원자를 포함하는 전자여기에 의해 정공이 생성되지 않는 이유를 설명하라.

(b) 억셉터 불순물 원자를 포함하는 전자여기에 의해 자유전자가 생성되지 않는 이유를 설명하라.

13.28 다음 각 원소가 제시된 반도체 물질에 추가될 때 도너 역할을 할지 억셉터 역할을 할지 예측하라. 불순물 원소는 치환된다고 가정한다.

Impurity	Semiconductor
N	Si
B	Ge
S	InSb
In	Cds
As	ZnTe

13.29 **(a)** 실리콘 시편의 실온 전기전도도는 600 $(\Omega\cdot m)^{-1}$이다. 정공 농도는 3.0 × 10^{22} m^{-3}

로 알려져 있다. 표 13.2의 실리콘에 대한 전자 및 정공 이동도를 사용하여 전자 농도를 계산하라.

(b) (a)의 결과를 기반으로 하여 시편이 진성, *n*형 외인성, *p*형 외인성 중 어디에 해당하는가? 그 이유는 무엇인가?

13.30 1×10^{24} m^{-3} As 원자가 도핑된 게르마늄은 실온에서 외인성 반도체이며, 사실상 모든 As 원자는 이온화된 것으로 생각할 수 있다(즉, 각 As 원자에 대해 하나의 전하 운반자가 존재함).

(a) 이 물질은 *n*형인가 아니면 *p*형인가?

(b) 전자 이동도와 정공 이동도를 각각 0.1과 0.05 $m^2/V \cdot s$라고 가정하고 이 물질의 전기전도도를 계산하라.

13.31 실온에서 진성 및 *p*형 외인성 GaSb(갈륨 안티몬화물)은 다음과 같은 전기적 특성을 가진다. 전자 및 정공 이동도를 계산하라.

	σ $(\Omega \cdot m)^{-1}$	n (m^{-3})	p (m^{-3})
Intrinsic	7.9×10^4	7.7×10^{23}	7.7×10^{23}
Extrinsic (*p*-type)	3.0×10^5	7.0×10^{22}	1.5×10^{25}

운반자 농도의 온도 의존성

13.32 80°C에서 진성 실리콘의 전도도를 계산하라.

13.33 실온 근처의 온도에서 게르마늄 진성 반도체에 대한 전도도의 온도 의존성은 다음 식으로 주어진다.

$$\sigma = CT^{-3/2} \exp\left(-\frac{E_g}{2kT}\right) \tag{13.37}$$

여기서 C는 온도에 무관한 상수이고, 온도 T의 단위는 켈빈(K)이다. 식 (13.36)을 사용하여 175°C에서 게르마늄의 진성 전기전도도를 계산하라.

13.34 식 (13.37)과 문제 13.33의 결과를 토대로 진성 게르마늄의 전기전도도가 40 $(\Omega \cdot m)^{-1}$이 되는 온도를 구하라.

13.35 식 (13.37)의 전기전도도(σ)에 대한 온도 의존성을 가정하여 GaAs이 1.6×10^{-3} $(\Omega \cdot m)^{-1}$의 전기전도도를 갖는 온도를 예측하라. 표 13.2에 제시된 데이터를 참조하라.

13.36 금속과 진성 반도체에 대한 전기전도도의 온도 의존성 경향을 비교하고, 그 차이를 간략하게 설명하라.

운반자 이동도에 영향을 미치는 요소

13.37 실리콘에 1×10^{21} m^{-3}의 비소 원자가 도핑된 경우, 실온 전기전도도를 계산하라.

13.38 실리콘에 1×10^{24} m^{-3}의 비소 원자가 도핑된 경우, 실온 전기전도도를 계산하라.

13.39 10^{22} m^{-3}의 인(P) 원자로 도핑된 실리콘의 65°C에서의 전기전도도를 예측하라.

13.40 10^{22} m^{-3}의 알루미늄 원자로 도핑된 실리콘의 125°C에서의 전기전도도를 예측하라.

홀 효과

13.41 어떤 가상의 금속이 2×10^{-8} $(\Omega \cdot m)$의 전기 비저항을 갖는 것으로 알려져 있다. 30 A의 전류가 20 mm 두께의 이 금속 시편에 흐르고 있다. 전류에 수직인 방향으로 0.85 tesla의 자기장을 동시에 가하면 -2×10^{-7} V의 홀 전압이 측정되었을 때 다음을 계산하라.

(a) 이 금속의 전자 이동도

(b) m^3당 자유전자의 수

13.42 어떤 금속 합금이 전기전도도와 전자 이동도가 각각 2.2×10^7 $(\Omega \cdot m)^{-1}$과 0.01 $m^2/V \cdot s$인 것으로 알려져 있다. 두께가 50 mm인 이 합금의 시편에 80 A의 전류가 흐를 때, -5×10^{-7} V의 홀 전압을 생성하기 위한 자기장의 크기는 얼마일까?

반도체 소자

13.43 순방향 및 역방향 바이어스에 대한 *p-n* 접합에서의 전자와 정공의 운동을 간략하게 기술하고, 이것이 어떻게 정류 특성으로 이어지는지 설명하라.

13.44 식 (13.21)에 의해 기술된 반응에 따라 생성된 에너지는 어떻게 소멸되는가?

13.45 트랜지스터가 전자회로에서 수행할 수 있는 두 가지 기능은 무엇인가?

13.46 접합 트랜지스터와 MOSFET의 동작과 응용의 차이점을 기술하라.

이온 재료에서의 전도

13.47 6.3절(그림 6.4)에서 우리는 뷔스타이트(wüstite) 구조를 가지는 FeO에서 철 이온이 Fe^{2+} 및 Fe^{3+}의 두 가지 상태로 존재할 수 있다는 것을 보았다. 이러한 각 유형의 이온 수는 온도와 주변 산소 압력에 따라 다르다. 또, 여기에 전기 중립성을 유지하기 위해 형성되는 2개의 Fe^{3+} 이온마다 1개의 Fe^{2+} 공공 결함이 생성된다. 결과적으로 이러한 공공 결함의 존재를 반영하기 위해 뷔스타이트에 대한 공식은 종종 $Fe_{(1-x)}O$로 표시되며, 여기서 x는 1보다 작은 소수값을 갖는다.

이 비화학량론적 $Fe_{(1-x)}O$ 물질에서 전자적 전도가 일어나며, 실제로는 *p*형 반도체처럼 거동한다. 즉, Fe^{3+} 이온은 전자 억셉터처럼 작용하며, 전자를 가전자대에서 Fe^{3+} 억셉터 준위로 여기시키기가 상대적으로 수월하다. 정공 이동도가 1.0×10^{-5} $m^2/V \cdot s$이고 x 값이 0.060인 뷔스타이트 시편의 전기전도도를 계산하라. 억셉터는 포화상태라고 가정한다(즉, 모든 Fe^{3+} 이온에 대해 하나의 정공이 존재함). 뷔스타이트는 단위격자의 모서리 길이가 0.437 nm인 염화나트륨 결정구조를 가지고 있다.

13.48 775°C(1048 K)와 1100°C(1373 K) 사이의 온도에서 FeO에서 Fe^{2+}의 확산계수에 대한 활성화에너지와 선지수(preexponential)는 각각 102,000 J/mol과 7.3×10^{-8} m^2/s이다. 1000°C (1273 K)에서 Fe^{2+} 이온의 이동도를 계산하라.

커패시턴스

13.49 유전상수(ε_r)가 3.2인 유전 재료를 사용하는 평행판 커패시터의 판(전극) 간격이 3 mm이다. 유전상수가 4.0인 다른 재료를 사용하고 정전용량(커패시턴스)을 그대로 유지하려면 판 사이의 간격을 얼마로 조정해야 하는가?

13.50 크기가 60 mm × 40 mm이고 플레이트 간격이 1 mm인 평행판 커패시터에 1 MHz의 주파수에서 1500 V의 교류전압이 인가되었을 때 최소 커패시턴스가 80 pF(8.0×10^{-11} F)을 가져야 한다. 이 경우 표 13.4에 제시된 재료 중 가능한 후보는 무엇인가? 그 이유는?

13.51 3100 mm^2의 면적, 2 mm의 판 간격, 그리고 판 사이에 위치한 유전체의 유전상수가 4.0인 커패시터를 고려하자.

(a) 이 커패시터의 커패시턴스는 얼마인가?

(b) 각 판에 4.0×10^{-8} C를 저장하기 위해 인가해야 하는 전기장을 계산하라.

13.52 커패시터 평행판 내부에 유전 재료를 삽입함으로써 충전용량이 증가하는 메커니즘을 설명하라.

전기장벡터와 분극

분극의 유형

13.53 CaO의 경우 Ca^{2+} 및 O^{2-} 이온의 이온반지름은 각각 0.100 및 0.140 nm이다. 외부에서 인가된 전기장으로 인해 격자의 크기가 10% 증가했을 경우 각 $Ca^{2+}-O^{2-}$ 쌍에 대한 쌍극자 모멘트를 계산하라. 단, 전기장이 없을 때 이 물질은 완전히 무분극상태라고 가정한다.

13.54 평행판 커패시터 내에 위치한 유전체 재료의 분극 P는 8.0×10^{-6} C/m^2이어야 한다.

(a) 1×10^8 V/m의 전기장이 인가되면 유전상수는 얼마의 값을 가져야 하는가?

(b) 유전변위 D는 얼마가 될까?

13.55 4.0×10^{-10} C의 전하를 700 mm²의 면적과 8.0 mm의 판 간격을 갖는 평행판 커패시터의 각 판에 저장하려고 한다.

(a) 유전상수가 4.0인 물질을 판 안에 삽입할 경우 필요한 전압은 얼마인가?

(b) 유전체 삽입 없이 진공이 사용된다면 얼마의 전압이 필요한가?

(c) (a)와 (b)의 경우 정전용량은 각각 얼마인가?

(d) (a)의 경우 유전변위를 계산하라.

(e) (a)의 경우에 대해 분극을 계산하라.

13.56 **(a)** 세 가지 유형의 분극 각각에 대하여, 인가된 전기장의 작용에 의해 쌍극자가 유도되거나 배향되는 메커니즘을 간략하게 설명하라.

(b) $PbTiO_3$(고체 납 티타네이트), 기체 네온, 다이아몬드, 고체 KCl, 액체 NH_3는 어떤 형태의 분극(들)이 가능한가? 그 이유는?

13.57 **(a)** 그림 13.34와 같이 $BaTiO_3$의 각 단위격자와 관련된 쌍극자 모멘트의 크기를 계산하라.

(b) 이 물질에 대해 가능한 최대 분극을 계산하라.

유전상수에 미치는 주파수의 영향

13.58 매우 높은 주파수(10^{15} Hz 수준)에서 측정된 소다석회유리(soda-lime glass)의 유전상수는 약 2.5이다. 상대적으로 낮은 주파수(1 MHz)에서 유전상수의 어느 정도의 분율이 이온 분극에 기인하는가? 배향 분극의 유전상수에 대한 기여는 무시하라.

강유전성

13.59 $BaTiO_3$의 강유전성 거동이 강유전성 퀴리온도 이상에서 나타나지 않는 이유를 간단히 설명하라.

설계 문제

금속의 전기 비저항

13.D1 95 wt% Pt–5 wt% Ni 합금은 실온(25°C)에서 2.35×10^{-7} Ω·m의 전기 비저항을 갖는 것으로 알려져 있다. 1.75×10^{-7} Ω·m의 실온 저항을 제공하는 Pt-Ni 합금의 조성(wt%)을 계산하라. 순수한 백금의 실온 저항은 표 13.1의 데이터를 활용하고, 백금과 니켈이 고용체를 형성한다고 가정하라.

13.D2 그림 13.8과 13.39에 포함된 정보를 사용하여 −150°C에서 80 wt% Cu–20 wt% Zn 합금의 전기전도도를 구하라.

13.D3 구리와 니켈을 합금하여 375 MPa의 최소 인장강도를 달성하면서도 2.5×10^6 $(\Omega \cdot m)^{-1}$의 전기전도도를 유지할 수 있을까? 가능하지 않다면 그 이유는 무엇인가? 가능하다면 필요한 니켈 농도는 얼마인가? 그림 9.16*a*를 참조하라.

외인성 반도체

운반자 이동도에 영향을 미치는 요소

13.D4 실온 전기전도도가 50 $(\Omega \cdot m)^{-1}$인 p형 실리콘 재료를 제조하기 위해 사용할 억셉터 불순물의 유형과 농도(wt%)를 제시하라.

13.D5 어떤 집적회로 설계를 위해서는 붕소를 고온에서 초고순도 실리콘으로 확산시키는 공정이 필요하다고 한다. 이를 위해 실리콘 웨이퍼의 표면으로부터 0.2 μm의 거리에서 실온 전기전도도가 1.2×10^3 $(\Omega \cdot m)^{-1}$일 필요가 있다. 또, Si 표면의 B 농도는 1.0×10^{25} m^{-3}의 일정한 수준으로 유지되며, 원래 고유한 Si 재료에서 B의 농도는 무시할 수 있고, 실온에서 B 원자가 포화된 것으로 가정한다. 확산 열처리 시간이 1시간인 경우 이 공정이 수행될 온도를 결정하라. Si에서 B의 확산계수 D는

$$D(\text{m}^2/\text{s}) = 2.4 \times 10^{-4} \exp\left(-\frac{347{,}000 \text{ J/mol}}{RT}\right)$$

로 온도 의존성을 갖는다.

반도체 소자

13.D6 집적회로 생산공정 중 하나로 칩 표면에 얇은 SiO_2 절연층을 형성하는 공정이 필요하다(그림 13.25 참조). 이 공정은 상승된 온도에서 산화 분위기(즉, 기체산소 또는 수증기)를 만들어 실리콘 표면을 산화시키는 과정이다. 산화막의 성장속도는 **포물선** 형태를 갖는다. 즉, 산화막의 두께(x)는 다음 식에 따라 시간(t)의 함수이다.

$$x^2 = Bt \qquad (13.38)$$

여기서 매개변수 B는 온도와 산화 분위기 모두에 영향을 받는다.

(a) 1기압의 O_2 분위기에서 B의 온도 의존성($\mu m^2/h$ 단위)은 다음과 같다.

$$B = 800 \exp\left(-\frac{1.24 \text{ eV}}{kT}\right) \qquad (13.39a)$$

여기서 k는 볼츠만상수(8.62×10^{-5} eV/atom)이고 T의 단위는 K이다. 750°C 및 900°C의 O_2 분위기에서 75 nm 두께의 산화물 층을 성장시키는 데 필요한 시간을 각각 계산하라.

(b) H_2O(1기압) 분위기에서 B($\mu m^2/h$ 단위)는 다음과 같다.

$$B = 215 \exp\left(-\frac{0.70 \text{ eV}}{kT}\right) \qquad (13.39b)$$

이제 750°C와 900°C의 H_2O 분위기에서 75 nm 두께의 산화물 층을 성장시키는 데 필요한 시간을 계산하고, 이를 (a)에서 계산한 값과 비교하라.

13.D7 거의 모든 현대 집적회로에 사용되는 기본 반도체 재료는 실리콘이다. 그러나 실리콘에는 몇 가지 제한사항이 있다. 실리콘과 갈륨비소의 특성과 응용(또는 잠재적 응용)을 비교하는 에세이를 작성하라.

이온 재료에서의 전도

13.D8 문제 13.47에서는 FeO(뷔스타이트)이 Fe^{2+}에서 Fe^{3+}으로의 변환과 Fe^{2+} 공공 결함의 생성으로 인해 반도체처럼 거동할 수 있다는 점을 언급하였다. 전기 중성을 유지하려면 2개의 Fe^{3+} 이온당 하나의 공공이 형성되어야 한다. 이러한 공공의 존재는 $Fe_{(1-x)}O$로 이 비화학량론적 뷔스타이트의 화학식에 반영되며, 여기서 x는 1보다 작은 값을 갖는 작은 수이다. 비화학량론의 정도(즉, x의 값)는 온도 및 산소 분압을 변경하여 조절할 수 있다. 2000 $(\Omega \cdot m)^{-1}$의 p형 전기전도도를 갖는 $Fe_{(1-x)}O$ 물질을 생성하는 데 필요한 x 값을 계산하라. 정공 이동도는 1.0×10^{-5} $m^2/V \cdot s$이고, FeO의 결정구조가 염화나트륨(단위격자 모서리 길이가 0.437 nm)이며, 억셉터 준위가 포화되었다고 가정한다.

14 금속, 세라믹, 고분자의 종류와 응용

사진 (*a*)는 페놀-포름알데히드(베이클라이트)로 만든 당구공을 보여준다. 14.13절 끝부분에 나오는 '중요 재료 14.2'에서 당구공의 재료가 되는 상아와 그 대용품인 페놀-포름알데히드의 발명에 관해 논의한다. 사진 (*b*)는 당구를 치는 모습을 보여주고 있다.

William D. Callister, Jr.

(*a*)

RapidEye/Getty Images

(*b*)

왜 재료의 종류와 응용을 공부하는가?

공학인들은 적합한 재료를 선정해야 할 때가 종종 있으므로 다양한 재료의 일반적인 특성에 대해서 잘 알고 있어야 한다. 또한 수많은 재료의 물성값을 포함하는 데이터베이스에 대한 액세스가 필요할 수 있다. 예컨대 Mechanical Engineering (ME) Online Module의 M.12절과 M.13절에서는 비틀림 응력하에서 응용되는 원통형 축 재료를 선정하는 과정에 대해 논한다.

학습 목표

이 장을 학습한 후에는 아래 과제를 수행할 수 있어야 한다.

1. 네 가지 강의 종류를 말하고, 각각에 대해 조성의 차이점, 특성, 그리고 대표적인 용도에 대해 설명한다.
2. 주철의 다섯 가지 유형을 말하고, 각각의 미세조직과 일반적인 기계적 특성에 대해 설명한다.
3. 비철 합금의 일곱 가지 유형을 말하고 각각의 물리적, 기계적 특성, 그리고 적어도 세 가지의 일반적인 용도를 기술한다.
4. 유리-세라믹을 제조하는 데 이용되는 공정을 설명한다.
5. 점토 산물의 두 가지 유형을 말하고 각각에 대해 두 가지 예를 명시한다.
6. 내화물과 연마재용 세라믹에 일반적으로 요구되는 중요한 사양을 세 가지 명시한다.
7. 물을 첨가했을 때 시멘트가 경화되는 기구를 설명한다.
8. 일곱 가지의 고분자 응용분야와 각각의 일반적인 특성에 대해 설명한다.

14.1 | 서론

많은 경우 재료에 관련된 문제는 어떤 특정한 용도를 위해서 그 특성을 발현할 수 있는 재료를 선택하는 것이다. 그러므로 그러한 선택권을 갖고 있는 사람은 반드시 가능한 선택에 대한 지식을 갖추어야 한다. 이 장에서는 금속 합금의 종류와 세라믹, 그리고 고분자 재료의 일반적 특성과 한계를 간략하게 함축해서 제공하고자 한다.

금속 합금의 종류

금속 합금은 조성에 따라 보통 철 합금과 비철 합금의 두 종류로 분류된다. 철이 주성분인 철 합금에는 강과 주철이 있다. 이들 철 합금과 그 특성이 이 장에서 논의할 첫 번째 주제이다. 철을 기저로 하지 않는 모든 비철 합금은 그다음에 다룬다.

14.2 | 철 합금

철 합금

철 합금(ferrous alloy), 즉 철이 주성분인 합금은 다른 어떤 금속보다 광범위하게 사용되고 있다. 철 합금은 특히 구조용 재료로 중요하다. 이들 합금의 광범위한 응용은 다음의 세 가지 요인에 기인한다. (1) 철을 함유한 광석은 지구상에 풍부하게 존재한다. (2) 금속 철과 강 합금은 선광, 정련, 합금화, 가공 기술을 사용하여 비교적 저렴하게 생산할 수 있다. (3) 철 합금은 광범위한 영역의 기계적, 물리적 성질을 갖는다. 많은 철 합금의 주된 단점은 내부식성이 나쁘다는 것이다. 이 절에서는 여러 종류의 강과 주철의 조성, 미세조직, 특성에 대해 설명하고자 한다. 그림 14.1은 다양한 철 합금의 개략적인 분류도이다.

강

일반탄소강

강(steel)은 철-탄소의 합금으로 상당한 농도의 다른 합금 원소를 포함하고 있다. 수많은 강들이 다른 조성 또는 열처리 과정을 갖는다. 이들의 기계적 성질은 탄소의 함량에 큰 영향을 받으며, 일반적인 탄소의 함량은 1.0 wt% 이하이다. 많이 사용되는 강은 탄소의 농도에 의해 저·중·고탄소강으로 분류된다. 이러한 대분류는 다시 합금 원소의 농도에 따라 세분된다. **일반탄**

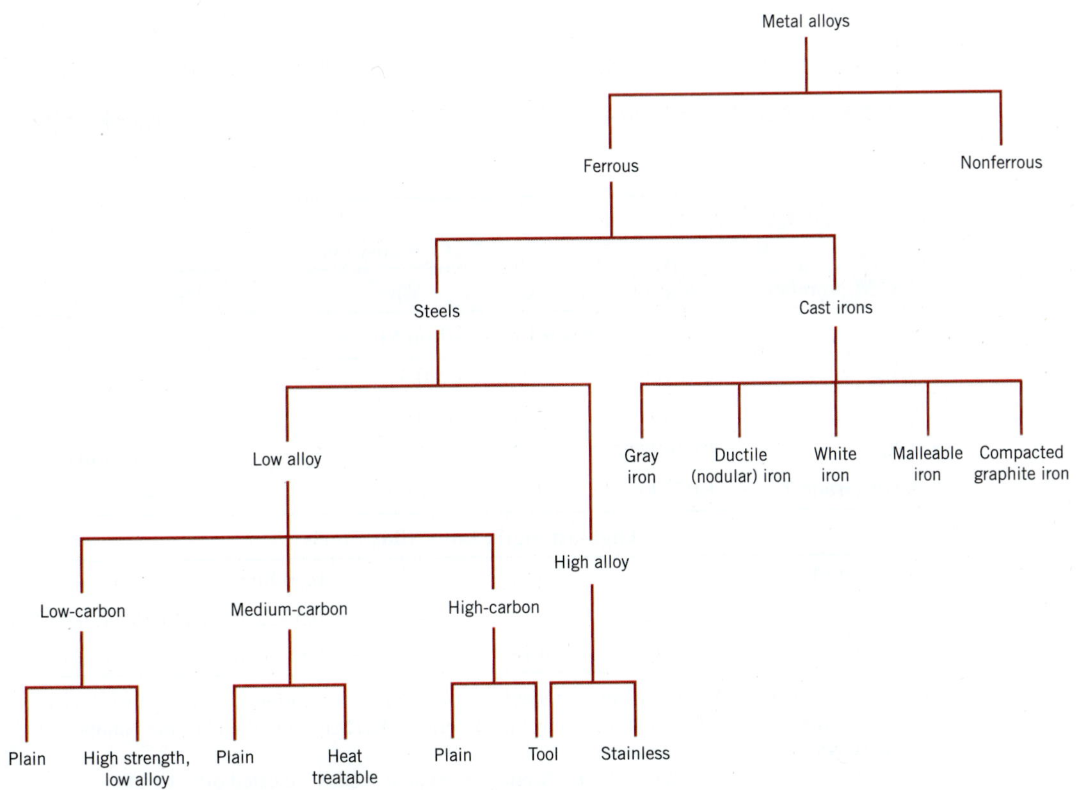

그림 14.1 다양한 철 합금들의 분류도

합금강

소강(plain carbon steel)은 탄소 이외에 잔류되는 미량의 다른 원소와 약간의 망간만을 함유한다. **합금강(alloy steel)**은 더 많은 합금 원소를 특정 농도만큼 인위적으로 첨가한 것이다.

저탄소강

여러 종류의 강 중에서 가장 많이 생산되는 강이 저탄소강(low-carbon steel)이다. 저탄소강은 일반적으로 0.25 wt% 미만의 탄소 농도를 갖는데, 마텐자이트를 형성하기 위한 열처리에 반응하지 않으며, 냉간가공에 의해 강화된다. 미세조직은 페라이트와 펄라이트로 되어 있다. 따라서 비교적 연하고 약하지만 우수한 연성과 인성을 갖는다. 또한 기계 가공성과 용접성이 좋으며, 모든 강 중에서 가장 생산비가 저렴하다. 저탄소강의 대표적인 응용분야는 자동차의 몸체 부위, 구조용재[I빔, 홈형 철재(channel iron), 앵글 철재(angle iron)]이며, 판재는 파이프, 빌딩, 다리, 깡통 등에 사용된다. 표 14.1a와 14.1b에 중요한 순저탄소강(plain low-carbon steel)의 조성과 기계적 성질을 나타내었다. 이들 강은 대략 275 MPa의 항복강도, 415~550 MPa 범위의 인장강도, 25%EL의 연성을 갖는다.

고강도 저합금강

또 다른 그룹의 저탄소강은 **고강도 저합금강[high-strength, low-alloy(HSLA) steel]**이다. 이들은 구리, 바나듐, 니켈, 몰리브덴 등이 총 10 wt%까지 함유되며, 저탄소강에 비해 높은 경도를 갖는다. 대부분은 열처리에 의해 경화되며, 480 MPa 이상의 인장강도를 갖는다. 또한 비교적 연성, 성형성, 기계가공성이 우수하다. 몇 가지 종류의 고강도 저합금강을 표 14.1에 열거하였다. 일반적인 분위기에서 HSLA강은 일반탄소강에 비해 부식에 대한 내성이 높아, 구조적 강도가 중요한 응용분야(예: 다리, 탑, 고층건물의 보조 기둥, 압력통)에 사용된다.

표 14.1a 네 종류의 저탄소강과 세 종류의 고강도 저합금강의 조성

Designation[a]		Composition (wt%)[b]		
AISI/SAE or ASTM Number	UNS Number	C	Mn	Other
Plain Low-Carbon Steels				
1010	G10100	0.10	0.45	
1020	G10200	0.20	0.45	
A36	K02600	0.29	1.00	0.20 Cu (min)
A516 Grade 70	K02700	0.31	1.00	0.25 Si
High-Strength, Low-Alloy Steels				
A572 Grade 42	–	0.21	1.35	0.30 Si, 0.20 Cu (min)
A633 Grade E	K12002	0.22	1.35	0.30 Si, 0.08 V, 0.02 N, 0.03 Nb
A656 Type 3	–	0.18	1.65	0.60 Si, 0.08 V, 0.02 N, 0.10 Nb

[a]The codes used by the American Iron and Steel Institute (AISI), the Society of Automotive Engineers (SAE), and the American Society for Testing and Materials (ASTM) and in the Uniform Numbering System (UNS) are explained in the text.

[b]Also a maximum of 0.04 wt% P, 0.05 wt% S, and 0.30 wt% Si (unless indicated otherwise).

Source: Adapted from *Metals Handbook: Properties and Selection: Irons and Steels,* Vol. 1, 9th edition, B. Bardes (Editor), 1978. Reproduced by permission of ASM International, Materials Park, OH.

표 14.1b 여러 종류의 순저탄소강과 고강도 저합금강들에 대하여 열간 압연된 재료의 기계적 성질과 대표적 응용분야

AISI/SAE or ASTM Number	Tensile Strength (MPa)	Yield Strength (MPa)	Ductility (%EL in 50 mm)	Typical Applications
Plain Low-Carbon Steels				
1010	325	180	28	Automobile panels, nails, and wire
1020	380	210	25	Pipe; structural and sheet steel
A36	400	220	23	Structural (bridges and buildings)
A516 Grade 70	485	260	21	Low-temperature pressure vessels
High-Strength, Low-Alloy Steels				
A572 Grade 42	415	290	24	Bolted/rivet bridges & buildings
A633 Grade E	515	380	23	Structures used at low ambient temperatures
A656 Type 3	655	552	15	Truck frames & railway cars

중탄소강

중탄소강(medium-carbon steel)은 탄소의 함량이 0.25~0.60 wt%인 탄소강을 말한다. 이러한 강은 오스테나이트화(austenitizing), 급랭(quenching), 템퍼링(tempering) 등의 열처리에 의해 기계적 성질을 향상시킨다. 이 강은 대부분 템퍼링되어 사용되며, 템퍼링된 마텐자이트의 미세조직을 갖는다. 순중탄소강(plain medium-carbon steel)은 경화능이 낮으며(15.7절), 따라서 매우 빠른 급랭속도에 의해서 매우 얇은 부위만이 열처리 효과를 갖는다. 크롬, 니켈, 몰리브덴의 첨가는 이들 합금의 열처리 효과를 증대시키며 다양한 강도-연성의 조합을 보인다. 이렇게 열처리된 합금은 저탄소강에 비해 강하지만 연성과 인성은 떨어진다. 응용분야는 열차의 바퀴와 철로, 기어, 크랭크축, 그 밖의 기계 부품, 고강도 구조재 등으로 고강도와 내마모성 및 인성이 요구되는 분야이다.

표 14.2a에 이러한 합금화된 중탄소강의 조성을 수록하였다. 이와 함께 이러한 합금의 명칭을 순차적으로 기술하였다. SAE(Society of Automotive Engineers), AISI(American Iron and Steel Institute), ASTM(American Society for Testing and Materials) 등이 강과 그 밖의 합금의 분류와 명칭을 정하고 있다. 이들 강에 관한 AISI/SAE 표기법은 4개의 숫자로 구성되며, 처음 두 숫자는 합금의 농도이고, 마지막 두 숫자는 탄소의 농도이다. 일반탄소강은 처음 두 숫자는 1과 0이고, 합금강은 처음 두 정수의 조합으로 나타낸다(예: 13, 41, 43). 세 번째와 네 번째 숫자는 탄소 농도의 무게비에 100을 곱한 숫자이다. 예를 들어 1060 강은 0.60 wt% 탄소 농도를 갖는 일반탄소강을 말한다.

UNS(unified numbering system)는 철 합금과 비철 합금에 공통적으로 사용되는 표기법이다. 각 UNS 번호는 한 글자의 머리글자 뒤에 다섯 자리 숫자로 구성되어 있다. 글자는 합금이 속해 있는 금속군을 가리킨다. 이러한 합금의 UNS 기호는 G로 시작하며, AISI/SAE 번호를 붙이고, 다섯 번째 숫자는 0이다. 표 14.2b는 이러한 강들이 급랭 및 템퍼링되었을 때의 기계적 특성과 대표적 응용분야를 나타낸 것이다.

표 14.2a 일반탄소강과 여러 저합금강의 AISI/SAE와 UNS 명칭과 조성 범위

AISI/SAE Designation[a]	UNS Designation	Composition Ranges (wt% of Alloying Elements in Addition to C)[b]			
		Ni	Cr	Mo	Other
10xx, Plain carbon	G10xx0				
11xx, Free machining	G11xx0				0.08–0.33 S
12xx, Free machining	G12xx0				0.10–0.35 S, 0.04–0.12 P
13xx	G13xx0				1.60–1.90 Mn
40xx	G40xx0			0.20–0.30	
41xx	G41xx0		0.80–1.10	0.15–0.25	
43xx	G43xx0	1.65–2.00	0.40–0.90	0.20–0.30	
46xx	G46xx0	0.70–2.00		0.15–0.30	
48xx	G48xx0	3.25–3.75		0.20–0.30	
51xx	G51xx0		0.70–1.10		
61xx	G61xx0		0.50–1.10		0.10–0.15 V
86xx	G86xx0	0.40–0.70	0.40–0.60	0.15–0.25	
92xx	G92xx0				1.80–2.20 Si

[a]The carbon concentration, in weight percent times 100, is inserted in the place of "xx" for each specific steel.
[b]Except for 13xx alloys, manganese concentration is less than 1.00 wt%.
Except for 12xx alloys, phosphorus concentration is less than 0.35 wt%.
Except for 11xx and 12xx alloys, sulfur concentration is less than 0.04 wt%.
Except for 92xx alloys, silicon concentration varies between 0.15 and 0.35 wt%.

표 14.2b 기름 급랭과 템퍼링된 일반탄소강과 합금강의 대표적인 응용과 기계적 성질

AISI Number	UNS Number	Tensile Strength (MPa)	Yield Strength (MPa)	Ductility (%EL in 50 mm)	Typical Applications
			Plain Carbon Steels		
1040	G10400	605–780	430–585	33–19	Crankshafts, bolts
1080[a]	G10800	800–1310	480–980	24–13	Chisels, hammers
1095[a]	G10950	760–1280	510–830	26–10	Knives, hacksaw blades
			Alloy Steels		
4130	G41300	830–1550	670–1340	24–11	Gears, bolts, axles
4340	G43400	980–1960	895–1570	21–11	Bushings, aircraft tubing
6150	G61500	815–2170	745–1860	22–7	Shafts, pistons, gears

[a]Classified as high-carbon steels.

고탄소강

고탄소강(high-carbon steel)은 일반적으로 0.60~1.4 wt%의 농도를 갖는 강으로, 탄소강 중에서 가장 단단하고 강하지만 낮은 연성을 갖는다. 이들은 대부분 경화되고 템퍼링되어 사용되며, 극히 높은 내마모성을 갖고 날카로운 절삭면을 유지할 수 있다. 공구강(tool steel)과 다이강(die steel)은 주로 고탄소강이며, 일반적으로 크롬, 바나듐, 텅스텐, 몰리브덴 등이 첨가되어 있다. 이러한 합금 원소는 탄소와 결합하여 매우 강하고 내마모성이 좋은 탄소 화합물(예: $Cr_{23}C_6$, V_4C_3, WC)을 형성한다. 중요한 공구강의 조성과 응용을 표 14.3에 수록하였다. 이러한 강은 재료를 성형하고 가공하는 절삭공구나 다이뿐만 아니라 칼날, 면도날, 톱날, 스프링, 고강도 강선 등에 사용된다.

스테인리스강

스테인리스강

스테인리스강(stainless steel)은 다양한 환경에서, 특히 대기 중에서의 내부식성이 우수하다. 이 강의 가장 중요한 합금 원소는 크롬이며, 적어도 11 wt% 이상이 필요하다. 내부식성은 니켈과 몰리브덴의 첨가에 의해서도 향상된다.

스테인리스강은 미세조직을 구성하는 주된 상, 즉 마텐자이트, 페라이트, 오스테나이트에 따라 세 가지로 분류된다. 표 14.4에는 몇 종류의 스테인리스강을 종류별로 열거하고, 조성과 기계적 특성, 응용분야를 수록하였다. 광범위한 기계적 성질과 극히 우수한 내부식성 때문에 스테인리스강은 매우 다양한 용도로 사용된다.

마텐자이트 스테인리스강은 마텐자이트가 주 미세구성요소(prime microconstituent)로 존재하도록 열처리가 가능하다. 상당한 양의 합금 원소를 첨가하면 철-철탄화물의 상태도(그림 11.31)를 완전히 바꿀 수 있다. 오스테나이트 스테인리스강은 오스테나이트 상(혹은 γ상)의

표 14.3 여섯 가지 공구강의 명칭, 조성, 응용

AISI Number	UNS Number	Composition (wt%)[a]						Typical Applications
		C	Cr	Ni	Mo	W	V	
M1	T11301	0.85	3.75	0.30 max	8.70	1.75	1.20	Drills, saws; lathe and planer tools
A2	T30102	1.00	5.15	0.30 max	1.15	—	0.35	Punches, embossing dies
D2	T30402	1.50	12	0.30 max	0.95	—	1.10 max	Cutlery, drawing dies
O1	T31501	0.95	0.50	0.30 max	—	0.50	0.30 max	Shear blades, cutting tools
S1	T41901	0.50	1.40	0.30 max	0.50 max	2.25	0.25	Pipe cutters, concrete drills
W1	T72301	1.10	0.15 max	0.20 max	0.10 max	0.15 max	0.10 max	Blacksmith tools, wood-working tools

[a]The balance of the composition is iron. Manganese concentrations range between 0.10 and 1.4 wt%, depending on the alloy; silicon concentrations between 0.20 and 1.2 wt%, depending on the alloy.

Source: Adapted from *ASM Handbook,* Vol. 1, *Properties and Selection: Irons, Steels, and High-Performance Alloys,* 1990. Reprinted by permission of ASM International, Materials Park, OH.

영역을 상온까지 낮춘다. 페라이트 스테인리스강은 α페라이트(BCC 구조)로 이루어져 있다. 오스테나이트와 페라이트 스테인리스강은 열처리가 안 되므로 냉간압연에 의해 경화 및 강화된다. 오스테나이트 스테인리스강은 높은 크롬 농도와 니켈의 첨가에 의해 내부식성이 가장 강하며, 따라서 가장 많이 생산된다. 마텐자이트와 페라이트 스테인리스강은 자성을 가지나, 오스테나이트 스테인리스강은 자성이 없다.

표 14.4 오스테나이트, 페라이트, 마텐자이트, 석출경화된 스테인리스강의 명칭, 조성, 기계적 성질과 대표적인 응용분야

AISI Number	UNS Number	Composition (wt%)[a]	Condition[b]	Mechanical Properties: Tensile Strength (MPa)	Yield Strength (MPa)	Ductility (%EL in 50 mm)	Typical Applications
			Ferritic				
409	S40900	0.08 C, 11.0 Cr, 1.0 Mn, 0.50 Ni, 0.75 Ti	Annealed	380	205	20	Automotive exhaust components, tanks for agricultural sprays
446	S44600	0.20 C, 25 Cr, 1.5 Mn	Annealed	515	275	20	Valves (high temperature), glass molds, combustion chambers
			Austenitic				
304	S30400	0.08 C, 19 Cr, 9 Ni, 2.0 Mn	Annealed	515	205	40	Chemical and food processing equipment, cryogenic vessels
316L	S31603	0.03 C, 17 Cr, 12 Ni, 2.5 Mo, 2.0 Mn	Annealed	485	170	40	Welding construction, temporary biomedical orthopedic devices
			Martensitic				
410	S41000	0.15 C, 12.5 Cr, 1.0 Mn	Annealed Q & T	485 825	275 620	20 12	Rifle barrels, cutlery, jet engine parts
440A	S44002	0.70 C, 17 Cr, 0.75 Mo, 1.0 Mn	Annealed Q & T	725 1790	415 1650	20 5	Cutlery, bearings, surgical tools
			Precipitation Hardenable				
17-4PH	S17400	0.07 C, 16.25 Cr, 4 Ni, 4 Cu, 0.3 (Nb + Ta), 1.0 Mn, 1.0 Si	Precipitation hardened	1310	1172	10	Chemical, petrochemical, and food-processing equipment; aerospace parts

[a]The balance of the composition is iron.
[b]Q & T denotes quenched and tempered.

Source: Adapted from *ASM Handbook*, Vol. 1, *Properties and Selection: Irons, Steels, and High-Performance Alloys*, 1990. Reprinted by permission of ASM International, Materials Park, OH.

스테인리스강은 흔히 높은 온도나 가혹한 환경에서 사용되는데, 이는 이러한 조건에서 내산화성이 우수하고 기계적 성질의 열화가 적기 때문이다. 산화 분위기하에서의 최고 허용 온도는 1000°C이다. 이러한 강으로 제조된 것으로는 가스터빈, 고온 스팀 보일러, 열처리로(heat-treating furnace), 비행기, 미사일, 원자력발전소 부품 등이 있다. 표 14.4에는 극히 높은 강도와 내부식성을 갖는 초고강도 스테인리스강[ultra-high-strength stainless steel(17-4PH)]을 수록하였다. 강화(strengthening)는 석출경화 열처리에 의해 일어난다(12.10절).

개념 확인 14.1

페라이트와 오스테나이트 스테인리스강은 왜 열처리가 가능하지 않은지를 간단히 설명하라. 힌트: 14.3절의 앞부분을 참조하라.

(정답은 *www.wiley.com*의 제품 페이지에서 확인할 수 있음)

주철

주철

일반적으로 **주철(cast iron)**은 탄소 함량이 2.14 wt% 이상인 철 합금에 속한다. 그러나 실제적으로 대부분의 주철은 3.0~4.5 wt%의 탄소와 다른 합금 첨가 원소를 함유한다. 철-철탄화물 상태도(그림 11.31)를 다시 살펴보면 이러한 조성을 갖는 합금은 1150~1300°C에서 완전한 액상이며, 이러한 액상 온도는 일반적인 강에 비해 현저히 낮음을 알 수 있다. 따라서 이러한 강은 쉽게 용융될 수 있으며, 주조가 가능하다. 더구나 일부 주철은 매우 깨지기 쉬워서 주조가 가장 편리한 가공법이다.

시멘타이트(Fe_3C)는 준안정 상이며, 어떤 환경에서는 분해되어 다음과 같은 반응에 의해 α 페라이트와 흑연(graphite)을 형성한다.

α 페라이트와 흑연을 형성하기 위한 철탄화물의 분해

$$Fe_3C \rightarrow 3Fe(\alpha) + C(\text{graphite}) \tag{14.1}$$

따라서 철-탄소의 실제 평형상태도는 그림 11.31이 아니라 그림 14.2와 같다고 할 수 있다. 두 상태도는 철의 주성분 영역에서는 동일하다(즉, Fe-Fe_3C계의 공정과 공석 반응 온도는 각각 1147°C와 727°C이며, Fe-C계에서는 각각 1153°C와 740°C이다). 그러나 그림 14.2에서는 탄소 100 wt%까지 나타나며, 탄소 주성분의 상은 흑연상이다. 이는 그림 11.31의 6.70 wt% 탄소의 시멘타이트와 다르다는 것을 알 수 있다.

흑연이 생성되는 경향은 조성과 냉각속도에 영향을 받는다. 흑연의 생성은 약 1 wt% 이상의 실리콘이 존재할 때 촉진된다. 또한 응고 시의 냉각속도가 느릴수록 흑연상이 쉽게 생성된다. 대부분의 주철은 탄소가 흑연상으로 존재하며, 미세조직과 기계적 성질은 조성과 열처리에 영향을 받는다. 가장 일반적인 주철은 회주철(gray cast iron), 구상주철(nodular cast iron), 백주철

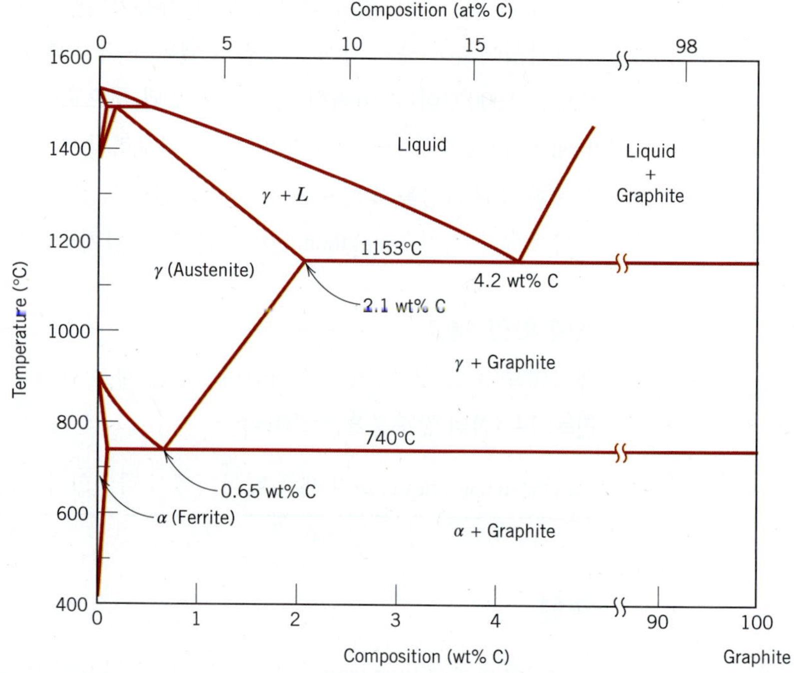

그림 14.2 안정상으로서 시멘타이트 대신 흑연상으로 나타낸 정확한 의미의 평형 철-탄소 상태도 [Adapted from *Binary Alloy Phase Diagrams*, T. B. Massalski (Editor-in-Chief), 1990. Reprinted by permission of ASM International, Materials Park, OH.]

(white cast iron), 가단주철(malleable cast iron), 그리고 강화 흑연철(compacted graphite)이다.

회주철

회주철

회주철(gray cast iron)의 탄소와 실리콘 농도는 각각 2.5~4.0 wt%와 1.0~3.0 wt%이다. 이러한 회주철의 대부분은 흑연이 박편(콘플레이크 같은) 형태로 존재하며, 주로 α 페라이트나 펄라이트의 기지에 둘러싸여 있다. 전형적인 회주철의 미세조직을 그림 14.3*a*에 나타내었다. 이러한 박편 형태의 흑연으로 인해 파괴 표면이 회색 외관을 띠게 되어 회주철이라고 부른다.

이러한 미세조직 때문에 회주철은 비교적 인장력에 약하고 깨지기 쉽다. 흑연 박편의 모서리는 뾰족하고, 따라서 외부의 인장력이 가해지면 이러한 부위에 응력집중이 일어난다. 강도와 연성은 압축력에 대해서는 훨씬 높다. 몇 가지 중요한 회주철의 대표적인 성질과 조성을 표 14.5에 수록하였다. 회주철은 여러 가지 유용한 특성을 가지고 있기 때문에 실제로 널리 이용되고 있다. 이러한 주철은 또한 진동에너지의 흡수에 매우 효과적인데 강과 회주철의 상대적인 진동 흡수 능력을 그림 14.4에 나타내었다. 진동에 노출되기 쉬운 기계의 몸체와 무거운 장비는 이러한 재료로 만들어진다. 또한 회주철은 마모에 대한 내성이 강하다. 더구나 용융 상태, 즉 주조 온도에서의 유동성이 좋아 복잡한 형태의 주물을 만들 수 있고, 주조 시의 수축도 적다. 마지막으로 가장 중요한 성질은 아마도 모든 금속 재료 가운데 회주철이 가장 저렴하다는 점일 것이다.

회주철에서 적절한 조성변화와 열처리에 의해서 그림 14.3*a*와 다른 미세조직이 형성될 수

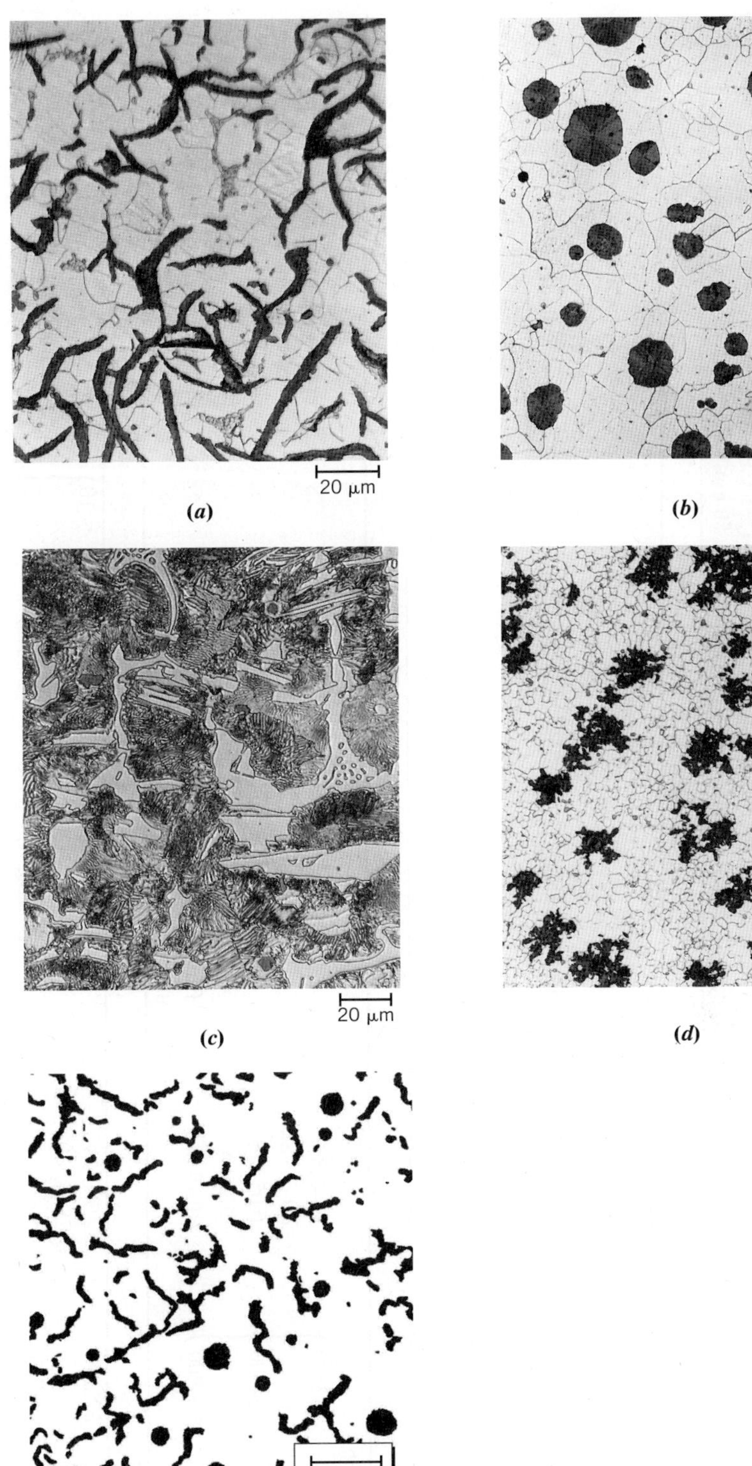

그림 14.3 여러 주철의 광학현미경 사진. (*a*) 회주철: 검은 흑연 박편은 α 페라이트 상 내에 존재한다(500배율). (*b*) 구상(연)주철: 검은 흑연 구상 입자가 α 페라이트 상 내에 존재한다(200배율). (*c*) 백주철: 밝게 보이는 시멘타이트 영역은 페라이트-시멘타이트 층상구조를 갖는 펄라이트에 둘러싸여 있다(400배율). (*d*) 가단주철: 장미형의 검은 흑연 입자(템퍼 탄소)가 α 페라이트 내에 존재한다(150배율). (*e*) 강화 흑연철: 벌레 같은 검은 흑연 입자가 α 페라이트 기지 속에 묻혀 있다(100배율). [Figures (*a*) and (*b*) courtesy of C. H. Brady and L. C. Smith, National Bureau of Standards, Washington, DC (now the National Institute of Standards and Technology, Gaithersburg, MD). Figure (*c*) courtesy of Amcast Industrial Corporation. Figure (*d*) reprinted with permission of the Iron Castings Society, Des Plaines, IL. Figure (*e*) courtesy of SinterCast, Ltd.]

표 14.5 여러 회주철, 구상주철, 가단주철의 명칭, 최소 기계적 성질, 대략적인 조성, 대표적인 응용분야

Grade	UNS Number	Composition (wt%)[a]	Matrix Structure	Mechanical Properties: Tensile Strength (MPa)	Mechanical Properties: Yield Strength (MPa)	Mechanical Properties: Ductility (%EL in 50 mm)	Typical Applications
Gray Iron							
SAE G1800	F10004	3.40–3.7 C, 2.55 Si, 0.7 Mn	Ferrite + pearlite	124	—	—	Miscellaneous soft iron castings in which strength is not a primary consideration
SAE G2500	F10005	3.2–3.5 C, 2.20 Si, 0.8 Mn	Ferrite + pearlite	173	—	—	Small cylinder blocks, cylinder heads, pistons, clutch plates, transmission cases
SAE G4000	F10008	3.0–3.3 C, 2.0 Si, 0.8 Mn	Pearlite	276	—	—	Diesel engine castings, liners, cylinders, and pistons
Ductile (Nodular) Iron							
ASTM A536							
60–40–18	F32800	3.5–3.8 C, 2.0–2.8 Si, 0.05 Mg, <0.20 Ni, <0.10 Mo	Ferrite	414	276	18	Pressure-containing parts such as valve and pump bodies
100–70–03	F34800		Pearlite	689	483	3	High-strength gears and machine components
120–90–02	F36200		Tempered martensite	827	621	2	Pinions, gears, rollers, slides
Malleable Iron							
32510	F22200	2.3–2.7 C, 1.0–1.75 Si, <0.55 Mn	Ferrite	345	224	10	General engineering service at normal and elevated temperatures
45006	F23131	2.4–2.7 C, 1.25–1.55 Si, <0.55 Mn	Ferrite + pearlite	448	310	6	
Compacted Graphite Iron							
ASTM A842							
Grade 250	—	3.1–4.0 C, 1.7–3.0 Si, 0.015–0.035 Mg, 0.06–0.13 Ti	Ferrite	250	175	3	Diesel engine blocks, exhaust manifolds, brake discs for high-speed trains
Grade 450	—		Pearlite	450	315	1	

[a]The balance of the composition is iron.

Source: Adapted from *ASM Handbook*, Vol. 1, *Properties and Selection: Irons, Steels, and High-Performance Alloys*, 1990. Reprinted by permission of ASM International, Materials Park, OH.

그림 14.4 (*a*) 강과 (*b*) 회주철의 상대적인 진동 흡수 능력의 비교
(From *Metals Engineering Quarterly*, February 1961. Copyright © 1961. Reproduced by permission of ASM International, Materials Park, OH.)

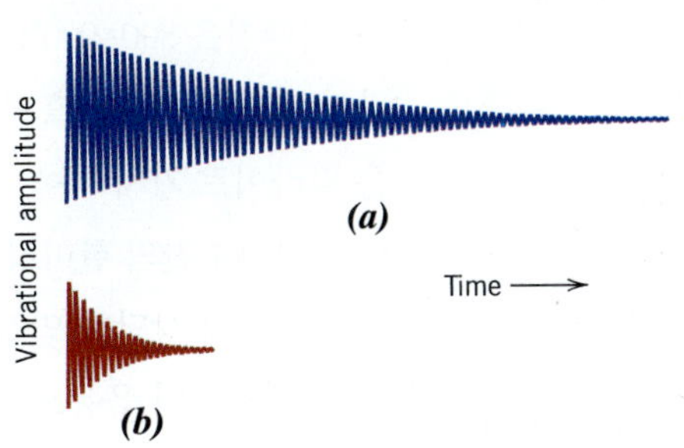

있다. 예를 들어 실리콘 함량을 줄이거나 냉각속도를 증가시키면 시멘타이트가 완전히 분해되어 흑연상이 생성되는 것을 막을 수 있다[식 (14.1)]. 이러한 조건에서 미세조직은 흑연 박편이 펄라이트 기지에 분산된 구조이다. 그림 14.5는 조성과 열처리의 변화에 의해 달라지는 몇 가지 주철의 미세조직을 도식적으로 비교하고 있다.

구상주철(또는 연주철)

주조 전에 회주철에 약간의 마그네슘 그리고/또는 세륨을 첨가하면 전혀 다른 미세조직과 기계적 특성을 갖게 된다. 흑연상은 여기서도 형성되지만 그 형태는 박편 모양 대신에 작은 혹 또는 구상이 된다. 이러한 합금을 **구상주철(nodular iron)** 또는 **연주철(ductile iron)**이라고 하며 구상주철의 미세조직을 그림 14.3*b*에 나타내었다. 이러한 입자를 둘러싼 기지상은 열처리 조건에 따라 펄라이트나 페라이트이다(그림 14.5). 일반적으로 주조 직후에는 펄라이트이다. 그러나 700°C에서 여러 시간 열처리하면 그림처럼 페라이트 기지가 만들어진다. 주조물은 표 14.5에서 보는 바와 같이 회주철에 비해 단단하고 연성이 훨씬 좋다. 실제로 연주철은 강에 상응하는 기계적 특성을 갖고 있다. 예를 들어 페라이트 연주철은 380~480 MPa의 인장강도와 10~20%의 연성을 갖는다. 이러한 재료의 대표적인 응용으로는 밸브, 펌프 동체, 크랭크축, 기어, 그리고 자동차나 기계의 부품 등을 들 수 있다.

구상주철
연주철

백주철과 가단주철

실리콘 농도가 낮은 주철(1.0 wt% 미만의 실리콘)의 급속냉각으로 그림 14.5에서 보는 바와 같이 대부분의 탄소는 흑연보다는 시멘타이트로 존재한다. 이러한 합금의 파단 백주면은 백색의 외관을 띠는데, 그래서 **백주철(white cast iron)**이라고 부른다. 그림 14.3*c*는 백주철의 미세조직을 나타내는 광학현미경 사진이다. 두꺼운 부위는 주조 공정 중에 '급랭된(chilled)' 표면층에 생성된 백주철이다. 회주철은 더욱 느리게 냉각되는 내부영역에서 생성된다. 많은 양의 시멘타이트 상으로 인하여 백주철은 실제적으로 기계 가공이 불가능할 정도로 매우 강하고 취성이 높다. 백주철의 응용은 높은 연성을 필요로 하지 않는 매우 강하고 내마모성이 강한 표면에 국한된다. 한 예로 압출기의 롤러(roller)를 들 수 있다. 일반적으로 백주철은 또 다른 주철, 즉 **가단주철(malleable iron)** 생산의 중간 과정으로 사용된다.

백주철
가단주철

백주철을 800~900°C에서 장시간 동안 중성 분위기(산화를 막기 위해)에서 가열하면 시멘타이트가 분해되어 흑연을 만들며, 그림 14.5와 같이 흑연상은 냉각속도에 따라 페라이트 혹은 펄라이트 기지 내에 응집형(cluster) 혹은 장미형(rosette)으로 존재한다. 그림 14.3*d*는 페라이트 가단주철의 현미경 사진이다. 미세조직은 구상주철(그림 14.3*b*)과 비슷하여 상대적으로 높은 강도와 상당한 연성을 가짐을 알 수 있다. 몇 가지 대표적인 기계적 특성을 표 14.5에 실었다. 대표적인 응용으로는 연결 축, 자동차의 변속 기어와 기차, 잠수함 등의 중장비에 사용되는 플랜지(flange), 파이프 이음쇠, 밸브 부품 등을 들 수 있다.

회주철과 연주철은 거의 같은 양이 생산되지만, 백주철과 가단주철은 소량 생산된다.

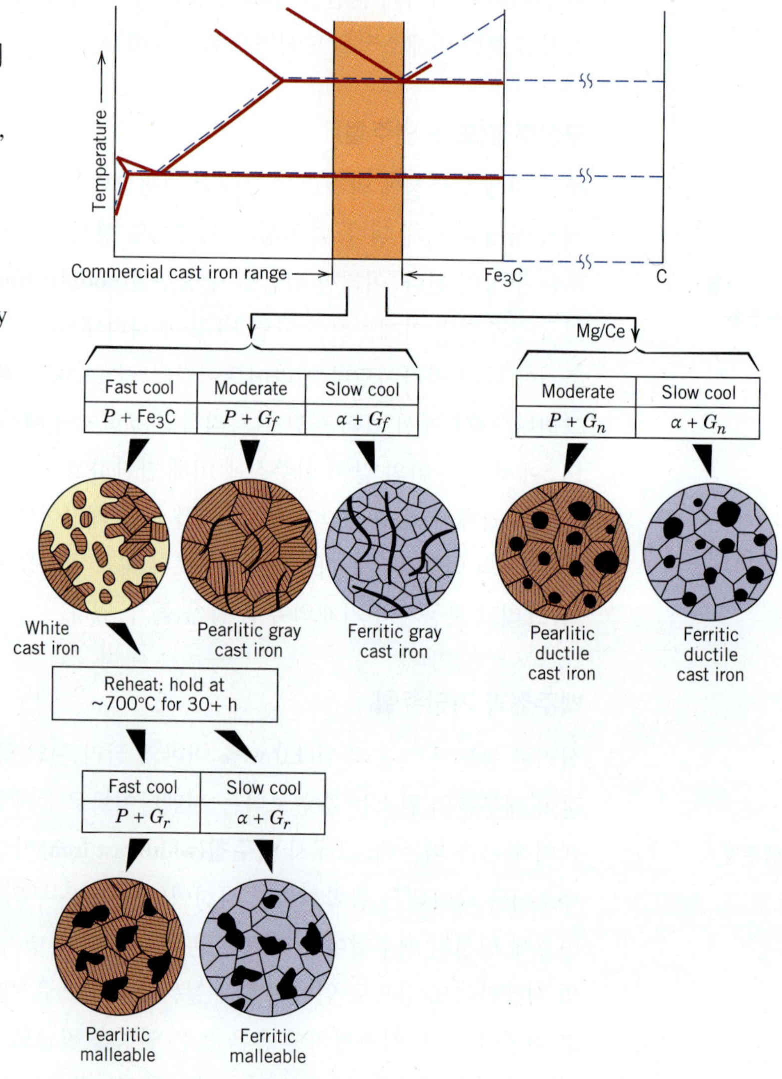

그림 14.5 상용화된 주철의 철-탄소 상태도와 조성의 영역. 다양한 열처리에 의한 미세조직도 나타내었다. G_f: 박편 흑연, G_r: 장미형 흑연, G_n: 구상형 흑연, P: 펄라이트, α: 페라이트 (Adapted from W. G. Moffatt, G. W. Pearsall, and J. Wulff, *The Structure and Properties of Materials*, Vol. I, *Structure*, John Wiley & Sons, 1964. Reproduced by permission of Janet M. Moffatt.)

개념 확인 14.2

회주철에 마그네슘(Mg)을 첨가하면 연주철이 생성된다. 이 변경이 어떻게 발생하는지 간략하게 설명하라.

(정답은 *www.wiley.com*의 제품 페이지에서 확인할 수 있음)

강화 흑연철

강화 흑연철

강화 흑연철(compacted graphite iron, CGI)은 비교적 최근에 주철(cast iron)군에 추가되었다. 회주철, 연주철, 그리고 가단주철과 같이 탄소가 흑연의 형태로 존재하는데 이때 흑연의 형성은 Si에 의해 촉진된다. Si 함량이 1.7~3.0 wt%인 데 반해 탄소 농도는 보통 3.1~4.0 wt%이다. 2개의 강화 흑연철 재료가 표 14.5에 포함되어 있다.

미세조직상 강화 흑연철 합금은 벌레(혹은 연충) 형태의 흑연을 가지고 있는데 전형적인 CGI의 미세조직이 그림 14.3*e*의 광학현미경 사진에 보인다. 어떤 면에서 이 미세조직은 회주철(그림 14.3*a*)과 연주철(구상주철; 그림 14.3*b*)의 중간 형태인데, 사실 일부 흑연(20% 이하)은 구상주철의 형태이다. 하지만 날카로운 가장자리(흑연 박편의 특징)는 피해야 한다. 이러한 형태의 존재는 재료의 파괴인성과 피로저항을 저하시킨다. 마그네슘 그리고/또는 세륨 또한 첨가되지만 그 농도는 연주철보다는 낮다. 강화 흑연철은 다른 주철 형태보다 화학적 변화가 복잡한데, 이를테면 마그네슘, 세륨, 그리고 다른 첨가물 등의 조성은 흑연의 구상화를 제한하고 또한 흑연 박편의 형성을 억제해서 벌레 같은 형태의 흑연 입자의 미세조직을 가질 수 있도록 제어되어야 한다. 나아가서 열처리에 따라 기지상은 펄라이트 그리고/또는 페라이트상이 될 것이다.

다른 주철 형태에서처럼 강화 흑연철의 기계적 성질은 미세조직, 즉 흑연 입자 모양뿐만 아니라 기지상/미세구성요소와도 관련이 있다. 흑연 입자의 구상화 정도의 증가는 강도와 연성의 증대를 가져온다. 더불어 페라이트 기지상 강화 흑연철은 펄라이트 기지상 강화 흑연철보다 낮은 강도와 높은 연성을 가진다. 강화 흑연철의 인장과 항복 강도는 연주철, 가단주철과 견주어 비슷하지만, 회주철(표 14.5)보다는 크다. 게다가 강화 흑연철의 연성은 회주철과 연주철의 중간 정도이고 탄성계수는 140~165 GPa이다.

다른 주철들과 비교하여 바람직한 강화 흑연철의 특징은 다음과 같다.

- 높은 열전도성
- 더 높은 열충격 저항성(즉, 급격한 온도변화에 따른 파괴의 경우)
- 고온 내산화성

요즘 강화 흑연철은 여러 가지 중요한 응용처에 이용되고 있는데 여기에는 디젤 엔진 블록, 내연기관의 배기 다기관(manifold), 기어상자틀, 고속열차의 브레이크 디스크, 플라이휠

(flywheel) 등이 있다.

14.3 | 비철 합금

강과 그 밖의 철 합금은 매우 광범위한 기계적 성질을 가지고 있으며 생산하기 쉽고 저렴하여 다른 합금과 비교될 수 없을 정도로 많이 소비된다. 그러나 이들 합금은 다음과 같은 몇 가지 중요한 단점을 가지고 있다: (1) 상대적으로 높은 밀도, (2) 비교적 낮은 전기전도도, (3) 일상적 분위기하에서의 낮은 내부식성. 따라서 많은 응용분야에서는 더 이상적인 성질을 갖는 다른 합금이 유리하거나 필수적이다. 합금계는 기본 금속의 종류 또는 합금군이 갖고 있는 특성에 따라 분류된다. 이 절에서는 구리, 알루미늄, 마그네슘, 티타늄 등의 합금, 내화금속(refractory metal), 초합금(superalloy), 귀금속(noble metal), 그리고 니켈, 납, 주석, 지르코늄, 아연 등의 기본 금속을 포함하는 기타 합금계에 대해 설명하고자 한다.

때때로 주조 합금과 단조 합금을 명확히 구분할 필요가 있다. 합금이 너무 취성이 높아 성형과 가공을 위한 적절한 소성변형이 불가능한 경우를 **주조 합금**(*cast alloy*)이라 하고, 기계적 소성변형이 가능한 경우를 **단조 합금(wrought alloy)**이라고 한다.

단조 합금

또한 합금계의 열처리 가능성(heat treatability)이 흔히 언급된다. '열처리가 가능하다'는 것은 합금이 열처리에 의해 석출경화(12.10절과 12.11절 참조) 또는 마텐자이트 변태 등을 통하여 기계적 강도가 향상될 수 있다는 것을 의미한다.

구리와 그 합금

원하는 물성에 맞게 제조된 구리와 구리 기지 합금은 고대로부터 다양한 분야에 사용되어 왔다. 순수 구리(unalloyed copper)는 매우 연하고 연성이 높아 기계 가공이 어렵고, 거의 제한이

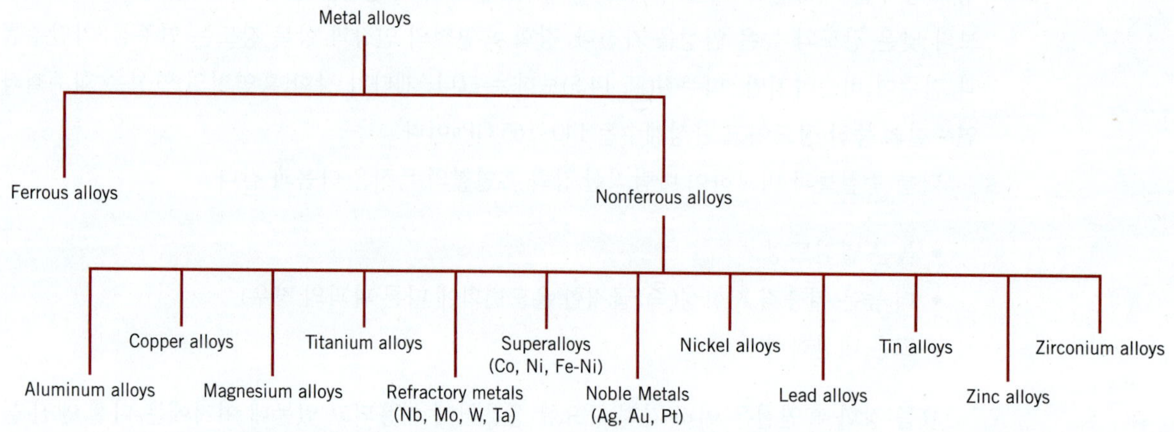

그림 14.6 다양한 비철 합금들의 분류도

없을 정도의 냉간가공 능력을 갖는다. 또한 대기, 해수, 산업 화학물질 등의 다양한 외부 환경에 대해 높은 내부식성을 갖는다. 구리의 기계적 혹은 내부식성 성질은 합금화에 의해 향상될 수 있다. 대부분의 구리 합금은 열처리 공정에 의해 경화나 강화되지 않는다. 따라서 냉간가공과 용질화 합금 처리로써 기계적 성질을 개선한다.

황동

가장 흔한 구리 합금은 아연이 주된 치환형 불순물로 합금화된 **황동(brass)**이다. 구리-아연의 상태도(그림 11.19)에서 보는 바와 같이 α상은 대략 35 wt% 아연의 농도까지 안정하다. 이 상은 FCC 결정구조를 갖고 있으며, α 황동은 연하고 연성이 높아 쉽게 냉간가공될 수 있다. 더 높은 아연 농도를 갖는 황동 합금은 상온에서 α와 β'상을 갖고 있다. β'상은 정렬된(ordered) BCC 결정구조이며, α상보다 더 단단하고 강하다. 따라서 $\alpha + \beta'$ 합금은 일반적으로 열간가공 처리된다.

보통 황동의 종류는 황색 황동(yellow brass), 네이벌 황동(naval brass), 약협 황동(cartridge brass), 먼츠 금속(muntz metal), 그리고 도금 금속(gilding metal) 등이다. 표 14.6에 이러한 합금의 조성, 특성, 응용분야를 수록하였다. 황동 합금은 의복 장식, 탄피(cartridge casing), 자동차 라디에이터, 악기, 동전 등에 사용된다.

청동

청동(bronze)은 구리와 다른 몇 가지 원소, 즉 주석, 알루미늄, 실리콘, 니켈 등을 첨가시킨 합금이다. 이 합금은 황동보다 단단하고 좋은 내부식성을 갖는다. 표 14.6에 몇몇 청동 합금의 조성, 특성, 응용분야를 수록하였다. 일반적으로 청동은 내부식성과 양호한 인장 특성이 요구될 때 사용된다.

최근에 만들어진 고강도 구리 합금은 베릴륨(beryllium) 구리이다. 이 합금은 대단히 우수한 특성을 갖고 있다. 즉, 1400 MPa에 이르는 인장강도와 우수한 전기적 성질, 내부식성, 내마모성 특성을 갖는다. 고강도는 석출경화의 열처리에 의해 얻을 수 있다(12.10절). 이 합금의 제조에는 1.0~2.5 wt%의 베릴륨이 첨가되므로 제조 단가가 높다. 주요 응용분야는 제트기의 착륙기어 베어링, 부싱(bushing), 스프링, 수술 혹은 치과 도구 등이다. 이러한 합금(C17200) 중 하나를 표 14.6에 나타내었다.

개념 확인 14.3

황동과 청동의 주요 차이점은 무엇인가?

(정답은 *www.wiley.com*의 제품 페이지에서 확인할 수 있음)

알루미늄과 그 합금

알루미늄과 그 합금은 비교적 밀도가 작고(2.7 g/cm^3, 강의 경우 7.9 g/cm^3), 높은 전기 및 열전도도를 가지며, 대기 중에서 좋은 내부식성을 갖는다. 대부분의 합금은 높은 연성을 갖고 있으므로 성형가공이 용이하다. 이러한 특성은 비교적 순수한 재료를 압연하여 제조한 얇은 알루미늄 박판의 제조에서 알 수 있다. 알루미늄은 FCC 구조이며, 연성이 매우 낮은 온도까지 유지된다. 알루미늄 사용의 가장 중요한 제약은 사용 가능한 최대 온도인 용융점(660°C)이 낮다는 것이다.

알루미늄의 기계적 강도는 냉간가공과 합금화에 의해 증가된다. 그러나 이러한 강화 공

표 14.6 여덟 가지 구리 합금의 조성, 기계적 성질, 대표적인 응용분야

Alloy Name	UNS Number	Composition (wt%)[a]	Condition	Mechanical Properties: Tensile Strength (MPa)	Yield Strength (MPa)	Ductility (%EL in 50 mm)	Typical Applications
Wrought Alloys							
Electrolytic tough pitch	C11000	0.04 O	Annealed	220	69	45	Electrical wire, rivets, screening, gaskets, pans, nails, roofing
Beryllium copper	C17200	1.9 Be, 0.20 Co	Precipitation hardened	1140–1310	965–1205	4–10	Springs, bellows, firing pins, bushings, valves, diaphragms
Cartridge brass	C26000	30 Zn	Annealed Cold-worked (H04 hard)	300 525	75 435	68 8	Automotive radiator cores, ammunition components, lamp fixtures, flashlight shells, kickplates
Phosphor bronze, 5% A	C51000	5 Sn, 0.2 P	Annealed Cold-worked (H04 hard)	325 560	130 515	64 10	Bellows, clutch disks, diaphragms, fuse clips, springs, welding rods
Copper–nickel, 30%	C71500	30 Ni	Annealed Cold-worked (H02 hard)	380 515	125 485	36 15	Condenser and heat-exchanger components, saltwater piping
Cast Alloys							
Leaded yellow brass	C85400	29 Zn, 3 Pb, 1 Sn	As cast	234	83	35	Furniture hardware, radiator fittings, light fixtures, battery clamps
Tin bronze	C90500	10 Sn, 2 Zn	As cast	310	152	25	Bearings, bushings, piston rings, steam fittings, gears
Aluminum bronze	C95400	4 Fe, 11 Al	As cast	586	241	18	Bearings, gears, worms, bushings, valve seats and guards, pickling hooks

[a] The balance of the composition is copper.

Source: Adapted from *ASM Handbook*, Vol. 2, *Properties and Selection: Nonferrous Alloys and Special-Purpose Materials,* 1990. Reprinted by permission of ASM International, Materials Park, OH.

정은 내부식성의 저하를 수반한다. 중요한 합금 원소는 구리, 마그네슘, 실리콘, 망간, 아연 등이다. 비열처리화 합금은 단일상의 미세조직을 가지며, 고용체 강화에 의해 강도를 증가시킨다. 다른 합금들은 합금화에 의해 석출경화에 의한 열처리화가 가능하다. 이 합금들 중에는 $MgZn_2$와 같은 금속간 화합물처럼 알루미늄 이외의 두 원소 간 석출물에 의해 석출경화가 일어나는 것도 있다.

템퍼 명칭

일반적으로 알루미늄 합금은 주조 또는 단조 합금으로 분류될 수 있다. 두 종류 모두 조성은 주 불순물과 순도를 나타내는 네 자리의 수로 명시한다. 주조 합금의 경우 소수점은 끝의 두 숫자 사이에 위치한다. 이 숫자 다음에 '–' 그리고 **템퍼 명칭(temper designation)** 글자와 1~3자리 숫자를 쓰는데, 이는 합금이 만들어진 기계적 또는 열적 처리 방식을 나타낸다. 예를

표 14.7 알루미늄 합금들의 질별체계도

Designation	Description
	Basic Tempers
F	As-fabricated – by casting or cold working
O	Annealed – lowest strength temper (wrought products only)
H	Strain-hardened (wrought products only)
W	Solution heat-treated – used only on products that precipitation harden naturally at room temperature over periods of months or years
T	Solution heat-treated – used on products that strength stabilize within a few weeks – followed by one or more digits
	Strain-Hardened Tempers[a]
H1	Strain-hardened only
H2	Strain-hardened and then partially annealed
H3	Strain-hardened and then stabilized
	Heat-Treating Tempers[b]
T1	Cooled from an elevated-temperature shaping process and naturally aged
T2	Cooled from an elevated-temperature shaping process, cold worked, and naturally aged
T3	Solution heat treated, cold worked, and naturally aged
T4	Solution heat treated and naturally aged
T5	Cooled from an elevated-temperature shaping process and artificially aged
T6	Solution heat treated and artificially aged
T7	Solution heat treated and overaged or stabilized
T8	Solution heat treated, cold worked, and artificially aged
T9	Solution heat treated, artificially aged, and cold worked
T10	Cooled from an elevated-temperature shaping process, cold worked, and artificially aged

[a]Two additional digits may be added to denote degree of strain hardening.

[b]Additional digits (the first of which cannot be zero) are used to denote variations of these 10 tempers.

Source: Adapted from *ASM Handbook,* Vol. 2, *Properties and Selection: Nonferrous Alloys and Special-Purpose Materials,* 1990. Reproduced with permission of ASM International, Materials Park, OH, 44073.

들어 F, H, O는 각각 가공 전, 소성 경화, 열처리 상태를 가리킨다. 표 14.7은 알루미늄 합금의 질별체계도를 보여주고 있다. 또한, 여러 가지 단조 및 주조 합금의 조성, 특성, 응용이 표 14.8

표 14.8 여러 가지 알루미늄 합금들의 조성, 기계적 성질, 대표적인 응용분야

Aluminum Association Number	UNS Number	Composition (wt%)[a]	Condition (Temper Designation)	Mechanical Properties: Tensile Strength (MPa)	Mechanical Properties: Yield Strength (MPa)	Mechanical Properties: Ductility (%EL in 50 mm)	Typical Applications/ Characteristics
Wrought, Non–Heat-Treatable Alloys							
1100	A91100	0.12 Cu	Annealed (O)	90	35	35–45	Food/chemical handling and storage equipment, heat exchangers, light reflectors
3003	A93003	0.12 Cu, 1.2 Mn, 0.1 Zn	Annealed (O)	110	40	30–40	Cooking utensils, pressure vessels and piping
5052	A95052	2.5 Mg, 0.25 Cr	Strain hardened (H32)	230	195	12–18	Aircraft fuel and oil lines, fuel tanks, appliances, rivets, and wire
Wrought, Heat-Treatable Alloys							
2024	A92024	4.4 Cu, 1.5 Mg, 0.6 Mn	Heat-treated (T4)	470	325	20	Aircraft structures, rivets, truck wheels, screw machine products
6061	A96061	1.0 Mg, 0.6 Si, 0.30 Cu, 0.20 Cr	Heat-treated (T4)	240	145	22–25	Trucks, canoes, railroad cars, furniture, pipelines
7075	A97075	5.6 Zn, 2.5 Mg, 1.6 Cu, 0.23 Cr	Heat-treated (T6)	570	505	11	Aircraft structural parts and other highly stressed applications
Cast, Heat-Treatable Alloys							
295.0	A02950	4.5 Cu, 1.1 Si	Heat-treated (T4)	221	110	8.5	Flywheel and rear-axle housings, bus and aircraft wheels, crankcases
356.0	A03560	7.0 Si, 0.3 Mg	Heat-treated (T6)	228	164	3.5	Aircraft pump parts, automotive transmission cases, water-cooled cylinder blocks
Aluminum–Lithium Alloys							
2090	—	2.7 Cu, 0.25 Mg, 2.25 Li, 0.12 Zr	Heat-treated, cold worked (T83)	455	455	5	Aircraft structures and cryogenic tankage structures
8090	—	1.3 Cu, 0.95 Mg, 2.0 Li, 0.1 Zr	Heat-treated, cold worked (T651)	465	360	—	Aircraft structures that must be highly damage tolerant

[a]The balance of the composition is aluminum.

Source: Adapted from *ASM Handbook,* Vol. 2, *Properties and Selection: Nonferrous Alloys and Special-Purpose Materials,* 1990. Reprinted by permission of ASM International, Materials Park, OH.

에 제시되어 있다. 알루미늄 합금의 일반적인 응용분야는 비행기 동체, 캔, 버스 차체, 자동차 부품[엔진 블록, 피스톤, 다기관(manifold)] 등이다.

최근에 알루미늄에 저밀도 금속(예: Mg, Ti)을 첨가하여 운송체의 구조 재료로 사용하여 연료를 절감하는 새로운 합금의 개발에 대한 많은 연구가 진행되고 있다. 이러한 재료의 중요한 성질은 **비강도(specific strength)**, 즉 재료의 인장강도 대 비중의 비이다. 이러한 합금은 더 밀도가 높은 재료(강과 같은)보다 인장강도가 떨어지지만, 일정한 무게당 더 많은 하중을 지탱할 수 있다.

비강도

최근에 항공우주산업에 응용을 위해 새로운 알루미늄-리튬 합금의 시대가 열렸다. 이 재료들은 각각 상대적으로 낮은 밀도(약 2.5~2.6 g/cm^3), 높은 탄성(중력에 대한 탄성계수), 그리고 뛰어난 피로와 저온 인성 특성을 갖는다. 더욱이 그중 일부는 석출경화도 가능하다. 그러나 이 재료들은 리튬의 화학적 반응성 때문에 특별한 공정 기술이 요구되므로 보통 알루미늄 합금보다 제조비가 많이 든다.

개념 확인 14.4

경우에 따라서는 3003-H1 알루미늄 합금으로 제조된 구조물에 있어서 용접은 좋은 방법이 아니다. 그 이유를 설명하라. 힌트: 9.13절을 참조하라.

(정답은 *www.wiley.com*의 제품 페이지에서 확인할 수 있음)

마그네슘과 그 합금

아마도 마그네슘의 가장 뛰어난 특성은 밀도일 텐데(1.7 g/cm^3), 마그네슘의 밀도는 구조 금속 중에서 가장 낮다. 따라서 이 합금은 경량화가 중요한 분야에 사용된다(예: 비행기 부품들). 마그네슘의 결정구조는 HCP이며 비교적 연하고 낮은 탄성계수(45 GPa)를 갖는다. 상온에서 마그네슘과 그 합금은 소성변형이 어렵다. 실제로 아주 작은 정도의 냉간가공만이 고온의 열처리 없이 가능하다. 따라서 대부분의 가공은 주조나 200~350°C에서 행하는 열간가공에 의해 이루어진다. 알루미늄과 같이 마그네슘은 비교적 낮은 용융온도(651°C)를 갖고 있다. 화학적으로 마그네슘 합금은 비교적 불안정하고, 특히 해양 분위기에서 부식에 약하다. 반면에 일반 대기 중에서의 내부식성과 내산화성은 우수한 편이다. 미세한 마그네슘 분말은 공기 중에서 가열되면 쉽게 점화하므로 이러한 분위기에서 취급할 때 주의가 필요하다.

이들 합금도 역시 주조 또는 단조 합금으로 분류되며, 어떤 합금은 열처리화가 가능하다. 알루미늄, 아연, 망간, 몇 종의 희토류 금속이 중요한 합금 원소이다. 조성-템퍼 표기방법은 알루미늄과 유사하다. 표 14.9에 중요한 마그네슘 합금과 그 조성, 특성, 응용분야를 수록하였다. 이러한 합금은 비행기, 미사일 분야뿐만 아니라 가방 등에도 사용된다. 게다가 지난 몇 년간 마그네슘 합금의 수요가 다른 산업에서 주요하게 증가하고 있다. 많은 응용분야 중에서 마

표 14.9 여섯 가지 마그네슘 합금들의 조성, 기계적 성질, 대표적인 응용 분야

ASTM Number	UNS Number	Composition (wt%)[a]	Condition	Mechanical Properties: Tensile Strength (MPa)	Yield Strength (MPa)	Ductility (%EL in 50 mm)	Typical Applications
Wrought Alloys							
AZ31B	M11311	3.0 Al, 1.0 Zn, 0.2 Mn	As extruded	262	200	15	Structures and tubing, cathodic protection
HK31A	M13310	3.0 Th, 0.6 Zr	Strain hardened, partially annealed	255	200	9	High strength to 315°C
ZK60A	M16600	5.5 Zn, 0.45 Zr	Artificially aged	350	285	11	Forgings of maximum strength for aircraft
Cast Alloys							
AZ91D	M11916	9.0 Al, 0.15 Mn, 0.7 Zn	As cast	230	150	3	Die-cast parts for automobiles, luggage, and electronic devices
AM60A	M10600	6.0 Al, 0.13 Mn	As cast	220	130	6	Automotive wheels
AS41A	M10410	4.3 Al, 1.0 Si, 0.35 Mn	As cast	210	140	6	Die castings requiring good creep resistance

[a] The balance of the composition is magnesium.

Source: Adapted from *ASM Handbook*, Vol. 2, *Properties and Selection: Nonferrous Alloys and Special-Purpose Materials,* 1990. Reprinted by permission of ASM International, Materials Park, OH.

그네슘 합금은 마그네슘 재료가 더 단단하고 좀 더 재활용이 가능하고 비용이 저렴하여 비슷한 밀도를 갖는 공업용 수지를 대체하고 있다. 예: 마그네슘은 지금 손바닥만한 크기의 장치(예: 휴대용 톱, 동력 공구, 가위), 자동차(예: 핸들과 조종대 지지축, 좌석의 틀, 변속기 상자), 그리고 오디오, 비디오, 컴퓨터 통신 장치(예: 노트북 컴퓨터, 캠코더, TV, 휴대전화) 등에 다양하게 사용되고 있다.

개념 확인 14.5

용융점, 내산화성, 항복강도, 취성 등에 근거하여 다음 재료들, (a) 알루미늄 합금, (b) 마그네슘 합금에 대하여 열간가공이 좋은지 냉간가공이 좋은지를 설명하라. 힌트: 9.11절과 9.13절을 참조하라.

(정답은 *www.wiley.com*의 제품 페이지에서 확인할 수 있음)

티타늄과 그 합금

티타늄과 그 합금들은 특수한 성질을 갖고 있으며, 비교적 최근에 개발되었다. 순수 금속은 비교적 낮은 밀도(4.5 g/cm^3), 높은 용융점(1668°C)과 탄성계수(107 GPa)를 갖고 있다. 티타늄은 대단히 단단하여 상온에서의 인장강도가 1400 MPa에 이르고 강도가 대단히 높다. 더구나 합금은 연성이 매우 좋고 쉽게 단조 및 기계가공 될 수 있다.

합금되지 않은(즉, 상업적으로 순수한) 티타늄은 상온에서 α라고 하는 조밀육방 결정구조를 갖는다. 883°C에서 조밀육방(HCP) 결정구조의 재료는 체심입방형(BCC)(또는 β) 상으로 변형된다. 이 상변태 온도는 합금 원소에 크게 영향을 받는다. 예를 들어 바나듐(V), 니오븀(Nb), 몰리브덴(Mo)은 α와 β의 전이온도를 감소시키고 실온에서 존재할 수 있는 β상(즉, β상 안정제)의 형성을 촉진시킨다. 또한, 일부 조성에서는 α 및 β상이 공존한다. 티타늄 합금은 가공 후 어떤 상(phase)이 존재하는지에 따라 α, β, $\alpha + \beta$ 및 유사 α 네 가지 종류로 나뉜다.

α-티타늄 합금은 흔히 알루미늄과 주석의 합금이며 우수한 크리프 특성으로 인해 고온의 환경에서 사용된다. 또한 α상은 안정한 상이기 때문에 열처리에 의한 강화는 불가능하다. 따라서 이 물질은 일반적으로 열처리를 한 상태 또는 재결정 상태에서 사용된다. 강도와 인성은 우수하지만 단조성은 다른 Ti 합금에 비해 열등하다.

β-티타늄 합금은 β-안정화 원소(V과 Mo)를 충분히 함유하고 있어서 상당히 빠른 속도로 냉각시켜도 β(준안정) 상이 실온까지 유지된다. 이 재료들은 단조성이 매우 좋고 높은 파괴인성을 보인다.

$\alpha + \beta$ 합금은 두 상에 안정화 원소들을 섞어서 합금을 만든다. 이러한 합금의 강도는 열처리를 통해 향상되고 제어할 수 있다. α상과 잔류 또는 상변태된 β상으로 구성된 다양한 미세조직이 가능하다. 일반적으로 이러한 재료들은 가공성이 좋다.

유사 α 합금들 역시 α상과 β-안정화 원소가 적게 함유된 소량의 β상이 섞여 있다. 그들의 특성이나 제조 특징은 미세조직이나 물성이 다양하다는 것 말고는 α 합금과 비슷하다.

티타늄의 가장 큰 취약점은 고온에서의 다른 재료와의 화학 반응성이다. 이러한 특성 때문에 특수한 정련, 용융, 주조 기술의 개발이 필요하고, 그러므로 가격이 꽤 비싸다. 고온 반응성에도 불구하고 상온에서 티타늄 합금의 내부식성은 대단히 높다. 이 합금은 공기, 해양 분위기, 여러 산업 환경에서 실제적으로 부식이 전혀 없다. 또한 티타늄 합금은 인체에 이식될 때 생체적합성이 매우 높다(즉, 체액과 조직에 노출되었을 때 반응성이 매우 낮고 독성물질을 방출하지 않는다). 이와 더불어, 티타늄 합금은 상대적으로 밀도가 낮고 적절한 기계적 특성을 가지고 있다. 이에 따라 치과와 정형외과(엉덩이 및 무릎) 임플란트에 광범위하게 사용된다.

표 14.10에 여러 티타늄 합금의 성질과 응용분야를 나타내었다. 이 합금은 비행기 구조물, 우주선, 석유 및 화학 산업에 사용되고 있다.

표 14.10 여러 가지 티타늄 합금들의 조성, 기계적 성질, 대표적인 응용분야

Alloy Type	Common Name (UNS Number)	Composition (wt%)	Condition	Average Mechanical Properties			Typical Applications
				Tensile Strength (MPa)	Yield Strength (MPa)	Ductility (%EL in 50 mm)	
Commercially pure	Unalloyed (R50250)	99.5 Ti	Annealed	240	170	24	Jet engine shrouds, cases and airframe skins, corrosion-resistant equipment for marine and chemical processing industries
α	Ti–5Al–2.5Sn (R54520)	5 Al, 2.5 Sn, balance Ti	Annealed	826	784	16	Gas turbine engine casings and rings; chemical processing equipment requiring strength to temperatures of 480°C
Near α	Ti–8Al–1Mo–1V (R54810)	8 Al, 1 Mo, 1 V, balance Ti	Annealed (duplex)	950	890	15	Forgings for jet engine components (compressor disks, plates, and hubs)
$\alpha + \beta$	Ti–6Al–4V (R56400)	6 Al, 4 V, balance Ti	Annealed	947	877	14	High-strength prosthetic implants, chemical-processing equipment, airframe structural components
$\alpha + \beta$	Ti–6Al–6V–2Sn (R56620)	6 Al, 2 Sn, 6 V, 0.75 Cu, balance Ti	Annealed	1050	985	14	Rocket engine case airframe applications and high-strength airframe structures
β	Ti–10V–2Fe–3Al	10 V, 2 Fe, 3 Al, balance Ti	Solution + aging	1223	1150	10	Best combination of high strength and toughness of any commercial titanium alloy; used for applications requiring uniformity of tensile properties at surface and center locations; high-strength airframe components

Source: Adapted from *ASM Handbook,* Vol. 2, *Properties and Selection: Nonferrous Alloys and Special-Purpose Materials,* 1990. Reprinted by permission of ASM International, Materials Park, OH.

내화금속

특별히 높은 용융온도를 갖고 있는 금속들은 내화금속(refractory metal)으로 분류한다. 이러한 부류에 속하는 금속으로는 니오븀(Nb), 몰리브덴(Mo), 텅스텐(W), 탄탈륨(Ta) 등이 있다. 용융온도는 Nb의 2468°C와 어떠한 금속보다 가장 높은 용융점을 갖는 금속인 W의 3410°C의 사이에 있다. 이 금속의 원자간 결합력은 높은 용융온도에서 알 수 있듯이 대단히 강하고 높은 탄성계수를 가지며, 상온뿐만 아니라 고온에서도 높은 강도와 경도를 유지한다. 이들 금속의 응용은 다양하다. 예를 들어 탄탈륨과 몰리브덴은 스테인리스강에 첨가되어 내부식성을 향상시킨다. 몰리브덴 합금은 압출 다이와 우주선의 구조 부품에 사용되고, 텅스텐은 전구의 필라멘트, X선 튜브, 용접 전극 등에 사용된다. 탄탈륨은 150°C 미만의 모든 환경에서 화학 부식에 안정하며, 따라서 이러한 내부식성이 요구되는 분야에 사용된다.

초합금

초합금(superalloy)은 최상의 성질을 갖는 합금이다. 대부분 고온과 가혹한 산화 분위기에 장시간 노출되는 비행기의 터빈 부품 등에 사용된다. 이러한 조건에서 적절한 기계적 성질의 유지는 매우 중요하며, 이러한 측면에서 밀도의 감소에 따라 회전 부위에 걸리는 구심 응력이 작아지기 때문에 밀도는 중요한 사항이다. 이러한 재료는 합금의 주된 금속에 따라 분류되며, 여기에는 코발트, 니켈, 철 등이 있다. 기타의 합금 원소로는 내화금속(Nb, Mo, W, Ta), 크롬, 티타늄 등이 있다. 또한 이 합금들은 단조합금이나 주조합금으로 분류할 수 있다. 그중 일부 합금의 조성을 표 14.11에 나타내었다.

터빈 재료의 응용 외에 이러한 합금은 원자력 반응로(nuclear reactor)와 석유 화학 장비에 사용된다.

귀금속

귀금속(noble metal)은 몇 가지 특성이 유사한 8종의 원소를 일컫는다. 이들은 산화와 부식에 매우 강하고, 비싸며, 특히 연하고 열에 강한 특징이 있다. 귀금속은 은(silver), 금(gold), 백금(platinum), 팔라듐(palladium), 로듐(rhodium), 루테늄(ruthenium), 이리듐(iridium), 오스뮴(osmium)이다. 처음 세 원소는 가장 흔하며, 귀금속으로 널리 사용되고 있다. 은과 금은 구리와의 고용체 합금에 의해 경화된다. 은화(sterling silver)는 7.5 wt%의 Cu가 첨가된 은-구리 합금이다. 은과 금 합금은 치과 복원 재료로 사용된다. 또한 금은 집적회로(integrated circuit)의 전기적 접합 재료로 사용된다. 백금은 화학 연구 부품, 촉매제(특히 가솔린 제조 시), 고온 측정을 위한 열전쌍(thermocouple) 등에 사용된다.

표 14.11 여러 가지 초합금의 성분

Alloy Name	Composition (wt%)									
	Ni	**Fe**	**Co**	**Cr**	**Mo**	**W**	**Ti**	**Al**	**C**	**Other**
					Iron–Nickel (Wrought)					
A-286	26	55.2	—	15	1.25	—	2.0	0.2	0.04	0.005 B, 0.3 V
Incoloy 925	44	29	—	20.5	2.8	—	2.1	0.2	0.01	1.8 Cu
					Nickel (Wrought)					
Inconel-718	52.5	18.5	—	19	3.0	—	0.9	0.5	0.08	5.1 Nb, 0.15 max Cu
Waspaloy	57.0	2.0 max	13.5	19.5	4.3	—	3.0	1.4	0.07	0.006 B, 0.09 Zr
					Nickel (Cast)					
Rene 80	60	—	9.5	14	4	4	5	3	0.17	0.015 B, 0.03 Zr
Mar-M-247	59	0.5	10	8.25	0.7	10	1	5.5	0.15	0.015 B, 3 Ta, 0.05 Zr, 1.5 Hf
					Cobalt (Wrought)					
Haynes 25 (L-605)	10	1	54	20	—	15	—	—	0.1	
					Cobalt (Cast)					
X-40	10	1.5	57.5	22	—	7.5	—	—	0.50	0.5 Mn, 0.5 Si

Source: Reprinted with permission of ASM International.® www.asminternational.org.

그 밖의 비철 합금

지금까지 설명한 합금이 주로 사용되는 비철 합금의 대부분을 이루고 있다. 그러나 이외에도 많은 합금이 다양한 기술 분야에 사용되고 있으며, 이에 대해 간단히 살펴보기로 하자.

니켈과 그 합금은 많은 분위기, 특히 알칼리성 분위기에서 내부식성이 강하다. 니켈은 주로 금속이 부식되는 것을 막기 위해 금속 표면에 코팅하거나 도금하여 사용한다. 모넬(monel)은 65 wt%의 Ni, 28 wt%의 Cu(나머지는 철)로 이루어진 니켈 기지 합금이다. 이 합금은 산, 석유 등과 접촉되는 펌프, 밸브, 기타 부품에 사용된다. 앞에서 언급한 대로 니켈은 스테인리스강의 주 첨가 원소이며, 초합금의 중요한 첨가 원소 중 하나이다.

납, 주석과 이들의 합금은 공업적 재료에 일부 사용되고 있다. 두 합금 모두 기계적으로 연하고 약하며 낮은 용융온도를 갖고 있으나 여러 부식 환경에서 내성이 강하고, 상온 이하에서 재결정이 일어난다. 가장 흔한 땜납(solder) 합금은 납-주석 합금이며, 낮은 용융온도를 갖는다. 납과 그 합금은 X선 차단막, 축전기의 저장체, 배관 등에 사용된다. 주석의 가장 흔한 응용으로는 음식 저장에 사용되는 일반탄소강의 깡통 내부에 얇게 입혀진 주석 코팅을 들 수 있다. 이러한 코팅은 강과 식료품 간의 화학반응을 억제한다.

중요 재료 14.1

유로화에 사용되는 금속 합금

2002년 1월 1일부터 유로는 12개 유럽 국가에서 공식 통화가 되었다. 그 이후로 몇몇 다른 국가들도 유럽 통화 연합에 가입하여 공식 통화로 유로를 채택했다. 유로화는 1, 2유로, 50, 20, 10, 5, 2, 1유로센트의 여덟 가지 종류로 발행된다. 각 동전은 한 면에 공통된 디자인을 가지고 있으며 다른 한 면의 디자인은 화폐동맹국들에 의해 선택된 몇 가지 중 하나이다. 이 동전들 중 몇 개가 그림 14.7에 나와 있다.

이 주화에 사용할 금속 합금을 결정할 때 많은 문제들이 고려되었으며 그 대부분은 재료 특성에 집중되어 있다.

- 각기 다른 종류의 동전을 구별하는 것은 중요하다. 이것은 동전의 서로 다른 크기, 색깔, 모양 등으로 가능하다. 합금은 고유의 색상을 유지하도록 선택해야 한다. 즉, 공기나 다른 흔히 마주칠 수 있는 환경에서 쉽게 변색되지 않는 합금을 선택해야 한다.
- 보안은 중요한 문제이다. 즉, 위조하기 어렵도록 동전을 만들어야 한다. 대부분의 자동판매기는 동전을 식별하기 위해 전기전도성을 사용하여 위조 동전이 사용되는 것을 방지한다. 즉, 각 동전에는 고유한 **전자서명**이 있어야 하며 이는 해당 동전의 조성에 따라 다르다.
- 선택된 합금은 동전으로 사용할 수 있거나 쉽게 주조할 수 있어야 한다. 즉, 디자인이 동전 표면에 찍힐 수 있도록 충분히 부드럽고 연성이 좋아야 한다.
- 합금은 오랫동안 사용하기 위해 내마모성(즉, 단단하고 강함)이 있어서 동전 표면에 스탬핑된 패턴이 유지되어야 한다. 스탬핑 작업 중에 변형경화(9.11절)가 발생하여 경도가 향상된다.
- 동전의 수명이 다할 때까지 재료의 손실을 최소화하기 위해 일반적인 사용환경에서 높은 부식저항성이 있는 합금이 선택되어야 한다.
- 고유의 물성(들)을 유지할 수 있는 모재 금속(들)의 합금을 사용해야 한다.
- 합금 재활용성은 사용된 합금에 대한 또 다른 요구조건이다.
- 동전을 만드는 합금(들)은 인체에 대한 고려사항, 즉 사람의 건강에 좋지 않은 미생물이 표면에 자라지 않도록 항균성을 가지고 있어야 한다.

그림 14.7 1유로, 2유로, 20유로센트, 50유로센트 동전들의 사진. (Photograph courtesy of Outokumpu Copper.)

구리는 모든 유로 동전의 모재 금속으로 선택되었는데, 그 이유는 구리와 그 합금이 위의 기준들을 충족시키기 때문이다. 몇몇 다른 구리 합금들과 합금 조합들은 아래와 같이 8개의 다른 동전을 만드는 데 사용된다.

- 2유로 동전: 이 동전은 **바이메탈**이라고 부른다. 이 동전은 외부 링과 내부 디스크로 구성된다. 외

부 링의 경우 75Cu-25Ni 합금이 사용되며 은색을 띠고 있다. 내부 디스크는 양면에 니켈 황동 합금(75Cu-20Zn-5Ni)이 입혀진 3층 구조의 고순도 니켈로 구성되는데 이 합금은 금색을 띠고 있다.

- 1유로 동전: 이 동전 역시 바이메탈이지만, 외부 링과 내부 디스크에 사용된 합금은 2유로용과는 반대로 배치되어 있다.
- 50센트, 20센트, 10센트 동전: 이 동전들은 '노르딕 골드' 합금인 89Cu-5Al-5Zn-1Sn으로 만들어진다.
- 5, 2, 1유로센트 동전: 이 동전들에는 구리도금강(copper-plated steels)이 사용된다.

비합금화된 아연은 낮은 용융점을 갖는 연한 금속이며, 실온 이하의 재결정온도를 갖는다. 화학적으로 많은 일반 분위기에 반응성이 있으며, 따라서 부식에 약하다. 아연도금강판(galvanized steel)은 일반탄소강에 얇은 아연층을 코팅한 것이다. 이때 아연은 우선적으로 산화되어 강을 보호한다(16.9절). 아연도금강판의 대표적인 응용은 판재 금속, 스크루(screw), 철망, 철책 등이다. 아연 합금의 대표적인 응용은 자동차 부품[문고리, 방열기 격자(grille)], 자물쇠, 사무기기 등이다.

비록 지르코늄이 지각에 풍부하다고 하지만 최근까지도 공업적 정제 기술이 발전하지 못했다. 지르코늄과 그 합금들은 연성이 있고 티타늄 합금과 오스테나이트화한 스테인리스강의 성질과 비교되는 다른 기계적 성질을 가지고 있다. 그러나 무엇보다도 이 합금의 최대 장점은 과열된 중수를 포함한 부식 환경에서의 내부식성이다. 나아가서 지르코늄은 열중성자에 대해 반응성이 없기 때문에 그 합금들은 냉각 핵 반응로에서 우라늄 연료 덮개로 사용되어 왔다. 가격면에서 이 합금들은 화학 공정과 핵 산업에서 열교환기, 반응로와 배관에 주로 사용된다. 그것들은 또한 방화병기와 진공관의 실링 장치에도 사용된다.

세라믹의 종류

재료의 특성에 대한 앞선 논의들에서 언급했듯이 금속과 세라믹의 물리적 특성에는 큰 차이가 있다. 따라서 이들 재료는 거의 완전히 다른 용도에 사용되기도 하고, 상호보완적으로 사용되기도 한다. 대부분의 세라믹 재료는 다음 그룹의 응용 분류 범주에 속한다. 즉, 유리, 구조용 점토 제품, 백자, 내화물, 연마재, 시멘트, 세라믹 생체재료, 그리고 최근에 개발된 첨단 세라믹 등이다. 그림 14.8은 유형별 분류표를 나타낸 것으로 각각에 대한 설명이 다음에 주어진다. 또한 이 절에서는 다이아몬드와 흑연의 특성과 응용에 대해서도 설명한다.

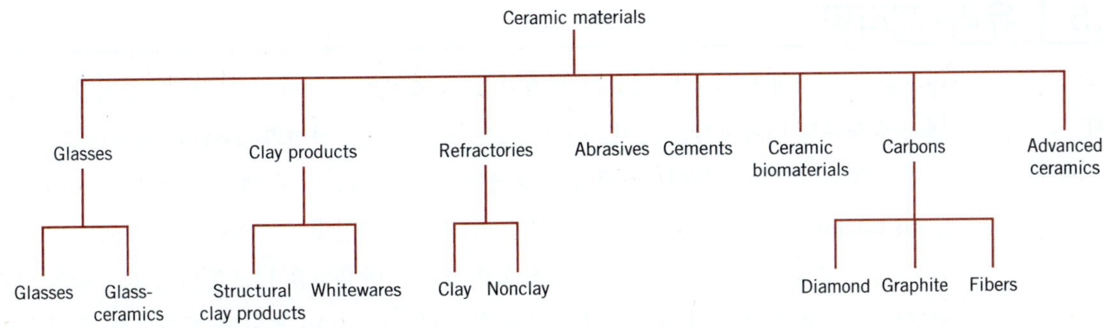

그림 14.8 응용에 따른 세라믹 재료의 분류도

14.4 | 유리

용기, 렌즈, 유리섬유(fiber glass) 등에 사용되는 유리는 가장 친숙한 세라믹이다. 앞에서 언급했듯이 이들은 비결정질 규산염(silicate)인데, 유리의 특성에 영향을 미치는 CaO, Na_2O, K_2O, Al_2O_3 등의 다른 산화물을 함유하고 있다. 소다석회유리는 SiO_2가 약 70 wt%를 차지하고, 나머지는 Na_2O(소다)와 CaO(석회)이다. 일반적인 유리제품의 화학성분을 표 14.12에 나타내었다. 이 재료들의 두 가지 장점은 광학적으로 투명하다는 점과 쉽게 제조할 수 있다는 점이다.

표 14.12 일반적인 상업용 유리의 조성과 특성

Glass Type	Composition (wt%)						Characteristics and Applications
	SiO_2	Na_2O	CaO	Al_2O_3	B_2O_3	Other	
Fused silica	>99.5						High melting temperature, very low coefficient of expansion (thermally shock resistant)
96% Silica (Vycor)	96				4		Thermally shock- and chemically resistant—laboratory ware
Borosilicate (Pyrex)	81	3.5		2.5	13		Thermally shock- and chemically resistant—ovenware
Container (soda–lime)	74	16	5	1		4 MgO	Low melting temperature, easily worked, also durable
Fiberglass	55		16	15	10	4 MgO	Easily drawn into fibers—glass–resin composites
Optical flint	54	1				37 PbO, 8 K_2O	High density and high index of refraction—optical lenses
Glass-ceramic (Pyroceram)	43.5	14		30	5.5	6.5 TiO_2, 0.5 As_2O_3	Easily fabricated; strong; resists thermal shock—ovenware

14.5 | 유리-세라믹

결정화

유리-세라믹

대부분의 무기질 비결정질 재료는 적절한 고온 열처리를 수행함으로써 비결정질 상태에서 결정질 재료로 변화시키는 것이 가능하다. 이러한 과정을 **결정화(crystallization)**라고 하는데, 이렇게 하여 생성된 재료는 미세한 결정립을 가지는 다결정질 재료로서 보통 **유리-세라믹(glass-ceramic)**이라고 부른다. 이런 작은 유리-세라믹 결정립의 형성은 어떤 면에서는 핵생성과 성장을 포함하는 상변태이다. 결과적으로 결정화 반응론은 12.3절 금속 시스템의 상변태에 적용된 원리를 똑같이 적용하여 설명할 수 있다. 예를 들어 온도 및 시간에 따른 변태 정도의 의존도를 등온변태도(12.5절)와 연속냉각변태도(12.6절)를 사용하여 표현할 수 있다. 그림 14.9는 루너 유리(lunar glass)의 결정화에 대한 연속냉각변태도이다. 이 그래프에서 변태 곡선의 시작과 끝은 공석 조성의 철-탄소와 같은 모양을 가진다(그림 12.26). 또한 이와 함께 '1'과 '2'로 표시한 2개의 연속냉각 곡선을 볼 수 있다. 2로 표시된 곡선의 냉각속도는 곡선 1보다 훨씬 크다. 또한 이 그림에서 보는 바와 같이 곡선 1의 연속냉각 경로에서는 위쪽 연속냉각 곡선과 만나는 교차점에서부터 결정화가 시작되어 시간이 증가하고 온도가 점차 감소함에 따라 결정화는 계속 진행되다가 결국 아래쪽 연속냉각 곡선을 지나는 순간 초기의 유리는 모두 결정화된다. 또 다른 냉각 곡선(곡선 2)은 결정화 시작 곡선의 코 부분을 살짝 비껴가고 있다. 이것은 임계 냉각속도(이 유리에서는 100°C/min)를 나타내는데, 즉 상온에서 100% 유리가 될 수 있는 최저 냉각속도이다. 이 속도보다 느린 냉각속도에서는 유리-세라믹 재료가 형성될 것이다.

흔히 핵생성 유도제(많은 경우 산화티탄)가 결정화를 유도하기 위해서 첨가된다. 핵생성 유도제는 변태 곡선의 결정화 시작과 끝 곡선을 더 짧은 시간 쪽으로 이동시킨다.

유리-세라믹 재료의 성질과 응용

유리-세라믹 재료는 비교적 기계적 강도가 우수하고, 열팽창계수가 작아서 열충격에 강하며, 높은 온도에서 사용할 수 있고, 우수한 유전 특성(전자 포장 재료용)과 우수한 생물학적 호환성을 갖도록 설계되어 왔다. 어떤 재료는 광학적으로 투명하게 만들 수도 있고, 또 어떤 재료는 광학적으로 우윳빛을 띠게 할 수 있다. 이러한 재료의 가장 큰 장점은 제조공정에 있다. 즉, 전통적인 유리 성형 공정을 이용하여 기공이 없는 재료를 제조하는 것이 가능하다는 점이다.

유리-세라믹은 파이로세럼(Pyroceram), 코닝웨어(CorningWare), 세코르(Cercor), 비전(Vision)의 제품명으로 판매되고 있다. 이 재료는 우수한 강도, 내열 충격성, 높은 열전도도 특성 때문에 오븐용 제품, 식탁용 식기류, 오븐용 창유리, 레인지 상판 등으로 많이 사용되고 있다. 이들 재료는 또한 전기 부도체, PCB(인쇄회로기판)로 사용되고, 건축용 클래딩, 열교환기, 재생기(regenerator)에도 사용된다. 대표적인 유리-세라믹의 조성을 표 14.12에 나타내었다. 그림 14.10은 유리-세라믹 재료의 미세조직을 보여주는 주사전자현미경 사진이다.

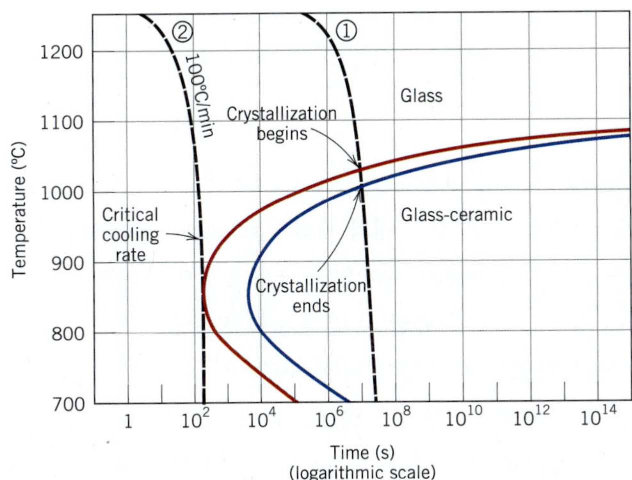

그림 14.9 결정화된 루너 유리의 연속냉각변태도(35.5 wt% SiO_2, 14.3 wt% TiO_2, 3.7 wt% Al_2O_3, 23.5 wt% FeO, 11.6 wt% MgO, 11.1 wt% CaO, 0.2 wt% Na_2O). 이 변태도 위에 1과 2로 표시된 두 점선은 냉각 곡선을 의미한다.
[Reprinted from *Glass: Science and Technology*, Vol. 1, D. R. Uhlmann and N. J. Kreidl (Editors), "The Formation of Glasses," p. 22, copyright 1983, with permission from Elsevier.]

그림 14.10 유리-세라믹의 미세조직의 주사전자현미경 사진(37,000배율). 길고 뾰족한 칼날 모양의 입자들은 매우 뛰어난 강도와 인성을 가지고 있다.
(Photograph courtesy of L. R. Pinckney and G. J. Fine, Corning Incorporated.)

개념 확인 14.6

유리-세라믹은 일반적으로 왜 투명하지 않은지를 간단히 설명하라(19장 참조).

(정답은 *www.wiley.com*의 제품 페이지에서 확인할 수 있음)

14.6 | 점토 제품

세라믹 원료 중에서 가장 많이 사용되는 것이 점토이다. 이 값싼 재료는 자연상태로 존재하고, 채굴한 상태 그대로 사용되는 경우가 많다. 이 재료가 많이 사용되는 또 하나의 이유는 이 재료를 물과 적정한 비율로 섞었을 때 원하는 제품 형태로의 성형이 용이하다는 점이다. 이렇게 성형된 부품은 수분을 일부 건조시킨 후, 고온에서 소성하여 기계적 강도를 부여하게 된다.

구조용 점토 제품
백자

점토를 이용한 대부분의 제품은 **구조용 점토 제품(structural clay product)**과 **백자(whiteware)**의 두 가지 제품군으로 대별된다. 구조용 점토 제품은 벽돌, 타일, 하수구 파이프 등으로 구조적인 일체성이 중요한 부분에 사용된다. 백자 세라믹은 **소성(firing)** 후에 흰색으로 변한다. 이

소성

제품군에는 도자기, 식기, 접시, 위생도기 등이 있다. 이들 제품에는 점토 이외에 다른 첨가물이 첨가되는데, 이들은 건조 및 소성 과정 중에 영향을 미쳐서 최종 제품의 특성을 결정한다 (15.9절).

14.7 | 내화물

내화 세라믹

많은 양이 소비되는 세라믹 중 또 한 가지 중요한 것은 **내화 세라믹(refractory ceramic)**이다. 이 재료의 특성은 가혹한 분위기에 노출되었을 때 반응하지 않고 불활성 상태로 있으며, 고온에서 용융되거나 분해되지 않는다는 점이다. 열을 차폐할 수 있다는 점 또한 중요하다(급격한 온도변화로 인한 파괴). 대표적인 응용분야로는 철강, 알루미늄, 구리 및 기타 금속을 정제하는 노 및 제련용 라이닝, 유리 제조용 및 금속 열처리용 노, 시멘트 가마, 발전기 등이 있다.

내화 세라믹의 성능은 조성 및 제조방법에 달려 있다. 대부분의 일반적인 내화물은 천연재료, 예를 들어 SiO_2, Al_2O_3, MgO, CaO, Cr_2O_3, ZrO_2과 같은 내화성 산화물로 만들어진다. 조성을 기준으로 일반적으로 점토물과 비점토물 두 가지로 분류된다. 표 14.13에 몇 가지 상업용 내화물의 조성이 제시되어 있다.

점토 내화물

점토 내화물은 내화점토 내화물(fireclay refractory)과 고함량 알루미나계 내화물의 두 가지 범주로 세분화된다. 내화점토 내화물의 기본 성분은 고순도의 알루미나와 실리카의 혼합물인 점토로서 보통 25~45 wt%의 알루미나를 함유하고 있다. 그림 11.29의 실리카-알루미나 상태도에 따르면, 이 조성 범위에서 액상을 형성하지 않는 가능한 최고 온도는 1587°C이다. 이 온도 이하에서 존재하는 평형상은 멀라이트 및 실리카(크리스토발라이트)이다. 이 내화물이 사

표 14.13 일곱 가지 세라믹 내화 재료의 조성

	Composition (wt%)					
Refractory Type	**Al_2O_3**	**SiO_2**	**MgO**	**Fe_2O_3**	**CaO**	**Other**
Fireclay	25–45	70–50	<1	<1	<1	1–2 TiO_2
High-alumina fireclay	50–87.5	45–10	<1	1–2	<1	2–3 TiO_2
Silica	<1	94–96.5	<1	<1.5	<2.5	
Periclase	<1	<3	>94	<1.5	<2.5	
Extra-high alumina	87.5–99+	<10	—	<1	—	<3 TiO_2
Zircon	—	34–31	—	<0.3	—	63–66 ZrO_2
Silicon carbide	12–2	10–2	—	<1	—	80–90 SiC

용되는 조건하에서, 전반적인 기계적 특성을 손상시키지 않는 정도의 소량의 액상 형성은 허용된다. 1587°C 이상에서 존재하는 액체의 양은 내화재료의 조성에 따라 결정된다. 알루미나 함량을 높이면 최대 사용가능 온도가 높아지고 생성되는 액상의 양을 줄일 수 있다.

고함량(알루미나 함량이 높은) 알루미나계 내화물의 주성분은 보크사이트(bauxite)로 주로 $Al(OH)_3$(수산화 알루미늄)과 카올리나이트 점토로 구성된 자연에서 존재하는 광물이다. 알루미나 함량은 50~87.5 wt%로 다양하다. 이 재료는 내화점토 내화물보다 고온에서 더 견고하며 더 가혹한 환경에서 사용될 수 있다.

비점토 내화물

비점토 내화물 원료는 점토 광물 이외의 재료들이다. 이 그룹에 포함되는 내화물들로는 실리카, 페리클레이스, 초고함량 알루미나, 지르콘, 탄화규소 내화물 등이 있다.

실리카 내화물은 **산성**(*acid*) 내화물이라고도 하는데 주요 성분은 실리카이다. 이 재료는 고온에서의 내력 성능(load-bearing capacity)이 우수하여 철강과 유리 제조용 노(furnace)의 둥근 천장벽에 주로 사용된다. 이 경우 최고 1650°C까지 사용이 가능하다. 이 온도에서 벽돌의 일부분은 액상으로 존재한다. 약간의 알루미나만 불순물로 존재하여도 이 내화물 성능에 악영향을 미치는데 이것은 그림 11.29의 실리카-알루미나 상태도로부터 설명될 수 있다. 공정 조성(7.7 wt% Al_2O_3)이 상태도상의 실리카 쪽에 가깝게 있기 때문에 아주 소량의 Al_2O_3 불순물만으로도 액상 온도를 크게 낮추게 된다. 즉, 1600°C 이상에서도 상당량의 액상이 존재하는 것을 의미한다. 따라서 알루미나 함량은 최소로 유지되어야 하며 보통 0.2~1.0 wt% 정도이다. 이들 내화물은 또한 실리카가 많은 슬래그(**산성 슬래그**)에 대해 저항성이 커서, 종종 슬래그를 담는 용기로 사용되기도 한다. 하지만 CaO, MgO의 함량이 많은 슬래그(염기성 슬래그)에는 쉽게 침식을 당하므로 산화물과는 접촉을 피해야 한다.

페리클레이스(마그네시아, MgO의 광물 형태), 크롬 광석 및 이 두 가지 광물의 혼합물이 풍부한 내화물을 **염기성**이라고 하는데 칼슘, 철 화합물을 포함하기도 한다. 실리카가 존재할 경우, 이들 재료의 고온 특성을 떨어뜨린다. 염기성 내화물은 MgO과 CaO의 함량이 많은 슬래그 침식에 대한 저항성이 특히 우수하여, 제강(steel-making) 기본 산소 공정(BOP) 및 전기 아크로에 널리 사용된다.

초고함량 알루미나계 내화물은 87.5와 99+ wt% 사이의 높은 알루미나 농도를 가지고 있다. 이 물질은 1800°C 이상의 고온에서도 액상을 형성하지 않는다. 또한 열충격에 매우 강하다. 일반적인 응용분야는 유리용융로, 철 주조공장, 폐기물 소각로 및 세라믹 가마 라이닝이 있다.

또 다른 비점토 내화물로는 미네랄 지르콘(mineral zircon) 또는 지르코늄 실리케이트 ($ZrO_2 \cdot SiO_2$)가 있다. 이들 상업용 내화물의 조성 범위는 표 14.13에 명시되어 있다. 지르콘의

그림 14.11 한 작업자가 내화 세라믹으로 라이닝된 고온로에서 액체 강철 샘플을 채집하고 있다.

iordachiar/Getty Images

가장 뛰어난 내화물 특성은 고온에서 용융 유리의 부식에 대한 내성이다. 또한 지르콘은 비교적 높은 기계적 강도를 가지며 열충격 및 크리프(creep)에 강하다. 이 내화물의 가장 보편적인 사용 분야는 유리용융로이다.

또 다른 내화 세라믹인 탄화 규소(SiC)는 반응결합이라고 불리는 방법으로 제조되는데 고온(2200~2480°C)의 전기로에서 모래와 코크스가[1] 반응하여 생성된다. 모래는 실리콘의 공급원이며 코크스는 탄소의 공급원이다. SiC의 고온 내력 특성은 탁월하고 고온에서의 열전도율이 매우 높으며 급격한 온도변화 때문에 생기는 열충격에 매우 강하다. SiC는 주로 소성할 세라믹 기물을 지지해 주거나 서로 분리해 주는 고온로용 치구에 사용된다.

탄소 및 흑연은 내화물 성질이 강하지만 약 800°C 이상의 온도에서 산화되기 쉽기 때문에 제한된 용도로 사용된다.

내화 세라믹은 형태에 제약이 없어서 (프리캐스트) 설치가 쉽고 경제적이다. 프리캐스트 제품으로는 벽돌, 도가니 및 용융로 구조 부품 등이 있다.

부정형 내화물은 일반적으로 현장에 설치(주조, 주입, 펌핑, 분사, 진동)되는 분말 또는 반죽 덩어리로 시판된다. 부정형 내화물의 종류는 모르타르, 반죽, 캐스터블, 래밍, 패칭 등이 있다.

그림 14.11은 내화 세라믹으로 라이닝된 고온로에서 액체 강철 샘플을 채집하는 작업자를 보여준다.

1) 코크스는 모든 휘발성 불순물 성분이 제거되도록 산소-결핍로에서 석탄을 가열하여 제조한다.

개념 확인 14.7

가솔린 엔진에서 점화 플러그의 부도체로 사용되는 세라믹 재료는 무엇인가?

(정답은 *www.wiley.com*의 제품 페이지에서 확인할 수 있음)

14.8 | 연마재

연마 세라믹

(입자 형태의) **연마 세라믹(abrasive ceramic)**은 다른 무른 재료를 마모, 그라인딩 또는 절단하는 데 사용된다. 연마 작용은 가공물의 표면에 압력을 가해 연마재를 문지를 때 마찰 작용에 의해 발생된다. 이러한 재료들의 가장 중요한 조건은 높은 경도나 내마모성이다. 대부분의 연마재는 7 이상의 모스 경도(Mohs hardness)를 가진다. 또한 인성이 높으면 연마재 입자가 쉽게 파괴되지 않아서 좋다. 뿐만 아니라 연마 마찰력으로부터 고온의 열이 생성될 수 있으므로 내화성도 어느 정도 필요하다. 연마재의 일반적인 응용분야로는 연마, 폴리싱, 래핑, 드릴링, 커팅, 샤프닝, 버핑, 샌딩 등이 있다. 수많은 제조산업 및 하이테크산업에서 이러한 재료가 사용된다.

연마재는 때론 자연에서 나오는 물질(채굴된 광물)과 제조된 물질(제조공정에 의해 생성)로 분류된다. 일부 연마재(예: 다이아몬드)는 두 가지 분류에 동시에 속한다. 자연에서 나오는 연마재에는 다이아몬드, 강옥(산화 알루미늄), 에머리(불순물이 포함된 강옥), 가닛, 방해석(탄산 칼슘), 경석, 루즈(산화철), 모래 등이 있다. 인공적으로 제조되는 연마재로는 다이아몬드, 커런덤, 보라존(입방정 질화 붕소 또는 CBN), 카보런덤(실리콘 카바이드), 지르코니아-알루미나, 보론 카바이드 등이 있다. 매우 단단하게 제조된 연마재(예: 다이아몬드, 보라존, 붕소카본) 등을 **초연마재**(*superabrasive*)라고 한다. 특정 상황에 사용되는 연마재의 종류는 가공물의 피니시 정도뿐만 아니라 경도, 크기, 모양에 따라 달라진다.

표면 마모속도와 마모된 표면거칠기에는 여러 가지 요소가 영향을 미친다. 몇 가지 요소는 다음과 같다.

- 연마재와 가공물 사이의 경도 차이가 클수록 커팅 작업이 더 빨라지고 깊어진다.
- 입자 크기 – 입자가 클수록(굵을수록) 마모가 더 빨라지고 마모 표면이 거칠어진다. 작은(미세한) 입자를 포함하는 연마재는 매끄럽고 정밀하게 연마된 표면을 얻고자 할 때 사용된다. 한편 모든 연마재는 여러 다른 크기의 입자 분포를 갖는다. 연마재의 평균 입자크기는 미세 입자와 굵은 입자가 각각 약 1 μm와 2 mm(2000 μm) 사이이다.
- 연마재와 가공물 표면 사이에 생성되는 힘(접촉력)이 클수록 연마속도가 빨라진다.

연마재의 형태는 결합 연마재, 코팅 연마재, 분말 연마재 세 가지로 분류된다.

- 결합 연마재(bonded abrasive)는 모재(matrix)에 박혀 있는 연마 입자들이 보통 휠(그라인딩, 폴리싱 및 컷오프 휠)에 결합된 형태이다. 연마 작용은 휠의 회전에 의해 이루어진다. 수지/결합 재료는 유리 세라믹, 고분자 수지, 셸락 및 고무를 포함하고 있다. 표면 구조에는 어느 정도 기공이 있어야 하는데 이는 내화성 입자를 둘러싸고 있는 기공 내의 기류 또는 액체 냉각제의 연속적인 흐름을 이용하여 과도한 가열을 막아 준다. 그림 14.12는 결합 연마재의 미세조직을 보여주는데 연마 입자, 모재, 기공을 볼 수 있다. 결합 연마재의 응용으로는 콘크리트, 아스팔트, 금속, 금속조직검사 시편 절단용 톱, 그리고 그라인딩, 샤프닝 및 끝말림 제거(디버링)를 위한 휠들이 있다. 그림 14.13의 사진은 그라인딩 휠로 연마 중인 클러치 내압판이다.
- 코팅 연마재(coated abrasive)는 연마 입자가 어떤 천이나 종이에 (접착제를 사용하여) 부착되어 있는 것을 말한다. 아마도 사포가 가장 친숙한 예일 것이다. 일반적인 뒤판 재료에는 종이 또는 레이온, 면, 폴리에스테르 및 나일론과 같은 여러 유형의 패브릭이 있다. 뒤판 재료는 유연할 수도 단단할 수도 있다. 고분자는 일반적인 입자 접착 뒤판 재료로서, 예를 들면 페놀, 에폭시, 아크릴레이트 및 글루 등이 있다. 알루미나, 알루미나-지르코니아, 실리콘 카바이드, 가넷, 그리고 초연마재 등이 사용 가능한 연마 입자들이다. 코팅 연마재는 일반적으로 연마 벨트, 휴대용 연마 도구 및 목재, 안과용 장비, 유리, 플

그림 14.12 산화 알루미늄과 결합된 세라믹 연마재의 광학현미경 사진(100배율). 밝은 부분은 Al_2O_3 연마 결정립이고 회색 부분과 어두운 부분은 각각 결합체 상과 기공이다.
(From W. D. Kingery, H. K. Bowen, and D. R. Uhlmann, *Introduction to Ceramics*, 2nd edition, p. 568. Copyright © 1976 by John Wiley & Sons. Reprinted by permission of John Wiley & Sons, Inc.)

1001slide/Getty Images

그림 14.13 그라인딩 휠로 그라인딩 중인 클러치 내압판 사진

라스틱, 보석 및 세라믹 재료의 래핑(즉, 폴리싱)에 사용된다.

- 그라인딩, 래핑(lapping), 폴리싱 휠에는 보통 기름이나 물이 혼합된 분말형 연마재가 사용되기도 한다. 입자들은 다른 물질에 접착되어 있지 않고 자유롭게 구르거나 미끄러질 수 있다. 입자크기는 마이크론과 서브마이크론 정도이다. 분말 연마재(loose grain) 공정은 일반적으로 고정밀 표면가공 작업에 사용된다. 래핑과 폴리싱의 목적은 다르다. 폴리싱이 표면거칠기를 줄이기 위해 사용되는 반면, 래핑의 목적은 물체의 모양의 정확성을 향상시키는 것이다. 예를 들어 평평한 물체의 평탄도나 구형체의 구형성을 높이는 데는 래핑이 사용된다. 분말 연마재의 전형적인 응용분야로는 기계적 봉합, 보석 시계 베어링, 자기기록헤드, 전자회로기판, 자동차 부품, 수술 도구, 광섬유 커넥터 등이 있다.

결합 연마재(절삭 톱), 코팅 연마재, 그리고 분말 연마재는 6.12절에서 논의된 바와 같은 현미경 조직검사를 위한 시험편의 커팅, 그라인딩, 폴리싱에 사용된다.

14.9 | 시멘트

시멘트

무기질 **시멘트(cement)**로 분류되는 몇 개의 친숙한 세라믹 재료에 시멘트, 석고, 석회석 등이 있으며 대량 생산되고 있다. 이들 재료의 특성은 물과 혼합하면 죽처럼 된 후 경화된다는 점이다. 이것의 장점은 어떠한 형태도 매우 빠르게 성형될 수 있다는 것이다. 시멘트 재료 성분 중 하나가 결합제로 작용하여 입자들을 화학적으로 결합시켜 하나의 일체화된 구조가 되도록 한다. 시멘트는 점토 제품과 일부 내화벽돌의 소성 시 유리질 결합상(glassy bonding phase)의 역할과 유사한 역할을 한다. 그러나 중요한 차이점은 시멘트는 상온에서 결합제의 역할을 한다는 점이다.

하소

이 재료 중 포틀랜드 시멘트(Portland cement)가 가장 많이 사용되고 있다. 이 재료는 점토와 석회석을 포함한 광물을 적당한 비율로 섞은 후 약 1400°C로 회전식 가마(rotary kiln)에서 가열하여 제조되는데, 이 과정을 **하소(calcination)**라고 한다. 이 과정에서 원재료에 물리적, 화학적 변화가 일어나게 된다. 여기서 생성된 '클링커(clinker)'를 미세한 분말로 밀링한 후, 석고($CaSO_4-2H_2O$)를 섞어서 경화 과정을 지연시킨다. 이 제품이 바로 포틀랜드 시멘트이다. 포틀랜드 시멘트의 특성인 경화 시간, 최종 강도는 그것의 성분에 많은 영향을 받는다.

포틀랜드 시멘트에는 여러 가지 성분이 있는데, 중요한 것은 $3CaO-SiO_2$와 $2CaO-SiO_2$이다. 이 재료는 시멘트 성분과 물을 혼합할 때 발생하는 상당히 복잡한 수화반응에 의하여 경화된다. 예를 들면 $2CaO-SiO_2$가 참여하는 수화반응의 한 가지는 다음과 같다.

$$2CaO\text{–}SiO_2 + xH_2O \rightarrow 2CaO\text{–}SiO_2\text{–}xH_2O \tag{14.2}$$

여기서 x는 얼마나 많은 물이 반응에 참여할 수 있는지에 따라서 변화한다. 이러한 수화반응은 복잡한 젤(gel) 형태 또는 결정 형태인데, 이들이 시멘트 결합을 한다. 수화반응은 물이 시멘트에 첨가되면 바로 진행된다. 이러한 현상은 고화반응(setting)으로 나타나는데(즉, 반죽이 딱딱해짐), 혼합 후 수 시간 내에 발생한다. 경화(hardening) 과정은 수화반응이 진행됨에 따라서 발생하는데, 이것은 상대적으로 느린 과정으로 대개 수년 동안 지속된다. 여기서 강조되어야 할 것은 시멘트의 경화는 건조에 의한 물의 증발이 아니라 물이 수화반응에 참여함으로써 발생한다는 점이다.

포틀랜드 시멘트는 **수성 시멘트**(*hydraulic cement*)라고 하는데, 이것은 시멘트의 경도가 물과의 화학반응에 의하여 증가하기 때문이다. 이것은 모르타르(mortar)나 콘크리트에 사용되어 자갈 또는 모래와 같은 입자들을 서로 결합시켜 하나의 형체로 만드는 데 이용된다. 따라서 이들은 복합재료(5.2절 참조)로 취급되기도 한다. 석회석과 같은 비수성 시멘트의 경우에는 경화 과정에서 물 외에 다른 물질(예: CO_2)과 반응한다.

개념 확인 14.8

왜 시멘트는 물과 혼합되기 전에 미세하게 분쇄하는 것이 중요한지 설명하라.

(정답은 *www.wiley.com*의 제품 페이지에서 확인할 수 있음)

14.10 | 세라믹 생체재료

세라믹 재료는 많은 생물의학 응용분야에서도 많이 사용된다. 생체재료(biomaterial)로 사용하기에 바람직한 특성에는 화학적 불활성, 경도, 내마모성, 낮은 마찰계수가 포함된다. 이들 재료의 주요 이슈는 취성파괴에 대한 성향(즉, 낮은 파괴인성 값)이다. 임플란트에 일반적으로 사용되는 세라믹(즉, **바이오세라믹**)에는 결정질 산화물 재료, 유리, 유리-세라믹이 있다. 바이오세라믹 재료가 사용되는 일반적인 예는 다음과 같다.

- 고순도 및 고밀도 산화알루미늄은 고불활성 및 반응성이 없는 세라믹으로, 골격 손상 시 하중을 지지하기 위한 정형외과 응용분야(예: 인공 고관절) 등에 사용된다. 다공성 형태의 알루미나는 뼈 복구와 치유 과정을 돕는 데 사용된다. 임플란트 소재는 구조적 스캐폴드 역할을 하여, 새로운 뼈조직이 알루미나 소재의 기공 내부로 침투하며 자라게 한다(그러나 알루미나를 대체하지는 않음).
- 부분적으로 이트리아로 안정화된 정방형 형태의 지르코니아[Y-TZP(yttria tetragonal zirconia polycrystal)라고도 불림]는 일부 정형외과 및 치과 분야에서 사용된다. 고관절 교체에 사용되는 일부 대퇴골두는 작은 Y-TZP 입자가 포함된 고순도 및 고밀도 알루미나로 구성된다.[2)] 이러한 유형의 지르코니아는 치아 복원 재료(예: 치과 크라운에 사용)

2) 이 재료는 5.10절에서 논의한 변태 강인화(*transformation toughening*) 현상의 결과로, 상대적으로 큰 파괴인성을 갖는다.

로 사용될 수 있음이 밝혀졌다.

- 일부 유리 및 유리-세라믹 재료가 인체 내부에 삽입되었을 때, 이들 재료의 표면은 주변 조직(특히 뼈)과 상호작용하고 결합한다. 이러한 계면 결합은 기계적으로 매우 강하며, 흔히 조직 또는 임플란트 세라믹의 강도와 같거나 더 크다. 결과적으로 이들 유리 및 유리-세라믹은 결합 촉진을 위해 다른 임플란트 재료의 코팅(예: 정형외과나 치과에서 금속 소재 임플란트의 코팅)으로 광범위하게 사용된다.
- 일부 뼈 손상의 경우 치유 과정에서 자연적인 뼈조직으로 점차적으로 스며들고 대체되는 재료를 이식하는 것이 바람직하다. 임플란트는 궁극적으로 용해되어 숙주의 몸에 흡수(또는 재흡수)된다. 이러한 흡수성 임플란트에는 일반적으로 두 가지 유형의 인산칼슘 재료, 즉 인산삼칼슘[$Ca_3(PO_4)_2$]과 수산화인회석[$Ca_{10}(PO_4)_6(OH)_2$]이 사용된다.[3] 이들 흡수성 세라믹의 주요 응용분야는 다공성 골 이식편으로, 뼈 손실을 대체하거나 뼈 골절의 복구를 돕는 데 사용된다. 또, 이들 재료는 이식 가능한 약물전달시스템에도 사용된다.

14.11 | 탄소

3.9절에서 탄소로 이루어진 물질인 다이아몬드와 흑연의 동질이상의 결정구조를 보였다. 그런데 그에 더해서 다른 구조를 갖는 탄소 재료들로부터 섬유도 만들어진다. 이 절에서는 이러한 구조와 더불어 이 세 가지 형태의 탄소에 대한 중요한 성질과 응용에 대해 논의한다.

다이아몬드

다이아몬드의 물성은 아주 놀랍다. 화학적으로 매우 안정하며 부식 환경에 대한 저항성이 크다. 알려진 모든 벌크 상태 재료 중에서 다이아몬드는 가장 단단한데, 이는 원자 사이에 매우 강한 sp^3 결합을 지니고 있기 때문이다. 또한 모든 고체 중에서 마찰계수가 가장 낮다. 다이아몬드의 열전도율은 극히 높고 전기적 특성은 주목할 만하며 광학적으로 전자기 스펙트럼의 가시 및 적외선 영역에서 투명한 특성을 가지고 있다. 사실상 모든 물질 중 가장 넓은 스펙트럼 전송 범위를 가지고 있다. 단결정의 높은 굴절률과 광택의 대단함 때문에 다이아몬드를 가장 가치 있는 보석으로 일컫는다. 다이아몬드의 몇 가지 중요한 특성과 다른 탄소 재료들의 특성을 표 14.14에 제시하였다. 다이아몬드의 높은 탄성계수와 상대적으로 낮은 밀도는 높은 비강성(탄성계수-밀도 비율)이 요구되는 응용분야에 매우 적합하다는 것을 의미한다.

---

3) 인산칼슘 재료를 포함하는 천연 합성물은 뼈와 치아의 일부 신체조직에서 발견되며, 하이드록시아파타이트(hydroxyapatite)와 유사하다.

표 14.14 다이아몬드, 흑연, 탄소(섬유)의 특성

Property	Diamond	Graphite In-Plane	Graphite Out-of-Plane	Carbon (Fibers)
Density (g/cm^3)	3.51	2.26		1.78–2.15
Modulus of elasticity (GPa)	700–1200	350	36.5	230–725[a]
Strength (MPa)	1050	2500	—	1500–4500[a]
Thermal Conductivity (W/m·K)	2000–2500	1960	6.0	11–70[a]
Coefficient, Thermal Expansion (10^{-6} K^{-1})	0.11–1.2	−1	+29	−0.5– −0.6[a] 7–10[b]
Electrical Resistivity (Ω·m)	10^{11}–10^{14}	1.4×10^{-5}	1×10^{-2}	9.5×10^{-6}–17×10^{-6}

[a]Longitudinal fiber direction.
[b]Transverse (radial) fiber direction.

인조 다이아몬드를 생산하는 고압고온(HPHT) 기술은 1950년대 중반부터 개발되어 왔다. 이 기술은 계속 발전하여 오늘날 공업용 다이아몬드의 대부분을 인조 다이아몬드가 차지하게 되었고 일부는 보석용 다이아몬드와 동일한 수준의 다이아몬드까지도 가능하게 되었다. HTHP 프로세스는 저품질 천연 다이아몬드를 업그레이드하는 데에도 사용할 수 있다. 또한 확산 공정을 이용해서 천연 다이아몬드에 불순물을 첨가함으로써 착색이 가능하다.

산업용 등급의 다이아몬드는 다이아몬드의 극한 경도, 내마모성 및 낮은 마찰계수를 요구하는 다양한 응용분야에 사용된다. 다이아몬드 절삭 드릴 비트와 톱, 와이어 드로잉용 다이, 그리고 커팅, 그라인딩, 폴리싱 장비에 사용되는 연마재(14.8절) 등이 이에 해당된다.

다결정 다이아몬드

다결정 다이아몬드(*polycrystalline diamond, PCD*)는 수많은 미세 다이아몬드 결정 또는 결정 입자의 단단한 집합체로, 여러 산업 응용분야에 활용된다. 다결정 다이아몬드는 합성 다이아몬드 분말에 고온고압(합성 다이아몬드 제조에 사용되는 HPHT 기술과 유사)을 가하여 생성되며, 이 공정은 분말 입자를 함께 소결하고 응집 덩어리를 형성하는 과정이다. 소결 공정은 일반적으로 다이아몬드 분말 덩어리를 텅스텐 카바이드/코발트 혼합물 베이스의 지지 기판에 접촉시켜 수행된다. 소결하는 동안 코발트는 베이스 기판에서 다이아몬드 분말 전체로 확산되며, 이 과정 중에 다이아몬드 내의 불순물이 제거될 뿐 아니라 다이아몬드 입자간 결합반응이 촉진된다. 또한 확산 공정의 결과로 카바이드 기판과 PCD층 사이에 매우 강한 결합이 형성된다.

분말 입자 크기는 일반적으로 마이크론 범위이며, 압축을 용이하게 하기 위하여 둘 이상의 상이한 크기 범위를 가지는 분말 입자들을 사용하기도 한다. 소결 공정은 약 1400°C의 온도와 1300 atm 정도의 압력하에서 진행된다. 일반적으로 PCD 부품은 다성분 커터, 드릴, 또는 베어링 등에 삽입되거나 부착되는 개별 삽입체(인서트) 또는 패드 형태로 제조된다. 따라서 HPHT 처리 중에 PCD 인서트/패드가 텅스텐 카바이드 기판 위에 결합되어 부착되기 위한 메커니즘이 필요하다. 또한 기판은 내구성 있는 베이스 역할을 하며 PCD에 대해 기계적으로 지지를 한다. 기판, PCD 인서트, 패드 유닛의 부착은 브레이징, 접착제, 또는 다른 기계적 수단을 통해 가능하다.

다이아몬드 단결정(및 다결정 다이아몬드 PCD의 각 결정립)은 이방성 특성을 갖는다. 즉, 각 특성들이 결정학적 방향에 따라 달라진다. 이러한 특성은 **벽개**(*cleavage*)(다이아몬드의 특정 결정면에 가해지는 응력에 반응하여 특정 결정학적 평면에 따라 갈라지거나 부서지는 경향) 현상에서 두드러지게 나타난다. 다만, 다결정 다이아몬드의 경우에는 각 결정립의 결정학적인 배향이 무작위이기 때문에, 벽개 현상에서 등방성 특성을 가진다(즉, 특정 방향에서 벽개가 수월하게 일어나는 이방성 특성이 사라지고, 모든 방향에서 균일한 정도의 벽개 특성을 가진다). 따라서 PCD 재료는 모든 방향에 대해서 벽개에 대한 큰 저항성을 가지게 되고, 이는 높은 수준의 강도, 경도, 내마모성으로 이어진다.

PCD 제품의 주요 용도로는 석유와 가스 탐사, 암반 채굴 산업(예: 드릴링 도구 및 비트, 절단기, 다운홀 베어링) 등을 예로 들 수 있다. 다른 응용분야로는 금속가공용 절삭공구 및 와이어 드로잉 다이를 들 수 있다. 다이아몬드의 높은 열전도율과 극도의 내마모성으로 인해 PCD는 암반 채굴에 이상적인 재료이다. 다이아몬드의 높은 열전도율은 PCD 인서트의 절삭날 온도를 낮추어 절삭날의 마모율을 효과적으로 감소시킬 수 있다. 또한 다이아몬드는 깨지기 쉬운 재료이지만 텅스텐 카바이드를 베이스를 활용하면 다이아몬드 인서트의 인성이 향상된다.

흑연

흑연은 그 구조(그림 3.18)에 기인하는 결과로서, 측정하는 결정학적 방향에 따라 특성이 매우 다른 이방성을 갖는다. 예를 들어 그래핀 면을 기준으로 수직 비저항과 평행 비저항은 각각 10^{-5}와 10^{-2} $\Omega \cdot m$ 정도 된다. 결합하고 있지 않은 전자는 높은 이동성을 가지며, 그래핀 면에 평행한 방향으로 인가된 전계에 의한 전자들의 움직임은 그 방향의 상대적으로 낮은 저항(즉, 높은 도전성)에 원인이 된다. 또한 판과 판 사이의 약한 반데르발스(van der Waals) 결합의 결과로 판들이 서로 상대적으로 쉽게 미끄러지기 때문에 흑연은 우수한 윤활성을 갖는다.

표 14.14에서 볼 수 있듯이 흑연과 다이아몬드의 특성 간에는 상당한 차이가 있다. 예를 들어, 기계적으로 흑연은 매우 부드럽고 잘 부서지며, 탄성계수가 상당히 작다. 흑연의 면 내 전기전도도는 다이아몬드의 10^{16}~10^{19}배이지만 열전도율은 거의 같다. 또한 다이아몬드의 열

팽창 계수는 비교적 작고 양의 값을 갖는 데 반해, 흑연의 면 내의 값은 작고 음의 값을 가지며, 평면 수직 계수는 양의 값을 가지며 상대적으로 크다. 또한 흑연은 광학적으로 불투명하며 검은색을 띤다. 흑연의 다른 우수한 성질로는 고온 및 비산화 분위기에서의 높은 화학적 안정성, 열충격에 대한 높은 내성, 가스의 높은 흡착 및 양호한 기계가공성을 들 수 있다.

흑연 응용분야는 윤활유, 연필, 배터리 전극, 마찰제(예: 브레이크 슈즈), 전기로용 가열부품, 용접 전극, 야금 도가니, 고온 내화물 및 단열재, 로켓 노즐, 화학 반응 용기, 전기 접점(예: 브러시), 공기 정화 장치 등으로 다양하다.

탄소섬유

탄소로 구성된 가늘고, 고강도 및 고탄성 섬유는 고분자-기지 복합재료의 강화재로 사용된다(5.8절). 이 섬유 재료의 탄소는 그래핀층들의 형태로 되어 있다. 그러나 전구체(즉, 섬유가 제조되는 물질) 및 열처리에 따라, 이들 그래핀층이 상이한 구조 배열을 갖는다. **흑연탄소**(*graphitic carbon*) 섬유라 함은, 그래핀층이 약한 반데르발스의 층간 결합력에 의해 규칙적으로 다른 층과 평행하게 연결되어 있는 구조를 일컫는다. 이에 반하여 제조 과정에서 그래핀 시트가 제멋대로 접히고 기울어지고 구겨져서 **터보스트래틱 탄소**(*turbostratic carbon*)라고 불리는 많은 불규칙적인 구조의 탄소섬유가 형성되기도 한다. 이에 따라 두 가지의 구조를 모두 가지고 있는 하이브리드 흑연-터보스트래틱(graphitic-turbostratic) 섬유가 합성되기도 한다. 그림 14.14는 하이브리드 섬유의 개략적인 구조로서 흑연 구조와 터보스트래틱 구조를 모두 보여주고 있다.[4] 흑연 섬유는 일반적으로 터보스트래틱 섬유보다 탄성계수가 높은 데 반해 터보스트래틱 섬유는 좀 더 강한 경향을 보인다. 또한, 탄소섬유는 이방성을 띠는데 강도와 탄성계수 값은 섬유축과 평행한 방향(종방향)이 수직한 방향(횡방향 또는 반지름방향)보다 크다. 탄소섬유 재료의 특징적인 물성 또한 그림 14.14에 제시하였다.

이들 섬유의 대부분은 흑연 형태와 터보스트래틱 형태가 섞여 있기 때문에 **흑연**보다는 **탄소**라는 용어가 이러한 섬유들을 일컫는 데 사용된다.

고분자-강화 복합재료(유리, 탄소, 아라미드)에 사용되는 세 가지 가장 일반적인 강화섬유 유형 중 탄소섬유는 가장 높은 탄성계수와 강도를 갖는다. 하지만 가격이 상당히 높다. 이 세 종류(및 다른) 섬유 재료의 특성은 표 5.4를 보면 비교할 수 있다. 또한 탄소섬유로 강화된 고분자 복합재료는 우수한 탄성계수 및 강도 대 무게비를 가지고 있다.

---

4) 터보스트래틱 탄소의 다른 형태인 **열분해성 탄소**(*pyrolytic carbon*)는 등방성을 가지고 있다. 이것은 일부 인체조직과 생물적합성을 가지고 있기 때문에 생체재료로 광범위하게 사용된다.

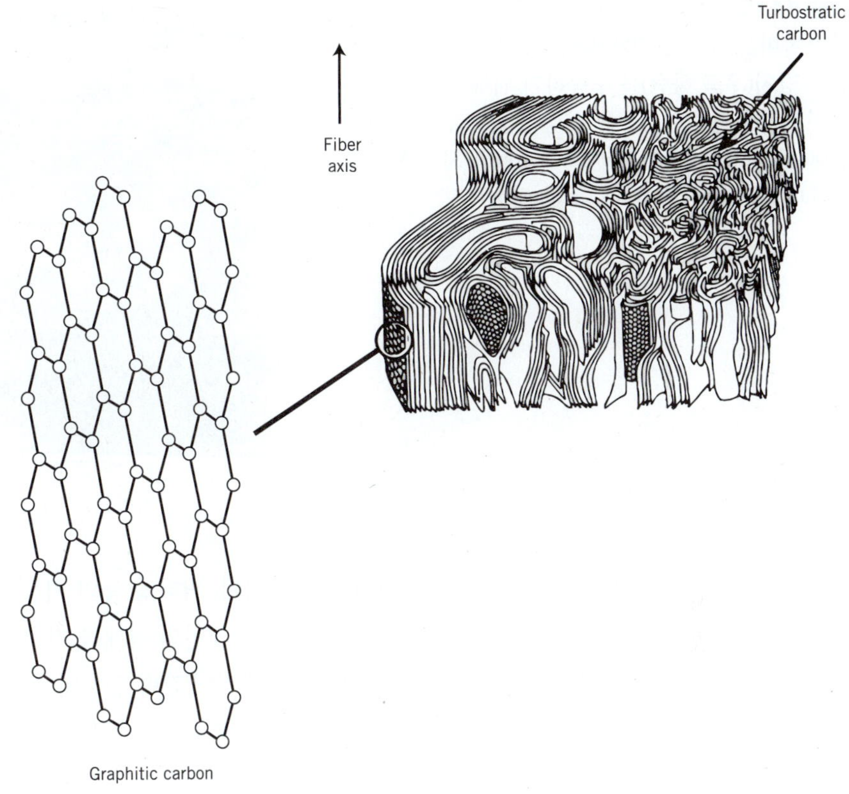

그림 14.14 흑연 및 터보스트래틱 탄소섬유를 보여주는 탄소섬유 모식도 (Adapted from S. C. Bennett and D. J. Johnson, *Structural Heterogeneity in Carbon Fibres*, "Proceedings of the Fifth London International Carbon and Graphite Conference," Vol. I, Society of Chemical Industry, London, 1978. Reprinted with permission of S. C. Bennett and D. J. Johnson.)

14.12 | 첨단 세라믹

앞에서 언급했던 전통적인 세라믹들이 생산의 대부분을 차지하고 있지만, 첨단 세라믹으로 명명된 새로운 세라믹의 발전은 이미 시작되었고, 앞으로 첨단기술에 있어서 중요한 역할을 담당하게 될 것이다. 특히 세라믹의 특이한 전기적, 자기적, 광학적 성질들이 새로운 제품에 많이 이용되었는데 이에 대해서는 13장, 18장, 19장에서 소개될 것이다. 첨단 세라믹은 마이크로전자기계시스템에 사용되는 재료뿐만 아니라 나노카본(풀러렌, 탄소 나노튜브, 그래핀)을 포함한다. 나노카본은 3.9절에서 다루었고, 이제 마이크로전자기계시스템에 대해서 논의한다.

마이크로전자기계시스템

마이크로전자기계시스템

마이크로전자기계시스템(microelectromechanical system, MEMS)은 실리콘 기판에 여러 기계적 장치가 전기 장치와 통합되어 있는 것을 말한다. 이 장치에서 기계 장치/부품으로는 마이크로센서 및 마이크로액추에이터가 주로 사용된다. 마이크로센서는 기계적, 열적, 화학적, 광학적, 자기적 현상을 측정하여 주변환경에 대한 정보를 수집한다. 이 신호를 마이크로 전자부품이 처리하여 마이크로액추에이터 부품이 어떤 작동을 할 것인지를 결정한다. 마이크로로

그림 14.15 리니어 랙 기어 감속 MEMS 장치의 전자현미경 사진(약 100배율). 이 기어 체인은 선형 궤도 장치(우측 하단)를 구동하기 위해 상단 좌측 기어로부터의 회전운동을 선형운동으로 전환한다. (Courtesy Sandia National Laboratories, SUMMiT* Technologies, www.mems.sandia.gov.)

액추에이터는 위치변경, 이동, 펌핑, 제어, 필터링 등의 기능을 수행한다. 이러한 액추에이터 부품은 보(beam), 구멍, 기어, 모터, 멤브레인의 형태를 가지는데 그것들의 크기는 미크론 단위이다. 그림 14.15는 MEMS 리니어 랙 기어 감속 장치의 전자현미경 사진이다.

MEMS의 제조공정은 실리콘 기판에 IC를 제조하는 공정과 동일하다. 즉, 노광, 이온 주입, 식각, 증착 기술 등 매우 잘 확립되어 있는 공정들이 사용된다. 이 외에 마이크로 절삭 공정을 사용하여 제조되는 기계 부품도 있다. MEMS 부품은 매우 복잡하고, 신뢰성이 높으며, 크기가 작다. 또한 상기의 제조공정이 배치(batch) 작업으로 진행되기 때문에 MEMS 기술은 매우 경제적이고 비용효율적이다.

실리콘을 MEMS에 적용하는 데 약간의 제약조건이 있다. 실리콘은 파괴인성이 낮고(약 0.90 MPa $\sqrt{\text{m}}$), 연화온도가 낮으며(600°C), 물과 산소와의 반응성이 높다. 따라서 현재는 인성이 우수하며 연화온도가 높고 안정한 세라믹 재료를 이용한 MEMS에 관한 연구가 활발하게 진행되고 있는데 이들 부품은 고속 부품 및 나노 터빈 등에 적용이 시도되고 있다. 이러한 세라믹 재료로는 비정질 실리콘 카보나이트라이드(silicon carbonitride: silicon carbide-silicon nitride의 합금)가 고려되고 있는데 이 재료는 금속 유기 전구체로부터 제조하는 것이 가능하다.

MEMS의 실용적인 적용 예는 가속도계(가속/감속도 센서)로서 자동차 충돌 시 에어백의 전개에 사용된다. 이러한 응용에서 가장 중요한 마이크로전자 부품은 독립된 형태의 마이크로빔이다. 전통적인 에어백 시스템에 비하여 MEMS 부품은 작고, 가볍고, 신뢰성이 높고, 제조원가가 훨씬 저렴하다는 장점이 있다.

MEMS의 적용가능성이 높은 분야는 전자 디스플레이, 데이터저장장치, 에너지변환장치, 화학 센서(화학 및 생물학적 위험 물질, 약품 검색), DNA 증폭 및 검색 등이다. MEMS의 적용분야는 이 외에도 매우 많을 것으로 예상되는데, 이 시스템이 우리의 미래사회에 매우 큰 영향을 미칠 것으로 예상된다. 과거 30여 년 동안 마이크로전자 IC가 우리 사회에 미친 영향보다 더 큰 영향을 MEMS가 미칠 수도 있을 것으로 예측된다.

고분자의 종류

우리에게 친숙하고 다양한 용도에 사용되는 여러 가지 다른 고분자 재료들이 있다. 사실상 이러한 재료들을 분류할 수 있는 하나의 방법은 최종 사용 형태별로 구분하는 것이다. 이러한 방법으로 분류된 고분자 재료들로는 플라스틱, 탄성체(또는 고무), 섬유, 코팅 재료, 접착제, 폼(foam), 필름 등이 있다. 이들의 특성에 따라서 여러 용도에 사용될 수 있다. 예를 들어 플라스틱이 가교결합되고 유리전이온도 이상에서 사용되면, 만족할 만한 탄성체가 될 수 있다. 혹은 섬유 재료가 필라멘트 형상으로 인발되지 않으면 플라스틱으로도 사용될 수 있다. 이 절에서는 이러한 유형의 고분자 재료를 간략히 소개한다.

14.13 | 플라스틱

플라스틱

많은 종류의 고분자 재료가 플라스틱으로 분류된다. **플라스틱(plastic)**은 하중하에서 어느 정도의 구조적 강도를 갖고 있는 재료로 다용도의 목적으로 사용된다. 폴리에틸렌, 폴리프로필렌, 폴리(비닐 클로라이드), 폴리스티렌, 플루오로카본, 에폭시, 페놀, 폴리에스테르 등은 플라스틱으로 분류된다. 플라스틱은 여러 가지 특성을 조합하여 가지고 있다. 어떤 플라스틱은 매우 단단하고 깨지기 쉬운 반면(그림 8.22, 곡선 *A*), 어떤 것은 유연하며 탄성 및 소성 변형을 일으키고 파괴되기까지 상당한 변형을 보이기도 한다(그림 8.22, 곡선 *B*).

이 부류에 속하는 고분자 재료는 어느 정도의 결정도를 가지고 있고, 모든 분자구조 및 배열(선형, 가지형, 아이소택틱 등)이 가능하다. 플라스틱 재료는 열가소성 또는 열경화성이 있는데 이에 따라 세분되기도 한다. 그러나 선형 또는 가지형 고분자 재료의 경우 플라스틱으로 고려되기 위해서는 유리전이온도(비정질일 때) 또는 녹는점(반결정질일 때)보다 낮은 온도에서 사용되어야 하고, 형상을 유지할 수 있도록 분자들 간의 결합 또한 충분히 이루어져 있어야만 한다. 몇몇 플라스틱의 상표명, 특성, 응용분야에 대하여 표 14.15에 나타내었다.

일부 플라스틱은 아주 뛰어난 특성을 가지고 있다. 광학적으로 투명한 성질이 필요한 용도에는 폴리스티렌, 폴리(메틸메타크릴레이트) 등이 적당한데 비정질 혹은 미세 결정을 가져야 한다. 플루오로카본은 마찰계수가 작고 화학약품의 부식 저항성이 고온에서도 매우 강하다. 이것은 비접착성 주방 용기의 코팅 재료, 베어링 및 베어링통(bushing), 고온 전자 부품 등에 많이 사용된다.

표 14.15 여러 가지 고분자 재료의 상표명, 특성, 대표적인 응용분야

Material Type	Trade Names	Major Application Characteristics	Typical Applications
		Thermoplastics	
Acrylonitrile-butadiene-styrene (ABS)	Abson Cycolac Kralastic Lustran Lucon Novodur	Outstanding strength and toughness, resistant to heat distortion; good electrical properties; flammable and soluble in some organic solvents	Under-the-hood automotive applications, refrigerator linings, computer and television housings, toys, highway safety devices
Acrylics [poly(methyl methacrylate)]	Acrylite Diakon Lucite Paraloid Plexiglas	Outstanding light transmission and resistance to weathering; only fair mechanical properties	Lenses, transparent aircraft enclosures, drafting equipment, bathtub and shower enclosures
Fluorocarbons (PTFE or TFE)	Teflon Fluon Halar Hostaflon TF Neoflon	Chemically inert in almost all environments, excellent electrical properties; low coefficient of friction; may be used to 260°C; relatively weak and poor cold-flow properties	Anticorrosive seals, chemical pipes and valves, bearings, wire and cable insulation, antiadhesive coatings, high-temperature electronic parts
Polyamides (nylons)	Nylon Akulon Durethan Fostamid Nomex Ultramid Zytel	Good mechanical strength, abrasion resistance, and toughness; low coefficient of friction; absorbs water and some other liquids	Bearings, gears, cams, bushings, handles, and jacketing for wires and cables, fibers for carpet, hose, and belt reinforcement
Polycarbonates	Calibre Iupilon Lexan Makrolon Novarex	Dimensionally stable; low water absorption; transparent; very good impact resistance and ductility; chemical resistance not outstanding	Safety helmets, lenses, light globes, base for photographic film, automobile battery cases
Polyethylenes	Alathon Alkathene Fortiflex Hifax Petrothene Rigidex Zemid	Chemically resistant and electrically insulating; tough and relatively low coefficient of friction; low strength and poor resistance to weathering	Flexible bottles, toys, tumblers, battery parts, ice trays, film wrapping materials, automotive gas tanks
Polypropylenes	Hicor Meraklon Metocene Polypro Pro-fax Propak Propathene	Resistant to heat distortion; excellent electrical properties and fatigue strength; chemically inert; relatively inexpensive; poor resistance to ultraviolet light	Sterilizable bottles, packaging film, automotive kick panels, fibers, luggage

표 14.15 여러 가지 고분자 재료의 상표명, 특성, 대표적인 응용분야 (계속)

Material Type	Trade Names	Major Application Characteristics	Typical Applications
Polystyrenes	Avantra Dylene Innova Lutex Styron Vestyron	Excellent electrical properties and optical clarity; good thermal and dimensional stability; relatively inexpensive	Wall tile, battery cases, toys, indoor lighting panels, appliance housings, packaging
Vinyls	Dural Formolon Geon Pevikon Saran Tygon Vinidur	Good low-cost, general-purpose materials; ordinarily rigid, but may be made flexible with plasticizers; often copolymerized; susceptible to heat distortion	Floor coverings, pipe, electrical wire insulation, garden hose, shrink wrap
Polyesters (PET or PETE)	Crystar Dacron Eastapak HiPET Melinex Mylar Petra	One of the toughest of plastic films; excellent fatigue and tear strength, and resistance to humidity, acids, greases, oils, and solvents	Oriented films, clothing, automotive tire cords, beverage containers
		Thermosetting Polymers	
Epoxies	Araldite Epikote Lytex Maxive Sumilite Vipel	Excellent combination of mechanical properties and corrosion resistance; dimensionally stable; good adhesion; relatively inexpensive; good electrical properties	Electrical moldings, sinks, adhesives, protective coatings, used with fiberglass laminates
Phenolics	Bakelite Duralite Milex Novolac Resole	Excellent thermal stability to more than 150°C; may be compounded with a large number of resins, fillers, etc.; inexpensive	Motor housings, adhesives, circuit boards, electrical fixtures
Polyesters	Aropol Baygal Derakane Luytex Vitel	Excellent electrical properties and low cost; can be formulated for room- or high-temperature use; often fiber reinforced	Helmets, fiberglass boats, auto body components, chairs, fans
Polyurethanes	Austane Instantroll Lurathane Planthane Urethane	Wide range of mechanical properties from solid rigid plastics to low-density polymer foams; high impact and abrasion resistance; excellent electrical insulator; wide resilience range; resistant to oil, grease, chemicals, and radiation; flexible at low temperatures	Print rollers, fabric coatings, synthetic fibers, varnish, vehicle bumpers, shoe soles, insulation foam, packaging foam, upholstery cushions, medical tubing

중요 재료 14.2

페놀 당구공

1912년경까지 거의 대부분의 당구공은 코끼리의 어금니인 상아로 만들어졌다. 실제로 공이 구르기 위해서는 흠이 없는 어금니 가운데 부분에서 얻은 고품질의 상아로 만들어야 하고, 대략 50개 중 하나의 어금니만이 이렇게 견고한 밀도를 갖고 있다. 이 시기에 점점 더 많은 코끼리들이 사냥을 당하면서 상아는 점점 귀해지고 비싸졌으나 당구는 보다 대중적이 되었다. 따라서 상아 사냥꾼들에 의한 코끼리의 개체수 감소 혹은 멸종에 대한 우려의 목소리가 높아졌고, 몇몇 나라에서는 상아 제작이나 수입에 대해 제한을 가하기 시작했다.

그 결과 당구공을 제작하기 위한 상아의 대용품을 찾게 되었다. 그 예로, 초기에는 목재 펄프와 골분의 혼합물을 가압하여 상아의 대용품으로 사용하였으나 그 품질이 매우 좋지 않았다. 이 중 오늘날까지 당구공으로 사용되고 있는 가장 적당한 대용품은 페놀-포름알데히드(phenol-formaldehyde)로서, 이 재료는 최초의 인조 고분자 중 하나로 페놀(*phenolic*)이라고도 불린다.

이 재료의 발명은 인조 고분자 역사에 가장 중요하고 흥미있는 사건 중 하나이다. 페놀-포름알데히드를 합성하는 공정의 발명자는 리오 베이클랜드(Leo Baekeland)이다. 매우 젊고 총명한 화학 박사였던 그는, 1900년대 초에 벨기에에서 미국으로 이주하였다. 이주 후 얼마 뒤부터 그는 비교적 고가에 제조되는 셸락(shellac)의 천연재료를 대체할 수 있는 합성 셸락의 제조에 관해 연구하기 시작하였다. 그때까지 셸락은 래커(lacquer), 목재용 방부제와 그 당시 막 떠오른 전자산업에서의 전기적 부도체로 사용되고 있었다. 그의 노력의 결과 페놀[또는 석탄산(C_6H_5OH), 백색 결정질 재료]과 포름알데히드(HCHO, 무색의 유독성 가스)를 적당한 열과 압력하에 반응시킴으로써 안정적인 대체 물질이 합성된다는 사실이 밝혀졌다. 이 합성반응으로 생성된 결과물은 최초에는 액체였다가, 투명하거나 호박색을 띠는 고체로 경화되었다. 베이클랜드는 이 새로운 물질을 '베이클라이트(bakelite)'라 명명했고, 오늘날 일반적으로 '페놀-포름알데히드' 또는 줄여서 '페놀'이라고 불린다. 베이클라이트가 발명된 후 얼마 지나지 않아 이 물질이 당구공을 만드는 데 이상적인 합성 재료라는 것이 밝혀졌다(이 장의 첫 페이지 사진에 베이클라이트로 만들어진 당구공이 있다).

페놀-포름알데히드는 열경화성 고분자로서 많은 장점을 지니고 있다. 페놀은 고분자치고는 열적 저항성이 좋고 강도가 강하며 다른 많은 세라믹 재료들보다 덜 취약하다. 또한 대부분의 용액이나 용매에 매우 안정적이고, 잘 깨지지 않으며, 변색되거나 탈색되지 않는다. 또한 상대적으로 저렴한 재료이고, 최근에는 매우 다양한 색을 갖는 페놀의 제조까지 가능하게 되었다. 이 고분자 재료의 탄성력은 상아와 매우 유사하며, 페놀 당구공이 서로 부딪치면 상아 당구공이 부딪칠 때와 동일한 소리가 난다. 이 중요한 고분자 재료의 또 다른 용도는 표 14.15에 정리되어 있다.

14.14 | 탄성체

탄성체의 특성과 변형 기구에 대해서는 앞에서 다루었으므로(9.19절), 이 절에서는 탄성체 재료의 유형에 대하여 다루기로 한다.

표 14.16에 탄성체로 많이 사용되는 고분자들의 특성과 용도에 대하여 나타내었다. 이러한 특성은 물론 가황 정도와 강화재의 사용 여부에 따라서 많이 변화한다. 천연고무는 뛰어난 특성을 고루 갖추고 있기 때문에 아직까지도 많이 사용되고 있다. 그러나 가장 중요한 인조 합성 탄성체는 SBR인데 이는 자동차 타이어에 주로 사용되고 있으며 카본블랙(carbon black)으로 강화되어 있다. 또 다른 인조 합성 탄성체인 NBR은 노화나 팽창에 대한 저항이 매우 우수하여 많이 사용되는 재료이다.

표 14.16 다섯 가지 상업용 탄성체의 중요한 특성

Chemical Type	Trade (Common) Names	Elongation (%)	Useful Temperature Range (°C)	Major Application Characteristics	Typical Applications
Natural polyisoprene	Natural rubber (NR)	500–760	−60 to 120	Excellent physical properties and adhesion to metals; fair resistance to abrasion; poor weather, ozone, and oil resistance; excellent electrical properties	Pneumatic tires and tubes; heels and soles; gaskets; extruded hose
Styrene–butadiene copolymer	GRS, Buna S (SBR)	450–500	−60 to 120	Good physical properties and abrasion resistance; fair weather and ozone resistance; poor oil resistance; fair electrical properties	Same as natural rubber
Acrylonitrile–butadiene copolymer	Buna A, Nitrile (NBR)	400–600	−50 to 150	Poor physical properties; excellent adhesion characteristics; excellent resistance to oils; poor weather resistance; fair ozone resistance and electrical properties	Gasoline, chemical, and oil hose; seals and O-rings; heels and soles; toys
Chloroprene	Neoprene (CR)	100–800	−50 to 105	Fair physical properties; excellent weather resistance; fair oil resistance; excellent flame resistance; good ozone resistance and electrical properties	Wire and cable; chemical tank linings; belts, hoses, seals, and gaskets
Polysiloxane	Silicone (VMQ)	100–800	−115 to 315	Excellent resistance high and low temperatures; poor physical properties; excellent weather resistance; excellent electrical properties	High- and low-temperature insulation; seals and O-rings; cosmetic products; tubing for food and medical uses

대부분의 용도(예: 자동차 타이어)에서는 가황된 고무라 할지라도 인장강도, 마모 및 파열 저항, 강성도가 충분하지 못하다. 이러한 특성은 카본블랙과 같은 첨가제를 첨가함으로써 향상시킬 수 있다(5.2절).

마지막으로 실리콘 고무에 대하여 언급하겠다. 이 재료에서 주사슬(backbone chain)은 실리콘과 산소 원자의 교대 반복으로 형성된다.

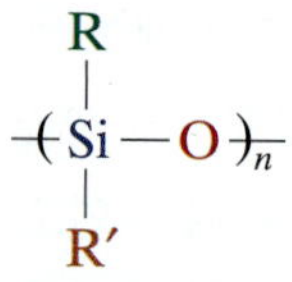

$$\left(\begin{array}{c} \mathrm{R} \\ | \\ \mathrm{Si} \\ | \\ \mathrm{R'} \end{array} - \mathrm{O} \right)_n$$

여기서 R과 R′은 측면결합된 원자들을 나타내는 것으로 수소 또는 CH_3와 같은 원자군을 나타낸다. 예를 들면 폴리디메틸실록산(polydimethylsiloxane)의 반복기는 다음과 같다.

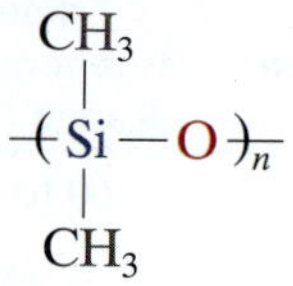

$$\left(\begin{array}{c} \mathrm{CH_3} \\ | \\ \mathrm{Si} \\ | \\ \mathrm{CH_3} \end{array} - \mathrm{O} \right)_n$$

물론 탄성체로서 이들 재료는 가교결합되어 있다.

실리콘 탄성체는 저온(−90°C까지)에서 높은 유연성을 유지하고, 250°C 정도의 고온까지 안정하다. 또한 이들은 대기에 의한 노화과정과 윤활유에 저항성이 높아서 자동차의 엔진실과 같은 용도로 사용하기에 적당하다. 생체적합성은 실리콘 탄성체의 또 다른 장점으로 혈관조직과 같은 의학적인 용도로 사용되기도 한다. 또 다른 매력적인 특징은 이들 재료 중 일부는 상온에서도 가황반응이 가능하다는 점이다(RTV 고무).

개념 확인 14.9

동절기에 알래스카의 어떤 지역은 −55°C까지 기온이 내려간다. 천연 이소프렌, 스티렌-부타디엔, 아크릴로나이트릴-부타디엔, 클로로프렌, 폴리실록산 중 어떤 재료가 자동차 타이어로 적합하겠는가? 그 이유는 무엇인가?

개념 확인 14.10

실리콘 고분자는 상온에서 액체로 존재할 수 있다. 이 재료와 실리콘 탄성체의 분자구조의 차이점을 설명하라(4.5절과 9.19절 참조).

(정답은 *www.wiley.com*의 제품 페이지에서 확인할 수 있음)

14.15 | 섬유

섬유

섬유(**fiber**, 파이버) 고분자 재료는 필라멘트형으로 인발하여 길이-지름비가 최소 100:1이다. 대부분의 상업적인 섬유 고분자는 직물업체에서 옷감을 제조하는 데 사용된다. 또한 아라미드섬유는 복합재료에 사용된다(5.8절). 섬유 고분자 재료는 직물 재료로서 유용하게 사용되기 위해서 엄격하게 요구되는 물리적 및 화학적 특성을 만족시켜야 한다. 섬유가 사용되는 중 연신, 뒤틀림, 전단, 마찰 등 여러 가지 복잡한 기계적 변형을 받게 될 것이다. 따라서 이들은 인장강도가 높아야 하고(넓은 온도범위에서), 탄성률이 높아야 하며, 마모저항도 높아야 한다. 이러한 성질은 고분자 사슬의 화학적 특성뿐만 아니라 섬유의 인발 과정에 의해서도 좌우된다.

섬유 재료의 분자량은 상대적으로 커야 하는데 그렇지 않으면 인발 과정에서 녹은 재료가 너무 약하거나 쉽게 부서질 우려가 있다. 또한 인장강도는 결정도에 따라서 증가하기 때문에 높은 정도의 결정성을 가진 고분자 재료를 제조하기에 적합한 사슬의 구조 및 배치가 이루어져야 한다. 이것을 만족시키기 위해서는 좌우대칭형이고 규칙적인 반복 단위로 구성된 선형의 비가지형 사슬이어야 한다. 이 고분자의 극성 그룹은 또한 결정화도와 사슬 간의 분자력을 증가시켜 섬유적인 특성을 향상시킨다.

의류의 세탁 및 관리의 편의성은 대부분 사용된 섬유 고분자의 열적 성질, 즉 용융온도 및 유리전이 온도에 의해서 좌우된다. 또한 섬유 고분자는 여러 다양한 환경, 즉 산, 염기, 표백제, 드라이클리닝 용제, 햇빛 등에 대하여 화학적으로 안정하여야 한다. 또한 가연성이 적어야 하며 건조가 쉬워야 한다.

14.16 | 기타 용도

코팅재료

재료의 표면에 코팅(coating)이 자주 사용되는데 이것의 목적은 (1) 주위 환경으로부터 부식 또는 노화 반응을 방지하기 위하여, (2) 외관을 보기 좋게 하기 위하여, (3) 전기적 절연을 위하여 등이다. 코팅재료의 많은 성분이 고분자인데 대부분이 유기재료이다. 이러한 유기질 코팅재료에는 페인트, 바니시(varnish), 에나멜, 래커(lacquer), 셸락(shellac) 등이 있다.

일반적으로 많이 쓰이는 코팅재료는 **라텍스**(*latex*)이다. 라텍스는 물에 잘 분산되는 불용성의 작은 고분자 입자로서 안정적인 현탁 물질이다. 이 재료는 대기로 방출되는 유기용매, 즉 휘발성유기화합물(VOC)이 적게 포함되었기 때문에 그 수요가 점점 늘어나고 있다. 휘발성유기화합물은 대기와 반응하여 스모그를 만들어 낸다. 자동차 제조업체와 같이 코팅을 대량으로 사용하는 주 소비자는 환경규제에 대응하기 위하여 휘발성유기화합물의 배출을 계속해서 줄여 나가고 있다.

접착제

접착제

접착제(adhesive)는 2개의 고체 표면을 접착하는 데 사용된다. 접착에는 기계적인 것과 화학적인 것의 두 가지 메커니즘이 있다. 기계적인 접착은 접착제가 표면의 기공이나 갈라진 틈으로 침투해 들어가는 것이고, 화학적인 접착은 접착제와 접착되는 물질 사이의 분자간력에 의한 것인데 이 분자간력은 공유결합 또는 반데르발스 결합에 의한 것으로 추정된다. 접착 물질이 극성 그룹을 포함하고 있으면 반데르발스 결합이 차지하는 비중은 증가하게 된다.

비록 천연 접착제[동물성 풀(animal glue), 카세인(casein), 녹말, 송진]가 아직도 다양한 용도로 사용되고 있지만, 인조 고분자를 기초로 하여 폴리우레탄(polyurethane), 폴리실록산(polysiloxane, silicone), 에폭시(epoxy), 폴리이미드(polyimide), 아크릴(acrylic), 고무 재료와 같은 새로운 접착 물질들이 개발되었다. 접착제는 금속, 세라믹, 고분자, 복합재료, 가죽 등과 같은 매우 다양한 물질의 결합에 사용되며 다음과 같은 조건에 의해 어떤 접착제가 사용될지 결정된다: (1) 접착되는 물질과 그것의 다공 특성, (2) 요구되는 접착 특성(접착이 일시적인가 또는 영구적인가), (3) 사용되는 최대/최소 온도, (4) 작업 조건.

아래에서 설명할 압력 감지 접착제를 제외한 대부분의 접착제는 낮은 점도의 액체를 재료로 사용하게 되는데 그에 따라 접착되는 물질의 표면에 평평하고 고르게 바를 수 있어 최대의 접착력을 갖게 된다. 실제로 접착제에 의해 접합되는 접합부는 액체에서 고체로의 변이(cure) 과정을 겪게 되는데, 이를 통해 결정화, 용매의 증발과 같은 물리적 과정과 중합반응(15.13절), 가황 등의 화학적 과정이 이루어지게 된다. 완전하게 접착된 면은 높은 전단응력, 밀착력, 파괴강도의 특성을 보여야 한다.

리벳이나 볼트 또는 용접에 의해 접합하는 것에 비해 접착제를 사용하여 접합할 경우 무게가 더 가볍고, 서로 다른 재료의 결합이 가능하며 접착 부위를 얇게 할 수 있고, 피로에 대한 저항성이 우수하고, 비용도 적게 든다는 장점을 얻을 수 있다. 또한 작업속도뿐만 아니라 정확한 위치에서 접합이 이루어져야 할 때 접착제를 이용한 접합이 선택된다. 접착제의 최대 단점은 사용 온도의 제한성이다. 고분자는 비교적 낮은 온도에서만 고유 특성을 보이며 온도가 올라갈수록 급격하게 특성이 저하된다. 최근에 개발된 고분자는 최대 300°C까지 그 특성을 유지하며 사용할 수 있다. 접착제는 항공, 자동차, 건축, 포장, 가정용에 이르기까지 매우 다양한 용도로 사용되고 있다.

특별한 용도로 사용되는 접착제로는 자동 접착 테이프, 라벨, 우표 등에서 볼 수 있는 압력 감지 접착제(자동 접착 재료)가 있다. 이러한 접착제는 약간의 압력을 가함으로써 어떠한 표면에라도 붙을 수 있도록 설계되었다. 위에서 설명한 일반적인 접착제와는 다르게 물리적 변형이나 화학적 반응으로 접착이 일어나지 않는 압력 감지 접착 물질은 점착성 수지(tackifying resin)를 포함하고 있어 접착된 표면이 박리되는 동안 작은 근모 섬유들이 형성되고, 이 섬유들은 표면에 접합하여 서로 붙잡아 주는 역할을 한다. 압력 감지 접착제로 사용되는 고분자에는 아크릴, 스티렌 블록 공중합체(styrenic block copolymer, 14.18절), 천연고무 등이 있다.

필름

고분자 재료는 얇은 **필름**(*film*) 형태로 많이 사용되고 있다. 제조되는 필름의 두께는 0.025~0.125 mm이고, 음식물과 기타 상품, 직물 등 여러 가지를 포장하는 봉지 등으로 사용되고 있다. 필름용 재료에서 요구되는 재료의 중요한 특성은 밀도가 낮을 것, 유연성이 좋을 것, 인장 및 파단 강도가 높을 것, 습기 또는 다른 화학물질에 저항성이 높을 것, 일부 가스 특히 수증기에 대한 침투성이 작을 것 등이다(7.8절). 폴리에틸렌, 폴리프로필렌, 셀로판, 셀룰로오스 아세테이트 등은 이러한 요구조건을 만족시켜 필름으로 제조되고 있다.

폼

폼

폼(foam)이란 높은 부피분율의 작은 기공들을 함유하고 있는 다공성 플라스틱 재료를 말한다. 열가소성과 열경화성 재료 모두가 폼의 재료가 되는데 이러한 재료에는 폴리우레탄, 고무, 폴리스티렌, 그리고 폴리(비닐 클로라이드) 등이 있다. 폼은 자동차와 가구의 쿠션으로 사용되고, 포장 및 단열 용도로도 이용된다. 폼 형성제를 포함한 열가소성 및 열경화성 고분자 재료를 가열하면 폼 형성제가 분해하면서 가스를 방출하는데 이 과정에서 폼이 형성된다. 가스 기공이 유동성 있는 액체 내에 생성되고, 이것이 냉각하는 과정 중에도 내부에 남아 있어 스펀지와 같은 구조를 가지게 된다. 고압에서 불활성 기체를 액체상태의 고분자 재료 내로 용해시킴으로써 유사한 효과를 얻을 수 있다. 압력을 급격히 줄이면 용액 내의 기체가 방출되어 기포와 기공을 형성하고, 온도가 내려가면서 고체 내에 남아 있게 된다.

14.17 | 고분자 생체재료

고분자 재료는 화학적, 구조적, 기계적으로 대부분의 신체조직과 유사하기 때문에 많은 생물의학 응용분야에 적합한 특성을 많이 가지고 있다. 사실 금속, 세라믹, 고분자의 세 가지 재료군 중에서 고분자가 생물의학 응용분야에서 가장 많이 사용된다.

고분자 생체재료는 **합성**(인공)과 **천연**(식물이나 동물에서 추출) 고분자로 분류될 수 있다. 또한 신체 환경에서 재료의 안정성 정도에 따라 생분해성 또는 비생분해성으로 추가 분류될 수 있다. 이식 후 생분해성 고분자는 점진적으로 분해(생분해)되며 정상적인 대사과정을 거쳐 그 구성성분이 신체에서 제거된다. 반면에 비생분해성(또는 생안정성) 고분자는 체액 및 조직과 반응하지 않도록 설계되어, 열화는 감지할 수 없을 정도로 느리게 일어난다. 모든 고분자 생체재료의 기계적 및 생체 성능 특성은 화학, 분자량, 분자구조, 분자구성, 첨가제의 존재(종

정은 가역적인 변화이므로 반복적으로 가공할 수 있어 TPE로 된 부품은 다른 모양으로 가공될 수 있다. 즉, 이들은 재활용이 가능한 반면, 열경화성 탄성체는 대개 재활용할 수 없다. 열가소성 탄성체의 경우, 가공 과정에서 발생하는 부산물 조각도 재활용할 수 있으므로 열경화성 탄성체에 비하여 생산가격이 더 낮을 뿐만 아니라, TPE로 된 부품은 규격을 더 세밀히 조절할 수 있으며, 밀도가 열경화성 고분자에 비하여 더 낮다는 장점도 가지고 있다.

열가소성 탄성체는 열경화성 탄성체의 대체품으로 상당히 많은 경우에 사용되고 있다. TPE는 자동차 범퍼, 계기판 등의 외장재, 자동차 내부의 전기 부도체, 연결선, 게스킷, 신발 밑창과 굽, 축구공, 미식축구공의 내부 공기주머니와 같은 운동용품, 의료용 막과 보호용 코팅재료 및 밀폐제 성분, 코킹 재료, 접착제 등으로 사용된다.

요약

철 합금

- 금속과 합금은 조성에 따라 철 합금 또는 비철 합금으로 나누어진다. 철 합금(강과 주철)은 철이 주성분인 합금을 이른다. 대부분의 강은 탄소 농도가 1.0 wt% 미만이며, 또한 그와 더불어 열처리에(그리고 기계적 성질을 향상시키는 데) 잘 반응하도록 만들어 주고 내부식성을 높여 주는 다른 합금 원소들을 포함하고 있다.
- 철 합금이 공학재료로 광범위하게 사용되는 이유는 다음과 같다.
  - 철 함유 화합물이 풍부하다.
  - 경제적인 추출, 정제, 제조 기술을 사용할 수 있다.
  - 다양한 기계적 및 물리적 특성을 제어할 수 있다.
- 철 합금의 한계는 다음과 같다.
  - 상대적으로 높은 밀도
  - 비교적 낮은 전기전도도
  - 일반적인 환경에서 부식에 대한 민감성
- 가장 일반적인 유형의 강들은 순저탄소강, 고강도 저합금강, 중탄소강, 공구 및 스테인리스강이다.
- 일반탄소강은 (탄소 외에) 약간의 망간과 다른 불순물의 잔류 성분만을 함유한다.
- 스테인리스강은 주요 미세조직 성분에 따라 나뉘는데 페라이트계, 오스테나이트계, 마텐자이트가 있다.
- 주철은 탄소 함량이 일반적으로 3.0~4.5 wt%로 높으며, 다른 합금 원소들, 그중에서도 특히 실리콘을 함유하고 있다. 이러한 합금들에서는 탄소의 대부분이 철과 결합한 시멘타이트보다는 흑연의 형태로 존재한다.
- 회주철, 연주철(또는 구상주철), 가단주철이 가장 널리 사용되는 주철의 종류이다. 연주철

과 구상주철은 상당한 연성을 지닌다.

비철 합금

- 이 외의 모든 합금들은 비철 합금에 속하게 되는데, 이는 더 나아가 모재 금속이 무엇인지 또는 일군의 합금들 간에 공통적으로 두드러진 특징이 무엇인지에 따라 하위 합금군으로 나뉜다.
- 비철 합금은 단조형 또는 주조형으로 더 세분화될 수 있다. 변형에 의해 모양을 만들기 쉬운 합금은 단조형으로 분류된다. 주조 합금은 상대적으로 취성이 크므로 주조에 의한 제조가 가장 적절하다.
- 구리, 알루미늄, 마그네슘, 티타늄, 내화금속, 초합금, 귀금속 등 일곱 가지 비철 합금과 기타 합금계(니켈, 납, 주석, 아연, 지르코늄)에 대하여 논의되었다.

유리

- 우리가 잘 알고 있는 유리 재료는 다른 산화물들을 포함하는 비결정질 실리카이다. 실리카(SiO_2) 외에도 일반적인 소다석회유리의 다른 두 가지 주요 성분은 소다(Na_2O)와 석회(CaO)이다.
- 유리 재료의 두 가지 주요 장점은 광학 투명성과 가공 용이성이다.

유리-세라믹

- 유리-세라믹은 처음에는 유리로 제조된 후 열처리에 의해 미세한 입경을 가지는 다결정질 재료로 결정화된다.
- 유리보다 유리-세라믹이 우수한 두 가지 특성은 높은 기계적 강도와 낮은 열팽창계수(열충격 내성을 향상시킴)이다.

점토 제품

- 점토는 백자(예: 도자기 및 식기류) 및 구조용 점토 제품(벽돌 및 타일)의 주요 구성요소이다. 장석 및 석영과 같은 성분(점토 외에)이 첨가될 수 있는데 이들은 소성과정 중에 발생하는 현상에 영향을 미친다.

내화물

- 온도와 반응성이 높은 환경에서 사용되는 재료는 내화 세라믹으로 정의된다.
- 이러한 종류의 재료가 지녀야 할 특성으로는 높은 용융온도, 가혹한 조건(대개 고온)에 노출되었을 때 비반응성과 안정성, 그리고 단열 특성 등이 있다.
- 내화 세라믹에는 내화 점토, 고함량 알루미나, 초고함량 알루미나, 실리카, 페리클레이스(고농도의 마그네시아 포함), 지르콘(지르코늄 실리케이트), 탄화 규소 등이 포함된다.

연마재

- 연마용 세라믹은 상대적으로 연한 재료를 커팅, 그라인딩, 폴리싱하는 데 사용된다.
- 이 재료들은 마찰력에 의하여 발생하는 고온을 견딜 수 있을 만큼 경도가 높고 인성이 우수해야 한다.
- 연마 세라믹은 자연에서 나오는 물질과 인공적으로 제조된 물질로 분류된다. 다이아몬드, 강옥(Al_2O_3), 에머리, 가닛, 모래는 자연에서 나오는 연마재이다. 인공적으로 제조되는 연마재에는 다이아몬드, 커런덤, 보라존(입방정 질화 붕소), 카보런덤(실리콘 카바이드), 지르

코니아-알루미나, 보론 카바이드가 있다.

시멘트
- 포틀랜드 시멘트는 점토와 석회가 함유된 광물의 혼합물을 회전식 가마에서 가열하여 제조한다. 제조된 '클링커'는 아주 미세한 입자로 분쇄된 후 소량의 석고를 첨가한다.
- 무기질 시멘트는 물과 섞이면 원하는 어떤 모양이든 취할 수 있는 반죽 형태가 된다.
- 이어지는 고화 또는 경화 과정은 시멘트 입자들 간의 화학적인 반응의 결과물이며, 상온에서 진행된다. 흔히 포틀랜드 시멘트로 알려져 있는 수성 시멘트에서 일어나는 화학적 반응은 일종의 수화작용이다.

세라믹 생체재료
- 화학적 불활성, 강도, 내마모성 특성을 기반으로 많은 세라믹(바이오세라믹) 재료가 생물의학 응용분야에 사용된다.
- 산화알루미늄(고순도/고밀도 및 다공성 형태), 지르코니아(이트리아로 안정화된), 유리 및 유리-세라믹, 인산칼슘 재료(인산삼칼슘 및 수산화인회석) 등이 일반적인 바이오세라믹 재료이다.
- 바이오세라믹의 대표적인 응용분야는 정형외과(뼈/골격) 및 치과 분야이다.

탄소
- 탄소의 두 가지 동소체인 다이아몬드 및 흑연은 확연히 다른 물리적 및 화학적 특성을 가지고 있다.
- 다이아몬드는 매우 단단하고 화학적으로 불활성이며 열전도율이 높고 전기전도도가 낮으며 높은 굴절률을 갖는 투명체이다.
- 흑연은 부드럽고 판상이며(우수한 윤활성을 가짐), 광학적으로 불투명하고, 고온 및 비산화 분위기에서 화학적으로 안정하다. 그 특성들 중 일부는 전기전도도를 포함하여 등방성이 매우 높다.
- 섬유 강화재로 사용되는 탄소의 형태도 논의되었다.
  - 그래핀층의 두 가지 구조 배열(흑연 및 터보스트래틱)이 탄소섬유에서 발견될 수 있다(그림 14.14)
  - 고강도 및 탄성계수는 섬유축에 평행한 방향으로 발생한다.

첨단 세라믹
- 많은 현대의 기술은 첨단 세라믹 재료의 기계적, 화학적, 전기적, 자기적, 광학적 특성 또는 이들 특성의 조합을 이용해 왔고 앞으로도 이용이 더욱 증가할 것이다.
- MEMS(microelectromechanical systems) — 이들은 기판(일반적으로 실리콘)상의 전기적 요소들과 집적된 소형 기계장치로 구성된 스마트 시스템이다.

고분자의 종류
- 고분자 재료를 분류하는 한 가지 방법은 최종 사용 형태별로 구분하는 것이다. 이 방법에 따르면 플라스틱, 섬유, 코팅재료, 접착제, 필름, 폼 및 첨단재 등 여러 가지 유형이 포함된다.

- 플라스틱 재료는 아마도 가장 널리 사용되는 고분자 재료인데 여기에는 폴리에틸렌, 폴리프로필렌, 폴리(비닐 클로라이드), 폴리스티렌, 플루오로카본, 에폭시, 페놀, 폴리에스테르 등이 있다.
- 많은 고분자 재료가 섬유의 형태로 방사될 수 있으며 주로 직물에 사용된다. 이러한 재료의 기계적, 열적, 화학적 특성은 특히 중요하다.
- 고분자는 신체에 이식되는 생체재료로 널리 사용된다. 여러 합성 고분자 및 비생분해성 고분자의 특성과 응용에 대해 논의하였다.
- 세 가지 첨단 고분자 재료, 즉 초고분자량 폴리에틸렌, 액정 고분자, 열가소성 탄성체에 대해 논의하였다. 이 재료들은 특이한 특성을 가지며 첨단기술 응용분야에서 주재료로 많이 사용된다.

중요한 용어와 개념

가단주철	비강도	접착제
강화 흑연철	비철 합금	주철
결정화(유리-세라믹)	섬유	철 합금
고강도 저합금강	소성	청동
광섬유	스테인리스강	초고분자량 폴리에틸렌
구상주철	시멘트	템퍼 명칭
구조용 점토 제품	액정 고분자	폼
내화 세라믹	연마 세라믹	플라스틱
단조 합금	연주철	하소
마이크로전자기계시스템	열가소성 탄성체	합금강
백자	유리-세라믹	황동
백주철	일반탄소강	회주철

참고문헌

ASM Handbook, Vol. 1, *Properties and Selection: Irons, Steels, and High-Performance Alloys*, ASM International, Materials Park, OH, 1990.

ASM Handbook, Vol. 1A, *Cast Iron Science and Technology*, ASM International, Materials Park, OH, 2017.

ASM Handbook, Vol. 2, *Properties and Selection: Nonferrous Alloys and Special-Purpose Materials*, ASM International, Materials Park, OH, 1990.

ASM Handbook, Vols. 2A and 2B, *Aluminum Set*, ASM International, Materials Park, OH, 2019.

Billmeyer, F. W., Jr., *Textbook of Polymer Science*, 3rd edition, John Wiley & Sons, New York, NY, 1984.

Doremus, R. H., *Glass Science*, 2nd edition, John Wiley & Sons, New York, NY, 1994.

Engineered Materials Handbook, Vol. 2, *Engineering Plastics*, ASM International, Materials Park, OH, 1988.

Engineered Materials Handbook, Vol. 4, *Ceramics and Glasses*, ASM International, Materials Park, OH, 1991.

Frick, J. (Editor), *Woldman's Engineering Alloys*, 9th edition, ASM International, Materials Park, OH, 2000.

Gilbert, M. (Editor), *Bryson's Plastic Materials*, 8th edition, Elsevier Butterworth-Heinemann, Oxford, UK, 2017.

Harper, C. A. (Editor), *Handbook of Plastics, Elastomers and Composites*, 4th edition, McGraw-Hill, New York, NY, 2002.

Hewlett, P. C., and M. Liska (Editors), *Lea's Chemistry of Cement and Concrete*, 5th edition, Elsevier Butterworth-Heinemann, Oxford, UK, 2019.

Metals and Alloys in the Unified Numbering System, 13th edition, Society of Automotive Engineers, and American Society for Testing and Materials, Warrendale, PA, 2017.

Neville, A. M., *Properties of Concrete*, 5th edition, Pearson

Education Limited, Harlow, UK, 2012.
Schacht, C. A. (Editor), *Refractories Handbook*, CRC Press, Boca Raton, FL, 2004.
Shelby, J. E., *Introduction to Glass Science and Technology*, 2nd edition, Royal Society of Chemistry, Cambridge, UK, 2005.
Strong, A. B., *Plastics: Materials and Processing*, 3rd edition, Pearson Education, Upper Saddle River, NJ, 2006.
Varshneya, A. F., and J. C. Mauro, *Fundamentals of Inorganic Glasses*, 3rd, edition, Elsevier, Oxford, UK, 2019.
Worldwide Guide to Equivalent Irons and Steels, 5th edition, ASM International, Materials Park, OH, 2006.
Worldwide Guide to Equivalent Nonferrous Metals and Alloys, 4th edition, ASM International, Materials Park, OH, 2001.

문제

철 합금

14.1 저탄소강, 중탄소강, 고탄소강의 차이를 기술하라. 그리고 이들 강철의 각 유형에 적합한 응용분야를 제시하라.

14.2 스테인리스강이란 무엇인가? 그리고 그 응용분야를 열거하라.

14.3 공구강(tool steel)과 다이강(die steel)은 일반적으로 크롬, 바나듐, 텅스텐, 몰리브덴이 첨가되는 고탄소강이다. 이러한 금속들이 이 재료에 추가되는 이유는 무엇인가?

14.4 모든 탄소가 흑연상으로 존재한다고 가정하고, 2.5 wt% C 주철에서 장미형 흑연 V_{Gr}의 부피분율을 계산하라. 페라이트와 흑연의 밀도는 각각 7.9 및 2.3 g/cm^{3}이다.

14.5 회주철이란 무엇인가? 회주철의 미세조직을 간단히 그리고 그 특성을 설명하라.

14.6 구상주철(연주철)과 백주철의 차이를 설명하라.

14.7 다음과 관련하여 백주철과 구상주철을 비교하라.

(a) 조성 및 열처리

(b) 미세조직

(c) 기계적 특성

14.8 단면 치수가 큰 덩어리의 가단주철을 생산할 수 있는가? 답에 대한 이유를 설명하라.

14.9 박편, 구상, 또는 장미 형태의 흑연을 포함하는 마텐자이트 기지로 구성된 주철을 생산하는 것이 가능하다. 이 세 가지 미세조직을 가지는 주철을 각각 제조하는 데 필요한 처리 공정을 간략하게 설명하라.

비철 합금

14.10 단조 합금과 주조 합금의 차이점을 기술하라.

14.11 2017 알루미늄 합금의 리벳을 사용하기 전에 냉장보관을 해야 하는 이유는 무엇인가?

14.12 다음 재료의 특성과 용도를 기술하라.

(a) 알루미늄과 그 합금

(b) 마그네슘과 그 합금

14.13 티타늄 합금, 내화금속, 초합금, 귀금속 등 합금군의 독특한 특성과 한계, 응용분야를 설명하라.

유리

유리-세라믹

14.14 유리의 두 가지 우수한 특성을 제시하라.

14.15 **(a)** 결정화란 무엇인가?

(b) 결정화를 통해 개선될 수 있는 두 가지 특성을 제시하라.

내화물

14.16 내화 세라믹 재료의 경우, 다공성 증가에 따라 개선되는 특성 세 가지와 반대로 나빠지는 특성 두 가지를 제시하라.

14.17 다음 두 가지 마그네시아-알루미나 내화 재료가 액상이 생성되기 전에 가열될 수 있는 최대 온도를 제시하라.

(a) 88.5 wt% MgO–11.5 wt% Al_2O_3 조성을 가지는 스피넬 결합 알루미나 재료

(b) 75 wt% Al_2O_3–25 wt% MgO 조성의 마그네시아-알루미나 스피넬(그림 11.27 참조)

14.18 그림 11.29의 SiO_2–Al_2O_3 상태도를 고려할 때, 다음 조성 목록의 각 쌍에 대하여 내화물 재료로 어느 것이 더 바람직한지 선택하고, 그 이유를 설명하라.

(a) 99.8 wt% SiO_2–0.2 wt% Al_2O_3 / 99.0 wt% SiO_2–1.0 wt% Al_2O_3

(b) 70 wt% Al_2O_3–30 wt% SiO_2 / 74 wt% Al_2O_3–26 wt% SiO_2

(c) 90 wt% Al_2O_3–10 wt% SiO_2 / 95 wt% Al_2O_3–5 wt% SiO_2

14.19 1600°C에서 다음 내화 재료에서 액체의 질량분율을 계산하라.

(a) 25 wt% Al_2O_3–75 wt% SiO_2

(b) 45 wt% Al_2O_3–55 wt% SiO_2

14.20 SiO_2–Al_2O_3 상태도(그림 11.29)를 고려할 때, 다음 조성 쌍 중 어느 것이 내화물 재료로 더 바람직한지 선택하고, 그 이유를 설명하라.

(a) 20 wt% Al_2O_3–80 wt% SiO_2

(b) 25 wt% Al_2O_3–75 wt% SiO_2

14.21 MgO–Al_2O_3 시스템의 경우, 액상의 형성 없이 고체상태를 유지할 수 있는 최대 온도는 얼마인가? 이 최대 온도는 어떤 조성 또는 어떤 조성 범위에서 달성되는가?

시멘트

14.22 점토계 혼합물의 소성과정과 시멘트의 경화과정 중에서 입자들이 서로 결합되는 방식을 비교 설명하라.

탄성체

섬유

기타 용도

14.23 실리콘 고분자와 다른 고분자 재료 사이의 분자화학의 차이점을 간략하게 설명하라.

14.24 섬유 응용분야에 사용되는 고분자의 두 가지 중요한 특성을 기술하라.

14.25 박막 응용분야에 사용되는 고분자의 다섯 가지 중요한 특성을 기술하라.

설계 문제

철 합금

비철 합금

14.D1 다음은 금속 및 합금 목록이다.

일반탄소강	마그네슘
회주철	공구강
백금	알루미늄
스테인리스강	텅스텐
티타늄 합금	

이 목록에서 다음 각 응용분야에 가장 적합한 금속 또는 합금을 선택하고, 그 이유를 하나 이상 제시하라.

(a) 내연기관의 블록

(b) 증기용 응축 열교환기

(c) 제트엔진 터보팬 블레이드

(d) 드릴 비트

(e) 극저온(초저온) 용기

(f) 파이로테크닉(폭약이나 불꽃놀이 용도)

(g) 산화 분위기에서 사용되는 고온로 부품

14.D2 최근 금속 유리(비정질 금속)가 새로운 재료로 주목을 받고 있다. 다음 이슈들을 고려하여 비정질 금속에 대한 에세이를 작성하라.

(a) 일반적인 금속 유리의 조성

(b) 공학적으로 이들 재료가 가지는 매력적인 특성

(c) 활용에 제한을 가지게 하는 특성

(d) 현재 및 잠재적 활용도

(e) 금속 유리를 생산하는 데 사용되는 하나 이상의 기술

14.D3 다음 합금들 R50500 티타늄, AZ31B 마그네슘, 6061 알루미늄, C51000 인청동(phosphor bronze), 납, 6150 강, 304 스테인리스강, C17200 베릴륨 구리 중에서 열처리, 냉간가공, 또는 둘

다에 의해 강화될 수 있는 합금을 골라라.

14.D4 길이 100 mm의 구조용 부품은 소성변형 없이 50,000 N의 하중을 지지할 수 있어야 한다. 아래 표의 황동, 강철, 알루미늄, 티타늄에 대한 데이터를 고려하여, 이러한 기준에 따라 가장 적합도가 큰 것부터 순위를 정하라.

Alloy	Yield Strength (MPa)	Density (g/cm^3)
Brass	415	8.5
Steel	860	7.9
Aluminum	310	2.7
Titanium	550	4.5

14.D5 용융점, 내산화성, 항복강도, 취성에 근거하여 다음 금속 및 합금에 대하여 열간가공과 냉간가공 중 어느 공정이 더 바람직한지 설명하라: 주석, 텅스텐, 알루미늄 합금, 마그네슘 합금, 4140 강.

세라믹

14.D6 현대식 주방 조리기구 중 일부는 세라믹 재료로 만들어진다.

(a) 이 용도로 재료가 사용되기 위해 필요한 중요한 특성을 세 가지 이상 나열하라.

(b) 세 가지 세라믹 재료의 상대적인 특성들과 비용을 고려하여 비교하라.

(c) 이 상대적인 비교를 토대로 조리기구에 가장 적합한 재료를 선정하라.

고분자

14.D7 **(a)** 안경 렌즈에 투명 고분자 재료를 사용할 때의 장점과 단점을 나열하라.

(b) 안경 렌즈에 활용되기 위한 투명성 외에 추가로 요구되는 중요한 특성 네 가지를 제시하라.

(c) 안경 렌즈의 후보로 적합한 세 가지 고분자 재료를 제시하고, 이 재료들에 대하여 문제 (b)에서 제시된 특성을 정리한 표를 작성하라.

14.D8 식품 및 음료 포장에 사용되는 고분자 재료에 대한 에세이를 작성하라. 이 용도로 사용되는 재료에 요구되는 일반적인 필수 특성 목록이 포함되어야 한다. 세 가지 다른 용기 유형과 이에 적합한 재료를 특정하여 제시하고, 그 선택에 대한 근거를 제시해야 한다.

15 공업용 재료의 가공

William D. Callister, Jr.

(*a*)

사진 (*a*)는 음료용 알루미늄 캔 제조과정에서 단계별로 얻어지는 알루미늄 캔 형상을 보여준다. 캔은 알루미늄 합금판 한 장으로부터 제조된다. 이 제조법은 인발, 돔 성형, 트리밍, 세정, 장식, 목 성형, 플랜지 성형 등의 과정을 거친다.

사진 (*b*)는 작업자가 알루미늄 시트 롤을 검사하고 있는 모습이다.

Daniel R. Patmore/AP Images.

(*b*)

왜 공업용 재료의 가공을 공부하는가?

제조와 공정은 때때로 재료의 특성을 나쁘게 할 수 있다. 12.8절에서 우리는 템퍼링 열처리 도중 어떤 강은 취약해질 수 있다는 것을 알았다. 또한 어떤 스테인리스강은 특정 온도에서 장시간 열처리하면 입계 부식에 민감하게 된다(16.7절). 그리고 15.4절에서 다루었듯이 용접 접합부와 인접한 부분은 미세조직이 원하지 않는 방향으로 바뀌어 강도와 인성이 감소할 수 있다. 예상치 않게 재료가 파손되는 것을 방지하기 위해 기술자들은 공정과 제조 과정에서 어떤 결과가 나올 수 있는지에 대해 잘 이해하고 있어야 한다.

학습 목표

이 장을 학습한 후에는 아래 과제를 수행할 수 있어야 한다.

1. 금속 합금을 성형하는 데 사용되는 네 가지 성형 공정을 열거하고 설명한다.
2. 다섯 가지 주조 기술을 열거하고 설명한다.
3. 다음 열처리의 목적과 방법을 논의한다: 중간 열풀림, 응력제거 열풀림, 노멀라이징, 완전 열풀림, 구상화.
4. 경화능을 정의한다.
5. 원주 지름에 따른 냉각속도 변화에 대한 정보와 특정 합금의 경화능 곡선이 주어졌을 때 오스테나이트화 처리 후 담금질한 원통형 강 시편의 경도 곡선을 설명한다.
6. 유리 제품을 제조하는 데 사용되는 다섯 가지 성형방법을 열거하고 간단히 설명한다.
7. 유리 제품을 열 템퍼링 하는 공정을 간단히 설명한다.
8. 점토를 사용하는 세라믹 용기의 건조 및 소성 도중 일어나는 현상을 간단히 설명한다.
9. 분말 입자의 소성과정을 그림을 이용하여 간단히 설명한다.
10. 첨가 및 축합 중합 기구를 간단히 설명한다.
11. 다섯 가지 고분자 첨가제를 열거하고 각 첨가제가 특성을 어떻게 개선하는지 설명한다.
12. 플라스틱 고분자에 사용되는 다섯 가지 제조방법을 열거하고 간단히 설명한다.

15.1 | 서론

성형 기술이란 재료가 유용한 제품으로 쓸 수 있는 부품으로 성형되거나 제조되는 방법을 말한다. 때로는 원하는 특성을 얻기 위해 부품을 특정한 공정으로 처리해야 할 수도 있다. 또한 경우에 따라 재료를 어떤 용도로 사용하는 것이 가장 적합한가 하는 판단은 제조와 공정에 관한 경제적인 시각에 의해 좌우되기도 한다. 이 장에서 우리는 금속, 세라믹, 고분자를 제조하고 가공하는 다양한 기술을 다룰 것이다(고분자에 대해서는 합성방법도 포함).

금속의 가공

금속의 가공 기술은 정련, 합금화 및 때에 따라 열처리를 이용하여 원하는 특성의 합금으로 만드는 방법이다. 제조기술은 여러 가지 금속성형방법, 주조, 분말야금, 용접, 기계가공, 그리

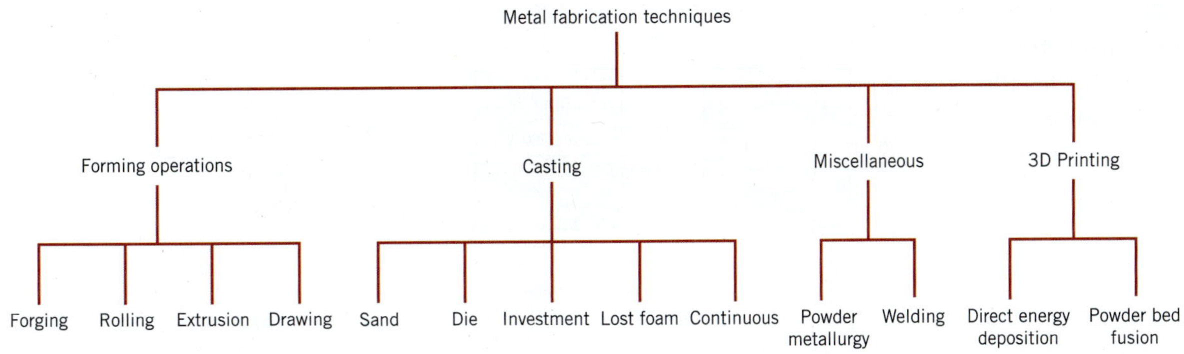

그림 15.1 이 장에서 논의될 금속 제조 기술의 분류도

고 3D 프린팅으로 나눌 수 있다. 제품이 완성되려면 두 가지 또는 그 이상의 방법을 사용해야 한다. 어떤 방법을 선택하느냐 하는 것은 몇 가지 요소에 좌우되는데 가장 중요한 것은 금속의 특성, 완성 제품의 크기와 형상 및 비용이다. 우리가 다룰 금속 제조 기술은 그림 15.1에 나타낸 것처럼 분류될 수 있다.

15.2 | 성형 작업

성형 작업은 소성변형을 통해 금속 제품의 형상을 바꾸는 것을 말한다. 예를 들어 단조, 압연, 압출, 인발이 흔히 사용되는 성형 기술이다. 물론 변형은 외부의 힘이나 응력에 의해 일어나며, 그 크기는 금속의 항복강도보다 커야 한다. 대부분의 금속 재료는 적어도 어느 정도의 연성을 갖고 있으며, 균열이나 파괴가 생기지 않고 영구적으로 소성변형될 수 있어 이러한 공정에 특히 적합한 재료이다.

열간가공

변형이 재결정이 일어나는 온도 이상에서 이루어질 때, 이러한 공정을 **열간가공(hot working)**이라 하고(9.13절), 그렇지 않은 경우를 냉간가공이라고 한다. 대부분의 성형 기술에 열간가공과 냉간가공을 모두 적용할 수 있다. 열간가공의 경우 큰 변형이 가능하고, 금속은 연하고 연성이 유지되므로 연속적으로 반복해서 가공할 수 있다. 또한 냉간가공에 비해 소성에 필요한 에너지가 적게 요구된다. 그러나 열간가공된 대부분의 금속은 어느 정도의 표면 산화가 생기며, 따라서 재료의 손실이 생기고 표면 마무리 상태가 나빠진다. **냉간가공(cold working)**은 금속이 변형경화되므로 강도의 증가와 연성의 감소를 가져온다. 열간가공과 비교하여 냉간가공의 장점은 표면 마무리 상태가 우수하고, 기계적 성질이 더 좋으며 다양하게 조절할 수 있고, 완성품의 크기를 정밀하게 제어할 수 있는 점 등이다. 때때로 연속적으로 조금씩 냉간가공되고 다시 열풀림 과정을 거치는 일련의 공정 단계에 의해 전체 변형이 이루어진다(15.6절). 그러나 이러한 방법은 비용이 많이 들고 불편하다.

냉간가공

이러한 성형 기술을 개략적으로 그림 15.2에 나타내었다.

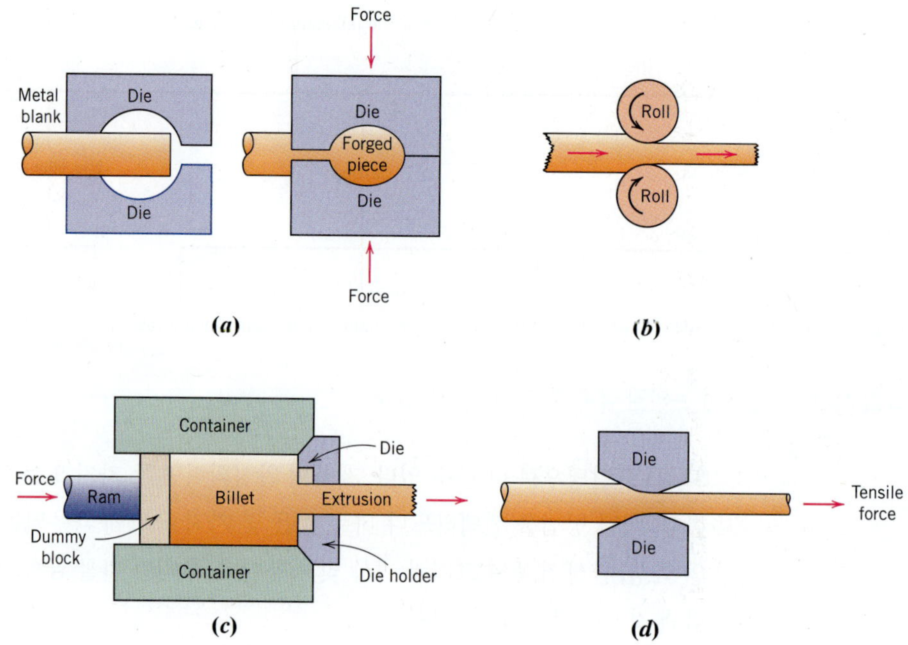

그림 15.2 (*a*) 단조, (*b*) 압연, (*c*) 압출, (*d*) 인발 공정에서의 금속 소성변형

단조

단조

단조(forging)는 일반적으로 가열된 금속 제품을 기계적으로 가공하거나 변형시키는 방법이다. 단조는 연속적인 망치질이나 연속압착에 의해 이루어진다. 단조는 금형이 폐쇄형인지 개방형인지에 따라 분류된다. 폐쇄형 금형에서는 금형이 최종 형상으로 만들어져 있으며 2개 혹은 그 이상의 조각으로 이루어진 금형에 힘을 가해 금속을 금형 사이의 공간에서 변형시킨다(그림 15.2*a*). 개방형 금형에서는 단순한 형상(예: 평행한 평판, 반원)을 가진 2개의 금형이 사용되며, 주로 큰 가공 제품에 적용된다. 단조품은 결정립 구조가 탁월하며 여러 가지 우수한 기계적 특성을 갖는다. 렌치나 자동차 크랭크축과 봉을 연결하는 피스톤이 이 방법에 의해 제조된 대표적인 제품이다.

압연

압연

압연(rolling)은 금속 제품을 두 롤 사이로 지나가게 하면서 변형시키는 공정으로 가장 널리 사용된다. 두 롤에 의해 가해지는 압축응력에 의해 두께의 감소가 생긴다. 냉간압연은 우수한 표면 마무리를 가지는 박판, 띠판, 박의 제조에 사용될 수 있다. I 빔, 철도 레일은 물론 원형도 홈이 파인 롤을 이용하여 만들 수 있다.

압출

압출

압출(extrusion)에서는 램에 가해지는 압축응력에 의해 금속봉이 금형의 구멍을 통해 재료를 밀어낸다. 압출되어 나온 제품은 원하는 형태를 가지고 있으며 단면적이 감소된다. 압출 제품은 봉이나 꽤 복잡한 단면을 가지고 있는 관 등이다. 이음매 없는 관도 압출 방법으로 만들 수 있다.

인발

인발

인발(drawing)은 출구 쪽에서 인장력을 가해 경사진 구멍이 있는 금형을 통해 금속 제품을 당기면서 성형하는 방법이다. 인발을 하면 제품의 단면적이 감소하고 이에 따라 길이는 증가한다. 전체 인발 작업을 몇 개의 금형을 통해 단계별로 연속적으로 할 수 있다. 봉, 선, 관 등의 제품은 주로 이 방법에 의해 제조된다.

15.3 | 주조

주조(casting)는 완전히 용융된 금속을 원하는 형태를 가지고 있는 주형 공간에 부어 성형하는 방법이다. 응고에 의해 금속은 주형의 형태로 만들어지지만 어느 정도의 수축이 일어난다. 주조는 (1) 완성품의 모양이 너무 크거나 매우 복잡하여 어떤 다른 방법으로는 실효성이 없을 때, (2) 특정 합금에 따라 연성이 매우 낮아 열간 혹은 냉간가공에 의해 성형이 어려울 때, (3) 다른 가공법과 비교하여 가장 경제적일 때 적용한다. 더욱이 연성이 큰 금속도 정련의 마지막 단계에서 주조 공정이 포함될 수 있다. 사형주조, 금형주조, 인베스트먼트 주조, 로스트폼 주조, 연속주조 등의 다양한 주조 기술이 있다. 아래에 각 주조 기술에 대하여 간단히 설명한다.

사형주조

사형주조(sand casting)는 가장 널리 사용되는 주조법으로 일반 모래를 주형 재료로 사용한다. 원하는 주형 모양의 틀에 모래를 다져 두 조각의 모래 주형을 만든다. 일반적으로 **탕구계** (*gating system*)를 만들어 용융 금속이 주형 공간에 용이하게 들어가도록 하고 내부 주조결함을 최소화한다. 자동차의 실린더 블록, 소화전, 큰 파이프 피팅 등이 사형주조법으로 만든 제품이다.

금형주조(다이캐스팅)

금형주조(die casting)에서는 압력을 가하며 비교적 빠른 속도로 액체금속을 금형 내에 주입하여 압력이 가해진 상태로 응고되도록 한다. 2개의 영구적으로 쓸 수 있는 강주형 또는 금형을 이용하며, 서로 꺽쇠로 고정시키면 원하는 형상을 갖는다. 완전히 응고되면 금형을 열고 주물품을 꺼낸다. 빠른 속도로 주조가 가능하기 때문에 생산비가 저렴하다. 게다가 하나의 금형

세트는 주조에 수천 번 사용될 수 있다. 그러나 이러한 주조법은 비교적 작은 제품과 용융점이 낮은 아연, 알루미늄, 마그네슘의 합금에만 사용될 수 있다.

인베스트먼트 주조

인베스트먼트 주조(investment casting, 로스트왁스 주조라고도 함)에서는 주형틀을 용융점이 낮은 왁스나 플라스틱으로 만든다. 주형틀 주위에 액상의 슬러리를 부어 고체의 주형 혹은 인베스트먼트를 제작한다. 일반적으로 소석고가 사용된다. 그런 다음 주형을 가열하면, 주형틀 내의 모형은 용융되거나 태워져서 원하는 형태를 가지고 있는 주형 공간만 남는다. 이 방법은 정밀한 치수가 요구되고 섬세한 구조를 가진 제품을 제조하거나 우수한 마무리가 요구될 때 사용하는데 예를 들면 보석, 치과에서 사용되는 치관, 인레이(충치 부분의 봉) 등이다. 가스터빈이나 제트엔진의 회전날개도 인베스트먼트 주조를 이용한 것이다.

로스트폼 주조

인베스트먼트 주조의 변형된 형태가 **로스트폼 주조**(*lost form casting*)[또는 **소실모형 주조**(*expendable pattern casting*)]이다. 여기서 소실모형은 원하는 형태에 폴리스티렌 비드를 압력을 가하여 넣고 열을 가해서 결합시킨 성형 모형이다. 패턴 형태는 판재로부터 절단 후 접착제를 이용하여 결합시킬 수도 있다. 그런 다음 모래를 모형 주위에 쌓아 주형을 완성한다. 용융 금속이 주형 안으로 들어감에 따라 모형은 기화되고 금속이 이를 대체하게 된다. 압착된 모래는 형태를 유지하고 금속이 굳음에 따라 주형의 형태를 가지게 된다.

로스트폼 주조에서는 복잡한 형상과 빈틈없는 공차가 가능하다. 또한 사형주조에 비하여 간단하고 빠르며 비용이 저렴하고 환경 배출물이 적다. 흔히 이 방법을 사용하는 금속 합금에는 주철과 알루미늄 합금이 있다. 제품으로는 자동차 엔진 블록, 실린더 헤드, 크랭크축, 선박 엔진 블록, 전기 모터 프레임 등이 있다.

연속주조

추출 공정의 마지막에는 대부분의 용융 금속이 큰 주괴 주형에 주조되어 응고된다. 주괴는 일반적으로 1차 열간압연작업에 의해 평면 박판이나 슬래브로 만들어진다. 이러한 제품은 후속으로 행해지는 2차 금속성형작업(단조, 압출, 인발)의 시발 제품으로 적합한 형태이다. 이 주조와 압연의 단계를 동시에 수행하는 방법을 **연속주조**(*continuous casting*)라고 한다. 이러한 방법을 통해 정련되고 용융된 금속은 단면이 사각형인 판이나 원형인 선 형태로 직접 주조된다. 원하는 단면을 가지며 수랭되는 금형에서 응고가 일어난다. 연속주조에 의한 제품은 주괴 주조품에 비해 단면 방향으로 화학조성과 기계적 특성이 더욱 균일하다. 더욱이 연속주조는 자동화가 잘 되어 있으며 더 효율적이다.

15.4 | 기타 방법들

분말야금

분말야금

또 다른 성형 기술로는 금속 분말을 압축하고 열처리를 통해 더욱 밀도가 높은 제품으로 만드는 방법이 있다. 이러한 방법을 **분말야금(powder metallurgy)**이라고 부르며, 종종 P/M이라는 약자로 표기하기도 한다. 분말야금에 의해 완전한 밀도를 갖는 모재와 거의 같은 특성을 가진, 실제적으로 어떠한 기공도 없는 제품을 만들 수 있다. 열처리 도중의 확산 공정은 이와 같은 특성을 개발하기 위한 핵심이다. 이러한 방법은 분말 입자의 소성변형이 조금만 필요하므로 연성이 낮은 금속의 성형에 특히 적합하다. 높은 용융온도를 갖는 금속은 용융하여 주조하기가 어렵고, 따라서 P/M에 의해 성형될 수 있다. 더욱이 이 방법은 매우 정밀한 치수가 요구되는 부품(예: 부싱과 기어)에 사용될 수 있다.

개념 확인 15.1

주조와 분말야금의 차이점은 무엇인가? 이들 두 가지 방법의 장단점을 기술하라.

(정답은 *www.wiley.com*의 제품 페이지에서 확인할 수 있음)

용접

용접

어떤 관점에서는 용접도 성형 기술로 생각될 수 있다. **용접(welding)**은 1개의 제품으로 제조하기가 어렵거나 비용이 많이 들 때 사용되며 2개 또는 그 이상의 금속 부품이 접합되어 하나의 제품으로 만들어진다. 유사하거나 상이한 금속 모두 용접될 수 있다. 접합부의 결합은 리벳이나 볼트를 이용한 단순히 기계적인 접합이 아니라 금속학적인 접합으로 이루어진다(확산현상을 수반). 용접 방법으로 경납땜(brazing)과 납땜질(soldering)뿐만 아니라 아크용접과 가스용접 등 다양한 종류가 있다.

아크와 가스 용접 도중에 용접 대상 부품과 용가재(즉, 용접봉)를 충분히 높은 온도로 가열하여 모두 녹인다. 응고함에 따라 용가재는 두 용접 대상 부품 사이에 용융접합부를 형성한다. 따라서 용접부 인접 부위에 미세조직과 성질이 변화되는 영역이 생기는데 이를 열영향부(*heat-affected zone*, 때로 *HAZ*라고 함)라고 한다. 용접에 의해 생길 수 있는 변화는 다음과 같다.

1. 만일 용접 대상 재료가 그 전에 냉간가공되었으면 이런 열영향부에서는 재결정과 결정립 성장이 일어날 수 있으며, 따라서 강도, 경도, 인성이 떨어질 수 있다. 이러한 상황에 대한 HAZ를 그림 15.3에 개략적으로 나타내었다.
2. 냉각함에 따라 잔류응력이 이 부분에 형성될 수 있으며 이는 접합부를 약화시킨다.

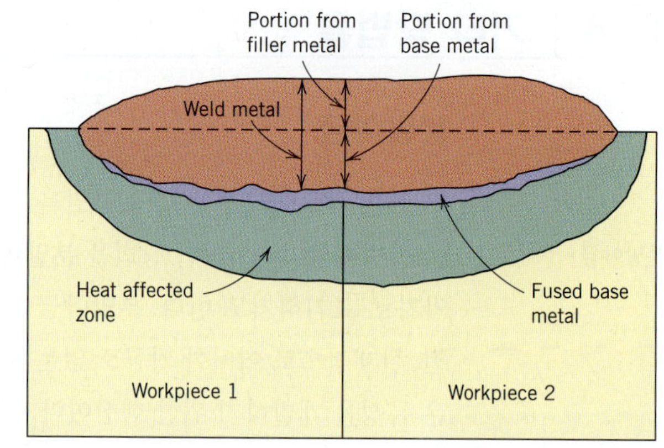

그림 15.3 전형적인 용접부 근처의 영역을 보여주는 단면 개략도
[From *Iron Castings Handbook*, C. F. Walton and T. J. Opar (Editors), Iron Castings Society, Des Plaines, IL, 1981. Reprinted with permissions of Iron Castings Society.]

3. 강의 경우에, 이 영역은 오스테나이트가 형성되기에 충분한 고온으로 가열될 수 있다. 상온으로 냉각되면서 형성되는 미세조직은 냉각속도와 조성에 따라 달라진다. 일반탄소강의 경우에는 보통 펄라이트와 초공석상이 만들어진다. 반면에 합금강에서 형성되는 미세조직은 마텐자이트일 수도 있는데 이 구조는 취성이 크므로 일반적으로 바람직하지 않다.
4. 어떤 스테인리스강은 용접 중에 '민감'해질 수 있는데, 이 경우 이런 스테인리스강은 결정립계 부식에 민감해진다(16.7절 참조).

비교적 최신 접합기술로 레이저빔 용접이 있는데 이 방법은 집속되고 강렬한 레이저빔을 열원으로 사용한다. 레이저빔은 모재를 용융시키고 응고 후에는 용융접합부가 형성된다. 일반적으로 용가재는 사용할 필요가 없다. 이 방법의 몇 가지 장점은 다음과 같다. (1) 비접촉 공정이므로 용접 대상물의 기계적 변형을 피할 수 있다. (2) 매우 빠르며 자동화가 잘 되어 있다. (3) 용접 대상물에 가해지는 에너지가 작아서 열영향부 크기를 최소화할 수 있다. (4) 용접 부위의 크기가 작고 정밀 제어가 가능하다. (5) 다양한 금속과 합금의 접합에 이용할 수 있다. (6) 모재에 버금가거나 더 우수한 강도를 갖는 기공이 없는 접합부를 만들 수 있다. 레이저빔 용접은 고품질과 고속 용접이 요구되는 자동차나 전자산업계에서 광범위하게 사용되고 있다.

개념 확인 15.2

용접, 경납땜과 납땜질 사이의 근본적인 차이는 무엇인가? 다른 참고문헌을 참조하라.

(정답은 *www.wiley.com*의 제품 페이지에서 확인할 수 있음)

15.5 | 3D 프린팅(적층제조)

지난 몇 년 동안 기계공작법에서는 3D 프린팅[*three-dimensional(3D) printing*, 3차원 인쇄]이

라고 하는 기술혁명을 경험했으며 이를 AM(*additive manufacturing*, 적층제조)이라고도 한다.[1] '적층'이라는 단어는 기능적 물체가 CAD(computer-aided design) 데이터에서 한 번에 한 층씩, 종종 레이어와 같은 방식으로 원자재를 점진적으로 부가하여 생성되는 것을 말한다. 이는 밀링 또는 기계가공과 같이 재료를 제거하여 구성요소를 형성하는 '제거' 제조기술과 대조된다. 일부에서는 AM의 도래를 3차 산업혁명의 시작(2차 혁명인 생산라인 조립을 잇는)이라고 말한다. 적층제조는 또한 잠재적으로 파괴적인 기술로도 특징지어진다. 그것은 아마도 새로운 기술을 만들 뿐만 아니라 어떤 기술들을 쓸모없게 만들 것이다.

어떤 의미에서 적층제조는 잉크젯/레이저 프린터가 2차원에서 작동하는 방식과 유사한 3차원에서 작동한다. 즉, 3차원 물체는 프린팅이라고 하는 방법으로 한 개의 층 위에 다른 한 개의 층을 쌓는 방식으로 디지털 모델로부터 만들어진다. AM을 사용하면 기존 제조기술로는 생산할 수 없는 복잡한 모양과 형상을 가진 구성요소들을 만들 수 있다. 맞춤화된 '유일한' 제품이 비용-효율적으로 그리고 짧은 시간에 제작될 수 있다. 어떠한 설계변경도 단순히 디지털 방식으로 이루어진다. 기존 제조방식과 같이 비싸거나 시간이 많이 소요되는 개조가 필요치 않다. 또한 AM을 사용하면 일반적으로 원하는 물체를 제작하는 데 필요한 양의 재료만 사용하므로 낭비가 적다.[2]

AM에는 몇 가지 단점과 절충점이 있다. 그중에서도 생산비용이 전통적인 방법으로 대량생산을 할 때보다 높다. 또한 사용 가능한 재료의 수가 다소 제한적이고 색상 및 마무리에 대한 선택도 적다. 그러나 3D 프린팅을 할 수 있는 재료는 꾸준히 증가하고 있다. 기계적 특성(예: 강도, 내구성)에서도 3D 프린팅 부품의 내구성은 종종 기존 기술을 사용하여 제조된 부품보다 열등하다. 또, 동일한 3D 프린팅 기계로 만들어진 부품 간에 물성 및 치수 재현성이 개선되어야 하며, 경우에 따라서는 서로 다른 기계에서 만든 동일 부품에 대해서도 마찬가지이다.

적층제조에서는 다양한 AM 기술과 재료 및 프린터 유형을 사용할 수 있다. 그러나 모두 그림 15.4에 개략적으로 나타낸 동일한 기본 공정에 의해서 이루어진다. 이 공정에서 첫 번째는 CAD 소프트웨어 패키지, 3D 스캐너 또는 사진 측량 소프트웨어와 연계된 디지털카메라를 사용하여 디지털 및 인쇄 가능한 모델(실제 모델의 모양과 외관을 가짐)을 생성하는 것이다. 다음으로 이 디지털 모델은 솔리드 모델의 표면 형상을 정의하는 다른 파일 형식(가장 일반적으로 'STL')으로 변환되어야 한다. 그런 다음 이 파일은 모델을 여러 수평층으로 자르고

1) 미군은 3D 프린팅 또는 적층제조 대신 '직접 디지털 제조(direct digital manufacturing, DDM)'를 사용하는 것을 선호한다. 일부 국가에서는 '첨가층 제조(additive layer manufacturing, ALM)'라는 용어를 사용한다.

2) 이 제조기술의 최신버전인 4D 프린팅은 4차원으로 시간개념을 가지고 온 것이다. 즉, 제작 후 3D 프린팅된 개체는 일종의 변환방법으로 시간이 지남에 따라 모양을 변경시키게 된다. 시간의존적 변형은 열이나 빛과 같은 외부자극에 노출되면 자극(또는 프로그래밍)되게 된다. 스마트 재료(1.4절)는 4D 프린팅을 사용하여 제조할 수 있는 재료 유형 중 하나이다.

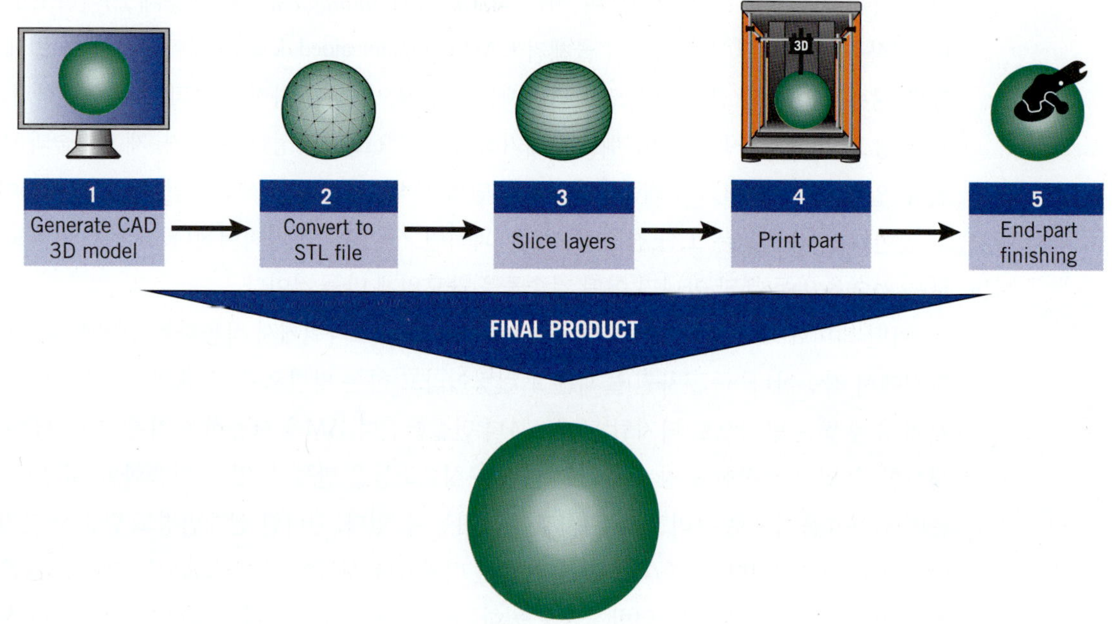

그림 15.4 3D 프린팅(적층제조)을 설명하는 공정흐름 모식도

프린트 헤드가 라인별 및 레이어별로 따라갈 수 있는 경로를 생성하는 '슬라이서' 소프트웨어에 의해 처리된다. 이 소프트웨어의 코드는 물리적 개체를 생성(또는 '인쇄')할 때 프린터에 동작 지침을 전달하게 된다. 마지막으로 프린팅 후 끝부분 마무리가 필요할 수 있다(예: 샌딩 및 페인팅).

금속, 세라믹, 고분자 및 복합재료와 같은 모든 재료 유형(초콜릿 같은 일부 식품도)이 3D 프린팅에 적합하다. 또, 공급 원료물질은 분말, 현탁액, 페이스트, 와이어/필라멘트, 또는 시트의 형태로 공급될 수 있으며, 재료나 속성, 프린터 유형에 따라 다르다. 공급 원료의 흐름 특성은 필요한 두께(프린터 헤드 해상도에 따라 결정됨)를 갖는 층의 증착에 중요하다.

프린터 유형과 기술은 프린팅할 재료의 종류와 특성에 따라 다르다. 다음 절에서는 주로 금속 재료에 사용되는 기술에 대해 설명하며, 세라믹과 고분자의 3D 프린팅은 각각 15.12절과 15.18절에서 다룬다.

금속 재료의 3D 프린팅

금속 재료에 사용되는 대부분의 3D 프린팅 기술에서 공급 원료는 분말 또는 와이어 형태이다. 일반적으로 공급 원료인 금속 재료를 가열하거나 녹이기 위해서는 레이저 또는 전자빔과 같은 에너지원이 필요하다.[3] 전자빔은 높은 진공상태에서 작업이 된다. 공급 원료가 처리되

3) 아크용접이나 초음파용접과 같은 에너지원을 사용하기도 한다.

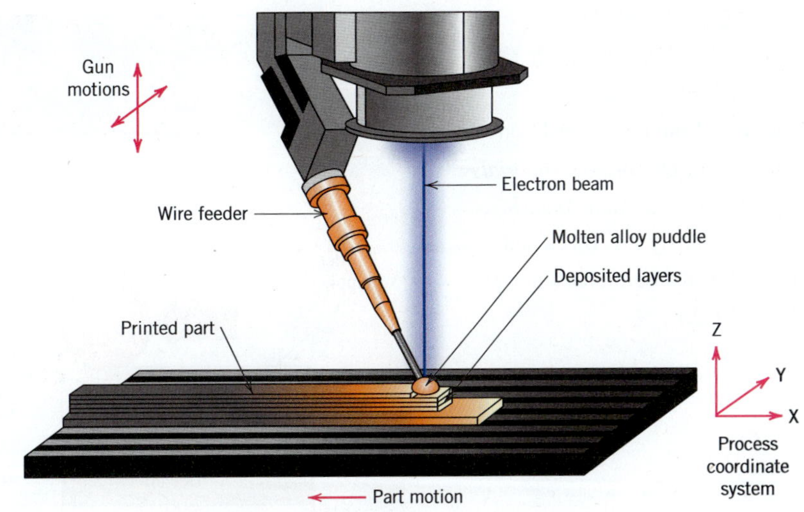

그림 15.5 전자빔을 이용하여 금속을 직접 에너지 증착 3D 프린팅을 하는 공정의 모식도 (From Sciaky's "Schematic representation of the direct energy deposition 3D printing process for metals using an electron beam". Reprinted with permission from Sciaky, Inc.)

는 방식에 따라 대부분의 프린팅 기술은 **직접 에너지 증착**(*direct energy deposition, DED*) 및 **분말 베드 융합**(*powder bed fusion, PBF*)의 두 가지로 분류되며, 하위분류는 에너지원 유형(레이저 또는 전자빔)에 따라 분류 된다.

직접 에너지 증착

직접 에너지 증착(DED) 기술의 경우, 집중된 레이저빔 또는 전자빔이 금속 분말이나 와이어를 녹이는데, 공급 재료는 공작물 표면 위에 층 방식으로 증착되어 응고된다(그림 15.5). 이 방법을 용이하게 하기 위해 노즐은 여러 방향으로 이동할 수 있고 거의 모든 각도에서 용융 금속을 증착할 수 있는 암(팔)에 장착된다. 어떤 의미에서 DED는 기존의 다중패스 용접기술과 유사하다. 따라서 이러한 용접기술에 대한 일부 공정 변수는 3D 프린팅과 관련이 있다(예: 전력 요구사항, 가스차폐 필요성, 용접속도).

균질성 정도와 미세조직의 발달 및 균일성은 DED 프린팅 부품의 무결성을 결정하는 데 중요하다. 프린팅하는 동안 화학적 불균일성 및 다공성이 발생할 수 있고, 증착된 층이 재용융될 수 있으며, 융합이 불완전할 수 있고, 상변태가 발생할 수 있다. 이러한 요소들을 적절하게 제어할 수 없는 경우에는 추가적인 후처리[예: 열간 등방향(정수압) 압축]가 필요할 수 있다.

분말 베드 융합

이름에서 알 수 있듯이 PBF의 경우 공급 원료는 분말 형태로 공급된다. 이 기술의 구성요소에는 빌드 플랫폼, 분말 공급 장치, 분말 스프레더(롤러 또는 블레이드), 열원(레이저빔 또는 전자빔), 포인팅 및 포커싱 시스템이 포함된다. 이러한 구성요소와 PBF 공정을 그림 15.6의 개략도에 나타내었다. 롤러는 이전에 증착된 층 위에 있는 빌드 플랫폼 위로 얇은 분말 레이어를 펼치게 된다. 레이저빔/전자빔이 분말 베드를 스캔하고, CAD 모델에 의해 생성된 공구 경

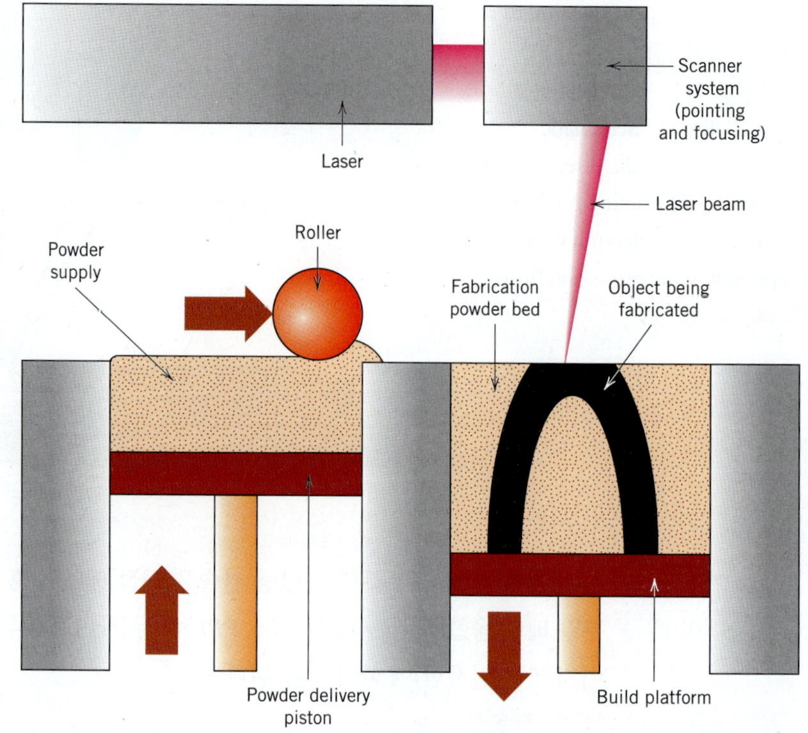

그림 15.6 금속의 3D 프린팅에서 분말 베드 융합 공정을 나타내는 모식도 (Adapted from Figure 19-11 on page 518 of *DeGarmo's Materials and Processes in Manufacturing*, 11th edition, by J. T. Black and Ronald A. Kohser, John Wiley & Sons, 2012.)

로에 따라 지정된 이 층의 분말 입자만 선택적으로 용융 또는 소결[4]한다. 이러한 방식으로 원하는 물체의 단면을 갖는 단단한 단일 층이 생성된다. 제작공정이 완료될 때까지 이 과정이 반복된다. 남아 있는 용융/미소결 분말은 후처리 중에 회수되어 다시 사용할 수 있다.

일반적으로 3D 프린팅을 사용하여 제조되는 금속 재료에는 알루미늄, 구리, 코발트, 니켈, 철, 티타늄 합금뿐만 아니라 순금, 구리, 티타늄, 탄탈륨, 니오븀 등이 있다. 3D 프린팅 금속 재료의 응용분야는 생물의학 및 항공우주산업에 집중되어 있다.

3D 프린팅의 응용

3D 프린팅을 사용하여 제조된 현재 및 잠재적 제품의 수와 다양성은 놀라울 정도이다. 응용제품은 거의 모든 분야와 산업에서 발견되며 의심할 여지 없이 계속해서 빠른 속도로 증가할 것이다. 일부 현재 및 잠재적 3D 프린팅의 응용분야는 다음과 같다.

- 자동차 — 자동차가 완전히 3D 프린팅 기술을 사용하여 제조되는 날이 올 수 있다. 실제

4) 소결(*sintering*) 과정은 15.10절(그림 15.30)에서 세라믹 재료에 대해 설명되어 있다. 가열하더라도 분말이 녹지 않지만, 서로 접촉한 분말 입자는 합체(함께 성장)한다. 따라서 이 분말 입자 층에서 궁극적으로 단단하고 조밀한 덩어리가 형성된다. 레이저빔 에너지원이 사용되는 경우 이 공정을 선택적 레이저 소결(*selective laser sintering, SLS*)이라고 한다

로 2014년에는 움직일 수 있는 2인용 전기자동차가 40시간 만에 완전히(파워트레인 제외) 3D 프린팅 되었다. 현재 많은 자동차 제조업체는 상용 3D 프린터를 사용하여 전통적인 가공 기법으로 제작되는 교체 부품과 동일한 프로토타입 부품을 생산하고 있는데, 이것은 제조비용이 더 많이 들고 재고를 유지해야 하는 필요성이 있다. 또한 구형 및 골동품 모델의 부품을 프린팅할 수도 있다.

- 항공기 및 항공우주 — 많은 항공기 및 항공우주 부품, 특히 연료노즐 및 엔진챔버와 같이 복잡한 모양을 가진 엔진 부품이 현재 3D 프린팅 되고 있다. 게다가 엔진 설계가 더욱 간소화되어 연료를 절약하고 출력을 높일 수 있다. 기타 3D 프린팅 부품으로는 액체 및 연료 탱크, 공기흐름 덕트, 그리고 일부 제어 표면이 포함된다.
- 건축 — 건축가는 3D 프린터를 사용하여 청사진 생성에 사용된 CAD 데이터에서 직접 건물의 축척 모델을 만든다.
- 의료 — 맞춤형 3D 프린팅 의료 제품으로 보청기, 무릎 및 고관절 대체 부품, 수술 도구, 깁스 대체품, 교정기, 의수, 안면 임플란트, 수술 가이드 등이 있다.
- 생물의학 — 복잡한 생물의학 장치를 설계하고 만드는 능력은 조직공학(tissue engineering)이나 조직 재생(regeneration of tissues)에 매우 중요하다. 예를 들어 줄기세포는 적절하게 배양될 때 살아 있는 조직이 되는 3D로 제작된 미세구조적 생분해성 스캐폴드(지지구조)에 '시딩(seeding)'될 수 있다. 그런 다음 이 조직을 신체에 이식하여 질병이나 손상된 조직의 기능을 회복시킨다. 제어 방출 약물 또한 3D 프린팅 될 수 있다. 새롭고 흥미로운 전망 중 하나는 **바이오프린팅**(*bioprinting*)이라고 하는 것인데, 세포를 층별로 쌓아서 인간 조직을 3D 프린팅 하여 장기를 성장시키는 것이다.
- 치과 — 환자의 턱과 치아를 3D 스캔 하여 교정 장치, 크라운, 브리지, 임플란트, 베니어판, 인레이, 나이트 가드, 의치와 같은 다양한 맞춤형 치과 제품을 정확하게 3D 프린팅 할 수 있다.
- 신발 — 여러 신발회사에서 고객의 발에 완벽하게 맞는 개인화된 신발(매장 내에서)을 3D 프린팅 한다. 또한 엘라스토머 소재의 인쇄 레이어로 구성된 3D 프린팅 중창이 있는 맞춤형 운동화를 만들 수 있다. 이들 신발은 신는 사람의 요구사항에 맞는 유연성과 강도, 쿠션을 갖추고 있다.
- 의류 — 머지않은 미래에는 많은 사람들이 3D 프린팅이나 맞춤제작 또는 개인화된 옷을 입을 것이다. 기성복(바로 입을 수 있는 옷)은 온라인으로 주문된 후 몇 시간이면 단일 제작으로 원자재로부터 인쇄된다. 이 옷은 완전히 개인화되어 있어서, 스타일과 색상에 대한 제약이 거의 없으면서, 완벽하게 몸에 맞을 것이다. 의류를 3D 프린팅 할 수 있는 고분자 섬유 재료가 현재 개발되고 있다.

금속의 열처리 공정

앞 장들에서 금속과 합금의 경우 온도가 올라갔을 때 일어나는 여러 현상(예를 들면 재결정과 오스테나이트의 조성 분리)들에 대해서 다루었다. 이런 현상은 적당한 열처리 또는 고온 공정이 적용되었을 때 기계적 특성을 바꾸는 데 효과가 있다. 실제로 상업용 합금의 열처리는 흔히 있는 일이다. 그러므로 우리는 열풀림 공정, 강의 열처리를 포함한 여러 가지 공정들에 대해서 자세히 고려하고자 한다.

15.6 | 열풀림 공정

열풀림

열풀림(annealing)은 재료를 고온에서 장시간 유지시킨 후 서서히 냉각하는 열처리를 말한다. 일반적으로 이러한 열풀림은 (1) 응력 제거, (2) 연성과 인성 향상, (3) 특정한 미세조직 형성을 위해 수행된다. 다양한 열풀림 열처리가 가능하며, 이런 다양한 열처리는, 많은 경우 열처리에 의해 재료의 미세조직이 어떻게 변화되는지, 이에 따라 기계적 특성이 어떻게 변화되는지에 의해 특징지어진다.

모든 열풀림 공정은 다음과 같은 세 단계로 이루어진다: (1) 상온에서 원하는 온도까지 가열, (2) 그 온도에서 유지, (3) 보통 상온까지 냉각. 이들 공정에서 시간은 중요한 변수이다. 가열과 냉각 도중, 제품의 내부와 외부 사이에는 온도구배가 존재한다. 온도구배 폭은 제품의 크기와 형상에 따라 달라진다. 만일 온도변화 속도가 너무 크면 온도구배와 내부응력이 생길 수 있으며, 이에 따라 제품이 뒤틀리거나 또는 심한 경우 균열이 일어날 수 있다. 또한 실제 열풀림 시간은 필요한 상변태가 일어날 수 있도록 충분히 길어야 한다. 열풀림 온도 또한 중요한 고려 대상이다. 일반적으로 확산과정이 수반되므로 열풀림 현상은 온도가 높을수록 가속될 수 있다.

중간 열풀림

중간 열풀림

중간 열풀림(process annealing)은 냉간가공 효과를 제거하기 위해 수행하는 열처리이며, 그 전에 변형경화된 금속을 연화시키고 연성을 증가시키기 위해 사용된다. 이 열처리는 과도한 소성변형이 요구되는 제조공정 도중 파괴 없이 또는 큰 에너지 소모 없이 소성변형을 계속하기 위해 주로 사용된다. 또한 회복과 재결정이 일어나도록 한다. 일반적으로 미세한 결정립 구조가 바람직하므로, 열처리는 결정립 성장이 감지할 수 있을 정도로 일어나기 전에 종료된다. 비교적 낮은 온도(그러나 재결정온도 이상)나 비산화 분위기에서 열풀림을 함으로써 표면 산화 또는 산화물의 형성이 방지되거나 최소화될 수 있다.

응력제거

내부 잔류응력은 다음과 같은 경우에 금속 제품에 생성될 수 있다: (1) 기계 가공과 연마와 같은 소성변형 공정, (2) 용접 또는 주조같이 고온 공정 후의 불균일 냉각, (3) 냉각할 때 생성된 상의 밀도가 모상과 현저히 다른 상변태. 재료의 변형 또는 뒤틀림은 이러한 잔류응력이 제거되지 않을 경우 생길 수 있다. 이는 제품을 권장 온도까지 가열하고 균일한 온도분포를 이룰 때까지 장시간 유지한 후 상온까지 공기 중에서 냉각하는 **응력제거(stress relief)** 열풀림에 의해 방지될 수 있다. 보통 비교적 낮은 온도에서 열처리를 하여 냉간가공이나 다른 열처리의 효과가 영향을 받지 않도록 한다.

응력제거

철 합금의 열풀림

강 합금의 특성을 향상시키기 위해 몇 가지 다른 열처리 방법이 사용되고 있다. 그러나 이를 다루기 전에 상 경계의 명칭에 관련된 몇 가지 설명이 필요하다. 그림 15.7은 공석점 근처의 철-철 탄화물의 상태도 일부를 보여준다. 일반적으로 A_1으로 불리는 공석 온도에서의 수평선을 **하부임계온도(lower critical temperature)**라 하며, 이 온도 이하에서는 평형상태에서 모든 오스테나이트가 페라이트 상과 시멘타이트 상으로 변태될 것이다. 아공석강에서는 A_3로, 과공석강에서는 A_{cm}으로 표시된 상 경계를 **상부임계온도(upper critical temperature)**라 부른다. 이러한 경계 위의 온도와 조성에서는 오직 오스테나이트 상만이 존재한다. 11.21절에서 설명한 것처럼 다른 합금 원소의 첨가는 이러한 공석점과 상 경계선의 위치를 변화시킬 수 있다.

하부임계온도

상부임계온도

노멀라이징

예를 들어 압연 공정에 의해 소성변형된 강은 불규칙한 형태를 갖고 비교적 조대하며, 또한 크기의 편차가 심한 펄라이트(그리고 대부분 초석상) 결정립 구조를 가지고 있다. **노멀라이징(normalizing)**이라 하는 열풀림 열처리는 결정립을 미세화하며(다시 말해 평균 결정립 크기를 줄이며), 더 균일하고 바람직한 결정립 분포를 만들기 위해 행해진다. 미세 결정립을 갖는 펄라이트강은 조대 결정립의 펄라이트강보다 인성이 우수하다. 노멀라이징은 상부임계온도보다 55°C 정도 높은 온도로 가열하여 수행하는데 물론 여기서 상부임계온도는 그림 15.7에 나타낸 것처럼 조성에 따라 달라진다. 합금이 완전히 오스테나이트로 변태되도록 충분한 시간 동안 열처리[이 공정을 **오스테나이트화 처리(austenitizing)**라고 함]한 후 공기 중에서 냉각하면 노멀라이징이 종료된다. 노멀라이징 냉각곡선을 연속냉각변태도(그림 12.27)에 나타내었다.

노멀라이징

오스테나이트화 처리

완전 열풀림

완전 열풀림(full annealing)으로 알려진 열처리는 기계가공을 할 예정이나 성형가공 중 상당

완전 열풀림

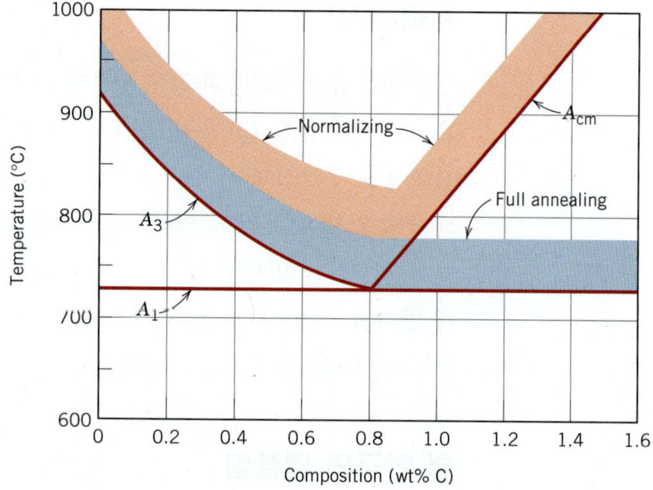

그림 15.7 공석점 근처의 철-철 탄화물 상태도로 일반탄소강의 열처리 온도 구간을 표시하였다. (Adapted from G. Krauss, *Steels: Heat Treatment and Processing Principles*, ASM International, 1990, p. 108.)

한 소성변형을 받게 될 저탄소강과 중탄소강에 주로 사용된다. 합금은 그림 15.7에 나타낸 것처럼 A_3와 A_1 선보다 50°C 높게 가열하고 평형상태에 도달할 때까지 오스테나이트화 처리를 한다. 그다음 합금을 노랭시킨다. 즉, 열처리 노를 끄고 노와 강을 모두 같은 속도로 상온까지 수시간 동안 냉각시킨다. 이런 열풀림 후의 미세조직은 비교적 연하고 연성이 큰 조대한 펄라이트로 이루어져 있다(초공석상을 포함). 그림 12.27에 나타낸 것처럼 완전 열풀림 냉각 공정은 장시간이 필요하지만, 작고 균일한 분포의 결정립을 가지는 미세조직이 얻어진다.

구상화

조대 펄라이트를 갖는 중탄소강과 저탄소강일지라도 기계가공이나 소성변형을 쉽게 하기에는 어려움이 있을 수 있다. 이런 경우 강(실제로 모든 강)은 12.5절에서 설명한 바와 같이 구상 펄라이트 구조를 얻기 위해 열처리될 수 있다. 구상 펄라이트강은 연성이 가장 크므로 쉽게 기계가공되거나 변형된다. Fe_3C가 서로 뭉쳐 구상 입자를 생성하는 **구상화(spheroidizing)** 열처리는 다음과 같은 방법에 의해 발생할 수 있다.

구상화

- 상태도의 $\alpha + Fe_3C$ 영역에 존재하는 공석선(그림 15.7의 A_1 선 또는 약 700°C) 바로 밑의 온도에서 합금을 가열한다. 만일 이미 펄라이트 상이 포함되어 있다면, 구상 펄라이트 열처리 시간은 대략 15~25시간이다.
- 공석 온도 바로 위까지 가열 후 노 안에서 서서히 냉각시키거나 공석점 바로 아래 온도에서 유지시킨다.
- 그림 15.7의 A_1 선에서 ±50°C 범위 내에서 교대로 가열 및 냉각시킨다.

구상이 형성되는 속도는 이전에 존재한 미세조직에 어느 정도 의존한다. 예를 들어 펄라이트에서 가장 느리고 펄라이트가 미세할수록 속도는 증가한다. 또한 이전의 냉간가공은 구상화 속도를 증가시킨다.

이 외에 다른 열처리법이 있을 수 있다. 예를 들어 15.8절에서 언급하겠지만, 유리는 재료를 매우 취약하게 하는 내부 잔류응력을 제거하기 위해 열풀림 처리를 할 수 있다. 그 밖에 14.2절에서 다루었듯이, 주철의 미세조직과 이에 수반되는 기계적 성질을 개선하기 위해 행하는 열처리도 어떤 의미에서는 열풀림 처리라고 할 수 있다.

15.7 | 강의 열처리

마텐자이트강을 제조하기 위한 일반적인 열처리 공정에는 오스테나이트화 처리한 강을 물, 기름, 또는 공기 같은 담금재를 이용하여 연속적으로 빠르게 냉각시키는 공정이 보통 포함된다. 담금질되고 템퍼링된 강의 최적 특성은 담금질 열처리 도중에 시편이 마텐자이트를 상당량 포함하도록 변태되었을 때 나타난다. 펄라이트나 베이나이트가 형성되면 기계적 특성이 최적 조건과 달라진다. 담금질 처리할 때 시편을 모두 균일한 속도로 냉각시키는 것은 불가능하다. 표면은 항상 내부보다 더 빨리 냉각된다. 따라서 온도 구간에 걸쳐 오스테나이트로 변태되므로 시편 내의 위치에 따라 미세조직과 특성이 달라질 수 있다.

시편의 단면 전체에 걸쳐 주로 마텐자이트로 된 미세조직을 가질 수 있도록 잘 수행된 강의 열처리는 (1) 합금의 조성, (2) 담금재의 종류와 특성, (3) 시편의 크기와 형상이라는 세 가지 인자에 주로 의존한다. 이들 각 인자의 영향에 대해 설명하고자 한다.

경화능

경화능

특정 담금질에 대해 강 합금을 마텐자이트로 변태시키는 데 합금 조성이 어떤 영향을 미치는가는 **경화능(hardenability)**이라는 특성과 관련이 있다. 모든 강 합금은 기계적 성질과 냉각속도 사이에 특정한 관계를 가지고 있다. **경화능**은 주어진 열처리에 대해 마텐자이트가 형성되어 합금이 경화되는 능력을 가리키는 용어이다. 경화능은 표면 압입에 대한 저항 정도를 나타내는 '경도'가 아니다. 경화능은 시편의 내부로 들어갈수록 마텐자이트 양이 줄어들어 감소되는 경도의 비율을 정성적으로 나타낸 것이다. 높은 경화능을 갖는 강 합금이란 표면뿐만 아니라 내부 전체에 걸쳐 마텐자이트를 충분히 형성하여 경화될 수 있는 합금을 의미한다.

조미니 급랭시험

조미니 급랭시험

경화능을 구하는 데 광범위하게 사용되는 한 가지 표준 시험이 **조미니 급랭시험(Jominy end-quench test)**[5]이다. 이 방법에서는 조성 이외에 시편의 경화층의 두께에 영향을 줄 수 있는 모

5) ASTM Standard A255, "Standard Test Methods for Determining Hardenability of Steel."

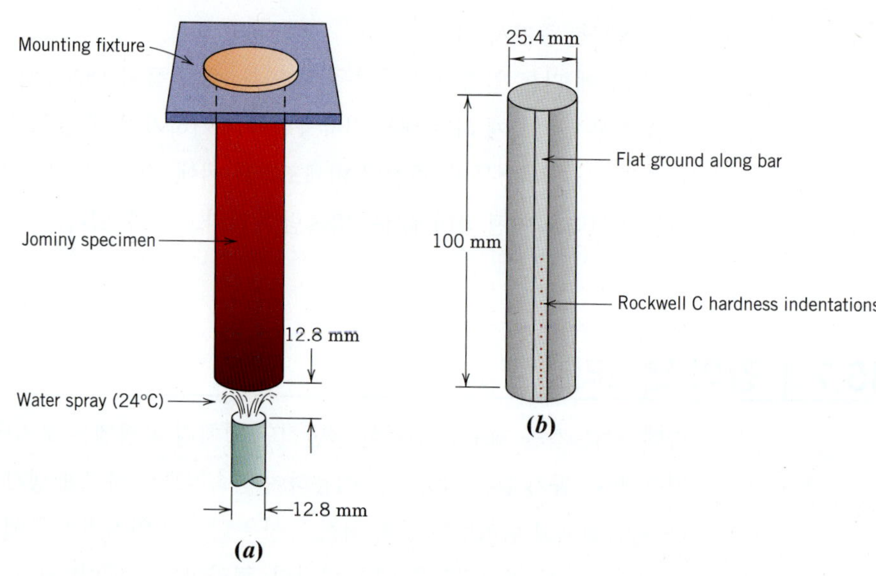

그림 15.8 조미니 급랭 시편의 개략도: (*a*) 급랭 중의 부착상태, (*b*) 급랭되는 하부 끝에서부터 홈의 평탄면을 따라 경도를 측정한 후의 모습

든 변수(즉, 시편의 크기, 형상, 급랭 조건)를 일정하게 한다. 지름이 25.4 mm이고, 길이가 100 mm인 원통형 시편을 규정된 온도에서 규정된 시간 동안 오스테나이트화 처리를 한다. 노에서 시편을 꺼낸 후 그림 15.8*a*에 나타낸 바와 같이 지지대 위에 시편을 빨리 고정시킨다. 하부 끝 부위를 규정된 유속과 온도를 가진 물을 분사하여 급랭시킨다. 따라서 냉각속도는 급랭되는 하부 끝에서 가장 높고, 길이방향으로 위로 올라갈수록 낮아지게 된다. 이러한 시편을 상온으로 냉각시킨 후 표면에서부터 0.4 mm의 깊이만큼 길이방향으로 평탄하게 갈아 낸 후 평탄면을 따라 하부 끝에서 50 mm까지 로크웰 경도(Rockwell hardness)를 측정한다(그림 15.8*b*). 처음 12.8 mm까지는 1.6 mm 간격으로 측정하고, 그 후 나머지 38.4 mm는 3.2 mm 간격으로 측정한다. 급랭 끝 부위에서부터 떨어진 거리에 대해 경도값을 그리면 경화능 곡선이 얻어진다.

경화능 곡선

전형적인 경화능 곡선을 그림 15.9에 나타내었다. 급랭된 끝 부위는 가장 빨리 냉각되며, 따라서 최고의 경도값을 가지게 된다. 이 부위에서는 대부분의 강에서 100%의 마텐자이트가 생성된다. 냉각속도는 급랭된 끝 부위에서 멀어질수록 감소하며 경도도 그림에서 보는 바와 같이 떨어진다. 냉각속도가 감소함에 따라 탄소가 확산될 수 있는 시간적인 여유가 생기고, 따라서 연한 펄라이트가 더 많이 생성되어 마텐자이트 및 베이나이트와 혼합될 수 있다. 그러므로 경화능이 높은 강은 상대적으로 긴 거리까지 큰 경도값을 유지하지만, 경화능이 낮은 강은 그렇지 않다. 또한 각 강 합금은 자신의 고유한 경화능 곡선을 갖는다.

때때로 경도를 표준 조미니 시편의 급랭 끝 부위로부터의 거리보다는 냉각속도와 연관시키는 것이 편리한 경우가 있다. 냉각속도(700°C에서 구한)는 일반적으로 경화능 그림의 위쪽

그림 15.9 급랭되는 하부 끝에서부터의 거리에 따른 로크웰 C 경도값을 도표화한 전형적인 경화능 곡선

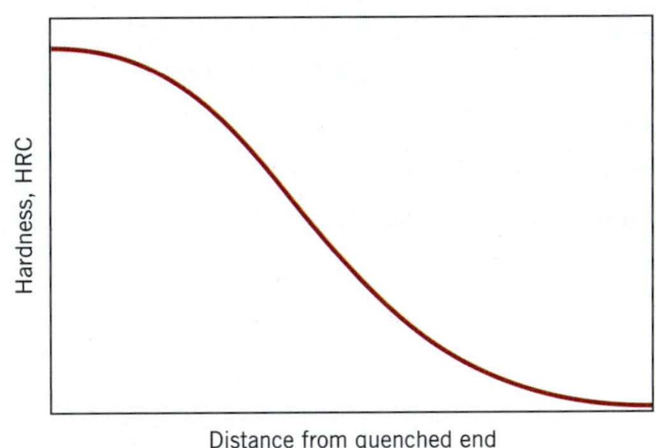

가로축에 나타낸다. 그 눈금의 크기는 경화능 곡선과 함께 표시되어 있다. 열전달속도가 조성에 거의 무관하므로 위치와 냉각속도와의 연관관계는 일반탄소강과 많은 합금강에서 모두 동일하다. 때에 따라 냉각속도나 급랭 끝 부위부터의 거리는 조미니 거리 단위로 규정되는데 조미니 거리 단위는 1.6 mm이다.

조미니 시편에서 위치와 연속냉각 변태 사이의 상관관계를 도식화할 수 있다. 예를 들어 그림 15.10은 공석 철-탄소 합금의 연속 변태도를 4개의 다른 조미니 위치에 대해 나타낸 냉각곡선이며 여기에 각 위치에서 생성되는 미세조직에도 함께 표시하였다. 이 합금의 경화능 곡선도 포함되어 있다.[6]

모두 0.40 wt% C를 가지지만 합금 원소의 함량이 서로 다른 다섯 종류의 합금강에 대한 경화능 곡선을 그림 15.11에 나타내었다. 한 시편은 탄소강(1040)이고, 다른 네 종류(4140, 4340, 5140, 8640)의 시편은 합금강이다. 네 종류의 합금강의 조성을 그림 설명문에 나타내었다. 합금 명칭 번호(예: 1040)의 의미는 14.2절에서 설명하였다. 이 그림에서 몇 가지 자세히 언급할 사항이 있다. 첫째, 다섯 종류의 합금은 급랭 끝 부위에서 동일한 경도값(57 HRC)을 가진다. 즉, 이 경도값은 오직 탄소의 함량에만 영향을 받는데, 탄소 함량은 모든 합금에서 동일하다.

아마 이들 곡선의 가장 중요한 특징은 곡선의 형태일 텐데, 이는 경화능과 관련이 있다. 1040 탄소강의 경우, 상대적으로 짧은 조미니 거리(6.4 mm)에서 경도가 가파르게 떨어지므로 (대략 30 HRC), 경화능이 낮다. 이와는 대조적으로 다른 네 종류의 합금강의 경우 경도의 감소 속도는 확연히 더 완만하다. 예를 들어 조미니 거리 50 mm에서 4340과 8640 합금강의 경도는 각각 약 50과 32 HRC이다. 따라서 이 두 합금 중에서도 4340 강의 경화능이 더 크다. 수랭시킨 1040 일반탄소강에서는 오직 표면 아래 얕은 깊이까지만 경화되나 다른 네 종류의 합

6) 그림 15.10의 연속냉각변태도에 중첩된 4개의 냉각곡선 각각에 대해(A에서 D까지 이름 지정) 냉각속도가 시간이 증가함에 따라 변하고 감소한다는 점에 유의해야 한다. 반대로 그림 12.28과 12.29에 표시된 냉각곡선은 일정한 냉각속도에 대한 것이다.

또한 공석 조성의 철-탄소 합금(및 Fe-C 합금)에 대한 연속냉각변태도가 일정 및 가변 냉각속도 모두에 대해 유효하다는 점도 주목할 가치가 있다(그림 12.28 및 15.10에 따라).

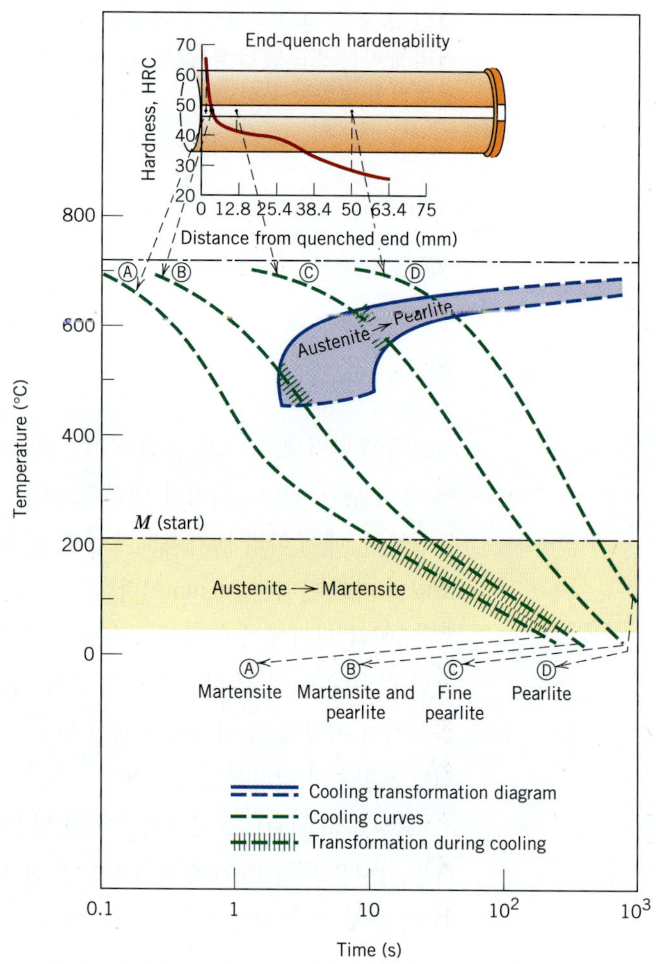

그림 15.10 공석 조성의 철-탄소 합금에서 경화능과 연속냉각 정보와의 상관관계 [Adapted from H. Boyer (Editor), *Atlas of Isothermal Transformation and Cooling Transformation Diagrams*, 1977.]

금강의 경우 더욱 깊은 내부층까지 높은 경도를 가지고 있다.

그림 15.11의 경도 곡선으로부터 미세조직에 대한 냉각속도의 영향을 예측할 수 있다. 급랭 끝 부위에서 냉각속도는 대략 600°C/s이고, 모든 합금은 100% 마텐자이트 구조를 가진다. 냉각속도가 70°C/s보다 작을 때, 또는 조미니 거리가 약 6.4 mm보다 클 때, 1040 강의 미세조직은 주로 펄라이트 상으로 되어 있으며, 초공석 페라이트가 소량 포함되어 있다. 그러나 다른 네 종류 합금강의 미세조직은 주로 마텐자이트와 베이나이트의 혼합상으로 구성되어 있다. 베이나이트의 함량은 냉각속도가 감소할수록 증가한다.

그림 15.11에 나타낸 것처럼, 합금강의 종류에 따라 경화능 경향이 달라지는 것은 합금강에 니켈, 크롬, 몰리브덴이 들어 있기 때문이다. 12.5절과 12.6절에서 설명했듯이, 이러한 합금 원소는 오스테나이트에서 펄라이트로의, 또는 베이나이트로의 상변태 반응을 억제한다. 따라서 특정 냉각속도에서 더 많은 마텐자이트 상이 생성되어 경도가 증가된다. 그림 15.11의 오른쪽 축은 이러한 합금강에 대해 각각의 경도값에서 마텐자이트 상의 분율을 표시하고 있다.

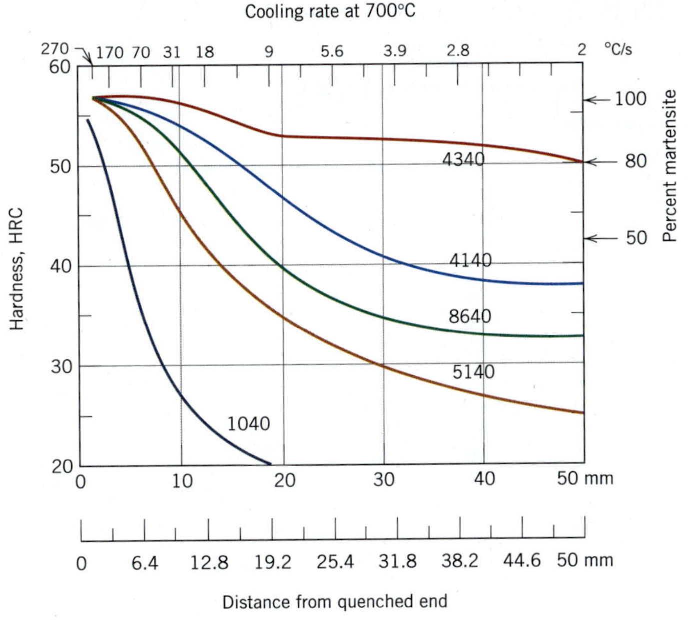

그림 15.11 서로 다른 5종류 합금강의 경화능 곡선(각 합금은 모두 0.4 wt% C를 포함하고 있다). 대략적인 합금 조성(wt%)은 다음과 같다: 4340−1.85 Ni, 0.80 Cr, 0.25 Mo; 4140−1.0 Cr, 0.20 Mo; 8640−0.55 Ni, 0.50 Cr, 0.20 Mo; 5140−0.85 Cr; 1040 비합금강. (From figure furnished courtesy Republic Steel Corporation.)

경화능 곡선은 탄소의 함량에도 좌우된다. 이러한 영향은 탄소 농도만 다른 여러가지 합금강에 대한 그림 15.12에서 볼 수 있다. 모든 조미니 위치에서 경도는 탄소의 농도에 따라 증가한다.

또한 강의 현장 생산에서는 작업마다 조성과 평균 결정립 크기의 편차가 다소 존재하는 것을 피할 수 없는데, 그 결과 측정되는 경화능 자료는 어느 정도 분산되며 이런 경우 특정 합

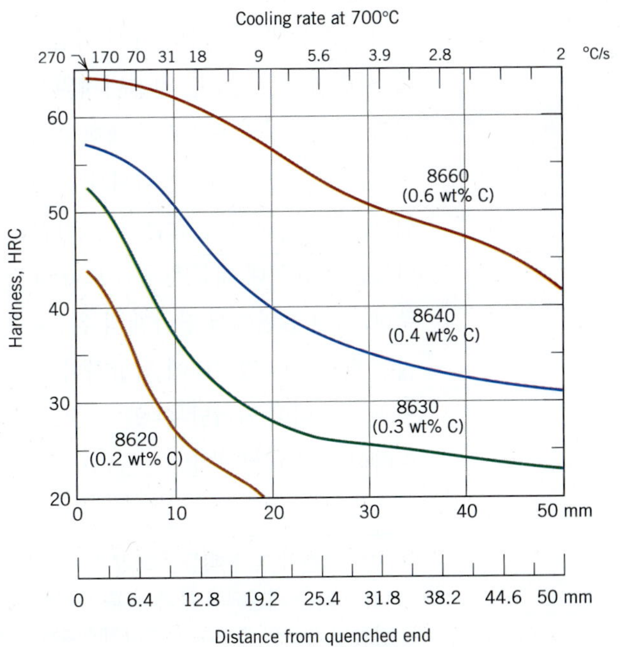

그림 15.12 그림에 표시된 탄소 농도를 갖는 4종류의 8600계 합금강의 경화능 곡선 (From figure furnished courtesy Republic Steel Corporation.)

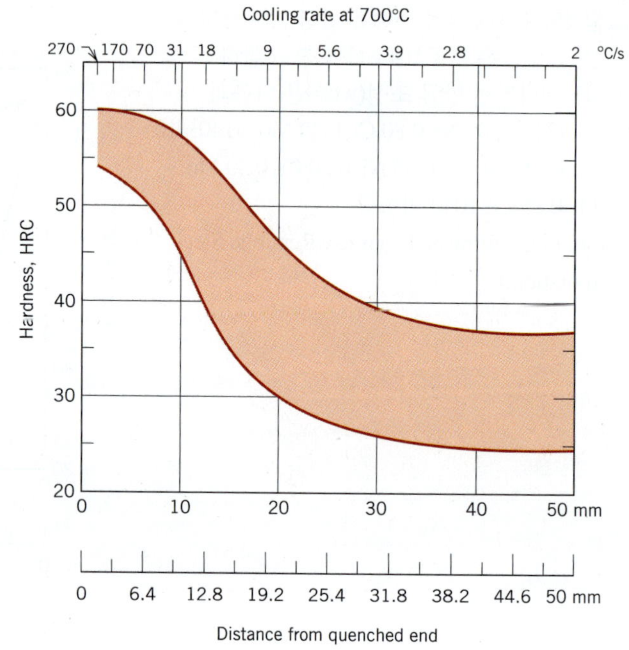

그림 15.13 8640 강에서 최곳값과 최젓값의 범위를 보여주는 경화능 띠
(From figure furnished courtesy Republic Steel Corporation.)

금이 가질 수 있는 최곳값과 최젓값의 범위를 그림에 띠 형태로 표시한다. 8640 강에 대한 이러한 경화능 띠 곡선을 그림 15.13에 나타내었다. 합금의 명칭 번호 뒤에 붙이는 H(예: 8640H)는 이 합금의 조성과 특성이 이런 경화능 곡선의 띠 안에 들어갈 수 있다는 것을 의미한다.

담금재, 시편 크기 및 형상의 영향

앞의 경화능에 대한 설명에서 합금의 조성과 냉각속도가 경도에 미치는 영향에 대해 다루었다. 시편의 냉각속도는 열에너지의 발산속도에 좌우되며, 이런 발산속도는 시편의 크기 및 형상은 물론 시편의 표면과 접촉하고 있는 담금재의 특징에 따라서도 달라진다.

급랭도는 냉각속도를 나타내는 데 사용되는 용어이다. 즉, 냉각이 빠를수록 급랭도는 증가한다. 가장 흔히 쓰는 담금재 세 가지는 물, 기름, 공기이다. 물에서의 급랭도가 가장 크고, 그 다음은 기름인데 기름은 공기보다 효과적이다.[7] 담금재의 교반 정도도 열방출속도에 영향을 준다. 시편 표면에서 담금재의 유동속도가 증가할수록 급랭 효과는 향상된다. 기름 담금질은 많은 합금강의 열처리에 적합하다. 실제로 고탄소강의 경우 수랭은 냉각속도가 너무 빨라 균열과 뒤틀림이 일어날 수 있다. 오스테나이트화 처리한 일반탄소강을 공랭시키면 거의 모두 펄라이트 상이 형성된다.

---

7) 수성 고분자 담금재[물과 고분자로 이루어진 용액으로, 보통 폴리(알킬렌 글리콜)(PAG)로 구성된 용액]가 최근 개발되어 물과 기름 사이의 담금질 속도를 제공하고 있다. 담금질 속도는 고분자의 농도와 담금질 욕조의 온도를 변화시킴으로써 조절될 수 있다.

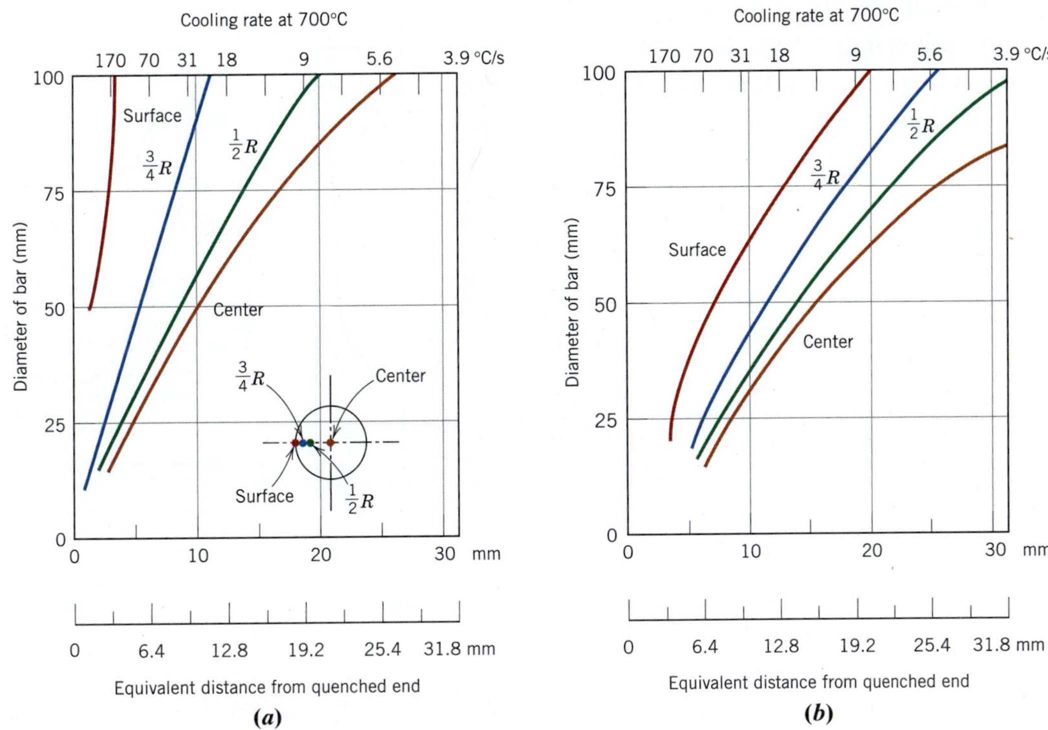

그림 15.14 천천히 교반되고 있는 (*a*) 물과 (*b*) 기름에 급랭된 원통의 표면, 3/4*R*, 1/2*R*, 중심에서 지름의 함수로 표시한 냉각속도. 이에 상응하는 조미니 위치는 아래 축에 나타나 있다.
[Adapted from *Metals Handbook: Properties and Selection: Irons and Steels*, Vol. 1, 9th edition, B. Bardes (Editor), 1978.]

강 시편의 담금질 도중 열에너지가 시편 표면에서 담금재로 발산되기 전에 표면까지 이동되어야 한다. 결과적으로 강 구조 내에서의 냉각속도는 시편의 형상과 크기에 좌우된다. 700°C에서의 냉각속도를 원통형 시편의 네 가지 반지름 위치(표면, 3/4*R*, 1/2*R*, 중심)에 대해 지름의 함수로 그림 15.14*a*와 15.14*b*에 나타내었다. 그림 15.14에서 급랭은 천천히 교반되고 있는 물(그림 15.14*a*)과 기름(그림 15.14*b*)에서 수행하였다. 냉각속도도 조미니 거리 단위로 표시되었는데, 이런 자료는 경화능 곡선과 함께 종종 사용된다. 그림 15.14와 유사한 그림을 원통형 이외의 형상(예: 평평한 판재)에서도 만들 수 있다.

이러한 그림은 시편의 단면을 통한 경도의 변화를 예측하는 데 유용하다. 예를 들어 그림 15.15*a*는 원통형 탄소강(1040)과 합금강(4140)에서 반지름방향의 경도값의 분포를 표시한 것이다. 둘 다 지름이 50 mm이며 수랭시켰다. 이 두 곡선에서 경화능 차이를 분명히 볼 수 있다. 그림 15.15*b*에 나타낸 것처럼 시편 지름도 경도 분포에 영향을 미치는데, 이 그림은 수랭된 원통형 4140 합금강의 지름이 50 mm와 75 mm일 때의 경도값 분포를 보여준다. 예제 15.1에서 이러한 경도 분포를 어떻게 구하는지 설명하였다.

경화능에 미치는 시편 형상의 영향에 관해서는, 열에너지가 시편 표면에서 담금재로 발산

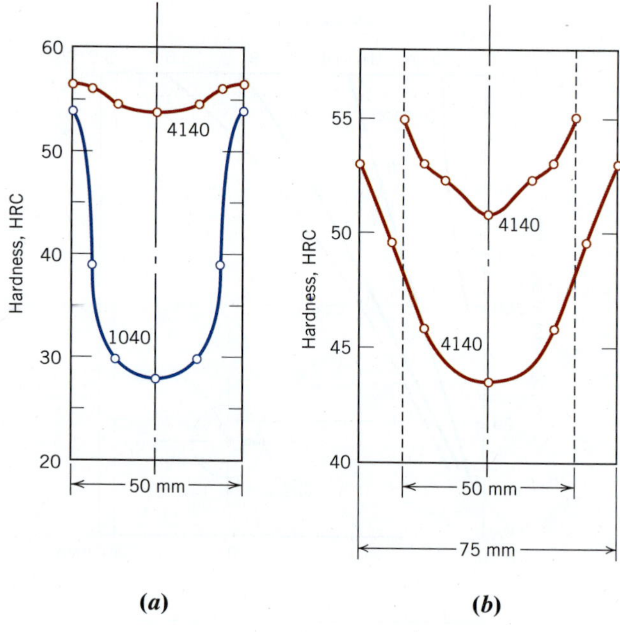

그림 15.15 반지름방향의 경도 분포: (*a*) 천천히 교반되고 있는 물에 의해 급랭된 50 mm 지름의 원통형 1040, 4140 강 시편, (*b*) 천천히 교반되고 있는 물에 의해 급랭된 50 mm 및 75 mm 지름의 원통형 강 시편

되기 때문에 특정 담금질 처리에 대해 냉각속도는 시편의 질량에 대한 표면적의 비에 좌우된다. 이 비가 클수록 냉각속도는 빠르며, 따라서 경화 효과는 더욱 깊숙이 일어날 수 있다. 또한 가장자리와 모서리 같은 불규칙적인 형상은 규칙적이며 둥근 형상(예: 구와 원주)에 비해 질량 대비 표면적 비가 크고, 따라서 담금질에 의해 경화되기 쉽다.

마텐자이트 열처리가 적용될 수 있는 합금강이 많이 있으며, 강의 선택에서 가장 중요한 기준 중 하나는 경화능이다. 다양한 담금재에 대해 그림 15.14와 같은 그림과 함께 경화능 곡선을 이용하여 특정한 합금강이 특정 응용분야에 적합한지를 판별할 수 있다. 또는 반대로 합금에 대해 어떤 담금질 공정이 적절한지를 결정할 수 있다. 비교적 높은 응력을 받는 응용분야에 사용되는 제품의 경우 담금질 공정으로 적어도 80% 이상의 마텐자이트가 내부까지 형성되어야 한다. 적당한 응력을 받는 부품의 경우는 최소 50% 정도의 마텐자이트 형성만 요구된다.

개념 확인 15.3

강 시편 단면에 걸쳐 마텐자이트 형성 정도에 영향을 주는 세 가지 인자를 열거하라. 각 인자가 마텐자이트 형성 양을 어떻게 증가시킬 수 있는지 설명하라.

(정답은 *www.wiley.com*의 제품 페이지에서 확인할 수 있음)

예제 15.1

열처리한 1040 강의 경도 분포도 결정

지름이 50 mm인 원통형 1040 강 시편을 적당히 교반되고 있는 물에서 급랭시켰을 때 반지름방향으로의 경도 분포를 구하라.

풀이

우선 원통형 시편의 중심, 표면, 1/2*R*, 3/4*R* 위치에서의 냉각속도(조미니 거리 단위로)를 구한다. 이 경우 그림 15.14*a*에서와 같이 적당한 담금재에 대해 냉각속도 대 원주 지름을 나타낸 그림을 이용하여 구할 수 있다. 그런 다음, 특정 강의 경화능 곡선으로부터 각 반지름 위치에서의 냉각속도를 경도값으로 변환한다. 마지막으로 경도값을 반지름 위치의 함수로 그려 경도 분포를 구한다.

이러한 과정을 원주 중심 위치에 대해 그림 15.16에 예로 나타내었다. 지름이 50 mm인 원주 시편을 수랭하는 경우, 시편 중심에서의 냉각속도는 조미니 시편의 급랭 끝 부위에서 약 9.5 mm 떨어진 위치에서의 냉각속도와 같다(그림 15.16*a*). 1040 합금강의 경화능 그림(그림 15.16*b*)에 의하면 이것은 약 28 HRC의 경도값에 해당된다. 마지막으로 이러한 데이터를 이용하여 그림 15.16*c*와 같은 경도 분포를 구할 수 있다.

표면, 1/2*R*, 3/4*R*에서의 경도값도 유사한 방법으로 구할 수 있다. 완성된 분포도를 그림에 나타내었으며 사용된 데이터를 아래 표에 정리하였다.

Radial Position	Equivalent Distance from Quenched End (mm)	Hardness (HRC)
Center	9.5	28
Midradius	8	30
Three-quarters radius	4.8	39
Surface	1.6	54

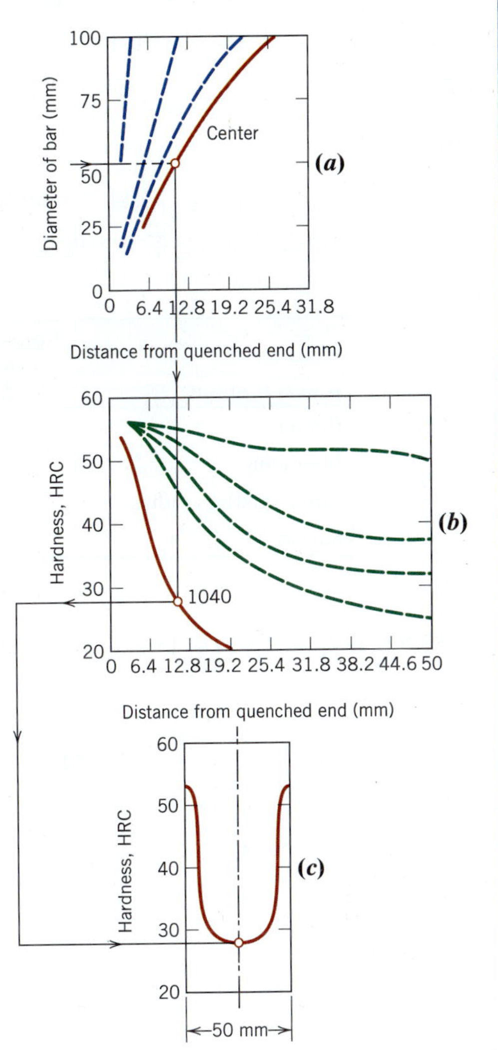

그림 15.16 경도 분포도를 구하기 위한 경화능 데이터의 이용: (*a*) 수랭된 지름 50 mm 시편의 중심에서 냉각속도를 구한다. (*b*) 냉각속도를 1040 강에서의 HRC 경도값으로 바꾼다. (*c*) 로크웰 경도값을 반지름방향의 경도 분포도에 그린다.

예제 15.2

열처리된 8640 강의 경도 분포도 결정

적당히 교반된 오일에서 담금질된 지름 75 mm의 8640 강으로 만든 원통형 시편의 반지름방향 경도 분포를 구하라.

풀이

적당히 교반된 오일에서 담금질된 75 mm 지름의 원통형 시편에 대한 반지름방향 경도 분포도를 구성하는 문제이다. 아래 표에 있는 등가 거리 및 경도는 그림 15.11 및 15.14*b*에서 결정되었다.

Radial Position	Equivalent Distance from Quenched End (mm)	Hardness (HRC)
Center	26	36
Midradius	22	38
Three-quarters radius	18	41
Surface	13	48

문제의 경도 분포도를 그림 15.17에 나타내었다.

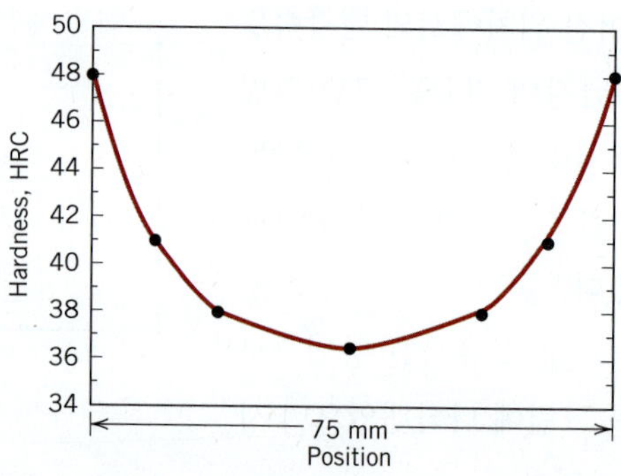

그림 15.17 로크웰 경도값을 반지름방향의 경도 분포도에 그린다.

설계 예제 15.1

강 합금과 열처리 방법 선택

기어박스 출력축에 사용하기 위한 강 합금을 선택하고자 한다. 설계에 의하면 지름이 25 mm인 원통형 축의 표면 경도가 최소 38 HRC 이상이고, 연성이 최소 12%EL 이상이 되어야 한다. 이 기준을 만족시키는 합금강과 열처리 방법을 상세히 설명하라.

풀이

무엇보다도 가장 중요하게 고려되어야 할 사항은 비용이다. 따라서 스테인리스강이나 석출경화되는 강처럼 상대적으로 비싼 강은 고려 대상에서 제외한다. 일반탄소강이나 저합금강을 선택하고 그들의 기계적 특성을 바꿀 수 있는 열처리 방법에 대해 검토하는 것부터 시작한다.

이러한 강들을 단순히 냉간가공하여 원하는 경도와 연성을 얻을 수는 없다. 예를 들어 그림 8.31에서 보는 바와 같이 경도 38 HRC는 인장강도 1200 MPa에 해당된다. 1040 강에 대해 그림 9.19*b*에 인장강도의 변화를 냉간가공량의 함수로 나타내었다. 여기서 냉간가공 50%CW로 900 MPa의 인장강도밖에 얻을 수 없다는 것을 알 수 있다. 더욱이 이에 해당되는 연성률은 대략 10%EL(그림 9.19*c*)이다. 따라서 이러한 값들은 설계에서 규정한 값에 미치지 못한다. 더 나아가 다른 일반탄소강이나 저합금강을 냉간가공하더라도 요구되는 최소 기준 값에 미치지 못할 것으로 예측된다.

또 다른 가능성은 강을 오스테나이트화 처리하고, (마텐자이트를 형성시키기 위해) 담금질한 후, 마지막으로 템퍼링하는 일련의 열처리를 수행하는 것이다. 지금부터 이 같은 방법에 의해 열처리된 여러 종류의 일반탄소강과 저합금강의 기계적 특성을 검토해 보자. 우선 앞의 두 절에서 다루었듯이, 담금질한 재료의 표면 경도(이는 궁극적으로 템퍼링 후의 경도에 영향을 준다)는 합금의 조성과 축 지름에 따라 달라질 것이다. 예를 들어 기름 담금질한 1060 강의 경우, 시편 지름이 증가함에 따라 표면 경도가 감소하는 정도를 표 15.1에 나타내었다. 더 나아가 템퍼링된 표면 경도는 템퍼링 온도와 시간에 좌우될 것이다.

표 15.1 여러 지름을 갖는 1060 강에서 기름 담금질 한 실린더의 표면 경도

Diameter (mm)	Surface Hardness (HRC)
12.5	59
25	34
50	30.5
100	29

한 가지 일반탄소강(AISI/SAE 1040)과 보편적으로 사용되고 쉽게 구할 수 있는 여러 가지 저합금강에 대해 담금질 후와 템퍼링 후 각각의 경도와 연성 데이터를 수집하여 표 15.2에 나타내었다. 여기에 담금재(기름 혹은 물)를 표시하였고, 템퍼링 온도는 540°C, 595°C, 650°C이다. 표에서 알 수 있듯이 설계 기준을 만족시키는 합금-열처리 조합은 4150/기름–540°C 템퍼링, 4340/기름–540°C 템퍼링, 6150/기름–540°C

템퍼링이다. 이런 합금/열처리에 대한 데이터를 표에 진한 글자로 표시하였다. 이 세 가지 재료의 가격은 아마도 비슷할 것이다. 그러나 먼저 생산비 분석이 수행되어야 한다. 6150 합금은 (차이는 크지 않더라도) 가장 높은 연성을 가지며, 따라서 최종 선택에서 약간 우위에 있을 것이다.

표 15.2 지름이 25 mm인 6종류의 원통형 합금강에서 담금질한 후 및 여러 조건에서 템퍼링한 후의 로크웰 경도(표면)와 연신백분율 값

Alloy Designation/ Quenching Medium	As-Quenched	Tempered at 540°C		Tempered at 595°C		Tempered at 650°C	
	Hardness (HRC)	Hardness (HRC)	Ductility (%EL)	Hardness (HRC)	Ductility (%EL)	Hardness (HRC)	Ductility (%EL)
1040/oil	23	(12.5)[a]	26.5	(10)[a]	28.2	(5.5)[a]	30.0
1040/water	50	(17.5)[a]	23.2	(15)[a]	26.0	(12.5)[a]	27.7
4130/water	51	31	18.5	26.5	21.2	—	—
4140/oil	55	33	16.5	30	18.8	27.5	21.0
4150/oil	62	**38**	**14.0**	35.5	15.7	30	18.7
4340/oil	57	**38**	**14.2**	35.5	16.5	29	20.0
6150/oil	60	**38**	**14.5**	33	16.0	31	18.7

[a]These hardness values are only approximate because they are less than 20 HRC.

앞 절에서 언급되었듯이, 담금질한 원통형 강재 합금 시편에 대하여 표면의 경도는 합금의 조성과 담금재뿐만 아니라 시편의 지름에도 의존한다. 담금질하고 템퍼링한 강재 시편의 기계적 특성 또한 시편 지름의 함수이다. 이러한 현상이 그림 15.18에 나타나 있으며, 기름 담금질된 4140 강재의 인장강도, 항복강도, 연성(%EL)이 네 가지 지름, 즉 12.5 mm, 25 mm, 50 mm, 100 mm에 대하여 담금질 온도의 함수로 그려져 있다.

이로써 11장과 12장 및 이 장에서 언급된 다양한 유형의 강철 합금에 대한 설명(열처리, 미세조직, 특성)을 완료했다. 이 정보의 요약을 그림 15.19의 개략도에 나타내었다.

세라믹 재료의 제조

세라믹 재료의 응용에 있어서 주된 관심사 중 하나는 제조방법이다. 많은 금속성형작업에서는 위에서 언급한 주조 또는 소성가공 방법을 이용하기도 한다. 그러나 세라믹 재료는 용융점이 상대적으로 높기 때문에 주조 방법으로 이들 부품을 제조하는 것은 실제로 비실용적이다. 또한 이 재료들은 취약하기 때문에 소성가공 공정을 거쳐서 부품을 제조하는 것은 거의 불가능하다. 따라서 많은 세라믹 부품은 분말을 부품의 형태로 성형하고, 건조하고 소성하여 제조된다. 이에 비하여 유리 제품의 경우에는 고온에서 유동성이 있는 상태에서 부품 형태로 성형

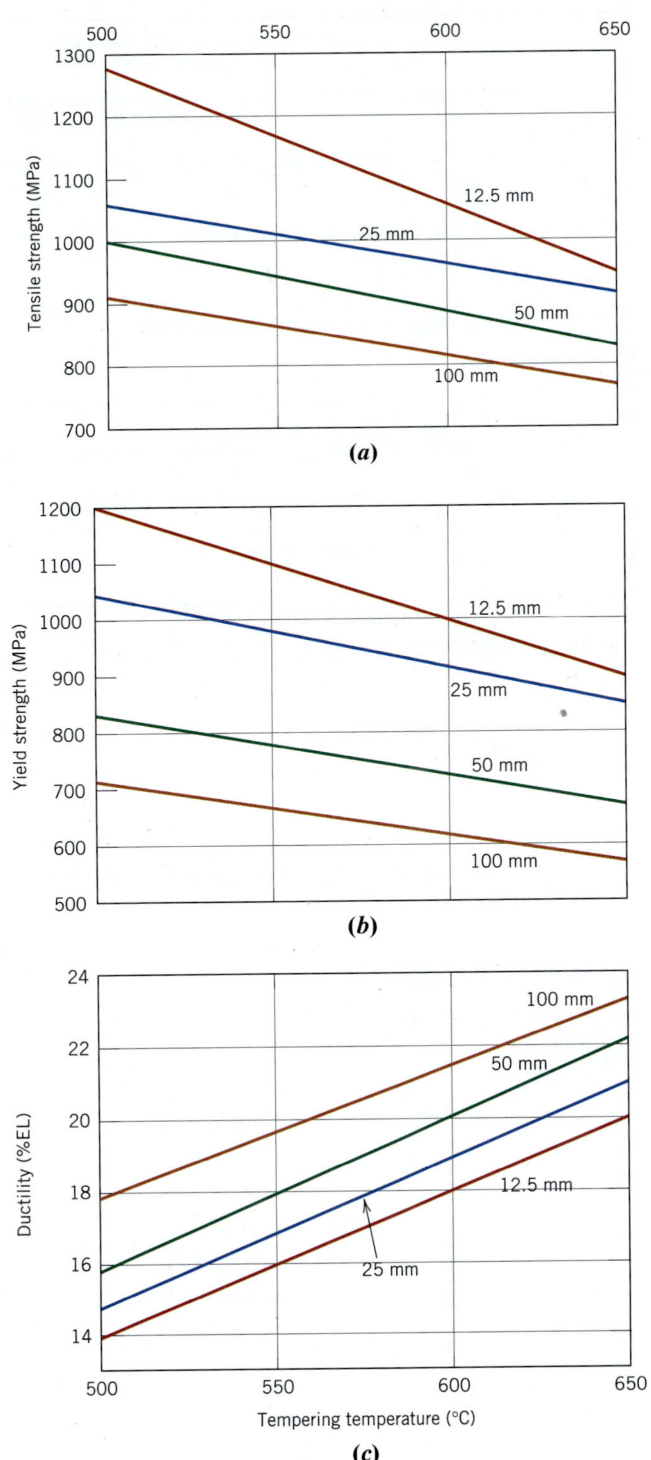

그림 15.18 기름 담금질 된 4140 강의 원통형 시편의 경우, 지름 12.5, 25, 50, 100 mm에 대한 (*a*) 인장강도, (*b*) 항복강도, (*c*) 연성(%EL) 대 템퍼링 온도

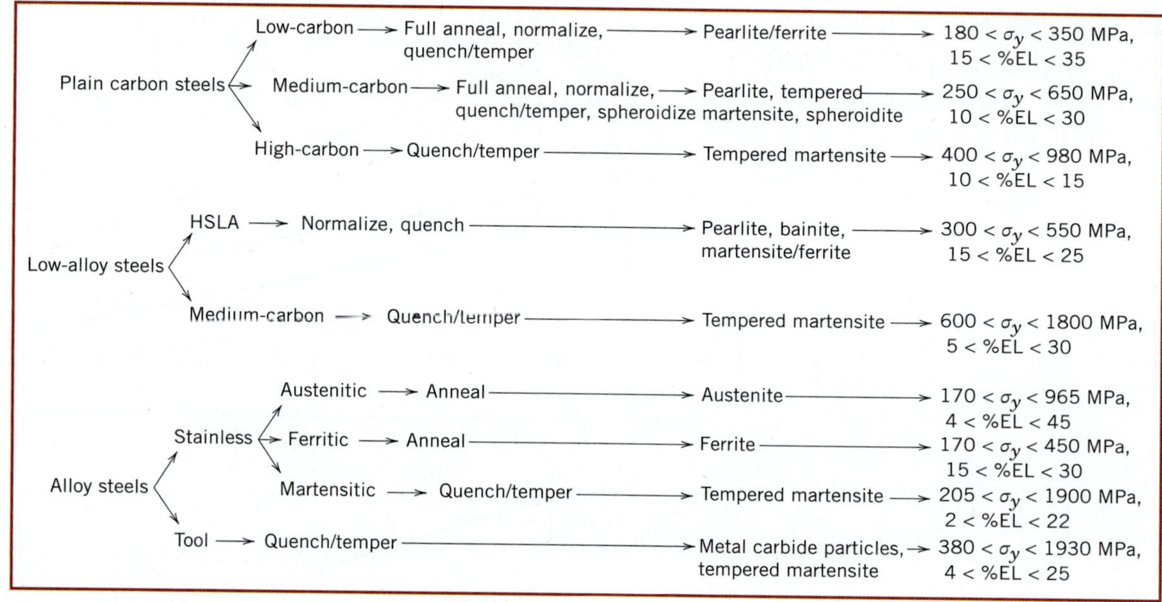

그림 15.19 철강의 세 가지 등급과 그 하위 등급에 대한 열처리, 미세조직 구성요소 및 일반적인 기계적 성질에 대한 요약

한 후 냉각시킨다. 시멘트는 유동성이 있는 페이스트(paste)로 성형한 후 화학반응에 의해 경화하여 최종 형상을 만든다. 그림 15.20에 여러 가지 형태의 세라믹 성형 기술을 나타내었다. 각 제조방법을 가장 많이 적용되는 세라믹들과 함께 소개할 것이다.

그림 15.20 이 장에서 논의되는 세라믹 성형 기술의 분류도

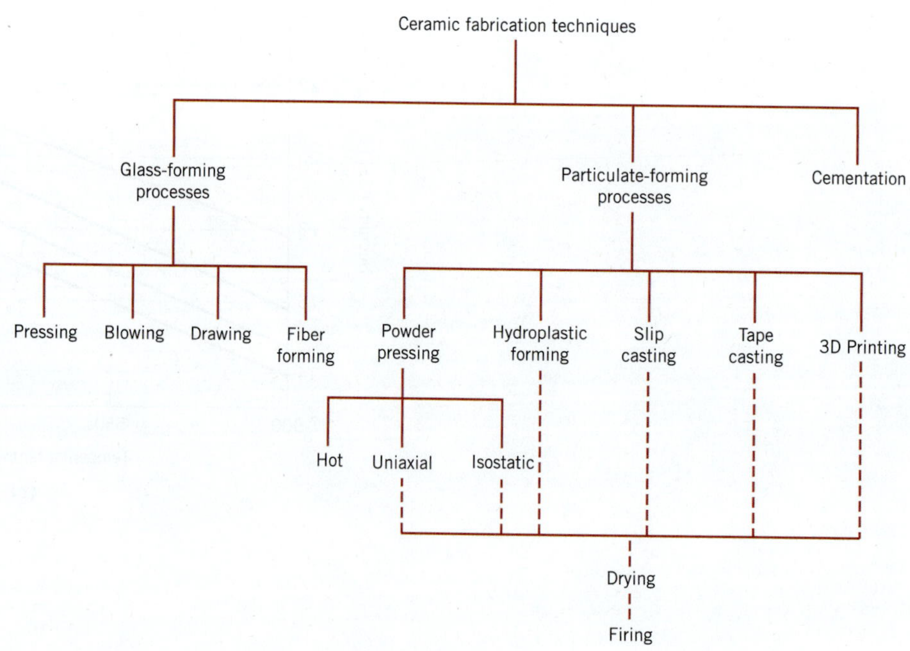

15.8 | 유리 및 유리-세라믹의 제조와 공정

유리의 물성

유리전이온도

유리 성형 기법을 상세히 논의하기 전에 온도에 민감한 유리의 성질을 소개하겠다. 유리질 또는 비결정질 재료는 결정질 재료와는 다르게 응고한다. 결정질 재료가 일정한 온도에서 액상에서 고상으로 변태하는 것과는 달리 유리질 재료는 냉각됨에 따라 점도가 연속적으로 증가한다. 결국 결정질과 비결정질 재료는 비체적(또는 단위질량당 부피, 즉 밀도의 역수)의 온도 의존성(그림 15.21)으로 구별된다. 이와 동일한 거동이 고결정성 및 비정질 고분자에 의해 나타난다(그림 12.49). 결정질 재료는 용융온도 T_m에서 부피가 불연속적으로 감소한다. 그러나 유리 같은 재료는 온도 하강과 함께 부피가 연속적으로 감소한다. 곡선의 기울기가 약간 감소하는 온도를 **유리전이온도(glass transition temperature)** 또는 허위(*fictive*) 온도 T_g라고 한다. 이 온도 이하에서 이 재료는 유리이고, 그 이상의 온도에서는 과랭된 액체, 궁극적으로는 액체이다.

유리의 성형 과정 중 중요한 것은 유리 점도의 온도 의존성이다. 그림 15.22에 온도에 따른 점도(로그 스케일)를 용융 실리카, 고 실리카, 붕규산염 유리(borosilicate), 소다석회유리에 대

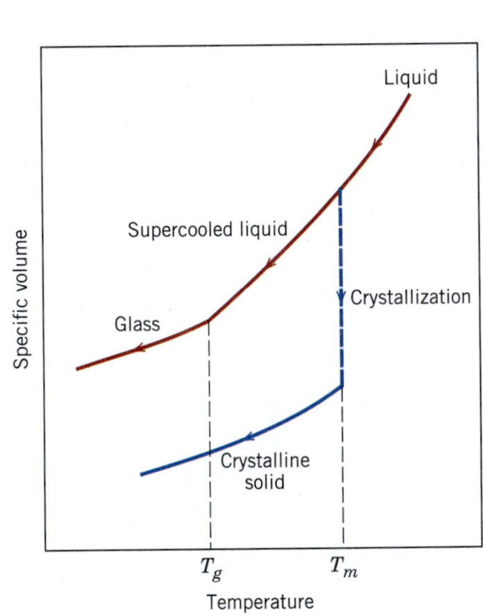

그림 15.21 결정질과 비결정질 재료의 비체적-온도 거동의 비교. 결정질 재료는 용융온도 T_m에서 응고한다. 비결정질 재료의 특성은 유리전이온도 T_g이다.

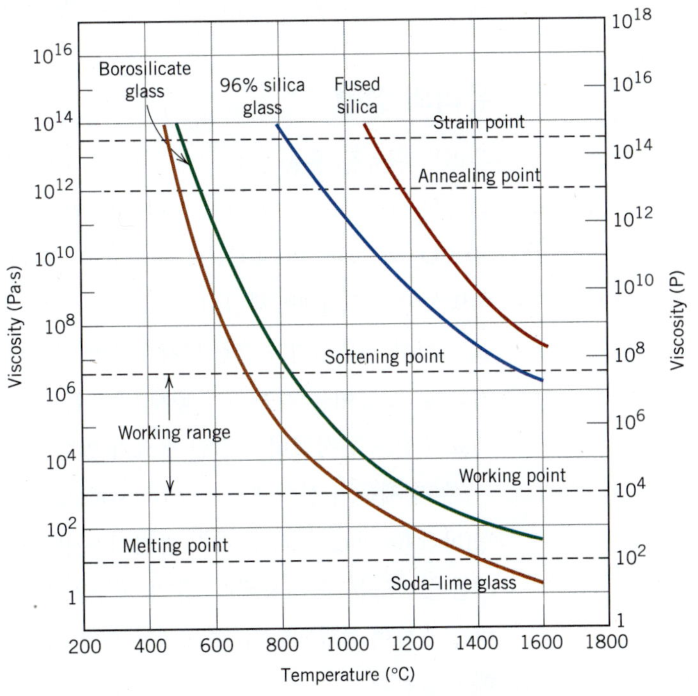

그림 15.22 용융 실리카와 실리카 유리의 점도-온도 거동 (From E. B. Shand, *Engineering Glass*, Modern Materials, Vol. 6, Academic Press, New York, 1968, p. 26. © 1968 Elsevier. Reprinted with permissions of Elsevier.)

하여 나타내었다. 점도 눈금축에 유리의 제조 및 공정에 중요한 몇 가지 구체적인 온도를 표시하였다.

용융점

1. **용융점(melting point)**은 점도가 10 Pa·s(100 P)에 해당하는 온도로 이 온도에서 유리는 액체로 생각될 만큼 유동성이 있다.

작업온도

2. **작업온도(working point)**는 점도가 10^3 Pa·s(10^4 P)에 해당하는 온도로 이 점도에서 유리는 쉽게 성형된다.

연화점

3. **연화점(softening point)**은 점도가 4×10^6 Pa·s(4×10^7 P)에 해당하는 온도로 유리 제품의 형상이 크게 변화되지 않고 취급될 수 있는 최대 온도이다.

열풀림온도

4. **열풀림온도(annealing point)**는 점도가 10^{12} Pa·s(10^{13} P)에 해당하는 온도로 이 온도 이상에서는 원자 확산이 충분히 빨라서 어떠한 잔류응력도 15분 이내에 제거된다.

변형온도

5. **변형온도(strain point)**는 점도가 3×10^{13} Pa·s(3×10^{14} P)에 해당하는 온도로 이 온도 이하에서는 소성변형 없이 파괴가 발생한다. 유리전이온도는 변형온도 이상이다.

대부분의 유리 성형 공정은 작업온도와 연화온도 사이의 온도 구역에서 행해진다. 물론 이들 온도는 유리의 화학성분에 따라 변화한다. 예를 들어 그림 15.22에서 보면 소다석회와 96% 실리카유리의 연화온도는 각각 700°C와 1550°C이므로, 소다석회유리는 훨씬 낮은 온도에서 성형될 수 있다. 유리의 성형성은 화학성분으로 대부분 조절할 수 있다.

유리의 성형

유리는 원료를 용융점 이상으로 가열하여 제조한다. 대부분의 상업적인 유리 제품들은 소다석회-실리카의 변형이다. 실리카는 일반적인 석영 모래, Na_2O와 CaO는 소다회(soda ash, Na_2CO_3)와 석회석($CaCO_3$)으로부터 공급된다. 대부분의 응용에 있어 특히 유리의 광학적인 투명성이 중요할 때, 재질이 균일해야 하고 기공이 없어야 한다. 유리의 균일성은 원료 성분을 완전히 용융시키고 혼합시킴으로써 얻어진다. 기공은 생성되는 작은 기체 방울에 의해 생기는 것으로, 이들 기공은 용융체 내로 흡수시키거나 제거시켜야만 하는데, 이를 위해 용융된 재료의 점도를 적절히 조절할 필요가 있다.

유리 제품의 성형에는 가압(pressing), 취입(blowing), 인발(drawing), 박판(sheet), 섬유 성형(fiber forming)의 다섯 가지 방법이 사용된다. 가압은 판이나 접시 등과 같이 비교적 두꺼운 제품을 만드는 데 사용된다. 유리 제품은 원하는 형상을 가진 주철 몰드(mold)를 이용하여 압력을 가하여 성형되는데, 몰드에는 흑연 코팅이 되어 있고 통상적으로 평탄한 표면을 얻기 위해 가열된다.

유리 취입 성형은 예술품의 경우 수작업으로 하기도 하지만, 유리그릇, 병, 전구 등의 생산 공정은 완전 자동화되어 있다. 이러한 공정 중 몇 단계를 그림 15.23에 나타내었다. 먼저 유리 덩어리를 몰드에 넣고 기계적으로 압축하여 성형한다. 그다음에 최종 취입 성형 몰드에 넣고

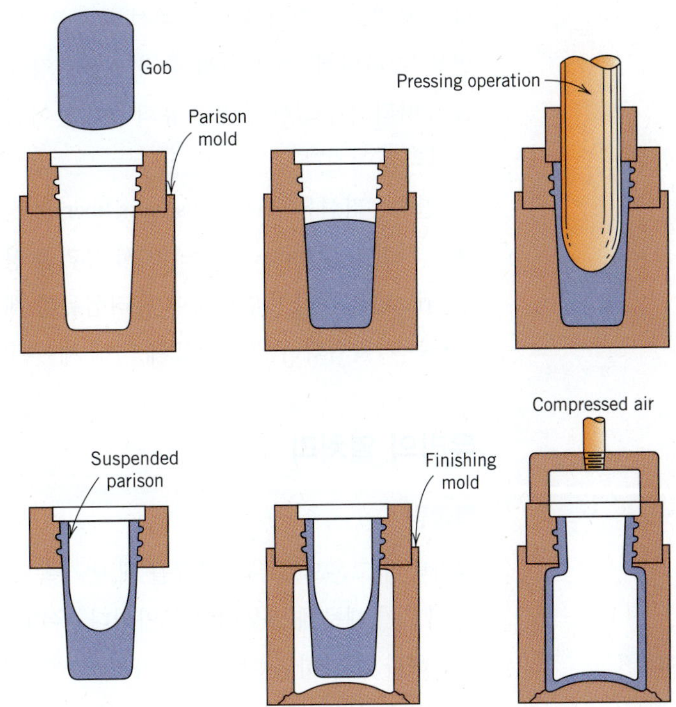

그림 15.23 유리병을 제조하는 데 사용되는 가압과 취입 기법
(Adapted from C. J. Phillips, *Glass: The Miracle Maker*, Pitman, London, 1941.)

고압 공기를 갑자기 불어넣어 몰드의 형태대로 성형되도록 한다.

인발은 판, 봉, 관, 섬유 등 일정한 단면적과 형상을 가진 제품을 제조하는 데 사용된다.

1950년대 후반까지 박판유리(또는 판재)는 유리를 판 형태로 주조(또는 인발)하고 양쪽 표면을 평평하고 평행하게 그라인딩하고 최종적으로 판재가 투명하도록 표면을 갈아 냄으로써 생산되었다. 이러한 공정은 비교적 비용이 많이 든다. 좀 더 경제적인 유동 공정이 1959년 영국에서 특허로 등록되었다. 이 방법에서(그림 15.24 참조) 용융상태의 유리가 한 용광로에서

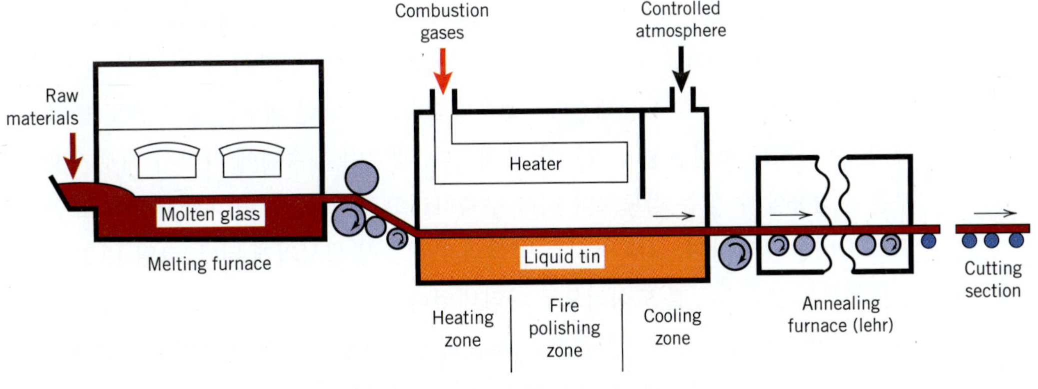

그림 15.24 판유리 제조를 위해 떠다니는 공정(Courtesy of Pilkington Group Limited.)

다른 용광로에 위치한 용융 주석 욕조로 옮겨 가게 된다. 연속적인 유리판이 용융된 주석 표면을 '떠다니게' 됨에 따라 중력과 표면장력이 유리 표면을 완벽하게 평평하고 평행하게 만들며 따라서 일정한 두께의 유리판이 얻어지게 된다. 판유리는 서랭되고 그 후 열풀림과 같은 열처리를 거친다.

연속유리섬유(continuous glass fiber)는 상당히 복잡한 인발 과정을 통하여 제조된다. 백금제의 가열실(heating chamber)에서 유리를 용융시키고 용융된 유리를 가열실 밑면의 작은 구멍(orifice)을 통하여 인발하여 유리섬유를 제조한다. 이 과정에서 중요한 역할을 하는 유리의 점도는 가열실과 구멍의 온도에 의해 제어된다.

유리의 열처리

열풀림

세라믹이 고온으로부터 냉각될 때 냉각속도에 차이가 있고 내부 지역과 외부 지역의 열수축이 다르기 때문에 열응력이 도입된다. 유리와 같이 취약한 세라믹에서 이러한 열응력은 매우 중요하다. 왜냐하면 이 열응력이 매우 클 경우 **열충격(thermal shock)**에 의한 파괴가 유발될 수 있기 때문이다(17.5절 참조). 통상적으로는 제품을 충분히 느린 속도로 냉각시킴으로써 열응력의 발생을 억제한다. 그러나 일단 재료 내부에 그와 같은 열응력이 도입되면, 유리를 열풀림온도까지 가열한 후 상온까지 서랭시켜 열응력을 제거하거나 최소한 그 크기를 감소시킬 수 있다.

열충격

유리 템퍼링

유리 제품의 강도는 표면에 압축응력을 의도적으로 가함으로써 증가시킬 수 있다. 이것은 **열 템퍼링(thermal tempering)**이라는 열처리 과정을 통하여 이루어진다. 이 열처리에서 유리 제품은 유리전이온도보다는 높고 연화온도보다는 낮은 온도까지 가열된다. 다음으로 공기제트나 기름욕조(oil bath) 내에서 상온까지 냉각된다. 이때 표면과 내부의 냉각속도가 상이하기 때문에 잔류응력이 재료 내에 발생한다. 초기에는 표면의 냉각이 좀 더 빨리 되어 변형온도보다 낮은 온도로 냉각되어 강해진다. 이때 냉각속도가 느린 내부는 높은 온도(변형온도 이상)에 있어, 아직도 소성변형이 가능한 상태이다. 냉각이 계속됨에 따라서 내부가 딱딱한 표면 부분이 허용할 수 있는 정도보다 더욱 수축하려고 할 것이다. 따라서 내부는 표면 부분을 안으로 끌어들이려 하여, 내부 반지름 방향의 응력을 발생시키게 된다. 그림 15.25에 유리 제품 단면에서의 응력 분포를 도식적으로 나타내었다.

열 템퍼링

세라믹 재료의 파단의 대부분은 인장응력이 가해진 조건에서 표면의 균열에 의하여 유발된다. 템퍼링된 유리를 파단시키기 위해서는 표면의 잔류 압축응력을 극복할 만한 크기의 인장응력이 먼저 가해져야 하고, 추가로 표면에 균열을 야기할 만한 인장응력이 가해져야 한

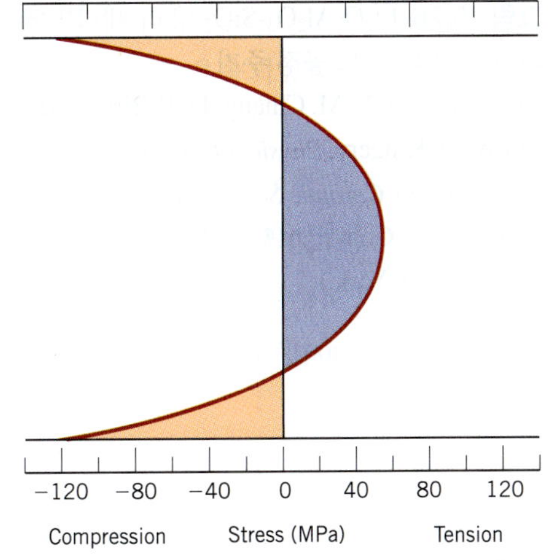

그림 15.25 열처리한 판유리 단면의 상온 잔류응력의 분포
(From W. D. Kingery, H. K. Bowen, and D. R. Uhlmann, *Introduction to Ceramics*, 2nd edition. Copyright © 1976 by John Wiley & Sons, New York. Reprinted by permission of John Wiley & Sons, Inc.)

다. 템퍼링되지 않은 유리는 낮은 응력에 의해서 균열이 시작되고, 이에 따라 파괴강도도 감소된다.

템퍼링된 유리는 큰 유리문이나 안경 렌즈 등 강도가 중요한 응용분야에 사용된다.

개념 확인 15.4

유리 제품의 두께는 도입되는 열응력에 어떠한 영향을 미치는가? 그 이유를 설명하라.

(정답은 *www.wiley.com*의 제품 페이지에서 확인할 수 있음)

유리-세라믹의 제조와 열처리

유리-세라믹 용기의 제조에서 첫 번째 단계는 유리로서 원하는 형태로 성형하는 것이다. 성형 기법은 앞에서 설명한 가압 또는 인발 등 유리에 대한 것과 동일하다. 유리를 유리-세라믹으로 변환하는 것(결정화; 14.5절 참조)은 적절한 열처리에 의해 달성된다. Li_2O-Al_2O_3-SiO_2 유리-세라믹에 대한 열처리가 그림 15.26의 시간 대 온도 그래프에 상세히 제시되어 있다. 용융 및 성형 공정 이후 결정질 입자의 생성 및 성장이 2개의 다른 온도에서 등온적으로 이루어진다.

15.9 | 점토 제품의 제조와 공정

14.6절에서 언급한 바와 같이 이러한 종류의 재료에는 구조용 점토 제품과 도자기가 포함된다. 점토 외에도, 이들 제품의 대부분은 다른 성분을 포함한다. 성형 후에는 대부분이 건조와 소성 과정을 거친다. 각 성분들은 이들 과정 중에 일어나는 변화와 최종 제품의 특성에 영향을 준다.

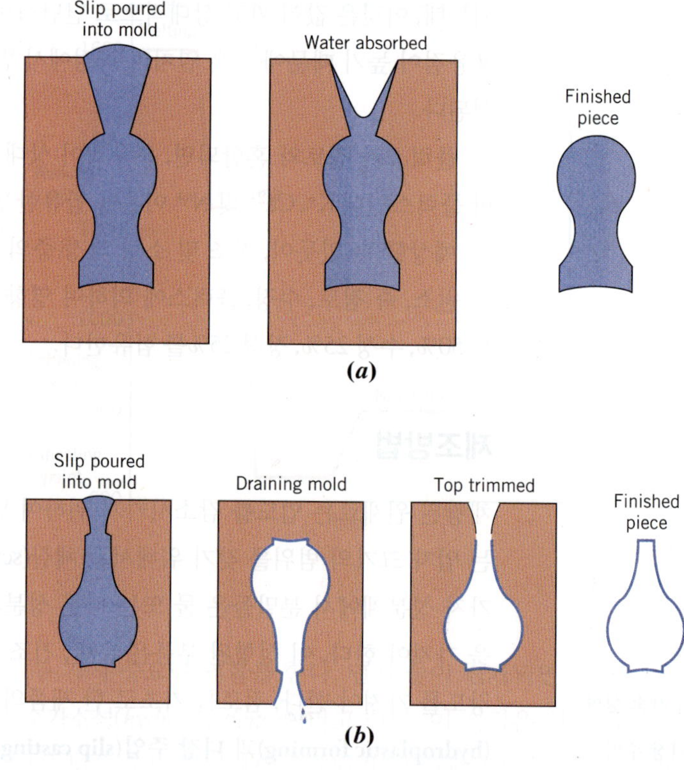

그림 15.27 석고 몰드를 이용한 (*a*) 고체와 (*b*) 드레인 니장 주입법의 단계 (From W. D. Kingery, *Introduction to Ceramics*. Copyright © 1960 by John Wiley & Sons, New York. Reprinted by permission of John Wiley & Sons, Inc.)

몰드를 뒤집어서 나머지 니장을 쏟아 낼 수 있다[배수 주입(*drain casting*)이라 함]. 건조됨에 따라 주입된 부품은 수축되어 몰드의 벽으로부터 떨어져 나오게 된다. 이때 몰드를 분해하여 주입된 부품을 제거할 수 있다.

니장의 특성은 매우 중요하다. 매우 높은 비중을 가져야 하고, 주입이 가능하도록 유동성이 있어야 한다. 이러한 특성은 고체 대 물의 비율과 첨가된 다른 첨가제에 의하여 영향을 받는다. 적정한 주입속도는 기본적인 요구조건이다. 또한 주입된 부품은 기공이 없어야 하며, 건조 시에 수축률이 작고 강도가 높아야 한다.

몰드의 성질 자체가 주입된 부품의 특성에 영향을 미친다. 보통 소석고가 가격이 저렴하고 복잡한 형상으로 제조하기 쉬우며 재사용이 가능하기 때문에 몰드 재료로 사용되어 왔다. 대부분의 몰드는 여러 개의 부품으로 구성되어 있기 때문에 주입 전에 조립되어야 한다. 또 몰드의 기공률을 변화시켜 주입속도를 변화시킬 수 있다. 세라믹 튜브와 같이 화장실 변기, 예술 작품, 특수한 과학 실험실 부품들이 이 방법으로 제조된다.

건조 및 소성

수가소 성형 또는 니장 주입법으로 제조된 세라믹 부품은 기공이 많고 강도가 충분하지 않아 대부분의 용도에 적합하지 않다. 또한 성형 과정을 용이하게 만들기 위하여 첨가된 액체

(예: 물)가 잔류하고 있다. 이 액체를 건조(drying) 과정에서 제거하고, 고온 열처리 또는 소성(firing) 처리를 통하여 강도를 증가시키게 된다. 성형된 후 건조되었으나 아직은 소성되지 않은 부품을 **세라믹 성형체(green ceramic body)**라고 한다. 건조와 소성 방법이 매우 중요한데, 이것은 이 과정 중 변형, 균열 등의 결함이 발생할 수 있기 때문이다. 이러한 결함은 대개 불균일 수축으로부터 발생하는 응력 때문에 생긴다.

세라믹 성형체

건조

세라믹 성형체가 건조됨에 따라서 약간의 수축이 발생한다. 건조의 초기 단계에서는 세라믹 입자가 물의 박막에 둘러싸여 상호 분리되어 있다. 건조가 진행됨에 따라서 물이 제거되고 입자 간의 간격이 감소하여 제품 수축으로 나타난다(그림 15.28). 건조 과정 중 수분의 제거 속도를 제어하는 것이 매우 중요하다. 물체 내부의 건조 과정은 물 분자가 표면까지 확산되고 표면에서 대기 중으로 증발함으로써 일어난다. 만약 증발되는 속도가 확산되는 속도보다 크면 표면이 내부보다 빠르게 건조되어(결국 수축도 빠르게 되어), 앞에서 언급한 결함의 발생 확률이 높아진다. 물의 표면 증발 속도가 확산 속도보다 작도록 조절해야 하는데 증발 속도는 온도, 습도 및 통기(airflow) 속도를 이용하여 조절한다.

다른 요인들도 수축에 영향을 미친다. 이 중 하나가 두께인데, 두꺼운 부품의 경우 불균일 수축 및 결함 생성의 가능성이 더욱 커진다. 물의 함량도 중요한데 물의 함량이 많은 경우 수축이 크다. 따라서 수가소 성형 시 수분의 함량을 가능한 한 최소로 하는 것이 좋다. 점토 입자의 크기도 영향을 미치는데, 입자의 크기가 작을수록 수축이 크다. 수축을 최소화하기 위하여 큰 입자를 사용하거나 비가소성의 큰 입자 재료를 점토에 첨가한다.

마이크로웨이브 에너지가 세라믹 부품을 건조시키는 데 사용되기도 한다. 이 방법의 장점은 기존의 고온 공정을 피할 수 있다는 점이다. 즉, 건조온도를 50°C 이하로 유지하는 것이 가능하다. 이것은 일부 온도에 민감한 부품의 건조 시 온도를 가능한 한 최저로 유지하여야 하기 때문에 중요하다.

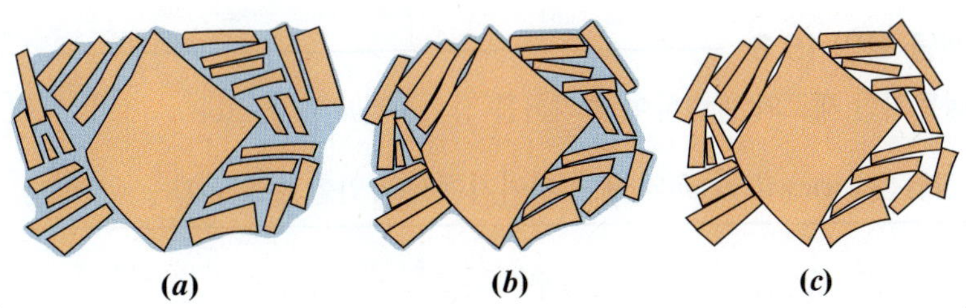

그림 15.28 점토 입자 사이의 물이 건조되는 단계: (*a*) 습기가 있는 제품, (*b*) 부분적으로 건조된 제품, (*c*) 완전히 건조된 제품
(From W. D. Kingery, *Introduction to Ceramics*. Copyright © 1960 by John Wiley & Sons, New York. Reprinted by permission of John Wiley & Sons, Inc.)

개념 확인 15.5

두꺼운 세라믹 제품은 얇은 제품보다 건조 중 균열이 더 많이 발생할 것이다. 그 이유를 설명하라.

(정답은 *www.wiley.com*의 제품 페이지에서 확인할 수 있음)

소성

건조 후에 부품은 대개 900~1400°C 온도에서 소성된다. 소성온도는 성분 및 최종 부품의 요구되는 특성에 따라서 결정된다. 소성 과정 중 밀도가 증가하고(기공이 감소하여) 기계적 강도가 향상된다.

유리화

점토 제품을 고온으로 가공 시 상당히 복잡한 반응이 발생한다. 이 중 하나가 **유리화(vitrification)** 과정인데, 액상의 유리가 서서히 형성되어 기공 속으로 흘러가 기공을 채우게 된다. 유리화의 정도는 소성온도 및 시간, 화학성분에 따라 변화한다. 액상이 형성되는 온도는 장석과 같은 플럭스를 첨가하여 낮출 수 있다. 용융된 상은 용융되지 않은 입자를 둘러싸서 기공을 채우게 된다. 이때 표면장력에 의한 모세관 현상이 입자들을 서로 끌어당겨 수축이 발생하기도 한다. 냉각되는 과정 중 용융되었던 상이 유리질 기지(glassy matrix)를 형성하여 치밀하고 강한 부품이 된다. 따라서 최종 미세조직에는 유리화된 상, 미반응된 수정 입자, 그리고 약간의 기공이 포함되어 있다. 그림 15.29는 이러한 미세조직을 볼 수 있는 소성된 자기의 주사전자현미경 사진이다.

유리화 정도는 물론 세라믹 제품의 상온에서의 성질, 즉 강도, 내구성 및 밀도에 영향을 미치는데 그 정도가 증가함에 따라서 이들 특성이 향상된다. 소성온도는 어느 정도의 유리화가 발생할 것인지에 영향을 미친다. 즉, 소성온도가 증가함에 따라서 유리화 정도가 증가한다. 건축용 벽돌은 약 900°C에서 소성되는데 상대적으로 기공이 많다. 한편 유리화 정도가 높은 자기의 경우(광학적으로 반투명) 소성온도는 이보다 높다. 소성 과정 중 완전한 유리화는 부품이 너무 무르게 되어 형체가 파괴되므로 피한다.

개념 확인 15.6

점토기반 재료와 관련하여 유리화를 정의하라.

(정답은 *www.wiley.com*의 제품 페이지에서 확인할 수 있음)

15.10 | 분말 압축

유리와 점토 제품의 제조와 관련하여 세라믹 성형 기법 몇 가지를 소개하였다. 또 하나 중요하고 자주 사용되는 방법이 분말 압축(*powder pressing*)이다. 분말 압축법은 점토질 또는 비점

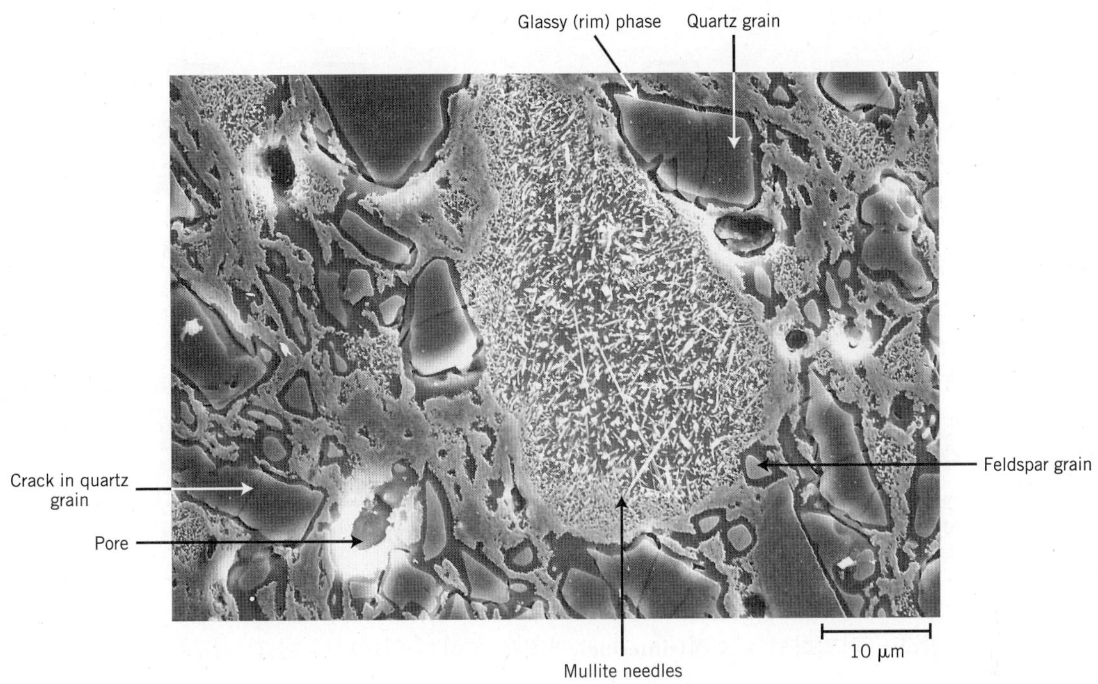

그림 15.29 소성된 자기 시편의 미세조직 사진(10% HF, 5°C에서 15초 식각)(1500배율). 수정 결정(큰 검정색 입자)이 검은색 유리질 상으로 둘러싸여 있고, 부분적으로 용해된 장석 결정립(작은 입자), 바늘과 같은 형태의 멀라이트 상 및 검은색의 기공들이 보인다. 그리고 수정 입자 내에는 균열이 존재하는 것을 볼 수 있는데, 이것은 냉각 과정 중에 유리질 기지와 수정의 열팽창계수의 차이 때문에 발생한 것이다.
(Courtesy of H. G. Brinkies, Swinburne University of Technology, Hawthorn Campus, Hawthorn, Victoria, Australia.)

토질 조성, 예를 들면 전자 및 자기 세라믹, 내화벽돌 제품과 같은 제품을 제조하는 데 사용된다. 이 방법은 소량의 물 또는 결합체(binder)를 혼합한 분말에 압력을 가하여 일정한 형태로 성형하는 것이다. 조대한 입자와 미세한 입자를 적정 비율로 혼합하면 최대의 압축 밀도를 얻을 수 있다. 금속 분말과는 달리 세라믹 입자를 압축할 경우 소성변형이 발생하지 않는다. 결합체는 분말이 압축되는 과정에서 분말 입자들이 상호 미끄러져 가도록 하는 역할을 한다.

분말을 압축하는 방법에는 일방향, 등방향(또는 정수압), 열간 압축 방법 등이 있다. 일방향 압축은 분말을 금속 다이(metal die) 내에서 일방향으로 압력을 가하여 압축, 성형하는 것이다. 비교적 단순한 형태를 제조하는 데 사용되며, 생산속도가 빠르고 제조원가가 낮다. 이 방법에 의한 제조 단계를 그림 15.30에 나타내었다.

등방향 압축법은 분말 재료를 고무 봉투에 넣고 유체(fluid)를 이용하여 등방향으로 압력을 가한다. 일방향 압축에 비하여 복잡한 형태를 제조하는 것이 가능하나, 이 방법은 시간이 많이 걸리고 제조원가가 높은 단점이 있다.

일방향 및 등방향 압축 후에 소성 공정(firing operation)이 필요하다. 소성 과정 중 부품이 수축하고, 기공이 감소하며, 기계적 특성이 향상된다. 이러한 변화들은 분말 입자가 서로 결

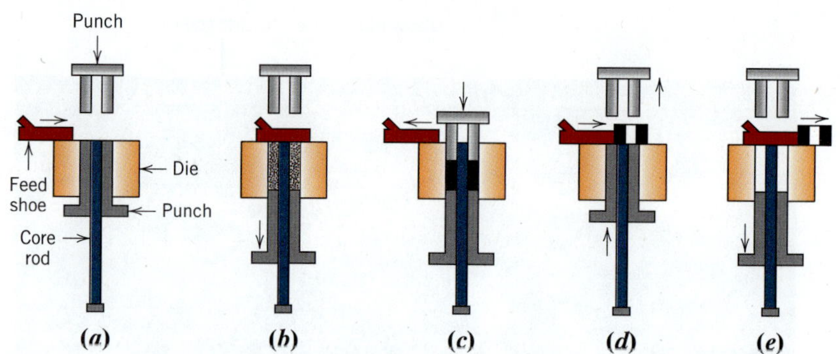

그림 15.30 일방향 분말 압축 공정의 각 단계별 모식도: (*a*) 주기의 시작. (*b*) 다이 캐비티가 분말로 채워진다. (*c*) 상단 펀치에 압력을 가하여 분말을 압축한다. (*d*) 압축된 조각은 하단 펀치의 상승 동작으로 배출된다. (*e*) 피드 슈(feed shoe)가 압축된 조각을 밀어내고 채우는 단계가 반복된다.
(From J. T. Black and Ronald A. Kohser, *DeGarmo's Materials and Processes in Manufacturing*, 11th edition, John Wiley & Sons, Hoboken, NJ, 2012, page 487, Figure 18.4. Reprinted with permissions of John Wiley & Sons.)

소결

합하여 치밀화되는 **소결(sintering)** 과정을 통하여 일어난다. 소결 기구를 그림 15.31에 도식적으로 나타내었다. 압축 후 여러 분말 입자들이 상호접촉한다(그림 15.31*a*). 초기 소결 단계에서 인접한 입자의 접촉 지역에 목(neck)이 형성되고, 입자 사이의 공간이 기공이 된다(그림 15.31*b*). 소결이 진행됨에 따라 기공이 점차 작아지고 구형으로 된다(그림 15.31*c*). 소결된 알루미나의 전자현미경 사진을 그림 15.32에 나타내었다. 소결의 구동력은 총 입자면적의 감소인데, 표면에너지가 입계에너지보다 크다. 소결은 용융점 이하에서 진행되기 때문에 일반적으로 액상이 없다. 그림 15.31에 나와 있는 변화는 원자 확산에 의하여 이루어진다.

열간 압축(hot pressing)은 분말을 가열하는 상태에서 압축 압력을 가하는 것이다. 즉, 분말이 고온상태에서 압축되는 것이다. 이 방법은 고온에서도 액상을 형성하지 않는 소결이 곤란한 재료에 적용되는데, 결정립 성장(grain growth) 없이 치밀화가 요구되는 용도에도 사용된다. 이 방법은 제조원가가 높기 때문에 적용 분야에 한계가 있다. 이 방법은 몰드와 다이가 각 사이클 동안 가열과 냉각 과정을 겪어야 하기 때문에 생산성이 낮다는 것이 단점이다. 또한 몰드의 제조원가가 비싸고 일반적으로 수명이 짧다.

15.11 | 테이프 캐스팅

세라믹 제조 기법 중 비교적 최근에 개발되었고 중요한 공정인 테이프 캐스팅(tape casting) 공정에 대하여 간단히 소개하겠다. 이 방법은 이름에서 알 수 있듯이, 캐스팅 공정을 이용하여 얇고 유연한 테이프를 제조하는 공정이다. 이 테이프는 니장(slip)을 이용하여 제조하는데, 여러 면에서 니장 주입법과 유사하다(15.9절). 이 공정에 사용되는 니장은 세라믹 입자가 결합

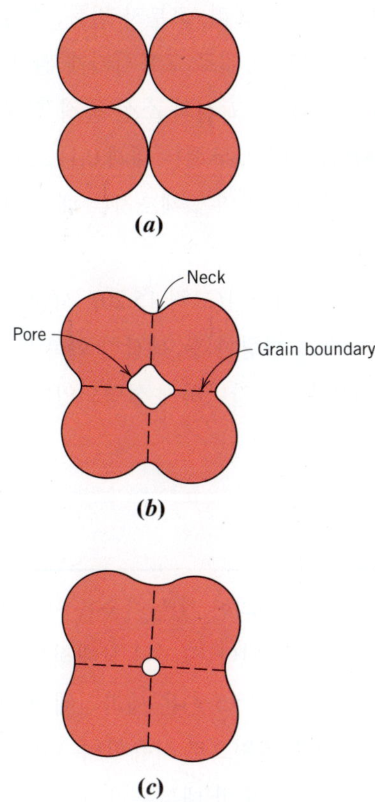

그림 15.31 소성 과정 중에 압분체에서 발생하는 미세조직의 변화: (*a*) 압축한 상태의 분말, (*b*) 소결의 개시에 따른 입자의 결합 및 기공의 형성, (*c*) 소결이 진행됨에 따른 기공의 크기 및 형상의 변화

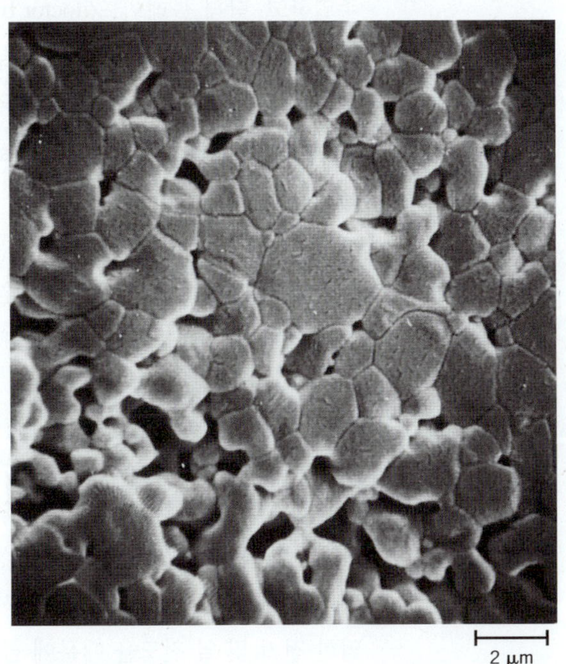

그림 15.32 1700°C에서 6분 동안 소결한 산화 알루미늄의 주사전자현미경 사진(5000배율)
(From W. D. Kingery, H. K. Bowen, and D. R. Uhlmann, *Introduction to Ceramics*, 2nd edition, p. 483. Copyright © 1976 by John Wiley & Sons, New York. Reprinted by permission of John Wiley & Sons, Inc.)

체, 가소제 등을 포함하고 있는 유기용매 내에 분산된 상태이다. 결합체는 테이프에 강도를, 가소제는 유연성(flexibility)을 부여하기 위하여 첨가된 것이다. 완성된 테이프에 균열을 발생시킬 수 있는 공기나 용매 기체에 의한 기공들을 제거하기 위하여 진공상태에서 니장 내의 공기를 제거하는 공정(탈포 공정)이 필요할 수도 있다. 그림 15.33에 나타낸 바와 같이 실제 테

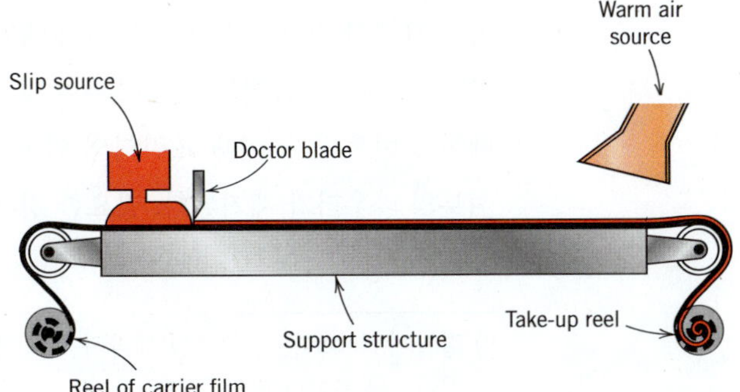

그림 15.33 닥터 블레이드를 이용한 테이프 캐스팅 공정의 모식도
(From D. W. Richerson, *Modern Ceramic Engineering*, 2nd edition, Marcel Dekker, Inc., New York, 1992. Reprinted from *Modern Ceramic Engineering*, 2nd edition, p. 472, by courtesy of Marcel Dekker, Inc. © 1992 CRC Press.)

이프의 제조공정에서는 먼저 니장을 평활한 평면(스테인리스강, 유리, 고분자 필름, 종이)에 주입하고, 닥터 블레이드(doctor blade)가 일정하고 얇은 테이프 형태로 도포시키게 된다. 건조 공정에서는 니장의 휘발성 성분들이 증발에 의하여 제거되고, 그 결과 소성 공정 전에 수행하는 절단이나 천공이 가능한 유연한 테이프가 제조된다. 테이프 두께는 대개 0.1~2 mm이다. 테이프 캐스팅 공정은 집적회로와 다층 커패시터의 기판용 세라믹을 제조하는 데 많이 적용되고있다.

세라믹의 제조공정으로서 시멘트 교착(cementation)도 고려된다(그림 15.20). 시멘트 재료를 물과 같이 혼합하여 페이스트를 만들고, 원하는 형상으로 성형한 후, 복삽한 화학반응의 결과로 고화반응을 일으킨다. 시멘트와 시멘트 교착은 14.9절에서 간단하게 설명되었다.

15.12 | 세라믹 재료의 3D 프린팅

3D 프린팅은 사실상 균열과 다공성이 없고 이 장의 앞부분에서 논의한 기존 기술을 사용하여 제조된 것과 비슷한 특성을 가진 세라믹 부품을 제작하는 데 사용된다. 그러나 상대적으로 열악한 전기 및 열 전도율 때문에 금속에 사용되는 일부 인쇄 기술(15.5절)은 세라믹에 비실용적이다. 예를 들어 세라믹은 전기 부도체이기 때문에 전자빔을 열원으로 사용할 수 없다. 또, 일반적으로 용융온도가 높기 때문에 직접 레이저 용융이 어렵다. 또한 대부분의 세라믹의 경우 열응력 생성으로 인해 균열이 형성될 가능성이 있다. 게다가 3D 프린팅에 사용할 수 있는 세라믹 재료의 수가 제한적이다. 거의 모든 세라믹 3D 프린팅 기술의 경우 재료 공급 원료는 일부의 경우 액체 현탁액에 포함될 수 있는 분말 형태이다.

다양한 세라믹 3D 프린팅 공정이 개발되었는데 여기서는 세라믹 제트 프린팅과 3D 점토 압출이라는 두 가지 공정에 대해 논의하기로 한다.

세라믹 제트 프린팅

세라믹 제트 프린팅 기술의 메커니즘은 그림 15.34에 개략적으로 나타낸 것처럼 비교적 간단하다. 먼저 롤러 메커니즘이 빌드 플랫폼 위에 세라믹 분말을 얇은 층으로 펼친다. 그런 다음 잉크젯이 원하는 고체 부분에 대해 이 층의 일부가 될 분말 영역에만 결합제를 선택적으로 '인쇄'한다.[9] 결합제는 접촉하는 분말 입자를 함께 결합한다. 이 과정은 인쇄 과정이 완료될 때까지 반복된다. 이때 프린터의 언바운드 파우더 베드에서 '녹색(미성형)' 부분이 제거되고 여분의 파우더가 제거된다. 필요한 경우 오븐에서 부품을 가열하여 휘발성 성분을 제거할 수

9) 결합제(binder)는 프린트될 세라믹 재료에 따라 결정된다. 일반적인 결합제 재료는 고분자와 콜로이드 실리카를 포함하고 있다.

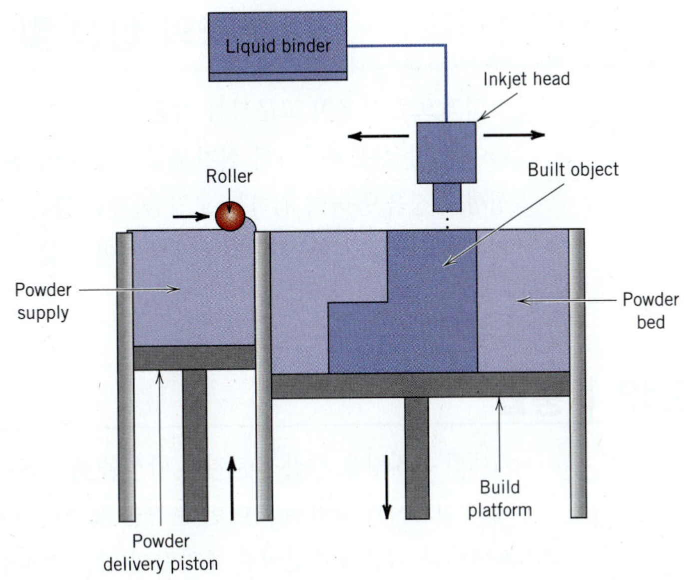

그림 15.34 세라믹 제트 3D 프린팅 방법의 개략도

있다. 마지막으로 분말 입자는 소성 작업에서 함께 소결되어 완성품의 강도와 밀도가 증가한다. 도자기는 이 기술을 사용하여 인쇄된다.

3D 점토 압출

점토기반 세라믹을 위한 많은 3D 프린터들이 개발되었는데 이들은 축소되고 고도로 정교한 수가소(hydroplastic) 성형 압출기들이다(수가소 압출에 대해서는 15.9절에서 논의됨). 프린터 헤드는 점토, 물(또는 기타 결합제) 및 아마도 추가 성분으로 구성된 점토반죽 필라멘트를 지속적으로 압출한다. 점토반죽의 일관성은 인쇄된 조각이 모양을 유지하기에 충분한 구조적 무결성을 갖도록 해야 한다. 일부 프린터는 특정 반죽용으로 설계되었으며, 다른 것들은 반죽 구성의 유연성이나 일관성을 갖도록 개발되어 있다. 매끄럽고 기포 없는 마무리를 달성하기 위해서는 인쇄 전에 반죽의 기포를 제거하는 기능이 중요하다. 이 기술과 세라믹에 대한 다른 인쇄기술의 주요 차이점은 인쇄 요소의 크기이다. 요소 크기는 점토 압출의 경우 훨씬 큰데, 예를 들어 컵이나 접시의 두께와 같은 것이다. 프린팅 후 니장 주입 및 수가소 성형체에 대하여 15.9절에서 설명된 것과 비슷한 방식으로 부품을 건조하고 소성해야 한다. 소성 열처리 전에 장식용 유약을 도포할 수 있다.

3D 점토 압출은 도자기(접시, 컵, 받침접시, 머그잔) 및 장식/공예품(조각상, 입상, 보석, 화분)을 비롯한 여러 분야에서 사용된다.

고분자의 합성 및 가공

상업적으로 유용한 고분자는 작은 분자로부터 중합이라고 불리는 과정을 통하여 합성된다. 나아가 합성된 고분자에 첨가제를 투입하여 성질을 변화시키거나 개선시킨 후 마지막으로 성형 과정을 통하여 원하는 모양을 가진 물건을 제조한다. 이 절에서는 중합 과정과 여러 가지 형태의 첨가제와 성형 과정에 대하여 논할 것이다.

15.13 | 중합

거대한 분자량을 가진 고분자의 합성을 중합(*polymerization*)이라고 하며 이는 단량체를 반복해서 결합시켜 각각의 거대한 분자를 제조하는 단순한 과정이다. 합성 고분자의 원료물질은 석탄이나 석유에서 얻어진 분자량이 낮은 분자들이며, 중합이 일어나는 과정은 아래에 논의되는 메커니즘에 따라 첨가반응과 축합반응의 두 가지로 크게 분류한다.

첨가중합

첨가중합

첨가중합(addition polymerization)[연쇄반응중합(*chain reaction polymerization*)이라고도 함]은 이중 반응성(두 번의 반응을 할 수 있음)의 단량체가 한 번에 하나씩 결합하여 사슬 형태로 선형 거대분자를 형성하는 과정이다. 생성되는 분자의 조성은 반응하는 단량체에 정수를 곱한 것이 된다.

첨가중합에서는 개시, 성장, 종결의 분명한 세 단계가 존재한다. 개시 단계에서는 개시제(혹은 촉매)와 단량체 사이의 반응에 의하여 성장반응을 할 수 있는 활성부위를 가진 분자가 형성된다. 폴리에틸렌에 대한 개시 단계는 이미 설명한 바 있으며[식 (4.1)], 식 (15.1)에 다시 그려 놓았다.

$$\mathrm{R\cdot} + \underset{\mathrm{H}}{\overset{\mathrm{H}}{\mathrm{C}}}=\underset{\mathrm{H}}{\overset{\mathrm{H}}{\mathrm{C}}} \longrightarrow \mathrm{R}-\underset{\mathrm{H}}{\overset{\mathrm{H}}{\mathrm{C}}}-\underset{\mathrm{H}}{\overset{\mathrm{H}}{\mathrm{C}}}\cdot \tag{15.1}$$

R·은 활성이 있는 개시제를 나타내며 ·은 짝짓지 않은 전자를 나타낸다.

성장반응은 단량체가 하나씩 연쇄적으로 반응하여 사슬을 형성하는 과정으로 폴리에틸렌에 있어서 다음과 같이 표현할 수 있다.

$$\mathrm{R}-\underset{\mathrm{H}}{\overset{\mathrm{H}}{\mathrm{C}}}-\underset{\mathrm{H}}{\overset{\mathrm{H}}{\mathrm{C}}}\cdot + \underset{\mathrm{H}}{\overset{\mathrm{H}}{\mathrm{C}}}=\underset{\mathrm{H}}{\overset{\mathrm{H}}{\mathrm{C}}} \longrightarrow \mathrm{R}-\underset{\mathrm{H}}{\overset{\mathrm{H}}{\mathrm{C}}}-\underset{\mathrm{H}}{\overset{\mathrm{H}}{\mathrm{C}}}-\underset{\mathrm{H}}{\overset{\mathrm{H}}{\mathrm{C}}}-\underset{\mathrm{H}}{\overset{\mathrm{H}}{\mathrm{C}}}\cdot \tag{15.2}$$

사슬의 성장은 비교적 빠른데, 1000개의 반복기를 가지는 고분자의 형성에 10^{-2}~10^{-3}초 정도가 소요된다.

성장은 여러 가지 형태로 멈추게 되는데, 첫 번째 형태는 식 (15.3)과 같이 성장하는 두 사슬이 서로 반응하여 반응성이 없는 분자를 형성하는 것이다.[10)]

$$\mathrm{R\!-\!(CH_2\!-\!CH_2)_m\!-\!CH_2\!-\!\dot{C}H_2 + \dot{C}H_2\!-\!CH_2\!-\!(CH_2\!-\!CH_2)_n\!-\!R \longrightarrow R\!-\!(CH_2\!-\!CH_2)_m\!-\!CH_2\!-\!CH_2\!-\!CH_2\!-\!CH_2\!-\!(CH_2\!-\!CH_2)_n\!-\!R} \tag{15.3}$$

또 다른 종결은 2개의 성장하는 분자가 반응하여 2개의 '죽은 사슬'을 다음과 같이 만드는 경우에 발생한다.[11)]

$$\mathrm{R\!-\!(CH_2\!-\!CH_2)_m\!-\!CH_2\!-\!\dot{C}H_2 + \dot{C}H_2\!-\!CH_2\!-\!(CH_2\!-\!CH_2)_n\!-\!R \longrightarrow R\!-\!(CH_2\!-\!CH_2)_m\!-\!CH_2\!-\!CH_2\!-\!H + CH_2\!=\!CH\!-\!(CH_2\!-\!CH_2)_n\!-\!R} \tag{15.4}$$

따라서 각 사슬의 성장은 종료된다.

분자량은 반응 시작, 전파 및 종료 단계의 상대적인 속도에 의해 결정된다. 일반적으로 원하는 중합도를 갖는 고분자를 제조하기 위해서는 이러한 속도를 제어하게 된다.

첨가중합반응은 폴리에틸렌, 폴리프로필렌, 폴리(비닐 클로라이드)와 폴리스티렌 및 많은 공중합체를 제조하는 데 사용된다.

개념 확인 15.7

다음과 같은 상황에서 첨가중합에 의하여 생성되는 고분자의 분자량이 높은지, 중간인지, 낮은지 밝혀라.

(a) 개시반응이 빠르고, 성장반응이 느리며, 종결반응이 빠를 때

(b) 개시반응이 느리고, 성장반응이 빠르며, 종결반응이 느릴 때

(c) 개시반응이 빠르고, 성장반응이 빠르며, 종결반응이 느릴 때

(d) 개시반응이 느리고, 성장반응이 느리며, 종결반응이 빠를 때

(정답은 *www.wiley.com*의 제품 페이지에서 확인할 수 있음)

10) 이러한 형태의 종결반응을 짝지음(*combination*)이라고 한다.

11) 이러한 형태의 종결반응을 불균등화(*disproportionation*)라고 한다.

축합중합

축합중합

축합중합(condensation polymerization)[단계반응중합(*step reaction polymerization*)이라고도 함]은 대개 한 가지 이상의 단량체들이 단계적으로 물과 같은 분자량이 낮은 부생성물을 생성하면서 축합하여 고분자를 생성하는 반응이다. 반응하는 화학종은 반복기와 다소 다른 화학식을 가지고 있으며, 분자간의 반응은 하나의 반복기가 형성될 때마다 한 번 일어난다. 예를 들어 디메틸 테레프탈레이트와 에틸렌 글리콜 사이의 반응으로 폴리에스테르 폴리(에틸렌 테레프탈레이트)(PET)가 형성되어 메틸 알코올을 부산물로 갖는 선형 PET 분자를 형성하는 것을 고려할 때, 분자간 반응은 다음과 같다.

Dimethyl terephthalate　　Ethylene glycol

$$n\left(\mathrm{H_3C{-}O{-}\overset{O}{\overset{\|}{C}}{-}C_6H_4{-}\overset{O}{\overset{\|}{C}}{-}O{-}CH_3}\right) + n\left(\mathrm{HO{-}CH_2{-}CH_2{-}OH}\right) \longrightarrow \left(\mathrm{{-}CH_2{-}CH_2{-}O{-}\overset{O}{\overset{\|}{C}}{-}C_6H_4{-}\overset{O}{\overset{\|}{C}}{-}O{-}}\right)_n + 2n\left(\mathrm{H_3C{-}OH}\right) \tag{15.5}$$

Poly(ethylene terephthalate)　　Methyl alcohol

이 단계적인 반응은 연속적으로 반복되어 위와 같은 경우에는 선형 고분자가 형성된다. 이 특정한 예의 화학이 중요한 것이 아니라 축합중합 메커니즘이 더 중요하며 축합반응에 걸리는 시간은 대개 첨가반응에 비하여 길다.

축합반응으로 인하여 가교 고분자나 그물망 고분자를 형성할 수 있는 반응기가 3개인 분자가 형성될 수 있다. 열경화성 폴리에스테르와 페놀-포름알데히드, 나일론과 폴리카보네이트 등의 열경화성 고분자는 축합반응에 의하여 형성되는데 나일론과 같은 고분자는 축합반응이나 첨가반응 모두에 의하여 합성될 수 있으며 폴리에스테르도 마찬가지이다.

개념 확인 15.8

나일론 6,6는 헥사메틸렌디아민[NH_2—$(CH_2)_6$—NH_2]과 아디프산이 서로 반응하여 부생성물로 물을 형성하면서 생성되는 고분자이다. 식 (15.5)와 같은 방법으로 이 반응식을 써라. 참고: 아디프산의 구조는 다음과 같다.

$$\mathrm{HO{-}\overset{O}{\overset{\|}{C}}{-}CH_2{-}CH_2{-}CH_2{-}CH_2{-}\overset{O}{\overset{\|}{C}}{-}OH}$$

(정답은 *www.wiley.com*의 제품 페이지에서 확인할 수 있음)

15.14 | 고분자 첨가제

이미 설명한 대부분의 고분자 성질은 고분자 자체의 성질로 주어진 고분자의 특성에 따라 결정된다. 고분자의 어떤 성질은 분자구조와 관계가 있으므로 고분자의 구조를 조절하여 성질을 변화시킬 수도 있으나, 그러한 방법으로 변화시킬 수 있는 정도보다 훨씬 더 큰 변화를 일으켜야 하는 경우가 많다. 고분자의 성질을 변화시켜 원하는 목적에 사용될 수 있도록 하기 위하여 의도적으로 이물질을 첨가하는 경우가 있는데 이 이물질을 첨가제(*additive*)라고 부른다. 전형적인 첨가제에는 충전재, 연화제, 안정제, 채색제, 발화지연제 등이 있다.

충전재

충전재

충전재(filler)는 주로 인장강도 및 압축강도, 내마모성, 질김성, 구조적 및 열적 안정성, 그리고 다른 성질을 높이기 위하여 고분자에 가해진다. 입자형 충전재로 사용되는 물질에는 목재 가루(미세한 가루 형태의 톱밥), 실리카 가루와 모래, 유리, 점토, 탤크, 석회석과 일부 합성 고분자 등이 있다. 입자 크기는 10 nm에서 현미경 관찰 가능 수준까지 다양하며 이들 물질은 가격이 싸고 더 비싼 고분자의 사용량을 감소시켜 주므로 최종 생성물의 생산비용을 절감시킨다.

연화제

연화제

고분자의 유연성, 연성, 질김성 등을 개선하기 위하여 첨가하는 물질을 **연화제(plasticizer)**라고 한다. 이들을 가하면 딱딱한 성질과 경직성이 감소된다. 연화제는 대개 증기압이 낮고 분자량이 낮은 액체이며 작은 연화제 분자가 큰 고분자 사슬의 사이에 끼어들어 분자 사이의 거리를 증가시킴으로써 분자간 2차 결합을 약화시킨다. 일부 아세테이트 공중합체와 폴리(비닐 클로라이드)와 같이 상온에서 깨지는 성질(취성)을 가진 고분자에는 연화제가 가해진다. 연화제는 고분자의 유리전이온도를 낮추어 일상적인 조건에서 휘거나 늘어날 수 있는 용도로 사용될 수 있도록 한다. 그러한 용도에는 얇은 판이나 필름, 튜브, 비옷, 커튼 등이 있다.

개념 확인 15.9

(a) 연화제의 증기압은 왜 낮아야 하는가?

(b) 고분자의 결정성은 연화제의 첨가에 의하여 왜, 어떻게 영향을 받는가?

(c) 연화제를 첨가하면 고분자의 인장강도는 왜, 어떻게 영향을 받는가?

(정답은 *www.wiley.com*의 제품 페이지에서 확인할 수 있음)

안정제

안정제

어떤 고분자 재료는 일반적인 환경 조건에서 기계적인 특성이 급속도로 나빠진다. 열화에 반작용하는 물질을 **안정제(stabilizer)**라고 한다.

많은 경우에 열화는 빛(특히 자외선)에 노출됨으로써 일어난다. 자외선은 공유결합과 상호작용하여 분자사슬의 공유결합을 끊거나 가교를 일으키기도 한다. 자외선에 대한 안정화에는 두 가지 주요한 접근법이 있다. 첫 번째는 표면에 얇은 막 형태의 자외선 흡수 물질을 첨가하는 것이다. 이것은 자외선이 침투하여 고분자를 손상시키기 전에 자외선을 차단하는 역할을 한다. 두 번째 방법은 자외선에 의해 파괴된 결합과 반응하여 더 이상의 고분자 손상이 진행되는 것을 방지하는 물질을 첨가하는 것이다.

다른 중요한 열화 형태는 산화이다(16.12절). 이것은 산소[이원자 산소(O_2) 또는 오존(O_3)]와 고분자 분자들 간의 화학반응의 결과이다. 산화를 방지하는 안정제는 산소가 고분자에 닿기 전에 산소를 소비하거나 재료를 손상시키는 산화반응을 억제한다.

채색제

채색제

채색제(colorant)는 고분자에 특정한 색을 띠도록 한다. 이들은 염료 형태이거나 피그먼트 형태이다. 염료의 분자는 용해되어 고분자 구조의 일부분처럼 되는 반면, 피그먼트는 녹지 않는 충전재로 독립적인 상으로 존재한다. 이들은 대개 입자 크기가 작아 투명하며 첨가된 고분자와 비슷한 굴절률을 가지고 있다. 굴절률이 유사하지 않은 피그먼트들은 고분자에 색을 제공하지만 동시에 고분자를 불투명하게 만든다.

발화지연제

발화지연제

천과 어린이 장난감 제조에 있어서 고분자의 가연성은 매우 큰 우려를 자아낸다. 폴리(비닐 클로라이드)나 폴리테트라플루오로에틸렌과 같이 상당한 양의 염소나 불소를 함유한 고분자를 제외한 대부분의 순수한 고분자는 가연성이다. 연소되는 고분자의 내화성은 **발화지연제(flame retardant)**를 사용하여 개선될 수 있다. 이들 지연제는 가스 상에서 일어나는 연소 과정을 방해하거나 연소 부위에서 냉각을 일으키는 화학반응을 유발하여 연소를 멈추도록 한다.

15.15 | 플라스틱 성형 기술

고분자 재료를 성형하는 기술에는 상당히 많은 것들이 있다. 특정한 고분자에 어떤 기술을 사용하는가는 (1) 고분자가 열가소성인지 열경화성인지, (2) 열가소성이면 몇 도에서 연화되는지, (3) 형성되는 물질의 대기에서의 안정성, (4) 최종 제품의 구조 및 크기 등으로 결정된다.

이들 기술 중에는 금속이나 세라믹을 가공하는 방법과 유사한 것이 매우 많다.

고분자 재료의 성형은 일반적으로 높은 온도에서 수행되며 압력을 가하는 경우가 많다. 열가소성 고분자는 비정질의 경우 유리전이온도 이상에서 성형되며 반결정질인 경우 용융점 이상에서 성형된다. 성형 후 식히는 동안에도 압력을 계속 가해 주어야 그 형태가 유지된다. 열가소성 플라스틱을 사용하면 경제적으로 유리한데, 이는 열가소성 플라스틱은 재사용이 가능하며 특히 제작 중 떨어져 나오는 작은 조각들을 다시 성형하여 제품을 만들 수 있기 때문이다.

열경화성 고분자의 가공은 두 단계로 수행된다. 첫 단계는 종종 프리폴리머라고 불리는 선형 고분자를 액체 형태로 준비하는 것인데, 분자량을 낮게 합성함으로써 액체 프리폴리머를 준비한다. 두 번째 단계를 통해 이 물질이 단단하고 경직성 있는 제품으로 변화되는데, 이 과정은 일반적으로 원하는 모양을 가진 주형에서 수행된다. **경화**(*curing*)라고 불리는 이 두 번째 단계에서는 프리폴리머에 촉매를 가하고 가열하거나 압력하에 가열함으로써 분자 수준에서 화학적, 구조적 변화를 일으켜 가교되거나 그물망 구조가 형성되도록 한다. 경화 이후에는 물질의 형태가 변화하지 않으므로 뜨거운 상태에서 생성물을 주형에서 꺼낼 수 있다. 열경화성 재료는 재활용하기 어렵고, 녹지 않으며, 열가소성 플라스틱에 비하여 더 높은 온도에서 사용할 수 있고, 화학적으로 더 안정하다.

성형

성형(molding)은 플라스틱 고분자를 만드는 데 가장 널리 사용된다. 성형에는 압축(compression), 이동(transfer), 사출(injection), 압출(extrusion), 송풍(blow) 등이 같이 사용된다. 모든 경우에 높은 온도에서 환 형태나 알갱이 형태의 플라스틱을 압력으로 밀어 넣어 몰드의 빈 공간으로 고분자가 완전히 차 들어가도록 한다.

압축 및 이동 성형

압축 성형에서는 적절한 양의 고분자와 필요한 첨가제를 잘 혼합하여 그림 15.35에서 보는

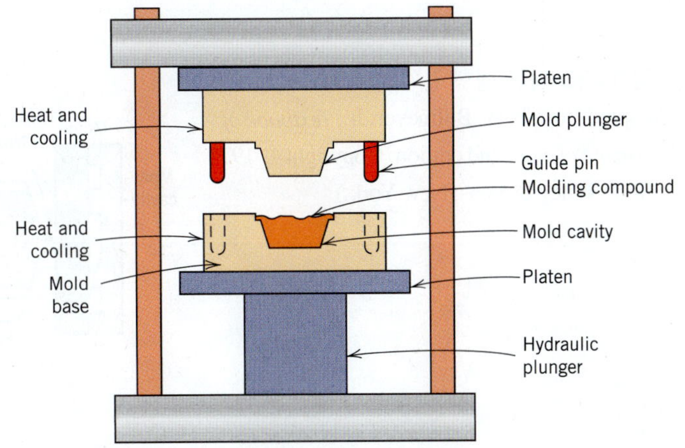

그림 15.35 압축 성형 장치의 개략도
(From F. W. Billmeyer, Jr., *Textbook of Polymer Science*, 3rd edition. Copyright © 1984 by John Wiley & Sons, New York. Reprinted by permission of John Wiley & Sons, Inc.)

것과 같은 가열된 오목한 틀과 볼록한 틀 사이에 두고 오목한 틀이나 볼록한 틀이 움직여 형상을 찍어 내는 것이다. 몰드를 닫아 압력이 가해지면 플라스틱이 점성 있는 액체로 변하여 몰드의 모양대로 변한다. 성형 전에 원료물질을 낮은 온도에서 눌러 **프리폼**(*preform*)이라고 부르는 판을 제조할 수도 있다. 프리폼을 예열하면 성형에 소요되는 시간과 압력을 줄일 수 있어 다이의 수명을 연장시킬 수 있으며 더 균일한 제품을 얻을 수 있다. 이 방법을 열가소성 및 열경화성 재료 모두에 사용할 수 있으나 열가소성에 사용하면 시간이 더 소비되고 비용이 많이 든다.

이동 성형은 압축 성형을 변형한 것으로 고체 성분이 이동 챔버의 내부에서 먼저 가열되어 녹는다. 녹은 성분은 몰드 챔버에 사출되며 압력은 모든 면에 균일하게 분산된다. 이 방법은 열경화성 고분자와 복잡한 구조를 가진 제품 제조에 사용된다.

사출 성형

사출 성형은 고분자에 있어 금속의 다이 캐스팅과 동일한 것으로 열가소성 재료의 성형에 가장 널리 사용되는 기술이다. 그림 15.36에 장치의 단면이 그려져 있다. 정확한 양의 알갱이 형태의 물질을 호퍼를 통하여 가하면 플런저나 램의 작용으로 알갱이가 실린더로 들어가게 된다. 충전된 물질이 밀려서 가열 챔버로 진행하여 가열 챔버에서 열가소성 재료가 녹아 점성 있는 액체로 된다. 녹은 플라스틱은 램의 운동에 의하여 노즐을 통하여 밀봉된 금형의 빈 공간으로 들어가며 압력은 녹은 고분자가 굳을 때까지 계속 가해 준다. 최종적으로 금형을 열고 형성된 물품을 꺼낸 후 금형을 닫고 전 과정을 반복하게 된다. 이 방법의 가장 특이한 면은 제품을 제조하는 속도가 빠르다는 것이다. 열가소성 고분자의 경우 녹았던 고분자의 고체화가 즉시 일어나기 때문에 이 과정의 한 주기에 걸리는 시간이 대개 10~30초로 매우 짧다. 열경화성 고분자도 역시 사출 성형 될 수 있는데, 가열된 몰드에서 압력이 가해진 상태로 있는 동안 경화가 일어나 가공시간이 열가소성 고분자의 가공시간에 비하여 더 길다. 사출 성형을 통하여 열경화성 고분자를 제조하는 방법을 **반응성 사출 성형**(*reaction injection molding, RIM*)이라고 부르기도 한다.

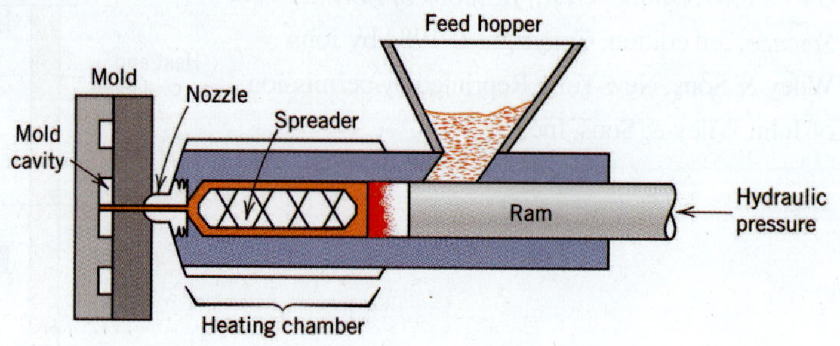

그림 15.36 사출 성형 장치의 개략도
(Adapted from F. W. Billmeyer, Jr., *Textbook of Polymer Science*, 2nd edition. Copyright © 1971 by John Wiley & Sons, New York.)

압출 성형

압출은 점성이 높은 열가소성 고분자를 끝이 열려 있는 다이를 통하여 성형하는 것으로 금속의 압출과 유사하다(그림 15.2*c*). 기계적인 나사형 혹은 나선형 부품이 알갱이 형태의 물질을 챔버로 보내면 알갱이는 눌려 녹은 후 연속적으로 공급되는 점성 있는 액체가 된다(그림 15.37). 이렇게 녹은 물질이 다이의 구멍을 통하여 압출된다. 압출된 물질의 고체화를 촉진하기 위하여 이동 컨베이어로 투입되기 직전에 바람을 불어넣거나 물을 뿌리기도 한다. 이 방법은 일정한 단면적을 가지는 연속적으로 긴 막대를 제조하는 데 응용되며 막대기, 튜브, 호스 채널, 판, 필라멘트 등이 제조되는 제품의 예이다.

송풍 성형

그림 15.23에서 보는 것과 같이 플라스틱 용기의 송풍 성형 공정은 유리병을 가공하는 것과 유사하다. 먼저 용융 예비성형물 혹은 고분자 튜브를 만들고 아직도 거의 녹아 있는 상태에서 예비성형물을 두 조각으로 된 원하는 형태의 몰드에 넣는다. 속이 빈 제품은 예비성형물에 공기나 수증기를 불어넣어 몰드의 윤곽대로 모양이 형성되도록 한다. 물론 예비성형물의 온도와 점성을 세밀하게 조절하여야 한다.

주조

금속과 마찬가지로 고분자 재료도 녹아 있는 상태에서 몰드에 부어 넣고 고체화시킴으로써 주조할 수 있다. 열가소성 고분자와 열경화성 고분자 모두 주조로 가공할 수 있다. 열가소성 고분자의 경우 녹아 있는 상태에서 냉각시켜 고체화시킬 수 있으며, 열경화성 고분자의 경우에는 대부분 높은 온도에서 중합하거나 경화시킴으로써 고체화된다.

그림 15.37
압출기의 개략도

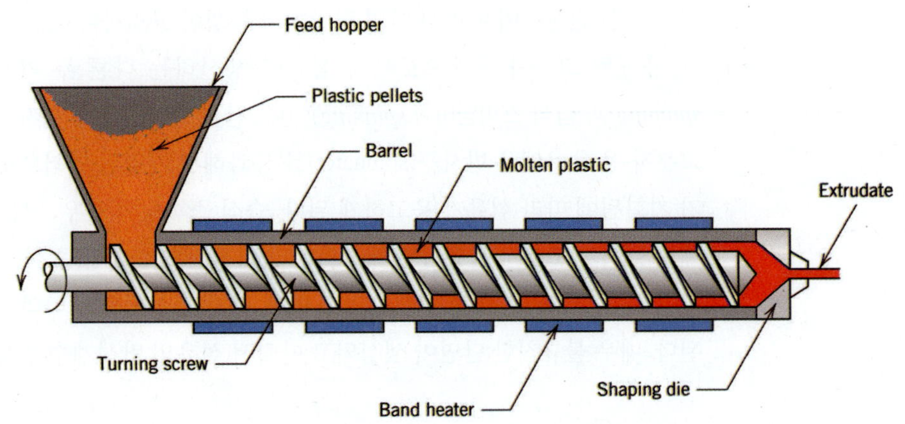

15.16 | 탄성체의 가공

고무 부품의 가공에 사용되는 기술은 이미 설명한 플라스틱에 대한 기술(압축 성형, 압출 성형 등)과 같다. 대부분의 고무 재료는 가교되거나(9.19절) 카본블랙으로 강화된다(5.2절).

개념 확인 15.10

고무 제품을 원하는 형태로 경화시키려면 가황 처리를 성형 전에 해야 하는가 아니면 성형 후에 해야 하는가? 답에 대한 이유를 설명하라. 힌트: 9.19절을 참조하라.

(정답은 *www.wiley.com*의 제품 페이지에서 확인할 수 있음)

15.17 | 섬유와 필름의 성형

섬유

방적

고분자에서 섬유를 제조하는 공정을 **방적(spinning)**이라고 한다. 가장 흔히 사용되는 방법은 고분자의 녹아 있는 상태에서 섬유를 제조하는 멜트 스피닝(*melt spinning*)이다. 재료를 비교적 높은 점성을 가진 액체로 가열하고 스피너레트(*spinneret*)라고 하는 판으로 펌프질한다. 스피너레트에는 수많은 작은 구멍이 있으며 고분자는 이들을 빠져나가면서 하나의 섬유가 되고 공기에 노출되면서 거의 즉시 냉각된다.

섬유의 결정성은 방적 공정에서 얼마나 빨리 냉각되는가에 달려 있다. 섬유의 강도를 높이기 위하여 인발(*drawing*)이라는 후공정을 거치며 이에 대해서는 9.18절에서 논의하였다. 인발은 단순히 섬유를 기계적으로 축방향으로 연신시키는 공정이다. 인발 과정 중에 분자들은 축방향으로 배열하여 인장강도, 탄성계수, 질김성이 증가한다(그림 9.28*d*). 인발된 섬유의 단면은 거의 원형이며 따라서 단면 전반에서 특성이 균일하다.

용해된 고분자 용액으로부터 섬유를 생산하는 다른 두 가지 방법은 건식 스피닝(*dry spinning*)과 습식 스피닝(*wet spinning*)이다. 건식 스피닝은 고분자가 휘발성 용매에 녹아 있다. 고분자-용매 용액은 방사구(spinneret)를 통과해서 가열된 영역으로 들어가게 된다. 이때 용매가 기화됨에 따라 섬유가 응고하게 된다. 습식 스피닝의 경우, 고분자-용매 용액이 두 번째 용매로 들어가 고분자 섬유가 용액으로부터 직접적으로 생성(즉, 석출)되도록 하여 섬유를 생성한다. 두 방법 모두 스킨이 섬유의 표면에 먼저 생성되고 뒤따라 수축이 일어나 섬유가 수축된다. 매우 불규칙한 단면이 생성되고 따라서 섬유의 탄성계수가 높아지게 된다.

필름

많은 종류의 필름은 얇은 다이 틈새를 통해 간단히 압출되는데, 두께를 줄이고 강도를 향상시

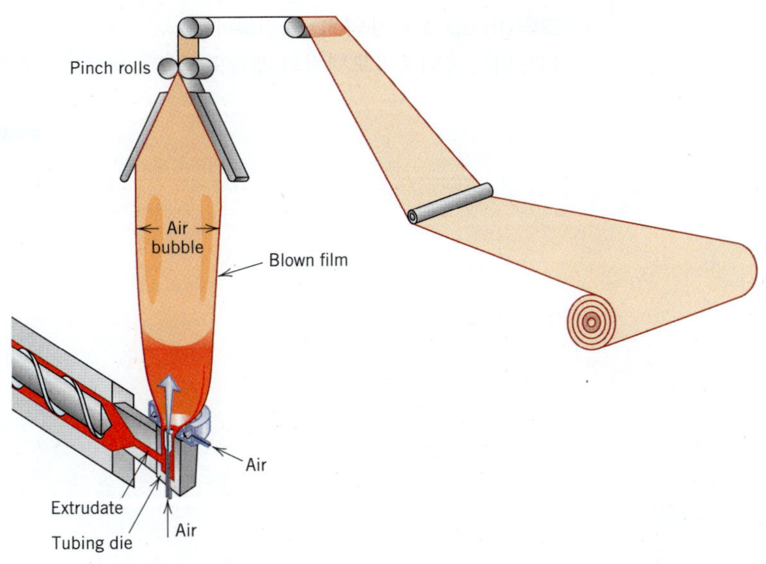

그림 15.38 얇은 고분자 필름을 제조하기 위한 장치의 개략도

키기 위해서 압연[캘린더링(calendering)] 또는 인발 작업이 뒤따를 수 있다. 다른 방법으로는 송풍으로 필름을 불어낼 수 있는데, 연속 튜브의 경우 둥근 모양의 다이를 통해 먼저 고분자가 압출된다. 그런 다음 튜브 내부에 공기를 불어넣어 조심스럽게 가스 압력을 유지하면서 필름이 다이에서 나올 때 축방향으로 끌어당김으로써 풍선처럼 고분자 재료가 갇힌 공기 기포 주위로 팽창한다(그림 15.38). 그 결과 벽 두께가 지속적으로 감소되어 얇은 원통형 필름을 만들고 끝을 밀봉하여 쓰레기봉투를 만들거나 필름을 만들기 위해 절단하고 평평하게 놓을 수 있다. 이 공정을 **2축 인발 공정**(*biaxial drawing process*)이라고 하며, 두 연신 방향 모두에서 강한 필름을 만든다. 최신 필름 중 일부는 **공압출**(*coextrusion*)에 의해 생산되는데, 즉 하나 이상의 고분자 재료가 다층으로 동시에 압출된다.

15.18 | 고분자의 3D 프린팅

3D 프린팅 기술을 사용하여 많은 고분자 재료를 유용한 모양으로 가공할 수 있다. 프린터에 지침을 전달하는 소프트웨어 파일을 생성하는 절차는 15.5절(금속의 3D 프린팅)에서 설명한 절차와 유사하다. 일반적으로 고분자는 금속 및 세라믹보다 다음과 같은 이유로 3D 프린팅에 더 적합하다.

- 상대적으로 용융온도 및 연화온도가 낮다.
- 상대적으로 유연하고 연성이 있다.
- 감광성일 수 있다(즉, 광원, 종종 자외선에 노출되면 중합됨).

몇 가지 새로운 3D 프린팅 기술이 고분자 재료에 사용되고 있는데, 그중 가장 일반적인 세

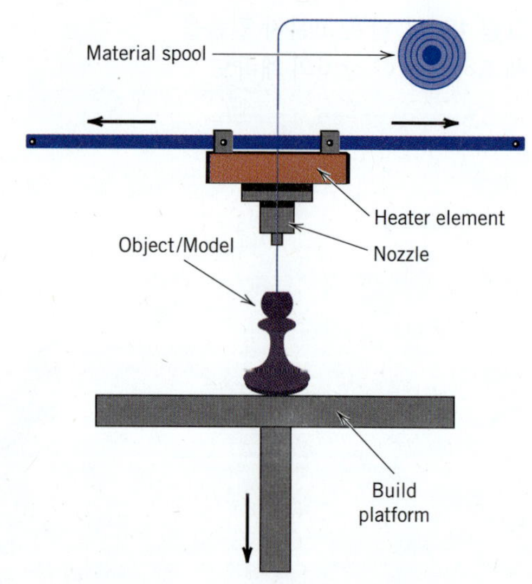

그림 15.39 고분자의 3D 프린팅에 이용되는 융합증착모델링의 개략도

가지 기술인 융합증착모델링, 스테레오리소그래피, 폴리젯 프린팅에 대해 설명한다.

융합증착모델링

융합증착모델링(*fused deposition modeling, FDM*)[12)]은 고분자 재료, 특히 열가소성 고분자를 위해 개발된 최초의 3D 프린팅 기술 중 하나이다. 그림 15.39에 개략적으로 설명된 이 기술을 사용하면 공급 원료 중합체의 필라멘트 또는 와이어가 프린터 노즐에 공급되어 중합체를 유리전이온도 이상으로 가열한다. 원하는 물체의 각 층은 용융 중합체의 편평한 끈을 노즐로부터 압출하여 형성한다. 프린터 소프트웨어는 모든 층에 대해 정확한 패턴을 생성하기 위해 노즐이 고분자를 '인쇄'하거나 분배할 위치를 결정한다. 반용융 중합체의 인접한 층은 서로 접착된다. 또한 압출 직후 고분자는 냉각되어서 경화된다.

일부 복잡한 모양의 경우에는 인쇄 중 그리고 고분자가 여전히 반용융 상태인 동안 뒤틀리거나 접힐 수 있는 물체의 일부를 지지하기 위해 적층 공정 중에 지지구조물을 인쇄해야 할 수도 있다. 다른 중합체[예: 폴리(비닐 알코올)]가 이러한 지지구조용으로 인쇄되며, 이는 물-세제 수조에서 용해되어 후처리되어 제거된다.

이 FDM 기술을 사용하여 인쇄된 일반적인 고분자에는 폴리(락트산)(PLA), 아크릴로나이트릴-부타디엔-스티렌(ABS), 폴리(에틸렌 테레프탈레이트)(PET), 나일론, 열가소성 폴리우레탄(TPU), 폴리카보네이트(PC)가 있다. FDM 인쇄 고분자의 중요한 응용분야 중 하나는 생체조직공학을 위한 생분해성 PLA 스캐폴드이다. 다른 응용분야로는 항공우주, 의료 포장, 전자(정전기에 민감한 재료) 및 초도품 생산이 있다.

---

12) 융합증착모델링 및 FDM은 Stratasys, Inc.의 상표이다. 일반적인 용어는 융합 필라멘트 제작(또는 *FFF*)이다. 때로는 플라스틱 제트 인쇄(*PJP*)라고도 한다.

스테레오리소그래피

고분자의 스테레오리소그래피(*stereolithography, SLA*)의 경우 공급 원료는 광경화성 수지 혼합물이다. 이 혼합물은 인쇄할 고분자, (공급 원료의 점도에 영향을 미치는) 단량체, 그리고 빛에 노출되었을 때 수지 혼합물을 경화(중합)시키는 광개시제(photoinitiator)로 구성된다. 생성되는 개체는 위 또는 아래로 이동할 수 있는 적층 플랫폼에 연결되고 지지된다(그림 15.40). 적층 플랫폼과 부분적으로 인쇄된 개체는 액상 감광성 수지 통에 담겨 있다. 상단 개체 층은 수지 수조의 표면에 위치한다. 다음 층(또는 슬라이스)은 먼저 적층 플랫폼과 개체를 레이어 두께(일반적으로 0.05~0.15 mm)와 동일한 거리만큼 낮추어 생성한다. 다음 층의 얇은 코팅 층은 표면을 가로지르는 수지 충전 리코터(recoater) 칼날을 사용하여 평탄하게 한다. 그런 다음 레이저빔이 물체의 이 층에 대한 패턴을 새로운 고분자 수지 코팅 위에 스캔(또는 그린다)하여 스캔된 영역만 중합(가교 및 응고)되어 아래 층에 결합된다. 이 과정은 층별로 반복되어 완전한 물체가 중합되면 물체가 큰 통에서 제거되고, 경화되지 않은 모든 수지가 화학 수조에 담겨 씻겨 없어진다. 마지막으로 원하는 물체를 자외선 오븐에서 인쇄 후 처리하여 완전한 중합을 달성할 수 있다.

스테레오리소그래피를 사용하여 제조된 고분자는 경화된 재료가 가교되거나 네트워크를 형성하는 만큼 열경화성이다. 이들 중 가장 일반적인 것은 에폭시 및 아크릴레이트 기반 시스템이다. 또한 일반적인 응용분야에는 해부학적 모델, 맞춤형 생체의학 임플란트, 건축 모델,

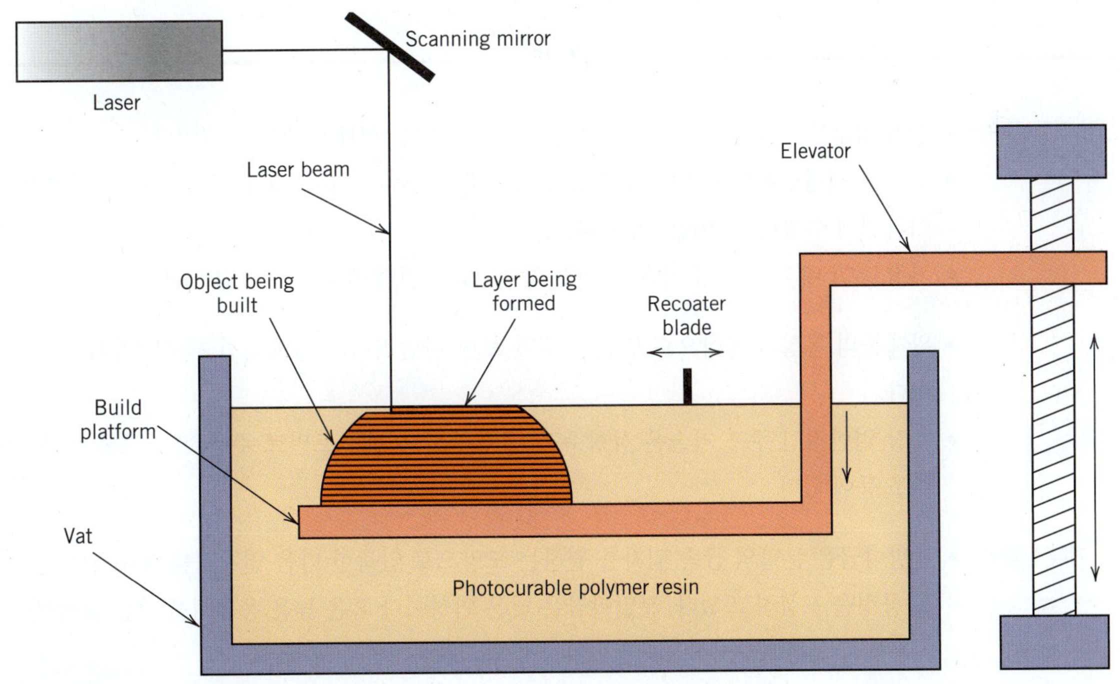

그림 15.40 고분자의 3D 프린팅을 위한 스테레오리소그래피를 설명하는 개략도

인베스트먼트 주조 모형이 포함된다.

폴리젯 프린팅

폴리젯 프린팅(*polyjet printing, PJP*)[포토폴리머 제팅(*photopolymer jetting*)이라고도 함] 기술은 위에서 설명한 융합증착모델링과 스테레오리소그래피의 요소를 통합한 것이다. 이 방법은 적층 플랫폼 위에서 프린터 헤드가 자외선램프로 즉시 경화되는 UV 활성 및 점성 액체 광중합체(SLA와 동일)를 한 층씩 프린트한다. 그러나 SLA와 달리 인쇄되는 물체는 광중합체 수조에 담그지 않는다. 지지구조의 인쇄는 물체의 돌출 요소(일반적으로 다른 재료)에도 필요할 수 있는데, 고압 물줄기를 사용하여 인쇄 후 씻겨 나간다. 광중합체는 매우 빠르게 경화되므로 후경화 처리가 필요하지 않다.

이 기술을 사용하면 블렌딩을 통해 2개 또는 3개의 레진을 동시에 인쇄할 수 있다. 이로 인해 합성물, 다양한 색상, 투명한 물체, 다색 물체 및 기능적으로 등급이 매겨진 재료(즉, 다른 위치에서 다른 속성을 가짐)가 생성될 수 있다. 인쇄 재료들은 독점적이다. 그러나 아크릴로나이트릴-부타디엔-스티렌(ABS), 폴리프로필렌(PP), 폴리카보네이트(PC)와 같은 특성을 '모사'하는 기존 고분자로 판매된다. 또는 이러한 재료들은 특정 속성으로 특징지어질 수 있는데 예를 들면 생체적합성, 투명성, 또는 고무의 거동을 나타내는 특성이다. 응용분야는 치과 및 치열교정 모델, 안경, 핸들, 개스킷, 휴대폰 케이스, 주조 패턴, 수술 가이드 등으로 다양하다.

요약

성형 작업(금속)

- **성형 작업**이란 금속 제품을 소성변형에 의해 원하는 형태로 만드는 것이다.
- 변형을 재결정온도 이상에서 수행할 때 **열간가공**이라 하고, 그렇지 않을 경우(재결정온도 이하에서 수행) **냉간가공**이라 한다.
- 가장 흔한 네 가지 성형 기술은 단조, 압연, 압출, 인발 가공이다(그림 15.2).

주조

- 완제품의 특성과 형상으로 만들기 위한 보다 바람직하고 경제적인 제조방법이 주조 공정이다.
- 가장 일반적인 주조 기술은 사형주조, 금형주조, 인베스트먼트 주조, 로스트폼 주조, 연속주조 등이 있다.

기타 방법들

- 분말야금은 분말의 금속 입자를 원하는 모양으로 압축한 다음 열처리를 통해 밀도를 높이는 공정을 포함하고 있다. 분말야금은 낮은 연성이나 혹은 높은 용융점을 갖는 금속에 주로 적용되는 공정이다.
- 용접은 둘 이상의 금속 부품을 접합할 때 사용되는 공정이다. 용융접합부는 용접 대상 부품

들의 일부를 녹여 붙이거나 용가재(용접봉)를 녹여서 접합하게 된다.

3D 프린팅

- 새롭고 혁신적인 기술인 3D 프린팅(또는 적층제조)은 금속과 그 합금을 제조하는 데 사용된다. 3차원 개체는 한 재료의 일련의 층을 다른 층 위에 '인쇄'하여 만든다. 맞춤형의 유일한 제품이 생산되고 비용효율적이며 짧은 시간에 제작된다.
- 금속 재료에 사용되는 두 가지 3D 프린팅 기술은 직접 에너지 증착과 분말 베드 융합이다. 두 기술의 에너지원은 레이저 또는 전자빔이다.

열풀림 공정

- 열풀림(annealing, 燒鈍)은 높은 온도에서 긴 시간 동안 노출한 후 비교적 낮은 속도로 상온까지 냉각시키는 공정이다.
- 열풀림 처리를 하는 동안 냉간가공된 부품은 재결정이 일어나 더 연하고 큰 연성을 나타낸다.
- 생성되었던 내부 잔류응력은 응력제거 열풀림을 하는 동안 제거된다.
- 철 합금은 결정립 미세화와 조직을 개선하기 위하여 노멀라이징 열처리를 이용한다.

강의 열처리

- 고강도 강에서 전체 단면에 마텐자이트 구조가 주로 생성되면 최상의 기계적 특성으로 조합된다. 이것은 템퍼링 열처리를 하는 동안 템퍼링된 마텐자이트로 변한다.
- **경화능**(*hardenability*)은 마텐자이트 조직을 주로 얻는 특정한 열처리에서 마텐자이트 형성에 미치는 조성의 영향을 나타내는 데 사용되는 변수이다.
- 경화능의 측정은 표준화된 조미니 급랭시험(Jominy end-quench test, 그림 15.8)에 의해 수행하며, 그 결과 경화능 곡선이 얻어진다.
- **경화능 곡선**은 조미니 시편의 급랭부 끝에서부터 거리에 따라 경도를 도표로 나타낸 것이다. 경도는 급랭부 끝으로부터 거리가 멀어질수록 감소하는데(그림 15.9), 그 이유는 급랭부 끝에서 멀어질수록 담금질 속도(quenching rate)가 감소하여 마텐자이트의 생성량이 떨어지기 때문이다. 강들은 각각의 고유한 경화능 곡선을 갖는다.
- 담금재 역시 마텐자이트 형성에 영향을 미친다. 가장 흔히 쓰는 담금재 중에서 물이 가장 효과적이며, 그다음으로 수성 고분자, 기름, 공기 순이다. 담금재의 교반은 냉각효과를 보다 높여 준다.
- 특정 담금재에 대하여 냉각속도와 시편 크기 및 형상의 상관관계를 실험적으로 구한 도표를 그림 15.14*a*와 15.14*b*에 나타내었다. 이 도표는 단면 경도 분포를 구하는 경화능 데이터(예제 15.1)로 사용할 수 있다.

유리 및 유리-세라믹의 제조와 공정

- 유리질 특성은 고온에서 형성되므로 온도-점도 거동이 중요하게 고려된다. 용융점, 작업 온도, 연화점, 열풀림온도, 변형온도는 특정한 점도값에 해당하는 온도를 제공한다.
- 유리 제품의 성형에는 가압, 취입(그림 15.23), 인발(그림 15.24), 박판, 섬유 성형의 다섯 가지 방법이 사용된다.

- 유리가 냉각될 때, 내부와 표면부의 냉각속도(열수축률)의 차이로 인하여 내부 열응력이 발생된다.
- 제조가 끝난 유리는 열풀림과 템퍼링을 거쳐 기계적 성질을 향상시킨다.

점토 제품의 제조와 공정

- 점토광물은 세라믹 제조공정에서 두 가지 역할을 한다.
  - 점토에 물이 들어가면 유연해지면서 성형이 가능해진다.
  - 점토광물은 일정 온도 범위에서 용해된다. 따라서 소성하는(굽는) 동안 완전한 용융 없이도 치밀하고 강한 조각을 생성하게 된다.
- 점토 제품의 제조에는 수가소 성형(hydroplastic forming)과 니장 주입(slip casting, 점토액 주입)이라는 두 가지 기법이 있다.
  - 수가소 성형은 가소성이 있는 유연한 점토 덩어리를 금형 출구(die orifice)를 통과하도록 밀어 넣어 원하는 모양으로 성형하게 된다.
  - 니장 주입은 점토액(점토 또는 다른 비가소성 재료가 물과 혼합된 현탁액)을 다공성 틀에 부어 넣는다. 물이 몰드에 흡수되면서 고체층이 몰드 벽의 내부에 침착된다.
- 성형 후의 점토 성형물은 먼저 건조를 하고, 그다음에 기공을 줄이고 강도를 높이기 위해 고온에서 소성(굽는) 처리를 한다.

분말 압축

- 일부 세라믹 제품은 분말을 압축하여 성형한다. 일방향 압축, 등방향 압축 및 열간 압축 방법이 있다.
- 압축물의 치밀화 작업은 고온 소성 과정에서의 소결 메커니즘(그림 15.31)에 의해 일어난다.

테이프 캐스팅

- 테이프 캐스팅에서는 닥터 블레이드(그림 15.33)를 사용하여 평평한 표면 위에 점토액을 펼치면 균일 두께의 세라믹 판이 만들어진다. 이 테이프는 건조와 소성 작업을 거치게 된다.

세라믹의 3D 프린팅

- 세라믹 재료의 3D 프린팅을 위한 여러 기술이 개발되었다. 공급 원료는 분말 형태이며 일부 경우에는 액체 현탁액이 사용된다.
- 이 장에서는 세라믹 제트 프린팅 및 3D 점토 압출 공정에 대해 알아보았다.

중합

- 거대한 분자량을 가진 고분자의 합성을 중합반응이라 하며, 첨가중합과 축합중합 두 가지가 있다.
  - 첨가중합은 단량체가 한 번에 하나씩 연결, 선형 분자의 형태로 사슬을 형성하는 중합반응이다.
  - 축합중합은 하나 이상의 분자종을 포함하는 분자들 사이에서 단계적인 화학반응을 갖는 중합반응이다.

고분자 첨가제

- 고분자의 다양한 특성은 첨가제에 의해 개선된다. 첨가제에는 충전재, 연화제, 안정제, 채

색제, 발화지연제 등이 있다.

- 충전재는 고분자의 강도, 내마모성 그리고/또는 구조적 및 열적 안정성을 개선할 때 첨가된다.
- 유연성, 연성, 질김성 등은 연화제에 의해 향상된다.
- 안정제는 대기 중에서 빛이나 기체 물질에 노출되어 열화되는 과정을 방지한다.
- 채색제는 고분자에 특정 색상을 입힐 때 사용된다.
- 고분자의 내화성은 발화지연제를 사용하여 개선될 수 있다.

플라스틱 성형 기술

- 플라스틱 고분자의 제조는 고온에서 용융된 재료를 압축(그림 15.35), 이동, 사출(그림 15.36), 송풍 등 여러 성형방법 중 하나를 사용하여 완성할 수 있다. 압출(그림 15.37)과 주조 방법도 있다.

섬유와 필름의 성형

- 섬유는 점성을 가진 액체나 용액 상태로 방사되고, 그런 다음 인발(drawing)이라는 후공정에 의해 늘어나면서 기계적인 강도가 향상된다.
- 필름은 압출 및 송풍(그림 15.38) 또는 압연(캘린더링)에 의해 제조된다.

고분자의 3D 프린팅

- 고분자 재료는 낮은 용융/연화온도, 유연성, 감광성 등의 특성으로 인해 금속이나 세라믹보다 3D 프린팅에 더 적합하다.
- 고분자 재료에 대하여 세 가지 3D 프린팅 기법인 융합증착모델링, 스테레오리소그래피, 폴리젯 프린팅을 알아보았다.

중요한 용어와 개념

경화능	소성	용융점(유리)
구상화	수가소 성형	용접
냉간가공	안정제	유리전이온도
노멀라이징	압연	유리화
니장 주입	압출	응력제거
단조	연화점(유리)	인발
발화지연제	연화제	작업온도(유리)
방적	열 템퍼링	조미니 급랭시험
변형온도(유리)	열간가공	중간 열풀림
분말야금(P/M)	열충격	채색제
상부임계온도	열풀림	첨가중합
성형	열풀림온도(유리)	축합중합
세라믹 성형체	오스테나이트화 처리	충전재
소결	완전 열풀림	하부임계온도

참고문헌

ASM Handbook, Vol. 4A, Steel Heat Treating Fundamentals and Processes, ASM International, Materials Park, OH, 2016.

ASM Handbook, Vol. 4B, Steel Heat Treating Technologies, ASM International, Materials Park, OH, 2014.

ASM Handbook, Vol. 4D, *Heat Treating of Irons and Steels*, ASM International, Materials Park, OH, 2016.

ASM Handbook, Vol. 4E, *Heat Treating of Nonferrous Alloys*, ASM International, Materials Park, OH, 2016.

ASM Handbook, Vol. 6, *Welding, Brazing and Soldering*, ASM International, Materials Park, OH, 1993.

ASM Handbook, Vol. 6A, *Welding Fundamentals and Processes*, ASM International, Materials Park, OH, 2011.

ASM Handbook, Vol. 7, *Powder Metallurgy*, ASM International, Materials Park, OH, 2015.

ASM Handbook, Vol. 14A: *Metalworking: Bulk Forming*, ASM International, Materials Park, OH, 2005.

ASM Handbook, Vol. 14B: *Metalworking: Sheet Forming*, ASM International, Materials Park, OH, 2006.

ASM Handbook, Vol. 15, *Casting*, ASM International, Materials Park, OH, 2008.

Billmeyer, F. W., Jr., *Textbook of Polymer Science*, 3rd edition, John Wiley & Sons, New York, NY, 1984.

Black, J. T., and R. A. Kohser, *Degarmo's Materials and Processes in Manufacturing*, 12th edition, John Wiley & Sons, Hoboken, NJ, 2019.

Carter, C. B., and M. G. Norton, *Ceramic Materials Science and Engineering*, 2nd edition, Springer, New York, NY, 2013.

Fried, J. R., *Polymer Science & Technology*, 3rd edition, Pearson Education, Upper Saddle River, NJ, 2014.

Heat Treater's Guide: Standard Practices and Procedures for Irons and Steels, 2nd edition, ASM International, Materials Park, OH, 1995.

Kalpakjian, S., and S. R. Schmid, *Manufacturing Processes for Engineering Materials*, 6th edition, Pearson Education, Upper Saddle River, NJ, 2016.

King, A. G., *Ceramic Technology and Processing*, Noyes Publications, Norwich, NY, 2002.

Krauss, G., *Steels: Processing, Structure, and Performance*, 2nd edition, ASM International, Materials Park, OH, 2015.

McCrum, N. G., C. P. Buckley, and C. B. Bucknall, *Principles of Polymer Engineering*, 2nd edition, Oxford University Press, Oxford, UK, 1997.

Muccio, E. A., *Plastic Part Technology*, ASM International, Materials Park, OH, 1991.

Muccio, E. A., *Plastics Processing Technology*, ASM International, Materials Park, OH, 1994.

Powell, P. C., and A. J. Housz, *Engineering with Polymers*, 2nd edition, CRC Press, Boca Raton, FL, 1998.

Reed, J. S., *Principles of Ceramic Processing*, 2nd edition, John Wiley & Sons, New York, NY, 1995.

Richerson, D. W., and W. E. Lee, *Modern Ceramic Engineering: Properties, Processing, and Use in Design*, 4th edition, CRC Press, Boca Raton, FL, 2018.

Riedel, R., and I. W. Chen, *Ceramic Science and Technology, Vol. 3: Synthesis and Processing*, Wiley-VCH, Weinham, Germany, 2012.

Saldivar-Guerra, E., and E. Vivaldo-Lima (Editors), *Handbook of Polymer Synthesis, Characterization, and Processing*, John Wiley & Sons, Hoboken, NJ, 2013.

Shackelford, J. F., and R. H. Doremus (Editors), *Ceramic and Glass Materials*, Springer, New York, NY, 2008.

Strong, A. B., *Plastics: Materials and Processing*, 3rd edition, Pearson Education, Upper Saddle River, NJ, 2006.

문제

성형 작업(금속)

15.1 냉간가공과 열간가공의 차이점을 설명하라.

15.2 압출과 인발의 차이점을 설명하라.

주조

15.3 다이캐스팅이란 무엇인가? 그 장점을 기술하라.

15.4 연속주조란 무엇인가? 장점과 한계를 설명하라.

기타 방법들

15.5 분말야금의 장점을 서술하라.

15.6 용접 중에 형성되는 다른 영역은 무엇인가?

15.7 용접, 경납땜(brazing), 납땜질(soldering)의 주요 차이점은 무엇인가?

15.8 강철 합금의 경우 용접 부근 열 영향부의 평균 냉각속도가 10°C/s라고 가정하면 1080(공석) 및 HAZ인 4340에 대한 미세조직 및 관련 특성을 비교하라.

열풀림 공정

15.9 3D 프린팅의 응용을 기술하라.

15.10 중간 열풀림과 응력제거 열풀림을 구분하라.

15.11 노멀라이징 열처리 동안 다음 각 철-탄소 합금

을 오스테나이트화할 수 있는 대략적인 최소 온도를 제시하라.

(a) 0.15 wt% C

(b) 0.50 wt% C

(c) 1.10 wt% C

15.12 완전 열풀림 열처리 동안 다음 각 철-탄소 합금을 가열하는 것이 바람직한 대략적인 온도를 제시하라.

(a) 0.20 wt% C

(b) 0.60 wt% C

(c) 0.76 wt% C

(d) 0.95 wt% C

15.13 구상화(spheroidizing) 과정을 설명하고, 장점을 기술하라. 일반적으로 어떤 등급의 합금에 사용되는가?

강의 열처리

15.14 경화능이란 무엇인가? 어떻게 측정되는가?

15.15 경화능을 결정하기 위한 조미니 급랭시험법을 설명하라.

15.16 경화능 곡선을 간략하게 설명하라.

15.17 냉각속도에 대한 담금재, 시편 크기 및 형상의 영향을 논하라.

15.18 다음에 대한 방사형 경도 분포를 구성하라.

(a) 적당히 교반된 오일에서 담금질된 지름 50 mm의 8640 강철 합금의 원통형 시편

(b) 적당히 교반된 오일에서 담금질된 지름 50 mm의 5140 강철 합금의 원통형 시편

(c) 적당히 교반된 물에서 담금질된 지름 90 mm의 8630 강철 합금의 원통형 시편

(d) 적당히 교반된 물에서 담금질된 지름 100 mm의 8660 강철 합금의 원통형 시편

15.19 두 매체에서 담금질된 지름 75 mm의 8640 강철 원통형 시편에 대한 단일 구성 방사형 경도 프로파일을 그래프로 적당히 교반된 물과 기름에서 담금질의 효과를 비교하라.

유리 및 유리-세라믹의 제조와 공정

15.20 소다와 석회는 소다회(Na_2CO_3)와 석회석($CaCO_3$) 형태로 유리 배치에 추가된다. 가열하는 동안 이 두 가지 성분이 분해되어 이산화탄소(CO_2)를 방출하고, 그 결과 소다와 석회가 생성된다. 78 wt% SiO_2, 17 wt% Na_2O, 5 wt% CaO 구성의 유리를 만들려면 56.75 kg의 석영(SiO_2)에 추가해야 하는 소다회와 석회의 무게를 계산하라.

15.21 유리전이온도와 용융온도의 차이는 무엇인가?

15.22 소다석회, 붕규산(보로실리케이트), 96% 실리카, 용융 실리카가 어닐링될 수 있는 온도를 찾아라.

15.23 96% 실리카, 붕규산, 소다석회유리의 연화점을 찾아라.

15.24 유리의 점도 η는 관계식 $\eta = A \exp\left(\frac{Q_{vis}}{RT}\right)$에 의한 온도에 따라 달라진다. 여기서 Q_{vis}는 점성흐름에 대한 활성화에너지이고, A는 온도에 독립적인 상수, R은 가스 상수, T는 절대온도이다. ln η 대 $1/T$의 플롯은 거의 선형이어야 하며, 기울기는 Q_{vis}/R이어야 한다. 그림 15.22의 데이터를 사용하여

(a) 온도에 대한 점도의 로그 곡선을 그리고,

(b) 900~1600°C 사이의 활성화에너지를 구하라.

15.25 많은 점성 재료의 경우 점도 η는 관계식 $\eta = \frac{\sigma}{d\varepsilon/dt}$로 정의할 수 있다. 여기서 σ 및 $d\varepsilon/dt$는 각각 인장응력 및 변형률 속도이다. 지름 4 mm, 길이 125 mm의 붕규산 유리 원통형 시편에 축을 따라 2 N의 인장력이 가해진다. 변형이 일주일 동안 2.5 mm 미만인 경우 그림 15.22를 사용하여 시편이 가열될 수 있는 최대 온도를 구하라.

15.26 **(a)** 냉각될 때 유리조각에 잔류 열응력이 생기는 이유를 설명하라.

(b) 가열 시 열응력이 생기는가? 그 이유는 무엇인가?

15.27 붕규산 유리와 용융 실리카는 열충격에 강하다. 그 이유는 무엇인가?

15.28 유리 조각이 열적으로 템퍼링될 때 어떤 일이 발생하는지 자신의 견해를 간략하게 설명하라.

15.29 유리 조각은 화학적 템퍼링으로 강화할 수도 있다. 이 절차를 통해 유리 표면은 표면 근처의 일부 양이온을 더 큰 지름을 가진 다른 양이온으로 교환하여 압축상태에 놓인다. Na^+을 대체함으로써 소다석회유리에서 화학적 템퍼링을 유도할 양이온 유형을 제안하라.

점토 제품의 제조와 공정

15.30 점토가 높은 온도에서 소성되면 수가소성을 잃는 이유를 설명하라.

15.31 제조 공정과 관련된 점토광물의 두 가지 바람직한 특성을 말하라.

15.32 분자적 관점에서 물이 첨가되었을 때 점토광물이 수가소성이 되는 메커니즘을 간략하게 설명하라.

15.33 **(a)** 도자기와 같은 세라믹의 세 가지 주요 구성요소는 무엇인가?

(b) 각각의 구성요소는 성형 및 소결 공정에서 어떤 역할을 하는가?

15.34 **(a)** 수가소 성형 또는 니장 주입 된 세라믹 본체의 건조속도를 제어하는 것이 왜 중요한가?

(b) 건조속도에 영향을 미치는 세 가지 요소를 말하고 각 요소가 속도에 어떻게 영향을 미치는지 설명하라.

15.35 점토 입자가 더 작은 니장 주입 또는 수가소 성형 제품의 경우 건조 수축이 더 큰 이유 한 가지를 말하라.

15.36 **(a)** 점토기반 도자기에서 유리화가 일어나는 정도에 영향을 미치는 세 가지 요인을 말하라.

(b) 유리화 정도가 밀도, 소성변형, 강도, 내식성, 열전도도에 어떤 영향을 미치는지 설명하라.

분말 압축

15.37 일부 세라믹 재료는 열간 등방향 압축으로 제작을 한다. 이 기술과 관련된 몇 가지 제한 사항과 어려움을 설명하라.

중합

15.38 첨가중합과 축합중합 기술의 주요 차이점을 설명하라.

15.39 **(a)** 식 (15.5)에 따라 폴리(에틸렌 테레프탈레이트)의 선형 사슬구조를 생성하기 위해 20.0 kg의 디메틸 테레프탈레이트에 얼마나 많은 에틸렌 글리콜을 첨가해야 하는가?

(b) 생성된 고분자의 질량은 얼마인가?

15.40 나일론 6,6은 헥사메틸렌 디아민[NH_2—$(CH_2)_6$—NH_2]과 아디프산이 서로 반응하는 축합중합 반응에 의해 형성될 수 있고, 부산물로서 물이 형성된다. 완전 선형 나일론 6,6 20 kg을 생산하는 데 필요한 헥사메틸렌 디아민과 아디프산의 질량은 얼마인가? 참고: 이 반응의 화학반응식은 개념 확인 15.8의 답이다.

고분자 첨가제

15.41 염료와 피그먼트 채색제의 차이점은 무엇인가?

플라스틱 성형 기술

15.42 고분자 재료를 성형하는 데 사용되는 제조기술을 결정하는 네 가지 요소를 설명하라.

15.43 플라스틱 재료를 성형하는 데 사용되는 압축, 사출 및 이동 성형 기술을 비교하라.

섬유와 필름의 성형

15.44 용융 방사 후 인발된 섬유 재료는 왜 열가소성 수지여야 하는지 두 가지 이유를 들어라.

15.45 (1) 송풍(blow)을 통해 제조된 폴리에틸렌 박막과 (2) 압출 성형 후 압연한 폴리에틸렌 박막 중 기계적 특성이 더 좋은 것은 무엇인가? 그 이유는 무엇인가?

설계 문제

강의 열처리

15.D1 지름 25 mm의 원통형 강철 조각을 적당히 교반된 기름에서 담금질한다. 표면 및 중심 경도는 각각 최소 55 및 50 HRC이어야 한다. 합금 1040, 5140, 4340, 4140, 8640 중에서 이러한 요구사항을 충족하는 합금은 무엇인가? 그 이유를 설명하라.

15.D2 지름 75 mm의 원통형 강철 조각을 전체 조각에 걸쳐 최소 경도 40 HRC가 생성되도록 오스테나이트화하고 담금질한다. 합금 8660, 8640, 8630, 8620 중에서 담금재가 (a) 적당히 교반된 물과 (b) 적당히 교반된 오일인 경우 자격이 되는 합금은 무엇인가? 그 이유를 설명하라.

15.D3 지름 38 mm의 원통형 강철 조각을 전체 조각에 걸쳐 최소 80%의 마텐자이트로 구성된 미세조직이 생성되도록 오스테나이트화 및 담금질해야 한다. 합금 4340, 4140, 8640, 5140, 1040 중에서 담금재가 (a) 적당히 교반된 오일과 (b) 적당히 교반된 물인 경우 자격이 되는 합금은 무엇인가? 그 이유를 설명하라.

15.D4 지름 90 mm의 원통형 강철 조각을 적당히 교반된 물에서 담금질한다. 표면 및 중심 경도는 각각 최소 55 및 40 HRC이어야 한다. 합금 1040, 5140, 4340, 4140, 8620, 8640, 8660 중에서 어느 합금이 이 요구사항을 충족하는가? 그 이유를 설명하라.

15.D5 4140 강철의 원통형 부분이 오스테나이트화되고 적당히 교반된 오일에서 담금질된다. 미세조직이 전체 조각에 걸쳐 최소 50%의 마텐자이트로 구성되어야 하는 경우, 최대 허용 지름은 얼마인가? 그 이유를 설명하라.

15.D6 8640 강철의 원통형 부분이 오스테나이트화되고 적당히 교반된 오일에서 담금질된다. 표면의 경도는 49 HRC 이상이어야 한다. 최대 허용 지름은 얼마인가? 그 이유를 설명하라.

15.D7 최소 인장강도가 850 MPa이고 최소 연성이 21%EL이 되도록 오일에 담금질된 지름 100 mm의 4140 강철 원통형 환봉을 템퍼링(뜨임)할 수 있는가? 그렇다면 템퍼링 온도를 지정하라. 이것이 가능하지 않다면 그 이유를 설명하라.

15.D8 최소 항복강도가 1000 MPa이고 최소 연성이 16%EL가 되도록 오일에 담금질된 지름 12.5 mm의 4140 강철 원통형 환봉을 템퍼링할 수 있는가? 그렇다면 템퍼링 온도를 지정하라. 이것이 가능하지 않다면 그 이유를 설명하라.

16 부식과 열화

(*a*) 도색하지 않은 스테인리스강으로 만든 1936년산 포드 고급 세단. 스테인리스강의 내부식성과 내구성을 평가하기 위한 목적으로 6대를 제작하여 각 자동차를 수십만 마일씩 운행한 결과, 스테인리스강 차체 표면은 조립공장 출하 시와 거의 동일한 상태를 유지한 반면, 스테인리스강을 사용하지 않은 부품인 엔진, 충격흡수기, 브레이크, 스프링, 클러치, 변속기 및 기어 등은 교체가 필요하였으며, 세 번에 걸쳐 엔진을 교체한 자동차도 있었다.

Courtesy of Dan L. Greenfield, Allegheny Ludlum Corporation, Pittsburgh, PA

(*a*)

(*b*) 비교 목적으로, (*a*)에서 보인 자동차와 동일 연식이며 캘리포니아 보디 시의 평지에 녹슨 상태로 방치된 클래식 자동차를 나타내었다. 이 자동차는 일반탄소강으로 제작 후 표면을 도색하였으나 일반 대기 분위기하에서 페인트는 강을 제한적으로만 보호할 수 있으며 결국 부식을 일으키게 된다.

Vetta/iStockphoto

(*b*)

왜 재료의 부식과 열화를 공부하는가?

부식과 열화 유형에 대한 지식과 함께 기구와 원인을 이해함으로써 부식과 열화를 방지하기 위한 조치를 취할 수 있다. 예를 들면 우리는 주변환경의 성질을 변화시키고, 비교적 반응성이 작은 재료를 선택하여 재료의 열화를 방지할 수 있다.

학습 목표

이 장을 학습한 후에는 아래 과제를 수행할 수 있어야 한다.

1. 산화 전기화학반응과 환원 전기화학반응을 구별한다.
2. 전지 결합, 표준 반쪽 셀, 표준 수소 전극을 설명한다.
3. 전기적으로 연결되어 있는 2개의 순수 금속들을 각자의 이온이 포함된 용액 속에 넣은 경우 일어나는 자발적인 전기화학반응 방향 및 셀 전위를 계산한다.
4. 주어진 반응 전류밀도에서 금속 산화율을 결정한다.
5. 두 가지 다른 형태의 분극에 대한 설명과 각각의 분극에서 반응속도를 결정하는 조건을 기술한다.
6. 수소 취성과 여덟 가지 형태의 부식에 대한 열화 과정과 제안된 기구를 설명한다.
7. 부식을 방지하기 위하여 일반적으로 사용되는 다섯 가지 방법을 작성한다.
8. 일반적으로 세라믹 재료들이 부식에 대해 높은 저항을 보이는 이유를 설명한다.
9. 고분자 재료들이 (a) 액상 용매에 노출되었을 경우 일어나는 두 가지 열화 과정, (b) 분자사슬 결합 파열의 원인과 중요성을 설명한다.

16.1 | 서론

대부분의 재료는 수많은 다른 환경들과 어떤 형태의 상호작용을 경험하고 있다. 그와 같은 상호작용은 기계적 성질(예: 연성과 강도), 다른 물리적 성질, 외양을 저하시킴으로써 자주 재료의 유용도에 손상을 주고 있다. 가끔 설계 기술자의 취향에 따라 재료의 열화 거동이 어떤 적용에서는 무시되기도 한다.

부식

열화 기구들은 세 가지 재료 유형에 따라 다르다. 금속의 경우에는 용해[**부식(corrosion)**]에 의하거나 비금속 스케일(scale) 또는 막의 형성[산화(*oxidation*)]에 의해 실제적인 재료 손실이 일어난다. 세라믹 재료는 보통 높은 온도나 비교적 극단적인 분위기에서 일어나는 열화(흔히 이러한 과정을 부식이라고 함)에 대하여 비교적 높은 저항을 나타낸다. 고분자의 경우는 금속이나 세라믹의 경우와는 다른 기구나 결과를 나타내며, **열화(degradation)**라는 말이 자주 사용된다. 고분자는 액체 용매에 노출될 때 녹거나 용매를 흡수하여 부풀기도 한다. 또한 전자기 복사선(주로 자외선)과 열에 의하여 분자구조의 변화가 일어나기도 한다.

열화

이 장에서는 각 재료 유형에 따른 열화에 대하여 열화 기구, 여러 가지 환경과의 반응에 대한 저항, 열화 현상의 방지 및 감소를 위한 방법에 대하여 다루기로 한다.

금속의 부식

부식이란 금속에서 일어나는 비의도적이고 파괴적인 반응으로 정의한다. 부식은 전기화학적으로 반응하며, 보통 표면에서부터 발생된다. 금속 부식의 문제점 중 하나는 부식에 의한 손실이 상당한 비율을 차지한다는 것이다. 경제적인 관점에서 보면, 산업국가 수입의 약 5%가 부식 방지와 부식반응에 의해서 오염되거나 손실되는 생산물에 대한 보수나 교체에 지출되고 있다. 부식은 흔하게 발생하며, 잘 알려진 예는 자동차 차체 패널, 라디에이터, 배기관 부품이 녹스는 것이다.

부식 과정은 때로는 이점으로 이용되기도 하는데 예를 들면 6.12절에서도 논의되었듯이 식각(etching) 절차는 결정립계나 여러 미세조직적 구성요소들의 선택적인 화학반응성을 이용한다.

16.2 | 전기화학적 고려사항

금속 재료의 경우에 부식 과정은 보통 전기화학적, 즉 한 화학원소에서 다른 화학원소로 전자가 이동하는 화학반응에 의하여 일어난다. 금속 원자들은 소위 **산화(oxidation)** 반응에 의하여 전자를 잃거나 방출한다. 예를 들어 어떤 가상의 금속 M(n개의 원자가전자를 소유)의 산화는 다음 식에 의하여 일어난다.

산화

금속 M의 산화반응

$$M \rightarrow M^{n+} + ne^- \tag{16.1}$$

여기서 M은 n+ 양전하를 띤 이온이 되면서 n개의 원자가전자를 잃어버린다. 1개의 전자는 e^-로 표시된다. 다음은 산화되는 금속들의 예이다.

$$Fe \rightarrow Fe^{2+} + 2e^- \tag{16.2a}$$

$$Al \rightarrow Al^{3+} + 3e^- \tag{16.2b}$$

양극

산화가 일어나는 지역을 **양극(anode)**이라고 하는데, 이에 따라 산화를 양극반응(anodic reaction)이라고 한다.

환원

산화되고 있는 각 금속 원자로부터 방출되는 전자들은 이동되어 다른 화학원소에 부착되어야 하는데, 이 반응을 **환원(reduction)**반응이라고 한다. 예를 들면 어떤 금속은 높은 농도의 수소 이온(H^+)을 가진 산 용액 내에서 부식이 일어난다. H^+ 이온들은 다음과 같이 환원되면서 수소(H_2)를 방출한다.

산 용액 내에서의 수소 이온의 환원

$$2H^+ + 2e^- \rightarrow H_2 \tag{16.3}$$

금속이 노출된 수용액의 성질에 따라 다른 환원반응도 발생한다. 산소가 용해된 산 용액의 경우는 환원이 다음의 반응식에 의하여 일어난다.

용해 산소를 포함하고 있는 산 용액 내에서의 환원반응

$$O_2 + 4H^+ + 4e^- \rightarrow 2H_2O \tag{16.4}$$

또한 산소가 용해되어 있는 중성이나 염기성 용액에서는 다음의 반응이 일어난다.

용해 산소를 포함하고 있는 중성 또는 염기성 용액 내에서의 환원반응

$$O_2 + 2H_2O + 4e^- \rightarrow 4(OH^-) \tag{16.5}$$

용액 내에 존재하는 어떤 금속이온들은 환원될 수 있다. 1가 이상을 가진 이온[다가이온(multivalent ion)]에 대한 환원은 다음과 같이 일어날 수 있다.

다원자가 이온의 낮은 원자가 상태로의 환원

$$M^{n+} + e^- \rightarrow M^{(n-1)+} \tag{16.6}$$

이 식에서 금속이온은 하나의 전자를 받아들임으로써 원자가를 하나 감소시킨다. 또는 금속은 전체적으로 다음 식에 의하여 이온 상태에서 중성 금속상태로 환원되기도 한다.

금속이온의 전기적 중성 원자로의 환원

$$M^{n+} + ne^- \rightarrow M \tag{16.7}$$

음극

환원이 발생하는 부분을 **음극(cathode)**이라고 한다. 물론 위의 환원반응 중 두세 가지가 동시에 일어나는 경우도 있다.

전반적인 전기화학적 반응은 적어도 하나의 산화와 하나의 환원반응으로 구성되고, 그들의 합으로 나타날 것이다. 가끔 산화와 환원반응을 반쪽반응(*half-reaction*)이라고 한다. 전체 반응에서 전자와 이온들에 의해 생성될 수 있는 전기 전하의 순수한 축적은 없다. 다시 말하면, 총 산화율은 총 환원율과 같아야 하고, 산화에 의하여 생성되는 모든 전자는 환원에 의하여 모두 소모되어야 한다.

예를 들어 H^+ 이온을 함유하고 있는 산 용액에 아연 금속을 집어넣은 경우를 고려해 보자. 그림 16.1에 나타낸 바와 같이, 아연 표면의 일부 지역에서 산화 또는 부식반응이 다음과 같이 일어날 것이다.

$$Zn \rightarrow Zn^{2+} + 2e^- \tag{16.8}$$

아연은 좋은 전도체이므로, 산화 지역에서 발생된 전자들은 인접한 지역으로 이동되고 H^+ 이온들은 다음 식에 따라 환원된다.

$$2H^+ + 2e^- \rightarrow H_2\ (\text{gas}) \tag{16.9}$$

만약 다른 산화나 환원반응이 일어나지 않으면, 전체 전기화학적 반응은 다음 식과 같이 반응식 (16.8)과 (16.9)의 합으로 나타난다.

$$\begin{array}{r} Zn \rightarrow Zn^{2+} + 2e^- \\ 2H^+ + 2e^- \rightarrow H_2\,(\text{gas}) \\ \hline Zn + 2H^+ \rightarrow Zn^{2+} + H_2\,(\text{gas}) \end{array} \tag{16.10}$$

또 다른 예는 산소가 용해된 물에 잠겨 있는 철의 산화 또는 녹슬음(rusting)이다. 이 과정은 두 단계로 진행된다. 처음 단계에서는 Fe이 Fe^{2+}[$Fe(OH)_2$로 존재]으로 산화되고

$$Fe + \tfrac{1}{2}O_2 + H_2O \rightarrow Fe^{2+} + 2OH^- \rightarrow Fe(OH)_2 \tag{16.11}$$

두 번째 단계에서는 Fe^{3+}[$Fe(OH)_3$로 존재]으로 다음 식에 따라 산화된다.

$$2Fe(OH)_2 + \tfrac{1}{2}O_2 + H_2O \rightarrow 2Fe(OH)_3 \tag{16.12}$$

화합물 $Fe(OH)_3$는 잘 알려진 녹(rust)이다.

산화의 결과로 금속이온들은 이온의 형태[식 (16.8) 참조]로 부식 용액 내에 존재할 수 있고, 식 (16.12)와 같이 비금속원소들과 불용성 화합물을 형성할 수도 있다.

개념 확인 16.1

고순도 물에서 철(iron)이 부식되겠는가? 그 이유는 무엇인가?

(정답은 *www.wiley.com*의 제품 페이지에서 확인할 수 있음)

전극전위

모든 금속 재료가 산화되어 이온을 형성하는 데 있어 그 용이함의 정도가 다르다. 그림 16.2에 나타낸 전기화학적 셀(electrochemical cell)을 고려하자. 왼쪽에는 1 *M* 농도의[1] Fe^{2+} 이온을 함유한 용액에 순철 한 조각을 집어넣고 셀의 오른편에는 Cu^{2+} 이온 1 *M*이 함유된 용액에 순수 구리 전극을 만들었다. 셀의 중앙에는 두 용액이 섞이는 것을 제한하는 막(membrane)을 설치하여 양쪽을 분리하였다. 만약에 철과 구리 전극이 전기적으로 연결되었다면, 철의 산화로부터 구리 전극에서는 환원이 일어나고, 이때의 반응은 다음과 같다.

$$Cu^{2+} + Fe \rightarrow Cu + Fe^{2+} \tag{16.13}$$

결과적으로 Cu^{2+} 이온들은 구리 전극 위에 금속 구리로 침전[전기 석출(electrodeposit)]되고,

몰농도

1) 액체 용액의 농도는 주로 **몰농도(molarity, *M*)**라는 용어를 써서 나타낸다. 몰농도란 용액 10^6 mm^3(1000 cm^3)에 들어 있는 용질의 몰수이다.

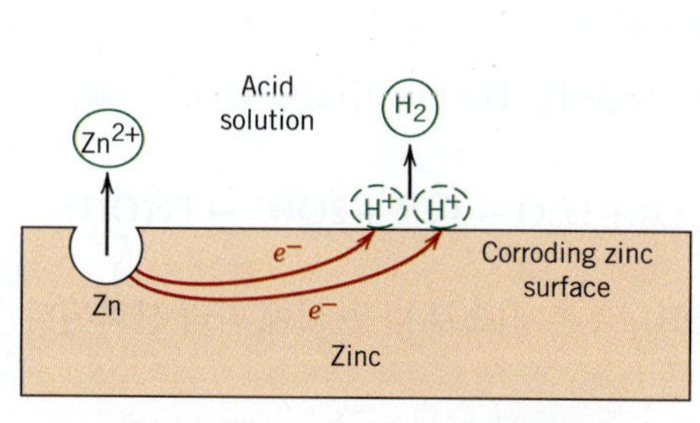

그림 16.1 산 용액 내에서 아연 부식과 관련된 전기화학반응
(Modified from Tan, Yongjun, *Heterogeneous Electrode Processes and Localized Corrosion*, John Wiley and Sons, Inc., 2013, Figure 1.5a.)

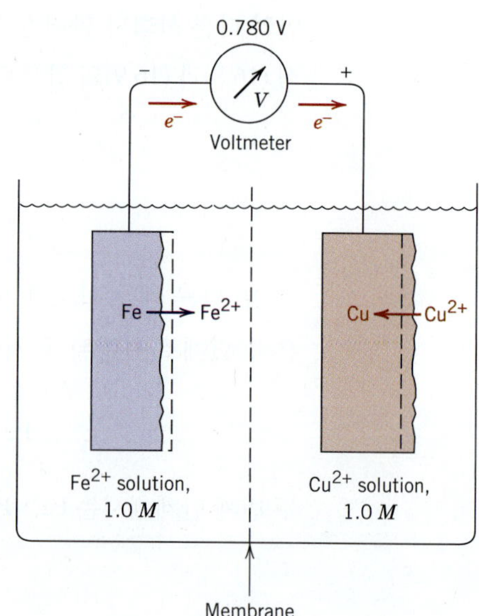

그림 16.2 각 이온을 1 *M* 포함한 용액 속에 놓인 철 전극과 구리 전극으로 구성된 전기화학 셀. 철은 구리가 전착되면서 부식된다.

철은 반대쪽 셀에서 Fe^{2+} 이온으로 용해(부식)된다. 그러므로 두 반쪽 셀 반응은 각각 다음 관계식으로 표현된다.

$$Fe \rightarrow Fe^{2+} + 2e^- \tag{16.14a}$$

$$Cu^{2+} + 2e^- \rightarrow Cu \tag{16.14b}$$

전류가 외부 회로를 통하여 흐를 때, 철의 산화로부터 생성되는 전자들은 구리 셀 쪽으로 흘러 들어가 Cu^{2+}을 환원시킨다. 이와 함께 막을 통하여 한쪽 셀로부터 다른 쪽으로 순수한 이온이 이동하고 있다. 이것을 전지 결합(*galvanic couple*)—한쪽 금속은 양극으로 되어 부식되며, 다른 쪽 금속은 음극으로 작용하는 **전해액(electrolyte)** 내에서 전기적으로 연결된 두 금속—이라고 한다.

전해액

두 반쪽 셀 사이에는 전기 전압이 형성되며, 그 전압값은 외부 회로에 전압계(voltmeter)를 설치하여 측정할 수 있다. 25°C에서 구리-철 전지 셀에 대한 전압은 0.780 V(볼트)이다.

다른 전지 결합에 대하여 고려해 보자. 이번에 고려할 전지는 위와 똑같은 철 반쪽 셀이 1 *M*의 Zn^{2+} 이온 용액에 형성된 아연 전극에 연결된 전지이다(그림 16.3). 이 경우 아연은 양극으로 되어 부식되고, 반면에 철은 음극이 된다. 그러므로 전기화학적 반응은 다음과 같다.

$$Fe^{2+} + Zn \rightarrow Fe + Zn^{2+} \tag{16.15}$$

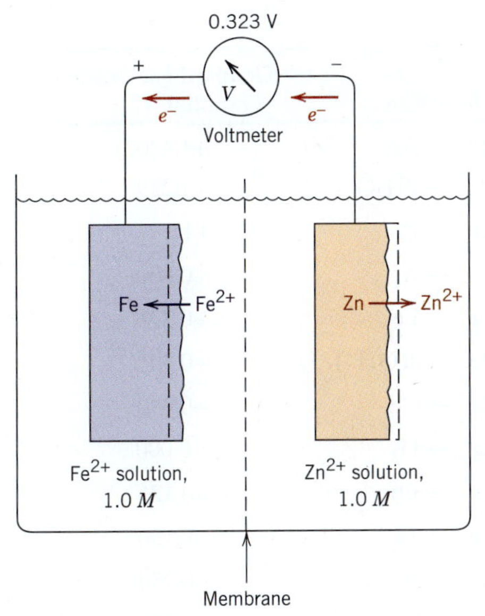

그림 16.3 각 이온을 1 *M* 포함한 용액 속에 놓인 철 전극과 아연 전극으로 구성된 전기화학 셀

그림 16.4 수소 기준 표준 반쪽 셀

이 셀 반응의 전압은 0.323 V이다.

그러므로 여러 가지 전극쌍은 다른 전압을 가지고 있으며, 그와 같은 전압 크기는 전기화학적 산화환원반응의 구동력(driving force)으로 나타낼 수 있다. 결과적으로 금속 재료는 그들 각각의 금속이온들을 함유하고 있는 용액에 들어 있는 다른 금속들과 결합될 때 산화될 수 있는 경향에 대해 어림잡을 수 있다. 위에 설명한 것과 유사한 반쪽 셀(즉, 25°C에서 그 금속의 이온 농도가 1 *M*인 용액에 담겨 있는 순수 금속 전극)을 **표준 반쪽 셀(standard half-cell)**이라고 한다.

표준 반쪽 셀

표준 기전력 계열

측정된 셀 전압들은 단지 전위차만을 나타내므로 다른 반쪽 셀이 비교될 수 있는 기준점, 즉 기준 셀을 만들어 놓는 것이 편리하다. 임의로 선정된 기준 셀은 표준 수소 전극이다(그림 16.4). 표준 수소 전극은 H^+ 이온의 1 *M* 용액에 설치된 불활성 백금 전극으로 구성되는데, H^+ 이온의 1 *M* 용액은 25°C, 1기압에서 용액을 통해 거품이 이는 수소 기체로 포화된다. 백금 금속 자체는 전기화학적 반응에 참여하지 않고, 단지 그 표면에서 수소 원자들이 산화되거나 환원된다. **기전력 계열[electromotive force(emf) series]**은 여러 가지 금속의 표준 반쪽 셀을 표준 수소 전극에 연결시켜 측정된 전압에 의하여 서열을 정하여 만든 것인데, 이 서열은 표 16.1에 나타나 있다. 표 16.1은 여러 가지 금속에 대한 부식 경향을 나타내고 있다. 위쪽에 있는 금속(금과 백금)은 귀하고, 화학적으로 불활성이다. 표의 아래로 내려감에 따라 금속은 활성화가

기전력 계열

표 16.1 표준 기전력 계열

	Electrode Reaction	Standard Electrode Potential, V^0 (V)
↑	$Au^{3+} + 3e^- \rightarrow Au$	+1.420
	$O_2 + 4H^+ + 4e^- \rightarrow 2H_2O$	+1.229
	$Pt^{2+} + 2e^- \rightarrow Pt$	~+1.2
	$Ag^+ + e^- \rightarrow Ag$	+0.800
Increasingly inert (cathodic)	$Fc^{3+} + e^- \rightarrow Fe^{2+}$	+0.771
	$O_2 + 2H_2O + 4e^- \rightarrow 4(OH^-)$	+0.401
	$Cu^{2+} + 2e^- \rightarrow Cu$	+0.340
	$2H^+ + 2e^- \rightarrow H_2$	0.000
	$Pb^{2+} + 2e^- \rightarrow Pb$	−0.126
	$Sn^{2+} + 2e^- \rightarrow Sn$	−0.136
	$Ni^{2+} + 2e^- \rightarrow Ni$	−0.250
	$Co^{2+} + 2e^- \rightarrow Co$	−0.277
	$Cd^{2+} + 2e^- \rightarrow Cd$	−0.403
	$Fe^{2+} + 2e^- \rightarrow Fe$	−0.440
Increasingly active (anodic)	$Cr^{3+} + 3e^- \rightarrow Cr$	−0.744
	$Zn^{2+} + 2e^- \rightarrow Zn$	−0.763
	$Al^{3+} + 3e^- \rightarrow Al$	−1.662
↓	$Mg^{2+} + 2e^- \rightarrow Mg$	−2.363
	$Na^+ + e^- \rightarrow Na$	−2.714
	$K^+ + e^- \rightarrow K$	−2.924

증가되며, 산화가 보다 쉽게 일어난다. 나트륨과 칼륨이 가장 높은 활성도를 가지고 있다.

표 16.1에 나타낸 전압들은 화학식의 왼쪽에 전자를 가지고 있는 환원반응의 형태로 표현된 반쪽반응에 대한 것이다. 산화에 대해서는 반응의 방향이 반대로 바뀌어 전압의 부호가 변하게 된다.

금속 M_1의 산화와 금속 M_2의 환원을 포함하고 있는 일반적인 반응들을 고려하자.

$$M_1 \rightarrow M_1^{n+} + ne^- \qquad -V_1^0 \tag{16.16a}$$

$$M_2^{n+} + ne^- \rightarrow M_2 \qquad +V_2^0 \tag{16.16b}$$

여기서 V^0는 표준 기전력 계열로부터 취한 표준 전위이다. 금속 M_1이 산화됨에 따라 V_1^0의 부호는 표 16.1에 나타낸 것의 반대가 된다. 식 (16.16a)와 (16.16b)를 합하면 다음 식이 된다.

$$M_1 + M_2^{n+} \rightarrow M_1^{n+} + M_2 \tag{16.17}$$

전체 셀 전위 ΔV^0는 다음과 같다.

전기적으로 결합된 두 표준 반쪽 셀의 전기화학적 셀 전위차

$$\Delta V^0 = V_2^0 - V_1^0 \tag{16.18}$$

이 반응이 자발적으로 일어나기 위해서는 ΔV^0가 양수이어야만 한다. 만약에 음수이면, 자발적인 셀 반응은 식 (16.17)의 반대가 될 것이다. 표준 반쪽 셀들이 함께 결합될 때 표 16.1의 아래쪽에 있는 금속은 산화되고(즉, 부식), 위쪽의 금속은 환원될 것이다.

농도와 온도가 셀 전위에 미치는 영향

기전력 계열은 매우 이상적인 전기화학적 셀(25°C에서 그 금속이온들이 포함된 1 *M* 용액에 잠겨 있는 순수한 금속)에 적용된다. 순수한 금속 대신 합금 전극을 사용하거나 온도나 용액의 농도를 바꾸는 것은 셀 전위에 변화를 주고, 경우에 따라서는 자발적인 반응의 방향이 반대로 바뀌게 된다.

다시 식 (16.17)에 의하여 표현된 전기화학적인 반응을 고려하자. 만약 M_1과 M_2 전극이 순수한 금속들이라면, 셀 전위는 다음의 네른스트(Nernst) 식에 의하여 절대온도 T와 몰 이온 농도 $[M_1^{n+}]$과 $[M_2^{n+}]$에 좌우된다.

네른스트 식—전기적으로 결합되고 용액의 이온 농도가 1 *M*이 아닌 두 표준 반쪽 셀의 전기화학적 셀 전위차

$$\Delta V = (V_2^0 - V_1^0) - \frac{RT}{n\mathscr{F}} \ln \frac{[M_1^{n+}]}{[M_2^{n+}]} \tag{16.19}$$

여기서 R은 기체상수, n은 반쪽 셀 반응 양쪽에 참여하는 전자의 수, $\mathscr{F}$는 패러데이상수이다. 이것은 1 몰(6.022×10^{23})의 전자당 전하량, 즉 96,500 C/mol의 값을 가진다. 25°C(실온)에서의 셀 전위 V(볼트)는 다음과 같다.

T = 25°C인 실온 조건에 대해 간략화한 수식

$$\Delta V = (V_2^0 - V_1^0) - \frac{0.0592}{n} \log \frac{[M_1^{n+}]}{[M_2^{n+}]} \tag{16.20}$$

자발적으로 반응이 일어나기 위해서 ΔV는 양수이어야 한다. 또한 두 이온의 농도가 1 *M*인 경우(즉, $[M_1^{n+}] = [M_2^{n+}] = 1$), 식 (16.19)는 식 (16.18)의 단순한 형태로 된다.

개념 확인 16.2

금속 M_1, M_2로 구성된 합금의 경우에 대하여 식 (16.19)를 변형하라.

(정답은 *www.wiley.com*의 제품 페이지에서 확인할 수 있음)

예제 16.1

전기화학적 셀의 특성 결정

(a) 5×10^{-2} M Pb^{2+} 이온 용액에 담긴 순수한 납과 0.25 M Sn^{2+} 이온 용액에 담긴 순수한 주석으로 구성된 전기화학 셀의 25°C에서의 전압을 계산하라.

(b) 자발적인 전기화학반응을 써라.

풀이

(a) 비표준 Pb-Sn 전기화학 셀의 전압을 계산하는 문제이다. 주석은 표준 기전력 계열에서 더 낮기 때문에 (표 16.1) 주석은 산화되고 납은 환원된다고 가정하여 시작할 것이다.

$$Sn + Pb^{2+} \rightarrow Sn^{2+} + Pb \tag{16.21}$$

식 (16.20)으로부터 다음과 같이 된다.

$$\Delta V = (V^0_{Pb} - V^0_{Sn}) - \frac{0.0592}{2} \log \frac{[Sn^{2+}]}{[Pb^{2+}]} \tag{16.22}$$

표 16.1로부터 납과 주석의 표준 전극 전위는 각각 $V^0_{Pb} = -0.126$ V, $V^0_{Sn} = -0.136$ V이다. 그러므로 전기화학 셀의 전압은 다음과 같이 계산된다.

$$\begin{aligned}\Delta V &= (V^0_{Pb} - V^0_{Sn}) - \frac{0.0592}{2} \log \frac{[Sn^{2+}]}{[Pb^{2+}]} \\ &= -0.126\text{ V} - (-0.136\text{ V}) - \frac{0.0592}{2} \log \left[\frac{0.25\ M}{5 \times 10^{-2}\ M}\right] \\ &= -0.0107\text{ V}\end{aligned}$$

(b) ΔV가 음이기 때문에 자발적 셀 방향은 식 (16.21)의 역이 되고, 따라서 다음 식으로 표현된다.

$$Sn^{2+} + Pb \rightarrow Sn + Pb^{2+}$$

즉, 납은 산화되고 주석은 환원된다.

전지 계열

표 16.1은 이상적 조건에서 만들어졌고 적용에 한계를 가지고 있지만, 이것을 이용하여 우리는 금속들의 상대적인 반응성을 알 수 있다. 그러나 보다 현실적이고 실용적인 순서는 표 16.2의 **전지 계열(galvanic series)**에 나타나 있다. 이 전지 계열은 바닷물에서 수많은 금속과 상업용 합금의 상대적인 반응성을 나타내고 있다. 위쪽 끝에 가까이 있는 합금들은 음극의 특성을 띠고 반응성이 없으며, 아래쪽에 있는 것들은 가장 양성적이다. 표준 기전력 계열과 전지

전지 계열

계열을 비교해 보면 순수한 모재 금속들의 상대적인 위치가 상당한 정도까지 일치되는 것을 알 수 있다.

대부분의 금속과 합금은 여러 가지 다른 주변환경에서 어느 정도에 걸쳐 산화 또는 부식된다. 다시 말하면 그들은 금속상태보다는 이온상태로 존재하는 것이 보다 안정하다. 열역학적 관점에서, 금속상태에서 산화상태로 변할 때에는 자유에너지가 감소한다. 결과적으로 거의 모든 금속은 자연상태에서 화합물, 예를 들면 산화물(oxide), 수산화물(hydroxide), 탄산염(carbonate), 규산염(silicate), 황화물(sulfide), 황산염(sulfate) 등의 형태로 존재하고 있다. 두 가지 예외 금속물은 귀금속인 금과 백금이다. 이 금속들은 대부분의 환경에서 산화가 잘 일어나지 않으므로 자연에서 금속상태로 존재한다.

16.3 | 부식률

표 16.1에 나열된 반쪽 셀 전위들은 평형상태에 있는 계(system)에 대한 열역학적 매개변수이다. 예를 들면 그림 16.2와 16.3에 대한 설명에서는 외부 회로를 통하여 전류가 흐르지 않는다고 가정하였던 것이다. 실제 부식이 일어나는 계는 평형상태가 아니다. 그림 16.2와 16.3의 전기화학적 셀 회로에 나타낸 것과 같이 양극에서 음극으로 전자의 흐름이 있을 것이다. 이것은 표 16.1에 나타낸 반쪽 셀 전위 매개변수들을 사용할 수 없다는 것을 의미한다.

더욱이 이 반쪽 셀 전위들은 구동력(driving force)의 값, 즉 어떤 반쪽 셀 반응이 발생하는 경향을 나타낸다. 그러나 이 전위들이 자발적 반응 방향은 결정하지만 부식률(corrosion rate)에 대해서는 어떠한 정보도 주지 못한다는 것을 알아야 한다. 다시 말하면, 어떤 부식 조건하에서 식 (16.20)을 이용하여 계산한 ΔV 전위가 매우 큰 양의 값을 가진 경우에도 반응은 매우 느린 속도로 진행될 수 있다. 공학적인 관점에서 계들이 어떤 속도로 부식되는가를 예측하는 것은 매우 가치 있고 흥미 있는 일이다. 이러한 예측은 다음에 설명되는 것과 같이 다른 매개변수들의 사용을 요구한다.

부식률, 즉 화학반응의 결과로 재료가 제거되는 속도는 매우 중요한 부식 매개변수이다.

부식 침투율

이것은 **부식 침투율(corrosion penetration rate, CPR)**, 즉 단위시간당 재료 두께의 소모량으로 표현된다. 이 계산 공식은 다음과 같다.

시편 감소 무게, 밀도, 면적, 노출시간의 함수로 표현된 부식 침투율

$$\mathrm{CPR} = \frac{KW}{\rho A t} \tag{16.23}$$

여기서 W는 t시간 동안 노출된 후에 감소된 무게, ρ와 A는 각각 노출된 시편의 밀도와 면적이며 K는 상수이다. CPR은 보통 mm/yr 단위로 표시된다. 아래 주어진 예에서 $K = 87.6$은 CPR을 mm/yr 단위로 제공하고 W, ρ, A, t는 각각 밀리그램, 입방센티미터당 그램, 평방센티미터, 시간

표 16.2 전지 계열(25°C 바닷물)

	Platinum
	Gold
	Graphite
	Titanium
	Silver
	Nickel alloys (Incoloy 825, Inconel 625, Hastelloy C, Chlorimet 3)
	Stainless steels (410, 304, 316) (passive)
	Monel 400
↑	Inconel 600 (passive)
	Nickel 200 (passive)
Increasingly inert (cathodic)	Copper alloys (C27000, C44300, C44400, C44500, C60800, C61400, C23000, C11000, C61500, C65500, C71500, C92300, C92200)
	Nickel alloys (Hastelloy B, Chlorimet 2)
	Inconel 600 (active)
	Nickel 200 (active)
	Copper alloys (C28000, C67500, C46400, C46500, C46600, C46700)
	Tin
	Lead
Increasingly active (anodic)	Stainless steels (410, 304, 316) (active)
	Cast iron
↓	Wrought iron
	Low-carbon steel
	Aluminum alloys (2117, 2017, 2024)
	Cadmium
	Aluminum alloys (5052, 3004, 3003, 1100, 6053)
	Zinc
	Magnesium and magnesium alloys

From Davis, Joseph R. (Senior editor), *ASM Handbook, Corrosion,* Vol. 13, ASM International, 1987, p. 83, Table 2. Reprinted with permissions of ASM International.

단위로 지정되었다. 대부분의 경우 부식 침투율은 0.50 mm/yr보다 작아야 한다.

아래 표는 부식 침투율에 대한 단위를 보여준다.

		Units			
CPR Unit	***K* Value**	***W***	***ρ***	***A***	***t***
mm/yr	87.6	mg	g/cm^3	cm^2	h

전기화학 부식반응에 의해서 전류가 흐르므로, 부식률은 이와 같은 전류, 보다 구체적으

로 말하면 전류밀도 i(부식되는 재료의 표면적당 흐르는 전류)의 관점에서 표현될 수 있다. $mol/m^2 \cdot s$의 단위를 가진 부식률 r은 다음 표현식을 이용하여 결정한다.

부식률과 전류밀도의 관계식

$$r = \frac{i}{n\mathscr{F}} \tag{16.24}$$

여기서 n은 금속 원자의 이온화와 관련된 전자 수이고, $\mathscr{F}$는 패러데이상수로 96,500 C/mol이다.

16.4 | 부식률의 예측

분극

분극

그림 16.5에 나타낸 표준 Zn/H_2 전기화학적 셀을 살펴보면, 이 셀은 단락되어 있어 아연의 산화와 수소의 환원이 각자의 전극 표면에서 일어날 것이다. 이 계는 현재 비평형상태이므로, 두 전극의 전위는 표 16.1로부터 결정된 값과 같지 않을 것이다. 각각의 전극전위가 자신의 평형값으로부터 벗어나는 것을 **분극(polarization)**이라 하며, 벗어나는 양을 과전압(*overvoltage*)이라 한다. 과전압은 일반적으로 기호 η로 표현한다. 과전압은 평형 전위에 대하여 벗어난 양을 양전압 또는 음전압(또는 mV)의 형태로 표현한다. 예를 들어 그림 16.5에서와 같이 아연 전극을 백금 전극에 연결시킨 후 아연 전극이 −0.621 V의 전위를 가지고 있다고 가정하자. 이때 표 16.1에서 평형 전위가 −0.763 V이므로, 과전압은 다음과 같이 구할 수 있다.

$$\eta = -0.621\text{ V} - (-0.763\text{ V}) = +0.142\text{ V}$$

분극에는 두 가지 형태, 즉 활성화 분극과 농도 분극이 있다. 전기화학적 반응속도는 각 분극 기구에 의하여 조절되므로, 이들 분극 기구에 대하여 알아보자.

활성화 분극

활성화 분극

모든 전기화학반응들은 금속 전극과 전해액 사이의 계면에서 연속적으로 발생하는 일련의 과정들로 구성된다. **활성화 분극(activation polarization)**은 일련의 과정 중 반응이 가장 느린 속도로 진행되는 단계에 의하여 조절되는 조건을 말한다. 활성화란 말은 활성화 에너지 장벽이 가장 느린 반응속도 제약 단계와 관련되기 때문에 이러한 형태의 분극에 적용된다.

예를 들어 아연전극 표면에서 수소기체 거품을 형성하기 위한 수소 이온의 환원반응을 생각해 보자(그림 16.6). 이 반응은 다음과 같은 일련의 단계에 의하여 진행되었다고 생각할 수 있다.

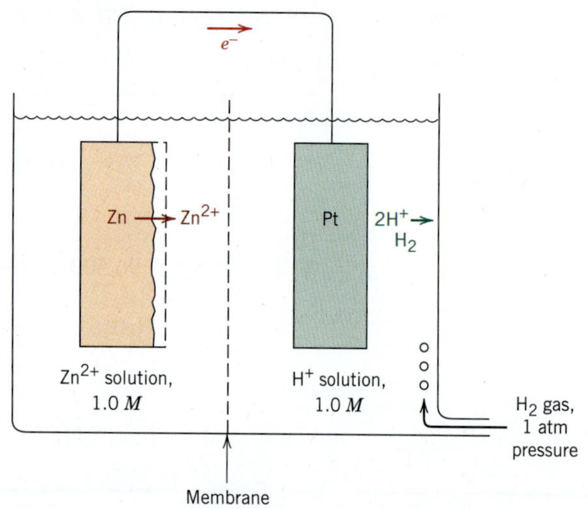

그림 16.5 단락되어 있는 표준 아연 전극과 수소 전극들로 구성된 전기화학적 셀

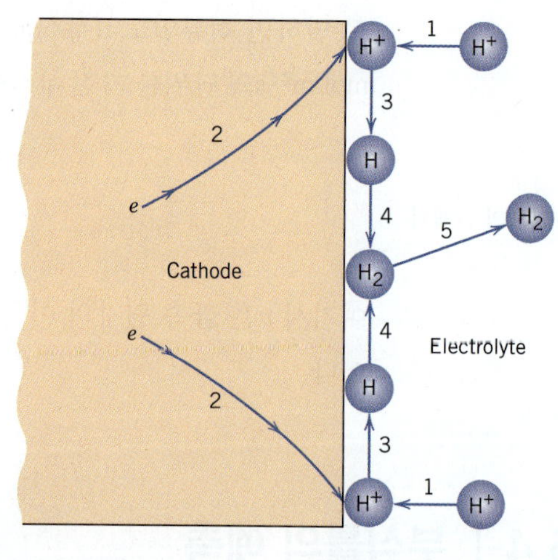

그림 16.6 수소 환원반응에서 가능한 단계를 나타낸 모식도. 반응속도는 활성화 분극에 의해 제어된다. (From Flinn, Richard A. and Paul K. Trojan, *Engineering Materials and Their Applications*, 4th edition, John Wiley and Sons, Inc., 1990, p. S-18, Figure 18.7.)

1. 아연 표면에서 용액으로부터의 H^+ 이온들의 흡착
2. 계면으로 전자의 이동
3. 수소 원자를 형성하기 위한 아연으로부터의 전자 이동

$$H^+ + e^- \rightarrow H$$

4. 수소 분자를 형성하기 위한 두 수소 원자의 결합

$$2H \rightarrow H_2$$

5. 거품 형성을 위한 많은 수소 분자의 합체

이 단계들 중 가장 느린 단계가 전체 반응속도를 결정한다.

활성화 분극에서 과전압 η_a와 전류밀도 i의 관계식은 다음과 같다.

활성화 분극에서 과전압과 전류밀도의 상관관계

$$\eta_a = \pm\beta \log \frac{i}{i_0} \tag{16.25}$$

여기서 β와 i_0는 특정 반쪽 셀에 대한 상수이다. 매개변수 i_0는 **교환전류밀도**(*exchange current density*)라 하며, 간단한 설명이 필요하다. 어떤 특정 반쪽 셀 반응에 대한 평형은 원자 수준에서 볼 때 실제로는 하나의 동적인 상태이다. 다시 말하면, 산화와 환원은 동시에 같은 속도로

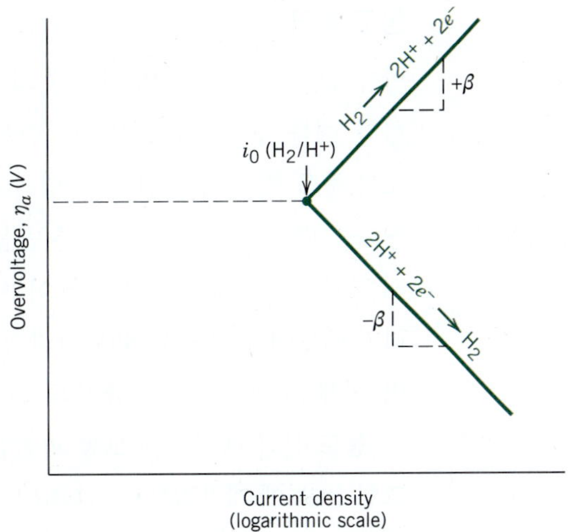

그림 16.7 수소 전극에서 일어나는 산화반응과 환원반응에 대하여 활성화 분극 과전압 대 전류밀도의 로그값에 대한 그림

발생하여, 순수한 반응이 없게 된다. 예를 들면 표준 수소 셀(그림 16.4)에서 용액에서의 수소 이온의 환원은 다음과 같은 반응에 의하여 백금 전극 표면에서 발생할 것이다.

$$2H^+ + 2e^- \rightarrow H_2$$

이때의 환원율은 r_{red}이다. 마찬가지로 용액에서의 수소 기체는 다음 반응식과 같이 산화가 일어날 것이다.

$$H_2 \rightarrow 2H^+ + 2e^-$$

이때의 산화율은 r_{oxid}이다. 평형은 다음과 같을 때 존재한다.

$$r_{red} = r_{oxid}$$

이 교환전류밀도는 평형상태에서 식 (16.24)로부터 계산된 전류밀도로, 다음과 같이 나타낼 수 있다.

평형상태에서의 산화율, 환원율, 그리고 교환전류밀도 관계식

$$r_{red} = r_{oxid} = \frac{i_0}{n\mathcal{F}} \tag{16.26}$$

i_0에 대해 **전류밀도**(*current density*)라는 용어의 사용은 실제 순수 전류가 흐르지 않기 때문에 약간의 혼동을 일으킬 수 있다. 더욱이 i_0의 값은 실험적으로 결정되며, 계에 따라 변할 것이다.

식 (16.25)에 의하면 과전압은 전류밀도의 로그값에 대한 함수로 그려질 때 직선으로 표시된다. 수소 전극에 대한 이들 관계는 그림 16.7에 나타나 있다. $+\beta$의 기울기를 가진 직선부분은 산화 반쪽반응에 대응되고, $-\beta$의 기울기를 가진 직선은 환원반응에 대응된다. 또한 두 직선이 교환전류밀도 $i_0(H_2/H^+)$, 과전압 0에서 시작되는 점에 주의해야 하는데, 이는 이 점에서 계가 평형상태를 유지하며 순수 반응이 일어나지 않기 때문이다.

농도 분극

농도 분극

반응속도가 용액에서의 확산에 의해 제한될 때 **농도 분극(concentration polarization)**이 존재한다. 예를 들어 수소 발생 환원반응을 다시 생각해 보자. 반응속도가 느리거나 H^+ 이온의 농도가 높을 때 전극 계면 근처 영역에서는 용액 내에 수소 이온의 충분한 공급이 항상 이루어진다(그림 16.8*a*). 반면에 빠른 반응속도 또는 낮은 H^+ 이온 농도에서는 계면의 근접 부근에서 결핍영역이 형성될 것이다. 이는 수소 이온이 반응을 유지하기에 충분할 만큼 공급되지 못하기 때문이다(그림 16.8*b*). 따라서 계면으로 H^+ 이온이 확산되는 현상은 반응속도를 조절하며, 이때 그 계는 농도 분극이 되었다고 말한다.

농도 분극 데이터는 보통 과전압 대 전류밀도의 로그값으로 그려진다. 이와 같은 그림은 그림 16.9*a*에 개략적으로 나타나 있다.[2] i의 값이 i_L에 도달할 때까지는 과전압이 전류밀도에 무관하다는 점에 주목하라. i_L에 도달하는 점에서 과전압 η_c는 급격히 감소한다.

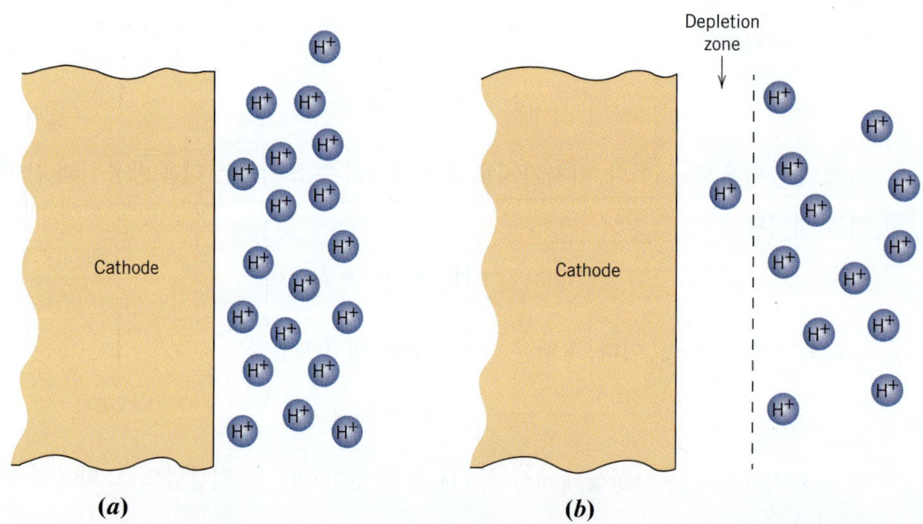

그림 16.8 수소 환원에 대하여 음극 근처에서 H^+ 이온 분포를 나타내는 모식도: (*a*) 느린 반응속도 또는 높은 H^+ 이온 농도, (*b*) 빠른 반응속도 또는 낮은 H^+ 이온 농도. (*b*)의 경우에 공핍대가 형성되며 농도 분극이 일어난다. (Adapted from Flinn, Richard A. and Paul K. Trojan, *Engineering Materials and Their Applications*, 4th edition, John Wiley and Sons, Inc., 1990, p. S-17, Figure 18.5.)

---

2) 농도 분극 과전압 η_c와 전류밀도 i 사이의 수학적 표현은 다음과 같다.

농도 분극에서 과전압과 전류밀도와의 상관관계

$$\eta_c = \frac{2.3RT}{n\mathscr{F}} \log\left(1 - \frac{i}{i_L}\right) \tag{16.27}$$

여기서 R과 T는 각각 기체상수와 절대온도이고, n과 $\mathscr{F}$는 위의 경우와 같은 의미이며, i_L은 임계 확산 전류밀도이다.

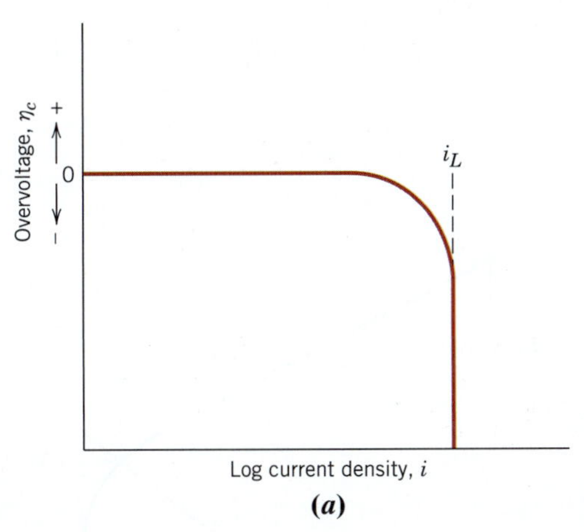

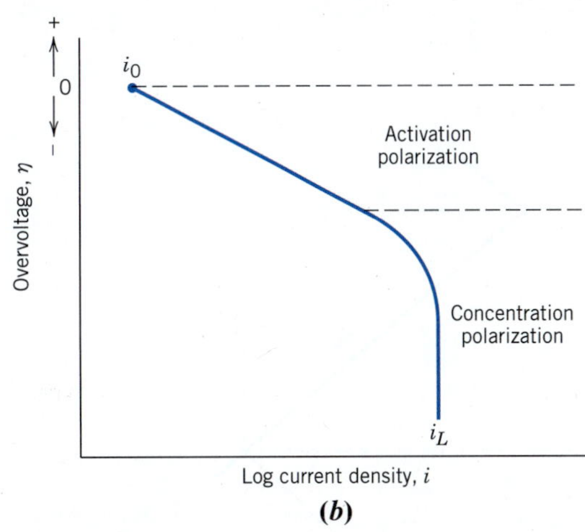

(a) ***(b)***

그림 16.9 환원반응에 대하여 (*a*) 농도 분극, (*b*) 활성화 농도 분극이 결합된 경우에 대한 과전압 대 전류밀도의 로그값의 모식도

농도 분극과 활성화 분극은 환원반응에서 가능하다. 이러한 환경하에서 전체 과전압은 두 가지 분극에서의 과전압의 합이다. 그림 16.9*b*는 η 대 $\log i$의 모식도를 나타낸다.

개념 확인 16.3

산화반응에 대해서 일반적으로 농도 분극이 속도를 제어할 수 없는 이유를 간단히 설명하라.

(정답은 *www.wiley.com*의 제품 페이지에서 확인할 수 있음)

분극 데이터로부터 부식률 계산

이제 부식률을 결정하기 위하여 위에서 전개하였던 개념들을 적용해 보자. 두 가지 형태의 계가 논의될 것이다. 첫 번째 경우에는 산화와 환원반응 모두 활성화 분극에 의하여 반응속도가 제한된다. 두 번째 경우에는 두 분극이 환원반응을 조절하는 반면에, 산화에 대해서는 오직 활성화 분극만이 중요하다. 첫 번째 경우는 산성 용액에 잠긴 가상의 2가 금속 M의 부식을 고려함으로써 설명될 것이다(그림 16.1의 Zn 부식 상황과 유사). H_2 기체 거품을 형성하기 위한 H^+ 이온의 환원은 반응식 (16.3)에 따라 금속 M의 표면에서 발생한다.

$$2H^+ + 2e^- \rightarrow H_2$$

그리고 금속 M은 반응식 (16.8)에서 주어진 아연과 비슷한 방법으로 산화된다.

$$M \rightarrow M^{2+} + 2e^-$$

이러한 두 반응으로부터 순수 전하 축적은 일어나지 않는다. 즉, 반응식 (16.8)로부터 생성된

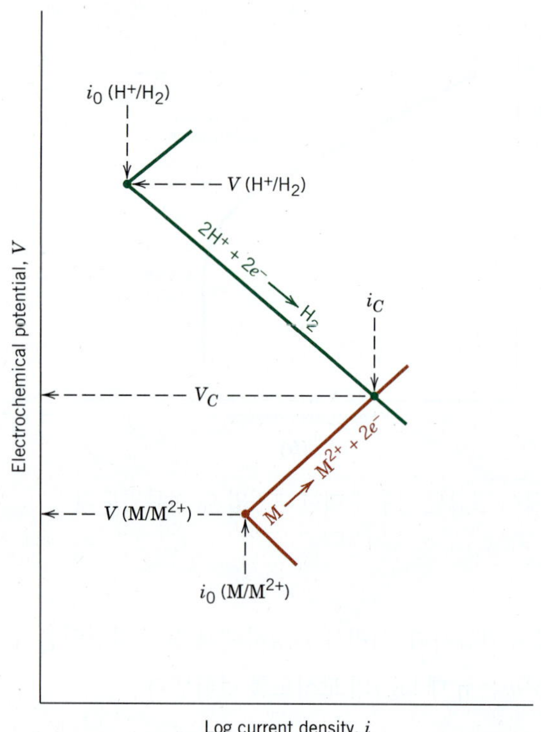

그림 16.10 산 용액에서 아연의 전극 속도론적 거동. 산화반응과 환원반응 모두 활성화 분극에 의해 반응속도가 제한된다.

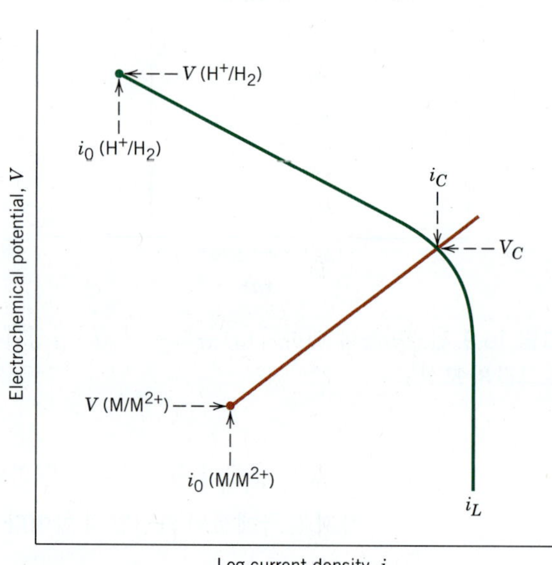

그림 16.11 금속 M에 대한 전극 속도론적 거동 개략도. 환원반응에서는 결합된 활성화-농도 분극하에서 반응속도가 제어된다.

모든 전자들은 반응식 (16.3)에 의하여 모두 소모되어야 한다. 다시 말하면, 산화율과 환원율은 서로 같아야 한다.

두 반응에 대한 활성화 분극을 표준 수소 전극(과전압이 아님)을 기준으로 하는 셀 전위 대 전류밀도의 로그값으로 그림 16.10에 그래프로 표현하였다.[3] 결합되지 않은 수소와 반쪽 셀 M의 전위인 $V(H^+/H_2)$와 $V(M/M^{2+})$가 각각의 교환전류밀도 $i_0(H^+/H_2)$ 및 $i_0(M/M^{2+})$와 함께 표시되어 있다. 직선부분에는 수소 환원과 M 산화에 대하여 나타나 있다. 용액에 담겨 있을 때 수소와 M은 각자의 선을 따라 활성화 분극이 일어난다. 또한 위에서 설명한 것처럼 산화율과 환원율은 같아야 한다. 이는 오직 두 직선의 교차점에서 가능하다. 이 교차점에서의 전위는 V_C, 부식전류밀도는 i_C로 표현한다. 따라서 M의 부식률(수소 발생률에 대응되는)은 이 i_C 값을 식 (16.24)에 대입함으로써 계산될 것이다.

두 번째 부식의 경우(수소 환원에 대해서는 활성화-농도 분극이 결합된 경우와 금속 M의 산화에 대하여 활성화 분극이 일어나는 경우)도 비슷한 방법으로 취급된다. 그림 16.11은 두

3) 그림 16.10과 같은 전기화학적 전위 대 전류밀도 선도를 때로는 에반스(*Evans*) 다이어그램이라고 한다.

분극 곡선을 보여준다. 위에서 설명했듯이 부식전위와 부식전류밀도는 산화선과 환원선이 교차하는 점에 해당한다.

예제 16.2

산화율 계산

산 용액 내에 있는 아연은 다음 반응식에 의하여 부식된다.

$$Zn + 2H^+ \rightarrow Zn^{2+} + H_2$$

산화와 환원 반쪽반응은 활성화 분극에 의하여 제어된다.

(a) 다음에 주어진 활성화 분극 데이터를 이용하여 아연의 산화율(mol/cm^2·s)을 계산하라.

For Zn	For Hydrogen
$V_{(Zn/Zn^{2+})} = -0.763$ V	$V_{(H^+/H_2)} = 0$ V
$i_0 = 10^{-7}$ A/cm^2	$i_0 = 10^{-10}$ A/cm^2
$\beta = +0.09$	$\beta = -0.08$

(b) 부식전위 값을 계산하라.

풀이

(a) 아연에 대한 산화율을 계산하기 위해 먼저 두 산화와 환원반응의 전위에 대하여 식 (16.25) 형태의 관계식을 세울 필요가 있다. 다음에 이 두 관계식을 서로 같게 놓고, 이때 부식전류밀도 i_C인 i 값을 구한다. 결국 부식률은 식 (16.24)로 구할 수 있다. 두 전위에 대한 표현은 다음과 같다. 수소 환원에 대해서는

$$V_H = V_{(H^+/H_2)} + \beta_H \log\left(\frac{i}{i_{0_H}}\right)$$

이고, 아연 산화에 대해서는

$$V_{Zn} = V_{(Zn/Zn^{2+})} + \beta_{Zn} \log\left(\frac{i}{i_{0_{Zn}}}\right)$$

이다. 이제 $V_H = V_{Zn}$이면 다음과 같은 식을 얻을 수 있다.

$$V_{(H^+/H_2)} + \beta_H \log\left(\frac{i}{i_{0_H}}\right) = V_{(Zn/Zn^{2+})} + \beta_{Zn} \log\left(\frac{i}{i_{0_{Zn}}}\right)$$

그리고 $\log i$(즉, $\log i_C$)에 대하여 풀면

$$\log i_C = \left(\frac{1}{\beta_{Zn} - \beta_H}\right)[V_{(H^+/H_2)} - V_{(Zn/Zn^{2+})} - \beta_H \log i_{0_H} + \beta_{Zn} \log i_{0_{Zn}}]$$

$$= \left[\frac{1}{0.09 - (-0.08)}\right][0 - (-0.763) - (-0.08)(\log 10^{-10}) + (0.09)(\log 10^{-7})]$$

$$= -3.924$$

또는

$$i_C = 10^{-3.924} = 1.19 \times 10^{-4}\,\mathrm{A/cm^2}$$

가 된다. 그리고 식 (16.24)로부터 다음을 얻는다.

$$r = \frac{i_C}{n\mathscr{F}}$$

$$= \frac{1.19 \times 10^{-4}\,\mathrm{C/cm^2{\cdot}s}}{(2)(96{,}500\,\mathrm{C/mol})} = 6.17 \times 10^{-10}\,\mathrm{mol/cm^2{\cdot}s}$$

(b) 이제 부식전위 값 V_C를 계산할 필요가 있다. 이는 V_H 또는 V_{Zn}에 대한 위 식들을 이용하고, i를 i_C에 대하여 위에서 결정된 값으로 치환함으로써 가능하다. 그러므로 V_H에 대한 표현을 이용하면 다음과 같다.

$$V_C = V_{(H^+/H_2)} + \beta_H \log\left(\frac{i_C}{i_{0_H}}\right)$$

$$= 0 + (-0.08\,\mathrm{V}) \log\left(\frac{1.19 \times 10^{-4}\,\mathrm{A/cm^2}}{10^{-10}\,\mathrm{A/cm^2}}\right) = -0.486\,\mathrm{V}$$

16.5 | 부동태

부동태

반응성 있는 금속과 합금의 일부는 특별한 환경 조건에서 화학적인 반응성을 상실하고 불활성화된다. 이와 같은 현상을 **부동태(passivity)**라고 하며, 크롬, 철, 니켈, 티타늄과 이들의 합금에서 볼 수 있다. 이 부동태 현상은 금속 표면에 접착성이 우수한 얇은 산화막이 형성되어 계속적인 산화를 억제하는 방어막 역할을 한다. 스테인리스강은 이와 같은 부동태화에 의하여 비교적 넓은 범위에 걸친 분위기에서 부식에 대한 저항이 강하다. 스테인리스강은 적어도 11% 이상의 크롬을 함유하고 있다. 철 중의 크롬은 고용체 합금 원소로서 녹(rust)의 형성을 최소화하지만, 그보다는 산화 분위기에서 표면에 보호막을 형성시켜 계속적 산화를 억제한다. 알루미늄도 이 같은 부동태 피막 형성 때문에 여러 분위기에서 부식에 대한 저항성이 매우 높다. 만약에 부동태 피막이 손상을 입으면 보통 보호막은 매우 빠르게 다시 형성된다. 그러나 분위기 성질 변화(즉, 부식을 일으키는 활성화 원소의 농도 변화)는 부동태 재료를 활성화 상태로 변환시킬 수 있다. 미리 형성된 부동태 피막을 계속 손상시키면 부식률이 100,000배까지 급격히 증가할 수 있다.

이와 같은 부동태 현상은 앞 절에서 논의된 분극전위-전류밀도의 로그값 곡선의 관점에서 설명될 수 있다. 부동태화되는 금속에 대한 분극 곡선은 그림 16.12에 나타낸 바와 같이 일반적인 형태를 가질 것이다. '활성화' 지역 내에 있는 비교적 낮은 전위값에서 분극 거동은 일반적인 금속의 경우처럼 직선적으로 변하고 있다. 전위를 계속적으로 증가시키면 전류밀도는 급격히 감소하여 아주 낮은 값이 되며, 이 전류밀도는 전위에 무관하게 일정한 값을 유지한다. 이것을 '부동태' 구역이라고 한다. 마지막으로 '과부동태(transpassive)' 구역에 해당하는 보다 더 높은 전위값에서 전류밀도는 전위가 증가함에 따라 다시 증가한다.

그림 16.13은 하나의 금속에서 부식 환경에 따라 활성과 부동 현상들이 각각 어떻게 일어나는지를 보여주고 있다. 그림에는 양면성을 가진, 즉 활성-부동의 금속 M에 대한 S자 형태의 산화 분극 곡선과 1, 2로 표시되는 2개의 다른 용액에 대한 환원 분극 곡선들이 포함되어 있다. 곡선 1은 활성화 지역에 있는 산화 분극 곡선과 *A*점에서 교차하면서, 부식전류밀도 $i_C(A)$를 나타내고 있다. 곡선 2는 부동태 지역의 산화 분극 곡선과 *B*점에서 교차하고, $i_C(B)$의 전류밀도를 나타내고 있다. 용액 1에서 금속 M의 부식률은 $i_C(A)$가 $i_C(B)$보다 크고 또한 부식률이 전류밀도에 비례하기 때문에[식 (16.24)에 따라], 용액 2보다 크다. 두 용액 사이의 부식률 차

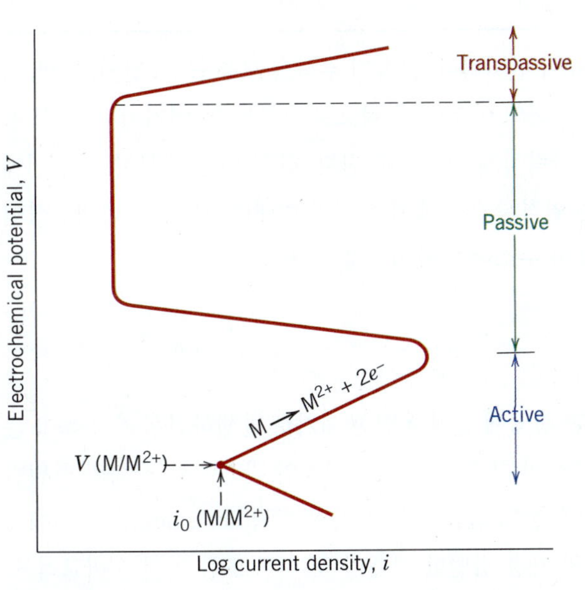

그림 16.12 활성-부동 전이를 보여주는 금속에 대한 모식적 분극 곡선

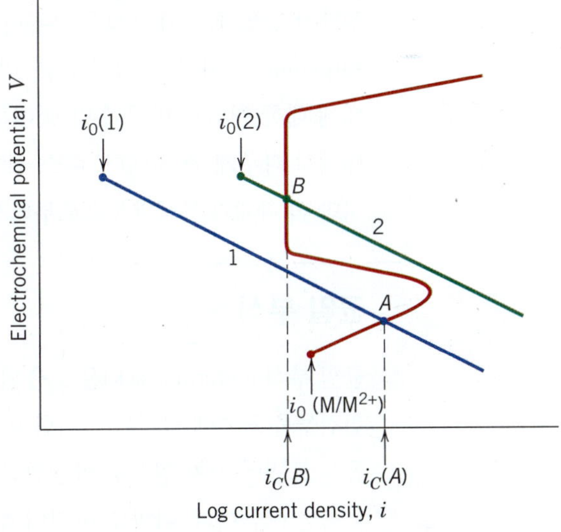

그림 16.13 활성-부동 금속이 어떻게 활성 부식 거동과 부동태 부식 거동을 나타내는지를 보여주는 그림

이는 매우 클 것이다. 그림 16.13에서 전류밀도 눈금이 로그 스케일로 표시된 것을 고려할 때 두 용액의 부식률 차이는 수 차수에 이를 것이다.

16.6 | 환경 효과

부식 환경의 변수들, 이를테면 유체 속도, 온도, 조성은 재료의 부식 특성에 결정적인 영향을 미칠 수 있다. 대부분의 경우는 유체 속도를 증가시키면 마모 효과에 의해 부식률이 증가한다. 대부분의 화학반응 속도는 온도가 올라감에 따라 증가하며 이 결과는 대부분의 부식 여건에 적용된다. 많은 상황에서 부식성 원소[즉, 산(acid) 중의 H^+]의 농도 증가는 부식률을 보다 빠르게 한다. 그러나 부동태화를 할 수 있는 금속에서는 부식성 원소의 양을 증가시키는 것이 활성-부동 전이를 일으켜 부식 발생을 상당히 억제한다.

연성 재료의 강도를 증가시키기 위하여 보통 냉간가공 또는 소성변형을 시킨다. 그러나 냉간가공된 금속은 어닐링(annealing) 처리가 된 같은 재료보다 부식되기가 쉽다. 예를 들면 변형 공정들은 못의 머리와 끝의 형상을 만들기 위하여 이용된다. 결과적으로 이러한 위치들은 못의 몸통(shank)에 대하여 양극 역할을 하게 된다. 그러므로 부식성 분위기에서 사용될 때는 하나의 구조에서 다르게 가해지는 냉간가공량을 고려해야 한다.

16.7 | 부식 형태

명백한 방법에 의해 부식을 분류하는 것이 편리하다. 금속의 부식은 보통 균일, 전지, 틈새, 피팅(pitting), 입자간, 선택적 침출, 마모, 응력의 여덟 가지 형으로 분류된다. 여기서 각 부식 형태에 대한 원인과 방지 수단에 대하여 간략하게 다루기로 한다. 한편 이 절에서 수소 취성에 대해서 다루게 될 것이다. 수소 취성은 엄격한 의미에서 부식의 형태라기보다는 파괴현상이지만 이 파괴가 부식반응으로부터 발생한 수소에 의하여 유발된다.

균일 부식

균일 부식(uniform attack)은 노출된 표면 전체에 걸쳐 동일한 세기로 발생하면서 가끔 녹 또는 침전물을 표면에 남기는 전기화학적 부식의 한 형태이다. 미시적인 관점에서, 산화와 환원반응은 표면에 걸쳐 임의로 발생한다. 강과 철의 녹슬음, 은식기의 변색(tarnishing)은 우리에게 익숙한 예들이다. 아마도 이것이 부식의 가장 평범한 형태일 것이다. 또한 이것은 비교적 쉽게 예측되고 설계될 수 있기 때문에 가장 작은 결함이 될 것이다.

전지 부식

전지 부식

전지 부식(galvanic corrosion)은 두 금속 또는 다른 조성을 가진 두 합금이 전해질 내에서 전기적으로 연결되어 있을 때 발생한다. 이것이 16.2절에서 논의되었던 용해 또는 부식의 형태이다. 어떤 분위기에서 반응성이 더 크거나 덜 귀한 금속들은 부식이 발생하는 경향이 강하고, 보다 불활성인 금속들은 부식으로부터 보호받는 음극이 되는 경향이 커질 것이다. 예를 들어 강 스크루(steel screw)는 바닷물 속에서 놋쇠와 접촉되어 있을 때 부식된다. 또한 구리관과 강관을 접합시켜 가정용 물 히터로 사용하면 접합부 근처에서 강의 부식이 일어난다. 용액의 성질에 따라 음극 표면에 식 (16.3)~(16.7)에 걸친 반응 중 한 가지 이상의 반응이 일어난다. 그림 16.14는 전지 부식을 보여준다.

표 16.2의 전지 계열은 바닷물 속에서 수많은 금속과 합금의 상대적인 반응성을 보여준다. 두 합금이 바닷물 속에서 연결될 때, 전지 계열의 낮은 위치에 있는 합금에서 부식이 일어날 것이다. 또한 이 전지 계열로부터 주목할 만한 내용은 두 번 표시된 일부 합금들(즉, 니켈과 스테인리스강)이 활성과 부동의 두 가지 상태로 모두 존재하고 있다는 것이다.

전지 부식률은 전해질에 노출된 양극과 음극의 면적비에 의해 좌우된다. 즉, 일정한 음극

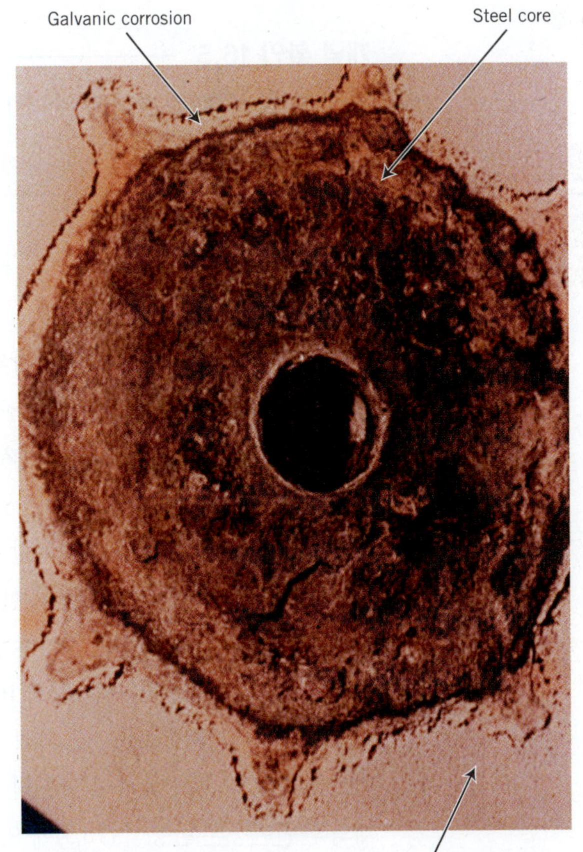

그림 16.14 어선의 오수 펌프 입구 주변에서 전지 부식이 일어났음을 보여주는 사진. 강 코어와 그 주변을 감싸고 있는 주조 마그네슘 외벽 사이에 부식이 발생했다. (Photograph courtesy of LaQue Center for Corrosion Technology, Inc.)

면적에 대하여 면적이 작은 양극이 큰 양극에 비하여 보다 빠르게 부식된다. 왜냐하면 부식률은 단순히 전류보다는 전류밀도[식 (16.24)]에 영향을 받기 때문이다. 따라서 양극의 면적이 음극의 면적에 비하여 작을 때, 양극에는 전류밀도가 높게 된다.

전지 부식의 영향을 크게 줄이기 위한 많은 방법들이 있으며 그중 몇 가지 방법은 다음과 같다.

1. 서로 다른 금속을 연결시킬 필요가 있을 때는 전지 계열상 가까이 위치해 있는 두 재료를 선택하라.
2. 바람직하지 않은 양극과 음극의 표면적 비율을 피하라. 즉, 가능하면 넓은 면적의 양극을 사용하라.
3. 이종의 금속들은 전기적으로 서로 절연시켜라.
4. 연결된 두 금속에 제삼의 양극의 금속을 전기적으로 연결하라. 즉, 이것은 **음극보호**(*cathodic protection*)의 한 형태이다.

개념 확인 16.4

전지 부식과 틈새 부식의 차이점은 무엇인가?

개념 확인 16.5

전지 부식을 어떻게 피할 수 있는가?

(정답은 *www.wiley.com*의 제품 페이지에서 확인할 수 있음)

틈새 부식

전기화학적 부식은 같은 금속 조각의 두 지역 사이 전해질 용액에서 용해된 기체나 이온의 농도차에 의해 발생할 수 있다. 이와 같은 **농도 셀**(*concentration cell*)의 경우 부식은 낮은 농도를 가진 지역에서 발생한다. 이런 부식의 좋은 예는 틈새와 파인 곳, 또는 먼지 침전물, 부식 산물(corrosion product)들이 있는 곳에서 일어난다. 부식 산물 근처의 수용액은 정체되어 있어 용해된 산소가 국부적으로 고갈되어 있다. 이러한 지역에 우선적으로 발생하는 부식을 **틈새 부식(crevice corrosion)**이라고 한다(그림 16.15). 틈새는 용액이 침투할 수 있을 만큼은 넓어야 하고 정체될 정도로는 좁아야 한다. 보통 폭은 25 mm의 수천분의 1이다.

틈새 부식

틈새 부식에 대한 기구는 그림 16.16과 같이 제안되고 있다. 산소가 틈새 내에서 고갈된 후에 금속의 산화가 식 (16.1)에 의해 이 지점에서 발생된다. 이 전기화학적 반응으로부터 생성되는 전자는 금속을 통하여 부근의 외부 지역으로 전도되어 환원을 일으키면서 소모된다. 대개의 환원반응은 반응식 (16.5)에 의해 일어난다. 많은 수용액 내에서, 틈새 내에 있는 용액은

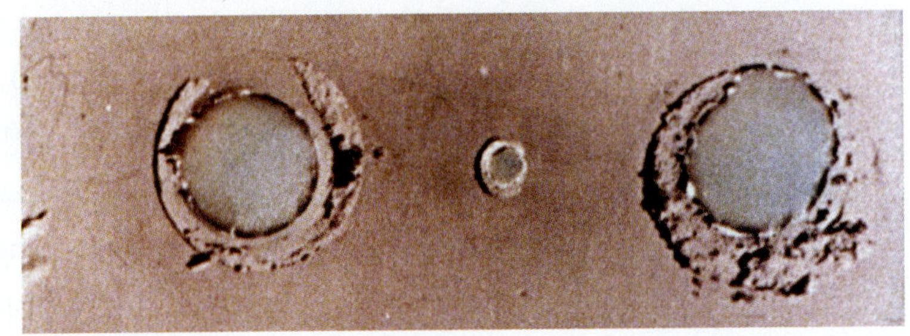

그림 16.15 바닷물에 잠겨 있던 판 위에 틈새 부식이 와셔로 덮여 있던 구역에서 발생하고 있다. (Photograph courtesy of LaQue Center for Corrosion Technology, Inc.)

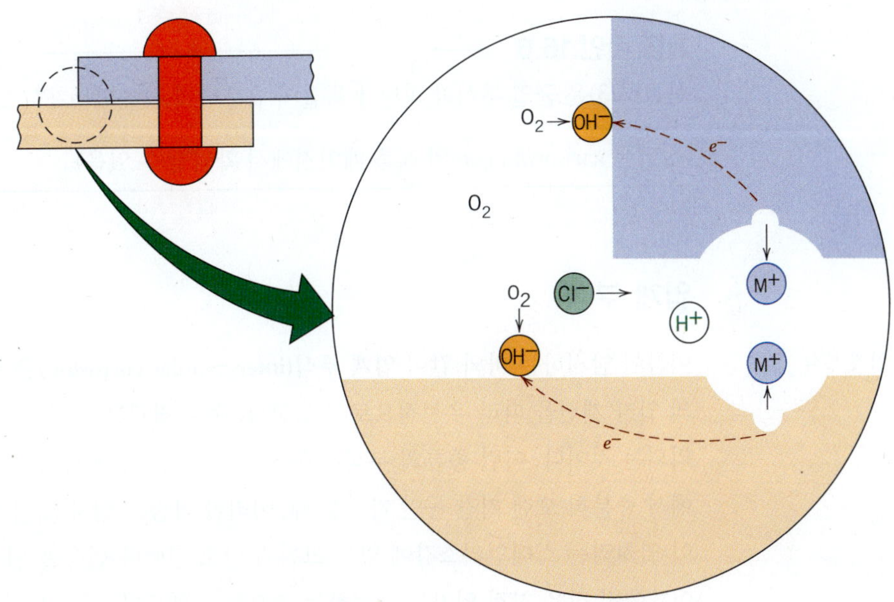

그림 16.16 리벳으로 연결된 두 판 사이에서 일어나는 틈새 부식의 기구를 보여주는 개략도

부식성이 아주 강한 H^+ 이온과 Cl^- 이온의 농도가 높아지고 있는 것이 발견되고 있다. 부동태화된 많은 합금은 틈새 부식이 쉽게 일어나는 경향이 있는데, 이는 보호막들이 자주 H^+와 Cl^- 이온에 의해 파괴되기 때문이다.

틈새 부식 발생은 리벳 이음이나 볼트 이음 대신 용접을 사용하거나, 가능하면 불순불을 흡수하지 않는 개스킷(gasket)을 사용하거나, 축적되는 침전물을 자주 제거하거나, 정체되는 지역을 없애고 완벽하게 배수될 수 있게 용기를 설계하는 방법 등에 의하여 방지할 수 있다.

피팅

피팅

피팅(pitting)은 조그만 피트 또는 구멍이 형성된 곳에 매우 국지적으로 일어나는 부식의 한 형태이다. 피팅은 보통 수평 표면의 꼭대기로부터 거의 수직적인 방향을 따라 아래로 전파된다. 이것은 극단적으로 내부로 진행되는 부식의 형태이며, 파괴가 발생하기 전까지 매우 적은 양의 재료 손실이 일어나 잘 발견되지 않는다. 그림 16.17은 피팅 부식의 한 예를 보여준다.

피팅에 대한 부식 기구는 산화가 피트 내부에서 일어나고, 이에 대응되는 환원이 표면에서 이루어진다는 점에서 틈새 부식에 대한 기구와 같다. 중력에 의해 피트는 아랫방향으로 성장되고, 피트 표면에 있는 수용액의 농도는 피트의 성장이 진행됨에 따라 증가하는 것으로 고려되고 있다. 하나의 피트는 긁힌 자국(scratch)과 같은 국부적인 표면 결함 또는 약간의 농도 변화에 의하여 시작된다. 사실 표면이 잘 연마된 시편은 피팅 부식에 보다 큰 저항을 나타내는 것이 관찰된다. 스테인리스강은 이런 형태의 부식에 다소 민감해진다. 그러나 약 2% 몰리브덴을 첨가하여 합금을 만들면 부식에 대한 저항이 급격하게 증진된다.

개념 확인 16.6

식 (16.23)은 균일 부식과 피팅에 똑같이 유용하게 적용되는가? 그 이유를 설명하라.

(정답은 *www.wiley.com*의 제품 페이지에서 확인할 수 있음)

입계 부식

입계 부식

이름이 암시하는 바와 같이 **입계 부식(intergranular corrosion)**은 특수한 환경에서 일부 합금의 입자 계면을 따라 우선적으로 발생한다. 순수 결과는 하나의 시편이 입자 계면을 따라 분리되는 것이다. 이런 종류의 부식은 특히 스테인리스강에서 많이 발생한다. 500~800°C 온도에서 충분히 오랜 기간 동안 가열할 때, 이러한 합금은 입자 계면에 대한 부식에 민감해진다. 이 열처리는 스테인리스강에 있는 크롬과 탄소 사이에 반응을 일으켜 탄화크롬($Cr_{23}C_6$)으로 이루어진 작은 침전 입자를 형성하는 것으로 이해된다. 이들 입자는 그림 16.18에 나타낸 것과 같이 입자 계면을 따라 형성된다. 크롬과 탄소 두 원소는 입계면을 따라 확산되어 침전물

그림 16.17 인산염 용액에 의한 316L 스테인리스강 파이프 표면의 피팅 (Photograph courtesy of Rick Adler/Adler Engineering LLC of Wyoming USA.)

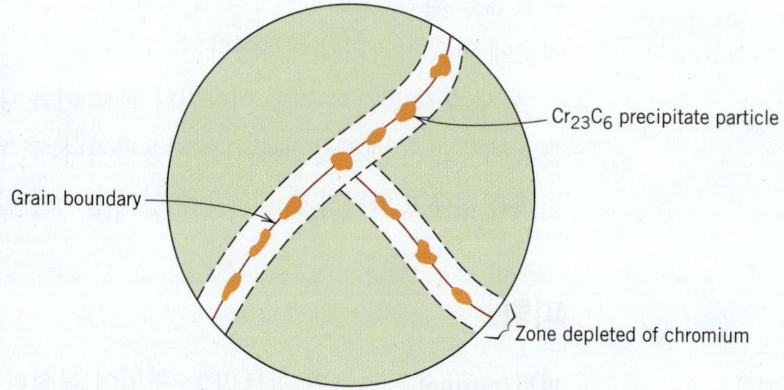

그림 16.18 스테인리스강에서 입자 계면을 따라 침전되는 탄화크롬 입자와 주위의 크롬이 고갈된 지역을 보여주는 개략도

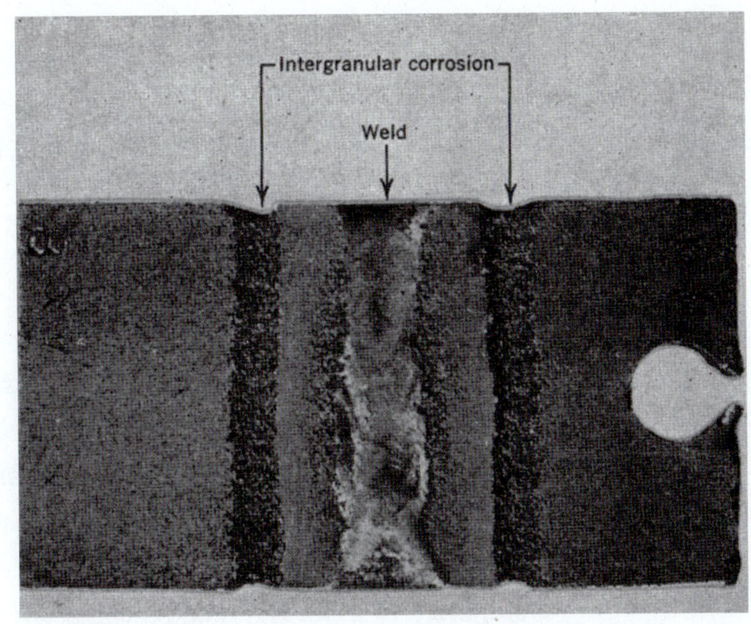

그림 16.19 스테인리스강에서 발생한 용접 붕괴. 홈이 형성된 지역을 따라 용접 부위가 냉각되면서 민감하게 반응한 것을 보여주고 있다. (From H. H. Uhlig and R. W. Revie, *Corrosion and Corrosion Control*, 3rd edition, Fig. 2, p. 307. Copyright © 1985 by John Wiley & Sons, Inc. Reprinted by permission of John Wiley & Sons, Inc.)

을 형성하면서, 입계면 근처에 크롬이 고갈된 구역을 남겨 놓는다. 결과적으로 이런 입자 계면 지역에서는 부식이 매우 쉽게 일어난다.

용접 붕괴

입계 부식은 특별히 스테인리스강의 용접에서 심각한 문제가 되고 있는데, 이것을 흔히 **용접 붕괴(weld decay)**라고 한다. 그림 16.19는 이런 형의 입계 부식을 보여주고 있다.

스테인리스강은 다음의 조치를 취함으로써 입계 부식이 일어나는 것을 방지할 수 있다. (1) 재료를 높은 온도로 유지시켜 탄화크롬 입자가 다시 녹게 한다. (2) 탄소 농도를 0.03 wt% 이하로 낮추어 탄화물 형성을 최소화한다. (3) 니오븀 또는 티타늄과 같은 다른 금속을 스테인리스강에 첨가한다. 이 원소들은 크롬보다도 탄화물을 형성하려는 경향이 커서 크롬을 고용체로 존재하게 한다.

선택적 침출

선택적 침출

선택적 침출(selective leaching)은 고용체 합금에서 발견되고 있으며, 한 원소 또는 구성요소가 부식에 의해서 우선적으로 제거될 때 발생한다. 가장 보편적인 예는 황동(brass)의 탈아연화(dezincification)이다. 구리와 아연의 합금으로 이루어진 황동에서 탈아연화 과정에 의하여 아연이 선택적으로 침출된다. 탈아연화가 일어난 구역은 구리로 된 다공성 물질로 존재해 있으므로 합금의 기계적 강도는 현저하게 손상을 입는다. 또한 재료의 색은 노란색에서 적색 또는 구리색으로 바뀐다. 그리고 선택적 침출은 선택적으로 제거되기 쉬운 알루미늄, 철, 코발트, 크롬, 기타 다른 원소들이 함유된 합금에서 발생한다.

마모 부식

마모 부식

마모 부식(erosion corrosion)은 화학적 반응과 유체의 움직임에 의해 일어나는 기계적인 마멸(abrasion)에 의한 두 가지 복합적인 거동에 의해 일어난다. 실제적으로 모든 금속 합금은 어느 정도 마모 부식의 영향을 받고 있다. 특별하게 마모 부식에 의해 해를 입는 합금은 표면에 보호막을 형성하면서 부동태화되는 합금이다. 마모 거동은 표면 막을 제거시켜 금속 내부를 드러나게 만든다. 만약에 코팅이 계속적으로 재빠르게 다시 형성되어 보호막 층 역할을 해 주지 않는다면 부식은 심각하게 발생할 것이나. 비교적 연한 금속들, 이를테면 구리와 납은 이런 형태의 공격에 민감하다. 보통 이러한 사실은 유체 흐름의 특성을 보여주는 표면의 물결 모양과 표면 홈에 의해 확인된다.

유체 성질은 부식 거동에 매우 큰 영향을 주고 있다. 보통 유체속도가 증가하면 부식률이 증가한다. 또한 거품이나 떠 있는 입자들이 존재할 때 수용액은 부식성이 더욱 강해진다.

마모 부식은 배관에서, 특히 구부러진 곳, 엘보, 배관 지름이 급격히 변하는 곳, 즉 유체의 방향이 바뀌거나 유량이 갑자기 변해서 난류가 되는 위치에서 발생한다. 또한 프로펠러, 터빈날개(turbine blade), 밸브, 펌프 등은 이런 형태의 부식에 매우 민감하다. 그림 16.20은 펌프 임펠러에서 발생한 심각한 마모 부식을 보여준다.

마모 부식을 방지하는 가장 좋은 방법 중 하나는 유체 난류의 형성과 충격 효과를 없애기 위하여 설계를 바꾸는 것이다. 또한 본래 부식에 대한 저항이 강한 다른 재료들을 이용하는 것도 한 방법이다. 이와 함께 수용액에 있는 입자와 거품을 제거하는 것도 부식을 감소시킬 것이다.

응력 부식

응력 부식

응력부식균열(*stress corrosion cracking*)이라고도 하는 **응력 부식(stress corrosion)**은 부식 환경과 인장응력 두 가지 인자의 혼합된 효과에 의해서 발생된다(응력 부식에는 두 가지 인자가 꼭 필요함). 실제로 어떤 부식 매개물 내에서 불활성의 특성을 보이는 재료들은 외부에서 응력이 가해질 때 부식에 민감하게 반응한다. 조그만 균열들이 형성되고, 계속하여 가해지는 응력에 수직방향으로 전파되면서(그림 16.21 참조) 결국에는 파괴가 일어난다. 파괴 거동은 연성 재료인 경우에 취성 재료의 파괴 특성을 나타낸다. 더욱이 균열들은 인장강도보다 현저히 낮은 응력값에서 형성된다. 대개의 합금은 특수한 분위기에서, 특히 적당한 값의 응력이 가해지는 경우 응력 부식에 민감하게 영향을 받는다. 예를 들면 대개의 스테인리스강은 염소 이온을 함유한 용액 내에서 응력 부식이 일어나고, 황동은 암모니아에 노출되었을 때 응력 부식이 쉽게 발생한다. 그림 16.22는 황동에서 입자간 응력부식균열이 발생한 예를 보여주는 사진이다.

응력부식균열을 일으키는 응력이 반드시 외부에서 가해질 필요는 없다. 이것은 급격한 온도변화와 불균일한 수축으로부터 야기되는 잔류응력일 수도 있고, 다른 열팽창계수를 가진

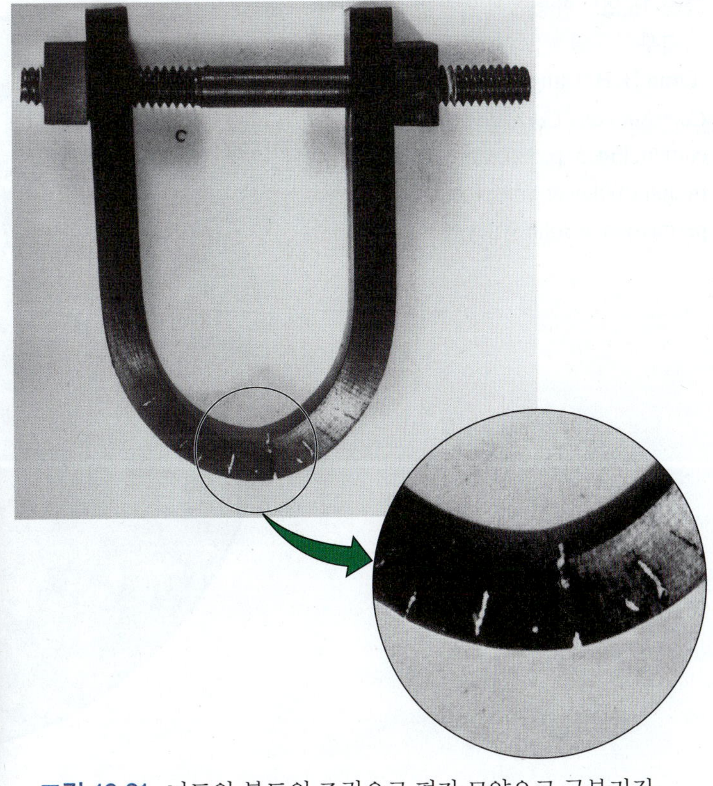

그림 16.20 펌프 임펠러의 마모 부식
(Photograph courtesy of Dr. Steve Taut/ www.pairodocspro.com.)

그림 16.21 너트와 볼트의 조립으로 편자 모양으로 구부러진 철제 형강. 바닷물에 잠긴 동안 인장 응력이 가장 큰 부위에서 응력부식균열이 발생한다.
(Photograph courtesy of F. L. LaQue. From F. L. LaQue, *Marine Corrosion, Causes and Prevention*. Copyright © 1975 by John Wiley & Sons, Inc. Reprinted by permission of John Wiley & Sons, Inc.)

두 상의 합금에서 발생하는 내부응력일 수도 있다. 또한 내부에 포획된 기체와 고체의 부식 산물이 내부응력을 야기할 수 있다.

응력 부식을 감소시키거나 완전히 제거할 수 있는 가장 좋은 방법은 응력의 양을 줄이는 것이다. 응력의 감소는 외부 하중(load)을 줄이거나, 가해 주는 응력에 수직인 단면의 면적을 증가시킴으로써 달성할 수 있다. 또한 적당한 열처리는 열적 잔류응력을 제거하는 데 이용되기도 한다.

수소 취성

수소 취성

여러 가지 금속 합금들, 특히 어떤 강(steel)들은 수소 원자(H)가 재료 내부로 침투해 들어가는 경우 연성과 인장강도가 크게 감소된다. 이와 같은 현상을 **수소 취성(hydrogen embrittlement)** 이라고 하며, **수소유도균열**(*hydrogen-induced cracking*) 또는 **수소응력균열**(*hydrogen stress*

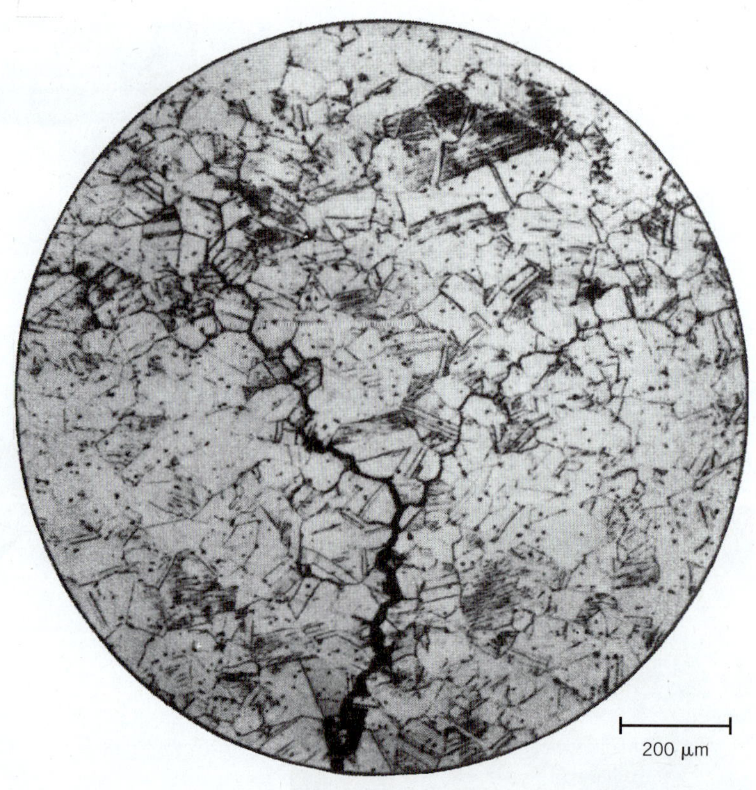

그림 16.22 황동에서 발생한 입자간 응력부식균열을 보여주는 사진(75배율) (From H. H. Uhlig and R. W. Revie, *Corrosion and Corrosion Control*, 3rd edition, Fig. 5, p. 335. Copyright 1985 by John Wiley & Sons, Inc. Reprinted by permission of John Wiley & Sons, Inc.)

cracking)이라고도 한다. 엄격하게 말하면 수소 취성은 일종의 파괴(failure)이다. 외부에서 가해지는 인장응력 또는 잔류 인장응력에 의하여 균열들이 성장하고 빠른 전파가 진행됨에 따라 취성파괴는 갑작스럽게 일어난다. 원자 형태의 수소[분자(H_2) 형태에 대응되는 수소 원자(H)]는 결정격자 내부를 침입 형태로 확산하여 들어가며, 백만분의 1 정도에 해당하는 수소 농도로도 균열을 유도할 수 있다. 더욱이 수소유도균열들은 어떤 합금에서는 입계 파괴(intergranular fracture)로 진행되지만, 대부분의 경우 입내 파괴(transgranular fracture)로 일어난다. 수소 취성을 설명하기 위하여 수많은 기구들이 제안되었다. 제안된 기구들 중 대부분의 이론은 용융된 수소들이 전위의 이동에 미치는 간섭에 근거를 두고 있다.

수소 취성은 보통은 연성을 나타내는 금속들이 부식 분위기에서 인장응력을 받을 때 취성파괴를 일으킨다는 점에서 응력 부식과 유사하다. 그러나 이 두 가지 현상은 외부에서 가해지는 전류와 서로 다른 상호반응을 일으킨다는 점에서 구별될 수 있다. 즉, 음극보호(16.9절)를 실시하는 경우 응력 부식을 감소시키거나 멈추게 할 수 있으나, 음극보호는 수소 취성을 유발하거나 증진시킬 수 있다.

수소 취성이 발생하기 위해서는 수소 공급에 대한 원천이 있어야만 하고, 이와 함께 수소 원자가 형성될 가능성이 있어야만 한다. 이와 같은 조건들을 만족시키는 상황은 다음과 같다:

강(steel)을 황산에서 산세척(pickling)[4], 전기도금, 용접 또는 열처리를 실시하는 것과 같은 고온에서 수소를 포함한 분위기(수증기 포함)에 노출. 또한 이른바 독(*poison*)이라고 불리는 황화합물(예: H_2S) 또는 비소 화합물들이 존재하는 경우 수소 취성을 가속화한다. 이와 같은 물질들은 분자 수소의 형성을 저해함으로써 금속 표면 위에 수소 원자들이 존재하는 체류시간을 증가시킨다. 가장 도전적인 독인 수소 황화물은 석유, 천연가스, 유정(oil-well) 바닷물, 지열 유동체에서 발견된다.

고강도 강들은 수소 취성에 취약하며, 강도를 증가시킴에 따라 취성에 대한 취약성이 더 커지는 경향이 있다. 마텐자이트강들은 이와 같은 파괴 형태에 특히 약하며 베이나이트, 페라이트, 스페로이다이트 강들은 보다 나은 경향을 보여주고 있다. 또한 FCC 합금들(오스테나이트 스테인리스강, 구리 합금, 알루미늄 합금, 니켈 합금)은 비교적 수소 취성에 대한 저항이 높으며, 이는 주로 높은 연성에 기인하고 있다. 그러나 이와 같은 합금들을 변형경화(strain hardening)시키는 경우 수소 취성에 대한 취약성이 커질 것이다.

수소 취성의 가능성을 낮추기 위하여 합금의 인장강도를 열처리로 감소시키거나, 수소 제공원의 배제, 합금 내 수소를 날려 버리기 위해 합금을 '가열(baking)'하는 방법, 수소 취성에 대한 내성이 높은 합금으로 대체하는 방법 등 여러 가지 기술이 사용된다.

16.8 | 부식 환경

부식 환경으로는 대기, 수용액, 흙, 산, 염기, 무기용매, 용융염, 액상 금속, 인체 등이 있다. 무게로 계산할 경우 가장 많은 손실은 대기 부식에 의하여 일어난다. 용해된 산소를 포함한 습기는 주요한 부식 매체이지만, 황 화합물과 염화나트륨을 포함한 다른 물질들도 부식을 일으킨다. 이것은 해양 대기에서 특히 심각하다. 해양 대기는 부식성이 매우 높은데, 이는 염화나트륨을 포함하고 있기 때문이다. 공업 환경에서 생성되는 묽은 황산 용액(산성비) 또한 부식 문제를 야기한다. 대기에 노출되어 사용하는 제품 중 가장 보편적으로 사용되는 금속은 알루미늄 합금, 구리, 아연도금 강 등이다.

물 환경도 다양한 조성과 부식 특성을 가질 수 있다. 담수는 물의 경도(hardness)를 나타내는 광물질 중 일부와 함께 용존산소를 포함한다. 바닷물은 대략적으로 약간의 광물질, 유기질과 함께 3.5% 염(거의 염화나트륨으로 구성)으로 구성되어 있다. 바닷물은 일반적으로 담수보다 부식성이 강하며, 자주 피팅과 틈새 부식을 일으킨다. 주철, 강, 알루미늄, 구리, 황동, 일부 스테인리스강은 일반적으로 담수에 대하여 적합하나, 티타늄, 황동, 청동, 구리-니켈 합금, 니켈-크롬-몰리브덴 합금은 바닷물에서 부식에 대한 저항이 매우 강하다.

4) 산세척이란 강 조각들을 뜨겁고 묽은 황산 또는 묽은 염산에 담가 표면 산화막을 제거하는 과정을 말한다.

토양은 매우 넓은 범위의 조성을 가지며, 부식에 매우 민감하다. 조성 변수로는 습기, 산소, 염의 양, 알칼리도(alkalinity), 산도(acidity)와 함께 여러 가지 형태의 박테리아의 존재 여부가 있다. 주철과 일반탄소강은 표면 보호막 처리를 하거나 하지 않은 상태에서 지하 구조물로서 가장 경제적인 재료로 이용되고 있다.

여기서는 이 문제들에 대한 해결책을 논의하지 않겠다. 왜냐하면 너무 많은 산, 염기, 유기용매들이 있기 때문이다. 이런 주제를 자세히 취급한 좋은 참고 자료들을 쉽게 찾을 수 있다.

16.9 | 부식 방지

일부 부식 방지 방법을 여덟 가지 형태의 부식에 관련지어 다루었다. 그러나 이것은 여러 가지 부식 형태 각각에 적합한 특수한 조치에 대한 논의였다. 이제 보다 일반적인 기술들을 소개하겠다. 이들 기술에는 재료 선별, 환경 변화, 설계, 코팅, 음극보호 등이 포함된다.

부식 방지에 가장 보편적이고 쉬운 방법은 일단 부식 환경의 특성이 파악되면 재료 선택을 주의 깊게 하는 것이다. 이런 관점에서 표준 부식 기준은 큰 도움이 될 것이다. 여기서 원가는 매우 중요한 인자이다. 부식 방지에 적합한 재료를 사용하는 것이 언제나 경제적으로 타당하지는 않다. 즉, 가끔 다른 합금이나 다른 조치가 사용되어야 한다.

만약 가능하다면, 환경의 특성을 변화시키는 것이 부식에 상당한 영향을 미칠 수 있다. 유체 온도 및/또는 속도를 낮추는 것은 보통 부식률을 감소시킨다. 많은 경우에 수용액에 있는 일부 원소를 증가 또는 감소시키는 것은 긍정적인 효과를 얻을 수 있다. 예를 들어 금속은 부동태화된다.

억제제

억제제(inhibitor)란 환경에 비교적 낮은 농도를 첨가시켰을 때 부식성을 감소시키는 물질을 말한다. 물론 부식억제제로는 합금과 부식 환경에 적합한 특수한 억제제가 결정된다. 억제제의 효과를 설명하는 여러 기구가 있다. 일부 억제제는 반응하여 수용액 속의 화학적 활성 원소(이를테면 용존산소)를 제거한다. 다른 억제제 분자들은 부식 표면을 직접 공격하여 산화 또는 환원반응에 간섭을 일으키거나 매우 얇은 보호막을 형성하기도 한다. 이 억제제들은 보통 밀폐된 계, 이를테면 자동차 라디에이터와 증기 보일러에 사용된다.

설계 시 고려해야 할 몇 가지 관점에 대하여, 특히 전지 부식, 틈새 부식, 마모 부식에 대해서는 이미 논의하였다. 이와 더불어 설계는 정지 시 완전한 배수와 용이한 세척이 가능하도록 되어야 한다. 용존산소는 많은 수용액의 부식성을 증가시키기 때문에 가능하다면 공기를 제거할 수 있는 방법을 고려하여 설계하여야 한다.

표면에 형성시키는 박막이나 코팅은 부식에 대한 물리적인 장애 역할을 한다. 매우 다양한 금속과 비금속이 코팅 재료로 가능하다. 코팅은 우수한 접착력을 유지해야만 하는데, 이를 위해 미리 표면 처리를 하여야 한다. 대부분의 경우 코팅은 부식 환경에서 반응성이 없고 기계적인 손상에 대한 저항이 강해야 한다. 기계적인 손상은 코팅이 벗겨진 금속을 부식적인 환경에 노출시킨다. 세 가지 형태의 재료, 즉 금속, 세라믹, 고분자 모두 금속에 대한 코팅 재료로 사용된다.

음극보호

음극보호

부식을 방지하는 가장 효율적인 수단 중 하나는 **음극보호(cathodic protection)**이다. 이 방법은 위에서 논의된 여덟 가지 부식 형태 모두에 대하여 사용할 수 있으며, 어떤 여건하에서는 부식을 완전하게 방지할 수 있다. 어떤 금속 M의 산화 또는 부식은 다음의 일반적인 반응에 의하여 일어난다.

금속 M의 산화반응

$$M \rightarrow M^{n+} + ne^-$$

음극보호는 외부 전원으로부터 보호받을 금속으로 전자를 공급하여 금속을 음극으로 만들어 주는 것이다. 즉, 위 반응에 외부의 힘을 가하여 역방향(또는 환원)으로 반응이 진행되도록 만드는 것이다.

음극보호 기술 중 한 가지는 전지 연결을 이용한 것이다. 즉, 보호할 금속을 특별한 환경에서 반응성이 보다 높은 다른 금속에 전기적으로 연결시키는 것이다. 그러면 후자의 금속에서는 산화가 일어나고 전자를 발생시키게 된다. 생성된 전자는 보호할 금속에 공급되어 부식이 일어나는 것을 방지하게 된다. 흔히 산화되는 금속을 **희생양극(sacrificial anode)**이라고도 한다. 보통 마그네슘과 아연이 희생양극으로 사용되는데, 이는 이들이 전지 계열의 양극 끝에 위치하기 때문이다. 땅속에 묻혀 있는 구조물을 보호하기 위한 전지 보호의 형태를 그림 16.23*a*에 나타내었다.

희생양극

아연도금(*galvanizing*) 과정은 강을 용융 아연 속에 침적시켜 한 층의 아연을 강 표면에 입히는 단순한 방법이다. 대기 환경과 대부분의 수성 환경에서, 표면의 일부가 손상되면 아연은 양극 역할을 하여 강에 대하여 음극보호를 하게 된다(그림 16.24). 아연 코팅의 부식은 매우 느린 속도로 진행되는데 이는 양극과 음극의 표면적 비가 매우 크기 때문이다.

음극보호의 다른 방법으로는 지하 탱크에 대하여 그림 16.23*b*에 나타낸 바와 같이 외부 직류 전원을 사용하는 것이다. 전원의 음극 단자는 보호받을 구조물에 연결시킨다. 다른 쪽 단자는 불활성 양극(보통 흑연)에 연결시킨다. 이 경우에는 양극을 흙 속에 묻었다. 즉, 높은 전도도의 뒤채움(backfill) 재료는 양극과 주변의 흙 사이의 전기적 접촉을 좋게 한다. 중간의 흙을 통하여 음극과 양극 사이에 전류 통로(current path)가 형성되어 전체적인 전류 회로가 완성된다. 음극보호는 물 히터, 지하 탱크와 배관, 해양 장비의 부식 방지에 특히 유용하다.

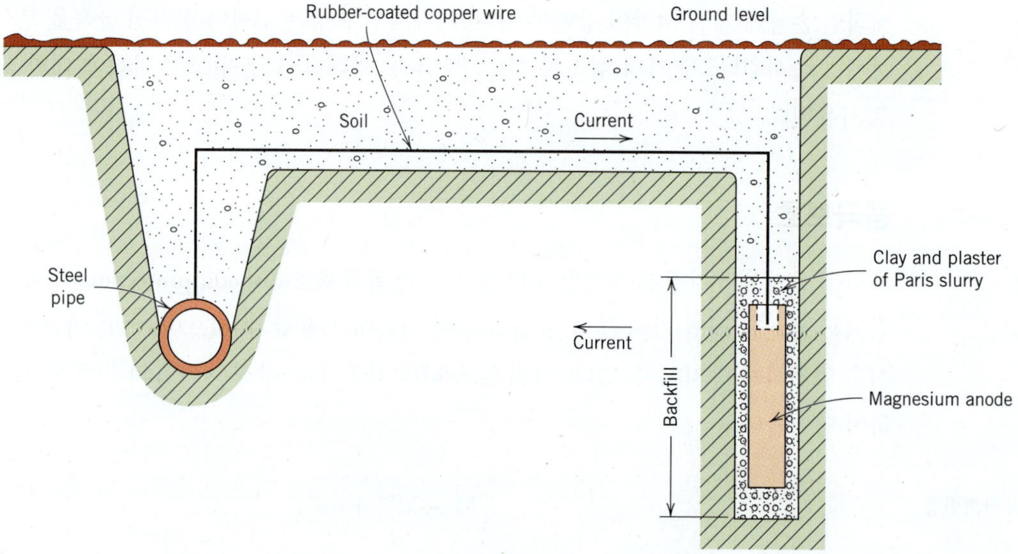

그림 16.23 (*a*) 마그네슘 희생양극을 이용한 지하 배관의 음극보호, (*b*) 외부에서 가해 주는 전류를 이용한 지하 배관의 음극보호
(From Uhlig, Herbert H. and R. Winston Revie, *Corrosion and Corrosion Control*, 3rd edition, John Wiley and Sons, Inc., 1985, pp 219-220, Figures 1 and 2.)

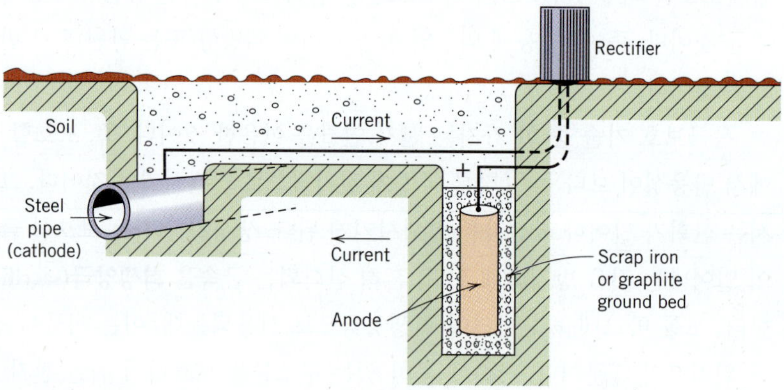

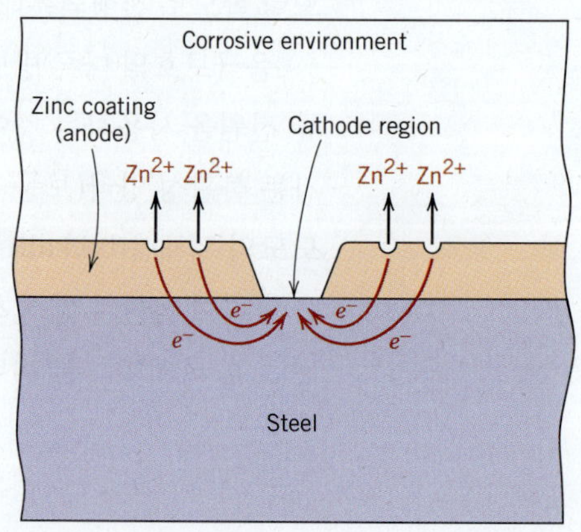

그림 16.24 아연 코팅으로 강의 아연도금 보호

개념 확인 16.7

주석 깡통(tin can)은 강(steel)의 내부에 박막의 주석을 코팅하여 만든다. 주석은 아연이 대기 부식으로부터 강을 보호하는 것과 똑같은 방법으로 음식물로부터 강이 부식되는 것을 방지해 준다. 표 16.2의 전지 계열에서 알 수 있듯이, 주석이 강보다는 전기화학적으로 덜 활성화되어 있는데, 주석 깡통에서 음극보호가 어떻게 가능한지를 간단히 설명하라.

(정답은 *www.wiley.com*의 제품 페이지에서 확인할 수 있음)

16.10 | 산화

16.2절에서 금속 재료의 부식을 수용액 내에서 발생하는 전기화학적 관점에서 취급하였다. 금속 합금도 기체 분위기, 보통의 공기 중에서 산화될 수 있다. 산화층 또는 녹이 금속 표면 위에 형성된다. 이 현상을 **녹**(*scaling*), **변색**(*tarnishing*), **건식부식**(*dry corrosion*) 등으로 부르고 있다. 이 절에서는 이런 부식 형태에 가능한 기구, 형성될 수 있는 산화막 형태, 산화막 형성에 대한 반응속도론에 대해 다루기로 한다.

기구

수용성 부식의 경우와 같이 산화막 형성 과정은 전기화학적 과정으로, 다음의 반응에 의해 2가 금속 M에 대해 표현할 수 있다.[5)]

$$M + \frac{1}{2}O_2 \rightarrow MO \tag{16.28}$$

더욱이 위 식은 산화와 환원 반쪽반응으로 구성되어 있다. 산화 반쪽반응은 다음과 같이 금속 이온을 형성하면서 금속-녹 계면에서 일어난다.

$$M \rightarrow M^{2+} + 2e^- \tag{16.30}$$

환원 반쪽반응은 다음과 같이 산소 이온을 생성하면서 녹-기체 계면에서 일어난다.

$$\frac{1}{2}O_2 + 2e^- \rightarrow O^{2-} \tag{16.31}$$

이와 같은 금속-녹-기체 계에 대한 개략도를 그림 16.25에 나타내었다.

식 (16.28)에 의해 산화막의 두께가 증가하기 위해서는 전자들이 환원반응이 일어나는 녹-

5) 2가 금속의 경우 이 반응은 다음과 같이 표현된다.

$$aM + \frac{b}{2}O_2 \rightarrow M_aO_b \tag{16.29}$$

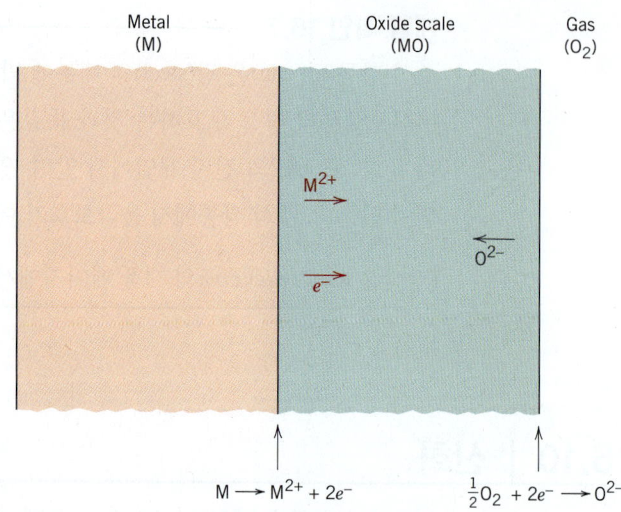

그림 16.25 금속 표면에서의 기체 산화 과정을 나타내는 개략도

기체 계면에 전도되어야 한다. 또한 M^{2+} 이온들은 금속-녹 계면으로부터 확산되어야 하고 O^{2-} 이온들은 금속-녹 계면을 향하여 확산되어야 한다(그림 16.25).[6] 그러므로 산화 녹은 이온이 확산할 수 있는 전해질 역할과 전자 통로를 위한 전기회로의 역할을 한다. 더욱이 녹이 이온 확산 및/또는 전기 전도에 대한 장애물 역할을 할 때는 녹의 존재는 금속이 급격하게 산화되는 것으로부터 보호하는 역할을 한다. 대개의 금속 산화물은 전기적으로 부도체이다.

녹 형태

필링-베드워스 비율

산화율(즉, 산화막 두께의 증가율)과 박막이 계속적인 산화로부터 금속을 보호하는 경향은 산화막과 금속의 상대적인 부피비에 관련된다. **필링-베드워스 비율(Pilling-Bedworth ratio)**이라고 하는 이러한 부피비는 다음 표현식으로 구할 수 있다.[7]

2가 금속의 필링-베드워스 비율—금속 및 그 산화물의 밀도와 원자/분자량에 대해 종속

$$\text{P–B ratio} = \frac{A_O \rho_M}{A_M \rho_O} \tag{16.32}$$

여기서 A_O는 산화막의 분자량, A_M은 금속의 원자량을 나타내며, ρ_O와 ρ_M은 각각 산화밀도와 금속밀도이다. 1보다 작은 P-B 비율을 가진 금속의 경우에 산화막은 다공성이며 보호막 역할

6) 전자 정공(13.10절)과 공공은 전자와 이온을 대신하여 확산한다.

7) 2가 금속 이외의 경우 식 (16.32)는 다음과 같다

2가 금속 이외 경우의 필링-베드워스 비율

$$\text{P–B ratio} = \frac{A_O \rho_M}{a A_M \rho_O} \tag{16.33}$$

여기서 a는 식 (16.29)의 전체 산화반응에 대한 금속의 계수이다.

표 16.3 여러 가지 금속에 대한 필링-베드워스 비율

Protective			Nonprotective		
Metal	**Oxide**	**P–B Ratio**	**Metal**	**Oxide**	**P–B Ratio**
Al	Al_2O_3	1.29	K	K_2O	0.46
Cu	Cu_2O	1.68	Li	Li_2O	0.57
Ni	NiO	1.69	Na	Na_2O	0.58
Fe	FeO	1.69	Ca	CaO	0.65
Be	BeO	1.71	Ag	AgO	1.61
Co	CoO	1.75	Ti	TiO_2	1.77
Mn	MnO	1.76	U	UO_2	1.98
Cr	Cr_2O_3	2.00	Mo	MoO_2	2.10
Si	SiO_2	2.14	W	WO_2	2.10
			Ta	Ta_2O_5	2.43
			Nb	Nb_2O_5	2.74

[a]Metal and oxide densities based on *Handbook of Chemistry and Physics*, 101st edition (2020-2021).

을 하지 못하는 경향이 있다. 그 이유는 산화막이 금속 표면을 충분히 덮지 못하기 때문이다. 만약에 P-B 비율이 1보다 크다면 박막에 압축응력이 형성된다. 2~3보다 큰 경우는 산화막 코팅에 균열이 형성되면서 벗겨지고, 계속적으로 새롭고 보호막이 형성되지 않은 금속 표면이 노출될 것이다. 보호 산화막 형성에 이상적인 P-B 비율은 1이다. 표 16.3은 보호 코팅을 형성하는 금속과 형성하지 않은 금속에 대한 P-B 비율을 보여준다. 이 데이터로부터 보통 보호 코팅들이 1~2 사이의 P-B 비율을 가지면서 형성되고, 이 비율이 1보다 작거나 2보다 클 때는 보호막이 형성되지 않는다는 점을 기억하기 바란다. P-B 비율과 함께 다른 인자들이 산화 저항에 영향을 미친다. 이와 같은 인자에는 박막과 금속 사이의 높은 부착력, 금속과 산화막의 비교될 만한 열팽창계수, 산화막에 대해서는 비교적 높은 녹는점과 우수한 고온 가소성(high-temperature plasticity)이 있다.

금속의 산화 저항을 증진시키기 위한 여러 가지 기술이 있다. 한 가지는 금속에 대하여 부착력이 양호하여, 자신을 산화 저항에 우수한 다른 재료로 보호 표면 코팅을 하는 것이다. 어떤 경우에는 합금 원소를 첨가하여 보다 바람직한 P-B 비율 및/또는 다른 녹 특성을 증진시킴으로써 접착력과 보호성이 보다 우수한 산화막을 형성시킨다.

반응속도론

금속 산화에 대한 주요 관심 중 하나는 산화반응의 진행속도이다. 반응 산물인 산화 녹이 보통 표면 위에 계속 존재해 있으므로, 반응속도는 시간에 따라 단위면적당 늘어나는 무게를 측정함으로써 알 수 있다.

형성되는 산화막이 비다공성이고 표면에 잘 부착되어 있을 때, 산화막 성장률은 이온확산에 의하여 지배를 받는다. 그러므로 단위면적당 증가하는 무게 W와 시간 t 사이에는 다음과 같은 **포물선**(*parabolic*) 관계가 존재한다.

금속 산화의 포물선 표현식—산화 무게의 증가가 시간에 종속

$$W^2 = K_1 t + K_2 \tag{16.34}$$

여기서 K_1과 K_2는 일정한 온도에서 시간에 무관한 상수이다. 이러한 무게증가-시간 거동을 개략적으로 그림 16.26에 나타내었다. 철, 구리, 코발트의 산화는 이와 같은 포물선형 성장률 표현을 따르고 있다.

생성된 금속의 산화막이 다공성이거나 벗겨지는 경우(즉, P-B 비율이 1보다 작거나 그보다 큰 경우) 산화율 표현은 **직선형**이다. 즉, 다음 식에 의해 표현된다.

금속 산화의 직선형 표현식

$$W = K_3 t \tag{16.35}$$

여기서 K_3는 상수이다. 이러한 분위기하에서는 산화막이 산화반응의 장애물 역할을 하지 못하기 때문에 산소가 충분히 공급되어 금속 표면과 반응한다. 나트륨, 칼륨, 탄탈륨은 직선형 산화율 표현에 따라 산화되고 있으며, P-B 비율이 1과 현저히 다른 값을 나타낸다(표 16.3 참조). 직선형 성장률 반응속도론에 대한 도표가 그림 16.26에 나타나 있다.

세 번째로 위와 다른 반응속도 법칙이 비교적 낮은 온도에서 형성되는 매우 얇은 산화막, 일반적으로 100 nm 이하의 산화막에서 관찰된다. 증가되는 산화막 질량은 시간의 로그함수로 표시되며, 다음의 형태를 갖는다.

금속 산화의 대수 표현식

$$W = K_4 \log(K_5 t + K_6) \tag{16.36}$$

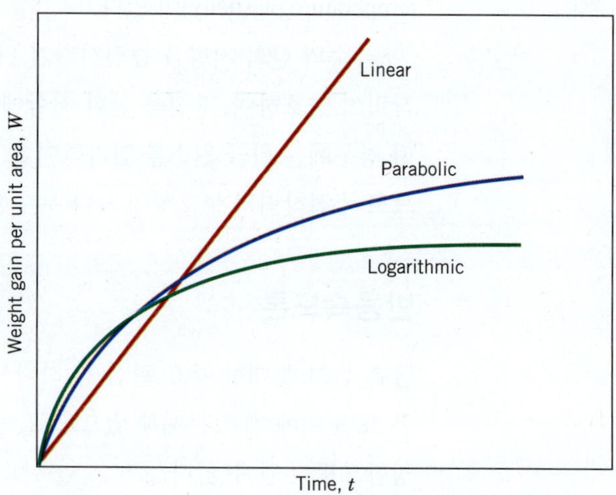

그림 16.26 직선형, 포물선형, 그리고 성장률의 로그함수 법칙에 대한 산화막 성장 곡선

여기서 K_4, K_5, K_6는 상수이다. 그림 16.26에서와 같은 산화 거동은 상온의 알루미늄, 철, 구리에서 관찰되고 있다.

세라믹 재료의 부식

금속과 비금속원소 사이의 화합물인 세라믹 재료는 이미 부식된 것으로 여겨지고 있다. 그러므로 이들은 거의 모든 환경에 대하여 특히 상온에서 부식에 대한 면역이 지극히 크다. 일반적으로 세라믹 재료의 부식은 금속에서 일어나는 전기화학적 공정들과는 대조적으로, 단순한 화학적 용해에 의하여 일어난다.

세라믹 재료는 부식에 대한 저항성이 크기 때문에 널리 이용되고 있다. 이러한 이유로 유리는 액체를 담는 용기로 흔히 사용한다. 내화 세라믹은 고온에 견디며 열 절연 기능을 제공할 뿐만 아니라, 용융금속, 염, 슬래그 유리의 고온 부식에 대한 저항이 강해야 한다. 에너지를 한 형태에서 다른 유용한 형태로 전환시키는 새로운 기술 중 일부는 비교적 높은 온도, 부식적인 분위기, 상압 이상의 압력 조건을 이용하고 있다. 세라믹 재료는 금속보다는 이러한 환경에 대하여 상당히 오랜 시간 동안 견디는 데 훨씬 적합하다.

고분자의 열화

고분자 재료 역시 환경과 상호반응하여 질적인 저하가 발생한다. 이와 같이 바람직하지 않은 반응을 부식보다는 열화(degradation)라고 하는데, 이는 기본적으로 이 두 과정이 서로 상이하기 때문이다. 대부분의 금속 부식반응이 전기화학적인 데 반하여, 고분자 열화는 물리화학적(physiochemical)이다. 즉, 물리적 현상과 화학적 현상을 모두 포함하고 있다. 더욱이 다양한 반응과 반대의 결과가 고분자 열화에서 일어날 수 있으며, 고분자는 부풀음(swelling)과 용해(dissolution)에 의하여 질적 저하가 발생할 수 있다. 또한 열에너지, 화학반응, 복사열에 의하여 공유결합 파괴가 일어나 보통 기계적인 성질의 감소를 초래할 수 있다. 그러나 이러한 고분자의 열화 기구들은 고분자가 화학적으로 너무 복잡하기 때문에 아직 잘 이해되지 않고 있다.

간단하게 고분자 열화에 대하여 두 가지 예를 들어 보자. 폴리에틸렌(polyethylene)을 산소 분위기에서 높은 온도로 가열하면, 부서지기 쉬운 취성 재료로 바뀌면서 기계적인 성질이 손상을 입는다. 또한 폴리(비닐 클로라이드)를 높은 온도에 노출시키면, 기계적인 성질은 변하지 않으나 색깔을 띠게 되어 사용에 제약을 받는다.

16.11 | 부풀음과 용해

고분자가 액체에 노출될 때에 발생되는 주된 열화 형태는 부풀음과 용해이다. 고분자가 부풀면서 액체 또는 용질의 확산이 고분자 안쪽으로 일어나 고분자 내부에 흡착이 발생한다. 이 같은 현상으로 분자 덩어리들이 강제로 분리되며, 결과적으로 시편의 팽창 또는 부풀음이 발생된다. 더욱이 이 같은 사슬 분리의 증가는 2차적인 분자간 결합력을 감소시키게 되고, 결과적으로 재료는 보다 연해지고, 연성을 갖게 된다. 액체 용질은 유리전이온도(glass transition temperature)를 낮추어 주며, 만약에 유리전이온도가 상온보다도 낮아지게 되면, 보통은 강했던 재료도 고무같이 약하게 될 것이다.

부풀음이란 고분자가 용매에 대하여 제한된 용해도를 갖는 경우에 일어나는 부분적인 용해 공정으로 고려된다. 고분자가 완전하게 녹을 때 발생하는 용해는 부풀음의 연속으로서 고려될 수 있다. 경험적인 사실에 의하면, 용매와 고분자의 화학적인 구조가 유사할수록 부풀음

표 16.4 선택된 플라스틱 재료의 열화에 대한 저항[a]

Material	Nonoxidizing Acids (20% H_2SO_4)	Oxidizing Acids (10% HNO_3)	Aqueous Salt Solutions (NaCl)	Aqueous Alkalis (NaOH)	Polar Solvents (C_2H_5OH)	Nonpolar Solvents (C_6H_6)	Water
Polytetrafluoro-ethylene	S	S	S	S	S	S	S
Nylon 6,6	U	U	S	S	Q	S	S
Polycarbonate	Q	U	S	U	S	U	S
Polyester	Q	Q	S	Q	Q	U	S
Polyetherether-ketone	S	S	S	S	S	S	S
Low-density polyethylene	S	Q	S	—	S	Q	S
High-density polyethylene	S	Q	S	—	S	Q	S
Poly(ethylene terephthalate)	S	Q	S	S	S	S	S
Poly(phenylene oxide)	S	Q	S	S	S	U	S
Polypropylene	S	Q	S	S	S	Q	S
Polystyrene	S	Q	S	S	S	U	S
Polyurethane	Q	U	S	Q	U	Q	S
Epoxy	S	U	S	S	S	S	S
Silicone	Q	U	S	S	S	Q	S

[a]S = satisfactory; Q = questionable; U = unsatisfactory.
Adapted from R. B. Seymour, *Polymers for Engineering Applications,* ASM International, Materials Park, OH, 1987.

표 16.5 선택된 고무 재료의 열화에 대한 저항[a]

Material	Weather-Sunlight Aging	Oxidation	Ozone Cracking	Alkali Dilute/Concentrated	Acid Dilute/Concentrated	Chlorinated Hydrocarbons, Degreasers	Aliphatic Hydrocarbons, Kerosene, etc.	Animal, Vegetable Oils
Polyisoprene (natural)	D	B	NR	A/C-B	A/C-B	NR	NR	D-B
Polyisoprene (synthetic)	NR	B	NR	C-B/C-B	C-B/C-B	NR	NR	D-B
Butadiene	D	B	NR	C-B/C-B	C-B/C-B	NR	NR	D-B
Styrene-butadiene	D	C	NR	C-B/C-B	C-B/C-B	NR	NR	D-B
Neoprene	B	A	A	A/A	A/A	D	C	B
Nitrile (high)	D	B	C	B/B	B/B	C-B	A	B
Silicone (polysiloxane)	A	A	A	A/A	B/C	NR	D-C	A

[a]A = excellent; B = good; C = fair; D = use with caution; NR = not recommended.
Modified from *Compound Selection and Service Guide,* Seals Eastern, Inc., Red Bank, NJ, 1977.

이나 용해의 유사성이 커질 것이다. 예를 들면 많은 탄화수소 고무들은 쉽게 가솔린과 같은 탄화수소 액체를 흡수한다. 표 16.4와 16.5에는 몇 가지 선택된 고분자 재료들의 유기용매에 대한 반응성이 나타나 있다.

부풀음이나 용해 성질은 또한 온도와 분자구조의 특성에 의하여 영향을 받고 있다. 일반적으로 분자량이 증가하고, 교차결합과 결정성의 정도가 증가하고 온도가 낮아질수록 열화 과정은 감소하게 된다.

금속보다는 고분자가 산과 알칼리 용액에 의한 공격에 대하여 저항이 강하다. 예를 들어 플루오린화수소산(HF)은 유리를 식각하고 녹일 뿐 아니라 여러 금속 또한 부식시킬 수 있기 때문에 플라스틱 용기에 저장한다. 이들 용액에 대한 여러 고분자 재료들의 거동을 표 16.4와 16.5에 정성적으로 비교하여 나타내었다. 두 가지 유형의 용액들에 의한 공격에 대하여 우수한 저항을 보이는 재료들로는 폴리테트라플루오로에틸렌(그리고 다른 플루오로카본들)과 폴리에테르에테르케톤(polyetheretherketone)이 있다.

개념 확인 16.8

분자적 관점에서, 고분자 재료의 교차결합과 결정성의 정도가 증가함에 따라 부풀음과 용해에 대한 저항이 증가하는 이유를 설명하라. 교차결합과 결정성 중 어느 것이 더 큰 영향을 준다고 보는가? 그 이유를 설명하라. **힌트:** 4.7절과 4.11절을 참조하라.

(정답은 *www.wiley.com*의 제품 페이지에서 확인할 수 있음)

16.12 | 결합 파괴

절단

고분자는 또한 **절단(scission)** — 분자사슬 결합의 분열 또는 파괴 — 에 의하여 질 저하가 일어날 수 있다. 이것은 분자량의 감소와 사슬의 분리를 야기한다. 9장에서 논의한 바와 같이 기계적 강도와 화학적 부식 저항을 포함한 고분자 재료의 여러 가지 성질들은 분자량에 좌우된다. 결론적으로 고분자의 일부 물리적 및 화학적인 성질은 이와 같은 형태의 질적 저하에 의하여 유해한 영향을 받는다. 결합 파괴는 복사선(radiation), 열 등에 대한 노출과 화학반응에 의하여 일어난다.

복사선 효과

어떤 형태의 복사선(전자빔, X선, β선, γ선, 자외선)은 충분한 에너지를 소유하고 있어 고분자 시편을 침투하면서 고분자를 구성하는 원자 또는 전자들과 반응한다. 이와 같은 반응 중 하나가 이온화(*ionization*)이다. 복사선은 이 과정에 의하여 특정 원자로부터 전자를 제거하여 그 이온을 양전하 이온으로 만들어 준다. 결과적으로 그 원자 주위의 공유결합들 중 하나의 결합이 깨지게 되어 원자 또는 원자군들의 재배열이 일어난다. 이러한 결합이 깨짐으로써 이온화가 일어난 자리에서 고분자의 화학적 구조와 복사선 양에 따라 절단 또는 교차결합(cross-linking)이 발생한다. 안정제(15.14절)를 첨가하면 자외선 손상으로부터 고분자를 보호할 수 있다. 일상에서 복사에 의한 고분자 재료의 가장 큰 손실은 자외선에 의해 일어난다. 이에 오래 노출된 후에는 대다수 고분자 필름이 변색되거나, 취성을 띠어 금이 가고 손상을 입는다. 일례로 캠핑 텐트가 찢어지기 시작하고, 계기판은 금이 가기 시작하며, 플라스틱 창은 뿌옇게 흐려진다. 이러한 복사 문제는 일부 상황에서 보다 엄정하게 고려된다. 우주왕복선에 사용되는 고분자 재료는 오랜 시간 우주복사에 노출된 후에도 열화되어서는 안 된다. 비슷한 이유로, 핵 반응로에 사용된 고분자 재료는 높은 수준의 핵 복사를 견뎌야 한다. 이러한 극한 환경을 견딜 수 있는 고분자 재료의 개발이 지금도 계속되고 있다.

그러나 복사선에의 노출이 항상 해로운 효과만을 주는 것은 아니다. 복사에 의해서 일어나는 교차결합은 기계적인 거동 향상과 질적 저하에 대한 저항을 증진시킨다. 예를 들면 복사선은 폴리에틸렌의 교차결합을 일으키는 데 이용되어, 고온에서 연화나 유동에 대한 저항을 증진시킨다. 실제로 이 방법은 이미 양산의 제품 생산에 적용되고 있다.

화학반응 효과

산소, 오존, 그리고 다른 물질은 고분자와 화학적인 반응을 하여 사슬 절단을 일으키거나 가속시킬 수 있다. 이 효과는 주사슬 분자를 따라 이중결합된 가황고무가 대기오염물의 하나인 오존에 노출될 때 특히 심하게 일어난다. 이러한 절단반응 중 하나는 다음과 같이 표현된다.

$$-\mathrm{R}-\underset{\substack{|\\ \mathrm{H}}}{\mathrm{C}}=\underset{\substack{|\\ \mathrm{H}}}{\mathrm{C}}-\mathrm{R}'-+\mathrm{O}_3 \longrightarrow -\mathrm{R}-\underset{\substack{|\\ \mathrm{H}}}{\mathrm{C}}=\mathrm{O}+\mathrm{O}=\underset{\substack{|\\ \mathrm{H}}}{\mathrm{C}}-\mathrm{R}'-+\mathrm{O} \quad (16.37)$$

여기서 사슬은 이중결합 지점에서 절단된다. R과 R'은 반응 중에 영향받지 않은 사슬에 결합된 원자군들을 나타낸다. 대개 고무에 응력이 가해지지 않은 상태에서는 하나의 박막이 표면에 형성되어 계속되는 반응으로부터 내부 물질을 보호한다. 그러나 이 물질에 인장응력이 가해지면 균열과 틈새가 생겨 응력에 수직방향으로 성장하게 되며, 결국에는 재료의 파괴가 일어나게 된다. 이것이 자전거 바퀴가 오래될수록 옆면에 균열이 생기게 되는 이유이다. 이러한 균열이 오존에 의해 야기된 수많은 사슬 절단에 의한 것이라는 점은 명백하다. 이러한 화학적 열화는 스모그나 오존과 같은 높은 수준의 공기오염물질이 있는 환경에서 고분자 재료를 사용하는 데 있어 특별히 주의를 기울여야 하는 문제점이다. 오존 노출에 따른 열화 저항성을 기준으로 몇몇 탄성중합체(elastomer)들을 표 16.5에 정렬하여 나타내었다. 이러한 사슬 절단 반응의 많은 경우는 **자유라디칼**(*free radical*, 혹은 유리기)이라 부르는 반응성 그룹과 연관되어 있다. 고분자 재료의 산화를 막기 위해 안정제(15.14절)를 첨가할 수도 있다. 안정제는 오존에 희생적으로 반응하여 오존을 소모시키거나, 자유라디칼이 더 많은 손실을 야기하기 전에 자유라디칼과 반응하거나 그것을 제거하는 역할을 한다.

열효과

열적 열화는 고온에서 분자사슬들의 절단을 말한다. 결과적으로 일부 고분자는 기체성분을 생성하는 화학반응을 겪게 된다. 이러한 반응들은 무게 감소에 의하여 증명되며, 고분자의 열적 안정성은 분해에 대한 탄성에너지의 척도이다. 열적 안정성은 고분자를 구성하고 있는 여러 가지 원자 구성원 사이에 존재하는 결합에너지의 크기에 주로 관련된다. 즉, 보다 높은 결합에너지는 열적으로 보다 안정된 재료를 만들어 준다. 예를 들어 C−F 결합은 C−H 결합보다 높은 에너지를 가지고 있으며, C−H 결합은 C−Cl 결합보다는 높은 에너지를 보유하고 있다. 그러므로 C−F 결합으로 이루어진 플루오로카본(fluorocarbon)은 열적 저항이 가장 높은 고분자 재료이며, 비교적 높은 온도에서 이용될 수 있다. 한편 PVC는 200°C로 가열하면 약한 C−Cl 결합 때문에 수분 이내에 변색되며 많은 양의 염화수소(HCl)를 발생시켜 분해 과정을 더욱 가속시킨다. 염화수소와 반응할 수 있는 ZnO과 같은 안정제(15.14절)가 PVC의 열적 안정성을 증가시키기 위해 사용될 수 있다.

열적으로 안정성이 높은 고분자 중에는 사다리형 고분자가 있다.[8] 예를 들어 다음과 같은 구조를 가진 사다리형 고분자는

8) 사다리형 고분자(*ladder polymer*)의 사슬구조는 그 길이방향에 대해 두 쌍의 공유결합으로 가교되어 구성된다.

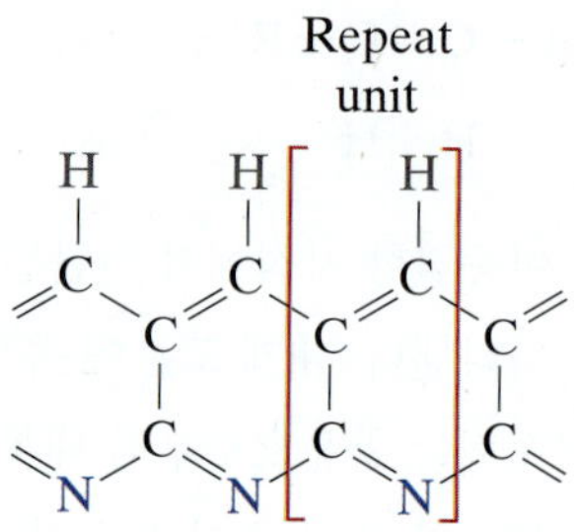

Repeat unit

열적으로 매우 안정적이어서, 이러한 재료로 제작된 직물은 화염에 직접적으로 노출해도 열화가 일어나지 않는다. 이러한 형태의 고분자는 고온용 장갑에서 석면을 대신해 사용된다.

16.13 | 풍화작용

많은 고분자 재료는 실외 대기 중에 노출되어 사용되는 제품에 이용된다. 실외 대기 중에 노출 시 발생되는 질적 저하를 **풍화작용**(*weathering*)이라고 하며, 풍화 과정은 여러 가지 다른 과정이 합쳐져 일어난다. 이런 조건하에서 열화는 주로 산화 과정을 통하여 일어나며, 산화는 태양 자외선에 의하여 시작된다. 또한 나일론(nylon), 셀룰로오스(cellulose)와 같은 일부 고분자는 물 흡수가 용이하며, 이와 같은 물 흡수는 경도와 강도의 감소를 초래한다. 여러 가지 고분자가 나타내는 풍화작용에 대한 저항은 매우 다양하다. 플루오로카본은 실제적으로 이러한 조건에 영향받지 않으나 폴리(비닐 클로라이드)(PVC), 폴리스티렌(polystyrene)을 포함한 일부 재료는 풍화작용에 민감하게 영향을 받는다.

개념 확인 16.9

(a) 금속 부식과 세라믹 부식의 차이점 세 가지를 기술하라.

(b) 금속 부식과 고분자 열화의 차이점 세 가지를 기술하라.

(정답은 *www.wiley.com*의 제품 페이지에서 확인할 수 있음)

요약

전기화학적 고려사항

- 금속 부식은 전형적으로 산화와 환원 반응이 전기화학적으로 동시에 일어난다.
  - 산화는 금속 원자가 원자가전자를 잃어버리는 것을 말하며 양극에서 일어난다. 이때 생성되는 금속이온은 부식 용액 내로 용해되거나 불용성 화합물을 형성한다.
  - 환원(음극에서 일어남) 과정 동안에는 이러한 전자들이 적어도 하나 이상의 다른 화학종으로 이동된다. 부식 환경의 특성에 따라 여러 가능한 환원반응 중에서 일어날 반응이

결정된다.

- 금속은 전지 계열에 의해서 나타난 바와 같이 산화에 대한 용이함의 정도가 다르다.
  - 전해질 내에서 한 금속(양극)은 부식되고 다른 금속(음극)에서는 환원반응이 일어나게 된다.
  - 이때 양극과 음극 사이에 형성되는 전기 전위의 양은 부식반응에 대한 구동력을 나타낸다.
- 표준 기전력 계열과 전지 계열은 하나의 금속을 다른 금속과 전기적으로 연결시켜 어느 쪽이 먼저 부식되는지를 평가한 결과에 근거하여 금속 재료의 서열을 매긴 것이다.
  - 표준 기전력 계열에서의 서열은 금속의 표준 셀을 25°C에서 표준 수소 전극에 연결시켰을 때 생성되는 전압값에 근거하여 정해졌다.
  - 전지 계열에서는 해수 속에서 금속과 합금의 상대적인 반응성에 근거하여 서열이 매겨졌다.
- 표준 기전력 계열에서의 반쪽 셀 전위는 평형상태에서만 유용한 열역학적 계수이다. 실제 부식계는 평형상태가 아니다. 더욱이 이러한 전위의 양은 부식반응 속도에 관한 한 아무런 정보도 제공해 주지 못한다.

부식률

- 부식 속도는 부식 침투율, 즉 단위시간당 재료의 두께 감소로 표현할 수 있다. 부식 침투율은 식 (16.23)을 이용하여 계산할 수 있다. 통용되는 단위는 mm/yr이다.
- 부식률은 또한 식 (16.24)와 같이 전기화학적 반응식에 관련된 전류밀도에 비례한다.

부식률의 예측

- 부식되는 계에서는 분극이 발생한다. 분극이란 각 전극 전위가 자신의 평형값으로부터 벗어나는 것을 말하며, 이때 벗어난 양을 **과전압**이라고 한다.
- 주어진 반응에 대한 부식률은 분극에 의하여 제약을 받으며, 분극은 활성화 분극과 농도 분극의 두 가지 형태가 있다.
  - 활성화 분극은 일련의 과정 중 가장 느린 속도로 진행되는 단계에 의해 부식률이 조절되는 계와 관련된다. 활성화 분극에 대해 과전압과 전류밀도에 로그를 취한 도표를 그림 16.7에 나타내었다.
  - 농도 분극은 부식률이 용액에서의 확산에 의해 제한될 때 나타난다. 농도 분극에 대해 과전압과 전류밀도에 로그를 취해 얻은 곡선을 그림 16.9*a*에 나타내었다.
- 어떤 반응에 대한 부식률은 산화와 환원 분극 곡선의 교차점에서 얻어진 전류밀도를 이용한 식 (16.24)를 이용하여 계산할 수 있다.

부동태

- 반응성 있는 일부 금속과 합금은 특별한 환경 조건에 놓이게 되면 부동태화되거나 화학적 반응성을 잃게 된다. 이 현상은 얇은 산화막의 형성에 기인한 것으로 알려져 있으며 스테인리스강이나 알루미늄 합금이 이러한 특징을 나타낸다.
- 활성-부동 거동은 전기화학적 전위와 전류밀도에 로그를 취해서 얻은 값으로 나타낸 S자형

곡선(그림 16.12)으로 설명할 수 있다. 활성화 구역과 부동태 구역에서 환원 분극 곡선과의 교차점은 각각 높은 부식률과 낮은 부식률에 대응된다(그림 16.13).

부식 형태

- 금속 부식은 다음과 같은 여러 가지 형태로 분류된다.
  - 균일 부식: 부식이 노출된 표면 전체에 걸쳐 거의 동일한 수준으로 발생
  - 전지 부식: 두 가지 다른 금속 또는 합금이 전해질 내에서 전기적으로 연결되어 있을 때 발생
  - 틈새 부식: 틈새 또는 국부적으로 용존산소가 고갈되어 있는 영역에서 일어나는 부식
  - 피팅: 수평 표면의 상단에 조그만 피트 또는 구멍이 형성되는 국부적 부식
  - 입계 부식: 특정 금속/합금(예: 스테인리스강)의 입자 계면을 따라 부식이 우선적으로 발생
  - 선택적 침출: 합금을 구성하는 한 원소 또는 구성성분이 부식에 의해서 우선적으로 제거되어 일어나는 경우
  - 마모 부식: 화학적 반응과 유체의 움직임에 의해 일어나는 기계적인 마멸로 인한 복합적인 거동에 의한 부식
  - 응력 부식: 부식 환경과 인장응력의 혼합된 효과로 야기된 균열의 형성 및 전파(파단)
  - 수소 취성: 수소 원자가 금속/합금 내부로 침투함으로써 연성이 크게 감소

부식 방지

- 부식을 방지하거나 최소한 감소시킬 수 있는 여러 방안을 모색할 수 있다. 그 예로는 재료 선별, 환경 변화, 부식억제제의 사용, 설계, 코팅, 음극보호 등이 있다.
- 음극보호는 보호하고자 하는 금속에 외부 전원을 통해 전자를 공급하여 음극화하는 것이다.

산화

- 건조한 분위기나 기체 분위기에서도 전기화학적 반응에 의해 금속 재료의 산화가 일어날 수 있다(그림 16.25).
- 만약에 금속 표면에 형성된 산화막과 금속의 부피가 비슷하면, 즉 필링-베드워스 비율이 1에 가까운 값이면 표면의 산화막은 계속적인 산화를 저지하는 역할을 할 수 있다.
- 박막 형성의 반응속도론은 포물선형[식 (16.34)], 직선형[식 (16.35)], 또는 로그함수형[식 (16.36)] 등을 따르게 된다.

세라믹 재료의 부식

- 본래 부식에 대한 저항력이 높은 세라믹 재료는 고온 및/또는 극히 부식적인 환경에서 자주 사용되고 있다.

고분자의 열화

- 고분자 재료는 비부식적 과정에 의해서 열화된다. 액체에 노출 시 부풀음이나 용해에 의해 열화된다.
  - 부풀음이 일어나면서 용질 분자의 확산이 고분자 안쪽으로 일어나 고분자 내부에 흡착이 일어난다.

– 고분자가 액체 내에 완전 고용되면 용해가 일어날 수 있다.

- 절단(분자사슬 결합의 분열)은 복사선, 화학반응, 열 등에 의해 일어날 수 있다. 이와 같은 절단은 분자량을 감소시켜 고분자의 물리적 화학적 성질의 열화를 초래하게 된다.

식 요약

Equation Number	Equation	Solving for
16.18	$\Delta V^0 = V_2^0 - V_1^0$	Electrochemical cell potential for two standard half-cells
16.19	$\Delta V = (V_2^0 - V_1^0) - \dfrac{RT}{n\mathscr{F}} \ln \dfrac{[M_1^{n+}]}{[M_2^{n+}]}$	Electrochemical cell potential for two nonstandard half-cells
16.20	$\Delta V = (V_2^0 - V_1^0) - \dfrac{0.0592}{n} \log \dfrac{[M_1^{n+}]}{[M_2^{n+}]}$	Electrochemical cell potential for two nonstandard half-cells, at room temperature
16.23	$\text{CPR} = \dfrac{KW}{\rho A t}$	Corrosion penetration rate
16.24	$r = \dfrac{i}{n\mathscr{F}}$	Corrosion rate
16.25	$\eta_a = \pm\beta \log \dfrac{i}{i_0}$	Overvoltage for activation polarization
16.27	$\eta_c = \dfrac{2.3RT}{n\mathscr{F}} \log \left(1 - \dfrac{i}{i_L}\right)$	Overvoltage for concentration polarization
16.32	$\text{P–B ratio} = \dfrac{A_O \rho_M}{A_M \rho_O}$	Pilling–Bedworth ratio for divalent metals
16.33	$\text{P–B ratio} = \dfrac{A_O \rho_M}{a A_M \rho_O}$	Pilling–Bedworth ratio for other than divalent metals
16.34	$W^2 = K_1 t + K_2$	Parabolic rate expression for metal oxidation
16.35	$W = K_3 t$	Linear rate expression for metal oxidation
16.36	$W = K_4 \log (K_5 t + K_6)$	Logarithmic rate expression for metal oxidation

기호 목록

Symbol	Meaning
A	Exposed surface area
A_M	Atomic weight of metal M
A_O	Formula weight of the oxide of metal M
$\mathscr{F}$	Faraday constant (96,500 C/mol)

(계속)

Symbol	Meaning
i	Current density
i_L	Limiting diffusion current density
i_0	Exchange current density
K	CPR constant
$K_1, K_2, K_3, K_4, K_5, K_6$	Time-independent constants
$[M_1^{n+}], [M_2^{n+}]$	Molar ion concentrations for metals 1 and 2 (Reaction 16.17)
n	Number of electrons participating in either of the half-cell reactions
R	Gas constant (8.31 J/mol·K)
T	Temperature (K)
t	Time
V_1^0, V_2^0	Standard half-cell electrode potentials (Table 16.1) for metals 1 and 2 (Reaction 16.17)
W	Weight loss (Equation 16.23); weight gain per unit area (Equations 16.34, 16.35, 16.36)
β	Half-cell constant
ρ	Density
ρ_M	Density of metal M
ρ_O	Density of the oxide of metal M

중요한 용어와 개념

기전력 계열
농도 분극
마모 부식
몰농도
부동태
부식
부식 침투율
분극
산화
선택적 침출
수소 취성
양극
억제제
열화
용접 붕괴
음극
음극보호
응력 부식
입계 부식
전지 계열
전지 부식
전해액
절단
틈새 부식
표준 반쪽 셀
피팅
필링-베드워스 비율
환원
활성화 분극
희생양극

참고문헌

ASM Handbook, Vol. 13A, *Corrosion: Fundamentals, Testing, and Protection*, ASM International, Materials Park, OH, 2003.

ASM Handbook, Vol. 13B, *Corrosion: Materials*, ASM International, Materials Park, OH, 2005.

ASM Handbook, Vol. 13C, *Corrosion: Environments and Industries*, ASM International, Materials Park, OH, 2006.

Cicek, V., and B. Al-Numan, *Corrosion Chemistry*, John Wiley & Sons, Hoboken, NJ, 2011.

Craig, B. D., and D. Anderson (Editors), *Handbook of Corrosion Data*, 2nd edition, ASM International, Materials Park, OH, 1995.

Jones, D. A., *Principles and Prevention of Corrosion*, 2nd edition, Pearson Education, Upper Saddle River, NJ, 1996.

Marcus, P. (Editor), *Corrosion Mechanisms in Theory and Practice*, 3rd edition, CRC Press, Boca Raton, FL, 2017.

McCafferty, E., *Introduction to Corrosion Science*, Springer, New York, NY, 2010.

McCauley, R. A., *Corrosion of Ceramic Materials*, 3rd edition, CRC Press, Boca Raton, FL, 2017.

Revie, R. W., *Corrosion and Corrosion Control*, 4th edition, John Wiley & Sons, Hoboken, NJ, 2008.
Revie, R. W., (Editor), *Uhlig's Corrosion Handbook*, 3rd edition, John Wiley & Sons, Hoboken, NJ, 2011.
Roberge, P. R., *Corrosion Engineering: Principles and Practice*, McGraw-Hill, New York, NY, 2008.
Roberge, P. R., *Handbook of Corrosion Engineering*, 3rd edition, McGraw-Hill, New York, NY, 2019.
Schweitzer, P. A., *Atmospheric Degradation and Corrosion Control*, CRC Press, Boca Raton, FL, 1999.
Schweitzer, P. A. (Editor), *Corrosion Engineering Handbook*, 2nd edition, CRC Press, Boca Raton, FL, 2007. Threevolume set.
Schweitzer, P. A., *Corrosion of Polymers and Elastomers*, CRC Press, Boca Raton, FL, 2019.
Schweitzer, P. A., *Fundamentals of Corrosion: Mechanisms, Causes, and Preventative Methods*, CRC Press, Boca Raton, FL, 2009.
Schweitzer, P. A., *Fundamentals of Metallic Corrosion: Atmospheric and Media Corrosion of Metals*, CRC Press, Boca Raton, FL, 2006.
Talbot, E. J., and D. R. Talbot, *Corrosion Science and Technology*, 3rd edition, CRC Press, Boca Raton, FL, 2018.

문제

전기화학적 고려사항

16.1 **(a)** 산화와 환원 전기화학반응의 차이점을 간략하게 설명하라.

(b) 어느 반응이 양극에서 발생하고, 음극에서 발생하는가?

16.2 **(a)** (i) HCl, (ii) 용존산소를 포함하는 HCl, (iii) 용존산소 및 추가로 Fe^{2+} 이온을 포함하는 HCl 각 용액에 마그네슘을 담갔을 때 발생할 수 있는 산화 및 환원 반쪽반응을 써라.

(b) 이 중 어떤 용액에서 마그네슘이 가장 빠르게 산화될 것으로 예상하는가? 그 이유를 설명하라.

16.3 **(a)** 식 (16.19)에서 $\mathscr{F}$ 의 값이 96,500 C/mol이고, **(b)** 25°C(298 K)에서 $\frac{RT}{n\mathscr{F}}\ln x = \frac{0.0592}{n}\log x$ 임을 증명하라.

16.4 **(a)** 2×10^{-3} M Cd^{2+} 이온 용액에 담긴 순수 카드뮴과 0.4 M Fe^{2+} 이온 용액에 담긴 순수 철로 구성된 전기화학 셀의 25°C에서의 전압을 계산하라.

(b) 자발적인 전기화학반응을 써라.

16.5 두 전극이 모두 순철인 Fe/Fe^{2+} 농도 셀을 구성한다. 한쪽 셀 절반의 Fe^{2+} 농도는 0.5 M이고 다른 셀 절반은 2×10^{-2} M이다. 두 반쪽 사이에 전압이 발생하는가? 그렇다면 그 크기는 얼마이며 어느 전극이 산화되는가? 전압이 생성되지 않으면 이 결과를 설명하라.

16.6 전기화학 셀은 각각의 2가 이온 용액에 담긴 순수 구리 및 순수 카드뮴 전극으로 구성된다. 6.5×10^{-2} M 농도의 Cd^{2+}에 대해 카드뮴 전극은 산화되어 0.775 V의 전지 전위를 생성한다. 온도가 25°C일 때 Cu^{2+} 이온의 농도를 계산하라.

16.7 순수한 Zn 전극이 10^{-2} M 농도의 Zn^{2+} 이온을 포함하는 용액과 접촉하도록 전기화학 셀이 구성된다. 다른 셀 절반은 Pb^{2+} 이온 용액에 담긴 순수한 Pb 전극으로 구성된다. 농도는 10^{-4} M이다. 두 전극 사이의 전위가 +0.568 V가 되는 온도는 얼마인가?

16.8 해수에 결합된 다음 합금쌍에 대해 부식 가능성을 예측하라. 부식 가능성이 있는 경우 어떤 금속/합금이 부식될지를 적어라.

(a) 알루미늄 및 주철

(b) 인코넬 및 니켈

(c) 카드뮴 및 아연

(d) 황동 및 티타늄

(e) 저탄소강 및 구리

16.9 **(a)** 전지 계열(표 16.2)에서 주철을 전기적으로 보호하는 데 사용할 수 있는 세 가지 금속/합금을 선택하라.

(b) 전지 부식은 한 쌍의 두 금속과 다른 두 금속에 양극인 세 번째 금속 사이에 전기적 접촉

을 만들어 방지할 수 있다. 전지 계열을 사용하여 니켈-강철 전지 쌍을 보호하는 데 사용할 수 있는 금속 이름을 말하라.

부식률

16.10 부식 침투율(CPR)을 간략하게 설명하라.

16.11 식 (16.23)의 상수 K는 mm/yr 단위의 CPR에 대해 87.6의 값을 가짐을 증명하라.

16.12 침수된 해양 선박에서 부식된 금속 합금 판 조각이 발견되었다. 판의 원래 면적은 800 cm^{2}이고 침수 동안 약 7.6 kg이 부식된 것으로 추정된다. 해수에서 이 합금의 부식 침투율이 4 mm/yr라고 가정하고 침수시간을 년 단위로 추정하라. 합금의 밀도는 4.5 g/cm^{3}이다.

16.13 면적 600 cm^{2}의 두꺼운 강판이 바다 근처의 공기에 노출되어 있다. 1년 후 부식으로 인해 중량이 375 g 감소한 것으로 나타났다. 부식률(mm/yr)을 구하라.

16.14 **(a)** 다음 식을 통해 CPR이 부식전류밀도 i(A/cm^2)와 관련되어 있음을 증명하라.

$$CPR = \frac{KAi}{n\rho} \tag{16.38}$$

여기서 K는 상수, A는 부식이 발생한 금속의 원자량, n은 각 금속 원자의 이온화와 관련된 전자의 수, ρ는 금속의 밀도이다.

(b) CPR에 대한 상수 K 값을 mm/yr 단위로, i를 μA/cm^2(10^{-6} A/cm^2) 단위로 계산하라.

16.15 문제 16.14의 결과를 사용하여 부식전류밀도가 8.0×10^{-5} A/cm^{2}인 경우 HCl 산(Fe^{2+} 이온 형성)에서 철의 부식에 대한 부식 침투율(mm/yr)을 계산하라.

부식률의 예측

16.16 **(a)** 활성화 분극과 농도 분극 사이의 주요 차이점을 설명하라.

(b) 어떤 조건에서 활성화 분극률을 제어하는가?

(c) 어떤 조건에서 농도 분극률을 제어하는가?

16.17 **(a)** 산화 및 환원 전기화학반응에 적용되는 동적 평형 현상을 설명하라.

(b) 교환전류밀도는 무엇인가?

16.18 산 용액 내에 있는 니켈은 다음 반응식에 의하여 부식된다.

$$Ni + 2H^+ \rightarrow Ni^{2+} + H_2$$

산화와 환원 반쪽반응은 활성화 분극에 의하여 제어된다.

(a) 다음에 주어진 활성화 분극 데이터를 이용하여 Ni의 산화율(mol/cm^2·s)을 계산하라.

For Nickel	For Hydrogen
$V_{(Ni/Ni^{2+})} = -0.25$ V	$V_{(H^+/H_2)} = 0$ V
$i_0 = 10^{-8}$ A/cm^2	$i_0 = 6 \times 10^{-7}$ A/cm^2
$\beta = +0.12$	$\beta = -0.10$

(b) 부식전위 값을 계산하라.

16.19 부식률은 수소 이온을 함유한 용액에서 일부 2가 금속 M에 대해 결정될 것이다. 금속 및 용액에 대해 알려진 부식 데이터는 다음과 같다.

For Metal M	For Hydrogen
$V_{(M/M^{2+})} = -0.90$ V	$V_{(H^+/H_2)} = 0$ V
$i_0 = 10^{-12}$ A/cm^2	$i_0 = 10^{-10}$ A/cm^2
$\beta = +0.10$	$\beta = -0.15$

(a) 활성화 분극이 산화 및 환원반응을 모두 제어한다고 가정하고, 금속 M의 부식률(mol/cm^2·s)을 구하라.

(b) 이 반응의 부식 전위를 계산하라.

부동태

16.20 농도 분극의 개념을 설명하라.

16.21 스테인리스강의 크롬이 일반탄소강보다 많은 환경에서 더 부식에 강한 이유는 무엇인가?

부식 형태

16.22 선택적 침출이란 무엇인가?

16.23 냉간가공된 금속이 비냉간가공된 금속보다 부식에 더 민감한 이유를 간략하게 설명하라.

16.24 양극 대 음극 면적비가 큰 경우의 부식률이 작은 경우의 부식률보다 높은 이유를 간략하게 설명하라.

16.25 농도 셀의 경우 농도가 낮은 영역에서 부식이 발생하는 이유를 간략하게 설명하라.

부식 방지

16.26 **(a)** 억제제란 무엇인가?

(b) 어떤 가능한 메커니즘이 억제제의 효과를 설명하는가?

16.27 전지 보호에 사용되는 두 가지 기술을 간략하게 설명하라.

산화

16.28 다음 표에 나열된 각 금속에 대해 필링-베드워스 비율을 계산하라. 또, 이 값을 기준으로 표면에 형성되는 산화 녹이 보호될 것으로 예상하는지 여부를 지정한 다음 그 이유를 설명하라. 금속과 금속 산화물 모두에 대한 밀도 데이터도 표로 작성되어 있다.

Metal	Metal Density (g/cm^3)	Metal Oxide	Oxide Density (g/cm^3)
Mg	1.74	MgO	3.58
V	6.11	V_2O_5	3.36
Zn	7.13	ZnO	5.61

16.29 표 16.3에 따르면 은에 형성되는 산화물 코팅은 비보호적이어야 하지만 Ag(은)은 실온과 공기 중에서 눈에 띄게 산화되지 않는다. 이 명백한 불일치를 어떻게 설명해야 하는가?

16.30 다음 표는 고온에서 니켈의 산화에 대한 무게증가-시간 데이터이다.

W (mg/cm^2)	Time (min)
0.527	10
0.857	30
1.526	100

(a) 산화율이 직선형, 포물선형, 또는 대수 속도 표현을 따르는지 여부를 결정하라.

(b) 이제 600분 후에 *W*를 계산하라.

16.31 다음 표는 고온에서 일부 금속의 산화에 대한 무게증가-시간 데이터이다.

W (mg/cm^2)	Time (min)
6.16	100
8.59	250
12.72	1000

(a) 산화율이 직선형, 포물선형, 또는 대수 속도 표현을 따르는지 여부를 결정하라.

(b) 이제 5000분 후에 *W*를 계산하라.

16.32 다음 표는 고온에서 일부 금속의 산화에 대한 무게증가-시간 데이터이다.

W (mg/cm^2)	Time (min)
1.54	10
23.24	150
95.37	620

(a) 산화율이 직선형, 포물선형, 또는 대수 속도 표현을 따르는지 여부를 결정하라.

(b) 이제 1200분 후에 *W*를 계산하라.

결합파괴

16.33 폴리에틸렌과 같은 폴리올레핀은 공기 중에 두면 천천히 분해된다. 분해는 카르보닐 그룹(산소를 포함하는 그룹)의 형성, 점진적인 사슬 절단(분자량 감소) 및 강도 손실로 이어지는 대기 산소와의 반응에 의해 발생한다. 카르보닐 그룹의 농도는 1741 cm^{-1}에서 적외선 분광 피크의 흡광도를 사용하여 시간 경과에 따라 모니터링

할 수 있다. 아래 표에는 373 K에서 200 μm 두께의 저밀도 폴리에틸렌(LDPE) 필름의 산화에 대한 1741 cm^{-1}에서의 카르보닐 흡광도 대 시간 데이터가 표로 정리되어 있다.

Absorbance (A)	Time (h)
0.02	90
0.10	140
0.27	210
0.49	240

(a) 이 반응의 속도는 아래와 같은 형식의 멱법칙 표현을 따른다.

$$A = K_7 t^{K_8} \tag{16.39}$$

여기서 A는 흡광도, t는 시간, K_7 및 K_8은 상수이다. 위 표의 데이터를 사용하여 K_7 및 K_8에 대한 값을 결정하라.

(b) 흡광도가 0.20이 되는 데 걸리는 시간을 계산하라.

설계 문제

16.D1 염수용액이 강철 열교환기에서 냉각매체로 사용된다. 염수는 열교환기 내에서 순환되며 약간의 용존산소를 포함한다. 염수에 의한 강철의 부식을 줄이기 위해 음극보호 외에 세 가지 방법을 제안하라. 또, 각 제안의 근거를 설명하라.

16.D2 다음 각 용도에 적합한 재질을 제시하고, 필요한 경우 취해야 할 부식 방지 대책을 제안하라. 그 이유를 설명하라.

(a) 적당히 희석된 질산 용액을 담는 실험용 병

(b) 벤젠을 담는 통

(c) 뜨거운 알칼리성(염기성) 용액을 운반하기 위한 파이프

(d) 다량의 고순도 물을 저장하는 지하 탱크

(e) 고층건물용 건축 트림(architectural trim)

16.D3 각 학생(또는 학생그룹)은 해결되지 않은 실제 부식 문제를 찾아서 부식의 원인과 유형에 대해 철저히 조사한 후 가능한 해결책을 제안하라. 어떤 해결책이 가장 좋은지, 그 이유는 무엇인지 설명하라. 위의 문제를 해결하는 보고서를 제출하라.

17 재료의 열적 성질

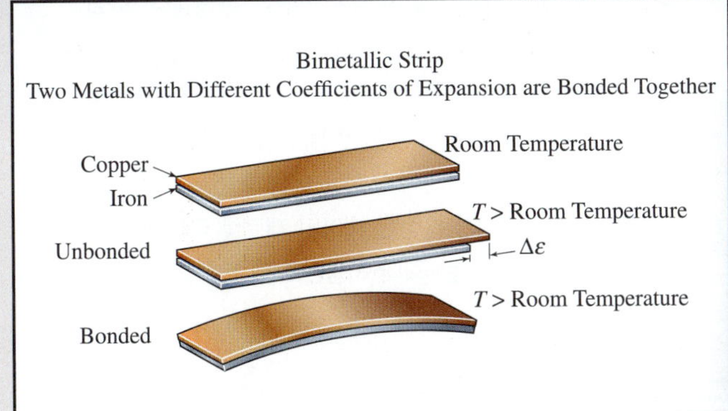

(*a*)

Spiral Bimetal Element

Mercury Bulb

Charles D. Winters/Science Source

(*b*)

Kameleon007/Getty Images

(*c*)

온도를 조절하는 장치인 자동온도조절기는 열이 가해지면 발생하게 되는 재료의 열팽창 현상을 이용한다.[1] 이러한 자동온도조절기의 핵심은 바이메탈(두 가지 금속) 판인데, 서로 다른 열팽창계수를 가지는 두 종류의 금속 박판이 길이방향으로 결합된 형태로 되어 있다. 온도변화가 생기면 이 박판은 휘어지게 되는데, 열이 가해지는 경우 열팽창계수가 더 큰 금속이 더 많이 늘어나기 때문에 이에 따라 바이메탈은 그림 (*a*)에 제시된 것처럼 곡률을 가진 형태로 휘어지게 된다. 그림 (*b*)의 자동온도조절기에 사용된 바이메탈판은 코일과 같은 형태를 가지거나 나선형으로 되어 있다. 이러한 형태를 가질 경우 바이메탈판은 직선형에 비해 긴 길이를 가지기 때문에 온도변화에 따른 변형이 더 두드러지게 되며, 따라서 바이메탈의 정확도도 높아지게 된다. 높은 열팽창계수를 가진 금속은 박판의 아래쪽에 위치하여 열이 가해지면 코일은 감김이 풀리게 된다. 코일 끝에는 수은 덩어리가 들어간 수은 전구가 붙어 있어, 온도가 변하면서 휘어지는 코일 끝이 수은 전구를 어떻게든 툭 치게 되어 수은 덩어리가 수은 전구 한쪽 끝에서 다른 끝으로 굴러간다. 온도가 자동온도조절기의 설정값에 도달하면, 수은이 한쪽 끝으로 굴러가면서 전기 접촉이 발생한다. 이것이 가열 혹은 냉각 장치(난로나 에어컨)를 작동시킨다. 한계온도에 도달하면 장치는 닫히고, 수은 전구가 다른 방향으로 기울어지면서 수은 덩어리는 전구의 다른 끝으로 굴러가 전기 접촉이 차단된다.

(*d*) Assiciated Press

그림 (*d*)는 1978년 7월 24일 극고온으로 인해 뉴저지 주 애즈버리 파크 근처에서 발생한 현상을 보여주고 있다. 기차의 선로가 고온의 환경하에서 열팽창에 의해 극심하게 늘어나는 바람에 선로가 직선형태를 유지하지 못하고 크게 휘어지는 좌굴현상이 발생하게 되었고, 이로 인해 객차가 선로에서 이탈하는 탈선사고가 발생하였다.

1) 이러한 형태의 온도조절기를 기계식 온도조절기라고 한다. 또 다른 방식인 전자식 온도조절기는 전자부품을 사용하는데, 디지털방식의 디스플레이가 조절기에 부착되어 있다.

왜 재료의 부식과 열화를 공부하는가?

금속, 고분자, 세라믹 세 종류의 재료 중에서 세라믹 재료가 열충격에 가장 취약한데, 급격한 온도변화를 겪게 되는 경우(예: 뜨거운 물이 담긴 유리병을 식히는 것과 같이 온도를 낮추는 경우) 세라믹 재료 내부와 외부의 온도차로 인해 열응력이 유발되고 이에 따라 취성파괴가 발생하게 된다. 급격한 온도변화와 같은 열적 요인으로 유발되는 열충격은 재료안정성 관점에서는 가급적 발생하지 않는 것이 좋은데, 세라믹 재료가 보이는 열충격에 대한 취약성은 열적 물성과 기계적 물성(열팽창계수, 탄성계수, 파괴강도)에 의해 좌우된다. 따라서 열충격을 유발하는 인자와 이러한 물성들 간의 상관관계를 이해하게 되면, (1) 세라믹 재료가 열충격에 대해 보다 높은 내구성을 갖게 하기 위해서는 열적 특성과 기계적 특성을 어떻게 변화시키면 되는지를 알 수 있고, (2) 특정한 세라믹 재료를 파괴에 이르지 않고 사용할 수 있는 최대 허용온도를 예측할 수 있게 된다.

학습 목표

이 장을 학습한 후에는 아래 과제를 수행할 수 있어야 한다.

1. 열용량과 비열의 정의를 이해한다.
2. 열에너지가 고체에 흡수되는 주된 메커니즘을 기술할 수 있다.
3. 일정한 온도변화에 수반되어 길이변화가 일어났을 때의 선팽창계수를 결정한다.
4. 위치에너지 대 원자간 거리를 나타낸 그래프를 보고 열팽창 현상을 원자적 관점으로 간단히 설명한다.
5. 열전도 현상을 이해하고 열전도도를 정의한다.
6. 고체에서의 두 가지 중요한 열전도 메커니즘을 기술하고 금속, 세라믹, 고분자 재료에 있어 이들 두 열전도 메커니즘의 상대적 기여도에 대해 서술한다.

17.1 | 서론

재료의 열적 성질(*thermal property*)이란 재료에 열을 가했을 때 재료가 보이는 반응을 말한다. 고체가 열의 형태로 에너지를 흡수하면 온도가 올라가고 크기는 커진다. 어떤 시편 내부의 온도가 균일하지 않고 일정한 구배를 가지게 된다면, 열에너지는 온도가 높은 영역에서 낮은 영역으로 전달될 것이며, 이러한 열전달이 계속적으로 일어날 경우 시편은 궁극적으로 녹을 수 있다. 열용량, 열팽창, 그리고 열전도도 등은 고체 재료를 사용하는데 있어 고려되어야 할 매우 중요한 특성들이다.

17.2 | 열용량

열용량

고체가 가열되면 온도가 높아지는데, 이는 에너지가 흡수되었다는 것을 뜻한다. **열용량(heat capacity)**은 외부로부터 열을 흡수하는 재료의 능력을 나타내는 특성으로서 재료를 단위 온도

만큼 올리기 위해 필요한 에너지 양을 나타낸다. 수학적으로 열용량 C는

열용량의 정의—에너지 변화(에너지를 얻거나 잃음)와 그에 따른 온도변화의 비

$$C = \frac{dQ}{dT} \tag{17.1}$$

로 표현되는데 dQ는 dT만큼의 온도변화를 발생시키기 위해 필요한 에너지이다. 일반적으로 열용량은 재료 1몰당 값으로 규정되어 있다(즉, J/mol·K 또는 cal/mol·K). 가끔 **비열(specific heat)**(종종 소문자 c를 이용해 표기하기도 한다)을 쓰기도 하는데, 이는 재료의 단위질량당 열용량을 나타내며 여러 가지 단위가 쓰인다(J/kg·K, cal/g·K).

비열

열용량을 측정하는 데는 열을 전달하는 환경 조건에 따라 두 가지 방법이 있다. 하나는 시편 부피를 일정하게 유지하고 측정하는 열용량인 C_v(정적 열용량)이고, 다른 하나는 외부 압력을 일정하게 하고 측정하는 것인데 C_p(정압 열용량)로 나타낸다. C_p 값이 항상 C_v 값보다 크지만, 대부분의 고체는 상온 이하에서 그 차이가 매우 미미하다.

진동 열용량

대부분의 고체들이 열에너지를 흡수하는 주된 형태는 원자의 진동에너지를 증대시키는 것이다. 고체 내 원자들은 매우 높은 주파수와 상대적으로 작은 진폭으로 끊임없이 진동하고 있다. 고체 내 원자들은 이웃한 여러 개의 원자들과 결합을 유지하고 있기 때문에, 원자들의 이러한 진동은 이웃한 원자들의 움직임과 영향을 주고받게 된다. 원자들 사이에 연계되어 있는 이러한 진동은 그림 17.1에 도시된 것과 같이 고체 내부를 이동하게 되는 격자파를 형성하게 된다. 이러한 격자파는 매우 짧은 파장과 매우 큰 주파수를 가지면서 결정구조 내부를 음속의 빠른 속도로 퍼져 나가게 되는 일종의 탄성파 또는 음파로 간주할 수 있다. 재료에 있어서 열진동에너지는 어떤 범위의 분포와 주파수를 지닌 일련의 탄성파로 구성되어 있다. 에너지가 양자화되어 있기 때문에 열진동에너지는 어떤 특정한 값들만을 가질 수 있으며, 이때 하나의 양자화된 진동에너지를 **포논(phonon)**이라고 부른다[포논은 전자기파가 양자화된 **광자**(*photon*)와 유사한 것이다]. 때로는 진동하는 파 자체를 **포논**이라고 부르기도 한다.

포논

전기전도 과정에서 자유전자에 의한 열적 산란(13.7절)은 이러한 진동파에 의한 것이며, 이러한 탄성파들은 고체에서의 열전달 현상인 열전도 시의 열에너지 전달에 관여하게 된다(17.4절 참조).

열용량의 온도 의존성

비교적 간단한 많은 결정체에서 볼 수 있는 정적 열용량의 온도에 따른 변화를 그림 17.2에 나타내었다. C_v는 0 K에서 0이지만 온도가 증가함에 따라서 급격히 증가하는데, 이는 온도가 증가함에 따라 격자파가 파의 평균에너지를 증가시키는 능력이 커졌다는 것을 의미한다. 저

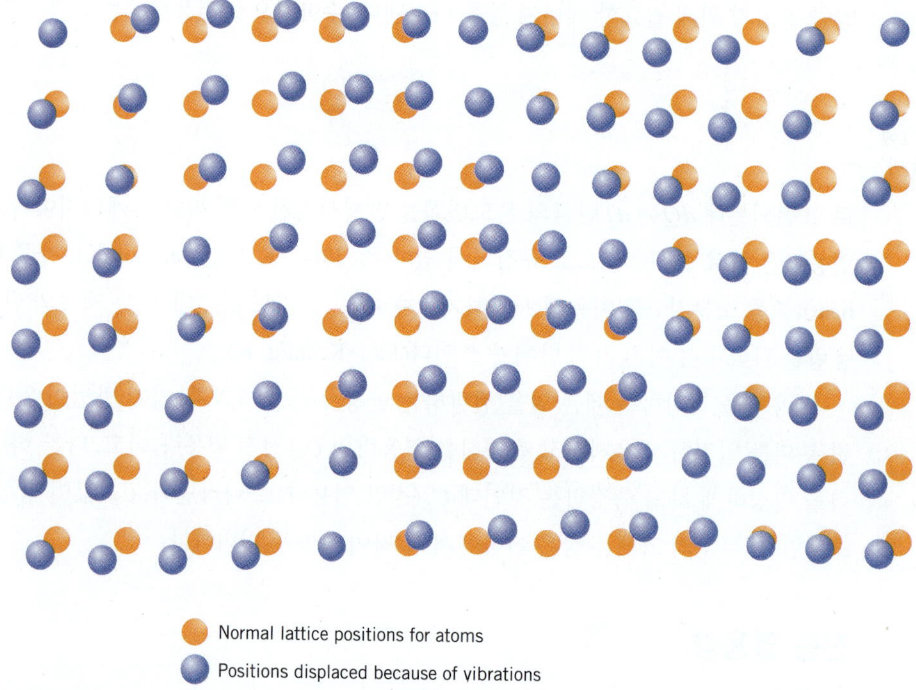

그림 17.1 원자 진동에 의한 격자파의 생성을 나타낸 개략도
(Adapted from "The Thermal Properties of Materials" by J. Ziman. Copyright © 1967 by Scientific American, Inc. All rights reserved.)

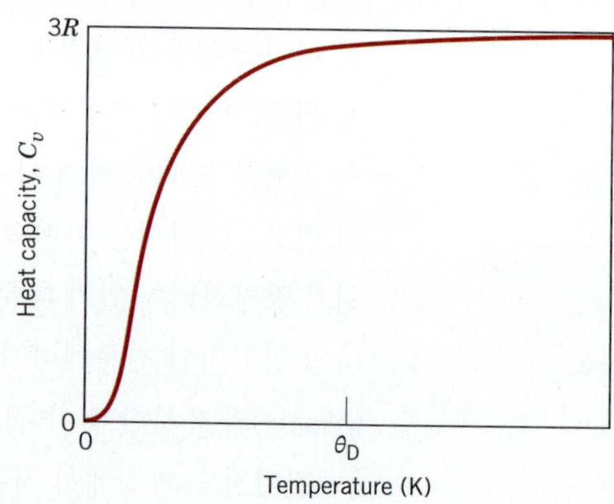

그림 17.2 정적 열용량의 온도 의존성. θ_D는 디바이 온도를 나타낸다.

온에서 C_v와 절대온도 T와는

열용량(부피가 일정할 때)의 온도(저온, 거의 0 K) 의존성

$$C_v = AT^3 \tag{17.2}$$

의 관계가 있으며, A는 온도에 독립적인(무관한) 상수이다. 소위 디바이 온도(*Debye temperature*) θ_D 이상에서 C_v는 평탄해지며 온도의 영향을 받지 않고 대략 $3R$(R은 기체상수)의 값에 이르게 된다. 따라서 온도증가에 따라 비록 재료의 전체 에너지는 계속 증가하지만, 온도 1도를 올리는 데 필요한 에너지 양은 일정하게 된다. 많은 고체에서 θ_D는 상온보다 낮은 온도이며, 상온에서 대략적인 C_v 값은 25 J/mol·K이다.[2)] 표 17.1에는 실험적으로 측정된 여러 종류의 재료에 대한 비열을 정리하였으며, 그 외 기타 재료에 대한 c_p 값은 부록 B의 표 B.8에 정리

표 17.1 각종 재료의 열적 성질

Material	c_p (J/kg·K)	α_l [(°C)$^{-1}$ × 10^{-6}]	k (W/m·K)	L [Ω·W/(K)^2 × 10^{-8}]
Metals				
Aluminum	900	23.6	247	2.20
Copper	386	17.0	398	2.25
Gold	128	14.2	315	2.50
Iron	448	11.8	80	2.71
Nickel	443	13.3	90	2.08
Silver	235	19.7	428	2.13
Tungsten	138	4.5	178	3.20
1025 Steel	486	12.0	51.9	—
316 Stainless steel	502	16.0	15.9	—
Brass (70Cu–30Zn)	375	20.0	120	—
Kovar (54Fe–29Ni–17Co)	460	5.1	17	2.80
Invar (64Fe–36Ni)	500	1.6	10	2.75
Super Invar (63Fe–32Ni–5Co)	500	0.72	10	2.68
Ceramics				
Alumina (Al_2O_3)	775	7.6	39	—
Magnesia (MgO)	940	13.5[a]	37.7	—
Spinel ($MgAl_2O_4$)	790	7.6[a]	15.0[b]	—
Fused silica (SiO_2)	740	0.4	1.4	—
Soda–lime glass	840	9.0	1.7	—
Borosilicate (Pyrex) glass	850	3.3	1.4	—
Polymers				
Polyethylene (high density)	1850	106–198	0.46–0.50	—
Polypropylene	1925	145–180	0.12	—
Polystyrene	1170	90–150	0.13	—
Polytetrafluoroethylene (Teflon)	1050	126–216	0.25	—
Phenol-formaldehyde, phenolic	1590–1760	122	0.15	—
Nylon 6,6	1670	144	0.24	—
Polyisoprene	—	220	0.14	—

[a]Value measured at 100°C.
[b]Mean value taken over the temperature range 0°C to 1000°C.

---

2) 고체 금속 원소들의 열용량은 $C_v \cong$ 25 J/mol·K이다. 그러나 모든 고체가 이 값을 갖는 것은 아니다. 예를 들면 디바이 온도 θ_D보다 높은 온도에서 세라믹 재료의 C_v는 이온 하나당 대략 25 J/mol·K이다. 그 예로 Al_2O_3는 대략 (5) × (25 J/mol·K) = 125 J/mol·K의 열용량을 가지는데, 이는 Al_2O_3의 화학식으로부터 3개의 Al^{3+} 이온과 2개의 O^{2-} 이온이 하나의 Al_2O_3를 구성하고 있기 때문이다.

하였다.

열용량에 기여하는 기타 요인

앞서 언급된 요인 외에도 고체의 열용량에 기여하는 또 다른 에너지 흡수 메커니즘들이 있으나, 대부분의 경우 원자들의 진동에 의한 기여에 비해서는 두드러지지 않는 편이다. 이들 중 전자에 의한 기여의 경우, 전자가 에너지를 흡수하면서 운동에너지가 증가해 가는 방식인데, 이러한 기구는 오직 자유전자, 즉 에너지 준위가 완전히 채워진 상태로부터 페르미에너지 근방의 완전히 빈 에너지 상태로 여기된 전자에 의해서만 가능하다(13.6절). 금속의 경우 에너지 준위가 페르미에너지 근방에 있는 전자들만이 이러한 전이를 일으킬 수 있는데, 이는 전체 전자 중 극히 일부의 전자만이 이러한 에너지 흡수에 관여하게 된다는 것이다. 부도체나 반도체와 같은 재료에서는 이보다도 더 작은 비율의 전자들이 이러한 여기현상을 겪게 된다.

또, 어떤 재료에서는 특정한 온도조건 이상에서만 발현되는 또 다른 에너지 흡수과정이 있다. 예를 들면 강자성체의 경우 퀴리온도 이상으로 가열하게 되면 전자의 스핀 정렬이 무질서하게 된다. 이러한 천이온도 근방에서는 열용량-온도 관계 그래프에서 매우 급격한 변화가 관찰된다.

17.3 | 열팽창

대부분의 고체는 가열하면 팽창하고 냉각시키면 수축한다. 온도에 따른 고체의 길이변화는

재료 자체의 열팽창계수와 온도변화에 의해 재료의 길이가 초기 길이 대비 얼마만큼 변화하는지를 예측

$$\frac{l_f - l_0}{l_0} = \alpha_l (T_f - T_0) \tag{17.3a}$$

또는

$$\frac{\Delta l}{l_0} = \alpha_l \Delta T \tag{17.3b}$$

로 나타낼 수 있는데 l_0와 l_f는 온도를 T_0에서 T_f로 변화시켰을 때 각각 초기 및 최종 길이이다. 여기서 정의된 매개변수 α_l은 재료에 열이 가해질 경우 재료의 길이가 얼마만큼 늘어나게 되는지를 나타내는 물성으로 **선팽창계수(linear coefficient of thermal expansion)**라고 하며 단위는 온도의 역[(°C)$^{-1}$, (K)$^{-1}$]이다. 가열 혹은 냉각에 따라 재료의 치수는 늘어나기도 하고 줄어들기도 하며, 부피 또한 변화하게 된다. 이때 온도변화에 따른 부피변화는

선팽창계수

열팽창에서, 체적열팽창계수와 온도변화에 따른 부피변화

$$\frac{\Delta V}{V_0} = \alpha_v \Delta T \tag{17.4}$$

로 계산할 수 있고, 여기서 ΔV와 V_0는 각각 부피 변화량과 원래의 부피이고, α_v는 체적열팽창 계수이다. 많은 재료에서 α_v 값은 이방성이다. 즉, 측정하는 결정의 방향에 따라 값이 다르다. 열팽창이 등방성으로 일어나는 재료의 경우 α_v는 대략 $3\alpha_l$이다.

원자 규모에서 보면 열팽창은 원자간의 평균 거리가 증가했다는 것을 나타낸다. 이 현상은 이전에 다루었던 재료의 위치에너지 대 원자간 거리 도표(그림 2.12*b*)를 이용하여 잘 이해할 수 있으며, 그것을 그림 17.3*a*에 다시 나타내었다. 포텐셜에너지가 변화하는 모양은 골이 움푹 파인 형태로 나타나는데, 온도가 0 K일 때의 포텐셜에너지는 맨 아래에 있는 점에 해당하고 이때의 원자간 평형거리는 r_0이다. 재료를 가열해서 온도가 T_1, T_2, T_3 등으로 증가하게 될 경우 원자간 진동에너지는 E_1, E_2, E_3로 증가하게 된다. 각각의 온도조건에서 원자들이 진동하는 진폭의 평균은 포텐셜에너지 곡선에서 동일한 에너지 E 값을 가지는 두 점 간 거리가 된다(그림 17.3*a*에서 주황색 화살표). 따라서 원자간 거리의 평균은 해당 온도조건에서 가장 먼 거리와 가장 가까운 거리의 평균이 되며, 온도가 증가함에 따라 r_0에서 r_1, r_2 등으로 점차 길어지게 된다.

열팽창은 온도가 증가함에 따라 원자간 진폭이 증가하기 때문에 나타나는 것이 아니라, 그림 17.3*a*에서와 같이 포텐셜에너지의 개형이 최저 에너지 점을 기준으로 비대칭 형태를 가지고 있기 때문에 나타나는 것이다. 만약 포펜셜에너지의 개형이 그림 17.3*b*와 같이 대칭인 형태라면 원자간 진동 시 진폭은 증하가지만 원자간 거리의 평균값은 변화하지 않는다, 즉, $r_0 = r_1 = r_2$이며, 원자간 거리가 변화하지 않았다는 것은 열팽창이 일어나지 않았음을 의미한다.

금속, 세라믹, 고분자 등 각각의 재료에서 원자결합에너지가 클수록 포텐셜에너지 개형

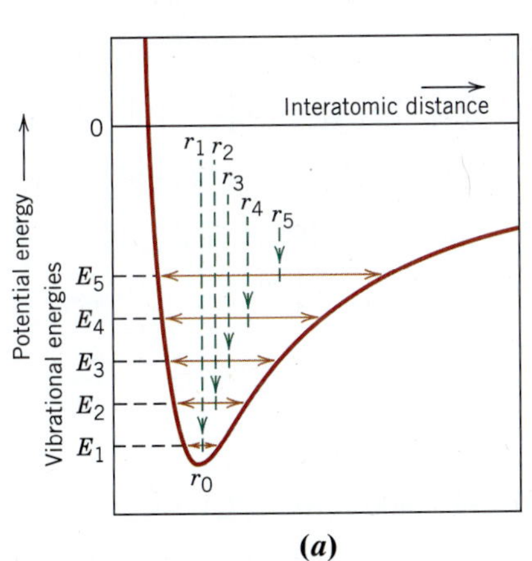

(*a*)

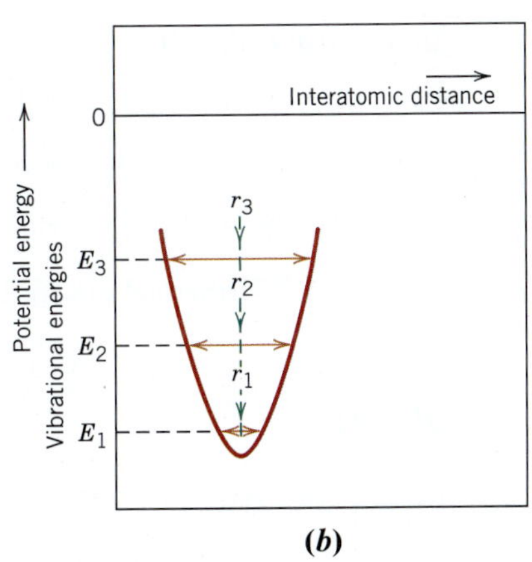

(*b*)

그림 17.3 (*a*) 원자간 거리 변화에 따른 포텐셜에너지 변화. 온도가 증가할수록 원자간 거리가 늘어나는 경우이다. 따라서 가열을 하게 되면 원자간 거리가 r_0에서 r_1, r_2로 점차 늘어나게 된다. (*b*) 원자간 거리에 따른 포텐셜에너지 변화가 대칭적인 경우이다. 이 경우는 온도가 증가한다고 해도 원자간 거리의 증가가 일어나지 않는다(즉, $r_1 = r_2 = r_3$).
(Adapted from R. M. Rose, L. A. Shepard, and J. Wulff, *The Structure and Properties of Materials*, Vol. IV, *Electronic Properties*, John Wiley & Sons, 1966.)

에서 나타나는 골은 더 깊고 좁은 형태를 가진다. 이에 따라 온도상승에 따른 원자간 거리의 증가가 두드러지지 않게 되며, 선팽창계수는 보다 감소하게 된다. 표 17.1에 몇 가지 재료의 선팽창계수를 정리하였다. 온도가 증가하게 되면 열팽창계수는 증가하는 경향을 보인다. 표 17.1의 값들은 따로 표시가 없는 경우 상온에서 측정한 것이며, 보다 많은 자료를 부록 B의 표 B.6에 정리하였다.

금속

표 17.1에 나타낸 바와 같이 일반적인 금속들의 선팽창계수는 5×10^{-6}에서 25×10^{-6} $(°C)^{-1}$까지의 범위이고, 이는 세라믹의 열팽창계수와 고분자의 열팽창계수의 중간 정도에 해당한다. 아래의 중요 재료 17.1에서 설명되겠지만, 온도변화에 따른 치수 안정성이 요구되는 분야에 적용하기 위해서 열팽창계수가 아주 낮은 저팽창 합금이나 용도에 맞게 열팽창계수가 조절된 제어팽창 합금들이 개발되어 왔다.

세라믹

많은 세라믹 재료들은 원자간 상호작용력이 매우 강한데, 이러한 특징은 0.5×10^{-6}에서 15×10^{-6} $(°C)^{-1}$ 수준인 세라믹의 매우 낮은 열팽창계수에서 잘 드러난다. 비결정질 세라믹이나 입방체 구조를 갖는 세라믹의 경우 α_l이 등방성이지만 이 외에는 이방성이다. 실제 어떤 세라믹은 가열 시 어떤 결정방향에서는 팽창하는 반면, 다른 방향으로는 수축하기도 한다. 무기질 유리의 경우 열팽창계수는 조성에 따라 달라진다. 용융 규산염(fused silica, 고순도 SiO_2 유리)의 경우 0.4×10^{-6} $(°C)^{-1}$의 작은 열팽창계수를 갖는다. 이는 낮은 원자충진율이 원인인데, 원자간 거리가 늘어나더라도 거시적 관점에서 봤을 때의 길이변화는 미미하기 때문이다.

온도를 변화시키는 환경에서 사용되는 세라믹의 경우 반드시 낮은 열팽창계수와 등방성의 열팽창 특성을 지니고 있어야만 한다. 그렇지 않으면 취성이 큰 재료는 방향에 따라 불균일한 팽창, 즉 **열충격(thermal shock)**으로 깨지게 되는데, 이는 이 장의 뒷부분에서 다룬다.

열충격

고분자

어떤 고분자 재료는 열팽창계수가 50×10^{-6}에서 400×10^{-6} $(°C)^{-1}$에 이를 정도로 열팽창이 크다. 선형 및 가지형 고분자는 원자간 2차 결합력이 약하고 가교결합이 별로 없기 때문에 가장 큰 선팽창계수 값을 갖는다. 가교결합이 증가할수록 선팽창계수는 감소하게 되는데, 페놀-포름알데히드와 같은 열경화성 그물형 고분자는 거의 대부분의 원자가 공유결합으로 연결되어 있기 때문에 고분자 중 가장 낮은 열팽창계수를 가지고 있다.

중요 재료 17.1

Invar와 저팽창 합금들

1896년, 프랑스의 샤를 에두아르 기욤(Charles Édouard Guillaume)은 상온과 230°C 사이의 온도범위에서 열팽창계수가 거의 0에 가까울 정도로 낮은 철-니켈 합금을 발견했는데, 저팽창 혹은 제어 팽창이라는 수식어가 붙는 금속합금계의 선두주자였던 이 중요하고 흥미로운 발견 덕에 그는 1920년 노벨 물리학상을 받게 된다. 합금의 조성은 64 wt%가 철이고 36 wt%가 니켈이었으며, 이 재료는 온도변화에도 불구하고 시편의 길이가 변화하지 않아서(invariable), 'Invar'라는 상품명을 얻게 되었다. 이 합금의 실온 부근에서의 열팽창계수는 $1.6 \times 10^{-6}\ (°C)^{-1}$이다.

혹자는 거의 0에 가까운 이러한 팽창이 대칭적인 포텐셜에너지-원자간 거리 선도(그림 17.3*b*)로부터 설명될 수 있다고 하지만, 이 예측은 잘못된 것으로 이런 거동은 실제로 Invar의 자기적 성질과 관련이 있다. 철과 니켈은 둘 다 강자성 재료이다(18.6절). 강자성 재료를 영구적이고 강한 자석으로 만든다고 해도, 이를 가열하여 **퀴리온도**(*Curie temperature*)라고 하는 특정한 온도에 이르게 하면(퀴리온도는 강자성 재료마다 다름) 자성이 사라지게 된다. Invar를 가열하게 되면 열팽창을 하려는 경향과 더불어 **자기변형**(*magnetostriction*)이라는 성질에서 비롯되는 수축현상이 동시에 작용을 하게 된다. Invar의 퀴리온도인 230°C 이상에서는 Invar 역시 일반적인 재료의 열팽창 특성을 동일하게 가지게 되어 열팽창계수가 커지게 된다.

Invar의 열처리와 가공 또한 열팽창성에 영향을 준다. 냉간가공된 시편은 가열(거의 800°C까지)한 상태에서 담금질(quenching)을 하면 가장 낮은 α_l 값을 갖는다. 열풀림(annealing)은 α_l 값의 증가를 가져온다.

그 밖의 저팽창 합금들도 개발되어 왔다. 그중 하나가 'Super Invar'라 불리는 재료인데, 열팽창계수 $[0.72 \times 10^{-6}\ (°C)^{-1}]$가 Invar보다 낮기 때문이다. 그러나 Super Invar는 낮은 열팽창 특성을 지속하는 온도범위가 상대적으로 협소하다. 조성 면에서 Super Invar는 Invar에 포함된 니켈의 일부를 또 다른 강자성 재료인 코발트로 대체했는데, Super Invar의 조성은 63 wt%가 철, 32 wt%가 니켈, 5 wt%가 코발트이다.

또 다른 'Kovar'란 상품명을 갖는 합금은 붕규산염(borosilicate, 또는 Pyrex) 유리와 거의 비슷한 팽창 특성을 갖도록 설계되어 있는 합금이다. Kovar가 Pyrex와 유사한 열팽창 특성을 갖기 때문에, Kovar와 Pyrex를 서로 접합한 뒤 온도변화를 가할 경우에도 이음부에서의 열응력 유발이나 파괴현상이 잘 일어나지 않게 된다. Kovar는 54 wt%의 철, 29 wt%의 니켈, 17 wt%의 코발트로 조성되어 있다.

이러한 저팽창 합금들은 온도변화에 대한 치수 안정성이 필요한 다음과 같은 부품들에 사용된다.

- 기계식 시계 및 손목시계에 쓰이는 보정진자와 밸런스휠
- 빛의 파장에 따라 치수 안정성이 요구되는 광학 및 레이저 측정시스템의 구조 부품
- 물 가열장치에서 마이크로 스위치를 작동시키는 데 쓰이는 바이메탈 스트립
- 액화천연가스(LNG)의 저장과 수송에 사용되는 압력용기와 도관

개념 확인 17.1

(a) 유리용기에 씌워진 철제 링 마개가 열을 받으면 느슨해지는 이유를 설명하라.

(b) (a)에서의 링이 철이 아니라 텅스텐으로 만들어졌다고 한다면, 링과 유리용기를 같이 가열했을 때의 결과는 어떠할 것인지 이유와 함께 제시하라.

(정답은 *www.wiley.com*의 제품 페이지에서 확인할 수 있음)

17.4 | 열전도도

열전도도

열전도란 재료의 고온영역에서 저온영역으로 열이 전달되는 현상이다. 재료가 열을 전달하는 능력의 척도가 **열전도도(thermal conductivity)**이다. 열전도도는

정상상태 열유동에서, 열전도도와 온도구배에 따른 열유속

$$q = -k\frac{dT}{dx} \quad (17.5)$$

으로 잘 정의될 수 있는데, 여기서 q는 열유속(*heat flux*)으로 단위시간당 단위면적에 유입되는 열흐름이고(면적은 열유동 방향에 수직인 면적임), k는 열전도도, dT/dx는 열전도 매체에서의 온도구배(*temperature gradient*)이다.

q와 k의 단위는 각각 W/m^2 및 $W/m \cdot K$이다. 식 (17.5)는 정상상태, 즉 시간에 따라 열흐름이 변화하지 않는 상황에서만 적용될 수 있다. 또 식에서 마이너스 기호는 열흐름의 방향이 뜨거운 곳에서 찬 곳으로, 즉 온도구배를 따라 온도가 내려가는 방향이라는 것을 나타낸다.

식 (17.5)는 원자 확산에 대한 픽의 제1법칙(Fick's first law)[식 (7.2)]과 유사하다. 식 (17.5)와 (7.2)를 비교하면, k는 확산계수인 D에 해당하고 온도구배는 농도구배인 dC/dx에 해당한다[이러한 특징을 상사성을 가진다(analogous)라고 함].

열전도 기구

고체 내에서 열은 격자 진동파(포논)와 자유전자 두 가지에 의해서 전달된다. 열전도도는 이들 각각의 전달 기구와 관련되며, 총 열전도도는 이들 두 기여도의 합으로 나타낸다.

$$k = k_l + k_e \quad (17.6)$$

여기서 k_l과 k_e는 각각 격자 진동과 전자에 의한 열전도도를 나타낸 것이다. 일반적으로 이들 중 한 종류의 전달 기구가 우세하게 나타난다. 격자 파동, 포논과 관련된 열에너지 또는 격자 파동은 그들의 이동방향으로 열전달을 하게 된다. k_l에 의한 기여는 온도구배를 갖는 영역에

서 고온 측에서 저온 측으로 이동하는 포논의 순 이동에 의해 발생한다.

자유전자, 즉 전기전도를 담당하는 전자들도 열전도에 기여한다. 고온영역에 있는 전자들은 높은 운동에너지를 가지고 있는데, 이러한 전자들이 저온영역으로 이동하는 동안 포논 혹은 고체 내 다른 결합들과 충돌을 하게 되고 이 과정에서 진동에너지의 형태로 다른 원자에게 열에너지가 전달된다. 따라서 고체 내 자유전자의 농도가 높아질수록 이러한 메커니즘을 통한 열전도 역시 보다 활발해지기 때문에 전체 열전도도에 대한 자유전자의 상대적인 기여도도 커지게 된다.

금속

고순도 금속에서의 열전달은 포논보다는 전자에 의한 기여가 훨씬 효율적이다. 이는 전자가 포논처럼 쉽게 산란되지 않을 뿐만 아니라 빠른 속도로 운동하기 때문이다. 더욱이 금속은 열전달에 기여할 수 있는 비교적 많은 수의 자유전자를 가지고 있기 때문에 매우 우수한 열전도체이다. 여러 가지 금속의 열전도도가 표 17.1에 정리되어 있으며, 그 값들은 보통 20~400 W/m·K 범위에 분포되어 있다.

순수 금속에서의 자유전자는 전기전도 및 열전도 둘 다에서 주된 역할을 하기 때문에, 이들 두 전도도는 **비데만-프란츠**(*Wiedemann-Franz*) 법칙에 따라 다음과 같은 이론적 상관관계를 가지는 것으로 알려져 있다.

비데만-프란츠 법칙—금속에서 전기전도도와 온도의 곱과 열전도도의 비는 일정하다.

$$L = \frac{k}{\sigma T} \tag{17.7}$$

여기서 σ는 전기전도도, T는 절대온도, L은 상수이다. 이론적인 L 값은 $2.44 \times 10^{-8}\ \Omega \cdot \mathrm{W/(K)^2}$인데, 만약 열에너지가 순전히 자유전자에 의해서만 전달된다면 이 값은 온도에 따라 변하지 않아야 하며 모든 금속에서 동일해야 한다. 표 17.1에 몇몇 금속들에 대한 실험적인 L 값을 정리했는데 이론값과 상당히 잘 일치(2배수 이내에서)하는 것을 볼 수 있다.

순금속 대비 불순물을 포함하고 있는 합금의 경우, 불순물 증가에 따라 전기전도도가 감소하며, 동일한 이유로 인해 열전도도 역시 감소하게 된다(13.8절). 즉, 고용체 등에 포함된 불순물들은 전자들과 충돌하여 전자들의 움직임을 방해하는 주된 원인으로 작용하여 궁극적으로 전자들의 움직임을 방해한다. 구리-아연 합금에서 아연의 조성에 따른 열전도도 변화가 그림 17.4에 주어져 있다.

개념 확인 17.2

탄소강의 열전도도는 스테인리스강보다 크다. 왜 그런가? 힌트: 14.2절을 참조하라.

(정답은 *www.wiley.com*의 제품 페이지에서 확인할 수 있음)

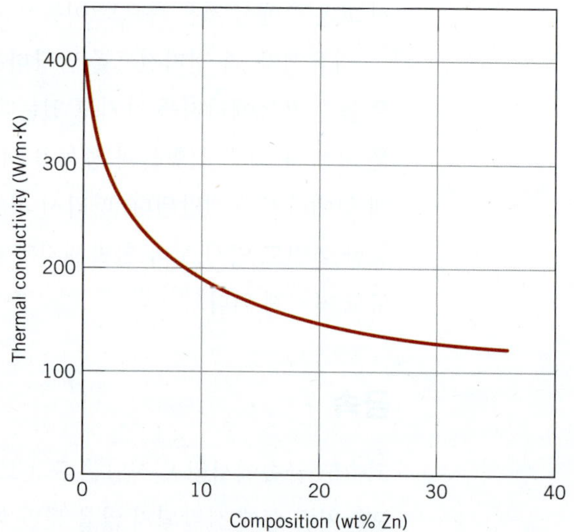

그림 17.4 구리-아연 합금의 조성에 대한 열전도도의 관계도
[Adapted from *Metals Handbook: Properties and Selection: Nonferrous Alloys and Pure Metals*, Vol. 2, 9th edition, H. Baker (Managing Editor), 1979.]

세라믹

비금속 재료들은 자유전자의 수가 많지 않기 때문에 열적으로 부도체이다. 그러므로 주된 열전도 기구는 포논이며, k_e가 k_l보다 훨씬 작다. 또한 포논은 격자 내부에 존재하는 결함들에 의해서 쉽게 산란될 수 있기 때문에 자유전자처럼 효율적으로 열에너지를 전달하지 못한다.

여러 세라믹 재료의 열전도도를 표 17.1에 정리하였다. 상온에서의 열전도도는 2~50 W/m·K의 범위에 분포한다. 유리나 기타 비정질 세라믹은 결정화된 세라믹에 비해 열전도도가 낮은데, 이는 원자구조가 불규칙할수록 포논의 산란이 더욱 효과적으로 일어나기 때문이다.

온도가 증가할수록 격자 진동의 산란은 더욱 두드러지기 때문에, 비교적 낮은 온도범위 내에서는 온도가 증가함에 따라 세라믹의 열전도도는 감소하는 경향을 보인다(그림 17.5). 반면 높은 온도영역에서는 이와는 반대로 온도가 증가함에 따라 세라믹의 열전도도 역시 증가하는 경향을 보이게 되는데, 이는 복사열의 전달에 의한 것이다. 투명한 세라믹 재료에서는 상당량의 적외선 복사열이 전달될 수 있는데, 이러한 복사 열전달은 온도가 증가함에 따라 보다 더 효율적으로 잘 일어나게 된다.

세라믹 재료 안에 있는 기공이 열전도에 큰 영향을 줄 수 있다. 대부분의 상황에서 기공률이 증가할수록 열전도도는 낮아진다. 실제로 열차단 소재로 사용되고 있는 많은 세라믹 재료들이 다공질이다. 기공을 통한 열전달은 보통 느리고 비효율적이다. 일반적으로 기공들은 공기로 채워져 있는데 공기의 열전도도는 대략 0.02 W/m·K로 매우 낮고, 더구나 기공 내에서 기체의 대류는 비교적 효과적이지 못하다.

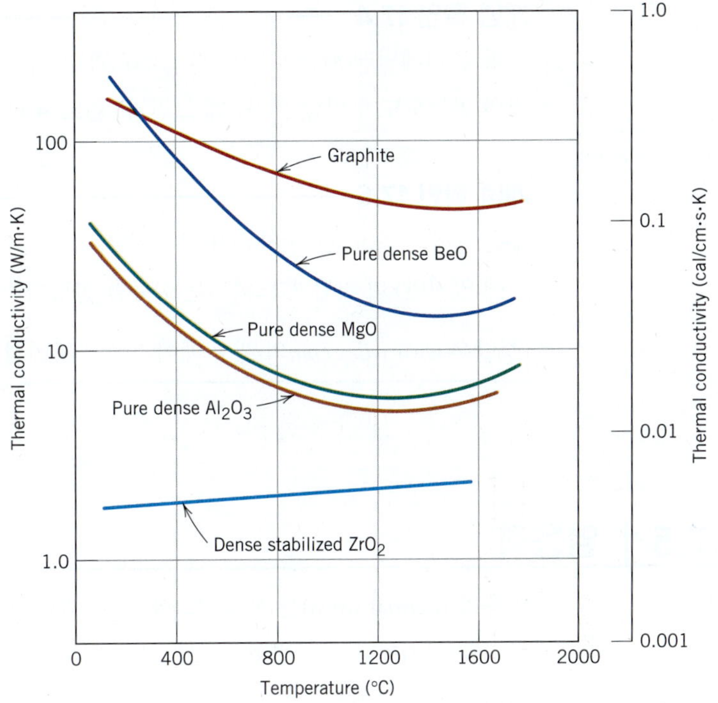

그림 17.5 세라믹 재료에서 온도변화에 따른 열전도도 변화
(Adapted from W. D. Kingery, H. K. Bowen, and D. R. Uhlmann, *Introduction to Ceramics*, 2nd edition. Copyright © 1976 by John Wiley & Sons, New York.)

개념 확인 17.3

단결정 세라믹의 열전도도는 같은 다결정 재료보다 약간 크다. 왜 그런가?

(정답은 *www.wiley.com*의 제품 페이지에서 확인할 수 있음)

고분자

표 17.1에서와 같이 대다수의 고분자 재료의 열전도도는 0.3 W/m·K 정도이다. 이들 재료에서 에너지 전달은 분자사슬의 진동과 회전에 의해서 일어난다. 고분자 재료의 열전도도는 결정도(degree of crystallinity)에 따라서도 달라지는데, 결정성이 높고 규칙적인 배열을 가진 고분자에서는 원자들 간의 진동이 보다 더 조화롭고 효과적으로 일어나기 때문에, 동일한 조성의 비정질 고분자에 비해 열전도도가 훨씬 높아지게 된다.

고분자 재료는 열전도도가 낮기 때문에, 열을 차단하기 위한 단열재로 사용된다. 세라믹과 마찬가지로 고분자의 단열 특성은 발포공정 등을 통해 내부에 기공이 생성될수록 더 좋아지게 된다(14.16절). 발포 폴리스티렌(polystyrene)은 음료수 컵이나 단열이 필요한 상자 등의 재료료 흔히 사용된다.

개념 확인 17.4

선형 폴리에틸렌($\overline{M}_n$ = 450,000 g/mol)과 가지형 폴리에틸렌($\overline{M}_n$ = 650,000 g/mol) 중 어느 것의 열전도도가 더 좋은가? 왜 그런가? **힌트**: 4.11절을 참조하라.

개념 확인 17.5

추운 날 금속으로 만든 자동차 문의 손잡이가 플라스틱으로 만든 운전대보다 (둘 다 같은 온도에 있지만) 더 차갑게 느껴지는 이유를 설명하라.

(정답은 *www.wiley.com*의 제품 페이지에서 확인할 수 있음)

17.5 | 열응력

열응력

열응력(thermal stress)은 온도변화에 의해 재료 내에 발생되는 응력이다. 이러한 응력은 재료를 파괴시키거나 소성변형을 일으키기 때문에 열응력이 발생하는 원인과 열응력의 특성을 이해하는 것은 매우 중요하다.

열팽창과 열수축이 구속된 상태에서의 응력

균일하고 등방성인 고체 봉재를 전체적으로 균일하게 냉각 및 가열한다고 가정하면 봉재에는 온도구배가 형성되지 않을 것이다. 또한 가열된 봉재가 열에 의해 자유롭게 수축 또는 팽창할 수 있는 조건이라면, 봉재의 내부에는 열응력이 발생하지 않는다. 그러나 봉재의 양단을 완전히 구속되도록 할 경우, 봉재의 내부에는 열응력이 발생하게 된다. 온도를 T_0에서 T_f로 증가시킬 경우 발생하는 응력 σ는 다음과 같다.

탄성계수, 선팽창계수 및 온도변화에 따른 열응력

$$\sigma = E\alpha_l (T_0 - T_f) = E\alpha_l \Delta T \tag{17.8}$$

여기서 E는 재료의 탄성계수이고, α_l은 재료의 선팽창계수이다. 가열 시($T_f > T_0$)에는 봉재의 열팽창이 제한되기 때문에 압축응력이 발생하게 되며($\sigma < 0$), 이와 반대로 냉각을 할 경우($T_f < T_0$)에는 봉재 내부에 인장응력이 발생하게 된다($\sigma > 0$). 또한 식 (17.8)에 정의된 응력은 봉재가 $T_0 - T_f$만큼의 온도변화로 인해 구속조건 없이 자유롭게 열팽창(혹은 열수축)을 한 상황에서, 이를 원래의 길이로 되돌려 놓기 위해서 압축(또는 연신)시키기 위해 가해 주어야 하는 응력값과도 같게 된다.

예제 17.1

가열에 의해 발생하는 열응력

청동으로 된 봉재가 양단이 단단히 고정된 상태에서 사용되고 있다. 상온(20°C)일 때 이 봉재 내부의 응력은 0이었다. 봉 내부에 발생하는 압축응력이 172 MPa이 넘지 않는 범위에서 이 봉재에 가할 수 있는 최고의 온도는 몇 °C인가? 청동의 탄성계수는 100 GPa이고 선팽창계수는 $20.0 \times 10^{-6}\ (°C)^{-1}$이다.

풀이

식 (17.8)에서 응력은 172 MPa이 된다. 초기온도 T_0는 20°C이고, 선팽창계수는 $20.0 \times 10^{-6}\ (°C)^{-1}$이다. 따라서 최종온도 T_f는 다음과 같다.

$$
\begin{aligned}
T_f &= T_0 - \frac{\sigma}{E\alpha_l} \\
&= 20°C - \frac{-172\ \text{MPa}}{(100 \times 10^3\ \text{MPa})[20 \times 10^{-6}\ (°C)^{-1}]} \\
&= 20°C + 86°C = 106°C
\end{aligned}
$$

온도구배에 의한 응력

고체가 가열 또는 냉각될 때 내부의 온도 분포는 재료의 크기와 형상, 재료의 열전도도, 그리고 온도변화율에 따라 달라진다. 열응력은 재료 내부에 온도구배가 있는 경우에도 발생할 수 있다. 가령 재료를 급속하게 냉각시키거나 가열하는 경우와 같이 재료 외부의 온도변화가 재료 내부의 온도변화보다 급격해지는 경우가 대표적이다. 동일한 재료 내에서 온도변화가 급격하게 일어나는 곳과 그렇지 않은 곳이 존재한다는 것은 열팽창의 관점에서 재료 내부의 치수변화가 고르지 않다는 것, 즉 재료 전체가 자유롭게 열변형을 하지 못한다는 것을 의미한다. 예를 들어 어떤 재료를 가열하는 경우, 재료의 외부가 내부보다 뜨겁기 때문에 팽창량 또한 외부가 더 크다. 이로 인해 재료 외부는 압축응력 상태에 놓이는 반면 재료 내부는 인장응력이 발생하게 된다. 이와 반대로 만약 재료를 급격하게 냉각시키는 상황이라면, 재료 외부는 인장응력 상태가, 그리고 재료 내부는 압축응력 상태가 된다.

취성 재료에서의 열충격

연성을 나타내는 금속이나 고분자의 경우, 소성변형을 유발시킴으로써 재료 내부에 발생하는 열응력을 감소시킬 수 있다. 그러나 세라믹과 같은 재료의 경우에는 취성이 강하기 때문에, 이러한 응력으로 인해 재료의 취성파괴가 일어날 가능성이 높다. 취성 재료의 경우, 급격하게 냉각을 시키는 경우가 급격하게 가열을 하는 경우보다 취성파괴에 더 취약하다. 그 이유는 냉각과정에서 표면에 발생하게 되는 인장응력 때문인데, 취성 재료의 표면에 존재하는 결함에 인장응력이 작용하게 되면서 균열 생성과 전파가 일어나기 때문이다(10.7절).

재료가 이러한 종류의 파괴를 견디어 내는 능력을 **열충격 저항**(*thermal shock resistance*)이라고 한다. 세라믹을 급랭하는 경우 이러한 열충격에 대한 저항은 온도차이뿐만 아니라 재료의 기계적 물성과 열적 물성에 의해서도 달라지게 된다. 세라믹의 열충격 저항은 파괴강도 σ_f와 열전도도가 높을수록, 그리고 탄성계수와 열팽창계수가 작을수록 향상된다. 많은 재료들에 있어 이러한 형태의 파괴에 대한 저항은 다음과 같은 열충격 저항계수 *TSR*을 통해 나타낼 수 있다. 즉,

열충격 저항계수의 정의

$$TSR \cong \frac{\sigma_f k}{E\alpha_l} \tag{17.9}$$

로 나타낼 수 있다.

열충격은 재료의 외부조건을 적절히 변화시켜 냉각속도나 가열속도를 감소되도록 하거나 재료 내부의 온도구배가 최소화되도록 하는 등의 방법을 통해 조절할 수 있다. 식 (17.9)에 나와 있는 열적 특성이나 기계적 특성을 바꾸는 것, 예를 들면 열전도도를 높이거나 탄성계수를 낮추는 등의 방법 역시 열충격에 대한 저항을 향상시킬 수 좋은 방안이다. 이들 중 가장 쉽게 조절이 가능한 물성은 선팽창계수이다. 가령 α_l이 대략 $9 \times 10^{-6}\ (^\circ\mathrm{C})^{-1}$ 정도 되는 소다석회유리의 경우 열충격에 특히 약한 편이다. 그러나 CaO과 Na_2O의 양은 줄이면서도 B_2O_3를 충분히 첨가해서 붕규산염(Pyrex) 유리를 만들게 되면, 열팽창계수가 $3 \times 10^{-6}\ (^\circ\mathrm{C})^{-1}$ 수준으로 줄어들게 된다. 이 재료는 가열과 냉각을 반복하게 되는 오븐에서 사용하기에 아주 적합하다.[3] 또한 상대적으로 큰 기공을 포함하게 하거나 연성을 가지는 또 다른 상(phase)을 첨가할 경우에도 재료의 열충격 저항이 향상될 수 있는데, 이들이 열적으로 유발된 균열의 전파를 막아 주는 역할을 하기 때문이다.

세라믹 재료의 기계적 강도와 광학적 특성을 향상시키기 위해서 재료 내부의 열응력을 제거할 필요가 있는데, 15.8절에서 소개된 유리 재료에서 논의된 것처럼 열풀림 공정을 통해 열응력의 제거가 가능하다.

---

3) 미국에서 구이용 가열기구에 사용되는 Pyrex 제품 중 일부는 열적인 템퍼링 공정을 거친 저가의 소다석회유리로 만들어진다. 이 유리제품은 보로실리케이트 유리만큼 열충격에 강하지 않다. 따라서 이런 구이용 유리제품은 보통의 구이 과정에서 발생되는 온도변화에 대하여 깨지면서 유리조각이 모든 방향으로 튀게 된다(어떤 경우에는 부상을 야기). 유럽에서 판매되는 Pyrex 유리제품은 열충격에 훨씬 강한 성질을 보인다. 유럽에 있는 또 다른 회사가 Pyrex라는 상품명에 대한 권리를 가지고 있는데, 이 회사의 경우 여전히 보로실리케이트 유리를 사용하여 Pyrex 유리제품을 생산하고 있다.

요약

열용량
- 열용량은 1 mol의 물질을 단위 온도만큼 올리는 데 필요한 열의 양을 의미하며, 단위질량에 대한 열용량으로 나타낼 때 비열이라 한다.
- 여러 가지 고체 재료들이 흡수하는 에너지들은 원자들의 진동에너지 증가와 관련이 있다.
- 에너지가 양자화되었기 때문에 원자들은 특정한 진동에너지만을 가질 수 있는데, 이러한 양자화된 진동에너지를 **포논**이라고 한다.
- 많은 결정질 고체의 경우, 0 K 부근 온도에서 측정한 정적 열용량은 절대온도의 세제곱에 비례한다[식 (17.2)].
- 디바이 온도 이상에서 정적 열용량 C_v는 온도에 무관하며 대략 기체상수의 3배인 $3R$ 정도의 값을 가지게 된다.

열팽창
- 고체 재료는 가열 시 팽창하고, 냉각 시에는 수축한다. 길이 변화율은 온도변화에 비례하며, 그 비례상수가 열팽창계수이다[식 (17.3)].
- 열팽창은 평균 원자간 거리의 증가에 기인하며, 원자간 거리의 증가는 원자간 거리에 대한 포텐셜에너지 골의 곡선 모양이 비대칭을 갖기 때문이다(그림 17.3*a*). 원자간 결합에너지가 커질수록 재료의 열팽창계수는 낮아진다.
- 일반적으로 고분자의 열팽창계수는 금속보다 크고, 금속의 열팽창계수는 세라믹 재료보다 크다.

열전도도
- 재료 내부의 온도가 높은 영역에서 낮은 영역으로 열에너지가 이동하는 현상을 **열전도**라고 한다.
- 정상상태 열전달에서 열 유동량은 식 (17.5)에 의해 결정된다.
- 고체 재료 내에서의 열전달은 자유전자에 의해서 발생하기도 하고, 포논이라고 하는 격자 진동에 의해서도 발생한다.
- 비교적 순수한 금속들이 높은 열전도도를 나타내는 이유는 많은 자유전자들에 의해 열에너지를 효율적으로 전달할 수 있기 때문이다. 이와 대조적으로 세라믹과 고분자가 빈약한 열전도체인 것은 자유전자의 농도가 매우 낮고, 주로 포논에 의해 열전도가 일어나기 때문이다.

열응력
- 온도변화에 따라 물체 내부에서 형성되는 열응력은 파괴나 바람직하지 못한 소성변형을 일으키게 된다.
- 열응력이 발생하는 이유 중 하나는 열팽창이나 열수축이 구속되기 때문이며, 이때 발생하는 열응력은 식 (17.8)을 통해 계산할 수 있다.
- 물체의 급격한 가열 또는 냉각에 의해 발생되는 열응력은 물체의 내부와 외부의 온도구배

에 기인하며, 재료 내 각 부분에서의 서로 다른 부피변화를 수반한다.

- **열충격**은 빠른 온도변화 때문에 발생되는 열응력에 의한 물체의 파괴이다. 세라믹 재료는 취성을 띠기 때문에 이러한 파괴가 특히 더 일어나기 쉽다.

식 요약

Equation Number	Equation	Solving for
17.1	$C = \frac{dQ}{dT}$	Definition of heat capacity
17.3a	$\frac{l_f - l_0}{l_0} = \alpha_l (T_f - T_0)$	Definition of linear coefficient of thermal expansion
17.3b	$\frac{\Delta l}{l_0} = \alpha_l \Delta T$	
17.4	$\frac{\Delta V}{V_0} = \alpha_v \Delta T$	Definition of volume coefficient of thermal expansion
17.5	$q = -k \frac{dT}{dx}$	Definition of thermal conductivity
17.8	$\sigma = E\alpha_l (T_0 - T_f) = E\alpha_l \Delta T$	Thermal stress
17.9	$TSR \cong \frac{\sigma_f k}{E\alpha_l}$	Thermal shock resistance parameter

기호 목록

Symbol	Meaning
E	Modulus of elasticity
k	Thermal conductivity
l_0	Original length
l_f	Final length
q	Heat flux—heat flow per unit time per unit area
Q	Energy
T	Temperature
T_f	Final temperature
T_0	Initial temperature
α_l	Linear coefficient of thermal expansion
α_v	Volume coefficient of thermal expansion
σ	Thermal stress
σ_f	Fracture strength

중요한 용어와 개념

비열
선팽창계수
열용량
열응력
열전도도
열충격
포논

참고문헌

ASM Ready Reference: Thermal Properties of Metals, ASM International, Materials Park, OH, 2002.

Hummel, R. E., *Electronic Properties of Materials*, 4th edition, Springer-Verlag, New York, NY, 2011.

Jiles, D. C., *Introduction to the Electronic Properties of Materials*, 2nd edition, CRC Press, Boca Raton, FL, 2001.

Kingery, W. D., H. K. Bowen, and D. R. Uhlmann, *Introduction to Ceramics*, 2nd edition, John Wiley & Sons, New York, NY, 1976. Chapters 12 and 16.

문제

열용량

17.1 1 kg의 알루미늄, 강, 소다석회유리, 고밀도 폴리에틸렌 각 재료들에 대하여 온도를 20°C에서 100°C로 증가시키는 데 필요한 에너지를 계산하라.

17.2 **(a)** 등압 상온 조건에서 알루미늄, 은, 텅스텐, 70Cu-30Zn 비율의 청동의 열용량을 구하라.
(b) 각각의 값들을 비교하고 그 결과에 대해서 설명하라.

17.3 알루미늄의 정적 열용량 C_v는 30 K 온도에서 0.81 J/mol·K이고 디바이 온도는 375 K이다. 다음 각 온도조건에서 비열을 구하라.
(a) 100 K **(b)** 400 K

17.4 **(a)** 0 K 근방의 온도조건에서는 정적 열용량 C_v가 온도에 따라 증가하는 이유를 간략히 설명하라.
(b) 0 K보다 상당히 높은 온도에서는 정적 열용량 C_v가 온도에 무관한 이유를 간략히 설명하라.

열팽창

17.5 길이가 10 m인 알루미늄 와이어의 온도가 38°C에서 −1°C로 감소할 경우의 길이변화를 구하라.

17.6 0.2 m 길이인 금속 봉재의 온도가 20°C에서 100°C로 증가함에 따라 0.2 mm의 연신량이 발생하였다. 이 금속의 선팽창계수를 구하라.

17.7 재료를 구성하는 원자들의 포텐셜에너지-원자간 거리 관계를 이용하여 **열팽창** 현상을 설명하라.

17.8 상온에서 니켈의 밀도가 8.902 g/cm^{3}이다. 400°C가 되면 니켈의 밀도는 얼마가 되는가? 니켈의 체적열팽창계수는 선팽창계수의 3배라고 가정하라.

17.9 재료가 가열되면 밀도가 감소하게 된다. 밀도 ρ가 감소하는 원인은 두 가지로, (1) 고체상태에서의 열팽창, (2) 6.2절에서 언급된 공공(vacancy)의 형성이다. 상온(20°C) 조건에서 구리 시편의 밀도가 8.940 g/cm^{3}라고 하자.
(a) 오직 열팽창만이 가능한 상황일 때, 구리의 온도가 800°C와 900°C로 올라가는 경우 밀도는 얼마가 되는가?
(b) 공공이 형성되는 경우를 고려해서 위 계산을 다시 수행하라. 이때 공공을 형성시키는 데 필요한 에너지는 0.9 eV/atom이고 구리의 체적열팽창계수는 선팽창계수의 3배라고 가정하라.

17.10 정적비열과 정압비열의 차이는 다음과 같이 표현된다.

$$c_p - c_v = \frac{\alpha_v^2 v_0 T}{\beta} \qquad (17.10)$$

여기서 α_v는 체적열팽창계수이고 v_0는 비체적(단위질량당 부피 혹은 밀도의 역수)이며, β는 압축률, T는 절대온도이다. 구리와 니켈에 대해 표 17.1에 있는 데이터를 이용하여 상온(293 K)에서의 정적비열 c_v를 구하라. 이때 $\alpha_v = 3\alpha_l$로 가정하며, 구리와 니켈 각각의 압축률 β는 8.35×10^{-12}과 5.51×10^{-12} $(Pa)^{-1}$이다.

17.11 지름이 10.000 mm이고 원통형 텅스텐 봉과 내부에 지름이 9.985 mm인 구멍이 뚫린 316강재가 있다. 이 두 재료를 상온 25°C에서 가열한다고 할 때, 온도를 몇 도까지 상승시켜야 텅스텐 봉이 강재의 구멍에 정확히 들어맞는가?

열전도

17.12 **(a)** 두께가 15 mm인 강판 양면의 온도가 각각 300°C와 50°C일 경우, 정상상태 열흐름에서 열유속(heat flux)은 얼마인가?

(b) 만약 판의 면적이 0.25 m²라면, 시간당 열손실은 얼마인가?

(c) 강재 대신 소다석회유리가 사용되었다면, 문제 (b)에서의 열손실은 얼마인가?

(d) 강재의 두께가 20 mm로 늘어날 경우, 시간당 열손실은 얼마인가?

17.13 결정질 세라믹과 비결정질 세라믹 중 어떤 재료가 보다 높은 열전도도를 가지는가? 그 이유를 상세히 설명하라.

17.14 금속이 세라믹에 비해 열전도율이 좋은 이유에 대해 간략히 설명하라.

17.15 **(a)** 세라믹과 고분자 재료의 내부에 있는 기공은 재료의 열전도도에 어떠한 영향을 미치는지 설명하라.

(b) 고분자의 결정도와 열전도도에 미치는 영향에 대해 설명하라.

17.16 어떤 세라믹 재료들은 초반에는 온도증가에 따라 열전도도가 감소하다가 이후에는 오히려 온도증가에 따라 열전도도가 상승하게 되는데, 그 이유를 설명하라.

17.17 다공성 재료는 어떤 재료 내부에 기공이라는 또 다른 상(phase)이 포함되어 있는 일종의 복합재료로 간주할 수 있다. 마그네슘 옥시드 내부 기공이 0.30(30%) 포함되어 있을 경우, 상온에서 열전도도의 상한값과 하한값을 각각 계산하라.

열응력

17.18 **(a)** 급속으로 냉각시키거나 가열할 경우 재료에 발생하게 되는 열응력에 대해 설명하라.

(b) 냉각을 하는 경우 재료 표면에서 발생하는 열응력은 어떠한 형태인가?

(c) 가열을 하는 경우 재료 표면에서 발생하는 열응력은 어떠한 형태인가?

17.19 **(a)** 1025강으로 된 길이가 1.0 m인 봉의 양단을 고정한 상태에서 20°C에서 80°C로 가열할 경우 발생하게 되는 열응력의 형태와 크기를 구하라. 20°C에서 이 봉은 응력이 없는 상태라고 가정한다.

(b) 만약 동일한 재료이면서 원래 길이가 0.5 m이었다면, (a)에서와 같은 온도변화에서 얼마의 열응력이 발생하는가?

(c) 만약 문제 (a)에서 봉의 온도가 20°C에서 −10°C로 감소하는 경우라면, 열응력의 형태와 크기는 어떻게 되겠는가?

17.20 20°C에서 구리 와이어에 70 MPa의 인장응력이 가해져 길이가 늘어났다. 이 상태에서 구리 와이어의 길이변화는 없이 내부응력이 17.5 MPa로 줄어들도록 하려면 온도를 얼마만큼 올려 주어야 하는가?

17.21 니켈로 된 길이 100.00 mm, 지름 8.000 mm인 원통형 봉의 양단이 완전히 고정된 상태에서 20°C

에서 200°C로 가열될 때, 봉의 지름의 변화를 구하라(표 8.1 참조).

17.22 1025강으로 된 길이 75.00 mm, 지름 10.000 mm인 원통형 봉의 양단이 완전히 고정되어 있다. 초기온도가 25°C일 때, 봉의 지름이 0.008 mm 만큼 줄어들기 위해서는 온도가 몇 도 감소해야 하는가?

17.23 세라믹에서의 열충격을 감소시키기 위한 방법들은 어떤 것들이 있는지 서술하시오.

설계 문제

열팽창

17.D1 1025강으로 된 기차선로가 평균온도 10°C인 환경에서 설치되었다. 선로의 길이가 11.9 m인 경우 선로 간 허용될 수 있는 간격은 4.6 mm이다. 선로 내부에 열응력이 발생하지 않는 상태에서 최대로 올라갈 수 있는 온도는 몇 도인가?

열응력

17.D2 길이가 250 mm이고 지름이 6.4 mm인 원통형 봉의 양단이 완전히 고정되어 있다. 이 봉은 상온(20°C)에서는 내부에 응력이 없는 상태이다. 이 봉에 −40°C까지 온도가 내려갈 경우 발생할 수 있는 최대 인장응력은 125 MPa이다. 알루미늄, 구리, 황동, 1025강 중 어떤 재료로 만들어졌겠는가? 그 이유는 무엇인가?

17.D3 **(a)** 열충격 저항계수 *TSR*의 단위는 무엇인가?

(b) 세라믹 재료들인 유리-세라믹(Pyroceram), 부분적으로 안정화된 지르코니아, 보로실리케이트(Pyrex) 유리에 대하여 열충격 저항을 비교평가 하라. 상호비교에 필요한 데이터들은 부록 B에 수록된 표 B.2, B.4, B.6, B.7을 참조하라.

17.D4 재료의 열충격 저항에 관한 식 (17.9)는 열전달률이 상대적으로 적은 경우에 유효하다. 만약 열전달률이 높은 경우, 냉각과정에서 재료 내부에 열충격이 발생하지 않기 위한 온도변화량 ΔT_f는 대략 다음과 같다.

$$\Delta T_f \cong \frac{\sigma_f}{E\alpha_l}$$

여기서 σ_f는 재료의 파괴강도이다. 부록 B에 수록된 표 B.2, B.4, B.6을 참조하여 유리-세라믹(Pyroceram)과 부분적으로 안정화된 지르코니아, 그리고 용융 실리카의 ΔT_f를 구하라.

18 자기적 성질

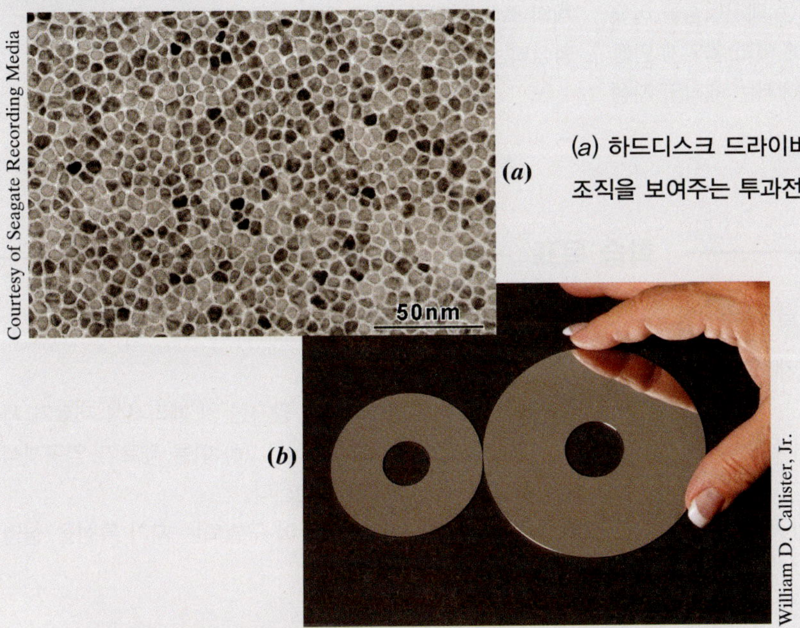

Courtesy of Seagate Recording Media

William D. Callister, Jr.

(*a*) 하드디스크 드라이버에 사용되는 수직자기기록매체의 미세 조직을 보여주는 투과전자현미경(TEM) 사진

(*b*) 노트북(왼쪽)과 데스크톱(오른쪽)에 사용되는 자기저장 하드디스크

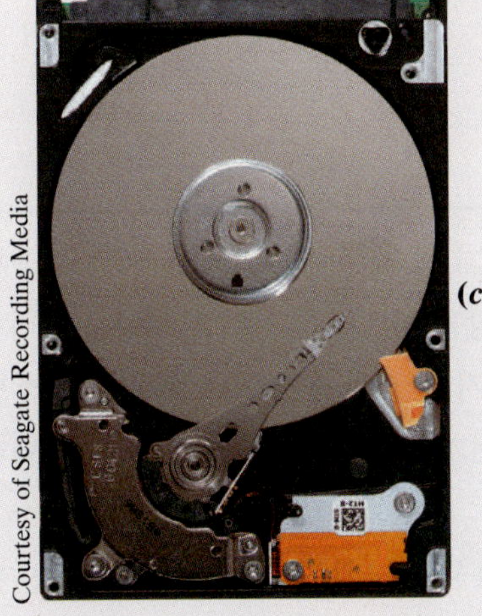

Courtesy of Seagate Recording Media

(*c*) 하드디스크의 내부 원형 디스크는 전형적으로 분당 5400회 또는 7200회의 속도로 회전한다.

CostinT/Getty Images

(*d*) 노트북 컴퓨터. 이 컴퓨터의 내부 구성요소 중 하나가 하드디스크 드라이버이다.

왜 자기적 성질을 공부하는가?

재료의 영구적인 자성 거동을 설명하는 메커니즘을 이해함으로써 자성을 변화시키거나 경우에 따라 알맞게 만들 수도 있다. 예를 들어 설계 예제 18.1에서는 세라믹 자성체의 조성을 변화시킴으로써 그들의 자성 거동이 어떻게 향상되는지를 기술하였다.

학습 목표

이 장을 학습한 후에는 아래 과제를 수행할 수 있어야 한다.

1. 자화율과 인가된 자기장이 주어진 재료에서 자화도를 결정한다.
2. 재료의 자기 모멘트에 대한 두 가지 원인을 전자적 관점에서 간단히 설명한다.
3. (a) 반자성, (b) 상자성, (c) 강자성의 특성과 원인을 간단히 설명한다.
4. 입방형 페라이트의 페리자성의 원인을 결정구조 측면에서 설명한다.
5. (a) 자기이력 현상과 (b) 강자성 및 페리자성 재료가 자기이력 현상을 보이는 이유, (c) 이들 재료가 영구자석 재료가 되는 이유를 설명한다.
6. 경자석과 연자석이 뚜렷이 구별되는 자기 특성을 설명한다.
7. 초전도 현상을 설명한다.

18.1 | 서론

자성(*magnetism*)은 재료가 인력 또는 반발력을 갖는다거나, 또는 다른 재료에 영향력을 미치는 현상으로서 수천 년 전에 알려졌다. 그러나 자기현상을 설명하는 기본 원칙이나 메커니즘은 복잡미묘하여 과학자들은 비교적 최근에 이르기까지 잘 이해하지 못하였다. 현대의 많은 소자들이 자성과 자성체를 이용한다. 그 예로 전기발전기, 변압기, 전기모터, 라디오, 텔레비전, 전화기, 컴퓨터, 소리나 화상 재생기를 들 수 있다.

철, 일부 강들, 그리고 자연광물인 자철석(lodestone) 등은 자성을 나타내는 잘 알려진 재료들이다. 그렇게 잘 알고 있는 사실은 아니지만 실제 모든 물질은 어느 정도 자기장에 의해 영향을 받는다. 이 장에서는 자기장의 근원을 간단히 설명하고 여러 가지 자기장 벡터와 자기적 변수들을 다루게 된다. 반자성, 상자성, 강자성, 페리자성, 그리고 다른 자성 재료와 초전도 현상을 알아볼 것이다.

18.2 | 기본 개념

자기 쌍극자

자력은 운동하는 전기 부하를 띤 입자에 의해 형성된다. 이 자력은 널리 상존하는 어떤 형태의 정전기력에 더해져서 작용한다. 많은 경우 자력을 장으로 생각하는 것이 편리하다. 가상적인 힘의 선들을 자기장의 원천 근처에서 힘의 방향을 나타내기 위해 그려 준다. 전류 폐곡선과 막대자석의 경우에 자기력선으로 표시된 자기장 분포를 그림 18.1에 나타내었다.

자기 쌍극자는 자성 재료에 존재하는 것으로 밝혀졌는데, 어떤 면에서는 전기 쌍극자와 유사하다(13.19절). 자기 쌍극자는 양극과 음극 대신에 남극과 북극으로 된 조그만 막대자석으로 생각할 수 있다. 이 설명에서 자기 쌍극자 모멘트는 그림 18.2처럼 화살표로 표시하였다. 자기 쌍극자는 전기 쌍극자가 전기장의 영향을 받듯이(그림 13.29) 비슷한 방식으로 자기장의 영향을 받는다. 자기장 안에서는 자기장의 힘이 회전력을 주어 쌍극자가 자기장에 맞추어 위치하게 된다. 잘 알려진 예는 나침반 바늘이 지구의 자기장에 맞추어 정렬하는 것이다.

자기장 벡터

자기장력

고체에서의 자기 모멘트의 원인에 대해 논의하기 전에 몇몇 장 벡터를 사용하여 자기 거동을 살펴보자. 외부로부터 인가된 자기장[**자기장력(magnetic field strength)**이라고도 하는]은 H로

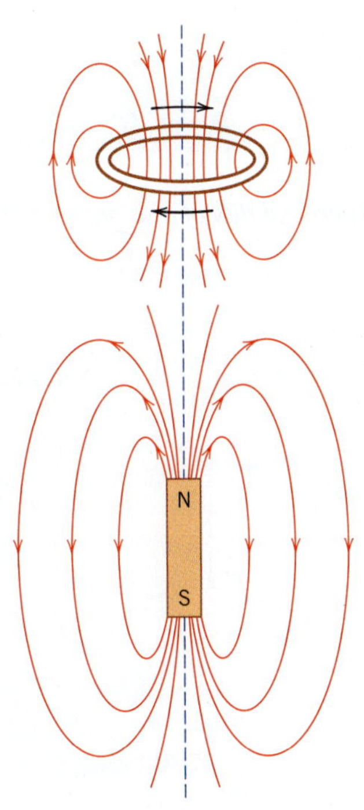

그림 18.1 전류 폐곡선과 막대자석의 자기력선

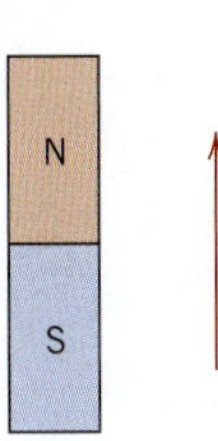

그림 18.2 화살표로 표시된 자기 모멘트

표시한다. 만일 코일을 조밀하게 N회 감아 길이가 l인 원통형 코일(즉, 솔레노이드)에 전류 I를 흘리면 다음과 같은 자기장이 형성된다.

코일 내의 자기장력—감은 횟수, 흘린 전류 및 코일길이 의존성

$$H = \frac{NI}{l} \tag{18.1}$$

해당하는 배열의 개략도를 그림 18.3a에 나타내었다. 그림 18.1에서 전류 루프와 막대자석에 의해 생성된 자기장은 H 장이다. H의 단위는 A-회전수/m 또는 단순히 A/m이다.

자기유도
자속밀도

자기유도(magnetic induction) 또는 **자속밀도(자기력 선속 밀도, magnetic flux density)**는 B로 표시하는데 H 장에 놓인 물질의 내부에서의 자기장 세기를 말한다. B의 단위는 테슬라(즉, Wb/m^2)이다. B와 H는 모두 장 벡터로서 크기뿐만 아니라 공간에서의 방향도 특성으로 갖는다.

자기장의 세기와 자속밀도의 관계는 다음과 같다.

재료의 자속밀도—투자율과 자기장력 의존성

$$B = \mu H \tag{18.2}$$

투자율

μ는 **투자율(permeability)**이라 부르는데 H 장이 통과하는 매질의 특성이며 그림 18.3b에 나타내었듯이 그 매질 내에서 측정되는 것이 B이다. 투자율의 단위는 Wb/A·m 또는 H/m이다.

$$\mu = \frac{B}{H} \tag{18.2a}$$

진공에서는

진공에서의 자속밀도

$$B_0 = \mu_0 H \tag{18.3}$$

로 표현되는데 μ_0는 진공 투자율(*permeability of a vacuum*)로서 보편상수이며 $4\pi \times 10^{-7}$ (1.257

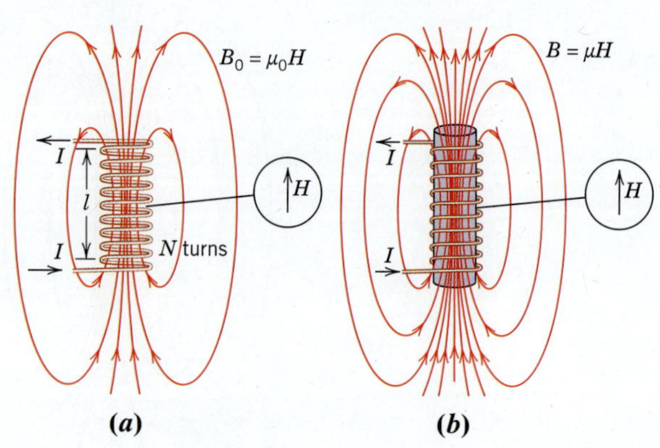

그림 18.3 (a) 원통형 코일에 의해 생성된 자기장 H는 식 (18.1)과 같이 전류 I, 회전수 N, 코일길이 l의 함수이다. 진공에서의 자속밀도 B_0는 $\mu_0 H$이다. μ_0는 진공에서의 투자율로 $4\pi \times 10^{-7}$ H/m이다. (b) 고체 내에서의 자속밀도 B는 μH와 같다. μ는 고체의 투자율이다.

$\times 10^{-6}$) H/m의 값을 갖는다. B_0는 그림 18.3*a*에 나타내었듯이 진공에서의 자속밀도이다.

고체의 자기적 성질을 기술하는 데 몇 가지 변수가 사용된다. 하나는 재료에서의 투자율과 진공 투자율의 비율인

상대 투자율의 정의

$$\mu_r = \frac{\mu}{\mu_0} \tag{18.4}$$

로서 μ_r은 상대 **투자율**(*relative permeability*)이라고 부르며 단위가 없다. 재료의 투자율이나 상대 투자율은 그 재료가 자화되는 정도를 측정하는 변수로 외부 자기장 *H*하에서 *B*가 얼마나 잘 유도되는가를 측정하는 것이다.

자화

또 다른 양은 *M*으로 고체의 **자화(magnetization)**

자속밀도—자기장력과 자화의 함수

$$B = \mu_0 H + \mu_0 M \tag{18.5}$$

로 정의된다. *H* 자기장하에서 재료의 자기 모멘트는 자기장에 정렬하려는 경향이 있고, 이에 의해 자기장은 더욱 강화된다. 이 기여 부분이 식 (18.5)의 $\mu_0 M$이다.

*M*의 양은 인가된 자기장에 비례하여

재료의 자화—자화율과 자기장력 의존성

$$M = \chi_m H \tag{18.6}$$

자화율

이고, χ_m은 **자화율(magnetic susceptibility)**로서 단위가 없다.[1)] 자화율과 상대 투자율은

자화율과 상대 투자율의 관계

$$\chi_m = \mu_r - 1 \tag{18.7}$$

의 관계가 있다.

이제까지 언급한 각각의 자기장 변수들과 유사한 변수들이 유전체에도 있다. *B*와 *H* 장은 각각 유전변위 *D*와 전기장 $\mathscr{E}$와 유사하고, 투자율 μ는 유전율 ε에 대응된다[식 (18.2)와 (13.30) 참조]. 또한 자화 *M*과 분극 *P*가 연관되어 있다[식 (18.5)와 (13.31) 참조].

자기 단위들은 두 체계가 공통으로 자주 사용되므로 혼동하기 쉽다. 지금까지 사용된 단위는 SI [*MKS*(*m-kg-sec*)]이고, 다른 하나는 *cgs-emu*(*cm-g-sec-electromagnetic unit*) 단위체계이다. 두 체계의 단위와 변환상수를 표 18.1에 정리하였다.

1) 이 χ_m을 SI 단위에서는 부피 자화율로 보며 *H*를 곱하여 재료의 단위부피(m^3)당 자화로 계산한다. 다른 자화율도 동일하게 표현 가능하다.

표 18.1 SI 및 cgs-emu 체계의 자기 단위 및 변환상수

Quantity	Symbol	SI Units Derived	SI Units Primary	cgs–emu Unit	Conversion
Magnetic induction (flux density)	B	Tesla (Wb/m^2)[a]	kg/s·C	Gauss	$1\ Wb/m^2 = 10^4$ gauss
Magnetic field strength	H	Amp·turn/m	C/m·s	Oersted	1 amp·turn/m = $4\pi \times 10^{-3}$ oersted
Magnetization	M (SI) I (cgs–emu)	Amp·turn/m	C/m·s	$Maxwell/cm^2$	1 amp·turn/m = 10^{-3} $maxwell/cm^2$
Permeability of a vacuum	μ_0	Henry/m[b]	$kg \cdot m/C^2$	Unitless (emu)	$4\pi \times 10^{-7}$ henry/m = 1 emu
Relative permeability	μ_r (SI) μ' (cgs–emu)	Unitless	Unitless	Unitless	$\mu_r = \mu'$
Susceptibility	χ_m (SI) χ'_m (cgs–emu)	Unitless	Unitless	Unitless	$\chi_m = 4\pi\chi'_m$

[a]Units of the weber (Wb) are volt-seconds.
[b]Units of the henry are webers per ampere.

자기 모멘트의 원천

재료의 거시적인 자기적 특성은 전자 개개에 연관된 **자기 모멘트**(*magnetic moment*)의 결과이다. 이러한 개념 중 일부는 비교적 복잡하고 이 책의 범위를 넘어서는 양자역학적 원리를 다소 포함하므로 일부 자세한 논의를 피하고 단순화하였다. 원자에 있는 각 전자는 자기 모멘트를 갖고 있는데 두 가지로부터 기원한다. 하나는 핵 주위를 도는 전자의 궤도운동과 관련이 있다. 운동하는 전하로서 전자는 전류가 흐르는 작은 환상 회로로 생각할 수 있는데 매우 작은 자기장을 만들 각 전자는 또한 한 축을 중심으로 자전하고 있다(그림 18.4*a*).

또 다른 자기 모멘트가 이 전자 스핀으로부터 나오는데 그림 18.4*b*에 나타내었듯이 자기 모멘트는 스핀 축을 따라 형성된다. 스핀 자기 모멘트는 '위' 방향이나 그 반대인 '아래' 방향만 가질 수 있다. 따라서 각 전자는 영구적으로 궤도 자기 모멘트와 스핀 자기 모멘트를 갖는 작은 자석으로 볼 수 있다.

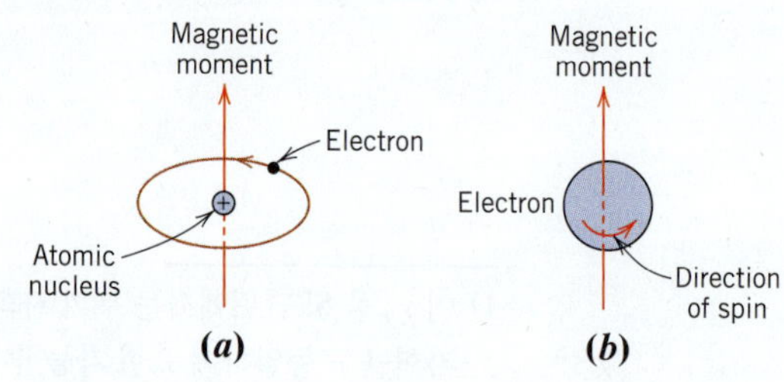

그림 18.4 (*a*) 1개의 궤도 전자와 (*b*) 자전하는 1개 전자에 의해 형성되는 자기 모멘트

보어 마그네톤

가장 기본적인 자기 모멘트는 **보어 마그네톤(Bohr magneton, μ_B)**으로 9.27×10^{-24} A·m^{2}의 값을 갖는다. 원자에 있는 각 전자의 스핀 자기 모멘트는 $\pm\mu_B$(+는 위 스핀, −는 아래 스핀)이다. 또 궤도 자기 모멘트는 $m_l\mu_B$이며, m_l은 2.3절에서 기술한 전자의 자기 주양자수이다.

각 원자에서 몇몇 전자쌍의 궤도 모멘트는 서로 상쇄되며, 이는 스핀 모멘트에서도 마찬가지이다. 예를 들면 위 스핀을 갖는 전자의 스핀 모멘트는 아래 스핀을 갖는 전자의 스핀 모멘트와 상쇄된다. 따라서 한 원자의 순 자기 모멘트는 포함된 각 전자가 갖는 궤도 및 스핀 모멘트의 합으로서 모멘트의 상쇄를 포함한다. 전자각 및 전자부각이 완전히 전자로 차 있는 원자의 경우 전자들의 기여를 모두 고려하면 궤도 및 스핀 모멘트가 둘 다 완전히 상쇄된다. 따라서 전자각이 완전히 차 있는 원자로 구성된 재료는 영구히 자화될 수 없다. 이런 종류로는 가스 He, Ne, Ar 등과 몇몇 이온 재료가 있다. 자성의 형태로는 반자성, 상자성, 강자성이 있고, 이에 더하여 강자성의 하위 부류인 반강자성과 페리자성이 있다. 모든 재료는 이들 중 한 가지 형태의 특성을 보이며 그 거동은 외부 자기장에 대해 전자와 원자의 자기 쌍극자들이 어떻게 반응하는가에 따라 달라진다.

18.3 | 반자성과 상자성

반자성

반자성(diamagnetism)은 매우 약한 자기 특성의 한 가지로 영구적이지 않고 외부 자기장이 인가되는 경우에만 유지된다. 인가 자기장에 의해 전자의 궤도운동이 변화하여 유도되며, 유도된 자기 모멘트는 매우 작고 인가된 자기장과 반대방향으로 향한다. 따라서 상대 투자율 μ_r은 1보다 작다(그러나 1에 매우 가깝다). 자화율은 음의 값(−)이다. 즉, 반자성 재료 내부에서의 B장의 크기는 진공에서의 크기보다 작다. 반자성 고체의 부피 자화율 χ_m은 대략 -10^{-5} 정도이다. 반자성 재료는 강한 전자석의 양극 사이에 위치할 때 자기장이 약한 영역으로 끌리게 된다.

그림 18.5*a*는 반자성 재료에서 외부 자기장이 있을 때와 없을 때 원자의 자기 쌍극자 정렬을 도식적으로 나타낸 것으로 화살표는 원자의 쌍극자 모멘트를 나타낸다. 앞에서는 화살표가 전자의 모멘트를 나타내는 데 쓰였음을 유의하라. 반자성 재료에서 외부 자기장 H에 대한 B의 의존성을 그림 18.6에 나타내었다. 표 18.2에는 여러 가지 반자성 재료의 자화율을 정리하였다. 반자성 특성은 모든 재료에서 볼 수 있으나 너무 약해서 다른 자기적 특성이 전혀 없을 경우에만 관찰될 수 있으며, 실질적으로 응용하기에는 중요하지 않다.

어떤 고체 재료의 경우 각 원자에서 전자들의 스핀과 궤도 자기 모멘트가 완전히 상쇄되지 않아서 영구 자기 쌍극자를 가지고 있다. 외부 자기장이 없을 때 이 원자들의 자기 모멘트는 두서없이 정렬하여 그 재료의 조각 전체적으로는 순 자화값이 0이다. 이 원자 쌍극자는 자유롭게 회전하는데 외부 자기장에 따라 회전하여 정렬할 때 **상자성(paramagnetism)**이 나타난

상자성

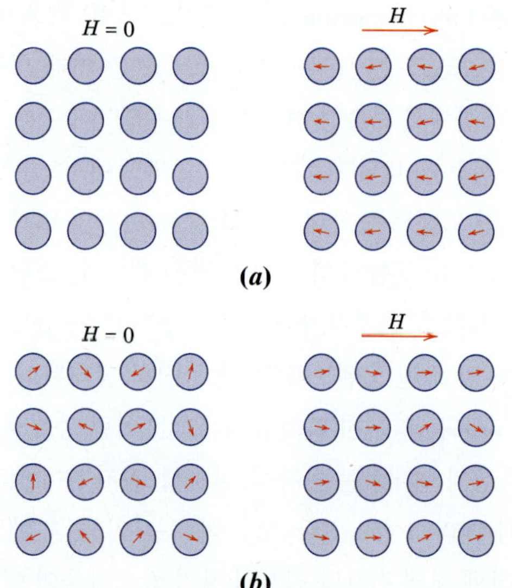

그림 18.5 (a) 반자성 재료에서 자기장이 있을 때와 없을 때의 원자 쌍극자 배열. 외부 자기장이 없을 때는 쌍극자가 존재하지 않으나 자기장이 있을 때는 자기장과 반대방향으로 배열하는 쌍극자가 유도된다. (b) 상자성 재료에서 외부 자기장이 있을 때와 없을 때의 원자 쌍극자 배열

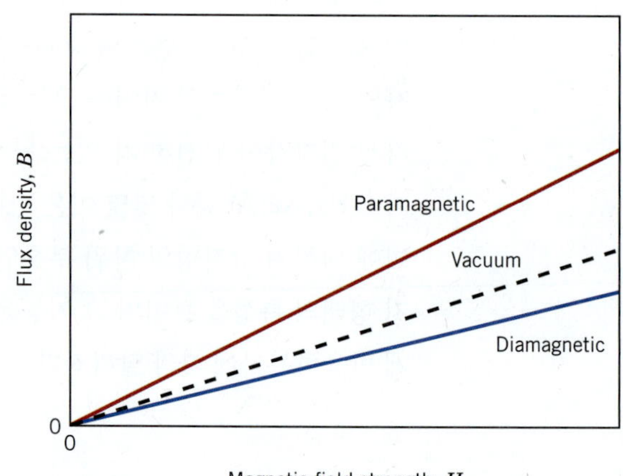

그림 18.6 반자성, 상자성 재료에서의 자속밀도 B와 자기장 H의 관계

다(그림 18.5b). 이들 자기 쌍극자는 개별적으로 작용하며 이웃한 쌍극자끼리 서로 반응하지 않는다. 쌍극자가 외부 자기장에 잘 정렬하는 만큼 자기장을 강화시켜 상대 투자율 μ_r을 1보다 크게 증대시킨다. 그래서 비교적 작지만 양(+)의 자화율을 나타낸다. 상자성체의 자화율은 10^{-5}~10^{-2} 정도이다(표 18.2). 상자성체의 도식적인 B-H 곡선을 그림 18.6에 나타내었다.

표 18.2 반자성 및 상자성 재료의 상온 자화율

Diamagnetics		Paramagnetics	
Material	Susceptibility χ_m (volume) (SI units)	Material	Susceptibility χ_m (volume) (SI units)
Aluminum oxide	-1.81×10^{-5}	Aluminum	2.07×10^{-5}
Copper	-0.96×10^{-5}	Chromium	3.13×10^{-4}
Gold	-3.44×10^{-5}	Chromium chloride	1.51×10^{-3}
Mercury	-2.85×10^{-5}	Manganese sulfate	3.70×10^{-3}
Silicon	-0.41×10^{-5}	Molybdenum	1.19×10^{-4}
Silver	-2.38×10^{-5}	Sodium	8.48×10^{-6}
Sodium chloride	-1.41×10^{-5}	Titanium	1.81×10^{-4}
Zinc	-1.56×10^{-5}	Zirconium	1.09×10^{-4}

반자성 및 상자성체 모두 외부 자기장이 있을 경우에만 자화를 나타내므로 비자성체라고 한다. 또, 두 경우 모두 재료 내에서나 진공 중에서나 자속밀도 B가 거의 같다.

18.4 | 강자성

강자성

어떤 금속은 외부 자기장이 없는 상태에서 영구 자기 모멘트를 갖고 있으며 매우 큰 영구 강자성 자화를 보인다. 이것이 **강자성(ferromagnetism)** 특성이며 전이 금속인 철(BCC 구조의 α 페라이트), 코발트, 니켈, 그리고 Gd 같은 희토류 금속 등에서 나타난다. 강자성 재료는 10^6 정도의 큰 자화율이 가능하다. 결과적으로 $H \ll M$이며, 식 (18.5)는

강자성 재료에서, 자속밀도와 자화의 관계

$$B \cong \mu_0 M \tag{18.8}$$

과 같이 나타낼 수 있다.

강자성체의 영구 자기 모멘트는 전자구조에서 전자 스핀이 상쇄되지 않아서 만들어진 원자의 자기 모멘트로부터 온다. 궤도 자기 모멘트의 기여가 있기는 하지만 스핀 모멘트에 비해 작다. 또한 강자성체에서는 결합 상호작용(coupling interaction)이 일어나 이웃하는 원자의 순 스핀 자기 모멘트를 서로 같은 방향으로 정렬하게 만든다. 이를 그림 18.7에 도식적으로 나타내었다. 이러한 결합력의 기원은 아직 완전히 이해되지 않았으나 금속의 전자구조에 기인하는 것으로 생각하고 있다. 이 스핀 정렬은 결정체 내의 비교적 큰 영역에 걸쳐 일어나는데 이 영역을 **자구(domain)**라 한다(18.7절 참조).

자구

포화자화

강자성체에서 일어날 수 있는 최대의 자화, 즉 **포화자화(saturation magnetization)** M_s는 고체 조각 내에서의 자기 쌍극자가 모두 외부 자기장에 정렬하였을 때의 자화를 뜻한다. 이때의 포화자속밀도를 B_s로 나타낸다. 포화자화는 각 원자의 순 자기 모멘트와 원자 수의 곱이다. 철, 코발트, 니켈의 원자당 자기 모멘트는 각각 2.22, 1.72, 0.60 보어 마그네톤이다.

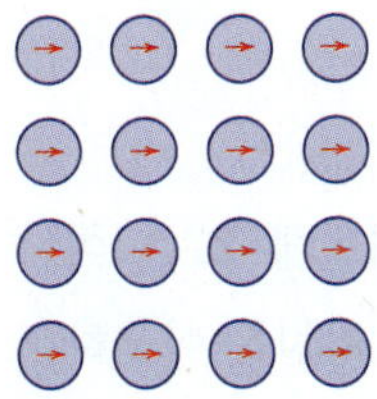

$H = 0$

그림 18.7 강자성 재료에서는 외부 자기장 없이도 원자 쌍극자의 상호 정렬이 이루어진다.

예제 18.1

철에서의 포화자화 및 포화자속밀도 계산

밀도가 7.87 g/cm³인 철의 (a) 포화자화와 (b) 포화자속밀도를 계산하라.

풀이

(a) 포화자화는 원자당 보어 마그네톤과 보어 마그네톤 μ_B 값, 입방미터당 원자 수 N의 곱으로 아래 식과 같이 표현된다.

철의 포화자화

$$M_s = n_B \mu_B N \tag{18.9}$$

위에서 언급한 것처럼, 철의 n_B 값은 2.22 Bohr magneton/atom이다. 입방미터당 원자 수는 밀도 ρ, 원자질량 A_{Ir}, 아보가드로수 N_A로 다음과 같이 나타낸다.

철에 대한 단위부피당 원자 수 계산

$$N = \frac{\rho N_A}{A_{Ir}} \tag{18.10}$$

$$= \frac{(7.87 \times 10^6 \text{ g/m}^3)(6.022 \times 10^{23} \text{ atoms/mol})}{55.85 \text{ g/mol}}$$

$$= 8.49 \times 10^{28} \text{ atoms/m}^3$$

최종적으로

$$M_s = \left(\frac{2.22 \text{ Bohr magneton}}{\text{atom}}\right)\left(\frac{9.27 \times 10^{-24} \text{ A}\cdot\text{m}^2}{\text{Bohr magneton}}\right)\left(\frac{8.49 \times 10^{28} \text{ atoms}}{\text{m}^3}\right)$$

$$= 1.75 \times 10^6 \text{ A/m}$$

(b) 식 (18.8)로부터 포화자속밀도는 다음과 같다.

$$B_s = \mu_0 M_s$$

$$= \left(\frac{4\pi \times 10^{-7} \text{ H}}{\text{m}}\right)\left(\frac{1.75 \times 10^6 \text{ A}}{\text{m}}\right)$$

$$= 2.20 \text{ tesla}$$

18.5 | 반강자성과 페리자성

반강자성

반강자성

이웃하는 원자나 이온 사이의 자기 모멘트 결합 현상은 강자성체 이외의 재료에서도 일어난다. 이러한 그룹 중 하나에서는 이러한 결합이 반대방향 정렬을 초래한다. 이렇듯 이웃하는 원자나 이온의 스핀 모멘트가 정반대로 정렬하는 것을 **반강자성(antiferromagnetism)**이라 한다. 망간 산화물(MnO)은 이러한 거동을 나타내는 재료이다. 망간 산화물은 Mn^{2+}과 O^{2-} 이온으로 구성된 이온성 세라믹이다. 순 자기 모멘트는 O^{2-}과 무관하다. 왜냐하면 스핀 및 궤도 모멘트가 모두 상쇄되기 때문이다. 그러나 Mn^{2+} 이온은 주로 스핀으로부터 유래하는 순 자기 모멘트를 갖고 있다. 이 Mn^{2+} 이온은 결정구조상 이웃하는 이온의 모멘트와 반대방향으로 모멘트가 정렬되어 있다. 그 정렬을 그림 18.8에 도식적으로 나타내었다. 분명한 것은 반대로 정렬하고 있는 자기 모멘트가 서로 상쇄된다는 것이며, 그 결과 고체는 전체적으로 순 자기 모멘트를 갖지 않는다.

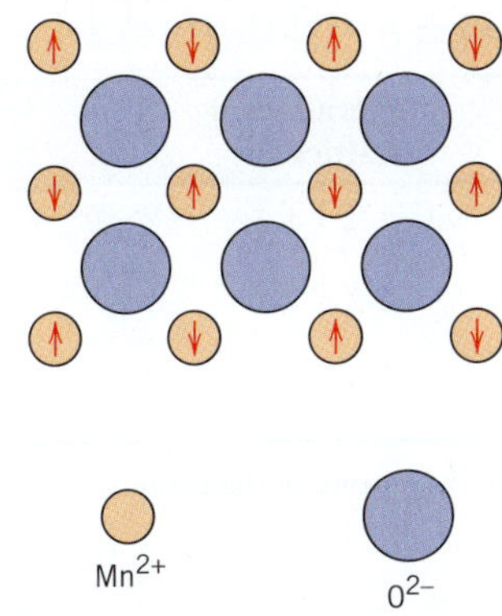

그림 18.8 반강자성인 망간 산화물에서는 스핀 자기 모멘트가 반대로 정렬한다.

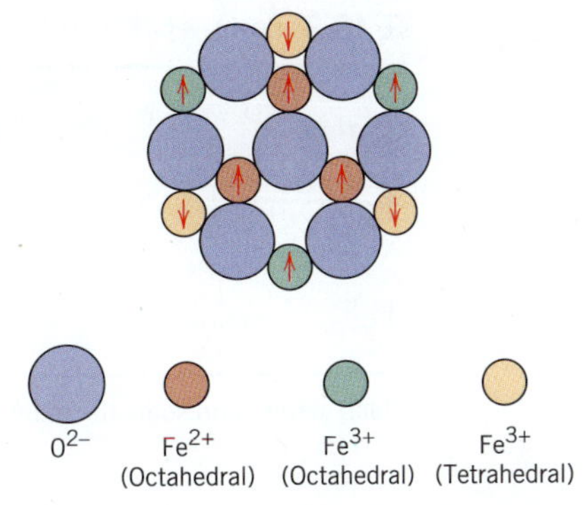

그림 18.9 Fe_3O_4에서 Fe^{2+} 및 Fe^{3+} 이온의 스핀 자기 모멘트 정렬

(From Richard A. Flinn and Paul K. Trojan, *Engineering Materials and Their Applications*, 4th edition. Copyright © 1990 by John Wiley & Sons, Inc. Reprinted by permission of John Wiley & Sons, Inc.)

페리자성

페리자성

어떤 세라믹 재료는 **페리자성(ferrimagnetism)**이라 불리는 영구 자성을 띤다. 거시적인 자성의 특징은 강자성체와 페리자성체가 유사하다. 차이점은 순 자기 모멘트의 기원이다. 페리자성의 원리를 입방형 페라이트를 사용하여 설명하기로 한다.[2] 이 이온성 재료는 화학식으로 MFe_2O_4로 나타낼 수 있는데, M은 어떤 금속원소를 뜻한다. 페라이트의 원형은 Fe_3O_4로, 광물 마그네타이트(자철석이라고도 함)이다.

화학식 Fe_3O_4는 $Fe^{2+}O^{2-}-(Fe^{3+})_2(O^{2-})_3$으로 표시할 수 있고, Fe 이온은 +2 및 +3가 형태로 1:2의 비율을 갖는다. Fe^{2+} 및 Fe^{3+} 이온에는 각각 4 및 5 보어 마그네톤에 해당하는 순 자기 모멘트가 존재한다. 또 O^{2-}은 자기적으로 중성이다. Fe 이온들 사이에는 반강자성과 유사한 반평행 스핀 결합이 존재하지만 스핀 모멘트가 완벽하게 상쇄되지 않아 순 페리자성이 나타난다.

입방형 페라이트는 역스피넬 결정구조인데 입방형 대칭성을 가지며 스피넬 구조와 유사하다(3.16절). 이는 O^{2-} 이온이 조밀적층된 구조로 생각할 수 있는데, Fe 양이온이 점유할 수 있는 자리는 그림 3.35에 나타낸 것처럼 두 종류이다. 하나는 배위수가 4(사면체 배위)인데, 각 Fe 이온은 4개의 최인접 산소를 갖는다. 다른 하나는 배위수가 6이다. 팔면체 배위, 이 역스피넬 구조에서는 3가 이온(Fe^{3+})의 반은 팔면체 배위 자리에, 나머지 반은 사면체 배위 자리에 위치한다. 2가 이온(Fe^{2+})은 모두 팔면체 배위 자리에 위치한다. 중요한 것은 그림 18.9와

페라이트

2) 자기적인 관점에서 말하는 페라이트와 11.20절에서 설명한 페라이트 α철을 혼동하지 않아야 한다. 이후 **페라이트(ferrite)**는 자성체 세라믹인 페라이트를 말한다.

표 18.3 Fe_3O_4 단위격자에서 Fe^{2+} 및 Fe^{3+} 이온의 스핀 자기 모멘트 분포[a]

Cation	Octahedral Lattice Site	Tetrahedral Lattice Site	Net Magnetic Moment
Fe^{3+}	↑↑↑↑ ↑↑↑↑	↓↓↓↓ ↓↓↓↓	Complete cancellation
Fe^{2+}	↑↑↑↑ ↑↑↑↑	—	↑↑↑↑ ↑↑↑↑

[a]Each arrow represents the magnetic moment orientation for one of the cations.

표 18.3에 나타낸 Fe 이온의 스핀 모멘트 정렬이다. 팔면체 배위 자리에 위치한 모든 Fe^{3+} 이온은 서로 평행하게 정렬한다. 사면체 배위 자리에 위치한 Fe^{3+} 이온 역시 정렬되어 있지만 팔면체 배위 이온과 반대방향으로 정렬한다. 이는 이웃하는 철 이온들 사이의 반평행 결합의 결과이다. 따라서 모든 Fe^{3+} 이온의 스핀 모멘트는 서로 상쇄하여 고체의 자화에 기여하지 않는다. 모든 Fe^{2+} 이온은 그 모멘트가 같은 방향으로 정렬하며, 이 모멘트의 합이 고체의 순수한 자화에 해당한다(표 18.3 참조). 따라서 페리자성 고체의 포화자화는 각 Fe^{2+} 이온의 순 스핀 자기 모멘트와 Fe^{2+} 이온 수의 곱으로 계산할 수 있다. 이는 Fe_3O_4 시편에 존재하는 모든 Fe^{2+} 이온이 상호 정렬한 것에 해당한다.

결정구조의 철 이온 중 일부를 금속이온으로 대체 첨가하여 다른 조성을 갖는 정방형 페라이트를 만들 수 있다. 페라이트의 화학식 $M^{2+}O^{2-}-(Fe^{3+})_2(O^{2-})_3$에서 Fe^{2+} 외에 M^{2+}는 Ni^{2+}, Mn^{2+}, Co^{2+}, Cu^{2+} 등과 같은 2가 금속으로 순 스핀 모멘트는 4가가 아니며, 표 18.4와 같이 다양하다. 따라서 조성을 조절하여 다양한 자기 특성을 갖는 페라이트 화합물을 만들어 낼 수 있다. 예컨대 니켈 페라이트는 $NiFe_2O_4$의 화학식으로 표시된다. (Mn, Mg)Fe_2O_4와 같이 두 가지 2가 금속을 포함하는 화합물을 만들 수 있는데 Mn^{2+}:Mg^{2+} 비율을 변화시킬 수 있다. 이러한 화합물을 혼합 페라이트(*mixed ferrite*)라 부른다.

입방형 페라이트가 아닌 세라믹 재료도 페리자성을 띨 수 있는데 그 예로 육방정 페라이트와 가닛(garnet)을 들 수 있다. 육방정 페라이트는 역스피넬과 유사하나 입방정 대칭성이

표 18.4 여섯 종류 양이온에서의 순 자기 모멘트

Cation	Net Spin Magnetic Moment (Bohr magnetons)
Fe^{3+}	5
Fe^{2+}	4
Mn^{2+}	5
Co^{2+}	3
Ni^{2+}	2
Cu^{2+}	1

아닌 육방정 대칭성을 갖는다. 화학식은 $AB_{12}O_{19}$로 나타낼 수 있는데, A는 Ba, Pb, Sr과 같은 2가 금속이며, B는 Al, Ga, Cr, Fe 등의 3가 금속이다. 가장 널리 알려진 육방정 페라이트는 $PbFe_{12}O_{19}$와 $BaFe_{12}O_{19}$이다.

가닛은 매우 복잡한 결정구조를 갖고 있는데 $M_3Fe_5O_{12}$로 나타낼 수 있다. 여기서 M은 Sm, Eu, Gd, Y 등의 희토류 이온이다. 이트륨 철 가닛($Y_3Fe_5O_{12}$)은 YIG로도 부르는데 이런 형태 중 가장 흔한 재료이다.

페리자성 재료의 포화자화는 강자성체만큼 크지는 않다. 반면에 페라이트는 세라믹 재료이므로 우수한 부도체이다. 고주파 변압기 등과 같이 일부 자성 재료로 활용할 때는 낮은 전기전도도가 더 바람직하다.

개념 확인 18.1

강자성과 페리자성 재료의 주된 유사점과 차이점을 말하라.

개념 확인 18.2

스피넬 구조와 역스피넬 구조의 차이점은 무엇인가? **힌트**: 3.16절을 참조하라.

(정답은 *www.wiley.com*의 제품 페이지에서 확인할 수 있음)

예제 18.2

Fe_3O_4의 포화자화 계산

각 단위격자가 8개의 Fe^{2+}과 16개의 Fe^{3+} 이온을 갖고 있는 Fe_3O_4의 포화자화 값을 계산하라. 단위격자의 모서리 길이는 0.839 nm이다.

풀이

이 문제는 예제 18.1과 비슷한 방법으로 풀 수 있다. 다만 단위 원자나 이온에 대해서가 아니라 단위격자에 대해 계산하는 것이다.

포화자화는 Fe_3O_4의 입방미터당 보어 마그네톤 수 N'과 보어 마그네톤 μ_B 값의 곱이다.

페리자성 재료(Fe_3O_4)의 포화자화

$$M_s = N'\mu_B \tag{18.11}$$

여기서 N'은 단위격자당 보어 마그네톤 수 n'_B을 단위격자의 부피 V_C로 나눈 것이다.[3)]

3) 예제 18.1의 n_B는 원자당 보어 마그네톤이고, 이번 예제의 n'_B은 단위격자당 마그네톤임에 유의하라.

단위격자당 보어 마그네톤 수 계산

$$N' = \frac{n'_B}{V_C} \tag{18.12}$$

되풀이되지만, 순 자화에는 Fe^{2+} 이온만이 기여한다. 단위격자당 8개의 Fe^{2+} 이온이 있고, Fe^{2+} 이온당 4개의 보어 마그네톤이 있으므로 n'_B은 32이다. 나아가서 단위격자는 입방체이므로 $V_C = a^3$(a는 단위격자 한 변의 길이)이다. 따라서 다음과 같이 된다.

$$M_s = \frac{n'_B \mu_B}{a^3} \tag{18.13}$$

$$= \frac{(32 \text{ Bohr magnetons/unit cell})(9.27 \times 10^{-24} \text{ A}\cdot\text{m}^2/\text{Bohr magneton})}{(0.839 \times 10^{-9} \text{ m})^3/\text{unit cell}}$$

$$= 5.0 \times 10^5 \text{ A/m}$$

설계 예제 18.1

혼합 페라이트 자성체의 설계

포화자화가 5.25×10^5 A/m인 입방형 혼합 페라이트 자성체를 설계하라.

풀이

예제 18.2에 의하면 Fe_3O_4의 포화자화는 5.0×10^5 A/m이다. M_s의 값을 올리기 위해서는 Fe^{2+} 이온의 일부를 더 큰 자기 모멘트를 갖는 2가 금속으로 대체할 필요가 있다. 예컨대 표 18.4에서 Mn^{2+}이다. Fe^{2+} 이온이 이온당 4개 보어 마그네톤을 갖는 데 비하여 Mn^{2+}은 5개를 갖는다. 우선 식 (18.13)을 적용하여 Mn^{2+} 첨가에 따른 단위격자 모서리의 길이(0.839 nm)가 변하지 않는다고 가정하고 단위격자당 보어 마그네톤 수 n'_B을 계산하면 다음과 같다.

$$n'_B = \frac{M_s a^3}{\mu_B}$$

$$= \frac{(5.25 \times 10^5 \text{ A/m})(0.839 \times 10^{-9} \text{ m})^3/\text{unit cell}}{9.27 \times 10^{-24} \text{ A}\cdot\text{m}^2/\text{Bohr magneton}}$$

$$= 33.45 \text{ Bohr magnetons/unit cell}$$

만일 Fe^{2+} 이온을 대체한 Mn^{2+}의 분율을 x라 놓으면 대체되지 않은 Fe^{2+}의 분율은 $(1 - x)$이다. 또 단위격자당 8개의 2가 이온이 있으므로 다음과 같이 쓸 수 있다.

$$8[5x + 4(1 - x)] = 33.45$$

따라서 $x = 0.181$이다. 결국 Fe_3O_4에서 18.1 at%의 Fe^{2+}을 Mn^{2+}으로 대체하면 포화자화는 5.25×10^5 A/m로 증가할 것이다.

18.6 | 자성에 대한 온도의 영향

온도도 재료의 자기적 특성에 영향을 준다. 고체의 온도를 높이면 원자의 열적 진동의 크기가 증가한다는 것을 상기하라. 원자의 자기 모멘트는 자유롭게 회전하므로 온도가 올라가면 원자의 열적 운동이 증가하여 정렬된 모멘트라도 그 방향이 흐트러진다.

강자성, 반강자성, 페리자성 재료에서는 원자의 열적 운동이 이웃하는 원자 쌍극자 모멘트 간의 결합을 방해하여 외부 자기장이 있든 없든 일부 쌍극자의 정렬을 흐트러지게 한다. 이로써 강자성 및 페리자성체에서는 포화자화 값이 작아진다. 포화자화는 열적 진동이 가장 적은 0 K에서 최댓값을 갖는다. 온도가 올라갈수록 포화자화는 점진적으로 감소하다가 **퀴리 온도(Curie temperature, T_c)**라고 부르는 온도에서 급격히 0으로 떨어진다. 철과 Fe_3O_4의 자화 온도 거동을 그림 18.10에 나타내었다. 강자성 및 페리자성체는 T_c에서 상호간의 스핀 결합력이 완전히 소멸되고 더 높은 온도에서는 상자성 특성을 갖는다. 퀴리온도는 재료마다 다른데, 철, 코발트, 니켈, Fe_3O_4의 퀴리온도는 각각 768, 1120, 354, 585°C이다.

퀴리온도

반강자성도 역시 온도의 영향을 받는다. 그 특성은 닐온도(*Néel temperature*)라고 부르는 온도에서 사라진다. 그 이상의 온도에서 반강자성체는 역시 상자성 특성을 띤다.

개념 확인 18.3

영구자석을 반복적으로 바닥에 떨어뜨리면 자성이 사라지는 이유를 설명하라.

(정답은 *www.wiley.com*의 제품 페이지에서 확인할 수 있음)

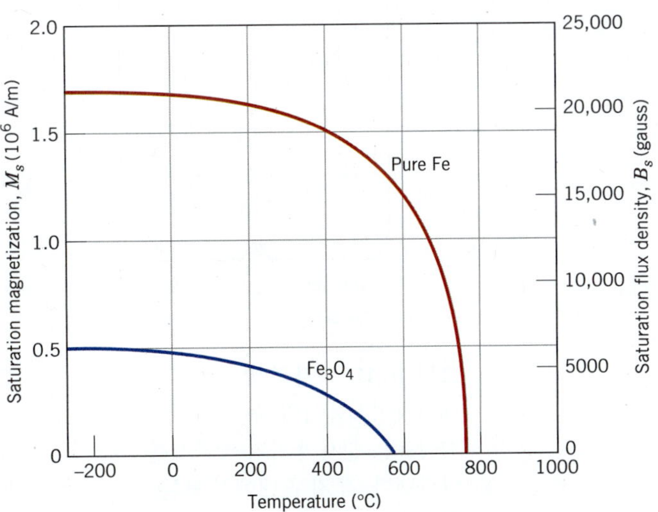

그림 18.10 철과 Fe_3O_4의 온도에 따른 포화자화 [Adapted from J. Smit and H. P. J. Wijn, *Ferrites*. Copyright © 1959 by N. V. Philips Gloeilampenfabrieken, Eindhoven (Holland).]

18.7 | 자구와 이력 현상

모든 강자성 및 페리자성체는 T_c 이하에서 그림 18.11에서와 같이 자기 쌍극자 모멘트가 서로 한 방향으로 정렬되어 있는 작은 부피 영역이 모여 구성되어 있다. 이 작은 부피 영역을 **자구**(*domain*)라고 하며 각 자구는 그 포화자화 값까지 자화되어 있다. 이웃하는 자구들은 자구경계, 즉 자구벽으로 구분되어 있는데, 이 경계 지역을 거치면서 자화 방향이 점진적으로 변한다(그림 18.12). 보편적으로 자구는 미시적인 크기이며, 다결정체의 경우 한 결정립은 1개 이상의 자구를 포함할 수 있다. 따라서 하나의 재료에는 수많은 자구들이 포함되어 있으며, 이들은 모두 다른 자화 방향을 가질 수 있다. 전체 고체의 크기는 모든 자구가 갖는 자화값의 벡터합인데, 각 자구의 부피분율을 가중치로 하여 기여한다. 탈자화된 시편의 경우 가중치로 곱해진 모든 자구의 벡터합은 0이다.

강자성 및 페리자성체에서 자속밀도 B와 자기장 밀도 H는 선형적으로 비례하지 않는다. 재료가 초기에 자화되어 있지 않다면 B는 H에 따라 그림 18.13처럼 변한다. 곡선은 원점으로부터 시작하여 천천히 증가하다가 다음에는 급속히, 마지막에는 안정되어 H에 따라 변하지 않게 된다. 이 최대 B 값이 포화자속밀도 B_s 이며, 이에 해당하는 자화 H가 앞서 설명한 포화자화 M_s 이다. 강자성 및 페리자성체에서 나타나는 B 값에 따른 H 값의 변화 양상을 그림 18.13에서 확인할 수 있는데, 투자율 μ는 일반적으로 곡선의 기울기 값(즉, dB/dH)으로부터

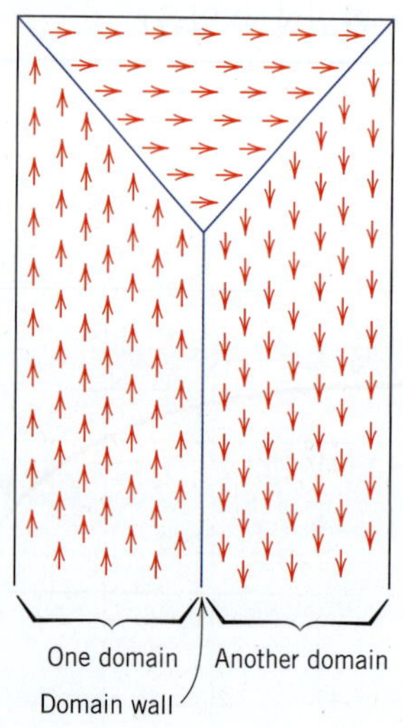

그림 18.11 강자성 및 페리자성체에서의 자구 개략도. 화살표는 원자의 자기 쌍극자를 나타낸다. 각 자구 내에서 모든 쌍극자는 정렬되어 있으나 자구에 따라 정렬방향이 다르다.

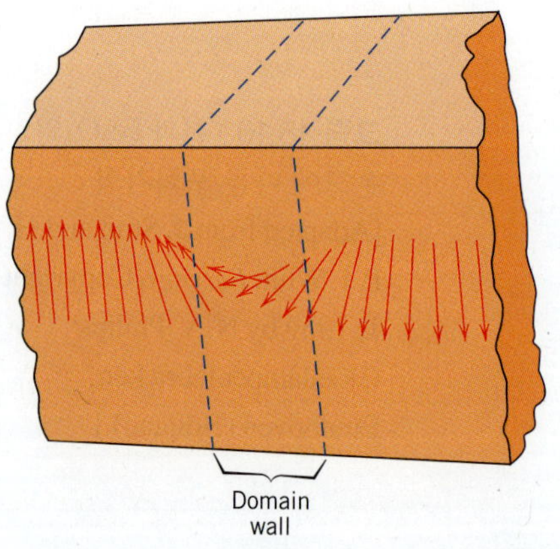

그림 18.12 자구벽의 관통 방향에 따라 점차적으로 변하는 자기 쌍극자 방향
(From W. D. Kingery, H. K. Bowen, and D. R. Uhlmann, *Introduction to Ceramics*, 2nd edition. Copyright © 1976 by John Wiley & Sons, New York. Reprinted by permission of John Wiley & Sons, Inc.)

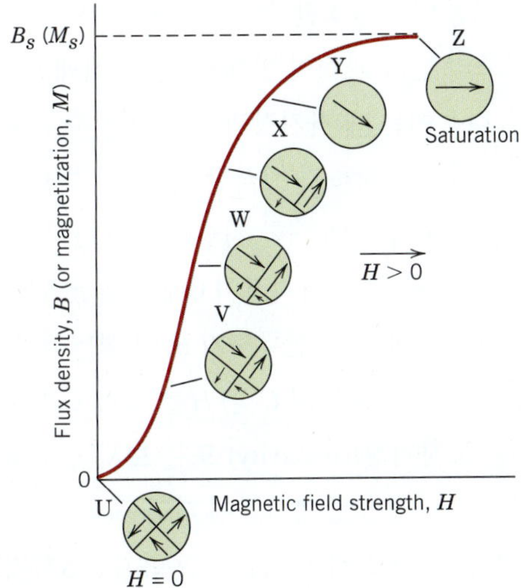

그림 18.13 초기에 자화되지 않은 강자성 및 페리자성체에서의 *B-H* 거동. 몇몇 자화 단계에서의 자구 배열을 나타내었다. 포화자속밀도 B_s, 포화자화 M_s도 함께 표시하였다.

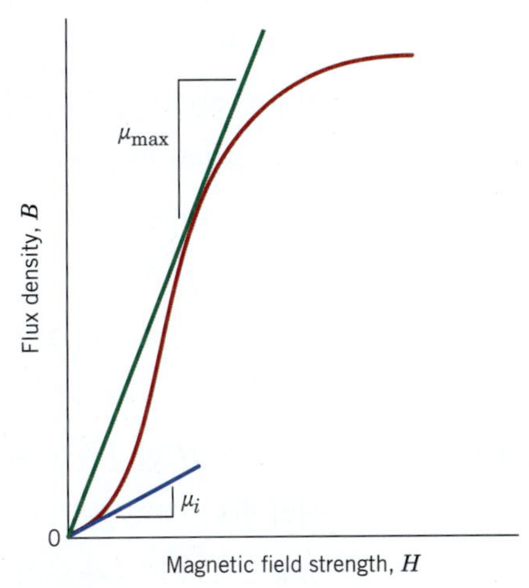

그림 18.14 강자성 및 페리자성체의 초기 투자율(μ_i)과 최대 투자율(μ_{max})이 어떻게 결정되는지를 보여주는 개략도

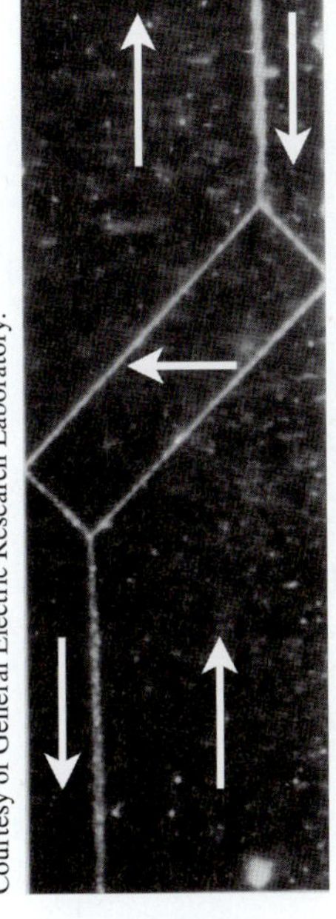

철 단결정에서의 자구 구조 사진 (화살표는 자화의 방향을 나타냄)

구할 수 없는 경우가 많다. 그림에서 확인할 수 있듯이 기울기 값이 *H* 값에 따라 변화하기 때문이다. 오히려 관습적으로 2개의 다른 매개변수를 사용하여 투자율을 결정한다. 첫 번째는 **초기 투자율**(*initial permeability*, μ_i)로, 그림 18.14에 표시한 것처럼 *B-H* 곡선의 원점(즉, $H = 0$)에서의 기울기 값이다. 두 번째는 **최대 투자율**(*maximum permeability*, μ_{max})로, 그림 18.14에서 나타낸 것처럼 원점에서 *B-H* 곡선에 도시할 수 있는 가장 큰 기울기 값을 말한다. 달리 명시하지 않으면 μ_{max}를 강자성 및 페리자성체의 투자율 값이라 가정한다.

*H*가 인가되면 자구는 크기와 모양이 자구 경계의 움직임에 따라 변한다. 도식적인 자구 구조를 그림 18.13의 *B-H* 곡선을 따라 U에서 Z점에 이르기까지 삽화로 넣었다. 초기에는 자구의 모멘트가 무작위적으로 정렬되어 전체 *B*(또는 *M*)가 0(zero)인 상태이다(삽화 U). 외부 자기장이 인가되면서 자기장과 근접하게 정렬된 자구들이 그렇지 않은 자구들을 잠식하며 성장하기 시작한다(삽화 V~X). 이 과정은 자기장 세기를 증가시키는 동안 계속되어 시편은 자기장과 거의 같은 방향으로 정렬된 단일 자구로 변한다(삽화 Y). 포화는 이 자구가 회전하여 *H*와 정렬할 때 일어난다(삽화 Z).

자기이력

잔류자기

포화(그림 18.15의 *S*점)로부터 *H*를 자기장의 방향을 거꾸로 하여 감소시킬 경우 곡선은 초기 경로를 따라서 되짚어 가지 않는다. **자기이력(hysteresis)** 효과가 나타나서 *B*가 인가한 자기장 *H*에 뒤처져서 더 작은 속도로 감소한다. *H*가 0일 때(곡선의 *R*점) 잔류하는 *B* 자기장이 있는데 이를 **잔류자기(remanence)** 또는 **잔류자속밀도** B_r이라 한다. 따라서 재료는 외부 *H* 자기장이 없는 가운데 자화된 상태로 남아 있다.

자기이력 거동과 영구자화는 자구벽의 이동으로 설명할 수 있다. 포화로부터 자기장 방향을 바꾸었을 때(그림 18.15의 *S*점) 자구 구조의 변화 과정이 반대로 된다. 첫째, 거꾸로 된 자기장에 따라 단일 자구의 회전이 일어난다. 다음에는 새 자기장과 정렬되는 자기 모멘트를 가진 자구들이 형성되어 기존의 자구들을 잠식하며 성장하기 시작한다. 이 설명에서 요점은 반대방향 자기장의 증가에 따라 생긴 자구벽이 운동하는 데 대한 저항이 존재한다는 것이다. 이것이 B가 H에 뒤처지는 것, 즉 자기이력을 만들어 낸다. 자기장이 0에 도달했을 때도 이전의 방향을 가진 자구의 일부가 여전히 남아 있으며 이에 의해 잔류자기 B_r이 설명된다.

보자기장

시편의 B 자기장을 0으로 줄이기 위해서는(그림 18.15의 *C*점) H를 초기 자기장의 반대방향으로 $-H_c$만큼 인가해 주어야 한다. H_c를 **보자기장(coercivity)** 또는 보자력(*coercive force*)이라 한다. 자기장을 그림에서처럼 반대방향으로 계속 증대시킴에 따라 결국 점 S'에서 반대방향으로의 포화가 일어난다. 또다시 자기장을 거꾸로 하여 처음의 포화지점 *S*까지 증가시키면 대칭적인 이력 곡선이 완성되고 음의 잔류자기($-B_r$)와 양의 보자력($+H_c$)을 표시할 수 있게 된다.

그림 18.15의 *B-H* 곡선은 포화에 이르는 이력 폐곡선을 보여준다. 물론 H 자기장을 포화에 이르게 하지 않고 방향을 거꾸로 할 수 있다. 그림 18.16에서 폐곡선 *NP*는 포화에 이르지 않은 이력 곡선이다. 나아가서 자기장의 방향을 곡선상 임의의 점에서 바꾸어 줌으로써 다른 이력 폐곡선을 만들어 낼 수 있다. 이러한 폐곡선의 예를 그림 18.16의 포화 이력 곡선상에 나타내었는데, 폐곡선 *LM*에서 H 자기장은 역방향으로 0까지 감소시켰다. 강자성 및 페리자성

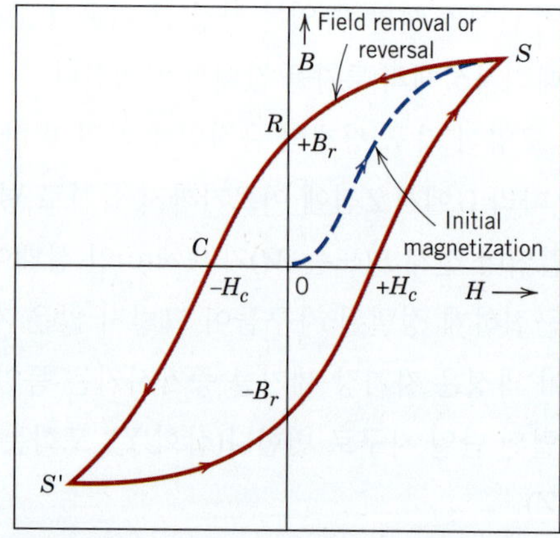

그림 18.15 강자성체에서 순방향 및 역방향으로의 포화 자기장(점 S 및 S')까지 변화시켰을 때 자속밀도의 변화. 자기이력 곡선은 실선, 초기 자화 곡선은 파선으로 나타내고, 잔류자기 B_r과 보자기장 H_c를 함께 나타내었다.

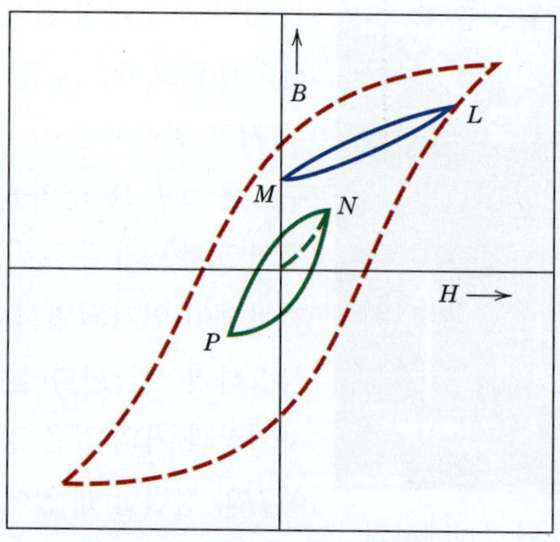

그림 18.16 강자성체에서 포화자화 이하에서 형성되는 자기이력 곡선(곡선 *NP*)은 포화 곡선 안에 존재한다. 포화 이외의 자기장 변환에 따른 *B-H* 거동은 곡선 *LM*으로 나타내었다.

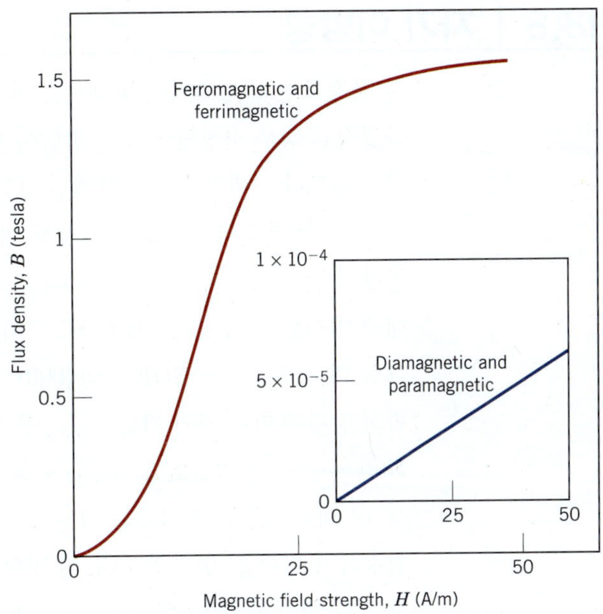

그림 18.17 강자성/페리자성과 반자성/상자성 재료에 대한 B-H 거동의 비교. 재료의 매우 작은 자속밀도(B)의 발생은 반자성/상자성 재료의 거동 실험을 통해 얻어진 것으로 그들이 왜 비자성인가를 알 수 있다.

체를 탈자화하는 방법 중 하나는 H 자기장의 방향을 바꾸는 것을 반복하는 중에 자기장의 크기를 점점 줄여 나가는 것이다.

상자성, 반자성, 그리고 강자성/페리자성 재료의 B-H 거동을 비교하면 그림 18.17과 같다. 상자성과 반자성 재료는 직선적이며 그림의 작은 삽화부에 나타내었고, 전형적인 강자성 /페리자성 재료의 거동은 비직선적이다. 비자성 재료인 상자성과 반자성 표시부의 이론적 설명은 두 곡선이 나타내는 수직축의 B 값을 비교해 보면 확인된다. 자기장 H가 50 A/m일 때 강자성/페리자성 재료의 자속밀도 B는 약 1.5테슬라이며, 상자성과 반자성 재료에서는 5×10^{-5} 테슬라 정도이다.

개념 확인 18.4

(a) 0 K에서, (b) 퀴리온도의 바로 아래 온도에서, (c) 퀴리온도의 바로 위 온도에서의 B-H 곡선을 같은 그래프에 스케치하라. 이들 곡선의 모양이 서로 다른 이유를 간단히 설명하라.

개념 확인 18.5

H 자기장의 방향을 반복해서 바꾸어 주고 크기를 줄여 나가면서 탈자화되는 강자성체의 자기이력의 거동을 스케치하라.

(정답은 *www.wiley.com*의 제품 페이지에서 확인할 수 있음)

18.8 | 자기 이방성

앞 절에서 논의한 자기이력 곡선은 여러 가지 요인, 즉 (1) 시편이 단결정인가 다결정인가, (2) 다결정일 경우 결정립의 우선 방향이 있는가, (3) 기공(pore)이나 제2의 상 입자가 있는가, (4) 기타 온도나 기계적 응력이 가해진 경우 응력상태 등에 따라 다른 모양을 나타낸다.

예를 들면 단결정구조인 강자성 재료의 *B*(또는 *M*)-*H* 곡선은 결정학적 방향과 인가된 *H* 방향의 관계에 따라 영향을 받는다. 그 거동을 그림 18.18에 단결정 니켈(FCC)과 철(BCC)에 대해 예시했는데, 자기장을 [100], [110], [111] 결정학적 방향으로 인가한 경우를 비교하였다. 그림 18.19에는 코발트(HCP)의 [0001]과 $[10\bar{1}0]/[11\bar{2}0]$ 방향에 대해 나타내었다. 이러한 결정학적 방향에 따른 자기 거동 의존성을 **자기 이방성**(*magnetic anisotropy*)[때로는 **자기결정 이방성**(*magnetocrystalline anisotropy*)]이라 한다.

이 재료들은 각각 자화가 가장 쉽게 일어나는, 즉 *M*의 포화가 가장 낮은 *H*에서 일어나는 결정학적 방향을 갖고 있는데, 이 방향을 **쉬운 자화**(*easy magnetization*) 방향이라 한다. 예를 들어 니켈(그림 18.18)의 경우 쉬운 자화 방향은 [111]로서 점 *A*에서 포화가 일어난다. 반면에 [110] 및 [100] 방향에서는 점 *B*와 *C*에서 각각 포화가 일어난다. 따라서 Fe과 Co의 쉬운 자화 방향은 [100]와 [0001]이다(그림 18.18과 18.19). 반대로 **어려운**(*hard*) 결정학적 방향은 포화 자화가 가장 어려운 방향으로, Ni, Fe, Co의 어려운 방향은 각각 [100], [111], 그리고 $[10\bar{1}0]/[11\bar{2}0]$이다.

앞 절에서 보았듯이 그림 18.13의 삽화들은 강자성/페리자성 재료의 자화 과정 중 *B*(또는 *M*)-*H* 곡선상의 여러 단계에서의 자구 형상을 보여주고 있다. 여기서 각각의 화살표는 자구의 쉬운 자화 방향을 나타내며, 쉬운 자화 방향이 *H*와 가장 잘 정렬된 자구들이다. 다른 자구들

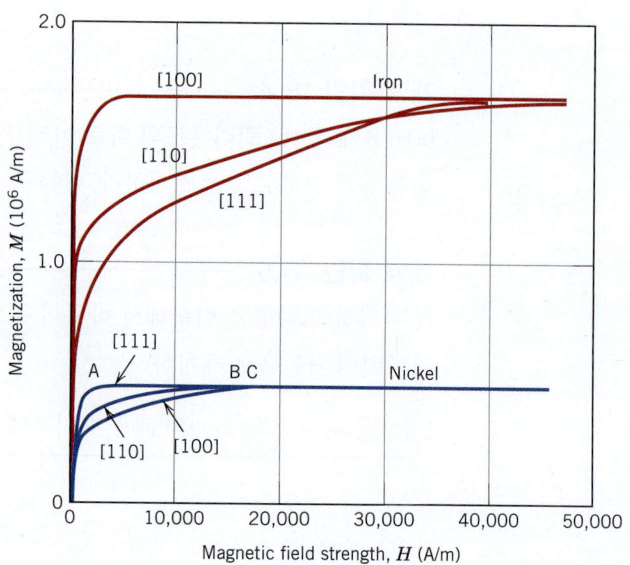

그림 18.18 철과 니켈 단결정의 자화 곡선. 두 금속에서 자기장을 [100], [110], [111] 결정방향으로 인가했을 때 서로 다른 자화 곡선을 나타낸다. (Adapted from K. Honda and S. Kaya, "On the Magnetisation of Single Crystals of Iron," *Science Reports of Tohoku University*, Vol. 15, 1926: p. 721; and from S. Kaya, "On the Magnetisation of Single Crystals of Nickel," *Science Reports of Tohoku University*, Vol. 17, 1928: p. 639.)

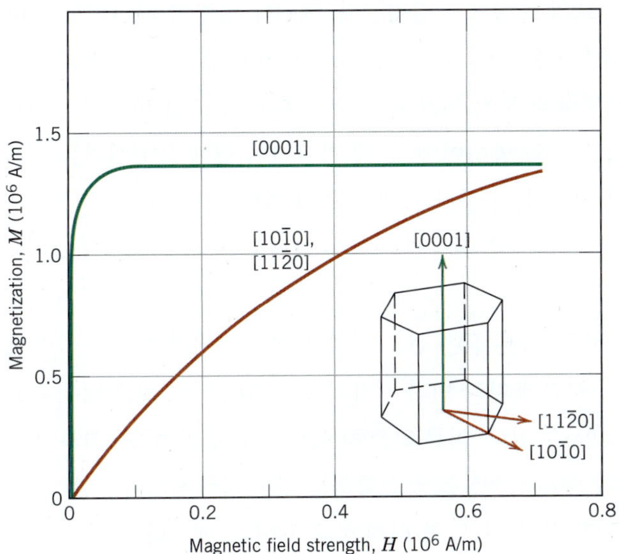

그림 18.19 코발트 단결정의 자화 곡선으로 자기장을 [0001] 및 [10$\bar{1}$0]/[11$\bar{2}$0] 결정학적 방향으로 인가했을 때 나타난다.
(Adapted from S. Kaya, "On the Magnetisation of Single Crystals of Cobalt," *Science Reports of Tohoku University*, Vol. 17, 1928: p. 1157.)

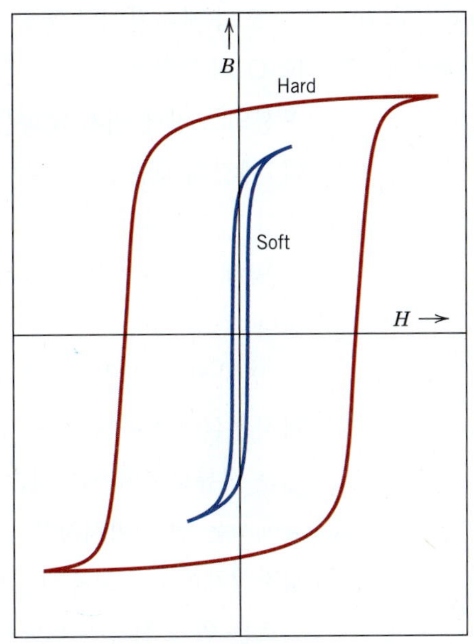

그림 18.20 연자성 및 경자성 재료의 자화 곡선
(From K. M. Ralls, T. H. Courtney, and J. Wulff, *Introduction to Materials Science and Engineering*. Copyright © 1976 by John Wiley & Sons, New York. Reprinted by permission of John Wiley & Sons, Inc.)

을 축소시켜 잠식하면서 성장한다(삽화 V~X). 또 삽화 Y에서 단일 자구의 자화 역시 쉬운 방향이다. 그리고 그 자구의 방향이 쉬운 방향으로부터 인가된 자기장의 방향으로 회전하면서 포화에 이르게 된다(삽화 Z).

18.9 | 연자성 재료

강자성 및 페리자성 재료에 대한 자기이력 곡선의 크기와 모양은 상당히 실제적인 중요성을 갖는다. 폐곡선의 면적은 자화-탈자화 주기당 재료의 단위부피당 자기에너지 손실을 나타낸다. 이 에너지손실은 자성 시편 내에서 열로 발생되어 온도를 상승시킨다.

연자성 재료

강자성 및 페리자성 재료는 그 이력 특성에 따라 연하거나 딱딱한 것으로 분류된다. **연자성 재료(soft magnetic material)**는 교류 자기장을 필요로 하는 소자에 사용되며, 이때 에너지 손실은 적어야 한다. 잘 알려진 예가 변압기 코어이다. 이러한 이유로 이력 폐곡선의 면적은 작아야 하며 그림 18.20에 나타낸 바와 같이 가늘고 좁다. 결과적으로 연자성 재료는 큰 초기 투자율과 작은 보자력을 가져야 한다. 이러한 특성을 갖는 재료는 비교적 낮은 자기장에서 포화에 이르면(즉, 쉽게 자화되고 쉽게 탈자화됨) 여전히 작은 이력 에너지손실을 보인다.

포화 자기장이나 포화 자화는 재료의 조성으로 결정된다. 예컨대 입방형 페라이트 FeO-Fe_2O_3의 Fe^{2+}을 Ni^{2+}과 같은 2가 금속이온으로 대체하면 포화자화가 변한다. 그런데 이력 곡선의 모양에 역시 영향을 주는 투자율과 보자력(H_c)은 조성보다는 구조적 변수에 민감하다. 예컨대 낮은 보자력은 자기장의 크기와 방향이 변할 때 자구벽이 쉽게 움직인다는 것을 뜻한다. 자성체 내에서 비자성 상의 입자나 빈 공간 등의 구조적 결함들도 자구벽의 움직임을 방해하여 보자력을 증가시킨다. 결과적으로 연자성 재료는 그러한 구조적 결함이 없어야 한다.

연자성 재료에 대하여 고려해야 할 또 다른 점은 전기 비저항이다. 위에서 기술한 이력 에너지손실뿐만 아니라, 크기나 방향이 시간에 따라 변하는 자기장에 의해 자성 재료 내에 유도되는 전류로부터 에너지손실이 발생할 수 있다. 이를 **와전류**(*eddy current*)라 한다. 연자성 재료에서는 전기 비저항을 높여 이러한 에너지손실을 극소화하는 것이 바람직하다. 이를 위해 강자성체에서는 고용체를 만들어 준다. 철-실리콘, 철-니켈 합금 등이 그 예이다. 세라믹 페라이트는 원래 전기적 부도체이므로 연자성 재료를 요구하는 응용 영역에서 일반적으로 사용된다. 그러나 그 응용성은 비교적 작은 자화율 때문에 다소 제한된다. 여러 연자성 재료의 특성을 표 18.5에 정리하였다.

연자성 재료의 이력 특성은 어떤 응용 영역에서는 자기장하에서 열처리함으로써 향상시킬 수 있다. 이 방법으로 사각형의 이력 곡선을 얻을 수 있는데 자기증폭기나 펄스변압기 등에서 유용하다. 그 외에도 연자성 재료는 발전기, 모터, 직류용 발전기, 스위치 회로 등에 쓰인다.

중요 재료 18.1

변압기 코어에 쓰이는 철-실리콘 합금

이 절에서 이미 언급된 바와 마찬가지로, 변압기 코어는 쉽게 자화되고 탈자화되는 특성(그리고 비교적 높은 전기적 저항성을 가진)의 연자성 재료를 필요로 한다. 이러한 경우에 널리 쓰이는 합금이 바로 표 18.5에 나타낸 철-실리콘 합금이다(97 wt% Fe – 3 wt% Si). 이 합금의 단결정은 철의 단결정(앞에서 설명됨)과 같이 자기적으로 이방성을 띤다. 따라서 코어가 만약 <100>방향(자화가 쉬운 방향, 그림 18.18)이 적용된 자기장의 방향과 평행한 단결정으로 제조되었다면 변압기의 에너지손실을 최소화할 수 있다. 변압기 코어의 배열을 그림 18.21에 개략적으로 나타내었다. 안타깝게도 변압기 코어를 단결정으로 만들기에는 가격이 비싸서 경제적으로 비현실적이다. 보다 나은 대안(경제적으로 매력적이면서 상용화되어 있는)은 이방성을 띠는 합금인 다결정질 판재로 코어를 만드는 것이다. 와전류 에너지손실을 최소화하기 위해 얇은 판재(약 0.25 mm 두께)들을 세트로 적층하여 변압기 코어에 사용한다.

다결정질 재료의 결정립들은 등방성을 갖기 때문에 무질서하게 배열된다(3.19절). 그러나 다결정 재료를 이방성으로 전환시키는 한 가지 방법은 결정립의 선호하

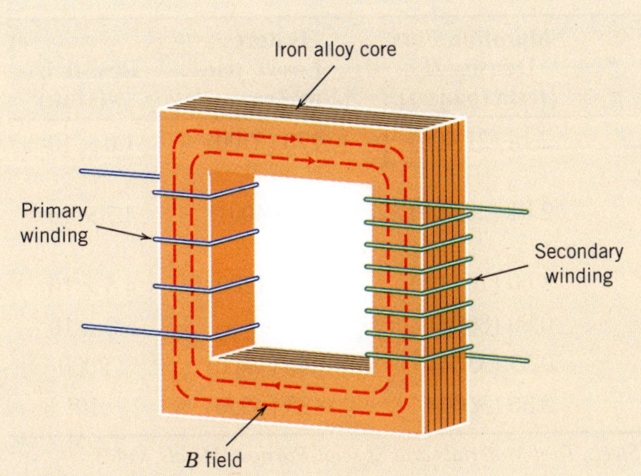

그림 18.21 *B* 자기장의 발생 방향을 갖는 변압기 코어의 개략도

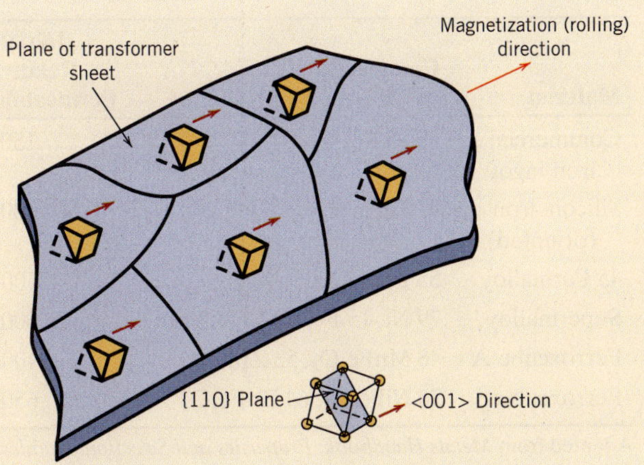

그림 18.22 체심입방 구조의 철에 대한 {110}<001> 압연 조직의 도식적 표현

는 결정방향이 있는 **결정학적 집합조직**(*crystallographic texture*)이라고 하는 것을 발생시키는 것이다. 변압기 코어에 적합한 집합조직은 적층 판재의 결정립들의 대부분이 특정한 결정학적인 면 {*hkl*}이 판재의 표면과 평행하게(또는 거의 평행하게) 정렬하는 것이다. 또한 면 내부의 결정학적 방향 <*uvw*>가 자화 방향과 평행하게(혹은 거의 평행하게) 형성한다. 이러한 집합조직을 면-방향의 조합 {*hkl*}<*uvw*>로 표시한다. 변압기 코어에 사용하는 철-실리콘 합금의 집합조직은 {110}<001>이며, 도식적으로 그림 18.22에 나타내었다. 각 코어의 적층 판재는 자화 방향이 <100>방향과 평행하도록 배향되어 있어, 앞서 설명한 것처럼 에너지손실이 최소화된다.[4)]

철-실리콘 합금의 적층 판재는 원하는 두께로 제조하기 위해 먼저 냉간압연(15.2절, 그림 15.2*b*)에 의해 형성된다. 이 압연 공정은 일부 입자가 압연 방향과 평행한 <100>형 배향을 갖도록 한다. 그러나 이 집합조직은 상대적으로 약하고 원하는 {110}<001>배향이 아니다(즉, 판재의 표면이 {110}면이 아니다). 결과적으로 철-실리콘 합금이 강한 {110}<001>배향을 가질 수 있도록 두 번의 열처리를 시행해 주어야 한다. 첫 번째는 결정립의 재결정화와 합금의 부분탈탄(확산에 의한 일부 탄소 제거)이 가능하도록 습한 수소 분위기, 800°C 조건에서 열처리를 수행한다. 그다음으로 건조한 수소 분위기, 1100~1200°C에서 두 번째 열처리를 진행하게 되면 {110}<001>방향의 강한 집합조직(약 90% 결정립 배향)을 갖는 상대적으로 큰 결정립(1 cm 정도의 지름을 가짐)을 제조할 수 있다(그림 18.22).

따라서 이 97 wt% 철–3 wt% 실리콘 합금은 부분적으로 구성하고 있는 결정립과 함께 확립된 자기적으로 유리한 결정성 이방성 때문에 변압기 코어 적층 판재로서 적합하다.

4) 체심입방 구조를 갖는 금속이나 합금에서 <100>과 <001> 방향은 등가(동등)이다(3.13절). 이 2개의 방향은 자화가 쉬운 방향이다.

표 18.5 연자성 재료의 특성

Material	Composition (wt%)	Initial Relative Permeability μ_i	Saturation Flux Density B_s [tesla (gauss)]	Hysteresis Loss/Cycle [J/m³ (erg/cm³)]	Resistivity ρ (Ω·m)
Commercial iron ingot	99.95 Fe	150	2.14 (21,400)	270 (2700)	1.0×10^{-7}
Silicon–iron (oriented)	97 Fe, 3 Si	1400	2.01 (20,100)	40 (400)	4.7×10^{-7}
45 Permalloy	55 Fe, 45 Ni	2500	1.60 (16,000)	120 (1200)	4.5×10^{-7}
Supermalloy	79 Ni, 15 Fe, 5 Mo, 0.5 Mn	75,000	0.80 (8000)	—	6.0×10^{-7}
Ferroxcube A	48 $MnFe_2O_4$, 52 $ZnFe_2O_4$	1400	0.33 (3300)	~40 (~400)	2000
Ferroxcube B	36 $NiFe_2O_4$, 64 $ZnFe_2O_4$	650	0.36 (3600)	~35 (~350)	10^7

Adapted from *Metals Handbook: Properties and Selection: Stainless Steels, Tool Materials and Special-Purpose Metals*, Vol. 3, 9th edition, D. Benjamin (Senior Editor), 1980.

18.10 | 경자성 재료

경자성 재료

경자성 재료는 영구자석에 쓰이는데 탈자화에 강한 저항력을 가져야 한다. 이력 거동으로 말하면 **경자성 재료(hard magnetic material)**는 낮은 초기 투자율과 큰 이력 에너지손실뿐만 아니라 큰 잔류자기, 보자력, 포화자속밀도 등을 갖추어야 한다. 그림 18.20에 경자성 및 연자성 재료의 이력 특성을 비교하였다. 이들 재료를 응용하는 데 있어서 가장 중요한 두 가지 특성은 보자력과 $(BH)_{max}$로 표시되는 에너지 곱(*energy product*)이다. $(BH)_{max}$는 자기이력 곡선의 제2사분면에 그릴 수 있는 가장 큰 *B-H* 사각형(그림 18.23)으로 단위는 kJ/m³(MGOe)이다.[5] 에너지 곱의 값은 그 영구자석을 탈자화하는 데 필요한 에너지를 뜻한다. 즉, $(BH)_{max}$가 클수록 자기적 특성으로는 더 딱딱하다.

다시 반복되지만 이력 거동은 자구 경계가 얼마나 쉽게 움직일 수 있는가와 관련되므로 자구벽의 운동을 방해함으로써 보자력과 자화율을 증대시키고, 이로써 탈자화하는 데 큰 외부 자기장이 필요하도록 만들 수 있다. 이러한 특성은 재료의 미세조직과 관련이 있다.

전통 경자성 재료

경자성 재료는 전통적인 경자성 재료와 고에너지 재료의 두 부류로 나뉜다. 전통 재료는

5) MGOe는

$$1 \text{ MGOe} = 10^6 \text{ gauss-oersted}$$

로 정의되고, cgs-emu를 SI 단위로 변환하면

$$1 \text{ MGOe} = 7.96 \text{ kJ/m}^3$$

이다.

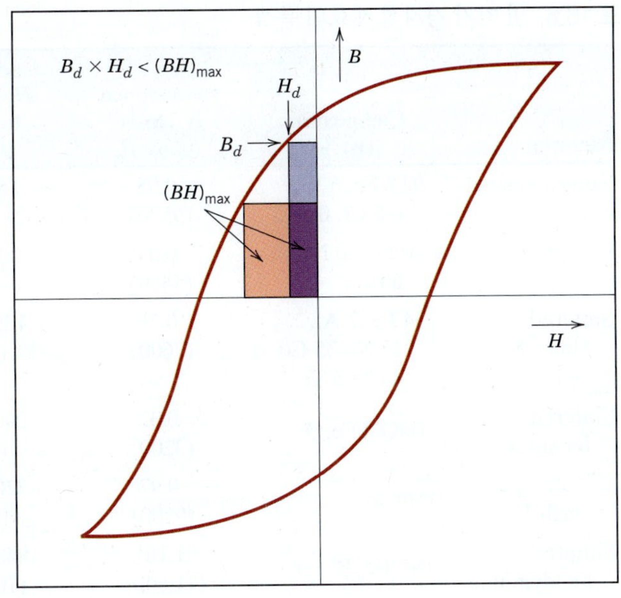

그림 18.23 자기이력 현상을 나타내는 자화 곡선. 제2사분면에 두 가지 *B-H* 에너지 사각형을 나타내었는데 $(BH)_{max}$로 나타낸 사각형이 최대 면적으로 B_d-H_d로 나타낸 에너지 면적보다 크다.

$(BH)_{max}$ 값이 2~80 kJ/m^3(0.25~10 MGOe)의 범위에 있다. 자석강, 쿠니페(cunife, Cu-Ni-Fe) 합금, 알니코(alnico, Al-Ni-Co) 합금과 육방정 페라이트($BaO\text{-}6Fe_2O_3$) 등의 강자성 재료가 이에 속한다. 표 18.6에 이들 몇몇 경자성 재료의 특성을 나타내었다.

경자성 자석강은 보통 텅스텐 및 크롬과 합금화한다. 적절히 열처리하면 이들 두 원소는 강에 포함된 탄소와 쉽게 결합하여 입자형의 텅스텐 탄화물 및 크롬 탄화물을 석출시킨다. 이 석출 입자들이 자구벽의 이동을 방해하는 데 효과적으로 작용한다. 또 다른 금속 합금의 경우 적절히 열처리하면 지극히 작고 자성이 매우 강한 단일 자구의 철-코발트 입자가 비자성 모상 내에 형성된다.

고에너지 경자성 재료

에너지 곱이 약 80 kJ/m^3(10 MGOe) 이상인 영구자석을 고에너지형으로 본다. 이들은 최근에 개발된 금속간 화합물로 다양한 조성을 갖고 있는데 상업화 가치가 있는 것으로 $SmCo_5$와 $Nd_2Fe_{14}B$가 있다. 이들의 자기적 특성도 표 18.6에 나타내었다.

사마륨-코발트(Sm-Co) 자석

$SmCo_5$는 코발트 또는 철과 가벼운 희토류 원소를 조합한 합금 그룹 중 하나인데, 이들 합금 중 많은 수가 고에너지, 경자성 거동을 보인다. 그러나 $SmCo_5$만이 경제성을 갖추고 있다. 이 $SmCo_5$ 재료들의 에너지 곱은 120~240 kJ/m^3(15~30 MGOe)로서 전통적인 경자성 재료보다 상당히 높다(표 18.6). 또한 비교적 큰 보자력을 갖는다. $SmCo_5$ 자석을 만드는 데는 분말야금

표 18.6 몇 가지 경자성 재료의 특성

Material	Composition (wt%)	Remanence B_r [tesla (gauss)]	Coercivity H_c [amp-turn/m (Oe)]	$(BH)_{max}$ [kJ/m^3 (MGOe)]	Curie Temperature T_c (°C)	Resistivity ρ ($\Omega \cdot m$)
Tungsten steel	92.8 Fe, 6 W, 0.5 Cr, 0.7 C	0.95 (9500)	5900 (74)	2.6 (0.33)	760	3.0×10^{-7}
Cunife	20 Fe, 20 Ni, 60 Cu	0.54 (5400)	44,000 (550)	12 (1.5)	410	1.8×10^{-7}
Sintered alnico 8	34 Fe, 7 Al, 15 Ni, 35 Co, 4 Cu, 5 Ti	0.76 (7600)	125,000 (1550)	36 (4.5)	860	—
Sintered ferrite 3	$BaO–6Fe_2O_3$	0.32 (3200)	240,000 (3000)	20 (2.5)	450	$\sim 10^4$
Cobalt rare earth 1	$SmCo_5$	0.92 (9200)	720,000 (9000)	170 (21)	725	5.0×10^{-7}
Sintered neodymium–iron–boron	$Nd_2Fe_{14}B$	1.16 (11,600)	848,000 (10,600)	255 (32)	310	1.6×10^{-6}

Adapted from *ASM Handbook*, Vol. 2, *Properties and Selection: Nonferrous Alloys and Special-Purpose Materials.*

법을 사용한다. 적절히 합금화된 재료는 우선 갈아서 가루로 만드는데 가루 입자들을 외부 자기장을 인가시켜 정렬시키고 원하는 형상으로 가압성형한다. 이 조각들을 고온에서 소결시킨 후 또 다른 열처리를 통하여 자성을 향상시킨다.

네오디뮴-철-붕소(Nd-Fe-B) 자석

Sm은 귀하고 비교적 비싼 재료이다. 또 코발트의 가격은 안정적이지 않고 공급처의 신뢰도가 낮다. 따라서 많은 물량이 필요하고 다양한 경자성 재료를 활용해야 하는 경우에 $Nd_2Fe_{14}B$ 합금이 우선적으로 찾는 자성 재료가 되었다. 보자력과 에너지 곱은 SmCo 합금에 필적한다(표 18.6).

이들 재료의 자화-탈자화 거동은 자구벽의 이동성에 의존하는데, 이 자구벽의 이동성은 존재하는 2차 상의 성질과 분포, 그리고 미세조직, 즉 결정립의 크기, 모양, 방향 등에 의해 정해진다. 물론 미세조직은 재료의 가공 과정에 따라 결정된다. $Nd_2Fe_{14}B$ 자석을 가공하는 방법에는 두 가지가 있다. 분말야금법(소결법)과 급속응고법(용융 급회전법)이다. 분말야금법은 $SmCo_5$ 재료의 가공법과 유사하다. 급속응고 시에는 용융된 합금을 매우 빠르게 급랭시켜 비정질이나 미세결정립을 갖는 박판의 리본으로 만든다. 이러한 리본 재료는 분쇄하여 원하는 형상으로 압축한 후 열처리한다. 급속응고법은 두 가지 제조 공정을 포함하는 다단계 공정을 거치지만 연속 공정이다. 이에 비해 분말야금법은 하나의 일련(batch) 공정으로 진행된다는 원천적인 단점이 있다.

이들 고에너지 경자성 재료들은 다양한 기술 분야에서 다른 많은 소자들에 적용되고 있다. 일반적으로 자주 적용하는 예로 모터가 있다. 영구자석은 전력을 소진하지 않고 그 자기장을 계속 유지한다는 점이 전자석에 비하여 훨씬 유리하다. 또 작동 중 열을 발생시키지 않는다. 영구자석을 사용한 모터가 전자석을 사용하는 동급의 모터에 비해 훨씬 작고 세분화된 마력 단위별로 널리 쓰인다. 모터를 사용하는 잘 알려진 제품으로는 무선 드릴과 스크루 드라이버, 자동차 부품(스타터, 창문 개폐기, 와이퍼, 와셔와 팬 모터), 오디오 및 비디오 녹음/녹화기, 시계 등이 있다. 또 다른 제품으로 오디오 시스템에서의 스피커, 경량 이어폰, 보청기, 컴퓨터 주변기기 등이 있다.

18.11 | 자기저장

지난 몇 년간 자성 재료는 정보저장 분야에서 점점 더 중요하게 되어 자기적 저장 기술[6]은 사실상 전자정보를 저장하는 데 있어서 범용 기술이 되었다. 이는 디스크 저장매체[예: 컴퓨터(데스크톱과 노트북) 및 고화질 캠코더 하드 드라이브], 신용/직불 카드(자기스트립) 등의 압도적인 사용으로 명백히 알 수 있다. 컴퓨터에서 기본적인 기억소자로는 반도체 소자가 쓰이지만, 많은 양의 정보를 경제적으로 저장할 수 있는 자기디스크는 2차적인 기억소자로 사용되고 있다. 또 기록 산업 및 텔레비전 산업에서는 녹화와 오디오 및 비디오의 재생을 위해 자기테이프에 크게 의존하고 있다. 또한 테이프는 대형 컴퓨터 시스템에서 데이터의 저장과 백업에 사용된다.

본질적으로 전기신호 형태의 컴퓨터의 바이트, 소리, 화상 등은 테이프나 디스크 등 자기저장매체의 매우 작은 조각에 기록된다. 테이프 또는 디스크로의 전송(즉, 쓰기) 및 검색(즉, 읽기)은 읽기헤드와 쓰기헤드로 구성된 기록시스템을 통해 구현된다. 하드 드라이브에서 헤드 시스템은 아래에 근접하고 있는 자기매체가 상대적으로 고속으로 회전함에 따라 자발적으로 생성되는 공기 흐름에 의해 떠받쳐지게 된다.[7] 반면에 테이프는 헤드가 물리적으로 접촉해서 기록-재생 동작하게 된다. 테이프는 10 m/s의 속도로 움직인다.

앞에서 언급한 두 가지 주요 자기기록매체[하드디스크 드라이버(*HDD*)와 자기테이프]에 대해 간략히 설명한다.

하드디스크 드라이버

하드디스크 자기저장 드라이브는 단단한 원형 디스크(약 65 mm에서 95 mm 범위의 지름을

6) 자기기록(*magnetic recording*)은 종종 음성 또는 음성과 영상 신호를 기록하고 저장할 때 사용하며, 컴퓨터 분야에서는 자기저장(*magnetic storage*)이란 용어를 선호하여 사용한다.

가짐)로 구성되어 있다. 재생과 기록 과정에서 디스크는 보통 분당 5400~7200회전의 비교적 빠른 속도로 회전한다. 고저장밀도를 가진 하드디스크 드라이브(HDD)를 사용하여 빠른 속도의 데이터 저장과 검색이 가능하다.

현재의 HDD 기술에서 '자기 비트'는 디스크 표면에 수직하게 위쪽 또는 아래쪽으로 향하게 한다. 이와 같은 구조를 **수직자기기록**(*perpendicular magnetic recording, PMR*)이라 하고, 이에 대한 개략도를 그림 18.24에 나타내었다.

데이터(또는 비트)는 유도 기록헤드를 이용하여 저장매체에 기록된다. 그림 18.24에서와 같이 1개의 헤드를 사용하는 경우, 코일 선이 감겨져 있는 강자성/페리자성 코어 소재로 만들어진 주 자극의 끝에서 코일에 가해지는 시간에 따라 변하는 전류에 의해 기록 자기장이 생성된다. 이 자기장은 자기저장층을 통과하여 하부의 연성 지지층으로 침투하고 반송 자극(return pole)을 통하여 자기헤드로 다시 들어간다(그림 18.24). 매우 강한 자기장이 주 자극의 끝의 아래에 있는 저장층에 집중된다. 이 지점에서, 저장층의 매우 좁은 영역이 자화되면서 데이터들이 기록된다. 자기장을 제거해도(다시 말해 디스크가 회전을 계속해도) 자화가 남아 있다. 즉, 데이터 신호가 저장된다. '1' 또는 '0'의 디지털 데이터 저장은 미세한 자화 패턴 형태이다. '1'과 '0'은 인접한 지역 간에 자기장 방향이 역전되어 있는지, 같은 방향으로 존재하는지에 대응된다.

저장매체로부터 데이터 검색은 자기저항 재생헤드를 이용하여 이루어진다(그림 18.24). 재생하는 동안 기록된 자기 패턴에 의해 생성된 자기장을 재생헤드가 감지하고, 이 자기장이 전기 저항에 변화를 일으킨다. 이로부터 만들어지는 신호들이 본래의 데이터로 재생된다.

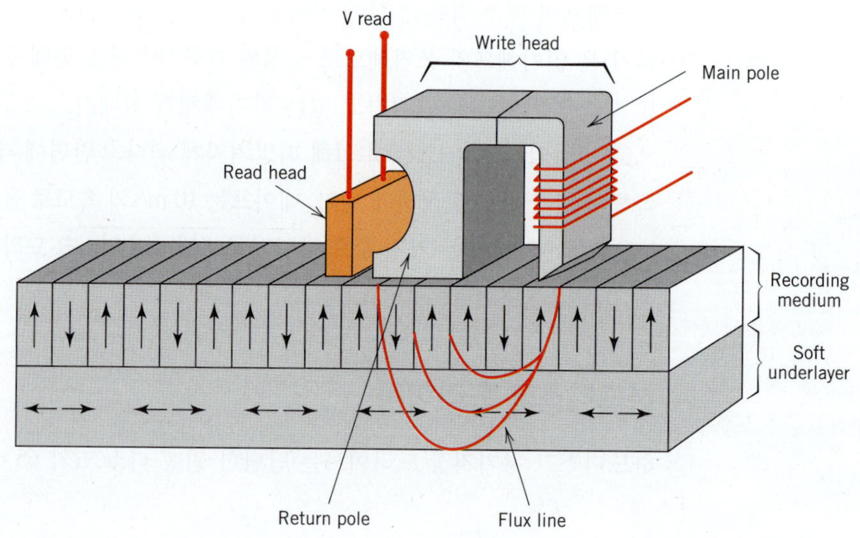

그림 18.24 자기저장매체를 통하여 정보가 저장되고 검색되는 과정의 개략도 (Courtesy of HGST, a Western Digital Company.)

7) 헤드가 디스크 위에 '떠 있다'라고 말한다.

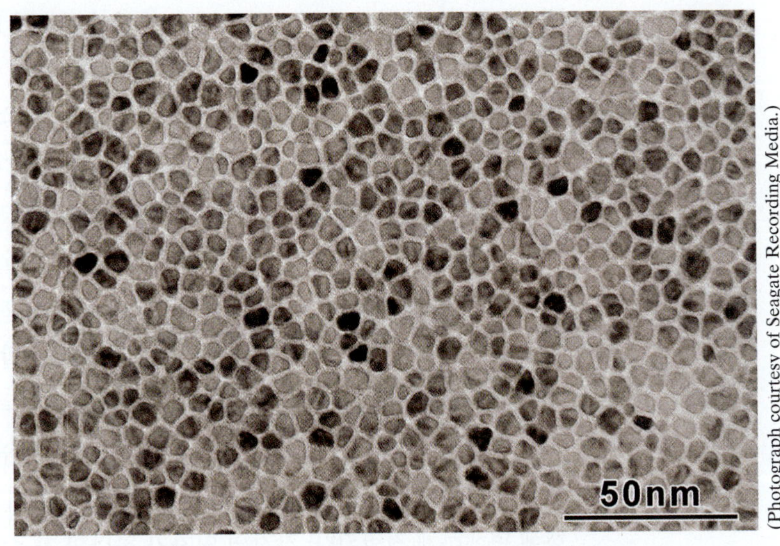

그림 18.25 하드디스크 드라이브에 사용되는 수직자기기록매체의 투과전자현미경 미세조직 사진(500,000배율). 이 '입자 매체'는 코발트-크롬 합금의 작은 입자(어두운 지역)들이 산화막 입계(밝은 지역)에 의해 서로 분리되어 구성된다.

이 데이터 저장층은 자기 이방성을 보이는 지름이 10 nm 정도로 매우 작은 HCP 구조의 코발트-크롬 합금 입자들로 구성된 두께 15~20 nm의 박막으로 만들어진다. 특히 자기 이방성을 증대시키기 위해 Pt 또는 Ta 등의 원소를 합금화 과정에 첨가하고, 입자를 분리시키기 위해 산화물을 첨가한다. 그림 18.25는 HDD 저장층의 입자구조를 보여주는 투과전자현미경 사진이다. 각각의 입자는 [0001] 결정축 방향, 즉 결정의 *c*축이 디스크 표면에 수직방향으로 정렬된 단일 자구이다. 코발트의 경우 [0001]방향이 자화가 쉽게 일어나는 방향이다(그림 18.19). 따라서 자화가 이루어진 경우 각 자구들은 이 수직방향으로 자화가 된다. 신뢰성 높은 데이터를 디스크에 저장하기 위하여 각 비트를 약 100개의 자구들이 포함하게 한다. 그러나 입자 크기를 작게 하는 데는 한계가 있다. 이 한계 크기 이하의 입자에서는 열적 진동(18.6절 참조)에 의해 자화 방향이 자발적으로 역전되어 저장된 데이터가 손실될 수 있다.

현재 수직 HDD의 저장능력은 1.55 Gbit/mm 이상이다. HDD의 궁극적인 목표는 7.75 Gbit/mm의 저장능력을 확보하는 것이다.

자기테이프

자기테이프 저장 기술은 하드디스크 드라이브에 앞서서 개발되었다. 오늘날 테이프 저장은 HDD에 비해 저렴하지만, 테이프의 면적당 저장밀도는 하드디스크 드라이브에 비해 100배 정도 낮다. 폭이 12.7 mm인 표준 테이프는 릴에 감겨져 있고, 보호와 취급이 편리하게 카트리지에 들어 있다. 테이프 드라이브는 작동하는 동안 관심이 있는 영역에 접근하기 위해 재생/기록 헤드 시스템을 지나 한쪽 릴에서 다른 쪽 릴로 정밀 동기 모터를 이용하여 테이프를 감는다. 전형적인 테이프 속도는 4.8 m/s이지만, 어떤 시스템들은 10 m/s의 빠른 속도로 돌아간다. 테이프 저장장치의 헤드 시스템은 앞에서 기술한 HDD의 헤드 시스템과 유사하다.

최근 테이프 저장 기술에서 저장매체는 수십 nm 크기의 **침상**(*acicular*)의 강자성 금속 입자, 육각형 또는 **판상**(*tabular*)의 페리자성체인 바륨-페라이트 자기 소재 입자들로 이루어졌다. 두 가지 매체들의 사진을 그림 18.26에 나타내었다. 테이프 제품은 응용에 따라 하나의 입자 형태 또는 다른 형태의 입자를 사용한다. 이러한 자기 입자들을 고분자 유기 바인더에 완전하고 균일하게 분산시켜 약 50 nm 두께의 자기층을 형성한다. 이 층의 하부에는 자성을 갖지 않는 100~300 nm 두께의 박막 지지 기판이 테이프에 부착되어 있다. 테이프로는 폴리(에틸렌 나프탈레이트)(PEN) 또는 폴리(에틸렌 테레프탈레이트)(PET)가 사용된다.

두 가지 입자들은 자기적으로 **이방성**을 갖는다. 즉, 자화시키는 방향을 따라 우선적으로 자화가 쉽게 일어나는 방향을 가진다. 예를 들어 금속 입자의 경우 이 방향은 장축 방향과 평행한 방향이다. 제조 과정에서 이 입자들은 이 방향이 기록헤드를 지나 움직이는 테이프의 방향에 평행하게 정렬된다. 각각의 입자가 하나의 자구이므로 기록헤드에 의하여 한 방향 또는 반대방향으로만 자화되는 두 가지 자기 상태가 가능하다. 이와 같은 두 가지 상태는 1 또는 0으로 나타나는 디지털 형태의 정보저장을 가능하게 한다.

판상의 바륨-페라이트 소재를 사용하여 저장밀도가 1.33×10^8 bit/mm^{2}인 테이프가 만들어졌다. 이 정도의 저장밀도는 산업표준 LTO 테이프 카트리지의 경우 압축된 데이터 154 Tbyte의 저장용량에 해당한다.

18.12 | 초전도성

초전도성은 기본적으로 전기적 현상이지만 초전도상태가 자기적 특성과 연관되어 있고, 또 초전도물질이 고자기장을 만들어 내는 자석에 주로 사용되므로 여기서 다루기로 한다.

대부분의 고순도 금속은 0 K 근처로 냉각되면서 전기 비저항이 점차 감소하여 그 금속에 해당하는 작지만 특별하고 일정한 저항값에 도달한다. 그런데 몇몇 재료는 저온에서 일정한

그림 18.26 테이프-메모리 저장에 사용되는 입자 매체를 보여주는 주사전자현미경 사진(75,000배율): (*a*) 침상의 강자성 금속 입자들, (*b*) 판상의 페리자성 바륨-페라이트 입자들

(Photographs courtesy of Fujifilm, Inc., Recording Media Division.)

값의 저항이 갑자기 거의 영으로 떨어져 그 이하의 온도에서 계속 영의 저항을 유지한다. 이러한 형태를 보이는 재료를 초전도체(*superconductor*)라 부르며, **초전도성(superconductivity)**을 나타내기 시작하는 온도를 임계온도 T_C로 부른다.[8] 그림 18.27에는 초전도체와 비초전도체의 저항-온도 특성을 비교하여 나타내었다. 초전도체에 따라 임계온도는 다르지만 금속과 금속 합금의 경우 1 K 이하에서 대략 20 K 사이에 분포한다. 최근에는 임계온도가 100 K을 넘어서는 복잡한 산화물 세라믹이 보고되었다.

초전도성

T_C 이하에서는 임계자기장 H_C라 부르는 충분히 큰 자기장을 인가해 주변 초전도상태가 사라진다. 임계자기장은 온도에 따라 변하며 온도가 높을수록 작아진다. 전류밀도에 대해서도 똑같이 임계전류밀도 J_C가 존재하는데 그 전류밀도 이하에서는 재료가 초전도성을 나타낸다. 그림 18.28은 온도-자기장-전류밀도 공간에서 정상상태와 초전도상태를 구분하는 경계를 도식적으로 나타낸 것이다. 이러한 경계의 위치는 물론 재료마다 다르다. 원점과 경계 사이의 온도, 자기장, 전류밀도 공간 영역에서 그 재료는 초전도성이며, 경계 밖에서는 일반적인 전도성이 나타난다.

초전도 현상은 다소 복잡한 이론을 통해 만족스럽게 설명된다. 본질적으로는 초전도상태가 전도 전자쌍 간의 인력으로부터 초래된다는 것이다. 쌍을 이루어 운동하는 전자들이 조정 정렬하여 열적 진동이나 불순물에 의한 산란이 아주 비효율적이 되도록 만든다는 것이다. 이

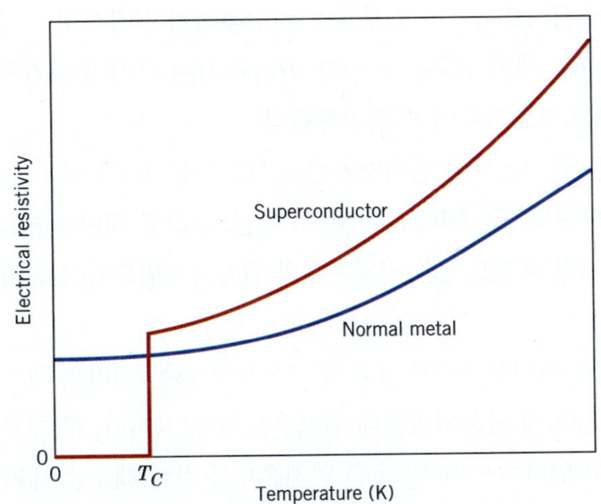

그림 18.27 일반 전도체와 초전도체 전기 비저항의 0 K 근처에서의 온도 의존성

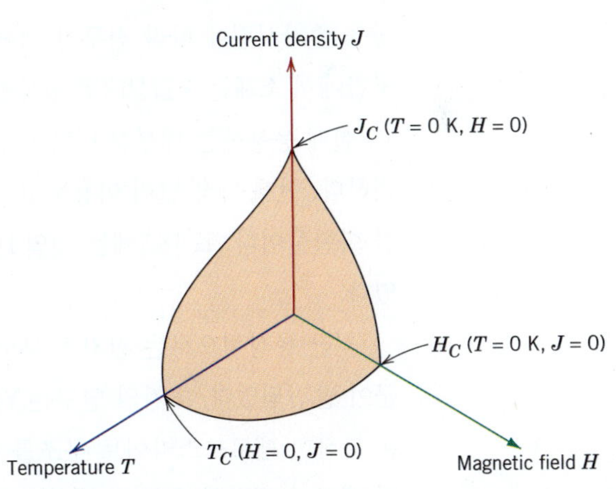

그림 18.28 초전도와 정상전도 상태를 구분하는 온도, 전류밀도, 자기장에서의 경계

8) 과학계에서 기호 T_c는 퀴리온도(18.6절)와 초전도 임계온도 둘 다를 나타내는 데 사용되고 있다. 이들은 완전히 다른 것으로서 혼동하지 말아야 한다. 여기에서는 각각 T_c와 T_C로 구분하여 나타내었다.

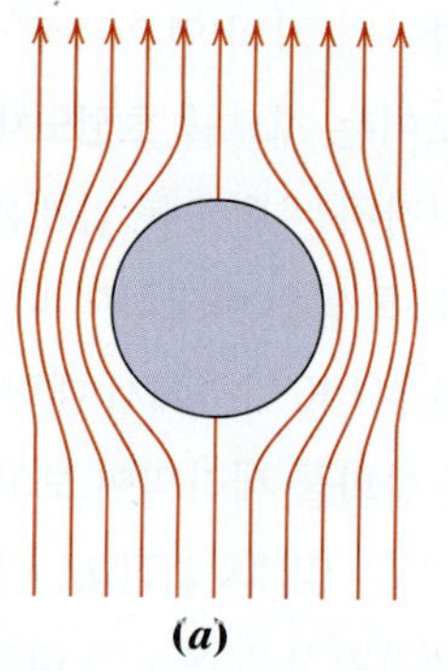

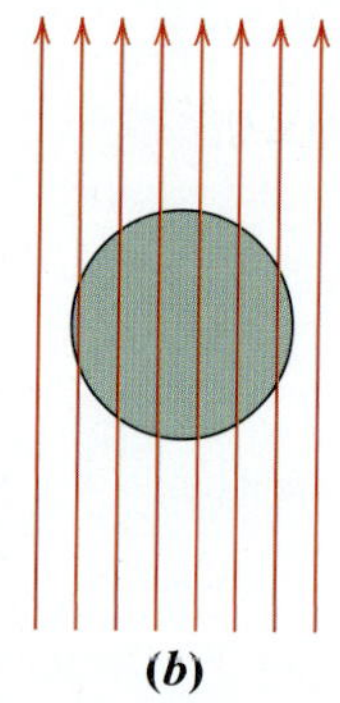

그림 18.29 마이스너 효과: (*a*) 초전도상태에서 물질(원)은 내부로부터 자기장(화살표)을 배척한다. (*b*) 재료가 정상적인 전도상태가 되면 자기장은 물질을 통과하게 된다.

리하여 전자산란에 비례하는 저항은 0이 된다.

자기적 반응에 관해서 초전도체는 I형과 II형의 두 가지로 분류할 수 있다. I형 재료는 초전도상태에서 완벽하게 반자성을 띤다. 즉, 인가된 모든 자기장이 재료로부터 차단된다. 이는 마이스너 효과(*Meissner effect*)로 알려져 있는데 그림 18.29에 나타내었다. H가 증가함에 따라 임계자기장 H_C에 이를 때까지 재료는 반자성상태에 머물러 있다. 임계자기장에 이르면 정상적인 전도가 일어나며 자속은 완벽하게 재료를 통과하게 된다. 알루미늄, 납, 주석, 수은 등이 I형에 속하는 금속들이다.

II형 초전도체는 낮은 자기장에서는 전적으로 반자성이며 자기장이 완전히 차단된다. 그런데 초전도상태로부터 정상상태로의 변화가 H_{C1} 및 H_{C2}로 명명된 저임계 및 고임계 자기장 사이에서 점진적으로 일어난다. 자속선이 H_{C1}에서부터 소재 속으로 침투하기 시작하여 자기장을 증가시킴에 따라 침투가 계속되어 H_{C2}에서 침투가 끝난다. H_{C1}과 H_{C2} 사이의 자기장 구간에서 소재는 **혼합상태**로 정상영역과 초전도영역이 모두 존재한다.

실제 응용에는 대부분 I형보다는 높은 임계온도와 임계자기장을 갖는 II형 초전도체가 유리하다. 현재 가장 널리 이용되고 있는 초전도체는 Nb-Zr 및 Nb-Ti 합금, 그리고 Nb_3Sn 금속간 화합물이다. 표 18.7에는 몇몇 I형 및 II형 초전도체의 임계온도와 임계자속밀도를 정리하였다.

최근 통상적으로는 전기적 부도체인데 비정상적으로 높은 임계온도를 갖는 세라믹 재료군이 발견되었다. 초기의 연구는 $YBa_2Cu_3O_7$에 집중되었는데 임계온도가 92 K이다. 이 재료는 복잡한 페로브스카이트 구조를 이루고 있다(3.6절). 더 높은 임계온도를 갖는 새로운 세라믹 재료가 개발되어 왔고 지금도 진행 중이다. 이들 재료 및 임계온도를 표 18.7에 정리하였다. 이들 재료는 액체수소나 액체헬륨보다 훨씬 경제적인 액체질소를 사용하여 냉각할 수 있는 온도인 77 K보다 임계온도가 높은 경우에 한하여 기술적 잠재력이 매우 크다. 이들 새로운 세라믹 초전도체에도 단점이 있는데 가장 주된 것이 취성이다. 이에 따라 선(wire)과 같은 유용한 형태로 가공하는 데 제한적이다.

초전도 현상은 많은 실용적인 응용분야가 있다. 초전도 자석은 강한 자기장(1.5~3 T)을 갖

표 18.7 초전도체의 임계온도 및 임계자속밀도

Material	Critical Temperature T_C(K)	Critical Magnetic Flux Density B_C(tesla)[a]
	Elements[b]	
Tungsten	0.02	0.0001
Titanium	0.40	0.0056
Aluminum	1.18	0.0105
Tin	3.72	0.0305
Mercury (α)	4.15	0.0411
Lead	7.19	0.0803
	Compounds and Alloys[b]	
Nb–Ti alloy	10.2	12
Nb–Zr alloy	10.8	11
$PbMo_6S_8$	14.0	45
V_3Ga	16.5	22
Nb_3Sn	18.3	22
Nb_3Al	18.9	32
Nb_3Ge	23.0	30
	Ceramic Compounds	
$YBa_2Cu_3O_7$	92	—
$Bi_2Sr_2Ca_2Cu_3O_{10}$	110	—
$Tl_2Ba_2Ca_2Cu_3O_{10}$	125	—
$HgBa_2Ca_2Cu_2O_8$	153	—

[a]The critical magnetic flux density ($\mu_0 H_C$) for the elements was measured at 0 K. For alloys and compounds, the flux is taken as $\mu_0 H_{C_2}$ (in teslas), measured at 0 K.
[b]Adapted from *Materials at Low Temperatures,* R. P. Reed and A. F. Clark (Editors), 1983.

고 있으며 자기공명영상(MRI)과 같은 응용분야에 이용된다. 이들 자석은 또한 매우 약한 생체자기장의 비침습적 측정, 매핑(mapping) 및 평가에도 이용한다. 이러한 자기장은 초전도양자간섭장치(SQUID)를 검출기로 사용하여 가장 잘 측정할 수 있다. 신체 조직과 기관의 이상 여부를 단면 영상을 근거로 검사하게 되는 것이다. 체세포의 화학분석에는 자기공명분광기(MRS)가 사용된다. 이외에도 초전도체는 여러 가지 응용 가능성이 있는데 탐구되고 있는 일부 분야를 살펴보면 (1) 초전도체를 통한 전력수송(전력손실이 매우 적고, 장비가 낮은 전압에서 작동), (2) 고에너지 입자 가속기를 위한 자석, (3) 컴퓨터용 고속 스위칭 및 신호 전송, (4) 자기장 반발에 의한 부상 현상을 이용하는 고속자기부상열차 등이 있다. 초전도체의 광범위한 응용을 방해하는 주된 문제점은 물론 극단적으로 낮은 온도를 얻고 유지하는 것이다. 이 문제는 적당히 높은 임계온도를 갖는 차세대 초전도체의 개발로 극복될 수 있을 것이다.

요약

기본 개념

- 재료의 거시적인 자기적 성질은 외부 자기장과 재료를 구성하는 원자들의 자기 쌍극자 모멘트 사이의 상호작용이다.
- 코일 선 내부의 자기장 세기(H)는 선을 감은 수와 전류값에 비례하고, 코일 길이에는 반비례한다[식 (18.1)].
- 자속밀도와 자기장 세기는 서로 비례한다.
  - 진공 중에서, 비례상수는 진공 투자율이다[식 (18.3)].
  - 어떤 물질이 존재하는 경우, 이 상수는 그 재료의 투자율이 된다[식 (18.2)].
- 각각의 개별적인 전자와 관련된 궤도 자기 모멘트와 스핀 자기 모멘트가 있다.
  - 1개 전자의 궤도 자기 모멘트 양은 보어 마그네톤의 값과 그 전자의 자기 주양자수를 곱한 값과 같다.
  - 1개 전자의 스핀 자기 모멘트는 ±보어 마그네톤의 값이다(+는 위 스핀, −는 아래 스핀).
- 1개 원자의 순수 자기 모멘트는 그 원자의 전자들 각각으로부터 기여되는 자기 모멘트 모두를 합한 것이고, 이 과정에서 전자쌍들의 스핀과 궤도 모멘트들이 상쇄된다. 완전한 상쇄가 일어날 경우, 그 원자는 자기 모멘트를 갖지 않는다.

반자성과 상자성

- 반자성은 외부 자기장에 의하여 유도되는 전자 궤도운동의 변화로부터 일어난다. 그 영향은 매우 작으며(-10^{-5} 정도의 자화율) 가해지는 자기장에 반대방향으로 형성된다. 모든 재료들은 반자성체이다.
- 상자성체는 영구 원자 쌍극자들을 가지고 있는 재료를 말하며, 이 영구 원자 쌍극자들은 외부 자기장에 따라 정렬된다.
- 자화가 비교적 작고 외부 자기장이 존재할 경우에만 유지되기 때문에, 반자성체와 상자성체는 비자성으로 고려된다.

강자성

- 강자성 금속(Fe, Co, Ni)에서는 영구적이면서 큰 자화가 형성된다.
- 전자 스핀에 의한 원자 자기 쌍극자 모멘트들은 이웃한 원자의 모멘트들과 결합되며 상호 정렬된다.

반강자성과 페리자성

- 이웃한 양이온 스핀 모멘트들의 반평행 결합은 일부 이온결합 재료에서 발견된다. 스핀 모멘트들의 전체적인 상쇄가 일어나는 재료를 반강자성체라 한다.
- 페리자성체는 스핀 모멘트의 상쇄가 완전하지가 않아 영구자화가 가능하다.
- 입방 페라이트에서는 순수 자화가 팔면체 격자 위치에 있는 2가 이온(Fe^{2+})에 의하여 형성되는데, 모든 스핀 모멘트들이 상호 정렬한다.

자성에 대한 온도의 영향

- 온도가 올라감에 따라 증가되는 열적 진동은 강자성체와 페리자성체에서 일어나는 쌍극자

결합력을 감소시키는 방향으로 작용하는 경향이 있다. 결과적으로 포화자화는 온도가 올라감에 따라 점차 감소하고, 퀴리온도에서는 거의 0으로 떨어진다(그림 18.10).

- T_c 이상의 온도에서 강자성체와 페리자성체는 상자성체가 된다.

자구와 이력 현상

- 퀴리온도 이하에서 강자성체 또는 페리자성체는 **자구**들로 구성된다. 자구는 모든 순수 쌍극자 모멘트들이 서로 정렬되어 포화자화가 이루어지는 작은 부피의 영역이다(그림 18.11).
- 고체의 총 자화는 모든 자구의 자화들의 벡터합으로써 표현된다.
- 외부 자기장이 가해짐에 따라 자기장 방향과 같은 방향의 자화 벡터를 가진 자구들은 다른 자화 방향을 가진 자구들을 희생시키면서 성장한다(그림 18.13).
- 전체 포화에서, 고체 전체는 하나의 자구가 되며, 그 자구는 자기장의 방향에 따라 정렬된다.
- 자기장의 증가나 방향 전환에 따른 자구 구조의 변화는 자구벽의 이동에 의하여 이루어진다. 자기이력(가해진 H 자기장에 대한 B 자기장의 지연)과 영구자화(또는 **잔류자기**)는 자구벽들의 이동에 대한 저항에 의해 나타나는 것이다.
- 강자성-페리자성 재료들에 대한 완전한 자기이력 곡선으로부터 다음 값들이 결정된다.
  - 잔류자기: $H = 0$일 때 B 자기장의 값(B_r, 그림 18.15)
  - 보자력: $B = 0$일 때 H 자기장의 값(H_c, 그림 18.15)

자기 이방성

- 단결정 강자성체 재료에서 B(또는 M)-H의 거동은 **이방성**이다. 즉, 가해지는 자기장의 방향에 따라 결정학적인 방향이 다른 의존성을 보인다.
- 가장 낮은 H 자기장으로 포화자화(M_s)가 얻어지는 결정방향을 쉬운 자화 방향이라 한다.
- 철, 니켈, 코발트의 쉬운 자화 방향은 각각 [100], [111], [0001]이다.
- 자기 철 합금으로 제조된 변압기 코어에서 일어나는 에너지손실은 자기 이방성 거동을 이용하여 최소화할 수 있다.

연자성 재료

- 연자성체의 경우, 자화나 비자화 과정 중에 자구벽들의 이동이 쉽게 일어나고, 결과적으로 작은 자기이력 곡선과 낮은 에너지손실을 갖는다.

강자성 재료

- 경자성체에서 자구벽의 이동은 훨씬 어려워, 결과적으로 보다 큰 자기이력 곡선을 만든다. 이러한 재료들을 비자화시키는 데는 보다 큰 자기장이 요구되므로, 자화는 보다 영구적이다.

자기저장

- 정보저장은 자기 재료들을 이용하여 이루어지며, 두 가지 주요한 자기매체 형태는 하드디스크 드라이브와 자기테이프이다.
- 하드디스크 드라이브의 저장매체는 nm 크기의 HCP 코발트-크롬 합금 입자들로 구성된다. 이 입자들은 쉬운 자화 방향(즉, [0001])이 디스크 표면에 수직하게 정렬되어 있다.
- 테이프-메모리 저장을 위하여 침상 강자성 금속 입자나 판상의 강자성 바륨-페라이트 입자

들이 이용된다. 입자 크기는 수십 nm 정도이다.

초전도성

- 수많은 재료에서 절대온도 0 K 근처에서 전기 비저항이 사라지는 초전도성이 관찰되고 있다(그림 18.27).
- 이 초전도상태는 온도, 자기장, 전류밀도들이 각각의 임곗값을 초과할 경우에는 더 이상 그 상태가 유지되지 않는다.
- I형 초전도체의 경우, 임계자기장 이하에서는 자기장의 배척이 완벽하게 이루어지며, H_C 임계자기장 이상에서는 자기장의 침투가 완벽하게 이루어진다. II형 초전도체의 경우 자기장이 증가함에 따라 이와 같은 침투가 점진적으로 이루어진다.
- 비교적 높은 임계온도를 가진 새로운 복합 산화물 세라믹 재료들이 개발되어 값싼 액체질소를 냉각제로 사용할 수 있게 되었다.

식 요약

Equation Number	Equation	Solving for
18.1	$H = \frac{NI}{l}$	Magnetic field strength within a coil
18.2	$B = \mu H$	Magnetic flux density in a material
18.3	$B_0 = \mu_0 H$	Magnetic flux density in a vacuum
18.4	$\mu_r = \frac{\mu}{\mu_0}$	Relative permeability
18.5	$B = \mu_0 H + \mu_0 M$	Magnetic flux density, in terms of magnetization
18.6	$M = \chi_m H$	Magnetization
18.7	$\chi_m = \mu_r - 1$	Magnetic susceptibility
18.8	$B \cong \mu_0 M$	Magnetic flux density for a ferromagnetic material
18.9	$M_s = n_B \mu_B N$	Saturation magnetization for a ferromagnetic material
18.13	$M_s = N' \mu_B = \frac{n'_B \mu_B}{V_C}$	Saturation magnetization for a ferrimagnetic material

기호 목록

Symbol	Meaning
I	Magnitude of current passing through a magnetic coil
l	Length of magnetic coil
N	Number of turns in a magnetic coil (Equation 18.1); number of atoms per unit volume (Equation 18.9)

(계속)

Symbol	Meaning
N'	Number of Bohr magnetons per cubic meter
n_B	Number of Bohr magnetons per atom
n'_B	Number of Bohr magnetons per unit cell
μ	Permeability of a material
μ_0	Permeability of a vacuum
μ_B	Bohr magneton (9.27×10^{-24} A·m^2)

중요한 용어와 개념

강자성
경자성 재료
반강자성
반자성
보어 마그네톤
보자력
상자성
연자성 재료
자구
자기이력
자기유도
자기장력
자속밀도
자화
자화율
잔류자기
초전도체
퀴리온도
투자율
페라이트(세라믹)
페리자성
포화자화

참고문헌

Bozorth, R. M., *Ferromagnetism*, Wiley-IEEE Press, New York/Piscataway, NJ, 1993.

Brockman, F. G., "Magnetic Ceramics—A Review and Status Report," *American Ceramic Society Bulletin*, Vol. 47, No. 2, February 1968, pp. 186–194.

Coey, J. M. D., *Magnetism and Magnetic Materials*, Cambridge University Press, Cambridge, UK, 2009.

Craik, D. J., *Magnetism: Principles and Applications*, John Wiley & Sons, New York, NY, 1998.

Cullity, B. D., and C. D. Graham, *Introduction to Magnetic Materials*, 2nd edition, John Wiley & Sons, Hoboken, NJ, 2009.

Hilzinger, R., and W. Rodewald, *Magnetic Materials: Fundamentals, Products, Properties, Applications*, John Wiley & Sons, Hoboken, NJ, 2013.

Jiles, D., *Introduction to Magnetism and Magnetic Materials*, 3rd edition, CRC Press, Boca Raton, FL, 2015.

Morrish, A. H., *The Physical Principles of Magnetism*, Wiley-IEEE Press, New York/Piscataway, NJ, 2001.

O'Handley, R. C., *Modern Magnetic Materials: Principles and Applications*, John Wiley & Sons, New York, NY, 2000.

Spaldin, N. A., *Magnetic Materials: Fundamentals and Device Applications*, 2nd edition, Cambridge University Press, Cambridge, UK, 2011.

문제

기본 개념

18.1 길이가 0.10 m이며 1000회 감긴 코일 도선에 10 A의 전류가 흐르고 있다.

(a) 자기장 세기 H는 얼마인가?

(b) 코일이 진공 내에 있을 경우 자속밀도 B를 계산하라.

(c) 코일 내부에 위치해 있는 티타늄 막대 내부의 자속밀도를 계산하라. 표 18.2에서 티타늄에 대한 자화율을 찾을 수 있다.

(d) 자화 M의 값을 계산하라.

18.2 상대 투자율(relative permeability)과 자화율(magnetic susceptibility)이 식 (18.7)처럼 연관되

어 있음을 증명하라.

18.3 **(a)** 전자의 자기 모멘트를 만드는 두 가지 근원 요인을 설명하라.

(b) 모든 전자는 순 자기 모멘트를 가지고 있는가? 답에 대한 이유를 설명하라.

(c) 모든 원자는 순 자기 모멘트를 가지고 있는가? 답에 대한 이유를 설명하라.

반자성과 상자성

강자성

18.4 어떤 재료의 막대 내부의 자속밀도가 5.0×10^5 A/m인 H 자기장하에서 0.50 tesla 값을 보이고 있다. 이 재료에 대하여 다음 질문에 답하라.

(a) 투자율을 계산하라.

(b) 자화율을 계산하라.

(c) 어떤 종류의 자성 특징이 이 재료에서 나타날 것으로 기대하는가? 그 이유는 무엇인가?

18.5 어떤 재료의 막대 내부의 100 A/m의 H 자기장하에서 6.4×10^5 A/m의 자화값을 보이고 있다. 이 재료에 대하여 다음 질문에 답하라.

(a) 자화율을 계산하라.

(b) 투자율을 계산하라.

(c) 이 재료 내부의 자속밀도를 구하라.

(d) 어떤 종류의 자성 특징이 이 재료에서 나타날 것으로 기대하는가? 그 이유는 무엇인가?

18.6 원자당 순 자기 모멘트가 0.60 보어 마그네톤, 밀도가 8.90 g/cm^{3}인 니켈에 대해 (a) 포화자화, (b) 포화자속밀도를 계산하라.

18.7 단위격자의 모서리의 길이가 0.2866 nm인 BCC 구조의 철이 포화자화 값이 1.70×10^6 A/m인 경우 각 철 원자당 자기 모멘트 값은 2.2 보어 마그네톤임을 도출하라.

18.8 강자성체를 보이는 어떤 가상의 금속이 (1) 단순입방 결정구조(그림 3.3), (2) 0.187 nm의 원자 반지름, (3) 0.80 tesla의 포화자속밀도를 갖고 있다. 이 재료의 원자당 보어 마그네톤의 수를 결정하라.

18.9 상자성체는 영구적으로 자화시킬 수 없는 반면, 강자성체는 영구적으로 자화시킬 수 있다. 그 이유를 설명하라.

반강자성과 페리자성

18.10 훈트(Hund)의 규칙에 대해 기술하라. 훈트의 규칙이 설명되어 있는 다른 참고자료를 활용하고 이를 기반으로 표 18.4에 나열된 각 양이온에 대한 순 자기 모멘트를 설명하라.

18.11 단위격자의 모서리의 길이가 0.8337 nm인 니켈 페라이트[$(NiFe_2O_4)_8$]에 대한 (a) 포화자화, (b) 포화자속밀도를 추정하라.

18.12 망간철 페라이트는 하나의 단위격자 내에 8개의 화학식 단위(formula unit)가 있기 때문에, 화학식은 $(MnFe_2O_4)_8$ 형태로 표시할 수 있다. 이 재료의 포화자화 값이 5.6×10^5 A/m이고 밀도가 5.00 g/cm^{3}이라면 각 Mn^{2+} 이온 하나당 보어 마그네톤은 얼마가 되겠는가?

자성에 대한 온도의 영향

18.13 강자성 재료의 경우, 포화자화의 크기에 미치는 온도의 영향을 설명하라. 또한 퀴리온도 이상에서 강자성의 거동을 설명하라.

자구와 이력 현상

18.14 자기이력 현상에 대해 간단하게 설명하고, 강자성체와 페리자성체에서 자기이력 현상이 일어나는 이유를 설명하라.

18.15 0.2 m 길이에 30회 감긴 도선 코일에 1.0 A의 전류가 흐르고 있을 때, 다음 질문에 답하라.

(a) 코일이 진공 중에 있을 때, 자속밀도를 계산하라.

(b) 그림 18.30에 도시된 B-H 거동을 보이는 철-실리콘 막대가 코일 내부에 위치한다. 막대 내부의 자속밀도는 얼마인가?

(c) 몰리브데넘(Mo) 막대가 코일 내부에 존재한다고 가정하자. 문제 (b)에서 계산한 철-실리콘 막대의 1.0 A 전류하에서 자속밀도와 동일한 값이 나오려면 얼마만큼의 전류를 흘려주어야 하는가?

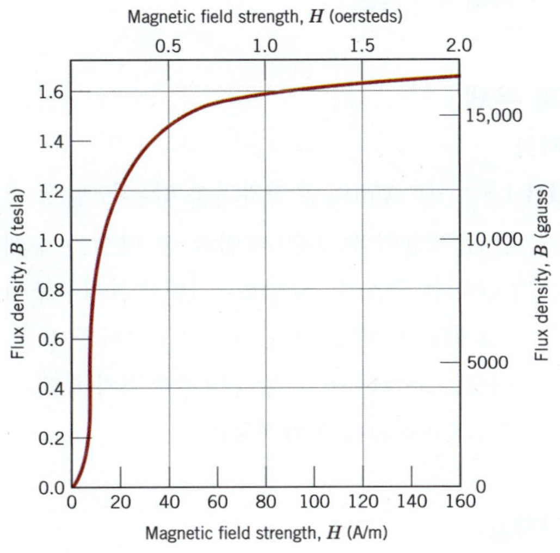

그림 18.30 철-실리콘 합금에 대한 초기 자화 자력선속밀도(B) 대 자기장 세기(H) 곡선

18.16 4000 A/m의 보자력을 가진 철 막대자석이 비자화되었다. 만약 막대가 0.30 m의 길이에 200회 감긴 원통형 도선 코일 내에 존재한다면 필요한 자기장을 생성하는 데 드는 전류는 얼마인가?

18.17 그림 18.30에 도시된 B-H 거동을 보이는 철-실리콘 막대를 0.20 m 길이에 60회 감긴 도선 코일 내부에 넣고 0.1 A의 전류를 흘려주었다.

(a) 막대 내부의 자속밀도는 얼마인가?

(b) 위 자기장하에서 다음 질문에 답하라.

(i) 투자율은 얼마인가?

(ii) 상대 투자율은 얼마인가?

(iii) 자화율은 얼마인가?

(iv) 자화는 얼마인가?

자기 이방성

18.18 단결정 철에 대하여 [100], [110], [111] 방향으로 자기장(H)의 포화값을 추정하라.

18.19 강자성체 재료의 자화가 포화될 때까지 소요되는 에너지(E_s)는 다음 식으로 정의된다.

$$E_s = \int_0^{M_s} \mu_0 H dM$$

즉, E_s는 μ_0와 세로축(또는 M축)을 기준으로 한 포화점까지의 M-H 곡선 아래 면적의 곱과 같다(예: 그림 18.18에서 세로축과 자화 곡선의 M_s 사이의 면적). [100], [110], [111] 방향의 단결정 니켈에 대해 E_s 값(J/m^3 단위)을 추정하라.

연자성 재료

경자성 재료

18.20 강자성체와 연자성체 사이의 차이점을 자기이력 거동과 전형적인 응용분야 관점에서 기술하라.

18.21 그림 18.31은 철 합금에 대한 B-H 곡선을 보여주고 있다. 다음 질문에 답하라.

(a) 포화 자속밀도는 얼마인가?

(b) 포화자화는 얼마인가?

(c) 잔류자기는 얼마인가?

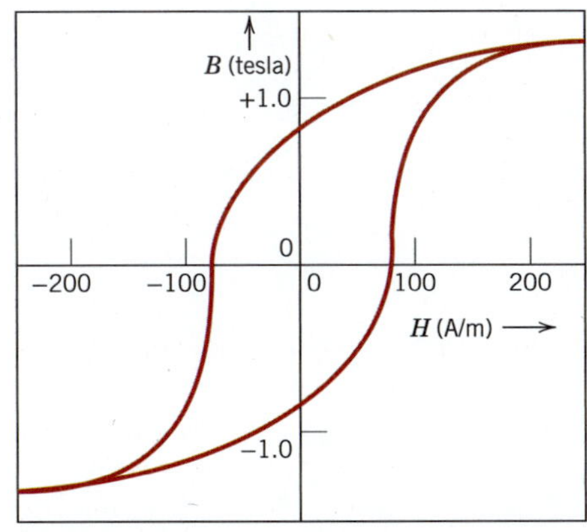

그림 18.31 강철 합금의 완전한 자기이력 곡선

(d) 포화 보자력은 얼마인가?

(e) 표 18.5와 18.6의 데이터를 참고하여, 이 재료를 연자성체 혹은 경자성체로 분류하고, 그 근거를 설명하라.

자기저장

18.22 정보가 자기적으로 저장되는 방식을 간략하게 설명하라.

초전도성

18.23 임계온도 T_C 이하의 온도를 유지하고 있는 초전도 재료의 경우 임계자기장 $H_C(T)$는 다음과 같은 관계로 온도에 의해 변화한다.

$$H_C(T) = H_C(0)\left(1 - \frac{T^2}{T_C^2}\right) \qquad (18.14)$$

여기서 $H_C(0)$은 0 K에서 임계자기장이다.

(a) 표 18.7의 데이터를 이용하여 3 K과 5 K에서 주석에 대한 임계자기장 값을 계산하라.

(b) 30,000 A/m의 자기장하에서 주석을 냉각시킬 때, 어느 온도까지 냉각시켜야 초전도가 발생하는가?

18.24 I형과 II형 초전도체 간의 차이점을 설명하라.

18.25 마이스너(Meissner) 효과에 대해 간략히 기술하라.

18.26 비교적 높은 임계온도를 갖는 새로 개발된 초전도체와 낮은 임계온도를 갖는 초전도체를 비교하여 설명하라.

설계 문제

강자성

18.D1 1.3×10^6 A/m의 포화자화를 갖는 코발트-니켈 합금 개발이 요구된다. 합금 중 니켈의 무게비(wt%)를 구하라. 코발트는 HCP 결정구조이며 c/a 비율이 1.623이다. Ni의 Co에서의 상온 용해도는 35 wt%이다. 합금의 단위격자 부피는 순수한 Co와 같다고 가정하라.

페리자성

18.D2 4.6×10^5 A/m의 포화자화를 갖는 입방체 구조의 혼합 페라이트 자성 재료를 설계하라.

19 광학적 성질

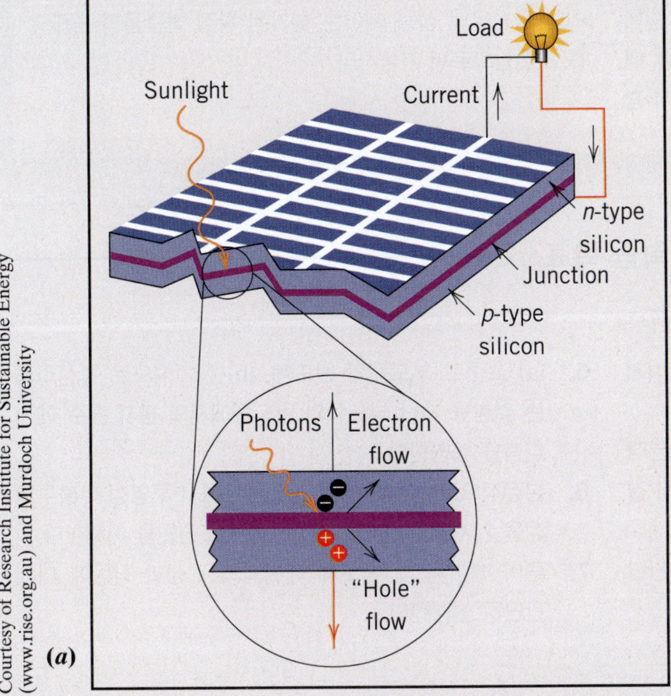

(*a*) 광기전 태양전지의 작동을 보여주는 개략도. 전지는 다결정질 규소로 *p-n* 접합(13.11절과 13.15절 참조)을 형성하여 제작된다. 태양광의 광자들은 접합의 *n*형 영역에서 전자들을 전도대로 여기시키고, *p*형 영역에서 정공들을 만들어 준다. 이 전자들과 정공들은 접합 영역으로부터 서로 반대 방향으로 흘러나가 외부 전류를 흐르게 한다.

(*b*) 많은 수의 태양전지판이 설치된 주택

왜 재료의 광학적 성질을 연구하는가?

재료가 전자기파에 노출되었을 때 그 재료의 반응을 예측하거나 변화시키는 것이 중요할 때가 있다. 이것은 우리가 그런 재료의 광학적 특성에 친숙하고 그들의 광학적 거동을 신뢰할 수 있는 메커니즘(기구)을 이해할 때 가능하다. 예를 들어 광섬유 재료에 관해 19.14절에서 광섬유 표면의 굴절지수(등급지수)를 점진적으로 변화시키면 광섬유의 성능이 향상된다는 것을 언급할 것이다. 이러한 광섬유의 성능 제어는 첨가된 특정 불순물의 농도를 조절함으로써 가능하다.

학습 목표

이 장을 학습한 후에는 아래 과제를 수행할 수 있어야 한다.

1. 광자의 주파수와 플랑크상수가 주어졌을 때 광자에너지를 계산한다.
2. 전자기파와 원자의 상호작용으로부터 생기는 전자분극을 간단히 설명하고 전자분극으로 초래되는 두 가지 결과에 대하여 설명한다.
3. 금속 재료가 가시광선에 대하여 불투명한 이유를 간단히 설명한다.
4. 굴절지수를 정의한다.
5. (a) 고순도 부도체와 반도체, (b) 전기적으로 활성화되는 결함을 지닌 부도체와 반도체에서의 광자 흡수 메커니즘을 설명한다.
6. 본질적으로는 투명한 유전체 재료에서 투명성과 불투명성을 가져오는 내부 산란의 세 가지 원인을 이해한다.
7. 루비 레이저 및 반도체 레이저의 구성과 작동에 대해 간단히 설명한다.

19.1 | 서론

광특성(*optical property*)이란 전자기파, 특히 가시광에 노출된 재료의 반응을 뜻한다. 이 장에서는 우선 전자기파의 특성과 관련된 기본 원리와 개념, 그리고 전자기파와 고체 재료 사이의 반응을 알아본다. 그런 다음 금속 및 비금속 재료의 흡수, 반사, 투과 등 광적 거동에 대해 알아본다. 마지막으로 발광, 광전도도, 레이저 광증폭과 이들 현상의 이용, 그리고 광전송용 광섬유 등에 대해 논의한다.

기본 개념

19.2 | 전자기 복사(전자기파)

고전적 개념으로서의 전자기파는 진행 방향에 수직하면서 전기장 성분과 자기장 성분이 서

그림 19.1 전기장 $\mathscr{E}$, 자기장 H, 파장 λ를 나타낸 전자기파

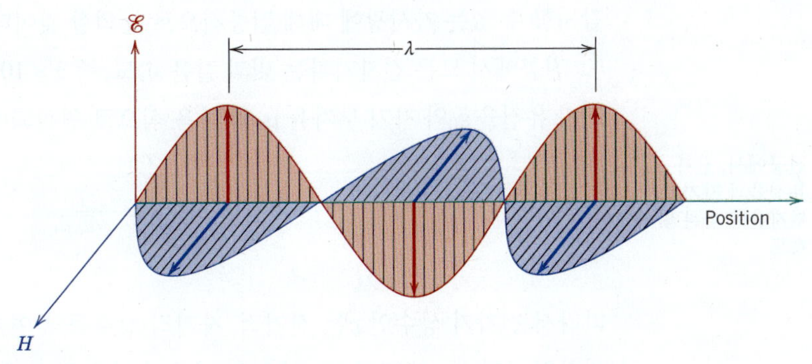

로 수직한 형태로 진행하는 것으로 여겨진다(그림 19.1). 빛, 열(즉, 복사에너지의 방사), 레이더, 라디오파, 엑스선 등은 모두 전자기파의 일종이다. 각 전자기파는 주로 특정 범위의 파장과 그것을 생성하는 기술에 의해 특징지어진다. **전자기파 스펙트럼**(*electromagnetic spectrum*)은 10^{-12} m(10^{-3} nm) 파장의 감마선으로부터 엑스선, 자외선, 가시광, 적외선과 10^5 m의 라디오파에 이르기까지 그 범위가 매우 넓다. 이 스펙트럼을 그림 19.2에 로그 눈금으로 나타내었다.

가시광은 스펙트럼 중에서 대략 0.4(4×10^{-7} m)에서 0.7 μm에 이르는 매우 좁은 영역에 위치하고 있다. 감지되는 색상은 파장에 의해 결정되는데, 예를 들어 파장이 대략 0.4 μm이면 보랏빛, 0.5 μm나 0.65 μm이면 초록빛이나 빨간빛이다. 몇 가지 빛깔에 대한 파장 범위를 그림 19.2에 나타내었다. 백색광이란 단지 모든 색깔의 빛이 혼합된 것이다. 앞으로 우리 눈이

그림 19.2 가시광 영역에서 다양한 색채의 파장이 갖는 전자기파 스펙트럼

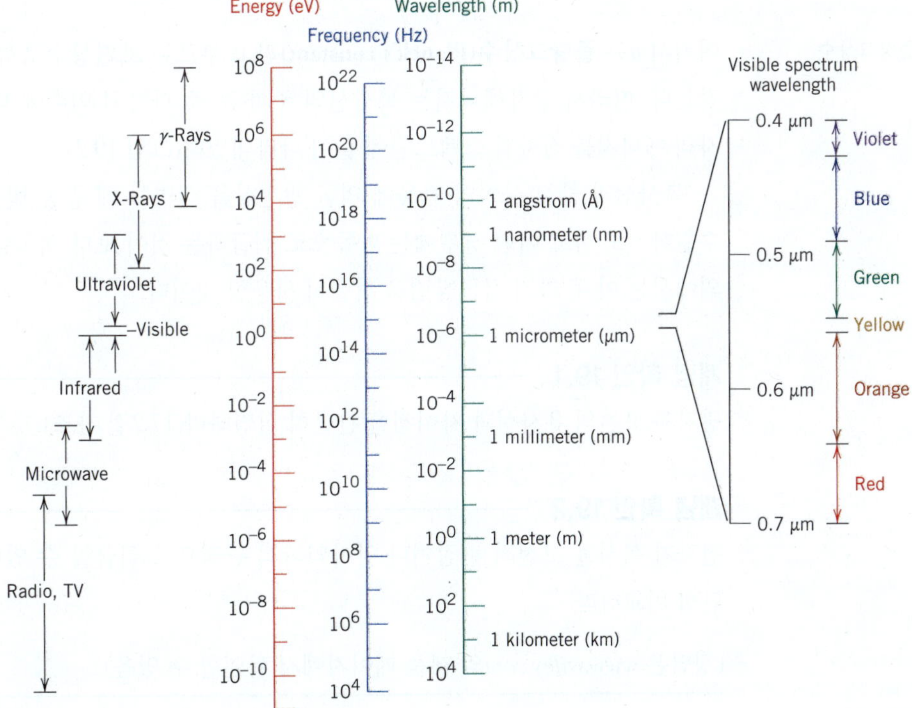

감지할 수 있는 가시광에 대해 집중적으로 논의할 것이다.

진공에서 모든 전자기파는 빛과 같은 속도, 즉 3×10^8 m/s로 진행한다. 이 속도 c는 진공의 전기 유전율 ε_0와 자기 투자율 μ_0와 다음 식으로 연관되어 있다.

진공에서, 전기 유전율과 자기 투자율에 따른 빛의 속도

$$c = \frac{1}{\sqrt{\varepsilon_0 \mu_0}} \tag{19.1}$$

따라서 전자기 상수인 c는 전기적, 자기적 상수들로 연계되어 있는 것을 알 수 있다. 또 전자기파의 주파수 ν와 파장 λ는 속도와 다음과 같은 관계에 있다.

전자기 복사에서 속도, 파장, 주파수 사이의 관계

$$c = \lambda \nu \tag{19.2}$$

주파수의 단위는 헤르츠(Hz)로서 1 Hz = 1 cycle/sec이다. 여러 형태의 전자기 복사에 대한 주파수 범위를 스펙트럼에 나타내었다(그림 19.2).

간혹 전자기 복사를 양자역학적 관점으로 보는 것이 더 편리하며, 양자역학에서는 복사선을 파동이라기보다는 **광자(photon)**라고 부르는 에너지 묶음으로 구성된 것으로 본다. 광자의 에너지 E는 양자화되어 있어 다음 관계식에 의해 정해지는 특별한 값만을 갖는다.

광자

전자기 복사 광자에서 속도, 파장, 주파수 사이의 관계

$$E = h\nu = \frac{hc}{\lambda} \tag{19.3}$$

플랑크상수

여기서 h는 **플랑크상수(Planck's constant)**라고 부르는 보편상수로서 6.63×10^{-34} J·s의 값을 갖는다. 따라서 광자에너지는 복사선의 주파수, 즉 파장의 역수에 비례한다. 파장에 따른 광자의 에너지를 전자기 스펙트럼에 같이 나타내었다(그림 19.2).

복사선과 물질 사이의 반응에 의한 광현상을 설명할 때 종종 빛을 광자로 취급하는 것이 수월하기도 하고 어떤 경우에는 파동으로 취급하는 것이 보다 적합할 때도 있다. 앞으로의 논의에서는 이 두 가지 접근방법을 적절히 사용할 것이다.

개념 확인 19.1

광자와 포논의 유사성과 차이점을 간단히 설명하라(17.2절 참조).

개념 확인 19.2

전자기 복사를 고전적 관점이나 양자역학적 관점으로 취급할 수 있다. 이 두 가지 관점을 간단히 비교하라.

(정답은 *www.wiley.com*의 제품 페이지에서 확인할 수 있음)

19.3 | 빛과 고체의 상호작용

빛이 한 매체로부터 다른 매체로 진행할 때(예: 대기 중에서 고체로) 몇 가지 현상이 생긴다. 빛의 일부분은 매체를 통과할 수 있지만, 일부는 흡수되고 또 일부분은 두 매체의 경계에서 반사될 것이다. 고체로 입사하는 빛의 세기 I_0는 통과하고(I_T), 흡수되고(I_A), 반사된(I_R) 빛의 세기의 합이 되어야 한다.

계면에서 입사 빔의 세기는 통과, 흡수, 반사된 빔의 세기를 합한 것과 같음

$$I_0 = I_T + I_A + I_R \tag{19.4}$$

복사선의 세기는 복사선의 진행 방향과 수직인 단위면적에 대해 단위시간당 전달되는 에너지로서 W/m^{2}의 단위로 표시한다.

식 (19.4)는 다음과 같이

$$T + A + R = 1 \tag{19.5}$$

로 나타낼 수 있는데 T, A, R은 각각 투과율(I_A/I_0), 흡수율(I_A/I_0), 반사율(I_R/I_0)로서 입사한 빛이 재료에 투과, 흡수 및 반사된 비율이다. 투과, 흡수, 반사된 빛은 모두 입사한 빛으로부터 왔으므로 이들 비율의 합은 1이어야 한다.

투명

반투명

불투명

흡수와 반사가 적고 빛을 많이 통과시키는 재료를 **투명(transparent)**하다고 하며, 이를 관통해서 물체를 볼 수 있다. **반투명(translucent)** 물질은 안에서 빛이 확산된다. 즉, 빛이 재료 내부에서 산란되어 그 재료를 통해 볼 때 사물들이 명확히 구분되지 않는다. 가시광을 통과시키지 않는 재료를 **불투명(opaque)**하다고 한다.

금속 덩어리는 가시광 전체 범위에서 불투명하여 빛이 모두 흡수되든지 반사된다. 한편 전기적 부도체는 투명할 수 있다. 또 어떤 반도체 재료는 불투명하지만 몇몇 반도체 재료는 투명하다.

19.4 | 원자 및 전자와의 상호작용

고체 내에서 일어나는 광현상은 전자파가 원자, 이온, 그리고 전자와 반응하여 일어나는 것이다. 가장 중요한 두 가지 반응은 전자분극과 전자의 에너지 천이이다.

전자분극

전자기파 중 한 성분은 빠르게 파동치는 전기장이다(그림 19.1). 가시광 주파수 영역에서 전기장은 이동하는 경로에서 만나는 원자, 즉 원자를 둘러싼 전자구름과 반응하여 전자분극을 야기한다. 즉, 그림 13.31a에 나타낸 바와 같이 원자의 핵에 대하여 전자구름을 전기장 방향으로 이동시킨다. 이러한 전자분극으로 (1) 복사에너지의 일부가 흡수될 수 있고, (2) 빛의 속도가 매체를 통과하면서 느려질 수 있다. 후자의 현상은 빛의 굴절로 나타나며 19.5절에서 다룰 것이다.

전자 천이

전자기파가 흡수 또는 방출될 때 전자가 한 에너지 상태로부터 다른 에너지 상태로 이동할 수 있다. 논의를 위해 그림 19.3에 하나의 고립된 원자의 에너지 선도(energy diagram)를 나타내었다. 에너지 E_2 상태에 있는 전자는 입사하는 광자의 에너지를 흡수하여 비어 있는 상태인 더 높은 에너지 E_4로 여기될 수 있다. 이 과정을 통해 전자가 얻는 에너지 ΔE는 복사선의 주파수와 다음과 같은 관계를 갖는다.

전자 천이에서 에너지 변화는 플랑크상수와 방사 주파수의 곱과 같음

$$\Delta E = h\nu \tag{19.6}$$

여기서 h는 역시 플랑크상수이다. 이 시점에서 몇 가지 개념을 이해하는 것이 중요하다. 첫째, 원자의 에너지 상태는 불연속적이므로 에너지 준위들 간에는 특정한 ΔE 값만이 존재하며, 따라서 원자에서 가능한 ΔE에 맞는 주파수를 갖는 광자만이 이러한 전자의 천이과정을 통해 흡수될 수 있다. 또한 광자의 모든 에너지는 각 여기과정에서 흡수된다.

여기상태

기저상태

둘째로 중요한 개념은, 일단 여기된 전자는 그 **여기상태(excited state)** 에너지 준위에 영원히 머무를 수 없다는 점이다. 잠시 후 전자는 여기되기 전의 에너지 준위, 즉 **기저상태(ground state)**로 떨어지는데, 이때 전자기파를 재방출한다. 이러한 붕괴 천이과정은 여러 가지 경로를 통해 일어날 수 있는데, 추후 논의되겠지만 전자의 천이에 따른 흡수와 방출 시 에너지는 반드시 보존되어야 한다.

앞으로 계속 논의되겠지만 전자기 복사의 흡수 및 방출과 관련된 고체의 광특성은 재료의 전자 밴드 구조(밴드 구조는 13.5절 참조)와 위에서 개략적으로 설명한 전자 천이 법칙을 이용하여 설명하게 된다.

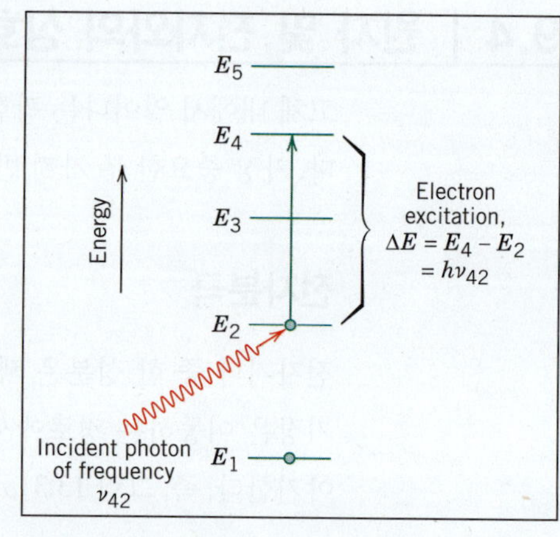

그림 19.3 하나의 고립된 원자에 대해 한 에너지 준위로부터 다른 에너지 준위로 전자가 여기될 때 발생하는 광자 흡수를 보여주는 개략도. 광자에너지($h\nu_{42}$)는 두 상태의 에너지 차이($E_4 - E_2$)와 정확히 일치해야 한다.

금속의 광특성

그림 13.4*a*와 13.4*b*에 예시한 바와 같은 금속의 전자 에너지 밴드를 생각할 때, 두 경우 모두 높은 에너지의 밴드에는 전자가 일부분만 채워져 있다. 그림 19.4*a*에 나타낸 바와 같이 복사선이 금속에 입사되면 가시광 영역 범위의 주파수를 갖는 복사선이 전자를 페르미에너지 위에 있는 빈 에너지 상태로 여기시키기 때문에 금속은 불투명한데, 이때 복사선은 식 (19.6)에 따라 흡수된다. 모든 흡수는 보통 0.1 μm 이내의 매우 얇은 표피층에서 일어나므로 0.1 μm보다 얇은 두께의 금속 박막만이 가시광을 통과시킬 수 있다.

금속은 빈 에너지 상태가 연속적으로 존재하므로 모든 가시광 주파수 영역을 흡수한다. 이때 그림 19.4*a*와 같은 전자의 여기 천이가 일어나게 된다. 실제로 금속은 저주파 대역, 즉 라디오파로부터 적외선, 가시광선, 그리고 자외선 대역 중간에 이르는 모든 전자기 복사선을 통과시키지 않는다. 그러나 엑스선, 감마선과 같은 고주파수 대역의 복사는 통과시킨다.

흡수된 대부분의 복사선은 물질 표면으로부터 동일한 파장을 갖는 가시광으로 재방출되면서 반사된 빛으로 보이게 된다. 재복사가 일어날 때의 전자 붕괴 천이를 그림 19.4*b*에 나타내었다. 대부분의 금속에서 반사도는 0.90~0.95이며 천이 에너지의 나머지 일부분은 붕괴 천이가 일어날 때 열로 방출된다.

금속은 불투명하고 반사도가 매우 크므로 눈에 보이는 색깔은 흡수되는 복사선의 파장이 아닌 반사되는 복사선의 파장 분포로 정해진다. 햇빛 아래서 눈부신 은빛으로 나타난다면 그 금속은 가시광 전 대역에 걸쳐 반사도가 크다는 것을 말한다. 다시 말해서 이 경우 반사되는 빛의 다발(즉, 재방출되는 광자)은 입사된 빛의 묶음과 광자 개수나 주파수와 구성이 거의 비슷하다. 알루미늄과 은이 이러한 반사 특성을 보여주는 예이다. 구리나 금은 각기 붉은 오렌지색이나 노란색을 띠는데 이는 가시광 대역 중 단파장 영역의 광자가 재방출되지 않기 때문이다.

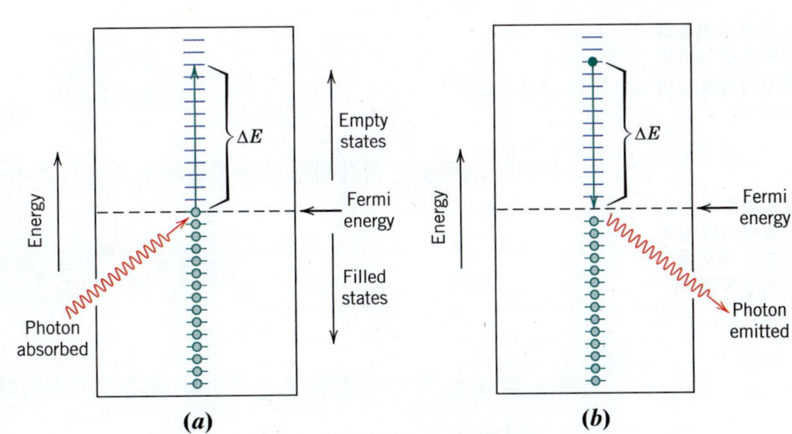

그림 19.4 (*a*) 금속 재료에서 전자가 비어 있는 높은 에너지 준위로 여기되는 광자 흡수 메커니즘의 개략도. 전자의 에너지 변화 ΔE는 광자의 에너지와 같다. (*b*) 전자가 높은 에너지 상태로부터 낮은 상태로 직접 천이하며 광자를 재방출한다.

개념 확인 19.3

왜 금속은 고주파인 엑스선과 감마선에 투명한가?

(정답은 *www.wiley.com*의 제품 페이지에서 확인할 수 있음)

비금속의 광특성

비금속 재료는 그 전자 에너지 밴드 특성 때문에 가시광을 통과시킬 수 있다. 따라서 흡수와 반사 이외에 굴절과 투과 현상에 대한 고려가 필요하다.

19.5 | 굴절

굴절
굴절지수

빛은 투명한 물질의 내부를 통과하면서 속도가 감소하는데, 그 결과 계면에서 휘게 된다. 이러한 현상을 **굴절(refraction)**이라 한다(그림 19.5*a*). 재료의 **굴절지수(index of refraction)** n은 물질 내에서의 속도 v에 대한 진공에서의 속도 c의 비로 정의된다.

$$n = \frac{c}{v} \tag{19.7}$$

Don Farrall/Getty Images

프리즘을 통과하는 백색광의 분산

n의 크기(즉, 휨의 정도)는 빛의 파장에 따라 다르다. 이 효과는 우리에게 익숙한 프리즘에서의 분광현상, 즉 프리즘 유리에 의해 백색광이 이를 구성하고 있는 성분의 색상들로 분리되는 현상을 통해 알 수 있다. 각 색상은 프리즘 유리에 입사되어 각기 다른 크기로 굴절하여 나오면서 색상이 분리된다. 굴절률은 빛의 광로에 영향을 줄 뿐만 아니라 다음에 설명하는 바와 같이 입사된 빛의 물질 표면에서 반사율에도 영향을 준다.

식 (19.1)에서 c를 정의하였듯이 매질에서의 빛의 속도 v는

매질의 유전율과 투자율로 나타낸 매질에서의 빛의 속도

$$v = \frac{1}{\sqrt{\varepsilon\mu}} \tag{19.8}$$

로 나타낸다. ε과 μ는 각각 해당하는 물질의 유전율과 투자율이다. 식 (19.7)로부터 굴절지수는

굴절지수의 정의—진공에서의 빛의 속도와 매질에서의 빛의 속도의 비

$$n = \frac{c}{v} = \frac{\sqrt{\varepsilon\mu}}{\sqrt{\varepsilon_0\mu_0}} = \sqrt{\varepsilon_r\mu_r} \tag{19.9}$$

이며, ε_r과 μ_r는 각각 물질의 유전상수와 상대 투자율이다. 대부분의 재료는 자성이 미약하므로 $\mu_r \cong 1$이고

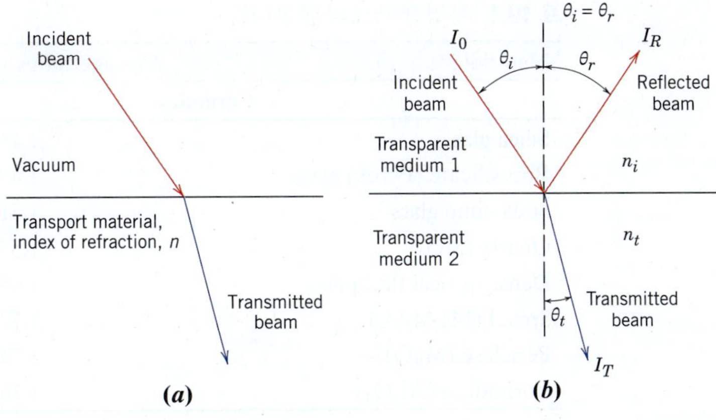

그림 19.5 (*a*) 굴절현상의 도식적 표현—진공에서 투명한 물질로 투과하는 빛은 계면에서 휘어진다(방향을 바꾼다). (*b*) 굴절과 반사 현상의 표현. 하나의 투명 매질을 통과하는 입사광선은 이 매질과 굴절률이 다른 투명 매질 사이의 계면에서 반사 및 굴절(즉, 투과)된다.

비자기 재료에 대한 굴절지수와 유전상수의 관계

$$n \cong \sqrt{\varepsilon_r} \tag{19.10}$$

이다. 즉, 투명한 재료의 굴절지수는 그 유전상수와 관계가 있다. 이미 언급했듯이 가시광의 굴절현상은 비교적 높은 주파수에서의 전자분극(19.4절)과 관련되어 있으므로 전자에 의한 유전상수 성분은 물질의 굴절지수를 측정하여 식 (19.10)을 이용해 구할 수 있다.

매질 내에서 전자기 복사가 느려지는 것은 전자분극의 결과이므로 구성하고 있는 원자나 이온의 크기가 상당한 영향을 준다. 일반적으로 원자나 이온의 크기가 클수록 전자분극이 크고, 속도는 느려지며, 굴절지수는 커진다. 소다석회유리의 굴절지수는 보통 1.5인데, 바륨이나 납 이온을 BaO이나 PbO 형태로 첨가할 때 *n* 값이 상당히 증가한다. 예컨대 90 wt%의 많은 PbO을 포함시킨 유리의 굴절지수는 약 2.1이다.

등축 입방체 구조를 갖는 결정질 세라믹이나 유리의 굴절지수는 결정방향에 따라 다르지 않다. 즉, 등방성이다. 한편 비등축 입방체 구조를 갖는 결정체의 *n*은 이방성이어서 이온밀도가 가장 큰 방향에서 굴절지수가 가장 크다. 표 19.1에는 몇 가지 유리, 투명 세라믹, 고분자의 굴절지수를 정리하였다. 결정질 세라믹에서 *n*이 이방성인 경우 평균값을 나타내었다.

개념 확인 19.4

산화물 Al_2O_3, TiO_2, NiO, MgO 중 실리카(SiO_2)에 첨가했을 때 굴절지수가 높아지는 것은 어느 것인가? 그 이유를 설명하라. 표 3.4를 참조하라.

(정답은 *www.wiley.com*의 제품 페이지에서 확인할 수 있음)

표 19.1 투명한 재료의 굴절지수

Material	Average Index of Refraction
Ceramics	
Silica glass	1.458
Borosilicate (Pyrex) glass	1.47
Soda–lime glass	1.51
Quartz (SiO_2)	1.55
Dense optical flint glass	1.65
Spinel ($MgAl_2O_4$)	1.72
Periclase (MgO)	1.74
Corundum (Al_2O_3)	1.76
Polymers	
Polytetrafluoroethylene	1.35
Poly(methyl methacrylate)	1.49
Polypropylene	1.49
Polyethylene	1.51
Polystyrene	1.60

19.6 | 반사

빛이 한 매질에서 굴절지수가 다른 매질로 이동할 때 두 매질이 모두 투명한 경우에도 그 경계에서 빛의 일부가 산란된다. 이 현상은 그림 19.5*b*에 표현되어 있으며, 여기서 n_i와 n_t는 각각 입사 및 전송된 빔이 통과하는 투명 재료에 대한 굴절지수를 나타낸다.[1] 반사도 R은 경계부에서 반사되는 입사광의 분율로 주어지며,

입사 및 반사된 빔의 세기로 나타낸 반사도의 정의

$$R = \frac{I_R}{I_0} \tag{19.11}$$

이다. I_0와 I_R은 입사 및 반사된 빛의 세기이다. 빛이 계면에 수직으로 입사할 경우의 관계가 성립하는데,

굴절지수가 n_i와 n_t인 두 매질 사이 계면에서의 반사도(수직 입사)

$$R = \left(\frac{n_t - n_i}{n_t + n_i}\right)^2 \tag{19.12}$$

빛이 진공 또는 대기 중에서 고체 s로 진행할 때 대기의 굴절지수가 거의 1이므로

1) 반사 외에도, 입사된 빛의 일부는 그림 5.5*b*에 언급된 것처럼 계면(19.5절)에서 굴절되어 두 번째 매질로 전달될 수 있다.

$$R = \left(\frac{n_s - 1}{n_s + 1}\right)^2 \tag{19.13}$$

이다. 따라서 고체의 굴절지수가 클수록 반사도도 크다. 일반적인 실리카 유리의 반사도는 대략 0.05이다. 고체의 굴절지수가 입사광의 파장에 따라 변하듯이 반사도도 파장에 따라 변한다. 렌즈나 광학기기에서는 반사 표면에 MgF_2와 같은 유전체 재료를 박막으로 도포하여 반사 손실을 상당히 줄이고 있다.

19.7 | 흡수

비금속 재료는 가시광에 대해 투명하거나 불투명할 수 있는데 투명한 경우 비금속도 종종 색깔을 띤다. 원칙적으로 이러한 종류의 재료에서는 빛이 두 가지 기본 메커니즘으로 흡수되는데, 그 메커니즘은 또한 이러한 비금속에서의 투과 특성에도 영향을 준다. 그 하나는 전자분극(19.4절)인데, 전자분극에 의한 흡수는 빛의 주파수가 재료를 구성하는 원자의 특성 완화 주파수와 일치하는 상황에서 중요한 흡수 기구가 된다. 다른 메커니즘은 가전자대와 전도대 사이의 전자 천이에 의한 것이다. 따라서 재료의 전자 밴드 구조와 관련된다. 반도체와 부도체의 밴드 구조는 13.5절에 기술하였다.

그림 19.6*a*에 나타내었듯이 광자는 가전자대(전자로 거의 차 있다)의 전자를 밴드 갭을 뛰어넘어 전도대의 빈 상태로 올리면서, 즉 여기시키면서 흡수될 수 있다. 이때 전도대에는 자유전자가, 또 가전자대에는 정공이 형성된다. 반복하지만, 여기에너지 ΔE는 흡수된 광자의 주파수와 식 (19.6)으로 관련되어 있다. 흡수를 동반하는 이러한 여기는 광자의 에너지가 밴드 갭 에너지 E_g보다 클 경우, 즉

비금속 재료에서, 복사선의 주파수로 나타낸 전자 천이에 의한 광자의 흡수 조건

$$h\nu > E_g \tag{19.14}$$

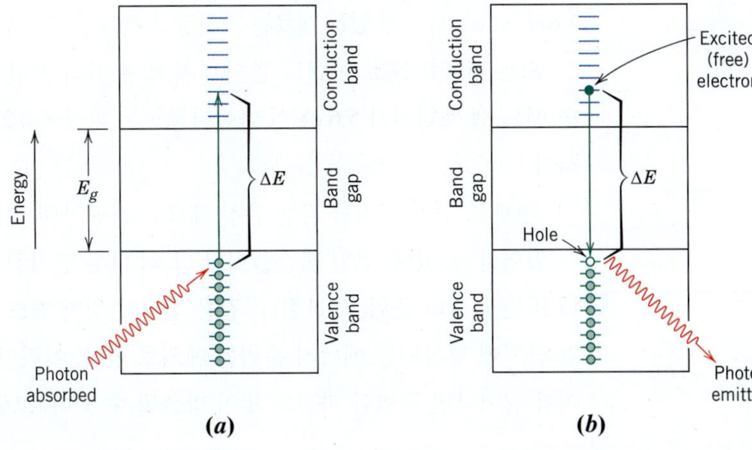

그림 19.6 (*a*) 비금속 재료에서의 광자 흡수 메커니즘을 설명한 것으로 전자는 가전자대에 정공을 남기며 에너지 갭을 뛰어넘어 여기된다. 흡수되는 광자의 에너지 ΔE는 반드시 밴드 갭 에너지 E_g보다 커야 한다. (*b*) 에너지 갭을 뛰어넘는 직접 천이로 광자가 방출된다.

인 조건, 또는 파장으로 표시하면

비금속 재료에서, 복사선의 파장으로 나타낸 전자 천이에 의한 광자의 흡수 조건

$$\frac{hc}{\lambda} > E_g \tag{19.15}$$

인 조건에서만 가능하다.

가시광의 최소 파장 λ(min)는 약 0.4 μm이고, $c = 3 \times 10^8$ m/s, $h = 4.13 \times 10^{-15}$ eV·s이므로, 가시광 흡수가 가능한 최대 직접 밴드 갭 에너지 E_g(max)는

가전자대-전도대 전자 천이에 의한 가시광 흡수가 가능한 최대 밴드 갭 에너지

$$E_g(\max) = \frac{hc}{\lambda(\min)}$$

$$= \frac{(4.13 \times 10^{-15}\ \text{eV·s})(3 \times 10^8\ \text{m/s})}{4 \times 10^{-7}\ \text{m}} \tag{19.16a}$$

$$= 3.1\ \text{eV}$$

이다. 즉, 밴드 갭 에너지가 3.1 eV보다 큰 비금속 재료는 가시광을 흡수할 수 없어 무색의 투명한 상태로 보인다.

한편 가시광에서 최대 파장 λ(max)는 약 0.7 μm이므로 가시광 흡수가 가능한 최소 밴드갭 에너지 E_g(min)는

가전자대-전도대 전자 천이에 의한 가시광 흡수가 가능한 최소 밴드 갭 에너지

$$E_g(\min) = \frac{hc}{\lambda(\max)}$$

$$= \frac{(4.13 \times 10^{-15}\ \text{eV·s})(3 \times 10^8\ \text{m/s})}{7 \times 10^{-7}\ \text{m}} \tag{19.16b}$$

$$= 1.8\ \text{eV}$$

이다. 이는 밴드 갭 에너지가 1.8 eV보다 작은 반도체 재료는 가전자대와 전도대 사이의 전자 천이에 의해 모든 가시광이 흡수된다는 것을 뜻하며, 이런 재료는 불투명하다. 밴드 갭 에너지가 1.8과 3.1 eV 사이에 있는 재료는 가시광 스펙트럼의 일부만 흡수하게 되어 색상을 띠게 된다.

모든 비금속 재료는 밴드 갭 에너지 E_g에 따라 어떤 파장에서는 불투명하게 된다. 예를 들면 밴드 갭 에너지가 5.6 eV인 다이아몬드는 파장이 0.22 μm 이하인 복사선에 대해서 불투명하다.

큰 밴드 갭 에너지를 갖는 유전 재료는 가전자대-전도대 천이와는 다른 형태로 빛과 반응이 일어날 수 있다. 만일 불순물이나 그 외 다른 전기적으로 활동적인 결함이 존재할 경우 도너 또는 억셉터 준위(13.11절)와 같은 전자 준위가 밴드 갭 안에 만들어질 수 있다. 밴드 갭 중간 근처에 형성되는 에너지 준위는 예외로 한다. 이러한 밴드 갭 내의 에너지 준위를 통한 천이가 일어나면 특별한 파장의 빛이 방출될 수 있다. 그림 19.7*a*는 이러한 준위를 1개 갖는 재

료에서의 가전자대-전도대 사이의 전자여기를 나타내고 있는데, 반복하지만 전자여기에 의해 흡수된 전자기에너지는 어떤 형태로든지 소실되어야 하며, 이에는 몇 가지 메커니즘이 가능하다. 하나는 전자와 정공이 직접 결합하면서

전자-정공 재결합과 에너지 생성

$$\text{electron} + \text{hole} \rightarrow \text{energy } (\Delta E) \tag{19.17}$$

의 반응식에 따라 그림 19.6*b*에 나타낸 바와 같이 에너지 소실이 일어나는 것이다. 다음으로 밴드 갭 내의 에너지 준위를 통한 다단계 전자 천이가 가능하다. 하나의 가능성은 그림 19.7*b*에 나타낸 바와 같이 2개의 광자를 방출하는 것이다. 한 광자는 전자가 전도대의 한 에너지로부터 불순물 준위로 천이하면서, 다른 광자는 이것이 다시 가전자대로 천이하면서 방출된다. 또 다른 가능성은 두 천이 중 하나가 포논을 방출(그림 19.7*c*)하는 것인데 이때 에너지는 열의 형태로 소실된다.

순수하게 흡수되는 복사선의 세기는 매질 내에서의 경로 길이뿐만 아니라 매질의 특성에 의존한다. 흡수되지 않고 투과하는 복사선의 세기 I'_T은 매질 내를 진행하면서 경로 길이 x에 따라

흡수되지 않는 복사선의 세기—흡수 계수와 흡수 매질을 통한 빛의 경로 길이 의존성

$$I'_T = I'_0 e^{-\beta x} \tag{19.18}$$

의 형태로 계속 감소한다. I'_0은 반사되지 않고 입사된 입사광의 세기이며, β는 **흡수계수**(*absorption coefficient*)(mm^{-1} 단위)로서 물질의 특성이다. 또 β는 입사광의 파장에 따라 변한다. 거리 변수 x는 재료 표면으로부터 깊이 방향으로 측정한다. 큰 β 값을 갖는 재료를 흡수성이 크다고 한다.

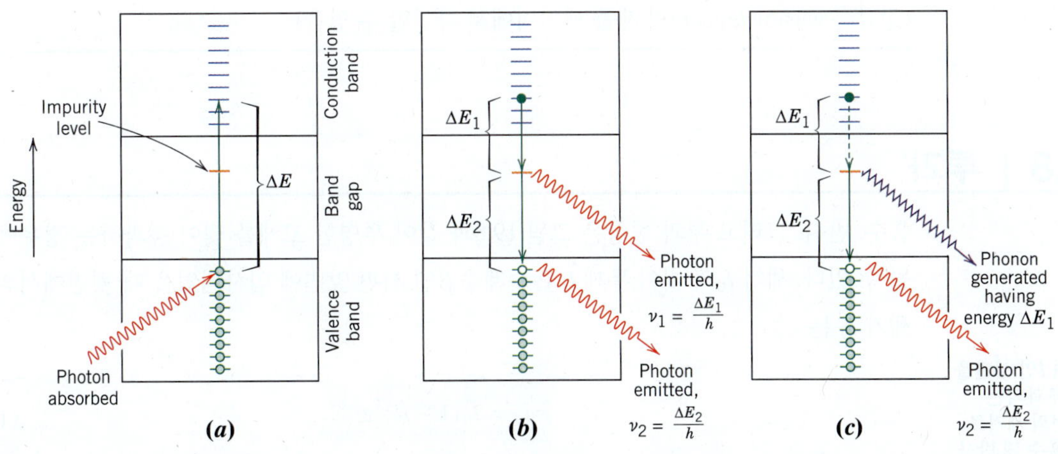

그림 19.7 (*a*) 밴드 갭 내에 불순물 준위가 있는 재료에서 가전자대-전도대 전자여기에 의한 광자 흡수, (*b*) 전자가 먼저 불순물 준위로 천이하고 다시 기저상태로 천이함에 따른 2개의 광자 방출, (*c*) 여기된 전자가 먼저 불순물 준위로 천이하고 다시 기저상태로 천이함에 따라 광자와 포논을 생성

예제 19.1

유리에서의 흡수계수 계산

400 mm 두께의 유리를 투과하는 비반사광의 분율은 0.80이다. 이 재료의 흡수계수를 산출하라.

풀이

이 문제는 식 (19.18)에서 β에 대한 해를 요구한다. 먼저 식을 재정리하면 다음과 같다.

$$\frac{I'_T}{I'_0} = e^{-\beta x}$$

유도된 앞 식의 양변에 로그를 취하면 다음과 같다.

$$\ln\left(\frac{I'_T}{I'_0}\right) = -\beta x$$

끝으로 $I_T'/I_0' = 0.80$이고, $x = 400$ mm이므로 β는 다음과 같다.

$$\beta = -\frac{1}{x}\ln\left(\frac{I'_T}{I'_0}\right)$$

$$= -\frac{1}{400\text{ mm}}\ln(0.80) = 5.58 \times 10^{-4}\text{ mm}^{-1}$$

개념 확인 19.5

Si와 Ge 반도체는 가시광에 대해 투명한가 투명하지 않은가? 답에 대한 이유를 설명하라. 힌트: 표 13.2를 참조하라.

(정답은 *www.wiley.com*의 제품 페이지에서 확인할 수 있음)

19.8 | 투과

흡수, 반사, 그리고 투과 현상은 그림 19.8과 같이 투명한 고체를 빛이 통과하는 경우에 적용될 수 있다. 세기 I_0의 빛이 두께 l, 흡수계수 β인 시편 앞면에 입사되었을 때 뒷면에서의 투과 세기 I_T는

길이가 l인 시편을 통해 투과되는 복사선의 세기로, 모든 흡수 및 반사 손실을 나타냄

$$I_T = I_0(1 - R)^2 e^{-\beta l} \tag{19.19}$$

이다. 여기서 R은 반사도이며, 앞면과 뒷면에 동일한 매질이 존재한다고 가정하였다. 위 식을 유도하는 일은 과제로 남긴다.

그림 19.8 빛이 투명한 매질을 통과하는데 있어 앞면과 뒷면에서 반사가 일어나고 내부에서 흡수가 일어나는 경우
(Adapted from R. M. Rose, L. A. Shepard, and J. Wulff, *The Structure and Properties of Materials*, Vol. IV, *Electronic Properties*, John Wiley & Sons, 1966.)

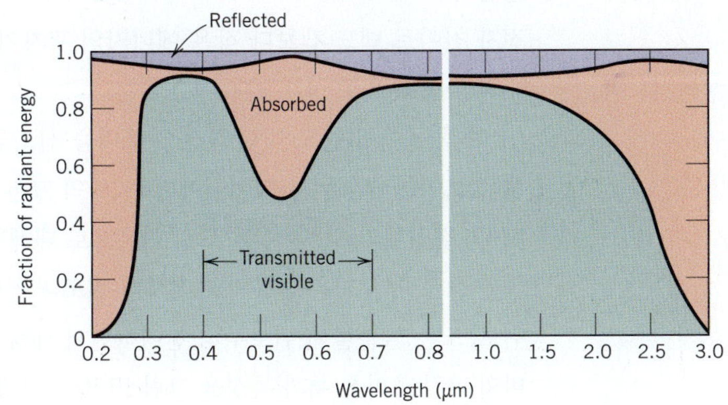

그림 19.9 녹색 유리에 빛이 입사하였을 때 파장에 따라 투과, 흡수, 반사율 등이 다르다.
(From W. D. Kingery, H. K. Bowen, and D. R. Uhlmann, *Introduction to Ceramics*, 2nd edition. Copyright © 1976 by John Wiley & Sons, New York. Reprinted by permission of John Wiley & Sons, Inc.)

따라서 투명한 재료를 통과하는 입사광의 투과 비율은 수반되는 흡수 및 반사에 의한 손실로 정해진다. 다시 말하지만 반사율 R, 흡수율 A, 투과율 T의 합은 식 (19.5)에 따라 1이다. 또한 각 변수 R, A, T는 빛의 파장에 의존하는데, 녹색 유리에 대한 가시광 영역에서의 분율을 그림 19.9에 나타내었다. 예컨대 0.4 μm 파장의 투과, 흡수, 반사율은 각각 0.90, 0.05, 0.05이나, 0.55 μm 파장의 경우 각 비율은 0.50, 0.48, 0.02로 변한다.

19.9 | 색상

색상

투명한 재료는 특별한 파장의 빛을 선택적으로 흡수할 때 색상이 나타나는데, 인식되는 **색상(color)**은 투과되는 파장이 합해진 결과이다. 만일 흡수가 모든 가시광 파장에 걸쳐 균일하게 일어난다면 그 재료는 색상이 없는 것으로 보인다. 고순도 유리, 고순도 단결정 다이아몬드, 사파이어 등이 그 예이다.

일반적으로 어떤 선택적인 흡수라도 전자여기를 수반하는데 가시광 영역의 밴드 갭 에너지(1.8~3.1 eV)를 갖는 반도체의 경우가 한 예에 해당한다. 따라서 E_g보다 큰 에너지의 가시광만이 선택적으로 가전자대-전도대 사이의 전자 천이에 의해 흡수된다. 물론 흡수된 복사선의 일부는 여기된 전자가 처음의 낮은 에너지 준위로 떨어지며 재방출된다. 재방출 주파수가 흡수 시의 주파수와 반드시 같을 이유는 없으므로 색상은 투과되고 재방출되는 2개 빛의 주파수 분포에 따라 달라진다.

예를 들면 CdS의 밴드 갭 에너지는 2.4 eV이므로 2.4 eV 이상의 에너지를 갖는 광자를 흡수하게 되는데 이는 청색과 보라색 영역이다. 이 중 일부는 다른 파장의 빛으로 재방출된다. 흡수되지 않는 가시광은 1.8~2 4 eV 대역의 광자들이므로 CdS은 투과된 빛이 합성되어 노랑 내지 오렌지 색상을 띤다.

위에서 언급했듯이 부도체 세라믹의 경우 어떤 불순물은 밴드 갭 내에 에너지 순위를 형성한다. 그림 19.7*b*와 19.7*c*에 나타냈듯이 불순물 원자나 이온과 관련된 에너지 준위를 통한 전자 천이로 밴드 갭보다 작은 에너지의 광자가 방출될 수 있다. 역시 재료의 색상은 투과된 빛의 파장 분포로 정해진다.

예를 들어 고순도의 단결정 알루미늄 산화물인 사파이어는 무색이다. 광택이 나는 빨간색을 보이는 루비는 사파이어에 0.5~2%의 크롬 산화물(Cr_2O_3)을 첨가한 것에 지나지 않는다. Al_2O_3 결정체의 Al^{3+} 이온을 Cr^{3+} 이온으로 대체할 때 사파이어의 넓은 밴드 갭 내에 불순물 준위를 형성한다. 빛은 전자의 가전자대-전도대 천이로 흡수되는데, 이 전자 중 일부가 불순물 준위로, 또는 불순물 준위로부터 천이하면서 해당 파장의 빛을 재방출하게 된다. 사파이어와 루비의 파장에 따른 투과 특성을 그림 19.10에 나타내었다. 사파이어는 가시광 파장 영역에서 비교적 균일하게 투과하여 특징적인 무색을 보여준다. 한편 루비의 경우 강한 흡수 피크(즉, 그림의 극저점)가 청색 보라 영역(0.4 μm 부근)과 노랑 녹색 영역(0.6 μm 부근)에서 나타나는데, 흡수되지 않고 투과된 빛과 재방출된 빛이 혼합되어 루비의 짙은 빨간색이 나오는 것이다.

무기성 유리는 용융상태에서 전이 금속 또는 희토류 이온을 첨가함으로써 색상을 띠게 된다. 대표적으로 색상을 내는 이온과 그 색은 Cu^{2+}과 청록색, Co^{2+}과 청자색, Cr^{3+}과 녹색, Mn^{2+}과 노란색, Mn^{3+}과 자주색 등이다. 이들 색유리는 판유리와 세라믹 용기의 채색에 쓰인다.

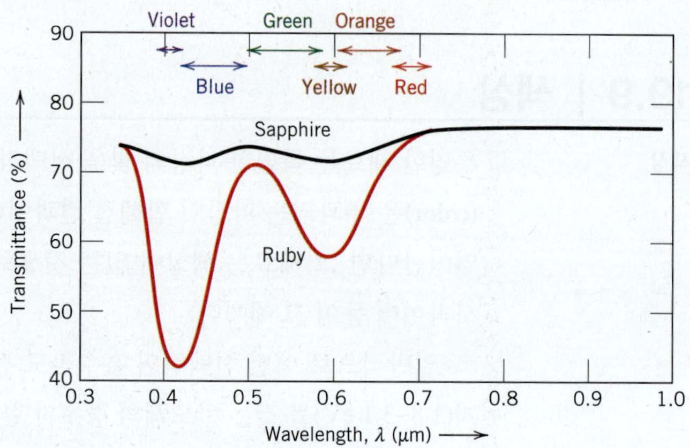

그림 19.10 사파이어 단결정 알루미늄 산화물과 루비 크롬 산화물을 포함한 알루미늄 산화물에서 파장에 따른 빛의 투과율. 사파이어는 무색으로 보이지만 루비는 특별한 파장 범위를 선택적으로 흡수하며 빨간색을 띤다.
(Adapted from "The Optical Properties of Materials," by A. Javan. Copyright © 1967 by Scientific American, Inc. All rights reserved.)

19.10 | 부도체의 불투명성과 반투명성

원래는 투명한 유전체 재료라도 그 투명도, 불투명도는 물질 내부에서의 반사와 투과 특성에 따라 변한다. 본질적으로는 투명한 유전체 재료라도 많은 경우 내부에서의 반사나 굴절로 인해 반투명하거나 심지어 불투명하게 될 수 있다. 진행하는 빛이 굴절하여 방향을 바꾸고 다단계 산란을 거치면서 뿌옇게 보인다. 산란이 매우 심하게 일어나서 입사광이 모두 뒷면까지 투과되지 않고 흩어지면 불투명하게 되는 것이다.

내부 산란의 원인은 여러 가지이다. 굴절률이 이방성인 다결정질 시편은 보통 반투명한데, 반사와 굴절이 결정립계에서 일어나서 입사광을 흐트러뜨린다. 이는 이웃하는 결정립이 서로 다른 결정방향을 가지므로 굴절지수 n이 서로 약간씩 달라서 일어나는 결과이다.

한 가지 상이 어떤 다른 상에 미세하게 분산되어 있는 두 상으로 구성된 재료에서도 산란이 일어난다. 여기서도 두 상의 굴절률이 상이할 때 상 경계를 통과하며 빛의 분산이 일어나며 그 차이가 클수록 산란이 더 효율적으로 일어난다. 결정질 상과 유리 상으로 구성된 유리-세라믹(14.5절)은 미세 결정의 크기가 가시광의 파장보다 작고 두 상의 굴절지수가 거의 같을 때(조성을 조정하면 가능함) 매우 투명하게 보일 것이다.

많은 세라믹 재료는 제조 과정 중 미세한 기공이 분산되는데 이러한 기공도 효율적으로 빛을 산란시킨다.

그림 19.11은 단결정, 완전히 고밀도화한 다결정, 기포성(약 5% 기공도) 알루미늄 산화물의 광투과 특성의 차이를 비교한 것이다. 단결정이 완벽하게 투명한 데 비해 다결정질과 기포성 재료는 반투명하거나 불투명하다.

첨가물이나 불순물이 함유되지 않은 순수한 중합체의 경우 결정화 정도가 투과도에 주요한 영향을 준다. 결정질 영역과 비정질 영역의 서로 다른 굴절률로 인해 경계에서 가시광의 산란이 일어난다. 결정화가 많이 된 시편의 경우 산란이 널리 일어나서 반투명하며 어떤 경우에는 불투명하게 되기도 한다. 주로 비정질로 구성된 중합체의 경우는 완전히 투명하다.

그림 19.11 세 가지 알루미늄 산화물 시편의 광 투과를 보여주는 사진: 왼쪽으로부터 투명한 단결정 사파이어, 반투명한 다결정질의 기공성이 없이 밀도가 높은 재료, 그리고 약 5%의 기공도를 갖는 불투명한 다결정질 재료 (Specimen preparation, P. A. Lessing.)

광현상의 응용

19.11 | 발광

발광 어떤 재료는 에너지를 흡수해서 가시광으로 재방출할 수 있는데 이 현상을 **발광(luminescence)**이라 한다. 방출된 빛의 광자는 고체 내에서의 전자 천이로 형성된다. 전자가 여기에너지 상태로 올라갈 때 에너지가 흡수되며 여기된 전자가 낮은 에너지 상태로 떨어질 때 1.8 eV $< h\nu <$ 3.1 eV이면 가시광이 방출된다. 흡수에너지는 가전자대-전도대 천이를 일으킬 정도의(그림 19.7*a*) 높은 에너지를 공급받을 때 가능한데 자외선 같은 전자기 복사나 고에너지 전자 외에 열적, 기계적, 화학적 에너지로 공급할 수 있다. 나아가서 발광현상은 흡수와 재방출 사이의 지연 형광 시간에 따라 분류할 수 있다. 재방출이 0.1 msec 이내에 일어나면 **형광(fluorescence)**이라 하고, 인광 그 이상으로 길면 **인광(phosphorescence)**이라 한다. 많은 물질을 형광체나 인광체로 만들 수 있다. 어떤 황화물, 산화물, 텅스텐산염과 유기물 등이 이에 속한다. 일반적으로 이러한 현상은 순수한 물질에서는 보이지 않고 불순물 농도를 제어하여 첨가함으로써 만들어 낸다.

발광은 상업적으로 널리 응용되고 있다. 형광등의 유리관 내부 벽은 특별히 제조된 텅스텐산염이나 규산염으로 도포되어 있다. 관 내부에서 수은 방전을 일으켜 자외선을 발생시키면 도포층이 형광현상으로 백색광을 방출하는 것이다. 새로운 소형 형광등(*compact fluorescence light, CFL*)은 기존 백열등을 대체할 수 있다. CFL 전구는 이전에 백열전구가 차지했던 공간에 맞는 구부러지거나 접힌 튜브로 구성되며 고정장치에 장착할 수 있다. 소형형광등은 백열전구와 같은 양의 가시광선을 방출하고, 1/5~1/3의 전력을 소비하며, 수명이 훨씬 길다. 하지만 수은이 들어 있기 때문에 처리하기가 더 비싸고 복잡하다.

19.12 | 광전도성

반도체의 전기전도도는 식 (13.13)에 나타낸 것처럼 전도대의 자유전자와 가전자대의 정공 수에 의해 결정된다. 격자진동을 일으키는 열에너지는 13.6절에 기술한 바와 같이 전자를 여기시켜 자유전자와 정공을 생성시킨다. 이에 빛이 입사되면 광자에 의해 유도된 전자 광전도성 천이에 의해 부가적으로 전하 운반자가 생성되어 전기전도도가 높아지는데 이를 **광전도성(photoconductivity)**이라 한다. 따라서 광전도성 물질이 빛을 받으면 전기전도도가 높아진다.

이 현상은 사진기 플래시의 광도계에 사용된다. 빛에 의해 유도된 전류를 측정하면 그 양은 복사광 밀도, 즉 광전도 물질에 부딪치는 광자의 유속의 직접적인 함수이다. 물론 가시광이 광전물질에서 전자 천이를 유발할 수 있어야 하며 CdS은 광도계로 많이 사용되는 재료이다.

반도체로 만드는 태양전지는 햇빛을 직접 전기에너지로 전환시킬 수 있다. 이 소자의 동

중요 재료 19.1

발광 다이오드

13. 15절에서 *p-n* 접합체를 논의하였고, 그 반도체 *p-n* 접합체가 다이오드나 정류기로서 어떻게 쓰이는지를 알아보았다.[2] 더구나 어떤 경우에는 비교적 높은 값의 순방향 바이어스 전위가 *p-n* 접합 다이오드를 가로질러 작용하면 가시광선(혹은 적외선)이 방출된다. 이렇듯 전기에너지가 광학에너지로 변환되는 것을 **전기장 발광(electroluminescence)**이라 하고, 이것을 만들어 내는 장치를 **발광 다이오드(light-emitting diode, LED)**라 한다. 순방향 바이어스 전위는 *n*쪽에 있는 전자를 접합부 쪽으로 끌어당기며, 이러한 접합부의 일부 전자들을 *p*쪽으로 통과(혹은 '투입')하기도 한다(그림 19.12*a*). 여기서 전자들은 소수의 전하 운반자이고 식 (19.17)에 따라서 '재결합'을 하거나 접합부 가까운 영역에 있는 정공에 의해 쌍으로 소멸되며, 에너지는 광자의 형태로 존재하게 된다(그림 19.12*b*). 유사한 과정이 *p*쪽에서도 일어나는데, 즉 정공은 접합부 쪽으로 이동하여 *n*쪽에 있던 다수의 전자와 재결합한다.

전기장 발광

발광 다이오드 (LED)

단일 원소 반도체 실리콘과 게르마늄은 밴드 갭 구조의 세부적 특성으로 인하여 LED에 맞지 않다. 그보다는 갈륨비화물(GaAs), 인듐인화물(InP), 그리고 이들 물질로 이루어진 합금(예: $GaAs_xP_{1-x}$, 여기서 x는 1보다 작은 값)과 같은 III-V 반도체 화합물이 종종 사용된다. 더구나 방출된 복사선의 파장(색상)은 반도체의 밴드 갭 구조(보통 다이오드의 *n*쪽, *p*쪽이 같은)와 관련이 있다. 예를 들어 빨간색, 주황색, 노란색은 GaAs-InP계에서 가능하고, 파란색과 녹색 LED는 (Ga, In)N 반도체 합금을 사용하면서 발전되었다. 또한 색상을 보완함으로써 모든 색의 표현에 LED를 사용할 수 있게 되었다.

반도체 LED의 몇 가지 중요한 응용분야는 디지털 시계와 장식용 손목시계의 디스플레이, 광마우스(컴퓨터 입력장치), 그리고 필름 스캐너이다. 전자 리모컨(텔레비전, DVD 플레이어용) 역시 적외선을 방출하

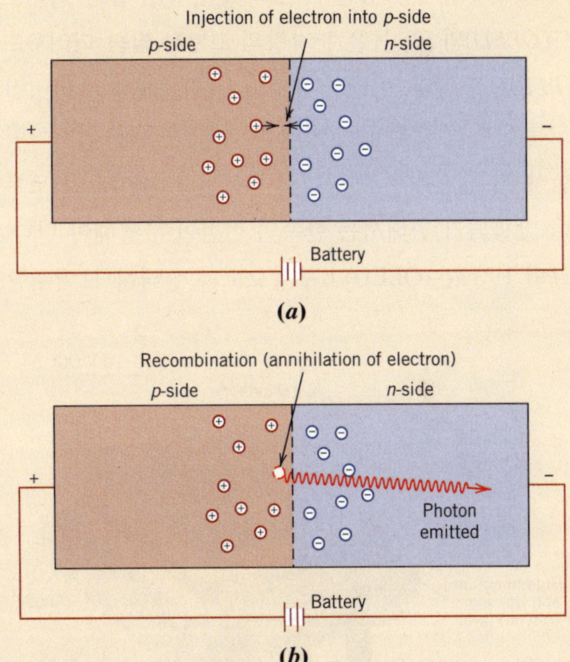

그림 19.12 (*a*) *n*쪽에서 *p*쪽으로의 전자 투입, (*b*) 정공과 재결합한 전자인 광자의 방출을 보여주는 순방향 바이어스 전위 반도체 *p-n* 접합체의 개략도

2) 그림 13.20에 제시된 개략도는 전위가 인가되지 않았을 때는 물론 순방향과 역방향의 전압이 걸렸을 때 접합부 양쪽에서 나타나는 전자와 정공의 분포를 보여준다. 이와 더불어 그림 13.21의 *p-n* 접합체에서는 전류 대 전압 거동을 보여준다.

는 LED를 사용한다. 이 광선은 수신장치에 내장된 추적기에 의해 감지되는 코드화된 신호를 전송한다. 또, LED는 광원으로 사용되고 있는데 백열등보다 에너지 효율이 좋고, 열이 거의 발생하지 않으며, 수명이 훨씬 더 길다(타버려 못쓰게 되는 필라멘트가 없기 때문). 대부분의 새로운 교통 제어용 신호등도 백열등 대신 LED를 사용한다.

우리는 13.17절에서 일부 고분자 재료가 반도체(*n*형과 *p*형 모두)가 될 수 있음을 살펴보았다. 결과적으로 고분자 재료로 만들어진 발광 다이오드가 가능하다는 것이며, 여기에는 두 가지 유형, 즉 (1) 상대적으로 낮은 분자량을 가지고 있는 **유기 발광 다이오드**(*OLED*)와 (2) 높은 분자량의 **고분자 발광 다이오드**(*PLED*)가 있다. 이러한 유형의 LED들에서는 비정질 고분자가 전기적 접점(양극과 음극)을 샌드위치처럼 함께 끼워 넣은 박층 형태로 사용된다. 빛이 LED로부터 발광되기 위해서는 한쪽의 접점이 투명해야 한다. 그림 19.13은 OLED의 구성요소와 형태를 보여주는 개략도이다. OLED와 PLED를 사용함으로써 광범위한 색상 연출이 가능하고, 사실상 단색보다 더 많은 색상을 각각의 장치로부터 만들어 낼 수 있다(이러한 일은 반도체 LED에서는 불가능함). 따라서 색 합성은 백색광의 생성을 가능하게 한다.

반도체 LED가 이러한 유기 발광체보다 긴 수명을 가지고 있다고 하더라도, OLED와 PLED는 뚜렷한 이점을 지니고 있다. 다양한 색상을 만드는 것은 물론, 제작이 용이하고[잉크젯 프린터를 써서 발광체의 기판에 '인쇄(printing)'함으로써], 상대적으로 비용이 적게 들며, 얇은 외관에 높은 해상도와 풀컬러 영상을 제공

2–10 V DC
Metal cathode
Electron transport (*n*-type) layer
Organic emitters
Hole injection and transport (*p*-type) layer
Anode
Glass substrate
Light output

그림 19.13 유기 발광 다이오드(OLED)의 구성요소와 배열을 보여주는 개략도
(From OLED Displays: Better Than Plasma Or LCD, By Peter Smith, SILICON CHIP Magazine, August. 2003. Reproduced with permission of *Silicon Chip* magazine.)

Sean Pavone/Shutterstock.com

뉴욕 시 브로드웨이와 43번가 사이의 모퉁이에 위치한 거대한 발광 다이오드 비디오 디스플레이 장치

하도록 설계할 수 있다. OLED 디스플레이는 디지털 카메라, 휴대전화, 자동차 오디오 부품에의 사용을 위해 출시되고 있다. 잠재력 있는 활용 예로는 TV, 컴퓨터, 그리고 옥외광고판의 대형 디스플레이를 들 수 있다. 한편 더 나아가서 재료를 적절히 조합하여 디스플레이 장치들을 유연하게도 할 수 있다. 빔프로젝터의 스크린처럼 둘둘 말 수 있는 컴퓨터 모니터나 텔레비전, 건물의 기둥을 둘러싸거나 벽면에 설치해서 무한히 바뀌는 벽지를 연출하는 조명기기가 있다면 어떨지 상상이 되는가?[3)]

3) 오늘날 새로 출시된 최고급 텔레비전 중 일부는 QLED TV로 판매되고 있다. 'Q'는 **양자점**(*quantum dot*)을 나타낸다. 양자점은 해당 벌크(bulk) 물질과 다른 전기적, 광학적 특성을 갖는 나노 크기의 반도체 입자이다. 예를 들어 특정 물질의 양자점에서 방출되는 빛의 파장(및 색)은 입자크기에 따라 달라진다.

QLED 디스플레이는 액정 매트릭스에 매달린 양자점 나노입자층을 통과하는 LED 백라이트를 사용한다(14.18절의 액정 디스플레이 참조). 이러한 양자점 입자는 (일반적인 LCD 디스플레이에서와 같이) 필터링에 의해 생성되는 것이 아니라 LED에 의해 방출되는 빛(색상)을 흡수하고 원하는 색을 다시 방출함으로써 원하는 색을 생성한다. 그 결과 QLED 디스플레이는 기존 LCD 디스플레이보다 더 밝고 훨씬 다양한 색상을 제공한다.

오늘날의 QLED TV의 향상된 성능 특성에는 더 깊은 검은색, 더 나은(그리고 더 많은) 색상, 더 넓은 시야각이 포함된다.

작은 어떤 면에서 발광 다이오드 작동 원리의 반대라고 볼 수 있다. 이 장 첫 페이지의 그림 (*a*)에서 설명한 것과 같이 *p*-*n* 접합은 빛으로 여기된 전자와 정공을 접합부분으로부터 서로 반대방향으로 분리시켜 외부 전류로 뽑아낼 수 있다.

개념 확인 19.6

밴드 갭 에너지가 2.58 eV인 반도체 ZnSe는 가시광에 노출되었을 때 광전현상을 나타내는가? 왜 그런가?

(정답은 *www.wiley.com*의 제품 페이지에서 확인할 수 있음)

19.13 | 레이저

지금까지 설명한 복사선에 의한 전자 천이는 모두 자발적이다. 즉, 외부의 어떤 자극도 없이 높은 에너지 상태에 있는 전자가 낮은 에너지 상태로 떨어진다. 이러한 천이는 서로 독립적으로 무작위로 일어나므로 복사된 빛은 응집성이 없고 파장 간에 위상이 다르게 된다. 그러나 레이저에서는 외부의 자극에 의해 전자 천이가 일어나면서 응집성 있는 빛이 복사된다. **레**

레이저

이저(laser)는 복사선의 자극 방출에 의한 빛 증폭(*l*ight *a*mplification by *s*timulated *e*mission of *r*adiation)을 약자로 표기한 것이다.

여러 가지 다양한 레이저가 있지만 고체 루비 레이저를 예로 그 작동 원리를 알아보자. 루비는 단결정 Al_2O_3, 즉 사파이어에 0.05% Cr^{3+} 이온을 첨가한 것이다. 19.9절에서 설명한 바와 같이 이 이온들이 루비의 특징적인 빨간 색깔을 나타나게 하는데, 더 중요한 점은 이들이 레이저로 작동하는 데 필수적인 전자 상태를 제공한다는 점이다. 루비 레이저는 막대 모양으로 양 끝을 연마하여 편평하고 서로 평행하게 만들어져 있다. 또 양 끝 면에 은을 도포하여 한쪽 면은 완전반사가 일어나고 다른 면은 부분적으로 투과가 되도록 만든다.

루비를 크세논(Xe) 램프로부터 발생된 빛으로 비추게 되는데(그림 19.14), 빛을 비추기 전에는 거의 모든 Cr^{3+} 이온이 그림 19.15에 나타낸 것처럼 기저상태, 즉 가장 낮은 에너지 준위에 있다. 그런데 크세논 램프로부터 파장 0.56 μm의 광자가 들어오면 Cr^{3+} 이온에 있는 전자를 더 높은 에너지 상태로 여기시키는데, 여기된 전자는 두 경로를 통해 기저상태로 돌아간다. 일부 직접 떨어지는 전자는 레이저빔에 기여하지 않는다. 다른 전자들은 준안정상태인 중간상태(그림 19.15의 *EM* 경로)로 떨어지는데 여기서 3 ms까지 머무르다 최종적으로 *MG* 경로를 통해 자발적으로 복사를 일으킨다. 전자의 거동으로 볼 때 3 ms는 상대적으로 긴 시간이므로 이는 준안정상태의 상당부분이 전자로 채워져 있다는 것을 뜻한다. 이 상황을 그림 19.16*b*에 나타내었다.

이들 전자 중 일부가 처음에 일으키는 자발적인 광 방출이 방아쇠가 되어 나머지 준안정상태에 있는 전자들이 산사태가 일어나듯 쏟아져 내려 광 방출을 일으킨다(그림 19.16*c*). 이

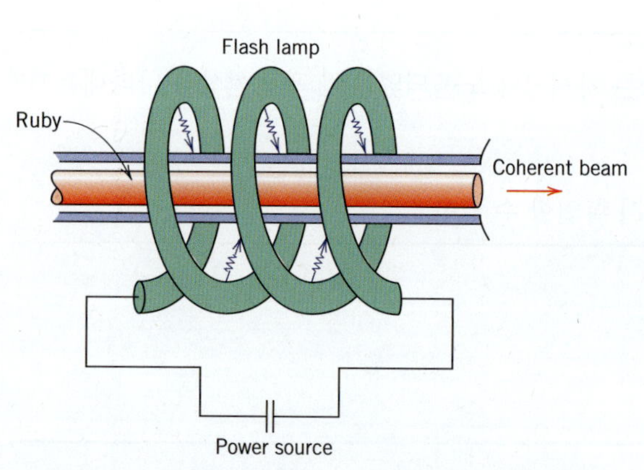

그림 19.14 루비 레이저와 크세논 플래시 램프
(From R. M. Rose, L. A. Shepard, and J. Wulff, *The Structure and Properties of Materials*, Vol. IV, *Electronic Properties*, John Wiley & Sons, 1966. Reproduced by permission of John Wiley & Sons.)

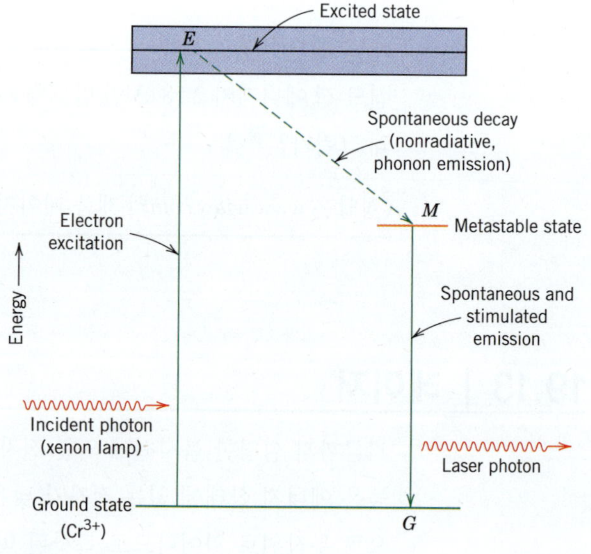

그림 19.15 전자의 여기와 소멸 경로를 보여주는 루비 레이저의 에너지 개략도

들 광자 중에서 루비 막대의 장축 방향으로 운동하는 광자들의 일부는 얇게 은으로 코팅된 끝에서 방출되지만, 이미 방출된 다른 광자와 두껍게 은으로 코팅된 끝 쪽으로 진행하는 광자는 전반사되며, 장축에 평행하지 않은 방향으로 방출된 광자는 소멸된다. 이 빛다발은 막대의 장축 방향으로 반복해서 왔다 갔다 하며 빛의 방출을 더욱 자극하게 되어 광밀도가 증대된다. 결국에는 고밀도의 정합된, 그리고 잘 정렬된 레이저빔이 짧은 순간 얇게 은으로 코팅된 면을 투과해 방출된다(그림 19.16*e*). 빨강 단색광은 0.6943 μm의 파장을 갖는다.

GaAs과 같은 반도체는 CD 재생기나 현대의 통신산업에서 사용하는 레이저에 이용될 수 있다. 이러한 반도성 재료의 한 가지 요구사항은 그 밴드 갭 에너지 E_g와 관계된 파장 λ가 가시광 영역에 있어야 한다는 것이다. 즉, 식 (19.3)을 변형한 다음 식

$$\lambda = \frac{hc}{E_g} \tag{19.20}$$

에서 λ의 값은 0.4와 0.7 μm 사이에 있어야 한다. 재료에 전압을 인가하면 가전자대에 있는 전자가 밴드 갭을 뛰어넘어 전도대로 여기되며, 이에 따라 가전자대에는 정공이 형성된다. 이 과정을 그림 19.17*a*에 몇 개 전자 및 정공으로 나타내었다. 이렇게 여기된 전자와 정공의 일부

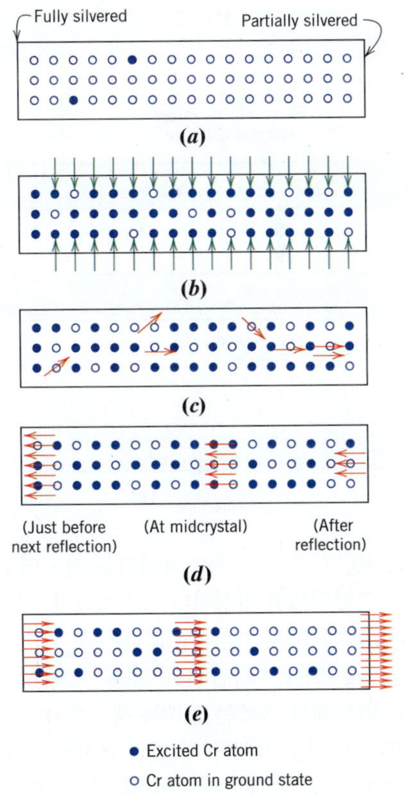

그림 19.16 루비 레이저의 자극 복사와 광 증폭을 나타낸 그림: (*a*) 여기되기 전의 크롬 이온. (*b*) 일부 크롬 원자에 있는 전자가 크세논 플래시 광에 의해 높은 에너지 상태로 여기된다. (*c*) 자발적으로 방출된 광자의 자극에 의해 준안정 전자상태로부터의 방출이 시작된다. (*d*) 막대의 길이방향으로 움직이는 광자가 은이 증착된 막대 끝에서 반사되면서 자극 방출을 계속한다. (*e*) 정합된 강한 빔이 얇게 은이 증착된 끝을 통과하여 외부로 방출된다.
(From R. M. Rose, L. A. Shepard, and J. Wulff, *The Structure and Properties of Materials*, Vol. IV, *Electronic Properties*, John Wiley & Sons, 1966. Reproduced by permission of John Wiley & Sons.)

가 자발적으로 재결합하며 식 (19.20)으로 계산되는 파장의 광자를 방출한다(그림 19.17*a*). 그러한 광자 중 하나가 다른 여기된 전자-정공 쌍들을 자극하여 재결합이 일어나도록 하며(그림 19.17*b*~*f*), 이를 유도한 초기의 광자와 파장과 위상이 같은 광자들이 생기게 되어 정합된 단색광이 형성된다. 루비 레이저와 같이(그림 19.16), 반도체 레이저의 한쪽 끝은 전반사가 일어나도록 만들어져 있어 재료 내부로 반사된 빛은 추가적으로 재결합의 유도를 자극할 것이다. 부분반사가 가능하게 만들어진 다른 한쪽 끝에서는 일부 빔이 탈출할 수 있도록 되어 있다. 이런 종류의 레이저는 정전압이 인가되는 동안 계속 정공과 여기된 전자의 양을 정상상태로 유지하여 연속적으로 빔을 방출하게 된다.

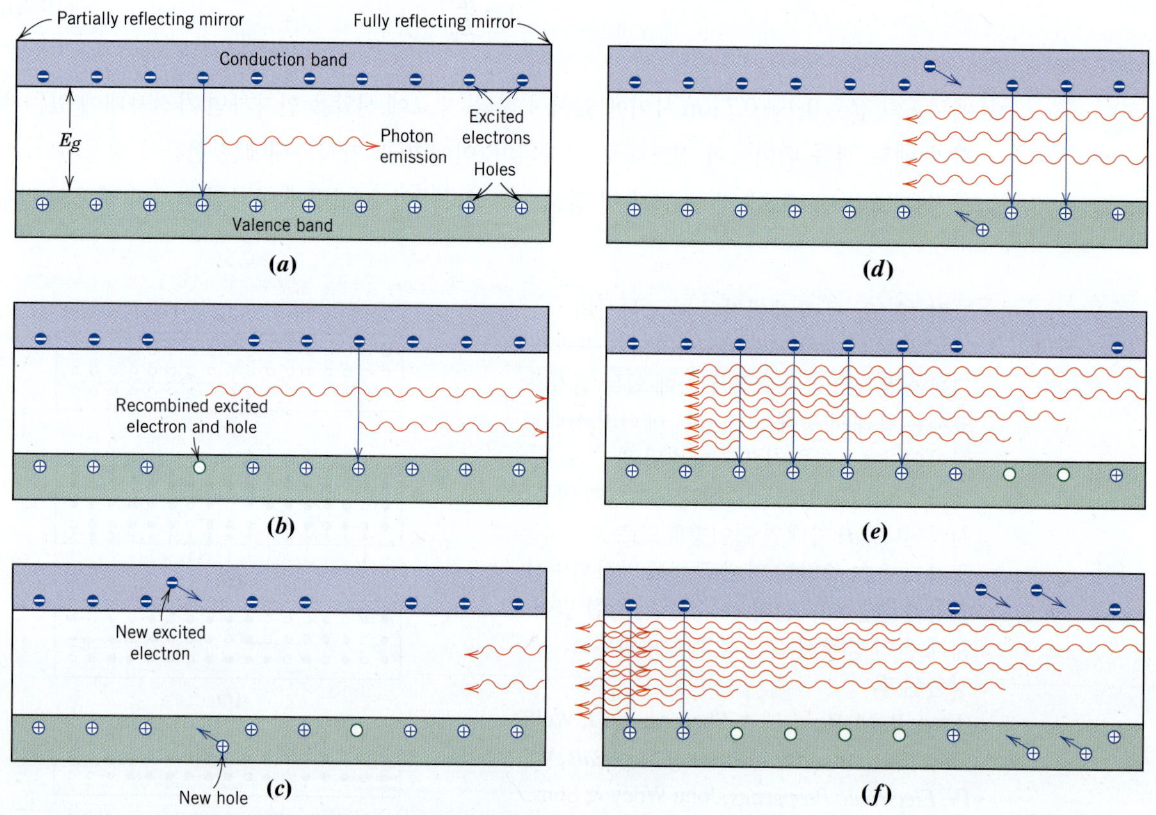

그림 19.17 반도체 레이저에서는 전도대로 여기된 전자와 가전자대의 정공이 자극 결합(stimulated recombination)을 하여 레이저빔을 형성한다. (*a*) 여기된 전자가 정공과 결합하면서 해당되는 에너지를 갖는 광자가 방출된다. (*b*) 이렇게 방출된 광자가 또 다른 여기 전자와 정공을 자극하여 결합하게 함으로써 또 다른 광자를 방출시킨다. (*c*) (*a*) 및 (*b*)에서 방출된 두 광자는 똑같은 파장과 위상을 갖는데 반사거울에 반사되어 반도체 내부로 진행하게 된다. 한편 반도체를 흐르는 전류는 새로운 여기 전자와 정공을 생성시킨다. (*d*) 및 (*e*) 반도체 내에서 광자들은 진행하면서 더 많은 여기 전자-정공의 결합을 자극하게 되는데, 이렇게 생성되는 광자는 정합된 단색광으로서 레이저빔을 형성한다. (*f*) 이 레이저빔의 일부는 부분반사 거울로 만들어진 반도체 한쪽 끝을 통해 외부로 탈출한다. (Adapted from "Photonic Materials," by J. M. Rowell. Copyright © 1986 by Scientific American, Inc. All rights reserved.)

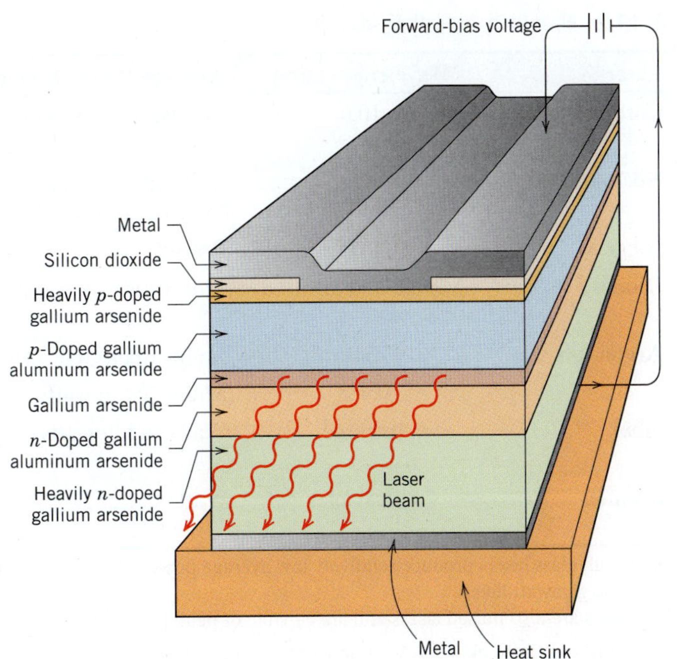

그림 19.18 GaAs 반도체 레이저의 층상구조 단면. 정공, 여기 전자, 그리고 레이저빔은 n형 및 p형 GaAlAs층에 의해 GaAs층에 갇혀 있게 된다.
(Adapted from "Photonic Materials," by J. M. Rowell. Copyright © 1986 by Scientific American, Inc. All rights reserved.)

반도체 레이저는 조성이 다른 몇 개 반도체층을 금속도선 및 열방출층 사이에 끼워 넣은 구조로 되어 있다. 전형적인 정렬을 그림 19.18에 나타내었다. 각 층의 조성은 GaAs 중앙부에 레이저빔뿐만 아니라 여기된 전자와 정공을 가둘 수 있도록 설계되어 있다.

가스와 유리 등을 포함하여 여러 다양한 물질이 레이저로 이용될 수 있다. 표 19.2에는 자주 사용되는 레이저와 그 특성을 정리하였다. 레이저의 응용은 다양하다. 레이저빔을 집약시켜서 국부적인 영역을 가열할 수 있게 함으로써 외과수술이나 절단, 용접, 금속가공 등에 응용한다. 레이저는 또한 광통신 체계에서 광원으로 사용된다. 또 빔이 고도로 정합되어서 아주 정밀하게 거리를 측정하는 데 쓰인다.

19.14 | 통신용 광섬유

광섬유

최근 통신분야는 **광섬유(optical fiber)** 기술의 발달과 함께 대변혁을 겪고 있는데, 거의 모든 원격통신이 구리선 대신 이 광섬유를 통해 전달되고 있다. 금속선을 통해서는 전기적으로, 즉 전자에 의해 신호가 전달되는 반면에 빛에 투명한 광섬유를 통해서는 **광자적 과정**, 즉 전자기 복사 및 광 복사로 전달된다. 광섬유 통신을 사용함으로써 통신 속도, 정보 밀도, 통신 거리의 향상과 불량률의 저하를 꾀할 수 있으며, 더군다나 광섬유에서는 전자기적 간섭이 배제될 수 있다. 광섬유의 대역폭(즉, 데이터 전송속도)은 놀랍게도 15.5 Tbit의 데이터를 7000 km의 거리로 1초 만에 전송할 수 있다. 이 속도라면 iTunes 전체 카탈로그를 뉴욕에서 런던으로 전송

표 19.2 레이저의 형태별 특성과 응용

Laser	Wavelength (μm)	Average Power Range	Applications
Carbon dioxide	10.6	Milliwatts to tens of kilowatts	Heat treating, welding, cutting, scribing, marking
Nd:YAG	1.06 0.532	Milliwatts to hundreds of watts Milliwatts to watts	Welding, hole piercing, cutting
Nd:glass	1.05	Watts[a]	Pulse welding, hole piercing
Diodes	Visible and infrared	Milliwatts to kilowatts	Bar-code reading, DVDs, optical communications
Argon-ion	0.5415 0.488	Milliwatts to tens of watts Milliwatts to watts	Surgery, distance measurements, holography
Fiber	Infrared	Watts to kilowatts	Telecommunications, spectroscopy, directed energy weapons
Excimer	Ultraviolet	Watts to hundreds of watts[b]	Eye surgery, micromachining, microlithography

[a]Although glass lasers produce relatively low average powers, they almost always run in pulsed mode, where their peak powers can reach the gigawatt levels.
[b]Excimers are also pulsed lasers and are capable of peak powers in the tens of megawatts.

Adapted from C. Breck, J. J. Ewing, and J. Hecht, *Introduction to Laser Technology,* 4th edition. Copyright © 2012 by John Wiley & Sons, Inc., Hoboken, NJ. Reprinted by permission of John Wiley & Sons, Inc.

하는 데 약 30초가 걸릴 것이다. 또한 하나의 광섬유로 매초 2억 5천만 건의 전화 통화를 전송할 수 있다. 또 이만한 양의 정보를 전달하는 데 30,000 kg의 구리가 필요한 데 반해 광섬유는 겨우 0.1 kg 정도만 필요하다.

이제 주로 광섬유의 특성에 대해 알아보겠지만, 그 이전에 전송시스템의 구성요소와 작동에 대해 간단히 알아볼 필요가 있다. 시스템의 구성 성분을 그림 19.19에 도식적으로 나타내었다. 전자적 형태의 정보 예컨대 전화 통화는 우선 '0' 또는 '1'의 조합인 비트로 디지털화해야 한다. 이 부호화 작업은 인코더에서 수행된다. 다음에 이 전기신호를 전광 변환기(그림 19.19)에서 광신호로 전환시킨다. 이 변환기는 통상 앞 절에서 기술한 반도체 레이저로 만들어져 있으며, 정합된 단파장 빛을 방출하게 된다. 파장은 보통 0.78~1.6 μm로 적외선 영역인데 흡수 손실이 작은 파장 영역이다. 이 레이저 변환기로부터 출력되는 빛은 펄스형태, 즉 '1'은 고출력 펄스(그림 19.20*a*)로, '0'은 저출력 펄스, 즉 출력이 없는 상태(그림 19.20*b*)로 나타낸다. 이 광 펄스는 광섬유 전선[가끔 **파장유도기**(*waveguide*)라 부름]으로 공급되어 수신단까

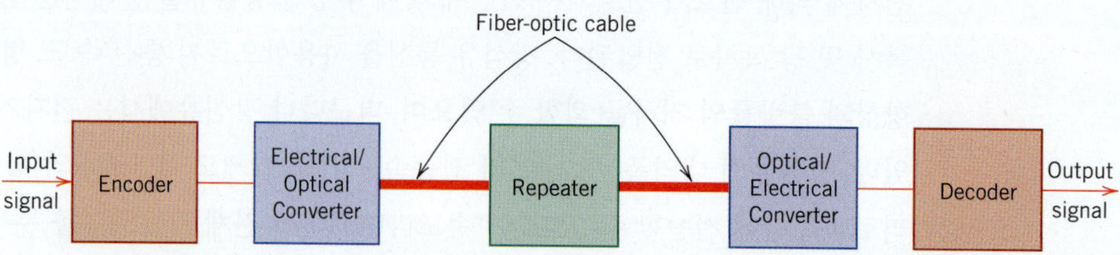

그림 19.19 광섬유 통신체계의 구성 부품

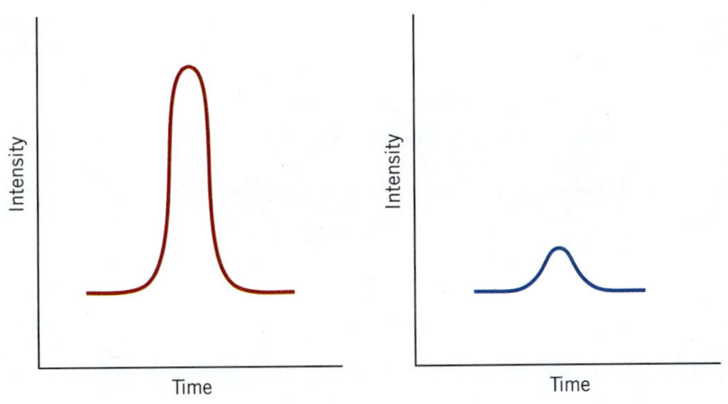

그림 19.20 광통신에서의 디지털 부호화: (*a*) 광자의 고출력 펄스는 이진법에서 '1'에 해당하며 (*b*) 저출력 펄스는 '0'에 해당한다.

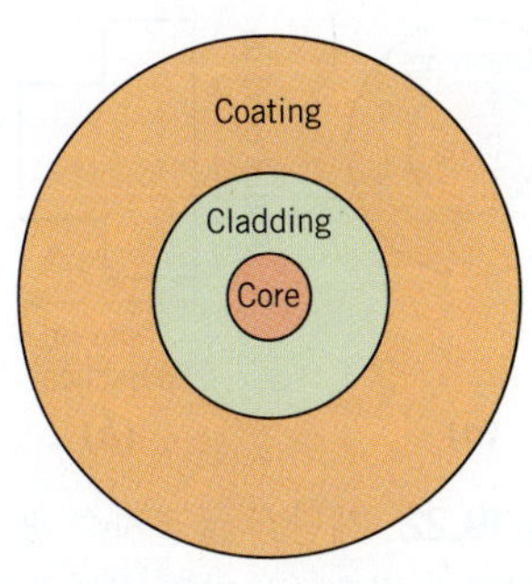

그림 19.21 광섬유의 단면도

지 전달된다. 장거리 통신을 위해서는 신호를 증폭하여 재발신하는 **중계기**(*repeater*)가 필요하다. 마지막으로 수신단에서는 광신호를 전자신호로 재변환시킨 후 디코딩한다(비디지털화)(예: 전화 통화).

이 통신체계에서의 핵심이 광섬유이다. 광 펄스를 신호 세기가 손실되거나 펄스의 변형 없이 장거리로 전달해야 한다. 광섬유는 단면을 잘라 보았을 때 그림 19.21처럼 중심체, 클래딩, 그리고 표피층으로 이루어져 있다. 신호는 중심체를 통해 전달되지만 이를 에워싸고 있는 클래딩은 빛이 중심체 안에서만 이동하도록 도와준다. 표피층은 중심체와 클래딩이 외압이나 마모로 손상되지 않도록 보호해 준다.

고순도 실리카 유리가 광섬유 재료로 사용된다. 섬유 지름은 보통 5~100 μm이다. 섬유는 비교적 흠이 없어서 매우 강하며, 연속적으로 뽑아내는 섬유가 최소한의 강도 기준을 만족시키도록 제조과정에서 시험을 거치게 된다.

빛을 중심체에 가두는 것은 내부에서의 전반사, 즉 광섬유 축에 대해 비스듬한 각도로 진행하는 빛이 클래딩과의 경계에서 중심체 안쪽으로 되반사되는 것을 이용한다. 내부반사는 중심체와 클래딩 유리 재료의 굴절률을 조절하여 가능하게 하는 데 두 가지 설계방법이 사용되고 있다. 한 가지는 **계단식**(*step*) **굴절지수** 형식으로 클래딩의 굴절지수를 중심체의 굴절지수보다 약간 작게 하는 것으로 그림 19.22*b*와 19.22*d*에 나타내었다. 이 설계에서는 입력 펄스보다 출력 펄스의 폭이 넓어지는데(그림 19.22*c*와 19.22*e*) 이 현상은 전송속도를 제한하기 때문에 바람직하지 않다. 펄스의 폭이 확대되는 것은 여러 종류의 빛이 비록 동시에 출발했다 하더라도 서로 다른 경로를 진행하면서 서로 다른 거리를 이동하게 됨으로써 출력단자에 도착하는 시간이 달라져서 발생하는 것이다.

펄스의 폭 확대는 다른 설계방법인 **단계적**(*graded*) **굴절지수** 설계로 거의 대부분 피할 수 있다. 이를 위해 실리카 유리에 B_2O_3나 GeO_2 같은 불순물을 첨가하되 단면도에서 굴절률이

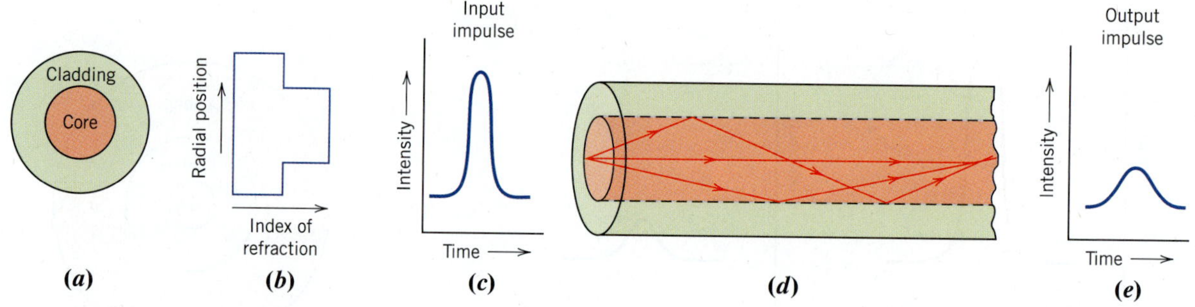

그림 19.22 계단식 굴절지수 광섬유 설계: (*a*) 광섬유 단면도, (*b*) 광섬유에서 반지름방향의 굴절지수 분포, (*c*) 입력광 펄스, (*d*) 빛의 내부반사, (*e*) 출력광 펄스
(Adapted from S. R. Nagel, *IEEE Communications Magazine*, Vol. 25, No. 4, 1987: p. 34.)

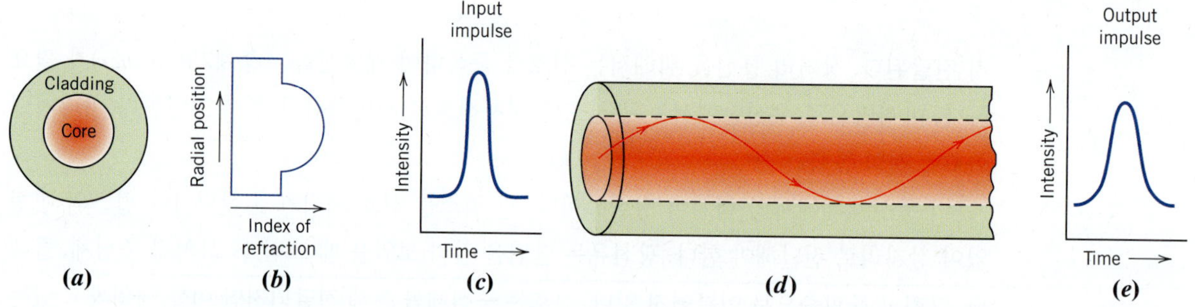

그림 19.23 단계적 굴절지수 광섬유 설계: (*a*) 광섬유 단면도, (*b*) 광섬유에서 반지름방향의 굴절지수 분포, (*c*) 입력광 펄스, (*d*) 빛의 내부반사, (*e*) 출력광 펄스
(Adapted from S. R. Nagel, *IEEE Communications Magazine*, Vol. 25, No. 4, 1987: p. 34.)

포물선 형태로 분포하도록 만든다(그림 19.23*b*). 이에 따라 중심체에서의 빛 속도는 반지름방향 위치에 따라 변하게 되어 외곽에서의 속도가 중심부에서의 속도보다 크게 된다. 결과적으로 외곽의 긴 경로를 이동하는 빛은 작은 굴절률 부분을 통과하여 더 빨리 진행하게 되어, 중심부 근처를 진행해 온 빛과 거의 같은 시각에 출력단에 도달할 수 있게 된다.

최신의 복잡한 공법을 사용하여 아주 순수한 고품질 광섬유가 제조되고 있으나 여기서는 논의하지 않기로 한다. 빛을 흡수, 산란시켜서 빛의 강도를 감쇠시키는 불순물과 기타 결함은 제거해야 한다. 구리, 철, 바나듐이 특히 해로운데, 이들의 농도는 십억분의 1(ppb) 수준 이하로 줄였고, 마찬가지로 물과 수산기의 오염도도 매우 낮게 줄인 상태이다. 광섬유의 단면은 치수의 균일성과 원주(core)의 완전성이 결정적으로 중요한데 1 km당 1 μm 이하로 그 공차를 조절하는 것이 가능하다. 또한 유리 안의 기포나 표면 결함도 거의 제거되고 있다. 이러한 재료 내에서의 빛 손실은 감지할 수 없을 정도로 작아서 광섬유 16 km에서의 신호 세기 손실은 일반 창문 유리 25 mm에서 일어나는 손실과 같은 정도이다.

요약

전자기 복사
- 고체의 광학적인 거동은 가시광선 범위(대략 0.4~0.7 μm)의 파장을 가진 전자기 복사선과 고체 사이에서 일어나는 상호작용에 의한다.
- 양자역학적 관점으로부터 전자기 복사선은 광자들(즉, 특수한 에너지 값만을 가질 수 있는 양자화된 에너지 덩어리 또는 다발)로 구성되었다고 여겨진다.
- 광자에너지는 플랑크상수와 복사선 주파수의 곱과 같다[식 (19.3)].

빛과 고체의 상호작용
- 빛과 고체 간의 상호작용으로 발생되는 가능한 현상에는 빛의 굴절, 반사, 흡수, 투과가 있다.
- 빛 투과 정도에 따라 재료들을 다음과 같이 분류한다. :
  - **투명**: 빛이 매우 적은 흡수나 반사를 일으키면서 재료를 통과한다.
  - **반투명**: 빛이 산개하면서 통과한다. 재료 내부에서 일부 산란이 일어난다.
  - **불투명**: 실질적으로 모든 빛이 산란 또는 반사가 일어나 빛이 재료를 통과하지 못한다.

원자 및 전자와의 상호작용
- 전자기 복사선과 물질 사이에 일어나는 상호작용 중 하나는 전자분극이다. 광파의 전기장 성분이 원자 주변의 전자구름을 중심에 있는 핵에 대해 상대적으로 이동시킨다(그림 13.31*a*).
- 전자분극으로 일어나는 두 가지 결과는 빛의 흡수와 굴절이다.
- 전자기 복사는 전자를 하나의 에너지 준위로부터 보다 높은 에너지 준위로 여기시키면서 흡수된다(그림 19.3).

금속의 광특성
- 금속은 표면의 얇은 층에서 일어나는 빛의 흡수와 재방출에 의하여 불투명하게 보인다.
- 흡수는 채워진 에너지 준위에 있는 전자가 페르미에너지 위에 있는 빈 에너지 준위로 여기됨으로써 일어난다(그림 19.4*a*). 재방출은 반대로 전자의 소멸이 일어남으로써 발생한다(그림 19.4*b*).
- 금속의 색깔은 반사되는 빛의 합성에 의한 결과이다.

굴절
- 투명한 재료에서 빛은 굴절을 일으킨다. 즉, 빛의 속도가 재료 내에서 감소되고 광선이 계면에서 휘어진다.
- 굴절현상은 광파의 전기적인 성분에 의해 유도되는 원자 또는 이온들의 전자분극에 의한 결과이다. 원자 또는 이온의 크기가 커질수록 굴절지수도 커진다.

반사
- 빛이 투명한 매질에서 굴절지수가 다른 매질로 진행할 때 일부 빛들은 계면에서 반사된다.
- 반사의 정도는 입사각뿐만 아니라 두 매질의 굴절지수에 따라 달라진다. 일반적으로 입사에 대한 반사도는 식 (19.12)를 이용하여 계산된다.

흡수
- 비금속 재료는 투명하거나 불투명할 수 있다.
  - 불투명성은 비교적 좁은 밴드 갭(E_g < 1.8 eV)을 가진 재료에서 광자의 에너지가 가전자대와 전도대 사이의 전자 천이를 충분히 일으키면서 일어나는 흡수의 결과이다(그림 19.5).
  - 투명한 비금속은 3.1 eV 이상의 밴드 갭 에너지를 가지고 있다.
  - 1.8~3.1 eV의 밴드 갭을 가진 비금속 재료의 경우에는 단지 일부 가시 스펙트럼만 흡수된다. 이러한 재료들은 색을 띠게 된다.
- 투명한 재료에서도 전자분극 때문에 부분적인 광 흡수가 일어난다.
- 불순물을 포함하고 있는 넓은 밴드 갭의 부도체들의 경우 밴드 갭 내에서 여기된 전자들이 불순물 준위로 떨어지며 밴드 갭 에너지보다 적은 에너지를 가진 광자가 방출되는 것이 가능하다(그림 19.6).

색상
- 투명한 재료들은 특정 파장 범위의 빛이 선택적으로 흡수(일반적으로 전자여기)되는 결과로 색을 띤다.
- 우리 눈에 인식되는 색은 결과적으로 투과한 빛들이 가지고 있는 파장 분포와 같다.

부도체의 불투명성과 반투명성
- 보통 투명한 재료들도 입사된 빛의 내부반사 또는 굴절에 의해 반투명이나 불투명하게 만들 수 있다.
- 내부 산란에 의한 반투명이나 불투명은 다음과 같은 경우 일어난다.
  (1) 이방성 굴절지수를 가진 다결정질 재료
  (2) 두 상으로 이루어진 재료
  (3) 작은 기공을 가진 재료
  (4) 높은 결정성을 가진 고분자

발광
- 발광에서 에너지는 전자여기 과정으로 흡수되고, 빛으로 재방출된다.
  - 빛이 0.1 ms 이내로 재방출되는 현상을 **형광**이라 부른다.
  - 보다 긴 시간에 걸쳐 재방출이 일어나면 **인광**이라 한다.
- 전기장 발광은 순방향 바이어스 다이오드에서 일어나는 전자-정공 재결합의 결과로 빛이 방출되는 현상이다(그림 19.11).
- 전기장 발광을 일으키는 소자는 발광 다이오드(LED)이다.

광전도성
- **광전도성**은 반도체들에서 광에 의해 생성되는 전자와 정공 중 전자들의 천이에 의한 전기 전도도가 증가되는 현상이다.

레이저
- 자극성 전자 천이에 의하여 레이저 내에서는 고강도, 간섭적인 광파들이 생성된다.
- 루비 레이저에서 방출되는 빛은 준안정 여기 준위로부터 Cr^{3+} 기저 준위로 천이되는 전자

에 의해 생성된다.

- 반도체 레이저에서 방출되는 빛은 전도대로 여기된 전자들이 가전자대의 정공들과 재결합하면서 생성된다.

통신용 광섬유

- 현대의 정보통신에서는 광섬유 기술을 이용하여 간섭이 없고, 빠르고, 높은 세기를 가진 정보를 전달하고 있다.
- 광섬유는 다음 요소들로 구성된다.
  - 광 펄스를 전달하는 코어
  - 광파가 전반사를 일으켜 코어 내부로만 전달되게 하는 클래딩
  - 코어와 클래딩을 손상으로부터 보호하는 코팅

식 요약

Equation Number	Equation	Solving for
19.1	$c = \frac{1}{\sqrt{\varepsilon_0 \mu_0}}$	The velocity of light in a vacuum
19.2	$c = \lambda \nu$	Velocity of electromagnetic radiation
19.3	$E = h\nu = \frac{hc}{\lambda}$	Energy of a photon of electromagnetic radiation
19.6	$\Delta E = h\nu$	Energy absorbed or emitted during an electron transition
19.8	$\upsilon = \frac{1}{\sqrt{\varepsilon \mu}}$	Velocity of light in a medium
19.9	$n = \frac{c}{\upsilon} = \sqrt{\varepsilon_r \mu_r}$	Index of refraction
19.12	$R = \left(\frac{n_t - n_i}{n_t + n_i}\right)^2$	Reflectivity at interface between two media for normal incidence
19.18	$I'_T = I'_0 e^{-\beta x}$	Intensity of transmitted radiation (reflection losses not taken into account)
19.19	$I_T = I_0(1 - R)^2 e^{-\beta l}$	Intensity of radiation transmitted (reflection losses taken into account)

기호 목록

Symbol	Meaning
h	Planck's constant (6.63×10^{-34} J·s)
I_0	Intensity of incident radiation
I'_0	Intensity of nonreflected incident radiation

(계속)

Symbol	Meaning
l	Thickness of transparent medium
n_i, n_t	Indices of refraction for transparent materials through which incident and transmitted beams pass
υ	Velocity of light in a medium
x	Distance light traverses in a transparent medium
β	Absorption coefficient
ε	Electric permittivity of a material
ε_0	Electric permittivity of a vacuum (8.85×10^{-12} F/m)
ε_r	Dielectric constant
λ	Wavelength of electromagnetic radiation
μ	Magnetic permeability of a material
μ_0	Magnetic permeability of a vacuum (1.257×10^{-6} H/m)
μ_r	Relative magnetic permeability
ν	Frequency of electromagnetic radiation

중요한 용어와 개념

광자
광전도성
굴절
굴절지수
기저상태
레이저
반사
반투명
발광
발광 다이오드(LED)
불투명
색상
여기상태
인광
전기장 발광
투과
투명
플랑크상수
형광
흡수

참고문헌

Fox, M., *Optical Properties of Solids*, 2nd edition, Oxford University Press, New York, NY, 2010.

Fulay, P., and J. K. Lee, *Electronic, Magnetic, and Optical Materials*, 2nd edition, CRC Press, Boca Raton, FL, 2017.

Gupta, M. C., and J. Ballato (Editors), *The Handbook of Photonics*, 2nd edition, CRC Press, Boca Raton, FL, 2019.

Hecht, J., *Understanding Lasers: An Entry-Level Guide*, 4th edition, Wiley-IEEE Press, Hoboken/Piscataway, NJ, 2019.

Kingery, W. D., H. K. Bowen, and D. R. Uhlmann, *Introduction to Ceramics*, 2nd edition, John Wiley & Sons, New York, NY, 1976, Chapter 13.

Locharoenrat, K., *Optical Properties of Solids: An Introductory Textbook*, CRC Press, Boca Raton, FL, 2016.

Rogers, A., *Essentials of Photonics*, 2nd edition, CRC Press, Boca Raton, FL, 2008.

Saleh, B. E. A., and M. C. Teich, *Fundamentals of Photonics*, 3rd edition, John Wiley & Sons, Hoboken, NJ, 2019.

Svelto, O., *Principles of Lasers*, 5th edition, Springer, New York, NY, 2010.

문제

전자기 복사

19.1 5.5×10^{-7} m의 파장을 가진 가시광선은 초록색 빛이다. 이 가시광선 광자의 주파수와 에너지를 계산하라.

19.2 6.5×10^{-7} m의 파장을 가진 가시광선은 빨간색 빛이다. 이 가시광선 광자의 주파수와 에너지를 계산하라.

빛과 고체의 상호작용

19.3 불투명, 반투명, 투명한 재료들을 모양과 빛 투과도 관점에서 구분하여 설명하라.

원자 및 전자와의 상호작용

19.4 **(a)** 전자기 복사에 의한 전자분극 현상을 간략하게 설명하라.

(b) 투명한 물질에서 전자분극의 두 가지 결과는 무엇인가?

금속의 광특성

19.5 가시광선 영역의 광자에너지를 갖는 전자기 복사선에 대해 금속들이 불투명한 이유를 설명하라.

굴절

19.6 이온 물질에서, 구성하고 있는 이온의 크기는 전자분극의 크기에 어떤 영향을 미치는가?

19.7 재료가 1보다 작은 굴절지수를 가질 수 있는가? 답에 대한 이유를 설명하라.

19.8 CaF_2 내부에서의 빛의 속도를 계산하라. CaF_2의 유전상수 ε_r은 2.056이고 자화율은 -1.43×10^{-5}이다.

19.9 가시광선 스펙트럼 내에서 용융 실리카와 소다 석회유리의 굴절지수는 각각 1.458과 1.51이다. 이 재료 각각에 대해 표 13.4의 데이터를 사용하여 전자분극으로 인한 60 Hz에서 상대 유전상수의 분율을 구하라. 분극의 방향 의존성은 무시하라.

19.10 투명 매질에서 발생하는 분광현상에 대해 간략하게 설명하라.

반사

19.11 투명한 매질의 표면에 수직하게 주사되는 빛의 반사도가 6.0% 이하이어야 한다. 표 19.1에 있는 실리카유리, 파이렉스유리, 코런덤, 스피넬, 폴리스티렌, 폴리테트라플루오로에틸렌 중 어느 것이 가장 목표치에 가까운 재료인가? 그 이유를 설명하라.

19.12 투명 재료에서 발생하는 반사손실을 얇은 표면 코팅으로 최소화하는 방법을 간략하게 설명하라.

19.13 코런덤(Al_2O_3)의 굴절률은 이방성이다. 가시광선이 결정학적 방향이 다른 입자에서 다른 입자로 통과하고 수직으로 입계에 입사한다고 가정하자. 두 입자의 굴절률이 빛의 전파 방향으로 1.756과 1.778일 경우 경계에서의 반사율을 계산하라.

흡수

19.14 ZnTe의 밴드 갭은 2.26 eV이다. 투과하는 가시광의 파장 범위는 어떻게 되는가?

19.15 흡수계수의 크기[식 (19.18)의 β]가 빛의 파장에 따라 달라지는 이유를 간략하게 설명하라.

19.16 10 mm 두께의 투명한 재료를 통과하는 비반사 빛의 투과율은 0.90이다. 두께를 30 mm로 늘리면 투과율은 얼마인가?

19.17 200 mm 두께의 유리를 통해 투과되는 반사되지 않은 빛의 투과율은 0.98이다. 이 물질의 흡수계수를 계산하라.

투과

19.18 이 장에서 제시된 다른 표현에서 시작하여 식 (19.19)를 도출하라.

19.19 표면에 수직하게 입사하는 빛에 대하여 10 mm 두께의 투명한 재료의 투과율은 0.85이다. 만약 이 재료의 굴절지수가 1.5라면 투과율이 0.75가 될 수 있는 재료의 두께를 계산하라. 모든 반사 손실을 고려하라.

색상

19.20 금속과 투명 비금속의 특성 색상을 결정하는 인자들을 비교하라.

19.21 일부 투명한 재료는 색이 있는 반면 다른 투명한 재료는 색이 없는 이유를 간략하게 설명하라.

부도체의 불투명성과 반투명성

19.22 비금속 재료의 다양한 흡수 메커니즘에 대해 설명하라.

19.23 비정질 고분자는 투명한 반면 결정질 고분자는 불투명하거나 기껏해야 반투명하다. 그 이유를 간략하게 설명하라.

발광

광전도성

레이저

19.24 **(a)** 발광 현상에 대해 본인이 이해한 바대로 간략하게 설명하라.

(b) 형광과 인광의 차이를 설명하라.

19.25 광전도 현상에 대해 본인이 이해한 바대로 설명하라.

19.26 도식화된 다이어그램을 사용하여 사진기 플래시의 광도계의 작동방식을 설명하라.

19.27 루비 레이저가 작동하는 방식에 대해 본인이 이해한 바대로 설명하라.

통신용 광섬유

19.28 19.14절의 끝부분에서 길이가 16 km인 광섬유 유리를 통과하면서 흡수되는 빛의 강도가 25 mm 두께의 일반적인 유리창을 통과하면서 흡수되는 빛 강도와 대등하다. 유리창의 β 값이 2.5×10^{-4} mm^{-1}이라면 광섬유 유리의 흡수계수 β 값은 얼마인가?

설계 문제

원자 및 전자와의 상호작용

19.D1 GaAs과 GaP은 상온에서의 밴드 갭 에너지가 각각 1.42 eV와 2.26 eV이며, 서로 간에 전율 고용체를 이루는 화합물이다. 더욱이 이 합금의 밴드 갭은 GaP의 농도(mol%)가 증가함에 따라 거의 선형적으로 증가한다. 이 두 재료의 합금은 전도대와 가전자대 사이의 전자 천이로 빛이 생성되고 발광 다이오드에 이용된다. 0.60 μm 파장의 빛을 방출하는 GaAs-GaP 합금의 조성을 결정하라.

20 경제, 환경, 그리고 사회적 논제들

알루미늄 합금(좌)과 철 합금(우)으로 만들어진 음료수 캔. 철 음료수 캔은 심하게 부식되어서 자연분해되지만 재활용이 어렵다. 반대로 알루미늄 캔은 부식이 거의 없기 때문에 자연분해되지 않으나 재활용이 가능하다.

설계에 의해 결정된다. 그러므로 창조적인 설계와 적절한 재료 선정은 후에 매우 큰 영향력을 행사한다.

요소 설계는 타협 및 균형과 관련된 고도의 반복 과정이다. 엔지니어는 시스템 제약으로 인해 어떤 최적의 요소 설계는 가능하지 않을 수도 있다는 점을 명심하고 있어야 한다.

20.3 | 재료

경제적인 관점에서 우리는 활용성에 대한 고려뿐 아니라 최소의 비용으로 특정 재료 혹은 적절한 특성을 조합한 재료들을 선택하려고 한다. 일단 설계 요건을 만족시키는 재료군을 선택했다면, 다양한 재료 후보들의 단가 비교가 이루어지게 된다. 재료 가격은 보통 단위질량당으로 산정된다. 부피는 크기와 형상으로부터 결정되며, 그 재료의 밀도를 사용하여 질량으로 변환한다. 또한 제조 공정 중 불가피하게 버려지는 재료부분도 계산 과정에 포함되어야 한다. 다양한 공학 재료의 최근 가격을 부록 C에 수록하였다.

20.4 | 제조기술

이미 언급한 것처럼 제조 공정의 선택은 재료의 선택과 부품 설계 모두에 영향을 받는다. 전체 제조 공정은 보통 주 작업과 부가적 작업으로 구성된다. 주 작업은 원료 물질을 주물, 플라스틱 성형, 분말 성형, 몰딩 등을 통해 인지 가능한 부품으로 변환하는 것이다. 반면에 부가적 작업은 열처리, 용접, 그라인딩, 드릴, 착색, 장식과 같이 최종품을 제작하기 위하여 나중에 적용되는 공정들이다. 이들 공정 비용에는 장비, 연장, 노동, 수리, 기계의 휴지시간, 낭비와 같은 사항이 포함된다. 이러한 비용 분석 안에서 생산율은 중요한 고려 대상이다. 만일 제조된 이 특정한 부분이 시스템의 한 부품일 뿐이라면, 그 조립 비용도 고려되어야 한다. 마지막으로 최종 생산품의 검사, 포장, 수송과 관련된 비용도 제조 비용에 포함된다.

제품의 판매 가격에 포함되는 설계, 재료, 제조와는 직접적으로 관계가 없는 또 다른 인자들이 있다. 이 인자들에는 추가 수당, 감독 및 경영 노동력, 연구 및 개발, 부동산 및 임대료, 보험, 이자, 세금 등이 있다.

환경 및 사회적 고려사항

현대의 과학기술과 제조법은 일부는 긍정적으로, 일부는 부정적으로 사회에 다양한 영향을 주었다. 이러한 영향은 유형상으로는 경제적 혹은 환경적인 것이며, (1) 새로운 기술에 필요한 그 자원들이 종종 다른 국가들로부터 온다거나, (2) 기술 개발로부터 촉발된 경제적 번영이 세계적 규모이거나, (3) 환경적 영향이 한 국가의 영역 이상으로 확장될 수 있음을 고려한다면 규모로는 국제적인 것이다.

재료는 이런 기술-경제-환경 구조에 중대한 역할을 한다. 어떤 최종 제품에 사용되었던 재료가 폐기될 때는 그림 20.1과 같은 몇 가지 단계를 거치게 된다. 이것은 재료의 '요람에서 무덤까지'를 나타내는 것으로 **전체 재료 순환**(*total materials cycle*) 혹은 줄여서 **재료 순환**(*materials cycle*)이라 한다. 그림 20.1의 가장 왼쪽에서 시작하면, 원료는 그 자연 산지에서 채광, 채굴, 채집을 통해 추출된다. 이러한 원료들은 정제 및 정련되어 금속, 세라믹, 원유, 고무, 그리고 섬유와 같은 형태의 것으로 변환된다. 이를 합성 및 가공하면 **공학 재료**(*engineered material*)라 표현되는 생산물을 얻게 되는데, 합금, 세라믹 분말, 유리, 플라스틱, 복합재료, 반도체 및 엘라스토머(탄성중합체)와 같은 것들이 그것이다. 그런 다음 이러한 공학 재료들은 소비자를 위한 제품, 장치, 응용품으로 형상 가공, 처리 및 조립되며 이는 그림 20.1에서 제품설계, 제조, 조립 단계를 의미한다. 소비자는 이러한 제품을 구입하고 그것이 닳아 없어지거나, 못 쓰게 되어 버릴 때까지 사용한다('Application' 단계). 이 시점에서 그 제품은 재활용/재사용되거나 (재료 순환에 재진입하거나) 쓰레기로 폐기된다. 쓰레기는 보통 연소되거나 고체 쓰레기로 분류되어 매립지에 버려짐으로써 땅으로 되돌아가 재료 순환을 마치게 된다.

세계적으로 매년 150억 톤의 원료가 지구로부터 추출되며, 그 일부만이 재활용되는 것으로 추산되고 있다. 시간이 지남에 따라 지구는 그 구성 재료에 대해 밀폐계(closed system)이므로 자원의 한계가 있음이 분명해지고 있다. 또한 우리 사회가 성숙되고 인구가 증가함에 따라

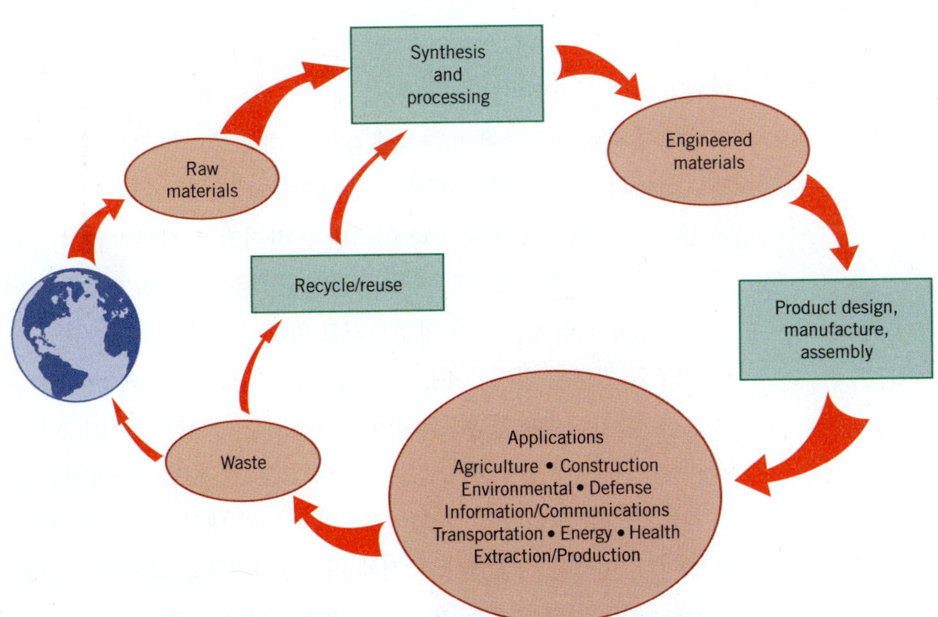

그림 20.1 재료의 순환을 나타낸 개략도 (Adapted from M. Cohen, *Advanced Materials & Processes*, Vol. 147, No. 3, p. 70, 1995. Copyright © 1995 by ASM International. Reprinted by permission of ASM International, Materials Park, OH.)

가용 자원은 부족해지므로, 이러한 재료 순환과 관련해 이들 자원의 효율적 활용에 대해 보다 많은 관심이 필요하다.

또한 에너지는 각 순환 단계마다 공급되어야만 하는데, 미국에서는 제조업체에 의해 소비되는 에너지의 절반가량이 재료의 생산 및 제조에 사용된다고 추정되고 있다. 에너지는 공급에 어느 정도 제한이 있으므로 보존을 위한 정책이 논의되어야 하며 재료의 생산, 응용 및 폐기에서 보다 효과적으로 사용되어야 한다.

마지막으로 재료 순환의 모든 단계에서 자연환경과의 상호작용 및 환경에 미치는 영향을 고려할 수 있다. 지구의 대기, 물, 그리고 대지의 상태는 우리가 이러한 재료 순환을 얼마나 신중히 다루는가에 달려 있다. 생태학적 손상 및 풍경 훼손의 어떤 부분은 의심할 여지 없이 원료를 추출하는 동안 이루어진다. 오염물질은 합성과 가공 단계에서 공기와 물로 스며들어 발생할 수 있다. 게다가 생산된 어떤 독성 화학품을 없애거나 폐기할 필요가 있을 수도 있다. 최종 제품, 장치, 응용품은 그 수명 동안 환경에 미치는 영향이 최소가 되도록 설계되어야만 하며, 수명이 다했을 때는 그 구성 재료의 재활용에 대한 대비 또는 최소한 자연분해와 같이 생태학적 부담을 줄일 수 있는 폐기법이 마련되어야 한다.

사용되었던 물품의 재활용은 몇 가지 이유에서 그것을 쓰레기 처리 하는 것보다 더욱 바람직한 접근법이다. 첫째, 재활용된 재료의 사용은 지구로부터 원료를 추출할 필요성을 줄이므로, 천연자원을 보호하고 추출과정에서 비롯되는 생태학적 영향을 줄일 수 있다. 두 번째로 재활용 재료의 제련과 가공에 필요한 에너지 양은 보통 그 원료 물질을 가공하는 것보다 적다. 예를 들어 자연 알루미늄 광석을 제련하는 데 필요한 에너지는 음료수 알루미늄 캔 고철을 재활용하는 것에 비해 약 28배가량 많다. 마지막으로 재활용 재료는 폐기할 필요가 없다.

따라서 재료 순환(그림 20.1)은 재료, 에너지, 그리고 환경 사이의 상호작용 및 교환과 관련된 하나의 시스템이다. 이것은 전 세계에 있는 미래의 공학자가 지구의 자원을 효과적으로 이용하기 위해 그리고 우리 환경에 대한 생태학적 영향을 최소화하기 위해, 이처럼 다양한 단계들 사이의 상호관계를 이해하는 데 필수적인 것이다.

많은 국가에서 환경문제와 이러한 논란거리는 정부기관의 규제기준을 통해 해결되고 있다. 나아가 산업적으로도 엔지니어들이 현존하거나 잠재적인 환경문제에 대한 실행 가능한 해결책을 제안하는 것이 의무화되고 있다.

제조와 관련된 환경문제를 바로잡는다는 것은 생산 가격에 영향을 줄 것이다. 일반적인 오해 중 하나는 보다 환경친화적인 생산품 또는 공정은 근본적으로 환경친화적이지 않은 것에 비해 비용이 더 높을 것이라는 생각이다. '독창적으로' 생각하는 엔지니어는 더 싸고 더 좋은 제품/공정을 만들어 낼 수 있다. 또 다른 고려 대상은 **비용**에 대해 어떻게 정의하는가에 대한 것이다. 이러한 관점에서 그 전체 라이프사이클을 짚어 보고 폐기 및 환경적 영향을 포함한 모든 관련 인자들을 고려하는 것은 필수 불가결하다.

그림 20.2 제품의 라이프사이클 평가를 위한 입출력 목록
(Adapted from J. L. Sullivan and S. B. Young, *Advanced Materials & Processes*, Vol. 147, No. 2, p. 38, 1995. Copyright © 1995 by ASM International. Reprinted by permission of ASM International, Materials Park, OH.)

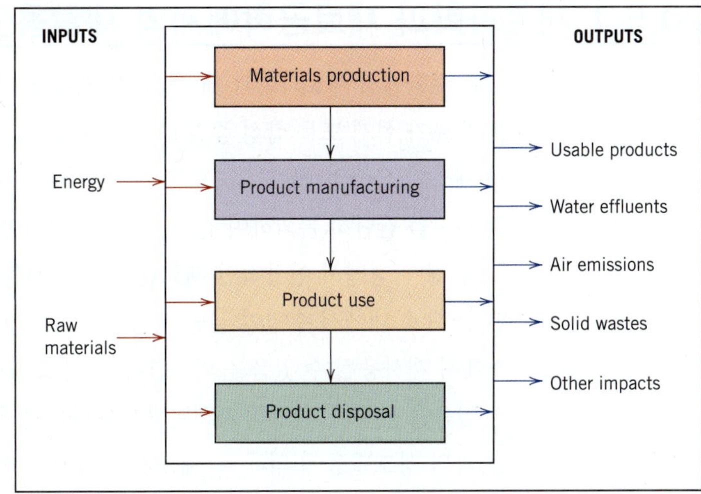

기업이 제품의 환경적 특성을 증진시키기 위해 시행하고 있는 접근법에는 **라이프사이클 분석/평가**(*life cycle analysis/assessment*)라는 것이 있다. 이 방법은 제품설계에 있어서 원료의 추출부터 제조, 활용, 그리고 재활용 및 폐기에 이르는 제품의 전체 수명 과정에 대해 환경적으로 평가한다. 때때로 이러한 방식을 **친환경 설계**(*green design*)라 부른다. 이 접근법에서 중요한 부분은 라이프사이클의 각 단계에 대해 재료 및 에너지라는 입력값과 폐기물이라는 출력값을 정량화하는 것이다. 이러한 과정은 그림 20.2에 설명되어 있다. 그리고 생태, 인간 건강, 자원 보전에 미치는 효과에 관하여 지역 및 세계 환경에 대한 영향 정도가 평가된다.

현재 환경/경제/사회의 유행어 중 하나는 **지속가능성**(*sustainability*)이다. 여기에서 지속가능성이란, 환경을 보존하면서 무기한 현재 수준의 만족스러운 생활방식을 유지하는 능력을 나타낸다. 이는 시간이 지나 인구가 증가하더라도, 지구 자원이 자연적으로 보충될 수 있고 오염물질의 배출 수준이 수용 가능한 수준으로 유지되는 속도로 사용되어야 함을 의미한다. 공학자들에게는 이러한 지속가능성의 개념이 지속 가능한 제품의 개발에 대한 책임으로 해석된다. 조직이 관련 법규를 준수하고 수익을 창출하고 환경에 미치는 영향을 줄이는 데 있어 섬세한 균형을 유지할 수 있도록 돕기 위해 국제적으로 인정된 ISO 14001 표준이 제정되었다.[1)]

1) 국제 표준화 기구(*ISO*)는 산업 표준 및 상업 표준을 수립하고 배포하는 다양한 국가 표준 기구의 대표로 구성된 전 세계 기구이다.

20.5 | 재료과학과 재료공학에서의 재활용문제

재료 순환에서 재료과학과 재료공학은 재활용 및 폐기 단계에 대해 중요한 역할을 한다. 새로운 재료가 설계 또는 합성 중일 때 재활용 및 폐기는 중요한 논점이다. 또한 재료 선정 과정에서 재료의 궁극적 폐기는 중요한 기준이 된다. 이 절에서는 이러한 재활용/폐기 논제에 대한 몇 가지를 간단히 논의하여 결론을 도출하고자 한다.

환경 관점에서 이상적인 재료란 완전히 재활용되거나 자연분해되어야 한다. **재활용**은 어떤 한 요소 내에서 수명이 끝난 재료가 다시 가공된 후 재료 순환 구조에 재진입하여 다른 요소에서 재사용될 수 있음을 의미한다. 그리고 그러한 과정이 규정할 수 없는 횟수만큼 반복될 수 있음을 뜻한다. 완전히 **자연분해**가 된다는 것은 환경(천연 화학물질, 미생물, 산소, 열, 햇빛 등)과의 상호반응에 의해 그 재료가 약화되어 첫 가공 이전과 동일한 상태로 돌아오는 것을 뜻한다. 공학 재료는 다양한 수준의 재활용도와 자연분해도를 가진다.

재활용 과제 중 중요한 하나는 자동차, 전자제품, 가전제품과 같이 여러 가지 재료가 사용된 부품에서 혼재되어 있는 재활용 재료를 분리하는 것이다. 고안된 분리 기술은 대부분 상대적으로 미세한 입자를 만들기 위한 분쇄(crushing), 파쇄(shredding), 세척(cleaning) 및 연삭(grinding)과 같은 공정이다. 예컨대 재활용 가능한 재료의 일반적인 소스는 수명이 끝난 자동차이다. 크레인, 컨베이어 벨트, 롤러 및 햄머로 구성된 거대한 장비는 약 20초 내에 자동차 파쇄를 완료할 수 있다. 게다가 분쇄된 입자로부터 여러 가지 재료를 분리하기 위해서 다소 독창적인 기술이 고안되었다. 예를 들면, 대부분의 철 합금은 강자성체이기 때문에 자기(magnetic) 분리 기술을 사용하여 제거할 수 있다. 또한, (강력한 전자석을 사용하는) 맴돌이 전류 분리기(eddy-current separator)는 남아 있는 혼합 재료에 반발력(repulsive force)을 가해 비철금속을 뽑아낸다. 저밀도 재료로 만든 품목은 중력표를 사용하여 고밀도 재료와 분리할 수 있다. 혼합 재료가 기울어진 플랫폼을 따라 움직일 때 팬(fan)은 플랫폼 표면에 압축공기를 불어넣어 가벼운 재료는 들어 올리고, 플랫폼의 진동은 무거운 물건을 한쪽으로, 가벼운 물건을 다른 쪽으로 우회시킨다. 또 다른 분리 기술로 일반적인 재료 종류에 따라 분리 공정을 계속 진행하게 된다.

금속

대부분의 금속 합금은 철과 구리같이 어느 정도는 부식되거나 자연분해된다. 그러나 수은이나 납과 같은 몇몇 금속은 독성이 있어 매립되었을 때 건강에 위험을 줄 수 있다. 또한 대부분의 금속 합금은 재활용이 가능하나, 모든 금속 합금이 그렇지는 않다. 그리고 재활용되는 합금의 품질은 매 사이클마다 조금씩 떨어지는(즉, 'down-cycled') 경향이 있다.

제품 설계는 다른 합금으로 구성된 요소들이 분해될 경우를 감안하고 있어야 한다. 비슷하지 않은 합금 간의 접합은 오염문제를 야기하는데, 예를 들어 두 유사 합금을 접합해야 할 때

볼트 조이기나 리벳 이음보다는 용접이 선호된다. 표면 코팅(페인트, 양극산화피막, 클래딩 등) 역시 오염물질로 작용할 수 있으며, 재료를 재활용할 수 없게 만들기도 한다. 이러한 예들은 설계 초기 단계에서 제품의 전체 라이프사이클을 고려하는 것이 왜 중요한지를 보여준다.

알루미늄 합금은 부식에 매우 강하므로 자연분해가 되지는 않는다. 그러나 다행스럽게도 알루미늄 합금은 재활용이 가능하다. 사실, 알루미늄은 가장 중요한 재생 가능한 비철금속이다. 알루미늄은 쉽게 부식되지 않기 때문에 완전히 재생될 수도 있다. 재생 알루미늄의 정제에는 그것의 처음 생산 때에 비해 상대적으로 낮은 비율의 에너지가 사용된다. 또한, 불순물을 수용하게끔 설계된 많은 상업적 합금들이 있다. 재활용 알루미늄은 사용된 음료 캔과 폐기된 자동차에서 주로 얻어진다.

유리

일반 대중에 의해 용기의 형태로 막대한 양이 소모되고 있는 세라믹 재료가 유리이다. 유리는 부패하지 않아 상대적으로 안정적인 재료이며, 자연분해되지 않는다. 유리 폐기물은 지역 매립지 및 소각로 잔여물의 상당한 부분을 차지하고 있다. 유리는 이상적인 재활용 재료로서 여러 번 재활용해도 품질이 크게 떨어지지 않는다.

폐유리는 색상(투명, 황색, 녹색)과 조성[석회, 납, 붕규산염(또는 파이렉스)][2)]에 따라 분류해야 한다. 그러고 나면, 불순물을 제거하는 세척 과정이 뒤따른다. 다음 단계는 컬릿(*cullet*)이라 불리는 작은 입자로 만들기 위해 폐유리를 분쇄하는 것이다. 첨가제는 컬릿을 탈색(색상 제거) 또는 재색(색상 변경)하기 위해 사용할 수 있다. 마지막으로, 컬릿을 용융시켜 유용한 제품(예: 유리용기)으로 만들거나 다른 시장에서 콘크리트, 유리섬유 벽 단열재, 조리대, 연마재 및 벽돌의 플럭싱제(소성 중)와 같이 사용될 수 있다.

플라스틱 및 고무

합성 고분자가 공학 재료로서 인기가 있는 이유 중 하나는 그들의 화학적, 생물학적 불활성에 기인한다. 그러나 쓰레기 폐기 시에는 이러한 특성이 골칫거리가 된다는 단점이 있다. 대부분의 고분자는 자연분해성 물질이 아니므로 매립지에서 자연분해되지 않는다. 쓰레기 발생의 주요 근원은 포장재, 폐차, 폐타이어 및 가정용 내구재 등이다. 자연분해가 가능한 고분자가 합성되었으나 제조에 상대적으로 고비용이 필요하다(중요 재료 20.1 참조). 한편 몇몇 고분자들은 가연성을 지녔고 주목할 만한 독성이나 오염물이 배출되지 않기 때문에 소각장에서 처리될 수 있다.

---

2) 붕규산염과 같은 내열성 유리는 상대적으로 높은 용점을 가지며, 고온에서 유체 유리의 점도에 영향을 줄 수 있기 때문에 다른 유형과 분리해야 한다(그림 15.22 참조).

열가소성 중합체

열가소성 중합체는 가열 시 재형성될 수 있기 때문에 재생 및 재활용이 가능하다. 앞서 언급한 분리 단계(즉, 파쇄, 세척, 연삭) 이외에 플라스틱 입자를 색상 및 화학적 방법으로 분류하는 것이 필요하다. 색상 분류는 특정 색상의 입자를 식별하는 광전 검출기로 수행할 수 있다. 에어건은 폐기물 스트림으로부터 다른 색상의 입자를 모두 날려 버린다. 화학적 방법으로 분류하는 기술 중 하나는 광물 가공 산업에서 도입한 부양 기술이다. 비슷한 기술을 사용하여 플라스틱 물질을 오염물(예: 충전재, 15.14절)과 분리한다.

일부 국가에서는 포장 재료의 종류를 숫자 식별코드를 사용하여 구별하고 있다. 예를 들어 '1'은 폴리(에틸렌 테레프탈레이트)(PET 또는 PETE)를 가리킨다. 표 20.1은 이러한 재활용 코드 번호와 그 연관 재료들을 나타낸 것이다. 또한 표에는 첫 번째 사용처와 재활용 재료의 사용처도 포함되어 있다.

재활용된 플라스틱은 원재료에 비해 가격이 낮고, 매 재활용 사이클마다 일반적으로 품질

표 20.1 몇 가지 상업적 고분자의 재활용 코드 및 원재료와 재활용 제품의 사용처

Recycle Code	Polymer Name	Uses of Virgin Material	Recycled Products
1	Poly(ethylene terephthalate) (PET or PETE)	Soft drink bottles, food containers, oven film, medicine containers	Industrial strapping, clothing, rope, upholstery fabric, fiberfill for winter coats and sleeping bags, carpeting, construction materials
2	High-density polyethylene (HDPE)	Milk bottles, grocery bags, toys, battery parts, motor oil bottles	Drain pipes and pipe fittings, tanks, cutting boards, recycling bins, plastic lumber, rope
3	Poly(vinyl chloride) or vinyl (V)	Clear food packaging materials, shampoo bottles, window frames, medical tubing	Irrigation pipes, siding for home construction, fencing, hoses, artificial reefs
4	Low-density polyethylene (LDPE)	Clear plastic bags, food container lids, adhesives, toys	Compost bins, plastic films, shipping envelopes, shrink wrap film, lawn furniture
5	Polypropylene (PP)	Sterilizable bottles, bottle caps, microwavable meal trays, food containers (such as margarine tubs), medicine bottles, reusable plastic cups	Storage bins, shipping containers and pallets, ice scrapers, brooms and brushes, garden rakes, automobile parts, fibers for blanket and coat filling, carpeting
6	Polystyrene (PS)	Food service items—cups, knives, spoons, and forks, electronic housings, foam packaging such as fast food sandwich containers, DVD cases	Light switch plates, rulers, thermal insulation, plastic architectural mouldings, food service trays, disposable cups
7	Other—Resin is not listed in Codes 1–6 above [such as poly(lactic acid)] or is a mixture of several types of resins	Ketchup bottles, food packaging, oven baking bags	Pens, ice scrapers, plastic lumber

및 외관이 떨어진다.

고무

고무 재료는 폐기와 재활용에 몇 가지 도전 과제가 있다. 고무 재료에 가황 처리를 하면 열경화성 재료가 되며 그로 인해 화학적으로 재활용이 어렵게 된다. 또한 고무 재료는 다양한 첨가물을 포함하고 있다. 미국에서 폐고무의 대부분은 자동차 타이어에서 수집되며, 이는 거의 자연분해되지 않는 것이다. 매립지에서 폐기하기에는 고무 재료는 부피가 크고 부력(물에 담그면 뜬다)이 있기 때문에 일반적으로 실행 가능하지 않다. 게다가 버려진 타이어 무더기에서 시작되는 화재를 진화하는 것은 매우 어렵다.

이러한 어려움에도 불구하고 미국에서는 버려지는 타이어의 상당부분이 유용하고 혁신적인 제품으로 재활용되고 있다. 재활용은 폐타이어를 약 20 mm 크기의 덩어리로 파쇄하는 것으로 시작한다. 이 단계에서 강철 보강 와이어는 자석을 사용하여 분리된 다음 스크랩으로 판매된다. 고무 덩어리는 크기가 600 μm 정도로 작아져서 '분말 고무(crumb rubber)' 입자를 형성한다.

재활용 타이어의 응용분야는 다음과 같다.

- 고무 가공 아스팔트 고속도로 포장 재료 — 15~22%의 분말 고무를 포함하여 저렴한 비용으로 오래가고, 부드럽고 조용한 승차감을 제공한다.
- 스포츠 경기장(축구, 달리기, 승마) — 쿠션과 탄력성이 개선되고 진흙과 먼지가 적으며 표면 건조가 빠르고 동결 손상이 적다.
- 조경 및 놀이공간을 위한 바닥재(러버 멀치, rubber mulch) — 오래가며 흰개미를 끌어들이지 않는다.
- 플립플롭 샌들
- 일부 산업 분야(예: 시멘트공장, 발전소, 공장)의 연료
- 도어매트, 이동식 과속방지턱, 철도 침목에도 사용된다.

전통 고무를 대체할 수 있는 재활용성이 가장 높은 재료는 열가소성 탄성중합체이다(14.18절). 이 재료는 자연상태에서 열가소성 수지이므로 화학적으로 가교되지 않기 때문에 쉽게 성형이 가능하다. 게다가 가황 처리가 필요 없기 때문에 열경화성 고무에 비해 제조에 요구되는 에너지도 적다.

복합재료

복합재료는 다상(multiphase)의 형태이므로 본질적으로 재활용하기가 어렵다. 복합재료를 구성하는 두 가지 이상의 재료들은 보통 매우 미세한 크기로 섞여 있으므로, 재활용하는 동

안 이들을 분리하는 것은 매우 어려운 공정이 된다. 개발된 대부분의 재활용 기술은 유리섬유와 탄소섬유로 구성된 고분자-기지 섬유-강화 복합재료에 사용된다. 고분자 기지상(matrix phase)은 열가소성(냉각 시 경화되고, 가열 시 연화됨) 또는 열경화성(경화된 후 열을 가해도 연화되지 않음) 수지이다. 열가소성 및 열경화성 수지에 모두 적용할 수 있는 세 가지 유형의 재활용 공정이 있다.

- 기계적 공정: 복합재료는 파쇄/연삭/연마 기술을 사용하여 작은 입자로 된다. 이 분말은 충전재 또는 강화재로 기능하기 위해 다른 복합재료에 포함되어 재순환된다.
- 열 공정: 섬유는 복합재료를 열처리하여 기지로부터 회수된다. 일부 기술의 경우 기지가 기화된다. 따라서 열적 재활용의 목적은 재사용할 수 있는 고품질의 섬유를 얻는 것이다. 회수된 섬유는 길이가 짧을 것이고 특성은 저하될 수 있다. 또한 유용한 열에너지가 생성될 수 있다.
- 화학적 공정: 섬유와 기지의 분리는 화학반응에 의해 이루어진다. 섬유의 복구가 주요 목표이다. 기지는 위험할 수 있고 추가 공정이 필요한 다른 물질로 전환될 수 있다.

열적 및 화학적 기법 모두 기계적 처리가 선행될 수 있다.

열가소성 기지가 있는 복합재료는 파쇄되거나 작은 입자로 연삭될 필요없이 개질될 수 있다. 한편, 분말상의 열가소성 수지-기지의 재활용은 몰딩(molding)에 의해서도 이루어질 수 있다.

열경화성-기지 섬유-강화 복합재료의 몰딩은 불가능하다. 이러한 재료는 일반적으로 다음과 같이 두 가지 형태로 재활용된다. (1) 이들 재료에서 (열적 또는 화학적으로) 추출된 섬유는 다른 응용에서 강화재로 재활용될 수 있다. (2) 분말 재료는 새로운 복합재료에서 구성요소(예: 충전재 및 강화재)로 다시 사용될 수 있다.

재활용된 유리섬유 복합재료는 인공 목재; 콘크리트 바닥, 연석, 인도(수축을 줄이고 내구성을 높이기 위해); 아스팔트; 지붕용 타르(roofing tar); 그리고 주조된 주방 조리대(countertop)와 같은 곳에 사용될 수 있다. 탄소섬유-강화 복합재료의 재활용 응용분야에는 전자파 차폐, 정전기 방지 도료 및 코팅, 고온 절연, 복합재료 공구 및 자동차 성형 부품이 포함된다.

전자 폐기물

현대의 전자 장치 출현은 (매립 또는 소각 또는) 재활용되어야 하는 새로운 유형의 폐기물인 **전자 폐기물**(*e-waste*)을 만들어 냈다. 쓸모없게 되고, 낡고 부서진 전자제품들(예: 컴퓨터, 노트북, 휴대전화, 태블릿, 텔레비전, 모니터, 프린터)은 모두 전자 폐기물 흐름의 일부가 된다. 기술의 급속한 팽창과 새롭고, 더 낫고, 더 싼 전자제품의 끊임없는 증가는 엄청난 속도로 전자 폐기물을 만들었다.

전자 폐기물에는 많은 수의 다양한 물질이 있다. 이 중 일부는 위험하거나 독성이 있으므로 토양, 지하수 및 대기로 유입되는 것을 막아야 되는데, 주로 납, 카드뮴, 크롬, 수은, 난연제(고분자에 첨가되는 BFR), 베릴륨 산화물이 포함된 재료들이다. 비위험 재료는 구리, 알루미늄, 금, 철, 팔라듐, 주석, 에폭시 수지, 폴리(비닐 클로라이드), 유리섬유 등이다. 두 가지 유형의 재료 중 일부는 재활용이 가능하다.

하지만 이들 재료는 거의 재활용되지 않는다. 종종 미국, 캐나다 및 유럽의 재활용업체로 보내지는 전자 폐기물은 개발도상국에 수출된다. 여기서 폐기물은 초창기 기술[예: 회로판을 녹이거나 케이블 외피를 연소시키고, 열린 구멍 침출(open-pit leaching)을 사용하여 재활용할 수 있는 금속을 분리]을 사용하여 사실상 규제되지 않은 환경에서 처리된다. 이러한 기술을 사용하여 만들어진 독성물질은 재활용 업자에게 심각한 건강상 위험을 초래한다. 또한, 독성물질을 포함하고 있는 이 전자 폐기물의 대부분은 소각되거나 매립되는데, 이로 인해 지역 주민에게 매우 위험한 환경오염을 초래한다.

중요 재료 20.1

생분해성 및 생재생 고분자/플라스틱

오늘날 제조된 대부분의 고분자는 합성 및 석유계이다. 이러한 합성 재료(예: 폴리에틸렌, 폴리스티렌)는 매우 안정적이며 특히 습한 환경에서 분해에 강하다. 1970년대와 1980년대에는 많은 양의 플라스틱 폐기물이 발생하여 매립 가능한 매립지를 모두 채우게 될 것을 우려했다. 따라서 고분자의 분해에 대한 내성은 자산이 아닌 책임으로 간주되었다. 생분해성 고분자의 도입은 매립된 쓰레기의 일부를 제거하는 수단으로 인식되었으며, 고분자 산업의 반응은 생분해성 물질 개발을 시작하는 것이었다.

생분해성 고분자(*biodegradable polymer*)는 일반적으로 미생물 작용에 의해 환경에서 자연적으로 분해된다. 분해 메커니즘에 관해서는, 미생물(microbe)이 고분자 사슬 결합을 절단하여 분자 크기를 감소시킨다. 이 작은 분자들은 식물 퇴비와 유사한 과정으로 미생물에 의해 섭취될 수 있다. 물론 양모, 면화 및 목재와 같은 천연 고분자는 미생물이 이러한 물질을 쉽게 소화할 수 있기 때문에 생분해성이 있다.

이러한 분해 가능한 물질의 첫 번째 세대는 폴리에틸렌과 같은 일반적인 고분자를 기반으로 했다. 햇빛에 분해되고(즉, 광분해), 공기 중에서 산소와 반응하여 산화되고, 그리고/또는 생물학적으로 분해되게 하기 위해 화합물을 첨가했다. 안타깝게도 이 첫 번째 세대의 물질은 기대에 미치지 못했다. 그것들은 천천히 퇴화되었고(매립된 경우), 예상했던 매립 폐기물의 감소는 실현되지 않았다. 이러한 초기의 실망은 나쁜 평가로 이어져 분해성 고분자의 개발을 방해했다. 이에 따라 고분자 업계는 분해율을 정확하게 측정하고 분해 방식을 특성화하는 표준을 제정했다. 이러한 발전은 생분해성 고분자에 대한 새로운 관심을 불러일으켰다.

현재 세대의 생분해성 고분자의 개발은 종종 수명이 짧은 틈새시장 적용을 목표로 하고 있다. 예를 들어,

Courtesy of Dubois Agrinovation

그림 20.3 농경지에 덮인 생분해성 플라스틱 바닥덮기 필름

생분해성 잎과 야드 폐기물 가방은 퇴비 물질을 담는데 사용할 수 있으므로 물질을 분해할 필요가 없다.

생분해성 플라스틱의 또 다른 중요한 용도는 농업용 바닥덮기 필름(그림 20.3)이다. 추운 지역에서는 플라스틱 시트로 씨앗을 덮으면 성장기를 연장할 수 있게 되어, 작물 생산량을 늘리고 비용을 절감할 수 있다. 플라스틱 시트는 열을 흡수해서 지면 온도를 높이며, 보습을 증가시킨다. 전통적으로 검은색 폴리에틸렌(비생분해성) 시트가 사용되었었다. 그러나 성장기가 끝날 때 이 시트는 분해/생분해되지 않으므로 현장에서 모아서 수동으로 폐기해야 했다. 최근에는 바닥덮기 필름(mulch film)으로 사용되는 생분해성 플라스틱이 개발되었는데, 농작물 수확 후에 이들 필름은 간단하게 일궈지며, 분해되면서 토양을 비옥하게 해 준다.

패스트푸드 산업에는 이 재료군의 또 다른 잠재적 기회가 존재한다. 예를 들어 모든 접시, 컵, 포장 등이 생분해성 물질을 기반으로 하는 경우, 음식물 쓰레기와 함께 섞여서 대규모 작업에서 퇴비를 만들 수 있다. 이러한 방법으로 매립지로 들어오는 재료의 양을 줄일 수 있을 뿐 아니라 재생 가능한 물질에서 고분자가 추출된 경우 온실가스 배출량이 감소하게 된다.

석유 의존도와 온실가스 배출량을 줄이기 위해 식물에서 추출 가능한 물질(바이오매스[3])인 생재생(*biorenewable*), 생분해성 고분자를 개발하기 위해 많은 노력이 있었다. 이러한 신소재는 기존 고분자와 가격경쟁력이 있어야 하며 기존 기술(압출, 사출 성형 등)을 사용하여 가공할 수 있어야 한다.

지난 30년 동안 석유에서 추출된 물질에 필적하는 특성을 지니고 있는 생재생 고분자가 합성되었다. 일부는 생분해성이며, 일부는 아니다. 아마도 생물에서 파생된 고분자 중 가장 잘 알려진 것은 폴리(락트산)[poly(l-lactic acid), 약칭 PLA]이며, 다음과 같은 반복 단위 구조를 가지고 있다.

$$\left[-\underset{CH_3}{\overset{H}{C}}-\overset{O}{\overset{\|}{C}}-O- \right]_n$$

상업적으로 PLA는 젖산(lactic acid)으로부터 유도된다. 그러나 옥수수, 사탕무, 밀과 같은 전분이 풍부한 재생 가능한 제품이 제조 원료로 사용된다. 기계적으로 PLA의 탄성계수 및 인장강도는 폴리에틸렌 테레프탈레이트(PET)와 유사하며, 다른 생분해성 고분자[예: 폴리(글리콜산)(PGA)]와의 공중합은 물성 변화를 촉진하여 사출성형, 압출성형, 중공성형, 섬유성형과 같은 기존의 제조 공정을 사용할 수 있게 한다. PLA는 특히 음료 및 식료 제품의 포장재로서 투명성, 수분 및 기

3) 바이오매스(*biomass*)는 연료 또는 산업용 공급 원료로 사용할 수 있는 식물의 줄기, 잎, 씨앗과 같은 생물학적 물질을 의미한다.

름에 대한 내성, 무취(odorlessness) 및 냄새 장벽 특성을 제공한다. PLA는 **생체 흡수성**(*bioresorbable*)이며, 이는 생체 시스템(예: 인체)에서 동화(또는 흡수)됨을 의미한다. 따라서 이러한 물질은 흡수성 봉합, 임플란트 및 약물의 통제된 공급을 포함한 다양한 생체의학 응용분야에 사용된다.

PLA 및 다른 생분해성 고분자의 광범위한 사용을 가로막는 주된 문제는 새로운 재료의 도입과 관련된 공통적인 문제인 고비용이다. 그러나 보다 효율적이고 경제적인 합성 및 가공 기술 개발로 이 재료군의 비용이 현저하게 감소하여 기존의 석유 기반 고분자와 경쟁력을 갖게 되었다.

PLA는 생분해성이지만 신중하게 통제된 상황, 즉 상업용 시설에서 발생하는 고온에서만 분해된다. 실내 온도와 정상적인 주변 조건에서 이 물질은 무한정 안정하다. 분해 생성물은 물, 이산화탄소 및 유기물질로 구성된다. 초기 단계에서, 고분자량 폴리머가 더 작은 조각으로 분해되는 분해 프로세스는 앞서 설명한 바와 같이 진정한 의미의 '생물분해(biodegradation)' 중 하나가 아니다. 이는 오히려 고분자 주사슬(backbone chain)의 가수분해와 관련되며, 미생물 작용의 증거는 거의 없거나 전혀 없다. 그러나 이들 저분자량 입자의 이어진 분해는 미생물에 의해서이다.

폴리(락트산)은 또한 재활용이 가능하다. 적절한 장비를 사용하면 다시 원래 단량체(monomer)로 전환한 다음 재합성하여 PLA를 형성할 수 있다.

PLA의 또 다른 특성은 특히 섬유 응용분야에서 매력적이다. 예를 들어 기존의 용융 방사 공정을 사용하면 섬유로 방사될 수 있다(15.17절). 또한 PLA는 우수한 크림프(crimp) 및 크림프 유지력을 가지며, 자외선에 노출되어 분해되는 것에 강하고(즉, 퇴색에 저항), 비교적 불연성이다. 이 재료의 다른 잠재적인 용도로는 기저귀, 산업용 물티슈뿐만 아니라 가정에서 쓰는 커튼, 커버류, 차양 등이 있다.

Courtesy of NatureWorks LLC and International Paper, Inc.

생재생/생분해성 폴리(락트산)의 응용 예: 필름, 포장재, 직물

요약

경제적 고려사항

- 생산 단가를 최소화하기 위해 재료공학자들은 요소 설계, 사용되는 재료 및 제조기술을 고려해야 한다.
- 다른 중요한 요소들에는 추가 수당, 노동력, 보험, 수익 등이 있다.

환경 및 사회적 고려사항

- 제품의 환경 및 사회적 영향은 중요한 공학적 논란거리가 되어 가고 있다. 이와 관련하여 재료의 요람에서 무덤까지 라이프사이클은 중요한 고려 대상이다.

- '요람에서 무덤' 주기는 추출, 합성/가공, 제품설계/제조, 적용, 폐기 단계로 구성된다(그림 20.1).
- 제품의 라이프사이클 평가를 위해 입출력 지침을 사용하여 재료 주기의 효율적인 운영이 가능해진다. 재료와 에너지는 투입 변수이고, 산출물은 사용 가능한 제품, 폐수, 대기배출물 및 고형폐기물을 포함한다(그림 20.2).
- 지구는 물질 자원이 유한한 밀폐계이며, 에너지 자원에 대해서도 어느 정도는 이와 같다고 말할 수 있다. 환경적 논란에는 생태학적 손상, 공해 및 폐기물 처리가 포함된다.
- 사용되었던 물품의 재활용과 친환경 설계의 사용은 이러한 환경문제들 중 일부를 제거한다.

재료과학과 재료공학에서의 재활용문제

- 재활용 및 폐기물 처리 논제들은 재료 과학 및 공학의 맥락에서 중요하다. 이상적으로 재료는 재활용이 가능해야 하며 적어도 생분해성 또는 일회용이어야 한다.
- 다품종 부품에 들어 있는 혼재된 재활용 재료를 분리하는 기술이 고안되었다.
- 다양한 재료 유형의 재활용/폐기 가능성과 관련하여
  - 금속 합금은 재활용성 및 생분해성(부식에 대한 민감성)이 다양하다. 일부 금속은 독성이 있어 폐기될 수 없다.
  - 유리는 가장 보편적인 상용 세라믹이다. 생분해성은 아니지만, 많은 상용 제품으로 재활용이 가능하다.
  - 대부분의 플라스틱과 고무는 생분해성이 없다. 열가소성 고분자는 재활용할 수 있지만, 열경화성 고분자와 고무의 재활용은 까다롭다. 자동차 타이어를 파쇄한 고무 조각들은 여러 혁신적인 제품으로 재활용된다.
  - 복합재료는 미세한 크기로 섞인 2개 또는 그 이상의 상(phase)으로 구성되기 때문에 재활용하기가 어렵다. 일부 복합재료는 작은 입자로 파쇄되어 다른 복합재료에서 충전재로 사용된다. 열 및 화학적 기법은 일부 섬유-기지(matrix) 조합을 분리하기 위해 고안되었다.
- 낡고 오래되고 폐기된 전자제품의 전자 폐기물이 현재 놀라운 증가속도로 배출되고 있다. 일부 전자 폐기물은 위험하거나 독성이 있으므로 매립하거나 소각해서는 안 된다. 다른 비위험 물질은 재활용이 가능하다.

참고문헌

Engineering Economics

Newnan, D. G., T. G. Eschenbach, and J. P. Lavelle, *Engineering Economic Analysis*, 12th edition, Oxford University Press, New York, 2014.

Park, C. S., *Fundamentals of Engineering Economics*, 3rd edition, Prentice Hall, Upper Saddle River, NJ, 2013.

White, J. A., K. E. Case, and D. B. Pratt, *Principles of Engineering Economics Analysis*, 6th edition, Wiley, Hoboken, NJ, 2012.

Societal

Cohen, M., "Societal Issues in Materials Science and Technology," *Materials Research Society Bulletin*, September, 1994, pp. 3–8.

Environmental

Anderson, D. A., *Environmental Economics and Natural Resource Management*, 4th edition, Taylor & Francis, New York, NY, 2014.

Ashby, M. F., *Materials and the Environment: Eco-Informed Material Choice*, 2nd edition, Butterworth-Heinemann/Elsevier, Oxford, UK, 2012.

Azapagic, A., A. Emsley, and I. Hamerton, *Polymers, the Environment and Sustainable Development*, Wiley, West Sussex, UK, 2003.

Baxi, R. S., *Recycling our Future: A Global Strategy*, CRC Press, Boca Raton, FL, 2014.

Connett, P., *The Zero Waste Solution*, Chelsea Green Publishing, White River Junction, VT, 2013.

Davis, M. L., and D. A. Cornwell, *Introduction to Environmental Engineering*, 5th edition, McGraw-Hill, New York, NY, 2012.

McDonough, W., and M. Braungart, *Cradle to Cradle: Remaking the Way We Make Things*, North Point Press, New York, 2002.

Mihelcic, J. R., and J. B. Zimmerman, *Environmental Engineering: Fundamentals, Sustainability, Design*, 2nd edition, Wiley, Hoboken, NJ, 2014.

Nemerow, N. L., F. J. Agardy, and J. A. Salvato (Editors), *Environmental Engineering*, 6th edition, Wiley, Hoboken, NJ, 2009. Three volumes.

Porter, R. C., *The Economics of Waste*, Resources for the Future Press, Washington, DC, 2002.

Unnisa, S. A., and S. B. Rav, *Sustainable Solid Waste Management*, CRC Press, Boca Raton, FL, 2012.

문제

설계 문제

20.D1 유리, 알루미늄 및 다양한 플라스틱 재료가 용기에 사용된다(1장의 첫 페이지 사진 및 이 장의 중요 재료 20.1에 수록된 사진 참조). 이 세 가지 재료 유형을 각각 사용할 때의 장단점 목록을 용기 생산 비용, 재활용 가능성 및 에너지 소비와 같은 요소를 포함시켜서 작성하라.

20.D2 설계 초기 단계에서부터 제품의 전체 라이프사이클을 고려하는 것이 왜 중요한가?

20.D3 재료공학이 '친환경 설계(green design)'에서 어떤 역할을 할 수 있는지 논하라.

20.D4 재활용 외에도 환경문제를 최소화하기 위한 다른 소비자 행동을 제안하라.

A 국제단위계(SI)

A.1: SI 기본단위
A.2: 일부 SI 유도단위
A.3: SI 배수 접두어
A.4: 단위 축약 표기
A.5: 단위 변환계수

국제단위계(*International System of Units*)는 기본단위(base unit)와 유도단위(derived unit)로 분류된다. 기본단위는 기본적이며 축소될 수 없는 것이다. 표 A.1은 재료과학 분야에서 자주 사용되는 기본단위들을 나타낸 것이다.

유도단위는 기본단위에 곱셈과 나눗셈의 수학기호를 사용하여 표현된다. 예를 들면 밀도에 대한 SI 단위는 입방미터당 킬로그램(kg/m^3)이다. 또한 N은 힘의 단위인 뉴턴을 나타내는데 사용된다. 1 N은 1 $kg \cdot m/s^2$에 해당된다. 중요한 유도단위들을 표 A.2에 나타내었다.

SI 단위의 이름 또는 기호를 10의 배수로 나타내는 것은 자주 필요하면서 매우 편리한 경우가 있다. SI 단위의 배수는 오직 하나의 접두어를 사용하여 분자에 쓴다. 이와 같은 접두어들과 승인된 기호들을 표 A.3에서 확인할 수 있다. 이 책에서 사용되는 모든 단위에 대한 기호들(SI 단위 및 기타 단위)은 표 A.4에 나타내었다.

SI 단위 외에 센티미터-그램-초(*cgs*) 단위계도 사용된다. 표 A.5에 재료과학과 재료공학에서 자주 사용되는 질량, 힘, 에너지, 온도 등의 물성에 대한 단위변환에 필요한 변환계수(상수)를 나타내었다.

표 A.1 SI 기본단위

Quantity	Name	Symbol
Length	meter, metre	m
Mass	kilogram	kg
Time	second	s
Electric current	ampere	A
Thermodynamic temperature	kelvin	K
Amount of substance	mole	mol

표 A.2 일부 SI 유도단위

Quantity	Name	Formula	Special Symbol
Area	square meter	m^2	—
Volume	cubic meter	m^3	—
Velocity	meter per second	m/s	—
Density	kilogram per cubic meter	kg/m^3	—
Concentration	moles per cubic meter	mol/m^3	—
Force	newton	$kg\cdot m/s^2$	N
Energy	joule	$kg\cdot m^2/s^2$, $N\cdot m$	J
Stress	pascal	$kg/m\cdot s^2$, N/m^2	Pa
Strain	—	m/m	—
Power, radiant flux	watt	$kg\cdot m^2/s^2$, J/s	W
Viscosity	pascal-second	$kg/m\cdot s$	Pa·s
Frequency (of a periodic phenomenon)	hertz	s^{-1}	Hz
Electric charge	coulomb	$A\cdot s$	C
Electric potential	volt	$kg\cdot m^2/s^2\cdot C$	V
Capacitance	farad	$s^2\cdot C^2/kg\cdot m^2$	F
Electric resistance	ohm	$kg\cdot m^2/s\cdot C^2$	Ω
Magnetic flux	weber	$kg\cdot m^2/s\cdot C$	Wb
Magnetic flux density	tesla	$kg/s\cdot C$, Wb/m^2	(T)[a]

[a]T is a special symbol approved for SI but not used in this text; here, the name *tesla* is used instead of the symbol.

표 A.3 SI 배수 접두어

Factor by Which Multiplied	Prefix	Symbol
10^9	giga	G
10^6	mega	M
10^3	kilo	k
10^{-2}	centi[a]	c
10^{-3}	milli	m
10^{-6}	micro	μ
10^{-9}	nano	n
10^{-12}	pico	p

[a]Avoided when possible.

표 A.4 단위 축약 표기

A = ampere	J = joule	N = newton
Å = angstrom	K = degrees Kelvin	nm = nanometer
Btu = British thermal unit	kg = kilogram	P = poise
C = Coulomb	m = meter	Pa = Pascal
°C = degrees Celsius	Mg = megagram	s = second
cal = calorie (gram)	mm = millimeter	T = temperature
cm = centimeter	mol = mole	μm = micrometer (micron)
eV = electron volt	MPa = megapascal	W = watt
g = gram		

표 A.5 단위 변환 계수

Length	
1 m = 10^{10} Å	1 Å = 10^{-10} m
1 m = 10^{9} nm	1 nm = 10^{-9} m
1 m = 10^{6} μm	1 μm = 10^{-6} m
1 m = 10^{3} mm	1 mm = 10^{-3} m
1 m = 10^{2} cm	1 cm = 10^{-2} m
Area	
1 m^2 = 10^{4} cm^2	1 cm^2 = 10^{-4} m^2
1 mm^2 = 10^{-2} cm^2	1 cm^2 = 10^{2} mm^2
Volume	
1 m^3 = 10^{6} cm^3	1 cm^3 = 10^{-6} m^3
1 mm^3 = 10^{-3} cm^3	1 cm^3 = 10^{3} mm^3
Mass	
1 Mg = 10^{3} kg	1 kg = 10^{-3} Mg
1 kg = 10^{3} g	1 g = 10^{-3} kg
Density	
1 kg/m^3 = 10^{-3} g/cm^3	1 g/cm^3 = 10^{3} kg/m^3
1 Mg/m^3 = 1 g/cm^3	1 g/cm^3 = 1 Mg/m^3
Force	
1 N = 10^{5} dynes	1 dyne = 10^{-5} N
Stress	
1 MPa = 0.102 kg/mm^2	1 kg/mm^2 = 9.806 MPa
1 Pa = 10 dynes/cm^2	1 dyne/cm^2 = 0.10 Pa
Energy	
1 J = 10^{7} ergs	1 erg = 10^{-7} J
1 J = 6.24×10^{18} eV	1 eV = 1.602×10^{-19} J
1 J = 0.239 cal	1 cal = 4.184 J
1 J = 9.48×10^{-4} Btu	1 Btu = 1054 J
1 eV = 3.83×10^{-20} cal	1 cal = 2.61×10^{19} eV
1 cal = 3.97×10^{-3} Btu	1 Btu = 252.0 cal

(Continued)

표 A.5 단위 변환 계수

Power	
1 W = 0.239 cal/s	1 cal/s = 4.184 W
1 W = 3.414 Btu/h	1 Btu/h = 0.293 W
1 cal/s = 14.29 Btu/h	1 Btu/h = 0.070 cal/s
Viscosity	
1 Pa·s = 10 P	1 P = 0.1 Pa·s
Temperature, *T*	
$T(\text{K}) = 273 + T(°\text{C})$	$T(°\text{C}) = T(\text{K}) - 273$
$T(\text{K}) = \frac{5}{9}[T(°\text{F}) - 32] + 273$	$T(°\text{F}) = \frac{9}{5}[T(\text{K}) - 273] + 32$
$T(°\text{C}) = \frac{5}{9}[T(°\text{F}) - 32]$	$T(°\text{F}) = \frac{9}{5}[T(°\text{C})] + 32$
Specific Heat	
$1\ \text{J/kg·K} = 2.39 \times 10^{-4}\ \text{cal/g·K}$	1 cal/g·°C = 4184 J/kg·K
Thermal Conductivity	
$1\ \text{W/m·K} = 2.39 \times 10^{-3}\ \text{cal/cm·s·K}$	1 cal/cm·s·K = 418.4 W/m·K

B 공업 재료의 물성

B.1: 밀도
B.2: 탄성계수
B.3: 포아송비
B.4: 강도와 연성
B.5: 평면변형률 파괴인성
B.6: 선팽창계수
B.7: 열전도도
B.8: 비열
B.9: 전기 비저항
B.10: 금속 합금 조성

여기서는 약 100개 정도의 널리 사용되는 공업 재료의 중요한 물성에 대하여 소개한다. 각 표들은 선택된 재료별로 주어진 물성에 대한 데이터들을 제공한다. 또한 소개된 금속 합금에 대한 화학조성을 정리해 놓았다(표 B.10). 데이터들은 재료 종류별로 분류하여 제시하였다(금속과 금속 합금; 흑연, 세라믹, 반도체 재료; 고분자; 섬유 재료; 복합재료). 각 분류 내에서는 알파벳 순서로 재료들을 나열하였다.

데이터들은 대표적으로 측정된 단일 값 또는 일정범위의 값들을 선정하였다. 또한 데이터에 '(min)'이 표기된 경우는 제시된 값이 최솟값이라는 것을 의미한다.

표 B.1 여러 공업 재료의 상온에서의 밀도

Material	Density (g/cm^3)
METALS AND METAL ALLOYS	
Plain Carbon and Low-Alloy Steels	
Steel alloy A36	7.85
Steel alloy 1020	7.85
Steel alloy 1040	7.85
Steel alloy 4140	7.85
Steel alloy 4340	7.85
Stainless Steels	
Stainless alloy 304	8.00
Stainless alloy 316	8.00
Stainless alloy 405	7.80
Stainless alloy 440A	7.80
Stainless alloy 17-4PH	7.75

(*Continued*)

표 B.1 여러 공업 재료의 상온에서의 밀도

Material	Density (g/cm^3)
Cast Irons	
Gray irons	
• Grade G1800	7.30
• Grade G3000	7.30
• Grade G4000	7.30
Ductile irons	
• Grade 60-40-18	7.10
• Grade 80-55-06	7.10
• Grade 120-90-02	7.10
Aluminum Alloys	
Alloy 1100	2.71
Alloy 2024	2.77
Alloy 6061	2.70
Alloy 7075	2.80
Alloy 356.0	2.69
Copper Alloys	
C11000 (electrolytic tough pitch)	8.89
C17200 (beryllium–copper)	8.25
C26000 (cartridge brass)	8.53
C36000 (free-cutting brass)	8.50
C71500 (copper–nickel, 30%)	8.94
C93200 (bearing bronze)	8.93
Magnesium Alloys	
Alloy AZ31B	1.77
Alloy AZ91D	1.81
Titanium Alloys	
Commercially pure (ASTM grade 1)	4.51
Alloy Ti–5Al–2.5Sn	4.48
Alloy Ti–6Al–4V	4.43
Precious Metals	
Gold (commercially pure)	19.32
Platinum (commercially pure)	21.45
Silver (commercially pure)	10.49
Refractory Metals	
Molybdenum (commercially pure)	10.22
Tantalum (commercially pure)	16.6
Tungsten (commercially pure)	19.3
Miscellaneous Nonferrous Alloys	
Nickel 200	8.89
Inconel 625	8.44
Monel 400	8.80

(*Continued*)

표 B.1 여러 공업 재료의 상온에서의 밀도

Material	Density (g/cm^3)
Haynes alloy 25	9.13
Invar	8.05
Super invar	8.10
Kovar	8.36
Chemical lead	11.34
Antimonial lead (6%)	10.88
Tin (commercially pure)	7.17
Lead–tin solder (60Sn–40Pb)	8.52
Zinc (commercially pure)	7.14
Zirconium, reactor grade 702	6.51
GRAPHITE, CERAMICS, AND SEMICONDUCTING MATERIALS	
Aluminum oxide	
• 99.9% pure	3.98
• 96% pure	3.72
• 90% pure	3.60
Concrete	2.4
Diamond	
• Natural	3.51
• Synthetic	3.20–3.52
Gallium arsenide	5.32
Glass, borosilicate (Pyrex)	2.23
Glass, soda–lime	2.5
Glass-ceramic (Pyroceram)	2.60
Graphite	
• Extruded	1.71
• Isostatically molded	1.78
Silica, fused	2.2
Silicon	2.33
Silicon carbide	
• Hot-pressed	3.3
• Sintered	3.2
Silicon nitride	
• Hot-pressed	3.3
• Reaction-bonded	2.7
• Sintered	3.3
Zirconia, 3 mol% Y_2O_3, sintered	6.0
POLYMERS	
Elastomers	
• Butadiene–acrylonitrile (nitrile)	0.98
• Styrene–butadiene (SBR)	0.94
• Silicone	1.1–1.6
Epoxy	1.11–1.40

(Continued)

표 B.1 여러 공업 재료의 상온에서의 밀도

Material	Density (g/cm^3)
Nylon 6,6	1.14
Phenolic	1.28
Poly(butylene terephthalate) (PBT)	1.34
Polycarbonate (PC)	1.20
Polyester (thermoset)	1.04–1.46
Polyetheretherketone (PEEK)	1.31
Polyethylene	
• Low density (LDPE)	0.925
• High density (HDPE)	0.959
• Ultra-high-molecular-weight (UHMWPE)	0.94
Poly(ethylene terephthalate) (PET)	1.35
Poly(methyl methacrylate) (PMMA)	1.19
Polypropylene (PP)	0.905
Polystyrene (PS)	1.05
Polytetrafluoroethylene (PTFE)	2.17
Poly(vinyl chloride) (PVC)	1.30–1.58
FIBER MATERIALS	
Aramid (Kevlar 49)	1.44
Carbon	
• Standard modulus (PAN precursor)	1.78
• Intermediate modulus (PAN precursor)	1.78
• High modulus (PAN precursor)	1.81
• Ultra-high modulus (pitch precursor)	2.12–2.19
E-glass	2.58
COMPOSITE MATERIALS	
Aramid fibers–epoxy matrix ($V_f = 0.60$)	1.4
Standard-modulus carbon fibers–epoxy matrix ($V_f = 0.60$)	1.6
E-glass fibers–epoxy matrix ($V_f = 0.60$)	2.1
Wood	
• Douglas fir (12% moisture)	0.46–0.50
• Red oak (12% moisture)	0.61–0.67

Sources: *ASM Handbooks*, Volumes 1 and 2, *Engineered Materials Handbook*, Volume 4, *Metals Handbook: Properties and Selection: Nonferrous Alloys and Pure Metals*, Vol. 2, 9th edition, and *Advanced Materials & Processes*, Vol. 146, No. 4, ASM International, Materials Park, OH; *Modern Plastics Encyclopedia '96*, The McGraw-Hill Companies, New York NY; and manufacturers' technical data sheets.

표 B.1 여러 공업 재료의 상온에서의 밀도

Material	Modulus of Elasticity (GPa)
METALS AND METAL ALLOYS	
Plain Carbon and Low-Alloy Steels	
Steel alloy A36	207
Steel alloy 1020	207
Steel alloy 1040	207
Steel alloy 4140	207
Steel alloy 4340	207
Stainless Steels	
Stainless alloy 304	193
Stainless alloy 316	193
Stainless alloy 405	200
Stainless alloy 440A	200
Stainless alloy 17-4PH	196
Cast Irons	
Gray irons	
• Grade G1800	66–97[a]
• Grade G3000	90–113[a]
• Grade G4000	110–138[a]
Ductile irons	
• Grade 60-40-18	169
• Grade 80-55-06	168
• Grade 120-90-02	164
Aluminum Alloys	
Alloy 1100	69
Alloy 2024	72.4
Alloy 6061	69
Alloy 7075	71
Alloy 356.0	72.4
Copper Alloys	
C11000 (electrolytic tough pitch)	115
C17200 (beryllium–copper)	128
C26000 (cartridge brass)	110
C36000 (free-cutting brass)	97
C71500 (copper–nickel, 30%)	150
C93200 (bearing bronze)	100
Magnesium Alloys	
Alloy AZ31B	45
Alloy AZ91D	45

(*Continued*)

표 B.2 여러 공업 재료의 상온에서의 탄성계수

Material	Modulus of Elasticity (GPa)
METALS AND METAL ALLOYS	
Plain Carbon and Low-Alloy Steels	
Steel alloy A36	207
Steel alloy 1020	207
Steel alloy 1040	207
Steel alloy 4140	207
Steel alloy 4340	207
Stainless Steels	
Stainless alloy 304	193
Stainless alloy 316	193
Stainless alloy 405	200
Stainless alloy 440A	200
Stainless alloy 17-4PH	196
Cast Irons	
Gray irons	
• Grade G1800	66–97[a]
• Grade G3000	90–113[a]
• Grade G4000	110–138[a]
Ductile irons	
• Grade 60-40-18	169
• Grade 80-55-06	168
• Grade 120-90-02	164
Aluminum Alloys	
Alloy 1100	69
Alloy 2024	72.4
Alloy 6061	69
Alloy 7075	71
Alloy 356.0	72.4
Copper Alloys	
C11000 (electrolytic tough pitch)	115
C17200 (beryllium–copper)	128
C26000 (cartridge brass)	110
C36000 (free-cutting brass)	97
C71500 (copper–nickel, 30%)	150
C93200 (bearing bronze)	100
Magnesium Alloys	
Alloy AZ31B	45
Alloy AZ91D	45

(*Continued*)

표 B.2 여러 공업 재료의 상온에서의 탄성계수

Material	Modulus of Elasticity (GPa)
Titanium Alloys	
Commercially pure (ASTM grade 1)	103
Alloy Ti–5Al–2.5Sn	110
Alloy Ti–6Al–4V	114
Precious Metals	
Gold (commercially pure)	77
Platinum (commercially pure)	171
Silver (commercially pure)	74
Refractory Metals	
Molybdenum (commercially pure)	320
Tantalum (commercially pure)	185
Tungsten (commercially pure)	400
Miscellaneous Nonferrous Alloys	
Nickel 200	204
Inconel 625	207
Monel 400	180
Haynes alloy 25	236
Invar	141
Super invar	144
Kovar	207
Chemical lead	13.5
Tin (commercially pure)	44.3
Lead–tin solder (60Sn–40Pb)	30
Zinc (commercially pure)	104.5
Zirconium, reactor grade 702	99.3
GRAPHITE, CERAMICS, AND SEMICONDUCTING MATERIALS	
Aluminum oxide	
• 99.9% pure	380
• 96% pure	303
• 90% pure	275
Concrete	25.4–36.6[a]
Diamond	
• Natural	700–1200
• Synthetic	800–925
Gallium arsenide, single crystal	
• In the ⟨100⟩ direction	85
• In the ⟨110⟩ direction	122
• In the ⟨111⟩ direction	142
Glass, borosilicate (Pyrex)	70
Glass, soda–lime	69
Glass-ceramic (Pyroceram)	120

(Continued)

표 B.2 여러 공업 재료의 상온에서의 탄성계수

Material	Modulus of Elasticity (GPa)
Graphite	
• Extruded	11
• Isostatically molded	11.7
Silica, fused	73
Silicon, single crystal	
• In the ⟨100⟩ direction	129
• In the ⟨110⟩ direction	168
• In the ⟨111⟩ direction	187
Silicon carbide	
• Hot-pressed	207–483
• Sintered	207–483
Silicon nitride	
• Hot-pressed	304
• Reaction-bonded	304
• Sintered	304
Zirconia, 3 mol% Y_2O_3	205
POLYMERS	
Elastomers	
• Butadiene–acrylonitrile (nitrile)	0.0034[b]
• Styrene–butadiene (SBR)	0.002–0.010[b]
Epoxy	2.41
Nylon 6,6	1.59–3.79
Phenolic	2.76–4.83
Poly(butylene terephthalate) (PBT)	1.93–3.00
Polycarbonate (PC)	2.38
Polyester (thermoset)	2.06–4.41
Polyetheretherketone (PEEK)	1.10
Polyethylene	
• Low density (LDPE)	0.172–0.282
• High density (HDPE)	1.08
• Ultra-high-molecular-weight (UHMWPE)	0.69
Poly(ethylene terephthalate) (PET)	2.76–4.14
Poly(methyl methacrylate) (PMMA)	2.24–3.24
Polypropylene (PP)	1.14–1.55
Polystyrene (PS)	2.28–3.28
Polytetrafluoroethylene (PTFE)	0.40–0.55
Poly(vinyl chloride) (PVC)	2.41–4.14
FIBER MATERIALS	
Aramid (Kevlar 49)	131
Carbon	
• Standard modulus (PAN precursor)	230
• Intermediate modulus (PAN precursor)	285
• High modulus (PAN precursor)	400
• Ultra-high modulus (pitch precursor)	520–940
E-glass	72.5

(Continued)

표 B.2 여러 공업 재료의 상온에서의 탄성계수

Material	Modulus of Elasticity (GPa)
COMPOSITE MATERIALS	
Aramid fibers–epoxy matrix ($V_f = 0.60$)	
Longitudinal	76
Transverse	5.5
Standard-modulus carbon fibers–epoxy matrix ($V_f = 0.60$)	
Longitudinal	145
Transverse	10
E-glass fibers–epoxy matrix ($V_f = 0.60$)	
Longitudinal	45
Transverse	12
Wood	
• Douglas fir (12% moisture)	
Parallel to grain	10.8–13.6[c]
Perpendicular to grain	0.54–0.68[c]
• Red oak (12% moisture)	
Parallel to grain	11.0–14.1[c]
Perpendicular to grain	0.55–0.71[c]

[a]Secant modulus taken at 25% of ultimate strength.
[b]Modulus taken at 100% elongation.
[c]Measured in bending.

Sources: *ASM Handbooks*, Volumes 1 and 2, *Engineered Materials Handbooks*, Volumes 1 and 4, *Metals Handbook: Properties and Selection: Nonferrous Alloys and Pure Metals*, Vol. 2, 9th edition, and *Advanced Materials & Processes*, Vol. 146, No. 4, ASM International, Materials Park, OH; *Modern Plastics Encyclopedia '96*, The McGraw-Hill Companies, New York, NY; and manufacturers' technical data sheets.

표 B.3 여러 공업 재료의 상온에서의 포아송비

Material	Poisson's Ratio
METALS AND METAL ALLOYS	
Plain Carbon and Low-Alloy Steels	
Steel alloy A36	0.30
Steel alloy 1020	0.30
Steel alloy 1040	0.30
Steel alloy 4140	0.30
Steel alloy 4340	0.30
Stainless Steels	
Stainless alloy 304	0.30
Stainless alloy 316	0.30
Stainless alloy 405	0.30
Stainless alloy 440A	0.30
Stainless alloy 17-4PH	0.27
Cast Irons	
Gray irons	
• Grade G1800	0.26
• Grade G3000	0.26
• Grade G4000	0.26
Ductile irons	
• Grade 60-40-18	0.29
• Grade 80-55-06	0.31
• Grade 120-90-02	0.28
Aluminum Alloys	
Alloy 1100	0.33
Alloy 2024	0.33
Alloy 6061	0.33
Alloy 7075	0.33
Alloy 356.0	0.33

(*Continued*)

표 B.3 여러 공업 재료의 상온에서의 포아송비

Material	Poisson's Ratio
Copper Alloys	
C11000 (electrolytic tough pitch)	0.33
C17200 (beryllium–copper)	0.30
C26000 (cartridge brass)	0.35
C36000 (free-cutting brass)	0.34
C71500 (copper–nickel, 30%)	0.34
C93200 (bearing bronze)	0.34
Magnesium Alloys	
Alloy AZ31B	0.35
Alloy AZ91D	0.35
Titanium Alloys	
Commercially pure (ASTM grade 1)	0.34
Alloy Ti–5Al–2.5Sn	0.34
Alloy Ti–6Al–4V	0.34
Precious Metals	
Gold (commercially pure)	0.42
Platinum (commercially pure)	0.39
Silver (commercially pure)	0.37
Refractory Metals	
Molybdenum (commercially pure)	0.32
Tantalum (commercially pure)	0.35
Tungsten (commercially pure)	0.28
Miscellaneous Nonferrous Alloys	
Nickel 200	0.31
Inconel 625	0.31
Monel 400	0.32
Chemical lead	0.44
Tin (commercially pure)	0.33
Zinc (commercially pure)	0.25
Zirconium, reactor grade 702	0.35
GRAPHITE, CERAMICS, AND SEMICONDUCTING MATERIALS	
Aluminum oxide	
• 99.9% pure	0.22
• 96% pure	0.21
• 90% pure	0.22
Concrete	0.20
Diamond	
• Natural	0.10–0.30
• Synthetic	0.20
Gallium arsenide	
• ⟨100⟩ direction	0.30
Glass, borosilicate (Pyrex)	0.20
Glass, soda–lime	0.23
Glass-ceramic (Pyroceram)	0.25
Silica, fused	0.17
Silicon	
• ⟨100⟩ direction	0.28
• ⟨111⟩ direction	0.36
Silicon carbide	
• Hot-pressed	0.17
• Sintered	0.16
Silicon nitride	
• Hot-pressed	0.30
• Reaction-bonded	0.22
• Sintered	0.28
Zirconia, 3 mol% Y_2O_3	0.31
POLYMERS	
Nylon 6,6	0.39
Polycarbonate (PC)	0.36
Polyethylene	
• Low density (LDPE)	0.33–0.40
• High density (HDPE)	0.46
Poly(ethylene terephthalate) (PET)	0.33
Poly(methyl methacrylate) (PMMA)	0.37–0.44
Polypropylene (PP)	0.40
Polystyrene (PS)	0.33
Polytetrafluoroethylene (PTFE)	0.46
Poly(vinyl chloride) (PVC)	0.38
FIBER MATERIALS	
E-glass	0.22
COMPOSITE MATERIALS	
Aramid fibers–epoxy matrix ($V_f = 0.6$)	0.34
High-modulus carbon fibers–epoxy matrix ($V_f = 0.6$)	0.25
E-glass fibers–epoxy matrix ($V_f = 0.6$)	0.19

Sources: *ASM Handbooks*, Volumes 1 and 2, and *Engineered Materials Handbooks*, Volumes 1 and 4, ASM International, Materials Park, OH; and manufacturers' technical data sheets.

표 B.4 여러 공업 재료의 상온에서의 항복강도, 인장강도, 연성(연신백분율)

Material/Condition	Yield Strength (MPa)	Tensile Strength (MPa)	Percent Elongation
METALS AND METAL ALLOYS			
Plain Carbon and Low-Alloy Steels			
Steel alloy A36			
• Hot-rolled	220–250	400–500	23
Steel alloy 1020			
• Hot-rolled	210 (min)	380 (min)	25 (min)
• Cold-drawn	350 (min)	420 (min)	15 (min)
• Annealed (@ 870°C)	295	395	36.5
• Normalized (@ 925°C)	345	440	38.5
Steel alloy 1040			
• Hot-rolled	290 (min)	520 (min)	18 (min)
• Cold-drawn	490 (min)	590 (min)	12 (min)
• Annealed (@ 785°C)	355	520	30.2
• Normalized (@ 900°C)	375	590	28.0
Steel alloy 4140			
• Annealed (@ 815°C)	417	655	25.7
• Normalized (@ 870°C)	655	1020	17.7
• Oil-quenched and tempered (@ 315°C)	1570	1720	11.5
Steel alloy 4340			
• Annealed (@ 810°C)	472	745	22
• Normalized (@ 870°C)	862	1280	12.2
• Oil-quenched and tempered (@ 315°C)	1620	1760	12
Stainless Steels			
Stainless alloy 304			
• Hot-finished and annealed	205 (min)	515 (min)	40 (min)
• Cold-worked ($\frac{1}{4}$ hard)	515 (min)	860 (min)	10 (min)
Stainless alloy 316			
• Hot-finished and annealed	205 (min)	515 (min)	40 (min)
• Cold-drawn and annealed	310 (min)	620 (min)	30 (min)
Stainless alloy 405			
• Annealed	170	415	20
Stainless alloy 440A			
• Annealed	415	725	20
• Tempered (@ 315°C)	1650	1790	5
Stainless alloy 17-4PH			
• Annealed	760	1030	8
• Precipitation-hardened (@ 482°C)	1172	1310	10
Cast Irons			
Gray irons			
• Grade G1800 (as cast)	—	124 (min)	—
• Grade G3000 (as cast)	—	207 (min)	—
• Grade G4000 (as cast)	—	276 (min)	—
Ductile irons			
• Grade 60-40-18 (annealed)	276 (min)	414 (min)	18 (min)
• Grade 80-55-06 (as cast)	379 (min)	552 (min)	6 (min)
• Grade 120-90-02 (oil-quenched and tempered)	621 (min)	827 (min)	2 (min)

(*Continued*)

표 B.4 여러 공업 재료의 상온에서의 항복강도, 인장강도, 연성(연신백분율)

Material/Condition	Yield Strength (MPa)	Tensile Strength (MPa)	Percent Elongation
Aluminum Alloys			
Alloy 1100			
• Annealed (O temper)	34	90	40
• Strain-hardened (H14 temper)	117	124	15
Alloy 2024			
• Annealed (O temper)	75	185	20
• Heat-treated and aged (T3 temper)	345	485	18
• Heat-treated and aged (T351 temper)	325	470	20
Alloy 6061			
• Annealed (O temper)	55	124	30
• Heat-treated and aged (T6 and T651 tempers)	276	310	17
Alloy 7075			
• Annealed (O temper)	103	228	17
• Heat-treated and aged (T6 temper)	505	572	11
Alloy 356.0			
• As cast	124	164	6
• Heat-treated and aged (T6 temper)	164	228	3.5
Copper Alloys			
C11000 (electrolytic tough pitch)			
• Hot-rolled	69	220	45
• Cold-worked (H04 temper)	310	345	12
C17200 (beryllium–copper)			
• Solution heat-treated	195–380	415–540	35–60
• Solution heat-treated and aged (@ 330°C)	965–1205	1140–1310	4–10
C26000 (cartridge brass)			
• Annealed	75–150	300–365	54–68
• Cold-worked (H04 temper)	435	525	8
C36000 (free-cutting brass)			
• Annealed	125	340	53
• Cold-worked (H02 temper)	310	400	25
C71500 (copper–nickel, 30%)			
• Hot-rolled	140	380	45
• Cold-worked (H80 temper)	545	580	3
C93200 (bearing bronze)			
• Sand cast	125	240	20
Magnesium Alloys			
Alloy AZ31B			
• Rolled	220	290	15
• Extruded	200	262	15
Alloy AZ91D			
• As cast	97–150	165–230	3
Titanium Alloys			
Commercially pure (ASTM grade 1)			
• Annealed	170 (min)	240 (min)	24
Alloy Ti–5Al–2.5Sn			
• Annealed	760 (min)	790 (min)	16

(Continued)

표 B.4 여러 공업 재료의 상온에서의 항복강도, 인장강도, 연성(연신백분율)

Material/Condition	Yield Strength (MPa)	Tensile Strength (MPa)	Percent Elongation
Alloy Ti–6Al–4V			
• Annealed	830 (min)	900 (min)	14
• Solution heat-treated and aged	1103	1172	10
Precious Metals			
Gold (commercially pure)			
• Annealed	nil	130	45
• Cold-worked (60% reduction)	205	220	4
Platinum (commercially pure)			
• Annealed	<13.8	125–165	30–40
• Cold-worked (50%)	—	205–240	1–3
Silver (commercially pure)			
• Annealed	—	170	44
• Cold-worked (50%)	—	296	3.5
Refractory Metals			
Molybdenum (commercially pure)	500	630	25
Tantalum (commercially pure)	165	205	40
Tungsten (commercially pure)	760	960	2
Miscellaneous Nonferrous Alloys			
Nickel 200 (annealed)	148	462	47
Inconel 625 (annealed)	517	930	42.5
Monel 400 (annealed)	240	550	40
Haynes alloy 25	445	970	62
Invar (annealed)	276	517	30
Super invar (annealed)	276	483	30
Kovar (annealed)	276	517	30
Chemical lead	6–8	16–19	30–60
Antimonial lead (6%) (chill cast)	—	47.2	24
Tin (commercially pure)	11	—	57
Lead–tin solder (60Sn–40Pb)	—	52.5	30–60
Zinc (commercially pure)			
• Hot-rolled (anisotropic)	—	134–159	50–65
• Cold-rolled (anisotropic)	—	145–186	40–50
Zirconium, reactor grade 702			
• Cold-worked and annealed	207 (min)	379 (min)	16 (min)
GRAPHITE, CERAMICS, AND SEMICONDUCTING MATERIALS[a]			
Aluminum oxide			
• 99.9% pure	—	282–551	—
• 96% pure	—	358	—
• 90% pure	—	337	—
Concrete[b]	—	37.3–41.3	—
Diamond			
• Natural	—	1050	—
• Synthetic	—	800–1400	—

(*Continued*)

표 B.4 여러 공업 재료의 상온에서의 항복강도, 인장강도, 연성(연신백분율)

Material/Condition	Yield Strength (MPa)	Tensile Strength (MPa)	Percent Elongation
Gallium arsenide			
• {100} orientation, polished surface	—	66[c]	—
• {100} orientation, as-cut surface	—	57[c]	—
Glass, borosilicate (Pyrex)	—	69	—
Glass, soda–lime	—	69	—
Glass-ceramic (Pyroceram)	—	123–370	—
Graphite			
• Extruded (with the grain direction)	—	13.8–34.5	—
• Isostatically molded	—	31–69	—
Silica, fused	—	104	—
Silicon			
• {100} orientation, as-cut surface	—	130	—
• {100} orientation, laser scribed	—	81.8	—
Silicon carbide			
• Hot-pressed	—	230–825	—
• Sintered	—	96–520	—
Silicon nitride			
• Hot-pressed	—	700–1000	—
• Reaction-bonded	—	250–345	—
• Sintered	—	414–650	—
Zirconia, 3 mol% Y_2O_3 (sintered)	—	800–1500	—
POLYMERS			
Elastomers			
• Butadiene–acrylonitrile (nitrile)	—	6.9–24.1	400–600
• Styrene–butadiene (SBR)	—	12.4–20.7	450–500
• Silicone	—	10.3	100–800
Epoxy	—	27.6–90.0	3–6
Nylon 6,6			
• Dry, as molded	55.1–82.8	94.5	15–80
• 50% relative humidity	44.8–58.6	75.9	150–300
Phenolic	—	34.5–62.1	1.5–2.0
Poly(butylene terephthalate) (PBT)	56.6–60.0	56.6–60.0	50–300
Polycarbonate (PC)	62.1	62.8–72.4	110–150
Polyester (thermoset)	—	41.4–89.7	<2.6
Polyetheretherketone (PEEK)	91	70.3–103	30–150
Polyethylene			
• Low density (LDPE)	9.0–14.5	8.3–31.4	100–650
• High density (HDPE)	26.2–33.1	22.1–31.0	10–1200
• Ultra-high-molecular-weight (UHMWPE)	21.4–27.6	38.6–48.3	350–525
Poly(ethylene terephthalate) (PET)	59.3	48.3–72.4	30–300
Poly(methyl methacrylate) (PMMA)	53.8–73.1	48.3–72.4	2.0–5.5
Polypropylene (PP)	31.0–37.2	31.0–41.4	100–600
Polystyrene (PS)	25.0–69.0	35.9–51.7	1.2–2.5
Polytetrafluoroethylene (PTFE)	13.8–15.2	20.7–34.5	200–400
Poly(vinyl chloride) (PVC)	40.7–44.8	40.7–51.7	40–80

(*Continued*)

표 B.4 여러 공업 재료의 상온에서의 항복강도, 인장강도, 연성(연신백분율)

Material/Condition	Yield Strength (MPa)	Tensile Strength (MPa)	Percent Elongation
FIBER MATERIALS			
Aramid (Kevlar 49)	—	3600–4100	2.8
Carbon			
• Standard modulus (longitudinal) (PAN precursor)	—	3800–4200	2
• Intermediate modulus (longitudinal) (PAN precursor)	—	4650–6350	1.8
• High modulus (longitudinal) (PAN precursor)	—	2500–4500	0.6
• Ultra-high modulus (longitudinal) (pitch precursor)	—	2620–3630	0.30–0.66
E-glass	—	3450	4.3
COMPOSITE MATERIALS			
Aramid fibers–epoxy matrix (aligned, $V_f = 0.6$)			
• Longitudinal direction	—	1240	1.8
• Transverse direction	—	30	0.5
Standard-modulus carbon fibers–epoxy matrix (aligned, $V_f = 0.6$)			
• Longitudinal direction	—	1520	0.9
• Transverse direction	—	41	0.4
E-glass fibers–epoxy matrix (aligned, $V_f = 0.6$)			
• Longitudinal direction	—	1020	2.3
• Transverse direction	—	40	0.4
Wood			
• Douglas fir (12% moisture)			
Parallel to grain	—	108	—
Perpendicular to grain	—	2.4	—
• Red oak (12% moisture)			
Parallel to grain	—	112	—
Perpendicular to grain	—	7.2	—

[a]The strength of graphite, ceramics, and semiconducting materials is taken as flexural strength.
[b]The strength of concrete is measured in compression.
[c]Flexural strength value at 50% fracture probability.

Sources: *ASM Handbooks*, Volumes 1 and 2, *Engineered Materials Handbooks*, Volumes 1 and 4, *Metals Handbook: Properties and Selection: Nonferrous Alloys and Pure Metals*, Vol. 2, 9th edition, *Advanced Materials & Processes*, Vol. 146, No. 4, and *Materials & Processing Databook (1985)*, ASM International, Materials Park, OH; *Modern Plastics Encyclopedia '96*, The McGraw-Hill Companies, New York, NY; and manufacturers' technical data sheets.

표 B.5 여러 공업 재료의 상온에서의 평면변형률 파괴인성과 강도

Material	Fracture Toughness MPa$\sqrt{m}$	Strength[a] (MPa)
	METALS AND METAL ALLOYS	
	Plain Carbon and Low-Alloy Steels	
Steel alloy 1040	54.0	260
Steel alloy 4140		
• Tempered @ 370°C	55–65	1375–1585
• Tempered @ 482°C	75–93	1100–1200
Steel alloy 4340		
• Tempered @ 260°C	50.0	1640
• Tempered @ 425°C	87.4	1420
	Stainless Steels	
Stainless alloy 17-4PH		
• Precipitation hardened @ 482°C	53	1170
	Aluminum Alloys	
Alloy 2024-T3	44	345
Alloy 7075-T651	24	495
	Magnesium Alloys	
Alloy AZ31B		
• Extruded	28.0	200
	Titanium Alloys	
Alloy Ti–5Al–2.5Sn		
• Air-cooled	71.4	876
Alloy Ti–6Al–4V		
• Equiaxed grains	44–66	910
	GRAPHITE, CERAMICS, AND SEMICONDUCTING MATERIALS	
Aluminum oxide		
• 99.9% pure	4.2–5.9	282–551
• 96% pure	3.85–3.95	358
Concrete	0.2–1.4	—
Diamond		
• Natural	3.4	1050
• Synthetic	6.0–10.7	800–1400
Gallium arsenide		
• In the {100} orientation	0.43	66
• In the {110} orientation	0.31	—
• In the {111} orientation	0.45	—
Glass, borosilicate (Pyrex)	0.77	69
Glass, soda–lime	0.75	69
Glass-ceramic (Pyroceram)	1.6–2.1	123–370
Silica, fused	0.79	104
Silicon		
• In the {100} orientation	0.95	—
• In the {110} orientation	0.90	—
• In the {111} orientation	0.82	—

(Continued)

표 B.5 여러 공업 재료의 상온에서의 평면변형률 파괴인성과 강도

Material	Fracture Toughness $MPa\sqrt{m}$	Strength[a] (MPa)
Silicon carbide		
• Hot-pressed	4.8–6.1	230–825
• Sintered	4.8	96–520
Silicon nitride		
• Hot-pressed	4.1–6.0	700–1000
• Reaction-bonded	3.6	250–345
• Sintered	5.3	414–650
Zirconia, 3 mol% Y_2O_3	7.0–12.0	800–1500
POLYMERS		
Epoxy	0.6	—
Nylon 6,6	2.5–3.0	44.8–58.6
Polycarbonate (PC)	2.2	62.1
Polyester (thermoset)	0.6	—
Poly(ethylene terephthalate) (PET)	5.0	59.3
Poly(methyl methacrylate) (PMMA)	0.7–1.6	53.8–73.1
Polypropylene (PP)	3.0–4.5	31.0–37.2
Polystyrene (PS)	0.7–1.1	—
Poly(vinyl chloride) (PVC)	2.0–4.0	40.7–44.8

[a]For metal alloys and polymers, strength is taken as yield strength; for ceramic materials, flexural strength is used.

Sources: *ASM Handbooks*, Volumes 1 and 19, *Engineered Materials Handbooks*, Volumes 2 and 4, and *Advanced Materials & Processes*, Vol. 137, No. 6, ASM International, Materials Park, OH.

표 B.6 여러 공업 재료의 상온에서의 선팽창계수

Material	Coefficient of Thermal Expansion $10^{-6}\ (°C)^{-1}$
METALS AND METAL ALLOYS	
Plain Carbon and Low-Alloy Steels	
Steel alloy A36	11.7
Steel alloy 1020	11.7
Steel alloy 1040	11.3
Steel alloy 4140	12.3
Steel alloy 4340	12.3
Stainless Steels	
Stainless alloy 304	17.2
Stainless alloy 316	16.0
Stainless alloy 405	10.8
Stainless alloy 440A	10.2
Stainless alloy 17-4PH	10.8

(*Continued*)

표 B.6 여러 공업 재료의 상온에서의 선팽창계수

Material	Coefficient of Thermal Expansion 10^{-6} (°C)$^{-1}$
Cast Irons	
Gray irons	
• Grade G1800	11.4
• Grade G3000	11.4
• Grade G4000	11.4
Ductile irons	
• Grade 60-40-18	11.2
• Grade 80-55-06	10.6
Aluminum Alloys	
Alloy 1100	23.6
Alloy 2024	22.9
Alloy 6061	23.6
Alloy 7075	23.4
Alloy 356.0	21.5
Copper Alloys	
C11000 (electrolytic tough pitch)	17.0
C17200 (beryllium–copper)	16.7
C26000 (cartridge brass)	19.9
C36000 (free-cutting brass)	20.5
C71500 (copper–nickel, 30%)	16.2
C93200 (bearing bronze)	18.0
Magnesium Alloys	
Alloy AZ31B	26.0
Alloy AZ91D	26.0
Titanium Alloys	
Commercially pure (ASTM grade 1)	8.6
Alloy Ti–5Al–2.5Sn	9.4
Alloy Ti–6Al–4V	8.6
Precious Metals	
Gold (commercially pure)	14.2
Platinum (commercially pure)	9.1
Silver (commercially pure)	19.7
Refractory Metals	
Molybdenum (commercially pure)	4.9
Tantalum (commercially pure)	6.5
Tungsten (commercially pure)	4.5
Miscellaneous Nonferrous Alloys	
Nickel 200	13.3
Inconel 625	12.8
Monel 400	13.9
Haynes alloy 25	12.3

(*Continued*)

표 B.6 여러 공업 재료의 상온에서의 선팽창계수

Material	Coefficient of Thermal Expansion 10^{-6} (°C)$^{-1}$
Invar	1.6
Super invar	0.72
Kovar	5.1
Chemical lead	29.3
Antimonial lead (6%)	27.2
Tin (commercially pure)	23.8
Lead–tin solder (60Sn–40Pb)	24.0
Zinc (commercially pure)	23.0–32.5
Zirconium, reactor grade 702	5.9
GRAPHITE, CERAMICS, AND SEMICONDUCTING MATERIALS	
Aluminum oxide	
• 99.9% pure	7.4
• 96% pure	7.4
• 90% pure	7.0
Concrete	10.0–13.6
Diamond (natural)	0.11–1.23
Gallium arsenide	5.9
Glass, borosilicate (Pyrex)	3.3
Glass, soda–lime	9.0
Glass-ceramic (Pyroceram)	6.5
Graphite	
• Extruded	2.0–2.7
• Isostatically molded	2.2–6.0
Silica, fused	0.4
Silicon	2.5
Silicon carbide	
• Hot-pressed	4.6
• Sintered	4.1
Silicon nitride	
• Hot-pressed	2.7
• Reaction-bonded	3.1
• Sintered	3.1
Zirconia, 3 mol% Y_2O_3	9.6
POLYMERS	
Elastomers	
• Butadiene–acrylonitrile (nitrile)	235
• Styrene–butadiene (SBR)	220
• Silicone	270
Epoxy	81–117
Nylon 6,6	144
Phenolic	122

(Continued)

표 B.6 여러 공업 재료의 상온에서의 선팽창계수

Material	Coefficient of Thermal Expansion 10^{-6} (°C)$^{-1}$
Poly(butylene terephthalate) (PBT)	108–171
Polycarbonate (PC)	122
Polyester (thermoset)	100–180
Polyetheretherketone (PEEK)	72–85
Polyethylene	
• Low density (LDPE)	180–400
• High density (HDPE)	106–198
• Ultra-high-molecular-weight (UHMWPE)	234–360
Poly(ethylene terephthalate) (PET)	117
Poly(methyl methacrylate) (PMMA)	90–162
Polypropylene (PP)	146–180
Polystyrene (PS)	90–150
Polytetrafluoroethylene (PTFE)	126–216
Poly(vinyl chloride) (PVC)	90–180
FIBER MATERIALS	
Aramid (Kevlar 49)	
• Longitudinal direction	–2.0
• Transverse direction	60
Carbon	
• Standard modulus (PAN precursor)	
Longitudinal direction	–0.6
Transverse direction	10.0
• Intermediate modulus (PAN precursor)	
Longitudinal direction	–0.6
• High modulus (PAN precursor)	
Longitudinal direction	–0.5
Transverse direction	7.0
• Ultra-high modulus (pitch precursor)	
Longitudinal direction	–1.6
Transverse direction	15.0
E-glass	5.0
COMPOSITE MATERIALS	
Aramid fibers–epoxy matrix ($V_f = 0.6$)	
• Longitudinal direction	–4.0
• Transverse direction	70
High-modulus carbon fibers–epoxy matrix ($V_f = 0.6$)	
• Longitudinal direction	–0.5
• Transverse direction	32
E-glass fibers–epoxy matrix ($V_f = 0.6$)	
• Longitudinal direction	6.6
• Transverse direction	30

(*Continued*)

표 B.6 여러 공업 재료의 상온에서의 선팽창계수

Material	Coefficient of Thermal Expansion 10^{-6} (°C)$^{-1}$
Wood	
• Douglas fir (12% moisture)	
Parallel to grain	3.8–5.1
Perpendicular to grain	25.4–33.8
• Red oak (12% moisture)	
Parallel to grain	4.6–5.9
Perpendicular to grain	30.6–39.1

Sources: *ASM Handbooks*, Volumes 1 and 2, *Engineered Materials Handbooks*, Volumes 1 and 4, *Metals Handbook: Properties and Selection: Nonferrous Alloys and Pure Metals*, Vol. 2, 9th edition, and *Advanced Materials & Processes*, Vol. 146, No. 4, ASM International, Materials Park, OH; *Modern Plastics Encyclopedia '96*, The McGraw-Hill Companies, New York, NY; and manufacturers' technical data sheets.

표 B.7 여러 공업 재료의 상온에서의 열전도도

Material	Thermal Conductivity (W/m·K)
METALS AND METAL ALLOYS	
Plain Carbon and Low-Alloy Steels	
Steel alloy A36	51.9
Steel alloy 1020	51.9
Steel alloy 1040	51.9
Stainless Steels	
Stainless alloy 304 (annealed)	16.2
Stainless alloy 316 (annealed)	15.9
Stainless alloy 405 (annealed)	27.0
Stainless alloy 440A (annealed)	24.2
Stainless alloy 17-4PH (annealed)	18.3
Cast Irons	
Gray irons	
• Grade G1800	46.0
• Grade G3000	46.0
• Grade G4000	46.0
Ductile irons	
• Grade 60-40-18	36.0
• Grade 80-55-06	36.0
• Grade 120-90-02	36.0
Aluminum Alloys	
Alloy 1100 (annealed)	222
Alloy 2024 (annealed)	190
Alloy 6061 (annealed)	180
Alloy 7075-T6	130
Alloy 356.0-T6	151

(Continued)

표 B.7 여러 공업 재료의 상온에서의 열전도도

Material	Thermal Conductivity (W/m·K)
Copper Alloys	
C11000 (electrolytic tough pitch)	388
C17200 (beryllium–copper)	105–130
C26000 (cartridge brass)	120
C36000 (free-cutting brass)	115
C71500 (copper–nickel, 30%)	29
C93200 (bearing bronze)	59
Magnesium Alloys	
Alloy AZ31B	96[a]
Alloy AZ91D	72[a]
Titanium Alloys	
Commercially pure (ASTM grade 1)	16
Alloy Ti–5Al–2.5Sn	7.6
Alloy Ti–6Al–4V	6.7
Precious Metals	
Gold (commercially pure)	315
Platinum (commercially pure)	71[b]
Silver (commercially pure)	428
Refractory Metals	
Molybdenum (commercially pure)	142
Tantalum (commercially pure)	54.4
Tungsten (commercially pure)	155
Miscellaneous Nonferrous Alloys	
Nickel 200	70
Inconel 625	9.8
Monel 400	21.8
Haynes alloy 25	9.8
Invar	10
Super invar	10
Kovar	17
Chemical lead	35
Antimonial lead (6%)	29
Tin (commercially pure)	60.7
Lead–tin solder (60Sn–40Pb)	50
Zinc (commercially pure)	108
Zirconium, reactor grade 702	22
GRAPHITE, CERAMICS, AND SEMICONDUCTING MATERIALS	
Aluminum oxide	
• 99.9% pure	39
• 96% pure	35
• 90% pure	16

(Continued)

표 B.7 여러 공업 재료의 상온에서의 열전도도

Material	Thermal Conductivity (W/m·K)
Concrete	1.25–1.75
Diamond	
• Natural	1450–4650
• Synthetic	3150
Gallium arsenide	45.5
Glass, borosilicate (Pyrex)	1.4
Glass, soda–lime	1.7
Glass-ceramic (Pyroceram)	3.3
Graphite	
• Extruded	130–190
• Isostatically molded	104–130
Silica, fused	1.4
Silicon	141
Silicon carbide	
• Hot-pressed	80
• Sintered	71
Silicon nitride	
• Hot-pressed	29
• Reaction-bonded	10
• Sintered	33
Zirconia, 3 mol% Y_2O_3	2.0–3.3
POLYMERS	
Elastomers	
• Butadiene–acrylonitrile (nitrile)	0.25
• Styrene–butadiene (SBR)	0.25
• Silicone	0.23
Epoxy	0.19
Nylon 6,6	0.24
Phenolic	0.15
Poly(butylene terephthalate) (PBT)	0.18–0.29
Polycarbonate (PC)	0.20
Polyester (thermoset)	0.17
Polyethylene	
• Low density (LDPE)	0.33
• High density (HDPE)	0.48
• Ultra-high-molecular-weight (UHMWPE)	0.33
Poly(ethylene terephthalate) (PET)	0.15
Poly(methyl methacrylate) (PMMA)	0.17–0.25
Polypropylene (PP)	0.12
Polystyrene (PS)	0.13
Polytetrafluoroethylene (PTFE)	0.25
Poly(vinyl chloride) (PVC)	0.15–0.21

(*Continued*)

표 B.8 여러 공업 재료의 상온에서의 비열

Material	Specific Heat (J/kg·K)
Tin (commercially pure)	222
Lead–tin solder (60Sn–40Pb)	150
Zinc (commercially pure)	395
Zirconium, reactor grade 702	285
GRAPHITE, CERAMICS, AND SEMICONDUCTING MATERIALS	
Aluminum oxide	
• 99.9% pure	775
• 96% pure	775
• 90% pure	775
Concrete	850–1150
Diamond (natural)	520
Gallium arsenide	350
Glass, borosilicate (Pyrex)	850
Glass, soda–lime	840
Glass-ceramic (Pyroceram)	975
Graphite	
• Extruded	830
• Isostatically molded	830
Silica, fused	740
Silicon	700
Silicon carbide	
• Hot-pressed	670
• Sintered	590
Silicon nitride	
• Hot-pressed	750
• Reaction-bonded	870
• Sintered	1100
Zirconia, 3 mol% Y_2O_3	481
POLYMERS	
Epoxy	1050
Nylon 6,6	1670
Phenolic	1590–1760
Poly(butylene terephthalate) (PBT)	1170–2300
Polycarbonate (PC)	840
Polyester (thermoset)	710–920
Polyethylene	
• Low density (LDPE)	2300
• High density (HDPE)	1850
Poly(ethylene terephthalate) (PET)	1170
Poly(methyl methacrylate) (PMMA)	1460
Polypropylene (PP)	1925
Polystyrene (PS)	1170
Polytetrafluoroethylene (PTFE)	1050
Poly(vinyl chloride) (PVC)	1050–1460

(Continued)

표 B.8 여러 공업 재료의 상온에서의 비열

Material	Specific Heat (J/kg·K)
FIBER MATERIALS	
Aramid (Kevlar 49)	1300
E-glass	810
COMPOSITE MATERIALS	
Wood	
• Douglas fir (12% moisture)	2900
• Red oak (12% moisture)	2900

[a]At temperatures between 50°C and 100°C.
[b]At 100°C.
[c]At 50°C.
[d]At 0°C.
Sources: *ASM Handbooks*, Volumes 1 and 2, *Engineered Materials Handbooks*, Volumes 1, 2, and 4, *Metals Handbook: Properties and Selection: Nonferrous Alloys and Pure Metals*, Vol. 2, 9th edition, and *Advanced Materials & Processes*, Vol. 146, No. 4, ASM International, Materials Park, OH; *Modern Plastics Encyclopedia 1977–1978*, The McGraw-Hill Companies, New York, NY; and manufacturers' technical data sheets.

표 B.9 여러 공업 재료의 상온에서의 전기 비저항

Material	Electrical Resistivity (Ω·m)
METALS AND METAL ALLOYS	
Plain Carbon and Low-Alloy Steels	
Steel alloy A36[a]	1.60×10^{-7}
Steel alloy 1020 (annealed)[a]	1.60×10^{-7}
Steel alloy 1040 (annealed)[a]	1.60×10^{-7}
Steel alloy 4140 (quenched and tempered)	2.20×10^{-7}
Steel alloy 4340 (quenched and tempered)	2.48×10^{-7}
Stainless Steels	
Stainless alloy 304 (annealed)	7.2×10^{-7}
Stainless alloy 316 (annealed)	7.4×10^{-7}
Stainless alloy 405 (annealed)	6.0×10^{-7}
Stainless alloy 440A (annealed)	6.0×10^{-7}
Stainless alloy 17-4PH (annealed)	9.8×10^{-7}
Cast Irons	
Gray irons	
• Grade G1800	15.0×10^{-7}
• Grade G3000	9.5×10^{-7}
• Grade G4000	8.5×10^{-7}
Ductile irons	
• Grade 60-40-18	5.5×10^{-7}
• Grade 80-55-06	6.2×10^{-7}
• Grade 120-90-02	6.2×10^{-7}

(*Continued*)

표 B.9 여러 공업 재료의 상온에서의 전기 비저항

Material	Electrical Resistivity (Ω·m)
Aluminum Alloys	
Alloy 1100 (annealed)	2.9×10^{-8}
Alloy 2024 (annealed)	3.4×10^{-8}
Alloy 6061 (annealed)	3.7×10^{-8}
Alloy 7075 (T6 treatment)	5.22×10^{-8}
Alloy 356.0 (T6 treatment)	4.42×10^{-8}
Copper Alloys	
C11000 (electrolytic tough pitch, annealed)	1.72×10^{-8}
C17200 (beryllium–copper)	5.7×10^{-8}–1.15×10^{-7}
C26000 (cartridge brass)	6.2×10^{-8}
C36000 (free-cutting brass)	6.6×10^{-8}
C71500 (copper–nickel, 30%)	37.5×10^{-8}
C93200 (bearing bronze)	14.4×10^{-8}
Magnesium Alloys	
Alloy AZ31B	9.2×10^{-8}
Alloy AZ91D	17.0×10^{-8}
Titanium Alloys	
Commercially pure (ASTM grade 1)	4.2×10^{-7}–5.2×10^{-7}
Alloy Ti–5Al–2.5Sn	15.7×10^{-7}
Alloy Ti–6Al–4V	17.1×10^{-7}
Precious Metals	
Gold (commercially pure)	2.35×10^{-8}
Platinum (commercially pure)	10.60×10^{-8}
Silver (commercially pure)	1.47×10^{-8}
Refractory Metals	
Molybdenum (commercially pure)	5.2×10^{-8}
Tantalum (commercially pure)	13.5×10^{-8}
Tungsten (commercially pure)	5.3×10^{-8}
Miscellaneous Nonferrous Alloys	
Nickel 200	0.95×10^{-7}
Inconel 625	12.90×10^{-7}
Monel 400	5.47×10^{-7}
Haynes alloy 25	8.9×10^{-7}
Invar	8.2×10^{-7}
Super invar	8.0×10^{-7}
Kovar	4.9×10^{-7}
Chemical lead	2.06×10^{-7}
Antimonial lead (6%)	2.53×10^{-7}
Tin (commercially pure)	1.11×10^{-7}
Lead–tin solder (60Sn–40Pb)	1.50×10^{-7}
Zinc (commercially pure)	62.0×10^{-7}
Zirconium, reactor grade 702	3.97×10^{-7}

(*Continued*)

표 B.9 여러 공업 재료의 상온에서의 전기 비저항

Material	Electrical Resistivity (Ω·m)
GRAPHITE, CERAMICS, AND SEMICONDUCTING MATERIALS	
Aluminum oxide	
• 99.9% pure	$>10^{13}$
• 96% pure	$>10^{12}$
• 90% pure	$>10^{12}$
Concrete (dry)	10^{9}
Diamond	
• Natural	$10\text{–}10^{14}$
• Synthetic	1.5×10^{-2}
Gallium arsenide (intrinsic)	10^{6}
Glass, borosilicate (Pyrex)	$\sim 10^{13}$
Glass, soda–lime	$10^{10}\text{–}10^{11}$
Glass-ceramic (Pyroceram)	2×10^{14}
Graphite	
• Extruded (with grain direction)	$7 \times 10^{-6}\text{–}20 \times 10^{-6}$
• Isostatically molded	$10 \times 10^{-6}\text{–}18 \times 10^{-6}$
Silica, fused	$>10^{18}$
Silicon (intrinsic)	2500
Silicon carbide	
• Hot-pressed	$1.0\text{–}10^{9}$
• Sintered	$1.0\text{–}10^{9}$
Silicon nitride	
• Hot-isostatic pressed	$>10^{12}$
• Reaction-bonded	$>10^{12}$
• Sintered	$>10^{12}$
Zirconia, 3 mol% Y_2O_3	10^{10}
POLYMERS	
Elastomers	
• Butadiene–acrylonitrile (nitrile)	3.5×10^{8}
• Styrene–butadiene (SBR)	6×10^{11}
• Silicone	10^{13}
Epoxy	$10^{10}\text{–}10^{13}$
Nylon 6,6	$10^{12}\text{–}10^{13}$
Phenolic	$10^{9}\text{–}10^{10}$
Poly(butylene terephthalate) (PBT)	4×10^{14}
Polycarbonate (PC)	2×10^{14}
Polyester (thermoset)	10^{13}
Polyetheretherketone (PEEK)	6×10^{14}
Polyethylene	
• Low density (LDPE)	$10^{15}\text{–}5 \times 10^{16}$
• High density (HDPE)	$10^{15}\text{–}5 \times 10^{16}$
• Ultra-high-molecular-weight (UHMWPE)	$>5 \times 10^{14}$

(Continued)

표 B.9 여러 공업 재료의 상온에서의 전기 비저항

Material	Electrical Resistivity (Ω·m)
Poly(ethylene terephthalate) (PET)	10^{12}
Poly(methyl methacrylate) (PMMA)	$>10^{12}$
Polypropylene (PP)	$>10^{14}$
Polystyrene (PS)	$>10^{14}$
Polytetrafluoroethylene (PTFE)	10^{17}
Poly(vinyl chloride) (PVC)	$>10^{14}$
FIBER MATERIALS	
Carbon	
• Standard modulus (PAN precursor)	17×10^{-6}
• Intermediate modulus (PAN precursor)	15×10^{-6}
• High modulus (PAN precursor)	9.5×10^{-6}
• Ultra-high modulus (pitch precursor)	1.35×10^{-6}–5×10^{-6}
E-glass	4×10^{14}
COMPOSITE MATERIALS	
Wood	
• Douglas fir (oven dry)	
Parallel to grain	10^{14}–10^{16}
Perpendicular to grain	10^{14}–10^{16}
• Red oak (oven dry)	
Parallel to grain	10^{14}–10^{16}
Perpendicular to grain	10^{14}–10^{16}

[a]At 0°C.

Sources: *ASM Handbooks*, Volumes 1 and 2, *Engineered Materials Handbooks*, Volumes 1, 2, and 4, *Metals Handbook: Properties and Selection: Nonferrous Alloys and Pure Metals*, Vol. 2, 9th edition, and *Advanced Materials & Processes*, Vol. 146, No. 4, ASM International, Materials Park, OH; *Modern Plastics Encyclopedia 1977–1978*, The McGraw-Hill Companies, New York, NY; and manufacturers' technical data sheets.

표 B.10 표 B.1~B.9에 거론된 금속 합금의 화학조성

Alloy (UNS Designation)	Composition (wt%)
PLAIN CARBON AND LOW-ALLOY STEELS	
A36 (ASTM A36)	98.0 Fe (min), 0.29 C, 1.0 Mn, 0.28 Si
1020 (G10200)	99.1 Fe (min), 0.20 C, 0.45 Mn
1040 (G10400)	98.6 Fe (min), 0.40 C, 0.75 Mn
4140 (G41400)	96.8 Fe (min), 0.40 C, 0.90 Cr, 0.20 Mo, 0.9 Mn
4340 (G43400)	95.2 Fe (min), 0.40 C, 1.8 Ni, 0.80 Cr, 0.25 Mo, 0.7 Mn
STAINLESS STEELS	
304 (S30400)	66.4 Fe (min), 0.08 C, 19.0 Cr, 9.25 Ni, 2.0 Mn
316 (S31600)	61.9 Fe (min), 0.08 C, 17.0 Cr, 12.0 Ni, 2.5 Mo, 2.0 Mn
405 (S40500)	83.1 Fe (min), 0.08 C, 13.0 Cr, 0.20 Al, 1.0 Mn
440A (S44002)	78.4 Fe (min), 0.70 C, 17.0 Cr, 0.75 Mo, 1.0 Mn
17-4PH (S17400)	Fe (bal), 0.07 C, 16.25 Cr, 4.0 Ni, 4.0 Cu, 0.3 Nb + Ta, 1.0 Mn, 1.0 Si

(*Continued*)

표 B.10 표 B.1~B.9에 거론된 금속 합금의 화학조성

Alloy (UNS Designation)	Composition (wt%)
CAST IRONS	
Grade G1800 (F10004)	Fe (bal), 3.4–3.7 C, 2.8–2.3 Si, 0.65 Mn, 0.15 P, 0.15 S
Grade G3000 (F10006)	Fe (bal), 3.1–3.4 C, 2.3–1.9 Si, 0.75 Mn, 0.10 P, 0.15 S
Grade G4000 (F10008)	Fe (bal), 3.0–3.3 C, 2.1–1.8 Si, 0.85 Mn, 0.07 P, 0.15 S
Grade 60-40-18 (F32800)	Fe (bal), 3.4–4.0 C, 2.0–2.8 Si, 0–1.0 Ni, 0.05 Mg
Grade 80-55-06 (F33800)	Fe (bal), 3.3–3.8 C, 2.0–3.0 Si, 0–1.0 Ni, 0.05 Mg
Grade 120-90-02 (F36200)	Fe (bal), 3.4–3.8 C, 2.0–2.8 Si, 0–2.5 Ni, 0–1.0 Mo, 0.05 Mg
ALUMINUM ALLOYS	
1100 (A91100)	99.00 Al (min), 0.20 Cu (max)
2024 (A92024)	90.75 Al (min), 4.4 Cu, 0.6 Mn, 1.5 Mg
6061 (A96061)	95.85 Al (min), 1.0 Mg, 0.6 Si, 0.30 Cu, 0.20 Cr
7075 (A97075)	87.2 Al (min), 5.6 Zn, 2.5 Mg, 1.6 Cu, 0.23 Cr
356.0 (A03560)	90.1 Al (min), 7.0 Si, 0.3 Mg
COPPER ALLOYS	
(C11000)	99.90 Cu (min), 0.04 O (max)
(C17200)	96.7 Cu (min), 1.9 Be, 0.20 Co
(C26000)	Zn (bal), 70 Cu, 0.07 Pb, 0.05 Fe (max)
(C36000)	60.0 Cu (min), 35.5 Zn, 3.0 Pb
(C71500)	63.75 Cu (min), 30.0 Ni
(C93200)	81.0 Cu (min), 7.0 Sn, 7.0 Pb, 3.0 Zn
MAGNESIUM ALLOYS	
AZ31B (M11311)	94.4 Mg (min), 3.0 Al, 0.20 Mn (min), 1.0 Zn, 0.1 Si (max)
AZ91D (M11916)	89.0 Mg (min), 9.0 Al, 0.13 Mn (min), 0.7 Zn, 0.1 Si (max)
TITANIUM ALLOYS	
Commercial, grade 1 (R50250)	99.5 Ti (min)
Ti–5Al–2.5Sn (R54520)	90.2 Ti (min), 5.0 Al, 2.5 Sn
Ti–6Al–4V (R56400)	87.7 Ti (min), 6.0 Al, 4.0 V
MISCELLANEOUS ALLOYS	
Nickel 200	99.0 Ni (min)
Inconel 625	58.0 Ni (min), 21.5 Cr, 9.0 Mo, 5.0 Fe, 3.65 Nb + Ta, 1.0 Co
Monel 400	63.0 Ni (min), 31.0 Cu, 2.5 Fe, 0.2 Mn, 0.3 C, 0.5 Si
Haynes alloy 25	49.4 Co (min), 20 Cr, 15 W, 10 Ni, 3 Fe (max), 0.10 C, 1.5 Mn
Invar (K93601)	64 Fe, 36 Ni
Super invar	63 Fe, 32 Ni, 5 Co
Kovar	54 Fe, 29 Ni, 17 Co
Chemical lead (L51120)	99.90 Pb (min)
Antimonial lead, 6% (L53105)	94 Pb, 6 Sb
Tin (commercially pure) (ASTM B339A)	98.85 Pb (min)
Lead–tin solder (60Sn–40Pb) (ASTM B32 grade 60)	60 Sn, 40 Pb
Zinc (commercially pure) (Z21210)	99.9 Zn (min), 0.10 Pb (max)
Zirconium, reactor grade 702 (R60702)	99.2 Zr + Hf (min), 4.5 Hf (max), 0.2 Fe + Cr

Sources: *ASM Handbooks*, Volumes 1 and 2, ASM International, Materials Park, OH.

공업 재료의 가격과 상대가격

여기서는 부록 B의 재료 물성에서 적용된 분류와 동일한 분류의 가격 정보를 제공하고 있다. 재료에 대한 유용한 가격 정보를 수집하는 것은 매우 어려운 일이며, 문헌에 공개된 재료별 가격 정보도 부족한 실정이다. 이러한 이유 중의 하나는 재료가 제조자, 판매자, 소매업자별로 서로 다른 가격을 가지기 때문이다. 대부분의 경우에 우리는 판매자 가격을 사용하고 있다. 어떤 재료들(예: 실리콘 카바이드, 실리콘 나이트라이드와 같은 특수 세라믹)에 대해서는 제조자 가격을 사용하는 것이 바람직하다. 또한 하나의 특수한 재료에 대한 비용에서도 매우 큰 차이가 있을 수 있다. 여기에는 몇 가지 이유가 있다. 첫째, 각각의 판매자들은 나름대로의 가격 체계를 가지고 있다. 더욱이 비용은 구입하는 재료의 양에 따라 변하고, 또한 재료가 어떻게 가공되고 처리되었느냐에 따라 달라질 수 있다. 우리는 비교적 많은 양의 주문, 즉 일반적으로 한 무더기 판매 단위인 900 kg의 중량과 범용 형상/처리에 대한 보편적 데이터를 수집하고자 하였다. 가능한 한 최소 세 군데 이상의 판매자/제조자들로부터 가격 정보를 수집하였다.

이 가격 정보는 2015년 1월 기준으로 수집되었다. 가격 데이터의 단위는 킬로그램당 달러로 나타내었으며, 가격은 어떤 범위로 또는 단일 값으로 표시되었다. 가격 범위가 없는(즉, 하나의 가격을 사용) 것은 변화가 적거나, 한정된 데이터로 인해 가격 범위를 확인하는 것이 불가능한 것에 기인한다. 또한 재료 가격이 시간에 따라 변하므로 상대가격 지수를 사용하기로 하였다. 이 지수는 하나의 재료에 대한 단위질량 가격(또는 평균 단위질량 가격)을 보편적인 공학 재료(A36 일반탄소강)의 단위질량에 대한 평균 가격으로 나눈 값을 나타낸다. 재료의 가격은 시간에 따라 변한다. 그러나 그 재료와 다른 재료 간의 상대가격 비율은 보다 느리게 변할 것이다.

Material/Condition	Cost ($US/kg)	Relative Cost
PLAIN CARBON AND LOW-ALLOY STEELS		
Steel alloy A36		
• Plate, hot-rolled	0.40–1.20	1.00
• Angle bar, hot-rolled	1.15–1.40	1.0
Steel alloy 1020		
• Plate, hot-rolled	0.50–2.00	1.2
• Plate, cold-rolled	0.55–1.85	1.0
Steel alloy 1045		
• Plate, hot-rolled	0.50–2.85	1.2
• Plate, cold-rolled	0.50–2.00	1.2
Steel alloy 4140		
• Bar, normalized	0.50–3.00	1.9
• H grade (round), normalized	0.60–2.50	1.4
Steel alloy 4340		
• Bar, annealed	0.70–3.00	2.0
• Bar, normalized	0.70–2.50	1.8

(*Continued*)

Material/Condition	Cost ($US/kg)	Relative Cost
STAINLESS STEELS		
Stainless alloy 304	1.50–4.30	3.4
Stainless alloy 316	1.50–7.25	4.9
Stainless alloy 17-4PH	1.80–8.00	4.9
CAST IRONS		
Gray irons (all grades)	2.65–4.00	4.1
Ductile irons (all grades)	2.85–4.40	4.4
ALUMINUM ALLOYS		
Aluminum (unalloyed)	1.80–1.85	2.2
Alloy 1100		
• Sheet, annealed	0.75–3.00	1.6
Alloy 2024		
• Sheet, T3 temper	1.80–4.85	3.9
• Bar, T351 temper	2.00–11.00	5.8
Alloy 5052		
• Sheet, H32 temper	2.50–4.65	4.2
Alloy 6061		
• Sheet, T6 temper	2.00–7.70	4.7
• Bar, T651 temper	3.35–6.70	5.6
Alloy 7075		
• Sheet, T6 temper	2.20–5.00	4.6
Alloy 356.0		
• As cast, high production	1.00–4.00	3.2
• As cast, custom pieces	5.00–20.00	12.9
• T6 temper, custom pieces	6.00–20.00	15.0
COPPER ALLOYS		
Copper (unalloyed)	6.35–6.40	7.7
Alloy C11000 (electrolytic tough pitch), sheet	6.50–10.00	10.1
Alloy C17200 (beryllium–copper), sheet	5.00–10.00	9.9
Alloy C26000 (cartridge brass), sheet	5.00–7.70	8.1
Alloy C36000 (free-cutting brass), sheet, rod	4.70–7.15	7.1
Alloy C71500 (copper–nickel, 30%), sheet	19.85–50.00	39.6
Alloy C93200 (bearing bronze)		
• Bar	8.60–9.25	10.7
• As cast, custom piece	10.00–100.00	66.1
MAGNESIUM ALLOYS		
Magnesium (unalloyed)	2.50–2.55	3.0
Alloy AZ31B		
• Sheet (rolled)	10.00–50.00	38.0
• Extruded	6.00–31.00	16.3
Alloy AZ91D (as cast)	2.80–5.50	4.5
TITANIUM ALLOYS		
Commercially pure		
• ASTM grade 1, annealed	20.00–70.00	42.1
• ASTM grade 2, annealed	14.00–64.00	31.6

(*Continued*)

Material/Condition	Cost ($US/kg)	Relative Cost
Alloy Ti–5Al–2.5Sn	19.00–60.00	45.7
Alloy Ti–6Al–4V	20.00–45.00	35.3
PRECIOUS METALS		
Gold, bullion	38,000–38,400	45,800
Platinum, bullion	38,200–48,000	49,200
Silver, bullion	510–765	690
REFRACTORY METALS		
Molybdenum, commercial purity	50–225	155
Tantalum, commercial purity	150–800	525
Tungsten, commercial purity	160–235	237
MISCELLANEOUS NONFERROUS ALLOYS		
Nickel, commercial purity	15.00–15.65	18.4
Nickel 200	54.00–88.00	83.5
Inconel 625	24.25–50.00	43.2
Monel 400	30.00–52.00	41.8
Haynes alloy 25	10.00–25.00	17.1
Invar	33.00–66.00	56.8
Super invar	51.00–53.00	62.3
Kovar	29.00–84.00	59.2
Chemical lead		
• Ingot	1.80–2.50	2.4
• Plate	3.30–5.00	5.0
Antimonial lead (6%)		
• Ingot	2.05–3.15	3.1
• Plate	3.90–6.40	6.1
Tin, commercial purity (99.91+%), ingot	19.00–20.00	23.1
Solder (60Sn–40Pb), bar	25.00–38.00	38.9
Zinc, commercial purity, ingot or anode	2.15–3.00	2.8
Zirconium, reactor grade 702 (plate)	70.00–95.00	99.4
GRAPHITE, CERAMICS, AND SEMICONDUCTING MATERIALS		
Aluminum oxide		
• Calcined powder, 99.8% pure, particle size between 0.4 and 5 μm	0.95–2.90	1.6
• Ball grinding media, 99% pure, 6.4 mm dia.	47.00–64.00	66.47
• Ball grinding media, 90% pure, 6.4 mm dia.	15.50–19.50	21.1
Concrete, mixed	0.065	0.081
Diamond		
• Synthetic, 30–40 mesh, industrial grade	150–1500	992
• Synthetic, polycrystalline	15,000	18,000
• Synthetic, ⅓ carat, industrial grade	200,000–1,500,000	1,020,000
Gallium arsenide		
• Mechanical grade, 150 mm diameter wafers, ~675 μm thick	1800	2200
• Prime grade, 150 mm diameter wafers, ~675 μm thick	3050	3670
Glass, borosilicate (Pyrex), plate	13.30–23.00	19.6
Glass, soda–lime, plate	1.80–9.10	6.4
Glass-ceramic (Pyroceram), plate	11.65–18.65	17.5

(*Continued*)

Material/Condition	Cost ($US/kg)	Relative Cost
Graphite		
• Powder, synthetic, 99+% pure, particle size ~10 μm	0.20–1.00	0.87
• Isostatically pressed parts, high purity, particle size ~20 μm	130–175	186
Silica, fused, plate	750–2800	2570
Silicon		
• Test grade, undoped, 150 mm diameter wafers, ~675 μm thick	420–1600	1020
• Prime grade, undoped, 150 mm diameter wafers, ~675 μm thick	630–2200	1710
Silicon carbide		
• α-phase ball grinding media, 6.4 mm diameter, sintered	50–200	150
Silicon nitride		
• Powder, submicron particle size	3.60–70.00	22.7
• Balls, finished ground, 6.4 mm diameter, hot isostatic pressed	1500–18,700	11,100
Zirconia (5 mol% Y_2O_3), 15-mm-diameter ball grinding media	25–80	45.1
POLYMERS		
Butadiene–acrylonitrile (nitrile) rubber		
• Raw and unprocessed	1.05–4.35	3.0
• Sheet (6.4-3.2 mm thick)	3.00–18.00	12.0
Styrene–butadiene (SBR) rubber		
• Raw and unprocessed	1.40–7.00	3.6
• Sheet (6.4-3.2 mm thick)	2.00–5.00	4.3
Silicone rubber		
• Raw and unprocessed	2.60–8.50	6.1
• Sheet (6.4-3.2 mm thick)	12.50–32.50	25.9
Epoxy resin, raw form	2.00–5.00	4.2
Nylon 6,6		
• Raw form	3.20–4.00	2.8
• Extruded	3.00–6.50	5.9
Phenolic resin, raw form	2.00–2.80	2.8
Poly(butylene terephthalate) (PBT)		
• Raw form	0.90–3.05	2.5
• Sheet	8.00–40.00	18.6
Polycarbonate (PC)		
• Raw form	0.80–5.30	3.4
• Sheet	2.50–4.00	4.2
Polyester (thermoset), raw form	1.90–4.30	4.4
Polyetheretherketone (PEEK), raw form	100.00–280.00	246
Polyethylene		
• Low density (LDPE), raw form	1.00–2.75	2.2
• High density (HDPE), raw form	0.90–2.65	2.2
• Ultra-high molecular weight (UHMWPE), raw form	2.00–8.00	4.7
Poly(ethylene terephthalate) (PET)		
• Raw form	0.70–2.40	1.8
• Sheet	1.60–2.55	2.4
Poly(methyl methacrylate) (PMMA)		
• Raw form	0.80–3.60	2.7
• Extruded Sheet	2.00–3.80	3.8
Polypropylene (PP), raw form	0.70–2.60	2.1
Polystyrene (PS), raw form	0.80–2.95	2.4

(*Continued*)

Material/Condition	Cost ($US/kg)	Relative Cost
Polytetrafluoroethylene (PTFE)		
• Raw form	3.50–16.90	10.6
• Rod	5.60–9.85	9.60
Poly(vinyl chloride) (PVC), raw form	0.80–2.55	1.9
FIBER MATERIALS		
Aramid (Kevlar 49) continuous	20–110	79.6
Carbon (PAN precursor), continuous		
• Standard modulus	21–66	45.9
• Intermediate modulus	44–132	106
• High modulus	66–200	155
• Ultra-high modulus	165	198
E-glass, continuous	0.90–1.65	1.5
COMPOSITE MATERIALS		
Aramid (Kevlar 49) continuous-fiber, epoxy prepreg	65	79.5
Carbon continuous-fiber, epoxy prepreg		
• Standard modulus	30–40	42.4
• Intermediate modulus	65–100	99.4
• High modulus	110–190	180
E-glass continuous-fiber, epoxy prepreg	44	53.0
Woods		
• Douglas fir	0.65–0.95	1.1
• Ponderosa pine	1.20–2.45	2.3
• Red oak	3.75–3.85	4.6

D 범용 고분자 재료의 반복기 구조

Chemical Name	Repeat Unit Structure
Epoxy (diglycidyl ether of bisphenol A, DGEPA)	$\left[-O-C_6H_4-C(CH_3)_2-C_6H_4-O-CH_2-CH(OH)-CH_2- \right]$
Melamine-formaldehyde (melamine)	triazine ring (C, N alternating) with three $-N(H)-CH_2-$ substituents
Phenol-formaldehyde (phenolic)	phenol ring (OH) with three $-CH_2-$ substituents
Polyacrylonitrile (PAN)	$\left[-CH_2-CH(C{\equiv}N)- \right]$
Poly(amide-imide) (PAI)	$\left[-NH-C(=O)-C_6H_3(C(=O))_2N-R- \right]$

(*Continued*)

Chemical Name	Repeat Unit Structure
Polybutadiene	$-[CH_2-CH=CH-CH_2]-$
Poly(butylene terephthalate) (PBT)	$-[CO-C_6H_4-CO-O-CH_2-CH_2-CH_2-CH_2-O]-$
Polycarbonate (PC)	$-[O-C_6H_4-C(CH_3)_2-C_6H_4-O-CO]-$
Polychloroprene	$-[CH_2-CCl=CH-CH_2]-$
Polychlorotrifluoroethylene	$-[CF_2-CFCl]-$
Poly(dimethyl siloxane) (silicone rubber)	$-[Si(CH_3)_2-O]-$
Polyetheretherketone (PEEK)	$-[C_6H_4-O-C_6H_4-O-C_6H_4-CO]-$
Polyethylene (PE)	$-[CH_2-CH_2]-$

(*Continued*)

Chemical Name	Repeat Unit Structure
Poly(ethylene terephthalate) (PET)	$\left[-\overset{O}{\overset{\|}{C}}-C_6H_4-\overset{O}{\overset{\|}{C}}-O-CH_2-CH_2-O-\right]$
Poly(hexamethylene adipamide) (nylon 6,6)	$\left[-NH-\left[CH_2\right]_6-NH-\overset{O}{\overset{\|}{C}}-\left[CH_2\right]_4-\overset{O}{\overset{\|}{C}}-\right]$
Polyimide	$\left[-N(C{=}O)_2C_6H_2(C{=}O)_2N-R-\right]$
Polyisobutylene	$\left[-CH_2-C(CH_3)_2-\right]$
cis-Polyisoprene (natural rubber)	$\left[-CH_2-C(CH_3)=CH-CH_2-\right]$
Poly(methyl methacrylate) (PMMA)	$\left[-CH_2-C(CH_3)(C{=}O\,O\,CH_3)-\right]$
Poly(phenylene oxide) (PPO)	$\left[-C_6H_2(CH_3)_2-O-\right]$

(*Continued*)

Chemical Name	Repeat Unit Structure
Poly(phenylene sulfide) (PPS)	$[-C_6H_4-S-]$
Poly(paraphenylene terephthalamide) (aramid)	$[-C_6H_4-NH-CO-C_6H_4-CO-NH-]$
Polypropylene (PP)	$[-CH_2-CH(CH_3)-]$
Polystyrene (PS)	$[-CH_2-CH(C_6H_5)-]$
Polytetrafluoroethylene (PTFE)	$[-CF_2-CF_2-]$
Poly(vinyl acetate) (PVAc)	$[-CH_2-CH(O-CO-CH_3)-]$
Poly(vinyl alcohol) (PVA)	$[-CH_2-CH(OH)-]$
Poly(vinyl chloride) (PVC)	$[-CH_2-CH(Cl)-]$

(*Continued*)

Chemical Name	Repeat Unit Structure
Poly(vinyl fluoride) (PVF)	$\left[\begin{array}{c} \text{H} \quad \text{H} \\ \vert \quad\;\; \vert \\ -\text{C}-\text{C}- \\ \vert \quad\;\; \vert \\ \text{H} \quad \text{F} \end{array}\right]$
Poly(vinylidene chloride) (PVDC)	$\left[\begin{array}{c} \text{H} \quad \text{Cl} \\ \vert \quad\;\; \vert \\ -\text{C}-\text{C}- \\ \vert \quad\;\; \vert \\ \text{H} \quad \text{Cl} \end{array}\right]$
Poly(vinylidene fluoride) (PVDF)	$\left[\begin{array}{c} \text{H} \quad \text{F} \\ \vert \quad\;\; \vert \\ -\text{C}-\text{C}- \\ \vert \quad\;\; \vert \\ \text{H} \quad \text{F} \end{array}\right]$

범용 고분자 재료의 유리전이온도와 용융온도

Polymer	Glass Transition Temperature (°C)	Melting Temperature (°C)
Aramid	375	~640
Polyimide (thermoplastic)	280–330	*a*
Poly(amide-imide)	277–289	*a*
Polycarbonate	150	265
Polyetheretherketone	143	334
Polyacrylonitrile	104	317
Polystyrene		
• Atactic	100	*a*
• Isotactic	100	240
Poly(butylene terephthalate)	—	220–267
Poly(vinyl chloride)	87	212
Poly(phenylene sulfide)	85	285
Poly(ethylene terephthalate)	69	265
Nylon 6,6	57	265
Poly(methyl methacrylate)	105	160
Polypropylene		
• Isotactic	−10	175
• Atactic	−18	175
Poly(vinylidene chloride)		
• Atactic	−18	175
Poly(vinyl fluoride)	−20	200
Poly(vinylidene fluoride)	−35	—
Polychloroprene (chloroprene rubber or neoprene)	−50	80
Polyisobutylene	−70	128
cis-Polyisoprene	−73	28
Polybutadiene		
• Syndiotactic	−90	154
• Isotactic	−90	120
High-density polyethylene	−90	137
Polytetrafluoroethylene	−97	327
Low-density polyethylene	−110	115
Poly(dimethyl siloxane) (silicone rubber)	−123	−54

[a]These polymers normally exist as at least 95% noncrystalline.

F 대표적 원소들의 특성

Element	Symbol	Atomic Number	Atomic Weight (amu)	Density of Solid, 20°C (g/cm^3)	Crystal Structure,[a] 20°C	Atomic Radius (nm)	Ionic Radius (nm)	Most Common Valence	Melting Point (°C)
Aluminum	Al	13	26.98	2.70	FCC	0.143	0.053	3+	660.3
Argon	Ar	18	39.95	—	—	—	—	Inert	−189.3
Barium	Ba	56	137.33	3.62	BCC	0.217	0.136	2+	727
Beryllium	Be	4	9.012	1.85	HCP	0.114	0.035	2+	1287
Boron	B	5	10.81	2.34	Rhomb.	—	0.023	3+	2077
Bromine	Br	35	79.90	—	—	—	0.196	1−	−7.2
Cadmium	Cd	48	112.41	8.69	HCP	0.149	0.095	2+	321
Calcium	Ca	20	40.08	1.54	FCC	0.197	0.100	2+	842
Carbon	C	6	12.011	2.25	Hex.	0.077	~0.016	4+	(sublimes at 3825)
Cesium	Cs	55	132.91	1.87	BCC	0.265	0.170	1+	28.5
Chlorine	Cl	17	35.45	—	—	—	0.181	1−	−101
Chromium	Cr	24	52.00	7.15	BCC	0.125	0.063	3+	1907
Cobalt	Co	27	58.93	8.86	HCP	0.125	0.072	2+	1495
Copper	Cu	29	63.55	8.96	FCC	0.128	0.096	1+	1085
Fluorine	F	9	19.00	—	—	—	0.133	1−	−220
Gallium	Ga	31	69.72	5.91	Ortho.	0.122	0.062	3+	29.8
Germanium	Ge	32	72.63	5.32	Dia. cubic	0.122	0.053	4+	938
Gold	Au	79	196.97	19.32	FCC	0.144	0.137	1+	1064
Helium	He	2	4.003	—	—	—	—	Inert	−272 (at 26 atm)
Hydrogen	H	1	1.008	—	—	0.046	0.154	1+	−259
Iodine	I	53	126.91	4.93	Ortho.	0.136	0.220	1−	114
Iron	Fe	26	55.85	7.87	BCC	0.124	0.077	2+	1538
Lead	Pb	82	207.2	11.35	FCC	0.175	0.120	2+	327
Lithium	Li	3	6.94	0.534	BCC	0.152	0.068	1+	181
Magnesium	Mg	12	24.31	1.74	HCP	0.160	0.072	2+	650
Manganese	Mn	25	54.94	7.44	Cubic	0.112	0.067	2+	1246
Mercury	Hg	80	200.59	—	—	—	0.110	2+	−38.8
Molybdenum	Mo	42	95.95	10.22	BCC	0.136	0.070	4+	2622
Neon	Ne	10	20.18	—	—	—	—	Inert	−248.6
Nickel	Ni	28	58.69	8.90	FCC	0.125	0.069	2+	1455
Niobium	Nb	41	92.91	8.57	BCC	0.143	0.069	5+	2477
Nitrogen	N	7	14.007	—	—	0.071	0.01–0.02	5+	−210
Oxygen	O	8	16.00	—	—	—	0.140	2−	−218.8
Phosphorus	P	15	30.97	1.82	Ortho.	0.109	0.035	5+	44.1
Platinum	Pt	78	195.08	21.45	FCC	0.139	0.080	2+	1768
Potassium	K	19	39.10	0.89	BCC	0.231	0.138	1+	63
Silicon	Si	14	28.09	2.33	Dia. cubic	0.118	0.040	4+	1414
Silver	Ag	47	107.87	10.49	FCC	0.144	0.126	1+	962
Sodium	Na	11	22.99	0.971	BCC	0.186	0.102	1+	98
Sulfur	S	16	32.06	2.07	Ortho.	0.106	0.184	2−	115
Tin	Sn	50	118.71	7.29	Tetra.	0.151	0.071	4+	232
Titanium	Ti	22	47.87	4.51	HCP	0.145	0.068	4+	1670
Tungsten	W	74	183.84	19.3	BCC	0.137	0.070	4+	3414
Vanadium	V	23	50.94	6.0	BCC	0.132	0.059	5+	1910
Zinc	Zn	30	65.41	7.13	HCP	0.133	0.074	2+	420
Zirconium	Zr	40	91.22	6.52	HCP	0.159	0.079	4+	1854

[a]Dia. = Diamond; Hex. = Hexagonal; Ortho. = Orthorhombic; Rhomb. = Rhombohedral; Tetra. = Tetragonal.

G 대표적 물리상수 값

Quantity	Symbol	SI Units	cgs Units
Avogadro's number	N_A	6.022×10^{23} molecules/mol	6.022×10^{23} molecules/mol
Boltzmann's constant	k	1.38×10^{-23} J/atom·K	1.38×10^{-16} erg/atom·K 8.62×10^{-5} eV/atom·K
Bohr magneton	μ_B	9.27×10^{-24} A·m^2	9.27×10^{-21} erg/gauss[a]
Electron charge	e	1.602×10^{-19} C	4.8×10^{-10} statcoul[b]
Electron mass	—	9.11×10^{-31} kg	9.11×10^{-28} g
Gas constant	R	8.31 J/mol·K	1.987 cal/mol·K
Permeability of a vacuum	μ_0	1.257×10^{-6} henry/m	Unity[a]
Permittivity of a vacuum	ε_0	8.85×10^{-12} farad/m	Unity[b]
Planck's constant	h	6.63×10^{-34} J·s	6.63×10^{-27} erg·s 4.13×10^{-15} eV·s
Velocity of light in a vacuum	c	3×10^{8} m/s	3×10^{10} cm/s

[a] In cgs-emu units. [b] In cgs-esu units.

원소의 주기율표

Key: 29 — Atomic number; Cu — Symbol; 63.55 — Atomic weight

Metal / Nonmetal / Intermediate

IA (1)	IIA (2)	IIIB (3)	IVB (4)	VB (5)	VIB (6)	VIIB (7)	VIII (8)	VIII (9)	VIII (10)	IB (11)	IIB (12)	IIIA (13)	IVA (14)	VA (15)	VIA (16)	VIIA (17)	0 (18)
1 H 1.0080																	2 He 4.0026
3 Li 6.941	4 Be 9.0122											5 B 10.811	6 C 12.011	7 N 14.007	8 O 15.999	9 F 18.998	10 Ne 20.180
11 Na 22.990	12 Mg 24.305											13 Al 26.982	14 Si 28.085	15 P 30.974	16 S 32.064	17 Cl 35.453	18 Ar 39.948
19 K 39.098	20 Ca 40.078	21 Sc 44.956	22 Ti 47.867	23 V 50.942	24 Cr 51.996	25 Mn 54.938	26 Fe 55.845	27 Co 58.933	28 Ni 58.69	29 Cu 63.55	30 Zn 65.38	31 Ga 69.72	32 Ge 72.63	33 As 74.922	34 Se 78.97	35 Br 79.904	36 Kr 83.80
37 Rb 85.47	38 Sr 87.62	39 Y 88.91	40 Zr 91.22	41 Nb 92.91	42 Mo 95.95	43 Tc (98)	44 Ru 101.07	45 Rh 102.91	46 Pd 106.42	47 Ag 107.87	48 Cd 112.41	49 In 114.82	50 Sn 118.71	51 Sb 121.76	52 Te 127.60	53 I 126.90	54 Xe 131.29
55 Cs 132.91	56 Ba 137.33	Rare earth series	72 Hf 178.49	73 Ta 180.95	74 W 183.84	75 Re 186.21	76 Os 190.23	77 Ir 192.22	78 Pt 195.08	79 Au 196.97	80 Hg 200.59	81 Tl 204.38	82 Pb 207.2	83 Bi 208.98	84 Po (209)	85 At (210)	86 Rn (222)
87 Fr (223)	88 Ra (226)	Acti-nide series	104 Rf (267)	105 Db (268)	106 Sg (269)	107 Bh (270)	108 Hs (269)	109 Mt (278)	110 Ds (281)	111 Rg (280)	112 Cn (285)	113 Uut (286)	114 Fl (289)	115 UUp (289)	116 Lv (293)	117 Uus (294)	118 Uuo (294)

Rare earth series	57 La 138.91	58 Ce 140.12	59 Pr 140.91	60 Nd 144.24	61 Pm (145)	62 Sm 150.36	63 Eu 151.96	64 Gd 157.25	65 Tb 158.92	66 Dy 162.50	67 Ho 164.93	68 Er 167.26	69 Tm 168.93	70 Yb 173.04	71 Lu 174.97
Actinide series	89 Ac (227)	90 Th 232.04	91 Pa 231.04	92 U 238.03	93 Np (237)	94 Pu (244)	95 Am (243)	96 Cm (247)	97 Bk (247)	98 Cf (251)	99 Es (252)	100 Fm (257)	101 Md (258)	102 No (259)	103 Lr (262)

용어해설

가

가교된 고분자(crosslinked polymer) 공유결합에 의해 다양한 위치에 인접한 선형 분자사슬이 결합된 고분자.

가단주철(malleable cast iron) 백주철의 열처리를 통해 시멘타이트(탄화철)를 흑연화시켜 비교적 연성이 좋은 주철.

가전자대(valence band) 고체 재료에서, 가전자들이 들어 있는 전자 에너지 밴드.

가지형 고분자(branched polymer) 1차 사슬로부터 뻗어 나온 2차 사슬의 분자구조를 가지고 있는 고분자.

가황(vulcanization) 유황 또는 다른 적당한 약품을 포함하는 비가역적인 화학반응으로, 고무 재료의 분자사슬 사이에 교차결합이 형성된다. 고무의 탄성계수와 강도가 향상된다.

강유전체(ferroelectric) 전기장이 없는 상태에서도 분극을 나타내는 유전체.

강자성(ferromagnetism) 인접한 자기 모멘트와 같은 방향으로 나란하게 정렬하는 일부 금속(예: Fe, Ni, Co)에서 나타나는 영구적인 큰 자화 현상(자기 특성).

강화 콘크리트(reinforced concrete) 강봉, 철사, 또는 망을 첨가하여 강화시킨(또는 인장방향으로 강도가 증가된) 콘크리트.

강화 흑연철(compacted graphite iron) 실리콘과 소량의 마그네슘, 세륨, 또는 벌레 같은 형태의 흑연 입자로 구성된 다른 첨가물과의 합금 형태의 주철.

거대분자(macromolecule) 1000여 개의 원자에 의해 만들어진 거대한 분자.

격자(lattice) 결정 공간 내 점들의 규칙적인 기하학적 배열.

격자간 원자 확산(interstitial diffusion) 원자가 격자간 위치로부터 또 다른 격자간 위치로 이동하는 확산 기구.

격자변형률(lattice strain) 정상적인 격자 위치에 비해 상대적인 원자의 변형(보통 전위, 격자 사이의 원자, 불순물 원자와 같은 결정의 결함에 의해 주어지는).

격자상수(lattice parameter) 단위격자의 기하학적인 모양에 의해 정의되는 모서리 길이와 축 사이의 각들의 조합.

결정계(crystal system) 단위격자의 기하학적인 모양에 의해 분류된 결정구조의 모식도. 이러한 기하학적인 구조는 모서리 길이와 축 사이의 각의 관계에 의해서 명시된다. 7개의 다른 결정계가 존재한다.

결정구조(crystal structure) 결정질 재료의 원자 또는 이온의 배열 형태. 단위격자의 기하학적인 모양과 단위격자 내의 원자 위치에 대해 정의된다.

결정립 성장(grain growth) 다결정질 재료의 평균 결정립 크기의 증가. 대부분의 재료들은 고온 열처리가 필요하다.

결정립 크기(grain size) 무작위 교차선에 의해 생긴 결정립 지름의 평균값.

결정성(crystallinity) 고분자에서, 주기적이고 반복적인 원자배열이 분자사슬의 정렬에 의해 만들어진 상태.

결정질(crystalline) 원자, 이온, 또는 분자들이 반복적이고 주기적인 3차원으로 배열된 고체 재료의 상태.

결정화(유리-세라믹)[crystallization(glass-ceramic)] 유리(비결정질 혹은 유리질 고체)가 결정질 고체로 변형되는 공정.

결함(imperfection) 완전한 상태에서 벗어난 것으로 보통 결정질 재료에서 원자나 분자의 규칙성이나 연속성이 깨진 상태.

결함구조(defect structure) 세라믹 화합물에서 원자(이온) 빈자리와 격자간 원자(이온)의 종류와 농도에 관련된 것.

결합에너지(bonding energy) 화학결합 된 두 원자를 분리하기 위해 요구되는 에너지. 단위 원자당 혹은 원자 1몰당 값으로 규정된다.

경납땜(brazing) 425°C 이상의 용융점을 가지는 용가재를 사용하는 금속결합 기술.

경도(hardness) 표면 압입 또는 마모에 의한 변형에 저항하는 재료의 정도.

경자성 재료(hard magnetic material) 일반적으로 큰 보자력과 잔류자기 값을 갖는 영구자석으로 쓰이는 강자성 재료나 페리자성 재료(또한 낮은 초기 투자율과 큰 이력 에너지 손실 및 큰 포화자속밀도를 갖는 재료).

경화능(hardenability) 철계 합금이 상부임계온도 이상으로부터 급랭되어 생성된 마텐자이트에 의해 경화될 수 있는 깊이.

계(system) (1) 고려 대상인 재료의 특정 부분, 그리고 (2)

같은 성분으로 이루어진 일련의 합금.

계단식 또는 중단 담금질(stepped or interrupted quenching) 합금강을 상부임계온도 이상으로 가열한 후 염욕, 유욕, 연욕 등을 이용하여 150~300°C의 온도로 급랭하는 것.

고강도 저합금강[high-strength, low-alloy(HSLA) steel] 10 wt% 미만의 합금 원소를 함유하는 비교적 강한 저탄소강.

고분자(polymer) 작은 반복기의 사슬로 구성된 구조를 가지는 무거운 분자량(보통 유기질)의 화합물.

고분자-기지 복합재료(polymer-matrix composite, PMC) 기지가 고분자 수지이며 분산상이 섬유(보통 유리, 탄소 또는 아라미드)인 복합재료.

고상선(solidus line) 평형 냉각하에서 응고가 완료되는 또는 평형 가열 시 용융이 시작되는 상태도상에서 점들로 이루어진 선.

고용체(solid solution) 2개 또는 그 이상의 화학종을 포함하고 있는 균질한 결정상. 치환형과 침입형 고용체 모두 가능하다.

고용체 강화(solid-solution strengthening) 고용체가 형성되는 합금으로부터 생기는 금속의 강화. 불순물 원자의 존재가 전위의 이동을 제한한다.

고용한계선(solvus line) 상태도에서 온도의 함수인 용해한도를 나타내는 점들로 이루어진 선.

공공(vacancy) 보통 때 채워져 있었으나 원자나 이온이 비워진 격자점.

공공 확산(vacancy diffusion) 원자가 격자 위치에서 인접한 공공으로 이동하는 확산 기구.

공석반응(eutectoid reaction) 냉각 중 하나의 고상이 등온 및 가역적으로 변태하여 2개의 새로운 혼합된 고상으로 되는 반응.

공액선(tie line) 2원계 상태도에서 2상 구역을 지나 만들어진 수평선. 상태도 끝단의 상 경계와의 교차점은 해당되는 온도에서 각 상들의 평형 조성을 나타낸다.

공유결합(covalent bond) 인접하는 원자 사이에서 공유하는 전자들로 이루어진 1차 원자간 결합.

공정반응(eutectic reaction) 냉각 중 하나의 액상이 등온 및 가역적으로 변태하여 2개의 혼합된 고상으로 되는 반응.

공정상(eutectic phase) 공정조직을 보이는 두 가지 상.

공정조직(eutectic structure) 공정 조성을 갖는 액상이 응고하여 생긴 두 가지 상으로 이루어진 미세조직. 상들은 층상구조를 보인다.

공중합체(copolymer) 분자사슬을 따라 둘 또는 그 이상의 다른 반복기가 조합되어 있는 고분자.

공칭변형률(engineering strain) 변형률(공칭) 참조.

공칭응력(engineering stress) 응력(공칭) 참조.

과공석 합금(hypereutectoid alloy) 공석을 나타내는 합금계에서 용질 원자의 농도가 공석 조성보다 높은 합금.

과랭(supercooling) 변태가 일어나지 않는 상전이 온도보다 낮은 온도에서의 냉각.

과립 복합재료(large-particle composite) 입자와 기지의 반응을 원자 수준에서 다룰 수 없는 입자-강화 복합재료. 입자는 기지상을 강화한다.

과시효(overaging) 석출경화 시 강도 및 경도가 저하되는 시점에서의 시효.

과열(superheating) 변태가 일어나지 않는 상전이 온도보다 높은 온도에서의 가열.

광섬유(optical fiber) 광신호에 의해 정보를 전달하는 얇은 (지름 5~100 μm) 초고순도 실리카 섬유.

광자(photon) 전자기에너지(전자기 방사)를 나타내는 1개의 양자단위.

광전도성(photoconductivity) 재료가 빛을 흡수하여 광자에 의해 유도된 전자여기(부가적인 전하 운반자가 생성) 현상을 일으킬 때 얻어지는 전기전도도(전기전도도의 증가 현상).

교차 공중합체(alternating copolymer) 두 종류의 반복기가 분자사슬을 따라 위치를 교대하는 공중합체.

구동력(driving force) 확산, 입성장, 또는 상변태와 같은 반응에서의 추진력. 일반적으로 반응에서는 어떤 형태의 에너지(예: 자유에너지) 감소가 수반된다.

구상주철(nodular iron) 연주철 참조.

구상화(spheroidizing) 강재에서, 스페로이다이트 미세조직이 형성되는 공석점 바로 아래에서 진행된 열처리.

구정(spherulite) 통일한 중심 핵으로부터 뻗어 나온 리본과 같은 고분자 결정(층상) 덩어리. 결정은 비정질 영역에 의해 분리되어 있다.

구조(structure) 물질의 내부 성분 배열: 전자구조(아원자 수준), 결정구조(원자 수준), 미세조직(현미경 수준).

구조 복합재료(structural composite) 구조 성분의 기하학적 설계에 따라 성질이 달라지는 복합재료. 층상 복합재료와 샌드위치 패널이 두 가지 하위 부류이다.

구조용 점토 제품(structural clay product) 주로 점토로 구성된 세라믹 재료로서 전체적인 구조를 형성하는 데 중요하게 응용된다.

굴절(refraction) 광속이 서로 다른 2개의 매질에서, 한 곳에서 다른 매질로 빛이 통과할 때 광선이 휘는 현상.

굴절지수(index of refraction, *n*) 물질 내부를 통과하는 빛의 속도에 대한 진공에서의 속도의 비.

굽힘강도(flexural strength, σ_{fs}) 굽힘시험 시 파괴를 일으키는 응력.

그래프트 공중합체(graft copolymer) 단량체 형태의 단일 고분자 곁가지가 다른 단량체 형태의 단일고분자 주사슬에 이식된 공중합체.

그물망 고분자(network polymer) 3개 또는 그 이상의 활발한 공유결합을 가지는 다기능적 단량체에 의해 만들어진 고분자. 3차원 분자를 생성한다.

극성분자(polar molecule) 양전하, 음전하 영역의 비대칭 분포에 의한 영구적인 전기 쌍극자 모멘트가 존재하는 분자.

극한강도(ultimate strength) 인장강도 참조.

금속(metal) 양이온 원소들과 이 원소들을 기본으로 한 합금들. 금속들의 전자 밴드 구조는 부분적으로 채워진 전자 밴드에 의해 특징지어진다.

금속간 화합물(intermetallic compound) 정해진 화학적 당량을 갖는 두 가지 금속으로 된 화합물. 상태도상에서 매우 좁은 범위의 조성으로 존재하는 중간상으로 나타난다.

금속결합(metallic bond) 금속성 고체 내의 모든 원자를 서로 공유하는 전체적인 원자가전자(전자구름)의 무방향성 공유를 수반하는 1차 원자간 결합.

금속-기지 복합재료(metal-matrix composite, MMC) 금속 또는 금속 합금을 기지상으로 하는 복합재료. 분산상은 기지보다 딱딱하고 강하거나 단단한 입자, 섬유, 또는 휘스커일 수 있다.

기브스 상률(Gibbs phase rule) 평형상태의 계에 공존하는 상의 수와 외적으로 조절 가능한 인자들과의 관계를 나타내는 방정식[식 (11.18)].

기저상태(ground state) 전자여기를 일으키기 전의 전자 에너지 상태(전형적으로 채워진 에너지 상태).

기전력 계열[electromotive force(emf) series] 표준 전기화학 셀에서의 전위차에 따라 나타나는 금속 요소들 간 서열.

기지상(matrix phase) 복합재료나 2상 합금에서 연속적이며, 다른 상(또는 분산상)을 완전히 둘러싸고 있는 상.

기체상수(gas constant, *R*) 원자 몰당 볼츠만상수. R = 8.31 J/mol·K(1.987 cal/mol·K).

길이방향(longitudinal direction) 긴 축 방향. 봉이나 섬유에서 장축 방향.

나

나선전위(screw dislocation) 보통 평행하는 면이 나선형 경로를 형성하면서 서로 결합될 때 생기는 격자변형과 관련된 선형 결정 결함. 버거스 벡터는 전위선과 평행하다.

납땜질(soldering) 용융온도가 425°C보다 낮은 금속 합금 충전재를 이용하여 금속을 접합시키는 기술.

내구한도(endurance limit) 피로한도 참조.

내화물(refractory) 극도로 높은 온도에 노출되더라도 급격히 변질되거나 녹지 않는 금속이나 세라믹 재료.

냉간가공(cold working) 재결정온도보다 낮은 온도에서 금속을 소성변형시키는 가공.

냉광(luminescence) 전자여기 상태에서 전자 소멸로 인한 가시광의 방출현상.

노멀라이징(normalizing) 철계 합금에서, 상부임계온도 이상에서 오스테나이트화 처리 후 공기 중에서 냉각시키는 방법. 노멀라이징의 목적은 결정 입자 크기를 감소시켜 인성을 증가시키는 것.

농도(concentration) 조성 참조.

농도구배(concentration gradient, dC/dx) 특정 점에서의 농도분포 곡선의 기울기.

농도 분극(concentration polarization) 전기화학적 반응속도가 용액 내에서의 확산율에 의해 제한을 받게 되는 조건.

농도분포(concentration profile) 화학종의 농도를 재료 내의 위치에 대해 그린 곡선.

니장 주입(slip casting) 세라믹 재료에 사용되는 성형 기법. 니장 또는 물과 혼합된 고체 입자의 현탁액이 기공이 많은 몰드에 부어지고 물이 몰드에 흡수된 후 고체 층이 내부 벽에 형성된다. 몰드의 형태를 가진 고체 껍질이 남게 된다.

다

다결정질(polycrystalline) 1개 이상의 결정 또는 입자로 구성된 결정질 재료.

다이오드(diode) 전류를 정류하는, 즉 한쪽 방향으로만 흐르게 하는 전자 소자.

단결정(single crystal) 주기적이며 반복적인 원자 패턴이 중단 없이 전체적으로 확장된 결정질 고체.

단량체(monomer) 고분자가 만들어지는 하나의 안정된 분자.

단위격자(unit cell) 결정구조의 기본적인 구조 단위. 일반적으로 평행육면체 내의 원자(또는 이온) 위치에 대해 정의된다.

단일고분자(homopolymer) 모든 반복기가 같은 형태인 사슬구조를 가지는 고분자.

단조(forging) 가열과 망치질에 의한 기계적 성형법.

단조 합금(wrought alloy) 비교적 연성이 좋고 열간가공이나 냉간가공이 가능한 금속 합금.

도너 준위(donor state, donor level) 반도체 혹은 부도체에서 에너지 밴드 갭의 안쪽이며 최상단 근처에 위치해 있는 에너지 준위로서, 이 준위의 전자는 쉽게 여기되어 전도대로 들어간다. 이는 보통 불순물을 첨가함으로써 형성된다.

도핑(doping) 조절된 양의 도너 또는 억셉터 불순물을 반도체 재료에 의도적으로 첨가하는 것.

동소체(allotropy) 물질(일반적으로 기본 고체)의 둘 이상의 다른 결정구조로 존재 가능성.

동위원소(isotope) 다른 원자량을 가진 동일한 원자들.

동질이상(polymorphism) 형태 또는 결정구조가 하나 이상으로 존재하는 고체 재료의 현상.

등방성(isotropic) 모든 결정학적인 방향에서 같은 성질을 가지는 것.

등온(isothermal) 일정한 온도.

등온변태도(isothermal transformation diagram) 특정 조성을 갖는 강철 합금에 있어 온도 대 시간의 로그값을 나타낸 도표. 오스테나이트 합금의 등온 열처리 시 변태가 개시되고 종료되는 시간을 결정하는 데 이용된다.

라

레이저(laser) 복사선의 자극 방출에 의한 빛 증폭(*l*ight *a*mplification by *s*timulated *e*mission of *r*adiation)에 대한 약자—응집성 광원.

리질리언스(resilience) 탄성변형을 할 때 재료의 에너지 흡수량.

마

마모 부식(erosion corrosion) 화학적 반응 및 기계적 마모의 조합으로 발생하는 부식의 한 종류.

마이크로전자기계시스템(microelectromechanical system, MEMS) 실리콘 기판상에 전기적 요소들과 함께 집적되어 있는 많은 미세한 기계적 장치들. 기계적 요소들은 마이크로센서와 마이크로액추에이터로 응용되며, 보(beam), 기어, 모터, 멤브레인 등의 형태이다. 마이크로센서의 자극에 응하여 전기적 장치들이 마이크로액추에이터 장치에 어떻게 작동을 해야 할 것인지 지시한다.

마텐자이트(martensite) 오스테나이트의 무확산 변태로부터 생성된 탄소가 과포화된 준안정한 철의 상.

매티슨의 법칙(Matthiessen's rule) 금속의 전체 전기 비저항은 온도, 불순물, 냉간가공에 의한 기여도의 합과 같다.

면심입방(face-centered cubic, FCC) 일부 일반적인 기본 금속에서 발견되는 결정구조. 입방 단위격자 내의 원자는 모든 꼭짓점과 면심에 위치한다.

몰(mole) 6.022×10^{23}개의 원자나 분자에 해당하는 물질의 질량.

몰농도(molarity, *M*) 1리터의 용액 안에 용해된 용질의 몰수로 표시되는 농도.

미결정(crystallite) 모든 분자사슬이 순서대로 정렬된 결정질 고분자 내부의 영역.

미세 구성인자(microconstituent) 특징적으로 구분되는 미세조직의 한 요소. 펄라이트와 같이 하나보다 많은 상으로 구성된다.

미세조직(microstructure) 현미경상에서 관찰된 합금의 구조적인 특징(예: 결정립과 상 구조).

미세 펄라이트(fine pearlite) 페라이트 및 시멘타이트가 교대로 이루어진 층의 두께가 비교적 얇은 펄라이트.

밀러지수(Miller index) 절편을 역수로 취하여 결정학적인 면을 표시한 3개의 정수(육방의 경우 4개).

바

반강자성(antiferromagnetism) 일부 재료(예: MnO)에서 볼 수 있는 현상으로, 인접한 원자나 이온의 반대방향 정렬로부터 기인하는 완벽한 자기 모멘트 상쇄 현상. 거시적 고체상태에서는 순 자기 모멘트를 갖지 못한다.

반데르발스 결합(van der Waals bond) 영구적 혹은 유도적으로 인접한 쌍극자 분자 사이의 2차 원자간 결합.

반도체(semiconductor) 0 K에서 채워진 가전자대를 가지며 비교적 좁은 에너지 밴드 갭을 갖는 비금속 재료. 상온에서 전기전도도는 약 10^{-6}에서 10^4 $(\Omega \cdot m)^{-1}$ 사이이다.

반사(reflection) 2개의 매질 사이를 빛이 통과할 때 일어나는 빛의 굴절현상.

반응속도론(kinetics) 반응속도 및 반응속도에 영향을 미치는 원소에 관한 학문.

반자성(diamagnetism) 자화율이 음의 값을 갖는 매우 약하거나 비영구적인 자기 특성(외부 자기장이 인가되는 경우에만 자화가 일어남).

반투명(translucent) 광선이 매질 내에서 단순히 확산하는 특성을 가짐으로써 사물을 확실하게 분별할 수 없이 반투명하게 보이는 현상.

발광 다이오드(light-emitting diode, LED) 반도체는 p형과 n형 양단으로 된 안정된 다이오드이다. p측과 n측 사이의 접합부에 순방향 바이어스 전위가 걸리면 전자와 정공의 재결합이 일어나 광 방출이 일어난다.

발화지연제(flame retardant) 발화 저항성을 높이는 고분자 첨가물.

방적(spinning) 섬유가 생성되는 공정. 용해된 재료가 작은 구멍을 통해 빠져나가면서 섬유다발이 방적된다.

배위수(coordination number) 최인접 원자 또는 이온의 수.

배향분극(orientation polarization) 인가 전기장하에서 전기 쌍극자 모멘트가 정렬(회전에 의한)함으로써 형성되는 분극.

백자(whiteware) 점토를 주성분으로 하는 세라믹 재료로 고온에서 가열 후 백색을 띤다. 백자에는 도자기, 식기, 접시, 위생도기 등이 포함된다.

백주철(white cast iron) 소량의 실리콘을 포함하고 매우 깨지기 쉬운 주철로 탄소는 시멘타이트(탄화철)로 존재하며, 파단면은 백색이다.

밴드 갭 에너지(band gap energy, E_g) 반도체 혹은 부도체에서 가전자대와 전도대 사이의 에너지. 진성 물질에서 전자는 이 에너지 범위 안에 존재할 수 없다.

버거스 벡터(Burgers vector, b) 전위에 관련된 격자변형의 크기와 방향을 나타내는 벡터.

베이나이트(bainite) 강철 및 주철의 오스테나이트 변태로부터의 생성물. 펄라이트 및 마텐자이트 변태가 일어나는 온도 사이에서 생성. α페라이트와 미세하게 분산된 시멘타이트로 구성된다.

변태속도(transformation rate) 50%의 상변태가 진행되는 데 필요한 시간의 역수.

변형경화(strain hardening) 재결정온도 이하에서 소성변형을 함에 따른 연성 금속의 경도와 강도의 증가.

변형률(공칭)[strain(engineering), ε] 초기의 표준 측정 길이로 나눈 시편의 (가해진 응력 방향으로의) 표준 측정 길이의 변화.

변형률(진)[strain(true)] 진변형률 참조.

변형온도(유리)[strain point(glass)] 유리가 소성변형 없이 파괴될 수 있는 최대 온도. 이 온도에서 점도는 대략 3×10^{13} Pa·s(3×10^{14} P)에 해당한다.

보로나이징(boronizing) 붕소를 포함한 화합물(예: 페로보론)을 이용하여 재료의 표면을 경화시키는 공정.

보어 마그네톤(Bohr magneton, μ_B) 크기가 9.27×10^{-24} A·m^{2}인 가장 기본적인 자기 모멘트 값.

보어 원자 모델(Bohr atomic model) 전자가 정해진 궤도에서 원자 주위를 회전하고 있다고 가정한 초기 원자 모델.

보자기장(coercive field) 보자력 참조.

보자력(coercive force 또는 coercivity, H_c] 자화된 강자성체나 페리자성체의 자속밀도(B)를 0으로 줄이는 데 필요한 인가 자기장.

복합 작용 원리(principle of combined action) 2개나 그 이상의 다른 재료를 적절히 조합하여 새로운 성질, 향상된 성질, 향상된 성질 조합이나 높은 수준의 성질을 얻을 수 있다는 가설로 상당히 타당하다.

볼츠만상수(Boltzmann's constant, k) 1.38×10^{-23} J/atom·K(8.62×10^{-5} eV/atom·K)의 값을 가지는 열에너지 상수. 기체상수 참조.

부도체(전기적)[insulator(electrical)] 0 K에서 가전자의 에너지 준위가 채워져 있고 밴드 갭이 상대적으로 큰 비금속 재료. 따라서 전기전도도는 상온에서 매우 낮아 보통 10^{-10} $(\Omega \cdot m)^{-1}$이다.

부동태(passivity) 몇몇 반응성 금속 또는 합금에서 보호피막의 형성 같은 특정 환경적 조건하에서 화학적 반응성이 상실되는 것.

부식(corrosion) 환경적 분해 반응의 결과로 나타나는 금속의 손실.

부식 침투율(corrosion penetration rate, CPR) 부식의 결과로서 재료의 단위시간당 두께 손실. 흔히 mm/yr 단위로 표시된다.

부식피로(corrosion fatigue) 반복적인 응력과 화학적인 공격이 동시에 작용하여 발생하는 파손 형태.

분극(polarization, *P*) 유전체의 단위부피당 전체 전기 쌍극자 모멘트. 또한 유전체가 전체 유전변위에 기여하는 값.

분극(부식)[polarization(corrosion)] 전류 흐름의 결과로서 전극의 전위가 자신의 평형값으로부터 벗어나는 전위차 변위.

분말야금(powder metallurgy, P/M) 금속 분말을 압착하고 밀도를 높이는 열처리를 통한 금속 부품 제조 방법.

분산강화(dispersion strengthening) 단단하면서 반응성이 없는 상의 매우 작은 입자(보통 0.1 μm 미만)가 하중을 지탱하는 기지상 안에 균일하게 분산되어 재료를 강화시키는 방법.

분산상(dispersed phase) 복합재료와 일부 2상 합금에서 기지상에 둘러싸여 있는 불연속상.

분자구조(고분자)[molecular structure(polymer)] 고분자 분자 내부와 그들 사이의 원자배열에 관련된다.

분자량(molecular weight) 한 분자 내의 모든 원자들의 무게의 합.

분해전단응력(resolved shear stress) 어느 특정한 면과 그 면 내의 방향에 따라 전단 성분으로 분해된 적용 인장 응력 또는 압축응력.

불규칙 공중합체(random copolymer) 분자사슬을 따라 두 가지 다른 반복기가 불규칙하게 분포된 고분자.

불변점(invariant point) 2원계 상태도에서 3개의 상들이 평형을 이루는 하나의 점.

불순물 반도체(extrinsic semiconductor) 외인성 반도체 참조.

불투명(opaque) 빛의 흡수와 반사 또는 분산과 충돌 현상으로 빛(가시광선)을 투과시키지 못하는 현상.

불포화(unsaturated) 최대 4개의 다른 원자와 결합하지 않고 2개 또는 3개의 공유결합에 참여하는 탄소 원자를 기술하는 용어.

브래그 법칙(Bragg's law) 결정학적인 면에 의한 회절 조건이 명시된 관계[식 (3.22)].

블록 공중합체(block copolymer) 분자사슬을 따라 동일한 반복기가 블록 형태로 뭉쳐 있는 선형 공중합체.

비강도(specific strength) 재료의 비중에 대한 인장강도의 비.

비결정질(noncrystalline) 장범위에 걸쳐 불규칙적인 고체 상태. 동의어로 *amorphous, glassy, vitreous*가 사용된다.

비계수(비강도)(specific modulus) 재료의 비중에 대한 탄성계수의 비.

비례한도(proportional limit) 응력과 변형률 사이의 직선 비례가 끝나는 응력-변형률 곡선 위의 점.

비열(specific heat, 정압비열 c_p, 정적비열 c_v) 재료의 단위 질량당 열용량.

비열 변태(athermal transformation) 열적 활성화가 없는 반응이며, 종종 마텐자이트 변태와 같이 무확산 변태라고 한다. 보통 변태는 매우 빠른 속도로 일어나며(시간과 무관함), 반응의 정도는 온도에 의존한다.

비저항(resistivity, ρ) 전기전도도의 역수, 그리고 전류의 흐름에 대한 재료의 저항의 척도.

비정상상태 확산(nonsteady-state diffusion) 확산 종이 축적되거나 고갈되는 경우에 대한 확산 조건. 확산 선속은 시간에 의존한다.

비정질(amorphous) 비결정질 구조를 가지는 것.

비철 합금(nonferrous alloy) 철이 주성분이 아닌 금속 합금.

비탄성변형(anelastic deformation) 시간에 따라 변하는 탄성(영구적이 아닌) 변형.

사

사면체 자리(tetrahedral position) 충전된 4개의 최인접 강체구 원자 또는 이온들 사이의 빈 공간.

사슬접힘 구조(chain-folded structure) 결정질 고분자에 대하여 판상 결정구조를 나타내는 모델. 결정면에서 발생하는 사슬접힘에 의해 분자가 정렬된다.

산화(oxidation) 원자, 이온, 또는 분자로부터 하나 이상의 전자가 제거되는 것.

삼중활성(trifunctional) 다른 단량체와 함께 3개의 공유결합을 생성하는 단량체의 성질.

상(phase) 균일한 물리적 및 화학적 특성을 갖는 계의 균질한 부분.

상대 투자율(relative magnetic permeability, μ_r) 진공 투자율에 대한 자기 투자율의 비.

상변태(phase transformation) 합금의 미세조직을 구성하는 상들의 수 및 특성 변화.

상부임계온도(upper critical temperature) 강 합금에서, 오스테나이트만이 평형상태로서 존재하는 최소 온도.

상자성(paramagnetism) 인가된 자기장에 의해 원자 쌍극자(자기 쌍극자)가 독립적으로 정렬하는 비교적 약한 자기 특성.

상태도(phase diagram) 일반적으로 평형상태에서 환경적 요소(예: 온도, 때로는 압력), 조성, 안정한 상 구역 사이의 관계를 나타내는 모식도.

상평형(phase equilibrium) 평형(상) 참조.

상호확산(interdiffusion) 금속 원자가 다른 종류의 금속으로 확산되는 과정.

색상(color) 눈을 통과하는 빛의 파장들이 결합하여(조합되어) 얻어지는 시각적 인식(지각).

샌드위치 패널(sandwich panel) 2개의 견고하고 단단한 외부 판이 가벼운 내부 재료에 의해 분리되어 있는 구조 복합재료의 한 종류.

샤르피 충격시험법(Charpy test) 노치를 갖는 규격 시편의 노치인성 또는 충격에너지를 측정하기 위해 사용하는 두 가지 시험법(아이조드 충격시험법 참조) 중 하나. 충격은 무게 추에 의해 시편에 전해진다.

서멧(cermet) 세라믹과 금속 재료 조합으로 구성된 복합재료. 가장 일반적인 서멧은 매우 단단한 세라믹(예: WC, TiC)과 코발트나 니켈처럼 연성이 있는 금속이 서로 결합된 소결 탄화물이다.

석출경화(precipitation heat treatment) 과포화된 고용체로부터 새로운 상을 석출시키는 데 사용되는 열처리. 석출경화에 있어 보통 인공시효라고 한다.

선팽창계수(linear coefficient of thermal expansion) 열팽창계수(선형) 참조.

선택적 침출(selective leaching) 어떤 원소 또는 합금 성분이 우선적으로 용해되는 곳에서 발생하는 부식의 한 형태.

선형 고분자(linear polymer) 각 고분자 분자가 하나의 사슬에 꼬리를 물고 생성된 이중활성 단량체에 의해 생성된 고분자.

설계응력(design stress, σ_d) 계산된 응력값(예측된 최대 하중을 토대로 하여)과 안전계수(1보다 큰 값)의 곱.

섬유(fiber) 가늘고 긴 실 모양으로 추출된 고분자, 금속, 혹은 세라믹 재료.

섬유강화(fiber reinforcement) 약한 기지 재료 안에 강한 섬유상을 집어넣어 비교적 약한 재료를 강화시키는 것.

섬유-강화 복합재료(fiber-reinforced composite) 분산상이 섬유 형태(즉, 길이-지름비가 큰 필라멘트)인 복합재료.

성분(component) 조성을 명시하는 데 사용되는 합금의 화학적 구성(원소 및 화합물).

성장(입자)[growth(particle)] 상변태 및 핵성장이 일어나는 동안 새로운 상의 입자 크기가 증가.

성질(property) 특정하게 부과된 자극에 대해 측정된 응답으로 표시되는 재료의 특성.

성형(플라스틱)[molding(plastic)] 높은 온도에서 압력을 이용하여 몰드의 빈 공간으로 플라스틱을 밀어 넣어 성형하는 방법.

세라믹(ceramic) 금속과 비금속원소의 화합물로, 원자간 결합은 대개 이온결합이다.

세라믹-기지 복합재료(ceramic-matrix composite) 기지와 분산상 모두 세라믹 재료인 복합재료. 보통 파괴인성을 향상시키기 위해 분산상이 첨가된다.

세라믹 성형체(green ceramic body) 건조되었으나 아직은 소성되지 않은 입자 덩어리 형태의 세라믹 부품.

소결(sintering) 고온에서 소성에 따른 확산에 의해 분말 덩어리의 입자가 합쳐지는 것.

소성(firing) 세라믹 재료의 강도와 밀도를 높이기 위한 고온 열처리.

소성변형(plastic deformation) 가한 하중을 제거한 후의 영구적 또는 회복 불가능한 변형. 영구적인 원자 변형이 수반된다.

쇼트키 결함(Schottky defect) 이온 고체에서 양이온 공공(빈자리)과 음이온 공공(빈자리)이 쌍으로 이루어진 결함.

수가소 성형(hydroplastic forming) 물을 첨가하여 연화된 점토 기저 세라믹의 성형.

수소결합(hydrogen bond) 결합 수소 원자와 인접한 원자의 전자 사이에 존재하는 강한 2차 원자간 결합.

수소 취성(hydrogen embrittlement) 재료 내부로의 수소 원자 확산에 따른 금속 합금(흔히 철강재)의 연성 손실 또는 감소.

순방향 바이어스(forward bias) *p-n* 접합 정류기에서 접합의 *n*쪽으로 전류가 흐르도록 가해 주는 바이어스.

스테인리스강(stainless steel) 다양한 환경에서 높은 부식 저항성을 나타내는 강 합금. 이 강의 가장 중요한 합금 원소는 크롬이며 적어도 11 wt% 이상의 농도로 존재해야 한다. 니켈이나 몰리브덴의 첨가도 가능하다.

스페로이다이트(spheroidite) α페라이트 기지에 구 모양의 시멘타이트 입자가 분산된 철 합금의 미세조직. 펄라이트, 베이나이트, 또는 마텐자이트를 적절히 가열된 온도에서 열처리함으로써 얻을 수 있으며 조직은 상대적으로 연하다.

스페룰라이트(spherulite) 구정 참조.

스피노달 분해(spinodal decomposition) 하나의 열역학적 상이 2개의 공존 상을 만들기 위해 고상과 액상이 빠르게 상분리되는 것.

슬립(slip) 전위 이동의 결과에 의한 소성변형. 또한 두 인접한 원자 평면의 전단 변위.

슬립계(slip system) 슬립(즉, 전위 이동)이 일어나는 결정학적인 면과 그 면 내의 결정학적인 방향과의 조합.

시간-온도-변태(time-temperature-transformation, *T-T-T*) 곡선 등온변태도 참조.

시멘타이트(cementite) 철 탄화물(Fe_3C).

시멘트(cement) 화학반응에 의해서 입자들이 엉겨 붙어 강한 결합 구조를 갖는 물질(주로 세라믹). 수성 시멘트의 경우 화학적 반응은 물에 의한 수화작용 중 하나이다.

시스(cis) 고분자에서 분자구조의 형태를 나타내는 접두어. 반복기 내의 불포화된 탄소 사슬 원자에 대하여, 곁가지 원자단은 이중결합의 한쪽 면 또는 180° 회전된 정확히 반대 면에 위치할 수 있다. 시스 구조에서는 이러한 같은 반복기 내의 두 가지 곁사슬기가 같은 면에 존재한다(예: 시스-이소프렌).

시효경화(age hardening) 석출경화 참조.

신디오택틱 배열(syndiotactic configuration) 곁가지단이 규칙적으로 사슬의 반대 면에 교대로 위치한 고분자 사슬 배치 형태(입체이성질).

쌍극자(전기)[dipole(electric)] 짧은 거리를 두고 떨어져 있으며 전하량이 같고 극성이 반대인 전하의 쌍.

아

아공석 합금(hypoeutectoid alloy) 공석을 나타내는 합금계에서 용질 원자의 농도가 공석 조성보다 낮은 합금.

아이소택틱 배열(isotactic configuration) 모든 곁사슬기가 사슬 분자의 같은 면에 위치한 고분자 배열 형태(입체이성질).

아이조드 충격시험법(Izod test) 노치를 갖는 규격 시편의 충격에너지를 측정하는 데 사용되는 두 가지 시험법(샤르피 충격시험법 참조) 중 하나. 충격은 무게 추에 의해 시편에 전해진다.

안전응력(safe stress, σ_w) 설계 목적으로 사용되는 응력. 연성 금속의 경우에 항복강도를 안전계수로 나눈 값이다.

안정제(stabilizer) 열화 공정을 지연시키는 고분자 첨가제.

압연(rolling) 판재의 두께를 감소시키는 금속 가공 기법. 또한 홈이 파인 롤을 이용하여 인장된 형상이 만들어질 수 있다.

압전체(piezoelectric) 외부에서 가해 주는 힘에 의하여 분극이 유도되는 유전체.

압출(extrusion) 다이 구멍을 통해 재료가 압축에 의해 밀려 나가는 성형 기법.

액상선(liquidus line) 2원계 상태도에서 액상과 액상+고상 구역을 구분하는 선 또는 경계. 합금에 있어 액상선의 온도는 평형냉각하에서 고상이 처음으로 생성되는 온도이다.

액정 고분자(liquid crystal polymer, LCP) 길게 늘어나 있거나 막대 모양을 한 분자로 이루어진 고분자 재료군으로 구조적으로는 종래의 액상, 비정질, 결정질, 혹은 반결정질에도 속하지 않는다. 녹아 있는(혹은 액상) 상태에서 잘 정렬(결정질처럼)된다. 액정 고분자는 디지털 디스플레이나 전자기기와 의학용 장비 산업 등 다양한 분야에 이용된다.

양극(anode) 전기화학적 셀 또는 전지 결합에서 산화가 일어나거나 전자를 넘겨주는 쪽의 전극.

양이온(cation) 양으로 하전된 금속이온.

양자수(quantum number) 4개의 수로, 가능한 전자 상태를 나타내는 값. 3개의 양자수는 정수이며, 크기, 모양, 그리고 전자 확률밀도의 공간적 방향에 의해 명시된다. 네 번째 수는 스핀 방향을 나타낸다.

양자역학(quantum mechanics) 원자와 아원자계를 다루는 물리학의 한 부류. 양자역학은 오직 다른 하나로부터 떨어진 개별 에너지를 허용하지만, 고전역학에서는 연속적인 에너지 값을 허용한다.

어택틱 배열(atactic configuration) 곁사슬기가 사슬의 한쪽이나 다른 쪽에 불규칙적으로 위치하는 고분자 사슬 배열(입체이성질).

억셉터 준위(acceptor level) 반도체 혹은 부도체에서, 에너지 밴드 갭의 안쪽 바닥 가까이 있는 에너지 준위는 가

전자대로부터 전자를 받고 가전자대에 정공을 남긴다. 이 에너지 준위는 보통 불순물 원자에 의해 형성된다.

억제제(inhibitor) 비교적 낮은 농도로 첨가하였을 때 어떤 화학반응을 늦추는 화학물질.

에너지 밴드 갭(energy band gap) 밴드 갭 에너지 참조.

여기상태(excited state) 낮은 에너지 상태에 있는 하나의 전자가 몇 가지 형태의 에너지(예: 열, 복사)를 흡수하여 전형적인 위치가 아닌 다른 상태(보다 높은 에너지 상태)로 격상된 전자 에너지 상태.

역방향 바이어스(reverse bias) *p-n* 접합 정류기에서 전기가 흐르지 않게 하는 바이어스. 접합의 *p*쪽으로의 전자들의 흐름.

연마재(abrasive) 다른 재료를 마모, 연마, 절삭하는 단단하고 마모 저항성이 높은 재료(흔히 세라믹 재료).

연성(ductility) 파괴가 일어나기 전 상당한 소성변형을 일으킬 수 있는 재료의 능력 척도. 인장시험으로부터 연신백분율 또는 단면감소율로 표현할 수 있다.

연성-취성 전이(ductile-to-brittle transition) 온도의 감소에 따라 발생하는 연성으로부터 취성 거동으로의 전이로 일부 저강도 강(BCC) 합금에서 나타난다. 전이가 발생하는 온도 범위는 샤르피와 아이조드 충격시험에 의해 결정된다.

연성파괴(ductile fracture) 광범위한 총체적 소성변형이 수반되는 파괴 모드.

연속냉각변태도(continuous cooling transformation diagram) 특정 조성을 갖는 강철 합금에 있어 온도 대 시간의 로그값을 나타낸 도표. 오스테나이트화된 재료가 특정속도로 연속냉각 됨에 따라 상변태가 일어나는 시기를 나타내는 데 이용된다. 또한 최종 미세조직 및 기계적 특성을 예측할 수 있다.

연자성 재료(soft magnetic material) 강자성 재료나 페리자성 재료가 작은 *B-H* 이력 곡선을 가질 때(가늘고 좁아서 작은 면적을 가질 때) 비교적 자화 및 탈자화가 쉽게 나타나는 자성 재료.

연주철(ductile iron) 실리콘과 낮은 농도의 마그네슘 및/또는 세륨의 합금이며 흑연이 구상으로 존재하는 주철. 구상주철이라고도 한다.

연화점(유리)[softening point(glass)] 영구변형 없이 유리 제품이 다루어질 수 있는 최대 온도. 점도가 대략 4×10^6 Pa·s(4×10^7 P)에 해당한다.

연화제(plasticizer) 유연성, 가공성을 높이고 강성과 취성을 줄이기 위한 분자량이 낮은 고분자 첨가제. 결과적으로 유리전이온도가 낮아진다.

열가소성 고분자(thermoplastic polymer) 가열하면 연화되고 냉각하면 경화되는 반결정질 고분자 재료. 연화된 상태에서 몰딩과 압출에 의해 성형될 수 있다.

열가소성 탄성체(thermoplastic elastomer, TPE) 고무 같은 탄력을 보이면서 본질적으로 열가소성인 공중합체이다. 상온에서 하나의 단일체형 영역들이 물리적으로 가교결합의 역할을 하는 분자사슬 끝에 형성된다.

열간가공(hot working) 금속의 재결정온도 이상에서 행해지는 금속 가공.

열경화성 고분자(thermosetting polymer) 화학반응에 의해 한번 경화되면 열을 가해도 연화되지 않는 고분자 재료.

열용량(heat capacity, 정압 열용량 C_p, 정적 열용량 C_v) 재료 1몰을 1°C(단위 온도만큼) 올리는 데 필요한 열량.

열응력(thermal stress) 온도변화로 인해 재료 내부에서 발생되는 잔류응력.

열적 활성화 변태(thermally activated transformation) 원자의 열적 변동에 의존하는 반응. 활성화에너지보다 더 큰 에너지를 갖는 원자들은 자발적으로 반응 또는 변태한다.

열전도도(thermal conductivity, *k*) 정상상태의 열유동에서 열유속과 온도구배 사이의 비례상수. 즉, 재료가 열을 전달하는 능력의 척도를 나타내는 특성.

열충격(thermal shock) 취성 재료가 급격한 온도변화로 인해 발생한 응력에 의해 파괴되는 현상.

열템퍼링(thermal tempering) 잔류 압축응력을 적절한 열처리를 통해 표면에 발생시킴으로써 유리의 강도를 높이는 기법.

열팽창계수(thermal expansion coefficient, linear, α_l) 온도변화에 의한 재료의 길이 변화 분율(°C^{-1}).

열풀림(annealing) 미세조직 또는 재료의 성질이 변하는 열처리를 가리키는 일반적 용어. 열풀림은 주로 앞서의 냉간가공된 금속이 재결정되어 연화되도록 하는 열처리를 가리킨다.

열풀림온도(유리)[annealing point(glass)] 유리 내의 잔류응력이 15분 내에 제거되는 온도. 이 온도는 유리 점성이 대략 10^{12} Pa·s(10^{13} P)에 해당한다.

열피로(thermal fatigue) 피로파손의 일종으로 변동하는 열응력에 의해 주기적인 응력이 도입된다.

열화(degradation) 고분자 재료에서 발생하는 질적인 저하 과정을 의미하는 용어. 이러한 과정에는 부풀음, 용해, 그리고 사슬 절단 등이 포함된다.

영률(Young's modulus) 탄성계수 참조.

오스테나이트(austenite) 면심입방 철. 또는 FCC 결정구조를 갖는 철 및 강철 합금.

오스테나이트화 처리(austenitizing) 철계 합금을 상부임계온도 이상—상태도의 오스테나이트 상 영역까지 가열하여 오스테나이트를 생성하는 처리.

옴의 법칙(Ohm's law) 인가 전압은 전류와 저항의 곱과 같다. 마찬가지로 전류밀도는 전도도와 전기장 세기의 곱과 같다.

완전 열풀림(full annealing) 철계 합금에서, 오스테나이트화 처리 후 상온으로 서랭시키는 공정.

외인성 반도체(extrinsic semiconductor) 반도성 물질로 전기적 거동이 불순물에 의해 결정되는 물질.

용매(solvent) 더 많은 양으로 존재하는 성분. 용질을 녹이는 성분이다.

용융점(유리)[melting point(glass)] 유리 재료의 점성이 10 Pa·s(100 P)가 되는 온도.

용접(welding) 금속을 접합시키는 기법. 접합부 주위에서 접합될 부품의 용융이 발생한다. 용가재가 사용될 수 있다.

용접 붕괴(weld decay) 일부 용접된 스테인리스강의 용접 인접부에서 발생하는 입계 부식.

용질(solute) 더 적은 양으로 존재하는 한 성분 또는 원소. 용매에 녹는다.

용체화 열처리(solution heat treatment) 석출 입자를 분해하여 하나의 고용체를 형성하는 데 사용되는 공정. 그 고용체는 고온으로부터의 급랭에 의해, 상온에서는 보통 과포화상태이고 준안정한 상태이다.

용해 한도(solubility limit) 첨가해도 새로운 상을 형성하지 않는 용질 원자의 최대 농도.

원자가전자(valence electron) 원자간 결합에 관여한 전자껍질 최외각에 채워진 전자.

원자량(atomic weight, *A*) 자연적으로 발생하는 동위원소들의 원자량의 평균값. 원자질량단위(단위 원자당) 또는 원자들의 1몰당 질량으로 규정된다.

원자백분율(atom percent, at%) 합금 내 모든 원소의 총 몰수에 대한 특정 원소의 몰수 비를 기본으로 한 농도 표기.

원자번호(atomic number, *Z*) 화학원소에 대한 핵 내의 양성자수.

원자빈자리 확산(vacancy diffusion) 원자가 격자 위치에서 인접한 원자빈자리로 이동하는 확산 기구.

원자(이온)빈자리(vacancy) 보통 때 채워져 있었으나 원자나 이온이 비워진 격자점.

원자 진동(atomic vibration) 물질에서 정상 위치로부터의 원자의 진동.

원자질량단위(amu: atomic mass unit, amu) 원자질량의 척도. ^{12}C 원자질량의 1/12.

원자충진율(atomic packing factor, APF) 강체구 원자 또는 이온에 의해 점유된 단위격자의 부피분율.

유리-세라믹(glass-ceramic) 유리로부터 점진적으로 결정화한 미립 결정질 세라믹 재료.

유리전이온도(glass transition temperature, T_g) 냉각 시 비결정질 세라믹 또는 고분자가 과랭된 액체로부터 단단한 유리로 변화되는 온도.

유리화(vitrification) 세라믹의 소성에서, 냉각 시 유리 결합 기지가 되는 액체상의 생성.

유전변위(dielectric displacement, *D*) 커패시터 판의 단위 면적당 전하량.

유전상수(dielectric constant, ε_r) 진공에서의 유전율에 대한 재료의 유전율의 상대 비율. 상대 유전상수 또는 상대 유전율이라고 한다.

유전율(permittivity, ε) 유전변위 D와 전기장 $\mathscr{E}$ 사이의 비례상수. 진공에서의 유전율 값 ε_0는 8.85×10^{-12} F/m이다.

유전체(dielectric) 전기적 절연성을 가진 물질.

음극(cathode) 전기화학적 셀 또는 전지 결합에서 외부 회로로부터 전자를 받아들여 환원반응이 일어나는 쪽의 전극.

음극보호(cathodic protection) 반응성이 더 높은 금속 또는 DC전원공급장치와 같은 외부 에너지원을 사용하여 보호하고자 하는 구조물에 전자를 공급하여 부식을 방지하는 한 수단.

음이온(anion) 음으로 하전된 비금속이온.

응력 부식(균열)(stress corrosion) 인장응력과 부식 환경의 혼합된 효과에 의해서 발생하는 파손의 한 형태. 부식 환경이 없을 때 요구되는 강도보다 더 낮은 응력 수준에서 발생한다.

응력제거(stress relief) 잔류응력을 제거하는 열처리.

응력집중(stress concentration) 노치 또는 작은 균열의 첨단에서의 작용 응력의 집중 또는 증폭.

응력집중자(stress raiser) 작용 인장응력이 증폭되거나 균열이 전파되는 작은 결함(내부 또는 표면에 존재) 또는 구조적 불연속 지점.

이동도(mobility)(전자 μ_e, 정공 μ_h) 운반자 유동속도와 가해진 전기장 사이의 비례상수. 또한 전하 운반자 운동의 용이성의 척도.

이방성(anisotropic) 다른 결정학적인 방향에서 다른 성질을 나타내는 것.

이성질(isomerism) 2개 또는 그 이상의 고분자 분자 또는 반복기가 같은 조성을 가지나 다른 구조적 정렬 및 성질을 가지는 현상.

이온결합(ionic bond) 2개의 인접한 반대로 하전된 이온들 사이에 존재하는 쿨롱의 원자간 결합.

이온분극(ionic polarization) 반대되는 방향으로 양이온과 음이온들이 이동함으로써 형성되는 분극.

이완계수[relaxation modulus, $E_r(t)$] 점탄성 고분자의 시간의존적인 탄성계수. 응력이완 측정으로부터 변형률에 대한 응력(하중이 가해진 후 보통 10초 후의)의 비로 결정된다.

이완 주파수(relaxation frequency) 교류 전기장에서 전기 쌍극자가 재배열되는 최소 시간의 역수.

이중활성(bifunctional) 다른 단량체와 함께 2차원 사슬과 비슷한 분자구조를 생성하는 2개의 공유결합을 만들어 내는 단량체의 성질.

인공시효(artificial aging) 석출경화를 위해 상온보다 높은 온도에서 수행하는 시효.

인광(phosphorescence) 전자여기를 일으킨 후, 1초 이상의 훨씬 긴 시간 뒤에 발생되는 냉광현상.

인발(고분자)[drawing(polymer)] 연신에 의해 고분자가 강화되는 성형 기법.

인발(금속)[drawing(metal)] 금속 선과 튜브를 만드는 데 이용되는 성형 기술. 다이의 출구 쪽에 인장력을 가해 재료를 잡아당겨 변형이 발생된다.

인성(toughness) 파괴 시 재료에 의해 흡수되는 에너지 양의 척도. 인성은 재료의 인장응력-변형률 선도의 총 밑면적으로 표시된다.

인장강도(tensile strength, *TS*) 파괴되지 않고 유지되는 인장 상태의 최대 공칭응력.

일반탄소강(plain carbon steel) 탄소가 합금의 주 원소인 철 합금.

임계분해전단응력(critical resolved shear stress, τ_{crss}) 슬립계 내에서 슬립을 시작하게 하는 최소의 전단응력.

입계(grain boundary) 다른 결정학적 방향을 갖는 인접한 2개의 입자를 구분하는 계면.

입계 부식(intergranular corrosion) 다결정질 재료의 입자간 경계 지역을 따라 발생하는 부식.

입계 파괴(intergranular fracture) 다결정질 재료에서의 결정립계를 따라 전파되는 균열에 의한 파괴.

입자(grain) 다결정질 금속 또는 세라믹 내의 개개의 결정.

입자-강화 복합재료(particle-reinforced composite) 분상상이 등방성인 복합재료.

입체이성질(stereoisomerism) 반복기 안의 곁가지 단이 분자사슬을 따라 같은 순서로 그러나 다른 공간적 정렬로 결합된 고분자 이성질.

자

자구(domain) 완전한 원자가 자기 모멘트 또는 이온 자기 모멘트를 갖는 모든 강자성 재료나 페리자성 재료에서 같은 방향으로의 스핀 정렬을 갖는 하나의 부피 영역.

자기유도(magnetic induction, *B*) 자속밀도 참조.

자기이력[hysteresis(magnetic)] 강자성 재료와 페리자성 재료에서 나타나는 비가역적인 *B*-*H* 거동(자속밀도-자기장 거동)을 나타내는 현상으로, 자기장의 방향을 거꾸로 감소시킬 때 *B*-*H* 폐곡선이 얻어진다.

자기장력(자기장, magnetic field strength, *H*) 외부로부터 가해진 자기장의 세기.

자기 투자율(magnetic permeability, μ) 자속밀도와 자기장력 사이의 비례상수(자기장이 통과하는 매질의 특성). 진공 투자율(μ_0)은 1.257×10^{-6} H/m.

자속밀도(magnetic flux density, *B*) 외부 자기장에 의해 재료 내부에 유도된 자기장.

자연시효(natural aging) 석출경화를 위해 상온에서 수행하는 시효.

자유에너지(free energy) 계의 내부에너지와 엔트로피(또는 무질서도)의 함수인 열역학적인 양. 평형상태에서 자유에너지는 최소.

자유전자(free electron) 페르미에너지보다 높은 에너지 준위에 여기되어(혹은 부도체나 반도체의 전도대로 진입하여) 전기전도에 참여할 수 있는 전자.

자체격자간(self-interstitial) 원자(이온) 침입형 격자점에 위치하고 있는 모원자 또는 이온.

자체확산(self-diffusion) 순수한 금속 내에서의 원자 이동.

자화(magnetization, *M*) 재료의 단위부피당 총 자기 모멘트. 즉, 자기장 내에 있는 재료로부터 발생되는 자속의 크기.

자화율(magnetic susceptibility, χ_m) 자화(M)와 자기장력(자기장, H) 사이의 비례상수.

작업온도(유리)[working point(glass)] 유리가 쉽게 변형되는 온도. 점성이 10^3 Pa·s(10^4 P)에 해당함.

잔류응력(residual stress) 외력과 온도구배가 없는 상태에서 재료 내에 잔존하는 응력.

잔류자기(remanence, B_r) 강자성 재료나 페리자성 재료에서 자기장을 제거했을 때 남아 있는 잔류자속밀도의 크기.

재결정(recrystallization) 앞서 냉간가공된 재료 내에서 변형이 없는 새로운 결정립의 형성. 보통 열풀림이 필요하다.

재결정온도(recrystallization temperature) 특정한 합금에 대해 재결정이 대략 1시간 내에 완료되는 온도.

전기변형(electrostriction) 외부 전기장에 노출된 재료가 전기장에 의해 변형되는 현상.

전기 쌍극자(electric dipole) 쌍극자(전기) 참조.

전기양전성(electropositive) 원자의 경우, 원자가전자를 방출하려는 성질. 금속 원소.

전기음전성(electronegative) 원자의 경우, 원자가전자를 받아들이려는 성질. 비금속 원소.

전기장(electric field) 전압구배.

전기장 발광(electroluminescence) 순방향 전압이 *p-n* 접합부 전체에 걸쳐 작용할 때 나타나는 가시광의 방출 현상.

전기전도도(electrical conductivity, σ) 전류밀도와 인가된 전기장 간의 비례상수로 재료가 전류를 얼마나 쉽게 흐르게 할 수 있는가 하는 척도이다.

전기중성도(electroneutrality) 양전하와 음전하의 수가 정확히 같은 상태, 즉 전기적으로 중성이다.

전단력(shear) 같은 물체에서 2개의 인접한 부분이 접촉면에 평행한 방향으로 상대적으로 미끄러지도록 가해진 힘.

전단변형률(shear strain, γ) 가해진 전단 하중에 의해 생긴 전단 각의 탄젠트.

전단응력(shear stress, τ) 초기의 단면적으로 나눈 어떤 순간의 적용 전단 하중.

전도대(conduction band) 전기적 부도체와 반도체에서, 0 K에서 전자가 비어 있는 가장 낮은 전자 에너지 밴드. 전도 전자는 전도대 안으로 여기된 전자이다.

전위(dislocation) 원자의 정렬이 벗어난 곳 주위의 선형 결정 결함. 소성변형이란 전단응력이 가해졌을 때의 전위 이동에 해당된다. 칼날, 나선, 혼합 전위가 있다.

전위밀도(dislocation density) 재료의 단위부피당 총 전위 길이. 또는 임의 구간의 단위면적을 교차하는 전위의 수.

전위선(dislocation line) 칼날전위의 경우 원자의 여분의 반결정면 끝을 따라 연장한 선이며, 나선전위의 경우 나선형의 중심을 따라 연장한 선.

전율(isomorphous) 같은 구조를 가짐. 상태도 관점에서 전율은 같은 결정구조를 갖거나 모든 성분에 대해 완전한 고용을 의미함(그림 11.3*a* 참조).

전자배치(electron configuration) 원자에 대해, 전자들로 채워진 가능한 전자 상태.

전자볼트(electron volt, eV) 원자와 원자 내에서 발견되는 계에 대한 간편한 에너지의 기본 단위. 전자가 1볼트에 해당하는 전위에서 떨어졌을 때 얻어지는 에너지와 같다.

전자분극[polarization(electronic)] 전기장에 의해 유도된 양의 원자핵과 음의 전자구름의 중심 간의 변위.

전자 상태(준위)[electron state(level)] 전자에 허용되는 개별 양자 에너지의 하나. 원자의 경우 각 상태는 4개의 양자수로 나타난다.

전자 에너지 밴드(electron energy band) 에너지의 관점에서 아주 가깝게 위치한 전자 에너지 준위들의 모임.

전지 계열(galvanic series) 해수에서의 전기화학적 반응성에 관한 금속 및 합금의 서열.

전지 부식(galvanic corrosion) 전기적으로 연결되고 전해질에 노출된 두 금속들의 화학적 반응성 차이에 기인하는 우선적 부식.

전해질(electrolyte) 이온의 움직임에 의해 전류가 운송될 수 있는 용액.

절단(scission) 화학적 반응 또는 열 및 복사선 노출에 의해 분자사슬 결합이 깨져 생기는 고분자 열화의 한 과정.

절연내력(dielectric strength) 유전체에 상당한 전류를 흐르게 하는 데 필요한 전기장의 크기.

점 결함(point defect) 1개 또는 최대 몇 개의 원자 위치에 관련된 결정 결함.

점성(viscosity, η) 적용 전단응력이 만드는 속도구배에 대한 전단응력 크기의 비. 즉, 비결정질 재료의 영구변형에 대한 저항의 크기.

점탄성(viscoelasticity) 점성유동과 탄성변형의 기계적 특성을 보이는 변형의 형태.

접착제(adhesive) 서로 다른 두 물질의 표면을 붙여 주는 물질.

접합 트랜지스터(junction transistor) *n-p-n* 또는 *p-n-p* 접합으로 적절히 구성된 반도체 소자로, 전기 신호를 증폭시키는 데 이용된다.

정공(전자)[hole(electron)] 반도체나 부도체에서 가전자대의 빈 전자 상태로, 이는 전기장이 가해질 때 양전하처럼 행동한다.

정류 접합(rectifying junction) 한쪽 방향으로는 전류의 전도성이 있고 반대방향으로는 저항이 큰 반도체 *p-n* 접합.

정상상태 확산(steady-state diffusion) 확산 종이 축적되거나 고갈되지 않는 경우에 대한 확산 조건. 확산 선속은 시간에 의존하지 않는다.

정융 변태(congruent transformation) 하나의 상에서 같은 조성을 갖는 다른 상으로의 변태.

조대 펄라이트(coarse pearlite) 페라이트 및 시멘타이트가 교대로 이루어진 층의 두께가 비교적 두꺼운 펄라이트.

조미니 급랭시험(Jominy end-quench test) 철계 합금의 경화능을 평가하기 위한 표준화된 시험법.

조밀육방(hexagonal close-packed, HCP) 일부 금속에서 나타나는 결정구조. 조밀육방 단위격자는 육각형의 기하학적인 구조이며, 원자의 조밀충진면의 적층에 의해 형성된다.

조성(composition, C_i) 조성 합금 내 특정 원소나 구성 성분 i의 상대적인 양. 보통 중량백분율이나 원자백분율로 표시한다.

주기율표(periodic table) 전자구조의 주기적인 변화에 따라 증가하는 원자 수에 따른 화학원소의 배치. 비금속 원소는 표의 오른쪽 끝에 위치한다.

주사전자현미경(scanning electron microscope, SEM) 전자빔을 시편 표면에 주사하여 상을 만드는 현미경으로, 반사되는 전자빔에 의해 상이 형성된다. 표면과 미세조직 특징을 고배율에서 관찰할 수 있다.

주사탐침현미경(scanning probe microscope, SPM) 빛을 이용하여 상을 형성하는 현미경이 아니다. 그 대신 매우 작고 날카로운 탐침을 시편 표면에 가로질러 가로방향으로 주사한다. 탐침과 전기적으로 또는 다른 상호작용을 하여 생긴 표면 바깥쪽 힘이 기록된다. 그로부터 시편 표면의 지형 지도가 (나노 크기로) 만들어진다.

주철(cast iron) 일반적으로 탄소 함량이 공정온도에서의 오스테나이트 최대 용해도보다 높은 철 합금이다. 대부분의 상용 주철은 3.0~4.5 wt% 탄소와 1~3 wt%의 실리콘을 포함한다.

준안정(metastable) 오랜 시간 동안 지속되는 비평형.

중간 고용체(intermediate solid solution) 계의 순수 성분까지 확장되지 않는 조성의 범위를 갖는 고용체 또는 상.

중간 열풀림(process annealing) 냉간가공된 제품(보통 판 또는 선 형태의 강 합금)을 하부임계온도 이하에서 열풀림하는 것.

중량백분율(weight percent) 전체 합금 무게(질량)에 대한 특정 원소의 무게(질량)를 기본으로 한 농도 표기.

중합도(degree of polymerization, *DP*) 고분자 사슬 분자당 평균 반복기의 수.

지렛대 법칙(lever rule) 식 (11.1b) 또는 (11.2b)에 나와 있는 바와 같이 평형상태에 있는 2개의 상으로 이루어진 합금에서 상대적인 상의 양을 계산하는 데 사용되는 수학적인 설명.

진변형률(true strain, ε_T) 축방향 힘에 의해 변형되는 시편의 초기 표준 측정 길이에 대한 순간 표준 측정 길이와 비의 자연로그.

진성 반도체(intrinsic semiconductor) 전기적 거동이 순수한 재료의 특성인 반도체 재료. 즉, 전기전도도가 온도와 밴드 갭 에너지에만 의존한다.

진응력(true stress, σ_T) 시편의 순간의 단면적으로 나눈 어떤 순간의 적용 하중.

집적회로(integrated circuit) 매우 작은 실리콘 칩에 수백만 개의 전자회로 기본 소자들(트랜지스터, 다이오드, 커패시터 등)을 형성시킨 것.

차

채색제(colorant) 고분자에 색을 띠도록 하는 첨가제.

철 합금(ferrous alloy) 철이 주성분인 금속 합금.

첨가(연쇄반응) 중합[addition(chain reaction) polymerization] 단량체가 한 번에 하나씩 결합하여 사슬 형태로 선형 거대분자를 형성하는 과정.

청동(bronze) 높은 구리 조성의 구리-주석 합금. 알루미늄, 실리콘, 니켈 등을 첨가시킨 청동도 있다.

체심입방(body-centered cubic, BCC) 일부의 기본 금속 원소에서 발견되는 일반적인 결정구조. 입방 단위격자 내의 원자는 꼭짓점과 체심에 위치한다.

초고분자량 폴리에틸렌(ultrahigh molecular weight polyethylene, UHMWPE) 매우 높은 분자량(약 4×10^6 g/mol)을 가진 폴리에틸렌 고분자. 이 재료는 높은 충격 저항, 높은 내마모성, 낮은 마찰계수의 특성을 가지고 있다.

초석 시멘타이트(proeutectoid cementite) 과공석 강철에서 펄라이트 이외에 더불어 존재하는 초기의 시멘타이트. 초석 페라이트(proeutectoid ferrite) 아공석 강철에서 펄라이트 이외에 더불어 존재하는 초기의 페라이트.

초전도성(superconductivity) 일부 재료에서 나타나는 현상으로, 0 K 근처에서 재료의 전기 비저항이 소멸되는 현상.

초정상(primary phase) 공정조직 이외에 더불어 존재하는 하나의 상.

최종 고용체(terminal solid solution) 2원계 상태도에서 조성의 최대 범위에 걸쳐 존재하는 고용체.

축합(단계반응) 중합[condensation(step reaction) polymerization] 물과 같은 분자량이 낮은 부산물을 생성하는 분자간 반응에 의해 거대분자가 생성되는 반응.

충격에너지(impact energy, 노치인성) 표준 치수와 모양을 갖는 시편이 매우 급격한(충격) 하중을 받아 파괴가 일어나는 동안 흡수된 에너지의 양. 샤르피 시험법과 아이조드 시험법이 재료의 연성-취성 전이 거동을 평가하는 데 중요한 충격에너지를 측정하는 데 사용된다.

충전재(filler) 고분자의 성질을 향상시키거나 변화시키기 위해 첨가되는 외부 물질.

취성파괴(brittle fracture) 거시적인 소성변형이 거의 없이 균열이 매우 빠르게 진전하여 일어나는 파괴.

층상 복합재료(laminar composite) 각각 우선적인 고강도 방향을 가지고 있는 판이 서로 다른 방향으로 겹쳐 결합된 2차원 판. 층상면의 강도는 강한 등방성을 나타낸다.

치환형 고용체(substitutional solid solution) 용질 원자가 모원자를 치환한 고용체.

침입형 고용체(interstitial solid solution) 상대적으로 작은 용질 원자가 용매 또는 모원자 사이의 침입형 자리에 있는 고용체.

침탄(carburizing) 주위 환경으로부터 확산에 의해 철계 합금의 표면 탄소 농도를 증가시키는 공정.

카

칼날전위(edge dislocation) 결정 내 원자의 여분의 반결정면 끝 근처에서 생성된 격자변형과 관련된 선형 결정결함. 버거스 벡터는 전위선과 수직이다.

커패시턴스(capacitance, *C*) 커패시터의 전하 저장 능력으로, 양쪽 판에 저장된 전하량을 가해진 전압으로 나눈 값으로 정의된다.

콘크리트(concrete) 시멘트에 의하여 결합되어 서로 하나의 고체 덩어리로 된 복합재료.

쿨롱 힘(coulombic force) 이온과 같은 하전된 입자들 사이의 힘. 입자가 서로 반대 전하일 때 끌어당긴다.

퀴리 온도(Curie temperature, T_c) 가열 시 강자성 및 페리자성체가 특정온도 이상에서 상자성 특성으로 되는(상호간의 스핀 결합력이 소멸되는) 온도.

크리프(creep) 응력하에서 시간이 경과함에 따라 발생하는 영구변형. 대부분의 재료에서 크리프는 고온에서만 중요하다.

타

탄성계수(modulus of elasticity, *E*) 변형이 완전 탄성일 때 변형률에 대한 응력의 비. 또한 재료의 강성의 정도.

탄성변형(elastic deformation) 영구적이 아닌 변형, 즉 가한 응력을 제거하면 완전히 회복되는 변형.

탄성중합체(elastomer) 크고 가역적인 탄성변형을 하는 고분자 재료.

탄성 회복(elastic recovery) 기계적인 응력을 제거하면 회복되는 영구적이 아닌 변형.

탄소-탄소 복합재료(carbon-carbon composite) 탄소 기지 내에 들어 있는 연속상의 탄소섬유로 구성된 복합재료. 기지는 원래 고분자 수지인데 탄소를 형성하기 위해 열분해하였다.

템퍼링(유리)[tempering(glass)] 열템퍼링 참조.

템퍼링된 마텐자이트(tempered martensite) 마텐자이트 강철의 템퍼링 열처리를 통해 생성되는 미세조직. 미세조직은 연속적인 α페라이트 기지에 극히 작고 균일하게 분산된 시멘타이트 입자들로 구성된다. 인성 및 연성이 템퍼링에 의해 현저히 향상된다.

템퍼 명칭(temper designation) 금속 합금에 가해진 기계적, 열적 처리 과정을 문자나 숫자 코드로 표기한 것.

투과전자현미경(transmission electron microscope, TEM) 시편을 투과한(통과한) 전자빔을 이용하여 상을 형성하는 현미경. 고배율에서 내부 특징을 관찰할 수 있다.

투명(transparent) 광선이 매질 내에서 비교적 적은 흡수, 반사, 산란 특성을 가짐으로써 사물을 쉽게 구별할 수 있어 투명하게 보이는 현상.

트랜스(trans) 고분자 구조의 한 형태를 나타내는 접두어. 반복기 내의 어떤 불포화된 탄소 사슬 원자에서, 곁가지 원자단은 이중결합의 한쪽 면 또는 180° 회전된 정확히 반대 면에 위치할 수 있다. 트랜스 구조에서는 이러한 같은 반복기 내의 두 가지 곁사슬기가 반대 면에 존재한다(예: 트랜스 이소프렌).

틈새 부식(crevice corrosion) 좁은 틈새 및 먼지 침전층 또는 부식 산물(즉, 용액 내 산소의 국부적 고갈 지역 내)의 아래에서 발생하는 부식의 일종.

파

파괴역학(fracture mechanics) 크기가 알려진 이전부터 존재하는 균열이 전파하여 파괴를 일으키는 응력을 결정하기 위하여 사용되는 파괴 분석의 기술.

파괴인성(fracture toughness, K_c) 균열이 존재할 때 재료의 파괴에 대한 저항성의 척도.

파동역학 모델(wave-mechanical model) 파동성을 가진 전자의 원자 모델.

파열(rupture) 상당한 소성변형을 동반하는 파괴로서 종종 크리프 파괴와 관련된다.

파울리의 배타 원리(Pauli exclusion principle) 반드시 서로 반대방향의 스핀을 가진 최대 2개의 전자는 같은 상태에 수용할 수 있다는 원리.

팔면체 자리(octahedral position) 충전된 6개의 최인접 강체구 원자 또는 이온 사이의 빈 공간. 팔면체(이중 피라미드)는 인접한 구들의 중심으로부터 형성된 선에 의해 제한된다.

펄라이트(pearlite) 강철 및 주철에서 나타나는 2개의 상으로 이루어진 미세조직. 공석 조성을 갖는 오스테나이트의 변태로부터 나타나며 α 페라이트와 시멘타이트가 겹겹이 쌓여 있는 층(또는 라멜라)으로 구성된다.

페라이트(ferrite)(세라믹) 2가 혹은 3가 양이온(예: Fe^{2+}, Fe^{3+})으로 구성된 산화 세라믹 재료. 어떤 것들은 준강자성체이다.

페라이트(ferrite)(철) 체심입방 철. 또는 BCC 결정구조를 갖는 철 및 강철 합금.

페르미에너지(Fermi energy, E_f) 금속에서 0 K에서 채워진 전자 준위 중 가장 높은 에너지.

페리자성(ferrimagnetism) 반대방향 스핀 결합이나 불완전한 자기 모멘트 상쇄 현상으로부터 얻어지는 일부 세라믹 재료에서의 영구적인 큰 자화 현상.

편정반응(monotectic reaction) 냉각 동안 액체상태에서 액체와 고체 공존상태로 변화하는 반응.

평면변형률(plane strain) 인장하중이 걸린 경우, 응력축 및 균열 전파 방향에 수직인 변형률이 존재하지 않을 때의 조건으로 파괴역학적 분석에서 중요하다. 이러한 조건은 두꺼운 판재에서 성립되며, 판재의 표면에 수직인 방향의 변형률은 영이다.

평면변형률 파괴인성(plane strain fracture toughness, K_{Ic}) 평면변형률 조건하에서 균열이 존재할 때 재료의 파괴에 대한 저항성의 척도.

평형(상)[equilibrium(phase)] 상의 성질들이 모든 시간에 걸쳐 항상 일정한 계의 상태. 평형상태에서 자유에너지는 최소.

포논(phonon) 하나의 진동에너지(혹은 탄성에너지) 양자.

포아송비(Poisson's ratio, ν) 탄성변형의 경우에 가해진 축방향 응력으로부터 생기는 횡방향과 축방향 변형률의 비.

포정반응(peritectic reaction) 냉각 중 하나의 고상과 하나의 액상이 등온 및 가역적으로 변태하여 다른 조성을 갖는 하나의 고상으로 되는 반응.

포화된(saturated) 4개의 다른 원자와 공유결합을 하는 탄소 원자를 기술하는 용어.

포화자화, 포화자속밀도(saturation magnetization, flux density, M_s, B_s) 강자성 재료나 페리자성 재료에서 일어날 수 있는 최대 자화 혹은 최대 자속밀도.

폼(foam) 기체 기포의 삽입으로 생성된 다공성(스펀지와 같은) 고분자.

표면경화(case hardening) 내마모성 및 피로 저항성을 향상시키기 위하여 침탄이나 질화 공정에 의해 강의 외부 표면을 경화시키는 것.

표준 반쪽 셀(standard half-cell) 그 금속의 이온 농도가 1 *M*인 용액 속에 놓인 순수 금속으로 구성되어, 표준 수소 전극에 전기적으로 결합된 전기화학적 셀.

프렌켈 결함(Frenkel defect) 이온 고체에서 양이온 빈자리와 양이온 격자 간 이온쌍.

프리스트레스 콘크리트(prestressed concrete) 강선이나 봉을 이용하여 압축응력이 가해진 콘크리트.

프리프레그(prepreg) 고분자 수지 내에 연속 섬유로 강화시킨 후 부분적으로 경화시킨 것.

플라스틱(plastic) 높은 분자량을 가진 고체 유기 고분자로, 하중을 받으면 어느 정도 구조적 강성이 있으며, 다양한 용도로 쓰인다. 충전물, 가소제, 방염제 등의 첨가제를 포함하기도 한다.

플랑크상수(Planck's constant, *h*) 6.63×10^{-34} J·s의 값을 갖는 보편상수. 전자기 방출 에너지는 플랑크상수 h와 방사 주파수(파장에 반비례)의 곱으로 나타낸다.

피로(fatigue) 반복적으로 변동하는 응력의 영향을 받는 구조물들에서의 파손. 상대적으로 낮은 응력 수준에서 일어난다.

피로강도(fatigue strength) 특정 응력 사이클에서 재료가 파괴되지 않고 견딜 수 있는 최대 응력 수준.

피로수명(fatigue life, N_f) 어떤 특정 응력진폭에서 피로파손을 일으키는 총 응력 사이클 수.

피로한도(fatigue limit) 피로에서, 응력 사이클 수가 무한대가 되어도 피로 파손이 일어나지 않는 최대 응력진폭.

피팅(pitting) 작은 피트 또는 구멍에서 보통 수직방향으로 형성되는 매우 국부적인 부식의 형태.

픽의 제1법칙(Fick's first law) 확산 선속은 농도구배에 비례한다. 이 법칙은 정상상태 확산에 이용된다.

픽의 제2법칙(Fick's second law) 농도의 시간 변화는 농도의 2차 편미분에 비례한다. 이 법칙은 비정상상태 확산에 이용된다.

필링-베드워스 비율(Pilling-Bedworth ratio, P-B ratio) 금속 산화물의 부피에 대한 금속 부피의 비율. 산화막이 계속적인 산화로부터 금속을 보호할 것인지 여부를 예측하는 데 사용되는 척도.

하

하부임계온도(lower critical temperature) 강 합금에서, 평형상태에서 모든 오스테나이트가 페라이트와 시멘타이트 상으로 변화되는 온도.

하소(calcination) 하나의 고체 재료가 다른 고체와 기체의 형태로 나뉘는 고온반응. 이것은 시멘트 제조공정의 한 과정이다.

합금(alloy) 두 가지 이상의 원소로 구성된 금속 재료.

합금강(alloy steel) 적정 합금 원소(탄소 및 Mn, Si, S, P 등의 잔류 원소 이외의)를 포함한 철(또는 철을 기지로 한) 합금. 이러한 합금 원소들은 종종 기계적 특성 및 부식 방지 특성을 향상시키기 위해 첨가된다.

항복(yielding) 소성변형의 시작.

항복강도(yield strength, σ_y) 정해진 소량의 소성변형(보통 0.002의 변형률 수평이동방법을 사용)을 일으키는 데 필요한 응력.

핵생성(nucleation) 상변태의 초기 단계. 성장할 수 있는 새로운 상의 가장 작은 입자(핵)의 생성으로 확인된다.

현미경 관찰법(microscopy) 어떤 종류의 현미경을 사용하여 미세조직을 연구하는 것.

현미경 사진(photomicrograph) 미세조직 상을 저장할 수 있는 현미경으로 찍은 사진.

형광(fluorescence) 전자여기를 일으킨 후 1초 미만의 아주 짧은 시간 내에 발생되는 냉광현상.

혼성 복합재료(hybrid composite) 두 가지 또는 그 이상의 섬유(예: 유리와 탄소)로 강화시킨 복합재료.

혼합법칙(rule of mixture) 다상 합금 또는 복합재료의 성질이 구성하는 각 상의 성질의 가중평균(보통 부피 기준)인 법칙.

혼합전위(mixed dislocation) 칼날전위와 나선전위 성분을 모두 가지고 있는 전위.

홀 효과(Hall effect) 전자 또는 정공이 움직이는 방향에 수직으로 자기장을 가할 때 힘이 발생하는 현상. 힘의 방향은 전자가 움직이는 방향과 자기장의 방향에 수직이다.

화학량론(stoichiometry) 이온 화합물에서 화학식에서 규정된 양이온과 음이온 비를 정확하게 가지고 있는 상태.

확산(diffusion) 원자 운동에 의한 물질 이동.

확산계수(diffusion coefficient, *D*) 픽의 제1법칙에서 확산 선속과 농도구배 사이의 비례상수. 그 크기는 원자의 확산속도를 나타낸다.

확산 선속(diffusion flux, *J*) 단위시간당 재료의 단위면적을 수직으로 통과하는 물질의 양.

환원(reduction) 원자, 이온, 또는 분자에 하나 이상의 전자가 추가되는 것.

활성도(functionality) 단량체가 다른 단량체와 반응하여 생성하는 공유결합의 수.

활성화 분극(activation polarization) 전기화학적 반응속도가 연속적으로 발생하는 일련의 과정들 중 가장 느린 단계에 의해 조절되는 조건.

활성화에너지(activation energy, *Q*) 확산과 같은 반응이 일어나기 위해 필요한 에너지.

황동(brass) 높은 구리 조성의 구리-아연 합금.

회복(recovery) 보통 열처리에 의해 앞서 냉간가공된 금속의 일부 내부 변형에너지의 제거.

회절(X선)[diffraction(X-ray)] 결정 원자에 의해 산란된 X선 빔의 보강간섭.

회주철(gray cast iron) 박편과 같은 형태로 존재하는 흑연과 실리콘의 합금 주철. 파단면이 회색빛을 띤다.

횡단방향(transverse direction) 길이방향 또는 긴 축 방향을 (보통 수직으로) 가로지르는 방향.

휘스커(whisker) 길이-지름비가 매우 큰, 매우 얇으며 거의 완벽한 단결정. 휘스커는 일부 복합재료의 강화 상으로 사용된다.

흡수(absorption) 일반적으로 전자 편광이나 전자여기에 의해 물질 내부에서 광자에너지가 흡수되는 광학적 현상.

희생양극(sacrificial anode) 우선적으로 부식되어 그것에 전기적으로 결합된 다른 금속 또는 합금이 부식되는 것을 막는 반응성 금속 또는 합금.

기호

1차 결합(primary bond) 결합이 비교적 강하며 결합에너지가 상대적으로 큰 원자간 결합. 1차 결합에는 이온결합, 공유결합, 금속결합이 있다.

2차 결합(secondary bond) 결합이 비교적 약하며 결합에너지가 상대적으로 작은 원자간 결합 및 분자간 결합. 일반적으로 원자 또는 분자 쌍극자가 수반된다. 2차 결합의 예로 반데르발스 힘과 수소결합이 있다.

MOSFET(metal-oxide-silicon field effect transistor) 금속-산화물-실리콘 전계효과 트랜지스터. 집적회로를 구성하는 하나의 기본 소자.

***n*형 반도체(*n*-type semiconductor)** 전기전도를 좌우하는 주요 전하 운반자가 전자인 반도체. 보통 도너 불순물 원자들이 과잉의 전자를 제공한다.

***p*형 반도체(*p*-type semiconductor)** 전기전도를 좌우하는 주요 전하 운반자가 정공인 반도체. 보통 억셉터 불순물 원자들이 과잉의 정공을 제공한다.

찾아보기

ㅇ

ㅈ

ㅊ

기타